T0177415

Mineralogie

Martin Okrusch · Hartwig E. Frimmel

Mineralogie

Eine Einführung in die spezielle Mineralogie, Petrologie
und Lagerstättenkunde

10. Auflage

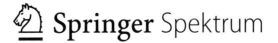 Springer Spektrum

Martin Okrusch
Institut für Geographie und Geologie
Universität Würzburg
Würzburg, Deutschland

Hartwig E. Frimmel
Institut für Geographie und Geologie
Universität Würzburg
Würzburg, Deutschland

Department of Geological Sciences
University of Cape Town
Rondebosch, Südafrika

ISBN 978-3-662-64063-0   ISBN 978-3-662-64064-7   (eBook)
https://doi.org/10.1007/978-3-662-64064-7

Die Deutsche Nationalbibliothek verzeichnet diese Publikation in der Deutschen Nationalbibliografie; detaillierte bibliografische Daten sind im Internet über ▶ http://dnb.d-nb.de abrufbar.

© Springer-Verlag GmbH Deutschland, ein Teil von Springer Nature 1983, 1987, 1990, 1993, 1996, 2001, 2005, 2010, 2014, 2022
Das Werk einschließlich aller seiner Teile ist urheberrechtlich geschützt. Jede Verwertung, die nicht ausdrücklich vom Urheberrechtsgesetz zugelassen ist, bedarf der vorherigen Zustimmung des Verlags. Das gilt insbesondere für Vervielfältigungen, Bearbeitungen, Übersetzungen, Mikroverfilmungen und die Einspeicherung und Verarbeitung in elektronischen Systemen.
Die Wiedergabe von allgemein beschreibenden Bezeichnungen, Marken, Unternehmensnamen etc. in diesem Werk bedeutet nicht, dass diese frei durch jedermann benutzt werden dürfen. Die Berechtigung zur Benutzung unterliegt, auch ohne gesonderten Hinweis hierzu, den Regeln des Markenrechts. Die Rechte des jeweiligen Zeicheninhabers sind zu beachten.
Der Verlag, die Autoren und die Herausgeber gehen davon aus, dass die Angaben und Informationen in diesem Werk zum Zeitpunkt der Veröffentlichung vollständig und korrekt sind. Weder der Verlag noch die Autoren oder die Herausgeber übernehmen, ausdrücklich oder implizit, Gewähr für den Inhalt des Werkes, etwaige Fehler oder Äußerungen. Der Verlag bleibt im Hinblick auf geografische Zuordnungen und Gebietsbezeichnungen in veröffentlichten Karten und Institutionsadressen neutral.

Einbandabbildung: Wulfenitkristalle, mit zweiter Generation des gleichen Minerals epitaktisch aufgewachsen, aus der Oxidationszone des ehemaligen Blei-Zink-Bergbaus Bleiberg in Kärnten, Österreich; Bildbreite = ca. 5 cm, Sammlung und Foto: Hartwig Frimmel.

Planung/Lektorat: Simon Shah-Rohlfs
Springer Spektrum ist ein Imprint der eingetragenen Gesellschaft Springer-Verlag GmbH, DE und ist ein Teil von Springer Nature.
Die Anschrift der Gesellschaft ist: Heidelberger Platz 3, 14197 Berlin, Germany

Vorwort

Erfreulicherweise wurde auch die 9. Auflage des ursprünglich von Siegfried Matthes konzipierten, mittlerweile traditionsreichen Mineralogie-Lehrbuches positiv bei Studentinnen und Studenten sowie Dozentinnen und Dozenten der Geowissenschaften, aber auch bei mineralbegeisterten Laien aufgenommen. Ihr Erscheinen liegt mittlerweile mehr als sechs Jahre zurück – eine Zeit, in der eine Menge neuer Erkenntnisse gewonnen werden konnte, die eine Neuauflage rechtfertigen. Wie bereits bei der 2020 erschienenen englischen Ausgabe ist die nun vorliegende 10. Auflage der deutschen Version auch durch das Mitwirken des derzeitigen Lehrstuhlinhabers für Geodynamik und Geomaterialforschung in Würzburg, Hartwig E. Frimmel, geprägt, sodass sich die Arbeit an diesem Buch nun schon in die dritte Generation fortsetzt. Dies führte zu einer weitgehenden Revision des Textes und der Abbildungen, und zur Neugestaltung ganzer Kapitel. Wir hoffen, damit eine Aktualisierung und Modernisierung des Lehrbuches erreicht zu haben, ohne der ursprünglichen Idee hinter der über die Jahre bewährten Einführung in die Mineralogie, Petrologie und Lagerstättenkunde untreu zu werden.

Wie schon in der letzten Auflage gliedert sich das Buch in vier Teile. Im Teil I werden grundlegende Begriffe und Konzepte aus den Bereichen Kristallographie, Mineralogie und Petrologie erläutert, die notwendig sind, um relevante Geomaterialien wie Minerale, Gesteine und Erze zu charakterisieren. Teil II behandelt die systematische Mineralogie und schafft damit die Voraussetzung für den umfangreicheren Teil III, in dem die unterschiedlichen Gesteine und Minerallagerstätten beschrieben werden. Dabei liegt der Schwerpunkt auf genetischen Konzepten, die den Leser anregen sollen, über gesteins- und lagerstättenbildende Prozesse nachzudenken und diese zu verstehen. Denn diese Prozesse haben schließlich die Umwelt auf unserem Planeten geformt und formen sie noch heute; ebenso verdanken wir ihnen die Bildung nutzbarer Gesteine und Minerallagerstätten. Zum Schluss behandelt Teil IV den Erdaufbau, extraterrestrisches Material wie Meteorite und Mondgesteine sowie unsere bisherigen Erkenntnisse und Vorstellungen über die Geologie und den inneren Aufbau der planetarischen Körper in unserem Sonnensystem. Daraus ergibt sich ein abschließender Überblick über die derzeitigen Ansichten zur Entstehung unseres Sonnensystems. Die Nummerierung für chemische Mineralreaktionen (in runden Klammern) und für diverse mathematische Gleichungen [in eckigen Klammern] erfolgt kapitelweise.

Auch in dieser Auflage waren wir dem ursprünglichen Ansatz von Siegfried Matthes verpflichtet, ein Lehrbuch für das Grundstudium in Mineralogie zu schreiben. Trotzdem geht der breit angelegte Text an vielen Stellen über die üblichen Prüfungsanforderungen im Studium der Geowissenschaften hinaus. So hoffen wir, dass das Buch viele Kolleginnen und Kollegen auch nach ihrem Studium in ihrem beruflichen Leben begleitet, sei es an der Universität, in einem Geologischen Landesamt, in der Industrie oder einer Beratungsfirma.

Für eine erfolgreiche Lektüre dieses Buches sind Grundkenntnisse in allgemeiner Geologie, Experimentalphysik, anorganischer Chemie und möglichst auch in physikalischer Chemie sehr wünschenswert. Für Leser und Leserinnen, die ein tiefergehendes Interesse an einzelnen Stoffgebieten entwickeln, wird am Ende eines jeden Kapitels auf weiterführende Literatur verwiesen. Selbstverständlich können diese Literaturangaben keinen erschöpfenden Überblick über das umfangreiche Schrifttum vermitteln, mögen aber beispielhaft dazu dienen, sich einen Eindruck vom gegenwärtigen Forschungsstand zu schaffen und gegebenenfalls zu weiterer Literatur hinzuführen.

Der Inhalt dieses Buches ist über einen Zeitraum von rund dreieinhalb Jahrzehnten gereift. Eine Reihe von Kolleginnen und Kollegen trugen in unterschiedlichem Ausmaß zu unterschiedlichen Phasen in der langen Entwicklungsgeschichte dieses Buches zu dessen Inhalt bei, insbesondere Hans Ulrich Bambauer† (Münster/Ostbevern), Gerd Geyer (Würzburg), Reiner Klemd (Erlangen), Herbert Kroll (Münster) und Karl Mannheim (Würzburg). Ihnen sind wir zu großem Dank verpflichtet. Für konstruktive Kritik, hilfreiche Hinweise und Überlassung von Bildmaterial danken wir neben den oben genannten Addi Bischof (Münster), Joachim Bohm (Berlin), Thomas Cramer (Bogotá), Jun Gao (Beijing), Reto Gieré (Freiburg im Breisgau), Monika Günther (Berlin), Katrin Hagen (Würzburg), Christian Hager (Engelschoff), Klaus Heide (Jena), Jorijntje Henderiks (Uppsala), François Holtz (Hannover), Wolfgang und Gertrude Hermann (Würzburg), Michael Kleber (Mutmannsreuth), Heike Lehner (Heidelberg), Joachim Lorenz (Karlstein am Main), Vesna Marchig (Hannover), Neil McKerrow (Albany, West-Australien), Pete Mouginis-Mark (Honolulu), Andrea Murphy (Adelaide), Martin Pfleghaar (Heidenheim), Michael Raith (Clausthal), Uwe Ring (Stockholm), Cornelia Schmitt-Riegraf (Münster), Hans-Adolf Seck[†] (Köln), Denis Smith (Adelaide), Wilhelm Stürmer (Erlangen), Ekkehart Tillmanns[†] (Wien), Michael Totzek (Oberkochen/Jena), Anja Waldmann (Leinach), Manfred Wildner (Wien), Klaus Wittel (Frankfurt am Main) und Armin Zeh (Karlsruhe) sowie unseren Würzburger Kollegen Dorothée Kleinschrot, Ulrich Schüssler, Volker von Seckendorff und Thomas Will. Soweit nicht anders angegeben, wurden die Fotos von Gesteins- und Mineralproben sowie von Dünnschliffen von Klaus-Peter Kelber während seiner Zeit als Institutsphotograph angefertigt. Sämtliche Abbildungen von diversen Kristallstrukturen wurden, sofern nicht anders angegeben, mit der CrystalMaker Software gezeichnet. Bei der Gestaltung dieser neuen Auflage wurden wir in bewährter Weise durch das Team des Springer-Verlages unterstützt, insbesondere von Anja Groth, und in hervorragender Weise durch den Verlagslektor Florian Neukirchen beim Editieren und der Erstellung des Sach- und Ortsverzeichnisses, wofür wir sehr dankbar sind. Unser besonderer Dank gilt unseren Ehefrauen Irene Okrusch und Elisabeth Nachtnebel, die unsere Begeisterung für die Mineralogie geduldig ertragen haben.

Wir hoffen sehr, dass sich auch diese Neuauflage als ebenso nützlich und hilfreich im Studium und in der Lehre der Geowissenschaften, aber auch für Fachleute und interessierte Laien bewähren möge wie vergangene Auflagen. Dies gilt insbesondere für jene, die sich mit typischerweise stichwortartigen Informationen, wie sie heute im Internet massenweise zu finden sind, nicht zufriedengeben wollen und nach logischen Zusammenhängen in der großen Vielfalt geowissenschaftlicher Erkenntnisse suchen.

Martin Okrusch
Hartwig E. Frimmel
Würzburg
Mai 2021

Inhaltsverzeichnis

III Petrologie und Lagerstättenkunde

IV   Stoffbestand und Bau von Erde und Mond – unser Planetensystem

Einführung und Grundbegriffe

Mineralogie

Mineralogie bedeutet wörtlich Lehre vom Mineral.

Der Begriff Mineral wurde erst im ausgehenden Mittelalter geprägt und geht auf das mittellateinische *mina* = Schacht (*minare* = Bergbau treiben) zurück. Im Altertum, z. B. bei den Griechen und Römern, hat man nur von Steinen gesprochen. Es sind besonders die durch Glanz, Farbe und Härte ausgezeichneten Schmucksteine, denen man schon in vorgriechischer Zeit bei allen Kulturvölkern besondere Beachtung schenkte. Das Steinbuch *De lapidibus* („Über die Steine") von *Theophrastos* (371–287 v. Chr.), das teilweise auf verlorenen Texten des *Aristoteles* (384–322 v. Chr.) beruht, bringt bereits eine Fülle von Beobachtungen und stichhaltigen Überlegungen zu Mineralen und Gesteinen sowie zu ihrer praktischen Anwendung. Zur Zeit des römischen Weltreiches schrieb *Plinius der Ältere* (23/24–79 n. Chr.) sein Buch *Naturalis historia*, s in dem er das Wissen seiner Zeit über Minerale und Gesteine zusammenfasste.

Minerale sind chemisch homogene, natürliche Bestandteile der Erde und anderer Himmelskörper, wie Mond, Meteoriten, erdähnliche Planeten unseres und anderer Sonnensysteme. Von wenigen Ausnahmen abgesehen sind Minerale anorganisch, fest und kristallisiert (■ Abb. 1.1). Nach dieser sehr allgemein gehaltenen Mineraldefinition, die in ▶ Kap. 2 schrittweise erläutert wird, sind Minerale – von wenigen Ausnahmen abgesehen – zugleich *Kristalle* (▶ Kap. 1) und bilden häufig Bestandteile von Gesteinen (▶ Kap. 3).

Das Mineral, Plural: die Minerale oder gleichfalls gebräuchlich die Mineralien (verwendet in Begriffen wie Mineraliensammlung oder Mineralienbörse etc.).

Inhaltsverzeichnis

Kristalle

Inhaltsverzeichnis

© Springer-Verlag GmbH Deutschland, ein Teil von Springer Nature 2022
M. Okrusch und H. E. Frimmel, *Mineralogie,*
https://doi.org/10.1007/978-3-662-64064-7_1

Einleitung

Kristalle (grch. κρύσταλλοσ = Eis, übertragen auf den Bergkristall; ◙ Abb. 1.1) sind feste, homogene, anisotrope Körper mit dreidimensional periodischer Anordnung ihrer chemischen Bausteine (Atome, Ionen, Moleküle). Der Kristallbegriff greift weit über die Mineralwelt hinaus. Nicht nur Minerale, sondern fast alle anorganischen und viele organische Festkörper sind kristallin. Viele synthetische Kristalle, die in technischen Betrieben künstlich gezüchtet oder durch Massenkristallisation hergestellt werden, haben grundlegenden Einfluss auf unser tägliches Leben, vom Zucker zum Aspirin, vom Schwingquarz in Uhren zu Mikrochips in Computern, von Laserkristallen zu Katalysatoren.

In einer *Kristallstruktur* sind die Atome, Ionen oder Molekülgruppen periodisch zu *Raumgittern* angeordnet, d. h. in bestimmten Richtungen treten sie immer wieder in gleichen Abständen, den sogenannten Translationsabständen der Gitterpunkte, auf (◙ Abb. 1.2). Jeder Kristall, d. h. auch jedes kristallisierte Mineral, zeichnet sich durch einen ihm eigenen, geometrisch definierten Feinbau, seiner *Kristallstruktur,* aus.

Bedingt durch diesen Gitterbau sind Kristalle *homogen,* d. h. sie sind physikalisch und chemisch einheitlich. Der Begriff der Homogenität lässt sich noch schärfer fassen, wenn man die *vektoriellen,* d. h. die richtungsabhängigen physikalischen Eigenschaften wie Härte, Kohäsion, Wärmeleitfähigkeit, elektrische Leitfähigkeit, Lichtbrechung und Doppelbrechung in Betracht zieht. Ein Körper ist homogen, wenn er in alle Richtungen überall gleiches Verhalten zeigt. Aus der Feinstruktur von Kristallen ergibt sich je-

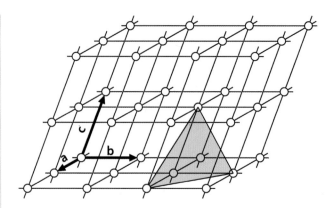

◙ **Abb. 1.2** Dreidimensionales Gitter (Raumgitter) mit trikliner Symmetrie. Die Translationsvektoren a, b, c sind verschieden lang und stehen nicht senkrecht aufeinander. Weitere Translationsvektoren sind z. B. die Flächendiagonalen in den Ebenen ab, bc, ac oder die Raumdiagonalen in abc. Die Einheitsfläche ist blau dargestellt. (Modifiziert nach Kleber et al. 2010, mit Zustimmung von J. Bohm & H. Klimm, Berlin)

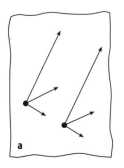 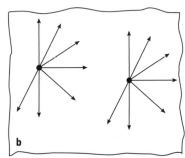

◙ **Abb. 1.3   a** Schema eines homogenen, anisotropen Körpers: gleiches Verhalten in parallelen Richtungen, unterschiedliches Verhalten in verschiedenen Richtungen. **b** Schema eines homogenen, isotropen Körpers: gleiches Verhalten in allen Richtungen

doch, dass viele vektorielle physikalische Eigenschaften von der Raumrichtung abhängig sind, was als *Anisotropie* beschrieben wird. Demgegenüber treten in isotropen Medien, wie z. B. Glas, in unterschiedlichen Richtungen gleiche vektorielle Eigenschaften auf (◙ Abb. 1.3). Beispiele hierfür werden im ▶ Abschn. 1.4 zur Kristallphysik besprochen.

1.1 Kristallmorphologie

Bei freiem, nicht behindertem Wachstum werden Kristalle von ebenen Flächen begrenzt (◙ Abb. 1.1), deren Richtungen im mathematischen Zusammenhang zum Raumgitter stehen. Die Bildung von Kristallflächen ist Ausdruck der Anisotropie der Wachstumsgeschwindigkeit: Rasches Wachstum in einer bestimmten Richtung führt dazu, dass zunächst angelegte Flächen zu Kanten oder Ecken entarten; langsames Wachstum

◙ **Abb. 1.1**   Kristallgruppe von Quarz, Varietät Bergkristall, Arkansas, USA; Bildbreite = ca. 12 cm, Mineralogisches Museum der Universität Würzburg

führt dagegen zur Ausbildung größerer Kristallflächen (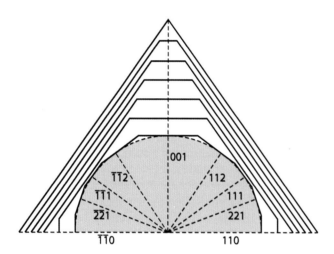 Abb. 1.4). Die Flächenkombinationen eines Kristallpolyeders *(Kristalltracht)* und die Größenverhältnisse der einzelnen Flächen *(Habitus)* sind von den jeweiligen Wachstumsbedingungen abhängig, insbesondere von Druck, Temperatur und chemischer Zusammensetzung der Schmelze oder Lösung, in denen der betreffende Kristall wächst. Kristalle gleicher Tracht können ganz unterschiedlichen Habitus aufweisen (z. B. planar, isometrisch, säulig, nadelig). Wegen gegenseitiger Behinderung in ihrem Wachstum kön-

nen die meisten Kristalle ihre Kristallgestalt nicht oder nicht voll entwickeln. Das ist insbesondere beim Kristallisieren von Mineralen in der Natur der Fall: Minerale in Gesteinen besitzen nur selten gut ausgebildete Kristallflächen (Abb. 2.4).

Kommt es beim Kristallwachstum zur bevorzugten Orientierung der wachsenden Kristalle nach einer oder mehreren kristallographischen Orientierungen des kristallinen Substrates, so spricht man von *Epitaxie.* Epitaxie kommt in der Natur als orientierte Verwachsung zweier Minerale oder zweier Generationen ein und desselben Minerals vor. Epitaktische Verwachsungen spielen aber auch in der Technik, insbesondere in der Mikroelektronik und Halbleitertechnik, eine wichtige Rolle.

Auch wenn auf den ersten Blick Kristalle des gleichen Minerals höchst unterschiedlich ausgebildet sein können, so gilt dennoch das *Gesetz der Winkelkonstanz,* das in seinen Grundzügen bereits im Jahr 1669 von dem dänischen Arzt und Naturwissenschaftler Niels Stensen (latinisiert Nicolaus Steno, 1638–1686) am Quarz entdeckt wurde, allerdings in der Folgezeit in Vergessenheit geriet:

> Alle zu einer Kristallart gehörenden, chemisch gleich zusammengesetzten Einzelkristalle schließen zwischen analogen Flächen stets gleiche Winkel ein.

Dieses Gesetz gilt uneingeschränkt, und zwar auch für Kristalle, die stark verzerrt gewachsen sind (Abb. 1.5). Kristalle zeigen in ihrer äußeren (Ideal-) Gestalt und in der Verteilung ihrer vektoriellen physikalischen Eigenschaften Symmetrieeigenschaften, welche die symmetrische Anordnung der Bausteine (Atome, Ionen, Moleküle) in der Kristallstruktur widerspiegeln.

 Abb. 1.4 Zweidimensionale Darstellung der Bedeutung der relativen Wachstumsgeschwindigkeiten unterschiedlicher Kristallflächen von Kalialaun KAl(SO$_4$)$_2$·12H$_2$O, ausgehend von einer geschliffenen Kugel. Die Flächen der Formen {110}, {221} und {112} wachsen rasch und verschwinden daher bald. Demgegenüber wachsen die Würfelflächen {100} und die Oktaederflächen {111} langsamer (die Bedeutung der Flächenindizes werden in ▶ Abschn. 1.1.3 erklärt). Zum Schluss bleiben nur noch die am langsamsten wachsenden Oktaederflächen übrig. (Nach Spangenberg 1935; aus Kleber et al. 2010, mit Zustimmung von J. Bohm & H. Klimm, Berlin)

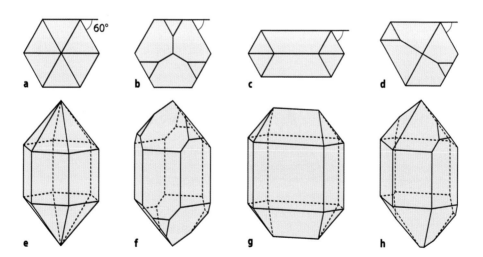

 Abb. 1.5 Kristallverzerrungen bei Quarz. **a–d** Kopfbilder, **e–f** Parallelprojektionen. (Aus Ramdohr und Strunz 1978)

1

> *Symmetrie* ist die gesetzmäßige Wiederholung eines Motivs, z. B. eines Gitterpunktes oder einer Kristallfläche.

1.1.1 Symmetrieoperationen und Symmetrieelemente

In der Kristallmorphologie lassen sich folgende *Symmetrieoperationen* unterscheiden, wobei die dazugehörigen *Symmetrieelemente* durch einfache Symbole gekennzeichnet werden (◻ Abb. 1.6):

- *Drehung* um eine einzählige, zweizählige, dreizählige, vierzählige oder sechszählige Drehachse (1, 2, 3, 4, 6);
- *Spiegelung* an einer Spiegelebene (m);
- *Inversion*, d. h. Spiegelung an einem Inversionszentrum ($\bar{1}$);
- *Drehinversion*, d. h. Koppelung von Drehung und Inversion, an einer zweizähligen, dreizähligen, vierzähligen oder sechszähligen Drehinversionsachse ($\bar{2} = m, \bar{3}, \bar{4}, \bar{6}$), d. h. beide Symmetrieoperationen laufen als *ein* Vorgang hintereinander ab.

1.1.2 Kristallsysteme und Kristallklassen

Aus der Kombination obiger Symmetrie-Elemente ergeben sich *32 Kristallklassen,* die 1830 von Johann Friedrich Christian Hessel (1796–1872) abgeleitet wurden und die für die Beschreibung der äußeren Kristallformen nützlich sind. Im kristallinen Feinbau kommt

dagegen als weitere Symmetrie-Operation noch die *Translation* der einzelnen Gitterpunkte hinzu. Durch Koppelung der Translation mit Drehungen und Spiegelungen entstehen *Gleitspiegelebenen* und *Schraubenachsen* als neue Symmetrie-Elemente. Ihre Kombination führt zu *230 Raumgruppen,* die im Jahr 1891 von Arthur Moritz Schoenflies (1853–1928) und Jewgraf Stepanowitsch Fjodorow (1853–1919) unabhängig voneinander berechnet wurden. Für die mathematische Beschreibung von Kristallstrukturen, insbesondere der Position von Gitterpunkten, Punktreihen und Netzebenen sowie der Lage der Flächen im Kristallpolyeder bezieht man sich auf unterschiedliche Koordinatensysteme, die der Symmetrie der Kristalle angepasst sind. Daraus ergeben sich *7 Kristallsysteme,* die durch die Längenverhältnisse ihrer Hauptachsen a, b, c und die Winkel zwischen diesen Achsen α (zwischen b und c), β (zwischen a und c), γ (zwischen a und b) gekennzeichnet sind. Beim trigonalen, tetragonalen und hexagonalen Kristallsystem sind die Achsen a und b gleich lang; man bezeichnet sie daher als a_1, a_2, a_3. Eine analoge Bezeichnung gilt im kubischen System, in dem alle Achsen gleich lang sind.

Die Bezeichnung der 32 Kristallklassen folgt dem international verbindlichen System nach Hermann und Mauguin (Hermann 1935; Hahn und Klapper 2002), das auf einer Kombination der Symbole für die Symmetrie-Elemente beruht. Wenn aus der Kombination von zwei Symmetrie-Elementen ein drittes resultiert, kann dieses weggelassen werden; daraus ergibt sich ein vereinfachtes Symbol. Das Hermann-Mauguin-System soll hier kurz erläutert und durch Mineralbeispiele dokumentiert werden. Außerdem werden noch die traditionellen Namen nach Paul von Groth (1843–1927) angegeben, die sich aus der jeweils bestimmenden allgemeinen Kristallform in allgemeinen, nicht speziellen Lagen ableiten. Eine *Kristallform* ist eine Menge äquivalenter Flächen, die durch eine oder mehrere Symmetrieoperationen ineinander überführt werden. Kristallklassen mit wichtigen Mineralbeispielen sind durch einen Stern (*) gekennzeichnet. Für Minerale, die sonst im Text nicht erscheinen, wird die chemische Formel angegeben.

Ein tieferes Eindringen in die Materie erfordert das Studium einschlägiger Lehrbücher der Kristallographie (z. B. Kleber et al. 2010; Borchardt-Ott und Sowa 2013).

- **Triklines Kristallsystem**

    Meist a ≠ b ≠ c, $\alpha \neq \beta \neq \gamma$

(= bedeutet gleicher Betrag, ≠ ungleicher Betrag)

Es ist zu beachten, dass sich diese Notierung auf den allgemeinsten Fall bezieht; in seltenen Fällen können auch im triklinen System einmal gleich lange Achsen, z. B. *a=b,* oder gleiche Winkel, z. B. $\alpha = \gamma$ auftreten.

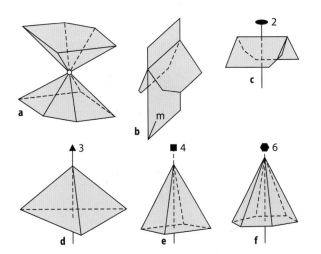

◻ **Abb. 1.6** Einfache Kristallformen, die durch Symmetrieoperationen entstehen: **a** Inversionszentrum $\bar{1}$: Pinakoid (Fläche und parallele Gegenfläche); **b** Spiegelebene: Doma (grch. δῶμα = Dach); **c–f** 2-, 3-, 4- und 6-zählige Drehachsen: **c** Sphenoid (grch. Keil), **d** trigonale Pyramide, **e** tetragonale Pyramide, **f** hexagonale Pyramide

Entscheidend für das Kristallsystem ist nämlich die Kombination von vorhandenen Symmetrie-Elementen, die eine bestimmte Metrik des Kristallgitters erzwingt. So weist der Spielwürfel, der auf jeder der sechs Seiten eine andere Zahl von Punkten trägt, trotz $a = b = c$ und $\alpha = \beta = \gamma$ nicht kubische, sondern trikline Symmetrie auf, weil er keinerlei Symmetrie-Elemente besitzt. Analoges gilt für die anderen nicht kubischen Kristallsysteme.

- **1, triklin-pedial:** keinerlei Symmetrie-Element; Beispiele: Aramayoit, $Ag(Sb,Bi)S_2$, Lasurit-4 A (► Abschn. 11.6.3).
- ***$\bar{1}$, triklin-pinakoidal:** einziges Symmetrie-Element ist ein Symmetriezentrum; wichtige Mineralbeispiele: Plagioklas (► Abschn. 11.6.2), Mikroklin (► Abschn. 11.6.2), Kyanit (◘ Abb. 1.20; ► Abschn. 11.1).

■ **Monoklines Kristallsystem**

Meist $a \neq b \neq c$, $\alpha = \gamma = 90°$, $\beta > 90°$

- **2, monoklin-sphenoidisch:** Eine 2-zählige Drehachse parallel b; Beispiele: Klinotobermorit, $Ca_5[Si_3O_8OH]_2 \cdot 2H_2O$, Zucker, $C_{12}H_{22}O_{11}$, als essentielle synthetische kristalline Substanz.
- **m, monoklin-domatisch:** Eine Spiegelebene senkrecht zu b; als Beispiel diene der Zeolith Skolezit, $Ca[Al_2Si_3O_{10}] \cdot 3H_2O$.
- ***2/m, monoklin-prismatisch:** Eine 2-zählige Drehachse, normal darauf eine Spiegelebene; zahlreiche wichtige Mineralbeispiele wie Sanidin und Orthoklas (► Abschn. 11.6.2), Klinopyroxene (► Abschn. 11.4.1), Klinoamphibole (► Abschn. 11.4.3), Glimmer (► Abschn. 11.5.3), Titanit (► Abschn. 11.1) oder Gips (► Abschn. 9.1).

■ **(Ortho-)rhombisches Kristallsystem**

Meist $a \neq b \neq c$, $\alpha = \beta = \gamma = 90°$

- **mm2, rhombisch-pyramidal:** Eine 2-zählige Drehachse parallel c mit zwei Spiegelebenen, die normal zueinander liegen und sich in der 2-zähligen Drehachse schneiden; Beispiele: Hemimorphit, $Zn_4[(OH)_2/Si_2O_7] \cdot H_2O$, Bournonit, $PbCu[SbS_3]$ oder Enargit (► Abschn. 5.2).
- **222, rhombisch-disphenoidisch:** Drei 2-zählige Drehachsen parallel a, b und c, die normal zueinander liegen; Beispiel: Epsomit, $Mg[SO_4] \cdot 7H_2O$.
- ***2/m2/m2/m (mmm), rhombisch-dipyramidal:** Drei senkrecht aufeinander stehende Spiegelebenen; als Schnittlinien dieser Ebenen ergeben sich drei 2-zählige Drehachsen parallel a, b und c; zahlreiche Mineralbeispiele wie Olivin, Andalusit, Sillimanit, Topas (► Abschn. 11.1), Orthopyroxene (► Abschn. 11.4.1), Orthoamphibole (► Abschn. 11.4.3),

Anhydrit, Baryt (► Abschn. 9.1) oder Aragonit (► Abschn. 8.2).

■ **Tetragonales Kristallsystem**

Meist $a_1 = a_2 \neq c$, $\alpha = \beta = \gamma = 90°$

Hauptachse c ist eine 4-zählige Drehachse oder Drehinversionsachse; senkrecht dazu liegen die beiden Nebenachsen a_1 und a_2.

- **4, tetragonal-pyramidal:** 4-zählige Drehachse in c; einziges Mineralbeispiel ist Pinnoit, $Mg[B_2O(OH)_6]$.
- **$\bar{4}$, tetragonal-disphenoidisch:** 4-zählige Drehinversionsachse in c; ein Beispiel ist das in Meteoriten gefundene Mineral Schreibersit, $(Fe,Ni)_3P$.
- **4/m, tetragonal-dipyramidal:** 4-zählige Drehachse in c, normal darauf eine Spiegelebene; Beispiele: Scheelit, $Ca[WO_4]$, Tiefleucit, $K[AlSi_2O_6]$, Skapolith-Gruppe (► Abschn. 11.6.5).
- **4mm, ditetragonal-pyramidal:** Die 4-zählige Drehachse in c wird kombiniert mit zwei Spiegelebenen senkrecht zu a_1 und a_2. Daraus resultieren weitere Spiegelebenen normal zu den Winkelhalbierenden zwischen a_1 und a_2; Beispiel: Diaboleit, $Pb_2Cu(OH)_4Cl_2$.
- ***$\bar{4}$2m, tetragonal-skalenoedrisch:** Die 4-zählige Drehinversionsachse c ist Schnittlinie zweier normal zueinander liegender Spiegelebenen, deren Winkelhalbierende die beiden 2-zähligen Nebenachsen a_1 und a_2 bilden; wichtige Beispiele: Chalkopyrit, $CuFeS_2$, Stannin, Cu_2FeSnS_4, Melilith (► Abschn. 11.2).
- **422, tetragonal-trapezoedrisch:** senkrecht zur 4-zähligen Drehachse c stehen $2 + 2$ 2-zählige Nebenachsen parallel a_1 und a_2 bzw. parallel zu deren Winkelhalbierenden; Beispiel: Tiefcristobalit, SiO_2.
- ***4/m2/m2/m (4/mmm), ditetragonal-dipyramidal:** normal zur 4-zähligen Drehachse c liegt eine Spiegelebene; in der 4-zähligen Achse schneiden sich $2 + 2$ Spiegelebenen, die senkrecht zu a_1 und a_2 bzw. senkrecht zu deren Winkelhalbierenden stehen; daraus resultieren $2 + 2$ 2-zählige Drehachsen // a_1 und a_2 bzw. parallel zu deren Winkelhalbierenden; mehrere Mineralbeispiele wie Kassiterit, SnO_2, Rutil, TiO_2, Anatas, TiO_2, Stishovit, SiO_2, Zirkon, $Zr[SiO_4]$, oder Vesuvian (► Abschn. 11.2).

■ **Trigonales Kristallsystem**

Meist $a_1 = a_2 = a_3 \neq c$, $\alpha = \beta = 90°$, $\gamma = 120°$

Hauptachse c ist eine 3-zählige Drehachse oder Drehinversionsachse; normal dazu liegen drei Nebenachsen a_1, a_2 und a_3. Es besteht eine enge Verwandtschaft zum hexagonalen System. Zusätzlich zu dieser sog. hexagonalen Aufstellung kann für das trigonale System auch eine sog. rhomboedrische Aufstellung mit $a_1 = a_2 = a_3$,

$\alpha = \beta = \gamma$ gewählt werden, wobei die Achsen dann ganz anders im Kristallgitter liegen.

- **3, trigonal-pyramidal:** 3-zählige Drehachse c; Beispiel: Carlinit, Tl_2S.
- ***$\bar{3}$, (trigonal-)rhomboedrisch:** 3-zählige Drehinversionsachse c; mehrere wichtige Mineralbeispiele wie Ilmenit, $FeTiO_3$, Dolomit, $CaMg[CO_3]_2$, Phenakit $Be_2[SiO_4]$, oder Dioptas, $Cu_6[Si_6O_{18}] \cdot 6H_2O$.
- ***3m, trigonal-pyramidal:** In der 3-zähligen Drehachse c schneiden sich drei Spiegelebenen, die senkrecht zu a_1, a_2, a_3 stehen; Beispiele: Turmalin (▶ Abschn. 11.3), Millerit, NiS, Proustit, Ag_3AsS_3 oder Pyrargyrit, Ag_3SbS_3.
- ***$\bar{3}2/m$ ($\bar{3}m$), ditrigonal-skalenoedrisch:** In der 3-zähligen Drehinversionsachse c schneiden sich drei Spiegelebenen, die senkrecht zu a_1, a_2, a_3 stehen; daraus resultieren die drei 2-zähligen Drehachsen parallel a_1, a_2, a_3; zahlreiche Mineralbeispiele wie Calcit, $CaCO_3$, Korund, Al_2O_3, Hämatit, Fe_2O_3, Brucit, $Mg(OH)_2$, gediegen Bismut, Bi, gediegen Antimon, Sb, oder gediegen Arsen, As.
- ***32, trigonal-trapezoedrisch:** senkrecht zu der 3-zähligen Drehachse c stehen drei 2-zählige Drehachsen a_1, a_2, a_3; wichtigstes Mineralbeispiel ist der Tiefquarz (α-Quarz), SiO_2; des Weiteren Cinnabarit, HgS, gediegen Selen, Se, oder gediegen Tellur, Te.

- **Hexagonales Kristallsystem**

Meist $a_1 = a_2 = a_3 \neq c$, $\alpha = \beta = 90°$, $\gamma = 120°$

Hauptachse c ist eine 6-zählige Drehachse oder Drehinversionsachse; normal dazu liegen drei Nebenachsen a_1, a_2 und a_3. Es besteht eine enge Verwandtschaft zum trigonalen System.

- ***6, hexagonal-pyramidal:** 6-zählige Drehachse c; Beispiele: Nephelin, $(Na,K)[AlSiO_4]$, Cancrinit (▶ Abschn. 11.6.4).
- **$\bar{6}$ (= 3/m), trigonal-dipyramidal:** 6-zählige Drehinversionsachse c (identisch mit 3-zähliger Drehachse c und normal darauf stehender Spiegelebene); Beispiel: Laurelit, $Pb_7F_{12}Cl_2$.
- ***6/m, hexagonal-dipyramidal:** normal zur 6-zähligen Drehachse befindet sich eine Spiegelebene; wichtigstes Beispiel: Apatit, $Ca_5[(F,Cl,OH)/(PO_4)_3]$, ferner Pyromorphit, $Pb_5[Cl/(PO_4)_3]$ oder Vanadinit, $Pb_5[Cl/(VO_4)_3]$.
- **6mm, dihexagonal-pyramidal:** In der 6-zähligen Drehachse c schneiden sich 3+3 Spiegelebenen, die normal zu a_1, a_2, a_3 bzw. normal zu deren Winkelhalbierenden stehen; Beispiele: Wurtzit, β-ZnS, Greenockit, CdS, oder Zinkit, ZnO.
- **$\bar{6}$m2, ditrigonal-dipyramidal:** 3 vertikale Spiegelebenen, die normal zu a_1, a_2, a_3 liegen, schneiden sich in der 6-zähligen Drehinversionsachse c; daraus ergeben sich drei 2-zählige Drehachsen, die in den Spiegelebenen liegen und die Winkelhalbierenden zwischen a_1, a_2, a_3 bilden; Beispiele: Bastnäsit, $(Ce,La,Y)[F/CO_3]$, Benitoit, $BaTi[Si_3O_9]$.
- ***622, hexagonal-trapezoedrisch:** normal zur 6-zähligen Drehachse c stehen 3+3 2-zählige Drehachsen parallel a_1, a_2, a_3 bzw. parallel zu deren Winkelhalbierenden; Beispiele: Hochquarz (β-Quarz), SiO_2, Kaliophilit, $K[AlSiO_4]$.
- ***6/m2/m2/m (6/mmm), dihexagonal-dipyramidal:** normal zur 6-zähligen Drehachse c steht eine Spiegelebene; in der 6-zähligen Achse schneiden sich 3+3 Spiegelebenen, die normal zu a_1, a_2, a_3 bzw. normal zu deren Winkelhalbierenden stehen; daraus resultieren 3+3 2-zählige Drehachsen parallel a_1, a_2 a_3 bzw. parallel// zu deren Winkelhalbierenden; mehrere wichtige Mineralbeispiele wie Beryll, $Al_2Be_3[Si_6O_{18}]$, Molybdänit-2 H, MoS_2, oder Graphit-2 H, C.

- **Kubisches Kristallsystem**

$a_1 = a_2 = a_3$, $\alpha_1 = \alpha_2 = \alpha_3 = 90°$

Gemeinsames Kennzeichen aller fünf kubischen Kristallklassen sind 3-zählige Drehachsen oder Drehinversionsachsen, die parallel zur Raumdiagonale des Würfels (RD) liegen und im Hermann-Mauguin-Symbol an zweiter Stelle genannt werden. An erster Stelle stehen die 4- oder 2-zähligen Drehachsen oder Drehinversionsachsen, die parallel zu a_1, a_2, a_3 liegen sowie die senkrecht darauf stehenden Spiegelebenen (m). An dritter Stelle werden die zweizähligen Drehachsen parallel zur Flächendiagonale des Würfels (FD) und die normal darauf stehenden Spiegelebenen angeführt.

- **23, kubisch-tetraedrisch-pentagondodekaedrisch** (nicht zu verwechseln mit der trigonalen Kristallklasse 32!): drei 2-zählige Drehachsen parallel zu a_1, a_2, a_3, vier 3-zählige Drehachsen parallel zu RD; Beispiele: Ullmanit, NiSbS, Gersdorffit, NiAsS, oder Langbeinit, $K_2Mg_2[SO_4]_3$.
- ***2/m $\bar{3}$ (m$\bar{3}$), kubisch-disdokaedrisch:** Drei Spiegelebenen normal zu a_1, a_2, a_3, vier 3-zählige Drehinversionsachsen parallel RD; daraus resultieren drei 2-zählige Drehachsen parallel a_1, a_2, a_3; Beispiele wären Pyrit, FeS_2, Skutterudit, $(Co,Ni)As_3$, oder Sperrylith, $PtAs_2$.
- ***$\bar{4}$3m, kubisch-hexakistetraedrisch:** Drei 4-zählige Drehinversionsachsen parallel a_1, a_2, a_3, vier 3-zählige Drehachsen parallel RD, sechs Spiegelebenen normal zu FD; zahlreiche Beispiele wie Sphalerit, α-ZnS, Tetraedrit und Tennantit (▶ Abschn. 5.5), β-Boracit, β-$Mg_3[Cl/B_7O_{13}]$, oder Sodalith (▶ Abschn. 11.6.3).
- **432, kubisch-pentagonikositetraedrisch:** Drei 4-zählige Drehachsen parallel a_1, a_2, a_3, vier 3-zählige Drehachsen parallel RD, sechs 2-zählige Drehachsen parallel FD; Petzit, Ag_3AuTe_2.

- ***4/m$\bar{3}$2/m (m3m), kubisch-hexakisoktaedrisch:** Drei Spiegelebenen normal zu a_1, a_2, a_3, vier 3-zählige Drehinversionsachsen parallel RD, 6 Spiegelebenen normal zu FD; daraus resultieren drei 4-zählige Drehachsen parallel zu a_1, a_2, a_3 und sechs 2-zählige Drehachsen parallel zu FD. Zahlreiche wichtige Mineralbeispiele: gediegen Kupfer, Cu, Silber, Ag, Gold, Au, oder Platinmetalle (▶ Abschn. 4.1), Diamant, C, Halit, NaCl, Fluorit, CaF_2, Periklas, MgO, Uraninit, U_3O_8, Spinell-Gruppe (▶ Abschn. 7.2), z. B. Magnetit Fe_3O_4 und Chromit, $FeCr_2O_4$, Argentit, Ag_2S, Galenit, PbS, oder die Granat-Gruppe (▶ Abschn. 11.1).

1.1.3 Das Rationalitätsgesetz und die Miller'schen Indizes

Der Gründungsvater der Kristallographie, Abbé René-Just Haüy (1743–1822), erkannte als erster das grundlegende *Gesetz der rationalen Indizes*. Es bildet die Basis für eine quantitative Beschreibung der Lage von Kristallflächen in einem Kristallpolyeder, zugleich auch von Gitterebenen in einer Kristallstruktur. Wie bereits erwähnt, wählt man bei der Definition der sieben Kristallsysteme jeweils ein eigenes Achsenkreuz, dessen Achsen stets parallel zu einer Kristallkante, aber nicht in einer Ebene liegen. Wenn möglich, werden diese drei *kristallographischen Achsen* parallel zu prominenten Drehachsen im Kristallgebäude gelegt. In einem nächsten Schritt wird eine *Einheitsfläche* gewählt, die auf dem Achsenkreuz des jeweiligen Kristallsystems

Achsenabschnitte erzeugt und damit sein *Achsenverhältnis* definiert (◻ Abb. 1.2). Die gewählte Einheitsfläche kann parallel zu einer Kristallfläche, aber nicht parallel zu einer kristallographischen Achse liegen. Die Achsenabschnitte, die jede andere Kristallfläche erzeugen, können mit *a/h, b/k, c/l* bezeichnet werden, wobei *h, k, l* einfache rationale Zahlen oder null sind. Das *Rationalitätsgesetz* sagt aus, dass die so definierten Indizes jeder beliebigen Kristallfläche stets rationale Zahlen sind. Seit William Hallowes Miller (1801–1880) diese Notation in die Kristallographie einführte, dienen die *Miller'schen Indizes* zur Bezeichnung der Kristallflächen im Kristallpolyeder und der entsprechenden Netzebenen in der Kristallstruktur.

Setzt man den Achsenabschnitt auf der b-Achse = 1, so ergibt sich ein Achsenverhältnis, das für jede Kristallart charakteristisch ist, z. B. beim orthorhombischen Topas $a:b:c = 0{,}528:1:0{,}955$. Für die Miller'schen Indizes wählt man nun die reziproken Achsenabschnitte der einzelnen Flächen und macht diese ganzzahlig und teilerfremd, wobei die Einheitsfläche mit (111) indiziert wird (◻ Abb. 1.7). Eine Fläche, die nur die a-Achse schneidet, also parallel zu b und c läuft bzw. diese im Unendlichen schneidet, hätte die Achsenabschnitte $1\infty\infty$, reziprok gerechnet: (100). Analog dazu haben Flächen, die nur die b- oder die c-Achse schneiden, die Indizes (010) bzw. (001) (◻ Abb. 1.7). Flächen parallel c, die a und b im gleichen Achsenabschnitt schneiden (immer bezogen auf das jeweilige Achsenverhältnis, das durch die Einheitsfläche definiert ist!), haben den Index (110). Flächen, die a im einfachen, b im doppelten Achsenabschnitt schneiden,

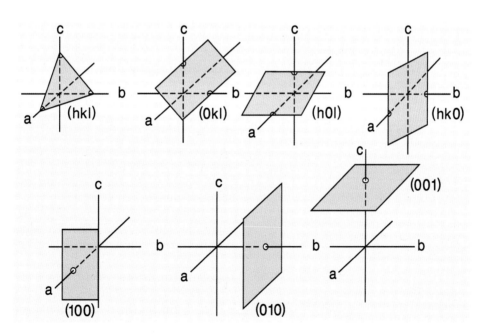

◻ **Abb. 1.7** Die Miller'schen Indizes für wichtige Flächenlagen in einem rhombischen Achsenkreuz. Unter den allgemeinen Flächenlagen (hkl) wird eine als Einheitsfläche (111) gewählt

1

hätten die Achsenabschnitte 12∞, was – reziprok genommen und ganzzahlig gemacht – den Index (210) ergibt. Negative Achsenabschnitte werden durch einen Strich (–) über der entsprechenden Ziffer gekennzeichnet. Zur allgemeinen Kennzeichnung der Flächenlagen verwendet man die Indizes (hkl), (hk0), (h0l) und (0kl) (◻ Abb. 1.7). Für das trigonale und hexagonale System gelten die viergliedrigen *Bravais-Indizes* (hkil), wobei $i = -(h+k)$ ist, z. B. $(10\bar{1}0)$ für eine Prismenfläche beim Quarz. Bezieht sich die Indizierung nicht nur auf eine einzelne Fläche, sondern auf die gesamte *Form*, d. h. auf die Gemeinschaft äquivalenter Flächen, die durch eine oder mehrere Symmetrie-Operationen ineinander überführt werden, so setzt man die Miller- oder Bravais-Indizes in geschweifte Klammern, also z. B. $\{10\bar{1}0\}$ für das hexagonale Prisma beim Quarz.

Jedes kristalline Material, sei es ein natürliches Mineral oder ein Syntheseprodukt, hat eine Einheitszelle von charakteristischer Größe und Form, die den kleinsten Baustein des *Kristallgitters* bildet. Dieser ist definiert durch seine *Gitterkonstanten* oder *Gitterparameter*, d. h. die Abschnitte der Einheitsfläche auf den drei kristallographischen Achsen *a, b, c* und die Winkel *α, β, γ*, unter denen sich die kristallographischen Achsen schneiden (◻ Abb. 1.2). Diese werden durch das Kristallsystem bestimmt, in dem das betreffende Material kristallisiert. Man hat sich darauf geeinigt, den Abschnitt der b-Achse gleich eins und das Achsenverhältnis a:1:c zu setzen. In der Vergangenheit konnte diese wichtige Charakteristik einer kristallinen Substanz nur aus einer Kombination von Miller'schen Indizes für mehrere Kristallflächen errechnet werden. Heute gewinnt man die Achsenverhältnisse direkt bei der Kristallstruktur-Bestimmung mit Röntgenstrahlen (cf. ▶ Abschn. 1.2.3). Wählt man die Topas-Struktur als Beispiel, so lassen sich durch Röntgenbeugung die folgenden Gitterkonstanten feststellen: $a_0 = 4{,}65$ Å, $b_0 = 8{,}80$ Å, $c_0 = 8{,}40$ Å (1 Å = 10^{-8} cm). Das daraus resultierende Verhältnis $a_0:b_0:c_0 = 4{,}65:8{,}80:8{,}40 = 0{,}52$ 8:1:0,955 entspricht exakt dem am Kristallpolyeder bestimmten Achsenverhältnis.

Als *Zone* bezeichnet man eine Schar von Kristallflächen $(h_1k_1l_1)$, $(h_2k_2l_2)$, $(h_3k_3l_3)$, die sich in parallelen Kanten schneiden. Flächen, die einer Zone angehören, sind tautozonal. Das Zonensymbol [uvw] wird in eckige Klammern gesetzt. Für die Indizierung von Zonen gilt die Zonengleichung $hu + kv + lw = 0$, aus der sich z. B. ableiten lässt, dass die tetragonalen Prismenflächen (100), (010), $(\bar{1}00)$ und $(0\bar{1}0)$ alle zur Zone [001] gehören, die parallel zur c-Achse verläuft. Demgegenüber gehören zwar die Flächen (100) und $(\bar{1}00)$ zur Zone [010], die parallel zur b-Achse verläuft, nicht aber (010) und $(0\bar{1}0)$.

Für ein vertieftes Verständnis dieser kristallographischen Indizierungen wird die Lektüre entsprechender Kristallographie-Lehrbücher empfohlen (z. B. Borchardt-Ott und Sowa 2013; Kleber et al. 2010).

1.2 Kristallstruktur

1.2.1 Bravais-Gitter

Wir hatten bereits darauf hingewiesen, dass zwischen äußerer Kristallgestalt und innerer Kristallstruktur eine grundsätzliche Korrespondenz besteht. Der wesentliche Unterschied liegt darin, dass in der Kristallstruktur die Translation als wichtige Deckoperation dazukommt. Diese tritt wegen der geringen Größe der Translationsbeträge im Ångström-Bereich (1 Å = 10^{-8} cm) kristallmorphologisch nicht in Erscheinung. Wie 1842 Moritz Ludwig Frankenheim (1801–1869) und 1850 Auguste Bravais (1811–1863) zeigen konnten, gibt es insgesamt 14 Translationsgruppen, die man als *Bravais-Gitter* bezeichnet (◻ Abb. 1.8). Diese können einfach (primitiv *P*), innenzentriert (*I*), basisflächenzentriert (*C*), allseits flächenzentriert (*F*) und rhomboedrisch (*R*) sein. Sie gehören zu sechs *Kristallfamilien*, die den morphologisch definierten Kristallsystemen entsprechen:

- *triklin* („dreifach geneigt") oder *anorthisch*, abgekürzt *a*
- *monoklin* („einfach geneigt"), abgekürzt *m*
- *(ortho-)rhombisch*, abgekürzt *o*
- *tetragonal*, abgekürzt *t*
- *hexagonal*, abgekürzt *h*
- *kubisch*, abgekürzt *c*

Man beachte, dass sowohl das hexagonale als auch das trigonale Kristallsystem zur gleichen hexagonalen Kristallfamilie gehören. Jedes Bravais-Gitter hat im jeweiligen Kristallsystem die höchstmögliche Symmetrie. Damit ergeben sich die in ◻ Tab. 1.1 genannten Bezeichnungen (◻ Abb. 1.8).

1.2.2 Raumgruppen

Durch die Kombination von zwei-, drei-, vier- und sechszähligen Drehachsen 2, 3, 4 und 6 mit Translationen in Richtung des Translationsvektors τ, und zwar um unterschiedliche Beträge, entstehen die zwei-, drei-, vier- und sechszähligen *Schraubenachsen* 2_1, 3_1, 3_2, 4_1, 4_2, 4_3, 6_1, 6_2, 6_3, 6_4, 6_5. Als Beispiel ist in ◻ Abb. 1.9a eine sechszählige Schraubenachse 6_1 dargestellt, durch die die Gitterpunkte 1, 2, 3, … nach Art einer Wendeltreppe angeordnet sind. Der Translationsbetrag, um den ein Gitterpunkt nach einer Drehung um den Winkel $\varepsilon = 60°$ verschoben wird, beträgt $\tau/6$; erfolgt die Translation in Richtung der c-Achse wäre dieser Betrag $\frac{1}{6} c_0$. ◻ Abb. 1.9b zeigt die Schraubenachsen 3_1 und 3_2, bei denen jeweils nach Drehung um $\varepsilon = 120°$ ein Gitterpunkt in Richtung der c-Achse um die Translationsbeträge $\frac{1}{3} c_0$ und $\frac{2}{3} c_0$ verschoben wird. Man er-

◻ Tab. 1.1 Elementarzellen der 14 Bravais-Gitter

aP	Triklin primitives Gitter	a, b, c und α, β, γ beliebig; meist $a \neq b \neq c$ und $\alpha \neq \beta \neq \gamma$
mP	Monoklin primitives Gitter	a, b, c beliebig; $\alpha = \gamma = 90\,°$; β beliebig
mC	Monoklin basisflächenzentriertes Gitter	Meist $a \neq b \neq c$ und $\beta \neq 90\,°$
oP	Rhombisch primitives Gitter	a, b, c beliebig; $\alpha = \beta = \gamma = 90\,°$
oI	Rhombisch innenzentriertes Gitter	Meist $a \neq b \neq c$
oC	Rhombisch basisflächenzentriertes Gitter	Meist $a \neq b \neq c$
oF	Rhombisch flächenzentriertes Gitter	Meist $a \neq b \neq c$
tP	Tetragonal primitives Gitter	$a = b$; c beliebig; $\alpha = \beta = \gamma = 90\,°$
tI	Tetragonal innenzentriertes Gitter	Meist $c \neq a$, b; $(a \equiv a_1; b \equiv a_2)$
hP	Hexagonal primitives Gitter	$a = b$; c beliebig $\alpha = \beta = 90\,°$; $\gamma = 120\,°$
hR	Hexagonal rhomboedrisches (rhomboedrisch primitives) Gitter	Meist $c \neq a$; b $(a \equiv a_1; b \equiv a_2)$
cP	Kubisch primitives Gitter	$a = b = c$; $\alpha = \beta = \gamma = 90\,°$; $(a \equiv a_1; b \equiv a_2; c \equiv a_3)$
cI	Kubisch innenzentriertes Gitter	$a = b = c$; $\alpha = \beta = \gamma = 90\,°$; $(a \equiv a_1; b \equiv a_2; c \equiv a_3)$
cF	Kubisch flächenzentriertes Gitter	$a = b = c$; $\alpha = \beta = \gamma = 90\,°$; $(a \equiv a_1; b \equiv a_2; c \equiv a_3)$

kennt sofort, dass sich beide Schraubenachsen spiegelbildlich *(enantiomorph)* zueinander verhalten: durch 3_1 entsteht eine linksgewundene, durch 3_2 eine rechtsgewundene Schraubung. Ein bekanntes Beispiel für einen enantiomorphen Kristall ist α-Quarz, wobei jedoch *Linksquarz* die Schraubenachse 3_2, *Rechtsquarz* die Schraubenachse 3_1 hat! Diese scheinbar gegensätzliche Bezeichnung wurde aus der Kristallmorphologie abgeleitet und basiert auf der Position der trigonalen Trapezoeder-Fläche {$51\bar{6}1$} (vgl. ◻ Abb. 11.47b, c), zu einer Zeit, als Kristallstruktur-Bestimmungen mit Röntgenstrahlen noch nicht möglich waren. Kombiniert man eine Spiegelebene mit der Translation um eine halbe Gitterkonstante $a_0/2$, $b_0/2$ oder $c_0/2$ in Richtung der a-, b- oder c-Achse, so erhält man die *Gleitspiegelebenen a, b* oder *c* (◻ Abb. 1.10). Das Symbol n bezeichnet eine Gleitspiegelebene mit Gleitkomponenten in diagonaler Lage, d. h. $(a_0 + b_0)/2$, $(a_0 + c_0)/2$ oder $(b_0 + c_0)/2$; mit d bezeichnete Gleitspiegelebenen haben Gleitkomponenten $(a_0 + b_0)/4$, $(a_0 + c_0)/4$ oder $(b_0 + c_0)/4$.

Auf mathematischem Wege konnten Fjodorow und Schoenflies zeigen, dass man durch Kombination der 14 Translationsgruppen mit allen denkbaren Symmetrieoperationen, wie Drehung, Spiegelung, Inversion, Drehinversion, Schraubung und Gleitspiegelung, 230 unterschiedliche Möglichkeiten erhält, die 230 *Raumgruppen*.

> Als *Raumgruppe* bezeichnet man die Gesamtheit aller Symmetrieoperationen in einer Kristallstruktur oder eine Gruppe von Symmetrieoperationen unter Einschluss der Gitter-Translation.

Die Raumgruppen-Symbole nach Hermann und Mauguin enthalten den Typ des Bravais-Gitters P, I, C, R und die Symmetrie-Elemente, z. B. $P\,\bar{1}$ in der Kristallklasse $\bar{1}$, $P2/m$, $P2_1/m$, $C2/m$, $P2/c$, $P2_1/c$, $C2/c$ in der Kristallklasse $2/m$ etc. Beispiele sind $P3_12$ und $P3_22$ beim trigonalen (Tief-) α-Quarz, $P6_222$ und $P6_422$ beim hexagonalen (Hoch-) β-Quarz (◻ Abb. 11.42), $C2/m$ beim Sanidin (◻ Abb. 11.65c) und $P\,\bar{1}$ bei den Plagioklasen (◻ Abb. 11.65d).

1.2.3 Kristallstrukturbestimmung mit Röntgenstrahlen

Wie aus ◻ Abb. 1.2 ersichtlich, ordnen sich die Atome, Ionen oder Molekülgruppen in einer Kristallstruktur zu *Netzebenen* an, die sich in bestimmten konstanten Abständen periodisch wiederholen. Die Translationsbeträge längs der kristallographischen Achsen **a**, **b** und **c** bezeichnet man als Gitterkonstanten a_0, b_0, c_0; diese Achsen bilden zueinander die Winkel α, β, γ. Die Netzebenenabstände und Gitterkonstanten der meisten anorganischen Kristalle liegen im Bereich von einigen Ångström bis einigen Zehner Ångström (1 Å $= 10^{-8}$ cm). Diese Tatsache war solange unbekannt geblieben, bis der deutsche Physiker Max von Laue (1879–1960) – in der Annahme, dass die Wellenlänge der Röntgenstrahlung in der gleichen Größenordnung liegt – an einem Sphalerit-Kristall Beugungsexperimente mit Röntgenstrahlen durchführte. Gemeinsam mit Walter Friedrich und Paul Knipping konnte er zeigen, dass Kristalle als Beugungsgitter wirken, wenn

1

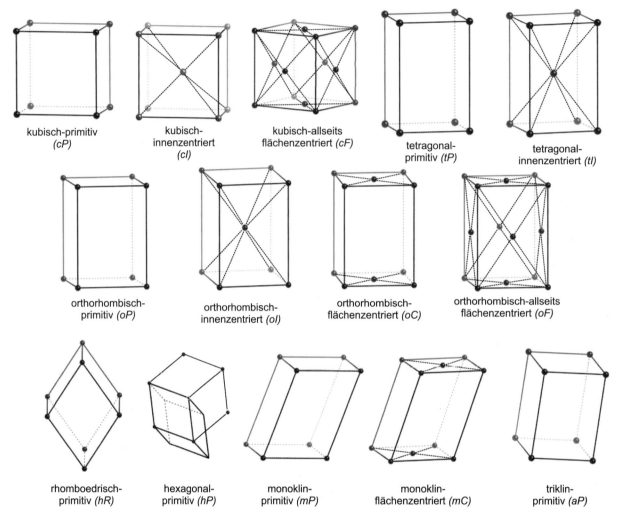

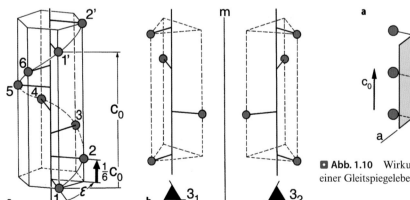

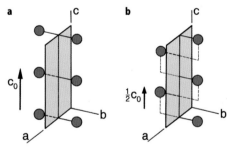

◘ **Abb. 1.8** Die 14 Translationsgruppen der Kristalle (Bravais-Gitter) und ihre Symmetrien

◘ **Abb. 1.10** Wirkungsweise **a** einer Spiegelebene m = (010) und **b** einer Gleitspiegelebene c = (010) mit der Gleitkomponente ½ c_0

◘ **Abb. 1.9** Wirkungsweise von Schraubenachsen: **a** 6-zählige Schraubenachse 6_1 mit dem Drehwinkel $\varepsilon = 60°$ und einer Translation in Richtung der c-Achse um $\frac{1}{6} c_0$; **b** 3-zählige Schraubenachsen mit dem Drehwinkel $\varepsilon = 120°$ und einer Translation in Richtung der c-Achse um $\frac{1}{3} c_0$ (3_1) = Linksschraubung bzw. $\frac{2}{3} c_0$ (3_2) = Rechtsschraubung; beide Schraubenachsen verhalten sich spiegelbildlich (enantiomorph) zur Spiegelebene m. (Nach Borchardt-Ott und Sowa 2013)

sie mit Röntgenstrahlen beschossen werden (Friedrich et al. 1912). Schon bald setzte sich die Erkenntnis durch, dass sich die gesamte kristalline Materie in gleicher Weise verhält. Mit einem einzigen Experiment konnte von Laue den periodischen Aufbau der Kristallstrukturen nachweisen und zugleich zeigen, dass Röntgenstrahlen elektromagnetische Wellen sind. In diesem

Zusammenhang sei daran erinnert, dass man optische Beugungsgitter benutzte, um die Wellenlänge des sichtbaren Lichtes zu bestimmen.

Durchstrahlt man einen Kristall mit einem Röntgenstrahl, so wird dieser Strahl an den Netzebenen des Kristalls in verschiedene Richtungen abgelenkt und es kommt zu *Interferenzerscheinungen*. Die gebeugten Wellen können auf einer Fotoplatte aufgefangen werden und erzeugen dort Schwärzungsflecken, die ein *Interferenzmuster* bilden. Das dabei entstehende *Laue-Diagramm* lässt die Symmetrie des Kristalls erkennen – unter der Voraussetzung, dass der Kristall orientiert, d. h. beispielsweise parallel zu einer Drehachse durchstrahlt wurde (■ Abb. 1.11). Damit war die Grundlage dafür gelegt, dass man mittels *Röntgenbeugung*

- die Symmetrie,
- die Raumgruppe,
- und die Feinstruktur

von Kristallen bestimmen kann. Die Beziehung zwischen der *Wellenlänge* der *Röntgenstrahlung* λ, dem *Netzebenenabstand d* und dem *Beugungswinkel (Glanzwinkel)* θ wurde vom englischen Physiker William H. Bragg (1862–1942) und seinem Sohn William L. Bragg (1890–1971) in einer einfachen Gleichung formuliert, die seither als *Bragg'sche Gleichung* bekannt ist:

$$n\lambda = 2d \, \sin\theta \qquad [1.1]$$

Darin ist *n* eine ganze Zahl, die *Ordnung der Interferenz*. Diese für die Kristallographie fundamentale Gleichung sagt aus, dass nur dann Beugung an einer bestimmten Netzebenenschar (*hkl*) im Kristall auftritt, wenn bei festgelegter Wellenlänge auch ein bestimmter Glanzwinkel θ vorliegt. Röntgenstrahl-Interferenzen sind also zu erwarten, wenn

- bei festgehaltenem Glanzwinkel θ die Wellenlänge λ variabel ist: „weißes Röntgenlicht": *Laue-Diagramm* (■ Abb. 1.11),
- bei festgehaltener Wellenlänge λ (monochromatisches Röntgenlicht) der Glanzwinkel θ variabel ist.

Für die Variation von θ gibt es prinzipiell zwei Möglichkeiten:

- Der Kristall wird während der Röntgenaufnahme gedreht und man erhält ein *Drehkristall-* bzw. *Präzessionsdiagramm* (■ Abb. 1.12).
- Eine große Menge kleiner Kristalle in beliebiger Orientierung wird durchstrahlt, die alle gleichzeitig die Bragg'sche Gl. [1.1] erfüllen. Dies wird durch Analyse eines Pulvers der zu untersuchenden kristallinen Substanz erzielt, daher wird das Ergebnis als *Pulver-* oder *Debye-Scherrer-Diagramm* bezeichnet (■ Abb. 1.13a).

In beiden Fällen können die Röntgenstrahl-Interferenzen auf einem Film registriert werden, auf dem sie Interferenzflecken oder -linien bilden. Die Röntgenstrahl-Interferenzen lassen sich aber auch mittels eines Geiger-Müller-Zählrohrs registrieren; sie erscheinen dann in einem sog. *Pulverdiffraktogramm* als Intensitätsmaxima (Peaks, ■ Abb. 1.13b).

Die unterschiedlichen *Röntgenbeugungsverfahren* finden bei der Strukturanalyse von Mineralen und anderen kristallinen Substanzen Anwendung. Dabei kann man u. a. durch mathematische Fourier- oder durch direkte Methoden die periodische Verteilung der *Elekt-*

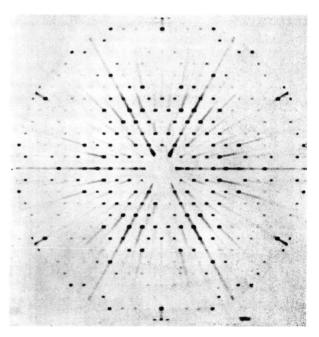

■ **Abb. 1.12** Einkristall-Aufnahme (Präzessionsmethode) von Beryll; Blickrichtung entlang der 6-zähligen Achse des hexagonalen Kristalls (Kristallklasse 6/m2/m2/m). (Aus Buerger 1971)

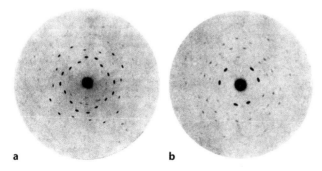

a   b

■ **Abb. 1.11** Die ersten Laue-Diagramme, die 1912 von Friedrich, Knipping und Laue an Sphalerit, ZnS, erstellt wurden; Blickrichtung **a** entlang der 4-zähligen Drehinversionsachse, **b** entlang der 3-zähligen Achse des kubischen Kristalls (Kristallklasse 4̄3m). Die Anordnung der Interferenzflecken lässt die jeweilige Symmetrie deutlich erkennen. (Nach Friedrich et al. 1912)

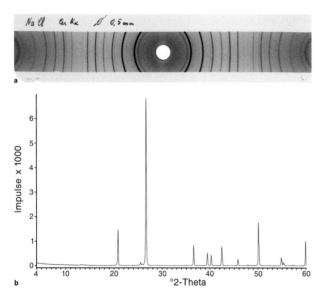

■ **Abb. 1.13** **a** Röntgen-Pulveraufnahme von Halit, NaCl; **b** Röntgen-Pulverdiffraktogramm von Quarz, SiO_2

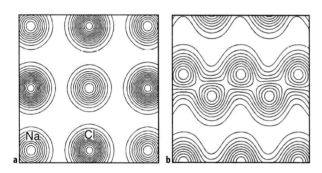

■ **Abb. 1.14** Elektronendichteverteilungen in den Kristallstrukturen von **a** Halit: Projektion auf die Ebene (100); **b** Diamant: Projektion auf die Ebene ($\bar{1}10$). In der Halitstruktur überlappen sich die Elektronenhüllen der Na^+- und Cl^--Ionen nicht, da Ionenbindung vorherrscht. Demgegenüber zeigen die C-Atome in der Diamantstruktur eine starke Überlappung ihrer Elektronenhüllen, da sie durch Atombindung miteinander verknüpft sind. (Armin Kirfel, Universität Bonn, unpubl.)

ronendichte bestimmen und so die Punktlagen der einzelnen Atome, Ionen oder Molekülgruppen ermitteln (■ Abb. 1.14a, b).

Für die mineralogische und materialkundliche Praxis sind *Röntgen-Pulververfahren,* insbesondere die *Röntgen-Pulverdiffraktometrie* von größter Bedeutung. Sie dienen zur raschen und einfachen Identifikation von Mineralen und anderen kristallinen Substanzen sowie zur Bestimmung ihrer Gitterkonstanten, wobei auch sehr feinkörnige Proben analysiert werden können. Mit Pulvermethoden lassen sich darüber hinaus Mineralgemenge, Gesteine und technische Produkte auf ihre Bestandteile untersuchen.

1.3 Kristallchemie

1.3.1 Grundprinzipien

In den Kristallstrukturen stehen die einzelnen Bausteine, nämlich Atome, Ionen und Molekülgruppen, miteinander in gegenseitiger Wechselwirkung. Die Art der Wechselwirkungskräfte und ihre Stärke hängen wesentlich mit dem Typ der chemischen Bindung zusammen und bestimmen die physikalischen Eigenschaften von Kristallen. In erster Näherung kann man Atome und Ionen als starre Kugeln ansehen, die sich in der Kristallstruktur zu *dichtesten Kugelpackungen* zusammenlagern. Dabei gelten nach Victor Moritz Goldschmidt (1888–1947) und Fritz Laves (1906–1978) drei *Ordnungsprinzipien:*

In Kristallstrukturen streben die Bausteine eine Ordnung an, die
- die dichteste Raumerfüllung ermöglicht *(Prinzip der dichten Packungen),*
- die höchstmögliche Symmetrie besitzt *(Symmetrieprinzip)* und
- die höchstmögliche Koordination aufweist, in der also möglichst viele Bausteine miteinander in Wechselwirkung treten können *(Wechselwirkungsprinzip).*

1.3.2 Arten der chemischen Bindung

Die *chemische Bindung* beruht wesentlich auf den Wechselwirkungen zwischen den Elektronen in den Außenschalen der Atome (vgl. Gill 2020). Wir unterscheiden vier *Hauptbindungsarten,* die aber häufig nicht isoliert, sondern in unterschiedlichen Kombinationen auftreten, also *Mischbindungen* bilden. Diese haben eine große Variationsbreite von unterschiedlichen physikalischen Eigenschaften zur Folge, die man an kristallinen Substanzen beobachten kann.

■ **Ionenbindung (heteropolare Bindung)**
Ionenbindungen beruhen auf dem *Transfer* von *Valenzelektronen* zwischen unterschiedlichen Atomen. Dabei werden ein oder mehrere Elektronen von einem Atom abgegeben und von einem anderen Atom aufgenommen, um eine *Edelgaskonfiguration* zu erzeugen. Ionenkristalle bestehen also aus positiv geladenen Kationen und negativ geladenen Anionen, die sich gegenseitig durch elektrostatische Kräfte anziehen und in der Regel unterschiedliche Größen besitzen. Die Stärke der Anziehung, die Bindungsstärke *K,* ist nach dem *Coulomb'schen Gesetz.*

$$K = \frac{e_1 e_2}{d^2} \qquad\qquad [1.2]$$

proportional den betreffenden Ionenladungen e_1 und e_2 und umgekehrt proportional zum Quadrat ihres Abstandes d^2. In idealen Ionenkristallen, wie z. B. im *Halit*, NaCl, sind die Kationen, hier Na^+, und die Anionen, hier Cl^-, weitgehend als starre Kugeln ausgebildet, deren Elektronenhüllen sich nicht überlappen. Dieser Tatbestand lässt sich aus der *Elektronendichteverteilung* ableiten (◘ Abb. 1.14a). Aus den Abständen ihrer Mittelpunkte kann man für die Anionen und Kationen jeweils *Ionenradien* berechnen (s. Anhang, Abb. A1). Die Ionen streben eine dichte Packung an, wobei je nach Ionengröße unterschiedliche Koordinationen auftreten. So ist z. B. in der Halitstruktur jedes Na^+ von 6 Cl^- umgeben und umgekehrt, also [6]-koordiniert (vgl. ◘ Abb. 6.2).

- **Atombindung (homöopolare Bindung, kovalente Bindung)**

Kristallarten, die nicht aus unterschiedlichen Bausteinen zusammengesetzt sind, können logischerweise keine Ionengitter bilden. Sie bestehen vielmehr aus gleichartigen, elektrisch neutralen Bausteinen, den *Atomen*. Allerdings spielen bei ihrer Bindung ebenfalls elektrische Kräfte, nämlich Wechselwirkungen zwischen positiv geladenen Atomkernen und negativ geladenen Elektronenhüllen, eine entscheidende Rolle.

Die Bindung erfolgt über *gepaarte* Außenelektronen *(Valenzelektronen)*, die eine dreidimensionale Elektronenwolke (Orbital) darstellen. Dabei sind die hantelförmigen p-Orbitale gerichtet, was bei s-Orbitalen nicht der Fall ist. Als Beispiel diene die *Diamantstruktur* (◘ Abb. 1.14b, 4.11a), bei der die äußerste Schale des Kohlenstoff-Atoms mit der Elektronenkonfiguration $1s^2 2s^2 2p^2$ besetzt ist. Im angeregten Zustand befindet sich jedoch je ein Elektron im 2 s-Orbital und in den $2p_x$-, $2p_y$-, $2p_z$-Orbitalen. Daraus entstehen vier neue sp^3-*Hybrid-Orbitale* ($1s^2 2[sp^3]^4$), die nach den Ecken eines Tetraeders hin ausgerichtet sind (◘ Abb. 1.15). Jedes C-Atom kann also maximal vier C-Atome an sich binden, was zu einer Struktur mit Tetraeder- oder

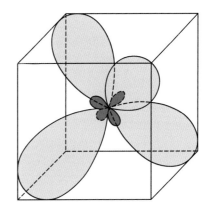

◘ **Abb. 1.15** Die vier sp^3-Orbitale in der Diamant-Struktur lassen tetraedrische Anordnung erkennen. (Modifiziert nach Borchardt-Ott und Sowa 2013)

[4]-Koordination führt. Auch bei der Atombindung wird Edelgaskonfiguration angestrebt; jedoch führt die Paarung der Valenzelektronen dazu, dass sich die äußeren Elektronenhüllen der Atome überlappen (◘ Abb. 1.16), wie man an der *Elektronendichteverteilung* erkennt (◘ Abb. 1.14b). Das Modell der starren, sich berührenden Kugeln ist daher nicht mehr anwendbar, und man sollte eher mit einem *raumfüllenden* Kalottenmodell arbeiten. Die Atombindung beim Diamanten ist außerordentlich stark, was seine extrem hohe Härte erklärt (◘ Tab. 1.2).

Die weitaus überwiegende Zahl der Minerale stellt chemische Verbindungen dar, die aus mehreren Atomarten bestehen. Dementsprechend treten rein homöopolare Bindungen nur selten auf, sondern es dominieren *Mischbindungen* mit einem mehr oder weniger großen *heteropolaren* Anteil, dem *polar-kovalenten Bindungstyp* (◘ Abb. 1.16). Bei den auch im Dünnschliff undurchsichtigen (opaken) Erzmineralen ist meist auch ein *metallischer Bindungsanteil* vorhanden.

- **Metallbindung**

Im Gegensatz zur Ionen- und zur Atombindung sind bei den Metallen die äußeren Valenzelektronen nicht lokalisiert oder spezifischen Protonen zugeordnet, sondern sie bilden – anschaulich gesprochen – eine negativ geladene *Elektronenwolke,* die sich mit einer gewissen

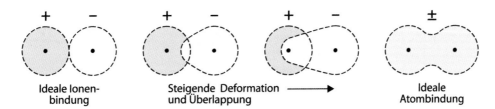

◘ **Abb. 1.16** Übergang zwischen Ionenbindung und Atombindung nach Fajans. (Nach Kleber et al. 2010, 1998; mit Zustimmung von J. Bohm & H. Klimm, Berlin)

◻ Tab. 1.2 Mikrohärte der Standardminerale der Mohs'schen Härteskala. (Nach Broz et al. 2006)

Mohs-Härte	Mineral	Mikrohärte (in kbar[a])
1	Talk	$1,4 \pm 0,3$
2	Gips	$6,1 \pm 1,5$
3	Calcit	$14,9 \pm 1,1$
4	Fluorit	$20,0 \pm 1,0$
5	Apatit	$54,3 \pm 3,3$
6	Orthoklas	$68,7 \pm 6,6$
7	Quarz	122 ± 6
8	Topas	176 ± 10
9	Korund	196 ± 5
10	Diamant	1150

[a] 1 kbar = 0,1 GPa

Aufenthaltswahrscheinlichkeit zwischen den positiv geladenen Atomrümpfen (das sind keine Ionen!) bewegt und diese voneinander abschirmt. In den Metallstrukturen streben die kugelförmig gedachten Atomrümpfe *dichteste Kugelpackungen* mit jeweils 12 nächsten Nachbarn an, d. h. sie sind [12]-koordiniert. Dabei lassen sich zwei unterschiedliche Arten von *Stapelfolgen* der atomaren Schichten unterscheiden, nämlich *ABCABC* … bei der *kubisch* dichtesten Kugelpackung und *ABABAB* … bei der *hexagonal* dichtesten Kugelpackung (◻ Abb. 4.1a, b). Die physikalischen Eigenschaften der meisten Metalle, (aus mehreren Metallen bestehenden) Legierungen, Metallsulfide und Metalloxide sind durch den dominierenden oder zumindest beachtlichen Anteil an metallischer Bindung bedingt, so insbesondere das opake Verhalten im Durchlicht und das starke Reflexionsvermögen im Auflicht (▶ Abschn. 1.5.3).

◼ **Van-der-Waals-Bindung**

Die Van-der-Waals-Bindungskräfte sind im Vergleich mit den bisher behandelten Bindungsarten nur relativ schwach. Sie beruhen auf *Restvalenzen,* die entstehen, wenn in einer an sich elektrostatisch neutralen Gruppe von Atomen, Ionen oder Molekülen die Ladungsverteilung ungleichmäßig ist, sodass die Schwerpunkte der positiven und negativen Ladungen nicht zusammenfallen. Zwischen solchen *Dipolen* ist eine elektrostatische Anziehung möglich, jedoch nimmt Wechselwirkungsenergie mit der 6. Potenz des Abstandes ab, d. h. die Bindungsstärke K ist ~ $1/d^6$. Ein wichtiges Beispiel für die Van-der-Waals-Bindung ist die Graphitstruktur. Wie ◻ Abb. 4.11b erkennen lässt, baut sich diese aus Schichten von kovalent gebundenen C-Atomen

auf, die innerhalb einer Schicht jeweils von drei C umgeben, also [3]-koordiniert sind. Zwischen den relative weit auseinander liegenden Schichten wirken Van-der-Waals-Kräfte was die perfekte blättchenförmige Spaltbarkeit und die extrem geringe Härte des Graphits erklärt. In Graphit liegt eine sp²-Hybridisierung vor, alle vier Elektronen gehen also gemeinsam Bindungen zu drei benachbarten C ein, wobei eines der Elektronen von allen C im schicht-internen Ring geteilt wird (π-Bindung, eine Sonderform der kovalenten Bindung). Das Orbital des vierten Elektrons befindet sich gleichzeitig über und unter der C-Schicht, wird also von allen C-Atomen der Schicht geteilt. Dies erinnert an die Elektronenwolke bei der Metallbindung und erklärt die hohe elektrische Leitfähigkeit von Graphit.

Van-der-Waals-Bindungen spielen auch in vielen Schichtsilikaten eine Rolle, so besonders in Pyrophyllit und Talk (▶ Abschn. 11.5.1, ◻ Tab. 1.2).

1.3.3 Einige wichtige Begriffe der Kristallchemie

◼ **Isotypie**

Kristallarten, die in der gleichen Kristallstruktur kristallisieren, gehören demselben Strukturtyp an. Man nennt sie auch isotyp (grch. ἴσος = gleich, τίπος = Wesen, Charakter). In der Regel besitzen isotype Kristalle die gleiche Raumgruppe, eine analoge chemische Formel sowie die gleiche Form und Anordnung der Koordinationspolyeder. Demgegenüber spielen die Größe der Bausteine und die Bindungsverhältnisse eine geringere Rolle. So sind die Halitstruktur mit reiner Ionenbindung (◻ Abb. 6.2) und die Struktur von Galenit (Bleiglanz PbS; ◻ Abb. 5.3) mit vorherrschender Metallbindung jeweils isotyp.

◼ **Mischkristallbildung**

Die Verwandtschaft von isotypen Strukturen wird größer, wenn sich deren Bausteine gegenseitig ersetzen können *(Diadochie)*. In solchen Fällen kommt es zur Bildung von Mischkristallen (engl. „solid solution"), die bei vielen Mineralgruppen eine wichtige Rolle spielt.

> Kristalle, in deren Gitter die Atome oder Ionen von zwei oder mehreren Komponenten statistisch besetzt sind, nennt man *Mischkristalle.*

Mischkristallbildung findet sich vor allem bei Silikaten, aber auch in Mineralen mit dominierender Ionenbindung (Salzen) sowie in metallischen Mehrstoffsystemen *(Legierungen)*. Eine lückenlose Mischkristallreihe tritt z. B. zwischen den Metallen *Silber* und *Gold*

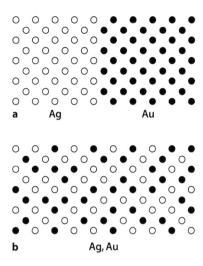

◘ Abb. 1.17 a Struktur eines Silber- und eines Gold-Kristalls, Projektion auf (001); **b** durch mechanisches Aneinanderpressen kommt es zur Diffusion der Ag- und Au-Atome und es entsteht ein (Ag,Au)-Mischkristall. (Nach Borchardt-Ott und Sowa 2013)

auf. Diese bilden miteinander die Legierung (Ag,Au), die sich schon durch mechanisches Verpressen von reinen Ag- und Au-Kristallen bei erhöhten, aber weit unter den jeweiligen Schmelzpunkten liegenden Temperaturen erzeugen lässt. Dabei entsteht durch Diffusion über Zwischenzustände ein Endzustand mit statistischer Ag-Au-Verteilung (◘ Abb. 1.17). Auch viele gesteinsbildende Minerale sind Mischkristalle, z. B. *Olivin,* $(Mg,Fe)_2[SiO_4]$, mit den Endgliedern Forsterit, $Mg_2[SiO_4]$, und Fayalit, $Fe_2[SiO_4]$.

Voraussetzung für einen diadochen Ersatz von Atomen oder Ionen ist eine ungefähr gleiche Größe. Demgegenüber lassen sich Unterschiede in der chemischen Wertigkeit durch *gekoppelte Substitution* ausgleichen *(gekoppelter Valenzausgleich).* Das wichtigste Mineralbeispiel hierfür sind die *Plagioklase* mit den Endgliedern Albit, $Na[AlSi_3O_8]$, und Anorthit, $Ca[Al_2Si_2O_8]$, bei denen der Ladungsausgleich durch die gekoppelte Substitution $Na^+Si^{4+} \leftrightarrow Ca^{2+}Al^{3+}$ erfolgt (▶ Abschn. 11.6.2). Die Bildung von Mischkristallen wird durch erhöhte Temperaturen erleichtert, während es bei Temperaturerniedrigung zur *Entmischung* kommen kann. Das ist z. B. bei den *Alkalifeldspäten* (▶ Abschn. 11.6.2) der Fall, die oberhalb von ca. 500 °C eine lückenlose Mischkristallreihe bilden, sich jedoch unterhalb dieser Temperatur zu fast reinem Mikroklin, $K[AlSi_3O_8]$, und fast reinem Albit, $Na[AlSi_3O_8]$, entmischen. Im Gegensatz zu den Kationen Na^+ und Ca^{2+}, die fast die gleiche Größe von 1,24 Å bzw. 1,20 Å haben, besitzt K^+ einen deutlich größeren Ionenradius von 1,59 Å und kann daher zusammen mit Na^+ nur bei hohen Temperaturen in einer gemeinsamen Struktur auftreten.

■ **Polymorphie**

> *Polymorphie* (grch. πολύ = viel, μορφή = Gestalt) ist die Eigenschaft vieler chemischer Substanzen, in Abhängigkeit von den thermodynamischen Zustandsbedingungen in mehr als einer Kristallstruktur zu kristallisieren.

Beispiele für *polymorphe* Minerale sind rhombischer und monokliner Schwefel, S, Graphit und Diamant, C, Calcit und Aragonit, $Ca[CO_3]$, sowie die polymorphen SiO_2-Modifikationen α-Quarz, β-Quarz, Tridymit, Cristobalit, Coesit und Stishovit. Die polymorphen Umwandlungen können in unterschiedlicher Weise erfolgen:

— Bei Transformationen in *erster Koordination* kommt es zu einer Strukturänderung des unmittelbar nächsten Nachbarn und es verändert sich die Koordinationszahl der atomaren Bausteine (Koordinationswechsel). So steigt bei der Umwandlung Calcit $Ca^{[6]}[CO_3] \leftrightarrow$ Aragonit $Ca^{[9]}[CO_3]$ die Koordinationszahl des Calciums, wobei die Bindungen zwischen Ca^{2+} und $[CO_3]^{2-}$ aufgebrochen und wieder neu geknüpft werden. In ähnlicher Weise steigt die Koordination des Siliciums bei der Umwandlung Coesit $\leftrightarrow$ Stishovit von [4] auf [6]. Wie die Druck-Temperatur-Diagramme ◘ Abb. 8.8 und 11.44 zeigen, gilt in beiden Fällen die Regel, dass die Koordinationszahl mit steigendem Druck zunimmt, mit steigender Temperatur dagegen abnimmt.

— Bei Transformationen in *zweiter Koordination* kommt es zu einer Änderung des übernächsten Nachbarn während die Anordnung des nächsten Nachbarn unverändert bleibt. Folglich bleibt die Koordinationszahl der atomaren Bausteine gleich. Dabei können die Umwandlungen (a) *displaziv* oder (b) *rekonstruktiv* sein. Ein gutes Beispiel dafür sind die Transformationen der polymorphen SiO_2-Modifikationen α-Quarz, β-Quarz und Tridymit (◘ Abb. 1.18):

a) Bei der displaziven Umwandlung der Niedrigtemperaturmodifikation α-Quarz in die Hochtemperaturmodifikation β-Quarz, die bei 573 °C (bei einem Druck von 1 bar) reversibel erfolgt, werden die $[SiO_4]$-Tetraeder lediglich verkippt.

b) Demgegenüber erfordert die Umwandlung Hochquarz $\leftrightarrow$ Tridymit bei 870 °C (1 bar) ein Aufbrechen der Bindungen zwischen den $[SiO_4]$-Tetraedern und einen Neuaufbau der Struktur in Form von Sechserringen (vgl. auch ▶ Abschn. 11.6.1). Zwei weitere wichtige Möglichkeiten für polymorphe Umwandlungen in zweiter Koordination sind:

c) Transformationen durch *Ordnungs-Unordnungs-Vorgänge,* die z. B. bei den Feldspäten eine wichtige Rolle spielen (vgl. ▶ Abschn. 11.6.2).

1

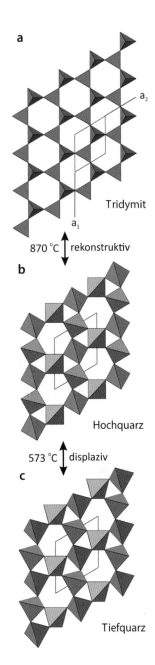

Tridymit

870 °C ↕ rekonstruktiv

Hochquarz

573 °C ↕ displaziv

Tiefquarz

◻ Abb. 1.18 Transformation in zweiter Koordination bei Si[4]O_2-Strukturen, projiziert auf (0001): **a** Tridymit (Raumgruppe P6$_3$/mmc); **b** Hochquarz (P6$_2$22); **c** Tiefquarz (P3$_2$2)

d) Transformationen durch *Änderung des Bindungscharakters,* wie im Fall der Umwandlung Graphit ↔ Diamant. Bei der Schichtstruktur des Graphits kennen wir darüber hinaus noch Unterschiede nach der Stapelfolge: Der hexagonale Graphit-2 H weist eine Zweier-, der trigonale Graphit-3*R* eine Dreierperiode auf. Diesen speziellen Fall der Polymorphie, der auch bei den Schichtsilikaten (▶ Abschn. 11.5) eine wichtige Rolle spielt, bezeichnet man als *Polytypie.*

1.4 Kristallphysik

1.4.1 Härte und Kohäsion

Viele Minerale und synthetische Kristalle weisen eine deutliche *Anisotropie der Härte* auf und zeigen als Ausdruck einer anisotropen Verteilung der Kohäsionseigenschaften eine ausgeprägte *Spaltbarkeit.* So besitzt z. B. das Mineral *Fluorit,* CaF_2 auf der Würfelfläche (100) eine größere Härte als auf der Oktaederfläche (111); bei *Halit,* NaCl, ist das nicht der Fall. Er spaltet parallel zu den Würfelflächen, Fluorit parallel zu den Oktaederflächen (◻ Abb. 1.19a, b). Eine extrem hohe Anisotropie der Härte weist *Kyanit,* $Al_2[O/SiO_4]$, auf, der in Längsrichtung eine Mohs-Härte von 4–4½, senkrecht dazu dagegen von 6–7 hat (◻ Abb. 1.20). Aus dieser Tatsache leitet sich sein alter Name Disthen (grch. δίς = doppelt, σθένος = Festigkeit) ab.

Der Begriff *Härte* bezeichnet den Widerstand eines Festkörpers gegen mechanische Eingriffe wie Ritzen oder Einkerben. Der Ritztest zur Unterscheidung von Mineralen nach ihrer Härte war bereits in der Antike bekannt; er wurde schon von Theophrastos (371–287 v. Chr.) und Plinius d. Ä. (23/24–79 n. Chr.) erwähnt. 1812 schlug Friedrich Mohs (1773–1839) eine *Härteskala* vor, die auf der Fähigkeit von Minerale beruhte, sich gegenseitig zu ritzen. Er wählte eine Reihe von 10 Standardmineralen aus, von denen Talk das weichste (Mohs-Härte 1) und Diamant mit einer Mohs-Härte von 10 das härteste ist (◻ Tab. 1.2). Materialien bis Härte 2 werden vom Fingernagel, bis 5 von einem Taschenmesser, bis 6 von einer Feile oder einer Stahlnadel geritzt; Materialien ab Härte 7 ritzen Fensterglas. Wegen ihrer Einfachheit erfreut sich die Mohs-Skala immer noch großer Beliebtheit; sie ist jedoch eine Relativskala. *Quantitativ* kann man die Härte dagegen mit einem Mikrohärteprüfer bestimmen, bei dem an der

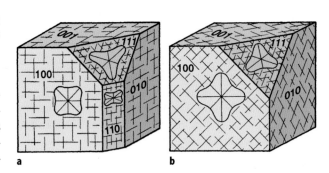

◻ Abb. 1.19 Zwei als Würfel kristallisierte Minerale mit unterschiedlicher Spaltbarkeit und Verteilung der Härte, dargestellt durch Härtekurven: **a** Halit, NaCl, Spaltbarkeit nach dem Würfel {100}; **b** Fluorit, CaF_2, Spaltbarkeit nach dem Oktaeder {111}. (Aus Kleber et al. 2010; mit Zustimmung von J. Bohm & H. Klimm, Berlin)

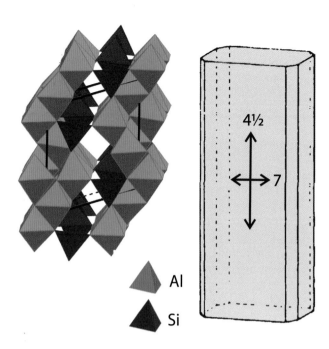

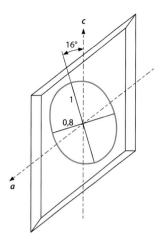

■ **Abb. 1.20** Starke Anisotropie der Härte bei Kyanit (Disthen), Al$_2$[O/SiO$_4$], bedingt durch die Kristallstruktur. In Längsrichtung (entlang der c-Achse) wird Kyanit von einer Stahlnadel (Härte 6) geritzt, in Querrichtung dagegen nicht

■ **Abb. 1.21** Gipskristall mit Wachs-Schmelzwulst auf der Fläche (010); die blaue Ellipse stellt eine Isotherme dar und kennzeichnet die Anisotropie der Wärmeleitfähigkeit. (Nach Kleber et al. 2010; mit Zustimmung von J. Bohm & H. Klimm, Berlin)

Frontlinse eines Mikroskopobjektivs eine kleine Diamant-Pyramide montiert ist. Die damit bestimmte Eindrucks- oder *Mikrohärte* entspricht dem Druck (in kbar), der auf die Mineraloberfläche ausgeübt wurde, um einen definierten Eindruck zu erzeugen. Bei den Standardmineralen der Mohs'schen Härteskala nimmt die Mikrohärte nichtlinear und in ungleichen Sprüngen zu (■ Tab. 1.2).

1.4.2 Wärmeleitfähigkeit

Auch die Wärmeleitfähigkeit von Kristallen verhält sich in den meisten Fällen anisotrop, wie das klassische Experiment von Hureau de Sénarmont (1808–1862) beispielhaft zeigt (■ Abb. 1.21). Er überzog eine Kristallfläche mit einer Wachsschicht und drückte auf diese nach dem Erkalten eine heiße Nagelspitze. Sie wirkte als punktförmige Wärmequelle, von der aus das Wachs beginnt, nach außen fortschreitend zu schmelzen. Beim Entfernen des heißen Nagels entsteht ein Schmelzwulst, der die Lage der *Schmelzisotherme* im Augenblick des Unterbrechens der Wärmezufuhr bezeichnet. Bei anisotropen Kristallen ist das eine Ellipse, deren längste Achse bei Gips, CaSO$_4$·2H$_2$O, um 16 ° gegen die c-Achse geneigt ist. In dieser Richtung ist die Wärmeleitfähigkeit um 20 % größer als senkrecht dazu.

Die *Wärmeleitzahl* λ ist eine Materialkonstante, die folgendermaßen definiert wird: Durch einen Stab der Länge *l* mit dem Querschnitt *A*, zwischen dessen Enden eine Temperaturdifferenz Δ*T* besteht, fließt in der Zeit *t* eine Wärmemenge *Q*. Diese ist proportional zu *A*, Δ*T* und *t*, aber umgekehrt proportional zu *l*. Es gilt also

$$Q = \lambda A \frac{\Delta T}{l} t \qquad [1.3]$$

wobei λ der Proportionalitätsfaktor ist. Bei Kristallen mit vorherrschender Atom- oder Ionenbindung ist die Wärmeleitfähigkeit meist gering, während sie bei Metallen oder Legierungen deutlich höher liegt. So ist bei 0 °C für Silber λ = 419 Wm^{-1} K^{-1}, für Quarz dagegen senkrecht zur c-Achse 7,25 Wm^{-1} K^{-1} und parallel zur c-Achse 13,2 Wm^{-1} K^{-1}.

1.4.3 Elektrische Eigenschaften

■ **Elektrische Leitfähigkeit**

Die elektrische Leitfähigkeit unterschiedlicher kristalliner Substanzen kann enorm variieren. So beträgt sie bei Silber, einem guten metallischen Leiter, 6·10^{17} Ω^{-1} m^{-1}, bei Quarz, einem Isolator, dagegen normal zu *c* lediglich 3·10^{-5} Ω^{-1} m^{-1}, was einem Unterschied von 22 Größenordnungen entspricht! Wie bei allen elektrischen Leitern unterscheidet man auch bei Kristallen zwei Arten von Stromtransport:

— Die *Ionenleitung* erfolgt durch Diffusion von Ionen durch die Kristallstruktur; sie spielt vor allem in Ionenkristallen bei erhöhten Temperaturen eine Rolle.

1

– Die *Elektronenleitung* findet insbesondere bei Metallen und Legierungen mit überwiegend metallischer Bindung statt. Die komplexen Wechselwirkungsbeziehungen zwischen den Atomkernen und den Elektronen lassen sich nur durch quantenmechanische Betrachtungen näherungsweise beschreiben; sie können aber in grober Vereinfachung durch das *Bändermodell* erklärt werden (Bohm 1995; Kleber et al. 1998, 2010). Nach dem Pauli-Prinzip kann jeder Energiezustand von jeweilszwei Elektronen besetzt werden, wobei die einzelnen Niveaus (am absoluten Nullpunkt) bis zu einer bestimmten Grenze, der *Fermi-Kante,* aufgefüllt sind. Die Fermi-Kante ist bei erhöhten Temperaturen durch thermische Anregung etwas verwaschen, aber immer noch deutlich. Das höchste voll aufgefüllte Band ist das *Valenzband,* das nächst höhere das *Leitungsband.* Nun können wir folgende Möglichkeiten unterscheiden (◨ Abb. 1.22):

– Bei *metallischen Leitern* verläuft die Fermi-Kante genau durch das Leitungsband; dieses ist also teilweise aufgefüllt, teilweise leer. Aus einem angelegten elektrischen Feld können die Elektronen des Leitungsbandes Energie aufnehmen, die zu ihrer Bewegung (d. h. zum Transport von Ladung) benötigt wird, wobei sie die nächst höheren, unbesetzten Energieniveaus auffüllen. Die daraus resultierende, gerichtete Komponente der Elektronenbewegung erzeugt den elektrischen Strom.

– Bei *Isolatoren* ist das Valenzband vollkommen gefüllt, das Leitungsband hingegen leer. Zwischen beiden befindet sich eine breite „verbotene Zone" von mehreren Elektronenvolt. Da sämtliche erreichbaren Energieniveaus schon besetzt sind, ist es den Elektronen nicht möglich, aus dem angelegten elektrischen Feld Bewegungs-

energie aufzunehmen: Eine elektrische Leitung findet also nicht statt. Allerdings ist als Folge von Störstellen eine geringe Ionenleitung möglich. Bei erhöhter Temperatur, insbesondere in der Nähe des Schmelzpunktes, nimmt die Leitfähigkeit von Isolatoren zu.

– Bei *Halbleitern* ist die „verbotene Zone" zwischen Valenzband und Leitungsband relativ schmal; sie variiert zwischen 0,1 und 3 eV. Unterschiedliche Mechanismen, so z. B. thermische Anregung, können bewirken, dass Elektronen in das Leitungsband gehoben werden und so eine gewisse elektrische Leitfähigkeit, die *n-Leitung,* bewirken. Darüber hinaus erzeugen die „Löcher", die durch den Verlust von Elektronen im Valenzband zurückbleiben, einen zusätzlichen Leitungseffekt, die *p-Leitung.* Die zahlreichen Möglichkeiten, mit denen man die elektrischen Eigenschaften von Halbleitern steuern kann, führen zu ihrer vielfältigen technischen Nutzung in praktisch allen Bereichen der elektronischen Hardware. Dabei arbeitet man zum einen mit *hochreinen* Halbleiter-Kristallen, zum anderen aber mit Halbleitern, die gezielt mit *Fremdatomen dotiert* wurden. So kann die geringe Eigenleitfähigkeit von reinem Silicium und reinem Germanium durch den Einbau der fünfwertigen Elemente P^{5+} oder As^{5+} in die Si- bzw. Ge-Struktur erheblich gesteigert werden, wozu schon eine geringe Dotierung ausreicht. Atomare Zentren, die durch den Einbau von Fremdatomen entstehen, werden als *Donatoren* bezeichnet, wenn sie Elektronen an das Leitungsband abgeben, als *Akzeptoren* wenn sie Elektronen aus dem Valenzband aufnehmen und dadurch bewegliche Elektronenlöcher in der Kristallstruktur erzeugen.

■ **Piezoelektrizität**

Durch den *piezoelektrischen Effekt* (grch. πιέζειν = drücken, spannen) wird bei gerichteter mechanischer Beanspruchung wie Druck oder Zug eine ungleiche Verteilung der elektrischen Ladungen erzeugt, wobei sich mikroskopische *Dipole* innerhalb der Elementarzellen bilden. Dadurch entsteht ein elektrisches Potential oder elektrische Spannung, ein Vorgang, der umkehrbar ist: Beim Anlegen eines elektrischen Wechselfeldes kommt es zu pulsierender Kompression und Dilatation, sodass mechanische Schwingungen entstehen. Piezoeffekte können nur dann auftreten, wenn Druck und Zug entlang einer *polaren Achse* ausgeübt werden. Sowohl strukturell als auch in seinen physikalischen Eigenschaften ist der Kristall an den beiden Enden einer solchen Achse ungleich. Das ist bei den zweizähligen Achsen a_1, a_2 und a_3 des Quarzes (Kristallklasse 32) der Fall (◨ Abb. 1.23), weswegen reine, unver-

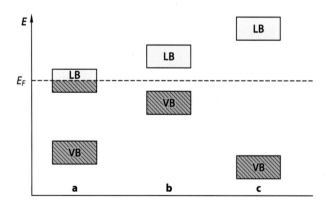

◨ **Abb. 1.22** Das Bändermodell zur Erklärung von **a** metallischen Leitern, **b** Halbleitern und **c** Isolatoren. *E* Energie der Elektronenzustände in Elektronenvolt (eV); **VB** Valenzband; **LB** Leitungsband, E_F Fermi-Kante. (Nach Kleber et al. 1998; mit Zustimmung von J. Bohm & H. Klimm · Berlin)

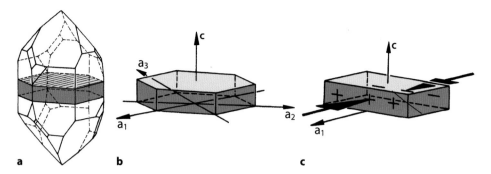

◻ Abb. 1.23 Piezoelektrischer Effekt bei Quarz: **a** Schnittlage einer Quarzplatte im Quarzkristall; **b** Quarzplatte mit den polaren Achsen a_1, a_2 und a_3; **c** Piezoeffekt, erzeugt durch Druck in Richtung einer polaren Achse, hier a_1. (Nach Borchardt-Ott und Sowa 2013)

zwillingte Quarzkristalle vielfältige Anwendung als Schwing- und Steuerquarze, z. B. in Quarzuhren finden (▶ Abschn. 11.6.1). Ihre industrielle Herstellung ist jedoch nur möglich durch die großtechnische Züchtung von synthetischem „Quarz", da bei der überwiegenden Mehrzahl von natürlichen Quarzkristallen die zweizähligen Achsen ihren polaren Charakter durch Verzwillingung eingebüßt haben. Piezoeffekte zeigen auch die Minerale Turmalin (Kristallklasse 3m; ▶ Abschn. 11.3) und Sphalerit ZnS (Kristallklasse $\bar{4}$3m; ▶ Abschn. 5.2) sowie die Kristalle der D- und L-Weinsäure $C_4H_6O_6$ (Kristallklasse 2).

▪ Pyroelektrizität
Ähnlich wie bei der Piezoelektrizität führt eine thermische Behandlung zu einer elektrischen Aufladung an den polaren Enden eines Kristalls, ein Vorgang, den man als *pyroelektrischen Effekt* (grch. πῦρ = Feuer) bezeichnet. So wird beim Erhitzen von Turmalin das eine Ende der c-Achse positiv, das andere Ende negativ aufgeladen; bei der Abkühlung kehrt sich diese Aufladung um. Dieser Effekt resultiert aus der Tatsache, dass Turmalin ein permanentes elektrisches *Dipolmoment* besitzt, dessen Stärke temperaturabhängig ist. Es stellt einen Vektor dar, dessen Lage sich bei Anwendung von Symmetrieoperationen nicht verändern darf. Notwendige Voraussetzung für Pyroelektrizität ist eine Polarität in der Kristallstruktur. Daher sind nur solche Kristallarten pyroelektrisch, die entweder kein Symmetrieelement haben (Kristallklasse 1), oder lediglich eine Drehachse (2, 3, 4, 6), eine Spiegelebene (m), oder eine Spiegelebene parallel zu einer Drehachse (mm2, 3m, 4mm, 6mm) aufweisen. Umgekehrt können alle höher symmetrischen Kristalle, so alle mit kubischer Symmetrie, solche mit Inversionszentrum oder der Kristallklassen 222, $\bar{4}$ usw., nicht pyroelektrisch sein.

1.4.4 Magnetische Eigenschaften

Ein Elektron in einem Atom oder Ion verfügt über ein *magnetisches Moment*, das aus seinem Spin und/oder

seiner Kreisbewegung resultiert. Bei den sogenannten Übergangselementen Eisen und Titan, die in Mineralen häufig auftreten, spielt der Spin die Hauptrolle. Die magnetischen Momente von zwei Elektronen mit antiparallelem Spin heben sich gegenseitig auf. Daher haben Atome und Ionen mit gepaarten Elektronen – über alle Elektronen summiert – kein magnetisches Moment; sie werden als *diamagnetisch* bezeichnet, ebenso die Kristalle, die aus solchen atomaren Bausteinen aufgebaut sind. Demgegenüber besitzen Atome und Ionen mit einem oder mehreren ungepaarten Elektronen im Mittel ein magnetisches Moment; sie sind *paramagnetisch*. Das magnetische Moment eines ungepaarten Elektrons ist ein *Bohr'sches Magneton* $\mu_B = 0{,}9274 \cdot 10^{-20}$ emu (elektromagnetische Einheiten). Die meisten paramagnetischen Substanzen besitzen nur ein ungepaartes Elektron und haben dementsprechend nur das magnetische Moment von 1 μ_B. Jedoch neigen gerade die Übergangsmetalle mit den Ordnungszahlen 21–30 dazu, die fünf Plätze des 3d-Niveaus jeweils nur mit einem einzigen Elektron aufzufüllen und erst dann, wenn all diese Plätze einfach besetzt sind, ein zweites Elektron in das jeweilige Orbital einzubauen (◻ Tab. 1.3). Die einfache Besetzung der fünf 3d-Plätze wird als *Hoch-Spin-Bedingung,* die möglichst weitgehende doppelte Besetzung als *Tief-Spin-Bedingung* bezeichnet. Dementsprechend haben Mn^{2+} und Fe^{3+} je fünf ungepaarte 3d-Elektronen mit parallelem Spin: 5μ_B. Fe^0 und Fe^{2+} haben je sechs 3d-Elektronen, davon zwei gepaarte mit antiparallelem Spin und vier ungepaarte mit parallelem Spin: 4μ_B; darüber hinaus verfügt Fe^0 noch über zwei gepaarte 4 s-Elektronen mit antiparallelem Spin. Ti^{3+} hat ein 3d-Elektron und dementsprechend 1μ_B, während Ti^{4+} keine 3d-Elektronen und somit kein magnetisches Moment besitzt (◻ Tab. 1.3).

Für das magnetische Verhalten von Kristallen ist die Verteilung von paramagnetischen Atomen oder Ionen in der Kristallstruktur von ausschlaggebender Bedeutung:

— In *paramagnetischen* Kristallen sind die paramagnetischen Atome mit ihren Spins und damit mit ihren

◻ Tab. 1.3 Elektronenkonfigurationen für Eisen und Titan

Schale	K	L		M			N	Magnetisches Moment
Orbital	1s	2s	2p	3s	3p	3d	4s	
Fe^0	↑↓	↑↓	↑↓↑↓↑↓	↑↓	↑↓↑↓↑↓	↑↓↑↑↑↑	↓↑	$4\mu_B$
Fe^{2+}	↑↓	↑↓	↑↓↑↓↑↓	↑↓	↑↓↑↓↑↓	↑↓↑↑↑↑		$4\mu_B$
Fe^{3+}	↑↓	↑↓	↑↓↑↓↑↓	↑↓	↑↓↑↓↑↓	↑↑↑↑↑		$5\mu_B$
Ti^0	↑↓	↑↓	↑↓↑↓↑↓	↑↓	↑↓↑↓↑↓	↑↑	↓↑	$2\mu_B$
Ti^{3+}	↑↓	↑↓	↑↓↑↓↑↓	↑↓	↑↓↑↓↑↓	↑		$1\mu_B$
Ti^{4+}	↑↓	↑↓	↑↓↑↓↑↓	↑↓	↑↓↑↓↑↓			0

↑↓ Gepaarte Elektronen mit antiparallelem Spin, ↑ ungepaartes Elektron

magnetischen Momenten statistisch verteilt und heben sich gegenseitig auf. Somit resultiert im Mittel kein magnetisches Moment.

- Als *ferromagnetisch* bezeichnet man demgegenüber Kristallarten wie α-Eisen, bei denen zwischen benachbarten Fe-Atomen eine Austauschbeziehung besteht in der Weise, dass die magnetischen Momente in jeder Kristalldomäne parallel angeordnet sind. Daraus resultiert ein hohes magnetisches Moment und damit eine große magnetische Massensuszeptibilität.
- Es gibt aber auch Kristallarten, die aus zwei ferromagnetischen Teilstrukturen bestehen, in denen die ungepaarten Elektronen jeweils antiparallele Spinrichtung aufweisen. Bei *antiferromagnetischen* Kristallen heben sich die magnetischen Momente dieser Teilstrukturen genau auf, sodass im Mittel kein magnetisches Moment resultiert.
- Demgegenüber heben sich bei *ferrimagnetischen* Substanzen, wie Magnetit, $Fe^{2+}Fe^{3+}_2O_4$ (▶ Abschn. 7.2.1), die magnetischen Momente in den Teilstrukturen aus folgenden Gründen nicht vollständig auf:
  - weil ihre antiparallelen Momente nicht genau gleich groß sind,
  - weil ihre Spinrichtung nicht exakt antiparallel ist oder
  - weil Strukturdefekte oder Verunreinigungen in der Struktur auftreten.

Über die gesamte Struktur gemittelt ergibt sich dann ein magnetisches Moment.

Ferro- und ferrimagnetische Kristalle besitzen eine materialspezifische Temperatur, bei der sie paramagnetisch werden, die sogenannte *Curie-Temperatur* (z. B. für Magnetit bei 578 °C). Oberhalb dieser werden die thermischen Schwingungen in der Kristallstruktur so groß, dass die Parallelität der atomaren Magnete verloren geht. Ebenso gehen antiferromagnetische Strukturen beim *Néel-Punkt* in den paramagnetischen Zustand über. So ist Ilmenit, $Fe^{2+}Ti^{4+}O_3$, bei Zimmertempera-

tur paramagnetisch, wird aber bei tieferer Temperatur antiferromagnetisch. Für geomagnetische Messungen und ihre Interpretation ist der Curie-Punkt von großer praktischer Bedeutung (vgl. ▶ Abschn. 7.2; Harrison und Feinberg 2009).

1.5 Kristalloptik

Die optischen Eigenschaften im polarisierten Licht sind extrem hilfreich bei der Bestimmung von Mineralen in Gesteinen und Erzlagerstätten, aber auch von kristallinen Phasen in technischen Produkten. Die Kristalloptik ist daher ein äußerst wichtiger Zweig der Kristallphysik und rechtfertigt so einen eigenen Abschnitt. Kristalle, die in *Dünnschliffen* von ca. 25 μm (= 0,025 mm) Dicke durchsichtig oder durchscheinend sind, werden im *Durchlicht* untersucht, opake Kristalle dagegen in *polierten An-* oder *Dünnschliffen im reflektierten Auflicht*. Durch mikroskopische Untersuchungen können die Ausscheidungsfolge von Mineralen sowie ihre Gleichgewichts- und Reaktionsgefüge beurteilt werden. Solche Beobachtungen liefern wesentliche Anhaltspunkte für die Rekonstruktion gesteins- und lagerstättenbildender Prozesse.

In diesem Lehrbuch können lediglich die Grundzüge der Polarisationsmikroskopie behandelt werden. Für das eingehende Studium der kristalloptischen Methoden verweisen wir auf die einschlägigen Lehrbücher und Nachschlagewerke, z. B. Nesse (2004); die Bücher von Tröger et al. (1967, 1982) sowie Pichler und Schmitt-Riegraf (1993) sind für die praktische Mikroskopie von Gesteinen zu empfehlen. Die methodischen Grundlagen der Auflichtmikroskopie wurden seit dem klassischen Werk von Schneiderhöhn (1952) z. B. von Craig und Vaughan (1981) sowie Mücke (1989) näher erläutert. Für das praktische auflichtmikroskopische Arbeiten ist das Standardwerk des „Erzvaters" Paul Ramdohr (1975, 2013) unerlässlich.

1.5.1 Grundlagen

Die Natur des Lichts und seine Wechselwirkung mit Materie können bekanntlich durch zwei unterschiedliche physikalische Theorien beschrieben werden, die sich gegenseitig ergänzen:

- Die *Lichtquanten-* oder *Korpuskular-Theorie* erklärt die Wechselwirkung von Licht und Materie im Bereich von Atomen und Molekülen in einer Kristallstruktur quantenphysikalisch. Danach besteht Licht aus Photonen, d. h. Korpuskeln der Masse 0, die sich wie Geschosse von einem Materiepunkt zum andern bewegen.

- Die *Wellentheorie* betrachtet Licht als Strahlungsenergie, die in Form von elektromagnetischen Wellen von einem Materiepunkt zum anderen wandert. Die optischen Erscheinungen, wie man sie beim Mikroskopieren im Dünnschliff oder Anschliff beobachtet, lassen sich mit der Wellentheorie beschreiben, wobei man je nach Fragestellung zwei verschiedene Modelle anwendet:

  - Das *Strahlenmodell* beschreibt mit geometrischen Methoden die Ausbreitung der Lichtstrahlen im Raum, ihre Brechung und Reflexion sowie den Strahlengang in optischen Systemen, z. B. im Mikroskop (Strahlenoptik).

  - Das *Wellenmodell* fasst das Licht als Transversalwelle auf, die beim Durchgang durch Kristalle gebeugt und polarisiert wird, wobei es zu Interferenzerscheinungen kommt (Wellenoptik).

Das sichtbare Licht stellt nur einen begrenzten Ausschnitt aus einem kontinuierlichen Spektrum elektromagnetischer Strahlung dar. Es umfasst einen Wellenlängenbereich von 400–800 nm (1 nm = 10^{-7} cm), in dem die von Joseph von Fraunhofer (1787–1826) im Sonnenspektrum gefundenen Spektrallinien enthalten sind. Nach dem Wellenmodell besteht weißes Licht aus einem Bündel von unendlich vielen Wellen unterschiedlicher *Wellenlänge λ,* die mit unterschiedlicher *Amplitude A* schwingen. Die *Lichtintensität* oder *Helligkeit* ist proportional zu A^2. Zwischen der *Frequenz f,* d. h. der Zahl der Wellenzyklen pro Sekunde (in Hz), der *Lichtgeschwindigkeit c* und der *Wellenlänge λ* besteht der folgende einfache Zusammenhang:

$$f = \frac{c}{\lambda} \qquad [1.4]$$

Nach Gl. [1.5] (▶ Abschn. 1.5.2) ist der Brechungsindex eines Mediums umgekehrt proportional zur Geschwindigkeit einer sich fortpflanzenden Lichtwelle. Demgegenüber bleibt, abgesehen von einigen Ausnahmen, die Frequenz einer Lichtwelle konstant, unab-

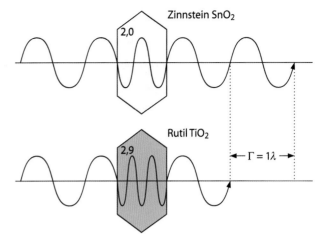

◻ **Abb. 1.24** Abhängigkeit der Wellenlänge in zwei Mineralen unterschiedlicher Brechungsindizes, nämlich Kassiterit ($n = 2,0$) und Rutil ($n = 2,9$); sobald Licht in die Kristallstrukturen dieser Minerale eindringt, wird es auf Fortpflanzungsgeschwindigkeiten von 150.000 bzw. 103.500 km s^{-1} abgebremst. Da die Frequenzen in Luft und in den beiden Mineralen gleich groß bleiben, müssen die Wellenlängen in den Kristallen unterschiedlich sein, und zwar beide kürzer als in Luft; Γ = Gangunterschied. (Nach Müller und Raith 1976)

hängig davon, welches Medium sie durchdringt. Da sich die Lichtgeschwindigkeit c beim Eintritt von einem Medium in ein anderes ändert, muss sich auch die Wellenlänge ändern: in optisch dichteren Medien, z. B. in Kristallen oder in Glas, ist f und damit auch $λ$ geringer als in einem optisch dünneren Medium, z. B. in Luft (◻ Abb. 1.24). Für den Durchgang von Lichtwellen durch Materie sind folgende Begriffe wichtig (◻ Abb. 1.25a):

- Die *Wellenfront* ist die Fläche, die Punkte gleicher Phase benachbarter Wellen verbindet.
- Die *Wellennormale* ist die Fortpflanzungsrichtung der Welle; sie liegt normal zur Wellenfront.
- Der *Lichtstrahl* ist die Richtung, in der sich die Lichtenergie fortpflanzt.

In optisch *isotropen* Medien, wie in Glas oder in kubischen Kristallen, ist die Lichtgeschwindigkeit in allen Richtungen gleich, sodass Lichtstrahl und Wellennormale parallel verlaufen (◻ Abb. 1.25b). Demgegenüber ist in optisch *anisotropen* Medien, d. h. in allen nichtkubischen Kristallen, die Lichtgeschwindigkeit in unterschiedlichen Richtungen verschieden, sodass Lichtstrahl und Wellennormale gewöhnlich nicht parallel zueinander verlaufen (◻ Abb. 1.25c).

1.5.2 Grundzüge der Durchlichtmikroskopie

▪ **Lichtbrechung und Doppelbrechung**

Beim Eintritt von einem optisch dünneren in ein optisch dichteres Medium wird ein Lichtstrahl zum Ein-

1

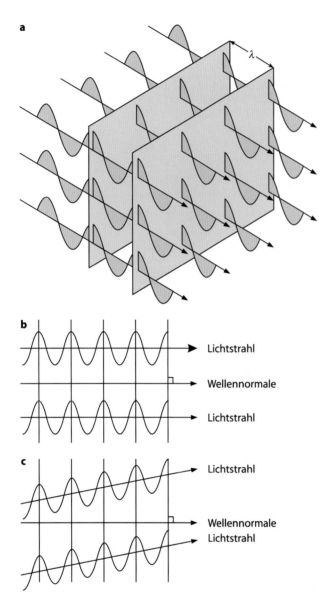

a

b Lichtstrahl

Wellennormale

Lichtstrahl

c Lichtstrahl

Wellennormale
Lichtstrahl

□ **Abb. 1.25** **a** Wellenfronten sind Ebenen, die äquivalente Punkte benachbarter Wellen verbinden; ihr Abstand entspricht einer Wellenlänge. **b** In optisch isotropen Medien liegen Wellennormale und Lichtstrahl beide senkrecht zur Wellenfront. **c** In optisch anisotropen Medien ist das nicht der Fall: Wellennormale und Lichtstrahl laufen nicht mehr parallel zueinander. (Nach Nesse 2004)

fallslot hin gebrochen und umgekehrt. Diese Tatsache ist bedingt durch die Veränderung, die die Wellenlänge des Lichts und damit die Lichtgeschwindigkeit beim Eintritt in ein anderes Medium erfährt (□ Abb. 1.24). Es gilt das Brechungsgesetz von Willebrord Snellius (1580–1626).

Der *Brechungsindex* ist definiert durch den Quotienten aus der Lichtgeschwindigkeit im Vakuum $c_v = 3,0 \cdot 10^{10}$ cm s^{-1} ($= 300.000$ km s^{-1}) und in einem Material c_n:

$$n = \frac{c_v}{c_n} \qquad\qquad [1.5]$$

Ein hoher Brechungsindex entspricht also immer einer geringeren Lichtgeschwindigkeit und umgekehrt. Da c_v die maximal mögliche Lichtgeschwindigkeit darstellt, muss n stets > 1 sein. Beispiele für Brechungsindizes von kubischen, d. h. *optisch isotropen* Kristallen sind in □ Tab. 1.4 aufgeführt. Man erkennt, dass der Brechungsindex von Diamant sehr stark mit der Wellenlänge variiert: Diamant hat eine große *Dispersion* der Lichtbrechung.

Als *Relief* bezeichnet man im Durchlicht die relativen Unterschiede in der Lichtbrechung
— zweier benachbarter Minerale im Dünnschliff,
— zwischen einem Mineral und einem Einbettungsmittel (z. B. Epoxyharz) im Dünnschliff,
— oder zwischen einem Mineral und dem Immersionsöl in einem Körnerpräparat.

Das Relief wird erkennbar, wenn man die Beleuchtungsapertur durch Einengen der Aperturblende erniedrigt. Dadurch werden Risse, Unebenheiten und feinste Rauhigkeiten an der Ober- und Unterseite des Minerals deutlicher; man beobachtet ein verstärktes Chagrin (frz. genarbtes Leder) und positive oder negative Reliefunterschiede. Sehr hilfreich ist die *Becke'sche Lichtlinie:* Eine **h**elle Linie, die beim **He**ben des Mikroskoptubus (oder Senken des -tisches) in das **h**öherbrechende Medium hineinwandert („Drei-H-Regel"). Die quantitative Bestimmung der Brechungsindizes erfolgt im Körnerpräparat unter Verwendung von Einbettungsflüssigkeiten unterschiedlicher Lichtbrechung *(Immersionsmethode)*, z. B. auch durch Variation der Tem-

□ **Tab. 1.4**   Brechungsindizes einiger kubischer, optisch isotroper Minerale

Mineral	chem. Formel	n
Fluorit (Flussspat)	CaF_2	1,434
Halit (Steinsalz)	$NaCl$	1,544
Spinell	$MgAl_2O_4$	1,714
Almandin-Granat	$Fe^{2+}_3Al_2[SiO_4]_3$	1,830
Andradit-Granat	$Ca_3Fe^{3+}_2[SiO_4]_3$	1,887
Diamant	C	
- für rotes Licht ($\lambda_C = 656,3$ nm)		2,410
- für violettes Licht ($\lambda_F = 396,8$ nm)		2,454

peratur und/oder der verwendeten Wellenlänge von monochromatischem Licht (λ-, T- oder λ-T-Methode). In früheren Zeiten wurden Mischkristallzusammensetzungen gesteinsbildender Minerale häufig durch Lichtbrechungsbestimmungen ermittelt. Diese indirekte und letztlich recht aufwendige Methode hat jedoch stark an Bedeutung eingebüßt, seitdem die direkte Mineralanalytik mit ortsauflösenden Methoden, insbesondere mit der Elektronenstrahl-Mikrosonde routinemäßig möglich ist.

Die allermeisten Minerale sind nicht kubisch und verhalten sich dementsprechend *optisch anisotrop*. Sie besitzen unterschiedliche Brechungsindizes mit einem Maximalwert n_γ und einem Minimalwert n_α, die senkrecht aufeinander stehen. Die Differenz

$$\Delta n = n_\gamma - n_\alpha \qquad\qquad [1.6]$$

bezeichnet man als *Hauptdoppelbrechung*, deren maximaler Betrag nur in Schnittlagen parallel zur Ebene n_γ – n_α erkennbar ist. In anderen, beliebigen Schnittlagen liegen die Brechungsindizes zwischen diesen beiden Extremwerten: $n_\gamma \geq n'_\gamma \geq n'_\alpha \geq n_\alpha$, sodass die Werte für die Doppelbrechung $\Delta n = n'_\gamma - n'_\alpha$ dementsprechend geringer sind. Trägt man alle möglichen Brechungsindizes eines Kristalls im Raum auf, so erhält man ein Ellipsoid mit der längsten Achse $Z = n_\gamma$ und der kürzesten Achse $X = n_\alpha$, die *optische Indikatrix*. Dabei sind grundsätzlich zwei verschiedene Möglichkeiten zu unterscheiden:

- Für *optisch isotrope* Kristalle, d. h. solche mit kubischer Symmetrie, ist die Indikatrix eine Kugel, da die Brechungsindizes in allen Richtungen gleich sind.
- Bei *optisch einachsigen Kristallen* mit trigonaler, tetragonaler oder hexagonaler Symmetrie stellt die Indikatrix ein *Rotationsellipsoid* dar, bei dem entweder Z (= n_γ) oder X (= n_α) die Rotationsachse bildet. Im ersten Fall hat die Indikatrix eine gestreckte, im zweiten eine abgeplattete Form (Abb. 1.26a, b). Blickt man in Richtung der Rotationsachse, so beobachtet man naturgemäß einen Kreisschnitt, bei dem alle Brechungsindizes, nämlich entweder n_α oder n_γ, gleich groß sind. In dieser Richtung verhält sich der Kristall also scheinbar isotrop: Man bezeichnet die Rotationsachse, die mit der trigonalen, tetragonalen oder hexagonalen Hauptachse des Kristalls zusammenfällt, als *optische Achse*. Ihre Richtung entspricht nicht notwendigerweise der Längserstreckung des Kristalls. Kristalle, in denen die optische Achse mit Z (= n_γ) zusammenfällt, bezeichnet man als *optisch positiv*, z. B. Quarz (Abb. 1.26a), solche mit der optischen Achse entlang X (= n_α) dagegen als *optisch negativ*, z. B. Calcit (Abb. 1.26b).
- Bei *optisch zweiachsigen Kristallen* mit orthorhombischer, monokliner und trikliner Symmetrie ist

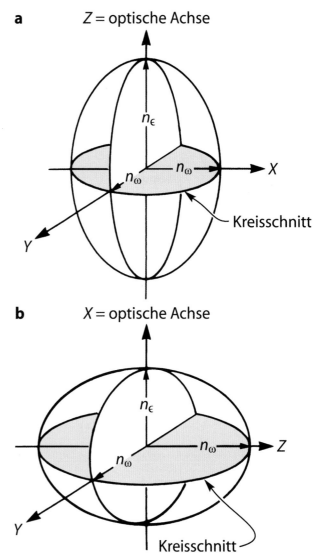

Abb. 1.26 Die Indikatrix für optisch einachsige (trigonale, tetragonale und hexagonale) Kristalle hat die Form eines Rotationsellipsoids; sie ist **a** gestreckt im optisch einachsig positiven Fall (optische Achse $n_\varepsilon = Z$ folgt hier n_γ) und **b** abgeplattet im optisch einachsig negativen Fall (optische Achse $n_\varepsilon = X$ folgt hier n_α). Blickt man in Richtung der optischen Achse, verhält sich der Kristall scheinbar optisch isotrop, da in dieser Blickrichtung alle Brechungsindizes (n_ω = entweder n_α oder n_γ), die jeweils den Kreisradius bilden, gleich sind

die optische Indikatrix ein dreiachsiges Ellipsoid mit den Hauptachsen Z, Y, X und n_γ als größtem, n_α als kleinstem Brechungsindex sowie einem Brechungsindex n_β, der normal zur Ebene n_α – n_γ steht: $n_\gamma \geq n'_\gamma \geq n_\beta \geq n'_\alpha \geq n_\alpha$ (Abb. 1.27a). Dreiachsige Ellipsoide besitzen zwei Kreisschnitte, die sich in der Y-Achse (= n_β) schneiden (Abb. 1.27b). Senkrecht auf diesen Kreisschnitten stehen die beiden optischen Achsen, die in einer Ebene normal zu Y (= n_β) liegen, der *optischen Achsenebene*. Blickt man in Richtung einer optischen Achse, so erscheint der Kristall optisch isotrop, da im Kreisschnitt naturgemäß immer nur der Brechungsindex n_β vorhan-

1

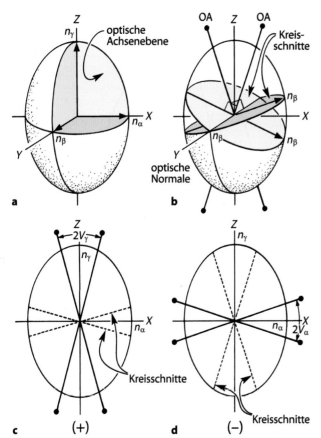

a (■ Abb. 1.28a). Bei monoklinen Kristallen ist die Indikatrix gegen das Kristallgebäude einfach, in triklinen Kristallen doppelt geneigt (■ Abb. 1.28b, c). Beim Lichtdurchgang durch einen optisch anisotropen, also doppelbrechenden Kristall beobachtet man eine Aufspaltung des Lichtes in zwei Transversalwellen unterschiedlicher Fortpflanzungsgeschwindigkeit. Diese Tatsache lässt sich anhand eines klar durchsichtigen, hochdoppelbrechenden Calcit-Kristalls eindrucksvoll demonstrieren (■ Abb. 1.29). Solche Kristalle wurden früher in Island gewonnen und wurden daher als *Isländischer Doppelspat* bezeichnet. Die schnellere Welle entspricht dem kleineren Brechungsindex n'_α, die langsamere dem größeren Brechungsindex n_γ'. In optisch einachsigen (trigonalen, tetragonalen, hexagonalen) Kristallen unterscheidet man einen *ordentlichen Brechungsindex* n_ω, der richtungsunabhängig ist und einen *außerordentlichen Brechungsindex* n_ε, dessen Wert von der Lichtrichtung im Kristall abhängt.

- n_ε entspricht der optischen Achse und ist im optisch positiven Fall $=n_\gamma$, im optisch negativen $=n_\alpha$;
- n_ω entspricht dem Kreisradius und ist im optisch positiven Fall $=n_\alpha$, im optisch negativen $=n_\gamma$

Bei optisch zweiachsigen (orthorhombischen, monoklinen, triklinen) Kristallen gibt es keine richtungsunabhängige Brechzahl mehr.

■ **Interferenzfarben**

Bei den natürlichen, sich in Luft ausbreitenden Lichtwellen sind die Schwingungsvektoren statistisch um die Achse der Fortpflanzungsrichtung verteilt. Im Gegensatz dazu spaltet sich das Licht beim Eintritt in einen Kristall in zwei senkrecht zueinander linear polarisierte Strahlen, den *ordentlichen* und den *außerordentlichen* Strahl auf. Daraus entsteht die *Doppelbrechung*, die wir am Beispiel des Calcits kennengelernt haben. Während sich der ordentliche Strahl – genau so wie in isotropen Medien – stationär verhält, weicht der außerordentliche Strahl um einen bestimmten Betrag vom Pfad des ordentlichen ab. Deswegen erscheint der Schriftzug unter dem Calcit-Rhomboeder (■ Abb. 1.29) in einem Fall stationär, im anderen Fall bewegt er sich mit der Rotation des Calcit-Rhomboeders im Kreis. Die beiden Wellen pflanzen sich mit unterschiedlicher Geschwindigkeit durch den Kristall fort und schwingen in zwei senkrecht aufeinander stehenden Ebenen. Daraus resultiert eine Laufzeitdifferenz, der *Gangunterschied* Γ (gemessen in nm), der proportional zur *Doppelbrechung* Δn und zur *Dicke* des Kristalls d ist:

■ **Abb. 1.27** Die Indikatrix für optisch zweiachsige (orthorhombische, monokline und trikline) Kristalle hat die Form eines dreiachsigen Ellipsoids: **a** Die drei Hauptbrechungsindizes n_α = X, n_β = Y und n_γ = Z; die optische Achsenebene steht senkrecht n_β. **b** In einem dreiachsigen Ellipsoid gibt es zwei Kreisschnitte, die sich in n_β schneiden; senkrecht auf den Kreisschnitten stehen die optischen Achsen, die Blickrichtungen der scheinbaren optischen Isotropie. **c** Optische Achsenebene für die zweiachsig positive Indikatrix: optischer Achsenwinkel $2V_\gamma$, d. h. Z (= n_γ) liegt in der spitzen Winkelhalbierenden. **d** Optische Achsenebene für die zweiachsig negative Indikatrix: optischer Achsenwinkel $2V_\alpha$, d. h. X (= n_α) liegt in der spitzen Winkelhalbierenden

den ist (■ Abb. 1.27b). Zusammen mit den Hauptbrechungsindizes n_α, n_β und n_γ sowie der Hauptdoppelbrechung $n_\gamma - n_\alpha$ stellt der Winkel der optischen Achsen 2 V eine wichtige Materialgröße für die Mineralbestimmung dar. Er liefert Hinweise auf die chemische Zusammensetzung und/oder den Strukturzustand von Mischkristallen, z. B. bei den Feldspäten (▶ Abschn. 11.6.2). Kristalle, bei denen n_γ die spitze Bisektrix (Winkelhalbierende) des optischen Achsenwinkels bildet, sind optisch positiv ($2V_\gamma$), solche mit n_α als spitzer Bisektrix optisch negativ ($2V_\alpha$; ■ Abb. 1.27c, d).

In orthorhombischen Kristallen liegen die Hauptachsen der Indikatrix Z (= n_γ), Y=(n_β) und X (= n_α) parallel zu den kristallographischen Achsen c oder b oder

$$\Gamma = d\Delta n \qquad [1.7]$$

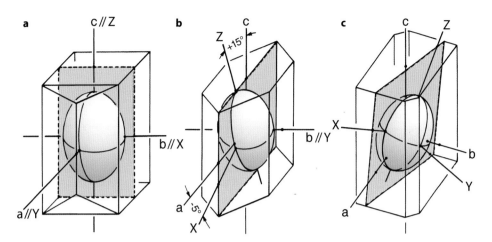

○ **Abb. 1.28** Beziehungen zwischen Kristallbau und optischer Indikatrix; **a** orthorhombische Kristalle: Die Achsen der optischen Indikatrix X, Y und Z fallen mit den Kristallachsen a, b und c zusammen; im vorliegenden Beispiel ist a parallel Y, b parallel X und c parallel Z. In Schnitten nach ac und bc gerade Auslöschung, während diese in Schnitten nach ab in Bezug auf die Fläche (010) gerade, bezüglich der Flächen {hk0} symmetrisch ist. **b** Monokline Kristalle: Die optische Indikatrix ist einfach geneigt, b fällt mit einer der Indikatrixachsen zusammen, in diesem Fall mit Y (= n_β); die Auslöschungsschiefen sind: c / Z = + 15 °, a / X = −5 °. **c** Trikline Kristalle: Die optische Indikatrix ist zweifach geneigt, a, b und c fallen nicht mit X, Y oder Z zusammen. Die optische Achsenebene XZ ist grau hervorgehoben. (Nach Nesse 2004)

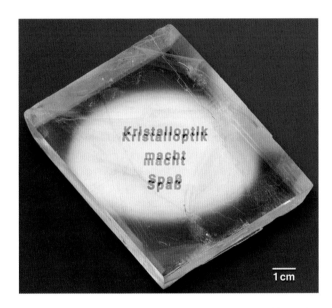

○ **Abb. 1.29** Calcit, Mexiko. Der Spaltkörper nach {10$\bar{1}$1} besitzt als „Doppelspat" optische Qualität; seine hohe Doppelbrechung (Δ = 0,1719) ist durch die Verdoppelung der Schrift schon mit bloßem Auge erkennbar; Mineralogisches Museum der Universität Würzburg

Hält man die Dicke eines Dünnschliffs möglichst konstant, d. h. nahe bei 25 μm, so lässt sich aus dem Gangunterschied die Doppelbrechung ableiten.

Beim Polarisationsmikroskop arbeitet man von vornherein mit linear polarisiertem Licht, das durch ein Polarisationsfilter unterhalb des Mikroskoptisches, den *Polarisator,* erzeugt wird. Früher benutzte man dazu ein *Nicol'sches Prisma* (William Nicol, 1768–1851), einen besonders präparierten, klar durchsichtigen Calcit-Kristall (○ Abb. 1.29), der nur den linear polarisier-

ten ordentlichen Strahl durchlässt, während der außerordentliche abgelenkt und absorbiert wird. Zusätzlich kann am oberen Ende des Strahlenganges ein weiteres Polarisationsfilter, der *Analysator,* eingeschaltet werden, dessen Schwingungsrichtung senkrecht zu der des Polarisators ist. Bei eingeschaltetem Analysator spricht man von *gekreuzten Nicols* (abgekürzt + Nic). Tritt linear polarisiertes Licht in den Kristall ein, wird dieses in zwei senkrecht zueinander schwingende, linear polarisierte Wellen aufgespalten, die sich mit unterschiedlicher Geschwindigkeit bewegen (○ Abb. 1.30) und am Analysator miteinander interferieren.

Wenn die resultierenden Interferenzerscheinungen richtig interpretiert werden, können sie für die mikroskopische Identifikation äußerst hilfreich sein. Wir betrachten diese zunächst bei monochromatischem Licht, d. h. bei Licht einer bestimmten Wellenlänge λ. Beträgt der Gangunterschied zwischen den beiden Wellen $\Gamma = i\lambda$, wobei i eine ganze Zahl ist, so schwingen beide Wellen in Phase. Wenn sie den Analysator erreichen, ergibt sich durch Vektoraddition eine resultierende Welle S, die parallel zur einfallenden Polarisation ist und damit senkrecht zur Schwingungsrichtung des gekreuzten Analysators verläuft, und daher ausgelöscht wird (○ Abb. 1.30a). Beträgt dagegen der Gangunterschied $\Gamma = (i + \frac{1}{2})\lambda$, so schwingen die beiden Wellen in entgegengesetzte Richtungen, also 180 ° außer Phase, und die resultierende Welle S liegt in der Schwingungsrichtung des gekreuzten Analysators, sodass sie den Analysator durchläuft (○ Abb. 1.30b). Diese Verhältnisse werden in ○ Abb. 1.31 verdeutlicht, die einen keilförmig geschliffenen Quarzkristall zeigt. Da die Doppelbrechung dieses Kristalls konstant ist, hängt der Gangunterschied Γ nur von der jeweiligen Dicke des

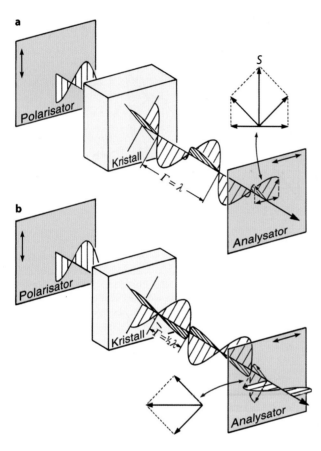

a

b

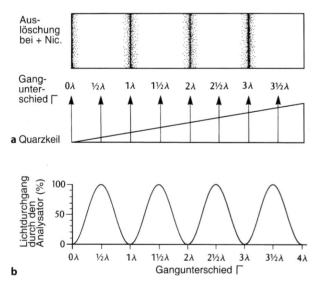

☐ **Abb. 1.30** Interferenzerscheinungen an einer doppelbrechenden Kristallplatte; **a** der Gangunterschied ist gleich einer Wellenlänge: $\Gamma = \lambda$. **b** Der Gangunterschied ist eine halbe Wellenlänge: $\Gamma = \frac{1}{2}\lambda$. Erläuterung im Text. (Nach Nesse 2004)

☐ **Abb. 1.31** Interferenzmuster eines Quarzkeils mit weißem (polychromatischem) Licht: **a** wenn der Gangunterschied ein ganzzahliges Vielfaches der Wellenlänge $\Gamma = i\lambda$ ist, interferieren die schnelle und die langsame Welle im Analysator destruktiv, sodass es zur Auslöschung kommt. Ist dagegen $\Gamma = (i+\frac{1}{2})\lambda$, so interferieren beide Wellen konstruktiv, sodass das Licht den Analysator mit maximaler Intensität verlässt. **b** Lichtdurchgang durch den Analysator (in %) in Abhängigkeit vom Gangunterschied. (Nach Nesse 2004)

Quarzkeils ab. Man erkennt, dass beim ganzzahligen Vielfachen der Wellenlänge $i\lambda$ jeweils Minima im Lichtdurchgang auftreten und somit Auslöschung erfolgt, während es bei Gangunterschieden von $(i+\frac{1}{2})\lambda$ zu maximalem Lichtdurchgang kommt.

Verwendet man statt monochromatischem *weißes Licht,* das aus unendlich vielen Wellenlängen zusammengesetzt ist, so spalten sich diese ebenfalls in senkrecht zueinander stehende Wellen auf, die miteinander interferieren. Für eine bestimmte Schliffdicke werden die Doppelbrechung und damit der Gangunterschied für alle Wellenlängen ungefähr gleich sein. Da aber die Wellenlängen unterschiedlich sind, werden einige den Analysator in Phase, andere außer Phase erreichen und dementsprechend entweder ausgelöscht oder durchgelassen werden. Die Kombination der verschiedenen Wellenlängen, die den Analysator durchlaufen, ergibt die *Interferenzfarben,* die bei gleicher Schliffdicke d die Doppelbrechung Δn eines Minerals widerspiegeln. Optisch isotrope Minerale erscheinen bei gekreuzten Polarisatoren (+Nic) schwarz, da Δn und damit auch $\Gamma = 0$ ist. Mit zunehmendem Gangunterschied verändern sich die Interferenzfarben von dunkelgrau über hellgrau, weiß, gelb zu rot 1. Ordnung. Mit steigenden Ordnungen von Γ wiederholt sich die Farbabfolge blau → grün → gelb → rot mehrfach, wobei die Farben immer blasser werden. Bei einer Schliffdicke von 25 μm zeigt Quarz mit $\Delta n_{max} = 0{,}009$ das Grau 1. Ordnung, Forsterit dagegen das Grün 2. Ordnung entsprechend $\Delta n_{max} = 0{,}033$. Die Abfolge von Interferenzfarben lässt sich eindrucksvoll an einem stark zonierten Zirkon-Kristall unter dem Mikroskop beobachten (☐ Abb. 11.6). Im Gegensatz dazu erscheinen optisch isotrope Kristalle bei gekreuzten Polarisatoren selbstverständlich schwarz, da Δn und dementsprechend $\Gamma = 0$ sind. *Anomale Interferenzfarben* treten auf, wenn die Doppelbrechung für die einzelnen Wellenlängen des weißen Lichtes sehr unterschiedlich ist, d. h. eine hohe *Dispersion der Doppelbrechung* vorliegt. Bei Mineralen mit insgesamt geringer Doppelbrechung, z. B. bei vielen Chloriten (► Abschn. 11.5.5), beobachtet man *unternormale,* bei Mineralen mit hoher Doppelbrechung, z. B. beim Epidot (► Abschn. 11.2), *übernormale* Interferenzfarben.

■ **Auslöschungsschiefe**

Zusätzlich zum Gangunterschied Γ und der Wellenlänge λ hängt die Lichtmenge T, die den Analysator verlässt, noch vom Winkel τ ab, den die optische Indikatrix mit der Schwingungsrichtung des Polarisators bildet:

$$T = \left[-\sin^2 180°\cdot\frac{\Gamma}{\lambda}\cdot\sin 2\tau\cdot\sin 2(\tau - 90°)\cdot100 \right] \quad [1.8]$$

Man kann leicht erkennen, dass maximaler Lichtdurchgang erfolgt, wenn $\tau = 45\,°$, $135\,°$, $225\,°$, $315\,°$ ist, während bei $\tau = 90\,°$, $180\,°$, $270\,°$, $360\,°$ der Lichtdurchgang $T = 0$ ist. Dreht man also den Kristall um $360\,°$, so beobachtet man viermal vollständige Auslöschung und – in Diagonalstellung – viermal maximale Helligkeit. Wie wir aus ◘ Abb. 1.28 entnehmen können, ist bei monoklinen und triklinen Kristallen die optische Indikatrix zum Kristallgebäude einfach bzw. doppelt geneigt. Dementsprechend tritt Auslöschung ein, wenn der Kristall mit der Schwingungsrichtung des Polarisators einen entsprechenden Neigungswinkel bildet. So betragen z. B. beim monoklinen Kristall in ◘ Abb. 1.28b in der Schnittlage parallel zur Fläche (010) die Auslöschungsschiefen, d. h. der Winkel zwischen Z und $c = +15\,°$ und zwischen X und $a = -5\,°$. Demgegenüber herrscht in einem Schnitt parallel zu (100) stets gerade Auslöschung, ebenso wie das bei rhombischen (◘ Abb. 1.28a) und selbstverständlich auch bei optisch einachsigen Kristallen der Fall ist. Bezüglich der Flächen {110} herrscht symmetrische Auslöschung, da z. B. beim monoklinen Kristall in ◘ Abb. 1.28b die Ebene XZ den Spaltwinkel halbiert. Das ist beispielsweise bei Pyroxenen und Amphibolen der Fall, bei denen {110} und {1$\bar{1}$0} markante Spaltrisse darstellen (◘ Abb. 11.27, 11.28). Die Auslöschungsschiefe lässt sich allerdings nur dann messen, wenn die kristallmorphologischen Richtungen durch Kristallflächen, Spaltrisse oder Zwillingsgrenzen eindeutig definiert sind.

- **Hilfsplättchen**

Um festzustellen, in welcher Richtung eines Kristalls der größere oder der kleinere Brechungsindex, d. h. n'_γ oder n'_α liegt, verwendet man z. B. ein Hilfsplättchen aus Quarz oder Gips, kurz *Gipsplättchen* genannt. Dieses weist genau den Gangunterschied von 551 nm, entsprechend dem Rot 1. Ordnung auf und wird in Diagonalstellung zwischen dem Dünnschliff und dem Analysator in den Strahlengang eingeschoben. Fällt n_γ des Gipsplättchens mit n'_γ des Minerals zusammen, so addieren sich die Gangunterschiede, fällt es dagegen mit n'_α des Minerals zusammen, so subtrahieren sie sich (◘ Abb. 1.32). So verändert sich das Grau 1. Ordnung bei Quarz mit $\Delta n_{max} = 0{,}009$ bei Additionsstellung in das Blau 2. Ordnung, bei Subtraktionsstellung dagegen in das Gelb 1. Ordnung. Mithilfe des Gipsplättchens lässt sich auch feststellen, ob n_γ oder n_α parallel zur längsten Achse von stängeligen Kristallen orientiert ist. Man spricht dann von positiver bzw. negativer Hauptzone oder Elongation (◘ Abb. 1.32). Zu beachten ist, dass diese nicht notwendigerweise mit dem positiven oder negativen optischen Charakter identisch ist.

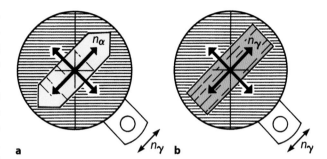

◘ **Abb. 1.32** Bestimmung des Charakters der Hauptzone mithilfe des Gipsplättchens Rot I: **a** Subtraktion: n_α liegt parallel zur längsten Achse des Kristalls: negative Hauptzone. **b** Addition: n_γ liegt parallel zur längsten Achse des Kristalls: positive Hauptzone

- **Konoskopische Achsenbilder**

Bisher haben wir das Verhalten von doppelbrechenden Kristallen im *orthoskopischen Strahlengang* (grch. ὀρθός = aufrecht, σκοπέω = inspizieren, besichtigen) kennengelernt. Um festzustellen, ob ein Mineral optisch einachsig oder zweiachsig ist, muss man dagegen den *konoskopischen Strahlengang* verwenden (grch. κῶνος = Kegel). Bei diesem erzeugt man einen Strahlenkegel großer Öffnung, der einen Punkt des Kristalls in möglichst vielen Richtungen durchsetzt. Dafür verwendet man ein Objektiv starker Vergrößerung (45-fach oder 50-fach) und damit großer Apertur, eine Kondensorlinse zur entsprechenden Erhöhung der Beleuchtungsapertur und die Amici-Betrand'sche Hilfslinse oberhalb des Analysators. Zum näheren Verständnis der konoskopischen Methode sei auf die Lehrbücher der Kristalloptik verwiesen.

Für die konoskopische Untersuchung eines *optisch einachsigen Minerals* sucht man ein Mineralkorn aus, das möglichst genau senkrecht zur optischen Achse geschnitten ist, das also im orthoskopischen Strahlengang bei gekreuzten Polarisatoren möglichst dunkel erscheint. Dann erkennt man als typisches Interferenzbild ein schwarzes Kreuz, dessen Zentrum, das *Melatop* (grch. μέλος = schwarz, τόπος = Ort), dem Ausstichspunkt der optischen Achse entspricht, während die vier Kreuzbalken, die *Isogyren* (grch, ἴσος = gleich, γῦρός = Ring, Kreis), die vier Auslöschungsrichtungen abbilden (◘ Abb. 1.33a). In den vier Sektoren zwischen den Balken dieses Kreuzes, also in Diagonalstellung, sieht man farbige Kreissegmente, mit nach außen hin zunehmenden Interferenzfarben (◘ Abb. 1.33a). Nach Gl. [1.7] hängt die Zahl der Farbringe, der *Isochromaten,* vom Gangunterschied, d. h. von der Dicke des Kristalls d, und von seiner Doppelbrechung Δn_{max} ab: In normaler Dünnschliffdicke von 25 μm sind das beim Quarz ($\Delta n_{max} = 0{,}009$) nur wenige, beim Cal-

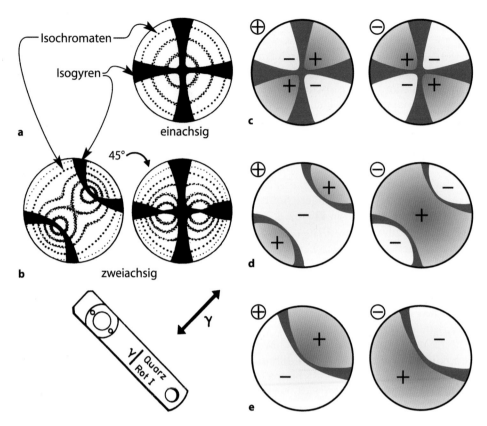

Abb. 1.33 Konoskopische Interferenzbilder **a** für optisch einachsige, **b** für optisch zweiachsige Kristalle (*links* in Diagonalstellung, *rechts* in Normalstellung); **c, d, e** Bestimmung des optischen Charakters mithilfe des Gipsplättchens Rot I (*links:* optisch positiv, *rechts:* optisch negativ): **c** optisch einachsiger Kristall, senkrecht zur optischen Achse geschnitten; **d** optisch zweiachsig, senkrecht zu einer spitzen Bisektrix geschnitten; **e** optisch zweiachsig, senkrecht zur optischen Achse geschnitten

cit ($\Delta n_{max} = 0{,}172$) dagegen sehr viele Ringe. Die Bestimmung des optischen Charakters ist mit einem Gipsplättchen möglich: Optisch positive Kristalle zeigen im rechten oberen Quadranten steigende, optisch negative Kristalle dagegen fallende Interferenzfarben (■ Abb. 1.33c). In Schnitten schräg zur optischen Achse steht das Achsenkreuz nicht genau in der Mitte des Gesichtsfeldes. Es wandert beim Drehen des Mikroskoptisches auf einer Kreisbahn, deren Durchmesser um so größer ist, je stärker die optische Achse geneigt ist. Bei besonders schiefer Schnittlage erkennt man lediglich den horizontalen und den vertikalen Balken des Kreuzes, die bei Drehung des Dünnschliffs parallel zu den Schwingungsrichtungen von Polarisator und Analysator durch das Gesichtsfeld wandern.

Bei *optisch zweiachsigen Mineralen* sucht man eine Schnittlage möglichst nahe der spitzen Bisektrix des Achsenwinkels, erkennbar an relativ geringen Interferenzfarben bei orthoskopischer Betrachtung. Die *Isogyren,* die den Auslöschungsrichtungen entsprechen, bilden in Diagonalstellung Hyperbeln (■ Abb. 1.33b links), in deren Scheitelpunkten die optischen Achsen ausstechen; beim Drehen verändern sich die Hyperbeln, bis in Normalstellung ein Kreuz erscheint, das aber nicht mit dem Kreuz für optisch einachsige Kris-

talle zu verwechseln ist (■ Abb. 1.33b rechts). Der jeweilige Verlauf der *Isochromaten* ist aus ■ Abb. 1.33b zu entnehmen. In Schnitten genau senkrecht zur optischen Achse, die man bei orthoskopischer Betrachtung an vollständiger Auslöschung bei gekreuzten Polarisatoren erkennt, verläuft der Scheitelpunkt einer der beiden Hyperbeln genau durch das Fadenkreuz des Okulars, während die zweite Hyperbel nicht sichtbar ist (■ Abb. 1.33e). Aus ■ Abb. 1.33d und e kann man entnehmen, wie man mittels des Gipsplättchens den optischen Charakter von zweiachsigen Kristallen ermittelt.

■ **Eigenfarbe**

Beim Durchgang des Lichtes durch einen Kristall vermindert sich in der Regel die Amplitude der Lichtwelle: Es kommt zu *Absorption*. Diese erfolgt für die unterschiedlichen Wellenlängen des sichtbaren Lichts *selektiv,* d. h. in der Weise, dass eine oder mehrere Wellenlängen vollständig absorbiert, andere dagegen durchgelassen werden. Dadurch entsteht die Eigenfarbe, die ein wichtiges Erkennungsmerkmal für viele Minerale darstellt.

Die Stärke der Absorption hängt von der Dicke des Kristalls und von seiner chemischen Zusammensetzung ab, wobei Atome wie Fe, Mn, Ti, Cr, V eine wichtige Rolle spielen. Fe-freie Minerale, darunter auch die Feldspäte und Quarz, sind in Dünnschliffdicke farblos, während Fe-reichere, wie z. B. Amphibole (▶ Abschn. 11.4.3), Biotit (▶ Abschn. 11.5.2), Chlorit (▶ Abschn. 11.5.5), Turmalin (▶ Abschn. 11.3) und Epidot (▶ Abschn. 11.2), mehr oder weniger intensiv gefärbt sind. Bei optisch isotropen Mineralen ist die Eigenfarbe in jeder Schnittlage gleich. Dagegen verändert sie sich bei den optisch anisotropen Mineralen in Abhängigkeit von der Orientierung, da sich auch die Absorption von Licht unterschiedlicher Wellenlänge anisotrop verhält. Die größten Unterschiede in der Eigenfarbe und/ oder in der Farbintensität sind in Richtung der Indikatrix-Achsen *X, Y* und *Z* zu erkennen. Dementsprechend verhalten sich optisch einachsige Minerale häufig *dichroitisch,* optisch zweiachsige *pleochroitisch* (grch. πλέον = mehr, χρῶμα = Farbe). Im Folgenden seien zwei Beispiele für mögliche Absorptionsschemata gegeben:

- Turmalin (Varietät Schörl): *X* (blaugrau) < < *Z* (olivbraun)
- Hornblende: *X* (hell gelbgrün) < *Y* (gelbgrün) ≈ *Z* (olivgrün)

1.5.3 Grundzüge der Auflichtmikroskopie

Bei stark absorbierenden, metallisch oder halbmetallisch glänzenden Kristallen, die schon in Schichtdicken von 10 oder 1 μm völlig undurchsichtig *(opak)* sind, können die bekannten Gesetze der Durchlichtmikroskopie auch nicht annäherungsweise angewandt werden. Neben den Brechungsindizes spielt hier der *Absorptionskoeffizient* eine erhebliche, z. T. sogar die beherrschende Rolle. In durchsichtigen Kristallen pflanzen sich die Lichtwellen *homogen* fort, sodass die Amplituden längs der Wellenfront gleich sind (◻ Abb. 1.25). Demgegenüber verhält sich die Fortpflanzung des Lichtes in stark absorbierenden (opaken) Kristallen *inhomogen:* Schon nach kurzer Weglänge wird soviel Licht absorbiert, dass die Flächen gleicher Amplitude nicht mehr mit der Wellenfront zusammenfallen. In opaken Kristallen lassen sich die äußerst komplexen optischen Verhältnisse nicht mehr mit einer einfachen, sondern vielmehr einer *komplexen Indikatrix* beschreiben. Diese besteht aus zwei Schalen, die *n*-Schale für die Brechungsindizes, die *k*-Schale für den Absorptionskoeffizienten. In optisch zweiachsigen Kristallen durchdringen sich beide Schalen.

- Bei *optisch isotropen* (kubischen) Kristallen bilden die *n*-Schale und die *k*-Schale zwei konzentrische Kugeln.
- Bei *optisch einachsigen* (trigonalen, tetragonalen, hexagonalen) Kristallen gibt es zwei Rotationsflächen mit gemeinsamer, aber verschieden langer Achse, die nur mäßig, aber erkennbar von der Form des Rotationsellipsoids abweichen. Es gibt jeweils zwei Hauptwerte für *n* und *k;* man kann ordentli-

che und außerordentliche Lichtwelle, positiven und negativen optischen Charakter unterscheiden.

- Bei *optisch zweiachsigen* (orthorhombischen, monoklinen, triklinen) Kristallen lassen sich drei Hauptbrechungsindizes und drei Hauptabsorptionskoeffizienten voneinander unterscheiden, wobei die Hauptrichtungen für die *n*- und *k*-Schale im Allgemeinen nicht mehr zusammenfallen. Deshalb kann man auch nicht mehr von einem Charakter der Doppelbrechung sprechen. Die Form der *n*- und *k*-Schale, die sich durchdringen, weicht stark von der Ellipsoidform ab; die Hauptrichtungen jeder Schale stehen nicht mehr senkrecht aufeinander. Nur in den Richtungen, die den optischen Achsen bei durchsichtigen Kristallen entsprechen würden, pflanzen sich zwei linear polarisierte Lichtwellen gleicher Geschwindigkeit, aber unterschiedlicher Absorption fort. Anstelle der optischen Achsen gibt es zwei *Windungsachsen,* längs denen sich nur eine zirkular polarisierte Lichtwelle fortpflanzt. In allen anderen Richtungen ist das Licht elliptisch polarisiert.

■ **Anisotropieeffekte bei gekreuzten Polarisatoren**
Entsprechend der komplizierten optischen Verhältnisse werden im Auflicht bei gekreuzten Polarisatoren keine Interferenzfarben, sondern Mischfarben erzeugt, die keine Auskunft über die Stärke der Doppelbrechung geben. Man kann nicht voraussagen, wo lebhafte oder nur graue oder weiße Farbtöne auftreten, und man kann keine Hilfsplättchen anwenden, um den optischen Charakter zu bestimmen.

■ **Reflexionsvermögen und Eigenfarbe**
Das Reflexionsvermögen eines Minerals unter Auflicht ist das Verhältnis des reflektierten Anteils J_R zur gesamten einfallenden Lichtintensität J_E und wird in % angegeben:

$$R = \frac{J_R}{J_E} 100 \qquad [1.9]$$

Das Reflexionsvermögen ist vom Brechungsindex *n* und dem Absorptionskoeffizienten *k* abhängig. Für optisch isotrope Kristalle gilt

$$R = \frac{(n-1)^2 + k^2}{(n+1)^2 + k^2} \qquad [1.10]$$

Da das Reflexionsvermögen sehr stark von der Güte der Anschliffpolitur abhängt, ist seine quantitative Bestimmung mittels einer Fotozelle keine triviale Angelegenheit. Sie erfordert die Messung von Vergleichsstandards, die unter den gleichen Bedingungen wie die Probe geschliffen und poliert wurden.

Bei optisch anisotropen Kristallen, die jeweils zwei Extremwerte für *n* und *k* haben, gibt es zwei Extremwerte des Reflexionsvermögens:

1

$$R_1 = \frac{(n_1 - 1)^2 + k_1^2}{(n_1 + 1)^2 + k_1^2} \qquad [1.11a]$$

$$R_2 = \frac{(n_2 - 1)^2 + k_2^2}{(n_2 + 1)^2 + k_2^2} \qquad [1.11b]$$

Die Differenz $R_1 - R_2$ ist der *Reflexionspleochroismus,* auch *Bireflexion* genannt. Er ist besonders stark bei opaken Mineralen mit Schichtstruktur, wie z. B. bei Graphit und Molybdänit. Da die Stärke des Reflexionspleochroismus nicht nur durch die Richtungsabhängigkeit der Absorption, sondern auch stark von der Höhe der Doppelbrechung bestimmt wird, zeigen ganz durchsichtige, aber hoch-doppelbrechende Karbonate wie Calcit im Auflicht einen sehr starken Reflexionspleochroismus.

Insgesamt sind die *Farben,* die man in opaken Mineralen im Auflicht beobachtet, sehr viel zarter als bei farbigen Mineralen im Durchlicht, und die Farbunterschiede sind geringer. Darüber hinaus wechselt der Farb- und Reflexionseindruck sehr stark mit der unmittelbaren Umgebung. So wirkt Chalkopyrit gegen Sphalerit rein hellgelb, gegen ged. Gold jedoch trüb, matt und schmutzig olivgrün. Das hellste Mineral bestimmt den Helligkeitseindruck! Die Erzmikroskopie erfordert daher sehr viel Übung; das gilt besonders für die Bestimmung von Opakmineralen, die isoliert in Silikatoder Karbonatgesteinen liegen.

Die Identifizierung von opaken Mineralen im Auflicht wird durch die Verwendung von *Immersionsobjektiven* sehr erleichtert. Fügt man zwischen dem Erzanschliff und der Frontlinse des Objektivs anstelle von Luft ($n = 1$) einen Tropfen *Immersionsöl,* z. B. mit dem Brechungsindex 1,515 ein, so verändern sich die Gl. [1.11a, b] folgendermaßen:

$$R_1 = \frac{(n_1 - 1,515)^2 + k_1^2}{(n_1 + 1,515)^2 + k_1^2} \qquad [1.12a]$$

$$R_2 = \frac{(n_2 - 1,515)^2 + k_2^2}{(n_2 + 1,515)^2 + k_2^2} \qquad [1.12b]$$

Wie man anhand dieser Gleichungen sehen kann, führt die Verwendung von Ölimmersion zu einer starken Abnahme des Reflexionsvermögens. Dadurch vertiefen sich die Farben, die Farbunterschiede werden deutlicher und der Reflexionspleochroismus verstärkt sich.

Bei sehr starker Dispersion des Reflexionsvermögens kann sich sogar die Farbe ändern, wenn man Immersionsflüssigkeiten unterschiedlicher Lichtbrechung verwendet. So ist Covellin in Luft tiefblau, in Wasser violettblau, in Zedernholzöl rotviolett, in Mono-Bromnaphtalin scharlachrot und in Jodmethylen orangerot. Während bei der Durchlichtmikroskopie die hohen Vergrößerungen der Immersionsobjektive mit 45×, 50× oder 100× lediglich zur Identifizierung kleiner Kristalle dienen, stellt das Immersionsobjektiv 20× ein nützliches Werkzeug für Routineuntersuchungen von opaken Mineralen im Auflicht dar.

■ **Innenreflexe**

Ein wichtiges diagnostisches Merkmal für viele opake Minerale sind die *Innenreflexe,* die durch interne Reflexion des Lichtes an Einschlüssen, Korngrenzen, Bruchflächen oder Spaltrissen entstehen. Das gilt besonders für Minerale mit mäßigem bis schwachem Reflexionsvermögen, wie z. B. Sphalerit. Die Farbe der Innenreflexe entspricht der *Strichfarbe,* die beim Reiben des Minerals auf einer Porzellanplatte erzeugt wird. In den meisten Fällen werden Innenreflexe erst sichtbar, wenn die Intensität des reflektierten Lichtes durch Kreuzung der Polarisatoren erniedrigt wird und/oder bei Verwendung von Ölimmersion.

■ **Schleifhärte**

Ähnlich wie Lichtbrechungsunterschiede im Durchlicht erzeugen Unterschiede in der Schleifhärte im Auflicht ein *Relief,* das sich auch in hoch polierten Erzanschliffen nicht immer ganz vermeiden lässt und sogar ein wichtiges diagnostisches Hilfsmittel darstellen kann. In Analogie zur Becke'schen Lichtlinie lässt sich auch im Auflicht eine helle Linie erkennen, die beim Heben des Tubus (bzw. beim Senken des Tisches) vom härteren ins weichere Mineral wandert. Prinzipiell kommt für die Diagnose von Erzmineralen auch die quantitative Bestimmung der *Mikrohärte* infrage (▶ Abschn. 1.4.1), doch wird heute allgemein die direkte chemische Analyse mit der Elektronenstrahl-Mikrosonde bevorzugt.

1.6 Kristallbaufehler

Die in der Einleitung dieses Kapitels gegebene Definition des Kristallbegriffs, der von einer dreidimensional periodischen Anordnung der chemischen Bausteine (Atome, Ionen, Moleküle) ausgeht, gilt streng genommen nur für den Idealzustand. Demgegenüber weisen in der Realität alle Kristalle, seien sie in der Natur gewachsen oder im Labor oder großtechnisch gezüchtet, Abweichungen vom Idealzustand auf. Solche Kristallbaufehler können von entscheidendem Einfluss auf die physikalischen Eigenschaften von Kristallen und damit von großer technischer Bedeutung sein, spielen aber auch bei der Gesteinsdeformation eine wesentliche Rolle. Für ein tieferes Verständnis dieser Materie wird auf Lehrbücher der Kristallographie verwiesen (z. B. Borchardt-Ott und Sowa 2013; Kleber et al. 2010). In den folgenden Abschnitten seien die wichtigsten Kristallbaufehler kurz beschrieben.

1.6.1 Punktdefekte

- **Fremdbausteine**

Ein 1 cm^3 großer Kristall besteht aus ca. 10^{23} Atomen. Bei einem Reinheitsgrad von 99,99.999 % enthält er pro 10^7 Bausteinen nur ein Fremdatom, insgesamt jedoch bereits 10^{16} Fremdatome. Diese sind in der Regel größer oder kleiner als die Bausteine, die sie in der Struktur ersetzen, und können sogar unterschiedliche Wertigkeiten besitzen. Daraus ergeben sich merkliche Störungen im Realkristall. Wie bereits in ▸ Abschn. 1.4.3 erwähnt, beruhen die Halbleiter-Eigenschaften von manchen Kristallarten auf einer gezielten Dotierung mit Spuren von Fremdatomen, z. B. von Ge^{4+}, P^{5+} oder As^{5+} in Silicium-Einkristallen.

- **Mischkristalle**

In vielen Mischkristallen, z. B. bei den Hochtemperatur-Feldspäten, weisen die atomaren Bausteine eine statistische, also ungeordnete Verteilung auf. Auch dieses Phänomen gehört zu den Punktdefekten.

- **Fehlordnung**

Jeder Kristall besitzt *Leerstellen,* d. h. Plätze in der Struktur, aus denen Atome oder Ionen ausgewandert sind, und zwar entweder an die Kristalloberfläche (*Schottky-Fehlordnung;* ◘ Abb. 1.34a) oder auf Zwischengitterplätze (*Frenkel-Fehlordnung;* ◘ Abb. 1.34c). Die Zahl dieser Kristallbaufehler erhöht sich mit zunehmender Temperatur. Durch Schottky-Fehlordnung erniedrigt sich die Dichte, weil bei gleicher Masse das

Volumen größer wird, während bei Frenkel-Fehlordnung die Dichte konstant bleibt.

1.6.2 Liniendefekte

Bei diesen Kristallbaufehlern, die entlang von Versetzungslinien verlaufen, unterscheidet man Stufen- und Schraubenversetzungen. Diese stellen Grenzfälle dar, zwischen denen es alle Übergänge gibt.

- **Stufenversetzungen**

Wie ◘ Abb. 1.35a erkennen lässt, ist der obere Teil eines gegebenen Kristalls gegen seinen unteren Teil entlang der Ebene ABA'B' um den Betrag BC bzw. B'C' verschoben, wobei die Grenze der Verschiebung durch die Versetzungslinie AA' definiert ist. Normal zu AA' liegt der Verschiebungsvektor BC, der als Burgersvektor $\vec{b}$ bezeichnet wird. Die Rolle von Stufenversetzungen bei der Gesteinsdeformation wird in ▸ Abschn. 26.4.3 und ◘ Abb. 26.27 erläutert.

Wie ◘ Abb. 1.35a erkennen lässt, wird der obere gegen den unteren Teil des Kristalls entlang der Ebene ABA'B' um den Betrag BC bzw. B'C' verschoben, wobei die Grenze der Verschiebung durch die Versetzungslinie AA' definiert ist. Senkrecht auf AA' steht der Verschiebungsvektor BC, der als Burgers-Vektor $\vec{b}$ bezeichnet wird. Die Rolle von Stufenversetzungen bei der Gesteinsdeformation wird in ▸ Abschn. 26.4.3 und ◘ Abb. 26.27 erläutert.

- **Schraubenversetzungen**

Hierbei wird z. B. der linke Teil des Kristalls entlang der Ebene ABCD nach oben verschoben (◘ Abb. 1.36). An der Versetzungslinie AD besteht der Kristall nicht aus übereinander gestapelten Netzebenen, sondern nur aus einer einzelnen Bausteinschicht. Diese windet sich in Form einer Wendeltreppe durch die Struktur, wobei der Burgers-Vektor $\vec{b}$ parallel zu AD verläuft. Schraubenversetzungen spielen beim Kristallwachstum eine wichtige Rolle.

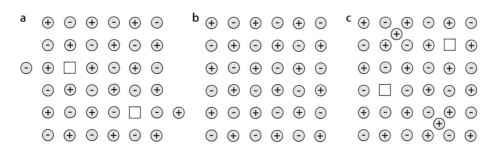

◘ **Abb. 1.34** Fehlordnung in einem Ionenkristall. **a** Realkristall mit Schottky-Fehlordnung, **b** Idealkristall, **c** Realkristall mit Frenkel-Fehlordnung; □ Leerstelle

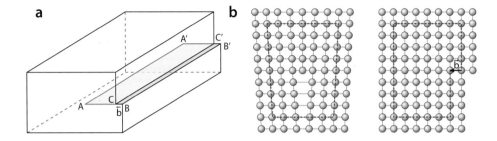

◘ Abb. 1.35 a Schema einer Stufenversetzung; **b** Ermittlung des Burgers-Vektors: Ein mit etwas Abstand zur Versetzung gezogener Umlauf (gestrichelte Linie) wird 1:1 auf das Bild eines ungestörten Kristalls (ganz rechts) übertragen. Die zum Schließen dieses sog. Burgers-Umlaufs nötige Verbindung ist der Burgersvektor

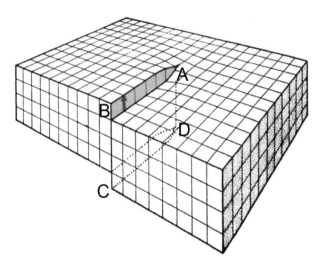

◘ Abb. 1.36 Blockbild einer Schraubenversetzung, die durch Versatz eines Teils des Gitterblocks entlang der Ebene ABCD entsteht (blau markiert)

1.6.3 Flächendefekte

■ **Kleinwinkelkorngrenzen**

Oft sind unterschiedliche Bereiche eines Kristalls um kleine Winkel (zwischen wenigen Winkelminuten und etwa 4°) gegeneinander geneigt, wobei die Grenzflächen, die man als Kleinwinkel- oder Subkorngrenzen bezeichnet, aus einer Reihe von übereinander angeordneten Versetzungen aufgebaut sind.

■ **Stapelfehler**

Beim Aufbau von Kristallstrukturen kann die normale Schichtenfolge gestört sein. Das gilt z. B. für kubisch und hexagonal dichteste Kugelpackungen bei Kristallstrukturen von Metallen (vgl. ◘ Abb. 4.1), für die Schichtstruktur von Graphit (◘ Abb. 4.11b) oder für die Strukturen von Schichtsilikaten, insbesondere von Wechsellagerungs- (Mixed-Layer-) Tonmineralen (vgl. ▶ Abschn. 11.5.7).

■ **Zwillingsgrenzen**

Gesetzmäßige Verwachsungen von Kristallindividuen gleicher Art, die in einem symmetrischen Verhältnis zueinander stehen, bezeichnet man als Zwillinge. Dabei erfolgt die Verzwilligung durch Spiegelung an einer *Spiegelebene,* wie z. B. (011) bei Kassiterit (vgl. ▶ Abschn. 7.4, ◘ Abb. 7.10b, c) oder durch Drehung um eine *zweizählige Drehachse,* wie z. B. die c-Achse beim Karlsbader Gesetz der Feldspäte (▶ Abschn. 11.6.2, ◘ Tab. 11.12, ◘ Abb. 11.72–11.77), oder eine *dreizählige Drehachse,* wie z. B. bei Aragonit (▶ Abschn. 8.2, ◘ Abb. 8.7). Bei einer *kohärenten* Zwillingsgrenze fällt diese mit der Zwillingsebene und zugleich mit der Verwachsungsebene zusammen. Ist das nicht der Fall oder nimmt die Zwillingsgrenze sogar einen unregelmäßigen Verlauf, ist die Zwillingsgrenze *inkohärent. Wachstumszwillinge* entstehen bereits primär beim Kristallwachtum, *Deformationszwillinge* sekundär durch mechanische Beanspruchung. So können bei den Feldspäten Wachstumszwillinge nach dem Karlsbader, aber auch nach dem Albit-Gesetz entstehen, während Zwillinge nach dem Albit-Gesetz auch sekundär durch Deformation gebildet werden können.

1.7 Parakristalle, Metakristalle, Quasikristalle

Diesen kristallinen Substanzen ist gemeinsam, dass sie partiell geordnete Feinstrukturen besitzen und daher in ihren Röntgenbeugungsdiagrammen diskrete Reflexe aufweisen. Bei *Parakristallen,* die bei manchen polymeren Stoffen auftreten, wird die Periodizität der Struktur nur ungefähr eingehalten, sodass z. B. die Gitterkonstanten um einen Mittelwert variieren. Bei *Metakristallen* besteht die strukturelle Ordnung der Bausteine in weniger als drei Dimensionen, sodass eine dreidimensionale Periodizität nicht mehr vorhanden ist. Demgegenüber weisen *Quasikristalle* lediglich eine dreidimensionale *Fernordnung* auf, wobei die Atome wie in einem

Fußball oder einem komplexen Mosaik angeordnet sind. Daher können ihre Beugungsdiagramme – im Gegensatz zu periodischen Kristallstrukturen – fünfzählige oder zehnzählige Symmetrie aufweisen. Technisch hergestellte Quasikristalle finden verbreitete Anwendung, z. B. in Katalysatoren oder Antihaft-Beschichtungen.

Den ersten Quasikristall entdeckte der israelische Physiker Dan Shechtman (Shechtman et al. 1984) in einer Al-Mn-Legierung und setzte seine Erkenntnis gegen erhebliche Widerstände der Fachwelt durch. Der bislang einzige *natürliche* Quasikristall ist das Mineral Ikosaedrit, $Al_{63}Cu_{24}Fe_{13}$, eine intermetallische Verbindung. Sie tritt im primitiven Steinmeteoriten Khatyrka, einem kohligen Chondriten auf (▶ Abschn. 31.3.11), der im Korjaken-Gebirge auf der sibirischen Tschuktschen-Halbinsel gefunden wurde (Bindi et al. 2011; Bindi und Steinhardt 2014). Seine Bildung erfolgte wahrscheinlich während der frühen Geschichte unseres Sonnensystems vor ca. 4,5 Mrd. Jahren (MacPershon et al. 2013).

Literatur

Bindi L, Steinhardt PJ (2014) The quest for forbidden crystals. Mineral Mag 78:467–482

Bindi L, Steinhardt PJ, Nan Y, Lu PJ (2011) Icosahedrite, Al$_{63}$Cu$_{24}$Fe$_{13}$, the first natural quasicrystal. Am Mineral 96:928–931

Bohm J (1995) Realstruktur von Kristallen. Schweizerbart, Stuttgart

Borchardt-Ott W (2008) Kristallographie, 7. Aufl. Springer, Heidelberg

Borchardt-Ott W, Sowa H (2013) Kristallographie, Eine Einführung für Naturwissenschaftler, 8. Aufl. Springer, Heidelberg

Broz ME, Cook RF, Whitney DL (2006) Microhardness, toughness, and modulus of Mohs' scale minerals. Am Mineral 91:135–142

Buerger MJ (1971) Introduction to Crystal Geometry. McGraw-Hill, New York

Craig JR, Vaughan DJ (1981) Ore microscopy and ore petrography. Wiley, New York

Hahn T, Klapper H (2002) Point groups and crystal classes, International tables for crystallography, Part 10. In Hahn T (ed) Vol. A. Space group symmetry. Kluwer Academic Publ., Dordrecht

Hermann C (Hrsg) (1935) Internationale Tabellen zur Bestimmung von Kristallstrukturen, Bd. 1. Borntraeger Verlag, Berlin

Friedrich W, Knipping P, Laue M (1912) Interferenz-Erscheinungen bei Röntgenstrahlen. Sitzungsber Kgl Bayer Akad Wiss 1912:303–322

Gill R (2020) Chemische Grundlagen der Geo- und Umweltwissenschaften, 2. Aufl. Springer, Heidelberg

Harrison RJ, Feinberg JM (2009) Mineral magnetism: providing new insights into geoscience processes. Elements 5:209–215

Kleber W, Bautsch H-J, Bohm J (1998) Einführung in die Kristallographie, 18. Aufl. Oldenbourg, München

Kleber W, Bautsch H-J, Bohm J, Klimm D (2010) Einführung in die Kristallographie, 19. Aufl. Oldenbourg, München

MacPershon GJ, Andronicos CL, Bindi L et al (2013) Khatyrka, a new CV3 find from the Koryak Mountains, Eastern Russia. Meteoritics Planet Sci 48:1499–1514

Mücke A (1989) Anleitung zur Erzmikroskopie. Enke, Stuttgart

Müller G, Raith M (1976) Methoden der Dünnschliffmikroskopie, 2. Aufl. Clausthaler Tektonische Hefte 14, Ellen Pilger, Clausthal-Zellerfeld

Nesse ND (2004) Introduction to optical mineralogy. Oxford University Press, New York

Pichler H, Schmitt-Riegraf C (1993) Gesteinsbildende Minerale im Dünnschliff. Enke, Stuttgart

Ramdohr P (1975) Die Erzmineralien und ihre Verwachsungen. Akademie, Berlin

Ramdohr P (2013) The ore minerals and their intergrowths. Pergamon, Oxford

Ramdohr P, Strunz H (1978) Klockmanns Lehrbuch der Mineralogie. Enke, Stuttgart

Schneiderhöhn H (1952) Erzmikroskopisches Praktikum. Schweizerbart, Stuttgart

Shechtman D, Blech I, Gratias D, Cahn JW (1984) Metallic phase with long-range orientational order and no translation symmetry. Phys Rev Lett 53:1951–1953

Spangenberg K (1935) Wachstum und Auflösung der Kristalle. In Dittler R, Joos G, Korschelt E, Linck G, Oltmanns F, Schaum K (eds) Handwörterbuch der Naturwissenschaften, Bd. 10. Gustav Fischer, Jena, S 362–401

Tröger WE, Bambauer HU, Taborszky F, Trochim HD (1982) Optische Bestimmung der gesteinsbildenden Minerale. Teil 1, Bestimmungstabellen, Schweizerbart, Stuttgart

Tröger WE, Bambauer HU, Braitsch O, Taborszky F, Trochim HD (1967) Optische Bestimmung der gesteinsbildenden Minerale. Teil 2, Textband. Schweizerbart, Stuttgart

des Umstandes, dass sie in einen freien Raum (Hohlraum, Kluft oder Spalte) ungehindert hineinwachsen konnten. Ihnen fehlen allerdings ebene Begrenzungen an ihrer Anwachsstelle, es sei denn, sie kristallisierten frei schwebend im Hohlraum oder in einem lockeren Medium.

— Unter *Kristalldruse* versteht man einen unvollständig mit Kristallen einer oder mehrerer Mineralarten gefüllten Hohlraum (Geode) wie z. B. Amethystdrusen innerhalb von Achatgeoden die ehemalige Blasenhohlräume (von zum Teil erheblicher Größe) füllen (□ Abb. 2.3). Bei sehr vielen kleinen Kristallen spricht man auch von einem *Kristallrasen*. In manchen Fällen enthalten Drusen noch Wasser.

— *Mandeln* sind Mineralmassen, die meist ehemalige Hohlräume im Gestein vollständig ausfüllen, z. B. Achat (□ Abb. 11.56).

Die „Kristallkeller" aus den Schweizer Alpen sind ausgeweitete Zerrklüfte mit bis zu metergroßen Individuen von Bergkristall oder Rauchquarz.

Gesteinsbildende Minerale (□ Abb. 2.1–2.11) behinderten sich gegenseitig bei ihrem Wachstum, wenn sie gleichzeitig kristallisierten. Sie weisen deshalb meist eine zufällige, unregelmäßige, kornartige Begrenzung auf. Eine solche Mineralausbildung im Gestein wird als xenomorph (grch. ξένος = fremd, μορφή = Form) beschrieben. In anderen Fällen sind gesteinsbildende Minerale dennoch ganz oder teilweise von ebenen Kristallflächen begrenzt. Ihre Form wird dann als *idiomorph* bzw. *hypidiomorph* (grch. ὑπό = unter, ἴδιος = eigen) bezeichnet. Idiomorph ausgebildete Minerale findet man besonders als sog. *Einsprenglinge* oder *Phänokristalle* (grch. φαίνω = erscheinen) in vulkanischen Gesteinen oder als sog. *Porphyroblasten* (grch. πορφύρα = purpurfarben, βλάστη = Spross) in metamorphen Gesteinen (□ Abb. 2.9, 2.10). Im ersten Fall handelt es sich um Frühausscheidungen aus einer Schmelze, im zweiten Fall um Minerale mit besonderer Tendenz zu Größenwachstum. *Mikrokristalline* Minerale lassen sich lediglich unter dem Mikroskop, *kryptokristalline* nur unter dem Elektronenmikroskop oder durch Röntgenbeugung identifizieren.

Als *Mineralaggregate* bezeichnet man beliebige, auch räumlich eng begrenzte natürliche Assoziationen gleicher oder unterschiedlicher Mineralarten. Demgegenüber ist die Bildung einer *Mineralparagenese* ein Prozess, der spezifischen physikochemischen Regeln unterliegt und bei dem thermodynamisches Gleichgewicht angestrebt wird (▶ Kap. 18, 27).

Schön kristallisierte Mineralaggregate bzw. Kristalldrusen von kommerziellem oder Liebhaberwert werden Mineralstufen genannt (□ Abb. 1.1, 2.1, 2.2, 2.3).

□ **Abb. 2.3** Amethystdruse in einer Achatgeode; Irai, Rio Grande do Sul, Brasilien; Durchmesser ca. 38 cm, Mineralogisches Museum der Universität Würzburg

2

2.4 Gesteinsbildende und wirtschaftlich wichtige Minerale

2.4.1 Gesteinsbildende Minerale

Von den knapp 5600 bekannten Mineralarten treten nur etwa 250 gesteinsbildend auf, von denen nur ganz wenige einen wesentlichen Teil der Erdkruste aufbauen. Wie eine grobe Abschätzung (◘ Tab. 2.2) zeigt, besteht die Erdkruste zu etwa 95 Vol.-% aus Silikatmineralen, wobei im Durchschnitt Plagioklas (◘ Abb. 2.4, 2.5), Kalifeldspat (◘ Abb. 2.2, 2.4, 2.6) und Quarz (◘ Abb. 2.1, 2.2, 2.4) zusammen nahezu 65 Vol.-% einnehmen, während die dunklen Minerale, vor allem Pyroxene (◘ Abb. 2.7), Amphibole, Glimmer – insbesondere Biotit (◘ Abb. 2.4, 2.8) –, Olivin (◘ Abb. 2.9) sowie Tonminerale und Chlorit (◘ Abb. 2.10) zusammen nur knapp 30 Vol.-%, die übrigen gesteinsbildenden Silikatminerale ca. 4,5 Vol.-% ausmachen. Nichtsilikatische Minerale, insbesondere Karbonate – hauptsächlich Calcit und Dolomit –, Oxide – besonders Magnetit (◘ Abb. 2,10), Ilmenit und Hämatit – sowie Phosphate wie Apatit (◘ Abb. 10.2) erreichen zusammen nur etwa 4 Vol.-%.

2.4.2 Nutzbare Minerale

Die meisten wirtschaftlich wichtigen Minerale sind nur ganz untergeordnet am Aufbau der Erdkruste beteiligt. Ihre Gewinnung setzt voraus, dass sie vorher durch besondere geologische Prozesse zu nutzbaren *Erz*- oder

◘ **Abb 2.5**   Plagioklas (Labradorit) mit polysynthetischen Zwillingslamellen Madagaskar; das spektakuläre Farbenspiel des Labradorisierens ist durch Beugung an submikroskopischen Entmischungslamellen bedingt, den sog. Bøggild-Verwachsungen. Mineralogisches Museum der Universität Würzburg

◘ **Abb. 2.4**   Hypidiomorph-körniges Gefüge eines Granits, typisch für Tiefengesteine (Plutonite); die Minerale behinderten sich gegenseitig bei ihrem Wachstum: Plagioklas (weiß), Kalifeldspat, teilweise hypidiomorph ausgebildet (rosa), Quarz, meist xenomorph (grau), Biotit (schwarz). Dzierzoniów, Polen; Mineralogisches Museum der Universität Würzburg

◘ **Abb. 2.6**   Einsprengling von Alkalifeldspat (Sanidin) im Trachyt vom Drachenfels, Siebengebirge; Nordrhein-Westfalen; Mineralogisches Museum der Universität Würzburg

■ **Abb. 2.7** Pyroxen (basaltischer Augit), großer Einsprengling im Basalt; daneben eine zweite, wesentlich kleinere Einsprenglingsgeneration. Böhmisches Mittelgebirge, Tschechien; Bildbreite 3 cm, Mineralogisches Museum der Universität Würzburg

■ **Abb. 2.9** Olivinknolle als Einschluss im Basalt, Bauersberg, Rhön, Bayern; Mineralogisches Museum der Universität Würzburg

■ **Abb. 2.8** Biotit im Nephelinsyenit-Pegmatit, Saga-Steinbruch, Tvedalen bei Larvik, Norwegen; Mineralogisches Museum der Universität Würzburg

■ **Abb. 2.10** Porphyroblasten von Magnetit (Oktaeder) in Grünschiefer (Chloritschiefer), Erbendorf, Oberpfalz, Bayern; Mineralogisches Museum der Universität Würzburg

2

Minerallagerstätten angereichert worden sind. Die hierfür notwendige Anreicherung kann mehrere Größenordnungen betragen. Wie in ▶ Abschn. 3.6 näher ausgeführt, sind in Erzlagerstätten *Erzminerale* konzentriert, aus denen nutzbare Metalle gewonnen werden können. Die meisten Erzminerale sind *Metallsulfide* oder *-oxide*, seltener *Karbonate*, *Chromate*, *Molybdate*, *Wolframate*, *Arsenate* oder *Vanadate;* daneben kommen *Edelmetalle* auch in gediegener (elementarer) Form vor. Andere Minerale, die *Industrieminerale*, z. B. *Halogenide*, *Karbonate*, *Nitrate*, *Borate*, *Sulfate*, *Phosphate* und *Silikate*, dienen nicht der Metallgewinnung, können aber unterschiedlichste wirtschaftliche Anwendungen haben, z. B. im Baugewerbe, in der chemischen, metallurgischen und keramischen Industrie, bei der Herstellung von Werkstoffen oder als Düngemittel. Eine besondere Rolle unter den nutzbaren Mineralen spielen die Edelsteine.

2.4.3 Edelsteine

Unter den mineralischen Rohstoffen, die uns die Erde liefert, haben Edelsteine hinsichtlich der geförderten Menge und ihrem Wertanteil nur eine geringe Bedeutung; in ihrer relativen Wertschöpfung stehen sie jedoch an vorderer Stelle. Die Jahresproduktion von Edelsteinen erreicht einen Gesamtwert von etwa 20–25 Mrd. US$ und – in Kombination mit Gold und anderen Edelmetallen – werden jährlich Schmuckwaren mit oder ohne gefasste Edelsteine im Wert von um die 150 Mrd. US$ auf den Markt gebracht (Fritsch und Rondeau 2009). Dienen diese Preziosen in unserer modernen Gesellschaft ausschließlich der privaten Schmuckfreude, insbesondere auch dem Repräsentationsbedürfnis der Reichen und Superreichen, waren Edelsteine in früherer Zeit auch ein Mittel zur Darstellung von weltlicher und klerikaler Macht. Erinnert sei an diverse Kroninsignien, wie den Kronschatz des Heiligen Römischen Reiches und die österreichische Kaiserkrone in der Wiener Hofburg, den britischen Kronschatz im Londoner Tower, die Krone Ludwigs XV. im Pariser Louvre, die russische Reichskrone im Moskauer Kreml oder die Pahlevi-Krone im Teheraner Kronschatz.

Von wenigen Ausnahmen abgesehen – insbesondere von Bernstein – sind fast alle Edelsteine Minerale; bevorzugt in Form von durchsichtigen Einkristallen, aber auch von feinkörnigen kristallinen Aggregaten. Von den uns bekannten Mineralarten zeigen weniger als 200 die spezifischen physikalischen Eigenschaften, die ein Mineral so attraktiv machen, dass es – meist gesägt und poliert – als Edelstein verwendet werden kann. Ein wichtiges Kriterium für die Einstufung als Edelstein ist eine *Mohs-Härte* von > 7. Wenn diese Be-

☐ **Abb. 2.11** Glimmerschiefer mit Porphyroblasten von Staurolith (braun) und Granat (rot) mit deutlich erkennbarer Flächenkombination Rhombendodekaeder {110} und Ikositetraeder {211}; Jakutien, Ostsibirien, Russland. Mineralogisches Museum der Universität Würzburg

dingung nicht erfüllt ist, wird ein Mineral mit Edelstein-Eigenschaften als *Halbedelstein* bezeichnet, doch wird diese Begriffsbestimmung in der Praxis oft nicht so genau gehandhabt. Darüber hinaus bestimmt die Seltenheit von Edelstein-Mineralen gleicher Qualität ihren *Marktwert:* je seltener, desto höher der Preis.

Im Edelsteinhandel wird das Gewicht eines Steins in metrischem Karat (Karat = 0,2 g) angegeben. Der Name leitet sich vom altgriechischen κεράτιον (Verkleinerungsform von κέρας = Horn, nach der hörnchenfömigen Frucht des Johannisbrotbaums) her und stammt ursprünglich aus dem Arabischen.

Bei Weitem das wichtigste Edelstein-Mineral ist *Diamant*, der mit einem Anteil von ca. 85 % mit weitem Abstand an der Spitze der Jahresproduktion steht (▶ Abschn. 4.3). Es folgen *Korund*, Al_2O_3, (▶ Abschn. 7.4) mit den beiden Varietäten *Rubin* und *Saphir*, das Ringsilikat *Beryll*, $Be_3Al_2[Si_6O_{18}]$ (▶ Abschn. 11.3) mit den Varietäten *Smaragd* und *Aquamarin*, das komplexe Ringsilikat *Turmalin* (▶ Abschn. 11.3), das Inselsilikat *Topas*, $Al_2[F_2/SiO_4]$ (▶ Abschn. 11.1) und die Quarzvarietät *Amethyst* (▶ Abschn. 11.6.1). Die extrem seltenen *echten Perlen* sind hochgeschätzte „Edelsteine" biogener Entstehung. Sie bestehen aus konzentrisch gewachsenen Aggregaten von *Calcit*-Säulchen, seltener aus den beiden anderen $CaCO_3$-Varietäten *Aragonit* oder *Vaterit* (► Abschn. 2.5.1, 8.1). Sie wachsen im Epithel von Perlmuscheln *(Pinctada)*, die in tropischen oder subtropischen Meeren, aber auch bei Fluss- und Teichmuscheln *(Unionidae)*, die im Süßwasser leben. Im Kontrast dazu werden *Zuchtperlen*, obwohl ebenfalls natürlich gewachsen, industriell hergestellt und sind daher viel billiger.

Edelsteinkunde (Gemmologie), ein anwendungsorientiertes Forschungsgebiet, beschäftigt sich mit der Bestimmung von Edelsteinen mit mineralogischen Methoden, der Unterscheidung von natürlichen und synthetischen Edelsteinen, der Erkennung von künstlich – durch Erhitzen, Bestrahlen oder Färben – veränderten Edelsteinen und von Fälschungen (z. B. Wehrmeister 2005; O'Donoghue 2008; Henn 2013), aber auch mit der Erforschung von geologischen Prozessen, durch die Edelstein-Minerale in der Natur entstehen (Groat 2007), sowie mit der Auffindung und Ausbeutung neuer *Edelstein-Lagerstätten.*

- **Physikalische Eigenschaften der Edelstein-Minerale**
- An erster Stelle steht die **Farbe** der Edelstein-Minerale, wie z. B. das herrliche Grün des Smaragds, das sog. Taubenblutrot des Rubins, oder die *Farblosigkeit,* durch die sich Diamanten hoher Qualität auszeichnen. Für die Färbung der oxidischen und silikatischen Edelsteine sind geringe Beimengungen von Metallionen aus der Gruppe der *Übergangselemente* verantwortlich, insbesondere von Titan, Vanadium, Chrom, Mangan, Eisen und Kupfer. Spurenelementgehalte von V^{3+}, Cr^{3+}, Mn^{3+} und Cu^{2+}, die in der Größenordnung von 0,1 Gew.-% liegen, können starke Farbeffekte erzeugen, die durch elektronische Übergänge in den d-Orbitalen bedingt sind (z. B. Rossman 2009). Gemäß der *Kristallfeld-Theorie* spalten diese Orbitale im Kristallgitter in unterschiedliche Energieniveaus auf, und durch Absorption einer Wellenlänge des sichtbaren Lichts, die dieser *Kristallfeld-Aufspaltung* entspricht, können Elektronenübergänge angeregt werden. Darüber hinaus können durch *Metall-Metall-Ladungsübergänge* („Intervalence Charge Transfers", IVCT) auch Elektronenwechsel-Vorgänge zwischen strukturell benachbarten und ungleich geladenen Kationen, z. B. $Fe^{2+} \leftrightarrow Fe^{3+}$ oder $Fe^{2+} \leftrightarrow Ti^{4+}$, zu starken Farbeffekten führen. Eine Reihe von Edelstein-Mineralen zeigt eine ausgeprägte *Anisotropie der Farbe;* sie sind *dichroitisch,* z. B. der optisch einachsige Turmalin, oder *pleochroitisch,* z. B. der optisch zweiachsige *Cordierit* (► Abschn. 11.3). Bei dem ebenfalls pleochroitischen *Alexandrit,* einer Cr-haltigen Varietät des *Chrysoberyll,* $BeAl_2O_4$ (► Abschn. 7.2), ist die Erscheinung des *Changierens* besonders ausgeprägt. Sie ist durch die Existenz von zwei Banden im optischen Absorptionsspektrum bedingt: Gelb und Blau werden absorbiert, Grün und Rot durchgelassen. Dementsprechend erscheint Alexandrit bei Tageslicht grün, bei Kunstlicht jedoch rot.

- Eine hohe **Lichtbrechung** verleiht Edelstein-Mineralen in geschliffener Form einen schönen *Glanz.* Mit einer Lichtbrechung von 2,419 (für gelbes Licht) steht hier Diamant an erster Stelle, während Korund deutlich geringere Brechungsindizes (n_ε 1,759–1,763, n_ω 1,767–1,772) aufweist. Der Wert der Beryll-Varietäten Smaragd und Aquamarin, deren Brechungsindizes noch geringer sind (n_ε 1,565–1,590, n_ω 1,569–1,598), ist weniger in ihrem Glanz, als vielmehr in ihren Farben begründet.

- Die **Dispersion der Lichtbrechung,** d. h. die Abhängigkeit der Brechungsindizes von der Wellenlänge, führt dazu, dass an den Facetten eines geschliffenen Edelsteins die unterschiedlichen Wellenlängen des einfallenden weißen Lichtes in unterschiedlichen Winkeln gebrochen, reflektiert oder totalreflektiert werden. Dadurch entsteht ein attraktives Farbenspiel, das *Feuer.* Einen extrem hohen Wert von $n_F - n_C = 0,044$ erreicht die Dispersion der Lichtbrechung in Diamant mit $n_F = 2,454$ für violettes Licht ($\lambda_F = 396,8$ nm) $n_C = 2,410$ für rotes Licht ($\lambda_C = 656,3$ nm). Die optischen Effekte, die durch die Dispersion der Lichtbrechung bedingt sind, können durch eine geeignete Schliffform, insbesondere durch den um 1910 entwickelten *Brillantschliff,* optimiert werden.

- **Besondere Lichteffekte** entstehen durch – in anderen Fällen unerwünschte – Fremdeinschlüsse in Edelstein-Mineralen. Als *Asterismus,* der bereits von Plinius d. Ä. (~23–79 n. Chr.) beschrieben wurde, bezeichnet man einen sternförmigen Lichtschein, der durch orientierte Einwachsungen von *Rutil*-Nädelchen erzeugt wird. Er tritt hauptsächlich bei den Korund-Varietäten *Sternrubin* und *Sternsaphir,* aber auch in *Rosenquarz,* seltener in *Granat* und *Zirkon* auf. Das *Chatoyieren* (franz. *chat* = Katze, *oeil* = Auge), auch Katzenaugeneffekt genannt, ist ein wogender Schimmer, der durch orientiert eingelagerte Hohlkanäle, wie beim *Chrysoberyll-Katzenauge* (► Abschn. 7.2) bedingt ist, ferner beim *Beryll-, Turmalin-* und *Quarz-Katzenauge.* Blau schimmerndes *Falkenauge* und das durch Oxidation von $Fe^{2+} \rightarrow Fe^{3+}$ bronzegelb schimmernde *Tigerauge* entstehen durch Verkieselung von Krokydolith-Asbest (► Abschn. 11.6.1). Darüber hinaus können (sub-)mikroskopische Realbau-Phänomene, wie Spaltrisse, Zwillings- und Entmischungslamellen, *Interferenzeffekte* erzeugen, so das *Opalisieren* und *Irisieren* bei *Edelopal,* das *Adularisieren* bei *Adular* und das *Labradorisieren* bei *Labradorit* (◘ Abb. 2.5). Alle diese Lichteffekte kommen am besten in rundlich geschliffenen Steinen, den *Cabochons,* zum Ausdruck.

2

- **Härte** (▫ Tab. 1.2) und **Zähigkeit** sind wichtige *mechanische Eigenschaften,* die ein Edelstein-Mineral widerstandsfähig gegen Abrieb und Bruch machen können. Mit einer Mohs-Härte von 10 und einer Mikrohärte von 1150 kbar ist Diamant mit Abstand das härteste Mineral überhaupt, gefolgt von Korund (Mohs-Härte 9, Mikrohärte 196 kbar), Topas (Mohs-Härte 8, Mikrohärte 176 kbar) und Beryll (Mohs-Härte 7½–8). Diese Minerale sind daher beständig gegen Quarzstaub in der Luft, da Quarz nur die Mohs-Härte 7 und die Mikrohärte 122 kbar hat. Demgegenüber ist das ansonsten sehr attraktive Mineral Opal, $SiO_2 \cdot nH_2O$, mit einer Mohs-Härte von 5½–6½ deutlich weicher als Quarz und sollte daher nicht permanent als Ringstein getragen werden. Der geschätzte Schmuckstein Jade, ein feinkörniges Mineralaggregat aus dem Na-Pyroxen Jadeit, $NaAl[Si_2O_6]$, ist durch eine außergewöhnlich hohe Zähigkeit gekennzeichnet (▸ Abschn. 11.4.1).

■ **Die Seltenheit von Edelstein-Mineralen**

Im Gegensatz zu den objektivierbaren physikalischen Eigenschaften ist die Forderung nach Seltenheit, die ein Mineral zum Edelstein macht, weniger leicht fassbar. Es gibt Minerale von Edelsteinqualität, die zu selten und auch in Fachkreisen zu wenig bekannt sind, um auf dem Markt einen hohen Preis zu erzielen, z. B. Taaffeit, $Mg_3BeAl_8O_{16}$. Andererseits können gezielte Marketingkampagnen das Interesse an einem sehr seltenen Mineral und damit seinen Marktwert stark steigern, was z. B. bei Benitoit, $BaTi[Si_3O_9]$, und bei rotem Beryll der Fall war (Fritsch und Rondeau 2009). Die natürliche Entstehung von seltenen (Edelstein-)Mineralen ist an besondere geochemische Voraussetzungen gebunden, wie z. B. beim Smaragd (▸ Abschn. 11.3, 26.6.1), oder an extreme physikalisch-chemische Bedingungen geknüpft, wie im Fall von Diamant (▸ Abschn. 4.3).

Schließlich ist ein Mineral als Edelstein nur dann schleifwürdig und damit in vollem Maße wirtschaftlich nutzbar, wenn es in entsprechender *Größe* und *Reinheit* vorliegt, also weitgehend frei von unerwünschten Einschlüssen und Rissen ist. Voraussetzung für die „*Lupenreinheit"* eines Minerals sind ungewöhnlich günstige Kristallisationsbedingungen, die in der Natur nur selten gegeben sind, bei der industriellen Herstellung synthetischer Edelsteine aber gezielt realisiert werden können. Schon deswegen sind natürlich vorkommende Edelsteine wesentlich seltener als künstlich erzeugte: Obwohl diese in ihrer chemischen Zusammensetzung und ihren physikalischen Eigenschaften identisch mit natürlichen Steinen sind, erzielen sie auf dem Markt doch wesentlich geringere Preise, wie das am Beispiel synthetischer Rubine deutlich wird (▸ Abschn. 7.3). Das gilt auch, wenn der natürliche Stein weniger

lupenrein ist als ein synthetischer. Im Gegenteil, Mineraleinschlüsse belegen die natürliche Bildung eines Edelsteins und geben Hinweise auf seine Herkunft *(Provenienz).* Allerdings versuchen manche Hersteller aus verständlichen, wenn auch keineswegs akzeptablen Gründen, ihre Syntheseprodukte den natürlich gebildeten Edelstein-Mineralen immer mehr anzupassen, indem sie z. B. beim Wachstum der synthetischen Kristalle natürliche Minerale einschließen lassen. Daher lassen sich natürliche und synthetische Edelsteine oft nicht mehr mit den gängigen Routineuntersuchungen unterscheiden. Der Nachweis einer Synthese ist häufig nur mit aufwendigen Analysemethoden möglich. Die Frage, warum die meisten Käufer – wenn sie die finanziellen Mittel dazu haben – lieber einen natürlichen Edelstein erwerben als einen synthetischen Stein gleicher oder sogar „besserer" Qualität (der nach den gesetzlichen Vorgaben vom Verkäufer als solcher gekennzeichnet werden muss!), lässt sich wohl nur psychologisch beantworten: der menschliche Geist strebt eben eher nach dem seltenen Naturprodukt als nach industriell gefertigter Massenware.

■ **Methoden der industriellen Edelsteinsynthese**

Bei der *Edelsteinsynthese,* die sich teilweise an geologischen Prozessen in der Natur orientiert, werden die gleichen Methoden wie bei der industriellen Züchtung von Einkristallen für technische Zwecke, z. B. für die Herstellung von Laser- oder Halbleiterkristallen angewandt. Am wichtigsten sind folgende Züchtungsmethoden (z. B. Wilke und Bohm 1988; Kane 2009; Kleber et al. 2010):

- **Kristallzüchtung aus der Schmelze.** Diese schon seit Ende des 19. Jh. entwickelten Methoden sind verfahrenstechnisch sehr ausgereift und liefern Produkte von besonders hoher Qualität. Die erste Züchtung von *Rubin*-Kristallen erfolgte 1885 in Genf durch langsame Kristallisation einer Schmelze in einem *offenen Tiegel,* ein Verfahren, das z. B. im Jahr 1923 durch Bridgman (1882–1961) für technische Zwecke optimiert wurde. Viel weiter verbreitet ist das *Schmelztropfverfahren* des französischen Chemikers Auguste Verneuil (1856–1913), mit dem seit 1905 Einkristalle von *Rubin,* seit 1910 von *Saphir* und *Spinell,* seit 1947/1948 von *Sternrubin, Sternsaphir* sowie von *Rutil* gezüchtet wurden. Dabei wird die pulverförmige Ausgangssubstanz, z. B. Al_2O_3, einer heißen Knallgasflamme oder – neuerdings – einer Plasmafackel zugeführt und bei Temperaturen bis 2200 °C geschmolzen. Die Schmelze tropft auf einen wachsenden Kristallkeim und kristallisiert dort an, wodurch birnenförmige Einkristalle von 6–8 cm Länge entstehen. Durchgreifende technische Verbesserungen des Verneuil-Verfahrens ermöglichten in neuerer Zeit die Züchtung von

Laserstäben aus Rubin. Durch geeignete Zusätze von Spurenelementen können beliebige Farben erzeugt werden. Für die Züchtung von Einkristallen unterschiedlichster Zusammensetzung für technische Zwecke, z. B. des Yttrium-Aluminium-Granats (YAG-Laser) und von Halbleiterkristallen aus Germanium oder Silicium, hat sich das *Kristallziehverfahren,* das der deutsch-polnische Chemiker Jan Czochralski (1885–1953) in den Jahren 1916/1918 an der TU Berlin entwickelte, besonders bewährt. Dabei wird ein stäbchenförmiger Keimkristall langsam aus einer Schmelze, deren Temperatur nur wenig über dem Schmelzpunkt liegt, herausgezogen. Entscheidend für den Erfolg dieses Verfahrens ist, dass Ziehgeschwindigkeit und Wachstumsgeschwindigkeit genau übereinstimmen. Von gemmologischem Interesse ist lediglich die Züchtung von synthetischem *Alexandrit,* die seit 1976 mit dem Czochralski-Verfahren erfolgt.

Für die Synthese von chatoyierendem Alexandrit wird das tiegelfreie *Zonenschmelzverfahren* angewendet, das aber hauptsächlich der Reinigung zuvor gezüchteter Kristalle bei der Produktion hochreiner Halbleiter, insbesondere von Silicium-Einkristallen dient. Dabei wird ein kristalliner Stab langsam durch eine Hochfrequenz-Heizspule hindurchgezogen oder umgekehrt wird die umgebende Spule an dem Stab entlanggeführt. In der dabei entstehenden schmalen Schmelzzone, die allmählich durch den Kristallstab hindurch wandert, sammeln sich die Verunreinigungen, die in der Ausgangssubstanz vorhanden waren. Nach mehrfacher Wiederholung dieses Vorganges wird in der Endphase darauf geachtet, dass der gesamte Stab aus dem gewünschten Einkristall besteht.

Viel häufiger werden bei der Züchtung von Edelstein-Mineralen bei hohen Temperaturen geschmolzene wasserfreie Salze eingesetzt, z. B. eine Mischung aus Bleioxid und Boroxid, die als Flussmittel dienen. Mit dieser *Flux-Fusion-Methode* wurde schon 1887 Rubin synthetisiert; es folgten Smaragd (1935), Alexandrit, oranger und blauer Saphir sowie Spinell.

Bei der Rubin-Synthese (1887) wurde ein Gemisch aus Al_2O_3-Pulver, Bleioxid, Boroxid zur Schmelzpunktserniedrigung und Spuren von färbendem Cr_2O_3 in einem Platin-Tiegel geschmolzen, den man in einem Elektroofen auf 1300 °C aufheizte. Durch langsames Abkühlen über mehrere Tage konnten cm-große Rubin-Kristalle gezüchtet werden.

- Die **Kristallzüchtung aus wässerigen Lösungen** bei Atmosphärendruck (ca. 1 bar) wurde seit den 1930er-Jahren zu einem hohen technischen Stand entwickelt. Sie spielt für industrielle Anwendungen eine bedeutende Rolle, wird aber nur selten für die Edelsteinsynthese angewandt; zu den wenigen Beispielen gehören Opal und Malachit, $Cu_2[OH]_2/CO_3]$.
- Viel wichtiger ist dagegen die **Hydrothermal-Synthese** von Mineralen. Bei ihr werden in einem Hochdruck-Autoklaven aus hochtemperaturresistentem Stahl unter erhöhten Drücken von meist ca. 1–2 kbar (100–200 MPa) und Temperaturen von meist 300–500 °C Kristalle aus einer heißen wässerigen Lösung gezüchtet. Mit diesem Verfahren stellte man seit 1950 unverzwillingte Quarzkristalle her, die in der Technik als Schwing- und Steuerquarze unverzichtbar sind (▶ Abschn. 11.6.1). Später wurden auch Smaragd, Aquamarin und andere Farbvarietäten von Beryll, Rubin und Saphir sowie die Quarzvarietäten Citrin, Amethyst und Rosenquarz hydrothermal gezüchtet.
- Die **Diamantsynthese**, die 1955 fast gleichzeitig in Schweden und in den USA erstmals gelang, erfordert noch wesentlich höhere Drücke von meist 50–60 kbar und Temperaturen von > 1500 °C. Hierfür werden Apparaturen mit konischen Hochdruck-Stempeln eingesetzt, z. B. die berühmte Belt-Apparatur. Als Reaktionsmedium und Katalysator für die Umwandlung Graphit → Diamant dient eine Metallschmelze aus Nickel und/oder Eisen, auch Kobalt, in welcher Kohlenstoff gelöst wird (▶ Abschn. 4.3). Mit diesem Verfahren werden in erster Linie winzige *Industriediamanten* von ca. 150 μm Größe hergestellt. Erst 1970 gelang in den USA die Synthese größerer, facettierbarer Steine, und 1985 kamen in Japan gelbe Industriediamanten von 2 Karat auf den Markt. Seit 2008 ist die Synthese von farblosen, gelben, braunen, blauen, grünen, roten, rosa- und purpurfarbenen Diamanten möglich, die auch von gemmologischem Interesse sind (Kane 2009).
- Die **Kristallzüchtung aus der Gasphase** geschieht entweder durch *Sublimation* gasförmiger Substanzen in geschlossenen und offenen Systemen, z. B. bei der Synthese von *Moissanit,* SiC, oder aber durch chemische (Transport-)Reaktionen, durch die z. B. diverse Substrate, wie etwa Hartmetallwerkzeuge, mit *Diamant* oder diamantähnlichem C dünn beschichtet werden können. Hierbei wird aus Methan und Wasser ein Plasma erzeugt, woraus sich C-Atome aus dem Methan epitaktisch auf dem kristallinen Substrat (z. B. Wolfram) abscheiden. Die dabei gebildeten Kristalle sind meist nur winzig, können aber einige Millimeter erreichen, wenn das Substrat selbst aus Diamant besteht.

2

2.5 Biomineralisation und medizinische Mineralogie[1]

Minerale entstehen nicht nur durch anorganische Prozesse, mit denen sich weite Teile dieses Lehrbuches beschäftigen, sondern sie können sich auch im belebten Organismus durch biologische Vorgänge bilden. Diese Vorgänge, die man als *Biomineralisation* bezeichnet (Dove et al. 2003; Skinner 2005; Dove 2010), sollen im Folgenden kurz dargestellt werden. Mineralisiertes Gewebe spielt in Form von Stützgeweben, Exoskeletten und Endoskeletten eine entscheidende Rolle bei der Entwicklung von tierischen und pflanzlichen Organismen. Darüber hinaus dienen Minerale, die im lebenden Organismus oder post mortem, z. B. bei der Diagenese, kristallisieren als *Versteinerungsmittel* (▸ Abschn. 25.2.10, 25.3.5). Die durch Biomineralisation fossilisierten Tier- und Pflanzenreste stellen unverzichtbare Dokumente für die Rekonstruktion der biologischen Evolution und der Geschichte unserer Erde dar. Aus den Fossilresten kann man auf das relative Alter von Sedimentgesteinen, auf ihre Bildungsbedingungen und deren zeitliche und räumliche Veränderungen schließen. Darüber hinaus können Isotopenanalysen an Fossilien dazu beitragen, das *Klima* zum Zeitpunkt der biogenen Mineralbildung sowie Veränderungen der Klimabedingungen über längere oder kürzere Zeiträume, ja sogar im jahreszeitlichen Wechsel zu rekonstruieren. Diese Forschungsergebnisse liefern wichtige Erkenntnisse für die aktuelle Diskussion um den Klimawandel.

Die Mechanismen von Biomineralisationsvorgängen im menschlichen und tierischen Körper, ihre Störungen und ihre pathologischen Entartungen sowie die Reaktion des Organismus auf mineralische Stäube und Gifte sind Gegenstand der *medizinischen Mineralogie,* einer interdisziplinären Forschungsrichtung im Grenzgebiet zwischen Mineralogie, Biochemie und Medizin (Selenius 2005; Sahai und Schonen 2006). Darüber hinaus können wir aus den natürlichen Vorgängen der Biomineralisation viel über das Verhalten von anorganischen Materialien bei der Regeneration des menschlichen Knochengerüstes (z. B. Jones et al. 2007) und die knöcherne Integration von Endoprothesen und Implantaten im menschlichen Körper lernen.

2.5.1 Mineralbildung im Organismus

■ **Mineralbildung in Kalkalgen**

Zu den frühesten bekannten Zeugen biologischer Aktivität mit oxygener Photosynthese zählen die *Stromatolithen* (grch. στρῶμα = Decke, λίθος = Stein). Diese biogenen Sedimentgesteine sind aus kalkig gebundenen Biomatten mit charakteristischem Lagenbau (Lamination) aufgebaut. Sie bestehen im Wesentlichen aus prokaryoten Cyanobakterien, einzelligen Organismen ohne Zellkern (grch. πρό = vor, καρυόν = Nuss, Walnuss), die häufig mit dem missverständlichen Begriff Blaugrünalgen bezeichnet werden, obwohl sie keine Algen, sondern Bakterien sind. Ihre ältesten Vertreter, gefunden im Pilbara-Kraton in Westaustralien, wurden auf 3,43 Mrd. Jahre (3,43 Ga) datiert und gehören damit zu den frühesten Zeugen biologischer Aktivität (Allwood et al. 2007; Noffke 2010). Obwohl der Zeitraum für den Beginn der oxygenen Photosynthese immer noch hochspekulativ ist, häufen sich Hinweise darauf, dass diese bereits lange vor dem sogenannten Großen Oxidationsereignis (ca. 2,45 Ga), wahrscheinlich deutlich vor 3,0 Ga, einsetzte (Lyons et al. 2014; Sahai und Gaddour 2016).

Viele dieser ältesten Lebensformen sind als Stromatolithen erhalten. Während ihrer Bildung wurden Partikel von *Mg-Calcit,* $(Ca,Mg)CO_3$, in den Lagen ausgefällt und von Biofilmen überwachsen, die aus Mikroorganismen bestehen. Dadurch wurden die Sedimentoberflächen verklebt und stabilisiert und dadurch relativ widerstandsfähig gegen Erosion. Darüber hinaus entzieht die photosynthetische Aktivität der Cyanobakterien dem Meerwasser CO_2, was zur Erhöhung des pH-Wertes führt. Dadurch verschiebt sich das Dissoziationsgleichgewicht der Kohlensäure zugunsten des CO_3^{2-} Anions, und die Kristallisation neuer Karbonatminerale wird begünstigt (▸ Abschn. 25.3.2). Die Wuchsformen der Stromatolithen werden hauptsächlich durch den Grad der Sedimentanlieferung gesteuert, hängen aber auch von der Tiefe und der Bewegung des Meerwassers ab. Der Lagenbau der Stromatolithen kann, zumindest bei schnell wachsenden Algenmatten, die unterschiedliche Tages- und Nachtaktivität der Prokaryoten widerspiegeln, aber auch eine Reihe andere Gründe haben (Riding und Awramik 2000). Gelegentlich sind die Formen der Mikroorganismen noch erkennbar, da sie sekundär durch feinkörnige Quarzsubstanz silifiziert und dadurch in Verwitterungs-resistente Fossilien umgewandelt wurden. Diese nur langsam wachsenden Gebilde konnten über sehr lange Zeiten der geologischen Vergangenheit riffähnliche Bauwerke bilden, da sie in präkambrischer Zeit, z. T. aber auch später noch keine Fressfeinde hatten.

Der durch die oxygene Photosynthese gebildete Sauerstoff oxidierte zunächst Fe^{2+} zu Fe^{3+} und Sulfid- zu Sulfatmineralen. Erst nachdem der Sauerstoff im Meerwasser durch diese Prozesse verbraucht war, nahm O_2 in der Erdatmosphäre dramatisch zu. Dieses *Große Oxidationsereignis* (*Great Oxidation Event*, GOE) begann vor ca. 2,45 Ga und setzte sich wahrscheinlich bis ca. 2,0 Ga fort (Sverjensky und Lee 2010). Als Folge dieser *Sauerstoffkatastrophe,* auch als Sauerstoffkrise oder Sauerstoffrevolution bezeichnet, verringerten sich die Artenvielfalt und die Verbreitung der Stromatolithen; seit ca. 450 Ma werden sie immer seltener, da sie durch die mehrzelligen

---

◘ Abb. 2.12   Rezente Stromatolithen, Hamelin Pool, Shark Bay, Westaustralien; die Algenmatten entstehen im Gezeitenbereich mit begrenzter Wasserzirkulation unter hochsalinaren Bedingungen. (Foto: Neil McKerrow, Albany, Westaustralien)

Eukaryoten in großem Umfang abgeweidet werden. Rezent können solche Biotope nur dort bestehen, wo infolge einer zu hohen Salinität keine Fressfeinde, z. B. Schnecken, leben können, denen diese Biofilme zur Nahrung dienen. Diese feindlichen Bedingungen sind heute nur an wenigen Stellen gegeben, z. B. im Hamelin Pool der Shark Bay in Westaustralien (◘ Abb. 2.12) oder im Mono Lake, Kalifornien (McNamara 2004; Reitner 1997).

Wichtige Bildner von Biomineralen sind einzellige oder mehrzellige eukaryotische Kalkalgen, die in der Lage sind, aktiv Kalk abzuscheiden. Die *Thalli* dieser Organismen, d. h. ihre mehr oder weniger undifferenzierten vegetativen Gewebe, enthalten Calciumkarbonat-Minerale, gewöhnlich *Calcit* oder *Aragonit,* die als Skelettmaterial dienen. Dabei kann das Calciumkarbonat auf verschiedene Art und Weise an und in der Zellwand sowie innerhalb der Zelle abgeschieden werden. Die Ausfällung erfolgt in der organischen Matrix, die im Allgemeinen aus Polysacchariden besteht. Die chemische Zusammensetzung der Karbonatminerale wird durch unterschiedliche Typen von Zentren der Kalkablagerung kontrolliert. Der Begriff „Kalkalgen" bezeichnet somit eine Gruppierung für die unterschiedlichen Arten der Karbonatproduktion und bezieht sich nicht auf irgendeine taxonomische Gruppe.

Zu den *Rotalgen (Rhodophyceen),* die vor allem verzweigte bäumchenartige Strukturen produzieren, gehören die *Korallenalgen* (Ordnung *Corallinales*), deren Thalli durch Kalkablagerungen in Zellwänden charakterisiert sind. Sie tragen maßgeblich, oft zu 100 %, zum Aufbau von modernen Korallenriffen bei, können aber auch häufig Kalkkrusten erzeugen (z. B. *Lithothamnium*), während ungebundene Exemplare (z. B. *Rhodolithen*) kugelförmige oder verzweigte Thalli bilden. Die Korallenalgen produzieren meist intrazellulären Mg-Calcit, $(Ca,Mg)CO_3$.

Zu den kalkabscheidenden *Grünalgen (Chlorophyceen*) gehören die beiden Gruppen der *Dasycladaceen* (Wirtelalgen) und *Codiaceen* (Filzalgen). Die *Dasycladaceen* sind typische Indikatoren für extrem flachmarine Standorte und sind seit dem Ordovizium als wichtige Riffbauer tätig. Die *Codiaceen* und verwandte Gruppen, z. B. die *Halimeden,* scheiden Calciumkarbonat aus, um sich ungenießbar für die meisten Pflanzenfresser zu machen. Dadurch werden sie in modernen Riffen und Lagunen zu den wichtigsten Produzenten von Karbonatpartikeln („weißer Sand"), z. B. in der Karibik und im Pazifik. Die meisten marinen Grünalgen produzieren die polymorphe $CaCO_3$-Modifikation *Aragonit* und einige, besonders Mitglieder der Familie *Udoteaceae,* scheiden auch *Calciumoxalat* aus. Im Gegensatz zu den extern abgelagerten Aragonit-Kristallen, die $< 15\ \mu m$ lang sind, werden die Oxalat-Kristalle deutlich größer und befinden sich im Vakuolen-System der Pflanze.

Ebenfalls bedeutende Bildner von Biomineralen sind die *Coccolithophoriden,* eine Gruppe der einzelligen Kalkalgen (◘ Abb. 2.13). Sie verfügen über ein Außenskelett, das meist aus rundlichen, aus Mg-armem Calcit bestehenden Plättchen (*Coccolithen)* aufgebaut ist. Mit einem Gesamtgebiet von ca. 130 Mio. km^2 bedeckt pelagischer Coccolithen-Schlamm, gemischt mit amorphem Material von toniger Korngröße, fast ein Drittel des Meeresbodens. Coccolithenkalke von Kreidealter sind an den Küsten von Nord- und Ostsee, z. B. in Südengland und auf der Insel Rügen aufgeschlossen.

In den *Charales* (Armleuchteralgen), der einzigen rezenten Gruppe der Klasse *Charophyceae,* die bis ins Devon zurückreicht, wächst Mg-Calcit in den Zellwänden ihrer reproduktiven Organe. *Baryt,* $BaSO_4$, und *Coelestin,* $SrSO_4$, treten ebenfalls in einigen der

2

◻ Abb. 2.13 Coccolithophoride als Beispiel für Biomineralisation bei einzelligen Algen im Nannoplankton; einzelne Zelle von *Gephyrocapsa oceanica,* die von ca. 12 einzelnen Calcitplättchen (den sogenannten Coccolithen) bedeckt wird. Aus einer Planktonprobe der Kimberley-Region (Australien), von CSIRO Tasmania zur Verfügung gestellt (Aufnahme mit dem Rasterelektronenmikroskop REM und Bestimmung durch Jorijntje Henderiks, Universität Uppsala, Schweden)

Armleuchteralgen auf. In den Charales beeinflusst die Dichte der Baryt-Partikel die Wachstumsrichtung der haarförmigen Rhizoide im Schwerefeld der Erde (Raven und Knoll 2010).

■ **Mineralbildung in Mikroorganismen**

In den heutigen Meeren sind die *Foraminiferen* die wichtigste Gruppe der Protozoen. Sie zeigen Exoskelette, die überwiegend aus *Mg-Calcit,* sehr selten aus *Aragonit* bestehen. Eine der Gattungen produziert Schalen aus SiO_2. Die wichtigsten modernen Foraminiferen im Plankton gehören zur Gruppe der *Globigerinen*. Ablagerungen von *Globigerinenschlamm,* hauptsächlich aus hyalinen Schalen bestehend, bedecken riesige Gebiete des Ozeanbodens. Fossile Makroforaminiferen, so die permokarbonischen *Fusulinacea* oder die tertiären und holozänen *Nummulitacea* und *Alveolina,* produzierten massive Exoskelette aus *Mg-Calcit* mit Durchmessern bis zu 50 mm. Stellenweise treten sie gehäuft auf und bilden dann einen dominierenden Bestandteil von Karbonatgesteinen. So wurden die altägyptischen Pyramiden von Giseh (Ägypten) aus Nummuliten-Kalkstein erbaut.

Im Jahr 1913 publizierte Randolph Kirkpatrick (1863–1950) eine Theorie, nach der *alle* Gesteine durch die Anhäufung von Foraminiferen, z. B. von Nummuliten entstanden sein sollen.

In nahezu allen Gewässern der Erde kommen einzellige *Kieselalgen (Diatomeen)* vor, die als Bestandteil des *Phytoplanktons* am Beginn der Nahrungskette stehen. Sie bilden poröse, filigrane Skelette von 10–100 μm Größe, die aus *Opal* aufgebaut sind. Eine weitere Gruppe von marinen Mikroorganismen, die *Radiolarien*, produzieren ebenfalls komplexe Mineralskelette, die gewöhnlich aus Opal bestehen. Diese 30 μm bis einige Millimeter großen Protozoen sind Bestandteile des Zooplanktons und treten in allen Ozeanen auf. Nach ihrem Absterben werden die Skelette von Diatomeen und Radiolarien abgelagert und bilden kieselige Schlämme. So sind Millionen Quadratkilometer der Ozeanböden mit Diatomeen- und Radiolarienschlamm bedeckt. Sedimentgesteine, die überwiegend aus Diatomeen oder Radiolarien hervorgingen, heißen *Diatomit* bzw. *Radiolarit* (▶ Abschn. 25.5). Obwohl die Radiolarien fast ausschließlich in tropischen Meeren leben, findet man – bedingt durch plattentektonische Prozesse – verwitterungsbeständige, braun bis schwarz gefärbte Radiolarite auch außerhalb der Tropen. Die *Acantatharia,* eine Unterordnung der Radiolarien, unterscheiden sich durch Skelette aus Coelestin, $SrSO_4$ (▶ Abschn. 9.1).

Einen weiteren interessanten Fall der Mineralbildung im Organismus stellen *magnetotaktische Bakterien* dar, die in der Lage sind, kleine Kristalle von *Magnetit* in ihren prokaryotischen Magnetosom-Ketten zu synthetisieren (▶ Abschn. 7.2). Sie können sich damit am Erdmagnetfeld orientieren und zielgerichtete Ortsveränderungen erreichen. Diese Eigenschaft teilen sie mit gewissen Insekten, Vögeln, Fischen und Säugetieren (Harrison und Feinberg 2009; Pósfai und Dunin-Borkowsky 2009).

■ **Mineralbildung in terrestrischen Pflanzen**

Höher organisierte pflanzlichen Gewebe sind häufig durch *Opal* stabilisiert (▶ Abschn. 11.6.1). In Gräsern und in Schachtelhalmen (z. B. der modernen Gattung *Equisetum*) führt der Gehalt an Opal unter anderem dazu, dass Gebisse von Pflanzenfressern stark abgenutzt werden. Bei der Brennnessel sind die Spitzen der mit Ca-Mineralen verstärkten Brennhaare aus Opal aufgebaut, sodass diese bei Berührung scharfkantig brechen und eine Wunde erzeugen können. In diese ergießt sich der unter Druck stehende Zellsaft aus Natriumformiat, Histamin und Acetylcholin und erzeugt das bekannte Brennen (Wimmenauer 1992).

Als Einschlüsse in lebenden *Pflanzenzellen* sind Kristalle von schwerlöslichem Calciumoxalat-Monohydrat und -Dihydrat, $Ca[C_2O_4] \cdot H_2O$ bzw. $Ca[C_2O_4] \cdot 2H_2O$, weit verbreitet. Sie bilden idiomorphe Solitärkristalle, Nadeln, morgensternförmige Kristallgruppen oder lockere Anhäufungen von 1–3 μm großen Kriställchen, sog. Kristallsand (von Denffer et al. 2002). Der Name Oxalat leitet sich von der Gattung

Oxalis (Sauerklee) ab, bei der Oxalsäure den Pflanzen einen sauren Geschmack verleiht. Kristalle von Calciumoxalat wurden zur Wundbehandlung und zur Herstellung von „Kleesalz" gewonnen. Im Rhabarber sind die Kristalle so groß, dass man sie zwischen den Zähnen spüren kann.

Ein wichtiges Beispiel für sekundäre *Permineralisation* ist die Entstehung von *Kieselhölzern* durch Einkieselung. Dabei werden die Holzzellen mit Kieselsäure gefüllt, die über Zwischenstufen in feinkristallinen Quarz (Chalcedon) umgewandelt wird (▶ Abschn. 11.6.1).

■ **Mineralbildung im tierischen Organismus**

Mit der *„kambrischen Explosion"* (auch „kambrische Artenexplosion" oder „kambrisches Radiationsereignis" genannt) vor etwa 545–530 Mio. Jahren begannen sich die meisten Tierstämme zu bilden, darunter auch die *wirbellosen Tiere (Invertebraten)*. Diese entwickelten Exoskelette (Schalen), die aus den $CaCO_3$-Polymorphen *Aragonit, Calcit* und *Vaterit* (▶ Abschn. 8.1, 8.2), aus *Opal* (▶ Abschn. 11.6.1) oder *Apatit* (▶ Kap. 10) bestehen. Unabhängig von ihrer chemischen Zusammensetzung haben skelettbildende Biominerale eines gemeinsam: ihre enge Vergesellschaftung mit Proteinen, Polysacchariden und anderen organischen Makromolekülen (Dove 2010). Daher erfolgt das Kristallwachstum im tierischen Organismus in Zeiträumen von Tagen bis Monaten, also viel rascher, als das in der unbelebten Natur meist der Fall ist.

Schwämme (Porifera) haben in der Regel kein fest verbundenes Skelett, sondern isolierte stützende Nadeln und Skelettelemente *(Spiculae)*, die im Gewebe eingelagert sind. In den einzelnen Tiergruppen haben diese mineralischen Partikel sehr unterschiedliche Zusammensetzungen. So bestehen sie bei den Kiesel- oder Glasschwämmen aus Opal, bei den Kalkschwämmen aus Aragonit, Tief-Mg- oder Hoch-Mg-Calcit. Die massiven Skelette in einigen Gruppen können erhebliche Anteile an Kalksteinen bilden, so die *Archaeocyatha* des frühen Kambriums, die zu den ersten riffbildenden Organismen gehören, oder die *Spinctozoa* im Mesozoikum.

Die *Korallen* (Glieder der Klasse *Anthozoa*) bilden kompakte Kolonien, die aus genetisch identischen, einige Millimeter dicken und bis zu wenigen Zentimetern langen Polypen bestehen. Die meisten von ihnen leben in Symbiose mit einzelligen Algen, den *Zooxanthellae,* die sich im Körperinneren des Polypen befinden. Durch ihre Photosynthese versorgen diese Zooxanthellen die Korallen-Polypen mit Sauerstoff und fördern die Kalkabscheidung, da sie CO_2 verbrauchen. Fäden des *Polysaccharids Chitin,* die von Ektodermzellen abgeschieden werden, bilden Kristallisationskeime für die im Ektoderm befindlichen übersättigten Karbonatlösungen, aus denen *Mg-Calcit* kristallisiert. Durch diesen

Prozess werden in der Flachsee *Korallenriffe* gebildet, die die nährstoffarmen Küstenregionen von tropischen Meeren säumen. Darüber hinaus wachsen nahe den Kontinentalrändern Populationen von *Kaltwasserkorallen* in den ewig dunklen Tiefenzonen des Ozeans. Die Ca-Karbonate, die von diesen Korallen ausgeschieden werden, akkumulieren zu Karbonathügeln, die an den Kontinentalschultern der Weltmeere verbreitet sind (Dullo und Henriet 2007).

Bryozoen (Moostierchen) sind Tiere, die in Kolonien leben und als Filtrierer eine besondere Einrichtung zum Filtern von Suspensionen besitzen. Sie bilden karbonatische Exoskelette, die aus einem Gemenge von *Aragonit* und *Calcit,* häufig aber auch Ca-Phosphat bestehen. Frühe Vertreter von ihnen konnten Riffbauten erzeugen.

Die meisten der weltweit verbreiteten *Mollusken (Mollusca)* sind (bzw. waren) ebenfalls in der Lage, Gehäuse aus Ca-Karbonat zu erzeugen, besonders die *Muscheln (Bivalvia* oder *Pelecypoda)* und die *Schnecken (Gastropoda)*. Das gleiche gilt für eine Anzahl von *Cephalopoden,* so die vor ca. 65 Ma, d. h. am Ende der Kreide ausgestorbenen *Ammoniten* und die *Nautiloiden*. Molluskenschalen bestehen aus zwei oder drei gesonderten Lagen von Calcit- und Aragonit-Kristallen, wobei viele Arten Calcit und Aragonit simultan erzeugen können. Die meisten Muscheln und Schnecken haben Schalen mit einer weißlichen, porzellanartigen, nicht schimmernden Innenschicht.

Andere Muscheln, z. B. auch die bei uns heimische *Flussperlmuschel,* bilden Schalen aus Perlmutt. Diese bestehen aus einer Innenschicht von Aragonit, die von einer organischen Zwischenschicht *(Periostracum)* und schließlich von einer Außenschicht aus Calcit umgeben ist. Das attraktive Farbspiel dieser Schalen kommt durch die Orientierung der blättchenförmigen Aragonit-Kristalle zustande – ein eindrucksvolles Beispiel für zielorientierte, biogene Mineralsynthese. In *Perlmuscheln* gewachsene Salzwasserperlen bestehen aus einer Perlmuttlage, die auf einem Nucleus abgelagert wurde und selbst aus *Aragonit* besteht. Demgegenüber gehören *Austern* zu den wenigen Mollusken, die Schalen aus *Calcit* produzieren. Die Verschiedenheiten in der Mineralogie von Fossilienschalen sind dafür verantwortlich, dass diese in Sedimentgesteinen so unterschiedlich gut erhalten sind.

Die faserige Außenschale der gewöhnlichen Muschel *Mytilus* besteht aus extrem langen und feingliedrigen Calcit-Fasern (Checa et al. 2014). Einige Muscheln bilden dagegen eine prismatische Außenschale aus Calcit, während die Innenschale aus perlmutartigem Aragonit aufgebaut ist. Jedoch bestehen beide aus komplexen nadeligen Kristalliten (z. B. Dauphin et al. 2014).

Einige Tiergruppen innerhalb der *Echinodermata* (Stachelhäuter), so die *Echinoidea* (Seeigel), *Crinoidea* (Seelilien und Federsterne) und die *Holothuroidea*

2

(Seegurken) können das Wachstum so steuern, dass dabei Einkristalle von *Hoch-Mg-Calcit* als Bestandteile eines feinstrukturierten Maschenwerks wachsen, die das Endoskeletts bilden. Diese wären jedoch wegen ihrer guten Spaltbarkeit für den Aufbau von Zähnen ungeeignet, sodass diese im gleichen Tier eher aus feinkristallinem *Calcit* gebildet werden. Dass diese Fähigkeit mehrfach erfunden worden ist, belegen die *Trilobiten*, die im Perm (vor ca. 270 Ma) ausstarben. Diese Tiergruppe produzierte nicht nur Exoskelette mit *Calcit*-Gehalten von bis zu 30 %, sondern „lernte", Calcit-Einkristalle für ihre Facettenaugen so orientiert wachsen zu lassen, dass ihre starke Doppelbrechung ein gutes Sehen nicht verhinderte (Wimmenauer 1992). Ähnliche Facettenaugen besitzen die heutigen Gliederfüßer, wie Insekten oder Spinnen.

Jedes der Einzelaugen *(Ommatidien)*, welche die Facettenaugen zusammensetzen, besitzt eine als Linse wirkende Deckschicht aus Calcit. Beim Typ des schizochroalen Auges hat jedes Ommatidium eine eigene Linse aus Calcit. Diese Linsen sind aus einem schüsselförmigen oberen und einem optisch unterschiedlichen unteren Teil zusammengesetzt. Diese Kombination entspricht nahezu perfekt den aplanaren Linsen zur Reduktion der Aberration, wie sie 1637 von René Descartes (1596–1650) oder 1690 von Christiaan Huygens (1629–1695) konstruiert wurden.

Ebenfalls aus *Mg-Calcit* bestehen die Eierschalen der *Vögel* und *Reptilien,* darunter auch die der *Dinosaurier.* Eine Ausnahme bilden die *Schildkröten,* deren Eier eine Schale aus *Aragonit* besitzen. Diese Wunderwerke der Biomineralisation sind zwar von sprichwörtlicher Dünnheit, aber trotzdem fest, glatt, dicht und dabei noch gasdurchlässig.

Zu den frühesten Resten von mehrzelligen Tieren, die zu Beginn des Kambriums vor ca. 545 Ma auftraten, gehören kleine Röhren oder andere gehärtete Körperteile *(Sklerite)*, die aus dem Phosphatmineral *Apatit,* $Ca_5[(F,Cl,OH)/(PO_4)_3]$, aufgebaut sind (▶ Kap. 10). Die meisten der zähnchenartigen Partikel besaßen eine Funktion zum Festhalten oder Zerkleinern in den Organismen, wie das z. B. bei den unterkambrischen Vorfahren der heutigen *Pfeilwürmer (Chaetognathen)* der Fall war. Jedoch können viele der aus Apatit bestehenden Hartteile nicht sicher einem bestimmten Vertreter der gut bekannten Tiergruppen zugeordnet werden oder repräsentieren Tiergruppen, die schon im Altpaläozoikum wieder ausgestorben sind, so die *Tommotiiden* oder die *Palaeosceliciden.*

Die bekannten *Conodontophoriden (Conodonten-Tiere)*, eine ausgestorbene Schleimaal-ähnliche Klasse der *Chordata (Chorda-Tiere),* bestanden größtenteils aus Weichteilen, besaßen aber meist 0,2–0,5 mm, selten bis etwa 2 mm große Hartteile aus Apatit, die einen komplexen gebissartigen Greifapparat im Schlund bildeten. *Conodonten* waren im Weltmeer vom Kambrium bis zur Trias weit verbreitet und finden sich in vielen Sedimentgesteinen dieses langen erdgeschicht-

lichen Zeitintervallen, für die sie, vor allem im Devon und Karbon, die besten Leitfossilien bilden. Darüber hinaus können Hartteile von Conodonten als *Paläothermometer* dienen, der sogenannte *Conodonten-Alterationsindex* (▣ Tab. 2.3), da das Phosphat bei Temperaturerhöhung voraussagbare und dauerhafte Farbänderungen durchmacht.

Im nahezu sauerstofffreien (anaeroben) Milieu können Schalen, Endoskelette und sogar Weichteile von Tieren durch die FeS_2-Minerale *Pyrit* und *Markasit* vollständig verdrängt werden und so z. T. im kleinsten Detail erhalten bleiben (▶ Abschn. 5.3). Weltweit bekannte Beispiele für diese (sekundäre) Permineralisation sind Ammoniten und Fische im Posidonienschiefer des Lias (Unterjura, ca. 175 Ma). Die Fossilien des frühdevonischen *Hunsrückschiefers,* einem schwach metamorphen Tonstein, stellen ebenfalls ein exzellentes Beispiel für die Erhaltung von Weichteilen durch Pyritisierung dar, wie durch eindrucksvolle Röntgenbilder dokumentiert werden kann (▣ Abb. 2.14; cf. Stürmer und Bergström 1973; Bartels et. al. 1998).

▣ **Tab. 2.3**   Conodonten-Alterationsindex (CAI)

Farbe	Temperatur
Blassbraun	< 50–80 °C
Dunkelbraun	60–140 °C
Dunkel grau-braun	110–200 °C
Dunkelgrau	190–300 °C
Schwarz	300–480 °C
Blassgrau bis weiß	360–550 °C

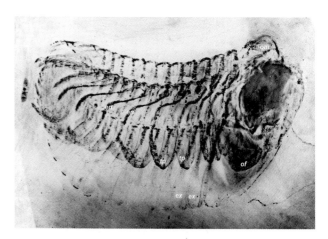

▣ **Abb. 2.14**   Röntgenbild eines leicht deformierten Trilobiten *Chotecops* cf. *ferdinandi* aus dem Unteremsium (ca. 405 Ma); sichtbar sind die noch erhaltenen, primär mineralisierten Anteile, so die Brustpleura (*tp*), Okularflächen (*of*) und ihre Ommatidien (*om*), sowie Anteile mit geringer primärer Mineralisation und Weichteile, so die abaxialen Erweiterungen (Exiten, *ex*) und Endopoden (*en*) der ventralen Anhänge (Reproduktion eines Röntgenfilms von Gerd Geyer, überlassen von Wilhelm Stürmer, Erlangen)

■ **Bioapatit in Knochen und Zähnen**

Etwa seit dem Ende des Silurs, vor ca. 430 Ma, kam es zur verstärkten Entwicklung der *Wirbeltiere,* deren Körper durch ein Endoskelett von *Gräten* oder *Knochen* aus *Bioapatit* (► Kap. 10) mechanisch widerstandsfähiger und beweglicher wurde und bei denen *Zähne* die Nahrungsaufnahme erleichterten. Die Mineralsubstanz in den Gräten und Knochen sowie im *Dentin* und *Zement der Zähne* besteht aus 20–50 nm langen und 12–20 nm (1 nm = 10^{-7} cm) dicken Kriställchen von *Bioapatit,* die parallel zur Längsachse eines faserförmigen Proteins, des Kollagens wachsen. Wie ▣ Abb. 2.15 zeigt, beträgt der Anteil der Mineralsubstanz im Knochen ca. 70 Gew.-% bzw. 50 Vol.-% (z. B. Pasteris et al. 2008). Demgegenüber sind die Apatit-Kriställchen im *Zahnschmelz* etwa 10-mal so lang und so dick und ihr Anteil liegt bei ca. 96 Gew.-% bzw. 90 Vol.-%. Bioapatit unterscheidet sich durch seinen hohen Anteil an $[CO_3OH]^{3-}$, durch seine Kristallform (▣ Abb. 2.16g), durch seine stark fehlgeordnete Feinstruktur und durch seine physikalischen Eigenschaften deutlich von geologisch gebildetem Hydroxyl- oder Fluorapatit (vgl. ► Kap. 10). Das Mineralwachstum im extrazellulären Kollagen der Knochen wird durch Zellen kontrolliert, die man als *Osteoblasten* (grch. ὀστέον = Knochen, βλαστός = Spross) bezeichnet. Wenn diese von Mineralsubstanz umschlossen werden, entsteht ein

anderer Typ von Zellen, die *Osteocyten,* die untereinander durch lange Kanäle kommunizieren können. ▣ Abb. 2.16 gibt einen Überblick über den Aufbau von Knochengewebe vom Makro- bis in den Nanobereich (Pasteris et al. 2008).

Infolge der Wechselwirkung mit organischer Zellsubstanz ist Bioapatit einem ständigen Umbauprozess, d. h. der Auflösung und Wiederausfällung, unterworfen. Die Knochenzellen steuern Bildung, Umsatz oder Resorption von Knochensubstanz im Körper und regulieren damit den Calcium-, Magnesium- und Phosphathaushalt. Ist dieser gestört, kann es zu Knochenerkrankungen wie *Osteoporose* kommen. Das Dentin kann bei der Nahrungsaufnahme durch Einwirkung chemischer Substanzen und/oder von Bakterien angelöst werden, was z. B. zur *Karies*-Erkrankung führt. Andererseits lässt sich der *Zahnschmelz* auch durch Einsatz geeigneter Wirkstoffe remineralisieren (Boskey 2007).

2.5.2 Medizinische Mineralogie

■ **Pathologische Bildung von Biomineralen**

Zu den häufigsten pathologischen Mineralbildungen im menschlichen und tierischen Körper gehören die *Nierensteine* (*Nephrolithen* von grch. νεφρός = Niere). Sie führen zu extrem schmerzhaften, bisweilen lebensbedrohlichen Beschwerden, von denen in den USA 15 % der Männer und 6 % der Frauen betroffen sind (Wesson und Ward 2007). Es handelt sich um komplex zusammengesetzte, feinkörnige Kristallaggregate (▣ Abb. 2.17a–f), die im Urin wachsen. Die Größe der Einzelkristalle liegt im Mikrometer- bis Submikrometerbereich, während die Nierensteine insgesamt gelegentlich Durchmesser von mehreren Zentimetern erreichen können. Sie sitzen meist an den *Papillenspitzen,* d. h. am Ende der großen und kleinen *Nierenkanälchen,* also dort, wo der Urin die Niere verlässt. Wenn sie sich von dort ablösen, verstopfen sie oft den Harnleiter (▣ Abb. 2.17), was zu starken Schmerzen und zur Einschränkung der Nierenfunktion führt. In der Regel herrscht als primärer Bestandteil das monokline *Calciumoxalat-Monohydrat* (COM), $CaC_2O_4 \cdot H_2O$ (Kristallklasse 2/m), mineralogisch als *Whewellit* bezeichnet, vor. Es bildet charakteristische monokline Prismen mit rautenförmigen Flächen (▣ Abb. 2.17a). Demgegenüber zeigt *Calciumoxalat-Dihydrat* (COD) oder *Weddellit,* $CaC_2O_4 \cdot 2H_2O$, mit der Kristallklasse 4/m tetragonale Bipyramiden. Außerdem können in Nierensteinen *Calciumoxalat-Trihydrat* (COT), $CaC_2O_4 \cdot 3H_2O$, *Hydroxylapatit* $Ca_5[(OH)/(PO_4)_3]$, *Brushit,* $Ca[H/PO_4] \cdot 2H_2O$, und verschiedene Formen von *Harnsäure*-Kristallen, $C_5H_4N_4O_3$, auftreten. Durch bakterielle Infektionen kann es zur Bildung von *Struvit,* $(NH_4)Mg[PO_4] \cdot 6H_2O$, kommen. Wie Untersuchungen von Wesson und Ward (2007) zeigen, dürfte das Wachstum

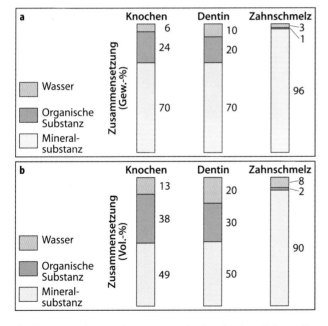

▣ **Abb. 2.15** Die Hauptkomponenten im Apatit-mineralisierten Gewebe des menschlichen Körpers (**a** in Gew.-%, **b** in Vol.-%). Im Knochen, Dentin und besonders im Zahnschmelz dominiert der Gewichtsanteil der Mineralsubstanz, während organisches Kollagen und Wasser zurücktreten. Demgegenüber nimmt Kollagen im Knochen und im Dentin ein deutlich höheres Volumen ein, erreicht jedoch nicht den Volumenanteil der Mineralsubstanz. (Nach Pasteris et al. 2008)

2

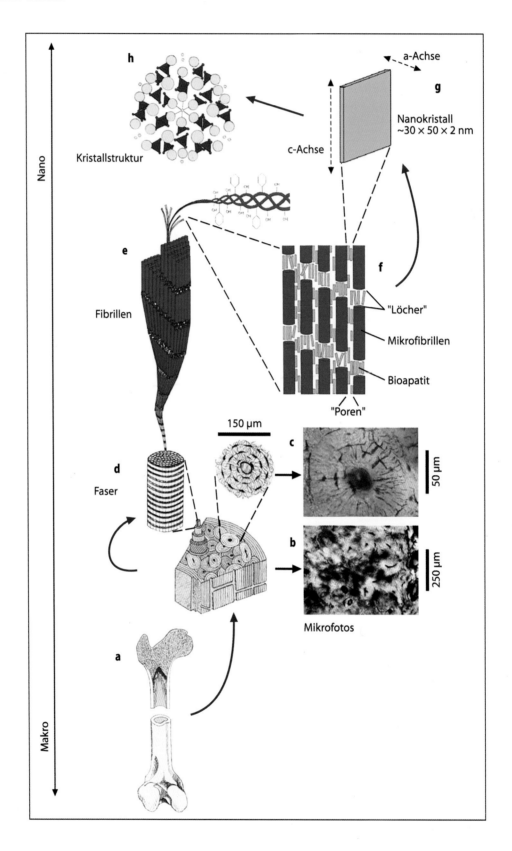

Nano

Makro

h Kristallstruktur

g a-Achse
Nanokristall
~30 × 50 × 2 nm
c-Achse

e Fibrillen

f "Löcher"
Mikrofibrillen
Bioapatit
"Poren"

d Faser

150 μm

c 50 μm

b 250 μm

Mikrofotos

a

◀ ⬛ **Abb. 2.16** Innerer Aufbau eines typischen Röhrenknochens von Makro- bis Nanodimensionen (aus Pasteris et al. 2008): **a** Längsschnitt durch einen typischen *Oberschenkelknochen* (Femur); erkennbar ist die *schwammartige Knochensubstanz (Substantia spongiosa)* im Gelenkkopf, die aus einem Gerüst aus Knochenbälkchen aufgebaut ist und zum röhrenförmigen Schaft in die *kompakte Knochensubstanz (Substantia corticalis)* übergeht. **b** Vergrößerter Querschnitt durch eine Scheibe von reifer *Spongiosa;* diese besteht überwiegend aus zylindrischen *Osteonen* (rundliche bis ovale Querschnitte), die aus Mineralsubstanz *(Bioapatit)* aufgebaut sind und die funktionelle Grundeinheit des Knochens bilden. Zusätzlich zu diesen wichtigen Funktionsgliedern sind organische *Kollagen*-Fasern am Knochenaufbau beteiligt. *Rechts:* Das Mikrofoto eines Dünnschliffs vom Kieferknochen eines Bisons lässt zahlreiche Osteonen erkennen. **c** Der vergrößerte Querschnitt zeigt den *Feinbau* eines *Osteons;* dieses ist aus konzentrischen Kreisen aufgebaut, die das schrittweise Wachstum neuer Knochensubstanz durch *Osteoblastese* dokumentieren. Die dunklen elliptischen Flecken sind *Lacunae,* d. h. Hohlräume, in denen die *Osteocyten* liegen. In der Mitte des Osteons befindet sich ein Hohlkanal, z. B. ein Blutgefäß. Durch die radialen Kanäle werden Nährstoffe und wahrscheinlich auch biochemische Signale an die spezialisierten Knochenzellen geleitet. *Rechts:* Durchlicht-Mikrofoto eines Dünnschliffs vom Kieferknochen eines Bisons, es zeigt den Querschnitt durch ein Osteon. **d** Eine einzelne *Kollagen-Faser,* bestehend aus Hunderten von gebündelten *Fibrillen,* bildet das strukturelle Gerüst des Knochens. In gleichen Abständen treten dunkle spiralförmige Bänder auf, die periodische Lücken („Löcher" in **f**) an den Enden der Kollagen-Fibrillen repräsentieren. **e** *Kollagen-Fibrillen* aus einer Vielzahl von *Mikrofibrillen;* diese werden ihrerseits aus fünf *Kollagen-Molekülen* gebildet, die nebeneinander in gestaffelten Bündeln (siehe **f**) angeordnet sind. Das Kollagen-Molekül mit der Feinstruktur einer *Tripelhelix* stellt die kleinste Einheit der organischen Komponente des Knochens dar (oben rechts von **e**). **f** Vergrößerter Längsschnitt eines Bündels von *Kollagen-Mikrofibrillen,* von denen jede ca. 300 nm lang und ca. 4 nm dick ist. Die Nanokristalle von Bioapatit (nicht maßstäblich dargestellt) sind in zwei Arten von Hohlräumen unterschiedlicher Form und Größe gewachsen, nämlich in Löchern (oder Lücken) an den gegenüber liegenden Enden der Fasern und in vertikalen Poren (oder Kanälen) zwischen den Längsseiten benachbarter Mikrofibrillen. **g** *Nanokristalle* von *Bioapatit* als Plättchen, die lediglich eine Dicke von 2–3 Einheitszellen aufweisen. Im Gegensatz dazu tritt geologisch gebildeter Hydroxyl- oder Fluorapatit in Gesteinen in Form gedrungener oder langgestreckter Prismen oder Nadeln auf. **h** *Kristallstruktur von Apatit,* projiziert entlang der c-Achse; anstelle der komplizierten Struktur von Bioapatit ist die einfachere Fluorapatit-Struktur dargestellt. Dunkelblaue Dreiecke mit roten Kugeln: PO_4-Tetraeder, große gelbe Kugeln: Ca-Atome, kleine hellblaue Kugeln: (OH,F)-Gruppen in Hohlkanälen

von Nierensteinen auf dem Epithel der Nierenkanälchen durch die Adhäsion von organischen Makromolekülen auf den Kristallflächen von COM entscheidend begünstigt werden. Andererseits wird die Bildung stabiler Kristallaggregate und damit das Wachstum von Nierensteinen durch Anwesenheit von COD behindert.

■ **Pathologische Mineralstäube**

Das Phänomen der „Staublunge" als Ausdruck für die Toxizität von Mineralstäuben war schon im Altertum bekannt. So beschrieb der griechische Arzt Hippokrates (ca. 460–375 v. Chr.), dass Bergleute in Erzgruben Schwierigkeiten beim Atmen haben, und der

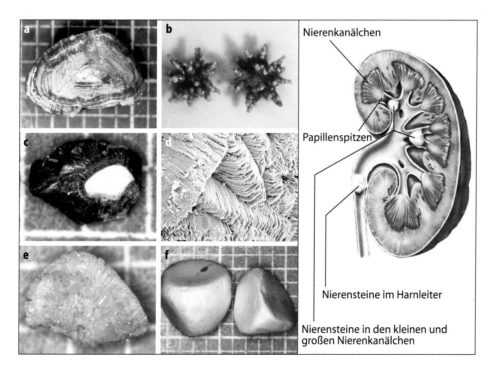

⬛ **Abb. 2.17** **a–f** Nierenstein-Typen: **a** Querschnitt durch einen COM-Stein mit Wachstumszonen; **b** COM-Steine mit Morgenstern-ähnlicher Ausbildung; **c** komplexer Nierenstein aus COM, der Bioapatit umrandet; **d** rasterelektronenmikroskopische Aufnahme eines COM-Steins: gestapelte COM-Kristalle sind an den {100}-Flächen verwachsen; **e** Brushit; **f** Struvit. Mit freundlicher Genehmigung von Louis C. Herring & Co. (▶ www.herringlab.com). **g** Schematischer Schnitt durch eine Niere mit den bevorzugten Bildungsorten von Nierensteinen in den kleinen und großen Nierenkanälchen sowie im Harnleiter. (Aus Wesson und Ward 2007)

2

römische Wissenschaftler und Schriftsteller Plinius der Ältere (23–79 n. Chr.) erwähnte Methoden, mit denen sich Bergleute vor dem Einatmen von Stäuben schützen können. Der deutsche Bergbauexperte Georg Agricola (1494–1555) beschäftigte sich in seinem Standardwerk *De Re Metallica* eingehend mit der Gefährlichkeit von Stäuben, die durch den Bergbau freigesetzt werden. Er beschrieb, wie diese in die Luftröhren und Lungen eindringen, das Atmen erschweren und durch ihre korrosiven Eigenschaften die Lungen buchstäblich „auffressen". Nach seiner Schilderung waren im Bergbaugebiet der Karpaten Frauen nacheinander mit bis zu sieben Männern verheiratet, da diese so häufig frühzeitig an Staublunge verstarben (cit. Fubini und Fenoglio 2007).

Pathologische Mineralstäube sind in ihrer Zusammensetzung sehr vielfältig, doch spielen SiO_2-Minerale und Mineralfasern die weitaus wichtigste Rolle. Entscheidend für die Toxizität der Mineralstäube sind die *mikromorphologischen Eigenschaften* der einzelnen Staubpartikel, insbesondere eine faserige Ausbildung, und die Reaktivität ihrer Oberflächen. Diese wird durch scharfe Kristallkanten und Bruchflächen erhöht, die beim Sägen und Schleifen von Gesteinen entstehen, ferner durch Oberflächendefekte, schlecht koordinierte Ionen und freie Radikale (Fubini und Fenoglio 2007). Das Lungengewebe kann nur Mineralstaub der kleinsten Korngrößenfraktion aufnehmen, d. h. Partikel mit einem *aerodynamischen Durchmesser* von < 10 μm, im Mittel ~2,5 μm (bezogen auf eine idealisierte Form, unabhängig vom tatsächlichen Umriss). Äußerst wichtig ist auch die *Biodurabilität* der unterschiedlichen Staubpartikel: Einige Mineralstäube lösen sich relativ schnell im Körper auf, z. B. Gipsstaub; andere bleiben wesentlich länger stabil und sind deswegen erheblich gesundheitsschädlicher, z. B. Quarzstaub. So erkranken Steinmetze bei der Bearbeitung von quarzhaltigen Gesteinen ohne Atemschutz zunehmend an der *Staublunge,* was als *Steinhauerkrankheit* beschrieben wurde. Darüber hinaus kann eine hohe, langjährige Belastung durch Quarzstaub zu einer verstärkten abrasiven Wirkung an den Zähnen führen und als Berufskrankheit anerkannt werden.

Das Krankheitsbild der *Silikose* ist seit Langem bekannt. Es wird besonders durch Quarz, fallweise auch durch die Hochtemperaturmodifikationen Tridymit und Cristobalit, die wichtige Bestandteile von Diatomeenerde (Kieselgur) sind, ausgelöst (▶ Abschn. 11.6.1, 25.5), während die Hochdruckmodifikationen Coesit und Stishovit oder amorphes SiO_2 kaum eine gesundheitsschädigende Rolle spielen. Seit den 1950er-Jahren wurden die Silikose und andere durch Quarzstaub bedingte Erkrankungen wie Lungenkrebs eingehend erforscht, doch sind bis jetzt die Mechanismen, die zur toxischen Reaktion der SiO_2-Partikel mit dem Lungengewebe führen, noch immer nicht eindeutig geklärt (Fubini und Fenoglio 2007). Für die

Silikose-Erkrankung ist nur der lungengängige Anteil des Quarzstaubes verantwortlich, der im Lungengewebe deponiert werden kann. Er ist mit dem bloßen Auge nicht mehr sichtbar, da sein aerodynamischer Durchmesser bei < 10 μm liegt.

Unter den zahlreichen Arten von *Mineralfasern,* die vom Menschen eingeatmet werden, sind nur einige toxisch, und zwar in erster Linie die natürlichen Mineralfasern, die man als *Asbeste* bezeichnet. Von diesen gehören die meisten zur Amphibol-Familie (▶ Abschn. 11.4.3), darunter der Amosit (Grunerit), der Krokydolith (Magnesioriebeckit), der Anthophyllit-Asbest sowie Tremolit- und Aktinolith-Asbest. Demgegenüber gehört der Chrysotil-Asbest zur Serpentin-Gruppe (▶ Abschn. 11.5.6).

Asbeste erzeugen die *Asbestose,* eine Lungenerkrankung, welche die Lungenfunktion schwächt und oft tödlich verläuft; als Spätfolgen kann es zu Lungenkrebs kommen. Nach heutiger Kenntnis spielt die Faserform für die toxische Wirkung von Asbesten eine wichtige Rolle; besonders gefährlich sind die sogenannten *WHO-Fasern* mit einem Durchmesser von < 3 μm, einer Länge von > 5 μm und einem Längen-/Durchmesser-Verhältnis von > 3:1 (Albracht und Schwerdtfeger 1991). Demgegenüber werden kürzere Fasern durch eine bestimmte Zellart, die *Alveolar-Makrophagen* (AM) häufiger in der Lunge eingekapselt und vom Körper ausgeschieden. Wichtige Faktoren für die Toxizität der Astbestfasern sind auch ihre chemische Zusammensetzung, ihr Reaktionsvermögen und ihre Biodurabilität (Fubini und Fenoglio 2007; Nolan et al. 2001). Wegen seines hohen Risikopotentials wird der technische Einsatz von Asbest in vielen westlichen Ländern stark eingeschränkt; insbesondere in der Europäischen Union ist er ganz verboten. Andererseits wird in vielen Entwicklungsländern Asbest immer noch produziert und technisch genutzt; von einigen Ländern, z. B. Kanada, Indien und Russland, auch exportiert.

Weitere faserförmige Minerale mit gesundheitsschädlichen Eigenschaften sind das Kettensilikat Balangeroit, der Zeolith Erionit sowie die Schichtsilikate Halloysit (▶ Abschn. 11.5.7), Palygorskit und Sepiolith. Gesetzliche Regelungen für die Verwendung dieser Minerale stehen bislang noch aus (Hawthorne et al. 2007). Auch künstliche Mineralfasern, wie z. B. Wollastonit-Fasern (▶ Abschn. 11.4.2), die im Feuerfestbereich eingesetzt werden, haben sich als gesundheitsschädlich erwiesen. Bei ihrer Produktion wird heute darauf geachtet, dass kritische Längen-/Durchmesser-Verhältnisse vermieden werden oder die Fasern in einer Trägersubstanz gebunden sind. Weiter steuert man die chemische Zusammensetzung so, dass die Beständigkeit im menschlichen Gewebe möglichst gering ist. Bei natürlichen und künstlichen Mineralfasern soll der Kanzerogenitätsindex (Ki) ≥ 40 liegen, was man am RAL-Gütezeichen erkennen kann.

Bei der heute aktuellen Feinstaubproblematik, einem wichtigen Gegenstand der europäischen Politik, wird vorausgesetzt, dass Feinstaub (engl. „*particulate matter*", PM) per definitionem schädlich ist, d. h. ohne Rücksicht auf seine Natur bzw. seine Herkunft, was so sicher nicht stimmt. Für die Feinstaub-Richtlinie, die seit 2005 auch in deutschen Städten und Gemeinden gilt, wurde als Grenzwert ein Tagesmittelwert von 50 μg PM_{10} (d. h. für eine Partikelfraktion mit einem aerodynamischen Durchmesser um 10 μm) eingeführt, der maximal an 35 Tagen im Jahr überschritten werden darf (z. B. Gieré und Querol 2010). Wie Untersuchungen mittels elektronenmikroskopischer und mineralogischer Verfahren zeigen, ist Feinstaub jedoch sehr unterschiedlich zusammengesetzt. So besteht z. B. im Rhein-Main-Gebiet der urbane Staub dieser Größenklasse nur zu etwa 10 % aus Rußpartikeln, aber es dominieren mineralische und biologische Partikel natürlichen Ursprungs, wie zum Beispiel Altsalz aus der Nordsee, das bei Nord- und Nordwest-Wetterlagen bis zu 50 % ausmachen kann. Diese Staubanteile lassen sich nicht verändern, schon gar nicht durch Einschränkungen des Verkehrs, sodass diverse getroffene Maßnahmen nicht gerade als zielführend betrachtet werden können. Vermeidbar wären dagegen andere menschliche Aktivitäten, wie z. B. dass Abbrennen von Silvesterfeuerwerken mit ihren toxischen Stäuben durch die farbgebenden Salze, deren Emission zur ersten jährlichen Überschreitung des Grenzwertes führen.

■ **Toxische Elemente in Mineralen**

Zahlreiche Minerale enthalten als Haupt- oder Nebenkomponenten Schwermetalle, die *toxische Wirkungen* auf den menschlichen und tierischen Organismen ausüben. Hierzu gehören insbesondere *Arsen,* z. B. im Arsenopyrit, FeAsS, oder im Tennantit, $Cu_{12}[S/As_4S_{12}]$, *Blei* im Galenit, PbS, *Quecksilber* im Cinnabarit, HgS, und *Cadmium,* das häufig als Nebenelement im Sphalerit, ZnS, eingebaut ist. Gebunden als Sulfide sind diese Metalle im Organismus kaum löslich und somit ungiftig. Daher konnten trotz der Giftigkeit von Quecksilber und Blei im alten Ägypten Zinnober und Bleiglanz zur Herstellung von Schminken benutzt werden. Die Verwendung von Zinnober als roter Farbstoff war bis ins 19. Jh. üblich, sodass man diesen in alten Briefmarkenstempeln zerstörungsfrei, z. B. mittels Röntgenbeugung, nachweisen und damit die Echtheit dieser Briefmarken belegen kann. Erst die Zerstörung der Sulfidminerale durch natürliche Verwitterungsprozesse oder technische Verhüttungsverfahren können die Schwermetalle freigesetzt, mit dem Abgasstrom in der Luft oder im Wasser transportiert, und von Mensch oder Tier aufgenommen werden. Erst in dieser Form erweisen sie sich als besonders toxisch (Merian 1991; van Hullebusch und Rossano 2010). Wirklich giftige Minerale sind selten, so insbesondere ged. Quecksilber, Hg, Arsenolith und Claudetit, As_2O_3, sowie Witherit, $BaCO_3$; andere sind nur als gesundheitsschädlich einzustufen wie z. B. Chalkanthit $Cu[SO_4] \cdot 5H_2O$.

Lagerstätten, in denen Erzminerale von toxischen Schwermetallen angereichert sind, und ihre weitere Umgebung stellen geochemische Anomalien dar, in denen die Gehalte an toxischen Komponenten die heute zulässigen Grenzwerte weit überschreiten und oft auch ins Grundwasser gelangen. Abgänge von Grubenwässern, geothermischen Kraftwerken und Halden des Bergbaus können ein Gefahrpotential für die Bevölkerung darstellen, dem man – wenn nötig – durch geeignete Maßnahmen begegnen muss (z. B. Büchel und Merten 2009; Hudson-Edwards et al. 2009, 2011). Ein berühmtes Negativbeispiel aus der Vergangenheit ist der „Giftbach" von Złoty Stok (Reichenstein) in Schlesien, durch den für viele Jahrzehnte die Abwässer einer Gold-Arsen-Lagerstätte abflossen. Der Rio Tinto in Spanien erhielt seinen Namen wegen der farbigen Metalloxide, die aus den Abwässern der in seinem Einzugsgebiet liegenden, größten Kupfererzlagerstätte Europas stammen (vgl. ▶ Abschn. 23.5.2). Selbstverständlich sollten beim Abbau und bei der Verhüttung von Erzen mit toxischen Komponenten besondere Sicherheitsmaßnahmen beachtet werden, was jedoch gerade in Entwicklungs- und Schwellenländern oft nicht der Fall ist. So werden As-reiche australische Erze in Tsumeb (Namibia) verhüttet, weil hier die Grenzwerte zur Luftreinhaltung über dem australischen Niveau liegen.

■ **Minerale als natürliche Strahlungsquelle**

Einige Minerale sind starke *radioaktive Strahler.* Hierzu gehören in erster Linie Uraninit (Uranpecherz, Pechblende), UO_2 bis U_3O_8 (▶ Abschn. 7.4), und andere Uranminerale sowie Thorianit, ThO_2, die *ionisierende Strahlen* emittieren. Als Reinelemente geben U und Th nur α-Strahlen ab und sind daher infolge der sehr langen Halbwertszeiten nur schwache Strahler; jedoch erzeugen die kurzlebigen Tochterisotope der Zerfallsreihen α-, β- und γ-Strahlen. Insbesondere das kurzlebige Radiumisotop ^{226}Ra ist als starker α- und γ-Strahler für die Strahlenbelastung durch Uranerze und deren Abfälle verantwortlich. Für den Abbau und die Verhüttung insbesondere von reichen Uran- und in der Zukunft vielleicht Thoriumerzen sind daher erhöhte Sicherheitsvorkehrungen notwendig. Die Sanierung von stillgelegten Uran-Bergwerken, ihrer Abraumhalden und ihrer gesammelten Aufbereitungsrückstände (engl. *„tailings"*) erfordern eine hohen finanziellen Aufwand, meist zulasten des Steuerzahlers.

So waren nach 1991 in den Bergbaugebieten von Aue-Niederschlema (Erzgebirge) und Ronneburg (Thüringen) aufwendige Maßnahmen notwendig, um die Abraumhalden ehemaliger Uranminen zu dekontaminieren. Die hohen Strahlungsdosen beruhen hier auf dem Umstand, dass in der damaligen DDR zwar das Uran gewonnen und in die Sowjetunion exportiert wurde, nicht aber das Radium. Dieses gelangte vielmehr auf die Abraumhalden und bereitet dort Probleme, weil es über lange Zeiträume hohe Dosen der harten γ-Strahlung emittiert, und darüber hinaus mehrere Radiumisotope zum radioaktiven Edelgas Radon zerfallen, insbesondere zu ^{222}Rn, das in die Luft abgegeben wird. Die *Heilquellen* in Bad Kreuznach, Bad Schlema, Bad Brambach und St. Joachimsthal (Jachymov, Böhmen, Tschechische Republik) enthalten hauptsächlich Radon, aber nur Spuren von Radium selbst. Man bezeichnet sie daher korrekt als Radonbäder. Die toxische Wirkung von Radium wurde erstmals 1924 durch den New Yorker Zahnarzt Theodor Blum erkannt. Er beschrieb den sogenannten *Radiumkiefer* bei Patientinnen, die als Zifferblatt-Malerinnen mit Ra-haltiger Leuchtfarbe in Kontakt kamen, da sie ständig den Pinsel mit der Zungenspitze befeuchteten.

Manche Gesteine, die U- und Th-haltige Minerale – wenn auch nur in geringer Menge – führen, geben kon-

2

tinuierlich eine natürliche Strahlungsdosis ab, welche die zulässigen Grenzwerte deutlich überschreitet. Hinzu kommen Belastungen aus der Inhalation des frei werdenden Radons (^{222}Rn). Wenn dieses während der Inhalation zerfällt, verbleiben die nicht gasförmigen Tochterprodukte in der Lunge und führen hier zu gesundheitlichen Schäden. So beruht die sogenannte *Schneeberger Krankheit* auf der Inhalation von Radon in Verbindung mit Quarz-Feinstaub, wobei sich die schädigenden Wirkungen potenzieren. In den USA ist Radon die zweitwichtige Ursache für Lungenkrebs, wenn auch mit weitem Abstand hinter dem Rauchen (Alberg und Samet 2007). Erhöhte Radon-Konzentrationen finden sich z. B. in Kellerräumen und in Erdgeschossen von Häusern, die auf Granit gebaut sind (z. B. im Fichtelgebirge).

■ „Heilsteine"?

Im Zuge der modernen Esoterikwelle wurden vorwissenschaftliche Anschauungen aus der Antike und dem Mittelalter wiederbelebt, nach denen Minerale eine Heilwirkung auf den menschlichen Organismus ausüben sollen. Als prominentes Beispiel für diese Vorstellungen, bei denen auch die Freude an schönen Mineralen eine Rolle spielt, seien die medizinischen Schriften der Benedikterinnen-Äbtissin Hildegard von Bingen (1098–1179) erwähnt. In der immer mehr anschwellenden Literatur zur „Steinheilkunde" werden detaillierte Empfehlungen zum Einsatz von Mineralen, seltener auch von Gesteinen für die Heilung ganz spezifischer Krankheiten oder zur Steigerung des körperlichen und seelischen Wohlbefindens gegeben. Einige dieser Publikation versuchen durchaus, dem interessierten Leser die Grundzüge der Mineralogie und Petrologie nahezubringen. Die angebliche Heilwirkung von Mineralen wird auf vielfältige Ursachen wie ihre Kristallstruktur, chemische Zusammensetzung, Farbe, ja sogar auf die geologischen Bildungsbedingungen oder die Form des künstlichen Schliffes zurückgeführt. Jedoch bleiben die Autoren eine rationale Begründung für die angebliche Wirkungsweise schuldig. Stattdessen werden Querverbindungen zur Astrologie, zur chinesischen Medizin, zur indischen Chakren-Lehre und zu einer Art Halbwissen-Physik gezogen.

Wie wir gesehen haben, können bestimmte Minerale durchaus auf den menschlichen oder tierischen Organismus einwirken, und zwar häufig mit negativer, teilweise aber auch mit positiver Wirkung. Das ist aber nur möglich, wenn die Minerale in feiner Verteilung oder in Lösung vom Körper aufgenommen werden und mit dem körpereigenen Gewebe reagieren können, oder wenn Minerale und Gesteine eine hohe Dosis an natürlicher radioaktiver Strahlung abgeben, wie das z. B. bei uranhaltigen Graniten der Fall ist. Diese Voraussetzungen sind jedoch bei den als „Heilsteine" empfohlenen Mineralen nicht erfüllt. Ihre angebliche Heilwirkung entbehrt daher jeder naturwissenschaftlichen

Grundlage und könnte bestenfalls auf Autosuggestion (Placebo-Effekt) beruhen. Ein schöner Rauchquarzkristall gibt im Kontakt mit dem menschlichen Köper keine Substanzen ab und erleidet keinerlei Veränderung; die Strahlung, die er angeblich aussendet, ist physikalisch nicht nachweisbar.

Eine solche „Strahlung" müsste ähnliche Eigenschaften wie die physikalisch nachweisbaren Strahlenarten haben. So müsste auch für sie ein Abstandsgesetz gelten. Darüber hinaus sollte die Heilwirkung dieser „Strahlen" von der Größe der emittierenden Steine abhängig sein, weil große Stücke stärker strahlen müssten als kleine. Schließlich sollte es Interferenzen mit anderen Mineralen geben, was zu chaotischen Verhältnissen in der freien Natur oder in Mineraliensammlungen führen würde. Dies hätte auch zur Folge, dass in Minerallagerstätten sehr hohe „Strahlungsdosen" nachweisbar sein sollten – wenn es nicht auch eine Eigenabsorption gibt. Auch ein „energetisches Aufladen" von „verbrauchten" Steinen in der Sonne – wie bei dem Phänomen der Phosphoreszenz – kann nicht erklären, was das Mineral einst im Erdinnern ohne Sonneneinstrahlung an „Strahlung" aufgenommen haben soll, die das Sonnenlicht wieder einbringen kann.

Ins Reich der Phantasie gehören Aussagen wie „Als Stein mit großer innerer Spannung wirkt Rauchquarz geradezu spannungslösend. Er ist der klassische Anti-Streß-Stein, der bei Streßsymptomen hilft und die innere Neigung zu Streß vermindert. Rauchquarz erhöht die Belastbarkeit und hilft Widerstände zu überwinden. Auch körperlich baut Rauchquarz Spannungen ab. Er lindert dadurch Schmerzen und löst Krämpfe. Besonders hilfreich ist er bei Rückenbeschwerden. Weiterhin macht Rauchquarz unempfindlicher gegen Strahleneinflüsse und lindert Strahlenschäden. Er stärkt die Nerven." (Gienger 2011, S. 361).

Sind die oben beschriebenen Wirkungen bestenfalls Folge einer Mischung aus Placebo-Effekt und der Freude an schönen Steinen zu werten, so kann die neue Praxis, Mineralpulver aus Korund, Diamant oder Quarz für das Einlegen ins Wasser oder gar für eine orale Aufnahme anzubieten, teilweise zu gefährlichen Folgen führen, wie ein Schadensersatzprozess aus jüngerer Zeit belegt. Wenn jemand z. B. Malachit-Pulver in größerer Menge zu sich nimmt, überschwemmt er den Körper mit dem Schwermetall Kupfer, das in der Form des Kupferkarbonats im Magen sicher nicht stabil ist und durch die Magensäure zumindest teilweise aufgelöst wird. Pulver aus Quarz (hier wertsteigernd als Bergkristall, Rosenquarz oder Amethyst bezeichnet) werden im Internet, auf Mineralienbörsen und in Heilsteinläden offen angeboten, u. a. um diese in Öle und Salben einzuarbeiten. Diese Pulver sind eindeutig als gesundheitsschädlich zu bezeichnen.

Zusammenfassend muss man feststellen, dass der Handel mit angeblichen „Heilsteinen" in jeder Form reine Geschäftemacherei ist und als Scharlatanerie auf das Schärfste abgelehnt werden muss.

Literatur

Alberg AJ, Samet JM (2007) Epidemiology of lung cancer. Chest 132:29S–55S

Albracht G, Schwerdtfeger OA (Hrsg) (1991) Herausforderung Asbest. Universum, Wiesbaden

Allwood A, Walter MR, Burch IW, Kamber BS (2007) 3,43 billion-year-old stromatolite reef from the Pilbara Craton of Western Australia: ecosystem-scale insight to early life on Earth. Precambrian Res 158:1089–1227

Bartels C, Briggs DEG, Brassel G (1998) The fossils of the Hunsrück slate. Marine life in the Devonian. Cambridge University Press, Cambridge

Boskey AL (2007) Mineralization of bones and teeth. Elements 3:385–391

Büchel G, Merten D (eds) (2009) Geo-bio-interactions at heavy-metal-contaminated sites. Chem Erde – Geochem 69(Suppl 2):1–169

Checa AG, Pina CM, Osuna-Mascaró AJ et al (2014) Crystalline organization of the fibrous prismatic calcitic layer of the Mediterranean mussel *Mytilus galloprovincialis*. Eur J Mineral 26:495–505

Dauphin Y, Cuif J-P, Salomé M (2014) Structure and composition of the aragonitic shell of a living fossil: *Neotrigonia* (Mollusca, Bivalvia). Eur J Mineral 26:485–494

Dove PM (2010) The rise of skeletal biominerals. Elements 6:37–42

Dove PM, de Yorero JJ, Weiner S (eds) (2003) Biomineralization. Rev Mineral Geochem 54:381 S.

Dullo W-Chr, Henriet JP (eds) (2007) Special issue: carbonate mounds on the NW European margin: a window into Earth history. Int J Earth Sci 96:1–213

Fritsch E, Rondeau B (2009) Gemology: the developing science of gems. Elements 5:147–152

Fubini B, Fenoglio I (2007) Toxic potentials of mineral dusts. Elements 3:407–414

Gienger M (2011) Lexikon der Heilsteine – Von Achat bis Zoisit, 11. Aufl. Neue Erde, Saarbrücken

Gieré R, Querol X (2010) Solid particulate matter in the atmosphere. Elements 6:215–222

Groat LE (ed) (2007) Geology of Gem Deposits. Mineralogical Association of Canada, Short Course Series, Vol. 37, Yellowknife

Harrison RJ, Feinberg JM (2009) Mineral magnetism: providing new insights into geoscience processes. Elements 5:209–215

Hawthorne FC, Oberti R, Della Ventura G, Mottana A (2007) Amphiboles: crystal chemistry, occurrence, and health issues. Rev Mineral Geochem 67:545 S.

Henn U (2013) Praktische Edelsteinkunde, 3. Aufl. Deutsche Gemmologische Gesellschaft, Idar- Oberstein

Hochleitner R, von Philipsborn H, Weiner KL, Rapp K (1996) Minerale Bestimmen nach äußeren Kennzeichen, 3. Aufl. Schweizerbart, Stuttgart

Hudson-Edwards KA, Jamieson HE, Savage K, Taylor KG (eds) (2009) Minerals in contaminated environments: characterization, stability, impact. Can Mineral 47:489–492

Hudson-Edwards KA, Jamieson HE, Lottermoser BG (2011) Mine wastes: past, present, future. Elements 7:375–380

Jones JR, Gentleman E, Polak J (2007) Bioactive glass scaffolds for bone regeneration. Elements 3:393–399

Kane RE (2009) Seeking low-cost perfection: synthetic gems. Elements 5:169–174

Kleber W, Bautsch H-J, Bohm J, Klimm D (2010) Einführung in die Kristallographie, 19. Aufl. Oldenbourg, München

Konhauser KO, Kappler A, Roden EE (2011) Iron in microbial metabolisms. Elements 7:89–93

Lyons TW, Reinhard CT, Planavsky NJ (2014) The rise of oxygen in Earth's early ocean and atmosphere. Nature 506:307–315

McNamara K (2004) Stromatolites. Western Australian Museum, Perth p 29

Merian E (Hrsg) (1991) Metals and their compounds in the environment occurrence, analysis and biological relevance. VCH, Weinheim

Noffke N (2010) Geobiology: microbial mats in sandy deposits from the Archean era to today. Springer, Heidelberg

Nolan RP, Langer AM, Ross M, Wicks FJ, Martin RF (eds) (2001) Health effects of chrysotile asbestos: contribution of science to risk-management decisions. Can Mineral Spec Publ 5:304

O'Donoghue M (Hrsg) (2008) Gems – their sources, description and identification, 6. Aufl. Elsevier, Amsterdam

Pasteris JD, Wopenka B, Valsami-Jones E (2008) Bone and tooth mineralization: why apatite? Elements 4:97–104

Pósfay M, Dunin-Borkowsky RE (2009) Magnetic nanocrystals in organisms. Elements 5:235–240

Raven JA, Knoll AH (2010) Non-skeletal biomineralization by eukaryotes: matters of moment and gravity. Geomicrobiol J 27:572–584

Reitner J (1997) Stromatolithe und andere Mikrobialithe. In: Steininger FF, Maronde D (Hrsg) Städte unter Wasser – 2 Milliarden Jahre. Kleine Senckenberg-Reihe 24, Senckenberg. Frankfurt a. M. S 186

Riding RE, Awramik SM (2000) Microbial sediments. Springer, Heidelberg

Ronov AB, Yaroshevsky AA (1969) Chemical composition of the Earth's crust. In: Hart PJ (Hrsg) The Earth's crust and upper mantle. American Geophysical Union, Washington DC, S 37–62

Rossman GR (2009) The geochemistry of gems and its relevance to gemology: different traces, different prices. Elements 5:159–162

Sahai N, Gaddour H (eds) (2016) Origin of life: transition from geochemistry to biogeochemistry. Elements 12:389–424

Sahai N, Schoonen MAA (eds) (2006) Medical mineralogy and geochemistry. Rev Mineral Geochem 64: 332 S.

Selenius O (ed) (2005) Essentials of medical geology – impacts of the natural environment on public health. Elsevier, Amsterdam

Skinner HCW, Jahren AH (2005) Biomineralization. In: Schlesinger WH (Hrsg) Biogeochemistry, treatise in geochemistry, Bd 8. Elsevier, Amsterdam, S 117–184

Strunz H, Nickel EH (2001) Strunz Mineralogical Tables, 9. Aufl. Schweizerbart, Stuttgart

Stürmer W, Bergström J (1973) New discoveries on trilobites by X-rays. Paläont Z 47:104–141

Sverjensky DA, Lee N (2010) The great oxidation event and mineral diversification. Elements 6:31–36

Templeton AS (2011) Geomicrobiology of iron in extreme environments. Elements 7:95–100

van Hullebusch E, Rassano S (2010) Mineralogy, environment and health. Eur J Mineral 22:627–691

Vinx R (2008) Gesteinsbestimmung im Gelände, 2. Aufl. Spektrum-Springer-Verlag, Berlin

von Denffer D, Ehrendorfer F, Mägdefrau K, Ziegler H (2002) Strasburger Lehrbuch der Botanik für Hochschulen, 35. Aufl. Elsevier/Spektrum, Heidelberg

Wehrmeister U (2005) Edelsteine erkennen – Eigenschaften und Behandlungen. Rühle-Diebender, Stuttgart

Wesson JA, Ward MD (2007) Pathological biomineralization of kidney stones. Elements 3:415–421

Wilke K-T, Bohm J (1988) Kristallzüchtung, 2. Aufl. Deutscher Verlag der Wissenschaften, Berlin und Harri Deutsch, Köln

Wimmenauer W (1992) Zwischen Feuer und Wasser. Gestalten und Prozesse im Mineralreich. Urachhaus Johannes Mayer, Stuttgart

Gesteine

Inhaltsverzeichnis

© Springer-Verlag GmbH Deutschland, ein Teil von Springer Nature 2022
M. Okrusch und H. E. Frimmel, *Mineralogie*,
https://doi.org/10.1007/978-3-662-64064-7_3

Einleitung

Gesteine sind Mineralaggregate, die räumlich ausgedehnte, selbständige geologische Körper bilden und wesentliche Teile der Erde, des Mondes und der erdähnlichen Planeten aufbauen. Gesteine können auch natürliche Gläser enthalten oder ganz aus ihnen bestehen.

Im Unterschied zu Mineralen sind Gesteine *physikalisch und chemisch heterogene* Naturkörper. Die Erfahrung zeigt, dass die verschiedenen Minerale nicht in allen denkbaren Kombinationen und Mengenverhältnissen gesteinsbildend vorkommen. Gesteine treten als selbständige, zusammenhängende, geologisch kartierbare Körper auf. Wir wissen heute, dass die Erde bis in eine Tiefe von 2900 km aus Gesteinen besteht. Gesteine der *Erdkruste* sind uns durch natürliche aber auch anthropogene geologische Aufschlüsse über Tage, wie Steinbrüche oder Straßeneinschnitte, und unter Tage, wie Bergwerke und Tunnel, sowie durch Tiefbohrungen bekannt. Gesteine des *Oberen Erdmantels* werden gelegentlich durch großräumige tektonische Prozesse oder durch Magmen aus großen Tiefen durch Vulkanismus an die Erdoberfläche gefördert. Während NASA's Apollo-Missionen konnten auf dem *Mond* Gesteinsproben gesammelt und zur Erde gebracht werden. Darüber hinaus sind *Meteorite* Gesteinsfragmente, die durch das Gravitationsfeld der Erde eingefangen wurden. Meist stammen sie aus dem *Asteroidengürtel*, gelegentlich vom Planeten *Mars* und seltener auch vom *Erdmond*. Es besteht kein Zweifel, dass wesentliche Anteile der erdähnlichen Planeten unseres und anderer Sonnensysteme aus Gesteinen aufgebaut sind.

Gesteine werden durch ihre mineralogische und chemische Zusammensetzung, ihr Gefüge und ihre geologischen, räumlichen Verbandsverhältnisse charakterisiert (z.B. Vinx 2008). Aus diesen Eigenschaften können Geologen gesteinsbildende Prozesse rekonstruieren und die äußeren Zustandsbedingungen abschätzen, unter denen ein bestimmtes Gestein entstanden ist.

3.1 Mineralinhalt

In überwiegender Mehrzahl bestehen Gesteine aus anorganischen, festen, kristallisierten Mineralen. Die meisten Gesteine sind *polymineralisch,* wie z. B. Granit, der sich aus Quarz, Alkalifeldspat, Plagioklas und Biotit zusammensetzt (◘ Abb. 2.4). Demgegenüber sind *monomineralische* Gesteine wie Quarzit, der (fast) ausschließlich aus Quarz, oder Marmor, der im Wesentlichen aus Calcit besteht, viel seltener. Auch Gletschereis, das zurzeit schätzungsweise 10 % der Erdoberfläche mit einem Gesamtvolumen von ca. 32 Mio km³ einnimmt, ist ein monomineralisches Gestein. Minerale, die den Großteil eines Gesteins ausmachen und daher den Gesteinstyp definieren, nennt man *Hauptgemengteile,* während *Nebengemengteile* und *Akzessorien* nur in untergeordneter Menge (1–10 Vol.-% bzw. < 1 Vol.-%) auftreten und für die Gesteinsklassifikation nachrangig sind. Sie können aber für physikalisch-chemische Bildungsbedingungen eines magmatischen oder metamorphen Gesteins oder für die Herkunft eines Sedimentgesteins (Schwerminerale) charakteristisch sein oder wichtige Altersinformationen liefern, z. B. durch die radiometrische Datierung von Zirkon. Neben Mineralen können natürliche *Gläser, organische Festsubstanzen, Flüssigkeiten* (Erdöl, Wasser) und *Gase* (Erdgas, Luft) am Aufbau von Gesteinen beteiligt sein. Von den ca. 5600 definierten Mineralarten sind nur etwa 250 gesteinsbildend, davon über 90 % Silicium-Verbindungen, d. h. Silikate und Quarz. Die häufigsten Minerale der Erdkruste sind in ◘ Tab. 2.2 zusammengestellt; die Fotos in den ◘ Abb. 2.1–2.11 vermitteln Eindrücke von ihrem äußeren Erscheinungsbild.

3.2 Beziehungen zwischen chemischer Zusammensetzung und Mineralinhalt

Gesteine gleicher chemischer Zusammensetzung können völlig verschiedene Mineralbestände haben. Diese wichtige Tatsache lässt sich durch die sehr großen Unterschiede in den physikalisch-chemischen Bildungsbedingungen erklären, unter denen Gesteine bei geologischen Prozessen entstehen. Diese *Heteromorphie von Gesteinen,* für die in ◘ Tab. 3.1 einige Beispiele genannt sind, wird uns daher im Folgenden immer wieder beschäftigen.

> Die Art der in einem Gestein auftretenden Minerale wird also einerseits von der chemischen Pauschalzusammensetzung des Gesteins kontrolliert, andererseits jedoch von Druck, Temperatur und anderen äußeren Zustandsbedingungen, die bei der Gesteinsbildung herrschten, z. B. Partialdruck von Fluiden oder flüchtigen Bestandteilen oder von der Konzentration von chemischen Komponenten in einem Fluid oder einer Schmelze, aus der das Gestein kristallisiert. Diese Beziehungen sind vorhersagbar und lassen sich durch Methoden der *Thermodynamik,* einer wichtigen Arbeitsrichtung der Physikalischen Chemie, modellieren.

◘ Tab. 3.1   Beispiele für Gesteine mit gleicher oder ähnlicher chemischer Zusammensetzung, aber vollständig unterschiedlichem Gefüge, Mineralbestand und Genese

Sedimentgestein	↔	Metamorphes Gestein
Ton	↔	*Staurolith-Glimmerschiefer*
(bestehend aus Tonmineralen und Quarz)		(bestehend aus Muscovit, Biotit, Staurolith, Granat, Quarz)
Vulkanisches Gestein	↔	Metamorphes Gestein
Basalt	↔	*Amphibolit*
(bestehend aus Plagioklas, Klinopyroxen und Olivin)		(bestehend aus Plagioklas und Amphibol)
Plutonisches Gestein	↔	Sedimentgestein
Granodiorit	↔	*Grauwacke*
(bestehend aus Plagioklas, Kalifeldspat, Quarz und Biotit)		(bestehend aus Quarz, Feldspäten, Tonmineralen und Gesteinsbruchstücken)

3.3 Gefüge

> Das *Gefüge* (engl. „*fabric*") von Gesteinen ist ein allgemeiner Begriff, der die geometrischen und räumlichen Beziehungen zwischen allen Bestandteilen eines Gesteins beschreibt. Bezogen auf den Maßstab umfasst er folgende, nicht scharf gegeneinander abzugrenzende Begriffe: *Struktur* und *Textur.* Dabei können manche strukturellen Merkmale durchaus mit wichtigen texturellen Merkmalen übereinstimmen.

Es ist zu beachten, dass die Begriffe „*texture*" und „*structure*" im englischen Sprachgebrauch eine entgegengesetzte Bedeutung haben zu der im Deutschen.

3.3.1 Struktur

> Unter *Struktur* (engl. „*texture*" oder „*microstructure*") versteht man die Art des Aufbaus aus den Einzelkomponenten, wie sie sich im Handstück oder unter dem Mikroskop beobachten lässt. Die Strukturbeziehungen in einem Gestein hängen wesentlich von der Art ab, in der sich Temperatur, Druck und andere Zustandsvariablen sowie die chemische Zusammensetzung eines Gesteins im zeitlichen Verlauf der Gesteinsbildung veränderten. Diese Beziehungen lassen sich mit den Methoden der *Reaktionskinetik,* einer wichtigen Arbeitsrichtung der Physikalischen Chemie, modellieren.

Die Struktur eines Gesteins wird durch folgende Eigenschaften beschrieben.

- **Grad der Kristallinität**
  - *holokristallin:* vollständig kristallisiert, z. B. Granit;
  - *hypokristallin:* teils aus kristallisierten Mineralen, teils aus Gesteinsglas bestehend, z. B. Rhyolith (◘ Abb. 3.1);
  - *hyalin* (glasig): ganz oder im Wesentlichen aus Gesteinsglas bestehend, z. B. Obsidian, das allerdings weitgehend sekundär entglast sein kann unter Bildung von Skelettkristallen (Mikrolithen), z. B. bei Pechstein. Der Begriff wird auch als Vorsilbe *Hyalo-* gebraucht, um vulkanische Gesteine mit glasiger Struktur zu bezeichnen, z. B. Hyalobasalt.

- **Korngestalt**
Nach der vollständigen, weniger vollständigen oder gar fehlenden Ausbildung von Kristallflächen unterschei-

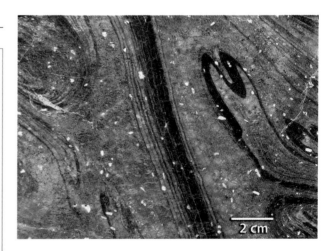

◘ Abb. 3.1   Vulkanisches Gestein: lagiger Rhyolith mit Fließfalten; das Gestein zeigt Einsprenglinge von Alkalifeldspat in einer glasigen Grundmasse. Glen-Coe-Ringkomplex, Schottland. Mineralogisches Museum der Universität Würzburg

3

det man *idiomorphe* → *panidiomorphe* → *hypidiomorphe* → *xenomorphe* Mineralkörner und folglich entsprechende Strukturen.

- **Korngröße**

Für magmatische und metamorphe Gesteine hat sich eine einfache Korngrößeneinteilung bewährt, die sich gut im Gelände anwenden lässt:
- *grobkörnig:* > 5 mm mittlerer Korndurchmesser,
- *mittelkörnig:* 5–1 mm,
- *feinkörnig:* 1–0,1 mm,
- *dicht:* < 0,1 mm (d. h. auch mit der Lupe nicht mehr auflösbar).

Bei Sedimentgesteinen wird jedoch eine andere Korngrößeneinteilung verwendet (siehe ▶ Kap. 25).

- **Korngrößenverteilung**

Die Verteilung unterschiedlicher Korngrößenfraktionen in einem Gestein kann entscheidende Argumente für die zeitliche Entwicklung eines gesteinsbildenden Prozesses liefern. *Gleichkörnige* Gesteine zeigen einen begrenzten Korngrößenbereich und könnten daher innerhalb *eines* geologischen Ereignisses entstanden sein, wie das z. B. für viele Granite (◘ Abb. 2.4) oder metamorphe Gesteine typisch ist.

Ein wichtiges Beispiel für *ungleichkörnige* Strukturen ist das *porphyrische Gefüge.* Es ist für viele vulkanische Gesteine typisch, bei denen mm- bis cm-große *Einsprenglinge* von Quarz, Feldspäten, Amphibolen, Pyroxenen oder Olivin auftreten. Diese kristallisierten in einer magmatischen Schmelze, bevor Letztere an der Erdoberfläche oder in einem höheren Niveau der Erdkruste zu einer feinkörnigen oder gar glasigen *Grundmasse* (Matrix) erstarrt (◘ Abb. 2.6, 2.7, 3.2). Auch Tiefengesteine (Plutonite), die in relativ geringen Krustentiefen kristallisierten, können porphyrisch ausgebildet sein. In vielen Fällen zeigt dieses Gefüge, dass die Gesteinsbildung in zwei (oder mehreren) unterschiedlichen Stadien erfolgte.

Der Strukturbegriff *porphyrisch* leitet sich von einem vulkanischen Gestein ab, das die Römer vom 1. bis 5. Jh. n. Chr. im Gebiet des Mons Porphyritis in der ägyptischen Ostwüste abgebaut hatten. Das Gestein, das millimetergroße Einsprenglinge von Plagioklas in einer weinroten Grundmasse enthält, wurde traditionell als *Porfido rosso antico* bezeichnet.

Demgegenüber sind in vielen metamorphen Gesteinen grobkörnige *Porphyroblasten* (grch. βλάστη = Spross), z. B. von Granat oder Staurolith, in einem mittel- bis feinkörnigen *Grundgewebe* z. B. aus Biotit, Muscovit, Quarz und Plagioklas gewachsen, ohne Beteiligung einer Schmelze (◘ Abb. 2.10, 2.11).

◘ **Abb. 3.2** Vulkanisches Gestein: Limburgit mit Einsprenglingen von Augit in einer glasigen Grundmasse sowie zahlreichen Blasenhohlräumen, die teilweise mit Calcit-Drusen gefüllt sind; Limberg bei Sasbach, Kaiserstuhl, Baden-Württemberg. Mineralogisches Museum der Universität Würzburg

- **Kornbindung**

Im Gegensatz zum allgemeinen Sprachgebrauch unterscheidet man in den Geowissenschaften *Lockergesteine* und *Festgesteine,* z. B.:
- Sand ↔ Sandstein,
- Schotter ↔ Konglomerat,
- vulkanische Asche ↔ vulkanischer Tuff.

3.3.2 Textur

> Die *Textur* von Gesteinen (engl. *„structure"*) beinhaltet die Anordnung gleichwertiger Gefügeelemente, wie Mineralgruppen, Blasenreihen, Lagen von Gesteinsfragmenten oder Fossilien, im Raum. Texturelle Merkmale werden im Aufschluss oder in hinreichend großen Gesteinsproben beurteilt, beziehen sich also im Allgemeinen auf größere Dimensionen als strukturelle.

Die Gesteinstextur wird unter folgenden Gesichtspunkten beschrieben.

- **Art der Raumerfüllung im Gestein (kompakte vs. poröse Texturen)**
- *Kompakte Texturen,* die keinerlei Porosität aufweisen, beobachtet man in Tiefengesteinen (Plutoniten), z. B. in Granit (◘ Abb. 2.4) oder in metamorphen Gesteinen wie Gneis, Granulit oder Amphibolit.

- Im Gegensatz dazu haben viele *vulkanische Gesteine* eine hohe Porosität und besitzen daher eine *blasige Textur,* wobei viele dieser Blasen teilweise oder vollständig mit Sekundärmineralen gefüllt sind und so Mineraldrusen oder Mandeln bilden, z. B. Melaphyr-Mandelstein (■ Abb. 2.3, 3.2, 3.3).
- Manche *vulkanischen Gesteine* sind durch eine noch höhere Porosität ausgezeichnet. So weisen manche poröse Basalte zellige bis schwammige, Bims sogar schaumige Textur auf.
- Eine hohe Porosität wird auch in vielen Sedimentgesteinen beobachtet, so z. B. in Sandsteinen.

■ Verteilungsgefüge (homogene vs. heterogene Texturen)

Viele Gesteine sind *statistisch* gesehen (nicht physikalisch!) *homogen,* d. h. in großen Bereichen eines Gesteinskörpers, z. B. eines Granitplutons, treten pro Volumeneinheit immer die gleichen Minerale in etwa gleichen Mengenverhältnissen auf (■ Abb. 2.4). Demgegenüber gibt es auch ausgesprochen *heterogene* Gesteinskörper, die durch folgende Texturen gekennzeichnet sein können:

- *Sphärolithische Textur* (Kugelgefüge) wie z. B. in *Orbiculit* (■ Abb. 3.4) oder in submarinen, meist basaltischen Kissenlaven (► Kap. 14);
- *lagige* oder *gebänderte* Texturen sind für viele *Sedimentgesteine* charakteristisch (■ Abb. 3.5) aber

auch in vielen Metamorphiten (■ Abb. 3.6) und *lagigen Intrusionskörpern* zu finden;
- *Schlierige* Texturen sind für *Migmatite* typisch (siehe ► Kap. 26);
- Bei vielen *Magmatiten* und *Migmatiten* treten *Schollentexturen* auf, z. B. durch Fremdgesteinseinschlüsse (Xenolithe) in Graniten.

■ Gefügeregelung

Viele Gesteine, insbesondere Tiefengesteine (■ Abb. 2.4), weisen ein *richtungsloses* („isotropes") Gefüge auf, d. h. die kristallographischen Richtungen ihrer Gemengteile sind vollkommen beliebig orientiert. Andere Gesteine zeigen eine mehr oder weniger ausgeprägte *Gefügeregelung:*

- *Fließgefüge (Fluidaltextur)* bei vielen Vulkaniten (■ Abb. 3.1, 13.8), seltener auch in Plutoniten;
- *Anlagerungsgefüge,* d. h. *Schichtung* in Sedimentgesteinen (Parallelschichtung, Schrägschichtung, ■ Abb. 3.5), oder in lagigen Intrusionen („Layered Intrusions");
- *tektonische Gefüge* wie *Schieferung* und *Faltung* in metamorphen Gesteinen, die in einem Stressfeld kristallisierten (■ Abb. 3.6).

In der *Metallurgie* und der *Keramik* wird der Textur-Begriff in einem engeren Sinn gefasst, wonach metallische oder keramische Werkstücke mit einer Gefügeregelung als texturiert bezeichnet werden. In diesem Sinne wird der Begriff Textur z. T. auch in der Geologie verwendet, was Passchier und Trouw (2005) dazu veranlasste, den Ausdruck *„texture"* weitgehendst zu vermeiden und stattdessen Begriffe wie *„microstructure"* oder *„microfabric"* zu verwenden.

■ Absonderung und Klüftung

Die Gesteinstextur bedingt die Art der *Absonderung* übergeordneter Gesteinsbereiche nahe und an der Erdoberfläche – ein Phänomen, das im Aufschluss sofort ins Auge fällt. Folgende Absonderungsformen, oft diagnostisch für einen bestimmten Gesteinstyp, können hierbei unterschieden werden:

- Schichtparallele *Bankung,* die durch geschichtete Sedimentgesteine in dicke, in sich mehr oder weniger einheitliche Schichten geteilt werden (■ Abb. 3.7, 3.8).
- *Klüftung* von plutonischen Gesteinen (z. B. Granit) führt zu quaderförmiger Absonderung und Verwitterung zu sogenannten Wollsack-Formen.
- An der Erdoberfläche erstarrte Lavaströme, insbesondere basaltischer Zusammensetzung, können bei der Abkühlung zu polygonalen Säulen absondern, die dann das Kluftnetz abbilden (■ Abb. 3.9).
- Submarine Lavaströme neigen zur Bildung eines Kugelgefüges, sogenannte Kissenlaven, und zeigen daher rundliche Absonderungsformen (► Kap. 14).

■ **Abb. 3.3** Vulkanisches Gestein: Melaphyr-Mandelstein; Basalt mit zahlreichen Blasenhohlräumen, die mit intensiv grün gefärbtem, Fe^{2+}-Fe^{3+}-reichem Chlorit (Chamosit) ausgekleidet sind; Idar-Oberstein an der Nahe, Rheinland-Pfalz. Mineralogisches Museum der Universität Würzburg

3

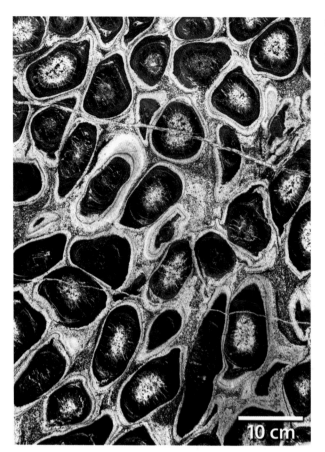

◘ Abb. 3.4 Orbiculit, Tampere (Finnland). Das Tiefengestein besteht aus zonar gebauten, kugel- bis linsenförmigen Sphäroiden, deren Korngröße und Mineralbestand zonenweise stark wechseln. Die hellen, mittelkörnigen Kernbereiche bestehen überwiegend aus Plagioklas, untergeordnet aus Quarz, Biotit und Hornblende, die dunklen, feinkörnigen Hauptzonen aus Plagioklas, Biotit und Magnetit und die hellen, mittel- bis feinkörnigen Randzonen aus Quarz, Kalifeldspat, Plagioklas und wenig Biotit. Die helle, mittelkörnige Matrix zwischen den Sphäroiden ist aus Quarz, Kalifeldspat, Plagioklas, Biotit und Hornblende in wechselnden Mengenverhältnissen zusammengesetzt. Mineralogisches Museum der Universität Würzburg

3.4 Geologischer Verband

> Entscheidend für das Verständnis gesteinsbildender Prozesse sind die dreidimensionalen, räumlichen geologischen Verbandsverhältnisse *(Lagerungsform)* der Gesteine, wie sie durch sorgfältiges Kartieren einzelner Aufschlüsse rekonstruiert werden können. Grundsätzlich unterscheiden wir *konkordante* und *diskordante* Kontakte. Es ist hilfreich, bei der Geländearbeit Gesteinsverbände und Gesteine stets in der folgenden Reihenfolge zu beschreiben: Verbandsverhältnisse → Absonderung → texturelle Gefügemerkmale → strukturelle Gefügemerkmale → Mineralbestand (soweit im Handstück erkennbar).

■ **Sedimentgesteine**

Konkordante Kontakte (engl. *„conformable contacts"*) mit parallelen Schichtflächen entstehen in Sedimentgesteinen durch regelmäßige, kontinuierliche Sedimentation unter sich ändernden äußeren Bedingungen, wodurch ununterbrochene stratigraphische Abfolgen gebildet werden. Konkordante Kontakte können abrupt, stufenweise oder wechsellagernd auftreten, z. B. in einer kontinuierlichen Wechselfolge von Sandsteinen und Tonsteinen, die ohne sichtbare Unterbrechungen abgelagert wurde. Der Begriff *konkordant* (lat. *concordia* = Harmonie, Übereinstimmung) lässt sich anwenden, wenn ein Hiatus weder erkennbar ist, noch sicher ausgeschlossen werden kann.

Diskordante Kontakte (lat. *discordantia* = Widerspruch; engl. *„unconformable contacts"*), die stratigraphische Abfolgen unterbrechen, markieren Pausen in der Ablagerung, die auf längere Perioden der Hebung, der Verwitterung und der Erosion oder auch einfach auf fehlende Sedimentation zurückgehen. Daraus folgt, dass zwischen der Bildung der Gesteinsserien auf beiden Seiten der Diskordanzfläche mindestens ein geologisches Ereignis stattgefunden hat. Für die Bildung von stratigraphischen Diskordanzen gibt es folgende Möglichkeiten:

— In einer *Erosionsdiskordanz* (engl. *„erosional unconformity"* oder *„disconformity"*) werden die älteren von den jüngeren Schichten lediglich durch eine unregelmäßig gewellte Erosionsfläche getrennt. Diese Fläche kann durch einen Paläosol, also einen alten, fossilen Bodenhorizont, geprägt sein.

— Eine *Winkeldiskordanz* (engl. *„angular unconformity"*) entsteht dagegen, wenn das ältere Gesteinspaket durch ein tektonisches Ereignis verkippt und teilweise abgetragen wurde. Ein klassisches Beispiel ist am Siccar Point in Schottland aufgeschlossen, wo steil gestellte Grauwacke und Tonstein des Silurs (ca. 430 Ma) von wesentlich jüngeren, nahezu flach lagernden Sandsteinschichten des Devons (Upper Old Red, 370 Ma) überdeckt werden (◘ Abb. 3.7).

— Eine *orogene Diskordanz* (engl. *„orogenic unconformity"* oder *„nonconformity"*) entsteht, wenn jüngere Sedimente auf einem älteren, teilweise erodierten kristallinen Grundgebirge abgelagert wurden, das aus deformierten, geschieferten und/oder verfalteten Sedimentgesteinen und/oder Magmatiten besteht. Diese können bereits metamorph überprägt (◘ Abb. 3.8) und von magmatischen Schmelzen intrudiert worden sein, die zu Plutoniten oder Ganggesteinen kristallisierten.

— Von *parakonkordantem* Kontakt wird gesprochen, wenn zwischen der Ablagerung zweier Schichtverbände zwar eine Zeitlücke liegt, aber ohne sichtbare Verkippung, Erosion oder Verwitterung der älteren Schichten. Folglich liegen die Schichten ober- und

◨ Abb. 3.5 Sandstein der Hardegsen-Formation, Mittlerer Buntsandstein, mit ausgeprägter Schrägschichtung; das Gefüge spiegelt die Ablagerung der Sande in einem verzweigten Flusssystem mit stark wechselnden Strömungsrichtungen wider. Mauer der Schlossruine Wertheim am Main, Baden-Württemberg. (Foto: K.-P. Kelber 2012)

◨ Abb. 3.6 Gebändertes Hämatiterz mit eingefalteten Lagen von Calcit-Marmor, Mo i Rana, Nordland, Norwegen; Mineralogisches Museum der Universität Würzburg

unterhalb einer solchen Parakonkordanz parallel zueinander. In diesem Fall ist die Ablagerungslücke auf den ersten Blick oft nur schwer oder gar nicht zu erkennen.

- **Magmatische Gesteine**
- *Konkordante Kontakte* entstehen häufig, wenn parallel geschichtete vulkanische Aschen auf Sedimentschichten abgelagert werden oder diese von vulkanischen Lavaströmen überflossen oder in Form eines Lagergangs (Sills) intrudiert werden.
- Demgegenüber führt die Intrusion magmatischer Schmelzen in Form von Gängen oder Tiefengesteinskörpern im Erdinnern zur Bildung *diskordanter Kontakte* mit dem Nebengestein (◨ Abb. 3.10).

Ausführlichere Darstellungen sind Lehrbüchern der allgemeinen Geologie zu entnehmen (z. B. Grotzinger und Jordan 2017).

3.5 Abgrenzung der gesteinsbildenden Prozesse

Nach unserem heutigen Kenntnisstand, der sich im Laufe von 250 Jahren geowissenschaftlicher Forschung entwickelt hat, kommen für die Gesteinsbildung folgende magmatische, metamorphe und sedimentäre Prozesse infrage (◨ Abb. 3.11).

- **Magmatische Prozesse (Magmatismus)**
Magmatische Gesteine oder *Magmatite* (▶ Kap. 13–19) bilden sich durch Abkühlung und Erstarrung von Magmen, d. h. von extrem heißen Schmelzen aus dem Erdinneren. Sie machen fast 65 Vol.-% der Erdkruste aus (◨ Tab. 3.2). Der Begriff *Magma* (grch. μάγμα = geknetete Masse) beschreibt eine Mischung aus Schmelze, festen Mineralen und/oder Gesteinbruchstücken sowie gelösten leichtflüchtigen Bestandteilen in beliebigen Mengenverhältnissen. Die überwältigende Mehrzahl der Magmen enthält Silikatschmelzen, während Sulfid-, Oxid- oder Karbonatschmelzen sehr selten sind. Ein Magma, das an die Erdoberfläche gefördert wird und dort durch vulkanische Prozesse *(Vulkanismus)* austritt, bezeichnet man als *Lava*. Vulkanausbrüche können *explosiv* erfolgen, wobei *pyroklastische Ströme* oder *vulkanische Aschen* gefördert werden. Demgegenüber fließen bei *effusiver* Vulkantätigkeit Lavaströme an der Erdoberfläche, d. h. bei Atmosphärendruck von ca. 1 bar, oder submarin am Meeresboden aus. Wegen der gewaltigen Temperaturdifferenz zwischen den magmatischen Schmelzen und der Atmosphäre bzw. dem

3

◻ **Abb. 3.7** Winkeldiskordanz am Siccar Point, Berwickshire, Schottland; etwa 430 Mio. Jahre (Ma) alte Schichten aus Grauwacke und Tonstein des Silurs, die während der kaledonischen Gebirgsbildung steil gestellt wurden, werden von flach lagernden devonischen Sandsteinschichten überdeckt. Diese weisen wiederum infolge späterer tektonischer Verkippung eine schwache Neigung auf. Der schottische Privatgelehrte James Hutton (1726–1797) erkannte, dass die Ablagerung der silurischen Schichten, ihre Steilstellung, Heraushebung und Erosion sowie die erneute Meeresbedeckung und die Ablagerung der devonischen Schichten einen sehr langen Zeitraum erfordert haben muss. Er führte damit den *Zeitbegriff* in die Geologie ein: „What can we require, nothing but time." (Foto: Martin Okrusch)

◻ **Abb. 3.8** Der Fischfluss-Canyon im Süden Namibias erschließt die Winkeldiskordanz zwischen steil stehenden Gneisen des mesoproterozoischen Grundgebirges und horizontal lagernden Sandsteinen und Kalksteinen der 550–530 Ma alten Nama-Gruppe. (Foto: Hartwig E. Frimmel)

Meerwasser erfolgt die Kristallisation der Lava sehr rasch. Daher können *vulkanische Gesteine (Vulkanite)* teilweise oder ganz aus *vulkanischem Glas* bestehen. Im Gegensatz dazu kühlen Magmen, die im Erdinneren intrudiert sind, sehr viel langsamer ab. Sie kristallisieren unter erhöhten Drücken, ausgeübt durch die überlagernden Gesteinsmassen. Der geringe Wärmegradient zur Umgebung bewirkt eine nur sehr langsame Abkühlung und daher Bildung relativ grobkörniger *plutonischer Gesteine (Plutonite)*.

Magmatische Gesteine werden entweder nach ihrem Mineralbestand oder ihrer chemischen Zusammensetzung klassifiziert. In letzterem Fall bezeichnet man sie als *sauer,* wenn ihr SiO_2-Gehalt hoch ist (>65 Gew.-%); *intermediäre* Magmatite enthalten 52–65 Gew.-% SiO_2, *basische* 45–52 Gew.-% SiO_2 und *ultrabasische* sogar nur < 45 Gew.-% SiO_2. Diese Terminologie leitet sich von dem traditionellen Ausdruck „Kieselsäure" für den SiO_2-Gehalt ab. Sie sollte nicht mit den in der Chemie üblichen Begriffen verwechselt werden, die sich auf den pH-Wert beziehen. Saure, d. h. SiO_2-reiche Gesteine wie Granit bestehen vorwiegend aus hellen (felsischen) Mineralen wie Quarz und Feldspäten und werden daher auch als *felsisch* bezeichnet. Demgegenüber sind basische Gesteine wie Basalt oder Gabbro relativ reich an dunklen (mafischen) Mineralen wie Biotit, Amphibole, Pyroxene und/oder Olivin; sie werden deshalb *mafisch* genannt. Ultrabasische Magmatite enthalten aufgrund ihrer SiO_2-Armut kaum oder gar keine felsischen Minerale und sind daher in der Regel in ihrem Mineralbestand als *ultramafisch* zu klassifizieren.

Vulkanische Lockerprodukte, sogenannte *Pyroklastite,* können unterschiedlichste Korngrößen besitzen. Sie werden durch explosive Vulkanausbrüche gefördert und anschließend aus der Luft oder im Wasser sedimentiert. Sie bestehen aus Glas- und/oder aus kristallinen Mineral- oder Gesteinsfragmenten, die nach Ablagerung in der näheren oder weiteren Umgebung des vulkanischen Zentrums (je nach Korngröße) ähnlich wie Sedimente häufig eine Schichtung aufweisen, obwohl es sich um magmatische Gesteine handelt.

■ **Sedimentäre Prozesse**

Sedimentäre Prozesse (▶ Kap. 24 und 25) sind exogen gesteuert und umfassen:

- *Verwitterung* von älteren Gesteinen an der Erdoberfläche; dies kann magmatische, sedimentäre als auch metamorphe Gesteine betreffen.
- *Erosion, Abtragung* und
- *Transport* der Verwitterungsprodukte in fester oder gelöster Form;
- *Ablagerung* des suspendierten Materials aus der Luft, aus Wasser oder Eis;
- *Ausfällung* gelöster Ionen oder *Ausflockung* gelöster Kolloide in Form von Mineralneubildungen; oder
- *Kristallisation* des gelösten Materials in Form von Hartteilen von Organismen durch *biogene Prozesse.*

Dabei entstehen *Sedimente* und in weiterer Folge *Sedimentgesteine.* Letztere gehen durch Prozesse der sekundären Verfestigung wie Kompaktion und Zementation *(Diagenese)* aus lockeren Sedimenten hervor, wobei durch die Auflast der darüber abgelagerten jüngeren Sedimentmassen erhöhte Belastungsdrücke und Temperaturen erzeugt werden. Zwischen Diage-

nese und Gesteinsmetamorphose besteht ein gleitender Übergang. Beispiele für verbreitete, oft wirtschaftlich wichtige Sedimentgesteine sind *Tonstein, Sandstein, Konglomerat, Kalkstein* und *Dolomit, Gips-* und *Anhydrit*-Gesteine, sowie *Steinsalz* und *Kalisalze*. Sedimente und Sedimentgesteine bilden nur eine relativ dünne Haut über der im Wesentlichen basaltischen ozeanischen Erdkruste und dem *kristallinen Grundgebirge* aus Magmatiten und Metamorphiten, das die kontinentale Erdkruste aufbaut. Wegen früherer oder noch andauernder Erosion fehlen in vielen Gebieten sedimentäre Gesteine ganz; ihr Anteil am Aufbau der Erdkruste beträgt daher nur ca. 8 Vol.-%.

■ **Metamorphe Prozesse (Gesteinsmetamorphose)**
Bei metamorphen Prozessen (▶ Kap. 26–28) kommt es zur Rekristallisation und Reaktion von Mineralen in festen Gesteinen bei hohen bis sehr hohen Temperaturen und meist bei erhöhten bis sehr hohen Drücken, zunächst ohne Anwesenheit einer Schmelze. Dabei bilden sich aus älteren Magmatiten oder Sedimentgesteinen *metamorphe Gesteine (Metamorphite)*. Sie sind ein wesentlicher Bestandteil der mittleren und unteren kontinentalen Erdkruste, von der sie etwa 27 Vol.-% ausmachen (◘ Tab. 3.2). So entstehen in Abhängigkeit von der chemischen Zusammensetzung und den Druck-Temperatur-Bedingungen der Metamorphose:

◘ **Abb. 3.9**   Polygonal säulige Absonderung in Basalt, Giant's Causeway, Irland. (Foto: Anja Waldmann)

◘ **Abb. 3.10**   Drei unterschiedliche Generationen von magmatischen Gängen unterschiedlicher Zusammensetzung durchkreuzen einen Migmatit. Sie durchschneiden sich gegenseitig und belegen so ihre relative Altersbeziehung: Als Erstes entstanden die dunklen Gänge (Dolerit), gefolgt von weißen Pegmatitgängen und schließlich rosa Aplitgängen (vgl. ▶ Abschn. 13.1.1). Der Migmatit entstand durch teilweise Aufschmelzung während der Kollision von West- und Ostgondwana bei der panafrikanischen Orogenese; Juttulhogget, Dronning Maud Land, Ostantarktis; roter Pfeil weist auf einen kartierenden Geologen hin, der als Maßstab dient! (Foto: Hartwig E. Frimmel)

3

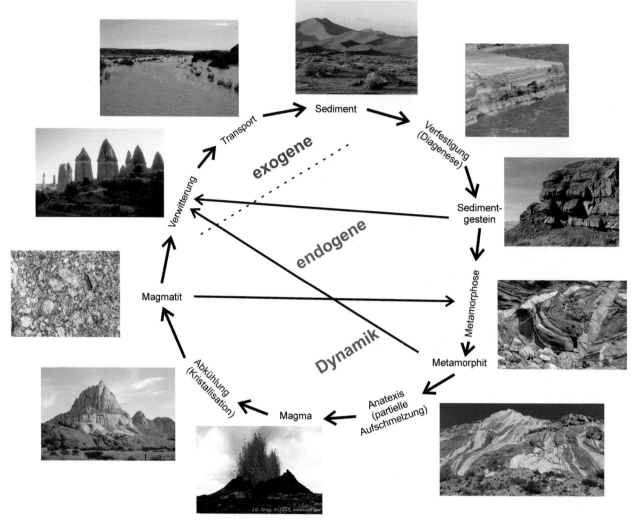

◘ Abb. 3.11 Schematische Darstellung des Gesteinskreislaufs

◘ Tab. 3.2 Häufigkeit von Gesteinsarten in der Erdkruste. (Nach Ronov und Yaroshevsky 1969)		
Gesteinsart		**Häufigkeit in der Erdkruste (Vol.-%)**
Magmatische Gesteine		64,7
davon	Granit	10,4
	Granodior- ite, Diorit	11,2
	Syenit	0,4
	Basalt, Gabbro	42,5
	Peridotit, Dunit	0,2
Sedimentgesteine		7,9
Metamorphe Gesteine		27,4

- aus Granit, Granodiorit oder Rhyolith → *Orthogneis* oder *heller Granulit;*
- aus Gabbro und Basalt → *Grünschiefer, Blauschiefer, Amphibolit, dunkler Granulit* oder *Eklogit;*
- aus Tonstein und Grauwacke → *Phyllit, Glimmerschiefer, Paragneis* oder *heller Granulit;*
- aus Kalkstein und Dolomit → *Calcit-* bzw. *Dolomit-Marmor;*
- aus Quarzsandsteinen → *Quarzit.*

Trotz Anstieg des Metamorphosegrades wegen starker Zunahme von Druck (P) und Temperatur (T) bleiben die Gesteine über weite P-T-Bereiche fest. Schließlich können jedoch bei der Gesteinsmetamorphose Temperaturen erreicht werden, die eine *teilweise Aufschmelzung (Anatexis)* bewirken. Gelingt es dem gebildeten Schmelzanteil nicht, das Gestein zu verlassen, sondern kristallisiert er in situ, so bilden sich *Migmatite,* Mischgesteine, in denen hochgradig metamorphe, feste Anteile neben ehemals geschmolzenen auftreten. Sie weisen also magmatische und metamorphe Gefügemerkmale auf.

3.6 Mineral- und Erzlagerstätten

┌─ Definition ─────────────────────────────

Als *Minerallagerstätten* bezeichnet man natürliche, räumlich begrenzte Konzentrationen von Gesteinen in der Erdkruste, auf der Erdoberfläche oder auf dem Ozeanboden, aus denen ein Mineral oder mehrere Minerale mit ökonomischem Nutzen gewonnen werden können oder aufgrund bereits durchgeführter Explorationsarbeiten die Aussicht auf eine wirtschaftliche Gewinnung in Zukunft besteht. Anderenfalls handelt es sich um ein „Vorkommen".

Erze sind Minerale, Mineralaggregate oder Gesteine, aus denen ein Metall oder mehrere Metalle oder Metallverbindungen mit ökonomischem Nutzen gewonnen werden können oder für die günstige Aussichten auf eine profitable Gewinnung in der Zukunft bestehen. Die metallhaltigen Minerale nennt man *Erzminerale;* sie können in *Erzkörpern* konzentriert sein. Ein oder mehrere Erzkörper können eine *Erzlagerstätte* bilden. Der Begriff Erzlagerstätte impliziert, so wie oben, dass das Erz profitabel abgebaut werden kann oder zumindest eine profitable Gewinnung in Zukunft möglich erscheint.

Begleitminerale, die keine nutzbaren Metalle enthalten, werden als *Nichterze,* mit einem traditionellen Bergmannsausdruck auch als *Gangarten* bezeichnet.

Als *Industriemineral* bezeichnet man jedes Mineral oder Gesteine von ökonomischer Bedeutung, abgesehen von Erzen, Mineralölen und Edelsteinen.
└───

Mineralische Rohstoffe sind essentiell für unser tägliches Leben und bilden die Basis für unsere technologisierte Welt. Unser Lebensstandard steht in direktem Zusammenhang mit der Verfügbarkeit von einer Vielzahl mineralischer Rohstoffe. Die Versorgung mit mineralischen Rohstoffen bedarf einer Reihe von Voraussetzungen:

- eine bauwürdige Lagerstätte;
- Investitionskapital, um einen *Bergbaubetrieb* für die Gewinnung von Rohstoffen installieren zu können;
- ein effektives *Transportsystem,* um die benötigten Rohstoffe zum Verbraucher zu bringen;
- eine ausreichende Nachfrage auf dem (Welt-) *Markt,* um einen für die Profitabilität nötigen Mindestpreis für die Rohstoffe zu erzielen.

Die Produktion einer Unzahl von Handelswaren basiert auf der Gewinnung von mineralischen Rohstoffen. Daher kann keine moderne Gesellschaft – und ihre Ökonomie – ohne Minerallagerstätten existieren (z. B. Arndt und Ganino 2012). Die meisten von uns haben keine Vorstellung von der Anzahl an Mineralvorkommen, die derzeit von der Menschheit ausgebeutet werden. Allein in Deutschland betrug der jährliche Pro-Kopf-Verbrauch an Mineralen im letzten Jahrzehnt 16 t! Obwohl in China dieser Verbrauch deutlich niedriger liegt, nimmt das Land wegen seiner riesigen Einwohnerzahl und seiner aufstrebenden Wirtschaft einen Spitzenplatz in der Nutzung von wichtigen mineralischen Rohstoffen ein, so von Zement (aus Kalkstein), Kohle, Eisenerz, und vielen Metallen (z. B. Blei, Zink, Kupfer und Aluminium). In Hinblick auf die rasche Entwicklung der Märkte und die Zunahme der Weltbevölkerung lässt sich leicht voraussagen, dass auch dramatisch verbesserte Recyclingquoten und stark gesteigerte Effizienz in der Gewinnung und im Verbrauch von mineralischen Rohstoffen nicht ausreichen werden, um den zukünftigen Rohstoffbedarf zu befriedigen. Noch für viele Dekaden wird die bergbauliche Gewinnung von primären Mineral-Lagerstätten von ausschlaggebender Bedeutung bleiben. Darüber hinaus soll daran erinnert werden, dass neue technologische Entwicklungen das Anwendungsgebiet von mineralischen Rohstoffen enorm verbreitert haben. So waren noch gegen Ende des 20. Jh. viele chemische Elemente kaum von wirtschaftlichem Interesse. Demgegenüber gibt es heute fast kein stabiles, natürlich vorkommendes Element des Periodensystems, das ohne irgendeine praktische Anwendung bleibt. Während die erste Generation der Mobiltelefone nur etwa ein Dutzend chemischer Elemente enthielt, sind es heute nicht weniger als 60, von denen viele in der uns zugänglichen Erdkruste nur in sehr kleinen Konzentrationen auftreten! Da seit dem späten 20. Jh. eine drastische Zunahme des Mineralbedarfs verbunden mit einem entsprechenden Preisanstieg zu beobachten ist, haben verschiedene Regierungsgutachten (z. B. des U.S. Geological Survey und der Europäischen Kommission) eine Reihe von Metallen oder Mineralen als „unverzichtbar" eingestuft (z. B. Stein- und Kalisalz, Bauxit, Eisenerz u. a.). Andere wurden als „kritisch" eingestuft, d. h. sie gelten als besonders wichtig für die Industriegesellschaft, unterliegen aber beachtlichen Lieferrisiken. Dies inkludiert die Seltenen Erdelemente, die Metalle der Platingruppe, Niob, Wolfram, Germanium, Magnesium, Indium, Graphit und viele andere.

Nach Daten von Eurostat liegt der pro-Kopf Verbrauch an Rohstoffen in der EU relative konstant bei rund 14 t pro Jahr, während sich der der übrigen Welt sukzessive an diesen Wert annähert. Dabei stehen die *Massenrohstoffe* Sand, Kies, Splitt, Kalkstein und Naturwerkstein, die hauptsächlich für Bauzwecke genutzt werden, an der Spitze. Zusammen mit anderen *Nicht-*

3

metall-Rohstoffen, wie Steinsalz, Kalisalz und Phosphat machen sie rund 51 % des gesamten Verbrauchs aus. Mit 20 % an zweiter Stelle stehen die fossilen Energierohstoffen (Steinkohle, Braunkohle, Erdöl, Erdgas). Der Verbrauch an aus Erzen gewonnenen *Metallen* liegt bei einem Anteil von 5 %, wobei Eisenerz bei weitem vorrangig ist. Von den metallischen Rohstoffen, die nicht der Stahlerzeugung dienen, spielen Aluminium, Kupfer, Mangan, Zink, Chrom, Blei, Titan und Nickel mengenmäßig die größte Rolle. Im Vergleich zu diesen nicht-erneuerbaren Rohstoffen liegt der Anteil von erneuerbaren Biomaterialien, wie Holz, bei 24 % des Verbrauchs.

■ **Bauwürdigkeit von Lagerstätten**

Bei genügender Konzentration von Mineralen oder Metallen entstehen *nutzbare (bauwürdige) Lagerstätten,* vorausgesetzt, die Rohstoffe lassen sich technisch und wirtschaftlich gewinnen und es besteht ein entsprechender Bedarf. Für die Bauwürdigkeit einer Lagerstätte ist in erster Linie eine gewisse *Mindestkonzentration* der zu gewinnenden Minerale oder Wertmetalle, d. h. ihre Anreicherung über den Durchschnittsgehalt in der Erdkruste ausschlaggebend (◻ Tab. 33.5). So beträgt das Krustenmittel beim Eisen 5,0 Gew.-%, während die Bauwürdigkeitsgrenze für eine Eisenerz-Lagerstätte bei ca. 30 Gew.-% Fe liegt, was einem Anreicherungsfaktor von 6 entspricht. Für Mangan liegen diese Werte bei 0,10 bzw. 35 Gew.-% Mn, d. h. der Anreicherungsfaktor beträgt hier schon 350. Gold hat ein Krustenmittel von lediglich 0,0015 g/t (= Gramm pro Tonne), aber Goldlagerstätten können schon ab einer Konzentration von 1 g/t bauwürdig sein, entsprechend einem Anreicherungsfaktor von 700. Entscheidend für die Bauwürdigkeit einer Erzlagerstätte ist neben dem Metallgehalt eine Mindestmenge an gewinnbarem Erz sowie entsprechende Infrastruktur (typischerweise Verkehrsanbindung sowie Verfügbarkeit von Wasser und Energie) für eine wirtschaftliche Aufbereitung des Erzes.

Während sich der historische Bergbau oft auf Lagerstätten mit hohem Erzgehalt, aber geringem Volumen konzentrierte, so z. B. auf hydrothermale Ganglagerstätten, sind heute ein geringer Erzgehalt, aber eine enorme Tonnage für profitable Gruben typisch. Eine Herausforderung für die zukünftige Gewinnung von Erzen und anderen Mineralen aus praktisch nicht erneuerbaren Rohstoffquellen ist ein besseres Verständnis für die vielfältigen *Erzgefüge* in einer Lagerstätte. Diese sind entscheidend für die Aufbereitungsmethode, mit der die gewünschten Metalle extrahiert werden können, und sind daher Gegenstand einer relativ jungen Forschungsrichtung, der *Geometallurgie.*

Außer den geeigneten geologischen Rahmenbedingungen und einem Mindestmaß an Infrastruktur bestimmen oft (sozio-)politische Faktoren, nicht zuletzt

aber der geltende Weltmarktpreis, ob eine gegebene Lagerstätte bauwürdig ist. Der Preis der meisten mineralischen Rohstoffe unterliegt marktwirtschaftlichen Gesetzen. Ein ansteigendes Verhältnis von Nachfrage zu Angebot führt zu einem entsprechenden Preisanstieg, was in der Folge wiederum zur Intensivierung der Lagerstättenprospektion und -exploration führt, aber auch zur Entwicklung verbesserter Methoden der Aufbereitung und Verhüttung von Erzen. Sind diese Maßnahmen besonders erfolgreich, kann es zu einem sinkenden Nachfrage/Angebot-Verhältnis kommen, ja gar zu einem Überangebot auf dem Markt, was dann einen sinkenden Preis zur Folge haben kann und in letzter Konsequenz gar die Schließung von Minenbetrieben (vgl. ▶ Abschn. 33.3.2).

■ **Einteilung der Metalle nach ihrer technischen Nutzung**

Nach dem hauptsächlichen Gebrauch der aus Erzen gewinnbaren Metalle lassen sich diese folgendermaßen gliedern:

- *Eisenmetalle:* diese dienen der Stahlerzeugung. Abgesehen vom prinzipiellen Rohstoff Eisen kommt eine Reihe von Stahlveredlern zur gezielten Verbesserung von Festigkeit, Härte, Widerstandsfähigkeit etc. von Stahl zum Einsatz. Diese sind Mangan, Nickel, Kobalt, Chrom, Vanadium, Titan, Molybdän, Rhenium und Wolfram.
- *Nichteisenmetalle* (sog. Buntmetalle, engl. *„base metals"*): Kupfer, Blei, Zink, Cadmium, Zinn, Quecksilber, Arsen, Antimon, Bismut (Wismut), Gallium, Indium, Tellur, Silicium und Germanium.
- *Leichtmetalle:* Aluminium, Magnesium, Titan, Beryllium.
- *Edelmetalle:* Gold (lat. *aurum*), Silber (lat. *argentum*), sowie die *Platinmetalle* (Platingruppenelemente, PGE) Platin, Ruthenium, Rhodium, Palladium, Osmium und Iridium.
- *Andere in relativ geringen Mengen gewonnene Metalle* (engl. *„minor metals"*): Tantal, Niob, Yttrium, Indium, Gallium, Germanium, Hafnium, Magnesium, Zirkonium, Cadmium, Selen und die *Lanthanoide (Seltenerdelemente),* z. B. Lanthan, Cer, Neodym und Samarium. Metalle dieser Gruppe werden gewöhnlich als Nebenprodukt von Buntmetallen gewonnen. Obwohl ihre globale Produktion gering ist, haben sie ein breites Anwendungsfeld, z. B. für die Herstellung von Halbleitern, Batterien, Solarzellen, Automobilzubehör, technischen Gläsern und pharmazeutischen Produkten.Sie alle sind von entscheidender Bedeutung für die Technologie des 21. Jh. und werden daher gerne auch als Hochtechnologie-Metalle bezeichnet.
- *Actinoide* (Kernbrennstoffe): insbesondere Uran und in der Zukunft vielleicht Thorium sowie Radium.

■ **Genetische Einteilung der Mineral- und Erzlagerstätten**

Viele Lagerstätten von Industriemineralen sind durch gewöhnliche gesteinsbildende Prozesse wie Sedimentation oder Kristallisation eines Magmas entstanden. Demgegenüber ist eine *Erzlagerstätte* als *geochemische Anomalie* zu betrachten, deren Entstehung einen Spezialfall der Gesteinsbildung darstellt. Um solch eine lokal begrenzte geochemische Anomalie zu schaffen, gleichgültig ob Erzlagerstätte oder Erdölfeld, müssen eine Reihe von Voraussetzungen erfüllt sein:

— Eine geeignete *Quelle,* aus der der gewünsche Rohstoff – sei es ein oder mehrere Metall(e) oder Kohlenwasserstoffe – mobilisiert werden können;

— ggf. eine *Quelle* für den oder die Anionenkomplex(e) oder Liganden, die als Trägersubstanzen für den Transport der obigen Metalle in diversen Lösungen oder Fluiden dienen können;

— ein Transportmedium für den Transfer des gewünschten Rohstoffs (z. B. Metall) von der Quellregion hin zum Ort der Erzbildung; Dies kann eine Gesteinsschmelze (Magma), ein superkritisches Fluid, oder eine wässrige Lösung sein;

— geeignete geologische Strukturen, die als *Wegsamkeiten* für obige Transportmedien dienen können; diese können jegliche miteinander verbundene Hohlräume in der Erdkruste sein wie z. B. Spalten, Klüfte, Störungen etc.

— eine *Energiequelle* für die Bewegung des Transportmediums, üblicherweise durch einen lokal erhöhten geothermischen Gradienten ausgedrückt;

— eine „*Falle*“, die zum einen durch plötzliche Veränderung in einem oder mehreren Systemparameter(n), wie Druck, Temperatur, pH-Wert, Redoxpotential (Eh-Wert), Salinität oder Konzentration einzelnder gelöster Stoffe zur Kristallisation der Erzminerale führt, und zum anderen den notwendigen Raum für den Erzkörper bereitstellte, etwa durch Auflösen eines Rahmengesteins wie z. B. Kalkstein.

— Alle diese Voraussetzungen müssen in der richtigen Zeitfolge realisiert sein.

— Schließlich muss der Erzkörper im richtigen Erosionsniveau an oder nahe der Erdoberfläche erhalten geblieben sein. So haben Erzkörper, die sich nahe der Landoberfläche bilden, ein niedriges *Erhaltungspotential* und sind eher in jungen geologischen Einheiten zu finden, die noch nicht der Erosion zum Opfer gefallen sind. Umgekehrt müssen Erzkörper, die in größeren Tiefen entstehen, erst durch Heraushebung und Erosion in die Nähe der Landoberfläche gelangen, um für den Bergbau zugänglich zu sein.

Ähnlich wie bei der Klassifizierung von herkömmlichen Gesteinen können auch Erzlagerstätten, je nach dem Transportmedium – sei es eine Schmelze, eine hydrothermale Lösung oder Oberflächenwasser – genetisch differenziert werden (z. B. Pohl 2020):

— **Magmatische Erzlagerstätten** entstehen direkt bei der Abkühlung und Kristallisation eines Magmas. Wie in ▶ Kap. 21 eingehender beschrieben, können sich bei der Abkühlung von magmatischen Schmelzen unterschiedlicher Zusammensetzung oxidische oder sulfidische Schmelztröpfchen entmischen *(liquide Entmischung)*. Wegen ihrer hohen Dichte sinken diese Tropfen auf den Boden der Magmakammer ab, wo sie zu Sulfid- oder Oxiderzen kristallisieren. Durch Kristallisation einer Sulfidschmelze können sich Ni-führender Pyrrhotin, $(Fe,Ni)_{1-x}S$, Chalkopyrit, $CuFeS_2$, Pyrit, FeS_2, und Minerale der PGE bilden, während (Titano-) Magnetit, $Fe^{2+}Fe^{3+}_2O_4$ und Apatit, $Ca_5[(F,Cl,OH)/(PO_4)_3]$, aus einer phosphorreichen Oxidschmelze kristallisieren. Außerdem werden während der magmatischen Kristallisationsabfolge schon sehr früh Chromit, $FeCr_2O_4$, und/oder PGE-Metalle direkt aus basischen Silikatmagmen ausgefällt. Wegen ihrer Dichtedifferenz zum verbleibenden Magma werden diese Minerale am Boden der Magmakammer angereichert und können dort Erzkörper bilden. Häufig sind solche Erzkonzentrationen mit voluminösen lagigen Intrusionskörpern (▶ Abschn. 15.3.3) verknüpft. Aus *Karbonat-Schmelzen* können sich Minerale der Seltenen Erdelemente (SEE) ausscheiden und wichtige SEE-Lagerstätten bilden.

– *Pegmatit-gebundene Lagerstätten* (▶ Kap. 22) stellen einen Spezialfall der magmatischen Lagerstätten dar. Bei fortschreitender Kristallisation von Silikat-Magmen reichern sich leichtflüchtige Komponenten wie Fluor (als HF), oder Bor (als H_3BO_3) sowie seltene Elemente, z. B. Lithium oder Beryllium an. Aus diesen wässerigen Restschmelzen kristallisieren im Temperaturbereich von ca. 700 bis ca. 450 °C, extrem grobkörnige Gesteine, die eine Fülle von ökonomisch wichtigen Mineralen führen. Aus ihnen können für technische Zwecke Feldspäte und Glimmer, Edelsteine, Phosphate, Minerale der seltenen Metalle Li, Be, Nb, Ta, Zr, Ti, Sn und der SEE sowie der Kernbrennstoffe U und (in Zukunft vielleicht) Th gewonnen werden.

— **Hydrothermale Erz- und Minerallagerstätten** (▶ Kap. 23) entstehen durch Mineralabscheidung aus einem *überkritischen* Fluid, (vulkanischen) *Dämpfen,* oder heißen wässerigen oder karbonatischen *(hydrothermalen) Lösungen,* in denen Schwermetalle oder seltene chemische Elemente transportiert werden. Oft stellen diese Hydrothermen *spätmagmatische* Restlösungen dar, die sich von einem kristallisierenden Magma in der Nachbarschaft ableiten lassen. In anderen Fällen ist jedoch kein un-

3

mittelbarer Zusammenhang mit magmatischen Prozessen nachweisbar; die hydrothermalen Lösungen wurden bei metamorphen Entwässerungsreaktionen freigesetzt oder stammen als Oberflächen-, Grund-, See- oder Meerwasser aus dem *atmosphärischen Wasserkreislauf*. Vulkanische Dämpfe und hydrothermale Lösungen durchdringen und infiltrieren ihr Nebengestein. Dabei kann es zur Ausfällung von Erzmineralen und/oder nutzbaren Nichterzen (Gangmineralen) kommen, sobald sich ein oder mehrere physikalische und/oder chemische Parameter im System verändern. Folgende hydrothermale Lagerstättenarten sind von besonderer wirtschaftlicher Bedeutung:

- In *hydrothermalen Imprägnationslagerstätten* wird das jeweilige Nebengestein von hydrothermalen Lösungen, die meist magmatischen Ursprungs sind, infiltriert und in der Folge mit neu gebildeten Erzmineralen wie Kassiterit, SnO_2, Wolframit, $(Fe,Mn)WO_4$, Molybdänit, MoS_2, sowie den Cu-Sulfiden Chalkopyrit, $CuFeS_2$, und Enargit, Cu_3AsS_4, imprägniert.
- *Skarn-Lagerstätten* entstehen am Kontakt zwischen magmatischen Intrusionen und benachbarten Karbonatgesteinen (▶ Abschn. 23.2.6, 26.6.1). Dabei werden die Karbonatgesteine in der Nähe des intrudierenden Magmas aufgeheizt. Gleichzeitig werden magmatogene, metallhaltige, *hydrothermale Fluide* oder *Lösungen* zugeführt, die einen *Stoffaustausch* bewirken, bei dem die Karbonatminerale durch potentielle Erzminerale wie Magnetit, Hämatit, Fe_2O_3, Scheelit, $CaWO_4$, Kassiterit, SnO_2, und Stannin, Cu_2FeSnS_4, sowie durch Sulfide und Sulfosalze von Fe, Cu, Zn, Pb, Co, Mo, Bi und As verdrängt werden. Diesen Spezialfall der *Kontaktmetamorphose* bezeichnet man als *Kontaktmetasomatose*.
- Ebenfalls durch metasomatische Prozesse entstehen *hydrothermale Verdrängungslagerstätten*. Dabei reagieren die erzbringenden hydrothermalen Lösungen mit dem Nebengestein, dessen ursprünglicher Mineralbestand ganz oder teilweise durch eine Vielzahl neugebildeter Erzminerale ersetzt wird, besonders durch Metalloxide, -sulfide oder -sulfosalze von Fe, Sn, Mo, W, Cu, Pb, Zn, Co, As, Bi, Ag und Au. Darüber hinaus können durch die Verdrängung von Kalkstein oder Marmor nutzbare Lagerstätten von Siderit, $FeCO_3$, oder Magnesit, $MgCO_3$, entstehen (▶ Abschn. 23.3.7). Diese Prozesse bezeichnet man als *Metasomatose*.
- Hydrothermale Erzgänge können sich bilden, wenn hydrothermale Fluide oder Lösungen das Nebengestein auf Kluftsystemen und tektonischen Störungszonen durchströmen und es dabei zur Mineralabscheidung kommt. Solche Erzgänge können eine Fülle von – meist sulfidischen – Erzmineralen der Metalle Fe, Sn, Mo, W, Cu, Pb, Zn, As, Sb, Bi, Co, Ni und Ag, aber auch von ged. Gold oder auch Uraninit, UO_2–U_3O_8, enthalten. Weiterhin treten hydrothermale Eisenerzgänge mit Siderit oder Hämatit auf. Das unmittelbare Nebengestein der Erzgänge ist häufig hydrothermal alteriert, mit Erz imprägniert oder wird durch dieses verdrängt. Eine große wirtschaftliche Rolle spielen auch nichtmetallische Ganglagerstätten von Fluorit, CaF_2, Baryt, $BaSO_4$, und Quarz.
- Von erheblicher Bedeutung sind *vulkanitgebundene massive Sulfidlagerstätten (VHMS)* (▶ Abschn. 23.3.1), die typischerweise durch hydrothermale Exhalationen am Meeresboden entstehen. Wie Beobachtungen aus Forschungs-U-Booten zeigen, bilden sich solche Erzlagerstätten auch noch heute als *Schwarze Raucher* in der Nähe von *mittelozeanischen Rücken*. Dabei kommt es zur Abscheidung von Cu-Fe- und Zn-Fe-Sulfiden. Obwohl sie typischerweise zusammen mit Vulkaniten auftreten, sind die mineralisierenden Fluide in diesem Falle nicht von einem Magma abzuleiten, sondern in erster Linie konvektiv zirkulierendes Meerwasser.
- Andere *nicht magmatische hydrothermale Lagerstätten* finden sich *schichtgebunden* in Sedimentgesteinen. Sie entstehen aus relativ niedrigtemperierten Lösungen, welche meteorischen Ursprungs, Formationswässer oder Meerwasser sein können, und können bedeutsame Lieferanten von Buntmetallen sein. Beispiele hierfür sind sedimentär-exhalative Lagerstätten (SEDEX), bei denen vor allem Pb- und Zn-Erze, typischerweise in feinlaminierten, schichtparallelen *(stratiformen)* Lagen in kontinentalen Riftgrabenfüllungen angereichert sind (▶ Abschn. 23.3.5). Ebenfalls wichtige Quellen für Pb und Zn sind die üblicherweise karbonatgebundenen sogenannten Mississippi-Valley-Typ (MVT) Lagerstätten, in denen in erster Linie Galenit und Sphalerit die Matrix von hydraulischen Brekzien und/oder Karstfüllungen bilden (▶ Abschn. 23.3.6). Ein anderes Beispiel nicht magmatogener hydrothermaler Lagerstätten sind stratiforme, hauptsächlich an *Schwarzschiefer,* aber auch andere siliziklastische Gesteine *gebundene Buntmetall-Lagerstätten* (▶ Abschn. 25.2.11). Sie entstanden durch die Zirkulation hochsalinarer hydrothermaler Lösungen, aus denen in erster Linie Cu-Sulfide, aber auch Co-, Zn- und Pb-Sulfide in lokal wirtschaftlichen Konzentrationen durch Reduktion am Kontakt mit organischem Kohlenstoff im

Schwarzschiefer ausgefällt wurden. Ein herausragendes Beispiel dieses Vererzungstyps ist der *Kupferschiefer* an der Basis des durch mächtige Salzablagerungen geprägten Zechsteins in Mitteleuropa. Dieser Lagerstättentyp bedingte den historischen Kupferbergbau im Gebiet von Mansfeld (Sachsen-Anhalt) von 1200 bis 1990 und ist nach wie vor Gegenstand des Bergbaus im südlichen Polen, wo er Europas größte Cu-Provinz bildet. Weitere Beispiele nicht magmatogener hydrothermaler Lagerstätten sind karbonatgebundene Fluorit-Lagerstätten und an proterozoische Diskordanzen gebundene Uranerz-Lagerstätten (▶ Abschn. 23.3.8, 23.7).

— **Sedimentäre Erzlagerstätten.** Auch bei sedimentären Prozessen, sei es bei chemischen oder mechanischen, kann es zur Konzentration wirtschaftlich relevanter Minerale und somit zur Lagerstättenbildung kommen. Je nach Konzentrationsprozess können folgende Lagerstättentypen unterschieden werden:

 – *Verwitterungslagerstätten* bilden sich bei der chemischen Verwitterung von *Silikatgesteinen* (▶ Abschn. 24.5) unter tropisch-wechselfeuchten Klimabedingungen durch Ab- bzw. Anreicherung von vielen der gesteinsbildenden Elemente in unterschiedlichen Bodenschichten. Beispiele hierfür sind Lagerstätten von Bauxit, dem prinzipiellen Aluminiumerz, aber auch Fe-Mn-Co- oder Ni-Co-reiche *Laterite;* letztere sind heute die wichtigste Quelle für den Stahlveredler Nickel. In oberflächennahen *Verwitterungszonen sulfidischer Erzköper* (▶ Abschn. 24.6) können die primären Gehalte an Bunt- und Edelmetallen hoch angereichert sein und stellten vielerorts leicht erkennbare und zugängliche Ziele historischer Bergbauaktivität dar.

 – *Sedimentäre Eisenerze* (▶ Abschn. 25.4.2) sind heute die einzig bedeutsame Quelle von Eisen für die Stahlerzeugung. Sie wurden als *Bändereisenerz* (engl. *„banded iron formation")* überwiegend in frühproterozoischer Zeit durch chemische Ausfällung aus einem ursprünglich Fe-reichen Meerwasser gebildet. Deren Bildung steht in Zusammenhang mit dem ersten signifikanten Anstieg im atmosphärischen Sauerstoffgehalt nach der globalen Verbreitung Photosynthese betreibender Mikroben (Cyanobakterien).

 – *Sedimentäre Manganerze* (▶ Abschn. 25.4.3) bildeten sich ähnlich wie die Bändereisenerze und sind daher vielerorts mit diesen zeitlich und räumlich assoziiert. Eine mögliche Metallreserve der Zukunft sind die *Manganknollen* am Ozeanboden, deren Abbau jedoch mit noch nicht ganz

verstandenen ökologische Risiken verbunden wäre (▶ Abschn. 25.4.4).

 – *Seifenlagerstätten* (▶ Abschn. 25.2.7) sind Produkte der mechanischen Verwitterung und anschließender Anreicherungen von Mineralen mit einer hohen Dichte *(Schwerminerale)* und hohen Verwitterungsresistenz. Zu den wichtigsten Seifenmineralen gehören *Edelmetalle* wie gediegen Gold oder Platin, *Edelsteine* wie Korund oder Diamant, sowie Kassiterit, Magnetit, Ilmenit und die Nb-Ta-Minerale Columbit und Tantalit.

 – Wirtschaftlich bedeutsame *sedimentäre Lagerstätten von Industriemineralen* sind solche bestimmter Tone wie Kaolinit und Bentonit (▶ Abschn. 24.5) sowie kieseliger Sedimente wie die *Diatomeenerde (Kieselgur,* ▶ Abschn. 25.5), *sedimentäre Phosphatgesteine (Phosphorit* und *Guano,* ▶ Abschn. 25.6) und schließlich die *Evaporite* (▶ Abschn. 25.7) mit Lagerstätten von *Steinsalz* (Halit, $NaCl$), *Kalisalzen* (insbesondere Sylvin, KCl, und Carnallit, $KMgCl_3 \cdot 6H_2O$), *Gips,* $Ca[SO_4] \cdot 2H_2O$ und *Anhydrit,* $Ca[SO_4]$.

— **Metamorphe Minerallagerstätten.** Metamorphe Prozesse führen im Allgemeinen nicht zur lokalen Anreicherung von Erzen, sondern eher zur Destruktion von Erzkörpern durch Dispersion der Metalle über metamorphe Fluide. In manchen Fällen können jedoch metamorphe Fluide entlang von tektonischen Deckenüberschiebungsbahnen ein hervorragendes Transportmedium für Metalle sein, die dann im Vorland eines Orogens bei geeigneten Fallen wiederum Erzkörper bilden können. Umgekehrt, sollte es bei der Metamorphose zu keinen intensiven Wechselwirkungen zwischen Gestein und Fluid kommen, können schon vor der Metamorphose vorhandene Erzkörper erhalten bleiben und lediglich ihre Struktur und Textur durch lokale metamorphe Rekristallisation ändern. Das beste Beispiel dafür sind Pb-Zn-Sulfidlagerstätten des Broken-Hill-Typs, mit Broken Hill in Australien (▶ Abschn. 23.3.5) als Typlokalität (eine der reichsten, aber mittlerweile abgebauten Buntmetallanreicherungen der Welt) und der Aggeneys-Gamsberg Erzdistrikt in Südafrika. Diese können auf ehemalige SEDEX-Lagerstätten zurückgeführt werden, die später von einer hochgradigen Metamorphose überprägt wurden. Unmittelbar durch Metamorphoseprozesse, wenngleich auch mit z. T. erheblichem Stoffaustausch, wurden so manche Edelstein-Lagerstätten gebildet, wie z. B. solche von Rubin, Al_2O_3, (▶ Abschn. 7.3) oder Smaragd, $Be_3Al_2[Si_6O_{18}]$ (▶ Abschn. 11.3), aber auch Lagerstätten von Industriemineralen wie den $Al_2[SiO_5]$-Polymorphen Andalusit oder Kyanit (Disthen) (▶ Abschn. 11.1).

3

Literatur

Arndt N, Ganino C (2012) Metals and society – an introduction to economic geology. Springer, Berlin

Grotzinger J, Jordan T (2017) Press/Siever Allgemeine Geologie. Springer, Berlin

Passchier CW, Trouw RAJ (2005) Microtectonics, 2. Aufl. Springer, Berlin

Pohl WL (2020) Economic geology – principles and practice, 2. Aufl. Schweizerbart Science Publishers, Stuttgart

Ronov AB, Yaroshevsky AA (1969) Chemical composition of the Earth's crust. In Hart PJ (ed.) The Earth's crust and upper mantle, geophys. Monogr Series 13:37–57

Vinx R (2008) Gesteinsbestimmung im Gelände, 2. Aufl. Spektrum-Springer, Berlin

Spezielle Mineralogie

Eine Auswahl wichtiger Minerale

Zur Systematik der Minerale

Die Klassifikation der Minerale erfolgt in Anlehnung an die international bewährten *Mineralogischen Tabellen* von Strunz (1982) bzw. Strunz und Nickel (2001) (◘ Tab. 2.1). Sie beruht auf einer Kombination von chemischen und kristallchemischen Gesichtspunkten. Die Einteilung richtet sich nach den Anionen oder Anionengruppen (Anionenkomplexen), die viel besser geeignet sind, Gemeinsames herauszustellen, als die Kationen.

Bei den Silikaten bilden die kristallstrukturellen Eigenschaften ein ausgezeichnetes Gerüst für die Gliederung. In den chemischen Formeln von komplex zusammengesetzten Mineralen wie Phosphaten oder Silikaten werden die Anionengruppen in eckige Klammern gesetzt und Anionen erster und zweiter Art durch einen Schrägstrich (/) getrennt. Bei Mischkristallen werden Anionen und Kationen, die sich in der Kristallstruktur gegenseitig ersetzen können (Diadochie), durch Kommata getrennt und in runde Klammern gesetzt.

Beispiele:

$Ca_5[(F,Cl,OH)/(PO_4)_3]$ (Apatit) oder

$(Mg,Fe)_7[(OH)_2/Si_8O_{22}]$ (Anthophyllit).

Bei der Auflistung der physikalischen Eigenschaften der Minerale wird die Härte grundsätzlich nach der nichtlinearen relativen Härteskala von Mohs, die Dichte in Gramm pro Kubikzentimeter ($g\,cm^{-3}$) angegeben; neben Farbe und Glanz erscheint bei Opakmineralen auch die Strichfarbe. Mengenangaben erfolgen in Gewichtsprozent (%, Gew.-%), Volumenprozent (Vol.-%) oder Molprozent (Mol-%).

Inhaltsverzeichnis

Elemente

Inhaltsverzeichnis

© Springer-Verlag GmbH Deutschland, ein Teil von Springer Nature 2022
M. Okrusch und H. E. Frimmel, *Mineralogie*,
https://doi.org/10.1007/978-3-662-64064-7_4

4

Im elementaren Zustand treten in der Natur etwa 20 chemische Elemente auf. Darunter befinden sich gediegene (ged.) Metalle, Metalloide (Halbmetalle) und Nichtmetalle. Die Metalle sind meistens legiert: Sie neigen zur Mischkristallbildung, z. B. (Au, Ag). Die wichtigsten Vertreter sind in ◘ Tab. 4.1 zusammengestellt.

4.1 Metalle

In den Kristallstrukturen der metallischen Elemente wird eine möglichst hohe Raumerfüllung und Symmetrie angestrebt. Besonders bei Kupfer, Silber, Gold (auf Grund ihrer ähnlichen Eigenschaften als Kupfergruppe zusammengefasst) und den meisten Metallen der Platingruppe, die jeweils flächenzentrierte kubische Gitter bilden, ist mit ihrer kubisch dichten Kugelpackung parallel zu {111} eine hohe Packungsdichte gewährleistet (◘ Abb. 4.1). Innerhalb der Eisengruppe mit ihrem teilweise innenzentrierten kubischen Gittertyp (α-Fe, Kamacit) ist die Packungsdichte etwas geringer. Die physikalischen Eigenschaften, wie hohe Dichte, große thermische und elektrische Leitfähigkeit, Metallglanz, optisches Verhalten und mechanische Eigenschaften liegen in der Packungsdichte und den metallischen Bindungskräften in den Metallstrukturen begründet. So verhalten sich Metalle opak, d. h. sie sind auch in einem Dünnschliff von nur 20–30 μm Dicke undurchsichtig und zeigen im Auflicht hohes Reflexionsvermögen. Die vorzügliche Deformierbarkeit der Metalle Gold, Silber, Kupfer oder Platin beruht auf der ausgeprägten Translation ihrer Strukturen nach den Ebenen parallel zu {111}, die am dichtesten mit Atomen besetzt sind.

◘ **Tab. 4.1**   In der Natur elementar auftretende chemische Elemente

Metalle und Legierungen	
Kupfergruppe	
Ged. Kupfer	Cu
Ged. Silber	Ag
Ged. Gold	Au
Quecksilber-Amalgam-Familie	
Ged. Quecksilber	Hg
Amalgam	(Au,Hg,Ag)
- Gold-Amalgam	
Eisen-Kamacit-Gruppe	
Ged. Eisen	α-Fe
Kamacit	α-(Fe,Ni) (Ni-ärmer)
Taenit	γ-(Fe,Ni) (Ni-reicher)
Platingruppe	
Ged. Platin	Pt
Pt-Legierungen	z. B. (Pt, Ir)
Metalloide (Halbmetalle)	
Arsen-Gruppe	
Ged. Arsen	As
Ged. Antimon	Sb
Ged. Bismut (Wismut)	Bi
Nichtmetalle	
Graphit	C
Diamant	C
Schwefel	S

a

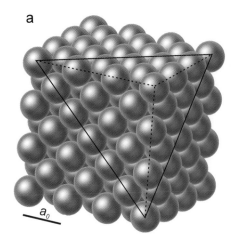

b

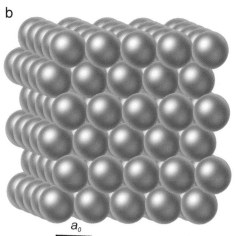

◘ **Abb. 4.1**   **a** Kubisch dichteste Kugelpackung. **b** Hexagonal dichteste Kugelpackung

In den Anordnungen der dichten Kugelpackungen ( Abb. 4.1) sind die Atomkugeln (rein geometrisch gesehen) so dicht zusammengepackt, wie es überhaupt möglich ist. Bei ihnen ist jedes Atom von 12 gleichartigen Nachbarn im gleichen Abstand umgeben, d. h. seine Koordinationszahl ist [12]. Man unterscheidet die kubisch dichte Kugelpackung (kubisch flächenzentriertes Gitter) mit einer Schichtenfolge 123123 … (rein schematisch) von der hexagonal dichten Kugelpackung. Bei ihr ist die Schichtenfolge 121212 …, wobei jede dritte Schicht mit der ersten eine identische Lage aufweist. Die echten Metalle kristallisieren mit wenigen Ausnahmen in diesen Strukturen.

■ **Kupfer**
Cu

Ausbildung und Kristallformen Kristallklasse 4/m$\bar{3}$ 2/m; ged. Kupfer (engl. „*native copper*") tritt wie ged. Gold und ged. Silber in dendritischen oder moosförmigen Aggregaten, häufig auch in plattigen bis massigen Formen auf. An den skelettartigen Aggregaten erkennbare Kristallformen sind meistens stark verzerrt ( Abb. 4.2). Häufig sind Würfel, Rhombendodekaeder, Oktaeder oder deren Kombinationen entwickelt. Solche Wachstumsformen sind bei ged. Kupfer meist viel weniger zierlich ausgebildet als bei den beiden Edelmetallen, und die Kristalle sind größer als bei ged. Gold.

Physikalische Eigenschaften	
Spaltbarkeit	fehlt
Bruch	hakig, dehnbar
Härte	2½–3
Dichte	8,9
Schmelzpunkt	1083 °C
Farbe, Glanz	opak, kupferroter Metallglanz, matte Anlauffarbe durch dünne Oxidschicht, Reflexionsvermögen ca. 73 % des eingestrahlten Lichtes
Strich	kupferrot, metallglänzend

Kristallstruktur Kubisch-flächenzentriert ( Abb. 1.8). Wegen seines wesentlich kleineren Atomradius von 1,28 Å bildet Cu keine Mischkristallreihen mit Ag und Au.

Chemismus Ged. Kupfer kommt bis auf Spurengehalte anderer Metalle relativ rein in der Natur vor.

Vorkommen Gediegen Kupfer tritt relativ verbreitet, jedoch meist nur in kleinen Mengen auf, so innerhalb der Verwitterungszone von Kupferlagerstätten. Die hydrothermale Verdrängungslagerstätte auf der Keweenaw-Halbinsel im Oberen See (Michigan, USA, ► Abschn. 23.3.4) lieferte stattliche Stufen von ged. Kupfer, die > 20 t Gewicht erreichten und früher mit

 Abb. 4.2 Gediegen Kupfer mit dendritischem Wachstum, aber erkennbaren Kristallflächen, hauptsächlich Rhombendodekaeder {110}; Keweenaw-Halbinsel, Michigan, USA; Bildbreite = 6 cm; Mineralogisches Museum der Universität Würzburg

Hammer und Meißel zerkleinert wurden; sie befinden sich in vielen Mineraliensammlungen ( Abb. 4.2).

Kupfer als metallischer Rohstoff Wahrscheinlich wurde gediegen Kupfer schon früh im Neolithikum um 9000 v. Chr. im Nahen Osten entdeckt und zunächst durch Kaltverformung bearbeitet. In dem nach ihm benannten Chalkolithikum (ab ca. 5000 v. Chr.) wurden oxidische Kupfererze in kleiner Menge in Tiegeln verhüttet (mancherorts auch durch gemeinsames Aufschmelzen von oxidischen und sulfidischen Erzen). Das Rösten von Sulfiden wurde erst später in der Bronzezeit erfunden und gediegen Kupfer büßte seine Rolle als Kupfererz zugunsten von Cu-Sulfiden, in erster Linie Chalkopyrit, $CuFeS_2$ (► Abschn. 5.2), ein (Neukirchen 2016).

■ **Silber**
Ag

Ausbildung und Kristallformen Kristallklasse 4/m$\bar{3}$2/m, gediegen Silber (engl. „*native silver*") kommt meistens in draht-, haar- oder moosförmigen bis dendritischen

4

☐ **Abb. 4.3** Gediegen Silber mit typisch lockenförmigem Wachstum, Kongsberg, Norwegen; Bildbreite = ca. 6 cm; Mineralogisches Museum der Universität Würzburg

Aggregaten vor. Bekannt sind die prächtigen „Silberlocken" (☐ Abb. 4.3), die nach einer Oktaederkante [110], der dichtest besetzten Gittergeraden, ihr bevorzugtes Wachstum entwickelt haben. Wohlausgebildete kubische Kriställchen sind relativ selten. Gelegentliche Zwillinge sind nach ihrer Zwillingsebene (111) plattenförmig verzerrt.

Physikalische Eigenschaften	
Spaltbarkeit	fehlt
Bruch	hakig, plastisch verformbar
Härte	2½–3
Dichte	9,6–12, rein 10,5
Schmelzpunkt	960 °C
Farbe, Glanz	silberweißer Metallglanz nur auf frischer Bruchfläche, meistens gelblich bis bräunlich angelaufen durch Überzug von Silbersulfid; opak, Reflexionsvermögen von reinem Ag ca. 95 % des eingestrahlten Lichtes
Strich	silberweiß bis gelblich, metallglänzend

Kristallstruktur   Kubisch-flächenzentriert (☐ Abb. 1.8).

Chemismus   Gediegen Silber ist häufig mit Au, gelegentlich mit Hg, Cu und Bi legiert. Elektrum ist eine Ag-Au-Legierung, die gewöhnlich > 20 % Ag enthält.

Vorkommen   In der sekundär entstandenen sog. Zementationszone sehr vieler Ag-führender Lagerstätten kann es lokal zu großen Anreicherungen von ged. Silber kommen.

Bedeutung   Im Gegensatz zu gediegen Gold spielt gediegen Silber als Erzmineral in den Silber-Lagerstätten nur lokal eine Rolle. Jedoch haben in historischen Zeiten, z. B. während des Goldenen Zeitalters der spanischen Eroberer in der Neuen Welt, sog. Bonanzas, d. h. Zementationszonen, die reich an ged. Silber waren, eine herausragende wirtschaftliche Rolle gespielt.

Die wichtigsten Ag-Minerale sind einfache oder komplexe Sulfide wie Argentit, Ag_2S, oder Freibergit (ein Ag-haltiges Fahlerz) mit der Formel $(Ag,Cu)_{10}(Fe,Zn)_2[(Sb,As)_4S_{13}]$, die als Silberträger häufig Einschlüsse in Galenit bilden (▶ Abschn. 5.2). Galenit ist deshalb das wichtigste Silbererz! Auch Ag-Selenide und -Telluride können für die Ag-Gewinnung Bedeutung haben.

Silber als metallischer Rohstoff   Seit etwa 700 v. Chr. wurden in Lydien (Kleinasien) Münzen aus der Ag-Au-Legierung *Elektrum* als Währungsmetall eingesetzt. Später in den Stadtstaaten des antiken Griechenlands und im Römischen Reich waren Münzen aus nahezu reinem Silber in Umlauf. Bis ins 19. Jh. dominierte in fast allen Ländern die Silberwährung. Erst ab etwa 1900 gingen die meisten Staaten zur Goldwährung über, nachdem man in Nord- und Südamerika reiche Ag-Lagerstätten entdeckt hatte und einen Verfall des Silberpreises befürchten musste. Daher werden heute Silbermünzen fast nur noch für Sammler und zur Geldanlage produziert.

Nach wie vor dient Silber jedoch zur Herstellung von Schmuckwaren, Tafelsilber und sakralen Geräten, wozu meist die Legierung Sterlingsilber $Ag_{92.5}Cu_{7.5}$ verwendet wird, da reines Ag für den täglichen Gebrauch zu weich ist. Unter allen Metallen hat Ag die höchste elektrische Leitfähigkeit und findet daher weite Anwendung in der elektronischen Industrie. Es dient ferner zu Beschichtung von Spiegel- und Fensterglas sowie zur Herstellung von Wasserfiltern und Katalysatoren. Wegen ihrer antiseptischen Eigenschaften werden Ag-Verbindungen in der Medizintechnik eingesetzt, z. B. für die Beschichtung von Kathetern und medizinischen Instrumenten, für Wundverbände und als Bestandteil von Salben. Silberhalogenide bildeten die Grundlage für die Analog-Fotografie und die Belichtung von Röntgenfilmen.

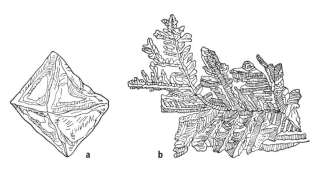

Abb. 4.4 Gediegen Gold: **a** Oktaeder mit typisch gekrümmter Oberfläche, **b** mit dendritischem (skelettförmigem) Wachstum. (Aus Klein und Hurlbut 1985)

Abb. 4.5 Kristallgruppe von ged. Gold, in der man teilweise Oktaeder erkennt. Eagle's Nest, Kalifornien. Bildbreite = 11 mm; Mineralogisches Museum der Universität Würzburg

■ **Gold**

Au

Ausbildung und Kristallform Kristallklasse 4/m$\bar{3}$2/m. Gediegen Gold (engl. „*native gold*") bildet in der Natur undeutlich entwickelte Kriställchen mit unebener, gekrümmter Oberfläche, meistens Oktaeder {111}, seltener Würfel {100} oder Rhombendodekaeder {110}, daneben verschiedene Kombinationen dieser und anderer kubischer Formen. Meistens sind die Goldkriställchen stark verzerrt. Sie bilden häufig Gruppen bizarrer, blech- bis drahtförmiger, meist dendritischer (skelettförmiger) Aggregate, wobei die einzelnen Kriställchen meist nach (111) miteinander verzwillingt sind (■ Abb. 4.4, 4.5). Jedoch ist bergmännisch gewonnenes ged. Gold kaum je im Handstück sichtbar, sondern bildet in sulfidischen Erzmineralen wie Pyrit, FeS_2, oder Arsenopyrit, FeAsS, winzige, submikroskopische Einschlüsse, die selbst nicht im gewöhnlichen Auflichtmikroskop, sondern bestenfalls mit dem Elektronenmikroskop zu identifizieren sind, deren genaue Form des Auftretens auf Grund der geringen Größe in vielen Fällen noch ungeklärt ist *(„invisible gold")*.

Physikalische Eigenschaften	
Spaltbarkeit	fehlt
Bruch	hakig, plastisch verformbar
Härte	2½–3
Dichte	reines Au 19,3, also wesentlich höher als bei ged. Silber und ged. Kupfer, mit zunehmendem Ag-Gehalt auf ca. 16 abnehmend
Schmelzpunkt	1063 °C, d. h. höher als bei ged. Silber, aber niedriger als bei ged. Cu
Farbe, Glanz	goldgelber Metallglanz, durch Ag-Gehalt heller: keine Anlauffarben; opak, Reflexionsvermögen für rotes Licht ca. 85 %, für grünes dagegen nur ca. 50 % des eingestrahlten Lichtes; daher hat reines Gold einen rötlichen Farbton. Mit zunehmendem Ag-Gehalt wird grünes Licht zunehmend stärker reflektiert und bei einer Zusammensetzung $Au_{55}Ag_{45}$ *(Elektrum)* ist das Reflexionsvermögen für grünes, oranges und rotes Licht gleich, sodass diese Legierung rein silberweiß erscheint
Strich	goldgelb, metallglänzend. **Merke:** Gold unterscheidet sich von gelb aussehenden Sulfiden wie Pyrit oder Chalkopyrit (Kupferkies) $CuFeS_2$ durch seinen goldfarbenen Strich auf rauher Porzellanplatte

Kristallstruktur Kubisch-flächenzentriert (■ Abb. 1.8); wegen der etwa gleichen Größe (1,44 Å) der Atomradien besteht eine lückenlose Mischkristallreihe zwischen Gold und Silber.

Chemismus Das natürliche Gold enthält meist 2–20 Gew.-% Silber. Legierungen mit mehr als 20 % Ag werden als *Elektrum* bezeichnet. Geringe Beimengungen von Hg, Cu und Fe kommen neben Spurengehalten weiterer Metalle häufig vor, so auch von Metallen der Platingruppe (insbesondere Pd).

Vorkommen Als *primär* gebildetes Erzmineral tritt gediegen Gold als untergeordneter Gemengteil in *hydrothermalen Quarzadern* auf, die durch aufsteigende metamorphe Fluide entlang von Scherzonen an konvergenten

4

Plattenrändern und in Orogenen gebildet wurden (▶ Abschn. 23.3.2). Im Unterschied zu diesem sog. *Berggold* kommt ged. Gold auf sekundärer Lagerstätte in Form von Blättchen und Körnern oder sogar Klumpen *(Nuggets)* in Bächen, Flüssen oder Küstensanden vor (Goldseifen), in denen es als sog. *Seifengold* bzw. *Waschgold* aufgrund seiner hohen Dichte sowie seiner Beständigkeit gegen mechanische und chemische Verwitterung angereichert wird. Wie Hough et al. (2009: Fig. 6) demonstrieren, bestehen Nuggets aus polykristallinen Au-Aggregaten. Die größten von ihnen wurden im Victoria-Goldfeld (Westaustralien) gefunden und erhielten die Namen „Welcome" (69 kg) und „Welcome Stranger" (72 kg). Eindrucksvolle Goldnuggets mit Gewichten bis zu 36 kg sind im Diamantschatz des Moskauer Kreml (Russland) ausgestellt.

Bedeutung Gediegen Gold ist als sogenanntes *Freigold* das wichtigste Goldmineral und wichtigster Gemengteil von Golderzen. Chemische Verbindungen mit Au sind als Minerale sehr viel weniger verbreitet. Die größte bekannte Au-Anreicherung der Erde sind die fossilen Goldseifen des archaischen Witwatersrand-Beckens (Südafrika; ▶ Abschn. 25.2.7), aus dem seit 1886 mehr als 53.000 t Au gefördert wurden.

Gewinnung und Verwendung Die Gewinnung des Goldes aus Erzen kann durch Behandlung mit Hg *(Amalgamierung)* oder über Auslaugung auf Grund seiner Löslichkeit in KCN- oder NaCN-Laugen *(Cyanidverfahren)* erfolgen. Beide Verfahren sind mit erheblichen Umweltproblemen verknüpft, denen es zu begegnen gilt. Schon geringe Gehalte von wenigen Gramm pro Tonne (g/t) können Goldlagerstätten bauwürdig machen. Im Jahr 2020 erreichte die Goldproduktion der Welt mit ca. 3200 t - bedingt durch die Covid19-Pandemie - etwa 100 t weniger als in 2019. Die wichtigsten Förderländer waren die VR China (380 t), Australien (320 t), Russland (300 t), USA (190 t), Kanada (170 t), Ghana (140 t), Indonesien (130 t), Peru (120 t), Mexiko (100 t), Kasachstan (100 t), Usbekistan (90 t), Südafrika (90 t), Brasilien (80 t), Papua-Neuguinea (70 t), (U. S. Geological Survey 2021). Bis 2006 war Südafrika das weltweit vorherrschende Förderland für Gold. Ein Großteil der verbliebenen Vorräte ist dort aber in solch großen Tiefen, dass eine wirtschaftliche Gewinnung mit herkömmlichen Abbauverfahren nicht möglich ist. Trotz Bergbau bis zu 4 km Tiefe ist der größte Teil zugänglicher Golderze bereits abgebaut und der weitere Niedergang der südafrikanischen Goldproduktion ist absehbar.

Gold ist das wichtigste Währungsmetall, seine Nutzung als Münzmetall nimmt jedoch ab. Am weitaus wichtigsten ist nach wie vor die Verarbeitung zu Schmuck (2019 betrugt der Anteil 49 %). Es dient als Geldanlage (29 %) und wird von staatlichen Zentralbanken aufgekauft (15 %). Technologische Verwendung von Gold in elektronischen Geräten, als Katalysator, in der Nanotechnologie und nicht zuletzt als Zahngold machte 2019 nicht mehr als 7 % des weltweiten Verbrauchs aus.

- **Quecksilber**

Hg

Gediegen Quecksilber ist das einzige bei gewöhnlicher Temperatur flüssige Metall. Bei −38,9 °C geht es unter Atmosphärendruck (= 1 bar = 1000 hPa) in den kristallisierten Zustand über. Es ist silberweiß, stark metallglänzend. Mit 13,6 hat es eine sehr hohe Dichte. Quecksilber ist giftig und kann im Spurenbereich in der Natur als Schadstoff auftreten!

Gediegen Quecksilber kommt in kleinen Tropfen in der Verwitterungszone von Zinnober-Lagerstätten (Cinnabarit, HgS) vor. Gegenüber Cinnabarit ist es als Hg-Erzmineral unbedeutend. Als natürliches *Amalgam* ist Hg mit Ag oder Au legiert.

- **Eisen**

α-Fe

Ausbildung Kristallklasse $4/m\bar{3}2/m$, größere Blöcke, derbe Massen und knollige Aggregate.

Physikalische Eigenschaften	
Bruch	hakig
Härte	4–5
Dichte	7,9 (rein)
Farbe, Glanz	opak; stahlgrau bis eisenschwarz, metallisch
Strich	stahlgrau
Weitere Eigenschaft	stark ferromagnetisch

Kristallstruktur und Chemismus Kubisch-innenzentriertes Gitter des α-Fe (◘ Abb. 1.8), als Tieftemperaturform eine der vier Modifikationen des metallischen Eisens. Der Strukturunterschied zu den Edelmetallen (Gold, Silber, Platingruppenmetalle) bedingt die etwas unterschiedlichen mechanischen Eigenschaften.

Vorkommen von terrestrischem Eisen Gediegen Eisen tritt in der *Erdkruste* nur sehr selten auf; es enthält meist nur wenig Ni. Unter den oxidierenden Einflüssen der Atmosphäre verwittert es in kurzer Zeit zu Eisenoxidhydraten (Limonit, FeOOH). Knollen von ged. Eisen können sich unter dem reduzierenden Einfluss von Kohlenflözen bei der Kristallisation von Fe-reichen basaltischen Schmelzen bilden. Auch bei der Kristallisation der

Mondbasalte ist häufig ged. Eisen als akzessorischer Gemengteil gebildet worden, da der Mond keine sauerstoffhaltige Atmosphäre besitzt und daher reduzierende Bedingungen herrschen. Der *Erdkern* besteht aus Fe-Ni-Legierungen, ähnlich der chemischen Zusammensetzung von Eisenmeteoriten (▶ Abschn. 29.4).

Kosmisches Eisen, das gelegentlich auf die Erdoberfläche gelangt, unterscheidet sich stets durch einen größeren Nickelgehalt. Man findet es in *Meteoriten,* insbesondere in *Eisen-* und *Stein-Eisen-Meteoriten,* untergeordnet auch in *Chondriten* (▶ Abschn. 31.3). Die meisten Meteorite sind Bruchstücke größerer Körper aus dem Asteroidengürtel unseres Sonnensystems, die auf die Erdoberfläche gefallen sind (▶ Kap. 31).

Der bisher größte bekannt gewordene Eisenmeteorit ist rund 60 t schwer und liegt auf der Farm Hoba-West im Norden Namibias (◘ Abb. 31.2). Ein 63,3 kg schwerer Eisenmeteorit fiel 1916 bei Marburg an der Lahn. Das Meteoreisen ist meist nicht einheitlich zusammengesetzt. Der am häufigsten auftretende *Oktaedrit* besteht hauptsächlich aus zwei metallischen Mineralphasen, dem kubisch-innenzentrierten *Kamacit* (Balkeneisen), etwa $Fe_{95}Ni_5$, und dem kubisch-flächenzentrierten *Taenit* (Bandeisen) mit 27–65 Gew.-% Ni. Beide Phasen sind nach {111} orientiert miteinander verwachsen, die Zwischenräume mit feinkristallinen Kamacit-Taenit-Aggregaten gefüllt, dem *Plessit* (Fülleisen). Durch Anätzen einer polierten Fläche mit verdünnter Salpetersäure tritt diese Struktur deutlich hervor, und wird als *Widmannstätten-Figuren* (◘ Abb. 4.6, 31.8) bezeichnet. Der seltenere *Hexaedrit* besteht fast nur aus Kamacit.

Zeugen für die früheste praktische Verwendung von Eisen, speziell von kosmischem Eisen, sind die ca. 5300 Jahre alten röhrenförmigen Schmuckperlen mit Ni-Gehalten von ca. 30 Gew.-%, die im Friedhof von Gerzeh, 70 km südlich Kairo, gefunden wurden. Sie zeigen Widmannstätten-Figuren mit parallelen Bändern von Taenit, erzeugt durch Kaltbearbeitung (Johnson et al. 2013).

▪ **Platin**
Pt

Ausbildung und Kristallformen Alle Platingruppenmetalle (PGM) treten als gediegene Elemente oder in Legierungen auf. Pt, Ir, Pd und Rh kristallisieren in der kubischen Kristallklasse $4/m\bar{3}2/m$, während gediegen Osmium und Ruthenium hexagonal mit $6/m2/m2/m$ sind. Ged. Platin bildet nur selten kubische Kristalle, sondern eher Körner oder abgerundete Klümpchen, die meist mikroskopisch klein sind. Bis zu 8 kg schwere Platin-Nuggets kann man im Diamantschatz des Moskauer Kreml (Russland) bewundern.

Physikalische Eigenschaften von gediegen Platin	
Spaltbarkeit	fehlt
Bruch	hakig, dehnbar
Härte	4–4½, härter als Gold, Silber und Kupfer

◘ **Abb. 4.6** Kosmisches Nickeleisen (Fe, Ni). Eisenmeteorit (Oktaedrit) von Joe Wright Mountain, Arkansas, USA, gefunden 1884. Auf der gesägten, polierten und angeätzten Platte erkennt man die charakteristischen *Widmannstätten-Figuren.* Sperriges Gerüst aus Kamacit (Balkeneisen) mit schmalen Rändern von Taenit (Bandeisen), in den Lücken Plessit (Fülleisen). Mineralogisches Museum der Universität Würzburg

4

Physikalische Eigenschaften von gediegen Platin	
Dichte	15–19 in Abhängigkeit vom legierten Fe-Gehalt
Schmelzpunkt	1769 °C
Farbe, Glanz	stahlgrau, opak, metallisch glänzend, oxidiert nicht an der Luft
Strich	silberweiß

Kristallstruktur und Chemismus Gediegen Platin hat ein kubisch flächenzentriertes Gitter, ebenso die natürlich vorkommenden kubischen PGM Palladium und Iridium (◻ Abb. 1.8). Ged. Platin bildet immer Legierungen mit Fe, meist zwischen 4 und 21 %, in einzelnen Fällen auch darüber, sowie mit anderen PGM wie Ir, Os, Rh, Pd (◻ Abb. 4.7, 4.8), schließlich auch mit Cu, Au, Ni. Beispiele sind die Mischkristallreihe Pt–Pd, die bei > 770 °C lückenlos ist, ferner *Platiniridium* (Pt,Ir), *Osmiridium* (Ir,Os), *Aurosmirid* (Ir,Os,Au) mit je 25 % Os und Au, sowie *Polyxen* (Pt > Ir > Os > Rh > Pd > Ru), alle mit kubisch dichtester Kugelpackung (◻ Abb. 4.1a). Gediegen Osmium und die Legierung *Iridosmium* (Os,Ir) sind hexagonal und zeigen hexagonal dichteste Kugelpackung.

◻ **Abb. 4.7** Gediegen Platin, Kristallgruppe mit Kristallformen des Würfels {100}; Kondjor, Bezirk Chabarowsk, Ostsibirien, Russland. Mineralogisches Museum der Universität Würzburg

Vorkommen Akzessorisch kommt gediegen Platin in ultramafischen Magmatiten, besonders Dunit, seltener auch in hydrothermalen Erzlagerstätten vor. In sekundären Lagerstätten kann ged. Platin in Seifen als winzige Plättchen, seltener als Nuggets angereichert sein. Mehrere Millimeter große, würfelige Kristalle von Ferroplatin wurden in der Seifenlagerstätte Kondjor (Ostsibirien) gefunden (Shcheka et al. 2004).

Verwendung Zur Herstellung elektronischer Bauteile, physikalischer und chemischer Geräte, als Katalysator, in der chemischen Industrie, in der Zahntechnik, für Schmuckgegenstände.

4.2 Metalloide (Halbmetalle)

Die Halbmetalle *Arsen, Antimon* und *Bismut (Wismut)* gehören alle dem gleichen Strukturtyp an. Ihr Feinbau entspricht einem einfachen kubischen Gitter, das in Richtung der 3-zähligen Achse etwas deformiert ist und die Raumgruppe R$\bar{3}$m hat. Von den sechs Nachbarn eines jeden Atoms sind drei stärker, die anderen drei schwächer homöopolar gebunden. Dadurch entsteht eine leicht gewellte Schichtstruktur mit einer vollkommenen Spaltbarkeit parallel zu (0001). Die drei Halbmetalle haben ähnliche physikalische Eigenschaften. Sie sind relativ spröde und schlechtere Leiter von Wärme und Elektrizität als die Metalle.

▪ **Arsen**
As

Als gelegentlicher Gemengteil in hydrothermalen Sn-Ag-Bi- und Bi-Ni-Co-Ag-As-U-Erzgängen (► Abschn. 23.2.1, 23.4.3) findet sich gediegen Arsen in äußerst feinkristallinen, dunkelgrau angelaufenen, nierig-schaligen Massen, die von den alten Bergleuten auch als „Scherbenkobalt" bezeichnet wurden. Der abwertende Ausdruck „Kobalt" (= „Kobold") deutet an, dass Arsen in historischer Zeit schädlich für den Verhüttungsprozess war. Auf frischen Bruchflächen ist ged. Arsen hellbleigrau und metallglänzend, läuft jedoch an der Luft relativ schnell an und wird dabei dunkelgrau; Härte 3½; Dichte 5,7.

▪ **Antimon**
Sb

Gediegen Antimon ist sehr viel seltener als ged. Arsen. Es tritt meist körnig und in Verwachsung mit

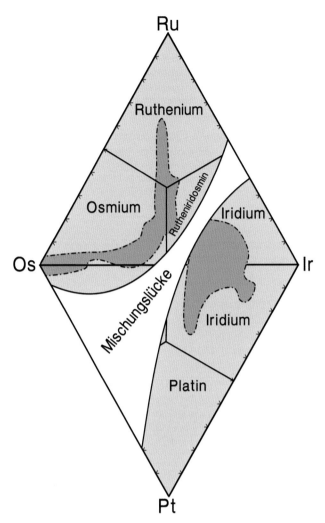

◘ Abb. 4.8 Natürliche Mischkristalle der Platingruppenmetalle im System Os–Pt–Ir–Ru. Häufigste Zusammensetzungen: dunkel; seltenere Zusammensetzungen: hell; Mischungslücke: weiß. (Nach Cabri et al. 1996; mit Genehmigung des Canadian Institute of Mining Metallurgy and Petroleum, Montreal)

Arsen auf, ist zinnweiß und metallisch glänzend; Härte 3–3½.

- **Bismut (Wismut)**
Bi
Als Bestandteil von hydrothermalen Ag-haltigen Erzgängen (▶ Abschn. 23.2.1, 23.4.3) bildet gediegen Bismut meist charakteristische, federförmige Kristalle, die durch Skelett-Wachstum entstanden, tritt aber auch stellenweise derb in blättrig-körnigen Aggregaten auf. Selten vorkommende Kristalle weisen einen würfeligen Habitus auf. Gediegen Bismut ist opak, zeigt silberweißen bis rötlich gelben Metallglanz; der Strich ist grau. Härte 2–2½; Dichte 9,8; Schmelzpunkt 271 °C. Es ist ein wichtiges Mineral zur Gewinnung des Elementes Bismut, das mit anderen Elementen zu niedrigschmelzenden Legierungen vereint wird. So hat eine Legierung der Zusammensetzung $Bi_{44,7}Pb_{22,6}In_{19,1}Sn_{8,3}Cd_{5,3}$ einen Schmelzpunkt von nur 47 °C und wird deswegen

in Feuermeldern und bei der Brandbekämpfung durch automatische Sprinkleranlagen eingesetzt. Darüber hinaus ist Bi in einigen pharmazeutischen Präparaten enthalten.

4.3 **Nichtmetalle**

- **Graphit**
C

Ausbildung und Kristallformen Gewöhnlicher hexagonaler *Graphit-2 H* gehört zur Kristallklasse 6/m2/m2/m; seltener ist trigonaler *Graphit-3 R* der Kristallklasse 3̄m. Beide Modifikationen können als *Flockengraphit* blättrige bis äußerst feinschuppige Massen bilden, während *Graphitadern* aus gröberen Plättchen oder Nadeln bestehen, die hexagonale Symmetrie aufweisen und senkrecht zum Salband der Adern gewachsen sind. Außerdem können diese Adern auch feinkörnige Rosetten oder rundliche Graphit-Aggregate enthalten (Luque et al. 2014).

Physikalische Eigenschaften	
Spaltbarkeit	vollkommen; Translation nach (0001)
Mechanische Eigenschaft	Blättchen unelastisch verbiegbar
Härte	sehr weich, Ritzhärte 1; die Schleifhärte kann größer sein
Dichte	2,1–2,3
Farbe, Glanz	schwarz, metallglänzend, opak
Strich	schwarz

Von großer wirtschaftlicher Bedeutung ist die Tatsache, dass Graphit sowohl metallische als auch nichtmetallische Eigenschaften aufweist. Der metallische Charakter äußert sich in der guten elektrischen und thermischen Leitfähigkeit, der nichtmetallische in der Hochtemperatur-Beständigkeit, Reaktionsträgheit gegenüber Chemikalien und Schmierfähigkeit von Graphit.

Kristallstruktur Graphit besitzt eine typische Schichtstruktur (◘ Abb. 4.11b). In jeder Schicht wird ein C von drei weiteren C im gleichen Abstand von 1,42 Å umgeben. Es werden 2-dimensional unendliche Sechsecknetze gebildet, an deren Ecken sich jeweils ein C befindet. Die übereinanderliegenden Schichten sind derart gegeneinander verschoben, dass ein Atom der 2. Schicht genau über der Mitte eines Sechsecks der 1. Schicht zu liegen kommt. Bei der häufigsten Strukturvarietät, dem Graphit-2 H, befindet sich die dritte Schicht in identischer Lage mit der ersten. Die Schichtfolge ist

4

also 121212. Der Abstand von Schicht zu Schicht ist mit 3,44 Å bedeutend größer als derjenige zwischen benachbarten C-Atomen innerhalb einer Schicht. Das ist darauf zurückzuführen, dass nur schwache Van-der-Waals-Kräfte zwischen den Schichten wirken. Hierdurch werden die ausgezeichnete blättchenförmige Spaltbarkeit und Translationsfähigkeit nach (0001) sowie auch die starke Anisotropie anderer physikalischer Eigenschaften des Graphits verständlich. Im Graphit führen starke π-Bindungen, ein Sonderfall von kovalenten Bindungen, innerhalb der Schichten zu guter elektrischer Leitfähigkeit.

Vorkommen Während akzessorischer Graphit in vielen Gesteinen isolierte Schüppchen bildet, kann *Flockengraphit* in hochgradig metamorphen Gesteinen wie Granulit in Flözen und Nestern konzentriert sein, die teilweise bauwürdige Mengen erreichen können. Solche Graphit-Anreicherungen gehen auf bituminöse Lagen oder auf ehemalige Kohlenflöze zurück, die in Sedimentgesteinen eingelagert und während der metamorphen Überprägung hohen Temperaturen ausgesetzt waren. Demgegenüber wurden *Graphitadern* in Granuliten aus CO_2-reichen Fluiden ausgefällt, deren Kohlenstoff entweder aus Quellregionen im Erdmantel stammt oder bei Dekarbonatisierungsreaktionen aus karbonathaltigen Sedimentgesteinen freigesetzt wurde. Demgegenüber bilden sich Graphitadern, die magmatische Gesteine durchkreuzen, wenn kohlenstoffreiche Sedimentgesteine von Silikatmagmen assimiliert werden. Dabei können sich CO_2- und/oder CH_4-reiche Schmelzen oder auch entsprechend zusammengesetzte Fluide entmischen (Luque et al. 2014). Daneben gibt es auch Graphit mit gut geordneter Kristallstruktur, der aus hydrothermalen Fluiden ausgeschieden wurde. Er tritt in unterschiedlichen Gesteinstypen von präkambrischem bis tertiärem Alter auf (Rumble 2014). In Diamant-führenden Karbonatiten von Chatagay in Usbekistan fanden Shumilova et al. (2012) erstmals natürlich gebildete *Kohlenstoff-Nanofasern,* die mit Graphit verwachsen sind.

Industrielle Verwendung Wegen seiner verschiedenartigen physikalischen Eigenschaften deckt Graphit ein erstaunlich breites Spektrum industrieller Anwendungen ab und wird neuerdings als knapp werdender Rohstoff eingestuft. Vom 16. Jh. an wurden aus einem Gemenge von Graphit mit einem tonigen Bindemittel *Bleistiftminen* hergestellt, wofür man zunächst Graphitadern aus der Lagerstätte Borrowdale in England ausbeutete. Den Namen „Graphit" (grch. γράφειν = to write) prägte erst Abraham Gottlob Werner (1789), um ältere irreführende Namen wie „Schreibblei" zu ersetzen. Schon im 17. Jh. wurden Schmelztiegel, die der Herstellung von Kanonenkugeln dienten, mit Borrowdale-Graphit ausgekleidet, der sich als *hochfeuerfestes*

Material erwies. Jedoch erst am Ende des 19. Jh. kam es zum verbreiteten Einsatz von Graphit in der *Metallurgie,* z. B. bei der Produktion von Kohlenstoff-Magnesit-Ziegeln und Aluminium-Graphit-Formen sowie zu Auskleidungen von Gebläseöfen und Gussformen. Wichtige Industrieprodukte sind auch Graphitelektroden, Kohlenstoffstäbe sowie Schmier- und Poliermittel. Durch Behandlung mit Chemikalien entsteht expandierter Graphit, der als effektiver thermischer Isolator dient.

Als *Nukleargraphit* wurde das Mineral bis 1990 als Moderator in Atomreaktoren zur Abbremsung freiwerdender Elektronen eingesetzt. Probleme bereiteten hier jedoch die Reaktionsfähigkeit mit H_2O-Dampf bei Temperaturen > 900 °C, die nukleare Instabilität im System Graphit–H_2O und die ungelöste Endlagerung des Nukleargraphits mit seinen hohen Gehalten am radioaktiven Isotop ^{14}C (Halbwertszeit 5730 Jahre).

Im Jahr 2020 wurden weltweit ca. 1,1 Mio. Tonnen (Mt) Graphit gefördert (U. S. Geological Survey 2021), hauptsächlich in der VR China (650 kt), Mosambik (120 kt), Brasilien (95 kt), Madagaskar (47 kt), Indien (34 kt), Russland (24 kt), Ukraine (19 kt), Norwegen (15 kt) Pakistan (13 kt) und Kanada (10 kt). In Mitteleuropa wird Graphit in Österreich und Deutschland abgebaut. Bezüglich der nachgewiesenen Graphit-Reserven stehen die Türkei (90 Mt), China (73 Mt) und Brasilien (70 Mt) mit Abstand an vorderster Stelle.

Graphen und Fullerene Durch extrem verfeinerte mikromechanische Spaltung von Graphit-Blättchen gelang es 2004 André Geim und Konstantin Novoselov, die Kohlenstoffmodifikation Graphen herzustellen, wofür sie 2010 den Nobelpreis für Physik erhielten. Graphene sind Kohlenstoffblätter, die – ebenso wie Graphit – die Struktur eines Sechsecknetzes aufweisen, aber nur eine Atomlage dick sind (Geim und Kim 2008). Sie lassen sich zu Kohlenstoff-Nanoröhrchen oder durch Einbau von Fünfecken zu *Fullerenen* verbiegen. Die Existenz dieser käfigförmigen Kohlenstoffmoleküle war bereits 1970 von dem japanischen Chemiker Eiji Oosawa theoretisch vorhergesagt worden, aber erst Kroto et al. (1985) machten sie als *Fullerene* international bekannt. Sie bestehen aus Netzen von Sechsecken und Fünfecken mit 60, 70, 76, 80, 82, 84, 86, 90 und mehr C-Atomen, wobei Moleküle, in denen keine Fünfecke aneinandergrenzen, am stabilsten sind. Ohne die Verwendung von Graphen als Vorstufe lassen sich Fullerene durch Verdampfung von Graphit unter erniedrigtem Druck in einer Schutzgas-Atmosphäre (Argon, Helium) oder aber durch Extraktion aus speziell präpariertem Ruß technisch herstellen. Das weitaus am besten bekannte Fulleren hat die Zusammensetzung C_{60}. Es wurde ebenso wie das C_{70} in natürlichem Graphit, in Impaktkratern (▶ Abschn. 31.1) und, zusammen mit natürlichem Kieselglas (Lechatelierit), in Blitzröhren (▶ Abschn. 11.6.1) gefunden. In Zukunft könnten Fullerene als Katalysatoren, Schmiermittel, bei der Diamantsynthese, als Halbleiter und Supraleiter verwendet werden, während für Graphen eine technische Nutzung, z. B. für Bauelemente von Einzelelektronen-Transistoren oder von Verbundwerkstoffen infrage kommt.

■ **Diamant**

C

Diamant ist die Hochdruckmodifikation von C, die unter den Bedingungen der Erdoberfläche nur metastabil existiert. Allerdings verhindert eine hohe Aktivierungsenergie die Umwandlung in die stabile C-Modifikation Graphit, auch in geologischen Zeiträumen.

Ausbildung und Kristallformen   Kristallklasse 4/m$\bar{3}$2/m; Wachstumsformen sind meistens Oktaeder {111}, daneben Rhombendodekaeder {110}, Hexakisoktaeder{hkl} und Würfel {100} (■ Abb. 4.9). Durch Lösungsvorgänge gerundete Flächen, Ätzerscheinungen (■ Abb. 4.10) und Streifung der Flächen sind charakteristisch. Auch verzerrte und linsenförmig gerundete Kristalle sind nicht selten. Zwillingsverwachsungen nach (111), dem Spinellgesetz, sind häufig; gewöhnlich abgeflacht nach (111).

■ **Abb. 4.10**   Diamant-Oktaeder mit Ätzfiguren im typischen Wirtsgestein Kimberlit, Kimberley, Südafrika; Bildbreite = 25 mm. (Foto: Olaf Medenbach, Bochum; aus Medenbach und Wilk 1977)

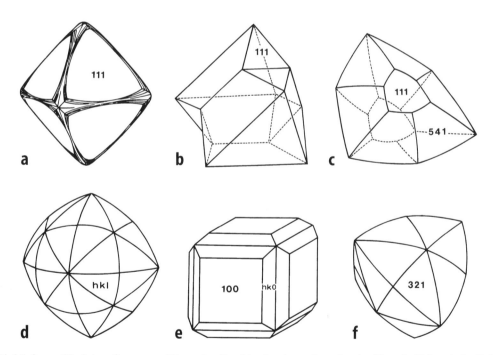

■ **Abb. 4.9**   Die häufigeren Wachstumsformen von Diamant: **a** Kombination der vorherrschenden Oktaederfläche mit der Zwillingsebene parallel zu {111} mit dem untergeordneten gerundeten Hexakisoktaeder {hkl}; **b** Kontaktzwilling nach dem Spinellgesetz (111); **c** Zwilling nach (111) mit linsenförmigem Habitus nach dem dominierenden Hexakistetraeder {541}, während das Oktaeder {111} nur untergeordnet ausgebildet ist; **d** Hexakisoktaeder {hkl}; **e** Kombination der dominierenden Würfelfläche {100} mit dem Tetrakishexaeder {hk0}; **f** Hexakistetraeder {321}, kantengerundet

4

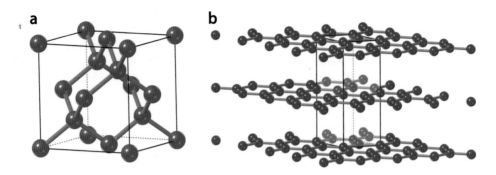

☐ Abb. 4.11 Kristallstruktur von **a** Diamant und **b** Graphit mit jeweiliger Einheitszelle

Physikalische Eigenschaften	
Spaltbarkeit	(111) vollkommen; sie ermöglicht die erste Stufe der Diamantbearbeitung, die Teilung
Bruch	muschelig, spröde
Härte	10, härtestes Mineral (Standardmineral der Mohs-Skala), aber deutliche Unterschiede auf den verschiedenen Flächen und in den verschiedenen Richtungen auf einer Fläche (Anisotropie der Härte), wobei die Härte auf $\{111\} > \{110\} \geq \{100\}$ ist. Dadurch wird erst das Schleifen von Diamant möglich
Dichte	3,51
Lichtbrechung	$n_D = 2,419$ (gelbes Licht $\lambda_D = 589,0$ nm) sehr hoch; dabei starke Dispersion des Lichts (Farbzerstreuung): für rotes Licht ($\lambda_C = 656,3$ nm): $n_C = 2,410$, für violettes Licht ($\lambda_F = 396,8$ nm): $n_F = 2,454$, Dispersionszahl $n_F - n_C = 0,044$; dadurch entsteht das geschätzte Feuer der geschliffenen Steine
Farbe	Die wertvollsten Steine sind völlig farblos („rein weiß") oder zeigen einen leicht bläulichen Farbstich („River": blauweiß), andere sind sehr häufig schwach getönt, gelblich, grau, rosa oder grünlich. Reine, intensive Farben wie bei dem berühmten blauen Hope-Diamanten (☐ Abb. 4.14) sind sehr selten. Gelbliche und grünliche Farbtöne sind durch geringe Gehalte an Stickstoff (max. 0,28 Gew.-%), blaue durch Spuren von Bor verursacht. Reine Diamanten sind durchsichtig, einschlussreiche dagegen nur durchscheinend oder undurchsichtig
Glanz	Der charakteristisch hohe Glanz des Diamanten wird als *Diamantglanz* bezeichnet
Wärmeleitfähigkeit	sehr hoch, 4-mal höher als bei Kupfer; daher fühlen sich Diamanten kalt an

Kristallstruktur   In der Diamantstruktur sind zwei flächenzentrierte kubische Gitter mit den Atomkoordinaten 000 und ¼ ¼ ¼ ineinandergestellt (☐ Abb. 4.11a). Jedes C-Atom ist von 4 Nachbaratomen tetraedrisch umgeben, die untereinander starke homöopolare (kovalente) Bindungskräfte aufweisen, entsprechend den vier sp^3-Orbitalen (☐ Abb. 1.15). Geometrisch existieren parallel zu (111) dichteste mit Atomen besetzte, in sich gewellte Schichten mit C-C-Abständen von 1,54 Å. Zwischen diesen dichtest besetzten Netzebenen nach (111) besteht jeweils nur eine C-C-Bindung pro Atom. So ist es verständlich, dass Diamant bevorzugt nach den Oktaederflächen spaltet. Ein Vergleich mit der Graphitstruktur ergibt sich aus der Gegenüberstellung in ☐ Abb. 4.11a und b. [0001] in der Graphitstruktur entspricht [111] in der Diamantstruktur.

Vorkommen   Primär findet sich Diamant als akzessorischer Gemengteil in *Kimberliten* (☐ Abb. 4.10) und *Lamproiten* (► Abschn. 13.2.3), beides hoch-alkalische Vulkanite, deren Magmenquelle tief im *Erdmantel* liegt. Sie füllen als Schlotbrekzien *vulkanische Durchschlagsröhren (Diatreme,* engl. *„pipes"),* die durch gigantische Gasexplosionen entstanden und nach unten in massive Kimberlit- bzw. Lamproitgänge übergehen (☐ Abb. 14.12). Die Magmen stiegen extrem rasch auf und transportierten dabei die bereits vorher existierenden Diamantkristalle aus Tiefen von etlichen Hundert km zur Erdoberfläche.

Wie aus dem Stabilitätsfeld von Diamant im *P-T*-Diagramm (☐ Abb. 4.15) hervorgeht, kann sich dieses edle Mineral nur in Erdtiefen von mindestens 140–170 km, also im Erdmantel bilden (Stachel et al. 2005; ► Abschn. 29.3). Hierfür spricht auch das Vorkommen von winzigen Diamanten in vielen *Ophiolithkomplexen,* die als tektonische Späne von hochgeschuppter ozeanischer Lithosphäre (= Erdkruste + Oberer Erdmantel unter den Ozeanböden) interpretiert werden (► Abschn. 29.2.1; Yang et al. 2014).

In einigen Kimberliten wurden Diamanten gefunden, die nachweislich aus dem Unteren Erdmantel, d. h. aus Tiefen von etwa 700 km stammen (■ Abb. 29.15)! Trotz seines metastabilen Zustands ist Diamant überaus resistent gegen Verwitterungseinflüsse und überdauert mechanischen Transport. Aufgrund seiner hohen Dichte kann er daher in Fluss- und Strandsanden in Form von *Diamantseifen* sekundär angereichert werden, z. B. in Ablagerungen des Oranjeflusses in Südafrika/Namibia, der Regionen entwässert, die besonders reich an Kimberliten sind, und in weiterer Folge entlang der Küste im südwestlichen Namibia.

Viele *Fundstellen* von Diamant sind bekannt geworden, aber nur wenige sind als Lagerstätten bemerkenswert. Die berühmtesten von ihnen sind in ■ Abb. 4.12 eingetragen. Seit ältesten Zeiten hat man die Diamantseifen in Indien ausgebeutet. Dieses Land dominierte weltweit den Diamanthandel, bis im 18. Jh. reiche Diamantseifen in Brasilien entdeckt wurden. Die Kimberlit-Pipe in Kimberley (Südafrika) war die erste primäre Diamant-Lagerstätte, die man 1869 entdeckte und ab 1870 in großem Stil abbaute. Bald folgte die

Entdeckung weiterer Diamant-führender Kimberlite in Südafrika (z. B. Venetia, Finsch und Cullinan). Viele der berühmten südafrikanischen Lagerstätten wie Kimberley, Koffiefontein, Jagersfontein und Premier sind heute erschöpft. Dafür traten andere bedeutende Produzenten im südlichen Afrika in den Vordergrund wie Orapa und Jwaneng in Botswana. Seit 1955 werden Diamantlagerstätten in der Sakha-Republik in Jakutien (Ostsibirien) abgebaut, unter denen Mir, Udachnaya und Yubilejnaja besondere Berühmtheit erlangten. Nach 1970 entdeckte man die primären Diamant-Lagerstätten in Orroroo nördlich Adelaide (Südaustralien) sowie in Ellendale und Argyle (im Norden von Westaustralien). Bezüglich der Fördermenge ist Argyle derzeit die größte Diamant-Mine der Erde; das gilt jedoch nicht für den Wert der hier überwiegend geförderten Industriediamanten. In den 1990er-Jahren führten umfangreiche Explorationen in den Northwest Territories von Kanada zur Entdeckung der Diamant-Lagerstätten Akluilâc, Snap Lake und Lac de Gras. Wichtige Diamant-Vorkommen in Südamerika sind Guaniamo in Venezuela, São Luiz und São Francisco in Brasilien

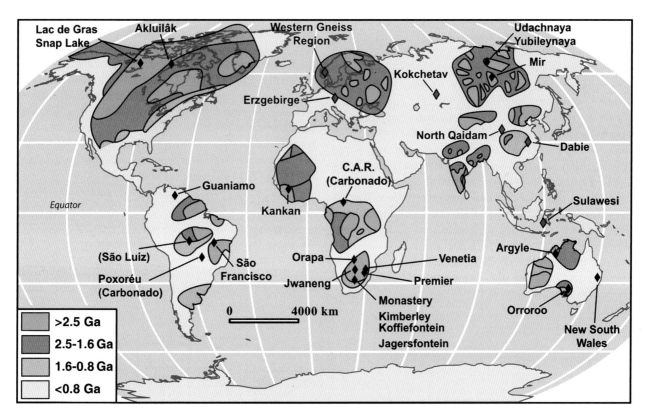

■ **Abb. 4.12** Die wichtigsten primären Diamant-Lagerstätten der Welt. ◆ Schwarzes Symbol: Schmuck- und Industriediamanten in Kimberlite und Lamproite. ◆ Rotes Symbol: Mikrodiamanten in metamorphen Gesteinen, die während einer Ultrahochdruckmetamorphose gebildet wurden; *C.A.R.:* Demokratische Republik Kongo; archaische Kratone: > 2,5 Ga; altproterozoische Kratone: 2,5–1,6 Ga; jungproterozoische Gesteinskomplexe: 1,6–0,8 Ga; phanerozoische Gesteinskomplexe: < 0,8 Ga. (Modifiziert nach Harlow und Davies 2005)

4

(Levinson et al. 1992; Harlow und Davies 2005; Gurney et al. 2005; ◘ Abb. 4.12).

Auch in *Krustengesteinen,* die im Zuge von Kontinent-Kontinent-Kollisionen tief versenkt wurden und dabei eine *Ultrahochdruckmetamorphose* erlebten (▶ Abschn. 26.2.5, 28.3.9), bildeten sich bisweilen winzige Diamant-Kriställchen (Mikrodiamanten) (Ogasawara 2005), z. B. im Erzgebirge, in der westlichen Gneisregion Norwegens, im Kokchetav-Massiv Sibiriens, in Qaidam und Dabie Shan in China und auf der indonesischen Insel Sulawesi (◘ Abb. 4.12).

Gelegentlich findet man Diamant auch in *Meteoritenkratern,* in denen er sich beim Impakt unter hohen Drücken der Schockwellen-Metamorphose (▶ Abschn. 26.2.3) aus Graphit gebildet hat. So wurden im Nördlinger Ries bereits 1977 durch russische Forscher Diamanten entdeckt; daneben treten auch *Lonsdaleit,* eine hexagonale Kohlenstoffmodifikation mit diamantähnlicher Kristallstruktur sowie *Moissanit,* SiC, auf (El Goresy et al. 2001; Schmitt et al. 2005). Darüber hinaus wurde im Ries- und im Popigai-Krater (Sibirien) eine neue kubische C-Modifikation entdeckt, die sich durch extrem große Härte und Dichte (2,49) auszeichnet (El Goresy et al. 2003).

Von besonderem Interesse ist das Auftreten von Diamant in *Meteoriten,* das erstmals von Foote (1891) im Eisenmeteoriten von Canyon Diablo (Arizona) beobachtet wurde. Viele dieser Diamanten entstanden durch Schockwellen-Metamorphose (▶ Abschn. 26.2.3) aus Graphit, und zwar nicht – wie zunächst angenommen wurde – beim Aufprall von Meteoriten auf die Erdoberfläche, sondern durch Impaktprozesse auf dem jeweiligen Meteoriten-Mutterkörper, wie erstmals Ringwood (1960) erkannt hatte (vgl. Harlow und Davies 2005). Daneben findet man häufig winzige, nur einige Nanometer (10^{-7} cm) große Diamanten *(Nanodiamanten).* Wie die Isotopensignaturen von Edelgasen, die in diesen Diamanten eingeschlossen sind, belegen, entstanden diese zumindest teilweise schon *präsolar,* d. h. vor der Entstehung und damit außerhalb unseres Sonnensystems, z. B. bei der Explosion von Supernovae (Huss 2005; vgl. ◘ Tab. 34.1).

Wirtschaftliche Bedeutung Der weit überwiegende Anteil an Diamanten wird nur von wenigen Ländern auf den Weltmarkt geliefert. Im Jahr 2020 betrug die Förderung von schleifwürdigen *Schmuckdiamanten* insgesamt 74 Mio. Karat (= 14.800 kg), die meisten davon kamen aus Russland (24 Mio. Karat), Kanada (17 Mio. Karat), Botswana (13 Mio. Karat), Angola (8 Mio. Karat), Südafrika (4 Mio. Karat), DR Kongo (3 Mio. Karat), Namibia (1,9 Mio. Karat) und Lesotho (1,0 Mio. Karat). Die Produktion lag bedingt durch die Covid19-Pandemie um etwa 10 % unter der von 2019. Dem gegenüber steht eine weltweite Förderung von nur technisch genutztem *Industriediamant,* die 2020 insgesamt 54 Mio. Karat erreichte. Hier liegen Russland (19 Mio. Karat), Australien (12 Mio. Karat) und DR Kongo (12 Mio. Karat) mit Abstand an forderster Stelle (U.S. Geological Survey 2021).

In manchen afrikanischen Ländern wird Diamant nicht nur von regulären Bergbaufirmen gewonnen. Die illegale Produktion wird typischerweise auf dem Schwarzmarkt gehandelt und kann zur Finanzierung paramilitärischer Aktivitäten dienen („Blutdiamanten").

Schmuckdiamant, wohl der begehrteste aller Edelsteine, wird am häufigsten in der Brillantform geschliffen (◘ Abb. 4.13, 4.14). Durch Größenverhältnis, Anzahl und Winkel der Facetten wird mit dem Brillantschliff ein Maximum an Wirkung erreicht. Der bislang größte Diamant wurde im Jahre 1905 in der Premier-Mine bei Pretoria gefunden. Er wog 3106 Karat (621,2 g) und erhielt den Namen *Cullinan* (◘ Abb. 4.14). Aus ihm wurden 105 Steine geschliffen, von denen der größte (530,2 Karat) im Zepter der britischen Kronjuwelen gefasst ist. Seit der Antike wurden schätzungsweise 3,4 Mrd. Karat (= 680 t) Diamant gefördert.

Die Gewichtseinheit von Edelsteinen, das metrische Karat, leitet sich von den Früchten des Johannesbrotbaumes *Ceratonia siliqua* ab, die im Schnitt 197 mg wiegen und früher von Edelsteinhändlern zum Wiegen von Diamanten und Gold verwendet wurden.

Von hohem wirtschaftlichem Interesse sind die *Industriediamanten,* als *Bort* bezeichnet, die ca. 80 % der

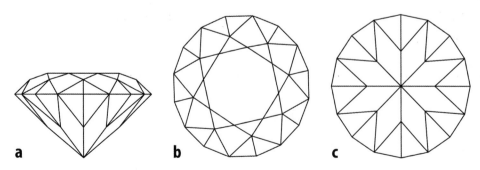

◘ **Abb. 4.13**   Brillantschliff: **a** Seitenansicht; **b** Oberseite; **c** Unterseite

◘ Abb. 4.14 Repliken zweier berühmter Diamanten. *Links:* der große „Stern von Afrika", als Tropfen (Pendeloque) geschliffen, farblos, Gewicht 530,2 Karat (106 g); er wurde in das Zepter der britischen Kronjuwelen gefasst. Es handelt sich um ein Spaltstück des „Cullinan" von der Premier Mine, nordwestlich Pretoria, Südafrika. *Rechts:* der „Hope", ein kornblumenblauer Diamant, der aus Indien stammt und eine abenteuerliche Geschichte hat; Mineralogisches Museum der Universität Würzburg

gesamten Jahresproduktion an Rohdiamant ausmachen. Sie werden als Schleif- und Poliermittel, zur Herstellung von Trennscheiben, zur Besetzung von Bohrkronen und Beschichtung von supergenau arbeitenden Zerspanwerkzeugen, nicht zuletzt aber auch für die Bearbeitung von schleifwürdigen Diamanten verwendet. Zu den Industriediamanten gehören auch zwei Formen von polykristallinen Diamant-Aggregaten: Carbonado und Framesit (Heany et al. 2005).

Carbonados Carbonados (portugiesisch „verbrannt") sind Diamantaggregate in Form schwarzer, koksartiger Knollen mit glatter Oberfläche, die meist Erbsen- bis Kirschgröße haben. Der schwerste bisher gefundene Carbonado wog 3167 Karat (=633,2 g), war also schwerer als der Cullinan. Carbonados bestehen aus bis zu 200 µm großen Diamanten, die in vielen Fällen idiomorph sind und durch eine Grundmasse aus kleineren Diamanten (<0,5–20 µm Durchmesser) verkittet werden. Charakteristisch ist ihre hohe Makroporosität mit einem Porenraum von bis zu 10 % und Hohlkanälen von > 1 mm Durchmesser. Ihre Wände sind mit Florencit, $CeAl_3[(OH)_6/(PO_4)_2]$, Goyacit, $SrAl_3H[(OH)_6/(PO_4)_2]$, Gorceixit, $BaAl_3H[(OH)_6/(PO_4)_2]$, Xenotim, $Y[PO_4]$, Kaolinit, Kalifeldspat, Quarz und anderen Mineralen ausgekleidet. All diese Minerale bilden sich in der Erdkruste, nicht aber im Erdmantel. Dazu passt, dass Carbonados niemals an Kimberlit oder Lamproit gebunden sind, folglich also keine Bildungen aus dem Erdmantel darstellen können. Carbonados treten hauptsächlich als detritische Schwerminerale in metamorphen Konglomeraten mittelproterozoischen

Alters (1–1,5 Ga) auf (◘ Abb. 4.12). Sie überlagern den São-Francisco-Kraton in Brasilien und den Kongo-Kraton in Zentralafrika, die einstmals zu einer zusammenhängenden Landmasse gehörten. Da isotopische Datierungen an den Mineralen der Hohlkanäle hohe Alter von 2,6–3,8 Ga ergaben, dürften die Muttergesteine der Carbonados in diesen archaischen Kratonen zu suchen sein. Als Entstehungsursachen der Carbonados werden folgende Hypothesen diskutiert (Heaney et al. 2005):

- Ultrahochdruckmetamorphose im Zuge der frühesten Subduktionsprozesse,
- radioaktive Umwandlung von Kohlenwasserstoffen aus dem Erdmantel,
- Umwandlung von Biomasse-Konzentrationen durch Meteoriteneinschlag.

Framesit Im Gegensatz zu den Carbonados kommt Framesit in Kimberlit vor, stammt also zweifelsfrei aus dem Erdmantel. Framesit ist hellgrau oder braun, mit unregelmäßiger Oberfläche; mit 1 % Porenraum ist seine Makroporosität gering. Ähnlich wie Carbonados bestehen die polykristallinen Aggregate aus idiomorphen Diamantkristallen, die allerdings > 200 µm groß werden und in einer feinkörnigen Grundmasse liegen. Framesit enthält typische Minerale des Erdmantels wie rosa Cr-reichen Pyrop- oder Almandin-Pyrop-Granat (► Abschn. 11.1), smaragdgrünen Cr-reichen Klinopyroxen (► Abschn. 11.4.1) und Chromit, $FeCr_2O_4$, aber keinen Olivin. Daneben tritt auch Cr-armer, aber Ca-reicherer Granat auf, wie er typischerweise in Eklogit vorkommt (► Abschn. 26.3.1, 28.3.9), aber kein Omphacit oder Olivin. Framesit wird in den Minen Premier und Venetia in Südafrika, Orapa und Jwaneng in Botswana sowie z. B. in der Mir Mine in Sibirien neben Schmuckdiamanten gefördert. Die meisten Bearbeiter sind sich darüber einig, dass Framesit durch rasche Kristallisation von Kohlenstoff in begrenzten Bereichen des Erdmantels entsteht. Als Ausgangsmaterial kommen z. B. Karbonatitschmelzen, tief subduzierte Karbonatgesteine oder Anreicherungen von organischem Kohlenstoff infrage (Heaney et al. 2005).

Diamantsynthese Die künstliche Herstellung von Diamant gelang im Jahr 1955 fast gleichzeitig den Firmen ASEA in Schweden und General Electric in den USA. Dabei wird bei Drücken von 50–60 kbar (5–6 GPa) und einer Temperatur von 1400 °C Graphit in Diamant umgewandelt, wobei geschmolzene Metalle, meist Ni und/oder Fe, auch Co, als Katalysatoren eingesetzt werden. Da die natürlichen Vorräte nicht ausreichen, wird heute ein sehr großer Teil des Bedarfs an Industriediamanten synthetisch hergestellt, obwohl die Diamantsynthese sehr energieintensiv ist. Im Jahr 2015 lag die VR China

4

mit einer Jahresproduktion von $> 4 \times 10^9$ Karat weit vorn, gefolgt von den USA und Russland. Außerhalb seines Stabilitätsfeldes (◘ Abb. 4.15) wird Diamant mit der CVD-Synthese (Chemical Vapour Deposition) aus heißen Gasen abgeschieden. Dabei gelingt heute die Züchtung von polykristallinen Diamantschichten, aber auch reinen Einkristallen, die Dicken von 4,5 mm erreichen können (Hemley et al. 2005). Dieses Verfahren dient u. a. zur Beschichtung von Materialien, Herstellung von Verbundpulvern, Diamantfenstern als Sensoren in Raumsonden und Diamant-Stempelzellen für Hochdruck-Hochtemperatur-Experimente (▶ Abschn. 29.3.4). Außerdem können mit der CVD-Technik Diamant-Kristalle mit Schneidkanten von > 20 mm Länge gezüchtet werden, wenn man Diamant epitaktisch auf einem Iridium-Substrat aufwachsen lässt (Schreck et al. 2016).

■ **Stabilitätsfelder von Diamant und Graphit**

Bereits seine höhere Dichte und die wesentlich dichtere Packung der C-Atome machen deutlich, dass Diamant die Hochdruckmodifikation von C sein muss, eine Tatsache, die durch Ultrahochdruck-Experimente bestätigt wurde (Bundy et al. 1961; Berman 1962). Diese zeigten, dass bei Zimmertemperatur bis zu Drücken von ca. 20 kbar ($= 2$ GPa) Graphit die stabile C-Modifikation, Diamant dagegen metastabil ist. Die extrem lang-

same Umstellung des Diamantgitters in das Graphitgitter, die eine hohe Aktivierungsenergie erfordert, ist der Grund dafür, dass die beiden C-Modifikationen bei Raumtemperatur und Atmosphärendruck metastabil nebeneinander bestehen können. Im Druck-Temperatur-Diagramm des Kohlenstoffs (◘ Abb. 4.15) hat die Stabilitätskurve der Reaktion

Graphit ↔ Diamant   (4.1)

eine positive Steigung, d. h. der Umwandlungsdruck steigt mit zunehmender Temperatur an. In das gezeigte *P-T*-Diagramm ist auch der kontinentale geothermische Gradient, d. h. die Temperaturzunahme mit der Tiefe unter der Erdoberfläche, eingetragen, der sich mit geophysikalischen und petrologischen Methoden abschätzen lässt. Dieser schneidet die Gleichgewichtskurve von Reaktion (4.1) bei einem Druck von ca. 40 kbar entsprechend einer Tiefe von rund 140 km (Punkt E in ◘ Abb. 4.15). Unter den Ozeanen ist die Temperaturzunahme mit der Tiefe sogar noch größer, sodass der Schnittpunkt E in noch größerer Tiefe erreicht wird (◘ Abb. 29.14).

■ **Moissanit**
SiC

Moissanit ist ein nichtmetallisches Carbid, das gelegentlich in Meteoriten, in Meteoritenkratern, im kosmischen Staub sowie in Kimberliten, insbesondere als Einschluss in Diamanten vorkommt. Er tritt in mehreren Polytypen kubischer, hexagonaler und trigonaler Symmetrie auf; natürliches und synthetisches SiC gehört überwiegend der Kristallklasse 6 mm an. Wegen seiner großen Härte von 9½ wird SiC zur Verwendung als Schleif- und Poliermittel *(Carborundum)* großtechnisch hergestellt. Die Lichtbrechung ist höher als bei Diamant, weswegen SiC-Kristalle von Edelsteinqualität gezüchtet und als Diamant-Imitationen verschliffen werden.

■ **Schwefel**
α-S

Ausbildung, Kristallformen und Stabilitätsbeziehungen *Orthorhombischer elementarer Schwefel*, α-S, gehört Kristallklasse 2/m2/m2/m an. Er bildet häufig schöne aufgewachsene Kristalle, oft mit zwei Bipyramiden, von denen die steilere, meistens {111}, vorherrscht, kombiniert mit einem Längsprisma, z. B. {110}, und/oder dem basalen Pinakoid {001} (◘ Abb. 4.16a–c, 4.17). Bisweilen ist anstelle der Bipyramiden das rhombische Bisphenoid {111} ausgebildet, d. h. die Symmetrie ist auf 222 erniedrigt (◘ Abb. 4.16d). Viel häufiger tritt

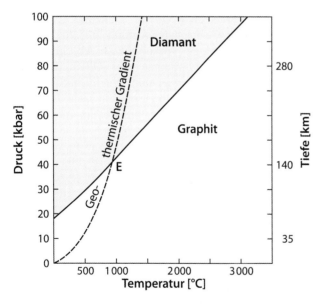

◘ **Abb. 4.15** Druck-Temperatur-Diagramm mit der Gleichgewichtskurve Graphit/Diamant, die mit Hochdruck- und Ultrahochdruck-Experimenten bestimmt wurde (Bundy et al. 1961; Berman 1962). Eingetragen ist ferner der subkontinentale geothermische Gradient (Änderung der Temperatur mit zunehmender Erdtiefe), dessen Verlauf in der Erdkruste und im Oberen Erdmantel sich mit geophysikalischen und petrologischen Methoden abschätzen lässt. Folgt man diesem Gradienten, so trifft man auf die Umwandlung Graphit ↔ Diamant bei Punkt E, d. h. bei einem Druck von ca. 40 kbar, entsprechend einer Tiefe von ca. 140 km

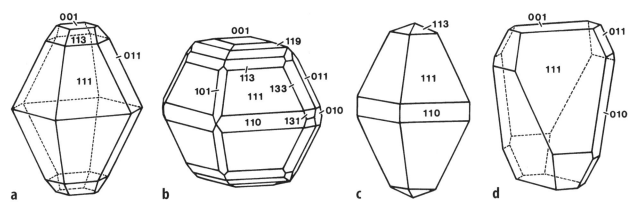

■ **Abb. 4.16** α-Schwefel: **a–c** Kristalle mit rhombisch-bipyramidalem Habitus; **d** mit disphenoidisch verzerrtem Habitus

■ **Abb. 4.17** Schwefelkristalle, z. T. mit braunen Überzügen aus Bitumen, auf Calcit, Agrigento, Sizilien. Bildbreite = 9 cm; Mineralogisches Museum der Universität Würzburg

Physikalische Eigenschaften	
Spaltbarkeit	angedeutet
Bruch	muschelig, spröde
Härte	1½–2
Dichte	2,0–2,1
Farbe, Glanz	schwefelgelb, durch Bitumen braun, bei geringem Selengehalt gelborange gefärbt (Selenschwefel); auf Kristallflächen Diamantglanz, auf Bruchflächen Fett- bzw. Wachsglanz. In dünnen Splittern durchscheinend
Strich	weiß

Chemische Zusammensetzung In elementarem Schwefel kann S durch etwas Se ersetzt werden.

Kristallstruktur Die Einheitszelle des monoklinen Schwefels enthält Paare von ringförmigen S_8-Molekülen, wobei die einzelnen Ringe eines Paares jeweils parallel zur kristallographischen b-Achse liegen (■ Abb. 4.18a, b). Die Einheitszelle des rhombischen Schwefels enthält 16 ringförmige S_8-Moleküle, d. h. nicht weniger als 128 S-Atome pro Formeleinheit (■ Abb. 4.18c). Innerhalb dieser gefältelten S_8-Ringe dominieren starke *kovalente Bindungen* mit deutlich überlappenden Elektronenhüllen (■ Abb. 4.18a), während zwischen den einzelnen Ringen nur schwache *Van-der-Waals-Bindungen* herrschen. Aus diesen strukturellen Eigenschaften erklären sich die schlechte elektrische und thermische Leitfähigkeit des Schwefels, seine niedrige Schmelz- und Sublimationstemperatur sowie seine geringe Härte und Dichte.

Vorkommen Schwefel, der sich aus vulkanischen Exhalationen und Thermen abgeschieden hat, wird nur gelegentlich abgebaut. Bis zum Ende des 20. Jh. war dagegen die diagenetische Bildung von Schwefel aus der Reduktion der Sulfate Gips oder Anhydrit durch

natürlicher Schwefel in feinkristallinen Krusten oder Massen auf. *Monokliner elementarer Schwefel β-S* entsteht unterhalb seines Schmelzpunktes von 119 °C als Kristallrasen in Vulkankratern. Er geht bei Abkühlung unterhalb +95,6 °C rasch in den rhombischen α-Schwefel über und ist daher in der Natur selten.

4

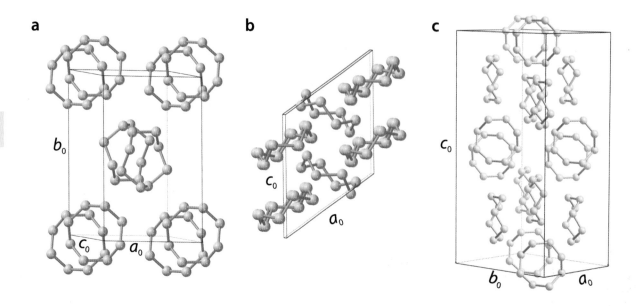

a

b_0

c_0 a_0

b

c_0

a_0

c

c_0

b_0 a_0

■ **Abb. 4.18   a, b** Elementarzelle des monoklinen Schwefels mit Paaren ringförmiger S_8-Moleküle, die jeweils parallel zur kristallographischen b-Achse orientiert sind; **c** Elementarzelle des orthorhombischen Schwefels mit parallel zu (110) und ($\bar{1}$10) ringförmig arrangierten S_8-Molekülen

die Tätigkeit von Schwefelbakterien wirtschaftlich weitaus wichtiger, so die historisch bedeutsamen Lagerstätten auf der Insel Sizilien, Italien.

Seit dem Altertum gewann man auf der Insel Vulcano, Süditalien, vulkanische Schwefel-Sublimate, die immer wieder durch die wiederholten Aktivitäten des Fossa-Vulkans neu gebildet wurden. Mit 240 t/Jahr erreichte diese Schwefelproduktion im Zeitraum 1873–1876 ihren Höhepunkt; damals waren 450 Arbeiter, hauptsächlich Strafgefangene, an der Fossa tätig. Nach der letzten bedeutenden Ausbruchsphase dieses Vulkans in den Jahren 1888–1890 wurde jedoch der sehr arbeitsaufwändige und extrem gesundheitsschädliche Schwefelabbau fast vollständig eingestellt. Heute findet eine Gewinnung von vulkanischem Schwefel nur noch selten statt, so am aktiven Schlot des Vulkans Ijen in Ostjava, Indonesien.

Wirtschaftliche Bedeutung Herstellung von Schwefelsäure, Vulkanisieren von Naturkautschuk, in der Zellstoffindustrie, Produktion von Pestiziden und Herbiziden zur Schädlingsbekämpfung, sowie Nutzung in der Pyrotechnik.

Literatur

Berman R (1962) Graphite-diamond equilibrium boundary. First international congress on diamonds in industry. Ditchling Press, Sussex, S 291–295

Bundy FP, Bovenkerk HP, Strong HM, Wentorf RH Jr (1961) Diamond-graphite equilibrium line from growth and graphitization of diamond. J Chem Phys 35:383–391

Cabri LJ, Harris DC, Weiser TW (1996) The mineralogy and distribution of Platinum Group Minerals (PGM) in placer deposits of the world. Explor Min Geol 5:73–167

El Goresy A, Gillet P, Chen M, Kunstler F, Graup G, Stähle V (2001) *In situ* discovery of shock-induced graphite-diamond phase transition in gneisses from the Ries crater, Germany. Am Mineral 86:611–621

El Goresy A, Dubrovinsky LS, Gillet P, Mostefaoui S, Graup G, Drakopoulos M, Simionovici AS, Swamy V, Masaitis VL (2003) A new natural, superhard transparent polymorph of carbon from the Popigai impact crater, Russia. CR Geoscience 335:889–898

Foote AE (1891) A new locality for meteoritic iron with a preliminary notice on the discovery of diamonds in the iron. Amer J Sci 42:413–417

Geim AK, Kim P (2008) Wunderstoff aus dem Bleistift. Spektrum Wiss August 2008:86–93

Gurney JJ, Helmstaedt HH, le Roex AP, Nowicki TE, Richardson SH, Westerlund KJ (2005) Diamonds: crustal distribution and formation processes in time and space and an integrated deposit model. Soc Econ Geol One Hundreth Anniversary Volume:143–177

Harlow GE, Davies RM (2005) Diamonds. Elements 1:67–109

Heaney PJ, Vicenzi EP, De S (2005) Strange diamonds: the mysterious origins of carbonado and framesite. Elements 1:85–89

Heidelberg Klein C, Hurlbut CS (1985) Manual of Mineralogy (after James D. Dana), 20. Ausg., Wiley, New York

Hemley RJ, Chen Y-C, Yan C-S (2005) Growing diamond crystals by chemical vapor deposition. Elements 1:105–108

Hough RM, Butt CRM, Fischer-Bühner J (2009) The crystallography, metallography and composition of gold. Elements 5:297–302

Huss GR (2005) Meteoritic nanodiamonds: messengers from the stars. Elements 1:97–100

Johnson D, Tyldesley J, Lowe T et al (2013) Analysis of a prehistoric Egyptian iron bead with implications for the use and perception of meteorite iron in ancient Egypt. Meteor Planet Sci 48:997–1006

Kroto HW, Heath JR, O'Brien SC, Curl RF, Smalley RE (1985) C_{60}: Buckminsterfullerene. Nature 318:162–163

Levinson AA, Gurney JJ, Kirkley MB (1992) Diamond sources and production: past, present, and future. GemsGemol 28:234–254

Luque FJ, Huizenga J-M, Crespo-Feo E et al (2014) Vein graphite deposits: geological settings, origin, and econonomic significance. Mineral Dep 49:261–277

Medenbach O, Wilk H (1977) Zauberwelt der Mineralien. Sigloch edition. Künzelsau, Thalwil Salzburg

Neukirchen F (2016) Von der Kupfersteinzeit zu den Seltenen Erden. Springer, Heidelberg

Ogasawara Y (2005) Microdiamonds in ultrahigh-pressure metamorphic rocks. Elements 1:91–96

Ringwood AE (1960) The Novo Urei meteorite. Geochim Cosmochim Acta 20:1–2

Rumble D (2014) Hydrothermal graphitic carbon. Elements 10:427–433

Shcheka GG, Lehman B, Gierth E, Gömann K, Wallianos A (2004) Macrocrystals of Pt-Fe alloy from the Kondyor PGE placer deposit, Khabarovskiy Kray, Russia: trace element content, mineral inclusions and reaction assemblages. Can Mineral 42:601–617

Schmitt RT, Lapke C, Lingemann CM, Siebenschock M, Stöffler D (2005) Distribution and origin of impact diamonds in the Ries Crater, Germany. In: Kenkmann T, Hörz F, Deutsch H (eds) Large meteorite impacts III. Geol Soc America Spec Paper 384:1–16

Schreck M, Gsell S, Fischer M (2016) Heteroepitaxie: Neues Syntheseverfahren für monokristallinen Diamant ermöglicht Schneidwerkzeuge in neuen Dimensionen. Diamond Business 56:38–43

Shumilova TG, Isaenko SI, Divaev FK, Akai J (2012) Natural carbon nanofibers in graphite. Mineral Petrol 104:155–162

Stachel T, Brey GP, Harris JW (2005) Inclusions in sublithospheric diamonds: glimpses of deep Earth. Elements 1:73–78

U.S. Geological Survey (2021) Mineral commodity summaries. U.S. Geol Surv 200. ► https://doi.org/10.3133/mcs2021

Yang J-S, Robinson PT, Dilek Y (2014) Diamonds in ophiolites. Elements 10:127–130

Sulfide, Arsenide und komplexe Sulfide (Sulfosalze)

Inhaltsverzeichnis

© Springer-Verlag GmbH Deutschland, ein Teil von Springer Nature 2022
M. Okrusch und H. E. Frimmel, *Mineralogie*,
https://doi.org/10.1007/978-3-662-64064-7_5

5

Einleitung

Zu dieser Mineralklasse gehört die größte Anzahl der Erzminerale. Viele von ihnen sind opak, d. h. sie sind auch in Dünnschliffen von 20–30 μm Dicke undurchsichtig; sie besitzen Metallglanz mit unterschiedlichem Farbton. Nichtopake sulfidische Erzminerale sind bei geringer Korngröße durchscheinend oder zumindest kantendurchscheinend, besitzen eine sehr hohe Lichtbrechung und zeigen z. T. Diamantglanz. Alle zeigen bei der Mineralbestimmung nach äußeren Kennzeichen eine diagnostische Strichfarbe.

In den Kristallstrukturen der Sulfide herrschen Mischbindungen zwischen metallischen, heteropolaren und homöopolaren Bindungskräften vor, in Schichtstrukturen auch Van-der-Waals-Bindungskräfte. Die Unterteilung erfolgt nach Gruppen mit abnehmendem Metall-Nichtmetall-Verhältnis (Strunz und Nickel 2001):

1. Metallsulfide etc. mit Metall (M):Schwefel (S) > 1:1 (meist 2:1)
2. Metallsulfide etc. mit M:S = 1:1
3. Metallsulfide etc. mit M:S < 1:1
4. Arsensulfide
5. Komplexe Metallsulfide (Sulfosalze)

Die früher im deutschen Sprachraum bewährte Einteilung dieser Mineralklasse in vier Gruppen, nämlich *Kiese*, *Glanze*, *Blenden* und *Fahle*, kann bei der Bestimmung nach äußeren Kennzeichen hilfreich sein, weswegen diese alten Bezeichnungen hinter den international anerkannten Mineralnamen in Klammern beigefügt werden.

5.1 Metallsulfide mit M:S > 1:1 (meist 2:1)

◻ Tab. 5.1 fasst diese Mineralgruppe zusammen.

▪ Chalkosin-Digenit-Gruppe

~Cu_2S

Stabilitätsbedingungen, Chemismus und Ausbildung Im System Cu–S gibt es mehrere Minerale, deren chemische Zusammensetzung bei etwa Cu_2S liegt, die aber zu unterschiedlichen Kristallklassen gehören. Der kubische *Hochtemperatur-Digenit*, Kristallklasse $4/m\bar{3}2/m$, bildet eine relativ ausgedehnte Mischkristallreihe zwischen den Endzusammensetzungen Cu_9S_5 und Cu_2S. Diese wird jedoch bei Abkühlung deutlich kleiner und wandelt sich bei einer Temperatur von 75 °C, in den trigonalen *Tieftemperatur-Digenit*, ~$Cu_{1,8}S$, Kristallklasse $\bar{3}m$, um. In einem Temperaturbereich von 435–103 °C ist hexagonaler *Hochtemperatur-Chalkosin* Cu_2S, Kristallklasse $6/m2/m2/m$, stabil, der sich bei niedrigeren Temperaturen in tetragonalen *Tieftemperatur-Chalkosin* Cu_2S, Kristallklasse 422, umwandelt. Im Allgemeinen treten die Glieder dieser Mineralgruppe in kompakten Massen auf, während Kristallformen nur selten ausgebildet sind.

Djurleit $Cu_{1,96}S$ und *Anilit* $Cu_{1,75}S$ sind bei Temperaturen von < 83 °C bzw. < 70 °C stabil. Im System Cu–Fe–S bildet Hochtemperatur-Digenit Mischkristalle mit Hochtemperatur-Bornit (siehe dort).

Physikalische Eigenschaften	
Spaltbarkeit	undeutlich nach (110)
Bruch	muschelig
Härte	2½–3

◻ **Tab. 5.1** Metallsulfide mit M:S > 1:1

Mineral/Polymorphe	Chem. Formel	Metallgehalt	Bildungstemperatur (°C)	Kristallklasse
Digenit				
- Hoch-T	$Cu_9S_5Cu_2S$	variabel	> 75 °C	$4/m\bar{3}2/m$
- Tief-T	$Cu_{1,8}S$	Cu ~72 %	< 75 °C	$\bar{3}m$
Chalkosin (Kupferglanz)				
- Hoch-T	Cu_2S	Cu 79,8 %	> 103 °C	$6/m2/m2/m$
- Tief-T	Cu_2S	Cu 79,8 %	< 103 °C	422
Bornit (Buntkupferkies)				
- Hoch-T	Cu_5FeS_4	Cu 63,3 %	> 265 °C	$4/m\bar{3}2/m$
- Tief-T	Cu_5FeS_4	Cu 63,3 %	< 200 °C	$2/m2/m2/m$
Silberglanz				
- Argentit	Ag_2S	Ag 87,1 %	> 173 °C	$4/m\bar{3}2/m$
- Akanthit	Ag_2S	Ag 87,1 %	< 173 °C	$2/m$
Pentlandit	$(Ni,Fe)_9S_8$	Ni 30–35 %		$4/m\bar{3}2/m$

Physikalische Eigenschaften	
Dichte	5,5–5,8
Farbe, Glanz	opak, bleigrau auf frischem Bruch, Metallglanz, an der Luft matt und schwarz anlaufend
Strich	grauschwarz, metallisch glänzend

Vorkommen Als primäre Erzminerale werden Digenit und Chalkosin aus *hydrothermalen* Lösungen abgeschieden. Darüber hinaus entstehen die Tieftemperatur-Polymorphe dieser Mineralgruppe auch sekundär durch chemische *Verwitterung* in der Zementationszone von Kupferlagerstätten (▶ Abschn. 24.6.2). Minerale der Chalkosin-Digenit-Gruppe treten außerdem in Schwarzschiefern, wie z. B. im Kupferschiefer von Mitteldeutschland und Südpolen auf (▶ Abschn. 25.2.11). Chalkosin verwittert leicht unter Bildung von Cuprit, Cu_2O, mitunter zu ged. Kupfer und letztlich zu Cu-Hydrokarbonaten wie Azurit und Malachit (▶ Abschn. 8.4).

Bedeutung Chalkosin und Digenit sind sehr wichtige Cu-Erzminerale.

- **Bornit (Buntkupferkies)**

Cu_5FeS_4

Ausbildung *Hochtemperatur-Bornit* ist kubisch, Kristallklasse $4/m\bar{3}2/m$, *Tieftemperatur-Bornit* orthorhombisch, Kristallklasse $2/m2/m2/m$. Gut ausgebildete Kristalle sind selten, bisweilen treten Aggregate von verzerrten Würfeln auf, meist aber als massiges Erz.

Physikalische Eigenschaften	
Spaltbarkeit	selten deutlich
Bruch	muschelig
Härte	3
Dichte	4,9–5,1
Farbe, Glanz	opak, rötlich bronzefarben auf frischer Bruchfläche, bunt (rot und blau) anlaufend, zuletzt schwarz, Metallglanz
Strich	grauschwarz

Kristallstruktur und Stabilitätsbeziehungen *Hochbornit* hat eine Kristallstruktur ähnlich Sphalerit (◘ Abb. 5.6). Diese geht unterhalb ca. 265 °C in die metastabile kubische Struktur des *intermediären Bornits* über, der sich unterhalb ca. 200 °C in die stabile

Tieftemperaturform umwandelt. *Tiefbornit* ist nicht – wie früher angenommen – tetragonal, sondern rhombisch $2/m2/m2/m$. In seinem Feinbau weist er komplexe Überstrukturen auf. Diese Strukturdefekte lassen große Variationen im Cu:Fe:S-Verhältnis zu.

Chemismus Bei höheren Temperaturen nimmt die Bornit-Zusammensetzung einen weiten Bereich im System Cu–Fe–S ein: Bornit bildet eine vollständige Mischkristallreihe mit Digenit, in geringerem Maße mit Chalkopyrit, $CuFeS_2$. Bei Abkühlung entmischen sich diese Mischkristalle und bilden lamellare Digenit-Bornit-Verwachsungen, stellenweise mit kleinen Chalkopyrit-Körnchen.

Vorkommen Als primäres Erzmineral kristallisiert Bornit aus hydrothermalen Lösungen, bildet sich aber auch als Sekundärmineral bei der chemischen Verwitterung von Cu-Lagerstätten und konzentriert sich dabei in der Zementationszone (▶ Abschn. 24.6.2). Darüber hinaus ist Bornit ein wichtiges Erzmineral in Schwarzschiefern, besonders im Kupferschiefer (▶ Abschn. 25.2.11). Verwitterung von Bornit führt zur Bildung von Chalkosin und Covellin, CuS, und schließlich der Cu-Hydrokarbonate Azurit und Malachit (▶ Abschn. 8.4).

Bedeutung Bornit ist ein wichtiges Cu-Erzmineral (siehe Chalkopyrit, ▶ Abschn. 5.2).

- **Argentit und Akanthit (Silberglanz)**

Ag_2S

Stabilitätsbedingungen, Ausbildung und Kristallform *Argentit* ist die kubische Hochtemperaturmodifikation von Ag_2S, gehört der Kristallklasse $4/m\bar{3}2/m$ an und kann zahlreiche Kristallformen entwickeln. Häufig dominiert der würfelige Habitus mit vorherrschenden {100}-Flächen, während das Oktaeder {111} und andere Flächen zurücktreten. Bei Abkühlung unter 173 °C wandelt sich Argentit spontan in lamellar verzwillingten, monoklinen *Akanthit* der Kristallklasse $2/m$ um, die stabile Tieftemperaturform von Ag_2S. Diese Aggregate können noch die kubischen Kristallformen des ursprünglichen Argentits zeigen, stellen also tatsächlich *Paramorphosen* von polykristallinem Akanthit nach Argentit dar. Bei Temperaturen unterhalb 173 °C bildet sich Akanthit primär und kann dann monokline, nach *c* gestreckte Kristallformen, oft mit dorn- oder zahnartigem Habitus, zeigen. Meist jedoch sind primärer oder sekundärer Akanthit derb und massig, als sogenannte *Silberschwärze* auch pulverig. Akanthit und ged. Silber können sich gegenseitig verdrängen.

5

Physikalische Eigenschaften	
Spaltbarkeit	fehlt
Bruch	geschmeidig, mit dem Messer schneidbar; aus Silberglanz wurden in früherer Zeit Münzen geprägt
Härte	2–2½
Dichte	7,0–7,3
Farbe, Glanz	auf frischer Schnittfläche bleigrauer Metallglanz, opak, unter Verwitterungseinfluss matter Überzug und schwarz anlaufend, schließlich pulveriger Zerfall
Strich	dunkelbleigrau, metallisch glänzend

Kristallstrukturen In beiden Ag_2S-Modifikationen treten [4]-koordinierte S-Atome in einer kubisch-raumzentrierten Anordnung auf. Im *Akanthit* sind $Ag^{[3]}S^{[4]}_3$-Dreiecke zu Netzen verknüpft, die etwa parallel zu (010) angeordnet sind und miteinander durch $Ag^{[2]}$ Atome verbunden werden. Demgegenüber sind die Ag-Atome in *Argentit* nicht genau lokalisiert, sondern weisen eine ungeordnete, „flüssigkeitsähnliche" Verteilung auf. Daraus ergeben sich sehr hohe Werte für ihre ionische und elektrische Leitfähigkeit (z. B. Kashida et al. 2003).

Vorkommen Als primäres Erzmineral kristallisiert Argentit aus hydrothermalen Lösungen und bildet häufig feine Einschlüsse in Galenit, PbS. Durch sekundäre Umwandlung von Argentit bildet sich die Tieftemperaturform Akanthit, die auch bei der chemischen Verwitterung von Ag-Lagerstätten entsteht, wobei sie sich in der metallreichen Zementationszone anreichert (▶ Abschn. 24.6.2).

Bedeutung Argentit und Akanthit sind wichtige Ag-Erzminerale, besonders als Silberträger im Galenit. Zur Verwendung von Ag als metallischer Rohstoff siehe ▶ Abschn. 4.1.

▪ **Pentlandit**
(Ni,Fe)$_9$S$_8$

Ausbildung Das kubische Mineral, Kristallklasse $4/m\bar{3}2/m$, zeigt keine Kristallflächen, sondern bildet typischerweise flammenförmige Entmischungslamellen in Pyrrhotin, $Fe_{1-x}S$. Daneben kann Pentlandit als Einzelkörner oder in Kornaggregaten zusammen mit Pyrrhotin und Chalkopyrit vorkommen (◘ Abb. 21.7).

Physikalische Eigenschaften	
Spaltbarkeit	deutlich nach (111)
Bruch	spröde
Härte	3½–4
Dichte	4,6–5
Farbe, Glanz	bronzegelb, Metallglanz, opak
Strich	schwarz
Charakteristische Eigenschaft	im Unterschied zu Pyrrhotin ist Pentlandit nicht magnetisch

Kristallstruktur und Chemismus Pentlandit hat Spinellstuktur (◘ Abb. 7.2) mit kubisch dichtester Kugelpackung der S-Atome, während Ni und Fe Tetraeder- und Oktaederplätze einnehmen. Das Verhältnis Ni:Fe ist nahezu 1:1; gewöhnlich enthält Pentlandit auch etwas Co.

Vorkommen Zusammen mit Pyrrhotin tritt Pentlandit meist als liquidmagmatische Ausscheidung auf, z. B. in den bedeutenden Nickellagerstätten von Sudbury, Ontario, Kanada. Durch spätere hydrothermale Überprägung kann sich Pentlandit in Violarit $Fe^{2+}Ni^{3+}_2S_4$ (Kristallklasse $4/m\bar{3}2/m$) umwandeln.

Bedeutung Pentlandit ist das wichtigste Ni-Erzmineral.

Nickel als metallischer Rohstoff Ni ist in erster Linie ein wichtiger Stahlveredler. Nickelstahl enthält 2,5–3,5 % Ni, wobei Ni die Festigkeit und Korrosionsbeständigkeit des Stahls erhöht. Verwendung als Legierungsmetall in Form von Hochtemperatur-Werkstoffen in der Kraftwerkstechnik, im Turbinen- und im chemischen Apparatebau sowie in der Galvanotechnik, als Nickelüberzug, als Katalysator u. a. Bereits seit der Antike wird Nickel als Münzmetall eingesetzt.

5.2 Metallsulfide und -arsenide mit M:S ≈ 1:1

◘ Tab. 5.2 fasst diese Mineralgruppe zusammen.

▪ **Galenit (Bleiglanz)**
PbS

Ausbildung Kristallklasse $4/m\bar{3}2/m$, häufig gut ausgebildete Kristalle bis zu beträchtlicher Größe aus zahlreichen Fundorten; als Kristallformen (◘ Abb. 5.1, 5.2) herrschen vor: Würfel {100} und Oktaeder {111}

◘ Tab. 5.2   Metallsulfide und -asenide mit M:S = 1:1

Mineral	Formel	Metallgehalt (%)	Kristallklasse
Galenit (Bleiglanz)	PbS	Pb 86,6	4/m$\bar{3}$2/m
Sphalerit (Zinkblende)	α-ZnS	Zn 67,1	$\bar{4}$3m
Wurtzit	β-ZnS	Zn 67,1	6mm
Chalkopyrit (Kupferkies)	CuFeS$_2$	Cu 34,6	$\bar{4}$2m
Enargit	Cu$_3$AsS$_4$	Cu 48,3	mm2
Nickelin (Rotnickelkies)	NiAs	Ni 43,9	6/m2/m2/m
Pyrrhotin (Magnetkies)	FeS–Fe$_5$S$_6$		6/m2/m2/m
Covellin (Kupferindig)	CuS	Cu 66,4	6/m2/m2/m
Cinnabarit (Zinnober)	HgS	Hg 86,2	32

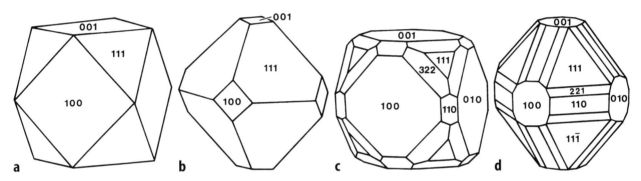

◘ Abb. 5.1   Häufige Flächenkombinationen mit unterschiedlichem Habitus von Galenit: **a** sogenanntes Kubooktaeder: Kombination Würfel {100} und Oktaeder {111}, beide von ähnlicher Größe; **b** Oktaeder {111}, vorherrschend, Würfel {100} untergeordnet; **c, d** verschiedene Kombinationen aus Würfel {100}, Oktaeder {111}, Rhombendodekaeder {110}, Trisoktaeder {221} und Ikositetraeder {322}

allein oder in Kombination (als sog. Kubooktaeder), wenn beide Formen gleich groß entwickelt sind (◘ Abb. 5.1a); daneben treten das Rhombendodekaeder {110} und das Trisoktaeder {221} und andere Formen häufig auf. Gewöhnlich ist Galenit körnig oder spätig entwickelt und bildet oft feinkörnige bis dichte Erzlagen, die bisweilen stark deformiert und gestriemt sind und dann als *Bleischweif* bezeichnet werden. Deformation führt auch zur Bildung von Gleitzwillingen.

Physikalische Eigenschaften	
Spaltbarkeit	(100) sehr vollkommen, selten auch nach (111)
Härte	2½
Dichte	7,4–7,6
Farbe, Glanz	opak, bleigrau, gelegentlich matte Anlauffarben, starker Metallglanz auf den frischen Spaltflächen
Strich	grauschwarz

Kristallstruktur   Die Pb[6]S[6]-Struktur (◘ Abb. 5.3) besteht aus zwei kubisch-flächenzentrierten Teilgittern von Pb bzw. S, die mit einer Verschiebung um die halbe Gitterkonstante ½a, d. h. entlang der Würfelkante, ineinander gestellt sind. Dementsprechend ist jedes Pb-Atom oktaedrisch von 6 S-Atomen umgeben und umgekehrt, d. h. beide sind [6]-koordiniert. Zwischen Pb und S herrscht vorwiegend metallische Bindung. Geometrisch entspricht die PbS-Struktur der Struktur von Halit Na[6]Cl[6], die jedoch ein gutes Beispiel für einen rein heteropolaren Bindungscharakter darstellt (◘ Abb. 6.2).

Chemismus   Galenit weist gewöhnlich einen geringen Silbergehalt auf, meist zwischen 0,01 und 0,3 %, mitunter bis zu 1 %. Dieser geht nur teilweise auf einen diadochen Einbau von Ag in die Struktur von Galenit, PbS, zurück, häufiger auf Einschlüsse unterschiedlicher Silberminerale, vorwiegend von Ag-reichem Fahlerz (Freibergit; ▶ Abschn. 5.5), Polybasit (Ag,Cu)$_{16}$Sb$_2$S$_{11}$, Proustit-Pyrargyrit (▶ Abschn. 5.5), ged. Silber (▶ Abschn. 4.1), Silberglanz (▶ Abschn. 5.1) u. a. Neben Silber kann hydrothermaler Galenit bis zu 10.000 ppm Bi und Sb sowie bis zu 1000 ppm Sn, Cu, Cd, Se und Te enthalten (George et al. 2016).

5

Unter diesen sind die schichtgebundenen *Pb-Zn-Verdrängungslagerstätten* vom Mississippi-Valley-Typ (MVT) von besonderem wirtschaftlichem Interesse (▶ Abschn. 23.3.6). Das gleiche gilt für die stratiformen *sedimentär-exhalativen (SEDEX) Pb-Zn-Lagerstätten* (▶ Abschn. 23.3.5). Ein imponierendes Beispiel für eine *metamorphe* Blei-Silber-Zink-Lagerstätte war Broken Hill in New South Wales (Australien), bis zu ihrer Ausbeutung eine der größten Erzanhäufungen der Welt.

Bedeutung Galenit ist das prinzipielle Pb-Erzmineral, aber wegen seiner lokalen Anreicherung an Ag-Sulfiden auch das wichtigste Ag-Erz.

Blei als metallischer Rohstoff Bleiplatten werden in Akkumulatoren oder zur Abschirmung gegen radioaktive Röntgenstrahlen eingesetzt. Darüber hinaus dient Blei zur Herstellung von Kabeln und als Legierungsmetall. Wegen seiner Giftigkeit ist die Verwendung von Tetraethylblei als Antiklopfmittel im Benzin seit dem Beginn des 2. Jahrtausends in den meisten Industriestaaten verboten.

■ Abb. 5.2 Kristalle von Galenit in der Form des Kubooktaeders mit {100} und {111}, zusammen mit Calcit, von Dalnegorsk, Primorskij Kraj (Ostsibirien); Bildbreite = ca. 4 cm; Mineralogisches Museum der Universität Würzburg

■ **Sphalerit (Zinkblende)**
α-(Zn,Fe)S

Ausbildung Kristallklasse $\bar{4}$3m, d. h. im Vergleich zu Galenit mit erniedrigter kubischer Symmetrie *(Hemiedrie)*. Sphalerit kommt häufig in gut ausgebildeten Kristallen vor, oft mit tetraedrischer Tracht (■ Abb. 5.5a), wobei das positive und das negative Tetraeder {111} und{1$\bar{1}$1} sich in ihrer Art des Glanzes und anhand von Ätzfiguren unterscheiden lassen. Eine verbreitete Form ist auch das Rhombedodekaeder, oft kombiniert mit den beiden Tetraedern (■ Abb. 5.4c) sowie dem positiven und dem negativen Tristetraeder {311} und {3$\bar{1}$1}. Wegen wiederholter Verzwilligung nach einer Tetraederfläche ist die Form der Kristalle oft schwer bestimmbar. In den meisten Fällen ist Sphalerit xenomorph und bildet spätige oder körnige Sulfidlagen.

Als *Schalenblende* (■ Abb. 5.5) wird eine Gefügevarietät bezeichnet, die aus schalig-krustenartigen Verwachsungen von kryptokristallinem bis feinstängeligem oder nadeligem Sphalerit und/oder Wurtzit±Galenit±Pyrit±Markasit besteht. Sie bildet sich bei relativ niedrigen Temperaturen, vermutlich unter Beteiligung Sulfat-reduzierender Bakterien (Pfaff et al. 2011).

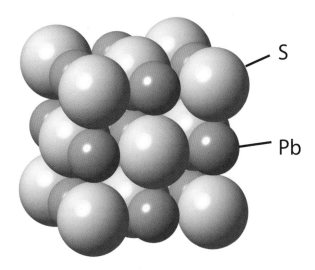

S

Pb

■ Abb. 5.3 Kristallstruktur von Galenit

Vorkommen Zusammen mit Sphalerit und anderen Sulfidmineralen tritt Galenit weltweit verbreitet in *hydrothermalen Gängen* auf (■ Abb. 23.14, 23.15). In Verdrängungslagerstätten entsteht er durch Reaktion von hydrothermalen Lösungen mit Karbonatgesteinen.

Physikalische Eigenschaften	
Spaltbarkeit	nach (110) vollkommen, spröde
Härte	3½–4
Dichte	3,9–4,1

■ **Covellin (Kupferindig)**
CuS

Ausbildung Kristallklasse 6/m2/m2/m, selten tafelige Kristalle, gewöhnlich derb, feinkörnig oder spätig.

Physikalische Eigenschaften	
Spaltbarkeit	vollkommen nach (0001)
Härte	1½–2
Dichte	4,6–4,8
Farbe, Glanz	blauschwarz bis indigoblau, halbmetallischer Glanz, in dünnen Blättchen durchscheinend; wegen seiner sehr hohen Dispersion der Lichtbrechung verändert Covellin seine Farbe bei Einbettung in Flüssigkeiten, er wird in Wasser violett, in hochlichtbrechenden Ölen rot
Strich	bläulich schwarz

Kristallstruktur Schichtgitter.

Vorkommen und Bedeutung Covellin bildet keine selbständigen Lagerstätten. In relativ kleinen Mengen kommt er als Sekundärmineral in der Zementationszone oberhalb von kupfersulfidhaltigen Erzen vor.

■ **Cinnabarit (Zinnober)**
HgS

Ausbildung Kristallklasse 32; bildet nur selten deutliche rhomboedrische bis dicktafelige Kristalle, meist derbkörnige bis dichte oder erdige Massen in Imprägnationen.

Physikalische Eigenschaften	
Spaltbarkeit	Nach (10$\bar{1}$0) ziemlich vollkommen
Härte	2–2½
Dichte	8,1
Farbe und Strich	rot, Diamantglanz, in dünnen Schüppchen durchscheinend, oft durch Bitumeneinschlüsse verunreinigt im sog. Lebererz der Hg-Lagerstätte Idrija (Krain, Slowenien)

Kristallstruktur Kann als eine in Richtung der Raumdiagonale deformierte PbS-Struktur beschrieben werden; dabei nimmt Hg die Position von Pb ein.

Vorkommen Als hydrothermale Imprägnation und Verdrängung in tektonisch gestörtem Nebengestein.

Bedeutung Cinnabarit ist das wichtigste Hg-Erzmineral.

Verwendung von Quecksilber Wegen seiner Giftigkeit ist der Einsatz von Hg in physikalischen Geräten (z. B. Thermometern), in der Elektroindustrie, der Medizin oder der Landwirtschaft stark eingeschränkt oder verboten. Gleiches gilt für den Einsatz von Hg bei der Goldgewinnung.

5.3 Metallsulfide, -sulfarsenide und -arsenide mit M:S ≤ 1:2

■ Tab. 5.3 fasst diese Mineralgruppe zusammen.

■ **Stibnit (Antimonit, Antimonglanz)**
Sb$_2$S$_3$

Ausbildung Kristallklasse 2/m2/m2/m; rhombische, nach c gestreckte, oft flächenreiche Kristalle (■ Abb. 5.10), meist vertikal gestreift, spieß- und nadelförmig, bisweilen büschelig oder wirr-strahlig aggregiert; häufig wellenförmige, geknickte, gebogene oder gedrehte, parallel zu b gelängte Kristalle. Als Erz üblicherweise in derb-körnigen bis dichten Massen.

Physikalische Eigenschaften	
Spaltbarkeit	sehr vollkommmen nach (010) mit häufiger Translation in (010) parallel zur c-Achse. Dadurch entsteht Horizontalstreifung auf den leicht wellig verbogenen Spaltflächen
Härte	2–2½
Dichte	4,5–4,6
Farbe, Glanz	bleigrau, läuft metallschwärzlich bis bläulich an, starker Metallglanz, opak
Strich	dunkelbleigrau

Kristallstruktur Die Kristallstruktur weist Doppelketten parallel zu c entsprechend der Streckung der Kristalle auf.

Vorkommen In niedrigtemperierten hydrothermalen Gängen.

Bedeutung Stibnit ist das wichtigste Sb-Erzmineral.

Verwendung Antimon als Legierungsmetall, besonders in Blei- und Zinnlegierungen, z. B. in Lettermme-

◘ Tab. 5.3 Metallsulfide, -sulfarsenide und -arsenide mit M:S ≤ 1:2

Mineral	Formel	Elementgehalt [%]	Kristallklasse
Stibnit (Antimonit, Antimonglanz)	Sb_2S_3	Sb 71,4	2/m2/m2/m
Molybdänit (Molybdänglanz)	MoS_2	Mo 59,9	6/m2/m2/m
Pyrit (Eisenkies, Schwefelkies)	FeS_2	Fe 46,6; S 53,8	$2/m\bar{3}$
Markasit	FeS_2	Fe 46,6; S 53,8	2/m2/m2/m
Arsenopyrit (Arsenkies)	FeAsS	Fe 34,3; As 46,0	2/m
Cobaltin (Kobaltglanz)	(Co,Fe)AsS	Co + Fe 35,4	23
Löllingit	$FeAs_2$	As 72,8	2/m2/m2/m
Safflorit	$CoAs_2$	Co 28,2	2/m2/m2/m
Rammelsbergit	$NiAs_2$	Ni 28,2	2/m2/m2/m
Skutterudit (Speiskobalt)	$(Co,Ni)As_3$	Co bis 24	$2/m\bar{3}$
Nickelskutterudit (Chloanthit)	$(Ni,Co)As_3$	Ni bis 28	$2/m\bar{3}$

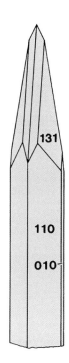

◘ Abb. 5.10 Stibnit, nadelförmig nach c gestreckte Flächenkombination

tall, Schrot- und Lötzinn, als Hartblei, Zusatz von Akkumulatorenblei; reinstes Sb in der Halbleitertechnik.

■ **Molybdänit (Molybdänglanz)**

MoS_2

Ausbildung   Kristallklasse 6/m2/m2/m; hexagonale, unvollkommen ausgebildete Tafeln, meistens in krummblättrigen, schuppigen Aggregaten.

Physikalische Eigenschaften	
Spaltbarkeit	sehr vollkommen nach (0001), sehr biegsame, unelastische Spaltblättchen
Härte	1–1½
Dichte	4,7–4,8
Farbe, Glanz	bleigrau, Metallglanz
Strich	dunkelgrau
Weitere Eigenschaften	fühlt sich fettig an und färbt ab

Kristallstruktur   Hexagonale Schichtstruktur mit parallel zu (0001) verlaufenden MoS_2-Schichten, die in sich valenzmäßig ausgeglichen sind; zwischen den Schichten herrschen schwache Van-der-Waals-Bindungskräfte, woraus sich die vollkommene Spaltbarkeit nach (0001) erklärt.

Chemismus MoS_2 mit einem geringen Gehalt (bis zu 0,3 %) an Rhenium.

Vorkommen   In Pegmatitgängen, als Imprägnationen in porphyrischen Molybdänlagerstätten.

Bedeutung   Molybdänit ist das wichtigste Mo-Erzmineral.

Verwendung   Molybdän ist ein wichtiger Stahlveredler (Molybdänstahl), legiert in Gusseisen, findet aber auch Verwendung in der Elektrotechnik. Wegen seines hohen Schmelzpunkts dient Mo als Reaktormetall und Baustoff in der Raketentechnik sowie zur Herstellung hochwarmfester Legierungen. Molybdänit wird wegen seiner geringen Härte und vollkommenen Spaltbarkeit

als Trockenschmierstoff und in zusammengesetzten Schmierstoffen eingesetzt.

■ **Pyrit (Eisenkies, Schwefelkies)**

FeS$_2$

Ausbildung Kristallklasse kubisch disdodekaedrisch 2/m3, formenreich und auch in gut ausgebildeten Kristallen weit verbreitet; als häufigste Form treten auf: Würfel {100}, Pentagondodekaeder {210}, Oktaeder {111} und Disdodekaeder {321}, häufig auch miteinander kombiniert (■ Abb. 5.11, 5.12). Die Würfelflächen des Pyrits sind meist gestreift, was die niedriger symmetrische Kristallklasse (2-zählige statt 4-zählige Drehachse a) andeutet. Es handelt sich um eine Wachstumsstreifung (sog. Kombinationsstreifung) im aufeinanderfolgenden Wechsel von Würfel- und Pentagondodekaederflächen. Durchkreuzungszwillinge sind nicht selten („Eisernes Kreuz"). Als Gemengteil vieler Erze ist Pyrit wegen gegenseitiger Wachstumsbehinderung meist körnig ausgebildet.

Physikalische Eigenschaften	
Spaltbarkeit	(100) sehr undeutlich
Bruch	muschelig, spröde

Physikalische Eigenschaften	
Härte	6–6½, für ein Sulfid ungewöhnlich hart (Unterscheidung von Chalkopyrit!)
Dichte	5,0
Farbe, Glanz	licht messinggelber Metallglanz, mitunter bunt angelaufen, opak
Strich	grün- bis bräunlich schwarz
Unterscheidung von ged. Gold	Gold ist viel weicher, dehnbar und geschmeidig; es hat goldgelben Strich und eine vom Ag-Gehalt abhängige gold- bis weißgelbe Farbe

Kristallstruktur Die Pyritstruktur (■ Abb. 5.13) hat geometrisch große Ähnlichkeit mit der NaCl-Struktur bzw. der PbS-Struktur (■ Abb. 5.3): Die Na$^+$-Plätze sind im Pyrit von Fe besetzt, während in den Schwerpunkten der Cl$^-$-Ionen die Zentren von hantelförmigen S$_2$-Gruppen sitzen. Die Achsen der S$_2$-Hanteln liegen jeweils parallel zu den 3-zähligen Achsen, aber in unterschiedlicher Orientierung; dadurch ergibt sich im Vergleich zum NaCl eine niedrigere Symmetrie. Jedes Fe-Atom hat 6 S-Nachbarn im gleichen Abstand. Innerhalb der S$_2$-Hantel herrscht eine ausgesprochene

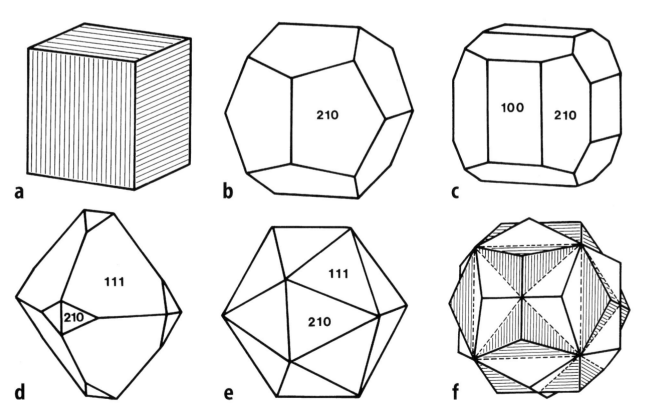

■ **Abb. 5.11** Kristalltrachten bei Pyrit: **a** Würfel mit Kombinationsstreifung; **b** Pentagondodekaeder {210}; **c** Kombination Pentagondodekaeder {210} und Würfel {100}; **d, e** Kombination Oktaeder {111} mit Pentagondodekaeder {210}; **f** Durchdringungszwilling mit [001] als Zwillingsachse

5

☐ **Abb. 5.12** Kristallgruppe von Pyrit mit der Flächenkombination Pentagondodekaeder {210} und Würfel {100} mit charakteristischer Streifung; Pasto Bueno (Peru); Bildbreite = ca. 9 cm; Mineralogisches Museum der Universität Würzburg

Atombindung, zwischen ihr und dem Fe-Atom ist die Bindung eher metallisch.

Chemismus In Pyrit kann, je nach Bildungsbedingungen, Fe durch kleine Mengen von Spurenelementen ersetzt werden, am häufigsten durch Ni, Co, Cu, As oder Zn, die Konzentrationen von > 10.000 ppm erreichen können, gefolgt von Se, Mo, Ag, Sb, Pb (bis 1000 ppm); am seltensten sind Au, Bi, Sn (einige 10 oder 100 ppm; Franchini et al. 2015; Large et al. 2014). Mitunter bildet gediegen Gold winzige Einschlüsse in Pyrit.

Vorkommen Pyrit ist das weitaus häufigste Sulfidmineral. Er besitzt ein weites Stabilitätsfeld und kommt überall dort vor, wo sich nur irgendwie eine stoffliche Voraussetzung bietet; er bildet oft mächtige Pyritlager (Kieslager), ist Bestandteil der meisten sulfidischen Erze, akzessorischer Gemengteile in vielen mafischen Gesteinen. Er tritt als Imprägnation oder Konkretion in vielen Sedimentgesteinen auf, in denen er sich im sauerstofffreien bis -armen (anaeroben) Milieu bildet, und zwar nicht selten aus *Mackinawit* (tetragonales FeS, 4/m2/m2/m), seltener aus dem kubischen Thiospi-

nell *Greigit*, $Fe^{2+}Fe_2^{3+}S_4$, als Vorläuferphasen. Der atmosphärischen Verwitterung ausgesetzt, geht Pyrit über verschiedene Zwischenverbindungen schließlich in Eisenoxidhydrat, FeOOH (Limonit, Brauneisenerz), über. Pseudomorphosen von Limonit nach Pyrit sind häufig.

Bedeutung als Rohstoff Als Eisenerz spielt Pyrit keinerlei Rolle, kann aber der Gewinnung von Schwefelsäure dienen. Dabei anfallende Abröstungsrückstände, die sog. Kiesabbrände, werden als Polierpulver und zur Herstellung von Farben verwendet. Örtlich wird Pyrit wegen seines Goldgehalts als Golderz abgebaut.

- **Markasit**

FeS₂

Ausbildung Kristallklasse 2/m2/m2/m; rhombische Modifikation von FeS₂; Einzelkristalle (☐ Abb. 5.14) gewöhnlich tafelig nach (001), seltener prismatisch nach [001], viel häufiger verzwillingt, als Viellinge in zyklischer Wiederholung in hahnenkammförmigen und speerartigen Gruppen (deshalb als Kammkies oder Speerkies bezeichnet); vielfach auch strahlig oder in Krusten als Überzug anderer Minerale, dichte Massen.

Physikalische Eigenschaften	
Spaltbarkeit	Nach (110) unvollkommen
Bruch	uneben, spröde
Härte	6–6½
Dichte	4,8–4,9, etwas niedriger als diejenige des Pyrits
Farbe, Glanz	Farbe gegenüber Pyrit mehr grünlich gelb, grünlich anlaufend, Metallglanz, opak
Strich	grünlich bis schwärzlich grau

Kristallstruktur Die Kristallstruktur des Markasits besitzt bei verminderter Symmetrie enge Beziehungen zur Pyritstruktur.

Die Stabilitätsbeziehungen zwischen Pyrit und Markasit sind noch nicht ganz geklärt. Experimentelle Untersuchungen haben gezeigt, dass Markasit relativ zu Pyrit und Pyrrhotin oberhalb rund 150 °C die metastabile Phase darstellt. Auch seine Vorkommen in der Natur sprechen für eine niedrige Bildungstemperatur des Markasits. Dabei entsteht Markasit bevorzugt aus sauren Lösungen. Oberhalb etwa 400 °C geht Markasit in Pyrit über.

- **Arsenopyrit (Arsenkies)**

FeAsS

Ausbildung Kristallklasse 2/m mit monoklinen (pseudorhombischen), prismatisch nach c oder a entwickelten Kristallen; die einfachste Tracht besteht aus einer Kombination von Vertikal- und Längsprisma {110} und

a

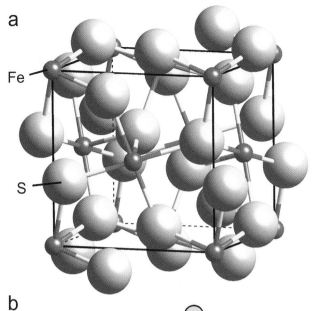

Fe

S

b

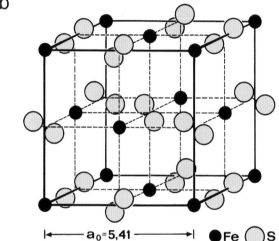

|← a₀=5,41 →| ●Fe ◯S

◻ Abb. 5.13 Kristallstruktur von Pyrit: **a** mit tatsächlichem Größenverhältnis von Fe und S; **b** vereinfachte Darstellung, in der die Orientierung der benachbarten S_2-Gruppen besser sichtbar ist. Diese sind in den jeweiligen Ebenen unterschiedlich orientiert, was zur Verringerung der Symmetrie führt

{014} (◻ Abb. 5.15). Die Streifung auf den Flächen {014} parallel zur a-Achse dient als ein Bestimmungskennzeichen.

Zwillinge sind häufig, seltener auch Drillingsverwachsungen. Meist tritt er aber als derb-körnige Massen auf.

Physikalische Eigenschaften	
Spaltbarkeit	(110) einigermaßen deutlich, (001) undeutlich
Bruch	uneben, spröde
Härte	5½–6
Dichte	5,9–6,1
Farbe, Glanz	zinnweiß, dunkel anlaufend oder auch bunte Anlauffarben. Metallglanz, opak
Strich	schwarz

Kristallstruktur Die Kristallstruktur von Arsenopyrit leitet sich aus der Markasitstruktur ab, wobei die Hälfte der S-Atome durch As-Atome ersetzt ist. Dabei kommt es zur Erniedrigung der Symmerie von rhombisch zu monoklin.

Chemismus Arsenopyrit zeigt häufig Abweichungen im Verhältnis As:S gegenüber der theoretischen Formel. Darüber hinaus kann Fe durch Co oder Ni diadoch ersetzt sein. Ähnlich wie Pyrit enthält Arsenopyrit nicht selten Einschlüsse von ged. Gold.

Vorkommen Verbreitet in hydrothermalen Gängen.

Bedeutung Arsenopyrit ist das wichtigste As-Erzmineral.

■ **Cobaltin (Kobaltglanz)**
CoAsS

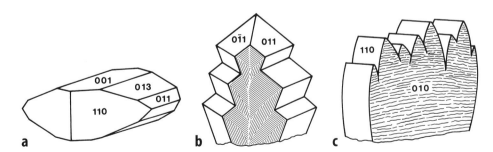

◻ **Abb. 5.14** Kristalltrachten bei Markasit; **a** Einkristall; **b** Zwillingskristall; **c** Vielling

5

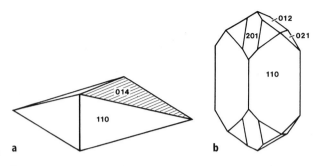

□ **Abb. 5.15** Kristalltrachten bei Arsenopyrit: **a** einfachste Kombination aus Vertikalprisma {110} und Längsprisma {014}; **b** flächenreichere Tracht, nach **c** gestreckt

Ausbildung Kubisch, Kristallklasse 23, teilweise gut ausgebildete Kristalle mit {210}, häufig kombiniert mit Oktaeder und (seltener) Würfel, Würfelflächen gestreift wie bei Pyrit; meist in derben und körnigen Aggregaten.

Physikalische Eigenschaften	
Spaltbarkeit	(100) nicht immer deutlich
Bruch	uneben, spröde
Härte	5½
Dichte	6,3
Farbe, Glanz	(rötlich) silberweiß, rötlich grau anlaufend. Metallglanz, opak
Strich	grauschwarz

Kristallstruktur Dem Pyrit ähnliche Kristallstruktur, bei der unter Beibehaltung ihres gemeinsamen Schwerpunkts die Hälfte der S_2-Paare durch As ersetzt ist; dadurch erniedrigt sich die Symmetrie.

Chemismus Enthält theoretisch 35,4 % Co, jedoch ist stets ein Teil des Co durch Fe ersetzt, und zwar bis zu 10 %.

Vorkommen Bisweilen auf hydrothermalen Gängen und metasomatischen Verdrängungslagerstätten (Skarnerze).

Bedeutung Wichtiges Co-Erzmineral.

Verwendung von Kobalt Legierungsmetall (Hochtemperaturlegierungen), Metallurgie: Stahlveredler (Bestandteil verschleißfester Werkzeugstähle), im Chemiebereich (Farben, Pigmente, Glasuren, Katalysatoren).

■ **Löllingit**

FeAs$_2$

Ausbildung Kristallklasse 2/m2/m2/m, Kristalle prismatisch entwickelt, meistens körnige bis stängelige Aggregate, derbe Massen.

Physikalische Eigenschaften	
Spaltbarkeit	(001) deutlich
Bruch	uneben, spröde
Härte	5, weicher als Arsenopyrit
Dichte	7,0–7,4
Farbe, Glanz	im frischen Bruch heller als Arsenopyrit, graue Anlauffarben, Metallglanz, opak
Strich	grauschwarz

Kristallstruktur Markasitstruktur.

Chemismus Das Fe/As-Verhältnis schwankt gegenüber der idealen chemischen Formel. Häufig enthält er geringe Gehalte an S, Sb, Co und Ni. Mancherorts erhöhte Goldgehalte gehen auf winzige Goldeinschlüsse zurück.

Vorkommen In hydrothermalen Gängen, kontaktmetasomatisch.

Bedeutung Als Löllingit-Erz wirtschaftliche Bedeutung für die Arsengewinnung.

■ **Safflorit**

CoAs$_2$

Ausbildung Monoklin-pseudorhombisch, winzige Kristalle. Verbreitet sind die unter dem Erzmikroskop im Querschnitt hervortretenden sternförmigen Drillinge nach (011). Öfter derb-körnige oder feinstrahlige Aggregate.

Physikalische Eigenschaften	
Spaltbarkeit	kaum deutlich
Bruch	uneben, spröde
Härte	4½–5½ mit Fe-Gehalt wechselnd
Dichte	6,9–7,3
Farbe, Glanz	zinnweiß, nachdunkelnd, Metallglanz, opak
Strich	schwarz

Chemismus Diadocher Einbau von Fe, jedoch kaum von Ni anstelle von Co, d. h. es gibt keine Mischkristallreihe zwischen Safflorit und Rammelsbergit.

Vorkommen   In hydrothermalen Gängen.

Bedeutung   Safflorit kann als Co-Erzmineral dienen und ist viel verbreiteter als früher angenommen, da er häufig mit „Speiskobalt" verwechselt wurde (Ramdohr und Strunz 1978).

- **Rammelsbergit**
NiAs$_2$

Ausbildung   orthorhombisch; kleine Kristalle, unter dem Erzmikroskop feiner Lamellenbau und zudem verzwillingt; keine sternförmigen Drillinge wie bei Safflorit.

Physikalische Eigenschaften   Ähnlich denen von Safflorit.

Chemismus   Diadocher Einbau von Fe, kaum jedoch von Co anstelle von Ni.

Vorkommen   Wie Safflorit in hydrothermalen Gängen.

- **Skutterudit (Speiskobalt) – Nickelskutterudit (Chloanthit)**
(Co,Ni)As$_3$ – (Ni,Co)As$_3$
Lückenlose Mischkristallreihe.

Ausbildung   Kristallklasse 2/m$\bar{3}$, Kristallformen: Würfel, Oktaeder, seltener Rhombendodekaeder und Pentagondodekaeder {210} sowie deren Kombinationen; meistens massig in dichtem bis körnigem Erz.

Physikalische Eigenschaften	
Spaltbarkeit	fehlt
Bruch	uneben, spröde
Härte	5½–6
Dichte	6,4–6,8
Farbe, Glanz	zinnweiß bis stahlgrau, Anlauffarben, Metallglanz, opak
Strich	grauschwarz bis schwarz

Chemismus   Co und Ni werden stets durch etwas Fe ersetzt.

Vorkommen   In hydrothermalen Gängen; bei beginnender chemischer Verwitterung bilden sich je nach Co/Ni-Verhältnis Überzüge mit pfirsichblütenfarbenem *Erythrin* (Kobaltblüte), Co[AsO$_4$]$_2$ · 8H$_2$O, oder grünem *Annabergit* (Nickelblüte), Ni[AsO$_4$]$_2$ · 8H$_2$O.

Bedeutung   Wirtschaftlich wichtige Co- und Ni-Erzminerale.

◨ Tab. 5.4	Wichtige Arsensulfide		
Mineral	**Formel**	**Elementgehalt [%]**	**Kristallklasse**
Realgar	As$_4$S$_4$	As 70,1	2/m
Auripigment	As$_4$S$_6$	As 61,0	2/m

5.4 Arsensulfide

◨ Tab. 5.4 zeigt wichtige Arsensulfide.

- **Realgar**
As$_4$S$_4$

Ausbildung   Kristallklasse 2/m; monokline, kurzprismatische Kristalle, vertikal gestreift und meist klein; gewöhnlich körnig, auch als feiner Belag; oft zusammen mit Auripigment.

Physikalische Eigenschaften	
Spaltbarkeit	(010) und (210) ziemlich vollkommen
Bruch	muschelig, spröde
Härte	1½–2
Dichte	3,4–3,5
Farbe, Glanz	rot bis orange, diamantähnlicher Glanz bis Fettglanz, an den Kanten durchscheinend bis durchsichtig, Zerfall unter Lichteinwirkung
Strich	orangegelb

Kristallstruktur   Ringförmige Gruppen von As$_4$S$_4$, ähnlich den Ringen von S$_8$ im Schwefel; innerhalb der Ringe homöopolare, zwischen den Ringen schwache Van-der-Waals-Bindungskräfte.

Chemismus   70,1 % As, 29,9 % S.

Vorkommen   In niedrigtemperierten hydrothermalen Gängen und als Imprägnation zusammen mit Auripigment, Abscheidung aus Thermen und als Sublimationsprodukt vulkanischer Gase; Verwitterungsprodukt As- und S-haltiger Erzminerale.

Bedeutung   Heute nur noch geringe Bedeutung in der Pyrotechnik und der Gerberei-Industrie.

- **Auripigment**
As$_4$S$_6$

Ausbildung   Kristallklasse 2/m; die monoklinen Kristalle sind meist klein, tafelig nach (010) oder mit kurzprismatischem Habitus; vorwiegend derbe Massen oder als pulvriger Anflug; häufig zusammen mit Realgar.

Physikalische Eigenschaften	
Spaltbarkeit	(010) ziemlich vollkommen
Bruch	in (010) biegsam
Härte	1½–2
Dichte	3,4–3,5
Farbe, Glanz	zitronengelb, blendeartiger Fettglanz, auf der Spaltfläche Perlmuttglanz, durchscheinend, Strich gelb

Kristallstruktur As_2S_3-Schichten parallel zu (010); innerhalb dieser Schichten relativ feste homöopolare Bindungen, von Schicht zu Schicht nur schwache Van-der-Waals-Bindungskräfte. Die As-Atome sind jeweils von 3 S-Atomen umgeben.

Chemismus 61 % As, 39 % S, bis zu 2,7 % diadocher Einbau von Sb.

Vorkommen Häufig Umwandlungsprodukt von Realgar, im übrigen Vorkommen wie Realgar.

Bedeutung Wird zur Herstellung IR-durchlässiger Gläser benutzt, in Foto-Halbleitern und als Pigment (Königsgelb).

5.5 Komplexe Metallsulfide (Sulfosalze)

Generelle Formel:

$$A_x B_y S_n$$

mit A = Ag, Cu, Pb etc., B = As, Sb, Bi.

Die komplexen Sulfide (Sulfosalze) bilden eine relativ große Gruppe verschiedenartiger Erzminerale; jedoch besitzen nur wenige eine größere Bedeutung. Sie unterscheiden sich von den bisher besprochenen Sulfiden und Arseniden dadurch, dass As und Sb innerhalb ihrer jeweiligen Kristallstruktur mehr oder weniger die Rolle eines Metalls spielen. In den Arseniden und Antimoniden nehmen dagegen As und Sb die Position des S ein (◘ Tab. 5.5).

- **Proustit (lichtes Rotgültigerz) – Pyrargyrit (dunkles Rotgültigerz)**

Ag_3AsS_3, Ag_3SbS_3

Kristallstruktur Beide Minerale kristallisieren im gleichen Strukturtyp, doch bilden sie keine Mischkristallreihe. Sie besitzen ähnliche Kristallformen und physikalische Eigenschaften und treten in ähnlichen Vorkommen auf.

Ausbildung Kristallklasse 3 m; mitunter schöne, flächen- und formenreich entwickelte ditrigonal-pyramidale Kristalle, besonders bei Pyrargyrit (◘ Abb. 5.16). Tracht vorwiegend prismatisch, mit dominierendem hexagonalen Prisma {$11\bar{2}0$}, andernfalls scheinbar skalenoedrisch bzw. rhomboedrisch durch Auftreten ditrigonaler {$21\bar{3}1$} oder trigonaler {$10\bar{1}1$} Pyramiden (◘ Abb. 5.16, 5.17); Zwillinge sind verbreitet; daneben sehr häufig auch derb und eingesprengt.

Physikalische Eigenschaften	
Spaltbarkeit	{$10\bar{1}1$} deutlich
Bruch	muschelig, spröde
Härte	2–2½
Dichte	5,8 (Pyrargyrit), 5,6 (Proustit)
Farbe, Glanz, Strich	*Pyrargyrit:* Im auffallenden Licht dunkelrot bis grauschwarz, im durchfallenden Licht rot durchscheinend, starker blendeartiger Glanz, Strich kirschrot

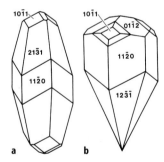

◘ **Abb. 5.16** Kristalltrachten bei Pyrargyrit: hexagonales Prisma {$11\bar{2}0$}, trigonale Pyramiden {$10\bar{1}1$} und {$01\bar{1}2$}, ditrigonale Pyramiden {$21\bar{3}1$} und {$12\bar{3}\bar{1}$}

◘ **Tab. 5.5**   Wichtige Sulfosalze

Mineral	Formel	Metallgehalt [%]	Kristallklasse
Proustit	$Ag_3[AsS_3]$	Ag 65,4	3m
Pyrargyrit	$Ag_3[SbS_3]$	Ag 59,7	3m
Tennantit (As-Fahlerz)	$Cu_{12}[S/As_4S_{12}]$		$\bar{4}3m$
Tetraedrit (Sb-Fahlerz)	$Cu_{12}[S/Sb_4S_{12}]$		$\bar{4}3m$

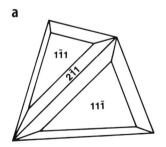

Kristallstruktur Die Kristallstrukturen von Pyrargyrit und Proustit lassen sich als rhomboedrische Gitter beschreiben, in denen SbS_3- bzw. AsS_3-Gruppen die Ecken und das Zentrum einer rhomboedrischen Zelle besetzen. Die SbS_3- und AsS_3-Gruppen bilden flache Pyramiden mit einer Sb- bzw. As-Spitze, in deren Lücken sich die Ag-Atome befinden. Jedes S-Atom hat zwei Ag-Atome als nächste Nachbarn.

Vorkommen In hydrothermalen Gängen mit anderen Silbermineralen.

Bedeutung Pyrargyrit ist ein wichtiges und relativ häufiges Ag-Erzmineral, häufiger als Proustit. Beide kommen zusammen vor.

■ **Tennantit (Arsenfahlerz) – Tetraedrit (Antimonfahlerz)**

$Cu_{12}[S/As_4S_{12}]$, $Cu_{12}[S/Sb_4S_{12}]$

Ausbildung Kristallklasse $\bar{4}3m$, Kristalle sind meist tetraedrisch ausgebildet (■ Abb. 5.18), Durchkreuzungszwillinge nicht selten; häufig derb, eingesprengt oder körnig.

□ **Abb. 5.17** Proustit mit vorherrschender ditrigonaler Pyramide; Chanaracillo, Chile; Bildbreite = ca. 2 mm; Mineralogisches Museum der Universität Würzburg

Physikalische Eigenschaften	
Spaltbarkeit	keine
Bruch	muschelig, spröde
Härte	3–4½ wechselnd mit der chemischen Zusammensetzung
Dichte	4,6–5,1
Farbe, Glanz	stahlgrau, grünlich bis bläulich. Tetraedrit ist meistens dunkler als Tennantit; fahler Metallglanz, in dünnen Splittern nicht völlig opak
Strich	grauschwarz bei Tetraedrit, rötlich grau bis rotbraun bei Tennantit

Physikalische Eigenschaften	
Proustit: Scharlach- bis zinnoberrot (□ Abb. 5.17), wird am Licht oberflächlich dunkler; blendeartiger Diamantglanz, durchscheinend bis fast durchsichtig, Strich scharlach- bis zinnoberrot	

Die Unterscheidung zwischen Pyrargyrit und Proustit nach äußeren Kennzeichen allein ist dennoch nicht immer möglich!

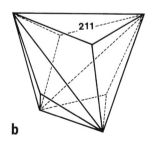

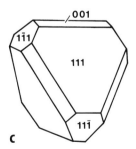

□ **Abb. 5.18** Kristalltrachten bei Fahlerz: **a** Kombination Tetraeder {1$\bar{1}$1} mit Tristetraeder {2$\bar{1}$1}; **b** Tristetraeder {211}; **c** Kombination zweier Tetraeder {111} und {1$\bar{1}$1} mit dem Würfel {100} (nur als schmale diagonale Leisten erkennbar!)

5

Kristallstruktur Die Kristallstruktur kann aus der Sphaleritstruktur abgeleitet werden.

Chemismus Fahlerze sind in erster Linie Kupferminerale, bei denen Teile des Cu durch Fe, Zn, Ag oder Hg diadoch ersetzt sein können. Zwischen Tetraedrit und Tennantit besteht eine lückenlose Mischungsreihe. In seltenen Fällen kann zudem Bi das Sb diadoch ersetzen. Fe ist immer anwesend und kann bis zu 13 %, Zn maximal 8 % erreichen. Der Silbergehalt kann 2–4 %, im *Freibergit* bis 18 % betragen. Hg kann im *Schwazit* bis zu 17 % ausmachen, der somit ein potentielles Hg-Erzmineral sein kann.

Vorkommen In hydrothermalen Gängen und in karbonatgebundenen Verdrängungslagerstätten.

Bedeutung Fahlerze sind wichtige Erzminerale von Ag, Cu und örtlich auch von Hg.

Literatur

Cook NJ, Ciobanu CL, Pring A et al (2009) Trace and minor elements in sphalerite: a LA-ICPMS study. Geochim Cosmochim Acta 73:4761–4791

Franchini M, McFarlane C, Maydagán M et al (2015) Trace metals in pyrite and marcasite from the Agua Rica porphyry-high sulfidation epithermal deposit, Catamarca, Argentina: textural features and metal zoning at the porphyry to epithermal transition. Ore Geol Rev 66:366–387

George LL, Cook NJ, Ciobanu CL (2016) Partitioning of trace elements in co-crystallized sphalerite–galena–chalcopyrite hydrothermal ores. Ore Geology Rev 77:97–116

Fleet ME (2006) Phase equilibria at high temperaures. In: Vaughan DJ (ed) Sulfide Mineralogy and Geochemistry. Rev MineralGeochem 61:365–419

Kashida S, Watanabe N, Hasegawa H et al (2003) Electronic structure of Ag2S, band calculation and photoelectron spectroscopy. Solid-State Ionics 158:167–175

Large RR, Halpin JA, Danyushevsky LV et al (2014) Trace element content of sedimentary pyrite as a new proxy for deep-time ocean–atmosphere evolution. Eath Planet Sci Lett 389:209–220

Pfaff K, Koenig AE, Wenzel T, Ridley I, Hildebrandt LH, Leach DL, Markl G (2011) Trace and minor element variations and sulfur isotopes in crystalline and colloform ZnS: incorporation mechanisms and implications for their genesis. Chem Geol 286:118–134

Ramdohr P, Strunz H (1978) Klockmanns Lehrbuch der Mineralogie, 16. Aufl. Enke, Stuttgart

Strunz H, Nickel EH (2001) Strunz Mineralogical Tables, 9. Aufl. Schweizerbart, Stuttgart

Halogenide

Inhaltsverzeichnis

© Springer-Verlag GmbH Deutschland, ein Teil von Springer Nature 2022
M. Okrusch und H. E. Frimmel, *Mineralogie,*
https://doi.org/10.1007/978-3-662-64064-7_6

Einleitung

Die Minerale dieser Klasse (■ Tab. 6.1) enthalten in ihren Strukturen große, einfach negativ geladene Halogen-Anionen Cl^-, F^-, Br^- oder J^-. Diese sind mit ebenfalls relativ großen Kationen von niedriger Wertigkeit koordiniert. Der Bindungscharakter ist bevorzugt heteropolar (Ionenbindung). Die Strukturen der Halogenide besitzen z. T. die höchstmögliche Symmetrie $4/m\bar{3}2/m$, wie z. B. in Halit, Sylvin oder Fluorit. Die Minerale dieser Klasse sind farblos oder allochromatisch, d. h. durch Fremdionen oder Fremdeinschlüsse gefärbt. Sie besitzen eine geringe Dichte, niedrige Lichtbrechung, einen relativ schwachen Glanz und sind teilweise leicht in Wasser löslich

Halit (Steinsalz)

NaCl

Ausbildung Kristallklasse $4/m\bar{3}2/m$, meistens Würfel {100} (■ Abb. 6.1). Gesteinsbildend in massigen, körnig-spätigen, Aggregaten, die man als *Steinsalz* bezeichnet, gelegentlich faserig. In einigen Fällen bilden Anhäufungen von Tonen Pseudomorphosen nach Halit.

Physikalische Eigenschaften	
Spaltbarkeit	(100) vollkommen, Translation auf (110)
Bruch	muschelig, spröde
Härte	2½
Dichte	2,1–2,2
Farbe, Glanz	farblos und durchsichtig, bisweilen rot oder gelb durch Einlagerung von Hämatit oder Limonit, grau durch Einschlüsse von Ton, braunschwarz durch Bitumen. Die gelegentliche Blaufärbung des Halits ist an Gitterstörstellen verschiedener Art geknüpft, sog. Farbzentren, und wird durch Bestrahlung hervorgerufen. Die Strahlungsquelle ist jedoch noch nicht genau bekannt
Weitere Eigenschaften	leicht wasserlöslich, salziger Geschmack

■ Tab. 6.1   Die wichtigsten Halogenide

Mineral	Formel	Kristallklasse
Halit (Steinsalz)	NaCl	$4/m\bar{3}2/m$
Sylvin	KCl	$4/m\bar{3}2/m$
Fluorit (Flussspat)	CaF_2	$4/m\bar{3}2/m$
Carnallit	$KMgCl_3 \cdot 6H_2O$	$2/m2/m2/m$

Chemismus Als Bestandteil von Evaporiten bildet sich Halit bei niedrigen Temperaturen als praktisch reines NaCl, wobei die KCl-Gehaltedeutlich unter 1 Mol.-% liegen (Chang et al. 1996). Diese nehmen jedoch bei höheren Temperaturen in Halit, der mit Sylvin koexistiert, deutlich zu und bei > 500°C existiert eine lückenlose Mischkristallreihe zwischen NaCl und KCl (Waldbaum 1969). In Halit kann Cl bis zu ca. 200 ppm durch Br ersetzt werden (Chang et al. 1996).

Kristallstruktur

Ähnlich wie bei Galenit (■ Abb. 5.3) besteht die $Na^{[6]}Cl^{[6]}$-Struktur (■ Abb. 6.2) aus zwei kubisch-flächenzentrierten Gittern, die jeweils aus Na^+- und Cl^--Ionen aufgebaut werden. Diese sind um eine halbe Gitterkonstante ½a entlang der Würfelkante gegeneinander verschoben und ineinander gestellt. Dementsprechend wird jedes Na^+ durch 6 Cl^- und jedes Cl^- durch 6 Na^+ oktaedrisch koordiniert. Halit ist ein gutes Beispiel für den rein heteropolaren (ionischen) Bindungstyp. Allerdings herrscht zwischen den großen einwertigen Ionen eine relativ geringe elektrostatische Coulomb-Anziehung, was zu der geringen Härte von Halit führt. Die perfekte Spaltbarkeit folgt den dicht besetzten {100}-Flächen.

■ Abb. 6.1   Kristallgruppe von Halit. Infolge von Skelettwachstum sind die Würfelflächen {100} nicht voll ausgebildet, sondern nur durch die Kristallkanten markiert. Koehn Dry Lake, Kalifornien (USA); Bildbreite = ca. 5 cm. Mineralogisches Museum der Universität Würzburg

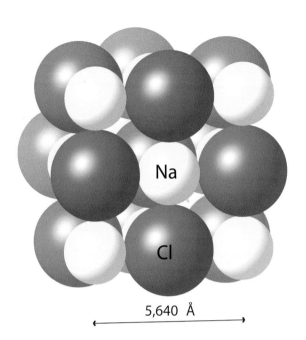

Na

Cl

5,640 Å

◘ **Abb. 6.2** Die NaCl-Struktur als Packungsmodell. Die größeren Cl⁻-Ionen bilden einen flächenzentrierten Würfel, in dessen Kantenmitten sich die Na⁺-Ionen befinden. Anionen und Kationen sind zueinander [6]-koordiniert

Vorkommen Halit bildet einen Hauptbestandteil von *Evaporiten* (Ausscheidungssedimenten), besonders von fast monomineralischem *Steinsalz,* das mit Kalisalzen und Anhydrit- bzw. Gipsgesteinen wechsellagert und so Salzlagerstätten bildet (▶ Abschn. 25.7.2). Darüber hinaus entsteht Halit als Ausblühung in Trockensteppen und Wüsten, am Rand von Salzseen oder Salzpfannen (▶ Abschn. 25.7.1) sowie als Sublimationsprodukt von vulkanischen Dämpfen.

Wirtschaftliche Bedeutung Gesteinsbildend ist Halit als Steinsalz ein sehr wichtiger Rohstoff in der chemischen Industrie zur Gewinnung von metallischem Natrium, Soda, Ätznatron, Chlorgas und Salzsäure; Verwendung als *Gewerbesalz,* z. B. zur Wasserenthärtung, in der Futtermittelindustrie und als Konservierungsmittel sowie als *Auftausalz* (Streusalz). NaCl als *Speisesalz* wird allerdings meist aus Salzsolen und Meeressalinen gewonnen. Für 2020 wurde die Weltjahresproduktion von Salz auf 270 Mio. t (Mt) NaCl geschätzt, etwas weniger als in 2019 (283 Mio. t). Die Haupterzeuger waren die VR China (60 Mt), die USA (39 Mt), Indien (28 Mt), Deutschland (14 Mt), Australien (12 Mt), Chile (10 Mt) und Kanada (10 Mt) (U.S. Geological Survey 2021).

■ **Sylvin**

KCl

Ausbildung Kristallklasse $4/m\bar{3}2/m$; Kristallflächen Würfel {100}, häufig in Kombination mit Oktaeder {111}. Als Bestandteil von Kalisalz bildet Sylvin massige, meist körnig-spätige Aggregate.

Physikalische Eigenschaften	
Spaltbarkeit	(100) vollkommen
Härte	2½
Dichte	2,0, kaum niedriger als die von Halit
Farbe, Glanz	mit Halit vergleichbar
Unterscheidung von Halit	*bitter*-salziger Geschmack, rötlich violette Flammenfärbung
Die Eigenschaften sind ähnlich wie diejenigen des Halits	

Kristallstruktur Mit Halit isotyp, reine Ionenbindung zwischen K⁺ und Cl⁻.

Chemismus In Salzlagerstätten enthält Sylvin nur sehr wenig Na und Spuren von Rb und Cs, während Cl⁻ bis zu 0,5 % durch Br⁻ ersetzt sein kann.

Vorkommen Sylvin ist ein wesentlicher Bestandteil von Evaporiten; so ist *Sylvinit* ein wichtiges Gestein, das aus Sylvin und Halit besteht. Als Sublimationsprodukt können beide Minerale an Kraterrändern von Vulkanen eine Mischkristallreihe bilden, die bei Temperaturen über 500 °C vollständig ist.

Wirtschaftliche Bedeutung Als Gemengteil von Kalisalzen ist Sylvin Ausgangsprodukt für hochwertigen Kalidünger. Sylvin dient als Rohstoff bei der Glasherstellung und in der chemischen Industrie zur Herstellung von diversen Kaliverbindungen.

■ **Fluorit (Flussspat)**

CaF₂

Ausbildung Kristallklasse $4/m\bar{3}2/m$; gut ausgebildete kubische Kristalle sind häufig, vorwiegend Würfel {100} (◘ Abb. 6.3, 6.4), bisweilen kombiniert mit Oktaeder {111}, Rhombendodekaeder {110}, Tetrakishexaeder {hk0} oder Hexakisoktaeder {hkl}. Seltener treten die Flächen {111} oder {110} allein auf; weiterhin können Fluorit-Würfel Durchdringungszwillinge nach {111} bilden (◘ Abb. 6.3). Zonarbau

6

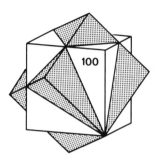

■ **Abb. 6.3** Zwei Fluorit-Würfel {100} bilden einen Durchdringungszwilling nach {111}

■ **Abb. 6.4** Fluorit mit würfeliger Tracht {100}; Grube Clara, Schwarzwald (Deutschland); Bildbreite = 2 cm. Mineralogisches Museum der Universität Würzburg

Physikalische Eigenschaften	
Spaltbarkeit	(111) vollkommen
Härte	4 (Standardmineral der Mohs-Skala)
Dichte	3,1–3,2
Farbe	Durchscheinend bis durchsichtig, fast in allen Farben vorkommend, insbesondere grün (■ Abb. 2.1), violett, gelb (■ Abb. 6.4), farblos. Diese meist relativ blassen Farben werden durch Spurenelemente oder Baufehler in der Kristallstruktur erzeugt. Demgegenüber entsteht die tiefblaue bis schwarzviolette Farbe in einigen Fluoriten durch radioaktive Strahlung, die eingeschlossene Uranminerale emittieren. Dabei wird ein Teil der Ca^{2+}-Ionen zu µm- bis nm-großen Partikeln von metallischem Ca reduziert, die in kolloidaler Verteilung als farbgebendes Pigment wirken. Die F^--Ionen werden zu einem F_2-Gas oxidiert, das beim Zerschlagen oder Aufmahlen dieser Fluorite entweicht. Der dabei austretende starke Geruch wurde erstmals in der Fluorit-Lagerstätte Wölsendorf (Oberpfalz, Bayern) bemerkt, der „Stinkspat", der bayerischen Bergleute. Bei Bestrahlung mit UV-Licht zeigt Fluorit eine intensive Fluoreszenz. Sie geht auf Spuren von Seltenen Erdelementen (SEE) zurück, die Ca^{2+} diadoch ersetzen
Glanz	Glasglanz

wird gelegentlich beobachtet. Idiomorphe Fluoritkristalle mit bis zu 20 cm Größe wurden im Bergbaugebiet von Dalnegorsk, Primorskij Kraij (Ostsibirien) gefunden. Gewöhnlich tritt Fluorit derb in spätigen bis feinkörnigen, auch farbig gebänderten Aggregaten auf.

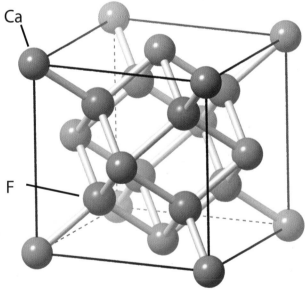

■ **Abb. 6.5** Kristallstruktur von Fluorit

Kristallstruktur Die Ca^{2+}-Ionen bilden einen flächenzentrierten Würfel, dessen Achtelwürfel durch die F^--Ionen zentriert sind, d. h., diese bilden einen einfachen Würfel von halber Kantenlänge ($\blacksquare$ Abb. 6.5). Ca^{2+} ist dabei würfelförmig von 8 F^- umgeben, F^- tetraedrisch von 4 Ca^{2+}. Die vollkommene Spaltbarkeit nach {111} verläuft parallel zu den Netzebenen, die nur mit einer Ionenart besetzt sind.

Chemismus In *Yttrofluorit* und *Cerfluorit* wird Ca^{2+} teilweise durch Y^{3+} bzw. Ce^{3+} ersetzt, wobei der Ladungsausgleich durch zusätzlichen Einbau von F^- auf freien Gitterplätzen erreicht wird; man spricht daher von *Additionsbaufehlern*.

Vorkommen Häufig in hydrothermalen Gängen und Imprägnationen (▶ Abschn. 23.4.9); daneben gewinnen schichtgebundene Fluorit-Lagerstätten in Sedimentgesteinen immer größere Bedeutung (▶ Abschn. 23.3.6). Die weltweit größte Fluorit-Lagerstätte Bayan Obo (Innere Mongolei, Nordchina) ist an Karbonatit gebunden. Sie enthält geschätzte Vorräte von 130 Mio. t CaF_2. Im Jahr 2020 waren die Hauptproduzenten die VR China mit einer Jahresproduktion von 4,3 Mt, Mexiko (1,2 Mt), Mongolei (720 kt), Südafrika (320 kt) und Vietnam (240 kt) (U.S. Geological Survey 2021).

Bedeutung als Rohstoff Fluorit, in der Industrie auch heute noch als Flussspat bezeichnet, ist ein wichtiger, vielseitig nutzbarer Rohstoff. Als sogenannter *Hüttenspat* mit 60–85 % CaF_2 wird er hauptsächlich als Flussmittel in der Metallurgie eingesetzt, als *Keramikspat* mit 85–95 % CaF_2 findet er bei der Herstellung von Glas, Email und Feinkeramik Verwendung. Weitaus am wichtigsten ist jedoch der Einsatz von *Säurespat* mit $\geq$ 97 % CaF_2 in der chemischen Industrie, wo er zur Gewinnung von Flusssäure und von unterschiedlichen Fluorverbindungen dient (Fluorchemie). Außerdem wird aus Fluorit eine künstliche Kryolith-Schmelze hergestellt, die dem Bauxiterz zur elektrolytischen Gewinnung von Aluminium zugesetzt wird, da die einzige bedeutende Lagerstätte von natürlichem Kryolith, Na_3AlF_6, in Ivigtut (Kitaa) in Grönland längst erschöpft ist. Kristalle von farblosem, völlig reinem Fluorit werden zu Linsen scharf zeichnender Objektive (Apochromate) verschliffen und besonders in der UV-Optik eingesetzt. Diese werden allerdings nicht mehr aus natürlichen Vorkommen gewonnen, sondern große Fluorit-Kristalle werden aus einer Schmelze künstlich gezüchtet, wobei ein Hochfrequenzofen mit Temperaturgradient zum Einsatz kommt. Die CaF_2-Schmelze wird aus zerkleinertem Naturfluorit hergestellt, dem man zur Abtrennung von Verunreinigungen PbF_2 zusetzt. Die Jahresproduktion von synthetischem Fluorit liegt bei ca. 200 t.

Seit dem 19. Jahrhundert wurde purpurfarbener Fluorit, der berühmte „Blue John", nahe Castleton (Derbyshire, England) als Schmuckstein abgebaut.

■ **Carnallit**

$KMgCl_3 \cdot 6H_2O$

Ausbildung Kristallklasse 2/m2/m2/m, meist in körnigen Massen.

Physikalische Eigenschaften	
Spaltbarkeit	keine, muscheliger Bruch
Härte	1–2
Dichte	1,6
Farbe, Glanz	meist rötlich gefärbt durch Einlagerung von Hämatit-Schüppchen, die einen charakteristischen metallischen Schimmer hervorrufen; seltener gelb oder milchig weiß; durchscheinend bis durchsichtig; Fettglanz
Weitere Eigenschaften	etwas bitterer Geschmack, hygroskopisch, leicht in Wasser löslich und zerfließend

Kristallstruktur Dreidimensionales Gerüst aus flächen- und eckenvernetzten KCl_6-Oktaedern; in großen Hohlräumen befinden sich $Mg(H_2O)_6$-Oktaeder, die jeweils von 12 Cl^--Ionen umgeben sind.

Chemismus Carnallit kann geringe Mengen an Br^- anstelle von Cl^- und Spuren von Rb^+ anstelle von K^+ enthalten.

Vorkommen Bestandteil von Evaporiten, in denen er allein oder zusammen mit Halit, Kieserit, $MgSO_4 \cdot H_2O$, und/oder anderen Salzmineralen die oberste Salzschicht (*Carnallit-Region*) in Kalisalz-Lagerstätten bildet, so in Nord- und Mitteldeutschland; z. T. brekziiert als sogenannter *Trümmer-Carnallit*.

Wirtschaftliche Bedeutung Carnallit ist das wichtigste primäre Kalisalz-Mineral; er dient hauptsächlich zur Gewinnung von Kalidünger und in geringerem Maße von Mg-Metall. Aus Brom-haltigem Carnallit wird Br gewonnen.

Literatur

Chang LLY, Howie RA, Zussman J (1996) Rock-forming Minerals. Vol. 5B, 2 Aufl., Non-silicates: Sulphates, Carbonates, Phosphates, Halides. Longmans, Harlow.

U.S. Geological Survey (2021) Mineral commodity summaries 2020: U.S. Geological Survey, S. 200. doi: ▶ https://doi.org/10.3133/mcs2021.

Waldbaum DR (1969) Thermodynamic mixing properties of NaCl–KCl liquids. Geochim Cosmochim Acta 33:1415–1427

Oxide und Hydroxide

Inhaltsverzeichnis

© Springer-Verlag GmbH Deutschland, ein Teil von Springer Nature 2022
M. Okrusch und H. E. Frimmel, *Mineralogie*,
https://doi.org/10.1007/978-3-662-64064-7_7

Einleitung

In der Klasse der Oxide bildet der Sauerstoff Verbindungen mit ein, zwei oder mehreren Metallen. In ihren Kristallstrukturen liegen im Unterschied zu den Sulfiden jeweils annähernd Ionenbindungen mit teilweisen Übergängen zur homöopolaren Bindung (Atombindung) vor.

Durch Unterschiede in ihrem Metall/Sauerstoff-Verhältnis M:O zeichnen sich mehrere Verbindungstypen ab, wie M_2O, MO, M_2O_3 und MO_2. Neben einfachen Oxiden gibt es auch komplexere Oxidminerale mit zwei oder mehreren Metallatomen, z. B. die meisten Vertreter der *Spinell-Gruppe*, $X^{[4]}Y_2^{[6]}O_4$. Im gewöhnlichen Spinell besetzt Mg^{2+} die tetraedrisch koordinierte Position X und Al^{3+} die oktaedrische koordinierte Position Y. Demgegenüber wird im Magnetit Fe_3O_4 die Position X von Fe^{3+}, die Position Y von Fe^{2+} und Fe^{3+}

eingenommen. Wichtige *Manganoxide* sind durch Tunnelstrukturen charakterisiert. In den *Hydroxiden* treten die $(OH)^-$-Gruppen allein oder gemeinsam mit O^{2-} als Anionen auf. Die wichtigsten Vertreter der Oxide und Hydroxide sind in ◘ Tab. 7.1 aufgeführt.

7.1 M₂O-Verbindungen

- **Cuprit (Rotkupfererz)**

Cu_2O

Ausbildung Kristallklasse $4/m\bar{3}2/m$, Kristalle am häufigsten mit Oktaeder {111}, Rhombendodekaeder {110} und Würfel {100}, oft in Kombinationen; mitunter größere aufgewachsene Kristalle, derbe, dichte bis körnige Aggregate, auch pulverige Massen.

◘ **Tab. 7.1** Wichtige Vertreter der Oxide und Hydroxide; in der Natur sind Metallgehalte durch den Einbau von Fremdionen oder mechanische Beimengungen meist geringer als die hier angegebenen theoretischen Werte

Mineral	Formel	Metallgehalt [%]	Kristallklasse
1. M₂O-Verbindungen			
Cuprit (Rotkupfererz)	Cu_2O	Cu 88,8	$4/m\,\bar{3}2/m$
2. M₃O₄-Verbindungen			
Chrysoberyll	$BeAl_2O_4$		$2/m2/m2/m$
Spinell	$MgAl_2O_4$		$4/m\,\bar{3}2/m$
Magnetit (Magneteisenerz)	Fe_3O_4	Fe 72,4	$4/m\,\bar{3}2/m$
Chromit (Chromeisenerz)	$FeCr_2O_4$	Cr 46,5	$4/m\,\bar{3}2/m$
3. M₂O₃-Verbindungen (Korund-Ilmenit-Gruppe)			
Korund	Al_2O_3	Al 52,9	$\bar{3}2/m$
Hämatit (Eisenglanz)	Fe_2O_3	Fe 69,9	$\bar{3}2/m$
Ilmenit (Titaneisenerz)	$FeTiO_3$	Fe 36,8, Ti 31,6	$\bar{3}$
Perowskit	$CaTiO_3$		$2/m2/m2/m$
4. MO₂-Verbindungen (Rutil-Gruppe)			
Rutil	TiO_2	Ti 60,0	$4/m2/m2/m$
Kassiterit (Zinnstein)	SnO_2	Sn 78,8	$4/m2/m2/m$
Pyrolusit	MnO_2	Mn 63,2	$4/m2/m2/m$
Manganoxide mit Tunnelstrukturen			
Uraninit (Uranpecherz)	UO_2 bis U_3O_8	U 88,2–84,8	$4/m\,\bar{3}2/m$
5. Hydroxide			
Gibbsit (Hydragillit)	$\gamma\text{-}Al(OH)_3$	Al 34,6	$2/m$
Diaspor	$\alpha\text{-}AlOOH$	Al 45,0	$2/m2/m2/m$
Goethit	$\alpha\text{-}FeOOH$	Fe 62,9	$2/m2/m2/m$
Lepidokrokit (Rubinglimmer)	$\gamma\text{-}FeOOH$	Fe 62,9	$2/m2/m2/m$

Physikalische Eigenschaften	
Spaltbarkeit	nach (111) deutlich
Bruch	uneben, spröde
Härte	3½–4
Dichte	6,1
Farbe, Glanz	rot durchscheinend bis undurchsichtig, derbe Stücke metallisch grau bis rotbraun; blendeartiger Diamantglanz vorzugsweise auf frischen Bruchflächen oder auf Kristallflächen
Strich	braunrot

Vorkommen Oxidationsprodukt von sulfidischen Kupfermineralen und ged. Kupfer. *Ziegelerz* ist ein rotbraunes Gemenge aus Cuprit und anderen Cu-Mineralen mit erdigem Limonit (▸ Abschn. 7.5).

Bedeutung Cuprit ist weit verbreitet, wird jedoch nur lokal als Cu-Erzmineral abgebaut.

7.2 M₃O₄-Verbindungen

■ **Chrysoberyll**
BeAl₂O₄

Ausbildung Kristallklasse 2/m2/m2/m, Kristalle dicktafelig nach dem vorherrschenden Pinakoid {010}, das meist eine deutliche Streifung aufweist; diese Fläche kann mit dem Pinakoid {001}, den Prismen {101} und {012} sowie der rhombischen Dipyramide {111} kombiniert sein, die oft dominiert. Habitus und Flächenwinkel sind ähnlich wie bei Olivin (▸ Abschn. 11.1). Zwillinge nach {103} mit einem Winkel nahe 60° sind häufig. Durchdringen sich drei Zwillinge dieser Art, so

können scheinbar hexagonale Dipyramiden entstehen (■ Abb. 7.1a, b).

Physikalische Eigenschaften	
Spaltbarkeit	nach (001) deutlich
Bruch	muschelig
Härte	8½
Dichte	3,65–3,8
Glanz	durchsichtig bis durchscheinend, Glasglanz, auf Bruchflächen Fettglanz
Farbe	grünlich gelb bis spargelgrün, z. T. mit wogendem Lichtschein (*Chrysoberyll-Katzenauge*); die durch Cr-Einbau smaragdgrün gefärbte Varietät *Alexandrit* erscheint bei Kunstlicht häufig rot; diese Erscheinung des *Changierens* ist durch die Existenz von zwei Banden im optischen Absorptionsspektrum bedingt: Gelb und Blau werden absorbiert, Grün und Rot durchgelassen

Kristallstruktur ähnlich der Olivinstruktur (■ Abb. 11.3): Das kleine Be²⁺ bildet [BeO₄]-Tetraeder, die über alle Ecken mit kantenverknüpften [Al³⁺O₆]-Oktaedern verbunden sind. Analog zum Olivin könnte man daher die Chrysoberyll-Formel Al₂[BeO₄] schreiben.

Vorkommen *Chrysoberyll* kommt in Al-reichen Pegmatiten und in metasomatisch veränderten Karbonatgesteinen (Skarnen) vor (▸ Abschn. 23.2.6, 26.6.1). *Alexandrit* bildet sich zusammen mit Smaragd (▸ Abschn. 11.3) in sogenannten *Blackwalls*, d. h. in fast reinem Biotitschiefer, der sich durch metasomatischen Stoffaustausch im Kontaktbereich von Serpentinit mit granitoiden Gesteinen bildet (▸ Abschn. 26.6.1). Ein

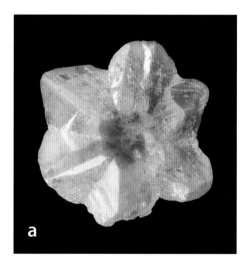

■ **Abb. 7.1** Durchdringungsdrillinge von **a** Chrysoberyll von Esperito Santo (Brasilien); **b** Alexandrit von Novello Claims (Simbabwe); letzterer wurde in Kunstlicht aufgenommen und erscheint daher rötlich braun; Sammlung H. Bank (Idar-Oberstein); Bildbreite = ca. 2 cm. (Foto: K.-P. Kelber)

seit langer Zeit berühmtes Beispiel sind die Vorkommen an der Tokowaja im Ural (Russland). Chrysoberyll kann lokal in Seifenlagerstätten konzentriert sein.

Bedeutung Chrysoberyll-Katzenauge und Alexandrit sind geschätzte Edelsteine.

7.2.1 Spinell-Gruppe

Eine große Zahl von Oxidmineralen, einige Sulfide (z. B. die Thiospinelle Linneit, Co_3S_4, und Greigit, Fe_3S_4) und zahlreiche Kunstprodukte kristallisieren in der Spinellstruktur. Diese ist sehr flexibel und kann mindestens 30 verschiedene Elemente mit Wertigkeiten von + 1 bis + 6 als Kationen aufnehmen. Kennzeichnend für die Spinellstruktur ist eine kubisch dichteste Kugelpackung der O-Ionen, in Thiospinellen der S-Ionen. In einer solchen existieren, bezogen auf 32 Sauerstoffatome (bzw. Schwefel) insgesamt 64 tetraedrische und 32 oktaedrische Lücken, von denen in der Spinellstruktur jedoch nur 8 Tetraeder- und 16 Oktaederlücken besetzt sind (◻ Abb. 7.2). Bei den *Normal-Spinellen* mit dem Formeltyp $X^{[4]}Y^{[6]}_2O_4$ werden die 8 Tetraederplätze von 2-wertigen, die 16 Oktaederplätze von 3-wertigen Kationen besetzt; natürliche Beispiele sind Chromit, $Fe^{2+}Cr^{3+}_2O_4$, Magnesiochromit, $Mg^{2+}Cr^{3+}_2O_4$, und Hercynit, $Fe^{2+}Al^{3+}_2O_4$. Bei den natürlichen *Invers-Spinellen* mit dem Formeltyp $Y^{[4]}[X^{[6]}Y^{[6]}]O_4$ dagegen werden die Tetraederplätze meist von 3-wertigen Kationen, die Oktaederplätze von 2- und 3-wertigen Kationen besetzt, z. B. Magnetit $Fe^{3+}[Fe^{2+}Fe^{3+}]O_4$, Magnesioferrit $Fe^{3+}[Mg^{2+}Fe^{3+}]O_4$ und Jacobsit $Fe^{3+}[Mn^{2+}Fe^{3+}]O_4$; der inverse Ulvöspinell hat die Strukturformel $Fe^{2+}[Ti^{4+}Fe^{2+}]O_4$.

Der Antispinell-Strukturcharakter von Magnetit lässt sich aus seinem magnetischen Moment (▶ Abschn. 1.4.4) ableiten, das am absoluten Nullpunkt (0 K) 4,07 μ_B beträgt. Wir erinnern uns, dass Fe^{2+} ein magnetisches Moment mit einem Bohr'schen Magneton von 4 μ_B, Fe^{3+} dagegen von 5 µB besitzt (◻ Tab. 1.3). Wäre Magnetit ein Normalspinell mit der Strukturformel $Fe^{2+}Fe^{3+}_2O_4$, so wären die Tetraederplätze mit 8 Fe^{2+} besetzt, deren magnetische Momente sich zu $8 \cdot 4\ \mu_B = 32\ \mu_B$ addierten; für die 16 mit Fe^{3+} besetzten Oktaederplätze ergäben sich $16 \cdot 5\ \mu_B = 80\ \mu_B$ mit entgegengesetzter Spinrichtung. Aus der Differenz würde sich ein gesamtes magnetisches Moment von 48 μ_B oder – bezogen auf 4 Sauerstoff – 6 μ_B, d. h. ein viel zu hoher Wert errechnen. Fasst man dagegen Magnetit als Invers-Spinell mit der Strukturformel $Fe^{3+}[Fe^{2+}Fe^{3+}]O_4$ auf, so erhält man für die Tetraederplätze $8 \cdot 5\ \mu_B = 40\ \mu_B$, für die Oktaederplätze $8 \cdot 4\ \mu_B + 8 \cdot 5\ \mu_B = 72\ \mu_B$. Als Differenz ergibt sich dann ein theoretischer Wert von 32 μ_B bzw. 4 μ_B, der dem gemessenen magnetischen Moment sehr nahekommt.

Viele Spinelle sind wahrscheinlich Übergangstypen zwischen der normalen und der inversen Kationenverteilung, so ist Spinell (sensu stricto), $MgAl_2O_4$, zu etwa 7/8 ein Invers-Spinell. Im Folgenden werden daher nur die vereinfachten Mineralformeln angegeben. Als zweiwertige Kationen können sich in den natürlichen Spinellen Mg^{2+}, Fe^{2+}, Zn^{2+} oder Mn^{2+}, als dreiwertige Kationen Al^{3+}, Fe^{3+}, Mn^{3+} oder Cr^{3+} gegenseitig diadoch ersetzen. Dabei besteht eine vollkommene Mischbarkeit zwischen den zweiwertigen, eine nur wenig vollkommene zwischen den dreiwertigen Kationen. Die vielfältige Diadochie äußert sich in den sehr verschiedenen physikalischen Eigenschaften dieser Mineralgruppe. Bei Syntheseprodukten mit Spinellstruktur werden die chemischen Zusammensetzungen der Mischkristalle gezielt variiert, um erwünschte technische Eigenschaften zu erzielen oder zu optimieren (*„material design"*).

Nach der chemischen Zusammensetzung unterscheidet man:

- Aluminatspinelle, z. B. Spinell, $MgAl_2O_4$, Hercynit, $Fe^{2+}Al_2O_4$, Gahnit, $ZnAl_2O_4$, Galaxit, $MnAl_2O_4$;
- Ferritspinelle, z. B. Magnetit, $Fe^{2+}Fe^{3+}_2O_4$, Magnesioferrit, $MgFe^{3+}_2O_4$, Jakobsit, $MnFe^{3+}_2O_4$, Ulvöspinell, $Fe^{2+}_2TiO_4$, Franklinit $ZnFe^{3+}_2O_4$;
- Chromitspinelle, z. B. Chromit, $Fe^{2+}Cr_2O_4$, Magnesiochromit $MgCr_2O_4$.

Die im Folgenden angegebenen Dichtewerte beziehen sich jeweils auf die reinen Endglieder (Deer et al. 2013).

■ **Gewöhnlicher Spinell**
$MgAl_2O_4$

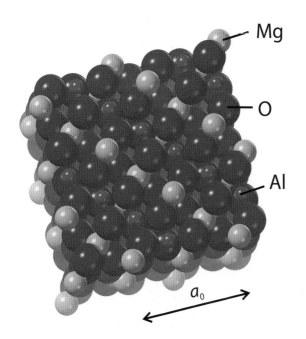

◻ **Abb. 7.2** Spinellstruktur; kubisch dichte Kugelpackung von Sauerstoff mit teilweiser Füllung der tetraedrischen und oktaedrischen Lucken

Ausbildung Kristallklasse wie bei allen Spinellen 4/m$\bar{3}$2/m, Kristalle meist oktaedrisch ausgebildet, seltener Kombinationen mit Rhombendodekaeder und Trisoktaeder, häufig verzwillingt nach (111), dem sogenannten *Spinellgesetz;* vielfach körnig.

Physikalische Eigenschaften	
Spaltbarkeit	nach (111) unvollkommen
Bruch	muschelig
Härte	7½–8
Dichte	3,55
Farbe	in vielen Farben; durch Spuren von Cr sind Farbvarietäten von Edelsteinqualität häufig rot, seltener blau oder grün
Glanz, Transparenz	meist Glasglanz; durchsichtig bis durchscheinend

Vorkommen Überwiegend in metamorphen Gesteinen, sekundäre Anreicherung in Seifen.

Bedeutung Der tiefrot gefärbte edle Spinell ist ein wertvoller Edelstein. Nach dem Schmelztropfverfahren des französischen Chemikers Verneuil lassen sich birnenförmige Spinell-Einkristalle in allen Farben synthetisieren.

■ **Weitere Aluminatspinelle**

Hercynit, Fe^{2+}Al$_2$O$_4$: H 7½–8, D 4,4; Farbe schwarz, Strich dunkel graugrün; Vorkommen: zusammen mit Titanomagnetit in magmatischen Erzlagerstätten oder mit Korund in Al-reichen metamorphen Gesteinen, z. B. in Schmirgellagerstätten.

Pleonast, (Mg,Fe^{2+})(Al,Fe^{3+})$_2$O$_4$ ist ein schwarzer Fe-reicher Spinell, in dünnen Splittern grün durchscheinend.

Gahnit, ZnAl$_2$O$_4$: H 7½–8, D 4,6; Farbe dunkel gelbbraun, dunkel blaugrün oder schwarz, durchscheinend, Strich grau; Vorkommen: in metamorphen Gesteinen und Erzlagerstätten, in Pegmatiten und Graniten.

Galaxit, MnAl$_2$O$_4$: H 7½, D 4,0; schwarz, in Splittern und im Strich rötlich braun; Vorkommem: in metamorphen Gesteinen und Manganlagerstätten.

■ **Magnetit (Magneteisenerz)**
Fe^{2+}Fe^{3+}$_2$O$_4$

Ausbildung Kristallklasse 4/m$\bar{3}$2/m; die kubischen Kristalle weisen vorwiegend das Oktaeder {111} auf (◻ Abb. 2.10), seltener das Rhombendodekaeder {110} oder Kombinationen zwischen beiden. Zwillinge nach dem Spinellgesetz sind möglich. Sonst bildet Magnetit meist derb-körnige massige Aggregate oder kommt als akzessorischer Gemengteil in vielen verschiedenen Gesteinen vor. *Martit* ist eine Pseudomorphose von Hämatit nach Magnetit.

Physikalische Eigenschaften	
Spaltbarkeit	nach (111) unvollkommen
Bruch	muschelig, spröde
Härte	5½
Dichte	5,2
Farbe, Glanz	schwarz bis bräunlich schwarz, bisweilen blaugraue Anlauffarben, opak mit stumpfem Metallglanz
Strich	schwarz
Besondere Eigenschaft	stark ferromagnetisch mit einer Curie-Temperatur von 578°C (▶ Abschn. 1.4.4)

Chemismus Theoretischer Fe-Gehalt kann bis zu 72,4 % betragen, doch wird Fe^{2+} gewöhnlich durch etwas Mg oder Mn^{2+}, Fe^{3+} durch Al, Cr, Mn^{3+} oder Ti^{4+}+Fe^{2+} ersetzt. Bei Abkühlung von Ti-reichem Magnetit (*Titanomagnetit*) entmischt sich die Ulvöspinell-Komponente; dabei kommt es oft zur Ausscheidung von Ilmenit-Lamellen parallel zu {111} nach der Oxidationsreaktion

$$3\,\underset{\text{Ulvöspinell}}{Fe_2^{2+}TiO_4} +1/2O_2 \leftrightarrow 3\,\underset{\text{Ilmenit}}{Fe^{2+}TiO_3} + \underset{\text{Magnetit}}{Fe^{2+}Fe^{3+}{}_2O_4} \quad (7.1)$$

Bei sehr schneller Abkühlung in vulkanischen Gesteinen unterbleibt diese Entmischung aber häufig.

Vorkommen In vielen Gesteinen ist Magnetit akzessorischer Gemengteil. Als Differentiationsprodukt basischer Magmatite bildet Magnetit, besonders Titanomagnetit, bedeutende *magmatische Eisenerzlagerstätten* (▶ Abschn. 21.2.2) und kann in *Skarnen* durch kontaktmetasomatische Verdrängung von Karbonatgesteinen angereichert sein (▶ Abschn. 23.2.6). In *Bändereisenerz* (BIF), bildet sich Magnetit metamorph aus anderen Fe-Mineralen gemeinsam mit, oder anstelle von Hämatit (▶ Abschn. 25.4.2). Magnetit und der mit ihm isostrukturelle Thiospinell *Greigit*, Fe^{2+}Fe$_2^{3+}$S$_4$, werden in die Zellen von *magnetotaktischen Bakterien* eingebaut und bildet so Organellen, sogenannte *Magnetosomen*. Daraus resultiert die Fähigkeit dieser Bakterien, sich im Magnetfeld der Erde auszurichten und entlang der Feldlinien zu wandern. *Greigit* kristallisiert sedimentär in sauerstofffreiem (anaerobem) Milieu und kann als Vorläuferphase für die sedimentäre Bildung von Pyrit dienen.

Wirtschaftliche Bedeutung Magnetit und Titanomagnetit können wichtige Erzminerale in Fe- und Ti-Lagerstätten sein.

Geologische Bedeutung Das Vorkommen von Magnetit in magmatischen und metamorphen Gesteinen ermöglicht *paläomagnetische* Untersuchungen; so sind die Streifenmuster am Ozeanboden, durch die man das *sea-floor spreading* erkannt hatte, durch den Magnetitgehalt in ozeanischen Basalten bedingt.

Beim Erstarren von basaltischer Lava werden Magnetit-Kriställchen, die in der kristallisierenden Lava fein verteilt sind, unter ihre Curie-Temperatur von 578°C abgekühlt. Sie gehen vom paramagnetischen in den ferromagnetischen Zustand über, wobei sich die Fe^{2+}- und Fe^{3+}-Kationen mit ihren vier bzw. fünf ungepaarten 3d-Elektronen parallel ausrichten (vgl. ▶ Abschn. 1.4.4), und zwar zunächst in einzelnen Domänen der Kristallstruktur. Unter der äußeren Einwirkung des Erdmagnetfeldes werden die magnetischen Momente der Magnetite im gesamten Lavastrom parallel ausgerichtet. Durch diese *thermoremanente Magnetisierung* können die Orientierung des Erdmagnetfeldes sowie die Inklination – und damit die geographische Breite – zum Zeitpunkt der vulkanischen Förderung abgelesen werden. Voraussetzung hierfür ist allerdings, dass der Magnetit führende Basalt nicht zu einem späteren Zeitpunkt wieder über die Curie-Temperatur aufgeheizt wurde. Wird z. B. im Zuge einer Gesteinsmetamorphose (▶ Kap. 26) der Basalt in Amphibolit umgewandelt, so spiegeln die Magnetit-Kriställchen den magnetischen Zustand zum Zeitpunkt der erneuten Abkühlung auf unter 573°C nach dem Höhepunkt des metamorphen Ereignisses wider.

Darüber hinaus ermöglichen auch Sedimente mit magnetotaktischen Bakterien paläomagnetische Messungen.

▪ Weitere Ferritspinelle

Magnesioferrit, $MgFe^{3+}_2O_4$; H 5½–6½, D 4,5; Farbe schwarz, Metallglanz, Strich dunkelrot. Vorkommen: Durch Fumarolentätigkeit werden kleine oktaedrische Kristalle, die orientiert mit Hämatit verwachsen sind, auf Vulkanflanken abgeschieden, z. B. am Vesuv und auf der Insel Stromboli (Italien).

Jakobsit, $MnFe^{3+}_2O_4$; H 5½–6½, D 4,9; Farbe schwarz, Strich rötlich schwarz; Vorkommen: als Erzmineral in metamorphen Manganlagerstätten, z. B. in der südlichen Kalahari (Nordwest-Provinz, Südafrika) sowie in den auflässigen Mn-Lagerstätten von Jakobsberg und Långban (Mittelschweden).

Ulvöspinell, $Fe^{2+}_2TiO_4$. Vorkommen: meist bildet sich Ulvöspinell durch Entmischung aus Titanomagnetit, wird jedoch gewöhnlich nach der Oxidationsreaktion (7.1) durch Ilmenit (+ Magnetit) verdrängt.

Franklinit, $ZnFe^{3+}_2O_4$; H 6–6½, D 5,35; Farbe schwarz, Strich rötlich braun bis schwarz, stumpfer Metallglanz, opak; Vorkommen: in metamorphen Zn-Mn-Fe-Lagerstätten, z. B. in der Typlokalität, den auflässigen Gruben von Franklin Furnace (New Jersey, USA), wo mehr als 300 unterschiedliche Minerale gefunden wurden.

▪ Chromit (Chromeisenerz)

$FeCr_2O_4$

Ausbildung Kristallklasse $4/m\bar{3}2/m$; gewöhnlich körnig-kompaktes Erz, sogenannten Chromeisenstein bildend, auch eingesprengt in ultramafischen Gesteinen; nur ganz selten treten kleine kubische Kristalle nach {111} auf.

Physikalische Eigenschaften	
Spaltbarkeit	fehlt
Bruch	muschelig, spröde
Härte	5½
Dichte	$FeCr_2O_4$ 5,1, $MgCr_2O_4$ 4,5
Farbe, Glanz	schwarz bis bräunlich-schwarz, fettiger Metallglanz bis halbmetallischer Glanz, in dünnen Splittern braun durchscheinend
Strich	dunkelbraun

Chemismus Variable Zusammensetzung, bis maximal 46,5 % Cr; die vollständige Mischkristallbildung mit Magnesiochromit, $MgCr_2O_4$, sowie dem Mg-Cr-führenden Aluminatspinell Hercynit führt zu *Picotit*, $(Mg,Fe^{2+})(Cr,Al,Fe^{3+})_2O_4$.

Vorkommen Ähnlich wie Titanomagnetit kristallisiert Chromit aus (ultra-)basischen Magmen und bildet wichtige *magmatische Cr-Lagerstätten* (▶ Abschn. 21.2.1). *Stratiforme* Chromit-Lagerstätten sind an lagige Intrusionskörper („*layered intrusions*") gebunden, die aus Norit und/oder Gabbro und unterschiedlichen ultramafischen Gesteinen und Anorthosit aufgebaut sind. In diesen bilden sie Chromit-reiche Lagen und Segregationen (▶ Abschn. 21.2.1). So wurden z. B. im Bushveld-Komplex, Südafrika, im Jahr 2019 ca. 17 Mt Chromit, d. h. 39 % der Weltproduktion gefördert. *Podiforme* oder *alpinotype* Chromit-Lagerstätten bilden, verteilt oder in Lagen angereichert, Schlieren oder kokardenförmige Aggregate in ultramafischen Gesteinen von *Ophiolithkomplexen*, d. h. in obduzierten Spänen ozeanischer Lithosphäre (▶ Abschn. 29.2.1). Sekundär kann Chromit als Seifenmineral angereichert sein, gelegentlich zusammen mit gediegen Platin.

Bedeutung Chromit ist das einzige wirtschaftlich wichtige Cr-Erzmineral. Im Jahr 2020 betrug die Weltförderung an Chromit ca. 40 Mt (etwa 10 % weniger als in 2019, bedingt durch die Covid19-Pandemie); die führenden Produzenten waren Südafrika (16 Mt), Kasachstan (6,7 Mt), Türkei (6,3 Mt), und Indien (4 Mt).

Verwendung Cr ist ein wichtiger *Stahlveredler* und wird meist als Halbfertigprodukt Ferrochrom, eine Cr-Fe-Legierung, gewöhnlich mit 50–70 % Cr, gehandelt, die man im Elektroschmelzofen aus Chromit gewinnt. *Chromstähle* sind Legierungen von Cr und Fe, die sich durch hohe Korrosionsbeständigkeit und Härte auszeichnen und für die 85 % der Jahresproduktion an

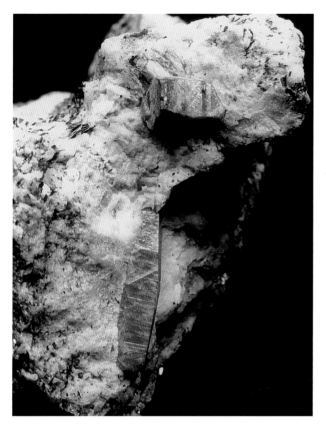

◘ **Abb. 7.3** Korundkristalle (Varietät Rubin) in Gneis von Morogoro, Tansania; Bildbreite = ca. 8 cm. (Foto: Rainer Altherr)

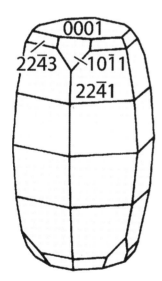

◘ **Abb. 7.4** Flächenkombination von Korund: Dipyramiden unterschiedlicher Steilheit, so $\{22\bar{4}3\}$, $\{22\bar{4}1\}$ und die dominierende hochindizierte Form $\{99\,\overline{18}\,2\}$, ferner Rhomboeder $\{10\bar{1}1\}$, Basispinakoid $\{0001\}$

nisch verchromt. Schnellarbeitsstähle enthalten 3–5 % Cr, während die Cr-Ni-Superlegierung *Inconel*, die der Herstellung von Düsentriebwerken und Gasturbinen dient, hauptsächlich aus Ni und zu 18,6 % aus Cr besteht. Feuerfeste *Chromit-Magnesit-Steine* dienen in erster Linie dem Bau von Gebläseöfen, Cr-Salze als Pigmente in Farben und Lacken, zum Gerben von Leder, als Holzschutzmittel und als Katalysatoren.

Schon unter der chinesischen Qin-Dynastie (221–206 v. Chr.) wurde Cr zum Verchromen von Metallwaffen eingesetzt. In der westlichen Welt wurde Cr jedoch erst 1761 entdeckt, nachdem man das Mineral Krokoit (Rotbleierz), PbCrO$_4$, als rotes Pigment verwendet hatte. 1797 gelang Louis Nicolas Vauquelin (1763–1829) als Erstem die Herstellung von metallischem Cr.

7.3 M$_2$O$_3$-Verbindungen

In den M$_2$O$_3$-Verbindungen bilden die O-Ionen eine (annähernd) hexagonal dichteste Kugelpackung. In ihr besetzen die Kationen, z. B. Al^{3+}, Fe^{3+} oder Ti^{4+}, 2/3 der dazwischenliegenden oktaedrischen Lücken, in denen sie jeweils 6 O als nächste Nachbarn haben.

▪ **Korund**
Al$_2$O$_3$

Ausbildung Kristallklasse $\bar{3}2/m$, Kristalle zeigen prismatischen, tafeligen oder rhomboedrischen Habitus. Häufig treten verschieden steile Dipyramiden $\{22\,\bar{4}\,3\}$, $\{11\,\bar{2}1\}$, $\{22\,\bar{4}\,1\}$ und die hochindizierte Form $\{99\,18\,2\}$ gemeinsam auf, wodurch charakteristische tonnenförmig gewölbte Kristallformen entstehen (◘ Abb. 7.3, 7.4). Nicht selten kommen große Kristalle vor, die von unebenen und rauhen Flächen begrenzt sind. Die meisten Kristalle zeigen Anwachsstreifen und Lamellenbau, bedingt durch polysynthetische Verzwillingung nach $\{10\bar{1}1\}$ und $\{0001\}$. Gewöhnlich tritt Korund in derben, körnigen Aggregaten auf, gesteinsbildend im *Schmirgel* oder als akzessorischer Gemengteil in manchen SiO$_2$-untersättigten Gesteinen.

Physikalische Eigenschaften	
Spalt-barkeit	Absonderung nach den oben genannten Anwachsstreifen // (0001) und ((10$\bar{1}$1))
Bruch	muschelig
Härte	9, außerordentlich hart (Standardmineral der Mohs-Skala)
Dichte	4,0

Cr genutzt werden. Rostfreier Stahl enthält gewöhnlich 13–25 % Cr und etwas Ni. Als Korrosionsschutz werden die Oberflächen von Eisen oder Stahl galva-

Physikalische Eigenschaften

Farbe	farblos bis gelblich/bläulich grau bei sog. gemeinem Korund; als farbgebende Spurenelemente enthält die rote Varietät *Rubin* Cr^{3+} oder V^{3+}, der blaue *Saphir* $Fe^{2+} + Ti^{4+}$ oder $Fe^{2+} + Fe^{3+}$, während gelblich roter *Padparadscha* seine Farbe Cr^{3+} und Gitterbaufehlern verdankt. Zusätzliche Farbvarietäten von Korund werden ebenfalls als Saphir bezeichnet: So gehen grüne bis gelblich grüne Farben auf Spuren von Fe^{3+}, rosa auf Ti^{3+} und gelbe Farben auf Fe^{3+} plus Gitterdefekte zurück (Schmetzer und Bank 1981). Eine farblose Varietät ist der *Leukosaphir*. In *Sternsaphiren* und *Sternrubinen* erzeugen orientiert eingewachsene Rutil-Nädelchen oder Hämatit-Plättchen einen sternförmigen Lichtschein, den *Asterismus;* dieser ist am besten in rundlich geschliffenen Steinen (Cabochons) sichtbar, deren Basis senkrecht zur optischen Achse geschnitten ist
Glanz	Diamantglanz bis Glasglanz; kantendurchscheinend; edler Korund ist durchscheinend bis durchsichtig

Kristallstruktur Die Korundstruktur besteht aus einer hexagonal dichtesten Sauerstoffpackung, in der 2/3 der oktaedrischen Lücken mit Al besetzt sind. In ◘ Abb. 7.5a, b erkennt man $Al-O_3-Al$-Baueinheiten, die alle Ecken und die Mitte der rhomboedrischen Einheitszelle besetzen.

Chemismus Obwohl die farbgebenden Kationen, die Al^{3+} diadoch ersetzen können, meist nur in geringer Menge (<1 Gew.-%) beteiligt sind, wurden auch Korunde mit ungewöhnlich hohen Gehalten von bis zu ~9 % Fe_2O_3 oder ~13 % Cr_2O_3 beschrieben (Deer et al. 2013).

Vorkommen Akzessorisch findet man Korund besonders in Pegmatiten, ferner in kontakt- oder regionalmetamorphen, sehr Al-reichen Sedimentgesteinen. So entstanden die korundreichen *Schmirgel* (insbesonders auf der Kykladen-Insel Naxos) durch die metamorphe Überprägung von Bauxit. Die edlen Varietäten Rubin und Saphir finden sich in metamorphen Kalksteinen (z. B. im Hunzatal, Kaschmir) und Dolomiten, seltener auch in Gneisen (z. B. die Rubine von Morogoro, Tansania, ◘ Abb. 7.3). Der attraktive Rubin-Zoisit-Amphibolit von Longido (Tansania) wird poliert als Dekorationsstein gehandelt. Wirtschaftlich wichtiger ist das Vorkommen in Edelsteinseifen, in denen Rubin und Saphir wegen ihrer Härte und Verwitterungsbeständigkeit sekundär angereichert werden. Die klassischen Rubin-Lagerstätten im Raum Mogok (Burma = Myanmar) stehen vermutlich seit Jahrhunderten im Abbau und liefern Rubin von Spitzenqualität mit der berühmten „taubenblutroten" Farbe.

Ein weiteres burmesisches Vorkommen bei Möng-Hsu wird seit den frühen 1990er-Jahren abgebaut, erbringt aber nur Korund, der wegen seiner wenig ansprechenden Blaufärbung unverkäuflich ist und durch thermische Behandlung in Rubin umgewandelt werden muss (Rossman 2009).

Wichtige Seifenlagerstätten für Rubin und Saphir liegen in Thailand und in Sri Lanka. Seit 2007 werden große Rubin-Lagerstätten abgebaut, die unter dem zurückschmelzenden Eis von Grönland entdeckt wurden.

Korund als Rohstoff und Edelstein Korund findet wegen seiner großen Härte Verwendung als *Schleifmittel* (Korundschleifscheiben, Schleifpulver, Schmirgelpapier). Anstelle des natürlichen Korunds wird heute körniger Korund durch elektrisches Schmelzen tonerdereicher Gesteine, insbesondere von Bauxit, hergestellt. Allerdings wird Korund schon seit einiger Zeit zunehmend durch das härtere Carborundum, SiC, ersetzt.

Die edlen Varietäten *Rubin* und *Saphir* sind wertvolle Edelsteine. Sie werden mit allen Eigenschaften natürlicher Steine seit Langem nach dem Schmelztropfverfahren von Verneuil synthetisch hergestellt (► Abschn. 2.4.3). Bei diesem großindustriellen Verfahren können in beliebiger Menge und Farbe birnenförmige Einkristalle bis zu etwa 6–8 cm Länge gezüchtet werden. Ihr Preis ist deutlich niedriger als der natürlicher Steine gleicher Qualität.

So erzielte 2006 im Auktionshaus Christie's ein burmesischer Rubin von 8,62 Karat (= 1,72 g) den Rekordpreis von 3,6 Mio. US $, was einem Karat-Preis von 420.000 US $ entspricht! Demgegenüber ist ein synthetischer Verneuil-Rubin von gleicher Qualität und einem Gewicht von 6 Karat (= 1,2 g) schon für 650 US $ per Karat zu haben (Kane 2009). Wesentlich teurer ist die Herstellung von Rubin und Saphir durch Hydrothermalsynthese oder im Flussmittelverfahren (vgl. ► Abschn. 2.4.3), bei denen zudem nur wesentlich kleinere Kristalle gezüchtet werden können.

Die Jahresproduktion von Verneuil-Korunden liegt bei etwa 900 t. Industriell hergestellte Korunde finden nicht nur in der Schmuckindustrie Verwendung, sondern in zunehmendem Maße auch in der elektronischen und optischen Industrie sowie in der Medizintechnik, z. B. als Rubinlaser.

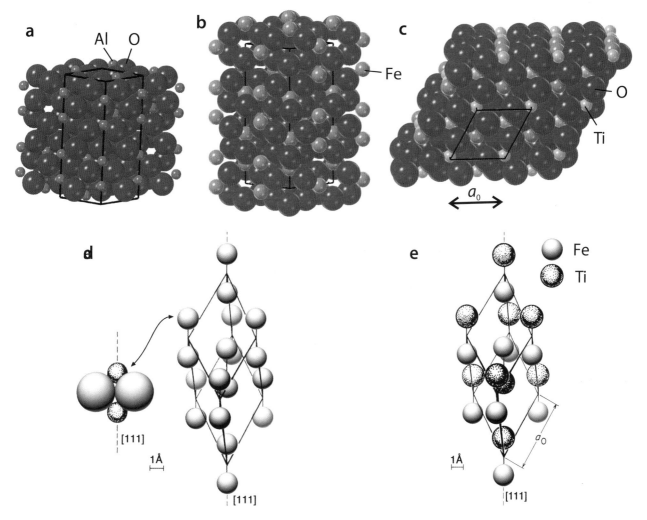

Abb. 7.5 Kristallstrukturen von **a** Korund und **b** Hämatit mit Baueinheiten Al-O₃-Al bzw. Fe-O₃-Fe; **c** Ilmenitstruktur: entspricht der Korund- bzw. Hämatitstruktur, setzt sich aber aus Fe-O₃-Ti-Baueinheiten zusammen. Fe und Ti bilden alternierende Kationenlagen; **d** *links:* Darstellung eines Sauerstoff-Tripletts Al-O₃-Al oder Fe^{3+}-O3-Fe^{3+}, *rechts:* vereinfachte Darstellung der rhomboedrischen Einheitszelle von Korund bzw. Hämatit ohne Sauerstoff-Tripletts; **e** vereinfachte Darstellung der Ilmenitstruktur ohne Sauerstoff-Tripletts

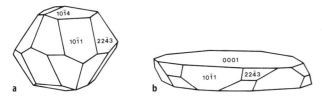

Abb. 7.6 Tracht und Habitus bei Hämatit: **a** vorherrschend Rhomboeder $\{10\bar{1}1\}$, $\{10\bar{1}4\}$ und Skalenoeder $\{22\bar{4}3\}$; **b** tafelig nach dem Basispinakoid $\{0001\}$

- **Hämatit (Eisenglanz, Roteisenerz)**

Fe₂O₃

Ausbildung Kristallklasse $\bar{3}2/m$ wie Korund. Hämatit kommt in rhomboedrischen, bipyramidalen und tafeligen Kristallen vor, die oft außerordentlich formenreich sind (■ Abb. 7.6, 7.7). Als Flächen treten besonders die Rhomboeder $\{10\bar{1}1\}$ und $\{10\bar{1}4\}$ und ein hochindiziertes ditrigonales Skalenoeder $\{22\bar{4}3\}$ auf. Infolge polysynthetischer Verzwilligung nach dem Rhomboeder $\{10\bar{1}1\}$ sind die Basisflächen $\{0001\}$ gewöhnlich mit einer Dreiecksstreifung versehen. Der Formenreichtum der Hämatitkristalle geht auf unterschiedliche Bildungsbedingungen zurück. Bei niedriger Temperatur herrscht z. B. dünntafeliger Habitus vor. Noch niedriger sind die Temperaturen für die aus Gelen entstandenen nierig-traubigen Formen mit radial-stängeligem bis radialstrahligem Aufbau anzusetzen. Mit ihrer stark glänzenden Oberfläche werden sie als *Roter Glaskopf* bezeichnet. Verbreitet tritt Hämatit besonders in derben, körnigen, blättrig-schuppigen oder auch dichten sowie erdigen Massen auf. Solche tonhaltigen erdigen Massen bezeichnet man als *Rötel,* sie wurden früher als Farberde verwendet.

Physikalische Eigenschaften

Strich	auch schwarze Kristalle besitzen stets einen kirschroten, bei beginnender Umwandlung in Limonit auch rotbraunen Strich

Kristallstruktur und Chemismus Gleicher Strukturtyp wie Korund mit Fe^{3+}-O_3-Fe^{3+}-Baueinheiten (◘ Abb. 7.5a, b, d), wobei zwischen beiden Mineralen keine Mischkristalle existieren. Maximal möglicher Fe-Gehalt ist 69,9 %, jedoch meist geringe Gehalte an Mg, Mn und Ti. Bei Temperaturen von > 950°C bildet Hämatit eine lückenlose Mischkristallreihe mit Ilmenit. Bei langsamer Abkühlung entmischen sich Ilmenit-Lamellen parallel zu (0001).

Vorkommen Zusammen mit Magnetit, Siderit und/oder Fe-Silikaten bildet Hämatit den Hauptgemengteil der *Bändereisenerze* („*banded iron formation*", BIF), wie Itabirit, Jaspilit oder Taconit sowie von phanerozoischen Eisensteinen (▶ Abschn. 25.4.2). Weiter ist Hämatit ein häufiger Nebengemengteil in metamorphen, seltener auch in magmatischen Gesteinen und tritt in hydrothermalen Adern auf. Er bildet sich als vulkanisches Exhalationsprodukt und durch metasomatische Reaktionen mit Kalksteinen, so in den berühmten Vorkommen auf der Insel Elba (Italien). Durch sekundäre Alteration wird Magnetit in *Martit*, d. h. in Pseudomorphosen aus lamellarem Hämatit umgewandelt. Durch Verwitterung von Hämatit entsteht allmählich *Limonit*.

Wirtschaftliche Bedeutung Hämatit ist ein wichtiges Eisenerz zur Produktion von Stahl und Gusseisen. Darüber hinaus wird Roteisen als Pigment und Polierrot verwendet. *Rötel* ist ein Gemenge aus Ton und Hämatit, das bei Naturvölkern zur Körperbemalung, in der Kunst zum Zeichnen und Malen verwendet wird. Viele der prähistorischen Höhlenmalereien, z. B. von Altamira in Nordspanien, wurden aus Mischungen mit Rötel geschaffen.

◘ **Abb. 7.7** Kristallgruppe von Hämatit in tafeliger Ausbildung (Eisenrose); neben dem vorherrschenden Basispinakoid {1000} treten schmale, steile Rhomboederflächen {10$\bar{1}$1} auf; Ouro Preto (Brasilien). Bildbreite = ca. 5 cm. Mineralogisches Museum der Universität Würzburg.

Physikalische Eigenschaften

Spaltbarkeit	die Ablösung nach (0001) infolge Translation wird besonders bei dünntafelig-blättrigem Hämatit (nicht ganz glücklich auch als Eisenglimmer bezeichnet) angetroffen. Ablösung auch nach Gleitzwillingsebenen // (10$\bar{1}$1)
Bruch	muschelig, spröde
Härte	5–6½
Dichte	5,25
Farbe, Glanz	in dünnen Blättchen rot durchscheinend, als rot färbendes Pigment zahlreicher Minerale und Gesteine; Kristalle rötlich grau bis eisenschwarz, mitunter bunte Anlauffarben; Kristalle und Kristallaggregate besitzen Metallglanz und sind opak, die dichten und erdig-zerreiblichen Massen, Rötel oder roter Ocker benannt, sind rot gefärbt und unmetallisch

■ **Ilmenit (Titaneisenerz)**
$FeTiO_3$

Ausbildung Kristallklasse $\bar{3}$; trigonal-rhomboedrische Kristalle mit wechselnder Ausbildung, rhomboedrisch bis dicktafelig (keine Skalenoeder oder hexagonale Dipyramiden wie bei Hämatit); polysynthetische Verzwillingung nach {10$\bar{1}$1} ähnlich wie bei Hämatit; in vielen magmatischen und metamorphen Gesteinen tritt Ilmenit in isolierten Körnern als akzessorischer Gemengteil auf, während er in Ti-Lagerstätten in bauwürdigen Mengen zu massigen Kornaggregaten oder sedimentär zu Ilmenit-Seifen angereichert sein kann.

Physikalische Eigenschaften	
Spaltbarkeit	fehlt, jedoch wie bei Hämatit Teilbarkeit nach (10$\bar{1}$1) durch lamellaren Zwillingsbau
Bruch	muschelig, spröde
Härte	6
Dichte	4,7–4,8, mit Fe$_2$O$_3$ Gehalt ansteigend, bedingt durch die höhere Bildungstemperatur
Farbe	braunschwarz bis stahlgrau
Glanz, Transparenz	nur auf frischem Bruch Metallglanz, sonst matt; in dünnen Splittern braun durchscheinend, sonst opak
Strich	schwarz, fein zerrieben dunkelbraun

Kristallstruktur und Chemismus Die Kristallstruktur von Ilmenit ist derjenigen des Korunds und des Hämatits sehr ähnlich. Gegenüber der Korundstruktur werden in der Ilmenitstruktur die Plätze des Al^{3+} abwechselnd von Fe^{2+} und Ti^{4+} eingenommen (◻ Abb. 7.5c, e). Ein derartiger Ersatz durch ungleichartige Atome führt zur Herabsetzung der Symmetrie. Obwohl Ilmenit ausgedehnte Mischkristallreihen mit *Geikelith*, MgTiO$_3$, (bis zu 70 Mol-%) und *Pyrophanit*, MnTiO$_3$, (bis zu 64 Mol-%) bildet, sind die Mg- und Mn-Gehalte in natürlichen Ilmeniten meist viel geringer. Die Mischbarkeit zwischen Ilmenit und Hämatit ist nur bei hoher Temperatur (> 950°C) unbeschränkt. Bei langsamer Abkühlung bilden sich im Ilmenit Entmischungslamellen von Hämatit entlang (0001).

Vorkommen Ilmenit ist ein weitverbreiteter akzessorischer Gemengteil in vielen magmatischen und metamorphen Gesteinen und kann an Meeresküsten sekundär zu Ilmenitsanden angereichert sein. Magmatische Differentiaton kann zur Bildung bauwürdiger Ti-Lagerstätten führen, die besonders an Anorthositmassive gebunden sind, so in Tellnes (Norwegen) und Allard Lake (Quebec, Kanada) (► Abschn. 21.2.2).

Wirtschaftliche Bedeutung Ilmenit ist ein wichtiges Ti-Erzmineral. 2020 wurden weltweit ca. 7,6 Mio. t Ilmenit und 0,6 Mio. t Rutil gefördert; die Hauptförderländer von Ilmenit waren China (2,3 Mt), Südafrika (1000 kt), Australien (800 kt), Kanada (680 kt) und Mosambik (600 kt) (U.S. Geological Survey 2021).

Titan als metallischer Rohstoff Wegen ihrer exzellenten Korrosionsbeständigkeit, seines hohen Festigkeits/Dichte-Verhältnisses und seiner günstigen mechanischen Eigenschaften nehmen Ti-Metall und Ti-Legierungen mit Fe, Al, V, Mo, Ni und Zr ein weites Feld praktischer Anwendungen ein, insbesondere als Ti-haltige Spezialstähle und Legierungen mit Fe in der Luft- und Raumfahrt, z. B. für die Herstellung von Düsentriebwerken, Raketen und Raumsonden, in der Meerestechnologie und für hochwertige Gebrauchsgüter, z. B. für Sportgeräte. Da Ti-Metall extrem biokompatibel ist, stellt es die erste Wahl für die Herstellung chirurgischer Instrumente sowie orthopädischer und Zahn-Implantate dar. Die Fe-Ti-Legierung Ferrotitan wird als rostfreier Stahl eingesetzt. Allerdings dienen 95 % des weltweit geförderten Ti-Erzes zur industriellen Herstellung von *Titanweiß*, TiO$_2$, eine Farbe von außergewöhnlicher Deckkraft, die meist aus synthetischem *Rutil*, seltener *Anatas* besteht (s. Rutil), sowie von Glasuren. Als Eisenerz sind Ilmenit-führende Erze nicht geschätzt, weil die Schlacke bei der Verhüttung des Erzes Titan enthält, was sie sehr viskos macht.

▪ **Perowskit**

CaTiO$_3$

Ausbildung Kristallklasse 2/m2/m2/m, aber nur wenig von der kubischen Symmetrie abweichend, würfelige, oktaedrische oder skelettförmig verzweigte Kristalle; lamellare Durchdringungszwillinge nach {110} und {112} sind häufig.

Physikalische Eigenschaften	
Spaltbarkeit	(100), ziemlich deutlich, untergeordnet auch nach (010), (001)
Bruch	muschelig
Härte	5½
Dichte	4,0–4,85
Farbe, Glanz	undurchsichtig bis durchscheinend, schwarz, rötlich braun, orangegelb oder honiggelb, Diamantglanz bis Metallglanz, gelegentlich trüb
Strich	grauweiß bis farblos

Kristallstruktur Perowskit bildet einen mineralogisch wie technisch sehr wichtigen Strukturtyp, der durch sehr hohe Packungsdichte gekennzeichnet ist (◻ Abb. 7.8). Titan ist oktaedrisch, also mit 6 Sauerstoff koordiniert; in den Lücken zwischen den eckenverknüpften TiO$_6$-Oktaedern sitzt das große Ca, das jeweils von 12 Sauerstoff umgeben ist. Im Gegensatz zur idealen kubischen Struktur sind die TiO_6-Oktaeder etwas verkippt, was zur orthorhombischen Symmetrie führt. Demgegenüber können *synthetische Verbindungen* kubisch, tetragonal oder auch orthorhombisch sein, je nach der genauen Orientierung der Tetraeder. In diesen synthetischen Strukturen können die großen Plätze X von über 20 Kationen wie Ca^{2+}, Ba^{2+}, Pb^{2+}, K^+, die der kleinen Plätze von fast 50 Kationen wie Ti^{4+}, Zr^{4+}, Sn^{4+}, Nb^{5+}, Ga^{3+} eingenommen werden.

Chemismus Natürlicher Perowskit kann beachtliche Mengen an Seltenen Erdelementen oder Alkalimetallen anstelle von Ca, sowie Nb anstelle von Ti einbauen.

Vorkommen Akzessorisch kommt Perowskit in alkalireichen Magmatiten, in Karbonatiten, Kimberliten und Pyroxeniten vor und kann lokal zu bauwürdigen Ti-Lagerstätten angereichert sein, z. B. in Bagagem, Brasilien. Perowskit bildet sich auch bei der kontaktmetamorphen Überprägung von unreinen Kalksteinen.

Geologische Bedeutung Während Perowskit $CaTiO_3$ als Gestein oder als Ti-Erz in der Erdkruste oder im Oberen Erdmantel nur lokale Bedeutung erlangt, bauen $(Mg,Fe)SiO_3$ mit Perowskitstruktur über 70 Vol.-% und $CaSiO_3$-Perowskit ca. 7 Vol.-% des *Unteren Erdmantels* auf. Silikatperowskite sind damit die wichtigsten Minerale der Erde (▶ Abschn. 29.3.4)!

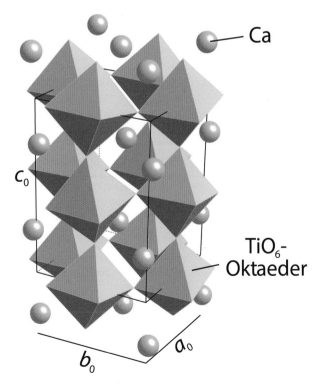

◘ Abb. 7.8 Kristallstruktur von Perowskit mit TiO_6-Oktaedern und Ca in den großen Lücken

Wirtschaftliche Bedeutung Unterschiedlich zusammengesetzte Perowskite mit piezoelektrischen Eigenschaften werden in großem Umfang *technisch hergestellt* und bilden die Grundlage für Elektrokeramiken. Je nach chemischer Zusammensetzung reicht ihr Verwendungsspektrum von Nichtleitern (Isolatoren) über Halbleiter zu metallischen Leitern und Hochtemperatur-Supraleitern. Der künstliche Perowskit $SrTiO_3$ dient unter dem Namen *Fabulit* als Diamantersatz.

7.4 MO_2-Verbindungen

Zu den wichtigsten Vertretern der MO_2-Verbindungen gehören die SiO_2-Minerale, insbesondere Quarz. Nach ihrer Kristallstruktur gehören sie jedoch eher zu den Gerüstsilikaten und werden daher dort behandelt (▶ Abschn. 11.6.1).

■ **Rutil**
TiO_2

Ausbildung Kristallklasse 4/m2/m2/m; gewöhnlich zeigen die Kristalle tetragonale Prismen {110} mit Vertikalstreifung und Dipyramiden {111}. Kurzprismatischer oder stängeliger Habitus ist häufig. Haarförmige Rutilnadeln kommen häufig als Einschlüsse in Quarz vor. Typisch sind Kniezwillinge, Drillinge und zyklische Viellinge mit der Zwillingsebene (101). Bisweilen bildet Rutil kompakte Aggregate und Körner.

Physikalische Eigenschaften	
Spaltbarkeit	(110) vollkommen
Bruch	muschelig, spröde
Härte	6–6½
Dichte	4,25 (reines TiO_2)
Farbe, Glanz	dunkelrot, rötlich braun bis gelblich, seltener schwarz, blendeartiger Diamantglanz, durchscheinend,
Strich	gelblich bis bräunlich
Brechungsindizes	$n_\varepsilon = 2,6$, $n_\omega = 2,9$, d. h. höher als bei Diamant!

Kristallstruktur In der Rutilstruktur sind die Ti-Ionen in annähernd gleichen Abständen von 6 O-Ionen oktaedrisch umgeben. Diese Oktaeder sind über diagonale Kanten parallel zu (001) miteinander verknüpft und bilden unendliche Ketten parallel zur c-Achse. Zwischen diesen deformierten Ketten besteht jeweils nur cinc Vcrknüpfung durch das O-Ion cincr gemeinsamen Oktaederecke (◘ Abb. 7.9).

Trimorphie In der Natur kommen neben Rutil zwei weitere TiO$_2$-Minerale vor, der tetragonale *Anatas* (4/m2/m2/m; H 5½–6; D 3,8 – 4,0) und der orthorhombische *Brookit* (2/m2/m2/m; H 5½– 6; D 4,1 – 4,2), wenn auch in geringerer Verbreitung.

Chemismus Manche Rutile weisen beträchtliche Gehalte an Fe^{2+}, Fe^{3+}, Nb^{5+} und Ta^{5+} auf, was zu einem Anstieg der Dichte bis 5,5 führen kann. Der diadoche Ersatz von Ti^{4+} durch Nb^{5+} oder Ta^{5+} wird durch ähnliche Ionenradien ermöglicht, wobei der elektrostatische Valenzausgleich entweder durch den Eintritt von Fe^{2+} oder durch Leerstellen in der Rutilstruktur ermöglicht wird. Darüber hinaus kann Rutil geringe Gehalte von Sn^{4+}, Cr^{3+}, V^{3+} und Al^{3+} aufweisen. Rutil vom Mondlandeplatz Apollo 12 enthält neben Nb und Cr auch die Seltenen Erdelemente La^{3+} und Ce^{3+} (Deer et al. 2013).

Vorkommen Akzessorisch kommt Rutil in zahlreichen Gesteinen vor, oft als mikroskopischer Gemengteil, als dünne Nädelchen in Tonschiefern und Phylliten, als größere Kristalle in höher metamorphen Gesteinen wie Eklogiten, auch in gewissen Pegmatiten. Sande und Sandsteine enthalten Rutil häufig als Schwermineral, das auch zu bauwürdigen Seifenlagerstätten angereichert sein kann.

Wirtschaftliche Bedeutung Rutil ist ein wichtiges Ti-Mineral, das gelegentlich als Rohstoff zur Gewinnung von Ti-Metall (durch Reduktion von TiCl$_4$ mit Mg-Metall)

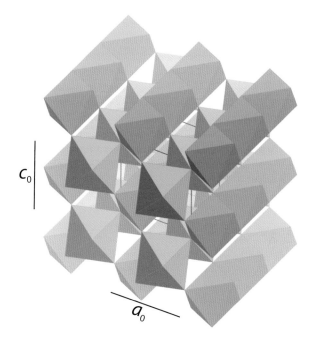

◻ Abb. 7.9 Rutilstruktur mit Ketten von TiO$_6$-Oktaedern

genutzt wird. Die Verbindung TiN ist ein extrem harter keramischer Werkstoff, der gewöhnlich als goldfarbener Überzug (oft < 5 µm dünn) von Werkzeugen zur spanenden Verarbeitung oder von medinizischen Implantaten dient. Wegen seiner Goldfarbe dient TiN auch als Modeschmuck.

Künstliche Herstellung Wegen seiner hervorragenden technischen Eigenschaften als Titanweiß wurde feinkörniges Rutil-Pulver seit 1948 in großen Mengen technisch hergestellt. Als brilliantes Farbpigment wird er in Farben, Kunststoffen, Papier, Zahnpasta u. a. eingesetzt. Feindisperse Rutil-Teilchen im Nanobereich sind im sichtbaren Licht transparent, absorbieren aber UV-Licht effektiv und bilden daher wichtige Bestandteile von Sonnenschutzmitteln. Farblose, gelbe oder blaue Rutil-Einkristalle werden nach dem Verneuil-Verfahren in Form von Schmelzbirnen gezüchtet und wegen ihrer diamantähnlichen optischen Eigenschaften (hohe Lichtbrechung und Dispersion) als Diamantersatz verwendet (Titania, Titania Night Stone).

◼ Kassiterit (Zinnstein)
SnO$_2$

Ausbildung Kristallklasse 4/m2/m2/m; wie bei Rutil sind die tetragonalen Dipyramiden {111} und {101}, kombiniert mit den tetragonalen Prismen {110} und {100} die gewöhnlichen Kristallformen, besonders bei Kristallen mit *kurzprismatischem* Habitus (◻ Abb. 7.10a). Diese kristallisierten bevorzugt bei relativ hohen Temperaturen und treten häufig als knieförmig gewinkelte oder zyklische Zwillingskristalle nach (011) auf (◻ Abb. 7.10b, c), die von Bergleuten im sächsischen und böhmischen Erzgebirge als *Visiergraupen*, die gewöhnlichen unverzwillingten Kristalle bzw. Körner dagegen schlicht als *Graupen* bezeichnet wurden. Bei Kristallen mit *pyramidalem* Habitus sind die Prismenflächen unterdrückt oder fehlen vollständig. An Kristallen mit *säuligem* oder *nadeligem* Habitus sind die Prismenflächen wie {110}, {100} und {210} länger ausgebildet und mit steilen ditetragonalen Dipyramiden wie {321} kombiniert, während {111} nur untergeordnet entwickelt ist (◻ Abb. 7.10d). Nadeliger Kassiterit, sogenanntes *Nadelzinn*, kristallisiert bei relativ niedrigen Temperaturen. Bei noch geringeren Temperaturen entsteht – wahrscheinlich aus einem Gel – sogenanntes *Holzzinn*, ein nierig-glaskopfartiger Kassiterit mit konzentrisch-schaligem Aufbau. Durch intensive Alteration bedingt durch saure, hochtemperierte magmatische Fluide können manche Granite mit Kassiterit imprägniert sein.

Die sächsisch-böhmischen Bergleute nannten diese Imprägnationen *Greisen*, ärmere, feinkörnigere Imprägnationen dagegen *Zwitter*. Der geologische Prozess wird als *Vergreisen/-ung* bezeichnet.

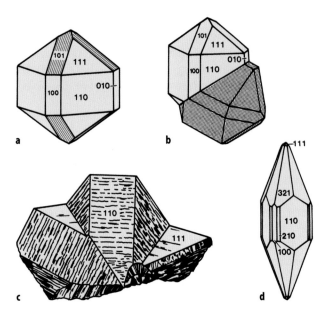

◻ Abb. 7.10 Kassiterit: **a** kurzsäuliger Habitus; **b, c** Zwillinge nach (011) (sog. Visiergraupen); **d** „Nadelzinn" nadelförmig nach der c-Achse

Physikalische Eigenschaften	
Spaltbarkeit	(100) unvollkommen, (110) schlecht, Absonderung nach (111)
Bruch	muschelig, spröde
Härte	6–7
Dichte	6,8–7,1
Farbe	gelbbraun bis schwarzbraun durch Beimengungen, selten fast farblos,
Glanz, Transparenz	auf Kristallflächen blendeartiger Glanz, auf Bruchflächen eher Fettglanz; durchscheinend
Strich	gelb bis fast farblos

Kristallstruktur Die Kristallstruktur des Kassiterits entspricht der Rutilstruktur mit Ketten von SnO_6-Oktaedern (◻ Abb. 7.9).

Chemismus Wegen des diadochen Ersatzes von Sn^{4+} durch Fremddionen, insbesondere von Nb^{5+}, Ta^{5+}, Ti^{4+}, Zr^{4+}, Fe^{3+} und Fe^{2+}, ist der Sn-Gehalt meist geringer als der theoretische Wert von 78,8 Gew.-%.

Vorkommen In Pegmatitgängen, hochtemperierten hydrothermalen Imprägnationen (*Zinngreisen*) und Gängen (▶ Abschn. 23.2.1), gelegentlich zusammen mit Sulfiden wie Stannin (Zinnkies), Cu_2FeSnS_4, in Zinngraniten. Wegen seiner hohen Dichte und Härte wird Kassiterit als Schwermineral sekundär in *Zinnseifen*

angereichert; diese bilden heute die weltweit wichtigste Quelle für die Zinngewinnung (▶ Abschn. 25.2.7).

Bedeutung Kassiterit ist das einzige wirtschaftlich wichtige Zinnerzmineral.

Zinn als metallischer Rohstoff Mehr als 50 % der globalen Zinnproduktion wird zur Herstellung von Lötzinn genutzt, d. h. von Sn–Pb-Legierungen, unter denen $Sn_{63}Pb_{37}$, die eutektische Zusammensetzung (▶ Abschn. 18.2.1), die niedrigste Schmelztemperatur von 183°C hat. Um jedoch Bleivergiftungen vorzubeugen, entwickelt man zunehmend Pb-freies Lötzinn, so Sn-Legierungen mit Ag, Cu, Bi, In, Zn und Sb. *Orgelpfeifen* bestehen aus der Legierung $Sn_{50}Pb_{50}$. Die verwitterungsbeständige Cu-Sn-Legierung *Bronze,* die der prähistorischen Bronzezeit ihren Namen gab, enthält 12 % Sn + bis zu 1 % P, während *Glockenmetall* eine Cu-Sn-Legierung mit 22 % Sn ist. Drähte aus einer Nb_3Sn-Legierung sind in äußerst effektiven *supraleitenden Magneten* enthalten. Häufig benutzte Werkstoffe sind Weißblech sowie mit dünnen Schichten verzinntes Schmiedeisen oder Stahl. Darüber hinaus werden Gebrauchs- und Schmuckgegenstände des täglichen Lebens, z. B. Zinngeschirr, aus Zinn oder Sn-reichen Legierungen mit Cu, Sb oder Bi, hergestellt. Große Mengen von *zinnorganischen Verbindungen* dienen z. B. als Stabilisatoren für PVC oder als Pestizide.

■ Pyrolusit
β-MnO₂

Ausbildung Kristallklasse 4/m2/m2/m, die selten wohlausgebildete Kristalle wurden als „*Polianit*" bezeichnet. Meist kommt Pyrolusit jedoch in strahligen, traubig-nierigen oder zapfenförmigen Aggregaten (*Schwarzer Glaskopf*), in porösen, körnig-erdigen Massen, in krustenartigen Überzügen sowie als Konkretionen vor, so die berühmten Manganknollen (s. Vorkommen). Dendriten sind baum- bis moosförmige Abscheidungen auf Schicht- und Kluftflächen, die durch skelettförmiges Kristallwachstum entstanden sind. Viele Pyrolusite stellen Pseudomorphosen nach Manganit, γ-MnOOH, dar, der eine sehr ähnliche Kristallstruktur aufweist.

Physikalische Eigenschaften	
Spaltbarkeit	(110), jedoch nur an wohlausgebildeten Kristallen deutlich
Bruch	muschelig, spröde
Härte	6–6½ bei gut ausgebildeten Kristallen („*Polianit*"), 2–6 bei polykristallinen Aggregaten

Physikalische Eigenschaften	
Dichte	5,2 für Kristalle, < 5 bei derbem Pyrolusit
Farbe	dunkelgrau
Glanz, Transparenz	Metallglanz, opak
Strich	schwarz

Kristallstruktur Rutiltyp (◼ Abb. 7.9), d. h. mit Ketten von MnO$_6$-Oktaedern.

Chemismus In der Natur wird der maximal mögliche Mn-Gehalt von ca. 63 % kaum erreicht, da Pyrolusit meist zahlreiche fremde Beimengungen enthält, die teils in der Struktur eingebaut, teils nur absorptiv angelagert sind. Außerdem können bis zu 1–2 % H$_2$O enthalten sein. All dies bewirkt erhebliche Unterschiede in den physikalischen Eigenschaften, insbesondere bei Härte und Dichte.

Vorkommen Pyrolusit entsteht bei der Verwitterung von Mn-reichen Silikaten oder Karbonaten, wobei es zu einer beträchtlichen Anreicherung von Mn und Bildung von Manganerz-Lagerstätten, wie Mn-reichen Lateriten (▸ Abschn. 24.5.4) kommen kann. Darüber hinaus ist Pyrolusit ein wesentlicher Bestandteil in unmetamorphen sedimentären Manganerzen und in den Manganknollen am Ozeanboden (▸ Abschn. 25.4.3, 25.4.4). In allen diesen Vorkommen wird Pyrolusit gewöhnlich von Manganaten, Mn-Oxiden und Limonit begleitet (s. Goethit).

Bedeutung Pyrolusit ist das wichtigste Mn-Erzmineral.

Mn als metallischer Rohstoff Mangan dient vor allem als Stahlveredler, so zur Herstellung von Spiegeleisen und Ferromangan, wird aber auch mit anderen Metallen legiert. So werden Obst- und Gemüsedosen aus einer korrosionsbeständigen Al-Legierung mit 0,8–1,5 % Mn hergestellt. Wegen seiner Schwefel-fixierenden, deoxidierenden Eigenschaften dient Mangan der Entschwefelung im Eisenhüttenprozess. Darüber hinaus sind Manganoxide wichtige Rohstoffe in der chemischen Industrie und Elektroindustrie, z. B. für die Produktion von Trockenelement-Batterien. Gläser und Keramiken werden durch Mn^{2+}- und Mn^{3+}-Verbindungen jeweils rosa oder grün gefärbt, bzw. entfärbt.

■ **Manganate mit Tunnelstrukturen**
Kristallstrukturen In diesen Mineralen bilden kantenverknüpfte MO$_6$-Oktaeder mit M = Mn, Fe, Ti, Cr, V Doppelketten entlang c, die über die Oktaederecken miteinander verknüpft sind. Das so gebildete Gerüst enthält – wie bei den Zeolithen (▸ Abschn. 11.6.6) – große Tunnel, in denen Kationen wie K, Ba, Pb oder auch

H$_2$O eingebaut sein können, z. B. *Romanèchit*, (Ba,H$_2$O) Mn$_5$O$_{10}$, *Hollandit*, (Ba,K)(Mn,Ti,Fe)$_8$O$_{16}$, *Kryptomelan*, KMn$_8$O$_{16}$, *Coronadit*, PbMn$_8$O$_{16}$, *Todorokit*, (Na,Ca,K,□)(Mn,Mg,Al)$_6$O$_{12}$·3–4H$_2$O (□ zeigt an, dass dieser Strukturplatz nicht vollständig besetzt sein muss).

Vorkommen Feinkörnige, nur röntgenographisch bestimmbare Gemenge dieser Manganate sowie von Pyrolusit, Manganit, γ-MnOOH, Birnessit, (Na$_{0,8}$Ca$_{0,4}$) Mn$_4$O$_8$ ·3H$_2$O, und Vernadit, δ -(Mn,Fe,Ca,Na) (O,OH)$_2$·nH$_2$O, bauen die Manganknollen in der Tiefsee auf, bilden Überzüge auf untermeerischen Basalten oder metallhaltige Sedimente an mittelozeanischen Rücken. Erdige Massen aus unterschiedlichen Manganoxiden, die häufig Cu-, Co- und Si-Verbindungen sowie 10–20 Gew.-% H$_2$O enthalten, bezeichnet man als *Wad*, das sich durch Verwitterung von Mn-Mineralen in feuchten Sumpfgebieten bildet. *Psilomelan* ist ein Gemenge aus Romanèchit, Hollandit und anderen Mn-Oxiden; er kommt – wie Pyrolusit – in traubig-nierigen oder zapfenförmigen Aggregaten vor, die aus niedrigtemperierten Lösungen ausgeschieden wurden (*Schwarzer Glaskopf*). Erdige Massen von oolitischem Psilomelan bilden zusammen mit Pyrolusit sedimentäre Mn-Lagerstätten. (Der Begriff „Oolith" wird in ▸ Abschn. 25.3.3 erläutert.) *Braunstein* ist ein ungenau definierter technischer Sammelbegriff für unterschiedliche Manganoxide.

Wirtschaftliche Bedeutung Natürliche und technisch hergestellte Manganate und andere Oxide mit Tunnelstrukturen haben eine beachtliche Mikroporosität, die technisch nutzbar ist (Pasero 2005):
- So wurde SYNROC, eine synthetische Verbindung der Zusammensetzung BaAl$_2$Ti$_6$O$_{18}$ mit Hollanditstruktur, zur Immobilisierung von radioaktivem Cäsium verwendet (Ringwood et al. 1979).
- Manganoxide, z. B. Kryptomelan, könnten zur Dekontaminierung von Grubenwässern und industriellen Abwässern eingesetzt werden, um Schwermetallkationen wie Co^{2+}, Zn^{2+} und Cd^{2+} zu absorbieren.
- Durch photokatalytische Oxidation (z. B. Birnessit, Todorokit) könnten Böden verbessert und Umweltschäden behoben werden.
- Auch das Ionenaustauschvermögen von Manganaten und anderen Oxiden mit Tunnelstrukturen ist vielfältig nutzbar.

■ **Uraninit (Uranpecherz, Pechblende)**
UO$_2$ bis U$_3$O$_8$

Ausbildung Kristallklasse 4/m$\bar{3}$2/m, Kristalle von Uraninit zeigen Kombinationen von Würfel {100}, Oktaeder {111} und untergeordnetem Rhombendodekaeder {110}; jedoch sind gut ausgebildete Kristalle selten.

Gewöhnlich tritt Uraninit derb als Uranpecherz auf, oft mit traubig-nieriger, stark glänzender Oberfläche.

Physikalische Eigenschaften	
Spaltbarkeit	(111) deutlich
Bruch	muschelig, spröde
Härte	5–6
Dichte	entsprechend dem Atomgewicht von U sehr hoch: 10,6, jedoch mit zunehmendem geologischen Alter auf 9–7,5 sinkend; traubig-nierig ausgebildetes Uranpecherz hat Dichte 6,5–8,5
Farbe	schwarz
Glanz, Transparenz	halbmetallischer bis pechartiger Glanz, opak, in dünnen Splittern bräunlich-rot durchscheinend
Strich	bräunlich schwarz

Radioaktiver Zerfall   Die Uranisotope ^{238}U und ^{235}U unterliegen komplexen radioaktiven Zerfallsreaktionen, bei denen α-, β- und γ-Strahlung freigesetzt wird und allmählich die stabilen Bleiisotope ^{206}Pb, ^{207}Pb und ^{208}Pb zusammen mit Helium gebildet werden. Die dabei produzierte Pb-Menge ist proportional dem geologischen Alter der betreffenden Uraninit-Probe. Hierauf basieren die U–Pb- und die He-U-Methode der radiometrischen Altersbestimmung, die jedoch gewöhnlich an Mineralen durchgeführt wird, deren U-Gehalt deutlich niedriger ist (z. B. Zirkon) (► Abschn. 33.5.3). Unter den Isotopen der radioaktiven Zerfallsreihen von ^{238}U und ^{235}U befindet sich insbesondere auch ^{226}Ra, ein Isotop des Elements *Radium,* das mit einem konstanten Anteil von 0,34 g/t im Uraninit enthalten ist. Es wurde 1898 durch das Ehepaar Curie in der Pechblende von Jachymov (St. Joachimsthal, Böhmen, Tschechien) entdeckt.

Kristallstruktur   Die Kristallstruktur des Uraninits entspricht dem Fluorittyp (◘ Abb. 6.5). Durch den radioaktiven Einfluss ist die strukturelle Anordnung jedoch meist weitgehend zerstört.

Chemismus   Die ideale Formel von Uraninit ist UO_2; jedoch hat natürlicher Uraninit die allgemeine Zusammensetzung $U^{4+}_{1-x-y-z}U^{6+}_xREE^{3+}_yM^{2+}_z$, die durch die Oxidation von U^{4+} zu U^{6+} und durch teilweisen Ersatz von U durch Th und REE, speziell Ce bedingt ist. Zwangsläufig bilden sich durch den radioaktiven Zerfall im Laufe der Zeit immer mehr Pb und He. Uraninit, der bei relativ hohen Temperaturen, z. B. in Pegmatiten gebildet wurde, weist höhere Th- und REE-Gehalte auf als niedrigtemperierter hydrothermaler Uraninit (Frimmel et al. 2014). Außerdem enthält Uranpechblende zahlreiche Einschlüsse.

Vorkommen   Uraninit ist ein akzessorischer Gemengteil in *Graniten* (z. B. Rössing, Namibia), *Nephelinsyenit* (z. B. Ilímaussaq, Grönland), *Pegmatiten* (z. B. Bancroft, Ontario), *hydrothermalen Gängen* (► Abschn. 23.4.3) und *sauren Vulkaniten,* z. B. in den Lagerstätten Streltsovska (Russland), Dornot (Mongolei) und Nopal (Mexiko). Die granitgebundene Riesenlagerstätte Olympic Dam in Südaustralien (► Abschn. 23.2.7) enthält ca. 28 % aller bekannter Uranvorräte der Erde und stellt die größte U-Ressource dar, gefolgt von *sedimentären,* an Sandsteine gebundenen U-Lagerstätten (► Abschn. 23.3.9), hauptsächlich in Kasachstan, mit einem Anteil von ca. 20 %. *Hydrothermale* U-Lagerstätten, die an Diskordanzen zwischen archaischem Grundgebirge und proterozoischen Sedimentgesteinen gebildet wurden, enthalten zusammen ca. 9 % der weltweiten U-Vorräte. Prominente Beispiele sind der Athabasca-Distrikt in Saskatchewan (Kanada) und der Alligator-River-Distrikt im Nordterritorium Australiens (► Abschn. 23.3.8). Uraninit kommt auch sedimentär in Seifenlagerstätten vor, aber nur in Gesteinen, die zu Zeiten einer de facto Sauerstoff-freien Atmosphäre abgelagert wurden. Beispiele sind die goldführenden Quarzkonglomerate des archaischen Witwatersrand Beckens in Südafrika und paläoproterozoische Konglomerate im Blind-River-Gebiet der Provinz Ontario (Kanada). Uranpecherz verwittert in der Anwesenheit von Sauerstoff sehr leicht. Es wird zunächst zu UO_3 oxidiert; danach bilden sich unter Aufnahme von Fremdionen und H_2O leicht lösliche Hydroxide, Karbonate und Sulfate, später schwerer lösliche Phosphate, Arsenate, Vanadate und Silikate. Alle diese sekundären Uranminerale sind grell gefärbt, insbesondere gelb, grün oder orange.

Die 2 Ga alte Uranlagerstätte von *Oklo* in Gabun (Westafrika) bildete einen interessanten natürlichen Atomreaktor, in dem spontan nukleare Kettenreaktionen abliefen, die zu einem ^{235}U-Zerfall durch Neutroneneinfang führten (Gauthier-Lafaye und Weber 1989; Meshik 2006). Dabei wirkte einströmendes Grundwasser als Moderator, ähnlich wie in einem technischen Leichtwasserreaktor. Durch Analyse der Xenon-Isotopie konnte der komplexe Zerfallsprozess, der über Hunderttausende von Jahren im Zweistundentakt ablief, im Detail rekonstruiert werden. Die freiwerdende Energie bei der Kernspaltung führte zur Erhitzung und zur Verdampfung des Wassers, wodurch der Prozess nach 30 min zum Stillstand kam; nach 1½ Stunden war genügend Wasser nachgeströmt, um den Prozess erneut in Gang zu setzen. Die Durchschnittsleistung dieses natürlichen Kernreaktors betrug vermutlich weniger als 100 kW.

Bedeutung   Uranpecherz ist das wichtigste primäre Uranmineral zur Gewinnung von Uran. Aus ihm wird außerdem Radium gewonnen, das es in geringer Menge enthält.

■   **Gewinnung und Verwendung von Uran**
Bemerkenswert ist, dass Uraninit, der früher bei der Silbergewinnung anfiel, bereits vor der Entdeckung des Radiums im Pechblendeerz (1898) zur Herstellung

von Uranfarben verwendet wurde. Während der ersten Hälfte des 20. Jh. nutzte man die Uran-Abgänge nach Verarbeitung dieser Erze zu Radiumpräparaten noch immer zum gleichen Zweck! Erst nach dem 2. Weltkrieg erlangte Uran weltweite strategische Bedeutung für militärische und in der Folgezeit auch als Kernbrennstoff für zivile Zwecke. Jedoch hat sich seit den dramatischen Reaktorkatastrophen von Tschernobyl in der Ukraine (1986) und von Fukushima in Japan (2011) ein erhöhtes Bewusstsein für die enormen Sicherheitsrisiken der Kernergie durchgesetzt und damit das Interesse an Uranlagerstätten abgenommen. Heute spielt die Verwendung von Uranoxiden zur Herstellung von Leuchtfarben und zu fluoreszierendem Glas nur noch eine begrenzte Rolle. Wegen seiner hohen Dichte wird abgereichertes Uran als Gegengewicht in Flugzeugen und Hochleistungssegelbooten eingesetzt, außerdem als panzerbrechende Munition. Das bei der Verhüttung von Uranerzen gewonnene *Radium* wird v. a. in der Medizin verwendet.

7.5 Hydroxide

> Alle Kristallstrukturen der Hydroxide weisen Hydroxylgruppen (OH)$^-$ oder H_2O-Moleküle auf, wobei die Bindungskräfte generell schwächer als bei den Oxiden sind.

■ Gibbsit (Hydragillit)
γ-Al(OH)$_3$

Ausbildung Kristallklasse 2/m, feinfaserige bis schuppige Aggregate.

Physikalische Eigenschaften	
Spaltbarkeit	(001) vollkommen
Härte	2½–3½
Dichte	~2,4
Farbe	farblos, weiß, blassgrün, grau, hellbraun
Glanz, Transparenz	Glasglanz, auf Spaltflächen Perlmuttglanz; durchsichtig bis durchscheinend

Kristallstruktur Sechserringe von kantenverknüpften Al(OH)$_6$-Oktaedern bilden hexagonale Schichten, die untereinander durch schwache Van-der-Waals-Kräfte verbunden sind (■ Abb. 7.11).

Vorkommen Bestandteil von *Bauxit* und *Laterit*, d. h. Gemengen aus Gibbsit, Böhmit γ-AlOOH und Diaspor

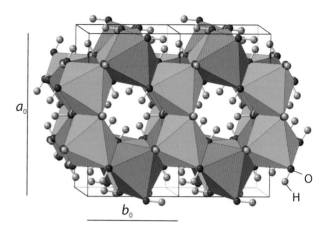

■ **Abb. 7.11** Struktur von Gibbsit: Sechserringe aus kantenverknüpften Al(OH)$_6$-Oktaedern bilden Schichten parallel zu (001)

sowie Kaolinit, Quarz, Hämatit, Goethit, Rutil und Anatas. Diese Gesteine sind Produkte der chemischen Verwitterung, die z. T. sekundär umgelagert wurden (▶ Abschn. 24.5.3).

Wirtschaftliche Bedeutung Bauxit ist der wichtigste Rohstoff für die Gewinnung des verwitterungsresistenten Leichtmetalls Aluminium (Dichte 2,7) und von leichten Al-Legierungen, mit geringen Gehalten an Cu, Zn, Mg, Mn, Si. Diese finden extrem weite Anwendung, z. B. in der Luft- und Raumfahrt, im Transport- und Bauwesen, für Verpackungen und für Produkte des täglichen Bedarfs. Bauxit wird ferner für die Herstellung von synthetischem Korund und von Spezialkeramik eingesetzt.

■ Brucit
Mg(OH)$_2$

Ausbildung Kristallklasse $\bar{3}$2/m; große tafelige Kristalle weisen rhomboedrische Randbegrenzung auf; auch spitz pyramidal bis nahezu nadelig ausgebildet; vielfach derbe bis fein-blättrige oder–faserige Aggregate oder körnige Massen.

Physikalische Eigenschaften	
Spaltbarkeit	(0001) sehr vollkommen, Spaltblättchen etwas biegsam
Bruch	blättrig, faserig
Härte	2½
Dichte	2,4
Farbe	farblos, grünlich, bläulich
Glanz, Transparenz	Glasglanz, auf Spaltflächen Perlmuttglanz, durchsichtig bis durchscheinend

Kristallstruktur Die Struktur wird aus zwei OH-Schichten mit hexagonal dichtester Kugelpackung aufgebaut, in deren Zwischenräumen sich oktaedrisch koordinierte Mg^{2+}-Kationen befinden. In Richtung der kristallographischen c-Achse, normal zu den Schichten, werden benachbarte Schichten durch nur schwache Van-der-Waals-Bindung zusammengehalten. Daraus resultiert die perfekte Spaltbarkeit von Brucit. Dieser Schichtaufbau, die sogenannte Brucitschicht, bildet einen grundlegenden Baustein der Struktur vieler Schichtsilikate.

Vorkommen Brucit kommt in hydrothermalen Gängen, auf Klüften in dolomitischem Marmor und in Serpentinit vor. Riesige kristalline Massen finden sich in ultramafischen Gesteinen von Phalaborwa (Südafrika).

Wirtschaftliche Bedeutung Brucit ist theoretisch ein Erz für die Gewinnung von Magnesium, aber als solches (noch) nicht großmaßstäblich genutzt. Als Industriemineral wird es als Füllstoff in Brandschutzmaterialien eingesetzt. Seine wirtschaftliche Bedeutung ist jedoch gering.

- **Diaspor**
α-AlOOH

Ausbildung Kristallklasse 2/m2/m2/m; die seltenen größeren Kristalle bilden dünne Tafeln nach (010), sind nach c gestreckt und fein gestreift oder aufgeraut. Meist tritt Diaspor in feinkörnigen Gemengen auf.

Physikalische Eigenschaften	
Spaltbarkeit	(010) sehr vollkommen
Bruch	muschelig, sehr spröde

Physikalische Eigenschaften	
Härte	recht hoch: 6½–7
Dichte	3,3–3,5
Farbe	farblos, weißgrau, Fe- oder Mn-führende Varietäten sind grün, grau, gelb oder rosa
Glanz, Transparenz	Glasglanz, auf Spaltflächen Perlmuttglanz, durchsichtig bis durchscheinend

Kristallstruktur Unendliche Doppelketten von $Al(O,OH)_6$-Oktaedern parallel zu c, die durch starke Wasserstoffbrückenbindungen miteinander eckenverknüpft sind (◘ Abb. 7.12a).

Vorkommen Bestandteil von *Bauxit* und *Laterit*, auch in niedriggradig metamorph überprägtem Bauxit (Diasporit).

Wirtschaftliche Bedeutung Diasporit ist ein Bestandteil des Al-Erzes Bauxit und wird darüber hinaus als Schleif- und Poliermittel verwendet.

- **Goethit (Nadeleisenerz)**
α-FeOOH

Ausbildung Kristallklasse 2/m2/m2/m; die prismatisch-nadelförmigen Kristalle sind nach c gestreckt, mit Längsstreifung parallel zu c; sie bilden häufig radialstrahlige Aggregate mit nierig-traubigen oder stalaktitähnlichen Formen, als *Brauner Glaskopf* mit spiegelglatter Oberfläche. In vielen Fällen tritt Goethit in dichten, porösen oder pulverartigen Massen auf oder bildet Pseudomorphosen nach verschiedenen Eisenmineralen.

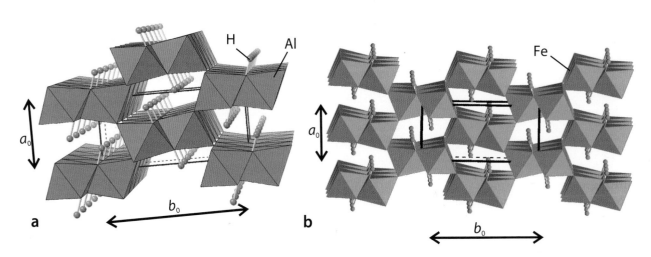

◘ **Abb. 7.12** Struktur von **a** Diaspor, α-AlOOH, und **b** Goethit, α-FeOOH; kantenverknüpfte $Al(O,OH)_6$- bzw. $Fe(O,OH)_6$-Oktaeder bilden Doppelketten parallel der c-Achse, die versetzt miteinander durch Van-der-Waals-Kräfte verbunden sind

Physikalische Eigenschaften	
Spaltbarkeit	(010) vollkommen, (100) mäßig
Bruch	muschelig
Härte	5–5½
Dichte	~4,3, oft geringer
Farbe	schwarzbraun, rötlich bis gelblich braun
Glanz, Transparenz	halbmetallisch auch seidenglänzend in schuppigen oder faserigen Aggregaten, daneben matt und erdig, in dünnen Splittern braun oder gelblich durchscheinend
Strich	gelblich braun

Kristallstruktur Goethit kristallisiert in der Diasporstruktur (◘ Abb. 7.12b).

Chemismus Wegen wechselnder Gehalte an H_2O wird der theoretische Fe-Gehalt von 62,9 % kaum erreicht. Außerdem weisen Goethitaggregate, die nur noch aus ihren äußeren Formen erschließbar sind, durchweg höhere Gehalte an absorbiertem oder kapillarem H_2O auf, was in der alternativen Formel $FeOOH \cdot nH_2O$ zum Ausdruck kommt. Zusätzlich können aus der mineralabscheidenden Lösung Verunreinigungen wie z. B. Si, P, Mn, Al, V etc. übernommen werden. Außerdem können die Fe^{3+}-Ionen teilweise durch Al^{3+} und/oder Mn^{3+} ersetzt werden.

Vorkommen Goethit und Lepidokrokit sind typische Verwitterungsbildungen; als Hauptbestandteile des „*Eisernen Hutes*" entstehen sie in den oberen Bereichen der Oxidationszone von primären Sulfiderzlagerstätten (► Abschn. 24.6.1; ◘ Abb. 24.3). Daneben bilden sie marin-sedimentäre Eisenerze wie Minette (► Abschn. 25.4.2), pisolitische Eisenerze (sog. Bohnerze) sowie terrestrische Raseneisenerze und Seeerze (► Abschn. 25.4.2).

   Limonit ist eine Sammelbezeichnung für amorphe bis kryptokristalline Gemenge von Goethit und Lepidokrokit, meist auch mit etwas Hämatit und wechselnden Wassergehalten; häufig sind Opal, Phosphate, Tonminerale und organische Zersetzungsprodukte mit beteiligt. Der Eisengehalt erreicht meist nur 30–40 %.

Wirtschaftliche Bedeutung Lokal bildeten Goethit und Lepidokrokit Eisenerze, jedoch von geringer Qualität.

- **Lepidokrokit (Rubinglimmer)**
γ-FeOOH

Ausbildung Kristallklasse 2/m2/m2/m, dünne Täfelchen nach {010}, bisweilen auch zu rosettenartigen Aggregaten angeordnet.

Physikalische Eigenschaften	
Spaltbarkeit	(010) vollkommen, angedeutet nach (100), (001)
Härte	5
Dichte	4,1
Farbe, Glanz, Transparenz	in Splittern rot bis gelbrot durchscheinend, lebhafter Metallglanz
Strich	hellbraun bis gelblich
Viele Eigenschaften sind denen des Goethits sehr ähnlich	

Kristallstruktur Lepidokrokit kristallisiert in der Struktur von Böhmit γ-AlOOH; die FeO_6-Oktaeder sind zu Doppelschichten parallel zu (010) angeordnet, die untereinander durch Wasserstoff-Brückenbindungen verknüpft werden (◘ Abb. 7.13).

Vorkommen Bestandteil des Limonits zusammen mit Goethit, aber seltener als dieser (siehe Goethit).

Wirtschaftliche Bedeutung Siehe Goethit.

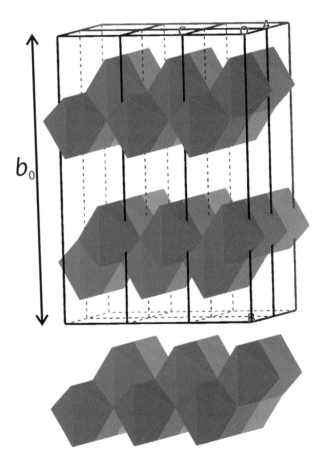

◘ **Abb. 7.13** Struktur von Böhmit γ-AlOOH und Lepidokrokit γ-FeOOH; kantenverknüpfte Al(O,OH)$_6$- bzw. Fe(O,OH)$_6$-Oktaeder bilden Doppelschichten parallel zu (010)

Literatur

Deer WA, Howie RA, Zussman J (2013) An Introduction to the Rock-forming Minerals, 3. Aufl. The Mineralogical Society, London, UK

Frimmel HE, Schedel S, Brätz H (2014) Uraninite chemistry as forensic tool for provenance analysis. Applied Geochem 38:104–121

Gauthier-Lafaye F, Weber F (1989) The Franceville (Lower Proterozoic) uranium ore deposits of Gabon. Econ Geol 84:2267–2285

Kane RE (2009) Seeking low-cost perfection: Synthetic gems. Elements 5:169–174

Meshik AP (2006) Natürliche Kernreaktoren. Spektrum der Wissenschaft, Spektrum der Wissenschaft Verlagsgesellschaft, Heidelberg, Juni 2006, S 85–90

Pasero M (2005) A short outline of tunnel oxides. Rev Mineral Geochem 57:291–305

Ringwood AE, Kesson SE, Ware NG, Hibberson WO, Major A (1979) The SYNROC process: A geochemical approach to nuclear waste immobilization. Geochem J 13:141–165

Rossman GR (2009) The geochemistry of gems and its relevance to gemology: Different traces, different prices. Elements 5:159–162

Schmetzer K, Bank H (1981) The colour of natural corundum. Neues Jahrb Mineral Monatsh 1981:59–68

U.S. Geological Survey (2021) Mineral commodity summaries. U.S. Geol Surv 200. ► https://doi.org/10.3133/mcs2021.

7

Karbonate, Nitrate und Borate

Inhaltsverzeichnis

© Springer-Verlag GmbH Deutschland, ein Teil von Springer Nature 2022
M. Okrusch und H. E. Frimmel, *Mineralogie*,
https://doi.org/10.1007/978-3-662-64064-7_8

8

Einleitung

Chemisch sind die Karbonate Salze der Kohlensäure H_2CO_3. Strukturell ist ihnen ein inselartiger Anionenkomplex $[CO_3]^{2-}$ gemeinsam. Die zugehörigen Kationen können dabei einen kleineren oder einen größeren Ionenradius besitzen als das Ca^{2+} mit 1,08 Å. Die Karbonate mit einem kleineren Kation, wie z. B. Fe^{2+}, Mn^{2+}, Mg^{2+} oder Zn^{2+}, kristallisieren ditrigonal-skalenoedrisch wie Calcit, $CaCO_3$, und haben *Calcitstruktur* (◘ Abb. 8.1) oder trigonal-rhomboedrisch mit der Struktur von *Dolomit*, $CaMg(CO_3)_2$. Demgegenüber kristallisieren die Karbonate mit größeren Kationen wie Sr^{2+}, Pb^{2+} oder Ba^{2+} mit einem Radius >1,08 Å rhombisch-dipyramidal, und die Strukturen ihrer Karbonate entsprechen derjenigen des Aragonits, $CaCO_3$. In der orthorhombischen *Aragonitstruktur* haben diese größeren Kationen 9 O als nächste Nachbarn anstatt 6 O; es steht ihnen ein entsprechend größerer Raum in der Struktur zur Verfügung. Die hexagonale *Vateritstruktur* besteht aus Schichten von dicht gepackten $[CO_3]$-Gruppen normal zu (0001), die mit Schichten von [8]-koordiniertem Ca wechsellagern. Die Trimorphie des $CaCO_3$, das in der Calcit-, Aragonit- oder Vateritstruktur kristallisieren kann, erklärt sich im Wesentlichen aus der mittleren Größe des Ca^{2+} und seinem mittleren Raumbedarf.

Bei den komplizierten Strukturen der Azurit-Malachit-Gruppe ist in sehr vereinfachter Beschreibung das Cu^{2+} oktaedrisch gegenüber O^{2-} und $(OH)^-$ koordiniert. Diese oktaedrischen Einheiten sind kettenförmig aneinandergereiht; es besteht über O-Brücken seitlich eine Verknüpfung mit den (CO_3)-Gruppen.

8.1 Calcit-Gruppe, 32/m

Die Calcitstruktur lässt sich vom NaCl-Gitter ableiten (vgl. ◘ Abb. 8.7a), das auf eine Ecke gestellt und in Richtung der Raumdiagonale zusammengedrückt wird, wobei Na durch Ca und Cl durch den Schwerpunkt der CO_3-Gruppe ersetzt werden (◘ Abb. 8.1). Der Polkantenwinkel der rhomboedrischen Calcit-Einheitszelle beträgt rund 103° statt 90° beim Würfel; die 3-zählige Drehinversionsachse $\bar{3}$ der Calcitstruktur entspricht der Raumdiagonale des Würfels. Entsprechend der NaCl-Struktur wird jedes Ca oktaedrisch von 6 O umgeben. Die CO_3-Komplexe sind planar parallel zu (0001) ausgerichtet, wobei jedes C von 3 O in der Art eines gleichseitigen Dreiecks umgeben wird (◘ Abb. 8.7a). Die Bindungskräfte zwischen Ca^{2+} und $(CO_3)^{2-}$ sind wie in der NaCl-Struktur heteropolar. Sie werden viel leichter

aufgebrochen als die festeren homöopolaren Bindungen zwischen C und O. Die vollkommene Spaltbarkeit des Calcits nach dem Spaltrhomboeder $\{10\bar{1}1\}$ entspricht der vollkommenen Spaltbarkeit des Steinsalzes nach $\{100\}$. Diese Spaltbarkeit verläuft ebenfalls parallel zu den dichtest besetzten Netzebenen der Kristallstruktur, wobei die Zahl der Bindungen senkrecht zu diesen Ebenen besonders klein ist.

■ **Calcit (Kalkspat)**
$CaCO_3$

Ausbildung

Kristallklasse $\bar{3}2/m$, ditrigonal-skalenoedrisch, an Kristallformen ungewöhnlich reich, mehr als 1000 Flächenkombinationen (Tracht) sind beschrieben worden. Nach dem Vorherrschen einfacher Formen und ihrer Größenverhältnisse (Habitus) lassen sich vier bevorzugte Ausbildungstypen unterscheiden:

- *Skalenoedrische* Ausbildung (◘ Abb. 8.2a, b, 8.3, 8.4), bei der das ditrigonale Skalenoeder dominiert, am verbreitetsten $\{21\bar{3}1\}$, nicht selten durch ein flaches Rhomboeder abgestumpft oder seitlich durch Prismenflächen begrenzt.
- Rhomboedrische Ausbildung (◘ Abb. 8.2d), bei der Rhomboeder verschiedener Stellung und Steilheit gegenüber anderen Flächen dominieren. Dabei

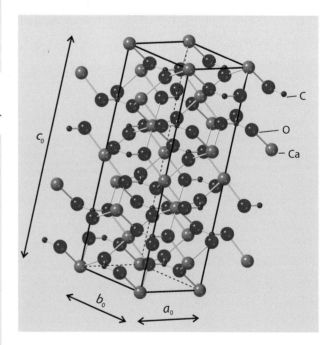

◘ **Abb. 8.1** Kristallstrukturmodell mit Elementarzelle von Calcit: CO_3-Gruppen bilden einzelne Lagen mit hoher Elektronendichte im Gegensatz zu den dazwischen liegenden Lagen von Ca-Ionen mit niedriger Elektronendichte. Dieser Unterschied verleiht Calcit einen sehr hohen Brechungsindex

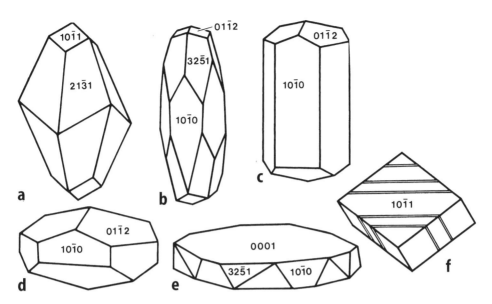

Abb. 8.2 Tracht und Habitus von Calcit: **a** Ditrigonales Skalenoeder {21$\bar{3}$1} kombiniert mit Rhomboeder {10$\bar{1}$1}; **b** hexagonales Prisma {10$\bar{1}$0} kombiniert mit ditrigonalem Skalenoeder {32$\bar{5}$1} und Rhomboeder {01$\bar{1}$2}; **c** dominierendes hexagonales Prisma {10$\bar{1}$0} kombiniert mit Rhomboeder {01$\bar{1}$2}; **d** Rhomboeder {01$\bar{1}$2} kombiniert mit hexagonalem Prisma {10$\bar{1}$0}; **e** das Basispinakoid {0001} dominiert stark gegenüber Prisma und Skalenoeder; **f** Spaltrhomboeder mit polysynthetischer Druckzwillingslamellierung verursacht durch Gleitung nach (01$\bar{1}$2)

Abb. 8.3 Gruppe von sehr flächenreichen Calcit-Kristallen mit hexagonalem Prisma {10$\bar{1}$0} kombiniert mit ditrigonalem Skalenoeder {32$\bar{5}$1} und Rhomboeder {01$\bar{1}$2}; Frizington Mine, Cumbria, England; Bildbreite = ca. 10 cm. (Sammlung: Hartwig E. Frimmel, Foto: Nico Frimmel, Leinach)

ist die Flächenlage des Spaltrhomboeders {10$\bar{1}$1} als Wachstumsfläche nicht so häufig wie bei den übrigen Mineralen der Calcitreihe anzutreffen.

- Prismatische Ausbildung (■ Abb. 8.2c), z. B. mit dem Prisma {10$\bar{1}$0} und durch das Basispinakoid {0001} oder ein stumpfes Rhomboeder {01$\bar{1}$2} begrenzt, mit säuligem bis gedrungenem Habitus; bei

sehr schmalem Prisma und Überwiegen des Basispinakoids Übergang zur

- *tafeligen* Ausbildung (■ Abb. 8.2e, 8.5): das Basispinakoid {0001} tritt ausschließlich hervor, alle anderen Flächen treten völlig zurück und sind höchstens schmal entwickelt; typisch ist der sog. *Blätterspat* mit seinem blättrigen Habitus.

■ **Abb. 8.4** Calcit-Kristall mit dominierendem Skalenoeder {32$\bar{5}$1} und Rhomboeder {01$\bar{1}$2}; Rauschenberg, Bayern; Bildbreite = ca. 4 cm, Mineralogisches Museum der Universität Würzburg

– *Zwillingsbildung* ist bei Calcit sehr verbreitet, die häufigsten Zwillingsebenen sind das Basispinakoid {0001} oder das negative Rhomboeder {01$\bar{1}$2}, oft mit lamellarer Wiederholung. Diese *polysynthetische* Zwillingslamellierung ist auf Spaltflächen als feine Parallelstreifung erkennbar (■ Abb. 8.2f); in metamorphen Kalksteinen wird sie teilweise durch tektonische Verformung hervorgerufen. Druckzwillingslamellierung kann aber auch künstlich erzeugt werden, z. B. bei der Herstellung von Dünnschliffen.

Physikalische Eigenschaften	
Spaltbarkeit	(10$\bar{1}$1) vollkommen, (01$\bar{1}$2) Gleitfläche
Härte	3 (Standardmineral der Mohs-Skala)
Dichte	2,7 (bis 2,95)
Farbe	meist farblos, milchig weiß, durch organische Einschlüsse braun bis schwarz
Glanz, Transparenz	Perlmuttglanz; durchscheinend bis klar durchsichtig

Physikalische Eigenschaften	
Wichtiges optisches Merkmal	wegen seiner sehr starken negativen Doppelbrechung mit $\Delta n = n_\varepsilon - n_\omega = 1{,}4865 - 1{,}6584 = -0{,}1719$ werden sehr klare Calcit-Kristalle noch heute in der optischen Industrie verwendet
Wichtiges chemisches Merkmal	löst sich leicht in kalten verdünnten Säuren unter heftigem Brausen durch Freisetzung von CO_2

Kristallchemie Trotz unterschiedlicher Größe der Ionenradien (■ Tab. 8.1) kann Calcit wechselnde Gehalte der kleineren Kationen Mg^{2+}, Fe^{2+}, Mn^{2+}, Zn^{2+} einbauen. So bestehen bei erhöhten Temperaturen Mischkristalle mit Dolomit (s. dort), Rhodochrosit (Manganspat) und Siderit (Eisenspat), seltener auch mit Smithsonit (Zinkspat).

Vorkommen Calcit gehört zu den verbreitetsten Mineralen. Er wird überwiegend *sedimentär* gebildet. So

■ **Abb. 8.5** Calcit-Kristalle mit tafeligem Habitus aufgrund der Dominanz des basalen Pinacoids {0001}; St. Andreasberg, Harz; Bildbreite = ca. 5 cm; Mineralogisches Museum der Universität Würzburg

◘ Tab. 8.1 Wichtige wasserfreie und wasserhaltige Karbonate (Ionenradien nach Whittacker und Muntus 1970)

Wasserfreie Karbonate		Chem. Formel	Ionenradius [Å]	
Calcit-Gruppe ($\bar{3}$2/m), Kationen [6]-koordiniert	Calcit	$CaCO_3$	Ca^{2+}	1,08
	Siderit	$FeCO_3$	Fe^{2+}	0,69
	Rhodochrosit	$MnCO_3$	Mn^{2+}	0,75
	Magnesit	$MgCO_3$	Mg^{2+}	0,80
	Smithsonit	$ZnCO_3$	Zn^{2+}	0,83
Aragonit-Gruppe (2/m2/m2/m), Kationen [9]-koordiniert	Aragonit	$CaCO_3$	Ca^{2+}	1,26
	Strontianit	$SrCO_3$	Sr^{2+}	1,35
	Cerussit	$PbCO_3$	Pb^{2+}	1,41
	Witherit	$BaCO_3$	Ba^{2+}	1,55
Dolomit-Gruppe ($\bar{3}$), Kationen [6]-koordiniert	Dolomit	$CaMg(CO_3)_2$	Ca^{2+}	1,08
			Mg^{2+}	0,80
	Ankerit	$CaFe(CO_3)_2$	Ca^{2+}	1,08
			Fe^{2+}	0,69
Wasserhaltige Karbonate mit (OH)$^-$				
Azurit-Malachit-Gruppe (2/m)	Azurit	$Cu_3[(OH)/CO_3]_2$		
	Malachit	$Cu_2[(OH)_2/CO_3]$		

ist Calcit Hauptgemengteil von Kalksteinen und Mergeln und bildet häufig den Zement in klastischen Sedimenten. Als *biogenes* Mineral baut Calcit die Hartteile von etlichen Organismen auf (▶ Abschn. 2.5.1; ◘ Abb. 2.13). Insbesondere besitzen einige Gruppen von Meeresorganismen wie Kalkalgen, Foraminiferen, Korallen, Echinoiden, Crinoiden, Bryozoen, Brachiopoden, Anneliden oder Crustaceen Skelette, die aus Mg-reichem Calcit bestehen und oft etwas Sr^{2+} enthalten; das gleiche gilt für Eierschalen von Vögeln oder einigen Reptilien einschließlich der Dinosaurier (Morse und Mackenzie 1990). Allerdings entsteht biogener Calcit meist erst sekundär durch Umwandlung von metastabilem Aragonit (▶ Abschn. 8.2) oder kommt mit diesem zusammen vor. Auch bei der chemischen Fällung von $CaCO_3$ aus Meer- und Süßwasser bildet sich zunächst der stärker lösliche Aragonit. Demgegenüber begünstigen abnehmende CO_2-Gehalte und höhere pH-Werte die Kristallisation von Calcit. Viele Kalksinter wie Travertin, Thermalabsätze und Tropfsteine bestehen primär aus Aragonit, rekristallisieren aber häufig zu Calcit.

Weiter tritt Calcit als sogenannte *Gangart* (Erz-begleitende Minerale) in Erzgängen sowie als Kluft- und Drusenfüllung auf (◘ Abb. 8.3, 8.4, 8.5). Riesenkristalle des berühmten *Isländischen Doppelspates* (◘ Abb. 1.29) wurden im 17. Jh. nahe des Gehöftes Helgustadir am Eskifjord (Island) in Drusen eines Basalt-Lavastroms entdeckt. Sie standen bis 1924 zeitweise im Abbau, um in der optischen Industrie Verwendung zu finden. Diese Calcit-Kristalle waren bis zu $7 \times 7 \times 2$ m und $6 \times 6 \times 3$ m groß und hatten ein Gewicht von >250 t (Rickwood 1981).

Durch *metamorphe* Überprägung von Kalksteinen und Mergeln entstehen *Marmore,* Silikatmarmore und Kalksilikatgesteine. Bemerkenswert ist die Entstehung von *Karbonatiten* aus primärer Kristallisation von *Karbonat-Magmen* unter Bildung von Calcit, seltener auch von anderen Karbonaten (▶ Abschn. 13.2.3).

Technische Verwendung Klar durchsichtige Kristalle von Calcit als *Isländischer Doppelspat* sind in der optischen Industrie nach wie vor sehr begehrt. Die verschiedenen Kalksteine mit mehr oder weniger hohem oder ausschließlichem Calcitanteil bilden volkswirtschaftlich außerordentlich wichtige Rohstoffe. Sie wurden von alters her als Naturwerksteine für Bau- und Dekorationszwecke genutzt; polierfähige und schön aussehende Kalksteine werden als technischer Marmor, als weißer körniger Statuenmarmor (z. B. von Carrara, Italien), als Travertin oder als lithographischer Kalkstein eingesetzt.

Kalksteine finden breite Verwendung als Rohstoff in der Bauindustrie zur Herstellung von nichthydraulischen (Kalkmörtel) und hydraulischen Bindemitteln (Portlandzement), in der chemischen Industrie, bei der Glas- und Zellstoffherstellung, als Flussmittel in der Hüttenindustrie, in der Zuckertechnologie, als Düngekalk, als Füllstoff und Weißpigment im Papier u. v. a.

■ **Magnesit**

MgCO$_3$

Ausbildung   Kristallklasse $\bar{3}2/m$, Kristalle mit einfacher rhomboedrischer Tracht $\{10\bar{1}1\}$, im Gestein eingewachsen, vorwiegend in spätigen (als sog. *Spat-* oder *Kristallmagnesit*) oder in dichten, mikrokristallinen Aggregaten, dann oft mit Geltexturen (als sogenannter *Gelmagnesit*).

Physikalische Eigenschaften	
Spaltbarkeit	vollkommen nach (10$\bar{1}$1), jedoch nur bei grobkörnigen, spätigen Kristallen sichtbar; Gleitfläche (0001)
Bruch	muschelig bei Gelmagnesit
Härte	3½–4½
Dichte	3,0 (bis 3,5)
Farbe	farblos, schneeweiß, grau- bis gelblichweiß, grauschwarz
Glanz, Transparenz	auf Spaltflächen Glas- bis Perlmuttglanz, Gelmagnesit mit matter Bruchfläche; durchscheinend bis durchsichtig

Kristallstruktur   Isotyp mit Calcit.

Chemismus   Lückenlose Mischkristallreihe mit Siderit FeCO$_3$, aber nur begrenzter Einbau von Ca^{2+} oder Mn^{2+}; Magnesit mit 5–50 Mol-% FeCO$_3$-Komponente wird auch als *Breunnerit* bezeichnet.

Vorkommen   *Spatmagnesit* bildet spätige und körnige Massen oder Adern in Serpentiniten oder ultramafischen Gesteinen, in denen er während der Gesteinsmetamorphose durch metasomatische Reaktionen mit CO$_2$-führenden Fluiden oder MgCl$_2$-Lösungen entsteht. Darüber hinaus kann Magnesit durch metasomatische Verdrängung von Kalksteinen gebildet werden, entweder bei der Frühdiagenese oder unter dem Einfluss hydrothermaler Fluide. Spatmagnesit tritt häufig in der Grauwackenzone der Ostalpen auf, wo er unregelmäßige stockförmige Körper innerhalb von Kalksteinen und Dolomiten bildet. Die Hauptvorkommen liegen bei Radenthein in Kärnten sowie bei Trieb und Veitsch in der Steiermark. Ihr Abbau vollzieht sich vorwiegend über Tage. *Gelmagnesit* entsteht als Verwitterungsprodukt von Serpentinit.

Technische Bedeutung   Magnesit ist ein wichtiger Rohstoff für die Herstellung hochfeuerfester *Magnesitsteine,* wofür Rohmagnesit bei 1500 °C gesintert und anschließend mit Teer kalt gepresst wird. Die Steine dienen zum Auskleiden von Röst- und Hochöfen, von Sauerstoffkonvertern (Linz-Donawitz-Verfahren) und Elektroöfen bei der Stahlerzeugung sowie von Anlagen für die Müllverbrennung. Vor der ersten Stahlcharge wird die Teer-Magnesit-Ausmauerung im Konverter gebrannt. Spezielle Steinformen, z. B. Düsensteine, werden vor dem Verlegen im Konverter in eigenen Anlagen erhitzt. Durch kaustische Behandlung von Magnesit bei 800 °C gewinnt man MgCl$_2$-Lauge; diese wird mit einem Füllstoff versehen und zu *Sorelzement* verarbeitet, aus dem feuerfeste Baumaterialien und Isoliermassen hergestellt werden. Die Gewinnung des *Metalls Mg* erfolgt derzeit nur untergeordnet durch silikothermische Reduktion von MgCO$_3$, vorwiegend aber aus Rückständen der Verarbeitung von K-Mg-Salzen wie Carnallit und Polyhalit (▶ Abschn. 25.7.2) oder direkt aus dem Meerwasser.

■ **Siderit (Eisenspat)**

FeCO$_3$

Ausbildung   Kristallklasse $\bar{3}2/m$, aufgewachsene Kristalle meist als sattelförmige Rhomboeder $\{10\bar{1}1\}$ mit gekrümmten Flächen; lamellare Zwillinge nach $\{10\bar{1}2\}$ oder einfache Zwillinge nach $\{0001\}$ sind selten; gesteinsbildender Siderit tritt in spätigen, körnigen oder erdigen Aggregaten auf. Kugelförmige oder traubig-nierige Gebilde aus Siderit werden als *Sphärosiderit* bezeichnet.

Physikalische Eigenschaften	
Spaltbarkeit	(10$\bar{1}$1) vollkommen
Härte	4–4½
Dichte	3,95 für reines FeCO$_3$, aber mit Einbau von Mg^{2+} und Mn^{2+} bis auf 3,5 abnehmend
Farbe	licht graugelb, mit zunehmendem Oxidationseinfluss gelblich bis gelbbraun und schließlich dunkelbraun, dabei bunt anlaufend
Glanz, Transparenz	Glas- bis Perlmuttglanz, durchscheinend bis durchsichtig

Kristallstruktur   Isotyp mit Calcit.

Chemismus   Theoretischer Fe-Gehalt beträgt 48,2 Gew.-%, wird aber in der Natur kaum erreicht, da ein Teil des Fe^{2+} durch Mn^{2+}, Mg^{2+} und etwas Ca^{2+}, seltener Zn^{2+} ersetzt sein kann. Mit Rhodochrosit, MnCO$_3$, und Magnesit, MgCO$_3$, bestehen lückenlose Mischkristallreihen.

Vorkommen   Siderit tritt in hydrothermalen Gängen auf und bildet sich durch metasomatische Verdrängung von Kalkstein oder Marmor durch Reaktion mit aufsteigenden hydrothermalen Fluiden. Ein wichtiges Beispiel ist der Erzberg in der Steiermark, Österreich (▶ Abschn. 23.3.7). Darüber hinaus ist Siderit Gemengteil von phanerozoischen Eisensteinen (▶ Abschn. 25.4.2). Bei der Verwitterung wird Siderit in Limonit umgewandelt.

Wirtschaftliche Bedeutung Siderit wurde früher als Eisenerz abgebaut, kann aber hinsichtlich Fe-Gehalt nicht mit Bändereisenerzen mithalten. Er wird aber als Zuschlagstoff bei der Verhüttung von Eisenerz dem ansonsten zum Einsatz kommenden Kalkstein vorgezogen, da er zusätzliches Fe liefert.

■ **Rhodochrosit (Manganspat)**
$MnCO_3$

Ausbildung Kristallklasse $\bar{3}2/m$; meist nur winzige rhomboedrische Kriställchen $\{10\bar{1}1\}$ mit sattelförmig gekrümmten Flächen, auch in kleinen Drusen (◘ Abb. 8.6). Gewöhnlich bildet Rhodochrosit körnig-spätige Aggregate, gebänderte Krusten mit traubig-nieriger Oberfläche und radialem Gefüge. In größeren Massen unansehnlich zellig-krustig oder erdig.

◘ **Abb. 8.6** Rhodochrosit mit typisch rhomboedrischem Habitus auf Bergkristall, Pasto Bueno, Peru; Bildbreite = 3,8 cm; Mineralogisches Museum der Universität Würzburg

Physikalische Eigenschaften	
Spaltbarkeit	$(10\bar{1}1)$ vollkommen
Bruch	spröde
Härte	3½–4
Dichte	3,7 für reines $MnCO_3$, aber mit Zusatz von Mg^{2+} abnehmend
Farbe, Strichfarbe	Farben von blassrosa über rosarot bis himbeerfarben (*Himbeerspat*, ◘ Abb. 8.6); Strichfarbe farblos
Glanz, Transparenz	Glasglanz; durchscheinend bis durchsichtig

Chemismus Lückenlose Mischkristallreihe mit Siderit, Calcit und Smithsonit; nur sehr begrenzte Mischkristallbildung mit Magnesit.

Vorkommen Hydrothermales Gangmineral, Produkt der Oxidationszone von Mn-führenden Erzlagerstätten.

Praktische Verwendung Poliert als Schmuckstein und zur Herstellung kunstgewerblicher Gegenstände.

■ **Smithsonit (Zinkspat)**
$ZnCO_3$

Ausbildung Kristallklasse $\bar{3}2m$; Smithsonit kann in kleinen rhomboedrischen Kristallen vorkommen, tritt aber meist derb in Krusten, nierigen oder zapfenförmigen, feinkörnigen Aggregaten auf.

Physikalische Eigenschaften	
Spaltbarkeit	$(10\bar{1}1)$, vollkommen
Bruch	spröde
Härte	4–4½
Dichte	4,3–4,45
Farbe, Strichfarbe	farblos, gelblich, grünlich, bräunlich, zartviolett (durch Co^{2+}), bläulich (Cu^{2+}); Strichfarbe farblos
Glanz, Transparenz	starker Glasglanz, durchscheinend bis trüb

Kristallstruktur Isotyp mit Calcit.

Chemismus Zn^{2+}-Gehalt maximal 52,1 %; lückenlose Mischkristallreihen mit Siderit und Rhodochrosit, während die Gehalte an Ca^{2+} und Mg^{2+} meist gering sind; bisweilen sind Cd^{2+} und Pb^{2+} sowie Spuren von Co^{2+} und Cu^{2+} beteiligt.

Vorkommen Smithsonit bildet sich meist in Oxidationszonen von hydrothermalen Zinkerz-Lagerstätten innerhalb von Kalksteinen. Dabei reagiert $CaCO_3$ mit Zn-Sulfat-Lösungen, die durch Verwitterung von Sphalerit entstehen, unter Ausfällung von $ZnCO_3$.

Wirtschaftliche Bedeutung *Galmei,* ein Gemenge aus Smithsonit und Hemimorphit (Kieselzinkerz), $Zn_4[Si_2O_7] \cdot (OH)_2 \cdot H_2O$, ist ein wichtiges Zinkerz.

8.2 Aragonit-Gruppe, 2/m2/m2/m

Minerale der Aragonit-Gruppe kristallisieren in der orthorhombischen, aber pseudohexagonalen Aragonitstruktur. In Analogie zur Calcitstruktur sind planare, dreieckige CO_3-Gruppen parallel zu (001) orientiert. Diese bilden, jeweils um 60° rotiert, übereinander liegende Paare, die durch [9]-koordinierte Kationen verknüpft sind (◻ Abb. 8.7b). Deren Radien sind größer als bei den [6]-koordinierten Kationen in der Calcitstruktur (◻ Tab. 8.1).

- **Aragonit**
CaCO₃

Ausbildung Kristallklasse 2/m2/m2/m; die orthorhombisch-dipyramidalen Kristalle mit dem Prisma {110} und dem Pinakoid {010} sind entlang c gestreckt und werden durch Prismenflächen {011} und Pyramidenflächen {111} geschnitten, in zugespitzten Kristallen auch durch Prismen {061} und Pyramiden {9·12·2}. Nadelige, radialstrahlige Aggregate sind verbreitet. Aragonit zeigt einfache oder lamellare Zwillinge nach {110}.

Häufiger und typisch sind Drillinge nach {110} mit pseudohexagonaler Form und Verwachsungsnähten

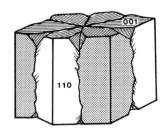

◻ **Abb. 8.8** Aragonit: Drilling nach (110) mit pseudohexagonaler Symmetrie

bzw. Längsfurchen parallel zu c (◻ Abb. 8.8). Verbreitet tritt Aragonit in derben, feinkörnigen Massen und Krusten auf, auch als konzentrisch-schalige Kügelchen im *Pisolith* (Erbsenstein).

Physikalische Eigenschaften	
Spaltbarkeit	(010) undeutlich, (110) schlecht, selten
Bruch	muschelig
Härte	3½–4, die etwas größere Härte gegenüber Calcit erklärt sich aus der größeren Zahl von Ca-O-Bindungen
Dichte	2,94–2,95, höher als bei Calcit wegen der dichteren Packung in der Aragonitstruktur
Farbe	farblos bis zart gefärbt
Glanz, Transparenz	auf Kristallflächen Glasglanz, auf Bruchflächen Fettglanz, durchsichtig bis durchscheinend

Erkennung Wie Calcit löst sich Aragonit leicht in kalten verdünnten Säuren, z. B. HCl, unter starkem Aufbrausen. Ein einfaches Unterscheidungsmerkmal ist die *Meigen'sche Reaktion:* Pulver von Aragonit und anderen

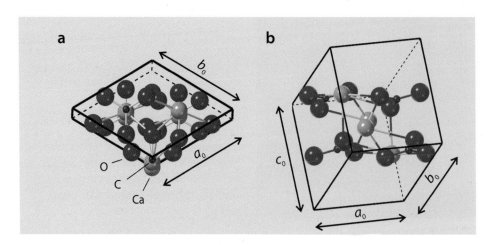

◻ **Abb. 8.7** Struktur der Elementarzellen von **a** Calcit, projiziert auf annähernd (0001) und **b** Aragonit; in Calcit ist Ca von sechs, in Aragonit von neun Sauerstoffff-Atomen umgeben

rhombischen Karbonaten sowie von hexagonalem Vaterit wird beim Sieden in einer Lösung von Kobaltnitrat $Co(NO_3)_2$ violett, während Pulver von Calcit und anderen trigonalen Karbonaten sich fast nicht verändert.

Kristallstruktur Aragonitstruktur, wie bereits beschrieben (■ Abb. 8.7b).

Chemismus Aragonit ist meist relativ reines $CaCO_3$; Spuren von Ca^{2+} werden besonders durch Sr^{2+} und Pb^{2+}, in geringerem Maß auch durch Fe^{2+} oder Mg^{2+} diadoch ersetzt.

Bildungsbedingungen und Vorkommen Aragonit ist seltener als Calcit, tritt aber durchaus auch gesteinsbildend auf. Wegen seiner etwas dichteren Struktur mit $Ca^{[9]}$ anstelle von $Ca^{[6]}$ bei Calcit ist Aragonit die Hochdruckmodifikation von $CaCO_3$, d. h. im Vergleich zu Calcit liegt sein Stabilitätsfeld im Bereich höherer Drucke und niedrigerer Temperaturen. Der Verlauf der Reaktionskurve

$$\text{Aragonit} \leftrightarrow \text{Calcit} \qquad (8.1)$$

ist in ■ Abb. 8.9 dargestellt. Stabil entsteht Aragonit daher unter den Bedingungen der Hochdruckmetamorphose, insbesondere in Subduktionszonen, in denen ein ungewöhnlich niedriger geothermischer Gradient herrscht (► Abschn. 26.2.5, 28.3.8).

Obwohl Aragonit bei niedrigem Druck, insbesondere bei Bedingungen der Erdoberfläche nicht stabil ist, entsteht er doch metastabil in Hohlräumen vulkanischer Gesteine und setzt sich als Bestandteil von Sinterkrusten oder als Sprudelstein aus Thermalwässern oder Geysiren ab. Darüber hinaus entsteht Aragonit

metastabil, entweder durch anorganische Ausfällung aus dem Meerwasser und/oder durch biogene Prozesse. So bildet er riesige Mengen von karbonatischen Schlämmen, z. B. auf der Bahama-Bank oder in der Florida Bay, oder auch oolithische Kalksteine unterschiedlichen Alters. In vielen Evaporitfolgen wechsellagern Aragonit-führende Karbonat-Sedimente mit Gips- und Halit-Ablagerungen (z. B. Chang et al. 1996). Allein oder zusammen mit Mg-Calcit baut Aragonit die Schalen oder Endoskelette von Kalkalgen, Foraminiferen, Schwämmen, Korallen, Schnecken und Perlmuscheln auf. Die attraktive Perlmuttschicht von natürlichen Perlen besteht aus Aragonit, die eigentliche Schale dagegen aus Calcit.

Bei Anwesenheit eines Lösungsmittels oder längerem Reiben im Mörser geht Aragonit langsam in die stabile Form Calcit über; bei Erhöhung der Temperatur auf 400 °C (bei $P = 1$ bar) dagegen sehr schnell. Diese Umwandlung ist monotrop, d. h. sie ist nicht umkehrbar. Aragonit wandelt sich jedoch nicht in Calcit um, wenn seine Struktur durch Sr-Einbau stabilisiert wird.

Eine weitere, metastabile $CaCO_3$-Modifikation ist der hexagonale *Vaterit,* der sich bei niedrigen Temperaturen aus wässerigen Lösungen ausscheidet und auch fossilbildend auftritt.

Wirtschaftliche Bedeutung Polierte Karbonatgesteine, die aus Aragonit bestehen, z. B. *Travertin,* werden als Dekorationsstein verwendet.

■ **Strontianit**
$SrCO_3$

Ausbildung Kristallklasse $2/m2/m2/m$. Ähnlich wie bei Aragonit sind die Kristalle nadelig oder dünnstängelig entwickelt und bilden häufig einfache oder lamellare Zwillinge oder Drillinge. Oft ist Strontianit büschelig gruppiert, tritt aber gewöhnlich gesteinsbildend in massigen, stängeligen oder körnigen Aggregaten auf.

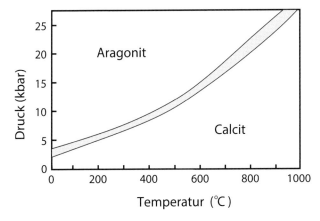

■ **Abb. 8.9** Die Stabilitätsfelder von Calcit und Aragonit im Druck-Temperatur-Diagramm des Systems $CaCO_3$ mit Fehlerbereich der Reaktionskurve schattiert. (Umgezeichnet nach Ukita et al. 2016)

Physikalische Eigenschaften	
Spaltbarkeit	(110) deutlich, (021) und (010) angedeutet
Bruch	muschelig
Härte	3½
Dichte	3,75, deutlich höher als bei Aragonit
Farbe	farblos oder weiß, allochromatisch schwach grau, hellgrün oder hellbraun
Glanz, Transparenz	auf Kristallflächen Glasglanz, auf Bruchflächen Fettglanz, durchsichtig bis durchscheinend

Kristallstruktur Isotyp mit Aragonit.

Chemismus Stets wird Sr^{2+} durch Ca^{2+} diadoch ersetzt, maximal enthält Strontianit ca. 25 Mol-% $CaCO_3$-Komponente, während Ba^{2+} und Pb^{2+} nur in Spuren eingebaut sind.

Vorkommen Als Kristallisationsprodukt aus tieftemperierten hydrothermalen Lösungen füllt Strontianit Klüfte und Hohlräume aus oder bildet Konkretionen in Kalksteinen und Mergeln, wobei das Sr^{2+} durch *Lateralsekretion* aus dem benachbarten Nebengestein ausgelaugt wurde. Selten findet sich Strontianit in hydrothermalen Mineral- und Erzlagerstätten oder in Karbonatiten.

Technische Verwendung Strontianit dient hauptsächlich der Gewinnung des Metalls Strontium durch Reduktion von SrO mit Al-Metall. Außerdem bildet es einen Bestandteil von Spezialgläsern und dient als Ausgangsmaterial für die Herstellung von $Sr(NO_3)_2$, das in der Pyrotechnik eine wichtige Rolle spielt.

Das Strontianverfahren zur Gewinnung des Restzuckers aus Zuckersirup (Melasse) spielte im 19. Jh. eine wichtige Rolle, wird aber heute nicht mehr angewendet.

■ Cerussit

$PbCO_3$

Ausbildung Kristallklasse 2/m2/m2/m, einzelne Kristalle oder in Gruppen aufgewachsen. Vorherrschende Kristallformen sind die Pinakoide {010} und {001}, die rhombische Dipyramide {111} sowie die rhombischen Prismen {110}, {130} und {021}. Habitus meist tafelig nach {010}, z. T. in wabenartigen, stern- oder fächerförmigen Verwachsungen, während nadelige bis spießförmige Kristalle büschelförmige Aggregate bilden. Typisch sind pseudohexagonale Drillinge (■ Abb. 8.10) oder lamellare Zwillinge, beide nach (110). Cerussit tritt auch in erdig-pulverigen Massen auf.

Physikalische Eigenschaften Charakteristisch gegenüber Aragonit und Strontianit sind seine höhere Dichte, sein

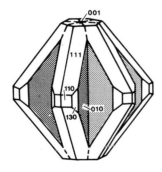

■ Abb. 8.10 Cerussit: pseudohexagonaler Drilling nach (110)

lebhafter Diamantglanz und seine wesentlich höheren Brechungsindizes $n_\gamma = 2{,}079$, $n_\alpha = 1{,}804$.

Spaltbarkeit	(110) deutlich, (021) mäßig
Bruch	muschelig, spröde
Härte	3–3½
Dichte	6,55
Farbe	weiß, gelblich, bräunlich
Glanz, Transparenz	Diamantglanz, durchsichtig bis durchscheinend

Kristallstruktur Isotyp mit Aragonit.

Chemismus Meist reines $Pb[CO_3]$, nur geringe Gehalte an Zn^{2+} und Sr^{2+}.

Vorkommen In der Verwitterungs- und Auslaugungszone von Bleilagerstätten zusammen mit Galenit, aus dem er sich als Sekundärmineral bildet.

Wirtschaftliche Bedeutung Kann lokal als Bleierzmineral dienen, woraus sich der alte deutsche Begriff Weißbleierz ableitet.

■ Witherit

$BaCO_3$

Ausbildung Kristallklasse 2/m2/m2/m; wohlausgebildete Kristalle treten fast stets als Drillingsverwachsungen nach {110} mit pseudohexagonalen Dipyramiden auf; auch derb in stängeligen oder blättrigen Verwachsungen.

Physikalische Eigenschaften	
Spaltbarkeit	(010) deutlich, (110) schlecht
Bruch	muschelig, spröde
Härte	3½
Dichte	4,3, höher als diejenige von Aragonit und Strontianit, jedoch niedriger als die von Cerussit
Farbe	farblos, weiß, gelblich
Glanz, Transparenz	auf Kristallflächen Glasglanz, auf Bruchflächen Fettglanz, durchscheinend
Eigenschaften ähnlich denen von Aragonit und Strontianit	

Kristallstruktur Isotyp mit Aragonit.

Chemismus Gewöhnlich wird Ba^{2+} durch beträchtliche Mengen von Sr^{2+} ersetzt, aber nur wenig durch Ca^{2+} und Mg^{2+}.

Vorkommen Auf niedrigtemperierten hydrothermalen Adern oder als Hohlraumfüllung in Kalksteinen und

Mergeln; Witherit ist seltener als Aragonit, Strontianit oder Cerussit.

8.3 Dolomit-Gruppe

Das Mineral Dolomit $CaMg(CO_3)_2$ ist kein Mischkristall zwischen Calcit und Magnesit, sondern eine stöchiometrische Verbindung, ein Doppelsalz mit einem Verhältnis Ca:Mg = 1:1. Die Dolomitstruktur ist analog der Calcitstruktur (◘ Abb. 8.1), mit dem Unterschied, dass Ca^{2+} und Mg^{2+} abwechselnd schichtenweise in Flächen parallel zu (0001) angeordnet sind. Die am Calcitkristall äußerlich erkennbaren Spiegelebenen parallel zu c entfallen am Dolomitkristall. Stattdessen treten in der Struktur Gleitspiegelebenen auf. Die Unterschiede in der Symmetrie können sehr schön durch künstlich erzeugte Ätzfiguren auf den Rhomboederflächen von Calcit und Dolomit dokumentiert werden (◘ Abb. 8.11).

Bei höherer Temperatur, etwa ab 500 °C, kann Dolomit etwas mehr Ca aufnehmen, als dem Verhältnis Ca:Mg = 1:1 entspricht (◘ Abb. 8.12). Außerdem zeigt dieses Diagramm, dass unter höherer Temperatur neben Dolomit gebildeter Calcit auch mehr Mg^{2+} aufnehmen kann. Die Mischungslücke im System $CaCO_3$–$CaMg(CO_3)_2$ ist stark asymmetrisch und schließt sich bei einer Temperatur von ~1080 °C vollständig (◘ Abb. 8.12). Das Ca:Mg-Verhältnis von Calcit, der gleichzeitig neben Dolomit gebildet wurde, kann als geologisches Thermometer benutzt werden, mit dem man die jeweilige Bildungstemperatur dieser Paragenese abschätzen kann. Demgegenüber kann Magnesit auch unter so hohen Temperaturen nur relativ wenig Dolomit-Komponente aufnehmen.

◼ Dolomit
$CaMg(CO_3)_2$

Ausbildung Kristallklasse $\bar{3}$; fast immer zeigen wohl ausgebildete Kristalle von Dolomit das Rhomboeder {10$\bar{1}$1} als dominante oder einzige Kristallform. Häufig sind diese Kristalle sattelförmig deformiert und aus zahreichen Subindividuen aufgebaut. Druckzwillinge nach (02$\bar{2}$1) sind sehr viel seltener als solche nach (10$\bar{1}$0)

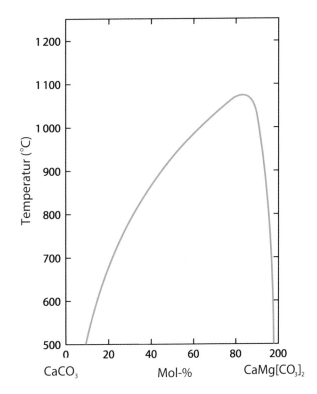

◘ **Abb. 8.12** Isobares Temperatur-Konzentrations-Diagramm mit der Solvuskurve unter der sich eine Mischungslücke befindet im binären System Calcit–Dolomit. (Modifiziert nach Anovitz und Essene 1987)

bei Calcit und verlaufen parallel zur kurzen und nicht der langen Diagonalen des Spaltrhomboeders. Gesteinsbildend tritt Dolomit in körnigen Aggregaten auf.

Physikalische Eigenschaften	
Spaltbarkeit	(10$\bar{1}$1) vollkommen
Bruch	muschelig
Härte	3½–4
Dichte	2,85 (bis 2,95)
Farbe	farblos, weiß, häufig auch zart gefärbt, rosa, gelblich bis bräunlich, nicht selten braunschwarz bis schwarz
Glanz, Transparenz	Glasglanz, gelegentlich Perlmuttglanz; durchsichtig bis durchscheinend

Unterscheidung von Calcit Im Gegensatz zu Calcit wird Dolomit von kalten verdünnten Säuren, z. B. von HCl, kaum angegriffen; dagegen wird er von heißer Säure unter lebhaftem Brausen leicht gelöst.

Chemismus Meist liegt die Zusammensetzung von Dolomit nahe bei der theoretischen Formel $CaMg(CO_3)_2$, doch kann Mg^{2+} durch Fe^{2+} und Mn^{2+}, gelegentlich

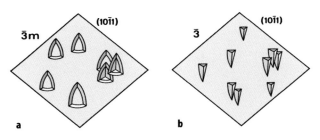

◘ **Abb. 8.11** Ätzfiguren auf der Spaltfläche (10$\bar{1}$1) sind symmetrisch ausgebildet: **a** beim Calcit mit der Kristallklasse $\bar{3}$2/m, **b** asymmetrisch beim Dolomit mit der niedriger symmetrischen Kristallklasse $\bar{3}$

auch durch Zn^{2+} diadoch ersetzt werden. So entsteht eine breite Mischkristallreihe zum Ankerit Ca(Fe,Mg) $(CO_3)_2$ sowie vollständige zu den Endgliedern *Kutnahorit* $CaMn(CO_3)_2$ und *Minrecordit* $CaZn(CO_3)_2$.

Vorkommen Dolomit ist ein wichtiges gesteinsbildendes Mineral, das besonders in *Karbonat-Sedimenten* wie Kalksteinen und Mergeln auftritt. Hier bildet er sich diagenetisch aus Calcit, kann aber auch gemeinsam mit diesem auftreten (▶ Abschn. 25.3.5). Bei fortschreitender Verdunstung von Meerwasser werden die weniger löslichen Karbonate Aragonit oder Calcit zuerst ausgefällt, gefolgt von Dolomit (▶ Abschn. 25.7.2). Zur direkten Ausfällung von Dolomit kommt es unter dem Einfluss von sulfatreduzierenden Bakterien in sehr salzreichem Wasser von Küstenlagunen, Salzseen und Salzpfannen (Krause et al. 2012). Durch die *metamorphe Überprägung* von Karbonat-Sedimenten können Dolomit-Marmore und Dolomit-führende Kalksilikatgesteine entstehen (▶ Abschn. 26.3.1). Ca-Mg-Karbonat-Magmen kristallisieren zu Dolomit-führendem Karbonatit. Darüber hinaus tritt Dolomit als Gangart in hydrothermalen Erzgängen und in karbonatgebundenen Pb-Zn-Lagerstätten vom Mississippi-Valley-Typ auf (MVT, ▶ Abschn. 23.3.6) und als metasomatisches Verdrängungsprodukt von Kalksteinen.

Bedeutung als Rohstoff In zahlreichen technischen Bereichen kann Dolomit als Ersatz für Magnesit eingesetzt werden, so für die Herstellung von hochfeuerfestem Magnesiumoxid, MgO, oder von Mg-Metall. In manchen Fällen dient gebrannter Dolomit anstelle von Kalkstein als Flussmittel bei der Eisenverhüttung mit basischer Schlackenführung sowie als Rohstoff für die Herstellung von Feuerfestmaterial. In der Bautechnik wird Dolomit als Werkstein und als Zuschlagstoff für Beton verwendet. Ein sehr wichtiges Anwendungsgebiet für Dolomit ist die Herstellung von modernem Floatglas.

Früher wurde gebrannter Dolomit, mit Teer vermischt, als billiger Ersatz für Magnesitsteine in der Stahlindustrie verwendet, wo er zur basischen Auskleidung von Sauerstoffkonvertern (Linz-Donawitz-Verfahren) und Elektroöfen diente.

- **Ankerit (Braunspat)**
Ca(Fe,Mg)(CO$_3$)$_2$

Ausbildung Kristallformen ähnlich Dolomit.

Physikalische Eigenschaften	
Spaltbarkeit	(10$\bar{1}$1) vollkommen
Bruch	muschelig
Härte	3½–4
Dichte	2,9–3,1, d. h. höher als bei Dolomit

Physikalische Eigenschaften	
Lichtbrechung	höher als bei Dolomit
Farbe	gelblich weiß, durch Oxidation von Fe^{2+} braun werdend
Glanz, Transparenz	Glasglanz, manchmal Perlglanz, durchsichtig bis durchscheinend

Kristallstruktur Wie Dolomit mit statistischer Verteilung von Fe^{2+} und Mg^{2+} in den Fe-Mg-Schichten der Struktur.

Chemismus Es besteht eine vollständige Mischreihe zwischen Dolomit und Ankerit bis ca. 70 Mol-% Ca-Fe$[CO_3]_2$-Komponente sowie zwischen Ankerit und Kutnahorit $CaMn[CO_3]_2$. Die Grenze zwischen eisenhaltigem Dolomit und Ankerit liegt bei einem Fe/(Fe + Mg)-Verhältnis von 0,2.

Vorkommen Ankerit ist Bestandteil von manchen Karbonat-Sedimenten, in denen er sich diagenetisch oder durch hydrothermale Verdrängung aus Kalkstein bildet. Zusammen mit Siderit tritt er in der Karbonatfazies von Bändereisenerzen (BIF; ▶ Abschn. 25.4.2) auf und bildet sich gemeinsam mit Fe-haltigem Dolomit in Ablagerungen von Salzseen. Darüber hinaus findet er sich in einigen Karbonatiten, als Gangart auf hydrothermalen Erzgängen und in manchen metamorphen Gesteinen.

Bedeutung als Rohstoff Ähnlich wie Dolomit kann Ankerit als Flussmittel bei der Eisenverhüttung eingesetzt werden.

8.4 Azurit-Malachit-Gruppe

- **Azurit (Kupferlasur)**
Cu$_3$[(OH)/CO$_3$]$_2$

Ausbildung Kristallklasse 2/m, mitunter in sehr guten Kristallen und flächenreichen Formen (◻ Abb. 8.13), kurzsäulig bis dicktafelig, zu kugeligen Gruppen und Konkretionen aggregiert. Häufig derb mit traubig-nieriger Oberfläche, erdig und als Anflug.

Physikalische Eigenschaften	
Spaltbarkeit	(011) vollkommen, (100) deutlich
Bruch	muschelig
Härte	3½–4
Dichte	3,8–3,9
Farbe	tief azurblau (◻ Abb. 8.12, Name!), in erdigen Massen hellblau
Glanz, Transparenz	Glasglanz, durchscheinend
Strich	hellblau

Physikalische Eigenschaften

Spaltbarkeit	(201) gut, (010) deutlich
Bruch	muschelig
Härte	3½–4
Dichte	3,9–4,0
Farbe, Strich	Kristalle dunkelgrün, in erdigen Massen hellgrün; Strich lichtgrün
Glanz, Transparenz	Glasglanz, (◻ Abb. 8.13), durchscheinend; Seidenglanz in faserigen Varietäten; mattglänzend in erdigen Massen

Chemismus Meist nahe der Idealformel mit bis zu 57,4 % Cu; jedoch z. T. beachtlicher Einbau von Zn^{2+} und Co^{2+}.

Vorkommen Malachit ist ein verbreitetes Cu-Mineral, das zusammen – mit dem viel selteneren Azurit – durch Oxidation von primären Kupfererzen in Oxidationszonen auftritt oder auch Sandsteine imprägniert.

Wirtschaftliche Bedeutung Örtlich wird Malachit als Kupfererz abgebaut. In poliertem Zustand dient er als Schmuckstein und wird zu Ziergegenständen verarbeitet.

□ **Abb. 8.13** Azurit (blau) von Malachit (grün) teilweise pseudomorph verdrängt, auf Smithsonit; die türkisfarbigen, kugeligen Aggregate sind Rosasit, $(Zn,Cu)_2[(OH)_2/CO_3]$; weiß ist der extrem seltene Otavit, $Cd[CO_3]$. Tsumeb, Namibia; Bildbreite = 3,5 cm; Sammlung Hartwig E. Frimmel. (Foto: Klaus-Peter Kelber)

Chemismus Meist nahe der Idealformel mit 55,3 % Cu.

Vorkommen Oxidationsprodukt von Cu-Sulfiden wie Enargit, Tetraedrit und Tennantit in der Oxidationszone von Kupfererzen, besonders in der Nachbarschaft von Kalksteinen (▶ Abschn. 24.6.1), oder als Imprägnation in Sandstein. Häufig wird Azurit durch Malachit unter Aufnahme von zusätzlichem Wasser pseudomorph verdrängt. Spektakuläre Beispiele sind aus der Tsumeb-Lagerstätte (Namibia) bekannt (◻ Abb. 8.13).

Bedeutung Während des Mittelalters und bis ins 17. Jh. wurde Azurit als Farbe für Gemälde verwendet.

■ **Malachit**
$Cu_2[(OH)_2CO_3]$

Ausbildung Kristallklasse 2/m, wohlausgebildete Kristalle sind selten, dann meist nadelig, haarförmig in Büscheln; häufiger derb, traubig-nierig mit glaskopfartiger Oberfläche, gebändert, erdig und als Anflug.

8.5 Nitrate

Nitrate sind Salze der Salpetersäure HNO_3, die aus inselartigen Anionenkomplexen $[NO_3]^-$ aufgebaut sind. Die Kristallstruktur des wichtigsten Nitratminerals *Nitratin* entspricht der Calcitstruktur (◻ Abb. 8.1, 8.7a), während *Niter* Aragonitstruktur aufweist (◻ Abb. 8.7b).

■ **Nitratin (Natronsalpeter)**
$NaNO_3$

Ausbildung Kristallklasse $\bar{3}2/m$; wohl ausgebildete Kristalle mit rhomboedrischem Habitus sind selten, Nitratin tritt meist nur in körnigen Aggregaten auf.

Physikalische Eigenschaften

Spaltbarkeit	$(10\bar{1}1)$ vollkommen
Bruch	muschelig, spröde
Härte	1½–2
Dichte	2,3
Farbe	farblos, auch weiß, gelb, grau oder rötlich braun

Physikalische Eigenschaften	
Glanz, Transparenz	Glasglanz; durchsichtig
Löslichkeit	etwas hygroskopisch, leicht löslich in H_2O

Vorkommen   In kontinentalen Evaporiten kommt Nitratin als Hauptbestandteil ausschließlich in ariden Klimazonen vor, so in der Atacamawüste in Nordchile und Peru (▶ Abschn. 25.7.1).

Wirtschaftliche Bedeutung   Die Nitratlagerstätten der Atacamawüste, die vorwiegend aus Nitratin (Chilesalpeter) und untergeordnet aus Niter (Salpeter) bestehen, wurden seit den 1830er-Jahren für die Produktion von Düngemitteln und Explosivstoffen ausgebeutet. Heute ist jedoch atmosphärischer Stickstoff die Hauptquelle für synthetische N-Verbindungen (▶ Abschn. 25.7.1).

■ **Niter (Kalisalpeter)**
KNO_3

Ausbildung   Kristallklasse 2/m2/m2/m; Niter bildet Aggregate von nadel- oder haarförmigen Kristallen, mehlige Ausblühungen oder körnige Krusten.

Physikalische Eigenschaften	
Spaltbarkeit	(011) vollkommen
Bruch	muschelig, spröd
Härte	2
Dichte	2,1–2,15
Farbe	farblos, weiß, grau
Glanz	Glasglanz
Löslichkeit	nicht hygroskopisch, leicht löslich in H_2O

Vorkommen   Als untergeordneter Bestandteil in den Nitratlagerstätten der Atacamawüste; als Ausblühung auf Böden, Mauern und Felswänden, z. B. in Kalksteinhöhlen.

Wirtschaftliche Bedeutung   Früher als Kalisalpeter (bzw. Salpeter) abgebaut (▶ Abschn. 25.7.1).

8.6 Borate

In den Boraten ist Bor gegenüber Sauerstoff sowohl [3]- als auch [4]-koordiniert, d. h. es bildet planare $[BO_3]^{3-}$- bzw. $[BO_2OH]^{2-}$-Dreiecke und $[BO_4]^{5-}$- bzw. $[BO_3OH]^{4-}$-Tetraeder. Im ersten Falle ist der Ionenradius von Bor 0,10 Å, d. h. etwas größer als für C[3], im zweiten 0,20 Å, d. h. kleiner als für Si[4]. Einige Boratminerale enthalten nur $[BO_3]^{3-}$-Gruppen, wie der Sassolin (Borsäure), H_3BO_3, andere nur $[BO_4]^{5-}$-Tetraeder, wie der Sinhalit, $MgAl[BO_4]$, mit Olivinstruktur. Die meisten Boratminerale enthalten jedoch beide Bauelemente in ihrer Struktur. Nach der Art ihrer Verknüpfung unterscheidet man – wie bei den Silikaten (▶ Kap. 11) – Insel-, Ketten-, Schicht- und Gerüststrukturen. Wegen ihrer strukturellen Vielfalt werden die Borate neuerdings als eigene Klasse abgetrennt (Strunz und Nickel 2001).

■ **Colemanit**
$CaB_3O_4(OH)_3 \cdot H_2O$

Ausbildung   Kristallklasse 2/m; flächenreiche, kurzprismatische Kristalle nicht selten, sonst in derben, körnigen Massen.

Physikalische Eigenschaften	
Spaltbarkeit	(010) vollkommen
Härte	4–4½
Dichte	2,4
Farbe	farblos bis weiß
Glanz, Transparenz	Glasglanz, durchsichtig bis durchscheinend

Kristallstruktur $[BO_3OH]$-Tetraeder und planare $[BO_2OH]$-Dreiecke sind über Ecken und Kanten zu gewellten Ketten parallel zu c (▶ Abb. 8.14a) und Ketten parallel zu a verknüpft. Die Kationen Ca^{2+} und die H_2O-Moleküle sind zwischen diesen Ketten verteilt.

Vorkommen und Anwendung   Siehe Borax.

■ **Borax**
$Na_2B_4O_5(OH)_4 \cdot 8H_2O$

Ausbildung   Kristallklasse 2/m; häufig in prismatischen Kristallen, auch in körnigen oder zelligen Aggregaten oder als Inkrustationen.

Physikalische Eigenschaften	
Spaltbarkeit	(100) vollkommen
Bruch	muschelig
Härte	2–2½
Dichte	1,7
Farbe	farblos, weiß, grau, gelb;

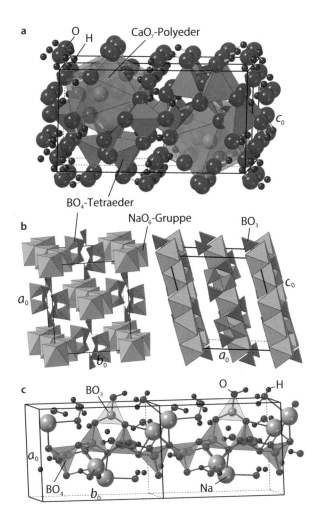

○ Abb. 8.14 Beispiele von Boratstrukturen: **a** Colemanit: Borat-Ketten von Ecken-verknüpften BO$_4$-Tetraedern und dreieckigen BO$_3$-Gruppen; **b** Borax: links Projektion auf (001), rechts auf (010); kantenverknüpfte NaO$_6$-Oktaederketten parallel zu c und eckenverknüpfte BO$_4$-Tetraeder zusammen mit dreieckigen BO$_3$-Gruppen sind über Wasserstoffbrückenbindungen mit H$_2$O-Molekülen (nicht dargestellt) verknüpft; Sauerstoff ist der Einfachheit halber nicht dargestellt; **c** Kernit: Projektion auf (001) mit BO$_4$- und BO$_3$-Gruppen kettenförmig parallel zur b-Achse angeordnet

Physikalische Eigenschaften	
Glanz, Transparenz	Fettglanz; durchscheinend; überzieht sich an Luft mit einem trüben Belag von Tincalconit Na$_2$[B$_4$O$_5$(OH)$_4$]·3H$_2$O
Geschmack	süßlich-alkalisch
Löslichkeit	löst sich rasch in H$_2$O

Kristallstruktur Zwei Typen von gewellten Ketten parallel zu c alternieren miteinander. Sie bestehen zum einen aus kantenverknüpften Na(H$_2$O)$_6$-Oktaedern, zum anderen aus inselförmigen Baueinheiten, die aus zwei BO$_3$OH-Tetraedern und zwei planaren BO$_2$OH-Dreiecken zusammengesetzt sind (○ Abb. 8.14b).

Vorkommen Borax ist das wichtigste Boratmineral; es bildet sich, zusammen mit Kernit, Ulexit und Colemanit in ariden Gebieten, hauptsächlich durch Verdunstung von abflusslosen Seen (▶ Abschn. 25.7.1) sowie durch Bodenausblühungen.

Wirtschaftliche Bedeutung Borax ist der wichtigste Bor-Rohstoff, zugleich industrielles Zwischenprodukt für die Borgewinnung aus anderen Boratmineralen. Bor hat eine breite Palette von technischen Anwendungen: zur Herstellung von Glasfasern, Porzellan und Email, von Wasch-, Arznei- und Düngemitteln, als Lösungsmittel für Metalloxide, als Flussmittel bei Verhüttungsprozessen, zur Herstellung von Bornitrid und Borkarbid, als Neutronenabsorber in Kernreaktoren, als Raketentreibstoff und als Zusatz in Motorentreibstoffen, zum Einsatz in Airbags.

Wegen seiner hervorragenden chemischen, mechanischen und thermischen Stabilität wird *Bornitrid,* BN, zur Herstellung von Hoch-*T*-Ausrüstungen eingesetzt, zunehmend auch in der Nanotechnologie, z. B. für Nanogewebe und Nanoröhren. Wegen seiner Mohs-Härte von 9½–10 wird BN auch als Schleifmittel eingesetzt. Ebenfalls ein superharter Werkstoff ist *Borcarbid,* ~B$_4$C, Mohs-Härte 9½, aus dem z. B. Armierungen von Panzerwagen und kugelsichere Westen hergestellt werden.

■ **Kernit**
Na$_2$[B$_4$O$_6$(OH)$_2$]·3H$_2$O

Ausbildung Kristallklasse 2/m, z. T. in sehr großen Kristallen von maximal 2,44 × 0,9 × 0,9 m Volumen und bis zu 3,8 t Gewicht (Rickwood 1981), gesteinsbildend in grobspätigen Aggregaten.

Physikalische Eigenschaften	
Spaltbarkeit	(001) und (100) vollkommen
Bruch	splitterig oder faserig entlang b, spröd
Härte	3
Dichte	1,95
Farbe	farblos oder weiß
Glanz, Transparenz	Glasglanz; durchscheinend bis durchsichtig, oft wasserklar
Löslichkeit	löst sich langsam in H$_2$O

Kristallstruktur Gewellte Ketten aus eckenverknüpften [BO$_4$]-Tetraedern parallel zu b werden alternierend mit B(OH)-Gruppen verbunden, wodurch planare [BO$_2$OH]-Dreiecke entstehen. Die Ketten sind parallel zu a durch $NaO_5(H_2O)$-Polyeder und parallel zu c durch $NaO_2(H_2O)_3$-Polyeder vernetzt (⬛ Abb. 8.14c).

Vorkommen Das wichtigste Vorkommen von Kernit befindet sich im Liegendbereich einer riesigen Borlagerstätte (6,5 km lang, 1,5 km breit und 75 m mächtig) in tertiären Tonen der Mohave-Wüste (Kalifornien), zusammen mit Borax, Colemanit und Ulexit. Kernit entstand wahrscheinlich durch Entwässerung von Borax im Zuge einer schwachen Metamorphose. Ein weiteres Vorkommen liegt bei Tincalayu (Argentinien).

Anwendung Siehe Borax.

■ **Ulexit**
$CaNa[B_5O_6(OH)_6] \cdot 5H_2O$

Ausbildung Kristallklasse $\bar{1}$; Ulexit bildet feine Fasern, die zu lockeren, wattebauschartigen Gebilden *(„cottonballs")* aggregiert sind; gelegentlich auch parallelfaserig angeordnet mit faseroptischen Eigenschaften als *„Fernsehstein"*.

Physikalische Eigenschaften	
Spaltbarkeit	(010) vollkommen
Härte	2½, jedoch als Aggregat lediglich 1
Dichte	1,95
Farbe	schneeweiß
Glanz, Transparenz	Seidenglanz; durchsichtig bis durchscheinend

Kristallstruktur Ketten von $CaO_3(OH)_3(H_2O)_2$-Polyedern und von $Na(OH)_2(H_2O)_4$-Oktaedern werden durch Borat-Ionen verknüpft

Vorkommen und Anwendung Siehe Borax.

Literatur

Anovitz L, Essene E (1987) Equilibria in $CaCO_3$-$MgCO_3$-$FeCO_3$. J Petrol 28:389–414

Chang LLY, Howie RA, Zussman J (1996) Rock-forming minerals, Bd 5B, 2. Aufl, Non-silicates: sulphates, carbonates, phosphates, halides. Longman, Harlow

Krause S, Liebetrau V, Gorb S et al (2012) Microbial nucleation of Mg-rich dolomite in exopolymeric substances under anoxic modern seawater salinity: new insight into an old enigma. Geology 40:587–590

Morse JW, Mackenzie FT (1990) Geochemistry of sedimentary carbonates. Developments in sedimentology 48. Elsevier, Oxford

Rickwood PC (1981) The largest crystals. Amer Mineral 66:885–907

Strunz H, Nickel EH (2001) Strunz Mineralogical Tables, 9. Aufl. Schweizerbart, Stuttgart

Ukita M, Toyoura K, Nakamura A, Matsunaga K (2016) Pressure-induced phase transition of calcite and aragonite: a first principles study. J Appl Phys 120:142118

Whittacker EJW, Muntus R (1970) Ionic radii for use in geochemistry. Geochim Cosmochim Acta 34:945–956

Sulfate, Chromate, Molybdate, Wolframate

Inhaltsverzeichnis

© Springer-Verlag GmbH Deutschland, ein Teil von Springer Nature 2022
M. Okrusch und H. E. Frimmel, *Mineralogie*,
https://doi.org/10.1007/978-3-662-64064-7_9

9

Einleitung

Die grundlegende Struktureinheit der Sulfatminerale ist der Anionenkomplex $[SO_4]^{2-}$. In ihm ist ein S-Atom, das sich im Mittelpunkt eines leicht verzerrten Tetraeders befindet, mit vier O-Atomen an dessen Ecken durch starke homöopolare Bindungskräfte verknüpft. Demgegenüber sind die Bindungen zwischen $[SO_4]^{2-}$ und den Kationen überwiegend heteropolar. Bei den Kristallstrukturen der H_2O-freien Sulfatminerale Baryt, Coelestin und Anglesit (◘ Tab. 9.1) sind die relativ großen Kationen Ba^{2+}, Sr^{2+} und Pb^{2+} in etwas verschiedenen Abständen mit 12 O koordiniert, wodurch $[BaO_{12}]$-Polyeder entstehen (◘ Abb. 9.3). Dagegen ist das kleinere Ca^{2+} in der weniger verzerrten Anhydritstruktur nur von 8 O umgeben, die voneinander fast gleich weit entfernt sind.

Gips als wasserhaltiges Sulfat (◘ Tab. 9.1) besitzt in seiner Kristallstruktur $[SO_4]^{2-}$-Schichten parallel zu (010) mit starker Bindung zu Ca^{2+} (◘ Abb. 9.5). Diese Schichtenfolge wird seitlich durch Schichten von H_2O-Molekülen begrenzt. Die Bindung zwischen den H_2O-Molekülen nach Art von Van-der-Waals-Kräften ist schwach. Das erklärt die vorzügliche Spaltbarkeit des Gipses nach {010}.

Beispiele für wichtige Chromat-, Molybdat- und Wolframatminerale sind in ◘ Tab. 9.2 aufgeführt. In den Kristallstrukturen von Krokoit, $PbCrO_4$, Wulfenit, $PbMoO_4$, und Scheelit, $CaWO_4$ sind Cr, Mo und W ebenfalls tetraedrisch mit Sauerstoff koordiniert. Dagegen bildet W in Wolframit, $(Fe,Mn)WO_4$, einen $[WO_6]$-Komplex, ist also wie Fe und Mn oktaedrisch koordiniert. Wolframit gilt daher jetzt als Oxidmineral (Strunz und Nickel 2001).

9.1   Sulfate

- **Baryt (Schwerspat)**

Ba[SO$_4$]

Ausbildung   Kristallklasse 2/m2/m2/m; die orthorhombischen Kristalle sind oft gut ausgebildet, bisweilen flächenreich, vorwiegend tafelig nach dem Basispinakoid {001}, aber auch gestreckt entlang b oder a, jeweils nach den Prismen {101} oder {011} (◘ Abb. 9.1). Die

◘ Tab. 9.1   Die wichtigsten in der Natur vorkommenden Sulfate

	Formel	Kristallklasse
Wasserfreie Sulfate		
Baryt	Ba[SO$_4$]	2/m2/m2/m
Coelestin	Sr[SO$_4$]	2/m2/m2/m
Anglesit	Pb[SO$_4$]	2/m2/m2/m
Wasserhaltige Sulfate		
Gips	Ca[SO$_4$]·2H$_2$O	2/m

◘ Tab. 9.2   Die wichtigsten Chromate, Molybdate und Wolframate

Mineral	Formel[a]	Kristallklasse
Krokoit	Pb$^{[9]}$Cr$^{[4]}$O$_4$	2/m
Wulfenit	Pb$^{[8]}$Mo$^{[4]}$O$_4$	4/m oder 4
Scheelit	Ca$^{[8]}$W$^{[4]}$O$_4$	4/m
Wolframit	(Fe,Mn)$^{[6]}$W$^{[6]}$O$_4$	2/m

[a]In eckigen Klammern hochgestellt sind die Koordinationszahlen gegenüber Sauerstoff angegeben

Kombination des Basispinakoides mit dem Vertikalprisma {210} ist häufig und entspricht dem Spaltkörper. Meistens bildet Baryt körnige oder blättrige Aggregate, tafelige Kristalle können in hahnenkammartigen bis halbkugelförmigen Verwachsungen auftreten, die als *Barytrosen* bekannt sind (◘ Abb. 9.2).

Physikalische Eigenschaften	
Spaltbarkeit	{001} vollkommen, {210} sehr gut, {010} gut
Härte	2½–3½
Bruch	muschelig
Dichte	~4,5 ist für ein nichtmetallisch aussehendes Mineral auffallend hoch und diagnostisch verwertbar
Farbe	farblos, weiß, blau, gelb, orange oder rot, oft in blassen Farbtönen

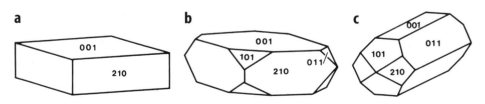

◘ Abb. 9.1   Tracht und Habitus bei Baryt: **a** tafelig nach (001); **b** gestreckt nach der b-Achse; **c** gestreckt nach der a-Achse

Physikalische Eigenschaften	
Glanz, Transparenz	auf Spaltfläche (001) Perl-muttglanz, sonst Glasglanz; durchsichtig, viel häufiger trüb, durchscheinend bis undurch-sichtig

Kristallstruktur Spiegelsymmetrische $[BaO_{12}]$-Polyeder sind über 4 Ecken und 3 Kanten mit $[SO_4]$-Tetraedern verknüpft. Sie bilden Schichtverbände parallel zu (001), innerhalb derer starke Bindungskräfte herrschen. Zwischen diesen Schichten ist die Bindung deutlich schwächer, was für die ausgezeichnete Spaltbarkeit nach {001} verantwortlich ist (◨ Abb. 9.3).

Chemismus Ba^{2+} wird häufig durch Sr^{2+}, in geringerem Maße durch Ca^{2+}, seltener auch durch Pb^{2+} diadoch ersetzt, zwischen Baryt und Coelestin, $SrSO_4$, existiert eine lückenlose Mischkristallreihe.

Vorkommen Baryt, das wichtigste Ba-Mineral, ist weit verbreitet. Es bildet das Hauptmineral in hydrothermalen Barytgängen (▶ Abschn. 23.4.5) und die Gangart in hydrothermalen Sulfiderzgängen sowie in vulkanogen-sedimentären und schichtgebundenen hydrothermalen Sulfiderzlagerstätten (▶ Abschn. 23.3.1, 23.3.6). Aktuell wird Baryt – zusammen mit Sulfidmineralen – aus heißen Hydrothermalquellen ausgefällt, die am Meeresboden im Bereich der mittelozeanischen Rücken als sogenannte Schwarze und Weiße Raucher (engl. *„black"* und *„white smokers"*) austreten (Abb. 23.8, 23.10). Als sedimentäre Bildung tritt Baryt fein verteilt in Kalksteinen, Sandsteinen und Tonsteinen auf, rezent in den pelagischen Sedimenten des Ostpazifiks, in denen er oft durch Bitumengehalt grauschwarz gefärbt ist.

Wirtschaftliche Bedeutung Als mineralischer Rohstoff findet Baryt vielfältige technische Anwendung. Wegen seiner hohen Dichte werden ca. 77 % der weltweiten Jahresproduktion als *Bohrschlamm* in Erdöl- und Erdgasbohrungen eingesetzt, um „Blow-outs" zu verhindern. Darüber hinaus dient Baryt zum Glätten von Kunstdruckpapier, als Füllstoff in Farben und Plastik, als Bestandteil von Glaskeramik, als Kontrastmittel in der Medizin, für den Strahlenschutz in der Röntgentechnik und in Kernkraftwerken, als Bestandteil von Schwerbeton, zur Schalldämmung von Motorverkleidungen und zur Darstellung von Ba-Präparaten in der chemischen Industrie. Weiter ist Baryt ein wichtiger Bestandteil des Weißpigments Lithopone, das bei der Herstellung von Textilien, Papier und Farben eingesetzt wird.

- **Coelestin**

$Sr[SO_4]$

◨ **Abb. 9.2** Barytrosen (orange) auf Cerussit (hellgrau), Mibladen, Marokko; Bildbreite = ca. 10 cm; Mineralogisches Museum der Universität Würzburg

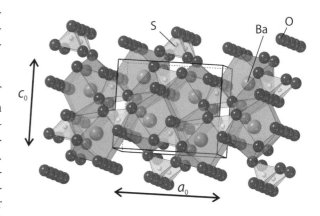

◨ **Abb. 9.3** Barytstruktur projiziert auf (010): Ba ist [12]-koordiniert, die $[BaO_{12}]$-Polyeder sind über vier Ecken und drei Kanten mit $[SO_4]$-Tetraedern verknüpft

Ausbildung Kristallklasse 2/m2/m2/m; Kristallformen ähnlich denen des Baryts, tafelförmig nach {001} oder prismatisch nach a oder b gestreckt, auf Klüften und in Hohlräumen von Kalkstein; faserig, auch körnige und spätige Aggregate, mitunter in Form von Knollen.

Physikalische Eigenschaften	
Spaltbarkeit	wie Baryt nach {001} vollkommen, {210} sehr gut, {010} gut
Bruch	muschelig
Härte	3–3½
Dichte	~3,95
Farbe	farblos bis weiß, auch gelb, gelblich braun, orange, rötlich; häufig ist Cölestin blau, bläulich oder bläulich grün, was die Namensgebung veranlasste (lat. *coelestis* = himmelblau)
Glanz, Transparenz	Perlmuttglanz und Glasglanz, auf muscheligem Bruch Fettglanz; durchscheinend bis durchsichtig

Kristallstruktur　Wie Baryt mit Sr^{2+} anstelle von Ba^{2+}.

Chemismus　Sr^{2+} kann durch Ba^{2+} oder Ca^{2+}, seltener auch durch Pb^{2+} diadoch ersetzt werden; zwischen Coelestin und Baryt besteht eine vollkommene Mischkristallreihe.

Vorkommen　Coelestin ist seltener als Baryt. Er kommt hauptsächlich in Sedimentgesteinen wie Dolomit, dolomitischem Kalkstein und Mergel vor, wo er entweder als primäre Ausfällung auftritt oder sich durch metasomatischen Stoffumsatz von Anhydrit oder Gips mit Sr-reichen Wässern bildet, z. B. in Yate bei Bristol (England). Coelestin findet sich weiter auf Klüften und in Hohlräumen von Kalkstein und als Konkretion, seltener auf hydrothermalen Gängen oder in Blasenhohlräumen von vulkanischen Gesteinen.

Verwendung als mineralischer Rohstoff　Wie Strontianit; als Mineral dient Coelestin als Füllstoff in weißen Farben.

- **Anglesit**

Pb[SO₄]

Ausbildung　Kristallklasse 2/m2/m2/m; die kleinen, jedoch oft gut ausgebildeten Kristalle sind vorwiegend tafelig, flächenreich und oft einzeln aufgewachsen, langprismatischer Habitus ist seltener, Kristallformen sind denen des Baryts ähnlich. Derbe Krusten auf Galenit neben Cerussit sind sekundär aus ersterem gebildet.

Physikalische Eigenschaften	
Spaltbarkeit	{001} vollkommen, {210} weniger deutlich
Bruch	muschelig
Härte	3
Dichte	6,2–6,4, auffallend hoch
Farbe	farblos bis leicht farbig
Glanz, Transparenz	Diamantglanz, durchsichtig bis durchscheinend

Chemismus　Theoretisch enthält Anglesit 68,3 % Pb, führt jedoch meist erhebliche Ba^{2+}-Gehalte.

Vorkommen　Als Umwandlungsprodukt von Galenit in der Oxidationszone von sulfidischen Pb-Lagerstätten.

Wirtschaftliche Bedeutung　Lokal wird Anglesit zusammen mit dem Primärerz zur Pb-Gewinnung verhüttet.

- **Anhydrit**

Ca[SO₄]

Ausbildung　Kristallklasse 2/m2/m2/m; die selten gut ausgebildeten Kristalle sind tafelig nach {001}, isometrisch oder prismatisch nach a; lamellare Druckzwillinge nach {110} sind häufig. Gesteinsbildend tritt Anhydrit in Evaporiten in fein- bis grobkörnigen oder grobspätigen Aggregaten auf; als Umwandlungsprodukt von Gips bildet er knollenförmige Massen mit sogenanntem Kaninchendraht-Gefüge.

Physikalische Eigenschaften	
Spaltbarkeit	drei ungleichwertige, senkrecht aufeinander stehende Spaltbarkeitsrichtungen: {010} vollkommen, {100} sehr gut, {001} gut; fast würfelige Spaltkörper
Bruch	spröd
Härte	3–3½
Dichte	2,9–3,0
Farbe	Einzelkristalle farblos bis trüb weiß, gesteinsbildend häufig bläulich, grau, auch rötlich
Glanz, Transparenz	auf Spaltfläche (001) Perlmuttglanz, auf (010) Glasglanz, durchsichtig bis durchscheinend

Kristallstruktur [CaO$_8$]-Gruppen bilden deformierte dreieckige Dodekaeder. Diese sind über Kanten mit [SO$_4$]-Tetraedern verknüpft und bilden so alternierende Ketten parallel zu c.

Chemismus In der nahezu idealen Kristallformel können höchstens geringe Anteile an Ca^{2+} diadoch durch Sr^{2+} ersetzt werden.

Vorkommen Anhydrit ist ein wichtiges gesteinsbildendes Mineral in *marinen Salzlagerstätten* (▶ Abschn. 25.7.2). In den *Evaporit*-Abfolgen handelt es sich um das zweittiefste Schichtglied (typischerweise über Dolomit). Darauf folgen, bei fortschreitender Verdunstung des Meerwassers, Steinsalz und Kalisalze (▶ Kap. 6). Feldbefunde, Gefügemerkmale und thermodynamische Daten sprechen dafür, dass *Gips,* Ca[SO$_4$]·2H$_2$O, das primäre Ca-Sulfat bei der Ausscheidung aus Meerwasser ist, während Anhydrit erst durch *sekundäre Entwässerung* von Gips entsteht, und zwar entweder synsedimentär oder bei der diagenetischen Verfestigung. Experimentelle Untersuchungen zur Löslichkeit von Anhydrit und Gips legen nahe, dass eine primäre Anhydritausfällung direkt aus Meerwasser nur unter extremen Bedingungen möglich ist, und zwar bei Temperaturen von >49 °C unter Annahme einer durchschnittlichen Salinität von 35‰. Anhydritausfällung bei niedrigeren Temperaturen würde noch höhere Salzgehalte erfordern (Blount und Dixon 1973). Hohe Temperaturen verbunden mit erhöhten Salinitäten herrschen in der Nachbarschaft von *Schwarzen* und *Weißen Rauchern,* die am Meeresboden in der Nähe von mittelozeanischen Rücken auftreten. Dort wird Anhydrit zusammen mit Baryt und Sulfidmineralen ausgefällt (▶ Abschn. 23.3.1). Darüber hinaus kann sich Anhydrit auch in *kontinentalen Evaporiten* (▶ Abschn. 25.7.1) am Rand von Salzseen, in Salzpfannen oder in Sabkhas bilden, z. B. in den Küstenebenen rund um den Persischen Golf. Hier kommt das Mineral in Knollen mit netzförmigem Gefüge (Kaninchendraht-Gefüge, engl. „*chicken-wire texture*") vor, die sich durch Entwässerung von primärem Gips bilden. Darüber hinaus entsteht Anhydrit als Ausblühung in Wüsten und Trockensteppen sowie als Sublimationsprodukt von aktiven Vulkanen (▶ Abschn. 14.5). Weltweit sind über 1100 Anhydrit-Vorkommen bekannt, von denen viele abgebaut werden. Bei Zutritt von Wasser wandelt sich Anhydrit langsam unter Volumenzunahme um ca. 60 % in Gips um. Dies kann erhebliche bautechnische Konsequenzen haben, wenn beispielsweise Brückenpfeiler auf Anhydrit-führendem Untergrund errichtet werden, oder durch Bohrungen versehentlich Wasser zu tieferliegenden Anhydritschichten gelangt, diese Schichten dann aufquellen und damit zur unbeabsichtigen Hebung des Untergrundes führen.

Ein trauriges Beispiel hierfür ist die Stadt Staufen im Breisgau (Baden-Württemberg), wo undichte geothermische Bohrungen 2007 die Aufweitung einer Gipsschicht im Untergrund auslösten und damit Hebungsrisse in den Gebäuden der historischen Altstadt.

Bedeutung als mineralischer Rohstoff In der chemischen Industrie, besonders zur Herstellung von Schwefelsäure; wichtiger Zusatz zu Baustoffen, so zur Herstellung eines rasch wirkenden Bindemittels (Anhydritbinder) und von Anydritestrich.

■ **Gips**
Ca[SO$_4$]·2H$_2$O

Ausbildung Kristallklasse 2/m; Gips kann in wohlgeformten, monoklinen Kristallen, häufig mit tafeligem Habitus auftreten, bei dem das Pinakoid {010} dominiert (◨ Abb. 9.4a, b); nicht ganz so oft langprismatisch parallel zu c, z. B. mit {120} und {$\bar{1}$20}, selten nadelförmig; Gipskristalle sind häufig als Drusenfüllung oder zu Kristallrasen angeordnet, und können in Gipshöhlen bisweilen riesige Ausmaße annehmen (◨ Abb. 9.6).

Zwillinge sind häufig: bei den sogenannten (echten) *Schwalbenschwanzzwillingen* (◨ Abb. 9.4c) ist (100) Zwillings- und Verwachsungsebene, während dies bei den sog. *Montmartre-Zwillingen* (◨ Abb. 9.4d) aus dem Ton am Montmartre in Paris die Ebene (001) ist. Letztere sind meist linsenförmig gekrümmt mit stets unterdrücktem Vertikalprisma {120}; nicht selten auch *Durchdringungszwillinge.*

Gesteinsbildend tritt Gips in derben, feinkörnigen bis spätigen Massen auf. Als *Alabaster* werden Kluftfüllungen aus rein weißem, feinfaserigem und oft seidenglänzendem Gips bezeichnet.

Physikalische Eigenschaften	
Spaltbarkeit	{010} vollkommen, {100} deutlich, faserige Spaltbarkeit nach {$\bar{1}$11} (◨ Abb. 9.4b–d). Große, klare Spalttafeln nach (010) werden als *Marienglas* bezeichnet; sie sind unelastisch biegsam
Bruch	muschelig, spröd
Härte	2 (Standardmineral der Mohs'schen Härteskala)
Dichte	2,3–2,4
Farbe	farblos, weiß, gelblich oder rötlich, durch Bitumeneinschlüsse grau bis braun

Abb. 9.4 Gips: Flächenkombinationen und Zwillinge mit rhombischen Prismen {011}, {0$\bar{1}$1}, {120} und {$\bar{1}$20} sowie dem Pinakoid {010}; **a** Einkristall tafelig nach {010}; **b** nach der c-Achse gestreckt mit angedeuteten Spaltbarkeiten; **c** *echter* Schwalbenschwanzzwilling nach (100); **d** Montmartre-Zwilling nach (001)

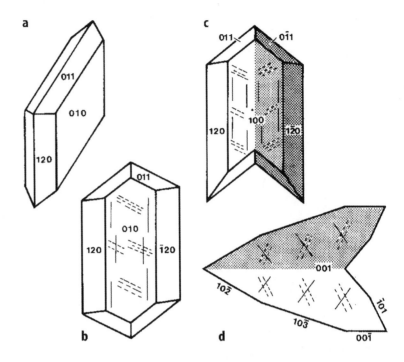

Physikalische Eigenschaften	
Glanz, Transparenz	auf Spaltflächen {010} Perlmuttglanz, auf {100} Glasglanz, auf {111} Seidenglanz; durchsichtig bis durchscheinend; durchsichtige Gipskristalle mit schönem Mondscheinglanz heißen auch *Selenit*

Kristallstruktur [CaO$_6$(H$_2$O)$_2$]-Dodekaeder sind über Kanten mit [SO$_4$]-Tetraedern zu unendlichen Ketten in Richtung der c-Achse verbunden. Über Kantenverknüpfung von Polyedern und Tetraedern entstehen Doppelschichten parallel zu {010}, die durch Wasserstoffbrückenbindungen zusammengehalten werden (**Abb. 9.5**). Daraus resultiert die vollkommene Spaltbarkeit nach {010}.

Chemismus Kaum Abweichungen von der Idealformel, Fremdatome können höchstens in Spuren beteiligt sein.

Vorkommen Gips ist lokal ein wichtiges gesteinsbildendes Mineral, besonders in *marinen Salzlagerstätten* (▶ Abschn. 25.7.2). Postsedimentäre Überlagerung mit jüngeren Sedimentschichten bewirkt Umwandlung in Anhydrit. Dieser kann jedoch zu sekundärem Gips rehydratisiert werden, wenn er durch Hebung und Freilegung in Kontakt mit meteorischem Wasser kommt oder nahe der Landoberfläche einem humiden Klima ausgesetzt wird. In *kontinentalen Evaporiten* (▶ Abschn. 25.7.1) kann Gips am Rand von Salzseen, Salzpfannen und Sabkhas kristallisieren, wo er oft Konkretionen in tonigen oder mergeligen Sedimenten bildet. In Salzwüsten und Trockensteppen erscheint Gips als Ausblühung aus sulfathaltigen Lösungen. In Sandwüsten treten häufig rosettenartige Aggregate von Gipskristallen auf, die voll von eingeschlossenen Sandkörnern sind und als *Gipsrosen* oder *Wüstenrosen* von Sammlern geschätzt werden. Um vulkanische Schlote kann sich Gips als *Sublimationsprodukt* von schwefelhaltigen vulkanischen Dämpfen bilden.

Einen besonderen Fall stellen die Gipshöhlen der *Cueva de los Cristale* in der Naica-Mine von Santo Domingo (Chihuahua, Mexiko) dar. Diese enthält bis zu 14 m lange, bis zu über 1 m dicke Riesenkristalle von Gips (Varietät Selenit), die größten, die bislang auf der Erde bekannt wurden (**Abb. 9.6**). Die Kristalle zeigen gestreifte Prismenflächen mit den Indizierungen

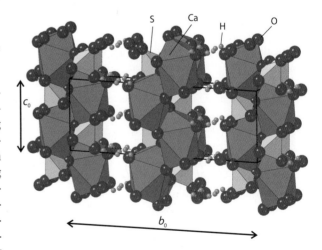

Abb. 9.5 Kristallstruktur von Gips, projiziert auf (100): parallele Doppelschichten aus kantenverknüpften [CaO$_6$(H$_2$O)$_2$]-Polyedern (blau) und [SO$_4$]-Tetraedern (gelb) erklären die vollkommene Spaltbarkeit nach (010)

◪ Abb. 9.6 Riesenkristalle von Gips (Selenit) in der Gipshöhle Cueva de los Cristales in der Naica-Mine von Santo Domingo, Chihuahua, Mexiko; sie zeigen den typischen Mondscheinglanz, nach dem die Varietät Selenit ihren Namen erhalten hat. (Foto: Javier Trueba, Madrid, mit Genehmigung von Photo- und Presseagentur Focus, Hamburg)

{120}, {140} und {160} sowie {111}, während das Pinakoid {010} bei Kristallen von langprismatischem Habitus weniger gut entwickelt ist als bei den gewöhnlichen, tafeligen Gips-Kristallen; bei den kurzprismatischen Kristallen von Naica fehlt {010} ganz (García-Ruiz et al. 2007).

Naica ist eine weltwirtschaftlich bedeutende Lagerstätte vom Typ der Skarne, in der Zn, Pb, Ag und andere Wertmetalle angereichert sind. Die Vererzung wurde vor 26 Ma durch den Stoffaustausch zwischen Kalksteinen der Unterkreide und heißen, hochsalinaren hydrothermalen Lösungen erzeugt (vgl. ▶ Abschn. 23.2.6). Im späthydrothermalen Stadium entstand durch die Oxidation der Sulfidminerale verdünnte schweflige Säure, H_2SO_3, die mit den Kalksteinen unter Bildung von Ca-Sulfat-reichen Thermalwässern reagierte. Aus diesen schieden sich Anhydrit-Linsen aus, die unterhalb der 240-m-Sohle in den Kalksteinen weit verbreitet sind. Die Gipshöhlen entstanden vor 1–2 Ma, als die Thermalwässer in tektonische Störungszonen eindrangen und im umgebenden Kalkstein Lösungshohlräume schufen (◪ Abb. 9.7a).

Die riesigen Gipskristalle in Naica sind ein exzellentes Beispiel für den Einfluss von Löslichkeitsgleichgewichten auf das Kristallwachstum (Garcia-Ruiz et al. 2007). Beim Anhydrit nimmt die Löslichkeit mit sinkender Temperatur deutlich zu, während sich diese bei Gips nur wenig verändert. Bei 59 °C überkreuzen sich beide Löslichkeitskurven, und Gips und Anhydrit besitzen gleiche Löslichkeit (◪ Abb. 9.7b). Die Temperatur der heutigen sulfat- und karbonatreichen, niedrigsalinaren Thermalwässer in der Naica-Grube variiert zwischen 48 und 59 °C. Wie Untersuchungen der Fluideinschlüsse zeigen, lag die Temperatur beim Wachstum der Gips-Kristalle in der Cueva de los Cristales bei etwa 54 °C, also in einem Bereich, in dem die Thermalwässer leicht an Anhydrit untersättigt waren, während Gips zu kristallisieren begann (◪ Abb. 9.7b). Bei diesen Temperaturen ist die Löslichkeitsdifferenz zwischen Anhydrit und Gips – d. h. die Gipsübersättigung – und damit auch die Keimbildungshäufigkeit extrem gering, sodass sich das Wachstum nur auf ganz wenige Kristalle konzentriert (García-Ruiz et al. 2007). Demgegenüber bilden sich bei niedrigeren Temperaturen sehr viel zahlreichere, aber kleinere Gips-Kristalle, wie das bei der nahe gelegenen Cueva de las Espadas (Höhle der Schwerter) der Fall ist. In der Cueva de los Cristales trat nun der ungewöhnliche Fall ein, dass die günstigen Kristallisations- und Keimbildungsbedingungen für Gips bis in die Gegenwart hinein weitgehend unverändert erhalten blieben. Daher konnte sich das Wachstum der Gips-Kristalle so lange fortsetzen, bis die Grubenleitung gegen Ende der 1980er-Jahre die Thermalwässer abpumpte und durch Zumischung von Oberflächenwasser die Temperatur absank. Ortsauflösende $^{230}Th/^{234}U$-Isotopenanalysen (vgl. ▶ Abschn. 33.5.3) an einer Probe, die ca. 5 cm unter der Oberfläche eines Riesenkristalls entnommen wurde, ergaben ein Alter von 34.544 ± 819 Jahren. Rechnet man dieses Ergebnis hoch, so ergibt sich für das Wachstum der Gipskristalle ein Zeitraum von mehreren 100.000 Jahren. Dazu passend erbrachten experimentelle Untersuchungen eine Wachstumsgeschwindigkeit von 0,004 mm pro Jahr, woraus sich für die größten Kristalle ein Alter von 250.000 Jahren abschätzen lässt (Sanna et al. 2011).

Technische Verwendung von Gipsgestein Bei Erhitzen auf 120–130 °C verliert Gips den größten Teil seines Kristallwassers. Er geht dabei in das *Halbhydrat* $CaSO_4 \cdot \frac{1}{2}H_2O$ über, das als *Modell-* oder *Stuckgips*

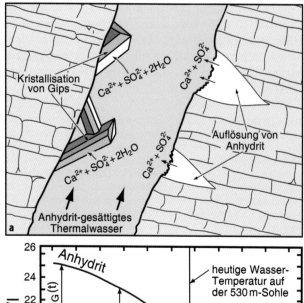

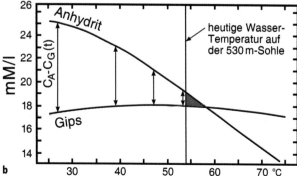

Abb. 9.7 a Schematischer Schnitt durch die Kluft in der Lagerstätte Naica, in der Anhydrit-Linsen aufgelöst werden und Riesengipskristalle in einem leicht an Anhydrit untersättigten Thermalwasser bei einer Temperatur von ca. 54 °C wachsen. **b** Löslichkeitskurven von Gips und Anhydrit im Diagramm Löslichkeit (in Millimol pro Liter) gegen die Temperatur. Die Gipskristalle wachsen im rot markierten Bereich. $C_A - C_G$ (t) ist die Löslichkeitsdifferenz zwischen Gips und Anhydrit bei gegebener Temperatur. (Modifiziert nach Forti und Sanna 2010)

technische Verwendung findet, ebenso zur Fertigung von Gipskartonplatten. Wird das Halbhydrat mit Wasser verrührt, so erhärtet und rekristallisiert der Brei in kurzer Zeit unter Wasseraufnahme und Bildung von Gips. Durch stärkeres Erhitzen des Rohgipses über 190 °C gibt dieser das ganze Wasser ab und wird tot gebrannt. Dabei kommt es zur Bildung einer metastabilen Modifikation von Anhydrit, dem hexagonalen γ-$CaSO_4$, bei noch höherem Erhitzen daneben zu β-$CaSO_4$. Gips verliert damit die Fähigkeit, das Wasser wieder rasch zu binden. Eine Wasseraufnahme vollzieht sich erst nach Tagen, was den Einsatz als *Estrich*- bzw. *Mörtelgips* ermöglicht.

Des Weiteren verwendet man Gips zur Gewinnung von Schwefelsäure und Schwefel, in der Zement- und Baustoffindustrie, als Hart- und Dentalgips sowie als Düngemittel. *Alabaster* wird zu Kunstgewerbegegenständen verarbeitet. In Konkurrenz zum Naturgips

steht der *Rauchgasgips* (REA-Gips), der bei der Entschwefelung von Verbrennungsgasen in Kohlekraftwerken anfällt. In vielen Ländern wird ein erheblicher Anteil (z. T. >50 %) an Gips durch REA-Gips abgedeckt. Mit der politisch gewollten Rücknahme von Kohleverstromung zur Verringerung des CO_2-Ausstoßes wird dieser Anteil in den kommenden Jahren deutlich sinken und der Bedarf nach Gips wird wieder zunehmend aus geologischen Gipslagerstätten zu decken sein.

9.2 Chromate

- **Krokoit (Rotbleierz)**

Pb[CrO₄]

Ausbildung Kristallklasse 2/m; Krokoit bildet flächenreiche, z. T. mehrere Zentimeter lange Kristalle mit säuligem Habitus und Längsstreifung. Kleinere Kristalle sind dagegen spießig oder nadelig ausgebildet (**Abb. 9.8**); auch derb, eingesprengt oder als Krusten und Anflüge.

Physikalische Eigenschaften	
Spaltbarkeit	nach {110}, ziemlich vollkommen
Bruch	uneben bis muschelig
Härte	2½–3
Dichte	5,9–6,1
Farbe	rot, gelblich rot, orange (**Abb. 9.8**)
Glanz	diamant- bis harzartiger, bisweilen fettiger Glanz
Strich	gelborange

Kristallstruktur Analog zu Monazit und ähnlich zu Zirkon (**Abb. 11.7**) mit PbO_9-Polyedern und CrO_4-Tetraedern.

Chemismus Theoretische Metallgehalte 64,1 % Pb, 16,1 % Cr.

Vorkommen Krokoit entsteht in Oxidationszonen von hydrothermalen Pb-Lagerstätten, die an Chromit-haltige Gesteine gebunden sind. In diesen seltenen Fällen können Pb- und Cr-haltige Verwitterungslösungen zusammentreffen und miteinander reagieren.

Bedeutung Wegen seiner meist geringen Metallgehalte wird Krokoit nicht als Pb- oder Cr-Erz abgebaut. Von historischem Interesse ist jedoch, dass das chemische Element Chrom zuerst im Mineral Krokoit entdeckt wurde.

⬛ **Abb. 9.8** Krokoit von Dundas, Tasmanien; Bildbreite = 4 cm; Mineralogisches Museum der Universität Würzburg

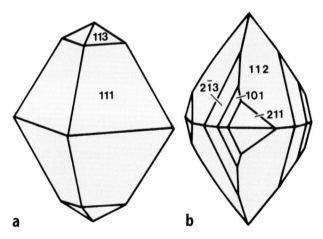

a   **b**

⬛ **Abb. 9.9** Scheelit: Kombination unterschiedlicher tetragonaler Dipyramiden

9.3 Molybdate und Wolframate

- **Wulfenit (Gelbbleierz)**

Pb[MoO₄]

Ausbildung Strukturell gehört Wulfenit zur Kristallklasse 4/m und zeigt auch häufig tetragonale Dipyrami-

den. Daneben gibt es jedoch auch niedriger symmetrische Wulfenit-Kristalle in der tetragonal-pyramidalen Kristallklasse 4 (Hintze und Linck 1930), was zu abweichenden Angaben in der Literatur führt. Die Kristalle sind meist quadratisch, dünn- bis dicktafelig nach {001}, seltener langprismatisch oder (di-)pyramidal ausgebildet; vorkommend in Drusen, in derben, dichten Aggregaten oder als Krusten und Anflüge. Wulfenit kann Pseudomorphosen nach Galenit bilden.

Physikalische Eigenschaften	
Spaltbarkeit	nach {011}, deutlich
Bruch	muschelig, spröde
Härte	3
Dichte	6,7–6,9
Farbe	gelb oder orangegelb oder rotorange, selten olivgrün, blau, grau oder farblos
Glanz, Transparenz	Diamant- bis Harzglanz; durchsichtig bis durchscheinend
Strich	weiß
Besondere Eigenschaft	Wulfenit ist piezoelektrisch (▶ Abschn. 1.4.3), was auf eine polare c-Achse schließen lässt und damit zur Kristallklasse 4 passt

Kristallstruktur Isotyp mit Scheelit.

Chemismus Theoretisch 56,4 % Pb, 26,1 % Mo; ausgedehnte Mischkristallreihe mit *Stolzit,* PbWO₄.

Vorkommen Wulfenit kommt zusammen mit anderen sekundären Pb-Mineralen in Oxidationszonen hydrothermaler Pb-Lagerstätten vor.

Wirtschaftliche Bedeutung Wulfenit wird nur sehr lokal als Mo-Erz genutzt; das weitaus wichtigste Mo-Erzmineral ist Molybdänit, MoS₂ (▶ Abschn. 5.3).

- **Scheelit**

Ca[WO₄]

Ausbildung Kristallklasse 4/m; durch Vorherrschen der tetragonalen Dipyramiden {111} oder {112} weisen die Kristalle fast oktaedrische Formen auf (⬛ Abb. 9.9a, b). Sie zeigen häufig schräge Streifung auf diesen Flächen durch Kombination mit anderen Dipyramiden, insbesondere {2$\bar{1}$3}, {101} und {211} (⬛ Abb. 9.9b), wodurch das Fehlen von Spiegelebenen parallel zu c angezeigt wird. Ergänzungszwillinge sind gegenüber einfachen Kristallen an der Streifung auf {112} kenntlich. Als Einzelkristalle aufgewachsen; häufig derb oder eingesprengt, daher kann Scheelit im Gelände leicht übersehen werden.

Physikalische Eigenschaften	
Spaltbarkeit	{101} deutlich
Bruch	uneben bis muschelig, spröd
Härte	4½–5
Dichte	5,9–6,1, auffällig hoch, für die Diagnose wichtig
Farbe	farblos, gelblich, grünlich oder grauweiß; fluoresziert bläulich weiß im kurzwelligen UV-Licht (diagnostisch wichtig)
Glanz, Transparenz	auf Bruchflächen Fettglanz (ähnlich Quarz), auf Spaltflächen Harz- bis Diamantglanz; kantendurchscheinend, seltener transparent
Lichtbrechung	n_ω 1,920, n_ε 1,934, d. h. deutlich höher als Quarz

Physikalische Eigenschaften	
Spaltbarkeit	(010) vollkommen; demgegenüber weist Sphalerit, ZnS, der bisweilen ähnlich aussieht, zwei Spaltflächen nach (110) und $(1\bar{1}0)$ auf; bei Kassiterit, SnO_2, ist die Spaltbarkeit schlechter
Bruch	uneben, rauh
Härte	4–4½
Dichte	7,0–7,5, sehr hoch, mit dem Fe/Mn-Verhältnis zunehmend
Farbe	schwarz in Fe-reichen, braun in Mn-reichen Gliedern der Mischkristallreihe
Glanz, Transparenz	submetallischer bis harzartiger Glanz; durchscheinend bis durchsichtig
Strich	braun bis braunschwarz mit zunehmendem Fe-Gehalt

Kristallstruktur Die Kristallstruktur des Scheelits entspricht einer verzerrten Zirkonstruktur (◘ Abb. 11.7). Sie besteht aus isolierten, in c-Richtung leicht abgeflachten $[WO_4]^{4-}$-Tetraedern, die über O-Ca-O-Brücken miteinander zu einem dreidimensionalen Gerüst verknüpft sind. Die großen Ca^{2+}-Kationen sind gegenüber O [8]-koordiniert.

Chemische Zusammensetzung Der theoretische W-Gehalt beträgt 63,9 %, kann jedoch durch Substitution mit Mo herabgesetzt sein. Zwischen Scheelit und *Powellit,* $CaMoO_4$, besteht eine unvollständige Mischkristallreihe.

Vorkommen Scheelit tritt bevorzugt in Skarnlagerstätten auf, wo er durch kontaktmetasomatische Verdrängung von Kalksteinen durch Reaktion mit hochtemperierten hydrothermalen Fluiden entsteht (► Abschn. 23.2.6). Daneben kann Scheelit, oft zusammen mit Kassiterit, in hydrothermalen Adern vorkommen, seltener auch in granitischem Pegmatit.

Wirtschaftliche Bedeutung Neben Wolframit ist Scheelit das wichtigste Erzmineral für Wolfram. Wegen ihrer hohen Lichtbrechung und trotz ihrer geringen Härte werden klare, einschlussfreie Scheelit-Kristalle zu facettierten Edelsteinen verschliffen.

▪ Wolframit
(Fe,Mn)[WO_4]

Ausbildung Kristallklasse 2/m, gut ausgebildete Kristalle sind nicht selten und können beachtliche Größen erreichen; gewöhnlich tafelig nach {100}, andere kurz- oder langprismatisch nach {110}; Flächen parallel zu c sind vertikal gestreift; auch Zwillinge nach (100). Meist jedoch tritt Wolframit derb, in schalig-blättrigen oder stängeligen Aggregaten auf.

Chemismus Wolframit bildet eine vollständige Mischkristallreihe zwischen *Ferberit,* $FeWO_4$, und *Hübnerit,* $MnWO_4$; die fast reinen Endglieder sind jedoch seltener als die intermediären Mischkristalle. Die theoretischen Wolfram-Gehalte liegen bei 60,5 % für Ferberit und 60,7 % für Hübnerit.

Kristallstruktur Kantenverknüpfte $[WO_6]$- und $[(Fe,Mn)O_6]$-Oktaeder bilden Zickzack-Ketten entlang c und Schichten parallel zu (100). Da in der Wolframitstruktur W – ebenso wie Fe und Mn – in [6]-Koordination auftritt, ordnen Strunz und Nickel (2001) Wolframit den 1:2-Oxiden (XO_2) und nicht mehr den Wolframaten zu.

Vorkommen Wolframit kommt, häufig zusammen mit Kassiterit und Molybdänit, in quarzreichen Pegmatitgängen sowie als hochtemperierte hydrothermale Imprägnationen und Adern in alteriertem Granit vor (Wolfram- und Zinngreisen; ► Abschn. 23.2.1). Sekundär kann Wolframit in Seifenlagerstätten konzentriert sein.

Wirtschaftliche Bedeutung Neben Scheelit ist Wolframit das wichtigste Erzmineral für den Stahlveredler Wolfram, welches einen extrem hohen Schmelzpunkt von 3410 °C hat und daher wesentlichen Bestandteil von Superlegierungen mit Fe, Ni, Co und Mo bildet. *Wolframstähle* werden in der Raketentechnik, als Turbinenschaufeln, Hochgeschwindigkeitsbohrwerkzeuge und panzerbrechende Geschosse eingesetzt. Darüber hinaus stellt man aus *Wolfram* Heizfäden und Auffangelektroden in Röntgenröhren, Einkristall-Heizfäden in Glühbirnen, Elektroden für das Widerstandsschweißen mit Inertgas (WIG) und Strahlenschutz-Einrichtungen her. Ein hoher Anteil der Weltförderung an Wolfram geht in die Produktion von *Wolframkarbid* (Widia, WC), das sich durch einen hohen Schmelzpunkt von ~2870 °C und eine Mohs-Härte von 9 auszeichnet.

Dieses Hartmetall dient u. a. der Herstellung von Spezialbohrkronen, von Schneidwerkzeugen, chirurgischen Instrumenten sowie von Ski- und Trekkingstöcken, aber auch zum Färben von Glas und Porzellan. Im Jahr 2020 betrug die globale Fördermenge an reinem W-Metall 84.000 t. Die Hauptförderländer waren die VR China (69.000 t), mit Abstand gefolgt von Vietnam (4300 t), Russland (2200 t), Mongolei (1900 t), Bolivien (1400 t), und Ruanda (1000 t) (U.S. Geological Survey 2021).

Literatur

Blount CW, Dickson FW (1973) Gypsum-anhydrite equilibria in the system $CaSO_4$–H_2O and $CaSO_4$– NaCl–H_2O. Amer Mineral 58:323–331

Forti P, Sanna L (2010) The Naica project: a multidisciplinary study of the largest gypsum crystal of the world. Episodes 33:1–10

García-Ruiz JM, Villasuso R, Ayora C, Canals A, Otálora F (2007) Formation of natural gypsum megacrystals in Naica, Mexico. Geology 35:327–330

Hintze C, Linck G (1930) Handbuch der Mineralogie, I.3.2, Sulfate, Chromate, Molybdate, Wolframate, Uranate. de Gruyter, Berlin

Sanna L, Forti P, Lauritzen SE (2011) Preliminary U/Th dating and the evolution of gypsum crystals from Naica caves. Acta Carsologica 40:17–28

Strunz H, Nickel EH (2001) Strunz mineralogical tables, 9. Aufl. Schweizerbart, Stuttgart

U.S. Geological Survey (2021) Mineral commodity summaries 2021: U.S. Geological Survey, S 200, ▶ https://doi.org/10.3133/mcs20201

Phosphate, Arsenate, Vanadate

Inhaltsverzeichnis

© Springer-Verlag GmbH Deutschland, ein Teil von Springer Nature 2022
M. Okrusch und H. E. Frimmel, *Mineralogie*,
https://doi.org/10.1007/978-3-662-64064-7_10

■ **Einleitung**

Diese Mineralklasse (■ Tab. 10.1) ist wegen umfangreicher Diadochie-Möglichkeiten ganz besonders artenreich. Alle Strukturen dieser Klasse enthalten tetraedrische Anionenkomplexe $[PO_4]^{3-}$, $[AsO_4]^{3-}$ bzw. $[VO_4]^{3-}$ als prinzipielle Baueinheiten, wobei sich P^{5+}, As^{5+} und V^{5+} diadoch vertreten können. Die Kationen sind gegenüber O [9]-koordiniert. Apatit, ihr wichtigster und häufigster Vertreter, enthält als zusätzliche Anionen 2. Stellung F, Cl und OH, die sich gegenseitig ersetzen können. Apatitstruktur haben das Phosphat Pyromorphit, das Arsenat Mimetesit und das Vanadat Vanadinit, in denen als Kation Pb^{2+} anstelle von Ca^{2+} eingebaut ist.

■ **Monazit**

Ce[PO₄]

Ausbildung   Kristallklasse 2/m; Monazit tritt in tafeligen oder prismatischen Kristalle auf, die häufig nach (001) verzwillingt sind, oder bildet körnige Aggregate.

Physikalische Eigenschaften	
Spaltbarkeit	(100) vollkommen, (100) moderat
Bruch	muschelig, spröde
Härte	5
Dichte	5,0–5,3
Farbe	hellgelb bis dunkel rötlich braun, auch fast weiß
Glanz, Transparenz	Harz- bis Glasglanz; durchscheinend

Kristallstruktur   Die wichtigsten Bauelemente sind parallel zu c orientierte Ketten aus $[PO_4]$-Tetraedern und kantenverknüpften $[CeO_9]$-Polyedern, die sich abwechseln; diese werden entlang a durch Zickzack-Ketten von kantenverknüpften $[CeO_9]$-Polyedern miteinander querverbunden. Die Struktur von Monazit ähnelt der des Zirkons (■ Abb. 11.7).

Chemismus   Ce kann durch La, Nd und Th diadoch ersetzt werden. In Monazit-(Ce) ist der Ce-Gehalt größer als jener von (La + Nd), in Monazit-(La) hingegen der von La größer als von (Ce + Nd) und schließlich in Monazit-(Nd) ist der Nd-Gehalt größer als jener von (La + Ce). Die ThO_2-Gehalte können sehr stark variieren und bis nahezu 20 Gew.-% erreichen (Chang et al. 1996).

Vorkommen   Monazit, das häufigste Mineral der Seltenen Erdelemente (SEE), ist verbreitet als akzesso-

■ Tab. 10.1	Bedeutende Phosphate, Arsenate und Vanadate	
Mineral	**Formel**	**Kristallklasse**
Monazit	$Ce[PO_4]$	2/m
Xenotim	$(Y,Yb)[PO_4]$	4/m2/m2/m
Monazit	$Ca_5[(F,Cl,OH)/(PO_4)_3]$	6/m
Pyromorphit	$Pb_5[Cl/(PO_4)_3]$	6/m
Mimetesit	$Pb_5[Cl/(AsO_4)_3]$	6/m
Vanadinit	$Pb_5[Cl/(VO_4)_3]$	6/m

rischer Gemengteil in Granit, Rhyolith, Gneisen und Glimmerschiefern, angereichert in Phosphat-Pegmatiten wie in Iveland (Norwegen) oder in Madagaskar. Die wichtigsten Vorkommen von Monazit und anderen SEE-Minerale sind jedoch *Karbonatite* (▶ Abschn. 21.4). Monazit findet sich auch in hydrothermalen Gängen. Mechanische Verwitterung und Erosion Monazit-führender Gesteine kann nach sedimentärem Transport zur Konzentration von Monazit als *Seifenlagerstätten* in Küsten- und Flusssanden führen.

Verwendung
Wegen ihrer exzellenten elektronischen, magnetischen, optischen und katalytischen Eigenschaften stellen die SEE eine einzigartige Gruppe von chemischen Elementen dar, die für viele moderne Technologien unverzichtbar sind. Sie sind daher von strategischer Bedeutung und wurden, bedingt durch eine De-facto-Monopolstellung Chinas, auch als „kritische Rohstoffe" identifiziert (z. B. Hatch 2012; Chakhmouradian und Wall 2012; Simandl 2014). Industriell hergestellte SEE-Verbindungen dienen u. a. folgenden Anwendungen:

— als *Prozessbeschleuniger,* z. B. als Katalysator für das Fluid-Crack-Verfahren in Erdölraffinerien, als katalytische Konverter im Fahrzeugbau sowie als Zuschlagstoffe in Poliermitteln für hochwertige Glasplatten, Spiegel, Fernseh- und Computerbildschirme und Wafer zur Herstellung von Siliziumchips;
— zur Produktion von *technischen Bauteilen,* z. B. für besonders leistungsstarke Dauermagneten und Batteriezellen zur Energiespeicherung, als phosphoreszierende Stoffe in Plasmabildschirmen, Flüssigkristall-Displays (LCDs), Leuchtdioden (LEDs) und kompakte Fluoreszenzleuchten (CFLs).

Unter den Primärvorkommen von SEE ragen die Riesenlagerstätten Bayan Obo (Innere Mongolei, Nordchina) und Mountain Pass (Kalifornien, USA) heraus, die an Karbonatite gebunden sind. Bayan Obo enthält ca. 43 % der Weltvorräte an SEE-Mineralen, hauptsächlich Bastnäsit, (Ce,La,Nd,Y)[(F,OH)CO₃], und Monazit, Ce[PO₄], mit Gehalten von ca. 57 Mio. t SEE₂O₃. Darüber hinaus wird Monazit auch aus Küstensanden in Australien, Brasilien, Indien, Malaysia und Florida gewonnen. Im Jahr 2020 produzierte die VR China ca. 140.000 t SEE₂O₃, d. h. rund 58 % der globalen Förderung von 240 kt SEE₂O₃, gefolgt von USA (38 kt), Myanmar (30 kt) und Australien (17 t) (U.S. Geological Survey 2021). Derzeit hält China auch das Monopol bei der Aufbereitung und Verarbeitung von SEE-Erzen (Hatch 2012).

Eine wichtige geowissenschaftliche Verwendung von Monazit – ähnlich wie von Zirkon – liegt in der radiometrischen Altersdatierung mittels der U-Th-Pb-Methode (▶ Abschn. 33.5.3).

- **Xenotim**

(Y,Yb)[PO₄]

Kristallklasse 4/m2/m2/m; Kristallstruktur ähnlich der von Monazit; Spaltbarkeit {100} vollkommen; Härte 4–5; Dichte 4,5–5,1; Glas- bis Harzglanz; meist gelblich, rötlich, blassbraun oder weiß.

- **Apatit**

Ca₅[(F,Cl,OH)/(PO₄)₃]

Ausbildung Kristallklasse 6/m; die hexagonal-dipyramidalen, prismatisch ausgebildeten Kristalle können sehr groß sein; mikroskopisch feine Nädelchen oder Prismen treten weit verbreitet als akzessorische Gemengteile in unterschiedlichsten Gesteinstypen auf. Typische Kristallformen sind das hexagonale Prisma 1. Stellung {10$\bar{1}$0}, die Dipyramiden {10$\bar{1}$1} und {11$\bar{2}$1} sowie das Basispinakoid {0001} (◨ Abb. 10.1a, b, 10.2). Klare, gedrungene bis dicktafelige Kristalle aus Kluft- und Drusenräumen sind meist flächenreicher entwickelt, insbesondere mit zusätzlichen Dipyramiden {11$\bar{2}$1} und {21$\bar{3}$1} (◨ Abb. 10.1a). *Phosphorit* ist ein Sedimentgestein, das aus körnigen, dichten oder kryptokristallinen Gemengen von Apatit besteht, an denen auch amorphe (Ca-)Phosphate und Karbonate beteiligt sein können (▶ Abschn. 25.6). Phosphorit-Krusten, die aus ehemals amorph-kolloider Substanz gebildet oder von Organismen ausgeschieden wurden, zeigen häufig traubig-nierige oder auch stalaktitische Oberflächen.

Physikalische Eigenschaften	
Spaltbarkeit	(0001) und (10$\bar{1}$0), undeutlich
Bruch	uneben bis muschelig

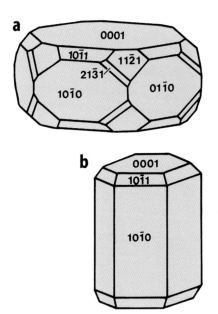

◨ **Abb. 10.1** Tracht und Habitus von Apatit: **a** flächenreicher, kurzprismatischer Habitus mit unterschiedlichen hexagonalen Dipyramiden {10$\bar{1}$1}, {11$\bar{2}$1} und {21$\bar{3}$1}, hexagonalem Prisma {10$\bar{1}$0} und Basispinakoid {0001}; diese Flächenkombination lässt erkennen, dass eine Spiegelebene senkrecht der c-Achse existiert, aber keine Spiegelebenen parallel zu c; **b** flächenarmer, prismatischer Habitus mit vorherrschendem {10$\bar{1}$0}, untergeordnetem {10$\bar{1}$1} sowie {0001}

Physikalische Eigenschaften	
Härte	5 (Standardmineral der Mohs'schen Härteskala)
Dichte	3,1–3,3
Farbe	farblos oder weiß, aber oft in unterschiedlichen Farben auftretend, so gelblich oder bläulich grün, blau, braun oder violett
Glanz, Transparenz	Glasglanz bis Harzglanz auf manchen Kristallflächen, Fettglanz auf muscheligem Bruch; durchsichtig bis durchscheinend

Apatit kann leicht mit anderen Mineralen verwechselt werden (Name von grch. απατάω = täuschen, betrügen).

Kristallstruktur Eckenverknüpfte [CaO₉]-Polyeder bilden Ketten parallel zur c-Achse; diese sind in hexagonaler Anordnung mit [PO₄]-Tetraedern ecken- und kantenverknüpft. In den dadurch entstehenden großen Hohlkanälen liegen die (OH)⁻-, F⁻- und Cl⁻-Ionen (◨ Abb. 10.3).

◘ **Abb. 10.2** Apatit-Kristall mit der Flächenkombination hexagonales Prisma {10$\bar{1}$0} und hexagonale Dipyramide {10$\bar{1}$1} in Calcit, Sljudjanka, Sibirien; Bildbreite = ca. 5 cm; Mineralogisches Museum der Universität Würzburg

Chemismus Die Anionen 2. Stellung, F^-, Cl^- und $(OH)^-$, können sich gegenseitig diadoch vertreten. Beim *Fluorapatit*, der am weitest verbreiteten Varietät, herrscht F vor, beim *Chlorapatit* Cl, im *Hydroxylapatit* OH. Im *Karbonatapatit* erfolgt teilweise ein gekoppelter Ersatz $[(OH)^-/PO_4^{3-}] \leftrightarrow [O^{2-}/PO_4^{3-}]$. Die (PO_4)-Gruppe kann darüber hinaus begrenzt durch (SO_4) bei gleichzeitigem Eintritt von (SiO_4) ersetzt sein, wobei der Ladungsausgleich durch den gekoppelten Ersatz $P^{5+} \leftrightarrow S^{6+}$ und $P^{5+} \leftrightarrow Si^{4+}$ erzielt wird (Pasero et al. 2010). Gewöhnlich wird das Kation Ca^{2+} teilweise durch Sr^{2+}, in geringerem Maße durch Ba^{2+}, Pb^{2+}, Mn^{2+}, Na^+ und REE^{3+} ersetzt (Chang et al. 1996). Insgesamt gestattet die sehr flexible Kristallstruktur von Apatit den Einbau von mehr als der Hälfte der langlebigen chemischen Elemente, was zur Bildung von über 40 unterschiedlichen Phosphat-, Arsenat-, Vanadat-, Sulfat- und Silikatmineralen führt (Hughes und Rakovan 2015).

Vorkommen Als *akzessorischer Gemengteil* ist Apatit sehr verbreitet, und zwar nicht nur in vielen irdischen Gesteinen, sondern auch in solchen anderer Himmels-

körper, z. B. in Meteoriten. Die chemische Zusammensetzung von Apatit in Gesteinsproben des Mondes, in differenzierten Steinmeteoriten von Mond und Mars (► Abschn. 31.3.2) sowie in chondritischen Meteoriten aus dem Asteroidengürtel (► Abschn. 31.3.1) liefern hilfreiche Hinweise auf die Häufigkeit leichtflüchtiger Komponenten im Sonnensystem und ihr Verhalten in Raum und Zeit (McCubbin und Jones 2015). Apatit liefert Informationen zum Verhalten volatiler und Spurenelemente in terrestrischen oder extraterrestrischen Magmen (Webster und Piccoli 2015) und ist ein wichtiges Mineral für isotopische Altersbestimmungen mit der U-Pb-Methode (Chew und Spikings 2015).

Viel seltener tritt Apatit als Hauptgemengteil auf, so in Karbonatiten (► Abschn. 13.2.3, 21.4), wie in Phalaborwa (Südafrika), in magmatischen Magnetit-Apatit-Lagerstätten, wie Kiruna (Nordschweden; ► Abschn. 21.3.3), in Phosphat-Pegmatiten (► Abschn. 22.3) oder in hydrothermalen Gängen und Imprägnationen. Klare Apatit-Kriställchen findet man auf Klüften und in Drusen.

Zusammen mit Kollagen und anderen Matrixproteinen ist Apatit der wichtigste Bestandteil der Zahn- und Knochensubstanz beim Menschen und den Wirbeltieren (z. B. Pasteris et al. 2008; ► Abschn. 2.5.1). In Knochen und im Dentin werden die Kristalle von *Bioapatit* 20–50 nm lang und 12–20 nm dick (1 nm = 10^{-6} mm); im Zahnschmelz sind sie etwa 10-mal länger und dicker. Im Gegensatz zu geologisch gebildetem Hydroxyl- und Fluorapatit hat Bioapatit eine stark fehlgeordnete Kristallstruktur und eine nichtstöchiometrische chemische Zusammensetzung: ein hoher Anteil an $[PO_4]^{3-}$ ist durch $[CO_3OH]^{3-}$ ersetzt, sodass das Ca/P-Verhältnis deutlich über dem theoretischen Wert von 1,67 liegt. Kennzeichnend sind außerdem ein deutlicher (OH)-Unterschuss und Leerstellen in der Kristallstruktur. Diese Eigenschaften und seine geringe Korngröße, die zu einer deutlichen Erhöhung der freien Oberflächenenergie führt, machen Bioapatit leicht löslich und reaktionsfähig, z. B. mit Medikamenten. Die Apatit-Kristalle wachsen im menschlichen und tierischen Gewebe in kurzen Zeiträumen von Tagen bis Monaten, und zwar zunächst mit stark fehlgeordneter Struktur und einem hohen Gehalt an freien $[HPO_4]^{2-}$-Ionen; erst im Lauf eines längeren Reifungs- und Rekristallisationsprozesses bilden sich besser geordnete Strukturen mit abnehmendem $[HPO_4]^{2-}$-Gehalt, aber zunehmendem $[CO_3OH]^{3-}$-Einbau (Boskey 2007). Über längere Zeiträume wird Bioapatit vorzugsweise in *Phosphorit*-Lagerstätten angereichert, in denen er häufig Versteinerungssubstanz fossiler Knochen und Kotmassen *(Guano)* bildet.

Wirtschaftliche Bedeutung Apatit ist Hauptträger der Phosphorsäure im anorganischen Naturhaushalt. Apatit bzw. Phosphorit sind wichtige Rohstoffe für die che-

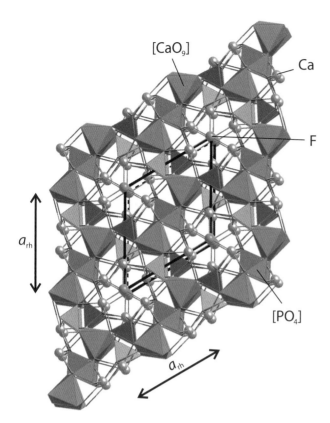

Labels on figure: [CaO$_9$], Ca, F, a_{rh}, [PO$_4$], a_{rh}

◻ **Abb. 10.3** Kristallstruktur von Fluorapatit, projiziert entlang der c-Achse auf die (0001)-Ebene; zu erkennen sind die großen [CaO$_9$]-Polyeder, die über [PO$_4$]-Tetraeder zu hexagonalen Ringen verknüpft sind

mische Industrie, besonders für die Erzeugung von synthetischen Phosphordüngern wie Superphosphat, Ammoniumphosphat oder „Nitrophoska", von Phosphorsäure und elementarem Phosphor sowie für eine Vielfalt weiterer technischer Produkte (Rakovan und Pasteris 2015). So besitzen natürliche und industriell hergestellte Apatite oder Substanzen mit Apatitstruktur eine beachtliche Mikroporosität (White et al. 2005). Die Hohlkanäle parallel zu c in der Apatitstruktur ermöglichen vielfältige Ionenaustauschvorgänge, die in der Zukunft technisch nutzbar sein könnten, z. B. für Brennstoffzellen, zur Fotokatalyse und zur Speicherung von radioaktivem Abfall (Oelkers und Montel 2008).

▪ **Pyromorphit**
Pb$_5$[Cl/(PO$_4$)$_3$]

Ausbildung   Kristallklasse 6/m; einfache prismatisch ausgebildete Kristalle mit Basis {0001} und hexagonalem, meist tonnenförmig gewölbtem Prisma {10$\bar{1}$0} in Kombination mit dem Basispinakoid {0001} sind häu-

fig; in Gruppen, auf Klüften oder in Drusen, als nieren- bis kugelförmige Bildungen, als Krusten oder Anflüge.

Physikalische Eigenschaften	
Spaltbarkeit	fehlt
Bruch	uneben, muschelig
Härte	3½–4
Dichte	7,05
Farbe	meist grün (durch Spuren von Cu: „Grünbleierz") oder braun („Braunbleierz") aber auch gelb, grau oder farblos, seltener orangerot
Glanz, Transparenz	auf Kristallflächen Diamantglanz, auf Bruchflächen Harz- oder Fettglanz, durchscheinend bis halbdurchsichtig

Kristallstruktur   Isotyp mit Apatit.

Chemismus   (PO$_4$) wird teilweise durch (AsO$_4$) ersetzt, es besteht eine vollständige Mischreihe zu Mimetesit, Pb$_5$[(Cl)/(AsO$_4$)$_3$]; zudem kann Pb teilweise durch Ca diadoch ersetzt werden.

Vorkommen   Pyromorphit ist Sekundärmineral in der Oxidationszone von sulfidischen Bleilagerstätten.

▪ **Mimetesit**
Pb$_5$[Cl/(AsO$_4$)$_3$]

Ausbildung   Kristallklasse 6/m, Kristallformen ähnlich wie beim Pyromorphit.

Physikalische Eigenschaften	
Spaltbarkeit	fehlt
Bruch	uneben, muschelig
Härte	3½–4
Dichte	~7,1
Farbe	gelb, braun, grün, auch grau bis farblos
Glanz	auf Kristallflächen Diamantglanz, auf Bruchflächen Fettglanz; durchscheinend

Kristallstruktur   Isotyp mit Apatit.

Chemismus   Vollständige Mischkristallreihe mit Pyromorphit.

Vorkommen   In der Oxidationszone von Erzlagerstätten, die neben Pb- auch As-Minerale führen, z. B. Tennantit, Cu$_{12}$As$_4$S$_{13}$, neben Galenit, PbS.

10

■ Vanadinit
$Pb_5[Cl/(VO_4)_3]$

Ausbildung Kristallklasse 6/m; prismatisch ausgebildete Kristalle mit dominierendem Prisma $\{10\overline{1}0\}$ in Kombination mit dem Basispinakoid $\{0001\}$, aber auch tafelige Kristallformen mit vorherrschendem $\{0001\}$ und untergeordnetem $\{10\overline{1}0\}$ ( Abb. 10.4); auch stängelig, in traubenförmig-nierig ausgebildeten Aggregaten oder in derben Massen.

Physikalische Eigenschaften	
Spaltbarkeit	fehlt
Bruch	uneben bis muschelig, spröde
Härte	3
Dichte	6,9
Farbe	rubinrot (■ Abb. 10.4), orangegelb, gelblich braun
Glanz	durchscheinend bis durchsichtig; harzartiger bis diamantähnlicher Glanz auf Kristallflächen

Kristallstruktur Isotyp mit Apatit.

Chemismus $[VO_4]$ kann teilweise durch $[PO_4]$ und geringe Gehalte von $[AsO_4]$ ersetzt sein. Die theoretischen Metallgehalte von reinem Vanadinit sind 73,2 % Pb und 10,8 % V.

Vorkommen Vanadinit, ein früher wichtiges Erzmineral für Vanadium, tritt in der Oxidationszone von Bleilagerstätten auf, die sich im Verband mit Karbonatgesteinen befinden, und kann zu bauwürdigen V-Lagerstätten angereichert sein. Wirtschaftlich viel wichtiger sind allerdings magmatische V-Fe-Ti-Lagerstätten, z. B. im Bushveld-Komplex, Südafrika (▶ Abschn. 21.2.2).

Wirtschaftliche Bedeutung Vanadium dient als Legierungsmetall für Spezialstähle, wie z. B. Ferrovanadium. Bereits geringe Gehalte von 0,15–0,25 % V erhöhen die Festigkeit von Karbonstählen (AHS-Stählen) beträchtlich, sodass sie sich für die Herstellung von Fahrradrahmen, Achsen, Getrieben oder Kurbelwellen eignen. Schnellarbeitsstähle (HSS) für chirurgische Instrumente und Werkzeuge enthalten 1–5 % V. Titanlegierungen mit Al und V wie z. B. 6Al-4V zeichnen sich durch hohe Festigkeit und Temperaturbeständigkeit aus. Sie werden für Düsentriebwerke, tragende Teile im Flugzeugbau und Zahnimplantate verwendet.

■ Abb. 10.4 Kristallgruppe von Vanadinit, Mibladen, Marokko; tafelige Kristalle mit vorherrschendem Basispinakoid $\{0001\}$ und kleinem hexagonalen Prisma $\{10\overline{1}0\}$; Bildbreite = 1 cm; Mineralogisches Museum der Universität Würzburg

Darüber hinaus finden unterschiedliche V-Verbindungen weite technische Anwendung, so in der Keramik- und Glasindustrie, als Katalysatoren, Supraleiter und supraleitende Magneten.

Literatur

Boskey AL (2007) Mineralization of bones and teeth. Elements 3:385–391

Chakhmouradian AR, Wall F (2012) Rare earth elements: minerals, mines, magnets (and more). Elements 8:333–340

Chang LLY, Howie RA, Zussman J (1996) Rock-forming minerals, Bd 5B, 2. Aufl, Non-silicates: sulphates, carbonates, phosphates, halides. Longmans, Harlow

Chew DM, Spikings RA (2015) Geochronology and thermochronology using apatite: time and temperature, lower crust to surface. Elements 11:189–194

Elliott JC (1994) Structures and chemistry of apatites and other calcium orthophosphates. Elsevier, Amsterdam

Hatch GP (2012) Dynamics of the global market for rare earths. Elements 8:341–346

Hughes JM, Rakovan JF (2015) Structurally robust, chemically diverse: apatite and apatite supergroup minerals. Elements 11:165–170

McCubin FM, Jones RH (2015) Extraterrestrial apatite: planetary geochemistry to astrobiology. Elements 11:183–188

Oelkers EH, Montel J-M (2008) Phosphates and nuclear waste storage. Elements 4:113–116

Pasero M, Kampf AR, Ferraris C, Pekov IV, Rakovan J, White TJ (2010) Nomenclature of the apatite supergroup minerals. Eur J Mineral 22:163–179

Pasteris JD, Wopenka B, Valsami-Jones E (2008) Bone and tooth mineralization: why apatite? Elements 4:94–104

Rakovan JF, Pasteris JD (2015) A technological gem: materials, medical, and environmental mineralogy of apatite. Elements 11:195–200

Simandl GJ (2014) Geology and market-dependent significance of rare earth element resources. Mineral Depos 49:889–904

U.S. Geological Survey (2021) Mineral commodity summaries2021: U.S. Geological Survey, S 200. ► https://doi.org/10.3133/mcs20201

Webster JD, Piccoli PM (2015) Magmatic apatite: a powerful, yet deceptive, mineral. Elements 11:177–182

White T, Ferraris C, Kim J, Madhavi S (2005) Apatite – an adaptive framework structure. Rev Mineral Geochem 57:307–401

Silikate

Inhaltsverzeichnis

© Springer-Verlag GmbH Deutschland, ein Teil von Springer Nature 2022
M. Okrusch und H. E. Frimmel, *Mineralogie*,
https://doi.org/10.1007/978-3-662-64064-7_11

11

■ Einleitung

Silikatminerale – einschließlich Quarz – spielen im Bau des Planeten Erde eine entscheidende Rolle. Direkte Beobachtungen sowie geophysikalische und petrologische Modellierungen belegen, dass Silikate die wesentlichen Bestandteile der Erdkruste und des Erdmantels bilden und damit etwa 67,3 Gew.-% unseres Planeten ausmachen. Darüber hinaus gibt es eine Fülle direkter und indirekter Hinweise darauf, dass auch der Mond, die terrestrischen Planeten und die Asteroiden hauptsächlich aus Silikaten bestehen. Überdies sind Silikatminerale und Quarz von erheblicher technischer und wirtschaftlicher Bedeutung.

Gliederung der Silikate nach ihrer Kristallstruktur

Die Silikate haben ein gemeinsames Strukturprinzip, nach dem eine relativ einfache Gliederung der zahlreich auftretenden silikatischen Minerale erfolgen kann (◘ Abb. 11.1).

— Die Silikatstrukturen zeichnen sich dadurch aus, dass Silicium stets tetraedrisch von 4 Sauerstoffatomen als nächste Nachbarn umgeben ist. Das gilt ohne Rücksicht auf das Si:O-Verhältnis, wie es in der chemischen Summenformel der Anionenkomplexe zum Ausdruck kommt: SiO_3, SiO_4, SiO_5, Si_2O_5, Si_2O_7, Si_3O_8, Si_4O_{10}, Si_4O_{11}. Die 4 O

nehmen die Ecken eines fast regelmäßigen Tetraeders ein und berühren sich wegen ihrer Größe (1,27 Å) in ihren Einflusssphären, sodass nur eine winzige Lücke zwischen ihnen für das kleine Si (0,34 Å) zur Verfügung steht. Das Si befindet sich, anders ausgedrückt, in der tetraedrischen Lücke der 4 Sauerstoff-Atome. In der Tat überlappen sich die äußeren Elektronenschalen der Si- und O-Atome, weil das kleine, aber hoch geladene Silicium eine stark polarisierende Wirkung auf die großen Sauerstoff-Atome ausübt. Das führt zu einem *polar-kovalenten Bindungscharakter*, einem Mischtyp aus homöopolarer und heteropolarer Bindung (◘ Abb. 1.16). Daher treten in den Silikatstrukturen die stärksten Bindungskräfte innerhalb des [SiO_4]-Tetraeders auf; sie entsprechen den vier sp^3-Hybrid-Orbitalen (◘ Abb. 1.15).

— Eine weitere für die Silikatstrukturen charakteristische Eigenschaft besteht darin, dass der Sauerstoff des Silikatkomplexes gleichzeitig zwei verschiedenen [SiO_4]-Tetraedern angehören kann. Dadurch entstehen neben den inselförmig isolierten [SiO_4]-Tetraedern als weitere Baueinheiten (◘ Abb. 11.1): Doppeltetraeder [Si_2O_7]$^{6-}$, ringförmige Gruppen verschiedener Zusammensetzung wie [Si_3O_9]$^{6-}$, [Si_4O_{12}]$^{8-}$, [Si_6O_{18}]$^{12-}$, eindimensional-unendliche Ketten und Doppelketten, zweidimensional-unendliche Schichten und schließlich dreidimensional-unendliche Gerüste.

— Ein drittes wichtiges kristallchemisches Prinzip ist die Doppelrolle des 3-wertigen Aluminiums in den Silikatstrukturen. Aufgrund seines Ionenradius kann Al^{3+} gegenüber O sowohl in Sechserkoordination als $Al^{[6]}$ mit einem Ionenradius von 0,61 Å als auch in Viererkoordination als $Al^{[4]}$ mit einem Ionenradius von 0,47 Å auftreten und [AlO_4]-Tetraeder bilden. Damit ist das Al^{3+} in der Lage, anstelle des Si^{4+} in die tetraedrische Lücke einzutreten (*Alumosilikate*), aber auch anstelle von Kationen mit ähnlichem Ionenradius wie Mg^{2+} (0,80 Å), Fe^{2+} (0,69 Å) oder Fe^{3+} (0,63 Å) u. a. in eine etwas größere oktaedrische Lücke mit 6 O als nächste Nachbarn (*Aluminiumsilikate*). Darüber hinaus können in derselben Kristallstruktur beide Koordinationsmöglichkeiten des Al-Ions verwirklicht sein.

Wenn Ionen mit unterschiedlicher Wertigkeit ausgetauscht werden, wie z. B. $Si^{4+} \leftrightarrow Al^{3+}$ oder $Mg^{2+} \leftrightarrow Al^{3+}$, wird der Ausgleich der entstandenen Ladungsdifferenz durch eine *gekoppelte Substitution* erzielt (sogenannter *elektrostatischer Ladungsausgleich*). Ein prominentes Beispiel sind die Mischkristallreihe der *Plagioklase* mit den Endgliedern Albit, Na[$AlSi_3O_8$], und Anorthit, Ca[$Al_2Si_2O_8$], bei der der Ladungsausgleich durch die gekoppelte Substitution

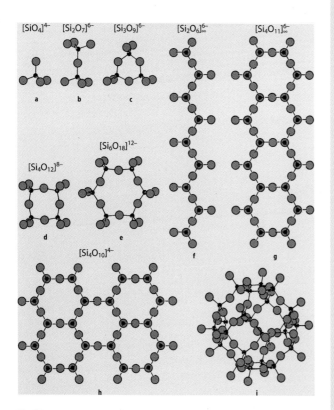

◘ **Abb. 11.1** Unterteilung der Silikate nach ihrer Kristallstruktur: **a** Inselsilikate, **b** Gruppensilikate, **c–e** Ringsilikate: **c** Dreierringe, **d** Viererringe, **e** Sechserringe; **f** Kettensilikate, **g** Doppelkettensilikate, **h** Schichtsilikate, **i** Gerüstsilikate (Sodalith-Käfig)

$Na^+Si^{4+} \leftrightarrow Ca^{2+}Al^{3+}$ erreicht wird, oder die vielfältige Mischkristallreihen bei den Pyroxenen, z. B. zwischen Diopsid, $CaMg[Si_2O_6]$, und Jadeit, $NaAl[Si_2O_6]$, mit der gekoppelten Substitution $Ca^{2+}Mg^{2+} \leftrightarrow Na^+Al^{3+}$. In allen Silikatstrukturen kann beim Ersatz von Si^{4+} durch Al^{3+} das $Al^{[4]}:Si^{[4]}$-Verhältnis nicht größer als 1:1 werden. Ein Übergang von den Alumosilikaten zu den Aluminaten kommt daher nicht vor.

Ohne Kenntnis dieser Doppelrolle von Aluminium war in der Vergangenheit eine vernünftige Systematik der Silikatminerale nicht möglich, ja in vielen Fällen konnte nicht einmal eine befriedigende chemische Formel angegeben werden. Das Problem wurde noch durch die Fülle von Mischkristallreihen verstärkt, die bei den Silikatmineralen auftreten und zu chemischen Zusammensetzungen führen, die damals unverständlich waren. Daher erwies sich der ursprüngliche Ansatz, die Silikate als Salze verschiedener Kieselsäuren zu betrachten, als sinnlos. Erst mit der Einführung der Röntgenbeugungsmethoden konnten die Kristallstrukturen der wichtigsten Silikatminerale ermittelt und tiefere Einblicke in ihren inneren Aufbau und ihre verwandtschaftlichen Beziehungen gewonnen werden. Die ersten Vorschläge für eine moderne Klassifikation der Silikatminerale wurden Ende der 1920er-Jahre von William L. Bragg (1890–1971) und Felix Machatschki (1895–1970) gemacht und bilden noch heute die Grundlage für das Verständnis der Kristallchemie der Silikate.

Die heutige Klassifikation der Silikatminerale beruht auf der zunehmenden Polymerisation des Si-O-Komplexes und der gegenseitigen Verknüpfung der [SiO_4]-Tetraeder. Zur Verdeutlichung werden die Anionenbausteine in eckige Klammern gesetzt. Die folgenden Strukturtypen werden unterschieden (■ Abb. 11.1):

- *Inselsilikate* (Nesosilikate, engl. auch „*orthosilicates*") mit im Raum isolierten [SiO_4]$^{4-}$-Tetraedern: z. B. Forsterit, $Mg_2[SiO_4]$, Olivin $(Mg,Fe)_2[SiO_4]$, Zirkon, $Zr[SiO_4]$. In einigen Inselsilikaten wie z. B. Topas, $Al_2[(F,OH)_2/SiO_4]$, treten außerdem zusätzliche Anionen, sog. Anionen 2. Stellung, wie F^- und $(OH)^-$ hinzu (▶ Abschn. 11.1).

- *Gruppensilikate* (Sorosilikate, engl. auch „*disilicates*") mit endlichen Gruppen, im wesentlichen Doppeltetraeder der Zusammensetzung $[Si_2O_7]^{6-}$, wobei zwei [SiO_4]-Tetraeder über eine Tetraederecke durch einen gemeinsamen Sauerstoff miteinander verknüpft sind. Dieser sogenannte Brückensauerstoff gehört jedem der beiden Tetraeder zur Hälfte an, daher Si:O = 2:7. Beispiel: Melilith, mit den Endgliedern Åkermanit, $Ca_2Mg[Si_2O_7]$, und Gehlenit, $Ca_2Al[SiAlO_7]$ (▶ Abschn. 11.2).

- *Ringsilikate* (Cyclosilikate, engl. auch „*ring silicates*") mit selbständigen, geschlossenen Dreier-, Vierer- und Sechserringen aus [SiO_4]-Tetraedern. Da auch in einem solchen Tetraederring jedes Si zwei seiner koordinierten O mit zwei benachbarten Tetraedern teilt, ergeben sich die folgenden Zusammensetzungen der Tetraederringe: $[Si_3O_9]^{6-}$, $[Si_4O_{12}]^{8-}$, $[Si_6O_{18}]^{12-}$. Beispiel: Schörl, ein verbreitetes Endglied der Turmalin-Gruppe, $NaFe^{2+}_3Al_6[(OH)_4/(BO_3)_3/Si_6O_{18}]$ (▶ Abschn. 11.3).

- *Ketten-* und *Doppelkettensilikate* (Inosilikate, engl. auch „*chain silicates*") mit eindimensional unendlichen Ketten oder Doppelketten von [SiO_4]-Tetraedern. In *Einerketten* teilt jedes [SiO_4]-Tetraeder 2 seiner 4 Sauerstoff mit dem in Kettenrichtung benachbarten Tetraeder, sodass das Si:O-Verhältnis wie in den Ringsilikaten 1:3 ist. Bei dem wichtigsten Vertreter, der *Pyroxen-Familie* (▶ Abschn. 11.4.1), liegt eine eindimensionale Verknüpfung von Tetraederverbänden der Zusammensetzung $[Si_2O_6]^{4-}$ vor. Beispiele: Orthopyroxen, $(Mg,Fe)^{[6]}_2[Si_2O_6]$, und Diopsid, $Ca^{[8]}Mg^{[6]}[Si_2O_6]$. Bei den unendlichen *Doppelketten* sind zwei einfache Ketten von SiO_4-Tetraedern seitlich miteinander über Brückensauerstoffe verbunden. Damit hat gegenüber der einfachen Kette jedes zweite Tetraeder ein weiteres O mit einem Tetraeder der Nachbarkette gemeinsam. Daher besitzt die Doppelkette die Zusammensetzung $[Si_4O_{11}]^{6-}$ als strukturelle Grundeinheit. Die silikatische Doppelkette enthält freie Hohlräume, in die $(OH)^-$ und F^--Ionen eingebaut sein können. Diese Anionen sind nicht an Si-Ionen gebunden, stellen vielmehr Anionen 2. Stellung dar. Die wichtigsten Vertreter dieses Strukturtyps sind die Mitglieder der *Amphibol-Familie*, z. B. Anthophyllit, $(Mg,Fe)^{[6]}_7[(OH)_2/(Si_8O_{22})]$, und Tremolit, $Ca^{[8]}_2Mg^{[6]}_5[(OH,F)_2/(Si_8O_{22})]$ (▶ Abschn. 11.4.2).

- *Schichtsilikate* (Phyllosilikate, engl. auch „*sheet silicates*") bestehen aus zweidimensional unendlichen Tetraederschichten, in denen jedes [SiO_4]-Tetraeder drei Brückensauerstoffe mit benachbarten Tetraedern teilt. Das führt zu einem Si:O-Verhältnis von 2:5 und die grundlegende Baueinheit hat die Zusammensetzung $[Si_2O_5]^{2-}$ bzw. $[Si_4O_{10}]^{4-}$. Auch die silikatischen Schichten enthalten wie die Doppelketten Hohlräume, in die $(OH)^-$-und F^--Ionen eingebaut werden können. Beispiele sind (▶ Abschn. 11.5):

- Pyrophyllit, $Al_2[(OH)_2/Si_4O_{10}]$
- Talk, $Mg_3[(OH)_2/Si_4O_{10}]$
- Muscovit, $K^+\{Al_2[OH]_2/AlSi_3O_{10}]\}^-$
- Phlogopit, $K^+\{Mg_3[OH,F]_2/AlSi_3O_{10}]\}^-$

Bei den *Glimmern* Muscovit und Phlogopit sind ¼ der $Si^{[4]}$-Plätze in der Kristallstruktur durch $Al^{[4]}$ ersetzt. Damit ist der innerhalb der geschwungenen Klammern geschriebene Komplex einfach negativ geladen und der Valenzausgleich kann durch Einbau von einwertigen Kationen wie K^+ oder Na^+ erfolgen.

— In *Gerüstsilikaten* (Tektosilikate, engl. auch „*framework silicates*") sind die [SiO_4]-Tetraeder über sämtliche vier Ecken mit benachbarten Tertraedern verknüpft. Jedem Si sind damit $^4/_2$ O zugeordnet, woraus sich die Formel SiO_2 ergibt. Diese ist allerdings identisch mit der Formel des Siliciumdioxids SiO_2, z. B. *Quarz,* einer elektrostatisch „abgesättigten" Struktur. Deswegen sind Gerüst*silikate* im eigentlichen Sinne nur möglich, wenn ein Teil des Si^{4+} durch Al^{3+} ersetzt wird, wodurch die Struktur eine oder mehrere negative Ladungen erhält, die durch den Einbau von einem oder mehreren Kationen abgesättigt werden. Da das dreidimensionale Gerüst stark aufgelockert ist, haben in den Hohlräumen große Kationen wie K^+, Na^+, Ca^{2+} etc. Platz. Es kommt zur Bildung von Alumosilikaten, wie z. B. Feldspäten (▶ Abschn. 11.6.2) und Feldspatvertretern (▶ Abschn. 11.6.3). In manchen Fällen sind in das lockere Gerüst zusätzlich noch große Anionen wie Cl^-, SO_4^{2-} etc. oder H_2O-Moleküle eingebaut. Da Letztere mit der Silikatstruktur nur durch extrem schwache Bildungen verknüpft sind, entweichen sie bei Temperaturerhöhung leicht aus der Struktur, ohne dass diese zusammenbricht. Umgekehrt wird das Wasser in einer an H_2O-Dampf gesättigten Atmosphäre leicht wieder aufgenommen. Diese H_2O-reichen Gerüstsilikate gehören zu der umfangreichen, technisch wichtigen Mineralgruppe der *Zeolithe* (▶ Abschn. 11.6.6). Wegen ihrer locker gepackten Strukturen sind die Gerüstsilikate durch geringe Dichten sowie durch relativ niedrige Licht- und Doppelbrechung gekennzeichnet.

11.1 Inselsilikate (Nesosilikate)

▣ Tab. 11.1 listet wichtige Inselsilikate auf.

- Olivin

(Mg,Fe)$_2$[SiO$_4$]

Ausbildung Kristallklasse 2/m2/m2/m, die rhombisch-dipyramidalen Kristalle weisen häufig die Vertikalprismen {110} und {120} auf, in Kombination mit dem Längsprisma {021}, dem Querprisma {101}, der Dipyramide {111} und dem seitlichen Pinakoid {010} (▣ Abb. 11.2). Idiomorphe oder hypidiomorphe Einsprenglinge treten überwiegend in Vulkaniten auf. In Peridotit und seinen metamorphen Äquivalenten kommt Olivin als xenomorphe körnige Aggregate vor, so auch in den sogenannten Olivinknollen (▣ Abb. 2.9, 13.6b), fast monomineralische Xenolithe in Basalt. Xenomorpher Olivin tritt auch in einigen Silikatmarmoren und in hochgradig metamorphen ultramafischen Gesteinen auf.

▣ Tab. 11.1 Wichtige Inselsilikate

Mineral	Formel	Kristallklasse
Olivin	(Mg,Fe)$_2$[SiO$_4$]	2/m2/m2/m
– Forsterit	Mg$_2$[SiO$_4$]	
– Fayalit	Fe$_2$[SiO$_4$]	
Zirkon	Zr[SiO$_4$]	4/m2/m2/m
Granat-Gruppe	X$^{2+}_3$Y$^{3+}_2$[SiO$_4$]$_3$	4/m$\bar{3}$2/m
Al$_2$SiO$_5$-Gruppe		
– Sillimanit	Al$^{[6]}$Al$^{[4]}$[O/SiO$_4$]	2/m2/m2/m
– Andalusit	Al$^{[6]}$Al$^{[5]}$[O/SiO$_4$]	2/m2/m2/m
– Kyanit (Disthen)	Al$^{[6]}$Al$^{[6]}$[O/SiO$_4$]	$\bar{1}$
Topas	Al$_2$[(F,OH)$_2$/SiO$_4$]	2/m2/m2/m
Staurolith	Fe$_2$Al$_9$[O$_6$(O,OH)$_2$/(SiO$_4$)$_4$]	2/m
Chloritoid	(Fe,Mg,Mn)Al$_2$[O/(OH)$_2$/SiO$_4$]	$\bar{1}$ und 2/m
Titanit	CaTi[O/SiO$_4$]	2/m

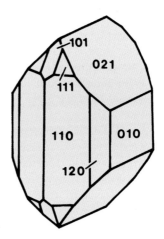

▣ Abb. 11.2 Kristallformen von Olivin: die Prismenflächen {110} und {021} sowie das Pinakoid {010} herrschen vor, zusätzlich sind auch die Prismen {120} und {101} und die orthorhombische Dipyramide {111} möglich

Physikalische Eigenschaften	
Spaltbarkeit	(010) deutlich bis unvollkommen, (100) unvollkommen bis schwach
Bruch	muschelig
Härte	6½–7
Farbe	olivgrün, auch gelblich braun bis rotbraun (abhängig vom Fayalit-Gehalt)
Glanz, Transparenz	Glasglanz auf Kristallflächen, Fettglanz auf Bruchflächen, durchsichtig bis durchscheinend

Kristallstruktur Die Olivinstruktur kann als eine parallel zu (100) annähernd hexagonal dichte Kugelpackung der Sauerstoffatome mit der Folge 121212 beschrieben werden (◻ Abb. 11.3). Dabei befindet sich Si in den kleineren tetraedrischen Lücken zwischen 4 O, während die Kationen Mg^{2+} und Fe^{2+} die etwas größeren oktaedrischen Lücken mit 6 O als nächste Nachbarn einnehmen.

Bei sehr hohen Drücken von ≥70 kbar geht die Olivinstruktur in die noch dichter gepackten Strukturen von *Wadsleyit,* β-$(Mg,Fe)_2[SiO_4]$, und *Ringwoodit,* γ-$(Mg,Fe)_2[SiO_4]$, über, die der *Spinellstruktur* ähneln (◻ Abb. 7.2). Mit größter Wahrscheinlichkeit bilden diese Minerale die Hauptgemengteile der Übergangszone zwischen Oberem und Unterem Erdmantel (▶ Abschn. 29.3.3).

Chemismus Olivin bildet eine lückenlose Mischkristallreihe zwischen den beiden Endgliedern Forsterit, Mg_2SiO_4, und Fayalit, Fe_2SiO_4 (◻ Abb. 18.14). In dem gewöhnlichen gesteinsbildenden Olivin überwiegt stets Forsterit mit 90–70 Mol-% gegenüber Fayalit. Charakteristisch ist ein geringer diadocher Einbau von Ni^{2+} anstelle von Mg^{2+}, auch von Mn^{2+} anstelle von Fe^{2+}, letzteres besonders in den Fayalit-reichen Olivinen.

Vorkommen Olivin ist ein wichtiges gesteinsbildendes Mineral in ultramafischen Gesteinen, besonders im Peridotit (◻ Abb. 13.6b). In Basalt kann Olivin als Einsprenglinge auftreten (◻ Abb. 13.8a), die oft zonar gebaut sind und einen relativ Mg-reichen Kern besitzen. Olivin ist Hauptgemengteil in Gesteinen des Oberen Erdmantels (▶ Abschn. 29.3) und Gemengteil in Meteoriten, insbesondere Chondriten (▶ Abschn. 31.3.1). Unter Aufnahme von (hydrothermalem) Wasser wandelt sich Olivin in *Serpentin* um (▶ Abschn. 11.5.6). Ein häufiges Umwandlungsprodukt von Olivin ist auch bräunlicher *Iddingsit,* ein feinkörniges Gemenge aus Montmorillonit, Chlorit, Goethit, Hämatit u. a. (◻ Abb. 13.11b).

Olivin als Rohstoff Dunit, ein fast monomineralisches, aus Forsterit-reichem Olivin bestehendes Gestein, ist ein wichtiger Rohstoff zur Herstellung feuerfester Forsterit-Ziegel. *Chrysolith* oder *Peridot* sind klare, olivgrün gefärbte Olivin-Kristalle, die als Edelstein geschätzt werden.

- **Zirkon**

Zr[SiO₄]

Ausbildung Kristallklasse 4/m2/m2/m; die kurzsäuligen, meist eingewachsenen Kristalle weisen häufig eine einfache Kombination des tetragonalen Prismas {100} oder {110} mit der tetragonalen Dipyramide {101} auf; aber auch {101} allein oder flächenreichere Kristalle

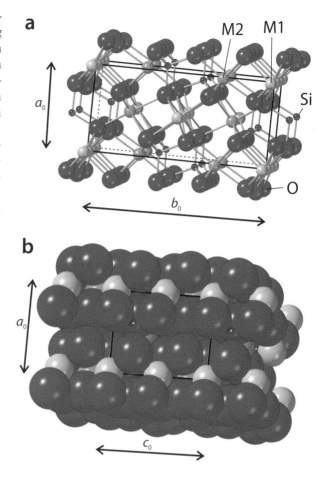

◻ **Abb. 11.3 a** Kristallstruktur des Olivin-Endglieds Forsterit, projiziert annähernd auf die (001)-Fläche; zwischen inselartigen $[Si^{[4]}O_4]$-Tetraedern liegt $Mg^{[6]}$ innerhalb oktaedrischen Lücken auf den M1- und M2-Positionen, d. h. mit jeweils 6 O als nächste Nachbarn; Sauerstoff bildet eine nahezu dichtest hexagonale Kugelpackung (**b**)

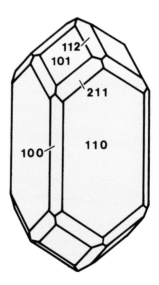

◻ **Abb. 11.4** Kristallformen von Zirkon: tetragonale Prismen {110} und {100}, ditetragonale Dipyramiden {211}, tetragonale Dipyramiden {101} und {112}

11

Abb. 11.5 Zirkon-Kristall mit zwei verschiedenen tetragonalen Dipyramiden {101} und {301} aus einem Pegmatit, Hunza-Tal, Kaschmir, Pakistan; Bildbreite ca. 2 cm; Mineralogisches Museum der Universität Würzburg

Abb. 11.6 Mikrofoto eines Zirkon-Kristalls aus einem Leukogranit nahe Dannemora, Adirondack Mountains, Staat New York (Nasdala et al. 2005); Schnitt entlang der c-Achse, Länge des Kristalls 360 μm, Dicke des Dünnschliffs 30 μm, gekreuzte Polarisatoren (+Nic.); der Kristall zeigt größtenteils primären Zonarbau und weist moderate Strahlenschädigung auf, erkennbar an einer deutlichen Verringerung der Doppelbrechung mit Interferenzfarben 2. Ordnung. Demgegenüber zeigt der rundliche, uranarme Kern hohe Interferenzfarben (rosarot 3. Ordnung), wie sie für Zirkon ohne nennenswerte Strukturschäden typisch sind. (Foto: Lutz Nasdala, Wien)

kommen vor (■ Abb. 11.4, 11.5); unter dem Mikroskop ist oft Zonarbau zu erkennen (■ Abb. 11.6). Häufig tritt Zirkon auch in Form loser abgerollter Körner in Sanden als Schwermineralanreicherung auf (Zirkonseifen). Kristalltracht und Kristallhabitus des Zirkons hängen stark von den Kristallisationsbedingungen ab.

Physikalische Eigenschaften	
Spaltbarkeit	(100) unvollkommen, (111) schlecht
Bruch	muschelig
Härte	7½
Dichte	4,6–4,7 (relativ hoch)
Farbe	gewöhnlich braun, auch farblos, gelb, orangerot, seltener grün
Glanz, Transparenz	Diamant-, Harz- oder Fettglanz, undurchsichtig bis durchscheinend, bei Edelsteinqualität auch durchsichtig

Kristallstruktur   Ähnlich wie beim Monazit sind die isolierten $[SiO_4]$-Tetraeder mit Zickzack-Ketten aus kantenverknüpften $[ZrO_8]$-Polyedern über Ecken und Kanten verbunden und spannen so ein dreidimensionales Gerüst auf (■ Abb. 11.7). In manchen Fällen ist die Kristallstruktur des Zirkons durch radioaktiven Zerfall von Th und U, die anstelle von Zr in die Struktur eingebaut sein können, mehr oder weniger stark strahlengeschädigt (■ Abb. 11.6) oder sogar weitgehend zerstört: das Mineral ist in einen sogenannten *metamikten* Zustand übergeführt. Dabei nehmen Dichte und Härte merklich ab.

Chemismus   Das Zirkonium in der Kristallstruktur von Zirkon wird stets bis zu einem gewissen Grad durch Hf, Th und U diadoch ersetzt. Hafnium wurde erstmals von Coster und Hevesy (1923) in norwegischem Zirkon entdeckt. Darüber hinaus enthält Zirkon ein breites Spektrum an Spurenelementen, unter anderem Seltene Erdelemente (SEE) und P.

Vorkommen Als verbreiteter akzessorischer Gemengteil tritt Zirkon in mikroskopisch kleinen Kriställchen in vielen magmatischen und metamorphen Gesteinen auf, insbesondere solchen von felsischer Zusammensetzung (▶ Abschn. 13.1.2). Größere Kristalle bildet Zirkon in Nephelinsyenit, besonders aber in zugehörigem Pegmatit, in dem er zu bauwürdigen Mengen angereichert sein kann. Verbreitet tritt Zirkon als Schwermineral in klastischen Sedimentgesteinen auf, insbesondere in Sanden und Sandsteinen sowie in Seifenlagerstätten, auch in Edelsteinseifen. Die in Dünnschliffen mitunter sichtbaren sogenannten *pleochroitischen Höfe* um mikroskopisch kleine Zirkonkörner, vorzugsweise eingeschlossen im Glimmer, gehen auf radioaktive Strahlung von Ra und U zurück.

Bedeutung als mineralischer Rohstoff Zirkon ist ein wichtiger mineralischer Rohstoff, so zur Gewinnung der Elemente Zr und Hf und von Zr-Verbindungen (z. B. Watson 2007). Zirkonium wird zur Verkleidung von Brennstäben in Kernreaktoren verwendet und bildet eine Komponente in Fe-Zr- und Zr-Nb-Legierungen, von denen letztere als Supraleiter eingesetzt werden. Gläser aus Zr- (oder Hf-) Fluoriden zeigen extrem hohe Infrarot-Permeabilität und dienen daher als optische Glasfasern. Klar durchsichtige, schön gefärbte Zirkonkörner sind hoch geschätzte *Edelsteine,* so eine grüne Farbvarietät oder die bräunlich bis rot-orange Varietät Hyazinth. Die intensiv blaue Farbe vieler facettiert geschliffener Zirkon-Kristalle wird allerdings meist künstlich durch thermische Behandlung erzeugt.

Bei sehr hoher Temperatur von 1660 °C zersetzt sich Zirkon in SiO_2 und ZrO_2. Letzteres ist in seiner kubischen Hochtemperaturmodifikation auch als *Zirkonia* bekannt, das sich durch einen extrem hohen Schmelzpunkt von 2700 °C auszeichnet. Schmelztiegel aus ZrO_2 und schlickergegossene Ziegel aus Zirkon stellen mechanisch sehr widerstandsfähige, säurebeständige Feuerfestmaterialien dar. Poröse ZrO_2-basierte Keramik bildet exzellente thermische Isolatoren und wird als Ofenfutter eingesetzt. Behälter aus ZrO_2 können zum Schmelzen von Hochtemperaturgläsern oder Metallen, z. B. Platin, verwendet werden; auch Zahnkronen, Zahnimplantate und künstliche Hüftgelenke werden aus Zirkonia hergestellt. Y-stabilisiertes ZrO_2 (d. h. Stabilisierung der kubischen Modifikation durch Y-Dotierung) setzt man in Brennstoffzellen und als Ionenleiter in Lambdasonden zur Messung der O_2-Fugazität ein. Andere Zr-Verbindungen dienen als Glasuren von Keramik und Gläsern.

Einkristalle von kubischem Zirkonia werden als Diamant-Imitation verschliffen, unterscheiden sich allerdings vom Diamant durch eine deutlich geringere Härte (8–8½) und Lichtbrechung ($n_D = 2,18$) sowie eine wesentlich schlechtere Wärmeleitung. Durch Dotierung mit unterschiedlichen Spurenelementen können zahlreiche Farbvarietäten von Zirkonia erzeugt werden.

Im Jahr 2020 betrug die weltweite Jahresproduktion von Zirkonium 1,4 Mt Zr. Hauptförderländer waren Australien (480 kt), Südafrika (320 kt), VR China (140 kt), Mosambik (125 kt), USA (<100 kt), Senegal (65 kt), und Indonesien (60 kt) (U.S. Geological Survey 2021).

Geochronologie Wegen seines U- und Th-Gehalts wird Zirkon schon seit Langem zur radiometrischen Altersbestimmung von magmatischen und metamorphen Gesteinen genutzt, insbesondere mit der U-Pb-Methode (▶ Abschn. 33.5.3). Die Datierung von Zirkonkörnern, die als Schwermineral in Sedimentgesteinen vorkommen, kann Altersinformationen über das Abtragungsgebiet liefern, aus dem die Zirkonpopulation stammt, und so wichtige Hinweise auf die Provenienz als auch das maximale Sedimentationsalter liefern. Wesentliche methodische Fortschritte in der Isotopenanalytik erlauben heute die Datierung von einzelnen Zirkon-Kristallen und sogar die ortsauflösende Altersbestimmung unterschiedlicher Wachstumsstadien in zonar gebauten Einzelkörnern (Harley und Kelly 2007).

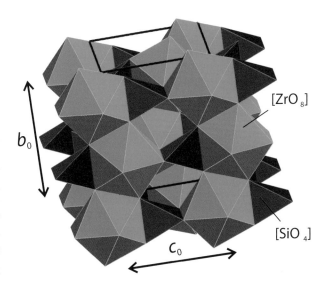

☐ **Abb. 11.7** Kristallstruktur von Zirkon, projiziert annähernd auf die Fläche (100): Kantenverknüpfte $[ZrO_8]$-Polyeder bilden Zickzack-Ketten, mit denen isolierte $[SiO_4]$-Tetraeder über Ecken und Kanten zu einem Gerüst verbunden sind

■ Granat-Gruppe

$$X^{2+}_{3}Y^{3+}_{2}[SiO_4]_3$$

In dieser Strukturformel sind in natürlichen Granaten die Positionen folgendermaßen besetzt:

- X^{2+} = Mg, Fe^{2+}, Mn^{2+}, Ca
- Y^{3+} = $Al^{[6]}$, Fe^{3+}, Cr^{3+}, V^{3+}

Endglieder der sogenannten *Pyralspit-Reihe* sind:

- Pyrop $Mg_3Al_2[SiO_4]_3$
- Almandin $Fe^{2+}_{3}Al_2[SiO_4]_3$
- Spessartin $Mn_3Al_2[SiO_4]_3$

Endglieder der sogenannten *Ugrandit-Reihe* sind:

- Uwarowit $Ca_3Cr_2[SiO_4]_3$
- Grossular $Ca_3Al_2[SiO_4]_3$
- Andradit $Ca_3Fe^{3+}_{2}[SiO_4]_3$

Darüber hinaus sind zahlreiche weitere Endglieder von Granat synthetisiert worden, die – wenn überhaupt – in der Natur nur eine sehr begrenzte Bedeutung besitzen, aber z. T. technisch wichtig sind.

Ausbildung Kristallklasse $4/m\bar{3}2/m$; gut ausgebildete Kristalle zeigen das Rhombendodekaeder {110}, seltener das Ikositetraeder {211} und deren Kombinationen (■ Abb. 11.8, 2.11), während Kombinationen mit {hkl}-Flächen selten sind. Gewöhnlich ist gesteinsbildender Granat mit Begleitmineralen verwachsen und bildet so gerundete Körner oder Kornaggregate. Zonarbau ist häufig.

Physikalische Eigenschaften	
Spaltbarkeit	bisweilen Teilbarkeit nach (110) angedeutet
Bruch	muschelig, spröde
Härte	6–7½ je nach der Zusammensetzung des Mischkristalls
Dichte	3,5 (Pyrop) – 4,3 (Almandin)

Physikalische Eigenschaften	
Farbe	mit der Zusammensetzung wechselnd; Pyrop-reicher Granat ist tiefrot, Almandin-reicher bräunlich rot, Spessartin-reicher gelblich- bis bräunlich rot, Grossular-reicher hell- bis gelbgrün, braun- bis rotgelb oder rot. Eine rötliche Grossular-Varietät wird als *Hessonit* bezeichnet (■ Abb. 11.31). Die intensiv grüne Varietät *Tsavorit* verdankt ihre Farbe Spuren von Cr^{3+} oder V^{3+}. *Andradit*-reicher Granat ist bräunlich bis schwarz, die Varietäten *Topazolith* und *Demantoid* sind gelblich grün. *Melanit,* ein Ti-haltiger Andradit, erscheint makroskopisch tiefschwarz, im Dünnschliff unter dem Mikroskop dunkelbraun durchscheinend. Der Cr^{3+}-haltige *Uwarowit* ist dunkel smaragdgrün
Glanz, Transparenz	Glas- bis Fettglanz, Demantoid zeigt Diamantglanz, kantendurchscheinend

Kristallstruktur Sie baut sich aus alternierenden, eckenverknüpften YO_6-Oktaedern und $[SiO_4]$-Tetraedern auf, die gewinkelte Ketten parallel zu den drei Würfelkanten der Einheitszelle bilden. Dadurch entsteht ein dreidimensionales Gerüst mit pseudokubischen Lücken, in denen die [8]-koordinierten X^{2+}-Kationen sitzen (■ Abb. 11.9).

Chemismus Innerhalb der Pyralspit-Reihe besteht lückenlose Mischbarkeit zwischen den Endgliedern Almandin–Pyrop und Almandin–Spessartin, innerhalb der Ugrandit-Reihe zwischen Grossular und Andradit. Pyralspit-Granate können bis zu 30 Mol-% Grossular + Andradit enthalten. Im Melanit erfolgt der Ladungsausgleich über den gekoppelten Ersatz $2Al^{3+[6]} \leftrightarrow Ti^{4+[6]}Fe^{2+[6]}$ oder $Al^{3+[6]}Si^{4+[4]} \leftrightarrow Ti^{4+[6]}Fe^{2+[4]}$. In diesem Fall kann Fe^{2+} das Si in der Tetraederposition teilweise ersetzen.

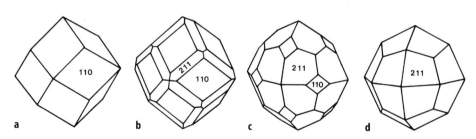

■ **Abb. 11.8**   Kristallformen von Granat: **a** einfaches Rhombendodekaeder {110}; **d** Ikositetraeder {211}; **b, c** Kombinationen beider Formen; **b** {110} dominierend; **c** {211} dominierend

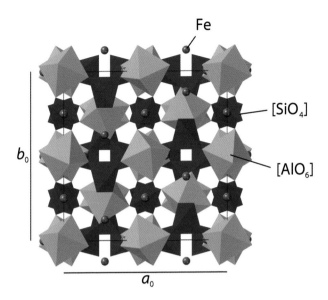

Fe

[SiO$_4$]

[AlO$_6$]

b_0

a_0

◻ **Abb. 11.9** Kristallstruktur von Almandin, projiziert auf (001); [SiO$_4$]-Tetraeder sind mit [AlO$_6$]-Oktaedern eckenverknüpft, während Fe in den großen hexaedrischen Lücken positioniert ist

Vorkommen Granate sind wichtige gesteinsbildende Minerale, vorzugsweise in unterschiedlichen metamorphen Gesteinen der Erdkruste, z. B. in Granat-Glimmerschiefer und in Granat-Peridotit des Oberen Erdmantels. Feldbefund und experimentelle Untersuchungen zeigen, dass die Bildung von wichtigen Gliedern der Granat-Gruppe durch hohen bis sehr hohen Druck begünstigt wird. Das gilt besonders für Pyrop-reichen Granat, der unter *P–T*-Bedingungen des Erdmantels gebildet wurde (▶ Abschn. 29.3.1). Demgegenüber ist Granat in Vulkaniten und Plutoniten selten. Beispiele hierfür sind *Melanit,* welcher bevorzugt in alkalibetonten magmatischen Gesteinen auftritt oder *Topazolith,* der ausschließlich als Kluftmineral in hydrothermalen Adern vorkommt. Schließlich findet man Granat auch in Sanden und daraus hervorgehenden Sandsteinen als Schwermineral angereichert.

Wirtschaftliche Bedeutung Schön farbige und klare Granate sind gelegentlich geschätzte Edelsteine (z. B. Galoisy 2013). Beispiele sind der Pyrop-reiche *böhmische Granat,* der aus Seifenlagerstätten bei Podsedice im Böhmischen Mittelgebirge (Tschechien) stammt sowie der sogenannte *Kaprubin,* der als Nebenprodukt in den Diamant-Minen Südafrikas gewonnen wird. Viel seltener ist der gelblichgrüne *Demantoid,* der wegen seines diamantähnlichen Glanzes besonders begehrt ist. Das gleiche gilt für die grüne Grossular-Varietät *Tsavorit,* die 1967 in Marmor des präkambrischen Mosambik-Gürtels im Grenzgebiet zwischen Tansania und Kenia entdeckt und nach dem Tsavo-Nationalpark benannt wurde. Auch der orange Spessartin von Ramona (San Diego County, Kalifornien) wird als Edelstein verschliffen (Rossman 2009). Synthetische Nichtsili-

kate mit Granatstruktur zeigen spezielle Eigenschaften, die ihnen ein weites Feld für magnetische und optische Zwecke, als Laserkristalle und Ionenleiter eröffnen (z. B. Baxter et al. 2013; Geiger 2013).

■ **Al$_2$SiO$_5$-Gruppe**

Die Kristallstrukturen der drei polymorphen Al$_2$SiO$_5$-Phasen Sillimanit, Al$^{[6]}$Al$^{[4]}$[O/SiO$_4$], Andalusit, Al$^{[6]}$Al$^{[5]}$[O/SiO$_4$], beide orthorhombisch, und Kyanit (Disthen), Al$^{[6]}$Al$^{[6]}$[O/SiO$_4$], triklin, sind aus Ketten von kantenverknüpften [AlO$_6$]-Oktaedern als gemeinsamem Strukturelement aufgebaut. Jedoch sind diese Ketten in unterschiedlicher Weise durch das zweite Al-Atom verknüpft, das dementsprechend unterschiedlich koordiniert ist. In der Sillimanitstruktur sind die Ketten alternierend durch isolierte [AlO$_4$]- und [SiO$_4$]-Tetraeder über Ecken verknüpft (◻ Abb. 11.10a), während bei Andalusit der Zusammenhalt über Paare von kantenverknüpften [AlO$_5$]-Polyedern erfolgt, die mit [SiO$_4$]-Tetraedern abwechseln (◻ Abb. 11.10b). Dichter gepackt ist dagegen die Kyanitstruktur, in der zwei Ketten von kantenverknüpften [AlO$_6$]-Oktaedern über Kanten zu Bändern parallel zu c verbunden sind. Seitlich anhängende [SiO$_4$]-Tetraeder halten benachbarte Bänder zusammen (◻ Abb. 11.10c). Durch diese strukturellen Unterschiede lassen sich die Spaltbarkeiten nach {010} beim Sillimanit, nach {110} beim Andalusit sowie nach {100} und {010} beim Kyanit erklären, außerdem die besonders ausgepägte Anisotropie der Härte bei Letzterem (◻ Abb. 1.20).
Die Stabilitätsbeziehungen der Al$_2$SiO$_5$-Minerale sind im *P–T*-Diagramm ◻ Abb. 27.2 dargestellt. Andalusit mit der geringsten Dichte ist auf den niedrigsten Druckbereich beschränkt. Bei Drucksteigerung bildet sich bei niedrigerer Temperatur Kyanit, bei höherer Temperatur hingegen Sillimanit. Alle drei Al$_2$SiO$_5$-Phasen können nur bei einer ganz bestimmten Druck-Temperatur-Kombination stabil miteinander koexistieren, am sogenannten Tripelpunkt bei etwa 4 kbar und 520 °C (Bohlen et al. 1991; Holdaway und Mukhopadhyay 1993). Je nachdem, welche der drei polymorphen Al$_2$SiO$_5$-Modifikationen in einem Gestein vorhanden ist, können die *P–T*-Bedingungen der Gesteinsmetamorphose bereits vom Handstück grob abgeschätzt werden.

■ **Sillimanit**
Al$^{[6]}$Al$^{[4]}$[O/SiO$_4$]

Ausbildung Kristallklasse 2/m2/m2/m, langprismatisch bis nadelförmig in metamorphen Gesteinen, als *Fibrolith* faserig und in Büscheln, verfilzten Aggregaten oder Knoten auftretend.

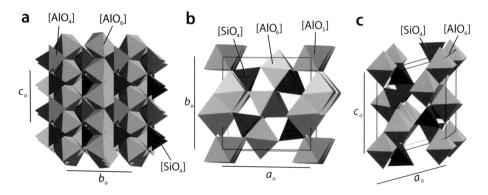

Abb. 11.10 Strukturen der Al-Silikate: **a** *Sillimanit* besteht aus Ketten von kantenverknüpften [AlO_6]-Oktaedern parallel zu c, die alternierend durch isolierte, eckenverknüpfte [AlO_4]-Tetraeder und [SiO_4]-Tetraeder verbunden sind. **b** Auch *Andalusit* besteht aus [AlO_6]-Oktaederketten entlang c, die über die Ecken abwechselnd von Paaren kantenverknüpfter [AlO_5]-Polyeder und isolierter [SiO_4]-Tetraeder zusammengehalten werden. **c** In der Struktur von *Kyanit* tritt das gesamte Al in Bändern kantenverknüpfter [AlO_6]-Oktaeder entlang c auf

Physikalische Eigenschaften	
Spaltbarkeit	(010) vollkommen, die Prismen zeigen Querabsonderung normal zu c
Härte	6½–7½
Dichte	3,2–3,25
Farbe	weiß, gelblich weiß, grau, bräunlich oder grünlich
Glanz	Glasglanz, faserige Aggregate mit Seidenglanz, durchsichtig bis durchscheinend

Chemismus Gewöhnlich mit geringen Gehalten an Fe^{3+}.

Vorkommen Charakteristischer Gemengteil in Al-reichen, d. h. ursprünglich tonigen, metamorph überprägten Sedimentgesteinen (Metapeliten) wie Glimmerschiefer, Paragneise und metapelitischen Granuliten, die bei Temperaturen über ~520 °C gebildet wurden.

■ **Andalusit**
$Al^{[6]}Al^{[5]}[O/SiO_4]$

Ausbildung Kristallklasse 2/m2/m2/m; idiomorphe, säulenförmige Kristalle mit vorherrschendem orthorhombischen Prisma {110} und Basalpinakoid {001} sind häufig; daneben können zusätzliche Prismen {101} und {011} beteiligt sein. In der Varietät *Chiastolith* ist kohliges Pigment in bestimmten Sektoren des Kristalls angereichert, wodurch im beinahe quadratischen, häufig gut zu erkennenden Querschnitt normal zu c ein dunkles Kreuz erscheint. Gesteinsbildender Andalusit kommt auch in strahligen oder körnigen Aggregaten vor. Oft ist Andalusit oberflächlich oder vollständig in feinschuppigen Hellglimmer umgewandelt, der dann Pseudomorphosen nach Andalusit bildet.

Physikalische Eigenschaften	
Spaltbarkeit	{110}, mitunter deutlich
Bruch	uneben, muschelig
Härte	6½–7½
Dichte	3,15, z. T. höher in Abhängigkeit vom Fe_2O_3- und Mn_2O_3-Gehalt
Farbe	grau, rötlich, dunkelrosa oder bräunlich
Glanz, Transparenz	Glasglanz; durchsichtig bis undurchsichtig

Chemismus Häufig ist Al durch beachtliche Mengen an Fe^{3+} und Mn^{3+} ersetzt. *Viridin* ist ein besonders Mn^{3+}-, Fe^{3+}-reicher Andalusit mit bis zu 19,6 Gew.-% Mn_2O_3 und 4,8 Gew.-% Fe_2O_3 (Deer et al. 2013).

Vorkommen Gesteinsbildender Andalusit ist bei Drücken <4 kbar stabil und kommt in metamorph überprägten Al-reichen Sedimentgesteinen (Metapeliten) vor, insbesondere in regionalmetamorphen Glimmerschiefern, stellenweise in Verwachsung mit Quarz. In Kontaktaureolen, in denen kohlenstoffhaltige Tonschiefer thermisch überprägt wurden, bildet die Varietät Chiastolith säulenförmige Kristalle. Darüber hinaus kann Andalusit in Al-reichen magmatischen Gesteinen wie Rhyolith, Granit, Aplit und Pegmatit, aber auch in Migmatiten vorkommen (Clarke et al. 2005).

■ **Kyanit (Disthen)**
$Al^{[6]}Al^{[6]}[O/SiO_4]$

Ausbildung Kristallklasse $\bar{1}$, breitstengelig nach c mit gut ausgebildetem Pinakoid {100}, diese Fläche ist oft flachwellig gekrümmt und quergestreift; daneben kommen die Pinakoide {010}, {110}, {1$\bar{1}$0} vor, seltener {001}.

Verbreitet Zwillingsbildung nach (100), eingewachsen in metamorphen Gesteinen.

Physikalische Eigenschaften	
Spaltbarkeit, Bruch	(100) vollkommen, (010) deutlich, Absonderung nach {001}; Translation entlang a führt zu einer auffälligen Wellung auf {100} oder zu faserigem Bruch nach {001}
Härte	Kyanit ist berühmt wegen seiner extremen Anisotropie der Mohs-Härte auf {100}. Diese ist 4–4½ entlang c, aber 6–7 normal zu c. Daraus leitet sich der alte Name Disthen ab (grch. δίς = doppelt; σθένος = Festigkeit; ◘ Abb. 1.20)
Dichte	3,7, d. h deutlich höher als bei Andalusit und Sillimanit
Farbe	der Name Kyanit (grch. κύανος = blau) leitet sich von seiner blauen Farbe ab, die unterschiedlich intensiv sein kann; auch blauviolett, grünlich blau, grün, grau oder weiß möglich
Glanz, Transparenz	Glasglanz, Perlmuttglanz auf {100}; kantendurchscheinend

Chemismus Al kann durch geringe Mengen an Fe^{3+} und Cr^{3+} ersetzt werden.

Vorkommen Kyanit ist ein typischer Gemengteil in metamorph überprägten Sedimentgesteinen mit hohem Al-Gehalt (Metapeliten) wie Glimmerschiefern, Paragneisen und metapelitischen Granuliten (◘ Abb. 26.12a, b), kommt aber auch in manchen Eklogiten vor. Schöne Kristalle treten zusammen mit Quarz in Segregationsadern auf (◘ Abb. 11.11). Im Vergleich zu Andalusit und Sillimanit ist Kyanit unter höheren Drücken und/oder niedrigeren Temperaturen stabil (◘ Abb. 27.2). Als Schwermineral findet man Kyanit in Sanden und Sandsteinen.

Bedeutung als mineralische Rohstoffe Sillimanit, Andalusit und Kyanit sind ganz spezielle Rohstoffe zur Erzeugung von hochfeuerfesten Werkstoffen, wie Tonerdesteine mit 55–60 % Al_2O_3, Spezialkeramiken für Porzellane, Installationszubehör, Geschirre, elektrische Isolatoren und Schleifmittel. In seltenen Fällen werden Kyanit und Andalusit als Edelsteine verschliffen.

■ **Mullit**

Etwa $Al^{[6]}Al^{[4]}_{1,2}[O/Si_{0,8}O_{3,9}]$

Mullit bildet eine lückenlose Mischkristallreihe mit variablem Al:Si-Verhältnis meist zwischen 5:2 und 4:1. In der Natur kommt Mullit zusammen mit Cordierit in hochgradig kontaktmetamorph überprägten Tonsteinen vor (▸ Abschn. 28.3.7); Typlokalität ist die Seabank-Villa auf der Insel Mull (Schottland). Künstlicher Mullit ist ein Hauptbestandteil von Porzellan und feuerfester Keramik (▸ Abschn. 11.5.7).

◘ **Abb. 11.11** Kyanit auf Quarz, Minas Gerais, Brasilien; Länge des größeren Kristalls ca. 10 cm; Mineralogisches Museum der Universität Würzburg

■ **Topas**

$Al_2[F_2/SiO_4]$

Ausbildung Kristallklasse 2/m2/m2/m, von wohlausgebildeten flächenreichen Kristallen mit unterschiedlichem Habitus sind mehr als 140 verschiedene Kristallformen beschrieben. Meist herrschen das längsgestreifte Vertikalprisma {110}, aber auch {120} und {130} vor, außerdem die Prismen {011}, {021} und {041}, rhombische Dipyramiden {112} und {113} sowie das Basispinakoid {001} (◘ Abb. 11.12). Gesteinsbildender Topas mit gedrungenem oder stängeligem Habitus (Varietät *Pyknit*) bildet körnige Aggregate.

Physikalische Eigenschaften	
Spaltbarkeit	(001) vollkommen
Bruch	muschelig
Härte	8 (Standardmineral der Mohs'schen Härteskala)
Dichte	3,5
Farbe	farblos, hellgelb, weingelb, meerblau, grünlich oder rosa ("Imperial Topaz")
Glanz, Transparenz	Glasglanz, klar durchsichtig bis durchscheinend

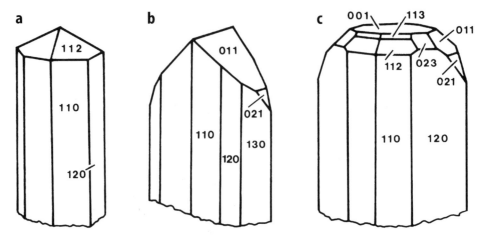

Abb. 11.12   Unterschiedliche Flächenkombinationen bei Topas

Struktur   Die Kristallstruktur von Topas kann als eine dichte Packung der Anionen O^{2-} und F^- beschrieben werden, in der tetraedrische Lücken durch $Si^{[4]}$ und oktaedrische Lücken durch $Al^{[6]}$ gefüllt sind. Wie in ☐ Abb. 11.13 ersichtlich, sind Zweiergruppen aus kantenverknüpften $[AlO_4F_2]$-Oktaedern über Ecken mit isolierten $[SiO_4]$-Tetraedern zu einem dreidimensionalen Gerüst verbunden.

Chemismus   Meist nahe der idealen Formelbesetzung, höchstens mit Spuren von Fe^{3+}, Fe^{2+}, Mg^{2+} und Ca^{2+}. F^- kann bis zu einem gewissen Grad durch $(OH)^-$ ersetzt sein, aber nur selten zu mehr als 50 %.

Vorkommen   Topas ist ein typisches Mineral in hoch-temperierten hydrothermalen Verdrängungs-Lagerstätten, sog. *Greisen,* meist zusammen mit Kassiterit, SnO_2, z. T. auch als Drusenfüllung. Große Topas-Kristalle, teilweise von Edelsteinqualität, treten in granitischen Pegmatiten auf. Wegen seiner großen Härte und chemischen Stabilität kann Topas auch als Schwermineral in Edelsteinseifen angereichert sein.

Wirtschaftliche Bedeutung   Einschlussfreier, wasserklar durchsichtiger Topas in unterschiedlichen Farben ist wegen seines relativ hohen Glanzes als Edelstein geschätzt (*Edeltopas* der Juweliere).

■   **Staurolith**

$Fe_2Al_9[O_6(O,OH)_2/(SiO_4)_4]$

Ausbildung   Kristallklasse 2/m; wohlausgebildete prismatische Kristalle sind häufig. Sie zeigen meist einfache Formen mit vorherrschendem Vertikalprisma {110} und Pinakoid {010}, kombiniert mit untergeordnetem {101}-Prisma und {001}-Pinakoid (☐ Abb. 11.14a, 11.15, 2.11). Häufig treten charakteristische Durchkreuzungszwillinge auf, von denen sich der Name Staurolith ableitet (grch. σταυρός = Kreuz, λίθος = Stein), mit

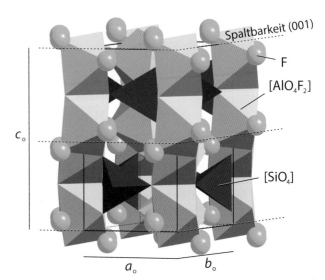

Abb. 11.13   Kristallstruktur von Topas, Projektion auf (010); Zweiergruppen von kantenverknüpften $[AlO_4F_2]$-Oktaedern werden über die Ecken mit isolierten $[SiO_4]$-Tetraedern zu einem dreidimensionalen Gerüst verbunden. Die vollkommene Spaltbarkeit nach {001} (gestrichelte Linien) durchschneidet nur Al-O- und Al-F-Bindungen

fast rechtwinkliger Durchkreuzung nach {032} (☐ Abb. 11.14b) oder mit einem Durchkreuzungswinkel von ~60° nach {232} (☐ Abb. 11.14c, 11.15).

Ein drittes Zwillingsgesetz mit der Zwillingsebene {202} wurde durch Nespolo und Moëlo (2019) an einem Staurolith von Coray in der Bretagne entdeckt.

Physikalische Eigenschaften	
Spaltbarkeit	(010) bisweilen deutlich
Bruch	uneben, muschelig
Härte	7–7½
Dichte	3,7–3,8
Farbe	gelbbraun, braun bis schwarzbraun, auch rotbraun

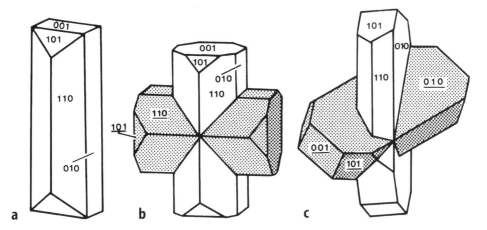

Abb. 11.14 Kristallformen von Staurolith: **a** Einkristall mit monoklinen Prismen {110} (vorherrschend) und {101} (untergeordnet) sowie den Pinakoiden {010} und {001}; **b, c** Durchkreuzungszwillinge nach {032} und {232} mit Winkeln von 90° bzw. ~60°

Physikalische Eigenschaften	
Glanz	Glasglanz, matt auf Bruchflächen, kantendurchscheinend bis undurchsichtig
Weitere Eigenschaft	oft enthalten die Kristalle zahlreiche Einschlüsse, besonders von Quarz

Kristallstruktur Die relativ komplizierte Kristallstruktur besitzt eine annähernd kubisch dichteste Kugelpackung, in der Al oktaedrisch, Si und – ungewöhnlich! – auch Fe^{2+} tetraedrisch koordiniert sind. Sehr vereinfacht lässt sich die Struktur durch 8 Einheiten der Kyanitstruktur mit abwechselnd zwischengelagerten $Fe_2AlO_3(OH)$-Schichten parallel zu (100) beschreiben. Die nicht selten auftretenden Parallelverwachsungen zwischen Staurolith (010) und Kyanit (100) mit gemeinsamer c-Achse sind auf diese Weise erklärbar.

Chemismus In der oben gegebenen Idealformel kann Fe^{2+} bis zu einigen Prozent durch Mg^{2+}, Mn^{2+} oder Zn^{2+} ersetzt werden, Al^{3+} durch etwas Fe^{3+} oder Ti^{4+}.

Vorkommen Staurolith ist ein typischer Gemengteil von Fe- und Al-reichen Sedimentgesteinen, die bei mittleren *P-T*-Bedingungen metamorph überprägt wurden. In solchen Metapeliten koexistiert er gewöhnlich mit Almandin-betontem Granat, Biotit, Muscovit und Kyanit. Staurolith kann auch als Schwermineral in Sanden und Sandsteinen vorkommen.

- **Chloritoid**

(Fe,Mg,Mn)Al₂[O/(OH)₂/SiO₄]

Ausbildung Kristallklasse 2/m oder $\bar{1}$, sechsseitige Tafeln, mit sehr wenigen Kristallflächen, als isolierte Kristalle oder in radialstrahligen Aggregaten; typisch sind lamellare Zwillinge nach {001}.

Abb. 11.15 Staurolithkristalle in Glimmerschiefer bilden Durchkreuzungszwillinge nach {232} mit einem Winkel von ~60°; die Flächen {010} und {110} herrschen vor; Keivy, Kola-Halbinsel, Russland; Bildbreite ca. 6 cm; Mineralogisches Museum der Universität Würzburg

Physik*lische Eigenschaften	
Spaltbarkeit	(001) vollkommen, (110) mäßig, Teilbarkeit nach (010)
Härte	6½
Dichte	3,45–3,8
Farbe	dunkelgrün bis schwarz, in dünnen Plättchen grasgrün
Glanz	Glasglanz, auf Spaltflächen Perlglanz, durchscheinend

Kristallstruktur Dicht gepackte Oktaederschichten, die aus $Al(O,OH)_6$- und $Fe(O,OH)_6$-Gruppen bestehen, wechsellagern parallel zu (001) und werden durch isolierte $[SiO_4]$-Tetraeder verknüpft.

Chemismus Al kann teilweise durch Fe^{3+} ersetzt werden, ferner Fe^{2+} durch Mg^{2+} oder Mn^{2+}; bei höheren Metamorphose-Drücken bildet sich *Mg-Chloritoid*. *Ottrelith* ist ein Mn-reicher Chloritoid.

Vorkommen Ähnlich wie Staurolith ist Chloritoid ein charakteristischer Gemengteil Fe- und Al-reicher Metapelite, entsteht jedoch bei niedrigeren Metamorphose-Temperaturen als Staurolith.

■ **Titanit**
CaTi[O/SiO₄]

Ausbildung Kristallklasse 2/m, wohlausgebildete Kristalle treten häufig auf, besonders in magmatischen Gesteinen. Sie zeigen tafeligen, prismatischen oder keilförmigen Habitus mit monoklinem Prisma {111} in Kombination mit den Pinakoiden {100}, {001} und {102}, wodurch eine Briefkuvert-ähnliche Form entsteht (◘ Abb. 11.16). Solche Kristalle werden auch *Sphen* genannt (grch. σφήν = Keil). Einfache Zwillinge nach {100} sind häufig; seltener beobachtet man Zwillingslamellen nach {211}.

Physikalische Eigenschaften	
Spaltbarkeit	(110) gut, auch (111), bisweilen deutlich
Bruch	muschelig, spröde
Härte	5–5½
Dichte	3,4–3,6
Farbe	gelbgrün bis grün in der Varietät Sphen alpiner Klüfte, sonst hell- bis dunkelbraun
Glanz	starker Harz- bis Glasglanz; durchscheinend bis durchsichtig

Kristallstruktur Ketten von eckenverknüpften $[TiO_6]$-Oktaedern sind mit isolierten $[SiO_4]$-Tetraedern

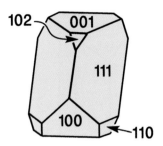

◘ **Abb. 11.16** Kristallform von Titanit mit typisch keilförmigem Habitus; Kombination des vorherrschenden monoklinen Prismas {111} mit den Pinakoiden {100}, {001} und {102} sowie dem untergeordneten Prisma {110}

zu einem dreidimensionalen Gerüst verbunden, in dessen Lücken $[CaO_7]$-Polyeder eingepasst sind.

Chemismus Ca kann diadoch durch Y (bis hin zum *Yttrotitanit*), Ce und anderen Seltenen Erdelementen, Ti durch Al, Fe^{3+}, Nb und Ta ersetzt werden, wobei der Ladungsausgleich nach dem Schema $Ti^{4+} + O^{2-} \leftrightarrow (Al, Fe^{3+}) + (F, OH)^-$ oder $Ti^{4+} + Ca^{2+} \leftrightarrow (Nb^{5+}, Ta^{5+}) + Na^+$ erfolgt.

Vorkommen Verbreiteter akzessorischer Gemengteil in Magmatiten, besonders in Diorit, Syenit und Nephelinsyenit, aber auch in Metamorphiten, besonders in Amphibolit und Kalksilikatgesteinen. Die Varietät *Sphen* kommt zusammen mit Adular, Albit und Epidot in tieftemperierten hydrothermalen Kluftfüllungen vor. In Sedimentgesteinen kann Titanit als Schwermineral, aber auch als authigene Neubildung auftreten. *Malayit,* das Sn-Analog von Titanit, entsteht in Skarnerz-Lagerstätten (▶ Abschn. 23.2.6).

Wirtschaftliche Bedeutung Gelegentlich wird klar durchsichtiger Titanit als Edelstein verschliffen.

11.2 Gruppensilikate (Sorosilikate)

◘ Tab. 11.2 führt wichtige Gruppensilikate auf.

11.2.1 Melilith-Reihe

■ **Gehlenit**
$Ca_2Al^{[4]}[Al^{[4]}SiO_7]$

■ **Åkermanit**
$Ca_2Mg^{[4]}[Si_2O_7]$

Ausbildung Kristallklasse $\bar{4}2m$, kurzsäulige, dicktafelige oder quaderartige Kristalle, im Gestein eingewachsen oder in Hohlräumen aufgewachsen.

◘ Tab. 11.2 Wichtige Gruppensilikate

Mineral	Formel	Kristallklasse
Melilith		
– Gehlenit	$Ca_2Al^{[4]}[Al^{[4]}SiO_7]$	$\bar{4}2m$
– Åkermanit	$Ca_2Mg^{[4]} \cdot [Si_2O_7]$	$\bar{4}2m$
Lawsonit	$CaAl_2[(OH)_2/\ Si_2O_7] \cdot H_2O$	2/m2/m2/m
Zoisit	$Ca_2Al_3[O/OH/SiO_4/\ Si_2O_7]$	2/m2/m2/m
Klinozoisit	$Ca_2Al_3[O/OH/SiO_4/\ Si_2O_7]$	2/m
Epidot	$Ca_2Al_2(Fe^{3+},Al)[O/OH/\ SiO_4/Si_2O_7]$	2/m
Vesuvian	$Ca_{19}Al_{10}(Mg,Fe)_3[\ (OH)_{10}/(SiO_4)_{10}/(Si_2O_7)_4]$	4/m2/m2/m

Physikalische Eigenschaften	
Spaltbarkeit	(001) oft deutlich, gelegentlich (110) schlecht
Härte	5–6
Dichte	meist 2,95 (Åkermanit) – 3,05 (Gehlenit)
Farbe	farblos, häufiger gelb (grch. μέλι = Honig), braun oder graugrün
Glanz	auf frischem Bruch Fettglanz

Chemismus Lückenlose Mischkristallreihe zwischen den beiden Endgliedern durch die gekoppelte Substitution $Al^{3+}Al^{3+} \leftrightarrow Mg^{2+}Si^{4+}$; diadocher Einbau von Na für Ca führt zum Endglied *Alumoåkermanit* $(CaNa)_2(Al,Mg,Fe^{2+})[Si_2O_7]$, während die theoretischen Endglieder *Eisen-Åkermanit* $Ca_2[Fe^{2+}Si_2O_7]$ und *Eisen-Gehlenit* $Ca_2[Fe^{3+}_2SiO_7]$ durch den Einbau von Fe^{2+} für Mg bzw. von Fe^{3+} für Al zustande kommen.

Kristallstruktur In der Melilith-Struktur sind Si, Al und ungewöhnlicherweise Mg tetraedrisch mit Sauerstoff koordiniert. Die $[SiO_4]$- und $[AlO_4]$-Tetraeder (T2) sind untereinander über Ecken zu $[Si_2O_7]$- und $[AlSiO_7]$-Gruppen verknüpft, die mit einem weiteren Typ von $[AlO_4]$- und $[MgO_4]$-Tetraedern (T1) zu gewellten Schichten parallel zu {001} verbunden sind. Diese werden durch Ca–O-Bindungen miteinander verknüpft, wobei Ca gegenüber O in [8]-Koordination auftritt.

Vorkommen Melilith kommt in Ca-reichen, stark Si-untersättigten vulkanischen Gesteinen wie Melilith-Nephelinit, Melilith-Basalt oder Melilithit sowie in Karbonatiten vor. Gehlenit und Åkermanit bilden sich auch bei der Kontaktmetamorphose von Kalksteinen.

Wirtschaftliche Bedeutung Als technisches Produkt ist Melilith (insbesondere Åkermanit) Bestandteil von Hüttenschlacken und Zementklinkern. In synthetischen Kristallen mit Melilith-Struktur können bei niedrigen Temperaturen ferroelektrische und magnetische Ordnungsvorgänge simultan ablaufen. Dadurch entstehen spezielle optische Eigenschaften, die von großem technischem Interesse sind.

▪ Lawsonit
$CaAl_2[(OH)_2/Si_2O_7] \cdot H_2O$

Ausbildung Kristallklasse 2/m2/m2/m; da Lawsonit allgemein gesteinsbildend auftritt, ist er meist mit koexistierenden Mineralen verwachsen und zeigt daher höchstens einfache Kristallformen mit tafeligem Habitus nach dem Pinakoid {010}, z. T. in Kombination mit dem rhombischen Prisma {101} und den Pinakoiden {100} und/oder {001} (◘ Abb. 11.17a), gelegentlich auch nach b gestreckt.

Physikalische Eigenschaften	
Spaltbarkeit	(010) vollkommen, (100) gut, (101) unvollkommen, spröd
Härte	6
Dichte	3,05–3,1
Farbe	farblos, weiß oder graublau
Glanz	Glas- bis Fettglanz; durchscheinend

Kristallstruktur Die Lawsonitstruktur besteht aus Ketten von $[Al(O,OH)_6]$-Oktaedern entlang b, die jeweils parallel zu c mit $[Si_2O_7]$-Gruppen eckenverknüpft sind. Dabei entsteht ein dreidimensionales Gerüst mit großen Lücken, in denen Ca^{2+}-Kationen und H_2O-Moleküle positioniert sind.

Chemismus Die chemische Zusammensetzung entspricht weitgehend der obigen Mineralformel.

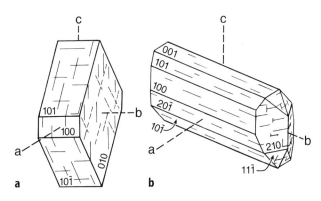

◘ Abb. 11.17 Flächenkombinationen **a** bei Lawsonit, **b** bei Epidot

Vorkommen Als charakteristisches Mineral der niedriggradigen Hochdruckmetamorphose tritt Lawsonit in Blauschiefer und Metagrauwacke auf (▶ Abschn. 28.3.8).

■ **Zoisit**

$$Ca_2Al_3[O/OH/SiO_4/Si_2O_7]$$

Ausbildung Kristallklasse 2/m2/m2/m, nach b gestreckt oder isometrisch; gesteinsbildender Zoisit ist gewöhnlich mit koexistierenden Mineralen verwachsen; er bildet stängelige, faserige oder spätige Aggregate oder tritt in derben Massen auf. Gut ausgebildete Kristalle sind oft verbogen, geknickt oder zerbrochen.

Physikalische Eigenschaften	
Spaltbarkeit	{100} vollkommen, {001} unvollkommen
Härte	6–7
Dichte	3,15–3,35
Farbe	grau, graubraun, grünlich; die Mn-haltige Varietät *Thulit* ist rosa; Tansanit ist durch Spuren von V^{3+} und Ti^{4+} tiefblau
Glanz	Glasglanz, auf {100} z. T. Perlmuttglanz, durchscheinend bis durchsichtig

Kristallstruktur Ähnlich der von Epidot.

Chemismus Nur geringer Einbau von Fe^{3+}, Mn^{3+}, V^{3+} und/oder Ti^{4+}.

Vorkommen Zoisit tritt als Nebengemengteil in metamorphen Gesteinen auf, so in Grünschiefer, Blauschiefer, Amphibolit und Eklogit. Er bildet sich, zusammen mit Albit und Epidot, durch die Hydratisierung von Ca-reichem Plagioklas im Zuge retrograder Metamorphose oder hydrothermaler Alteration.

Tansanit, der „Edelstein des 20. Jahrhunderts", wird seit 1969 im Gebiet von Mererani nahe Arusha (Tansania) gewonnen, wo er zusammen mit anderen Edelsteinen in einem ca. 585 Ma alten Kyanit-Graphit-Gneis vorkommt. Der größte Einkristall, der bislang gefunden wurde, maß 22 × 8 × 7 cm und wog 3,36 kg (Weiss et al. 2015). Tansanit erlangte wegen seiner tiefblauen Farbe Berühmtheit. Viele der intensiv gefärbten Steine sind jedoch wärmebehandelt!

■ **Epidot**

$$Ca_2(Fe^{3+},Al)Al_2[O/OH/SiO_4/Si_2O_7]$$

Ausbildung Kristallklasse 2/m; gut ausgebildete Kristalle sind nach b gestreckt und zeigen in der Zone [010] zahlreiche Kristallflächen, so die Pinakoide {001}, {101}, {100} und {201}, seitlich begrenzt durch die Vertikalprismen {110} und {210} sowie weitere Flächen (◘ Abb. 11.17b). Lamellare Zwillinge nach (100) sind selten. Gewöhnlich bildet Epidot körnige, stängelige

oder büschelige Aggregate oder ist mit anderen gesteinsbildenden Mineralen verwachsen.

Physikalische Eigenschaften	
Spaltbarkeit	(001) sehr gut, (100) weniger gut
Bruch	uneben bis muschelig
Härte	6–7
Dichte	3,3–3,5, mit dem Fe-Gehalt zunehmend
Farbe	gelbgrün bis olivgrün, Fe-reicher Epidot (auch *Pistazit* genannt) ist schwarzgrün, die Fe-arme Varietät *Klinozoisit* grau, der Mn-reiche *Piemontit* rosa und der Cer-Epidot *Allanit (Orthit)* pechschwarz
Glanz, Transparenz	starker Glasglanz auf den Kristallflächen, kantendurchscheinend bis durchsichtig

Kristallstruktur Drei verschiedene, kantenverknüpfte Oktaeder-Gruppen $[(Al,Fe^{3+})O_6]$ bilden Ketten entlang der b-Achse, von denen die M1-M3-Ketten gewinkelt, die M2-Ketten gerade sind (◘ Abb. 11.18b, c). Diese Ketten sind mit inselförmigen $[SiO_4]$-Tetraedern und isolierten $[Si_2O_7]$-Gruppen zu einem dreidimensionalen Gerüst verbunden. In den unterschiedlich geformten Lücken A1 und A2 stecken die großen, [8]-koordinierten Ca^{2+}-Kationen (◘ Abb. 11.18a), wobei die Ca–O-Abstände verschieden lang sind.

Chemismus „Epidot" ist Gruppenname für die vollständige Mischkristallreihe zwischen den (theoretischen) Endgliedern *Klinozoisit* (mit $Al:Fe^{3+} = 3:0$) und Epidot (mit $Al:Fe^{3+} = 2:1$). Im Klinozoisit-Endglied sind also alle Oktaederpositionen mit Al besetzt, während im Epidot-Endglied die M3-Position Fe^{3+} enthält. Mischkristalle mit <40 Mol-% Epidot-Endglied werden als *Klinozoisit,* solche mit >40 Mol-% Epidot-Endglied als *Epidot* bezeichnet. Der Name „*Pistazit*" für Fe-reichen Epidot ist international nicht mehr gebräuchlich und sollte besser vermieden werden. Beim theoretischen Ferriepidot-Endglied (mit $Al:Fe^{3+} = 1:2$) befindet sich Fe^{3+} auf den M1- und M3-Plätzen. Zusätzlich bestehen zahlreiche weitere Möglichkeiten für den Einbau fremder Kationen mit passendem Ionenradius (Armbruster et al. 2006). So wird beim *Piemontit* (H 6, D 3,4–3,6) das Al auf der M3-Position durch Mn^{3+} ersetzt.

Weitere mögliche Fremdionen sind V^{3+} auf M1 und Fe^{3+} auf M3 beim *Vanadoepidot,* V^{3+} auf M3 beim *Mukhinit,* Cr^{3+} auf M3 beim *Tawmawit,* Cr^{3+} auf M1 und M3 beim *Chromotawmawit* sowie Mn^{3+} auf M1 und M3 beim *Manganipiemontit.*

Die großen Lücken in der Epidotstruktur mit den Positionen A1 und A2 sind bei den meisten Vertretern der Epidot-Gruppe mit Ca^{2+} besetzt. Dieses kann teilweise durch Sr^{2+} und Pb^{2+} auf A2 oder durch Mn^{2+} auf A1 ersetzt werden. Beim *Allanit* (Orthit) werden auf der A2-Position Ce^{3+} und andere dreiwertige Sel-

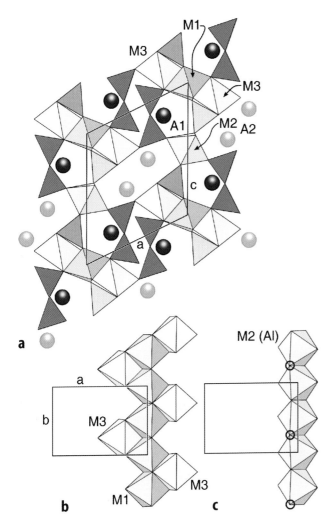

a

b

c

□ Abb. 11.18 Struktur von Klinozoisit; **a** Projektion auf (010). Kantenverknüpfte [(Al,Fe³⁺)O₆]-Oktaeder (gelb) bilden Ketten entlang der b-Achse, wobei die Ketten aus M1- und M3-Oktaedern (**b**) gewinkelt, diejenigen aus M2-Oktaedern (**c**) gerade sind *(kleine offene Kreise:* H⁺-Ionen). Diese Ketten werden durch isolierte [SiO₄]-Tetraeder *(blau)* und [Si₂O₇]-Gruppen *(rot)* zu einem Gerüst (**a**) verbunden, in dessen A1- und A2-Lücken das große Ca²⁺-Ion sitzt *(große blaue Kugeln)*; nach Armbruster et al. (2006)

tene Erdelemente, aber auch U und Th anstelle von Ca^{2+} eingebaut. Der Ladungsausgleich erfolgt über einen gekoppelten Ersatz $Ca^{2+}Al^{3+} \rightleftharpoons Ce^{3+}Fe^{2+}$, bei dem Al^{3+} gegen Fe^{2+} auf der M3-Position ausgetauscht wird. Ähnlich wie in Zirkon (s. ▶ Abschn. 11.1) wird die Allanitstruktur durch den radioaktiven Zerfall von U und Th mehr oder weniger stark strahlengeschädigt oder auch völlig zerstört. Einige dieser *metamikten Allanit*-Körner sind optisch isotrop; ihre Dichte kann vom Maximalwert 4,2 auf 2,8, ihre Härte von 6½ auf 5 absinken (Deer et al. 2013).

Auch bei Allanit gibt es weitere gekoppelte Substitutionsmöglichkeiten durch Mg^{2+} und Mn^{2+} auf M3, z. T. kombiniert mit Mn^{3+}, Fe^{3+}, V^{3+} und/oder Cr^{3+} oder auch Mg^{2+}, Fe^{2+} und/oder Mn^{2+} auf M1.

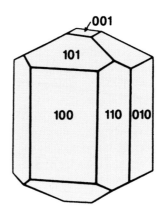

□ Abb. 11.19 Flächenkombinationen bei Vesuvian: Tetragonale Prismen {100} und {110}, tetragonale Dipyramide {101} und Basispinakoid {001}

Vorkommen Epidot ist ein verbreiteter Gemengteil in metamorphen Gesteinen, z. B. in Grünschiefer, Epidot-Amphibolit und Blauschiefer. Daneben kommt er auch in intermediären Plutoniten wie Tonalit, Trondhjemit, Granodiorit und Monzogranit sowie in Vulkaniten wie Dacit und Rhyodacit vor. Als Zersetzungsprodukt von Ca-reichem Plagioklas *(„Saussurit")* bildet er sich in magmatischen Gesteinen zusammen mit Albit und Zoisit. Sehr gut ausgebildete, flächenreiche Kristalle von Epidot kommen lokal als Kluftfüllungen vor.

▪ **Vesuvian**

$$Ca_{19}Al_{10}(Mg,Fe)_3[(OH,F)_{10}/(SiO_4)_{10}/(Si_2O_7)_4]$$

Ausbildung Kristallklasse 4/m2/m2/m; gut ausgebildete Kristalle sind in vielen Fällen sehr flächenreich, meist kurzprismatisch, seltener auch stängelig, nadelig (Varietät *Egeran*) oder tafelig ausgebildet, mitunter auf Prismenflächen entlang c gestreift. Gängige Kristallformen sind tetragonale Prismen {100} und {110}, ditetragonales Prisma {210}, tetragonale Dipyramide {101} und Basispinakoid {001} (**□** Abb. 11.19). Gesteinsbildender Vesuvian tritt in körnigen Aggregaten auf.

Physikalische Eigenschaften	
Spaltbarkeit	nach (100) kaum erkennbar
Bruch	muschelig-splittrig
Härte	6–7
Dichte	3,3–3,35, abhängig vom Chemismus
Farbe	am häufigsten verschiedene Gelb-, Braun- oder Grüntöne, seltener rötlich oder bläulich
Glanz, Transparenz	Glas- bis Fettglanz, an Kanten oft durchscheinend

Kristallstruktur Die komplizierte Struktur enthält inselförmige $[SiO_4]^{4-}$-Tetraeder und isolierte $[Si_2O_7]^{6-}$-Gruppen. Kantenverknüpfte Oktaeder bilden zentrosymmetrische Gruppen $(Al,Mg)O_5OH$–$AlO_4(OH)_2$–$(Al,Mg)O_5OH$, während Ca und Fe in Kanälen parallel zu c liegen.

Chemismus Die Vesuvianstruktur kann eine Fülle weiterer Nebenelemente einbauen, so die Alkalien Li, Na, K, ferner Mn, Be, Pb, Sn, Ti, Cr, Ce und andere Seltene Erdelemente, B, H_2O, F, teilweise bis zu einigen Gew.-%.

Vorkommen Gesteinsbildender Vesuvian tritt in kontaktmetamorphen Marmoren und Kalksilikatgesteinen auf, ferner in vulkanischen Auswürflingen, z. B. in der Typlokalität Vesuv (Italien), sowie als Kluftmineral.

11.3 Ringsilikate (Cyclosilicate)

◻ Tab. 11.3 zeigt die wichtigsten Ringsilikate.

■ **Beryll**

$Al_2Be_3[Si_6O_{18}]$

Ausbildung Kristallklasse 6/m2/m2/m, z. T. gut ausgebildete, aber relativ einfache Kristalle mit hexagonalem Prisma $\{10\bar{1}0\}$ und Basispinakoid $\{0001\}$ sind verbreitet (◻ Abb. 11.20, 11.21a), z. T. in Kombination mit hexagonalen Dipyramiden $\{10\bar{1}1\}$ und $\{11\bar{2}1\}$ (◻ Abb. 11.21b); selten sind dihexagonale Dipyramiden, z. B. $\{12\bar{3}2\}$. Riesige Kristalle bis zu 18 m Länge, 3,5 m Durchmesser und 380 t Gewicht wurden aus Pegmatitvorkommen beschrieben (Rickwood 1981). Kleinere, aber wasserklare Kristalle, die zusätzliche (di)hexagonale Dipyramiden verschiedener Stellung und Steilheit führen, kommen in Drusen vor.

Physikalische Eigenschaften	
Spaltbarkeit	(0001) unvollkommen
Bruch	uneben bis muschelig, splittrig
Härte	7½–8
Dichte	2,7–2,9

Nach Farbe, Glanz und Durchsichtigkeit unterscheidet man folgende Varietäten:

– *Gemeiner Beryll:* gelblich bis grünlich; trübe, höchstens kantendurchscheinend; Kristallflächen sind fast glanzlos.

– *Aquamarin:* durch Fe^{2+} in den Hohlkanälen der Kristallstruktur meergrün über blaugrün bis blau (◻ Abb. 11.20), in weniger guter Qualität auch blassblau; wasserhell durchsichtig; auf Kristallflächen Glasglanz; mitunter in relativ großen Kristallen.

◻ **Tab. 11.3** Die wichtigsten Ringsilikate

Mineral	Formel	Kristallklasse
Beryll	$Al_2Be_3[Si_6O_{18}]$	6/m2/m2/m
Cordierit	$(Mg,Fe^{2+})_2[Al_4Si_5O_{18}]$	2/m2/m2/m
Dioptas	$Cu_6[Si_6O_{18}]\cdot 6H_2O$	$\bar{3}$
Turmalin	$X^{[9]}Y^{[6]}_3Z^{[6]}_6[(OH)_3/(OH,F)(BO_3)_3/(Si_6O_{18})$	3m

◻ **Abb. 11.20** Beryll-Kristall, teilweise von Aquamarin-Qualität, aus einem Pegmatit von Minas Gerais, Brasilien. Gewicht 54 kg, Länge 60 cm; Sammlung H. Bank, Idar-Oberstein. (Foto: K.-P. Kelber)

– *Smaragd:* durch Spurengehalte von Cr^{3+} oder V^{3+} tiefgrün (smaragdgrün, ◻ Abb. 26.33), blassgrün bei schlechter Qualität; nicht selten einschlussreich; kostbarster Edelberyll.

– *Morganit (Rosaberyll):* blassrosa bis dunkelrosa durch Spuren von Mn^{3+}.

– *Heliodor (Goldberyll):* gelb, goldgelb bis grünlichgelb durch $Fe^{3+[6]}$.

– *Goshenit:* farblos.

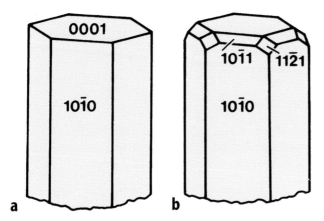

◘ Abb. 11.21 Kristallformen von Beryll. **a** einfache Tracht mit hexagonalem Prisma {10$\bar{1}$0} und Basispinakoid {0001}; **b** Tracht mit zusätzlichen hexagonalen Dipyramiden {10$\bar{1}$1} und {11$\bar{2}$1}

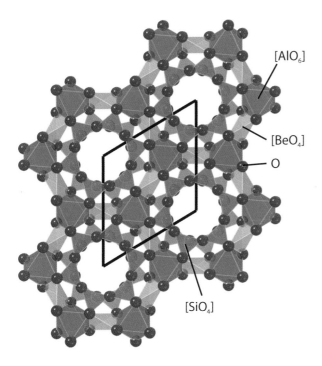

◘ Abb. 11.22 Kristallstruktur von Beryll, $Al_2Be_3[Si_6O_{18}]$, auf die (0001)-Ebene projiziert; das wesentliche Strukturelement besteht aus zwei überlappenden $[Si_6O_{18}]$-Ringen, was zu dihexagonaler Symmetrie führt. Ihre äußeren Ecken sind mit denen von $[AlO_6]$-Oktaedern und gleichschenkeligen $[BeO_4]$-Tetraedern (Disphenoiden) verknüpft

Kristallstruktur In der Beryllstruktur sind übereinander gestapelte $[Si_6O_{18}]$-Ringe in Schichten parallel zu (0001) angeordnet, die Hohlkanäle entlang von c bilden. Die Außenseiten dieser Ringe sind durch starke Bildungskräfte mit $[Be^{2+}O_4]$-Tetraedern und $[Al^{3+}O_6]$-Oktaedern verknüpft (◘ Abb. 11.22). Wegen der Verknüpfung von $[SiO_4]$-Tetraedern und $[BeO_4]$-Tetraedern kann man Beryll auch als Gerüstsilikat auffassen.

Chemismus Viele Berylle führen beachtliche Gehalte an Alkalielementen, die zusammen bis zu 7 Gew.-% A_2O erreichen können (Deer et al. 2013). Dabei kann das sehr kleine Li^+-Ion das noch kleinere Be^{2+} auf den Tetraederplätzen ersetzen. Dagegen nehmen die großen Alkali-Ionen Na^+ und Cs^+, seltener Rb^+ und K^+, bei Aquamarin auch Fe^{2+}, zusammen mit etwas H_2O, He, OH^- oder F^- in den offenen Hohlkanälen Platz. Diese Einlagerungen haben eine relativ geringe Wirkung auf die Geometrie der Kristallstruktur. In gewissem Umfang kann Al^{3+} auf den Oktaederplätzen durch Fe^{2+}, Fe^{3+}, Cr^{3+}, V^{3+}, Sc^{3+}, Mn^{3+}, Ti^{4+} und Mg^{2+} ersetzt werden.

Vorkommen Große Kristalle von gemeinem Beryll oder Aquamarin können, oft zusammen mit Lepidolith, Topas und Turmalin, lokal in Pegmatitkörpern und deren Umgebung auftreten. Daneben kommt Beryll auch in Granit, Nephelinsyenit und Glimmerschiefer vor. In Drusenhohlräumen findet man gelegentlich schöne Kristalle von edlem Beryll. Demgegenüber tritt *Smaragd* gesteinsbildend in fast monomineralischen Biotit- oder Talkschiefern, sogenannten *„blackwalls"* auf, stellenweise zusammen mit Alexandrit (▶ Abschn. 7.2, 26.6.1; ◘ Abb. 26.33, 26.34).

Bedeutung als Rohstoff Beryll ist das wichtigste Berylliummineral zur Gewinnung des Leichtmetalls Be, aus dem leichte, stabile Legierungen mit Al und Mg für die Luft- und Raumfahrt hergestellt werden. Wegen der geringen Dichte und Atommasse von Be ist Berylliumglas für Röntgenstrahlen durchlässig und findet daher als Austrittsfenster in Röntgenröhren Verwendung. In kleinen Atomreaktoren dient Beryllium als günstiges Hülsenmaterial (Moderator) für Brennstäbe. Hauptsächlich (zu 70–80 %) wird Be jedoch zur Herstellung von Berylliumkupfer, einer Cu-Legierung mit 0,5–3 % Be (z. T. mit Co oder Ni) eingesetzt, die sechsmal fester als reines Cu ist und wegen ihrer hohen Elastizität, Temperaturstabilität, elektrischen und thermischen Leitfähigkeit, Korrosions- und Ermüdungsresistenz vielfältige technische Verwendung findet. Die edlen Beryll-Varietäten, besonders Smaragd, sind wertvolle Edelsteine.

Seit 1940 wird in den USA synthetischer Smaragd in einer für Schmuckzwecke brauchbaren Größe und Qualität industriell hergestellt. Der bedeutendste Hersteller ist gegenwärtig die Firma Tairus, die in Akademgorodok (Russland) und Bangkok (Thailand) angesiedelt ist. Die erste synthetische Herstellung des Smaragds in schleifbarer Qualität war 1935 der I. G. Farbenindustrie A. G. in Bitterfeld gelungen: Die künstlichen Schmucksteine wurden unter dem Namen „Igmerald" zu Werbezwecken eingesetzt.

▪ Cordierit
$(Mg,Fe^{2+})_2[Al_4Si_5O_{18}]$

Ausbildung Kristallklasse 2/m2/m2/m; meist tritt Cordierit gesteinsbildend in derben, körnigen Aggregaten, oft in Verwachsung mit den koexistierenden Mineralen auf. Gut ausgebildete Kristalle mit kurzprismatischem, pseudohexagonalem Habitus sind selten; Durchkreuzungsdrillinge Verzwillingung nach (110), gewöhnlich als Durchkreuzungsdrillinge mit nach außen gekehrtem (100); auch lamellare Zwillingse nach (110) oder (310).

Physikalische Eigenschaften	
Spaltbarkeit	(100) wenig deutlich, Absonderung nach (001) und (010)
Bruch	muschelig, splittrig
Härte	7
Dichte	2,5–2,8
Farbe	grau bis gelblich, zart blau bis violettblau bei Kristallen mit intensiverem Farbton; Pleochroismus mit bloßem Auge sichtbar, was zu dem alten Namen *Dichroit* (grch. δίχροοσ = zweifarbig) Anlass gab
Glanz, Transparenz	auf Bruchflächen Fettglanz, dem Quarz sehr ähnlich; kantendurchscheinend bis durchsichtig

Kristallstruktur Die Cordieritstruktur ähnelt derjenigen des Berylls (◻ Abb. 11.22), wobei die Plätze von Be^{2+} durch Al^{3+} und Si^{4+} eingenommen werden. Der Valenzausgleich erfolgt durch die gekoppelte Substitution $Be^{2+}Si^{4+} \leftrightarrow Al^{3+}Al^{3+}$. Die $[Al_2Si_4O_{18}]$-Ringe, die wie bei Beryll Hohlkanäle entlang c bilden, sind untereinander durch zwei weitere $[AlO_4]$- und ein $[SiO_4]$-Tetraeder verknüpft, sodass ein dreidimensionales Gerüst entsteht. Dagegen besetzen Mg^{2+} und Fe^{2+} die Oktaederplätze, ähnlich dem Al in der Beryllstruktur. Wegen der strukturellen Ähnlichkeit mit Beryll wird Cordierit nicht als Gerüstsilikat, sondern als Ringsilikat klassifiziert (Strunz und Nickel 2001).

Chemismus Bei den meisten Cordieriten dominiert Mg über Fe^{2+}. Zusätzlich können die offenen Kanäle geringe Mengen an Ca, Na und K sowie erhebliche, aber stark wechselnde Gehalte an H_2O aufnehmen.

Vorkommen Cordierit tritt vorzugsweise in kontakt- und regionalmetamorphen Metapeliten auf (◻ Abb. 26.3, 28.5), oft zusammen mit Andalusit, aber auch mit Granat und Sillimanit oder Kyanit. Seltener findet man Cordierit in basischen Magmatiten, wo er wahrscheinlich durch Assimilation von tonigem Nebengestein gebildet wurde. Bei niedrigtemperierter hydrothermaler Alteration oder chemischer Verwitterung wird Cordierit leicht in *Pinit,* ein feinkörniges Gemenge von Hellglimmern oder Tonmineralen und Chlorit, umgewandelt.

Verwendung Wegen seines geringen Wärmeausdehnungskoeffizienten dient Cordierit als silikatkeramischer Werkstoff zur Herstellung temperaturwechselbeständiger Gebrauchsgegenstände, z. B. kochfester Geschirre. Schön gefärbter, durchsichtiger Cordierit wird gelegentlich als Edelstein geschliffen.

■ **Dioptas**
$Cu_6[Si_6O_{18}] \cdot H_2O$

Ausbildung Kristallklasse $\bar{3}$, kurzprismatisch-rhomboedrische Kristalle treten als wohlausgebildete Individuen, in Gruppen oder krustenbildend auf.

Physikalische Eigenschaften	
Spaltbarkeit	$(10\bar{1}1)$ gut
Bruch	muschelig bis uneben, spröd
Härte	5
Dichte	3,3
Farbe	smaragdgrün
Glanz	glasglänzend; durchsichtig bis durchscheinend

Kristallstruktur Stark deformierte $[Si_6O_{18}]$-Ringe bilden Kanäle, die H_2O-Moleküle aufnehmen. Anders als bei den Zeolithen (▶ Abschn. 11.6.6) sind diese Kanäle jedoch zu eng, um ein reversibles Aus- und Einwandern des H_2O zu gestatten.

Vorkommen In der Oxidationszone von Cu-Lagerstätten.

Verwendung Dioptas wird gelegentlich als Schmuckstein verschliffen und ist ein begehrtes Sammelobjekt.

■ **Turmalin-Gruppe**
$X^{[9]}Y^{[6]}_3Z^{[6]}_6[V_3W/(BO_3)_3/T_6O_{18}]$
In dieser komplexen Mineralformel sind die unterschiedlichen Positionen in der Kristallstruktur mit folgenden Kationen besetzt, wobei es eine Fülle von Substitutionsmöglichkeiten gibt (Henry und Dutrow 2018):
- $X = Ca^{2+}, Na^+, K^+, \square$ (Leerstelle)
- $Y = Li^+, Mg^{2+}, Fe^{2+}, Mn^{2+}, Al^{3+}, Cr^{3+}, V^{3+}, Fe^{3+}$
- $Z = Mg^{2+}, Al^{3+}, Fe^{3+}, V^{3+}, Cr^{3+}$
- $T = Si^{4+}, Al^{3+}, (B^{3+})$
- $B = B^{3+}, (\square)$
- $V = OH, O$
- $W = OH, F, O$

Ausbildung Kristallklasse 3m; wohlausgebildete ditrigonal-pyramidale Kristalle mit dem dominierenden trigonalen Prisma $\{10\bar{1}0\}$, allein oder kombiniert mit dem hexagonalen Prisma $\{11\bar{2}0\}$ sind verbreitet. Unterschiedliche trigonale Pyramiden wie $\{10\bar{1}1\}$ und $\{02\bar{2}1\}$ oder die ditrigonale Pyramide $\{32\bar{5}1\}$ am oberen und $\{01\bar{1}1\}$ am unteren Ende belegen den polaren Charakter der Turmalin-Kristalle (◻ Abb. 11.23b, c). Gewöhnlich sind die vertikalen $(10\bar{1}0)$-Flächen entlang c gestreift, während in

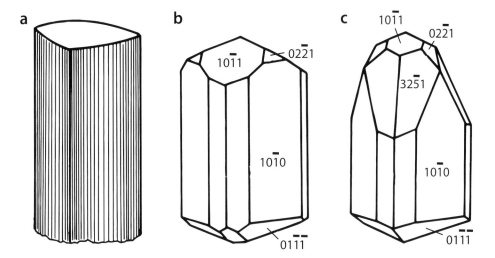

◘ Abb. 11.23 Kristallformen bei Turmalin: **a** Scheinrundung im Schnitt normal zur c-Achse und Vertikalstreifung entlang von c; **b, c** Turmalin-Kristalle mit trigonalem Prisma {10$\bar{1}$0}, hexagonalem Prisma {11$\bar{2}$0}, trigonalen Pyramiden {10$\bar{1}$1}, {02$\bar{2}$1} und {01$\bar{1}\bar{1}$} sowie ditrigonaler Pyramide {32$\bar{5}$1}. Diese Kristallformen belegen den polaren Charakter der dreizähligen Drehachse c

Schnitten normal zu c oft eine Scheinrundung (ähnlich einem sphärischen Dreieck) sichtbar ist (◘ Abb. 11.23a, 11.24, 11.25). Beide Phänomene sind durch Gitterstörungen während des Kristallwachstums verursacht, bei denen sogenannte *Vizinalflächen* mit leicht von (10$\bar{1}$0) abweichenden {hk$\bar{1}$0}-Indizes entstehen. Turmalin kann kurzprismatischen, säuligen oder nadeligen Habitus aufweisen. Nadelige Kristalle sind vorzugsweise zu radialstrahligen oder büscheligen Gruppen angeordnet, sogenannten *Turmalinsonnen*. Obwohl gesteinsbildender Turmalin gewöhnlich mit den benachbarten Mineralen verwachsen ist, tendiert er zu idiomorpher Ausbildung.

Physikalische Eigenschaften

Spaltbarkeit	Nach (11$\bar{2}$0) und (10$\bar{1}$1) sehr schlecht, mitunter Absonderung entlang (0001)
Bruch	muschelig
Härte	7
Dichte	2,9 für reinen Elbait – 3,2 für reinen Schörl
Farbe	stark von der Zusammensetzung abhängig, wobei zahlreiche Farbnuancen auftreten können („Edelstein des Regenbogens"); typischerweise verändert sich die chemische Zusammensetzung während des Kristallwachstums, was zu einem deutlichen Zonarbau mit unterschiedlichen Farben sowohl normal als auch entlang c führt; etwa roter Kern und grüner Randsaum (◘ Abb. 11.25). Charakteristisch ist ferner ein starker Pleochroismus, weswegen früher die sog. *Turmalinzange* als Absorptionspolarisator benutzt wurde (▶ Abschn. 1.5.2)
Glanz, Transparenz	auf Kristallflächen Glasglanz, durchsichtig bis kantendurchscheinend

Kristallstruktur (◘ Abb. 11.26) Die [SiO$_4$]-Tetraeder, die zu hexagonalen [Si$_6$O$_{18}$]-Ringen angeordnet sind, liegen mit ihrer Basis parallel zu (0001) und zeigen mit ihren freien O-Atomen nach oben. Eckenverknüpfte [ZO$_5$OH]-Oktaeder bilden links- und rechtsgewundene Schraubenachsen entlang c, die über Kanten mit Dreiergruppen von ebenfalls kantenverknüpften [YO$_4$(OH)$_2$]-Oktaedern verbunden sind. Beide Oktaedertypen sind außerdem über Ecken an [BO$_3$]-Dreiecke gekoppelt. Die großen X-Kationen, die über den 6 freien O-Atomen der [Si$_6$O$_{18}$]-Ringe und unter den 3 O-Atomen der [BO$_3$]-Dreiecke liegen, sind nur schwach gebunden, und die X-Position kann sogar teilweise unbesetzt sein.

Chemismus Eine Fülle von möglichen Substitutionen führt zu extrem variablen chemischen Zusammensetzungen und unterschiedlichen Mischkristallreihen. Je nach dem vorherrschenden (oder fehlenden) Kation in der X-Position werden die folgenden Gruppen mit mehreren Untergruppen unterschieden (Henry und Dutrow 2018):
- Alkaliturmaline
- Ca-Turmaline
- Leerstellen-Turmaline

Die theoretischen Endglieder der Turmalin-Gruppe sind in ◘ Tab. 11.4 zusammengestellt.

Farbvarietäten Die einzelnen Endglieder unterscheiden sich zum Teil sehr deutlich in ihrer Farbe. So ist der Fe-reiche Turmalin *Schörl* (D 3,2) schwarz, der Mg-reiche *Dravit* (D 3,0–3,2) hingegen braun bis grünlichbraun. Die meisten Turmalin-Varietäten von Edelsteinqualität – vorwiegend *Elbait* (D 2,9–

◻ Tab. 11.4 Besetzung der X-, Y-, Z-, V- und W-Position in den theoretischen Endgliedern der Turmalin-Gruppe nach Henry und Dutrow (2018)

Allgemeine Formel	(X)	(Y_3)	(Z_6)	T_6O_{18}	$(BO_3)_3$	$(V)_3$	(W)
Alkali-Turmalin-Gruppe							
Untergruppe 1							
Dravit	Na	Mg_3	Al_6	Si_6O_{18}	$(BO_3)_3$	$(OH)_3$	(OH)
Fluor-Dravit	Na	Mg_3	Al_6	Si_6O_{18}	$(BO_3)_3$	$(OH)_3$	(F)
Schörl	Na	Fe^{2+}_3	Al_6	Si_6O_{18}	$(BO_3)_3$	$(OH)_3$	(OH)
Fluor-Schörl	Na	Fe^{2+}_3	Al_6	Si_6O_{18}	$(BO_3)_3$	$(OH)_3$	(F)
Tsilaisit	Na	Mn^{2+}_3	Al_6	Si_6O_{18}	$(BO_3)_3$	$(OH)_3$	(OH)
Fluor-Tsilaisit	Na	Mn^{2+}_3	Al_6	Si_6O_{18}	$(BO_3)_3$	$(OH)_3$	(F)
Chrom-Dravit	Na	Mg_3	Cr_6	Si_6O_{18}	$(BO_3)_3$	$(OH)_3$	(OH)
Vanadium-Dravit	Na	Mg_3	V_6	Si_6O_{18}	$(BO_3)_3$	$(OH)_3$	(OH)
Untergruppe 2							
Elbait	Na	$Li_{1.5}Al_{1.5}$	Al_6	Si_6O_{18}	$(BO_3)_3$	$(OH)_3$	(OH)
Fluor-Elbait	Na	$Li_{1.5}Al_{1.5}$	Al_6	Si_6O_{18}	$(BO_3)_3$	$(OH)_3$	(F)
Untergruppe 3							
Oxy-Dravit	Na	Al_2Mg	Al_5Mg	Si_6O_{18}	$(BO_3)_3$	$(OH)_3$	(O)
Oxy-Schörl	Na	Fe^{2+}_2Al	Al_6	Si_6O_{18}	$(BO_3)_3$	$(OH)_3$	(O)
Povondrait	Na	Fe^{3+}_3	$Fe^{3+}_4Mg_2$	Si_6O_{18}	$(BO_3)_3$	$(OH)_3$	(O)
Bosiit	Na	Fe^{3+}_3	Al_4Mg_2	Si_6O_{18}	$(BO_3)_3$	$(OH)_3$	(O)
Chromo-Alumino-Povondrait	Na	Cr_3	Al_4Mg_2	Si_6O_{18}	$(BO_3)_3$	$(OH)_3$	(O)
Oxy-Chrom-Dravit	Na	Cr_3	Cr_4Mg_2	Si_6O_{18}	$(BO_3)_3$	$(OH)_3$	(O)
Oxy-Vanadium-Dravit	Na	V_3	V_4Mg_2	Si_6O_{18}	$(BO_3)_3$	$(OH)_3$	(O)
Vanadio-Oxy-Chrom-Dravit	Na	V_3	Cr_4Mg_2	Si_6O_{18}	$(BO_3)_3$	$(OH)_3$	(O)
Vanadio-Oxy-Dravit	Na	V_3	Al_4Mg_2	Si_6O_{18}	$(BO_3)_3$	$(OH)_3$	(O)
Maruyamait	K	$MgAl_2$	Al_5Mg	Si_6O_{18}	$(BO_3)_3$	$(OH)_3$	(O)
Untergruppe 4							
Darrellhenryit	Na	$LiAl_2$	Al_6	Si_6O_{18}	$(BO_3)_3$	$(OH)_3$	(O)
Untergruppe 5							
Olenit	Na	Al_3	Al_6	Si_6O_{18}	$(BO_3)_3$	$(O)_3$	(OH)
Fluor-Buergerit	Na	Fe^{3+}_3	Al_6	Si_6O_{18}	$(BO_3)_3$	$(O)_3$	(F)
Ca-Turmalin-Gruppe							
Untergruppe 1							
Uvit	Ca	Mg_3	Al_5Mg	Si_6O_{18}	$(BO_3)_3$	$(OH)_3$	(OH)
Fluor-Dravit	Ca	Mg_3	Al_5Mg	Si_6O_{18}	$(BO_3)_3$	$(OH)_3$	(F)
Feruvit	Ca	Fe^{2+}_3	Al_5Mg	Si_6O_{18}	$(BO_3)_3$	$(OH)_3$	(OH)
Untergruppe 2							
Fluor-Liddicoatit	Ca	Li_2Al	Al_6	Si_6O_{18}	$(BO_3)_3$	$(OH)_3$	(F)
Untergruppe 3							
Lucchesiit	Ca	Fe^{2+}_3	Al_6	Si_6O_{18}	$(BO_3)_3$	$(OH)_3$	(O)
Untergruppe 4							
Adachiit	Ca	Fe^{2+}_3	Al_6	Si_5AlO_{18}	$(BO_3)_3$	$(OH)_3$	(OH)
Leerstellen-Turmalin-Gruppe							
Untergruppe 1							

(Fortsetzung)

11

Tab. 11.4   (Fortsetzung)

Allgemeine Formel	(X)	(Y_3)	(Z_6)	T_6O_{18}	$(BO_3)_3$	$(V)_3$	(W)
Magnesio-Foitit	☐	$Mg_2\,Al$	Al_6	Si_6O_{18}	$(BO_3)_3$	$(OH)_3$	(OH)
Foitit	☐	$Mg_2\,Al$	Al_6	Si_6O_{18}	$(BO_3)_3$	$(OH)_3$	(OH)
Untergruppe 2							
Rossmanit	☐	$Li\,Al_2$	Al_6	Si_6O_{18}	$(BO_3)_3$	$(OH)_3$	(OH)
Untergruppe 3							
Oxy-Foitit	☐	$Fe^{2+}_2\,Al$	Al_6	Si_6O_{18}	$(BO_3)_3$	$(OH)_3$	(OH)

Abb. 11.24 Grüner, Cr-haltiger Turmalin (Varietät Verdelith) mit ausgeprägter Streifung entlang c; Minas Gerais, Brasilien; Bildbreite = 6 cm. Mineralogisches Museum der Universität Würzburg

Abb. 11.25 Scheingerundete Kristalle von Turmalin mit Streifung parallel zu c, Scheinrundung normal zu c und ausgeprägtem Zonarbau aus einem Pegmatit bei Omaruru, Namibia; Bildbreite = 3 cm; Mineralogisches Museum der Universität Würzburg

3,1) – verdanken ihre Farbe geringen Beimengungen von Fe^{2+} (meist blau), $Fe^{2+} + Ti^{4+}$ (grün), Mn^{3+} (rosa), $Mn^{2+} + Ti^{4+}$ (gelb) oder einer Kombination dieser farbgebenden Elemente. Seltener, so in Tansania und Kenia, wurden Turmaline gefunden, deren Farbe durch Spuren von Cr^{3+} und Y^{3+} bedingt ist (z. B. Rossman 2009). 1988 wurden in Granit-Pegmatit im brasilianischen Staat Paraiba Cu^{2+}- und Mn^{2+}-führender Elbait entdeckt, der sich durch ungewöhnlich gesättigte Grün- und Blautöne auszeichnet und auf dem internationalen Edelsteinmarkt sehr erfolgreich ist (z. B.

Bank et al. 1990; Rossman 2009); er enthält bis zu 1,8 % CuO und 3,5 % MnO (Ertl et al. 2013; Okrusch et al. 2016). Später wurde ähnlich schleifwürdiger Elbait vom Paraiba-Typ auch in Mosambik und in Nigeria gefunden. Weitere Turmaline von Edelsteinqualität sind der grüne, Cr-haltige *Verdelith* (Abb. 11.24) und der rosarote bis rote *Rubellit,* der Mn-, Li- und Cs-haltig ist. Nicht so häufig kommt der blaue *Indigolith* vor; selten gibt es auch farblosen Turmalin. Edelstein-Turmaline von optimaler Qualität sollten weder zu blass, noch zu dunkel gefärbt (d. h. zu Fe-reich) sein.

Vorkommen Turmalin ist ein häufiger akzessorischer Gemengteil in Pegmatiten, in hydrothermalen Gängen oder in hochtemperiert hydrothermal alterierten Grani-

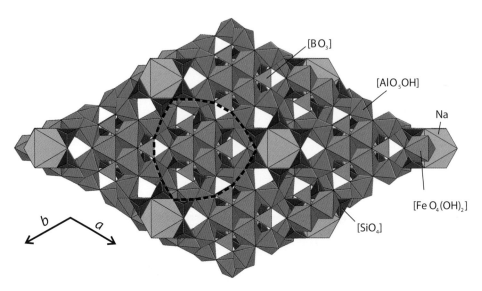

○ **Abb. 11.26** Turmalin-Struktur am Beispiel Schörl, Projektion auf {0001}; die dreizählige Drehachse und die Scheinrundung (schwarze strichlierte Linie) sind klar zu erkennen. Eckenverknüpfte [SiO$_4$]-Tetraeder bilden hexagonale [Si$_6$O$_{18}$]-Ringe; [YO$_4$(OH)$_2$]-Oktaeder und [ZO$_5$OH]-Oktaeder sind untereinander über Kanten, mit den [BO$_3$]-Dreiecken dagegen über Ecken verknüpft; die großen X-Kationen (hier Na, teils aber Leerstellen) sind in einer Richtung mit 6 freien O-Atomen der [Si$_6$O$_{18}$]-Ringe und und in der anderen mit 3 O-Atomen der [BO$_3$]-Dreiecke verknüpft

ten, hier auch als Drusenmineral oder als Turmalinsonnen. Als akzessorischer Gemengteil ist Turmalin in magmatischen und metamorphen Gesteinen weit verbreitet; auch in Sedimenten als authigene Mineralneubildung oder als detritisches Schwermineral. Bei der Gesteinsmetamorphose können diese primär im Sediment vorhandenen Turmalinkörner rekristallisieren oder ganz neu entstehen, wobei der notwendige B-Gehalt entweder absorptiv an die Tonminerale gebunden, also schon primär vorhanden war, oder metasomatisch zugeführt wurde.

Verwendung Durchsichtige und gleichzeitig intensiv farbige rote, grüne, mehrfarbige, seltener auch blaue Turmaline werden als Edelsteine gehandelt.

11.4 Ketten- und Doppelkettensilikate (Inosilikate)

Zu den Ketten- und Doppelkettensilikaten gehören zwei wichtige Familien gesteinsbildender Minerale:
- die Pyroxene und
- die Amphibole.

Die *Pyroxenstruktur* besteht aus *Einfachketten* mit einem Si:O-Verhältnis von 1:3, die *Amphibolstruktur* aus *Doppelketten* mit einem Si:O-Verhältnis von 4:11 (○ Abb. 11.1f, g). In ihren kristallographischen, physikalischen und chemischen Eigenschaften sind sich die beiden Familien sehr ähnlich und beide haben sowohl orthorhombische als auch monokline Vertreter.

In Pyroxenen und Amphibolen treten weitgehend die gleichen Kationen auf, jedoch enthalten die Amphibole (OH)$^-$, untergeordnet F$^-$ als Anionen 2. Stellung. Hieraus erklären sich die etwas geringeren Dichten und Brechungsindizes der Amphibole gegenüber den Pyroxenen.

Während die Pyroxene meist eher kurzprismatische Kristalle bilden, sind die Amphibole häufiger langprismatisch, stängelig oder sogar dünntafelig bis faserig entwickelt. Wichtiges Unterscheidungsmerkmal unter dem Mikroskop sind die unterschiedlichen Spaltwinkel in basalen Querschnitten von 87° bei den Pyroxenen und 124° bei den Amphibolen (○ Abb. 11.27, 11.28). Darüber hinaus besitzen die Amphibole eine weitaus vollkommenere Spaltbarkeit mit durchhaltenden Spaltflächen und viel höherem Glanz auf diesen Flächen. In beiden Fällen bricht die prismatische Spaltbarkeit die schwachen Bindungskräfte zwischen den Kationen und den Ketten bzw. Doppelketten auf, niemals jedoch die relativ starken Si-O-Bindungen innerhalb der Ketten (○ Abb. 11.27, 11.28).

Mit wenigen Ausnahmen kristallisieren Pyroxene bei höheren Temperaturen als die Amphibole ähnlicher Zusammensetzung. Magmatische Pyroxene gehören zu den frühen Ausscheidungen in der Kristallisationsabfolge sich abkühlender Silikatschmelzen, während magmatische Amphibole aus H$_2$O-reichen Magmen kristallisieren oder bei abnehmender Temperatur in Gegenwart von H$_2$O durch sekundäre Umwandlung von Pyroxen entstehen. Metamorphe Pyroxene bilden sich bei höheren Temperaturen und geringeren H$_2$O-Anteilen im metamorphen Fluid als metamorphe Amphibole.

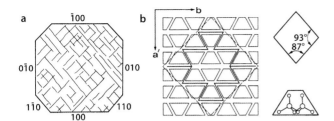

◻ Abb. 11.27 Pyroxen, **a** Schnitt normal zu (001) mit angedeuteter Spaltbarkeit nach {110} (für Klinopyroxene) bzw. {210} (für Orthopyroxene). **b** Die enge Beziehung der Spaltbarkeit zur Pyroxenstruktur mit ihren relativ schwächeren seitlichen Bindungskräften zwischen den [SiO$_3$]-Ketten, die parallel zu c verlaufen; Spaltwinkel 87° bzw. 93°

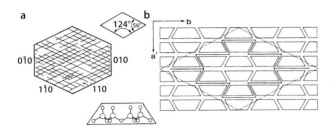

◻ Abb. 11.28 Amphibol, **a** Schnitt normal zu (001) mit vollkommener Spaltbarkeit nach {110} (für Klinoamphibole) bzw. {210} (für Orthoamphibole). **b** Die enge Beziehung der Spaltbarkeit zur Amphibolstruktur mit ihren relativ schwächeren seitlichen Bindungskräften zwischen den [Si$_4$O$_{11}$]-Doppelketten, die parallel zu c verlaufen; Spaltwinkel 124° bzw. 56°

11.4.1 Pyroxen-Familie

Der Chemismus der Pyroxene (◻ Abb. 11.29) kann durch die allgemeine Formel XY[Z$_2$O$_6$] ausgedrückt werden, wobei die Positionen X, Y und Z von den folgenden Kationen eingenommen werden:

- X: Na$^+$, Ca^{2+}, Fe^{2+}, Mg^{2+}, Mn^{2+} auf den M2-Plätzen der Kristallstruktur;
- Y: Fe^{2+}, Mg^{2+}, Mn^{2+}, Zn^{2+}, Fe^{3+}, Al^{3+}, Cr^{3+}, V^{3+}, Ti^{4+} auf den M1-Plätzen;
- Z: im Wesentlichen Si^{4+}, das jedoch teilweise durch Al^{3+}ersetzt sein kann.

Klinopyroxene, bei denen die M2- und M1-Plätze durch verschieden große Kationen besetzt werden (X$^{[8]}$ > Y$^{[6]}$), haben monokline Symmetrie. Demgegenüber sind in den orthorhombischen *Orthopyroxenen* die Kationenplätze annähernd gleich groß und werden daher von [6]-koordinierten Kationen gleicher Größe besetzt (X$^{[6]}$ ≅ Y$^{[6]}$), sodass die Symmetrie höher wird. Diese Symmetrieerhöhung wird durch submikroskopische Verzwilligung nach (100) unter Verdoppelung der Elementarzelle hervorgerufen. Viele Klinopyroxene können in erster Näherung als Glie-

der des 4-Komponentensystems CaMgSi$_2$O$_6$–CaFeSi$_2$O$_6$–Mg$_2$Si$_2$O$_6$–Fe$_2$Si$_2$O$_6$ betrachtet und im *Pyroxen-Trapez* dargestellt werden (◻ Abb. 11.29a, b). Die monokline Mischkristallreihe Mg$_2$[Si$_2$O$_6$]–Fe$_2$[Si$_2$O$_6$] *(Klinoenstatit–Klinoferrosilit)* ist in irdischen Gesteinen ungewöhnlich und die orthorhombische Hochtemperaturmodifikation *Protoenstatit* ist in der Natur unbekannt. Der Ca-arme Klinopyroxen *Pigeonit* ist nur bei niedrigen Drücken stabil, wie das anhand des pseudobinären Phasendiagramms Protoenstatit–Diopsid gezeigt wird, das bei einem Druck von 1 bar experimentell bestimmt wurde (◻ Abb. 18.16b). Das Ca$_2$[Si$_2$O$_6$]-Endglied kommt als Kettensilikat *Wollastonit* in der Natur vor, unterscheidet sich jedoch strukturell von den Klinopyroxenen und wird deswegen nicht als Pyroxen, sondern als *Pyroxenoid* klassifiziert (▶ Abschn. 11.4.2).

Die Kristallstruktur der Pyroxen-Familie zeichnet sich durch zwei Typen von unendlichen Einfachketten parallel zu c aus (◻ Abb. 11.1f, 11.30): (1) Ketten aus eckenverknüpften [SiO$_4$]-Tetraedern; die Tetraeder bilden darin Anionenkomplexe [SiO$_3$]$^{2-}$ bzw. [Si$_2$O$_6$]$^{4-}$. Und (2) Ketten, die über Ecken mit kantenverknüpften [Y$^{2+[6]}$O$_6$]$^{4-}$- bzw. [Y$^{3+[6]}$O$_6$]$^{3-}$-Oktaedern in der M1-Position verbunden sind, z. B. mit Y$^{[6]}$ = Mg^{2+} in Diopsid oder Y$^{[6]}$ = Al^{3+} in Jadeit. In den *Klinopyroxenen* sind die größeren X-Kationen Ca^{2+} und Na$^+$ gegenüber Sauerstoff [8]-koordiniert. Sie besetzen die geräumigen M2-Plätze in der Kristallstruktur und sind etwas schwächer an Sauerstoff gebunden. In den *Orthopyroxenen* sind die M1- und M2-Positionen etwa gleich groß und werden daher von den zweiwertigen Kationen Mg^{2+} und Fe^{2+} besetzt, beide in [6]-Koordination gegen Sauerstoff; sie bilden dabei Oktaeder auf M1 bzw. deformierte (Pseudo-) Oktaeder auf M2.

Das „Subcommitee on Pyroxenes" der Commission on New Minerals and Mineral Names (CNMMN) der International Mineralogical Association (IMA) hat vorgeschlagen, bei den Orthopyroxenen die bislang gebräuchlichen Namen Bronzit, Hypersthen und Ferrohypersthen nicht mehr zu verwenden (Morimoto et al. 1988). Dieser Vorschlag geht jedoch an der Realität vorbei, da diese herkömmlichen Namen in zahlreichen Gesteinsbezeichnungen (z. B. Bronzitit) und in der Meteoriten-Nomenklatur (z. B. Hypersthen-Chondrit) verwendet werden. Deswegen verweisen wir in ◻ Tab. 11.5 auch noch auf diese traditionellen Mineralnamen für diverse Zwischenglieder der Ortho- als auch der Klinopyroxene.

Die Lage der wichtigsten Pyroxene im Pyroxen-Trapez Diopsid (Di) – Hedenbergit (Hd) – Enstatit (En) – Ferrosilit (Fs) zeigt ◻ Abb. 11.29a, b, während die Mischkristalle zwischen den Endgliedern Jadeit (Jd), Ägirin (Äg) und den Ca-Mg-Fe-Pyroxenen (Quad = Wo + En + Fs) in ◻ Abb. 11.29c dargestellt sind. Die wichtigsten Pyroxene sind in ◻ Tab. 11.5 aufgeführt.

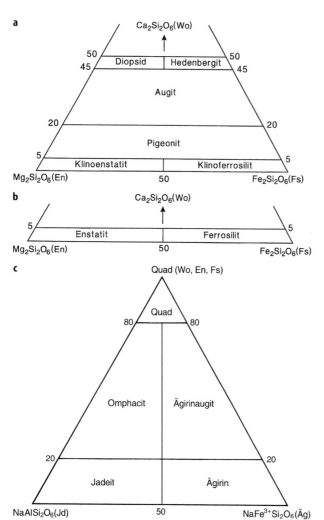

a

Ca$_2$Si$_2$O$_6$(Wo)

Diopsid | Hedenbergit

Augit

Pigeonit

Klinoenstatit | Klinoferrosilit

Mg$_2$Si$_2$O$_6$(En)   50   Fe$_2$Si$_2$O$_6$(Fs)

b

Ca$_2$Si$_2$O$_6$(Wo)

Enstatit | Ferrosilit

Mg$_2$Si$_2$O$_6$(En)   50   Fe$_2$Si$_2$O$_6$(Fs)

c

Quad (Wo, En, Fs)

Quad

Omphacit | Ägirinaugit

Jadeit | Ägirin

NaAlSi$_2$O$_6$(Jd)   50   NaFe^{3+}Si$_2$O$_6$(Äg)

◻ Abb. 11.29 Nomenklatur von **a** Ca-Mg-Fe-Klinopyroxenen, **b** Orthopyroxenen und **c** Mischkristallen zwischen Jadeit (Jd), Ägirin (Äg) und Ca-Mg-Fe-Klinopyroxenen (Quad) nach Morimoto et al. (1988). Jadeit und Omphacit treten in hochdruckmetamorphen Gesteinen auf (▶ Abschn. 26.3.1, 28.3.8, 28.3.9)

Mg-Fe-Pyroxene

- **Enstatit**
Mg$_2$[Si$_2$O$_6$]

- **Ferrosilit**
Fe$_2$[Si$_2$O$_6$]

Ausbildung Kristallklasse meist 2/m2/m2/m (Orthopyroxene), selten 2/m; gut entwickelte Kristalle sind selten; gewöhnlich körnige, blättrige oder massig entwickelte Aggregate, gesteinsbildend.

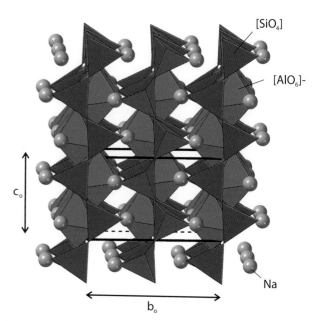

◻ Abb. 11.30 Pyroxenstruktur am Beispiel von Jadeit, etwa in Richtung der a-Achse projiziert; eckenverknüpfte [SiO$_4$]-Tetraeder und kantenverknüpfte [AlO$_6$]-Oktaeder (M1-Plätze) bilden unendliche Ketten parallel zu c, die über Ecken miteinander verbunden sind; die großen Na$^+$-Kationen füllen die geräumigen M2-Plätze; Einheitszelle in schwarzen Linien

Physikalische Eigenschaften	
Spaltbarkeit	nach dem Vertikalprisma {210} deutlich, wie bei allen Pyroxenen Spaltwinkel nahe 90°, parallel zu der schwächsten seitlichen Bindung der SiO$_3$-Ketten (◻ Abb. 11.27); häufig wird eine Absonderung nach (100) beobachtet, mit oft geknickter oder wellig verbogener Fläche infolge Translation
Härte	5–6
Dichte	3,2–3,95, mit dem Fe-Gehalt steigend
Farbe	farblos bis graugrün (Enstatit) bis dunkelbraun oder grün (Hypersthen)
Glanz, Transparenz	matter Glanz auf Spaltflächen nach {210}; auf der Absonderungsfläche {100} zeigt Bronzit bronzeartigen, Hypersthen kupferroten Schiller, bedingt durch feine tafelige Entmischungskörper von Ilmenit, die nach dieser Ebene eingelagert sind; kantendurchscheinend bis undurchsichtig

Chemismus Lückenlose Mischkristallreihe zwischen den Endgliedern Enstatit Mg$_2$[Si$_2$O$_6$] – Ferrosilit Fe$_2$[Si$_2$O$_6$] (◻ Abb. 11.29a, b) von nahezu En$_{100}$ bis En$_{10}$Fs$_{90}$; reiner Ferrosilit wurde bislang in der Natur nicht beobachtet.

◘ Tab. 11.5 Wichtige Pyroxene (inkl. mittlerweile veralteter, aber noch weit verbreiteter Mineralnamen)

Mischkristallreihe	Mineral	Formel	Mischkristall-Bereich	Kristallklasse
Mg-Fe-Pyroxene				
Enstatit (En)		$Mg_2[Si_2O_6]$	$En_{100}Fs_0$–$En_{90}Fs_{10}$	2/m2/m2/m
Bronzit		$(Mg,Fe)_2[Si_2O_6]$	$En_{90}Fs_{10}$–$En_{70}Fs_{30}$	2/m2/m2/m
Hypersthen		$(Mg,Fe)_2[Si_2O_6]$	$En_{70}Fs_{30}$–$En_{50}Fs_{50}$	2/m2/m2/m
Ferrohypersthen		$(Fe,Mg)_2[Si_2O_6]$	$En_{50}Fs_{50}$–$En_{30}Fs_{70}$	2/m2/m2/m
Ferrosilit (Fs)		$Fe[Si_2O_6]$		2/m2/m2/m
Pigeonit		etwa $Ca_{0,25}(Mg,Fe)_{1,75}[Si_2O_6]$		2/m
Ca-Pyroxene				
Diopsid		$CaMg[Si_2O_6]$	$Di_{100}Hd_0$–$Di_{90}Hd_{10}$	2/m
Salit		$Ca(Mg,Fe)[Si_2O_6]$	$Di_{90}Hd_{10}$–$Di_{50}Hd_{50}$	2/m
Ferrosalit		$Ca(Fe,Mg)[Si_2O_6]$	$Di_{50}Hd_{50}$–$Di_{10}Hd_{90}$	2/m
Hedenbergit		$CaFe[Si_2O_6]$	$Di_{10}Hd_{90}$–Di_0Hd_{100}	2/m
Augit		$(Ca,Na)(Mg,Fe,Al)[(Si,Al)_2O_6]$		2/m
Na-Pyroxene				
Jadeit		$NaAl[Si_2O_6]$		2/m
Ägirin (Akmit)		$NaFe^{3+}[Si_2O_6]$		2/m
Na-Ca-Pyroxene				
Omphacit		Mischkristall aus Jadeit und Augit		2/m
Ägirinaugit		Mischkristall aus Ägirin und Augit		2/m
Lithiumpyroxen				
Spodumen		$LiAl[Si_2O_6]$		2/m

Orthopyroxene enthalten definitionsgemäß maximal 5 Mol-% $Ca_2[Si_2O_6]$-Komponente. Darüber hinaus können geringe Gehalte an Al, Fe^{3+}, Mn, Ti, Cr und Ni beteiligt sein.

Vorkommen Orthopyroxene sind in *magmatischen Gesteinen* wie Norit, Pikrit, Basalt und sogar Andesit recht verbreitet; sie können wegen einer ausgedehnten Mischungslücke im gleichen Gestein auch im Gleichgewicht mit Klinopyroxenen auftreten. In solchen Gesteinen enthält Orthopyroxen oft Entmischungslamellen von Klinopyroxen oder umgekehrt (◘ Abb. 13.5a). Die Mg-reicheren Glieder der Orthopyroxene kommen in ultramafischen Magmatiten, mitunter auch in deren metamorphen Äquivalenten vor. Orthopyroxene sind typisch für hochgradig metamorphe Gesteine, insbesondere *Pyroxengranulit* (► Abschn. 28.3.5). Beachtliche Anteile an Orthopyroxen sind in *Peridotit* enthalten, der große Teile des Erdmantels aufbaut und von dem Xenolithe durch vulkanische Eruptionen an die Erdoberfläche gebracht werden (► Abschn. 29.3.1). Auch primitive Meteorite, die *Chondrite*, enthalten Orthopyroxen (► Abschn. 31.3.1).

Die **monokline Reihe Klinoenstatit – Klinoferrosilit** kommt in der Natur nur sehr selten vor, so z. B. gelegentlich als skelettförmige Kristalle in vulkanischen Gesteinen. Klinoenstatit ist in Meteoriten beobachtet worden.

Ca-Pyroxene

- **Diopsid**
$CaMg[Si_2O_6]$

- **Hedenbergit**
$CaFe[Si_2O_6]$
Diopsid und Hedenbergit bilden eine vollständige Mischkristallreihe (◘ Abb. 11.29a) mit nahezu linearer Änderung von Dichte und Brechungsindizes.

Ausbildung Kristallklasse 2/m (Klinopyroxene); Diopsid-Kristalle zeigen fast rechteckige Querschnitte, da die Pinakoide {100} und {010} vorherrschen (◘ Abb. 11.31). Häufiger treten Diopsid und Hedenbergit in körnigen Aggregaten auf.

11

◻ Abb. 11.31 Kristalle von Diopsid (hellgrün) und Grossular (Var. Hessonit, rot) von Mussa-Alpe, Piemont, Italien; Bildbreite = ca. 1 cm; Mineralogisches Museum der Universität Würzburg

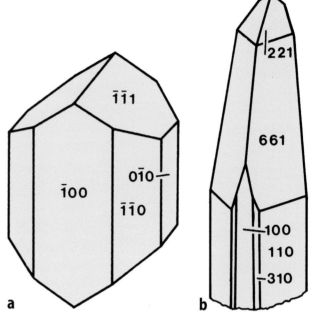

◻ Abb. 11.32 Tracht und Habitus bei Klinopyroxen: **a** kurzprismatischer Augit (Stellung des Kristalls um 180° um c gedreht) mit Pinakoiden {$\bar{1}$00} und {0$\bar{1}$0} und Prismen {$\bar{1}\bar{1}$0} und {$\bar{1}\bar{1}$1}; **b** Ägirin (Akmit) mit nach c gestrecktem Habitus mit Prismen {110}, {310}, {661} und {221} sowie dem Pinakoid {100}

Physikalische Eigenschaften	
Spaltbarkeit	(110) unvollkommen bis wechselnd deutlich, Absonderung nach (100) durch Translation bei der Varietät *Diallag*
Bruch	muschelig, spröde
Härte	5½–6
Dichte	3,2 (reiner Diopsid) bis 3,55 (reiner Hedenbergit), abhängig von der Zusammensetzung
Farbe	Diopsid weiß, grau bis graugrün, als Chromdiopsid smaragdgrün, Hedenbergit schwarzgrün
Glanz, Transparenz	matter, seltener lebhafter Glasglanz auf Spalt- und Kristallflächen, durchscheinend bis durchsichtig

Chemismus Diopsid und Hedenbergit bilden eine lückenlose Mischkristallreihe (◻ Abb. 11.29a), in der Dichte und Lichtbrechung mit steigendem Fe/Mg-Verhältnis nahezu linear zunehmen. In gewissem Umfang kann Si durch Al ersetzt werden. Als weitere Komponenten werden Fe^{3+} im Ferridiopsid und Cr^{3+} im *Chromdiopsid* eingebaut, ferner Zn^{2+} im Zinkdiopsid oder Zinkhedenbergit. Eine vollständige Mischkristallreihe existiert zwischen Giedern der Mischkristallreihe

Diopsid–Hedenbergit und dem $CaMn[Si_2O_6]$-Endglied *Johannsenit*.

Vorkommen Diopsid ist ein Hauptgemengteil in vielen mafischen und ultramafischen magmatischen Gesteinen und in Peridotitknollen aus dem Erdmantel. Weiterhin tritt er in dolomitischem Marmor, Diopsid-Amphibolit und Pyroxengranulit auf, während Hedenbergit einen Gemengteil von Fe-reichen kontaktmetasomatischen Kalksilikatfelsen, sog. Skarnen, bildet.

■ Augit
$(Ca,Na)(Mg,Fe^{2+},Al,Fe^{3+},Ti)[(Si,Al)_2O_6]$

Ausbildung Kristallklasse 2/m; Augit ist gewöhnlich kurzprismatisch mit dominierendem Vertikalprisma {$\bar{1}\bar{1}$0} und Längsprisma {$\bar{1}\bar{1}$1} in Kombination mit den Pinakoiden {100} und {010} (◻ Abb. 11.32a). Das gilt besonders für gut ausgebildete Kristalle der Varietät *basaltischer Augit* (◻ Abb. 2.7, 3.2), die auch Zwillinge nach (100) oder Durchkreuzungszwillinge nach (101) bilden.

Physikalische Eigenschaften	
Spaltbarkeit	{110} gut; Translation nach {100} führt zur Absonderung entlang dieser Fläche
Bruch	muschelig, spröde

Physikalische Eigenschaften	
Härte	5½–6
Dichte	3,2–3,55, abhängig von der Zusammensetzung
Farbe	gewöhnlicher Augit ist grün bis bräunlich schwarz, Fe-Ti-reicher basaltischer Augit pechschwarz
Glanz, Transparenz	matt, seltener lebhafter Glanz auf Spalt- und Kristallflächen, selten durchscheinend

Chemismus Im Vergleich zur Mischkristallreihe Diopsid–Hedenbergit ist die chemische Zusammensetzung von Augit wesentlich komplexer, hauptsächlich bedingt durch die gekoppelten Substitutionen

- $Ca^{[8]}(Mg,Fe^{2+})^{[6]} \leftrightarrow Na^{+[8]}(Al,Fe^{3+})^{[6]}$ und
- $Ca^{[8]}(Mg,Fe^{2+})^{[6]}Si^{4+} \leftrightarrow Al^{[6]}Al^{[4]}$

Die zweite Austauschreaktion führt zu den *Ca-* und *Mg-Tschermak-Molekülen,* die jedoch nicht als Endglieder vorkommen. *Titanaugit,* der unter dem Mikroskop an seinen charakteristischen sanduhrförmigen Anwachskegel erkennbar ist (◼ Abb. 13.11b, 13.12a), enthält 3–5 % TiO_2. Als weitere untergeordnete Komponenten können Cr und Mn hauptsächlich in Mg- bzw. Fe-reiche Augite eingebaut sein.

Vorkommen Als gesteinsbildendes Mineral ist Augit weit verbreitet. Allein oder zusammen mit Orthopyroxen und/oder Olivin bildet er den mafischen Hauptgemengteil in Gabbro, während basaltischer Augit und Titanaugit in seinem vulkanischen Äquivalent Basalt – dem häufigsten Vulkanit – auftreten. Daneben ist Augit ein wichtiger Bestandteil von ultramafischen Peridotitknollen, die aus dem oberen Erdmantel stammen. Schließlich findet man Augit in hochgradig metamorphen mafischen Gesteinen, besonders in Pyroxengranulit.

- **Pigeonit**
$Ca_{0,25}(Mg,Fe)_{1,75}[Si_2O_6]$
Von den Orthopyroxenen unterscheidet sich dieser Ca-arme monokline Pyroxen durch einen Gehalt von 5–15 Mol.-% an $Ca_2Si_2O_6$-Komponente (◼ Abb. 11.29a). Als Einsprengling in basaltischen Gesteinen zeigt Pigeonit prismatischen, nach c gestreckten Habitus und ist braun, grünlich braun oder schwarz. Die sichere Unterscheidung von den meisten anderen Pyroxenen erfordert Röntgenbeugungs- oder Mikrosondenanalysen.

Pigeonit tritt gewöhnlich als Frühkristallisat aus heißen, sehr schnell abgekühlten basaltischen Laven auf. Bei langsamer Abkühlung kommt es zu einem komplizierten Entmischungsprozess, bei dem sich in einem Wirtskristall von Ca-ärmerem Pigeonit oder Orthopyroxen Augit-Lamellen parallel zu (001) aus-

scheiden (engl. *„inverted pigeonite"*). Dieser Prozess lässt sich anhand des in ▶ Abschn. 18.2.3 näher erläuterten pseudobinären Systems $Mg_2Si_2O_6$–$CaMgSi_2O_6$ erklären.

Alkalipyroxene

- **Ägirin (Akmit)**
$NaFe^{3+}[Si_2O_6]$

Ausbildung Kristallklasse 2/m; nadelige Kristalle mit steilen Prismen {661} und {221} als Endflächen, Vertikalprismen {110} und {310} sowie Pinakoid {100} sind häufig (◼ Abb. 11.32b), ebenso einfache oder lamellare Zwillinge nach {100}. Häufig bildet Pigeonit büschelige Aggregate.

Physikalische Eigenschaften	
Spaltbarkeit	nach (110), deutlicher als bei anderen Pyroxenen; Absonderung nach (100)
Härte	6
Dichte	3,55–3,6 (Ägirin), 3,4–3,6 (Ägirinaugit)
Farbe	dunkelgrün, grünlich oder rötlich braun bis schwarz
Glanz, Transparenz	Glasglanz bis Harzglanz; durchscheinend

Chemismus Bedingt durch die gekoppelte Substitution $Na^+Fe^{3+} \leftrightarrow Ca^{2+}(Mg,Fe^{2+})$ bildet Ägirin eine Mischkristallreihe mit Augit. Diese *Ägirinaugite* sind häufiger als das reine Endglied Ägirin. Darüber hinaus führt der Austausch $Fe^{3+} \leftrightarrow Al$ zu Mischkristallen zwischen Ägirin und Jadeit sowie zwischen Ägirinaugit und Omphacit (◼ Abb. 11.29c).

Vorkommen Ägirin und Ägirinaugit sind häufige Gemengteile in alkalireichen Magmatiten, insbesondere solchen mit Na-Vormacht, so in Phonolith (▶ Abschn. 13.2.2; ◼ Abb. 13.11a), für den zonar gebaute Einsprenglinge mit einem Kern aus Ägirinaugit und einem Rand aus Ägirin typisch sind. Na-Fe^{3+}-reiche Klinopyroxene kommen auch in metamorphen Gesteinen vor.

- **Jadeit**
$NaAl^{[6]}[Si_2O_6]$

- **Omphacit**
$(Ca,Na)[Mg,Fe^{2+},Fe^{3+},Al][Si_2O_6]$

Ausbildung Kristallklasse 2/m; gewöhnlich zeigt Jadeit faserigen Habitus und bildet verfilzte Aggregate, während prismatisch ausgebildeter Jadeit selten ist. In Eklogit bildet xenomorpher Omphacit zusammen mit Granat als relativ gleichkörnige Aggregate den Hauptgemengteil.

Physikalische Eigenschaften	
Spaltbarkeit	{110}
Härte	6 (Jadeit), 5–6 (Omphacit); verfilzte Jadeit-Aggregate sind sehr zäh
Dichte	3,25–3,45 (Jadeit), 3,15–3,45 (Omphacit)
Farbe	Jadeit ist blassgrün bis tiefgrün, auch farblos, Omphacit blassgrün bis tiefgrün
Glanz, Transparenz	Glasglanz, Perlglanz auf Spaltflächen, Seidenglanz auf verfilzten Jadeit-Aggregaten; durchscheinend

Chemismus Durch den Ersatz von $Al^{[6]}$ durch Fe^{3+} entsteht eine Mischkristallreihe mit Ägirin, während *Omphacit* ein Mischkristall aus Augit und Jadeit ist.

Vorkommen Als ausgesprochenes Hochdruckmineral tritt *Jadeit* in Blauschiefer und Jadeitgneis auf. Jadeit entsteht bei der Hochdruck- und Ultrahochdruckmetamorphose aus Albit nach der Reaktion

$$Na\left[Al^{[4]}Si_3O_8\right] \leftrightarrow NaAl^{[6]}[Si_2O_6]+ SiO_2 \qquad (11.1)$$
$$\text{Albit} \qquad\qquad \text{Jadeit} \qquad\quad \text{Quarz}$$

(Abb. 26.1), bei der die Gerüstsilikat-Struktur von Albit mit $Al^{[4]}$ durch die dichtere Kettensilikat-Struktur von Jadeit mit $Al^{[6]}$ ersetzt wird. Ungewöhnlich hohe Drücke kombiniert mit niedrigen bis mäßigen Temperaturen sind in Subduktions- und kontinentalen Kollisionszonen realisiert. Reine Jadeitgesteine, bekannt als *Jade* (oder Jadeitit), werden ebenfalls in Subduktionszonen gebildet. Weltweit sind zahlreiche Jade-Vorkommen bekannt, besonders in Japan, aber auch in Myanmar, im Hochland von Tibet, in der Mongolei, im nordpolaren Ural (Russland), auf der Insel Syros (Kykladen-Archipel, Griechenland), in der Karibik und in Kalifornien. Häufig werden Jadeitgesteine von Serpentiniten begleitet (Abschn. 11.5.6).

Nahezu monomineralische Jadeitgesteine werden durch zwei verschiedene, aber räumlich und genetisch miteinander verknüpfte Prozesse gebildet (z. B. Tsujimori und Harlow 2012; Meng et al. 2016): 1) Direkte Ausfällung von Jadeit aus Na-Al-Si-reichen hydrothermalen Lösungen als Jadeitit-Gänge und -Adern; 2) Verdrängung des unmittelbaren Nebengesteins durch Jadeit-gesättigte Lösungen im Zuge von Na-Metasomatose.

Omphacit ist zusammen mit Granat der Hauptgemengteil des Gesteins *Eklogit,* das durch (Ultra-)Hochdruckmetamorphose aus einem basaltischen Ausgangsgestein gebildet wird.

Verwendung Schön farbige oder reinweiße Jade ist ein geschätzter Schmuckstein und wird zur Fertigung kunstgewerblicher Gegenstände besonders im traditionellen Kunsthandwerk Chinas verwendet. Wegen seiner hervorragenden mechanischen Eigenschaften, insbesondere seiner hohen Zähigkeit, war Jade in prähistorischer Zeit ein begehrter Rohstoff zur Fertigung von Waffen und Geräten.

- **Spodumen**
$LiAl[Si_2O_6]$

Ausbildung Kristallklasse 2/m, z. T. in wohlausgebildeten Kristallen, oft mit angerauhten, angeätzten oder parallel zu c gestreiften Flächen; als Seltenheit wurden metergroße, bis 90 t schwere Riesenkristalle beschrieben (Rickwood 1981). Aggregate von grobspätigem oder nach (100) breitstrahligem Spodumen treten gesteinsbildend auf.

Physikalische Eigenschaften	
Spaltbarkeit	(110) vollkommen
Härte	6½–7
Dichte	3,05–3,25
Farbe	farblos, weiß, hellgrau, rosa (Varietät Kunzit), gelblich, hellgrün (Varietät Hiddenit)
Glanz, Transparenz	oft trüb, aber Glasglanz auf Flächen von wasserklaren Kristallen; durchsichtig bis durchscheinend

Chemismus In gewissem Umfang kann Li^+ durch Na^+, Al durch Fe^{3+} ersetzt werden.

Vorkommen Spodumen ist ein charakteristisches Mineral in Li-reichen Pegmatiten (Abschn. 22.3); durch hydrothermale Umkristallisation entstehen die glasklaren, farblosen oder farbigen Edelspodumene, besonders die rosa bis violettrosa Varietät *Kunzit* und der smaragdgrüne *Hiddenit.*

Verwendung Spodumen ist ein wichtiger Rohstoff zur Gewinnung von Lithium, das z. B. in Li-Ionen-Batterien, für Legierungen mit hohem Festigkeit/Gewicht-Verhältnis sowie in Glas und Keramik mit hoher *T*-Beständigkeit genutzt wird. Kunzit und Hiddenit werden als Edelsteine verschliffen.

11.4.2 Pyroxenoide

Die allgemeine chemische Formel der Pyroxenoide ist $M[SiO_3]$ oder ein Vielfaches davon, wobei M überwiegend für Ca, Mg, Fe und Mn steht. Wie in den Pyroxenen sind die Pyroxenoidstrukturen durch unendliche Einfachketten von $[SiO_4]$-Tetraedern aufgebaut. Sie haben jedoch größere Gitterkonstanten c_0, definiert durch den Abstand zwischen jeweils zwei $[SiO_4]$-Tetraedern identischer Orientierung (Liebau 1959, 1985). Während die Pyroxene aus Zweier-Einfachketten aufgebaut sind, in denen jedes zweite Tetraeder in die gleiche Richtung zeigt, bestehen die Pyroxenoide aus Dreier-Einfachketten, Fünfer-Einfachketten und Siebener-Einfachketten. Prominente Beispiele hierfür sind Wollastonit $Ca_3[Si_3O_9]$, Rhodonit $(Mn,Ca,Fe)_5[Si_5O_{15}]$ und das $(Ca,Fe)(Fe,Mn)_6[Si_7O_{21}]$ (◘ Abb. 11.33). Abhängig von dem jeweiligen Kettentyp sind die [6]-koordinierten Kationen in den einzelnen Strukturen unterschiedlich angeordnet.

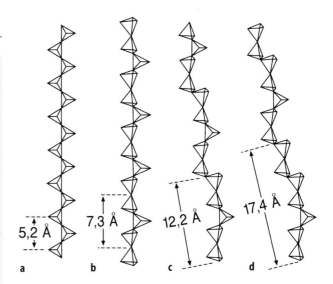

◘ **Abb. 11.33** SiO_4-Tetraeder-Einfachketten bei Pyroxenen und Pyroxenoiden. **a** Zweier-Einfachkette: Pyroxene; **b** Dreier-Einfachkette: Wollastonit; **c** Fünfer-Einfachkette: Rhodonit; **d** Siebener-Einfachkette: Pyroxferroit. (Nach Liebau 1959)

■ **Wollastonit**

$Ca_3[Si_3O_9]$, vereinfacht $Ca[SiO_3]$

Ausbildung Wollastonit tritt in unterschiedlichen Modifikationen auf. Tieftemperaturformen sind der trikline Wollastonit-Tc (Kristallklasse$\bar{1}$) und der monokline Wollastonit-2m (Parawollastonit, $2/m$); über 1150 °C ist der trikline Pseudowollastonit stabil, der aus Dreierringen $[Si_3O_9]$ aufgebaut ist und daher auch Cyclowollastonit genannt wird. Gewöhnlich bildet Wollastonit derbe, faserige, nadelige oder stängelige Aggreate, während wohlausgebildete tafelige oder nadelige Kristalle selten sind.

Physikalische Eigenschaften	
Spaltbarkeit	{100} und {001} vollkommen
Härte	4½–5
Dichte	2,85–3,1
Farbe	gewöhnlich weiß, aber auch mit schwachen Farbtönen
Glanz, Transparenz	Glasglanz, auf Spaltflächen auch Perlmuttglanz, in feinfaserigen Aggregaten seidenglänzend; durchsichtig bis durchscheinend

Chemismus Wollastonit kann beachtliche Gehalte an Mg, Fe und Mn aufweisen.

Vorkommen Wollastonit ist ein typisches Mineral kontaktmetamorpher kieseliger Kalksteine (▶ Abschn. 28.3.6), in denen er insbesondere nach der Reaktion

$$CaCO_3 + SiO_2 \leftrightarrow Ca[SiO_3] + CO_2$$
$$\text{Calcit} \quad \text{Quarz} \quad \text{Wollastonit} \tag{11.2}$$

entsteht und dann Wollastonit-Marmor bildet. Pseudowollastonit findet man in pyrometamorph überprägten vulkanischen Auswürflingen (▶ Abschn. 28.3.7).

Technische Verwendung Als Rohmaterial für Hochtemperaturkeramik, als Füllstoff in Plastik, Farben, Klebstoffen, Isolierstoffen, Bauelementen und – wegen seines hohen Schmelzpunktes von 1540 °C und seiner geringeren Gesundheitsgefährdung – als Asbest-Ersatz.

■ **Rhodonit**

$(Mn,Ca,Fe)_5[Si_5O_{15}]$

Ausbildung Kristallklasse $\bar{1}$; prismatische oder tafelige Kristalle sind selten; meist tritt Rhodonit in derben, rosafarbenen oder fleischroten Massen auf, die von schwarzen Manganoxid-Adern durchzogen werden.

Chemismus Rhodonit bildet komplexe Mischkristalle mit wechselnden Gehalten an $Mn >> Ca > Fe^{2+} >$ oder $< Mg$.

Vorkommen Überwiegend in metamorph überprägten Manganlagerstätten.

Technische Verwendung Verarbeitung zu Dekorations- und Schmucksteinen sowie zu kunstgewerblichen Gegenständen.

11.4.3 Amphibol-Familie

Der Chemismus der Amphibole kann durch die allgemeine Formel $A_{0-1}B_2C_5[(OH,F)_2/T_8O_{22}]$ ausgedrückt werden. Die folgenden Kationen können die einzelnen Plätze in der Struktur einnehmen:

- $A = Na^+$, seltener K^+, $\square$
- $B = Na^+, Ca^{2+}, Mg^{2+}, Fe^{2+}, Mn^{2+}$
- $C = Mg^{2+}, Fe^{2+}, Mn^{2+}, Al^{3+}, Fe^{3+}, Ti^{4+}$
- $T = Si^{4+}, Al^{3+}$

Dabei ist der Ersatz von Al^{3+} durch Fe^{3+} sowie zwischen Ti^{4+} und den anderen Ionen der C-Position begrenzt, ebenso der Ersatz von Si^{4+} durch Al^{3+}.

Wie bei der Pyroxen-Familie ist bei den Amphibolen die monokline Symmetrie am häufigsten. Bei den orthorhombischen *Orthoamphibolen* sind wie bei den entsprechenden Pyroxenen in der Struktur alle Kationenplätze [6]-koordiniert. In den *Klinoamphibolen* ist das Verhältnis der [6]:[8]-koordinierten Gitterplätze 5:2, in den Klinopyroxenen 2:2. Im Unterschied zur Pyroxenstruktur besteht jewcils in der Mitte der 6-zähligen Ringe der Doppelketten eine Lücke für die Aufnahme eines relativ großen 1-wertigen Anions 2. Stellung wie $(OH)^-$ und F^-; die großen A-Gitterplätze werden ganz oder teilweise mit Na in [10]- oder [12]-Koordination besetzt, bleiben aber auch häufig als Leerstelle unbesetzt ($\square$). In ◘ Abb. 11.34 ist die Struktur eines monoklinen Ca-Amphibols beispielhaft dargestellt und erläutert.

In der *Amphibolstruktur* bilden eckenverknüpfte $[TO_4]$-Tetraeder unendliche Doppelketten parallel zu c. Diese erinnern an Strickleitern, die aus Sechserringen aufgebaut sind. Mit Nachbarringen verknüpft weisen sie die Zusammensetzung $[(Si,Al)_4O_{11}]$ auf (◘ Abb. 11.34). Die C-Kationen bilden unendliche, parallel zu c orientierte Bänder von kantenverknüpften $[C(O,OH)_6]$-Oktaedern, die über Ecken mit den Tetraeder-Doppelketten zu alternierenden, sandwichähnlichen Einheiten, sog. I-beams, verbunden sind. Entsprechend ihrer jeweiligen Größe können die C-Kationen drei verschiedene Positionen M1, M2 oder M3 einnehmen. An den Rändern der oktaedrischen Bänder sind isolierte Sauerstoffe durch die relativ großen Anionen zweiter Ordnung, gewöhnlich $(OH)^-$, zum geringeren Teil F^-, ersetzt. Dadurch entsteht die geräumige M4-Position, die in den Ca-, Na-Ca- und Na-Amphibolen von den großen, [8]-koordinierten B-Kationen Ca^{2+} und Na^+ eingenommen wird. Die noch größeren A-Plätze, die in den benachbarten Doppelketten die Mitte der Sechserringe bilden, sind ganz oder teilweise mit [10]- oder [12]-koordiniertem Na^+ (seltener K^+) besetzt, können aber auch vollkommen unbesetzt ($\square$) sein (◘ Abb. 11.34).

Wie bei der Pyroxen-Familie herrschen die monoklinen *Klinoamphibole* klar vor. Bei ihnen liegt das Verhältnis zwischen [6]- und [8]-koordinierten Plätzen, die jeweils von den C- und B-Kationen eingenommen werden, bei 5:2, gegenüber 1:1 bei den Klinoyroxenen. In den orthorhombischen Mg-Fe-Amphibolen, den *Orthoamphibolen,* sind alle Kationenplätze [6]-koordiniert,

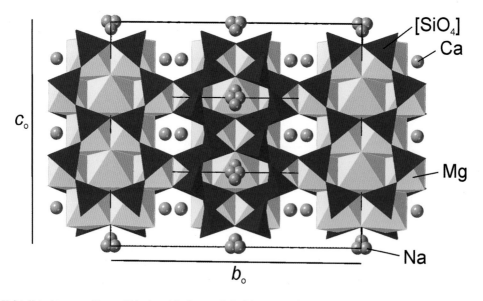

◘ **Abb. 11.34** Kristallstruktur von Ca- und Na-Amphibolen am Beispiel von Hastingsit; Projektion auf (100); unendliche Doppelketten aus eckenverknüpften $[SiO_4]$-Tetradern bilden sechszählige Ringe, in denen die großen A-Kationen Na^+ (und K^+) in [10]-Koordination sitzen. In den Bändern aus kantenverknüpften Oktaedern (hier mit Fe besetzt) sind die C-Kationen mit O und (OH) [6]-koordiniert; dabei lassen sich im Allgemeinen drei verschieden große Positionen M1, M2 und M3 unterscheiden, in denen die C-Kationen je nach ihrer Größe bevorzugt eingebaut werden. Auf den [8]-koordinierten Gitterplätzen M4 sitzen bei den Ca- und Na-Amphibolen hauptsächlich die großen B-Kationen Ca^{2+} und Na^+

◻ Tab. 11.6 Wichtige Amphibol-Endglieder

Mineral	Formel	Kristallklasse
Mg-Fe-Mn-Amphibole		
Anthophyllit – Ferroanthophyllit	$\square(Mg,Fe^{2+})_7[(OH)_2/Si_8O_{22}]$	2/m2/m2/m
Gedrit – Ferrogedrit	$\square(Mg,Fe^{2+})_5Al_2[(OH)_2/Al_2Si_6O_{22}]$	2/m2/m2/m
Cummingtonit – Grunerit	$\square(Mg,Fe)_7[(OH)_2/Si_8O_{22}]$	2/m
Li-Amphibole		
Holmquistit – Ferroholmquistit	$\square Li_2(Mg,Fe^{2+})_3Al_2[(OH)_2/Si_8O_{22}]$	2/m2/m2/m
Klinoholmquistit – Klino-Ferroholmquistit	$\square Li_2(Mg,Fe^{2+})_3Al_2[(OH)_2/Si_8O_{22}]$	2/m
Ca-Amphibole		
Tremolit – Aktinolith – Ferroaktinolith	$\square Ca_2(Mg,Fe^{2+})_5[(OH)_2/Si_8O_{22}]$	2/m
Magnesiohornblende – Ferrohornblende	$\square Ca_2(Mg,Fe^{2+})_4(Al,Fe^{3+})[(OH)_2/Al_2Si_7O_{22}]$	2/m
Tschermakit – Ferro-/Ferritschermakit	$\square Ca_2(Mg,Fe^{2+})_3(Al,Fe^{3+})_2[(OH)_2/Al_2Si_6O_{22}]$	2/m
Edenit – Ferroedenit	$NaCa_2(Mg,Fe^{2+})_5[(OH)_2]/AlSi_7O_{22}]$	2/m
Pargasit – Ferropargasit	$NaCa_2(Mg,Fe^{2+})_4Al[(OH)_2]/Al_2Si_6O_{22}]$	2/m
Magnesiohastingsit – Hastingsit	$NaCa_2(Mg,Fe^{2+})_4Fe^{3+}[(OH)_2]/Al_2Si_6O_{22}]$	2/m
Kaersutit – Ferrokaersutit	$NaCa_2(Mg,Fe^{2+})_4Ti[(OH)]/Al_2Si_6O_{23}]$	2/m
Na-Ca-Amphibole		
Richterit – Ferrorichterit	$NaCaNa(Mg,Fe^{2+})_5[(OH)_2/Si_8O_{22}]$	2/m
Magnesiokatophorit – Katophorit	$NaCaNa(Mg,Fe^{2+})_4(Al,Fe^{3+})[(OH)_2/AlSi_7O_{22}]$	2/m
Magnesiotaramit – Taramit	$NaCaNa(Mg,Fe^{2+})_3AlFe^{3+}[(OH)_2/Al_2Si_6O_{22}]$	2/m
Winschit – Ferrowinchit	$\square CaNa(Mg,Fe^{2+})_4(Al,Fe^{3+})[(OH)_2/Si_8O_{22}]$	2/m
Barroisit – Ferrobarroisit	$\square CaNa(Mg,Fe^{2+})_3AlFe^{3+}[(OH)_2/AlSi_7O_{22}]$	2/m
Na-Amphibole		
Glaukophan – Ferroglaukophan	$\square Na_2(Mg,Fe^{2+})_3Al_2[(OH)_2/Si_8O_{22}]$	2/m
Magnesioriebeckit – Riebeckit	$\square Na_2(Mg,Fe^{2+})_3Fe^{3+}_2[(OH)_2/Si_8O_{22}]$	2/m
Eckermannit – Ferroeckermanit	$NaNa_2(Mg,Fe^{2+})_4Al[(OH,F)_2/Si_8O_{22}]$	2/m
Magnesioarfvedsonit – Arfvedsonit	$NaNa_2(Mg,Fe^{2+})_4Fe^{3+}[(OH,F)_2/Si_8O_{22}]$	2/m

so wie bei den Orthopyroxenen. In ◻ Tab. 11.6 ist die Amphibol-Nomenklatur der „IMA-Kommission für neue Minerale und Mineralnamen" (Leake et al. 1997) zusammengestellt.

Mg-Fe-Amphibole

- Anthophyllit – Ferroanthophyllit
$(Mg,Fe)_7[(OH)_2/Si_8O_{22}]$

- Gedrit – Ferrogedrit
$(Mg,Fe)_5Al_2[(OH)_2/Al_2Si_6O_{22}]$

Ausbildung Kristallklasse 2/m2/m2/m; Anthophyllit und Gedrit bilden subparallele oder büschelförmige Aggregate aus nach c gelängten stängeligen bis nadeligen Kristallen, faserig als *Anthophyllit-Asbest*.

Physikalische Eigenschaften	
Spaltbarkeit	(210) vollkommen, (010) und (100) schlecht; Spaltwinkel (210):(2$\bar{1}$0) ~54½°; Querabsonderung normal zu c ist häufig
Härte	5½–6
Dichte	2,85 (Anthophyllit) – 3,55 (Ferrogedrit)
Farbe	farblos, gelbgrau bis gelbbraun, grün, nelkenbraun, dunkelbraun, je nach Fe-Gehalt
Glanz, Transparenz	Anthophyllit: Glasglanz, Perlglanz, Gedrit: Glas- bis Seidenglanz auf Spaltflächen, bronzefarbener Schiller auf (010), durchsichtig bis durchscheinend

Chemismus Die *orthorhombischen Mg-Fe-Amphibole* bilden eine lückenlose Mischkristallreihe, die von fast reinem Anthophyllit $Mg_7[(OH)_2/Si_8O_{22}]$ bis zum

Ferroanthophyllit mit 65 Mol-% $Fe_7[(OH)_2/Si_8O_{22}]$ reich, wobei Mg-reiche Glieder verbreiteter sind als Fe-reiche. Im Gegensatz dazu umfasst die orthorhombische Gedrit-Ferrogedrit-Reihe den vollen Bereich der $Mg \leftrightarrow Fe^{2+}$-Substitution. Ähnlich der Tschermak-Substitution bei den Pyroxenen ist $(Mg,Fe^{2+})^{[6]}Si^{4+[4]}$ teilweise durch $Al^{3+[6]}Al^{3+[4]}$ ersetzt, wobei die Grenze zwischen Anthophyllit und Gedrit willkürlich bei Si_7, d. h. in der Mitte zwischen den beiden Endgliedern festgelegt wurde. Im niedrigen Temperaturbereich ist die Mischkristallreihe zwischen Anthophyllit und Gedrit unvollständig. Bei Abkühlung kommt es zur Entmischung von feinen Lamellen, die zum perlmutartigen Schiller auf {010} führt. Die große A-Position in der Gedrit-Struktur kann etwas Ca^{2+} aufnehmen. Darüber hinaus ermöglicht ein gekoppelter Ersatz $\square^{[12]}Si^{4+[4]} \leftrightarrow Na^{+[12]} + Al^{3+[4]}$ auch den Einbau von etwas Na^+ auf der A-Position.

Vorkommen Orthoamphibole treten in Mg-reichen metamorphen Gesteinen wie Anthophyllit-Cordierit-Gneis auf, entstehen aber auch durch metasomatische Reaktion zwischen ultramafischen Gesteinskörpern, z. B. Serpentiniten, mit ihrem Nebengestein. Nur selten finden sich Orthoamphibole in magmatischen Gesteinen.

Historische Verwendung Bis man seine Gesundheitsschädlichkeit erkannte, wurde faseriger Anthophyllit als Asbest abgebaut, besonders in den beiden großen Lagerstätten von Tuusniemi in Finnland (1918–1975) und Matsubase in Japan (1883–1970).

■ **Cummingtonit – Grunerit**
$(Mg,Fe)_7[(OH)_2/Si_8O_{22}]$

Ausbildung Kristallklasse 2/m; Kristalle in faserig-nadeliger Ausbildung bilden oft radialstrahlige oder büschelige Aggregate. Einfache oder lamellare Zwillinge sind häufig.

Physikalische Eigenschaften	
Spaltbarkeit	(110) gut; Spaltwinkel (110):{1$\bar{1}$0} ~55°
Härte	5–6
Dichte	3,1–3,6, zunehmend mit dem Fe-Gehalt
Farbe	lichtgrün bis graugrün, beige, bräunlich
Glanz	seidenartig glänzend

Chemismus Die *monoklinen Mg-Fe-Amphibole* bilden eine lückenlose Mischkristallreihe zwischen dem fast reinen Endglied Cummingtonit, $Mg_7[(OH)_2/Si_8O_{22}]$, und Grunerit, $Fe^{2+}_7[(OH)_2/Si_8O_{22}]$, wobei die Grenze zwischen den Mg- und Fe^{2+}-reichen Mischkristallen bei $Mg:Fe^{2+} = 1:1$ festgelegt wurde. Daneben kommen monokline Mg-Fe-Amphibole mit z. T. beachtlichen Mn^{2+}-Gehalten vor, wobei das Endglied Manganogrunerit die Zusammensetzung $Mn^{2+}_2Fe^{2+}_5[(OH)_2/Si_8O_{22}]$ hat. Geringe Gehalte an Ca und Na belegen eine begrenzte Mischkristallbildung mit den Ca-Amphibolen.

Vorkommen Cummingtonit und Grunerit findet man nicht selten in metamorphen Arealen, wo sie in Amphiboliten mit Hornblende oder in metamorphen Ultrabasiten mit Anthophyllit koexistieren. Grunerit und Manganogrunerit entstehen zusammen mit Quarz, Magnetit und/oder Hämatit bei der Metamorphose von Bänderreisenerzen (BIF; ▶ Abschn. 25.4.2).

Historische Verwendung In großen Mengen wurde *Amosit,* ein feinfaseriger Grunerit, über Jahrzehnte durch die AMOSA Company (Asbestos Mines of Southern Africa) in den Asbestlagerstätten in der Limpopo Provinz (Penge Mine) im nordöstlichen Südafrika gewonnen. Jedoch hat man diesen Abbau schon seit langer Zeit eingestellt, nachdem erkannt worden war, wie extrem gesundheitsschädlich Amphibolasbeste sind.

Ca-Amphibole

■ **Tremolit**
$\square Ca_2Mg_5[(OH)_2/Si_8O_{22}]$

■ **Aktinolith – Ferroaktinolith**
$\square Ca_2(Mg,Fe)_5[(OH)_2/Si_8O_{22}]$

Ausbildung Kristallklasse 2/m; prismatische, stängelige oder nadelige Kriställchen mit dominierendem Vertikalprisma {110} und untergeordnetem Prisma {121} (◨ Abb. 11.35a) sind typischerweise zu radialstrahligen, büscheligen oder garbenförmigen Aggregaten angeordnet (◨ Abb. 11.36) und werden daher unter Mineraliensammlern auch als „Strahlstein" bezeichnet. Monomineralische, dichte, verfilzte Massen von faserigem Tremolit oder Aktinolith werden als *Nephrit* bezeichnet und können leicht mit Jade verwechselt werden (s. ▶ Abschn. 11.4.1).

Physikalische Eigenschaften	
Spaltbarkeit	(110) vollkommen, mit einem Spaltwinkel (110):(1$\bar{1}$0) ~56°; Absonderung normal zu c
Härte	5–6
Dichte	2,99–3,48, mit Fe-Gehalt zunehmend
Farbe	Tremolit ist farblos, hellgrau, hellrosa bis gelblich, Aktinolith ist hell- bis dunkelgrün, falls sehr Fe-reich schwarz
Glanz, Transparenz	Glasglanz bis blendeartiger, halbmetallischer Glanz auf Kristall- und Spaltflächen, Seidenglanz auf feinfaserigen Aggregaten; durchsichtig bis durchscheinend

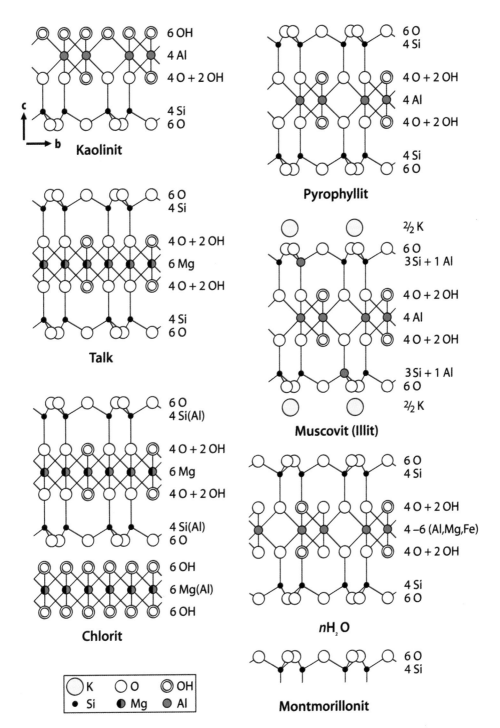

◻ Abb. 11.37 Kristallstrukturen von wichtigen gesteinsbildenden Schichtsilikaten: Die grundlegenden Strukturelemente sind eine oder zwei Lagen von eckenverknüpften [SiO$_4$]- oder [(Si,Al)O$_4$]-Tetraedern, die durch eine Lage von kantenverknüpften [(Mg,Fe,Al)O$_4$(OH)$_2$]-Oktaedern verbunden sind. Dadurch entstehen jeweils 2- oder 3-Schicht-Strukturen. In der gewählten Schnittlage bilden die kristallographischen Achsen b und c einen rechten Winkel. (Nach Searle und Grimshaw 1959)

verwittertem Gesteinsschutt (Regolith), wobei der Metamorphosegrad der Grünschieferfazies (▶ Abschn. 28.3.2) mit Temperaturen von 300–450 °C entspricht. Darüber hinaus bildet sich Pyrophyllit auch bei niedrigem pH durch hydrothermale Alteration von Feldspäten oder Muscovit, wobei die Alkali- und Erdalkalielemente abgeführt werden und das restliche Al relativ angereichert wird.

Technische Verwendung Als Feuerfestmaterial findet Pyrophyllit weite industrielle Anwendung, z. B. für die Herstellung von Zirkon-Pyrophyllit-Pfannensteinen in der Stahlindustrie, darüber hinaus in Papier, Gummi und Seife sowie als Trägerstoff für Insektizide.

■ **Talk**

$Mg_3[(OH)_2/Si_4O_{10}]$

Ausbildung Kristallklasse meist 2/m, daneben gibt es auch trikline und orthorhombische Polytypen. Kristalle mit 6-seitiger (pseudohexagonaler) Begrenzung sind relativ selten, meist kommt Talk in schuppig-blättrigen Aggregaten oder in dichten Massen vor, die als Speckstein oder Steatit bezeichnet werden.

Physikalische Eigenschaften	
Spaltbarkeit	(001) vollkommen; Spaltblättchen sind biegsam, aber nicht elastisch
Härte	1 (Referenzmineral der Mohs'schen Härteskala), fühlt sich fettig an
Dichte	~2,6
Farbe	zart grün, grau oder silberweiß, in Speckstein auch dunkelgrau oder grün
Glanz, Transparenz	Perlmutt- bis Speckglanz, durchscheinend
Strich	weiss

Kristallstruktur Trioktaedrische 3-Schicht-Struktur (◘ Abb. 11.37).

Chemismus Mg kann teilweise durch Fe^{2+} und Fe^{3+}, untergeordnet auch durch Mn, Al oder Ti ersetzt werden. Falls notwendig, erfolgt der Ladungsausgleich über die Substitution $Si^{[4]} \leftrightarrow Al^{[4]}$.

Vorkommen Bei der Metamorphose von Mg-reichen Gesteinen wie kieseligen, dolomitischen Karbonatgesteinen oder Ultrabasiten kann sich Talk in einem relativ weiten *T*-Bereich bilden (◘ Abb. 27.9). Unter höheren Metamorphose-Drücken kann aus pelitischem Ausgangsmaterial ein Talk-Kyanit-Gestein, sog. *Weißschiefer* (▶ Abschn. 28.3.9) entstehen. Bei der hydrothermalen Umwandlung Mg-reicher mafischer bis ultramafischer Gesteine werden Olivin, Pyroxene und Amphibole durch Talk verdrängt, bisweilen unter Erhaltung ihrer äußeren Umrisse (Pseudomorphosen). Nahezu monomineralischer Talkschiefer entsteht durch metasomatischen Stoffaustausch zwischen Serpentinit und silikatreichen Gesteinen wie Granit, Pegmatit oder Gneis, wie z. B. in sogenannten „blackwalls" (▶ Abschn. 26.6.1).

Technische Bedeutung Wichtig für die technische Verwendung von Talk sind sein hydrophober (wasserabweisender) Charakter und sein gutes Absorptionsvermögen

für organische Stoffe. Feingemahlener Talk, als *Talkum* bezeichnet, wird in der Glas-, Farben- und Papierindustrie, als Grundstoff für Kosmetika und Arzneimittel, als Füllstoff für Plastik und als Träger von Schädlingsbekämpfungsmitteln verwendet.

Speckstein und Talk gehen beim Erhitzen auf 1000–1200 °C in ein sehr zähes, festes und hartes (Härte 6–7) Gemenge aus Cristobalit, SiO_2, und Klinoenstatit, $MgSiO_3$, über, das man in der Technik als *Steatit* bezeichnet und als Feinkeramik und Elektrokeramik verwendet. In manchen Kulturen, z. B. bei den Inuit Nordkanadas, dient Speckstein zur traditionellen Herstellung von Kleinskulpturen.

An deutschen Schulen ist die Verwendung von Speckstein im Kunst- und Werkunterricht wegen möglicher Gehalte an Chrysotil-Asbest (▶ Abschn. 11.5.6) nicht mehr erlaubt.

11.5.2 Glimmer-Gruppe

Die allgemeine Formel der Glimmer ist:
$I^{[12]}M^{[6]}_{2-3}[(OH,F)_2/T^{[4]}_4O_{10}]$
mit:

- $I^{[12]} = K^+$, Na^+ oder Ca^{2+} sowie Ba^{2+}, Rb^+, Cs^+ …;
- $M^{[6]} = Al^{3+}$, Mg^{2+}, Fe^{2+} oder Fe^{3+} sowie Mn^{2+}, Cr^{3+}, Ti^{4+}, Li^+ …;
- $T^{[4]} = Si^{4+}$ oder Al^{3+}, möglicherweise auch Fe^{3+} und Ti^{4+}.

Die Glimmer-Gruppe wird generell in *echte Glimmer* und *Sprödglimmer* eingeteilt, bei denen die Zwischenschicht-Kationen $I^{[12]}$ jeweils einwertig (Na^+, K^+) oder zweiwertig (Ca^{2+}, Ba^{2+}) sein können. Die echten Glimmer, bei denen die einwertigen $I^{[12]}$-Kationen mit dreiwertigen $M^{[6]}$-Kationen wie Al^{3+} oder Fe^{3+} kombiniert werden, sind *dioktaedrisch*, solche mit zweiwertigen $M^{[6]}$-Kationen wie Mg^{2+} oder Fe^{2+} *trioktaedrisch* (◘ Tab. 11.7).

■ **Muscovit**

$KAl^{[6]}_2[(OH)_2/Al^{[4]}Si_3O_{10}]$

Ausbildung Am häufigsten ist der monokline Polytyp Muscovit-2M$_1$ der Kristallklasse 2/m, während die monoklinen Polytypen Muscovit-1M und -1Md – letzterer mit ungeordneter Stapelfolge – sowie der trigonale Muscovit-3T der Kristallklasse 32 weniger verbreitet sind. Wohlausgebildete Kristalle mit 6-seitigem (pseudohexagonalem) Umriss sind selten, können aber in Pegmatit als metergroße Tafeln auftreten. In Gesteinen bildet Muscovit meist blättrige bis schuppige Aggregate und ist oft mit Biotit verwachsen; sehr feinschuppiger Muscovit wird als *Sericit* bezeichnet. Gewöhnlich ist Muscovit verzwillingt mit {001} als Verwachsungsfläche.

◨ Tab. 11.7 Wichtige Schichtsilikate

Mineral	Formel	Besetzung der Oktaederschicht
Pyrophyllit-Talk-Gruppe	**Strukturtyp: 3-Schicht-Silikate**	
Pyrophyllit	$Al_2[(OH)_2/Si_4O_{10}]$	Dioktaedrisch
Talk	$Mg_3[(OH)_2/Si_4O_{10}]$	Trioktaedrisch
Glimmer-Gruppe	**Strukturtyp: 3-Schicht-Silikate**	
Muscovit	$KAl^{[6]}_2[(OH)_2/Al^{[4]}Si_3O_{10}]$	Dioktaedrisch
Paragonit	$NaAl_2[(OH)_2/AlSi_3O_{10}]$	Dioktaedrisch
Phlogopit	$KMg_3[(OH,F)_2/AlSi_3O_{10}]$	Trioktaedrisch
Biotit	$K(Mg,Fe^{2+},Al^{[6]},Fe^{3+})_3[(OH,F)_2/Al(Si,Al^{[4]})_3O_{10}]$	Trioktaedrisch
Lepidolith	$K(Li,Al^{[6]})_3[(F,OH)_2/(Si,Al^{[4]})_4O_{10}]$	Tri- (bis di-)oktaedrisch
Zinnwaldit	$K(Fe^{2+},Li,Al,\square)_3[(OH,F)_2/(Si,Al)_4O_{10}]$	Tri- (bis di-)oktaedrisch
Hydroglimmer-Gruppe	**Strukturtyp: 3-Schicht-Silikate**	
Illit	$(K,H_3O)Al_2[(H_2O,OH)_2/(Si,Al)_4O_{10}]$	Dioktaedrisch
Sprödglimmer-Gruppe	**Strukturtyp: 3-Schicht-Silikate**	
Margarit	$CaAl_2[(OH)_2/Al_2Si_2O_{10}]$	Dioktaedrisch
Chlorit-Serie	**Strukturtyp: 4-Schicht-Silikate**	
Klinochlor	$Mg_5Al^{[6]}[(OH)_8/Al^{[4]}Si_3O_{10}]$	Trioktaedrisch
Chamosit	$Fe^{2+}_5Al[(OH)_8/AlSi_3O_{10}]$	Trioktaedrisch
Serpentin-Gruppe	**Strukturtyp: 2-Schicht-Silikate**	
Lizardit	$Mg_6[(OH)_8/Si_4O_{10}]$	Trioktaedrisch
Antigorit	$Mg_6[(OH)_8/Si_4O_{10}]$	Trioktaedrisch
Chrysotil	$Mg_6[(OH)_8/Si_4O_{10}]$	Trioktaedrisch
Tonmineral-Gruppe	**Strukturtyp: 2- oder 3-Schicht-Silikate**	
Kaolinit	$Al_4[(OH)_8/Si_4O_{10}]$	Dioktaedrisch
Halloysit	$Al_4[(OH)_8/Si_4O_{10}] \cdot 2H_2O$	Dioktaedrisch
Montmorillonit (Smectit)	$\sim Al_{1,65}(Mg,Fe)_{0,35}[(OH)_2/(Si,Al)_4O_{10}] \cdot \frac{1}{2}(Na,Ca)_{0,35}(H_2O)_n$	Dioktaedrisch
Vermiculit	$\sim Mg_2(Mg,Fe^{3+},Al)[(OH)_2/(Si,Al)_4O_{10}] \cdot (Mg,Ca)_{0,35}(H_2O)_n$	Trioktaederisch
Chrysokoll	$\sim Cu_4H_4[(OH)_8/Si_4O_{10}] \cdot nH_2O$	Dioktaedrisch
Apophyllit-Gruppe	**Strukturtyp: 1-Schicht-Silikat**	
Apophyllit	$KCa_4[(F,OH)_2(Si_4O_{10})_2] \cdot 8H_2O$	

Physikalische Eigenschaften	
Spaltbarkeita	(001) sehr vollkommmen, Translation nach (001)
Härte	2–2½ //(001), 3½ ⊥(001)
Dichte	2,8–2,9
Farbe	farblos, gelblich, grünlich
Glanz, Transparenz	hell silberglänzend („Hellglimmer"), Perlmuttglanz auf Spaltflächen; durchscheinend, in dünnen Blättchen durchsichtig

Kristallstruktur Die dioktaedrische 3-Schicht-Struktur von Muscovit leitet sich von der einfacheren Pyrophyllit-Struktur durch Einbau des K^+ auf den Zwischenschicht-Plätzen ab, wobei der Ladungsausgleich über die gekoppelte Substitution $\square Si^{4+[4]} \leftrightarrow K^+Al^{3+[4]}$ erfolgt (◨ Abb. 11.37).

Chemismus Muscovit bildet nur begrenzt Mischkristalle mit den anderen di- oder trioktaedrischen Glimmern. Wenn Muscovit mit Paragonit koexistiert, kann er bis zu 0,38 Na^+ pro Formeleinheit einbauen (Guidotti und Sassi 2002). Darüber hinaus kann K^+ in geringem Maß durch Rb^+ oder Cs^+, $Al^{[6]}$ durch Mg^{2+}, Fe^{2+}, Fe^{3+} u. a. ersetzt werden; bei den Anionen 2. Stellung kann $(OH)^-$ durch F^- vertreten sein. Die gekoppelte Substitution $Al^{[6]}Al^{[4]} \leftrightarrow (Mg,Fe^{2+})^{[6]}Si^{[4]}$ führt zur *Phengit-Serie,* während *Ferrimuscovit* auf den Austausch $Al^{[6]} \leftrightarrow Fe^{3+[6]}$ zurückgeht. Grüner Cr^{3+}-haltiger Muscovit heißt *Fuchsit.*

Vorkommen Muscovit ist ein sehr verbreitetes Mineral in metamorphen Gesteinen, wie Phyllit, Glimmerschiefer und Gneis, tritt aber auch in Magmatiten auf, z. B. zusammen mit Biotit in sog. Zweiglimmergranit. Detritischer Muscovit kann in siliziklastischen Sedimentgesteinen auftreten, so in Silt- und Sandstein. *Sericit* ist ein häufiges Umwandlungsprodukt von Al-Silikaten, z. B. von Feldspäten.

Verwendung als Rohstoff Wegen seiner guten Fähigkeit zur Wärme- und Elektroisolation findet Muscovit breite technische Anwendung.

■ **Paragonit**
$$NaAl^{[6]}_2[(OH)_2/Al^{[4]}Si_3O_{10}]$$

Im Handstück, aber auch unter dem Mikroskop ist Paragonit (H 2½, D 2,85) dem Muscovit sehr ähnlich und wird daher als gesteinsbildendes Mineral oft übersehen; beide lassen sich nur röntgenographisch oder durch Analytik mit der Elektronenstrahl-Mikrosonde sicher unterscheiden. Paragonit tritt nicht selten in schwach- bis mittelgradig metamorphen, Al-reichen Sedimentgesteinen (Metapeliten) auf. Obwohl zwischen den beiden Hellglimmern keine vollständige Mischbarkeit besteht, kann Paragonit, der mit Muscovit koexistiert, bis zu 0,15 K^+ pro Formeleinheit enthalten.

■ **Phlogopit**
$$KMg_3[(OH,F)_2/AlSi_3O_{10}]$$

Ausbildung Kristallklasse 2/m beim häufigsten $2M_1$-Phlogopit. Wohlausgebildete prismatische Kristalle mit pseudohexagonaler Begrenzung und Verzwilligung nach {001} sind recht verbreitet und können beachtliche Korngrößen erreichen. Gesteinsbildender Phlogopit tritt in monomineralischen Aggregaten oder in Verwachsung mit anderen Mineralen auf.

Physikalische Eigenschaften	
Spaltbarkeit	(001) vollkommen; die Blättchen lassen sich elastisch verbiegen
Härte	2½–3
Dichte	2,85
Farbe	gelbbraun bis grünlich gelb, auch fast farblos
Glanz, Transparenz	Perlmuttglanz auf Spaltflächen; durchsichtig bis durchscheinend

Kristallstruktur Die trioktaedrische 3-Schicht-Struktur von Phlogopit leitet sich von der Talkstruktur ab, wobei die Zwischenschicht-Position mit K^+ aufgefüllt wird und der Ladungsausgleich durch den gekoppelten Ersatz $□Si^{4+[4]} ↔ K^{+[12]}Al^{3+[4]}$ erfolgt.

Chemismus Phlogopit sensu stricto ist das Endglied einer lückenlosen Mischkristallreihe mit Biotit, wobei Mg durch Fe^{2+} substituiert wird (s. Biotit). Definitionsgemäß liegt das maximale Fe^{2+}:Mg-Verhältnis des Phlogopit sensu lato bei 0,2. Dagegen ist die Mischkristallbildung mit Muscovit außerordentlich begrenzt. Häufig wird $(OH)^-$ durch etwas F^- ersetzt, bis hin zum *Fluorphlogopit* mit F > (OH).

Vorkommen Wegen seiner relativ großen thermischen Stabilität ist Phlogopit ein Gemengteil in ultramafischen Gesteinen des Oberen Erdmantels, er tritt in Mg-reichen Magmatiten wie Kimberlit und Lamproit auf, den Trägergesteinen von primärem *Diamant,* daneben auch in Metamorphiten wie Phlogopitschiefer und Phlogopitmarmor. Nahezu monomineralischer Phlogopitschiefer bildet die Innenzone von Blackwalls (▶ Abschn. 26.6.1), in denen die gesuchten Edelstein-Minerale *Smaragd* und *Alexandrit* vorkommen können.

Technische Verwendung Wie bei Muscovit.

■ **Biotit**
$$K(Mg,Fe^{2+},Al^{[4]},Fe^{3+})_3[(OH,F)_2/Al(Si,Al^{[6]})_3O_{10}]$$

Ausbildung Der häufigste Polytyp, Biotit-1M, gehört zur Kristallklasse 2/m, ebenso wie die Polytypen $2M_1$ und 1Md, während der trigonale Polytyp Biotit-3T der Kristallklasse 32 angehört. Gut ausgebildete sechsseitige Kristalle mit pseudohexagonalem Habitus sind selten (◘ Abb. 2.8). Gesteinsbildender Biotit tritt in isolierten xenomorphen Kristallen auf oder bildet in Verwachsung mit Begleitmineralen, insbesondere mit Muscovit, blättrige oder schuppige Aggregate. Zwillinge mit {001} als Verwachsungsebene sind häufig.

Physikalische Eigenschaften	
Spaltbarkeit	(001) vollkommen; die Blättchen sind biegsam und elastisch
Härte	2–3
Dichte	2,7–3,3, mit Fe-Gehalt zunehmend
Farbe	dunkelgrün, bräunlich grün, hellbraun, dunkelbraun bis schwarzbraun
Glanz, Transparenz	Perlmuttglanz auf den Spaltflächen; durchscheinend bis durchsichtig; undurchsichtig bei hohen Gehalten an winzigen Magnetit-Einschlüssen

Kristallstruktur Trioktaedrisches 3-Schicht-Silikat wie Phlogopit (s. dort).

Chemismus Gegenüber Phlogopit sind variable Anteile von Mg^{2+} in der Oktaederschicht durch Fe^{2+}, ferner durch Fe^{3+}, $Al^{[6]}$ und Ti^{4+} ersetzt; der Ladungsausgleich erfolgt entweder durch teilweise Substitution $Si \leftrightarrow Al^{[4]}$ in der Tetraederschicht oder durch unvollständige Besetzung der Oktaederschicht. Der Einbau von Ti^{4+} auf den Oktaederplätzen erfolgt gewöhnlich durch den Austausch $TiFe_{-2}$, dessen Ausmaß im Wesentlichen von der Temperatur und der Sauerstoff-Fugazität abhängt. Biotit bildet lückenlose Mischkristallreihen zwischen Phlogopit und den Endgliedern *Annit*, $KFe^{2+}_3[(OH)_2/AlSi_3O_{10}]$, *Siderophyllit*, $KFe^{2+}_2Al[(OH)_2/Al_2Si_2O_{10}]$ und *Eastonit*, $KMg_2Al[(OH)_2/Al_2Si_2O_{10}]$; jedoch sind Fe-reiche Biotite oder solche mit $Al:(Mg,Fe^{2+})$-Verhältnissen $>1:5$ und damit entsprechend $Al:Si$-Verhältnissen $>3:5$ selten.

Vorkommen Biotit ist ein sehr verbreitetes gesteinsbildendes Mineral, das gewöhnlich in *metamorphen Gesteinen,* so in Glimmerschiefern (◧ Abb. 26.12a) und Gneisen, aber auch in felsischen *Plutoniten,* insbesondere in Granit und Granodiorit (◧ Abb. 13.5a, b) sowie deren pegmatitischen Äquivalenten vorkommt. Demgegenüber tritt Biotit in *vulkanischen Gesteinen,* z. B. in Rhyolith (◧ Abb. 13.8b), wesentlich seltener auf. In ihnen zersetzt sich Biotit, wenn er überhaupt gebildet wurde, wegen seiner begrenzten thermischen Stabilität – besonders bei geringen Drücken – in das feinkörnige opake Gemenge *Opazit.*

■ **Lepidolith**
$K(Li,Al^{[6]})_3[(F,OH)_2)/(Si,Al^{[4]})_4O_{10}]$

■ **Zinnwaldit**
$K(Fe^{2+},Li,Al^{[6]},\square)_3[(OH,F)_2)/(Si,Al^{[4]})_4O_{10}]$

Ausbildung Die Polytypen 1M und $2M_2$ mit Kristallklasse $2/m$ sind am häufigsten, während der monokline Polytyp $2M_1$ ($2/m$) und der trigonale Polytyp 3T (32) oder Wechsellagerungen von beiden wesentlich seltener sind. *Lepidolith* tritt meist als Blättchen oder Schüppchen, z. T. in halbkugeligen Aggregaten auf; schöne Kristalle sind selten. Dagegen kann *Zinnwaldit* tafelige Kristalle mit 6-seitigem Umriss bilden, die meist fächerförmig gruppiert sind.

Physikalische Eigenschaften	
Spaltbarkeit	(001) vollkommen
Härte	2½–4
Dichte	Lepidolith 2,8–2,9, Zinnwaldit 2,9–3,0
Farbe	Lepidolith: weiß bis blass rosa oder pfirsichblütenfarbig, verursacht durch Spuren von Mn^{2+}; Zinnwaldit: blass violett, sibergrau, gelblich, bräunlich, auch fast schwarz („Rabenglimmer")
Glanz, Transparenz	Perlmuttglanz; durchsichtig bis durchscheinend

Kristallstruktur und Chemismus Wegen seines geringen Ionenradius ist Li^+ nicht auf den [12]-koordinierten Zwischengitterplätzen positioniert, sondern ersetzt das [6]-koordinierte Al^{3+} in den Oktaederschichten. Bei einem $Li:Al$-Verhältnis von 1:1 ergäbe sich ein vollständiger Ladungsausgleich und eine ideale trioktaedrische Besetzung. Tatsächlich variiert jedoch das $Li:Al$-Verhältnis in der Natur sehr stark. Deswegen muss der Ladungsausgleich über eine entsprechende Variation im $Si:Al$-Verhältnis in der Tetraederschicht oder durch Leerstellen in der Oktaederschicht erfolgen, was zu Übergängen zwischen tri- und dioktaedrischer Besetzung führt.

Vorkommen *Lepidolith,* das häufigste Li-Mineral überhaupt, und *Zinnwaldit* treten zusammen mit anderen Li-Mineralen wie Amblygonit, $LiAl[(F,OH)/PO_4]$, oder Spodumen, $LiAl[Si_2O_6]$, in Granit-Pegmatiten auf. Zinnwaldit bildet sich auch unter hoch-temperierten hydrothermalen Bedingungen und kann von Kassiterit, Topas, Fluorit und Quarz begleitet sein.

Technische Verwendung Lepidolith und Zinnwaldit werden als Rohstoff für die Gewinnung des Leichtmetalls Lithium abgebaut. Dieses dient zur Herstellung von und Li-Ionen-Batterien, von Speziallegierungen mit hohen Festigkeit/Gewicht-Verhältnissen, von hochfeuerfesten Keramiken, von Li-Salzen und von pyrotechnischen Artikeln.

11.5.3 Hydroglimmer-Gruppe

■ **Illit**
$(K,H_3O)Al_2[(H_2O,OH)_2)/(Si,Al)_4O_{10}]$

Kristallstruktur Der Hydroglimmer Illit (Hydromuscovit) ist ein dioktaedrisches, seltener trioktaedrisches 3-Schicht-Silikat mit glimmerähnlicher Struktur (◧ Abb. 11.37), bei dem K^+ teilweise durch H_3O^+ ersetzt ist. Vorherrschend ist der fehlgeordnete Illit-1Md, während die ebenso fehlgeordneten Formen des $2M_1$- und des 3T-Polytyps seltener sind.

Korngröße Gewöhnlich ist Illit sehr feinkörnig ($<20\ \mu m$) ausgebildet oder erreicht sogar nur kolloidale Dimensionen ($<2\ \mu m$) und wird dann zu den *Tonmineralen* gerechnet (▸ Abschn. 11.5.7).

Physikalische Eigenschaften	
Spaltbarkeit	(001) vollkommen
Härte	1–2
Dichte	2,6–2,9
Farbe	reiner Illit ist farblos, gelegentlich gelb; grüne oder braune Farben werden durch winzige Einschlüsse von Fe-Oxiden oder -Hydroxiden verursacht

Vorkommen Illit ist ein wichtiger Bestandteil von Böden, Tiefseesedimenten, wie roter Tiefseeton, von Ziegeleitonen, Mergel, Tonstein, aber auch von bereits schwach metamorphen Gesteinen wie Tonschiefer. Dioktaedrischer Illit bildet sich durch Verwitterung von Muscovit oder K-Feldspat. Andererseits kann Illit auch aus Montmorillonit durch Aufnahme von K entstehen oder sich in Alterationszonen um heiße Quellen in geothermalen Feldern bilden. Verbreitet findet extensive (Re-)Kristallisation von Illit während der Diagenese und der niedrigstgradigen Metamorphose von tonigen Sedimenten statt. Die sogenannte *Illit-Kristallinität*, die man durch Röntgen-Pulverdiffraktometrie bestimmen kann, gilt als Maß für die temperaturabhängige Korngrößenvergrößerung des Illits und seiner zunehmenden strukturellen Ordnung im Übergangsbereich von Diagenese zu Metamorphose.

11.5.4 Sprödglimmer-Gruppe

▪ **Margarit**

$CaAl^{[6]}_2[(OH)_2/Al^{[4]}_2Si_2O_{10}]$

Kristallstruktur und Chemismus Dioktaedrisches 3-Schicht-Silikat mit Ca^{2+} in der Zwischenschicht und 2 $Al^{[4]}$ in der Tetraederschicht; Ca^{2+} kann teilweise durch Na^+, $Al^{[6]}$ durch Mg^{2+}, Fe^{2+} oder Fe^{3+} ersetzt werden, wobei der Ladungsausgleich durch die Substitution $Al^{3+[4]} \leftrightarrow Si^{4+}$ in der Tetraederschicht erfolgt.

Ausbildung Kristallklasse 2/m; gesteinsbildender Margarit tritt meist in blättrigen oder schuppigen Aggregaten auf; wohlausgebildete Kristalle sind selten.

Physikalische Eigenschaften	
Härte	3½–4½, d. h. härter als die echten Glimmer
Dichte	3,0–3,1
Farbe	weiß, rötlichweiß, perlgrau
Glanz, Transparenz	Glas- bis Perlmuttglanz; durchscheinend

Wegen des Einbaus von Ca^{2+} anstelle von K^+ oder Na^+ werden die Zwischenschicht-Bindungen verstärkt, während der Ersatz von Si^{4+} durch $Al^{3+[4]}$ die Bindungen innerhalb der Tetraederschicht schwächt. Deswegen ist die Spaltbarkeit nach {001} etwas weniger vollkommen als bei Muscovit, die Spaltblättchen sind spröde und zerbrechlich: daher die Zuordnung zu Sprödglimmer.

Vorkommen Margarit ist ein Gemengteil Ca-Al-reicher metamorpher Gesteine, z. B. von metamorphem Bauxit, bekannt als Schmirgel.

Von den zahlreichen trioktaedrischen Sprödglimmern sei nur der monokline *Clintonit*, $CaMg_2(Al,Mg)$ $[(OH)_2/(Si,Al)_4O_{10}]$, erwähnt.

11.5.5 Chlorit-Serie

▪ **Klinochlor**

$Mg_5Al[(OH)_8/AlSi_3O_{10}]$

▪ **Chamosit**

$Fe^{2+}_5Al[(OH)_8/AlSi_3O_{10}]$

Struktur und Klassifikation Die Chlorit-Struktur besteht aus 4-Schicht-Paketen, in denen sich eine talkähnliche Schichtanordnung (Sandwich) aus Tetraeder-Oktaeder-Tetraeder-Einheiten und eine brucitähnliche Zwischenschicht aus $[(Mg,Fe)(OH)_6]$- oder $[Al(OH)_6]$-Oktaedern abwechseln (◘ Abb. 11.37). Als einfachstes Endglied ergäbe sich die Formel $Mg_3[(OH)_2/Si_4O_{10}] \cdot Mg_3(OH)_6$, die jedoch kein Chlorit ist, sondern für die Serpentin-Gruppe gilt. In den meisten Chloriten ist Mg in der talk- und in der brucitähnlichen Schicht teilweise durch Al, Fe^{2+} und Fe^{3+} ersetzt, wobei der Ladungsausgleich durch die Substitution $Si \leftrightarrow Al^{[4]}$ erfolgt. So besteht ein breites Spektrum von Mischkristall-Zusammensetzungen, die früher eigene Varietäten-Namen erhalten haben. Seit Einführung der vereinfachten Nomenklatur von Bayliss (1975) werden jedoch alle Mg-reichen Chlorite mit Mg > Fe als *Klinochlor*, die Fe-reichen als *Chamosit* bezeichnet.

Ausbildung Kristallklasse 2/m; gelegentlich tritt Chlorit in pseudohexagonalen Kristallen mit dominierendem Basispinakoid {001} auf, ähnlich wie die Glimmer. Gewöhnlich bilden unregelmäßig begrenzte Chloritblättchen schuppige, geldrollenförmige oder massige Aggregate oder sind mit angrenzenden Gemengteilen verwachsen.

Physikalische Eigenschaften	
Spaltbarkeit	{001} vollkommen; die Spaltblättchen sind biegsam, jedoch weniger elastisch als bei den Glimmern
Härte	2–3

Physikalische Eigenschaften	
Dichte	2,6–3,3, gewöhnlich mit dem Fe-Gehalt zunehmend
Farbe	grün in wechselnden Tönen, aber auch fast farblos oder schwarz; durch Einbau von Spurenelementen gelb, rosa oder braun
Glanz, Transparenz	Glas- oder Perlmuttglanz; durchsichtig bis durchscheinend

Chemismus Die meisten Chlorite enthalten etwas Fe^{3+}, entweder anstelle von $Al^{[6]}$ oder durch Oxidation $Fe^{2+} \rightarrow Fe^{3+}$, kombiniert mit H-Verlust. Gewöhnlich sind Spuren von Mn und Cr vorhanden. Varietäten mit ungewöhnlich hohen Gehalten von Nebenelementen, z. B. in Pennantit (Mn), Nimit (Ni) oder Baileychlor (Zn) sind an spezielle Erzlagerstätten gebunden (Deer et al. 2013).

Chloritähnliche Schichtsilikate, z. B. *Sudoit*, $(Al,Fe)_2[(OH)_2/(AlSi_3O_{10})] \cdot Mg_2Al(OH)_6$, und *Cookeit*, $Al_2[(OH)_2/AlSi_3O_{10}] \cdot LiAl_2(OH)_6$, bestehen aus einem Sandwich von dioktaedrischen, pyrophyllitähnlichen Schichten, die mit trioktaedrischen, brucitähnlichen Schichten abwechseln.

Vorkommen Chlorite mit variablen, aber meist mittleren Mg:Fe-Verhältnissen sind häufige Gemengteile niedriggradig metamorpher Gesteine, z. B. Grünschiefer (Abb. 2.10) und Chlorit-Phyllit. Häufig werden in Magmatiten und Metamorphiten mafische Minerale wie Biotit, Granat, Pyroxen oder Amphibol teilweise oder vollständig durch sekundären Chlorit verdrängt. *Hydrothermaler* Chlorit wächst als Füllung von Klüften und Mandeln; er ist ein wichtiges Alterationsprodukt bei der *Propylitisierung* von intermediär zusammengesetzten Magmatiten (▶ Abschn. 26.6.2). Tonige Sedimentgesteine können feinkörnigen Chlorit enthalten, der entweder als Detritus abgelagert oder auch authigen neugebildet wurde (▶ Abschn. 25.2.4). *Wechsellagerungsstrukturen* (Mixed-Layer-Strukturen) aus Chlorit und Vermiculit (s. ▶ Abschn. 11.5.7) sind nicht ungewöhnlich. Fe^{2+}-Fe^{3+}-reicher *Chamosit* (früher als Thuringit bezeichnet) ist ein typischer Gemengteil in sedimentären Eisenerzen, so in präkambrischen Bändereisenerzen (▶ Abschn. 25.4.2).

11.5.6 Serpentin-Gruppe

■ Lizardit, Antigorit, Chrysotil
$$Mg_6[(OH)_8Si_4O_{10}]$$

Struktur und Klassifikation Zu dieser Gruppe gehören mehrere Strukturvarietäten. Am verbreitetsten sind *Lizardit* (monoklin m, trigonal 3 oder 3m, hexagonal 6 oder 6mm), *Antigorit* (Blätterserpentin, monoklin m) und *Chrysotil* (Faserserpentin, monoklin 2/m, orthorhombisch mm2). Serpentine haben eine 2-Schicht-Struktur, analog zu Kaolinit (Abb. 11.37). Diese besteht aus

- einer *Tetraederschicht* von eckenverknüpften [SiO_4]-Tetraedern, die pseudohexagonal angeordnet sind und alle in die gleiche Richtung zeigen, sowie
- einer trioktaedrischen, brucitähnlichen *Oktaederschicht* von kantenverknüpften Oktaedern mit der Zusammensetzung $[Mg_3O_2(OH)_4]^{2-}$; dabei sind im Vergleich zu Brucit 2 von 3 (OH) durch Sauerstoff ersetzt, die zu 2 benachbarten [SiO_4]-Tetraedern gehören und so Brücken zwischen der Tetraeder- und der Oktaederschicht bilden.
- Zusammen stellen diese beiden Schichten elektrostatisch abgesättigte Struktureinheiten dar, zwischen denen jeweils nur schwache Van-der-Waals-Bindungen bestehen.

Da das Mg^{2+}-Kation mit 0,80 Å etwas größer ist als $Al^{[6]}$ (0,61 Å) in der Kaolinitstruktur (Abb. A1 im Anhang), ist die Oktaederschicht im Serpentin etwas aufgeweitet, sodass die Gitterabstände zwischen Oktaederschicht und Tetraederschicht nicht genau aufeinander passen. Diese metrische Unstimmigkeit *(„misfit")* führt bei *Chrysotil* zu einer Krümmung und Einrollung der beiden Schichten, wobei die Tetraederschicht auf der Innen- und die Oktaederschicht auf der Außenseite der Chrysotilröllchen liegen (Abb. 11.38a). Diese erscheinen makroskopisch als Fasern mit rund 200 Å Durchmesser (Abb. 11.38b). Beim *Antigorit* (Blätterserpentin) wird der *„misfit"* dadurch ausgeglichen, dass die Doppelschichten sich aus Modulen aufbauen, die jeweils nach 8 [SiO_4]-Tetraedern in die Gegenrichtung umklappen. Dadurch entsteht eine wellenartige, „modulierte" Struktur der blättchenförmigen Kristalle (Abb. 11.38c). Im Gegensatz dazu weist *Lizardit* eine ebene 1:1-Schichtstruktur auf.

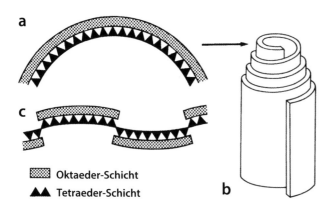

Oktaeder-Schicht

▲▲ **Tetraeder-Schicht**

☐ **Abb. 11.38   a** Schematische Darstellung einer möglichen Krümmung der Schichten in der Chrysotilstruktur, abgeleitet aus einer **b** elektronenmikroskopischen Aufnahme eines Chrysotilröllchens, schematisiert; **c** schematische Darstellung der Antigoritstruktur (**a, c** nach Klein und Hurlbutt 1985)

Wie durch Aufnahmen mit dem Transmissionselektronenmikroskop (TEM) gezeigt werden konnte, können 15 oder 30 lattenförmige Lizardit-Lagen zu polygonalen Sektoren angeordnet sein und dadurch einen anderen Typ von Serpentin-Fasern mit ca. 2,5 μm Durchmesser bilden (Cressey et al. 1994; Evans et al. 2013; cf. Deer et al. 2013, Fig. 153).

Ausbildung Serpentin bildet meist dichte Aggregate, die mikroskopisch blättrig oder schuppig, beim Chrysotil faserig erscheinen; gut ausgebildete Kristalle sind extrem selten. Die unterschiedlichen Polytypen lassen sich nur durch Röntgenbeugung und/oder das Elektronenmikroskop identifizieren.

Physikalische Eigenschaften	
Kohä-sion	die Spaltbarkeit nach {001} ist bei Lizardit und Antigorit mikroskopisch kaum sichtbar; auch die faserige Teilbarkeit bei Chrysotil ist oft undeutlich; demgegenüber zeigen die äußerst biegsamen Fasern des Chrysotilasbests weitestgehende mechanische Teilbarkeit. Massige, nahezu monomineralische Serpentingesteine (Serpentinite) haben splittrigen bis muscheligen Bruch, sind weich und politurfähig
Härte	2½–3½, kann aber durch Verkieselung deutlich höher liegen
Dichte	2,5–2,6
Farbe	vorherrschend grün in allen Abstufungen, aber auch weiß, grau, blassgelb oder grünlich blau, durch Spurenelemente mitunter abweichende Farbe; durch feinverteilten Magnetit werden Serpentinite grau, schwarz oder braun gefärbt, seltener rötlich durch feinvereilten Hämatit; oft sind Serpentinite geadert und farbig geflammt
Glanz, Trans-parenz	massige Varietäten zeigen Fett- oder Wachsglanz, Chrysotilasbest weist Seidenglanz auf; durchscheinend

Alle drei wichtigen Serpentin-Minerale zeigen ähnliche optische Eigenschaften und sind daher auch mikroskopisch nur schwierig und mit großer Übung unterscheidbar

Chemismus Die Serpentin-Minerale können begrenzte Mengen an Fe und Al enthalten. In seiner Zusammensetzung weicht Antigorit leicht von der idealen Formel ab, da bei jedem Umklappen der Struktur-Module 3 Mg und 6 (OH) pro Einheitszelle verloren gehen. In anderen, z. T. anschließend erwähnten Gliedern der Serpentin-Gruppe wird Mg^{2+} weitgehend oder vollständig durch Fe^{2+}, Mn^{2+}, Zn^{2+}, Ni^{2+}, $Al^{3+[6]}$ und/oder Fe^{3+} sowie, wenn nötig, Si durch $Al^{[4]}$ ersetzt.

Vorkommen Nach Wicks und O'Hanley (1988) ist Lizardit das bei weitem häufigste Serpentin-Mineral, gefolgt von Antigorit und Chrysotil. Lizardit, z. T. auch Antigorit bilden sich bei der niedriggradigen Metamorphose von ultrabasischen Gesteinen, insbesondere auch von Peridotit des Oberen Erdmantels (► Abschn. 29.3.1); dabei werden Olivin, daneben auch Pyroxene oder Amphibole unter H_2O-Aufnahme (Hydratisierung) durch Serpentin verdrängt (☐ Abb. 26.14b). Da in der Kristallstruktur von gewöhnlichen Serpentin-Mineralen kaum Fe eingebaut werden kann, wird der Fe-Gehalt der Ausgangsminerale in neu gebildeten Magnetitkristallen konzentriert, wobei Fe^{2+} teilweise zu Fe^{3+} oxidiert wird. Pseudomorphosen von Lizardit (±Talk) nach Enstatit oder Bronzit wurden als *Bastit* beschrieben. Bei Temperaturerhöhung wandelt sich Lizardit in Antigorit um. In solchen prograd metamorphen Serpentiniten treten häufig Kluftfüllungen von Chrysotil bzw. Chrysotilasbest auf, seltener auch von blättrigem Antigorit. Serpentinite sind wichtige Bestandteile von Ophiolithkomplexen (► Abschn. 29.2.1).

Technische Verwendung Früher fand Chrysotilasbest als hochwertiger Rohstoff vielseitige Verwendung. Er diente zur Herstellung von verspinnbarem Asbestgarn und hochfeuerfestem Asbestgewebe, von Asbestfiltern, Asbestpappen und -platten, von Asbestdichtungen, von Isolationsmaterial in der Wärme- und Elektrotechnik, von Asbestzement (Eternit) u. a. Jedoch ist die Verwendung von Asbest wegen seiner Gesundheitsgefährdung heute stark eingeschränkt, in Deutschland ganz verboten. Allerdings zeigen experimentelle Untersuchungen von Hume und Rimstidt (1992), dass sich Chrysotil-Fasern mit einem Durchmesser von 1 μm bereits nach etwa 9 Monaten im Lungengewebe auflösen. Wegen dieser geringen Biodurabilität dürfte Chrysotilasbest weniger gefährlich als z. B. Krokydolithasbest sein. Serpentinit wird geschliffen und poliert für Wandverkleidungen verwendet sowie zu kunstgewerblichen Gegenständen verarbeitet, z. B. bei den kanadischen Inuits.

■ **Weitere wichtige Serpentin-Minerale**

— *Népouit,* $(Ni,Mg)_6[(OH)_8/Si_4O_{10}]$, ist ein Ni-reicher Lizardit, der zusammen mit anderen Ni-Hydrosilikaten (als Gemenge auch als Garnierit bezeichnet), einen wichtigen Bestandteil lateritischer Nickelerze bildet.

– *Greenalith*, $(Fe^{2+},Fe^{3+})_{<6}[(OH)_8/Si_4O_{10}]$, kann Bestandteil sedimentärer Eisenerze sein. Die grünlichen, submikroskopischen Blättchen bilden meist unregelmäßig gerundete bis kugelförmige Aggregate. Sie treten ausschließlich in präkambrischen Bändereisenerzen (▸ Abschn. 25.4.2) auf, vermutlich als diagenetische Bildung.

11.5.7 Tonminerale

Tone sind unverfestigte Sedimente mit Korngrößen von <20 μm, die überwiegend aus silikatischen Tonmineralen bestehen. *Tonminerale* sind äußerst feinblättrige Schichtsilikate von kolloidalen Dimensionen (<2 μm), die Bestandteile von Böden, aber auch von tonigen Sedimenten und Sedimentgesteinen bilden. Wegen ihrer geringen Korngrößen lassen sich Tonminerale nur mittels Röntgenbeugung allein oder in Kombination mit Elektronen-Mikroskopie exakt bestimmen. In ihrer chemischen Zusammensetzung sind Tonminerale $(OH)-\pm H_2O$-führende Alumosilikate, von denen einige geringe Gehalte an Mg, Fe, Ca, Na oder K führen.

Den tonhaltigen Sedimenten und der Bodenkrume verleihen manche Tonminerale charakteristische Eigenschaften, wie die Fähigkeit zur reversiblen Aufnahme und Abgabe von H_2O-Molekülen sowie zum Ionenaustausch. Daher besitzen viele Böden die bedeutsame Fähigkeit zur Wasserbindung sowie zur Adsorption und Abgabe von Nährstoffen. Einige Tonminerale können quellen oder schrumpfen und sind daher für die Plastizität von manchen Tonen verantwortlich.

■ **Kaolinit**

$Al_4[(OH)_8/Si_4O_{10}]$

Kristallstruktur Dioktaedrische 2-Schicht-Struktur (◘ Abb. 11.37).

Ausbildung Trikline Kristallklasse $\bar{1}$; mitunter lassen sich unter dem Transmissionselektronenmikroskop (TEM) pseudohexagonal ausgebildete Kristalle beobachten (◘ Abb. 11.39); als Kaolin bezeichnet man überwiegend feinkörnige Aggregate von reinem Kaolinit in dichten, bröckeligen oder mehligen Massen, die mit Wasser plastisch werden.

Physikalische Eigenschaften

Spalt-barkeit	(001) vollkommen; die seltenen Spaltblättchen sind biegsam; feste Tone und Kaoline haben erdigen oder muscheligen Bruch
Härte	2–2½, praktisch aber kaum bestimmbar

Physikalische Eigenschaften

Dichte	2,6–2,7
Farbe	reiner Kaolin ist weiß; Kaolintone sind durch Fremdbeimengungen gelb, grünlich oder bläulich
Glanz	erdig-matt

Chemismus Kaolinit kann geringe Mengen an Fe, Cr, Ti, Mg und K enthalten, die jedoch teilweise auf feinkörnige Mineraleinschlüsse, z. B. die TiO_2-Modifikationen Rutil oder Anatas, oder auf strukturelle Sandwich-Lagen von Illit zurückgehen.

Vorkommen Kaolinit ist ein weitverbreitetes Tonmineral. Er entsteht durch chemische Verwitterung (kali-)feldspatreicher Gesteine wie Granit, Rhyolith, Gneis oder Arkose; oder durch Einwirkung thermaler bzw. hydrothermaler Wässer auf solche Gesteine, wobei niedrige pH-Werte von <6 realisiert sein müssen. Pseudomorphe Verdrängungen von gesteinsbildenden Al-Silikaten, insbesondere von Feldspäten, sind häufig. Kaolinit ist Hauptgemengteil von Kaolin, Bestandteil vieler Tone, von sauren tropischen Böden (Laterit) sowie von Tiefseesedimenten.

Bedeutung als Rohstoff Für die keramische Industrie sind kaolinitreiche Tone, besonders Kaolin (Porzellanerde, engl. *„china clay"*) außerordentlich wichtige und auch relativ verbreitete Rohstoffe zur Herstellung von Tonwaren, Steingut, Fayence und Porzellan (z. B. Schroeder und Erickson 2014). Beim Erhitzen auf 350 °C entweicht das gebundene Wasser, während bei Brenntemperaturen von ca. 1200 °C Kaolinit in das

◘ **Abb. 11.39** Kaolinit mit pseudohexagonalem Umriß der Blättchen. Durchmesser: ~1 μm, Aufnahme mit dem Rasterelektronenmikroskop (REM); Kaolin von Sedlec in Karlovy Vary, Böhmen, Tschechische Republik

Al-Silikat *Mullit* (▶ Abschn. 11.1) umgewandelt wird, die wesentliche kristalline Komponente in Porzellan. Feuerfeste Tone mit sehr hoher Schmelztemperatur finden als Schamotteziegel in der Metallurgie Verwendung, während Mauer- und Dachziegeln aus sog. Ziegeltonen hergestellt werden. Reiner Kaolin dient als Füllmittel und zur Appretur in der Papierindustrie und ist Rohstoff für die Gewinnung von Tonerde, Al_2O_3. Suspensionen feindisperser Tone können zur Stabilisierung von Bohrlochwänden beim Niederbringen von Bohrlöchern verwendet werden. In der pharmazeutischen Industrie wird reiner Kaolin *(bolus alba)* als Füllstoff für kosmetische und medikamentöse Puder eingesetzt, z. B. für gezielte Pharmakotherapie oder – wegen seiner antibakteriellen Wirkung – für Wundverbände (Williams und Hillier 2014). Aufgrund seiner einzigartigen dipolaren Lagenstruktur dient Kaolinit zusammen mit Polymeren zur Herstellung von Nanoverbundstrukturen, für die in Zukunft eine breitgefächerte technische Anwendung zu erwarten ist (z. B. Detellier und Schoonheydt 2014).

Chemisch ähnlich wie Kaolinit, aber durch monoklin Symmetrie gekennzeichnet sind die Tonminerale *Dickit* (farblos, weiß, gelblich, bräunlich) und *Nakrit* (weiß, gelblich, auch grünlich), die in hydrothermalen Lagerstätten vorkommen können.

■ **Halloysit**

$$Al_4[(OH)_8/Si_4O_{10}] \cdot 2H_2O$$

Halloysit ist ein monoklines 2-Schicht-Silikat mit Lagen von H_2O-Molekülen zwischen den kaolinitartigen 2-Schicht-Paketen (◘ Abb. 11.37). Durch den „misfit" entstehen spiralförmige Röllchen. Im Gegensatz zu Montmorillonit gehen beim Erhitzen die eingelagerten H_2O-Moleküle irreversibel verloren, wobei die Varietät *Metahalloysit* entsteht. Halloysit ist ein Bestandteil vieler Tone und Böden. Er wird gewöhnlich bei der chemischen Verwitterung vulkanischer Gläser gebildet, kann aber auch unter dem Einfluss hydrothermaler Aktivität entstehen.

■ **Smectite**

Smectit ist ein Sammelname für Tonminerale mit dioktaedrischer oder trioktaedrischer 3-Schicht-Struktur, ähnlich der von Pyrophyllit bzw. Talk. Jedoch ist die chemische Zusammensetzung komplizierter, da auf den Zwischenschichten Na^+ und Ca^{2+} als zusätzliche Kationen eingebaut sind. Außerdem können sich Mg^{2+} und Al^{3+} gegenseitig ersetzen (◘ Abb. 11.37) oder durch Fe^{2+} und Fe^{3+}, manchmal auch durch Li^+ oder Zn^{2+} ausgetauscht werden (◘ Tab. 11.8). Im Gegensatz zu den Glimmerstrukturen füllen die Kationen in den Zwischenschichten nicht alle verfügbaren Plätze aus. Die vorhandenen Lücken werden durch H_2O-Moleküle besetzt, die Hydratationshüllen um die Zwischenschicht-Katio-

nen bilden. Dadurch entstehen schwach verbundene Stapel aus Tetraeder-Oktaeder-Tetraeder-Sandwiches. Die H_2O-Gehalte in den Smectiten sind sehr variabel, da bei Trocknung das H_2O leicht aus den Zwischenschichten ausgetrieben und bei Bewässerung erneut in diese eingebaut werden kann, eine Fähigkeit, die für die praktische Anwendung von Smectiten große Bedeutung hat. Die Variation des H_2O-Gehalts führt zur intrakristallinen Aufweitung oder Schrumpfung der Struktur und – anders als bei Pyrophyllit und Talk – zu entsprechender Variation der c_0-Gitterkonstante (◘ Abb. 11.37). Ein relativ häufiger Smectit ist *Montmorillonit,* der im Folgenden ausführlicher beschrieben wird.

■ **Montmorillonit**

$$Al_{1,65}(Mg,Fe)_{0,35}[(OH)_2/Si_4O_{10}] \cdot (\tfrac{1}{2}Ca,Na)_{0,35}(H_2O)_n$$

Kristallstruktur und Zusammensetzung Montmorillonit ist ein dioktaedrischer Smectit sehr variabler chemischer Zusammensetzung, die durch die oben angegebene Formel nur annähernd wiedergegeben ist.

Ausbildung Kristallklasse 2/m, wohlausgebildete Kristalle fehlen. Montmorillonit bildet feinkörnige erdige Massen, die im trockenen Zustand mild und zerreiblich sind und im Wasser aufquellen, aber nicht wirklich plastisch werden.

Physikalische Eigenschaften	
Spaltbarkeit	(001), vollkommen
Härte	1–2
Dichte	2–3
Farbe	gewöhnlich weiß, gelb oder grün
Glanz, Transparenz	matter, erdiger Glanz, durchsichtig
Eigenschaften verändern sich stark mit der chemischen Zusammensetzung und dem H_2O-Gehalt	

Vorkommen Montmorillonit ist das vorherrschende Tonmineral in *Bentonit,* der sich bei der subaquatischen chemischen Verwitterung und Diagenese oder bei der hydrothermalen Zersetzung von glasreichen vulkanischen Aschen, Tuffen und Ignimbriten bildet (Christidis und Huff 2009; ▶ Abschn. 24.5.2). Das Mineral ist ein wichtiger Bestandteil von tropischen Böden und auch von Tiefseeböden. Bei Sedimentbedeckung und ansteigenden Temperaturen wandeln sich dioktaedrische Smectite, so auch Montmorillonit, in Illit/Smectit-Wechsellagerungen sowie in Illit um, während sich Chlorit aus trioktaedrischem Smectit bildet.

Bedeutung als Rohstoff Montmorillonitreiche Tone und Bentonit sind durch ihre enorme Quellfähigkeit, ihr großes Ionenaustausch-Vermögen, z. B. für toxische

◻ Tab. 11.8 Substitutionen, durch die sich dioktaedrische und trioktaedrische Smectite aus Pyrophyllit bzw. Talk ableiten lassen (modifiziert nach Deer et al. 2013)

Mineral	T-Kationen	M-Kationen	I-Kationen
Dioktaedrisch			
Pyrophyllit	Si_4	Al_2	–
Montmorillonit	Si_4	$Al_{1,65}(Mg,Fe)_{0,35}$	$(\frac{1}{2}Ca,Na)_{0,35}$
Beidellit	$Si_{3,65}Al_{0,35}$	Al_2	$(\frac{1}{2}Ca,Na)_{0,35}$
Nontronit	$Si_{3,65}Al_{0,35}$	Fe^{3+}_2	$(\frac{1}{2}Ca,Na)_{0,35}$
Trioktaedrisch			
Talk	Si_4	Mg_3	–
Saponit	$Si_{3,6}Al_{0,4}$	Mg_3	$(\frac{1}{2}Ca,Na)_{0,4}$
Hectorit	Si_4	$Mg_{0,65}Li_{0,35}$	$(\frac{1}{2}Ca,Na)_{0,35}$
Sauconit	$Si_{3,35}Al_{0,65}$	$Zn_{2-3}(Mg,Al,Fe^{3+})_{1-0}$	$(\frac{1}{2}Ca,Na)_{0,35}$

Schwermetalle wie Zn, Pb, Cr, Cu, sowie durch ihre Absorptionsfähigkeit für Farbstoffe, Öle und Gase gekennzeichnet. Diese Eigenschaften eröffnen ihnen erstaunlich vielfältige technische Anwendungsmöglichkeiten, z. B. als Zusatz in keramischen Massen, als Absorptionsmittel in der Trinkwasseraufbereitung und der Abwasserreinigung, beim Entfärben von Lösungen, beim Bleichen von Speiseölen, Entfernen von Proteinen aus Bier, zur Weinschönung, zum Entfetten von Wolle, als Fett- und Schmiermittel-Verdicker, als Tierfutter, zur Tierpflege, als Trägermaterial für Insektizide und Pestizide, als Pelletiermittel für Erze, als Bohrspülmittel bei Tiefbohrungen, z. B. in der Erdölindustrie, zur Abdichtung von Schadstoffen (z. B. Eisenhour und Brown 2009). Neuerdings werden sie auch bei der Herstellung von organischen und anorganischen Hybridmaterialien eingesetzt (Güven 2009). Wie schon in antiken Kulturen wird Bentonit auch heute noch in der Medizin als Heilerde verwendet (Williams et al. 2009).

■ **Vermiculit**

$\sim Mg_2(Mg,Fe^{3+},Al)[(OH)_2/(Si,Al)_4O_{10}] \cdot (Mg,Ca)_{0,33}(H_2O)_n$

Kristallstruktur und Zusammensetzung Vermiculit ist ein komplex zusammengesetztes trioktaedrisches 3-Schicht-Silikat, das geordnete Struktur mit monokliner Symmetrie, aber auch völlig ungeordnete Struktur aufweisen kann. Im Unterschied zu den Smectiten enthalten die H_2O-reichen Zwischenschichten $Mg^{2+}(+Ca^{2+})$ anstelle von $Na^+(+\frac{1}{2}Ca^{2+})$. Vielfältige Substitutionen führen in den Oktaeder- und Tetraeder-Schichten zu einem Ladungsdefizit, das durch die leicht austauschbaren Kationen der Zwischenschicht ausgeglichen wird. Durch den Einbau von H_2O-Molekülen zwischen den Silikatschichten ist Vermiculit *quellfähig*.

Ausbildung In einigen Böden bildet Vermiculit feinkörnige Aggregate von submikroskopischer Korngröße (<2 µm). Große Blättchen oder Tafeln mit >10 cm Durchmesser werden durch pseudomorphe Umwandlung von Phlogopit oder Biotit gebildet. Vermiculit bläht sich beim raschen Erhitzen auf >850 °C bis auf das 30-fache seines Ausgangsvolumens auf. *Expandierter Vermiculit* bildet wurmförmige Aggregate, eine Erscheinung, die sich im Mineralnamen widerspiegelt: Das lateinische Verb *vermiculare* bedeutet „Würmer ausbrüten".

Physikalische Eigenschaften	
Spaltbarkeit	{001}, vollkommen
Härte	~1½
Dichte	~2,3
Farbe	farblos, bronze bis gelblich braun oder grünlich bis tiefgrün
Glanz, Transparenz	perlmutt- bis bronzeglänzend; durchscheinend bis undurchsichtig

Vorkommen Vermiculit entsteht vorwiegend durch chemische Verwitterung oder hydrothermale Alteration von Phlogopit, Biotit, Chlorit oder Pyroxen. Außerdem kann Vermiculit in Karbonatiten, in metamorphen kieseligen Kalksteinen oder als metasomatisches Reaktionsprodukt in sogenannten Blackwalls auftreten (▶ Abschn. 26.6.1).

Verwendung Vor allem im expandierten Zustand ist Vermiculit ein wichtiger Werkstoff; er wird in der Bauindustrie als Schall-, Wärme- und Kältedämmstoff und als Betonzuschlag verwendet. Außerdem dient er zum Stoß- und Wärmeschutz sowie zum Aufsaugen von Flüssigkeiten bei Glasbruch, als Kationenaustauscher und zur Speicherung von Nährstoffen bei der Kultur von Garten- und Zimmerpflanzen.

Im Jahr 2019 stammte der größte Anteil der Weltproduktion aus den USA (200 kt) und Südafrika (Phalaborwa-Mine, Mpumalanga, 180 kt), gefolgt von Brasilien (60 kt), Uganda und Zimbabwe (jeweils 30 kt) sowie China (keine verlässlichen Daten verfügbar). Zur Vermeidung von Gesundheitsschäden durch Amphibolasbest im Fördergut wurde 1990 die größte und älteste Vermiculit-Grube der USA in Libby (Montana) geschlossen.

■ **Wechsellagerungstonminerale**

Neben den aufgeführten Tonmineralen kommen besonders in jungen, unverfestigten tonigen Sedimenten sogenannte Wechsellagerungstonminerale *(„mixed-layer clay minerals")* vor, die aus zwei oder drei verschiedenen Tonmineralen zusammengesetzt sind. Die häufigsten Wechsellagerungsstrukturen bestehen aus Illit- und Smectit-Lagen, die in regelmäßiger oder unregelmäßiger Folge in c-Richtung gestapelt sind.

■ **Chrysokoll**
$$\sim Cu_4[(OH)_8/(Si_4O_{10}) \cdot nH_2O$$

Kristallstruktur   Da Chrysokoll strukturell dem Halloysit ähnelt, soll er hier kurz beschrieben werden, obwohl er kein echtes Tonmineral ist.

Ausbildung   Kristallsystem orthorhombisch; feinkörniger oder kryptokristalliner Chrysokoll tritt in gallertähnlichen, dichten Aggregaten von traubig-nieriger oder stalaktitischer Form auf oder bildet Inkrustationen.

Physikalische Eigenschaften	
Härte	2–4
Dichte	2,0–2,2
Farbe	hellblau, bläulich grün oder grün
Glanz, Transparenz	fettig glasglänzend oder matt; halb durchsichtig bis undurchsichtig

Chemismus   Der Cu-Gehalt von Chrysokoll variiert von 30 bis 36 Gew.-%.

Vorkommen   Als sekundäres Kupfermineral tritt Chrysokoll in Oxidationszonen von Cu-Lagerstätten auf, gewöhnlich zusammen mit Malachit, Azurit und Cuprit (► Abschn. 8.4, 7.1).

Technische Verwendung   Lokal wird Chrysokoll als Kupfererz abgebaut; ferner dient das Mineral als Antifouling-Zusatz für Schiffsanstriche und zur Herstellung von Schmuckwaren.

11.5.8 Apophyllit-Gruppe

■ **Apophyllit**
$$KCa_4[(F,OH)/(Si_4O_{10})_2] \cdot 8H_2O$$

Kristallstruktur   Apophyllit hat eine ungewöhnliche 1-Schicht-Struktur. Diese besteht aus 4- und 6-zähligen Ringen von [SiO₄]-Tetraedern, die über Ecken zu Schichten parallel zu (001) verknüpft sind. Die Sauerstoff-Atome an den Tetraederspitzen dieser Viererringe zeigen abwechselnd nach oben und nach unten, wobei 2 + 2 aufwärts und abwärts zeigende Tetraeder gestreckte 8-zählige Ringe bilden (◻ Abb. 11.40). Diese Schichten werden durch die großen Kationen K⁺, Ca²⁺, z. T. auch durch Na⁺ miteinander verbunden.

Chemische Zusammensetzung   Zwischen den Endgliedern *Fluorapophyllit* und *Hydroxyapophyllit* variieren die F/(OH)-Verhältnisse in allen Proportionen. Im *Natroapophyllit* ist K⁺ durch Na⁺ ersetzt, was zur Formel NaCa₄[(F,OH)/(Si₄O₁₀)₂] · 8H₂O führt.

Ausbildung   Kristallklasse 4/m2/m2/m; Natroapophyllit 2/m2/m2/m; wohlausgebildete Kristalle sind fast stets auf Klüften oder in Blasenhohlräumen frei aufgewachsen und zeigen häufig eine Kombination von tetragonalen (oder orthorhombischen) Prismen {110} und {101}, z. T. mit dem Prisma {210} und dem Pinakoid {001}; der Habitus kann dipyramidal, prismatisch, tafelig (◻ Abb. 11.82) oder kubisch sein. In vielen Fällen bildet Apophyllit blättrige, schalige oder körnige Aggregate.

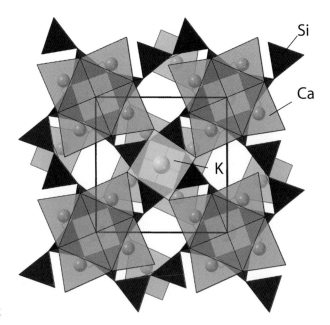

◻ **Abb. 11.40**   Struktur von Apophyllit, projiziert auf die Ebene (001); O, H₂O und F sind nicht gezeigt; die [SiO₄]-Tetraeder bilden Viererringe, wobei die Spitzen alternierend nach oben und nach unten zeigen

Physikalische Eigenschaften	
Spaltbarkeit	{001}, vollkommen
Bruch	uneben, spröde
Härte	4½–5
Dichte	2,3–2,4
Farbe	farblos, grau, rötlich bis gelblich weiß, rosarot, hellgrün (Abb. 11.81, 11.82)
Glanz	ausgezeichneter Perlmuttglanz auf {001} mit eigentümlichem, charakteristischem Lichtschein (daher der veraltete Name „Ichthiophalm" = Fischaugenstein); durchsichtig bis durchscheinend
Besondere Eigenschaft	beim Erhitzen entweicht die Hälfte des H_2O-Gehalts kontinuierlich; vor dem Lötrohr blättert Apophyllit auf (grch. αποφύλλειν = abblättern) und schmilzt unter Aufschäumen zu einem weißen Glas

Vorkommen Apophyllit kommt vorwiegend in Blasenhohlräumen von Basalt und ähnlichen Vulkaniten vor, oft zusammen mit Zeolithen (Abb. 11.81, 11.82), Calcit und anderen Mineralen. Seltener füllt Apophyllit Drusen in Granit oder Klüfte in Syenit, metamorphen Gesteinen und Erzlagerstätten.

11.6 Gerüstsilikate (Tektosilikate)

Die silikatischen Gerüststrukturen lassen sich aus SiO_2-Strukturen ableiten, indem ein Teil des Si^{4+} durch Al^{3+} ersetzt wird. Dadurch entstehen Alumosilikate: z. B. $[Si_4O_8] \rightarrow K^+[AlSi_3O_8]^-$ (K-Feldspat). Der Ersatz von Si durch Al^{3+} in [4]-Koordination kann maximal das Verhältnis 1:1 erreichen, so z. B. im Anorthit $Ca^{2+}[Al_2Si_2O_8]^{2-}$. Die $[SiO_4]$- und $[AlO_4]$-Tetraeder sind bei diesen Alumosilikaten über alle 4 O-Ecken mit 4 Nachbartetraedern räumlich vernetzt. Der durch den beschriebenen Ersatz erforderliche elektrostatische Valenzausgleich vollzieht sich in diesen dreidimensional unendlichen Gerüststrukturen durch den Eintritt von Alkali- oder Erdalkali-Ionen. Die weitmaschigen Gerüststrukturen bieten außerdem teilweise Platz für zusätzliche tetraederfremde Anionen oder bei der Mineralgruppe der Zeolithe für den Einbau von Wassermolekülen (vgl. Tab. 11.9, 11.11).

Tab. 11.9 Kristalline und amorphe Formen von Siliciumdioxid

Mineral	Kristallklasse	Dichte [g cm^{-3}]	Mohs-Härte	Brechungsindex (n)	Stabilität
Opal, $SiO_2 \cdot nH_2O$	amorph	~2,1	~5½	1,44	Metastabil bei allen Bedingungen
Lechatelierit	amorph	~2,2	<7	1,46	Metastabil bei allen Bedingungen
Melanophlogit	432	~2,05	6½-7	1,4	Tief-T, enthält organ. Moleküle
α-Tridymit	2/m oder 222	2,27	7	$n_\gamma = 1,483$	≤870 °C: metastabile Tief-T-Modifikation
β-Tridymit	6/m2/m2/m	2,22 (bei 200 °C)			Auftreten bei 870–1470 °C, 1 bar
α-Cristobalit	422	2,33	~6½	$n_\omega = 1,487$	≤1470 °C: metastabile Tief-T-Modifikation
β-Cristobalit	4/m$\bar{3}$2/m	2,20 (bei 500 °C)			Stabil bei 1470–1713 °C, 1 bar
Keatit	422	2,50		$n_\varepsilon = 1,513$	Synthetisiert bei 380–585 °C, 1240 kbar
Moganit	2/m	2,55	6	$n_\gamma = 1,531$	Metastabil bei allen Bedingungen
α–Quarz	32	2,65	7	$n_\varepsilon = 1,553$	≤573 °C: stabile Modifikation bei 1 bar
β-Quarz	622	2,53			573–870 °C: stabile Modifikation bei 1 bar
Coesit	2/m	2,92	~7½	$n_\gamma = 1,599$	Synthetisiert bei 450–870 °C, 38 kbar, natürlich in Hochdruckgesteinen
Stishovit	4/m2/m2/m	4,287	8	$n\varepsilon = 1,836$	Synthetisiert bei >1200 °C, 130 kbar, natürlich in Ultrahochdruckgesteinen
Seifertit	2/m2/m2/m	4,294		$n = 1,89$ (kalkuliert)	Synthetisiert bei 1700–2200 °C, 1300–1500 kbar

11.6.1 SiO$_2$-Minerale[1]

Quarz, bei Weitem das häufigste SiO$_2$-Mineral, macht mehr als 12 Vol.-% der Erdkruste ($\blacksquare$ Tab. 2.2) aus. Im Gegensatz dazu fehlen SiO$_2$-Minerale im Erdmantel.

Kristallstrukturen

Die kristallisierten Modifikationen und amorphen Formen von SiO$_2$, soweit aus natürlichen Vorkommen und als Syntheseprodukte bekannt, sind in $\blacksquare$ Tab. 11.9 aufgelistet. Nach strukturellen Gesichtspunkten werden die SiO$_2$-Minerale als Gerüstsilikate klassifiziert (Deer et al. 2013), obwohl sie, nach rein chemischen Gesichtspunkten, auch als Oxide betrachtet werden können (Strunz und Nickel 2001).

Die Kristallstrukturen der Tiefdruckmodifikationen Quarz, Tridymit und Cristobalit haben gemeinsam, dass sie aus [SiO$_4$]-Tetraedern aufgebaut sind, die ein dreidimensional zusammenhängendes Gerüst bilden. Damit gehört jedes O zu 2 Si und es entfallen auf jedes Si-Ion nur $^4/_2$ Sauerstoff-Ionen, woraus sich die Formel SiO$_2$ ergibt.

Die Art der Verknüpfung der [SiO$_4$]-Tetraeder bestimmt Kristallstruktur und Eigenschaften, insbesondere die Dichte. In der vergleichsweise lose gepackten Struktur von *Quarz* ($\blacksquare$ Abb. 1.18b, c, 11.41, 11.42, 11.43a) bilden die SiO$_4$-Tetraeder zusammenhängende, rechts- oder linkssinnig gewundene Spiralen in der kristallographischen c-Richtung. Drei Tetraeder summieren sich zur Identitätsperiode der Kette.

Im Gegensatz zu Quarz bilden die SiO$_4$-Tetraeder in *Cristobalit* und *Tridymit* Sechserringe und sind lockerer angeordnet als in Quarz, woraus eine niedrigere Dichte resultiert. In Cristobalit entspricht die Stapelfolge der Tetraeder einer kubisch dichtesten Kugelpackung, d. h. ABCABC parallel (111), während in Tridymit die Ringe hexagonale Schichten bilden mit der Stapelfolge ABAB der hexagonal dichtesten Kugelpackung parallel zu (0001). In der Hochdruckmodifikation Coesit ist Si gegenüber O wie bei den übrigen SiO$_2$-Modifikationen tetraedrisch, in Stishovit, der bei noch höheren Drücken auftritt, hingegen oktaedrisch koordiniert. Die [SiO$_6$]-Oktaeder bilden Ketten parallel zu c, wobei sie je zwei gegenüberliegende Kanten mit Nachbaroktaedern teilen. Die Ketten sind in der a-b-Ebene eckenverknüpft, d. h. Stishovit besitzt die gleiche Struktur wie Rutil

($\blacksquare$ Abb. 7.9). Die mit diesem Koordinationswechsel verbundene dichtere Packung kommt verglichen mit Coesit in der noch höheren Dichte von 4,35 g/cm^3 und dem hohen Brechungsindex $n_\beta = 1,81$ deutlich zum Ausdruck.

Die Kristallstruktur von *Moganit* besteht aus abwechselnden Schichten von Rechts- und Linksquarz, die entlang $\{10\bar{1}0\}$ zu einem dreidimensionalen Gerüst von eckenverknüpften SiO$_4$-Tetraedern angeordnet sind (Miehe und Grätsch 1992). Die Struktur von *Seifertit* (El Goresy et al. 2008) ist ähnlich α-PbO durch gewellte Oktaederketten charakterisiert (Dera et al. 2002).

Dichte, Brechungsindex und Mohs-Härte nehmen von *Melanophlogit* zu *Stishovit* zu (Dera et al. 2002). Die größte Dichte besitzt *Seifertit* ($\blacksquare$ Tab. 11.9). Da mit steigender Elektronendichte in einem Kristall die Dichte ρ zunimmt, die Lichtgeschwindigkeit c_n aber abnimmt, steigen die Brechungsindizes ($n = c/c_n$) mit der Dichte an.

Die Phasenbeziehungen im SiO$_2$-System

Das Phasendiagramm von SiO$_2$ ($\blacksquare$ Abb. 11.44) umfasst die sechs Modifikationen Tridymit, Cristobalit, α-Quarz und β-Quarz sowie die Hoch- und Höchstdruckmodifikationen Coesit und Stishovit, die im T-Bereich von ca. 700–800 °C bei $P > 30$ bzw. > 100 kbar ($= 10$ GPa) stabil sind. Eine weitere Modifikation, *Seifertit,* wurde bei $P > 1300$ kbar synthetisiert ($\blacksquare$ Tab. 11.9).

Die Umwandlung von trigonalem α-Quarz (Tiefquarz) in hexagonalen β-Quarz (Hochquarz) wird traditionell auf 573 °C gelegt.

Wie jedoch von Steinwehr (1938) zuerst gezeigt, existiert zwischen α- und β-Quarz in einem schmalen Temperaturintervall von 573–574,5 °C (Raz et al. 2003) eine stabile intermediäre Phase, die aus einer inkommensurabel modulierten Anordnung von Domänen kleinräumiger Dauphiné-Mikroverzwilligung besteht (Heaney und Veblen 1991).

Bei weiterer Temperaturzunahme wandelt sich β-Quarz bei 870 °C in hexagonalen β-Tridymit um und bei 1470 °C in kubischen β-Cristobalit, welcher bis zum Schmelzpunkt bei 1713 °C stabil bleibt ($\blacksquare$ Abb. 11.44, 1.18). Die Phasenbeziehungen von Tridymit und Cristobalit sind etwas verwirrend, doch kann das folgende einfache Schema dem Überblick dienen:

β-Quarz	$\leftrightarrow$	β-Tridymit	$\leftrightarrow$	β-Cristobalit	$\leftrightarrow$	Schmelze
$\updownarrow$		$\updownarrow$		$\updownarrow$		
α-Quarz	$\leftrightarrow$	α-Tridymit	$\leftrightarrow$	α-Cristobalit		

Horizontale Pfeile bedeuten *rekonstruktive* Umwandlungen, die ein Aufbrechen von Bindungen zwischen den [SiO$_4$]-Tetraedern nötig machen. Vertikale Doppelpfeile bedeuten *displazive* Umwandlungen, bei denen Symmetrieänderungen ohne Aufbrechen von Bindungen,

---

[1]   Mit Beiträgen von Hans Ulrich Bambauer und Herbert Kroll (Münster).

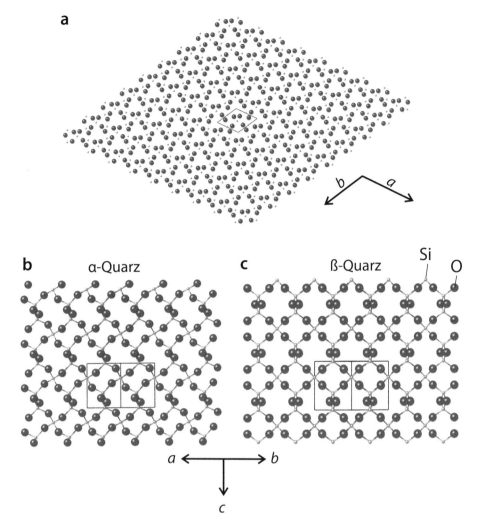

■ Abb. 11.41   Struktur von Quarz: **a** Projektion auf (0001) zeigt die relativ offene Sauerstoffpackung mit den kleinen Si-Atomen im Zentrum von [SiO$_4$]-Tetraedern, aus deren Anordnung offene Strukturkanäle entlang der c-Richtung resultieren; **b** Struktur von trigonalem Tiefquarz, und **c** jene von hexagonalem Hochquarz im Vergleich: der strukturelle Übergang von Hoch- zu Tiefquarz beruht auf der Einwinkelung der Si-O-Si Bindungsrichtungen

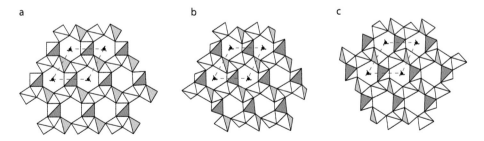

■ Abb. 11.42   Struktur von Linksquarz projiziert auf (0001): eckenverknüpfte [SiO$_4$]-Tetraeder bilden eine kontinuierliche, rechts- (links-) drehende Doppelhelix, die als c-Achse gewählt wird (nach Heaney und Veblen 1991). **a** hexagonaler β-Quarz, **b** und **c** trigonaler α-Quarz in Zwillingsorientierung nach dem Dauphiné-Gesetz (L + L). Die Zwillinge sind über eine Rotation um 180° um die c-Achse verknüpft. Bei β-Quarz entspricht die c-Achse einer 6-zähligen, links- oder rechts-drehenden Schraubenachse 6$_2$ oder 6$_4$ (■ Abb. 1.9). Während der Umwandlung von β- zu α-Quarz degenerieren die 6$_4$ und 6$_2$ zu 3$_1$ bzw. 3$_2$

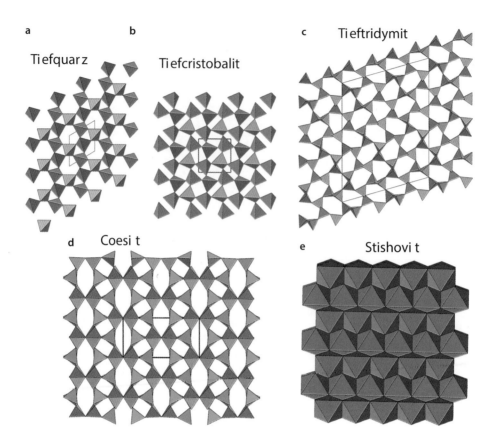

11

◘ **Abb. 11.43**   Vergleich der tetraedrischen und oktaedrischen (nur Stishovit) Anordnungen der häufigsten SiO_2-Modifikationen

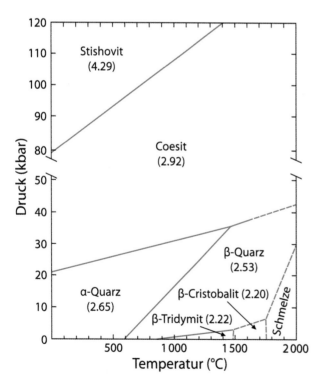

◘ **Abb. 11.44**   *P–T*-Phasendiagramm des SiO_2-Systems; in Klammern: Dichtewerte in [g/cm³]. (Nach Schreyer 1976)

sondern über geringe Verkippungen der Tetraeder bewirkt werden (◘ Abb. 11.42). Die Dichten wie auch die Brechungsindizes (◘ Abb. 11.45) der SiO_2-Modifikationen unterscheiden sich in charakteristischer Weise. Sie sind kleiner für die Hochtemperaturformen und größer für die Tieftemperaturformen (◘ Tab. 11.9, ◘ Abb. 11.46b). Die energetischen Beziehungen zwischen stabilen und metastabilen Zuständen sind in ◘ Abb. 27.6 schematisch dargestellt.

Die Stabilitätsfelder der beiden Hochtemperaturmodifikationen β-Tridymit und β-Cristobalit sind zu relativ niedrigen Drücken begrenzt. Im Gegensatz dazu sind α- und β-Quarz in einem breiten *P-T*-Bereich stabil; sie bilden Gemengteile in vielen Gesteinen der Erdkruste. Obwohl Quarz das dritthäufigste Mineral in den Krustengesteinen ist (◘ Tab. 2.2), findet sich angesichts des Fehlens von freiem SiO_2 kein Quarz im Peridotit des Erdmantels, in dem er höchstens in isolierten Eklogit-Blöcken auftritt (◘ Abb. 29.16). Im Gegensatz zu Tridymit und Cristobalit bilden sich α- und β-Quarz nur innerhalb ihrer Stabilitätsbereiche. Zum Beispiel lässt das gelegentliche Auftreten von α-Quarz-Einsprenglingen (Pseudomorphosen nach β-Quarz) in einigen Vulkaniten darauf schließen, dass β-Quarz bei Temperaturen von ≤870 °C direkt aus der Schmelze kristallisiert sein muss.

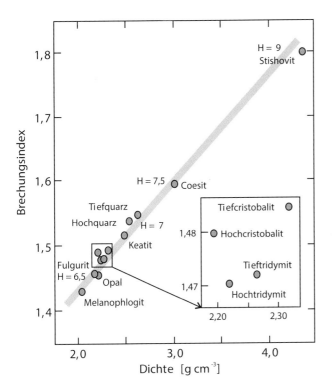

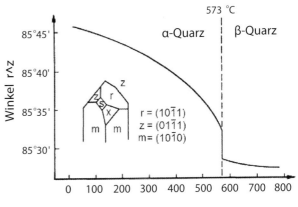

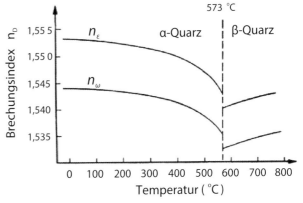

Abb. 11.45 Beziehungen zwischen Dichte, mittlerem Brechungsindex und Härte der SiO₂-Modifikationen. (Nach Griffen 1992)

Abb. 11.46 Eigenschaftsänderungen als Funktion der Temperatur beim Übergang von α- zu β-Quarz: **a** Winkel zwischen den Flächennormalen von (10$\bar{1}$1) und (01$\bar{1}$1); **b** Brechungsindizes n_ε und n_ω. Diese Untersuchung wurde mit klassischen Methoden zu einer Zeit ausgeführt, als die Natur des kristallinen Zustands noch nicht endgültig gesichert war (Rinne und Kolb 1910)

Die Gleichgewichtskurve der Umwandlung α-Quarz ⟷ ß-Quarz ist eine Gerade mit positiver Steigung (**Abb. 11.44**). Die Umwandlungstemperatur steigt mit 21,2 °C/kbar und würde in einer Tiefe von ~8 km, entsprechend einem Überlagerungsdruck von ~2 kbar, bei 616 °C liegen. Man beachte jedoch, dass die α ⟷ β-Umwandlung *displaziv* ist, d. h. sie ist nicht abschreckbar und eignet sich daher nicht als *geologisches Thermometer*. Auch ist es nicht möglich, β-Tridymit oder β-Cristobalit als Temperaturindikatoren zu verwenden, da diese SiO₂-Modifikationen sich metastabil innerhalb der Stabilitätsfelder von α- oder β-Quarz bilden können und ihre Umwandlungen in die stabilen Formen sehr träge verlaufen.

Bei Drücken von 20–40 kbar (=2–4 GPa) werden α- und β-Quarz in die Hochdruckmodifikation Coesit umgewandelt, die wiederum bei weiterer Druckerhöhung in Stishovit (**Abb. 11.44**) übergeht. Mit *in-situ*-Röntgenbeugung lässt sich zeigen, dass der Übergang Coesit ⟷ Stishovit bei Raumtemperatur (298 K = 25 °C) ungefähr bei 80 kbar (Yagi und Akimoto 1976) und bei 1700 K (1427 °C) bei angenähert 120 kbar stattfindet (Swamy et al. 1994). Seifertit, die dichteste SiO₂-Modifikation, tritt bei Drücken von >1300 kbar auf. Für die SiO₂-Polymorphe ist die Beziehung zwischen Dichte, mittlerem Brechungsindex und Härte in **Abb. 11.45** dargestellt.

In wässeriger Lösung findet sich SiO₂ entweder als Kieselsäure, H₄SiO₄, oder als (H₃SiO₄)⁻- oder (H₂SiO₄)²⁻-Ionen. Kieselsäure im kolloidalen Zustand kann als schwammartige, H₂O-reiche Partikel der Größenordnung von 10^3–10^9 Atomen auftreten. Im maximal dehydrierten Zustand findet sich Kieselsäure in der Natur in Form von Opal SiO₂·nH₂O.

Systematische Mineralogie der SiO₂-Minerale

- α-Quarz (Tiefquarz)

SiO₂

Kristallformen und Habitus Kristallklasse 32, trigonal-trapezoedrisch, Tieftemperaturmodifikation von Quarz; gut ausgebildete Kristalle besitzen für gewöhnlich einen prismatischen Habitus mit vorherrschend hexagonalem Prisma {10$\bar{1}$0}, das häufig eine horizontale Streifung aufweist (**Abb. 1.1, 11.47a, b**). Sie sind in der Regel mit einer Kombination von positivem Rhomboeder {10$\bar{1}$1} und negativem Rhomboeder {01$\bar{1}$1} begrenzt. Wenn unverzwillingt, ist {10$\bar{1}$0} größer als {01$\bar{1}$1} ausgebildet. Es ist nicht ungewöhnlich, dass

die Kanten des hexagonalen Prismas $\{10\bar{1}0\}$ von kleinen Flächen des trigonalen Trapezoeders und der trigonalen Dipyramide abgestumpft werden. Bei rechtsdrehenden Kristallen sind ihre Miller'schen Indizes $\{51\bar{6}1\}$
und $\{11\bar{2}1\}$, beziehungsweise bei linksdrehenden $\{6\bar{1}5\bar{1}\}$
und $\{2\bar{1}\bar{1}1\}$ (◘ Abb. 11.48a, b). Diese Flächen sind jedoch nicht immer ausgebildet, weil viele Kristalle beträchtlich von der idealen Gestalt abweichen können
(Verzerrung), obwohl natürlich Steno's Gesetz der Winkelkonstanz gilt (◘ Abb. 11.47f, g). In diesen Fällen ist
die horizontale Streifung der Prismenflächen ein gutes
Hilfsmittel zur Orientierung des Kristalls. Man beachte
aber, dass die konventionelle Drehrichtung des Quarzes (siehe unten) in der Aufstellung von Weiss (1836)
gegenläufig zur Drehrichtung der Kristallstruktur ist
(◘ Abb. 11.42). So ist ein morphologisch definierter
rechtsdrehender Kristall strukturell linksdrehend definiert und umgekehrt.

Da die meisten frei gebildeten Quarzkristalle auf einer Gesteinsoberfläche wuchsen, sind die Rhomboeder,
Trapezoeder und Dipyramiden zumeist nur an einem
Ende ausgebildet (◘ Abb. 11.48a, b). Schwebend gewachsene Kristalle, die dann an beiden Enden gut ausgebildet sein können, sog. Doppelender, sind wesentlich
seltener. Ein Beispiel sind die wunderschönen „Her-
kimer Diamonds" vom Mohawk Valley, New York,
USA, und die milchigen Quarzkristalle von Suttrop,
Deutschland, mit perfekt pseudohexagonalen Formen,
die β-Quarz ähneln. Doppelender bilden sich insbesondere dann, wenn ein Kristall von seiner Matrix durch
tektonische Beanspruchung in einer gegebenen Kluft
abbricht und dann an der Bruchstelle weiter wächst
(◘ Abb. 11.48c). Speziell in alpinen Vorkommen können Kristalle mit spitzrhomboedrischem Habitus gefunden werden (sog. Tessiner Habitus). Sie zeigen eine
oft treppenartige Kombination von mehreren, verschie-
den steilen Rhomboedern, wie z. B. $\{30\bar{3}1\}$ oder $\{50\bar{5}1\}$.

Natürliche Quarzkristalle sind in der Regel mehr
oder weniger verzwillingt, obwohl die Verzwillingung für das unbewaffnete Auge meist nicht erkennbar ist. Die Kristallklasse 32 erlaubt rechts- und links-
drehende Kristalle. Die trigonalen a-Achsen haben
stets eine entgegengesetzte Polarität. Demzufolge führen (feine) Verwachsungen von Dauphiné- und Brasilianer Zwillingen in jeweils gleichen Anteilen zu einer
vollständigen Kompensation der Polarität und Un-
terdrückung der Piezoelektrizität (▶ Abschn. 1.4.3;
◘ Abb. 11.49a, b).

Die beiden häufigsten in Quarz auftretenden Zwillingsgesetze sind:

- *Dauphinéer Gesetz* (◘ Abb. 11.47c). Verzwillingung
  von rechtsdrehenden (R) oder linksdrehenden (L)
  Bereichen eines Quarz-Individuums durch eine Rotation von 180° um die Zwillingsachse c=[0001].

Die Zwillingsbereiche variieren in ihrer Größe von
submikroskopisch bis makroskopisch und sind
mit polygonalen oder eher unregelmäßigen Grenzen verwachsen (◘ Abb. 11.47c, 11.49a). Verzwil-
lingte, idiomorphe Individuen zeigen parallele Prismenflächen, während das positive Rhomboeder
des einen mit dem negativen des anderen koinzi-
diert, und umgekehrt. Bei regelmäßiger Verwachsung entsteht ein mehr oder weniger pseudohexagonaler Habitus (◘ Abb. 11.47c). Folglich können
Dauphiné-Zwillinge (R + R oder L + L) nicht optisch am Drehsinn erkannt werden. Verwachsungs-
suturen (◘ Abb. 11.49a) sind für das unbewehrte
Auge selten auffällig; sie werden erst nach Ätzen mit
Flusssäure und unter Einfluss ionisierender Strahlung sichtbar (◘ Abb. 11.49a, b). Diese Suturen
(= Zwillingsgrenzen) dürfen nicht mit Suturen verwechselt werden, die aus Grenzen des allgegenwär-
tigen Makromosaikbaus von „gewöhnlichen Bergkristallen" (◘ Abb. 11.48b, 11.50) resultieren. Morphologisch können R + R- und L + L-Zwillinge nur
erkannt werden, wenn z. B. die kritischen, stets kleinen Trapezoederflächen – als Folge der Wachstumsbedingungen – in den entsprechenden Zwillingspar-
tien ausgebildet sind. Dauphiné-Zwillinge bilden
sich primär als Wachstumszwillinge oder als sekundäre Zwillinge bedingt durch stressinduzierte Scher-
vorgänge, z. B. sogar beim Abschrecken um wenige
100 °C (Frondel 1962).

- *Brasilianer Gesetz* (◘ Abb. 11.47d, 11.51). Die verzwillingten rechts- und linksdrehenden Teile (R + L)
  sind über die Zwillingsebene $\{11\bar{2}0\}$ gespiegelt, d. h.
  beide Teile sind parallel verwachsen und sowohl die
  positiven als auch die negativen Rhomboeder fallen jeweils zusammen. In beiden Fällen resultiert
  eine pseudohexagonale Tracht. Die kritischen Trapezoederflächen, die in ◘ Abb. 11.47d gezeigt werden, sind eher selten ausgebildet. Oft überwiegt ein
  Teil und wir beobachten, z. B. in einer Matrix von
  L-Quarz, kleine polygonale Einschlüsse oder eng
  gescharte polysynthetische Lamellen von R-Quarz
  und umgekehrt. Diese „optische Verzwillingung"
  zeigt sich deutlich zwischen gekreuzten Polarisatoren (◘ Abb. 11.51). Brasilianer Zwillinge sind
  verbreitet, besonders bei dem sog. *Lamellenquarz*
  (z. B. die brasilianischen „Piezokristalle") und bei
  Amethyst-Kristallen (◘ Abb. 11.52).
- *Quarzkristalle,* an denen das *Dauphinéer* und das
  Brasilianer Gesetz in *Kombination* auftreten, sind
  bekannt; aus dieser Verzwillingung resultiert eine
  scheinbar hexagonale Morphologie.
- Weit weniger häufig ist die Verzwillingung nach dem
  Japaner Gesetz (◘ Abb. 11.47h); dabei sind zwei Individuen unter einem nahezu rechten Winkel von
  84°33' geneigt nach $\{11\bar{2}2\}$ verwachsen.

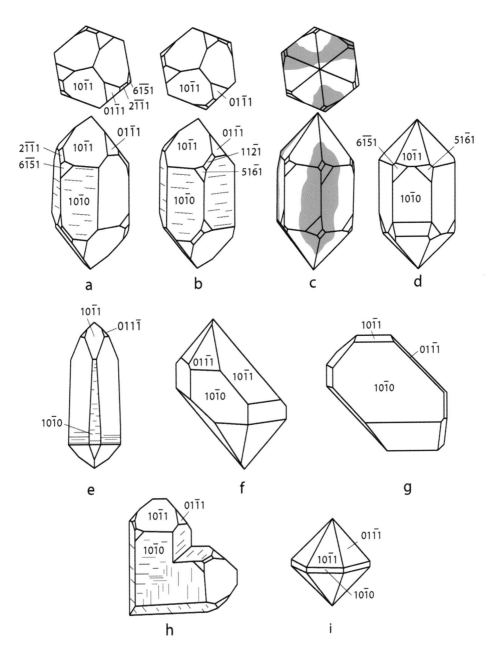

Abb. 11.47   a, b Typische Morphologie von trigonalem α-Quarz (Aufstellung nach Bravais 1851); ein charakteristisches Merkmal kann das horizontal gestreifte Prisma {1010} in Kombination mit dem positiven Rhomboeder {1011} und dem negativen Rhomboeder {0111} als dominante Formen sein; **a** das typische linke Trapezoeder {6151} in Kombination mit der Dipyramide {2111} definiert Linksquarz (L); **b** die Kombination des rechten Trapezoeders {5161} mit der Dipyramide {1121} definiert Rechtsquarz (R); **c** Verwachsung als Dauphinée-Zwilling: (L + L); **d** Zwillingspositionen L + R eines Brasilianer Zwillings:, angedeutet durch beide Trapezoeder; die Flächen {5161} und {1121} sind zwar immer relativ klein, aber oft nützlich zur Bestimmung des Drehsinns des betreffenden Teil-Individuums; **e** Doppelender (Lamellentyp, Vättis, Schweizer Alpen); **f, g** zwei häufige Beispiele für verzerrte Quarzkristalle; **h** eine Variante des Japaner-Gesetzes:: Verwachsung zweier Linkskristalle mit der Verwachsungsebene {1122}; **i** Pseudomorphose von α-Quarz nach β-Quartz mit dominanter, hexagonaler Dipyramide {1011} kombiniert mit hexagonalem Prisma {1010}

Physikalische Eigenschaften	
Mechanische Festigkeit	normalerweise spröde, Translationsgleitebenen, vor allem (0001), (10$\bar{1}$1), ($\bar{1}$011) werden bei erhöhten Temperaturen wirksam, einschließlich Dauphiné-Gleitverzwillingung. *Hydrolytische Schwächung:* Plastische Deformation wird durch strukturell eingebautes „Wasser" (Hydroxylgehalt) wesentlich erleichtert
Spaltbarkeit	fehlt meist, künstlich erzeugt durch thermalen Schock parallel zu (10$\bar{1}$0)
Bruch	muschelig, durch die schwächsten Bindungen, d. h. die relativ weiten Hohlräume in der Quarzstruktur
Härte	7, Standardmineral der Mohs'schen Härteskala; die relativ hohe Härte und die meist fehlende Spaltbarkeit erklären sich aus den allseitig starken Si–O-Bindungen in der Struktur
Dichte	2,65 g/cm³
Farbe	reiner Quarz ist farblos, kann aber allochromatisch sein. Die wichtigsten Farbvarietäten und Farbursachen sind in ◘ Tab. 11.10 aufgeführt, wobei vieles noch nicht ganz verstanden ist
Glanz, Transparenz	Glasglanz auf den Prismenflächen, Fettglanz auf den muscheligen Bruchflächen; durchsichtig bis durchscheinend (z. T. milchig trüb bei Anwesenheit vieler, teils flüssiger Einschlüsse)
Lichtbrechung (Na$_D$):	$n_\omega = 1{,}5443$, $n_\epsilon = 1{,}5534$

11

■ **Varietäten von makrokristallinem α-Quarz**

Auf der Grundlage verschiedener Eigenschaften wie Farbe, Transparenz, internes Gefüge, Tracht und Habitus, werden zahlreiche Varietäten von α-Quarz unterschieden. Wenn eine nähere Umschreibung fehlt, dann handelt es sich stets um α-Quarz! Eigentlich ist reines Siliciumdioxid farblos. Die vielfältigen Farben werden meist durch den Einbau bestimmter *Spurenelemente* oder von *feinsten Mineraleinschlüssen* verursacht. Spurenelemente besetzen entweder *Gitterplätze* (S) von Si-Atomen oder *Zwischengitterplätze* (I₄ oder I₆) in den parallel zu c verlaufenden Kanälen der Struktur (◘ Abb. 11.41, ◘ Tab. 11.10). Nur wenige Spurenelemente sind mit Gehalten von deutlich >1 ppm beteiligt (Götze und Möckel 2012).

Bergkristall (◘ Abb. 1.1, 2.1) Idiomorphe, farblos klare und ganz durchsichtige, in der Regel von Kristallflächen begrenzte Individuen von Millimeter- bis zu Metergröße. Sie bilden meist Kristallgruppen, die auf Klüften oder in Hohlräumen vorkommen, wo sie in Drusen oder als Kristallrasen auf einer Gesteinsunterlage aufsitzen. In die Quarzstruktur können Spuren der Übergangsmetalle Ti, Mn, Fe durch einfache Sub-

◘ **Abb. 11.48** **a** Zwei Rauchquarz-Kristallstufen mit pseudohexagonalem Habitus und dominant ausgebildeten Trapezoederflächen; deren Position rechts oberhalb der Prismenfläche 10$\bar{1}$0 am links abgebildeten Kristall mit den Miller'schen Indizes (51$\bar{6}$1) zeigt, dass es sich um einen Rechtsquarz handelt, beim rechts abgebildeten Kristall liegt die Trapezoederfläche (6$\bar{1}$51) links oberhalb der Prismenfläche (10$\bar{1}$0), es handelt sich also um einen Linksquarz; Bildbreite = 9 cm; Val Giuf, Tawetsch, Schweiz; **b** Rechtsquarz mit deutlich ausgebildeten Trapezoederflächen; Sutur entlang der Prismenfläche (Pfeil) weist auf einen Mosaikbau hin; Bildbreite = 8 cm; Schyenstock, Fellital, Uri, Schweiz; **c** Rauchquarz-Doppelender: das linke Ende weist steile Rhomboederflächen auf (Tessiner Habitus). Das rechte Ende wuchs erst, nachdem der Kristall dort von seinem Gesteinsuntergund abgebrochen war und weiterhin genügend Kieselsäure im Klufthohlraum zur Verfügung stand. Der Habitus ist jedoch deutlich anders als am linken Ende; Spielmann, Glocknergruppe, Hohe Tauern, Österreich; Bildbreite = 22 cm. (Sammlung und Fotos: Hartwig E. Frimmel)

stitution eingebaut werden. Wichtig sind auch gekoppelte Substitutionen, so der Ersatz von Si⁴⁺ auf dem Gitterplatz S durch ein passendes Kation niedrigerer

Ladung wie Al^{3+}, wobei der notwendige Ladungsausgleich durch den Einbau eines kleinen einwertigen Kations wie Li^+, auf einem benachbarten Zwischengitterplatz (I_4) erreicht wird: $Si^{4+} \rightarrow Al^{3+}Li^+$ (◼ Tab. 11.10). Diese als AlLi abgekürzten Punktdefekte gehören wohl zu den häufigsten Farbzentren im Bergkristall. Daneben gibt es auch entsprechende AlH-Defekte, deren Existenz durch die Gleichung $[Al] \approx [Li] + [H] + [Na]$ (Atome/106 Si) gestützt wird (Bambauer 1961). Reiner Quarz bleibt auch bei Einwirkung ionisierender Strahlung farblos. Enthält er jedoch AlLi-Punktdefekte, so entstehen Defektelektronen und damit AlLi-Farbzentren (◼ Abb. 11.49a), die durch selektive Absorption eine mehr oder weniger tiefe rauchbraune Färbung („Rauchfarbe") erzeugen. Durch Erhitzen auf wenige Hundert Grad lässt sich Rauchquarz (wieder) entfärben. Erfahrungsgemäß sind AlLi-Farbzentren bei Quarzkristallen, die in Klüften gewachsen sind, fast allgegenwärtig, d. h. praktisch alle Bergkristalle sind potentielle Rauchquarze. Inwieweit dies für alle Quarze gilt, ist noch ungeklärt. Neben AlLi-Zentren sind AlH-Zentren sehr verbreitet in hydrothermalem Quarz, während AlLi-Zentren häufiger in pegmatitischem Quarz auftreten (Guzzo et al. 1997). Behandlung mit ionisierender Strahlung ist eine geeignete Methode, das normalerweise unsichtbare Interngefüge von farblosen und schwach gefärbten Quarzkristallen sichtbar zu machen: Wachstumssektoren und -zonen, niedrig symmetrische Lamellen und alle Arten von Zwillingen (◼ Abb. 11.49a, b).

Bei Quarzkristallen hydrothermaler Vorkommen lassen sich aufgrund ihres eigentümlichen Interngefüges mindestens zwei Grundtypen unterscheiden (Bambauer et al. 1961, 1962):

— *Gewöhnlicher Bergkristall* (locus typicus: St. Gotthard, Zentrale Schweizer Alpen; ◼ Abb. 1.1, 11.50) bildet typisch pseudohexagonale, kurzprismatische Individuen sehr variabler Größe, wobei sogar Riesenkristalle auftreten können. Charakteristisch ist eine verzweigte Makromosaikstruktur aus keilförmigen, radial angeordneten Lamellen, die bei gekreuzten Polarisatoren auf polierten Platten senkrecht zu c durch ihre Doppelbrechung sichtbar werden (Weil 1931). Auch an charakteristischen Suturen auf den Rhomboeder- und Prismenflächen kann man diese Lamellen erkennen (Friedländer 1951), welche die horizontale Streifung der Prismenflächen schneiden. Man sollte sie nicht mit Dauphiné-Zwillingslamellen verwechseln (◼ Abb. 11.47c), die bei diesem Typ allgegenwärtig sind, aber meist erst nach Anätzen erkennbar werden. In gewöhnlichem Quarz folgt der Gehalt an AlLi- und AlH-Zentren wie auch die Tiefe der Bestrahlungsfarbe im Allgemeinen $(10\bar{1}1) \gg (01\bar{1}1) > (10\bar{1}0)$. Für die häufigeren Spurenelemente wurden folgende Gehalte gefunden

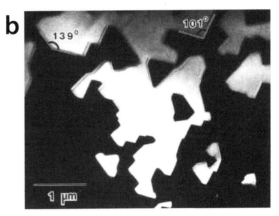

◼ **Abb. 11.49** **a** Schnitt senkrecht zu c von ursprünglich nahezu farblosem Quarz; zentrale Schweizer Alpen (Dicke = 2 mm); γ-Bestrahlung (5800 C/kg) machte den inneren Aufbau des Kristalls deutlich: Intensive Bildung der typischen Farbzentren in drei dunklen Sektoren unter dem positiven Rhomboeder $\{10\bar{1}1\}$ und drei hellen Sektoren unter dem negativen Rhomboeder $\{01\bar{1}1\}$; Partie in Zwillingsstellung $\{10\bar{1}1\}$; Breite = 14 cm (Foto: H.U. Bambauer); **b** Ausschnitt aus einem TEM-Dunkelfeldbild von α-Quarz; dargestellt sind zwei polygonale Zwillingsorientierungen, die als helle und dunkle Domänen erscheinen (Heaney und Veblen 1991)

(Atome/106 Si-Atome): Al 13–130, Li 2–105, H 1–55, Na 1–22 (Bambauer 1961; cf. Jung 1992). Gewöhnliche Quarzkristalle treten im gesamten Alpenraum in Zerrklüften von Graniten und Gneisen auf, ferner auch z. B. im Kaukasus.

— *Lamellenquarz;* locus typicus: La Gardette, französische Alpen; Poty 1969): Die Individuen sind in den alpinen Vorkommen meist relativ klein, langprismatisch sogar bis nadelförmig, pseudohexagonal bis deutlich trigonal (◼ Abb. 11.47e) und zeigen in vielen Fällen Dauphiné-Habitus (◼ Abb. 11.53). Die bekannte Streifung auf den Prismenflächen ist nur sehr schwach ausgebildet oder fehlt; es gibt keine Suturen. Brasilianer Verzwillingung ist tatsächlich allgegenwärtig, bleibt aber für das unbewaffnete Auge in der Regel unsichtbar. Dieser Quarztyp zeigt ein Interngefüge aus optisch zarten, deutlich

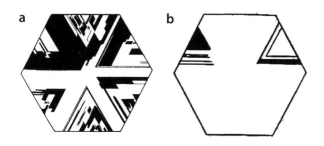

Abb. 11.50 Bergkristall (Rechtsquarz), der durch γ-Bestrahlung rauchig gefärbt wurde; Horizontalstreifung auf Prismenflächen ist deutlich zu sehen. Vertikale Suturen spiegeln den für Quarz typischen Mosaikbau wider; Zentrale Schweizer Alpen; Bildbreite = 10,5 cm. (Aus Parker und Bambauer 1975)

Abb. 11.51 Skizzen von zwei Quarzplatten, normal zu c geschnitten: Durch Anätzen mit HF entwickelt sich das zunächst unsichtbare Bild und lässt unterschiedliche Formen von Zwillingsverwachsungen erkennen; **a** Das enggescharte System von Zwillingslamellen nach dem Brasilianer-Gesetz, auch erkennbar bei gekreuzten Polarisatoren, ist typisch für Quarz mit Lamellenbau. **b** Unregelmäßige Verwachsungsgrenzen bei gewöhnlichem Quarz

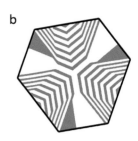

Abb. 11.52 Skizzen charakteristischer polysynthetischer Verzwilligung nach dem Brasilianer Gesetz auf den Rhomboederflächen von Amethyst in Drusen aus vulkanischem Gestein

elemente zeigt markant höhere Werte (Atome/10^6 Si Atome) als beim gewöhnlichen Bergkristall: Al 300–2360, Li 125–1250, H 35–1200, Na 20–40 (Bambauer 1961; cf. Jung 1992). Vermutlich findet sich Lamellenquarz weltweit, doch wird er meist nicht erkannt. Lamellenquarz ist in den Alpen sehr viel seltener als gewöhnlicher Quarz. Es gibt zwar in alpinen Zerrklüften zahlreiche Vorkommen, die sich jedoch auf kalkige Metapelite beschränken. Außerdem kommt Lamellenquarz in Madagaskar (Bambauer et al. 1961), den Kolumbianischen Anden (Gansser 1963) und Tibet (unbestätigt) vor. Zumindest ein Teil der früher verwendeten „Piezokristalle" aus Brasilien dürften diesem Typ angehören (cf. Rykart 1989). Die regionale Verteilung der H-Gehalte sowohl von gewöhnlichem als auch von Lamellenquarz in den Schweizer Alpen lässt eine Abhängigkeit vom Metamorphosegrad erkennen (Bambauer et al. 1962; c.f. Jung 1992).

Rauchquarz (◻ Abb. 2.2, 11.48a, b, c, ◻ Tab. 11.10) Diese rauchbraune, transparent bis durchscheinende Varietät des gewöhnlichen Quarzes tritt in den gleichen Regionen wie gewöhnlicher Bergkristall auf, ist aber weniger häufig. Rauchquarz findet sich auch in manchen Pegmatiten, z. B. in Namibia, in Idaho, USA, oder in Brasilien, auch ist er ein häufiger Gemengteil in Graniten. Als Ursache für die Rauchfarbe kommt natürliche γ-Strahlung (kosmische Strahlung) infrage. Fast schwarzer Rauchquarz wird Morion genannt. Die braune Farbe von natürlichem und durch künstliche Bestrahlung erzeugtem Rauchquarz kann durch Erhitzen ausgebleicht werden. Sogar in natürlichen Gesteinen wie Graniten könnte Quarz seine ursprünglich dunkle Farbe durch späteres Aufheizen auf 100–200 °C verloren haben (King et al. 1987). In den „Kristallkellern" der Alpen können seltene Exemplare von farblosem oder rauchigem Quarz ein Gewicht von bis zu 200 kg annehmen.

Ein Kristall mit 23,6 kg aus dem berühmten Vorkommen der Cairngorm Mountains im Schottischen Hochland wird im Braemar Castle aufbewahrt. Die weltweit angeblich größte Gruppe von Quarzkristallen wurde 1985 in der Otjua Mine bei Karibib in Namibia entdeckt. Sie wiegt 14,1 t.

doppelbrechenden, d. h. niedrigsymmetrischen Lamellen, die parallel zur äußeren Morphologie angeordnet sind (◻ Abb. 11.54). Der Lamellenbau lässt sich am besten in polierten, ca. 2–3 mm dünnen, normal zu c geschnitten Scheiben zwischen gekreuzten Polarisatoren erkennen (Bambauer et al. 1961). Unbehandelter Lamellenquarz ist stets farblos, färbt sich aber bei γ-Bestrahlung rauchig braun bis fast schwarz, und das Lamellensystem wird deutlich sichtbar. Der typische Bereich einiger Spuren-

Abgesehen von wenigen Ausnahmen gibt es keinen wesentlichen Unterschied zwischen gewöhnlichem Bergkristall und Rauchquarz. Die Schlussfolgerung ist deshalb erlaubt, dass Rauchquarz in der Regel strahlungsverfärbter Bergkristall ist.

Amethyst (◻ Tab. 11.10) ist eine durchsichtige bis durchscheinende Quarzvarietät von hell- bis tiefvioletter Farbe. Die Farbverteilung ist gelegentlich fleckig und trüb; sie zeigt deutlichen Zonar- und Sektorenbau. Prächtige Kristalldrusen von Amethyst, die häufig Achat aufsitzen, kleiden Hohlräume in vulkanischen Gesteinen aus; besonders spektakuläre Vorkommen liegen in Brasilien (◻ Abb. 2.3), Uruguay und Madagaskar. In manchen Fällen ist Amethyst aus polysynthetischen, dünnen und eng gescharten Brasilianer-Zwillingslamellen aufgebaut, die parallel der Rhomboederflächen angeordnet sind. Ursache der violetten Farbe ist die Wechselwirkung von Fe^{4+}-haltigen Farbzentren, d. h. von FeLi-Zentren in den Kanälen der Quarzstruktur, mit ionisierender Strahlung. Ein allgemein akzeptiertes Modell ist: $Fe^{3+}(S) + Fe^{3+}(I_4) \rightarrow Fe^{4+}(S) + Fe^{2+}(I_4)$. Bei diesem Prozess wird Eisen in den ungewöhnlichen vierwertigen Zustand Fe^{4+} oxidiert (Lehmann und Moore 1966; cf. Rossman 1994).

Citrin (◻ Tab. 11.10) ist eine vergleichsweise seltene, zitronengelbe, durchsichtige bis durchscheinende Farbvarietät von gewöhnlichem und/oder Lamellenquarz; die näheren Beziehungen sind unbekannt. Auch die Farbursache(n) sind noch nicht vollständig verstanden. Eine Ursache der gelben Farbe ist kolloidales ($\approx 10\,\mu m$), dispergiertes Ferrihydroxid, aber auch eine Reaktion von natürlicher ionisierender Strahlung auf Rauchquarz wird diskutiert. Amethystkristalle können orangebraune Zonen oder Sektoren von natürlichem Citrin enthalten. Beispiele für Citrin-Vorkommen liegen in den Regionen Hyderabad in Indien sowie Mato Grosso, Minas Gerais und Rio Grande do Sul in Brasilien. Citrin von außergewöhnlicher Qualität wird in der Anahi Mine in Bolivien abgebaut (Schultz-Güttler et al. 2008). Die meisten „Citrine", die im Edelsteinhandel angeboten werden, sind wohl bei Temperaturen bis zu 500 °C gebranntes Amethyst. Sie werden auf dem Markt als Schmuckstein verkauft, manchmal noch unter den irreführenden und nicht akzeptablen Namen „Goldtopas" oder „Madeiratopas".

Rosenquarz (◻ Tab. 11.10) Diese rosafarbene Varietät von Quarz ist in den meisten Fällen milchig trüb, seltener durchscheinend bis durchsichtig. Idiomorphe Kristalle sind stets klein und selten. Rosenquarz tritt in der Regel derb als Füllung hydrothermaler Gänge auf. Auch Pegmatite können Rosenquarz neben Riesenkristallen von K-Feldspat enthalten. Als Ursache für die rosa

◻ **Tab. 11.10** Die häufigsten, natürlich vorkommenden Farbvarietäten von Tiefquarz

Name	Natürliche Farbe	Farbzentren (Streuzentren)
Bergkristall	Farblos	Potentieller Rauchquarz
Rauchquarz	Braun	$(AlO_4)^{4-}-Li^{0}+e^{-}$
Amethyst	Violett	$Fe^{4+}(S) + Fe^{2+}(I_4)$
Citrin	Gelb	$Fe^{3+}(I_4)$, submikroskopische Fe_2O_3-Partikel
Rosenquarz	Rosa	$Ti^{3+}(I_6)$ oder $Fe^{4+}(S) + Fe^{2+}(I_6)$[a]

(S) Gitterplatz; (I_4) und (I_6): 4- und 6-koordinierter Zwischengitterplatz
[a] Zusätzlich Nadeln von Rutil und/oder Dumortierit (Lehmann und Bambauer 1973; cf. Rossman 1994)

◻ **Abb. 11.53** *α-Quarz*, Typ *Lamellenquarz:* Dauphiné-Habitus mit nur einer relativ großen Rhomboederfläche, keine Suturen auf den Prismen- und Rhomboederflächen erkennbar. Tamboléhibé Mine, Madagaskar, Bildbreite = ca. 10 cm. (Sammlung und Foto: Hartwig E. Frimmel)

Farbe wird Ti^{3+} auf Zwischengitterplätzen in den Kanälen der Quarzstruktur, oder Fe^{4+} auf Gitterplätzen und Fe^{2+} auf Zwischengitterplätzen angenommen. Für solche rosafarbigen Kristalle, die vollkommen frei von Titan sind, aber Phosphor enthalten, werden Al–O–P-Farbzentren vorgeschlagen (cf. Rossman 1994). Für die allgegenwärtige Trübung von Rosenquarz kommen feinste Nadeln von Rutil und dem Borsilikat Dumortierit infrage (z. B. Henn und Schultz-Güttler 2012). Feinste Rutil-Nadeln, orientiert in 120°-Anordnung, bewirken jedenfalls die Lichterscheinung *Asterismus:* Es entsteht ein 6-zähliger Stern, der besonders deutlich bei geschliffenen Kugeln oder in Schliffen en Cabochon erscheint.

Brasilianer
Zwilling

◘ Abb. 11.54 Typischer *Lamellenquarz*, Schnitt senkrecht zu c (2 mm dick, Bildbreite = 2,4 cm) Fontana, Val Bedretto, Zentrale Schweizer Alpen; Winkel der Polarisatoren 87°; im dunklen Kernbereich des Brasilianer Zwillings sind optisch zweiachsige Lamellen parallel zu den Rhomboedern $\{10\bar{1}1\}$ und $\{01\bar{1}1\}$ orientiert, im helleren Randbereich dagegen parallel zum hexagonalen Prisma $\{10\bar{1}0\}$. (Aus Bambauer 1961)

Prasiolit (grüner Quarz) ist in der Natur sehr selten. Offenbar wurden die meisten Exemplare künstlich durch Erhitzen von Amethyst erzeugt (Schultz-Güttler et al. 2008).

Gemeiner Quarz Meist weiß, in derben Massen, farblos-trübe mit fettigem, milchigem Glanz bis Glasglanz. Die Trübe entsteht oft durch unzählige winzige Flüssigkeitseinschlüsse. Hydrothermal gebildete, nahezu monomineralische Quarzgänge, die gewöhnlich in niedrig metamorphen Gesteinen auftreten, können Hohlräume mit wohlausgebildeten Quarzkristallen enthalten. Sonst ist gemeiner Quarz nur selten idiomorph ausgebildet, z. B. in Kalksteinen bei Suttrop in Westfalen.

Weitere Varietäten Häufig sind *Quarzvarietäten* auf *Wachstumseigenheiten* zurückzuführen:
- *Gedrehter Quarz,* in den Alpen „Gwindel" genannt, besteht aus mehreren aneinander gewachsenen Einkristallen, von denen jeder um einen kleinen Betrag gegen den vorhergehenden verdreht ist, wobei der Drehsinn stets gleich bleibt. Dabei lassen sich links- und rechtsgewundene Gwindel unterscheiden (◘ Abb. 11.55a, b).
- *Kappenquarz* zeigt parallel zu den Rhomboederflächen $\{10\bar{1}1\}$ orientierte Wachstumszonen, die durch Einschlüsse markiert sind und leicht zu trennende, kappenförmige Schalen bilden.
- *Szepterquarz* dokumentiert in seiner Morphologie zwei aufeinanderfolgende Wachstumsstadien: Ein Kristall von langgestrecktem prismatischem Habitus wird von einem zweiten, kürzer prismatischen Kristall überwachsen (◘ Abb. 11.55c).

- *Zellquarz* zeigt zellig zerhackte Formen.
- *Fensterquarz* zeichnet sich durch bevorzugtes Kantenwachstum aus. Die Flächenmitten blieben aus Substanzmangel beim Wachstum zurück.

■ **Varietäten von mikro- bis kryptokristallinem α-Quarz**
Die feinkörnigen Varietäten von α-Quarz sind häufig farbig. Als Farbursache kommen Einschlüsse in Quarzkörnern (Henn und Schultz-Güttler 2012) oder innige Verwachsungen mit farbigen, faserig, nadelig oder blättchenförmig ausgebildeten Mineralen infrage. Diese Quarzvarietäten werden als – mehr oder weniger geschätzte – Schmucksteine verschliffen, für die in der Vergangenheit oft informelle, manchmal phantasievolle Namen geprägt wurden.

Faserige Varietäten: Chalcedon Der Begriff Chalcedon s. l. umfasst alle mikro- bis kryptokristallinen Quarzvarietäten, die aus parallel orientierten Fasern bestehen. Er enthält häufig Moganit (s. dort) sowie – abhängig von den Bildungsbedingungen – auch röntgenamorphen Opal. In diesen Fällen wurde Chalcedon offensichtlich aus einem Silikagel gebildet. Bedingt durch submikroskopische Poren und H_2O-Gehalte von 0,5–2 Gew.-% liegt die Dichte von Chalcedon nur bei 2,59–2,61 g/cm³ und auch seine Härte ist geringer als bei makrokristallinem Quarz. Chalcedon kann weiß, blassblau, grau, braun oder schwarz sein, ist durchscheinend oder halbdurchsichtig und zeigt Wachsglanz. Er bildet die Füllung von Geoden und Mandeln in vulkanischen Gesteinen, kommt auch in einigen Erzlagerstätten vor und dient als Versteinerungsmittel, z. B. von Baumstämmen (verkieseltes Holz).
Besondere Varietäten:
- *Chalcedon* s. str. ist eine Varietät von blass blaugrauer Farbe mit nierig-traubiger Oberfläche und zeigt bei seiner dichtfaserigen Ausbildung splittrigen Bruch. Mit Flüssigkeit gefüllte Chalcedon-Mandeln werden als *Enhydros* bezeichnet.
- *Karneol* ist ein durchscheinender, rot bis orangeroter Chalcedon, der Einschlüsse von Hämatit enthält. Attraktive Exemplare werden als Schmucksteine verschliffen und poliert und z. B. für Siegel und Siegelringe verwendet.
- *Achat* ist ein rhythmisch gebänderter, feinschichtiger Chalcedon, der Blasenräume in manchen Vulkaniten füllt. Bei einer vollständigen Füllung dieser Geoden entstehen *Achatmandeln* (Landmesser 1988; ◘ Abb. 11.56). In *Kristalldrusen* bildet gebänderter Achat häufig nur die äußere Schicht, auf deren innerer Seite attraktive Amethyst-Kristalle aufgewachsen sein können (◘ Abb. 2.11). Die Füllung von Achatmandeln ist durch den Konzentrationsgradienten intergranularer Lösungen bedingt, der im umgebenden Gestein herrscht. Der SiO_2-Transport erfolgt durch

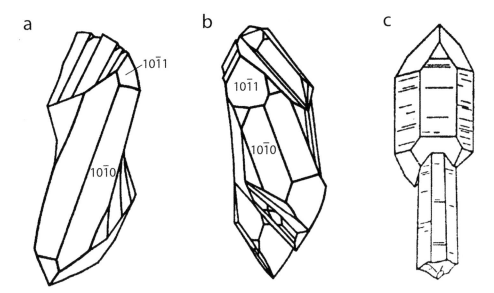

☐ Abb. 11.55   Skizzen von gedrehtem Quarz, bestehend aus mehreren miteinander verwachsenen Individuen, die jeweils um die a-Achse gegeneinander verwunden sind: **a** linksdrehend, **b** rechtsdrehend, und **c** von Szepterquarz

drei verschiedene Prozesse, die zu drei unterschiedlichen Gefügen führen (z. B. Walger et al. 2009):

1. *Gewöhnliche Bänderung* von Achat entsteht, wenn SiO_2 durch eine intakte Gelmembran direkt in den Hohlraum hinein diffundiert, der fortlaufend mit konzentrischen Achatlagen ausgekleidet wird (☐ Abb. 11.56).
2. Wenn die SiO_2-führende Lösung durch einen sich öffnenden Kapilarriss eindringt, entsteht ein *Infiltrationskanal,* der häufig durch Achat mit unregelmäßigem Lagenbau gefüllte sein kann (☐ Abb. 11.57).
3. Nachdem der Hohlraum mit der SiO_2-führenden Lösung gefüllt ist, kann durch Ausflockung von Teilchen aus SiO_2-Gel ein horizontaler (geopetaler) Lagenbau entstehen. Weicht dieser im Aufschluss von der Waagerechten ab, deutet das auf eine tektonische Verkippung des Gesteins hin: Achat kann somit als *geologische Wasserwage* betrachtet werden (☐ Abb. 11.56).

- *Onyx* ist ein schwarz-weiß, *Sardonyx* (Sarder) ein braun-weiß gebänderter Achat.
- *Moosachat* enthält grüne, braune oder schwarze Mineraleinschlüsse, meist Fe- oder Mn-Oxide, die ein dendritisches, moosähnlich Bild zeichnen.

Unterschiede in der Porosität der Bänderung machen es möglich, Achate in verschiedensten Tönen zu färben, teilweise kombiniert mit moderater Erhitzung (☐ Abb. 11.58). Natürlicher und künstlich gefärbter Achat und seine Varietäten werden für verschiedene Produkte der Schmuckindustrie und des Kunsthandwerks verwendet. Wegen seiner großen Zähigkeit und Härte dient Achat der Herstellung von Lagersteinen in der Feinwerktechnik und der Uhrenindustrie sowie von Kugelmühlen, Mörsern, Pistillen und Poliersteinen.

Für die faserigen Pseudomorphosen von mikrokristallinem Quarz nach *Krokydolith*-Asbest sind zwei Namen in Verwendung (▶ Abschn. 11.4.3): Vom *Falkenauge* für blaue, mehr oder weniger silifizierte Fasern über intermediäre Gemenge und Oxidation $Fe^{2+} \rightarrow Fe^{3+}$ zum bronze-gelben und weitgehend silifizierten *Tigerauge*. Ein analoger Prozess führt zum graugrünen *Quarzkatzenauge,* das bei der Silifizierung von Aktinolith-Asbest entsteht. Nach Schleifen und Polieren zeigen alle Varietäten einen wellenförmigen, seidigen Schimmer, was sie besonders als Schmuckstein geeignet macht.

Feinkörnige Varietäten von α-Quarz:

- *Milchquarz* enthält zahlreiche winzige Fluideinschlüsse, vorherrschend wässerige Flüssigkeit und/oder Gas, die den Quarz auf Bruchflächen milchig trüb erscheinen lassen; gewöhnlich mit Fettglanz.
- *Chrysopras* ist durch Ni-Ionen apfelgrün bis gelblich grün. In guter Qualität ist diese seltene Varietät ein begehrter Edelstein.
- *Aventurin* ist ein feinkörniger Quarzit, der feinste Schüppchen von grünem Glimmer (Fuchsit), Hämatit oder anderen blättchenförmigen Mineralen enthält, die einen grünlichen oder bräunlichen Schiller verursachen. Aventurin dient daher als Schmuckstein. Der Name wird auch für den (Na,Ca)-Feldspat Andesin mit orientierten feinschuppigen Einschlüssen von Hämatit verwendet.
- Blauquarz ist gemeiner Quarz mit orientiert eingelagerten, winzigen Rutil-Nädelchen von (sub-)mikroskopischer Größe (~10 µm), die einen trüben, blaugrauen Farbton verursachen.

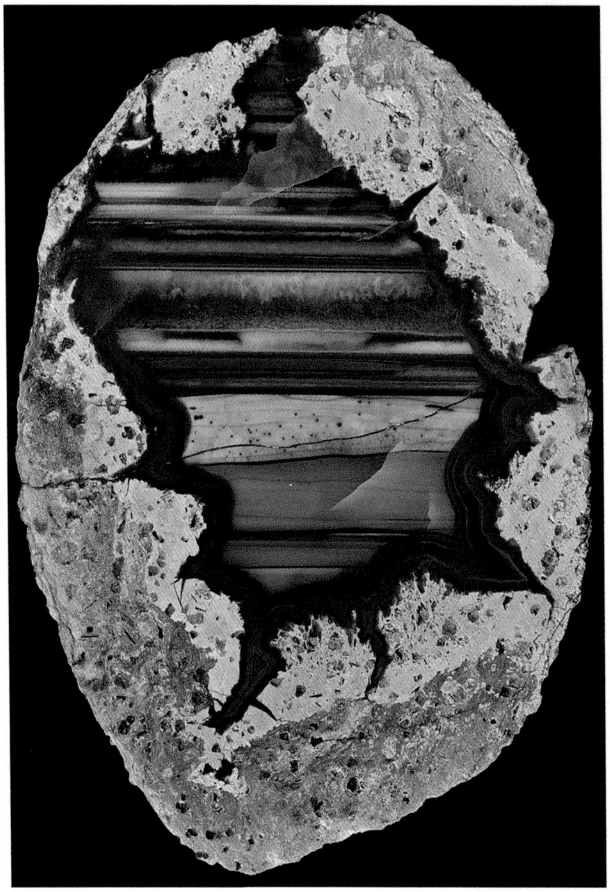

Abb. 11.56 Achatmandel (Geode) in Rhyolith: Charakteristisch ist die rhythmische, horizontale Bänderung im inneren Bereich, die bei der letzten Füllung des Hohlraums entstand; Sailauf, Spessart, Bayern; Bildbreite = 4,5 cm. (Foto Joachim A. Lorenz, Karlstadt am Main)

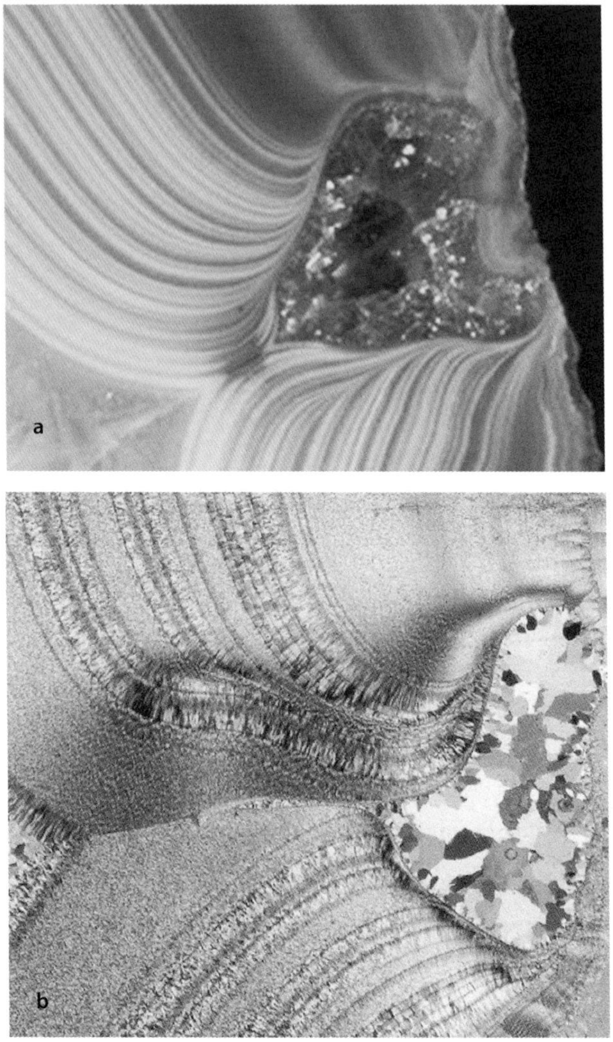

Abb. 11.57 Achat von Serra Geral, Brasilien; **a** Infiltrationskanal, in dem sich die einzelnen Achatlagen nach außen hin verdünnen; Bildbreite = 2,4 cm; **b** Mikrofoto desselben Infiltrationskanals unter gekreuzten Polarisatoren, Bildbreite = 2,5 cm. (Aus Walger et al. 2009)

- Jaspis s. l. besteht aus mikro- bis kryptokristallinem Quarz, der in Gegensatz zu Chalcedon dichte, körnige Aggregate ausbildet.
- Jaspis s. str ist meist intensiv (schmutzig) braun, rot, gelb oder grün. Er bildet ein dichtes, sprödes Gestein mit muscheligem Bruch und schwachem Wachsglanz. Er kann kantendurchscheinend sein, ist aber meist undurchsichtig. Jaspis kommt u. a. als Bestandteil von Kieselhölzern, Hornstein und Bändereisenerz vor, der als Jaspilit bekannt ist. Zur Jaspis-Gruppe gehören zahlreiche Varietäten, so u. a.:
  - *Plasma* ist ein halbdurchscheinender, durch Chlorit-Einschlüsse grün gefärbter dichter Quarz; einige Exemplare zeigen weiße oder gelbliche Flecken.
  - *Prasem* ist ein fleckig lauchgrün gefärbter dichter Quarz, dessen Farbe auf eingelagerte, winzige Aktinolith-Nädelchen zurückgeht.
  - *Heliotrop,* auch als *Blutstein* bekannt, ist ein Plasma, das mit blutroten Tupfen aus Hämatit gesprenkelt ist und als Schmuckstein verschliffen wird. Der Begriff Blutstein wird auch für schleifwürdigen und polierfähigen Hämatit verwendet.
- *Hornstein* (*Feuerstein, Flint,* engl. „chert"): ist ein dichtes, kieseliges Gestein von variabler Farbe und mattem Glasglanz. Sein Hauptbestandteil ist Quarz in Korngrößen <30 μm. Hornstein entsteht meist bei der Diagenese als Konkretion durch Abscheidung aus SiO_2-haltigen Porenlösungen und enthält mitunter noch röntgenamorphe Opalsubstanz und Mikrofossilien. Wohlbekannte Vorkommen sind die kretazischen Kalksteine an den Küsten von Südengland, der Normandie, der dänischen Inseln und der Insel Rügen sowie die karbonischen Kalksteine im oberen Mississippi-Gebiet, USA. Zu prähistorischen Zeiten wurden aus Feuerstein weithin Werkzeuge und Waffen wie Faustkeile und Pfeilspitzen hergestellt. Er war vermutlich der erste Rohstoff, den der Mensch

◻ Abb. 11.58 Gesägte und polierte Platte von künstlich eingefärbtem Achat, benutzt als Handelsmuster. Der oberste Teil ist unbehandelt und zeigt die natürliche graue Farbe. Die Lage darunter ist nach traditioneller Methode mit Honig eingefärbt und gebrannt; die folgenden 5 Lagen zeigen unterschiedliche Farben, die durch Behandlung mit chemischen Substanzen erzeugt wurden

bergmännisch gewonnen hat. *Eisenflint* ist eine Varietät, die durch Hämatit und/oder Fe-Hydroxide in gelblichen, braunen oder roten Farbtönen vorkommt.

■ **β-Quarz (Hochquarz)**

SiO$_2$

Kristallklasse 622, hexagonal-trapezoedrisch; die Hochtemperaturmodifikation β-Quarz unterscheidet sich von α-Quarz durch ihren kürzer prismatischen Habitus mit hexagonaler Bipyramide $\{10\bar{1}1\}$ in Kombination mit einem schmalen hexagonalen Prisma

$\{10\bar{1}0\}$ (◻ Abb. 11.47i). Einsprenglinge von Quarz, die bei Temperaturen von >573 °C als sogenannte Dihexaeder kristallisieren, findet man in vulkanischen Gesteinen mit SiO$_2$-Überschuss, z. B. in Rhyolith (► Abschn. 13.2.1). Bei Abkühlung kommt es zur nicht abschreckbaren enantiotropen α ⟷ β-Umwandlung. Dabei wird eine *Paramorphose* gebildet, die aus Domänen mit α-Quarz-Struktur unter Erhalt der äußeren Kristallform von β-Quarz besteht. Das liegt daran, dass die reversible Umwandlung α-Quarz ⟷ β-Quarz displaziv ist, bedingt durch eine minimale Verkippung der SiO$_4$-Tetraeder in der Kristallstruktur (◻ Abb. 1.18b, c, 11.42a, b). Diese Umwandlung wird von einer abrupten, wenn auch minimalen Änderung in den physikalischen Eigenschaften begleitet; so hat β-Quarz eine niedrigere Dichte von 2,53 g/cm^3 (◻ Abb. 11.44).

■ **Quarz als Rohstoff**

Quarz ist ein wichtiges Rohmaterial für die Herstellung von Glas, insbesondere von *Quarzglas* (engl. *„vitreous silica“*), ein Spezialglas, das aus reinem SiO$_2$ besteht. In großer Menge wird Quarzsand auch als Rohstoff in der Keramik- und Feuerfestindustrie verwendet, so für die Herstellung von Silikasteinen, die hauptsächlich aus Tridymit und Cristobalit bestehen und durch „Brennen“ von Quarz gewonnen werden. Quarzsand dient als Zuschlag zur Herstellung von Baustoffen wie SiO$_2$-reichem Beton oder Calciumsilikathydrat-gebundenen Bausteinen. Technisches Siliciumkarbid SiC, als Carborundum bekannt, ist ein wichtiges Schleifmittel, das unter Verwendung von Quarz hergestellt wird. Ferner ist Quarz Grundrohstoff für die chemische Industrie, z. B. für die Herstellung von *Silikonen,* sei es als Schmiermittel, hydraulische Flüssigkeiten oder Lackgrundlage, sowie von *Silikagel,* z. B. als Absorber und zum Trocknen von Gasen. Schließlich dient reiner Quarz als Vorstufe zur Züchtung von *Silicium-Einkristallen* (◻ Abb. 11.59) aus Reinstsilicium für die Solar- und Halbleiterindustrie, z. B. für die Herstellung von Transistoren. 2020 betrug die weltweite Jahresproduktion von metallischem Silicium und Si-Legierungen 8,0 Mio. t, wovon der größte Anteil von China mit 5,4 Mio. t getragen wird, gefolgt von Russland (540 kt), Brasilien (340 kt), Norwegen (330 kt), und USA (290 kt) (U.S. Geological Survey 2021). Da die Hauptkomponente der meisten Gläser SiO$_2$ ist, bildet Quarz die Basis für Haushaltsgläser. Einer modernen Verwendung dient hochreines Silikaglas (Jung 1992), Grundlage der modernen Glasfaseroptik, als führende Technologie für den Hochgeschwindigkeitsdatentransport des schnellen Internets.

Die edlen Quarzvarietäten wie Amethyst, Rauchquarz, Citrin, Rosenquarz, Chrysopras, Achat oder Onyx sind beliebte Halbedelsteine oder Schmucksteine. In wachsenden Mengen kommen synthetische Kristalle

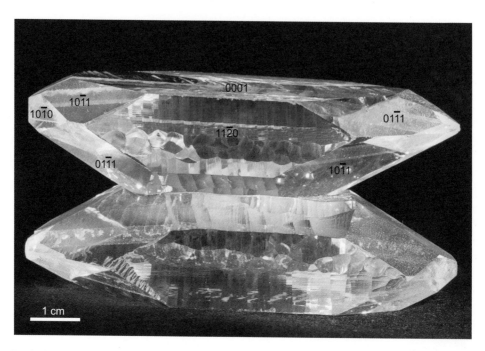

◘ Abb. 11.59 a Synthetischer α-Quarz, unter hydrothermalen Bedingungen gezüchtet; als Basis diente ein sogenannter Z-seed-Keimkristall parallel zu (0001), der nicht sichtbar ist. Die beiden Individuen sind entlang (0001) parallel verwachsen. Ähnliche Verwachsungen parallel zu Prismenflächen führen in der Natur zu den sog. Gwindel. (Sammlung und Foto: Hartwig E. Frimmel)

mit ausgefallenen Farben auf den Markt (Henn und Schultz-Güttler 2012). Quarzkristalle erster Qualität werden in der optischen Industrie gebraucht und (neben anderen Piezokristallen) in ständig wachsender Menge für piezoelektrische Resonatoren zur Regulierung elektrischer Oszillationen verwendet, so als Kristalloszillatoren in Quarzuhren sowie als Steuerungsquarze in der Elektroakustik in Mikrofonen und Ultraschallgeräten, z. B. für die genaue Einstellung von Radiofrequenzen. Nachdem die Vorkommen von qualitativ hochwertigen, unverzwillingten Quarzkristallen so gut wie erschöpft sind, werden ausschließlich synthetische Kristalle (◘ Abb. 11.59) von hoher Reinheit als Piezokristalle eingesetzt. Diese wachsen als Einkristalle in großen Autoklaven aus alkalischen, wässerigen Lösungen, meist bei Drücken von 1000–1700 bar und Temperaturen von 350–400 °C, wobei wenige Millimeter dünne Keimplatten als Träger wirken. Bei diesem Prozess der Hydrothermalsynthese dienen Bruchstücke von reinem Quarz als Kristallkeime. Die Wachstumsraten parallel (0001), auf der am natürlichen Quarz nie ausgebildeten Basisfläche, betragen bis zu 1,3 mm/Tag, wobei bis zu 20 cm lange und 5 cm breite Kristalle mit Gewichten bis zu 1 kg entstehen (◘ Abb. 11.59).

Grundlage für die meisten modernen Glaskeramiken sind die Strukturen der beiden SiO$_2$-Modifikationen β-Quarz und Keatit. Während reiner β-Quarz nicht unter 573 °C abschreckbar ist, kann diese Modifikation z. B. durch Substitutionen wie Si^{4+} = Al^{3+} + Li$^+$, d. h. durch Einbau von Li$^+$ in die Strukturkanäle (◘ Abb. 11.41b, 11.42a) bei Raumtemperatur stabilisiert werden. Ausgehend von einer passenden Glaszusammensetzung im System Li$_2$O–Al$_2$O$_3$–SiO$_2$ gelingt

es, bei einem genau kontrollierten thermischen Prozess „gestopfte Hochquarzstrukturen" auf der Basis von β-Quarz herzustellen. Dabei entsteht ein weithin polykristallines Mikrogefüge mit einem Ausdehnungskoeffizienten nahe Null oder sogar im negativen Bereich. Zwecks Umgehung einschlägiger Patente wurden auf der Basis der Grundverbindungen β-Quarz und Keatit eine große Vielfalt von Mischkristallen mit polykristallinen Gefügen hergestellt.

Quarz ist auch ein Rohstoff zur Herstellung von Silika-Nanopartikeln. Je nach deren Größe und Form gibt es zahllose Verwendungen, z. B. für die Herstellung von Arzneimitteln (Emulgatoren), Lebensmitteln (Käse) und Kosmetika (einschließlich Zahnpasta), dazu findet sich Quarz in Druckertonern und Plastik. Langfristiges Einatmen von Staub aus kristallinem SiO$_2$ kann zu Silikose führen!

■ Tridymit und Cristobalit
SiO$_2$
   β-Tridymit, Kristallklasse 6/m2/m2/m, bildet 6-seitige grauweiße Täfelchen, die zu fächerförmigen Zwillingen oder Drillingen verwachsen sind (grch. τρίδυμο = Drilling). *β-Cristobalit*, Kristallklasse 4/m$\bar{3}$2/m, erscheint in winzigen oktaederförmigen Kristallen. Diese SiO$_2$-Minerale wurden erstmals 1868 bzw. 1887 durch Gerhard von Rath (1830–1888) aus dem Vorkommen am Cerro San Cristóbal in Chiapas (Mexiko) beschrieben. Beide *Hoch-T-Modifikationen* kommen in Hohlräumen von Obsidian und anderen vulkanischen Gesteinen unterschiedlicher, jedoch meist SiO$_2$-übersättigter Zusammensetzung vor. In Vulkaniten bilden sie Bestandteile der Grundmasse, und zwar entweder allein oder metastabil nebeneinander, wie das auch von einigen lunaren Basaltproben beschrieben wurde. Cristobalit entsteht auch durch thermische Metamorphose in Sandsteinfragmenten, die in basaltischen Ge-

steinen eingeschlossen sind, wobei die Hitzezufuhr aus dem kristallisierenden Magma stammt. Bei der Abkühlung der Gesteine wandeln sich β-Tridymit und β-Cristobalit paramorph in feinkörnige Gemenge aus den *Tief-T-Modifikationen* α-*Tridymit* und α-*Cristobalit* um (◨ Tab. 11.9) Da diese jedoch metastabil unter allen Bedingungen sind, wurden sie in einigen Gesteinen bereits in stabilen Quarz umgewandelt.

▪ **Moganit**
SiO$_2$

Dieses mikrokristalline SiO$_2$-Mineral, Kristallklasse 2/m, wurde von Flörke et al. (1984) in einem vulkanischen Aschestrom (Ignimbrit) bei Mogàn, Insel Gran Canaria, entdeckt. Moganit kommt sehr häufig als untergeordneter, metastabiler Bestandteil von Achat vor. Mit zunehmendem Alter wird er allerdings immer mehr in mikrokristallinen Quarz umgewandelt, sodass Moganit in präsilurischen Achaten (älter als ca. 445 Ma) nicht mehr nachgewiesen werden konnte (Moxon und Rios 2004). Die Kristallstruktur von Moganit besteht aus alternierenden Lagen von Links- und Rechtsquarz, die parallel zu (10$\bar{1}$0) ausgerichtet sind und ein dreidimensionales Gerüst eckenverknüpfter [SiO$_4$]-Tetraeder bilden (Miehe und Graetsch 1992).

▪ **Coesit und Stishovit**
SiO$_2$

Die Hochdruckmodifikationen von SiO$_2$, Coesit, Kristallklasse 2/m, und Stishovit, 4/m2/m2/m, bildeten sich bei der Schockwellenmetamorphose beim Einschlag großer Meteoriten (▶ Abschn. 26.2.3). Folglich wurden diese SiO$_2$-Modifikationen zunächst in Meteoritenkratern gefunden, wie z. B. dem Rieskrater bei Nördlingen, wo sie in mikroskopischer Korngröße neben Lechatelierit (natürlichem Kieselglas) auftreten.

Chopin (1984) entdeckte als erster Coesit auch in nicht geschockten Krustengesteinen, und zwar in einem pyrophaltigen Quarzit des Dora-Maira-Massivs in den italienischen Alpen und lieferte damit einen klaren Beweis dafür, dass dieses Gestein bei einem Druck von >25–30 kbar entstanden war (◨ Abb. 11.44). Nach und nach wurden mehr und mehr Vorkommen von Coesit in ähnlichen Gesteinen gefunden, die als Folge kontinentaler Kollisionen eine Ultrahochdruckmetamorphose durchlaufen haben (▶ Abschn. 28.3.9). Beispiele sind das westliche Norwegen, das sächsische Erzgebirge, die Westalpen und der Dabie Shan in China. Obwohl der herrschende Druck im Peridotit des Oberen Erdmantels die Bildung von Coesit erlauben würde, fehlt dort freies SiO$_2$ für die Bildung einer derartigen Hochdruckmodifikation. Von Fall zu Fall wird Coesit in Eklogit-Xenolithen gefunden (Xenolith von grch. ξένος = fremd, λὶθος = Gestein), die in den Mantel versenkt und anschließend durch tief

wurzelnden Vulkanismus wieder an die Erdoberfläche befördert wurden. Ein Beispiel hierfür sind Diamant-führende Kimberlitschlote (▶ Abschn. 4.3). In den Gesteinen des tieferen Erdmantels, d. h. ab Tiefen von ca. 680 km, könnte freies SiO$_2$ als Stishovit auftreten (▶ Abschn. 29.3.3).

▪ **Seifertit**
SiO$_2$

Die orthorhombische Höchstdruckmodifikation des SiO$_2$, Seifertit, 2/m2/m2/m, Dichte 4,3 g cm^{-3}, wurde in Mars-Meteoriten vom Shergottit-Typ (▶ Abschn. 31.4.1) gefunden. Diese Modifikation ist vermutlich während einer Impaktmetamorphose aus Tridymit oder Cristobalit entstanden (Dera et al. 2002; El Goresy et al. 2008). Experimentelle Untersuchungen ergaben einen Stabilitätsbereich von annähernd 2000–3000 K und 1300–1500 kbar = 130–150 GPa (Grocholski et al. 2013).

▪ **Lechatelierit**
SiO$_2$

Das natürliche Kieselglas Lechatelierit kann durch lokales Schmelzen reinen Quarzsandes als Folge eines Blitzeinschlags entstehen. Die sogenannten *Blitzröhren* oder *Fulgurite,* sind ca. 1–3 cm breit und können mehrere Meter lang werden. Kieselglas kann auch aus reinem Quarzsand als Folge eines Meteoritenimpakts mit Schockwellenmetamorphose unter ultrahohem Druck entstehen (▶ Abschn. 26.2.3, 31.1). Als Beispiele möge das libysche Wüstenglas in der Sahara oder der Coconino-Sandstein im Barringer-Krater von Arizona dienen.

▪ **Opal**
SiO$_2$ · nH$_2$O

Ausbildung Opal tritt in glasartigen Massen mit nierig-traubigem Aussehen auf, wie es für Festkörpersubstanzen typisch ist, die aus einem Gel gebildet wurden.

Physikalische Eigenschaften	
Bruch	muschelig
Härte	5½–6½
Dichte	2,01–2,16, mit steigendem H$_2$O-Gehalt sinkend
Farbe	normalerweise blass bis farblos-durchsichtig, dunklere Farbtöne sind Folge von Einschlüssen; viele Opale, besonders solche von Edelsteinqualität, zeigen perlenartiges Reflektionsvermögen mit prachtvollem Farbspiel, die *Opaleszenz* (◨ Abb. 11.60a, b)
Glanz, Transparenz	Glanz glasig bis wachsartig; durchsichtig bis milchig trüb

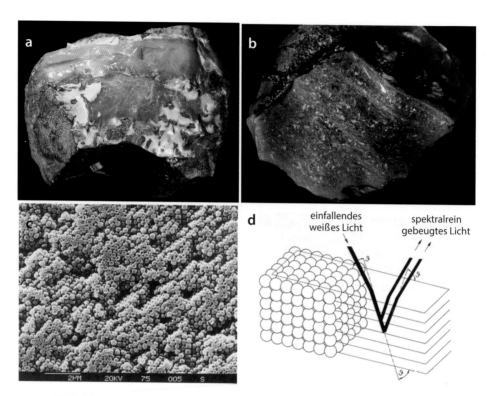

◻ Abb. 11.60   a Edelopal mit lebhaftem Farbspiel als millimeterdünne Lage auf Basalt aus Queensland, Australien; Bildbreite = 10 cm; **b** Schwarzer Edelopal, „The Fire of Australia", Gewicht ca. 1 kg (!) von Coober Pedy, South Australia; mit freundlicher Genehmigung des South Australian Museum, Adelaide (Foto: Denis Smith); Australien; **c** REM-Aufnahme von nahezu gleich großen (0,2–0,3 μm Durchmesser) Kügelchen von „Silikagel"; die Hohlräume in der Opalstruktur können mit H_2O-Molekülen oder amorphem SiO_2-Zement gefüllt sein (aus Graetsch 1994); **d** Entstehung von spektralreinen Farben nach Gleichung [1.1] (nach Lehmann 1978)

Kristallstruktur   Durch Röntgenbeugung ist es möglich, drei gut definierte strukturelle Gruppen von Opal zu unterscheiden (Flörke et al. 1991; Graetsch 1994; vgl. Deer et al. 2013):

- *Opal-A* zeigt eine hochgradig fehlgeordnete, nahezu amorphe Struktur und gelähnliches Aussehen; man unterscheidet *Opal-AN,* den *Hyalit* oder Glasopal, und den *Opal-AG,* der als Edelopal Verwendung findet.
- *Opal-CT* zeigt eine sehr unregelmäßige Stapelfolge aus ungeordnetem α-Cristobalit und α-Tridymit.
- *Opal-C* besteht aus wohlgeordnetem γ-Cristobalit.

Eine vollständigere 3-dimensionale Ordnung wird erst beim Übergang zwischen kryptokristallinem und mikrokristallinem Quarz erzielt, d. h. bei den Varietäten Chalcedon und Jaspis, wodurch Härte, Dichte und Brechungsindizes ansteigen. In der Opalstruktur werden etwa 25 % der Si−O−Si-Bindungen durch engständige Hydroxyl-Ionen Si−OH ersetzt.

Wie durch Elektronenmikroskopie gezeigt wurde, besteht röntgenamorpher Opal aus Kügelchen von Silikagel, die nur etwa 150–400 nm− (= 1500–4000 Å) groß sind. Im gewöhnlichen, nicht opalisierenden Opal sind Kügelchen unterschiedlicher Größe unregelmäßig zusammengefügt, während in Edelopal Bereiche von gleich großen Kügelchen in regelmäßiger Anordnung dicht gepackt sind (◻ Abb. 11.60c). Opaleszenz, die für Edelopal typisch ist, entsteht durch Streuung, Brechung und Reflexion von einfallendem Licht an diesen Kügelchen (◻ Abb. 11.60d) sowie auch an den Hohlräumen dazwischen oder den raumfüllenden Substanzen wie Luft, Wasser oder Silikagel-Zement.

Wenn man gleich große Kügelchen im Größenbereich 150–400 nm dicht gepackt angeordnet findet (◻ Abb. 11.60d), kann Licht an diesem Interngefüge in meist spektralreinen Farben gestreut werden, wobei die Bragg'sche Gleichung $m \cdot \lambda = 2 \cdot n \cdot d \cdot \sin\Theta$ gilt. Setzt man für $m = 1$, für $n_{Opal} = 1,45$ und für $\Theta = 90°$ ein, so erhält man für Kugeln der Größe $d = 150$ nm eine maximale Wellenlänge von ~435 nm im blauen und für Kugeln mit $d = 220$ nm eine Wellenlänge von ~640 nm im roten Bereich, d. h. für den gesamten Spektralbereich des sichtbaren Lichts.

Chemische Zusammensetzung   Gewöhnlich variiert der H_2O-Gehalt im Opal zwischen 4 und 9 Gew.-%, kann aber gelegentlich bis 20 Gew.-% erreichen.

Vorkommen   Opal entsteht durch Ausfällung von Kieselsäure aus SiO_2-reichen Lösungen in Hohlräumen oder auf Klüften in vulkanischen Gesteinen, aber auch als Zersetzungsprodukt von jüngeren Vulkaniten, wobei das Silikagel, das bei diesen Vorgängen gebildet wurde, allmählich austrocknet. Opal-AN (Hyalit) bildet sich durch Abschreckung von SiO_2-reichem vulkanischen Dampf an kalten Felswänden (Flörke et al. 1973). *Kieselsinter* und *Geyserit* sind SiO_2-Krusten, die aus Thermalquellen und Geysiren ausgefällt wurden (▶ Abschn. 14.5). Darüber hinaus kann Opal durch Reaktion von Grundwasser mit Sandstein und Mergel entstehen. Er bildet einen Bestandteil Kieselsäure-abscheidender Organismen wie *Diatomeen, Radiolarien* oder *Kieselschwämmen (Porifera)* und daraus gebildeten Gesteinen wie *Diatomit* und *Radiolarit*. Schließlich ist Opal ein Versteinerungsmittel von opalisierenden Muscheln und fossilen Hölzern.

Die Bildung von Kieselhölzern (versteinerten Baumstämmen) stellt keine *Verkieselung* dar, d. h. keinen Ersatz der Zellsubstanz durch SiO_2. Vielmehr kommt es zur *Einkieselung*, wobei die Hohlräume der Holzporen mit SiO_2 gefüllt werden, das in Form von Kieselsäure, $Si(OH)_4$, in das Holz hinein diffundiert. Dabei scheidet sich zunächst ein SiO_2-Gel aus nach der Gleichung

$$Si(OH)_4 \leftrightarrow SiO_2 + 2H_2O \qquad (11.4)$$
$$\text{in Lösung} \quad \text{als Bodenkörper}$$

(Landmesser 1994). Erst allmählich führt ein Reifeprozess nacheinander zur Bildung von Opal-A → Opal-CT → Opal-C und schließlich zu stark fehlgeordnetem α-Quarz im Gefüge von Chalcedon. Nach der Ostwald'schen Stufenregel wird so ein instabiles Ausgangsprodukt über metastabile Zwischenphasen in ein stabiles Endprodukt überführt.

Varietäten von Opal Die folgenden Varietäten können unterschieden werden:

- *Hyalit* (Glasopal, Opal-AN) zeigt Glasglanz und ist wasserklar durchsichtig mit traubig-nieriger Oberfläche; meist bildet er krustenförmige Überzüge in Hohlräumen vulkanischer Gesteine.
- *Edelopal (Opal-AG)* zeichnet sich durch sein prachtvolles Farbenspiel aus, das *Opalisieren* (◗ Abb. 11.60a, b). Edelopal guter Qualität ist ein wertvoller Edelstein, sollte jedoch wegen seiner geringen Härte nicht ständig als Ringstein getragen werden.
- *Feueropal* ist bernsteinfarben bis hyazinthrot, durchsichtig und kann Edelsteinqualität erlangen.
- *Gemeiner Opal* zeigt unterschiedliche unreine Farben mit Wachsglanz; er ist undurchsichtig bis kantendurchscheinend und enthält einen Anteil an nichtflüchtigen Verunreinigungen.
- *Milchopal* ist ein gemeiner Opal, der milchig weiße, gelbe, grüne oder blaue Farben zeigt und durch H_2O-Verlust aus Edelopal hervorgeht. Umgekehrt wird Milchopal stärker durchscheinend, wenn er mit Wasser getränkt wird: „*Hydrophan*".
- *Holzopal (versteinertes Holz)* ist Holz, das mit gelblicher bis braunroter Opalsubstanz imprägniert ist, gewöhnlich mit Übergängen zu Jaspis oder Chalce-

don, teilweise mit Gehalten von metastabilem β-Tridymit. In den meisten Fällen ist noch die interne biogene Struktur der Baumstämme erkennbar.

- *Diatomeenerde* (Kieselgur, Tripel) ist ein weiches, kieseliges Sedimentgestein von bröckeligem, porösem Gefüge und heller Farbe. Es besteht hauptsächlich aus Opal-Skeletten von Diatomeen, die im marinen, seltener im lakustrinen Milieu abgelagert wurden. Während der Diagenese rekristallisierte Opal unter Bildung von kryptokristallinem Quarz oder α-Cristobalit. Wegen seiner geringen Teilchengröße und seiner physikalischen Eigenschaften, wie enormes Absorptionsvermögen (Saugfähigkeit) und Wärmedämmung sowie seiner relativen chemischen Beständigkeit, ist Diatomeenerde ein wichtiger mineralischer Rohstoff, der vielseitige technische Anwendung findet.

11.6.2 Feldspat-Familie[2]

Die Feldspäte bilden mit mehr als 50 Vol.-% die am weitesten verbreitete Mineralgruppe der Erdkruste (◗ Tab. 2.2). Im Erdmantel fehlen sie dagegen völlig.

Chemische Zusammensetzung Die chemische Zusammensetzung der meisten Feldspäte kann durch drei Komponenten beschrieben werden, $KAlSi_3O_8$ (Or) – $NaAlSi_3O_8$ (Ab) – $CaAl_2Si_2O_8$ (An) (◗ Tab. 11.11, ◗ Abb. 11.61, 11.62a, b). Mischkristalle (engl. *„solid solutions"*) von Or und Ab werden *Alkalifeldspat* genannt. Bei ihnen findet nur eine einfache Substitution von K^+ durch Na^+ statt. Mischkristalle von Ab und An heißen *Plagioklas*. Hier muss die Substitution von Na^{1+} durch Ca^{2+} durch die Substitution von Si^{4+} durch Al^{3+} begleitet werden, damit Ladungsneutralität gewahrt bleibt (gekoppelte Substitution: $Na^{1+} + Si^{4+} \leftrightharpoons Ca^{2+} + Al^{3+}$). In der Natur treten Plagioklase deutlich häufiger auf als Alkalifeldspäte. Das Feld zwischen Or und Ab wird vollständig durch Feldspat-Zusammensetzungen abgedeckt, ebenso das Feld zwischen Ab und An (◗ Abb. 11.61). Jedoch besteht zwischen Or und An eine große *P*- und *T*-abhängige Mischungslücke, die sich von der binären Seite weit in das ternäre Feld hinein ausdehnt. Es gibt z. B. keinen natürlichen Feldspat mit einem Or:Ab:An-Verhältnis von 1:1:1. Deshalb können viele Feldspäte angenähert als binäre feste Lösungen (binäre Mischkristalle) betrachtet werden (◗ Abb. 11.63, 11.64).

Die chemische Zusammensetzung eines Feldspats wird üblicherweise in Mol-% der jeweiligen Endglieder angegeben. So beschreibt z. B. $Or_{10}Ab_{70}An_{20}$ einen ternären Feldspat mit 10 Mol-% K-Feldspat,

---

2 In wesentlichen Teilen von Herbert Kroll und Hans Ulrich Bambauer (Münster).

◻ Tab. 11.11   Die wichtigsten Gerüstsilikate (SiO_2-Minerale s. ◻ Tab. 11.9)

	Mineral	Formel	Kristallklasse
Feldspat-Familie			
Alkalifeldspäte	Sanidin	$(K,Na)[AlSi_3O_8]$	$2/m$
	Mikroklin	$K[AlSi_3O8]$	$\bar{1}$
	Analbit	$(Na,K)[AlSi_3O_8]$	$\bar{1}$
Plagioklase	Albit (Ab)	$Na[AlSi_3O_8]$	$\bar{1}$
	Anorthit (An)	$Ca[Al_2Si_2O_8]$	$\bar{1}$
(Ba,K)-Feldspäte	Celsian (Cn)	$Ba[Al_2Si_2O_8]$	$2/m$
	Hyalophan	$(K,Ba)[Al,Si)_2Si_2O_8]$	$2/m$
Feldspatoide (Foide)			
Ohne nichttetraedrische Anionen	Nephelin	$Na_3(Na,K)[AlSiO_4]_4$	6
	Leucit	$K[AlSi_2O_6]$	$4/m$ oder $4/m\bar{3}2/m$
Mit nichttetraedrischen Anionen	**Sodalith-Reihe**		
	Sodalith	$Na_8[Cl_2/(AlSiO_4)_6]$	$\bar{4}3m$
	Nosean	$Na_8[SO_4/(AlSiO_4)_6] \cdot H_2O$	$\bar{4}3m$
	Hauyn	$Na_6Ca_2[(SO_4)_2/(AlSiO_4)_6]$	$\bar{4}3m$
	Lasurit	$Na_6Ca_2[(S_2/(AlSiO_4)_6]$	$\bar{4}3m$ oder $2/m2/m2/m$
Cancrinit-Gruppe			
	Cancrinit	$(Na,K)_6Ca_2[(CO_3,SO_4)_2/(AlSiO_4)_6] \cdot 2H_2O$	6
Skapolith-Gruppe			
	Marialith	$Na_4[Cl/(AlSi_3O_8)_3]$	$4/m$
	Mejonit	$Ca_4[CO_3/(Al_2Si_2O_8)_3]$	$4/m$
	Sulfatmejonit (Silvialith)	$Ca_4[(SO_4,CO_3)/Al_2Si_2O_8]$	$4/m$
Zeolith-Familie			
	Natrolith	$Na_2[Al_2Si_3O_{10}] \cdot 2H_2O$	$mm2$
	Thomsonit	$NaCa_2[Al_5Si_5O_{20}] \cdot 6H_2O$	$2/m2/m2/m$
	Mesolith	$Na_2Ca_2[Al_6Si_9O_{30}] \cdot 8H_2O$	$mm2$
	Analcim	$Na[AlSi_2O_6] \cdot H_2O$	$4/m\bar{3}2/m$ oder $4/m2/m2/m$ oder $2/m2/m2/m$
	Laumontit	$Ca[Al_2Si_4O_{12}] \cdot 4H_2O$	$2/m$
	Phillipsit	$\sim K_2(Ca_{0,5}Na)_4[Al_6Si_{10}O_{32}] \cdot 12H_2O$	$2/m$
	Heulandit	$\sim (Na,K)Ca_4[Al_9Si_{27}O_{72}] \cdot 24H_2O$	$2/m$
	Stilbit (Desmin)	$\sim NaCa_4[Al_9Si_{27}O_{72}] \cdot 30H_2O$	$2/m$
	Chabasit	$\sim (Ca_{0,5},Na,K)_4[Al_4Si_8O_{24}] \cdot 12H_2O$	$2/m$

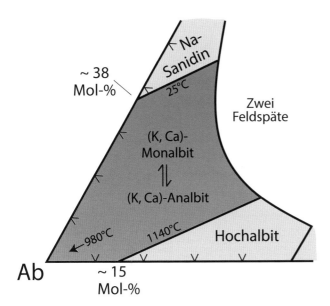

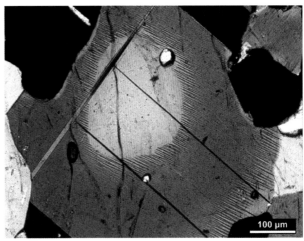

Abb. 11.70 Phasenbeziehungen von Feldspäten mit weitgehend ungeordnetem strukturellen Zustand in der Ab-reichen Ecke des ternären Diagramms; eingezeichnet ist die steil ansteigende Fläche der displaziven Transformation Monalbit – Analbit (25 °C bei $Ab_{62}Or_{38}$, 1140 °C bei $Ab_{85}An_{15}$). Bei reinem Na-Feldspat ist $T_{displ} = 980$ °C. Feldspäte oberhalb der Umwandlungsfläche sind (K,Ca)-Monalbit; bei der displaziven Transformation verzwillingter (K,Ca)-Analbit (Anorthoklas) tritt unterhalb der Fläche auf. (Nach Kroll und Bambauer 1981)

Abb. 11.72 Huttenlocher-Entmischung in einem Plagioklas mit inverser Zonierung; An_{57}–An_{65} im Kern (hellgrau), An_{68}–An_{73} zum Rand hin (dunkelgrau). Die Kern-Rand-Grenze und eine Korngrenze (unten rechts) sind durch engständige Entmischungslamellen dekoriert, die gegenüber zwei Albit-Zwillingslamellen leicht geneigt sind. Diese verlaufen NW–SO und werden von einer einzelnen Periklin-Zwillingslamelle geschnitten. Granulit, Sri Lanka; gekreuzte Polarisatoren. (Foto: Herbert Kroll, Analyse: Jasper-Berndt Gerdes, Münster)

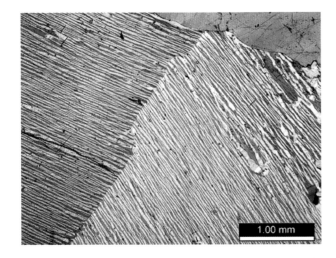

Abb. 11.71 Nach dem Karlsbad-Gesetz: verzwillingter Alkalifeldspat mit Entmischung von Ab-reichen (hellgrau) und Or-reichen (dunkelgrau) Lamellen, wahrscheinlich Tiefalbit bzw. Orthoklas, ungefähr im Verhältnis von 1:1 *(Mesoperthit)*. Das rundliche Korn mit grauer Interferenzfarbe oben rechts ist Quarz. Hornblende-Pegmatit aus einem granulitfaziellen Terrain, Sri Lanka; gekreuzte Polarisatoren. (Foto: Herbert Kroll, Münster)

nachgewiesen (Wenk et al. 1991). Entmischung kann jedoch unterdrückt werden, wenn die Gesteine rasch abkühlen. Metastabil erhaltene intermediäre Ent-

mischungszustände sind eher die Regel als die Ausnahme.

Kristallmorphologie und Eigenschaften

Symmetrie Feldspäte sind entweder symmetrisch *monoklin* (2/m) oder *triklin* ($\bar{1}$). Unter einer Vielzahl von Bedingungen wachsen sie mit wenigen Ausnahmen stabil oder metastabil in einem (Al,Si)-ungeordneten Zustand. Deshalb beobachten wir bei K-haltigen Alkalifeldspäten monokline Wachstumsmorphologie (siehe *Adular, Orthoklas* und *Anorthoklas*). Nur Ba-Feldspat ist per se monoklin.

Tracht und Habitus sind für die verschiedenen Glieder der Feldspat-Familie ähnlich (Abb. 11.69, 11.73, 11.74, 2.2, 2.5). Für die Tracht spielen insbesondere die Formen {010}, {001}, {10$\bar{1}$}, {20$\bar{1}$}, {110} bzw. {$\bar{1}$10} eine große Rolle, aber auch {111} bzw. {11$\bar{1}$} und {021} bzw. {0$\bar{2}$1} kommen vor. Der Habitus der Feldspatkristalle ist dünn- bis dicktafelig nach {010} oder gestreckt nach der a-Achse mit gleichbetonter Entwicklung von {001} und {010}.

Zwillingsbildungen sind außerordentlich verbreitet. Abhängig vom Kristallsystem gibt es verschiedene Zwillingsgesetze. Einige sind nur im triklinen System möglich, andere sind sowohl im triklinen als auch im monoklinen System erlaubt. In Tab. 11.12 sind die Zwillingsgesetze geordnet nach der *Orientierung* der Zwillingsachsen aufgelistet:

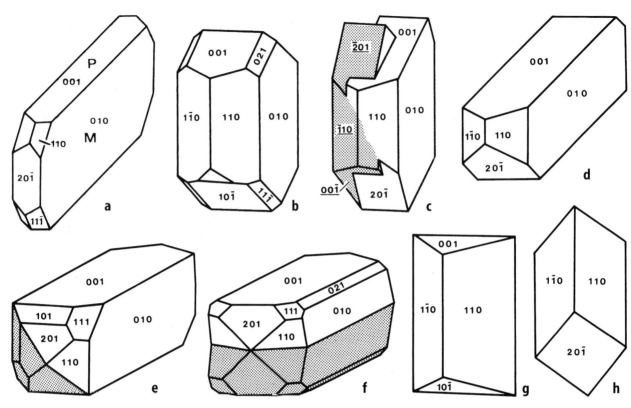

Abb. 11.73 Tracht und Habitus sowie Zwillingsbildung bei Alkalifeldspat leiten sich alle von primärem Sanidin ab; **a** tafelig nach {010}, typisch für vulkanisch gebildeten Sanidin; **b** dicktafelig nach {010}; **c** Karlsbader Durchdringungszwilling; **d** gestreckt nach der a-Achse; **e** Bavenoer Kontaktzwilling; **f** Manebacher Kontaktzwilling (**b–f** typisch für Orthoklas und Mikroklin); **g** Beispiel für Adular-Tracht; **h** Beispiel für Anorthoklas-Tracht als „Rhombenfeldspat"

Tab. 11.12   Die wichtigsten Feldspat-Zwillingsgesetze

Zwillingsgesetz	Zwillingsachse	Verwachsungsebene	Bemerkungen
Normalenzwillinge			
Albit (triklin)	⊥ (010)	(010)	polysynthetisch
Manebach (monoklin + triklin)	⊥ (001)	(001)	einfach
Baveno (rechts)(monoklin + triklin)	⊥ (021)	(021)	einfach
Baveno (links)(monoklin + triklin)	⊥ (0$\bar{2}$1)	(0$\bar{2}$1)	einfach
Parallelenzwillinge			
Karlsbad (monoklin + triklin)	[001] = c	(hk0), meist (010)	einfach
Periklin (triklin)	[010] = b	„rhombischer Schnitt" (h0 l)//b	polysynthetisch
Ala(monoklin + triklin)	[100] = a	rhombischer Schnitt, (0kl)//a	wiederholt
Komplexzwillinge			
Albit-Karlsbad (Roc Tourné)	⊥ c in (010)	(010)	einfach, vielfach
Albit-Ala (triklin)	⊥ a in (010)	(010)	ungewöhnlich
Manebach-Periklin (triklin)	⊥ b in (001)	(001)	ungewöhnlich
Manebach-Ala (triklin)	⊥ a in (001)	(001)	ungewöhnlich
Kombinierte Zwillinge			
Mikroklin	2 Positionen Albit: Verwachsungsebene (010)		polysynthetisch
[010] (Periklin) ∞ (010) (Albit)	2 Positionen Periklin: Zwillingsachse [010]		polysynthetisch

- *Normalenzwillinge:* Zwillingsachse senkrecht zu einer Netzebene, z. B. (010)
- *Parallelenzwillinge:* Zwillingsachse parallel zu einer Gittergeraden, z. B. c
- *Komplexzwillinge:* Zwillingsachse senkrecht zu einer Gittergeraden in einer Netzebene, z. B. c in (010)

Bezüglich ihrer *Genese* können folgende Zwillingstypen unterschieden werden:
- *Wachstumszwillinge:* Alle Zwillinge von morphologisch monoklinem Orthoklas und Adular, z. B. Karlsbad-, Manebach- und Baveno-Zwillinge, sind von dem primär gewachsenen Sanidin ererbt;
- *Deformationszwillinge* sind polysynthetische, sekundäre Gleitzwillinge nach Deformation, z. B. Albit- und Periklin-Zwillinge in Plagioklas;
- *Transformationszwillinge:* Das häufigste Beispiel ist die polysynthetisch gegitterte Verzwillingung von Mikroklin mit der Zwillingsachse [010] (Periklin-Gesetz) und der Zwillingsebene (010) (Albit-Gesetz), sodass vier äquivalente Zwillingspositionen resultieren (◘ Abb. 11.67, 11.68).

Physikalische Eigenschaften

Spaltbarkeit	(001) vollkommen, (010) meist nur deutlich, bedingt durch etwas weniger starke Bindungen in der [010]-Richtung. Die beiden Spaltebenen schneiden sich in [100]=a, und zwar bei den monoklinen Feldspäten unter einem Winkel von 90°. Dies gilt auch für die Paramorphosen Orthoklas und Mikroklin mit monokliner Morphologie: die feine Mikroklin-Verzwillingung führt zu einer *monoklinen Aggregatspaltbarkeit.* Bei den triklinen Feldspatkristallen weicht der Winkel nur wenig von 90° ab, bei Mikroklin-Einkristallen nur um ca. 30′, bei den Plagioklasen um maximal 4–5°, in Abhängigkeit vom An-Gehalt
Härte	6, Standardmineral der Mohs'schen Härteskala; die relativ große Härte ist durch die starken, in alle Richtungen hin wirkenden (Al,Si)–O-Bindungen bedingt
Dichte	relativ gering, bedingt durch die lockere Gerüststruktur; Alkalifeldspäte: 2,5–2,6, Plagioklase: 2,6–2,8, je nach An-Gehalt
Farbe	fast durchweg hell: weiß, grau, gelblich, grünlich oder hellrosa, auch rot durch mikroskopisch bis submikroskopisch feine Einlagerungen von Hämatit
Glanz, Transparenz	häufig Perlmuttglanz auf Spaltflächen; durchscheinend bis durchsichtig

Vulkanische Plagioklase intermediärer Zusammensetzung behalten mehr oder weniger ihren strukturellen Hochplagioklas-Zustand (ausgenommen Anorthit),

während plutonische Plagioklase meist als Tiefplagioklas vorliegen (◘ Abb. 11.65). Hoch- und Tiefplagioklase unterscheiden sich in ihren optischen Eigenschaften, worauf klassische lichtmikroskopische Bestimmungsmethoden basieren (Tröger et al. 1982). In einem Dünnschliff kann abgeschätzt werden, ob der An-Gehalt eines Plagioklases kleiner oder größer ist als der von Andesin, indem man seine Brechungsindizes mit denen eines angrenzenden Quarzkorns vergleicht (◘ Tab. 11.13).

Alkalifeldspat-Reihe
(K,Na)[AlSi$_3$O$_8$], Kristallklasse 2/m und $\bar{1}$

- **Sanidin**

Typlokalität: Drachenfels bei Bonn, Deutschland, 1789 zuerst beschrieben von Karl Wilhelm Nose (1753–1835), chemische Definition in ◘ Abb. 11.62a, 11.63. Typischerweise tritt Sanidin (grch. σανισ = Planke, εἶδος Form) in frischen, relativ jungen vulkanischen Gesteinen, wie Rhyolith, Trachyt oder Phonolith, einschließlich ihrer pyroklastischen Varianten auf, in denen er während der raschen Abkühlung metastabil erhalten bleibt. Die Einsprenglinge besitzen einen tafeligen Habitus mit vorherrschendem {010} (◘ Abb. 11.73a, 2.6). Klare bis durchscheinende Spaltstücke mit ca. 10 cm Durchmesser wurden in einem trachytischen Tuff in der Eifel gefunden, zusammen mit schwach gefärbtem Rauchquarz. Wasserklare Sanidin-Kristalle enthalten keine entmischten Albit-Lamellen, während eine Trübung u. a. auf kryptoperthitischen Na-Feldspat zurückgeht. Sanidin ist ein charakteristisches Mineral in Paragenesen der Sanidinit-Fazies (► Abschn. 28.3.7), die typisch für Hoch-*T*-Kontaktmetamorphose ist. Dabei sind die Individuen nach der a-Achse gestreckt (◘ Abb. 11.73e, f).

- **Orthoklas**

Das Mineral wurde zuerst 1823 durch August Breithaupt beschrieben und benannt (grch. ὀρθός = rechtwinklig, bezogen auf den Spaltwinkel; κλάσις = Bruch). Orthoklas stellt metastabile Zustände der „Sanidin → Mikroklin"-Umwandlung dar und bewahrt als Paramorphose die Sanidin-Morphologie. Mit bloßem Auge betrachtet ist Orthoklas leicht trüb (selten) bis meistens undurchsichtig. Unter dem Polarisationsmikroskop zeigt er gewöhnlich eine unregelmäßig fleckige Auslöschung, da er überwiegend aus submikroskopischen Domänen verschiedener Größe (ca. 100–1000 Å) besteht, die trikline Al,Si-Verteilung besitzen. Diese Domänen lassen sich nur mit dem Transmissionselektronenmikroskop (TEM) auflösen (◘ Abb. 11.66). In einem einzigen K-Feldspat-Korn können Bereiche mit uniformem Orthoklasgefüge in Bereiche mit optisch sichtbarer Mikroklin-Gitterung übergehen. Gewöhnlich sind solche Orthoklas-Körner *mikroperthitisch entmischt*. Weil Orthoklas einen kinetisch gestrandeten Übergangszustand darstellt, den man nicht als stabile Phase ansehen kann, wird er auch nicht im Phasendiagramm der Alkalifeldspäte dargestellt (◘ Abb. 11.63).

Körnige oder tafelige Orthoklas-Individuen, die typisch idiomorphe bis subidiomorphe Einsprenglinge bilden, treten verbreitet als Hauptgemengteile in vielen plutonischen Gesteinen auf, z. B. in Granit, Granodiorit und Syenit. Gewöhnlich sind die Kristalle getrübt, was auf unzählige feine Poren zurückzuführen ist, die bei Infiltration einer fluiden Phase im Zuge von Lösungs-/Wiederabscheidungs-Prozessen entstanden sind. Die Poren sind oft mit winzigen Hämatit-Kriställchen gefüllt, die Orthoklas rötlich oder rot färben (Putnis 2009). Orthoklas tritt auch weit verbreitet als Porphyroblasten (▶ Abschn. 26.4.2) oder Porphyroklasten (▶ Abschn. 26.2.2) in metamorphen Äquivalenten von grobkörnigen Plutoniten auf, z. B. in Orthogneis oder Mylonit. Idiomorphe, bis zu metergroße Orthoklas-Kristalle kommen in Pegmatiten und zugehörigen Kristalldrusen vor.

▪ Mikroklin

Mikroklin wurde zuerst von Stavern in Norwegen beschrieben und 1830 durch August Breithaupt benannt (grch. μικρός = klein, κλίνειν = neigen). Das optische Kennzeichen von Mikroklin ist seine Gitterung, ein diagnostisches Merkmal, das am besten in einem Dünnschliff in Schnittlagen subparallel zu (001) (unter gekreuzten Polarisatoren) sichtbar ist (◘ Abb. 11.68). Während der „Sanidin → Mikroklin"-Umwandlung wachsen trikline Mikroklin-Domänen auf Kosten des Orthoklas-Vorläufers. Die Domänen können gröber werden, um schließlich 100 μm oder mehr im Durchmesser zu erreichen. Die Anordnung der vier resultierenden äquivalenten Zwillingspositionen ist schematisch in ◘ Abb. 11.67 dargestellt; sie spiegelt die 2/m-Symmetrie des primären Sanidins wider.

Mikroklin entwickelt sich typischerweise aus Orthoklas unter Einfluss von Spannung oder bei Zutritt einer fluiden Phase. Die Wechselwirkung zwischen Feldspat und Fluid kann eine vollständige strukturelle und texturelle Reorganisation zur Folge haben. Der *Mikroklin-Perthit* in ◘ Abb. 11.68 ist ein instruktives Beispiel. Er stammt von demselben (cm-großen) Korn wie der Mesoperthit in ◘ Abb. 11.71. Als Reaktion auf die randliche Infiltrierung einer fluiden Phase wurde die ursprünglich straffe Entmischungstextur in eine grobkörnigere, unregelmäßige Paragenese überführt, den *Fleckenperthit*. Dieser Lösungs-Wiederabscheidungs-Prozess erlaubte es der Orthoklas-Komponente des Mesoperthits, sich in stabilen Mikroklin umzuwandeln. Das Zentrum des Korns wurde von der fluiden Phase

nicht erreicht, sodass dort die lamellare Paralleltextur unverändert erhalten blieb (◘ Abb. 11.71). Die gegenseitige kristallographische Orientierung zwischen Albit und Mikroklin in ◘ Abb. 11.68 stammt noch aus dem ursprünglichen Mesoperthit und ist während des Lösungs-Wiederabscheidungs-Prozesses nicht verloren gegangen.

Neben Orthoklas-Perthit ist *Mikroklin-Perthit* der verbreitetste Alkalifeldspat in vielen magmatischen und metamorphen Gesteinen. In großen bis riesigen Individuen stellt er den Hauptgemengteil der meisten Pegmatite, besonders der Granit- und Syenit-Pegmatite. Gut ausgebildete Individuen kommen in den Hohlräumen von Pegmatit-Gängen vor, so auch der relativ seltene blaugrüne Amazonit (◘ Abb. 11.69). Im sogenannten Schriftgranit (s. ▶ Abschn. 22.2; ◘ Abb. 22.3) werden K-Feldspäte orientiert von Quarzstängeln durchwachsen. Dieses Gefüge wird meist durch simultane Kristallisation von Quarz und K-Feldspat aus einer H_2O-reichen Restschmelze erklärt. Mikroklin findet sich darüber hinaus im Detritus klastischer Sedimentgesteine, so besonders in Arkose, ist aber auch als primäre (sog. authigene) Bildung in Sedimentgesteinen anzutreffen. Verbreitete Verwitterungsprodukte von K-Feldspat sind Kaolinit, Illit und Sericit.

Primäre idiomorphe Einkristalle von Mikroklin, d. h. solche, die auch trikline Morphologie ($\bar{1}$) zeigen, sind sehr selten, weil – wie schon erwähnt – die Wachstumsraten größer sind als die Ordnungsraten. In primärem Mikroklin ersetzen die Pinakoide {110} und {1$\bar{1}$0} das monokline Vertikalprisma {110}. Der Spaltwinkel {010}^{001} beträgt 89°30' gegenüber 90° bei Sanidin.

Bedeutung von Kalifeldspat als Rohstoff Orthoklas und Mikroklin sind wichtige Rohstoffe in der Keramikindustrie (Porzellan, Glasuren), in der Glasindustrie und für die Herstellung von Email. Die Varietäten *Amazonit* und *Mondstein* stellen geschätzte Edelsteine dar, wenn ihre Oberfläche gewölbt geschliffen wird *(en cabochon)*. Mondstein ist ein schwach durchsichtiger bis durchscheinender Kryptoperthit, der je nach Lamellenabstand und Homogenität der Entmischungstextur einen milchigen, rötlichen oder bläulich wogenden Lichtschein besitzt.

▪ Adular

Adular wurde zuerst beschrieben und benannt nach den Adula-Alpen in der Schweiz. Da er bei niedriger Temperatur im Stabilitätsfeld des Mikroklins wächst, ist sein Ab-Gehalt niedrig. Adular tritt entweder in hydrothermalen Gängen auf, z. B. in spätorogenen Zerrklüften (▶ Abschn. 23.4.7), wo er mehrere Zentimeter groß werden kann, vielfach überwachsen von feinem staubförmigen Chlorit, oder er findet sich als authigener Feldspat mikroskopischer Größe in Sedimentgesteinen. Da die Wachstumsrate größer ist als die Ordnungsrate, erreicht er bei keiner Temperatur Gleichgewichtszustände in der (Al,Si)-Verteilung (Bambauer und Laves 1960). Innerhalb seiner insgesamt monoklinen Morphologie besitzt Adular im mikroskopischen Bereich eine Vielfalt von ausgeprägten lamellaren Texturen. Es existieren gleitende Übergänge zwischen Sanidin- und Mikroklin-ähnlichen strukturellen Zuständen. Sogar monokline Paramorphosen mit Mikroklingitterung im Kern sind bekannt. Daher ist Adular, genau wie Orthoklas, keine stabile Phase und ist wegen seines Paramorphosen-Charakters in ◘ Abb. 11.63 und ◘ Tab. 11.11 nicht vertreten. Aufgrund feiner kryptoperthitischer Entmischung besitzen manche Adularkristalle einen perlmuttartigen opalisierenden Schiller und werden dann auch als *Mondstein* bezeichnet. Bei monokliner Morphologie zeigt Adular einen charakteristischen pseudoorthorhombischen Habitus, der durch das {110}-Prisma und das {10$\bar{1}$}-Pinakoid dominiert wird, während {010} weitgehend unterdrückt ist oder vollständig fehlt (◘ Abb. 11.73g).

- ■ Anorthoklas

Im petrologischen Kontext wird der Name Anorthoklas für zwei Arten des Auftretens von Ab-reichem Feldspat verwendet (◘ Abb. 11.62a, 11.70):

- ▬ (K,Ca)-Monalbit, der in einem vulkanischen Gestein *rasch* unter T_{displ} abgekühlt wird, invertiert zu (K,Ca)-Analbit. Der Verlust der monoklinen Symmetrie führt zu einer schwach sichtbaren Verzwillingung nach dem Albit- und Periklin-Gesetz, ähnlich wie bei einem fein verzwillingten Mikroklin. Viele Kristalle sind farblos durchsichtig bis durchscheinend. Solche (K,Ca)-Analbite wurden 1885 von Harry F. Rosenbusch (1836–1914) als Anorthoklas (= „Nichtorthoklas") bezeichnet. Die Typ-Lokalität ist die Insel Pantelleria, Italien.

- ▬ Bei *langsamer* Abkühlung führen antiperthitische Entmischung und unterschiedliche Änderungen des strukturellen Zustands zu inhomogenen, komplex aufgebauten Internstrukturen von mikroskopischen bis submikroskopischen Dimensionen. Wohlbekannte Beispiele dieses zweiten Typs von *Anorthoklas* sind rhomben- oder linsenförmige Einsprenglinge in permischem Alkalisyenit und -trachyt, den sogenannten *Rhombenporphyren* in der magmatischen Provinz im Oslo-Graben, Norwegen. *Anorthoklas* mit kräftigem bläulichen Schiller, der durch ein regelmäßiges antiperthitisches Entmischungsgefüge verursacht wird, ist Hauptbestandteil des *Larvikits* in Südnorwegen. Poliert wird dieser als Dekorationsstein verwendet (nicht zu verwechseln mit Labradorit).

Bedingt durch seine Entstehung besitzt Anorthoklas monokline Morphologie, was auf seinen Paramorphosen-Charakter verweist. Gewöhnlich dominieren das Prisma {110} und das Pinakoid {20$\bar{1}$} (◘ Abb. 11.73h).

Plagioklas-Reihe

Na[AlSi$_3$O$_8$] – Ca[Al$_2$Si$_2$O$_8$], Kristallklasse $\bar{1}$

Johann Friedrich Christian Hessel (1796–1872) erkannte 1826 als erster, dass Plagioklase eine Mischkristallreihe bilden. Die folgende kurze Beschreibung verwendet die klassischen Namen für bestimmte Plagioklas-Zusammensetzungen (◘ Abb. 11.62a), doch werden heute stattdessen üblicherweise molare Proportionen verwendet, so z. B. Ab$_{62}$An$_{34}$Or$_4$ (oder nur An$_{34}$) für einen Andesin dieser Zusammensetzung. Bei hohen Temperaturen besteht zwischen Ab und An vollständige Mischbarkeit. Bei tieferen Temperaturen öffnen sich drei Mischungslücken (◘ Abb. 11.64). Allerdings können die engständigen Entmischungslamellen meist nicht mit dem Polarisationsmikroskop, sondern nur mit dem TEM aufgelöst werden. Folglich erscheint Plagioklas unter dem Mikroskop gewöhnlich homogen. Ein seltenes Beispiel mikroskopisch sichtbarer Lamellen zeigt ◘ Abb. 11.72. Wegen der Entmischungen wäre der Begriff „Paramorphose" korrekt, er ist aber für Plagioklase nicht in Gebrauch. Stattdessen wird die diskontinuierliche Tieftemperaturserie kollektiv als *Tiefplagioklas* bezeichnet.

Die Plagioklas-*Verzwillingung* kann nur nach Zwillingsgesetzen erfolgen, die mit trikliner Symmetrie verträglich sind (◘ Tab. 11.12). Es gibt Hinweise darauf, dass die Verteilung von Zwillingsgesetzen auf die verschiedenen Gesteinstypen nicht zufällig ist. In magmatischen Gesteinen nimmt beispielsweise die Häufigkeit der Albit/Periklin-Verzwillingung mit steigendem An-Gehalt ab, während die der Karlsbad- und Albit/Karlsbad-Verzwillingung zunimmt. Ein verbreitetes Merkmal der Plagioklase ist ihre polysynthetische Verzwillingung, wobei die Albit-Zwillingslamellen im Oligoklas meist relativ engständig sind, verglichen mit Albit oder An-reicheren Zusammensetzungen. Auf Spaltflächen (001) oder (010) erkennt man häufig, nicht selten sogar mit dem bloßen Auge, ein feines System paralleler Linien, das durch die polysynthetische Verzwillingung verursacht ist. Weitere Details sind ◘ Tab. 11.12 zu entnehmen (vgl. ◘ Abb. 11.74c, 2.5, ▶ Abschn. 13.2). Wenn Plagioklas unverzwillingt auftritt, fehlt zunächst ein nützliches Identifizierungsmerkmal. Jedoch kann man unter dem Polarisationsmikroskop K-Feldspat durch seinen niedrigeren Brechungsindex von Plagioklas unterscheiden.

In Gegenwart von (heißem) Wasser verwittert Plagioklas relativ leicht. Ein typisches *Verwitterungsprodukt* ist *Saussurit,* eine Pseudomorphose, die hauptsächlich

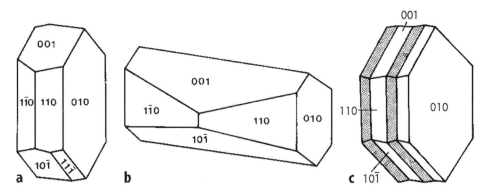

Abb. 11.74 Habitus und Verzwillingung von Plagioklas: **a** Albit-Habitus, dicktafelig nach {010}; **b** Periklin-Habitus, gestreckt entlang [010]; **c** polysynthetischer (lamellarer) Zwilling nach dem Albit-Gesetz

aus sehr feinkörnigem Zoisit, Skapolith, sekundärem Albit, Sericit und anderen Mineralen besteht. In den meisten magmatischen Gesteinen zeigt Plagioklas eine diskontinuierliche und oszillierende *Zonierung* (siehe ▸ Abschn. 18.5), die besonders für Einsprenglinge in Basalt, Andesit und Dacit charakteristisch ist. Bei *normaler Zonierung* ist der Plagioklas-Kern An-reich, der Rand An-arm, entsprechend der in ▸ Abschn. 18.2 detaillierter erklärten Liquidus-Solidus-Beziehung der Plagioklase: Bei der Abkühlung eines Magmas kristallisiert Ca-Feldspat bei einer höheren Temperatur als Na-Feldspat. Demgegenüber ist *inverse Zonierung* weit weniger häufig. Man beobachtet sie z. B. an Plagioklas-Körnern in hochgradig metamorphen Granuliten (▸ Abschn. 26.3.1, 28.3.5), wo sie bei Plagioklas-bildenden Mineralreaktionen, z. B. Granat + Klinopyroxen + Quarz → Orthopyroxen + Plagioklas, entstanden sind (◻ Abb. 11.72).

▪ **Albit**

An_0–An_{10}

Albit wurde 1815 von den schwedischen Chemikern Johan Gottlieb Gahn (1745–1818) und Jöns Jakob Berzelius (1779–1848) beschrieben. Der Mineralname leitet sich vom lateinischen Wort *albus* = weiß her. Typlokalität ist ein Pegmatit nahe Falun, Schweden.

Gut ausgebildete Kristalle treten entweder im Albit- oder im Periklin-Typ auf. Solche im Albit-Typ sind etwas gestreckt entlang c und zugleich tafelig oder dünntafelig (Varietät *Cleavelandit*) nach {010} entwickelt, während Kristalle vom Periklin-Typ entlang b gestreckt sind (◻ Abb. 11.74a, b). Tiefalbit vom Albit-Typ ist durchscheinend bis transparent, farblos oder weiß, während Albit vom Periklin-Typ häufig Pseudomorphosen von Albit nach Oligoklas darstellt und dann eine milchige Trübung aufweist, die durch Myriaden von mikroskopisch kleinen Poren und Flüssigkeitseinschlüssen verursacht wird. Der Albit-Typ tritt in granitischen und pegmatitischen Drusen auf, gelegentlich als orientierte Verwachsung mit Orthoklas oder Mikro-

klin. Beide Albit-Typen sind häufig in hydrothermalen Gängen zu finden. Albit ist Hauptgemengteil in alkalibetonten, felsischen Magmatiten wie Albitgranit und dessen pegmatititisches Äquivalent. In submarin hydrothermal verändertem Basalt, bekannt als *Spilit,* entsteht Albit durch hydrothermale Verdrängung von An-reicherem Plagioklas. Außerdem ist Albit ein verbreitetes Mineral in niedriggradigen Metamorphiten z. B. in Grünschiefer, Albitphyllit, Albitgneis, aber auch in Blauschiefer. Ähnlich wie Albitgranit wurden manche dieser metamorphen Gesteine unter dem Einfluss einer fluiden Phase weiträumig *albitisiert* (Putnis 2009). Nahezu reiner Tiefalbit kann sich auch während der Diagenese von Sandstein bilden.

▪ **Oligoklas**

An_{10}–An_{30}

Oligoklas (grch. ὀλίγος = wenig, κλάσις Bruch), benannt 1826 von August Breithaupt, ist ein verbreiteter Gemengteil in einer Vielzahl von feldspatreichen magmatischen und metamorphen Gesteinen. Gut ausgebildete idiomorphe, durchscheinende Kristalle sind selten. Bei der Abkühlung wird die erste Mischungslücke in der Plagioklas-Reihe, die *Peristerit-Lücke* zwischen An_0 und An_{25} erreicht (◻ Abb. 11.64). Diese ist in seltenen Fällen durch regelmäßige, submikroskopisch bis mikroskopisch feine Entmischungslamellen dokumentiert, die einen blauen bis bläulich weißen Schiller erzeugen können, der dem des Mondsteins ähnelt (s. Mikroklin). Der Name Peristerit (grch. περιστέρι = Taube) stammt von Thomas Thomson (1843), wohl den Vergleich mit bläulich schillerndem Gefieder betonend. Gelegentlich manifestiert sich die Peristerit-Lücke in metamorphen Gesteinskomplexen durch die Koexistenz von Albit (An_0) und Oligoklas (An_{25}).

▪ **Andesin**

An_{30}–An_{50}

Andesin tritt als Hauptgemengteil in plutonischen und vulkanischen Gesteinen intermediärer Zusammen-

◘ Tab. 11.13 Physikalische Eigenschaften von Feldspat-Endgliedern

Mineral	Dichte (g/cm³)	Brechungsindex n_γ	Spaltwinkel (001)^(010)
Sanidin	2,56 (Or-reich)	1,522	90°
Tiefmikroklin	2,56	1,522	89°30′
Analbit	2,62 (Ab-reich)	1,532	85°56′ (berechnet)
Tiefalbit	2,62	1,538	86°23′
Anorthit	2,76	1,590	85°55′
Quartz (zum Vergleich)	2,65	1,550 (Mittelwert)	

setzung auf, z. B. in (Quarz-)Diorit und Andesit (siehe ► Abschn. 13.2) und ebenfalls in mittel- bis hochgradigen Metamorphiten, z. B. in Gneisen, Amphibolit oder Granuliten. Gut ausgebildete Individuen sind selten. Andesin erhielt seinen Namen als Hauptgemengteil des vulkanischen Gesteins *Andesit,* das 1836 von Leopold von Buch (1774–1853) nach dem Gebirgszug der Anden, Südamerika, benannt wurde. Die Varietät *Aventurin-Feldspat* ist durch orientierte Einschlüsse von Hämatitplättchen rötlich und zeigt einen goldfarbenen Schiller.

■ **Labradorit**

An$_{50}$–An$_{70}$

Labradorit, zuerst 1770 von dem tschechischen Missionar Pater Adolph auf der Halbinsel Labrador im Nordosten Kanadas entdeckt und 1780 durch Abraham Gottlob Werner (1749–1817) benannt, ist ein verbreiteter Hauptgemengteil in mafischen Plutoniten und Vulkaniten wie Gabbro und Basalt. Er ist ebenso in mafischen metamorphen Gesteinen vertreten, hauptsächlich in Amphibolit. Idiomorphe, bis zu 5 cm lange Individuen wurden beschrieben, sind aber sehr selten. Eine zweite Mischungslücke der Plagioklas-Reihe wird bei langsamer Abkühlung zwischen An$_{48}$ und An$_{62}$ erreicht (◘ Abb. 11.64). Diese Entmischung erzeugt die submi-

kroskopische lamellare *Bøggild-Verwachsung,* benannt nach Ove Balthasar Bøggild. Abhängig von der Regelmäßigkeit und Periodizität der Lamellen kann ein bläuliches (An$_{48–52}$) bis rötliches (An$_{55–59}$) irisierendes Farbenspiel, das *Labradorisieren,* entstehen (◘ Abb. 2.5), das wahrscheinlich zuerst 1830 von Nils Nordenskjöld untersucht wurde. Nahe einer Spaltfläche nach (010) ist es am besten sichtbar (Bolton et al. 1966; Ribbe 1983b). Soweit bekannt ist Plagioklas der Zusammensetzung ≈An$_{60}$ das häufigste Mineral in der Kruste des Planeten Mars.

Gesteine mit labradorisierendem Plagioklas können poliert und als Ornamentstein verwendet werden. Labradorit mit auffälligem Farbenspiel wird *Spektrolith* genannt und ist ein geschätzter Edelstein. Bekannte Vorkommen befinden sich nahe Ylämaa, Finnland, auf Madagaskar (◘ Abb. 2.5) und nahe Zhytomyr, Ukraine (◘ Abb. 11.75).

■ **Bytownit**

An$_{70}$–An$_{90}$

Bytownit wurde 1836 erstmals von Thomas Thomson (1773–1853) beschrieben, der ihn nach der Stadt Bytown, dem früheren Namen von Ottawa, Kanada, benannte. Der Feldspat ist Gemengteil mafischer magmatischer Gesteine, in denen zonierte Plagioklaskörner häufig An-reiche Kerne von Bytownit (bis Labrado-

◘ Abb. 11.75 Zonierter Labradorit-Kristall *(Spektrolith)* von Golovinskiy, Zhytomyr, Ukraine; die Farben sind Folge der Interferenz von Licht, das an regelmäßigen submikroskopischen Entmischungslamellen reflektiert wird. Die Lamellenabstände und damit die Interferenzfarben variieren mit dem An-Gehalt von blau (An$_{48–52}$) bis gelb (An$_{55–59}$); Bildbreite = 4 cm. (Foto: Monika Günther, TU Berlin, Deutschland)

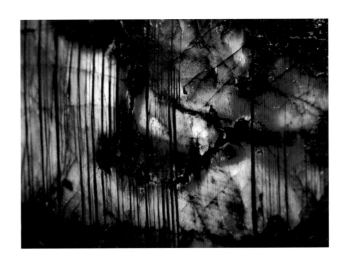

rit) enthalten. Gelegentlich findet man klare bis durchscheinende Bytownit-Bruchstücke bis cm-Größe. Beim Abkühlen trifft Bytownit auf die dritte Mischungslücke der Plagioklas-Reihe zwischen An_{64} und An_{90} (◨ Abb. 11.64) und entwickelt submikroskopische bis mikroskopische Entmischungslamellen (◨ Abb. 11.72), die nach ihrem Entdecker, dem Schweizer Mineralogen Heinrich Huttenlocher (1942), benannt sind.

▪ Anorthit
An_{90}–An_{100}

Anorthit (grch. ἀν-ὀρθός = nicht rechtwinklig, bezogen auf den Spaltwinkel) ist weniger häufig als die übrigen Glieder der Plagioklas-Reihe. Idiomorphe Kristalle wurden zuerst 1823 durch Gustav Rose (1798–1873) vom Monte Somma, Italien, beschrieben. Gut ausgebildete Kristalle sind tafelig nach {010} und kommen in Drusen in Ca-reichen vulkanischen Auswürflingen und in basaltischem Tuff vor. Anorthit ist ein ziemlich seltener Gemengteil in SiO_2-armen, Ca-reichen magmatischen Gesteinen sowie in manchen Kalksteinen und Kalkmergeln, die mittel- bis hochgradig metamorph überprägt wurden (Silikatmarmor und Kalksilikatgesteine). Eine Paragenese von Albit (An_0) + Anorthit (An_{95}), gebildet durch retrograde Umwandlung von chemisch intermediärem Plagioklas, wurde von einem Amphibolit des Bergell, Schweizer Alpen, beschrieben (Wenk 1979). Diese Beobachtung stimmt mit der Erwartung überein, dass bei tiefer Temperatur nur die Plagioklas-Endglieder Tiefalbit und Anorthit stabil koexistieren (◨ Abb. 11.64).

Extraterrestrischer Plagioklas ist wohlbekannt, seitdem mehrere Apollo-Missionen Gesteinsproben vom Mond zur Erde gebracht haben: Anorthosit vom lunaren Hochland enthält bis zu 90 Vol.-% Anorthit (An_{94}–An_{96}), während der Plagioklas der Mare-Basalte Labradorit bis Bytownit (An_{69}–An_{88}) ist, der offenbar mit wenig K-Feldspat (Sanidin) koexistiert.

11.6.3 Feldspatoide (Foide, Feldspatvertreter)

Die Feldspatoide unterscheiden sich durch ihren geringeren SiO_2-Gehalt von den Alkalifeldspäten. Daher können sie nicht im Gleichgewicht mit Quarz auftreten, da sich in einem SiO_2-gesättigten System entsprechende Feldspäte bilden würden. Dementsprechend treten Feldspatoide nur in SiO_2-armen Gesteinen auf, die gewöhnlich alkalische Zusammensetzung haben.

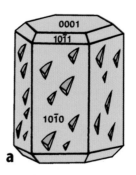
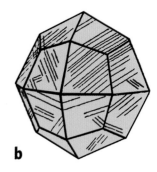

◨ Abb. 11.76   a Nephelinkristall mit dominierendem hexagonalen Prisma {10$\bar{1}$0} kombiniert mit dem Basispinakoid {0001} und untergeordneten hexagonalen Pyramiden {10$\bar{1}$1} und {10$\bar{1}$1}; asymmetrische Ätzfiguren auf {10$\bar{1}$0} belegen die niedriger symmerische Kristallklasse 6. **b** Ikositetraeder {211} von ehemaligem β-Leucit (Hoch), der in eine lamellare Paramorphose von α-Leucit (Tief) umgewandelt ist; die Lamellen sind parallel zu {110} angeordnet

Feldspatoide ohne tetraederfremde Anionen

▪ Nephelin
$Na_3(Na,K)[AlSiO_4]_4$

Ausbildung Kristallklasse hexagonal-pyramidal 6, d. h. mit polarer c-Achse; die kleinen kurzprismatischen Kristalle haben gewöhnlich nur das hexagonale Prisma {10$\bar{1}$0} und das Basispinakoid {0001} entwickelt, seltener auch mit dem hexagonalen Prisma {11$\bar{2}$0} oder den hexagonalen Pyramiden {10$\bar{1}$1} und {10$\bar{1}$1} . Die einfache Kombination der Flächen {10$\bar{1}$0} und {0001} täuscht eine höher symmetrische Kristallklasse im hexagonalen System vor; jedoch wird ihre niedrigersymmetrische Kristallklasse durch asymmetrische Ätzfiguren auf den Flächen des hexagonalen Prismas eindeutig nachgewiesen (◨ Abb. 11.76a) und auch durch Röntgenbeugung bestätigt. Nephelin ist meist im Gestein eingewachsen.

Physikalische Eigenschaften	
Spaltbarkeit	(10$\bar{1}$0) unvollkommen
Bruch	muschelig
Härte	5½–6
Dichte	2,56–2,665
Farbe	grau, grünlich oder rötlich
Glanz, Transparenz	auf Kristallflächen Glasglanz, auf Bruchflächen Fettglanz; durch Entmischung der K[AlSiO₄]-*Komponente* (Kalsilit) wird Nephelin allmählich trüb bis undurchsichtig mit öligem Glanz auf den muscheligen Bruchflächen (Name von grch. νεφέλη = Wolke) und kann dann im Handstück leicht mit Quarz verwechselt werden

Kristallstruktur und Chemismus Sechserringe, die aus eckenverknüpften [SiO₄]- und [AlO₄]-Tetraeder aufgebaut sind, werden zu einem 3-dimensionalen Gerüst

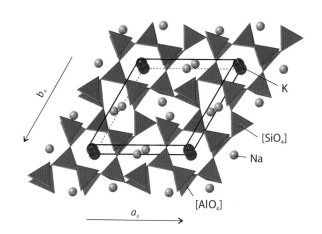

Abb. 11.77 Kristallstruktur von Nephelin, projiziert annähernd entlang der c-Achse; zu erkennen ist die Position von Na^+ in den ovalen und von K^+ in den hexagonalen Kanälen $[SiO_4]$

mit 6 ovalen und 2 hexagonalen Kanälen parallel zu c verknüpft, in denen die kleineren Na^+- und die größeren K^+-Kationen positioniert sind (Abb. 11.77). Da das Si:Al-Verhältnis genau 1:1 ist, sind Si und Al in der Kristallstruktur exakt geordnet und gehorchen damit dem Al-Vermeidungsprinzip. Na^+ kann bis zu etwa ¼ durch K^+ ersetzt werden. Besonders deutlich wird der SiO_2-Unterschuss des Feldspatvertreters, wenn man die Oxidformeln von Nephelin $Na_2O \cdot Al_2O_3 \cdot 2SiO_2$ und Albit $Na_2O \cdot Al_2O_3 \cdot 6SiO_2$ miteinander vergleicht.

Vorkommen Nephelin ist ein wichtiges Mineral in SiO_2-untersättigten magmatischen Gesteinen mit Na-Vormacht. Im Unterschied zu Leucit tritt Nephelin nicht nur in Vulkaniten, z. B. in Phonolith, Nephelintephrit, Nephelinbasanit und Nephelinit (s. ▶ Abschn. 13.2.2) auf, sondern auch häufig in Plutoniten wie Nephelinsyenit und dessen Pegmatit. Selten kann Nephelin auch in SiO_2-untersättigten metamorphen Gesteinen auftreten.

Nephelin als Rohstoff In der keramischen Industrie dient Nephelin als Feldspat-Ersatz. Nephelin-reiche magmatische Gesteine der Kola-Halbinsel sind ein wichtiger Rohstoff für die Gewinnung von Aluminium in Russland.

■ **Leucit**

K[AlSi$_2$O$_6$]

Leucit ist das SiO_2-untersättigte Äquivalent von Kalifeldspat und benannt nach dem griech. λευκός (= weiß).

Kristallstruktur und Symmetrie Das lockere Gerüst der Leucitstruktur besteht aus allseitig eckenverknüpften $[SiO_4]$- und $[AlO_4]$-Tetraedern, die zu 4- und 6-zähligen Ringen parallel zu {100} bzw. {111} angeordnet sind. In den weiten, sich nicht überschneidenden Kanälen

entlang der dreizähligen Achse [111] sind die [12]-ko-ordinierten K^+-Kationen positioniert, die nur in geringem Maße (meist <0,1 pfu = pro Formeleinheit) durch Na^+ ersetzt sein können. Der kubische β-Leucit (Hochleucit), Kristallklasse 4/m$\bar{3}$2/m, ist bei Temperaturen >605 °C stabil. Er kann Einsprenglinge mit der modellhaft gut ausgebildeten Kristallform des Ikositetraeders {211} bilden, das auch als Trapezoeder oder Leucitoeder bezeichnet wird. Bei Abkühlung wandelt sich β-Leucit paramorph in den tetragonalen α-Leucit (Tiefleucit), Kristallklasse 4/m, um, wobei die kubischen Kristallformen äußerlich erhalten bleiben. Analog zu Mikroklin bestehen diese Paramorphosen aus Lamellen von α-Leucit, die miteinander zu komplexen Zwillingen verwachsen und gewöhnlich entlang {110} orientiert sind (Abb. 11.76b). Bei gekreuzten Polarisatoren kann man sie unter dem Mikroskop beobachten.

Physikalische Eigenschaften	
Spaltbarkeit	(110) sehr schlecht
Bruch	muschelig
Härte	5½–6
Dichte	2,47–2,50
Farbe	farblos, grauweiß bis weiß, auch gelblich oder hellrosa
Glanz, Transparenz	Glasglanz, trüb; durchsichtig bis durchscheinend

Chemische Zusammensetzung K^+ kann nur von geringen Mengen an Na^+ ersetzt werden, die selten 0,1 pfu übersteigen. Geringe Gehalte an Fe_2O_3 (meist <1,0 Gew.-%) können vorhanden sein. Die SiO_2-Untersättigung von Leucit wird deutlich, wenn man die Oxidformeln miteinander vergleicht: $K_2O \cdot Al_2O_3 \cdot 4SiO_2$ für Leucit und $K_2O \cdot Al_2O_3 \cdot 6SiO_2$ für Kalifeldspat.

Vorkommen Leucit ist ein charakteristisches Mineral in SiO_2-untersättigten vulkanischen Gesteinen mit K-Vormacht wie Leucitphonolith, Leucittephrit, Leucitbasanit, Leucitit (▶ Abschn. 13.2.2) und deren Tuffe. Im Allgemeinen fehlt Leucit in echten Plutoniten und in metamorphen Gesteinen, weil sein Stabilitätsfeld mit zunehmendem Wasserdruck immer kleiner wird; oberhalb von $P_{H_2O} \approx 2,6$ kbar kann sich Leucit sogar aus unterkieselten Schmelzen nicht mehr ausscheiden.

Technische Verwendung Leucitreiche Gesteine bilden lokal einen Rohstoff für die Gewinnung kalihaltiger Düngemittel.

Sodalith-Reihe

Minerale der Sodalith-Reihe sind Foide mit nichttetraedrischen Anionen.

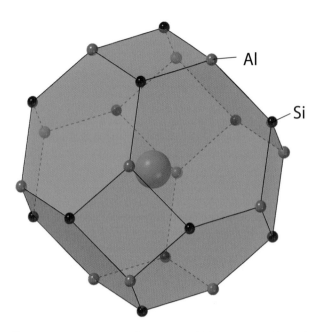

Al

Si

◻ Abb. 11.78 Sodalith-Käfig; im Vergleich zur Darstellung in ◻ Abb. 11.1i sind die Sauerstoffe weggelassen, um die Käfig-Struktur besser zu verdeutlichen; Cl im Zentrum (grüne Kugel)

11

■ **Sodalith**

Na$_8$|Cl$_2$/(AlSiO$_4$)$_6$| oder als Merkformel 6NaAlSiO$_4$ (= Nephelin) · 2NaCl

■ **Nosean**

Na$_8$|(SO$_4$)/(AlSiO$_4$|$_6$ · H$_2$O oder 6NaAlSiO$_4$ · Na$_2$SO$_4$ · H$_2$O

■ **Hauyn**

Na$_6$Ca$_2$|(SO$_4$)$_2$/(AlSiO$_4$)$_6$| oder 6NaAlSiO$_4$ · 2CaSO$_4$

Kristallstruktur In der Gerüststruktur der Sodalithreihe sind geordnete [SiO$_4$]- und [AlO$_4$]-Tetraeder so miteinander verknüpft, dass käfigartige Hohlräume von kubo-oktaederischer Symmetrie entstehen. Diese sogenannten *Sodalith-Käfige* werden jeweils durch 6 Viererringe parallel zu {100} und 8 Sechserringe parallel zu {111} begrenzt (◻ Abb. 11.1i und 11.78). In diesen Hohlräumen sind die Kationen Na$^+$ und Ca^{2+} sowie die großen, nichttetraedrischen Anionen [Cl]$^-$ und [SO$_4$]$^{2-}$ positioniert, außerdem H$_2$O. So enthalten in der idealen Noseanstruktur 50 % der Käfige die [Na$_4$·SO$_4$]$^{2+}$-Gruppe, 50 % die [Na$_4$·H$_2$O]$^{4+}$-Gruppe (Hassan und Grundy 1989). Auch bei vielen Zeolithen bilden Sodalith-Käfige ein wichtiges strukturelles Element (▶ Abschn. 11.6.6).

Ausbildung Kristallklasse $\bar{4}$3m; gewöhnlich bilden Minerale der Sodalith-Reihe gerundete, bisweilen korrodierte Kristalle oder körnige Aggregate, die mit den angrenzenden Mineralen verwachsen sind. Wohlausgebildete Kristalle, dann mit vorherrschendem Rhombendodekaeder {110}, sind selten.

Physikalische Eigenschaften	
Spaltbarkeit	(110) vollkommen
Bruch	muschelig bis uneben
Härte	5½–6
Dichte	Sodalith 2,27–2,33, Nosean 2,30–2,40, Hauyn 2,44–2,50
Farbe	farblos, weiß, aschgrau bis tiefblau (ultramarinblau); die variablen Blautöne, besonders beim Hauyn, werden durch unterschiedliche Elektronenzentren in der [SO$_4$]$^{2-}$-Anionengruppe in der Kristallstruktur verursacht
Glanz, Transparenz	glas- bis fettglänzend; durchsichtig bis durchscheinend, gelegentlich sogar undurchsichtig

Chemismus Sodalith kann nur geringe Mengen an K$^+$ und Ca^{2+} anstelle von Na$^+$ sowie Fe^{3+} anstelle von Al^{3+} einbauen. Nosean und Hauyn bilden eine lückenlose Mischkristallreihe mit den oben gegebenen theoretischen Endglieder-Formeln (nach IMA), gewöhnlich mit etwas Cl$^-$ anstelle von [SO$_4$]$^{2-}$ und ansteigendem SO$_4$/H$_2$O-Verhältnis. Na$^+$ kann durch beachtliche Anteile an K$^+$ ersetzt sein sowie Al^{3+} durch etwas Fe^{3+}. Ein Teil der Kationenplätze kann unbesetzt bleiben (◻).

Vorkommen Sodalith kommt besonders in alkalireichen Plutoniten, wie Nephelinsyenit und dessen Pegmatit, sowie als mikroskopischer Gemengteil in vulkanischen Gesteinen, wie Phonolith und Alkalibasalt vor. Kleine aufgewachsene Kriställchen von Sodalith wurden in vulkanischen Auswürflingen gefunden. Sodalith entsteht auch aus der metasomatischen Umwandlung unterschiedlicher Gesteine, erzeugt durch die Einwirkung von Na-reichen hydrothermalen Lösungen, ein Prozess, der als *Fenitisierung* bezeichnet wird (▶ Abschn. 26.6.1). *Nosean* und *Hauyn* sind fast ganz auf Alkalivulkanite wie Alkalibasalt und Phonolith (◻ Abb. 13.11a) sowie die dazugehörenden pyroklastischen Gesteine und ihre vulkanischen Auswürflinge beschränkt.

Wirtschaftliche Bedeutung Derbe Sodalith-Gesteine von tief ultramarinblauer Farbe, die durch Fenitisierung entstanden sind, werden zu kunstgewerblichen Gegenständen, Steinketten sowie Boden- und Fassadenplatten verarbeitet. Ein Beispiel ist das Gestein mit der Handelsbezeichnung „Namibia Blue" an der Nordgrenze von Namibia; weitere bauwürdige Vorkommen sind aus Ontario (Kanada), Indien und Brasilien bekannt. Für technische Zwecke wurde eine Vielzahl von Materialien mit Sodalith-Struktur synthetisiert, von denen einige z. B. als Molekularsiebe eingesetzt werden.

Physikalische Eigenschaften	
Farbe	farblos, weiß, grau, rosa, gelblich, bräunlich, rötlich
Glanz, Transparenz	Glasglanz, auf Spaltflächen Perlmuttglanz; durchsichtig bis durchscheinend; an der Luft zersetzt sich Laumontit unter H_2O-Verlust und wird rasch matt, trübe und bröckelig

Kristallstruktur 4-zählige Ringe aus eckenverknüpften $[SiO_4]$- und $[AlO_4]$-Tetraedern bilden ein dreidimensionales Gerüst, das auch Sechser- und Zehnerringe enthält. Weite Kanäle parallel zu c sind durch die Ca^{2+} und H_2O-Moleküle besetzt.

Chemismus Ca^{2+} kann durch kleine Mengen an Na^+, K^+ oder Mg^{2+} ersetzt werden. Ein geringer Austausch von Al^{3+} durch Fe^{3+} führt zu rötlicher Färbung.

Vorkommen Als häufiges Umwandlungsprodukt von Ca-reichem Plagioklas entsteht Laumontit während der Diagenese oder der sehr niedriggradigen Metamorphose von Sedimentgesteinen und Pyroklastiten.

■ **Phillipsit**
$\sim K_2(Na,Ca_{0,5},Ba_{0,5})_4[Al_6Si_{10}O_{32}] \cdot 12H_2O$

Ausbildung Kristallklasse 2/m; typisch sind Durchkreuzungszwillinge oder -vierlinge, die pseudotetragonale Symmetrie widerspiegeln (❑ Abb. 11.80d). Die Verwachsung von drei Vierlingen, die sich nahezu rechtwinklig durchkreuzen, führt zu einem Zwölfling mit pseudokubischer Symmetrie, der äußerlich an ein Rhombendodekaeder erinnert.

Physikalische Eigenschaften	
Spaltbarkeit	(010) und (001) deutlich
Bruch	uneben, spröde
Härte	4–4½
Dichte	2,20
Farbe	farblos, weiß, gelblich, rötlich
Glanz, Transparenz	Glasglanz; durchscheinend bis undurchsichtig, seltener durchsichtig

Kristallstruktur Schichten aus 4- und 8-zähligen Ringen von eckenverknüpften $[SiO_4]$- und $[AlO_4]$-Tetraedern sind durch 4-zählige Ringe miteinander verbunden. Dadurch entstehen kurbelwellenartige Doppelketten parallel zu a und sich überschneidende Kanäle parallel zu a und b, in denen die großen Kationen und die H_2O-Moleküle eingebaut sind.

Chemismus Die Formel nach Bish und Ming (2001) ist stark vereinfacht wiedergegeben. Es gibt Phillipsit-Spezies mit K-, Na- oder Ca-Vormacht, z. T. mit erheblichen Ba-Gehalten. Zwischen Phillipsit und *Harmotom* $Ba_2[Ca_{0,5},Na)Al_5Si_{11}O_{32}] \cdot 12H_2O$ besteht eine Mischkristallreihe.

Vorkommen Gewöhnlich entsteht Phillipsit bei niedrigen Temperaturen durch Zersetzung von vulkanischen Gesteinen und Sedimenten, die vulkanoklastische Partikel enthalten.

■ **Heulandit**
$\sim(Na,K)Ca_4[Al_9Si_{27}O_{72}] \cdot 24H_2O$

Ausbildung Kristallklasse 2/m; Heulandit kann gut ausgebildete Kristalle mit dünn- oder dicktafeligem Habitus nach {010} oder nach a gestreckt bilden. Diese sind entweder einzeln oder als blättrige, schalige oder spätige Aggregate auf Gesteinsflächen aufgewachsen oder auch mit gesteinsbildenden Mineralen verwachsen.

Physikalische Eigenschaften	
Spaltbarkeit	(010) vollkommen
Bruch	uneben, spröde
Härte	3½–4
Dichte	2,14–2,21
Farbe	farblos, weiß, gelblich, rosa, durch eingelagerte Hämatit-Schüppchen auch ziegelrot
Glanz, Transparenz	Perlmuttglanz auf Kristall- und Spaltflächen {010}, sonst Glasglanz; durchsichtig bis durchscheinend

Kristallstruktur Die grundlegenden Baueinheiten bestehen aus je zwei Vierer- und Fünferringen von $[SiO_4]$- und $[AlO_4]$-Tetraedern, die über Ecken zu Schichten parallel zu {001} verknüpft sind. Das dadurch entstehende dreidimensionale Gerüst enthält zwei Sätze von offenen Kanälen entlang c, die aus elliptischen Zehnerringen und nahezu runden Achterringen bestehen und entweder mit Na^+, K^+ und H_2O oder mit Ca^{2+} und H_2O besetzt sind. Zwei zusätzliche, sich überschneidende Kanäle aus Achterringen verlaufen parallel zu a und parallel zu [201].

Chemismus Die stark vereinfachte Formel nach Bish und Ming (2001) bezieht sich auf die Mineralart Heulandit-Ca mit dominierendem Ca^{2+}, das in erheblichem Umfang durch Sr^{2+}, Ba^{2+}, Mg^{2+} oder durch 2 Na^+ und 2 K^+ ersetzt sein kann. Dadurch entstehen weitere Mineralarten wie Heulandit-Na etc.

Abb. 11.81 Mesolith auf Apophyllit, Nasik, Indien; Bildbreite = 7 cm. Mineralogisches Museum der Universität Würzburg

Abb. 11.82 Kristallgruppen von büscheligem Stilbit (weiß) und Apophyllit (hellgrün), Poona, Indien; Bildbreite = 6 cm; Mineralogisches Museum der Universität Würzburg

■ **Stilbit (Desmin)**

$$\sim NaCa_4[Al_9Si_{27}O_{72}] \cdot 30H_2O$$

Ausbildung Kristallklasse 2/m; meist tritt Stilbit in charakteristischen garbenförmigen Büscheln auf (■ Abb. 11.80b, 11.82), die als Durchkreuzungszwillinge monokliner Einzelkristalle zu deuten sind. Seltener bilden stängelige Stilbitkristalle radialstrahlige Aggregate.

Physikalische Eigenschaften	
Spaltbarkeit	(010) vollkommen
Bruch	muschelig bis uneben, spröd
Härte	3½–4
Dichte	2,12–2,22
Farbe	farblos, weiß oder zart gefärbt, z. B. rosa
Glanz, Transparenz	Perlmuttglanz auf Spaltflächen {010}; durchscheinend bis durchsichtig

Kristallstruktur Die gleichen Baueinheiten wie bei Heulandit sind zu einem dreidimensionalen Gerüst ver-

knüpft. Ca^{2+}, Na^+ und H_2O befinden sich in Kanälen, die aus elliptischen Zehnerringen entlang a und nahezu runden Achterringen entlang c bestehen.

Chemismus In der vereinfachten Formel nach Armbruster und Gunter (2001) kann Ca^{2+} durch $2Na^+$ oder $2K^+$ ersetzt werden.

■ **Chabasit**

$$(Ca_{0,5},Na,K)_4[Al_4Si_8O_{24}] \cdot 12H_2O$$

Ausbildung Kristallklasse $\bar{3}2/m$, ditrigonal-skalenoedrisch. Chabasit bildet würfelähnliche Rhomboeder {10$\bar{1}$1} mit einem Polkantenwinkel von 85°14′, die allein oder in Kombination mit kanten- und eckenabstumpfenden Flächen wie {01$\bar{1}$2} oder {02$\bar{2}$1} vorkommt. Durchkreuzungszwillinge nach (0001) sind häufig, wobei die Ecken des einen Individuums über die Flächen des anderen Individuums vorspringen (■ Abb. 11.80c).

Physikalische Eigenschaften	
Spaltbarkeit	(10$\bar{1}$1) bisweilen deutlich

Physikalische Eigenschaften	
Bruch	uneben oder muschelig
Härte	4–5
Dichte	2,05–2,20
Farbe	farblos, weiß, oder zart gelblich, rosa bis rötlich gefärbt
Glanz, Transparenz	Glasglanz; durchsichtig bis durchscheinend

Kristallstruktur Typisches Element der Gerüststruktur ist der langgestreckte Chabasit-Käfig, bestehend aus 2 Sechser-, 6 Achter- und $12+6$ Viererringen (◘ Abb. 11.79b), in dem die nichttetraedrischen Kationen Ca^{2+}, Na^+ und K^+, seltener Mg^{2+} oder Sr^{2+} sowie die H_2O-Moleküle positioniert sind. Bei *Faujasit* $Na_{20}Ca_{12}Mg_8[Al_{60}\,Si_{132}\,O_{384}]\cdot235H_2O$ (Kristallklasse $4/m\overline{3}2/m$) sind Sodalith-Käfige über Sechserringe zu einer kubischen Gerüststruktur verknüpft (◘ Abb. 11.79c).

Chemismus Neben den vorherrschenden nichttetraedrischen Kationen Ca, Na und K kann Chabasit auch Mg und Sr enthalten.

Vorkommen Chabasit kristallisiert hauptsächlich aus hydrothermalen Lösungen. Er findet sich häufig an Austrittsöffnungen von Thermalquellen, in Blasenhohlräumen von Vulkaniten, z. B. von Basalt und Phonolith, als Kluftmineral in granitischem Pegmatit und auf hydrothermalen Gängen.

Literatur

Allgemein

Deer WA, Howie RA, Zussman J (2013) Introduction to the Rock-forming Minerals, 3. Aufl. Geol Soc, London

Liebau F (1985) Structural Chemistry of Silicates, Structure, Bonding, and Classification. Springer, Heidelberg

Strunz H, Nickel EH (2001) Strunz Mineralogical Tables, 9. Aufl. Schweizerbart, Stuttgart

Tröger WE, Bambauer HU, Taborszki E, Trochim HD (1982) Optische Bestimmung der gesteinsbildenden Minerale, Teil I: Bestimmungstabellen, 5. Aufl. Schweizerbart, Stuttgart

Insel-, Gruppen- und Ringsilikate

Armbruster T et al (2006) Recommended nomenclature of epidote-group minerals. Eur J Mineral 18:551–567

Bank H, Henn U, Bank FH, von Platen H, Hofmeister W (1990) Leuchtendblaue Cu-führende Turmaline aus Paraíba, Brasilien. Z Deutsche Gemmol Ges 39:3–11

Baxter EF, Caddick MJ, Ague JJ (2013) Garnet. Elements 9:415–457

Bohlen SR, Mottana A, Kerrick DM (1991) Precise determinations of equilibria kyanite ↔ sillimanite and kyanite ↔ andalusite and a revised triple point for Al_2SiO_5 polymorphs. Amer Mineral 76:677–680

Clarke DB, Dorais M, Barbarin B et al (2005) Occurrence and origin of andalusite in peraluminous felsic igneous rocks. J Petrol 46:441–472

Coster D, Hevesy G (1923) On celtium and hafnium. Nature 111:462–463

Ertl A, Giester G, Schüssler U et al (2013) Cu- and Mn-bearing tourmalines from Brazil and Mozambique: crystal structures, chemistry and correlations. Mineral Petrol 107:265–279

Galoisy L (2013) Garnet: from stone to star. Elements 9:453–456

Geiger CA (2013) Garnet: a key phase in nature, the laboratory, and technology. Elements 9:447–452

Harley SL, Kelly NM (2007) Zircon – tiny but timely. Elements 3:13–18

Henry DJ, Dutrow BL (2018) Tourmaline studies through time: contributions to scientific advancement. J Geosci 63:77–98

Holdaway MJ, Mukhopadhyay B (1993) A reevaluation of the stability relations of andalusite. Thermochemical data and phase diagram of the aluminium silicates. Amer Mineral 78:298–315

Nasdala L, Hanchar JM, Whitehouse MJ, Kronz A (2005) Longterm stability of alpha particle damage in natural zircon. Chem Geol 220:83–103

Nespolo M, Moëlo Y (2019) Structural interpretation of a new twin in staurolite from Coray, Brittany, France. Eur J Mineral 31:785–790

Okrusch M, Ertl A, Schüssler U et al (2016) Major and trace element composition of Paraíba-type tourmaline from Brazil, Mozambique and Nigeria. J Gemmol 35:120–139

Rickwood PC (1981) The largest crystals. Amer Mineral 66:885–907

Rossman GR (2009) The geochemistry of gems and its relevance to gemology: different traces, different prices. Elements 5:159–162

Watson EB (2007) Zircon in technology and everyday life. Elements 3:52

Weiß S, Jaszak JA, Harrison S et al (2015) Meralani: Tansanit und seltene Sammlermineralien. Lapis 40(7–8):34–63

Kettensilikate

Leake BE (chairman) et al (1997) Nomenclature of amphiboles. Report of the subcommittee on amphiboles of the international mineralogical association, commission on new minerals and mineral names. Eur J Mineral 9:623–651

Liebau F (1959) Über die Kristallstruktur des Pyroxmangits (Mn, Fe, Ca, Mg)SiO3. Acta Cryst 12:177–181

McCulloch J (2003) Asbestos mining in South Africa, 1893–2002. Internat J Occup Environ Health 9:230–235

Meng F, Yang H-J, Makeyev AB et al (2016) Jadeitite in the Syum-Keu ultramafic complex from Polar Urals, Russia: insights into fluid activity in subduction zones. Eur J Mineral 28:1079–1097

Morimoto N (Chairman) et al (1988) Nomenclature of pyroxenes. Subcommittee on pyroxenes, commission on new minerals and mineral names, Int. Mineral Assoc. Amer Mineral 73:1123–1133

Tsujimori T, Harlow GE (2012) Petrogenetic relationships between jadeitite and associated high-pressure and low-temperature metamorphic rocks in worldwide jadeitite localities: a review. Eur J Mineral 24:371–390

Veblen DR, Ribbe PH (1982) Amphiboles: petrology and experimental phase relations. Rev Mineral 9B

Werner AJ, Hochella MF, Guthry GD Jr et al (1995) Asbestiform riebeckite (crocidolite) dissolution in the presence of Fe chelators: implications for mineral-induced disease. Amer Mineral 80:1093–1103

Schichtsilikate

Bayliss P (1975) Nomenclature of trioctahedral chlorites. Canad Mineral 13:178–180

Christidis GE, Huff WD (2009) Geological aspects and genesis of bentonites. Elements 5:93–98

Cressey BA, Cressey G, Cernik RJ (1994) Structural variations in chrysotile asbestos fibers revealed by synchrotron X-ray diffraction and high-resolution transmission electron microscopy. Canad Mineral 32:257–270

Detellier C, Schoonheydt RA (2014) From platy kaolinite to nanorolls. Elements 10:201–206

Eisenhour DD, Brown RK (2009) Bentonite and its aspect on modern life. Elements 5:83–88

Evans BW, Hattori K, Baronnet A (2013) Serpentinite: what, why, where? Elements 9:99–106

Güven N (2009) Bentonites – clays for molecular engineering. Elements 5:89–92

Hume LA, Rimstidt JD (1992) The biodurability of chrysotile asbestos in human lungs. Amer Mineral 77:1125–1128

Klein C, Hurlbutt CS Jr (1985) Manual of mineralogy (after James D. Dana), 22. Aufl. Wiley, New York

Mottana A, Sassi FP, Thompson Jr JB, Guggenheim S (2002) Micas: crystal chemistry and metamorphic petrology. Rev Mineral Geochem 46, 499 S.

Schroeder PA, Erickson G (2014) Kaolin: from ancient porcelains to nanocomposites. Elements 10:177–182

Searle AB, Grimshaw RW (1959) The chemistry and physics of clays, 3. Aufl. Ernest Benn, London

Wicks FJ, O'Hanley DS (1988) Serpentine minerals: structure and petrology. Rev Mineral 19:91–167

Williams LB, Hillier S (2014) Kaolins and health: from first grade to first aid. Elements 10:207–211

Williams LB, Haydel SE, Ferrell RE Jr (2009) Bentonite, bandaids and borborygmi. Elements 5:99–104

Gerüstsilikate

Armbruster T, Gunter ME (2001) Crystal structures of natural zeolites. Rev Mineral Geochem 45:1–67

Bambauer HU (1961) Spurenelementgehalte und γ-Farbzentren in Quarzen aus Zerrklüften der Schweizer Alpen. Schweiz Mineral Petrogr Mitt 41:335–369

Bambauer HU (1967) Feldspat-Familie. In: Tröger WE (Hrsg) Optische Bestimmungen der gesteinsbildenden Minerale, Teil 2, Textband. Schweizerbart, Stuttgart

Bambauer HU (1988) Feldspäte – Ein Abriß. Neues Jahrb Mineral Abhandl 158:117–138

Bambauer HU, Laves F (1960) Zum Adularproblem. Schweiz Min Petr Mitt 40:177–205

Bambauer HU, Brunner GO, Laves F (1961) Beobachtungen über Lamellenbau an Bergkristallen. Z Krist 116:173–181

Bambauer HU, Brunner GO, Laves F (1962) Wasserstoff-Gehalte in Quarzen aus Zerrklüften der Schweizer Alpen und die Deutung ihrer regionalen Abhängigkeit. Schweiz Mineral Petrogr Mitt 42:121–236

Bambauer HU, Krause C, Kroll H (1989) TEM-investigation of the sanidine/microcline transition across metamorphic zones: the K-feldspar varieties. Eur J Mineral 1:47–58, Erratum 1:605

Bambauer HU, Bernotat W, Breit U, Kroll H (2005) Perthitic alkali feldspar as indicator mineral in the Central Swiss Alps. Dip and extension of the surface of the microcline/sanidine transition isograd. Eur J Mineral 17:69–80, Erratum 17:944

Bish DL, Ming DW (2001) Natural zeolites: occurrence, properties, applications. Rev Mineral Geochem 45, 654 S.

Bolton HC, Bursill LA, McLaren AC, Turner RG (1966) On the origin of the colour of labradorite. Phys Stat Sol 18:221–230

Carpenter MA (1994) Subsolidus phase relations of the plagioclase feldspar solid solution. In: Parsons I (Hrsg) Feldspars and their reactions. Kluwer, Dordrecht, S 221–269

Chopin C (1984) Coesite and pure pyrope in high-grade blueschists of the Western Alps: a first record and some consequences. Contrib Mineral Petrol 86:107–118

Collela C, de'Gennaro M, Aiello R (2001) Use of zeolitic tuff in the building industry. Elements 45:551–587

Coombs DS (chairman) et al (1998) Recommended nomenclature for zeolite minerals: report of the subcommittee on zeolites of the International Mineralogical Association, Comission on New Minerals and Mineral Names. Eur J Mineral 10:1037–1081

Deer WA, Howie RA, Zussman J (1963) Rock-forming minerals, Bd 4, Framework silicates. Longmans, London

Dera P, Prewitt CT, Boctor NZ, Hemley RJ (2002) Characterization of a high-pressure phase of silica from the Martian meteorite Shergotty. Amer Mineral 87:1018–1023

El Goresy A, Dera P, Sharp TG et al (2008) Seifertite, a dense orthorhombic polymorph of silica from the Martian meteorites Shergotty and Zagami. Eur J Mineral 20:523–528

Flörke OW, Jones JB, Segnit ER (1973) The genesis of hyalite. Neues Jahrb Mineral Monatsh 1973:82–89

Flörke OW, Flörke U, Giese U (1984) Moganite – a new microcrystalline silica mineral. Neues Jahrb Mineral Abhandl 149:325–336

Flörke OW, Graetsch H, Martin B, Röller K, Wirth R (1991) Nomenclature of micro- and non-crystalline silica minerals based on structure and microstructure. Neues Jahrb Miner Abhandl 63:19–42

Friedländer C (1951) Untersuchungen über die Eignung alpiner Quarze für piezoelekttrische Zwecke. Beitr Geol Schweiz, Geotech Ser, Lieferung 29

Frondel C (1962) Silica minerals, Bd III, The system of mineralogy. Wiley, New York

Gansser A (1963) Quarzkristalle aus den kolumbianischen Anden (Südamerika). Schweiz Mineral-Petrogr Mitt 91:91–107

Götze J, Möckel R (Hrsg) (2012) Quartz: deposits, mineralogy and analytics. Springer, Berlin

Graetsch H (1994) Structural characteristics of opaline and microcrystalline silica minerals. Rev Mineral 29:209–232

Griffen DT (1992) Silicate crystal chemistry. Oxford University Press, Oxford

Grocholski B, Shim SH, Prakapenka VB (2013) Stability, metastability and elastic properties of a dense silicate polymorph, seifertite. J Geophy Res 118:4745–4757

Guzzo PL, Iwasaki F, Iwasaki H (1997) Al-related centers in relation to γ-irradiation – response in natural quartz. Phys Chem Minerals 24:254–263

Hassan IG, Grundy HD (1989) The structure of Nosean, ideally $Na_8[Al_6Si_6O_{24}]SO_4·H_2O$. Canad Mineral 27:165–172

Heaney PJ, Veblen DR (1991) Observations of the α–β transition in quartz: a review of imaging and diffraction studies and some new results. Amer Mineral 76:1018–1032

Henn U, Schultz-Güttler R (2012) Review of some current coloured quartz varieties. J Gemmol 33:29–43

Huttenlocher H (1942) Beiträge zur Petrographie des Gesteinszuges Ivrea-Verbano. I. Allgemeines. Die gabbroiden Gesteine von Anzola. Schweiz Mineral-Petrogr Mitt 22:326–366

Jin S, Xu H (2017) Study on structure variation of incommensurately modulated labradorite feldspars with different cooling histories. Amer Mineral 102:1328–1339

Jung L (1992) High purity natural quartz. Quartz Technology Inc., Liberty Corner

King BC, Blackburn WH, Dennen WH (1987) Inferences drawn from clear and smoky quartz in granitic rocks. Neues Jahrb Mineral Abhandl 156:325–341

Kroll H (1983) Lattice parameters and determinative methods for plagioclase and ternary feldspars. Rev Mineral 2:101–119

Kroll H, Bambauer HU (1981) Diffusive and displacive transformation in plagioclase and ternary feldspar series. Amer Mineral 66:763–769

Kroll H, Ribbe PH (1983) Lattice paramters, compositionand Al,Si order in alkali feldspars. In: Ribbe PH (Hrsg.) Feldspar Mineralogy. Rev Mineral 2:101–119

Kroll H, Ribbe PH (1987) Determing (Al, Si) distribution and strain in alkali feldspars using lattice parameters and diffraction-peak positions: a review. Amer Mineral 72:491–505

Kroll H, Bambauer HU, Schirmer U (1980) The high albite–monalbite and analbite–monalbite transitions. Amer Mineral 65:1192–1211

Kroll H, Krause C, Voll G (1991) Disordering, reordering and unmixing in alkalifeldspars from contact-metamorphosed quartzites.

In: Voll G, Töpel J, Pattison DRM, Seifert F (Hrsg) Equilibrium and kinetics in contact metamorphism: the Ballachulish Igneous complex and its aureole. Springer, Heidelberg, S 267–296

Kroll H, Bambauer HU, Pentinghaus H (2020) Na-feldspar: temperature, pressure and the state of order. Eur J Mineral 32:427–441

Landmesser M (1988) Bau und Bildung der Achate. Lapis 13 9:11–28

Landmesser M (1994) Zur Entstehung von Kieselhölzern. extraLapis 7, Versteinertes Holz, ExtraLapis, München, S 49–79

Laves F (1960) Al/Si-Verteilungen, Phasen-Transformationen und Namen der Alkalifeldspäte. Z Krist 113:265–296

Lehmann G (1978) Farben von Mineralen und ihre Ursachen. Fortschr Mineral 56:172–252

Lehmann G, Bambauer HU (1973) Quarzkristalle und ihre Farben. Angew Chem 85:281–289

Lehmann G, Moore WJ (1966) Color center in amethyst quartz. Science 152:1061–1062

Loewenstein W (1954) The distribution of aluminium in the tetrahedra of silicates and aluminates. Amer Mineral 39:92–96

Machatschki F (1928) The structure and constitution of feldspars. Centralblatt für Mineralogie Abt. A:97–104

McConnell JDC (1971) Electron-optical study of phase transformations. Mineral Mag 38:1–20

McConnell JDC (2008) The origin and characteristics of the incommensurate structures in the plagioclase feldspars. Canad Mineral 46:1389–1400

Miehe G, Graetsch H (1992) Crystal structure of moganite: a new structure type for silica. Eur J Mineral 4:693–706

Morimoto N (Chairman) et al (1988) Nomenclature of pyroxenes. Commission on new minerals and mineral names, international mineralogical association. Am Mineral 73:1123–1133

Moxon T, Rios S (2004) Moganite and water content as a function of age in agate: an XRD and thermogravimetric study. Eur J Mineral 16:269–278

Parker RL, Bambauer HU (1975) Mineralienkunde: ein Leitpfaden für Sammler. Verlag Ott, Thun

Parsons I (2010) Feldspars defined and described: a pair of posters published by the mineralogical society. Sources and supporting information. Mineral Mag 74:529–551

Parsons I, Lee MR (2009) Mutual replacement reactions in alkali feldspars I: microtextures and mechanisms. Contrib Mineral Petrol 157:641–661

Poty B (1969) La croisance des cristeaux de quartz dans les filons sur l'example du filon de la Gardette (Bourg d'Oisances) et le filons du massif du Mont Blanc. Thèse Univ. Nancy. Sci de la Terre Mem 17, Nancy, France

Putnis A (2009) Mineral replacement reactions. Rev Mineral Geochem 70:87–124

Raz U, Girsperger S, Thompson AB (2003) Direct observations of a double phase transition during the low to high transformation in quartz single crystals to 700 °C and 0.6 GPa. Schweiz Mineral-Petrogr Mitt 83:173–182

Ribbe PH (1983a) The chemistry, structure and nomenclature of feldspars. Rev Mineral 2:1–20

Ribbe PH (1983b) Exsolution textures in ternary and plagioclase feldspars; interference colors. Rev Mineral 2:241–270

Rinne F, Kolb R (1910) Optisches zur Modifikationsänderung von α- in β-Quarz sowie von α- in β-Leucit. Neues Jahrb Mineral Geol Paläont II:138–158

Rossman GR (1994) Colored varieties of the silica minerals. Rev Mineral 29:433–467

Rykart R (1989) Quarz-Monographie. Ott, Thun

Schreyer W (1976) Hochdruckforschung in der modernen Gesteinskunde. Rhein Westf Akad, Westdeutscher Verlag, Opladen (Vorträge N259)

Schultz-Güttler R, Henn U, Milisenda CC (2008) Grüne Quarze – Farbursachen und Behandlung. Z Dt Gemmol Ges 57:61–72

Shannon RD (1976) Revised effective ionic radii and systematic studies of interatomic distances in halides and chalcogenides. Acta Crystallogr A 32:751–767

Smith JV, Brown WL (1988) Feldspar minerals, Bd 1, 2. Aufl. Springer, Berlin

Swamy V, Saxena SK, Sundmann B, Zhang J (1994) A thermodynamic assessment of silica phase diagram. J Geophys Res 99:11787–11794

Tajcmanova L, Abart R, Wirth R et al (2012) Intracrystalline microstructures in alkali feldspars from fluid-deficient felsic granulites: a mineral chemical and TEM study. Contrib Mineral Petrol 164:715–729

Taylor WH (1933) The structure of sanidine and and other feldspars. Z Krist 85:425–442

U.S. Geological Survey (2021)Mineral commodity summaries 2021: U.S. Geological Survey, S 200. ▶ https://doi.org/10.3133/mcs20201

von Steinwehr HE (1938) Umwandlung α-β-Quarz. Z Krist 99:292–313

Walger E, Mattheß G, von Seckendorff V, Liebau F (2009) The formation of agate structures: models for silica transport, agate layer accretion, and for flow patterns and flow regimes in infiltration channels. Neues Jahrb Mineral Abhandl 186:113–152

Weil MR (1931) Quelques observations concernant la structure du quartz. Compt Rend Inst d'optiques 1:2–11

Wenk E, Schwander H, Wenk H-R (1991) Microprobe analyses of plagioclase from metamorphic carbonate rocks of the Central Alps. Eur J Mineral 3:181–191

Wenk H-R (1979) An albite–anorthite assemblage in low-grade amphibolite facies rocks. Amer Mineral 64:1294–1299

Yagi T, Akimoto S (1976) Direct determination of coesite-stishovite transition by *in situ* X-ray measurements. Tectonophysics 35:259–270

Fluideinschlüsse in Mineralen

Inhaltsverzeichnis

© Springer-Verlag GmbH Deutschland, ein Teil von Springer Nature 2022
M. Okrusch und H. E. Frimmel, *Mineralogie*,
https://doi.org/10.1007/978-3-662-64064-7_12

■ **Einleitung**

Viele Mineralkörner beinhalten unzählige Einschlüsse von Flüssigkeiten und/oder Gasen (Fluideinschlüsse), deren Größe typischerweise im Bereich von einigen Mikrometern liegt. Sie werden beim Wachstum oder der Rekristallisation des Wirtsminerals oder im Zuge dessen späterer Deformation und Verheilung hermetisch eingeschlossen. Mikrothermometrische Messungen sowie die direkte Analyse mittels Laser- und Ramanstrahlen, Gaschromatographie und Massenspektrometrie ermöglichen es, Informationen über Druck, Temperatur, Dichte und Zusammensetzung des Fluids und somit über die äußeren Zustandsbedingungen – sei es bei der Bildung des Wirtsminerals oder seiner späteren Alterationsgeschichte – zu gewinnen. Seit Sorby (1858) den Begriff „*fluid inclusion*" eingeführt und auf seine Bedeutung für die Rekonstruktion der Temperatur früherer geologischer Ereignisse hingewiesen hat, konnte sich die Analyse von Fluideinschlüssen als wesentliche Methode in den Geowissenschaften fest etablieren. Dies ist ihrer großen Bedeutung bei der Charakterisierung von gesteins- oder lagerstättenbildender Fluide, insbesondere bei der Erforschung von (hydrothermalen) Erzlagerstätten sowie Erdöl- und Erdgasfeldern, aber auch in der Petrologie magmatischer, metamorpher und sedimentärer Gesteine und nicht zuletzt der Edelsteinkunde zu

verdanken. Für umfassende Darstellungen der theoretischen Grundlagen und praktischen Anwendungsmöglichkeiten der Fluideinschluss-Analyse sei der Leser auf Roedder (1984), Shepherd et al. (1985), Leeder et al. (1987), Goldstein und Reynolds (1994) und Samson et al. (2003) verwiesen.

■ **Grundlagen**

Fluideinschlüsse werden nach sichtbaren Kriterien wie Größe, Form und den bei Raumtemperatur anwesenden Phasen, insbesondere dem Verhältnis der flüssigen zur gasförmigen Phase, beschrieben. Das *Einschlussvolumen* beträgt normalerweise weniger als 1 Vol.-% des Wirtskristalls, selten bis zu 5 Vol.-%. Die *Form* der Fluideinschlüsse kann einer negativen Kristallform des Wirtskristalls entsprechen oder die Einschlüsse sind rund, oval oder unregelmäßig ausgebildet (◘ Abb. 12.1, 12.2). Somit können die gleichen texturellen Begriffe, wie idiomorph, hypidiomorph und xenomorph, auch für die Beschreibung von Fluideinschlüssen eingesetzt werden. Generell besteht mit steigender Bildungstemperatur eine Tendenz zu idiomorpher Ausbildung. Xenomorphe, also rundliche oder irregulär geformte Fluideinschlüsse sind deutlich häufiger, auch in hochtemperierten Gesteinen, woraus der Schluss gezogen werden kann, dass die meisten Fluideinschlüsse jünger als deren Wirtsminerale sind. Die *Einschlussfüllung* kann aus einer Flüssigkeit und/oder einer Gasblase

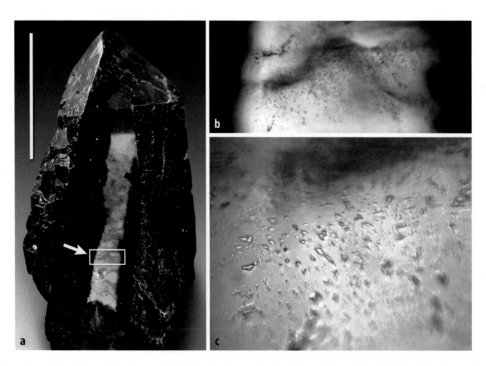

◘ **Abb. 12.1**   Rauchquarz-Kristall von Wettringen (Mittelfranken, Bayern) mit farbloser Zone, die zahlreiche Flüssigkeitseinschlüsse enthält. **a** Maßstab = 5 cm; **b** vergrößerter Ausschnitt, Bildbreite = 1,5 cm; **c** stark vergrößerter Ausschnitt, Bildbreite = 0,5 cm. (Sammlung K. Wiedmann, Crailsheim; Foto: K.-P. Kelber)

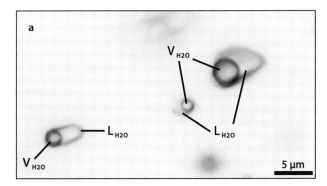

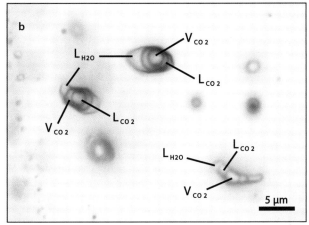

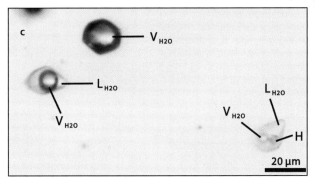

liche Silikate, Karbonate, Sulfide oder andere. Dabei kann es sich entweder um Kristalle handeln, die bei der Abkühlung aus einer übersättigten Lösung ausgefällt wurden, sogenannte *Tochterkristalle* (◻ Abb. 12.2c), oder um zufällig vorhandene *Festeinschlüsse,* an die sich das Fluid beim Wachstum des Wirtskristalls angelagert hat (◻ Abb. 12.3). Manche Festeinschlüsse können auch durch Reaktion des Fluids mit dem Wirtsmineral in situ gebildet worden sein. Folglich ist für die Rekonstruktion der thermodynamischen Eigenschaften des analysierten Fluids die korrekte Interpretation der festen Phase(n) in Fluideinschlüssen essentiell.

Neben wässerigen Lösungen sind auch CO_2 oder CO_2—H_2O-Mischungen häufig, untergeordnet können auch reine CH_4-Einschlüsse vorkommen. CO_2 und CH_4 können, je nach *P*- und *T*-Bedingungen, als Gas oder als Flüssigkeit eingeschlossen werden (◻ Abb. 12.2b). Des Weiteren können S-Spezies sowie N_2 anwesend sein, sodass sich der volatile Teil von Fluideinschlüssen allgemein durch das System C-O-H-S-N beschreiben lässt.

Einige sehr rasch abgekühlte Vulkanite und Gesteine des Erdmantels enthalten *Schmelz-* oder *Glaseinschlüsse,* die aus abgeschreckten Silikatschmelzen bestehen. Demgegenüber können Gesteine, die in Subduktionszonen unter eklogitfaziellen Bedingungen gebildet wurden (▸ Abschn. 28.3.9), *mehrphasige Festeinschlüsse* beinhalten. Man nimmt an, dass diese entweder auf

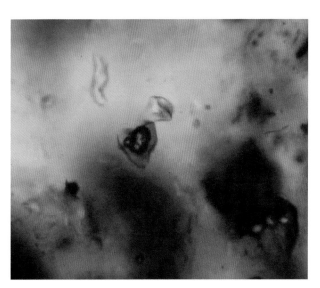

◻ **Abb. 12.2** Fluideinschlüsse in Quarz: **a** zweiphasige wässerige Einschlüsse mit flüssigem H_2O (L) und H_2O-Gasblase (V); **b** H_2O-CO_2-Einschlüsse mit flüssigem CO_2 (L_{CO2}) und gasförmigem CO_2 (V_{CO2}), beide von der Goldlagerstätte Hebaoshan in Südostchina (Fotos: Ying Ma); **c** hochsalinare wässerige Einschluss-Vergesellschaftung als Produkt von Phasenseparierung in gasreiche Einschlüsse (V) und solche mit vorwiegend flüssigem Anteil (L), letztere mit Tochterkristall (Halit, H) aus der porphyrischen Mo-Lagerstätte Chalukou in Nordostchina (Aus Xiong et al. 2015)

◻ **Abb. 12.3** Einschluss von Gold in sekundärem Überwachsungssaum von Quarz um ein detritisches Quarzkorn aus einem Quarz-Konglomerat des Witwatersrand, Südafrika; um den Goldeinschluss herum befindet sich ein wässeriger Fluideinschluss mit einer H_2O-reichen Gasblase. Gold ist hier zwar kein Tochterkristall, seine texturelle Beziehung zum Fluideinschluss ist jedoch Beleg dafür, dass es sich bei letzterem um einen primären Fluideinschluss handelt, dessen Zusammensetzung direkte Auskunft über das Gold-ausfällende Fluid gibt. Bildbreite = ca. 0.2 mm (Foto: Hartwig E. Frimmel)

bestehen, die sich in vielen Fällen durch Entmischung aus einem superkritischen Fluid bei der Abkühlung des Gesteins gebildet haben (◻ Abb. 12.2c). Die Flüssigkeit ist in den meisten Fällen eine wässerige Lösung, in der mehr oder weniger viele Salze gelöst sein können, meist Na-, K-, Ca-, Mg-, Fe-Chloride. Häufig enthalten diese Einschlüsse noch eine oder mehrere *feste Phase(n)* wie Halit, Sylvin und weitere Chloride sowie unterschied-

überkritische Fluide oder auf wässerige Silikatschmelzen zurückgehen, die durch Dehydration bzw. durch Aufschmelzen von subduzierter ozeanischer Kruste unter Bedingungen einer Ultrahochdruckmetamorphose gebildet wurden. Wie experimentelle Untersuchungen und Geländestudien zeigen, könnten mehrphasige Festeinschlüsse auch auf ehemalige Silikat-Karbonat-Schmelzen zurückzuführen sein (Klemd 2013).

■ **Unterschiedliche Generationen von Fluideinschlüssen**

Je nach Zeitpunkt der Bildung eines Fluideinschlusses können unterschiedliche, sich räumlich z. T. überlagernde Generationen solcher Einschlüsse in ein und derselben Probe vorkommen. Eine korrekte Interpretation der texturellen Beziehungen, konkret das Erkennen, ob ein gegebener Fluideinschluss gleich alt wie das Wirtskorn oder jünger ist, stellt den wichtigsten Arbeitsschritt jeglicher Fluideinschlussstudie dar. Ohne diese Kenntnis wären die aufwendigsten analytischen Methoden aussagelos. Das relative Alter eines gegebenen Einschlusses muss also bekannt sein, um aus dessen Studium sinnvolle Aussagen über die physikalisch-chemischen Bedingungen während eines bestimmten geologischen Ereignisses tätigen zu können. Grundsätzlich lassen sich drei Arten von Altersbeziehungen zwischen Wirtskorn und Fluideinschlüssen unterscheiden:

— *Primäre* Fluideinschlüsse entstehen während des Wachstums des jeweiligen Wirtsminerals und erscheinen häufig auf dessen Wachstumszonen (■ Abb. 12.4). Außerdem sind die Einschlüsse in vielen Fällen mit ihrer Längsachse parallel zu einer der kristallographischen Achsen des Wirtsminerals orientiert oder kommen als einzelne, relative große, isolierte Einschlüsse vor, manchmal um feste Mineraleinschlüsse (■ Abb. 12.3).

— *Sekundäre* Fluideinschlüsse bilden sich dagegen erst *nach* der Kristallisation des Wirtsminerals, typischerweise bei der Öffnung von Rissen im Wirtskorn, die dann mit Fluid gefüllt werden und anschließend wieder verheilen (■ Abb. 12.5). Sekundäre Fluideinschlüsse treten daher typischerweise als Ansammlung planar angeordneter Einschlüsse auf, die eventuelle Wachstumszonen des Wirtsminerals oder seine Korngrenzen kreuzen (■ Abb. 12.6).

— *Pseudosekundäre* Fluideinschlüsse werden während des Kristallwachstums eingeschlossen, zeigen jedoch Texturen, die typisch für sekundäre Fluideinschlüsse sind (■ Abb. 12.6). Allerdings kreuzen sie nicht die Korngrenzen ihrer Wirtskörner, wie das bei sekundären Einschlüssen üblicherweise der Fall ist. Flächenhafte Ansammlungen solcher Einschlüsse werden gerne von Wachstumszonen des Wirtsminerals begrenzt.

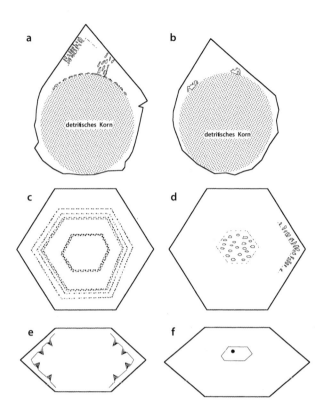

■ **Abb. 12.4** Skizzen von primären Fluideinschlüssen in Quarz: **a, b** Einschlüsse in authigenem oder postsedimentär-hydrothermalem Überwachsungssaum um detritisches Quarzkorn, **c – f** Einschlüsse in authigen oder hydrothermal gebildeten Quarzkristallen, entweder entlang von Wachstumszonen (**c, d**), in Einkerbungen, die durch teilweise Auflösung während der Wachstumsgeschichte gebildet wurden (**e**) oder als isolierter Einschluss (**f**); aus Goldstein und Reynolds (1994)

Ziel der petrographischen Beschreibung von Fluideinschlüssen ist, all die Gruppierungen von Fluideinschlüssen zu differenzieren, die einem bestimmten geologischen Ereignis zugeordnet werden können. Solche Gruppierungen werden auch als Fluideinschluss-Vergesellschaftungen (engl. *„fluid inclusion association"*, FIA) bezeichnet. Alle Einschlüsse einer FIA sollten folglich von einem chemisch homogenen Fluid abstammen und bei gleichen Druck-Temperatur-Bedingungen zur gleichen Zeit in das Wirtsmineral eingebaut worden sein (Bodnar 2003). Häufig lassen sich unterschiedliche Fluidgenerationen an FIAs daran erkennen, dass sie höchst unterschiedliche Gas/Flüssigkeitsverhältnisse aufweisen, zum einen ohne, zum anderen mit Tochterkristallen aufscheinen oder einfach unterschiedliche Formen aufweisen (idiomorph versus xenomorph). Es kann jedoch auch vorkommen, dass gasreiche Einschlüsse neben flüssigen Einschlüssen mit nur kleiner Gasblase nebeneinander in derselben verheilten Bruchzone auftreten (■ Abb. 12.7). Wenn die Phasenverhältnisse in diesen Einschlüssen jeweils gleich sind,

12

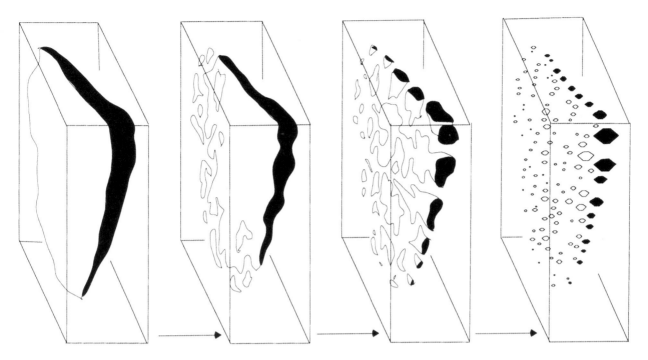

Abb. 12.5 Schematische Darstellung unterschiedlicher Stadien der Verheilung eines Risses in einem Mineralkorn und Bildung von mehr oder minder planar angeordneten sekundären Flüssigkeitseinschlüssen. (Aus Goldstein und Reynolds 1994)

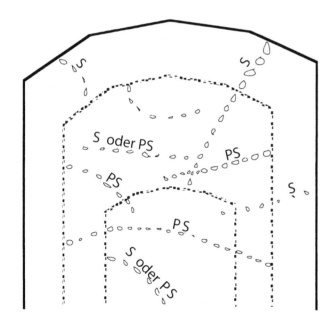

Abb. 12.6 Skizze von sekundären (S) und pseudosekundären (PS) Fluideinschlüssen; alle folgen linearen Anordnungen, da sie entlang verheilter Mikrorisse gebildete wurden. Sekundäre Einschlüsse entstanden nach, pseudosekundäre hingegen vor Abschluss des Kristallwachstums. (Aus Goldstein und Reynolds 1994)

kann dies als Indiz für deren kogenetische Beziehung sein, d. h. die Einschlüsse bildeten sich im *P-T*-Bereich, in dem sowohl Gas- als auch flüssige Phase miteinander koexistierten.

Die korrekte Interpretation der relativen Altersbeziehungen zwischen den oft Hunderten von Fluideinschlüssen in einem gegebenen Wirtsmineral kann nicht genug betont werden, ist aber oft nicht trivial. ◘ Abb. 12.8 möge als Beispiel dienen dafür, wie detailliertes petrographisches Studium einzelner FIAs zu einer sinnhaften Interpretation von Fluideinschluss-Analysen und deren geologischer Deutung führen kann.

Als Wirt von Fluideinschlüssen kommt theoretisch jedes Mineral infrage. Allerdings ist das Potential, solche Einschlüsse über geologische Zeiträume zu erhalten, in den einzelnen Mineralarten höchst unterschiedlich. Im Lauf der geologischen Geschichte kann es zu erheblichen Unterschieden kommen zwischen Umgebungsdruck, der auf das Wirtsmineral wirkt, und dem Druck, der auf einen Fluideinschluss wirkt. Manche Minerale können einem solchen Druckunterschied leichter standhalten als andere. Insbesondere harte Minerale ohne stark ausgeprägte Spaltbarkeit sind hierfür geeignet. Es erscheint also nicht überraschend, dass Quarz das wohl mit Abstand am häufigsten studierte Wirtsmineral ist. Fluideinschlüsse wurden aber auch in einer Reihe von anderen Mineralen wie Fluorit, Granat, Kyanit, Pyroxen, Karbonaten, Turmalin oder Apatit untersucht. All diesen Mineralen ist gemeinsam, dass sie bei entsprechend geringer Dicke transparent sind, was eine Voraussetzung für das Studium von Fluideinschlüssen unter dem Durchlichtmikroskop ist. Aber auch opake Phasen, insbesondere viele Erzminerale, können Fluideinschlüsse beinhalten. Diese kön-

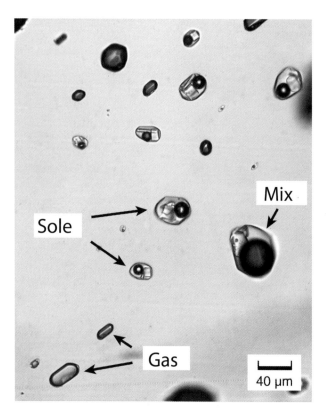

○ Abb. 12.7 Einschlüsse von Gas, salzreicher Flüssigkeit (Sole), fester Tochterkristalle und Gas-Sole-Kombination entlang ein und derselben verheilten Bruchzone in Quarz vom Stronghold-Granit in Arizona weisen darauf hin, dass die beiden Fluidtypen gleichzeitig eingeschlossen wurden. (Aus Audétat et al. 2008)

nen mit Infrarotlicht untersucht werden (Casanova et al. 2018; Peng et al. 2020). Im Falle von kohlenwasserstoffreichen Fluideinschlüssen kommt auch blau-violettes sowie ultraviolettes Licht im Auflichtmikroskop zum Einsatz, da aromatisierte Kohlenwasserstoffverbindungen im UV-Licht fluoreszieren.

■ **Mikrothermometrische Untersuchungen**

Nach eingehender Untersuchung der texturellen Beziehungen und somit des relativen Alters der zu analysierenden Fluideinschlüsse bildet die mikrothermometrische Untersuchung üblicherweise den nächsten Schritt im Studium solcher Einschlüsse. Dafür kommen meist kommerzielle Heiz-Kühltisch-Systeme zum Einsatz, die einen Temperaturbereich von –196 bis + 600 °C abdecken. Das untere Limit ist durch den Siedepunkt von Stickstoff gegeben, der als Kühlmittel dient, das obere durch die Temperaturbeständigkeit von Quarzglas, das üblicherweise die Probenkammer umschließt. Als Probenmaterial werden doppelseitig polierte Gesteinsdickschliffe (80–150 μm dick) herangezogen. Für die Analyse eines bestimmten Fluideinschlusses wird die Probe abgekühlt und dann langsam erwärmt, wobei die Temperaturen jeglicher Phasenänderungen während des Aufwärmvorgangs dokumentiert werden. Aus diesen Daten lassen sich aus experimentell bestimmten Beziehungen zwischen Druck, Volumen, Temperatur und Zusammensetzung Rückschlüsse auf die Dichte des Einschlusses ziehen, die eine Funktion von Druck, Temperatur und Zusammensetzung (wie Anwesenheit von CO_2, CH_4, Salinität der wässerigen Komponente, dominierende Salzart) ist. Dies ist allerdings nur dann möglich, wenn folgende Voraussetzungen erfüllt sind:

1. Das Fluid muss zum Zeitpunkt der Einschlussbildung homogen gewesen sein.
2. Die Fluideinschlüsse müssen während der weiteren geologischen Entwicklung des Wirtsminerals ein thermodynamisch geschlossenes System gebildet haben.
3. Das Volumen des Fluideinschlusses muss seit seiner Bildung konstant geblieben sein.

Diese Voraussetzungen, insbesondere (2) und (3), können bei einer Reihe geologischer Prozesse (weitestgehend) erfüllt sein, so z. B. bei der Bildung hydrothermaler Erzlagerstätten oder Erdöllagerstätten, der Diagenese von Sedimenten sowie magmatischen und niedrig- bis mittelgradigen metamorphen Prozessen. Bei intensiverer thermischer als auch tektonischer Beanspruchung, wie es bei hochgradiger Regionalmetamorphose zu erwarten ist, öffnen sich primäre Fluideinschlüsse, tauschen mit ihrer Umgebung aus, verändern ihre Dichte und Zusammensetzung und werden bei späterer Verheilung und Rekristallisation vielleicht wieder eingeschlossen, aber mit verändertem Chemismus. So kann es bei der retrograden Überprägung hochgradig metamorpher Gesteine zu einer Reäquilibrierung kommen, also zu einer Anpassung der Fluideinschlüsse an Bedingungen, die wesentlich von denen des Metamorphosehöhepunktes abweichen. In solchen Situationen können Fluideinschluss-Studien natürlich nicht zur Rekonstruktion der Metamorphosebedingungen herangezogen werden.

Sind obige Voraussetzungen erfüllt, lässt sich mit mikrothermometrischen Messungen die Zusammensetzung abschätzen und damit die Dichte eines gegebenen Einschlusses bestimmen. Hierzu stellt man die *Homogenisierungstemperatur* (T_h) fest. Liegt der Einschluss als wässerige Lösung vor, und hat er sich bei *P-T*-Bedingungen gebildet, die über dem kritischen Punkt liegen, so weist er bei Raumtemperatur zwei Phasen auf: eine flüssige und eine gasförmige. Während der Aufheizung werden diese beiden Phasen bei T_h zu einer fluiden Phase homogenisieren (○ Abb. 12.9). Diese Phase kann entweder nur flüssig oder nur gasförmig sein, je nach der Dichte des Fluids. Aus T_h lässt sich also ein Dichtewert ableiten und somit eine *Isochore,* eine Linie gleicher Dichte, in einem *P-T*-Diagramm. Blieb das Volumen des Fluideinschlusses konstant (Vorausset-

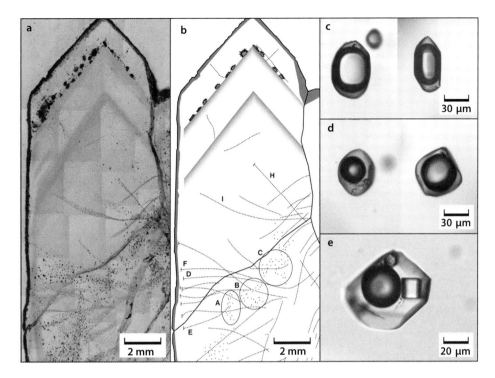

Abb. 12.8 Petrographische Beziehungen von Fluideinschlüssen in einem Quarzkristall vom Mole-Granit in Australien: **a** doppelt polierter Dickschliff, entlang der c-Achse geschnitten, **b** interpretative Skizze, die die relativen Altersbeziehungen der Fluideinschlüsse zeigt: Domänen mit unregelmäßig verteilten Einschlüssen (A,B,C) im Kernbereich stehen solchen entlang gut definierter verheilter Mikrorisse gegenüber. Manche der letzteren enden abrupt an Wachstumsgrenzen, was sie als pseudosekundär ausweist; **c** gasreiche Einschlüsse aus dem Kernbereich (homogenisieren bei ca. 420°C zur Gasphase, haben also eine sehr niedrige Dichte); **d** koexistierende Einschlüsse einer salzreichen, übersättigten wässerigen Lösung (links) und eines gasreichen Einschlusses (rechts) aus der pseudosekundären FIA entlang D; **e** Einschluss einer Sole mit Halit-Tochterkristall (Salinität von 30,9 Gew.% NaCl$_{\text{Äquivalent}}$ aus FIA entlang F, vermutlich etwas jünger als FIA entlang D, da diese FIA näher am Rande des Kristalls enden. (Aus Audétat et al. 2008)

Abb. 12.9 Durchlichtmikroskopische Aufnahmen eines großen wässerigen Fluideinschlusses in Fluorit bei unterschiedlichen Temperaturen; Gas- und flüssige Phase homogenisieren zu flüssiger Phase bei 149,3°C. Beim Abkühlen taucht die Gasblase erst bei 135°C wieder auf. (Aus Goldstein und Reynolds 1994)

zung 3), so müssen die P-T-Bedingungen im Einschluss vom Zeitpunkt seiner Bildung entlang einer solchen Isochore gefolgt sein (Abb. 12.10). Diese Bedingungen können erheblich von denen des festen Gesteinsrahmens abweichen. Im Labor wird dieser Prozess umgekehrt. Unterhalb des kritischen Punktes verlaufen die Isochoren als gerade Linien, entweder steil (bei höheren Drücken) oder sehr flach (bei niedrigen Drücken). In ersterem Fall können sie als Geothermometer herangezogen werden, in letzterem als Geobaro-meter (Abb. 12.10). Ersterer Fall ist gegeben, wenn beim Aufheizen die Gasblase immer kleiner wird, bis es schließlich zur Homogenisierung zur flüssige Phase kommt (Einschluss A, Abb. 12.9), Letzterer bei Homogenisierung zur Gasphase, nachdem sie vorher immer größer geworden ist (Einschluss B). Bei gewissenhafter Analyse von Flüssigkeitseinschlüsen in klar definierten FIAs lässt sich T_h für die meisten geologischen Prozesse auf besser als 15°C, in vielen Fällen sogar auf < 2°C eingrenzen (Fall und Bodnar 2018). Die

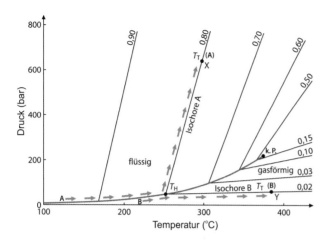

◘ Abb. 12.10 P–T-Diagramm mit Isochoren für reines H_2O; Pfeile markieren das Verhalten von zwei verschiedenen Einschlüssen A und B mit unterschiedlicher Dichte während des Aufheizens mit dem Heiz-Kühl-Tisch. Obwohl die Einschlüsse dieselbe Homogenisierungstemperatur (T_H) besitzen, ergeben sich aus den unterschiedlichen Dichten unterschiedliche Bildungstemperaturen (T_T) und die Homogenisierung findet entweder in die flüssige (A) oder in die gasförmige Phase (B) statt. Die Dichten entlang der Isochoren (schwarze Linien) sind in $g\,cm^{-3}$ angegeben; die Dampfdruckkurve (blau) endet am kritischen Punkt (k. P.). (Modifiziert nach Shepherd et al. 1985)

jeweiligen Temperaturen von Phasenänderungen sollten immer beim Aufwärmen gemessen werden, denn Nukleation neuer Phasen bei der Abkühlung findet stets aus kinetischen Gründen unterhalb der thermodynamischen Gleichgewichtstemperatur statt, wie am Beispiel in ◘ Abb. 12.9 erkennbar.

Die gemessene T_h entspricht allerdings nur dann der tatsächlichen Bildungstemperatur des Einschlusses, wenn zum Zeitpunkt der Einschlussbildung der hydrostatische Druck gleich dem Gleichgewichtsdampfdruck war. Diese Situation ist in der Natur aber nur sehr selten realisiert. Fluideinschlüsse, die sich in tieferen Teilen der Erdkruste gebildet haben, folgten bei der Heraushebung und dem damit einhergehenden Druckabfall ihrer jeweiligen Isochore bis zur Gleichgewichtskurve von flüssiger und gasförmiger Phase. Die wahre Bildungstemperatur eines solchen Fluideinschlusses ergibt sich folglich, indem man über T_h den Schnittpunkt der Isochore mit dieser Gleichgewichtskurve bestimmt und dann der Isochore bis zu einem angenommenen Druck folgt. In analoger Weise kann der Bildungsdruck abgeschätzt werden, wenn T_h sich auf die Homogenisierung zur gasförmigen Phase bezieht, da die entsprechende vom Schnittpunkt mit der Siedekurve ausgehende Isochore relativ flach verläuft und bereits mit einer nur sehr groben Temperaturannahme der Bildungsdruck im Phasendiagramm (◘ Abb. 12.10) abgelesen werden kann.

Noch bessere Eingrenzung der Bildungsbedingungen lassen sich erzielen, wenn das Wirtsmineral zur gleichen Zeit chemisch *unterschiedliche* Fluide einge-

schlossen hat, in den meisten Fällen wässerige und CO_2-reiche. Da die Isochoren von H_2O und die von CO_2 unterschiedliche Steigungen im P-T-Feld aufweisen, müssen sie sich schneiden. Wurden die jeweiligen Dichten und somit Isochoren bestimmt, ergeben sich aus dem Schnittpunkt dieser Isochoren die P-T-Bedingungen zum Zeitpunkt der Bildung des Fluideinschlusses.

Die Zusammensetzung der Fluideinschlüsse kann bei der mikrothermometrischen Untersuchung mittels *kryometrischer Messungen* zwar nicht quantifiziert, aber zumindest abgeschätzt werden. So liegt der Gefrierpunkt von reinem H_2O bei 0°C. In der Natur vorkommende H_2O-reiche Flüssigkeiten enthalten typischerweise eine bestimmte, wenngleich in unterschiedlichen geologischen Milieus höchst variable Menge an gelösten Salzen. Je höher der Salzgehalt, desto niedriger ist der Gefrierpunkt, ein Umstand, den sich Straßenmeistereien im Winter zunutze machen, wenn sie die Eisschicht auf gefrorenen Straßenbelägen mit Salzstreuung bekämpfen. Im Labor wird bei der langsamen Aufwärmung einer stark unterkühlten Probe die Temperatur bestimmt, bei welcher der letzte Rest von Eis im Einschluss schmilzt, die *finale Schmelztemperatur* (T_m). Die so ermittelte Gefrierpunktserniedrigung entspricht dem in der Flüssigkeit gelösten Salzanteil. Da T_m aber nur den gesamten Salzgehalt, nicht aber die Salzspezies widerspiegelt, wird die so ermittelte Konzentration oder Salinität der Lösung in Gew.-% $NaCl_{Äquivalent}$ angegeben.

Eine weitere diagnostische Temperatur ist die, bei der der völlig gefrorene Einschluss das erste Anzeichen von Aufschmelzen zeigt, die sogenannte initiale Schmelztemperatur, üblicherweise mit T_e (für eutektische Temperatur) abgekürzt. Sie erlaubt eine Abschätzung der dominierenden chemischen Spezies im Fluid. So liegt z. B. T_e einer reinen NaCl-Lösung im binären System NaCl–H_2O bei $-21{,}2$°C (◘ Abb. 12.11, 12.12), im System KCl–H_2O bei $-10{,}7$°C, im System $MgCl_2$–H_2O bei $-33{,}6$°C, im System $CaCl_2$–H_2O bei $-49{,}8$°C und im System LiCl–H_2O bei $-74{,}8$°C. Komplexere Systeme haben niedrigere T_e, z. B. NaCl–$CaCl_2$–H_2O bei -52°C, NaCl–$MgCl_2$–H_2O bei -35°C, NaCl–KCl–H_2O bei $-22{,}9$°C, und NaCl–$CaCl_2$–$MgCl_2$–H_2O bei -57°C (Davies et al. 1990; Goldstein und Reynolds 1994). In der Praxis wird häufig eine Temperatur T_e bestimmt, die niedriger und durch metastabile Eutektika von Salzhydraten zu erklären ist (z. B. Davies et al. 1990). Während die thermodynamischen Zustandsgleichungen für die obigen Systeme gut bestimmt sind, bleiben sie für komplexere Vier- und Mehrkomponentensysteme vage und empirische Befunde müssen herangezogen werden.

Auch bei nicht wässerigen Fluideinschlüssen hilft der Gefrierpunkt, d. h. der Tripelpunkt, an dem feste, flüssige und gasförmige Phasen derselben chemischen

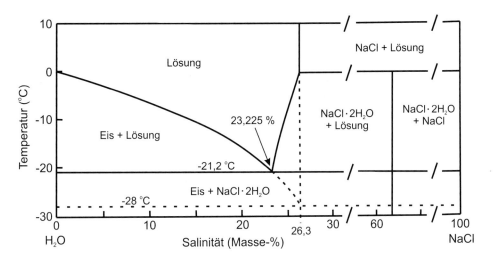

Abb. 12.11 Phasendiagramm für NaCl–H$_2$O, mit Stabilitätsfeldern in Abhängigkeit von Temperatur und Salinität; gestrichelte Linie zeigt das metastabile Eutektikum des Salzhydrats NaCl·2H$_2$O

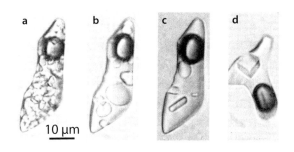

Abb. 12.12 Durchlichtmikroskopische Aufnahmen eines synthetischen H$_2$O–NaCl-Einschlusses in Quarz; die dunkel erscheinende Gasblase ist Wasserdampf: **a** Einschluss mit eutektischer Zusammensetzung nahe T_e zeigt große rundliche Eiskristalle und kleine, helle Hydrohalitkristalle; **b** derselbe Einschluss nach einigen Runden kurzen Aufwärmens und Abkühlens zeigt größere Hydrohalitkristalle mit Kristallflächen und höherem Relief als die rundlichen Eiskristalle; **c** derselbe Einschluss mit einem rundlichen Eiskristall und drei idiomorphen Hydrohalitkristallen; **d** Halitkristall in Soleeinschluss bei 20 °C: da der Brechungsindex von Halit und Quarz beinahe identisch ist, kann kaum ein Reliefunterschied zwischen Halit und Quarz erkannt werden. (Aus Goldstein und Reynolds 1994)

Spezies miteinander koexistieren, um der Identität der chemischen Spezies auf die Spur zu kommen. So liegt der Gefrierpunkt von reinem CO$_2$ bei $-56{,}6$ °C, der von CH$_4$ bei $-82{,}1$ °C, jener von N$_2$ bei $-209{,}6$ °C. Mit der kryometrischen Analyse können also die Hauptbestandteile eines Fluideinschlusses erkannt werden.

- **Quantitative in-situ-Analyse der Fluidzusammensetzung**

Neben der herkömmlichen mikrothermometrischen Analyse von Fluideinschlüssen gewannen *in-situ*-Methoden zur direkten Analyse einzelner Fluideinschlüsse

in den letzten beiden Jahrzehnten enorm an Bedeutung. Hierfür werden technisch teils sehr aufwendige Methoden wie Ultramikroanalyse, Lasermikroanalyse oder Raman-Spektroskopie eingesetzt. Die so gewonnenen Daten liefern oft entscheidende Informationen zu Prozessen, die zur Bildung von Lagerstätten im Speziellen oder aber auch von magmatischen Provinzen im Allgemeinen geführt haben und führen.

Viele Gase oder Flüssigkeiten wie H$_2$O, CO$_2$, CH$_4$, N$_2$ usw. können in Fluideinschlüssen mit der *Raman-Spektroskopie* bestimmt werden (Frezzotti et al. 2012). Diese nicht zerstörende Methode beruht auf der unelastischen Streuung monochromatischen Lichtes durch feste, flüssige und gasförmige Materie. Die gängigen, für Fluideinschluss-Untersuchungen verwendeten Geräte bestehen hauptsächlich aus einem stark fokusierten Laser als monochromatische Lichtquelle und einem Detektor, der das gesamte Raman-Spektrum analysiert, das neben der eingestrahlten Frequenz noch weitere Frequenzen enthält. Hervorragende räumliche und spektrale Auflösung von etwa 1 μm bzw. < 1 cm^{-1} ermöglicht die quantitative Analyse von Raman-Spektren und damit die Bestimmung von CO$_2$-, CH$_4$-, N$_2$-, aber auch SO$_4^{2-}$-Gehalten in Fluideinschlüssen (Bodnar und Frezzotti 2020). Schwieriger ist die Analyse von gashaltigen wässerigen Einschlüssen. Dennoch gelang es z. B. mit Raman-Spektroskopie, wässerige Lösung in Fluideinschlüssen in einem Meteorit zu analysieren und damit den Nachweis für Wasser in Planeten außerhalb der Erde in der frühen Geschichte unseres Sonnensystems zu liefern (Zolensky et al. 1999).

Darüber hinaus lassen sich die Gehalte an chemischen Elementen, die in den Fluiden eines einzelnen Fluideinschlusses gelöst sind, und in günstigen Fällen sogar Isotopenverhältnisse, durch *Laserablation mit induktiv gekoppelter Plasma-Massenspektrometrie* (LA-ICP-MS) analysieren (■ Abb. 12.13). Diese mikroana-

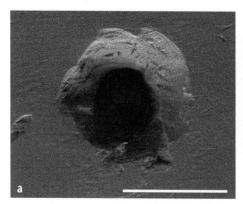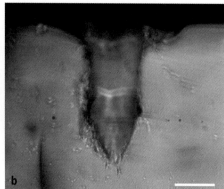

☐ **Abb. 12.13**   **a** Ablationskrater eines Fluideinschlusses in Quarz durch einen LUV-266-nm-Laser von oben und **b** von der Seite; Maßstab 10 μm (modifiziert nach Graupner et al. 2005).

lytische Methode erlaubt die quantitative *in-situ*-Einzelanalytik von zahlreichen chemischen Elementen, vor allem in wässerigen Fluideinschlüssen in Quarz, so z. B. der Metalle Fe, As, Sn, Mo, U, W, Mn, Cu, Ni, Zn, Co, Cr und Pb. Die besten Resultate wurden bisher mit einem 193 nm Excimer-Laser-System erzielt, da Lasersysteme mit einer Wellenlänge > 250 nm die Ablation von farblosen Mineralen wie Quarz nur unzureichend kontrollieren können (Graupner et al. 2005). Als angekoppelte ICP-Massenspektrometer werden Quadrupol, Flugzeit- oder magnetische Sektorfeld-Spektrometer erfolgreich eingesetzt. Die Messgenauigkeit für einzelne Elementkonzentrationen liegt bei etwa 20 % (relativ). Für weitere analytische und methodische Details siehe Sylvester (2008) und Klemd und Brätz (2016).

Die mittels LA-ICP-MS gewonnenen Daten zur chemischen und isotopischen Zusammensetzung von Fluideinschlüssen haben in den vergangenen zwei Jahrzehnten zu fundamentalem Fortschritt in unserem Verständnis insbesondere von erzbildenden Prozessen geführt (Pettke et al. 2012; Wagner et al. 2016). Sie ermöglichten die Unterscheidung verschiedener magmatisch-hydrothermaler Fluidsysteme. Der Metallgehalt in den untersuchten Fluideinschlüssen korreliert in vielen Fällen mit der Metallverteilung in den Erzen, aber auch mit jener in koexistierenden Schmelzeinschlüssen (Audétat et al. 2008; Audétat 2019). Folglich bieten sich entsprechende Untersuchungen von Fluideinschlüssen auch als Explorationshilfe an. Direkte Bestimmung bestimmter Isotopenverhältnisse wie z. B. die von Pb (siehe ▶ Abschn. 33.5) in Fluideinschlüssen mittels LA-ICP-MS helfen in der Rekonstruktion der Quelle von Metallen in Erzfluiden, wie etwa in porphyrischen Cu-(Au-, Mo-)-Lagerstätten (Pettke et al. 2010).

Weitere Methoden schließen die nicht zerstörende Fourier-Transform-Infrarot-Spektroskopie (FTIR) zur Bestimmung der Gehalte von H_2O, OH, CO_2 u. a. ein, ferner destruktive Methoden, wie EPMA oder SIMS zur Analyse von Tochterkristallen, festen Einschlüssen sowie der Fluidchemie im gefrorenen Zustand. Eine weitere destruktive Methode ist die Gas- und Ionenchromatographie von Fluideinschlüssen, die durch Zerreiben von Wirtskristallen freigesetzt werden. Sie ist zwar nur bei solchen Proben aussagekräftig, in denen möglichst nur eine Generation von Einschlüssen vorkommt, kann aber für bestimmte Fragestellungen sehr hilfreich sein. So lässt sich über derart ermittelte Verhältnisse von Chlor, Brom und Jod die Herkunft der Salinität in einer gegebenen Fluidpopulation ableiten. Zahlreiche Analysen dieser Art bewiesen beispielsweise, dass die für Pb–Zn-Vererzungen des Mississippi-Valley-Typs (siehe ▶ Abschn. 23.6.2) und viele Erdöl- und Erdgasfelder verantwortlichen Solen ihre hohe Salinität verdunstetem Meerwasser verdanken (Kendrick et al. 2002).

Durch thermische Dekrepitation unter Vakuumbedingungen freigesetzte Fluideinschlüsse können auch auf eine Reihe stabiler Isotopenverhältnisse massenspektrometrisch untersucht werden. Routinemäßig werden so H-, C- und O-Isotopenverhältnisse bestimmt, aber auch solche von Edelgasen (He, Ar, Kr, Xe). Erstere erlauben, bei Kenntnis der Bildungstemperatur (die aus oben beschriebenen mikrothermometrischen Analysen gewonnen werden kann), Aussagen über den genetischen Typ des Fluids (z. B. meteorisch, magmatisch, metamorph) zu treffen, während Edelgas-Isotopendaten besonders hilfreich sind, um unterschiedliche krustale Fluide und solche aus dem Erdmantel voneinander zu unterscheiden (z. B. Graupner et al. 2006; Hu et al. 2012; Kendrick und Burnard 2013).

12

Literatur

Audétat A (2019) The metal content of magmatic-hydrothermal fluids and its relationship to mineralization potential. Econ Geol 114:1033–1056

Audétat A, Pettke T, Heinrich CA, Bodnar RJ (2008) The composition of magmatic-hydrothermal fluids in barren and mineralized intrusions. Econ Geol 103:877–908

Bodnar RJ (2003) Reequilibration of fluid inclusions. Fluid inclusions: Analysis and Interpretation. Mineral. Assoc. Canada Short Course Series 32:213–230

Bodnar RJ, Frezzotti ML (2020) Microscale chemistry: Raman analysis of fluid and melt inclusions. Elements 16:93–98

Casanova V, Kouzmanov K, Audetat A, Wälle M, Ubrig N, Ortelli M, Fontbote L (2018) Fluid inclusion studies in opaque ore minerals: II. A comparative study of syngenetic synthetic fluid inclusions hosted in quartz and opaque minerals. Econ Geol 113:1861–1883

Davies DW, Lowenstein TK, Spencer RJ (1990) Melting behavior of fluid inclusions in laboratory-grown halite crystals in the systems NaCl-H_2O, NaCl-KCl-H_2O, NaCl-$MgCl_2$-H_2O, and NaCl-$CaCl_2$-H_2O. Geochim Cosmochim Acta 54:591–601

Fall A, Bodnar RJ (2018) How precisely can the temperature of a fluid event be constrained using fluid inclusions. Econ Geol 113:1817–1843

Frezzotti ML, Tecce F, Casagli A (2012) Ramanspectroscopy for fluid inclusion analysis. J Geochem Explor 112:1–20

Goldstein RH, Reynolds TJ (1994) Systematics of fluid inclusions in diagenetic minerals. Society for Sedimentary Geology, SEPM Short course 31, Tulsa

Graupner T, Brätz H, Klemd R (2005) LA-ICP-MS microanalysis of fluid inclusions in quartz using a commercial Merchantek 266 nm Nd:YAG laser: A pilot study. Eur J Mineral 17:93–103

Graupner T, Niedermann S, Klemp U, Bechtel A (2006) Origin of ore fluids in the Muruntau gold system: Constraints from noble gas, carbon isotope and halogen data. Geochim Cosmochim Acta 70:5356–5370

Hu RZ, Bi XW, Jiang GH, Chen HW, Peng JT, Qi YQ, Wu LY, Wei WF (2012) Mantle-derived noble gases in ore-forming fluids of the granite-related Yaogangxian tungsten deposit. Southeastern China: Mineral Deposita 47:623–632

Kendrick MA, Burgess R, Leach D, Pattrick RAD (2002) Hydrothermal fluid origins in Mississippi Valley-type ore districts: Combined noble gas (He, Ar, Kr) and halogen (Cl, Br, I) analysis of fluid inclusions from the Illinois-Kentucky fluorspar district, Viburnum Trend, and Tri-State districts, midcontinent United States. Econ Geol 97:453–469

Kendrick MA, Burnard P (2013) Noble gases and halogens in fluid inclusions: A journey through the Earth's crust. In: Burnard P (Hrsg) The Noble Gases as Geochemical Tracers. Springer, Heidelberg, S 319–369

Klemd R (2013) Metasomatism during high-pressure metamorphism: Eclogites and blueschist-facies rocks. In: Harlov DE, Austrheim H (Hrsg) Metasomatism and the Chemical Transformation of Rocks. Springer-Verlag, Heidelberg, S 351–413

Klemd R, Brätz H (2016) Laser ablation ICP-MS. In: Becker M, Bradshaw D, Wightman E, et al. (Hrsg) JKMRC Process Mineralogy Monograph, Chapter 11, The Universiy of Queensland, Australia

Leeder O, Thomas R, Klemm W (1987) Einschlüsse in Mineralien. Enke, Stuttgart

Peng H-W, Fan H, Santosh M, Hu F-F, Jiang P (2020) Infrared microthermometry of fluid inclusions in transparent to opaque minerals: challenges and new insights. Miner Deposita 55:1425–1440

Pettke T, Oberli F, Heinrich CA (2010) The magma and metal source of giant porphyry-type ore deposits, based on lead isotope microanalysis of individual fluid inclusions. Earth Planet Sci Lett 296:267–277

Pettke T, Oberli F, Audetat A, Guillong M, Simon AC, Hanley JJ, Klemm LM (2012) Recent developments in element concentration and isotope ratio analysis of individual fluid inclusions by laser ablation single and multiple collector ICP-MS. Ore Geol Rev 44:10–38

Roedder E (1984) Fluid inclusions. Rev Mineral 12

Samson I, Anderson A, Marshall D (2003) Fluid Inclusions. Analysis and Interpretation. Short Course Bd. 32. Min Assoc Canada, Vancouver, S 374 S

Shepherd TJ, Rankin AH, Alderton DHM (1985) A practical guide to fluid inclusion studies. Blackie, Glasgow-London

Sorby HC (1858) On the microscopic structure of crystals, indicating the origin of minerals and rocks. Quar Geo Soc London 14:453–500

Sylvester P (Hrsg) (2008) Laser-Ablation-ICPMS in the Earth: Current practices and outstanding issues. Short Course Bd. 40. Mineralogical Association of Canada, Québec

Wagner T, Fusswinkel T, Wälle M, Heinrich CA (2016) Microanalysis of fluid inclusions in crustal hydrothermal systems using laser ablation methods. Elements 12:323–328

Xiong S, He M, Yao S, Cui Y, Shi G, Ding Z, Hu X (2015) Fluid evolution of the Chalukou giant Mo deposit in the northern Great Xing'an Range, NE China. Geol J 50:720–738

Zolensky ME, Bodnar RJ, Gibson EK Jr, Nyquist LE, Reese Y, Shih C-Y, Wiesmann H (1999) Asteroidal water within fluid inclusion-bearing halite in an H5 chondrite, Monahans (1998). Science 285:1377–1379

Petrologie und Lagerstättenkunde

Zur Systematik der Gesteine

Aufgrund ihrer Entstehung (Petrogenese) lassen sich folgende drei umfangreiche Gesteinsgruppen unterscheiden, die durch unterschiedliche gesteinsbildende Prozesse entstehen (s. auch ▶ Kap. 3):
- magmatische Gesteine (Magmatite),
- Sedimente und Sedimentgesteine,
- metamorphe Gesteine (Metamorphite).

Wie ein Blick auf geologische Karten, z. B. auf die von Mitteleuropa, eindrucksvoll zeigt, besteht die oberflächennahe Erdkruste überwiegend aus Sedimentgesteinen und nicht verfestigten Sedimenten. Das gleiche gilt für die Ozeanböden, wie durch zahlreiche Bohrungen zur Gewinnung von Erdöl oder zu rein wissenschaftlichen Zwecken belegt wurde. Demgegenüber dominieren in tieferen Bereichen der Erdkruste magmatische und metamorphe Gesteine. Unter den Ozeanböden sind es fast ausschließlich Basalt und Gabbro, während in der kontinentalen Erdkruste Granit und Granodiorit sowie daraus gebildete Metamorphite vorherrschen. Direkte Informationen über die Zusammensetzung der kontinentalen Erdkruste gewinnen wir aus untertägigem Bergbau, Tunneln und Tiefbohrungen. So erreichte die geowissenschaftliche Tiefbohrung, die 1970–1989 auf der Kola-Halbinsel (Russland) niedergebracht wurde, eine Endteufe von 12.260 m, die kontinentale Tiefbohrung der Bundesrepublik Deutschland (KTB, 1990–1994) bei Windischeschenbach in der Oberpfalz (Bayern) kam bei 9101 m zum Stehen. In beiden Fällen führten technische Probleme, bedingt durch hohe Temperaturen von 180 °C und 260 °C bei der entsprechenden Endteufe, zur Einstellung der Bohrungen. Auf indirektem Wege vermitteln tektonisch gehobene und tiefgreifend abgetragene Krustenbereiche Aufschlüsse über den Aufbau der Erdkruste (s. ▶ Kap. 29). Informationen über die Zusammensetzung der ozeanischen Erdkruste wurden durch die zahlreichen submarinen Bohrungen im Rahmen der internationalen Deep-Sea-Drilling- und Ocean-Drilling-Programme (DSPD und ODP) gewonnen.

Inhaltsverzeichnis

Magmatische Gesteine (Magmatite)

Inhaltsverzeichnis

© Springer-Verlag GmbH Deutschland, ein Teil von Springer Nature 2022
M. Okrusch und H. E. Frimmel, *Mineralogie*,
https://doi.org/10.1007/978-3-662-64064-7_13

13

Einleitung

Magmatische Gesteine (Magmatite, engl. *„igneous rocks"*) sind (im Wesentlichen) Kristallisationsprodukte aus einer natürlichen glutheißen Schmelze, die aus dem Erdinnern stammt. Die überwältigende Mehrzahl dieser Schmelzen hat silikatische Zusammensetzung, während *karbonatische, oxidische* oder *sulfidische* Schmelzen viel seltener vorkommen. In den allermeisten Fällen handelt es sich hierbei nicht um homogene Schmelzen, sondern um einen heterogenen Brei von Schmelze, darin gelöster Gase und unterschiedlicher Anteile an Mineralkörnern, Mineralaggregaten und Gesteinsfragmenten. Solch ein heterogener Brei wird als *Magma* bezeichnet.

Die Eruption eines Magmas an der Erdoberfläche ist ein höchst eindrucksvoller Prozess, der sich an aktiven Vulkanen direkt beobachten lässt. Die Magmaförderung wird von einer heftigen Entmischung von *vulkanischen Gasen,* wie H_2O, CO_2 und/oder Schwefeldämpfen begleitet, was beweist, dass in den Magmen des Erdinneren beachtliche Mengen an *volatilen (leichtflüchtigen) Komponenten* gelöst sind.

Wenn Magma die Erdoberfläche erreicht, spricht man von *Lava.* In Abhängigkeit von ihrer Zusammensetzung und Temperatur können Laven sehr unterschiedliche Viskosität aufweisen. Das Ausfließen einer niedrigviskosen Lava an der Erdoberfläche oder am Meeresboden, meist begleitet von Entgasung, bezeichnet man als *Effusion,* die Förderung von Lava hoher Viskosität, typischerweise in Form eines zähen Kristallbreis, dagegen als *Extrusion.* Bei rascher Abkühlung an Luft oder im Meerwasser erstarrt Lava schnell zu einem feinkristallinen *vulkanischen Gestein,* das unterschiedliche Anteile an vulkanischem Glas enthalten kann. Weitgehend glasige vulkanische Gesteine heißen *Obsidian* oder *Pechstein.* Höhere Mengen an leichtflüchtigen Komponenten führen zur Bildung von Gasblasen oder zur Fragmentierung des Magmas und zu *explosivem Vulkanismus.* Während der oft extrem heftigen und gefährlichen vulkanischen Explosionen werden Fetzen und Tropfen von flüssiger Lava hoch in die Luft geschleudert und erstarren während ihres Fluges teilweise oder vollständig. Vulkanische Fragmente, wie verfestigte oder noch flüssige Lava, aber auch Gesteinsbruchstücke und einzelne Kristalle werden zu dicken Lagen von *pyroklastischen Gesteinen* angehäuft (grch. πῦρ = Feuer, κλαστικός = zerbrochen), deren Korngrößen von vulkanischer Schlacke bis zu vulkanischer Asche reicht. Noch unverfestigte Pyroklastite werden als *Tephra* (grch. τέφρα = Asche), verfestigte dagegen mit dem Sammelnamen *Tuff* bezeichnet. Aus Ablagerungen von vulkanischen *Glutwolken* und *Glutla-*

winen entsteht *Ignimbrit.* Wurden dabei die flüssigen Lavafragmente zusammengeschweißt, spricht man von *Schmelztuff,* von *Sillar,* wenn sie durch im Kontakt mit freigesetzten vulkanischen Gasen rekristallisiert sind. *Stratovulkane* (Schichtvulkane) sind durch vielfältige Wechsellagerungen von erstarrter Laven und Tuffen gekennzeichnet. Sie enthalten außerdem *Gänge* (engl. *„dykes"*), die diese Schichtenfolge diskordant durchsetzen oder als Lagergänge (engl. *„sills"*) nahezu konkordant zwischen den Schichten lagern. Diese Beobachtung zeigt, dass sie durch *Intrusion* magmatischer Schmelzen in das Vulkangebäude entstanden.

Erreichen Magmen nicht die Erdoberfläche oder den Meeresboden, sondern bleiben in größerer Erdtiefe stecken, so wird ihre Entgasung durch das Gewicht der überlagernden Gesteine weitgehend verhindert. In diesem Fall ist das Magma reich an gelösten volatilen Komponenten und kristallisiert in der Tiefe relativ langsam. Bei diesem Prozess entstehen mittel- bis grobkörnige *Plutonite,* auch als *Tiefengesteine* oder *Intrusivgesteine* bezeichnet, z. B. Granit oder Gabbro. Direkte Beobachtungen an aktiven Vulkanen lassen keinen Zweifel zu, dass *Lava* aus dem Erdinneren stammt und aus größeren Tiefen gefördert wird. Demgegenüber kann die Existenz von *Magmen* in der Tiefe nur *indirekt* aus ihren Kristallisationsprodukten, den Plutoniten, erschlossen werden. Solche magmatischen Intrusionen können nicht an ihrem ursprünglichen Bildungsort studiert werden, sondern erst nach deren Freilegung an der Erdoberfläche durch spätere Hebung und Abtragung. Obwohl sich magmatische Prozesse im Erdinneren nicht beobachten lassen, wird ihre Existenz durch zahlreiche indirekte Beobachtungen zweifelsfrei gestützt:

- Geophysikalische Messungen weisen auf Magmakammern unterhalb von aktiven Vulkanen in der oberen Lithosphäre hin, wie z. B. unter den Hawaii-Inseln oder der Insel Vulcano in Süditalien.
- Aufgeschlossene Plutone zeigen gewöhnlich diskordante Kontakte mit ihrem Nebengestein und enthalten häufig abgetrennte Bruchstücke davon (*Xenolithe*).
- Unter dem Einfluss des kristallisierenden Magmas kann das umgebende Nebengestein kontaktmetamorph überprägt werden, wodurch Kontaktaureolen entstehen (▶ Abschn. 26.2.1).
- Experimentelle Untersuchungen bei hohen Temperaturen und Drücken, entweder in vereinfachten Modellsystemen oder an natürlichen Gesteinsproben, erbrachten eine Fülle von Informationen über die Kristallisationsabfolge von unterschiedlichen Magmatypen oder die Magmabildung durch

Aufschmelzen von festen Gesteinen. Viele dieser Ergebnisse bestätigen Beobachtungen, die man im Gelände oder unter dem Mikroskop machen kann (▶ Kap. 18).

13.1 Klassifikation der magmatischen Gesteine

13.1.1 Zuordnung nach der geologischen Stellung und dem Gefüge

Wie oben dargelegt, kann eine Grobeinteilung der magmatischen Gesteine zunächst einmal nach ihrer geologischen Stellung vorgenommen werden. Rückschlüsse auf ihren Bildungsort (Kristallisationsort) lassen sich bereits aus den Verbandsverhältnissen im Gelände ziehen. Hiernach unterscheidet man:

- *Plutonite*,
- *Vulkanite* und
- *subvulkanische* (hypabyssische) Gesteine.

Je nach ihrem Bildungsort weisen magmatische Gesteine charakteristische Gefügemerkmale auf, die zur Klassifikation verwendet werden können (vgl. ▶ Kap. 3).

Vulkanite Sie bilden sich im Zuge vulkanischer Ereignisse an der Erdoberfläche (subaerisch) oder am Meeresboden (submarin), gelegentlich auch unter Gletschern. *Effusiv* und *extrusiv* geförderte *Laven* erstarren häufig zu Vulkaniten mit Fließgefüge (◘ Abb. 3.1); sie sind oft kompakt, in vielen Fällen aber auch blasig (Mandelstein, ◘ Abb. 3.2, 3.3), zellig, schwammig oder sogar schaumig (Bims). Ihre Struktur ist häufig porphyrisch mit früh gebildeten *Einsprenglingen* in einer feinkristallinen bis dichten *Grundmasse* (*Matrix*), die granular oder filzig, z. T. auch kryptokristallin oder gar hypokristallin bis hyalin (glasig, amorph) entwickelt sein kann (◘ Abb. 3.1). In letzterem Fall treten häufig winzige Kristallite als Entglasungsprodukte auf, sogenannte Mikrolithe. In einem *intersertalen Gefüge* ist die feinkristalline oder glasige Grundmasse nur in untergeordneter Menge vorhanden und füllt die Zwickel zwischen kreuz und quer gewachsenen, leistenförmigen Feldspat-Einsprenglingen.

Basierend auf ihrer räumlichen Anordnung und ihrer Bildungsweise kann man bei den Einsprenglingen drei verschiedene Arten unterscheiden:

- *Phänokristen* (grch. φαίνω = sichtbar machen) oder Einsprenglinge im engeren Sinne sind relativ früh aus der Schmelze kristallisiert;
- *Antekristen* (lat. ante = vor) stammen entweder aus einem Vorläufermagma oder wurden durch Mischung mit einem anderen Magma in das vorliegende Magma eingetragen (Hildreth 2001);
- *Xenokristen* (grch. ξένος = fremd) sind Fremdminerale, die aus dem festen Nebengestein stammen.

Vulkanische Lockerprodukte (*Pyroklastika*) sind meist durch eine hohe Porosität gekennzeichnet. Aus der Luft abgelagerte *vulkanische Aschen*, sekundär verfestigt *zu vulkanischen Tuffen*, zeigen häufig Schichtung. Demgegenüber weisen *Ignimbrite* (*Schmelztuffe* und *Silare*, lat. ignis = Feuer, imber = Regen), die aus Glutwolken und Glutlawinen abgelagert wurden, meist keine Schichtung, dafür aber oft Fließgefüge auf. Sie werden schon während oder kurz nach ihrer Förderung durch Verschweißen von Schmelzanteilen mehr oder weniger stark verfestigt.

Subvulkanische (hypabyssische) Gesteine Sie wurden als magmatische Gänge („*dykes*") und Lagergänge („*sills*"), aber auch in Form von *Stöcken* in oberflächennahen (hypabyssischen bzw. subvulkanischen) Bereichen der Erdkruste gebildet, können aber auch als Bestandteil von komplexen Vulkanbauten auftreten. Subvulkanische Gesteine sind stets kompakt und holokristallin und weisen häufig ein porphyrisches Gefüge auf, wobei die Grundmasse fein- bis mittelkörnig ausgebildet ist (*Plutonit-Porphyre*). Zu den dunklen, mitunter porphyrischen Ganggesteinen gehört vor allem *Dolerit*; seltener sind die *Lamprophyr*, helle, feinkörnige Ganggesteine *Aplit* und helle, sehr grobkörnige Ganggesteine *Pegmatit*. Letztere können sich aber auch in tieferen Krustenstockwerken bilden.

Plutonite Sie entstehen durch Kristallisation von magmatischen Schmelzen in der Tiefe und bilden in der Erdkruste geologische Körper unterschiedlicher Form und Größe, die als *Plutone*, in kleinerem Ausmaß als *Stöcke* bezeichnet werden. *Batholithe* sind ausgedehnte plutonische Massen, deren Oberflächenanschnitt mehr als 100 km^2 beträgt. Sie umfassen mehrere Plutone und Stöcken, die zwar petrogenetisch miteinander verwandt sind, aber nicht zwingend zum gleichen Zeitpunkt entstanden sein müssen. Plutonite sind stets kompakt und holokristallin, besitzen meist keine bevorzugte Orientierung, sind also texturell isotrop; bisweilen zeigen sie allerdings Fließgefüge. Typisch ist ein gleichkörniges, mittel- bis grobkörniges Gefüge mit hypidiomorpher Ausbildung der Gemengteile. Daneben treten auch porphyrische bzw. porphyrartige Varietäten auf.

13.1.2 Klassifikation nach dem Mineralbestand

Eine detaillierte Einteilung (Klassifikation, Systematik) der magmatischen Gesteine (Magmatite) wird nach dem Mineralbestand, dem Chemismus oder nach beiden Kriterien vorgenommen. Wegen der Bedeutung der Feldspäte basiert jede mineralogische Systematik wesentlich auf der Art und Menge des im Gestein vorhandenen Feldspats. Dabei ergibt sich als Regel: Je größer der prozentuale Anteil von SiO_2 in einem magmatischen Gestein, umso größer ist der Anteil an Alkalifeldspat und um sogrößer der Albit-Gehalt im Plagioklas, dafür um so kleiner der Anteil an dunklen Gemengteilen (Mafiten).

Aufbauend auf älteren Vorschlägen, zusammengefasst von Streckeisen (1967), wurde die mineralogische Klassifikation der magmatischen Gesteine durch die International Union of Geological Sciences (IUGS) verbindlich geregelt (z. B. Streckeisen 1974, 1980; Le Maitre 2004; Le Bas und Streckeisen 1991; Woolley et al. 1996). Dabei hat man der Einteilung der magmatischen Gesteine nach ihrem Mineralbestand den Vorzug gegeben. Diese Empfehlungen betreffen Vulkanite, Plutonite, dunkle Ganggesteine sowie seltenere Gesteinsgruppen, soweit sie erhebliche Anteile an hellen Gemengteilen haben.

13

Soweit möglich, erfolgt die Klassifikation der Vulkanite und Plutonite auf der Basis des *modalen Mineralbestandes* (*Modus, Modalbestand*), d. h. dem prozentualen Anteil der Minerale, die in einem Gestein vorhanden sind (in Vol.-%). Dieser wird durch ein Punktzählverfahren unter dem Mikroskop mittels einer Hilfsapparatur, dem Pointcounter, quantitativ bestimmt oder – einfacher – halbquantitativ abgeschätzt. Bei vulkanischen Gläsern oder bei *Vulkaniten* mit einem gewissen Glasanteil ist das natürlich nicht möglich; auch bei Vulkaniten mit mikro- bis kryptokristalliner Grundmasse lässt sich der Modalbestand nicht bestimmen, da viele Mineralkörner wegen ihrer Kleinheit nicht identifizierbar sind oder in verschiedenen Ebenen des 20–30 μm dicken Dünnschliffs liegen. Umgekehrt bieten auch sehr grobkörnige *Plutonite* Schwierigkeiten bei der Bestimmung ihres Modalbestands. So kann man leicht abschätzen, dass in einem Dünnschliff von $20 \times 30\ mm^2$ Fläche nur etwa 20–25 Körner auftreten, wenn das Gestein einen mittleren Korndurchmesser von 5 mm hat. Das ist für eine hinreichende statistische Genauigkeit zu wenig, sodass für eine solche Gesteinsprobe mehrere Dünnschliffe ausgezählt werden müssten. In all diesen Fällen wird man die chemische Zusammensetzung heranziehen und aus ihr einen künstlichen Mineralbestand, die *Norm,* errechnen.

Grundlage der Klassifikation der Magmatite sind fünf Mineralgruppen, zu denen die wichtigsten gesteinsbildenden Minerale der Magmatite gehören:

- **Felsische (helle) Minerale**
  - **Q** Quarz (und andere SiO_2Minerale)
  - **A** Alkalifeldspäte (Sanidin, Orthoklas, Mikroklin, Perthite, Anorthoklas, Albit bis zu einem An-Gehalt von 5 Mol.-%)
  - **P** Plagioklas (An_{5-100})
  - **F** Feldspatoide (Foide, Feldspatvertreter: Leucit, Nephelin, Sodalith, Nosean, Hauyn u. a.)
- **Mafische (dunkle) Minerale, Mafite:**
  - **M** Glimmer, vor allem Biotit, Amphibole, Pyroxene, Olivin u. a. sowie die *opaken Minerale* (z. B. Magnetit, Ilmenit) und weitere *Akzessorien* (z. B. Zirkon, Titanit, Apatit)

Nach dem gesamten Mengenanteil der mafischen Minerale (**M**) werden magmatische Gesteine in folgende Gruppen eingeteilt:

- Hololeukokrate Magmatite: <10 Vol.-% Mafite
- Leukokrate Magmatite: 10–35 Vol.-% Mafite
- Mesokrate Magmatite: 35–65 Vol.-% Mafite
- Melanokrate Magmatite: 65–90 Vol.-% Mafite
- Holomelanokrate (ultramafische) Magmatite: >90 Vol.-% Mafite

Alle magmatischen Gesteine mit M<90 Vol.-% – das ist der weitaus überwiegende Teil – werden nach den im Gestein anwesenden hellen (felsischen) Gemengteilen klassifiziert. Dabei werden die Modalbestände in das Doppeldreieck Q–A–P–F projiziert, und zwar jeweils für Plutonite und Vulkanite gesondert (◼ Abb. 13.1 und ◼ Tab. 13.1). Bei Quarz- führenden Gesteinen werden die Volumenprozente Q+A+P=100, bei Foid führenden Gesteinen A+P+F=100 gesetzt und diese Mengenverhältnisse in das obere bzw. untere Dreieck eingetragen. Diese Anordnung ist möglich, weil in einem Gestein Quarz und Feldspatoide nicht im Gleichgewicht nebeneinander auftreten können. Die Magmatite, die nahe der Linie A–P, d. h. in den Feldern 6–10 eingetragen sind, führen als helle Gemengteile im Wesentlichen nur Feldspäte. Chemisch ausgedrückt sind diese Gesteine SiO_2-gesättigt. Demgegenüber liegen im oberen Dreieck SiO_2-übersättigte mit freiem Quarz, im unteren Dreieck SiO_2-untersättigte Gesteine mit Foiden. In den Feldern 6*–10* betragen die Quarz-Anteile (bezogen auf die hellen Gemengteile) 5–20 Vol.-%, in den Feldern 6'–10' die Foid-Anteile bis zu 10 Vol.-% (◼ Abb. 13.1). Die in die Doppeldreiecke eingebrachten Gesteinsnamen sind teilweise Sammelnamen für eine größere Gesteinsgruppe. So ist bei den Sammelbezeichnungen Alkalifeldspatgranit, -syenit, -rhyolith,

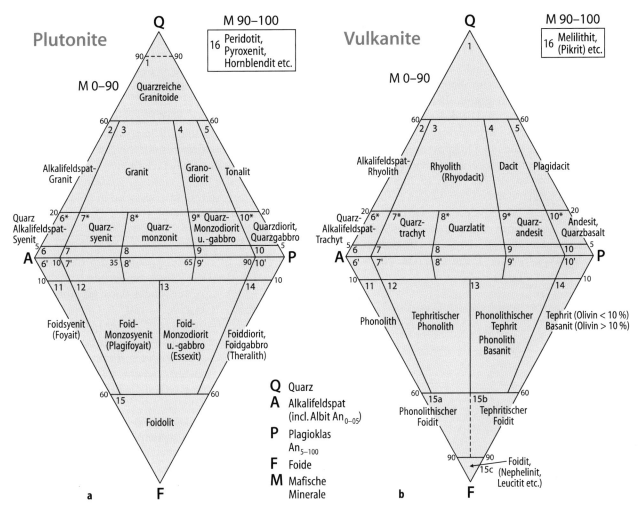

Q Quarz
A Alkalifeldspat
(incl. Albit An$_{0-05}$)
P Plagioklas
An$_{5-100}$
F Foide
M Mafische
Minerale

◘ **Abb. 13.1** IUGS-Klassifikation der **a** Plutonite und **b** Vulkanite im Doppeldreieck Q–A–P–F nach dem modalen Mineralbestand; früher gebräuchliche Bezeichnungen in Klammern; die Gesteinsnamen der Felder 6–10 und 6'–10' sind in ◘ Tab. 13.1 zusammengestellt. (Nach Streckeisen 1974, 1980; Le Maitre 2004; Le Bas und Streckeisen 1991)

◘ **Tab. 13.1** Plutonite und Vulkanite in den Feldern 6–10 und 6'–10' des Doppeldreiecks Q–A–P–F (◘ Abb. 13.1)

Nr	Plutonit	Vulkanit
6	Alkalifeldspatsyenit	Alkalifeldspattrachyt
7	Syenit	Trachyt
8	Monzonit	Latit
9	Monzodiorit Monzogabbro	Andesit (Basalt)
10	Diorit Gabbro, Anorthosit	(Andesit) Basalt
6'	Foidführender Alkalifeldspatsyenit	Foidführender Alkalifeldspattrachyt
7'	Foidführender Syenit	Foidführender Trachyt
8'	Foidführender Monzonit	Foidführender Latit
9'	Foidführender Monzodiorit Foidführender Monzogabbro	Foidführender Andesit (Foidführender Basalt)
10'	Foidführender Diorit Foidführender Gabbro	(Foidführender Andesit) Foidführender Basalt

-trachyt der jeweilige Alkalifeldspat zu spezifizieren, z. B. Mikroklingranit, Albitrhyolith.

Die dunklen Gemengteile (Mafite) werden bei der IUGS-Klassifikation zunächst vernachlässigt; sie können aber zur näheren Kennzeichnung eines Gesteins dienen, z. B. Hornblendegranit. Bei mafischen Plutoniten der Gabbro-Gruppe (Feld 10 in ◘ Abb. 13.1a) werden Gesteine aus Klinopyroxen (Cpx) + Plagioklas als Gabbro, solche aus Orthopyroxen (Opx) + Plagioklas als Norit und solche aus Olivin (Ol) + Plagioklas als Troktolith bezeichnet (Abb. 13.2b, c); Gesteine aus Ol + Cpx oder Opx + Plag heißen Olivin-Gabbro bzw. Olivin-Norit, Gesteine aus Opx + Cpx + Plag Gabbronorit. Anorthosit (nach „Anorthose", der alten französischen Bezeichnung für Plagioklas) besteht zu > 90 Vol.-% aus Plagioklas (◘ Abb. 13.2b).

Der ebenfalls im Feld 10 liegende Diorit ist meist aus Amphibol + Plagioklas zusammengesetzt. Trotzdem unterscheidet man Diorit und Gabbro – nicht ganz logisch und für Feldgeologen unpraktisch! – nach dem mittleren An-Gehalt des darin beinhalteten Plagioklases: $An > 50$ Mol-% bei Gabbro, $An < 50$ Mol- % bei Diorit. Demgegenüber wird die Unterscheidung zwischen den in Feld 9 und 10 liegenden Vulkaniten Basalt und Andesit – abweichend von der modalen Gliederung – nach dem SiO_2-Gehalt der Gesteine vorgenommen: Basalt hat < 52 Gew.-%, Andesit > 52 Gew.-% SiO_2; dabei liegt Andesit überwiegend in Feld 9*, Basalt überwiegend in Feld 10 und 10* des Q–A–P-Dreiecks (◘ Abb. 13.1b).

Bei den *ultramafischen Magmatiten* mit M > 90 Vol.-% ist der Mengenanteil der dunklen Gemengteile für die Gliederung maßgebend, wobei das Dreieck Ol–Opx–Cpx verwendet wird (◘ Abb. 13.2a). Ultramafische Gesteine mit Olivin-Gehalten von > 40 Vol.-% (bezogen auf Ol + Opx + Cpx = 100) werden allgemein als *Peridotit* (nach der heute nur noch in der Gemmologie verwendeten Bezeichnung „Peridot" für Olivin) bezeichnet, solche mit < 40 Vol.-% als *Pyroxenit*. Die einzelnen Gesteinsbezeichnungen sind ◘ Abb. 13.2a zu entnehmen.

Subvulkanische Gesteine (Ganggesteine), die in einem oberflächennahen Krustenniveau entstanden, können den gleichem Mineralbestand und Chemismus wie die entsprechenden Plutonite und Vulkanite aufweisen. Mitunter haben sie jedoch eigene, charakteristische Gefüge:

— *Plutonit-Porphyre* sind Gangesteine mit porphyrischem Gefüge, z. B.
  – Granitporphyr mit Einsprenglingen von Alkalifeldspat,
  – Gabbroporphyrit mit Einsprenglingen von Plagioklas;
— *Leukokrate* (helle) *Ganggesteine:*
  – *Granophyr* ist ein feinkörniger Granit, bestehend aus unregelmäßig verzahnten „mikrographischen" Verwachsungen von Alkalifeldspat und Quarz;
  – *Felsit* ist ein in der angelsächsischen Literatur gebräuchlicher Sammelname für helle, feinkörnige bis dichte Quarz-Feldspat-reiche Ganggesteine ohne charakteristische Korngefüge;
  – *Aplit* zeigt ebenfalls ein feinkörniges Gefüge, ist jedoch aus isometrischen Körnern von Kalifeldspat (meist Mikroklin-Mikroperthit) ± Plagioklas (An_{5-20}) + Quarz ± Muscovit ± Turmalin aufgebaut. Im Gegensatz dazu ist
  – *Pegmatit* durch ein sehr grobkörniges Gefüge ausgezeichnet, bestehend aus Kalifeldspat + Albit (seltener Oligoklas) + Quarz + Muscovit ± Biotit. Für sog. *Schriftgranit* (◘ Abb. 22.3) sind graphische

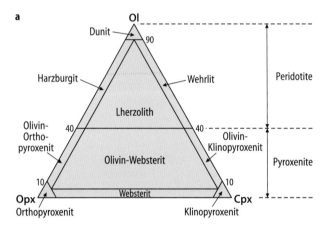

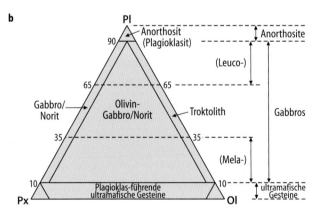

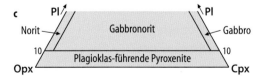

◘ **Abb. 13.2** IUGS-Klassifikation **a** der ultramafischen Plutonite (Peridotit- und Pyroxenit-Gruppe) und **b, c** der mafischen Plutonite (Gabbro-Gruppe); opake Minerale ≤5 Vol.-%

Verwachsungen von Kalifeldspat und Quarz typisch; *Alkalipegmatit* enthält Nephelin anstelle von Quarz sowie eine Vielzahl von Akzessorien (▸ Kap. 22).

— *Melanokrate (dunkle) Ganggesteine*

  – *Dolerit* ist ein mittelkörniges Ganggestein basaltischer Zusammensetzung. Er weist häufig *ophitisches* oder *subophitisches Gefüge* auf, bei dem sich Leisten von Plagioklas sperrig verschränken und von größeren xenomorphen Augitkristallen vollständig oder teilweise umwachsen werden (◻ Abb. 18.9).

  – *Lamprophyr* ist ein mesokrates bis melanokrates Ganggestein, das häufig Schwärme von (sub-)parallel orientierten Gängen bildet. Er stellt nicht einfach ein Äquivalent von häufigen Plutoniten oder Vulkaniten dar, sondern weist in seinem Mineralbestand und seiner chemischen Zusammensetzung charakteristische Merkmale auf. Im Vergleich zu Basalt bzw. Dolerit zeigt er höhere Gehalte an K_2O oder $K_2O + Na_2O$ (bezogen auf den jeweiligen SiO_2-Gehalt) und besitzt hohe Gehalte an selteneren Elementen wie Cr, Ni, Ba, Sr, Rb und P. Lamprophyr führt gewöhnlich kleinere Einsprenglinge von Biotit, Hornblende, Klinopyroxen (Diopsid bis Augit) und Olivin (meist serpentinisiert). Diese können auch in der mikrokristallinen Matrix zusammen mit den hellen Gemengteilen Alkalifeldspat, Plagioklas und häufig etwas Quarz oder Foiden auftreten, die niemals Einsprenglinge bilden. *Kalkalkali-Lamprophyre* sind Spessartit, Kersantit, Vogesit und Minette. Daneben gibt es die *Alkali-Lamprophyre*: *Camptonit, Monchiquit* (mit einem hohen Glasanteil in der Grundmasse) und den ultramafischen *Alnöit* (◻ Tab. 13.2).

13.1.3 Chemismus und CIPW-Norm

Die Mittelwerte der chemischen Zusammensetzung einer Auswahl magmatischer Gesteine sind in ◻ Tab. 13.3 und 13.4 aufgeführt. Der Chemismus von Gesteinen wird gewöhnlich in Gew.-% der Elementoxide ausgedrückt. Wie die mineralogische Zusammensetzung streut auch der Chemismus in gewissen Grenzen. Dabei unterscheidet man zwischen Haupt-, Neben- und Spurenelementen.

Die weitaus höchste Konzentration weist in den meisten magmatischen Gesteinen SiO_2 auf. Sie liegt, wenn man von extremen Zusammensetzungen absieht, zwischen 40 und 75 % (◻ Tab. 13.3, 13.4, ◻ Abb. 13.3). Dabei sind *zwei Häufigkeitsmaxima* bei 52,5 und 73,0 % SiO_2 festgestellt worden, welche die beiden häufigsten Magmatitgruppen, die vulkanische Basalt- und die plutonische Granit-Granodiorit-Gruppe repräsentieren. Die meisten Magmatite liegen innerhalb der folgenden Zusammensetzungsbereiche: 10–20 % Al_2O_3, 0,3–30 % MgO, 4–12 % FeO^{tot} (d. h. einschl. Fe_2O_3), 0,5–12 % CaO, 0,5–9 % Na_2O, 0,2–6,0 % K_2O, 0,2–4,5 % TiO_2 und < 0,05–1 % P_2O_5.

Nur wenige, relativ seltene Magmatite können extreme chemische Zusammensetzungen aufweisen als in ◻ Tab. 13.3 und 13.4 aufgeführt sind. Ein interessantes Beispiel sind die *Karbonatite*, die überwiegend aus Karbonaten wie Calcit oder Dolomit zusammengesetzt sind (▸ Abschn. 13.2.3). Bei ihnen kann CO_2 31,8 % erreichen, während SiO_2 mitunter kaum über einen Spurengehalt hinausgeht. Diese Gesteinsgruppe besitzt auch sonst einen ungewöhnlichen Chemismus, indem sie z. B. hohe Konzentrationen an sonst seltenen Elementen enthält.

Die Zuordnung der chemischen Hauptelemente innerhalb der verschiedenen Magmatite (und ihrer metamorphen Äquivalente) ist nicht zufällig. So haben

◻ **Tab. 13.2** Die wichtigsten Lamprophyre

Lamprophyr	Helle Gemengteile	Dunkle Gemengteile
Kalkalkali-Lamprophyre		
Minette	Kalifeldspat > Plagioklas	Biotit + diopsidischer Augit
Vogesit	Kalifeldspat > Plagioklas	Hornblende + diopsidischer Augit
Kersantit	Plagioklas > Kalifeldspat	Biotit + diopsidischer Augit
Spessartit	Plagioklas > Kalifeldspat	Hornblende + diopsidischer Augit
Alkali-Lamprophyre		
Camptonit	Plagioklas + Kalifeldspat ± Nephelin ± Analcim	Ti-Augit + Ti-Amphibol + Olivin ± Biotit
Monchiquit	Glasige Matrix + Analcim ± Nephelin ± Leucit	Ti-Augit + Olivin + Ti-Amphibol
Alnöit	± Nephelin ± Nosean	Biotit/Phlogopit + Melilith ± Olivin ± Klinopyroxen ± Calcit

◻ Tab. 13.3. Chemische Durchschnittszusammensetzungen (Oxide, Gew.-%) einer Auswahl wichtiger Plutonite. H_2O bezeichnet Wasser, das in den Mineralen – meist in Form von (OH)-Gruppen – chemisch gebunden, also nicht adsorbiert ist (nach Nockolds 1954)

Oxide	Peridotit	Gabbro	Diorit	Monzonit	Granodiorit	Granit
SiO_2	43,54	48,36	51,86	55,36	66,88	72,08
TiO_2	0,81	1,32	1,50	1,12	0,57	0,37
Al_2O_3	3,99	16,84	16,40	16,58	15,66	13,86
Fe_2O_3	2,51	2,55	2,73	2,57	1,33	0,86
FeO	9,84	7,92	6,97	4,58	2,59	1,67
MnO	0,21	0,18	0,18	0,13	0,07	0,06
MgO	34,02	8,06	6,12	3,67	1,57	0,52
CaO	3,46	11,07	8,40	6,76	3,56	1,33
Na_2O	0,56	2,26	3,36	3,51	3,84	3,08
K_2O	0,25	0,56	1,33	4,68	3,07	5,46
P_2O_5	0,05	0,24	0,35	0,44	0,21	0,18
H_2O	0,76	0,64	0,80	0,60	0,65	0,53
Summe	100,00	100,00	100,00	100,00	100,00	100,00

◻ Tab. 13.4 Chemische Durchschnittszusammensetzungen (Oxide, Gew.-%) einer Auswahl wichtiger Vulkanite (Nach Nockolds 1954)

Oxide	Basalt	Andesit	Dacit	Rhyolith	Phonolith
SiO_2	50,83	54.20	63,58	73,66	56,90
TiO_2	2,03	1,31	0,64	0,22	0,59
Al_2O_3	14,07	17,17	16,67	13,45	20,17
Fe_2O_3	2,88	3,48	2,24	1,25	2.26
FeO	9,05	5,49	3,00	0,75	1,85
MnO	0,18	0,15	0,11	0,03	0,19
MgO	6,34	4,36	2,12	0,32	0,58
CaO	10,42	7,92	5,53	1,13	1,88
Na_2O	2,23	3.67	3,98	2,99	8,72
K_2O	0,82	1,11	1,40	5,35	5,42
P_2O_5	0,23	0.28	0,17	0,07	0,17
H_2O	0,91	0,86	0,56	0,78	0,96
Summe	100,00	100,00	100,00	100,00	100,00[a]

[a]100,0 schließt bei Phonolith 0,23 % Cl und 0,13 % SO_3 ein

magmatische Gesteine z. B. mit hoher SiO_2-Konzentration gleichzeitig auch relativ *hohe Alkaligehalte,* jedoch relativ niedrige CaO- und MgO-Gehalte und umgekehrt. Deshalb bietet sich auch der Gesteinschemismus als Grundlage für eine *Klassifikation* der magmatischen Gesteine an, wofür es zahlreiche Möglichkeiten gibt. Für hyaline oder hypokristalline *vulkanische Gesteine,* bei denen sich der modale Mineralbestand nicht bestimmen lässt, empfiehlt die IUGS das einfache TAS-Diagramm (TAS = *Total Alkali vs. Silica*) nach Le Bas et al. (1986, 1992), in dem Gew.-% ($Na_2O + K_2O$) gegen Gew.-% SiO_2 aufgetragen ist (◻ Abb. 13.3).

Darüber hinaus hat eine chemische Gesteinsklassifikation auch noch weitere Vorteile: Durch die modernen instrumentellen Analysemethoden, insbesondere Röntgenfluoreszenzspektroskopie (XRF) und induktiv gekoppelte Plasma-Spektroskopie (ICP), lassen sich Gesteinsanalysen viel rascher durchführen als Modalanalysen. Außerdem gehen sie von einer deutlich größeren Probenmenge aus (meist ca. 2 kg) als die Modalanalyse eines Dünnschliffs, sind also repräsentativer. Deswegen beobachtet man in jüngster Zeit eine Hinwendung zu geochemischer Gesteinsklassifikation. Allerdings ist zu bedenken, dass sich aus der chemischen Zusammensetzung eines Gesteins nicht zwangsläufig auch sein Mineralbestand ergibt, der ja auch durch gesteinsbildende Prozesse beeinflusst wird. So spielen Unterschiede in den *P–T*-Bedingungen und in der Abkühlungsgeschichte von vulkanischen und plutonischen Gesteinen eine wichtige Rolle, eine Tatsache, die man unter dem Begriff *Heteromorphie der Gesteine* zusammenfasst. Deshalb sind die Bestimmung des Mineralinhalts und – soweit möglich – eine zumindest halbquantitative Abschätzung des Modalbestandes unverzichtbar.

Abb. 13.6   Mikrofotos von mafischen und ultramafischen Plutoniten: **a** *Gabbro,* Südschweden; Hauptgemengteile: Plagioklas (polysynthetisch verzwillingt), Klinopyroxen (mit Entmischungen von Opx) und Orthopyroxen (mit Entmischungen von Cpx, Mitte); gekreuzte Polarisatoren; Bildbreite ca. 4 mm. **b** *Peridotit* (Spinell-Lherzolith), vulkanischer Auswürfling, Dreiser Weiher, Eifel; Hauptgemengteil ist Olivin, untergeordnet Klinopyroxen, Orthopyroxen (z. B. obere Bildhälfte, Mitte) und Spinell; gekreuzte Polarisatoren; Bildbreite ca. 5 mm

Augit, seltener Al-haltiger Diopsid, der mitunter bräunlichen Schiller auf den Absonderungsflächen nach (100) zeigt *(Diallag).* Im Gegensatz dazu bezeichnet man als *Norit* einen mafischen Plutonit, der Orthopyroxen (Bronzit bis Hypersthen) als dunklen Gemengteil enthält; *Gabbronorit* führt Klinopyroxen + Orthopyroxen, während *Olivingabbro* bzw. *Olivinnorit* Olivin enthalten (**Abb. 13.2b**). Als weitere mafische Minerale können magmatisch gebildete braune Hornblende und/oder brauner Biotit auftreten, was zu den entsprechenden Gesteinsnamen *Hornblendegabbro, Biotit-Hornblende-Gabbro* und *Biotitgabbro* führt. *Quarzgabbro* enthält einen Quarz-Anteil von 5–20 Vol.-% der hellen Gemengteile; *Gabbrodiorit* ist ein Übergangsglied zum Diorit mit Plagioklas um An_{50}. Akzessorien sind besonders Apatit, Ilmenit oder Titanomagnetit, nicht selten Pyrrhotin (Magnetkies), Pyrit und etwas Chalkopyrit (Kupferkies). Häufig sind die Pyroxene sekundär (spätmagmatisch) in Aktinolith umgewandelt (*Uralitisierung*). Zur Gabbro-Gruppe gehört auch der *Troktolith* (Forellenstein: grch. τρώκτης = Forelle; Englisch „troutstone"), im Wesentlichen aus Plagioklas (An_{70-90}) und (serpentinisiertem) Olivin bestehend.

Gefüge   Gewöhnlich zeigen Gabbro, Norit und andere Plutonite der Gabbro-Gruppe ein hypidiomorph-körniges Gefüge. Für gabbroide Gesteine in lagigen Intrusionskörpern sind Kumulatgefüge typisch.

Vorkommen   Zusammen mit Olivin bilden Gabbro und Norit lagige Intrusivmassen (engl. „*layered intrusions*") von oft riesiger Ausdehnung (s. ▸ Kap. 15). Die magmatische Lagerung entsteht durch das Absinken von früh auskristallisierten Olivin- und Pyroxen-Kristallen aufgrund ihrer höheren Dichte im Vergleich

zur Schmelze. Diese reichern sich dann am Boden der Magmakammer zu *Kumulat*-Lagen an (s. ▸ Kap. 21). Die weltweit größten Beispiele sind die Intrusivkomplexe des Bushveld (Südafrika), von Sudbury (Ontario, Kanada), Stillwater (Montana, USA) und Skaergaard (Grönland, s. ▸ Kap. 15). In Mitteleuropa finden sich kleinere Gabbro-Plutone im Harz, im Odenwald, Schwarzwald, Bayerischen Wald und in den Sudeten. Auch die untere ozeanische Erdkruste besteht aus Gabbrokörpern, die mehrere Kilometer Mächtigkeit haben können und in ihrem Bodenbereich Kumulatlagen enthalten (s. ▸ Kap. 29).

Wirtschaftliche Bedeutung   Große lagige Intrusionskörper beinhalten wichtige Erzlagerstätten von Ni, Pt-Gruppenmetallen (PGE), Cr und Ti (s. ▸ Kap. 21). Wegen ihrer hohen Druckfestigkeit werden gabbroide Gesteine in unterschiedlichen Korngrößen bevorzugt zu Straßen- und Bahnschotter sowie zu Splitt verarbeitet.

- **Anorthosit**

Anorthosit ist ein hololeukokrates Gestein, das überwiegend aus Plagioklas (An_{20-90}) besteht und fast keine mafischen Gemengteile enthält. Anorthosit kommt zusammen mit Gabbro in lagigen Intrusionskörpern vor oder bildet eigene Massive von großer Ausdehnung, z. B. der Kunene-Komplex im südlichen Angola und nördlichen Namibia, der Lac-Saint-Jean-Komplex in Quebec und die Michikaman-Intrusion, beide in Kanada. In vielen Gebieten ist Anorthosit mit Charnockit assoziiert (▸ Abschn. 26.3.1)

- **Peridotit** (**Abb. 13.6b**)

Peridotit ist ein holomelanokrates (ultramafisches), meist mittel- bis grobkörniges Gestein, das überwiegend

Abb. 13.5 Mikrofotos von Plutoniten. **a** *Granodiorit,* Steinbruch am Lindberg, Intrusivgebiet von Fürstenstein, Bayerischer Wald; Hauptgemengteile: Plagioklas (mit polysynthetischer Verzwilligung nach dem Albit-Gesetz sowie ausgeprägtem Zonarbau), Kalifeldspat (extrem xenomorph, z. B. Mitte links), Quarz und Biotit (braun); gekreuzte Polarisatoren; Bildbreite ca. 3 mm; **b** *Quarzdiorit,* Märkerwald, östlich Bensheim, Odenwald; Hauptgemengteile: Plagioklas (polysynthetische Zwillinge nach dem Albit- und Periklin-Gesetz sowie Zonarbau, Anorthit-reiche Zonen stark sericitisiert), Hornblende (verzwillingt, links oben), Biotit (rechts unten) und Quarz. Gekreuzte Polarisatoren; Bildbreite ca. 4 mm

seit Jahrtausenden Grabdenkmäler, Sarkophage, Ornament- und Bausteine herstellte. So wurde schon seit 2600 v. Chr. der berühmte Granit von Assuan in Oberägypten abgebaut, am Ort verarbeitet und nach Unterägypten transportiert, wo er für monumentale Bauwerke und Skulpturen Verwendung fand. Heutzutage werden die meisten Granite zu Fassaden- und Fußbodenplatten gesägt und in rauhem, oft geflammtem oder in poliertem Zustand verarbeitet. Wegen der billigeren Wasserfracht finden schwedische Granite in ganz Deutschland Verwendung; sie werden jedoch immer mehr durch chinesische Granite verdrängt.

- **Tonalit und Trondhjemit**
QAPF-Feld 5 in **■** Abb. 13.1a.

Tonalit ist ein gleichkörniges, massiges Gestein bestehend aus Quarz (> 20 Vol.-% der hellen Gemengteile), Plagioklas (An_{30-50}), Biotit > Hornblende; der Kalifeldspat-Anteil liegt bei < 10 Vol.-% des Feldspatgehaltes. Ein bekanntes Vorkommen ist der eozäne Adamello-Batholith, südlich des Tonale-Lineaments in den italienischen Südalpen. *Trondhjemit* ist reicher an Quarz und ärmer an dunklen Gemengteilen; der An-Gehalt des Plagioklas liegt meist bei < 30 Mol.-%. Verbreitete Akzessorien sind Allanit, Epidot, Apatit, Zirkon, Titanit und Titanomagnetit.

Die *TTG-Suite*, bestehend aus Tonalit, Trondhjemit und Granodiorit, baut etwa 90 % der juvenilen kontinentalen Kruste auf, die während des Archaikums, d. h. im Zeitraum zwischen 3,8 und 2,5 Ga gebildet wurde (Jahn et al. 1981; Martin et al. 1983, 2005; Castillo 2012). Daneben gibt es jedoch auch phanerozoische TTG-Suiten, die an Gebirgszüge im Bereich konvergenter Plattenränder gebunden sind, z. B. im Westen der USA.

- **Diorit**
QAPF-Feld 10 in **■** Abb. 13.1a.

Diorit ist ein massiger, meist mittelkörniger, mesokrater Plutonit von graugrüner Farbe und hypidiomorph-körnigem Gefüge. Als heller Gemengteil herrscht Plagioklas (An_{30-50}) vor, während Kalifeldspat mit < 10 Vol.-% der Feldspäte und Quarz mit < 5 Vol.-% der hellen Gemengteile zurücktreten, oft auch ganz fehlen. Quarzreicherer Diorit wird als *Quarzdiorit* (**■** Abb. 13.5b) bezeichnet (Feld 10*), solcher mit höherem Alkalifeldspat/Plagioklas-Verhältnis als (*Quarz-*)*Monzodiorit* (Felder 9 und 9*). Wichtigster mafischer Gemengteil ist gewöhnlich dunkelgrüne Hornblende, daneben auch Biotit, der im *Glimmerdiorit* vorherrscht, *Augitdiorit* ist seltener. Die akzessorischen Gemengteile sind wie bei Granit und Granodiorit, wobei Titanit sehr häufig, Zirkon hingegen seltener auftritt. In Mitteleuropa finden sich größere Diorit-Vorkommen besonders im Thüringer Wald, im Bayerischen Wald, im Vorspessart, Odenwald, Schwarzwald und in den Vogesen. Wie Granit und Granodiorit wird auch Diorit als Naturstein verwendet.

- **Gabbro und Norit**
QAPF-Felder 10, 10* und 10' in **■** Abb. 13.1a, siehe auch **■** Abb. 13.2b.

Melanokrates bis mesokrates, mittel- bis grobkörniges, meist massiges Gestein.

Mineralbestand und Varietäten Der vorherrschende helle Gemengteil Plagioklas (An_{50-90}) bildet dicktafelige Körner, oft mit makroskopisch sichtbaren Zwillingsstreifen nach dem Albit- und Periklin-Gesetz (**■** Abb. 13.6a). Der wichtigste dunkle Gemengteil im Gabbro ist meist

aus Olivin und Pyroxen besteht (■ Abb. 13.6b). Postmagmatische Alteration von Olivin führt rasch zur Bildung von feinkörnigem *Serpentinit*.

Mineralbestand Olivin (Ol), teilweise oder vollständig in Serpentinminerale, meist Lizardit, umgewandelt, (▶ Abschn. 11.5.6), Orthopyroxen (Opx, Enstatit, Bronzit oder Hypersthen) und/oder Klinopyroxen (Cpx, diopsidischer Augit), bisweilen Hornblende oder wenig Phlogopit; Akzessorien sind Chromspinell (Picotit), Chromit und Magnetit.

Varietäten (■ Abb. 13.2a). *Dunit* besteht fast nur aus Ol, *Harzburgit* aus Ol+Opx (Hypersthen), *Wehrlit* aus Ol+Cpx (diopsidischer Augit), *Lherzolith* aus Ol+Opx (Bronzit)+Cpx (■ Abb. 13.6b). *Hornblende-Peridotit* enthält neben dominierendem Ol noch Hornblende zusammen mit oder anstelle von Pyroxen, *Granat-Peridotit* führt Pyrop-reichen Granat.

Vorkommen Viele basaltische Vulkanite enthalten Xenolithe (Fremdeinschlüsse) der Peridotit-Gruppe, die aus dem Oberen Erdmantel stammen und dessen ultramafische Zusammensetzung dokumentieren. Daneben tritt Peridotit in vielen lagigen Intrusionen auf (s. Gabbro.). Vorkommen von weltweiter Bedeutung sind außerdem das Troodos-Massiv auf Zypern und der Semail-Komplex im Oman. Weitere Beispiele liegen im Odenwald, im Schwarzwald, im Harz (Bad Harzburg), in den Vogesen, den Pyrenäen (Lherz), in Südspanien (Ronda), den Südalpen (Ivrea-Zone) und in Mittelnorwegen (Åheim).

■ **Pyroxenit**

Der Begriff Pyroxenit vereinigt eine Gruppe von ultramafischen Tiefengesteinen, in denen Pyroxen(e) gegenüber Olivin dominieren (■ Abb. 13.2a). Je nachdem, ob Ortho- oder Klinopyroxen vorherrscht, unterscheidet man *Orthopyroxenit* von *Klinopyroxenit*. Nahezu Olivin-freier Pyroxenit mit Opx und Cpx heißt *Websterit*, bei höheren Ol-Gehalten von 5–40 Vol.-% spricht man von *Olivin-Websterit*.

Subalkalische Vulkanite

Wegen ihrer Feinkörnigkeit ist eine Bestimmung dieser Gesteine im Handstück oder sogar unter dem Mikroskop im Dünnschliff sehr erschwert und oft undurchführbar. Bei porphyrischem Gefüge können die Einsprenglinge gewisse Hinweise auf die Identität des Gesteins geben.

■ **Rhyolith (Liparit)**

QAPF-Feld 3 in ■ Abb. 31.1b.

Rhyolith ist ein leukokrates, dicht- bis feinkörniges Gestein mit gelegentlichen Einsprenglingen (■ Abb. 13.7a), bisweilen glasig. Die chemische Zusammensetzung entspricht der von Alkalifeldspatgranit und Syenogranit.

Mineralbestand und Gefüge Einsprenglinge von Sanidin (oft tafelig nach {010}), Plagioklas ($An_{10–30}$) und/oder Quarz, der als Dihexaeder, d. h. in Hochquarztracht gewachsen ist. Entsprechend dem ursprünglichen Strukturzustand bei Hoch-T-Bedingungen kommen diese in einer oft glasigen Grundmasse vor, die häufig

■ **Abb. 13.7** Mikrofotos von Vulkaniten mit porphyrischem Gefüge: **a** *Rhyolith,* Hartkoppe bei Sailauf, Spessart; Einsprenglinge: Quarz (z. T. mit Dihexaeder-Umrissen und Korrosionsbuchten), Kalifeldspat (merklich kaolinisiert, oben rechts), Plagioklas (polysynthetisch verzwillingt nach dem Albit-Karlsbad-Gesetz) und Biotit (weitgehend in Hämatit umgewandelt, kaum erkennbar); die feinkristalline Grundmasse besteht aus Kalifeldspat, Plagioklas, Quarz und fein verteiltem Hämatit als färbendes Pigment; gekreuzte Pol.; Bildbreite = ca. 3,5 mm. **b** *Andesit,* Mount Rainier, Kaskaden-Gebirge, Staat Washington, USA; Einsprenglinge: Plagioklas (polysynthetisch verzwillingt, mit ausgeprägtem Zonarbau) und braune basaltische Hornblende (gelbliche Interferenzfarben); die feinkristalline Grundmasse enthält Plagioklas, Hornblende und opake Minerale; gekreuzte Polarisatoren; Bildbreite = ca. 2,5 mm

Fließgefüge aufweist. Dunkle Gemengteile sind nur spärlich vorhanden und dann meist Biotit.

Verbreitet ist Rhyolith mit nahezu glasigem (hyalinem) Gefüge, das nur wenige Einsprenglinge sowie spärliche Entglasungsprodukte enthält: *Obsidian* ist ein vulkanisches Glas, meist von rhyolithischer Zusammensetzung. Wegen ihres hohen SiO_2-Gehalts wird Obsidian-Lava bei ihrer Abkühlung und Verfestigung sehr viskos. Außerdem behindert ihr hoher Polymerisationsgrad die Diffusion der Atome und damit das Kristallwachstum. Obsidian erscheint im Handstück vorwiegend schwarz oder dunkelfarbig, ist an dünnen, oft messerscharfen Kanten durchscheinend, und zeigt charakteristischen muscheligen Bruch und Glasglanz. *Pechstein* ist ebenfalls ein vulkanisches Glas, ist ähnlich dunkelbraun bis dunkelgrün, bricht aber nicht muschelig sondern unregelmäßig zerhackt. Sein recht trüber Harzglanz ist durch die häufige Ausbildung von Entglasungsprodukten in Form winziger Kristallite und Skelettkristalle (Mikrolithe) bedingt. Gewöhnlich enthält Pechstein Einsprenglinge, meist von Sanidin, aber auch von Biotit und Hornblende (◻ Abb. 13.9b). Die Gesteinszusammensetzung ist relativ variabel, wenn auch überwiegend rhyolithisch. Im Gegensatz zu Obsidian enthält Pechstein erhöhte Gehalte von bis zu 8 Gew.-% H_2O. Ein weiteres H_2O-führendes rhyolithisches Gesteinsglas ist *Perlit,* das aus körnig-schaligen Glaskügelchen von Hirsekorn- bis Erbsengröße aufgebaut ist und bläulichgrün bis bräunliche Farbe aufweist. Beim Erhitzen auf $> 850° C$ expandiert es unter H_2O-Abgabe auf das 6- bis 7-fache seines ursprünglichen Volumens. Bedingt durch die Reflexion an den eingefangenen Wasserblasen wird expandierter Perlit brilliantweiß. *Bimsstein* ist ein rhyolithisches Glas, das bei vulkanischen Explosionen durch Entgasung aufgeschäumt wurde; er ist seidenglänzend, blasig-schaumig, und kann daher auf Wasser schwimmen.

Die Bezeichnung *Quarzporphyr* wurde früher auf stark sekundär alterierten Rhyolith angewendet. Dementsprechen verwendeten die (mittel-)europäischen Petrographen diesen Namen für ältere Rhyolithvorkommen von prätertiärem, speziell permischem Alter, während der Name *Rhyolith* und sein Synonym *Liparit* auf jüngere Vulkanite von (post-)tertiärem Alter beschränkt war. Dagegen wurden in den USA hypabyssische Granit-Äquivalente mit porphyrischer Struktur als *„quartz porphyry"* bezeichnet. Im Hinblick auf seine Mehrdeutigkeit sollte dieser Begriff nicht mehr verwendet werden.

Vorkommen Rhyolith tritt weltweit in vulkanischen Provinzen unterschiedlichen Alters und tektonischer Stellung auf. Europäische Beispiele sind der Karpatenraum, die Euganäen (Norditalien), die Inseln Lipari, Milos und Arran sowie am Glen Coe, beide in Schottland (◻ Abb. 3.1), sowie Island. Vulkanische Gläser wie Obsidian, Pechstein und Perlit sind nur in relativ jungen vulkanischen Provinzen, meist von tertiärem Alter erhalten geblieben. Ältere Vorkommen tendieren dazu, im Laufe der Zeit zu entglasen und damit ein mikrokristallines Gefüge zu entwickeln.

Technische Verwendung Rhyolith wird als Kleinpflaster, Sockelsteine, Packlager und Schotter genutzt. *Perlit* dient wegen seiner Blähfähigkeit zur Herstellung von schall- und wärmeisolierenden Leichtbaustoffen, für Schaumglasziegel, für Filter und Oberflächenkatalysatoren und wird bei der Zementierung von Erdölbohrungen eingesetzt. *Bimsstein* findet Verwendung als Leichtbaustoff. In der Jungsteinzeit verarbeitete man *Obsidian* z. B. von den Inseln Lipari (Italien) und Milos (Griechenland) in großem Umfang zu Pfeilspitzen und Messern. Die Kultur der Azteken, die vom 14. bis 16. Jh. große Teile Mittelamerikas dominiert hatte, basierte ebenfalls auf Obsidian als Rohstoff für Werkzeuge.

- **Dacit und Rhyodacit**
QAPF-Felder 3 und 4 in ◻ Abb. 13.1b.

Diese Gesteine sind Vulkanit-Äquivalente von Granodiorit und (Monzo-)Granit. Sie enthalten Einsprenglinge von Plagioklas und Quarz mit der Tracht des Hochquarzes, im Rhyodacit auch etwas Sanidin. Dunkle Gemengteile sind vorwiegend Hornblende, untergeordnet auch Biotit. Die Grundmasse enthält gewöhnlich Glas.

Eine porphyrische, purpurrot gefärbte Varietät von Dacit, der *Porfido rosso antico*, wurde in der römischen Kaiserzeit (nachweislich seit 18 n. Chr.) im Steinbruch Mons Porphyrites am Djebel Dokhan in der ägyptischen Ostwüste gewonnen (Klemm und Klemm 1993; Abu El-Enen et al. 2018). Er war in der Antike als Dekorationsstein hoch geschätzt. Aus ihm gefertigte Sarkophage blieben ausschließlich Königen und Kaisern vorbehalten. Wegen Schließung der Steinbrüche in der Mitte des 5. Jh. musste der hohe Bedarf an diesem Material, der auch noch im Mittelalter und in der Neuzeit bestand, ausschließlich durch die Verwendung antiker Spolien gedeckt werden (◻ Abb. 13.8).

- **Andesit**
QAPF-Felder 9*, 10*, 9 und 10 in ◻ Abb. 13.1b.

Andesit ist das vulkanische Äquivalent von (Quarz-)Monzodiorit bis (Quarz-)Diorit.

Mineralbestand und Gefüge Andesit ist meist porphyrisch ausgebildet mit feinkörniger bis dichter, grauer, grünlich schwarzer oder rötlich brauner Grundmasse (◻ Abb. 13.7b). Helle Einsprenglinge von Plagioklas (An_{30-50} oder höher) zeigen häufig deutlichen Zonarbau mit spektakulärem Wechsel von An- und Ab-reicheren Zonen, wobei der An-Gehalt generell zum Rand hin abnimmt. Alkalifeldspat und Quarz können in untergeordneter Menge vorhanden sein. Dunkle Gemengteile sind braune Hornblende, diopsidischer Augit und/oder Hypersthen und/oder Biotit. Apatit, Zirkon, Titanit und Titanomagnetit können als Akzessorien vorkommen. Die Grundmasse enthält nicht selten

der Kola-Halbinsel (Russland) und von Ilimaussaq in Grönland zeichnen sich durch einen spektakulären Lagenbau aus.

Technische Verwendung Die ausgedehnten Nephelinsyenit-Vorkommen in Kanada und den USA werden in großem Umfang wirtschaftlich genutzt. Sie bilden einen wichtigen Rohstoff für die Herstellung von Glas, Keramik und Feuerfestmaterial, für die Produktion von Pigmenten und Füllstoffen sowie häufig als Ersatz für Feldspäte. In der Bauindustrie werden polierte Platten von Nephelinsyenit als Wandverkleidungen eingesetzt.

- **Foidmonzodiorit und Foidmonzogabbro (Essexit)**

QAPF-Feld 13 in ◨ Abb. 13.1a.

Diese meso- bis melanokraten, SiO_2-untersättigten Gesteine zeigen ein hypidiomorph-körniges Gefüge.

Mineralbestand Helle Gemengteile sind idiomorpher bis xenomorpher Plagioklas (An_{40-60}), der gegenüber Alkalifeldspat und Foiden wie Nephelin vorherrscht. Alkalifeldspat ist Na-Orthoklas oder Na-Mikroklin-Perthit, der oft Säume um die Plagioklaskörner oder die Zwickelfülle zwischen ihnen bildet. Als mafische Gemengteile überwiegt Pyroxen (diopsidischer Augit, Titanaugit und/oder Ägirinaugit), während Fe-reiche Hornblende oder Biotit nur untergeordnet beteiligt sind. Olivin, wenn vorhanden, ist meistens in Serpentin umgewandelt. Akzessorien sind Apatit, Titanit und opake Fe-Ti-Oxide. Foid führende Plutonite mit geringem oder fehlendem Alkalifeldspat heißen *Foiddiorit* und *Foidgabbro,* dieser ist auch als *Theralith* bekannt (Feld 14 in ◨ Abb. 13.1a).

Vorkommen Der Name Essexit leitet sich von dem Vorkommen im Essex County, Massachusetts (USA). ab. Weitere Vorkommen sind der Intrusivkomplex der Broome Mountains nahe Montreal (Kanada), die Chibiny-Tundra auf der Kola-Halbinsel (Russland) und das Böhmische Mittelgebirge (Tschechische Republik). *Hypabyssische* Varietäten von Essexit und Theralith treten im zentralen Teil des Kaiserstuhls im Oberrheingraben auf.

- **Foidolith**

QAPF-Feld 15 in ◨ Abb. 13.1a.

Foidolith ist ein Sammelname für Plutonite, deren Foidanteil 60–100 Vol.-% der hellen Gemengteile beträgt. Als Beispiel sei der melanokrate *Ijolith* genannt, bestehend aus Nephelin, Ägirinaugit, ± Biotit sowie akzessorischem Apatit und Titanit. Dieses seltene Gestein tritt in NW-Finnland und auf der Kola-Halbinsel (Russland) auf.

Alkalivulkanite

- **Alkalifeldspattrachyt und Trachyt**

QAPF-Felder 6 und 7 in ◨ Abb. 13.1b.

Diese leukokraten, dichten oder feinkörnigen, auch porphyrischen Gesteine mit holokristalliner bis hypokristalliner Grundmasse sind vulkanische Äquivalente von (Alkali-)Syenit. Varietäten mit Quarzanteilen von 5–20 Vol.-% der hellen Gementeile heißen *Quarz-Alkalifeldspat-Trachyt* und *Quarztrachyt* (Felder 6* und 7*), während andere geringe Gehalte und Foiden aufweisen (Felder 6' und 7').

Mineralbestand Porphyrische Varietäten von (Alkalifeldspat-)Trachyt enthalten Einsprenglinge von Na-Sanidin oder Anorthoklas, gelegentlich auch von Plagioklas (meist An_{20-30}, manchmal auch mit höherem Anorthitanteil), ferner von Foiden und/oder von mafischen Mineralen wie Na-Pyroxen oder diopsidischem Augit, Na-Amphibol (z. B. Riebeckit), und/oder Biotit. Die Grundmasse besteht aus fluidal angeordneten Leisten von Na-Sanidin, Na-Pyroxen (Ägirin) neben diopsidischem Augit, Na-Amphibol, zuweilen Biotit, auch Glassubstanz. Akzessorien sind Apatit, Titanit, Magnetit, Zirkon, in seltenen Fällen auch etwas Quarz, Tridymit oder Cristobalit. Daneben gibt es glasreichen Trachyt bis hin zu vulkanischen Gläsern, wie Obsidian oder Bimsstein, mit trachytischer Zusammensetzung.

Vorkommen Von den zahlreichen weltweit bekannten Beispielen seien nur wenige genannt, so der berühmte Breadknife-Gang in New South Wales (Australien), die Black Hills in South Dakota (USA), die Kanarischen Inseln und die Azoren, die Inseln Skye (Schottland) und Ischia (Italien), die Vulkankomplexe der Eifel (Deutschland), der Auvergne (Zentralfrankreich) und des Böhmischen Mittelgebirges (Tschechische Republik).

Technische Verwendung Der *Quarztrachyt* vom Drachenfels im Siebengebirge (Deutschland) war bereits in römischer Zeit und später im Mittelalter ein gesuchter Naturstein und fand z. B. beim Bau des Kölner Doms Verwendung. Im 19. Jahrhundert wurde der Steinbruch unter Naturschutz gestellt.

- **Phonolith**

QAPF-Feld 11 in ◨ Abb. 13.1b.

Phonolith ist ein SiO_2-untersättigtes Gestein und das vulkanische Äquivalent von Foidsyenit. Es ist grau, grünlich oder bräunlich, dicht bis feinkörnig, z. T. auch mit porphyrischem Gefüge. Das Gestein sondert häufig in dünnen Platten ab, die beim Anschlagen klingen („Klingstein" von grch. φωνή = Klang).

Mineralbestand Helle Gemengteile sind Na-Sanidin, Anorthoklas, Nephelin (in Phonolith s. str.) und andere Foide, die zu speziellen Namen wie *Leucitphonolith, Sodalithphonolith, Haüynphonolith* oder *Noseanphonolith* Anlass geben (◨ Abb. 13.11a). Übergänge zu Trachyt sind verbreitet. Ägirin, Ägirinaugit und/oder Na-Amphibol, bisweilen auch Melanit, ein Ti-haltiger Andradit-Granat, bilden die mafischen Gemengteile. Alle diese Minerale können als idiomorphe bis panidiomorphe, makroskopisch sichtbare Einsprenglinge auftreten. Ähnlich wie bei Trachyt zeigt die Grundmasse häufig ein Fluidalgefüge aus annähernd parallel angeordneten Sanidin-Leistchen und kann etwas Glas enthalten; auch Phonolith-Bimsstein kommt vor. Die Blasenräume von letzterem sind häufig mit unterschiedlichen Zeolithen, besonders mit Natrolith und/oder Chabasit, gefüllt.

Vorkommen Beispiele der weltweit verbreiteten Phonolith-Vorkommen sind der Mount Erebus in der Antarktis, Cripple Creek in Colorado (USA), der Devils Tower in Wyoming (USA), der Vulkan Teide auf Teneriffa (Kanarische Inseln) sowie die europäischen Vulkankomplexe des Böhmischen Mittelgebirges (Tschechische Republik), der Auvergne (Französisches Zentralmassiv), des Laacher-See-Gebietes (Eifel), der Rhön, des Kaiserstuhls und des Hegaus.

■ **Alkalibasalt und Alkali-Olivin-Basalt**
QAPF-Felder 9' und 10' in ◨ Abb. 13.1b.

Im Vergleich zu subalkalischem Basalt sind Alkalibasalte (mit normativem $ol < 5\,\%$) und Alkaliolivinbasalt (mit $ol > 5\,\%$) durch einen höheren Gehalt an Alkalien, meist Na_2O, relativ zu Al_2O_3 und SiO_2 gekennzeichnet.

Dadurch treten normative, z. T. auch modale Gehalte an Nephelin auf, der allerdings $< 10\,\%$ der hellen Gemengteile ausmacht (Feld 10' in ◨ Abb. 13.1b). Höhere normative und modale Foid-Gehalte führen zu Tephrit und Basanit. Im Basalttetraeder (▶ Abschn. 18.4) von Yoder und Tilley (1962) liegen die darstellenden Punkte des Alkaliolivinbasalts links der kritischen Ebene der SiO_2-Untersättigung, diejenigen des subalkalischen Olivintholeiits dagegen rechts dieser Ebene.

Gefüge und Mineralbestand Ähnlich denen von Olivintholeiit und Tholeiitbasalt.

Vorkommen Das Auftreten von Alkali-(Olivin-)Basalt neben Tholeiit ist charakteristisch für ozeanische Inseln, z. B. Hawaii, die Kanarischen Inseln oder die Azoren im Nordatlantik sowie die Inseln Ascension, St. Helena und Tristan da Cunha im Südatlantik. Darüber hinaus tritt Alkalibasalt auch innerhalb von kontinentalen, nichtorogenen Regionen auf, so in intrakontinentalen Riftgräben, z. B. im Ostafrikanischen Grabensystem, in den Vulkanfeldern von New South Wales (Australien), der Basin-and-Range-Province in den westlichen USA, dem Antrim-Plateau in Irland, im Oslo-Graben (Norwegen), im Oberrheingraben und in den hessischen Gräben (Westerwald, Vogelsberg) sowie in der Eifel.

Im weiteren Sinne gehören zu den Alkali-(Olivin-)Basalten die Varietäten:
─ *Hawaiit*: Plagioklas (An_{30-50}) + Augit + Olivin, ± Foide (meist in Feld 9' und 10' in ◨ Abb. 13.1b);
─ *Mugearit*: Plagioklas (An_{10-30}) + Augit, ± Olivin, ± Foide (meist in Feld 9 und 9');

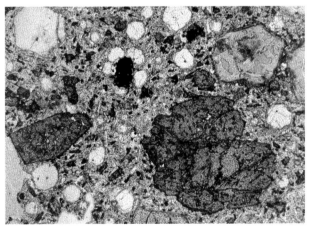
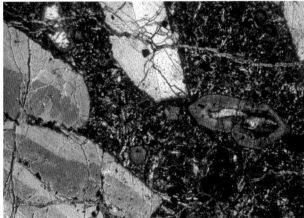

◨ **Abb. 13.11** Mikrofotos von Alkalivulkaniten, mit porphyrischem Gefüge: **a** *Leucit-Nosean-Phonolith,* Rieden, Laacher-See-Gebiet, Eifel; Einsprenglinge: Leucit (farblos, z. T. mit Ikositetraeder-Umriss), Nosean (grau mit braunem Rand) und Ägirinaugit (grünlich bis bräunlich); feinkristalline Grundmasse aus Alkalifeldspat, Nephelin, Leucit, Nosean und Ägirinaugit; parallele Pol.; Bildbreite = ca. 5 mm. **b** *Limburgit* (Hyalo-Nephelinbasanit), Limberg bei Sasbach, Kaiserstuhl; Einsprenglinge: Titanaugit (mit Zonar- und Sektorenbau, z. T. verzwillingt) und Olivin (weitgehend in bräunlichen Iddingsit umgewandelt, ein feinstkörniges Gemenge aus Montmorillonit, Chlorit, Goethit, Hämatit u. a.); hypokristalline Grundmasse aus Plagioklas, Nephelin, Augit, Magnetit und Gesteinsglas; gekreuzte Pol.; Bildbreite = ca. 5 mm

— *Trachybasalt*: Neben vorherrschendem Plagioklas sind geringe Mengen an Alkalifeldspat (meist Sanidin) beteiligt, die zum *Latit* hin zunehmen, neben ± Foiden (hauptsächlich Feld 9 und 9'); mafische Gemengteile sind Augit bis Ägirinaugit und Olivin.

■ **Tephrit und Basanit**

QAPF-Feld 14 in ◘ Abb. 13.1b.

Tephrit und Basanit (◘ Tab. 13.7) sind melanokrate, SiO_2-untersättigte Gesteine mit dichtem bis feinkörnigem, auch porphyrischem Gefüge. Analog zu Tholeiit werden grobkörnigere Varianten als *Dolerit* bezeichnet, wenn sie als Ganggestein auftreten.

Mineralbestand Als heller Gemengteil sind stets Plagioklas (An_{50-70}) und Foide beteiligt; dunkle Gemengteile sind Titanaugit, diopsidischer Augit, auch Amphibol. Einsprenglinge bilden Plagioklas, Leucit und Pyroxen, in Basanit auch Olivin. Die Grundmasse enthält mitunter auch geringe Mengen von Glas. Akzessorien sind besonders Magnetit und Apatit. *Limburgit* ist ein Nephelinbasanit mit glasiger Grundmasse und

Einsprenglingen von Titanaugit, Olivin und Titanomagnetit (◘ Abb. 3.2, 13.11b).

Vorkommen Interessante Beispiele unter den weltweiten Vorkommen von Tephrit und Basanit sind die Komoren und Kanarischen Inseln sowie die Vulkane der Korath Range in Äthiopien (z. B. Carmichael et al. 1974). Die wichtigsten europäischen Beispiele liegen im Duppauer Gebirge (Tschechische Republik) und der Auvergne (Frankreich). Lange bekannte Vorkommen von *Leucittephrit* und *Leucitbasanit* sind der Vulkan Monte Somma/Vesuv (Italien), der Kaiserstuhl und das Gebiet um den Laacher See (Eifel).

■ **Foidite: Nephelinit und Leucitit**

QAPF-Feld 15c in ◘ Abb. 13.1b.

Diese basaltähnlichen Gesteine führen als helle Gemengteile nur Nephelin und/oder Leucit neben wenig Hauyn und Sanidin. Übergangstypen, die reicher an Alkalifeldspat und/oder Plagioklas sind, bezeichnet man als *phonolithischen* bzw. *tephritischen Foidit* (Felder 15a, 15b; ◘ Abb. 13.12b). Unter den mafischen Gemengteilen (M meist > 50 Vol.-%) dominieren unterschiedliche Klinopyroxene: Titanaugit (◘ Abb. 13.12a), basaltischer Augit, auch Ägirin oder Diopsid. Bei Anwesenheit von Olivin oder Melilith spricht man von *Olivin*- bzw. *Melilithnephelinit* oder *-leucitit*. Akzessorien sind Apatit, Melanit, Titanit, Perowskit und Chromit. Wohlbekannte Vorkommen sind die Insel Ohau im Hawaii-Archipel, die Leucite Hills in Wyoming (USA), die Basin-and-Range-Province (westliche USA), die Insel Trinidad im Südatlantik, die Vulkanprovinz West Kimberley (Westaustralien), der aktive Vulkan

◘ **Tab. 13.7** Tephrit- und Basanit-Nomenklatur

Felsische Minerale	Mafische Minerale	
	Klinopyroxen	
	ohne Olivin	mit Olivin
Nephelin + Plagioklas	Nephelintephrit	Nephelinbasanit
Leucit + Plagioklas	Leucittephrit	Leucitbasanit

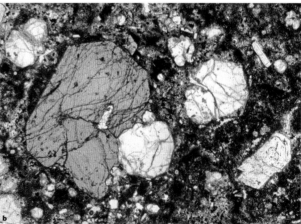

◘ **Abb. 13.12** Mikrofotos von Alkalivulkaniten: **a** *Nephelinit*, Löbauer Berg, Oberlausitz; es dominieren Verwachsungen von hypidiomorphem Nephelin (graue Interferenzfarben, teilweise in Natrolith umgewandelt) und Titanaugit (bunte Interferenzfarben, mit typischem Sektorenbau). In den Zwickeln befindet sich eine feinkörnige Grundmasse aus Nephelin, Plagioklas, Augit und Opakmineralen; gekreuzte Pol.; Bildbreite ca. 3,5 mm. **b** *Tephritischer Leucitit*, Vesuv, Lava von 1944; Einsprenglinge: Augit (gelblich grün mit schwachem Zonarbau), Leucit (farblos, Ikositetraeder) und Plagioklas (farblos, unten rechts); feinkristalline Grundmasse aus Plagioklas, Leucit, Biotit und Opakmineralen; parallele Pol.; Bildbreite = ca. 4,5 mm

Nyiragongo sowie dieVulkanfelder von Birunga und Toro-Ankole im Ostafrikanischen Riftsystem. Von den europäischen Vorkommen seien die Vulkangebiete in der Toscana (Italien) und in Nordböhmen (Tschechische Republik) genannt, ferner die Vulkankomplexe des Gebietes um den Laacher See, der Rhön und des Vogelsberges.

13.2.3 Karbonatite, Kimberlit und Lamproit

▪ Karbonatite

Karbonatite sind relativ seltene magmatische Gesteine, die zuerst von Brögger (1921) aus dem Fen-Gebiet in Südnorwegen beschrieben wurden. Sie bestehen zu > 50 Vol.-% aus Karbonatmineralen und treten als subvulkanische Pfropfen und Gänge oder auch als erstarrte Lavaströme auf, meist assoziiert mit foidreichen Vulkaniten (Phonolith, Nephelinit) oder Plutoniten (Nephelinsyenit, Ijolith) auf (Wooley und Church 2005). Auch Pyroklastika aus Karbonatitmaterial sind bekannt.

Mineralbestand Hauptkarbonatminerale sind Calcit, Dolomit, Ankerit und/oder Siderit, die gewöhnlich 70–90 Vol.-% ausmachen; daneben können als Silikatminerale Forsterit, Melilith, Diopsid, Ägirin, Ägirinaugit, Wollastonit, Ca- und Na-Amphibole, Phlogopit, Alkalifeldspäte und Nephelin auftreten; Akzessorien sind Apatit, Pyrochlor $(Ca,Na,Ba,Sr,Ce,Y)_2(Nb,Ta)_2(O,OH,F)_7$, Titanit, Zirkon, Nb-haltiger Perowskit $CaTiO_3$, Fe-Ti-Oxide, Sulfide und zahlreiche seltene Minerale mit Seltenen Erdelementen, Th oder U. Nach der Art der vorherrschenden Karbonatminerale unterscheidet man Calcitkarbonatit (z. B. Sövit), Dolomitkarbonatit (z. B. Rauhaugit), Ferrokarbonatit (mit Ankerit oder Siderit) und den seltenen Natrokarbonatit (mit Na-K-Ca-Karbonaten).

Vorkommen Karbonatite kommen vor allem in Alkaligesteinskomplexen vor, besonders als Ringkomplexe, häufig innerhalb von intrakontinentalen Riftzonen (Wooley und Church 2005). Beispiele sind der Fen-Distrikt (Südnorwegen), die Insel Alnö (Mittelschweden), der Kaiserstuhl in Deutschland und eine Reihe magmatischer Komplexe im südlichen Afrika. Der Oldoinyo Lengai (Tansania) im Ostafrikanischen Riftsystem ist der einzige bekannte derzeit aktive Karbonatit-Vulkan. Er fördert regelmäßig Natrokarbonatit-Laven von erstaunlich niedrigen Temperaturen (<550 °C).

Wirtschaftliche Bedeutung Einige Karbonatit-Vorkommen enthalten wichtige Lagerstätten von Apatit, wie z. B. auf der Kola-Halbinsel in Russland, oder von nutzbaren Nb- und Seltenerdelement-Mineralen oder Sulfiden, wie der Phalaborwa-Komplex in Südafrika

(▶ Abschn. 21.4). Auch die weltweit größte Lagerstätte von Seltenen Erdelementen, Bayan Obo in Nordchina, ist durch karbonatitischen Magmatismus entstanden.

▪ Kimberlit

Kimberlit ist ein seltenes, aber als primäres Wirtsgestein von Diamant weithin bekanntes und wirtschaftlich relevantes vulkanisches bis subvulkanisches Gestein, das aus einer ungewöhnlichen Mischung von Einsprenglingen (Phänokristen), Xenokristen, Nebengesteinsfragmenten (Xenolithen), Gesteinsbruchstücken (Lithoklasten), Lapilli und unterschiedlichen Grundmasse-Betandteilen besteht und meist ein porphyrisches Gefüge aufweist. Kimberlit hat zwar eine ultrabasische Zusammensetzung, vergleichbar mit der eines Peridotits, ist aber im Gegensatz zu diesem stark angereichert an inkompatiblen Elementen, insbesondere an K, und volatilen Komponenten wie CO_2 (~10 Gew.-%) und H_2O (≥ 5 Gew.-%). Dies führt dazu, dass er unter anderem reich an Glimmer (Phlogopit) ist.

Geologische Stellung *Pyroklastischer Kimberlit* kommt als vulkanischer Tuff oder Schlotbrekzie vor, dic durch explosiven Vulkanismus entstanden sind und Diatreme (vulkanische Durchschlagsröhren, engl. *„pipes"*) füllen, ganz selten auch als Schlackenkegel oder Tuffringe erhalten sind (s. ▶ Abschn. 14.3). Demgegenüber steht *subvulkanischer Kimberlit,* der Intrusionskörper bildet.

Nach unten gehen Kimberlit-Diatreme in massive *Gänge* und *Lagergänge* oder kleinere Intrusionskörper über, was in diesem Bereich auf eine nicht explosive, *intrusive* Platzname des Magmas hinweist (▶ Abschn. 14.3). Wie ☐ Abb. 4.15 zeigt, benötigt Diamant zu seiner Bildung *Mindestdrücke* von 45–55 kbar (im Temperaturbereich von 1000–1500 °C), entsprechend einer minimalen Tiefe von 140–170 km. Diamant führende Kimberlite müssen somit aus großen Erdtiefen, d. h. mindestens aus dem Oberen Erdmantel stammen. Die Zusammensetzung dieser Quellregion im Erdmantel wird durch Bruchstücke von Granat-Peridotit dokumentiert, die in vielen Kimberlit-Röhren enthalten sind.

Bislang wurden in Kimberlit nur selten Höchstdruck-Minerale gefunden, die auf eine Herkunft aus der Übergangszone des Erdmantels deuten würden (s. ▶ Abschn. 29.3.3).

Mineralbestand und Gefüge Kimberlit stellt ein Mischgestein dar, das sich aus den unten aufgelisteten drei Komponenten zusammensetzt:
- *Magmatische Minerale,* die direkt aus dem Muttermagma auskristallisierten;
- *Xenokristen* und *Gesteinsbruchstücke* (~15–40 Vol.-%) aus dem zerkleinerten Nebengestein, die beim Aufstieg des Magmas durch den Erdmantel und die Erdkruste mitgerissen wurden; und

— *Verwitterungsprodukte* und *hydrothermale Neubildungen,* die nach der Platznahme des Magmas durch Einwirkung magmatischer oder meteorischer Fluide gebildet wurden.

Die jeweiligen Anteile dieser Komponenten sind höchst variabel, weswegen sich die Zusammensetzung des primären Kimberlitmagmas bislang nicht rekonstruieren ließ (z. B. Mitchell 1995; Mitchell et al. 2019; Russell et al. 2019; Foley et al. 2019): Die meisten Kimberlitvorkommen erscheinen sekundär alteriert, wobei sich Serpentin- oder Karbonat-Minerale auf Kosten von Olivin bildeten, Diopsid durch Tremolit, Phlogopit durch Vermiculit verdrängt wurde. Weitere Sekundärminerale sind Zeolithe, Hydroglimmer, Magnetit und Cr-Spinell.

Viele Kimberlite enthalten Xenolithe von Eklogit und Peridotit (Harzburgit und Lherzolith), die aus dem Erdmantel stammen. Neben Olivin treten als weniger häufige Mantelminerale Cr-reicher Pyrop-Granat (aus Peridotit), Ti-Pyrop und Almandin-reicher Granat (aus Eklogit), Mg-Ilmenit, Cr-Al-Spinell, Chromdiopsid, Orthopyroxen, Phlogopit, Zirkon und selten Baddelyit, ZrO_2, auf, ferner das meistgefragte Mineral in diesen Gesteinen, der *Diamant* (◻ Abb. 4.10).

Pyroklastischer Kimberlit wird weiter unterteilt in zwei Typen: zum einen der Diatrem-füllende KPK-Typ, benannt nach der Typlokalität in Kimberley, Südafrika, zum anderen der FPK-Typ, der als erstes im Kimberlitfeld von *Fort á la Corne* im zentralen Saskatchewan (Kanada) gefunden wurde und der sich aus der Diatrem-Fazies nach oben zu in einen Tuffring mit Maarsee entwickelt. In ersterem befinden sich in einer Grundmasse aus Serpentin und Chlorit reichlich Bruchstücke der durchschlagenen Nebengesteine, makrokristalliner Olivin und als Besonderheit *„Magmaklasten".* Diese gehen auf große Magmatropfen zurück, die zu porphyrischen Gesteinen mit Olivin-Einsprenglingen und einer feinkörnigen Grundmasse aus Phlogopit, Serpentin, Diopsid, Apatit, Spinell und Perowskit kristallisierten. Der FPK-Typ enthält blasige, juvenile Lapilli und Olivin-Einkristalle, die bei schwach explosiven Ausbrüchen freigesetzt wurden. Demgegenüber treten Bruchstücke von Nebengestein zurück.

Subvulkanischer Kimberlit bildet ein kompaktes, holokristallines Gestein, das durch ein ausgeprägt ungleichkörniges, porphyrisches Gefüge gekennzeichnet ist. Makrokristalline (0,5–10 mm ø) oder gar megakristalline (10–200 mm ø) Einsprenglinge von Forsterit-reichem Olivin (~20–30 Vol.-%) liegen in einer mittelkörnigen Grundmasse, die aus Olivin, Mg-Cr-Ti-reichem Spinell, Monticellit, $CaMg[SiO_4]$, Glimmer (Mischkristalle der Reihe Ba-Phlogopit–Kinoshitalit, $Ba(Mg,Fe^{2+})_3[(OH,F)_2/Al_2Si_2O_{10}])$, Perowskit, $CaTiO_3$, Apatit und gelegentlich Calcit besteht. Diese werden ihrerseits von einer spät gebildeten, feinkörnigen Grundmasse

umgeben, die überwiegend aus Karbonat (Calcit und/oder Dolomit) und Serpentin, besteht. Viele der Makrobis Megakristalle von Olivin sind nicht aus einer Kimberlit-Schmelze kristallisiert, sondern stammen als Xenokristalle aus der Ursprungsregion im tiefen Erdmantel. Sie sind eckig bis rundlich ausgebildet und weisen stark variierende Fo-Gehalte auf. Einige von ihnen stellen xenomorphe Kerne (~Fo_{83-94}, 0,05–0,55 Gew.-% NiO) dar, die im aufsteigenden Kimberlitmagma weitergewachsen sind. Die idiomorphen Randzonen haben relativ konstante Forsterit-Gehalte von ~$Fo_{88-89,5}$, während die NiO-Gehalte beim Wachstum von 0,4 (innen) bis 0,05 Gew.-% (außen) abnehmen. Selten sind dünne Zwischenzonen unterschiedlicher Zusammensetzung entwickelt (Giuliani 2018).

Vorkommen und Alter Wie in ▶ Abschn. 29.3.1 gezeigt wird, treten Kimberlite ausschließlich in präkambrischen Kontinentalschilden (Kratonen) auf, so im südlichen und westlichen Afrika, in Sibirien, in Kanada, Indien und Finnland. Durch die Entwicklung ortsauflösender Analysenmethoden wie LA-ICP-MS oder SIMS (▶ Abschn. 33.5.3), durch die heute winzige Mineralkörner (~20 µm ø) praktisch zerstörungsfrei analysiert werden können, hat die Zahl der genauen radiometrischen Altersdatierungen von Kimberliten sehr stark zugenommen. Besonders aussagekräftig sind die mehr als 1000 Altersdaten, die bislang durch ortsauflösende U–Pb-Analyse von Perowskit in der Grundmasse von Kimberliten gewonnen wurden, denn sie vermitteln direkte Hinweise auf die Alter von Kimberlitmagmen. Dabei ergab sich überraschend, dass Kimberlit-Intrusionen von eindeutig archaischem Alter fehlen und proterozoische Kimberlite mit einem Altersintervall von 1200–1050 Ma relativ selten sind (z. B. die Premier Pipe in Südafrika). Demgegenüber haben ca. 84 % der Kimberlitvorkommen phanerozoische Alter (< 541 Ma); davon sind 27 % paläozoisch, 51 % mesozoisch und 6 % känozoisch, mit deutlichen Altersmaxima bei 600–480 Ma, 400–320 Ma und 170–50 Ma. Ein rezenter Ausbruch eines Kimberlit-Vulkans wurde bislang nicht beobachtet – der jüngste Kimberlit, im Vulkan Iwisi Hills (Tansania), hat ein quartäres Alter von ~12.000 Jahren (Heaman et al. 2019).

Wirtschaftliche Bedeutung Als primäres Wirtsgestein von schleifwürdigem Diamant (◻ Abb. 4.10, 4.14) hat Kimberlit eine besondere wirtschaftliche Bedeutung gewonnen (▶ Abschn. 4.3).

- **Lamproit**

Auch Lamproit ist ein ultramafischer und gleichzeitig sehr K-reicher Magmatit, sogar noch deutlich K-reicher als Kimberlit. Er tritt wie Kimberlit bevorzugt in alten Kratonen auf, meist in Form von Gängen.

Lamproit besteht in unterschiedlichen Mengenanteilen aus Forsterit-reichem Olivin, Ti-reichem Phlogopit, Pyroxen (typischerweise Diopsid, der von Ti-Ägirin umrandet ist), Ba-reichem Leucit, Sanidin und Amphibol (Ti-K-Richterit), die alle in der Grundmasse, aber auch als Einsprenglinge vorkommen können, wobei Olivin und Phlogopit Megakristen bilden. Akzessorien sind: Perowskit, Spinell, K-Ba-reicher Titanit, Nephelin, Sr-reicher Apatit, Seltenerdelement-reiche Phosphate, Nb-führender Rutil und Mn-führender Ilmenit. Mit der Diamantmine Argyle (Westaustralien) wurde 1983 die erste Diamantlagerstätte, die nicht an einen Kimberlit, sondern an einem Lamproit gebunden ist, in Abbau genommen. Diese Entdeckung zog ein verstärktes Interesse an Lamproit nach sich.

Literatur

Abu El-Enen MM, Lorenz J, Ali KA, von Seckendorff V, Okrusch M, Schüssler U, Brätz H, Schmitt R-T (2018) A new look on Imperial Porphyry – a famous ancient dimension stone from the Eastern Desert of Egypt: Petrogenesis and cultural relevance. Int J Earth Sci 108:2393–2408

Brögger WC (1921) Die Eruptivgesteine des Kristianiagebietes, IV. Das Fengebiet in Telemark, Norwegen. Vit Selsk Skr Mat Nat Klasse 1920, 1, 494 pp. Kristiania (Oslo)

Carmichael ISE, Turner FJ, Verhoogen J (1974) Igneous Petrology. McGraw-Hill, New York

Castillo PR (2012) Adakite petrogenesis. Lithos 134:304–316

Defant MJ, Drummond MS (1990) Derivation of some modern arc magmas by melting of young subducted lithosphere. Nature 347:662–665

Giuliani A (2018) Insights into kimberlite petrogenesis and mantle metasomatism from a review of the compositional zoning of olivine in kimberlites worldweide. Lithos 312(313):322–342

Heaman LM, Phillips D, Pearson DG (2019) Dating kimberlites: Methods and emplacement patterns through times. Elements 15:399–404

Hildreth W (2001) Unpublizierter Vortrag bei der Penrose Conference „Longevity and dynamics of rhyolithic magma systems", cit. Charlier et al. (2005)

Jahn BMM, Glikson AY, Peucat J-J, Hickman AH (1981) REE geochemistry and isotopic data of Archean silicic volcanics and granitoids from the Pilbara Block, western Australia: Implications for the early crustal evolution. Geochim CosmochimActa 45:1633–1652

Klemm R, Klemm D (1993) Steine und Steinbrüche im alten Ägypten. Springer, Berlin New York

Le Bas MJ, Le Maitre RW, Streckeisen A, Zanettin B (1986) A chemical classification of volcanic rocks based on the total alkali–silica diagram. J Petrol 27:745–750

Le Bas MJ, Streckeisen AL (1991) The IUGS systematics of igneous rocks. J Geol Soc London 148:825–833

Le Bas MJ, Le Maitre RW, Woolley AR (1992) The construction of the total alkali–silica chemical classification of volcanic rocks. Mineral Petrol 46:1–22

Le Maitre RW (Hrsg) (2004) Igneous Rocks. A Classification and Glossary of Terms, 2. Aufl. Cambridge University Press, Cambridge, UK

Lorenz J (2012) „Porfido verde antico" von Krokees, Lakonien, Peloponnes, Griechenland. Der originale Fundort zwischen Faros und Stefania. In: Lorenz J (Hrsg.) Porphyr. Mitt naturwiss Mus Aschaffenburg 26:24–41

Martin H, Chauvel C, Jahn BM (1983) Major and trace element geochemistry and crustal evolution of granodioritic Archean rocks from eastern Finland. Precambrian Res 21:159–180

Martin H, Smithies RH, Rapp R, Moyen J-F, Champion D (2005) An overview of adakite, tonalite-trondhjemite-granodiorite (TTG), and sanukitoid: Relationships and some implications for crustal evolution. Lithos 79:1–24

Mitchell RH (1995) Kimberlites, Orangeites, and Related Rocks. Plenum Press, New York, S 410

Mitchell RH, Giuliani A, O'Brien H (2019) What is a kimberlite? Petrology and mineralogy of hypabyssic kimberlites. Elements 15:381–386

Nockolds SR (1954) Average chemical composition of some igneous rocks. Bull Geol Soc America 65:1007–1032

Rollinson H (1993) Using Geochemical Data: Evaluation, Presentation, Interpretation. Longman, Harlow, Esscx

Russell JK, Sparks RSJ, Kavanagh JL (2019) Kimberlite volcanology: Transport, ascent and eruption. Elements 15:405–410

Streckeisen AL (1967) Classification and nomenclature of igneous rocks (Final report of an inquiry). Neues Jahrb Mineral Abhandl 107:144–240

Streckeisen AL (1974) Classification and nomenclature of plutonic rocks. Geol Rundsch 63:773–788

Streckeisen AL (1980) Classification and nomenclature of volcanic rocks, lamprophyres, carbonatites and melilitic rocks. IUGS Subcommission on the Systematics of Igneous Rocks. Geol Rundsch 69:194–207

Verma SP, Torres-Alvarado IS, Velasco-Tapia F (2003) A revised CIPW norm. Schweiz Mineral Petrogr Mitt 83:197–216

Wimmenauer W (1985) Petrographie der magmatischen und metamorphen Gesteine. Enke, Stuttgart

Woolley AR, Bergman S, Edgar AD et al (1996) Classification of lamprophyres, lamproites, kimberlites, and the kalsilitic, melilitic, and leucitic rocks. Canad Mineral 34:175–186

Woolley AR, Church AA (2005) Extrusive carbonatites: a brief review. Lithos 85:1–14

Yoder HS, Tilley CF (1962) Origin of basalt magmas: An experimental study of natural and synthetic rock systems. J Petrol 3:342–532

Vulkanismus

Inhaltsverzeichnis

© Springer-Verlag GmbH Deutschland, ein Teil von Springer Nature 2022
M. Okrusch und H. E. Frimmel, *Mineralogie,*
https://doi.org/10.1007/978-3-662-64064-7_14

14

Einleitung

Der aktive Vulkanismus ist für Geologen und Petrologen von besonderem Interesse, da er einer der wenigen geologischen Prozesse ist, die sich unmittelbar beobachten lassen. Vulkane sind geologische Strukturen, die durch den Ausbruch von magmatischen Schmelzen und/oder Gasen aus dem Erdinnern an die Erdoberfläche oder auf den Meeresboden entstehen. Als Vulkane im geographischen Sinne bezeichnet man die Hügel oder Berge, die durch Anhäufung von vulkanischem Gesteinsmaterial gebildet wurden.

Es gibt heute mehrere Hundert aktive Vulkane, davon einige mit Dauertätigkeit, von denen der Stromboli in den Äolischen Inseln, der Ätna in Sizilien und der Kilauea auf Hawaii die bekanntesten sind. Als prominente Beispiele seien ferner erwähnt: Yasur (Vabuatu-Archipel, Pazifik), Merapi (Java, Indonesien), Erta Ale (NO-Äthiopien), Nyiragongo und Nyanmuragiva (DR Kongo), Piton de la Fournaise (Réunion), Erebus (Antarktis), Sangay (Ecuador) und Santa Maria (Guatemala). Der Izalco in El Salvador befand sich als „Leuchtturm des Pazifik" von 1770 bis 1957 in Dauertätigkeit. Wie ◯ Abb. 14.1 zeigt, konzentrieren sich die jungen und aktiven Vulkane auf die tektonisch mobilen Zonen der Erde, die gleichzeitig durch große Erdbebenhäufigkeit gekennzeichnet sind. Diese sind die divergenten Plattenränder (mittelozeanische Rücken), die konvergenten Plattenränder (über Subduktionszonen und in kontinentalen Kollisionszonen), die intrakontinentalen Riftzonen und schließlich die Gebiete über thermischen Anomalien im Erdmantel, die sogenannten Manteldiapire („*plumes*") mit den in der Erdkruste darüber liegenden kleinräumigeren „*hot spots*" (▶ Abschn. 19.1), insbesondere ozeanische Inseln wie Hawaii.

Für die Bevölkerung in den betroffenen Gebieten ist es eine Existenzfrage zu wissen, ob ein Vulkan wirklich erloschen ist oder ob der Vulkanismus nur ruht. So galt der Vorläufervulkan des Vesuvs in Italien, der Monte Somma, lange Zeit als erloschen, bis er im Jahre 79 n. Chr. wieder einen verheerenden Ausbruch erlebte.

Nach einer Abschätzung von Bottinga et al. (1983) werden auf der Erde in jeder Sekunde etwa 1300 t Lava gefördert, der weitaus größte Anteil davon submarin.

Die grundlegenden Typen der vulkanischen Förderung sind durch den Anteil an leichtflüchtiger Komponenten in magmatischen Schmelzen bedingt, aber auch durch den Dichteunterschied zwischen Magma und Nebengestein sowie die Viskosität des Magmas.

— Magmen basaltischer bis andesitischer Zusammensetzung haben bedingt durch ihre relativ hohe Temperatur sowie den niedrigen Gehalt an SiO_2 eine niedrige Viskosität, was zu effusiver Förderung in Form von dünnflüssigen Lavaströmen führt. Dies setzt einen externen Druck auf das Magma voraus, um es zum Aufstieg zu zwingen. Andernfalls bleiben solche Magmen, aufgrund ihrer relativ hohen Dichte, die oft der des Nebengesteins ähnelt, in der Erdkruste stecken und breiten sich dort seitwärts in bestehende Schwächezonen aus.

— Magmen dacitischer bis rhyolithischer Zusammensetzung weisen hingegen typischerweise eine hohe Viskosität auf, da sie kühler sind und einen höheren SiO_2-Gehalt besitzen. Gleichzeitig ist auch ihr Gehalt an volatilen Phasen höher, was die Aufstiegsrate erhöht und dann häufig zu explosiven Eruptionen führt.

14.1 Effusive Förderung: Lavaströme

Der überwiegende Teil der effusiv geförderten Laven ist dünnflüssig und heiß. Sie besitzen basaltische Zusammensetzung (mit 45–52 % SiO_2) und bilden gewöhnlich Lavaströme (◯ Abb. 14.2, 14.3), die – auch auf flach geneigten Hängen – mehr als 150 km weit fließen können, wobei der individuelle Strom oft nur Mächtigkeiten in der Größenordnung von 1–10 m erreicht. Der effusive Vulkanismus kann riesige Gebiete in Mitleidenschaft ziehen. So wurden bei der Spalteneruption des Vulkans Laki auf Island in den Jahren 1783/1784 schätzungsweise ~ 7200–8700 m³ Lava pro Sekunde gefördert (Tordasson und Self 1993). Zum Vergleich: Der Rhein bei Köln führt normalerweise 2000 m³/s! Demgegenüber sind viskosere Laven naturgemäß viel weniger geeignet, große Entfernungen zurückzulegen; sie können daher nur auf steilen Hängen fließen. Deswegen bilden SiO_2-reichere rhyolithische Laven viel seltener Ströme, wie z. B. der berühmte Obsidianstrom von Rocche Rosse auf Lipari. Wiederholte effusive Tätigkeit kann zum Aufbau von reinen Lavavulkanen führen, die meist basaltische Zusammensetzung haben.

Heiße, dünnflüssige und gasarme Basaltlaven bezeichnet man als *Pahoehoe-Laven* (sprich pah'-ho-ih-ho-ih), ein Ausdruck, der zunächst auf Hawaii verwendet wurde. Solche Lavaströme weisen glatte, durchge-

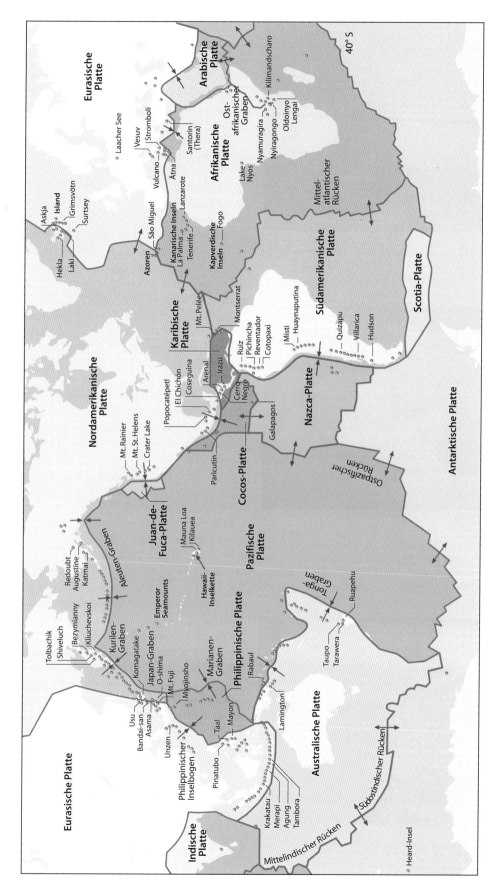

◘ Abb. 14.1   Vulkanismus und Plattentektonik: globale Verteilung aktiver und ruhender Vulkane und die wichtigsten Lithosphärenplatten; zu erkennen ist eine eindrucksvolle Konzentration der vulkanischen Aktivität an den konvergenten Plattenrändern oberhalb von Subduktionszonen *(konvergierende Pfeile)*. Von den zahlreichen Vulkanen an divergenten Plattenrändern, insbesondere an mittelozeanischen Rücken *(divergierende Pfeile)* sind nur solche dargestellt, die aus dem Meeresspiegel herausragen. Für den rezenten Hot-Spot-Vulkanismus im ozeanischen und kontinentalen Intraplattenbereich gibt es nur wenige, aber prominente Beispiele. (Mod. nach Schmincke 2006)

Abb. 14.2 Ausbruch des Ätna im Jahr 1975: Zu erkennen ist der aktive Krater mit strombolianischer Tätigkeit und der daraus ausfließende Lavastrom. (Foto: Manfred Pfleghaar, Heidenheim)

14

Abb. 14.3 Pahoehoe-Lava vom 16. Juli 1991, Kilauea, Insel Big Island, Hawaii, nahe der Mündung in den Pazifischen Ozean: die glutflüssige Lava ist von einer dünnen Erstarrungshaut überzogen, die teils glatt, teils gerunzelt ist: Fladen- und Stricklava. (Foto: Pete Mouginis-Mark, University of Hawaii)

Abb. 14.4 Stricklava von 1858, Vesuv, Italien. (Foto: Martin Okrusch)

hende, wulstige bis seilartige Oberflächen und dünne Fließeinheiten auf (Schmincke 2006). Bei konstanter Fließgeschwindigkeit bildet sich eine Haut mit glatter oder gestriemter Oberfläche (Abb. 14.3), sog. *Fladenlava*. Bei Beschleunigung der Fließbewegung wird die Erstarrungshaut in Schollen zerbrochen und es bildet sich *Schollenlava*. Störungen des Fließvorgangs bei noch nicht ganz erstarrter Haut führen zur Bildung von *Seil-* oder *Stricklava* (Abb. 14.3, 14.4). Mit abnehmender Temperatur eines Lavastroms geht Pahoehoe-Laven in *Aa-Lava* (sprich ah-ah') oder Brockenlava über, die wegen ihrer höheren Viskosität langsamer fließt. Oft spielt auch eine steigende Verformungsrate, z. B. beim Fließen über einen steilen Hang eine zusätzliche Rolle. Wenn die Viskosität und die Verformungsrate zu hoch werden, beginnt der Lavastrom zu „klumpen"; an seiner Oberseite bilden sich zackige bis rundliche, z. T. aufgeblähte Schlacken, die von der Stirn des Lavastroms herunterfallen und von diesem überfahren werden. So entsteht die typische Zonierung von Aa-Strömen: Top- und Basis-Brekzien, randliche Schlackenwälle und ein massives Zentrum (Schmincke 2006). Beim Abkühlen mächtigerer, kompakter Lavaströme tritt ein Volumenverlust ein. Dieser wird über ein System von polygonalen Klüften ausgeglichen, die senkrecht zur Abkühlungsfläche stehen, was in säulenförmiger Absonderung resultiert. Dies ist besonders bei basaltischen Lavaströmen der Fall, was zum Begriff *Säulenbasalt* führt (Abb. 14.5). In Lavatunneln sind diese Säulen radial angeordnet.

Bei *submariner* Förderung von Lava entstehen schlauchartige kissenförmige Laven, die entsprechend als *Kissenlava* (engl. „*pillow lava*") bekannt sind. Entscheidend für ihre Bildung ist die rasche Abschreckung im Kontakt mit kaltem Meerwasser, durch die sich an der Lavaoberfläche eine dünne Glaskruste bildet. Die umlaufende Kruste, Sackungsformen und radialstrahlige Absonderung der einzelnen Kissen sind Hinweise darauf, dass sich diese noch im plastischen Zustand übereinander lagerten (Abb. 14.6, 14.7). Dabei wurde die Glashaut zerrieben und in den Zwickel zwischen den Kissen angereichert. Solche Anhäufungen von Glasscherben bezeichnet man als *Hyaloklastit;* er wird durch Reaktion mit dem Meerwasser häufig zu einer kollophoniumartigen, bräunlich, gelblich oder orangefarbigen Substanz, dem *Palagonit* zersetzt (Abb. 14.7). Kissenbasalt kann auch dort entstehen, wo Lava in Kontakt mit feuchtem Schlamm oder mit Gletschereis gerät. Anhäufungen von zerbrochenen Kissen in einer Tuffmatrix bezeichnet man als *Pillowbrekzie;* diese entstehen häufig, wenn submarin geförderte Laven an steilen Hängen abfließen.

Abb. 14.5 Säulenbasalt der Vulkaninsel Staffa (Innere Hebriden, Schottland). Die mittleren, säulenförmig ausgebildeten Bereiche des Lavastroms sind langsam abgekühlt, die oberen und unteren Bereiche rasch. (Foto: Martin Okrusch)

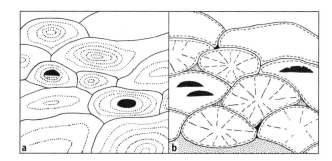

Abb. 14.6 Schematische Querschnitte durch Lavaströme von **a** subaerisch ausgeflossener Pahoehoe-Lava und **b** submariner Kissenlava; während die einzelnen Lappen der Pahoehoe-Lava nur konzentrische Absonderung zeigen, sind die Kissen der Kissenlava durch radialstrahlige Absonderung gekennzeichnet und werden von einer glasigen Außenhaut umgeben. Die Zwickel zwischen den Kissen sind mit einer Mischung von Hyaloklastit und Sediment-Material gefüllt (gepunktet). Hohlräume sind schwarz dargestellt. (Verändert nach MacDonald 1972)

■ **Schildvulkane**

Schildvulkane sind schildartig flache, in ihrem Grundriss nahezu kreisförmige Vulkanbauten. Viele ozeanische Inseln stellen Schildvulkane dar. Ihre Hangneigung beträgt meist nicht mehr als 4–6°. Der Name leitet sich vom Buckelschild römischer und mittelalterlicher Krieger ab, dem sie in ihrer Form gleichen. Neben den Flutbasalten gehören die Schildvulkane vom *Hawaii-Typ* zu den größten zusammenhängenden vulkanischen Gesteinskörpern der Erdoberfläche. So besitzt der Mauna Loa einen Basisdurchmesser von ca. 120 km, ist ca. 9 km hoch und ragt über 4 km aus dem Meer heraus (s. ► Abschn. 32.1.3). Wichtige Schildvulkane auf Hawaii sind ferner der Mauna Kea und der kleinere Kilauea mit seinen Parasitärvulkanen Mauna Ulu (tätig 1969–1974) und Puʻu Oʻo (tätig 1983–2018). Demgegenüber sind die Schildvulkane

vom *Islandtyp* deutlich kleiner und besitzen steilere Flanken. Der größte bislang bekannte Schildvulkan ist der Mons Olympus auf dem Mars mit einem Basisdurchmesser von 550–600 km und einer Höhe von ca. 26.000 m über NN (s. ► Abschn. 32.1.3).

Schildvulkane entstehen durch Übereinanderfließen zahlreicher dünnflüssiger Lavaströme, die häufig aus *Spalten* gefördert werden *(Spalteneffusionen)*. Bei der Eruption können durch aneinandergereihte Lavafontänen spektakuläre Lavavorhänge (engl. *„curtains of fire"*) entstehen, ein Prozess, für den der Kilauea-Vulkan auf Hawaii besonders berühmt ist. Sie wurden auch bei der Eruption des Bárðarbunga beobachtet, der größten in Island seit 200 Jahren. Dabei wurden zwischen dem 31. August 2014 und dem 27. Februar 2015 $1{,}6 \pm 0{,}3$ km³ Lava und $11{,}8 \pm 5$ Mt SO_2 gefördert (Gíslason et al. 2015). Während der 85 Tage dauernden Spalteneruption des Cumbre Vieja (19.9. - 13.12.2021) wurden rund 12 km² im Süden der Kanarischen Insel (La Palma) von Lava bedeckt und das Dorf Todoque vollständig zerstört.

Daneben gibt es auch Gipfel-Effusionen aus einem *zentralen Förderkanal,* bei denen steilwandige Einsturzkrater entstehen, die dann mit heißer, dünnflüssiger Lava gefüllt werden. Einsturzkrater können auch aus Spalteneruptionen hervorgehen. Ein berühmtes Beispiel ist der Pitkrater Halemaumau auf dem flachen Gipfelplateau des Kilauea, in dem im Zeitraum von 1823 bis 1924 ein spektakulärer Lavasee existierte (■ Abb. 14.8). 2008 entstand an gleicher Stelle wieder ein kleiner Lavasee, dessen Spiegel 20–150 m tiefer als der seinerzeitige Kraterboden lag und der letztlich 2018 wieder verschwand.

■ **Kontinentaler Flutbasalt (Plateaubasalt)**

Große magmatische Provinzen, die aus kontinentalem Flutbasalt *(Plateaubasalt, "continental flood basalt",* CFB) aufgebaut sind, entstehen durch flächenhaft aus-

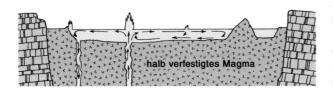

☐ Abb. 14.7 Basaltkissen aus einem submarinen Lavastrom, der von einem Vorläufer-Vulkan des Ätna ausfloss. Die gelbliche Substanz in den Zwickeln zwischen den Kissen ist Hyaloklastit, der in Palagonit umgewandelt wurde. Burgfelsen von Aci Castello (Sizilien); Bergschuh als Größenvergleich. (Foto: Martin Okrusch)

☐ Abb. 14.8 Durchschnitt durch den Lavasee Halemaumau im Gipfelplateau des Kilauea (Hawaii) mit Lavazirkulation im See mit primären und sekundären Lavafontänen. (Modifziert nach MacDonald 1972)

14

gedehnte Lava-Überflutungen, die sich innerhalb kontinentaler Platten gebildet haben und fast stets aus linearen Spalten gefördert wurden.

Mehr als 6 Mio. km² der Festländer sind seit Beginn des Mesozoikums von basaltischen Laven überflutet worden. Im kontinentalen Bereich der Erdkruste bildeten sich daraus im Lauf geologischer Zeiträume ausgedehnte Plateaus mit Mächtigkeiten bis zu etwa 3000 m, deren treppenartige Geländeformen zur Bezeichnung *Trappbasalte* (von schwedisch „trappa" = Treppen) Anlass gaben. Dabei sind die einzelnen Teildecken meistens nur 5–15 m mächtig, können jedoch bis 50 m erreichen. Zwischengeschaltet sind Sedimentschichten sowie Aschen- und Schlackenlagen, aber auch große Lagergänge, die durch mehrfache Intrusionen von basaltischem Magma entstanden (Cawthorn 2012). Das größte Vorkommen von kontinentalem Flutbasalt befindet sich in Sibirien. Dieser Sibirische Trapp ist heute noch in einer Ausdehnung von 2,5 Mio. km² aufgeschlossen (z. B. Saunders und Reichow 2009), liegt aber zum größeren Teil noch unter Bedeckung. Er ist mehrere Kilometer mächtig. Präzise U–Pb-Datierungen ergaben für den untersten Lavastrom ein Alter von $251{,}7 \pm 0{,}4$ Ma, für einen der jüngsten Lavaströme $251{,}1 \pm 0{,}3$ Ma (Ma = Millionen Jahre).

Daraus kann man schließen, dass diese gewaltige Lavamasse in einem Zeitraum von weniger als 1 Mio Jahre gefördert wurde (Kamo et al. 2003). Weitere Flutbasalt-Vorkommen befinden sich im Parana-Becken (Südamerika: 750.000 km²), im Gebiet des Columbia und Snake Rivers (Nordwesten der USA: 400.000 km²), in Indien (Dekkan-Trapp: 650.000 km²), im Emeishan-Gebiet (China) sowie in den Karoo- und Etendeka-Gebieten im südlichen Afrika. In Europa treten Plateaubasalte besonders in Schottland, Island und Südschweden auf. Die Förderung solcher Lavamassen, die rezent nicht mehr beobachtet wurde, muss erhebliche globale Auswirkungen auf Klima und Vegetation gehabt haben. Sie ist wahrscheinlich eine wesentliche Ursache von Massenaussterbeereignissen (engl. *„mass extinction events"*) im Phanerozoikum (z. B. Kamo et al. 2003; Ernst et al. 2005; Saunders und Reichow 2009). So fällt die Förderung der sibirischen Flutbasalte im Zeitraum 251–252 Ma genau mit dem einschneidenden Massenaussterbeereignis an der Perm-Trias-Grenze zusammen, die auf $251{,}4 \pm 0{,}3$ Ma datiert wurde. Das Massenaussterben an der Kreide-Tertiär-Grenze vor 66 Ma, berühmt für das Aussterben der Dinosaurier, fällt zeitlich mit der Eruption der Dekkan-Trapps zusammen, aber auch mit einem gigantischen Impaktereignis. Ob das eine oder das andere Ereignis, oder beide in Kombination für das Massenaussterben verantwortlich waren, ist nach wie vor Gegenstand wissenschaftlicher Untersuchungen (Henehan et al. 2019; Hull et al. 2020; s. ► Abschn. 31.1).

▪ Submarine Effusionen (Ozeanboden-Basalte)

Submarine Effusionen finden in erster Linie im Bereich der mittelozeanischen Rücken statt, wo ozeanische Kruste ständig neu gebildet und durch *„sea floor spreading"* von diesen divergenten (konstruktiven) Plattengrenzen mit Geschwindigkeiten von einigen Zentimetern pro Jahr wegbewegt wird. Die Vulkane der mittelozeanischen Rücken bestehen zu einem großen Teil aus Strömen von Kissenlaven (☐ Abb. 23.8d); diese sind aus verzweigten Lavaschläuchen aufgebaut, deren Größe von der Basis nach oben abnimmt. Tiefbohrungen haben jedoch gezeigt, dass in diese Kissenlaven häufig mehrere Meter mächtige, kompakte Lavadecken zwischengeschaltet sind. Sie wurden wahrscheinlich am Anfang einer Eruption und mit höherer Eruptionsrate gefördert als die Kissenlaven (Schmincke 2006).

Darüber hinaus weiß man heute, dass es auch am Ozeanboden große Flutbasalt-Plateaus gibt, die die kontinentalen Flutbasalte an Ausdehnung noch übertreffen, so das Otong-Java-Plateau (West-Pazifik), das Kerguelen-Plateau (Süd-Indik), das Broken-Ridge-Plateau (Süd-Indik) u. a. (Coffin und Eldholm 1994).

Das Shatsky-Rise-Plateau auf dem NW-Teil der Pazifischen Platte enthält den größten bislang bekannten Vulkan-Komplex unserer

Erde, das Tamu-Massiv, das eine Ausdehnung von 2,5 Mill. km² besitzt. Nach radiometrischen Altersbestimmungen mit der Ar–Ar-Methode (▶ Abschn. 33.5.3) erfolgte der letzte Ausbruch in der unteren Kreide-Zeit, vor 133,9 ± 2,3 Ma (Geldmacher et al. 2014).

Produkte des submarinen Vulkanismus sind schließlich „*seamounts*" und die Sockel vulkanischer Inseln. Sieht man von der dünnen Bedeckung durch Meeressedimente ab, besitzen die am heutigen Ozeanboden anstehenden Basalte, die in einem Zeitraum von der späten Trias bis heute gefördert wurden und noch werden, insgesamt eine gewaltige Ausdehnung, die um ein Vielfaches größer ist als die der kontinentalen Flutbasalte. Zusammen mit diesen gehören die ozeanischen Flutbasalte zu den *großen magmatischen Provinzen* (engl. „*large igneous provinces*", LIP), die auf Manteldiapire (engl. „*plumes*") zurückgeführt werden (Ernst et al. 2005; Kerr et al. 2005).

14.2 Extrusive Förderung

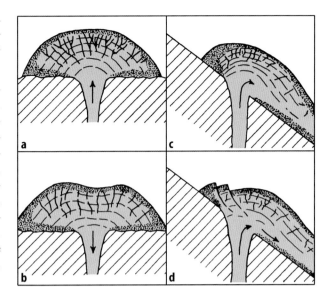

❏ **Abb. 14.9** Schematische Querschnitte von Lavadomen mit angedeuteten Fließlinien bzw. Rissen und brekziösen Randzonen (gepunktet). Dom auf annähernd flachem Gelände: **a** beim Lavaaufstieg, **b** nach Zurücksacken der Lava in den Schlot; Dom auf geneigtem Hang: **c** Anfangsstadium, **d** Abreißen und Abfließen des Doms. (Modifiziert nach MacDonald 1972)

> Sehr viskose Laven, meist von Rhyolith-, Trachyt-, Phonolith- oder Dacit-Zusammensetzung (55–75 % SiO₂), können nur schwer fließen. Sie werden daher teigartig herausgepresst und bilden steilwandige Lavamassen über der Ausbruchsstelle, die bei der Erstarrung zu Blöcken zerfallen. Man bezeichnet diese daher als *Blocklava*. Einige dieser Lavaströme, besonders solche rhyolithischer Zusammensetzung, erstarren rasch zu einem vulkanischen Glas. Dadurch entsteht massiver Obsidian, der mit poröserem Bimsstein wechsellagern kann. Beispiele sind der berühmte Rocche Rosse auf der Insel Lipari, Äolische Inseln (Italien), sowie die Lavaströme der Newberry-Caldera in Oregon (USA).

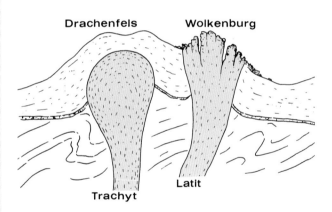

❏ **Abb. 14.10** Quellkuppe und Staukuppe: Die Quellkuppe des Drachenfelses mit Tuffmantel; Staukuppe der Wolkenburg ohne jede vorherige Tuffbedeckung wie aus dem diskordanten Verband zu erkennen ist; Siebengebirge am Rhein, Nordrhein-Westfalen. (Rekonstruktion der Situation vor der Erosion und Abtragung, nach Scholtz 1931)

- **Lavadome (Staukuppen, Quellkuppen)**

Lavadome wachsen durch Nachrücken des hochviskosen Magmas von innen heraus oder durch Stapelung kurzer, viskoser Lavaströme. Wenn die Lava erstarrt, wird ihre Oberfläche rissig und es entsteht eine brekziöse Außenzone. An steileren Hängen kann es zum Abreißen des Lavadoms im heißen, nur oberflächlich erstarrten Zustand kommen (❏ Abb. 14.9), was zum Abgehen katastrophaler *Glutlawinen* („*nuée ardente*") führt. Beispiele von *Staukuppen* sind der Lassen Peak (Kalifornien), Teile des Mount Saint Helens (Washington, zuletzt 1980 ausgebrochen) und andere junge Vulkane der nordwestamerikanischen Vulkankette, die bei der Subduktion der Juan-de-Fuca-Platte unter die Nordamerikanische Platte aktiv geworden sind (❏ Abb. 14.1), ferner der Puy de Dôme in der Auvergne

(Frankreich). Im Unterschied zu den Staukuppen sind die *Quellkuppen* unter Bedeckung gebildet worden, wie der Hohentwiel im Hegau oder der Drachenfels im Siebengebirge (❏ Abb. 14.10). Staukuppen und Quellkuppen bilden meistens Bergkegel mit steilen Flanken.

- **Lavanadeln (Stoßkuppen)**

Wenn die Lava ganz besonders zäh ist, wird sie bereits beim ersten Kontakt mit der Luft praktisch fest. Sie wird dann aus dem Schlot als kompakter Lavapfropfen herausgeschoben, der insgesamt glasig erstarrt oder im Inneren noch glutflüssig, aber sehr viskos ist. Manchmal brechen die oberen Teile ab und es können noch kleinere Felsnadeln aus der Spitze herausgedrückt werden. Lavanadeln entstehen relativ selten, und zwar meist in Verbindung mit älteren Lavadomen, wie das bei der berühmten Felsnadel der Montagne Pelée auf der Insel Martinique in den Kleinen Antillen der Fall war. Im Anschluss an eine verheerende Glutlawinen- und Glutwolkentätigkeit (s. ▸ Abschn. 14.3) wurde die Lavanadel von November 1902 bis September 1903 aus dem Vulkankrater fast senkrecht herausgedrückt und erreichte eine Höhe von 350 m, wobei mehrere Wachstums- und Abbruchphasen miteinander abwechselten und zuletzt noch eine zweite, kleinere Nadel entstand. Nach mehr als 100 Jahren ist dieses interessante Vulkangebäude durch Erosion fast völlig abgetragen.

14.3 Explosive Förderung

Explosive Vulkanausbrüche gehören zu den verheerendsten geologischen Ereignissen, die in der Menschheitsgeschichte gewaltige Opfer gefordert haben. Besonders tragische Ereignisse sind die Ausbrüche des Tambora (1815) und des Krakatau (1883) in Indonesien, mit 93.000 bzw. 36.000 Toten, sowie des Montagne Pelée (1902) auf der Insel Martinique in den Kleinen Antillen mit 29.000 Toten. Auch in der Menge des geförderten pyroklastischen (griech. $\pi\acute{\upsilon}\rho$ = Feuer, $\kappa\lambda\alpha\sigma\tau\acute{o}\varsigma$ = in Stücke gebrochen) Materials ist der explosive Vulkanismus von größter Bedeutung und wird nur noch von submarinen Effusionen übertroffen. An Land machen pyroklastische Gesteine über 90 % der vulkanischen Förderungen in historischer Zeit aus (Sapper 1927).

— Der erste Schritt für einen explosiven Vulkanausbruch ist zunächst der rasche Auftrieb des Magmas im Schlot, ausgelöst entweder durch Dichteerniedrigung des Magmas infolge der Kristallisation von Mineralen an den Seitenwänden einer Magmakammer oder durch Druckerhöhung infolge neuer, nachströmender Magmenschübe aus der Tiefe.
— Der zweite Schritt, d. h. die Blasenbildung und explosive Beschleunigung, wird dann durch zwei Vorgänge ausgelöst, die sich überlagern können: (1) durch Übersättigung an magmatischen Gasen oder (2) durch Wechselwirkung mit externem Wasser, insbesondere Grundwasser, und einen daraus resultierenden *phreatomagmatischen Ausbruch* (Schmincke 2006).

Pyroklastische Systeme bestehen aus mehreren Zonen (◨ Abb. 14.11). Die Blasenbildung setzt im Dachbereich der Magmakammer ein und verstärkt sich im

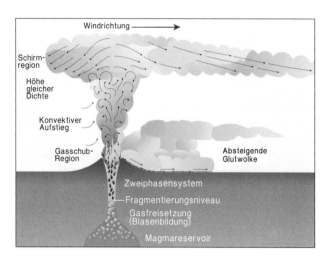

◨ **Abb. 14.11** Schematische Darstellung eines pyroklastischen Systems: *Magmasäule* mit nach oben zunehmender Blasenbildung, *Fragmentierungsniveau* und Umkippen in ein *Zweiphasensystem*, in dem Schmelz- und Gesteinsbruchstücke in einem Gas verteilt sind; die *Eruptionssäule* gliedert sich in die *Gasschubregion* mit turbulenter Luftaufnahme, den *konvektiven Aufstieg* und die *Schirmregion*. Gravitativer Kollaps der Eruptionssäule oder Teile davon führt zu einer absteigenden *Glutwolke*, aus der eine Aschenwolke aufsteigt. (Modifiziert nach Schmincke 2006)

Schlot. Wenn das Blasenvolumen etwa 65 % erreicht hat, kippt das System und es kommt zur *Fragmentierung* des Magmas, wobei die Scherung der aufsteigenden Schmelze eine entscheidende Rolle spielt. Das System besteht jetzt aus Lavafetzen, aber auch aus Gesteinsbruchstücken und Kristallen, die in einem Gasstrom nach oben bewegt werden. In der *Eruptionssäule* über der Schlotmündung wird das Gemisch aus Partikeln, Gas und Aerosolen durch Expansion der magmatischen Gase stark, z. T. auf Überschallgeschwindigkeit beschleunigt und steigt auf.

Nach Sparks (1986) gliedern sich Eruptionssäulen in zwei Bereiche: In der *Gasschubregion* wird das Gemisch mit Geschwindigkeiten zwischen 100 und 600 m/s einige 100 m bis wenige Kilometer hoch in die Atmosphäre geschossen, wobei es durch Ausfallen großer Pyroklasten und durch Ansaugen von kalter Luft rasch an Dichte verliert. Dadurch erweitert sich der scharf gebündelte Gasschubteil blumenkohlartig zur *konvektiven Eruptionssäule*. Diese ist heißer als die umgebende Luft und erhält deswegen Auftrieb; sie kann daher bis in Höhen von über 50 km aufsteigen. Wenn sie Luftschichten gleicher Dichte erreicht, breitet sie sich *schirmartig* aus (◨ Abb. 14.11, 14.12). Falls jedoch der Gasschubteil oder Teile davon sich nicht mit genügend Luft mischen, um die Gesamtdichte unter die Dichte der Atmosphäre zu bringen, kann die gesamte Eruptionssäule oder Randbereiche davon kollabieren: Es entstehen *absteigende Glutwolken* (◨ Abb. 14.11).

Die Intensität des explosiven Vulkanismus lässt sich nach Walker (1973) durch zwei Parameter klassifizieren:

Abb. 14.12 Beim Ausbruch des Vulkans Puyehue-Cordon Caulle (Chile) am 5. Juni 2011 auf > 10 km aufsteigende und sich seitlich schirmartig ausbreitende Aschewolke. (Foto: Ivan Alvaredo, mit Genehmigung von REUTERS)

1. den Fragmentierungsgrad der pyroklastischen Förderprodukte F, gemessen durch den prozentualen Korngrößenanteil < 1 mm, und
2. die flächenhafte Verbreitung der pyroklastischen Ablagerungen D, gemessen durch die Fläche innerhalb der Isopache, die 0,01 % der maximalen Mächtigkeit beträgt.

Der *Vulkanexplosivitätsindex* (VEI) ist durch die Masse an gefördertem Material definiert, wobei nach Pyle (2015) folgende Gleichung gilt:

$$VEI = \log_{10} \text{ der geförderten Pyroklastika in kg} - 7 \qquad [14.1]$$

Bei einer Förderung von 10^{10} kg beträgt der VEI also 3. Beispiele sind in Tab. 14.1 aufgeführt. Einen ver-

gleichbaren Index für die Magnitude der vulkanischen Förderung kann man auch bei effusiver Vulkantätigkeit angeben. Im Folgenden werden die wichtigsten Typen des explosiven Vulkanismus beschrieben (Schmincke 2006).

■ **Hawaiianische Tätigkeit: Lavafontänen**

Wie bereits erwähnt, ist die effusive Vulkantätigkeit häufig mit der Bildung von Lavafontänen oder Lavavorhängen verknüpft, die bis zu 500 m hoch werden können; es wird also Lava explosiv in die Luft geschleudert (Abb. 14.13). Dabei sind Zerkleinerungsgrad und flächenhafte Verbreitung der Ablagerungen gering: $F < 10\,\%$, $D < 0,05$ km². Wesentliche Ursache für die Entstehung von Lavafontänen ist die besonders rasche Aufstiegsgeschwindigkeit des niedrigviskosen, meist basaltischen Magmas in der Tiefe (> 0,5–1 m/s), die we-

Abb. 14.13 Lavafontäne vom 13. August 1984, Pu'u–O'o-Krater, Hawaii. (Foto: Pete Mouginis-Mark, University of Hawaii)

Tab. 14.1 Beispiele von Vulkanen mit unterschiedlichem Vulkanexplosivitätsindex (VEI) (aus Miller und Wark 2008, aktualisiert)

VEI	Höhe der Eruptionswolke (km)	Gefördertes Volumen (km³)	Häufigkeit auf der Erde	Beispiel
0	< 0,1	> ~10^{-6}	täglich	Kilauea, Hawaii
1	0,1–1	> ~10^{-5}	täglich	Stromboli, Italien
2	1–5	> ~10^{-3}	wöchentlich	Galeras, Kolumbien, 2012
3	3–15	> ~10^{-2}	jährlich	Nevado del Ruiz, Kolumbien, 2012
4	10–25	> ~10^{-1}	~alle 10 Jahre	Soufrière Hills, Karibik, 2008
5	> 25	> ~1	~alle 50 Jahre	Mount St. Helens, USA, 1980
6	> 25	> ~10	~alle 100 Jahre	Pinatubo, Philippinen, 1991
7	> 25	> ~100	~alle 1000 Jahre	Tambora, Indonesien, 1815
8	> 25 (bis 55)	> ~1000	alle 10.000 bis 100.000 Jahre	Supereruptionen, z. B Toba auf Sumatra, vor 74.000 Jahren

sentlich größer ist als die Wachstumsgeschwindigkeit der Gasblasen.

▪ Strombolianische Tätigkeit: Lavawurftätigkeit

Der Name strombolianische Tätigkeit leitet sich vom Vulkan Stromboli (Äolische Inseln, Italien) ab, dessen andauernde Lavawurftätigkeit schon in der Antike bekannt war. Aus mehreren kleinen Öffnungen in der Kraterwanne werden in Zeitabständen von meist etwa 10–30 min Lavafetzen in die Luft geschleudert. Die kühlere, viskosere Haut der langsam aufsteigenden Lavasäule wird durch die aufsteigenden Gase zerrissen. Im Gegensatz zur hawaiianischen Tätigkeit wird das System von der Aufstiegsgeschwindigkeit der rapide wachsenden Gasblasen bestimmt, während das *niedrigviskose* basaltische Magma nur mit $< 0{,}1$ m/s aufsteigt. Blasen, die 1,5 km unter der Erdoberfläche einen Durchmesser von 1 mm hatten, wachsen beim Aufstieg der Magmasäule durch Diffusion und Druckentlastung in 3–15 h auf 1 m an, wobei große Blasen schneller aufsteigen als kleinere und zusammenwachsen. Schließlich entwickelt sich durch die zunehmende Aufstiegsgeschwindigkeit von bis zu 70 m/s eine Kettenreaktion, die in einem Tiefenbereich von 220–20 m unter der Erdoberfläche zur Explosion führt (Schmincke 2006; Harris und Ripepe 2007). Die Geschwindigkeit der ausgeworfenen Lavafetzen beträgt 100–400 m/s. Bei *F* von knapp 20 % und einer Flächenausdehnung von *D* bis 5 km², liegt der VEI der strombolianischen Tätigkeit typischerweise bei 1.

▪ Aschenfälle

Explosiver Vulkanismus stärkerer Energie ist an viskose Magmen von mittlerer bis hoher Aufstiegsrate gebunden. Dabei kommt es zu mehr oder weniger ausgedehnten Aschenfällen, d. h. der Fragmentierungsgrad *(F)* und damit die flächenhafte Verbreitung der pyroklastischen Ablagerungen *(D)* werden größer. Mit steigender Intensität unterscheidet man Typen, für die die Ausbrüche der Fossa di *Vulcano,* Äolische Inseln (1888) und des *Vesuv* (1631) als Vorbild gelten, aber quantitativ nicht genau definiert sind. Die energiereichste und verheerendste Form des explosiven Vulkanismus ist die *plinianische Tätigkeit.* Dabei steigt *hochviskoses* Magma dank eines hohen Volatilgehaltes mit sehr hoher Geschwindigkeit auf. Als Folge werden große Mengen an Bimsstephra gefördert und über riesige Gebiete verbreitet. *D* kann bis zu 50.000 km², gelegentlich mehr erreichen und *F* bis auf 90 % ansteigen. Neben dieser *Fallout-Tephra* wird ein Teil des geförderten Materials in Form von pyroklastischen Strömen oder durch sich ringförmig ausbreitende Druckwellen (engl. *„base surges"*) am Boden transportiert. Wegen des großen Masseverlusts im Erdinneren kommt es in der Folge von plinianischen Ereignissen häufig zum Einbruch der entleerten Magmakammer und somit zur Bildung einer großen *Caldera.*

Plinianische Tätigkeit wurde nach dem römischen Schriftsteller Plinius d. J. benannt. Ihm verdanken wir die erste ausführliche Beschreibung einer Vulkaneruption, dem Ausbruch des Monte Somma von 79 n. Chr., bei dem sein Onkel Plinius d. Ä. ums Leben kam. Dieses katastrophale Ereignis führte zum Untergang zweier reicher Städte in der nahen Umgebung des Vulkans: Pompeji wurde durch Bimsaschen, Herculaneum durch einen heißen Aschestrom zugedeckt und vollständig zerstört. Nach einer langen Pause erlebte der Vesuv zwischen 787 und 1036 sechs weitere Ausbrüche, worauf wiederum eine längere Ruhezeit von ca. 600 Jahren folgte. Der Beginn der neuen vulkanischen Aktivitätsperiode wurde durch den seither katastrophalsten Vesuvausbruch von 1631 eingeleitet, bei dem ca. 3000 Menschen ums Leben kamen. Die bislang letzte Eruption des Vesuvs fand im März 1944, d. h. gegen Ende des 2. Weltkrieges statt. Bei ihr wurden 78 amerikanische Flugzeuge zerstört, die auf dem Flugplatz Pompeji abgestellt waren. Auch heute noch stellen der Vesuv und die nahe gelegenen Campi Flegrei eine erhebliche potentielle Gefahr für die Millionenstadt Neapel und die gesamte Umgebung dar. Ein erneuter plinianischer Ausbruch könnte verheerende Folgen für die über 3,1 Mio. Einwohner in dieser großstädtischen Region haben.

Wichtige plinianische Ereignisse in vorgeschichtlicher Zeit sind die Ausbrüche des Laacher-See-Vulkans in der Eifel ca. 10.900 v. Chr. und der Insel Santorin im Kykladen-Archipel (Griechenland) ca. 1400 v. Chr., wobei der größte Teil der Insel mit seiner minoischen Zivilisation zerstört wurde. Eindrucksvolle Reste von Wandmalereien dieser Hochkultur blieben erhalten, und man sollte nicht versäumen, sie bei Exkursionen auf Santorin zu bewundern. Eine der verheerendsten vulkanischen Katastrophen der jüngeren Geschichte war der superplinianische Ausbruch des Krakatau (Indonesien) im Jahr 1883. Seine erste Explosion war im Umkreis von 150 km, die zweite auf 7 % der Erdoberfläche zu hören; die durch einen Tsunami ausgelöste Flutwelle tötete 36.000 Menschen. Noch verheerender war die Eruption des Vulkans Tambora (Kleine Sundainseln, Indonesien), die 1815 erfolgte und 50.000 Menschenleben forderte (VEI = 7). Erhebliches öffentliches und wissenschaftliches Interesse erregte die plinianische Eruption des Mount Saint Helens (Washington, USA) am 18. Mai 1980 (VEI = 5), die zu einer intensiven interdisziplinären Erforschung des explosiven Vulkanismus Anlass gab (vgl. Schmincke 2006). Durch diese Explosion wurde ein Lavadom zerstört, der seit dem 17. April 1980 kontinuierlich angewachsen war. Lediglich aufgrund der dünnen Besiedelung des Gebiets kam es zu keiner größeren Katastrophe; jedoch waren immerhin 57 Todesopfer zu beklagen. Demgegenüber verloren 1982 beim plinianischen Ausbruch des El Chichón in Mexiko etwa 2000 Menschen ihr Leben. Große öffentliche Aufmerksamkeit gewann der superplinianische Ausbruch (VEI = 6) des Pinatubo auf Luzon (Philippinen), der im Jahr 1991 nach einer 550-jährigen Ruhezeit stattfand. Bei ihm wurden mit Aschenfällen und pyroklastischen Strömen ca. 200.000 m³ Pyroklastika pro Sekunde gefördert, aus denen sich gewaltige Schlammströme (Lahare) entwickelten.

Es besteht heute kein Zweifel mehr, das viele, wenn nicht alle plinianischen Eruptionen phreatomagmatisch sind, d. h. durch das Eindringen von externem Wasser, insbesondere von Grund- oder Oberflächenwasser, oder auch von geschmolzenem Gletschereis, in die Magmakammer oder den Förderschlot ausgelöst oder zumindest verstärkt wurden.

Ein jüngeres Beispiel für eine subglaziale phreatomagmatische Explosion ist der Ausbruch des Eyafjallajökulls auf Island vom 20. März bis 9. Juli 2010. Dabei wurden in der Zeit vom 18. April bis 10. Mai durch das Schmelzen des über dem Vulkan liegenden, 200–300 m mächtigen Gletschers besonders heftige Explosionen ausgelöst. Die riesige, bis 4 km hoch aufsteigende Aschewolke wurde mit dem südostgerichteten Jetstream über Europa verteilt, was zeitweise zur Einstellung des Flugverkehrs führte (Gíslason und Alfredson 2010). Von den ca. 100.000 Flugstreichungen waren insgesamt etwa 10 Mio. Passagiere betroffen. Zur Förderung spektakulärer Aschewolken kam es auch im September 2014 beim überraschenden Ausbruch des Vulkans Ontake, unweit Tokyo. Hierbei wurden 63 Bergwanderer durch absteigende Glutwolken getötet. Am 9. Dezember 2019 besuchte – trotz der Warnung durch Experten – eine 47-köpfige Touristengruppe den aktiven andesitischen Vulkan Whakaari auf White Island vor der Nordinsel Neuseelands und wurde von einer heftigen phreatischen Eruption „überrascht". Dabei kamen 21 Teilnehmer um; mehrere erlitten schwere Verbrennungen.

Ganz allgemein können vulkanische Aschen und Sulfataerosole, die durch den explosiven Vulkanismus in die tieferen Schichten der Erdatmosphäre geschleudert werden, starke, aber kurzzeitige Auswirkungen auf Wetter und Klima haben. Demgegenüber beeinflussen vulkanogene Aerosole, die bis in die Stratosphäre vorgedrungen sind, die chemischen Kreisläufe in der hohen Erdatmosphäre sowie den solaren und terrestrischen Strahlungshaushalt längerfristig und können somit von beachtlicher Klimarelevanz sein (Durant et al. 2010). Das gilt z. B. auch für die Pinatubo-Eruption, bei der insgesamt 17.000 t SO_2 freigesetzt wurden.

■ **Pyroklastische Ströme, Glutwolken und Glutlawinen**
Pyroklastische Ströme gehören zu den verheerendsten vulkanischen Phänomenen. Sie bestehen aus einer glutheißen Suspension von Festpartikeln in einem vulkanischen Gas, die sich – ähnlich wie eine schwere Flüssigkeit – mit großer Geschwindigkeit am Boden ausbreitet. Für Menschen in ihrem Wirkungsbereich gibt es keine Rettung. Der Festanteil besteht aus Glas- und Bimsfragmenten unterschiedlicher Korngröße, Kristallen und Gesteinsblöcken. Den pyroklastischen Strömen eilen heiße, aschenarme Druckwellen *(„base surges")* voraus, die sich ringförmig mit 100–400 km/h ausbreiten, ähnlich wie das bei Explosionen von Atombomben beobachtet wurde. Sie haben verheerende Auswirkungen. Schmincke (2006) zufolge können wir drei Typen von pyroklastischen Strömen unterscheiden:
1. Bei hochexplosiven plinianischen Eruptionen bilden sich, wie ◻ Abb. 14.11 zeigt, materialreiche *pyroklastische Ströme (Glutwolken)*, die überwiegend aus Bimsaschen bestehen und als gröbere Festpartikel Glasscherben, Bimslapilli (s. pyroklastische Gesteine), Kristalle und Gesteinsbruchstücke führen. Solche Eruptionen, wenn es sich um größere Eruptionsmengen handelt, lassen häufig Calderen zurück, die aus dem Einbruch der Magmakammer infolge ihres Massenverlusts hervorgehen. Es entstehen ausgedehnte, mächtige Decken von *Ignimbrit*, die ganze Täler auffüllen können, also Geländeunterschiede ausgleichen. Ignimbrite zeigen keine Schichtung, sind aber häufig chemisch zoniert und spiegeln so die kompositionelle Zonierung der sich leerenden Magmakammer wider.

2. *Glutlawinen* (pyroklastische Blockströme) vom Typ des Mt. Pelée (1902) entstehen, wenn hochviskose, meist andesitische oder dacitische Magmen als Lavadom aus dem Rand eines Kraters herausgedrückt werden, abbrechen und als Gemisch aus heißen Blöcken und Aschen zu Tal gehen (◻ Abb. 14.9d). Die Staukuppe Mt. Pelée, die am 5. April 1902 entstanden war, lieferte zwischen dem 8. April und dem 9. Juni 1902 mehrfach Glutlawinen, die durch das Tal der Rivière blanche abgingen. Spektakuläre Beispiele von Glutlawinen lieferte und liefert der Merapi auf Java, besonders bei seinen Ausbrüchen von 1994, 1998, 2018 und seit 2021.

3. Begleitet werden pyroklastische Ströme von *„base surges"*, d. h. Druckwellen aus hochverdünnten Aschenströmen, die sich mit hoher Geschwindigkeit über Berg und Tal bewegen. Im Falle des Mt.-Pelée-Ausbruchs übersprangen sie die Talflanken der Rivière blanche und rasten mit enorm hoher Geschwindigkeit hangabwärts auf die Stadt St. Pierre zu, die bereits am 8. April 1902 vollständig zerstört wurde. Dabei musste der Tod von 28.000 Menschen beklagt werden. Es gab nur zwei Überlebende, einer von ihnen ein Strafgefangener, der in einem „bombensicheren" Verlies eingesperrt gewesen war.

■ **Supereruptionen und Supervulkane**
Als Supereruptionen bezeichnet man explosive Vulkanausbrüche, bei denen innerhalb relativ kurzer Zeit riesige Mengen von $> 10^{15}$ kg, entsprechend > 1000 km³, vulkanischer Lockerprodukte durch Aschenfälle und pyroklastische Ströme gefördert wurden (VEI ≥ 8). Vulkane, an denen zumindest eine Supereruption stattfand, werden als *Supervulkane* bezeichnet (Miller und Wark 2008). Von diesen sind bisher nahezu 50 bekannt, und zwar ausschließlich in Bereichen von dicker kontinentaler Erdkruste. Solche außergewöhnlich großen Ereignisse kommen nur alle 10.000 bis 100.000 Jahre vor und sind aus historischer Zeit nicht bekannt (◻ Tab. 14.1). So fand die Supereruption des Yellowstone-Vulkans in Wyoming (USA) vor 2 Mio. Jahren in einem kontinentalen Intraplatten-Bereich über einem „Hot Spot" statt. Die Supereruption des Long-Valley-Vulkans in Kalifornien (USA) erfolgte vor 760.000 Jahren in einem sich dehnenden kontinentalen Krustenbereich. Demgegenüber waren die Supereruptionen des Toba-Vulkans auf Sumatra (Indonesien) vor 74.000 und des Taupo-Vulkans auf der Nordinsel Neuseelands vor 26.500 Jahren an konvergente Plattenränder in Bereichen oberhalb von Subduktionszonen gebunden.

Durch die Oroanui-Eruption des Supervulkans *Taupo* wurden Ignimbrit-Ablagerungen in einer Ausdehnung von > 20.000 km² gebildet, während die Aschenfall-Ablagerungen – soweit sie > 10 cm mächtig sind – sich in einem Bereich von 10 Mio. km² nachweisen lassen. Dünnere Aschenschichten sind noch in einem erheblich größeren Areal erkennbar. Die Aschenwolke des Supervulkans *Toba* nahm wahrscheinlich ein Gebiet ein, das im Norden fast bis zum Himalaya, im Westen bis zum Horn von Afrika, im Südwesten nahezu bis Madagaskar, im Südosten bis nahe an die australische Westküste und im Nordosten bis an die Philippinen reichte.

Die enormen Massendefizite im Erdinnern, die durch solche vulkanischen Megaereignisse in kürzester Zeit entstehen, führen zum Einbruch der darüber liegenden Gesteine, was zu großen Dellen in der Landschaftsoberfläche führt, d. h. zur Bildung riesiger Calderen. Deren Durchmesser kann fast 100 km erreichen. Folglich fehlen in Supervulkanen die typischen Oberflächenformen gewöhnlicher Vulkanbauten (Miller und Wark 2008).

Wie auch sonst beim explosiven Vulkanismus besitzen die Magmen der Supervulkane ein großes Explosionspotenzial. Dieses ist bedingt durch einen hohen Gehalt an leichtflüchtigen Komponenten, meist H_2O, die als Gasblasen in der Schmelze eingeschlossen sind, verbunden mit einer hohen Viskosität des Magmas, das typischerweise dacitische, häufiger rhyolithische Zusammensetzung mit SiO_2-Gehalten von ca. 65–70 bzw. 72–76 Gew.-% hat. Durch die Zähigkeit der Schmelze wird das Platzen der Gasblasen zunächst verhindert. Beim Aufstieg dehnen sich diese immer mehr aus, bis schließlich die erste Gasblase platzt und dadurch kettenreaktionsartig die Explosion ausgelöst wird. Die Besonderheit der Supereruptionen liegt in der enormen Menge von eruptierbarem Magma mit Kristallgehalten von $\lesssim$ 50 Vol.-%, das sich im oberen Bereich eines viel größeren Magmareservoirs befindet. Dieses ist größtenteils mit einem Kristallbrei, bestehend aus $\gtrsim$ 50 Vol.-% Kristallen, gefüllt und geht randlich in ein vollkristallines, meist granitisches Gestein über. Nach geophysikalischen Messungen und der Analyse der pyroklastischen Ablagerungen des Bishop-Tuffs dürfte die Magmakammer des Vulkans Long Valley einen horizontalen Durchmesser von fast 30 km und eine Höhe von 12 km gehabt haben (Hildreth und Wilson 2007; Bachmann und Berganz 2008; ◘ Abb. 15.1). Wie radiometrische Altersdatierungen an Zirkon (▶ Abschn. 33.5.3) belegen, wurden Magmakammern von Supervulkanen im Laufe von Zehntausenden bis Hunderttausenden von Jahren mehrfach mit neuen Magmaschüben gefüllt, ehe es zur explosiven Förderung kam (Reid 2008). Wahrscheinlich spielte bei der Auslösung von Supereruptionen das Eindringen von heißen, aus dem Erdmantel stammenden basaltischen Magmen in die SiO_2-reichen Krustengesteine bzw. in das Magmareservoir eine entscheidende Rolle.

■ **Vulkanische Schutt- und Schlammströme (Lahare)**

Vulkanische Schutt- und Schlammströme (Lahare) gehören zu den gefährlichsten Begleiterscheinungen des explosiven Vulkanismus. Sie können bis 60 km, in Extremfällen sogar 300 km weit fließen, bewegen sich rasch und haben große Zerstörungskraft. Durch sie werden geschätzte 10 % der Todesfälle bei Vulkanausbrüchen verursacht (Schmincke 2006). Lahare entstehen, wenn sich pyroklastische Ströme in Flussläufe ergießen, bei starken Regenfällen oder auf Vulkanen, die mit Schnee oder Gletschern bedeckt sind. Das war z. B. beim Nevado del Ruiz in Kolumbien der Fall, dessen Ausbruch 1985 etwa 25.000 Menschenleben kostete, und zwar überwiegend durch Lahare. Warnungen vor der Gefährlichkeit des schneebedeckten Vulkans wurden von den Behörden damals nicht beachtet. Demgegenüber waren beim Ausbruch des Pinatubo (Luzon, Philippinen) 1991 "nur" etwa 875 Tote zu beklagen, weil die Behörden aufgrund der Warnungen von Wissenschaftlern die Bevölkerung aus den Tälern, in denen die zahlreichen Lahare abgingen, rechtzeitig evakuierte (Newhall und Punongbayan 1996).

■ **Maare, Diatreme und Tuffringe**

Maare sind kleine Vulkane, deren Krater von einem niedrigen *Tuffring* umgeben und häufig mit einem Maarsee gefüllt sind. Sie gehen nach unten in *Diatreme* über, d. h. trichterförmige Durchschlagsröhren, die mit vulkanischem Lockermaterial gefüllt sind und bis 1000 m tief reichen können. Maare sind das Ergebnis heftiger vulkanischer Explosionen, die meist durch den Einbruch von Grundwasser, also phreatomagmatisch ausgelöst werden (Lorenz 1974; Lorenz et al. 2016; Kurszlaukis und Lorenz 2016; Schmincke 2006). Beispiele sind die Eruptivschlote der Schwäbischen Alb und die Maare der Eifel.

Eine besondere Art von Diatremen sind die *Kimberlit-Röhren* (engl. „pipes"), die z. B. im südlichen und westlichen Afrika, in Kanada und in Sibirien vorkommen. Diese Durchschlagsröhren enthalten *brekziierten Kimberlit* (frisch als „blue ground", verwittert als „yellow ground" bezeichnet), der stellenweise Diamant führt (Mitchell 1995). Er setzt sich nach unten zu in Gänge und Lagergänge von kompaktem Kimberlit fort (◘ Abb. 14.14).

■ **Pyroklastische Gesteine**

Bei der explosiven Förderung wird neben flüssigen Lavafetzen auch festes oder halbfestes Material ausgeworfen. Zu diesen Pyroklastika gehören früh ausgeschiedene Kristalle, Bruchstücke älterer, schon erstarrter Laven, glasig erstarrtes, fragmentiertes Magma sowie magmafremdes Nebengestein der Schlotwandungen oder des Untergrunds. Dieses Material sedimentiert insgesamt je nach Korngröße und Dichte in geringerer oder weiterer Entfernung des fördernden Vulkans und bildet pyroklastische Gesteine. Obwohl diese häufig Schichtung zeigen, stellen wir sie nicht zu den Sedimen-

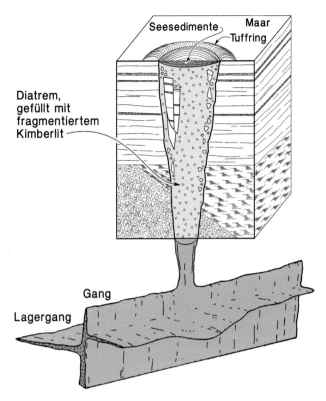

● **Abb. 14.14** Idealisierter Schnitt durch ein Diatrem (vulkanische Durchschlagsröhre), gefüllt mit einer Kimberlit-Brekzie; es mündet an der Erdoberfläche in ein Maar, das von einem Tuffring umgeben und von Seesedimenten erfüllt ist. (Nach unten geht das Diatrem in eine Gangspalte über, die als Zufuhrkanal für das aufsteigende Kimberlitmagma diente. Dieses erstarrte ruhig zu einem nicht brekziierten Kimberlit-Gang (engl. *„dyke"*) und bildet schichtparallele Lagergänge *(„sills")* (mod. nach Best 2003)

ten oder Sedimentgesteinen, weil sie nicht aus Verwitterungsprodukten hervorgegangen sind. Jedoch wird ihre Korngrößeneinteilung in Analogie zu den Sedimenten festgelegt (Tab. 25.1).

Unverfestigte Pyroklastite als *Tephra* bezeichnet, werden nach Korngröße und Art der einzelnen Pyroklasten folgendermaßen gegliedert:

- *Vulkanische Aschen* sind staubfeine bis sandige Lockerstoffe (mittlere Korngröße < 2 mm ähnlich Sand und Silt), die aus zerspratzter Schmelze (Glasaschen) oder aus feinst zerriebenem Material der Schlotwandungen oder aus einem Gemenge von beiden bestehen;
- *Lapilli* (ital. „Steinchen"; mittlere Korngröße 2–64 mm, ähnlich Kies) sind Bruchstücke älterer Laven und Schlacken oder – als Kristalllapilli – ausgeworfene Einsprenglinge von Olivin, Augit, Amphibol und/oder Plagioklas, die aus einer noch flüssigen Schmelze kristallisiert sind. Einige Vulkane werfen Bimslapilli aus (s. u.);
- Im Korngrößenbereich > 64 mm unterscheidet man:

- *Lavablöcke:* eckige, von älteren Lavakörpern stammende Gesteinsbruchstücke, die ausgeworfen und zu Brekzien (z. B. Schlotbrekzien) angereichert wurden;
- *Vulkanische Bomben:* juvenile Lavafetzen die von einer abgeschreckten Kruste umgeben und im Inneren z. T. blasig ausgebildet sind. Während ihres Fluges durch die Atmosphäre wurden sie plastisch deformiert und nahmen eine aerodynamische, z. B. gedrehte und zugespitzte Form an.
- *Wurfschlacken* sind im Flug erstarrte, schwach aufgeblähte Förderprodukte von unregelmäßiger Form mit > 50 % Porosität und hyalinem, hypokristallinem oder mikrokristallinem Gefüge;
- *Schweißschlacken* wurden noch in heißem, teils geschmolzenem Zustand transportiert; sie erreichen noch teilweise unverfestigt den Boden und sintern dort zusammen. Dadurch entstehen *Schweißschlackenbänke* oder *Schweißschlackenkegel.* Vulkane mit hohem Anteil von Wurf- und Schweißschlacken heißen *Schlackenkegel,* die sich insbesondere bei strombolianischer Tätigkeit bilden;
- Den Begriff *vulkanisches Agglomerat* sollte man nach Schmincke (2006) auf Schlotfüllungen beschränken, die aus großen vulkanischen Bomben und Lapilli bestehen.

▬ Als *Bims* bezeichnet man helle, schaumig aufgeblähte Lavafetzen, gewöhnlich von rhyolithischer Zusammensetzung, die in größeren Mengen bei plinianischen Ausbrüchen gefördert werden und glasig erstarrt sind. Wegen seiner hohen Porosität von > 90 % hat Bims ein spezifisches Gewicht von < 1 und kann daher auf Wasser schwimmen, so wie die Bimsbrocken, die bei den Eruptionen der Vulkane Krakatau, Indonesien, 1883 und auf der südpazifischen Insel Tonga 1979 und 1984 gefördert wurden. Nach der Korngröße unterscheidet man Bimsaschen, Bimslapilli und Bimsstein. Bims ist ein wichtiger Industrierohstoff. Die wirtschaftlich bedeutendsten Bimslagerstätten Deutschlands gehen auf den Ausbruch des Laacher See-Vulkans zurück. Sie befinden sich im Raum des Neuwieder Beckens mit einer mittleren Mächtigkeit von 3–5 m auf einer Fläche von ca. 240 km² und werden hier in großem Maßstab für die Herstellung von sog. Bimsbaustoffen abgebaut.

▬ *Retikulit (Glasschaum-Schlacke).* Die heißen, dünnflüssigen Basaltschmelzen in den Lavafontänen Hawaiis können sehr gasreich sein und blähen sich dann bei der Förderung auf, sodass die Gasblasen platzen. Dabei entstehen bimsartige Lavafetzen, die zu einem äußerst zarten Gewebe aus fadenförmigem Basalt erstarren, dem Retikulit. Wenn die Fontänen hoch in den Himmel aufschießen, werden die Schmelztropfen vom Wind verweht und dabei an den Rändern ausgezogen. Diese Glasgebilde nennt man nach der hawaiianischen Vulkangöttin „Pelées Haar" oder „Pelées Tränen".

— *Ignimbrite* (Schmelztuffe, engl. *„welded tuff"*; lat. *ignis* = Feuer, *imber* = Regen) sind Ablagerungen aus Glutwolken und Glutlawinen, die besonders in ihren unteren Teilen durch Kollabieren der Bimsfragmente und Zusammensintern zu Schmelztuffen verfestigt sind, wobei es zu Ähnlichkeiten mit Laven kommen kann. Im Gegensatz dazu sind *Sillare* Ignimbrit-ähnliche Gesteine, die nicht durch Zusammenschmelzen, sondern durch Rekristallisation unter dem Einfluss von entweichenden heißen Gasen verfestigt wurden.

Sekundäre Verfestigung von Pyroklastiten führt zur Bildung von *vulkanischen Tuffen.* Dabei wird Porenzement als Folge von vulkanischer Dampftätigkeit, von Verwitterungsprozessen oder durch Diagenese zugeführt, oder dieser entsteht bei der Umwandlung von glasigen Bestandteilen. In letzterem Fall kommt es zu Neubildung von Tonmineralen, verschiedenen Zeolithen oder/und SiO_2-Mineralen.

— *Aschen-* oder *Lapillituffe* haben Korngrößen von < 64 mm.
— *Bomben-* oder *Schlackentuffe* unterscheiden sich durch einen höheren Anteil von Grobkomponenten in einer feinkörnigeren Matrix.
— Bims wird zu *Bimstuff* verfestigt.
— *Bentonit* ist ein ehemaliger Glastuff, der durch Entglasung in Tonminerale der Montmorillonit- (Smectit-)Gruppe umgewandelt wurde.
— *Palagonittuff* enthält Fragmente von dunklem basaltischem Glas (als Sideromelan bezeichnet), das durch Wasseraufnahme in *Palagonit* (s. ▸ Abschn. 14.1) umgewandelt wurde. Aus diesem amorphen Zwischenprodukt entstehen Montmorillonit (Smectit) und Zeolithe, vor allem Phillipsit.
— *Tuffite* sind umgelagerte Pyroklastika. Sie entstehen, wenn Aschen bzw. Tuffe erodiert, über einen kürzeren oder längeren Weg transportiert und mit klastischen Sedimenten vermengt und schließlich gemeinsam abgelagert werden. Bei geringerem pyroklastischen Anteil spricht man von tuffitischen Sedimenten.
— Bezeichnungen wie *Rhyolithtuff, Trachyttuff* oder *Phonolithtuff* sind nur dann sinnvoll, wenn gleichzeitig geförderte Lava entsprechender Zusammensetzung nachweisbar ist. Eine Einordnung ist über die chemische Zusammensetzung möglich.

14.4 Gemischte Förderung: Stratovulkane

Aus einem Wechsel von extrusiver, effusiver und explosiver Tätigkeit entstehen Stratovulkane; sie setzen sich aus erstarrten *Lavaströmen* und dazwischengeschalteten Pyroklastit-Lagen zusammen (◘ Abb. 14.15); oft sind auch Ignimbrite eingeschaltet. Stratovulkane sind sehr viel verbreiteter als reine Lavavulkane. Dabei gibt es lavaarme und lavareiche Arten, und es bestehen zudem Übergänge zu den Lavavulkanen. Der Bau von Stratovulkanen kann außerordentlich kompliziert sein. Die seit Jahrtausenden bekannten Beispiele sind der Monte Somma / Vesuv und der Ätna in Italien sowie die Vulkaninselgruppe Santorin im Kykladen-Archipel (Griechenland). Über den zirkumpazifischen Subduktionszonen bilden Stratovulkane, meist von andesitischer oder dacitischer Zusammensetzung, den berühmten Feuerring. Der bekannteste und vermutlich voluminöste Vertreter ist der andesitisch bis basaltisch zusammengesetzte Vulkan Fuji (3776 m) auf der Insel Honshu (Japan). Stratovulkane von alkalibetonter, trachytischer, phonolithischer oder tephritischer Zusammensetzung finden sich häufig auf Atlantik-Inseln, so die Vulkane Roque Nublo auf Gran Canaria und Pico de Teide auf Teneriffa, Kanarische Inseln (Schmincke 2006).

Die einfachste Form eines Stratovulkans ist die eines Bergkegels mit konkaven Flanken. Er besitzt oben auf seiner Spitze einen Krater, aus dem zunächst die Ausbrüche erfolgen. Überschreitet ein solcher Vulkan eine gewisse Höhe, so ist die Festigkeit seiner Außenhänge dem Druck der Lavasäule im Schlot allmählich nicht mehr gewachsen. Dadurch entsteht ein System von Rissen und Spalten, das dem aufsteigenden Magma Wege für *Flankenausbrüche* öffnet. In Abhän-

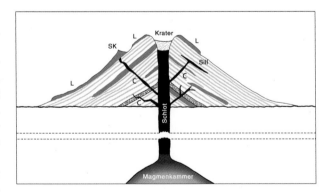

◘ **Abb. 14.15** Profil durch einen typischen Stratovulkan mit zentralem Kegel, Krater, zentralem Schlot über der Magmakammer, Kegelgängen (Cone Sheets, C), die z. T. als Zufuhrkanäle für subterminale Kegel (SK), Lavaströme (L) und Sills dienen

gigkeit von ihrer Orientierung werden die Spalten mit *Radialgängen* (engl. „*radial dykes*"), steilen *Ringgängen* („*ring dykes*") oder *Kegelgängen* („*cone sheets*") gefüllt, wobei letztere zum Schlot hin einfallen und z. T. als Zufuhrkanäle für *subterminale Kegel* dienen. Dringt Magma oberflächennah *konkordant zwischen die Schichtfugen* des Stratovulkans ein, so entstehen *Lagergänge* („*sills*"). Dabei bahnt sich die Intrusion auf einer früheren Oberfläche des Stratovulkans, die sich geologisch als Diskontinuität auswirkt, den Weg.

Wenn Lagergänge eines erloschenen Vulkans durch Erosion freigelegt sind, kann man sie leicht mit effusiven Lavaströmen verwechseln. Im Gegensatz zu diesen fehlen bei Lagergängen jedoch Schlackenkrusten an ihrer Unter- und Oberseite. Darüber hinaus können Lagergänge von einem Schichtniveau in das nächst höhere überspringen und am Nebengestein im Hangend- und Liegendbereich Frittungserscheinungen erzeugen.

14.5 Vulkanische Dampftätigkeit

Wenn die Sättigungsgrenze der in einem Magma gelösten leichtflüchtigen (volatilen) Komponenten überschritten wird, bildet sich eine freie Gasphase. Wie wir gesehen haben, kann das zu explosiver Vulkantätigkeit führen. In den Ruheperioden oder nach Erlöschen der vulkanischen Aktivität kommt es jedoch zu relativ ruhiger Entgasung, z. B. aus dem offenen Schlot oder aus Gesteinsspalten des Vulkanbaus (**◘** Abb. 14.16). Unter den geförderten Gasen dominieren H_2O (35–90 Mol-%) und CO_2 (5–50 Mol-%), gefolgt von S-Dämpfen ($H_2S + SO_2 + SO_3$, zusammen 2–30 Mol.-% gerechnet als SO_2) sowie HCl und HF. Weiter wurden CO, H_3BO_3, Carbonylsulfid COS, NH_3, CH_4, Rhodanwasserstoff HCNS, H_2, Ar u. a. nachgewiesen. Allerdings ist H_2O-Dampf nur zum geringeren Teil juvenil-magmatisch. Wie durch Deuterium- und Tritium-Analysen nachgewiesen wurde, stammt der Hauptanteil aus erhitztem Grund- und Oberflächenwasser. Außerdem bildet sich H_2O auch durch Oxidation vulkanischer Gase neu. Die Löslichkeit der meisten volatilen Komponenten in Silikatschmelzen nimmt mit sinkendem Druck mäßig bis stark ab. So kann eine rhyolithische Schmelze bei einem Druck von ca. 2 kbar entsprechend einer Tiefe von 7 km fast 6 Gew.-% H_2O lösen, bei Atmosphärendruck an der Erdoberfläche jedoch nur noch 0,1 Gew.-%. Dabei nimmt die Löslichkeit in der Reihenfolge F → H_2O → Cl → S → CO_2 ab, d. h. CO_2 entgast schon relativ früh und in größerer Tiefe, H_2O oder F dagegen relativ spät und in einem höheren Niveau. In den am Weitesten verbreiteten basaltischen Magmen ist CO_2 die wichtigste *juvenile* volatile Komponente, gefolgt von H_2O, S-Dämpfen, F, Cl u. a. Höher sind die juvenilen H_2O-Gehalte in basaltischen, andesi-

◘ Abb. 14.16 Vulkanische Dampftätigkeit an der Fossa di Volcano mit Sublimat von elementarem Schwefel. (Foto: Martin Okrusch)

tischen und dacitischen Magmen, die in Vulkanen über Subduktionszonen gefördert werden. In rhyolithischen Magmen überwiegt der H_2O-Anteil sehr stark, da die H_2O-Löslichkeit mit steigendem SiO_2-Gehalt zunimmt, während CO_2, S-Dämpfe und F zurücktreten (Schmincke 2006).

Dank wesentlicher instrumenteller Fortschritte bei der Fernerkundung haben sich unsere Kenntnisse über die volatilen Komponenten in vulkanischen Eruptionswolken stark verbessert. So wird SO_2 durch boden- und satellitengestützte UV-Korrelationsspektrometer COSPEC (Ultraviolet Correlation Spectrometer) und das Ozon-Messgerät TOMS (Total Ozone Mapping Spectrometer) bestimmt, während CO_2 und H_2S durch flugzeuggestützte Sensoren, H_2O und CO_2 durch bodengestützte Fourier-Transformations-IR-Spektrometrie (FTIR) analysiert werden können (De Vivo et al. 2005; Oppenheimer 2010).

▪ Dampftätigkeit bei offenem Schlot

Diese Art der Tätigkeit gehört zu den eindrucksvollsten Begleiterscheinungen des aktiven Vulkanismus. Sie ist ruhig und relativ gleichmäßig bei weit offenem Schlot und mäßiger Dampfförderung, erscheint aber mehr stoßweise bei stärkerer Förderung. Besonders faszinierend ist die Dampftätigkeit, wenn die Schlotöffnung sehr eng ist, sodass den Dampfmassen der Austritt erschwert wird. Alle paar Minuten brechen die Dampfstrahlen brüllend und zischend hervor und ballen sich erst in einiger Höhe über der Schlotöffnung zu Wolken. Die Dampfförderung bei offenem Schlot ist an relativ dünnflüssige Laven gebunden. So haben z. B. der Ätna und der Vesuv monate- oder jahrelang im Zustand rhythmischer Dampftätigkeit verharrt.

■ **Fumarolen- und Solfatarentätigkeit**

Der Begriff *Fumarole* (lat. *fuma* = Rauch, Dampf) umfasst alle vulkanischen Gas- und Dampfexhalationen, die aus Spalten und Löchern ausströmen und deren Temperatur wesentlich höher ist als die Lufttemperatur. Das Einsetzen von verstärkter Fumarolentätigkeit kann einen erneuten Vulkanausbruch ankündigen, umgekehrt ist ihr Fehlen keine Garantie für das endgültige Erlöschen eines Vulkans. Häufig sind Fumarolen entlang konzentrischer oder radialer Spalten angeordnet. An der Austrittsstelle wird das umgebende Gestein durch die Fumarolen innerhalb weniger Jahre zu einem weißen bis grauen Ton zersetzt, der je nach Wassergehalt fest bis dünnflüssig ist. Die graue Farbe wird durch winzige Pyrit-Kriställchen erzeugt, die im Schlamm fein verteilt sind.

Hochtemperatur-Fumarolen mit Temperaturen von ca. 1000–650 °C treten in Kratern und Spalten von Vulkanen auf, die noch tätig sind, wie der Ätna, oder noch vor Kurzem tätig waren, und bei denen sich noch glutflüssiges Magma in der Tiefe befindet. Viel verbreiteter sind *Tieftemperatur-Fumarolen* mit ungefähr 650–100 °C. Nahe der Austrittsstelle der Fumarolen kommt es zur Sublimation von chemischen Komponenten (Abb. 14.16), die bei höherer Temperatur und höherem Druck in vulkanischen Gasen gelöst waren und mit ihnen transportiert wurden (*Gastransport*). Dadurch werden NaCl, KCl, NH_4Cl, $AlCl_3$, $FeCl_3$ und As_4S_4 als *Fumarolenprodukte* gebildet. $FeCl_3$ färbt auch im aktiven Stadium des Vulkans die Eruptionswolke zeitweise orangerot. Nach der Reaktion

$$2FeCl_3 + 3H_2O \leftrightarrow 6HCl + Fe_2O_3 \qquad (14.1)$$

reagiert $FeCl_3$ mit Wasserdampf unter Bildung von *Hämatit,* der sich in winzigen, tafeligen Kriställchen als schwarze Krusten auf zersetzter Lava abscheidet.

Solfataren sind H_2S-haltige Tieftemperatur-Fumarolen, die vor allem elementaren *Schwefel,* aber auch Realgar absetzen. Das klassische Beispiel ist die Solfatara bei Pozzuoli in den Campi Flegrei bei Neapel, die sich seit dem Altertum im gleichen Zustand befindet. Dort bestehen die ausströmenden Gase speziell aus überhitztem Wasserdampf mit relativ geringen Beimengungen von H_2S und CO_2, dessen Temperatur zwischen 165 und 130 °C schwankt. Der Luftsauerstoff oxidiert H_2S zu H_2SO_3, wobei nach der Reaktion

$$2H_2S + O_2 \leftrightarrow 2H_2O + 2S \qquad (14.2)$$

elementarer Schwefel als Zwischenprodukt ausgefällt wird, der sich rund um die Austrittsstellen in monoklinen Kriställchen abscheidet (Abb. 14.16). Die sauren Fumarolengase zersetzen die umgebenden vulkanischen Gesteine, deren Kationen teilweise ausgelaugt werden, und es bilden sich Sulfate wie Anhydrit, Gips, Epsomit, $MgSO_4 \cdot 7H_2O$, Alunit, $KAl_3[(OH)_6/(SO_4)_2]$, und Kalialaun, $KAl[SO_4]_2 \cdot 12H_2O$.

Die wirtschaftliche Bedeutung von vulkanischem Schwefel ist meist gering. Große, bauwürdige Schwefellagerstätten entstehen durch bakterielle Reduktion von Sulfaten.

Soffionen sind borhaltige Fumarolen, die flüchtige Borsäure H_3BO_3 führen und das Mineral *Sassolin*, $H_3[BO_3]$, als weiße Schüppchen absetzen. Lokal kommt es dabei zur Bildung von Borlagerstätten, die jedoch nur noch gelegentlich genutzt werden.

■ **Thermalquellen (Thermen) und Geysire**

Thermen (Thermalquellen, heiße Quellen) sind weit verbreitet und zählen zu den lang andauernden postvulkanischen Erscheinungen, die das letzte Stadium der Wärmeabgabe eines erloschenen Vulkans bilden. Sie können aber auch ohne Beziehung zu Vulkanismus in Gebieten mit erhöhtem Wärmefluss entstehen, so im Bereich größerer Störungszonen. Ein prominentes Beispiel ist der Egergraben in Nordwestböhmen (Tschechien) mit den berühmten Badeorten Karlovy Vary und Mariánské Lázně. Die hier austretenden, z. T. CO_2-reichen heißen Quellen zeigen He-Isotopenverhältnisse, die für Fluide aus dem Erdmantel typisch sind. In diesem Gebiet kommt es zur Krustendehnung, begleitet von schwarmartigen Erdbeben, zur Intrusion von magmatischen Gängen und zu Fluidbewegungen in tiefen Krustenteilen (Fischer et al. 2014).

Die Temperatur von Thermen ist nicht höher als der Siedepunkt des Wassers bei dem entsprechenden Luftdruck, d. h. etwa 100 °C auf Meeresspiegelniveau (z. B. die Campi Flegrei bei Neapel), etwa 90 °C in 3000 m über NN (z. B. am Ätna). Während ihrer Zirkulation auf Klüften und Spalten des Nebengesteins lösen sie geringe Mengen von dessen Substanz auf und treten als *Thermalquellen* an die Erdoberfläche aus. Manche Thermen fördern reichlich H_2S (*Schwefelquellen*) oder CO_2 (*Säuerlinge*). Thermen fördern in erster Linie erhitztes Grundwasser.

Geysire (Geyser, von isländisch *geysa* = heftige Bewegungen erzeugen) sind heiße Springquellen, die in regelmäßigen oder unregelmäßigen Abständen als Fontänen hervorbrechen. Sie verdanken ihre Herkunft der Aufheizung des Grundwassers. Dieses sickert entlang von Störungen in den Untergrund ein, sammelt sich in einem Speichergestein, z. B. einem porösen Sandstein, wo es – z. B. durch Wärmezufuhr aus einer Magmakammer – erhitzt wird. Das heiße Wasser steigt entlang von Störungen auf, bis es durch Druckentlastung nahe der Erdoberfläche seinen Siedepunkt erreicht und als Dampf-Wasser-Fontäne herausgeschleudert wird. Nach dem Ausbruch füllt sich die Spalte mit kühlerem Grundwasser und es beginnt ein neuer Zyklus.

Die Mehrzahl der Geysire treten in fünf Regionen auf: dem Yellowstone-Nationalpark in Wyoming (USA) mit 300 aktiven Geysiren, der Halbinsel Kamtschatka in Russland (200), der Nordinsel Neuseelands (51), dem Gebiet um Antofagasta in Chile (38) und der Haukadalur-Region auf Island (26). Nach dem dort befindlichen Großen Geysir wurde das Phänomen benannt.

Beim Abkühlen scheiden Thermalwässer einen Teil der gelösten Stoffe aus. Dabei bilden sich Mineralkrusten und *Sinter*. Am häufigsten ist der Kalksinter *Travertin*, bei dem das abgeschiedene $CaCO_3$ vorwiegend als Aragonit auftritt, während der Kieselsinter *Geyserit* aus Opal, $SiO_2 \cdot nH_2O$, besteht. Ein Ausscheidungsrhythmus kommt häufig durch eine zarte Bänderung zum Ausdruck. Die beobachtete Buntfärbung wird durch Beimengungen von Spurenelementen hervorgerufen. Im Yellowstone-Nationalpark bestehen die prächtigen Sinterterrassen von Mammoth Springs aus $CaCO_3$; der Geysir Old Faithful setzt Kieselsinter ab. Die Aragonitsinter des *Karlsbader Sprudelsteins* zeichnen sich teilweise durch erbsenähnliches Ooidgefüge aus und werden deshalb als Erbsenstein (Pisolith) bezeichnet (▶ Abschn. 8.2).

Durchströmen Thermalwässer blasiges vulkanisches Gestein, können die Hohlräume mit Mineralabscheidungen gefüllt werden. Am häufigsten trifft man an: Opal (◘ Abb. 11.60a, b), Chalcedon (besonders dessen Varietät Achat: ◘ Abb. 2.3, 11.56, 11.57, 11.58), Quarz, Calcit oder Kristalldrusen von Zeolithen, besonders Chabasit, Natrolith, Stilbit oder Heulandit. Wegen ihrer äußerlich geschlossenen, abgerundeten Form bezeichnet man solche Füllung als *Mandeln* oder *Geoden*. In ihrem Innern bleibt häufig noch freier Raum übrig, in dem gut ausgebildete Kristalle wachsen können. So enthalten *Achatgeoden* häufig Kristalldrusen von Amethyst (◘ Abb. 2.3).

Schon in der Römerzeit wurden besonders bunte Achatgeoden bei Idar-Oberstein (an der Nahe) abgebaut und gaben Anlass zu einer bodenständigen Schmuck- und Edelsteinindustrie. Auswanderer aus dem Nahetal entdeckten 1827 die viel größeren Achat- und Amethyst-Lagerstätten in Südbrasilien und Uruguay, die noch immer große wirtschaftliche Bedeutung besitzen und jetzt das Rohmaterial für die Idar-Obersteiner Schleifereien liefern.

■ **Geothermische Energie**

Heiße Quellen und Geysire, die in geothermischen Feldern vorkommen, dienten seit undenklichen Zeiten zum Baden, Waschen und Kochen. Darüber hinaus gewann man auch gelöste Salze durch Abdampfen, z. B.

die Borsäure in den Soffionen von Larderello im jungen Vulkangebiet der Toskana (Italien). Hier wurde seit 1904 der heiße Dampf, der sich durch Aufheizung von eingesickertem Oberflächenwasser bildet, zur Erzeugung von elektrischer Energie genutzt, die im Jahr 2006 eine Gesamtleistung von 583 MW erreichte (Bertini et al. 2006).

Das Wasser wird in porösen Karbonatgesteinen des Lias und der oberen Trias, in permischen Sandsteinen und Konglomeraten (Verrucano) sowie in darunter liegenden präkambrischen bis frühpaläozoischen Glimmerschiefern und Gneisen gespeichert. Nach oben zu werden diese Wasserreservoire durch relativ undurchlässige eozäne Flysch-Sedimente (*Argille scagliose*) abgedichtet. Die thermische Energie wird durch einen 3,8–1,3 Ma alten Granit erzeugt, der das Wasser auf 96–230 °C aufheizt und unter Drücken von 5–32 bar steht. Der hochgespannte heiße Dampf wird durch bis zu 4 km tiefe Bohrlöcher, die einen seismischen Reflektor, den H-Horizont, erreichen, an die Erdoberfläche gebracht und auf Turbinenschaufeln geleitet. Deren Material muss unempfindlich gegen Korrosion durch H_3BO_3 sein. Die Sonden bleiben durchschnittlich 12–15 Jahre aktiv und liefern 30–300 t Dampf pro Stunde. Im Bereich eines zweiten Reflektors, des K-Horizonts, sind überkritische Fluide gespeichert (vgl. ▶ Abschn. 18.1), die bis jetzt noch nicht zur Energieerzeugung genutzt werden (Bertini et al. 2006).

Auch andere bedeutende Kraftwerke liegen in jungen Vulkangebieten, so The Geysers in Kalifornien (USA) mit 2000 MW, die Krafla in Island mit 590 MW sowie Wairaki und Ohaki in Neuseeland mit 250 MW Leistung. Beim Abteufen eines Bohrloches für geothermische Energie hat man an der Krafla eine Magmakammer angebohrt, was zur Förderung von Lava aus dem Bohrloch führte (Krafft 1984).

Literatur

Bachmann O, Bergantz G (2008) The magma reservoirs that feed supereruptions. Elements 4:17–21

Bertini G, Casini M, Gianelli G, Pandeli E (2006) Geological structure of a long-living geothermal system, Larderello, Italy. Terra Nova 18:163–169

Best MG (2003) Igneous and metamorphic petrology, 2. Aufl Blackwell, Oxford

Bottinga Y, Calas G, Coutures J-P, Mathieu J-C (1983) Liquid silicates at Cassis; A conference report. Bull Mineral 106:1–3

Cawthorn RG (2012) Multiple sills or a layered intrusion? Time to decode. South African J Geol 115:283–290

Coffin MF, Eldholm O (1994) Large igneous provinces: Crustal structure, dimensions, and external consequences. Rev Geophys 32:1–36

De Vivo B, Lima A, Webster JD (2005) Volatiles in magmatic-volcanic systems. Elements 1:19–24

Durant AJ, Bonadonna C, Horwell CJ (2010) Atmosperic and environmental impacts of volcanic particulates. Elements 6:235–240

Ernst RE, Buchan KL, Campbell IH (2005) Frontiers in large igneous province research. Lithos 79:271–297

Fischer T, Horálek J, Hrubková P et al (2014) Intracontinental earthquake swarms in west Bohemia and Vogtland: A review. Tectonophysics 611:1–27

Geldmacher J, van den Boogard P, Heydolph K, Hoernle K (2014) The age of Earth's largest volcano: Tamu Massif on Shatsky Rise (north-west Pacific Ocean). Int J Earth Sci 103:2351–2357

Gíslason SR, Alfredsson HA (2010) Sampling of the volcanic ash from the Eyafjallajökull Volcano, Iceland – A personal account. Elements 6:269–270

Gíslason SR, Stefánsdóttir G, Pfeffer MA et al (2015) Environmental pressure from the 2014–2015 eruption of Bárðarbunga volcano, Iceland. Geochem Persp Lett 1:84–93

Harris A, Ripepe M (2007) Synergy of multiple geophysical approaches to unravel explosive eruption conduit and source dynamics – a case study from Stromboli. Chem Erde 67:1–35

Henehan MJ, Ridgwell A, Thomas E, Zhang S, Alegret L, Schmidt DN, Rae JWB, Witts JD, Landman NH, Greene SE, Huber BT, Super JR, Planavsky NJ, Hull PM (2019) Rapid ocean acidification and protracted Earth system recovery followed the end-Cretaceous Chicxulub impact. Proc Natl Acad Sci 116:22500–22504

Hildreth W, Wilson CJN (2007) Compositional zoning of the Bishop Tuff. J Petrol 48:951–999

Hull PM et al (2020) On impact and volcanism across the Cretaceous-Paleogene boundary. Science 367:266–272

Kamo SL, Czamanske GK, Amelin Y (2003) Rapid eruption of Siberian flood-volcanic rocks and evidence for coincidence with the Permian-Triassic boundary and mass extinction at 251 Ma. Earth Planet Sci Lett 214:75–91

Kerr AC, England RW, Wignall PB (Hrsg.) (2005) Mantle plumes: Physical processes, chemical signatures, biological effects. Lithos 79: (vii–x),1–504

Krafft M (1984) Führer zu Vulkanen Europas. 1: Island. Allgemeines, Enke, Stuttgart

Kurszlaukis S, Lorenz V (2016) Differences and similarities between emplacement models of kimberlite and basaltic maar diatreme volcanoes. In: Nemeth K, Carrasco-Núñez G, Aranda-Gómez JJ, Smith IEM (Hrsg.) Monogenic Volcanism. Geol Soc London, Spec Publ 446:101–122

Lorenz V (1974) On the formation of maars. Bull Volcanol 37:183–204

Lorenz V, Suhr P, Suhr S (2016) Phreatomagmatic maar–diatreme volcanoes and their incremental growth: A model. In: Nemeth K, Carrasco-Núñez G, Aranda-Gómez JJ, Smith IEM (Hrsg.) Monogenic Volcanism. Geol Soc London, Spec Publ 446:29–59

MacDonald GA (1972) Volcanoes. Prentice-Hall, Englewood Cliffs

Miller CF, Wark DA (2008) Supervolcanoes and their explosive supereruptions. Elements 4:11–16

Mitchell RH (1995) Kimberlites, orangeites, and related rocks. Plenum Press, New York

Newhall C, Punongbayan R (Hrsg) (1996) Fire and mud, eruptions and lahars of Mount Pinatubo. Univ Washington Press, Philippines

Oppenheimer C (2010) Ultraviolet sensing of volcanic sulfur emissions. Elements 6:87–92

Pyle DM (2015) The sizes of volcanic eruptions. In: Sigurdsson H et al (Hrsg) The encyclopedia of volcanoes, 2. Aufl Academic, London

Reid MR (2008) How long does it take to supersize an eruption? Elements 4:23–28

Sapper K (1927) Vulkankunde. Engelhorn, Stuttgart

Saunders A, Reichow M (2009) The Siberian Traps and the End-Permian mass extinction: A critical review. Chinese Sci Bull 54:20–37

Schmincke H-U (2006) Volcanism. Korrigierter Zweitdruck. Springer, Heidelberg

Scholtz H (1931) Die Bedeutung makroskopischer Gefügeuntersuchungen für die Rekonstruktion fossiler Vulkane. Z Vulkanol 14:97–117

Sparks RSJ (1986) The dimensions and dynamics of volcanic eruption columns. Bull Volcanol 48:3–15

Thordarsson T, Selfs S (1993) The Laki (Skaftar Fires) and Grimsvötn eruptions in 1783–1785. Bull Volcanol 55:233–263

Walker GPL (1973) Explosive volcanic eruptions – a new classification scheme. Geol Rundsch 62:431–446

14

Plutonismus

Inhaltsverzeichnis

© Springer-Verlag GmbH Deutschland, ein Teil von Springer Nature 2022
M. Okrusch und H. E. Frimmel, *Mineralogie*,
https://doi.org/10.1007/978-3-662-64064-7_15

■ **Einleitung**

> Bleiben Magmen im Erdinnern stecken und kristalli-
> sieren unter der Auflast mächtiger Gesteinsmassen,
> d. h. bei erhöhten Drücken, so bilden sich *Plutonite
> (Tiefengesteine)*. Im Gegensatz zum Vulkanismus ent-
> ziehen sich die Prozesse des Plutonismus der unmittel-
> baren Beobachtung; sie lassen sich daher nur indirekt
> aus den Verbandsverhältnissen und Gefügen der Plu-
> tonite erschließen.

15.1 Die Tiefenfortsetzung von Vulkanen – Magmakammern

Die *Fortsetzung von Vulkanen in die Tiefe* bezeichnet man
als Subvulkane. Sie repräsentieren den Übergangsbereich
ins Reich der Plutone. Vulkane besitzen in nicht allzu
großer Tiefe ein ihnen zugehöriges *Magmareservoir*, aus
dem die effusiv, extrusiv oder explosiv geförderten Laven
des Vulkans gespeist werden und welches wahrscheinlich aus einer oder mehreren Magmakammern besteht.
Das Verhalten von Magma in Magmareservoiren wird
wesentlich vom Mengenanteil der Kristalle (Phänokristen, Antekristen und Xenokristen) beeinflusst, der in Abhängigkeit von Druck, Temperatur und chemischer Zusammensetzung des Magmas zwischen 0 und 100 % variieren kann. Bei einem Kristallgehalt von ≲ 50 Vol.-%
ist das Magma noch fließ- und damit eruptionsfähig. Wir
bezeichnen einen zusammenhängenden Bereich im Erdinneren, in dem fließfähiges Magma gespeichert ist, als
Magmakammer (Bachmann und Bergantz 2008). Steigt
der Kristallanteil, z. B. als Folge von Abkühlung auf 50–
60 Vol.-% an, so entsteht ein *Kristallbrei,* in dem sich immer mehr Kristalle gegenseitig berühren. Es bildet sich
zunehmend ein festes Skelett, dessen Lücken von der restlichen Schmelze gefüllt werden. Ein solcher Kristallbrei
kann daher weder sein Nebengestein intrudieren, noch
im Zuge von vulkanischen Ereignissen ausfließen oder
explosiv gefördert werden; er verhält sich ähnlich wie
ein steifer Schwamm (Marsh 1981, 1996; Hildreth 2004).
Magmakammer und Kristallbrei bilden zusammen das
Magmareservoir (Bachmann und Bergantz 2008).

Magmakammern und Magmareservoire lassen sich
selbstverständlich nicht direkt beobachten. Ihre Form
kann jedoch durch geophysikalische Methoden, insbesondere durch seismische Tomographie, ihr Inhalt
durch die vulkanischen Förderprodukte rekonstruiert
werden. Im Gegensatz zu früheren Konzepten, die von
langlebigen, überwiegend mit Schmelze gefüllten Magmakammern ausgingen, dürfte dieses Modell, das Kristallbrei und intrusionsfähiges Magma unterscheidet, die
Beziehung zwischen Vulkanen und Plutonen viel zutref-
fender beschreiben. Es basiert auf folgenden Indizien:

- Seismische Belege für die Existenz von großen
  Schmelzkörpern in der Erdkruste fehlen;
- Geländebeobachtungen zeigen, dass sich manche
  Plutone schrittweise, über Zeiträume von Millionen
  Jahren durch episodische Magmaschübe aufgebaut
  haben (z. B. Annen et al. 2015).
- Thermobarometrische Messungen an Mineralen in
  Vulkaniten wie Olivin, Klinopyroxen oder Amphibolen, insbesondere an solchen mit Zonarbau, belegen eine Abnahme der Kristallisationstiefe im Lauf
  der Zeit. Die Magmen stiegen also im Lauf der Zeit
  von ihrem Bildungsort im Oberen Erdmantel oder
  in der Unteren Erdkruste durch die Mittlere bis in
  die Obere Erdkruste auf (z. B. Putirka 1997, 2017;
  Klügel und Klein 2006).

Man geht heute davon aus, dass ein Magmareservoir
hauptsächlich aus Kristallbrei besteht, während der
Anteil an fließfähigem Magma deutlich geringer ist
(◨ Abb. 15.1) und eine kürzere Lebensdauer von Jahrhunderten bis Jahrtausenden besitzt (z. B. Costa et al.
2008).

Ein gut untersuchtes Beispiel ist das ca. 30 km
breite, ca. 12 km dicke Magmareservoir, das unter der
Caldera des 760.000 Jahre alten Supervulkans Long
Valley in Kalifornien (USA) existierte (◨ Abb. 15.1). In
seinem oberen Bereich enthielt dieses Magmareservoir
eine Magmakammer mit fließfähigem Rhyolithmagma
(Kristallanteil < 50 Vol.-%), das explosiv gefördert
und als *Bishop-Tuff* abgelagert wurde. Das fließfähige
Magma ging seitlich und nach unten in einen Kristallbrei (> 50 % Kristalle) über, während die Randbereiche
bereits vollständig zu einem granitischen Gestein kristallisiert waren. Injektionen von heißem Basaltmagma
aus dem Erdmantel führten zu erneuter Aufheizung
und lösten wahrscheinlich die Supereruption aus.

Seismologisches Monitoring weist auf eine erneute Zunahme der
magmatischen Aktivität hin, durch die sich die Magmakammer,
die in einer Tiefe von ca. 7 km unter der Long-Valley-Caldera liegt,
durch Zufuhr von wässerigen Fluiden weiter aufbläht. Dabei wurde
seit 1979/1980 der Gipfel einer sekundären Vulkankuppe um ca. 1 m
weiter angehoben (Hill 2017).

Kristallisiert das Magma im Magmareservoir durch
Abkühlung, so bilden sich – je nach Tiefenlage – subvulkanische (hypabyssische) Gesteine, die nicht selten grobkörniger als Vulkanite ausgebildet sind. Typisches Beispiel ist Dolerit, der meist basaltische, besonders aber auch pikritische Zusammensetzung hat,
und oft leiterartige Gruppen von Gängen und Lagergängen bildet (◨ Abb. 15.1). Plutonite, die in noch tiefer gelegenen Magmakammern kristallisierten, zeigen
noch gröbere Korngröße und ein charakteristisches
hypidiomorph-körniges Gefüge. In Ophiolithkomplexen, die einen Schnitt durch die ozeanische Erdkruste
und den darunter liegenden Erdmantel dokumentieren

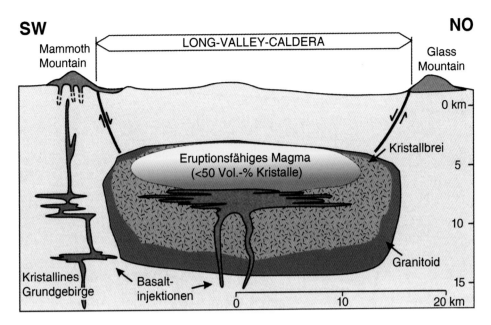

Abb. 15.1 Vereinfachtes Querprofil durch das Magmareservoir unterhalb der Caldera des Supervulkans Long Valley in Kalifornien (USA); der Vertikalmaßstab und die relativen Volumenanteile des eruptionsfähigen Magmas, des Kristallbreis, des randlichen Granitoids und der Basalt-Injektionen sind nur annäherungsweise bekannt. (Aus Bachmann und Bergantz 2008)

(s. ► Abschn. 29.2.1), kann der Übergang von effusiv geförderten Basaltlaven zum subvulkanischen „sheeted dyke"-Komplex und schließlich zu plutonischem Gabbro beobachtet werden. Subvulkanische Gesteine vermitteln also nach ihrem geologischen Auftreten und ihrem Gefüge zwischen Vulkaniten, deren Bildung man direkt beobachten kann, und Plutoniten, deren Platznahme und Kristallisation sich prinzipiell jeder direkten Beobachtung entziehen. Dies ist ein wichtiges Argument dafür, dass plutonische Gesteine in der Tat durch Kristallisation von magmatischen Schmelzen entstanden sind. Eine scharfe Grenze zwischen subvulkanischen und plutonischen Intrusionen lässt sich jedoch nicht ziehen. Erinnert sei daran, dass es Gesteine gibt, die in Form von Gängen, Lagergängen und Stöcken in einem oberflächennahen (hypabyssischen) Niveau entstanden, ohne nachweisbaren Zusammenhang mit einem Vulkan. In manchen Fällen lassen sich solche Ganggesteine wie Plutonit-Porphyre, Dolerit, Pegmatit und Aplit von tiefer liegenden Plutonen ableiten.

15.2 Formen plutonischer und subvulkanischer Intrusionskörper

Da in der Erdkruste keine Hohlräume vorhanden sind, muss für die Intrusion von Magmen vorher Platz geschaffen werden. Dafür sind – besonders im oberflächennahen Bereich – lithologische Inhomogenitätsflächen und tektonische Schwächezonen hilfreich. So bilden sich subvulkanische Lagergänge, die Mächtigkeiten von bis zu 300 m erreichen können, gerne konkor-

dant entlang von Schichtflächen von Sedimentstapeln. Wenn die Überdeckung nicht zu mächtig ist, kann dabei der Dachbereich entsprechend angehoben werden. Prominente Beispiele sind der Whin Sill in Nordengland und der Palisade Sill im Staat New York (USA). Demgegenüber durchsetzen steil stehende Gänge das Nebengestein diskordant auf tektonischen Störungen. Gangschwärme, wie sie z. B. auf der Insel Arran in Schottland oder auf der Sinai-Halbinsel in Ägypten spektakulär aufgeschlossen sind, deuten auf großräumige Dehnungstektonik hin, durch die sich die Erdkruste aufweitete. Auch die Radialgänge, Ringgänge und „cone sheets", die sich im Zuge von Vulkanausbrüchen bilden können, setzen sich in ein subvulkanisches Niveau fort, wie instruktive Aufschlüsse auf der Halbinsel Ardnamurchan in Schottland zeigen.

Nicht gangförmige Intrusionsköper werden unabhängig von ihrer Größe und Form ganz allgemein als Plutone bezeichnet. Sie durchbrechen ihr Nebengestein häufig diskordant (■ Abb. 15.2, 15.3), passen sich aber in manchen Fällen in ihrer Form den geologischen Strukturen des Nebengesteins an (■ Abb. 15.3a, b, 15.7). So halten sich Lakkolithe an flach liegende Schichtfugen oder Schieferungsflächen und wölben diese uhrglasförmig auf (■ Abb. 15.3b); sie sind meist plankonvex oder bikonvex linsenförmig ausgebildet, wobei ein gangförmiger Zufuhrkanal an der dicksten Stelle zu vermuten ist. Konvex-konkave Körper, die in gefalteten Gesteinen platznahmen, werden als Sichelstöcke (Harpolithe oder Phakolithe, ■ Abb. 15.3a, b)

◘ Abb. 15.2 Der Brandberg-Batholith in Namibia, ein unterkretazischer (ca. 130 Ma) Alkaligranit-Komplex, der auf die Intrusion granitischen Magmas während des Aufbrechens von Gondwana in Sedimentgesteine der permomesozoischen Karoo-Hauptgruppe und kretazischer Vulkanite der Etendeka-Provinz zurückgeht. Diese geschichteten Nebengesteine sind im Vordergrund an den Flanken des Intrusionskörpers erkennbar. (Foto: Martin Okrusch)

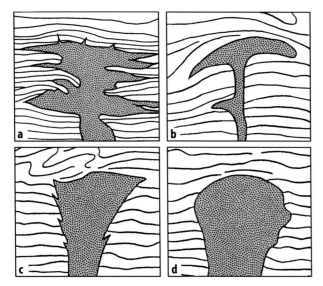

◘ Abb. 15.3 Unterschiedliche Formen von Intrusionskörpern: **a** Lakkolith, **b** Sichelstock (Phakolith), **c** Ethmolith, **d** Stock

konkordante wie diskordante Kontakte zum Nebengestein an. Nicht selten jedoch sind kleine Plutone lediglich kuppelförmige Aufbrüche größerer darunterliegender Batholithe.

Zu den diskordanten Plutonen des gefalteten Grundgebirges gehören die Granitplutone des Variszikums in Mitteleuropa mit Größen zwischen 5 und 40 km Durchmesser. Beispiele sind die Granitplutone im Harz (Brocken- und Ramberg-Granit), im Fichtelgebirge, im Oberpfälzer Wald, im Erzgebirge, im Bayerischen Wald und Böhmerwald sowie in den Sudeten; ebenso Diorit- und Gabbroplutone im Odenwald.

In vielen Gebieten treten individuelle Plutone zusammen in unmittelbarer Nachbarschaft auf oder bilden zusammengesetzten Intrusionskörper mit Flächenausdehnungen von > 100 km^2 und werden dann als *Batholith* bezeichnet. Obwohl ihre Tiefenfortsetzung wegen fehlender Bohrungen unbekannt ist, geben geophysikalische Daten Hinweise darauf, dass sie sich nicht bis in die „ewige Teufe" fortsetzen, sondern eher flache, bettdeckenartige Formen aufweisen (◘ Abb. 15.4), ähnlich denen eines Lopoliths (s. u.). Außerdem sind sie recht komplex zusammengesetzt und bestehen typischerweise aus einer Folge von zeitlich und stofflich verschiedenen Magmaintrusionen.

bezeichnet, trichterförmig nach der Tiefe hin verjüngte als *Ethmolithe* (◘ Abb. 15.3c). Kleine, rundliche Intrusivkörper, welche die Schichtung oder Schieferung diskordant durchsetzen oder in massigen Gesteinen vorliegen, nennt man *Stöcke* (◘ Abb. 15.3d). Einfache Plutone sind meist kuppelförmig entwickelt und haben im Grundriss eine kreisförmige, andere eine ovale Begrenzung. Im letzteren Fall sind sie einem Streckungs- bzw. Dehnungsakt des sich formenden Orogens angepasst (Längs- und Querplutone). Bei ihnen treffen wir

Prominente Beispiele sind der orogene Sierra-Nevada-Batholith in Kalifornien (◘ Abb. 15.4) und andere

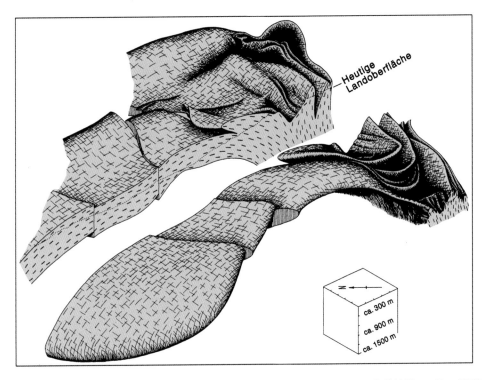

Abb. 15.4 Orthogonale Projektion des Rattlesnake-Mountain-Plutons (Kalifornien). (Nach MacColl 1964; aus Best 2003)

Batholithe entlang des westlichen Randes von Nordamerika, die sich während der Kreidezeit vor 80–100 Ma bei der Subduktion der pazifischen unter die nordamerikanische Platte gebildet haben. Anorogener Entstehung ist dagegen der Brandberg-Batholith in Namibia (◻ Abb. 15.2).

Die Mehrzahl der Plutone besteht petrographisch aus leukokraten und mesokraten Plutoniten, insbesondere aus Granit und Granodiorit. Daneben gibt es aber auch sehr prominente mafische Intrusionskörper, die sich überwiegend aus Gabbro oder Norit aufbauen und untergeordnete Anteile von Peridotit, Pyroxenit und Anorthosit enthalten können. Ihrer Form nach handelt es sich meist um *Lopolithe*, d. h. um große Intrusionen, deren zentraler Bereich über dem (vermuteten) Zufuhrkanal eingesunken ist. Daraus resultiert ihre plankonvexe, löffel- bis schüsselförmige Gestalt (◻ Abb. 15.5, 15.6). In ihrem inneren Aufbau zeigen viele Lopolithe magmatischen Lagenbau (*"igneous layering"*) und werden daher als „*layered intrusions*" bezeichnet (s. ▶ Abschn. 15.3.3). *Anorthositische* Intrusionen gibt es in allen Kontinentalschilden. Ein bekanntes Vorkommen sind die 1,10 Ga alten Anorthositkörper der mesoproterozoischen Grenville-Provinz in Kanada und ihre Ausläufer in den Adirondack Montains im Staat New York (USA).

15.3 Innerer Aufbau und Platznahme von Plutonen

Wie bereits oben angedeutet, besteht für die Platznahme von großen plutonischen Intrusionen grundsätzlich ein *Raumproblem,* d. h. die Frage, wie der Platz für die riesigen Magmamengen geschaffen wurde, die in die Erdkruste intrudierten. Zur Lösung dieses Problems bedarf es sorgfältiger Analysen der Interngefüge von Plutonen und der Externgefüge des intrudierten Nebengesteins. Diese Studien sind – nach grundlegenden Arbeiten von Hans Cloos in den 1930er-Jahren – erst in den letzten Jahrzehnten wieder verstärkt in Angriff genommen worden (vgl. z. B. Hutton 1996).

15.3.1 Interngefüge von Plutonen

Solange ein intrudierendes Magma zu > 50 Vol.-% flüssig ist, kann es auch in dem sich bildenden Pluton durch Fließen seinen Ort verändern. Dabei herrschen, je nach Magmazusammensetzung, wegen der Dichtedifferenz zwischen dem Magma und dem umgebenden Nebengestein aufsteigende Bewegungen vor. Die Fließrichtung des Magmas kann aus orientierten Gefügen wie Strömungslinien und magmatische Lamina-

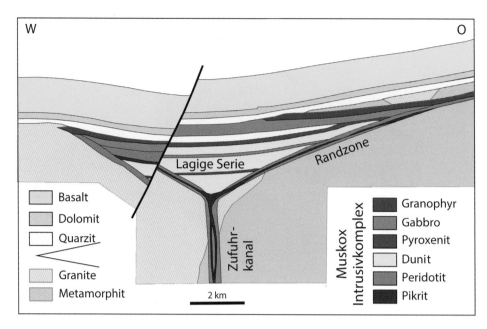

Abb. 15.5 Vereinfachter Schnitt durch den 1270 Ma alten mafisch bis ultramafischen lagigen Intrusionskomplex von Muscox (Northwest Territories, Kanada) – ein typischer Lopolith, der vermutlich das Zentrum der Mackenzie Large Igneous Province bildet. (Stark verändert nach Irvine und Smith 1967)

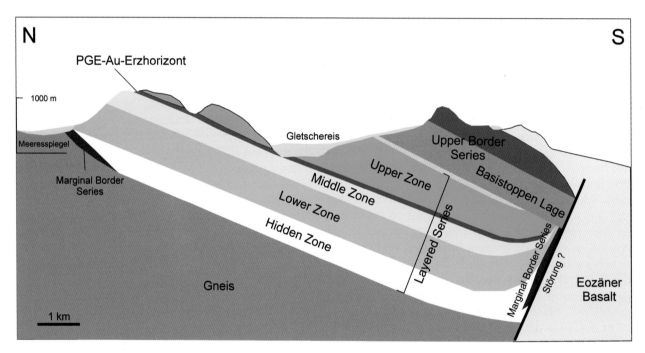

Abb. 15.6 Vereinfachter Schnitt durch den 54,5 Ma alten, mafisch bis ultramafischen lagigen Intrusionskomplex von Skaergaard (Südost-küste von Grönland), der rund 150 Mio. t PGE-Au-Ti-V-Fe-Erz beinhalten soll. (Modifiziert nach Nielsen 2006)

tion rekonstruiert werden, die sich durch Inhomogenitäten im Magma bilden, so durch bereits ausgeschiedene Kristalle (Phänokristen, Xenokristen), Schlieren in der Schmelze und Einschlüsse von Gesteinsmaterial aus dem Bildungsbereich des Magmas in der Tiefe (Autolithe) oder von durchschlagenem Nebengestein (Xenolithe). Fixiert werden nur der letzte Bewegungs-

zustand und die relative Bewegung zu den benachbarten Bereichen. Feste Bestandteile wie Kristalle oder Gesteinseinschlüsse sind in Fließrichtung ausgerichtet, halbfeste wie Schlieren ausgerichtet und verformt. Die Fließspuren bilden oft ein oder mehrere Fließgewölbe ab, womit sich der Aufstiegsweg der plutonischen Schmelze bis zu einem gewissen Grad rekonst-

Magma und Lava

Inhaltsverzeichnis

© Springer-Verlag GmbH Deutschland, ein Teil von Springer Nature 2022
M. Okrusch und H. E. Frimmel, *Mineralogie*,
https://doi.org/10.1007/978-3-662-64064-7_16

■ **Einleitung**

Wie wir gesehen haben, werden bei Vulkanausbrüchen glutheiße Gesteinsschmelzen aus dem Erdinnern gefördert, die unter stürmischer Entgasung ausfließen oder explosiv herausgeschleudert werden. Man muss daraus schließen, dass im Erdinnern heiße Schmelzen existieren, in denen leichtflüchtige (volatile) Komponenten gelöst sind. Die meisten Laven, die an die Erdoberfläche gefördert werden, enthalten bereits Kristalle, die in einer Magmakammer oder beim Aufstieg gewachsen sind; sie bilden Einsprenglinge in vulkanischen Gesteinen. Als *Magma* bezeichnet man dementsprechend ein heterogenes Gemenge aus Gesteinsschmelze, volatilen chemischen Komponenten und meist auch Kristallen, die im Erdinnern gebildet wurden. Es muss jedoch daran erinnert werden, dass „Magma" ein theoretischer Begriff ist, denn niemand hat ein Magma je gesehen! Wir beobachten lediglich die vielfältigen Entgasungsprozesse, wenn Lava an der Erdoberfläche ausfließt oder während explosiver vulkanischer Aktivität (■ Abb. 16.1), die oft verheerende Ausmaße annimmt. Solche Prozesse belegen eindringlich, dass die Menge an leichtflüchtigen Komponenten, die im Magma gelöst sind, groß sein muss. Aber auch die ruhiger verlaufende Entgasung, z. B. von ausfließenden Lavaströmen, beeindruckt durch die enormen Mengen geförderter Gase. Weitere Schlüsse über Natur und chemische Zusammensetzung von Magmen können aus ihren Kristallisationsprodukten, den vulkanischen und plutonischen Gesteinen, gezogen werden.

16.1 Chemische Zusammensetzung und Struktur von Magmen

Wie man aus der Häufigkeitsverteilung magmatischer Gesteine leicht erkennt, haben Magmen in ihrer überwiegenden Mehrzahl *silikatische* Zusammensetzung, während Karbonat-, Oxid- oder Sulfidmagmen nur selten auftreten. Künstliche und natürliche Silikatschmelzen und -gläser bestehen aus $[SiO_4]$- und $[AlO_4]$-Tetraedern, die zu Gruppen ähnlich denen in Silikatstrukturen vernetzt sind, wie $[AlSiO_4]^-_n$, $[Al_2Si_2O_6]^-_n$, $[AlSi_3O_8]^-_n$, $[Si_2O_6]^{4-}_n$, $[Si_2O_7]^{6-}_n$ oder Ringen wie $[Si_6O_{18}]^{12-}_n$ (■ Abb. 16.2). Wegen ihrer starken sp^3-Hybrid-Bindungen zum Sauerstoff spielen $Si^{[4]}$ und $Al^{[4]}$ in all diesen Strukturen die Rolle von *Netzwerkbildnern*. Demgegenüber wirken die freien Kationen Na^+, K^+, Ca^{2+}, Mg^{2+}, Fe^{2+}, Fe^{3+} u. a., aber auch Al in [6]-Koordination als *Netzwerkwandler* (Netzwerkmodifizierer), weil ihre Bindung mit O wegen ihres höheren ionischen Anteils schwächer ist. Der Grad der Vernetzung nimmt also mit dem relativen Anteil an SiO_2, aber auch mit sinkender Temperatur zu. Bei hoher Temperatur enthält die Schmelze viele freie $[(Si,Al)O_4]$-Gruppen, während mit der Abkühlung eine zunehmende Polymerisation und der Übergang in zunehmend komplexere Konfigurationen erfolgt. Daher weisen Si-ärmere und/oder heißere Magmen eine geringere Viskosität auf als Si-reichere bzw. weniger heiße (s. ▶ Abschn. 16.4). Unter den leichtflüchtigen Komponenten kann insbesondere $(OH)^-$ die wichtige Rolle eines Netzwerkwandlers spielen, wie weiter unten gezeigt wird. Interessierte Leser seien diesbezüglich auf die Artikel von Henderson (2005), Calas et al. (2006) und Henderson et al. (2006) verwiesen.

16

■ **Abb. 16.1** Vulkanische Aktivität am Kraterrand des Vulkans Stromboli, Äolischen Inseln (Italien). (Foto: Hartwig E. Frimmel)

■ **Abb. 16.2** Strukturschema einer Silikatschmelze: Den dominierenden Bestandteil bilden inselförmige $[SiO_4]^{4-}$-Tetraeder und solche, die zu Sechserringen oder zu gewinkelten Ketten polymerisiert sind. Die Zwischenräume werden von unterschiedlichen Kationen ⊕, Anionen /, neutralen Teilchen ○ (hauptsächlich H_2O-Molekülen) eingenommen. $[SiO_4]^{4-}$ wird teilweise durch $Si(OH)_4$ ersetzt. (Nach Mueller und Saxena 1977)

16.2 Vulkanische Gase

Während der Eruptionsphase eines Vulkans werden enorme Mengen an vulkanischen Gasen ausgestoßen, deren quantitative Bestimmung schwierig, aber nicht unmöglich ist. Aus flüssiger Basaltlava austretende Gase wurden zuerst im Lavasee Halemaumau im Kilauea-Krater auf der Hauptinsel von Hawaii eingefangen und analysiert. Dabei wurde festgestellt, dass die Beteiligung der verschiedenen Gasphasen sehr variiert. Wasserdampf herrscht vor, der jedoch zum größten Teil aus verdampftem Grundwasser herrührt. Aus jüngerer Zeit stammen weitere zuverlässige Gasbestimmungen aus verschiedenen Eruptionsstadien des Ätna. Darüber hinaus können einige vulkanische Gase indirekt aus ihren Sublimationsprodukten bestimmt werden, die sich an den Vulkanschloten oder innerhalb der Erstarrungskruste der Lavakörper aus heißen Dämpfen absetzen. Eine weitere Methode ist die Analyse von Glaseinschlüssen in Mineralen der magmatischen Gesteine, so aus solchen in Olivin-Einsprenglingen von Olivinbasalt (z. B. Johnson et al. 1994).

Insgesamt gesehen sind die wichtigsten vulkanischen Gasspezies H_2O (35–90 Mol-%), CO_2 (5–50 Mol-%) und SO_2 bzw. H_2S (2–30 Mol-%), während Cl_2, HCl, F_2, HF, SiF_4, H_3BO_3, COS, CS_2, CO, CH_4 und H_2 zurücktreten (Schmincke 2006). Zahlreiche weitere Gase kommen nur in sehr kleinen Mengen vor. Zeitweise können Eruptionswolken durch gelbrotes $FeCl_3$ orange gefärbt sein. Bei den Schwefeldämpfen dominieren SO_2 und H_2S, wobei SO_2 im Vergleich zu H_2S durch höhere Temperaturen und/oder höhere Sauerstoffkonzentrationen begünstigt wird. Durch Reaktion mit dem Luftsauerstoff kann H_2S nach der Reaktion

$$H_2S + \tfrac{1}{2}O_2 \rightarrow S + H_2O \qquad (16.1)$$

zu elementarem Schwefel oxidiert werden, der sich dann am Kraterrand niederschlägt (◻ Abb. 14.15), oder es erfolgt eine weitere Oxidation zu SO_2 oder SO_3.

Zwischen einzelnen Vulkanen gibt es je nach Gesteinstyp große Unterschiede in der Zusammensetzung vulkanischer Gase. Wie neuere Messungen auf Hawaii gezeigt haben, sind die CO_2-Gehalte in basaltischen Magmen häufig höher als früher angenommen. Somit findet man in einigen Fällen etwa vergleichbare Anteile an CO_2, H_2O und SO_2 neben deutlichen Mengen an HF und HCl. Demgegenüber überwiegt in rhyolithischen Magmen der H_2O-Gehalt stark (Schmincke 2006).

Der Anteil an leichtflüchtigen Komponenten, die in Magmen gelöst werden können, hängt nicht nur von Druck und Temperatur, sondern (mit Ausnahme des CO_2) auch vom SiO_2-Gehalt des Magmas und damit von seiner Viskosität ab. Nach Analysen an abge-

schreckten Gesteinsgläsern und an Glaseinschlüssen in Mineralen sowie aus experimentellen Daten (s. ▶ Abschn. 16.3.2) lassen sich H_2O-Gehalte in Magmen unterschiedlicher Zusammensetzung und geotektonischer Position abschätzen (◻ Tab. 16.1).

Beim Aufstieg eines Magmas wird die Sättigungsgrenze der volatilen Komponenten in der Reihenfolge $CO_2 \rightarrow SO_2/H_2S \rightarrow HCl \rightarrow H_2O \rightarrow HF$ überschritten und es bildet sich eine freie Gasphase, zunächst in Form von Bläschen. Für eine vertiefende Beschäftigung mit dem Thema der magmatischen Gase sei auf Schmincke (2006) verwiesen.

16.3 Magmatische Temperaturen

16.3.1 Direkte Messungen durch Pyrometrie

Magmatische Temperaturen können selbstverständlich nur an Laven direkt gemessen werden. Wegen ihrer Gefährlichkeit bedingt durch hohe Temperaturen, Explosionsgefahr, Austritt giftiger Gase etc. kann man solche Messungen am ehesten bei ruhigen Effusionen oder an Laveseen durchführen. Schon 1909 wurden die ersten Temperaturbestimmungen durch Day und Shepherd an der Oberfläche des Lavasees Halemaumau durchgeführt (Shepherd 1911; Day und Shepherd 1913). Deren Beobachtungen basierten auf der *Farbe der Schmelze,* die lediglich von der Temperatur abhängt und unabhängig vom Chemismus ist (◻ Tab. 16.2). Die Temperatur wird entweder rein visuell abgeschätzt oder mit einem optischen *Pyrometer* gemessen, d. h. mit einem Fernrohr, das im Gesichtsfeld einen regelbaren elektrischen Glühfaden als Vergleichsstandard besitzt. Die Temperatur dieses Fadens kann so lange variiert werden, bis seine Farbe mit der der Lava übereinstimmt. Die Pyrometermethode findet auch heute noch in der

◻ **Tab. 16.1** H_2O-Gehalte in Magmen unterschiedlicher Zusammensetzung und geotektonischer Stellung (Nach Schmincke 2006)

Vulkanit	H_2O-Gehalt (Gew.-%)
Tholeiit an mittelozeanischen Rücken	0,1–0,2
Tholeiit an ozeanischen Inseln	0,3–0,6
Alkalibasalt	0,8–1,5
Basalt über Subduktionszonen	2–3
Basanit und Nephelinit	1,5–2
Andesit und Dacit an Inselbögen	1–2
Andesit und Dacit an Kontinentalrändern	2–4
Rhyolith	bis ca. 7

Tab. 16.2 Farbe von Schmelzen in Abhängigkeit von der Temperatur

Farbe	Temperatur (°C)
weiß	>1150
goldgelb	1090
orange	900
hell kirschrot	700
dunkelrot	625–550
gerade noch sichtbar rot	475

Vulkanologie und in der Technik Anwendung. Mit dieser Methode rekonstruierten Day und Shepherd Temperaturen von etwa 1000 °C.

Eine weitere pyrometrische Methode ist der Vergleich mit Substanzen bekannten Schmelzpunktes. Hierfür werden in der Stahl-, Keramik- und Feuerfestindustrie schon lange *Seger-Kegel* verwendet, kleine Kegel aus Porzellan, die bei bestimmten Temperaturen schmelzen. In einer grundlegenden Studie montierte Jaggar (1917) Seger-Kegel in Stahlrohre und tauchte diese in unterschiedliche Tiefen des Lavasees Halemaumau ein. Dadurch konnte er die Temperaturverteilung im See ermitteln und am Seeboden eine Maximaltemperatur von 1170 °C messen. Wie ◘ Abb. 16.3 erkennen lässt, nimmt die Lavatemperatur vom Seeboden zur Oberfläche hin kontinuierlich ab. Dort beginnt die Lava zu kristallisieren und ihre Temperatur steigt infolge frei werdender Kristallisationswärme abrupt wieder auf etwa 1000 °C an, d. h. auf den Wert, der früher durch

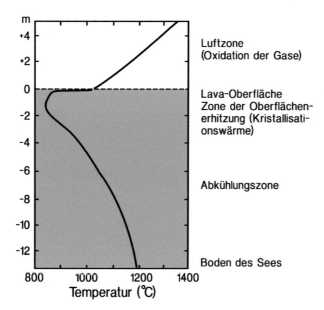

Abb. 16.3 Temperaturverteilung im Lavasee Halemaumau und in den darüber befindlichen brennenden Gasen, KilaueaKrater auf Hawaii. (Nach Jaggar 1917, aus Barth 1962)

Pyrometermessungen ermittelt worden war. Infolge dieser exothermen Reaktion kann die Kristallisation von Lavaströmen um Monate verzögert werden, wie beim Ausbruch des Vulkans Hekla (Island) von 1947 gezeigt wurde.

In der modernen Vulkanologie erfolgt die In-situ-Temperaturbestimmung von Laven meist mit Thermoelementen oder mit optischen Pyrometern (Pinkerton et al. 2002). Ungeachtet der starken Streuung kann man mit Sicherheit aussagen, dass die SiO_2-ärmeren Laven, wie z. B. die basaltischen, mit Temperaturen zwischen rund 1200 und 1000 °C viel heißer sind als die SiO_2-reicheren, dacitischen und rhyolithischen Laven mit Temperaturen von 950–750 °C.

16.3.2 Schmelzversuche an natürlichen Gesteinen

Solche Versuche wurden von französischen Forschern bereits im 19. Jh. durchgeführt, wobei allerdings der ursprünglich vorhandene Gehalt an leichtflüchtigen Komponenten, insbesondere H_2O, nicht berücksichtigt werden konnte. Erst seit der Einführung von Hochdruck-Autoklaven können Aufschmelz- und Kristallisationsexperimente bei hohen Temperaturen und Drücken durchgeführt werden, bei denen die Schmelzen jeweils an H_2O gesättigt sind, d. h. der Wasserdampfdruck ist gleich dem Gesamtdruck $(P_{H_2O} = P_{tot})$. Mit solchen *Hydrothermalexperimenten* kann man die Liquidus- und Soliduskurven natürlicher Gesteine im P_{H_2O}-T-Diagramm bestimmen. Bei einem gegebenen Druck kristallisiert nämlich ein Magma nicht bei einer bestimmten Temperatur, sondern über ein gewisses *Temperaturintervall*. Wenn ein Magma abkühlt und die *Liquidustemperatur* T_L erreicht, scheiden sich die ersten Kristalle aus der Schmelze aus. Beim Erreichen der *Solidustemperatur* T_S verschwindet der letzte Schmelztropfen, sodass vollkommen festes Gestein vorliegt. Es gilt daher die Regel, dass T_L stets größer als T_S ist.

Die grundlegenden Versuche an natürlichen *Basalten* unterschiedlicher Zusammensetzung wurden von Yoder und Tilley (1962) durchgeführt. Sie ermittelten für die olivintholeiitische Kilauea-Lava von 1921 bei Atmosphärendruck $(P = 1\ bar)$ eine Liquidustemperatur (T_L) von ca. 1250 °C und eine Solidustemperatur (T_S) von ca. 1050 °C; das Kristallisationsintervall ΔT beträgt also etwa 200 °C. Mit zunehmendem H_2O-Druck nimmt T_L deutlich, T_S sogar stark ab; dementsprechend wird ΔT größer. So ist bei $P_{H_2O} = 2$ kbar $T_L = 1140$ °C, $T_S = 880$ °C, $\Delta T = 260$ °C, bei $P_{H_2O} = 5\ kbar$ $T_L = 1120$ °C, $T_S = 780$ °C, $\Delta T = 340$ °C (◘ Abb. 16.4). Die experimentellen Ergebnisse bei $P_{H_2O} = 10\ kbar$ sind allerdings geologisch nicht mehr

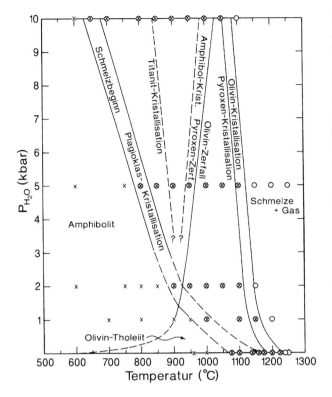

D **Abb. 16.4** Ergebnisse von Schmelz- und Kristallisationsversuchen im System Olivin-Tholeiit-H_2O am Beispiel der Lava von 1921, Kilauea-Caldera, Hawaii, bei einem H_2O-freien Druck von 1 bar und H_2O-Drücken von 1, 2, 5 und 10 kbar; mit zunehmendem H_2O-Druck nehmen die Liquidus- und Solidustemperaturen ab und das Kristallisationsintervall wird größer. ○ Schmelze, ⊕ Schmelze plus Kristalle, × Kristalle. (Nach Yoder und Tilley 1962)

relevant, denn bei erhöhten Drücken in der Erdkruste reicht der Wassergehalt mit Sicherheit nicht mehr aus, um das Magma an H_2O zu sättigen. Die von Yoder und Tilley (1962) experimentell bestimmten Liquidus- und Soliduskurven für basaltische Vulkanite anderer Zusammensetzung verlaufen prinzipiell ähnlich. Dabei sind die Liquidustemperaturen bei 1 bar meist etwas höher als an aktiven Vulkanen ermittelt wurde. Das ist ein Hinweis, dass die in der Natur geförderten Magmen bereits ihre Liquidustemperatur unterschritten haben, was in der Anwesenheit von Einsprenglingskristallen, z. B. von Olivin, zum Ausdruck kommt.

Bei $P_{H_2O} = 1$ kbar ergibt sich mit abnehmender Temperatur folgende Kristallisationsabfolge: Beim Unterschreiten der Liquiduskurve scheidet sich zunächst Olivin, dann Pyroxen und kurz vor Erreichen der Soliduskurve Plagioklas aus. Das Stabilitätsfeld von Amphibol wird erst im Subsolidusbereich erreicht. Demgegenüber bildet sich bei $P_{H_2O} = 5$ kbar bereits im Bereich zwischen Liquidus- und Soliduskurve Amphibol, während Olivin und Pyroxen instabil werden

und verschwinden. Das entstehende „Gestein" ist bei $P_{H_2O} < 1,5$ kbar ein Olivintholeiit bzw. Olivingabbro, bei $> 1,5$ kbar ein Hornblendegabbro.

Schon vorher hatten Tuttle und Bowen (1958) ähnliche Untersuchungen an natürlichen *Graniten* durchgeführt, die später von Luth et al. (1964) und anderen Autoren fortgesetzt wurden. Dabei ergaben sich prinzipiell ganz ähnliche Liquidus- und Soliduskurven, die jedoch bei deutlich tieferen Temperaturen liegen; das Kristallisationsintervall ΔT ist geringer. So ist bei $P = 1$ bar $T_L = 1120$ °C, $T_S = 960$ °C, $\Delta T = 160$ °C; bei $P_{H_2O} = 2$ kbar $T_L = 900$ °C, $T_S = 720$ °C, $\Delta T = 180$ °C; bei $P_{H_2O} = 4$ kbar $T_L = 750$ °C, $T_S = 660$ °C, $\Delta T = 90$ °C (vgl. auch ▶ Abschn. 20.2).

16.4 Viskosität von Magma

Die Viskosität von Magma hängt von seiner Temperatur, dem Umgebungsdruck, seinem Chemismus, dem Gehalt an leichtflüchtigen Komponenten und dem Anteil an bereits ausgeschiedenen Kristallen ab. Magma im Erdinneren ist uns nicht direkt zugänglich, aber sobald es an der Erdoberfläche als Lava austritt, lässt sich seine Viskosität bestimmen. Bereits die geologische Erfahrung lehrt, dass basaltische Laven mit ihrem relativ niedrigen SiO_2-Gehalt geringere Viskosität aufweisen als dacitische, rhyolithische oder trachytische Laven mit ihrem relativ höheren SiO_2-Gehalt. Die basaltischen Pahoehoe-Laven der Inselgruppe Hawaii sind fast so dünnflüssig wie Schweröl, Fließgeschwindigkeiten von 10–20 km/h sind gängig; maximal werden etwa 60 km/h erreicht. Im Gegensatz dazu war die dacitische Lava der Montagne Pelée so viskos, dass sie überhaupt nicht fließen konnte. Bei gleicher Zusammensetzung ist eine heiße Schmelze sehr viel weniger viskos als eine kältere: Eine basaltische Lava hat bei 1400 °C ein Viskositätsmodul von 140 Poise, bei 1150 °C eines von ca. 80.000 Poise. Zum Vergleich: Bei Zimmertemperatur hat Wasser 0,1 Poise, Glycerin 10 Poise.

Das Viskositätsmodul η wird definiert als die Kraft, die notwendig ist, um in einer Flüssigkeitsschicht von 1 cm² Fläche und 1 cm Dicke die obere gegen die untere Schichtfläche mit einer Geschwindigkeit von 1 cm s⁻¹ in Parallelbewegung zu halten. Anders ausgedrückt: η ist die Scherspannung (gemessen in Pa) bezogen auf die Verformungsrate (gemessen in s⁻¹): 1 Poise = 0,1 Pa s.

Bei *Newton'schen Flüssigkeiten* sind Scherspannung und Verformungsrate proportional, bei ihnen genügt schon eine unendlich kleine Scherspannung, um sie zum Fließen zu bringen. In der Natur zeigen nur ganz niedrigviskose Laven ohne Gasblasen und Kristalle Newton'sches Verhalten. Bei den meisten Laven muss dagegen eine endliche Schubkraft aufgewendet werden, bevor sie zu fließen beginnen *(Fließgrenze,* engl. *„yield strength");* sie werden *Bingham'sche Flüssigkeiten* genannt.

Viskositätsmessungen können in der Natur an Lavaströmen und an Lavaseen oder im Laboratorium an künstlichen Silikatschmelzen vorgenommen werden. Dabei wurde gezeigt, dass die Viskosität der SiO_2-reicheren Schmelzen um mehrere Größenordnungen höher ist als bei SiO_2-ärmeren, z. B. den basaltischen (◘ Abb. 16.5). Laven mit höherer Viskosität besitzen eine größere Neigung zu glasiger (hyaliner) Erstarrung, weil das Diffusionsvermögen der chemischen Elemente und der Kristallisationsvorgang in einer solchen Schmelze stark gehemmt sind. Dies trifft vor allem auf die SiO_2-reicheren Laven von Rhyolith- oder Trachytzusammensetzung zu, die zu Obsidian oder Pechstein erstarren können.

Darüber hinaus ist der Viskositätsgrad einer natürlichen Schmelze entscheidend für den Aufstieg und das Intrusionsvermögen in einen gegebenen Gesteinsverband. Er beeinflusst ebenso die Absonderung von frühausgeschiedenen Kristallen im Magma, die im Allgemeinen von der Dichte der umgebenden Schmelze abweichen. So stiegen die in der Vesuvlava zuerst abgeschiedenen Leucit-Kristalle wegen ihrer geringeren Dichte auf und reicherten sich an ihrer Oberfläche schwimmend an. In vielen Basaltlaven sinken andererseits die spezifisch schwereren Olivin- und Pyroxenkristalle zu Boden und bilden

dort einen Bodensatz, sie akkumulieren, wie das insbesondere in mächtigen Lagergängen oder in *„layered intrusions"* beobachtet werden kann. Alle diese Vorgänge werden bei großer Viskosität gehemmt.

Dabei drängt sich die Frage auf, wie sich die Viskosität von Magmen mit zunehmendem Druck im Erdinnern ändert. Zur Klärung dieser Frage bieten sich Experimente mit der Kugelfallmethode an. Bei erhöhten Drücken und Temperaturen werden Pulver von Mineralen oder Gesteinen, auf denen eine Metallkugel (z. B. aus Pt) liegt, künstlich geschmolzen; in dieser Schmelze sinkt die Kugel ab und der Fallweg, den sie in einer bestimmten Zeit zurücklegt, ist ein Maß für die Viskosität. Auf diesem Wege kam Kushiro (1976) zu dem zunächst überraschenden Ergebnis, dass bei einem Druckanstieg von 1 bar auf 25 kbar – bei einer konstanten Temperatur von 1350 °C – das Viskositätsmodul einer trockenen Jadeitschmelze etwa um eine Zehnerpotenz abnimmt, d. h. die Schmelze wird immer beweglicher. Weitere Experimente zeigten, dass dieses Ergebnis auch für andere Silikatschmelzen von Rhyolith- bis Basaltzusammensetzung gilt, und zwar für solche, die Si-reich sind und/oder ein (Na + K)/Al-Verhältnis nahe 1 haben. Bei ihnen ist der Anteil der Brückensauerstoffe in O-Si–O-Bindungen (BO) größer als der an Nichtbrückensauerstoffen (NBO): BO/(BO+NBO) > 0,5. Offenbar findet in diesen Schmelzen bei isothermer Druckerhöhung zunehmend ein Übergang $Al^{[4]} \rightarrow Al^{[6]}$ statt, sodass der Anteil an Netzwerkbildern kleiner wird. Ist dagegen BO/(BO+NBO) < 0,5, so nimmt die Viskosität mit steigendem Druck zu, weil die Struktur dichter gepackt wird und die Bindungskräfte zunehmen (Scarfe et al. 1987). Von großem Einfluss auf die Viskosität von Silikatschmelzen ist darüber hinaus der Gehalt an leichtflüchtigen Komponenten, insbesondere H_2O bzw. (OH) und F (z. B. Hui et al. 2009).

16.5 Löslichkeit von leichtflüchtigen Komponenten im Magma

Durch grundlegende Experimente konnte bereits Goranson (1931) zeigen, dass die Löslichkeit von Wasser in Silikatschmelzen (Albit, Albit-Kalifeldspat-Gemenge, natürlicher Obsidian) bei gegebener Temperatur mit steigendem Druck zunimmt. So können bei 1000 °C und 1 kbar Druck etwa 5 Gew.-%, bei 5 kbar fast 10 Gew.-% H_2O gelöst werden. Demgegenüber nimmt die Löslichkeit bei konstantem Druck mit steigender Temperatur zunächst ab: sie ist *retrograd.* Jedoch gilt das nur für relativ niedrige Drücke: ab 4 kbar ändert sich die Steigung der Löslichkeitsisobaren von negativ zu positiv, d. h. isobare Temperaturerhöhung führt nun zu einer Steigerung der Löslichkeit: sie wird *prograd* (◘ Abb. 16.6).

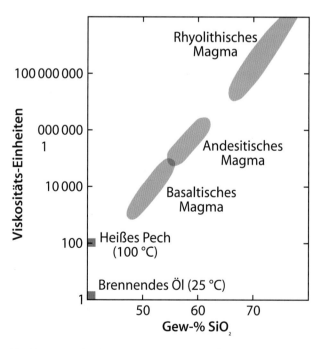

◘ **Abb. 16.5** Die Viskosität eines Magmas wird maßgebend vom SiO_2-Gehalt beeinflusst. Dieser wächst vom basaltischen zum rhyolithischen Magma an. Je höher die Viskosität eines Magmas ist, um so geringer ist die Fähigkeit des Fließens. Zum Vergleich sind die viel geringeren Viskositäten von brennendem Öl und von heißem Pech eingetragen. (Nach Flint und Skinner 1974)

16

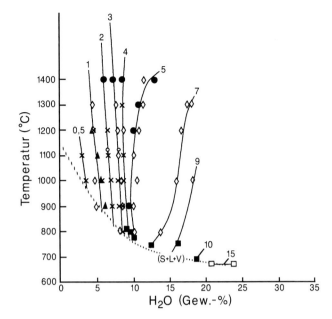

Abb. 16.6 Löslichkeitsisobaren von H_2O in einer Albitschmelze bei unterschiedlichen Temperaturen und Drücken (in kbar) nach experimentellen Ergebnissen unterschiedlicher Autoren; mit steigendem Druck nimmt die Löslichkeit bei gegebener Temperatur zu. Bei steigender Temperatur haben die Löslichkeitsisobaren zunächst einen negativen Verlauf (retrograde Löslichkeit), schwenken aber bei Drücken von > 4 kbar allmählich in eine positive Steigung um (prograde Löslichkeit). (Nach Paillat et al. 1992)

Die Frage, in welcher Form das gelöste Wasser in Silikatschmelzen vorliegt, wurde durch infrarotspektroskopische Analysen an Basalt-, Rhyolith- und Albitgläsern gelöst (z. B. Stolper 1982). Danach wird Wasser zunächst überwiegend in Form von (OH)-Gruppen eingebaut, während der Anteil an H_2O-Molekülen gering ist. Mit zunehmender Wasseraufnahme steigt jedoch der Gehalt an molekularem H_2O immer stärker an, während der des (OH) kaum noch zunimmt (◘ Abb. 16.7). Dieser Befund hat natürlich eine große Bedeutung für die Rolle von (OH) als Netzwerkwandler und damit für die Viskosität wasserhaltiger Schmelzen. Nach der einfachen Gleichung

$$H_2O_{molekular} + O^{2-} = 2(OH)^- \qquad (16.2)$$

werden für die Bildung von (OH)-Gruppen aus H_2O Molekülen Brückensauerstoffe des Silikatgerüsts benötigt; der Vorgang wirkt also depolymerisierend: mit zunehmendem (OH)-Gehalt nimmt das Viskositätsmodul ab. Nach ◘ Abb. 16.7 kann aber der (OH)-Gehalt nicht beliebig gesteigert und die Viskosität nicht entsprechend gesenkt werden; ab 4–5 Gew.-% Gesamt-H_2O ist für beide eine Sättigung erreicht (◘ Abb. 16.8).

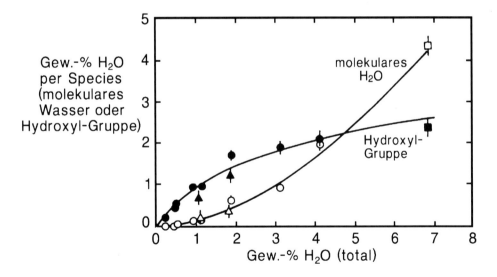

Abb. 16.7 Anteil an Hydroxyl-Gruppen *(geschlossene Symbole)* und molekularem H_2O *(offene Symbole)*, die in Silikatgläsern gelöst sind, in Abhängigkeit vom Gesamtwassergehalt; *Kreise:* Rhyolithgläser; *Dreiecke:* Basaltgläser; *Quadrat:* Albitglas. (Nach Stolper 1982)

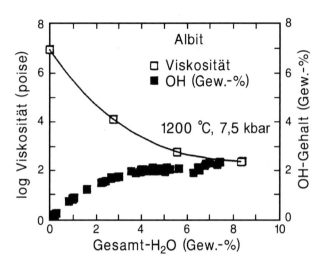

Abb. 16.8 Erhöhung des (OH)-Gehalts (Silver und Stolper 1989; *rechte Ordinate*) und Erniedrigung der Viskosität (Dingwell 1987; *linke Ordinate*) mit steigendem H_2O-Gehalt einer Albitschmelze. (Nach Lange 1994)

Die ursprünglichen Gehalte an leichtflüchtigen Komponenten in natürlichen Magmen lassen sich durch die mikroskopische Untersuchung von Schmelzeinschlüssen in Einsprenglingskristallen rekonstruieren. Häufig bestehen diese Einschlüsse, welche die komplexe geochemische Entwicklung des magmatischen Systems in einer Magmakammer widerspiegeln, aus mehreren, nicht miteinander mischbaren Teilschmelzen. Diese lassen sich durch eine Vielzahl moderner mikrochemischer Methoden analysieren (De Vivo et al. 2005). So beobachtet man neben einer Silikatschmelze häufig eine oder mehrere dünnflüssige Schmelzen, die an unterschiedlichen volatilen Komponenten angereichert sind. Sie können unterschiedliche Tochterkristalle sowie Gasblasen, insbesondere von CO_2 enthalten.

Wie wir bereits in ▶ Abschn. 14.5 gezeigt haben, werden beim Aufstieg des Magmas infolge der Druckentlastung in unterschiedlicher Tiefenlage nacheinander die einzelnen Gasspezies freigesetzt, wobei die Löslichkeit einer leichtflüchtigen Komponente auch von der chemischen Zusammensetzung des Magmas abhängt. Daneben führt in der Magmakammer das Wachstum von Kristallen, die meist keine oder nur geringe Gehalte an volatilen Komponenten aufweisen, ebenfalls zur Entgasung des Magmas. Beide Prozesse können in der Folge explosiven Vulkanismus auslösen. Andererseits kann bei der Abkühlung des Magmas retrograde Löslichkeit (■ Abb. 16.6) die Freisetzung von Gasen verzögern.

Die Löslichkeit einer leichtflüchtigen Komponente kann zudem durch andere Volatile beeinflusst werden. So setzen z. B. steigende CO_2-Gehalte die Löslichkeit von H_2O in einer Rhyolithschmelze herab: Bei 2 kbar und 900 °C kann eine CO_2-freie Schmelze fast 6 Gew.-% H_2O aufnehmen, bei einem CO_2-Gehalt von 0,125 Gew.-% kann dagegen kein H_2O mehr gelöst werden (Newman und Lowenstern 2002).

Literatur

Barth TFW (1962) Theoretical Petrology, 2. Aufl. Wiley, New York

Calas G, Henderson GS, Stebbins JF (2006) Glasses and melts: Linking geochemistry and material science. Elements 2:265–268

Carroll MR, Holloway JR (Hrsg) (1994) Volatiles in magmas. Rev Mineral 30

Day AL, Shepherd ES (1913) Water and volcanic activity. GSA Bull 24:573–606

De Vivo B, Lima A, Webster JD (2005) Volatiles in magmatic-volcanic systems. Elements 1:19–24

Dingwell DB (1987) Melt viscosities in the system $NaAlSi_3O_8$–H_2O–F_2O^{-1}. In: Mysen BO (Hrsg) Magmatic processes:Physicochemical principles. The Geochemical Society, Spec Publ 1:423–438

Dingwell DB (2006) Transport properties of magmas: Diffusion and rheology. Elements 2:281–286

Flint RF, Skinner BJ (1974) Physical geology. J Wiley, New York

Goranson RW (1931) The solubility of water in granitic magmas. Am J Sci 222:481–501

Henderson GS (2005) The structure of silicate melts: A glass perspective. Canad Mineral 43:1921–1958

Henderson GS, Calas G, Stebbins JF (2006) The structure of silicate glasses and melts. Elements 2:269–273

Hui H, Zhang Y, Xu Z, Del Gaudio P, Behrens H (2009) Pressure dependence of viscosity of rhyolitic melts. Geochim Cosmochim Acta 73:3680–3693

Jaggar TA Jr (1917) Volcanologic investigations at Kilauea. Am J Sci 194:161–220

Johnson MC, Anderson AT Jr., Rutherford MJ (1994) Ore-eruptive volatile contents of magmas. In: Caroll MR, Holloway JR (Hrsg) Volatiles in Magmas. Rev Mineral 30:281–330

Kushiro I (1976) Changes in the viscosity and structure of melt $NaAlSi_2O_6$ composition at high pressures. J Geophys Res 81:6347–6350

Lange RA (1994) The effect of H_2O, CO_2, and F on the density and viscosity of silicate melts. In: Carroll MR, Holloway JR (Hrsg) Volatiles in magmas. Rev Mineral 30:331–369

Luth WD, Jahns RH, Tuttle PF (1964) The granite system at pressures of 4 to 10 kilobars. J Geophys Res 69:759–773

Mueller RF, Saxena K (1977) Chemical petrology. Springer, Berlin

Newman S, Lowenstern JB (2002) VOLATILECALC: A silicate melt-H_2O-CO_2 solution model written in Visual Basic for Excel*. Computers Geosci 28:597–604

Paillat O, Elphick SC, Brown WL (1992) The solubility of water in $NaAlSi_3O_8$ melts: A re-examination of Ab–H_2O phase relationships and critical behaviour at high pressures. Contrib Mineral Petrol 112:490–500

Pinkerton H, James M, Jones A (2002) Surface temperature measurements of active lava flows on Kilauea volcano, Hawai'i. J Volcan Geotherm Res 113:159–176

Scarfe CM, Mysen BO, Virgo D (1987) Pressure dependence of the viscosity in silicate melts. In: Mysen BO (Hrsg) Magmatic processes: physicochemical principles. The Geochemical Society Spec Publ 1:59–67

Schmincke H-U (2006) Volcanism, 1. Aufl; korr. 2. Nachdruck. Springer, Heidelberg

Shepherd ES (1911) Temperature of fluid lava from Halemaumau, July 1911. I Rep Haw Volc Observ Boston, S. 47–51

Silver L, Stolper E (1989) Water in albitic glasses. J Petrol 30:667–709

Stolper E (1982) Water in silicate glasses: an infrared spectroscopic study. Contrib Mineral Petrol 81:1–17

Tuttle OF, Bowen NL (1958) Origin of granite in the light of experimental studies in the system $NaAlSi_3O_8$–$KalSi_3O_8$–SiO_2–H_2O. Geol Soc America Mem 74:1–153

Yoder HS, Tilley CF (1962) Origin of basaltic magmas: An experimental study of natural and synthetic rock systems. J Petrol 3:342–532

Bildung und Weiterentwicklung von Magmen

Inhaltsverzeichnis

© Springer-Verlag GmbH Deutschland, ein Teil von Springer Nature 2022
M. Okrusch und H. E. Frimmel, *Mineralogie*,
https://doi.org/10.1007/978-3-662-64064-7_17

■ **Einleitung**

Schon lange ist bekannt, dass die zahlreichen Typen von magmatischen Gesteinen nicht isoliert betrachtet werden dürfen. Vielmehr haben Feldforschungen und experimentelle Untersuchungen gezeigt, dass die einzelnen Typen von vulkanischen und plutonischen Gesteinen, die in einer gegebenen Region über einen bestimmten Zeitabschnitt gebildet wurden, miteinander zusammenhängen und eine *magmatische Provinz* bilden, also das Ergebnis bestimmter *Perioden von magmatischer Aktivität* darstellen. Die unterschiedlichen Gesteinsarten einer magmatischen Provinz sind häufig durch Übergänge miteinander verknüpft. Sie bilden Glieder von *magmatischen Serien,* die charakteristische Variationen in ihrer chemischen und mineralogischen Zusammensetzung zeigen oder gewisse Grundgemeinsamkeiten aufweisen, die eine bestimmte plattentektonische Situation kennzeichnen. Man kann daher die große Vielfalt der bekannten magmatischen Gesteinstypen nicht auf eine ebenso große Zahl von selbstständig gebildeten primären *Stammmagmen* zurückführen, sondern auf verschiedenartige geologische Prozesse, die einem Stammmagma während seines Aufstiegs und seiner Abkühlung widerfuhren. Die Entwicklung von einzelnen Teilmagmen unterschiedlicher chemischer Zusammensetzung aus einem gemeinsamen Stammmagma wird als *magmatische Differentiation* bezeichnet. Darüber hinaus können sich Magmen durch *Magmamischung* oder durch *Assimilation* von Nebengestein in ihrer ursprünglichen Zusammensetzung verändern. Nach einer Abschätzung von Schmincke (2006) werden weltweit pro Jahr über 30–35 km³ Magmen gebildet, von denen 85–90 % in der Tiefe intrudierten, während der Rest an die Erdoberfläche oder den Meeresboden gefördert wurde. Dabei entfallen auf die unterschiedlichen plattentektonischen Situationen im Durchschnitt die in ■ Tab. 17.1 genannten Mengen.

17.1 Magmaserien

Ausgehend von verschiedenen *basaltischen Stammmagmen* (primären Magmen) unterscheidet man drei wichtige Gesteinsserien von Vulkaniten, die mit zunehmendem SiO_2-Gehalt einer magmatischen Differentiation zugeordnet werden können. Dabei sind die ersten beiden subalkalisch, die dritte alkalisch:

▬ *Tholeiit-Serie*:
  tholeiitischer   Basalt → Andesit → Dacit → Rhyolith
▬ *Kalkalkali-Serie*:
  kalkalkalischer Basalt → Andesit → Dacit → Rhyolith
▬ *Alkali-Serie*:
  Alkalibasalt → Trachyandesit → Trachyt/Phonolith

Diese Serien gehen in erster Linie auf Beobachtungen von Gesteinsverbänden in vielen magmatischen Provinzen der Erde zurück, wobei noch mehrere Unterserien differenziert wurden. Bei vollständigem Ablauf enden die subalkalischen Serien mit rhyolithischen, die alkalische Serie mit trachytischen oder phonolithischen Differentiaten.

Magmatische Serien können in sogenannten Harker-Diagrammen dargestellt und unterschieden werden, wobei die chemischen Hauptkomponenten Al_2O_3, $Fe_2O_3^{tot}$, MgO, CaO, Na_2O und K_2O gegen SiO_2 (jeweils in Gew.-%) aufgetragen werden. Dabei ergibt sich die allgemeine Tendenz, dass mit steigendem SiO_2-Gehalt $Fe_2O_3^{tot}$, MgO und CaO abnehmen, Na_2O und K_2O dagegen zunehmen (■ Abb. 17.1). Um magmatische Differentiationsreihen zu veranschaulichen, werden darüber hinaus noch weitere binäre oder ternäre Variationsdiagramme verwendet, in denen Haupt- und/oder Spurenelemente gegeneinander aufgetragen werden, z. B. Ni und Cr gegen MgO. Zur Unterscheidung zwischen alkalischen und subalkalischen Serien hat

17

■ **Tab. 17.1**   Abgeschätzte jährliche Magmabildung (km³/Jahr) in unterschiedlichen plattentektonischen Situationen (nach Schmincke 2006)

Plattentektonische Stellung	Vulkanisch	Plutonisch	Zusammen
mittelozeanische Rücken	3	18	21
konvergente Plattenränder (Subduktions- und Kollisionszonen)	0,6	8	8,6
ozeanische Intraplattenvulkane	0,4	2	2,4
kontinentale Intraplattenvulkane	0,1	1,5	1,6
Gesamt	4,1	29,5	33,6

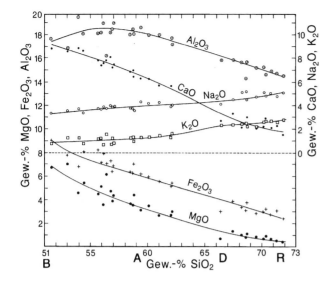

◼ **Abb. 17.1** Harker-Diagramm für die kalkalkalische Vulkanit-Serie des Crater Lake, Kaskaden-Provinz, Oregon (USA), mit der typischen Entwicklung Basalt (B) → Andesit (A) → Dacit (D) → Rhyolith (R). (Nach Williams 1942; mod. aus Carmichael et al. 1974, mit freundlicher Genehmigung von McGraw-Hill)

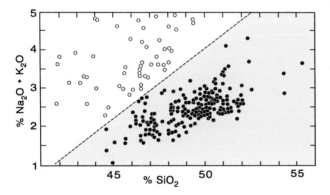

◼ **Abb. 17.2** Grenze zwischen Tholeiitbasalten und Alkalibasalten aus Hawaii im Diagramm ($Na_2O + K_2O$) gegen SiO_2. • Tholeiitbasalt, ○ Alkalibasalt. (Nach Macdonald und Katsura 1964)

sich das Variationsdiagramm ($Na_2O + K_2O$) gegen SiO_2 bewährt (◼ Abb. 17.2). Die Alkalimagmatite können in einem K_2O/Na_2O-Diagramm in Na-betonte, K-betonte und K-reiche Serien weiter untergliedert werden. Letztere entwickeln SiO_2-arme Vulkanite wie z. B. Leucittephrit, Leucitbasanit oder Leucitit als Differentiate.

Eine kritische Unterscheidung zwischen den beiden sulbalkalischen Serien ermöglicht das unterschiedliche Verhalten des Fe/Mg-Verhältnisses in den frühen Stadien der magmatischen Entwicklung, was durch unterschiedliche Trends im ternären *AFM*-Diagramm ($Na_2O + K_2O$) − ($FeO + Fe_2O_3$) − MgO zum Ausdruck kommt (◼ Abb. 17.3). So nimmt in der Kalkalkali-Serie das Fe/Mg-Verhältnis von Basalt zu Rhyolith kontinuierlich ab, bedingt durch Frühabscheidung von Fe-Ti-Oxiden. Demgegenüber steigt bei der tholeiitischen

Entwicklung am Anfang des Fraktionierungsprozesses das Fe/Mg-Verhältnis stärker an, was zur Entstehung von Ferrobasalt führt. Erst danach verändert sich die Richtung des Entwicklungstrends, der jetzt parallel zum kalkalkalischen Trend verläuft. Zudem weisen die mafischen Glieder der Tholeiit-Serie von vornherein geringere Gehalte an Al_2O_3 auf als in der Kalkalkali-Serie, die durch das Auftreten von sog. *„high-alumina basalt"* gekennzeichnet ist.

Im Folgenden wollen wir die geologischen Prozesse kennenlernen, die als Ursachen für magmatische Entwicklungen infrage kommen.

17.2 Bildung von Stammmagmen

Primäre Stammmagmen entstehen durch partielles Aufschmelzen von festem Gesteinsmaterial des Oberen Erdmantels und der Unteren Erdkruste. Für das tiefere Verständnis dieser Prozesse sind Kenntnisse über den Aufbau und die Zusammensetzung des Erdinneren erforderlich, die in ► Kap. 29 ausführlicher dargestellt werden.

17.2.1 Primäre basaltische Magmen

Wie wir gesehen haben, stellen Basalte die wichtigsten vulkanischen Gesteine dar, die weltweit in großer Verbreitung auftreten. Es unterliegt keinem Zweifel, dass die basaltischen Magmen durch partielle Aufschmelzung aus ultramafischen Gesteinen entstehen, die den weitaus größten Teil des Oberen Erdmantels aufbauen. Für eine Mantelherkunft sprechen bereits die hohen Eruptionstemperaturen der Basaltlaven mit rund 1100–1200°C. Im Gegensatz dazu wird an der Kruste-Mantel-Grenze, der Mohorovičić-Diskontinuität (s. ► Abschn. 29.2), die unter den Ozeanböden in 5–7 km, unter den Kontinenten in 30–60 km Tiefe liegt, eine Temperatur von nur etwa 600°C erreicht (Chapman 1986), es sei denn, es kommt zu externer Wärmezufuhr. Auch der Basalt-Chemismus sowie die mitgeführten Fragmente von Spinell- und Granat-Peridotit, die als Xenolithe in Alkalibasalten und Kimberliten vorkommen, sind wichtige Belege für die Bildung von Basaltmagmen im Oberen Erdmantel. Direkte Hinweise dafür fanden Eaton und Murata (1960), als sie wenige Monate vor einer neuen Eruption des Vulkans Kilauea auf Hawaii seismische Aktivität in ca. 60 km Tiefe feststellten und geophysikalisch die Ansammlung des basaltischen Magmas in einer subvulkanischen Magmakammer bis zum Ausbruch des Vulkans verfolgen konnten. Allerdings sagt dieser interessante Befund nur etwas über die Mindesttiefenlage des Aufschmelzortes aus; dieser kann in noch wesentlich größeren

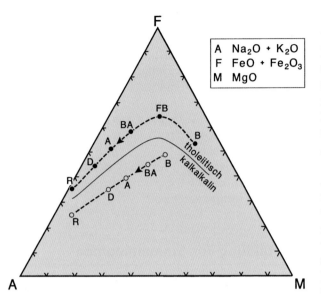

◻ Abb. 17.3 *AFM*-Dreieck mit tholeiitischem und kalkalkalischem Trend; B tholeiitischer bzw. kalkalkalischer Basalt, FB Ferrobasalt, BA basaltischer Andesit, A Andesit, D Dacit, R Rhyolith. (Aus Wilson 1989)

Tiefen des Oberen Erdmantels gelegen haben. Die Ergebnisse von Hochdruck-Experimenten in vereinfachten Modellsystemen trugen entscheidend dazu bei, Aufschmelzvorgänge, die zur Bildung von Basaltmagmen führen, besser zu verstehen (▶ Abschn. 19.2). Das partielle Schmelzen von Mantelmaterial wird durch eine Kombination folgender Prozesse ermöglicht:

— *Isotherme Druckentlastung* in aufsteigenden Mantelbereichen, die Teile von mantelweiten Konvektionszellen bilden, führt zur Erniedrigung der Solidustemperatur;

— *Isobare Temperaturzunahme* und damit ein Überschreiten der Solidustemperatur im umgebenden Erdmantel findet dort statt, wo Wärme im Zuge von Manteldiapiren großräumig von unten zugeführt wird. Demgegenüber spielt die *radioaktive Wärmeproduktion* im Erdmantel nur eine sehr geringere Rolle, da dort die Konzentration von Elemente mit radioaktiven Isotopen (^{238}U, ^{235}U, ^{232}Th, ^{40}K) wesentlich geringer ist als in der Erdkruste;

— *Anreicherung leichtflüchtiger Komponenten,* wie H_2O, F oder CO_2 setzt die Solidustemperatur herab, ein Prozess der z. B. im Mantelkeil oberhalb einer subduzierten Platte eine wichtige Rolle spielt. Hier führt die metamorphe Entwässerung von subduzierter ozeanischer Kruste zur Hydratation des darüber liegenden Erdmantels und damit zu dessen partieller Aufschmelzung.

17.2.2 Granitische Magmen

Die enorm große Förderung von intermediärem und saurem Magma innerhalb der aktiven, orogenen Kontinentalränder, so am Westrand von Nord- und Südamerika, kann unmöglich aus der subduzierten ozeanischen Platte stammen. Auch ist die Menge von Graniten in Orogenzonen („*syn-collision granites*", syn-COLG, „*volcanic arc granites*", VAG, im Sinne von Pearce et al. 1984) und in kontinentalen Intraplattenbereichen („*within-plate granites*", WPG) viel zu groß, um durch Differentiation von basaltischen Stammmagmen erklärt zu werden. Damit lassen sich die Riesenmengen an Granit, die in unterschiedlichen Bereichen der kontinentalen Erdkruste entstanden, nur durch Bildung, Aufstieg und nachfolgende Kristallisation von granitischen Magmen erklären, die direkt durch *Anatexis* von Unterkrusten-Gesteinen gebildet wurden (z. B. Sawyer et al. 2011). Die kontinentale Kruste entwickelte sich seit dem Hadaikum (4,6–3,8 Ga) in mehreren Schritten, wobei der Granitbildung eine Reihe unterschiedlicher Prozesse vorausgingen (Wedepohl 1991; Johannes und Holtz 1996):

— Durch partielles Schmelzen des peridotitischen Erdmantels bildeten sich schon im Archaikum (3,8–2,5 Ga) große Mengen mafischer Magmatite, aus denen die mafische Unterkruste entstand.

— In dieser führte partielles Schmelzen von hydratisierten mafischen Gesteinen wie Amphibolit zur Bildung von Tonalitmagmen, während Restgesteine („Restite") von mafischem Granulit zurückblieben.

— Weitere Anatexis der tonalitischen Unterkruste führte zu Granitmagmen, wobei völlig entwässerte granulitische Restgesteine zurückblieben.

— Darüber hinaus können Granitmagmen auch durch Anatexis hochgradig metamorpher Metasedimentgesteine beim Höhepunkt der regionalen Gesteinsmetamorphose entstehen (s. ▶ Abschn. 26.5).

Bei all diesen Vorgängen muss jedoch berücksichtigt werden, dass – im Gegensatz zum Archaikum – die Temperaturen in der kontinentalen Unterkruste normalerweise nicht ausreichen, um Gesteine zum partiellen Schmelzen zu bringen. Sie erreichen maximal 610°C in junger Kruste und sogar nur 370°C in der Kruste alter, stabiler Kontinente (Chapman 1986). Ungewöhnlich hohe Temperaturen, die hoch genug für eine anatektische Schmelzbildung sind, können jedoch durch folgende Prozesse erreicht werden (Clark et al. 2011):

- Erhöhte radioaktive Wärmeproduktion durch den Zerfall von Radionukliden in Krustenbereichen, in denen diese angereichert sind (▶ Abschn. 33.5.3).
- Zunahme der Wärmezufuhr aus dem Erdmantel in Gebieten mit aufströmender Asthenosphäre, z. B. unter „back-arc" Becken.
- Mechanische Aufheizung in großräumigen duktilen Scherzonen.
- Darüber hinaus liefern große basische Intrusionen, die aus dem Erdmantel stammen, eine externe Wärmezufuhr, die für ein partielles Aufschmelzen der Unterkruste ausreicht, ein Prozess, der als „magmatic underplating" bezeichnet wird.

Für den Aufstieg von Granitmagmen in der Erdkruste ist der *Aufschmelzgrad* von besonderer Bedeutung. Ist dieser gering, so kann sich die Schmelze nicht von ihrem Muttergestein trennen und verbleibt auf den Korngrenzen im Bildungsbereich. Bei höheren Aufschmelzgraden entstehen zunächst *Migmatite* (s. ▶ Abschn. 26.5) und schließlich *Granitmagmen*, die aus Schmelze und kristallinen Restmineralen bestehen und die in höhere Krustenstockwerke aufsteigen können (◻ Abb. 26.31). Der *Schmelzanteil*, durch den beim Übergang Feststoff → Schmelze („*solid to liquid transition*" SLT) die Festigkeit eines Gesteins so weit erniedrigt ist, dass es sich als Magma verhält, hängt von der Viskosität der Schmelze, der Form der Kristalle und ihrer Korngrößenverteilung ab. Für granitische Gesteine wurde ein SLT-Bereich von etwa 40–55 % abgeschätzt (z. B. Marsh 1996, 2006; Rosenberg und Handy 2005; Costa et al. 2009; Sparks und Cashman 2017).

17.3 Magmatische Differentiation

Der Begriff magmatische Differentiation umfasst alle Vorgänge, bei denen aus einem homogenen Stammmagma mehrere Fraktionen von neuen Magmen entstehen, die schließlich zu Magmatiten unterschiedlicher Zusammensetzung kristallisieren. Der weitaus wichtigste Prozess ist die *fraktionierte Kristallisation*, deren experimentelle Grundlagen in ▶ Abschn. 18.2 und 18.5 behandelt werden. Es gilt das grundlegende Bowen'sche Reaktionsprinzip, das in ▶ Abschn. 18.3 erläutert wird. Daneben spielen die *Magmenmischung*, in einzelnen Fällen die *liquide Entmischung* von Magmen und als wichtiger Prozess die *Assimilation* von Nebengestein eine Rolle. Auch *chemische Gradienten* in einer Magmakammer und *Gastransport*, d. h. der Transport von chemischen Komponenten, die in aufsteigenden Gasblasen gelöst sind, wurden als mögliche Ursachen für magmatische Differentiation diskutiert, aber bisher kaum näher untersucht.

17.3.1 Fraktionierte Kristallisation

Eine verbreitete Ursache für magmatische Differentiation ist die *fraktionierte Kristallisation*, d. h. die sukzessive Abtrennung von frisch kristallisierten Mineralen aus einem Magma. Da dieser Vorgang im Wesentlichen eine Wirkung der Schwerkraft ist, bezeichnet man ihn auch als *gravitative Differentiation*. Am häufigsten ist das *Absinken* (Absaigern) früh ausgeschiedener Kristalle von größerer Dichte im Magma, sodass eine spezifisch leichtere, stofflich veränderte Restschmelze übrig bleibt.

Wendet man das Stokes'sche Gesetz

$$v = \frac{\Delta \rho g r^2}{\eta_l} \qquad [17.1]$$

auf gravitative Fraktionierungsvorgänge an, so erkennt man, dass die Geschwindigkeit (*v*) des Absinkens oder Aufsteigens von Kristallen in der Schmelze von folgenden Faktoren abhängt:
- dem Dichteunterschied zwischen Kristall und Schmelze ($\Delta \rho$);
- dem Radius (*r*) der kugelförmig gedachten Kristalle höherer oder niedrigerer Dichte und
- der Viskosität der Schmelze (η_l), wobei
- *g* die Erdbeschleunigung ist.

Nach Gleichung [17.1] nimmt *v* mit $\Delta \rho$ linear, mit *r* dagegen exponentiell zu. Daher können weniger dichte, aber größere Silikat-Kristalle wie Olivin und Pyroxen oder Plagioklas schneller absinken bzw. aufsteigen als dichtere, aber kleinere Erzminerale wie Magnetit, Ilmenit oder Chromit.

Gewöhnlich sinken Kristalle höherer Dichte im Magma ab und lassen eine weniger dichte Restschmelze von modifizierter Zusammensetzung zurück. Die abgeschiedenen *Kumulus-Kristalle* reichern sich als Bodensatz (*Kumulat*) in der Magmakammer an (◻ Abb. 17.4). Diese abgesaigerten Kumulat-Minerale sind relativ reich an Mg, Fe, Cr und Ni, während die Restschmelze an Si, Al, Na und K angereichert ist. Durch *Filterpressung* wird der größte Anteil der Restschmelze aus dem kompaktierenden Kumulat herausgedrückt; die verbleibenden Schmelzreste bezeichnet man als *Interkumulus-Schmelze* (◻ Abb. 17.4). Auch leichtere Minerale können sich als Erstausscheidungen frühzeitig in einer etwas schwereren Schmelze ab-

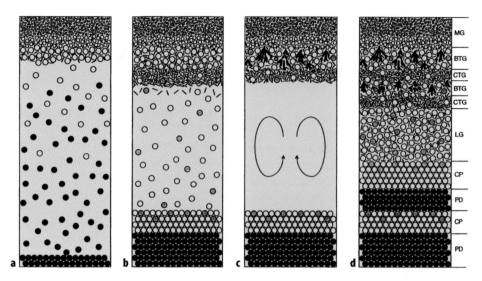

Abb. 17.4 Schema für die Bildung magmatischer Lagerung durch fraktionierte Kristallisation in einem Lagergang von 400–600 m Mächtigkeit (Centre Hill Komplex, Kanada): **a** Aus einem Basaltmagma scheiden sich Olivin (Ol, ●) und Klinopyroxen (Cpx, ○) aus, die unterschiedlich schnell nach unten absaigern; es bildet sich ein Olivinkumulat (Peridotit, PD); am Hangend-Kontakt des Lagergangs kristallisiert eine feste, feinkörnige Kruste aus Randgabbro (*marginal gabbro*, MG), darunter befindet sich ein Kristallbrei, der reich an Cpx und Plagioklas (*l*) ist. **b** Beim Absinken wird ein Teil des Ol in Orthopyroxen (Opx, *graue Kreise*) umgewandelt (■ Abb. 18.15, 18.16), der absinkt; es entsteht ein Opx-Cpx-Kumulat (CP); Plagioklas steigt auf und reichert sich im oberen Kristallbrei an. **c** Ein neuer Magmenschub intrudiert und vermischt sich mit der Restschmelze, wobei der obere Kristallbrei teilweise abgerieben wird. In der stagnierenden, an Fe und Si angereicherten Interkumulus-Schmelze kristallisieren fingerförmige Kristalle von Fayalit (schwarz), die sich stets vom Hangend-Kontakt weg verzweigen („*branching textured gabbro*": BTG); darunter entsteht eine Gabbro-Zone mit aggregiertem Plagioklas („*clotted textured gabbro*": CTG). **d** In gleicher Weise bilden sich weitere Zyklen, sodass im Liegenden Ol- und Opx-Cpx-Kumulate (PD und CP) und im Hangenden BTG und CTG miteinander abwechseln. Zuletzt kristallisiert die restliche Schmelze zu einem Leukogabbro (LG). (Nach Thèriault und Fowler 1996, mit freundlicher Genehmigung des Verlages Elsevier)

sondern und nun umgekehrt *aufsteigen,* was zur Bildung von sog. *Flotationskumulaten* führt (■ Abb. 17.4). Dieser Typ der gravitativen Differentiation wurde erstmals vom Schlotmagma des *Vesuvs* beschrieben, in dem früh ausgeschiedene Leucitkristalle von geringerer Dichte als schwimmender Kristallbrei in der etwas dichteren Restschmelze aufstiegen. Noch überzeugender ist das Beispiel des Vulkans *Nyiragongo* in der DR Kongo, wo riesige Leucit-Kristalle an die Oberfläche eines Lavasees aufschwammen und ein Kumulat bildeten (Sahama 1960). Auch die großen *Anorthositmassive* der Erde werden heute als Flotationskumulate interpretiert, die sich aus sehr großen Mengen von Basaltmagma abgeschieden haben. Da der Kristallisationszeitraum eines Magmas bei langsamer Abkühlung recht groß ist, kann sich ein derartiger gravitativer Absonderungsprozess zwischen Kristallkumulat und Restschmelze mehrfach wiederholen, wenn die Kristalle immer wieder von der Restschmelze getrennt werden oder die Zufuhr frischer Magmaschübe den Vorgang erneut anstößt (■ Abb. 17.4).

Kumulatgefüge treten vorwiegend innerhalb von basaltischen Lagergängen oder in „*layered intrusions*" auf (▶ Abschn. 15.3.3). Die größte von ihnen ist der *Bushveld-Komplex*, eine riesige magmatische Provinz mit Ausmaßen von 450 × 350 km, einem Oberflächenanschnitt von 66.000 km² und einer Dicke von 9 km. Er zeigt einen vielfältigen Lagenwechsel aus Peridotit, Py-

roxenit, Gabbro, Norit und Anorthosit (■ Abb. 17.5). Im tieferen Teil des Körpers treten 15 Lagen aus fast monomineralischem Chromitit mit Mächtigkeiten bis zu 1 m auf (■ Abb. 21.5), im oberen Teil 25 Lagen aus vergleichbaren monomineralischem Magnetitgestein. Im oberen Teil des ausgedehnten Körpers befinden sich verschiedene leukokrate Differentiate bis hin zu granitischer Zusammensetzung.

Abb. 17.5 Magmatischer Lagenbau im Bushveld-Komplex, Südafrika: ein gewöhnlicher Norit wird überlagert von einer Lage aus Plagioklas-reichem, sehr grobkörnigem Norit mit bis zu zentimetergroßen Orthopyroxen-Kristallen (*hellbraune Flecken*). (Foto: Reiner Klemd, Erlangen)

Nach Gleichung [17.1] können Kristalle in der Schmelze nur dann effektiv absaigern oder aufschwimmen, wenn sie eine bestimmte Mindestgröße erreicht haben, wobei es sich in vielen Fällen um *Antekristen* (▶ Abschn. 13.1.1) handeln dürfte. Das Fehlen solcher Kristalle ist wohl die Ursache dafür, dass man in vielen Lagergängen, aber auch in großen Lakkolithen jegliche Hinweise auf eine gravitative Differentiation vermisst. Als alternative Erklärung kann man, Marsh (1996, 2006) folgend, das Modell der *Erstarrungsfronten* (engl. *„solidification fronts“*) heranziehen. Danach schreitet die Kristallisation eines Magmas von den Rändern der Magmakammer nach innen hin fort, wobei sich die Restschmelze in Richtung SiO_2- und H_2O-reicherer Zusammensetzungen entwickeln kann.

Ein interessantes Fallbeispiel war der *Lavasee Makaopuhi* auf Hawaii. Dieser entstand 1965 durch Einströmen eines Basaltmagmas, in dem zahlreiche große Olivin-Kristalle suspendiert waren. Innerhalb von Tagen und Wochen bildeten sich an der Oberfläche und am Boden des Sees Erstarrungskrusten, die als Erstarrungsfronten langsam nach innen wanderten. Kontinuierlich durchgeführte Bohrungen durch den erstarrenden Lavasee zeigten, dass die Olivin-Kristalle teils in der oberen Erstarrungskruste eingeschlossen, größtenteils aber abgesaigert waren und ein dickes Kumulat am Boden des Sees bildeten. Der Rest der Lava kristallisierte dagegen zu einem homogenen, undifferenzierten Basalt. Ein SiO_2-reiches Differentiationsprodukt hatte sich in diesem Fall nicht gebildet (Wright und Okamura 1977).

Die fraktionierte Kristallisation eines bis 1130 °C heißen Pikritmagmas im *Kilauea-Iki-Lavasee* (Hawaii) wurde von Tuthill Helz (2009) untersucht. Der See entstand während der Eruption von 1959, wobei ein bereits existierender Pitkrater aufgefüllt wurde. Durch oberflächliche Erstarrung dieses Sees bildete sich eine geschlossene Magmakammer von etwa 40×10^6 m³ Volumen, in der sich zwei Konvektionszellen von an Olivin verarmtem Magma entwickelten. Diese wurden im Hangenden und Liegenden sowie gegeneinander durch Olivin-reichere Gesteinslagen abgegrenzt. In den Konvektionszellen kam es im Verlauf der nächsten 35 Jahre zu einem komplexen, mehrphasigen Zusammenspiel von Olivin-Fraktionierung, lateraler Konvektion, Aufstieg von Teilmagmen geringerer Dichte und Abtrennung von Fe-reicheren Teilmagmen. Erst Mitte der 1990er-Jahre war die gesamte Magmakammer bis unter die Solidustemperatur von ca. 980 °C abgekühlt und erstarrte vollständig.

In höher differenzierten, SiO_2-reicheren Magmen wird die Viskosität so hoch und damit nach Gleichung [17.1] die Sink- oder Steiggeschwindigkeit von früh ausgeschiedenen Kristallen so gering, dass eine fraktionierte Kristallisation auf konventionellem Weg nicht mehr möglich ist. Von Sparks et al. (1984) und Baker und McBirney (1985) wurde daher das Modell einer *konvektiven Fraktionierung* entwickelt. Danach kristallisieren an den Seitenwänden einer Magmakammer Minerale aus, wodurch eine hochdifferenzierte Schmelze entsteht, die wegen ihrer geringen Dichte an den Innenwänden konvektiv nach oben steigt.

17.3.2 Magmenmischung

Bereits 1851 hatte der deutsche Chemiker Robert Bunsen (1811–1899) vorgeschlagen, die magmatische Entwicklungsreihe von Basalt zu Rhyolith auf Island durch die Mischung eines basaltischen und eines rhyolithischen Stammmagmas zu erklären. Larsen et al. (1938) beschrieben Andesit und Dacit in der Vulkanprovinz von San Juan in Colorado (USA), die in einer homogenen Grundmasse Plagioklas-Einsprenglinge mit sehr unterschiedlicher Zusammensetzung und Art des Zonarbaus enthalten. Diese Beobachtung führte zu der Annahme, dass zwei Magmen mit unterschiedlichen Einsprenglingsplagioklasen in einer Magmakammer vermischt wurden, ehe es zur endgültigen magmatischen Förderung kam.

> Als Modell für die Entstehung komagmatischer Schmelzen wird dem Prozess der Magmenmischung eine zunehmend bedeutsame Rolle zugeschrieben.

So lassen sich z. B. viele der geochemischen und petrographischen Merkmale von an mittelozeanischen Rücken gebildetem Basalt (MORB) dadurch erklären, dass sich bereits differenziertes basaltisches Magma in den Magmakammern unter den mittelozeanischen Rücken mit unveränderter primärer Mantelschmelze, die aus der Tiefe periodisch aufsteigt, vermischt. Es ist zu erwarten, dass derartige basische Magmen eine weitgehend vollständige Mischbarkeit untereinander aufweisen. Auch bei der Entstehung von *„layered intrusions“* und den damit verknüpften Erzlagerstätten dürfte Magmenmischung eine wichtige Rolle spielen.

Laborversuche haben gezeigt, dass die Mischbarkeit von silikatischen Schmelzen insbesondere von ihrer Viskosität und Fließgeschwindigkeit abhängt. Höhere Viskositäten oder größere Viskositätsunterschiede behindern die Mischbarkeit. So ist zu erwarten, dass sich SiO_2-reiche Magmen untereinander oder mit basaltischen Magmen nur unvollständig mischen, was zu schlierigen Gefügen in Plutoniten führen kann. Auch die Entstehung des berühmten Rapakivi-Gefüges in Granit- und Syenit-Körpern (vgl. ▶ Abschn. 13.2.2, ◘ Abb. 13.4) kann man durch Mischung von zwei Magmen unterschiedlicher Zusammensetzung und Temperatur erklären. Wenn ein neues, heißeres Magma in eine vorhandene Magmakammer intrudiert, wird es abgeschreckt und es kommt zur orientierten Aufwachsung von Oligoklas auf früher gebildeten Kalifeldspat-Einsprenglingen. Beim Anti-Rapakivi-Gefüge ist die Kristallisationsabfolge umgekehrt (Hibbard 1981).

In diesem Zusammenhang sei daran erinnert, dass heißes basaltisches Magma, welches in ein mit granitischem Kristallbrei gefülltes Magmareservoir intrudiert, dieses aufheizt und so die Bildung eines intrusionsfähigen Granitmagmas auslösen kann (◌ Abb. 15.1).

17.3.3 Entmischung im schmelzflüssigen Zustand (liquide Entmischung)

Die Entmischung von Silikatschmelzen im flüssigen Zustand wurde um 1900 als bedeutender Prozess bei der magmatischen Entwicklung angesehen und diente zur Erklärung von bimodalen Magmatit-Assoziationen, wie Basalt – Rhyolith, oder von dunklen und hellen Ganggesteinen. Heute wissen wir aus experimentellen Untersuchungen, dass sich liquide Entmischung in Silikatschmelzen auf extreme Zusammensetzungen beschränkt, z. B. auf ultrabasische Schmelzen, die ungewöhnlich reich an K und Fe sind oder hohe CO_2-Gehalte aufweisen. Die meisten Petrologen sind sich daher einig, dass liquide Entmischung kein wichtiger Prozess für die Differentiation eines silikatischen Stammmagmas ist.

Eine interessante Ausnahme stellt wohl die großräumige Differentiation des Intrusionskörpers von Sudbury in Ontario (Kanada; ▶ Abschn. 21.3.1) dar, der aus drei mächtigen magmatischen Lagen besteht:

- einer ca. 850 m mächtigen *Norit*-Lage im Liegenden,
- einer ca. 400 m mächtigen Übergangszone aus *Quarzgabbro*
- und einer ca. 1800 m mächtigen Lage von *Granophyr* (Mikrogranit) im Hangenden.

Der Sudbury-Komplex verdankt seine Entstehung dem Einschlag eines gigantischen, 10–15 km großen Asteroiden chondritischer Zusammensetzung vor ca. 1850 Ma. Durch ihn wurde innerhalb von ca. 2 min im Kanadischen Schild die kontinentale Erdkruste in einem Bereich von 90 km Durchmesser und 30 km Tiefe aufgeschmolzen (Zieg und Marsh 2005; Lightfoot 2016), wobei eine überhitzte Impaktschmelze granodioritischer Zusammensetzung mit einem Volumen von rund 30.000 km^3 und einer Temperatur von ca. 1700°C entstand. Nach Zieg und Marsh (2005) stellte sie eine Emulsion dar, in der die unterschiedlichsten Anteile des aufgeschmolzenen Untergrundes in Form von hochviskosen Tropfen und Klumpen nebeneinander vorlagen. Über einem Radius von ca. 6 mm erfolgte die physikalische Trennung der unterschiedlichen Tropfen bedingt

durch ihre Dichteunterschiede rascher als deren chemische Homogenisierung durch Diffusion, sodass die dunklen Schmelzanteile absaigerten, die hellen aufstiegen, ein Vorgang, der von Zieg und Marsh (2005) als *„viscous emulsion differentiation"* bezeichnet wurde. Innerhalb einiger Jahre entstanden auf diese Weise die oben erwähnten subhorizontalen magmatischen Lagen.

Während bei gewöhnlichen Silikatmagmen eine liquide Entmischung nicht stattfindet, ist die gegenseitige Löslichkeit von Silikatschmelzen mit Sulfid- und Oxid-Schmelzen nur sehr begrenzt. Deren Entmischung vollzieht sich bereits in einem sehr frühen Stadium bei beginnender Abkühlung des silikatischen Stammmagmas, wobei sich die aussondernde Oxid- oder Sulfidschmelze wegen ihrer größeren Dichte tropfen- und schlierenförmig am Boden der silikatischen Hauptschmelze ansammelt. Es kommt dabei zur Bildung bedeutender *oxidischer* bzw. *sulfidischer Erzlagerstätten* (▶ Abschn. 21.3). Sudbury ist ein hervorragendes Beispiel für Letztere. Dort sammelten sich die entmischten Sulfid-Schmelztropfen am Boden des Impaktkraters oder wurden in das umgebende Gestein injiziert, wo sie Gänge und Brekzien bildeten. Dabei entstanden die weltgrößten magmatischen Nickellagerstätten (Lightfoot 2016).

Klare Hinweise für liquide Entmischung gibt es auch in *Apatit-Magnetit-Lagerstätten*, die in den meisten Fällen an Diorit gebunden sind. Philpotts (1967) konnte zeigen, dass schon bei hohen Temperaturen phosphatreiche, eisenoxidreiche und dioritische Schmelzen miteinander im Gleichgewicht gestanden haben. Schließlich gibt es experimentelle Ergebnisse (z. B. Lee und Wyllie 1997) und Geländebefunde, die zeigen, dass Karbonat- und Silikatmagmen nur sehr begrenzt miteinander mischbar sind. So könnten *Nephelinit-Karbonatit-Assoziationen* im Ostafrikanischen Grabensystem auf liquide Entmischung zurückzuführen sein (Le Bas 1977). Ein überzeugendes Beispiel ist das gemeinsame Auftreten von Trachytglas und Karbonatit-Asche in einem Ignimbrit von Kenya (Macdonald et al. 1993).

17.3.4 Assimilation

Bei seiner Platznahme befindet sich ein Magma meist im Ungleichgewicht mit dem *Nebengestein* bzw. mit einigen der Nebengesteinsminerale. Dadurch setzt ein komplexer Reaktionsmechanismus ein, bei dem das Nebengestein partiell aufgeschmolzen werden kann. Die Schmelze reagiert mit einigen Nebengesteinsmineralen unter Bildung neuer Minerale, andere bleiben unverändert. Durch diesen Vorgang der *Assimilation* von, oder *Kontamination* mit Nebengestein kann ein Stammmagma oder Teile davon chemisch verändert werden. In diesem Zusammenhang erinnern wir uns an

17

den Prozess des *„magmatic stoping"* bei der Platznahme von Magmen, durch den das Nebengestein mechanisch und chemisch in einzelne Schollen zerlegt wird (▶ Abschn. 15.3.2, ◩ Abb. 15.7); er geht somit der Assimilation voraus und kann diese beschleunigen. Hinweise auf Assimilationsprozesse liefern am ehesten Gesteine, die reich an „unverdauten" Nebengesteinsschollen sind, oder die Schlieren enthalten, bei denen der Unterschied zwischen umgebendem Plutonit und aufgenommenem Nebengestein verschwimmt. Man sagt, ein solches Magma wirke „unausgereift".

Assimilationsprozesse finden ihre Begrenzung in ihrem hohen Energiebedarf. Die meisten Magmen enthalten bereits ausgeschiedene Kristalle, sind also nicht über ihre Liquidustemperatur überhitzt. Sie werden daher nicht sehr große Nebengesteinsvolumina assimilieren können. Selbstverständlich können nur die Fremdgesteine partiell aufgeschmolzen werden, deren Liquidustemperatur unter der des intrudierenden Magmas liegt. Es gilt die Umkehrung des Bowen'schen Reaktionsprinzips (▶ Abschn. 18.3). Sehr widerstandsfähig gegen Assimilation sind monomineralische Gesteine wie Quarzit.

Trotz dieser Einschränkungen werden für die chemischen Charakteristika von magmatischen Serien häufig Assimilationsvorgänge in Kombination mit fraktionierter Kristallisation verantwortlich gemacht. Solche *AFC-Prozesse* (AFC = Assimilation + Fractional Crystallisation) lassen sich oft gar nicht petrographisch nachweisen, sondern nur indirekt aus der Geochemie erschließen. So können z. B. Rb–Sr- und Sm–Nd-Isotopenanalysen darauf hinweisen, dass eine basaltische Schmelze aus dem Erdmantel eine „krustale Komponente" aufgenommen hat, was nur durch Assimilation von Krustengesteinen möglich ist. Ein klassisches und gut untersuchtes Beispiel für die Wirksamkeit von AFC-Prozessen auf die Magmaentwicklung ist der Vulkankomplex Monte Somma / Vesuv. Die Ergebnisse von geochemischen und isotopengeochemischen Analysen von Piochi et al. (2006) machen wahrscheinlich, dass die Assimilation von Karbonatgesteinen eine wichtige Rolle bei der Bildung der stark unterkieselten, kalireichen Magmen gespielt hat, eine Theorie, die viel früher bereits Rittmann (1933) vorgeschlagen hatte.

Literatur

Baker BH, McBirney AR (1985) Liquid fractionation. Part III: Geochemistry of zoned magmas and the compositional effects of liquid fractionation. J Volcanol Geotherm Res 24:55–81

Carmichael ISE, Turner FJ, Verhoogen J (1974) Igneous petrology. McGraw-Hill, New York

Chapman DS (1986) Thermal gradients in the continental crust. In: Dawson JB, Carswell DA, Hall J, Wedepohl KH (Hrsg) The nature of the lower continental crust, Bd 24. Geol Soc Spec Publ, London, S 23–34

Clark C, Fitzsimmons ICW, Healy D, Harley SL (2011) How does the continental Crust really get hot? Elements 7:235–240

Costa A, Caricchi L, Bagdassarov N (2009) A model for the rheology of particle-bearing suspensions and partially molten rocks. Geochemistry, Geophysics, Geosystems 10(3) AGU

Eaton JP, Murata KT (1960) How volcanoes grow. Science 132:925–938

Hibbard MJ (1981) The magma mixing origin of mantled feldspar. Contrib Mineral Petrol 76:158–170

Johannes W, Holtz F (1996) Petrogenesis and experimental petrology of granitic rocks. Springer, Heidelberg

Larsen ES, Irving J, Gonjer FA, Larsen ES 3rd (1938) Petrologic results of a study of the minerals from the Tertiary volcanic rocks of the San Juan region, Colorado. 7. The plagioclase feldspars. Am Mineral 23:227–257

Le Bas MH (1977) Carbonate-nephelinite Volcanism: An African Case History. J. Wiley, New York

Lee W, Wyllie PJ (1997) Liquid immiscibility between nephelinite and carbonatite from 1.0 to 2.5 GPa compared with mantle melt compositions. Contrib Mineral Petrol 127:1–16

Lightfoot P (2016) Nickel Sulfide Ores and Impact Melts: Origin of the Sudbury Igneous Complex. Elsevier, Amsterdam

Macdonald GA, Katsura T (1964) Chemical composition of Hawaiian lavas. J Petrol 5:82–133

Macdonald R, Kjarsgaard BA, Skilling IP et al (1993) Liquid immiscibility between trachyte and carbonate in ash flow tuffs from Kenya. Contrib Mineral Petrol 114:276–287

Marsh BD (1996) Solidification fronts and magmatic evolution. Mineral Mag 60:5–40

Marsh BD (2006) Dynamics of magmatic systems. Elements 2:287–292

Pearce JA, Harris NBW, Tindle AG (1984) Trace element discrimination diagrams for the tectonic interpretation of granitic rocks. J Petrol 25:956–983

Philpotts AR (1967) Origin of certain iron-titanium oxide and apatite rocks. Econ Geol 62:303–315

Piochi M, Ayuso R, De Vivo B, Somma R (2006) Crustal contamination and crystal entrapment during polybaric magma evolution at Mt. Somma-Vesuvius volcano, Italy: Geochemical and Sr isotope evidence. Lithos 86:303–329

Rittmann A (1933) Die geologisch bedingte Evolution und Differentiation des Somma-Vesuvmagmas. Z Vulkanol 15:8–94

Rosenberg SL, Handy MR (2005) Experimental deformation of partially melted granite revisited: implications for the continental crust. J metamorphic Geol 23:19–28

Sahama TG (1960) Kalsilite in the lavas of Mt. Nyiragongo (Belgian Congo). J Petrol 1:146–171

Sawyer EW, Cesare B, Brown M (2011) When the continental crust melts. Elements 7:229–234

Schmincke H-U (2006) Volcanism, korr, 2. Aufl. Spriner, Heidelberg

Sparks RSJ, Huppert HE, Turner JS (1984) The fluid dynamics of evolving magma chambers. Phil Trans R Soc London A310:511–534

Sparks RSJ, Cashman KV (2017) Dynamic magma systems: implications for forecasting volcanic activity. Elements 13:35–40

Thèriault RD, Fowler AD (1996) Gravity driven and *in situ* fractional crystallization processes in the Centre Hill complex, Abitibi Subprovince, Canada: Evidence from bilaterally-paired cyclic units. Lithos 39:41–55

Tuthill Helz R (2009) Processes active in mafic magma chambers: The example of Kilauea Iki Lava. Lithos 111:37–46

Wedepohl KH (1991) Chemical composition and fractionation of the continental crust. Geol Rundsch 80:207–223

Williams H (1942) The geology of Crater Lake National Park. Carnegie Inst Washington Publ, Oregon, S 540

Wilson M (1989) Igneous Petrogenesis – a Global Tectonic Approach. Harper Collins, London

Wright TL, Okamura RT (1977) Cooling and crystallization of tholeiitic basalt, 1965 Makaopuhi lava lake. Hawaii. US Geol Survey Prof Paper 1004:1–78

Zieg MJ, Marsh BD (2005) The Sudbury Igneous complex: Viscous emulsion differentiation of a superheated impact melt sheet. Geol Soc America Bull 117:1427–1450

17

Experimente in magmatischen Modellsystemen

Inhaltsverzeichnis

© Springer-Verlag GmbH Deutschland, ein Teil von Springer Nature 2022
M. Okrusch und H. E. Frimmel, *Mineralogie*,
https://doi.org/10.1007/978-3-662-64064-7_18

Einleitung

Zum Verständnis der Regeln, die bei der Kristallisation von Mineralen, Mineralparagenesen und Gesteinen aus Silikatschmelzen herrschen, haben experimentelle Untersuchungen in *Hochtemperaturöfen* unschätzbare Beiträge geliefert. Solche Experimente wurden seit Beginn des 20. Jahrhunderts im Geophysical Laboratory der Carnegie Institution in Washington, D.C. (USA), später auch an vielen anderen Instituten durchgeführt, und zwar zunächst an sehr einfachen Silikatsystemen unter trockenen Bedingungen und bei 1 bar Druck. Seit der 2. Hälfte des 20. Jahrhunderts erfolgten solche Untersuchungen an zunehmend komplizierteren Systemen oder an natürlichen Gesteinen (s. ► Abschn. 16.3.2), aber auch bei viel höheren Drücken unter Anwesenheit leichtflüchtiger Komponenten, besonders H_2O. Damit können auch die komplexeren, (OH)-haltigen gesteinsbildenden Minerale erfasst und dadurch die experimentellen Bedingungen den natürlichen Verhältnissen schrittweise angenähert werden. Für solche *Hydrothermalexperimente* sind Hochdruck-Autoklaven unterschiedlicher Bauart, insbesondere innenbeheizte Bomben, erforderlich. Noch höhere Drücke können durch unterschiedliche Typen von *Stempelpressen* (engl. *„piston-cylinder device"*) erzeugt werden, mit denen *P-T*-Bedingungen erreicht werden, wie sie im Unteren Erdmantel herrschen.

Selbstverständlich spiegeln die experimentell gewonnenen petrologischen Modelle niemals vollkommen die petrologischen Prozesse in der Natur wider. Natürliche Systeme sind sehr viel komplexer als die vereinfachten Modellsysteme im Labor und unterliegen einer größeren Vielfalt von physikalisch-chemischen Zustandsgrößen als im Experiment je berücksichtet werden können. Trotzdem hat die experimentelle Petrologie grundlegende Einsichten in zahlreiche Prozesse eröffnet, durch die Minerale, einschließlich Erzminerale, und Gesteine entstehen können.

In diesem Kapitel wollen wir uns auf Experimente konzentrieren, die für das Verständnis der magmatischen Differentiation, besonders der fraktionierten Kristallisation wichtig sind. Die Kristallisation eines Magmas in der Natur ist ein sehr komplexer Prozess, der noch dazu in viel größeren zeitlichen und räumlichen Dimensionen abläuft als im Experiment. Trotzdem konnten durch die experimentelle Petrologie Erkenntnisse von prinzipieller Bedeutung für das Verständnis der Bildung und Differentiation von Magmen gewonnen werden. Für die Interpretation von experimentellen Ergebnissen in vereinfachten Mehrstoffsystemen wollen wir zwischen zwei Grenzfällen unterscheiden: *Gleichgewichtskristallisation* und *fraktionierte Kristallisation*.

Interessierte Leser und Leserinnen seien z. B. auf die ausführlicheren Darstellungen in mittlerweile klassischen Büchern von Ernst (1976), Yoder (1979), Morse (1980) und Johannes und Holtz (1996) verwiesen, aber auch auf eine jüngere Zusammenfassung von Shaw (2018).

18.1 Die Gibbs'sche Phasenregel

Wie wir gesehen haben, entstehen magmatische Gesteine durch Kristallisation von Mineralen aus magmatischen Schmelzen oder (seltener) durch glasige Erstarrung von Magmen, wobei leichtflüchtige Komponenten in Form von Gasen freigesetzt werden. Aus dem homogenen Mehrstoffsystem Schmelze wird beim Kristallisationsvorgang ein *heterogenes Mehrstoffsystem,* bestehend aus Kristallen einer Art oder mehrerer Arten + Schmelze ± Gas. Das kristallisierende Magma besteht also aus unterschiedlichen Phasen.

> Als *Phasen* (*Ph*) eines heterogenen Mehrstoffsystems werden alle Teile dieses Systems definiert, die sich physikalisch unterscheiden lassen, z. B. unter dem Mikroskop, dem Elektronenmikroskop, durch Röntgenbeugung, durch ihre Dichte oder ihre magnetischen Eigenschaften. Phasen können unterschiedliche Kristallarten sein, eine Schmelze oder auch mehrere, nicht miteinander mischbare Schmelzen sowie eine fluide oder eine Gasphase.
>
> Als *Komponenten* (*C*) eines Systems bezeichnen wir die geringste Zahl der unabhängigen chemischen Bestandteile, die notwendig sind, um die am System beteiligten Phasen zu beschreiben.

Die Zahl der Komponenten ist in den meisten Fällen nicht gleich der Zahl der vorhandenen chemischen Elemente, sondern meist kleiner als diese, weil die Elementverhältnisse häufig durch die Stöchiometrie festgelegt werden, z. B. SiO_2 anstelle von Si und O oder $NaAlSi_3O_8$ anstelle von Na_2O, Al_2O_3 und SiO_2 bzw. Na, Al, Si, O. Wenn einige Elemente oder Elementoxide im gleichen Mengenverhältnis in allen Phasen auftreten, in denen sie enthalten sind, kann man sie kombinieren. Wenn z. B. in einem bestimmten System das gesamte Na und Al nur in Albit vorhanden ist, kann man sie zu einer einzigen Komponente $NaAlSi_3O_8$ vereinen. Eine wichtige Ausnahme sind Mehrstoffsysteme mit gediegenen Metallen, z. B. den Platingruppenmetallen (*„platinum group elements"*, PGE); denn Legierungen sind nicht stöchiometrisch zusammengesetzt.

> Die *Freiheitsgrade* (*F*) eines Systems sind durch die Zahl der Zustandsvariablen bedingt, die den Zustand eines Systems verändern können. Hier sind in ers-

ter Linie Druck (*P*), Temperatur (*T*) und Konzentrationsvariable (*X*) zu nennen, während elektrische, magnetische, Kapillar- oder Gravitationskräfte sowie die Oberflächenspannung im Allgemeinen außer Acht gelassen werden können.

Es gilt die *Phasenregel,* die 1874 vom amerikanischen Physikochemiker Josiah Willard Gibbs (1839–1903) entwickelt wurde,

$$F = C - Ph + 2 \qquad [18.1]$$

die wir anhand eines *P-T*-Diagramms für das Einstoffsystem H_2O erläutern wollen (◻ Abb. 18.1). Hier ist die Zahl der unabhängigen Komponenten, in diesem Fall H_2O, $C = 1$. Es treten insgesamt drei Phasen auf, nämlich Eis, flüssiges Wasser und Wasserdampf. Diese stehen am Punkt I, einem sog. *Tripelpunkt,* miteinander im Gleichgewicht, d. h. es gilt $Ph = 3$. Somit ist an diesem Punkt die Zahl der Freiheitsgrade $F = 1–3+2 = 0$: man kann also weder *P* noch *T* verändern, ohne das Gleichgewicht des Systems, d. h. die Koexistenz von Eis, Wasser und Wasserdampf, aufzuheben: Der Tripelpunkt I (mit F = 0) wird daher als *invarianter Punkt* beschrieben.

An der Schmelzkurve A–I koexistieren Eis und flüssiges Wasser; es gilt daher $F = 1–2+2 = 1$. Das bedeutet, die Zahl der Freiheitsgrade ist gleich 1; es kann entweder *P* oder *T* unabhängig voneinander verändert werden, ohne das Gleichgewicht, nämlich die Koexistenz von Eis und Wasser, zu verändern. Man kann also entweder *P* oder *T* frei wählen, während jeweils der andere Parameter dadurch festgelegt ist: Kurve I–A gilt daher als *univariante Gleichgewichtskurve.* Die gleiche Aussage gilt für die Sublimationskurve I–B und die Siedekurve

I–C, an denen Wasserdampf mit Eis bzw. mit Wasser koexistiert. Die Siedekurve endet am kritischen Punkt C bei $P_C = 218$ bar und $T_C = 371\,°C$, ab dem Wasser und Wasserdampf nicht mehr zwei diskrete Phasen, sondern eine einzige *überkritische fluide Phase* bilden.

Bei isobarer Temperaturerhöhung, z. B. bei Atmosphärendruck $P_A = 1$ bar und ausgehend vom Stabilitätsfeld von Eis, kreuzt man nacheinander bei T_m die Schmelzkurve und bei T_b die Siedekurve. Man durchläuft so das Stabilitätsfeld von flüssigem Wasser und endet im Stabilitätsfeld von Wasserdampf. In jedem dieser drei Felder ist nur eine Phase stabil; es gilt somit $F = 1–1+2 = 2$, d. h. man kann jetzt *P* und *T* unabhängig voneinander variieren, ohne dadurch den Zustand des Systems zu verändern, es sei denn man stößt an eine univariante Gleichgewichtskurve. Die Stabilitätsfelder dieser drei Phasen sind folglich *divariant.*

In diesem Zusammenhang sei auf das anomale Verhalten von Wasser hingewiesen: Wie ◻ Abb. 18.1 zeigt, hat bei H_2O die Schmelzkurve A-I eine *negative* Steigung, d. h. bei Druckerhöhung *erniedrigt* sich die Schmelztemperatur, was man beim Schlittschuh- oder Skilaufen praktisch ausprobieren kann. Bei gleichen *P-T*-Bedingungen hat Eis eine geringere Dichte als flüssiges Wasser, sodass Eisberge auf dem Wasser schwimmen können. Wasser dehnt sich beim Gefrieren aus; es kommt in der Natur zur Frostsprengung von Gesteinen (▶ Abschn. 24.1). Dieses anomale Verhalten von Wasser lässt sich durch die dominierenden Bindungskräfte in und zwischen den H_2O-Molekülen erklären.

18.2 Experimente in Zweistoff- und Dreistoffsystemen

Wie wir an den Beispielen der SiO_2-Minerale und von Wasser (◻ Abb. 11.44, 18.1) gezeigt haben, lassen sich in einem Einkomponentensystem die Stabilitätsfelder der einzelnen Phasen, die univarianten Gleichgewichtskurven und die invarianten Punkte in einem *P-T*-Diagramm darstellen. In einem Zweikomponentensystem (Zweistoffsystem) ist das nicht mehr möglich, weil jetzt drei Variable vorliegen, nämlich Druck, Temperatur und die Konzentration *X* der beiden Komponenten: Es kommt also noch eine *Konzentrationsvariable* hinzu. Eine Darstellung wäre daher nur in einem räumlichen Diagramm möglich, es sei denn, man hält eine Variable, und zwar meist diejenige, die den geringsten Effekt ausübt, z. B. den Druck, konstant: Man erhält dann ein *isobares T-X-Diagramm.* Die Kenntnis einfacher binärer Silikatsysteme ist eine wichtige Voraussetzung, um komplexere Drei- oder Mehrkomponentensysteme zu verstehen, in denen man z. B. das Kristallisationsverhalten von Basaltmagmen modellieren kann.

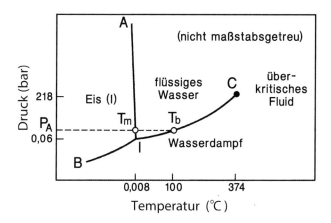

◻ **Abb. 18.1** Phasendiagramm des Einstoffsystems H_2O, Eis (I) bezieht sich auf Modifikation I, auf die anderen Modifikationen von Eis soll hier nicht weiter eingegangen werden

Es sei zu beachten, dass die Gibbs'sche Phasenregel sich zu $F = C - Ph + 1$ verändern würde, wenn man eine Zustandsvariable, in diesem Falle den Druck, konstant hält.

18.2.1   Experimente zur Kristallisationsabfolge basaltischer Magmen

■ **Zweistoffsystem Diopsid–Anorthit**

Das System Diopsid–Anorthit, das von Bowen (1915, 1928) experimentell bearbeitet wurde, kann in erster Annäherung bereits als Modell für die Kristallisation basaltischer Magmen aufgefasst werden. Es handelt sich um ein einfaches eutektisches System, d. h. die beiden Komponenten Di (CaMgSi$_2$O$_6$) und An (CaAl$_2$Si$_2$O$_8$) bilden weder Mischkristalle noch Verbindungen miteinander (◘ Abb. 18.2).

Bei einem *konstanten Atmosphärendruck* von $P = 1$ bar liegt der Schmelzpunkt von Diopsid bei 1391 °C, der von Anorthit bei 1553 °C. Durch Zumischung der jeweils anderen Komponente werden die Schmelz- bzw. Kristallisationstemperaturen erniedrigt, und zwar bei kleinen Beimengungen proportional zu den zugesetzten Molen (Raoult-Van-'t Hoff'sches Gesetz). Es entstehen zwei leicht gekrümmte *Liquiduskurven,* die sich bei einer niedrigst schmelzenden Zusammensetzung mit einem Mengenverhältnis von 58 Gew.-% Di und 42 Gew.-% An treffen, dem *eutektischen Punkt* E (grch. εὖ = gut, τηκτός = geschmolzen). An ihm koexistieren Kristalle von reinem Diopsid und reinem Anorthit mit einer Schmelze der *eutektischen Zusammensetzung* Di$_{58}$An$_{42}$. Es handelt sich um einen isobar invarianten Punkt, der die niedrigstmögliche Temperatur repräsentiert, bei der in diesem System eine

Schmelzphase noch stabil existieren kann, die *eutektische Temperatur* $T_E = 1274$ °C.

Demgegenüber treten an den beiden Liquiduskurven Anorthit oder Diopsid jeweils im Gleichgewicht mit Schmelzen *unterschiedlicher* Zusammensetzung auf; die Liquiduskurven sind also univariant, d. h. man kann – bei konstantem Druck – entweder nur die Temperatur oder nur die Zusammensetzung der Schmelze variieren, ohne das Gleichgewicht des Systems zu stören. Mit $F = 2 - 1 + 1 = 2$ ist das Einphasenfeld der Schmelze oberhalb der beiden Liquiduskurven divariant, d. h. der Zustand des Systems verändert sich nicht, wenn sowohl die Temperatur als auch die Zusammensetzung der Schmelze verändert werden, solange der Druck mit 1 bar konstant gehalten wird. Unterhalb der waagerechten Soliduskurve koexistieren Kristalle von reinem Diopsid und reinem Anorthit bei beliebigen Temperaturen $< T_E$.

Aus dem binären Diagramm (◘ Abb. 18.2) lässt sich entnehmen, dass die Ausscheidungsfolge der beiden Mineralarten nicht von der Höhe ihrer jeweiligen Schmelztemperatur abhängt, sondern ganz wesentlich von der *Ausgangszusammensetzung* der Schmelze, d. h. von derem normativen Di/An-Verhältnis. Kühlen wir z. B. eine Schmelze mit der Ausgangszusammensetzung **X** (= Di$_{85}$An$_{15}$) ab, so erreichen wir bei einer Temperatur von ca. 1350 °C (Punkt **X$_1$**) die Liquiduskurve und Diopsid kristallisiert. Bei weiterer Temperaturerniedrigung längs **X$_1$** – **E** scheiden sich nun Diopsidkristalle im Gleichgewicht mit der Schmelze aus, wobei die Menge von Diopsid kontinuierlich zunimmt. Das führt zu einer relativen Anreicherung der An-Komponente in der Schmelze. Sobald bei $T_E = 1274$ °C der eutektische Punkt **E** erreicht ist, kristallisieren bei konstanter Temperatur Diopsid und Anorthit im Mengenverhältnis 58:42 gleichzeitig, bis die Schmelze aufgebraucht ist. Der Gesamtmodalbestand dieses (hypothetischen) basaltischen Gesteins entspricht selbstverständlich der Ausgangszusammensetzung der Schmelze Di$_{85}$An$_{15}$. Das einfache Zweistoffsystem Di–An hilft uns also zu verstehen, wie ein Basalt mit Einsprenglingen von Klinopyroxen in einer kristallinen Grundmasse aus Klinopyroxen und Plagioklas entstanden sein kann.

Wählen wir eine zweite Schmelze z. B. mit der Ausgangszusammensetzung **Y** (Di$_{40}$An$_{60}$), so kristallisiert bei Temperaturerniedrigung auf ca. 1380 °C (**Y$_1$**) zuerst reiner Anorthit im Gleichgewicht mit der Schmelze. Durch kontinuierliche Zunahme von Anorthit entlang **Y$_1$** – **E** wird das Di/An-Verhältnis der Schmelze immer größer, bis bei 1274 °C der eutektische Punkt **E** erreicht ist und jetzt Diopsid und Anorthit gemeinsam kristallisieren. Auf diese Weise lässt sich die Bildung eines Basalts mit Einsprenglingen von Plagioklas in einer kristallinen Grundmasse aus Klinopyroxen und Plagioklas im eutektischen Mengenverhältnis erkären.

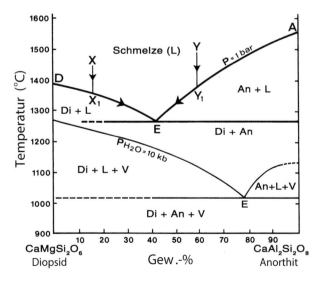

◘ **Abb. 18.2**   Das binäre eutektische System Diopsid (CaMgSi$_2$O$_6$) – Anorthit (CaAl$_2$Si$_2$O$_8$) bei $P = 1$ bar. (Nach Bowen 1915, 1928) und das System Di–An–H$_2$O bei $p_{H_2O} = 10$ kbar (nach Yoder 1965)

Wir halten fest: Es scheidet sich zuerst diejenige Mineralart aus, die in der Schmelze als Komponente im Überschuss relativ zur eutektischen Zusammensetzung vorhanden ist.

Bei *Erhöhung des Gesamtdrucks* im wasserfreien System steigen die Schmelztemperaturen von Diopsid um ca. 12 °C/kbar (Boettcher et al. 1982), die von Anorthit dagegen nur um ca. 2 °C/kbar an (Goldsmith 1980); auch die eutektische Temperatur erhöht sich entsprechend und die Lage des Eutektikums verschiebt sich etwas in Richtung der An-Komponente, wie das aus dem Blockdiagramm (◼ Abb. 18.3) zu entnehmen ist. Für die Schmelzpunkterhöhung mit steigendem Druck gilt die Clausius-Clapeyron-Gleichung:

$$\frac{dT}{dP} = \frac{T(V_1 - V_s)}{L_p} = \frac{\Delta V}{\Delta S} \qquad [18.2a]$$

Dabei ist:

- V_s = Molvolumen der festen Phase
- V_1 = Molvolumen der Schmelzphase
- L_p = molare Schmelzwärme (bei konstantem Druck)
- $L_p/T = \Delta S$ = Entropiedifferenz des Schmelzvorgangs

Mit Ausnahme von Wasser gilt stets $V_1 > V_s$, was bedeutet, dass der Zähler in der Gleichung positiv ist. Die Schmelzwärme wird verbraucht, d. h. sie wird dem System zugeführt; sie ist daher ebenfalls positiv. Daraus ergibt sich, dass dT/dP stets ein positives Vorzeichen haben muss. Folglich nimmt die Schmelztemperatur mit steigendem Druck zu.

Durch diesen experimentellen Befund lässt sich das Auftreten von zwei unterschiedlichen Einsprenglingsgenerationen, wie sie oft in Vulkaniten beobachtet werden, erklären (◼ Abb. 18.3): Eine Schmelze z. B. der Zusammensetzung $Di_{55}An_{45}$ kühlt in einer Magmakammer unter hohem Druck ab ($1 \to 2$), wodurch sich Einsprenglinge von Diopsid ausscheiden (Punkt 2). Bei raschem Aufstieg in eine oberflächennahe Magmakammer sinkt der Druck, während die Temperatur sich zunächst kaum erniedrigt. Dadurch wird die Liquidusfläche entlang der Linie $2 \to 2'$ durchstoßen; die ausgeschiedenen Diopsid-Kristalle stehen jetzt im Ungleichgewicht mit der Schmelze und werden teilweise resorbiert. Da Punkt 2' sich rechts vom Eutektium befindet, scheiden sich bei weiterer Abkühlung auf 3' nunmehr Einsprenglinge von Anorthit aus. Auch ein vollständig kristallines Gestein kann bei Druckentlastung z. B. entlang der Linie $3 \to 3'$ wieder aufschmelzen.

Ganz anders liegen die Verhältnisse bei *erhöhtem Wasserdampfdruck* P_{H_2O} im System Diopsid–Anorthit–H_2O. Im Gegensatz zum wasserfreien System kann jetzt bei der Kristallisation der Schmelze zusätzlich eine Gasphase mit einem Molvolumen V_g auftreten. In diesem Falle wäre $V_1 < (V_s + V_g)$ und die Clausius-Clapeyron-Gleichung erhielte folgende Form:

$$\frac{dT}{dP} = \frac{T(V_1 - V_s - V_g)}{L_p} \qquad [18.2b]$$

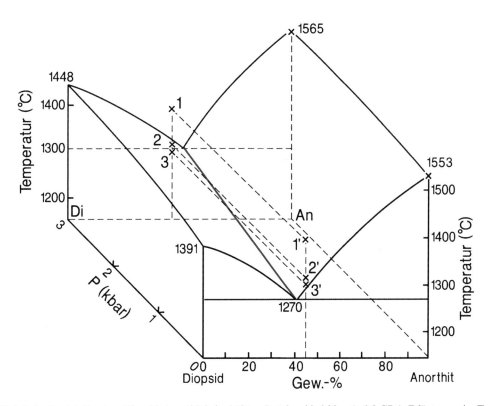

◼ **Abb. 18.3** H_2O-freies Zweistoffsystem Diopsid–Anorthit bei erhöhten Drücken bis 3 kbar (= 0,3 GPa). Erläuterung im Text. (Modifiziert nach Correns 1968)

Hier wird der Zähler und somit auch dT/dP negativ: Mit Erhöhung des Wasserdampfdrucks erniedrigen sich daher die Schmelzpunkte von Diopsid und Anorthit sowie die eutektische Temperatur. Bei $P_{H_2O} = 5$ kbar ist T_E ca. 1100 °C, bei 10 kbar ca. 1020 °C (◨ Abb. 18.2). Da der Schmelzpunkt von Anorthit viel stärker sinkt als der von Diopsid, verschiebt sich das Eutektium stark zur Anorthit-Seite hin (Yoder 1965).

In komplexen geologischen Systemen, z. B. bei der Kristallisation von Magmen, sind neben P und T häufig auch noch die Partialdrücke oder – bei nichtidealen Gasen – die Fugazitäten der leichtflüchtigen Komponenten H_2O, CO_2, HF, O_2 u. a. als Zustandsvariable zu berücksichtigen. Die Zahl der möglichen Freiheitsgrade F würde sich dann entsprechend erhöhen. Außerdem sollte berücksichtigt werden, dass die H_2O-Gehalte tief in der Erdkruste nicht ausreichen, um einen Wasserdampfdruck von $P_{H_2O} = P_{tot}$ zu erzeugen, der gleich dem Belastungsdruck ist. Deswegen sind Experimente unter diesen Bedingungen zwar von grundsätzlichem Interesse, aber geologisch irrelevant.

■ Zweistoffsystem Albit–Anorthit

Basalte enthalten als Feldspat niemals reinen Anorthit, sondern einen An-reichen Plagioklas. Deswegen ist das Zweistoffsystem Anorthit–Albit für die Differentiation basaltischer Magmen von großem Interesse. Im Gegensatz zum System Diopsid–Anorthit besteht zwischen den beiden Komponenten $CaAl_2Si_2O_8$ (An) und $NaAlSi_3O_8$ (Ab) bei hohen Temperaturen eine *lückenlose Mischbarkeit*. Das binäre Schmelzdiagramm zeigt daher eine konvexe Liquiduskurve und eine konkave Soliduskurve, die sich kontinuierlich vom Schmelzpunkt des reinen Anorthits entlang A → B → C bzw. A' → B' → C' bis hinunter zum Schmelzpunkt des reinen Albits entwickeln. Diese Kurven umschließen ein Zweiphasenfeld, in dem unterschiedliche Plagioklas-Mischkristalle Pl_{ss} (ss steht für engl. „*solid solution*") jeweils mit einer Schmelze koexistieren (◨ Abb. 18.4). Bei einem Druck von $P = 1$ bar schmilzt Anorthit bei 1553 °C, Albit bei 1118 °C (Bowen 1913, 1928).

Bei Abkühlung einer Schmelze **X** der Zusammensetzung $An_{50}Ab_{50}$ kristallisiert bei 1450 °C (**A**) ein Plagioklas **A'** aus, dessen Zusammensetzung an der Soliduskurve abgelesen werden kann: mit ca. $An_{80}Ab_{20}$ ist er viel An-reicher als die koexistierende Schmelze **A**. Bei weiterer Abkühlung entwickelt sich die Zusammensetzung der Schmelze entlang der Liquiduskurve und wird Ab-reicher; sie befindet sich nicht mehr im Gleichgewicht mit dem früh ausgeschiedenen Plagioklas. Letzterer wird daher instabil und reagiert mit der Schmelze unter Bildung eines Ab-reicheren $Plag_{ss}$ **B'**, der mit der Schmelze **B** koexistiert. Bei weiterer Abkühlung und unter laufender Einstellung des thermodynamischen Gleichgewichts ändern sowohl die Schmelze als auch der sich ausscheidende Plagioklas kontinuierlich ihre Zusammensetzung, die Schmelze längs der Liquiduskurve A → B → C und die Plagioklas-Mischkristalle längs der Soliduskurve A' → B' → C'. Dementsprechend

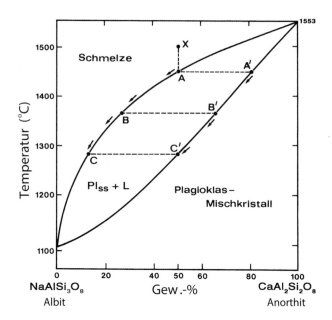

◨ **Abb. 18.4**   Das Zweistoffsystem Albit ($NaAlSi_3O_8$) – Anorthit ($CaAl_2Si_2O_8$) repräsentiert die Mischkristallbildung in der Plagioklas-Reihe bei $P = 1$ bar. (Verändert nach Bowen 1913, 1928)

wächst der Mengenanteil von Plagioklas-Kristallen in der Schmelze. Die Ausscheidung von Plagioklas kommt zu einem Ende, wenn bei einer Temperatur von 1285 °C der Mischkristall **C'** die ursprüngliche Schmelzzusammensetzung **X** $An_{50}Ab_{50}$ erreicht hat. Der letzte Tropfen Schmelze ist sehr Ab-reich, nämlich etwa $An_{15}Ab_{85}$. Die im binären System eingezeichneten *Konoden* (Verbindungslinien), z. B. A–A', B–B', C–C', geben die Zusammensetzungen von Schmelzen an, die bei einer bestimmten Temperatur mit einem ganz bestimmten $Plag_{ss}$ im *Gleichgewicht* stehen, wobei die Mischkristalle immer An-reicher sind als die koexistierenden Schmelzen.

Die *Gleichgewichtskristallisation* in diesem binären Plagioklas-System ist nur möglich, wenn die Plagioklas-Mischkristalle in der Schmelze verbleiben und sich dadurch jeweils der temperaturbedingten Schmelzzusammensetzung durch Reaktion anpassen können. Mit kontinuierlich fallender Temperatur verändern sich gleichsinnig mit den Schmelzzusammensetzungen A → B → C ebenso kontinuierlich die Zusammensetzungen der koexistierenden Plagioklase Pl_{ss} A' → B' → C'. Entfernt man dagegen die gebildeten Plagioklase ständig aus der Schmelze, so wäre diese am Punkt C bei 1285 °C noch nicht aufgebraucht. Sie würde bei weiterer Abkühlung immer Na-reicher werden und strebte am Ende einer Albit-Zusammensetzung zu. Dieses hypothetische Szenario kann als Modell für *fraktionierte Kristallisation* dienen, die bei der magmatischen Differentiation eine wichtige Rolle spielt. Wenn früh ausgeschiedener, An-reicher Plagioklas bedingt durch seine relativ geringe Dichte gravitativ aus einem Basalt- bzw. Gabbromagma durch Auf-

Abb. 18.9 Mikrofoto eines ophitischen Gefüges aus panidiomorphen Plagioklasleisten (mit typischer Zwillingslamellierung), die von einem einheitlichen Augitkristall (mit bunten Interferenzfarben) überwachsen wurden; Dolerit, Lahn-Dill-Gebiet; gekreuzte Polarisatoren, Bildbreite = ca. 5 mm. (Foto: Martin Okrusch)

Es ist bemerkenswert, dass Magmen, die knapp rechts oder links vom Albit-Maximum liegen, also in ihrer Zusammensetzung sehr ähnlich sind, in ganz unterschiedliche Richtung differenzieren müssen. Wenn Albit aus einer leicht SiO_2-übersättigten Schmelze gravitativ fraktioniert, führt das zu stärkerem SiO_2-*Überschuss* bis maximal E_1. Erfolgt dagegen die Fraktionierung aus einer leicht SiO_2-untersättigten Schmelze, führt das zu stärkerem SiO_2-*Unter*schuss bis minimal E_2. Das flache Albit-Maximum wirkt also als *thermische Barriere* für die Bildung SiO_2-übersättigter oder SiO_2-untersättigter Magmaserien.

Das gilt allerdings nicht mehr für sehr hohe Drücke (z. B. 16 kbar bei 600 °C, 27 kbar bei 1200 °C), weil dann Albit zu Jadeit NaAl[Si_2O_6] + Quarz SiO_2 zerfällt (s. ► Abschn. 26.1.3). Darüber hinaus treten auf der Nephelin-Seite zwei Komplikationen auf: 1. Nephelin kann bis zu 15 % zusätzliche SiO_2-Komponente aufnehmen. 2. Reiner Nephelin wandelt sich bei 1254 °C (bei $P = 1$ bar) in seine Hochtemperaturmodifikation Carnegieit um; bei SiO_2-Sättigung des Nephelins liegt diese Umwandlungstemperatur bei 1280 °C. Da es sich bei beiden Mineralen um Mischkristalle handelt, erfolgt die Umwandlung über einen Temperaturbereich, in dem Si-reicherer Nephelin mit etwas Si-ärmerem Carnegieit koexistiert (► Abb. 18.10). Da Carnegieit nicht als Mineral in der Natur vorkommt, ist sein Auftreten im System Nephelin–SiO_2 nur von theoretischem Interesse.

Kühlen wir z. B. eine Schmelze der Zusammensetzung **Y** mit 25 % SiO_2 ab, so wird bei etwa 1200 °C die Liquiduskurve erreicht und es kristallisiert Nephelin mit etwa 10 % SiO_2-Überschuss. Bei weiterer Abkühlung scheidet sich immer mehr Nephelin aus, der durch Reaktion mit der Schmelze SiO_2-reicher wird, bis bei 1068 °C das Eutektikum E_2 erreicht wird, wo Nephelin (mit ca. 15 % SiO_2-Überschuss) und Albit gemeinsam kristallisieren. Das entstehende „Gestein" ist ein Phonolith mit Einsprenglingen von Nephelin.

■ **Zweitoffsystem Leucit–SiO_2**

Analog zum System Nephelin–SiO_2 existiert auch in diesem System, das von Schairer und Bowen (1947, 1955) experimentell bearbeitet wurde, eine *stöchiometrische Verbindung* zwischen den Komponenten KAlSi_2O_6 (Leucit) und SiO_2, nämlich Kalifeldspat K[AlSi_3O_8]. Man würde daher wieder ein Maximum mit den beiden Teilsystemen Leucit–Kalifeldspat und Kalifeldspat–SiO_2 erwarten. Das ist jedoch nicht der Fall. Legt man einen reinen Albit-Kristall in ein Platinschiffchen und erhitzt ihn im Muffelofen auf > 1118 °C, so schmilzt er zu einer Albitschmelze gleicher Zusammensetzung. Führt man diesen Versuch jedoch mit einem reinen Kalifeldspat-Kristall aus, so kommt es bei Erhitzen auf > 1150 °C zur Kristallisation von *Leucit* im Gleichgewicht mit einer SiO_2-reicheren Schmelze: Kalifeldspat schmilzt *inkongruent,* Albit dagegen kongruent. Als Ergebnis wird das Maximum, das wir beim

E_1 erreicht ist, an dem es zu gemeinsamer Kristallisation von Albit und Tridymit kommt. Es entsteht also ein „Alkalirhyolith" mit Einsprenglingen von Tridymit; bei weiterer Abkühlung kommt es theoretisch zur Umwandlung Tridymit → Hochquarz → Tiefquarz, doch kann wegen der trägen Reaktionskinetik Tridymit auch metastabil erhalten bleiben.

Nehmen wir eine Zusammensetzung zwischen dem flachen Albit-Maximum und dem Eutektikum E_1, so wäre diese Schmelze *alkalitrachytisch,* z. B. **U** mit 55 % SiO_2. Beim Abkühlen dieser Schmelze wird bei ca. 1080 °C, d. h. nur wenig unterhalb des Schmelzpunktes von Albit, die Liquiduskurve erreicht, wo sich nun Albit ausscheidet. Mit weiterer Abkühlung nimmt seine Menge nur geringfügig zu; denn schon bei 1060 °C ist das Euktikum E_1 erreicht, an dem Albit und Tridymit gemeinsam kristallisieren. Es liegt jetzt ein „Alkalitrachyt" mit Albit-Einsprenglingen vor. Eine analoge Kristallisationsabfolge mit Erstausscheidung von Albit-Einsprenglingen beobachten wir, wenn die Schmelzzusammensetzung zwischen Albit und dem Eutektikum E_2 liegt, also die Zusammensetzung eines Nephelin-führenden Albittrachyts hat, z. B. **V** mit 40 % SiO_2.

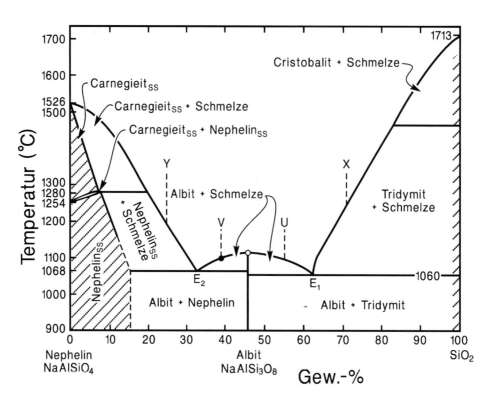

Abb. 18.10   Das Zweistoffsystem Nephelin NaAlSiO$_4$– SiO$_2$ bei $P = 1$ bar mit der stöchiometrischen Verbindung Albit Na[AlSi$_3$O$_8$]. (Nach Barth et al. 1939)

Kalifeldspat erwartet hatten, durch das Feld Leucit + Schmelze abgeschnitten: man spricht von einem *verdeckten Maximum* (**Abb. 18.11, links**).

Kühlt man bei $P = 1$ bar z. B. eine Schmelze **V** mit 15 % SiO$_2$ ab, so wird bei etwa 1600 °C die Liquiduskurve erreicht und es kristallisiert Leucit. Dieser scheidet sich bei weiterer Abkühlung entlang der Liquiduskurve aus, wobei die Schmelze immer SiO$_2$-reicher wird. Beim Reaktionspunkt **P** = 1150 °C liegt die Zusammensetzung der Schmelze schon weit jenseits der Kalifeldspat-Zusammensetzung.

Die Zusammensetzung der Schmelze ergibt sich nach der Hebelregel Kraft × Kraftarm = Last × Lastarm aus dem reziproken Abstandsverhältnis Or–P: P–SiO$_2$ zu 74 Gew.-% Or und 26 Gew.-% SiO$_2$ (**Abb. 18.11b**). Um daraus das Molverhältnis von Or und SiO$_2$ in der Schmelze zu berechnen, teilen wir die Gewichtsprozente der beiden Komponenten durch ihre jeweiligen Molekulargewichte. Das ergibt für Or 74: 278,34 = 0,27, für SiO$_2$ 26: 60,085 = 0,43. Ganzzahlig gemacht errechnet sich also für Schmelze **P** ein Molverhältnis Or:SiO$_2$ = 3:5. Dieses gilt für einen Druck $P = 1$ bar; mit Druckerhöhung würde es sich verändern.

Am Reaktionspunkt **P** reagiert Leucit mit der SiO$_2$-übersättigten Schmelze unter Bildung von Kalifeldspat (Or), entsprechend der *peritektischen Reaktion* (grch. πέρι = um herum, τηκτός = geschmolzen)

$$5K[AlSi_2O_6] + 3KAlSi_3O_8 \cdot 5SiO_2 = 8K[AlSi_3O_8]$$
$$\text{Leucit} \quad + \text{Schmelze} \quad = \text{Kalifeldspat} \qquad (18.1)$$

Diese Reaktion läuft bei konstanter Temperatur so lange ab, bis die gesamte Schmelze der Zusammensetzung 3Or + 5SiO$_2$ verbraucht ist; **P** ist also ein isobar-isothermer invarianter Punkt. Da die Ausgangsschmelze **V** zwischen der Leucit- und der Kalifeldspat-Zusammensetzung liegt, bleibt nach Ablauf der Reaktion noch Leucit übrig. Damit ist die gesamte Schmelze zu einem Gemenge aus Leucit und Kalifeldspat kristallisiert, entsprechend einem *Leucitphonolith*. Kühlt man z. B. eine Schmelze **W** ab, die genau die Kalifeldspat-Zusammensetzung hat, so wird bei ca. 1530 °C die Liquiduskurve erreicht und es scheidet sich wiederum Leucit aus, bis beim peritektischen Punkt **P** die obige Reaktion einsetzt. Jetzt wird – *Gleichgewichtseinstellung* vorausgesetzt – der gesamte Leucit in Kalifeldspat umgewandelt, wobei die Schmelze vollständig verbraucht wird. Das entstehende „Gestein" entspricht einem *Alkalifeldspattrachyt*. Auch aus der Schmelze **X**, die mit 30 % SiO$_2$ bereits SiO$_2$-übersättigt ist, kristallisiert bei ca. 1430 °C zunächst Leucit aus, der sich bei **P** entsprechend der peritektischen Reaktion in Kalifeldspat umwandelt. Jetzt bleibt aber noch Schmelze übrig, aus der sich bei sinkender Temperatur Kalifeldspat ausscheidet, bis bei 990 °C der eutektische Punkt erreicht ist. Hier kristallisieren Kalifeldspat und Tridymit gemeinsam im eutektischen Mengenverhältnis von 58,5:41,5 (Gew.-%). Das entstehende „Gestein", ein *Alkalifeldspatrhyolith*, enthält Kalifeldspat-Einsprenglinge

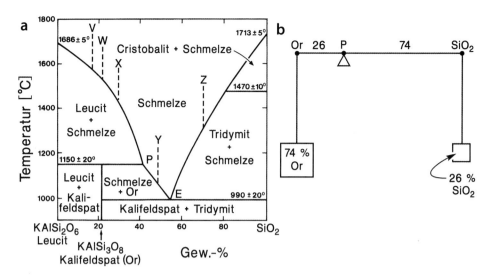

● **Abb. 18.11** **a** Zweistoffsystem Leucit KAlSi$_2$O$_6$ – SiO$_2$ mit der stöchiometrischen Verbindung Kalifeldspat K[AlSi$_3$O$_8$] (Nach Barth et al. 1947); **b** Erklärung der Hebelregel

in einer Grundmasse aus Kalifeldspat + Tridymit. In SiO$_2$-reicheren Schmelzzusammensetzungen, z. B. **Y** mit 50 % SiO$_2$, kommt das inkongruente Schmelzen von Kalifeldspat nicht mehr zum Tragen. Jetzt scheidet sich sofort Kalifeldspat aus, zu dem am eutektischen Punkt Tridymit hinzutritt. Die Kristallisation der Schmelze **Z** mit 70 % SiO$_2$ erfolgt ganz analog zum System Nephelin–SiO$_2$ (● Abb. 18.10, Schmelze **X**).

Das inkongruente Schmelzen von Kalifeldspat ist petrogenetisch sehr wichtig. Bei gravitativer *Fraktionierung* von Leucit aus den Schmelzen **V**, **W** oder **X** oder bei unvollständiger Umwandlung Leucit → Kalifeldspat verschiebt sich die Zusammensetzung in Richtung SiO$_2$, also auf das Eutektikum zu. Daher können sich SiO$_2$-untersättigte, Leucit-normative Schmelzen, wie z. B. **V**, zu SiO$_2$-übersättigten Schmelzen entwickeln (aber nicht umgekehrt!), was im System Nephelin–SiO$_2$ unmöglich ist. Während das offene Maximum in diesem System eine thermische Barriere darstellt, ist das bei einem verdeckten Maximum nicht der Fall.

Im wasserfreien System bleibt das inkongruente Schmelzen von Kalifeldspat erhalten, bis bei ca. 19 kbar und 1445 °C der Tripelpunkt Kalifeldspat-Leucit-Schmelze erreicht ist und das Leucitfeld im P-T-Diagramm verschwindet (Lindsley 1966). Demgegenüber konnte schon Goranson (1938) zeigen, dass im System Leucit-SiO$_2$-H$_2$O Kalifeldspat schon ab $P_{H_2O} = 2{,}6$ kbar kongruent schmilzt, demnach also als thermische Barriere wirkt. Dieses Beispiel zeigt wieder eindrucksvoll, welch wichtige Rolle H$_2$O für die magmatische Entwicklung spielt.

■ **Zweistoffsystem Albit–Kalifeldspat**

Bekanntlich zeigen die Alkalifeldspäte bei hohen Temperaturen eine lückenlose Mischkristallbildung zwischen den Endgliedern Albit, Na[AlSi$_3$O$_8$] (Ab), und Kalifeldspat, K[AlSi$_3$O$_8$] (Or), während es bei Abkühlung zur Entmischung von Albit in Kalifeldspat (Perthit) bzw. von Kalifeldspat in Albit (Antiperthit) kommt (● Abb. 11.63, 11.71). Wir lernen hier einen neuen Typ von Zweistoffsystem kennen, der durch ein *Schmelzminimum* und eine *Mischungslücke (Solvus)* gekennzeichnet ist. Experimentelle Untersuchungen im System Ab–Or bei $P = 1$ bar und Ab–Or–H$_2$O bei unterschiedlichen H$_2$O-Drücken (Bowen und Tuttle 1950; Morse 1970) haben gezeigt, dass sich mit steigendem H$_2$O-Druck das Feld der lückenlosen Mischkristallreihe der Alkalifeldspäte (Akf$_{ss}$) immer mehr verkleinert und schließlich ganz verschwindet (● Abb. 18.12).

Wie wir gesehen haben, schmilzt Albit durchweg kongruent, d. h. er geht bei einer vom Druck abhängigen Temperatur in eine gleich zusammengesetzte Schmelze über (● Abb. 18.10). Demgegenüber schmilzt Kalifeldspat bei H$_2$O-Drücken unterhalb 2,6 kbar inkongruent zu Leucit und einer gegenüber der Kalifeldspat-Zusammensetzung SiO$_2$-reicheren Schmelze (● Abb. 18.11). Diese Tatsache kommt natürlich auch im System Ab–Or zum Tragen. So existiert bei $P = 1$ bar ein ausgedehntes Feld zwischen Or$_{100}$Ab$_0$ und Or$_{50}$Ab$_{50}$ (jeweils Gew.-%), in dem Leucit (Lct) die Liquidusphase bildet. Erst im Bereich zwischen Or$_{50}$Ab$_{50}$ und dem Schmelzminimum bei Or$_{36}$Ab$_{64}$ und 1063 °C tritt ein Or-haltiger Akf-Mischkristall (Or$_{ss}$) als Liquidusphase auf, links des Minimums scheidet sich ein Ab-reicher Akf$_{ss}$ (Ab$_{ss}$) aus der Schmelze (L) aus. Zwischen den Feldern Lct + L und Or$_{ss}$ + L schaltet sich ein Feld ein, in dem wegen der peritektischen Reaktion Leucit + SiO$_2$-reiche Schmelze = Kalifeldspat$_{ss}$ alle drei Phasen miteinander koexistieren (● Abb. 18.12a).

Die Kurven, die dieses Feld begrenzen, sind univariant, denn es kann entweder die Temperatur oder die Zusammensetzung von Schmelze oder von Alkalifeldspat unabhängig voneinander variiert werden, ohne den Zustand des Systems zu ändern. Nach der Phasenregel $F = C - Ph + 2 = 2 - 3 + 2 = 1$ bleibt jedoch kein Freiheitsgrad mehr übrig, wenn man den Druck konstant hält. Deshalb ist das System bei $P = 1$ und $P_{H_2O} < 2,6$ bar kein echtes Zweistoffsystem, sondern stellt einen pseudobinären Schnitt durch das Dreistoffsystem Ne–Lct–SiO_2 dar (■ Abb. 18.13).

Bei $P_{H_2O} = 2$ kbar sind entsprechend der Clausius-Clapeyron-Gleichung

$$\frac{dT}{dP} = \frac{T(V_1 - V_s - V_g)}{L_p} \qquad [18.2b]$$

die Liquidus- und Soliduskurven und das Schmelzminimum zu erheblich niedrigeren Temperaturen hin verschoben. Das Feld der primären Leucit-Ausscheidung ist fast ganz verschwunden; dadurch werden die Verhältnisse sehr viel einfacher (■ Abb. 18.12b). Kühlen wir unter Gleichgewichtsbedingungen eine Ausgangsschmelze **X** der Zusammensetzung $Or_{80}Ab_{20}$ ab, so wird bei ca. 940 °C die Liquiduskurve erreicht und es scheidet sich nahezu reiner Or aus. Bei weiterer Abkühlung reagiert dieser Akf_{ss} mit der Schmelze; beide werden Ab-reicher, bis Or_{ss} bei ca. 830 °C die Zusammensetzung der Ausgangsschmelze, also $Or_{80}Ab_{20}$ erreicht und der letzte Schmelztropfen die Zusammensetzung $Or_{45}Ab_{55}$ hat. Bei weiterer Abkühlung im *Subsolidusbereich* bleibt der Akf-Mischkristall $Or_{80}Ab_{20}$ erhalten; denn erst bei Temperaturen < 500 °C wird die Flanke des Solvus erreicht.

Wenn wir eine Ab-reichere Ausgangsschmelze, z. B. **Y** ($Ab_{45}Or_{55}$), abkühlen, kristallisiert an der Liquiduskurve bei etwa 860 °C ein Or_{ss} mit $Or_{88}Ab_{12}$, der bei weiterer Abkühlung durch Reaktion mit der Schmelze Ab-reicher wird. Die Kristallisation ist beendet, wenn Or_{ss} die Zusammensetzung der Ausgangsschmelze **Y** ($Ab_{45}Or_{55}$) erreicht hat: die letzte Schmelzzusammensetzung von etwa $Or_{32}Ab_{68}$ entspricht nahezu dem Schmelzminimum bei etwa 770 °C. Wichtig ist, dass bei *fraktionierter Kristallisation* von Or_{ss} zwar eine Albit-reiche, aber keine reine Albitschmelze entstehen kann, denn die Kristallisationsabfolge muss immer am Schmelzminimum enden. Analoge Verhältnisse ergeben sich, wenn wir eine Albit-reiche Schmelze **Z** ($Or_{10}Ab_{90}$) entweder unter Gleichgewichtsbedingungen oder fraktioniert kristallisieren lassen. Kühlen wir im *Subsolidusbereich*

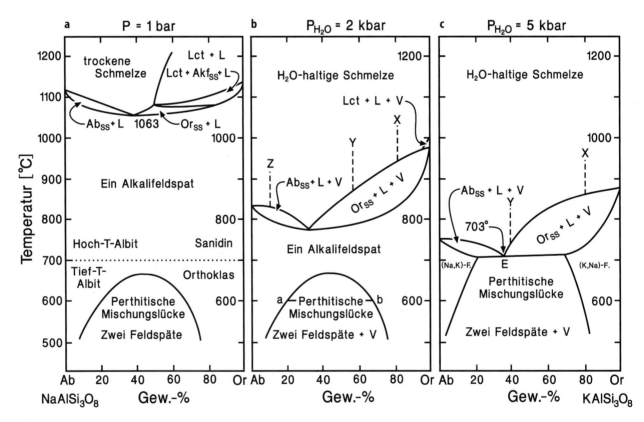

■ **Abb. 18.12** Das (pseudo-)binäre System Albit $NaAlSi_3O_8$ – Kalifeldspat $KAlSi_3O_8$ mit Mischkristallbildung und Mischungslücke bei Drücken von $P = 1$ bar, $P_{H_2O} = 2$ kbar und $P_{H_2O} = 5$ kbar. L = Schmelze, V = H_2O Dampf (vapour). (Nach Bowen und Tuttle 1950; aus Morse 1970)

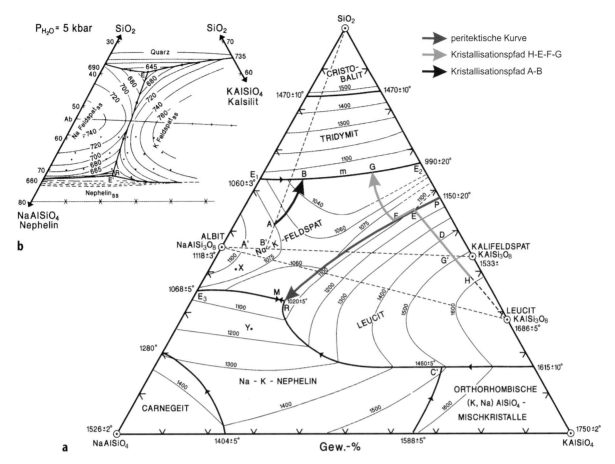

Abb. 18.13 Dreistoffsystem Nephelin $NaAlSiO_4$ – Kalsilit $KAlSiO_4$ – SiO_2: Projektion der Liquidusfläche auf die Konzentrationsebene; **a** bei $P = 1$ bar (Bowen 1937; Schairer 1950); **b** bei $P_{H_2O} = 5$ kbar (Morse 1968)

den Akf_{ss} der Zusammensetzung **Y** $Ab_{45}Or_{55}$ weiter ab, so wird der Solvus bei etwa 660 °C erreicht, und es kommt zur perthitischen Entmischung von Ab_{ss}. Bei weiterer Temperaturerniedrigung wird – Gleichgewichtseinstellung vorausgesetzt – der Or_{ss}-Wirt immer Or-reicher, der entmischte Ab_{ss} immer Ab-reicher (s. auch Abb. 11.66). Das Mengenverhältnis der koexistierenden Akf-Phasen lässt sich über die *Hebelregel* berechnen: bei 600 °C ist das Verhältnis der Strecken a**Y**:**Y**b = 80:20; es koexistiert also 80 % Or_{ss} der Zusammensetzung $Or_{69}Ab_{31}$ mit 20 % Ab_{ss} ($Or_{20}Ab_{80}$). Wie der Vergleich zwischen Abb. 18.12a und b zeigt, wird das Feld, in dem ein einheitlicher Alkalifeldspat-Mischkristall existieren kann, mit zunehmendem H_2O-Druck immer kleiner, weil die Soliduskurven absinken und der Solvus ansteigt.

Bei $P_{H_2O} = 5$ kbar kommt es zum Schnitt von Soliduskurve und Solvus und es gibt keine lückenlose Mischkristallreihe Ab–Or mehr: aus dem Schmelzminimum wurde ein Eutektikum **E** bei $Or_{28,5}Ab_{71,5}$ und T_E = 703 °C (Morse 1970; Abb. 18.12c). Kühlen wir unter Gleichgewichtsbedingungen eine Schmelze **X** der Zusammensetzung $Or_{80}Ab_{20}$ ab, so wird bei ca. 850 °C die Liquiduskurve erreicht und es scheidet sich fast reiner Or_{ss} aus. Dieser wird bei weiterer Abkühlung durch

Reaktion mit der Schmelze immer Ab-reicher, bis der Or_{ss} bei 725 °C die Zusammensetzung der Ausgangsschmelze **X** erreicht hat. Der letzte Schmelztropfen besitzt mit ca. $Or_{32}Ab_{68}$ noch nicht ganz die eutektische Zusammensetzung von ca. $Or_{28}Ab_{72}$. Diese könnte nur erreicht werden, wenn die Ausgangsschmelze **X** unter Abtrennung von Or_{ss} *fraktioniert* kristallisiert. Kühlt man den Mischkristall $Or_{80}Ab_{20}$ im Subsolidusbereich weiter ab, so wird bei ca. 585 °C der Solvus erreicht und die perthitische Entmischung von Ab_{ss} beginnt. Aus einer Ab-reicheren Schmelze **Y** ($Or_{40}Ab_{60}$) würde bei ca. 755 °C der erste Or_{ss} mit der Zusammensetzung $Or_{88}Ab_{12}$ kristallisieren. Bei der eutektischen Temperatur von 703 °C hätte er durch Reaktion mit der Schmelze – Gleichgewichtseinstellung vorausgesetzt – die Zusammensetzung $Or_{53}Ab_{47}$ erreicht. Es ist daher noch Schmelze der eutektischen Zusammensetzung übrig, die jetzt zu einem Gemenge aus $Ab_{ss} + Or_{ss}$, kristallisiert. Die Zusammensetzung dieser beiden Mischkristalle ändert sich bei weiterer Abkühlung entlang der Flanken des Solvus. So koexistieren bei 600 °C etwa 54 % Ab_{ss} (Or_8Ab_{92}) mit 46 % Or_{ss} ($Or_{78}Ab_{22}$), vorausgesetzt Gleichgewicht hat sich eingestellt. Für die Kristallisation von Ausgangsschmelzen, deren Zusammensetzung links vom Eutektikum liegen, z. B. **Z** (Or$_{15}$Ab$_{85}$), gelten analoge Kristallisationspfade.

Der in ◻ Abb. 18.12c dargestellte Systemtyp stellt einen allgemeineren Fall dar, aus dem sich zum einen das System mit lückenloser Mischkristallbildung wie Albit–Anorthit (◻ Abb. 18.4) und zum anderen das einfache eutektische System wie Diopsid–Anorthit (◻ Abb. 18.2) als Spezialfälle ableiten lassen. In ersterem Fall wird das Zweiphasenfeld zwischen Liquidus- und Soliduskurve immer größer, bis die Solvuskurve ganz verschwindet. Im zweiten Fall wandern die gekrümmten Anteile der Soliduskurven und die Flanken des Solvus immer mehr nach außen, bis sie mit den Ordinaten zusammenfallen; d. h. es findet überhaupt keine Mischkristallbildung mehr statt.

Aus den experimentellen Ergebnissen lassen sich für die Natur wichtige Befunde ableiten:

— In vulkanischen Gesteinen hat Leucit einen weiten Bildungsbereich; bei rascher Abkühlung kann die peritektische Reaktion ausbleiben und Leucit metastabil erhalten bleiben.

— Homogene Mischkristalle von Alkalifeldspat sind in vulkanischen Gesteinen verbreiteter als in ihren plutonischen Äquivalenten.

— Granite und Syenite, die nur *einen* – entweder homogenen oder perthitisch entmischten – Alkalifeldspat enthalten, kristallisierten bei relativ hohen Temperaturen und niedrigen H$_2$O-Drücken. Sie werden als *Hypersolvus*-Granit bzw. Syenit bezeichnet (Tuttle und Bowen 1958).

— *Subsolvus*-Granite und -Syenite, die primär Ab-reichen Plagioklas neben Alkalifeldspat enthalten, wurden bei erhöhten H$_2$O-Drücken gebildet.

■ **Dreistoffsystem Nephelin–Kalsilit–SiO$_2$**

Dieses System, das bei $P = 1$ bar von Bowen (1937) und Schairer (1950) experimentell bearbeitet wurde, ist für das Differentiationsverhalten saurer Magmentypen von großem Interesse (◻ Abb. 18.13). Die Verbindungslinie Albit–Kalifeldspat teilt das System

— in einen SiO$_2$-übersättigten Teil SiO$_2$–Ab–Or, das *Granitsystem,* durch das man die Kristallisationsabfolge von Rhyolith, Granit, Quarztrachyt und Quarzsyenit modellieren kann, und

— einen SiO$_2$-untersättigten Teil Ab–Or–Ks–Ne, der die Kristallisation von *Phonolith* und *Nephelinsyenit* beschreibt.

Wir kennen bereits die flankierenden Zweistoffsysteme Ne–SiO$_2$ (◻ Abb. 18.10), Lct–SiO$_2$ (◻ Abb. 18.11) und den pseudobinären Schnitt Ab–Or (◻ Abb. 18.12a). Zwischen den Komponenten NaAlSiO$_4$ (Ne) und KAlSiO$_4$ (Kalsilit, Ks) bestehen bei hohen Temperaturen Mischkristallreihen, von denen uns nur die (Na,K)-Nephelin-Mischkristalle (Ne$_{ss}$) interessieren.

Wir betrachten wiederum die Projektion der Liquidusfläche Ne–Ks–SiO$_2$ auf die Konzentrationsebene bei einem Druck von $P = 1$ bar, wobei die „Topographie" an den eingetragenen Isothermen erkennbar ist (◻ Abb. 18.13a). Die beiden Eutektika **E$_1$** (1060 °C) zwischen Tridymit und Albit und **E$_2$** (990 °C) zwischen Tridymit und Kalifeldspat sind durch eine kotektische Linie verbunden, die ein ternäres Schmelzminimum (**m**) bei ~950 °C besitzt. An dieser Linie koexistieren Tridymit, Alkalifeldspat-Mischkristalle und SiO$_2$-übersättigte Schmelze. Vom Eutektikum **E$_3$** (1068 °C) zwischen Nephelin und Albit geht ebenfalls eine kotektische Linie aus, an der Akf$_{ss}$ mit Ne$_{ss}$ und Schmelze im Gleichgewicht stehen. Sie besitzt ein weiteres ternäres Schmelzminimum **M** (<1020 °C), das nahe am invarianten Punkt **R** bei 1020 °C liegt und sich dort mit einer weiteren kotektischen Linie trifft, an der Ne$_{ss}$ mit Lct und Schmelze koexistiert. Darüber hinaus geht von Punkt **R** eine Reaktionskurve (Peritektikale) aus, an der Leucit mit Schmelze unter Bildung von Alkalifeldspat$_{ss}$ reagiert. Diese trifft auf den peritektischen Punkt **P** im flankierenden Zweistoffsystem Lct–SiO$_2$. Ausgehend vom Maximum bei 1118 °C im Zweistoffsystem Ne–SiO$_2$ bildet die Verbindungslinie Ab–Or eine thermische Barriere, deren Wirkung allerdings durch das inkongruente Schmelzen von Kalifeldspat beeinträchtigt wird. Im Folgenden wollen wir die Kristallisationsverläufe einiger Schmelzen rekonstruieren (◻ Abb. 18.13a).

Zusammensetzung A liegt im SiO$_2$-übersättigten Teil des ternären Systems. Beim Abkühlen auf die Liquidusfläche scheidet eine Schmelze **A** zunächst einen Albit-Mischkristall (Ab$_{ss}$) der Zusammensetzung **A'** aus. Bei weiterer Abkühlung folgt die Zusammensetzung der Schmelze einer gekrümmten Kristallisationsbahn, die bei **B** auf die kotektische Linie E$_1$–E$_2$ stößt. Hier kristallisieren Ab$_{ss}$ und Tridymit gemeinsam, bis nahe dem Schmelzminimum **m** bei 1063 °C die letzte Schmelze verbraucht ist. Das Endprodukt der *Gleichgewichtskristallisation* besteht aus etwa 15 % Trd und 85 % Ab$_{ss}$ der Zusammensetzung **B'** (Or$_{23}$Ab$_{77}$), wie sich nach der Hebelregel berechnen lässt. Das entspräche einem *Quarz-Albittrachyt*. Bei *fraktionierter Kristallisation* von Ab$_{ss}$ kann das ternäre Schmelzminimum **m** erreicht werden.

Zusammensetzung D liegt zwar ebenfalls im SiO$_2$-übersättigten Teil des Konzentrationsdreiecks Ne–Ks–SiO$_2$, jedoch bereits im Leucitfeld. Daher kristallisiert aus Schmelze **D** an der Liquidusfläche zunächst Leucit aus. Bei weiterer Abkühlung ändert sich die Schmelzzusammensetzung infolge der Leucit-Ausscheidung entlang der geraden Linie **D → E**. Bei **E** setzt die peritektische Reaktion ein, bei der Lct mit der SiO$_2$-übersättigten

Schmelze zu Or_{ss} reagiert, wobei der Kristallisationspfad der Reaktionskurve **P–R** folgt. Jedoch ist schon bei **F** der gesamte Leucit verbraucht und die Kristallisationsbahn verläuft nun entlang der gekrümmten Kurve von **F** nach **G**, wo die kotektische Linie E_1–E_2 erreicht wird. Das Kristallisationsprodukt besteht nun aus ca. 9 % Trd und 81 % Or_{ss} der Zusammensetzung **G'** ($Or_{89}Ab_{11}$), entsprechend einem *Quarz-Sanidintrachyt*. Bei *fraktionierter Kristallisation* von Or_{ss} kann das ternäre Schmelzminimum **m** erreicht werden. Wird jedoch Leucit durch gravitative Fraktionierung oder als gepanzertes Relikt an der weiteren Reaktion mit der Schmelze gehindert, so verlässt die Kristallisationsbahn bei **E** oder zwischen **E** und **F** die Reaktionskurve und erreicht die kotektische Linie E_1–E_2.

Zusammensetzung H liegt ebenfalls im Leucitfeld, aber nun im SiO_2-untersättigten Teil des Dreistoffsystems. Somit scheidet sich beim Erreichen der Liquidusfläche ebenfalls Leucit aus, und bei weiterer Abkühlung verändert sich die Schmelzzusammensetzung unter kontinuierlicher Leucit-Ausscheidung entlang der geraden Linie **H → D → E**. Bei **E** kommt es zur Reaktion des Leucit mit der SiO_2-übersättigten Schmelze unter Bildung von Or_{ss}. Der Kristallisationspfad folgt nun der Reaktionskurve **P–R,** bis der isobare Reaktionspunkt **R** erreicht ist, wo jetzt die Reaktion

$$\text{Leucit} + \text{Schmelze} \rightarrow \text{Alkalifeldspat}_{ss} + \text{Nephelin}_{ss}$$
$$(18.2)$$

stattfindet. An diesem invarianten Punkt bleiben Temperatur und Schmelzzusammensetzung konstant, bis die Schmelze verbraucht ist. Das gebildete „Gestein" ist ein *Leucitphonolith*. Die Zusammensetzung der koexistierenden Alkalifeldspat- und (Na,K)-Nephelin-Mischkristalle muss durch Analyse mit einer Elektronenstrahl-Mikrosonde bestimmt werden, die Schairer (1950) noch nicht zur Verfügung stand. Bei *Leucit-Fraktionierung* könnte die Schmelze einen Kristallisationspfad in den SiO_2-übersättigten Teil des Systems, z. B. **F → G** verfolgen und die kotektische Linie zwischen E_2 und **m** erreichen.

Zusammensetzungen X und Y Aus Schmelzen dieser Zusammensetzungen scheiden sich an der Liquidusfläche Ab_{ss} bzw. Ne_{ss} aus, deren Zusammensetzungen ganz auf der Na-reichen Seite liegen. Bei weiterer Abkühlung wird die kotektische Linie E_3–**R** erreicht, wo beide Mischkristalle bei laufender Änderung ihres Chemismus gemeinsam kristallisieren, bis das Schmelzminimum **M** erreicht ist. Das „Gestein" ist ein *Phonolith* aus Ab_{ss} und Ne_{ss}, deren genaue Zusammensetzung wir nicht kennen.

Aus den experimentellen Ergebnissen im Dreistoffsystem Ne–Ks–SiO_2 bei $P = 1$ bar (◘ Abb. 18.13a) oder bei H_2O-Drücken von < 2,6 kbar können wir Folgendes lernen:

1. Unter Gleichgewichtsbedingungen können aus Magmen, deren Zusammensetzung unterhalb der Verbindungslinie Ab–Or liegt, keine quarzhaltigen, aus Magmazusammensetzungen oberhalb dieser Linie keine foidhaltigen Magmatite entstehen.
2. Jedoch kann bei rascher Abkühlung von Magmen, deren Zusammensetzungen im Ausscheidungsfeld von Leucit liegen, dieser *metastabil* in einer SiO_2-reichen Grundmasse erhalten bleiben, was in der Natur nicht selten beobachtet werden kann.
3. Pseudoleucit, ein Gemenge aus Nephelin und Alkalifeldspat, entsteht durch Reaktion (18.2) bei Punkt **R**.

Bei *erhöhten H_2O-Drücken* im System Ne–Ks–SiO_2–H_2O wird das Ausscheidungsfeld von Leucit immer mehr eingeschränkt und verschwindet ab 4 kbar ganz (Sood 1981). Dadurch wird die Rolle der Verbindungslinie Ab–Or als thermische Barriere immer stärker ausgeprägt. Bei $P_{H_2O} = 5$ kbar (Morse 1968) treten im SiO_2-übersättigten und SiO_2-untersättigten Teil des Systems anstelle der Minima **m** und **M** je ein ternäres Eutektikum **E** (645 °C) und **E'** (638 °C). Diese sind durch eine kotektische Linie miteinander verbunden, die dort, wo sie die Linie Ab–Or kreuzt, ein Maximum aufweist (◘ Abb. 18.13b). Es gibt vier wichtige Ausscheidungsfelder, in denen Quarz, Ab_{ss}, Or_{ss} und Ne_{ss} jeweils die Liquidusphasen bilden.

Auf der kotektischen Linie E–E' befindet sich nahe E' ein Reaktionspunkt **R**, an dem Analcim, $Na[AlSi_2O_6]\cdot H_2O$, nach der Reaktion $Ab_{ss} + L = Anl + Or_{ss}$ gebildet wird. Deshalb existiert zwischen den Ausscheidungsbereichen von Ab_{ss} und Ne_{ss} ein schmales Analcimfeld, sodass bei hohen H_2O-Drücken Ab_{ss} und Ne_{ss} nicht im Gleichgewicht koexistieren können.

18.2.3 Experimente zum Verhalten von mafischen Phasen in basaltischen Magmen

■ **Zweistoffsystem Forsterit–Fayalit**

Wie wir gesehen haben, bildet Olivin eine lückenlose Mischkristallreihe (◘ Abb. 18.14), sodass sich der gleiche Systemtyp ergibt wie bei den Plagioklasen (Bowen und Schairer 1935). Bei einem Druck von 1 bar liegt der Schmelzpunkt von Forsterit (Fo) bei 1890 °C, von Fayalit (Fa) bei 1205 °C. Aufgrund seines extrem hohen Schmelzpunkts ist Fo-reicher Olivin ein hochfeuerfestes Mineral, das große technische Bedeutung besitzt.

Kühlen wir eine Schmelze der Zusammensetzung **X** mit $Fo_{50}Fa_{50}$ (■ Abb. 18.14) auf rund 1650 °C ab, so wird bei **A** die Liquiduskurve erreicht und es scheidet sich ein Fo-reicher Olivin-Mischkristall **A'** ($Fo_{80}Fa_{20}$) ab, entsprechend dem Schnittpunkt der horizontal verlaufenden Konode **A–A'** mit der Soliduskurve. Bei weiterer Abkühlung werden entsprechend der Pfeilrichtung sowohl die Mischkristalle als auch die jeweils verbleibende Schmelze immer reicher an der Fa-Komponente. Bei rund 1570 °C z. B. wäre, unter der Voraussetzung, dass sich thermodynamisches Gleichgewicht fortlaufend eingestellt hat, ein Mischkristall **B'** mit einer Schmelze **B** im Gleichgewicht. Bei 1440 °C erlangt Olivin$_{ss}$ die Zusammensetzung **C'** = $Fo_{50}Fa_{50}$, die dem Ausgangschemismus der Schmelze entspricht. Damit ist die Schmelze aufgebraucht. Der letzte Schmelztropfen hat die Zusammensetzung **C** = $Fo_{22}Fa_{78}$ (■ Abb. 18.14), vorausgesetzt chemisches Gleichgewicht hat sich laufend eingestellt.

Chemischer *Zonarbau* in Olivin-Einsprenglingen mit Mg-reichem Kern und Fe-reichem Saum ist in Vulkaniten sehr verbreitet, weil sich durch die schnelle Abkühlung des Magmas oft kein Gleichgewicht zwischen Kristallen und Schmelze einstellen kann. Dadurch bliebe im vorliegenden Beispiel auch unterhalb 1440 °C – je nach dem Ausmaß des Ungleichgewichts – bei weiterer Abkühlung noch Schmelze erhalten, die noch Fa-reicher als Schmelze **C** wäre. Entsprechend würden die Fo-reichen Kerne von einem Olivinsaum umwachsen, der einen noch höheren Fa-Gehalt als $Fo_{50}Fa_{50}$ hat. Zu einer Verschiebung des Pauschalchemismus und zur Bildung Fa-reicher Restschmelzen kann es auch durch Absaigern der früh ausgeschiede-

nen Fo-reichen Olivine kommen. Dieser experimentelle Befund ist von großer petrologischer Bedeutung. Er erklärt beispielsweise das Auftreten von Fayalit-führendem Ferrogabbro und Granophyr, die in lagigen Intrusionskörpern, z. B. in der Skaergaard-Intrusion (Ostgrönland) aus Fe-reichen Restmagmen kristallisiert sind (z. B. Wager und Brown 1968). Manche Basalte enthalten als Zwickelfüllung zwischen den früher ausgeschiedenen Mineralen Letztkristallisate von fast reinem Fayalit.

■ **Zweistoffsystem Forsterit–SiO₂**
Ähnlich wie im System Leucit–SiO₂ (■ Abb. 18.11) besteht zwischen den Komponenten Mg_2SiO_4 (Fo) und SiO_2 eine *stöchiometrische Verbindung*: Enstatit, $Mg_2[Si_2O_6]$ (bzw. dessen Hochtemperaturmodifikation Protoenstatit). Dieser schmilzt bei niedrigen Drücken ebenfalls *inkongruent* unter Bildung von Forsterit und einer SiO_2-übersättigten Schmelze (Bowen und Anderson 1914; Bowen 1928).

Kühlen wir bei $P = 1$ bar eine SiO_2-untersättigte Schmelze **W** ab, so wird bei ca. 1670 °C die Liquiduskurve erreicht und es scheidet sich so lange Forsterit aus, bis der peritektische Punkt **P** bei 1557 °C erreicht ist (■ Abb. 18.15). Dann setzt die Reaktion

$$Forsterit + SiO_2 - \text{übersättigte Schmelze} = Protoenstatit \tag{18.3}$$

ein, wobei – Gleichgewicht vorausgesetzt – die gesamte Schmelze verbraucht wird. Das entstehende „Gestein" besteht aus Forsterit + Protoenstatit. Auch aus Schmelze **X** mit der Zusammensetzung $Mg_2Si_2O_6$ kristallisiert zunächst Forsterit aus, der aber bei **P** vollständig zu Protoenstatit reagiert, wenn das Gleichgewicht eingestellt wird. Das Gleiche gilt für die SiO_2-übersättigte Schmelze **Y**; doch bleibt jetzt bei der Reaktion von Forsterit zu Protoenstatit noch eine SiO_2-reichere Restschmelze übrig, die sich unter Ausscheidung von Enstatit bis zum eutektischen Punkt **E** bei ca. 1543 °C entwickelt, wo es zur gemeinsamen Kristallisation von Protoenstatit + Cristobalit kommt. Demgegenüber scheidet Schmelze **Z** gar keinen Forsterit, sondern sofort Protoenstatit aus, bis das Eutektikum **E** erreicht wird.

Bei Drücken von > 2,6 kbar im H_2O-freien System schmilzt Enstatit kongruent (Boyd et al. 1964). Demgegenüber bleibt im System Forsterit–SiO_2–H_2O das inkongruente Schmelzen von Enstatit bis zu hohen H_2O-Drücken erhalten (Kushiro und Yoder 1969). Die Verhältnisse liegen also genau umgekehrt wie im System Leucit–SiO₂ (–H_2O).

Natürliche Basaltmagmen enthalten im Vergleich zu den Schmelzen **W**, **X**, **Y** und **Z** noch die Plagioklas- und Diopsid-Komponente, wodurch die jeweiligen Liquidustemperaturen drastisch gesenkt werden. Auch der Einbau von Fe^{2+} in die beiden koexistierenden Mine-

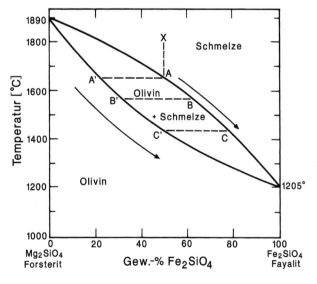

■ **Abb. 18.14** Zweistoffsystem Forsterit Mg_2SiO_4 – Fayalit Fe_2SiO_4 bei $P = 1$ bar mit lückenloser Mischkristallbildung. (Nach Barth et al. 1939)

18

ralphasen Forsterit und Enstatit erniedrigt alle Temperaturen des Kristallisations- bzw. Reaktionsbereichs beträchtlich, wie z. B. das Zweistoffsystem Forsterit–Fayalit (■ Abb. 18.14) zeigt. Die so modifizierten Schmelzen könnten als Modell für Olivintholeiit- (**W**), Tholeiit- (**X**) und Quarztholeiit-Magmen (**Y**, **Z**) dienen. Zur *Fraktionierung* von Olivin kann es kommen, wenn dieser in der Schmelze gravitativ absaigert oder als „gepanzertes Relikt" vor vollständiger Reaktion zu Protoenstatit geschützt und dadurch aus dem System entfernt wird. Dann kann ein SiO_2-untersättigtes Olivintholeiit-Magma zu einem SiO_2-übersättigten Quarztholeiit-Magma differenzieren (aber nicht umgekehrt).

Von Greig (1927) wurde im SiO_2-reichen Teil des Systems Forsterit–SiO_2 die liquide Entmischung von zwei Silikatschmelzen erstmals experimentell nachgewiesen, zu der es bei einer Temperatur von > 1695 °C, d. h. knapp unterhalb des Schmelzpunkts von Cristobalit kommt (■ Abb. 18.5). Dieser Befund ist jedoch für natürliche Bedingungen ohne Bedeutung und daher nur von theoretischem Interesse.

■ **Dreistoffsystem Diopsid–Forsterit–SiO_2**

Dieses komplexe System, das bereits von Bowen (1914), später von Boyd und Schairer (1964) und Kushiro (1972) bei $P = 1$ bar experimentell untersucht wurde, dient als Modellsystem für die Ausscheidungsbeziehungen der dunklen Gemengteile in einer tholeiitischen Schmelze. Obwohl es dem Anfänger häufig Verständnisschwierigkeiten bereitet, soll es wegen seiner großen petrologischen Bedeutung hier dennoch besprochen werden.

Wie bei den bereits beschriebenen Dreistoffsystemen Di–An–Ab (■ Abb. 18.7, 18.8a) und Ne–Ks–SiO_2 (■ Abb. 18.13) wollen wir die Projektion der Liquidusfläche auf die Konzentrationsebene Di–Fo–SiO_2 bei konstantem Druck von 1 bar betrachten. Wesentlich für das Verständnis der Kristallisationsabfolgen in diesem System ist das flankierende Zweistoffsystem Forsterit–SiO_2 mit dem *peritektischen Punkt* **P** bei 1557 °C und dem *eutektischen Punkt* E_1 bei 1543 °C, das wir soeben kennengelernt haben (■ Abb. 18.15). Die flankierenden Zweistoffsysteme Diopsid–SiO_2 und Forsterit–Diopsid haben die eutektischen Punkte E_2 bei 1371 °C und E_3 bei 1388 °C, die jeweils in der Nähe der Diopsid-Ecke liegen (■ Abb. 18.16a). Die Eutektika E_1 und E_2 werden durch eine *kotektische Linie* verbunden, an der Cristobalit (Crs) bzw. Tridymit (Trd) jeweils mit Mischkristallen von Protoenstatit (PEn_{ss}), Pigeonit (Pgt_{ss}) oder Diopsid (Di_{ss}) sowie Schmelze (L) koexistieren. Eine weitere kotektische Linie, an der Fo, Di_{ss} und Schmelze miteinander im Gleichgewicht stehen, geht vom Eutektikum E_3 aus, überschreitet ein flaches offenes Maximum bei 1390 °C und endet bei 1385 °C. Hier stößt sie mit einer *Reaktionskurve* zusammen, die vom peritektischen Punkt **P** im Zweis-

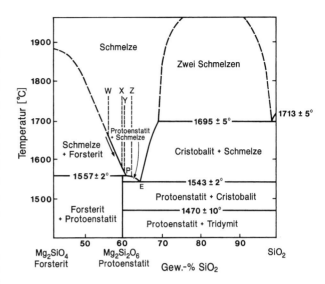

■ **Abb. 18.15** Zweistoffsystem Forsterit Mg_2SiO_4–SiO_2 bei $P = 1$ bar mit der stöchiometrischen Verbindung Enstatit $Mg_2[Si_2O_6]$. (Aus Bowen 1928)

toffsystem Fo–SiO_2 ausgeht. An ihr koexistieren nacheinander PEn_{ss} und Pgt_{ss} mit Fo und L. Die Felder von PEn_{ss} und Pgt_{ss} werden ebenfalls durch eine Reaktionskurve zwischen **B** = 1425 °C und **E** = ~1385 °C getrennt, während zwischen Pgt_{ss} und Di_{ss} eine kotektische Linie verläuft. An diesen univarianten Kurven stehen jeweils zwei dieser drei Cpx_{ss} miteinander sowie mit L im Gleichgewicht.

Analog zum Zweistoffsystem Fo–SiO_2 (■ Abb. 18.15) lassen sich im Dreistoffsystem Fo–Di–SiO_2 fünf Ausscheidungsfelder unterscheiden, in denen Fo, die Klinopyroxen-Mischkristalle PEn_{ss}, Pgt_{ss} oder Di_{ss} sowie die SiO_2-Phasen Crs oder Trd an der Liquiduskurve kristallisieren. Außerdem besteht im SiO_2-reichen Teil des ternären Systems Fo–Di–SiO_2 ein Feld der liquiden Entmischung (■ Abb. 18.16a). Unterbrechungen in der Verbindungslinie PEn–Di deuten zwei Mischungslücken in den Pyroxen-Zusammensetzungen an, die man dem pseudobinären Schnitt PEn–Di entnehmen kann (■ Abb. 18.16b). Weiterhin erkennt man in ■ Abb. 18.16a, dass – entsprechend dem verdeckten Maximum im binären System Fo–SiO_2 (■ Abb. 18.15) – das ausgedehnte primäre Ausscheidungsfeld des Forsterits fast die gesamte pseudobinäre Verbindungslinie PEn–Di der Pyroxen-Zusammensetzungen überdeckt. Lediglich der Di-reiche Cpx_{ss} nahe der Di-Ecke schmilzt kongruent.

Der pseudobinäre Schnitt PEn–Di (■ Abb. 18.16b) wurde von Kushiro (1972) experimentell untersucht, der die koexistierenden Phasen mit der Elektronenstrahl-Mikrosonde analysierte. Es zeigte sich, dass bei Liquidustemperaturen die Pyroxen-Mischkristalle PEn_{ss} und Pgt_{ss} mit Fo und Schmelze im Gleichgewicht stehen, während im Subsolidusbereich PEn_{ss} + Pgt_{ss} sowie Pgt_{ss} + Di_{ss} miteinander koexistieren, wobei eine schmale und eine breitere Mischungslücke entsteht. Mit sinkender Temperatur erweitern sich die beiden Mischungslücken, wodurch das Stabilitätsfeld von Pgt_{ss} nach unten auskeilt. An einem

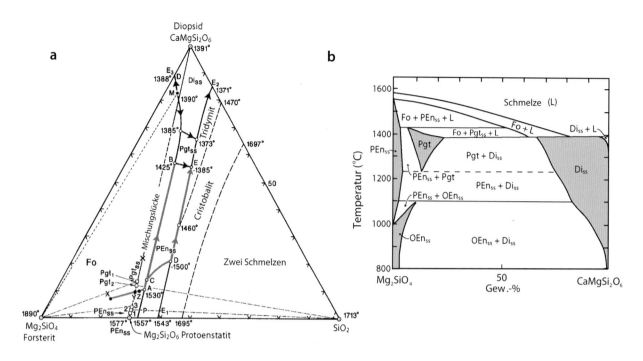

18

■ **Abb. 18.16**   **a** Dreistoffsystem Diopsid CaMgSi$_2$O$_6$ – Forsterit Mg$_2$SiO$_4$ – SiO$_2$ bei $P = 1$ bar; Projektion der Liquidusfläche auf die Konzentrationsebene; eingezeichnet sind die Kristallisationspfade ($\leftarrow$) von Schmelzen der Ausgangszusammensetzungen **X**, **Y** und **Z** unter Gleichgewichtsbedingungen. Die Mischkristalle PEn1, PEn2 und PEn3 sind mit **1, 2, 3** markiert. **b** Pseudobinärer Schnitt Mg$_2$Si$_2$O$_6$ (En) – CaMgSi$_2$O$_6$ (Di) mit den Liquidus- und Soliduskurven sowie den Mischungslücken zwischen unterschiedlichen Pyroxenphasen. (Nach Kushiro 1972)

invarianten Reaktionspunkt bei etwa 1235 °C zerfällt der letzte Pgt$_{ss}$ (mit etwa 13 % Di-Komponente) in PEn$_{ss}$ und Di$_{ss}$. Ab ca. 1100 °C beginnt sich PEn$_{ss}$ unter Reaktion mit Di$_{ss}$ in Di-reicheren Orthoenstatit (OEn$_{ss}$) umzuwandeln. Dadurch entstehen zwei Koexistenzfelder PEn$_{ss}$ + OEn$_{ss}$ und OEn$_{ss}$ + Di$_{ss}$, bis sich bei 985 °C reiner PEn in OEn umgewandelt hat. Dadurch entsteht ein breites Zweiphasenfeld OEn$_{ss}$ + Di$_{ss}$. Durch die experimentell bestimmten Phasenbeziehungen im pseudobinären Schnitt En–Di erklären sich die weit verbreiteten Entmischungen von Klinopyroxen in Orthopyroxen und umgekehrt (■ Abb. 13.6a); das gilt insbesondere für den *„inverted pigeonite"*, einen Pigeonit mit Entmischungslamellen von Augit (▶ Abschn. 11.4.1). Es sei allerdings darauf hingewiesen, dass nach Experimenten von Longhi und Boudreau (1980) bereits zwischen 1445 °C und 1385 °C Orthoenstatit als zusätzliche Phase auftritt, dann aber wieder verschwindet. Dadurch werden die Verhältnisse noch etwas komplizierter, ohne dass sich die grundsätzliche Aussage des Systems ändert. Wir stützen uns daher auf die Ergebnisse von Kushiro (1972).

Kühlt man eine Schmelze **X** der Zusammensetzung 80 % Fo + 5 % Di + 15 % SiO$_2$, die im primären Ausscheidungsfeld des Forsterits liegt (■ Abb. 18.16b), bis zur Temperatur der Liquidusfläche ab, so ändert sich ihre Zusammensetzung unter fortwährender Ausscheidung von Fo entlang der Kristallisationsbahn **X → A**. Bei **A** = 1530 °C wird die Reaktionskurve zwischen den Ausscheidungsfeldern von Forsterit und Pyroxen erreicht und die peritektische Reaktion von Fo mit SiO$_2$-übersättigter Schmelze zu PEn$_{ss}$ setzt ein. Dem pseudobinären Schnitt (■ Abb. 18.16b) kann man entnehmen, dass eine Schmelze **A** mit etwa 10 % Di-Komponente mit einem fast Di-freien PEn$_1$ koexis-

tiert. Bei weiterer Abkühlung setzt sich die Reaktion Fo + L = PEn$_{ss}$ fort, wobei sich die Schmelze entlang der Reaktionskusve entwickelt und immer Di-reicher wird; auch PEn$_{ss}$ wird etwas Di-reicher. Am invarianten Punkt **B** = ca. 1425 °C kristallisiert bei konstanter Temperatur Pgt$_{ss}$ neben PEn$_{ss}$, bis die Schmelze aufgebraucht ist. Das entstehende „Gestein" besteht aus den beiden Pyroxen-Mischkristallen PEn$_3$ und Pgt$_1$ sowie dem restlichen Forsterit.

Kühlen wir eine Ausgangsschmelze **Y** ab, die auf der Verbindungslinie PEn–Di liegt, so scheidet sich bei Erreichen der Liquidusfläche wiederum zuerst Forsterit aus, und die Zusammensetzung der Schmelze ändert sich kontinuierlich bis **A**, wo die Reaktion Fo + L = PEn$_{ss}$ einsetzt. Bei weiterer Abkühlung entwickelt sich die Schmelzzusammensetzung wieder entlang der Reaktionskurve **A → B**, wo – im Unterschied zur Kristallisationsabfolge der Schmelze **X** – nicht nur die gesamte Schmelze, sondern auch der gesamte Forsterit aufgebraucht ist. Das Kristallisationsprodukt besteht schließlich nur aus zwei verschiedenen Pyroxen$_{ss}$ PEn$_3$ und Pgt$_1$.

Ein anderes Szenario entwickelt sich bei einer Ausgangsschmelze **Z**, die bereits rechts der Verbindungslinie Di–PEn, aber noch innerhalb des primären Ausscheidungsfeldes von Forsterit liegt. Die anfänglichen Schritte der Kristallisation und die Änderung der Schmelzzusammensetzung stimmen mit beiden Ausgangszusammensetzungen **X** und **Y** überein. Nur ist in diesem Fall der abgeschiedene Forsterit früher aufgebraucht als die Schmelze. Das ist bei etwa 1530 °C (Punkt **C** in 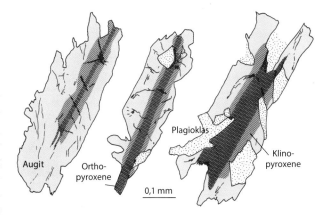 Abb. 18.16a) der Fall. Mit weiterer Abkühlung verlässt deshalb der Kristallisationspfad die peritektische Reaktionskurve, quert das Feld des Protoenstatits entlang des gekrümmten Pfades **C → D** und erreicht bei ca. 1500 °C die kotektische Linie, an der PEn_{ss}, Crs oder Trd und L koexistieren. Mit weiterer Abkühlung scheidet sich daher PEn_{ss}, der kontinuierlich Di-reicher wird, gemeinsam mit Crs bzw. bei niedriger Temperatur mit Trd aus. Wenn die Zusammensetzung der Schmelze Punkt **E** bei ca. 1385 °C erreicht hat, kristallisiert Pigeonit neben Protoenstatit und Tridymit, bis die Schmelze aufgebraucht ist. Das zuletzt vorliegende Kristallaggregat besteht aus den Phasen PEn_2, Pgt_2, Trd und wahrscheinlich Relikten von Crs, der sich nur träge in Trd umwandelt (Abb. 18.16a).

Unseren bisherigen Betrachtungen zum System Di–Fo–SiO$_2$ lag die Annahme der Einstellung eines thermodynamischen Gleichgewichts zugrunde. In der Natur ist das häufig nicht oder nur unvollkommen der Fall. Stellt sich das Gleichgewicht *nicht* ein, so weichen die Kristallisationsbahnen mehr oder weniger von den dargelegten idealisierten Bedingungen ab. *Ungleichgewichte* können in der Natur dadurch entstehen, dass die ausgeschiedenen Forsteritkristalle aus einem oder mehreren der folgenden Gründe nicht mit der Schmelze reagieren können:

– Die Forsteritkristalle werden von der verbleibenden Schmelze gravitativ getrennt oder die Schmelze wird durch Filterpressung aus dem bestehenden Kristallbrei herausgedrückt.

– Infolge von zu geringer Diffusionsgeschwindigkeit schützt ein dicker Reaktionssaum von Pyroxen den verbleibenden Forsterit-Kern vor weiterer Reaktion mit der umgebenden Schmelze.

– Zonare Verwachsung von drei verschiedenen Pyroxenarten mit der Ausscheidungsfolge Orthopyroxen (Enstatit-Hypersthen) → Pigeonit → diopsidischer Augit (Abb. 18.17) kann auf mangelnde Einstellung des Gleichgewichts durch schnelle Abkühlung der betreffenden Lava erklärt werden. Eine solche Situation, wie sie z. B. in einem Tholeiitbasalt des Vogelsberges beobachtet wurde, lässt sich durch das Dreistoffsystem Fo–Di–SiO$_2$ gut verstehen.

Bei fehlender Einstellung des Gleichgewichts und ohne jede Aufzehrung des zuerst ausgeschiedenen Forsterits würde bei allen drei Ausgangsschmelzen **X, Y** und **Z** der Kristallisationspfad bereits ab Punkt **A** in einer leicht gekrümmten Kurve unter Ausscheidung von PEn_{ss} das Protoenstatit-Feld queren und auf die kotektische Linie $E_1–E_2$ treffen. Die Schmelzzusammensetzung ändert sich nun entlang dieser Grenzkurve, wobei nacheinander $PEn_{ss} + Crs$, $PEn_{ss} + Trd$, $Pgt_{ss} + Trd$, und $Di_{ss} + Trd$ gemeinsam kristallisieren, bis bei 1371 °C der eutektische Punkt E_2 erreicht ist (Abb. 18.16a). Fraktionie-

Abb. 18.17 Zonare Verwachsungen von Orthopyroxen (Enstatit–Hypersthen), Pigeonit und diopsidischem Augit als Einsprenglinge in Tholeiitbasalt vom Vogelsberg, Deutschland. (Nach Ernst und Schorer 1969)

rung von Forsterit (oder Olivin) kann also von einer SiO$_2$-untersättigten Schmelze **X** zu einer SiO$_2$-übersättigten Restschmelze eutektischer Zusammensetzung E_2 führen. In Übereinstimmung mit diesem Modell enthalten Tholeiite in ihrer Grundmasse häufig SiO$_2$-reiches Glas oder Quarz-Plagioklas-Verwachsungen; diese sind aus einer sauren Restschmelze kristallisiert, die durch weitgehende Fraktionierung von mafischen Gemengteilen, z. B. Olivin, entstanden ist.

18.3 Das Reaktionsprinzip von Bowen

Die experimentellen Untersuchungen in vereinfachten Modellsystemen haben gezeigt, dass silikatische Schmelzen nur selten in Form einfacher Eutektika kristallisieren. Vielmehr spielen die *Reaktionsbeziehungen* zwischen früh ausgeschiedenen Kristallen und der verbliebenen Restschmelze eine wichtige Rolle, die sich auch in natürlichen Gesteinen sehr häufig unmittelbar beobachten lassen (Abb. 18.18). Dabei endet der Kristallisationspfad oft nicht erst an einem binären oder ternären Eutektikum, sondern irgendwo auf einer kotektischen Linie. Wie der amerikanische Petrologe Norman L. Bowen (1887–1958) als Erster erkannt hatte, lässt sich die Entwicklung magmatischer Serien auf diesem Wege zumindest in Grundzügen erklären. Bowen (1928) fasste die Ausscheidungsfolge bei der Kristallisation eines basischen (etwa olivinbasaltischen) Magmas unter der Bezeichnung *Reaktionsprinzip* zusammen. Dabei unterschied er grundsätzlich zwei Arten von Reaktionsreihen (Abb. 18.19):

– diskontinuierliche Reaktionsreihe und
– kontinuierliche Reaktionsreihe.

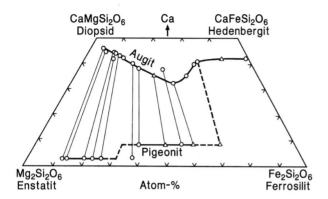

Abb. 18.18 Kristallisationstrends von Ca-reichem Pyroxen (Augit) und Ca-armem Pyroxen (Orthopyroxen, Pigeonit) im lagigen Bushveld Intrusivkomplex, Südafrika; Pyroxen-Zusammensetzungen nach chemischen Analysen *(Kreise)*, nach optischen und/oder röntgenographischen Bestimmungen *(Dreiecke)*. (Nach Atkins 1969)

Diskontinuierliche Reaktionsreihen (**■** Abb. 18.19) bezieht sich auf eine Reihe von Reaktionen zwischen Mineralen und verbleibender Schmelze, die während der Abkühlung eines Magmas jeweils bei einer bestimmten Temperatur stattfinden. Ein früh ausgeschiedenes Mineral mit hohem Schmelzpunkt wird solange im Gleichgewicht mit dem abkühlenden Magma verbleiben, bis die Reaktionstemperatur erreicht wird. An diesem Punkt reagiert das Mineral vollständig mit der Schmelze: Es verschwindet vollkommen zugunsten eines neuen Minerals, das im Gleichgewicht mit der Schmelze steht und bei weiterer Abkühlung solange verbleibt, bis die Reaktionstemperatur dieses zweiten

Minerals erreicht wird. Danach wiederholt sich dieser Prozess, bei dem also *Reaktionspaare* gebildet werden, solange bis die restliche Schmelze aufgebraucht ist. In Abhängigkeit vom Druck vollziehen sich diese Reaktionen bei einer bestimmten Temperatur, dem peritektischen Punkt oder – bei Mischkristallen – über ein begrenztes Temperaturintervall hinweg. Ein wichtiges Beispiel ist die peritektische Reaktion Forsterit + Schmelze → Enstatit (**■** Abb. 18.15, 18.16a, b). Werden die Forsterit-Kristalle von der Schmelze getrennt, kann diese Reaktion nicht vollständig ablaufen, sodass sich die Zusammensetzung der Schmelze mit fallender Temperatur zum Eutektikum hin verschiebt. Ein solcher Prozess der fraktionierten Kristallisation führt zur Anreicherung von SiO_2 und zur Verarmung an MgO in der verbliebenen Restschmelze. Da die beiden Mischkristalle Olivin und Orthopyroxen bei höheren Temperaturen zunächst bevorzugt Mg^{2+} gegenüber Fe^{2+} einbauen, kommt es nach ihrer Kristallisation außerdem zu einer Anreicherung von Fe^{2+} gegenüber Mg^{2+} in der natürlichen Restschmelze, was zu einem typischen Tholeiit-Trend im *AFM*-Dreieck führt (**■** Abb. 17.3).

Die folgenden Schritte innerhalb der diskontinuierlichen Reaktionsreihe sind viel komplizierter, da die Reaktionen (Mg,Fe)- und Ca-(Mg,Fe)-Pyroxen → Hornblende und Hornblende → Biotit die Aufnahme von Wasser einschließen und somit der Partialdruck (bzw. die Fugazität) von H_2O eine zusätzliche Zustandsvariable bildet. Außerdem wird bei der schrittweisen Kristallisation von Hornblende und Biotit auf Kosten von

18

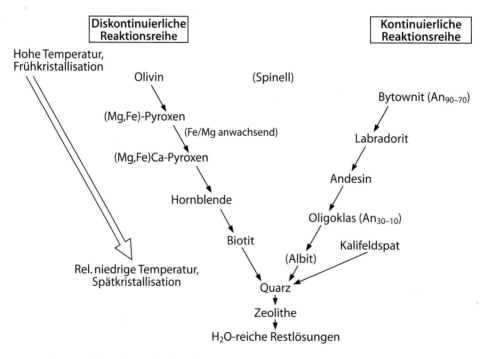

Abb. 18.19 Kontinuierliche und diskontinuierliche Reaktionsreihen nach Bowen

Pyroxen die Schmelze zunehmend an Alkalien angereichert und das Fe^{2+}/Mg-Verhältnis erhöht. Naturbeobachtungen und experimentelle Daten lassen keinen Zweifel aufkommen, dass auch diese später ausgeschiedenen Minerale im Wesentlichen durch diskontinuierliche Reaktionen kristallisieren, was dem Bowen'schen Reaktionsprinzip entspricht.

Kontinuierliche *Reaktionsreihen* (◘ Abb. 18.19) beschreibt die kontinuierliche Veränderung in der chemischen Zusammensetzung von *Mischkristallen* der *gleichen* Mineralart im Gleichgewicht mit der koexistierenden Schmelze bei der Abkühlung eines Magmas. Durch Kationenaustausch mit dem abkühlenden Magma verändern die neu gebildeten Mischkristalle ihre Zusammensetzung kontinuierlich, und zwar so lange, bis die Schmelze aufgebraucht ist. Wichtigstes Beispiel ist die Mischkristallreihe der *Plagioklase* (◘ Abb. 18.4) als Hauptvertreter der felsischen Minerale in basischen und intermediären Magmen. Ihre Entwicklung findet – druckabhängig – innerhalb eines ausgedehnten Temperaturbereichs statt. Bei höherer Temperatur kristallisiert Plagioklas mit höherem An-Gehalt, da der Schmelzpunkt von Anorthit höher ist als jener von Albit. Mit fallender Temperatur nehmen in der Schmelze, die mit den sich ausscheidenden Plagioklas-Mischkristallen im Gleichgewicht steht, Na und Si immer mehr zu, Ca und Al dagegen ab. Die Schmelze wird also kontinuierlich Ab-reicher und entsprechend An-ärmer. Bei chemischem Ungleichgewicht bilden sich Plagioklaskristalle mit Zonarbau, wobei der Kern An-reicher, die Außenzonen Ab-reicher sind, wenn auch häufig mit sogenannten Rekurrenzen, was zu alternierendem Zonarbau führt (◘ Abb. 13.5a, b, 13.7b, 18.5). Bei Entfernung von An-reichen Plagioklas-Mischkristallen aus der Schmelze steigt gegenüber der Ausgangsschmelze das Na_2O/CaO-Verhältnis in der Restschmelze an. Außerdem wird diese auch an SiO_2 angereichert und an Al_2O_3 verarmt, da Anorthit die Zusammensetzung $CaO·Al_2O_3·2SiO_2$, Albit dagegen $Na_2O·Al_2O_3·6SiO_2$ hat. Auch K_2O wird in der Restschmelze angereichert und für die Bildung von Biotit und Alkalifeldspäten verbraucht. Im Unterschied zu den Plagioklasen gibt es bei den *Alkalifeldspäten,* die bei der Kristallisation von sauren Magmen eine bedeutende Rolle spielen, zwei Entwicklungsreihen, die von Or-reichen oder Ab-reichen Zusammensetzungen ausgehen und sich im Schmelzminimum treffen (◘ Abb. 18.12, 18.13).

Bei den mafischen Gemengteilen stellt man mit sinkender Temperatur eine zunehmende Tendenz zur Anreicherung von Fe^{2+} auf Kosten von Mg fest. Ein wichtiges Beispiel ist die Mischkristallreihe der *Olivine* (◘ Abb. 18.14), bei der sich – ausgehend von fast reinem Fo_{ss} – durch Reaktion mit der Schmelze kontinuierlich immer Fa-reichere Mischkristalle bilden. Bei fraktionierter Kristallisation von Fo-reichem Olivin

kann schließlich eine fast reine Fayalitschmelze gebildet werden. Naturbeobachtungen insbesondere in „layered intrusions" zeigen, dass sich bei der Kristallisation basaltischer Magmen die Mischkristallreihen zunächst von Olivin, danach diejenige der *Pyroxene* gleichsinnig von Mg- zu Fe-reicheren Gliedern entwickeln (◘ Abb. 18.18):

- diopsidischer   Augit → Augit → hedenbergitischer Augit,
- Enstatit → Bronzit sowie Mg-reicherer → Fe-reicherer Pigeonit.

In der vorliegenden Darstellung der Bowen'schen Reaktionsreihen (◘ Abb. 18.19) fallen die Temperaturen von oben nach unten. Genaue Temperaturwerte können selbstverständlich nicht angegeben werden, da die natürlichen Magmen einen viel komplexeren Chemismus haben als die vereinfachten Modellsysteme. Jedoch bringt das Schema deutlich zum Ausdruck, dass sich bei sinkender Temperatur je ein Vertreter der diskontinuierlichen neben einem solchen der kontinuierlichen Reihe ausscheidet. So hatte schon 1882 der deutsche Petrograph Harry Rosenbusch (1836–1914) mikroskopisch beobachtet, dass in natürlichen Magmatiten neben Olivin und Pyroxen ein An-reicher Plagioklas (Bytownit–Labradorit), dagegen neben Hornblende und Biotit ein Ab-reicherer Plagioklas (Andesin–Oligoklas) kristallisiert. Schon damals interpretierte er dies richtigerweise im Sinne einer Ausscheidungsfolge. Allerdings sind später häufig Ausnahmen von dieser Rosenbusch-Regel beobachtet worden; so kommt in Andesit und Dacit auch relativ An-reicher Plagioklas neben Amphibol und Biotit vor. Ob die Erstausscheidung mit einem mafischen oder einem felsischen Mineral beginnt, hängt wesentlich von der Ausgangszusammensetzung der Schmelze ab, wie das am Beispiel des Dreistoffsystems Di–An–Ab verdeutlicht wurde (◘ Abb. 18.7, 18.8).

Mit abnehmender Temperatur zeigt die Mineralfolge der diskontinuierlichen Reaktionsreihe eine zunehmende Polymerisation der [(Si,Al)O_4]-Tetraeder vom Inselsilikat Olivin über die Ketten- und Doppelkettensilikate Pyroxen und Hornblende zum Schichtsilikat Biotit.

Wie Bowen (1928) erkannte, lassen sich einige wichtige Magmatypen durch fraktionierte Kristallisation eines basaltischen Magmas erklären. Dabei sind die Reaktionsbeziehungen innerhalb der Reaktionsreihen Olivin → Biotit und Bytownit → Albit sowie zwischen den ausgeschiedenen Mineralen und den Restschmelzen von Bedeutung. Schematisch lässt sich der Differentiationsverlauf durch folgendes Prinzip erläutern (◘ Abb. 18.20):

Bei Abkühlung eines basaltischen Magmas kristallisieren als Hauptminerale zuerst Olivin und Bytownit, wodurch sich die Zusammensetzung der verbleibenden Restschmelze in Richtung → Andesit ändert. Nun sind zwei Fälle denkbar:

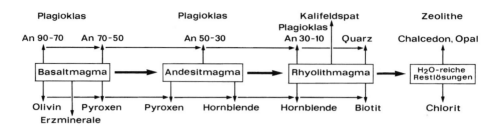

○ **Abb. 18.20**   Schema der magmatischen Differentiation eines tholeiitischen Magmas in Verbindung mit der kontinuierlichen und diskontinuierlichen Reaktionsreihe von Bowen

1. *Gleichgewichtskristallisation:* Die ausgeschiedenen Kristalle bleiben in Kontakt mit der Schmelze und reagieren mit dieser unter Bildung von Orthopyroxen, Pigeonit und Augit (○ Abb. 18.16) sowie Labradorit (○ Abb. 18.4). Bei vollständiger Reaktion kann die gesamte Schmelze aufgebraucht werden: Es entsteht ein Basalt oder – bei höherem Druck (in größerer Tiefe) – ein Gabbro.

2. *Fraktionierte Kristallisation:* Die ausgeschiedenen Kristalle werden von der Schmelze getrennt. Solange noch nicht viele Kristalle abgeschieden und die heiße Schmelze noch wenig viskos ist, dürfte das am ehesten gravitativ durch Aufschwimmen der Bytownit- und Absaigern der Olivin-Kristalle geschehen, während bei größerem Kristallanteil die Restschmelze durch Filterpressung aus einem Olivin-Kumulat herausgedrückt würde. Bei mangelnder Rührwirkung wegen zu geringer Konvektion in der Magmakammer können sich Olivin auch mit einem Reaktionssaum von Pyroxen, Bytownit mit einem Ab-reicheren Rand umgeben und so als *gepanzerte Relikte* vor weiterer Aufzehrung geschützt werden. Nun liegt eine andesitische Restschmelze vor, die entweder zu einem Andesit (oder Diorit) kristallisieren kann oder einer weiteren Fraktionierung unterworfen wird. Dabei dürfte der wesentliche Trennmechanismus in der Filterpressung liegen. Im Zuge fortschreitender fraktionierter Kristallisation nehmen die Gehalte an SiO_2, Na_2O und K_2O in der Restschmelze allmählich immer stärker zu, aus der im Extremfall Rhyolith oder Granit kristallisieren können. Man sollte jedoch beachten, dass gegenüber dem ursprünglichen Ausgangsmagma nur relativ wenig Rhyolith- oder Granitschmelze als Restdifferentiat übrigbleibt. Da Olivin, Pyroxen und die Feldspäte keine (OH)-Gruppen einbauen, werden bei der fraktionierten Kristallisation auch H_2O (und andere leichtflüchtige Komponenten) in den Restschmelzen immer stärker angereichert. Schließlich können sich hydrothermale Lösungen bilden, aus denen sich z. B. Zeolithe ausscheiden.

Diese Überlegungen zeigen klar, dass in der Tat andesitische, rhyolithische und trachytische Restschmelzen durch fraktionierte Kristallisation eines Basaltmagmas erklärt werden können. Es wäre jedoch ein Fehler anzunehmen, dass das immer oder auch nur in der überwiegenden Mehrzahl der Fälle so sein *muss*. Dagegen spricht bereits das Zurücktreten von Basalt oder Gabbro in vielen Andesit-Dacit-Rhyolith- bzw. Tonalit-Granodiorit-Granit-Assoziationen. Auch der enorm große Anteil von granitisch-granodioritischen Gesteinen am Aufbau der oberen kontinentalen Erdkruste schließt eine Fraktionierung von basaltischen Magmen als wesentlichen Mechanismus für die Bildung dieser Plutonite aus. Andererseits gibt das Bowen'sche Reaktionsprinzip eine gute qualitative Erklärung für das gemeinsame Vorkommen bestimmter Minerale wie Olivin–Labradorit, Andesin–Hornblende oder Oligoklas–Kalifeldspat–Quarz–Biotit. Bowens Ansatz hilft weiterhin, das Verhalten von Nebengestein bei der Assimilation durch intrudierende Magmen besser zu verstehen: infolge inkongruenten Schmelzens gilt dann z. B. die diskontinuierliche Reaktionsreihe in umgekehrter Reihenfolge. Mögliche Reaktionsreihen hängen nicht allein von der Zusammensetzung des Stammmagmas, sondern auch vom *P-T*-Bereich der Kristallisation sowie vom Gehalt an H_2O und anderen leichtflüchtigen Komponenten ab. Gegenüber den komplexen Prozessen in der Natur stellt jede Reaktionsreihe eine starke Vereinfachung dar.

18.4   Das Basalttetraeder von Yoder und Tilley (1962)

Wie wir gesehen haben, lässt sich der Differentiationsverlauf eines basaltischen Magmas recht gut anhand des Modellsystems Di–An–Ab (○ Abb. 18.6, 18.7, 18.8) verstehen. Dieses System gibt jedoch keine Antwort auf die wichtige Frage nach der Entstehung SiO_2-übersättigter und SiO_2-untersättigter basischer Magmen. Hierfür müssen als zusätzliche Komponenten noch Mg$_2$SiO$_4$ (Forsterit), NaAlSiO$_4$ (Nephelin) und SiO$_2$ berücksichtigt werden. Wir hätten es also mit einem Fünfstoffsystem Fo–Di–An–Ne–Qz zu tun, das sich allerdings nur schwer graphisch darstellen lässt. In einer ersten Vereinfachung können wir zunächst die Komponenten An und FeO vernachlässigen. Wir kommen so zum Vierstoffsystem Fo–Di–Ne–Qz, das im vereinfachten Basalt-Tetraeder nach Yoder und Tilley (1962) dargestellt werden kann, in dem Ol durch Fo, Opx (Enstatit–Hypersthen) durch En, Cpx durch Di und Pl durch Ab repräsentiert werden. Albit (Ab) tritt auf der Kante Ne–Qz als binäre Verbindung auf, die im entsprechenden Zweistoffsystem ein Temperaturmaximum bildet (◻ Abb. 18.10), während die Verbindung Enstatit (En) auf der Linie Fo–Qtz durch inkongruentes Schmelzen gekennzeichnet ist (◻ Abb. 18.15, 18.16). Alle anderen wichtigen Zweistoff- und Dreistoffsysteme, die für die Kristallisation einer basaltischen Schmelze von Bedeutung sind und experimentell genau untersucht wurden, können in dieses Tetraeder eingeordnet werden.

Erweitert man das Vierstoffsystem Fo–Di–Ne–Qtz um die Komponenten An und FeO, so erhält man bereits ein recht naturnahes, allerdings K$_2$O-freies Basaltsystem, in das man alle wichtigen basaltischen Gesteine mit Ausnahme der Leucit-führenden eintragen kann. Fo wird durch Olivin, En durch Opx (Enstatit–Hypersthen), Di durch Cpx (Augit) und Ab durch Plagioklas (Pl) ersetzt (◻ Abb. 18.21). Für Ne können auch andere Feldspatoide, z. B. Nosean oder Hauyn, eintreten.

Das Basalttetraeder Fo–Di–Ne–Qz bzw. Ol–Cpx–Ne–Qz wird durch zwei Ebenen, nämlich die *Ebene der SiO$_2$-Sättigung* Ab–Di–En und die *kritische Ebene der SiO$_2$-Untersättigung* Ab–Di–Fo in drei Räume unterteilt (◻ Abb. 18.21):

— Gesteine im rechten Raum Cpx–Opx–Pl–**Qz** entsprechen *Qz-normativem Tholeiit,*

— solche im mittleren Raum Pl–Cpx–Opx–**Ol** *Olivintholeiit,* und

— solche im linken Raum Cpx–Pl–**Ol–Ne** *Ne-führendem Alkalibasalt* (Ne-Tephrit, Ne-Basanit und Nephelinit).

Wie wir aus den experimentellen Ergebnissen im Zweistoffsystem Fo–SiO$_2$ (◻ Abb. 18.15) und im Dreistoffsystem Di–Fo–SiO$_2$ (◻ Abb. 18.16) wissen, ermöglicht das inkongruente Schmelzen von Enstatit, dass sich zwar SiO$_2$-untersättigte Magmen durch fraktionierte Kristallisation von Forsterit zu SiO$_2$-übersättigten Magmen entwickeln können, aber nicht umgekehrt. Die Ebene Ab–Di–En ist also nur in eine Richtung hin durchlässig. Das gilt auch bei erhöhtem H$_2$O-Druck,

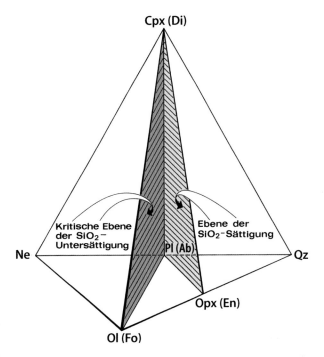

◻ **Abb. 18.21**   Das Basalttetraeder von Yoder und Tilley (1962) in Form des erweiterten, Fe-haltigen Basaltsystems Klinopyroxen–Olivin– Nephelin–Quarz mit Plagioklas (*Pl*) anstelle von Ab, Orthopyroxen (*Opx*) anstelle von En und Klinopyroxen (*Cpx*) anstelle von Di

während im H$_2$O-freien („trockenen") System bei Drücken von > 2,6 kbar Enstatit kongruent schmilzt und die Ebene Ab–Di–En dann eine thermische Schwelle darstellen würde. Im Zweistoffsystem Ne–SiO$_2$ bildet Albit ein Maximum (◻ Abb. 18.10); das hat zur Folge, dass die Ebene Ab–Di–Fo als thermische Barriere zwischen den Ne-normativen Alkalibasaltmagmen und den Ol- bis Qz-normativen Tholeiitmagmen wirkt, die in keine Richtung hin durchlässig ist. Deswegen müssen bei fraktionierter Kristallisation, jedenfalls bei Drücken < 2,6 kbar, getrennte Magmareihen entstehen.

Aus einem alkalibasaltischen Stammmagma kann sich daher durch fraktionierte Kristallisation von Nephelin und/oder Forsterit keine quarztholeiitische Restschmelze entwickeln, sondern nur nephelinitische, basanitische, tephritische oder phonolithische Teilmagmen. Umgekehrt entwickeln sich aus einem tholeiitischen Stammmagma nur andesitische, dacitische und rhyolithische Teilmagmen. Unter hohen Drücken, wie sie im Erdmantel realisiert sind, gelten diese Verhältnisse nicht mehr, weil dort Plagioklas instabil ist. So schmilzt im H$_2$O-freien System Anorthit bei ≥ 10 kbar (= 1 GPa) inkongruent zu Korund + Schmelze, Albit bei ≥ 32 kbar (= 3,2 GPa) zu Jadeit + Schmelze (Lindsley 1968): Bei diesen hohen Drücken kann Albit nicht mehr als thermische Barriere wirken.

18.5 Gleichgewichtsschmelzen und fraktioniertes Schmelzen

Wie wir in ▶ Abschn. 17.2 gezeigt haben, entstehen Magmen durch partielle Aufschmelzung von Gesteinen des Erdmantels und der unteren Erdkruste. Bevor wir diese Prozesse am Beispiel der Basalt- und Granitmagmen (▶ Kap. 19 und 20) eingehender behandeln, sollen einige grundsätzliche Gesichtspunkte beleuchtet werden. Auch hier kann man theoretisch zwei extreme Fälle unterscheiden, die in der Natur allerdings selten in reiner Form realisiert sein dürften, sondern in Kombination:

- Gleichgewichtsschmelzen und
- fraktioniertes Schmelzen.

18.5.1 Modellsystem Albit–Anorthit

Gleichgewichtsschmelzen Dabei bleibt die gebildete Schmelze im Kontakt mit dem kristallinen Residuum, sodass sich beim fortschreitenden Schmelzvorgang jeweils ein chemisches Gleichgewicht zwischen Schmelze und Residuum einstellen kann. Ein einfaches Beispiel bietet das bereits behandelte Zweistoffsystem Ab–An (◘ Abb. 18.4). Beim Aufschmelzen eines Plagioklases **C'** der Zusammensetzung $An_{50}Ab_{50}$ bildet sich zunächst die Ab-reichere Schmelze **C** $An_{15}Ab_{85}$. Wenn diese bei weiterer Temperaturerhöhung im Kontakt mit dem Plagioklas verbleibt und mit diesem reagiert, verändert sich ihre Zusammensetzung kontinuierlich entlang der Liquiduskurve und wird immer An-reicher. Der Schmelzvorgang ist beendet, wenn die Schmelze die Zusammmensetzung $An_{50}Ab_{50}$ erreicht hat, die dem ursprünglichen Plagioklas-Chemismus entspricht. Das Gleichgewichtsschmelzen von Gesteinen verhält sich also spiegelbildlich zum Kristallisationsvorgang eines Magmas.

Fraktioniertes Schmelzen In diesem Fall wird die gebildete Schmelze aus dem System entfernt, sodass sie nicht mit dem kristallinen Rest reagieren kann. Dabei verändert sich die Schmelzzusammensetzung nicht kontinuierlich, sondern stufenweise. Entwickelt sich z. B. beim Gleichgewichtsschmelzen eines Plagioklases **C'** $An_{50}Ab_{50}$ die Schmelzzusammensetzung **C** in Richtung **B** $An_{35}Ab_{65}$ und wird diese Schmelze aus dem System entfernt, so bleibt ein Residuum-Plagioklas **B'** $An_{72}Ab_{28}$ übrig. Dieser kann weiter aufschmelzen, bis die Schmelze eine Zusammensetzung von maximal $An_{72}Ab_{28}$ erreicht hat. Es werden also zwei Teilschmelzen erzeugt mit der Zusammensetzung $An_{35}Ab_{65}$ und

$An_{72}Ab_{28}$. Analoge Überlegungen gelten für andere Typen von Zweistoff- sowie für Dreistoff- und Mehrstoffsysteme (Presnall 1969).

- **Modellsystem Forsterit–Diopsid–Pyrop**

Wir wollen das anhand des H_2O-freien Dreistoffsystems Forsterit (Fo) – Diopsid (Di) – Pyrop (Prp) erläutern, das als Modellsystem für die Bildung von Basaltmagmen durch partielle Aufschmelzung von Granat-Peridotit im Oberen Erdmantel dienen kann. Es wurde erstmals von Davis und Schairer (1965) bei einem Druck von 40 kbar (= 4 GPa), entsprechend einer Tiefe im Erdmantel von ca. 130 km experimentell untersucht. Alle drei flankierenden Zweistoffsysteme sind eutektisch; es existieren daher drei kotektische Linien, die sich in einem invarianten Punkt E_T treffen, an dem Fo, Di, Prp und Schmelze miteinander koexistieren. Er kann in erster Näherung als ternäres Eutektikum betrachtet werden (◘ Abb. 18.22). Wir unterscheiden wieder die beiden Extremfälle:

Gleichgewichtsschmelzen Heizen wir einen Granat-Peridotit der Zusammensetzung **X** auf, so bildet sich bei 1670 °C eine erste Schmelze der eutektischen Zusammensetzung E_T, die im Vergleich zum Ausgangsgestein stark an Fo verarmt ist. Bei weiterer Temperaturerhöhung und nach vollständiger Lösung des Di verändert sich die Schmelzzusammensetzung entlang der kotektischen Linie $E_T \rightarrow E_3$, bis bei **A** der gesamte Pyrop in der Schmelze gelöst worden ist. (Punkt **A** ergibt sich aus dem ursprünglichen Di/Prp-Verhältnis im Ausgangsgestein.) Nur bei sehr starker Temperaturerhöhung kann sich das Schmelzen entlang des Pfades **A** → **X** fortsetzen. Umgekehrt würde sich bei *fraktionierter Kristallisation* einer Schmelze **X** die Schmelzzusammensetzung kontinuierlich entlang des Kristallisationspfades **X** → **A** → E_T entwickeln.

Fraktioniertes Schmelzen Werden wenige Prozent der als erstes gebildeten eutektischen Schmelze E_T aus dem System entfernt, so bewegt sich die Zusammensetzung des kristallinen Residuums in Richtung **X'**. Bei fortgesetzter Wärmezufuhr bildet sich aus **X'** weiterhin eutektische Schmelze der Zusammensetzung E_T. Wenn wiederum geringe Anteile dieser Schmelze entfernt werden, verschiebt sich die Zusammensetzung des Residuums nach **X"**, aus dem wieder eutektische Schmelze E_T entstehen kann. Temperatur und Schmelzzusammensetzung bleiben also konstant, bis im Residuum die Di-Komponente völlig aufgebraucht ist, entsprechend der Zusammensetzung **R** im flankierenden Zweistoffsystem Fo–Prp. Damit kommt die Schmelzbildung bis auf Weiteres zum Erliegen. Erst wenn der verbleibende „Pyropdunit" auf 1770 °C aufgeheizt wird, entsteht eine neue Schmelze mit der Zusammensetzung

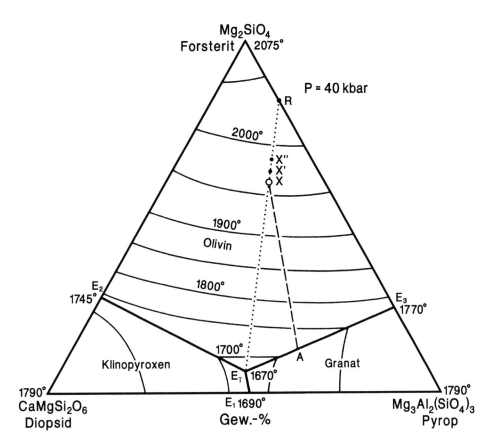

Abb. 18.22 Dreistoffsystem Forsterit Mg_2SiO_4 – Diopsid $CaMgSi_2O_6$ – Pyrop $Mg_3Al_2(SiO_4)_3$ bei $P = 40$ kbar ($= 4$ GPa); Projektion der Liquidusfläche auf die Konzentrationsebene. (Nach Davis und Schairer 1965)

des binären Eutektikums E_3. Fraktioniertes Schmelzen führt also zu zwei Schmelzen unterschiedlicher Zusammensetzung E_T und E_3.

Im *Gleichgewichtsfall* würde das vollständige Aufschmelzen des Granat-Peridotits **X** eine sehr hohe Temperatur von ca. 1960 °C erfordern; beim *fraktionierten Schmelzen* wären dafür > 2000 °C nötig. Wegen des großen Temperaturintervalls zwischen Solidus- und Liquiduskurve (z. B. ☐ Abb. 16.4) gilt ganz allgemein, dass Gesteine praktisch nie vollständig, sondern lediglich *partiell aufschmelzen*. Daraus folgt, dass die entstehenden Magmen eine andere Zusammensetzung aufweisen müssen als ihr Ausgangsgestein; d. h. nach Abtrennung der Schmelze bleibt ein Restgestein übrig. Dieses ist an *inkompatiblen Elementen* (☐ Abb. 33.1) wie K, Rb, Ba, Sr, P, Ti, Zr, U, Th, Nb und Zr verarmt, d. h. an solchen, die bevorzugt in die Schmelze gehen.

Literatur

Atkins FB (1969) Pyroxenes of the Bushveld intrusion, South Africa. J Petrol 10:222–249

Barth TFM, Correns CW, Eskola P (1939) Die Entstehung der Gesteine. Springer, Berlin

Boettcher AL, Burnham CW, Windom KE, Bohlen SR (1982) Liquids, glasses, and the melting of silicates to high pressures. J Geol 90:127–138

Bowen NL (1913) The melting phenomena of plagioclase feldspars. Am J Sci 185:577–599

Bowen NL (1914) The ternary system: diopside–forsterite–silica. Am J Sci 188:207–264

Bowen NL (1915) The crystallization of haplobasaltic, haplodioritic and related magmas. Amer J Sci 190:161–185

Bowen NL (1928) The evolution of igneous rocks. Dover Publ, New York (Nachdruck 1956)

Bowen NL (1937) Recent high-temperature research and its significance in igneous geology. Am J Sci 233:1–21

Bowen NL, Andersen O (1914) The binary system MgO–SiO₂. Amer J Sci 187:487–500

Bowen NL, Schairer JF (1935) The system MgO–FeO–SiO₂. Am J Sci 229:151–217

Bowen NL, Tuttle OF (1950) The system NaAlSi₃O₈–KAlSi₃O₈–H₂O. J Geol 58:489–511

Boyd FR, Schairer JF (1964) The system MgSiO₃–CaMgSi₂O₆. J Petrol 6:275–309

Boyd FR, England JL, Davis TC (1964) Effects of pressure on the melting and polymorphism of enstatite, MgSiO₃. J Geophys Res 69:2101–2109

Correns CW (1968) Einführung in die Mineralogie, 2. Aufl. Springer-Verlag, Berlin, Heidelberg, New York (Nachdruck 1981)

Davis BTC, Schairer JF (1965) Melting relations in the join diopside–forsterite–pyrope at 40 kilobars and at one atmosphere. Carnegie Inst Washington Yearb 64:123–126

Ernst WG (1976) Petrologic Phase Equilibria. Freeman, San Francisco

Ernst TH, Schorer G (1969) Die Pyroxene des „Maintrapps", einer Gruppe tholeiitischer Basalte des Vogelsberges. Neues Jahrb Mineral Monatsh 1969:108–130

Goldsmith JR (1980) The melting and breakdown of plagioclase at high pressures and temperatures. Am Mineral 65:272–284

Goranson RW (1938) Silicate–water systems: phase equilibria in the $NaAlSi_3O_8$–H_2O and $KAlSi_3O_8$–H_2O systems at high temperatures and pressures. Am J Sci 235A:71–91

Greig JW (1927) Immiscibility in silicate melts. Am J Sci 213(1–44):133–154

Johannes W, Holtz F (1996) Petrogenesis and experimental petrology of granitic rocks. Springer, Berlin

Kushiro I (1972) Determination of liquidus relations in synthetic silicate systems with electron probe analysis: the system forsterite–diopside–silica at 1 atmosphere. Am Mineral 57:1260–1271

Kushiro I (1973) The system diopside–anorthite–albite: determination of compositions of coexisting phases. Carnegie Inst Washington Yearb 72:502–507

Kushiro I, Yoder HS (1969) Melting of forsterite and enstatite at high pressures under hydrous conditions. Carnegie Inst Washington Yearb 67:153–161

Lindsley DH (1966) Melting relations of $KAlSi_3O_8$: effects of pressure up to 40 kilobars. Am Mineral 51:1793–1799

Lindsley DH (1968) Melting relations of plagioclase at high pressures. New York State Mus Sci Mcm 18:39–46

Longhi J, Boudreau AE (1980) The orthoenstatite liquidus field in the system forsterite–diopside–silica at one atmosphere. Am Mineral 65:563–573

Morse SA (1968) Syenites. Carnegie Inst Washington Yearb 67:112–120

Morse SA (1970) Alkali feldspars with water at 5 kb pressure. J Petrol 11:221–251

Morse SA (1980) Basalts and phase diagrams. Springer, Berlin

Presnall DC (1969) The geometric analysis of partial fusion. Am J Sci 267:1178–1194

Schairer JF (1950) The alkali feldspar join in the system $NaAlSiO_4$–$KAlSiO_4$–SiO_2. J Geol 58:512–517

Schairer JF, Bowen NL (1947) Melting relations in the systems Na_2O–Al_2O_3–SiO_2 and K_2O–Al_2O_3–SiO_2. Am J Sci 245:193–204

Schairer JF, Bowen NL (1955) The system K_2O–Al_2O_3–SiO_2. Am J Sci 253:681–746

Shaw CSJ (2018) Igneous rock associations 22. Experimental petrology: methods, examples, and applications. Geosci Can 45:67–84

Smith JV, Brown WL (1988) Feldspar minerals, Bd 1, 2. Aufl. Springer, Berlin

Sood MK (1981) Modern igneous petrology. Wiley, New York

Tuttle OF, Bowen NL (1958) Origin of granite in the light of experimental studies in the system $NaAlSi_3O_8$–$KAlSi_3O_8$–SiO_2–H_2O. Geol Soc America Mem 74:1–153

Wager LR, Brown GM (1968) Layered igneous rocks. Freeman, San Francisco

Yoder HS (1965) Diopside–anorthite–water at five and ten kilobars and its bearing on explosive volcanism. Carnegie Inst Washington Yearb 64:82–89

Yoder HS (1967) Albite–anorthite–quartz–water at 5 kb. Carnegie Inst Washington Yearb 66:477–478

Yoder HS (Hrsg) (1979) The evolution of igneous rocks. Princeton Univ Press, Princeton

Yoder HS, Tilley CE (1962) Origin of basalt magmas: an experimental study of natural and synthetic rock systems. J Petrol 3:342–532

18

Herkunft von Basalt

Inhaltsverzeichnis

© Springer-Verlag GmbH Deutschland, ein Teil von Springer Nature 2022
M. Okrusch und H. E. Frimmel, *Mineralogie*,
https://doi.org/10.1007/978-3-662-64064-7_19

Einleitung

Basalte stellen die wichtigste Gruppe der vulkanischen Gesteine dar, die weltweit in großer Verbreitung auftreten. Bildung, Differentiation und Förderung basaltischer Magmen zeigen enge Beziehungen zur Plattentektonik (z. B. Pearce und Cann 1973; ◧ Tab. 19.1). Experimentelle Untersuchungen in vereinfachten Modellsystemen und an natürlichen Gesteinen haben entscheidend dazu beigetragen, die Entstehung von Basaltmagmen durch partielle Aufschmelzung von Peridotit im Oberen Erdmantel besser zu verstehen.

Grundlegend für das Verständnis dieser Prozesse war das *Pyrolit-Modell,* das der australische Geophysiker Alfred E. Ringwood (1930–1993) in den 1960er-Jahren erarbeitete und zusammen mit dem experimentellen Petrologen David H. Green und anderen weiter entwickelte (z. B. Green und Falloon 1998). Nach unserem derzeitigen Kenntnisstand besteht der Obere Erdmantel in weiten Bereichen aus Lherzolith, der Spinell, bei höheren Drücken Pyrop-reichen Granat führt (s. ▸ Abschn. 29.3.1). Schmilzt solcher Lherzolith auf, so entstehen in Abhängigkeit vom Druck (d. h. von der Tiefe), von der Temperatur, vom H_2O-Gehalt und vom Aufschmelzgrad unterschiedliche Typen von Basaltmagmen, deren Anteil, bezogen auf das Ursprungsgestein, ca. 30 % nicht übersteigt. Zurück bleiben kristalline Restgesteine, insbesondere Harzburgit und Dunit, die man häufig als Einschlüsse (Autolithe) in Basalten findet.

19.1 Basalttypen und Plattentektonik

■ **Basalte der mittelozeanischen Rücken**

Diese Basalte (engl. *„mid-ocean ridge basalts",* MORB) sind an *divergente Plattenränder* gebunden, wobei sich die vulkanische Aktivität im Wesentlichen auf die innersten Talungen des Riftsystems beschränkt. Durch *„sea floor spreading"* wird die neugebildete ozeanische Kruste vom wachsenden Rift-System nach außen befördert, sodass MORB als Ozeanbodenbasalt (engl. *„ocean floor basalt",* OFB) große Teile der ozeanischen Kruste aufbaut. Es handelt sich überwiegend um Olivintholeiit, der durch sehr niedrige Gehalte an K und an inkompatiblen Spurenelementen (s. ▸ Abschn. 19.2.1) wie Ba, Sr, P, U, Th und Zr gekennzeichnet ist und daher als *„low-K tholeiite"* (LKT) bezeichnet wird. In den Magmakammern unter den mittelozeanischen Rücken kommt es zu fraktionierter Kristallisation, wobei als Differentiationsprodukte z. B. Ferrobasalt oder sogar ozeanischer „Plagiogranit" (d. h. sehr Quarz- und Plagioklas-reicher Tonalit) einerseits und Olivin- und Pyroxen-reiche Kumulate andererseits entstehen. Allerdings werden diese Prozesse immer wieder durch Zufuhr von neuen Magmaschüben unterbrochen, die sich mit den älteren, fraktionierten Magmen mischen. Bei stärkerem Aufschmelzgrad im Erdmantel könnten auch primär *ultrabasische,* pikrit-basaltische Magmen entstehen, die erst auf ihrem Weg nach oben in einer subvulkanischen Magmakammer zu olivintholeiitischem Magma differenzieren (s. ▸ Abschn. 19.2 und ▸ Kap. 18). Man kann also feststellen, dass Basaltmagmen kaum jemals unveränderte Stammmagmen sind.

■ **Basalte an konvergenten Plattenrändern**

An konvergenten Plattenrändern werden die Basalte der ozeanischen Erdkruste zusammen mit ihrer dünnen Sedimentüberdeckung bis weit in Mantelbereiche unter der hangenden kontinentalen oder einer jüngeren ozeanischen Platte subduziert (◧ Abb. 29.17, 29.18). Bei zunehmender Versenkung und Erwärmung unterliegt die subduzierte Platte zunächst einer prograden, Druck-betonten Metamorphose (◧ Abb. 28.2). Dabei freiwerdendes H_2O steigt aufgrund seiner im Vergleich zur Umgebung sehr niedrigen Dichte in den darüber liegenden Mantelkeil auf und erniedrigt dort die Solidustemperatur, was zur partiellen Aufschmelzung von Mantelmaterial führt. Die so gebildeten Magmen steigen in die darüber liegende kontinentale Lithosphäre auf, wo sie sich in verschiedensten Krustenniveaus, letztlich auch in subvulkanischen Magmakammern sammeln. Auf ihrem Weg nach oben und in den Magmakammern selbst kommt es zur Veränderung der Stammmagmen durch Magmenmischung, fraktionierte Kristallisation

19

◧ **Tab. 19.1** Plattentektonische Stellung von Basalten

	Plattenrand		Innerhalb einer Platte	
Geotektonische Position	divergent	konvergent	intraozeanisch	intrakontinental
Basaltische Magmaserie	mittelozeanischer Rücken	aktiver Kontinentalrand, Inselbogen	tholeiitisch, alkalin	tholeiitisch, alkalin
	tholeiitisch	tholeiitisch		
		kalkalkalisch, (alkalin)		

und Assimilation von Krustenmaterial (ACF-Prozesse, ▶ Abschn. 17.5). In den so entstehenden *magmatischen Gebirgsbögen* und *Inselbögen* werden *Tholeiite* („*volcanic arc tholeiites*", VAT), einschließlich *Inselbogen-Tholeiit* (*island arc tholeiite, IAT, „low-K tholeiite*", LKT), bis *Kalkalkali-Basalt* („*calc-alkaline basalt*", CAB), seltener Alkalibasalt (sog. Shoshonit) gefördert. Dazu treten als charakteristische, stärker differenzierte Vulkanite in großer Verbreitung *Andesit* sowie Dacit und Rhyolith auf.

Der Vulkanismus, etwa an den Kontinentalrändern und in den Inselbögen um den Pazifischen Ozean – oft mit seismischer Aktivität verbunden – ist infolge der großen Gehalte an überkritischem H_2O und anderen Gasen in der geförderten Schmelze in hohem Grad explosiv. Das gilt natürlich besonders für SiO_2-reichere Schmelzen mit hoher Viskosität.

In der Tiefe stecken gebliebene Magmen mit gleicher Genese bilden Batholithe oder zahlreiche kleinere Plutone, die sich aus Tiefengesteinsäquivalenten der Kalkalkali-Serie, im Wesentlichen aus Granitoiden, insbesondere aus Tonalit, Granodiorit und Granit, untergeordnet aus Diorit und Gabbro, zusammensetzen. Dementsprechend sind diese plutonischen Gesteine nicht einfach Äquivalente der kalkalkalischen Vulkanitserie und lassen sich aus Gründen, die in ▶ Abschn. 18.3 diskutiert wurden, nicht als Differentiationsprodukte basaltischer Magmen interpretieren. Vielmehr entstanden die meisten dieser Plutonite durch Kristallisation von Magmen, die durch partielles Schmelzen der unteren Erdkruste gebildet wurden (▶ Kap. 20).

■ **Ozeanische und kontinentale Intraplattenbasalte**

Die Bildung von Basaltmagmen, die nicht an Plattengrenzen gebunden sind, sondern innerhalb von ozeanischen oder kontinentalen Lithosphärenplatten gefördert werden, ist an aufsteigende *Manteldiapire* („*mantle plumes*") gebunden, in denen es zum partiellen Aufschmelzen des Mantel-Peridotits kommt. Diese *großräumigen positiven Wärmeanomalien im Erdmantel* pausen sich nahe der Erdoberfläche als sog. Hot Spots durch. Die Zusammensetzung der Stammmagmen, die in diesen Diapiren gebildet werden, hängt vom Druck und der Temperatur am Aufschmelzort ab, sowie vom – seinerseits *T*-abhängigen – *Grad der Aufschmelzung*. Ein theoretisches Beispiel ist in ◘ Abb. 19.3 und ◘ Tab. 19.2 gegeben.

— *Alkalibasalt der ozeanischen Inseln* („*ocean island alkaline basalt*", OIA-Basalt) tritt zusammen mit „*ocean island tholeiite*" (OIT) auf. Er weist eine große Variationsbreite auf, bis hin zu stark alkalibetonten Zusammensetzungen mit Übergängen zu Nephelinit im letzten Stadium der Lavaförderung. Die Basalte von Hawaii sind ein diesbezüglich besonders gut untersuchtes Beispiel (◘ Abb. 17.3).

— *Ozeanische Plateaubasalte* (ozeanische Flutbasalte) sind Intraplattenbasalte, die wahrscheinlich an riesige Mantel-Diapire („super-plumes") gebunden sind. Geochemisch zeigen sie jedoch eher Ähnlichkeiten mit MORB.

— *Kontinentale Plateaubasalte* („*continental flood basalts*", CFB) treten als mächtige Deckenergüsse auf, die gewöhnlich durch wiederholte Spalteneruptionen gefördert werden und innerhalb stabiler Kontinentalregionen riesige Gebiete einnehmen *(kontinentale Intraplattenbasalte)*. Sie besitzen überwiegend tholeiitische Zusammensetzung (CFT) und werden von nur geringen Mengen an Alkalibasalt begleitet. Im Vergleich zu MORB sind Plateaubasalte vom CFB- und CFT-Typ reicher an K und inkompatiblen Spurenelementen. Das gilt in verstärktem Maße für *Alkalibasalt in kontinentalen Riftzonen*, wie z. B. im Ostafrikanischen Graben.

19.2 Bildung von Basaltmagmen durch partielles Schmelzen von Peridotit im Oberen Erdmantel

19.2.1 Das Pyrolit-Modell

Klinopyroxen-arme ultramafische Gesteine, wie Dunit oder Harzburgit, die vorwiegend aus Olivin (Ol) und Orthopyroxen (Opx) – d. h. im Wesentlichen aus SiO_2, (Mg,Fe)O und wenig CaO – bestehen, kommen als Muttergesteine von Basaltmagmen nicht infrage. In ihnen wären chemische Komponenten, die für Basalte typisch sind, insbesondere Al_2O_3 und Na_2O, aber auch CaO nicht oder nur in viel zu geringer Menge enthalten. Aus einer Fülle von Beobachtungen und Überlegungen erarbeiteten Green & Ringwood (1967a, b) das *Pyrolit-Modell* (▶ Abschn. 29.3.1). Danach bestehen *fertile* (d. h. „fruchtbare") Mantelgesteine chemisch aus 75 % Dunit + 25 % Basalt. Der Al_2O_3-Gehalt dieser – zunächst einmal theoretisch konstruierten – Gesteine beträgt etwa 4 % und steckt in geringen Anteilen von Plagioklas (Pl), Spinell (Spl) oder Pyrop-reichem Granat (Grt) oder aber als Tschermak-Moleküle $CaAl^{[6]}[Al^{[4]}SiO_6]$ (Ca-Ts) und $MgAl^{[6]}[Al^{[4]}SiO_6]$ (Mg-Ts) im Pyroxen selbst. Green und Ringwood (1967a) konnten experimentell zeigen, dass im Erdmantel mit zunehmendem Druck die Paragenesen $Ol + Opx + Cpx + Pl \rightarrow Ol + Opx + Cpx + Spl \rightarrow Ol + Opx + Cpx + Grt$ stabil sind. Das Stabilitätsfeld der Paragenese $Ol + Al$-*haltiger Opx* + Al-*haltiger Cpx* (+ *Schmelze*) liegt bei Temperaturen von > 1200 °C und umfasst einen weiten Druckbereich (s. ◘ Abb. 29.14). Spinell- und Granat-Lherzolithe mit ca. 15 % Cpx, die als vulkanische Auswürflinge vorkommen, haben che-

Tab. 19.2 Beziehungen zwischen Aufschmelzgrad (**Abb.** 19.3) und Zusammensetzung basaltischer Magmen. (Nach Ringwood 1975)

Tiefe der Magmen-Separation [km]	Diapir in Abb. 19.3	Magmatyp	Aufschmelzgrad [%]
Erdoberfläche	A	(8) Tholeiitischer Pikrit	30
		(7) Olivintholeiit	
25		(6) High-Al-Olivin-Tholeiit	18
		(5) Olivinbasalt	
70		(4) Alkaliolivinbasalt	5
		(3) Basanit	
		(2) Olivinnephelinit	
150		(1) Kimberlit	0,5
	A (160 km)		
5–10	B	(5) Quarztholeiit	15
		(4) High-Al-Basalt	
50		(3) Alkaliolivinbasalt	
		(2) Basanit	
100		(1) Olivinnepelinit	1
	B (120 km)		
Nahe Erdoberfläche	C		
		(4) Quarztholeiit	8
25		(3) High-Al-Basalt	
		(2) Basanit	
90		(1) Olivinnephelinit	1
	C (100 km)		
	D (70 km)	Hochtemperatur-Peridotit	< 1

mische Zusammensetzungen, die dem theoretischen Pyrolit weitgehend entsprechen.

Beim partiellen Aufschmelzen von Pyrolit gehen Al und Na, besonders aber die *inkompatiblen Elemente* bevorzugt in die Basaltschmelze, während die verbleibenden Restgesteine, die überwiegend aus $Ol + Opx \pm Cpx$ bestehen, an diesen Elementen verarmt sind (**Abb.** 19.1). Hierbei lassen sich zwei Gruppen von inkompatiblen Elementen unterscheiden (▶ Abschn. 33.1, **Abb.** 33.1):

— *Großionige lithophile Elemente* (engl. *„large ionic lithophile elements"*, LIL-Elemente) wie K, Rb, Ba und Sr passen wegen ihrer großen Ionenradien (meist > 1,2 Å) besser in die offene, ungeordnete Struktur einer Silikatschmelze als in die Kristallstrukturen von Ol, Opx und Cpx.

— *Elemente hoher Feldstärke* (engl. *„high field strenth elements"*, HFS-Elemente) wie Ti, P, U, Th und Nb besitzen ein Ionenpotential (= Verhältnis Ionenladung:Ionenradius) von > 2; sie passen ebenfalls schlecht in die Olivin- und Pyroxenstrukturen.

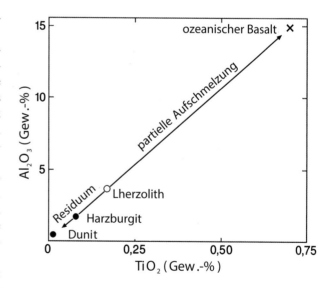

Abb. 19.1 Beim partiellen Aufschmelzen eines Granat-Lherzoliths werden Al_2O_3 und TiO_2 in der basaltischen Schmelze angereichert, während das Residuum aus Dunit oder Harzburgit an diesen Komponenten verarmt. (Nach Brown und Mussett 1993)

19.2.2 Partielles Schmelzen von H₂O-freiem Pyrolit

Wie Experimente in vereinfachten Modellsystemen oder an natürlichen Peridotiten (z. B. die von Yoder, Kushiro, Green & Ringwood, O'Hara, Stolper, Jaques & Green durchgeführten) zeigen, erfordert das partielle Schmelzen von Peridotit pyrolitischer Zusammensetzung sehr hohe Temperaturen. Entsprechend der Clausius-Clapeyron-Gleichung [18.2a] nimmt die Solidustemperatur für H₂O-freien („trockenen") Pyrolit mit steigendem Druck zu. Wegen der unterschiedlichen Mineralparagenesen in Pyroliten des Erdmantels verläuft die Soliduskurve nicht stetig, sondern weist zwei Diskontinuitäten auf (☐ Abb. 19.2). Man erkennt, dass in Abwesenheit von H₂O die Soliduskurve durch die gewöhnlichen geothermischen Gradienten unter stabilen Kontinenten *(kontinentaler Geotherm)* oder unter den Ozeanen *(ozeanischer Geotherm)* nicht geschnitten wird. Die Temperaturzunahme mit der Tiefe reicht also für ein partielles Schmelzen von H₂O-freiem Pyrolit nicht aus.

Lediglich stark erhöhte geothermische Gradienten, wie sie z. B. unter den Achsen von mittelozeanischer Rücken realisiert sind (Kurve RAG in ☐ Abb. 19.2), überschneiden sich mit dem „trockenen" Pyrolit-Solidus, sodass es an divergenten Plattenrändern schon in relativ geringer Tiefe von ca. 15–40 km zum partiellen Aufschmelzen von H₂O-freiem Mantelmaterial kommen kann. So bildet sich im Grenzbereich zwischen Plagioklas- und Spinell-Pyrolit bei etwa 11 kbar ein Tholeiit mit MORB-ähnlicher Zusammensetzung, der bei etwas niedrigeren Drücken Qtz-normativ, bei höheren Drücken Ol-normativ ist (Presnall et al. 1979; Jaques und Green 1980; Takahashi und Kushiro 1983).

19.2.3 Partielles Schmelzen von H₂O-haltigem Pyrolit

Anders liegen die Verhältnisse, wenn Pyrolit geringe Mengen an (OH)-haltigen Mineralen wie Amphibol oder Phlogopit enthält. Der Pyrolit-Solidus erhält jetzt eine ganz andere Form, die durch die obere Stabilitätsgrenze dieser Minerale bestimmt ist; er wird daher zumindest vom ozeanischen Geotherm (Ringwood 1975) geschnitten. Bei einem Gesamt-H₂O-Gehalt von 0,1 % erfolgt diese Überschneidung in einem Tiefenbereich von 85–160 km (☐ Abb. 19.2). Neben H₂O können auch andere leichtflüchtige Komponenten, insbesondere CO₂, den Pyrolit-Solidus erniedrigen.

Wie in ☐ Abb. 19.3 schematisch dargestellt, variiert der Aufschmelzgrad bei einem H₂O-Gehalt von 0,1 % und bei Temperaturen und Drücken, die dem ozeanischen Geotherm entsprechen, zwischen 0,5 und 1,5 %. Durch diesen geringen Schmelzanteil wird die Fortpflanzungsgeschwindigkeit der Erdbebenwellen verringert. Damit lässt sich die Zone erniedrigter Wellengeschwindigkeiten im oberen Erdmantel, die *„low velocity zone"* (LVZ), erklären, die bereits 1926 durch den deutschen Geophysiker Beno Gutenberg (1899–1960) erkannt wurde; sie liegt in wechselnden Tiefenbereichen zwischen 60 und 260 km (▶ Abschn. 29.3.2). Die mit dem partiellen Schmelzen verbundene Dichte-Erniedrigung reicht aus, um diese Mantelbereiche als *Diapire* aufsteigen zu lassen, wobei das auslösende Moment wohl meist in tektonischen Vorgängen zu suchen ist. Die Aufstiegsgeschwindigkeit ist ausreichend hoch, um einen vollständigen Wärmeaustausch mit der Umgebung zu verhindern. Die Manteldiapire kühlen sich also nur *adiabatisch* ab; ihr *P-T*-Pfad entfernt sich daher stark vom geothermischen Gradienten. Mit abnehmender Erdtiefe nimmt wegen der zunehmenden Druckentlastung der Aufschmelzgrad bei diesem *Dekompressionsschmelzen* immer stärker zu und kann 30 % erreichen (Ringwood 1975, 1979). Die chemische Zusammensetzung der gebildeten Magmen und des Restgesteins wird von den *P-T*-Bedingungen am jeweiligen Aufschmelzort, besonders aber vom Aufschmelzgrad

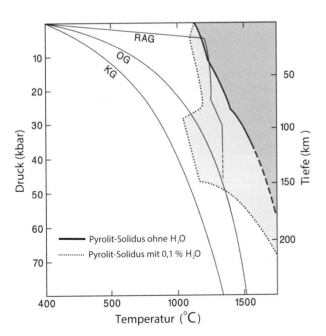

☐ **Abb. 19.2** *P-T*-Diagramm zum Aufschmelzverhalten des Oberen Erdmantels mit hypothetischer Pyrolit-Zusammensetzung; H₂O-freies System nach Takahashi und Kushiro (1983): die Unstetigkeiten ergeben sich aus dem Wechsel der Paragenesen Ol + Opx + Cpx + Pl → Ol + Al-haltiger Opx + Al-haltiger Cpx → Ol + Opx + Cpx + Grt; Pyrolit-Solidus für 0,1 % H₂O nach Ringwood (1975); *RAG:* Geotherm unter mittelozeanischen Rücken, *OG:* ozeanischer Geotherm, *KG:* kontinentaler Geotherm

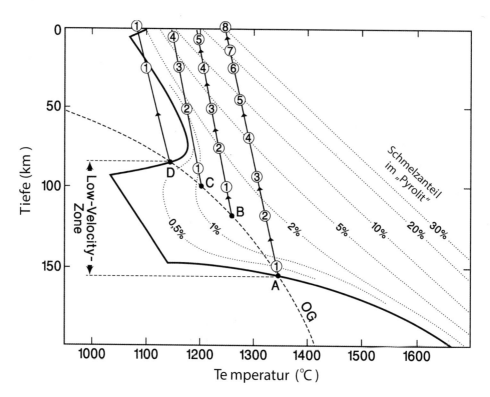

Abb. 19.3 *P-T*-Diagramm zur Bildung basaltischer Magmen durch partielles Schmelzen des Erdmantels; *Dicke Linie:* Solidus von Pyrolit mit 0,1 % H$_2$O; *OG:* ozeanischer Geotherm; *dünn-gepunktet:* Linien gleichen Aufschmelzgrades. Die Art des gebildeten basaltischen Magmas hängt vom Aufschmelzgrad und den jeweiligen *P-T*-Bedingungen ab (Tab. 19.2) (Modifiziert nach Ringwood 1975)

gesteuert: Je geringer der Schmelzanteil, desto höher ist der relative Anteil an inkompatiblen Elementen in der Schmelze; je höher der Aufschmelzgrad, desto Mg-reicher ist die Schmelze. So dürften Mg-reiche Gesteine wie Olivinnephelinit und Olivinbasanit Schmelzanteilen von nur 1–5 % entsprechen, während größere Schmelzanteile von 5–10 % zu Alkaliolivinbasalt mit deutlich geringerem Mg-Gehalt führen. Jedoch entstehen mit zunehmend höheren Aufschmelzgraden von 15–25 % oder sogar 30 % wieder Mg-reichere Schmelzen, die z. B. Olivintholeiit bzw. Pikrit entsprechen. Bei deut-

lich höheren geothermischen Gradienten, wie sie im Archaikum herrschten, wurden sogar Aufschmelzgrade von 60 % erreicht, was die Bildung von Komatiitmagmen ermöglichte (Ringwood 1979). Bei geringem Aufschmelzgrad bleiben verarmte Restgesteine wie Lherzolith (Ol + Opx + Cpx ± Spl ± Grt), bei höheren Aufschmelzgraden dagegen Harzburgit (Ol + Opx) oder Dunit (Ol) übrig, die als schollenförmige Einschlüsse mit den basaltischen Magmen an die Erdoberfläche transportiert werden (Abb. 19.4, Abb. 2.9). Da sie als Folge der Magmabildung durch partielle Aufschmel-

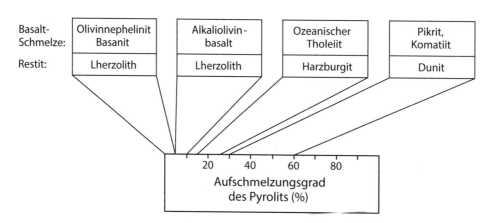

Abb. 19.4 Die Zusammensetzung unterschiedlicher Basaltschmelzen und ihrer Restgesteine in Abhängigkeit vom Aufschmelzgrad des Pyrolits. (Nach Ringwood 1979)

zung entstehen, bezeichnet man sie nicht als Xenolithe (d. h. Fremdgesteine), sondern als *Autolithe*. Durch den unterschiedlichen Aufschmelzgrad beim Dekompressionsschmelzen, der in Abhängigkeit von den *P-T*-Bedingungen erreicht wird, können sogenannte magmatische Serien entstehen (Tab. 19.2).

Als Beispiel für eine solche Magmaentwicklung diene Punkt **A** auf dem ozeanischen Geotherm in etwa 160 km Tiefe (Abb. 19.3, Tab. 19.2). Bei einer Temperatur von ca. 1350 °C schmilzt hier etwa 0,5 % des H_2O-haltigen Pyrolits auf. In diesem geringen Schmelzanteil sammeln sich alle *inkompatiblen* Elemente, die im Muttergestein vorhanden waren. Es wird zunächst eine Schmelze gebildet, die einer Kimberlit-Zusammensetzung nahekommt **A**(1). Mit steigendem Aufschmelzgrad entstehen unterschiedliche alkalibasaltische Magmen **A**(2) − **A**(5); bei einem Schmelzanteil von etwa 18 % in 25 km Tiefe **A**(6) wird zunehmend die Al_2O_3-Komponente in der Schmelze gelöst, die jetzt eine Zusammensetzung ähnlich „*high*-Al *olivine tholeiite*" hat, mit einem Restgestein ähnlich Harzburgit (Ol + Opx). Bei noch höheren Aufschmelzgraden wird verstärkt Opx in die Schmelze inkorporiert, deren Zusammensetzung jetzt Olivintholeiit **A**(7) und schließlich tholeiitischem Pikrit **A**(8) ähnelt, wobei Harzburgit (Ol + Opx) bzw. Dunit (Ol) als Restgesteine übrig bleiben. Wir erinnern uns daran, dass in Alkalibasalt häufig Autolithe von Harzburgit, seltener auch von Dunit vorkommen. Bei den Diapiren **B** und **C** ergeben sich analoge basaltische Serien (Tab. 19.2). Demgegenüber schneidet Diapir **D** bei seinem adiabatischen Aufstieg die Schulter des Solidus und damit den Bereich des partiellen Schmelzens und erreicht als Hochtemperatur-Peridotit weitgehend unverändert die Erdoberfläche.

Während aufsteigende Manteldiapire typischerweise erst im Oberen Erdmantel zu einer partiellen Aufschmelzung des Gesteins führen, kann deren Quellregion in viel tieferen Bereichen des Erdmantels liegen, insbesondere in der *Übergangszone* zwischen Oberem und Unterem Erdmantel sowie an der *Kern-Mantel-Grenze*. Es ist jedoch nicht auszuschließen, dass auch tief subduzierte Fragmente von ozeanischer Erdkruste im Unteren Erdmantel teilweise aufschmelzen (► Abschn. 29.3.3, 29.3.4).

Literatur

Brown GC, Mussett AE (1993) The inaccesible earth, 2. Aufl. Chapman & Hall, London

Green DH, Falloon TJ (1998) Pyrolite: a ringwood concept and its current expression. In: Jackson I (Hrsg) The earth's mantle: composition, structure, and evolution. Cambridge University Press, Cambridge, S 311–378

Green DH, Ringwood AE (1967a) The stability fields of aluminous pyroxene peridotite and garnet peridotite and their relevance in upper mantle structure. Earth Planet Sci Lett 3:151–160

Green DH, Ringwood AE (1967b) Genesis of basaltic magmas. Contrib Mineral Petrol 15:103–190

Jaques AL, Green DH (1980) Anhydrous melting of peridotite at 0–15 Kb pressure and the genesis of tholeiitic basalts. Contrib Mineral Petrol 73:287–310

Pearce JA, Cann JR (1973) Tectonic setting of basic volcanic rocks determined using trace element analyses. Earth Planet Sci Lett 19:290–300

Presnall DC, Dixon JR, O'Donell TH, Dixon SA (1979) Generation of mid-ocean ridge tholeiites. J Petrol 20:3–35

Ringwood AE (1975) Composition and petrology of the earth's mantle. McGraw-Hill, New York

Ringwood AE (1979) Origin of the earth and moon. Springer, New York

Takahashi E, Kushiro I (1983) Melting of a dry peridotite at high pressures and basalt magma genesis. Am Mineral 68:859–879

Herkunft von Granit

Inhaltsverzeichnis

© Springer-Verlag GmbH Deutschland, ein Teil von Springer Nature 2022
M. Okrusch und H. E. Frimmel, *Mineralogie,*
https://doi.org/10.1007/978-3-662-64064-7_20

Zusammen mit Granodiorit und Tonalit stellen Granite die wichtigste Gruppe von Plutoniten dar. Durch experimentelle Untersuchungen im vereinfachten Modellsystem Qz–Or–Ab(–An)–H_2O(–CO_2) konnte nachgewiesen werden, dass sich granitische Magmen durch partielle Aufschmelzung von Gesteinen der Unteren Erdkruste bilden. Damit wurden ältere Modelle der „Transformisten", nach denen Granite nicht magmatisch, sondern durch metasomatische Umwandlung metamorpher Gesteine entstehen, widerlegt (vgl. Read 1957). In ihrer Zusammensetzung spiegeln Granite die unterschiedlichen plattentektonischen Situationen wider, in denen sie gebildet wurden.

20.1 Genetische Einteilung der Granite auf geochemischer Basis

In ▶ Abschn. 17.2.2 haben wir gezeigt, dass sich Granitmagmen hauptsächlich durch partielles Schmelzen von tonalitischen Gesteinen der unteren Erdkruste oder von hochmetamorphen Sedimentgesteinen bilden. Diese unterschiedlichen Herkunftsgesteine drücken sich in charakteristischen Gehalten an Haupt- und Spurenelementen, insbesondere auch an Seltenen Erdelementen (SEE), sowie in der Isotopengeochemie der Granite aus. Schon Shand (1927, 1943) unterschied nach dem Molekularverhältnis von Al_2O_3 zu K_2O, Na_2O und CaO die folgenden Granittypen:
- peralumischer Granit mit $Al_2O_3 > (K_2O + Na_2O + CaO)$,
- metalumischer Granit mit $Al_2O_3 > (K_2O + Na_2O)$ und
- peralkalischer Granit mit $Al_2O_3 < (K_2O + Na_2O + CaO)$.

Peralumischer Granit Bei peralumischem Granit ist der Al_2O_3-Anteil höher als zur Bildung von Alkalifeldspäten und Plagioklas notwendig. Deshalb können sich neben *Biotit* noch Al-reiche Minerale wie *Muscovit*, Granat, Cordierit, sogar Andalusit oder Sillimanit bilden. In der CIPW-Norm kommt der Al_2O_3-Überschuss in einem normativen Korund-Wert *C* zum Ausdruck. Diopsid oder Hornblende fehlen in peralumischem Granit typischerweise, weil alles CaO an Plagioklas gebunden ist.

Metalumischer Granit Demgegenüber ist bei metalumischem Granit genügend CaO vorhanden, um neben Biotit noch Ca-haltige mafische Minerale wie *Hornblende, Diopsid* und/oder Titanit bilden zu können.

Peralkalischer Granit Bei peralkalischem Granit liegt ein Überschuss an K_2O, Na_2O und CaO über Al_2O_3 vor. Gewöhnlich wird in diesem Fall K_2O fast vollständig zur Sättigung von Al_2O_3 im Alkalifeldspat gebraucht. Im Gegensatz zu den oben genannten zwei Granittypen enthält peralkalischer Granit genügend hohe Na_2O- und CaO-Gehalte, um zusätzlich zu Alkalifeldspat und Plagioklas noch Al_2O_3-freie Minerale wie diopsidischen Pyroxen $Ca(Mg,Fe^{2+})[Si_2O_6]$, den *Na-Pyroxen* Ägirin (Akmit) $NaFe^{3+}[Si_2O_6]$ und den *Na-Amphibol* (Magnesio-)Riebeckit $Na_2(Mg,Fe^{2+})_3Fe^{3+}_2[(OH)_2/Si_8O_{22}]$ zu bilden. Biotit ist in diesem Fall meist Fe-reich ().

Die Shand'sche Gliederung spiegelt bereits die unterschiedlichen Ausgangsgesteine wider, aus denen sich Granitmagmen durch partielle Aufschmelzung bilden können. Viel deutlicher wird das jedoch bei der *petrogenetischen Einteilung* in I-Typ-, S-Typ-, A-Typ- und M-Typ-Granite, die ebenfalls auf geochemisch-mineralogischen Kriterien beruht. Sie weist darüber hinaus einen starken Bezug zur Plattentektonik auf (Chappell und White 1974, 1992; Pitcher 1983, 1997; Bowden et al. 1984; Pearce et al. 1984; Dall'Agnol et al. 2012; vgl. auch ▶ Abschn. 33.4.3).

I-Typ-Granit Dieser Typ, dessen Name sich aus dem englischen „*igneous-sourced*" ableitet, ist vorwiegend metalumisch im Sinne von Shand (1943) und besitzt ein Al_2O_3/($Na_2O + K_2O + CaO$)-Verhältnis von < 1,1, kombiniert mit relativ hohen Na_2O- und CaO-Gehalten und hohem Na_2O/K_2O-Verhältnis. Neben Biotit ist Hornblende der wichtigste dunkle Gemengteil; zusätzlich können diopsidischer Pyroxen und Titanit auftreten. Magnetit ist die prinzipielle opake Phase. Das initiale Isotopenverhältnis $^{87}Sr/^{86}Sr$ liegt meist bei < 0,706, was auf die Beteiligung einer chemischen Mantelkomponente hindeutet (vgl. ▶ Abschn. 33.5.3). I-Typ-Granit führt verbreitet Hornblende-reiche Einschlüsse mit magmatischem Gefüge, ein Hinweis darauf, dass sich dieser Granittyp von basischen Ausgangsgesteinen der Unterkruste ableitet. Die meisten der petrographisch komplex zusammengesetzten Granit-Granodiorit-Batholithe, die entlang seismisch aktiver, konvergenter Plattengrenzen entstanden, zeigen I-Typ-Charakter. Prominente Beispiele sind die syntektonischen Kollisionsgranite (syn-COLG) und "volcanic-arc"-Granite (VAG), die riesige Gebiete innerhalb der südamerikanischen Kordilleren oder den Gebirgsketten im Westen der USA einnehmen. In flache Krustenniveaus aufgestiegene I-Typ-granitische Magmen entwickelten häufig Kontakthöfe, in denen das kühlere Nebengestein durch thermische Metamorphose überprägt wurde (▶ Abschn. 26.2.1).

S-Typ-Granit Der Name dieses Granittyps beschreibt seine Ableitung aus sedimentären Ausgangsgesteinen (engl. *„sediment-sourced"*). S-Typ Granit ist peralumisch und stets *C*-normativ. Neben Biotit führt er auch Minerale mit Al-Überschuss wie Muscovit, z. T. auch Granat oder Cordierit, seltener Andalusit oder Sillimanit, aber keine Hornblende, Klinopyroxen oder Titanit. Das wichtigste Ti-Mineral ist Ilmenit. Die K_2O-Gehalte und das K_2O/Na_2O-Verhältnis sind relativ hoch. Das initiale Isotopenverhältnis $^{87}Sr/^{86}Sr$ liegt meist > 0,706, was auf eine Magmabildung in der kontinentalen Erdkruste hinweist. S-Typ-Granit enthält häufig Einschlüsse und dunkle Schlieren aus Restgesteinen von vorwiegend sedimentärer Abkunft, was seine Ableitung aus partiellem Schmelzen von vorwiegend Al-reichen Metamorphiten sedimentärer Herkunft belegt. Aus S-Typ-Granit aufgebaute Plutone befinden sich innerhalb von Orogengürteln und sind meist *syntektonisch* bei Kontinent-Kontinent-Kollision gebildet worden (*„syntectonic collision granite"*, syn-COLG), wobei die Platznahme dieser Plutone während oder am Ende einer Regionalmetamorphose erfolgte. In vielen Gebieten treten sie gemeinsam mit hochgradig metamorphen Gesteinen auf und können selbst syn- bis spätorogen deformiert und metamorph überprägt sein, was zur Bildung von *Granitgneis* führt. Bei *posttektonischer* Intrusion in ein flaches Krustenniveau entstehen meist kleinerer Plutone, die häufig von thermischen Kontakthöfen umgeben sind. Diapire von S-Typ-Granit haben ihre Wurzeln innerhalb tieferer Orogenteile mit hochgradiger Regionalmetamorphose und partieller Aufschmelzung in Zonen regionaler Anatexis. Weltweit treten Granite vom S-Typ, aber auch solche des I-Typs, in tiefgreifend abgetragenen Orogenen unterschiedlichen Alters auf. So sind sie z. B. in den Anschnitten des variszischen Grundgebirges Mitteleuropas exzellent aufgeschlossen.

A-Typ-Granit Der Name dieses Typs bezieht sich auf dessen anorogenes Bildungsmilieu. A-Typ-Granit hat alkalireiche Zusammensetzung mit hohen (Na_2O+K_2O)- und niedrigen CaO-Gehalten; trotzdem ist er nicht in allen Fällen peralkalisch, sondern – wegen entsprechend hoher Al_2O_3-Gehalte – häufig metalumisch oder sogar peralumisch. Charakteristisch sind hohe Konzentrationen an inkompatiblen Spurenelementen wie Zr, Y, Ga, Nb, Zn und SEE (außer Eu) und extrem variable initiale $^{87}Sr/^{86}Sr$-Verhältnisse von 0,703–0,720. Als mafischer Gemengteil ist grüner Biotit typisch; daneben können Na-Amphibole und Na-Pyroxene auftreten. A-Typ-Granit wird als *anorogenes* Aufschmelzprodukt der Unterkruste angesehen, wobei die beteiligte fluide Phase arm an H_2O („anhydrous"), aber reich an Fluor ist. A-Typ-Granit kann große Batholithe oder Be-standteile von lagigen Intrusivkomplexen (▶ Abschn. 15.3.3) aufbauen; darüber hinaus tritt er auch in Ringkomplexen auf, die durch Kesseleinbrüche entstanden sind (▶ Abschn. 15.3.2). Viele Granitvorkommen mit Rapakivi-Gefüge (◘ Abb. 13.4) besitzen A-Typ-Charakter (Bonin 2007). Als anorogener Granit ist der A-Typ der einzige Granittyp, der nicht an Plattengrenzen gebunden ist. Er tritt vorwiegend innerhalb kontinentaler Riftzonen auf (Intraplattengranit, engl. *„within-plate granite"*, WPG; z. B. Haapala et al. 2005). Auch die 4,4–3,9 Ga alten Granit-Bruchstücke im unverfestigten Regolith der Mond-Oberfläche (▶ Abschn. 30.1.4) weisen A-Typ-Charakter auf (Bonin 2007). Peralkalischer A-Typ-Granit und assoziierter Pegmatit (▶ Abschn. 22.3) gewinnt zurzeit an wirtschaftlichem Interesse, weil darin Minerale der SEE, insbesondere auch der schweren Selten Erdelemente angereichert sein können (z. B. Chakhmouradian und Zaitsev 2012).

M-Typ-Granit Die Bezeichnung dieses Typs bezieht sich auf seine Bildung aus Schmelzen, die dem Erdmantel entstammen. M-Typ-Granit ist von allen Granittypen am stärksten kalkalkalibetont. Die Na_2O- und CaO-Gehalte sind höher, die K_2O-Gehalte niedriger als in I-Typ-Granit; das initiale $^{87}Sr/^{86}Sr$-Verhältnis liegt bei 0,704, d. h. nahe am typischen Mantelwert von 0,703. Als mafische Minerale treten Biotit, Hornblende und Pyroxen auf. Da M-Typ-Granit eine extreme Form der magmatischen Differentiation darstellt, sind seine Vorkommen auf nur kleinere Körper beschränkt, vor allem unter Inselbögen.

Frost et al. (2001) und Frost und Frost (2008) erarbeiteten eine detaillierte geochemische Granit-Klassifikation, die keinerlei genetische oder geotektonische Zuordnung impliziert, aber eine gute Grundlage für das Verständnis petrologischer Prozesse liefert. Sie beruht auf einer Kombination folgender chemischer Parameter (in Gew.-%), die jeweils gegen Gew.-% SiO_2 aufgetragen werden:

- Fe-Zahl = FeO/(FeO + MgO) zur Unterscheidung von Fe-reichen und Mg-reichen Graniten; falls das FeO/Fe_2O_3-Verhältnis nicht analytisch bestimmt werden konnte, bedient man sich notdürftig des Gesamteisengehalts (FeO^{tot}):
  $Fe* = FeO^{tot}/(FeO^{tot} + MgO)$.
- modifizierter Alkali-Kalk-Index, MALI = $Na_2O + K_2O - CaO$, dient der Unterscheidung von calcischen, kalkalkalischen, alkali-calcischen und alkalischen Graniten;
- Aluminiumsättigungsindex, ASI = Al/(Ca − 1,67P + Na + K), zur Unterscheidung von peralumischen, metalumischen und peralkalischen Graniten. Zur Korrektur des in Apatit gebundenen Ca-Gehalts wird der Ca-Anteil, der zu 1,67 P-äquivalent ist, vom gesamten Ca-Gehalt abgezogen.

20.2 Experimente zur Granitgenese

20.2.1 Einführung

Das System Kalifeldspat (Or = KAlSi$_3$O$_8$) – Albit (Ab = NaAlSi$_3$O$_8$) – Anorthit (An = CaAl$_2$Si$_2$O$_8$) – Quarz (Qz = SiO$_2$) – Wasser (H$_2$O) kann als vereinfachtes System für das Verständnis der Genese von Graniten, darüber hinaus auch von Granodiorit, Tonalit und Quarzdiorit, herangezogen werden. Die femischen Komponenten MgO und FeO der dunklen Gemengteile bleiben dabei unberücksichtigt. Dieses Fünfstoffsystem ist als Ganzes experimentell noch nicht untersucht; jedoch sind die Phasenbeziehungen in seinen wichtigsten Teilsystemen wohlbekannt. Da natürliche Granite zu mehr als 80 % aus den normativen Komponenten Qz, Ab und Or bestehen, untersuchte man zunächst das sog. *Haplogranit*-System Qz–Ab–Or–H$_2$O. Erst später wurden Experimente im Tonalit-System Qz–Ab–An–H$_2$O und im Haplogranodiorit-System Qz–Ab–Or–An–H$_2$O durchgeführt, die wegen der langsamen chemischen Diffusion in der Kristallstruktur von Plagioklas und damit relativ niedriger Reaktionsraten bei Laborbedingungen größere Probleme boten.

Schmelzversuche wurden zuerst von Tuttle und Bowen (1958) im H$_2$O-freien System Qz–Ab–Or bei $P = 1$ bar und im H$_2$O-*gesättigten* System Qz–Ab–Or–H$_2$O bis $P_{H_2O} = 4$ kbar durchgeführt und später von Luth et al. (1964) auf höhere H$_2$O-Drücke von 4–10 kbar erweitert. Dabei konnten Temperaturen und Schmelzzusammensetzungen der thermischen Minima bzw. Eutektika, sowie die Phasenbeziehungen zwischen Kristallen und Schmelzen bestimmt werden. Diese klassischen Untersuchungsergebnisse wurden durch Experimente bei erhöhten H$_2$O-Drücken bis 35 kbar (= 3,5 GPa) bestätigt (z. B. Huang und Wyllie 1975; Johannes 1984). Darüber hinaus wurde eine Fülle von experimentellen Ergebnissen aus dem Granitsystem publiziert, die vor allem folgende Probleme betreffen (Johannes und Holtz 1996):

— Phasenbeziehungen in H$_2$O-*untersättigten* Granitsystemen,

— Löslichkeit von H$_2$O und von Komponenten, die für mafische Phasen typisch sind (z. B. FeO, MgO), in granitischen Schmelzen,

— Einfluss von H$_2$O und anderen leichtflüchtigen Komponenten (F, Cl, B$_2$O$_3$ etc.) auf die physikalischen Eigenschaften von granitischen Schmelzen wie zum Beispiel ihre Viskosität,

— Phasenbeziehungen in Haplogranodiorit und in noch komplexeren synthetischen Systemen sowie in natürlichen Graniten, Granodiorit und Tonalit, und

— Schmelzbildung durch Entwässerung von (OH)-haltigen Mineralen wie Muscovit, Biotit oder Amphibol in hochmetamorphen Ausgangsgesteinen von Graniten bei H$_2$O-Untersättigung (*Dehydratationsschmelzen*).

Alle diese experimentellen Ergebnisse bilden wichtige Beiträge zur Klärung der Granitgenese in der Natur. Im Rahmen dieses Buches können wir jedoch nur eine sehr begrenzte Auswahl treffen.

20.2.2 Kristallisationsverlauf granitischer Magmen: Experimente im H$_2$O-gesättigten Modellsystem Qz–Ab–Or–H$_2$O

■ **Allgemeine Beschreibung des Systems**

Dieses System ist sehr gut geeignet, um die Kristallisationsabfolge in granitischen Schmelzen unter Gleichgewichtsbedingungen und bei fraktionierter Kristallisation zu modellieren. Es handelt sich um das SiO$_2$-übersättigte Teilsystem des Dreistoffsystems Ne–Ks–SiO$_2$, das wir in ▶ Kap. 18 (◘ Abb. 18.13) bereits kennengelernt haben. ◘ Abb. 20.1 zeigt wiederum die Projektion der Liquidusfläche auf die H$_2$O-freie Grundfläche, wobei die „Topographie" durch Isothermen angedeutet wird. Da H$_2$O im Überschuss vorhanden ist, braucht es als eigene Komponente nicht graphisch dargestellt zu werden. Bei dem hier gewählten H$_2$O-Druck von $P_{H_2O} = 2$ kbar schmilzt Kalifeldspat immer noch inkongruent, so dass nahe der Or-Ecke des Systems ein winziges Ausscheidungsfeld von Leucit besteht, das allerdings für die folgenden Überlegungen bedeutungslos ist. Die flankierenden Zweistoffsysteme Or–SiO$_2$–(H$_2$O) und Ab–SiO$_2$–(H$_2$O) weisen Eutektika bei 770 °C (E_1) bzw. 745 °C (E_2) auf, die durch eine kotektische Linie mit einem ternären Minimum **M** von 685 °C miteinander verbunden sind. Das Alkalifeldspat-System Or–Ab–(H$_2$O) besitzt ein binäres Minimum **m** bei 800 °C, das bei H$_2$O-Drücken um 5 kbar in ein binäres Eutektikum übergeht (◘ Abb. 18.12); schon bei etwa 3 kbar ist das ternäre Minimum zum ternären Eutektikum geworden (◘ Abb. 20.3).

Die Isothermen der Liquidusfläche (◘ Abb. 20.1) zeigen einen steilen Temperaturanstieg zur Qz-Ecke. Weniger steil ist ihr Anstieg gegen die Or- und besonders gegen die Ab-Ecke hin. Zwischen dem ternären Minimum **M** und dem binären Minimum **m** verläuft ein leicht gebogenes thermisches Tal. Schärfer ausgeprägt ist das thermische Tal der kotektischen Linie, die vom Minimum **M** nach den beiden eutektischen Punkten E_1 und E_2 leicht ansteigt. Sie teilt die Liquidusfläche in zwei Teilgebiete, die Ausscheidungsfelder von Quarz und von Alkalifeldspäten als Liquidusphasen.

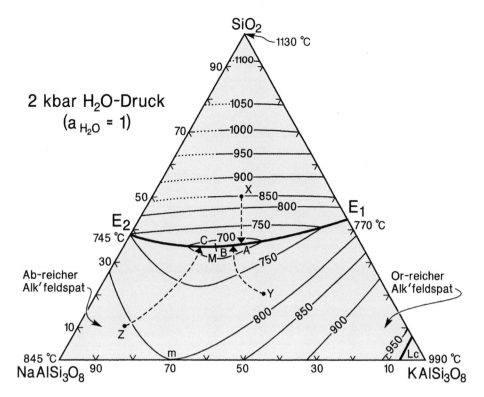

Abb. 20.1 Das H_2O-gesättigte Modellsystem Quarz (Qz = SiO_2) – Albit (Ab = $NaAlSi_3O_8$) – Kalifeldspat (Or = $KAlSi_3O_8$) – H_2O bei einem Wasserdampfdruck von P_{H_2O} = 2 kbar; Projektion der Liquidusfläche auf die wasserfreie Basis des Qz-Ab-Or-H_2O-Tetraeders. E_1 und E_2 sind Eutektika in den Randsystemen Or–SiO_2(–H_2O) und Ab–SiO_2(–H_2O); M = $Or_{25}Ab_{40}Qz_{35}$ kennzeichnet die Zusammensetzung des Schmelzminimums auf der kotektischen Linie. (Nach Tuttle und Bowen 1958)

■ **Gleichgewichtskristallisation**

Kühlt man bei einem H_2O-Druck von P_{H_2O} = 2 kbar eine Schmelze der Zusammensetzung **X** = $Qz_{50}Ab_{25}Or_{25}$ ab, so wird bei ca. 850 °C die Liquidusfläche erreicht, auf der Quarz im Gleichgewicht mit der Schmelze zu kristallisieren beginnt und eine H_2O-reiche fluide Phase freigesetzt wird (■ Abb. 20.1). Bei weiterer Abkühlung wird Qz weiter ausgeschieden und die Zusammensetzung der Schmelze verändert sich entlang einer geraden Linie, bis bei Punkt **A** mit einer Schmelzzusammensetzung $Qz_{35}Or_{32,5}Ab_{32,5}$ die kotektische Linie erreicht ist. Jetzt beginnt neben Qz die Ausscheidung eines Alkalifeldspat-Mischkristalls (Akf_{ss}) mit der Zusammensetzung ~$Or_{86}Ab_{14}$, die also deutlich Or-reicher ist als die Schmelze (vgl. ■ Abb. 18.12). Bei weiterer Abkühlung verändert sich die Schmelzzusammensetzung unter fortschreitender Kristallisation von Qz und Or_{ss} entlang der kotektischen Linie E_1–E_2 zum Temperaturminimum **M** hin, bis die Schmelze aufgebraucht ist. Ihre genaue Zusammensetzung müsste mikroanalytisch bestimmt werden. Durch die Gleichgewichtsreaktion mit der Schmelze ist der koexistierende Akf_{ss} immer Ab-reicher geworden. Das entstehende „Gestein" wäre ein *Hypersolvus-Granit* aus 50 % Quarz und 50 % eines einheitlichen Akf_{ss} der Zusammensetzung $Or_{50}Ab_{50}$; dieser würde sich erst bei weiterer Abkühlung in Or_{ss} und

Ab_{ss} entmischen, nachdem bei 650 °C der Solvus erreicht wurde (■ Abb. 18.12b). Unter Gleichgewichtsbedingungen wird die Zusammensetzung des kotektischen Minimums **M** meist nicht erreicht, während bei fraktionierter Kristallisation von Qz die letzte Restschmelze dem Chemismus von **M** entsprechen könnte.

Eine Schmelze der Zusammensetzung **Y** = $Qz_{20}Ab_{35}Or_{45}$ soll als zweites Beispiel dienen, um die Kristallisationsabfolge zu verdeutlichen. Beim Abkühlen auf ~780 °C wird die Liquidusfläche erreicht und ein Or-reicher Akf_{ss} ~$Or_{88}Ab_{12}$ beginnt zu kristallisieren. Bei weiterer Abkühlung verändert sich die Schmelzzusammensetzung unter kontinuierlicher Kristallisation von Akf_{ss} entlang einer gekrümmten Bahn, bis bei Punkt **B** die kotektische Linie erreicht wird; hier kristallisieren Qz und Akf_{ss} gemeinsam, wobei letzterer immer Ab-reicher wird (■ Abb. 18.12b). In der Nähe des ternären Minimums **M** ist der letzte Schmelzrest verbraucht. Das entstehende „Gestein" ist ein *Hypersolvus-Granit* der Zusammensetzung 20 % Quarz + 80 % Akf_{ss} $Or_{56}Ab_{44}$.

Eine analoge, wenn auch unterschiedliche Entwicklung nimmt eine Schmelze der Zusammensetzung **Z** ($Qz_{10}Or_{10}Ab_{80}$), aus der sich bei 800 °C zunächst fast reiner Albit ausscheidet. Dieser erreicht erst bei weiterer Gleichgewichtskristallisation die Endzusammensetzung~$Ab_{89}Or_{11}$. Die Schmelzzusammensetzung folgt der gekrümmten Kristallisationsbahn, die bei **C** auf die kotektische Linie trifft und nicht ganz das ternäre Minimum **M** erreicht. Das entstehende „Gestein" ist ein *Quarz-Albit-Syenit*.

■ **Fraktionierte Kristallisation**

In vielen Fällen erfolgt die Kristallisation granitischer Magmen nicht unter Gleichgewichtsbedingungen, sondern es kommt zu Fraktionierung (■ Abb. 20.2). Wie mehrfach betont, sind die wesentlichen Prozesse dafür das Absaigern der früh ausgeschiedenen Quarz- oder Alkalifeldspat-Kristalle, die Entfernung der Restschmelze durch Filterpressung oder Zonarbau der Alkalifeldspäte. In ■ Abb. 20.2 sind die *Fraktionierungskurven* – jetzt bei konstantem P_{H_2O} = 1 kbar – in das Dreistoffsystem Qz–Ab–Or–(H_2O) eingetragen (Tuttle und Bowen 1958). Diese verlaufen, ausgehend von der Qz-, Ab- oder Or-Ecke, jeweils in Richtung auf die kotektische Linie zu, bei der Quarz und Alkalifeldspat ge-

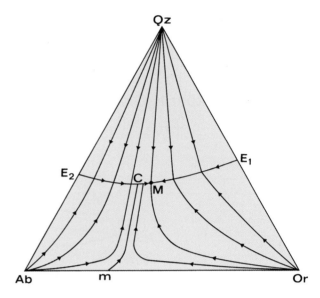

■ **Abb. 20.2** Isobare Fraktionierungskurven im Modellsystem Qz–Ab–Or–H_2O bei P_{H_2O} = 1 kbar projiziert auf die wasserfreie Ebene des Tetraeders. (Nach Tuttle und Bowen 1958)

■ **Abb. 20.3** Druck-Temperatur-Diagramm mit der H_2O-gesättigten Soliduskurve im System Qz–Ab–Or–H_2O und Qz–Jd–Or–H_2O *(durchgezogene Kurven)*. Die *gestrichelte Linie* ist die Stabilitätsgrenze von Albit nach höheren Drücken hin und die *strich-punktierte Kurve* ist der Solidus des trockenen Schmelzens im System Qz–Ab–Or bis knapp 4 kbar Druck. Eingefügt ist das Qz-Ab-Or-(H_2O)-Dreieck mit den kotektischen Kurven und den H_2O-gesättigten Minima und Eutektika bei H_2O-Drücken von 1–20 kbar. (Nach verschiedenen Autoren aus Johannes und Holtz 1996)

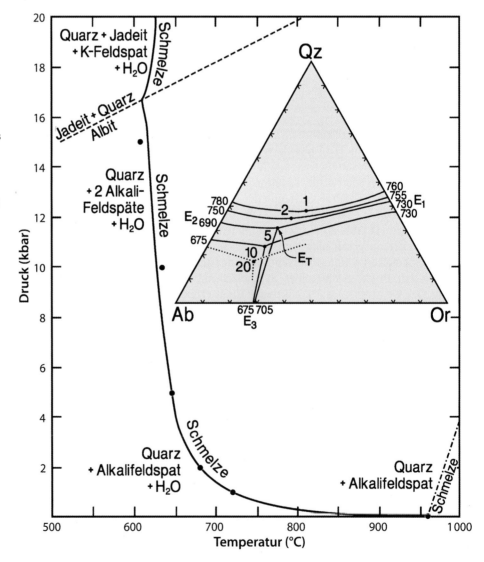

erreicht. In diesem sehr seichten Intrusionsniveau von knapp 2 km kristallisiert das Magma vollständig (◼ Abb. 20.7).

— Der Aufstiegspfad **B** liegt zwischen diesen beiden Extremfällen. Die Abkühlrate nimmt gerade einen solchen Wert an, dass beim Aufstieg weder Kristallisation noch Schmelzen stattfindet; das Kristall/Schmelze-Verhältnis bleibt also konstant. Das Magma erstarrt, sobald die H_2O-gesättigte Soliduskurve bei ca. 1 kbar entsprechend einer Tiefe von knapp 4 km und einer Temperatur von 720 °C getroffen wird.

Ausgehend von einer Soliduskurve für f_{H_2O} von etwa 0,33 werden beim Aufstieg des Granitmagmas die Soliduskurven für immer höhere H_2O-Fugazitäten gekreuzt, bis die H_2O-gesättigte Solidus mit $f_{H_2O} = 1$ erreicht ist. Dementsprechend muss sich auch die Zusammensetzung der Schmelze, die ja den ternären Minima bzw. Eutektika für unterschiedliche H_2O-Fugazitäten entspricht, verändern und damit auch die Zusammensetzung des kristallinen Residuums.

> Aus den experimentellen Ergebnissen folgt, dass die granitischen Magmen in ihrem weit überwiegenden Anteil nicht die Erdoberfläche erreichen können, sondern in unterschiedliche Niveaus der kontinentalen Erdkruste intrudieren müssen, wo sie als Plutone oder Stöcke stecken bleiben. Nur ungewöhnlich heiße, H_2O-arme Granitmagmen, können nahezu adiabatisch an die Erdoberfläche aufsteigen und im Zuge von Vulkanausbrüchen in Form rhyolitischer Laven, Ascheströme (Ignimbrite) oder durch die Luft transportierte Aschen gefördert werden. Das ist jedoch viel seltener der Fall als die Bildung granitischer Intrusivkörper.

20.2.4 Das Modellsystem Qz–Ab–An–Or–H_2O

Die experimentellen Ergebnisse im Haplogranit-System Qz–Ab–Or–H_2O gelten, streng genommen, nur für plagioklasfreien Alkalifeldspatgranit. Sehr viele Granite und Granodiorite enthalten jedoch Plagioklas neben Alkalifeldspat, sodass man Anorthit (An=$Ca_2Al_2Si_2O_8$) als zusätzliche Komponente berücksichtigen sollte.

Infolge der lückenlosen Mischkristallreihe im Zweistoffsystem Ab–An (◼ Abb. 18.4) ist das System Qz–Ab–An–Or–H_2O *nicht* eutektisch. Es gibt also keine Schmelzzusammensetzung, die einem bestimmten Temperaturminimum oder Eutektikum entspräche. Bei gegebenem Druck und einer bestimmten Pauschalchemie existiert daher immer ein Temperaturintervall zwischen den H_2O-gesättigten Solidus- und Liquiduskurven, d. h. zwischen beginnendem und vollständigem

Schmelzen von Graniten mit Zusammensetzungen, die den ternären Minima oder Eutektika nahekommen. Wie ◼ Abb. 20.8 zeigt, nimmt bei einem bestimmten Druck die Solidustemperatur mit anwachsendem An-Gehalt des Plagioklases zu. Dabei ist allerdings der Temperaturanstieg bei Plagioklasen mit niedrigen An-Gehalten, wie sie für Granite und Granodiorite typisch sind, sehr gering. Nach Johannes (1984) wächst die Solidustemperatur bei H_2O-Drücken von 2 oder 5 kbar nur um 3 bzw. 4 °C an, wenn Albit durch einen Plagioklas An_{20} ersetzt wird, bei An_{40} sind es 11 bzw. 10 °C. Dementsprechend wird bei der Anatexis der Beginn des partiellen Schmelzens durch Unterschiede im An-Gehalt von relativ Ab-reichen Plagioklasen nur geringfügig beeinflusst, wohl aber kann sich die Zusammensetzung der Schmelzen merklich verändern.

Bei höheren Drücken und/oder niedrigeren Temperaturen werden reiner Anorthit oder die An-Komponente im Plagioklas unter Bildung von Zoisit + Kyanit + Quarz abgebaut. Sind Kalifeldspat oder Alkalifeldspat beteiligt, kann auch Muscovit als zusätzliche Abbauphase auftreten. Die entsprechenden Reaktionsgleichungen sind ◼ Abb. 20.8 zu entnehmen. Wie der Vergleich von ◼ Abb. 20.3 und 20.8 erkennen lässt, laufen die entsprechenden Reaktionen schon bei niedrigeren Drücken ab als der Abbau von Albit nach Gleichung (20.3).

20.2.5 Das Modellsystem Qz–Ab–An–H_2O

Dieses K-freie System ist von großem Interesse für das Verständnis der Bildung und Kristallisationsabfolge tonalitischer Magmen. Die flankierenden Zweistoffsysteme Qz–An und Qz–Ab sind eutektisch, wobei die eutektischen Temperaturen bei P_{H_2O} = 2 kbar 922 °C bzw. 750 °C (Stewart 1967; Tuttle und Bowen 1958), bei P_{H_2O} = 5 kbar 815 °C bzw. 685 °C betragen (Yoder 1968). Die beiden binären Eutektika werden durch eine kotektische Linie miteinander verknüpft, ähnlich wie das im Dreistoffsystem Di–An–Ab der Fall ist (◼ Abb. 18.6–18.8).

20.2.6 Das natürliche Granitsystem

Bei den Untersuchungen in den Systemen Qz–Ab–Or–H_2O, Qz–Ab–An–Or–H_2O und Qz–Ab–An–H_2O wurden femische Komponenten wie Fe_2O_3, FeO und MgO, die in den mafischen Mineralen der granitischen Gesteine wie Biotit oder Amphibol eingebaut sind, vernachlässigt. Ebenfalls unberücksichtigt blieb ein Al-Überschuss, der z. B. zur Bildung von Muscovit oder anderen Al-reichen Mineralen führt (peralumisch), bzw. Alkaliüberschuss (peralkalisch). Hier stellen Versuche, die an natürlichen Gesteinsproben wie an metamorphem Tonstein (Metapelit), (Meta-)Grauwacke, Granit und Tonalit durchgeführt wurden, eine wichtige Ergänzung zu den

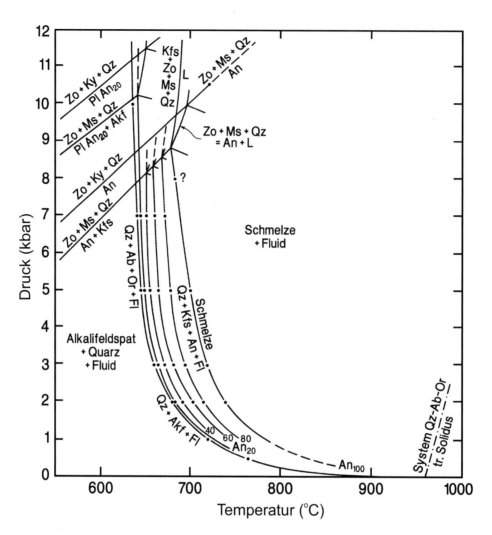

Abb. 20.8 H_2O-gesättigte Soliduskurven im System Qz–Ab–An–Or–H_2O für unterschiedliche An-Gehalte in Plagioklas; eingetragen sind außerdem bei höherem Druck die Stabilitätskurven für Anorthit und Plagioklas (An$_{20}$) sowie die Paragenesen Anorthit + Kalifeldspat, und Plagioklas (An$_{20}$) + Kalifeldspat, die bei höheren Drücken in Paragenesen mit Zoisit (Zo) + Kyanit (Ky) + Quarz (Qz) ± Muscovit (Ms) umgewandelt werden. (Nach Johannes 1984)

experimentellen Modellsystemen dar. Unter H_2O-gesättigten Bedingungen mit $f_{H_2O} = 1$ wurden u. a. die Soliduskurven von granitischem Pegmatit, Granit, Granodiorit, Quarzmonzonit und Tonalit bestimmt. Wie ■ Abb. 20.9 zeigt, besitzen die H_2O-gesättigten Soliduskurven felsischer Plutonite (**B–H**) bei annähernd gleichem Verlauf nur relativ geringe Temperaturunterschiede und liegen im *P-T*-Diagramm dicht beieinander. Demgegenüber verlaufen die H_2O-gesättigten Soliduskurven basaltischer Gesteine (**I–L**) bei wesentlich höheren Temperaturen. So beträgt die Temperaturdifferenz zwischen dem H_2O-gesättigten Granit- (**B**) und Alkalibasalt-Solidus (**I**) bei $P_{H_2O} = 1$ kbar ca. 200 °C, bei 5 kbar ca. 150 °C.

Die Solidustemperaturen, speziell auch von Granitsystemen, werden im Wesentlichen durch den jeweiligen Gesteinschemismus bzw. den Mineralbestand und den H_2O-Druck kontrolliert, unabhängig von der anwesenden *Wassermenge.* Wie wir gezeigt haben, würden geringe Mengen an H_2O am Solidus auch nur geringe Mengen an Schmelze hervorbringen. Diese solidusnahe Erstschmelze ist H_2O-gesättigt.

Ein großer Fortschritt waren Experimente an natürlichen Proben bei H_2O-*unter*sättigten Bedingungen mit $f_{H_2O} < 1$. Wyllie (1971) schloss aus seinen Versuchsergebnissen, dass Magmen, die als Produkt einer partiellen Aufschmelzung unterschiedlicher Gesteine entstehen, gewöhnlich aus einer H_2O-untersättigten Granitschmelze in einem Kristallbrei bestehen. Diese heterogenen Schmelzprodukte sind über einen breiten Temperaturbereich hinweg beständig, eine wichtige Erkenntnis, die seither in zahlreichen Details immer wieder bestätigt wurde (■ Abb. 22.1a). Maßgeblich für Zusammensetzung und Menge von granitischer Schmelze, die sich innerhalb tieferer bis mittlerer Krustenteile bilden kann, sind also der Chemismus des Aus-

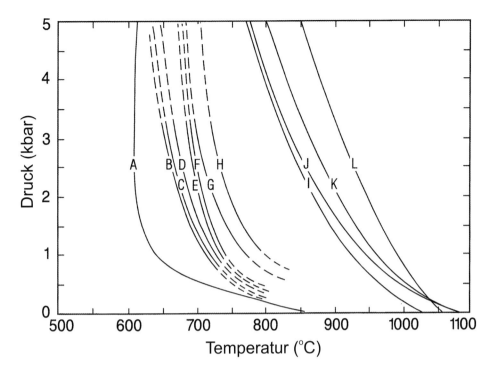

Abb. 20.9 Druck-Temperatur-Diagramm mit den H_2O-gesättigten Soliduskurven unterschiedlicher Gesteine: **A** Pegmatit, **B** Granit, **C, D** Quarzmonzonit, **E, F** Granodiorit, **G, H** Tonalit, **I** Alkalibasalt, **J** Olivintholeiit, **K** High-Alumina-Basalt, **L** Eklogit. (Nach verschiedenen Autoren aus Piwinskii und Wyllie 1970)

gangsgesteins, die Höhe der Temperatur und die verfügbare Menge an H_2O bei gegebenem Druck. Das benötigte H_2O kann durch folgende Prozesse gebildet werden:

- H_2O wird im zugrunde liegenden Ausgangsgestein durch *Dehydratationsschmelzen* an Ort und Stelle freigesetzt. Maßgeblich dafür sind die Menge und die oberen Stabilitätsgrenzen der H_2O-liefernden Minerale wie Muscovit, Biotit oder Hornblende des Altbestands, in dem sie bei unterschiedlichen *P-T*-Bedingungen mit assoziierten H_2O-freien Mineralphasen reagieren (▶ Abschn. 26.5.2, 27.2.2). Geeignete Ausgangsgesteine für die Granitbildung, die reich an H_2O-liefernden Mineralen sind, stellen z. B. Metapelite, Metagrauwacken oder glimmerreiche Granitgneise, aber auch Tonalit dar.

- H_2O wird bei *Entwässerungsreaktionen* aus subduzierter ozeanischer Kruste (▶ Abb. 28.2) noch *unterhalb* von Solidustemperaturen einer granitischen Schmelze freigesetzt.

- H_2O wird aus *metamorphen Dehydrierungsreaktionen* freigesetzt, die in einem angrenzenden Kristallinabschnitt ebenfalls noch *unterhalb* der Solidustemperatur einer granitischen Schmelze ablaufen. Diese H_2O-Quelle ist jedoch nur von lokaler Bedeutung.

Die granitische Schmelze, die sich *oberhalb* der Solidustemperatur bildet, nimmt das frei gewordene und

frei werdende H_2O auf. Mit ansteigender Temperatur vergrößert sich der Schmelzanteil, und die Untersättigung der Schmelze an H_2O wächst an, wie das bereits im einfachen Modellsystem Qz–Ab–Or–H_2O erläutert wurde (▶ Abb. 20.6). Die Schmelze enthält Gesteinsbruchstücke, die beim partiellen Aufschmelzen als Reaktionsprodukte gebildet wurden. Diese *Restite* bestehen – neben Quarz, Kalifeldspat oder Plagioklas – aus Granat, Cordierit und Sillimanit/Kyanit oder aus Orthopyroxen. Sondern sich granitische Magmen in der *tieferen Erdkruste* unter hohen Drücken von den Restgesteinen ab, so können weitgehend H_2O-freie oder H_2O-arme Metamorphite entstehen, nämlich *Granulite* (▶ Abschn. 28.3.5).

Dehydrierungsschmelzen von Hornblende-führenden Ausgangsgesteinen, insbesondere Amphiboliten, wird heute als ein wichtiger erster Schritt in der Entwicklung kontinentaler Erdkruste im Archaikum angesehen. Dieser Vorgang führte zur Bildung *tonalitischer* Magmen, während basischer Granulit als Restgestein zurückblieb. In den ausgedehnten Tonalit-Arealen, die auf diese Weise gebildet wurden, kam es in einem weiteren Schritt des Dehydrierungsschmelzen zur Bildung *granitischer* Magmen (Wedepohl 1991).

Die wichtigsten Ergebnisse von Experimenten zum Schmelzverhalten von felsischem, metalumischem und peralumischem Ausgangsmaterial lassen sich folgendermaßen zusammenfassen (Johannes und Holtz 1996):

- Die anfänglichen Schmelztemperaturen, die in vielen natürlichen H_2O-gesättigten felsischen Gesteinen festgestellt wurden, sind ähnlich. Dieser Befund bestätigt die Ergebnisse, die im Modellsystem Qz–Ab–Or–H_2O gewonnen wurden.
- Innerhalb gegebener Grenzen hat die pauschale Zusammensetzung eines aus Quarz + Feldspat bestehenden Gesteins nur wenig Einfluss auf die einsetzende Schmelzzusammensetzung; jedoch ändert sich die Zusammensetzung der Schmelze mit Veränderung von P, T und f_{H_2O}.
- Granitische Magmen sind nicht H_2O-gesättigt, sondern bestehen aus H_2O-untersättigter Schmelze und unterschiedlichen Mengen darin suspendierter Kristalle.
- Soweit H_2O die einzige leichtflüchtige Komponente ist, sind die Solidustemperaturen von Graniten unabhängig von der H_2O-Menge im System. Jedoch kontrolliert der H_2O-Gehalt die prozentualen Schmelzanteile und die Liquidustemperatur bei gegebener Pauschalzusammensetzung innerhalb der Randbedingungen P, T und f_{H_2O}.
- Granitische Magmen können sich in einem weiten P-T-Bereich bilden und kristallisieren.
- Die meisten granitischen Magmen entstehen bei hohen Temperaturen (> 800 °C), wobei sich eine enge Beziehung zwischen der Intrusion von Gabbromagmen und der Entstehung von Graniten andeutet, ein Prozess der als „magmatic underplating" bezeichnet wird. Granite mit Bildungstemperaturen < 800 °C werden oft als Schmelzprodukte von kontinentalen Krustengesteinen angesehen. Sie bilden keine gewaltigen Batholithe. Das gilt besonders für peralumischen Leukogranit, der z. B. im Himalaya relative weit verbreitet auftritt (z. B. Scaillet et al. 1995).

Experimentelle Ergebnisse von Sisson et al. (2005) zeigten, dass auch durch partielles Schmelzen von basaltischen Gesteinen unter Bedingungen der mittleren bis unteren Erdkruste granitische bzw. rhyolithische Magmen entstehen können.

Literatur

Bonin B (2007) A-type granite and related rocks: evolution of a concept, problems and prospects. Lithos 97:1–29

Bowden P, Batchelor RA, Chappell BW et al (1984) Petrological, geochemical and source criteria for the classification of granitic rocks: a discussion. Phys Earth Planet Int 35:1–40

Chakhmouradian AR, Zaitsev AN (2012) Rare earth mineralization in igneous rocks: sources and processes. Elements 8:347–353

Chappell BW, White AJR (1974) Two contrasting granite types. Pacific Geol 8:173–174

Chappell BW, White AJR (1992) I- and S-type granites in the Lachlan Fold Belt. Trans Roy Soc Edinburgh, Earth Sci 83:1–26

Dall'Agnol R, Frost CD, Rämö OT (2012) IGCP Project 510 "A-type granites and related rocks through time": project vita, results, and contribution to granite research. Lithos 151:1–16

Ebadi A, Johannes W (1991) Beginning of melting and composition of first melts in the system Qz–Ab–Or–H_2O–CO_2. Contrib Mineral Petrol 106:286–295

Frost BR, Frost CD (2008) A geochemical classification for feldspathic igneous rocks. J Petrol 49:1955–1969

Frost BR, Barnes CG, Collins WJ et al (2001) A geochemical classification for granitic rocks. J Petrol 42:2033–2048

Haapala I, Rämö OT, Frindt S (2005) Comparison of Proterozoic and Phanerozoic rift-related basaltic-granitic magmatism. Lithos 80:1–32

Holtz F, Johannes W (1994) Maximum and minimum water content of granitic melts: implications for geochemical and physical properties of ascending magmas. Lithos 32:149–159

Huang WL, Wyllie PJ (1975) Melting reactions in the system NaAlSi$_3$O$_8$–KAlSi$_3$O$_8$–SiO$_2$ to 35 kilobars, dry and with excess water. J Geol 83:737–748

Johannes W (1984) Beginning of melting in the granite system Qz–Ab–Or–An–H_2O. Contrib Mineral Petrol 86:264–273

Johannes W, Holtz F (1996) Petrogenesis and experimental petrology of granitic rocks. Springer, Berlin

Kennedy GC, Wasserburg GJ, Heard HC, Newton RC (1962) The upper three-phase region in the system SiO_2–H_2O. Am J Sci 260:501–521

Luth WC, Jahns RH, Tuttle OF (1964) The granite system at pressures of 4 to 10 kilobars. J Geophys Res 69:759–773

Pearce JA, Harris NBW, Tindle AG (1984) Trace element discrimination diagrams for the tectonic interpretation of granitic rocks. J Petrol 25:956–983

Pitcher WS (1983) Granite type and tectonic environment. In: Hsu K (Hrsg) Mountain building processes. Academic, London, S 19–40

Pitcher WS (1997) The nature and origin of granite, 2. Aufl. Chapman & Hall, London

Piwinskii AJ, Wyllie PJ (1970) Experimental studies of igneous rock series: felsic body suite from the needle point pluton, Wallowa Batholith, Oregon. J Geol 78:52–76

Read HH (1957) The granite controversy. Murby, London

Scaillet B, Pichavant M, Roux J (1995) Experimental crystallization of leucogranite magmas. J Petrol 36:663–705

Seck HA (1971) Alkali feldspar–liquid and alkali feldspar–liquid–vapor relationships at pressures of 5 and 10 kbar. Neues Jahrb Mineral Abhandl 115:140–163

Shand SJ (1943) Eruptive rocks, 1. Aufl. Murby, London, 2 Aufl. Wiley, New York (Erstveröffentlichung 1927)

Sisson TW, Ratajeski K, Hankins WB, Glazner AF (2005) Voluminous granitic magmas from common basaltic sources. Contrib Mineral Petrol 148:635–661

Stewart DB (1967) Four phase curve in the system CaAl$_2$Si$_2$O$_8$–SiO$_2$–H_2O between 1 and 10 kilobars. Schweiz Mineral Petrogr Mitt 47:35–39

Tuttle OF, Bowen NL (1958) Origin of granite in the light of experimental studies in the system NaAlSi$_3$O$_8$–KAlSi$_3$O$_8$–SiO$_2$–H_2O. Geol Soc Am Mem 74:153

Washington HS (1917) Chemical analyses of igneous rocks. US Geol Survey Prof Paper 99:1201

Wedepohl KH (1991) Chemical composition and fractionation of the continental crust. Geol Rundsch 80:207–223

Wyllie PJ (1971) Experimental limits for melting in the Earth's crust and upper mantle. Geophys Monogr Series 14:279–301

Yoder HS (1968) Albite–anorthite–quartz–water at 5 kb. Carnegie Inst Washington Yearb 66:477–478

20

Orthomagmatische Erzlagerstätten

Inhaltsverzeichnis

© Springer-Verlag GmbH Deutschland, ein Teil von Springer Nature 2022
M. Okrusch und H. E. Frimmel, *Mineralogie,*
https://doi.org/10.1007/978-3-662-64064-7_21

Einleitung

Bei der Kristallisation basischer Magmen kommt es oft zur syngenetischen Anreicherung von Erzmineralen, wodurch wirtschaftlich bedeutsame Erzlagerstätten von Chrom, Titan, Nickel, Kupfer und Platingruppenelementen (PGE) entstehen können. Zwei Bildungsmechanismen sind dabei von großer Bedeutung:

1. die Anreicherung von Erzkristallisaten im Zuge von fraktionierter Kristallisation und
2. die Bildung von sulfidischen oder oxidischen Erzschmelzen durch liquide Entmischung aus Sulfid- oder Oxid-führenden Silikatmagmen.

21.1 Einführung

Das Prinzip dieser wichtigen lagerstättenbildenden Prozesse wollen wir anhand des hypothetischen Modellsystems Gabbro (Silikat)–Oxid–Sulfid verständlich machen (Guilbert und Park 1986). ◙ Abb. 21.1a zeigt die Projektion der Liquidusfläche auf die Konzentrationsebene mit drei binären Eutektika E_1, E_2 und E_3 sowie drei kotektischen Linien, die sich in einem ternären Eutektikum E_T treffen (◙ Abb. 21.1a). Bei Veränderung der äußeren Bedingungen, z. B. durch Hinzufügen von CO_2 zur fluiden Phase, treten in diesem System Bereiche auf, in denen keine einheitliche Schmelze mehr existiert, sondern z. B. Silikat- und Sulfidschmelzen oder Silikat- und Oxidschmelzen miteinander koexistieren. Die Zusammensetzungen dieser koexistierenden Schmelzen, z. B. **A−B, C−D, F−G,** sind durch Konoden miteinander verbunden (◙ Abb. 21.1b). Wir

wollen die Kristallisationspfade von zwei silikatischen Schmelzen verfolgen, die geringe Anteile an Oxid- oder Sulfidschmelze gelöst enthalten (◙ Abb. 21.1c). Streng genommen ist dieses Multikomponentensystem nicht wirklich ternär, da es unterschiedliche Silikat-, Sulfid- und Oxid-Komponenten enthält.

Kühlt man die Schmelze **X** mit einem Sulfid/Oxid-Verhältnis von etwa 50:50 ab, so kristallisieren Silikatminerale wie Olivin, Pyroxen und Plagioklas. Bei weiterer Abkühlung und Fraktionierung dieser Silikatphasen entwickelt sich die Schmelzzusammensetzung in Richtung der (teilweise verdeckten) kotektischen Linie E_1–E_T, wo sich bei Punkt **P** Silikate und Oxide gemeinsam aus der Schmelze ausscheiden (◙ Abb. 21.1c). Setzt man den Fraktionierungsvorgang fort, wird das ternäre Eutektikum E_T erreicht und es kristallisiert zusätzlich Sulfid. Fraktionierte Kristallisation kann also aus einem Gabbromagma **X** zu sulfidischen Erzkörpern führen, die geringe Gehalte an Oxiderz enthalten können.

Kühlt man dagegen Schmelze **Y** mit einem Sulfid/Oxid-Verhältnis von ca. 85:15 ab, so wird nach Ausscheidung von Silikaten das Gebiet im Diagramm erreicht, in dem eine Silikatschmelze **A** mit einer Sulfidschmelze **B** koexistiert. Entfernt man bei weiterer Abkühlung die Silikatkristalle und die Tröpfchen von sulfidreicher Schmelze aus dem System, so wird Punkt **m** erreicht, bei dem nun wieder eine einheitliche Schmelze dieser Zusammensetzung mit Silikatkristallen im Gleichgewicht steht. Unter Silikatfraktionierung erreicht der weitere Abkühlungspfad bei Punkt **Q** die kotektische Linie, wo es wiederum zur Kristallisation von Oxiden zusammen mit Silikaten kommt. Aus der Gabbroschmelze **Y** bildet sich also durch liquide Entmischung ein sulfidreiches Erz, durch fraktionierte Kristallisation ein oxidreiches Erz.

In Wirklichkeit sind die erzbildenden Prozesse in der Natur viel komplizierter. Insbesondere spielen leichtflüchtige Komponenten, die im vorliegenden Modell nicht berücksichtigt wurden, eine wichtige Rolle.

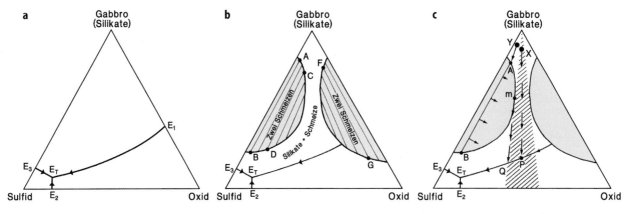

◙ **Abb. 21.1** Schematische Darstellung eines Modellsystems Gabbro (Silikate)–Oxid–Sulfid: **a** Projektion der Liquidusfläche auf die Konzentrationsebene mit drei binären Eutektika E_1, E_2 und E_3, drei kotektischen Linien und einem ternären Eutektikum E_T. **b** Dasselbe System mit zwei Bereichen von liquider Entmischung; die Zusammensetzungen koexistierender Silikat- und Sulfidschmelzen bzw. Silikat- und Oxidschmelzen sind durch Konoden miteinander verbunden. **c** Unterschiedliche Kristallisationspfade von zwei ähnlich zusammengesetzten Ausgangsschmelzen **X** mit fraktionierter Kristallisation und **Y** mit liquider Entmischung + fraktionierter Kristallisation. (Modifiziert nach Guilbert und Park 1986)

21

21.2 Lagerstättenbildung durch fraktionierte Kristallisation

Bei der fraktionierten Kristallisation von basischen Magmen kann es zur Anreicherung oxidischer Erzminerale wie Chromit, Ilmenit und Titanomagnetit sowie von Metallen der Platingruppe (PGE-Legierungen) kommen. Solche Erze sind häufig an lagige Intrusionskörper („layered intrusions") von Gabbro bzw. Norit oder an deren Differentiate gebunden, das sind ultramafische Gesteine wie Dunit, Peridotit und Pyroxenit oder felsische Gesteine wie Anorthosit. Die Erze können geschlossene Erzköper und Erzlagen in den mafischen Intrusionskörpern bilden oder sind als untergeordnete Gemengteile im Gestein verteilt. Typisch für lagige Intrusionen sind Kumulatgefüge. Wie bereits in ▶ Abschn. 17.4.1 beschrieben, sind die mechanischen Prozesse, die zur Bildung von Kumulaten führen, sehr komplex. Gravitatives Absaigern oder Aufschwimmen aufgrund der Dichteunterschiede zwischen Kristallen und Schmelze und Filterpressung sind mit Sicherheit nicht die einzigen Mechanismen. Zusätzlich spielen Konvektionsvorgänge, Dichteströmungen (engl. „density currents") sowie *In-situ*-Kristallisation am Boden oder Kristallisationsfronten an den Rändern der Magmakammer (▶ Abschn. 17.4.1) eine wichtige, fallweise sogar die entscheidende Rolle.

Wendet man das Stokes'sche Gesetz

$$v = \frac{\Delta\rho\,\mathrm{gr}^2}{\eta_1} \qquad [21.1]$$

auf gravitative Fraktionierungsvorgänge an, so erkennt man, dass die Geschwindigkeit (v) des Absinkens oder Aufsteigens von Kristallen in der Schmelze vom Dichteunterschied zwischen Kristall und Schmelze ($\Delta\rho$), dem Radius (r) der kugelförmig gedachten Kristalle höherer oder niedrigerer Dichte und von der Viskosität der Schmelze (η_1) abhängt (g = Erdbeschleunigung). Dabei nimmt v mit $\Delta\rho$ linear, mit r dagegen exponentiell zu. Daher können weniger dichte, aber größere Silikatkristalle schneller absinken oder aufsteigen als dichtere, aber kleinere Erzminerale. Berücksichtigt man diese Tatsache und die Überlegungen, die wir im schematischen „Dreistoff"-System Silikat–Oxid–Sulfid (◘ Abb. 21.1) angestellt hatten, so wird klar, dass oxidische Erzkörper nicht unbedingt „Frühkristallisate" basischer Magmen darstellen müssen, sondern auch relativ spät durch *fraktionierte Kristallisation von Silikatmineralen* entstehen können. Das soll an einem einfachen Beispiel erläutert werden (◘ Abb. 21.2a–e):

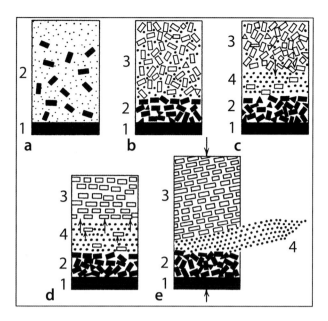

◘ **Abb. 21.2** Bildung einer Oxidschmelze durch fraktionierte Kristallisation von Silikaten: **a** intrudiertes basisches Magma wird am Boden der Magmakammer abgeschreckt. Es bildet sich eine abgeschreckte randliche Zone (engl. „*chilled margin*"), die aufgrund rapider Kristallisation sehr feinkörnig und unfraktioniert ist (**1**). Weiter oben scheidet sich eine erste Generation von ferromagnesischen Silikatkristallen, z. B. Olivin und/oder Pyroxen, aus (**2**); **b** Anreicherung der relativ dichten Frühkristallisate (**2**) als Kumulat am Boden der Magmakammer, gleichzeitige Kristallisation von Plagioklas (**3**); **c, d** Wegen ihrer geringeren Dichte werden die Plagioklas-Kristalle in der Dachregion der Magmakammer angereichert während sich eine Oxid-Fluid-reiche Restschmelze immer mehr im mittleren Bereich der Magmakammer konzentriert, z. B. durch Filterpressung (**4**); **e** Bedingt durch den hohen Fluidanteil der Oxidschmelze (**4**) verhält sich diese relativ mobil; sie kann aktiv in das Nebengestein intrudieren oder auch passiv ausgepresst werden (**4**). (Modifiziert nach Stanton 1972, mit freundlicher Genehmigung von McGraw-Hill)

Eine weitere, elegante Möglichkeit zur Erklärung von orthomagmatischen oxidischen Erzkörpern ist die *Magmenmischung,* die nach Irvine (1977) anhand des einfachen „ternären" Systems Chromit–Olivin–SiO_2 erläutert werden soll (◘ Abb. 21.3a, b). (Strikt ternär wäre das System Chromit–*Forsterit*–SiO_2.) Im flankierenden „binären" System Olivin–SiO_2 tritt die Verbindung Orthopyroxen auf, die bei niedrigem Druck inkongruent schmilzt (◘ Abb. 18.15). Das flankierende „binäre" System Olivin–Chromit hat ein Eutektikum bei etwa 1,5 % Chromit-Anteil. Aus einer Schmelze der Zusammensetzung **A** kristallisiert als erstes Silikatmineral zunächst Olivin. Im Zuge der weiteren Abkühlung wird bei **B** die kotektische Linie erreicht, an der es zur gemeinsamen Ausscheidung von Olivin und Chromit kommt. Der Kristallisationspfad folgt der kotektischen Linie **B → C,** bis bei Punkt **C** die peritektische Reaktion zu Orthopyroxen einsetzt und z. B. bei **D** die fraktionierte Kristallisation beendet ist (◘ Abb. 21.3a).

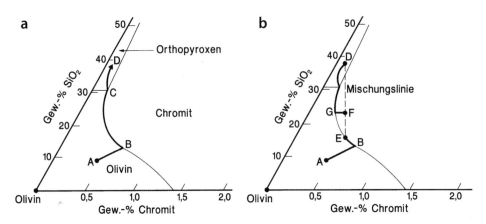

◘ Abb. 21.3   Bildung von Chromit-Lagerstätten durch Magmenmischung, erläutert anhand des Dreistoffsystems Chromit–Olivin–SiO$_2$: **a** Kristallisationspfad einer Schmelze **A**: **A → B → C → D**. **b** Bildung einer Chromit-Vererzung **F** durch Mischung der hochdifferenzierten Schmelze **D** mit einem neuen Schub von primitiverem Magma, das die Zusammensetzung **E** erreicht hat. Man beachte den stark vergrößerten Maßstab für die Chromit-Gehalte. (Modifiziert nach Irvine 1977, aus Evans 1993)

Der entstehende Dunit oder Harzburgit enthält nur geringe Mengen von < 1 % Chromit. Die Situation ändert sich dagegen, wenn in die Magmakammer ein frischer Schub von primitivem basischen Magma **A** eindringt, das nur geringfügig bis Punkt **E** fraktioniert und sich mit der stark differenzierten Schmelze **D** mischt. Jetzt liegt die Magma-Zusammensetzung im Ausscheidungsfeld von Chromit, z. B. bei **F**, und es kristallisiert so lange Chromit, bis die kotektische Linie bei **G** wieder erreicht wird (◘ Abb. 21.3b). Der weitere Abkühlungspfad **G → C → D** ist der gleiche wie in ◘ Abb. 21.3a. Auf diese Weise können aus einem basaltischen Magma, das ursprünglich relativ geringe Cr-Gehalte aufwies, Lagen oder Schlieren von Chromiterz entstehen.

21.2.1 Chromit- und Chromit-PGE-Lagerstätten

Chromit ist das prinzipielle Cr-Erzmineral und seine Vorkommen als *Chromeisenstein* bilden wichtige Lagerstätten dieses Stahlveredlungsmetalls. Man unterscheidet grundsätzlich zwei verschiedene Typen von Chromit-Lagerstätten (z. B. Pohl 2020, Robb 2020):
- stratiforme Chromit-Lagerstätten und
- podiforme (alpinotype) Chromit-Lagerstätten

Stratiforme Chromit-Lagerstätten (Bushveld-Typ) Diese Chromit-Lagerstätten sind an lagige Norit-Intrusivkörper in tektonisch stabilen Kratonen gebunden, wobei die weltweit größten Lagerstätten dieses Typs im südlichen Afrika liegen und insgesamt 94 % der Weltvorräte an Chromit enthalten. Der 2055–2056 Ma alte *Bushveld-Komplex* befindet sich nördlich von Johannesburg und Pretoria im Nordosten der Republik Südafrika und hat eine Ausdehnung

von 350 × 450 km (◘ Abb. 21.4; z. B. Naldrett et al. 2009, 2012; Yudovskaya und Kinnaird 2010; Scoates und Friedman 2008; Zeh et al. 2015). Dieser Komplex, der seine Entstehung vielleicht einem Hot Spot im Erdmantel verdankt, besteht aus vier lithostratigraphischen Einheiten: Die *Rashoop-Granophyr* und die *Lebowa-Granit Suiten,* die vulkanischen Gesteine der *Rooiberg-Gruppe* sowie die 6–8 km mächtige ultramafische *Rustenburg Layered Suite* (RLS), welche die *Chromit-Lagerstätten* enthält. Diese elliptisch geformte lagige Serie (◘ Abb. 21.4), die durch Übertage- und Untertage-Aufschlüsse in einer Ausdehnung von 65.000 km^2 und einer maximalen Mächtigkeit von 7,6 km belegt ist, repräsentiert den mit Abstand größten *„layered intrusive complex"* der Erde. Er ist durch einen ausgeprägten, z. T. rhythmischen magmatischen Lagenbau von Dunit, Harzburgit, Pyroxenit (meist Bronzitit), Norit, Gabbro, Anorthosit und Chromitit gekennzeichnet. Die bis zu 2 m mächtigen chromitreichen Lagen lassen sich im Gelände auf mehr als 100 km im Streichen verfolgen. Sie befinden sich im unteren Teil des Norit-dominierten Abschnitts der RLS (◘ Abb. 21.4), insbesondere in der sog. *Kritischen Zone* (◘ Abb. 21.5).

Präzise U-Pb-Datierungen an Zirkon in der abgeschreckten Randzone der RSL erbrachten ein Kristallisationsalter von 2055,9 ± 0,3 Ma, während Zirkon in den Kumulatgesteinen im Zentrum der RSL mit 2054,89 ± 0,37 Ma etwas jünger ist. Daraus kann auf eine rasche Abkühlung des Magmas von 940 auf 670 °C innerhalb eines kurzen Zeitraums von 600.000 bis 1 Mio. Jahre geschlossen werden (Zeh et al. 2015).

Dank des Bushveld-Komplexes ist Südafrika der weltweit führende Chromproduzent, der mit 16 Mio. t im Jahr 2020 einen Anteil von 40 % an der globalen Chromiterz-Förderung erreichte. Die nachgewiesenen Vorräte belaufen sich auf ca. 200 Mio. t Chromitit d. h. ca. 35 % der Weltvorräte an Chromiterz.

21

Pegmatite

Inhaltsverzeichnis

© Springer-Verlag GmbH Deutschland, ein Teil von Springer Nature 2022
M. Okrusch und H. E. Frimmel, *Mineralogie*,
https://doi.org/10.1007/978-3-662-64064-7_22

Einleitung

Pegmatite (grch. πήγνυμι = verfestigen) sind sehr grobkörnige bis riesenkörnige magmatische Ganggesteine, in denen Einzelkristalle bis mehrere Meter groß werden können. Beispiele von solchen Riesenkristallen sind ein Mikroklin von $49{,}4 \times 36 \times 13{,}7$ m Größe und nahezu 15.000 t Gewicht oder eine Phlogopit-Platte der Größe $10 \times 4{,}3$ m (Rickwood 1981). Pegmatite bilden sich aus silikatischen Restschmelzen, die an H_2O, OH^-, CO_2, HCO_3^{2-}, CO_3^{2-}, SO_4^{2-}, PO_4^{3-}, H_3BO_3, F^-, Cl^- und anderen leichtflüchtigen Komponenten hoch angereichert sind. Prinzipiell kann jeder Plutonit pegmatoides Gefüge aufweisen, wie bereits am Beispiel des Merensky-Reefs im mafisch bis ultramafischen Teil des Bushveld-Komplexes illustriert (▶ Abschn. 21.2.1, 21.3.1). Jedoch haben Pegmatite in ihrer überwältigen Mehrzahl *granitische Zusammensetzung* und entsprechen damit nahezu dem ternären Minimum oder Eutektikum im System Qz–Or–Ab–(An)–SiO_2. Es erscheint daher zielführend, den Begriff *Pegmatit s.str.* auf sehr grobkörnige felsische Ganggesteine zu beschränken, während andere Gesteine mit pegmatitischem Gefüge als *Pegmatoide* bezeichnet werden. Die wesentlichen Bestandteile der meisten Pegmatite sind die gleichen wie im Granit, d. h. Quarz, Feldspäte, meist Mikroklin und Albit, z. T. Muscovit, sowie untergeordnet Biotit, Granat, Turmalin, Apatit und Fe-Ti-Oxide. Viel seltener, jedoch von großer wirtschaftlicher Bedeutung *sind chemisch komplexe Granit-Pegmatite* mit hohen Gehalten an seltenen Elementen wie Li, Rb, Cs, Be, Sc, Y, SEE, Ta, Nb, W, Sn und U. Wegen ihrer großen Ionenradien oder hohen Feldstärken (◘ Abb. 33.1) können diese Elemente nicht oder nur in Spuren in die Kristallstrukturen der gesteinsbildenden Minerale eingebaut werden. Diese Elemente verhalten sich also *inkompatibel* gegenüber Quarz, Feldspäten, Glimmern und anderen gesteinsbildenden Mineralen; sie werden folglich in der wässerigen Restschmelze angereichert. Granit-Pegmatit kann daher eine wichtige Rohstoffquelle sein. Von großer wirtschaftlicher Bedeutung sind darüber hinaus auch *Syenit-Pegmatit* und *Nephelinsyenit-Pegmatit*, die aus Alkalifeldspat, Alkalipyroxen, Biotit, Amphibol sowie Nephelin oder wenig Quarz bestehen und darüber hinaus eine Vielfalt seltener Minerale enthalten.

22.1 Theoretische Überlegungen

Um die Entwicklung eines granitischen Magmas bis hin zum *pegmatitischen Stadium* zu verstehen, können wir zunächst auf den experimentellen Untersuchungen im vereinfachten Granitsystem Qz–Or–Ab(–An)–H_2O

(▶ Abschn. 20.2) aufbauen. Grundlegend dabei ist die Löslichkeit von H_2O in der Schmelze. Wir betrachten das *T-X*-Diagramm Granit–H_2O (◘ Abb. 22.1a), das erstmals von Whitney (1975) an einem synthetischen, Fe- und Mg-freien Modellgranit, bestehend aus 26,5 % Qz, 34 % Or, 32 % Ab und 7,5 % An bei einem konstanten Gesamtdruck von 2 kbar bestimmt wurde. Auf der linken Seite dieses Diagramms sind die Liquiduskurve **A–B–C**, die Soliduskurve **D–E**, die Löslichkeitskurve von H_2O in der Schmelze **F–B** und die Grenzkurve zwischen H_2O-Untersättigung und H_2O-Übersättigung **B–D** dargestellt. Die maximale Löslichkeit von H_2O in der Granitschmelze, die bei 840 °C ($P = 2$ kbar) erreicht ist, beträgt ca. 6,5 Gew.-% (Punkt **B**). Mit steigender Temperatur nimmt die H_2O-Löslichkeit ab, wie man aus dem negativen Verlauf der Kurve **B–F** entnehmen kann; man bezeichnet dieses Verhalten als *retrograde Löslichkeit*. Demgegenüber kann man an der Grenzkurve **B–D** den H_2O-Gehalt in der Schmelze *nicht* ablesen, da das Diagramm kein Zweistoffsystem, sondern lediglich einen *pseudobinären Schnitt* durch das Mehrstoffsystem Granit–H_2O darstellt.

Schematisch gezeigt ist auf der rechten Seite von ◘ Abb. 22.1a auch die Löslichkeit der Granit-Komponenten im Wasserdampf **G–C–E**, die mit sinkender Temperatur abnimmt. Beide Kurven treffen sich im kritischen Punkt des Systems, oberhalb dessen es zwischen Schmelzphase und Dampfphase keinen Unterschied mehr gibt, sondern nur noch eine einheitliche fluide Phase existiert (◘ Abb. 18.1). Aus experimentellen Untersuchungen im einfachen Modellsystem Ab–H_2O lässt sich jedoch entnehmen, dass überkritisches Verhalten von granitischen Schmelzen im *reinen* Modellsystem Qz–Or–Ab(–An)–H_2O in der Erdkruste nur bei unrealistisch hohen Temperaturen von weit über 1500 °C zu erwarten ist; erst bei Drücken des Oberen Erdmantels sinkt der kritische Punkt auf < 1000 °C ab (z. B. Paillat et al. 1992; Sowerby und Keppler 2002).

Aus einem H_2O-freien Granitmagma kristallisieren bei Erreichen der Liquiduskurve bei ca. 1180 °C (Punkt **A**) nacheinander Plagioklas, Alkalifeldspat und Quarz, bis bei 700 °C (Punkt **D**) die Soliduskurve erreicht ist. Die gleiche Ausscheidungsfolge ergibt sich für ein Granitmagma mit 2 % H_2O, wobei jedoch die Liquidustemperatur auf ca. 1030 °C sinkt (◘ Abb. 22.1a). Bei weiterer Abkühlung wird die Schmelze immer H_2O-reicher und es wird – abhängig von der genauen Zusammensetzung der Schmelze – die Grenzkurve **B–D** überschritten. Jetzt wird eine H_2O-reiche Dampfphase (V) freigesetzt, die zunächst Bläschen in der Schmelze bildet oder in Form von Flüssigkeitseinschlüssen (▶ Kap. 12) in die wachsenden Kristalle inkludiert wird. Man bezeichnet das Sieden bei Abkühlung und/oder bei Druckentlastung als *retrogrades Sieden*, wie wir es im täglichen Leben z. B. beim Öffnen einer Sektflasche beobachten können. Unterhalb der Linie **B–C** koexistieren Pl + L + V miteinander; bei weiterer Abkühlung kommen Akf und Qz hinzu (◘ Abb. 22.1a). Gleichzeitig kann sich durch

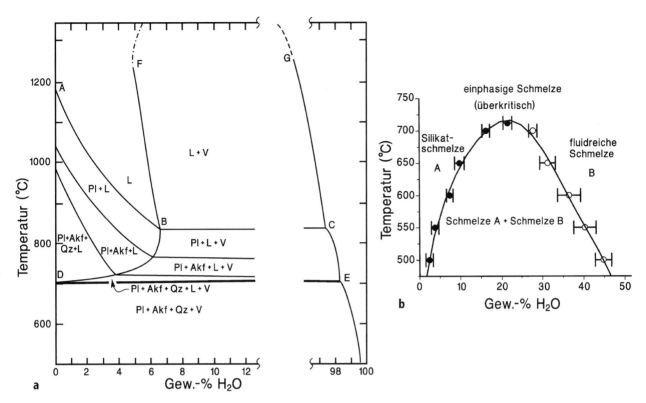

Abb. 22.1 **a** *T-X*-Diagramm für das System Granit–H₂O bei $P_{tot} = 2$ kbar. (Nach Whitney 1975); Afs – Alkalifeldspat, L – Schmelze, Pl – Plagioklas, Qtz – Quarz, V – Fluid; **b** H₂O-Gehalte von Schmelzeinschlüssen in Quarz aus einem Pegmatit bei Ehrenfriedersdorf (Sächsisches Erzgebirge) in Abhängigkeit von der Temperatur bei einem Gesamtdruck von ca. 1 kbar; Schmelze **A** zeigt prograde, Schmelze **B** retrograde Löslichkeit von H₂O. Oberhalb des kritischen Punktes bei 712 °C liegt nur eine einheitliche H₂O-reiche überkritische Schmelzphase vor (Nach Thomas et al. 2000)

Abschreckung der an H₂O verarmten Restschmelze feinkörniger *Aplit* bilden, der vielerorts mit Pegmatit räumlich assoziiert ist. Unterhalb der Soliduskurve **D–E** verschwindet der letzte Tropfen Schmelze, während eine Dampfphase freigesetzt wird, aus der späte Minerale kristallisieren können. Bei Abkühlung unter die kritische Temperatur, z. B. 374 °C für reines H₂O, kondensiert der Dampf unter Bildung einer hydrothermalen Lösung.

Nach Jahns und Burnham (1969) können Granite mit pegmatitischem Gefüge bereits im unteren Bereich der Liquiduskurve **A–B** entstehen, wo das Magma schon sehr H₂O-reich ist. Jedoch lässt sich die Entstehung der typischen Riesenkristalle nicht allein aus dem vereinfachten Granitsystem Qz–Or–Ab(–An)–H₂O erklären. Entscheidend ist vielmehr das Auftreten zusätzlicher *leichtflüchtiger* und halbflüchtiger *Komponenten* wie F⁻, Cl⁻, H₃BO₃, CO₂, HCO₃²⁻, CO₃²⁻, SO₄²⁻, PO₄³⁻ sowie von *seltenen Elementen* wie Li, Rb, Cs oder Be, die als typische *Flussmittel* wirken. Sie sind entweder im granitischen Restmagma gelöst oder befinden sich in einer eigenen, an Fluiden angereicherten wässerigen Silikatschmelze, welche die folgenden physikalischen Parameter dramatisch verändern (z. B. London und Morgan 2012; Thomas et al. 2012; Phelps et al. 2020):

- Die Liquidus- und Solidustemperaturen sinken beträchtlich. So ergab die experimentelle Kristallisation einer Granitschmelze mit erhöhten Gehalten an Li, F, H₃BO₃ und PO₄²⁻ bei 2 kbar eine deutliche Erniedrigung der Schmelztemperatur, z. B. für die Punkte **A** auf ca. 950 °C, für **B** auf ca. 700 °C und für **D** auf ca. 450 °C (London 1992). Damit entspräche die Temperaturspanne zwischen **B** und **D** etwa dem Bereich, der traditionell für die Bildung der meisten Pegmatite angenommen wird.
- Die Löslichkeit von H₂O in der Granitschmelze steigt an, z. B. bei den Experimenten von London et al. (1989) bei $P_{H_2O} = 2$ kbar auf maximal 11,5 % bei Punkt **B**. Bislang unterschätzte Flussmittel wie Karbonate oder Bikarbonate von Li oder Na können die Löslichkeit von H₂O ungewöhnlich stark erhöhen.
- Die kritische Temperatur, oberhalb der die Schmelze sich zu einer Phase homogenisiert, man also nicht mehr zwischen Schmelz- und Dampfphase unterscheiden kann, sinkt drastisch. Deswegen kann man besonders erst gegen Ende des pegmatitischen Stadiums mit der Existenz von überkritischen Fluiden rechnen (z. B. Thomas et al. 2000,

2003; Sowerby und Keppler 2002). Überkritisches oder unterkritisches Verhalten hängen sehr stark vom Belastungsdruck und von der chemischen Zusammensetzung des beteiligten Fluids ab.

— Während der Abkühlung nimmt das Viskositätsmodul η von Pegmatit-bildenden Schmelzen von ca. 10^{-4} Poise, entsprechend einem H_2O-ähnlichen oder sogar überkritischen Verhalten, auf ca. 10 Poise zu, ähnlich wie das bei einer gelartigen Substanz der Fall ist (Thomas et al. 2012) (Zur Definition der Einheit Poise s. ▶ Abschn. 16.4).

Die Genese von Pegmatiten ist also sehr viel komplizierter und vielfältiger als man aus dem vereinfachten Granitsystem ableiten würde.

Darauf weisen z. B. Untersuchungen an Schmelz- und Flüssigkeitseinschlüssen hin, die von Thomas et al. (2000, 2003) an Mineralen eines Pegmatits von Ehrenfriedersdorf im Sächsischen Erzgebirge durchgeführt wurden. Danach waren an der Pegmatitbildung zwei Silikatschmelzen beteiligt, die miteinander im Gleichgewicht standen. Bei einem Druck von etwa 1 kbar und 500 °C enthielt Schmelze A ca. 2,5 %, Schmelze B ca. 47 % H_2O. Mit zunehmender Temperatur nahm der H_2O-Gehalt in Schmelze A zu (prograde Löslichkeit), in Schmelze B dagegen ab (retrograde Löslichkeit); die beiden Löslichkeitskurven vereinigen sich in einem kritischen Punkt bei 712 °C und 21 % H_2O, über dem nur noch eine einheitliche, überkritische Schmelzphase existiert (❑ Abb. 22.1b). Die wasserreiche Schmelze B ist an H_3BO_3, Cl^- und Cs^+ angereichert, während F^- und PO_4^{3-} bevorzugt in der wasserarmen Schmelze A gelöst werden. Bei der Abkühlung der Schmelzen schied sich im Temperaturbereich von 650–550 °C Kassiterit aus (Rickers et al. 2006). Bei Abkühlung beider Schmelzen wurde eine Bor-reiche, stark salzhaltige (hypersaline) Lauge freigesetzt, aus der bei etwa 400–370 °C eine zweite Kassiterit-Generation kristallisierte. Außerdem war eine H_2O-reiche Dampfphase vorhanden.

Der Nachweis von zwei miteinander koexistierenden Schmelzen mit unterschiedlichen Gehalten an H_2O und starker Fraktionierung der seltenen Elemente erweitert das einfache Modell von Jahns und Burnham (1969) und bietet realistische Hinweise darauf, wie sich Pegmatite in der Natur bilden könnten. Darüber hinaus wurde deutlich, dass sich Riesenkristalle, wie sie für Pegmatite charakteristisch sind, nur aus deutlich unterkühlten Silikatschmelzen wachsen können, eine wichtige Voraussetzung, die im folgenden Abschnitt diskutiert wird (Rickers et al. 2006).

22.2 Geologisches Auftreten, Petrographie und Kristallisationsbedingungen von Pegmatit

Als Hauptgemengteile führt *Granit-Pegmatit* Quarz, Mikroklin bzw. Mikroklin-Perthit, ±Albit oder Oligoklas, Muscovit, ±Biotit, ±Turmalin und seltenere Minerale. *Syenit-Pegmatit* besteht hingegen aus Alkalifeldspat, Alkalipyroxen, Biotit, Amphibol, Nephelin oder wenig Quarz und einer Vielzahl von seltenen Mineralen.

Wegen ihrer hohen Gehalte an leichtflüchtigen Komponenten weisen die Pegmatitschmelzen eine geringe Viskosität auf und sind daher sehr beweglich. So gelangen sie in aufgerissene Spalten oder in Hohlräume innerhalb des Plutons, aus dem sie stammen, oder in dessen Nebengestein. Als Füllungen von Spalten bilden sie Pegmatitgänge, als Füllungen größerer Hohlräume selbstständige Pegmatitstöcke, die nicht selten beachtliche Ausmaße erreichen.

Pegmatitgänge sind wechselhaft ausgebildet: häufig an- und abschwellend in ihrer Mächtigkeit (engl. *„pinch-and-swell structure"*, ❑ Abb. 3.9, 22.2), bauchig oder linsenförmig, seltener plattenförmig. Das Nebengestein durchsetzen sie diskordant; in anderen Fällen passen sie sich abwechselnd konkordant oder diskordant einem älteren, vorgegebenen Gefüge des Nebengesteins an. Pegmatitgänge treten besonders häufig im Randbereich, insbesondere im Dachbereich von Granitplutonen und deren Nachbarschaft auf. Ihre größte Entfernung vom Mutterpluton kann Zehnerkilometer erreichen (Linnen 2012).

Größere Pegmatitstöcke, aber auch Pegmatitgänge zeigen häufig eine gut ausgebildete *zonare Anordnung* der Mineralausscheidungen. Dabei durchsetzen oder verdrängen die Mineralbildungen der inneren Zonen die der Außenzonen, aber niemals umgekehrt.

Die charakteristischen Merkmale des Gefüges und der Zusammensetzung von Pegmatiten sind im folgenden zusammengefasst (z. B. London und Morgan 2012):

— In vielen Fällen sind die äußeren Bereiche feinkörnig entwickelt und bilden eine Randzone von *Aplit*, auf die eine Zone aus schriftgranitischen Verwachsungen von Quarz und Mikroklin oder Mikroklin-Perthit folgt, die an die Keilschriften des alten Orients erinnert (❑ Abb. 22.3).

— Die Korngröße nimmt von außen nach innen zu.

— Längliche Kristalle sind häufig etwa senkrecht zum Kontakt mit dem Nebengestein orientiert.

— Bestimmte Mineralparagenesen können in Zonen parallel zum Kontakt mit dem Nebengestein angeordnet sein.

— In vielen Fällen können *monomineralische Zonen* entwickelt sein. Am häufigsten sind Kernzonen aus reinem Quarz, der als Bergkristall in verbleibende Drusen-Hohlräume hinein gewachsen sein kann (❑ Abb. 22.2).

Fast alle diese Gefügemerkmale finden sich auch in hydrothermalen Adern, die bevorzugt aus wässerigen Lösungen kristallierten (z. B. ❑ Abb. 23.8). Lediglich das *schriftgranitische Gefüge* beschränkt sich exklusiv auf Pegmatite und ist daher von großer petrogenetischer Bedeutung. In ihm sind die Quarzindividuen

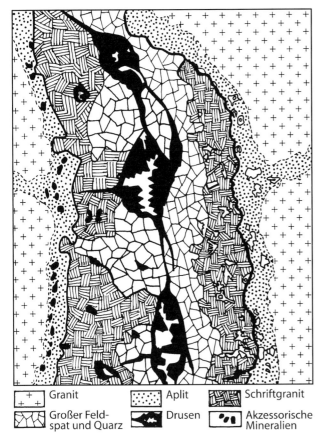

Symbol	Bedeutung
+ / + +	Granit
	Großer Feldspat und Quarz
	Aplit
	Drusen
	Schriftgranit
	Akzessorische Mineralien

☐ **Abb. 22.2** Historische Skizze eines Pegmatitgangs bei Mursinka, Ural (Russland), mit Drusenräumen in der Gangmitte. Gangmächtigkeit etwa 2 m. (Nach Betechtin, aus Schneiderhöhn 1961)

☐ **Abb. 22.3** Pegmatit mit schriftgranitischem Gefüge: graphische (runitische) Verwachsung von Mikroklin als Wirtskristall (rosa) und Quarz (mittel- bis dunkelgrau); Kniebreche bei Glattbach, Unterfranken

orientiert in Mikroklin bzw. Mikroklin-Perthit eingewachsen (☐ Abb. 22.3). Dieses graphische oder runitische Verwachsungsgefüge wurde durch zwei gegensätzliche genetische Modelle erklärt: (1) simultane Kristallisation von Quarz und Alkalifeldspat durch

kotektische Ausscheidung aus einer Restschmelze, und (2) selektive Verdrängung durch hydrothermale Lösungen.

Obwohl die meisten Petrologen das Modell (1) bevorzugen, sollte man berücksichtigen, dass in vielen Pegmatiten, die schriftgranitisches Gefüge aufweisen, das Quarz:Feldspat-Verhältnis kleiner ist, als den kotektischen Kurven im vereinfachten Granit-System Qz–Ab–Or–H_2O bei niedrigen Drücken entspricht (☐ Abb. 20.3).

Fenn (1986) konnte als Erster durch dynamische Kristallisations-Experimente zeigen, dass graphische Quarz-Feldspat-Verwachsungen entstehen können, wenn eine H_2O-untersättigte Granitschmelze deutlich unter ihre Liquidustemperatur abgekühlt wird. Das gilt z. B., wenn bei Liquidustemperaturen von 700–750 °C und Drücken von 3–4 kbar eine Unterkühlung ΔT von 145–165 °C erreicht wird. Mit steigendem ΔT nimmt die treibende Kraft für die Ausscheidung von Kristallen aus der Schmelze ebenfalls zu. Demgegenüber werden die Keimbildung für Kristalle und die Gleichgewichtseinstellung gehemmt, da die Viskosität der Schmelze zunimmt und so die Diffusion der chemischen Komponenten behindert wird. Im Zuge der Abkühlung konkurrieren also die Einflüsse von Übersättigung und zunehmender Viskosität miteinander. Das führt zu einer leichten Verzögerung in der Keimbildung (☐ Abb. 22.4) und somit zur Bildung stabiler, großer Kristalle, deren Korngröße die von gewöhnlichen Plutoniten deutlich übersteigt. Unter diesen Bedingungen ist die Wachstumsrate nämlich viel höher, da die graphischen Quarz-Feldspat-

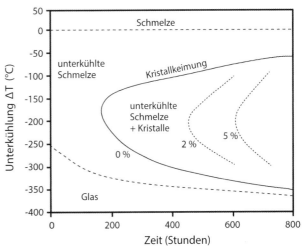

☐ **Abb. 22.4** Diagramm zur Illustration der Verzögerung der Kristall-Keimbildung, d. h. dem Zeitintervall zwischen dem Einsetzen der Unterkühlung und der ersten erkennbaren Kristallbildung; die ausgezogene Kurve begrenzt den Bereich des ersten Erscheinens von Kristallen, die bei einer Unterkühlung ΔT aus einer H_2O-gesättigten Granitschmelze bei $P_{H_2O} = 2$ kbar gebildet werden. Die Konturen geben die Menge der Kristalle (in Vol.-%) an, die sich zu einer bestimmten Zeit (in Stunden h) und Unterkühlung ΔT (in °C) ausgeschieden haben. (Mod. nach London und Morgan 2012)

Verwachsungen in ihrer Zusammensetzung nahe bei der granitischen Schmelze liegen, wenn auch nicht unbedingt genau in einem kotektischen Verhältnis. Zusammenfassend können wir feststellen, dass sich Schriftgranit in einer rasch fortschreitenden Kristallisationsfront aus hochviskoser Granitschmelze bildet, die zwar Flussmittel enthält, aber nicht in hohen Konzentrationen (London und Morgan 2012). Im Gegensatz dazu herrschen in den inneren Zonen von Pegmatit-Körpern äußerst grobkörnige, blockige Gefüge vor (◘ Abb. 22.2).

Nach dem Modell von London (2005, 2009) kristallisieren Pegmatite aus wässerigen, d. h. an Flussmitteln angereicherten Schmelzen geringer Viskosität, und zwar bei deutlicher Unterkühlung. Ähnlich wie beim metallurgischen Prozess des *Zonenschmelzens* (engl. *„constitutional zone refining"*) werden die Flussmittel in der Schmelze zusammen mit seltenen chemischen Elementen in einer flüssigen Grenzschicht angereichert, die sich beim Kristallwachstum zusammen mit der Wachstumsfront auf die inneren Zonen des Pegmatitkörpers zu bewegt.

Dieser Vorgang der natürlichen Zonenreinigung findet in der experimentellen und der technischen Kristallzüchtung als *Zonenschmelzen* Anwendung. Dabei wird durch einen bewegten Induktionsofen, der den Kristall umgibt, eine Schmelzzone durch den Kristall geführt, welche die Verunreinigungen vor sich herschiebt und an seinem oberen oder unteren Ende anreichert.

Dementsprechend bieten die H_2O-reichen pegmatitischen Schmelzen außerordentlich günstige Bedingungen für Kristallkeim-Auslese und Wachstum der für Pegmatite typischen Riesenkristalle von mehreren Metern Länge, so von K-Feldspat, Beryll oder Spodumen sowie von Glimmern mit mehr als 1 m Durchmesser. Bemerkenswert dabei ist, dass – im Gegensatz zu früheren Annahmen – heute nur relativ kurze Zeiten für die Abkühlung und Kristallisation von Pegmatiten angenommen werden, was durch die Unterkühlung der Schmelze erklärt werden kann (z. B. London 2005, 2009; London und Morgan 2012). Zum Beispiel wurde für den 20 m mächtigen Harding-Pegmatit in New Mexico (USA) nur eine kurze Zeitspanne von nicht mehr als 3–5 Monaten zwischen Intrusion des Magmas und Abkühlung unter die Solidustemperatur abgeschätzt (London 2005). Für den nur 2 m mächtigen Pegmatit-Gang von Ramona nimmt man nicht mehr als 25 Tage an und im Fall des berühmten, 30 m mächtigen edelsteinreichen Pegmatits der Himalaya Mine, beide im San Diego County (Kalifornien), benötigte die Schmelze vermutlich weniger als eine Woche bis zur Abkühlung auf die Solidustemperatur.

Durch detaillierte ortsauflösende Analyse von zonierten Quarzkristallen, die in Drusenhohlräumen im Stewart-Pegmatit (Kalifornien) bei < 540 °C gewachsen waren, konnten Phelps et al. (2020) zeigen, dass die Verteilung der Spurenelemente nicht unter Gleichgewichtsbedingungen erfolgte, sondern stark durch kinetische Effekte beeinflusst wurde. Begünstigt durch turbulente Bewegung in der fluiden Phase stieg die Wachstumsrate in bestimmten Zonen eines Quarzkristalls von 10–100 mm/Tag auf 1–10 m/Tag an. Wenn ähnliche Bedingungen längere Zeit anhalten, könnten metergroße Kristalle innerhalb von Tagen wachsen.

Im Verband mit hochgradig metamorphen Gesteinen des Grundgebirges stehen häufig pegmatitähnlich aussehende Gesteinspartien an, die jedoch oft einen scharfen Kontakt zum hochmetamorphen Nebengestein vermissen lassen. Sie gehören zu den hellen Bestandteilen (*Leukosom*) von *Migmatiten* und haben keine Beziehung zu einem Pluton oder einem anderen magmatischen Körper. Solche pegmatitähnlich aussehenden Partien bestehen überwiegend aus Quarz und Feldspäten im kotektischen Mengenverhältnis (◘ Abb. 20.3), während Biotit und andere metamorphe Minerale zurücktreten. Leukosome entstehen durch partielles Aufschmelzen (Anatexis) in tieferen kontinentalen Krustenabschnitten. Im Unterschied zu Pegmatiten, die an größere Intrusivkörper gebunden sind, fehlen ihnen die typischen Begleitminerale seltenerer Elemente.

22.3 Pegmatite als Rohstoffträger

Viele Pegmatit-Vorkommen besitzen beachtliche wirtschaftliche Bedeutung. Aus ihnen können wichtige *Industrieminerale* wie Feldspäte und Glimmer sowie *Edelsteine* gewonnen werden. Darüber hinaus kommt es in der pegmatitischen Phase zur Anreicherung *seltener Elemente* wie Li, Rb, Cs, Be, Sr, Ba, B, Sc, Y, REE, Nb, Ta, Zr, Hf, P, Th und U. Auch Sn, Mo und W können in Pegmatiten konzentriert sein, in manchen Fällen sogar Cu und Au (z. B. Linnen et al. 2012). Dabei gibt es auch regionale Schwerpunkte: *Pegmatit-Provinzen* sind regionale Anhäufungen von Pegmatit-gebundenen Lagerstätten, die durch einen bestimmten Mineralinhalt gekennzeichnet sind. Nach den geförderten Industriemineralen und metallischen Rohstoffen unterscheidet man folgende Pegmatite:

Feldspat-Pegmatit, auch als „keramischer Pegmatit" bekannt, ist weltweit am meisten verbreitet. Er gilt als „taub", da ihm charakteristische Nebengemengteile wie Edelsteine oder Minerale seltener Elemente fehlen. Etwa 85–90 % der globalen Feldspatproduktion dient als Rohmaterial für Keramik, einschließlich Porzellan, und für Glas, während der Rest für eine Vielfalt technischer Anwendungen genutzt wird, so für PVC-Plastik, Farben, als Füllmaterial in Schleifmittel und in Schweißstäben. In Deutschland gibt es Feldspat-Pegmatit z. B. im Bayerischen Wald, in der Oberpfalz und im Vorspessart (◘ Abb. 22.3). Größere europäische Vorkommen finden sich u. a. in Italien, Frankreich, Südnorwegen und anderen skandinavischen Ländern. Unter den mehr als 50 Feldspat produzierenden Ländern standen 2020 die Türkei (5 Mt), Italien (4 Mt), Indien (4 Mt), die VR China (2 Mt), Iran (1,3 Mt) und Thailand (1,2 Mt) an vorderster Stelle, die zusammen 76 % der Weltproduktion von 23 Mt lieferten (U. S. Geological Survey 2021).

Glimmer-Pegmatit enthält große Tafeln von Muscovit oder Phlogopit, die vollkommen eben, biegsam und widerstandsfähig sind. Berühmte Vorkommen liegen in den USA, so in den Black Hills (South Dakota), bei Bruth Pine (North Carolina) und im Petaca-Distrikt (New Mexico), ferner im Uluguru-Gebirge (Tansania), in Bengalen (Indien) und in Sri Lanka. Wegen seiner exzellenten physikalischen Eigenschaften wird Muscovit, entweder in Form von Spaltblättchen oder fein gemahlen als Rohstoff in der Elektroindustrie und der Elektronik eingesetzt, hier besonders als Kondensatorenmaterial. Ferner wird er als Füllstoff, für Überzüge und Anstriche, als Schmiermittel und für Kosmetika verwendet. Muscovit und Phlogopit dienen auch als Dichtmittel bei Erdölbohrungen (Glover et al. 2012). Die Weltförderung an Glimmer betrug 2020 schätzungsweise 350 kt, von denen die VR China 95 kt förderte, gefolgt von Finnland (65 kt), USA (35 kt), Madagaskar (30 kt), Südkorea (20 kt), Kanada (18 kt), Frankreich (18 kt) und Indien (15 kt) (U.S. Geological Survey 2021). Von Russland, einem weiteren wichtigen Förderland, lagen keine Daten vor. Es sei darauf hingewiesen, dass heutzutage in der industriellen Anwendung natürliche Glimmer teilweise durch synthetische ersetzt werden.

In der Vergangenheit dienten durchsichtige Platten von Muscovit, im Englischen auch als „Isinglas" bekannt, als Fensterscheiben in Wohnhäusern oder wurden wegen ihrer großen Hitzebeständigkeit als Fenster in Ofentüren eingesetzt. In den USA wird Muscovit als „the mineral that won World War II" bezeichnet, da er als erstes hoch-T-beständiges und inertes Isoliermaterial für die Herstellung von elektrischen Kondensatoren und Vakuumröhren diente (Glover 2012).

Lithium-Pegmatit ist typischerweise reich an Spodumen, LiAl[Si_2O_6], der z. T. Riesenkristalle bis zu 16 m Größe bilden kann, und Petalit, LiAl[Si_4O_{10}]. Weitere pegmatitische Li-Minerale sind Li-Turmalin (z. B. Elbait; ◘ Tab. 11.4), die Li-Glimmer Polylithionit, K(Li$_2$Al)[F_2/Si_4O_{10}], Lepidolith und Zinnwaldit (► Abschn. 11.5.2). Daneben können auch die Li-Phosphate Amblygonit, LiAl[(F,OH)/PO$_4$], und Montebrasit, Li-Al[(OH)/PO$_4$], als wichtige Erzminerale auftreten, wie beispielsweise in Pegmatitvorkommen der Black Hills (South Dakota, USA), sowie Triphylin, LiFe^{2+}PO$_4$ und Lithiophylit, LiMn^{2+}PO$_4$. Andere wirtschaftlich wichtige Vorkommen liegen in den Kings Mountains (North Carolina, USA) und Echassières (Frankreich). Große Reserven schlummern noch in der DR Kongo.

Kürzlich wurde in den Plumbago Mountains, Maine (USA), ein Li-Pegmatit entdeckt, der reich an riesigen Kristallen von Spodumen (bis über 11 m Länge) und von Montebrasit ist. Erste Abschätzungen erbrachten Gehalte von ca. 10 Mt Li-Erz mit mittleren Li-Gehalten von 2,17 Gew.-% Li. Das ist höher, als bisher in den 10 wichtigsten Spodumen-Lagerstätten der Erde nachgewiesen wurde (Simmons et al. 2020).

Das Leichtmetall Li wird für die Herstellung von Glas und Keramik, als Flussmittel in der Aluminium-Metallurgie, für die Produktion von zahlreichen Li-Verbindungen, besonders aber von Li-basierten Feststoffbatterien für Laptops, Tablets und Smartphones benötigt. Elektroautos enthalten mehrere Zehner kg Li (z. B. Bibienne et al. 2020).

Eine der größten Spodumen-Lagerstätten ist der Pegmatit von Greenbushes (Westaustralien). Dank dieser Lagerstätte stand Australien im Jahr 2020 mit einer Fördermenge von 40.000 t Li an der Spitze der Li-erzeugenden Länder, gefolgt von Chile (18 kt), VR China (14 kt), Argentinien (6200 t), Brasilien (1900 t) und Simbabwe (1200 t) (U.S. Geological Survey 2021). Als Beiprodukte können aus Li-Pegmatiten die Metalle Be, Rb, Cs, Zr, Ti, Nb, Ta und Sn gewonnen werden.

Beryllium-Pegmatit ist in den meisten Fällen reich an Beryll (◘ Abb. 11.20), der in bis zu 16 m langen Kristallen gefunden worden ist (Rickwood 1981). Aus diesem Pegmatit-Typ und anderen Be-Lagerstätten wurden 2020 in den USA 150 t Be, d. h. fast 63 % der gesamten Weltproduktion von 240 t (inkl. nicht pegmatitischer Lagerstätten) gefördert, gefolgt von der VR China (70 t), und Mosambik (15 t). Das Leichtmetall Be findet vielfältige technische Anwendung (► Abschn. 11.3).

Edelstein-Pegmatite enthalten die edlen Varietäten von Beryll (insbesondere Aquamarin), Turmalin (◘ Abb. 11.24, 11.25), Topas, Spodumen, Rosenquarz und die Alkalifeldspäte Amazonit (◘ Abb. 11.69) und Mondstein, wobei schleifwürdiges Material zur Verwendung als Edelstein fast nur in Kristalldrusen vorkommt.

Wichtige *Fundgebiete* von Edelstein-Pegmatiten liegen in Brasilien (Minas Gerais, Paraiba), Madagaskar, DR Kongo, Kenia, Tansania, Mosambik, Sambia, Simbabwe, Namibia, Nigeria, USA (Kalifornien, Colorado, Neuengland), Italien (Insel Elba), Finnland, Ukraine, Russland (Ural, Transbaikalien), VR China (Xingjiang Uygur, Yunan), Myanmar, Vietnam, Indien, Afghanistan und Pakistan (Simmons et al. 2012).

Pegmatite mit Uran- und Thorium-Mineralen führen besonders Uraninit, U_3O_8, und Thorianit, ThO_2. Am bedeutendsten sind z. Z. die Lagerstätten im Bancroft-Distrikt (Ontario, Kanada).

Niobat-Tantalat-Pegmatit stellt ein Restdifferentiat von Alkalifeldspat-Granit dar. Er führt Columbit-Mischkristalle, $(Fe,Mn)(Ta,Nb)_2O_6$, besonders das Ta-reiche Endglied Tantalit, sowie Minerale der Seltenen Erdelemente. Die weltweite Förderung von *Tantal* hat in den letzten Jahren enorm zugenommen und lag 2020 bei ca. 1700 t. Tantal ist ein strategisch wichtiges Metall für die Elektronik, da es zur Herstellung von miniaturisierten Tantal-Kondensatoren verwendet wird, die z. B. in Mobiltelefonen, Laptops und Kraftwagen eingesetzt werden. Die weltweit größten Ta-Vorkommen waren früher die Pegmatite von Wodgina Pan bei Greenbushes in Westaustralien, ein Gebiet, das für viele Jahre der bedeutendste Ta-Produzent war und zeitweise 61 % des Weltbedarfs an Ta deckte. Seit 2014 kommt jedoch der größte Teil der Weltproduktion an Ta von den afrikanischen Ländern DR Kongo (670 t), Ruanda (270 t), und Nigeria (160 t) sowie von Brasilien (370 t) und der VR China (70 t). Auch die Zinn-Pegmatite von Südthailand liefern Ta. Aus den mehr als 50 Pegmatitkörpern des Petaca-Distrikts (New Mexico, USA) werden neben Glimmern auch Be, Nb, Ta, Bi, U, Th und SEE gewonnen. Im Jahr 2020 betrug die Fördermenge von *Niob* 78.000 t, die hauptsächlich aus Brasilien (71 kt) und Kanada (6200 t) stammten, wo die wichtigste Lagerstätte der Tanco-Pegmatit am Bernic Lake (Manitoba) ist.

In den zentralafrikanischen Krisengebieten der DR Kongo und seinen Nachbarländern wurde das Columbit-Tantalit-Konzentrat „Coltan", das „Schwarze Gold", durch inoffizielle Kleinstunternehmer („*small-scale miners*") gewonnen, und kam als „*Blutcoltan*" auf den Markt, da dessen Verkauf zur Finanzierung von Bürgerkriegen in der Region diente. Der Abbau erfolgt aus stark verwitterten Pegmatiten, aber auch aus Seifenlagerstätten (▶ Abschn. 25.2.7).

Seltenerdelement-Pegmatit ist räumlich und genetisch an peralkalischen A-Typ-Granit gebunden, in dem – im Gegensatz zu Karbonatiten – auch die stark nachgefragten schweren Seltenen Erdelemente angereichert sind. Wichtige Minerale der Seltenen Erdelemente in diesem Pegmatit-Typ sind Monazit, $CePO_4$, Gadolinit, $(Y,Ce,SEE)_2Fe^{2+}Be_2[O/SiO_4]_2$, Fergusonit, $(Y,Ce,Nd)NbO_4$, Euxenit, $(Y,Ca,SEE)(Nb,Ta)_2(O,OH)_6$, Samarskit, $(Y,Fe^{3+},U^{4+})(Nb,Ta)O_4$, die komplexen Zr-Silikate Eudalyt und Elpidit sowie das Yttrium-Mineral Gagarinit, $NaCaYF_6$, das nach dem berühmten russischen Kosmonauten Yuri A. Gagarin (1934–1968) benannt wurde (Chakhmouradian und Zaitsev 2012).

Zirkonium-Titan-Pegmatit, meist an Nephelinsyenit gebunden, enthält Zirkon in höherer Konzentration, daneben Titanit, $CaTi[O/SiO_4]$ und viele seltene Minerale. Schon seit Langem bekannte Vorkommen liegen im Langesundfjord (Südnorwegen), bei Miask im Ural (Russland) und an mehreren Stellen in Grönland.

Phosphatpegmatit ist gekennzeichnet durch die Anwesenheit von relativ viel Apatit, Amblygonit, $(Li,Na)Al[(F,OH)/PO_4]$, Triphylin, $Li(Fe,Mn)[PO_4]$, Monazit und zahlreichen seltenen Phosphatmineralen. Ein wichtiges Vorkommen ist der Pegmatit von Varuträsk in Schweden. Der weltberühmte, außerordentlich mineralreiche Pegmatit-Körper von Hagendorf-Süd bei Waidhaus in der Oberpfalz, einer der größten seiner Art in Europa, stand von 1894 bis 1989 im Abbau.

Zinn-Pegmatit führt typischerweise Kassiterit, SnO_2, Wolframit, $(Fe,Mn)WO_4$, und Molybdänit, MoS_2, in unterschiedlichen Mengenverhältnissen. Wichtige Vorkommen liegen in den Black Hills (South Dakota) und in Maine (USA) sowie in NW-Namibia und N-Portugal.

22.4 Geochemische Klassifikation granitischer Pegmatite

Unter geochemischen Gesichtspunkten werden drei Familien von Granit-Pegmatiten unterschieden (Černý und Ercit 2005; Černý et al. 2005, 2012; Martin und De Vito 2005):

- Pegmatite der *NYF-Familie* sind an Nb > Ta, Y und F, ferner an Be, SEE, Sc, Ti, Zr, Th und U angereichert. Wichtige Minerale sind Topas, Beryll, Allanit und Xenotim, $Y[PO_4]$ sowie die in ▶ Abschn. 22.3 genannten Minerale der Seltenen Erdelemente (Cerný et al. 2012). NYF-Pegmatite stellen Differentiationsprodukte von subalumischen bis metalumischen A- und I-Typ-Graniten dar, die meist anorogen, im Zusammenhang mit Dehnungstektonik entstanden.

- Demgegenüber ist die *LCT-Familie* durch die Anreicherung von Li, Cs und Ta sowie Rb, Be, Sn, B, P und F gekennzeichnet. Sie führt als Hauptminerale Topas, Beryll, Turmalin (Elbait), Spodumen, Petalit, $LiAl[Si_4O_{10}]$, Lepidolith, Amblygonit und andere Phosphatminerale sowie Columbit. LCT-Pegmatite leiten sich hauptsächlich aus peralumischem S-Typ-, seltener aus I-Typ-Granit ab, die im Bereich von konvergenten Plattenrändern oberhalb von Subduktionszonen syn- bis spätorogen gebildet wurden. Nach Cerný et al. (2012) erfordert die Bildung von typischen LCT-Pegmatiten – unabhängig von ihrer tektonischen Stellung – glimmerreiche Ausgangsgesteine, die vorher noch nie aufgeschmolzen waren. Dementsprechend wurden LCT-Pegmatite in Gebieten gefunden, in denen archaische terrigene Sedimente in großem Umfang abgelagert wurden, so z. B. im archaischen Swasiland-Block und im Barberton Greenstone Belt im südlichen Afrika (Tkachev 2011).

22

- Die gemischte *NYF+ LCT-Familie* weist Merkmale beider Gruppen auf.

Mesoarchaischen Alters sind Pegmatite, die den bislang ältesten Spodumen (3050 Ma) und den ältesten Polylithionit (3000 Ma) lieferten. Die ersten Li-Phosphate der Triphylin-Gruppe tauchten in einem 2890 Ma alten Pegmatit auf, während in neoarchaischen Pegmatiten mit Altern zwischen 2660 und 2640 Ma Elbait, Cookeit und Petalit sowie Triphylin und andere Li-Phosphate erstmals gefunden wurden. Bis zu einer Zeit um 2200 Ma bildeten sich Li-Minerale nach derzeitiger Kenntnis nur in LCT-Pegmatiten (Grew et al. 2019).

Literatur

Bibienne T, Magnan J-F, Rupp A, Laroche N (2020) From mine to mind and mobiles: society's increasing dependance on lithium. Elements 16:265–270

Černý P, Ercit TS (2005) The classification of granitic pegmatites revisited. Can Mineral 43:2005–2026

Černý P, Blevin PL, Cuney M, London D (2005) Granite-related ore deposits. In: Hedenquist JW, Thompson JFH, Goldfarb RJ, Richards JP (Hrsg) Economic geology one hundreth Anniversary Vol. Soc Econ Geol, Littleton, S 337–370

Černý P, London D, Novák M (2012) Granitic pegmatites as reflections of their sources. Elements 8:289–294

Chakhmouradian AR, Zaitsev AN (2012) Rare earth mineralization in igneous rocks: sources and processes. Elements 8:347–353

Fenn PM (1986) On the origin of graphic granite. Amer Mineral 71:325–330

Glover AS, Rogers WZ, Barton JE (2012) Granitic pegmatites: storehouse of industrial minerals. Elements 8:269–273

Jahns RH, Burnham CW (1969) Experimental study of pegmatite genesis. I. A model for the derivation and crystallization of granitic pegmatites. Econ Geol 64:843–864

Linnen RL, Van Lichtervelde M, Černý P (2012) Granitic pegmatites as sources of strategic minerals. Elements 8:275–280

London D (1992) The application of experimental petrology to the genesis and crystallization of granitic pegmatites. Can Mineral 30:499–540

London D (2005) Granitic pegmatites: an assessment of current concepts and directions for the future. Lithos 80:281–303

London D (2009) The origin of primary textures of granitic pegmatites. Canad Mineral 47:697–724

London D, Morgan GB (2012) The pegmatite puzzle. Elements 8:263–268

London D, Morgan GB, Hervig RL (1989) Vapor-undersaturated experiments with Macusani glass + H$_2$O at 200 MPa and the internal differentiation of pegmatites. Contrib Mineral Petrol 102:1–17

Martin RF, De Vito C (2005) The patterns of enrichment in felsic pegmatites ultimately depend on tectonic setting. Can Mineral 43:2027–2048

Paillat O, Elphick SC, Brown WL (1992) The solubility of water in NaAlSi$_3$O$_8$ melts: a re-examination of Ab–H$_2$O phase relationships and critical behaviour at high pressures. Contrib Mineral Petrol 112:490–500

Phelps PR, Lee C-TA, Morton DM (2020) Episodes of fast crystal growth in pegmatites. Nature Comm 11(4986)

Rickers K, Thomas R, Heinrich W (2006) The behaviour of trace elements during the chemical evolution of the H$_2$O-, B-, and F-rich granite-pegmatite-hydrothermal system at Ehrenfriedersdorf, Germany: a SXFR study of melt and fluid inclusions. Miner Deposita 41:229–245

Rickwood PC (1981) The largest crystals. Amer Mineral 66:885–907

Schneiderhöhn H (1961) Die Erzlagerstätten der Erde, Bd II: Die Pegmatite. Gustav Fischer, Stuttgart

Simmons WB, Pezzotta F, Shigley JE, Beurlen H (2012) Granitic pegmatites as sources of colored gemstones. Elements 8:281–287

Simmons WB, Falter AU, Freeman G (2020) The plumbago north pegmatite, USA: a new potential lithum resource. Miner Deposita 55:1505–1510

Sowerby JR, Keppler H (2002) The effect of fluorine, boron and excess sodium on the critical curve in the albite–H$_2$O system. Contrib Mineral Petrol 143:32–37

Thomas R, Webster JD, Heinrich W (2000) Melt inclusions in pegmatite quartz: complete miscibility between silicate melts and hydrous fluids at low pressure. Contrib Mineral Petrol 139:394–401

Thomas R, Förster H-J, Heinrich W (2003) The behaviour of boron in a peraluminous granite-pegmatite system and associated hydrothermal solutions: a melt and fluid-inclusion study. Contrib Mineral Petrol 144:457–472

Thomas R, Davidson P, Beurlen H (2012) The competing models for the origin and internal evolution of granitic pegmatites in the light of melt and fluid inclusion research. Mineral Petrol 106:55–73

Tkachev AV (2011) Evolution of metallogeny of granite pegmatites associated with orogens throughout geological time. In: Sial AN, Bettencourt JS, Se Campos CP, Ferreira VP (Hrsg) Granite-Related Ore Deposits. Geological Society, London, Spec Publ 350:7–23

U.S. Geological Survey (2021) Mineral commodity summaries 2020: U.S. Geological Survey, 200 p., ► https://doi.org/10.3133/mcs2021

Whitney JA (1975) The effects of pressure, temperature, and X$_{H2O}$ on phase assemblages in four synthetic rock compositions. J Geol 83:1–27

gesetzt wurden, deutlich niedrigere Salinität von maximal 6 % NaCl-Äquivalent. Der größte Anteil solcher Fluide wird bei Temperaturen zwischen 250 und 400 °C freigesetzt. Fluidsysteme, die an den mittelozeanischen Rücken und im Backarc-Bereich am Meeresboden austreten, haben Temperaturen von 200–400 °C und ähnliche Salinität wie das Meerwasser (um 3,5 % NaCl-Äquivalent). Aus ihnen entstanden in der geologischen Vergangenheit und entstehen noch heute massive Sulfiderz-Lagerstätten (VHMS-Lagerstätten: ▶ Abschn. 23.3.1). Demgegenüber weisen die Fluide, aus denen die sedimentär-exhalativen Lagerstätten (SEDEX, ▶ Abschn. 23.3.5) gebildet wurden, generell höhere Salinität bis ca. 15 Gew.-% NaCl-Äquivalent auf, liegen aber meist in einem ähnlichen Temperaturbereich von 200–300 °C. Deutlich kühler (100–200 °C) und hochsalinar (meist 15–25 NaCl-Äquivalent) sind Formationswässer (engl. *„basinal brines"*), die zur Bildung der Mississippi-Valley-Typ- (MVT-)Lagerstätten geführt haben (▶ Abschn. 23.3.6).

Herkunft der Wärme Während magmatische Restlösungen oder bei prograder Metamorphose freigesetzte Fluide ihren Wärmeinhalt mitbringen, muss versickertes meteorisches Wasser in der Erdkruste erst aufgeheizt werden, um in Konvektionszellen den Aufstieg von hydrothermalen Lösungen/Fluiden zu ermöglichen. Solche Aufheizung kann in Gebieten mit einem überdurchschnittlich hohen geothermischen Gradienten stattfinden, insbesondere im Dachbereich von magmatischen Intrusionen oder oberhalb von Magmakammern sowie in Gebieten mit Dehnungstektonik. Als Wärmequelle kommt darüber hinaus der Zerfall lokal konzentrierter radioaktiver Elemente, besonders U, Th und K, in Graniten und Gneisen der kontinentalen Erdkruste infrage.

Herkunft der Metallgehalte Die in hydrothermalen Erzfluiden transportierten Metalle können im Fall von magmatogenen Fluiden dem kristallisierenden Magma entstammen oder aber auch dem entsprechenden Nebengestein. Bei nicht magmatogenen hydrothermalen Lagerstätten liegt die Metallquelle oft weit entfernt von der Lagerstätte, wobei das Volumen des ausgelaugten Quellgesteins entscheidend für den letztlichen Metallgehalt einer Lagerstätte oder einer ganzen Erzprovinz ist. So können z. B. Spurengehalte von Pb aus Feldspäten, von Zn und Cu aus Biotit mobilisiert und in den hydrothermalen Lösungen konzentriert werden. Sogar die Goldgehalte der reichsten Gold-Quarzgänge, wie z. B. der Mother Lode in Kalifornien oder Yellowknife in Kanada, wurden durch metamorphe Entwässerung aus unterlagernden metamorph überprägten Gesteinseinheiten mobilisiert (Goldfarb und Groves 2015).

Schon der Würzburger Geowissenschaftler Fridolin von Sandberger (1826–1898) hatte in seiner Theorie der *Lateralsekretion* versucht, hydrothermale Erzgänge durch solche Vorgänge zu erklären (von Sandberger 1881, 1885).

23.2 Magmatogen-hydrothermale Lagerstätten

23.2.1 Granitgebundene Zinn-Wolfram-Lagerstätten

Die bei der Kristallisation eines stark differenzierten, granitischen Magmas verbleibende fluide Phase ist zwangsläufig stark angereichert an inkompatiblen Elementen und leicht löslichen Salzen. Diese – durch einen niedrigen pH-Wert bedingt – aggressive Restlösung reagiert mit dem frisch gebildeten Granit, insbesondere in seinem Dachbereich, aber auch mit dem unmittelbar darüber lagernden Nebengestein, was zur lokalen Erzbildung führen kann. Die Temperatur der Erzfluide nimmt mit der Distanz vom Intrusionskörper ab, was zu einer typischen Zonierung im Metallgehalt führt (◨ Abb. 23.2). Während Sn und W in Form von Kassiterit und Wolframit im proximalen Bereich, z. T. noch innerhalb des Granitplutons dominieren, folgen mit zunehmender Distanz eine Cu-reiche, Pb + Zn-reiche und schließlich Fe-reiche Zone.

▪ **Kassiterit**
Zinn wird in hochtemperierten hydrothermalen Fluiden in Form von wässerigen Komplexen mit unterschied-

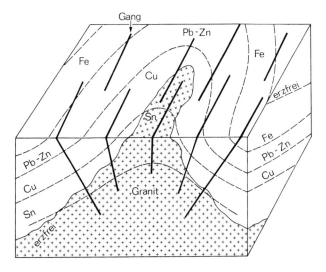

◨ **Abb. 23.2** Magmatogen-hydrothermale Vererzung in und um einen Granitpluton, wie er typischerweise in Cornwall (SW-England) angetroffen wird; zonare Abfolge von Sn → Cu → Pb–Zn → Fe mit zunehmendem Abstand vom Granitkontakt. (Aus Evans 1993)

lichen Liganden wie Cl^-, F^- und $(OH)^-$ gelöst. Bei Zunahme von Salinität sowie bei Abnahme des pH-Wertes oder des Redoxpotentials scheidet sich Kassiterit aus, z. B. durch folgende Reaktionen, bei denen Sn^{2+} zu Sn^{4+} oxidiert wird:

$$2SnCl^+ + 2H_2O + O_2 \leftrightarrow \mathbf{2SnO_2} + 4H^+ + 2Cl^- \quad (23.1)$$
$$\text{Kassiterit}$$

$$2SnF^+ + 2H_2O + O_2 \leftrightarrow \mathbf{2SnO_2} + 4H^+ + 2F^- \quad (23.2)$$
$$\text{Kassiterit}$$

Analoge Reaktionen kann man für die Ausscheidung von Quarz aus der fluiden Phase formulieren:

$$SiCl_3^+ + 2H_2O \leftrightarrow \mathbf{SiO_2} + 4H^+ + 3Cl^- \quad (23.3)$$
$$\text{Quarz}$$

$$SiF_3^+ + 2H_2O \leftrightarrow \mathbf{SiO_2} + 4H^+ + 3F^- \quad (23.4)$$
$$\text{Quarz}$$

Die Verdrängung von Kalifeldspat im Granit durch Kassiterit erfolgt gewöhnlich unter gleichzeitiger Neubildung von Quarz und Hellglimmer nach der folgenden Reaktion:

$$SnCl_3^+ + 3(\mathbf{K, Na})[AlSi_3O_8] + 2H_2O \leftrightarrow$$
$$\text{Alkalifeldspat}$$
$$\mathbf{SnO_2} + KAl_2[(OH)_2 AlSi_3O_{10}]$$
$$\text{Kassiterit} \quad \text{Muscovit}$$
$$+6SiO_2 + 2(K^+, Na^+) + 4H^+ + 3Cl \quad (23.5)$$
$$\text{Quarz}$$

Die dabei freiwerdenden Säuren, insbesondere HCl und HF, bewirken darüber hinaus eine Umwandlung von magmatischem Feldspat, z. B. von Plagioklas, in Topas unter Ausscheidung von Quarz und Fluorit:

$$\mathbf{CaAl_2Si_2O_8} + 4F^- + 4H^+ \leftrightarrow Al_2\left[F_2/SiO_4\right]$$
$$\text{An - Komponente in Plagioklas} \quad \text{Topas}$$
$$+ SiO_2 + CaF_2 + 2H_2O \quad (23.6)$$
$$\text{Quarz} \quad \text{Fluorit}$$

Unter dem Einfluss von BO_3- und Li-haltigen Lösungen entstehen darüber hinaus Turmalin und Li-Glimmer.

> Gesteine, die durch Umwandlung von Graniten im „pneumatolytischen" Übergangsbereich zwischen dem granitisch-pegmatitischen und hydrothermalen Stadium entstanden sind, werden mit dem alten sächsischen Bergmannsbegriff *Greisen* bezeichnet; der Vorgang selbst heißt *Vergreisung*.

Unter den primären Lagerstätten des Zinns spielen *Zinngreisen* und assoziierte Kassiteritgänge weitaus die bedeutendste Rolle. In Paragenese mit *Kassiterit* treten *Quarz, Topas* und/oder *Turmalin*, die *Lithiumglimmer Lepidolith* oder *Zinnwaldit* sowie *Wolframit*, (Fe,Mn) WO_4 auf. Häufige, aber eher untergeordnete Begleitminerale sind *Apatit, Fluorit, Scheelit*, $CaWO_4$, *Molybdänit*, MoS_2 und *Hämatit*. Zinngreisen sind meist an die *Dachregion granitischer Plutone* gebunden. Dabei handelt es sich stets um die jüngsten, am stärksten differenzierte Granitkörper innerhalb einer Granitregion, also solche, die an SiO_2, Alkalien und anderen inkompatiblen Elementen angereichert sind. Man unterscheidet eine grobkörnige Varietät, den eigentlichen Greisen, und eine feinkörnige Varietät, die von den sächsischen Bergleuten als *Zwitter* bezeichnet wurde.

Beim Vergreisungsvorgang werden die Feldspäte durch Topas oder Turmalin, Quarz und Kassiterit, die magmatischen Glimmer des Granits durch Li-Glimmer ersetzt. In einem der klassischen Gebiete des Zinnbergbaus, dem östlichen und mittleren Erzgebirge, liegt z. B. stets *Topasgreisen* vor; dagegen tritt in Cornwall *Turmalingreisen* auf. Auch in den derzeit reichsten Zinnlagerstätten Europas in Nordportugal und NW-Spanien wird Turmalingreisen abgebaut.

Bereits in der frühen Bronzezeit wurde im Erzgebirge (ab ca. 2500 v. Chr.) und in Cornwall (ab ca. 2000 v. Chr.) Bergbau auf Zinnerz betrieben, was wohl namensgebend für das Mineral Kassiterit war: als Kassiteriden wurde in der Antike eine sagenumwobene Inselgruppe vor der britischen Küste bezeichnet. Für die Vermarktung an den Orten der Metallhandwerker mussten oft weite Transportwege zu See und über Land bewältigt werden.

In der Zinnlagerstätte von Altenberg im östlichen Erzgebirge (Sachsen) ist die Scheitelregion eines aufgewölbten Granitkörpers bis zu 250 m Tiefe weitgehend in einen dichtkörnigen Greisen, den *Altenberger Zwitterstock*, umgewandelt (◘ Abb. 23.3). Es handelt sich um diffuse Imprägnationszonen, bestehend aus einem dicht gescharten Netzwerk von Klüften, die mit feinkörnigem Kassiterit gefüllt sind (◘ Abb. 23.4). Als Folge des intensiven Abbaus, der seit 1458 in bis zu 90 Betrieben des Kleinbergbaus erfolgte, brachen die alten

23

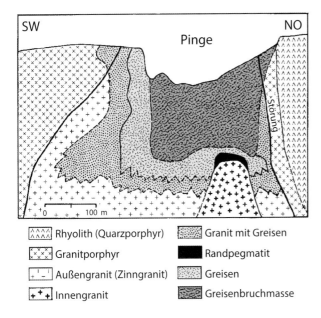

SW   Pinge   NO

<u>⌃⌃⌃⌃</u> Rhyolith (Quarzporphyr)   Granit mit Greisen

<u>⌈xxx⌉</u> Granitporphyr   ■ Randpegmatit

<u>⌈₋ ₋⌉</u> Außengranit (Zinngranit)   Greisen

<u>⌈₊⁺₊⌉</u> Innengranit   Greisenbruchmasse

Abb. 23.3 Profil durch den Granitstock von Altenberg (Erzgebirge), der teilweise in Greisen umgewandelt wurde. (Nach Schlegel, umgezeichnet aus Baumann et al. 1979)

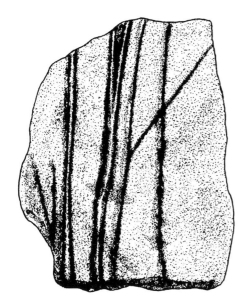

Abb. 23.4 Sogenannte Zwitterbänder (Kassiterit-Imprägnationen) im dichten Greisen von Altenberg, Erzgebirge. (Nach Beck 1903)

Weitungsbaue 1620 schließlich zusammen. So entstand die Altenberger Pinge, in der man noch bis 1990 ununterbrochen Bergbau betrieb, der jedoch zunehmend unrentabler wurde.

Kassiterit-Gänge treten z. B. im benachbarten Cínovec (früher *Zinnwald*, Erzgebirge, Tschechische Republik) auf. Sie führen oft gut ausgebildete, gedrungen-prismatische Kassiterit-Kristalle mit {111} und

{110} in gleich großer Entwicklung, die sehr häufig nach (011) verzwillingt sind und wegen ihres Aussehens als Visiergraupen bezeichnet werden. (■ Abb. 7.10b, c). Begleitminerale sind Wolframit, Scheelit und Fluorit; die Außenzonen der Gänge bestehen aus Lepidolith (■ Abb. 23.5).

Die chemische Zusammensetzung des Erzfluids ließ sich nicht nur aus den beobachteten Mineralparagenesen ableiten, sondern auch direkt durch ortsauflösende LA-ICP-MS-Analysen von Flüssigkeitseinschlüssen in Gangquarz von Cinovec. Neben Fe und Na konnten in diesen hochtemperierten (400–370 °C) wässerigen Fluiden auch erhöhte Sn-Gehalte nachgewiesen werden (▶ Kap. 12; Graupner et al. 2006).

Zinngreisen finden sich an mehreren Stellen in Europa und wurden vor allem im Erzgebirge, in Cornwall, im Französischen Zentralmassiv und auf der Iberischen Halbinsel abgebaut. Sie sind alle an synorogene Granite des Variszischen Orogens gebunden. Andernorts entstanden wirtschaftlich wichtige Zinnlagerstätten im Backarc-Bereich von aktiven Kontinentalrändern spätpaläozoischen bis mesozoischen Alters. Hierzu gehören Lagerstätten in den peruanischen und bolivianischen Anden, im Yukon-Distrikt (NW-Kanada), in Korea, in der Jangxi-Provinz (VR China) und in Neusüdwales (Australien). Von großer wirtschaftlicher Bedeutung ist der südostasiatische Zinngürtel des spätkretazischen bis frühtertiären Inselbogens, der sich von Myanmar über Thailand und Malaysia bis zum Indonesischen Archipel erstreckt. Am bekanntesten sind die Vorkommen der malaiischen

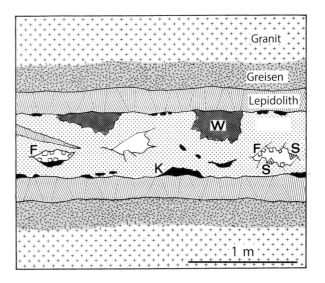

Abb. 23.5 Historische Skizze eines hydrothermalen Quarzgangs mit Kassiterit (K), Wolframit (W), Fluorit (F) und Scheelit (S) mit einer Randzone aus Lepidolith und einer Greisenzone an den Salbändern, Cinovec (historischer Name „Zinnwald"), Böhmisches Erzgebirge, Tschechische Republik. (Nach Beck 1903)

Halbinsel und auf den indonesischen „Zinn-Inseln" Bangka und Billiton. Heute vollzieht sich der Abbau allerdings vorrangig auf sekundären Seifenlagerstätten (▶ Abschn. 25.2.7).

Im Gebiet von Cerro de Potosí, Llallagua und Oruro in den *bolivianischen Anden* treten *subvulkanische Kassiterit-Gänge* und Zinngreisen auf, die an quarzlatitische bis rhyolithische Vulkanite jungtertiären Alters geknüpft sind. Da infolge rascher Abkühlung die Förderwege der Sn-führenden Fluide relativ kurz waren, kam es zum *Telescoping* der Mineralparagesen. Kristalle von Kassiterit, die aus hydrothermalen Lösungen von relativ niedriger Temperatur kristallisierten, zeigen nadeligen Habitus (*Nadelzinn,* ◲ Abb. 7.10d) und sind häufig in büscheligen Kristallgruppen angeordnet. Daneben ist hier *Stannin* (Zinnkies), Cu_2FeSnS_4, das wichtigste Sn-Erzmineral. Die hochtemperierten Kassiterit-Gänge gehen in *mesothermale* Sn-Ag-Bi-Erzgänge über, die Kassiterit, Stannin, Bismuthinit, Bi_2S_3, und seltenere Sulfostannate sowie verschiedene *komplexe Silberminerale* führen. Darüber hinaus treten zahlreiche Sulfidminerale auf, zusammen mit Fluorit, Siderit und etwas Scheelit. Kassiterit, der als *Holzzinn* in traubig-nieriger Form ausgebildet ist, kristallierte aus telethermalen Lösungen.

Der *bolivianische Zinngürtel* ist die zweitwichtigste Zinnprovinz der Erde, in der eine wirtschaftliche Sn-Gewinnung allerdings nur möglich ist, wenn Ag als Beiprodukt gewonnen werden kann. So enthalten die Zinnerz-Gänge von Cerro de Potosí 150–250 g/t Ag neben 0,3–0,4 % Sn. Llallagua war einst die weltgrößte Zinngrube, in der Primärerz abgebaut wurde; sie förderte seit 1899 über 500.000 t Sn. Der San-Rafael-Gang, am Nordende des bolivianischen Zinngürtels in Peru gelegen, gilt derzeit als der reichste Zinnerz-Gang der Welt mit Durchschnittsgehalten von ca. 5 % Sn und 0,16 % Cu sowie Erzvorräten von ca. 14 Mt (Mlynarczyk et al. 2003).

Schon im 16. Jh. zur Zeit der spanischen Konquistadoren wurden die Ag-Vorkommen im bolivianischen Zinngürtel abgebaut, die allerdings ihren sagenhaften Ag-Reichtum einer sekundären Anreicherung durch Verwitterung verdankten (▶ Abschn. 24.6). Bedingt durch den Zusammenbruch des Zinnmarktes in den 1980er-Jahren wurden die meisten bolivianischen Zinn-Erzgruben reprivatisiert und nacheinander stillgelegt. In Llallagua findet in den alten Tagebauen und den riesigen Abraumhalden immer noch eine kleinmaßstäbliche Gewinnung von Zinnerz statt. Dieser Bergbau wird von einzelnen Mineros oder kleinen Genossenschaften durchgeführt, wenn auch unter extrem gesundheitsgefährdenden Bedingungen.

Im Jahr 2020 erreichte die globale Produktion von Zinn 270.000 t, von der 84 % aus sechs Ländern kamen: VR China (81 kt), Indonesien (66 kt), Myanmar (33 kt), Peru (18 kt), Bolivien (15 kt) und Brasilien (13 kt) (U.S. Geological Survey 2021).

■ **Wolframit**

Wolframit, $(Fe,Mn)[WO_4]$, ist ein häufiger Begleiter von Kassiterit in vielen Zinnerz-Lagerstätten, besonders in hydrothermalen *Kassiterit-Gängen.* Die relativ einfache Paragenese besteht aus Quarz, Kassiterit und Wolframit sowie wenig Turmalin der dunklen Varietät Schörl, der bei flüchtigem Ansehen leicht mit Wolframit verwechselt werden kann. Im Gegensatz zu Kassiterit zeigt Wolframit stängeligen Habitus. Viele Zinnerz-Lagerstätten enthalten so viel Wolframit, dass sie zusätzlich für die Produktion von Wolfram geeignet sind. So wurden im sächsisch-böhmischen Erzgebirge und in Cornwall seit dem 19. Jh. die traditionellen Zinnerz-Lagerstätten und ihre Schlackenhalden auch auf W abgebaut. In den Sn-W-Lagerstätten in Nordwestspanien und Nordportugal ist die Panasqueira Mine einer der größten Woram-Bergbaue weltweit. Es gibt aber auch hydrothermale Wolframit-Gänge, in denen Kassiterit fehlt und die meist aus der wesentlich einfacheren Paragenese Quarz–Wolframit bestehen.

■ **Scheelit**

Mit *Scheelit,* $CaWO_4$, vererzte Bereiche sind vielerorts an granitischen Magmatismus gebunden (s. ▶ Abschn. 23.2.6). Dies gilt auch für die 1967 entdeckte *stratiforme Scheelit-Lagerstätte* vom Felbertal (Hohe Tauern, Österreich), die zwar ursprünglich wegen ihrer stratiformen Ausbildung als metamorph überprägte syngenetische Vererzung interpretiert wurde, heute aber durch W-reiche Fluide aus einem granitischen Magma erklärt wird. Dieser granitische Magmatismus führte vor ca. 340 Ma zu einer Stockwerkvererzung (engl. *„stockwork ore",* s. ▶ Abschn. 23.2.2), die anschließend, sowohl während der variszischen als auch der alpinen Orogenese metamorph überprägt wurde (Kozlik et al. 2016).

Insgesamt betrug 2020 die Produktion von Wolfram 84.000 t, von denen ca. 98 % auf elf Länder entfielen: VR China (69 kt), Vietnam (4300 t), Russland (2200 t), Mongolei (1900 t), Bolivien (1400 t), Ruanda (1000 t), Österreich (890 t), Spanien (800 t), Portugal (680 t) und Nordkorea (500 t) (U.S. Geological Survey 2021).

23.2.2 Porphyrische Cu-(Mo-,Au-) Lagerstätten

Hochtemperierte hydrothermale Cu-reiche Imprägnationslagerstätten sind an die Dachbereiche von magmatischen Intrusionskörpern, meist von I-Typ-Granit, Granodiorit, Tonalit, seltener auch von Monzonit oder Diorit gebunden. Oft bilden die Wirtsgesteine die subvulkanischen bis vulkanischen Ausläufer dieser Plutone (◲ Abb. 23.6) und bestehen dann insbesondere aus Trachyandesit, Dacit und Andesit mit typisch por-

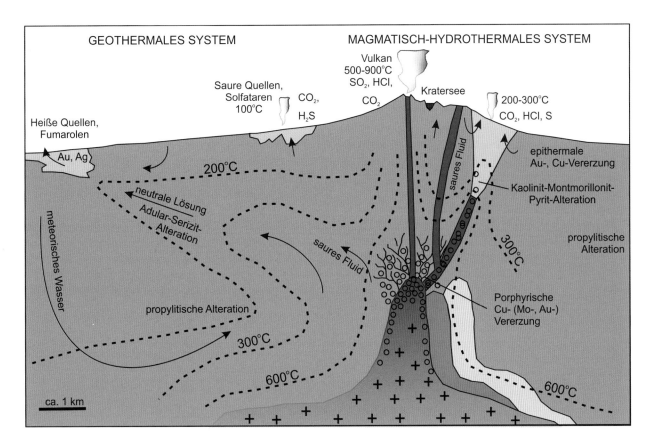

GEOTHERMALES SYSTEM

MAGMATISCH-HYDROTHERMALES SYSTEM

□ **Abb. 23.6** Schematische Darstellung der räumlichen Beziehung zwischen subvulkanischer porphyrischer Cu- (Mo-, Au-) Vererzung, oberflächennaher epithermaler Au- (Ag- ,Cu-) Vererzung und vulkanischer Entgasung. (Verändert nach Hedenquist et al. 2000)

phyrischem Gefüge. Daraus leitet sich die Bezeichnung *„porphyry copper deposits"* für diesen Lagerstättentyp ab. Die Erze darin treten nicht massiv, sondern in feinster Verteilung auf; sie füllen als *Stockwerkerz* ein feines Kluftnetz aus oder als *disseminiertes Erz ("disseminated ore")* den ehemaligen Porenraum des Gesteins. Daneben gibt es *vererzte Brekzienzonen,* die in den vulkanischen Bereich überleiten können. Die Entstehung des Kluftnetzes und der Brekzien kann zumindest teilweise durch hydraulische Brekzierung (engl. *„hydraulic fracturing")* als Ergebnis retrograden Siedens erklärt werden (▶ Abschn. 23.1), während die Porosität eine Folge von spätmagmatischen Alterationserscheinungen ist, wie sie für diese Lagerstätten typisch sind. Damit ergeben sich klare genetische Zusammenhänge zum kristallisierenden Magma. Die Ähnlichkeiten dieser Vererzungen mit Greisen-Lagerstätten sind unübersehbar.

Geochronologische Untersuchungen und thermische Modellierungen sprechen dafür, dass die hydrothermale Aktivität gewöhnlich in einzelnen „Ereignissen" stattfand, die etwa 50.000 bis 500.000 Jahre andauerten. Jedoch spielte sich die Bildung von einigen großen Cu-Lagerstätten in mehreren Episoden ab, die sich insgesamt über Zeiträume von mehreren Millionen Jahren erstreckten (Seedorff et al. 2005).

Die porphyrischen Kupfererze bilden die größten Kupfererz-Lagerstätten, die mehr als die Hälfte der derzeitigen Weltproduktion an Kupfer liefern und daher von höchster wirtschaftlicher Bedeutung sind. Daneben liefern Lagerstätten dieses Typs beachtliche Mengen an Mo und Au, die stellenweise auch die vorherrschenden Metalle sein können, während Ag untergeordnet beteiligt sein kann.

Die wichtigsten Erzminerale sind *Chalkopyrit,* $CuFeS_2$, *Enargit,* Cu_3AsS_4, *Molybdänit,* MoS_2, sowie *Pyrit,* FeS_2. Obwohl der Metallgehalt in diesem Lagerstättentyp mit 0,3–2 % Cu sowie maximal 0,15 % Mo, 4,3 g/t Ag und 1 g/t Au vergleichsweise gering ist, stellen diese Lagerstätten wegen ihrer riesigen Größe (typischerweise 500–5000 Mt Erz) *enorme Metallreserven* dar.

Da ein selektiver Abbau von Stockwerkerz, disseminiertem Erz und Nebengestein in diesen Lagerstätten nicht möglich ist, können diese Imprägnationserze nur als Ganzes gewonnen werden, was lediglich in gewaltigen Tagebauen wirtschaftlich ist. Hierdurch entstehen die größten, von Menschenhand geschaffenen Hohlräume an der Erdoberfläche, z. B. die Bingham Mine in Utah, USA. Die modernen technischen Möglichkeiten gestatten heute den Abbau von vergleichsweise armen Primärlagerstätten. Demgegenüber waren in früherer Zeit meist nur die Oxidations- und Zementationszonen (► Abschn. 24.6) bauwürdig, in denen die Metallgehalte durch Verwitterungsvorgänge sekundär angereichert wurden.

Kennzeichnend für porphyrische Kupfererze ist eine starke *spätmagmatische Alteration* des assoziierten Plutons und seines Nebengesteins durch die Einwirkung der magmatogenen Fluide und durch den Pluton aufgeheiztes meteorisches Wasser in der Umgebung (◘ Abb. 23.7). Verdrängungserscheinungen spielen dabei nur eine untergeordnete Rolle. Je nach vorherrschender Mineralneubildung unterscheidet man von innen nach außen folgende Alterationszonen:

— *Kaliumbetonte Zone („potassic alteration zone")* mit hydrothermalem Kalifeldspat, Biotit und Chlorit;
— *Sericit-Zone („phyllic alteration zone")* mit Quarz, Sericit, Pyrit sowie untergeordnet Chlorit, Illit und Rutil;
— *Tonmineral-Zone („argillic alteration zone")* mit Kaolinit, Montmorillonit und Pyrit,
— *Propylit-Zone („propylitic alteration zone")* mit Chlorit, Epidot, Pyrit und Calcit.

Die *Kupfererze* können im Intrusivkörper, im Nebengestein oder in beiden auftreten, bevorzugt im Bereich der K-Alteration (◘ Abb. 23.7). Pyrit ist besonders dominant in der Sericit-Zone und nimmt über die Tonmineral- zur Propylit-Zone hin ab. Untersuchungen an Fluideinschlüssen und stabilen Isotopen (◘ Abb. 12.2) weisen darauf hin, dass die *erzbildenden Lösungen* teilweise aus dem kristallisierenden Pluton selbst, teilweise von aufgeheizten meteorischen Wässern aus der Nachbarschaft stammen. Mit Temperaturen zwischen 700 und 550 °C sind die magmatogenen Fluide als *katathermal* einzustufen. Sie enthalten hohe Anteile an Cl⁻, was

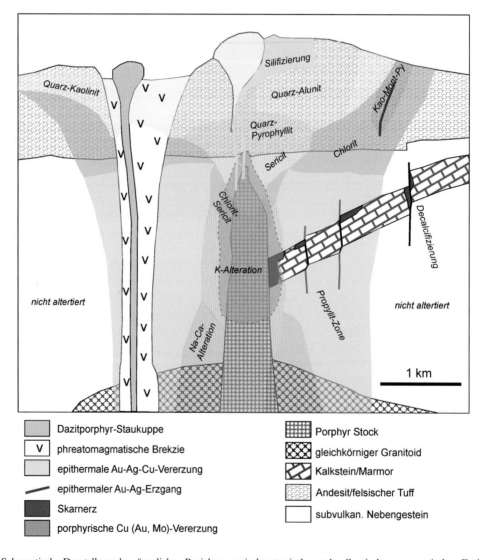

◘ **Abb. 23.7**   Schematische Darstellung der räumlichen Beziehung zwischen typischen subvulkanischen magmatischen Fazies, porphyrischer Cu-(Mo, Au)-Vererzung, distaler epithermaler und Skarn-Vererzung sowie hydrothermaler Alterationszonen. (Verändert nach Sillitoe 2010)

den Metalltransport entscheidend erleichtert. Die Metallquelle wird in erster Linie im Magma gesehen und nicht im Nebengestein.

Porphyrische Kupfererze mit variablen Mengen an Ag, Au und Mo bilden sich an konvergenten Plattenrändern oberhalb von Subduktionszonen (s. ▶ Abschn. 29.3.2). In manchen Fällen kann sogar Au oder Mo das Hauptprodukt sein. Au-reiche Systeme tendieren dazu, besondern in Inselbögen und in proximaler Position aktiver Kontinentalränder aufzutreten, während Mo-reiche Systeme eher in Orogenzonen weiter im Inneren von aktiven Kontinentalrändern vorkommen. Goldreiche porphyrische Kupferlagerstätten sind daher meist arm an Mo und umgekehrt.

Die Zahl porphyrischer Cu-(Au-) und Cu-(Mo-) Lagerstätten ist außerordentlich groß. Mit 200 Mio. t bekannter bauwürdiger Cu-Vorräte hält Chile ca. 25 % der globalen Cu-Reserven, der größte Teil davon in porphyrischen Kupferlagerstätten. Gleichzeitig ist Chile auch der weltweit größte Kupferproduzent mit einer Jahresförderung in 2020 von 5,7 Mio t (= 28,5 % der globalen Förderung), gefolgt von Peru (2,2 Mio. t), der VR China (1,7 Mio. t), der DR Kongo (1,3 Mio. t), den USA (1,2 Mio t), Australien (870 kt), Russland (850 kt), Sambia (830 kt), Mexiko (690 kt), Kasachstan (580 kt) und Kanada (570 kt) (U.S. Geological Survey 2021).

Mit nachgewiesenen Vorräten (Reserven) von 4381 Mio. t mit einem Cu-Gehalt von 0,8 beziehungsweise 1934 Mt mit 0,69 % Cu gehören die chilenischen Lagerstätten El Teniente und Chuquicamata zu den weltweit größten Buntmetall-Lagerstätten. Die größte Cu- und Au-Lagerstätte der USA ist Bingham (Utah) mit einem Gesamtvorrat von 619 Mio. t mit 0,42 % Cu, 0,17 g/t Au, 2,04 g/t Ag und 0,035 % Mo. Weiter erwähnt seien die Lagerstätten Morenci und San Manuel-Kalamazoo (Arizona), Butte (Montana, s. auch ▶ Abschn. 23.4.1), Santa Rita (New Mexico), Lornex und Valley Copper (Kanada), Cananea (Mexiko), Cerro Colorado (Panama), Panguna (Papua-Neuguinea), Sar Cheshmeh (Iran), Kounrad (Kasachstan) sowie zahlreiche Lagerstätten im Norden von Xinjiang, NW-China (Chen et al. 2012). Bedeutende südosteuropäische porphyrische Kupfererz-Lagerstätten sind Recsk in Ungarn mit Erzvorräten von über 10 Mio. t sowie Maidan Pek und Bor in Serbien. Letztere finden sich als vornehmliche Imprägnationen von Chalkopyrit, Molybdänit und Pyrit, in späterer Folge auch Enargit, Chalkosin und Covellin (vor allem in Bor) in subvulkanischem, stark propylitisch alteriertem Andesit.

■ **Porphyrische Gold-Lagerstätten**

Wie schon erwähnt kann der Au-Gehalt in porphyrischen Kupferlagerstätten so hoch sein, dass Gold zum Hauptprodukt des Abbaus wird und damit einige der weltweit größten Goldlagerstätten ausmacht (Bierlein

et al. 2006; Frimmel 2008; Tosdal et al. 2009). Das gilt ganz besonders für die Goldlagerstätte von Grasberg in Indonesien, die mit gesicherten und wahrscheinlichen Vorräten von ca. 5 Mio. t Erz mit 2 g/t Au, 3,7 g/t Ag und 1,3 % Cu wohl die zweitgrößte Gold-Anreicherung der Welt darstellt. Weiter sind zu nennen die Lagerstätten Ok Tedi (ca. 1130 t Au) und Porgera (ca. 1110 t Au) in Papua-Neuguinea (z. B. Garwin et al. 2005), Boddington im australischen Yilgarn-Kraton (ca. 1280 t Au), Kalmakyr in Usbekistan (ca. 1300 t Au), Bingham in Utah (ca. 1000 t Au), Cananea in Mexiko (ca. 1270 t Au) sowie die zahlreichen Gold-führenden Lagerstätten in den südamerikanischen Anden wie Bajo de la Alumbrera in Argentinien, Chuquicamata und La Escondida in Chile und der Cajamarca-Distrikt in Peru (z. B. Sillitoe 2010). Viele von ihnen sind an K-reiche Kalkalkali-Vulkanite, z. B. an Shoshonit gebunden (Müller und Groves 2000).

■ **Porphyrische Molybänlagerstätten**

Gewöhnlich ist Molybdänit nur als akzessorisches Erzmineral in Sn-W-Greisen und porphyrischen Cu-Erzlagerstätten zu finden, aus denen Mo als Nebenprodukt extrahiert werden kann. Viel wichtiger sind jedoch selbständige Mo-Lagerstätten, die bei hohen Temperaturen durch Molybdänit-Imprägnationen gebildet wurden und an porphyrische Cu-Vererzung erinnern. Wie diese sind sie an üblicherweise porphyrische, subvulkanische Magmatite gebunden, die oberhalb von Subduktionszonen gebildet wurden. Herausragender Vertreter dieser porphyrischen Molybdänlagerstätten, der zeitweilig mit bis zu 80 % an der globalen Mo-Produktion beteiligt war, ist die *Climax Mine* in Colorado (USA) mit nachgewiesenen Vorräten von 160 Mio. t und 0,15 % Mo. Dort wurden die äußeren Zonen eines großen Intrusivkörpers aus porphyrischem Granodiorit in einen dichtkörnigen, zwitterähnlich aussehenden Greisen umgewandelt, in dem ein dichtes Kluftnetzwerk von Molybdänit gefüllt wurde und so zu einer typischen *Stockwerkvererzung* führte. Kreuz und quer verlaufende Quarzgänge enthalten neben Molybdänit zuweilen auch etwas Kassiterit, Wolframit und teilweise viel Pyrit. Die zentralen Partien des Granodioritkörpers sind völlig verkieselt. Gleicher Entstehung ist die benachbarte Lagerstätte von *Henderson* mit Erzvorräten von 67 Mio. t und einem durchschnittlichen Mo-Gehalt von 0,4 %. Aufgrund dieser beiden Lagerstätten standen die USA bis 2008 an erster Stelle in der weltweiten Mo-Förderung. Von zunehmender Bedeutung sind jedoch heute die porphyrischen Molybdänlagerstätten der in jüngerer Zeit entdeckten Xilamulun-Erzprovinz am Nordrand des Nordchina-Kratons, die China zum wichtigsten Mo-Produzenten der Welt aufsteigen ließ (Wu et al. 2011). Im Jahr 2020 belief sich die Mo-Förderung der VR China auf 120.000 t

(40 % der globalen Produktion). Es folgen Chile (58 kt), die USA (49 kt) und Peru (30 kt) (U.S. Geological Survey 2021).

23.2.3 Epithermale Au-(Ag-)Lagerstätten

Genetisch unmittelbar mit porphyrischen Cu-(Au-)Lagerstätten verbunden sind epithermale Au-(Ag-)Lagerstätten (◘ Abb. 23.6). Sie sind das Produkt von magmatogenen Fluiden, die aus dem porphyrischen Stockwerk in wenigen Kilometern Tiefe bis nahe oder an die Erdoberfläche aufsteigen können und sich dabei mehr oder weniger stark mit meteorischen Wässern vermischen. Die Erzkörper, entweder in Form von Gängen oder Imprägnationen, stehen in enger räumlicher Beziehung zu subvulkanischen Intrusivstöcken, Vulkanschloten und Tuffablagerungen (◘ Abb. 23.7). Wie schon bei den porphyrischen Cu-(Au-)Lagerstätten handelt es sich vorwiegend um Kalkalkali-Vulkanite wie Andesit, Dacit, Shoshonit und Rhyolith (Müller und Groves 2000). Die Erze sind an vulkanische Spalten und Zerrüttungszonen gebunden und mitunter brekziös entwickelt. Kristalldrusen füllen zahlreiche Hohlräume. Besonders die oberflächennahen Gänge und Mineralabscheidungen besitzen bei starkem Telescoping eine vielfältige Überlagerung der Paragenesen.

Die Mineralogie dieses Vererzungstyps ist auffällig artenreich. Gold tritt gewöhnlich als *Elektrum* auf, eine weißgelbe, stark silberhaltige Legierung mit > 20 % Ag. Als *Freigold* ist es mit Gangarten und Sulfiden innig verwachsen oder ist als *„unsichtbares Gold"* im Nanometer-Bereich in Pyrit eingelagert. Charakteristisch für epithermale Lagerstätten sind außerdem *Goldtelluride* und *Goldselenide* sowie viele *edle Silberminerale* wie Argentit-Akanthit (Silberglanz), Ag_2S, gediegen Silber, Proustit, Ag_3AsS_3, Pyrargyrit, Ag_3SbS_3, Freibergit, $(Ag,Cu)_{10}(Fe,Zn)_2(Sb,As)_4S_{13}$, und Ag-reicher Galenit. Viele der edelmetallhaltigen Gänge gehen nach der Tiefe hin in Pb-Zn-Cu-Gänge über. Eine solche *Gangverschlechterung*, aber auch das Gegenteil, eine *Gangverbesserung*, werden im Bergbau als *primäre Teufenunterschiede* sehr beachtet. Typische Gangarten sind Calcit, Quarz (häufig als Amethyst), Chalcedon, Rhodochrosit und verschiedene Zeolithe. Das Nebengestein ist durch *Propylitisierung* grünlich zersetzt, wobei sich auf Kosten der magmatischen Gemengteile Chlorit, Pyrophyllit, Kaolinit, Dickit, Illit, Epidot, Albit, Adular, Quarz, Calcit, Alaun, $KAl_3[(OH)_6/(SO_4)_2]$, und Pyrit als Sekundärminerale gebildet haben.

Die Eigenschaften epithermaler Fluidsysteme lassen sich direkt an rezenten Erzminerale abscheidenden heißen Quellen an der Erdoberfläche studieren, wie z. B. im Yellowstone National Park in den USA oder dem Champagne Pool im Geothermalgebiet Wai-O-Tapu bei Rotorua in Neuseeland. Mineralogisch und gene-

tisch lassen sich zwei Typen von epithermalen Vererzungen unterscheiden (Simmons et al. 2005):

— Hauptsächlich aus magmatogenen, sehr sauren Fluiden entstanden Au-Cu ± Ag-Vererzungen mit Quarz + Alaun ± Pyrophyllit ± Dickit ± Kaolinit und hoher Sulfidierungsrate. Deren Temperatur variiert zwischen 200 und 300 °C, ihre Salinität liegt meist nur bei < 5–10 %, erreicht aber auch gelegentlich Werte von > 30 % NaCl-Äquivalent. Niedrigsalinare Lösungen mit < 5 % NaCl-Äquivalent neigen zur Bildung von reichen Au-Ag- und Ag-Au-Vererzungen, während stärker salinare Fluide zur Ausfällung von Buntmetall-Mineralen tendieren. Bedingt durch ihren hohen Sulfidierungsgrad werden diese Vererzungen im Englischen als *„high-sulfidation deposits"* bezeichnet, die in unmittelbarer Nähe *(proximal)* des vulkanischen Zentrums entstehen.

— Demgegenüber wurden Vererzungen mit den Gangarten Quarz ± Calcit ± Adular ± Illit in erster Linie aus konvektierenden meteorischen Wässern abgeschieden, die in der Tiefe auf 100–200 °C durch die Nähe zu kurz vorher gebildeten, noch warmen Magmatiten aufgeheizt wurden. Sie finden sich in gewisser Entfernung *(distal)* vom vulkanischen Zentrum. Solche Wässer haben einen höheren pH-Wert und niedrigeren Sulfidierungsgrad (engl. *„low-sulfidation deposit"*), was sich in der Mineralogie widerspiegelt. An der Erdoberfläche können sie zur Bildung von Sinter, Chalcedon und Opal führen.

Eine der wichtigsten epithermalen Au-Ag-Lagerstätten war in der 2. Hälfte des 19. Jh. der *Comstock Lode* in Nevada. Er stellte eine der größten Metallanreicherungen der Welt dar, aus der seit 1859 rund 250 t Au und 7 Mio. t Ag gefördert wurden; die reichen Erzkörper („Bonanzas") ließen sich bis in eine Teufe von 900 m verfolgen; der größte von ihnen enthielt 2,4 Mt Erz mit Durchschnittsgehalten von 54 g/t Au und 850 g/t Ag. Ein weiteres sehr bekanntes Beispiel für die zahlreichen epithermalen Au–Ag-Lagerstätten ist *Cripple Creek* in Colorado (USA), wo 2019 etwa 10 t Au gefördert wurden; die nachgewiesenen und vermuteten Vorräte belaufen sich auf etwa 107 t Au, wobei der durchschnittliche Au-Gehalt im Laufe der Zeit auf unter 0,5 g/t abgenommen hat, was nur noch Förderung im Tagebau ökonomisch sinnvoll macht. Die Lagerstätte ist an einen 30 Ma alten Komplex aus vulkanischen und subvulkanischen Gesteinen gebunden, der in einem proterozoischen Grundgebirge im früheren Backarc-Bereich der Rocky Mountains liegt. Besonders Ag-reich sind die zahlreichen Ag-Au-Ganglagerstätten Mexikos. Beachtliche Au-Reserven enthalten die Lagerstätten El Indio in Chile und ganz besonders Yanacocha in Peru, letztere mit Vorräten von noch ca. 216 t Au mit einem durchschnittlichen Au-Gehalt von 1 g/t.

23

Besonders reich an subvulkanischen Goldlagerstätten sind die Inselbögen rund um den Pazifik (z. B. Garwin et al. 2005), so Ladolam auf der Insel Lihir (Papua-Neuguinea), Baguio (Philippinen) und Emperor (Fidschi-Inseln). Die Ladolam-Lagerstätte ist bemerkenswert für den Abbau eines sehr jungen, ca. 336.000 Jahre alten, epithermalen Erzkörpers in einer geothermisch noch immer aktiven Caldera eines pliozänen bis pleistozänen Vulkans. Mit einer Jahresproduktion von ca. 20 t und nachgewiesenen und vermuteten Resourcen (2014) von ca. 1760 t Au nimmt diese Lagerstätte einen Spitzenrang ein (Frimmel 2008).

In Europa sind Vorkommen von Golderzen der subvulkanischen Abfolge an den andesitisch-dacitischen Magmatismus des Karpaten-Innenrandes gebunden. Die wichtigsten Lagerstätten liegen im Slowakischen Erzgebirge, z. B. im Gebiet von Banska Štiavnica, wo auch eine Cu-Au-Skarnerzlagerstätte abgebaut wurde, im Vihorlat-Gebirge (Ostslowakei) und im Siebenbürgener Erzgebirge (Apuseni-Gebirge, Transsylvanien, Rumänien). In letzterem, auch als „Goldenes Viereck" bekannt, liegt die Lagerstätte Rosia Montana, wo über mehr als 2000 Jahre Gold unter Tage abgebaut wurde. Die epithermale Vererzung ist an tertiären Dacit und eine damit einhergehende phreatische Brekzie in einem Diatrem gebunden. Eine gesamte Resource von rund 400 Mio. t Erz mit 1,3 g/t Au und 6 g/t Ag soll in Zukunft als Europas größte Goldmine im Tagebau abgebaut werden, doch bestehen derzeit erhebliche Bedenken zu möglichen Umweltgefahren.

23.2.4 Telethermale Antimonit-Quarzgänge

Dieser meist gangförmige Vererzungstyp zeigt eine sehr einfache Paragenese mit Stibnit (Antimonit), Sb_2S_3, als vorherrschendem Sb-Erzmineral und Quarz, die aus relative kühlen (<150 °C) hydrothermalen Lösungen abgeschieden wurden. Stibnit ist in Form körniger, feinfilziger oder radialstrahliger Aggregate neben einfachen Gängen auch in Ruschelzonen, seltener als Imprägnationen und Verdrängungen angereichert. Die Bildung dieser Vererzungen kann als Fortsetzung des epithermalen Systems mit zunehmender Entfernung vom kausalen Vulkangebäude gesehen werden. Wenngleich das Wirtsgestein nicht magmatisch ist, so können die Erzfluide doch von weiter entferntem Vulkanismus hergeleitet werden. Da sich dieser Vererzungstyp vorzugsweise nahe der Landoberfläche in subvulkanischem Mileu bildet, fällt er rasch der Erosion und Abtragung anheim. Es ist also nicht überraschend, dass er kaum noch in älteren geologischen Einheiten erhalten ist. Antimonit-Lagerstätten treten vorzugsweise in den jungalpidischen Gebirgsketten Europas und Asiens, also in Kollisionsorogenen tertiären Alters auf und

sind mit Vulkanismus sowohl zeitlich als auch räumlich verknüpft. Die reichsten Vorkommen finden sich im Südwesten der VR *China,* insbesondere in der Provinz Hunan, wo *Antimonit-Quarzgänge* und sehr produktive hydrothermale Verdrängungslagerstätten von Antimonit + Galenit + Arsenopyrit in Karbonatgesteinen abgebaut werden. 2020 produzierte China 80.000 Sb, in weitem Abstand gefolgt von Russland (30 kt), Tadschikistan (28 kt), Myanmar (6 kt), Bolivien (3 kt) und Türkei (3 kt) (U. S. Geological Survey 2021). Keine der europäischen Lagerstätten, z. B. bei Schlaining im Burgenland (Österreich), in den slowakischen Karpaten, in Rumänien und Serbien, die früher bedeutende Sb-Produzenten waren, befinden sich heute noch im Abbau.

23.2.5 Vulkanogen-sedimentäre Quecksilberlagerstätten

Analog zu den telethermalen Vererzungen sind zumindest einige der früher wichtigen Hg-Lagerstätten unzweifelhaft an jungen Vulkanismus gebunden, während in anderen Fällen keine klare Beziehung erkennbar ist. Die Quecksilbererze bilden vorwiegend Imprägnationen oder kleine Adern in brekziösen Störungszonen in Sandstein oder klüftigem, z. T. bituminösem Kalkstein. Einziges primäres Erzmineral ist *Cinnabarit* (Zinnober), HgS, der sich nicht selten auch aus rezenten Thermalquellen abscheidet. Submarine Austrittsstellen von Hydrothermen, die noch heute gediegen Quecksilber produzieren, wurden in der Bay of Plenty im Zusammenhang mit der Vulkanzone von Taupo (Neuseeland) gefunden (Stoffers et al. 1999).

Die reichste bekannte Hg-Anomalie der Erde, die immer noch riesige Vorräte enthält, ist die Lagerstätte *Almadén,* am Nordrand der Sierra Morena in Südspanien. Das schichtgebundene Hg-Erz findet sich in drei durchgängigen Imprägnationshorizonten in porösem Sandstein, in dem Quarz auch metasomatisch von Cinnabarit verdrängt wurde.

Der Abbau begann hier bereits im Altertum und erbrachte in den letzten 2000 Jahren etwa 250 Mt Hg. Zinnober wurde zuerst als Pigment verwendet. Die Römer setzten es als kosmetisches Rouge ein, die späteren arabischen Herrscher in Spanien auch in Alchemie und Medizin. Im 16./17. Jh. mussten Sträflinge und Sklaven in den Abbauen schuften, wobei die Sterblichkeit infolge von Quecksilbervergiftung extrem hoch war. Umweltprobleme und der Preisverfall für Quecksilber führten 2003 zur Schließung der Almadén-Mine.

Ein ehemaliger Hg-Lagerstättenbezirk liegt auch in der *Toskana* (Italien), der bis Mitte des 20. Jh. einer der größten der Welt war. Jedoch ist auch die Hauptlagerstätte *Monte Amiata,* ein pleistozäner Vulkan mit Förderprodukten von Rhyolith-, Quarztrachyt- und Quarzlatit-Zusammensetzung, heute auflässig.

Der Abbau reichte bis in die Zeit der Etrusker zurück und blühte im 19. und 20. Jh.; doch wurde der Bergbau in den 1970er-Jahren eingestellt. Eine dritte europäische Hg-Lagerstätte stand seit Ende des 15. Jh. für 500 Jahre bei *Idrija* (Slowenien) im Abbau. Wie Almadén wurde das Bergwerk zum UNESCO-Weltkulturerbe erklärt. Das in Idrija geförderte Erz war durch seinen Bitumengehalt nicht rot, sondern stahlgrau.

Weitere Quecksilberlagerstätten dieses Typs befinden sich in einem ausgedehnten Gürtel längs der pazifischen Küste in den westlichen USA, so *New Almaden* und *New Idrija,* Kalifornien, die zur weltweiten Hg-Produktion einen beachtlichen Beitrag lieferten, und die *McDermitt Mine* in Nevada, die 1992 geschlossen wurde. Wegen der starken Toxizität von Hg fand die industrielle Nutzung dieses früher hochgeschätzten Metalls praktisch ein Ende, sodass in der westlichen Welt kein offiziell genehmigter Bergbau mehr stattfindet. Allerdings findet in den Lagerstätten von Qingdao (Tsingtau) in der VR China immer noch ein beschränkter Abbau statt, wo 2020 noch 3400 t Hg oder 92 % der Weltproduktion gefördert wurden. Viel geringeres Ausmaß nehmen die Förderung von Tadschikistan (100 t), Mexico (60 t), Argentinien (50 t) und Peru (40 t) ein (U.S. Geological Survey 2021).

In früheren Jahrhunderten waren einige Quecksilbergruben in der *Rheinpfalz* bedeutend, so u. a. am Landsberg bei Obermoschel und bei Stahlberg. Hier spielen tektonisch beeinflusste Kontakte zwischen Vulkaniten und Sedimentgesteinen des Rotliegenden als Vererzungszonen eine Rolle.

23.2.6 Skarn-Vererzungen

Skarn-Vererzungen entstehen im Kontaktbereich zwischen magmatischen Intrusionen und karbonatischem Nebengestein (Kalkstein oder Dolomit). Bei diesem Spezialfall der *Kontaktmetasomatose* (Metasomatose von grch. μετά = mit-, nach-, um-, σῶμα = Körper) (▶ Abschn. 26.6.1) kommt es häufig zu einem erheblichen Stoffaustausch, wobei dem Karbonatgestein insbesondere Si, Al, Fe und Mg sowie Neben- und Spurenelemente zugeführt werden. Dabei bilden sich charakteristische *Ca-reiche Silikate* wie Grossular-Andradit-Granat, Diopsid-Hedenbergit, Wollastonit, Tremolit-Aktinolith, ferner Epidot, Anorthit, Vesuvian und andere Minerale, auch solche mit F-, Cl- oder B-Gehalten. Das Auftreten von Topas oder Turmalin ist jedoch untypisch.Verdrängungserscheinungen und Reaktionssäume bei diesen im Allgemeinen sehr grobkörnigen Silikaten sind verbreitet. Der bei der Metasomatose entstehende ausgesprochen harte und zähe *Kalksilikatfels* gab diesem Vererzungstyp seinen Namen: „*Skarn*" ist ein alter schwedischer Bergmannsausdruck für besonders hartes Kalksilikatgestein.

Die mineralisierenden Fluide entstammen in den meisten Fällen granitischen bis granodioritischen Magmen, die an konvergenten Plattenrändern in die kontinentale Oberplatte intrudierten. Generell lassen sich bei der Skarn-Vererzung drei Stadien unterscheiden (Meinert et al. 2005):

1. In einem ersten Stadium findet im Kontakbereich zwischen aufsteigendem Magma und Nebengestein eine mehr oder weniger isochemische Kontaktmetamorphose statt. In dolomitischem Nebengestein entwickelt sich eine kontaktmetamorphe Mineralzonierung vom Kontakt weg in der Folge Ca-Mg-reicher Granat – Diopsid-Hedenbergit – Tremolit-Aktinolith – Talk/Phlogopit, in Kalkstein dagegen die Abfolge Ca-reicher Granat-Vesuvian – Wollastonit – rekristallisierter Calcit (Marmor).

2. Im Zuge fortschreitender Kristallisation des Magmas kommt es zur Anreicherung von H_2O im Dachbereich der Magmakammer und zur Phasenseparierung in Wasser und Wasserdampf. Diese dringen in Risse ein, die durch hydraulische Brekzierung des Dachgesteins entstanden sind, und verändern dort das Nebengestein mehr oder minder pervasiv metasomatisch. Diese Fluide können Schwermetall-Komplexe vom heißen Intrusivkörper in die angrenzenden Karbonatgesteine transportieren. Aus Mineralgleichgewichten und Flüssigkeitseinschlüssen lassen sich für diese magmatogenen, erzbildenden Fluide hohe Bildungstemperaturen von 500–650 °C sowie hohe Salinitäten von > 50 Gew.-% NaCl-Äquivalent ableiten. Durch Reaktion mit karbonatischem Nebengestein nimmt der pH-Wert der Fluide zu, wodurch die Ausfällung von Erzmineralen wie z. B. Magnetit und Scheelit ausgelöst wird. Handelt es sich bei dem Nebengestein um Dolomit, so entsteht ein Mg-Skarn, wogegen Ca-Skarn aus ursprünglichem Kalkstein hervorgeht. Da die mineralisierenden Fluide in erster Linie die Vererzung des Nebengesteins im Dachbereich des Intrusivkörpers bewirken, spricht man bei diesem Stadium von „*Exoskarn*".

3. Mit fortschreitender Abkühlung des Plutons kommt es zu einer Reihe retrograder Mineralreaktionen bei Temperaturen < 400 °C. Diese werden durch meteorisches Wasser begünstigt, das von oben her eindringt und in der Nähe zum noch heißen Pluton aufgewärmt wird. Dabei kann es sich mit Resten von magmatogenem Fluid mischen, soweit diese noch verblieben sind. Entsprechend niedriger ist die Salinität dieser Fluidgeneration (< 20 Gew.-% NaCl-Äquivalent). Typische Minerale der retrograden Metamorphose zu diesem Stadium sind Epidot, Biotit, Chlorit, Plagioklas, Calcit, Quarz, Tremolit-Aktinolith, Talk und Serpentin. Diese Alteration erfasst auch den frisch gebildeten Granit oder

23

Granodiorit in seinem Dachbereich, was zur Bezeichnung „*Endoskarn*" führt. Der größte Teil der an Skarne gebundenen Bunt- und Edelmetall-Vererzungen, bestehend aus den Sulfiden Pyrit, Pyrrhotin, Chalkopyrit, Bornit, Sphalerit und Galenit, gehört diesem retrograden Stadium an. Während des Exoskarn-Stadiums gebildeter Magnetit kann in diesem retrograden Stadium zu Hämatit oxidiert werden.

Aus der Beschreibung magmatogen-hydrothermaler Erzlagerstättentypen in den vorausgehenden Abschnitten ergeben sich durchaus genetische Ähnlichkeiten zwischen Skarn- und Greisen-Vererzungen. Zum anderen können Verdrängungen, wie für Skarn-Vererzungen beschrieben, auch im Randbereich von porphyrischen Cu-(Au-, Mo-) Lagerstätten auftreten (Abb. 23.7), sodass eine kleinräumige Skarnlagerstätte an der Oberfläche Hinweise auf eine großräumigere porphyrische Lagerstätte geben kann, die im Untergrund versteckt ist.

Einige, zum Teil historische Beispiele seien im Folgenden angeführt. Eine berühmte *Oxidskarn*-Lagerstätten ist Magnitogorsk im Südural (Russland), aus der seit dem 18. Jh. Magnetit abgebaut und verhüttet wurde. In letzter Zeit hat jedoch die geförderte Menge abgenommen, sodass zusätzliches Erz aus der riesigen Erzlagerstätte Sarbei in Kasachstan, die Vorräte von 725 Mt mit Durchschnittsgehalten von 40 % Fe enthält, importiert werden muss. Von ähnlich großer wirtschaftlicher Bedeutung ist die Magnetit-Lagerstätte Sheregesh in Südsibirien. Nur noch von historischer Bedeutung, jedoch bei Mineraliensammlern immer noch berühmt, sind die Hämatit-Skarnerze der Insel Elba. *Sulfidskarn*-Lagerstätten können beachtliche Lieferanten von Buntmetallen und Mo sein. So ist die Lagerstätte Antamina in Peru einer der weltweit größten Produzenten von Kupfer und Zink mit Vorräten von 556 Mio. t Erz und Durchschnittsgehalten von 1,1 % Cu, 2,8 % Zn und 0,04 % Mo. Die wichtige Ca-Pb-Zn-Sulfidskarn-Lagerstätte Naica in Chihuahua, Mexiko hat zusätzlich noch große Beachtung wegen ihrer riesigen Gipskristalle gefunden (Abb. 9.6, 9.7).

Die Vererzung von Naica steckt in Kalkstein der Unterkreide (Alb) und ist an ca. 26 Ma alte felsische Gänge gebunden, vermutlich Ausläufer eines leukokraten Intrusivkörpers in 2–5 km Tiefe. Die 240–490 °C heißen, hochsalinaren (31–63 Gew.-% NaCl-Äquivalent) hydrothermalen Lösungen durchsetzten die Gänge auf tektonischen Schwächezonen und Schichtgrenzen und reagierten mit dem karbonatischen Nebengestein unter Bildung von Kalksilikat-Mineralen. Die wichtigsten Erzminerale sind Pyrit, Pyrrhotin, Sphalerit, Galenit und Chalkopyrit (Megaw et al. 1988).

Eine hydrothermale Pb–Zn–Ag-Verdrängunslagerstätte von großer wirtschaftlicher Bedeutung ist *Bajiazi* in der Liaoning-Provinz (VR China), die insgesamt Vorräte von 220.000 t Zn, 150.000 t Pb und 1647 t Ag mit einem Durchschnittsgehalt von 186 g/t Ag enthält. Sie befindet sich in den distalen Anteilen einer zonierten Skarnlagerstätte, die in der Kontaktaureole zwischen einem jurassischen Quarz-Monzodiorit und einem proterozoischen Dolomit entstanden ist (Zhao et al. 2003).

Zu den wohlbekannten *hochtemperierten* Blei-Zink-Verdrängungslagerstätten gehören z. B. *Leadville* in Colorado (USA), die an den Kontakt zwischen einem felsischen Subvulkanit und seinem karbonatischen Nebengestein aus Kalkstein und Quarzit gebunden ist. *Trepča* im Kosovo, im 20. Jh. noch eine der wichtigsten Pb-Zn-Ag-Lagerstätten Europas, könnte auf eine naheliegende versteckte porphyrische Cu-(Au-) Lagerstätte weisen, wie derzeit laufende Explorationsarbeiten vermuten lassen. *Iglesias* in Sardinien, früher der wichtigste Pb–Zn-Ag-Erzeuger Italiens, und *Laurion* in Attika (Griechenland), wo vom 6. Jh. v. Chr. (unter Mitarbeit von bis zu 20.000 Sklaven) bis in die 1950er-Jahre Bergbau betrieben wurde, wären weitere Beispiele.

Aus einigen Skarnerz-Lagerstätten wird Gold als Nebenprodukt gewonnen; die gesamten Vorräte in diesem Lagerstättentyp werden weltweit auf ca. 1470 t Au geschätzt (Frimmel 2008).

Mit *Scheelit*, $CaWO_4$, spielt vererzter Exoskarn eine immer größere wirtschaftliche Rolle als W-Produzent. Bedeutende Vorkommen sind Macmillan Pass und Tungsten (Kanada), King Island (Tasmanien), Sangdong (Korea) und Pine Creek (Kalifornien, USA). Die herausragendste Stellung nimmt jedoch China ein, in dessen südlichen Landesteilen eine Reihe von riesigen, meist an mesozoische Granitplutone gebundene W-Sn-reiche Skarn-Lagerstätten für > 80 % der globalen W-Förderung verantwortlich sind. Wegen seiner Unauffälligkeit im umgebenden Skarn wird Scheelit gerne übersehen, lässt sich aber wegen seiner starken Fluoreszenz im UV-Licht leicht prospektieren. Einige Skarn-Lagerstätten enthalten hohe Konzentrationen von Mo, z. B. Boulder Creek in Idaho (USA), oder von Sn, z. B. Moina in Tasmanien oder in den erwähnten Beispielen in Südchina.

23.2.7 Eisenoxid-Kupfer-Gold-Lagerstätten

Die Löslichkeit der meisten Metalle, so auch von Fe, steigt mit der Salinität und damit mit der Konzentration von Cl^-. Wenn solche hochsalinaren, Cl^--reichen Lösungen oder Fluide einen niedrigen S-Gehalt haben, werden aus ihnen keine Fe-Sulfide, sondern Fe-Oxide ausgefällt. Dies kann zur Bildung von Fe-Oxid-Körpern von hohem ökonomischen Wert führen, vor allem dann, wenn es neben Fe auch noch zu einer Anreicherung von Cu und Au kam. In diesem Fall spricht man von Eisenoxid-Kupfer-Gold-Lagerstätten, nach deren englischem Namen „*ironoxide-copper-gold depo-*

sits" kurz als IOCG-Lagerstätten bekannt. Gemeinsam ist all diesen Lagerstätten ihre Bindung an z. T. riesige Brekzienkörper und räumlich sehr ausgedehnte Alterationshöfe. Die Brekzien spiegeln hydraulische Bruchzonen wider, die große Ähnlichkeiten mit vulkanischen Durchschlagsröhren *("pipes")* aufweisen, aber in manchen Fällen nicht im subvulkanischen Bereich, sondern in größeren Krustentiefen gebildet wurden. In ihnen führten CO_2-reiche Fluide, die unter starkem Überdruck standen, zur katastrophalen Zerrüttung des Nebengesteins und dabei zur Ausfällung der Oxid-dominierten Erzminerale als Matrix der Brekzien, aber auch als Stockwerkvererzung.

Dieser Lagerstättentyp wurde erst in relativ junger Zeit als solcher erkannt, nachdem das weitaus bedeutendste Beispiel, die Riesenlagerstätte *Olympic Dam* in Südaustralien, im Jahr 1975 entdeckt worden war und keinem der damals bekannten Vererzungstypen entsprach. Sie liegt in einem mittelproterozoischen, 1590 Ma alten Granit und enthält die unglaubliche Menge von fast 10.000 Mt Erz in Form einer Cu-Sulfid und Fluorit-führenden Hämatit- (in größerer Tiefe Magnetit-) Brekzie mit durchschnittlichen Gehalten von 0,9 % Cu, 0,3 kg/t U_3O_8, 0,5 % SEE, 3,5 g/t Ag und 0,3 g/t Au. Obwohl die Gehalte an Wertmetallen vergleichsweise gering sind, verfügt Olympic Dam mit seiner riesigen Tonnage über die weltweit größten noch verbliebenen U-Ressourcen (Frimmel und Müller 2011) sowie über die viertgrößten Cu- und fünftgrößten Au-Ressourcen.

Die anschließende Entdeckung weiterer ähnlicher Lagerstätten im Cloncurry District im Norden von Queensland (Australien) in den 1980er- und 1990er-Jahren führte schließlich zur Einführung des IOCG-Typs als neuer Lagerstättentyp. Fließende genetische Übergänge existieren zu Karbonatit-gebundenen Lagerstätten, zu magmatischen Eisenoxid-Apatit-Lagerstätten, aber auch zu Eisenoxid-dominierten Skarnvererzungen. Dies und das Auftreten in höchst unterschiedlichen geotektonischen Positionen stellt nach wie vor infrage, ob die IOCG-Lagerstätten wirklich einen eigenen Lagerstättentyp oder nur Varianten anderer Lagerstättentypen darstellen (Williams et al. 2005). Neben der erwähnten großräumige Brekziierung und Alteration des Nebengesteins zeichnen sich IOCG-Lagerstätten durch eine komplexe, ungewöhnliche Metallassoziation mit Fe, Cu, Au, Ag, U, leichten SEE, Bi, Co, Ni, Mo, Nb, As, P, F und Ba (Ehrig et al. 2013) sowie einem auffallenden Mangel an kogenetischem, hydrothermalem Quarz aus.

Es gibt keinen bestimmten Gesteinstyp, der als bevorzugtes Nebengestein auffällig wäre. Obwohl in manchen Fällen eine räumliche Nähe zu etwa zeitgleichen Magmatiten feststellbar ist, bleibt in anderen ein direkter räumlicher Bezug zu Magmatismus verborgen. Dennoch deuten die Zusammensetzung der Erzfluide mit einem hohen Anteil an CO_2 und die Metallassoziation

auf eine Herleitung derselben aus Magmakammern in größerer Krustentiefe. Insbesonders die Vermengung basischer und felsischer Magmen könnte die große Menge an CO_2 verursacht haben. Der Aufbau des für die Brekzierung nötigen enormen Überdrucks ließe sich durch umfassende Na-Metasomatose erklären: die daraus hervorgehende weiträumige Albitisierung könnte als temporär undurchdringbarer "Deckel" auf das Fluidsystem gewirkt haben, unter dem der hydraulische Druck so lange stieg, bis der kompetente Deckel letztlich katastrophal barst. Eine andere Erklärung könnte in der Entmischung von H_2O und CO_2 und einem sehr großen Unterschied in der Kompressibilität dieser beiden Phasen bei Drücken in der oberen Erdkruste liegen.

IOGC-Lagerstätten treten meist in Gruppen auf. Abgesehen vom Gawler-Kraton in Südaustralien, in dem Olympic Dam liegt, sind weitere Gebiete mit berühmten IOCG-Lagerstätten der Cloncurry-Distrikt, wo z. B. die Ernest Henry Mine liegt, sowie der Great-Bear- und der Wernecke-Mountains-Distrikt in Nordwestkanada, die alle paläo- bis mesoproterozoisches Alter haben. Deutlich älter ist die IOCG-Provinz im neoarchaischen Carajás Terrane in Brasilien, wo die Vererzung gleichzeitig mit 2,76 bis 2,73 Ga altem Magmatismus stattfand. Diese spielte sich über einen weiten Bereich unterschiedlicher Krustentiefen ab, der sich von der Unterkruste mit Fluidtemperaturen bis zu 700 °C bis zur Oberfläche erstreckte (Schutesky und de Oliveira 2020). Viel jünger ist eine Reihe von IOGC-Lagerstätten entlang der Atacama-Störung im chilenischen Eisenerzgürtel (z. B. Candelaria), die aus der Unterkreide stammen (Sillitoe 2003; Barra et al. 2017).

Zwischen den IOCG-Lagerstättten und Eisenoxid-Apatit-Lagerstätten (*"ironoxide-apatite deposits"*, IOA) könnten genetische Beziehungen bestehen. Dabei bilden die IOA-Lagerstätten vielleicht das (subvulkanische) magmatische Äquivalent des IOCG-Systems (▶ Abschn. 21.3.3), wenn auch mit unterschiedlich starker hydrothermaler Überprägung. Wichtige Beispiele sind Kiruna (Nordschweden), Xerro de Mercado und Durango (Mexiko), Savage River (Tasmanien), der Bafq-Distrikt im zentralen Iran und zahlreiche IOA-Lagerstätten im unteren Jangtse-Tal (VR China).

23.3 Nichtmagmatogen-hydrothermale Lagerstätten

23.3.1 Vulkanitgebundene massive Sulfiderz-Lagerstätten am Ozeanboden

Auch wenn auf den ersten Blick Erzlagerstätten in Vulkaniten als magmatisch aufgefasst werden könnten, so handelt es sich hier um einen Vererzungstyp, der zwar räumlich an vulkanische Gesteine gebunden ist, die Quelle der Erzlösungen als auch der Metalle aber nicht in einem Magma liegt. Der zugrunde liegende Vererzungsprozess ist besonders gut verstanden, da er sich am heutigen Ozeanboden direkt beobachten lässt.

- **Erzbildung durch rezente hydrothermale Aktivität am Ozeanboden: Schwarze Raucher**

Divergente Plattenränder sind die wichtigsten Orte des aktiven Vulkanismus. An den mittelozeanischen Rücken der Erde, die insgesamt eine Länge von fast 60.000 km aufweisen, werden jährlich etwa 3 km³ Lava gefördert, d. h. ungefähr 3-mal so viel wie von den übrigen Vulkanen der Erde zusammen. Die

langgestreckten Magmakammern liegen in einer Tiefe von nur 2–3 km. Im Scheitelgraben des Ostpazifischen Rückens gelang der Besatzung des amerikanischen Unterseebootes „Alvin" im Frühjahr 1979 eine faszinierende Entdeckung. In einer Wassertiefe von 2600 m konnten sie erstmals die hydrothermale Bildung einer sulfidischen Erzlagerstätte direkt beobachten (Corliss et al. 1979). Die bis zu >400 °C heißen hydrothermalen Lösungen treten in Form von Fontänen am Meeresboden aus und mischen sich mit 2 °C kaltem Meerwasser, was zur Ausfällung von Schwermetall-Sulfiden und anderen Mineralen führt (z. B. Tivey und Delaney 1986; Turner et al. 1993; von Damm et al. 1997; Hannington et al. 2005).Wegen ihrer dunklen Färbung durch feinverteilte Erzpartikel, hauptsächlich von Pyrr-

◘ Abb. 23.8   Schwarze Raucher (**a**) und Weiße Raucher (**b**), die am Grunde des Pazifischen Ozeans in 1700 m Wassertiefe ausströmen; sie wurden 1989 durch das französische Tauchboot „Nautile" im Vai-Lili-Hydrothermalgebiet am Valu-Fa-Rücken, Südwestpazifik entdeckt. Die schwarze Farbe der 340 °C heißen Fontänen ist auf feinverteilte Körnchen von Schwermetall-Sulfiden zurückzuführen, die im Kontakt zwischen der heißen Quelle und dem 2 °C kalten Meerwasser rasch ausgefällt werden. Demgegenüber besteht der 334 °C heiße Weiße Raucher überwiegend aus hellen Mineralpartikeln wie Baryt und Kieselsäure (Fotos: Peter M. Herzig, GEOMAR, Kiel); **c** Röhrenwürmer der Spezies *Riftia pachyptila* von einer Lebensgemeinschaft an einem Schwarzen Raucher des Ostpazifischen Rückens am 26 April 2005. (© Woods Hole Oceanographic Institution,Woodshole, MA, USA); **d** Submarin ausgeflossene Basaltlaven mit typischem Kissengefüge mit Seesternen der Familie Brisingidae aus 2380 m Wassertiefe am Ostpazifischen Rücken auf 18,5°S. (Foto: Vesna Marchig, Hannover)

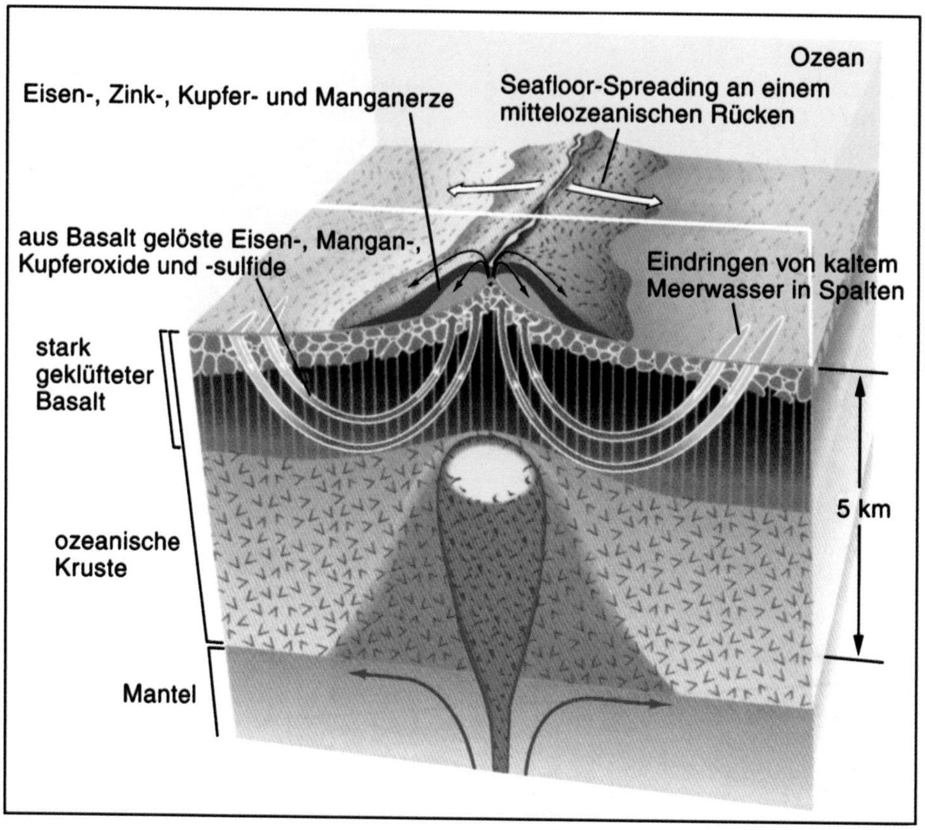

Abb. 23.9 Modell zur Entstehung von Schwarzen Rauchern im Bereich von mittelozeanischen Rücken. (Aus Press und Siever 2003)

hotin, ferner von Pyrit und Sphalerit werden die heißen Fontänen als Schwarze Rauher (engl. *„black smoker"*) bezeichnet. Daneben gibt es auch Weiße Raucher, in denen die abgeschiedenen Mineralpartikel überwiegend aus Baryt und amorphem SiO_2 bestehen (Abb. 23.8).

Wie in Abb. 23.9 schematisch dargestellt, sind die Schwarzen und Weißen Raucher Ausdruck von *hydrothermalen Konvektionszellen* unter dem Meeresboden (z. B. Goodfellow und Franklin 1993). Sie werden aus Meerwasser gespeist, das auf Klüften und Spalten in die Ozeanbodenbasalte einsickert und wegen des steilen geothermischen Gradienten über den ozeanischen Magmakammern auf ca. 500 °C erhitzt wird. Gleichzeitig nimmt der pH-Wert durch Reaktionen mit den mafischen Gesteinen der ozeanischen Kruste von ca. 8 im Meerwasser auf ca. 2 ab, und der zunächst reichlich vorhandene Sauerstoff wird durch Oxidation von Fe^{2+} zu Fe^{3+} in den Basalt-Mineralen verbraucht. Daher ist die nun entstehende hydrothermale Lösung heiß, aggressiv und reduzierend; sie kann in großem Umfang Cu, Zn, Fe, Mn, S und andere Elemente aus dem infiltrierten basaltischen Gestein auslaugen und als Sulfid-Komplexe transportieren, wobei die wesentliche Schwefelquelle das Meerwasser ist. Da die heißen Lösungen eine geringere Dichte haben als das kalte

Meerwasser, steigen sie wieder zum Meeresboden auf. Schon beim Aufstieg, besonders aber im direkten Kontakt mit dem 0–2 °C kalten, sauerstoffreichen Meerwasser werden die Hydrothermen schlagartig abgekühlt, pH-Wert und Redoxpotential steigen an. Es kommt zur Bildung übersättigter Sulfidlaugen und zur Abscheidung von Sulfiden oder Sulfaten, je nach Redoxpotential.

Um die Austrittsstellen der Hydrothermen bilden sich konische bis säulenförmige *Erzschornsteine,* die um mehrere Zentimeter pro Tag wachsen und bis zu 6, seltener sogar 20 m hoch werden können, bevor sie kollabieren. Wie in Abb. 23.10 und 23.11 zu sehen, sind sie zonar gebaut: Die inneren und unteren Anteile, in denen die höchste Ausscheidungstemperatur herrscht, bestehen hauptsächlich aus Sulfiden wie Chalkopyrit ± Pyrrhotin ± Cubanit ± Bornit u. a. mit einzelnen Anhydrit-Adern. Diese Kernzone wird von einer Zone mit Pyrit, Sphalerit, Wurtzit und Anhydrit umgeben. Nach außen und oben zu nimmt der Sulfidgehalt immer mehr ab und es dominieren Anhydrit, Baryt und amorphe Kieselsäure. Diese Erzschornsteine sitzen *Erzhügeln* auf, die aus dem Material kollabierter Schornsteine bestehen, das durch Mineralausfällungen verkittet wird. Wiederholte Erzabscheidung aus den zirkulierenden Hydrothermal-Lösungen führt zur Rekristallisation der Erzminerale, zur Kornvergröberung und zum Ausfüllen

Im Bereich des Brothers-Vulkans im intraozeanischen Kermadec-Graben (Südpazifik) führte rezente hydrothermale Aktivität in Meerestiefen von ca. 1690–1545 m zur Anreicherung von Gold. In einer SW-NO-streichenden, ca. 600 m langen Zone konnten mindestens 100 bereits inaktive oder noch aktive Erzschornsteine nachgewiesen werden, deren Alter zur Zeit der Probenahme (2004/2005) zwischen 35 und < 4 Jahre lag (de Ronde et al. 2011). Die höchsten Gehalte an Au (bis 91 g/t), Mo, Bi, Co, Se und Sn sind an kupferreiche Schornsteine mit bis zu 28,5 % Cu gebunden, während die häufiger auftretenden zinkreichen Schornsteine mit bis zu 43,8 % Zn höhere Gehalte an Cd, Hg, Sb, As und Ag führen.

Bis jetzt wurden im gesamten Weltmeer etwa 380 Vorkommen gefunden, in denen rezente hydrothermale Exhalation zur Bildung von Sulfiderzen geführt hat. Von diesen sind etwa drei Viertel heute noch aktiv (Petersen et al. 2018).

Sehr viel größer dürfte die Zahl der heute inaktiven, sedimentüberdeckten Erzlagerstätten sein, die sich im Zuge der fortschreitenden Bildung ozeanischer Kruste entlang der mittelozeanischen Rücken von ihrem ursprünglichen Bildungsort entfernt haben. Bislang wurden – im Rahmen der europäischen Transatlantik-Geotraverse (Lusty und Murton 2018) – nur drei inaktive Sulfiderzhügel durchbohrt, die nacheinander von einer 5 m dicken Lage von rotem Jaspis (ähnlich wie im japanischen Kuroko, s. dort), unverfestigten Fe-Oxyhydroxiden und pelagischen Karbonatsedimenten überlagert werden. Solche submarinen Vorkommen könnten Reserven der Zukunft darstellen, jedoch stehen ihrer Ausbeutung erhebliche technische, ökologische und politische Probleme entgegen. Bis jetzt gibt es an Land noch genügend alte Lagerstätten des gleichen oder ähnlichen Typs, die mit Gewinn abgebaut werden können.

◨ Abb. 23.10 Längsschnitt durch den Schlot eines Schwarzen Rauchers, Lau-Becken, Süd-West-Pazifik; im aufgeschnittenen Schlot erkennt man den zentralen Fluidaufstiegskanal, mit Chalkopyrit ausgekleidet, der bei ca. 300 °C aus der Lösung kristallisierte. Im Außenbereich finden sich Sphalerit, Pyrit und Baryt. (Foto: Peter M. Herzig, GEOMAR, Kiel)

von Hohlräumen (◨ Abb. 23.11). So entstehen massive Anreicherungen von Buntmetall-Sulfiden, die ebenfalls eine temperaturbedingte Zonierung aufweisen: Die heißeren Innenzonen (>300 °C) bestehen überwiegend aus Cu-Fe-Sulfiden, während nach außen zu Zn-Fe-Sulfide, d. h. Sphalerit und Pyrit zusammen mit Baryt, Anhydrit und amorpher Kieselsäure vorherrschen. Darüber hinaus scheiden sich in diesen kühleren Teilen auch Galenit und Ag-führende Sulfosalze aus, und es können Au-Gehalte von bis zu 16 g/t vorhanden sein.

Im östlichen Axialtal des südlichen *Explorer-Rückens* im Nordpazifik, etwa 350 km westlich von Vancouver Island, wurden Massivzhügel mit durchschnittlich 150 m Basisdurchmesser und 5 m Dicke beobachtet. Der TAG-Hügel auf dem Mittelatlantischen Rücken in 26°N ist sogar 250 m breit, 50 m hoch und enthält 4,5 Mio. t Erz (Evans 1993). Da die Erzhügel im Laufe der Zeit durch jüngere Meeressedimente überdeckt werden, können sie sich zu *schichtgebundenen Erzlagerstätten* entwickeln (z. B. Marchig et al. 1986).

Fossil erhaltene Relikte ehemaliger Schwarzer Raucher können als vulkanitgebundene massive Sulfidlagerstätten (engl. "*volcanic-hosted massive sulfide deposits*", VHMS), die heute an Land liegen, wirtschaftlich abgebaut werden. Heute wird allgemein akzeptiert, dass VHMS-Lagerstätten durch *Konvektion hydrothermaler Fluide* unter dem Ozeanboden entstanden. Während ihrer Entstehung wurden die Erzhügel von Zufuhrkanälen durchsetzt. Diese bilden heute ein Netzwerk von Erzadern, die Pyrit + Chalkopyrit + Quarz enthalten, das *Stockwerkerz*. Gleichzeitig bildeten sich *Exhalite* von *Fe-reichem Chert*, die aus mikrokristallinem Quarz (Chalcedon) und Hämatit bestehen. An anderen Stellen sind VHMS-Lagerstätten eher schüsselförmig ausgebildet. Wahrscheinlich entstanden diese Erzkörper aus einem Laugentümpel (engl. „*brine pool"*), einer Depression am Meeresboden, die mit hochsalinarem Erzfluid gefüllt wurden, da dieses dank seiner höheren Salinität eine höhere Dichte als das Meerwasser gehabt haben musste.

Analysen von Wasserstoff- und Sauerstoffisotopen bestätigten, dass die meisten VHMS-Lagerstätten-bildenden Lösungen überwiegend eingesickertem und erhitztem Meerwasser entstammen und nicht einem Magma. Da der Ozeanboden zum größten Teil

⬛ Abb. 23.11   Bildung von Erzschornsteinen und Erzhügeln auf dem Ozeanboden. (Nach Barnes 1988, aus Evans 1993)

aus Vulkaniten besteht, ist es nicht verwunderlich, dass die Sulfidvererzung an eben diesen Gesteinstyp gebunden ist, woraus sich der Name VHMS ableitet. Im Detail lassen sich VHMS-Lagerstätten unterschiedlichen Typen magmatischer Gesteine zuordnen, was zu einer weiteren Unterteilung führte (Evans 1993; Franklin et al. 2005; Piercey 2011).

▪ **VHMS-Lagerstätten vom Zypern-Typ**

Die VHMS-Lagerstätten vom *Zypern-Typ* sind an tholeiitischen Ozeanbodenbasalt gebunden, der den obersten Teil von sogenannten *Ophiolith*-Abfolgen bilden. Meist folgen darunter ein basaltischer „*sheeted dyke complex*", Gabbro und Peridotit, der meist sekundär zu Serpentinit umgewandelt ist, sowie schließlich Harzburgit des Oberen Erdmantels (⬛ Abb. 23.9). Es handelt sich um obduzierte Späne von ozeanischer Lithosphäre, die heute in Kontinenten als Deckenkomplexe in phanerozoischen Orogengürteln auftreten. Solche VHMS-mineralisierten Abfolgen von ozeanischer Kruste können sich auch in Backarc-Becken bilden. Ein gutes Beispiel, das als Typregion dient, ist das Troodos-Massiv auf der Insel Zypern, in dem sich zahlreiche kleine Cu- und Pyrit-Erzlagerstätten im Abbau befanden.

Der Kupferbergbau auf Zypern geht bis in die Bronzezeit zurück und blühte zwischen 1650 und 1050 v. Chr. Wie zahlreiche archäologische Funde beweisen, war die antike Stadt *Alasia* (heute Enkomi nahe Famagusta) eines der Zentren des Bergbaus. In der Ausgrabungsstätte von Tell el Amarna in Zentralägypten fand sich ein Brief in Keilschrift auf Tontafeln. In ihm versprach der König von Alasia dem Pharao Amenophis IV (bekannt als Echnaton), der von 1353 bis 1336 v. Chr. regierte, ihm gegen Bezahlung durch Silber und Luxusgüter Kupfer zu liefern. Der Begriff *Kupfer* leitet sich von dem lateinischen Wort *aes cyprium* (= Erz von Zypern) ab, was sich später zu *cuprum* veränderte.

Weltweit gibt es zahlreiche VHMS-Lagerstätten vom Zypern-Typ, die insgesamt Erzvorräte von mehreren Millonen Tonnen enthalten. Gewöhnlich werden aus diesen Lagerstätten Cu, Zn, in manchen auch Pb und Au gewonnen. Wichtige Vorkommen liegen in Neufundland (Kanada), im südlichen Ural (Russland), in den norwegischen Kaledoniden, in der Türkei und in Albanien.

▪ **VHMS-Lagerstätten in Basalt-dominierten, bimodalen Inselbögen**

Diese Lagerstätten entstanden meist in intraozeanischen Subduktionszonen, die sich im beginnenden Riftstadium befanden. Sie enthalten untergeordnet Anteile von felsischen Vulkaniten und subvulkanischen Staukuppen, sowie mafische und felsische Pyroklastite und terrigene Sedimentgesteine. Wirtschaftlich wichtige Lagerstätten kommen im 650 km langen und bis 150 km breiten archaischen Abitibi-Grünsteingürtel im Grenzgebiet zwischen Quebec und Ontario

(Kanada) vor und enthalten Erzreserven von 155 Mt mit Durchschnittsgehalten von 2,5 % Cu, 6,0 % Zn, 0,2 % Pb, 63 g/t Ag und 0,8 g/t Au. Weiter sind zu nennen die Grünstein-Gürtel von Murchison (Südafrika) und im östlichen Yilgarn-Block (Westaustralien) sowie die phanerozoischen Lagerstätten im Zentral- und Südural (Russland), in Kasachstan, der VR China und Mexiko.

- **VHMS-Lagerstätten vom Besshi-Typ**

Diese Lagerstätten, benannt nach der größten japanischen Pyrit-Chalkopyrit-Lagerstätte Besshi, liegt auf der Insel Shikoku in der metamorphen Außenzone des südwestlichen Faltengürtels von Japan. Der Besshi-Typ wurde an mittelozeanischen Rücken oder im Backarc-Bereich gebildet. Bei den gewonnenen Metallen herrschen Cu, Zn und Co vor, während Ag und Au nur untergeordnet beteiligt sind. Im Gegensatz zum Zypern-Typ wechsellagern die mafischen Vulkanite mit *Turbiditen,* d. h. mit Sedimentgesteinen, deren Zusammensetzung von Sandstein bis Tonstein variiert (► Abschn. 25.2.9), ferner auch mit pyroklastischen Gesteinen. Viele dieser VHMS-Lagerstätten, so auch die Typuslagerstätte Besshi, sind metamorph überprägt. Andere Vorkommen liegen in British Columbia und im Labrador-Trog (Kanada), im Zentral- und Südural (Russland) und in der Region von Tarim und Nordqilian (VR China). Basierend auf drei metamorphen VHMS-Lagerstätten mit Ähnlichkeiten zum Besshi-Typ hat sich Finnland im 20. Jh. zu einem der wichtigsten Bergbauländer in der Eurozone entwickelt. Obwohl diese Lagerstätten (Outokumpu, Vuonos und Luikonlahti) nun erschöpft sind und der Abbau 1988 eingestellt wurde, entstanden im Streichen der historischen Bergwerke neue Bergbaubetriebe, z. B. in der Lagerstätte Kylylahti, mit deklarierten Vorräten von 156.000 t Cu und 32.300 t Ni. Es sei jedoch betont, dass diese Lagerstätten signifikante Abweichungen vom klassischen VHMS-Modell aufweisen, so eine Bindung an Harzburgit aus dem obersten Erdmantel, sowie eine komplexere Metallassoziation von Cu-Co-Zn-Ni-Au-Ag-Cd-Sn-As mit besonders hoher Ni- und sehr niedriger Pb-Konzentration.

- **VHMS-Lagerstätten vom Kuroko-Typ**

Die wichtigen Cu–Zn–Pb ± Ag-Lagerstätten dieses Typs, die häufig beachtliche Au-Gehalte aufweisen (Mercier-Langevin et al. 2011), sind nach dem Vorkommen Kuroko im Kosaka-Distrikt (Japan) benannt. Sie sind typischerweise an eine bimodale Assoziation von kalkalkalischen Vulkaniten gebunden, die in einem flachmarinen Milieu in Riftzonen des Backarc-Bereichs gefördert wurden. Vorherrschende Gesteinstypen sind Andesit, Dacit und Rhyolith, die z. T. Staukuppen

bilden, während Basalt eher zurücktritt. Wie Vorkommen von vulkanischen Brekzien und Tuffen belegen, waren die Vulkanausbrüche teilweise explosiv. Die feingeschichteten Erze bilden vom Hangenden zum Liegenden eine ausgeprägte stratigraphische Abfolge: (1) überlagernde vulkanische Tuffe und Sedimentgesteine, (2) eisenschüssiger Chert, (3) barytreiche Erzzone, (4) Kuroko-Erzzone („Schwarzerz") mit Sphalerit + Galenit + Baryt, (5) Oko-Erzzone („Gelberz") mit Pyrit + Chalkopyrit, nach außen in die Sekkoko-Erzzone mit Anhydrit + Gips + Pyrit übergehend, (6) Keiko-Erzzone mit Cu-haltigem und SiO_2-reichem eingesprengtem Erz und Stockwerkerz, (7) silifizierter Rhyolith, Dacit oder Andesit und deren Tuffe im Liegenden des Erzkörpers.

Mehr als 100 VHMS-Lagerstätten vom Kuroko-Typ findet man auf einer Länge von 800 km auf der Innenseite des japanischen Inselbogensin miozänen bis pliozänen Vulkaniten (Yamada und Yoshida 2011). Weitere wirtschaftlich wichtige Vorkommen, die zum Kuroko-Typ gerechnet werden, liegen im Pilbara-Kraton und im Tasmanischen Orogen (Australien), am Slave Lake und anderen Vorkommen in Kanada, in Zentralkasachstan, in den Distrikten Skellefteå und Bergslagen (Schweden), in den norwegischen Kaledoniden und in den Pontiden der Türkei.

VHMS-Lagerstätten von gewaltiger Ausdehnung, die mit felsischen Vulkaniten von paläozoischem Alter assoziiert sind, treten im südlichen Ural auf. Wegen ihrer hohen Gehalte an Edelmetallen sind sie von erheblichem wirtschaftlichem Interesse. Das wichtigste Ag-Mineral darin ist Ag-haltiger Tennantit, $(Cu,Ag)_{12}As_4S_{13}$, während gediegen Gold winzige Einschlüsse in Pyrit, Sphalerit und Chalkopyrit bildet. Die meisten dieser Lagerstätten, z. B. Uzelginsk, enthalten Vorräte von > 2000 t Ag und 50–500 t Au. Die beachtlichen PGE-Gehalte in diesen Erzen werden auf metamorphe Fluide zurückgeführt (Vikentyev et al. 2004; Herrington et al. 2005).

- **VHMS-Lagerstätten in Verbindung mit siliziklastischen Sedimentgesteinen**

Diese bedeutsamen Lagerstätten bildeten sich in reifen epikontinentalen Backarc-Becken und sind an felsische Vulkanoklastite, ehemalige Lavaströme und Staukuppen geknüpft, während basaltische Vulkanite nur selten auftreten. Zum 250 km langen *Iberischen Pyrit-Gürtel* gehört *Rio Tinto* im Huelva-Distrikt Südspaniens, die größte VHMS-Lagerstätte der Welt und die größte Cu-Lagerstätte Europas. Sie wurde etwa seit 1000 v. Chr. abgebaut und war der dominierende Cu-Produzent des Römischen Reiches. Die Reserven an Chalkopyrit-Pyrit-Erz mit Durchschnittsgehalten von 1,6 % Cu, 2,0 % Zn, 1,0 % Pb sowie mehrere g/t Au und

Ag belaufen sich auf ca. 500 Mt. Eine weitere wichtige VHMS-Lagerstätte im Iberischen Pyrit-Gürtel ist Neves Corvo in Portugal mit noch verbliebenen Vorräten von 180 Mt Sulfiderz und Durchschnittsgehalten von 1,2 % Cu und 4,0 % Zn. Andere bedeutende Vorkommen liegen bei Bathurst in New Brunswick (Kanada) und im Lachlan-Faltengürtel (Australien).

23.3.2 Orogene Gold-Quarzgänge

Goldführende Quarzgänge sind weltweit verbreitet und in vielen Fällen mit syn- bis spätorogenen Deformationsprozessen in Kollisionsorogenen verknüpft. Deren altersmäßige Verteilung zeigt eine auffällige Überlappung mit Zeiten besonders intensiver orogener Aktivität, wie es während der Bildung von Groß- und Superkontinenten zu erwarten ist (Goldfarb et al. 2005; Frimmel 2018). Sie werden deshalb gerne als *orogene Goldlagerstätten* bezeichnet (z. B. Groves et al. 1998). Mit einem Anteil von ca. 30 % des an Lagerstätten gebundenen Goldes – bezogen auf bisherige Förderung sowie bekannte Reserven und potentielle Vorräte – repräsentiert dieser Vererzungstyp, zusammen mit dem Witwatersrand-Typ, den wirtschaftlich bedeutsamsten weltweit.

Subduktions- und kontinentkollisionsbedingte Krustenverdickung führt zur *Gesteinsmetamorphose*, bei der Fluide freigesetzt werden. Diese steigen in höhere Krustenstockwerke auf und können dort als hydrothermale Lösungen weite Strecken zurücklegen. In diesen typischerweise CO_2-reichen ($\geq 0,5$ Mol-%) wässerigen Fluiden mit relativ niedriger Salinität und nahezu neutralem pH kann Au als $AuCl_2^-$- oder bei niedrigeren Temperaturen als $Au(HS)^0$- oder $Au(HS)_2^-$-Komplex gelöst sein (Stefánsson und Seward 2004). Durch Abnahme von Temperatur und/oder Druck, beispielsweise durch Aufweitung von Wegsamkeiten in lokalen Zonen der Extension, aber auch durch Redoxfallen, wie etwa Reaktion mit C- oder sulfidreichen Gesteinen, kann es zur lokalen Ausfällung von Gold kommen. Die Tiefe der Goldabscheidung kann von wenigen Kilometern bis zu 20 km reichen. Orogene Goldlagerstätten finden sich also in metamorphen Gesteinseinheiten mit höchst unterschiedlichem Metamorphosegrad (s. ► Kap. 26), der von niedriggradig bis hochgradig reichen kann. In letzterem Fall fand die Vererzung aber erst nach dem Metamorphosehöhepunkt statt. Die Temperatur der Erzfluide umspannt einen weiten Bereich von 300–600 °C. Die Gold-Quarzgänge sind stets an geologische Störungs- oder Scherzonen gebunden. Die einzelnen Gänge weisen Mächtigkeiten zwischen 0,5 und 3 m auf und können sich – jeweils gegeneinander versetzt – zu ausgedehnten Gangzügen aneinanderreihen. Der größte bekannte Gangzug ist der berühmte Mother Lode in Kalifornien mit einer Länge von ca. 270 km.

Der *Mineralinhalt* der Gold-Quarzgänge ist einfach. Neben 97–98 % Quarz als Gangart enthalten sie vor allem Pyrit, Arsenopyrit, Chalkopyrit und gelegentlich etwas Stibnit. *Gediegen Gold* tritt nur selten als *Freigold* in größeren Körnern auf, die mit dem bloßen Auge oder unter dem Mikroskop sichtbar sind (◻ Abb. 4.5). Meist bildet es jedoch als *unsichtbares Gold* nur submikroskopisch kleine Einschlüsse in Pyrit oder Arsenopyrit; Goldlegierungen mit 10–20 % Ag sind häufig. Daneben treten auf einigen Gängen auch Au-Ag-Telluride wie Petzit, Ag_3AuTe_2, oder Calaverit, $AuTe_2$, auf (z. B. Mueller und Muhling 2013). Stellenweise sind Übergänge zu Turmalin-führenden Gold-Quarzgängen zu beobachten.

Obwohl das Alter dieser Lagerstätten vom Archaikum bis ins Tertiär reicht, ist deren größter Anteil an *archaische*, insbesondere an neoarchaische *Grünsteingürtel* gebunden. Vererzungen dieses Typs mit einem Alter > 2,8 Ga sind extrem selten, was vermutlich darauf zurückzuführen ist, dass es vor 2,8 Ga noch keine Plattentektonik per se gab, und somit die Voraussetzungen für die Anreicherung an Au in den entsprechenden Quellregionen im subkontinentalen lithosphärischen Mantel nicht gegeben waren (Frimmel 2018). In manchen Fällen spielte granitischer Magmatismus eine wichtige Rolle bei der Metamorphose und der für die Goldmineralisation entscheidenden Fluidproduktion, wobei die Quelle des Au selbst in den tiefer liegenden Metasedimentgesteinen und Mafititen zu suchen ist. In den großen präkambrischen Kratonen der Erde können Hunderte oder gar Tausende von einzelnen Vorkommen mit sehr unterschiedlichen Au-Gehalten und Vorräten auftreten. Die meisten untertage abgebauten Lagerstätten enthalten 4–8 g/t, z. T. sogar 10–15 g/t Au; im Tagebau können noch Gehalte von 1–2 g/t Au bauwürdig sein. Prominente und noch heute sehr bedeutende Beispiele sind die Golden Mile von Kalgoorlie im Yilgarn-Block (Westaustralien) mit einer bisherigen Produktion von ca. 1700 t und Vorräten von > 2000 t Au (z. B. Robert et al. 2005; Frimmel 2008; Vielreicher et al. 2016) sowie die klassischen Goldfelder von Ballarat und Bendigo in Victoria (Australien) mit ca. 660 t Au. Dort nahmen die Gold-Quarzgänge im Außenbereich von Scheitelregionen großer Falten Platz, also dort, wo es während der synorogenen Deformation lokal zu Extension kam. Dank dieser Lagerstätten nahm Australien 2020 mit 320 t Au nach China (380 t) weltweit den zweiten Rang unter den Förderländern für Gold ein und verfügt mit 10.000 t Au noch deutlich mehr Vorräte als China (2000 t) (► Abschn. 4.1; U.S. Geological Survey 2021). Wichtige orogene Gold-Quarzgänge von neoarchaischem Alter treten in den Distrikten von Timmins-Porcupine und Kirkland Lake in der Superior-Provinz Ontarios auf (z. B. Robert et al. 2005), ferner im Gebiet von Yellowknife in den Northwest Territories (Kanadischer Schild), im Kolar-Distrikt von Mysore (Indien) und im Barberton Greenstone Belt in Südafrika, der mit 3,1 Ga die weltweit älteste bekannte orogene Goldvererzung enthält.

Paläoproterozoisches Alter besitzen die Goldlagerstätten von Ashanti in Ghana (die Anlass zu dem alten Kolonialnamen „Goldküste" gaben) mit Vorräten von 2000 t Au, Telfer im australischen Paterson-Orogen mit Reserven von ca. 1530 t Au, die Homestake Mine in Süddakota, die Vorräte von ca. 1240 t Au mit ungewöhnlich hohen Gehalten von 8,3 g/t Au enthält (Frimmel 2008) sowie die Lagerstätten am Südrand des Sibirischen Kratons am Oberlauf von Jenissei und Lena, im Aldan-Hochland und in Transbaikalien. Mit Vorräten von ca. 1360 t Au ist Sukhoi Log an der Lena eine bedeutende Goldlagerstätte; sie liegt in proterozoischen Schwarzschiefern, aus denen das Gold wahrscheinlich in frühpaläozoischer Zeit mobilisiert wurde (z. B. Yakubchuk et al. 2005). Die permische Goldlagerstätte von Muruntau im Tian Shan West-Usbekistans weist Vorräte von ca. 6140 t Au auf und ist damit z. Zt. die drittgrößte bekannte Goldanreicherung der Welt. Interessanterweise konnte durch Edelgasisotopendaten nachgewiesen werden, dass die erzbringenden Fluide zusätzlich zu den dominierenden krustalen Komponenten einen juvenilen Anteil aus dem Erdmantel enthalten (Graupner et al. 2006), ein Phänomen, das mittlerweile in mehreren orogenen Goldlagerstätten nachgewiesen werden konnte.

Zahlreiche Gold-Quarzgänge treten in jungen Orogenzonen von oberjurassischem bis neogenem Alter im Bereich konvergenter Plattenränder auf. Hierzu gehört das Revier des Mother Lode in der Sierra Nevada (Kalifornien) und von Fairbanks im Yukon-Distrikt von Alaska. Die Tauerngold-Quarzgänge gaben Anlass zu historischem Bergbau – möglicherweise schon vor 4000 Jahren mit einem Höhepunkt im 16. Jh. – in den zentralen Ostalpen und in der oberen Monte-Rosa-Decke in den Westalpen. Die Gänge bildeten sich in der Zeit des späteren Oligozäns bis frühen Miozäns aus retrograd metamorphen Fluiden. Sie nahmen in einem extensionsbedingten Kluftnetz Platz, das während der Aufwölbung des alpinen metamorphen Kernkomplexes entlang der Tauernachse entstanden war.

Auch die Quelle des Goldes, das in Ägypten bereits 3000 v. Chr. gewonnen und von den Pharaonen reichlich genutzt wurde, lag in orogenen Quarzgängen. Deren Lokalitäten sind einerseits in der Eastern Desert und am Roten Meer, andererseits im alten Nubien (heute Sudan), was im alten Ägyptisch soviel wie „Land des Goldes" bedeutete. Als deutsches Beispiel eines Goldbergbaus, der an Gold-Quarzgänge gebunden war, sei Brandholz-Goldkronach im Fichtelgebirge erwähnt. Er erfuhr seine Blütezeit im ausgehenden Mittelalter. Ende

des 18. Jh. standen die dortigen Gruben unter der Leitung des bekannten Naturforschers Alexander von Humboldt (1769–1859). Die letzte, ganz kurze Betriebsperiode ging dort 1925 zu Ende.

23.3.3 Gold-Pyrit-Verdrängungslagerstätten vom Carlin-Typ

Die Goldlagerstatten vom Carlin-Typ – benannt nach den bedeutenden Vorkommen entlang des Carlin Trends in Nevada – sind an die Füllung eines ehemaligen Backarc-Beckens hinter dem Orogengürtel der Sierra Nevada gebunden und entstanden in einer tektonischen Extensionsphase vor etwa 42–36 Ma. Die erzbringenden Fluide hatten mäßige Temperaturen von ca. 180–240 °C und eine geringe Salinitat von ca. 2–3 % NaCl-Äquivalent; sie enthielten < 4 Mol-% CO_2, $\leq 0,4$ Mol-% CH_4 und ausreichend H_2S für den Transport von Au. Die Fluide, deren Herkunft noch umstritten ist, stiegen in steilstehenden Störungszonen auf und wurden in flachliegenden Erzfallen gefangen. Dort reagierten sie mit tonigem Kalkstein altpaläozoischen Alters und verdrängten diesen unter Bildung von Pyrit, Markasit und Arsenopyrit (Cline et al. 2005). Gold tritt durchwegs als *„invisible gold"* auf, wobei Au vor allem in As-reichen Randzonen von Pyrit feinstverteilt in die Kristallstruktur von Pyrit eingebaut wurde (Gopon et al. 2019). Mit Vorräten von insgesamt ca. 10.000 t Au repräsentieren diese großen Lagerstätten in Nevada, außer Carlin noch Newmont, Getchell, Betze Post, Cortez und Jerritt Canyon, einen der wichtigsten Typen von Goldlagerstätten der Erde (Frimmel 2008). Lagerstätten vom Carlin-Typ wurden auch aus dem Yukon Territory in Kanada beschrieben. Jene im Yangshan Gold Belt im westlichen Qinling-Orogen (Guizhou, Zentralchina) könnten ebenfalls zu diesem Typ gehören, bildeten sich aber in etwas größerer Tiefe bei höheren Temperaturen (Xie et al. 2018).

23.3.4 Gediegen-Kupfer-Imprägnationen des Lake-Superior-Typs

Eine besondere Art von Imprägnationsvererzung durch Cu-Minerale, die jedoch nicht vergleichbar mit den porphyrischen Kupferlagerstätten ist, findet sich auf der *Keweenaw-Halbinsel* im Lake Superior (Michigan, USA). Dort ist in einer mesoproterozoischen kontinentalen Riftzone, dem sog. Midcontinent Rift, eine mächtige Serie ehemaliger Basaltströme mit brekziös-schlackiger Oberfläche entwickelt, die mit gediegen Kupfer, Chlorit, Epidot, verschiedenen Zeolithen, Apophyllit, Prehnit, Pumpellyit, Quarz und Calcit hydrothermal imprägniert sind. Die lokal hohe Konzentration an gediegen Kupfer in Form spektakulärer dendritischer Kristallaggregate, z. T. von > 20 t Gewicht, ist einmalig, und Proben davon sind in vielen Mineraliensammlungen vertreten (◘ Abb. 4.2). Von den meisten Forschern wird angenommen, dass Cu-Sulfid-reiche hydrothermale Lösungen aus größerer Tiefe aufstiegen und im erstarrten Lavastrom fein verteilte Hämatit-Täfelchen reduzierten, wobei gediegen Kupfer entstand. Diese Lagerstätten lieferten zwischen 1845 und 1968 etwa 5 Mio. t Cu und bildeten die wichtigste Cu-Quelle für die USA in der Zeit vor der Entwicklung porphyrischer Kupferlagerstätten.

23.3.5 Sedimentär-exhalative (SEDEX) Blei-Zink-Lagerstätten

An siliziklastische Sedimentgesteine (oder deren schwach metamorphe Äquivalente) gebundene, sulfidische Pb-Zn-(Cu-)Lagerstätten sind die weltweit wichtigsten Lieferanten von Pb und Zn und stellen mit 38 % die größten Reserven und mit 65 % die größten Ressourcen an Zn für die Zukunft dar. Wie die VHMS-Lagerstätten können sie sehr große Dimensionen annehmen (Leach et al. 2005; Large et al. 2005). Das Erz, hauptsächlich bestehend aus Sphalerit, Galenit, Pyrit oder Pyrrhotin mit geringeren Mengen an Chalkopyrit, Bornit, und Covellin, kommt typischerweise schichtgebunden, stratiform in z. T. fein laminierter Wechsellagerung mit sedimentärem Wirtsgestein vor. Es bildete sich syngenetisch, d. h. gleichzeitig mit den umgebenden Sedimenten, wobei in manchen Fällen auch eine frühdiagenetische Verdrängung von jungen Sedimenten angezeigt ist. Die gewöhnlich feinkörnigen Sulfide entstammen hydrothermalen Quellen am Meeresboden, aus denen sie aus hochsalinaren Lösungen mit Temperaturen meist unter 200 °C, selten auch solchen bis zu 280 °C, durch den Temperaturschock beim Kontakt mit kaltem Meerwasser ausgefällt wurden (Leach et al. 2005). Daraus resultiert die Klassifikation als sedimentär-exhalativ oder einfach als SEDEX-Lagerstättentyp.

Im Gegensatz zu den VHMS-Lagerstätten bildeten sich die SEDEX-Lagerstätten am Boden von lokalen, schlecht durchlüfteten Meeresbecken mit stagnierender Wassersäule und kontinentaler Kruste als Untergrund, wie z. B. in Gräben von kontinentalen Riftzonen. Austrittsstellen der Erzfluide waren meist aktive Störungen mit Abschiebungscharakter am Rande von kleinen Meeresbecken. Diese Störungen dienten als Wegsamkeiten für die Konvektion krustaler Fluide, die sich in erster Linie aus Meerwasser und meteorischen Wässern speisten. Beim Absinken der kalten Oberflächenwässer in größere Tiefen konnten diese vermehrt Metalle aus vorher abgelagertem kontinentalen Erosionsschutt im Riftgraben lösen. Dieser Prozess war

besonders dort effektiv, wo die konvektierenden Wässer eine hohe Salinität aufwiesen, etwa durch Interaktion mit den in Grabenfüllungen häufig vorkommenden Evaporiten. In Bereichen der Extension, wie in einem Riftgraben, ist der geothermische Gradient unweigerlich erhöht. Dies allein kann schon für den Antrieb der Konvektionszellen ausreichen. Gleichzeitiger Rift-Vulkanismus kann aber noch eine zusätzliche Wärmequelle liefern, die dann die Konvektion von beckeninternen Fluiden noch weiter antreibt. Während des Aufstiegs der metallreichen Lösungen entlang der Verwerfungsflächen kommt es zu metasomatischer Veränderung des Nebengesteins, gefolgt vom Austritt einer Sulfidwolke am oder nahe dem Meeresboden. Entweder die einzelnen Sulfidpartikel setzen sich als feinster Staub aus dieser Wolke in unmittelbarer Umgebung der hydrothermalen Austrittsstelle ab oder sie werden durch Meeresströmungen in einer dichten Lauge am Meeresboden seitwärts getrieben, um sich schließlich an der tiefsten Stelle in einem Laugentümpel (engl. „brine pool") zu sammeln. In ersterem Fall kommt es direkt unter der hydrothermalen Austrittsstelle zu einer Stockwerkvererzung innerhalb eines stark alterierten Nebengesteins und darüber zur Bildung von Erzschloten wie bei Schwarzen Rauchern. Im zweiten Fall liegt die Vererzung in einer bestimmten Distanz, durchaus in der Größenordnung von Kilometern, von der Austrittsstelle und der dortigen Alterationszone entfernt. Die Wechsellagerung von Sulfiden und Hintergrund-Sedimenten belegt, dass Exhalation und damit einhergehende Erzbildung ein Prozess ist, der an sich vielfach wiederholende seismische Aktivität an der entsprechenden tektonischen Störung gekoppelt ist.

Im Gegensatz zu den VHMS-Lagerstätten ist ein direkter Zusammenhang mit vulkanischen Gesteinen nur selten erkennbar, z. B. in Mt. Isa (Queensland, Australien), und dann diente der Vulkanismus, wie erwähnt, lediglich als Energiequelle für den Antrieb der Fluidkonvektion. Als Metallquelle spielten eventuelle Magmen in der Riftzone keine nennenswerte Rolle. Hierfür kamen in erster Linie die unterlagenden kontinentalen Krustengesteine infrage, hauptsächlich in Form ihrer Abtragungsprodukte, die sich im Riftgraben angesammelt hatten. So belegen Isotopenuntersuchungen z. B., dass die prinzipielle Quelle von Pb in SEDEX-Lagerstätten in geringen Mengen an Pb in Alkalifeldspäten der umgebenden Granite und Gneise sowie deren Abtragungsprodukte in Form von Sandstein und Arkosen in den Riftablagerungen liegt (Frimmel et al. 2004).

Die bei der Bildung von SEDEX-Lagerstätten ablaufenden Prozesse, wie oben beschrieben, lassen sich direkt an rezenten Beispielen beobachten und rekonstruieren. Das wohl am besten untersuchte Vorkommen dieser Art sind Erzanreicherungen des Atlantis-II-Tiefs am Boden des Roten Meeres (Laurila et al. 2014). Ein etwas anders gelagertes Beispiel ist das Geothermalfeld von Salton Sea in der landseitigen Fortsetzung des Golfs von Kalifornien, wo aktive tektonische Aktivität entlang der San-Andreas-Transformstörung den Aufstieg von 350 °C-heißen Laugen aus ca. 3 km Tiefe und deren Vermischung mit meteorischen Wässern in 1 km Tiefe ermöglicht. Veränderung in der Fluidchemie in der Mischungszone löst die Verdrängung des Nebengesteins durch Buntmetallsulfide und Baryt aus, begleitet von intensiver Chloritisierung.

Typische Metallgehalte in SEDEX-Lagerstätten liegen zwischen 5 und 15 % Pb + Zn, können aber in den reichsten Lagerstätten > 20 % erreichen, wie z. B. in der Red-Dog-Lagerstätte in Alaska. Ein anderer Gigant unter diesem Lagerstättentyp ist Mehdiabad im zentralen Iran.

Nur noch von historischer Bedeutung ist die eigentliche Typlokalität von SEDEX-Lagerstätten, Rammelsberg bei Goslar im Harz, und ebenso die ähnliche Lagerstätte von Meggen im Sauerland (Rheinisches Schiefergebirge). Beide wurden während der variszischen Orogenese deformiert und schwach metamorph überprägt. Am *Rammelsberg* treten zwei dicke, plattenförmige Erzkörper auf, die in stark gefaltetem, mitteldevonischem Tonschiefer eingeschaltet sind. Neben den Buntmetallen Zn, Pb und Cu, wurden Ag und Au gewonnen. Der Abbau des Rammelsberg-Erzes begann etwa um das Jahr 900. Die Erzförderung wurde 1988 eingestellt, nachdem die Vorräte bis auf Reste abgebaut waren. Die UNESCO hat das Bergwerk unterdessen zum Weltkulturerbe erklärt. Die Lagerstätte *Meggen* ist an verfalteten, mittel- bis oberdevonischen Tonschiefer und Kalkstein gebunden. Bis 1992 wurden vorwiegend Zn, untergeordnet Pb und Cu sowie Baryt gefördert. Wirtschaftliche Bedeutung haben die irischen SEDEX-Lagerstätten Navan, Silvermines und Tynagh.

An hochgradig metamorphe Gesteine gebundene stratiforme Sulfiderzkörper vom sogenannten BrokenHill-Typ wurden bislang als metamorph überprägte ehemalige SEDEX-Lagerstätten interpretiert. *Broken Hill* in New South Wales (Australien) galt als eine der größten und bekanntesten Pb-Zn-Lagerstätten der Welt, ist aber mittlerweile erschöpft. Andere Beispiele sind der Aggeneys-Gamsberg-Erzdistrikt in Südafrika, Howard's Pass und Sullivan in Kanada, Mount Isa in Queensland (Australien) und McArthur River im Northern Territory (Australien). Jüngste Studien deuten jedoch darauf hin, dass zumindest im Aggeneys-Gamsberg-Erzdistrikt der metamorphen Überprägung ein Stadium der weitgehenden Oxidation einer älteren Lagerstätte, eventuell vom SEDEX-Typ, vorausging. Die heute vorliegenden Sulfidkörper wären dann einer metamorphen Sulfidisierung der prämetamorphen oxidischen Pb-Zn-Cu-Erze zu verdanken (Höhn et al. 2021).

23.3.6 Karbonatgebundene Blei-Zink-Lagerstätten vom Mississippi-Valley-Typ

Etliche schichtgebundene Pb-Zn-Vererzungen sind, im Gegensatz zu den SEDEX-Vererzungen, eindeutig epigenetisch, da sie Schichtflächen durchkreuzen und vielerorts als Matrix von Brekzien oder Füllung von Karsthohlräumen auftreten. Deren Wirtsgestein ist in fast allen Fällen karbonatisch, sei es Kalkstein oder Dolomit, mit relativ hoher Porosität. Sie sind im Bereich des Mississippi in den südöstlichen USA weit verbreitet und werden daher als Mississippi-Valley-Typ (MVT) klassifiziert.

Die meisten MVT-Lagerstätten enthalten zwischen 50 und 500 Mio. t Erz, womit sie einer der wichtigsten Lieferanten von Zn, Pb, lokal auch von Ag, Cu, Cd oder Ge sind. Der Metallgehalt liegt meist bei 3–15 % Pb + Zn, mancherorts bis zu 50 %. Die wichtigsten Erzminerale sind Sphalerit, Wurtzit (Schalenblende), Ag-armer Galenit, gelförmigen Pyrit (sog. Gelpyrit) und Markasit, gelegentlich auch Chalkopyrit. Neben den Karbonaten bilden Fluorit und Baryt häufige Gangarten, wobei ersterer in solchen Mengen auftreten kann, dass MVT-Lagerstätten gleichzeitig auch die wichtigste Quelle für Fluorit darstellen.

Die Vererzung erfolgte meist aus niedrig temperierten (< 200 °C), hoch salinaren (15–25 % NaCl-Äquivalent) wässerigen Lösungen, die vielerorts reich an Kohlenwasserstoffen waren. Der Chemismus von Flüssigkeitseinschlüssen, besonders deren Cl/Br-Verhältnis, spricht eindeutig für eine Herleitung der hohen Salinität aus verdunstetem Meerwasser. Die Buntmetalle wurden hauptsächlich als Chloridkomplexe transportiert. Mischung der metallreichen Laugen mit meteorischem Wasser nahe der Erdoberfläche oder in küstennahen Regionen, z. B. an Karbonatriffen, bewirkte eine Erniedrigung der Temperatur und Änderung im Chemismus, was die Ausfällung der Erzminerale auslöste. Karbonate sind hierfür besonders gut geeignet, da sie von sauren Lösungen leicht angegriffen werden und damit effektiv eine sekundäre Porosität und Permeabilität erzeugen können. Als Schwefelquelle diente Sulfat aus dem Meerwasser oder aus durchsickerten Evaporiten, wobei der Sulfatschwefel im Kontakt mit organischer Substanz oder Methan zu Sulfidschwefel reduziert wurde. Eine mögliche Reaktion hiefür ist

$$CH_4 + ZnCl_2 + SO_4^{2+} + Mg^{2+} + 3CaCO_3 \rightarrow$$

in Lösung   Calcit

$$ZnS + CaMg[CO_3]_2 + 2Ca^{2+} + 2Cl^- + 2HCO_3^- + H_2O$$

Sphalerit Dolomit   Lösung

$$(23.7)$$

Geotektonisch finden sich MVT-Lagerstätten zum einen am Rande ehemaliger kontinentaler Riftbecken, zum anderen in synorogenen Vorlandbecken. Dementsprechend gibt es zwei unterschiedliche genetische Erklärungen für deren Bildung (Leach et al. 2005):

- *Salinare Lösungen* steigen an den Flanken von kontinentalen Riftzonen entlang von Abschiebungen auf, dringen in flachmarine Karbonatablagerungen, z. B. Riffkarbonate ein und reagieren mit diesen unter Ausfällung von Sulfiden. Die hohe Salinität dieser Lösungen wird dabei typischerweise durch Reaktion mit Evaporiten in der Riftgrabenfüllung erzielt.

- *Orogene Laugen* werden aus kontinentalen Kollisionszonen in die benachbarten Vorlandbecken ausgetrieben. Dort reagieren sie – ähnlich wie im obigen Modell – mit Karbonatgesteinen unter Ausfällung von Sulfiden. Aus der räumlichen Beziehung zwischen Orogenzone, MVT-Lagerstätten im Vorland und Öl- und Gasfeldern in weiterer Entfernung lässt sich auch eine genetische Beziehung ableiten. Die Öl- und Gasfelder dürften die distalen, niedrig temperierten Äquivalente desselben Fluidsystems darstellen, aus dem sich etwas näher zur orogenen Quelle die MVT-Lagerstätten bildeten. Dies wird durch erhöhte Anteile von Kohlenwasserstoff-Verbindungen in Flüssigkeitseinschlüssen in den Erzmineralen und deren Gangarten unterstützt, darüber hinaus durch Nachweis von Pyrobitumen (verfestigtes Erdöl) in den MVT-Lagerstätten.

Wirtschaftlich bedeutende MVT-Lagerstätten befinden sich in Nordamerika, so in Südwest-Wisconsin im oberen Mississippi Valley, im Tri-State-District an der Grenze zwischen Oklahoma, Missouri (Joplin) und Kansas, bei Viburnum (SO-Missouri), in Tennessee sowie bei Pine Point (Northwest Territory, Kanada). Die wichtigsten europäischen MVT-Lagerstätten liegen in Oberschlesien (Südpolen). Ähnliche Lagerstätten, die an den triassischen Wettersteinkalk in den südlichen Kalkalpen gebunden sind, z. B. Bleiberg-Kreuth in Kärnten (Österreich) und Mežica (Slowenien), stehen heute nicht mehr im Abbau. Gleiches gilt für kleine MVT-Lagerstätten im Oberheingraben, z. B. Wiesloch bei Heidelberg. All diese Lagerstätten haben Alter, die entweder dem weltweiter orogener Aktivität im Jungpaläozoikum im Rahmen der Bildung des Superkontinents Pangäa entsprechen oder der alpidischen Gebirgsbildung während der Kreide und dem Tertiär zugeordnet werden können (Leach et al. 2001). Im Gegensatz dazu war die Vererzung im Lennard Schelf am Rande des Fitzroy-Trogs in Westaustralien vermutlich bedingt durch die Öffnung des frühpaläozoischen Canning-Beckens, in einer tektonischen Position, die sich mit der von SEDEX-Lagerstätten vergleichen lässt.

Obwohl die wirtschaftliche Bedeutung von MVT-Lagerstätten nicht mit der von SEDEX-Lagerstätten mithalten kann, so erreichten manche davon besondere Aufmerksamkeit als Lieferant des sehr seltenen, aber für manche Hochtechnologie-Produkte notwendigen Metalls Germanium. Das beste Beispiel hierfür war die berühmte Cu-Pb-Zn-Lagerstätte von *Tsumeb* im Otavibergland (Nordnamibia), die sich durch sehr hohe Konzentrationen von Cd, As, Ag, Ga und Ge auszeichnete. Sie stand von 1907 bis 1997 fast ununterbrochen im Abbau, ist aber nun erschöpft. Die wichtigsten Erzminerale waren Chalkosin, Enargit, Tetraedrit-Tennantit (Fahlerz), Galenit und Cd-reicher Sphalerit; das Ge-Erzmineral Germanit, $Cu_{13}Fe_2Ge_2S_{16}$, wurde dort erstmals entdeckt. Berühmtheit erlangte Tsumeb aber auch wegen seiner seither unerreichten Artenfülle und Pracht von Sekundärmineralen, die innerhalb einer ausnehmend tief reichenden Oxidationszone gebildet wurden, so z. B. Azurit und Malachit (◻ Abb. 8.12). Tsumeb ist eine von mehreren ähnlichen Lagerstätten im Norden Namibias, die alle auf metallhaltige orogene Laugen zurückgehen, welche bei der panafrikanischen Orogenese an der Wende Ediacarium/Kambrium vom Damara-Orogen in das nördliche Vorland eindrangen (Frimmel et al. 1996; Chetty und Frimmel 2000). Die ungewöhnliche Metallassoziation von Tsumeb ist vermutlich besonderen Quellregionen im Damara-Orogen geschuldet, außerdem einer Temperatur, die mit ca. 450 °C deutlich höher ist als für MVT-Lagerstätten typisch. Nach dem Ausfall von Tsumeb als Ge-Lieferant ist zu erwarten, dass Sphalerit in MVT-Lagerstätten die prinzipielle Quelle für die Versorgung mit Ge in Zukunft sein wird (Frenzel et al. 2014).

Eine genetisch ähnliche Vererzung könnten die historischen Ag–Pb–Zn–Cu-Lagerstätten von Schwaz und Brixlegg in Tirol darstellen. Sie bildeten sich vermutlich während der variszischen Orogenese aus orogenen, hochsalinaren wässerigen Lösungen, die in unterdevonischen Dolomit im Vorland eindrangen und sich dort mit meteorischem Wasser vermischten (Frimmel 1991). Das einzige wichtige Erzmineral ist Schwazit, ein Hg-reicher Tetraedrit, $(Cu,Hg)_{12}Sb_4S_{13}$, mit Ag-Gehalten von bis zu 0,85 %. Im späten Mittelalter besaß Schwaz die weltweit größte und ertragreichste Silbermine, die die finanzielle Grundlage der Dynastie Habsburg bildete. Im Jahr 1554 waren hier 7400 Bergleute tätig; dagegen waren es 1957, kurz vor Schließung der Grube nur noch 12!

23.3.7 Metasomatische Siderit-Lagerstätten

Metasomatische Siderit-Lagerstätten bildeten sich dort, wo aufsteigende (aszendente) Fe-haltige hydrothermale Lösungen mit Kalkstein oder Marmor reagieren konnten. Die bekannteste und bedeutendste Lagerstätte dieser Art ist der *Erzberg* nahe der Stadt Eisenerz in der *Steiermark,* wo ein devonischer Kalkstein über seine

Schichtfugen hinweg schrittweise vererzt wurde. Dabei entstanden wohlausgebildete Reaktionsfronten in der Abfolge Calcit→ Dolomit→ Ankerit Ca(Mg,Fe) $(CO_3)_2 \rightarrow$ Siderit $FeCO_3$. Auf diese Weise ist ein riesenhafter, geschlossener Körper von Mn-haltigem *Spateisenstein* entstanden, der nur geringe Mengen an Pyrit, Chalkopyrit, Fahlerzen und Cinnabarit führt. Das Erz wird in einem mächtigen Tagebau mit rund 70 Etagen, aber auch unter Tage gewonnen. Die Lagerstätte enthielt insgesamt 500 Mio. t Erz, von denen mehr als die Hälfte abgebaut ist. Wegen der relativ niedrigen Gehalte von 32 % Fe kann der Erzberg nicht mit anderen Fe-Erzen konkurrieren, bleibt jedoch als Karbonat und mit zusätzlichen Gehalten von 2 % Mn ein wertvoller Zuschlag für die Eisenerzverhüttung und die Stahlproduktion (Pohl 2020).

Ähnliche Lagerstätten finden sich weltweit, so in Ouenza (Algerien), Jerrissa (Tunesien), Bakal (Russland) und im Tri-State District (USA). Die beachtlichen Vorkommen bei *Bilbao.* (Nordspanien), die sog. Bilbaoerze, sind weitgehend zu Limonit verwittert. Sie standen bereits seit der Römerzeit im Abbau und waren im 19. und 20. Jh. der wichtigste Roherz-Lieferant für die deutschen und britischen Eisenhütten und Stahlwerke.

Eine weitere österreichische Eisenerzlagerstätte von diesem Typ ist der Hüttenberger Erzberg in Kärnten. Er stand seit Beginn des 19. Jh. im Abbau, erlebte während des 2. Weltkrieges einen kurzen Höhepunkt und wurde 1978 endgültig geschlossen. Entlang der Randspalten des Thüringer Waldes und bei Bieber im Spessart sind Kalkstein und Dolomit des Zechsteins stellenweise metasomatisch in Siderit umgewandelt. Einige dieser Spateisenstein-Vorkommen wurden früher bergmännisch abgebaut.

23.3.8 Diskordanzgebundene Uranlagerstätten

Unter den vielen unterschiedlichen Uran-Vererzungstypen spielen IOCG- (▶ Abschn. 23.2.7) und an Sandstein gebundene Lagerstätten (▶ Abschn. 23.3.9) die größte Rolle. Die Uranerz-Ansammlungen mit dem höchsten U-Gehalt von bis zu 20 % finden sich in der Nähe von Diskordanzflächen zwischen einem alten, typischerweise hochgradig metamorphen und/oder granitischen Grundgebirge und überlagernden Sandsteinen, durch die großräumige Zirkulation oxidierender Fluide möglich war (◘ Abb. 23.12). Dabei wurde U^{4+} im Grundgebirge in Umkehrung der Reaktion

$$2UO_2(CO_3)_2^{2-} + 4H^+ = 2UO_2 + O_2$$
$$+4CO_2 + 2H_2O \qquad (23.8)$$

gelöst, in seinem oxidierten Zustand als U^{6+} transportiert und andernorts schließlich durch Reaktion mit stark reduzierenden Gesteinsarten, wie sulfidreichen oder C-reichen Gesteinen (z. B. pyritreichem Schwarzschiefer) epigenetisch wieder als Uraninit ausgefällt (Reaktion 23.8).

Diese diskordanzgebundenen Lagerstätten waren in der Vergangenheit die wichtigsten Lieferanten von U und stellen die drittgrößte U-Ressource für die Zukunft dar (Frimmel und Müller 2011). Deren Bildung und zeitliche Beschränkung auf das Proterozoikum lassen sich durch die extrem unterschiedliche Löslichkeit

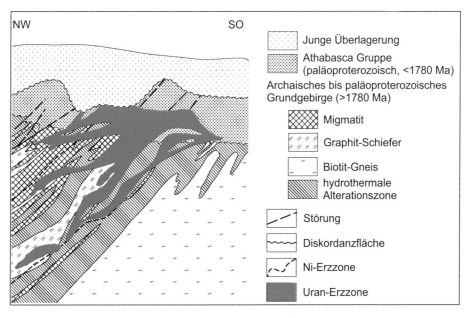

◘ **Abb. 23.12** Schematisches Profil der Diskordanz-Uranlagerstätte Key Lake im Athabasca-Distrikt, Kanada. (Nach Dahlkamp 1993)

von U in unterschiedlichen Oxidationsstufen erklären. In archaischen Einheiten ist dieser Vererzungstyp nicht möglich, da der Mangel an Sauerstoff in der archaischen Atmosphäre oxidierende Bedingungen in etwaigen Formationswässern oder meteorischen Wässern nicht erlaubte. Erst nach einem drastischen Anstieg im atmosphärischen O_2-Gehalt zwischen 2,4 und 2,3 Ga war es meteorischen Wässern möglich, U aus dem Gestein zu mobilisieren. Proterozoische Deckgebirge sind besonders gut geeignet, da sie zum einen reich an C-reichen (graphitischen) Ablagerungen sind, die aus abgestorbenen Cyanobakterien und Algen im damaligen Ozean hervorgingen. Zum anderen kam es zu vermehrter Ablagerung von Sand und weniger Ton, da der damalige Mangel an Landpflanzen Bodenbildung, aber auch die Stabilisierung steiler Flussbänke und somit Bildung mäandrierender Flusssysteme verhinderte. Die resultierenden, mehrheitlich sandigen Sedimentgesteine erwiesen sich als deutlich permeabler für die Zirkulation von Wässern durch die Beckenfüllung – eine wichtige Voraussetzung für die Bildung diskordanzgebundener Uranlagerstätten.

Das beste Beispiel eines Sedimentationsbeckens, an dessen Basis nahe der diskordanten Grenzfläche zum unterlagernden Grundgebirge hochgradige Uranlagerstätten entstanden sind, ist das Athabasca-Becken im nördlichen Saskatchewan und Alberta in Kanada. Dort werden archaische bis paläoproterozoische Metamorphite von bis zu 1500 m mächtigen, hauptsächlich siliziklastischen Sedimentgesteinen der Athabasca-Gruppe diskordant überlagert. Der untere Abschnitt dieser Gruppe ist aus einer Folge von Konglomerat und teils Hämatit-führendem Sandstein aufgebaut, die zwischen 1750 und 1644 Ma abgelagert wurden. Die Erze finden sich in erster Linie entlang zerscherter, Graphit-führender Metasedimentgesteine im Grundgebirge oder im Kern hydrothermaler Alterationszonen im Sandstein unmittelbar oberhalb von Störungen, entlang derer 130–220 °C heiße, salzige Lösungen durch das Grundgebirge in die überlagernden Sedimentgesteine aufdringen konnten (Derome et al. 2005). Bisher vorliegende geochronologische Daten deuten darauf hin, dass die mineralisierenden Lösungen beckenweit um ca. 1600 Ma zirkulierten (Alexandre et al. 2009), also zu einer Zeit, zu der die klastische Beckenfüllung diagenetisch verfestigt wurde.

Monomineralische Uraninit-Vererzung befindet sich bevorzugt unterhalb der Diskordanzfläche, während darüber polymetallische Vererzung mit Paragenesen aus diversen Sulfiden und Arseniden zusammen mit Uraninit vorherrschen. Untergeordnet tritt auch Coffinit, $U^{4+}[(SiO_4,(OH)_4)]$, auf. Sehr viel später, vor 400–300 Ma, wurden die Gesteinsfolgen des Athabasca-Beckens gehoben. Sie unterlagen der Verwitterung

und Abtragung, wobei es zur Infiltration von kalten (< 50 °C) meteorischen Wässern, zum Aufbau neuer Redox-Fronten und zu weit verbreiteter Umlagerung und sekundärer Anreicherung des Urans kam. Die Verhältnisse erinnern an die Bildung der sedimentären Uranlagerstätten vom Roll-Front-Typ in den Red Beds im Südwesten der USA (▸ Abschn. 25.2.8; Mercadier et al. 2011).

In der Vergangenheit waren die Lagerstätten von Key Lake (◘ Abb. 23.12) und McArthur River die größten U-Produzenten mit einer gemeinsamen Förderung von >240.000 t U_3O_8 bis zur Einstellung im Jahr 2018. Letztere ist die weltweit größte hochgradige Uranlagerstätte mit nachgewiesenen Vorräten von 2,5 Mio. t Erz mit 6,9 % U_3O_8. Die jahrelang in Konstruktion befindliche Cigar-Lake-Mine wurde 2015 in Betrieb genommen und hat Reserven von 533.000 t Erz mit 14,5 % U_3O_8. Solche U-Gehalte sind ein bis zwei Größenordnungen höher als in den meisten anderen Uranlagerstätten der Welt.

Innerhalb des Kanadischen Schildes liegen eine Reihe weiterer, ähnlicher paläoproterozoischer Beckenfüllungen mit vergleichbaren U-Vererzungen. Außerhalb Kanadas ist das Kombolgie-Becken als Teil des größeren McArthur-Beckens in den Northern Territories von Australien erwähnenswert, da es ähnlich große Uranlagerstätten vom gleichen Typ beinhaltet. Die dortige Ranger Mine ist derzeit einer der weltgrößten U-Produzenten und die Lagerstätte Jabiluka stellt mit 196.000 t U_3O_8 die weltweit drittgrößte U-Ressource dar (Frimmel und Müller 2011).

23.3.9 Sandsteingebundene Uranlagerstätten

Dieser Lagerstättentyp weist viele Ähnlichkeiten zu den diskordanzgebundenen Uranlagerstätten auf, liegt ihm doch der gleiche Bildungsprozess zugrunde (Reaktion 23.8). Im Gegensatz zu den oben beschriebenen Vererzungen besteht bei diesem Typ jedoch keinerlei räumlicher Zusammenhang zu Diskordanzflächen. Die Vererzung kommt dort zustande, wo U-haltige, oxidierte Grundwässer durch Sedimentbecken zirkulieren – bevorzugt durch Sandstein aufgrund dessen vergleichsweise hoher Permeabilität – und mit reduzierendem Material in Kontakt kommen. Innerhalb des Sedimentverbandes liegende Redox-Fallen, die zur Ausfällung von Uraninit und Coffinit, untergeordnet auch Brannerit, $(U,Ca,Y,Ce)(Ti,Fe)_2O_6$, führen, können organische Komponenten (Pflanzenreste) im Schichtverband sowie synsedimentär oder diagenetisch gebildeter Pyrit sein, aber auch Erdöl und/oder Erdgas. Die U-Gehalte der Erzkörper sind niedrig bis mittel (0,05–0,4 %); die ein zelnen Erzkörper sind eher kleinräumig, können aber im Extremfall, wie in der Lagerstätte von Imouraren im Niger, > 120 kt U_3O_8 enthalten.

Die Vererzung findet sich als diagenetische Imprägnation oder Verdrängung in fluviatilen, lakustrinen oder deltaischen, mittel- bis grobkörnigen Sandsteinen. Impermeable Silt- oder Tonsteinlagen können durchaus in der Sedimentabfolge vorkommen und begrenzen dann die mineralisierten Zonen. Die Erzkörper nehmen die Form von sogenannten „roll fronts" ein oder sind schichtig-tafelig ausgebildet. Die charakteristische Krümmung der Roll-Front-Erzkörper spiegelt unterschiedliche Grundwasser-Fließgeschwindigkeiten inmitten und am Rande des Aquifers wider.

Die meisten sandsteingebundenen Uranlagerstätten sind erstaunlich ähnlich, obwohl sie in Wirtsgesteinen höchst unterschiedlichen geologischen Alters und in verschiedensten Regionen zu finden sind. Die wichtige Voraussetzung für die Bildung dieses Vererzungstyps, die Präsenz einer Redox-Falle, ist maßgeblich von der Verfügbarkeit von organischem Kohlenstoff in fluviatilen Ablagerungen abhängig. Eine solche ist in nennenswertem Ausmaß erst seit dem Auftreten von Landpflanzen gegeben. Folglich ist es nicht erstaunlich, dass sandsteingebundene Uranlagerstätten im Lauf der Erdgeschichte im Wesentlichen erst ab dem Karbon von Bedeutung sind.

Die wirtschaftlich bedeutendsten Uranprovinzen vom Sandstein-Typ liegen in den USA, dort in der Region der Westlichen Kordilleren, im Powder-River-Becken in Wyoming, auf dem Colorado Plateau und in der Küstenebene vor dem Golf von Mexiko im südlichen Texas, sowie in Kasachstan, Usbekistan, Niger, Gabun und Südafrika. Kasachstan spielt eine herausragende Rolle, ist es doch zum Land mit der höchsten Uranproduktion der Welt mit einem Anteil von 39 % aufgestiegen. Diese Uranförderung stammt aus oberkretazisch bis tertiären, kontinentalen Sandsteinen in den Chu-Sarysu- und Syrdyra-Becken. Beide gehörten ursprünglich zu einem zusammenhängenden, artesischen Becken, welches im Zuge der pliozänen Heraushebung des Karatau-Gebirges zweigeteilt wurde. Diese Heraushebung bewirkte die gravitative Bewegung von orogenen Fluiden in die Vorlandbecken beiderseits des Orogens und damit die U-Vererzung in einer Entfernung von 300–350 km vom Beckenrand. Im infiltrierten Porenraum vorhandenes Erdöl und/oder Erdgas wird für die Reduktion und Ausfällung von U verantwortlich gemacht (Jaireth et al. 2008). Die einzelnen Erzkörper erreichen 5–25 m Mächtigkeit und erstrecken sich über Distanzen von bis zu 800 m. Die U-Gehalte sind sehr niedrig (0,03–0,05 %), lassen sich aber mittels sehr kostengünstiger In-situ-Auslaugeverfahren wirtschaftlich nutzen. Die gesamten Vorräte sind jedoch enorm. So wird für die Chu-Sarysu- und Syrdyra-Becken zusammen eine Ressource von insgesamt 1,34 Mt U_3O_8 angegeben (Jaireth et al. 2008).

23.4 Hydrothermale Erz- und Mineralgänge

Gangförmige Erzkörper treten in Zusammenhang mit einer Reihe der oben beschriebenen epigenetischen Vererzungstypen auf, können aber auch eigenständige Lagerstätten bilden. Letztere sollen im Folgenden kurz erläutert werden. Sie spielten in der Vergangenheit oft eine große Rolle in der Gewinnung von Metallen, da sie im Gelände leicht auffindbar sind und in ihnen lokal sehr hohe Metallkonzentrationen erreicht werden können. Ihr vergleichsweise geringes Volumen sowie deren oft steiles Abtauchen in große, mit traditionellen Bergbaumethoden kaum erreichbare Tiefen sind jedoch von großem Nachteil, sodass heute hydrothermale Erzgänge einen nur noch geringen Anteil an der globalen Erzförderung ausmachen.

Notwendige Voraussetzung für die Entstehung hydrothermaler Erz- und Mineralgänge ist das Vorhandensein einer sich öffnenden tektonischen *Spalte*, durch die hydrothermale Lösungen fließen können, so z. B. auf duktilen Scherzonen, Verwerfungen, Überschiebungen oder Spannungsrissen. Typisch sind sog. „pinch-and-swell-structures", bei denen die Mächtigkeit eines Erzganges stark variiert, weil er Nebengesteinslagen unterschiedlicher Kompetenz durchsetzt (◘ Abb. 23.13). Hydrothermale Erzgänge setzen sich aus kompakten Erzaggregaten und Gangart zusammen; in verbleibenden Hohlräumen können sich auch Mineraldrusen entwickeln, also Kristallgruppen mit gut ausgebildeten Kristallflächen. Nicht selten werden hydrothermale Erzgänge von hydrothermalen Imprägnationen und/oder Verdrängungen im Nebengestein begleitet.

In *Reicherzzonen,* von den Bergleuten auch als *Erzmittel* bezeichnet, sind die Erzminerale als Träger der gewinnbaren Metalle angereichert. Im Gegensatz dazu bestehen die *Gangarten* oder *tauben Mittel* hauptsächlich aus den nichtopaken Begleitmineralen wie Quarz, Calcit, Dolomit und anderen Karbonaten sowie Fluorit und Baryt, die allerdings wichtige Industrieminerale darstellen, aber meist aus erzfreien Hydrothermalgängen gewonnen werden. Häufig spiegelt die Gangart die Zusammensetzung des Nebengesteins wider, aus dem sie offensichtlich mobilisiert wurde, z. B. Quarz aus silikatischem, Calcit aus karbonatischem Nebengestein.

Gewöhnlich kristallisiert der Mineralinhalt der Gänge meist gleichzeitig mit dem Aufreißen der Spalte, was in mehreren Etappen geschehen kann. Dabei entspricht die symmetrische zonale Anordnung verschiedener Mineralparagenesen, die man häufig in

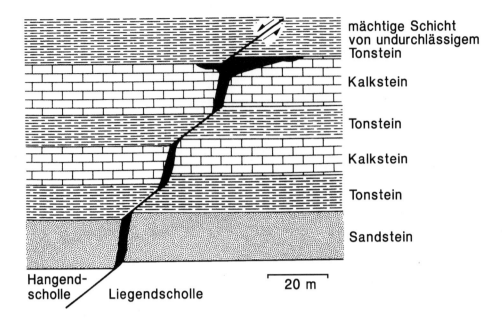

mächtige Schicht
von undurchlässigem
Tonstein

Kalkstein

Tonstein

Kalkstein

Tonstein

Sandstein

Hangend-
scholle   Liegendscholle

20 m

Abb. 23.13   Erzgang auf einer Abschiebung mit gut entwickelter "*pinch-and-s*well"-Struktur. Im Bereich der kompetenten Sandstein- und Kalkstein-Lagen ist der Erzgang relativ mächtig, während er in den inkompetenteren Tonstein-Horizonten nahezu auskeilt. Unterhalb einer mächtigen Schicht von undurchlässigem Tonstein biegt der Gang in die Horizontale um. (Nach Evans 1993)

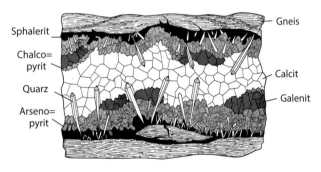

Sphalerit

Chalco=
pyrit

Quarz

Arseno=
pyrit

Gneis

Calcit

Galenit

Abb. 23.14   Symmetrischer Erzgang aus der Grube Himmel-fürst-Fundgrube bei Brand-Erbisdorf (sächsisches Erzgebirge). (Nach Maucher, umgezeichnet aus Schneiderhöhn 1941)

Hydrothermalgängen beobachtet (**** Abb. 23.14), der *Ausscheidungsfolge.* Stets wuchsen die älteren, typischerweise höher temperierten Paragenesen an oder nahe den Gangrändern, dem sog. *Salband,* während die jüngeren, bei etwas niedriger Temperatur gebildeten Paragenesen in der Gangmitte konzentriert sind.

Systematische Veränderungen in den verschiedenen Mineralparagenesen im Streichen eines Gangs bezeichnet man als *vertikalen* und/oder *lateralen Fazieswechsel* oder als *primären Teufenunterschied.* Dieser ist bei den subvulkanischen Ganglagerstätten infolge kürzerer Transportwege und schnellerer Abkühlung weniger ausgeprägt: Die verschiedenen Mineralpara-

genesen erscheinen hier teleskopartig ineinandergeschoben (engl. *„telescoping"*). Die praktische Bedeutung des Fazieswechsels für die Prospektion der Erze sowie für bergbau- und aufbereitungstechnische Fragen ist offensichtlich.

Aus der geradezu verwirrenden Fülle des Mineralinhalts der verschiedenen, überaus zahlreich auftretenden hydrothermalen Gänge heben sich sog. *persistente Paragenesen* hervor, die in immer wieder gleicher Ausbildung weltweit vorkommen. Sie wurden zur Grundlage für ein Schema von *Gangformationen,* das im sächsischen Bergbau schon lange gebräuchlich war und später als Prinzip für die Systematik hydrothermaler Lagerstätten aller Strukturtypen diente. Der deutsche Mineraloge August Breithaupt (1791–1873), Professor an der Bergakademie Freiberg in Sachsen, erkannte als erster, dass für genetische Schlussfolgerungen *Mineralparagenesen* wichtiger sind als ein einzelnes, besonders auffälliges Mineral. Dieses Prinzip hat sich ganz allgemein für die lagerstättenkundliche und petrologische Forschung als fruchtbar erwiesen.

23.4.1 Mesothermale Kupfererzgänge

Der prominenteste Vertreter dieses Typs ist die Lagerstätte von *Butte,* Montana (USA), die zu den reichsten Kupfervorkommen der Erde zählt. Aus ihr wurden von 1880 bis 2005 9,6 Mt Cu, 2,1 Mt Zn, 1,6 Mt Mn, 381.000 t Pb, 22.200 t Ag, 90 t Au sowie beachtliche Mengen an Bi, Cd, Se, Te und Schwefelsäure gewonnen. Mehrere gewöhnlich dicht gescharte Systeme von Gängen durchsetzen den 78 Ma alten granodioritischen

23

Pfahl, der mit einer Erstreckung von ca. 150 km zu den längsten weltweit bekannten Quarzgängen gehört. Dieser drang vor 270 Ma, als das Orogen der mitteleuropäischen Varisziden kollabierte, in eine SO-NW-streichende Bruchzone ein. In einigen Fällen stellen Quarzgänge die erzleeren (tauben) Endigungen von Erzgängen dar.

23.4.7 Alpine Klüfte

Bei der spätorogenen Heraushebung eines jungen Gebirges kommt es im Dachbereich der metamorphen Kernzone zu Extension und damit, vor allem in kompetenten Gesteinen zur Bildung von Zerrklüften. Diese werden unweigerlich mit retrograd metamorphen wässerigen Lösungen gefüllt. Dort wo allseits abgeschlossene Hohlräume entstehen, können sich aus diesen hydrothermalen Lösungen gut ausgebildete Kristalle unterschiedlicher Mineralarten abscheiden. Das Nebengestein in unmittelbarer Nähe solcher Klüfte ist meist sichtbar ausgelaugt, und die Kluftmineralparagenesen sind denen im Nebengestein sehr ähnlich. Beides spricht dafür, dass die gelösten chemischen Komponenten, überwiegend SiO_2, durch Lateralsekretion unmittelbar aus dem Nebengestein mobilisiert und *nicht* aus der Tiefe zugeführt wurden. Zu den wichtigsten Mineralen in spätorogenen Zerrklüften zählen Quarz mit unterschiedlicher Entwicklung von Tracht, Habitus und Farbe (Bergkristall, Rauchquarz, Amethyst), Albit, Adular, Hämatit, Anatas, Titanit, Calcit, Fluorit und Chlorit. Die Kristallstufen oder Kristallrasen stellen gesuchte Sammlerstücke dar.

Besonders die zentralen Bereiche der Ost- und Westalpen erlangten große Bekanntheit für hervorragende Mineralstufen. Die dortigen Zerrklüfte bildeten sich während des späteren Oligozäns bis frühen Miozäns. Aus U-Pb- und Th-Pb-Datierungen von Kluftmineralen, insbesondere Monazit, zeigt sich, dass die alpinen Kluftminerale im Wesentlichen zwischen 15 und 11 Ma kristallisierten, gleichzeitig mit spätorogenen tektonischen Bewegungen im Übergangsbereich von duktiler zu bruchhafter Verformung (z. B. Bergemann et al. 2017). Niedrigtemperierte Kluftmineralisation mit Zeolithen ist jedoch mit ca. 2 Ma deutlich jünger (Weisenberger et al. 2012).

Literatur

Alexandre P, Kyser K, Thomas D, Polito P, Marlat J (2009) Geochronology of unconformity-related uranium deposits in the Athabasca Basin, Saskatchewan, Canada, and their integration in the evolution of the basin. Miner Deposita 44:41–59

Barnes HL (1988) Ores and Ore Minerals. Open University Press, McGraw-Hill Education, Maidenhead

Barnes HL (Hrsg) (1997) Geochemistry of hydrothermal ore deposits, 3. Aufl. Wiley, New York

Barra F, Reich M, Rojas P, Selby D, Simon AC, Salazar E, Palma G (2017) Unraveling the origin of the Andean IOCG Clan: a Re-Os isotope approach. Ore Geol Rev 81:62–78

Baumann L, Nikolsky IL, Wolf M (1979) Einführung in die Geologie und Erkundung von Lagerstätten. Verlag Glückauf, Essen

Beck R (1903) Lehre von den Erzlagerstätten. Borntraeger, Berlin

Bergemann C, Gnos E, Berger A, Whitehouse M, Mullis J, Wehrens P, Pettke T, Janots E (2017) Th-Pb ion probe dating of zoned hydrothermal monazite and its implications for repeated shear zone activity: an example from the Central Alps, Switzerland. Tectonics 36:671–689

Bierlein F, Groves DI, Goldfarb RJ, Dubé B (2006) Lithosperic controls on the formation of provinces hosting giant orogenic gold deposits. Miner Deposita 40:874–886

Breeding CM, Ague JJ (2002) Slab-derived fluids and quartz-vein formation in an accretionary prism. Otago Schist, New Zealand: Geology 30:499–502

Brown KL, Simmons SF (2003) Precious metals in high-temperature geothermal systems in New Zealand. Geothermics 23:619–625

Chen YJ, Piraino F, Wu G, Qi JP, Xiong XL (2012) Epithermal deposits in North Xinjiang, NW China. Intern J Earth Sci 101:889–917

Chetty D, Frimmel HE (2000) The role of evaporites in the genesis of base metal sulphide mineralisation in the Northern Platform of the Pan-African Damara Belt, Namibia: geochemical and fluid inclusion evidence from carbonate wall rock alteration. Miner Deposita 35:364–376

Cline JS, Hofstra A, Muntean JL, Tosdal RM, Hickey KA (2005) Carlin-type gold deposits in Nevada: critical geologic characteristics and viable models. In: Hedenquist JW, Thompson JFH, Goldfarb RJ, Richards JP (Hrsg) Economic geology one hundreth anniversary volume. Society of Economic Geologists, Littleton, S 451–484

Corliss JG, Dymond J, Gordon LI, Edmont JM, von Herzen RP, Ballard RD, Green K, Williams D, Bainbridge A, Crane K, van Andel TH (1979) Submarine thermal springs on the Galapagos rift. Science 203:1073–1083

Cox SF (2005) Coupling between deformation, fluid pressures, and fluid flow in ore-producing hydrothermal systems at depth in the crust. In: Hedenquist JW, Thompson JFH, Goldfarb RJ, Richards JP (Hrsg) Economic geology one hundreth anniversary volume. Society of Economic Geologists, Littleton, S 39–75

Dahlkamp FJ (1993) Uranium ore deposits. Springer, Berlin

Derome D, Cathelineau M, Cuney M, Fabre C, Lhomme T, Banks DA (2005) Mixing of sodic and calcic brines and uranium deposition at McArthur River, Saskatchewan, Canada: a Raman and laser-induced breakdown spectroscopic study of fluid inclusions. Econ Geol 100:1529–1545

de Ronde CEW, Massoth GJ, Butterfield DA, Christensen BW, Ishibashi J, Ditchburn G, Hannington MG, Brathwaite RL, Lupton JE, Kamenetsky VS, Graham IG, Zellmer GF, Dziak RP, Embley RW, Dekov VM, Munnik F, Lahr J, Evans LJ, Takai K (2011) Submarine hydrothermal activity and gold-rich mineralization at Brothers Volcano, Kermadec Arc, New Zealand. Mineral Dep 46:541–584

Ehrig K, McPhie J, Kamenetsky V (2013) Geology and mineralogical zonation of the Olympic Dam iron oxide Cu-U-Au-Ag deposit, South Australia. Soc Econ Geol Spec Publ 16:237–268

Evans AM (1993) Ore geology and industrial minerals, 3. Aufl. Blackwell Science, Oxford

Fontboté L, Kouzmanov K, Chiaradia M, Pokrovski GS (2017) Sulfide minerals in hydrothermal deposits. Elements 13:97–103

Franklin JM, Gibson HL, Jonasson IR, Galley AG (2005) Volcanogenic massive sulfide deposits. In: Hedenquist JW, Thompson JFH, Goldfarb RJ, Richards JP (Hrsg) Economic geology one hundreth anniversary volume. Society of Economic Geologists, Littleton, S 523–560

Frenzel M, Ketris MP, Gutzmer J (2014) On the geological availability of germanium. Miner Deposita 49:471–486

Frimmel HE (1991) Isotopic constraints on fluid/rock ratios in carbonate rocks: barite-sulfide mineralization in the Schwaz Dolomite, Tyrol (Eastern Alps, Austria). Chem Geol 90:195–209

Frimmel HE (2008) Earth's continental gold endowment. Earth Planet Sci Lett 267:45–55

Frimmel HE (2018) Episodic concentration of gold to ore grade through Earth's history. Earth-Sci Rev 180:148–158

Frimmel HE, Müller J (2011) Estimates of mineral resource availability – how reliable are they? Akad Geowiss Geotechnol, Veröffentl 28:39–62, Stuttgart

Frimmel HE, Deane JG, Chadwick, PJ (1996) Pan-African tectonism and the genesis of base metal sulfide deposits in the northern foreland of the Damara Orogen, Namibia. In: Sangster DF (Hrsg) Carbonate-hosted lead-zinc deposits. Society of economic geologists, Spec Publ No. 4, Littleton, Colorado, S 204–217

Frimmel HE, Jonasson I, Mubita P (2004) An Eburnean base metal source for sediment-hosted zinc-lead deposits in Neoproterozoic units of Namibia: lead isotopic and geochemical evidence. Miner Deposita 39:328–343

Frimmel HE, Schedel S, Brätz H (2014) Uraninite chemistry as forensic tool for provenance analysis. Applied Geochem 48:104–121

Garwin S, Hall R, Watanabe Y (2005) Tectonic setting, geology, and gold and copper mineralization in Cenozoic magmatic arcs of Southeast Asia and the West Pacific. In: Hedenquist JW, Thompson JFH, Goldfarb RJ, Richards JP (Hrsg) Economic geology one hundreth anniversary volume. Society of Economic Geologists, Littleton, S 891–930

Goldfarb RJ, Groves DI (2015) Orogenic gold: common or evolving fluids and metal sources through time. Lithos 233:2–26

Goldfarb RJ, Baker T, Dubé B, Groves DI, Hart CJR, Gosselin P (2005) Distribution, character, and genesis of gold deposits in metamorphic terranes. In: Hedenquist JW, Thompson JFH, Goldfarb RJ, Richards JP (Hrsg) Economic geology one hundreth anniversary volume. Society of Economic Geologists, Littleton, S 407–450

Goodfellow WD, Franklin JM (1993) Geology, mineralogy and geochemistry of massive sulfides in shallow cores, Middle Valley, Northern Juan de Fuca Ridge. Econ Geol 88:2037–2064

Gopon P, Douglas JO, Auger MA, Hansen L, Wade J, Cline JS, Robb LJ, Moody MP (2019) A nanoscale investigation of Carlin-type gold deposits: an atom-scale elemental and isotopic perspective. Econ Geol 114:1123–1133

Graupner T, Niedermann S, Kempe U, Klemd R, Bechtel A (2006) Origin of ore fluids in the Muruntau gold system: constraints from noble gas, carbon isotope and halogen data. Geochim CosmochimActa 70:5356–5370

Groves DI, Goldfarb RJ, Gebre-Mariam M, Hagemann SG, Robert F (1998) Orogenic gold deposits: a proposed classification in the context of their crustal distribution and relationship to other gold deposit types. Ore Geol Rev 13:7–27

Guilbert JM, Park CF (1986) The geology of ore deposits, 4. Aufl. Freeman, New York

Hannington MD, de Ronde CEJ, Petersen S (2005) Sea-floor tectonics and submarine hydrothermal systems. In: Hedenquist JW, Thompson JFH, Goldfarb RJ, Richards JP (Hrsg) Economic geology one hundreth anniversary volume. Society of Economic Geologists, Littleton, S 111–141

Haschke SS, Gutzmer J, Wohlgemuth-Ueberwasser CC, Kraemer D, Burisch M (2021) The Niederschlag fluorite-(barite) deposit, Erzgebirge/Germany – a fluid inclusion and trace element study. Miner. Deposita 56: in press

Hedenquist JW, Arribas RA, Gonzalez UE (2000) Exploration for epithermal gold deposits. In: Hagemann S, Brown PE (Hrsg) Gold in 2000. Rev Econ Geol 13:245–277, Soc Econ Geol, Littleton

Herrington RJ, Zaykov VV, Maslennikov VV, Brown D, Puchkov VN (2005) Mineral deposits of the Urals and links to geodynamic evolution. In: Hedenquist JW, Thompson JFH, Goldfarb RJ, Richards JP (Hrsg) Economic geology one hundreth anniversary volume. Society of Economic Geologists, Littleton, S 1069–1095

Höhn S, Frimmel HE, Debaille V, Price W (2021) Pre-Klondikean oxidation prepared the ground for Broken Hill-type mineralization in South Africa. Terra Nova 33:168–173

Jaireth S, McKay A, Lambert I (2008) Association of large sandstone uranium deposits with hydrocarbons. AUSGEO News, Australian Government 89:1–6

Kozlik M, Gerdes A, Raith JG (2016) Strontium isotope systematics of scheelite and apatite from the Felbertal tungsten deposit, Austria – results of in-situLA-MC-ICP-MS analysis. Miner Petrol 110:11–27

Laurila TE, Hannington MD, Petersen S, Garbe-Schönberg D (2014) Trace metal distribution in the Atlantis II Deep (Red Sea) sediments. Chem Geol 386:80–100

Large RR, Bull SW, McGoldrick PJ, Walters SG (2005) Stratiform and stratabound Zn-Pb-Ag deposits in Proterozoic sedimentary basins, Northern Australia. In: Hedenquist JW, Thompson JFH, Goldfarb RJ, Richards JP (Hrsg) Economic geology one hundreth anniversary volume. Society of Economic Geologists, Littleton, S 931–963

Leach DL, Bradley D, Lewchuk MT, Symons DT (2001) Mississippi Valley-type lead-zinc deposits through geological time: Implications from recent age-dating research. Miner Deposita 36:711–740

Leach DL, Sangster DF, Kelley KD, Franklin JM, Gibson HL, Jonasson IR, Galley AG (2005) Sediment-hosted lead-zinc deposits: a global perspective. In: Hedenquist JW, Thompson JFH, Goldfarb RJ, Richards JP (Hrsg) Economic geology one hundreth anniversary volume. Society of Economic Geologists, Littleton, S 561–607

Lindgren W (1933) Mineral deposits, 2. Aufl. Mc-Graw Hill, New York

Lusty PAJ, Murton BJ (2018) Deep-Ocean mineral deposits: metal resources and windows into Earth processes. Elements 14:301–306

Marchig V, Erzinger J, Heinze P-M (1986) Sediment in black smoker area of the East Pacific Rise (18.5° S). Earth Planet Sci Lett 79:93–106

Markl G, Burisch M, Neumann U (2016) Natural fracking and the genesis of five-element veins. Miner Deposita 51:703–712

Megaw PKM, Ruiz J, Titley SR (1988) High-temperature, carbonate-hosted Pb-Zn-Ag(Cu) deposits of northern Mexico. Econ Geol 83:1856–1885

Meinert LD, Dipple GM, Nicolescu S (2005) World skarn deposits. In: Hedenquist JW, Thompson JFH, Goldfarb RJ, Richards JP (Hrsg) Economic geology one hundreth anniversary volume. Society of Economic Geologists, Littleton, S 299–336

Mercadier J, Cuney M, Cathelineau M, Lacorde J (2011) U redox fronts and kaolinisation in basement-hosted unconformity-related U ores of the Athabasca Basin (Canada): late U remobilisation by meteoric fluids. Mineral Depos 46:105–135

Mercier-Langevin P, Hannington MD, Dubé B, Bécu V (2011) The gold content of volcanogenic massive sulfide deposits. Miner Deposita 46:509–539

Mlynarczyk MSJ, Sherlock RL, William-Jones AE (2003) San Rafael, Peru, geology and structure of the worlds richest tin lode. Miner Deposita 38:555–567

Möller P, Lüders V (Hrsg) (1993) Formation of hydrothermal vein deposits. A case study of the Pb-Zn, barite and fluorite deposits of the Harz Mountains. Monogr Ser Mineral Deposits 30, 291 ff, Borntraeger, Berlin

Mueller AG, Muhling JR (2013) Silver-rich telluride mineralization at Mount Charlotte and Au–Ag zonation in the giant Golden Mine deposit, Kalgoorlie, Western Australia. Mineral Deposita 48:295–311

Müller D, Groves DL (2000) Potassic igneous rocks and associated gold-copper mineralization, 3. Aufl. Springer, Berlin

Munoz M, Premo WR, Courjault-Radé P (2005) Sm-Nd dating of fluorite from the worldclass Montroc fluorite deposit, southern Massif Central, France. Miner Deposita 39:970–975

Petersen S, Lehrmann B, Bramley JM (2018) Modern seafloor hydrothermal systems: new perspectives on ancient ore-forming processes. Elements 14:307–312

Piercey SJ (2011) The setting, style and role of magmatism in the formation of volcanogenic massive sulfide deposits. Miner Deposita 46:449–471

Press F, Siever R (2003) Allgemeine Geologie – Eine Einführung in das System Erde, 3. Aufl. Spektrum, Heidelberg

Robert F, Poulsen KH, Cassidy KF, Hodgson CJ (2005) Gold metallogeny of the Superior and Yilgarn cratons. In: Hedenquist JW, Thompson JFH, Goldfarb RJ, Richards JP (Hrsg) Economic geology one hundreth anniversary volume. Society of Economic Geologists, Littleton, S 1001–1033

Roedder E (1968) The noncolloidal origin of „colloform" textures in sphalerite ores. Econ Geol 63:451–471

Roedder E, Bodnar RJ (1997) Fluid inclusion studies in hydrothermal ore deposits. In: Barnes HL (Hrsg) Geochemistry of hydrothermal ore deposits, 3. Aufl. Wiley, New York, S 657–698

Schneiderhöhn H (1941) Lehrbuch der Erzlagerstättenkunde. Gustav Fischer, Jena

Schneiderhöhn H (1962) Erzlagerstätten. Kurzvorlesungen zur Einführung und Wiederholung, 4. Aufl. Gustav Fischer, Stuttgart

Schutesky ME, de Oliveira C (2020) From the roots to the roof: an integrated model for the Neoarchean Carajas IOCG system, Brazil. Ore Geol Rev 127:103833

Schwenzer SP, Tommaseo CE, Kersten M, Kirnbauer T (2001) Speciation and oxidation kinetics of arsenic in thermal springs of Wiesbaden spa, Germany. Fresenius J Anal Chem 371:927–933

Seedorff E, Dilles JH, Proffett JM Jr, Einaudi MT, Zurcher L, Stavast WJA, Johnson DA, Barton MD (2005) Porphyry deposits: characteristics and origin of hypogene features. In: Hedenquist JW, Thompson JFH, Goldfarb RJ, Richards JP (Hrsg) Economic geology one hundreth anniversary volume. Society of Economic Geologists, Littleton, S 251–298

Sillitoe RH (2003) Iron oxide-copper-gold deposits: an Andean view. Miner Deposita 38:787–812

Sillitoe RH (2010) Porphyry copper systems. Econ Geol 105:3–41

Simmons SF, White NC, John DA (2005) Geological characteristics of epithermal precious and base metal deposits. In: Hedenquist JW, Thompson JFH, Goldfarb RJ, Richards JP (Hrsg) Economic geology one hundreth anniversary volume. Society of Economic Geologists, Littleton, S 485–522

Stefansson A, Seward TM (2004) Gold (I) complexing in aqueous sulphide solutions to 500 °C at 500 bar. Geochim Cosmochim Acta 68:4121–4143

Stoffers P, Hannington M, Wright E, Herzig P, de Ronde C (1999) Elemental mercury at submarine hydrothermal vents in the Bay of Plenty, Taupo volcanic zone, New Zealand. Geology 27:931–934

Tivey MK, Delaney JR (1986) Growth of large sulfide structures on the Endeavour Segment of the Juan da Fuca Ridge. Earth Planet Sci Lett 79:303–317

Tosdal RM, Dilles JH, Cooke DR (2009) From source to sink: magmatic-hydrothermal porphyry and epithermal deposits. Elements 5:289–295

Turner RJW, Ames DE, Franklin JM, Godfellow WD, Leitch CHB, Höy T (1993) Character of active hydrothermal mounds and nearby altered hemipelagic sediments in the hydrothermal areas of Middle Valley, northern Juan de Fuca Ridge: data of shallow cores. Canad Mineral 31:973–995

U.S. Geological Survey (2021) Mineral Commodity Summaries 2020, U.S. Geological Survey, S 200, ▶ https://doi.org/10.3133/mcs2021

Vielreicher NM, Groves DI, McNaughton NJ (2016) The giant Kalgoorlie gold field revisited. Geosci Front 7:359–374

Vikentyev IV, Yudovskaya MA, Mokhov AV, Kerzin AL, Tsepin AI (2004) Gold and PGE in massive sulfide ore of the Uzelginsk deposit,southern Urals, Russia. Canad Mineral 42:651–665

von Damm KL, Buttermore LG, Oosting SE, Bray AM, Fornary JD, Lilley MD, Shanks WC III (1997) Direct observation of the evolution of aseafloor "black smoker" from vapor to brine. Earth Planet Sci Lett 149:101–111

von Sandberger F (1881) 1885 Untersuchungen über Erzgänge, Teil 1 und 2. CW Kreidel, Wiesbaden

Wagner T, Kirnbauer T, Boyce AJ, Fallick AE (2005) Barite-pyrite mineralization of the Wiesbaden thermal spring system, Germany: a 500-kyr record of geochemical evolution. Geofluids 5:124–139

Weisenberger TB, Rahn M, van der Lelij R, Spikings RA, Bucher K (2012) Timing of low-temperature mineral formation during exhumation and cooling in the Central Alps, Switzerland. Earth Planet Sci Lett 327–328:1–8

Williams PJ, Barton MD, Johnson DA, Fonbote L, De Haller A, Mark G, Oliver NHS, Marschik R (2005) Iron oxide – copper gold deposits: geology, space-time distribution, and possible models of origin. In: Hedenquist JW, Thompson JFH, Goldfarb RJ, Richards JP (Hrsg) Economic geology one hundreth anniversary volume. Society of Economic Geologists, Littleton, S 371–405

Williams-Jones AE, Bowell RJ, Migdisov AA (2009) Gold in solution. Elements 5:281–287

Wu H, Zhang L, Wan B, Chen Z, Xiang P, Pirajno F, Du A, Qu W (2011) Re-Os and 40Ar/39Ar ages of the Jiguanshan porphyry Mo deposit, Xilamulun metallogenic belt, NE China, and constraints on mineralization events. Miner Deposita 46:171–185

Xie Z, Xia Y, Cline JS, Koenig A, Wei D, Tan Q, Wang Z (2018) Are there carlin-type gold deposits in China? A comparison of the Guizhou, China, deposits with Nevada, USA, deposits. Rev Econ Geol 20:187–233

Yakubchuk AS, Shatov VV, Kirwin D, Edwards A, Tomurtogoo O, Badarch G, Buryak VA (2005) Gold and base metal metallogeny of the Central Asian orogenic supercollage. In: Hedenquist JW, Thompson JFH, Goldfarb RJ, Richards JP (Hrsg) Economic geology one hundreth anniversary volume. Society of Economic Geologists, Littleton, S 1035–1068

Yamada R, Yoshida T (2011) Relationships between Kuroko volcanogenic massive sulfide (VMS) deposits, felsic volcanism, and island arc development in the northeast Honshu area, Japan. Miner Deposita 46:431–448

Zhao Y, Dong Y, Li D, Bi C (2003) Geology, mineralogy, geochemistry, and zonation of the Bajiazi dolostone-hosted Zn-Pb-Ag skarn deposit, Liaoning Province, China. Ore Geol Rev 23:153–182

Verwitterung und erzbildende Vorgänge im Boden

Inhaltsverzeichnis

© Springer-Verlag GmbH Deutschland, ein Teil von Springer Nature 2022
M. Okrusch und H. E. Frimmel, *Mineralogie*,
https://doi.org/10.1007/978-3-662-64064-7_24

Einleitung

Der Begriff *Verwitterung* umfasst alle Veränderungen, welche Gesteine und Minerale durch Kontakt mit der Atmosphäre und Hydrosphäre erleiden und die dementsprechend als *subaerische Verwitterung* bzw. *subaquatische Verwitterung* bezeichnet werden. In der komplexen äußersten Schicht der Erde, der *Kritischen Zone (CZ)*, erzeugen natürliche Agenzien wie Schwerkraft, Klimabedingungen, Oberflächenbeschaffenheit und Grundwasser sowie Tiere und Pflanzen eine Kombination von geologischen, physikalischen, chemischen und biologischen Prozessen (z. B. Brantley et al. 2007; Reich und Vasconcelos 2015; Dill 2015; Zammit et al. 2015). Wenn Verwitterungsprodukte am *Ort ihrer Entstehung* verbleiben, bilden sie *Böden;* werden sie dagegen *fort transportiert und andernorts* abgelagert, entstehen *Lockersedimente,* die durch Diagenese allmählich zu *Sedimentgesteinen verfestigt* werden können. Verwitterung wirkt auf jede Gesteinsart ein, seien es magmatische oder metamorphe Gesteine, ältere Sedimentgesteine oder Minerallagerstätten. Verwitterung kann ein *mechanischer* (physikalischer) oder ein *chemischer Prozess sein.* Bei rein mechanischer Verwitterung zerfallen die anstehenden Gesteine in lockere Massen, ohne damit einhergehende chemische Veränderung. Natürliche Verwitterungsabläufe involvieren meist beide Arten der Verwitterung, jedoch in höchst unterschiedlichem Ausmaß.

Das Verwitterungsverhalten wird durch die chemische und mineralogische Zusammensetzung und dem Gefüge des betroffenen Gesteins kontrolliert. So ist Sandstein mit kieseligem Bindemittel verwitterungsresistenter als Sandstein mit toniger Matrix. Wichtig sind makroskopische und mikroskopische Gefügeanisotropien in Gesteinen, wie Schichtung, Schieferung, Bänderung und Klüftung, aber auch Poren und Mikrorisse, da sie Wegsamkeiten für den Angriff der Verwitterungsagentien eröffnen. Darüber hinaus werden Verwitterungsprozesse entscheidend durch die äußeren Umwelteinflüsse gesteuert, wie sie durch das Makro- und Mikroklima gegeben sind.

Der mechanischen und chemischen Verwitterung unterliegen selbstverständlich auch Naturwerksteine, die in der Vergangenheit beim Bau ganzer Gebäude oder ihrer Fassaden Verwendung fanden und auch heute noch als Fassadenplatten eingesetzt werden. Gerade historische Gebäude zeigen häufig tiefgreifende Verwitterungsschäden, besonders an Fenster- und Türumrahmungen oder am Skulpturenschmuck. Die Beseitigung solcher Schäden, die im Zeitraum weniger Jahrhunderte oder sogar nur einiger Jahrzehnte auftreten, erfordert großes handwerkliches Können und einen beachtlichen finanziellen Aufwand. Noch größere Kosten verursacht jedoch die Beseitigung von Verwitterungsschäden an Beton, die z. B. in zunehmendem Maße bei Brückenbauwerken aus Spannbeton auftreten. Petrologische Forschung auf dem Gebiet der Verwitterung von Naturwerksteinen und von Beton sind daher von zunehmend großem öffentlichen Interesse.

24.1 Mechanische Verwitterung

Die wesentlichen Prozesse der mechanischen Verwitterung werden stark von klimatischen Faktoren bestimmt, insbesondere von Temperaturschwankungen. So beschränkt sich z. B. die *Frostverwitterung* auf die mittleren und hohen Breiten sowie die Hochgebirge. Im Gegensatz dazu ist die mechanische Zerstörung von Gesteinen durch Sonneneinstrahlung und Beschattung, die häufig von Salzsprengung begleitet wird, am intensivsten in heißen Trockengebieten. Die mechanische Verwitterung liefert riesige Mengen an Gesteinsschutt, der das wesentliche Material für die klastischen Sedimente und Sedimentgesteine bildet.

Temperaturverwitterung wird durch den täglichen Wechsel von starker Sonneneinstrahlung *(Insolation)* und darauffolgender Abkühlung ausgelöst. Die Oberfläche exponierter Gesteinsblöcke wird stärker erwärmt (und abgekühlt) als ihre darunter befindlichen Teile. Das führt zwangsläufig zu Spannungen, die schließlich einen scherbenartigen Zerfall des Gesteins bewirken. Da sich zudem dunkle Mineralgemengteile im Gestein infolge größerer Wärmeabsorption meist stärker ausdehnen als die benachbarten hellen Gemengteile, kommt es allmählich zu einer Lockerung des Kornverbandes, die mit einem grusartigen Zerfall des betreffenden Gesteins endet (◘ Abb. 24.1).

Frostverwitterung wird durch das anomale Verhalten von Wasser ermöglicht, das beim Übergang in Eis unter Atmosphärendruck eine Volumenvergrößerung von rund 9 % erfährt. So kann Wasser, das im Gestein in Poren, Zwischenräumen und größeren Hohlräumen eingeschlossen ist, erhebliche Drücke aufbauen, wenn die Temperatur unter den Gefrierpunkt sinkt. Der maximale Druck, der bei $-22\,°C$ theoretisch erreicht wird, beträgt 2060 bar ($=0,206\,GPa$). Maßgebend für die Sprengwirkung und damit den Gesteinszerfall sind die Abkühlungsgeschwindigkeit, die Gestalt der Poren und der ursprüngliche Füllungsgrad mit Wasser, der für eine wirksame Frostverwitterung $>91\,\%$ erreichen muss.

Salzsprengung besteht in ihrer wirksamsten Art darin, dass H_2O-freie Salze unter Volumenzunahme Kristallwasser aufnehmen. So bewirkt die Hydratisierung von Anhydrit zu Gips nach der Gleichung

■ **Abb. 24.1** **a** Im Vordergrund rundliche Verwitterungsform, sog. Wollsackverwitterung, wie sie für strukturell isotrope Intrusivgesteine (hier Granit) typisch ist, die starken tageszeitlichen Temperaturschwankungen und somit intensiver mechanischer Verwitterung ausgesetzt sind; im Hintergrund geschichteter Sandstein der Table Mountain Gruppe, Cape Fold Belt, in dem die mechanische Verwitterung hauptsächlich den horizontalen Schichtflächen und vertikalen Klüften folgt; Llandudno bei Kapstadt (Südafrika); **b** teilweise verwitterter Sandstein der Table Mountain Gruppe, Tafelberg, Kapstadt: mechanische Verwitterung bewirkt Auflockerung entlang eines dreischarigen Kluftsystem. Darin eindringendes Oberflächenwasser führt zu chemischer Verwitterung, die sich in durch Eisenhydroxide rot gefärbten Bereichen deutlich zeigt. (Fotos: Hartwig E. Frimmel)

$$CaSO_4 + 2H_2O \rightarrow \underset{Gips}{CaSO_4 \cdot 2H_2O} \qquad (24.1)$$
$$\underset{Anhydrit}{}$$

einen Druck von bis zu maximal 1080 bar (= 0,1080 GPa) und führt so zur Salzsprengung.

Auch verschiedene Na-Salze können durch Wasseraufnahme und Kristallisation im ariden oder semiariden Klimaten Gesteinszerfall hervorrufen. Die Umkristallisation erfolgt durch starke Veränderungen in der relativen Luftfeuchtigkeit, wenn die Poren mit hochkonzentrierten Lösungen oder Kristallen dieser Na-Salzminerale gefüllt sind. Dabei wandern die gesättigten Salzlösungen aus den kleinen in die großen Po-

ren ein, wo günstigere Bedingungen für das Kristallwachstum herrschen. Für die Verwitterung von manchen Naturwerksteinen ist z. B. die Umwandlung von Thenardit, α-Na$_2$[SO$_4$], in Mirabilit, Na$_2$[SO$_4$]·10H$_2$O, von Interesse, da diese von einer Volumenzunahme von 314 % (!) begleitet wird (Price und Brimblecombe 1994).

24.2 Chemische Verwitterung

Die mechanische Verwitterung liefert wichtige Voraussetzungen für den Angriff der chemischen Verwitterung, da das mechanisch zerkleinerte Gesteinsmaterial aufgrund seiner deutlich größeren Oberfläche chemischen Reaktionen leichter zugänglich ist (■ Abb. 24.1). Hingegen weisen die vom Eis glatt geschliffenen Oberflächen von Rundhöckern, die z. B. seit Rückzug des skandinavischen Inlandeises gegen Ende des Jungpleistozäns vor ca. 12.000 Jahren freigelegt wurden, kaum Anzeichen einer chemischen Verwitterung auf.

Bei der subaerischen Verwitterung *wirkt Wasser,* verstärkt durch die darin *gelösten Ionen* und *Gase,* als wichtigstes Agens für chemische Umsetzungen mit gesteinsbildenden Mineralen. Bei ausreichendem Wasserangebot unterliegen daher Gesteine, die auf der Landoberfläche anstehen, einem fortschreitenden Prozess der chemischen Verwitterung. Voraussetzung hierfür ist, dass die Menge der Niederschläge, wie Regen, Nebelfeuchte oder Schneefall, im langjährigen Mittel die Verdunstung übertrifft. Ein solcher Wasserüberschuss ist in den meisten Klimazonen der Erde realisiert, mit Ausnahme der ariden Klimate, in denen die Verdunstung regelmäßig größer ist als die Niederschläge. Noch verstärkt wird die Intensität der chemischen Verwitterung durch höhere Temperaturen. Sie erreicht daher ein Maximum unter kontinuierlich feucht-heißen Klimabedingungen, wie sie im tropischen Regenwald gelten. Das überschüssige Wasser durchsetzt die Verwitterungszone und reagiert allmählich mit den anwesenden Mineralen. Die durch diesen Prozess entstehenden sehr verdünnten Elektrolytlösungen wandern allmählich über das Grund- oder Oberflächenwasser ab und erreichen letztlich das Sammelbecken der *Ozeane.* Nur ein relativ kleiner Teil endet in *abflusslosen Becken* wie Inlandseen oder Salzpfannen. Auch die *Mikroflora, wie* Bakterien, Pilze, Flechten, kann zur chemischen Zersetzung der Gesteine in bedeutendem Maß beitragen, in erster Linie dadurch, dass sie organische Säuren (H$^+$-Ionen) freisetzt (Zammit et al. 2015).

In den unteren Teilen der Verwitterungszone enthalten die durch eingesickerte Niederschläge entstandenen Lösungen anorganische chemische Komponenten, die aus dem Abbau von Mineralen und Gesteinen stammen, daneben organische Zersetzungsprodukte aus der Aktivität von Mikroorganismen. Diese Lösungen sind an CO_2 bzw. HCO_3^- angereichert und enthalten verschiedene Huminsäuren. Lokal können auch unterschiedliche Mengen an Schwefelsäure, H_2SO_4, beteiligt sein, die sich aus der Umsetzung von Sulfiden mit O_2 und H_2O bildet oder aus dem S-Gehalt von Eiweiß im Boden stammt. Deshalb reagieren Lösungen des Bodens meist sauer mit einem pH-Wert bis hinab zu 3. Nur in seltenen Fällen wird eine alkalische Reaktion mit pH-Werten bis höchstens 11 erreicht. In der *Verwitterungszone* können sowohl oxidierende als auch reduzierende Bedingungen herrschen.

In den stark verdünnten Verwitterungslösungen besitzen unterschiedliche Minerale sehr verschiedene Löslichkeiten. Die Lösungsprozesse laufen meist sehr langsam und im offenen System ab; ein thermodynamisches Gleichgewicht wird dabei nur selten erreicht. In vielen Fällen können die einzelnen Stadien der Auflösung unmittelbar in der Natur beobachtet werden, was durch Laborversuche ergänzt und bestätigt werden kann.

24.2.1 Leicht lösliche Minerale

Halit, Sylvin und andere Salzminerale sind in Wasser leicht löslich und können daher nur in *Trockengebieten* erhalten bleiben. Demgegenüber ist Gips oder Anhydrit in *feuchten (humiden) Klimaten* weniger leicht löslich. Etwas komplizierter verläuft die Auflösung von Karbonatmineralen, so von Calcit oder Dolomit, weil hier das im Wasser gelöste CO_2 zusätzlich ein entscheidender Parameter ist. Das soll am Beispiel der folgenden Gleichgewichtsreaktion erläutert werden:

$$\mathbf{CaCO_3} + H_2O + CO_2 \leftrightarrow 2HCO_3^- + Ca^{2+} \quad (24.2)$$
Calcit

Das im Wasser als HCO_3^- gelöste CO_2 stammt entweder direkt aus der Atmosphäre oder wird durch die Zersetzung von organischer Substanz gebildet. Zusätzlich können auch biologische Prozesse etwas CO_2 liefern. Die Löslichkeit des Calcits steigt mit dem CO_2-Gehalt des Wassers. Da mit zunehmender Temperatur die Löslichkeit von CO_2 in Wasser abnimmt, wird Calcit mit T-Erhöhung in Wasser weniger löslich.

24.2.2 Verwitterung der Silikate

Wie wir in den vorausgehenden Kapiteln gezeigt haben, sind Silikatminerale einschließlich Quarz bei Weitem die wichtigsten gesteinsbildenden Minerale, die mehr als 95 Vol.-% der Erdkruste aufbauen (◻ Tab. 2.2). Da die *Feldspäte* mit rund 51 Vol.-% die am weitesten verbreitete Mineralgruppe sind, kann man ihren chemischen Abbau als Modellfall für die Silikatverwitterung betrachten.

Die Na^+- und K^+-Ionen der Feldspäte können relativ leicht freigesetzt werden und in Lösung gehen. Das lässt sich in einem einfachen Experiment nachweisen, bei dem man fein zerriebenes Mineralpulver bei Zimmertemperatur mit destilliertem Wasser anfeuchtet. Nach relativ kurzer Zeit reagiert die so gebildete Lösung alkalisch und belegt dadurch, dass Alkali-Ionen in Lösung gegangen sind. Im Gegensatz dazu erfolgt die Freisetzung von Al^{3+}- und Si^{4+}-Ionen sehr viel langsamer. Die Freisetzung der Alkali-Ionen wird durch niedrigen pH-Wert begünstigt. So kristallisiert schließlich in saurer Lösung, z. B. in Regenwasser mit gelöstem CO_2 oder HCO_3^-, das Tonmineral *Kaolinit* als Verwitterungsneubildung nach der folgenden Reaktion:

$$4K[Al[Si_3O_8] + 4H^+ + HCO_3^- + 2H_2O \rightarrow$$
Kalifeldspat $\qquad\qquad\qquad (24.3)$
$$Al_4[(OH)_8/Si_4O_{10}] + 8SiO_2 + 4K^+ + HCO_3^-$$
Kaolinit

Ähnliche Reaktionen, bei denen H^+ verbraucht und Alkali- und Erdkali-Ionen sowie SiO_2 freigesetzt werden, kann man auch für die chemische Verwitterung von anderen Gerüstsilikaten formulieren, so z. B. für Leucit oder Nephelin.

Bei den *Schichtsilikaten,* speziell den Glimmern, bleiben nach Freisetzung von löslichen Ionen noch Schichtreste der ursprünglichen Kristallstruktur erhalten. Bei Verwitterung in feuchten Klimaten wird zunächst K^+ aus den Zwischenschichten von trioktaedrischen und dioktaedrischen Glimmern wie Biotit und Muscovit herausgelöst. Der Ladungsausgleich erfolgt in jedem Fall durch den Austausch von K^+- gegen H_3O^+-Ionen: Es entstehen *Hydroglimmer.* Darüber hinaus findet Oxidation von $Fe^{2+} \rightarrow Fe^{3+}$ und Austausch von $Al^{3+} \leftrightarrow Si^{4+}$ in den Tetraeder- und Oktaederschichten statt. Äußerlich bleichen die Biotitblättchen aus und werden gold- bis blassgelb. Dieser Verwitterungsvorgang bei Biotit wird auch als *Baueritisierung* bezeichnet. Beim eisenfreien Muscovit verläuft der Verwitterungsabbau wesentlich langsamer als bei Biotit. *Amphibole* und *Pyroxene* verwittern leichter als Quarz und Muscovit.

Neomineralisation bei der Verwitterung

Wie wir am Beispiel der Feldspat-Verwitterung (▶ Gleichung 24.3) gesehen haben, können aus den zersetzten Mineralen der Ausgangsgesteine noch während des Verwitterungsvorgangs neue Minerale als *Verwitterungsneubildungen* entstehen, und zwar besonders sehr feinkörnige Schichtsilikate, die man als *Tonminerale* bezeichnet. Diese bilden sich nicht nur aus Feldspäten, sondern auch pseudomorph nach primär vorhandenen Schichtsilikaten, insbesondere aus di- und trioktaedrischen Glimmern. Dabei wird K^+ teilweise oder ganz fortgeführt und aus beiden Glimmern kann der Hydromuscovit *Illit* gebildet werden, ein dioktaedrisches, seltener trioktaedrisches Dreischicht-Silikat mit ungeordneter Kristallstruktur, in dem K^+ teilweise durch H_3O^+ ersetzt ist und das ein höheres Si/Al-Verhältnis aufweist als normaler Muscovit. In anderen Fällen führt die Verwitterung von Glimmern zur Bildung von Tonmineralen, die *Wechsellagerungsstrukturen* zwischen Illit und Smectit aufweisen („mixed layer clay minerals"), mit Übergängen zum reinen quellfähigen *Montmorillonit,* $\sim Al_{1,65}(Mg,Fe)_{0,35}[(OH)_2/(Si,Al)_4O_{10}]\cdot(\frac{1}{2}Ca,Na)_{0,35}(H_2O)_4,$ oder zum ebenfalls quellfähigen *Vermiculit,* $\sim Mg_2(Mg,Fe^{3+},Al)[(OH)_2/(Si,Al)_4O_{10}]\cdot(Mg,Ca)_{0,35}(H_2O)_4$ (► Abschn. 11.5.7).

Charakteristisch für alle Tonminerale ist deren extreme Feinblätterigkeit, weshalb sie mit dem gewöhnlichen Polarisationsmikroskop nicht bestimmbar sind. Für deren Bestimmung dient das Rasterelektronenmikroskop (REM; ◘ Abb. 11.39), das Transmissionselektronenmikroskop (TEM) oder das Röntgen-Pulverdiffraktometer (XRD, ◘ Abb. 1.13).

Noch häufiger kristallisieren Tonminerale aus *Verwitterungslösungen.* Daneben kommt es zur Neubildung von Fe- und Al-Oxiden und -Hydroxiden sowie von SiO_2. Art und Mengenanteil der Verwitterungsneubildungen werden durch Klimafaktoren gesteuert. In den *Trockengebieten arider Klimazonen,* in denen die jährliche Verdunstungsrate den Jahresniederschlag übertrifft, scheiden sich durch Verdunstung der Verwitterungslösungen verschiedenartige Salze, besonders der Alkalien und Erdalkalien, aus. Das geschieht teilweise an Ort und Stelle, teilweise nach einem geringen Wanderweg. Ausblühungen von Halit, Natron (Soda), $Na_2CO_3\cdot10H_2O$, oder Gips sind am meisten verbreitet.

In *feuchten (humiden) Klimazonen* scheiden sich die weniger gut löslichen Bestandteile der Verwitterungslösungen wie Si, Al und Fe als *In-situ-Niederschläge* an Ort und Stelle oder nach einem geringen Wanderweg der Lösung aus. Die neuen Minerale, die sich während des Verwitterungsvorgangs bilden, sind gewöhnlich von kolloidaler Korngröße im Bereich von 10^{-5} und 10^{-7} cm, was große Auswirkung auf die Beschaffenheit des *Bodens* hat. Die winzigen Neubildungen sind mehr oder weniger gut kristallisiert, so die Al- und Fe-Hydroxide *Gibbsit,* γ-$Al(OH)_3$, *Böhmit,* γ-AlOOH, *Diaspor,* α-AlOOH und *Goethit,* α-FeOOH, sowie die Al-Silikate *Kaolinit,* $Al_4[(OH)_8/Si_4O_{10}]$, und *Halloysit,* $Al_4[(OH)_8/Si_4O_{10}]\cdot2H_2O$. Daneben können röntgenamorphe, kolloidale Al-Hydroxide auftreten, die als *Alunogel* bezeichnet werden.

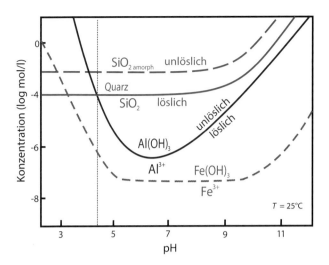

◘ **Abb. 24.2** Löslichkeiten von SiO_2 (sowohl als Quarz als auch in amorphem Zustand), Al-Hydroxid und Fe-Hydroxid in H_2O in Abhängigkeit vom pH-Wert bei $T = 25$ °C und $P = 1$ bar; bei pH < 4,5 übersteigt die Löslichkeit von Al die von SiO_2 (gepunktete Linie)

Das Verhalten von Si und Al in der Verwitterungslösung

◘ Abb. 24.2 zeigt die Löslichkeit von Al_2O_3 und SiO_2 in H_2O unter oberflächennahen Bedingungen in Abhängigkeit vom pH-Wert.

Definition des pH-Wertes: Bei Zimmertemperatur von 25 °C und Normaldruck von $P = 1$ bar hat das Ionenprodukt von reinem Wasser oder einer neutralen Lösung den Zahlenwert von $\approx 10^{-14}$, wobei die Konzentration der $[H^+]$- und der $[OH^-]$-Ionen gleich ist. Da nun $[H^+] \times [OH^-] \approx 10^{-14}$ ist, so gilt $[H^+] = [OH^-] = \sqrt{10^{-14}} \approx 10^{-7}$. Saure Lösungen enthalten mehr $[H^+]$ als $[OH^-]$-Ionen; es gilt also $[H^+] > 10^{-7} > [OH^-]$; für alkalische Lösungen gilt umgekehrt $[OH^-] > 10^{-7} > [H^+]$. Vereinfachend definiert man als pH-Wert den negativen Logarithmus der H^+-Ionen-Konzentration. Das bedeutet, der Neutralpunkt liegt bei pH = 7; saure Lösungen haben pH-Werte von < 7, alkalische Lösungen solche von > 7.

Man erkennt aus ◘ Abb. 24.2, dass *SiO₂* bei *P-T*-Bedingungen an der Erdoberfläche in einem weiten pH-Bereich schwach löslich ist, während im alkalischen Bereich, bei pH > ~8,5, die Löslichkeit von SiO_2 stark zunimmt. Bei Überschreiten ihrer Löslichkeit in der Verwitterungslösung scheiden sich hydratisierte Kieselsäure-Teilchen von kolloidaler Größe ab und bilden ein *hydrophiles Sol.* Die Übersättigung kann entweder durch Verdunstung des Wassers oder durch Abnahme der Alkalinität, d. h. durch Unterschreitung von pH ~8,5 ausgelöst werden (◘ Abb. 24.2). Eine derartige Ansäuerung der Lösung erfolgt in der Natur meist durch Zutritt von Kohlensäure, z. B. aus der Zersetzung organischer Substanz.

Im Gegensatz dazu erreicht die Löslichkeit von Al_2O_3 bei pH~6 ein Minimum und nimmt sowohl zur alkalischen als auch zur sauren Umgebung erheblich zu; unter pH 4,5 wird Al löslicher als SiO_2 (❏ Abb. 24.2). In der Natur können alkalische Lösungen durch Zufuhr von Kohlensäure sauer, andererseits saure Lösungen bei Verlust der enthaltenen Kohlensäure, etwa durch Erwärmung, alkalisch werden. Eine Neutralisierung saurer Lösungen in der Natur kann auch beim Zusammentreffen mit Kalkstein eintreten. Die Ausfällung von Al-Hydroxiden, wie der Minerale *Diaspor, Böhmit* oder *Gibbsit,* spielt bei der Bildung von Laterit-Böden und von Bauxit bei der tropischen und subtropischen Verwitterung eine wichtige Rolle.

Bei *gleichzeitiger Übersättigung* der Lösung an SiO_2 und Al-Hydroxiden scheiden sich bei mittleren pH-Werten beide Komponenten unter Bildung von Tonmineralen wie *Kaolinit, Halloysit* oder *Smectiten* (z. B. *Montmorillonit*) gemeinsam aus. Wie in ❏ Abb. 24.2 ersichtlich, liegt das gemeinsame Ausscheidungsgebiet in der Nähe des Neutralpunkts im schwach alkalischen bis schwach sauren Bereich. Es hängt wesentlich vom Al/Si-Verhältnis in der Lösung ab, ob Kaolinit und Halloysit oder Smectit kristallisieren. Bei Anwesenheit von K^+ in der Lösung wird während der Diagenese von Sedimenten Smectit durch Illit nach folgender, vereinfachten Reaktion verdrängt (Jasmund und Lagaly 1993):

$$Smectit + Al^{3+} + K^+ \rightarrow Illit + Si^{4+} \qquad (24.4)$$

24.3 Subaerische Verwitterung und Klimazonen

In den diversen Klimazonen der Erde kann subaerische Verwitterung zu unterschiedlichen Verwitterungsprodukten führen, die unterschiedliche Umweltbedingungen widerspiegeln.

- In den *ariden* und *extrem kalten, arktischen Klimazonen* tritt fast ausschließlich mechanische Verwitterung in Erscheinung.
- In den *feucht-kühlen* und *feucht-gemäßigten Klimazonen* führt siallitische Verwitterung zur Neubildung von Tonmineralen wie Kaolinit, Halloysit, Illit, Smectiten (besonders Montmorillonit) oder Vermiculit, die zusammen mit Quarz und wenigen anderen, verwitterungsresistenten Mineralen auftreten.
- In den *feucht-tropischen Klimazonen* werden die anstehenden Gesteine schneller und intensiver zersetzt. Durch den Prozess der allitischen Verwitterung wird SiO_2 weggeführt, Al_2O_3 dagegen relativ angereichert. Daher werden in wechselnden Mengenverhältnissen Gibbsit, Böhmit, Diaspor und besonders auch Kaolinit neu gebildet, während Fe-Übersättigung zur Abscheidung von Limonit oder Hämatit führt.

24.4 Zur Definition des Begriffs Boden

Als Ergebnis von Verwitterungsprozessen wird der primäre, unveränderte Gesteinsuntergrund, der die oberste Schicht der Erdkruste bildet, von Boden bedeckt. In der *Kritischen Zone* (CZ) der Bodenbildung wirken physikalische, chemische, geologische und biologische Prozesse in komplizierter Weise zusammen. Die Anwesenheit von Boden, der als Lebensraum für Pflanzen, Tiere und nicht zuletzt für Bakterien dient, ist die notwendige Voraussetzung für Leben auf der Erdoberfläche (z. B. Brantley et al. 2007). Durch Einwirkung des Menschen kann die Bodenzusammensetzung verändert, verbessert oder verschlechtert werden.

Neben Lockermassen von verwittertem Gestein befinden sich im Boden *wässerige Lösungen,* die teilweise verdunsten, teilweise als Grundwasser oder über Flüsse wandern und schließlich das Meer oder Binnenseen erreichen. Diese Lösungen ermöglichen also *Transportvorgänge,* die von der Erdoberfläche in die Tiefe gerichtet sind, aber sich auch in entgegengesetzte Richtung bewegen können. Ausgelöst werden sie durch eindringende Niederschläge und jahreszeitliche Änderungen des Grundwasserspiegels. Unter dem Einfluss dieser Lösungen bildet sich in den meisten Böden ein typisch *dreischichtiges Bodenprofil* aus:

- Die oberste Schicht, der *A-Horizont,* geht aus weitgehend zersetztem Gestein hervor und ist reich an Quarz und Tonmineralen, aber verarmt an Alkali- und Erdalkali-Elementen. In seinem obersten Horizont ist organisches Material, der *Humus,* vorhanden. Seine Dicke ist in gemäßigt humiden Klimaten am größten, dagegen in ariden Klimaten viel geringer.
- Der darunter befindliche *B-Horizont* ist reich an Tonmineralen. In gemäßigt humiden Klimaten sind lösliche Komponenten, insbesondere Karbonate ausgelaugt, während Al- und Fe-Oxyhydroxide, z. B. Limonit, aus gesättigten Verwitterungslösungen ausgefällt werden und oft zu *Ortstein (hardpan)* verfestigt sind. Dagegen können sich unter ariden Klimaten im B-Horizont Karbonatkügelchen und -knollen ausscheiden. Diese beiden unterschiedlichen Bodentypen werden jeweils als *Pedalfer-* und *Pedocal-Böden* bezeichnet.
- Der zuunterst liegende *C-Horizont* besteht aus mechanisch zerfallendem, aber chemisch fast unverän-

24

dertem Gesteinsmaterial. Dieser *Regolith* überlagert den unverwitterten Gesteinsuntergrund.

Bei vielen tropischen und subtropischen Böden ist der oberste Teil des A-Horizonts häufig in Form von Krusten entwickelt. Sie bilden sich durch Verdunstung aufsteigender Lösungen, in denen unterschiedliche chemische Komponenten konzentriert sind. So ist der *Calcrete* reich an Calcit, *Ferricrete* reich an Fe-(Mn-) Oxiden und *Silcrete* reich an SiO_2. Tiefgründige allitische Verwitterung unter feucht-tropischen Bedingungen führt zu Bildung von rötlich braunem *Laterit*, bestehend aus Al- und Fe-Oxiden und -Hydroxiden, Kaolinit und Quarz. Die Tiefe eines Bodenprofils hängt nicht nur vom Ausmaß der chemischen Verwitterung ab, sondern auch vom Grad der Bodenerosion. Durch ausgedehnte Bodenauswaschungen, besonders in Gebieten mit intensiver Landwirtschaft, werden Bodenbestandteile transportiert und umgelagert, wodurch *kolluviale Böden* entstehen.

Für die detaillierte Beschreibung von Bodenprofilen, die Klassifizierung unterschiedlicher Bodentypen und ihre geographische Verbreitung sei auf Lehrbücher der Bodenkunde (Pedologie) verwiesen (z. B. Nahon 1991; Buol et al. 1997; Blume et al. 2010).

24.5 Verwitterungsbildungen von Silikatgesteinen und ihre Lagerstätten

Verwitterungsprodukte von Silikatgesteinen spiegeln den Typ des Ausgangsgesteins, aber auch die Klimabedingungen wider, unter denen die Verwitterung stattfand. *Autochthone* Verwitterungsprodukte sind an Ort und Stelle verblieben, *allochthone* wurden transportiert und umgelagert.

24.5.1 Residualtone und Kaolin

Residualtone und Kaolin entstehen in humiden, feucht-gemäßigten oder regenreichen, feuchttropischen Klimazonen aus feldspatreichen Ausgangsgesteinen, insbesondere aus Granit, Rhyolith und Arkose. Ihr Bildungsprozess wird durch reichliche Niederschläge, Humusbildung und Anwesenheit organischer Säuren begünstigt. Da die sauren Verwitterungslösungen gleichzeitig an Si und Al gesättigt sind, kommt es bei mittleren pH-Werten (◘ Abb. 24.2) zur gemeinsamen Ausscheidung von SiO_2 und Al_2O_3 in Form *silikatischer Tonminerale* wie Kaolinit, woraus sich der Begriff der *siallitischen Verwitterung ableitet*. Im Unterschied dazu gehen bei der *allitischen Verwitterung* SiO_2 und Al_2O_3 getrennte Wege, wobei Al-Hydroxide ausgeschieden werden.

Nicht umgelagerter *Residual-Kaolin* bildet *autochthone* Kaolin-Lagerstätten. Sie enthalten meist Reste von verwitterungsbeständigen Mineralen des Ausgangsgesteins, vor allem Quarz. Traditionelle europäische Kaolin-Lagerstätten liegen bei Hirschau-Schnaittenbach und Amberg in der Oberpfalz, bei Kemmlitz und Meißen in Sachsen, bei Halle an der Saale (Sachsen-Anhalt), bei Plžen (Pilsen) und Karlovy Vary (Karlsbad) in der Tschechischen Republik, bei Limoges im Französischen Zentralmassiv und im Iberischen Massiv Spaniens. Von hohem ökonomischem Interesse sind auch *allochthone Kaolinlagerstätten sedimentären Ursprungs*, die z. B. in Brasilien, Georgia und South Carolina (USA) abgebaut werden.

Hochwertiger Kaolin, auch Porzellanerde genannt, ist das grundlegende Rohmaterial für die Produktion von Porzellan, mit der wahrscheinlich während des 7. Jh. in China begonnen wurde und die man dort im 18. Jh. zur höchsten Vollendung brachte. Die erste europäische Porzellanmanufaktur, die auf der unabhängigen Erfindung von E. W. von Tschirnhaus und J. F. Böttger beruhte, wurde 1710 im sächsischen Meißen gegründet und liefert noch heute exzellente Ware. Der gegenwärtig produzierte Kaolin findet in der Keramik, in der chemischen und in der Papierindustrie sowie als Füllstoff Anwendung (z. B. Kogel 2014).

Lagerstätten von hydrothermal gebildetem Kaolin, der also nicht auf Verwitterung zurückgeführt werden kann, können z. B. an Zinngreisen gebunden sein (▶ Abschn. 23.2.1), wie die großen Lagerstätten bei St. Austell in Cornwall. Oder sie treten in der Nähe hydrothermal gebildeter Gold-führender Quarzgänge auf, z. B. bei Banska Štiavnica (Schemnitz, Slowakei), Comstock Lode (Nevada) und Cripple Creek (Colorado). Die hydrothermalen Kaolin-Lagerstätten von Guandong und Jiangxi in Südchina sind wegen ihrer hohen Gehalte an Seltenen Erdelementen (SEE), speziell der mittleren und schweren SEE und Y von hohem ökonomischen Interesse. Diese sind adsorptiv in die Schichten der Kaolin-Struktur eingelagert.

24.5.2 Bentonit

Bentonit ist ein *Smectit*-reiches, verfestigtes Gemisch aus Tonmineralen Tongestein, das aus dem Glasanteil von Pyroklastiten wie vulkanischen Aschen, Tuffen oder Ignimbriten hervorging. Dabei spielt meist weniger die konventionelle subaerische Verwitterung eine Rolle, sondern die meisten Bentonite entstehen durch subaquatische Verwitterung in kontinentalen Seen, Binnenmeeren oder in der Flachsee. Durch Reaktion mit dem See- oder Meerwasser kommt es zur allmählichen Entglasung der Glaspartikel in den Pyroklastiten, und die vulkanischen Ablagerungen werden in zunehmendem Maße diagenetisch verfestigt (Christidis und Huff 2009). Vorherrschendes Tonmineral ist der Smectit Montmorillonit, lokal sind auch Illit oder Kaolinit beteiligt.

Darüber hinaus kann Bentonit auch entstehen, wenn pyroklastische Ablagerungen von hydrothermalen Fluiden durchströmt werden und mit diesen reagieren.

Der hohe Smectitanteil verleiht Bentonit spezielle Eigenschaften wie Quellfähigkeit, Ionenaustauschvermögen für toxische Schwermetalle und Absorptionsvermögen für Färbemittel, Öle und Gase. Bentonit ist daher in der Industrie vielseitig einsetzbar und daher von großem wirtschaftlichen Interesse (Eisenhour und Brown 2009; s. ▶ Abschn. 11.5.7). Als thixotrope Substanz geht er vom Gel- in den Sol-Zustand über und wird weich, wenn man ihn bewegt, während er beim Stehen fester wird. Bentonit nutzt man daher u. a. als Bindeton, für Bohrspülungen, als Filterstoff oder Bleicherde zur Wasserreinigung sowie als Walkerde zur Entfettung von Wolle. Von ökonomischer Bedeutung sind die Bentonit-Lagerstätten in den USA, besonders im Gebiet zwischen den Bighorn Mountains in Wyoming (Fort Benton) und den Black Hills in South Dakota (aus der namensgebenden Benton Formation), ferner in Montana, Arizona, Mississippi und Alabama. Wichtige Lagerstätten werden auch in Westkanada, Australien, China, Indien, Russland, in der Ukraine, der Türkei und auf der Insel Milos (Griechenland) abgebaut. 2020 waren die USA mit 4,3 Mio. t weltweit der größte Bentonit-Produzent, gefolgt von VR China (2,0 Mio. t), Indien (1,7 Mio. t), Griechenland (1,0 Mio. t) und der Türkei (1,0 Mio. t) (U. S. Geological Survey 2021).

Nutzbare Bentonit-Lagerstätten in obermiozäner Süßwasser-Molasse im Raum Moosburg-Landshut-Mainburg in Bayern entstanden aus Glasfragmenten, die vor ca. 14,6 Ma beim Impakt des Meteoriten im Rieskrater durch Aufschmelzung des anstehenden Gesteins erzeugt und über ein großes Gebiet ausgebreitet wurden.

24.5.3 Bauxit

In tropisch-humiden, semihumiden und semiariden Klimazonen mit regelmäßigem Wechsel von Regen- und Trockenzeiten führt die *allitische Verwitterung* größtenteils zu einer Trennung von Si und Al. Auf eine Periode der Auslaugung durch schwach saure Lösungen in der Regenzeit findet mit einsetzender Verdunstung in der Trockenzeit ein kapillarer Aufstieg der Lösungen statt. Gleichzeitig ändert sich ihr pH-Wert: Die vorher schwach saure Verwitterungslösung reagiert nunmehr schwach alkalisch. Das führt zur bevorzugten Anreicherung von Al unter Bildung von Al-Hydroxiden, während die Alkali- und Erdalkalimetalle sowie Si abgeführt werden. Durch diesen Prozess entsteht ein fossiler Boden, der nach dem Ort Les Baux in Südfrankreich *Bauxit* genannt wird. Häufig werden Bauxit-Ansammlungen erodiert und umgelagert und zeigen dann auch Gefügemerkmale von Sedimentgesteinen.

Zwischen Bauxit und tonigen Sedimenten (Tonen) bestehen die Übergangstypen toniger Bauxit und bauxitischer Ton. Bauxit bildet erdige oder kompakte Massen. Häufig enthalten diese *Ooide*, radialstrahlige Körper von kugeliger bis ovaler Form, die meist 0,5–1 mm groß sind (▶ Abschn. 25.3.3), oder *Pisolithe*, radialstrahlige Körper von Erbsengröße und eher unregelmäßiger Form. Das wichtigste Bauxit-Mineral ist *Gibbsit*, γ-$Al(OH)_3$, gefolgt von *Böhmit*, γ-$AlOOH$, und *Diaspor*, α-$AlOOH$; darüber hinaus kann *Alumogel*, die amorphe Varietät von $Al(OH)_3$, beteiligt sein. Dazu kommen als *Nebengemengteile* besonders Kaolinit, Quarz, Hämatit und Goethit.

Die *Einteilung der Bauxite* wird häufig nach dem jeweiligen Ausgangsgestein vorgenommen: *Silikat-* oder *Lateritbauxit* entsteht durch Verwitterung von magmatischen oder metamorphen Gesteinen, während *Karbonat-* (*Kalk-*) oder *Karstbauxit* sich bei der Verwitterung von tonigen Kalksteinen bildet (z. B. Valeton 1972, 1983).

Gewöhnlich enthält das Bodenprofil von *Silikatbauxit*, der vorwiegend aus Gibbsit besteht, eine Zone mit knollenförmigen Konkretionen (▶ Abschn. 25.2.4) von Bauxit. Daneben können Kaolinit-reiche Tone eingeschaltet sein, die durch siallitische Verwitterung entstanden. Lagerstätten von Silikatbauxit sind weltweit verbreitet. Ein prominentes Beispiel sind die verwitterten kontinentalen Flutbasalte des Dekkan-Trapps in Indien. Weitere Vorkommen von großer regionaler Ausdehnung finden sich in Australien, China, Indien, Brasilien, im Bergland von Guayana, auf Jamaica und im tropischen Afrika, besonders in Guinea.

Wirtschaftlich völlig unbedeutend sind die winzigen Vorkommen im Raum des Vogelsbergs und der Rhön in Hessen, die als Reste warm-feuchter Verwitterungsdecken von tertiärem Basalt übrig blieben.

Karbonat- oder *Kalkbauxit* füllt vorwiegend *Dolinen* und andere Hohlräume in verkarsteten tonhaltigen Kalksteinen und wird daher auch als *Karstbauxit* bezeichnet. Er besteht vorwiegend aus Böhmit, der sich bei Umlagerung zunehmend in Diaspor umwandelt. Wohlbekannte Beispiele finden sich in den mediterranen Ländern Europas, so als Dolinenfüllung in den Karstgebieten Istriens und Dalmatiens, in Ungarn, Griechenland, Italien und Südfrankreich, außerdem auch in Jamaica (Mittelamerika).

Bauxit ist das wichtigste Aluminiumerz, wobei nur Lagerstätten mit Mindestgehalten von 45–50 Gew.-% Al_2O_3 sowie < 20 % Fe_2O_3 und < 5 % SiO_2 bauwürdig sind. Im Jahr 2020 lieferte Australien mit 110 Mio. t Bauxit ca. 30 % der Weltproduktion, gefolgt von Guinea (82 Mio. t), wo die größten Reserven liegen, China (60 Mio. t), Brasilien (35 Mio. t), Indonesien (23 Mio. t) und Indien (22 Mio. t) (U.S. Geological Survey 2021). Wegen des energieaufwendigen Verhüttungsprozesses wird Al-Metall meist an Standorten mit billiger Energie, insbesondere mit Wasserkraft, aus Bauxit gewonnen, z. B. in Norwegen. Über die Aluminium-Gewinnung hinaus verwendet man Bauxit für die Herstellung von technischem Korund (Elektrokorund), Spezialkeramik und hitzebeständigem Tonerdezement.

24.5.4 Fe-, Mn- und Co-reiche Laterite

Die typische Rot- und Gelbfärbung des Bauxits geht auf feindisperse Beimengungen von Fe-Hydroxid zurück, das gleichzeitig mit den Al-Hydroxiden gebildet wird (s. ◘ Abb. 24.2). In vielen Fällen wurde das Eisen (auch zusammen mit Mangan) auf kleinerem Raum konzentriert. Auf diese Weise entstanden die *Laterit-Eisenerze,* von denen es auf der Erde zahlreiche Lagerstätten gibt (z. B. Valeton 1972, 1983; Freyssinet et al. 2005). Bauwürdig sind allerdings nur Vorkommen, die sich aus basischen oder ultrabasischen Gesteinen gebildet haben und in denen neben Fe auch Cr, Ni und Ti als wertvolle Nebenelemente angereichert sind. Ein gutes Beispiel sind die Conakry-Erze im westafrikanischen Staat Guinea, die durch Verwitterung von Dunit entstanden, mit 52 % Fe, 1,8 % Cr, 0,15 % Ni und 0,5 % Ti (Evans 1993).

Der sog. *Basalteisenstein* des Vogelsberges, der bis in die Zeit nach dem 2. Weltkrieg abgebaut worden war, entstand durch Verwitterung im tropisch-wechselfeuchten Klima der Tertiärzeit, wobei der Eisengehalt großer Basaltkörper ausgelaugt wurde. Noch innerhalb des mehr oder weniger stark verwitterten Basalts wurde der Fe-Gehalt konzentriert und kam in schalig-kugeligen Körpern zur Abscheidung.

Mineralogisch besteht das aus zirkulierenden Verwitterungslösungen hervorgegangene Brauneisenerz aus Goethit (Nadeleisenerz), α-FeOOH. Die radialstrahlig angeordneten, stängeligen Kriställchen des Goethits können Aggregate mit glänzenden, traubig-nierig ausgebildeten Oberflächen nach Art des Braunen Glaskopfs bilden. Die Kristallisation des Goethits aus ehemaligen Gelen ist damit angezeigt. Dafür sprechen auch die zahlreichen kolloidalen Beimengungen, die aus dem Gelzustand übernommen wurden.

Durch intensive tropische Verwitterung von relativ Mn-reichen Gesteinen oder von silikatischen oder karbonatischen Mn-Erzen kann es zu erheblichen sekundären Anreicherungen von *Mangan* kommen. Dabei wird Mn durch H_2CO_3-haltige Wässer aus den Gesteinen im Untergrund gelöst und durch Zutritt von atmosphärischem Sauerstoff in Form von Mn-Oxiden und Mn-Hydroxiden ausgefällt, teilweise unter Mitwirkung von Mikroorganismen. Die weichen Reicherze werden von einer harten Erzkruste überdeckt. Ein wirtschaftlich hervorragendes Beispiel ist die Lagerstätte Nsuta (Ghana), deren Reicherze bis zu 50 % Mn enthalten können. Mit einer Jahresproduktion von 1,4 Mio. t Mn

im Jahr 2019 nimmt Ghana weltweit die vierte Stelle unter den Mn-Produzenten ein.

Zu bedeutenden sekundären Anreicherungen von Co und Mn kam es in der Provinz Katanga im Süden der DR Kongo. Unter feuchttropischen Klimabedingungen während des Mio- und Pliozäns verwitterten Co-Cu-Mn-reiche karbonatische Schwarzschiefer des neoproterozoischen Katanga-Kupfergürtels (▶ Abschn. 25.2.11). Dabei wurde das einzige primäre Co-Mineral in den Schwarzschiefern, Carrollit, $Cu\text{-}Co_2S_4$, zu Heterogenit, $CoOOH$, oxidiert und zusammen mit Mn in „Kobalt-(Mangan-)Hüten" angereichert. Demgegenüber wurde das Kupfer in Form von Cu^{2+} im Oberflächenwasser gelöst, zum Liegenden hinabgeführt und dort in einer Cu-reichen Zone konzentriert (Decrée et al. 2010). Die Lagerstätten in Katanga enthalten rund 50 % der bekannten Weltvorräte an Co und machen die DR Kongo mit einer Förderung von 95 kt Co oder 68 % der Weltjahresproduktion in 2020 zum Spitzenproduzenten für Co, mit weitem Abstand gefolgt von Russland (6,3 kt), Australien (5,7 kt) und den Philippinen (4,7 kt) (U.S. Geological Survey 2021).

24.5.5 Ni- und Co-reiche Laterite

Bei intensiver Verwitterung ultramafischer Gesteine und ihrer serpentinisierten Äquivalente unter feuchten tropisch und subtropischen Klimaten kann es zur Bildung von residualen Ni-reichen Lateriten kommen. Ursprünglich stammt das Nickel aus dem Olivin, in dessen Struktur maximal 0,7 Gew.-% Ni^{2+} anstelle von Mg^{2+} eingebaut sein können. Unter warm-feuchten Klimabedingungen wird Ni^{2+} von sauren Lösungen bevorzugt aufgenommen. Wenn solche Lösungen in tiefere Horizonte des Verwitterungsprofils einsickern, wo der pH-Wert höher ist und die Lösung neutral bis schwach alkalisch reagiert, scheidet sich Ni – zusammen mit SiO_2 – in konzentrierter Form aus und bildet Krusten von grünen Ni-Hydrosilikat-Mineralen mit nierig-traubigem Habitus. Daher entwickeln sich die Ni-reichen Laterit-Horizonte meist unter einer Fe-reichen lateritischen Verwitterungsdecke. Am verbreitetsten unter diesen sekundären Ni-Mineralen ist der smaragd- bis blaugrüne *Népouit* (früher „Garnierit"), $(Ni,Mg)_6[(OH)_8/Si_4O_{10}]$, ein Serpentin (Lizardit) mit 6−33 % Ni. Weitere Ni-führende Schichtsilikate sind *Willemsit* (früher „Pimelit"), $(Ni,Mg)_3[(OH)_2/Si_4O_{10}]$, ein Talk mit 16−27 % Ni, *Nimit*, $Ni_5Al[(OH)_8/AlSi_3O_{10}]$, ein Chlorit mit 17 % Ni, *Falcondoit*, $(Ni,Mg)_4[(OH)_2/Si_6O_{15}]\cdot6H_2O$, mit ca. 24 % Ni und schlecht definierte Schichtsilikate der *Garnierit*-Gruppe mit 3−20 % Ni (Butt und Cluzel 2013). Im Mineral *Asbolan,* $[(Co,Ni)_{2-x}(OH)_4]\cdot MnO_2\cdot nH_2O$, können erhebliche Mengen Co gebunden sein.

Die wichtigsten, derzeit im Abbau befindlichen *Nickellagerstätten* dieser Art liegen auf den Inseln Sulawesi und Halmahera in Indonesien mit einer Jahresförderung in 2020 von 760.000 t Ni und Vorräten von 21 Mio. t., gefolgt von den Philippinen (320 kt Ni in 2020, Neukaledonien (200 kt Ni) und Australien (170 kt Ni)(U.S. Geological Survey 2021). Dieser Lagerstättentyp spielt wirtschaftlich gegenüber den sulfidischen Nickelerzen vom Typ Sudbury (▶ Abschn. 21.3.1) mittlerweile eine führende Rolle.

24.5.6 Weitere Residual-Lagerstätten

Verwitterung von primären Erzlagerstätten kann zu beachtlichen Anreicherungen von Au, Ti, Zr, Y, SEE, Nb und Ta in Laterit oder Bauxit führen. Der Bauxit von Boddington (Westaustralien) enthält z. B. Golderz-Reserven von 45 Mio. t mit Durchschnittsgehalten von 1,8 g/t Au. Auch die orogenen Au-Lagerstätten von Coolgardie (Westaustralien) und Cloncurry (Queensland) werden von Au-haltigen Laterit-Horizonten überlagert, in denen Gold-Nuggets mit Gewichten bis zu 600 g gefunden wurden. Über Alkaligesteinen des Paraná-Beckens (Südamerika) entwickelte sich ein Anatas-führender Laterit mit ca. 20 % TiO_2 mit Vorräten von insgesamt 300 Mio. t; in einigen dieser Vorkommen sind auch Baddeleyit, ZrO_2, Phosphate und Minerale der Seltenen Erdelemente konzentriert. Im Verwitterungshorizont des Karbonatits von Mount Weld bei Laverton (Westaustralien) kam es zur Bildung von

Lateriterz mit 9,8 % SEE (in Vorräten von 14,9 Mio. t Erz) nebst beträchtlichen Mengen an Y, Nb und Ta.

24.6 Verwitterung sulfidischer Erzkörper

Es ist schon lange bekannt, dass es bei der Verwitterung sulfidischer Erzköper, z. B. von Erzgängen oder porphyrischen Kupferlagerstätten, zu beachtlichen sekundären Metall-Anreicherungen kommen kann (z. B. Sillitoe 2005; Reich und Vasconcelos 2015). Bei der atmosphärischen Verwitterung werden Sulfidminerale viel leichter gelöst als die gesteinsbildenden Silikatminerale. ◻ Abb. 24.3 zeigt die Zonierung, die bei der Verwitterung eines relativ einfach zusammengesetzten *sulfidischen Erzganges entsteht,* der als primäres Erz nur Pyrit und Chalkopyrit enthält. Im oberflächennahen, verwitterten Teil des Erzgangs lassen sich zwei Zonen unterscheiden: die oben liegende *Oxidationszone* (I), ohne scharfe Grenze unterlagert von der *Zementationszone* (II) und schließlich der weitgehend unverwitterten *Primärerzzone* (III).

24.6.1 Oxidationszone

Die Oxidationszone liegt oberhalb des Grundwasserspiegels, dessen Höhe jahreszeitlich je nach Niederschlagsmenge schwankt. Von der Erdoberfläche her dringen Niederschläge als Sickerwässer ein, wobei deren ursprünglich hohen Gehalte an O_2 und CO_2 nach

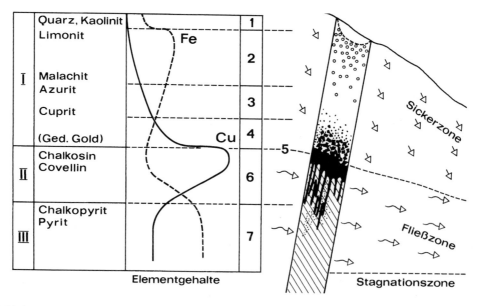

◻ **Abb. 24.3** Oxidations- und Zementationszone im obersten Teil eines hydrothermalen Cu-Erzganges, entstanden durch die Reaktion mit Wasser, das von der Oberfläche her oder als Grundwasser eingesickert ist. Von oben nach unten unterscheidet man folgende Zonen: I Oxidationszone gegliedert in **1** Auslaugungszone; **2** Eiserner Hut (engl. „*gossan*"): stark oxidierte Erze mit hohem Fe-Gehalt; **3** Umbildungszone vorwiegend von Cu-Sulfiden;**4** Übergangszone; **5** Grundwasserspiegel; **II** Zementationszone mit Anreicherung von edleren Metallen wie Cu und Ag; **III** weitgehend unbeeinflusstes Primärerz. (Ergänzt nach Baumann et al. 1979)

der Tiefe hin abnehmen. In Gegenwart von Luftsauerstoff werden Metallionen niedriger Oxidationsstufe oxidiert, ein Vorgang, der insbesondere Fe^{2+}-führende Erzminerale erfasst, aus denen schließlich *Limonit* (Brauneisenerz) entsteht (▶ Abschn. 7.5).

Im *oberen Teil* der Oxidationszone bewirken große Niederschlagsmengen eine Auslaugung vieler Metalle, so z. B. des Eisens, wenn die Lösung sauer ist. Es verbleiben schließlich skelett- bis zellenförmige Auslaugungsreste, meist von Quarz, mit charakteristischen Überzügen aus gelb- bis schwarzbraunem Limonit (z. B. Taylor 2012). Nicht selten liegt Malachit, $Cu_2(OH)_2CO_3$, als leuchtend grüner erdiger Anflug vor. Auch Kaolinit scheidet sich meist aus den oberflächlichen Verwitterungslösungen aus.

In etwas *tieferen Bereichen* der Oxidationszone reichern sich in Erzkörpern mit Pyrit und Chalkopyrit oft beachtliche Mengen von Fe in Form von Limonit an (▶ Gleichung 24.8 und 24.9). Bei der Oxidation von Pyrit können relativ kurzlebige Fe^{2+}- oder Fe^{3+}-Sulfate als Zwischenprodukte neben Schwefelsäure entstehen (▶ Gleichung 24.5, 24.6, 24.7). Gleichung (24.9) ist der Gesamtumsatz. H_2SO_4 ist in $2\,H^+ + SO_4^{2-}$ dissoziiert.

$$2\,FeS_2 + 2\,H_2O + 7\,O_2 \quad = 2\,Fe^{2+}SO_4 + 2\,H_2SO_4 \tag{24.5}$$

$$4\,FeS_2 + 2\,H_2O + 15\,O_2 \quad = 2\,Fe_2^{3+}(SO_4)_3 + 2\,H_2SO_4 \tag{24.6}$$

$$4\,Fe^{2+}SO_4 + 2\,H_2SO_4 + O_2 \quad = 2\,Fe_2^{3+}(SO_4)_3 + 2\,H_2O \tag{24.7}$$

$$Fe_2^{3+}(SO_4)_3 + 4\,H_2O \quad = 2\,Fe^{3+}OOH + 3\,H_2SO_4 \tag{24.8}$$

$$4\,FeS_2 + 10\,H_2O + 15\,O_2 \quad = 4\,Fe^{3+}OOH + 8\,H_2SO_4 \tag{24.9}$$

Limonit scheidet sich vorwiegend über den Gelzustand ab und kristallisiert erst später zu feinkörnigen Aggregaten; er zeigt deshalb fast stets traubig-nierige Ausbildung und Eigenschaften von Braunem Glaskopf. Er besteht überwiegend aus Goethit (Nadeleisenerz), α-FeOOH, untergeordnet aus Lepidokrokit, γ-FeOOH, Hämatit, Fe_2O_3, amorpher Kieselsäure, Phoshaten, Tonmineralen und/oder organischen Verbindungen. Der Ausbiss der Oxidationszone, der von den deutschen Bergleuten als *Eiserner Hut,* im Englischen als *„gossan"*

bezeichnet wird, gibt den Prospektoren wichtige Hinweise auf das Primärerz in größerer Teufe. Die Minerale der Oxidationszone treten teils in gut ausgebildeten Kristallen auf, teils bilden sie dichte, körnige, strahlige oder blättrige Aggregate. Noch häufiger sind sie Bestandteil unansehnlicher, schlackenähnlicher oder erdig-zerreiblicher Massen. Charakteristisch sind Konkretionsformen, die auf ehemalige Gele hinweisen, wie nierig-traubige oder stalaktitähnliche Ausbildung.

Während *Pyrit* als Oxidationsprodukt lediglich *Limonit* (Brauneisenerz) liefert, gehen *Kupfersulfide* zunächst in komplexe, feinkörnige, z. T. erdige Gemenge aus rötlichem *Cuprit* Cu_2O, schwarzem *Tenorit*, CuO, Limonit und Resten von Chalkopyrit über, die das dichte, pechschwarz aussehende *Kupferpecherz oder* das erdige, rot gefärbte Ziegelerz aufbauen. Nicht selten enthält der neu gebildete Cuprit auch etwas *gediegen Kupfer.* Verwitterungslösungen, die reich an gelöstem CO_2 oder HCO_3^- sind und teilweise aus Nebengestein von Kalkstein oder Dolomit stammen, können zur Anreicherung von Malachit, $Cu_2[(OH)_2/CO_3]$, zurücktretend auch von Azurit, $Cu_3[OH/CO_3]_2$, führen. Dieser wird allmählich durch Malachit verdrängt, der spektakuläre *Pseudomorphosen* nach Azurit-Kristallen bilden kann, wie in der berühmten Lagerstätte von Tsumeb (Namibia; ◘ Abb. 8.13; ▶ Abschn. 23.3.6). Häufiger bildet Malachit jedoch büschelige Aggregate oder Anflüge. In begrenztem Umfang findet sich in Oxidationszonen von Cu-Lagerstätten auch smaragdgrüner Dioptas, $Cu_6[Si_6O_{18}]\cdot6H_2O$. Weiterhin treten in Oxidationszonen von anderen sulfidischen Primärerzen folgende charakteristische Minerale auf:

- *Ag-haltige Erze:* ged. Silber, örtlich Chlorargyrit, AgCl;
- *Au-haltige Erze:* winzige Goldflitterchen in mulmigem Limonit oder skelettförmigem Quarz bilden hellgelbe, erdig aussehende Abscheidungen, sog. Senfgold;
- *Pb-Erze:* Cerussit, $Pb[CO_3]$ (◘ Abb. 9.2), Anglesit, $Pb[SO_4]$, Krokoit, $Pb[CrO_4]$ (◘ Abb. 9.8), Wulfenit , $Pb[MoO_4]$, Pyromorphit, $Pb_5[Cl/(PO_4)_3]$, Mimetesit, $Pb_5[Cl/(AsO_4)_3]$, Vanadinit, $Pb_5[Cl/(VO_4)_3]$ (◘ Abb. 10.4);
- *Zn-Erze:* Smithsonit, $Zn[CO_3]$, Hemimorphit, $Zn_4[(OH)_2/Si_2O_7]\cdot H_2O$; Galmei ist Sammelname für unreine Gemenge überwiegend aus Smithsonit und Hemimorphit;
- *Hg-Erze:* ged Quecksilber;
- *U-Erze:* die umfangreiche Gruppe der sog. Uranglimmer; das sind U-Phosphate, U-Arsenate, U-Silikate, U-Hydroxide oder Uranate mit Ca, Ba, Cu, Mg, Fe^{2+} oder anderen Kationen; sie alle zeigen blättrigen Habitus und grelle Farben, so gelb, orange, rot oder grün;

— *Mn-Erze:* Pyrolusit, β-MnO_2, in ähnlicher Ausbildung wie Limonit und oft innig verwachsen mit diesem, ferner Romanèchit, Todorokit, Kryptomelan (s. ▶ Abschn. 7.4), amorphe Manganoxide („Manganogel") und Lithiophorit, $(Al,Li)(Mn^{4+},Mn^{3+})O_2(OH)_2$.

Wie aus Experimenten zur Pyrit-Oxidation hervorgeht, können geringe *Goldgehalte* in Pyrit von Fe^{3+}-Sulfat-Lösungen aufgenommen werden. Diese Lösungen kommen *in tieferen Teilen* der Oxidationszone vor, wobei der *reduzierende* Einfluss nach unten zu immer stärker wird, z. B. durch den anwesenden Pyrit des Primärerzes. Dabei wird Fe^{3+}-Sulfat-Lösung unbeständig und geht in Fe^{2+}-Sulfat-Lösung über, die Au nur sehr beschränkt aufnehmen kann. Dementsprechend kommt es noch innerhalb der unteren Oxidationszone nahe dem Grundwasserspiegel zur Ausscheidung von gediegen Gold auf engem Raum (◘ Abb. 24.3, I/II). So weist die unterste, 1–2 m mächtige Schicht der Oxidationszone in der berühmten VHMS-Kupferlagerstätte von Rio Tinto, Spanien (▶ Abschn. 23.5.2) Au-Gehalte von 15–30 g/t auf gegenüber nur 0,2–0,4 g/t im Primärerz. Bei größeren Au-Gehalten der Primärlagerstätte können in der tieferen Oxidationszone Au-Konzentrationen spektakuläre Ausmaße erreichen.

24.6.2 Zementationszone

Innerhalb der Zementationszone (◘ Abb. 24.3, II), im Wesentlichen im Bereich des oszillierenden Grundwasserspiegels, beeinflussen sich die als Sulfate in Lösung gegangenen Metalle gegenseitig, und zwar entsprechend ihrer jeweiligen Stellung innerhalb der *elektrochemischen Spannungsreihe* der Metalle. Dabei scheidet sich das Sulfid des jeweils edleren Metalls, im vorliegenden Fall dasjenige des Kupfers als *Kupfersulfid*, bevorzugt ab, und das Eisen geht als $Fe^{2+}SO_4$ in Lösung. Anstelle von Chalkopyrit im Primärerz bilden sich neue Kupferminerale mit höheren Cu-Gehalten, so *Tief-T-Chalkosin*, α-Cu_2S, Djurleit, $Cu_{1,96}S$, Tief-*T*-Digenit, $Cu_{1,8}S$, Anilit, $Cu_{1,75}S$, *Covellin*, CuS, oder *Bornit*, Cu_5FeS_4. Die möglichen Vorgänge werden durch die folgenden chemischen Reaktionsgleichungen veranschaulicht:

$$14Cu^{2+}SO_4 + 5\underset{\text{Pyrit}}{\mathbf{FeS_2}} + 12H_2O$$
$$= 7\underset{\text{Chalkosin}}{\mathbf{Cu_2S}} + 5Fe^{2+}SO_4 + 12H_2SO_4 \tag{24.10}$$

$$7Cu^{2+}SO_4 + 4\underset{\text{Pyrit}}{\mathbf{FeS_2}} + 4H_2O$$
$$= 7\underset{\text{Covellin}}{\mathbf{CuS}} + 4Fe^{2+}SO_4 + 4H_2SO_4 \tag{24.11}$$

$$Cu^{2+}SO_4 + \underset{\text{Chalkopyrit}}{\mathbf{CuFeS_2}} = \underset{\text{Covellin}}{\mathbf{2CuS}} + Fe^{2+}SO_4 \tag{24.12}$$

In einem derartigen Verwitterungsprofil findet die sekundäre Anreicherung von *Silber* meist noch etwas *oberhalb* der Zone statt, in der sekundäre Kupfererze zementativ konzentriert wurden. Das in der Oxidationszone als Sulfat in Lösung gegangene Silber wird unter reduzierenden Bedingungen vorwiegend als Akanthit, α-Ag_2S, teilweise auch als gediegen Silber ausgefällt. In vielen Lagerstätten-Bezirken haben Ag-reiche Zementationszonen in der ersten Periode des örtlichen Bergbaus vorübergehend zu großer wirtschaftlicher Blüte geführt, bis unterhalb des Grundwasserspiegels die viel ärmeren Primärerze angefahren wurden. Als prominente Beispiele für die wirtschaftliche Bedeutung dieser *sekundären Teufenunterschiede* seien die hydrothermalen Ganglagerstätten des sächsischen Erzgebirges und des bolivianischen Zinngürtels genannt. Die reichsten und mächtigsten Oxidations- und Zementationszonen treten in ariden und tropisch-ariden Klimazonen auf, da dort die Höhe des Grundwasserspiegels stärker schwankt.

In sulfidischen Erzkörpern, die lediglich weniger edle Metalle wie Pb, Zn, Fe, Co, Ni enthalten, ist keine ausgeprägte Zementationszone entwickelt. Der Übergang zwischen der Oxidationszone und den unverwitterten Sulfiden der Primärerzzone ist eher verschwommen. Im Unterschied zu den Cu-Ag- oder Au-Lagerstätten kann man bei ihnen kaum mit sekundären Teufenunterschieden rechnen, die von großer ökonomischer Bedeutung sind.

24.6.3 Stabilität wichtiger sekundärer Kupferminerale

Das Stabilitätsdiagramm im Modellsystem Cu–S–O_2–H_2O–CO_2, das wesentlich aus thermodynamischen Daten gewonnen wurde, zeigt die Stabilitätsfelder von Malachit, Cuprit, gediegen Kupfer, Chalkosin und Covellin in wässeriger Lösung in Abhängigkeit vom Redoxpotential (Eh) und dem pH-Wert. Sie gelten für eine Temperatur von 25 °C, einen Gesamtdruck von 1 bar, einen CO_2-Partialdruck von $P_{CO_2} = 10^{-3,5}$, und einer S-Konzentration aller S-Spezies von 0,1 *M* (◘ Abb. 24.4).

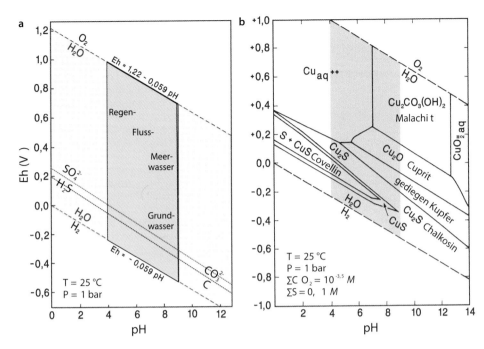

● **Abb. 24.4 a** Stabilitätsfeld von H$_2$O im Eh-pH-Diagramm (hellblau) und die Bedingungen, die gewöhnlich im oberflächennahen Milieu realisiert sind (dunkelblau); ebenfalls gezeigt werden die Grenzen zwischen Sulfat- und Sulfid-Stabilität (rote gepunktete Linie) sowie Karbonat- und Kohlenstoff-Stabilität (blau gepunktete Linie); **b** Eh-pH-Diagramm, das die Stabilitätsfelder einiger wichtiger Kupferminerale im Modellsystem Cu–H$_2$O–O$_2$–S–CO$_2$ bei 25 °C, P_{tot} = 1 bar, P_{CO_2} = 10$^{-3,5}$ und Gesamtmenge des gelösten S = 10^{-1} zeigt. (Basierend auf Garrels und Christ 1965)

Zur Kennzeichnung von Lösungen wird neben dem pH-Wert häufig auch das *Redoxpotential (oder Redox-Spannung,* Eh) angegeben. Es beschreibt die Reduktionskraft, also die Bereitschaft einer Substanz, Elektronen abzugeben und wird relativ zu einer Bezugselektrode, der Normal-Wasserstoffelektrode angegeben. Bei einem pH von 0 und eine Partialdruck von H$_2$ hat 2 H$^+$/ H$_2$ definitionsgemäß ein Redoxpotential E^0 von 0 V (V). Das Redoxpotential ist von der Konzentration, der Temperatur und dem Druck abhängig. Die in der Natur ermittelten Eh-Werte liegen meist zwischen + 0,6 und –0,5 V.

Ohne Zweifel sind die Eh- und pH-Werte für die subaerische Verwitterung von Erzlagerstätten von großer Bedeutung. Das Eh-pH-Diagramm (● Abb. 24.4) kann zum Verständnis von Feldbeobachtungen an natürlichen Verwitterungsprofilen beitragen, wie das z. B. an dem einfach zusammengesetzten Kupfererz ausführlicher besprochen wurde (● Abb. 24.3). Malachit und Cuprit sind typische Minerale, die sich in Niveau 2 und 3 der Oxidationszone bilden. Nach ● Abb. 24.4b erfordert ihre stabile Bildung relativ hohe Eh-Werte in alkalischen bis neutralen Verwitterungslösungen. Stellenweise kann sich gediegen Kupfer aus Lösungen von ähnlichem pH, aber etwas geringerem Eh ausscheiden, d. h. im Grenzbereich zwischen Oxidations- und Zementationszone (Niveau **4**). Demgegenüber entstehen Chalkosin und Covellin als typische Neubildungen der Zementationszone (Niveau **6**) unter reduzierenden Bedingungen bei relativ niedrigen Eh-Werten. Für die Bildung von Chalkosin spielt der pH-Wert offensichtlich keine entscheidende Rolle, während das Stabilitätsfeld von Covellin im Wesentlichen im sauren Bereich liegt, d. h. überwiegend bei pH < 7 (● Abb. 24.4b).

Literatur

Baumann L, Nikolsky IL, Wolf M (1979) Einführung in die Geologie und Erkundung von Lagerstätten. Verlag Glückauf, Essen

Blume HP, Brümmer GW, Horn R et al (2010) Scheffer/Schachtschabel: Lehrbuch der Bodenkunde, 16. Aufl. Spektrum Akademischer Verlag, Heidelberg

Brantley SL, Goldhaber MB, Ragnarsdottir KV (2007) Crossing disciplines and scales to understand the critical zone. Elements 3:307–314

Buol SW, Hole FD, McCracken RW (1997) Soil genesis and classification, 4. Aufl. Iowa State University Press, Ames

Butt CRM, Cluzel D (2013) Nickel laterite ore deposits: weathered serpentinites. Elements 9:123–128

Christidis GE, Huff WD (2009) Geological aspects and genesis of bentonites. Elements 5:93–98

Decrée S, Deloule È, Ruffet G et al (2010) Geodynamic and climate controls in the formation of Mio-Pliocene world-class oxidized cobalt and manganese ores in the Katanga province, DR Congo. Mineral Dep 45:621–629

Dill HG (2015) Supergene alteration of ore deposits: from nature to humans. Elements 11:311–316

Eisenhour DD, Brown RK (2009) Bentonite and its aspect on modern life. Elements 5:75–79

Evans AM (1993) Ore Geology and Industrial Minerals, 3. Aufl. Blackwell Science, Oxford

Freyssinet P, Butt CRM, Morris RC, Piantone P (2005) Ore-forming processes related to lateritic weathering. Econ Geol 100th Anniversary Vol, 681–722

Garrels RM, Christ CL (1965) Solutions, Minerals and Equilibria. Harper & Row, New York

Jasmund K, Lagaly G (Hrsg) (1993) Tonminerale und Tone – Struktur, Eigenschaften. Anwendung und Einsatz in Industrie und Umwelt, Steinkopff, Darmstadt

Kogel JE (2014) Mining and processing kaolin. Elements 10:189–193

Nahon DB (1991) Introduction to the petrology of soils and chemical weathering. Wiley, New York

Price C, Brimblecombe P (1994) Preventing salt damage in porous materials. In: Roy A, Smith P (Hrsg) Prepr Contrib Ottawa Congress Preventive Conservation-practice, theory and research. London, 90–93

Reich M, Vasconcelos PM (2015) Geological and economic significance of supergene metal deposits. Elements 11:305–310

Sillitoe RH (2005) Supergene oxidized and enriched porphyry copper and related deposits. In: Hedenquist J, Thompson JFH, Goldfarb RJ, Richards JP, Econ Geol One-Hundredth Anniversary Vol. Soc Econ Geol, Littleton, 723–768

Taylor R (2012) Gossans and leaching cappings – field assessment. Springer, Berlin

U. S. Geological Survey (2021) Mineral commodity summaries 2020: U.S. Geological Survey, 200 S. ► https://doi.org/10.3133/mcs2021

Valeton I (1972) Bauxites. Elsevier, Amsterdam

Valeton I (1983) Paleoenvironment of lateritic bauxites with vertical and lateral differentiation. Geol Soc London Spec Publ 11:77–90

Zammit CM, Shuster JP, Gagen EJ, Southam G (2015) The geomicrobiology of supergene metal deposits. Elements 11:337–342

24

Sedimente und Sedimentgesteine

Inhaltsverzeichnis

© Springer-Verlag GmbH Deutschland, ein Teil von Springer Nature 2022
M. Okrusch und H. E. Frimmel, *Mineralogie*,
https://doi.org/10.1007/978-3-662-64064-7_25

25

Einleitung

Die sedimentäre Abfolge umfasst die folgenden Prozesse, die sich in einem zeitlichen Ablauf aneinander reihen:

Verwitterung → Transport → Ablagerung bzw. Ausscheidung → Diagenese.

Sedimente sind also Produkte der mechanischen und/oder chemischen *Verwitterung,* die über unterschiedliche Entfernungen transportiert und abgelagert wurden. Der Transport folgt der Schwerkraft, anfänglich mit Massentransport durch Berg- und Felsstürze. Prinzipielle Transportmittel sind Wasser, Wind und Eis. Für die Ablagerung ist die Schwerkraft von entscheidender Bedeutung. Die transportierten Stoffe können sich mechanisch absetzen, als Kolloide ausflocken, aus chemischen Lösungen ausgefällt werden oder auf dem Umweg über Organismen zur Ausscheidung gelangen.

Nach dieser Definition gehören *pyroklastische Gesteine* oder eine *Schnee- bzw. Eisdecke nicht* zu den Sedimenten, weil sie zwar durch Schwerkraft sedimentiert, jedoch keine Produkte der Verwitterung darstellen. Auch autochthone *Böden* werden hier nicht als Sediment bezeichnet, weil ihre Bestandteile nicht transportiert wurden. Hingegen zählen die *Salzlagerstätten* zu den Sedimentgesteinen; denn sie sind in Lösung gegangene Produkte der chemischen Verwitterung, die als Lösungen transportiert und schließlich durch Verdunstung in einem flachen Becken ausgefällt wurden.

Streng genommen bezieht sich der Begriff *Sediment* auf die Anhäufung lockerer Partikel von Mineral- oder Gesteinsfragmenten. Wenn die lockeren Sedimente durch jüngere Ablagerungen überdeckt werden, verkleinert sich der Porenraum zwischen den Partikeln, das Wasser in den Poren wird ausgetrieben, das Sedimenpaket wird kompaktiert und schließlich durch Ausfällung von Mineralen aus dem restlichen Porenwasser zementiert. Auf diese Weise wird das *Lockersediment* zu einem *Sedimentgestein* verfestigt, ein Prozess den man als *Diagenese* bezeichnet.

25.1 Grundlagen

25.1.1 Einteilung der Sedimente und Sedimentgesteine

Man unterscheidet zwei Hauptgruppen von Sedimenten und Sedimentgesteinen: 1) klastische Sedimente und Sedimentgesteine, die durch mechanische Anhäufung von Fragmenten und Einzelkörnern gebildet werden, während 2) chemische und biochemische Sedimente und

Sedimentgesteine als Kolloide ausgeflockt oder als Ionen direkt aus anorganischen oder organischen Lösungen ausgefällt oder auf dem Umweg über Organismen ausgeschieden wurden. Dabei enthalten klastische Sedimente meist auch chemisch gefällte Substanzen und die chemischen Sedimente variable Anteile von klastischem Mineral- und Gesteinsdetritus.

Klastische Sedimente Die klastischen Sedimente (griech. κλαστός = in Stücke gebrochen; vgl. ◻ Tab. 25.1) bzw. Sedimentgesteine werden nach ihrer Korngröße folgendermaßen untergliedert:

- **Rudite** (lat. *rudus* = zerbrochenes Gestein, Geröll, Schutt) oder **Psephite** (grch. ψῆφος = Brocken) mit mittlerem Korndurchmesser von > 2 mm,
- **Arenite;** (lat. *arena* = Sand) oder **Psammite** (grch. ψάμμος = Sand) mit mittlerem Korndurchmesser von 2–0,02 mm
- **Argillite** (lat. *argilla* = Töpferton) oder **Pelite** (grch. πῆλος = Schlamm) mit mittlerem Korndurchmesser von < 0,02 mm.

In ◻ Tab. 25.1 sind die im deutschen Sprachraum üblichen weiteren Untergliederungen sowie die Benennung nach DIN 4022 für den technischen Gebrauch eingetragen. International verbreitet ist die Skala nach Wentworth (1922), die auf der Maschenweite von standardisierten Siebsätzen basiert. Im Einzelnen informieren hierüber die klassischen Lehrbücher der Sedimentpetrographie (z. B. Blatt 1982; Tucker 1985; Pettijohn et al. 1987; Füchtbauer 1988).

Chemische Sedimente Die chemischen Sedimente werden vorwiegend nach ihrer chemischen Zusammensetzung und ihrem Mineralbestand unterteilt. Hier bestehen teilweise Überschneidungen mit *biochemischen* und *organogenen* Sedimenten, so bei Kalkstein, Dolomitgestein, Phosphatgestein und Kieselschiefer, etwas weniger bei sedimentären Eisenerzen und sedimentären Kieslagern. Reine Ausscheidungssedimente stellen die Evaporite, besonders die Salzgesteine dar. Bei den Kohlengesteinen und Ölschiefern bestehen Beziehungen zu den klastischen Sedimenten.

25.1.2 Gefüge der Sedimente und Sedimentgesteine

Das am meisten hervortretende Gefügemerkmal der Sedimente und Sedimentgesteine ist die *Schichtung,* eine meist vertikale Gliederung im Sedimentpaket, die durch Materialwechsel verursacht wird. In *klastischen Sedimenten* spiegelt die Schichtung zeitliche Wechsel in Art und Menge der Materialzufuhr wider. So zeigt

◘ Tab. 25.1 Korngrößeneinteilung und Nomenklatur klastischer Lockersedimente und ihrer diagenetisch verfestigten Äquivalente als Sedimentgestein

Korndurchmesser	Einteilung		Bezeichnung	Einteilung nach DIN 4022			Konrdurchmesser (mm)	Sedimentgestein
<0,2 μm	Kolloid-	Ton	Pelit (Argillit)					Tonstein
0,2–2 μm	Fein-							
2 μm – 0,02 mm	Grob-			Fein-	Schluff (Silt)		0,002–0,0063	Siltstein
				Mittel-			0,0063–0,02	
0,02–0,2 mm	Fein-	Sand	Psammit (Arenit)	Grob-			0,02–0,063	
				Fein-	Sand		0,063–0,2	Sandstein
0,2–2 mm	Grob-			Mittel-			0,2–0,63	
				Grob-			0,63–2	
2 mm – 2 cm	Fein-	Kies	Psephit (Rudit)	Fein-	Kies		2–6,3	Brekzie (eckige Klasten) Konglomerat (gerundete Klasten)
				Mittel-			6,3–20	
2–20 cm	Grob-			Grob-			20–63	
>20 cm	Blöcke			Steine				

glazialer Bänderton einen ausgeprägten jahreszeitlichen Wechsel: grobkörnigere, schluffige Lagen entstanden bei der raschen Gletscherschmelze im Sommer, während tonige Lagen die geringeren Sedimentationsraten im Winter widerspiegeln. Andere klastische Sedimente wie glaziale Schotter, häufig auch Brekzien und Konglomerate, mitunter auch massige Sandsteine zeigen dagegen keine Schichtung. Bei den *chemischen Sedimenten* kommen Bänderungen durch rhythmische Ausfällungen im jahreszeitlichen Wechsel oder bedingt durch langzeitlichen Klimawandel zustande. Ungeschichtet sind dagegen biogene Riffkalke.

Bei *Areniten (Psammiten)* kann es sowohl durch Wasser- als auch durch Windeinwirkung zu einer welligen Ausbildung der Sedimentoberfläche kommen. Solche *Rippelmarken* sind am besten auf Schichtflächen sichtbar, lassen sich aber auch im Querschnitt als *Kreuzschichtung* erkennen (◘ Abb. 3.5; 25.14 C). *Strömungsrippeln* sind asymmetrisch ausgebildet und zeigen scharfe oder gerundete Kämme zwischen gerundeten Trögen. Sie entstehen durch Luft- oder Wasserströmungen, die sich in mehr oder weniger konstanter Richtung über eine Sandoberfläche bewegen. Beispiele sind Dünensande an Stränden, Sande im Wattenmeer oder an Flussbarren. Demgegenüber sind *Oszillationsrippeln* durch das Vor und Zurück der Wellenbewegung symmetrisch angelegt. Bei zwei unterschiedlichen Strömungsrichtungen in verzweigten Flüssen (engl. „braided river systems") oder in Flussdeltas oder wenn Dünen wechselnden Windrichtungen ausgesetzt sind, zeigen Sande bzw. Sandsteine Schrägschichtung (engl. „cross bedding", ◘ Abb. 3.5). Gradierte Schichtung (engl. „graded bedding"; ◘ Abb. 25.14) kommt durch einen kontinuierlichen Korngrößenwechsel von grob nach fein zustande, z. B. in Turbiditen (Trübestrom-Ablagerungen; vgl. ▶ Abschn. 25.2.9).

25.2 Klastische Sedimente und Sedimentgesteine

Übersicht

Klastische Sedimente und Sedimentgesteine setzen sich aus unterschiedlichen *Verwitterungsprodukten* zusammen (Friedmann und Sanders):

- *Partikel* sind Mineral- und Gesteinsbruchstücke, die im festen Zustand transportiert wurden. Sie sind entweder
  - als relativ stabile Verwitterungsrelikte erhalten oder
  - durch explosiven Vulkanismus entstanden oder
  - sind Organismenreste;
- Als Verwitterungsprodukte neugebildete Minerale;
- Ionen oder Ionenkomplexe oder Kolloide, die in Verwitterungslösungen gelöst bzw. suspendiert sind und aus ihnen in situ ausgefällt werden.

Zu den *Verwitterungsresten* zählt in erster Linie Quarz, weil er in den verschiedenen Ausgangsgesteinen weit verbreitet und zudem mechanisch und vor allem chemisch schwer angreifbar ist. Stammen die Verwitterungsreste aus ariden oder kalten Klimagebieten mit geringer chemischer Verwitterung, so bleiben auch andere gesteinsbildende Minerale wie Feldspäte und Glimmer als Verwitterungsreste erhalten. Ebenso enthalten Sedimente häufig widerstandsfähige Gesteinsfragmente als Verwitterungsrest.

25

Zu den wichtigsten *Verwitterungsneubildungen* gehören die Tonminerale, die entweder unmittelbar aus Verwitterungslösungen kristallisieren, wie Kaolinit, Halloysit oder Montmorillonit, oder durch Umbildung von Mineralen des Ausgangsgesteins wie z. B. Glimmer, Feldspäte und mafische Minerale entstanden sind. Das gilt z. B. für Illite, Illit-Smectit-Wechsellagerungsminerale oder Vermiculit (▶ Abschn. 24.2.2). Psephite und Psammite wie Konglomerate und Sandsteine bestehen ganz vorwiegend aus Verwitterungsresten; bei den Peliten hingegen können Verwitterungsneubildungen stärker beteiligt sein oder vorherrschen. Klastische Sedimente, die fast ausschließlich aus Quarz und anderen Silikatmineralen bestehen, werden als *siliziklastisch* bezeichnet. Daneben enthalten auch viele Karbonatgesteine klastische Komponenten oder bestehen vollständig aus diesen; das gilt insbesondere für Kalkturbidite (▶ Abschn. 25.3.3).

25.2.1 Transport und Ablagerung des klastischen Materials

In Gebieten mit starken Reliefunterschieden, insbesondere im Hochgebirge, erfolgen erste Massenbewegungen von Gesteinsmaterial bereits durch *Berg-* und *Felsstürze*.

So donnerten in prähistorischer Zeit bei *Bergstürzen* in den Alpen jeweils mehrere Kubikkilometer Gestein zu Tal, z. B. bei Flims in Graubünden (ca. 10 km³) sowie bei Köfels (> 3 km³) und am Tschirgant in Tirol. Große Bergstürze in historischer Zeit ereigneten sich im Bleniotal im Tessin, am Mt. Granier in Savoyen, am Königssee in Oberbayern und am Dobratsch bei Villach in Kärnten. Am 9. Oktober 1963 rutschte eine Flanke des Monte Toc in den Friauler Dolomiten in den Vajont-Stausee, den man trotz Warnungen der Geologen zur Energiegewinnung errichtet hatte. Die durch das bewegte Gesteinsvolumen von ca. 260 Mio. m³ ausgelöste Flutwelle schwappte über die Staumauer und zerstörte die darunter liegende Ortschaft Longarone und eine Reihe weiterer Siedlungen, wobei insgesamt etwa 2000 Menschen ums Leben kamen. Zu weiteren aufsehenerregenden *Felsstürzen* kam es u. a. im Jahr 1999 bei Schwaz in Tirol (ca. 150.000 m³), im Jahr 2006 an den Dents du Midi im Wallis (ca. 1 Mio. m³) und am Eiger im Berner Oberland (ca. ½ Mio m³) sowie 2017 bei Bondo in Graubünden (ca. 3 Mio. m³).

Eine bedeutende Rolle bei der Abtragung und beim Transport von Gesteinsmaterial spielen die Gletscher in den Hochgebirgen und Polargebieten. Wie aus dem Einstoffsystem H_2O (◻ Abb. 18.1) hervorgeht, erniedrigt sich die Schmelztemperatur von Wasser mit steigendem Druck. Infolge der Auflast des Eises ist daher die Unterseite von Gletschern meist geschmolzen, sodass diese auf einem zähen Brei aus Wasser, Eis und dem Geröll der Grundmoräne mit Geschwindigkeiten von mehreren Metern pro Jahr zu Tal fließen und dabei den Gesteinsuntergrund in der Tiefe, aber auch seitlich erodieren können. Durch diese Überarbeitung entstehen aus den ursprünglichen Flusstälern mit V-Profil die typischen U-förmigen Trogtäler, wie sie z. B. in den Alpen beispielhaft ausgebildet sind. Das erodierte Material kann zu mächtigen Moränenwällen angehäuft werden.

Bis gegen Ende des Würm-Glazials vor etwa 20.000 Jahren waren fast alle großen Alpentäler mit Gletschern angefüllt. Heute sind nur noch ca. 2 % der Alpen, d. h. ca. 3600 km² vergletschert, wovon die größte zusammenhängende Eisfläche mit ca. 350 km² in der Aletsch-Jungfrau-Region (Schweiz) liegt. Der längste Gletscher der Alpen, der Aletsch-Gletscher hat z. Zt. noch eine Länge von knapp 23 km, der größte Gletscher der Ostalpen, die Pasterze am Großglockner, ist 8 km lang. Seit Mitte des 19. Jh. haben die Gletscher der Alpen allerdings ein Drittel ihrer Fläche und die Hälfte ihrer Masse verloren – ein Trend, der sich in den kommenden Jahrzehnten höchstwahrscheinlich noch beschleunigen wird.

Das wichtigste Transportmittel des Gesteinsschutts, der durch subaerische Verwitterung erzeugt wird, ist jedoch das Wasser der Flüsse. So haben die Alpenflüsse riesige Schuttfächer aus Moränenmaterial im Vorland des Gebirges aufgeschüttet. Durch Niederschläge flächenhaft abgetragenes Verwitterungsmaterial wird den Flüssen zugeführt, durch die es in kontinentale oder marine Sammelbecken gelangt. Für die Länge des Transportweges spielt die Korngröße der klastischen Bestandteile die wesentliche Rolle. Die im Flusswasser suspendierten Ton- und Schluffanteile erreichen fast immer das offene Meer oder größere Inlandseen, während die grobkörnigeren Bestandteile von Sand- und Schottergröße meist unterwegs längs der Flussläufe oder in Senken des kontinentalen Bereichs abgelagert werden.

Während des Transports kommt es zu mechanischer Sortierung- und Gradierung sowie zu chemischer Konzentration, welche die Zusammensetzung und relative Häufigkeit der einzelnen Sedimentarten bedingen. Aus der Bodenfracht der Flüsse entstehen bevorzugt grobklastische Sedimente, so Rudite und Arenite, während sich Argillite aus den feinkörnigen Tonsuspensionen bilden. Durch die Ausfällung von in Wasser gelösten Ionen oder Ionenkomplexen entstehen die chemischen oder indirekt die biochemischen Sedimente.

Auf seinem Transportweg ist das Verwitterungsmaterial mechanischen und chemischen Angriffen ausgesetzt. Abhängig von der Gesteinszusammensetzung und der Länge des Transportwegs werden die am Boden bewegten gröberen Flussschotter hauptsächlich verkleinert und gerundet, ein Vorgang, der am Anfang stärker ist und bei weiterem Transport abnimmt. Selbstverständlich benötigen härtere Gesteine wie Quarzit einen längeren Transportweg für ihre vollständige Zurundung als pelitische Gesteine wie Tonschiefer. Minerale von geringerer Härte und guter Spaltbarkeit werden leichter zerrieben und treten deshalb in kleineren Kornfraktionen auf. In den marinen oder terrestrischen Sammelbecken schließen sich weitere Transportvorgänge an, ehe das Sedimentmaterial zur endgültigen Ablagerung kommt.

25.2.2 Chemische Veränderungen während des Transports

Chemische Veränderungen erfährt das von Flüssen transportierte und ins Meer getragene Material insbesondere durch Berührung mit dem Meerwasser, bevor es nach seiner Ablagerung von jüngerem Material bedeckt und so von weiteren Reaktionen abgeschirmt wird. Mit dem Begriff *subaquatische Verwitterung* hat Paul Niggli (1952) alle chemischen Prozesse zusammengefasst, die während des Transports und der Ablagerung unter Wasser ablaufen. Durch diese chemischen Veränderungen, die sonst den Verwitterungsvorgängen im Boden ähneln, kommt es teilweise zu besonderen Mineralneubildungen. So entstehen die grünen Körner des dioktaedrischen Schichtsilikats Glaukonit, $\sim(K,Na)(Fe^{3+},Mg,Fe^{2+})[(OH)_2/(Si,Al)_4O_{10}]$, als Produkte der submarinen Verwitterung in den Schelfbereichen der Meere; sie fehlen jedoch meist in terrestrischen Sedimenten.

Die Ausfällung der im Meerwasser gelösten chemischen Komponenten erfolgt in einem komplexen chemischen System. Sie kann in einer Vielzahl von Schritten erfolgen und stark durch biologische und biochemische Prozesse beeinflusst werden. Von hoher ökonomischer Bedeutung sind die Konzentrationsvorgänge, die am Meeresboden zur Bildung von sedimentären Lagerstätten von Eisen- und Manganerzen, Sulfiderzen oder Phosphaten führen.

25.2.3 Korngrößenverteilung bei klastischen Sedimenten

Bei klastischen Sedimenten und Sedimentgesteinen führen Transport- und Ablagerungsvorgänge zu charakteristischen Korngrößenverteilungen. Ihre Bestimmung erfolgt je nach Korngröße durch direktes makroskopisches Ausmessen, durch Sieben oder Schlämmen, durch Ausmessen unter dem Binokularmikroskop oder dem Rasterelektronenmikroskop (REM) oder durch Pipettieren. Die unterschiedlichen Korngrößenklassen stellt man in einfachen *Histogrammen* oder in *Häufigkeitskurven (Kornverteilungskurven)* dar, wobei man die Korngrößenklassen im logarithmischen Maßstab auf der Abszisse, ihre jeweilige Häufigkeit auf der Ordinate aufträgt (◘ Abb. 25.1, 25.2). Anschaulich sind auch *Kornsummenkurven,* bei denen – beginnend mit der feinsten Korngrößenklasse – der Mengenanteil jeder folgenden gröberen Klasse zur jeweiligen Summe aller kleineren Klassen hinzugezählt wird (◘ Abb. 25.1; vgl. Friedman et al. 1992).

Die Kornsummenkurve stellt das Integral der Häufigkeitskurve dar; jeder Wendepunkt entspricht einem Maximum der Häufigkeitskurve. Als *Quartilmaße* bezeichnet man die Punkte auf der Kornsummenkurve, auf der jeweils 25, 50 und 75 % des Kornhaufwerks kleiner sind als die durch diese Punkte gekennzeichnete Korngröße; sie werden als Q_1, $Q_2 = Md$ (Median) und Q_3 bezeichnet (Friedmann et al. 1992).

Die genannten Kurven vermitteln ein anschauliches Bild der Korngrößenverteilung und lassen bereits erste Schlüsse auf die Transport- und Ablagerungsbedingungen zu. So weist z. B. Dünensand eine sehr gute, im Wesentlichen unimodale Kornklassierung auf, während diese in Ablagerungen aus Überflutungsbereichen oder in glaziogenem Löss deutlich schlechter und tendenziell bimodal ist (◘ Abb. 25.2). Neben der Korngrößenverteilung ist der *Rundungsgrad* von klastischen Körnern, z. B. von Quarz, ein brauchbares Gefügemerkmal, das zur Beschreibung eines Ablagerungsgebietes beitragen kann (s. ▶ Abschn. 5.2.5). Der interessierte Leser sei auf die klassischen Lehrbücher der Sedimentpetrographie verwiesen (z. B. Friedmann et al. 1992; Blatt 1982; Tucker 1985; Pettijohn et al. 1987).

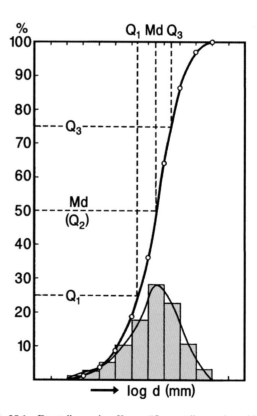

◘ **Abb. 25.1** Darstellung der Korngrößenverteilung eines klastischen Sediments als Histogramm, Häufigkeitskurve *(dünne Linie)* und Kornsummenkurve *(fette Linie)*

25

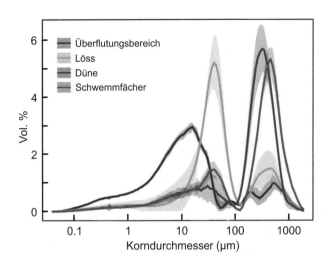

◘ Abb. 25.2 Korngrößenverteilung von klastischen Sedimenten unterschiedlicher Ablagerungsräume (fluviatiler Überschwemmungsbereich, glaziogener Löss, Dünensand und alluvialer Schwemmfächer (mod. nach Dietze und Dietze 2019)

25.2.4 Diagenese der klastischen Sedimentgesteine

> Der Begriff *Diagenese* umfasst alle Veränderungen, durch die bei relativ niedrigen Drücken und Temperaturen nahe der Erdoberfläche ein Lockersediment in ein verfestigtes Sedimentgestein umgewandelt wird.

Die Diagenese beginnt ohne scharfe Abgrenzung bereits während der Ablagerung und geht ebenso ohne scharfe Grenze mit steigenden Temperaturen und Drücken in die Gesteinsmetamorphose (► Kap. 26) über. In den verschiedenen Sedimentgruppen verlaufen die Diageneseprozesse unterschiedlich, sodass sich die einzelnen Diagenesestadien kaum parallelisieren lassen. Alle wichtigen Prozesse der Diagenese gehen vom *Porenraum* des betreffenden Sediments aus. Dabei sind sowohl die festen Mineral- und Gesteinspartikel des Detritus als auch die *Porenlösungen* und *Gase* beteiligt, die im Porenraum enthalten sind. Unter der Auflast durch jüngere Sedimentbedeckung verringert sich bei der Versenkung eines Sedimentpakets der Porenraum mehr und mehr. Dabei wandert ein Teil der Porenlösung nach oben. Die Körner des Sediments kommen in engeren Kontakt miteinander und werden dichter gepackt; es erfolgt also Verfestigung durch *Kompaktion*. Neben diesen mechanischen Vorgängen finden *chemische Reaktionen* zwischen den Porenlösungen und den Mineralfragmenten statt, die teilweise aufgelöst oder in unterschiedlichem Maße von neugebildeten Mineralen verdrängt werden. Im absinkenden Schichtverband findet ein Stoffaustausch zwischen den Tonmineralen und

der Porenlösung statt. Reste des Porenraums werden mit authigenen Mineralneubildungen ausgefüllt.

Unter erhöhtem Belastungsdruck spielt *Drucklösung* eine wichtige Rolle (◘ Abb. 26.26) sofern genügend restlicher Porenraum vorhanden ist, in dem die Porenlösung zirkulieren kann. An Kornkontakten, die senkrecht oder unter einem großen Winkel zur Richtung des Belastungsdrucks liegen, ist die Löslichkeit höher als im Druckschatten. Deshalb werden Mineralkörner an Korngrenzen, die dem höchsten Belastungsdruck ausgesetzt sind, selektiv aufgelöst. Das gelöste Material wird im benachbarten Porenraum wieder ausgeschieden, sodass es dort zu neuem Kornwachstum kommt. Mit Abnahme der Porosität bei fortschreitender Diagenese vermindert sich die Durchlässigkeit des Sedimentgesteins zusehends. Schließlich verschwindet der Porenraum in größerer Versenkungstiefe fast ganz. Die für die Diagenese charakteristischen Umsetzungen werden allmählich durch metamorphe Reaktionen ersetzt, die an den Korngrenzen beginnen. Solange diese noch mit einem dünnen Fluidfilm bedeckt sind, kann auch unter metamorphen Bedingungen noch Drucklösung stattfinden (s. ► Abschn. 26.4.3).

Sandsteine In vielen Sandsteinen sind die klastischen Quarzkörner von klarem, neugebildetem Quarz überwachsen (◘ Abb. 25.3), wobei diese Anwachssäume nicht selten von Kristallflächen begrenzt sein können. Bei Übersättigung der Porenlösung entsteht feinkristalliner Quarz, der die Poren füllt. In zahlreichen Sandsteinen kommen Kalifeldspat mit typischer Adulartracht oder Albit als *authigene Neubildungen* vor, die bei der Diagenese gewachsen sind und oft Umwachsungssäume um detritischen Feldspat bilden (► Abschn. 11.6.2). Auch Karbonatminerale wie Calcit oder Dolomit können als Porenfüllung zwischen den Quarzkörnern im Sandstein auftreten, vor allem wenn dem Sand karbonatische Organismenreste beigemengt waren. Nach ihrer Auflösung wird anstelle des freien Porenraums ein feinkristallines karbonatisches Bindemittel ausgefällt.

Auch *Tonminerale*, besonders Kaolinit, sind als diagenetische Neubildung in Sandstein häufig. Diese entstehen unmittelbar durch Kristallisation aus K- und Al-haltiger Porenlösung oder als Umwandlungsprodukte von detritischem Feldspat, gelegentlich als Umwandlungspseudomorphosen. In vielen Sandsteinen bilden sich bei der Diagenese tri- oder dioktaedrische Chlorite, in tiefer versenkten Sedimentfolgen geeigneter Zusammensetzung auch unterschiedliche *Zeolithe*. Bei entsprechender chemischer Zusammensetzung der Porenlösung können sich bei diagenetischen Vorgängen auch Anhydrit, Baryt oder Sulfide zwischen den detritischen Mineralkörnern ausscheiden. Akzessorische Schwermineralkörner (s. ► Abschn. 25.2.6, 25.2.7), die sich sonst gegenüber Verwitterungseinflüssen meist re-

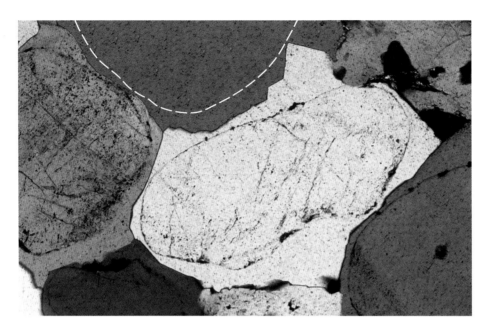

◘ Abb. 25.3 Dünnschlifffoto eines Sandsteins mit kieseligem Bindemittel; die rundlichen, detritischen Quarzkörner, durch Kränze von feinsten opaken Einschlüssen begrenzt, wuchsen während der Diagenese randlich weiter und schlossen so den ehemaligen Porenraum weitgehend. Sandstein der Hardegsen-Wechselfolge, Mittlerer Buntsandstein, Steinbruch bei den Felsenkellern südlich Marktheidenfeld (Spessart, Bayern), gekreuzte Pol., Bildbreite = 1,5 mm (Foto: Joachim A. Lorenz, Karlstein am Main)

sistent verhalten, werden nicht selten durch die Porenlösung angegriffen.

Argillite (Pelite) Bei den Peliten spielt Verdichtung (Kompaktion) durch den Belastungsdruck eine größere Rolle als bei den Psammiten. Dabei sind die blättrigen Tonminerale ursprünglich kartenhausartig angeordnet und locker gepackt; sie lassen so einen größeren Porenraum frei, als man in Sanden findet. Mit zunehmendem Belastungsdruck wird die elektrostatische Oberflächenenergie, die dieses Gefüge aufrechterhält, allmählich überwunden, sodass die Tonmineral-Blättchen mehr und mehr parallel orientiert werden und eine stärkere Kompression erfahren, als die gerundeten Sandkörner. Die chemischen Prozesse bei der Diagenese von Tonen laufen in erster Linie zwischen den Tonmineralen ab, von denen besonders Kaolinit, Montmorillonit und weitere Smectite mit quellfähigen Schichten aufgezehrt und durch Um- oder Neubildungen von Illit und Chlorit ersetzt werden. Die Umkristallisation schlecht geordneter detritischer Illitblättchen (und anderer Tonminerale) führt zu zunehmender Korngröße und Ordnung in der Kristallstruktur. Dieser Ordnungsgrad dient als sogenannte *Illit-Kristallinität* bei der Quantifizierung des Übergangs von Diagenese zu Metamorphose (▶ Abschn. 26.1.3).

> Durch alle diese Vorgänge werden lockere tonige Sedimente zu Sedimentgesteinen wie Siltstein und Tonstein verfestigt (◘ Tab. 25.1).

Als Ergebnis der Diagenese enthalten viele Sedimentgesteine von argillitischer Korngröße oder karbonatischer Zusammensetzung (s. ▶ Abschn. 25.3.5) *Konkretionen.* Das sind harte, kompakte Massen von knolliger oder abgeplattet-linsenförmiger, selten von unregelmäßiger Gestalt, die als Mineralaggregate aus einer Porenlösung ausgefällt wurden. Manche wuchsen um einen Kern, nicht selten um einen Fossilrest wie eine Schale oder einen Knochen. Konkretionen bilden sich bevorzugt bei starken stofflichen Unterschieden im tonigen Sediment und treten deshalb in bestimmten Horizonten innerhalb eines pelitischen Schichtverbands gehäuft auf. Die Substanzen, die für das Wachstum von Konkretionen notwendig sind, stammen aus der unmittelbaren Umgebung. Konkretionen in Peliten bestehen vorwiegend aus Calcit, Dolomit, Siderit (als Bestandteil des Toneisensteins), Apatit (im Phosphorit), Gips (als Kristallaggregat mit gut ausgebildeten Kristallen), Pyrit oder Markasit.

25.2.5 Einteilung der Rudite (Psephite) und Arenite (Psammite)

■ **Einteilung der Rudite**

Rudite werden nach ihrem Rundungsgrad P (Rho) klassifiziert. Dieser ist definiert durch das Verhältnis zwischen mittlerem Radius von einzelnen Ecken und Kanten (r_i), bestimmt durch N Messungen, und dem Radius des größten einbeschrieben Kreises R (◘ Abb. 25.4):

25

$$P = \frac{\sum (r_i/N)}{R} \qquad [25.1]$$

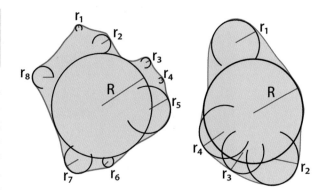

Der Rundungsgrad wird durch folgende Ausdrücke beschrieben: gut gerundet → gerundet → angerundet → kantengerundet → eckig → scharfeckig oder rau; ein perfekt gerundetes Teilchen hat den Rundungsgrad 1,0. Ein lockeres Sediment, das zu > 50 % aus eckigen Mineral- oder Gesteinsbruchstücken mit mittleren Korndurchmesser > 2 mm besteht, wird als *Schutt*, verfestigt als *Brekzie* bezeichnet. Ein entsprechendes Sediment mit gerundeten Mineral- und/oder Gesteinsbruchstücken (sog. Geröllen) heißt *Schotter (Kies)*, in verfestigter Form *Konglomerat* (◧ Abb. 25.10). Die Grenze zwischen Konglomerat und Brekzie ist nicht scharf, da Übergänge im Rundungsgrad der Grobkomponenten bestehen. Man unterscheidet weiterhin monomikte von polymikten Psephiten, je nachdem, ob die Gerölle aus einer oder mehreren Mineral- oder Gesteinsarten zusammengesetzt sind. So wird z. B. ein Konglomerat nach der in ihm vorherrschenden Mineral- oder Gesteinsart als Quarz- oder Granitkonglomerat bezeichnet. Ein bekanntes polymiktes Konglomerat miozänen Alters, das ein wichtiges Schichtglied der alpinen Molasse bildet, ist unter dem Schweizer Namen „Nagelfluh" bekannt. Die Gesteinsbruchstücke in einem Psephit können für paläogeographische Rekonstruktionen wichtig sein, da sie Hinweise auf das Liefergebiet geben, während der Rundungsgrad der Gerölle Rückschlüsse auf die Länge des Transportweges zulässt.

■ **Einteilung der Arenite**

Die Gliederung der Arenite mit mittleren Korngrößen zwischen 2 und 0,02 mm wird bei Sanden nach der Kornart (Kornzusammensetzung) und bei Sandsteinen nach der Kornart und dem Bindemittel, bzw. dem Anteil an Matrixkomponenten mit einem Korndurchmesser von < 30 µm vorgenommen. Die Größe der einzelnen Sandkörner kann gelegentlich 2 mm übersteigen, was zu Übergängen zwischen arenitischen und ruditischen Sedimenten führt. Arenite bestehen meist aus umgelagerten Verwitterungsresten von unterschiedlicher Größe und Art, bei denen Quarz weitaus überwiegt. Viele Sande enthalten fast nur Quarz; daneben können aber auch beachtliche Mengen von Feldspat und Hellglimmer beteiligt sein. Andere Gemengteile treten untergeordnet auf und lassen sich häufig nur mikroskopisch oder nach Anreicherung im Labor identifizieren.

Von den zahlreichen Klassifikationsschemata für Arenite hat sich das ternäre Diagramm Q (Quarz + Lydit) – F (Feldspat + Kaolinit) – M (Glimmer + Chlorit), das ursprünglich von Krynine (1948) vorgeschlagen

◧ **Abb. 25.4** Idealisierter Querschnitt zur Definition des Rundungsgrades *P* (Rho) nach Gl. [25.1]. Von den Sedimentkörnern sind die Radien von einzelnen Ecken und Kanten (r_1, r_2, r_3...) und der Radius des größten einbeschriebenen Zirkels (*R*) dargestellt (Aus Friedmann et al. 1992)

wurde, als besonders nützlich erwiesen. In der Folgezeit wurde es von Dott (1964) und Pettijohn et al. (1987) durch das ternäre Diagramm Q (Quarz) – F (Feldspat) – L (engl. *„lithic fragments"* = Gesteinsbruchstücke) ersetzt, wobei die unterschiedlichen Matrixanteile, meist mit mittleren Korngrößen von < 30 µm, entlang einer zusätzlichen Achse aufgetragen sind, die senkrecht auf dieses Dreieck steht (◧ Abb. 25.5). Psammite, die überwiegend aus Quarz und/oder Feldspäten bestehen und deren Matrixanteil bei < 15 Vol.-% liegt, werden zu den *Areniten* gerechnet, während man klastische Sedimente, die mit einem Matrixanteil von 15–75 Vol.-% zu den Siltsteinen und Tonsteinen überleiten, als *Wacken* bezeichnet. Arenite und Wacken mit einem überwiegenden Anteil an Gesteinsbruchstücken werden durch den Zusatz *„lithisch"* gekennzeichnet (◧ Abb. 25.5).

Die Arenite können namentlich durch zusätzliche Charakteristika wie Farbe, Gefüge, Art des Zements, akzessorische Minerale, Liefergebiet oder Ablagerungsregion spezieller gekennzeichnet werden. Das binäre Diagramm SiO_2/Al_2O_3 vs. Na_2O/K_2O erlaubt eine einfache *geochemische* Klassifikation der Psammite (◧ Abb. 25.6). Erwartungsgemäß nimmt das SiO_2/Al_2O_3-Verhältnis von Quarzarenit über sublithischen Arenit und Subarkose bis hin zu Arkose, lithischem Arenit und Grauwacke ab. Verglichen mit Arkose hat Grauwacke ein höheres Na_2O/K_2O-Verhältnis, während lithischer Arenit dazwischen liegt. In ◧ Tab. 25.2 werden die durchschnittlichen chemischen Zusammensetzungen von Sanden und Sandsteinen mit denen von Tonen und Tonsteinen verglichen.

Quarzarenite sind die verbreitetsten Arenite. So gehört *Quarzsand* zu den wichtigsten Rohstoffen und findet vielfältige Anwendung bei der Herstellung von Glas, Keramik und Feuerfestmaterial sowie in der chemischen Industrie (► Abschn. 11.6.1). Im Hoch- und Tiefbau ist er ein unverzichtbarer Zuschlagstoff für Mörtel und

23.3.923.3.9). Diese bildeten ursprünglich ein einheitliches Becken, das aber im Pliozän durch die Hebung des Karatau-Gebirges zweigeteilt wurde. Mit 0,03–0,05 % ist der U-Gehalt generell sehr gering, doch sind die gesamten Vorräte enorm hoch und die dort eingesetzte Abbaumethode durch in-situ Auslaugung des Gesteins sehr kostengünstig. Weltweit machen die an Sandsteine gebundenen U-Lagerstätten 19,5 % der bekannten Ressourcen aus und stehen so nach der IOCG-Lagerstätte Olympic Dam (▶ Abschn. 23.2.7) an zweiter Stelle.

25.2.9 Einteilung der Argillite (Pelite)

Argillite sind Sedimente aus sehr feinen Tonpartikeln, die aus Wasser oder aus der Luft abgelagert wurden. Die Tonpartikel können entweder Reste der Verwitterung und Erosion von Muttergesteinen sein, entstehen aber häufiger als authigene Neubildungen. Dazu kommen mehr oder weniger zersetzte organische Substanzen, Reste von kalkigen oder kieseligen Fossilien sowie synsedimentäre oder frühdiagenetische Mineralneubildungen im Sediment wie z. B. Pyrit oder Markasit.

Für eine *genauere Klassifizierung* der argillitischen Sedimente ist unter allen Umständen eine Mengenabschätzung der vorhandenen Minerale mit Röntgenbeugung notwendig. Dabei ist die Kenntnis der anwesenden Tonminerale am wichtigsten. Mit ihnen kann man z. B. kaolinitische, illitische und montmorillonitische Tone unterscheiden. Von zusätzlichem Interesse sind die Gehalte an Quarz, Feldspat anderen detritischen Mineralen.

Äolische Staubsedimente Diese Argillite entstehen dort, wo freiliegende Locker- und Festgesteine der Deflation (Ausblasung) bzw. Korrosion durch den Wind ausgesetzt sind, so ganz besonders freiliegende Ablagerungen in Wüsten, Periglazialgebieten und Überflutungsräumen der großen Ströme. Aus solchen Gebieten der Erdoberfläche wird feinkörniges Material von immer wieder auftretenden Stürmen ausgeblasen und oft über Tausende von Kilometern weit verfrachtet. Die wichtigsten Herkunftsgebiete der Wüstenstäube liegen auf der Nordhalbkugel, vor allem im nördlichen Afrika (z. B. Engelbrecht und Derbyshire 2010; Gieré und Vaughan 2013). Bekannt sind insbesondere die Staubstürme der Sahara, die häufig Staubfälle auf den Kanarischen und Kapverdischen Inseln (◻ Abb. 25.13), im Mittelmeergebiet, ja gelegentlich in Mitteleuropa verursachen.

Die Mineralzusammensetzung der Stäube hängt vom jeweiligen Herkunftsgebiet ab.

Wüstenstaub setzt sich hauptsächlich aus Mineralen, insbesondere aus Tonmineralen und Quarz zusammen. Darüber hinaus kann durch die Luft eine große Vielfalt anderer Partikel transportiert werden, so vulkanisches Glas, Meersalz und Substanzen biogener oder anthropogener Herkunft, wie kohlige Verbrennungsprodukte, z. B. Ruß. Da diese Partikel solare und terrestrische Strahlung absorbieren, beeinflussen sie direkt oder indirekt das Strahlungsbudget in der Atmosphäre und auf der Erdoberfläche. Sie haben daher einen erheblichen Einfluss auf Klima, Ökosysteme und menschliche Gesundheit (Gieré und Vaughan 2013).

Löss Aus dem wichtigsten fossilen Staubsediment Löss entstehen äußerst fruchtbare Böden. Er bildet ausgedehnte, meist < 30 m mächtige Überdeckungen, die gewöhnlich ungeschichtet, nur schwach verfestigt, porös und krümelig sind. Die Korngrößenverteilung ist in allen Vorkommen ähnlich und reicht vom Ton bis zum Feinsand mit einem Maximum in der Silt-Fraktion (◻ Tab. 25.1). Löss besteht aus gut sortierten Mineralgemengteilen, hauptsächlich Quarz und Feldspäte, mit beachtlichen Gehalten an Calcit, Glimmer und Tonmineralen. Geringe Anteile an Fe-Hydroxiden bedingen seine gelbliche Farbe. Durch Verwitterung entsteht entkalkter *Lösslehm* von rotbrauner bis dunkelbrauner Farbe. Gewöhnlich enthält Löss unregelmäßige, knollig geformte Calcit-Konkretion, die als Lösskindel oder Lösspuppen bekannt sind. Löss entstand während des Pleistozäns durch Staubauswehungen aus Kältewüsten und aus unverfestigten glazialen oder fluvioglazialen Ablagerungen in Periglazialgebieten. Er besitzt auf der nördlichen Halbkugel eine relativ große Verbreitung, so z. B. in Mitteleuropa, im Mittelwesten der USA und am Hoangho in China, wo er noch heute durch Staubstürme sekundär umgelagert wird.

Schlamm Dieser Argillit ist eine schleimige, klebrige oder glitschige Mischung von Wasser mit Ton- und Siltmaterial, die nach Transport durch Wasser oder Wind in Binnenseen oder im Meer abgelagert wurde. Der weitaus größte Teil des sedimentierten Schlamms wurde als Schwebgutfracht durch Flüsse vom Festland den Meeren zugeführt. Darüber hinaus lagern sich Schlämme aus *Trübeströmen* (engl. *„turbidity currents"*) ab; das sind hochdichte Suspensionen, in denen unterschiedlichen Mengen an Lockermaterial in Wasser (auch in Luft oder vulkanischen Gasen) verteilt sind. Ausgelöst durch Sturmwellen, Tsunamis, Erdbeben oder Sedimentüberfrachtung gehen solche Trübeströme im Schelfbereich an den Kontinenträndern besonders häufig ab. Kommen sie zu Ruhe, wird ihre Sedimentfracht in der Reihenfolge ihrer Korngröße

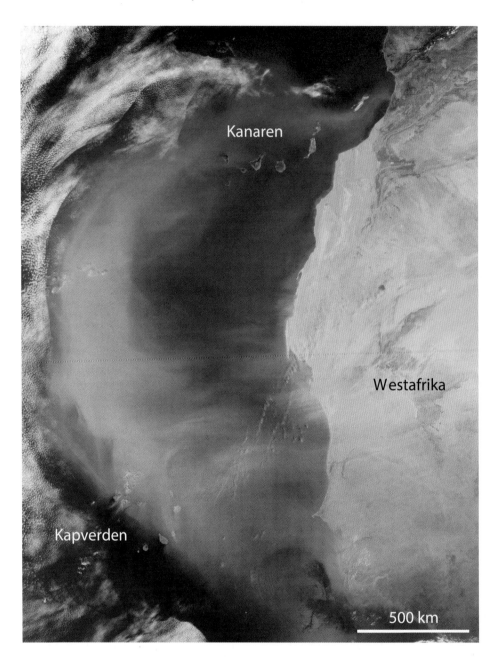

Abb. 25.13   Angetrieben durch den Harmattan, den heißen, über NW-Afrika wehenden NO-Passat, wird eine Staubwolke aus der Sahara mehr als 1600 km weit über den Nordatlantik mit den Kanarischen Inseln (Mitte oben) und Kapverdischen Inseln (unten links) geblasen; Satellitenbild; aufgenommen am 2. März 2003 (Quelle: NASA, ▶ http://visibleearth.nasa.gov/)

Sand → Silt → Ton abgesetzt. Es entsteht *gradierte Schichtung*, die für solche Trübestrom-Ablagerungen *(Turbidite)* besonders charakteristisch ist.

> Die zyklischen Gefügeentwicklungen von Turbiditen, die sog. *Bouma*-Zyklen (■ Abb. 25.14), sind für die Interpretation des Sedimentationsprozesses, des Ablagerungsmilieus (sedimentäre Fazies) und seiner geotektonischen Position von großem Interesse (Bouma 1962) und von großem Nutzen für die Erdöl- und Ergasexploration.

Ein idealer Bouma-Zyklus lässt sich vom Liegenden zum Hangenden in folgende Einheiten gliedern (■ Abb. 25.14):

— *A* Gradierter Sandstein mit systematischer Abnahme der Korngröße vom Liegenden zum Hangenden, abgelagert bei hoher Fließgeschwindigkeit aus einer relativ dünnflüssigen, wasserreichen Suspension (engl. *„liquefied cohesionless particle flow"*). Die grobkörnige Basislage bildet einen scharfen Kontakt mit der unterlagernden Tonschicht E';

— *B* Parallel-laminierter Sandstein des oberen Strömungsregimes, abgelagert bei hoher Fließgeschwindigkeit;

- *C* Feinkörniger bis sehr feinkörniger Sandstein mit Rippel-Schrägschichtung, abgelagert im unteren Strömungsregime des Trübestroms bei geringer Fließgeschwindigkeit;
- *D* Schwach parallel-laminierter Tonstein;
- *E* Tonige Lage am Top der Abfolge, abgelagert bei geringer Fließgeschwindigkeit am Ende des Trübestroms; am Kontakt mit dem überlagernden Basissandstein *A'* der nächsten Abfolge können belastungsbedingte Sohlmarken ausgebildet sein.

Nach Ablagerung des terrigenen Schwebstoffmaterials in marinen und limnischen Sedimentationsräumen bestehen die Schlämme vor allem aus silikatischen Tonmineralen, Quarz, Feldspäten, Karbonaten und organischen Substanzen. Als rezente Ablagerungen bedecken terrigene Schlämme etwa 20 % des Meeresbodens, insbesonders von *Gezeitenebenen*, so die Böden des Wattenmeers an den Nordseeküsten von Dänemark, Deutschland und den Niederlanden, der Bridgewater und die Morecambe Bay in Großbritannien, der Cape Cod Bay in Massachusetts (USA), der Moreton Bay in Australien und des Gelben Meereszwischen China und Korea. *Hemipelagische* (festlandsnahe) Tiefseesedimente wie *Grün-* und *Blauschlick*, die durch Fe-Sulfide und organische Substanzen oder auch durch Chlorit und Glaukonit gefärbt sind, bedecken kontinentale Schelfregionen und die Kontinentalhänge bis zu Tiefen von 2 km unter dem Meeresspiegel. Der *pelagische rote Tiefseeton* wird in den Ozeanbecken der Tiefsee unterhalb ca. 3500 km abgesetzt. Er enthält hauptsächlich windverfrachtete Teilchen von kosmischem und vulkanischem Staub, durch abgeschmolzene Eisberge abgelagerten glazialen Schutt, Manganknollen (▶ Abschn. 25.4.4) und Fossilien. Seine rotbraune Farbe wird durch Fe- und Mn-Oxide hervorgerufen, die nur unter oxidierenden Bedingungen beständig sind. Jedoch ist der größte Teil des Meeresbodens von *biogenen Schlämmen* wie *Radiolarien-*, *Diatomeen-* und *Globigerinenschlamm* bedeckt.

25.2.10 Diagenese von Argilliten

Durch diagenetische Verfestigung entstehen aus lockeren tonigen Sedimenten unterschiedlicher Korngröße (Stäube und Schlämme) *Siltsteine* und *Tonsteine* mit mittleren Korngrößen von < 0,02 mm beziehungsweise < 2 µm (◨ Tab. 25.1). Sie zeigen häufig eine feine Lamination mit schichtparallelen Ablösungsflächen, die jedoch keine echte Schieferung darstellt. Diese früher *Schieferton* genannten Sedimente werden heute als schiefrige Silt- und Tonsteine (engl. „*shale*") bezeichnet. Demgegenüber zeigt *Tonschiefer* („*slate*") eine *echte* *Schieferung* (engl. „*slaty cleavage*"), die oft transversal zur Schichtung verläuft und durch Rekristallisation und Ausrichtung der Tonminerale beim Übergang von Diagenese zu Metamorphose entstanden ist. Die diagenetischen Veränderungen richten sich weitgehend nach der Zusammensetzung des Sediments, nach der chemischen Zusammensetzung der Porenlösung und der Mächtigkeit der Sedimentbedeckung. Durch das Auflagerungsgewicht jüngerer Ablagerungen vollzieht sich eine Kompaktion des vorher abgesetzten Schlamms, wobei die Porosität zunehmend verringert, das Porenwasser nach oben hin ausgequetscht wird und die Schichtsilikate parallel zur Schichtung ausgerichtet werden. Die Wasserzirkulation wird verlangsamt, und die Porenlösung beginnt mit der Mineralsubstanz, besonders den Tonmineralen zu reagieren. Darüber hinaus kann es zum authigenen Wachstum von Silikatmineralen kommen. Das gilt besonders für die Alkalifeldspäte, die trotz ihrer niedrigen Bildungstemperatur alle Übergänge von – metastabil – ungeordneter zu vollständig geordneter Si-Al-Verteilung zeigen: Hochalbit → Tiefalbit, Adular → Mikroklin. Je nach Anwesenheit von zusätzlichen Mineralphasen können karbonatische, siliziklastische und bituminöse Tonsteine entstehen.

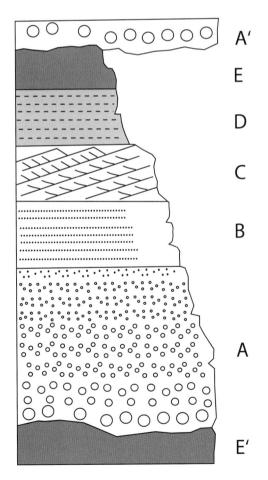

◨ **Abb. 25.14** Vertikaler Querschnitt durch Turbidit, der einen Bouma-Zyklus widerspiegelt, eine Abfolge von Sedimenten, die aus einem Trübestrom abgelagert wurden (modifiziert nach Friedman et al. 1992)

25

■ Karbonatische Tonsteine

Von den karbonatischen Tonsteinen besitzen besonders *Mergel,* d. h. Mischungen aus Kalk und Ton, große Verbreitung. Der Karbonatanteil kann als Detritus eingeschwemmt sein, ist jedoch häufiger organischen Ursprungs und geht auf Kalkskelette von Plankton oder auf biochemisch ausgefällten Calcit zurück. Mergel und mergelige Gesteine, aber auch künstliche Kalk-Ton-Gemische unterschiedlicher Zusammensetzung sind wichtige Rohstoffe, z. B. für die Herstellung von *Portlandzement.*

■ Bituminöse Tonsteine

Schwarz- und Ölschiefer sind gut geschichtet, dunkelgrau bis schwarz, führen stets Pyrit und besitzen einen beachtlichen Gehalt (gewöhnlich ≥ 5 Vol.-%) an organischem Kohlenstoff. Beispiele sind die paläozoischen Graptolitenschiefer im englischen Lake District und in Südschottland, in Schweden und im Iran, der ordovizische Ölschiefer (Kukersit) in Nord-Estland und der Posidonienschiefer des Lias in der Fränkischen und Schwäbischen Alb, der z. B. bei Holzmaden in Baden-Württemberg abgebaut wird, sowie der eozäne Ölschiefer von Messel bei Darmstadt in Hessen.

Bituminöse Tonsteine bilden sich unter *anoxischen Bedingungen,* wie sie z. B. rezent im tieferen Bereich des Schwarzen Meeres anzutreffen sind. Während ihrer Sedimentation sinken detritische Sedimentteilchen und abgestorbenes Plankton aus den oberen Wasserschichten in tiefere, H_2S-haltige Wasserschichten ab, in denen infolge mangelnder Zirkulation und Durchmischung mit dem Oberflächenwasser der Sauerstoff rasch verbraucht wird und daher anaerobe Bedingungen herrschen. Dabei findet eine langsame biochemische Zersetzung und Umwandlung der organischen Substanz statt, die vorwiegend aus Plankton besteht. Durch bakterielle Aktivität werden SO_4^{2-}, das im Meerwasser und in den Porenlösungen des Sediments gelöst ist, und der Schwefelgehalt der Proteine zu H_2S reduziert, der mit Fe-haltigen detritischen Mineralen reagiert. Durch diesen Prozess entstehen kleine rundliche Kornaggregate von *Pyrit,* die Zellen von ehemaligen Bakterien ausfüllen können. Diese *Framboide* (frz. „*framboise*" = Himbeere) können fein verteilt im Sediment auftreten oder sich frühdiagenetisch in Konkretionen anreichern. Im neutralen oder schwach sauren Meerwasser bildet sich *Markasit* anstelle von Pyrit. Daneben können im pelitischen Sediment auch andere Schwermetallsulfide gebildet werden, so Sphalerit, Galenit oder Chalkopyrit. Die anaeroben Bedingungen begünstigen die Fossilerhaltung, weswegen man in Schwarzschiefern einige der besterhaltenen Fossilien findet. Berühmte Fossilfundstätten sind der Posidonienschiefer von Holzmaden, der Ölschiefer von Messel und der kambrische Burgess Shale in den kanadischen Rocky Mountains; die letzten beiden Vorkommen wurden zum UNESCO-Welterbe erklärt.

Als Muttergestein für die Extraktion von unkonventionellem Rohöl kann *Ölschiefer* von beachtlichem wirtschaftlichen Interesse sein, obwohl die Gewinnung kostspieliger ist und eine Reihe von Umweltproblemen aufwirft, so die Abfall- und Abwasserentsorgung, Luftverschmutzung und die Emission von Treibhausgasen wie CH_4 als Folge von ungeregeltem Abfackeln von Erdgas. Von den zahlreichen Vorkommen in unterschiedlichen Regionen der Welt gehören die größten Lagerstätten zur eozänen Green-River-Formation in Colorado, Utah und Wyoming (USA), die rund 60 % der Weltvorräte enthalten. Allerdings wurde wegen des geringen Ölpreises und der höheren Gestehungskosten dort der Abbau 1986 vorübergehend eingestellt, jedoch 2003 im Rahmen des U.S. Oil Shale Development Programs verstärkt wiederaufgenommen, sodass die USA im letzten Jahrzehnt eine gewaltige Zunahme der Erdölförderung erlebten, und zwar überwiegend aus Ölschiefern. Im Jahr 2019 setzten sich die USA mit einer Tagesproduktion von um die 12 Mio. Barrel an die Spitze der weltweiten Ölproduzenten, noch vor Russland (11 Mio. Barrel/Tag) und Saudi-Arabien (10 Mio. Barrel/Tag). Die Förderung wurde zwar 2020 durch die Covid-Pandemie stark gedrosselt, wird aber nach Abflauen der Pandemie voraussichtlich wieder das vorherige Niveau erreichen. Als Folge der Wirtschaftssanktionen gegen Russland, bedingt durch den Überfall auf die Ukraine, ist sogar mit einer Steigerung zu rechnen.

25.2.11 Buntmetall-Lagerstätten in Schwarzschiefern

Schichtgebundene Buntmetall-Vererzungen in karbonatischen oder siliziklastischen Schwarzschiefern entstanden in isolierten Sedimentbecken, in denen große hydrothermale Fluidsysteme konvektiv wirksam waren (z. B. Hitzman et al. 2005; Selley et al. 2005). Die Schwarzschiefer enthalten Cu- und Cu-Fe-Sulfide sowie Pyrit und/oder Markasit in feiner Verteilung oder in Form kleiner Adern. Die Metalle, die entweder aus unterlagernden Sedimenten vom Red-Bed-Typ (► Abschn. 25.2.8) oder von den umgebenden Festländern stammen, wurden durch mäßig- bis hochsalinare, niedrig- bis mäßigtemperierte Fluide transportiert. Die für den Transport der meisten Metalle notwendige Salinität könnte von Salzen aus überlagernden Evaporiten (► Abschn. 25.7) stammen, die im Meer oder in Binnenseen abgelagert wurden. Der Sulfid-Schwefel entstand durch bakterielle Reduktion von SO_4^{2-} im Meerwasser. Lagerstätten dieses Typs sind sehr verbreitet, jedoch besitzen nur wenige von ihnen Weltformat. Drei solcher Supergiganten liefern zusammen etwa 23 % der Weltjahresförderung an Cu und weiterer Buntmetalle, insbesondere Co und Ag:

— der permische Kupferschiefer im Zechstein-Becken von Norddeutschland und Südpolen (Schlesien),
— der neoproterozoische Kupfergürtel in Zentralafrika und
— das paläoproterozoische Kodaro-Udokan-Becken in Sibirien.

Etwas kleinere Cu-Lagerstätten dieses Typs im Pazuradox-Becken von Utah und Colorado (USA) enthalten Vorräte von ca. 37 Mio. t Cu. Sie sind an Ton- und Siltsteine gebunden, die an der Wende Jura/Kreide abgelagert wurden und von mächtigen marinen Evaporit-Folgen überlagert sind.

▪ **Kupferschiefer**

Im Kupferschiefer, einem nur wenige Dezimter mächtigen, bituminösen Tonmergel an der Basis der Werra-Folge, der untersten Abfolge der Zechstein-Gruppe (Oberperm), wurde eine Reihe von Schwermetallen, insbesonders Cu, Pb und Zn als Sulfide angereichert. Andere Metalle in überdurchschnittlichen Konzentrationen sind V, Mo, U, Ni, Cr, Co, Ag u. a. Das Erz besteht in variablen Mengen aus Chalkosin, Chalkopyrit, Bornit, Covellin, Tennantit, Galenit, Sphalerit und Pyrit.

Der Kupferschiefer wurde aus dem sehr flachen Zechsteinmeer abgelagert, das vor ca. 255 Ma über die Rumpffläche aus kristallinem Grundgebirge in Mittel- und Nordeuropa transgredierte. In vielen Gebieten bildet dieser hochbituminöse Schwarzschiefer einen dünnen Schleier, der postorogene Konglomerate und Sandsteine des Oberrotliegenden (Unterperm) überdeckt. Diese sind örtlich gebleicht und wurden von den Bergleuten als *„Weißliegendes"* bezeichnet. Über den Kupferschiefer wurden Kalkstein, meist als Riffkalk, Dolomit und Evaporite, hauptsächlich Gips, der Werra-Folge (Unterer Zechstein) sedimentiert. Während der Diagenese kam es zur Bildung einer Alterationsfront, die *„Rote Fäule"* der Bergleute. Sie schneidet die Schichtgrenzen und erfasste teilweise den Sandstein des Rotliegend, den Kupferschiefer sowie die überlagernden Karbonatgesteine und den frühdiagenetisch aus Gips hervorgegangen Anhydrit der Werra-Folge. Oberhalb der Roten Fäule setzt die Cu-Vererzung ein, gefolgt von Pb-Zn-Vererzung. Obwohl viele Metalle bereits synsedimentär angereichert wurden, entstanden bauwürdige Erzkonzentrationen erst später, und zwar zunächst frühdiagenetisch durch bakterielle Sulfatreduktion (BSR). Während späterer mesozoischer Extensionstektonik in der Region kam es, bedingt durch die Öffnung des Nordatlantiks, zur Zirkulation hydrothermaler Fluide. Diese mobilisierten die vorangereicherten Metalle und fällten sie an der Redox-Falle des bituminösen Kupferschiefers wieder aus. Bei dieser Hauptvererzungsphase spielte thermochemische Sulfatreduktion (TSR) eine große Rolle. Weitere Remobilisierung der Metallverbindungen im Rahmen der weiter entfernten alpinen Orogenese blieb ohne nennenswerte wirtschaftliche Signifikanz (Bechtel et al. 2001; Borg et al. 2012).

Die bedeutendsten Abbaureviere befinden sich derzeit in den Regionen Rudna und Lubin im südlichen Polen. Aus den dortigen Lagerstätten konnte Polen in den letzten Jahren durchschnittlich ca. 420 kt Cu pro Jahr gewinnen und damit zum größten Cu-Produzenten Europas werden. Der Kupferschiefer erstreckt sich von Polen auch über weite Bereiche Deutschlands, wo er im Raum Mansfeld (Sachsen-Anhalt) am Rand des Grundgebirgshorstes des Harz bereits im Mittelalter große wirtschaftliche Bedeutung erlangte. Schon seit 1199 ist der Abbau von Kupfererz in diesem Gebiet urkundlich belegt und wurde bis ins 20. Jh. betrieben, obwohl er seit den 1930er-Jahren nicht mehr rentabel war. Mit seiner Einstellung im Jahr 1990 endete eine der längsten kontinuierlichen Bergbaugeschichten Europas. Die Gesamtmenge des in den deutschen und polnischen Bergbaurevieren bisher geförderten und als Reserve nachgewiesenen Kupfererzes liegt bei > 3066 Mt, entsprechend 60 Mt Cu bei einem durchschnittlichen Cu-Gehalt von ~ 2 %. Davon steht heute noch die Hälfte in den polnischen Lagerstätten für den künftigen Abbau zur Verfügung.

▪ **Zentralafrikanischer Kupfergürtel**

Die Lagerstätten des neoproterozoischen zentralafrikanischen Kupfergürtels bilden in Sambia und in Katanga (DR Kongo) eine der größten Cu-Provinzen und zugleich die größte bekannte Co-Konzentration der Welt. Viele Lagerstätten in diesem Kupfergürtel besitzen Ähnlichkeit mit dem Kupferschiefer, sind jedoch metamorph überprägt (Hitzman et al. 2005). Man kann sowohl syngenetische als auch epigenetische Vererzungen unterscheiden. Letztere entstanden während der Panafrikanischen Orogenese, wobei die syngenetischen Erze durch hochsalinare Lösungen mobilisiert wurden, die sich in das Vorland des panafrikanischen Gebirges bewegten. Besonders im kongolesischen Teil des Kupfergürtels kam es zu einer noch stärkeren Anreicherung der Cu-Erze in tiefreichenden Oxidationszonen. Im Jahr 2020 belegten die DR Kongo und Sambia mit Förderungen von 1,3 Mt bzw. 830 kt Cu den 4. bzw. 8. Rang unter den kupferproduzierenden Ländern (U.S. Geological Survey 2021).

25.2.12 Übergang von Diagenese zu niedriggradiger Metamorphose

Mit fortschreitender Diagenese verringern sich Porosität und Permeabilität von Sedimentgesteinen. Dies betrifft ganz besonders argillitische Gesteine. Die anwesenden Minerale kommen nur noch mit kleineren Mengen an Porenlösung in Berührung, sodass die Lösungs- und Ausfällungsreaktionen immer mehr zurückgehen und bei weiterer Versenkung und Kompaktion schließlich ganz aufhören. Andererseits wird bei steigender Temperatur und Druck die Übergangszone zur Metamorphose erreicht, bei der sich die ablaufenden Reaktionen im Wesentlichen an den Korngrenzen der Minerale vollziehen. Dabei wird in zunehmendem Maß ein thermodynamisches Gleichgewicht angestrebt (▶ Kap. 26, 27).

Montmorillonit, Kaolinit und Illit-Montmorillonit-Wechsellagerungen werden im Verlauf der späteren Diagenese abgebaut, Illit bzw. Hellglimmer und Chlorit entstehen neu. Mit der Umkristallisation der strukturell nur schlecht geordneten detritischen Illit-Körner entstehen bei steigender Temperatur immer besser geordnete Kristallstrukturen: es erhöht sich die *Illit-Kristallinität*, die an der zunehmenden Schärfe der Reflexe im Röntgenbeugungsdiagramm erkennbar ist und durch die Halbwertsbreite des 10-Å-Reflexes (001) von Illit bezogen auf die Halbwertsbreite des $(10\bar{1}1)$-Reflexes von Quarz definiert wird. Die Illit-Kristallinität ist ein gutes Maß für den Grad der Diagenese und der beginnenden Metamorphose. Beim Einsetzen der niedriggradigen Metamorphose kann sich das Schichtsilikat Pyrophyllit auf Kosten von Kaolinit neu bilden, während Illit zu Muscovit rekristallisiert. Darüber hinaus nimmt mit steigender Temperatur das Reflexionsvermögen von festen Kohlenwasserstoffen (Kohle), z. B. von Vitrinit, unter dem Auflichtmikroskop zu und kann ebenfalls als Maß für den Grad der Diagenese eingesetzt werden.

25.3 Chemische und biochemische Karbonat-Sedimente und – Sedimentgesteine

> Verwitterungslösungen mit hohen Gehalten an Ca^{2+}-, CO_3^{2-}- und HCO_3^--Ionen werden durch Flüsse abgeführt und erreichen Binnenseen oder den Ozean. Infolge von Verdunstung kommt es zur Übersättigung und rein anorganischen Mineralausscheidungen: es entstehen chemische Karbonatsedimente. Häufiger jedoch ist Karbonatabscheidung unter Mitwirkung von Organismen, die zur Bildung biochemischer Karbonatsedimente führt. *Lakustrine* oder *limnische* Karbonatsedimente werden in Süßwasserseen, *marine* dagegen im Ozean abgelagert. Karbonatische Sedimente und Sedimentgesteine sind wesentlich seltener als klastische; sie weisen je nach Genese eine große Gefügevielfalt auf.

Der weitaus überwiegende Teil der Karbonatgesteine wurde in relativ flachem Wasser in tektonisch stabilen Randmeeren abgelagert, wo sie meist durch chemische oder biochemische, z. T. auch durch klastische Sedimentation entstanden sind (Flügel 2010). Als sedimentbildende Minerale herrschen Calcit, Aragonit und

seltener Dolomit vor, die fallweise von kleineren Mengen an Quarz, Alkalifeldspat und Tonmineralen begleitet werden. Aus Siderit bestehende karbonatische Sedimente spielen eine geringere, wenn auch wirtschaftlich nicht völlig unbedeutende Rolle.

25.3.1 Einteilung der Karbonatgesteine

Klassifikation nach der Korngröße   Nach ihrer vorwiegenden Korngröße lassen sich klastische Karbonatgesteine in Kalkrudit (>2 mm), Kalkarenit (2 mm–62 μm) und Kalklutit (<62 μm) einteilen.

Klassifikation nach dem Gefüge   *Genetisch aussagekräftiger* ist die Gefügeklassifikation von Dunham (1962), bei der folgende Faktoren berücksichtigt werden: 1) *Partikel* oder *Körner*, 2) *Matrix*, hauptsächlich aus feinkörnigem *Mikrit* bestehend, und 3) *Zement*, hauptsächlich aus gröberkörnigem (>0,02 mm) *Sparit*. Die Partikel werden durch folgende Vorsilben gekennzeichnet: *Bio-* für Skelettfragmente, *Oo-* für Ooide (s. ▶ Abschn. 25.3.3), *Pel-* für Peloide, d. h. linsenförmige Partikel, und *Intra-* für Intraklasten, wie Gerölle und unregelmäßig geformte Bruchstücke. Die Kombination von einer oder zwei dieser Vorsilben mit den Nachsilben *Mikrit* und *Sparit* ergibt den Gesteinsnamen (◖ Abb. 25.15), z. B. Biosparit, Biomikrit. Ein Biolithit ist ein in situ gebildetes Karbonatgestein, z. B. ein Stromatolith oder ein Riffkalk; als Dismikrit wird ein Kalkstein mit Fenstergefüge bezeichnet, bestehend aus einem Mikrit mit Hohlräumen, die großteils mit Sparit gefüllt sind.

Klassifikation nach ihrem Ablagerungsmechanismus   Man unterscheidet bei Karbonaten eine Reihe von Gefügetypen, die in ◖ Abb. 25.16 zusammengestellt sind.

Eine Klassifikation nach dem Dolomit/Calcit-Verhältnis folgt folgender Einteilung:
- Kalkstein (engl. „*limestone*"): < 10 % Dolomit,
- dolomitischer Kalkstein: 10–50 % Dolomit,
- calcitischer Dolomit: 50–90 % Dolomit,
- Dolomit (engl. „*dolostone*"): > 90 % Dolomit.

25.3.2 Löslichkeit und Ausscheidungsbedingungen von Karbonaten

Bei den Gleichgewichten zwischen festem $CaCO_3$ und wässriger Lösung in Gegenwart von CO_2 als Gasphase sind folgende Ionen beteiligt: Ca^{2+}, CO_3^{2-}, HCO_3^-, H^+, OH^-. Daneben spielt der CO_2-Partialdruck (P_{CO_2}) in der Gasphase, mit der sich die zugehörige Lösung im Gleichgewicht befindet, eine besondere Rolle. CO_2 löst sich im Wasser überwiegend physikalisch, zum geringen Teil auch als H_2CO_3 nach der Gleichung

$$H_2O + CO_2 \rightleftharpoons H_2CO_3 \qquad (25.1)$$

Geht ein Kalksediment bzw. ein Kalkstein in schwach CO_2-haltigem Wasser in Lösung, so kann dies mit der folgenden Gleichung beschrieben werden:

$$\begin{array}{c} H_2O + CO_2 \\ \upharpoonleft\downharpoonright \\ CaCO_3 + 2H^+ + CO_3^{2-} \rightleftharpoons Ca^{2+} + 2HCO_3^- \end{array} \qquad (25.2)$$

Bei diesem Vorgang stammen die HCO_3^--Ionen zum einen aus der Dissoziation von H_2CO_3 nach Gl. (25.1),

zum anderen aus der Dissoziation von H_2CO_3 nach der Gleichung

$$H_2CO_3 \rightleftharpoons H^+ + HCO_3^- \qquad (25.3)$$

Gl. (25.2) beschreibt die wesentliche Reaktion bei der Auflösung von $CaCO_3$ während der chemischen Verwitterung von Kalkstein und bei der Verkarstung von Kalkstein. Der rückläufige Prozess entspricht der Ausfällung von $CaCO_3$ aus Meer- oder Süßwasser, als Bindemittel im Sediment oder z. B. beim Wachstum von Tropfstein-Gebilden (Stalaktiten und Stalagmiten) in Karsthöhlen.

Jeglicher Prozess, der den Anteil an CO_2 anwachsen lässt, erhöht die Löslichkeit von $CaCO_3$, während jede Verminderung des CO_2-Anteils die Ausfällung von $CaCO_3$ bewirkt. Auch der Einfluss der Wasserstoffionenkonzentration, ausgedrückt als pH-Wert, die ebenfalls eine wichtige Rolle spielt, kann mit den Gl. (25.2)

Klasten-typ	Bezeichnung des Kalksteins		
	mit Allochemen		Kalkschlamm-Matrix ohne Allocheme
	sparitischer Zement	mikritische Matrix	
Intraklasten	Intrasparit	Intramikrit	Mikrit
Oolithe	Oosparit	Oomikrit	Dismikrit
Fossilien	Biosparit	Biomikrit	Riffgestein
Peloide	Pelsparit	Pelmikrit	Biolithit

Abb. 25.15 Klassifikation der Kalksteine nach ihrem Gefüge (auf der Basis von Folk 1962)

Allochthone Kalke (primäre Komponenten während Ablagerung nicht durch Organismen gebunden)						Autochthone Kalke (primäre Komponenten während Ablagerung durch Organismen gebunden)		
<10 Vol.% Komponenten >2 mm				>10 Vol.% Komponenten >2 mm		Boundstone (Biolilthit)		
beinhaltet Schlamm (Ton/Silt)		kein Schlamm				Organismen als Sediment-fänger	Organismen als Sediment-binder	Organismen als Gerüst-bildner
Matrix-gestützt		Komponenten-gestützt		Matrix-gestützt	Komponenten-gestützt			
<10 Vol.% Komponenten	>10 Vol.% Komponenten							
Mudstone	Wackestone	Packstone	Grainstone	Floatstone	Rudstone	Bafflestone	Bindstone	Framestone

Abb. 25.16 Klassifikation der Kalksteine aufgrund ihres Gefüges und der Herkunft der einzelnen Komponenten mit auch im Deutschen gebräuchlichen englischen Gesteinsnamen (stark modifiziert nach Dunham 1962 und Embry und Klovan 1971)

erklärt werden. Bei hohem pH verläuft die Reaktion nach links unter Ausfällung, bei niedrigem pH hingegen nach rechts unter Auflösung von $CaCO_3$; H_2CO_3 ist gegenüber HCO_3^- die stärkere Säure.

Die Löslichkeit von $CaCO_3$ in reinem Wasser nimmt – im Unterschied zu den meisten anderen Salzen – mit steigender Temperatur ab. Außerdem löst sich CO_2 ebenso wie andere Gase in wärmerem Wasser weniger gut als in kühlerem. Mit zunehmendem Druck erhöht sich die Löslichkeit des $CaCO_3$ zunächst nur relativ geringfügig, unabhängig von seiner Einwirkung auf die Löslichkeit von CO_2. Erst in sehr großen Meerestiefen nimmt die Löslichkeit von $CaCO_3$ so stark zu, dass sich karbonatische Sedimente nicht mehr bilden können.

> Die Meerestiefe, ab der die Auflösungsrate von Karbonaten ihre Ausscheidungsrate übersteigt, wird als **Karbonat-Kompensationstiefe** (CCD, engl. *„carbonate compensation depth"*) bezeichnet.

Die CCD unterliegt großen Schwankungen: in Ozeanen der tropischen Klimazonen liegt sie für Calcit in Meerestiefen von etwa 4500–5000 m, für Aragonit jedoch ca. 1000 m tiefer. Aus einer $CaCO_3$-gesättigten Lösung wird Kalksubstanz ausgeschieden, wenn die Temperatur zunimmt und/oder P_{CO_2} in der Gasphase abnimmt. Andererseits wird Kalkstein aufgelöst, wenn die Temperatur abnimmt und/oder P_{CO_2} ansteigt. In oberflächennahen Bereichen kann CO_2 z. B. durch Pflanzen assimiliert und so der Lösung entzogen werden, was zu einer allgemeinen Erniedrigung von P_{CO_2} und zur Abscheidung von $CaCO_3$ führt. Dabei werden Pflanzenteile durch Kalk überkrustet und es entsteht der sogenannte Kalktuff. An Quellaustritten beobachtet man oft die Bildung von *Kalksinter*. Seine Abscheidung erfolgt mit der Erwärmung des Quellwassers unter gleichzeitiger Entbindung eines Teils des gelösten CO_2.

> Erniedrigung des CO_2-Partialdrucks P_{CO_2}, der Menge des im Wasser gelösten CO_2 und/oder Erhöhung der Temperatur führen zur Übersättigung und begünstigen die Ausscheidung von $CaCO_3$.

25.3.3 Anorganische und biochemische Karbonatbildung im Meerwasser

Marine Karbonatsedimente enthalten neben ausgefällten Mineralen meist auch biogenes Material. Die marine anorganische Ausscheidung von Kalksedimenten erfolgt vorwiegend im Flachwasser.

Anorganische Ausfällung von $CaCO_3$ Sie findet hauptsächlich in flachem Meerwasser statt, wobei die meisten marinen Karbonatsedimente neben ausgefällten Mineralen auch Material biogenen Ursprungs enthalten. Schon seit Langem ist bekannt, dass das Oberflächenwasser des Meeres $CaCO_3$-gesättigt, in tropischen und subtropischen Gebieten sogar übersättigt ist. Trotzdem erfolgt die Ausfällung von $CaCO_3$ aus übersättigter Lösung nur unter bestimmten Voraussetzungen, insbesondere bei der Anwesenheit von feinst zerriebenen Kalkschalen von Meerestieren, die als Kristallisationskeime dienen können. Mitunter scheiden sich in flachen Meeresteilen aus dem an $CaCO_3$ gesättigten Wasser *Ooide* aus; das sind $CaCO_3$-Aggregate von kugeliger bis ovaler Gestalt und konzentrisch-strahligem Schalenbau, die Durchmesser von 0,25–2 mm, meist von 0,5–1 mm besitzen. Die aus Ooiden aufgebauten Gesteine werden als *Oolith* bezeichnet und je nach Korngröße der umgebenden Matrix als *Oosparit* oder *Oomikrit* klassifiziert (◘ Abb. 25.8b, 25.15). Die Ooide schweben im Wasser, bis sie zu einer gewissen Größe angewachsen sind, und werden dann zu einem oolithischen Kalkstein sedimentiert. Der konzentrische Schalenbau der Ooide spiegelt den Wechsel von Ruhe und Wellenbewegung im Flachwasser wider. Zudem deutet die äußere Oberfläche der Körner auf späteren mechanischen Abrieb beim Transport und klastischer Sedimentation hin, wobei die Ooide auch zerbrechen können. Bedingt durch die fortlaufende Zufuhr von $CaCO_3$-gesättigtem Meerwasser durch Meeresströmungen, können marine Kalkablagerungen oft erhebliche Mächtigkeiten erreichen.

Zur primären anorganischen Ausscheidung von *Dolomit*, $CaMg[CO_3]_2$, kommt es bei der anfänglichen Ausscheidung von Evaporit-Abfolgen (► Abschn. 25.7.2) oder bei der Mischung von Salzwasser und Süßwasser in Strandnähe.

Biochemische Karbonatbildung An der Bildung von Karbonatsedimenten in flachen Meeresteilen oder auf Kontinentalschelfen sind gewöhnlich eine große Anzahl von Organismen beteiligt, die ihre Schalen oder Gerüste aus $CaCO_3$ aufbauen. Zu den wichtigsten karbonatbildenden Organismen gehören prokaryotische Calcimikroben (Cyanobakterien), verschiedene eukaryotische Kalkalgen sowie zahlreiche Tiergruppen wie Foraminiferen, Kalkschwämme, Korallen, Bryozoen, Muscheln (◘ Abb. 25.17), Gastropoden, Echinodermen und andere Invertebraten. Vorherrschende Riffbildner sind Kalkalgen, Kalkschwämme, Korallen und Austern. Die frühesten organosedimentären Strukturen in der Erdgeschichte sind die sogenannten *Stromatolithen* (◘ Abb. 25.18), mehrlagige Karbonatgebilde, die große laterale Ausdehnung und etliche Meter Mächtigkeit über dem Meeresboden erreichen können. Sie entstehen in sehr flachem, warmem Meerwasser durch den

Stoffwechsel von Mikroorganismen, z. B. Cyanobakterien. Ein modernes Beispiel für Stromatolith-Wachstum bietet die Shark Bay in NW-Australien (◻ Abb. 2.12).

Mit Altern bis zu 3,6 Ga reichen Stromatolithen bis in paläoarchaische Zeiten zurück und stellen so die ältesten organischen Reste dar, die heute bekannt sind. Unter sich rasch wandelnden atmosphärischen und dementsprechend auch hydrosphärischen Bedingungen fand vor ca. 2,6 Ga gegen Ende des Archaikums eine verstärkte Stromatolith-Bildung statt. Durch die Reaktion des CO_2 mit den im Meerwasser gelösten Ca^{2+}-Ionen wurde während dieser Periode der CO_2-Gehalt der Erdatmosphäre drastisch gesenkt und es kam in riesigem Umfang zu einer ersten Ausfällung mariner Karbonate. Gleichzeitig produzierten die ersten Mikroben, die zur oxygenen Photosynthese in der Lage waren, wie Cyanobakterien, in großem Umfang Sauerstoff. Dieser reagierte vorerst mit dem im Meerwasser gelösten Fe^{2+} unter Ausfällung von Eisenoxiden und es entstanden mächtige Abfolgen von Bändereisenerz (BIF; vgl. ▶ Abschn. 25.4.2).

Riffe sind karbonatische Hügelstrukturen, die von koloniebildenden oder einzeln lebenden Invertebraten und meist auch Kalkalgen aufgebaut werden und ein wellenresistentes Gerüst besitzen (z. B. Tucker 1985). Sie bestehen hauptsächlich aus kalkigen Außenskeletten, sind ungeschichtet und stellen wichtige Speichergesteine für Erdöl und Erdgas dar. Im Verlauf der Erdgeschichte waren fast alle wirbellosen Tierarten zu unterschiedlichen Zeiten am Aufbau von Riffen beteiligt,

so Stromatoporen im Ordovizium bis Devon, Pterokorallen im Silur bis Karbon, phylloide Algen im Karbon bis Perm, moderne Korallen seit der Trias, Schwämme in Trias und Jura, Rudisten-Muscheln in der Kreide sowie Corallinaceen in der Gegenwart. Unter funktionellen Gesichtspunkten lassen sich folgende Gruppen von riffbildenden Organismen unterscheiden:
- *Gerüstbildner,* z. B. Korallen,
- *Gerüstbinder,* die das Gerüst umkrusten und verstärken, z. B. Kalkalgen und Bryozoen,
- *Riffbewohner,* z. B. Grünalgen, Anneliden, Bohrmuscheln, Gastropoden oder Echinodermen.

Die weitaus meisten Riffe entstehen im warmen Meerwasser, d. h. in niederen Breiten. Moderne Beispiele sind das Great Barrier Riff an der australischen Ostküste, das Rote Meer und die Bahama Banks.

Eine Reihe von Steinkorallen *(Scleractinia)* können auch in größeren Wassertiefen und bei geringeren Temperaturen von < 20 °C leben, bauen aber nur selten Riffe auf. Jedoch kann *Lophelia* Kaltwasser-Riffe von bis zu 2 km Länge und 50 m Höhe bilden, die in Tiefen von 200 bis 600 m den europäischen Kontinentalrand von der Iberischen Halbinsel bis hinauf zum Nordkap von Norwegen begleiten.

Nach Form und Bildungsort unterscheidet man die kleinen, rundlichen *Kuppenriffe* (engl. „*patch reef*"), die konischen *Säulenriffe* (engl. „*pinnacle reef*"), die langgestreckten *Barriereriffe*, die von der Küste durch eine Lagune oder einen schmalen Meeresarm getrennt sind, die *Saumriffe,* die sich entlang von Küsten erstrecken, und die rundlichen *Atolle* mit eingeschlossenen Lagunen, die sich über erloschenen Vulkanen aufbauen.

Die rezente Bildung von Korallenriffen erfordert eine Reihe von Bedingungen, die wahrscheinlich auch in der geologischen Vergangenheit für das Riffwachstum wichtig waren:
- hohe Wassertemperatur: optimales Wachstum bei 25 °C,
- geringe Wassertiefe: Hauptwachstum in den obersten 10 m der Wassersäule,
- geringe Toleranzbreite für Salinität und
- Begünstigung des Riffwachstums durch intensive Wellentätigkeit und fehlende Zufuhr von terrigenen Silt- und Tonpartikeln (z. B. Tucker 1985).

Dementsprechend entwickeln sich Riffe im Schelfbereich an den Rändern von Epikontinentalmeeren, wo sie – günstige Temperaturbedingungen vorausgesetzt – die Karbonatplattform begrenzen (◻ Abb. 25.19). Sie zeigen einen dreiteiligen Aufbau:
1. *Vorriff* (engl. „*fore reef*") mit steilem Außenhang und einem Hangfuß aus grobem Riffschutt, der zum offenen Meer hin in Kalkturbidit übergeht, der zwischen pelagischem Karbonatschlamm der Tiefsee eingeschaltet ist;

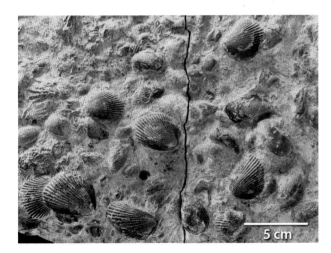

◻ **Abb. 25.17** Biosparitischer Kalkstein aus dem Oberen Muschelkalk, mittlere Trias, ehem. Steinbruch Albert, Rottershausen, Unterfranken; es handelt sich um einen Tempestit, ein fossiler Meeresboden, der bei starkem Sturm durch grundberührenden Seegang aufgewühlt wurde. Dabei wurden lebende Muscheln und die Schalen bereits abgestorbener Muscheln, insbesondere von *Plagiostoma striatum,* aus ihrer primären Lagerung ausgespühlt, in ihre stabile Lage eingekippt und als Schillpflaster ausgebreitet. Mineralogisches Museum der Universität Würzburg, Schenkung Klaus-Peter Kelber (Foto: K.-P. Kelber)

25

◘ **Abb. 25.18**   Stromatolith, Wechsellagerung von cm-dicken Dolomit-Lagen (hellrot) und dünneren Chert-Lagen (dunklere, herausgewitterte Rippen) in der ca. 2,6 Ga alten neoarchaischen Malmani-Untergruppe der Transvaal-Hauptgruppe; Lone Creek Falls bei Pilgrim's Rest, Mpumalanga, Südafrika; **a** Übersicht; **b** Ausschnitt aus dem rechten unteren Bereich der Steilwand (Foto: W. Hermann, Würzburg)

2. *Riffkern* (engl. „*reef core*") mit der Riffplattform;
3. *Rückriff* (engl. „*back reef*"), das aus Riffschutt, Karbonatsand und Oolithen gebildet wird und in die Karbonatplattform mit ihren Lagunen überleitet, in der Karbonatsand und Karbonatschlamm abgelagert werden.

Harteile von Fossilien oder Erosionsprodukte älterer Kalksteine, oder sie bestehen überwiegend aus diesen. Zusätzlich kann bereits während der Sedimentation eine chemische $CaCO_3$-Abscheidung wirksam werden, die von diagenetischen Vorgängen meist nur schwer abzugrenzen ist.

Marine Kalksteine enthalten also neben anorganisch oder biochemisch ausgefälltem $CaCO_3$ häufig klastische Komponenten, wie mechanisch aufbereitete

Kalksteine stellen beliebte Naturwerksteine dar, aus denen bereits in der Antike öffentliche Bauwerke errichtet wurden. Als Beispiel diene der Quaderkalk aus dem mainfränkischen Raum, ein Biosparit des Oberen Muschelkalks, aus dem man u. a. im Mittelalter die Alte

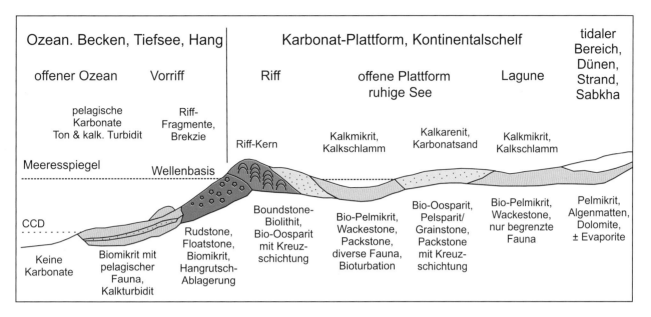

Ozean. Becken, Tiefsee, Hang		Karbonat-Plattform, Kontinentalschelf			tidaler Bereich, Dünen, Strand, Sabkha
offener Ozean	Vorriff	Riff	offene Plattform ruhige See	Lagune	
pelagische Karbonate Ton & kalk. Turbidit	Riff-Fragmente, Brekzie	Riff-Kern	Kalkmikrit, Kalkschlamm	Kalkarenit, Karbonatsand	Kalkmikrit, Kalkschlamm
Meeresspiegel	Wellenbasis				
CCD		Boundstone-Biolithit, Bio-Oosparit mit Kreuz-schichtung	Bio-Pelmikrit, Wackestone, Packstone, diverse Fauna, Bioturbation	Bio-Oosparit, Pelsparit/ Grainstone, Packstone mit Kreuz-schichtung	Bio-Pelmikrit, Wackestone, nur begrenzte Fauna
Keine Karbonate	Biomikrit mit pelagischer Fauna, Kalkturbidit	Rudstone, Floatstone, Biomikrit, Hangrutsch-Ablagerung			Pelmikrit, Algenmatten, Dolomite, ± Evaporite

Abb. 25.19 Die wichtigsten marinen und littoralen Bildungsbereiche von Karbonatsedimenten und ihre charakteristische Faziesausbildung

Abb. 25.20 Alte Mainbrücke in Würzburg, einer der frühesten steinernen Brückenbauten in Mitteleuropa; von der ersten Steinbrücke stehen noch die aus mächtigen Blöcken von Quaderkalk, einem Biosparit des Oberen Muschelkalks, erbauten Fundamente. Nach Zerstörung dieser Brücke durch Hochwasser erfolgte zwischen 1473 und 1543 der Neubau, zu dem deutlich kleinere Blöcke von Quaderkalk verwendet wurden. Die barocken Brückenheiligen wurden aus hellgrauem Keuper-Sandstein gearbeitet (Foto: Eckhart Amelingmeier)

Mainbrücke in Würzburg (**Abb. 25.20**), in neuerer Zeit das Berliner Olympia-Stadium erbaute.

Kreide ist ein dichtkörniger organogener Kalkstein, der ausschließlich aus einem Schlick entstand, welcher sich am Meeresboden durch Anhäufung von sogenannten *Coccolithen* bildete. Die Hartteile von Coccolithophoridae, einer Gruppe von einzelligen Algen, bestehen aus submikroskopischen $CaCO_3$-Plättchen

(**Abb. 2.13**). Kreide kann Konkretionen aus feinkristallinem Quarz enthalten, sogenannte *Hornstein-Knollen* – auch als *Feuerstein* oder *Flint* bekannt. Sie entstanden während der Diagenese aus Schwammnadeln und anderen kieseligen Organismen-Skeletten, die schichtparallel angereichert worden waren. Bekannte Vorkommen sind die oberkretazischen Kreidekalke, die die Steilküsten von Südengland, der Normandie, der Ostsee-Inseln Møn, Fyn und Rügen sowie der baltischen Staaten bilden. Die weite Verbreitung dieser Kreidesedimente lässt sich am besten durch eine weiträumige Überflutung der Kontinentalränder während der späten Kreidezeit erklären. Die ähnliche Ausbildung dieser Kreide-Ablagerungen hängt indirekt mit ihrer meist großen Mächtigkeit und flachen Lagerung zusammen. Allerdings zeigen die Kreideküsten an den Ostsee-Inseln deutlich geneigte oder sogar überkippte Schichtung, die auf Deformationen durch Gletschervorstöße während der pleistozänen Vereisungen zurückgeht.

25.3.4 Bildung festländischer (terrestrischer) Karbonatgesteine

Terrestrisch bilden sich Karbonatgesteine als Kalkkrusten (Calcrete) in Trockengebieten, als Kalksinter-Absätze aus Quellen und Flüssen oder als Ablagerungen in Binnenseen.

Kalkkrusten entstehen meist in ariden und semiariden Gebieten, so in den Wüsten im nördlichen und südlichen Afrika, in Arabien, Indien und Australien, aber auch in den Hochebenen und der Sonora-Wüste in

25

Nordamerika. Kalkkrusten bilden sich, wenn Mineralsubstanz aus der oberen Bodenschicht, dem *A-Horizont* ausgelaugt und im darunter liegenden *B-Horizont*, d. h. ca. 1–3 m unter der Erdoberfläche, wieder ausgefällt wird. Das mobilisierte $CaCO_3$ bildet zunächst kleine Körner, die sich im Laufe der Zeit anreichern und zu mehr oder weniger dicken Krusten und Schichten anwachsen. Alternativ können Kalkkrusten entstehen, wenn Bodenwasser durch Kapillarwirkung aufsteigt und verdunstet. In Trockengebieten führt Grundwasser häufig $CaCO_3$, das sich oberflächennah in Form von Kalkkrusten anreichert. Zu diesem Prozess können Pflanzenwurzeln beitragen, indem sie das Wasser durch Transpiration entfernen und so die Ausscheidung des gelösten $CaCO_3$ beschleunigen. Die Bildung von Kalkkrusten ist ein langsamer Prozess, dessen Geschwindigkeit stark vom Feuchtigkeitsangebot abhängt. In *Bodenhorizonten* findet man verbreitet Bruchstücke von Kalkkrusten, wenn auch meist nur als Erosionsreste. Ihre diagenetische Überprägung führt häufig zu wolkigen, blumenkohlartigen Strukturen. In mesozoischen und känozoischen *Playa-Ablagerungen* (► Abschn. 25.7.1) können Calcrete-Partikel mehr oder weniger kontinuierliche Schichten bilden und so die Bedeutung von Pflanzen bei der Entstehung von Kalkkrusten hervorheben. In den Sedimentgesteinen aus dem Keuper Mitteleuropas werden solche Lagen als *Steinmergel* bezeichnet, die man jedoch nicht mit den gleichalten und gleichnamigen Seeablagerungen verwechseln sollte (s. lakustriner Mergel).

Kalksinter und Travertin   Im Gegensatz zu den Kalkkrusten kann sich Kalksinter in Regionen mit reichlicheren Niederschlägen bilden, in denen Ca^{2+}- und HCO_3^--Ionen über das Grundwasser in Quellen, Bäche und Flüsse gelangen. Tritt Grundwasser als Quelle aus oder wird Flusswasser an einem Wasserfall zerstäubt, wird das gelöste CO_2 freigesetzt und $CaCO_3$ nach Reaktion (25.2) als Kalksinter ausgefällt, ein Prozess, der durch gleichzeitige Aufwärmung des Wassers gefördert wird. Der Begriff *Kalksinter* bezieht sich gewöhnlich auf Gesteine, die ursprünglich ohne Beteiligung von Pflanzen entstanden sind. Der Name *Travertin* wird zwar häufig synonym zu Kalksinter verwendet, bezieht sich aber streng genommen auf porösen Kalkstein, der sich aus einer Thermalquelle abgesetzt hat. Häufig wird Travertin von Kieselsinter begleitet. Auf der Oberfläche von Travertin wachsen gewöhnlich Wasserpflanzen wie Moose, Algen und Cyanobakterien, deren Reste in unterschiedlichen Formen erhalten sind und zur ausgeprägten Porosität des Gesteins beitragen. Travertin ist ein geschätzter Baustein und dient besonders zur Herstellung von Fassadenplatten. Zur Römerzeit wurde der Travertin von Tivoli nahe Rom als Dekorstein sehr geschätzt. Man findet ihn in vielen historischen Bauwerken, so in den Kolonnaden des Bernini auf dem St. Peters-Platz und im Rippenge-

☐ **Abb. 25.21**   Travertin-Terrassen von Mammoth Springs, einer Thermalquelle im Yellowstone Nationalpark in Wyoming (USA; Foto: Hartwig E. Frimmel)

wölbe des Michelangelo in der St.-Peters-Kathedrale in Rom. An den Plitwicer Seen in Kroatien und den Kaskaden von Pamukkale in der Türkei sind durch solche Travertin-Ablagerungen sogar Naturdämme entstanden. Ein weiteres berühmtes Travertin-Vorkommen sind die Mammoth Hot Springs im Yellowstone-Nationalpark (USA, ☐ Abb. 25.21). Einige Quellen, aus denen $CaCO_3$ gefällt wurde, sind so heiß, dass ein Pflanzenwuchs unmöglich ist. Dementsprechend bildet sich dort der weniger poröse *Kalksinter*. In diesen Fällen können thermophile Mikroben eine Rolle spielen und es können Stromatolith-Strukturen entstehen.

Lakustriner Kalkstein und Mergel   Solche Karbonatablagerungen entstehen gewöhnlich bei nichthumiden, warmen Klimabedingungen. Wenn in einem See der Wasserspiegel absinkt, kann sich eine geringe Schicht von massivem Flachwasserkalk ausscheiden, der in der Folge freigelegt wird und austrocknet. Steigt der Wasserstand danach erneut, kann der Kalk von einer Tonlage überdeckt werden. Der resultierende Wechsel von einheitlichen, meist weißen Kalkstein- und Mergelstein-Schichten dokumentiert eine rhythmische Abfolge. Fossile lakustrine Kalksteine, wie sie in den Sedimentabfolgen des Keupers in Mitteleuropas häufig auftreten, sind charakteristisch für mächtige *Playa-Ablagerungen.* Sie werden hier ebenfalls *Steinmergel* genannt, sollten aber nicht mit Resten von Kalkkrusten verwechselt werden.

Seekreide   In Binnenseen treten feinkörnige Kalkschlämme auf, die als *Seekreide* bezeichnet werden. Häufig wird in diesem Fall die Ausscheidung von $CaCO_3$ durch die Anwesenheit eines üppigen Pflanzenwuchses, so von Makrophyten, Moosen und Algen oder von Cyanobakterien, gefördert. Solche Ablagerung sind im kontinentalen Europa weit verbreitet.

25.3.5 Diagenese von Kalkstein

Rezente unverfestigte Karbonatsedimente der Flachsee setzen sich vorwiegend aus metastabilem orthorhombischem Aragonit und Mg-reichem Calcit zusammen. Demgegenüber bestehen Kalksteine älterer geologischer Formationen, besonders solche vortertiären Alters, nur aus normalem Mg-armem Calcit. Man nimmt daher an, dass bei der Verfestigung von lockerem Kalksediment zu Kalkstein die beiden metastabilen Minerale aufgelöst wurden und gewöhnlicher Calcit neu kristallisierte, es sei denn, das Sediment war bereits ursprünglich aus reinem Calcit zusammengesetzt. Organische Komponenten wie Huminsäuren haben einen deutlichen Einfluss auf die Diageneseprozesse von Kalkstein. Auch im Kalkstein treten verbreitet authigene Neubildungen verschiedener Silikatminerale auf. Am häufigsten sind Feldspäte, wie sie auch in pelitisch-psammitischen Sedimentgesteinen beobachtet werden, und zwar überwiegend Albit.

Dolomitischer Kalkstein entsteht früh- bis spätdiagenetisch durch Reaktion von Mg-haltigen Porenlösungen mit primär sedimentiertem Kalkstein, der ursprünglich als Kalkschlamm abgelagert wurde. Dieser Prozess der *Dolomitisierung* kann nur ablaufen, solange noch ein Porenvolumen vorhanden ist. Rezente frühdiagenetische Dolomit-Bildung beobachtet man im Küstenbereich und in der Flachsee, so bei Florida, auf der Bahama-Bank, in der Karibik und im Persischen Golf (z. B. Tucker 1985). Unter den *P-T*-Bedingungen von Sedimentation und Diagenese besteht zwischen den Mineralen Calcit und Dolomit eine ausgedehnte Mischungslücke. Obwohl nach dem Phasendiagramm ◘ Abb. 8.11 bei den gegebenen niedrigen Temperaturbedingungen Dolomit als fast reines CaMg[CO$_3$]$_2$ entstehen sollte, wird metastabil mehr Ca in die Dolomitstruktur eingebaut, als es dem stöchiometrischen Verhältnis entspricht (Füchtbauer 1988). Dieser Ca-Überschuss kann über längere geologische Zeiträume hinweg erhalten bleiben, wie zahlreiche paläozoische Ca-Dolomite beweisen. Umgekehrt kann es bei der Diagenese von Dolomit auch zur Neubildung von Calcit kommen, ein Prozess der als *Dedolomitisierung* bezeichnet wird. Die diagenetische Neubildung von *Hornstein* in Kreide wurde bereits erwähnt.

25.3.6 Metasomatische Magnesit-Lagerstätten

Ein seltenerer, aber wirtschaftlich bedeutender diagenetischer Prozess ist die schrittweise metasomatische Verdrängung von Ca^{2+} durch Mg^{2+} unter Bildung großer Lagerstätten von *Spatmagnesit* mit Dolomit als Zwischenprodukt. Von einigen Autoren wurde dieser Prozess auf die Einwirkung von Mg-haltigen Hydrothermen zurückgeführt. Demgegenüber legen geochemische und isotopengeochemische Befunde eine *frühdiagenetische* Entstehung der Spatmagnesit-Lagerstätten nahe, wobei es zur Reaktion von Calcit mit zirkulierenden Salzlaugen kam, die Salinar-Lagerstätten entstammen (Azim Zadeh et al. 2015).

Spatmagnesit-Lagerstätten bilden unregelmäßige stockförmige Körper innerhalb von devonischem Kalkstein und Dolomit in der Grauwackenzone der Ostalpen (Österreich). Das Hauptvorkommen Radenthein in Kärnten wird heute untert age abgebaut, während die Bergwerke von Veitsch und Trieben in der Steiermark seit 1968 bzw. 1991 stillgelegt sind. Magnesit dient als Erzmineral für die Gewinnung des Leichtmetalls *Magnesium*. Sehr viel wichtiger ist Magnesit jedoch als Rohstoff für die Herstellung von *Sintermagnesit*, MgO, der bei Brenntemperaturen um 1800 °C erzeugt wird und bis zu seinem Schmelzpunkt von 2852 °C stabil bleibt. Daher dienen Ziegel aus diesem Material in der Hochfeuerfest-Industrie zum Auskleiden von Sauerstoffkonvertern (Linz-Donawitz-Verfahren) und von Hochöfen für die Stahlindustrie. Daneben wird Magnesit bei etwa 800 °C zu *kaustischem Magnesia* gebrannt, wobei das CO$_2$ nicht vollständig entfernt wird; das dabei entstehende unreine MgO bleibt reaktionsfähig und wird zur Gewinnung von Sorelzement, MgCl$_2$·5Mg(OH)$_2$·6H$_2$O, genutzt, der bei der Fertigung von Leichtbauplatten Verwendung findet.

25.4 Eisen- und manganreiche Sedimente und Sedimentgesteine

25.4.1 Stabilitätsbedingungen der Fe-Minerale

Die wichtigsten Minerale in Fe-reichen Sedimenten sind: Goethit, α-FeOOH, Hämatit, Fe$_2$O$_3$, Magnetit, Fe^{2+}Fe$^{3+}_2$O$_4$, Siderit, FeCO$_3$, Chamosit (ein Fe-reicher Chlorit) und in besonderen Fällen Pyrit, FeS$_2$. Für die Ausfällung des Eisens aus natürlichen wässrigen Lösungen und die Stabilitätsbeziehungen der Fe-Minerale sind insbesondere das Redoxpotential (Eh) und die Wasserstoffionenkonzentration (pH) ausschlaggebend. Dies lässt sich an einem Eh-pH-Diagramm gut darstellen (◘ Abb. 25.22a). Bei hohem Eh, d. h. unter stark oxidierenden Bedingungen, besitzt *Hämatit* ein weites Stabilitätsfeld, während sich *Siderit* fast nur unter reduzierenden Bedingungen, d. h. bei negativen Eh-Werten ausscheidet. *Pyrit* entsteht ebenfalls in reduzierendem Milieu, wobei sich sein Stabilitätsfeld mit Zunahme des HS$^-$/CO$_2$-Verhältnisses in der Lösung stark erweitert. *Magnetit* existiert unter stark reduzierenden Bedingungen und im basischen Bereich; doch dehnt sich sein Stabilitätsfeld mit Abnahme von HS$^-$ und CO$_2$ in der Lösung bis fast in den pH-neutralen Bereich aus.

25

Fe-Silikate können sich nur bei reichlichen SiO_2- und niedrigen CO_2-Gehalten sowie bei hohem pH ausscheiden. Sehr anschaulich können auch die Stabilitätsfelder der wichtigsten diagenetisch gebildeten Fe-Minerale im Diagramm Eh vs. der Aktivität der im Porenwasser gelösten HS^--Ionen dargestellt werden (Abb. 25.22b). Man erkennt, dass sich FeS_2-Minerale (Pyrit oder Markasit) in einem breiten Stabilitätsbereich bei relativ niedrigen Eh-Werten und hohen bis mittleren HS^--Aktivitäten bilden können, während die Ausscheidung von Fe-*Silikaten* (z. B. Chamosit) nur bei deutlich niedrigeren HS^--Aktivitäten möglich ist. Bei Eh-Werten von größer ca. $-0{,}28$ bis $-0{,}25$ V nimmt Fe_2O_3 (in Form von Hämatit oder Fe-Hydroxiden) ein breites Stabilitätsfeld ein (Taylor und Macquaker 2011).

Im Grundwasser ist der Fe-Gehalt normalerweise gering; bei niedrigen O^{2-}-Gehalten ist Fe^{2+} in Form von Ferrosalzen gelöst, am häufigsten als Karbonat, Chlorid oder Sulfat. Im gut durchlüfteten, O_2-reichen Oberflächenwasser unterliegen derartige Lösungen der Hydrolyse und werden zu $Fe(OH)_3$ oxidiert, wobei ein Teil davon in die kolloidale Form übergeht. Eine relativ bescheidene Menge des Eisens wird als Fe^{3+}-*Oxid-Hydrosol* durch das Flusswasser transportiert. Das ist jedoch auf längere Strecken hin nur möglich, wenn diese Hydrosole durch kolloidale organische Substanz, sog. *Schutzkolloide,* stabilisiert werden. Da diese Kolloide positiv geladen sind, lassen sie sich über weite Entfernungen trans-

portieren, ohne ausgefällt zu werden. Voraussetzung ist, dass die Konzentration an Elektrolyten niedrig bleibt und dass negativ geladene Kolloide nicht in größerer Menge in das Flusswasser gelangen. Anderenfalls käme es schon unterwegs zur Ausfällung des Eisens.

Sobald das Flusswasser das Meer erreicht, flocken die eisenhaltigen Kolloide durch den hohen Elektrolytgehalt des Meerwassers noch im Flussdelta- oder im Schelfbereich aus. Die Ausscheidung erfolgt vor allem in Abhängigkeit vom dort herrschenden Redoxpotential als Hydroxid (Goethit), Karbonat (Siderit), Silikat (Chamosit u. a.) oder sogar als Sulfid (Pyrit). Die winzigen Flocken der Fe-führenden Kolloide setzen sich an den im Wasser des Küstenbereichs aufgewirbelten Mineralfragmenten fest. Kontinuierliche Anlagerung dieser Flocken führt zur konzentrischen Umschalung der Kerne. Bei einer gewissen Größe können diese *Ooide*, die wir schon bei den marinen Kalksteinen beschrieben hatten, nicht länger im Wasser schweben und sinken zu Boden. Dabei entstehen *eisenreiche oolithische Sedimente*. Das Gefüge dieser Oolithe lässt erkennen, dass viele Ooide beim Transport oder der Sedimentation zerbrochen sind, was bisweilen sogar zu Trümmererz-Strukturen von Oolithen führt. Bei ausreichender Konzentration von Fe kommt es zur Bildung von *marin-sedimentärem oolithischen Eisenerz*.

Unsere heutigen Flüsse führen meist nur äußerst geringe Mengen an Fe, und auch der Fe-Gehalt des

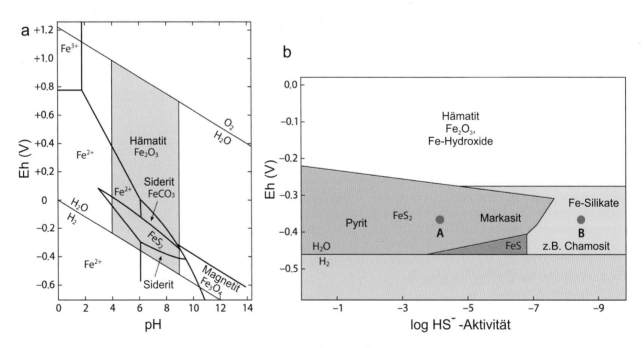

 Abb. 25.22 a Eh-pH-Diagramm mit den Stabilitätsfeldern von Fe^{2+}- und Fe^{3+}-Ionen in Lösung sowie von Hämatit, Magnetit, Pyrit und Siderit; das Feld der gewöhnlichen Eh-pH-Bedingungen im oberflächennahen Milieu ist *blau hinterlegt;* Gesamtaktivität des gelösten Karbonats 1-molar, des gelösten S 10^{-6}-molar, des gelösten Fe 10^{-6}-molar; **b** Stabilitätsfelder von FeS_2, FeS, Fe-Silikaten und Fe_2O_3 im Diagramm Eh vs. Aktivität von im Porenwasser gelösten HS^--Ionen während der Diagenese bei mittleren pH-Werten; aus einer Lösung mit hoher bis mittlerer HS^--Aktivität (z. B. der Zusammensetzung **A**) scheiden sich FeS_2-Minerale (Pyrit oder Markasit) aus, während die Bildung von Fe-Silikaten (z. B. Chamosit) nur bei sehr geringer HS^--Aktivität (z. B. Lösung **B**) möglich ist. (Aus Taylor und Macquaker 2011)

■ **Abb. 25.25**   Manganknollen vom Boden des Pazifischen Ozeans, ca. 1575 km südöstlich Hawaii, Wassertiefe 5200 m; Mineralogisches Museum der Universität Würzburg

25.5 Kieselige Sedimente und Sedimentgesteine

Kieselige Sedimente bestehen aus nicht detritischen SiO_2-Mineralen wie Opal, Chalcedon, Jaspis oder aus (mikro)kristallinem Quarz, die entweder biogen oder abiogen gebildet sein können. Während der Diagenese wird metastabiler biogener Opal über fehlgeordneten Cristobalit/Tridymit zu stabilem α-Quarz umgewandelt. Deshalb bestehen z. B. viele Hornsteine heute vollständig aus (mikro)kristallinem Quarz.

Die Auflösung oder Abscheidung von SiO_2-Mineralen aus wässeriger Lösung wird im Wesentlichen von der Menge des gelösten SiO_2, aber auch von Temperatur und pH-Wert der Lösung bestimmt. Dabei löst sich amorphes SiO_2 wie Opal sehr viel leichter auf als die kristallinen Formen von SiO_2, so Quarz, Tridymit oder Cristobalit. Mit zunehmender Temperatur zwischen 0 und 200 °C nimmt die Löslichkeit von SiO_2 linear zu. Bis zu einem pH-Wert von etwa 9 ist Kieselsäure als $Si(OH)_4$-Molekül relativ schwach löslich, wobei ihre Löslichkeit innerhalb dieses pH-Bereichs etwa in gleicher Höhe bleibt, aber bei pH-Werten > 8 stark ansteigt (■ Abb. 24.2).

■ **Ausscheidung und Diagenese kieseliger Sedimente**

Flusswasser enthält SiO_2 in echter Lösung, wenn auch in außerordentlich geringen Konzentrationen. Ebenso ist der SiO_2-Gehalt des Meerwassers sehr niedrig, was eine direkte Ausfällung oder Ausflockung verhindert. Daher ist im SiO_2-Kreislauf des Ozeans die Kieselsäure *biogener* Herkunft. Einzellige Organismen wie Radiolarien und Diatomeen oder die mehrzelligen Kieselschwämme nehmen SiO_2 auf und verwenden es für den Aufbau ihrer Skelettsubstanz, die aus Opal besteht. Die abgestorbenen Relikte dieser Organismen sinken auf den Meeresboden ab und bilden dort kieselige Sedimente, die rezent als *Diatomeen-* oder *Radiolarien-Schlicke* vorliegen. Dagegen kann sich poröser *Diatomit,* den man auch als *Diatomeenerde* oder *Kieselgur* bezeichnet, auch im Süßwasser bilden. Auch in diesem Fall bestehen die Diatomeen-Gerüste der Organismen, die diese Sedimente aufbauen, aus röntgenamorphem *Opal-A,* daneben auch aus *Tridymit* und *Cristobalit.* Während der beginnenden Diagenese werden diese lockeren, biogen-kieseligen Sedimente zum Sedimentgestein *Kieselgur* verfestigt, feingeschichtet auch *Tripel* genannt. Bei fortschreitender Diagenese kommt es durch Auflösungs- und Rekristallisationsprozesse zur Bildung von *Polierschiefer* oder *Porzellanit,* bestehend aus kristallinem, aber stark fehlgeordnetem *Opal-CT.* Schließlich entsteht *Hornstein* (engl. „chert"), der sich aus *Chalcedon* zusammensetzt, einem sehr feinkörnigen (<30 μm) Aggregat aus miteinander verzahnten Quarzkriställchen, zwischen denen auch noch etwas amorpher Opal enthalten sein kann.

Dementsprechend sind in den kieseligen Sedimentgesteinen älterer Formationen gewöhnlich nur die grobschaligen Radiolarien reliktisch erhalten, die man unter dem Mikroskop als rekristallisierte Chalcedon-Sphärolite erkennt. *Radiolarit* ist ein sehr feinkörniges, dichtes Gestein mit muscheligem Bruch und scharfen Kanten. Er ist meistens durch ein Fe-Oxid-Pigment, das im faserigen Chalcedon verteilt ist, bräunlich gefärbt. Dagegen ist die schwarze Farbe der Radiolarit-Varietät *Lydit (Kieselschiefer),* der „lydische Stein", durch ein kohliges Pigment bedingt. In diesem Gesteinstyp sind die ehemaligen Radiolarien-Gerüste vollständig zerstört.

Ein Teil des SiO_2 in kieseligen Sedimenten wurde von Kieselschwämmen geliefert, die bei der Diagenese aufgelöst wurden. Dieses SiO_2 wird in Form von knollenförmigen *Hornstein*-Konkretionen, auch als *Flint* oder *Feuerstein* bekannt, wieder ausgeschieden. Solche Hornsteinknollen sind in manchen Karbonat-Sedimenten zu schichtparallelen Lagen angereichert, so in den *Kreidekalken* an den Steilküsten von Nord- und Ostsee (▶ Abschn. 25.3.3) und in den unterkarbonischen Kalksteinen des oberen Mississippi Valley (USA).

■ **Technische Verwendung der Diatomeenerde (Kieselgur)**

Diatomeenerde (Kieselgur) ist ein weiches, bröckeliges, im trockenen Zustand helles Gestein, das sich filzig anfühlt. Seine physikalischen Eigenschaften, wie extrem großes Absorptionsvermögen und geringe Leitfähigkeit für Wärme und Schall, machen sie zu einem wertvollen Rohstoff für zahlreiche technische Anwendungen, so als Absorbens, als Zünd- und Sprengstoffzusatz (Dynamit), als Füllstoff in Farben, Gummi und Plastik, als Isolations- und Filtriermaterial, z. B. zur Reinigung von Ölen oder Getränken wie Bier. Diatomeenerde wird

25

vielerorts im Tagebau gewonnen. Im Jahr 2020 produzierten die USA 770 kt Diatomit oder 35 % der Weltförderung, gefolgt von Dänemark (370 kt, aufbereitet), der Türkei (170 kt) und der VR China (150 kt) (US Geological Survey 2021). In der Bundesrepublik liegen die meisten Vorkommen von Diatomeenerde in der Lüneburger Heide, von denen Neuohe (1863–1994) und Hetendorf (1970–1994) zuletzt im Abbau standen.

25.6 Sedimentäre Phosphatgesteine

▪ Phosphorite

Phosphorite sind meist unreine Gemenge aus schlecht kristallisierten bis amorphen Phosphaten, meist Ca-Phosphaten, vermischt mit detritischem und/oder kalkigem Material. Die mineralogische Zusammensetzung ist oft nicht genau bekannt. Trotzdem steht fest, dass das wichtigste Mineral der Phosphorite ein Karbonat-Fluor-Apatit, $Ca_5[(F,O)/(PO_4,CO_3)_3]$, ist. In dieser Apatit-Varietät ist die PO_4-Gruppe teilweise durch CO_3 ersetzt, wobei der Ladungsausgleich durch den gekoppelten Ersatz $PO_4^{3-} + F^- \leftrightarrow CO_3^{2-} + O^{2-}$ erzielt wird.

Ursprünglich wurde diese Phase kolloidal ausgefällt und kristallisierte während der Diagenese zu feinkörnigem Apatit um.

Phosphorite sind knollig, streifig oder oolithisch ausgebildet. Wahrscheinlich ist der größte Teil der PO_4^{3-}-Anionen biogener Herkunft und stammt aus der Zersetzung von Phytoplankton und tierischen Hartteilen. Die Entstehung von marinem Phosphorit erklärt sich durch Auftrieb von nährstoffreichem Tiefenwasser (Burnett und Riggs 1990), während der Phosphor für den im Küstenbereich abgelagerten Phosphorit durch Flusswasser zugeführt wurde (Glenn et al. 1994). Dabei heftet Phosphor teilweise an organischer Substanz oder an der Tonfraktion an. Mit Ausnahme des Präkambriums sind Phosphorite zu fast allen geologischen Zeiten entstanden. Bedeutende Vorkommen von großer wirtschaftlicher Bedeutung sind die kambrischen Lagerstätten von Mt. Isa in Queensland (Australien), die frühpermische Phosphoria-Formation in den westlichen USA, die spätkretazischen bis eozänen Lagerstätten in Saudi-Arabien, Marokko, Algerien und Tunesien sowie die miozänen Lagerstätten in Florida (USA). Bei der weltweiten Förderung von 223 Mio t Phosphatgesteinen im Jahr 2020 steht die VR China mit 40 % an erster Stelle, gefolgt von Marokko (17 %), den USA (11 %), Russland (6 %), Saudi-Arabien (3 %) und Brasilien (2 %) (U.S.Geological Survey 2021).

▪ Guano

Als Guano bezeichnet man Phosphat- und/oder Nitratlagerstätten, die sich durch Reaktion flüssiger Exkremente von Wasservögeln und Robben mit Kalkstein bilden. Er besteht aus einem feinkörnigen Gemenge von Ca-Phosphaten, insbesondere Brushit, $CaH[PO_4]\cdot2H_2O$, Monetit, $Ca[PO_3OH]$, Whitlockit, $Ca_9[(Mg,Fe)[PO_3OH/(PO_4)_6]$, und einem relativ F-armen Karbonat-Hydroxyl-Apatit sowie stickstoffreichem Ammoniumoxalat und Harnsalz. Guano-Ansammlungen finden sich in Mächtigkeiten von bis zu 50 m vor allem auf Inseln und Küstenstreifen von Äquatorialregionen, so in Chile, in Zentralperu, im Oman, in Namibia und auf der Insel Nauru im südwestlichen Pazifik. Guano, der aus Exkrementen von Fledermäusen entsteht, kann sich in bauwürdiger Menge in Höhlen anreichern, z. B. bei Carlsbad (New Mexico) und in Malaysia.

▪ Bedeutung von Phosphaten in Technik und Umwelt

Phosphate sind unersetzbare Rohstoffe zur Produktion von Phosphat-Düngemitteln, zur Herstellung technischer Phosphorsäure für die chemische Industrie und von Phosphorsalzen für verschiedene Industriezweige. Große Phosphatmengen, die aus der landwirtschaftlichen Düngung oder aus Waschmitteln im Haushalt und in der Industrie stammen, gelangen über Grundwasser und Abwässer in Flüsse, Seen und Kanäle, was zu einem übermäßigen Wachstum des Planktons, zur *Eutrophierung* der Gewässer führt. Diese Planktonblüte bewirkt ausnahmslos einen starken Sauerstoffverbrauch und kann in der Folge zum Absterben von Fauna und Flora führen. Um den exzessiven Verbrauch von Phosphaten zu vermeiden, sollte man die landwirtschaftliche Düngung auf ein notwendiges Minimum beschränken und Phosphate in Waschmitteln durch industriell hergestellte Zeolithe (▶ Abschn. 11.6.6) ersetzen. Dem eintretenden Bewusstseinswandel ist es vielleicht zu verdanken, dass der globale Phosphatverbrauch trotz der ständig steigenden Weltbevölkerung ein Plateau (*„peak phosphate"*) erreicht hat.

25.7 Evaporite (Salzgesteine)

Evaporite sind chemische Sedimentgesteine, die sich bei – durch Sonneneinstrahlung erhöhten – Oberflächentemperaturen von bis zu 70 °C aus der Verdunstung einer Wassersäule und damit erhöhter Konzentration von im Wasser gelösten Ionen bilden. Dabei kommt es, bestimmt durch das jeweilige Lösungsprodukt, zu einer vorhersehbaren Reihenfolge in der Ausscheidung der einzelnen Evaporitminerale. Letztere sind folglich durch sehr hohe Löslichkeit geprägt und gehören hauptsächlich der Klassen der Chloride, Sulfate, Karbonate und untergeordnet Borate an. Je nach geographischer Position des Ablagerungsraums werden terrestrische von marinen Evaporiten unterschieden.

25.7.1 Kontinentale (terrestrische) Evaporite

Die wesentlichen Ionen des Süßwassers, HCO^-_3, Ca^{2+} und SO^{2-}_4, stammen überwiegend aus der Verwitterung von magmatischen, metamorphen und sedimentären Gesteinen. Daher werden die kontinentalen Salzabscheidungen in den heutigen Salzseen stark von den anstehenden Gesteinen bzw. Böden im Einzugsgebiet der Wasserzuführung beeinflusst. Die wichtigsten Minerale der kontinentalen Evaporite sind in ◻ Tab. 25.3 aufgeführt. Neben Ca-Karbonaten, Ca-Sulfaten und Halit bilden sich auch Karbonate und Sulfate der Alkalien, wie Natron (Soda), Mirabilit (Glaubersalz) und Thenardit, die in marinen Salzgesteinen als Primärausscheidungen nicht bekannt sind.

Man unterscheidet drei Formen von terrestrischen Salzbildungen, die entweder örtlich nebeneinander oder in zeitlicher Folge nacheinander auftreten:

- Salzausblühungen und Salzkrusten,
- Salzsümpfe und Salzpfannen,
- Salzseen.

■ Salzausblühungen und Salzkrusten

Sie bilden sich in oder auf trockenem Boden, vor allem in Steppen und Halbwüsten, den sog. Salzsteppen oder Salzwüsten. Die im Grundwasser gelösten Salze werden beim kapillaren Aufstieg im Verwitterungsschutt oberhalb des Grundwasserspiegels ausgefällt. Die Abscheidungen bestehen hauptsächlich aus Calcit oder Aragonit, Gips und Halit. Diese und andere Salze reichern sich am Ort der Ausscheidung als Oberflächenkrusten an, da zum Abtransport nicht genügend Wasser vorhanden ist.

Die Nitratlagerstätten der *Atacama-Wüste* in Nordchile und Peru stellen einen extremen und eigenartigen Fall der *Wüstensalz-Bildung* dar, der auf besondere klimatische Verhältnisse zurückgeht. Diese Wüste liegt in einem Hochplateau zwischen Kordillere und Küstenkordillere in unmittelbarer Nähe der Pazifikküste. Hier herrschen starke Temperaturunterschiede, wobei extreme Trockenheit mit dichtem Nebel abwechselt, der regelmäßig vom nahen Pazifik nächtlich eindringt. Der Wüstenstaub liefert reichlich Kondensationskeime, und es finden ständig statische Entladungen der Luftelektrizität statt. Dadurch wird der Luftstickstoff zu Salpetersäure oxidiert und in den Nebeltröpfchen niedergeschlagen. Alternativ lässt sich die Nitratbildung durch bakterielle Oxidation erklären; darüber hinaus können Nitrat-Ionen aus Guano oder aus vulkanischen Tuffen ausgelaugt worden sein. Mit den Kationen des verwitterten Gesteinsuntergrunds bilden sich Nitratin und Niter (Na- und K-Salpeter), die sich zusammen mit anderen Salzmineralen wie Halit, Na-Sulfaten und Na-Boraten durch Lösung und Wiederausfällung anreichern und wegen des Mangels an Frischwasser nicht abgeführt werden können. Die ausgeschiedenen Salze

verkitten Sande, Schotter und Schuttdecken zu einer bis zu 2 m mächtigen Kruste, die als *Caliche* bezeichnet wird. Der Nitratgehalt beträgt meist 7–8 %, lokal bis 60 %, wobei $NaNO_3 \gg KNO_3$ ist.

Die chilenischen Salpeterlagerstätten werden seit etwa 1830 in zahlreichen Abbaufeldern ausgebeutet; z. Z. beträgt die Jahresförderung etwa 750.000 t. Diese deckt allerdings nur 0,3 % des Weltbedarfs an Stickstoff, da die Hauptmenge synthetisch aus Luftstickstoff gewonnen wird. Praktisch genutzt wird auch der hohe Jodgehalt der chilenischen Lagerstätten.

■ Salzsümpfe und Salzpfannen (Playas)

In Salzsümpfen scheidet sich das Salz in oder auf erdigem Schlamm aus, der von konzentrierter Salzlösung oder festem Salz durchsetzt ist. Salzpfannen entstehen in Einsenkungen, die sporadisch mit Wasser bedeckt sind. Sie wechseln räumlich und zeitlich mit ausgetrockneten Flächen ab, die gewöhnlich von einer Salzkruste bedeckt sind. Bekannte Beispiele sind die Schotts am Nordrand der Sahara in Algerien und Tunesien, die Makgadikgadi-Salzpfanne in Botswana, die Salar de Uyuni in Bolivien und die Große Salzwüste in Utah. Salzpfannen können zum Innern hin in Salzseen übergehen oder sich bei starken Niederschlägen zu Salzseen entwickeln, wie das z. B. im ungewöhnlich regenreichen Jahr 2008 bei der Etoscha-Pfanne in Namibia der Fall war.

◻ **Tab. 25.3** Die häufigsten Minerale in terrestrischen Evaporiten

Klasse	Mineral	Chem. Formel
Karbonate	Aragonit, Calcit	$Ca[CO_3]$
	Dolomit	$CaMg[CO_3]_2$
	Natron (Soda)	$Na_2[CO_3]\cdot 10H_2O$
	Trona	$Na_3H[CO_3]_2\cdot 2H_2O$
Sulfate	Gips	$Ca[SO_4]\cdot 2H_2O$
	Anhydrit	$Ca[SO_4]$
	Mirabilit (Glaubersalz)	$Na_2[SO_4]\cdot 10H_2O$
	Thenardit	$Na_2[SO_4]$
	Epsomit	$Mg[SO_4]\cdot 7H_2O$
Borate	Kernit	$Na_2[B_4O_6(OH)_2]\cdot 3H_2O$
	Borax	$Na_2[B_4O_5(OH)_4]\cdot 8H_2O$
	Colemanit	$Ca[B_3O_4(OH)_3]\cdot H_2O$
	Ulexit	$CaNa[B_5O_6(OH)_6]\cdot 5H_2O$
Chloride	Halit (Steinsalz)	$NaCl$
Nitrate	Nitratin (Natronsalpeter)	$Na[NO_3]$
	Niter (Kalisalpeter)	$K[NO_3]$

25

■ **Salzseen**

Die meisten Salzseen befinden sich in ariden Klimazonen. Größtenteils handelt es sich um abflusslose Konzentrationsseen, aus denen sich Na- und K-Karbonate sowie Halit aus wässeriger Lösung abscheiden. Bekannte Beispiele sind der Lake Natron und der Lake Magadi, die Typlokalität des Minerals Magadiit, $Na_2Si_{14}O_{29} \cdot 10H_2O$, beide im Ostafrikanischen Grabensystem gelegen.

In zahlreichen Salzseen sind auch Borate in gewinnbaren Mengen zur Abscheidung gelangt, so ganz besonders in Kalifornien und in der Türkei. Hier treten als Bormineralle besonders Kernit, Borax, Ulexit und Colemanit auf (◘ Tab. 25.3). Man nimmt an, dass Bor in diesen lakustrinen Borat-Lagerstätten durch Bor-haltige Fumarolen, die man als Soffionen bezeichnet, in den sedimentären Zyklus gelangte (► Abschn. 14.5). Im Jahr 2020 produzierte die Türkei 2,4 Mt B_2O_3, gefolgt von den USA (1,2 Mt; Angabe stammt aber aus dem Jahr 2005), Chile 0,4 Mt, V.R. China (0,25 Mt) und Bolivien (0,2 Mt) (U.S. Geological Survey 2021).

25.7.2 Marine Evaporite

■ **Der Salzgehalt des Meerwassers**

Das Meerwasser bildet den größten Vorrat an gelösten Alkali- und Erdalkali-Chloriden und -Sulfaten an der Erdoberfläche. Der Salzgehalt des Meerwassers, seine Salinität, beträgt durchschnittlich 35 ‰, unterliegt aber erheblichen lateralen und vertikalen Schwankungen. Selbst wenn die absolute Salinität variiert, ist das gegenseitige Verhältnis der gelösten Bestandteile jedoch sehr konstant. Wie aus ◘ Tab. 25.4 hervorgeht, stehen den vier wichtigsten Kationen Na^+, K^+, Mg^{2+} und Ca^{2+} drei wichtige Anionen Cl^-, SO_4^{2-} und HCO_3^- gegenüber. Neben diesen Hauptkomponenten enthält das Meerwasser noch etwa 70 Nebenbestandteile, von denen besonders Br^-, BO_3^{3-} und Sr^{2+} eine wichtige Rolle spielen. Brom ist immerhin so stark angereichert, dass es in den USA aus dem Meerwasser technisch gewonnen werden kann. Die wichtigsten Kationen stammen aus Verwitterungs- und Auflösungsprozessen auf dem Kontinent, während die Anionen Cl^-, SO_4^{2-} und HCO_3^- wesentlich auf Entgasungsprozesse der tieferen Gesteinszonen der Erdkruste und des Erdmantels zurückgeführt werden.

Leichtlösliche Salzminerale können sich nur ausscheiden, wenn die Konzentration der chemischen Hauptkomponenten des Meerwassers durch Verdunstungsvorgänge sehr stark erhöht ist, d. h. wenn Übersättigung eintritt. Ehe z. B. die Abscheidung von K-Mg-Salzen einsetzen kann, muss die Wassermenge auf etwa $^1/_{60}$ der ursprünglichen Menge eingeengt sein.

Derartige Bedingungen sind in der Natur nur relativ selten verwirklicht. Die Ausscheidungsfolge der verschiedenen leichtlöslichen Salzminerale im komplexen Mehrstoffsystem Meerwasser hängt neben der Temperatur insbesondere von den Konzentrationsverhältnissen in der Lösung ab. Dabei spielen neben stabilen auch metastabile Gleichgewichte eine wichtige Rolle (Warren 2016). Zudem werden die früher ausgeschiedenen Salzminerale im Zuge diagenetischer oder metamorpher Umwandlungsvorgänge häufig durch jüngere Mineralphasen verdrängt, nicht selten unter Beteiligung hinzutretender Restlaugen.

■ **Salzminerale und Salzgesteine**

In den Salzlagerstätten sind etwa 50 Haupt- und Nebenminerale nachgewiesen worden, von denen in ◘ Tab. 25.5 die allerwichtigsten aufgeführt sind. (Bischofit kommt in den marinen Salzlagerstätten außerordentlich selten vor.) Salzgesteine unterscheiden sich durch ihre große Wasserlöslichkeit, durch ihre hohe Plastizität und ihre relativ geringe Dichte von den übrigen Sedimenten und Sedimentgesteinen. Die wichtigsten Typen sind:

- **Halitit** oder *Steinsalz* ist ein nahezu monominerralisches Salzgestein aus Halit. Es kann sehr mächtige Lager bilden, die durch tonig-sulfatische Zwischenlagen meist eine rhythmische Schichtung aufweisen.
- *Sylvinit,* das kalireichste Gestein, besitzt als Hauptgemengteil Sylvin neben Halit. Meist ist eine Schichtung durch Wechsellagerung der beiden Minerale erkennbar.
- *Carnallitit* besteht vorwiegend aus Carnallit und Halit.
- **Hartsalze** sind Kalisalze mit zusätzlichen Sulfat-Gehalten:
  - *kieseritischer Sylvinit* besteht aus Kieserit + Sylvin + Halit,
  - *anhydritischer Sylvinit* besteht aus Anhydrit + Sylvin + Halit ± Kieserit.

Daneben gibt es weitere Salzgesteine, die von nur regionaler Bedeutung sind.

◘ **Tab. 25.4** Hauptbestandteile des Meerwassers bei 35 % Salzgehalt (nach Pilson 1998)

Kationen	(g/kg)	Anionen	(g/kg)
Na^+	10,781	Cl^-	19,353
K^+	0,399	Br^-	0,067
Mg^{2+}	1,284	BO_4^{2-}	2,712
Ca^{2+}	0,412	HCO_3^-	0,126
Sr^{2+}	0,008	BO_3^{3-}	0,026

◻ **Tab. 25.5** Die häufigsten Minerale in marinen Evaporiten

Klasse	Mineral	Chem. Formel
Karbonate	Dolomit	$CaMg[CO_3]_2$
Chloride	Halit	$NaCl$
	Sylvin	KCl
	Carnallit	$KMgCl_3 \cdot 6H_2O$
	Bischofit	$MgCl_2 \cdot 6H_2O$
Sulfate	Anhydrit	$Ca[SO_4]$
	Gips	$Ca[SO_4] \cdot 2H_2O$
	Kieserit	$Mg[SO_4] \cdot H_2O$
	Polyhalit	$K_2Ca_2Mg[SO_4]_4 \cdot 2H_2O$
Chlorid und Sulfat	Kainit	$KMg[Cl/SO_4] \cdot 2,75H_2O$

extremen Verdunstungsraten die Kalisalze Kainit, Carnallit, Sylvin und viele andere. Aus einer extrem konzentrierten Meereslauge bildet sich am Ende Bischofit. Wenn gesättigte Salzlösungen durch Zutritt von Meerwasser an Konzentration verlieren, scheiden sich Evaporite in umgekehrter Reihenfolge aus.

Eine solche Folge von progressiven und rezessiven Ausscheidungen bildet einen *salinaren Zyklus,* den man in vielen Evaporitabfolgen erkennen kann. Ein typisches Beispiel hierzu ist die Salzfolge der 257–251 Ma alten Zechstein-Evaporite im obersten Perm Mitteleuropas. Diese Zyklen sind in Mittel- und Norddeutschland, unter der Nordsee, in Dänemark, den Niederlanden, England und Polen mit unterschiedlicher Mächtigkeit und Vollständigkeit ausgebildet.

■ **Voraussetzungen für die Entstehung mariner Evaporite**

Natürliche Konzentrationsprozesse, die zur Übersättigung von Salzkomponenten im Meerwasser führen, sind unter folgenden Voraussetzungen möglich: In einem Meeresbecken, das durch eine Schwellenzone oder eine Meerenge weitgehend, aber nicht vollständig vom offenen Meer abgeschnürt ist, muss ein kontinuierlicher oberflächlicher Nachfluss von Meerwasser gewährleistet sein, ein Rückfluss der konzentrierten Lösung jedoch verhindert werden. Über die Schwellenzone strömt Meerwasser in dem Maß nach, wie es im anschließenden Becken verdunstet. Zudem darf durch besondere klimatische Bedingungen die Menge des verdunsteten Beckenwassers nicht durch Zuführung von Flusswasser oder durch ausgiebige Niederschläge kompensiert werden. Damit können sich in einem flachen Meeresbecken aus einer gut durchwärmten Lösung gewaltige Salzmächtigkeiten von einigen 100 m ausscheiden, wozu bei einem einmaligen Eindunstungsvorgang eine Meerestiefe von mehreren Kilometern nötig wäre.

Dieses Modell, das die Bedingungen für die Salzablagerung beschreibt, wurde bereits 1877 durch Carl Ochsenius (1830–1906) unter Hinweis auf die Vorgänge innerhalb der Karabugas-Bucht am Ostrand des Kaspischen Meers begründet (Ochsenius 1877). Seine sogenannte *Barrentheorie* ist in ihren Grundzügen durch die neuere Salzforschung immer wieder bestätigt worden (Warren 2016).

■ **Primäre Kristallisation und Diagenese mariner Evaporite**

Bei zunehmender Verdunstung des Meereswassers erfolgt die primäre Kristallisation der Salzminerale in einer bestimmten Reihenfolge, die durch ihre Löslichkeit kontrolliert wird: Zuerst kristallisieren die relativ schwerlöslichen Ca- und Ca-Mg-Karbonate Aragonit, Calcit und Dolomit. Erst wenn rund 70 % des Meerwasservolumens verdunstet sind, beginnt die Ausscheidung von Gips, ab rund 89 % folgen Halit und schließlich bei

Die Ausscheidungsfolge mariner Evaporite kann in erster Annäherung durch das Modellsystem Na-K-Ca-Mg-SO_4-Cl-H_2O beschrieben werden. Wenn man davon ausgeht, dass Ca-Sulfat schon sehr früh kristallisiert und $NaCl$ und H_2O stets im Überschuss vorhanden sind, lassen sich die Verhältnisse im Konzentrationsdreieck K_2^{2+}-Mg^{2+}- SO_4^{2-} darstellen (◻ Abb. 25.26). Wir betrachten zunächst die stabilen Gleichgewichte bei Atmosphärendruck = 1 bar und Raumtemperatur = 25 °C. Nach Ausscheidung von Ca-Sulfat ist das Mol-Verhältnis $Mg:K_2:SO_4 = 70:7:23$. Aus einer solchen Lösung sollte sich zunächst Blödit, $Na_2Mg[SO_4]_2 \cdot 4H_2O$, ausscheiden (Punkt MW in ◻ Abb. 25.26a), gefolgt von Epsomit. Falls die frisch gebildeten Blödit-Kristalle nicht weiter mit der verbleibenden Salzlösung reagieren, würde der Kristallisationspfad der Linie A – B folgen, d. h. der Projektion von MW durch A in das Epsomit-Feld (◻ Abb. 25.26b). Sollte jedoch Blödit mit der Lösung weiter reagieren, verlagert sich die Zusammensetzung der Lösung von A nach C, wobei sich Epsomit auf Kosten von Blödit bildet. Bei C wäre der letzte Rest von Blödit aufgebraucht und die Lösung kann sich durch das Epsomit-Feld in Richtung D entwickeln. In weiterer Folge wird Epsomit instabil und durch Hexahydrit und Kainit ersetzt, bei weiterer Konzentration der Salzlauge durch Kainit + Kieserit, Kieserit + Carnallit und schließlich durch die drei Phasen Kieserit-Carnallit-Bischofit bis zur kompletten Verdunstung (◻ Abb. 25.26a). Bei dieser theoretischen Kristallisationsabfolge wird das Stabilitätsfeld von *Sylvin* nicht erreicht, obwohl er das häufigste Kalisalz-Mineral in der Natur ist. Diese Diskrepanz könnte einerseits durch kinetische Hemmung der Bildung komplexer K-Mg-Salzen wie Kainit erklärt werden, oder durch höhere Temperaturen als die für die Phasenbeziehungen in ◻ Abb. 25.26 angenommenen 25 °C. Eine weitere Erklärung könnte in der Hydrologie

25

begründet liegen, da die Annahme eines geschlossenen Systems, die der theoretischen Kristallisationsabfolge zugrunde liegt, in der Natur sicherlich nicht erfüllt wird. Lecks am Boden des hydrologischen Systems und Austausch mit Frischwasser am Beckenrand haben maßgeblichen Einfluss auf die Ausscheidungsabfolge und das Volumen von Evaporitablagerungen (Warren 2016). Schließlich ist auch noch zu bedenken, dass die Meerwasserzusammensetzung in der geologischen Vergangenheit höchstwahrscheinlich nicht der heutigen entsprach, sondern Fluktuationen unterlag.

Am Anfang der Meerwasser-Eindunstung folgt, wie oben hervorgehoben, auf die Karbonatausscheidung die Kristallisation von Gips. In der Folge der Salzlagerstätten der geologischen Vergangenheit befindet sich jedoch über den Karbonaten meist ein mächtiges Lager von *Anhydrit*. Diese Diskrepanz führte zu einer anhaltenden Diskussion um die primäre Ausscheidung von Anhydrit aus dem Meerwasser. Wir wissen heute, dass sich wegen seiner begünstigten Keimbildung zunächst Gips als metastabile Phase ausscheidet, der sich während der frühen Diagenese unter Entwässerung in stabilen Anhydrit umwandelt. Dieser Vorgang wird durch die Erhöhung von Temperatur und Belastungsdruck durch das auflagernde Deckgebirge begünstigt. Synsedimentäre Anhydrit-Kristallisation direkt aus dem Meerwasser ist nur unter außergewöhnlichen Umständen möglich, nämlich bei Temperaturen oberhalb 40 °C

und bei Anwesenheit von gewissen organischen Molekülen, durch die eine Ausfällung von Gips gehemmt wird.

Der nach dem Gips kristallisierende Halit erfährt während der Diagenese keine Umwandlung. Demgegenüber führt die Übersättigung der konzentrierten Salzlaugen häufig zur metastabilen Primärausscheidung von K-Mg-Mineralen, die letztendlich durch stabile Mineralparagenesen ersetzt werden. Erfolgen diese Umwandlungen geologisch frühzeitig, rechnet man sie noch der Diagenese zu, weil sie bei gleichen Temperaturen stattfinden wie die Ausscheidung der primären Salzminerale.

■ **Metamorphose mariner Evaporite**

Wegen ihrer vergleichsweise hohen Löslichkeit reagieren viele Salzminerale empfindlich auf nachträgliche Metamorphose. Mit zunehmender Temperatur und begünstigt durch gleichzeitige Gesteinsdeformation kommt es zu Mineralreaktionen, Stofftransport und Änderungen in der Elementverteilung zwischen koexistierenden Salzmineralen. Somit sind alle typischen Kriterien für die Definition einer Gesteinsmetamorphose gegeben, unabhängig davon, dass die Salzmetamorphose schon bei viel niedrigeren Temperaturen einsetzt als in Silikatgesteinen.

Bei den Salzgesteinen unterscheidet man gewöhnlich drei verschiedene Arten von Metamorphose, je

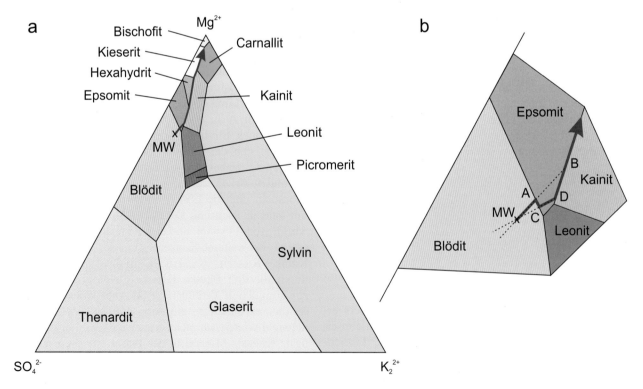

■ **Abb. 25.26**   **a** Stabilitätsfelder von Salzmineralen im System K_2^{2+}–Mg^{2+}–SO_4^{2-}–H_2O bei 25 °C und 1 bar mit NaCl im Überschuss (d. h. in allen Feldern ist Halit stabil); **b** Vergrößerung um den Bereich der Meerwasserzusammensetzung (MW) und Kristallisationspfad bei fortschreitender Verdunstung von Meerwasser (roter Pfeil). (Mod. nach Warren 2016)

nachdem, ob Lösungseinwirkung, Temperatur oder mechanische Beanspruchung dominieren. Da Salzminerale wie Carnallit, Sylvin oder Halit extrem wasserlöslich sind, spielt die *Lösungsmetamorphose* die Hauptrolle; sie wurde in allen deutschen Kalisalzlagerstätten des Zechsteins festgestellt. Hierbei ist die inkongruente Carnallit-Zersetzung unter Neubildung von Sylvin nach der Reaktion

$$KMgCl_3 \cdot 6H_2O \rightarrow KCl + MgCl_2 + 6H_2O$$
Carnallit   Sylvin   in Lösung   (25.4)

wichtig. Dabei wird kieserithaltiger Carnallitit durch ungesättigte Salzlösungen in kieseritisches Hartsalz umgewandelt:

Carnallit + Kieserit + Halit + NaCl − Lösung →
kieseritischer Carnallit
Kieserit + Sylvin + Halit + $MgCl_2$ − Lösung   (25.5)
kieseritisches Hartsalz

Die Bildung der Paragenese Kieserit + Sylvin erfordert Temperaturen von > 72 °C, während bei < 72 °C an ihrer Stelle Kainit entsteht. Die NaCl-Lösungen sind auf Spalten eingedrungen, die $MgCl_2$-Lösungen nach dem Umwandlungsprozess in die Umgebung abgewandert.

■ **Salztektonik (Halokinese)**
Wegen ihrer geringeren Dichte befinden sich Salzschichten in einer instabilen Lagerung gegenüber den sie überdeckenden silikatischen oder karbonatischen Sedimenten. Salzgesteine steigen daher häufig in Form von pilzförmigen Körpern auf, die als Salzstöcke, Salzdome oder Salzdiapire bezeichnet werden. *Größere Salzstöcke* erreichen Durchmesser von 1–2 km und können 5–10 km über die Salzschicht ihrer Herkunft aufsteigen. Während ihres Aufstiegs durchdringen sie ihr Nebengestein, schleppen die jüngeren Schichtfolgen hoch, durchbrechen und überkippen diese, wobei die Salzkörper intern deformiert werden, ein Prozess den man als Salztektonik (Halokinese) bezeichnet. Demgegenüber sind *Salzkissen* kleinere halokinetische Bildungen mit flacher Basis und gewölbtem Oberteil, die ihr Nebengestein nicht durchdringen. An der Oberfläche von Salzstöcken oder von kuppelförmigen Salz-Aufwölbungen kommt es durch einwanderndes Grundwasser zur Auflösung der leicht löslichen Salzminerale und zur Neubildung von Gips, Anhydrit und Kainit, wodurch ein sog. *Gips-* bzw. *Kainithut* entsteht.

Salzstöcke und ihr unmittelbares Nebengestein bieten hervorragende Erdöl- und Erdgas-Fallen. Hierzu gehören besonders die porösen Gesteine des Gipshutes, die aufgewölbten Schichten im Hangenden und die hochgeschleppten Nebengesteine an den Flanken von Salzstöcken. Solche Strukturen liefern wesentliche Anteile der globalen Erdölproduktion, so im Gebiet des Persischen Golfes, im Golf von Mexiko, in Texas und Louisiana (USA), in Rumänien, in der Nordsee und – heute ohne Bedeutung – in Norddeutschland. Darüber hinaus werden tiefliegende Kavernen von Salzstöcken als mögliche Deponien für chemische und radioaktive Abfälle in Erwägung gezogen und getestet, aber mit zweifelhaftem Ergebnis.

■ **Wirtschaftliche Bedeutung von marinen Evaporiten**
Steinsalz ist ein vielseitiger und wichtiger Rohstoff für die chemische Industrie, so für die gesamte Chlorchemie, auf deren Basis Kunstfasern (Chemiefasern) gewonnen werden. Aus Halit werden weitere chemische Grundstoffe erzeugt wie z. B. metallisches Natrium, Natronlauge, Chlorgas und Salzsäure. Auf diesen Basisverbindungen bauen wiederum zahlreiche großindustrielle Prozesse zur Herstellung von Waschmitteln, Textilfasern, Papier und Zellstoff auf. Daneben ist Halit für die menschliche Nahrung unverzichtbar; er findet in der Lebensmittelindustrie als raffiniertes Kochsalz, aber auch als Streusalz Verwendung.

Im Jahr 2020 waren die wichtigsten Förderländer von Steinsalz die VR China (60 Mio. t oder 22 % der Weltproduktion), gefolgt von den USA (39 Mio. t), Indien (28 Mio. t), Deutschland (14 Mio. t) und Australien (12 Mio. t) (U.S. Geological Survey 2021).

Kalisalze sind wichtige Rohstoffe in der chemischen Industrie und für die Erzeugung verschiedener Düngemittel, besonders der viel gefragten Sulfatdünger. Unter den weltweiten Produzenten von Kalisalzen stand 2020 Kanada mit einer Jahresproduktion von 14 Mio. t K_2O-Äquivalent (= 32 % der Weltproduktion) an erster Stelle, gefolgt von Russland (7,6 Mio. t), Weißrussland (7,3 Mio. t), der VR China (5,0 Mio. t), Deutschland (3,0 Mio. t), Israel (2,0 Mio. t), Jordanien (1,5 Mio. t) und Chile (0,9 Mio. t) (U.S. Geological Survey 2021).

In großindustriellem Maßstab werden auch *Anhydrit-* und *Gipsgesteine* genutzt, so für die Herstellung von Schwefelsäure und Ammoniumsulfat sowie als Rohstoff in der Zement- und Baustoffindustrie, z. B. zur Herstellung von Gipskarton-Platten und Anhydritestrich. Gips wird außerdem in der Keramik- und Porzellanindustrie, in der Medizin und Dentalchemie sowie im Kunstgewerbe (Modellgips) verwendet. Im Jahr 2020 produzierten die USA 22 Mio. t Gips oder 15 % der Weltförderung, gefolgt von der VR China und Iran (je 16 Mio. t), Oman (11 Mio. t), der Türkei (10 Mio. t), Thailand (9,3 Mio. t)

25

Spanien (7 Mio. t), Mexiko (5,4 Mio. t), Japan (4,7 Mio. t) und Russland (3,8 Mt) (U.S. Geological Survey 2021).

Literatur

Azim Zadeh AM, Ebner F, Jiang S-Y (2015) Mineralogical, geochemical, fluid inclusion and isotope study of Hohentauern/Sunk sparry magnesite deposit (Eastern Alps/Austria): implications for a metasomatic genetic model. Mineral Petrol 109:555–575

Bechtel A, Sun Y, Püttmann W, Hoernes S, Hoefs J (2001) Isotopic evidence for multi-stage metal enrichment in the Kupferschiefer from the Sangerhausen Basin, Germany. Chem Geol 276:31–49

Bekker A, Slack JF, Planavsky N et al (2010) Iron Formation: The sedimentary product of a complex interplay among mantle, tectonic, oceanic, and biospheric processes. Econ Geol 105:467–508

Blatt H (1982) Sedimentary petrology. Freeman, San Francisco

Borg G, Piestrzynski A, Bachmann GH, et al (2012) An overview of the European Kupferschiefer deposits. Soc Econ Geologists, Spec Publ 16:455–486

Bouma AH (1962) Sedimentology of some flysch deposits; a graphic approach to facies interpretation. Elsevier, Amsterdam

Burnett WC, Riggs SR (Hrsg) (1990) Neogene to modern phosphorites. Cambridge University Press, Cambridge

Clout JMF, Simonson BM (2005) Precambrian iron formations and iron-formation hosted iron ore deposits. In: Hedenquist JW, Thompson JFH, Goldfarb RJ, Richards JP (Hrsg) Economic geology one hundreth anniversary vol, Soc Econ Geol, Littleton, Colorado, S 643–679

Condie KC (1993) Chemical composition and evolution of the upper continental crust: contrasting results from surface samples and shales. Chem Geol 104:1–37

Dietze E, Dietze M (2019) Grain-size distribution unmixing using the R package EMMAgeo. E&G Quaternary Science Journal 68:29–46

Dott RH Jr (1964) Wacke, greywacke and matrix – what approach to immature sandstone classification. J Sed Petrol 34:625–632

Dunham RJ (1962) Classification of carbonate rocks according to depositional texture. In: Ham WE (Hrsg) Classification of carbonate rocks. Mem Ass Petrol Geol 1:108–121

Embry AF, Klovan JE (1971) A late Devonian reef tract on northeastern Banks Island, Northwest Teritories. Bull Canad Petrol Geol 19:730–781

Engelbrecht JP, Derbyshire E (2010) Airborne mineral dust. Elements 6:241–246

Evans AM (1993) Ore geology and industrial minerals, 3. Aufl. Blackwell Science, Oxford

Flügel E (2010) Microfacies of carbonate rocks – Analysis, Interpretation and Application, 2. Aufl. Springer, Heidelberg

Folk R (1962) Spectral subdivision of limestone types. In: Ham WE (Hrsg) Classification of carbonate rocks. Mem Ass Petrol Geol 1: 62–84

Frimmel H (2004) Archean atmospheric evolution: evidence from the Witwatersrand gold fields, South Africa. Earth Sci Rev 70:1–46

Frimmel HE (2014) A giant Mesoarchean crustal gold-enrichment episode: Possible causes and consequences for exploration. In: Kelley K, Howard G (Hrsg) Soc Econ Geologists, Spec Publ 18:209–234, Littleton, Colorado

Frimmel HE (2018) Episodic concentration of gold to ore grade through Earth's history. Earth Sci Rev 180:148–158

Frimmel HE (2019) The Witwatersrand Basin and its gold deposits. In: Kröner A, Hoffmann A (Hrsg) The Archaean Geology of the Kaapvaal Craton, Southern Africa. Springer Nature, Heidelberg, S 255–275

Frimmel HE, Hennigh Q (2015) First whiffs of atmospheric oxygen triggered onset of crustal gold cycle. Miner Deposita 50:5–23

Frimmel HE, James CS (2020) Placer deposits. Encyclopedia of geology, 2. Aufl. Elsevier, Amsterdam, S 877–898

Frimmel HE, Müller J (2011) Estimates of mineral resource availability – how reliable are they? Akad. Geowiss. Geotechn. Veröffentl. 28:39–62

Frimmel HE, Groves DI, Kirk J, Ruiz J, Chesley J, Minter WEL (2005) The formation and preservation of the Witwatersrand goldfields, the largest gold province in the world In: Hedenquist JW, Thompson JFH, Goldfarb RJ, Richards JP (Hrsg) Economic Geology One Hundredth Anniversary Volume. Society of Economic Geologists, Littleton, Colorado, S 769–797

Frimmel HE, Nwaila GT (2020) Geologic evidence of syngenetic gold in the Witwatersrand goldfields, South Africa. In: Sillitoe RH, Goldfarb RJ, Robert F, Simmons SF (Hrsg) Geology of the world's major gold deposits and provinces, Soc Econ Geol, Littleton, Special Publ 23: 645–668

Füchtbauer H (1988) Sedimente und Sedimentgesteine, 4. Aufl. Schweizerbart, Stuttgart

Garnett RHT, Bassett NC (2005) Placer deposits. In: Hedenquist JW, Thompson JFH, Goldfarb RJ, Richards JP (Hrsg.) Economic geology one hundreth anniversary Vol, S 813–843, Soc Econ Geol, Littleton, Colorado

Gieré R, Vaughan DJ (2013) Minerals in the air. Elements 9:410–411

Glenn CR, Föllmi KB, Riggs SR et al (1994) Phosphorus and phosphorites: sedimentology and environments of formation. Eclogae geol Helv 87:747–788

Gross GA (1991) Genetic concepts for iron-formation and associated metalliferous sediments. Econ Geol Monogr 8:51–81

Hein JR, Koschinsky A (2014) Deep ocean ferromanganese crusts and nodules. In: Holland HD, Turekian KK (Hrsg) Treatise on Geochemistry 13. Bd, 2. Aufl. Elsevier, Amsterdam, S 273–291

Hitzman M, Kirkham R, Broughton D, Thorson J, Selley D (2005) The sediment-hosted stratiform copper ore systems. In: Hedenquist JW, Thompson JFH, Goldfarb RJ, Richards JP (Hrsg) Economic geology one hundreth anniversary Vol. Soc Econ Geol, Littleton, Colorado, S 609–642

Islay AE, Abbott DH (1999) Plume-related mafic volcanism and the deposition of banded iron formation. J Geophys Res 15461–15477

James HL (1954) Sedimentary facies of iron formation. Econ Geol 49:235–293

Koschinsky A, Hein JR (2017) Marine ferromanganese encrustations: archives of changing oceans. Elements 13:177–182

Krynine PD (1948) The megascopic study and field classification of sedimentary rocks. J Geol 56:130–165

Lusty PAJ, Murton BJ (2018) Deep-ocean mineral deposits: metal resources and windows into Earth processes. Elements 14:301–306

Lusty PAJ, Hein JR, Josso P (2018) Formation and occurrence of ferromanganese cruts: earth's storehouse for critical metals. Elements 14:313–318

Maynard JB (1983) Geochemistry of sedimentary ore deposits. Springer, New York

Meade RH (1966) Factors influencing the early stages of the compaction of clays and sands – review. J Sed Petrol 39:222–234

Niggli P (1952) Gesteine und Minerallagerstätten, 2. Bd. Exogene Gesteine und Minerallagerstätten. Birkhäuser, Basel

Ochsenius K (1877) Die Bildung der Steinsalzlager und ihrer Mutterlaugensalze. Halle a. d. Saale

Pettijohn FJ, Potter PE, Siever R (1987) Sand and sandstone, 2. Aufl. Springer, Berlin

Pilson MEQ (1998) An introduction to the chemistry of the sea. Prentice Hall, Upper Saddle River

Poulton SW, Canfield DE (2011) Ferruginous conditions: a dominant feature of the ocean through Earth's history. Elements 7:107–112

Seifert AV, Vrána S (2005) Bohemian garnet. Bulletin of Geosciences. Czech Geol. Survey 80:113–124

Selley D, Broughton D, Scott R, et al (2005) A new look at the geology of the Zambian Copperbelt. In: Hedenquist JW, Thompson

JFH, Goldfarb RJ, Richards JP (Hrsg) Economic geology one hundreth anniversary Vol. Soc Econ Geol, Littleton, Colorado, S 965–1000

Shcheka GG, Lehmann B, Gierth E et al (2004) Macrocrystals of Pt-Fe alloy from the Kondyor PGE placer deposit, Khabarovskiy Kray, Russia: trace element content, mineral inclusions and reaction assemblages. Canad Mineral 42:601–617

Sverjensky DA, Lee N (2010) The great oxidation event and mineral diversification. Elements 6:31–36

Taylor KG, Macquaker HS (2011) Iron minerals in marine sediments record chemical environments. Elements 7:113–118

Tucker ME (1985) Einführung in die Sedimentpetrologie. Enke, Stuttgart

U. S. Geological Survey (2021) Mineral commodity summaries 2020: U.S. Geological Survey, 200 p, ▶ https://doi.org/10.3133/mcs2021

Warren JK (2016) Evaporites, a geological compendium, 2. Aufl. Springer, Heidelberg

Wentworth CK (1922) A scale of grade and class terms for clastic sediments. J Geol 30:377–392

Metamorphe Gesteine

Inhaltsverzeichnis

© Springer-Verlag GmbH Deutschland, ein Teil von Springer Nature 2022
M. Okrusch und H. E. Frimmel, *Mineralogie*,
https://doi.org/10.1007/978-3-662-64064-7_26

Einleitung

Unter Gesteinsmetamorphose (von grch. μεταμόρ φωσις = Umwandlung) versteht man sämtliche Umwandlungsprozesse, mit denen ein Gestein auf Veränderungen der physikalisch-chemischen Bedingungen im Erdinnern, insbesondere von Druck und Temperatur, reagiert. Dabei entstehen aus magmatischen, sedimentären oder (bereits) metamorphen Ausgangsgesteinen neue, metamorphe Gesteine (Metamorphite), die sich in ihrem *Gefüge*, ihrem *Mineralbestand*, bisweilen sogar in ihrem *Chemismus* vom Ausgangsgestein unterscheiden. Während der Metamorphose bleibt der feste Zustand des Gesteins erhalten, obwohl gewöhnlich eine intergranulare fluide Phase vorhanden ist. Zwischen metamorphen und magmatischen Prozessen besteht ein gleitender Übergang, da es bei der hochgradigen Metamorphose zum teilweisen Aufschmelzen von Gesteinen kommen kann, ein Prozess, den man als *Anatexis* bezeichnet. Wenn bei dieser *Ultrametamorphose* genügend Schmelze gebildet wird, kann sich diese, bedingt durch den Auftrieb, als Magma von den hochgradig metamorphen Resten des Ausgangsgesteins abtrennen. *Polymetamorphe* Gesteine haben mehrere verschiedene Metamorphoseakte erlebt.

räume von 10^5 bis 10^6 Jahren. Aus diesem Grunde können Mineralrelikte, die noch aus dem Ausgangsgestein stammen oder die im Verlauf der *prograden* (aufsteigenden) *Metamorphose* bei Erhöhung von Druck und Temperatur gebildet wurden, metastabil erhalten bleiben. Strukturelles und dementsprechend auch thermodynamisches Gleichgewicht stellt sich gewöhnlich erst beim Erreichen der maximalen Temperatur ein. Umgekehrt können Minerale, die sich beim *Höhepunkt* der Metamorphose gebildet haben, während der *retrograden Metamorphose*, d. h. bei sinkenden *P-T*-Bedingungen teilweise oder vollständig *retrograd* abgebaut werden. Die Rekonstruktion des prograden und retrograden *P–T*-Pfades bei einem Metamorphoseereignis ist eines der wesentlichen Forschungsziele der metamorphen Petrologie.

Obwohl die metamorphe Umkristallisation in der Regel unter Erhaltung des *festen Zustands* erfolgt, befindet sich auf den Korngrenzen fast immer ein hauchdünner Film von fluider Phase. Dieser wirkt als Lösungsmedium für die Reaktionspartner und ermöglicht so den Transport von chemischen Komponenten, die für die Keimbildung und das Kornwachstum neuer Minerale in überschaubaren geologischen Zeiträumen notwendig sind. Demgegenüber laufen reine Feststoffreaktionen unter den Temperaturen, die gewöhnlich bei der Metamorphose zur Verfügung stehen, extrem langsam ab und sind daher die Ausnahme.

26.1 Grundlagen

26.1.1 Metamorphe Prozesse

■ **Metamorphe Reaktionen**

Wenn sich die äußeren Parameter, die den Zustand eines thermodynamischen Systems beschreiben, verändern, wird durch die Reaktion zwischen den vorhandenen Phasen ein neuer thermodynamischer Gleichgewichtszustand erreicht, bei dem neue Phasen entstehen. In Gesteinen erfolgt diese Anpassung an ein neues Gleichgewicht meist durch Reaktionen zwischen bereits vorhandenen *Mineralphasen,* die zur Bildung von neuen Phasen führen. Wenn also ein Gestein *P-T*-Bedingungen ausgesetzt wird, die sich von denen seiner ursprünglichen Bildung unterscheiden, entstehen neue stabile Mineralgesellschaften *(Mineralparagenesen)*. In vielen Fällen sind diese neu gebildeten Minerale bzw. Mineralparagenesen für einen begrenzten *P-T*-Bereich charakteristisch und stellen dann **Indexminerale** oder *kritische* Minerale bzw. Mineralparagenesen dar. Allerdings ist aus reaktionskinetischen Gründen die Neueinstellung eines physikalisch-chemischen Gleichgewichts in einem bestimmten Mehrstoffsystem, hier in einem Gestein, oft unvollständig. Einige der ablaufenden Mineralreaktionen erfordern geologische Zeit-

■ **Veränderung des Gesteinschemismus**

Bei der Gesteinsmetamorphose erfährt die chemische Zusammensetzung des *Ausgangsgesteins* mit Ausnahme der volatilen Komponenten (hauptsächlich H_2O und CO_2) meist *keine* Änderung. Metamorphe Prozesse erfolgen also annähernd *isochemisch* , d. h. ohne wesentliche Zufuhr oder Abfuhr von chemischen Komponenten, was nicht nur für die Haupt- sondern auch die Neben- und Spurenelemente gilt. Wenn z. B. ein ehemaliger Bänderton durch Metamorphose umkristallisiert, so kann seine sedimentäre Bänderung im metamorphen Gestein immer noch erkennbar bleiben. Die feinen, sedimentär angelegten stofflichen Unterschiede werden durch unterschiedliche metamorphe Mineralparagenesen fixiert und so im metamorphen Gestein übernommen. Ein völlig geschlossenes System liegt allerdings nur selten vor: volatile Komponenten wie H_2O und CO_2, die im Zuge der prograden Metamorphose durch *Entwässerungs*- bzw. *Dekarbonatisierungsreaktionen* freigesetzt werden, wandern wegen ihrer deutlich geringeren Dichte nach oben ab. Demgegenüber erfordern *retrograde* Mineralbildungen gewöhnlich den Zutritt solcher leichtflüchtigen Komponenten von außerhalb, wobei meist gesonderte

Wegsamkeiten wie Klüfte, Störungen oder Scherzonen benutzt werden. Deswegen sind retrograde Minerale meist reich an $(OH)^-$ oder CO_3^{2-}, so z. B. Sericit, Chlorit oder Calcit.

In den meisten Fällen bilden sich bei fortschreitender Metamorphose – trotz weitgehender Erhaltung der chemischen Pauschalzusammensetzung – neue Mineralparagenesen, z. B.:

- Tonstein (Quarz + Kaolinit + Illit + Chlorit) → *Staurolith-Glimmerschiefer* (Quarz + Muscovit + Biotit + Staurolith + Kyanit) + H_2O
- Kieseliger Dolomit (Quarz + Dolomit) → *Kalksilikatfels* + (Diopsid) + CO_2.

Voraussetzung für eine solche Änderung im Mineralbestand ist die Existenz von mehr als einer Mineralphase im Ausgangsgestein. In einem *monomineralischen* Ausgangsgestein fehlt der darin faktisch einzigen Mineralphase hingegen jeglicher Reaktionspartner und anstatt der Bildung neuer Mineralphasen kommt es lediglich zur Rekristallisation des einen bereits vorhandenen Minerals. Weitverbreitete Beispiele dafür sind:

- Reiner Kalkstein → *Marmor*
- Quarzsandstein mit kieseligem Bindemittel → *Quarzit*
- Reiner Kieselschiefer → *Quarzit,*

in denen einzig Calcit beziehungsweise Quarz rekristallisieren.

Aber sogar polymineralische Gesteine können ohne Änderung des Mineralbestandes metamorph rekristallisieren, z. B.:

- Granit (Quarz + Mikroklin + Oligoklas + Biotit) → *Granitgneis* (Quarz + Mikroklin + Oligoklas + Biotit)

Nur in besonderen Fällen kommt es zu *allochemischer* Gesteinsumwandlung, bei der nicht nur die volatilen Komponenten, sondern auch andere zu- oder abgeführt werden. In diesem Fall verhält sich das Gestein als offenes thermodynamisches System und die entsprechende Gesteinsumwandlung wird als *Metasomatose* bezeichnet (▶ Abschn. 26.6). Metasomatose vollzieht sich vor allem dort, wo Gestein mit größeren Mengen an überkritischen Fluiden oder hydrothermalen Lösungen reagiert. Meist ist dies auf nur lokale Bereiche beschränkt, wie z. B. in der Kontaktzone zwischen intrudierendem Magma und Nebengestein. In diesem Fall spricht man dementsprechend von *Kontaktmetasomatose* (▶ Abschn. 26.2.1).

Im Übergangsbereich zwischen hochgradiger Metamorphose und Magmatismus ist auch die *Anatexis* ein allochemischer Metamorphosevorgang. Sie führt zur Separierung des ursprünglichen Gesteinsverbandes in helle (leukokrate) Anteile, die auf anatektische Schmelzen zurückgehen, und dunklere Restgesteine (Restite). Anatektische Gesteine, in denen die gebildete Schmelze weitgehend an Ort und Stelle kristallisiert ist, zeigen häufig ein sehr unruhiges, lagiges oder schlieriges Gefüge und werden als *Migmatite* bezeichnet (▶ Abb. 26.27, 26.28).

- ■ **Prograde und retrograde Metamorphose**

Sehr häufig lassen Metamorphosevorgänge in der zeitlichen und räumlichen Entwicklung ihrer Mineralparagenesen einen *prograden* Charakter erkennen, der durch einen stetigen Anstieg der Temperatur bedingt ist. In vielen Fällen wirkt sich auch ein starker Druckanstieg zusätzlich oder sogar bestimmend aus, wobei sehr unterschiedliche *P/T*-Verhältnisse realisiert sein können. Unter günstigen Umständen kann man die Entwicklung der prograden Metamorphose innerhalb einer Gesteinsprobe anhand von *Mineralrelikten* beschreiben, die z. B. als Einschlüsse in Großkristallen erhalten sein können. Zeigen diese ein schwammartiges Gefüge, wie das z. B. bei metamorphem Plagioklas, Granat oder Staurolith oft der Fall ist, spricht man von sog. *Poikiloblasten* (grch. πόικιλος = gescheckt, βλάστη = Spross, Wuchs). In vielen metamorphen Komplexen zeigt die regionale Verteilung der kritischen Mineralparagenesen eine Zonierung. Diese *Mineralzonen* spiegeln eine systematische Zunahme der maximalen *P-T*-Bedingungen wider, die beim Höhepunkt der prograden Metamorphose erreicht wurden. Damit belegen sie, dass bei einem gegebenen Metamorphoseereignis regional höchst unterschiedliche geothermische Gradienten geherrscht haben können.

Bei der nachfolgenden Heraushebung und Abkühlung des metamorphen Gesteinsverbandes werden einige der Minerale, die beim Höhepunkt der Metamorphose gebildet wurden, teilweise wieder abgebaut und durch *retrograde* Mineralphasen verdrängt. Weit verbreitet sind z. B. die Sericitisierung von Plagioklas oder Andalusit, die Chloritisierung von Biotit oder Granat und die Umwandlung von Cordierit in Pinit, ein Gemenge aus Sericit und Chlorit. In manchen Fällen kommt es zu einer *retrograden Metamorphose* (Diaphthorese), bei der höhergradige Paragenesen weitgehend oder vollständig durch niedrigergradige Minerale ersetzt werden. Allerdings bleibt aus kinetischen Gründen bei den niedrigeren Temperaturen die retrograde Gleichgewichtseinstellung meist unvollständig, sodass Mineralrelikte des höhergradigen Stadiums meist noch erhalten bleiben. Typisch für die retrograde Metamorphose sind Hydratisierungs- oder Karbonatisierungsreaktionen, die eine Zufuhr von H_2O und/oder CO_2 voraussetzen. Da sich der Fluidtransport meist auf einzelne konkrete Bahnen konzentriert, beschränken sich solche retrograden Umwandlungen häufig auf tektonische Schwächezonen wie Überschiebungsbahnen und Störungen, erfassen also die metamorphen Gesteine nicht durchgreifend.

26

Vorsilbe		Bedeutung	Beispiele
Meta-	+ Name des Ausgangsgesteins	Die Abkunft wird als sicher angenommen	Metagranit, Metagrauwacke, Metapelit (= metamorpher Ton- oder Siltstein)
Ortho-	+ Name des metamorphen Gesteins	Eine magmatische Abkunft gilt als wahrscheinlich	Orthogneis, Orthoamphibolit
Para-	+ Name des metamorphen Gesteins	Eine sedimentäre Abkunft gilt als wahrscheinlich	Paragneis

Bei der Abkühlung von größeren Intrusivkörpern können deren eigene Restlösungen mit den neu gebildeten magmatischen Mineralen reagieren, wobei metamorphe Minerale entstehen. Dieser Vorgang ist ein Spezialfall der retrograden Metamorphose und wird als *Autometamorphose* bzw. *Autometasomatose* bezeichnet. Dabei bestehen häufig Überschneidungen mit hydrothermalen Prozessen und deren Mineralbildungen.

26.1.2 Das Ausgangsmaterial metamorpher Gesteine

Nicht selten liefern metamorphe Gesteine Hinweise auf ihr prämetamorphes Ausgangsmaterial, dem Edukt oder Protolith. Wichtige Kriterien hierfür sind *Gefügerelikte* wie sedimentäre Schichtung oder magmatischer Lagenbau, *Mineralrelikte* wie ehemalige Pyroxen-Einsprenglinge sowie geochemische und isotopengeochemische Charakteristika. Nomenklatorisch kann das Ausgangsmaterial, sofern noch eindeutig rekonstruierbar, durch entsprechende Begriffe nach der Vorsilbe „Meta-" beschrieben werden. Die Vorsilben „Ortho-" und „Para-" klassifizieren das Ausgangsmaterial eines gegebenen Metamorphits als magmatisch bzw. sedimentär (■ Tab. 26.1).

Da Metamorphose im Wesentlichen ein isochemischer Prozess ist, spiegelt die chemische Zusammensetzung eines metamorphen Gesteins die des prämetamorphen Ausgangsmaterials wider. Daher ist es gebräuchlich, metamorphe Gesteine nach ihrer chemischen Pauschalzusammensetzung zu klassifizieren, wobei man folgende Gesteinsgruppen unterscheiden kann:

Metapelite	
Quarz-Feldspat-reiche Metamorphite	
Ausgangsmaterial	Granit, Granodiorit, Tonalit, Trondhjemit (Plagiogranit), Rhyolith, Ignimbrit, Arkose, Al-arme Grauwacke, Sandstein
Typische Minerale	Quarz, Hämatit, Magnetit, Spessartin, seltener Mn-Silikate und Mn-Oxide, Grunerit, Stilpnomelan, Chloritoid oder Ottrelit; bei Hochdruckmetamorphose Ägirin oder Ägirinaugit, Riebeckit und komplexe Fe-Mn-Silikate Deerit, Howieit und Zussmanit.

Metapelite	
Metamorpher Kalkstein, Dolomit und Mergel	
Typische Minerale	Calcit, Dolomit, Ankerit und Kalksilikate, wie Tremolit, Diopsid, Grossular-Andradit Granat, Vesuvian, Wollastonit, (Klino-) Zoisit oder Epidot, Mg-Silikate wie Forsterit und Phlogopit.
Metabasite	
Ausgangsmaterial	Hauptsächlich mafische Magmatite, besonders Basalt und Andesit oder deren pyroklastischen Äquivalente, auch Gabbro.
Typische Minerale	bei niedrigem Metamorphosegrad Albit, Epidot, Chlorit und Aktinolith; bei höherem Metamorphosegrad Plagioklas, Hornblende, Granat, Diopsid, und Orthopyroxen bei sehr hohen Temperaturen; bei Hochdruckmetamorphose Glaukophan, Lawsonit, Epidot, Chlorite, Albit oder Jadeit, Omphazit und Granat.
Ultrabasische Metamorphite	
Ausgangsmaterial	Peridotit, Pyroxenit, Serpentinit
Typische Minerale	Serpentinminerale, Talk, Brucit, Magnesit, Chlorit, Anthophyllit, Cummingtonit, Olivin; bei hohem Metamorphosegrade Orthopyroxen.
Ausgangsmaterial	Pelite, Ton, Tonstein, tonreiche Grauwacke
Typische Minerale	Hellglimmer, Chlorit, Biotit, Granat, Chloritoid, Staurolith, Cordierit, Kyanit, Sillimanit, Andalusit; Quarz ist immer anwesend, Albit oder Plagioklas nur untergeordnet; Kalifeldspat bildet sich bei hohem Metamorphosegrad
Fe- und/oder Mn-reiche Metamorphite	

Metapelite	
Ausgangsmaterial	Fe- und Mn-reiche kieselige Sedimentgesteine, Bändereisenerz
Typische Minerale	Quarz, Hämatit, Magnetit, Spessartin, seltener Mn-Silikate und Mn-Oxide, Grunerit, Stilpnomelan, Chloritoid oder Ottrelit; bei Hochdruckmetamorphose Ägirin oder Ägirinaugit, Riebeckit und komplexe Fe-Mn-Silikate Deerit, Howieit und Zussmanit.
Metabauxit	
Typische Minerale	Diaspor, Korund, Chloritoid, Kyanit, Margarit.

26.1.3 Untere und obere Temperaturbegrenzung der Gesteinsmetamorphose

Tieftemperaturbegrenzung Ausgeschlossen vom Begriff der *Gesteinsmetamorphose* sind Umwandlungen, die sich bei niedrigen Temperaturen an oder nahe der Er-

doberfläche abspielen, insbesondere alle Vorgänge der *Verwitterung* (▶ Kap. 24) und der *diagenetischen Verfestigung* (▶ Kap. 25). Der Übergang von der *Diagenese* zur Gesteinsmetamorphose nimmt einen breiten *P-T*-Bereich ein, der weitgehend von der chemischen Zusammensetzung des sedimentären oder pyroklastischen Ausgangsmaterials abhängt und auch als *Anchimetamorphose* bezeichnet wird (Harrassowitz 1927). In Gesteinen geeigneter Zusammensetzung, z. B. in Tonsteinen, registriert man die ersten metamorphen Mineralneubildungen im Temperaturbereich von etwa $150 \pm 50\,°C$ (◘ Abb. 26.1). In anderen Ausgangsgesteinen müssen diese Temperaturen deutlich überschritten sein, ehe eine Metamorphose erkennbar wird. Andererseits gibt es in *Salzgesteinen* bereits bei etwa 80 °C Reaktionen, die den Mineralbestand so durchgreifend verändern, dass man von Metamorphose sprechen kann (▶ Abschn. 25.7.2). Auch der Prozess der *Inkohlung,* den man ebenfalls als eine Art von Metamorphose auffassen könnte, erfolgt schon bei niedrigen Temperaturen (Teichmüller 1987) und wird daher der Diagenese zugeordnet. Beim Übergang Diagenese → Metamorphose beobachtet man insbesondere folgende Vorgänge (Frey 1987):

◘ **Abb. 26.1** Druck-Temperatur-Diagramm zur Abgrenzung der konventionellen Metamorphose gegen die Diagenese und die Anatexis; gezeigt sind ferner die P–T-Bedingungen unterschiedlicher Drucktypen der Metamorphose. Gleichgewichtskurven: Quarz ↔ Coesit (Bose und Ganguly 1995); Jadeit + Quarz ↔ Albit (Holland 1980); H_2O-gesättigter und trockener Granit-Solidus (Johannes und Holtz 1996). Abkürzungen: Ab = Albit, Afs = Alkalifeldspat, Coe = Coesit, Jd = Jadeit, Or = Kalifeldspat, Qz = Quarz

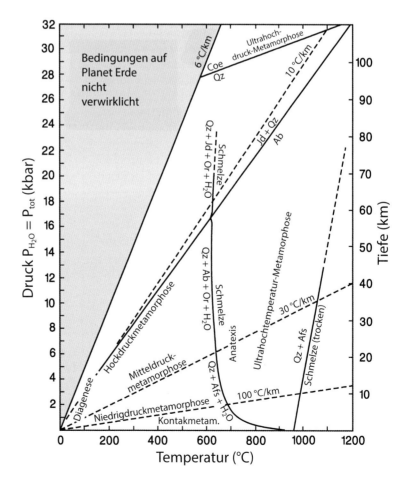

26

- Drastische Reduzierung der *Porosität* bis zu deren völligen Verschwinden.
- Bildung einer *durchgreifenden Schieferung*, bedingt durch Einregelung von Schichtsilikaten; in vielen Fällen steht die Schieferung *transversal* zur ursprünglichen Schichtung. In diesem Sinne sind Tonschiefer bereits als (anchi-)metamorphe Gesteine aufzufassen.
- Zunahme der *Illit-Kristallinität* (▶ Abschn. 25.2.12). Durch diesen Vorgang wird die stark fehlgeordnete Modifikation Illit 1Md in gut kristallisierten 2M$_1$-Illit und weiter über die sehr feinkörnige Varietät Sericit in Muscovit überführt.
- Zunahme der *Reflektivität* von *kohliger Substanz,* z. B. ist die Umwandlung Vitrinit $\rightarrow$ Graphit im Auflicht an seiner starken Doppelbrechung erkennbar.
- Neukristallisation von typisch metamorphen Mineralen wie Pyrophyllit, Ferrokarpholith, (Fe,Mg) Al$_2$[(OH,F)$_4$/Si$_2$O$_6$], Glaukophan, Lawsonit, Paragonit, Prehnit, Ca$_2$Al[(OH)$_2$/AlSi$_3$O$_{10}$], Pumpellyit, Ca$_2$(Mg,Fe^{2+})(Al,Fe^{3+})$_2$[(OH)$_2$/H$_2$O/SiO$_4$/Si$_2$O$_7$] oder Stilpnomelan, $\sim$K(Fe^{2+}, Fe^{3+},Mg,Mn)$_8$ [(OH)$_8$/ (Si,Al)$_{12}$O$_{28}$]·2H$_2$O.

Insgesamt unterscheidet sich die Metamorphose von der Diagenese durch die weitgehende Annäherung der Mineralparagenesen an ein thermodynamisches Gleichgewicht. Bei den niedrigen Temperaturen der Diagenese reagieren die Silikatminerale noch sehr träge, weil für die meisten Sedimentsysteme die kinetischen Hemmungen auf dem Weg zum chemischen Gleichgewicht außerordentlich groß sind. So enthalten Gesteine, die durch Diagenese oder Anchimetamorphose geprägt sind, oft mehr Minerale als nach der Gibbs'schen Phasenregel im Gleichgewicht miteinander auftreten sollten. Demgegenüber genügen Mineralparagenesen, die beim Höhepunkt der Metamorphose in typisch metamorphen Gesteinen gebildet werden, meist der Phasenregel.

Hochtemperaturbegrenzung Nach der oben gegebenen Definition schließen wir die Anatexis in den Prozess der Gesteinsmetamorphose mit ein, solange sich das betreffende Gestein noch überwiegend im festen Zustand befindet, d. h. bei Schmelzanteilen von < 30 Vol.-%. Die ersten anatektischen Schmelzen, die sich aus einem breiten Spektrum metamorpher Stoffbestände – z. B. metamorph überprägter Granit, Granodiorit, Grauwacke und Tonstein – bilden können, haben aplitgranitische Zusammensetzung, die dem ternären Minimum im System Qz–Ab–Or–H$_2$O entspricht (◨ Abb. 20.1, , 20.3). Demgegenüber können aus Metabasiten tonalitische Schmelzen entstehen. Dabei hängt die Temperatur des Schmelzbeginns vom Druck und von der chemischen Zusammensetzung des metamorphen Gesteins ab, während die Menge der gebildeten Schmelze

durch den H$_2$O-Gehalt im System kontrolliert wird (◨ Abb. 20.5, , 20.6). Die H$_2$O-gesättigte Soliduskurve von Granit im System Qz–Ab–Or–H$_2$O verläuft durch die *P-T*-Kombinationen 630 °C/10 kbar, 640 °C/6 kbar und 720 °C/1 kbar, während der Schmelzbeginn von Metabasiten – im unteren bis mittleren Druckbereich – bei deutlich höheren Temperaturen, z. B. 740 °C/6 kbar und 950 °C/1 kbar liegt (◨ Abb. 20.9). In Abhängigkeit vom H$_2$O-Angebot steigt der Schmelzanteil, der sich oberhalb der Soliduskurve bildet, proportional zur Erhöhung der Temperatur, bis das Magma seinen Bildungsort verlassen und Gesteine in höheren Krustenteilen intrudieren kann. In H$_2$O-freien, „trockenen" Systemen liegen die Soliduskurven für unterschiedliche Granite bei ca. 960 °C/2 kbar und 1060 °C/10 kbar, für Basalte um ca. 100 °C höher. Als maximale Metamorphosetemperaturen in „trockenen" granulitischen Gesteinen der unteren Erdkruste wurden 900–1100 °C abgeschätzt.

> In der Erdkruste variiert die obere Temperaturgrenze der Metamorphose in Abhängigkeit von Druck, chemischer Zusammensetzung und H$_2$O-Gehalt in einem weiten Bereich zwischen etwa 630 und 1100 °C. Der Übergang von der Gesteinsmetamorphose zu Magmatismus ist fließend. Noch höhere Temperaturen muss man für Metamorphose-Vorgänge im Erdmantel annehmen.

26.1.4 Auslösende Faktoren der Gesteinsmetamorphose

> Die *Gesteinsmetamorphose* ist definiert als Anpassung von Mineralbestand und Gefüge des Gesteins an veränderte Temperatur- und/oder Druckbedingungen. Dabei ist die Zufuhr von thermischer Energie der weitaus wichtigste Faktor. Da die meisten metamorphen Mineralreaktionen endotherm ablaufen, werden Reaktionsvorgänge zwischen den sich berührenden Mineralkörnern durch Zufuhr von Wärme ermöglicht.

■ **Herkunft der thermischen Energie**

Die für einen Temperaturanstieg notwendige thermische Energie kann aus einer zunehmenden *Versenkung* stammen, wie sie z. B. Sedimentgesteine erfahren, die von einem mächtigen Stapel jüngerer Ablagerungen überdeckt oder in einer Subduktionszone tektonisch in größere Tiefen versenkt werden. Der dabei erreichte Temperaturanstieg liegt allerdings nur in der Größenordnung von 10 °C/km Sedimentauflast, ist also relativ gering (■ Abb. 26.1, 28.2a).

Eine viel stärkere Temperaturzunahme in einem bestimmten Krustenniveau kann durch *Magmaaufstieg* erreicht werden, z. B. in der kontinentalen Oberplatte oder in einem Inselbogen über einer Subduktionszone. Über den dabei entstehenden Wärmedomen oder Wärmebeulen kann der geothermische Gradient örtlich oder regional mehr als 100 °C/km erreichen (■ Abb. 26.1, 28.2a). Die aus dem Magma abgegebene Wärme kann im angrenzenden Nebengestein eine thermische Umkristalisation bewirken. Eine ausschließlich durch Wärmezufuhr ausgelöste Umkristalisation liegt besonders bei der *Kontaktmetamorphose* und der *Pyrometamorphose* vor (▶ Abschn. 26.2.1).

Weiterhin können *radioaktive Zerfallsreaktionen* im lokalen oder regionalen Maßstab signifikant zum allgemeinen Wärmehaushalt beitragen. Demgegenüber spielt *Reibungswärme,* die bei *tektonisch bedingter Deformation,* z. B. entlang von Scherzonen erzeugt wird, keine oder bestenfalls nur eine sehr lokale Rolle. In den tieferen Teilen der Erdkruste kann auch von *Manteldiapiren,* die sogar von der Kern/Mantel-Grenze in 2900 km Tiefe aufsteigen können, Wärme zugeführt werden (▶ Abschn. 29.3.4).

■ **Wirkung des Drucks**

Druck wirkt bei der Gesteinsmetamorphose meist als *Belastungsdruck* (lithostatischer Druck, engl. „*lithostatic pressure*") P_1, der sich aus der Auflast der überlagernden Gesteinsschicht ergibt. Die Beziehung zwischen Belastungsdruck P_1 und *Tiefe h* ist durch folgende Gleichung gegeben:

$$P_1 = \rho \cdot g \cdot h \qquad [26.1]$$

Dabei ist ρ die mittlere Dichte der überlagernden Gesteinssäule, gemessen in g/cm³ bzw. kg/m³, und g die Erdbeschleunigung von 0,98 m/s², die allerdings in Abhängigkeit von der jeweiligen Position auf der Erdoberfläche leicht variiert. Im SI-System wird der Druck in Pascal (Pa) mit 1 Pa = 1 kg/m/s² angegeben, stattdessen wird häufig bar verwendet mit 1 bar = 10⁵ Pa bzw. 1 kbar = 10⁸ Pa = 0,1 GPa. Unter einer Gesteinssäule von 1 km Höhe herrscht also:
- bei einer mittleren Dichte von 2,7 g/cm³ (z. B. Granit) ein Belastungsdruck von $P_1 = 2700$ kg/m³ · 9,8 m/s² · 1000 m = 264,6 · 10⁵ Pa ≈ 265 bar,
- bei einer mittleren Dichte von 3,0 g/cm³ (z. B. Basalt) von $P_1 = 3000$ kg/m³ · 9,8 m/s² · 1000 m = 294,0 · 10⁵ Pa = 294 bar.

Somit nimmt der lithostatische Druck in der Erdkruste pro Kilometer Tiefe um 250–300 bar zu, je nach der mittleren Dichte des überlagernden Gesteinspakets. An der Untergrenze der kontinentalen Erdkruste, die meist in Tiefen von 30–40 km liegt, herrschen daher Belastungsdrücke um 10 kbar (=1 GPa), während an der Basis der 6–7 km dicken ozeanischen Erdkruste nur knapp 2 kbar erreicht werden. Demgegenüber können orogene Gebirgsketten Krustenmächtigkeiten von 70 oder sogar 90 km erreichen, was Drücken um 20 kbar an deren Basis entspricht. Metamorphe Gesteine, die in kontinentalen Kollisionszonen gebildet wurden, können die charakteristischen Hochdruckminerale Coesit (■ Abb. 11.44) oder sogar Diamant (■ Abb. 4.15) führen, die auf Bildungsdrücke oberhalb 25–30 kbar bzw. 35–45 kbar entsprechend Versenkungstiefen von 100–150 km hinweisen.

Definitionsgemäß ist der *Belastungsdruck* P_1, dem ein Gestein unterliegt, nahezu in allen Richtungen gleich. Wenn sich der Porenraum oder die Kluftporosität eines Gesteins in einer bestimmten Tiefe bis hin zur Erdoberfläche fortsetzt, wird der daraus resultierende Druck durch die darüber liegende Fluidsäule im Poren- und Kluftraum kontrolliert. Da die Dichte einer wässerigen Lösung nahe 1 ist, ist dieser *hydrostatische Druck* etwa 2,5–3 mal kleiner als der lithostatische Druck in gleicher Tiefe. *Tektonische Deformation* kann in einem Gestein zusätzliche Druckkomponenten erzeugen, die in unterschiedlichen Richtungen verschieden sind: das Gestein steht unter *Spannung* (engl. „*stress*"). Die Hauptspannungswerte $\sigma_1 > \sigma_2 > \sigma_3$, die auf einen Punkt im Gestein einwirken, werden gewöhnlich durch die drei orthogonalen Hauptachsen eines Spannungsellipsoids dargestellt. Als *mittlere Spannung* definiert man $\sigma_m = (\sigma_1 + \sigma_2 + \sigma_3)/3$, als *differentielle Spannung* $\sigma_{diff} = \sigma_1 - \sigma_3$. Spannung, die auf eine Ebene im Gestein ausgeübt wird, ist ein Vektor, der in die Komponenten *Normalspannung* σ_n und Schubspannung τ zerlegt werden kann. Differentielle Spannung ist die Ursache für permanente *Verformung* (engl. „*strain*") in einem Gestein, wobei sich Form und Volumen von Gesteinskörpern ändern. Wenn bei diesem Prozess zusätzlich die relative Lage der Minerale im Gestein oder von Gitterblöcken in einer Kristallstruktur verändert wird, so verwendet man den allgemeineren Begriff *Deformation* (Passchier und Trouw 2005). Deformationsprozesse
- prägen die Gefügeeigenschaften metamorpher Gesteine entscheidend;
- öffnen Wegsamkeiten für fluide Phasen; und
- begünstigen Mineralreaktionen durch Vermehrung von Kornkontakten, wobei die Reaktionsgeschwindigkeit vergrößert und die Aktivierungsenergie erniedrigt werden.

26

Durch Spannung nicht beeinflusst werden dagegen die Stabilitätsfelder von Mineralen und Mineralparagenesen. Experimentelle Untersuchungen haben gezeigt, dass unter den üblichen Metamorphosebedingungen wie mittlere bis hohe Temperaturen, Anwesenheit von H_2O und geringen Verformungsraten die Festigkeit von Gesteinen nicht ausreicht, um Spannungsdifferenzen von mehr als wenigen Zehner bar oder bestenfalls wenigen Hundert bar auszuhalten. Oberhalb dieser Drücke würde die Fließgrenze eines Gesteins überschritten werden. Aus diesem Grund könnte auch ein möglicher *tektonischer Überdruck* (engl. „*tectonic overpressure*") nur sehr geringe Beträge annehmen; er würde keinesfalls ausreichen, um z. B. die Bildung von Hochdruckmineralen in metamorphen Gesteinen zu erklären.

Bei geringen Temperaturen und Belastungsdrücken und/oder hohen Verformungsraten werden Mineralkörner vowiegend *spröde deformiert*: es kommt zur *kataklastischen Metamorphose* (▶ Abschn. 26.2.2). Sind dagegen Temperaturen und Belastungsdrücke höher und/oder die Verformungsraten geringer, wie das bei der Regionalmetamorphose in Orogenzonen (▶ Abschn. 26.2.5) generell der Fall ist, so werden die Mineralkörner *duktil* deformiert. Duktile Deformation führt zu Gitterdefekten in der Kristallstruktur wie Linienversetzungen, durch Translation (in Karbonaten und Glimmern), Bildung von Druckzwillingslamellen (in Feldspäten und Karbonaten), undulöse Auslöschung und Deformationslamellen (besonders bei Quarz), Verbiegungen (in Glimmern und Kyanit) und/oder durch Subkornbildung (▶ Abschn. 26.4.3). Die Grenzen zwischen duktiler und spröder Deformation liegen bei den einzelnen Mineralen sehr unterschiedlich. So können Serpentinit, Tonstein, Kalkstein, Gips und andere Salzgesteine schon bei niedrigen Temperaturen rekristallisieren, werden also duktil deformiert, d. h. verfaltet und/oder geschiefert, während Quarz-Feldspat-reiche Gesteine wie Granite und Gneise sich bei gleicher Temperatur noch spröd verhalten und kataklastisch deformiert werden. Bei *elastischer* Deformation werden die Veränderungen der Kornform vollkommen rückgängig gemacht: es kommt zur *Erholung* (engl. „*recovery*").

Wenn die Metamorphose unter hydrostatischem Druck *ohne* Anzeichen von Deformation im Gesteinsgefüge stattfindet, spricht man von *statischer Metamorphose*. Demgegenüber wird die *dynamische oder dynamothermische Metamorphose* von intensiver Deformation begleitet.

■ **Fluide und Fluiddrücke**
Gewöhnlich ist in den meisten Gesteinen während der Metamorphose eine *fluide Phase* vorhanden, die intergranular auf Korngrenzen, in Poren und auf Kluft- oder Spaltensystemen einen dünnen Fluidfilm bildet.

Als volatile Komponenten dominieren H_2O und/oder CO_2, aber auch andere leichtflüchtige Komponenten wie CO, CH_4, HCl, HF, H_3BO_3, O_2, H_2 u. a. können vorhanden sein.

In der Literatur wird die fluide Phase in metamorphen Systemen unterschiedlich als Dampf, Gas, Flüssigkeit, Fluid oder überkritisches Fluid beschrieben. Da die kritischen Punkte der leichtflüchtigen Komponenten bei niedrigen *P-T*-Bedingungen liegen (für reines H_2O bei $P_C = 218$ bar, $T_C = 371$ °C, ❏ Abb. 18.1; für reines CO_2 bei $P_C = 73$ bar, $T_C = 31$ °C), spielen sich viele metamorphe Prozesse im überkritischen Bereich ab, in dem es keinen Unterschied zwischen Gas (Dampf) und Flüssigkeit mehr gibt. Daher ist die Bezeichnung *fluide Phase* oder *Fluid* angemessen. Generell nimmt die Dichte des Fluids mit steigender Temperatur ab und mit steigendem Druck zu. Da sowohl *T* als auch *P* mit der Tiefe zunehmen, gleichen sich die thermische Expansion und die druckbedingte Kompression annähernd aus. So weicht bei einem geothermischen Gradienten von 15 °C/km die Dichte von H_2O bis zu einer Tiefe von 35 km nur geringfügig vom Wert 1,0 g/cm³ ab, der unter Oberflächenbedingungen gilt. Bei einem geothermischen Gradienten von 50 °C/km und einer Tiefe von 15 km liegt die Dichte von H_2O bei ca. 0,67 g/cm³. Unter den natürlichen Fluiden besitzt H_2O eine ungewöhnlich große Lösungsfähigkeit insbesondere für Alkalien, aber auch für SiO_2. Da H_2O-reiche Fluide stets gelöste Ionen enthalten, weisen sie höhere kritische Werte als reines H_2O auf.

Der gesamte Druck P_{fl}, den ein Fluid auf einen Gesteinsverband ausübt, ergibt sich aus der Summe der Partialdrücke der vorhandenen Fluid-Spezies:

$$P_{fl} = P_{H_2O} + P_{CO_2} + \dots$$

Jedoch verhalten sich die Fluid-Spezies unter den erhöhten Drücken, die typischerweise bei der Gesteinsmetamorphose herrschen, nicht ideal, sodass für thermodynamische Berechnungen anstelle der Partialdrücke die *Fugazitäten* f_{H_2O}, f_{CO_2}, ... eingesetzt werden müssen. Somit gilt für Fluide und Gase $f_i = \gamma_i P_i$, wobei der Fugazitätskoeffizient γ_i in der Regel *P-T*-abhängig ist.

Der *Fluiddruck* wirkt gleichermaßen in alle Richtungen und ist in oberen Krustenabschnitten annähernd hydrostatisch. In vielen Fällen, insbesondere bei mittel- bis hochgradiger Metamorphose, existiert in größerer Tiefe kein zusammenhängender Porenraum. Daher kann man in erster Näherung annehmen, dass die Fluide etwa unter dem gleichen Belastungsdruck P_l bzw. Gesamtdruck P_{tot} stehen wie das feste Gestein. In diesem Falle ist der Fluiddruck etwa gleich dem Belastungsdruck $P_{fl} \approx P_l = P_{tot}$; wenn eine Fluidspezies, wie etwa H_2O oder CO_2 deutlich überwiegt, gilt z. B. $P_{tot} \approx P_{fl} \approx P_{H_2O}$ bzw. $P_{tot} \approx P_{fl} \approx P_{CO_2}$. In anderen Fällen ist jedoch der Fluidanteil zu gering, um einen Fluiddruck aufzubauen, der dem Belastungsdruck entspricht ($P_{fl} < P_l$). Dieser Fall tritt insbesondere bei hochgradiger Metamorphose ein und/oder für Ausgangsgesteine, die sehr wenig (OH)- oder CO_2-haltige Minerale enthalten, aus denen durch Entwässerungs- oder Dekarbonatisierungsreaktionen H_2O oder CO_2 freigesetzt werden könnte.

Die Bedingung $P_{fl} < P_l$ gilt auch für den Fall, dass die fluide Phase über ein offenes Kluft- oder Spaltensystem in Verbindung mit der Erdoberfläche steht. In diesem Fall, der jedoch eher für die Diagenese zutrifft, würde z. B. ein H_2O-reiches Fluid der Dichte ~ 1,0 g/cm³ unter dem Druck stehen, der durch die überlagernde Wassersäule aufgebaut wird. Je nach mittlerer Dichte der überlagernden Gesteinssäule wäre $P_{H_2O} \approx 0,3\, P_l$.

Bei der prograden Metamorphose führen Entwässerungs- und Dekarbonatisierungsreaktionen zu einer ständigen Freisetzung von Fluiden. Diese wandern auf Korngrenzen, Klüften und Mikrobrüchen nach oben ab, sodass ein annähernd stationärer Zustand mit $P_{fl} \approx P_l$ erhalten bleibt. Trotzdem kann lokal ein *Überdruck* der fluiden Phase ($P_{fl} > P_l$) aufgebaut werden. Dieser Zustand bleibt jedoch nie lange erhalten, weil die Gesteinsfestigkeit hierfür nicht ausreicht: es kommt rasch zum *hydraulischen Zerbrechen* (engl. *„hydraulic fracturing"*) im Gestein. Dabei bildet sich ein System von Rissen und Spalten, in denen sich aus dem Fluid Kluftminerale ausscheiden. Die chemischen Komponenten hierfür stammen typischerweise aus dem unmittelbar benachbarten, ausgelaugten Nebengestein.

26.2 Die Gesteinsmetamorphose als geologischer Prozess

Metamorphe Gesteine entstehen durch Anpassung an sich ändernde *P-T-X*-Bedingungen in unterschiedlichen Tiefen der Erdkruste. Solche Veränderungen werden durch mannigfaltige geologische Prozesse ausgelöst, die zu unterschiedlichen Metamorphosetypen führen können. Metamorphe Gesteinskomplexe sind somit wichtige Zeugen der geologischen Geschichte einer Region, insbesondere auch von plattentektonischen Vorgängen. Metamorphoseprozesse können in ihrer Wirkung auf einige Meter begrenzt, aber auch auf Tausende von Quadratkilometern ausgedehnt sein. Dementsprechend sind manche von mehr lokaler, andere jedoch von regionaler Bedeutung. Bevor wir uns unterschiedlichen Prozessen der Regionalmetamorphose zuwenden, die zweifellos von größerer geologischer Bedeutung sind, sollen zunächst die Metamorphosetypen mit eher lokal begrenzter Einwirkung beschrieben werden

26.2.1 Kontaktmetamorphose

Kontaktmetamorph gebildete Gesteine sind Produkte einer im Wesentlichen statischen Rekristallisation und Mineralneubildung, bedingt durch die Wärme, die aus einem größeren Volumen von intrudierendem Magma

dem unmittelbaren Nebengestein zugeführt wird. Abhängig vom Intrusionsniveau ist der Belastungsdruck meist relativ gering. Auch Nebengesteinseinschlüsse (Xenolithe), die in das intrudierende Magma gelangten, können kontaktmetamorph überprägt werden. Magmatische Intrusivkörper können *Plutone* sein, meist von granitischer, granodioritischer oder tonalitischer, seltener von dioritischer oder gabbroider Zusammensetzung, oder Gänge oder Lagergänge, . meist von basaltischer Zusammensetzung.

▪ Kontaktmetamorphose an Plutonen

Heißes Magma, das in vergleichsweise kaltes Nebengestein eindringt, heizt dieses auf und löst so metamorphe Rekristallisation und Mineralneubildungen aus. Dieser Vorgang vollzieht sich gewöhnlich in einer relativ spannungsfreien Umgebung und somit ohne einhergehende tektonische Deformation. Da die Temperatur vom Kontakt nach außen hin abnimmt, ist der Einwirkungsbereich der Aufheizung, *Kontakthof* oder *Kontaktaureole* genannt, lokal begrenzt und überschreitet nur selten einige Kilometer. Das starke Temperaturgefälle hat weiter zur Folge, dass der Metamorphosegrad im Kontakthof von innen nach außen rasch abnimmt, sodass die Intensität der Umkristallisation schon in relativ kurzer Entfernung vom Kontakt immer geringer wird.

Die Wirkung der prograden Kontaktmetamorphose lässt sich am besten an *pelitischen Sedimentgesteinen* verfolgen, wie bereits Harry Rosenbusch (1877) in seiner klassischen Arbeit über den Kontakthof von Barr-Andlau in den Vogesen gezeigt hatte. Als typisches und gut aufgeschlossenes Beispiel wollen wir den *Kontakthof des Bergener Granitplutons,* einem Ausläufer des westerzgebirgischen Granitmassivs, näher erläutern (◘ Abb. 26.2).

Der Bergener Pluton entstand gegen Ende der variszischen Orogenese vor ca. 320 Ma (Förster et al. 1999) durch Intrusion von Granitmagma in eine nur sehr schwach metamorphe Folge von pelitischen Sedimentgesteinen, die typische Transversalschieferung aufweisen. Es handelt sich um sandig-tonig gebänderte Tonschiefer (die sog. Phycodenschichten), die im Westen durch kohliges Pigment schwarz, im Hauptteil hell sind und im Osten in Phyllit übergehen. Eingeschaltet in diese pelitische Serie sind unreine Kalksteinbänke sowie tektonisch deformierte Lagergänge von Basalt (Diabas) und Lagen von Diabastuff.

Mit zunehmendem Grad der Kontaktmetamorphose lassen sich aufgrund von Gefügemerkmalen und Mineralbestand drei Zonen unterscheiden, wobei allerdings die Grenze zwischen den beiden äußeren Zonen unscharf ist und daher in ◘ Abb. 26.2 nicht dargestellt wurde.
Zone a: Knoten- und Fruchtschiefer mit kaum veränderter Grundmasse;
Zone b: Fruchtschiefer mit schwach umkristallisiertem, glimmerreichem Grundgewebe (◘ Abb. 26.3) und
Zone c: dickbankig-massiver Andalusit-Cordierit-Hornfels.

26

Abb. 26.2 Die Kontaktaureole des Granitplutons von Bergen am Westrand des westerzgebirgischen Granitmassivs; kontaktmetamorphe Gesteine entstanden durch Wärmezufuhr aus dem intrudierenden Granitmagma, wobei es im angrenzenden Nebengestein zur Rekristallisation und Neubildung von Mineralen kam. Darüber hinaus wurden Nebengesteinseinschlüsse im Magma kontaktmetamorph überprägt. 1) Unveränderter Tonschiefer des Ordoviziums, 2) Metabasalt, teilweise kontaktmetamorph überprägt, 3) Zone der Knoten- und Fruchtschiefer, 4) Zone des Andalusit-Cordierit-Hornfelses, 5) Bereiche mit kontaktmetasomatischer Turmalinisierung, 6) mittelkörniger Granit, 7) mittel- bis grobkörniger, porphyrartig ausgebildeter Granit, 8) feinkörniger Granit (in Anlehnung an Weise & Uhlemann 1914: Geologische Karte von Sachsen, Bl. Nr. 143)

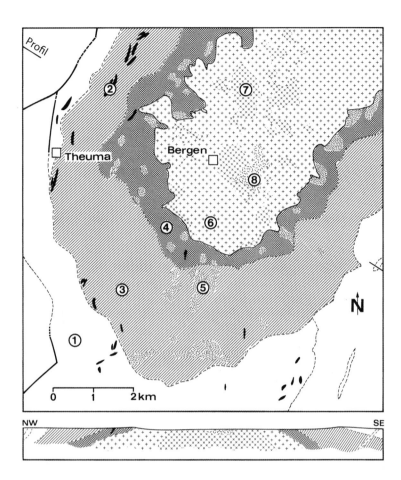

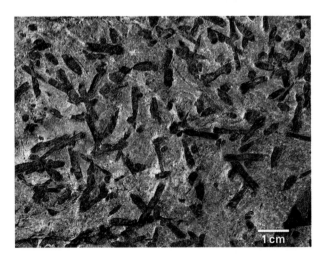

Abb. 26.3 Fruchtschiefer, kontaktmetamorph überprägter Tonschiefer mit Cordierit-Porphyroblasten *(dunkelgrau)*, die vorwiegend mit c parallel zur Schieferung des ehemaligen Tonschiefers gewachsen sind; nur einzelne Porphyroblasten liegen senkrecht dazu und lassen den pseudohexagonalen Querschnitt von Cordierit-Drillingen nach {110} erkennen. Das silbergraue Grundgewebe ist nur schwach umkristallisiert. Theuma, Vogtland. Handstück parallel zur Schieferungsfläche geschnitten (Foto: Siegfried Matthes)

In **Zone a** mit schwächster Einwirkung der Kontaktmetamorphose treten in der kaum veränderten Grundmasse des Tonschiefers winzige Knoten hervor, die aus feinschuppigem Chlorit bestehen. Diese Chloritknoten werden mit Annäherung an die Zone b größer und nehmen dabei eine längliche Form an, die Ähnlichkeit mit derjenigen eines Getreidekorns aufweist (daher „Fruchtschiefer"). Wie sich an relativ seltenen Relikten nachweisen lässt, sind diese Knoten *Pseudomorphosen* von *Chlorit* nach *Cordierit*, der beim Höhepunkt der Metamorphose gebildet, aber anschließend in Gegenwart einer H_2O-reichen fluiden Phase *retrograd* durch Chlorit-Aggregate verdrängt wurde. Die Grundmasse besteht neben Akzessorien aus einem schuppigen Filz von Chlorit und Sericit, der Körner von detritischem Quarz umschließt. Die sehr schwach metamorphe Schieferung ist noch vollständig erhalten.

Der Fruchtschiefer in **Zone b** enthält in einem feinkörnigen Grundgewebe mittelkörnige, 3–6 mm lange, getreidekornähnliche Porphyroblasten von *Cordierit,* die mit ihrer Längsrichtung vorzugsweise parallel zur Transversalschieferung orientiert sind. Im Gegensatz zu Zone a treten sie reichlicher auf und sind seltener retrograd in Chlorit umgewandelt. Querschnitte mit 6-zähligem Umriss (**Abb. 26.3**) lassen unter dem Mikroskop bei gekreuzten Polarisatoren einen Sektorbau erkennen, der zeigt, dass diese Porphyroblasten Durchwachsungsdrillinge nach {110} darstellen. Ihre auffallende schwarze Färbung ist durch die wolkige Anreicherung eines feinen kohligen Pigments verursacht, das beim

- Erhitzung des Gesteinsuntergrundes und
- Erhitzung des Impaktors selbst.

Wenn nur 10 % der Gesamtenergie durch das Aufheizen des Meteoriten verbraucht werden, muss dieser vollständig verdampfen. Dieses Ergebnis steht im Einklang mit der Tatsache, dass von Meteoroiden, die große Krater von mehr als 2–3 km Durchmesser erzeugt hatten, noch nie ein Bruchstück gefunden worden ist. Das gilt z. B. auch für den Rieskrater um die Stadt Nördlingen (Schwaben, Bayern), der mit einem Durchmesser von ca. 26 km und einer Tiefe von 600 m im weltweiten Vergleich eine mittlere Größe aufweist. Er entstand während des Miozäns vor 14,8 ± 0,7 Ma

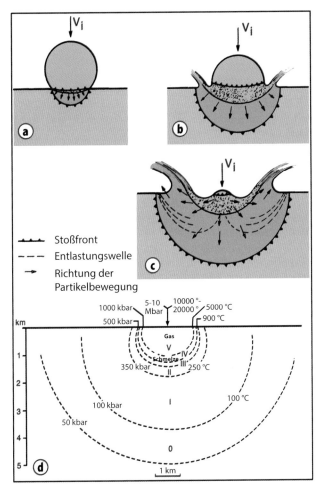

Stoßfront
Entlastungswelle
Richtung der Partikelbewegung

○ **Abb. 26.5** **a–c** Einschlag eines sphärischen Projektils, d. h. eines Asteroids oder Kometen, der mit hoher Geschwindigkeit v_i auf einen ebenen Festkörper, den Gesteinsuntergrund, auftrifft; der durch die Stoßwelle komprimierte Teil des Projektils ist unregelmäßig gerastert (nach Gall et al. 1975; in Anlehnung an Gault et al. (1968); **d** *P-T*-Verteilung bei progressiver Impaktmetamorphose von ähnlicher Deformationsintensität, die im Untergrund des Nördlinger Rieses erzeugt wurden: die Isolinien deuten die Maximaldrücke beim Durchgang der Stoßfront und die Resttemperaturen nach deren Durchgang an (nach Gall et al. 1975)

(Buchner et al. 2013; Stöffler et al. 2013) durch den Einschlag eines 1–1,5 km großen Meteoroiden, der mit kosmischer Geschwindigkeit auf jurassische Gesteine der Schwäbischen Alb einschlug und eine kinetische Energie von ca. 10^{17} J erzeugte. In Impaktkratern, die kleiner als 2 km sind, werden gewöhnlich feste Bruchstücke des Impaktors gefunden. So wurde der exzellent erhaltene *Barringer-Krater* in Arizona, der lediglich einen Durchmesser von 1,3 km besitzt und etwas über 100 m tief ist (○ Abb. 31.1), durch einen etwa 63.000 t schweren Eisenmeteoriten erzeugt, der vor 49.700 ± 850 Jahren (Phillips et al. 1991) mit einer Geschwindigkeit von 15 km/s aufschlug. Von diesem Meteoriten wurden immerhin noch Bruchstücke mit einem Gesamtgewicht von 30 t gefunden. Demgegenüber hat der schwerste bekannte Eisenmeteorit, der bislang auf der Erde gefunden wurde und noch in einem Stück erhalten ist, kaum einen nennenswerten Krater erzeugt: Der ca. 60 t schwere Eisenmeteorit auf der *Farm Hoba West* bei Grootfontein (Namibia) hat nur eine flache Mulde in den Kalahari-Sand gegraben (○ Abb. 31.2).

Die energiereichen Schockwellen (Stoßwellen), die beim Einschlag großer Meteoroide entstehen, bewegen sich konzentrisch von der Einschlagstelle weg, wobei sie schnell an Energie verlieren. Gleichzeitig nehmen die Drücke in der Stoßfront, die Resttemperatur nach der Druckentlastung und damit auch der Grad der Impaktmetamorphose nach außen hin ziemlich rasch ab, sodass sich eine konzentrische Anordnung von Metamorphosezonen 0–V ergibt (○ Abb. 26.5d). Im Einzelnen erzeugt die Schockwellenmetamorphose folgende Wirkungen (z. B. Langenhorst und Deutsch 2012):

Kataklase der Minerale (○ Abb. 26.6) lässt sich in allen Bereichen feststellen, nimmt aber von außen nach innen an Intensität zu; sie ist in der Zone 0 relativ schwach, in den Zonen I–III wesentlich stärker. Ein besonderes Charakteristikum sind die Strahlenkegel (engl. *„shatter cones"*); das sind strahlenförmige Gebilde, die in feinkörnigen Gesteinen, z. B. in den dichten Malm-Kalken der Schwäbischen Alb auftreten und bei mäßigen Stoßwellen-Drücken von 20–100 kbar gebildet wurden, so im Impaktkrater von Steinheim (Schmieder et al. 2012; ○ Abb. 26.7).

Plastische Deformationen In den Zonen I-II wurden Minerale beim Überschreiten ihrer Elastizitätsgrenze entlang kristallographischer Richtungen *plastisch deformiert*. Allgemein weisen sie „Mosaikgefüge", d. h. kleinteilige Deformationen in ihren Kristallstrukturen auf. In manchen Fällen tritt die Deformation in dünnen planaren Zonen parallel zu niedrig indizierten Kristallflächen auf. Diese *planaren Deformationsgefüge* (engl. *„planar deformation features",* PDF) bilden engständige Mehrfachgruppen, die unter dem Mikros-

26

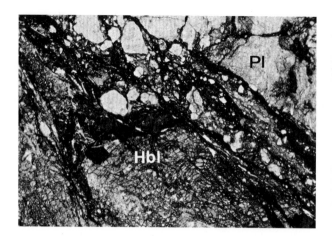

◻ **Abb. 26.6** Schockwellen-beanspruchter Amphibolit mit zahlreichen, radial und konzentrisch verlaufenden Rissystemen in Hornblende *(Hbl)* und in noch stärker beanspruchtem Plagioklas *(Pl);* in gekrümmten und verzweigten Deformationsbahnen hat sich diaplektisches Glas gebildet (im Bild schwarz); Bohrkern der Forschungsbohrung Nördlingen (1973) aus 731,5 m Tiefe; Bildbreite = ca. 4,5 mm (Foto: Siegfried Matthes)

◻ **Abb. 26.7** „Shatter cones" im Malm-Kalk des Steinheimer Beckens bei Heidenheim, einem kleinen Impaktkrater in der Schwäbischen Alb, der während des Ries-Ereignisses gebildet wurde. Aufsammlung Kurt Ernstson, Würzburg (Foto: Klaus-Peter Kelber)

kop leicht erkennbar sind, so besonders in Quarz und Feldspäten. Darüber hinaus sind in diesen Gerüstsilikaten Dichte, Licht- und Doppelbrechung erniedrigt. Schichtsilikate zeigen häufig *Knickbänder,* während *Druckzwillinge* besonders in Amphibolen und Pyroxenen, oft mit ungewöhnlicher kristallographischer Orientierung, beobachtet werden.

Polymorphe Phasenumwandlungen In Zonen I–III verdrängten die Hoch- bzw. Höchstdruckmodifikationen von SiO_2 *Coesit* und *Stishovit* entweder Quarz vollständig oder kristallierten aus diaplektischem Quarzglas (◻ Abb. 26.8). Wahrscheinlich bildete sich Stishovit – die einzige SiO_2-Modifikation mit

◻ **Abb. 26.8** Coesit in diaplektischem Glas. Aufhauen, Nördlinger Ries. Bildbreite = ca. 720 μm (Foto: Dieter Stöffler, Berlin)

Si in [6]-Koordination entsprechend der Rutilstruktur (◻ Abb. 7.9, 11.43) – bereits beim Durchgang der Schockwelle, während Coesit erst nachträglich bei der Druckentlastung kristallisierte. Coesit wurde im Rieskrater erstmals durch die amerikanischen Forscher Chao und Shoemaker (Chao et al. 1960) nachgewiesen. Dadurch konnten sie die Impakttheorie, die bereits 1904 von Ernst Werner zur Diskussion gestellt worden war, bestätigen und die Deutung der Ries-Struktur als vulkanischer Explosionskrater, die von den meisten regionalen Geologen bevorzugt wurde, widerlegen. Darüber hinaus lässt sich in Impaktgesteinen des Nördlinger Rieses die Umwandlung von Graphit in Diamant feststellen (El Goresy et al. 2001a; Schmitt et al. 2005). Ebenso treten im Ries weitere Hochdruckmodifikationen des Kohlenstoffs (El Goresy et al. 2003), Moissanit, SiC, (Schmitt et al. 2005) sowie hochdichte TiO_2-Phasen mit α-PbO_2- und ZrO_2-Struktur auf, einige von ihnen auch in anderen Impaktkratern (El Goresy et al. 2001b; c; Stöffler et al. 2013).

Diaplektische Gläser wurden in den Zonen II und III des Rieskraters nachgewiesen (von Engelhardt et al. 1967). Sie entstanden – ohne Aufschmelzung – offenbar nur aus Gerüstsilikaten, insbesondere aus Quarz und Feldspäten, bei Spitzendrücken von > 350 kbar (◻ Abb. 26.6, 26.8). Im Gegensatz zu Gläsern, die durch Unterkühlung schockinduzierter Schmelzen entstanden sind, lassen diaplektische Gläser noch Korndomänen und Restumrisse der ursprünglichen Minerale erkennen, Fließstrukturen und Blasen fehlen; Dichte und Lichtbrechung sind höher als bei echten Gläsern gleicher chemischer Zusammensetzung

Thermische Zersetzung, Aufschmelzung und Verdampfung sind Vorgänge, die nur in den inneren Bereichen (Zone III, IV und V) möglich waren, in denen nach der Druckentlastung noch eine Resttemperatur herrschte, die größer war als die jeweilige Zersetzungs-, Schmelz- oder Verdampfungstemperatur der einzelnen Minerale oder des gesamten Gesteins. Amphibole und Glimmer zerfielen dabei zu feinkörnigen Aggregaten von (OH)-freien Mineralen. In Gesteinen mit Kalifeldspat, Na-reichem Plagioklas und Quarz entstanden selektiv Teilschmelzen, die zu blasenreichem Glas oder zu feinkristallinen Aggregaten erstarrten. Bei höheren Schockwellendrücken von > 600 kbar und entsprechend hohen Resttemperaturen von > 1500 °C schmilzt das gesamte Gestein (Zone IV). Manchmal werden die so entstandenen Schmelzmassen so groß, dass sie langsam abkühlen und zu holo- oder hypokristallinen Gesteinen erstarren, die Vulkaniten entsprechender Zusammensetzung sehr ähnlich sind. Rascher abgekühlte Schmelzen erstarren zu inhomogenen Gläsern. Im Zentrum des Einschlagkraters bei Spitzendrücken von > 800 – 1000 kbar (>80 GPa) und Resttemperaturen von > 3000 °C wurden die Gesteine vollständig verdampft (Zone V).

Bereits während der *Kompressionsphase* beim Einschlag des Meteoroiden, die nur etwa ½ Sekunde dauert, bewegen sich die durch die Schockwellenmetamorphose zerkleinerten und teilweise geschmolzenen Gesteinsmassen nach unten in Richtung Einschlagkraterboden zu, wobei sie teils im Krater abgelagert, teils über den Kraterrand heraus geschleudert werden. Im Zentrum des wachsenden Kraters entsteht eine *Rauch-* und *Staubwolke,* in der volatile Phasen, Schmelztröpfchen und ein geringer Anteil an feinkörnigem Festmaterial vermengt sind. Sie steigt kegelförmig senkrecht nach oben, bis sie kollabiert und ihre kondensierten Bestandteile als *Rückfall-Ablagerung* hauptsächlich im Krater zurücklässt. Dieser *Exkavationsphase (Aushöhlungsphase)* folgt die *Modifikationsphase,* während der die Form des vorerst gebildeten, sogenannten *transienten* Kraters (Übergangskraters) erheblich verändert wird. Angetrieben von der Gravitation kollabiert zum einen die innere Kraterwand am Kraterrand, zum anderen kommt es zu einer domartigen Heraushebung des Kraterzentrums – analog zum Herausschießen von Wasser, unmittelbar nachdem ein Gegenstand auf die Wasseroberfläche gefallen ist.

Noch während des Einschlags durchläuft den Meteoroiden und den Gesteinsuntergrund eine Entlastungswelle (◘ Abb. 26.5c), die lediglich Schallgeschwindigkeit besitzt, also langsamer ist als die Schockwelle, welche Überschallgeschwindigkeit erreicht. Dementsprechend dauert die Exkavationsphase etwa 10.000-mal länger als die Kompressionsphase, d. h. Minuten bis fast 1½ Stunden. Durch die Druckentlastung wird das komprimierte Material divergent ausgeworfen und bildet um den Kraterrand eine Deckschicht aus Auswurfsmaterial *(Ejekta),* deren radiale Ausdehnung bis zu 2 – 3 Kraterradien erreichen kann. Während des

Auswurfs werden geschmolzene Anteile aerodynamisch verformt, und es entstehen charakteristische Glasbomben, die „Flädle" des Rieskraters. Diese bilden einen wesentlichen Anteil des *Suevits,* einer Impaktbrekzie, die sich hauptsächlich im Impaktkrater selbst, zum geringeren Teil außerhalb, im oberen Teil der Ejektaablagerung befindet. Die Komponenten des Suevits, die meist aus den tiefsten Teilen des Impaktkraters stammen, bestehen überwiegend aus Schmelzkörpern und Fragmenten von geschockten Gesteins- und Mineralbruchstücken, die in einer Matrix aus feinkörnigem Mineralgrus oder aus sekundären Alterationsprodukten wie Montmorillonit liegen. Eine seltene Komponente ist das Kieselglas *Lechatelierit,* das durch Aufschmelzung von Quarz gebildet wurde. Viel verbreiteter als Suevit sind *Impaktbrekzien,* in denen Gesteinsfragmente vorherrschen, die keine oder nur eine schwache Schockwellenmetamorphose erfahren haben. So bildet die sog. *Bunte Brekzie* die Hauptmasse der Auswurfsdecke im Ries.

Die Bezeichnung *Suevit* wurde zuerst für Gesteine des Rieskraters in der historischen Region Schwaben (lat. *suevia*) in Süddeutschland geprägt. Er wurde zunächst auf die charakteristischen Gesteine im Rieskrater angewendet, ist aber heute ein international anerkannter Fachbegriff. Aufgrund von Geländeaufnahmen und Gefügeuntersuchungen sowie von numerischen Modellierungen schätzten Stöffler et al. (2013) ab, dass während des Ries-Ereignisses, d. h. vor der Erosion, 108 – 116 km^3 an allochthonen Impakt-Gesteinen abgelagert wurden. Davon waren schätzungsweise 14–22 km^3 Suevit, während die Gesamtmenge an Impaktschmelze bei 4,9–8,0 km^3 lag. Nach der numerischen Modellierung wurde nur ein sehr geringer Anteil des Suevits in der eigentlichen Exkavationsphase gebildet, die Hauptmenge dagegen durch eine explosive Reaktion zwischen der Impaktschmelze, Wasser und volatilreichen Sedimenten, die in einem temporären Schmelztümpel ablief.

Alle bisher beschriebenen Gesteinstypen können als „*proximale Impaktite*" eingestuft werden, die innerhalb des Kraters oder in den Ejektaablagerungen um den Kater auftreten (Stöffler und Grieve 2007). Darüber hinaus gibt es auch die selteneren „*distalen Impaktite*", die man als *Tektite* bezeichnet. Dies sind rundliche Glaskörper von Zentimetergröße und grünlicher bis gelblicher Farbe, die während der frühesten Phase eines Meteoritenimpakts durch Aufschmelzung von oberflächennah anstehendem Grundgebirge entstehen und mit großer Energie ausgeworfen werden. Sie legen weite Transportwege vom Zentrum des Kraters zurück, die bis zu Hunderte von Kilometern betragen können, und bilden an ihrem Ablagerungsort ausgedehnte Streufelder (▶ Abschn. 31.5). Ein Beispiel sind die sogenannten Moldavite, die in Böhmen aufgesammelt werden können und vom ca. 300–400 km weiter südsüdwestlich gelegenen Rieskrater stammen.

Die Schockwellenmetamorphose ist der wichtigste in *Mondgesteinen* dokumentierte Metamorphoseprozess, der auch heute noch Gesteine der oberen Mond-

26

kruste verändert. Da auf unserem Trabanten eine Atmosphäre fehlt und daher keine chemische Verwitterung stattfindet, sind dort auch sehr alte Impaktkrater noch in großer Zahl vorhanden und ausgezeichnet erhalten. Das Gleiche gilt für die Schockwellen-metamorphen Gesteine, die durch zeitlich aufeinanderfolgende Impaktereignisse gebildet wurden, und einen wesentlichen Bestandteil des *Regoliths,* der über die Mondoberfläche verbreiteten Schuttschicht, darstellen (vgl. auch ▶ Abschn. 30.1.4, 30.2.1).

Durch unterirdische nukleare Explosionen werden künstliche Schockwellen erzeugt. Diese führen im angrenzenden Nebengestein zu ganz ähnlichen metamorphen Veränderungen wie bei der natürlichen Impaktmetamorphose.

26.2.4 Hydrothermale Metamorphose

Heiße Lösungen oder Dämpfe, die in ein Netzwerk von Klüften oder in tektonische Störungszonen infiltrieren, bewirken Veränderungen im Nebengestein, wobei die primären Minerale durch hydrothermale Neubildungen verdrängt werden (Coombs 1961). Solche Vorgänge sind verbreitet, beschränken sich aber meist auf schmale Bereiche in unmittelbarer Nachbarschaft der Klüfte. Zur großräumigen Umwandlung des Nebengesteins kommt es jedoch in aktiven geothermischen Feldern, die durch eine Vielzahl von heißen Quellen charakterisiert sind. Förderung von Wasserdampf in größerem Umfang kann in solchen Regionen zur Energiegewinnung genutzt werden (Utada 2001). Bohrungen bis in Tiefen von einigen Hundert Metern belegen die Neubildung von Zeolithen (▶ Abschn. 11.6.6) wie Mordenit, $(Na,Ca,K)_6[AlSi_5O_{12}]_8 \cdot 28H_2O$, Analcim, $Na[AlSi_2O_6] \cdot H_2O$, Laumontit, $Ca[Al_2Si_4O_{12}] \cdot 4,5H_2O$, und Wairakit, $Ca[AlSi_2O_6]_2 \cdot 2H_2O$, sowie von Albit und/oder Adular aus heißen Lösungen mit Temperaturen bis etwa 250 °C. Gut untersuchte Regionen sind Wairaki auf der Nordinsel Neuseelands, Onikobe und Hakone auf der Insel Honshu (Japan) und der Yellowstone-Nationalpark in Wyoming (USA). Kennzeichnend für diese Gebiete ist ein ungewöhnlich hoher geothermischer Gradient, der bis zu 1000 °C/km erreichen kann. Zu umfangreichen hydrothermalen Alterationen kommt es auch im Zuge hydrothermaler Aktivität, durch die an mittelozeanischen Rücken Schwarze Raucher (engl. *„black smoker"*) entstehen (▶ Abschn. 23.5.1), und bei der Bildung hydrothermaler Erzlagerstätten, z. B. von *porphyrischen Kupferlagerstätten* (▶ Abschn. 23.2.2).

26.2.5 Regionalmetamorphose in Orogenzonen

In den präkambrischen Kratonen und in den phanerozoischen Orogengürteln der Erde nehmen metamorphe Gesteine riesige Areale ein. Metamorphoseprozesse erreichen hier also – im Gegensatz zu den bisher besprochenen Metamorphosetypen – regionale Ausmaße. Sie stehen offensichtlich im Zusammenhang mit großräumigen Gebirgsbildungen (Orogenesen) und sind mit plattentektonischen Vorgängen wie Subduktion oder Kontinent-Kontinent-Kollision verknüpft.

In ihrer typischen Ausbildung ist die Regionalmetamorphose weder rein dynamisch noch rein statisch-thermisch. Kennzeichnend ist vielmehr ein kompliziertes Zusammenspiel von Deformation, durch die Gesteine geschiefert und gefaltet werden (◻ Abb. 26.9, 26.20–26.24), und regionaler Aufheizung, die zur metamorphen Um- und Neukristallisation führt. Diese Vorgänge können sich innerhalb einer oder in mehreren aufeinanderfolgenden Gebirgsbildungsphasen mehrfach wiederholen. Als typische Produkte der Regionalmetamorphose entstehen Gesteine mit einem deutlich gerichteten Gefüge, sei es in Form einer Schieferung oder eines Lagenbaus, z. B. Phyllit, Glimmerschiefer, Gneise, Amphibolit und Granulite. Diese unterscheiden sich in ihren Gefügemerkmalen markant von den ungeschieferten Hornfelsen der Kontaktaureolen, aber auch von den nicht oder nur schwach rekristallisierten Kataklasiten und Myloniten.

Wie in den Kontaktaureolen lassen sich auch in regionalmetamorphen Gebieten häufig *Mineralzonen von zunehmendem Metamorphosegrad* auskartieren. Diese sind durch *kritische Minerale* oder *Mineralparagenesen* definiert, die bei der prograden Metamorphose gebildet wurden und gewöhnlich die *P-T*-Bedingungen beim Höhepunkt der Metamorphose widerspiegeln. Begrenzt werden diese *Mineralzonen*

◻ **Abb. 26.9** Große offene Falte in metamorph überprägten Sedimentgesteinen der Gemsbok-River-Formation des panafrikanischen Damara-Orogens; Man erkennt eine Wechsellagerung von gelblichen bis bräunlichen Karbonatgesteinen und dunklen Turbiditen, die vor ca. 550–500 Mio Jahren gefaltet und metamorph überprägt wurden. Rhino Wash, Ugab-Gebiet, Namibia (Foto: Martin Okrusch)

durch *Isograde;* das sind die Verbindungslinien zwischen den Punkten, an denen das erstmalige Auftreten eines *kritischen Minerals* (auch als *Indexmineral* bezeichnet) im Gelände beobachtet wird. Tatsächlich stellen Isograde gekrümmte Flächen dar, die das Orogen durchsetzen. Kartiert werden ihre Schnittlinien mit der derzeitigen Landoberfläche. Vielfach kommt es in der höchstgradigen Metamorphosezone bereits zur teilweisen Aufschmelzung (*Anatexis*) von Gesteinen, wodurch regional ausgedehnte *Migmatite* entstehen (▶ Abschn. 26.5). Kennzeichnend ist weiter die räumliche Verknüpfung von hochgradigen Metamorphiten und/oder Migmatiten mit Plutonen granitischer, granodioritischer oder tonalitischer Zusammensetzung, die während oder im Anschluss an die Regionalmetamorphose gebildet wurden. Dabei lassen sich in vielen Fällen, besonders in tieferen Krustenanschnitten, regionalmetamorphe Prägung und kontaktmetamorphe Überprägung nicht immer klar auseinanderhalten. Man spricht in solchen Fällen daher auch von *regionaler Kontaktmetamorphose.*

■ **Niederdruck- und Mitteldruckmetamorphose**

Die Zonengliederung nach metamorphen Indexmineralen wurde erstmals von Barrow (1893, 1912) und Tilley (1925) in der Dalradischen Hauptgruppe des Kaledonischen Orogens in Schottland erkannt und auskartiert. Seither konnten in unzähligen Studien ähnliche Abfolgen von metamorphen Zonen in faktisch allen kontinentalen Kollisionszonen festgestellt werden. In *Metapeliten* sind diese sog. *Barrow-Zonen* durch folgende Mineralparagenesen gekennzeichnet:

1. *Chloritzone:* phengitischer Hellglimmer + Chlorit ± Mikroklin + Albit + Quarz;
2. *Biotitzone:* Biotit + Chlorit + Muscovit + Albit + Quarz;
3. *Granatzone:* Almandin-reicher Granat + Biotit + Muscovit + Albit/Oligoklas + Quarz;
4. *Staurolithzone:* Staurolith + Almandin + Biotit + Muscovit + Oligoklas + Quarz;
5. *Kyanitzone:* Kyanit ± Staurolith + Almandin + Biotit + Muscovit + Oligoklas + Quarz;
6. *Sillimanitzone:* Sillimanit + Almandin + Biotit + Kalifeldspat + Oligoklas + Quarz.

Kritische Mineralparagenesen in *Metabasiten* und *Kalksilikatgesteinen* zeigen eine analoge Zonengliederung.

Nicht immer entspricht die gefundene Zonenfolge den klassischen Barrow-Zonen. Häufig wurden abweichende Indexminerale und Mineralparagenesen beobachtet, die auf Unterschiede in der regionalen Verteilung der *P-T*-Bedingungen zum Höhepunkt der Metamorphose und auf unterschiedliche geothermische Gradienten bei der Orogenese hinweisen. Ein überzeugendes Beispiel hierfür sind die schottischen Kaledoniden selbst. Wie bereits Harker (1932) erkannt

hatte, treten in den metamorphen Gesteinen der Dalradischen Hauptgruppe nördlich Aberdeen Andalusit und Cordierit als zusätzliche Indexminerale auf. Dadurch ergibt sich eine abweichende Zonenfolge, die von Read (1952) als *Buchan-Typ* bezeichnet und dem klassischen Barrow-Typ gegenübergestellt wurde. Wir wissen heute, dass die Zonenabfolge des Buchan-Typs insgesamt auf einen höheren geothermischen Gradienten als bei der Metamorphose vom Barrow-Typ hinweist, d. h. auf eine stärkere Temperaturzunahme mit der Tiefe. Solche regionalen Unterschiede lassen sich gut verstehen, wenn man die Isothermenverteilung in einem Orogen-Gürtel in der kontinentalen Oberplatte über einer Subduktionszone betrachtet (◨ Abb. 28.2).

Als weiteres instruktives Beispiel für eine Mitteldruckmetamorphose, d. h. bei einem mittleren *P/T*-Verhältnis, wollen wir den metamorphen Komplex der Kykladeninsel *Naxos* (Griechenland) näher betrachten, einem Bestandteil des Kykladen-Kristallins. Dieses besteht im Wesentlichen aus einer Folge von Metasedimentgesteinen mit zwischengeschalteten Metavulkaniten, die einem präalpidischen Grundgebirge auflagern. Während der alpidischen Orogenese wurde der gesamte Gesteinsverband polymetamorph geprägt, gefolgt von einer Phase magmatischer Aktivität. Abgesehen von den präalpidischen Relikten geht der metamorphe Komplex von Naxos überwiegend auf klastische Sedimente und verkarstete Kalksteine permomesozoischen Alters zurück, die in Karsttaschen Bauxit enthalten. Diese Sedimentserie erlebte im Eozän eine Hochdruckmetamorphose (s. nächster Abschnitt), deren Relikte noch im Südostteil der Insel erhalten sind. Darauf folgte an der Wende Oligozän/Miozän eine prograde Mitteldruckmetamorphose, die eine ausgeprägte Zonenfolge metamorpher Indexminerale in *Metapeliten* und *Metabauxit* erzeugte (◨ Abb. 26.10; Jansen und Schuiling 1976; Feenstra 1985):

I.   Diaspor-Chloritoid-Zone. Hier entstanden in metamorphem Bauxit die Indexminerale Diaspor und Chloritoid, die von Kyanit, der Niedrig-*T*-/Hoch-*P*-Modifikation von $Al_2[O/SiO_4]$ (◨ Abb. 26.11) begleitet werden; auch Pyrophyllit kommt noch vor. Metapelite führen die Paragenese

Quarz + Albit + Muscovit ± Paragonit + Chlorit ± Chloritoid ± Granat.

II.   Korund-Chloritoid-Zone. Diese Zone beginnt mit dem ersten Auftreten von Korund in Metabauxit entsprechend der Entwässerungsreaktion

$$\underset{\text{Diaspor}}{2\,AlOH} \leftrightarrow \underset{\text{Korund}}{Al_2O_3} + H_2O \qquad (26.1)$$

26

(Korund-Isograde). Sonst ändern sich die Mineralparagensen in Metabauxit und Metapeliten nicht.

III. Biotit-Chloritoid-Zone. Kennzeichnend für diese Zone ist das erste Auftreten von Biotit in Metapeliten, während Paragonit verschwindet. Typisch ist die Metapelit-Paragenese.

Quartz + Albit + Muscovit + Biotit + Chlorit ± Chloritoid ± Granat,

während es in Metabauxit zur verbreiteten Neubildung des Sprödglimmers Margarit kam, der mit Korund und Chloritoid koexistiert.

IV. Kyanit-Staurolith-Zone. In Metabauxit und Metapeliten ist diese Zone durch das Verschwinden von Chloritoid und die Neubildung von Staurolith nach der vereinfachten Reaktion

$$\text{Chloritoid} + \text{Kyanit} \leftrightarrow \text{Staurolith} + \text{Quarz} + H_2O \tag{26.2}$$

gekennzeichnet. Während in Metabauxit Kyanit schon in Zone I vorhanden ist, entstand er in Metapeliten erst in dieser Zone, sodass sich die folgende Paragenese ergibt:

Quarz + Oligoklas + Muscovit + Biotit ± Granat ± Staurolith ± Kyanit.

Dagegen beobachtet man in Metabauxit die Paragenese

Korund + Staurolith + Margarit + Muscovit ± Biotit ± Chlorit.

Va. Kyanit-Sillimanit-Übergangszone. In Metabauxit der Zone V bildete sich neben Korund reichlich grüner Spinell. Darüber hinaus setzte der Zerfall von Margarit unter Neubildung von Anorthit + Korund nach der Entwässerungsreaktion

$$\underset{\text{Margarit}}{CaAl_2\left[(OH)_2/Al_2Si_2O_{10}\right]} \leftrightarrow \underset{\text{Korund}}{Al_2O_3} + \underset{\text{Anorthit}}{Ca(Al_2Si_2O_8)} + H_2O \tag{26.3}$$

ein.

In Metapeliten der Kyanit-Sillimanit-Übergangszone bildete sich die Hoch-T-Modifikation von $Al_2[O/SiO_4]$ Sillimanit (in Form von Fibrolith), während Kyanit noch weitgehend metastabil erhalten ist. Stellenweise lässt sich die Reaktion

$$\text{Kyanit} \leftrightarrow \text{Sillimanit} \tag{26.4}$$

mikroskopisch nachweisen; gelegentlich tritt auch noch die Tief-P-/Tief-T-Form Andalusit hinzu. Somit herrscht in Metapeliten die Paragenese.

Quarz + Oligoklas + Muscovit + Biotit + Granat ± Staurolith + Kyanit/Sillimanit ± Andalusit.

Vb. Sillimanit-Zone. In den Metapeliten der Sillimanit-Zone ist Sillimanit das einzige Al_2SiO_5-Polymorph, und zwar teils als Fibrolith, teils in prismatischer Ausbildung. Durch die Entwässerungsreaktion

$$\underset{\text{Muscovit}}{KAl_2\left[(OH)_2/AlSi_3O_{10}\right]} + \underset{\text{Quarz}}{SiO_2} \leftrightarrow \underset{\text{Sillimanit}}{Al_2\left[O/SiO_4\right]} + \underset{\text{Kalifeldspat}}{K(AlSi_3O_8)} + H_2O \tag{26.5a}$$

entsteht die kritische Paragenese Sillimanit + Kalifeldspat, die für den höchsten Grad der Niedrig- bis Mitteldruckmetamorphose charakteristisch ist. Eine verbreitete Paragenese in dieser Zone ist daher.

Quarz + Oligoklas/Andesin + K − Feldspat(±reliktischerMuscovit) + Biotit + Granat + Sillimanit.

Daneben kam es auch in Zone Vb zum partiellen Dehydratationsschmelzen nach der Reaktion

$$\text{Muscovit} + \text{Quarz} + H_2O \leftrightarrow \text{Sillimanit} + \text{Schmelze} \tag{26.5b}$$

Bei Abwesenheit von Quarz ist Muscovit auch noch bei höheren Temperaturen stabil (◻ Abb. 27.8, Reaktion 12) und kann daher in Metabauxit der Zone Vb auftreten.

Staurolith ist in Metapeliten weitgehend verschwunden; seine obere Stabilitätsgrenze in Gegenwart von Quarz ist durch die Reaktion

$$\text{Staurolith} + \text{Quarz} \leftrightarrow \text{Almandin} + \text{Sillimanit} + H_2O \tag{26.6}$$

gegeben. Demgegenüber ist Staurolith ohne Quarz noch bei höheren Temperaturen stabil und ist daher in Metabauxit noch vorhanden. Somit ergibt sich für Metapelite die Paragenese.

Quarz + Oligoklas/Andesin + Kalifeldspat ± Muscovit + Biotit + Granat + Sillimanit

VI. Migmatitische Kernzone. Der Beginn der Anatexis im Kristallin von Naxos wird durch das Auftreten typischer Migmatitgefüge in den metasedimentären Gneisen dokumentiert. Helle, granit- oder pegmatitähnliche Bereiche entwickelten sich neben dunklen, Biotit-reichen Flecken. Diese *Restite* zeichnen noch die ehemalige Schieferung nach, die sonst weitgehend zerstört ist. Da Migmatite Schmelzanteile enthielten, wurden sie plastisch deformiert und es kam zur Bildung unregel-

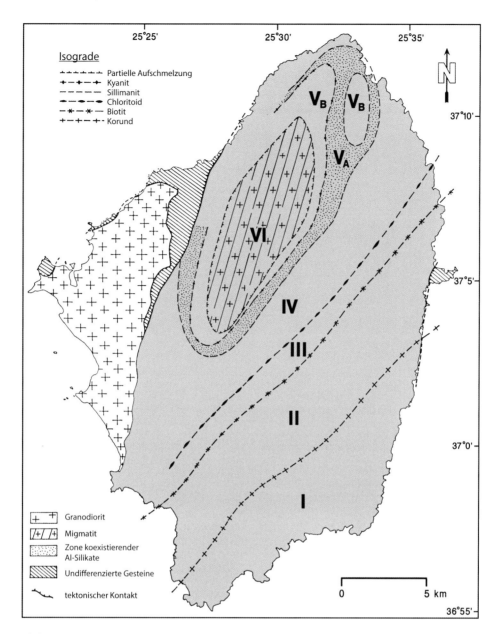

● **Abb. 26.10** Vereinfachte geologische Karte der Insel Naxos, Kykladen-Archipel (Griechenland), mit den metamorphen Isograden und Mineralzonen, die durch Mineralparagenesen in Metapeliten und Metabauxit definiert sind (modifiziert nach Jansen und Schuiling 1976)

mäßiger Fließfalten. Die Mineralparagenese in ehemals teilweise aufgeschmolzenen Metapeliten ist.

Quarz + Oligoklas/Andesin + Kalifeldspat + Biotit + Granat + Sillimanit.

Metabauxit fehlt in dieser Zone.

Nach der *P-T*-Abschätzung, die man anhand der experimentell bestimmten Gleichgewichtskurven der Reaktionen (1)–(6) vornehmen kann (● Abb. 26.11), stieg die Temperatur beim Höhepunkt der Metamorphose von etwa 400 °C im Südostteil der Insel bis auf > 700 °C im migmatitischen Kernbereich an. Aus der Überschneidung der Gleichgewichtskurven (1) und

(4a) lässt sich ableiten, dass der H_2O-Druck im Bereich der Chloritoid-Korund-Zone bei mindestens 3 kbar lag und in den Zonen IV, V und VI auf 5–7 kbar anstieg. Wie man aus ● Abb. 26.11 leicht ablesen kann, veränderte sich der durchschnittliche geothermische Gradient über eine horizontale Entfernung von knapp 20 km vom Südosten der Insel bis zum migmatitischen Kernbereich nur wenig, von ca. 27 °C/km im Südostteil der Insel auf ca. 31 °C/km in letzterem. In manchen Orogenzonen kann der geothermische Gradient noch größer werden und Werte erreichen, wie sie in Kontaktaureolen üblich sind. Diese Temperatur-Kulminationen werden als *Wärmebeulen* oder *Wärmedome* bezeichnet.

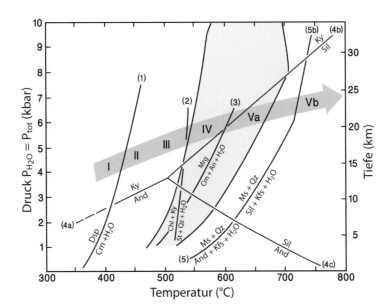

◘ Abb. 26.11   P–T-Diagramm zur quantitativen Abschätzung der regionalen Metamorphose-Entwicklung auf der Insel Naxos *(mittelblauer Pfeil* mit den Mineralzonen **I** bis **Vb**); experimentell bestimmte Gleichgewichtskurven einiger wichtiger Mineralreaktionen: 1) Diaspor ↔ Korund + H_2O nach Haas (1972); 2) Chloritoid + Kyanit ↔ Staurolith + Quarz + H_2O nach Richardson (1968); 3) Margarit ↔ Korund + Anorthit + H_2O nach Chatterjee (1974); 4a) Kyanit ↔ Andalusit, 4b) Kyanit ↔ Sillimanit und 4c) Andalusit ↔ Sillimanit nach Holdaway und Mukhopadhyay (1993); 5a) Muscovit + Quarz ↔ Andalusit/Sillimanit + Kalifeldspat + H_2O nach Chatterjee und Johannes (1974); 5b) Muscovit + Quarz + H_2O ↔ Sillimanit/Kyanit + Schmelze nach Storre und Karotke (1972). *Hellblaue Schattierung:* Stabilitätsfeld der Paragenese Staurolith + Granat + Biotit (+ Muscovit + Quarz) (nach Spear und Cheney 1989)

Ihre Entstehung wird letztlich durch Prozesse im Erdmantel ausgelöst (▶ Abschn. 26.5.4).

Nach dem Modell der Plattentektonik entstehen Wärmedome an konvergenten Plattenrändern oberhalb von Subduktionszonen, d. h. in Inselbögen oder Orogengürteln vom Anden-Typ (◘ Abb. 28.2, 29.18a-c), oder auch in Orogengürteln, die durch Kontinent-Kontinent-Kollision entstanden sind (◘ Abb. 29.18d). Der Wärmetransport wird durch aufsteigendes Magma besorgt, das durch partielles Aufschmelzen des Mantelkeils über einer Subduktionszone entsteht. Wegen ihrer geringeren Dichte können diese Magmen aus dem Erdmantel in die darüber liegende kontinentale Erdkruste aufsteigen. Die nach oben beförderte Wärme führt zu einer beulenartigen Temperaturverteilung und damit zu prograder Metamorphose und Anatexis. Dadurch entsteht in der Unterkruste Granitmagma, das seinerseits in höhere Krustenstockwerke intrudieren kann. Ein Beispiel ist der Granodiorit von Naxos, der vor etwa 15 Ma im Anschluss an die Regionalmetamorphose entstand und dabei die konzentrische Zonenfolge der Indexminerale diskordant abschnitt (◘ Abb. 26.10). Plutonite miozänen Alters sind im Kykladen-Kristallin weit verbreitet und definieren einen ausgeprägten Hochtemperaturgürtel (Altherr et al. 1982).

Ein Teil der Magmen, die durch Anatexis in der subduzierten Platte gebildet werden, wird in Form von vulkanischen Laven, Ignimbriten und vulkanischen Aschen gefördert, die alle kalkalkalische Zusammensetzung haben. Letztere ist typisch für Inselbögen und Orogenzonen vom Anden-Typ. Jedoch sind nicht alle thermischen Anomalien an konvergente Plattenränder geknüpft. Wie wir gesehen haben, findet an *mittelozeanischen Rücken,* d. h. an divergierenden ozeanischen Platten fortgesetzt untermeerischer Basalt-Vulkanismus statt. Sogenannte *Hot Spots* sind persistente vulkanische Zentren, die als oberflächennaher Ausdruck von aufsteigenden Manteldiapiren interpretiert werden. Ihre Herkunft liegt in tiefen Mantelbereichen begründet und ist daher unabhängig von plattentektonischen Prozessen. Hot-Spot-Vulkanismus kann daher an mittelozeanische Rücken, aber auch innerhalb von ozeanischen oder kontinentalen Platten auftreten.

Hochdruckmetamorphose und Ultrahochdruckmetamorphose   Einen ganz anderen Charakter weist die Regionalmetamorphose in *subduzierten Lithosphärenplatten* auf. Die relativ kalten ozeanischen Krustengesteine (Gabbro, Basalt, eventuell geringe Mengen an Tiefseesedimenten) und unterlagernden obersten Mantelgesteine (Peridotit) werden durch die Subduktion relativ rasch, d. h. mit Geschwindigkeiten von einigen Zentimetern pro Jahr, in große Tiefen transportiert und dabei zunehmend höheren Drücken ausgesetzt. Wegen der schlechten Wärmeleitfähigkeit von Gesteinen ist damit zunächst keine wesentliche Temperaturerhöhung verbunden, so dass sich die Isothermen nach unten hin durchbeulen (◘ Abb. 28.2). Durch diesen Prozess werden Basalt und Gabbro in der abtauchenden ozeanischen Kruste in *Eklogit* umgewandelt, das heißt in ein metamorphes Gestein von basaltischem Chemismus mit der Paragenese Granat + Omphacit ± Kyanit ± Zoisit/Epidot ± Phengit. Aus den weniger tief versenkten Anteilen der ozeanischen Kruste entsteht *Blauschiefer,* der als Indexminerale den blauen Na-Amphibol Glaukophan sowie Lawsonit, Jadeit oder Omphacit, phengitischen Hellglimmer, z. T. auch Aragonit führt. Auch die Sedimente im *Akkretionskeil* zwischen subduzierter ozeanischer und hangender kontinentaler Platte werden hochdruckmetamorph überprägt. Dabei entsteht in Karbonat-Sedimenten Aragonit, in Metapeliten z. B. Ferrokarpholith, (Fe,Mg) $Al_2[(OH,F)_4Si_2O_6]$. Wichtige Reaktionen, die zur Druckabschätzung herangezogen werden können, sind

$$Calcit \leftrightarrow Aragonit \qquad (26.7)$$

und

$$\underset{\text{Albit}}{Na[Al^{[4]}Si_3O_8]} \leftrightarrow \underset{\text{Jadeit}}{NaAl^{[6]}[Si_2O_6]} + \underset{\text{Quarz}}{SiO_2} \quad (26.8)$$

(◘ Abb. 26.1). Der *P–T*-Bereich für die Bildung typischer Blauschiefer liegt zwischen etwa 7 kbar bei 200–300 °C und 15 kbar bei 400–500 °C, entsprechend einem geothermischen Gradienten um 10 °C/km. Es kommt also nicht auf die absolute Höhe des Druckes an, sondern auf das *P/T-Verhältnis:* so repräsentiert die Staurolith-Zone von Naxos, in der ein Druck von 6 kbar bei einer Temperatur von 600 °C herrschte, klar eine Mitteldruckmetamorphose. Die Paragenesen der Hochdruckgesteine bleiben nur erhalten, wenn diese durch tektonische Prozesse rasch wieder herausgehoben werden. Andernfalls führt die nachfolgende Wärmezufuhr zur Erhöhung des thermischen Gradienten und damit zur Neubildung von Mitteldruckparagenesen. Hochdruckgesteine, die auf ozeanischen Basalt und Gabbro sowie assoziierte Sedimente zurückgehen, sind in den alpidischen Orogengürteln rund um den Pazifik weit verbreitet, z. B. in der Franciscan Formation Kaliforniens, im Shuksan-Gürtel im Staat Washington (USA), in Alaska, in Japan oder in Neukaledonien. Hochdruckgesteine treten ebenso in den eurasischen Faltengürteln auf, z. B. in den Alpen, den Kykladen, in der Türkei oder im Tian Shan, dem Grenzgebirge zwischen China, Kirkisien und Kasachstan.

In präalpidischen Orogengürteln treten Blauschiefer und Eklogite, die aus subduziertem ozeanischen Basalt oder Gabbro gebildet wurden, viel seltener auf. Hier herrschen Metamorphite vom Mitteldruck- oder Niedrigdrucktyp deutlich vor. Nach dem *Aktualitätsprinzip* muss man jedoch annehmen, dass auch auf diese älteren Orogenesen plattentektonische Modelle anwendbar sind. In diesen älteren Orogenen gebildete Hochdruckmetamorphite wären demnach späteren metamorphen Überprägungen unter niedrigeren *P/T*-Verhältnissen zum Opfer gefallen. Der älteste bekannte Eklogit, der wahrscheinlich durch Subduktion einer ozeanischen Lithosphärenplatte gebildet wurde, liegt im proterozoischen Usagara-Gürtel in Tansania. Nach radiometrischen Altersbestimmungen ist er ca. 2 Ga alt (Möller et al. 1995). Plattentektonische Modelle gelten höchstwahrschein-

lich nicht mehr für die Bildung der Erdkruste im *Archaikum*, da während der frühen Erdgeschichte generell ein höherer geothermischer Gradient herrschte. So wurden alternative Prozesse vorgeschlagen, die von stärkeren vertikalen Bewegungen bei nur geringer horizontaler Verschiebungsrate ausgehen (Hamilton 1998) und zur Bildung der im Archaikum weitverbreiteten Granitoid-Grünsteingürtel führte. Der Übergang von vertikaler Diapir- zu horizontaler Plattentektonik wird von vielen Bearbeitern in die Zeit um 3,0 Ga gelegt (z. B. Shirey und Richardson 2011).

Auch bei der Subduktion von *kontinentaler Kruste* kann es zur Bildung von Hochdruckgesteinen kommen. Ein typisches Beispiel ist wiederum das Kykladen-Kristallin, in dem die permomesozoischen Sedimente auf einem Grundgebirge aus Graniten und Gneisen von präalpidischem Alter abgelagert wurden. Als Bestandteil der Apulischen Mikroplatte wurde dieser Gesteinsverband im Eozän unter den europäischen Kontinent subduziert und hochdruckmetamorph überprägt. Dabei entstandene Blauschiefer, Jadeitgneis und Eklogit sind auf einigen Kykladen-Inseln noch gut erhalten, besonders auf den Inseln Sifnos und Syros (z. B. Okrusch und Bröcker 1990), während sie z. B. auf Naxos durch die nachfolgende prograde Barrow-Typ-Metamorphose an der Wende Oligozän/Miozän – bis auf geringe Relikte im Südostteil der Insel – vollständig ausgelöscht wurden.

Bei der enormen Krustenverdickung im Zuge von *Kontinent-Kontinent-Kollisionen* können *ultrahohe Drücke* erreicht werden. So spricht die Anwesenheit von Coesit, der Hochdruckmodifikation von SiO_2, die erstmals von Chopin (1984) in eklogitischen Gesteinen des Dora-Maira-Massivs in den Westalpen, später im Erzgebirge (Massonne 2001) und in der westlichen Gneisregion von Norwegen entdeckt wurde, für Mindestdrücke von 25–30 kbar, entsprechend Versenkungstiefen von über 100 km. Noch höhere Mindestdrücke von 35–40 kbar werden durch die Anwesenheit von Diamant angezeigt, so im Erzgebirge (Nasdala und Massonne 2000; Massonne et al. 2007), in Westnorwegen, im Kokchetav-Massiv in Sibirien und im Orogen-Gürtel von Su Lu und Dabie Shan in China (Ogaswara 2005). Bei der andauernden Kontinent-Kontinent-Kollision zwischen der Indischen und der Eurasischen Platte werden in der Hindukusch-Zone Graphit-reiche Tonsteine und Karbonatsedimente in so große Tiefen versenkt, dass daraus *heute* Diamant- und Coesit-führende Ultrahochdruckgesteine entstehen dürften (Searle et al. 2001).

Gepaarte Metamorphosegürtel Miyashiro (1972) erkannte als erster, dass in jungen Orogenen zwei etwa parallel zueinander laufende, annähernd gleich alte metamorphe Gürtel von kontrastierendem Charakter auftreten können (engl. *„paired metamorphic belt"*), die denselben Subduktions- oder Kollisionsprozess dokumentieren:

26

- ein Hochdruckgürtel mit Blauschiefer und/oder Eklogit, der die subduzierte Platte repräsentiert, und
- ein Nieder- bis Mitteldruckgürtel mit prograden Mineralzonen, Migmatiten, granitischen bis tonalitischen Intrusionen und Kalkalkali-Vulkaniten, der an einem aktiven Kontinentalrand oder einen Inselbogen gebildet wurde.

Als Beispiele seien der Sanbagawa-Hoch-P/T-Gürtel und der Ryoke-Nieder-P/T-Gürtel in Japan, der Franciscan- und der Sierra-Nevada-Komplex in Kalifornien sowie der Waikatipu-Gürtel in Neuseeland und der Tasman-Gürtel in Australien genannt. Der Mitteldruckgürtel im Kykladen-Kristallin, den wir am Beispiel von Naxos kennengelernt haben, findet seine Entsprechung in einem Hochdruckgürtel in den externen Helleniden. Er wird auf Kreta und dem Peloponnes durch typische Blauschiefer, Aragonit- und Lawsonit-führende Karbonatgesteine sowie Ferrokarpholith-führende Metapelite dokumentiert. Dieser *gepaarte Metamorphosegürtel* entstand durch Subduktion an der Wende Oligozän/Miozän, die von Südwest nach Nordost gerichtet war. Sie muss von der älteren Subduktionsphase unterschieden werden, die die eozänen Hochdruckgesteine im Kykladen-Kristallin erzeugte (Altherr et al. 1982; Seidel et al. 1982).

Eine dritte Phase der Subduktion findet derzeit am Südrand der Ägäis südlich von Kreta statt, wo es zur Bildung des Hellenischen Tiefseegrabens kommt. Der dazu gehörige Hochtemperaturgürtel wird in den Kykladen durch einen jungen vulkanischen Inselbogen mit den Vulkaninseln Milos, Santorin und Kos dokumentiert. Die Inselgruppe *Santorin* erlebte um 1400 v. Chr. einen verheerenden plinianischen Ausbruch, bei dem die ursprünglich viel größere Insel zerstört wurde und eine große Caldera entstand. Möglicherweise beschleunigte dieses Ereignis den Niedergang der minoischen Zivilisation im östlichen Mittelmeerraum. In der Folge erlebte der kleine Vulkan *Nea Kameni*, der sich während dieses Ausbruchs in der Caldera bildete, mehrere kleine Eruptionen, davon die letzten drei im 20. Jh.

In anderen Fällen entsprechen die zeitlichen Beziehungen zwischen benachbarten Orogengürteln nicht dem Modell gepaarter Metamorphosegürtel. So ist in den Westalpen die Hochdruckmetamorphose eindeutig älter als die spätere Lepontinische Phase, die zur Ausbildung eines Wärmedoms in den Lepontinischen Alpen führte.

26.2.6 Regionale Versenkungsmetamorphose

Coombs (1961) wies als Erster darauf hin, dass es einen Typus der Regionalmetamorphose gibt, der nur auf eine Versenkung von Sedimentpaketen zurückgeht, ohne dass es zu durchgreifenden Deformationsvorgängen und zur Ausbildung einer Schieferung kommt. Dabei werden meist nur niedrige Metamorphosetemperaturen erreicht, sodass die metamorphe Umkris-

tallisation unvollständig bleibt. Reliktgefüge des Ausgangsmaterials sind oft noch erhalten und eine Abgrenzung zur Diagenese ist schwierig. Als metamorphe Minerale bilden sich Zeolithe, z. B. Laumontit, $Ca[Al_2Si_4O_{12}] \cdot 4,5H_2O$, bei etwas höheren P-T-Bedingungen auch Prehnit, $Ca_2Al[(OH)_2/AlSi_3O_{10}]$, und Pumpellyit, $Ca_2(Mg,Fe^{2+})(Al,Fe^{3+})_2[(OH)_2/H_2O/SiO_4/Si_2O_7]$. Erstmals wurde die Versenkungsmetamorphose auf der Südinsel Neuseelands beschrieben, wo Grauwacke in einem langgestreckten, absinkenden Sedimentationstrog in der Trias abgelagert, diagenetisch verändert und schließlich schwach metamorph überprägt worden war. Ähnliche Vorkommen hat man in anderen phanerozoischen Orogengürteln, aber auch in proterozoischen Sedimentationströgen und -becken kennengelernt, z. B. im Nordwesten Australiens.

In manchen Fällen erfolgt auch die Hochdruckmetamorphose in Subduktionszonen ohne wesentliche Deformation und besitzt so den Charakter einer Versenkungsmetamorphose. Das ist jedoch keineswegs die Regel.

26.2.7 Ozeanboden-Metamorphose

Dieser Metamorphosetyp ist in seiner Bedeutung erst durch die Fahrten des Forschungsschiffes *Glomar Challenger* sowie durch das internationale *Deep Sea Drilling Program* (DSDP) und das *Ocean Drilling Program* (ODP) erkannt worden (Melson und van Andel 1966; Miyashiro et al. 1970, 1971). Dabei wurden aus dem Bereich der mittelozeanischen Rücken sowohl frischer als auch metamorph überprägter Kissenbasalt, Dolerit des „*sheeted dyke complex*", seltener auch Gabbro und Peridotit durch Baggern (engl. „*dredging*") oder submarines Bohren gewonnen. Diese Gesteinsproben sind undeformiert und zeigen verbreitet magmatische Reliktgefüge; nur einige von ihnen sind metamorph überprägt, wobei mit zunehmendem Metamorphosegrad folgende Minerale festgestellt wurden (Humphris und Thompson 1978; Gillis und Thompson 1993):

1. Zeolithe, z. B. Analcim, $Na[AlSi_2O_6] \cdot H_2O$, Heulandit, $(Ca,Na,K)_9[Si,Al]_{36}O_{72} \cdot 26H_2O$, Natrolith, $Na_2[Al_2Si_3O_{10}] \cdot 2H_2O$, Mesolith, $Na_2Ca_2[Al_6Si_9O_{30}] \cdot 8H_2O$, Skolezit, $Ca[Al_2Si_3O_{10}] \cdot 3H_2O$;
2. Prehnit, Epidot, Chlorit, Calcit;
3. Albit, Aktinolith bis Magnesiohornblende, Epidot, Chlorit, Talk, Quarz, Titanit;
4. Plagioklas, Aktinolith bis Magnesiohornblende, Epidot, Chlorit, Biotit, Quarz, Titanit.

Wegen der geringen Mächtigkeit der ozeanischen Erdkruste von ca. 5–7 km (▶ Abschn. 29.2.1) sind die Drücke der Ozeanboden-Metamorphose gering. Die notwendigen Temperaturen werden erreicht, weil in den mittelozeanischen Rücken — bedingt durch das ständige Aufdringen basaltischer Magmen – ein übernormal hoher geothermischer Gradient herrscht (◘ Abb. 28.3). Demgegenüber ist der geothermische Gradient in den übrigen Bereichen der ozeanischen Kruste durchschnittlich, sodass an der Krustenbasis lediglich Temperaturen von 100–200 °C erreicht werden, die für gewöhnliche metamorphe Reaktionen zu gering sind. Ein wichtiges Kennzeichen der Ozeanboden-Metamorphose sind charakteristische Veränderungen des Gesteinschemismus durch Stoffaustausch mit zirkulierendem, erhitztem Meerwasser. Diese Vorgänge werden in ▶ Abschn. 26.6.3 näher behandelt. Sie führen auch zur Entstehung von Schwarzen und Weißen Rauchern und zur hydrothermalen Erzbildung am Ozeanboden (▶ Abschn. 23.5.1).

26.3 Nomenklatur der regional- und kontaktmetamorphen Gesteine

Die Nomenklatur metamorpher Gesteine stützt sich ziemlich konsequent auf Gefüge und Mineralbestand. Zur Kennzeichnung des *Gefüges* dienen wenige Sammelbegriffe wie Phyllit, Schiefer, Gneis, Granulit oder Fels; diese werden durch Hinzufügen charakteristischer Mineralnamen wie Staurolith-Glimmerschiefer und/oder besonderer Gefügeeigenschaften präzisiert, z. B. Bändergneis. Bei der *Regionalmetamorphose* führt das Zusammenspiel von Deformation und Umkristallisation fast immer zur bevorzugten Orientierung von nicht isometrischen Gefügeelementen, besonders von plattigen, säuligen oder nadeligen Mineralen. Dadurch entstehen Gesteine mit planarem oder linearem Parallelgefüge, in denen man als wichtige Gefügeelemente *Schieferungsflächen* (sog. S-Flächen) und/oder *Faltenachsen, Fältelungsachsen* oder *Lineare* (sog. B-Achsen) vorfindet. Umgekehrt führt die *Kontaktmetamorphose* zu einer schrittweisen Entregelung des Gefüges bis hin zur Bildung von richtungslosen Gefügen bei *Hornfelsen*. Andere Gruppen von metamorphen Gesteinen leiten ihre Namen vom *Mineralbestand* ab, ohne Berücksichtigung des Gefüges, z. B. Amphibolit oder Quarzit. Im Gegensatz zu den Magmatiten werden Bezeichnungen von metamorphen Gesteinen fast nie von Lokalitäten abgeleitet; Lokalnamen werden nur im lokalen bzw. regionalen Zusammenhang verwendet, z. B. Haibacher Gneis im Spessart, Beerbachit im Odenwald, Bündnerschiefer in den Schweizer Alpen oder Macduff Slate in Schottland. Ein *quantitativer Klassifikationsvorschlag* für metamorphe Gesteine wurde von Fettes und Desmons (2007) vorgelegt.

26.3.1 Regionalmetamorphe Gesteine

▪ **Tonschiefer**

Tonschiefer (engl. „*slate*") ist ein äußerst schwach metamorphes (anchimetamorphes) toniges Gestein mit ausgeprägter *Schieferung* (engl. „*slaty cleavage*"), die parallel zur ehemaligen Schichtung verlaufen kann oder diese transversal schneidet. Das extrem feinkörnige Gestein sondert in dünnen Platten ab, die als Dachschiefer oder Tafelschiefer verwendet werden, während sich Griffelschiefer nach zwei sich kreuzenden Schieferungsebenen spaltet und stängelig absondert. Hauptgemengteile sind Schichtsilikate, besonders Sericit und Chlorit sowie Quarz und/oder Karbonatminerale. Ihre jeweiligen Mengenanteile haben großen Einfluss auf die technischen Eigenschaften und damit auf die praktische Verwendung von Tonschiefern. So ist Dachschiefer, der hauptsächlich zur Dachdeckung dient, relativ quarzreich, während der weichere Tafelschiefer höhere Calcit-Gehalte aufweist. Bisweilen führt Tonschiefer Porphyroblasten von Pyrit, z. B. der Ballachulish Slate in Schottland. In der Vergangenheit wurden große Mengen an Tonschiefer für technische Zwecke abgebaut, so im Harz, im Thüringischen und im Rheinischen Schiefergebirge, in Wales, Cornwall, Cumberland und Schottland, in den belgischen und französischen Ardennen, in Ligurien (Nord-Italien) sowie im Slate Valley von Vermont, in Maine, Pennsylvania und Virginia (USA). Gegenwärtig ist Spanien der weltweit größte Produzent von Dachschiefer, gefolgt von Brasilien. Auch in China werden riesige Lagerstätten von Dachschiefer abgebaut.

▪ **Phyllit**

Als Phyllit bezeichnet man feinkörnige, sehr dünnschieferige Metasedimentgesteine von mittlerer Korngröße, bei denen die Schichtsilikate einen zusammenhängenden Überzug in der Schieferungsebene bilden, sodass ein charakteristischer Seidenglanz entsteht. Häufig beobachtet man eine Feinfältelung, oft begleitet von einer Runzelschieferung (engl. „*crenulation cleavage*"). In seinem Metamorphosegrad liegt Phyllit zwischen Tonschiefer und Glimmerschiefer. Abgesehen von einzelnen Porphyroblasten – z. B. von Albit, Chloritoid, Karbonat – liegt die Korngröße < 0,1 mm, sodass die Mineralgemengteile nicht mit der Lupe erkannt werden können. Phyllit i. e. S. besteht zu > 50 Vol.-% aus feinschuppigen Schichtsilikaten, insbesondere den Hellglimmern Sericit und Paragonit, Chlorit und/oder seltener Biotit, gefolgt von Quarz. Ferner können Albit, Chloritoid, Spessartin-Almandin-reicher Granat, Calcit, Dolomit, Ankerit u. a. Minerale beteiligt sein, z. T. auch namengebend, wie in Albitphyllit oder Chloritoidphyllit. Phyllitische Gesteine mit 50–80 Vol.-% Quarz heißen *Quarzphyllit,* solche mit Karbonatgehalten von 10–50 Vol.-% *Karbo-*

26

natphyllit oder *Kalkphyllit.* Ausgangsgesteine sind pelitische, Al-reiche Sedimente, wie Tone, Ton- und Siltstein, Al-reiche Grauwacke, z. T. mit kieseligen oder karbonatischen Beimengungen.

■ **Glimmerschiefer**

Der Begriff Glimmerschiefer (engl. „*mica schist*") bezieht sich auf mittel- bis grobkörnige metapelitische Gesteine mit ausgeprägtem Schieferungsgefüge. Sie spalten vollkommen in mm- bis cm-dicke Scheiben parallel zu den Spaltflächen (S) oder in dünnen Säulen entlang der Faltenachsen (B). Im Gegensatz zu Phyllit lassen sich die einzelnen Gemengteile meist schon mit freiem Auge oder mit der Lupe erkennen. Glimmer, insbesondere Muscovit und Biotit, seltener Paragonit sind zu > 50 Vol.-% am Modalbestand beteiligt, in zweiter Linie Quarz. Charakteristische Nebengemengteile können namengebend sein, z. B. Granat-Glimmerschiefer oder Staurolith-Glimmerschiefer (◘ Abb. 2.11, 26.12a) u. a. *Quarz-Glimmerschiefer* enthält 50–80 Vol.-% Quarz, *Kalk-Glimmerschiefer* 10–50 Vol.-% Calcit, Dolomit oder Ankerit. Das Ausgangsmaterial ist das gleiche wie bei Phyllit. Gewöhnlicher Glimmerschiefer enthält nur wenig Feldspat (<20 Vol.-%).

> Gesteine mit *Schiefergefüge* spalten vorzüglich in millimeter- bis zentimeterdünne Scheiben nach den Schieferungsflächen (S) oder in dünne Stängel nach den Faltenachsen (B); Gesteine mit *Gneisgefüge* spalten in zentimeter- bis dezimeterdicke Platten parallel S oder in zylindrische Körper parallel B: *Schiefer spalten in dünnere Scheiben als Gneise.*

■ **Gneis**

Gneis (engl. „*gneiss*") ist ein Sammelbegriff für regionalmetamorphe Quarz-Feldspat-reiche Gesteine, die in cm- bis dm-dicke Platten parallel zur ausgeprägten Spaltbarkeit entlang S oder in dicke Säulen entlang B spalten. Typisch ist ein lagiges Gefüge, bei dem sich helle Bereiche, die vorwiegend aus körnigen Mineralen wie Quarz und Feldspäten bestehen, mit dunkleren Lagen aus vornehmlich Schichtsilikaten wie Glimmer, besonders Biotit, bei niedrigerem Metamorphosegrad auch Chlorit, oder mit Strähnen von Amphibol abwechseln. Charakteristische Nebengemengteile oder Akzessorien sind Granat, Cordierit, Kyanit, Sillimanit, Epidot u. a.

Gneise im engeren Sinne führen Feldspat, der daher im Gesteinsnamen nicht gesondert erwähnt werden muss: z. B. Muscovit-Biotit-Gneis, Cordierit-Sillimanit-Gneis. Kalifeldspat-freie Gneise können als Plagioklas-Gneise bezeichnet werden, z. B. Staurolith-Granat-Plagioklas-Gneis,   Hornblende-Plagioklas-Gneis

oder Muscovit-Chlorit-Albit-Gneis. In hochdruckmetamorphen Gesteinen kann die An-Komponente von Plagioklas vollständig zu Lawsonit, $CaAl_2[(OH)_2/Si_2O_7]·H_2O$, die Ab-Komponente zu der kritischen Paragenese Jadeit, $NaAl[Si_2O_6] + Quarz$ abgebaut sein, was zur Bezeichnung Jadeitgneis führt. In beiden Fällen nimmt die Koordinationszahl von Aluminium zu: $Al^{[4]} \rightarrow Al^{[6]}$. Bei der geologischen Kartierung werden gelegentlich informelle, das Gefüge beschreibende Namen wie Augen-, Flaser-, Stängel-, Platten-, Körnel-, Perl-, Streifen- oder Lagengneis verwendet.

Typische Ausgangsgesteine für Gneise sind Quarz-Feldspat-reiche Magmatite wie Granit, Granodiorit, Tonalit, Trondhjemit oder Syenit sowie siliziklastische Sedimentgesteine wie Arkose, Grauwacke oder Feldspat-führender Sandstein. Bei höherem Metamorphosegrad nimmt auch in *metapelitischen* Stoffbeständen der Anteil von Gneis auf Kosten von Glimmerschiefer zu, weil der Feldspatgehalt infolge der prograden Entwässerung von Glimmern immer größer wird. So reagieren nach Gl. (26.5a) Muscovit und Quarz unter Bildung von Kalifeldspat + Sillimanit + H_2O. Gneise mit sedimentärem Ausgangsmaterial werden als *Paragneise*, solche magmatischer Herkunft als *Orthogneise* oder spezifischer z. B. als Granitgneis bezeichnet.

■ **Fels (Granofels)**

Fels oder Granofels (engl. „*granofels*") ist ein Sammelname für massige, mittel- bis grobkörnige metamorphe Gesteine sehr unterschiedlicher Zusammensetzung, die kaum eine Gefügeregelung wie Schieferung (Foliation) oder Lineation erkennen lassen. Beispiele sind: Quarz-Albit-Fels,   Chlorit-Hornblende-Fels,   Granat-Glimmer-Fels oder Augit-Plagioklas-Fels.

■ **Granulit**

Granulite sind hochgradig metamorphe, fein- bis mittelkörnige Gesteine, in denen alle (OH)-führenden Minerale wie Glimmer und Amphibole (fast) vollständig entwässert und in eine Paragenese aus (OH)-freien Mineralen umgewandelt sind. Diese bilden im Wesentlichen ein relativ gleichkörniges, granoblastisches Kornmosaik bestehend aus Alkalifeldspat + Plagioklas + Quarz + ferromagnesischen Silikaten im Falle von *felsischen Granuliten* oder von Plagioklas + Pyroxen ± Granat ± Amphibol im Falle von *mafischen Granuliten.* Erstere gehen aus leukokraten Plutoniten oder Vulkaniten oder aus Arkose, Grauwacke oder Tonstein hervor, letztere aus intermediären bis mafischen Magmatiten. Typisch ist ein *gebändertes* Erscheinungsbild, bedingt durch einen Lagenwechsel von hellen und dunklen Gemengteilen. Wegen des Fehlens von tafeligen, schuppigen oder langprismatischen Mineralen, insbesondere von Schichtsilikaten, ist eine Schieferung nicht entwickelt, bestenfalls existiert eine schwache Foliation. Alkalifeldspat ist meist ein Orthoklas-Perthit, oft ein Mesoperthit, d. h. mit einem sehr hohen Anteil an Albit-Lamellen (■ Abb. 11.69); Plagioklas zeigt häufig antiperthitische Entmischung von Kalifeldspat. Obwohl diskenförmig ausgelängte Quarzkristalle (■ Abb. 26.12b) in vielen Granuliten vorhanden sind, stellen sie nicht unbedingt ein charakteristisches Merkmal dar. Dunkle Gemengteile sind Orthopyroxen, meist ein Al-reicher Hypersthen, Klinopyroxen, ein Na-Al-Fe^{3+}-führender Diopsid-Hedenbergit-Mischkristall, Pyrop-Almandin-betonter Granat und in Al-reichen Varietäten auch Cordierit. Das erste Auftreten von Orthopyroxen, der aus der Entwässerung von Biotit oder Amphibol entsteht, definiert die Grenze zwischen Granulit und einem seiner niedriger metamorphen Äquivalente. Allerdings enthält, je nach Gesteinszusammensetzung, nicht jeder Granulit Orthopyroxen. Da die Orthopyroxen-bildenden Entwässerungsreaktionen über ein bestimmtes *P-T*-Intervall ablaufen, können einige Granulite noch etwas prograden, gewöhnlich braun gefärbten Amphibol und/oder Mg-reichen Biotit enthalten. Abhängig vom *P/T*-Verhältnis treten als Al-Silikate gewöhnlich Kyanit oder Sillimanit auf; typisches Ti-Mineral ist Rutil.

Technische Verwendung von Granulit Heller, Granat-führender Granulit wird als Naturwerkstein verwendet, besonders gern als geschliffene und polierte Platten zur Verkleidung von Außenfassaden und im Innenausbau.

Die *Charnockit*-Gruppe umfasst eine Reihe Orthopyroxen-führender Gesteine mit magmatischem Gefüge und granitischer *(Charnockit)*, monzonitischer *(Mangerit, Jotunit)* oder tonalitischer Zusammensetzung *(Enderbit)*, die oft mit Anorthosit und Norit, aber auch mit Granuliten assoziiert sind. Häufig sind die Gesteine der Charnockit-Gruppe metamorph überprägt. Daher werden ihre Namen sowohl für magmatische als auch für metamorphe Gesteine angewendet. Heller Charnockit führt neben Mikroklin-Perthit und Quarz etwas Plagioklas + Orthopyroxen ± Klinopyroxen ± Granat. Der Name Charnockit leitet sich vom Grabmal des Job Charnock (†1693) ab, dem Gründer der Stadt Kalkutta (Kolkata) in Indien.

■ **Quarzit**

Quarzit ist ein fast monomineralisches Gestein mit einem Quarzgehalt von > 90 Vol.-%, häufig zusammen mit geringen oder akzessorischen Anteilen von Sericit (feinstkörnigem Muscovit), Chlorit, Granat, Kyanit, Sillimanit, Turmalin, Graphit u. a. Beträgt deren Anteil > 10 Vol.-%, spricht man z. B. von Sericit-Quarzit, Granat-Quarzit, Graphit-Quarzit usw. Feinkörnige Gesteine aus Quarz + Spessartin-reichem Granat werden als *Coticule (Wetzschiefer)* bezeichnet, der früher zum Schleifen und Polieren von Werkzeugen benutzt wurde, so in Vielsalm in den belgischen Ardennen. Quarzit kann durch Regional- oder Kontaktmetamorphose aus

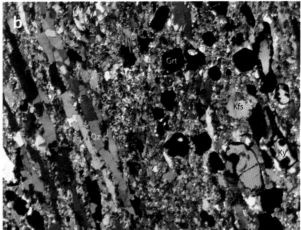

■ **Abb. 26.12** Dünnschliff-Fotos von metamorphen Gesteinen: **a** *Staurolith-Glimmerschiefer,* Fuchsgraben (Vorspessart, Bayern), bestehend aus Biotit (Bio), z. T. retrograd in grünlichen Chlorit (Chl) umgewandelt, Staurolith (Sta) und Plagioklas (Plag), untergeordnet Kyanit (Ky); einfach pol. Licht, Bildbreite = ca. 5 mm; **b** Heller *Granulit,* Röhrsdorf, Sächsisches Granulitgebirge, zeigt ausgeprägtes Plättungsgefüge, das durch Plattenquarz (Qz) parallel zur *xy*-Ebene des Gefüges repräsentiert wird. Die dominierenden feinkörnigen Gemengteile bestehen aus Alkalifeldspat (Mesoperthit) und Plagioklas. Dunkle Gemengteile sind Granat (Grt) und Kyanit (gelbliche Interferenzfarben), der z. T. verzwillingt ist oder unduloser Auslöschung zeigt, bedingt durch postkristalline Deformation. Kyanit ist meist von Granatsäumen umwachsen; Spuren von retrograd gebildetem, feinschuppigem Biotit (mit bunten Interferenzfarben); leicht entkreuzte Pol., Bildbreite = ca. 5 mm

kieseligem Sandstein oder Hornstein *(chert)* entstehen, wobei die detritischen Quarzkörner und das Bindemittel eine Sammelkristallisation durchmachen. Dadurch kommt es zur Kornvergröberung, mit zunehmendem Metamorphosegrad auch zur Bildung eines granoblastischen Gefüges.

■ **Marmor**

Marmor (engl. „*marble*") ist ein mittel- bis grobkörniger Metamorphit, der zu > 90 Vol.-% aus Karbonaten, insbesondere aus Calcit (■ Abb. 26.13) und/oder

26

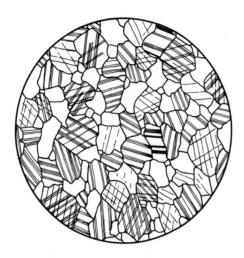

Abb. 26.13 Marmor, gleichmäßig-körniges Gestein aus Calcit mit polysynthetischer Zwillingslamellierung nach {01$\bar{1}$2}; Carrara (Toskana, Italien), Bildbreite = ca. 2,3 mm

Dolomit *(Dolomit-Marmor),* seltener aus Ankerit besteht. Marmor bildet sich regional- oder kontaktmetamorph aus ziemlich reinen Karbonatgesteinen. Häufige Nebengemengteile sind Graphit oder Phlogopit. Bei der Metamorphose von mergeligem Kalkstein entsteht *Silikatmarmor* mit > 10 Vol.-% an Silikatmineralen wie Phlogopit, Talk, Tremolit, Diopsid, Vesuvian, Grossular, Epidot, Chondrodit, $Mg_5[(OH,F)_2/(SiO_4)_2]$, und/oder Forsterit. Manche Marmore führen Spinell und/oder Korund, bisweilen von Edelsteinqualität. *Ophicalcit* wird ein Marmor genannt, der Serpentin-Minerale in streifiger oder fleckiger Verteilung beinhaltet.

Marmor war früher ein sehr beliebter Werkstein, der in der Außen- und Innenarchitektur von zahlreichen Repräsentativbauten Verwendung fand. Da er sehr empfindlich gegen Verwitterungseinflüsse ist, setzt man Marmor heute fast ausschließlich im Inneren von Gebäuden als Wand- und Bodenplatten ein. Wegen seiner geringen Härte findet reiner Marmor Verwendung als Statuenmarmor in der Bildhauerkunst. Berühmte Vorkommen, die seit dem Altertum in Abbau standen, liegen auf der Kykladen-Insel Paros (Griechenland) und am Pentelikon-Gebirge bei Athen, ferner bei Carrara in der Toskana (Italien), wo z. B. die Handelssorten *statuario* und *arabescato* gewonnen werden.

■ **Kalksilikatfels und Kalksilikatgneis**

Steigt der Silikatanteil karbonatreicher Gesteine auf > 50 Vol.-%, so geht Silikatmarmor in massigen Kalksilikatfels (engl. „*calc-silicate rock*") oder in Kalksilikatgneis mit ausgeprägtem Lagengefüge über. Beide bestehen überwiegend aus Ca- und Ca-Fe-Mg-Silikaten wie Diopsid-Hedenbergit, Grossular-Andradit-Granat, Vesuvian, Tremolit, Forsterit, Wollastonit ± Quarz und wechselnden Gehalten an Calcit. Ausgangsgesteine sind unreiner Kalkstein und Mergel. Fe-reicher

Kalksilikatfels wird als Skarn bezeichnet (s. ▶ Abschn. 26.3.2).

■ **Amphibolit**

Amphibolit ist ein mittel- bis grobkörniger Metabasit, der überwiegend aus Amphibol (meist grüne oder braune Hornblende) und Plagioklas besteht. Diopsid-reicher Pyroxen, Granat, Epidot oder Zoisit, Biotit, Quarz und Titanit sind häufig als Nebengemengteile oder akzessorisch vorhanden und können bei höheren Gehalten namengebend sein, z. B. Epidot-Amphibolit. Die Amphibolkörner sind meist eingeregelt und definieren so eine ausgeprägte Foliation parallel zu S, die zu plattiger Absonderung des Gesteins führt. Sind die Amphibolkörner zusätzlich entlang der B-Achsen eingeregelt, sondert der Amphibolit stängelig ab. Daneben gibt es aber auch massige Amphibolite ohne Foliation. Bei Gehalten von > 20 Vol.-% Quarz spricht man von *Hornblende-Plagioklas-Gneis.* Metabasite, die sehr arm an Plagioklas oder plagioklasfrei sind, nennt man *Hornblendefels* oder *Hornblendeschiefer,* je nach Ausmaß der Einregelung. Ausgangsgesteine der Amphibolite sind ganz überwiegend Basalt oder Andesit bzw. deren Tuffe sowie Dolerit und Gabbro.

■ **Grünschiefer**

Grünschiefer (engl. „*greenschist*") ist ein Sammelbegriff für grüne, feinkörnige Metabasite mit ausgeprägter Schieferung, oft auch Kleinfältelung, die im Wesentlichen aus den grünen, (OH)-haltigen Mineralen Chlorit, Epidot und Aktinolith sowie aus Albit ± Quarz ± Karbonat ± Muscovit bestehen. Seine Mineralparagenese ist kennzeichnend für einen niedrigen Metamorphosegrad. Einige Grünschiefer enthalten Porphyroblasten z. B. von Aktinolith, Granat, Chloritoid oder Magnetit (■ Abb. 2.10). Ausgangsgesteine sind basische Vulkanite und Plutonite wie bei Amphibolit. Ungeschieferte Metabasite der gleichen Zusammensetzung werden im Englischen als „*greenstones*" bezeichnet. Diese Grünsteine leiten sich von denselben Ausgangsgesteinen ab, wurden jedoch kaum deformiert.

Grünsteingürtel sind charakteristische Bestandteile von archaischen Grundgebirgen, in denen sie sich über Hunderte oder sogar Tausende von Kilometern erstrecken können. Prominente Beispiele sind der Barberton Greenstone Belt in Südafrika und der Abitibi Greenstone Belt in Kanada.

■ **Blauschiefer, Glaukophanschiefer, Glaukophanit**

Blauschiefer (engl. „*blueschist*") ist dem Grünschiefer ähnlich, unterscheidet sich jedoch durch seine grünlich blaue bis tiefblaue Farbe. Letztere geht auf die Anwesenheit von Glaukophan oder einem zumindest Glaukophan-reichem Amphibol zurück, der wenigstens im Dünnschliff blau erscheint. Diese Na-Amphibole sind

Kerrick DM (Hrsg.) (1991) Contact metamorphism. Rev Mineral 26

Kleber W, Bautsch H-J, Bohm J, Klimm D (2010) Einführung in die Kristallographie, 19. Aufl. Technik, Berlin

Kresten P, Morogan V (1986) Fenitization at the Fen complex, southern Norway. Lithos 19:27–42

Kukla PA, Kukla C, Stanistreet IG, Okrusch M (1990) Unusual preservation of sedimentary structures in sillimanite-bearing metaturbidites of the Damara Orogen, Namibia. J Geol 98:91–99

Kukla C, Kramm U, Kukla PA, Okrusch M (1991) U-Pb monazite data relating to metamorphism and granite intrusion in the northwestern Khomas Trough, Damara Orogen, central Namibia. Communs Geol Surv Namibia 7:49–54

Langenhorst F, Deutsch A (2012) Shock metamorphism of minerals. Elements 8:31–36

Lippmann F (1977) Diagenese und beginnende Metamorphose bei Sedimenten. Bull Acad Serbe Sci Nat, T LVI, No 15 Melson WG, Andel TH van (1966) Metamorphism in the MidAtlantic Ridge, 22° N latitude. Marine Geol 4:165–186

Massonne H-J (2001) First find of coesite in the ultrahigh-pressure rocks of the Central Erzgebirge, Germany. Eur J Mineral 13:565–570

Massonne HJ, Kennedy A, Nasdala L, Theye T (2007) Dating of zircon and monazite from diamodiferous quartzofeldspatic rocks of the Saxonian Erzgebirge - hints at burial and exhumation velocities. Mineral Mag 71:407–425

Mehnert KR (1971) Migmatites and the origin of granitic rocks, 2. Aufl. Elsevier, Amsterdam

Melson WG, van Andel TH (1966) Metamorphism in the Mid-Atlantic Ridge, 22° N latitude. Marine Geol 4:165–186

Miyashiro A (1972) Metamorphism and related magmatism in plate tectonics. Am J Sci 272:629–656

Miyashiro A, Shido F, Ewing M (1970) Petrologic models for the Mid-Atlantic Ridge. Deep Sea Res 17:109–123

Miyashiro A, Shido F, Ewing M (1971) Metamorphism in the Mid-Atlantic Ridge near 24° and 30° N. Phil Trans Roy Soc London A268:589–603

Möller A, Appel P, Mezger K, Schenk V (1995) Evidence for a 2 Ga subduction zone: eclogites in the Usagaran belt of Tanzania. Geology 23:1067–1070

Nabholz WK, Niggli E, Wenk E (1967) Lukmanier-Pass: Disentis–Biasca, Exkursion Nr. 23. In: Nabholz WK (Hrsg) Geologischer Führer der Schweiz, Heft 5: 400–417, Schweizerische Geologische Gesellschaft, Wepf Co., Basel

Nasdala L, Massonne H-J (2000) Microdiamonds from the Saxonian Erzgebirge, Germany: in-stu micro-Raman characterisation. Eur J Mineral 12:495–498

Ogasawara Y (2005) Microdiamonds in ultrahigh-pressure metamorphic rocks. Elements 1:91–96

Okrusch M, Bröcker M (1990) Eclogites associated with high-grade blueschists in the Cycladic archipelago, Greece: A review. Eur J Mineral 2:451–478

Olsen SN (1985) Mass balance in migmatites. In: Ashworth JR (Hrsg.) Migmatites. Blackie, Glasgow, London

Passchier CW, Trouw RAJ (2005) Microtectonics, 2. Aufl. Springer-Verlag, Berlin

Phillips FM, Zreda MG, Smith SS, Elmore D, Kubik PW, Dorn RI, Roddy DJ (1991) Age and geomorphic history of Meteor Crater, Arizona, from cosmogenic ^{36}Cl and ^{14}C in rock varnish. Geochim Cosmochim Acta 55:2695–2698

Read HH (1952) Metamorphism and migmatisation in the Ythan Valley, Aberdeenshire. Trans Edinburgh geol Soc 15:265–279

Reimold WU, Jourdan F (2012) Impact! – Bolides, craters, and catastrophes. Elements 8:19–24

Reitz E (1987) Palynologie in metamorphen Serien: I. Silurische Sporen in einem granatführenden Glimmerschiefer des Vor-Spessart. Neues Jahrb Geol Paläont Monatsh 1987:699–704

Richardson SW (1968) Staurolite stability in a part of the system Fe-Al-Si-O-H. J Petrol 9:467–488

Robyr M, Vonlanthen P, Baumgartner LP, Grobety B (2007) Growth mechanism of snowball garnets from the Lukmanier Pass area (Central Alps, Switzerland): a combined μCT/EPMA/EBSD study. Terra Nova 19:240–244

Rosenberg CL, Handy MR (2005) Experimental deformation of partially melted granite revisited: Implications fort the continental crust. J Metam Geol 23:19–28

Rosenbusch H (1877) Die Steiger Schiefer und ihre Contactzone. Abhandl Geol Spezialkarte Elsass-Lothringen 1:80–393, Halle/Saale

Sander B (1950) Einführung in die Gefügekunde geologischer Körper, 2. Teil: Die Korngefüge. Springer, Wien

Sawyer EW, Barnes S-J (1988) Temporal and compositional differences between subsolidus and anatectic migmatite leucosomes from the Quetico metasedimentary belt, Canada. J Metam Geol 6:437–450

Sawyer EW, Cesare B, Brown M (2011) When the continental crust melts. Elements 7:229–234

Schmieder M, Schwarz WH, Buchner E, Pesonen LJ, Lehtinen M, Trieloff M (2012) Double and multiple impact events on Earth – hypotheses, tests, and problems. Meteorit Planet Sci 45:1093–1107

Schmitt RT, Lapke C, Lingemann CM, Siebenschock M, Stöffler D (2005) Distribution and origin of impact diamonds in the Ries crater, Germany. In: Kenkmann T, Hörz F, Deutsch H (Hrsg) Large meteorite impacts III. Geol Soc America Spec Paper 384: 299–314

Schneiderhöhn H (1961) Die Erzlagertätten der Erde, Bd II. Die Pegmatite. Gustav Fischer, Stuttgart

Searle M, Hacker BR, Bilham R (2001) The Hindu Kush seismic zone as a paradigm for the creation of ultrahigh-pressure diamond-and coesite-bearing continental rocks. J Geol 109:143–153

Sederholm JJ (1907) Om granit och gneis, deras uppkomst, uppträdande och utbredning inom urberget i Fennoskandia. Bull Comm Gèol Finlande 23:1–110

Karato S, Wenk H-R (Hrsg) (2002) Plastic deformation of minerals and rocks. Rev Mineral Geochem 51

Kerrick DM (ed) (1991) Contact metamorphism. Rev Mineral 26

Olsen SN (1985) Mass balance in migmatites. In: Ashworth JR (Hrsg) migmatites. Blackie, Glasgow

Schmitt RT, Lapke C, Lingemann CM, Siebenschock M, Stöffler D (2005) Distribution and origin of impact diamonds in the Ries crater, Germany. In Kenkmann T, Hörz F, Deutsch H (Hrsg) Large meteorite impacts III. Geol Soc America Spec Paper 384: 299–314

Sederholm JJ (1913) Die Entstehung migmatischer Gesteine. Geol Rundschau 4:174–185

Seidel E, Kreuzer H, Harre W (1982) A Late Oligocene/Early Miocene high pressure belt in the external Hellenides. Geol Jahrb E23:165–206, Hannover

Shirey SB, Richardson SH (2011) Start of the Wilson cycle at 3 Gashown by diamonds from subcontinental mantle. Science 333:434–436

Spear FS, Cheney IT (1989) A petrogenetic grid for pelitic schists in the system SiO_2–Al_2O_3–FeO–MgO–K_2O–H_2O. Contrib Mineral Petrol 101:149–164

Spry A (1983) Metamorphic textures. Pergamon, Oxford

Stöffler D, Grieve RAF (2007) Impactites. In Fettes D, Desmons J (Hrsg) Metamorphic rocks: a classification and glossary of terms. Cambridge University Press, Cambridge, S 82–92, 111–125, 126–242

Stöffler D, Artemieva NA, Wünnemann K, Reimold WU, Jacob J, Hansen BK, Summerson IAT (2013) Ries crater and suevite revisited – observations and modelling. Part I: Observations. Meteorit & Planet Sci 48:515–589

26

Storre B, Karotke E (1972) Experimental data on melting reactions of muscovite in the system $K_2O–Al_2O_3–SiO_2–H_2O$ to 20 Kb water pressure. Contrib Mineral Petrol 36:343–345

Teichmüller M (1987) Organic material and very low-grade metamorphism. In: Frey M (Hrsg) Low temperature metamorphism. Chapter 4: 114–161. Blackie Glasgow London

Tilley CE (1925) Metamorphic zones in the southern Highlands of Scotland. Quart J Geol Soc London 81:100–112

Turner FJ (1981) Metamorphic petrology, 2. Aufl. Hemisphere, Washington

Utada M (2001) Zeolites in hydrothermally altered rocks. In: Bish DL, Ming DW (Hrsg) Natural zeolites: occurrence, properties, applications. Rev Mineral Geochem 45:305–322

Vallance TG (1977) Spilitic degradation of a tholeiitic basalt. J Petrol 15:79–96

Voll G, Töpel J, Pattison DRM, Seifert F (Hrsg) (1991) Equilibrium and kinetics in contact metamorphism: The Ballachulish Igneous Complex and its aureole. Springer, Berlin

Von Engelhardt W, Arndt J, Stöffler D et al (1967) Diaplektische Gläser in den Breccien des Ries von Nördlingen als Anzeichen der Stoßwellenmetamorphose. Contrib Mineral Petrol 15:93–107

Werner E (1904) Das Ries in der schwäbisch-fränkischen Alb. Bl Schwäb Albver 16/5, Tübingen

White RW, Stevens G, Johnson EJ (2011) Is the crucible reproducible? Reconciling melting experiments with thermodynamic calculations. Elements 7:241–246

Phasengleichgewichte und Mineralreaktionen in metamorphen Gesteinen

Inhaltsverzeichnis

© Springer-Verlag GmbH Deutschland, ein Teil von Springer Nature 2022
M. Okrusch und H. E. Frimmel, *Mineralogie,*
https://doi.org/10.1007/978-3-662-64064-7_27

27

Einteilung

Wie wir im vorausgehenden Kapitel gezeigt haben, führt die Gesteinsmetamorphose zu tiefgreifenden Veränderungen im Gefüge und im Mineralbestand von Gesteinen. Durch prograde und retrograde Mineralreaktionen entstehen neue Mineralassoziationen, die eine schrittweise Anpassung an sich verändernde *P-T*-Bedingungen dokumentieren. Meist werden beim Höhepunkt der Metamorphose, d. h. bei maximaler Temperatur, Gleichgewichtsgefüge in den dabei gebildeten Mineralassoziationen gebildet, die daher annähernd als thermodynamische *Gleichgewichtsparagenesen* interpretiert werden können. Das eröffnet die Möglichkeit, die Grundsätze der Thermodynamik auf die beobachteten Mineralparagenesen und ihre chemische Zusammensetzung anzuwenden, um die *P–T*-Bedingungen bei ihrer Bildung zu quantifizieren.

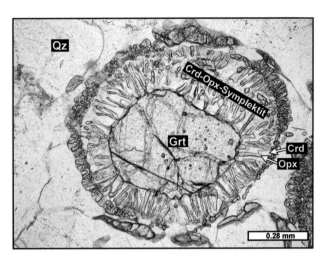

☐ **Abb. 27.1** Dünnschliff-Foto einer Reaktionskorona von Cordierit (Crd) + Orthopyroxen (Opx) um Granat (Grt) entsprechend der Reaktion Granat + Quarz (Qz) ↔ Cordierit + Orthopyroxen, ausgelöst durch nahezu isotherme Druckentlastung bei hoher Temperatur; Granulit, Epupa-Komplex, Namibia; parallel pol. Licht (Foto: Sönke Brandt)

27.1 Mineralgleichgewichte in metamorphen Gesteinen

27.1.1 Feststellung des thermodynamischen Gleichgewichts

Metamorphe Gesteine sind Produkte einer komplizierten Entwicklung, bei der ein prograder und ein retrograder *P-T*-Pfad durchlaufen werden. Als Folge davon kann man in den meisten metamorphen Gesteinen unter dem Mikroskop vielfältige Ungleichgewichtsgefüge erkennen, die sich als Ergebnis prograder oder retrograder Reaktionsschritte interpretieren lassen:

- *Zonarbau bei Mischkristallen,* z. B. bei Granat, Amphibolen, Epidot oder Plagioklas kann den prograden oder retrograden *P-T*-Pfad abbilden, aber auch durch Elementfraktionierungen bedingt sein, z. B. durch bevorzugten Einbau von Mn in Granat. Da Granat optisch isotrop ist, kann sein Zonarbau nur durch Analyse mit der Elektronenstrahl-Mikrosonde erkannt werden.
- *Mineralrelikte* von magmatischen oder sedimentären Ausgangsgesteinen, von älteren Metamorphoseereignissen oder des prograden *P-T*-Pfades können metastabil erhalten geblieben sein, meist in Form von Mineraleinschlüssen in Porphyroblasten.
- *Reaktionsgefüge* zwischen zwei oder mehreren Mineralarten, meist in Form von Symplektiten oder Reaktionskoronen, können Hinweise auf den Verlauf des prograden, jedoch häufiger auf den des retrograden *P-T*-Pfades liefern (☐ Abb. 27.1).

Ein klares Anzeichen von chemischem Ungleichgewicht ist das Nebeneinanderauftreten von inkompatiblen (miteinander unverträglichen) Mineralpaaren, die also nicht im thermodynamischen Gleichgewicht stabil miteinander koexistieren können. Beispiele sind Quarz + Forsterit, Quarz + Korund oder Graphit + Hämatit. Die jeweilige Inkompatibilität dieser Mineralpaare wurde experimentell bestätigt.

Während man Ungleichgewichte leicht nachweisen kann, ist der Nachweis der Einstellung eines thermodynamischen Gleichgewichts im Zuge einer Metamorphose deutlich schwieriger. Wichtigstes Kriterium für ein Gleichgewichtsgefüge sind gemeinsame Kornkontakte zwischen koexistierenden Mineralen, die dann eine *Berührungsparagenese* bilden. So kann z. B. die Mineralkombination Staurolith + Granat + Biotit + Muscovit + Plagioklas + Quarz in einem Metapelit nur dann als Gleichgewichtsparagenese angesprochen werden, wenn man durch sorgfältige mikroskopische Untersuchungen sichergestellt hat, dass sich alle diese Minerale gegenseitig berühren. Nur dann ist die Annahme gerechtfertigt, dass beim Höhepunkt eines Metamorphoseprozesses Gleichgewichtsbedingungen (nahezu) erreicht wurden. Ein chemisches Gleichgewicht lässt sich um so leichter erreichen, je höher der Metamorphosegrad ist, da Diffusionsraten mit zunehmender Temperatur exponenziell steigen. Auch Deformationsprozesse können die Einstellung von Mineralgleichgewichten begünstigen, weil eine höhere Anzahl von gegenseitigen Kornkontakten mehr Wege für einen erhöhten Fuidfluss öffnen. Selbstverständlich erhöht auch ein längerer Zeitraum, der für die Metamorphose zur Verfügung stand, die Chance für die Einstellung eines thermodynamischen Gleichgewichts. In diesem Fall lässt sich die Gibbs'sche Phasenregel, die bereits in ▶ Abschn. 18.1 diskutiert wurde, anwenden.

Sie bildet die Grundlage für einen quantitativen Ansatz zur Rekonstruktion von metamorphen P–T–X-Bedingungen (z. B. Seifert 1978).

27.1.2 Anwendung der Gibbs'schen Phasenregel

Bei seiner Untersuchung über die Hornfelse im Oslo-Gebiet (Südnorwegen) hatte Victor Moritz Goldschmidt (1888–1947) als erster erkannt, dass eine enge Beziehung zwischen dem Mineralbestand und der chemischen Zusammensetzung eines metamorphen Gesteins besteht. Er folgerte, dass ein thermodynamisches Gleichgewicht erreicht sein müsse, sodass die Gibbs'sche Phasenregel auf metamorphe Mineralparagenesen angewendet werden kann (Goldschmidt 1911). Diese Regel legt fest, wie viele Mineralphasen bei gegebenen P-T-Bedingungen und Gesteinschemismen maximal in einem metamorphen (oder magmatischen) Gestein nebeneinander im Gleichgewicht auftreten können. Dabei gelten folgende Definitionen (▶ Abschn. 18.1):

┌─ **Definition** ───────────────────────────

Als *Phasen (Ph)* bezeichnet man in einem heterogenen Mehrstoffsystem alle homogenen Teile des Systems, die sich physikalisch unterscheiden lassen. Phasen können unterschiedliche Minerale, eine Schmelze oder verschiedene nicht mischbare Schmelzen, ein Fluid oder eine Gasphase sein. Ein (metamorphes) Gestein besteht aus einer oder mehreren kristallinen Phasen, d. h. aus *Mineralen,* die bei ihrer Bildung fast immer im Gleichgewicht mit einer *fluiden Phase* gestanden haben; bei der Entstehung von Migmatiten war zusätzlich eine *Schmelzphase* vorhanden.

Ein thermodynamisches System wird durch *Komponenten (C)* beschrieben, d. h. den selbständigen chemischen Verbindungen oder Elementen, die notwendig sind, um die Zusammensetzung aller Phasen im System zu beschreiben.

Der *Freiheitsgrad (F)* oder die *Varianz* eines Systems ist durch die Zahl der Zustandsvariablen gegeben, die unabhängig voneinander verändert werden können, ohne den Zustand des Systems zu verändern. Diese sind in erster Linie *Druck (P)* und *Temperatur (T)*, ferner die *Partialdrücke* oder *Fugazitäten* der unterschiedlichen volatilen Komponenten wie P_{H_2O}, P_{CO_2} oder f_{H_2O}, f_{CO_2} ... (▶ Abschn. 26.1.4).

└──

Berücksicht man nur P und T als Zustandsvariable, so gilt die Gibbs'sche Phasenregel in der Form:

$$F = C - Ph + 2 \qquad\qquad [27.1a]$$

Die Gibbs'sche Phasenregel gilt für ein bestimmtes *System,* d. h. für einen endlichen Bereich, der für die Betrachtung ausgewählt wird, z. B. für den Inhalt eines Platintiegels, für einen Dünnschliff, für ein Handstück oder für einen Granitpluton. Nehmen wir z. B. eine Linse von Silikatmarmor, die in einem Gneis eingeschlossen ist, so können wir die folgenden Systeme auswählen:

1) die Marmorlinse und den umgebenden Gneis,
2) die Marmorlinse allein,
3) einen Teil der Marmorlinse oder
4) als *idealisiertes System* die Paragenese Calcit + Phlogopit + Forsterit, die im Silikatmarmor vorkommt.

In einem *offenen System* können Energie und Materie mit der Umgebung ausgetauscht werden. Durch Zufuhr oder Abfuhr chemischer Komponenten, wie es bei der *Metasomatose* (▶ Abschn. 26.6) der Fall ist, verändert sich die Zusammensetzung des gewählten Systems, bei geologischen Studien gewöhnlich des Gesteins. Bei der Reaktion der Marmorlinse mit dem umgebenden Gneis etwa würde die Linse zum offenen Sytem. Im Gegensatz dazu tauscht ein *geschlossenes System* zwar Energie mit seiner Umgebung aus, aber keine Materie. Dementsprechend kann ein metamorphes Gestein s. str., bei dem sich während der Metamorphose die chemische Zusammensetzung nicht verändert hat, als geschlossenes System betrachtet werden, wenn man den Verlust von leichtflüchtigen Komponenten wie H_2O oder CO_2 nicht berücksichtigt.

Wir wollen die Anwendung der Gibbs'schen Phasenregel an Hand des einfachen Einstoffsystems Al_2SiO_5 erläutern, in dem drei Phasen, nämlich die Al_2SiO_5-Polymorphe Kyanit, Andalusit und Sillimanit, möglich sind (◨ Abb. 27.2). Theoretisch könnten drei chemische Elemente Al, Si und O als Komponenten gewählt werden, alternativ aber auch Al_2O_3 und SiO_2. Da jedoch alle drei möglichen Phasen die gleiche chemische Zusammensetzung haben, ist es ausreichend, Al_2SiO_5 als einzige Komponente zu verwenden; denn das ist die *niedrigste* Anzahl von chemischen Verbindungen, die nötig ist, die Zusammensetzung der drei Phasen zu beschreiben. Im P-T-Diagramm (◨ Abb. 27.2) besitzt jede der drei Phasen ein gewisses *Stabilitätsfeld,* in dem nur eine von ihnen allein auftritt. Daraus folgt aus $F = 1 - 1 + 2 = 2$, dass diese Felder *divariant* sind, d. h. die Zahl der Freiheitsgrade 2 ist. P und T lassen sich also beliebig variieren, ohne dass sich etwas am Zustand des Systems ändert.

Demgegenüber koexistieren entlang der drei *Gleichgewichtskurven* jeweils zwei Al_2SiO_5-Modifikationen miteinander. Da $F = 1 - 2 + 2 = 1$ ist, sind diese Kurven *univariant,* d. h. es können entweder T oder P beliebig variiert werden, ohne den Zustand des Systems zu verändern. Wie man in ◨ Abb. 27.2 sieht, haben die Gleichgewichtskurven 1) Kyanit ↔ Andalusit und 2) Kyanit ↔ Sillimanit eine positive Steigung. Daher würde eine Zunahme der Gleichgewichtstemperatur eine entsprechende Druckerhöhung erfordern, um den Zustand des Systems zu erhalten. Sonst würde Kyanit instabil werden und sich entweder in Andalusit oder Sillimanit umwandeln. Das Gleiche wäre der Fall, wenn P bei konstantem T abnimmt. Umgekehrt hat die

27

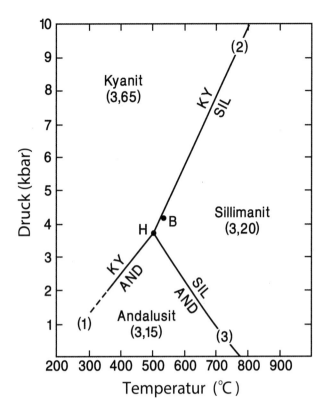

◘ Abb. 27.2 *P-T*-Diagramm für das Einstoffsystem Al$_2$SiO$_5$ mit den Stabilitätsfeldern von Kyanit, Andalusit und Sillimanit und ihren unterschiedlichen Dichten (in g/cm^3); die Gleichgewichtskurven (1) Kyanit ↔ Andalusit, (2) Kyanit ↔ Sillimanit und (3) Andalusit ↔ Sillimanit und der Tripelpunkt **H** sind nach Holdaway und Mukhopadhyay (1993) gegeben; **B** alternativer Tripelpunkt nach Bohlen et al. (1991)

Gleichgewichtskurve der Reaktion (3) Andalusit ↔ Sillimanit eine negative Steigung. Daher wird Andalusit mit *T*-Zunahme bei konstantem *P* oder mit *P*-Zunahme bei konstantem *T* instabil und man kommt in das divariante Stabilitätsfeld von Sillimanit.

Der Tripelpunkt, an dem alle drei Al$_2$SiO$_5$-Phasen miteinander koexistieren, ist invariant, denn es gilt $F = 1 - 3 + 2 = 0$. Dementsprechend sind die beiden Zustandsvariablen *P* und *T* fixiert, und sobald eine von ihnen oder beide verändert werden, würde sich auch der Zustand des Systems verändern.

Analoge Überlegungen gelten für Mehrstoffsysteme, in denen nach der Phasenregel eine entsprechend größere Zahl von Mineralphasen miteinander im Gleichgewicht stehen kann. Da die meisten metamorphen Mineralparagenesen über ein größeres *P-T*-Intervall hinweg stabil sind, sollten gewöhnlich divariante Gleichgewichte mit *Ph = C* und *F = 2* beobachtet werden, eine Tatsache, die bereits V. M. Goldschmidt als *„mineralogische Phasenregel"* erkannt hatte. So sind im Dreistoffsystem CaO–MgO–SiO$_2$ in Abhängigkeit von der Gesteinszusammensetzung und den *P-T*-Bedingungen die folgenden sechs Mineralphasen möglich: Enstatit, Wollastonit, Diopsid, Forsterit, Periklas und Quarz. Nach der Phasenregel können mit *C = 3* von diesen sechs Phasen maximal jeweils *Ph = 3* Mineralphasen im thermodynamischen Gleichgewicht stabil nebeneinander auftreten, nämlich En–Wo–Qz oder En–Di–Qz oder Di–Fo–Per. Diese drei Paragenesen hätten zwei Freiheitsgrade und würden so im *P-T*-Raum divariante Stabilitätsfelder einnehmen.

Ganz allgemein existieren in einem *n*-Komponenten-System *n + 2* divariante *P-T*-Bereiche, in denen *n* Phasen im Gleichgewicht miteinander koexistieren können. Diese Felder werden durch *n + 2* univariante Gleichgewichtskurven voneinander getrennt, an denen *n + 1* Phasen miteinander im Reaktionsgleichgewicht stehen. Die Gleichgewichtskurven treffen sich in einem invarianten Punkt, wo die Zahl der koexistierenden Phasen ein Maximum von *n + 2* erreicht. Die relative räumliche Anordnung der Gleichgewichtskurven um den invarianten Punkt lässt sich mit der Methode von F. A. H. Schreinemakers konstruieren, die er 1915–1925 entwickelt hatte und die von Zen (1966) zusammenfassend dargestellt wurde. Ihre Beschreibung würde den Rahmen dieses Lehrbuchs sprengen, sodass auf spezielle Lehrbücher der metamorphen Petrologie verwiesen sei (z. B. Spear 1993).

In der Natur gibt es zahlreiche Ausnahmen von der „mineralogischen Phasenregel", d. h. metamorphe Gesteine enthalten mehr Mineralphasen als nach der Zahl der gewählten unabhängigen Komponenten zu erwarten wäre. So enthalten viele Metapelite mehr als zwei oder sogar alle drei polymorphen Al$_2$SiO$_5$-Modifikationen nebeneinander, wie wir das am Beispiel des Kristallins von Naxos (▶ Abschn. 26.2.5) gezeigt haben. Die tatsächliche oder scheinbare Verletzung der Phasenregel kann mehrere Gründe haben, wie wir am Beispiel von ◘ Abb. 27.2 erläutern wollen:

– Bei der prograden oder retrograden Neubildung von Sillimanit bleiben Kyanit oder Andalusit als metastabile Relikte erhalten; es liegt also Ungleichgewicht vor.

– Das Gestein repräsentiert tatsächlich *P-T*-Bedingungen, die genau auf einer univarianten Gleichgewichtskurve (1), (2) oder (3) oder sogar einem invarianten Punkt liegen. Die Koexistenz von zwei bzw. drei Al$_2$SiO$_5$-Phasen entspricht also tatsächlich einem *univarianten* bzw. *invarianten Gleichgewicht.*

Leider ist es in vielen Fällen nicht möglich, zwischen diesen beiden Alternativen zu unterscheiden. Wir werden jedoch später Beispiele kennenlernen, bei denen in metamorphen Gesteinen tatsächlich univariante Gleichgewichte eingefroren wurden.

Zu einer scheinbaren Verletzung der Phasenregel kommt es auch, wenn die Zahl der unabhängigen chemischen Komponenten zu niedrig angesetzt wurde. So enthalten die polymorphen Al$_2$SiO$_5$-Phasen stets etwas Fe$_2$O$_3$, das bevorzugt in die Andalusitstruktur eingebaut wird. Somit erhöht sich *C* um 1, und es können über einen begrenzten *P-T*-Bereich Fe-reicherer Andalusit und Fe-ärmerer Sillimanit im divarianten Gleichgewicht miteinander koexistieren: $F=(1+1)-2+2=2$. Oft ist es schwierig, über die Zahl der chemischen Komponenten zu entscheiden. Wenn sich in Mischkristallen mehrere Komponenten im gleichen Verhältnis gegenseitig diadoch vertreten, wie das in Fe-Mg-Mineralen der Fall ist, können sie zu einer Komponente, z. B. (Mg,Fe)O, vereint werden oder zwei verschiedene Komponenten, z. B. MgO und FeO bilden.

Andererseits ist in metamorphen Gesteinen, z. B. bei Metabasiten oder Metapeliten, die Zahl der beteiligten Phasen *Ph* oft kleiner als die Zahl der Komponenten *C*. Dadurch wird die Phasenregel selbstverständlich nicht verletzt; es erhöht sich lediglich der Freiheitsgrad *F*. Wenn z. B. in einem Zweistoffsystem nur eine Mineralphase in einem bestimmten *P–T*-Feld vorhanden ist, so gilt $F=2-1+2=3$. Das Feld ist also trivariant und es kann eine weitere Variable berücksichtigt werden, z. B. das FeO/MgO-Verhältnis der beteiligten Minerale. In solchen Fällen kann es schwierig sein, Kriterien für mögliche Ungleichgewichte aus der Phasenregel abzuleiten.

Bislang waren wir von der vereinfachenden Annahme ausgegangen, dass der Belastungsdruck P_l gleich dem Druck der fluiden Phase, dem Fluiddruck P_{fl} sei. Das ist jedoch – wie wir in ▶ Abschn. 26.1.4 gezeigt hatten – durchaus nicht immer der Fall. Gerade unter den *P-T*-Bedingungen der hochgradigen Metamorphose, unter denen z. B. Granulite entstehen, gilt häufig $P_{fl} < P_l$. In diesem Falle müssen also zwei Druckparameter als unterschiedliche Zustandsvariable *F* berücksichtigt werden, und die Gibbs'sche Phasenregel erhält die Form

$$F = C - Ph + 3 \qquad [27.1b]$$

In vielen Fällen setzt sich die fluide Phase aus unterschiedlichen Spezies zusammen, die unterschiedliche *Partialdrücke* oder genauer *Fugazitäten* aufweisen, wie f_{H_2O}, f_{CO_2}, f_{O_2} u. a. Auch diese müssen als eigene Zustandsvariable betrachtet werden, da sie den Zustand eines Systems entscheidend beeinflussen können. Damit würde sich die Zahl der Freiheitsgrade *F* entsprechend erhöhen. Andererseits stellen H_2O und CO_2 Komponenten im Sinne der Phasenregel dar, da die $(OH)^-$-Gruppe in viele Silikatminerale eingebaut wird, während die $[CO_3]^{2-}$-Gruppe eine wichtige Komponente in den Karbonatmineralen ist. Fügen wir z. B. dem oben angeführten Dreistoffsystem CaO–MgO–SiO$_2$ als vierte Komponente CO_2 hinzu, so können in den divarianten Feldern Calcit, Magnesit oder Dolomit als weitere Mineralphasen zu den vorhandenen Silikatmineralen hinzutreten und z. B. die Paragenese En–Wo–Qz–Cal bilden. Ist in diesem Falle $P_l > P_{fl} = P_{CO_2}$, so würde die Phasenregel in der Form von Gl. [27.1b] gelten.

27.1.3 Die freie Enthalpie: Stabile und metastabile Gleichgewichte

Der thermodynamische Gleichgewichtszustand, in dem sich ein Mineral oder eine Mineralparagenese befindet, kann durch die grundlegende Zustandsfunktion *freie Enthalpie G* (engl. „Gibbs' free energy") quantitativ beschrieben werden. Sie wird durch die Gleichung

$$G = H - TS \qquad [27.2]$$

definiert, wobei *H* die Enthalpie (der Wärmeinhalt) und S die Entropie ist.

Da die Ableitung dieser Gleichung den Rahmen dieses Lehrbuchs überschreiten würde, sei hier auf einschlägige Lehrbücher verwiesen (z. B. Spear 1993). Jedes System strebt einem Zustand minimaler freier Enthalpie zu. In einem Einstoffsystem wird also stets die polymorphe Phase thermodynamisch stabil sein, die unter der gewählten Kombination von Zustandsvariablen den geringsten Wert von *G* aufweist; in einem Mehrstoffsystem ist es jeweils die Phasenkombination mit dem geringsten *G*.

Wir beschränken uns einfachheitshalber auf ein Einstoffsystem mit den Phasen **A**, **B** und **C** und die Zustandsvariablen *P* und *T*. Im *G-P-T*-Raum ist jeder Phase, z. B. **A** und **B** in ◘ Abb. 27.3, eine Potentialfläche zugeordnet. Da diese Flächen stetig sind, schneiden sie sich in einer Schnittlinie, entlang der $G_A = G_B$ ist: es herrscht ein univariantes thermodynamisches Gleichgewicht. Im linken Teil des Diagramms ist **A** die stabile Phase, im rechten Teil die Phase **B**. Das sagt aber noch nichts über die absolute Stabilität von **A** und **B** aus; denn die Potentialfläche der Phase **C** könnte noch nied-

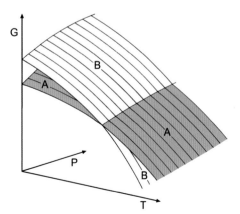

◘ **Abb. 27.3** Potentialflächen zweier polymorpher Phasen *A* und *B* im *G-P-T*-Raum; die Phase mit der jeweils niedrigeren freien Enthalpie *G* ist die stabilere. Die Projektion der Schnittlinie auf die *P-T*-Fläche ergibt eine univariante Gleichgewichtskurve (nach Seifert 1978)

27

riger liegen. Die Projektion der Schnittlinie auf die *P-T*-Ebene erzeugt eine univariante Gleichgewichtskurve, an der **A** und **B** miteinander koexistieren. Diese trennt zwei divariante Bereiche, in denen jeweils **A** *(links)* und **B** *(rechts)* die stabile Phase darstellen. Schneidet sich die Potentialfläche der dritten Phase C mit den bereits vorhandenen, entstehen als Schnittlinien zwei weitere univariante Gleichgewichtskurven. Schließlich ergibt sich für alle drei Flächen ein gemeinsamer Schnittpunkt, in dem $G_A = G_B = G_C$ ist und an dem alle drei Phasen miteinander im Gleichgewicht koexistieren; das System ist also an dieser Stelle invariant. Wir wollen die Verhältnisse am Beispiel des Einstoffsystems Al$_2$SiO$_5$ näher erläutern.

In ◘ Abb. 27.4b ist die T-Abhängigkeit von G bei einem konstanten Druck dargestellt, z. B. für P$_3$ in ◘ Abb. 27.4a. Die einzelnen Stabilitätsniveaus überschneiden sich an Punkten stabilen oder metastabilen Gleichgewichts. Bei P_3=konst. und relativ niedriger Temperatur ist Kyanit die stabile Phase, bei höherer Temperatur Andalusit und bei der höchsten Temperatur Sillimanit. Die seit Langem bekannte Ostwald'sche Stufenregel besagt, dass ein hochgradig metastabiler Zustand gewöhnlich nicht direkt in den stabilen Zustand übergehen kann. Es werden vielmehr zunächst Phasen gebildet, die einem mittleren Stabilitätsniveau entsprechen. So bildet sich bei niedrigerer Temperatur aus dem am wenigsten stabilen Sillimanit nicht direkt der stabile Kyanit, sondern zunächst metastabiler Andalusit. Umgekehrt wandelt sich bei hoher Temperatur Kyanit nicht direkt in den stabilen Sillimanit um, sondern über das Zwischenstadium der Andalusit-Kristallisation. Bei mittlerer Temperatur wird stabiler Andalusit auf dem Weg Sillimanit→Kyanit→Andalusit oder Kyanit→Sillimanit→Andalusit gebildet (◘ Abb. 27.4b). Entsprechende Abfolgen

können analog für die Druckniveaus P_1, P_2 und P_4 abgeleitet werden (◘ Abb. 27.4c–e).

In natürlichen Gesteinen kann die Ostwald'sche Stufenregel offensichtliche Verletzungen der Phasenregel erklären. So bleibt in Metapeliten Andalusit häufig als metastabiles Relikt (◘ Abb. 27.5) erhalten, obwohl das Stabilitätsfeld von Sillimanit bereits erreicht wurde. Dabei entsteht in vielen Fällen Sillimanit nicht durch die direkte Verdrängung von Andalusit, wie in ◘ Abb. 27.7 gezeigt, sondern über komplexe Reaktionen aus Hellglimmern, wobei nadelig ausgebildeter Sillimanit (Fibrolith) epitaktisch auf Biotit-Blättchen aufwächst.

Ein weiteres Beispiel für die Beziehungen zwischen stabilen und metastabilen Phasen in einem Einstoffsystem sind die polymorphen SiO$_2$-Modifikationen (◘ Abb. 27.6; vgl. ▶ Abschn. 11.6). Wie in ◘ Abb. 11.44 für einen Druck von 1 bar gezeigt wird, ist die Abfolge der stabilen Phasen mit zunehmender Temperatur α-Quarz → β-Quarz → β-Tridymit → β-Cristobalit. Diese Phasen definieren den Zustand der geringsten freien Enthalpie G in den entsprechenden Temperaturintervallen (◘ Abb. 27.6). Bei Abkühlung von einer Temperatur > 1470 °C sollte β-Cristobalit bei dieser Temperatur in β-Tridymit umgewandelt werden. Das ist jedoch eine *rekonstruktive* Umwandlung und erfordert eine hohe Aktivierungsenergie, wie sie in ◘ Abb. 27.5 symbolisiert ist. Obwohl die Abkühlung sehr langsam erfolgt, wird β-Cristobalit noch nach Unterschreiten der Gleichgewichtstemperatur als metastabile Phase erhalten bleiben. Bei ca. 700 °C führt eine *displazive* Umwandlung mit einer geringeren oder keiner Aktivierungsenergie zur Bildung einer weiteren metastabilen Phase, α-Cristobalit. Während β-Cristobalit ein eigenes Stabilitätsfeld hat, ist das bei α-Cristobalit nicht der Fall. Ähnliche Argu-

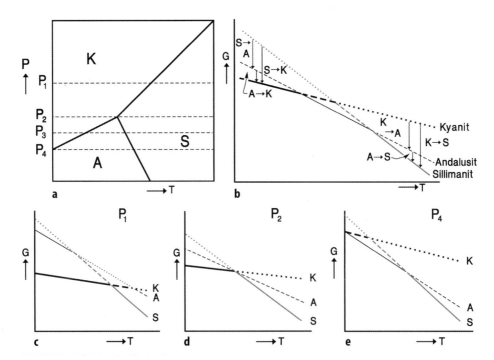

◘ **Abb. 27.4**   *G-T*-Schnitte durch das Einstoff-System Al$_2$SiO$_5$ bei unterschiedlichen Drücken; **a** *P-T*-Diagramm mit vier Drücken P_1 bis P_4; **b** *G-T*-Diagramm für den Druck P_3; *fette Linie:* Kyanit, *dünne Lnie:* Andalusit, *graue Linie:* Sillimanit; das niedrigste Stabilitätsniveau ist mit *durchgezogenen Linien* dargestellt, das mittlere *gestrichelt,* das höchste *gepunktet.* Die *Pfeile* deuten mögliche stabile und metastabile Reaktionsfortschritte an. **c–e** *G-T*-Diagramme für die Drücke P_1, P_2 und P_4 (nach Seifert 1978)

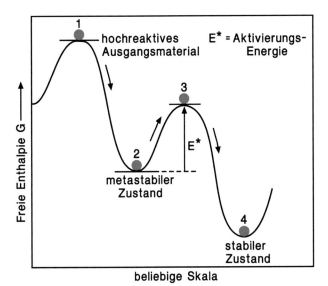

Abb. 27.5 Schematisches Diagramm zur Veranschaulichung unterschiedlicher Niveaus der freien Enthalpie G für einen instabilen, metastabilen und stabilen Zustand; zunächst fällt die Kugel vom höchsten G-Niveau (1) in den Potentialtrog des metastabilen G-Niveaus (2). Um den Potentialtrog des stabilen Niveaus (4) zu erreichen, muss zunächst der Potentialberg (3) überwunden werden, wofür man eine Aktivierungsenergie E* aufwenden muss. Bei der Synthese von Sillimanit aus einer hochreaktiven Ausgangssubstanz (1) wird zunächst metastabiler Andalusit (2) gebildet, dessen Umwandlung in stabilen Sillimanit (4) die Überwindung des Potentialberges (3), d. h. eine Aktivierungsenergie erfordert

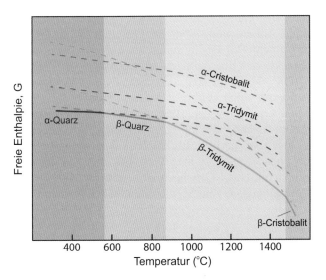

Abb. 27.6 Stabilitätsbereiche der Niederdruck-polymorphen Modifikationen von SiO_2, dargestellt als schematische G-T-Kurven; das tiefste Stabilitätsniveau in einem bestimmten T-Bereich is als *kontinuierliche Linie* dargestellt, die mittleren und oberen Niveaus als *gestrichelte Linien* (vgl. Griffen 1992)

mente gelten für Tridymit. Man beachte allerdings, dass der Begriff α-Tridymit für mindestens fünf verschiedene metastabile Tieftemperatur-Varietäten gilt.

27.2 Metamorphe Mineralreaktionen

In den letzten Jahrzehnten wurden zahlreiche Gleichgewichtskurven von kritischen Mineralreaktionen experimentell bestimmt und haben so einen entscheidenden Beitrag zur Klärung der Bildungsbedingungen metamorpher Gesteine geliefert. Trotzdem muss man sich im Klaren darüber sein, dass viele dieser experimentell bestimmten Reaktionen nur vereinfachte Versionen von viel komplexeren metamorphen Prozessen in der Natur darstellen.

27.2.1 Polymorphe Umwandlungen und Feststoffreaktionen ohne Freisetzung einer fluiden Phase

An diesen Reaktionen sind leichtflüchtige Komponenten wie H_2O oder CO_2 nicht beteiligt. Daher bleiben Änderungen im Fluiddruck bzw. im P_f/P_{fl}-Verhältnis ohne Einfluss auf die Stabilitätsfelder der reagierenden Mineralphasen. Trotzdem laufen auch diese Reaktionen gewöhnlich in Gegenwart einer fluiden Phase ab, die als Transportmedium den Reaktionsablauf entscheidend beschleunigen kann. Das gilt insbesondere für überkritische H_2O-reiche Fluide, in denen Silikatminerale gut löslich sind. Man beachte, dass in diesem Fall die Anwesenheit einer fluiden Phase zwar unter thermodynamischen Gesichtspunkten nicht notwendig ist, aber aus reaktionskinetischen Gründen als Katalysator eine wichtige Rolle spielt. Sie entscheidet, ob eine thermodynamisch vorhersehbare Reaktion tatsächlich stattfindet.

Wir wollen zunächst das uns schon bekannte Einstoffsystem Al_2SiO_5 näher behandeln. Das P-T-Diagramm (**Abb. 27.2**) lässt drei univariante Gleichgewichtskurven für die Reaktionen

Kyanit $\leftrightarrow$ Andalusit	(27.1)
Kyanit $\leftrightarrow$ Sillimanit	(27.2)
Andalusit $\leftrightarrow$ Sillimanit	(27.3)

erkennen, die sich in einem invarianten Tripelpunkt treffen; an ihm koexistieren alle drei Minerale miteinander im Gleichgewicht. Das divariante Stabilitätsfeld von Andalusit, der Phase mit der geringsten Dichte (3,15 g/cm³) ist auf den niedrigsten Druckbereich beschränkt. Bei Drucksteigerung wird Andalusit in die dichteren Phasen Kyanit (3,65 g/cm³) oder Sillimanit (3,20 g/cm³) umgewandelt, wobei Sillimanit zugleich die stabile Hoch-T-Modifikation in diesem System ist. Die po-

27

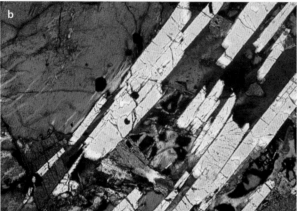

☐ **Abb. 27.7** Dünnschliffbilder metamorpher Gesteine: **a** und **b** *Hornfels im Kontakthof von Steinach in der Oberpfalz, Bayern;* **a** Orientierte Verdrängung von Andalusit durch Sillimanit (rötlichgelbe Interferenzfarben); *links oben* Cordierit und Biotit. Bildbreite ca. 4 mm, gekreuzte Pol. **b** Paragenese Sillimanit (hellgelbe Interferenzfarben) + Kalifeldspat *(oben links,* mit perthitischer Entmischung) + Cordierit (z. B. *Mitte* und *rechts unten)* + Biotit (z. B. *unten links* und *rechts),* Bildbreite ca. 3,5 mm, gekreuzte Pol. **c** Korund führender Paragneis von Morogoro, Tansania. Mineralparagenese: Alkalifeldspat-Mesoperthit (mit typischer lamellarer Entmischung) + Korund (hohes Relief, gelbliche Interferenzfarben). Bildbreite ca. 1 mm, gekreuzte Pol. (Fotos: Martin Okrusch)

lymorphen Umwandlungen können sich mit oder ohne katalytische Beteiligung einer fluiden Phase vollziehen. Da an der Umwandlung nur OH-freie Minerale beteiligt

sind, ist der H_2O-Gehalt der fluiden Phase ohne Einfluss auf die Position der univarianten Gleichgewichtskurven im *P-T*-Diagramm.

Das Phasendiagramm des Al_2SiO_5-Systems ist für die Abschätzung metamorpher *P-T*-Bedingungen von Metapeliten außerordentlich hilfreich (vgl. auch ☐ Abb. 27.8). Leider führten ursprünglich die *experimentellen Bestimmungen* durch unterschiedliche Arbeitsgruppen zunächst zu sehr widersprüchlichen Ergebnissen, die das Vertrauen der Feldgeologen in die experimentelle Petrologie stark erschütterten. Wesentlicher Grund für die auftretenden Schwierigkeiten ist die Tatsache, dass die drei Phasen sehr geringe Differenzen in ihrer freien Enthalpie *G* aufweisen. Deshalb muss im Experiment besonders darauf geachtet werden, die metastabile Bildung einer „falschen" polymorphen Phase zu verhindern und insbesondere die Verwendung von hochreaktiven Ausgangssubstanzen wie Gläser, Gele oder extrem feinkörnige Pulver zu vermeiden. Darüber hinaus wird die Stabilität von Sillimanit auch noch durch die Al-Si-Unordnung in seiner Kristallstruktur beeinflusst, die mit steigender Temperatur zunimmt. Das heute allgemein akzeptierte Phasendiagramm wurde von Holdaway (1971) erarbeitet und – mit geringen Modifikationen – von Holdaway und Mukhopahyay (1993) bestätigt. Danach liegt der Tripelpunkt bei 504 ± 20 °C und 3,75 ± 0,25 kbar. Der von Bohlen et al. (1991) ermittelte Tripelpunkt bei 530 ± 20 °C und 4,2 ± 0,3 kbar stimmt damit innerhalb der Fehlergrenze überein. Dieser Vergleich gibt einen guten Anhaltspunkt über die Genauigkeit, die bei der experimentellen Bestimmung von metamorphen Mineralreaktionen überhaupt zu erreichen ist.

Die Verlässlichkeit experimenteller Bestimmungen kann auch durch *thermodynamische Berechnungen* überprüft werden. Wie wir im vorigen Abschnitt gezeigt haben, ist an einer univarianten Gleichgewichtskurve die freie Enthalpie *G* der beiden beteiligten Phasen gleich, d. h. $\Delta G = 0$. Für den Fall des thermodynamischen Gleichgewichts gilt für die *P*- und *T*-Abhängigkeit von ΔG die vereinfachte Gleichung

$$\Delta G_{P,T} = 0 = \Delta H^\circ - T \Delta S^\circ + (P-1) \Delta V^\circ \qquad [27.3]$$

In dieser Gleichung ist ΔH° die Enthalpiedifferenz einer Reaktion, ΔS° die Entropiedifferenz und ΔV° die Differenz der Molvolumina, jeweils im Normzustand, d. h. bei Zimmertemperatur $T = 25°$ C (= 298 K) und Atmosphärendruck ($P = 1$ bar). Für die beteiligten Minerale lassen sich H° und S° aus kalorimetrischen Messungen, V° aus der Dichte oder – sehr viel genauer – durch Röntgen-Pulverdiffraktometrie ermitteln. Nach Holdaway und Mukhopadhyay (1993) gelten für das Al_2SiO_5-System die in ☐ Tab. 27.1 aufgeführten Werte.

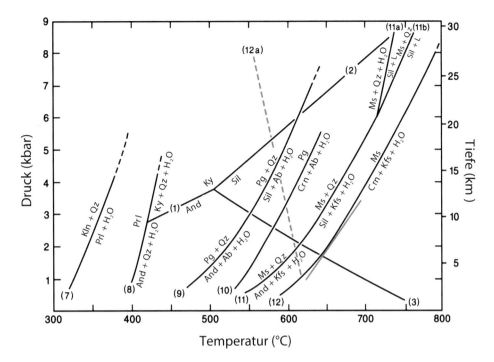

■ **Abb. 27.8** *P-T*-Diagramm mit den Gleichgewichtskurven für Entwässerungsreaktionen in Metapeliten: (7) Kaolinit + Quarz ⟷ Pyrophyllit + H₂O $P_{H_2O}$$P_{H_2O}$ (Nach Thompson 1970); (8) Pyrophyllit ⟷ Andalusit/Kyanit + H₂O (nach Hemley 1967 und Kerrick 1968); (9) Paragonit + Quarz ⟷ Albit + Andalusit/Sillimanit + H₂O (nach Chatterjee 1972); (10) Paragonit ⟷ Albit + Korund + H₂O (nach Chatterjee 1970); (11) Muscovit + Quarz ⟷ Kalifeldspat + Andalusit/Sillimanit + H₂O (nach Chatterjee und Johannes 1974); (11a) Muscovit + Quarz + H₂O ⟷ Sillimanit/Kyanit + Schmelze (nach Storre und Karotke 1972); (11b) Muscovit + Quarz ⟷ Sillimanit/Kyanit + Schmelze (H₂O-frei) (nach Storre 1972); (12) Muscovit ⟷ Kalifeldspat + Korund + H₂O (nach Chatterjee und Johannes 1974); farbige Tangente: berechnete Steigung von Kurve *12* für = 2 kbar und *T* = 950 K; *gestrichelte Linie:* berechnete Steigung für bei P_{tot} = 2 kbar und *T* = 950 K. Zum Vergleich sind die Stabilitätsfelder der polymorphen Al₂SiO₅-Phasen aus ■ Abb. 27.2 eingetragen

Als erstes berechnen wir die Gleichgewichtstemperaturen der drei Reaktionen bei einem Druck von $P = 1$ bar. Dabei fällt das letzte Glied von Gl. [27.2] weg, und man kann mit $\Delta G = 0$ die Gleichung nach *T* auflösen:

$$T_{1bar} = \frac{\Delta H°}{\Delta S°}$$

Für die Gleichgewichtskurve (27.1) Kyanit ↔ Andalusit ergibt sich dabei

$$T_{1\,bar} = \frac{4040}{8{,}74} = 462 \text{ K} = 189\,°C$$

Analog lässt sich $T_{1\,bar}$ für die metastabile Verlängerung der Gl. (27.2) Kyanit ↔ Sillimanit zu 327 °C berechnen. Beide Werte stimmen innerhalb der Fehlergrenze mit den experimentell bestimmten Schnittpunkten überein. Demgegenüber erscheint der für die Gl. (27.3) Andalusit ↔ Sillimanit berechnete Wert für $T_{1\,bar} = 672\,°C$ deutlich zu niedrig. Das liegt am gekrümmten Verlauf dieser Kurve, der durch die Al-Si-Unordnung in der Sil-

■ **Tab. 27.1**   Thermodynamische Daten für die polymorphen Al₂SiO₅-Modifikationen bei **P** = 1 bar und *T* = 298 K (= 5° C)

Phase	$S°$ [J/mol und K]	$H°$ [kJ/mol]	$V°$ [cm³]
Kyanit	82,86	–2593,70	44,08
Andalusit	91,60	–2589,66	51,48
Sillimanit	95,08	–2586,37	49,86

Daraus ergeben sich für die drei univarianten Reaktionen folgende Differenzwerte von Produkt minus Reaktant:

	$\Delta S°$[J/mol und K]	$\Delta H°$ [J/mol]	$\Delta V°$ [cm³]
Kyanit ↔ Sillimanit	12,22	7330	5,78
Kyanit ↔ Andalusit	8,74	4040	7,40
Andalusit ↔ Sillimanit	3,48	3290	–1,62

limanit-Struktur bedingt ist, die mit steigender Temperatur zunimmt.

27

In einem nächsten Schritt berechnen wir die Steigung der drei Gleichgewichtskurven nach der Clausius-Clapeyron-Gleichung (▶ Abschn. 18.2.1) in der Form

$$\frac{dP}{dT} = \frac{\Delta S°}{\Delta V°} \qquad [27.4a]$$

Dabei muss wegen der Umrechnung von $V°$ (cm^3) $= 10 \cdot V°$ (J/bar) mit dem Faktor 10 multipliziert werden. Es ergibt sich für die Gleichgewichtskurven

Kyanit ↔ Andalusit :

$$\frac{dP}{dT} = 10 \cdot \frac{8,74}{7,40} = 11,8 \frac{bar}{K} \approx 1,2 \frac{kbar}{100°C}$$

Kyanit ↔ Sillimanit :

$$\frac{dP}{dT} = 10 \cdot \frac{12,22}{5,78} = 21,14 \frac{bar}{K} \approx 2 \frac{kbar}{100°C}$$

Andalusit ↔ Sillimanit :

$$\frac{dP}{dT} = 10 \cdot \frac{3,48}{-1,62} = -21,48 \frac{bar}{K} \approx -2,1 \frac{kbar}{100°C}$$

Man kann leicht überprüfen, wie gut diese berechneten Steigungen mit den experimentell ermittelten übereinstimmen (◼ Abb. 27.2)!

Für die Berechnung des Tripelpunktes formen wir Gl. [27.3] um:

$$T = \frac{\Delta H°}{\Delta S°} + (P - 1)\frac{\Delta V°}{\Delta S°} \qquad [27.3b]$$

$$T = T_{1bar} + (P - 1)\frac{1}{dP/dT} \qquad [27.3b]$$

Setzen wir die entsprechenden Werte für die drei Gleichgewichtskurven ein, so ergibt sich:

$$T_{Ky/Sill} = 600K + (P - 1)\frac{1}{21,14}$$

$$T_{And/Sill} = 945K + (P - 1)\frac{1}{-21,48}$$

Da sich am Tripelpunkt beide Gleichgewichtskurven treffen, kann man beide Gleichungen gleichsetzen und nach P auflösen; damit erhält man:

$$P_{Trip} = \frac{345}{0,094} + 1 = 3671 \text{ bar} = 3,7 \text{ bar}$$

Setzt man diesen Wert in die Ausdrücke für $T_{Ky/Sill}$, $T_{And/Sill}$ und $T_{Ky/And}$ ein, so ergeben sich übereinstimmende Werte für $T_{Trip} = 774$ K $= 501$ °C. Die so berechnete P-T-Kombination stimmt innerhalb der Fehlergrenze mit den experimentell bestimmten Werten von Holdaway und Mukhopadhyay (1993) überein.

In der Natur sind zahlreiche Gebiete bekannt geworden, in denen alle zwei oder sogar drei polymorphen Al$_2$SiO$_5$-Modifikationen nebeneinander auftreten. Die Frage, ob hier wirklich univariante bzw. invariante Gleichgewichtsparagenesen oder metastabile Relikte vorliegen, kann nur durch sehr sorgfältige mikroskopische Untersuchungen geklärt werden. So wurde z. B. im Kontakthof von Steinach in der Oberpfalz die Verdrängung von Andalusit durch Sillimanit dokumentiert (◼ Abb. 27.8a), wobei die folgenden kristallographischen Orientierungsbeziehungen gefunden wurden: c$_{And}$//c$_{Sil}$, b$_{And}$//a$_{Sil}$ und a$_{And}$//b$_{Sil}$ (Okrusch 1969).

Darüber hinaus wissen wir, dass sich die Stabilitätsgrenzen von Kyanit, Andalusit und Sillimanit etwas verschieben, wenn Al durch Fe^{3+} diadoch ersetzt wird. Es können dann über ein begrenztes P-T-Intervall zwei Al$_2$SiO-Polymorphe miteinander koexistieren, z. B. Fe^{3+}-reicherer Andalusit neben Fe^{3+}-ärmerem Sillimanit. Damit werden die univarianten *Gleichgewichtskurven* zu$_5$ divarianten *Bändern* verbreitert und der *Tripelpunkt* dehnt sich zu einem kleinen P-T-Feld aus. Für die petrologische Praxis sind jedoch diese Modifizierungen nicht sehr bedeutend; sie gehen in der Fehlergrenze der experimentellen Bestimmungen unter.

Bei Temperaturen über 1000 °C und relativ niedrigen Drücken zerfällt Sillimanit in Mullit, ~Al$^{[6]}$Al$^{[4]}_{1,2}$[O/Si$_{0,8}$O$_{3,9}$] = 5,5Al$_2$O$_3$·4SiO$_2$ und freies SiO$_2$; die Verbindung Al$_2$SiO$_5$ existiert nicht mehr. Mullit ist dann das einzige stabile Aluminiumsilikat, das mit einer wasserfreien Schmelze koexistieren kann.

Eine weitere Feststoffreaktion ohne Beteiligung von H$_2$O oder CO$_2$ ist die Modellreaktion:

$$\underset{\text{Jadeit}}{NaAl[Si_2O_6]} + \underset{\text{Quarz}}{SiO_2} \leftrightarrow \underset{\text{Albit}}{Na[AlSi_3O_8]} \qquad (27.4)$$

Die Gleichgewichtskurve dieser Reaktion (◼ Abb. 26.1) definiert die obere Temperaturstabilität bzw. die untere

Druckstabilität von Jadeit in Gegenwart von Quarz: Jadeit-führende Gesteine entstehen im Zuge einer Hochdruckmetamorphose, d. h. bei einem hohen P/T-Verhältnis (▶ Abschn. 28.3.8, 28.3.9). Allerdings benötigt natürlicher Jadeit zu seiner Bildung etwas niedrigere Drücke, da er meist Diopsid- und Akmit-Komponente enthält. Das gleiche gilt für das Eklogit-Mineral Omphacit, einen Mischkristall aus Augit + Jadeit (+ Akmit).

Seit einigen Dekaden wurden immer mehr Beispiele bekannt für das Auftreten der Hochdruckmodifikationen von SiO_2, *Coesit*, oder sogar von Kohlenstoff, *Diamant*, in Krustengesteinen, die eine Ultrahochdruckmetamorphose erlebt haben. Damit sind die Gleichgewichtskurven der beiden polymorphen Umwandlungen

$$Coesit \leftrightarrow Quarz \text{ (Abb.11.44)} \qquad (27.5)$$

$$Diamant \leftrightarrow Graphit \text{ (Abb.4.15)} \qquad (27.6)$$

wichtige Indikatoren für diese extremen P-T-Bedingungen.

Im Folgenden behandeln wir Reaktionen, bei denen im Zuge der Metamorphose die leichtflüchtigen Komponenten H_2O und CO_2 beteiligt sind. Diese werden gewöhnlich bei der *prograden* Metamorphose durch Entwässerungs- bzw. Dekarbonatisierungsreaktionen freigesetzt (Abschn. 27.2.2, 27.2.3), gelegentlich aber auch verbraucht (▶ Abschn. 27.2.4). Bei der *retrograden* Metamorphose kommt es dagegen meist zu Hydratisierungsreaktionen. Schließlich sind bei Oxidations-Reduktions-Reaktionen neben H_2O und CO_2 auch O_2 und H_2 beteiligt (▶ Abschn. 27.2.5).

27.2.2 Entwässerungsreaktionen

■ **Entwässerungsreaktionen bei $P_{H_2O} = P_{total}$**
Zu progressiven Entwässerungsreaktionen (engl. „*dehydration reactions*") kommt es gewöhnlich in Gesteinen, in denen bei Temperaturerhöhung durch den Abbau von ursprünglich H_2O- und/oder (OH)-haltigen Mineralen H_2O freigesetzt wird. Die Mehrzahl der metamorphen Reaktionen, von denen wir einige bereits in ▶ Kap. 26 (◘ Abb. 26.11) kennengelernt haben, gehört zu dieser Gruppe. Sie besitzen deshalb besondere Bedeutung für die Abschätzung metamorpher P-T-Bedingungen.

In Hochdruckexperimenten, die in konventionellen Hochdruck-Autoklaven durchgeführt werden, tritt H_2O gewöhnlich als Überschussphase auf und wird damit zum druckübertragenden Medium. Daher ist

der Partialdruck von H_2O, der Wasserdampfdruck, gleich dem Gesamtdruck: $P_{H_2O} = P_{fl} = P_{total}$. Man bezeichnet experimentelle Anordnungen dieser Art als Hydrothermalexperimente und stellt die Ergebnisse, wenn thermodynamisches Gleichgewicht erreicht wurde, in P_{H_2O}-T-Diagrammen dar. Bei der prograden Metamorphose von pelitischen Sedimentgesteinen vollziehen sich mit fortschreitender Temperaturerhöhung u. a. die folgenden Entwässerungsreaktionen, die für die Abschätzung von metamorphen P-T-Bedingungen sehr wichtig sind (◘ Abb. 27.8):

$$\underset{Kaolinit}{Al_4[(OH)_8/Si_4O_{10})} + \underset{Quarz}{4SiO_2} \leftrightarrow$$
$$\underset{Pyrophyllit}{2Al_2[(OH)_2/Si_4O_{10}]} + 2H_2O \qquad (27.7)$$

$$\underset{Pyrophyllit}{Al_2[(OH)_2/Si_4O_{10}]} \leftrightarrow$$
$$\underset{Andalust/Kyanit}{Al_2SiO_5} + \underset{Quarz}{3SiO_2} + H_2O \qquad (27.8)$$

$$\underset{Paragonit}{NaAl_2[(OH)_2AlSi_3O_{10}]} + \underset{Quarz}{SiO_2} \leftrightarrow$$
$$\underset{Albit}{Na[AlSi_3O_8]} + \underset{Andalusit/Sillimanit}{Al_2SiO_5 + H_2O} \qquad (27.9)$$

$$\underset{Paragonit}{NaAl_2[(OH)_2AlSi_3O_{10}]} \leftrightarrow$$
$$\underset{Albit}{Na[AlSi_3O_8]} + \underset{Korund}{Al_2O_3} + H_2O \qquad (27.10)$$

$$\underset{Muscovit}{KAl_2[(OH)_2AlSi_3O_{10}]} + \underset{Quarz}{SiO_2} \leftrightarrow$$
$$\underset{Kalifeldspat}{K[AlSi_3O_8]} + \underset{Andalusit/Sillimanit}{Al_2SiO_5 + H_2O} \qquad (27.11)$$

$$\underset{Muscovit}{KAl_2[(OH)_2AlSi_3O_{10}]} \leftrightarrow$$
$$\underset{Kalifeldspat}{K[AlSi_3O_8]} + \underset{Korund}{Al_2O_3 + H_2O} \qquad (27.12)$$

27

Zu Beginn der Metamorphose zerfällt das wichtigste Tonmineral Kaolinit bei Anwesenheit von Quarz unter Freisetzung von H_2O zu *Pyrophyllit* (◻ Abb. 27.8, Kurve 7). Wenn jedoch gleichzeitig K-Ionen anwesend sind, entsteht *Muscovit*. Pyrophyllit, der früher in Metapeliten häufig übersehen wurde, konnte in Tonschiefern und Phylliten als recht verbreitetes Mineral nachgewiesen werden. Unter höheren Temperaturen geht Pyrophyllit in Andalusit oder Kyanit plus Quarz über, wobei ebenfalls H_2O freigesetzt wird (◻ Abb. 27.8, Kurve 8). Die Gleichgewichtskurven für den Zerfall von Paragonit + Quarz und und von Paragonit allein (◻ Abb. 27.8, Kurve 9, 10) sowie von Muscovit + Quarz und von Muscovit allein (◻ Abb. 27.8, Kurve 11, 12) verlaufen bei wesentlich höheren Temperaturen. Die Paragenesen Sillimanit + Kalifeldspat (◻ Abb. 27.7b) und Korund + Kalifeldspat (◻ Abb. 27.7c) dokumentieren bereits eine hochgradige Metamorphose. K-Einbau in Paragonit verschiebt Kurve (9) und (10) zu etwas höheren, Na-Einbau in Muscovit Kurve (11) und (12) zu etwas niedrigeren Temperaturen. Bei erhöhten H_2O-Drücken enden die Entwässerungskurven (**9**)–(**12**) an invarianten Punkten, an denen H_2O-*gesättigte Soliduskurven*, z. B.

> Muscovit + Quarz + Albit + H_2O ↔
> Sillimanit/Kyanit + Schmelze   (27.11a)

oder *Dehydratationsschmelzkurven*, z. B.

> Muscovit + Quarz ↔
> Sillimanit/Kyanit + Schmelze   (27.11b)

abzweigen (◻ Abb. 27.8).

Über Druckintervalle, die in der Erdkruste realisiert werden können, haben Entwässerungskurven eine positive Steigung. Das lässt sich folgendermaßen erklären: Die Summe der Molvolumina und der Entropien der Reaktionsprodukte sind meist deutlich größer als die der entsprechenden Ausgangsparagenese, weil das Molvolumen und die Entropie des freigesetzten H_2O viel größer sind als die der festen Phasen. Damit werden ΔV und ΔS positiv, sodass die Gleichgewichtskurven nach der Clausius-Clapeyron-Gl. [27.4a] eine positive Steigung aufweisen.

Für Entwässerungsreaktionen erhält die Clausius-Clapeyron-Gleichung in erster Näherung die folgende Form:

$$\frac{dP}{dT} = 10 \cdot \frac{\Delta S_{solids}^{T/1\,bar} + S_{H_2O}^{T,P}}{\Delta V_{solids}^{\circ} + V_{H_2O}^{T,P}} \qquad [27.4b]$$

Dabei ist $\Delta S_{solids}^{T/1\,bar}$ die Entropiedifferenz der festen Phasen bei gegebener Temperatur und 1 bar, $\Delta V_{solids}^{\circ}$

die Differenz der Molvolumina der festen Phasen bei 1 bar und 298 K (=25 °C); $S_{H_2O}^{T,P}$ und $V_{H_2O}^{T,P}$ sind die Entropie und das Molvolumen von H_2O bei der gegebenen P–T-Kombination. In ◻ Tab. 27.2 sind die entsprechenden thermodynamischen Daten für die Teilnehmer der Reaktion (27.12) zusammengestellt.

Aus diesen Werten lässt sich die Steigung der Gleichgewichtskurve für Reaktion (27.12) unter Verwendung von Gl. [27.4b] berechnen. So erhält man z. B. für einen ausgewählten Punkt von $P_{H_2O} = 2$ kbar und $T = 680$ °C:

$$\frac{dP}{dT} = 10 \cdot \frac{-58,53 + 154,04}{-6,085 + 33,091} = 10 \cdot \frac{95,51}{27,006}$$
$$= 35,4 \frac{bar}{K} \approx 3,5 \frac{kbar}{100\ °C}$$

An diesem Punkt beträgt die Steigung der Reaktionskurve (27.12) also ca. 3,5 kbar/100 °C. Legt man in ◻ Abb. 27.8 diese Steigung als Tangente an die Gleichgewichtskurve (27.12) bei entsprechendem P und T an, so erkennt man eine gute Übereinstimmung.

Aus ◻ Abb. 27.8 ist weiter zu entnehmen, dass die Entwässerungskurven eine gekrümmte Form haben, die bei niedrigem Druck eine flache Neigung aufweisen, bei höheren Drücken aber immer steiler werden. Das lässt sich aus der abnehmenden Kompressibilität von Wasserdampf bei zunehmendem Druck erklären: Bei gleicher Temperatur nimmt das Molvolumen von H_2O-Dampf bei Drucksteigerung dramatisch ab, bei höheren Drücken dagegen kaum noch (◻ Tab. 27.3). Oberhalb etwa 3 kbar verlaufen die Entwässerungskurven immer steiler, d. h. die Reaktionen werden immer weniger druckabhängig.

Das lässt sich auch an weiteren metamorphen Entwässerungsreaktionen belegen, die für ultramafische Paragenesen im stofflich völlig anderen Modellsystem MgO–SiO_2–H_2O gelten (◻ Abb. 27.9): bei der prograden Metamorphose von Serpentinit vollzieht sich der Abbau des Serpentin-Minerals Antigorit nach Reaktion

◻ Tab. 27.2 Thermodynamische Daten für die Reaktion Muscovit ⟷ Kalifeldspat + Korund + H_2O

Phase	Molvolumen [cm3/mol]	Entropie [J/mol und K]
Korund	$+V° = 25,575$	$+S^{950\,K/1\,bar} = 173,80$
Kalifeldspat	$+V° = 109,05$	$+S^{950\,K/1\,bar} = 547,15$
Muscovit	$-V° = 140,71$	$-S^{950\,K/1\,bar} = 779,48$
Feste Phasen	$\Delta V_{solids}^{\circ} = -6,085$	$\Delta S_{solids}^{950\,K/1\,bar} = -58,53$
H_2O	$+V^{950\,K/2\,kbar} = 33,091$	$+S^{950\,K/2\,bar} = 154,04$

◻ **Tab. 27.3**   Molvolumina (cm³/Mol) von Wasserdampf bei verschiedenen Drücken und Temperaturen. (Nach Kennedy und Holser 1966)

P (bar)	T (°C)		
	300	**500**	**750**
1	47.534,0	64.236,0	58.048
10	4646,0	6383,0	8481
100	25,2	591,1	829,8
1000	21,9	34,1	71,8
2500	19,7	24,6	33,5
5000	17,9	20,5	24,3
10.000	16,3	17,6	16,3
20.000	14,5	15,3	15,1

$$5Mg_6[(OH)_8/Si_4O_{10}] \leftrightarrow$$
$$\text{Antigorit}$$

$$\underset{\text{Forsterit}}{12Mg_2[SiO_4]} + \underset{\text{Talk}}{2Mg_3[(OH)_2/Si_4O_{10}]} + 18H_2O \tag{27.13}$$

sobald bei relativ niedrigem H_2O-Druck eine Mindesttemperatur von ca. 500 °C überschritten wird, z. B. am Kontakt mit einer magmatischen Intrusion. Wird umgekehrt diese Temperatur bei der Abkühlung unter Zutritt von Wasser wieder unterschritten, so wandelt sich Forsterit bzw. Olivin unter Beteiligung von Talk und H_2O erneut in Serpentinminerale um. War bei dieser Rückreaktion Talk ursprünglich im Überschuss vorhanden, bleibt er neben Serpentin erhalten, weil sein breites Existenzfeld sich in den P-T-Bereich links der Gleichgewichtskurve (27.13) ausdehnt. Bei weiterer Temperaturerhöhung reagieren im gleichen ultramafischen System Forsterit + Talk zu Anthophyllit und Forsterit + Anthophyllit zu Enstatit; weiterhin werden Talk zu Anthophyllit + Quarz und Anthophyllit zu Enstatit + Quarz abgebaut (◻ Abb. 27.9):

$$\underset{\text{Talk}}{9Mg_3[(OH)_2/Si_4O_{10}]} + \underset{\text{Forsterit}}{4Mg_2[SiO_4]} \leftrightarrow$$

$$\underset{\text{Anthophyllit}}{5Mg_7[(OH)_2/Si_8O_{22}]} + 4H_2O \tag{27.14}$$

$$\underset{\text{Anthophyllit}}{2Mg_7[(OH)_2/Si_8O_{22}]} + \underset{\text{Forsterit}}{2Mg_2[SiO_4]} \leftrightarrow$$

$$\underset{\text{Enstatit}}{9Mg_2[Si_2O_6]} + 2H_2O \tag{27.15}$$

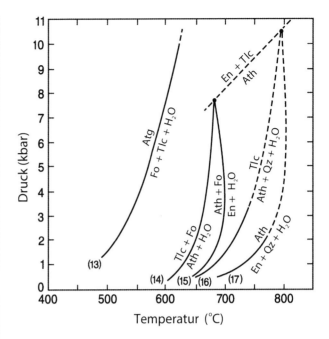

◻ **Abb. 27.9** P–T-Diagramm mit den Gleichgewichtskurven für Entwässerungsreaktionen in metamorphen Ultramafititen: (13) Antigorit ⟷ Forsterit + Talk + H_2O (nach Evans et al. 1976); (14) Talk + Forsterit ⟷ Anthophyllit + H_2O; (15) Anthophyllit + Forsterit ⟷ Enstatit + H_2O; (16) Talk ⟷ Anthophyllit + Quarz + H_2O und (17) Anthophyllit ⟷ Enstatit + Quarz + H_2O (nach Chernosky et al. 1985)

$$7Mg_3[(OH)_2/Si_4O_{10}] \leftrightarrow$$
$$\text{Talk}$$

$$\underset{\text{Anthophyllit}}{3Mg_7[(OH)_2/Si_8O_{22}]} + \underset{\text{Quarz}}{4SiO_2 + 4H_2O} \tag{27.16}$$

$$2Mg_7[(OH)_2/Si_8O_{22}] \leftrightarrow$$
$$\text{Anthophyllit}$$

$$\underset{\text{Enstatit}}{7Mg_2[Si_2O_6]} + \underset{\text{Quarz}}{2SiO_2 + 2H_2O} \tag{27.17}$$

Die Reaktionen (27.15) und (27.17) sind gute Beispiele dafür, dass bei erhöhten Drücken die Gleichgewichtskurven von Entwässerungsreaktionen eine negative Steigung erhalten können, weil das $\Delta V^{T,P}_{\text{solids}}$ immer niedriger wird und nicht mehr durch das positive $V^{T,P}_{\text{H}_2\text{O}}$ kompensiert werden kann. In manchen Fällen findet eine so starke Abnahme im Gesamtvolumen der festen Phasen statt, d. h. $\Delta V^{T,P}_{\text{solids}}$ wird so niedrig, dass die Gleichgewichtskurve schon bei niedrigen Drücken eine negative Steigung erhält. Als Beispiel diene die Reaktion 27.18 (◻ Abb. 27.10):

27

$$Na[AlSi_2O_6] \cdot H_2O \underset{Analcim}{} + \underset{Quarz}{SiO_2} \leftrightarrow$$

$$\underset{Albit}{Na[AlSi_3O_8] + H_2O} \qquad (27.18)$$

Im Gegensatz dazu gibt es bei *Zeolithen* auch Entwässerungsreaktionen, bei denen sowohl das Gesamtmolvolumen als auch die Gesamtentropie der festen Phasen stark abnehmen. Daraus ergibt sich $-\Delta S / -\Delta V$, sodass die Steigung der Gleichgewichtskurve dP/dT wieder positiv wird. Ein Beispiel ist die obere Druckstabilität des Zeolith-Minerals Laumontit, die kaum T-abhängig ist (◘ Abb. 27.10):

$$Ca[Al_2Si_4O_{12}] \cdot 4,5H_2O$$
$$\underset{Laumontit}{} \leftrightarrow$$
$$\underset{Lawsonit}{CaAl_2[(OH)_2/Si_2O_7] \cdot H_2O} + \underset{Quarz}{2SiO_2} + 2,5H_2O$$

$$(27.19)$$

Wie bei Reaktion (27.18) wird hier bei Zunahme des H₂O-Drucks H₂O freigesetzt. Demgegenüber besitzen die Gleichgewichtskurven der Entwässerungsreaktionen von Heulandit, Laumontit und Wairakit, für die ebenfalls negative ΔS-und ΔV-Werte gelten, eine Form, die gewöhnlichen Entwässerungskurven entspricht (◘ Abb 27.10):

$$\sim \underset{Heulandit}{Ca_{4,5}[Al_9Si_{27}O_{72}] \cdot 24H_2O} \leftrightarrow$$
$$\underset{Laumontit}{4,5Ca[Al_2Si_4O_{12}] \cdot 4,5H_2O} + \underset{Quarz}{9SiO_2} + 4H_2O$$

$$(27.20)$$

$$Ca[Al_2Si_4O_{12}] \cdot 4,5H_2O \leftrightarrow$$
$$\underset{Laumontit}{}$$
$$\underset{Wairakit}{Ca[Al_2Si_4O_{12}] \cdot 2H_2O} + 2,5H_2O$$

$$(27.21)$$

$$\underset{Wairakit}{Ca[Al_2Si_4O_{12}] \cdot 2H_2O} \leftrightarrow \underset{Anorthit}{Ca[Al_2Si_2O_8]} + \underset{Quarz}{2SiO_2} + 2H_2O$$

$$(27.22)$$

Die Reaktionen (27.18) bis (27.22) sind von großem Interesse für die Abschätzung von P-T-Bedingungen bei sehr niedriggradiger Regional- und Ozeanbodenmetamorphose sowie bei hydrothermaler Metamorphose.

■ **Entwässerungsreaktionen bei $P_{H_2O} < P_{total}$**

Bislang haben wir nur Entwässerungsreaktionen kennengelernt, bei denen der H₂O-Druck gleich dem Gesamtdruck war. Das ist jedoch in der Natur nicht immer der Fall. Insbesondere bei höhergradiger Metamorphose ist häufig die Bedingung $P_{H_2O} < P_{tot}$ erfüllt. Dabei müssen zwei verschiedene Fälle unterschieden werden:

1. **$P_{total} > P_{fl} = P_{H_2O}$**. Der H₂O-Druck ist gleich dem Fluiddruck, dieser ist aber kleiner als der Gesamtdruck. Unter diesen Bedingungen nimmt die Clausius-Clapeyron-Gleichung die Form eines partiellen Differentials an:

$$\left(\frac{\partial P_{tot}}{\partial T} \right)_{P_{H_2O}} = 10 \cdot \frac{\Delta S^{P/T}}{\Delta V^{\circ}_{solids}} \qquad [27.5]$$

Erweitert man diesen Ausdruck mit $\Delta V^{P/T}$, so ergibt sich:

$$\left(\frac{\partial P_{tot}}{\partial T} \right)_{P_{H_2O}} = 10 \cdot \frac{\Delta S^{P/T}}{\Delta V^{P,T}} \cdot \frac{\Delta V^{P/T}}{\Delta V^{\circ}_{solids}}$$
$$= 10 \cdot \left(\frac{dP}{dT} \right) \cdot \frac{\Delta V^{P/T}}{\Delta V^{\circ}_{solids}} \qquad [27.5a]$$

Nehmen wir als Beispiel die Reaktion

$$\underset{Muscovit}{KAl_2[(OH)_2AlSi_3O_{10}]} \leftrightarrow \underset{Kalifeldspat}{K[AlSi_3O_8]} + \underset{Korund}{Al_2O_3} + H_2O$$

$$(27.12)$$

und setzen die für $T = 950\,K \approx 680\,°C$ und $P_{tot} = 2\,kbar$ gelisteten Werte ein (◘ Tab. 27.2), so ergibt sich für $P_{H_2O} = 1\,kbar$:

$$\left(\frac{\partial P_{tot}}{\partial T} \right)_{P_{H_2O}} = \frac{35,4 \cdot 27,006}{-6,085} = -157 \frac{bar}{K}$$

$$= -15,7 \frac{kbar}{100°C}$$

Es ergibt sich also eine neue Gleichgewichtskurve mit steiler negativer Steigung (◘ Abb. 27.8). Man erkennt, dass mit zunehmendem Gesamtdruck die Gleichgewichtstemperatur des Muscovit-Abbaus immer stärker von derjenigen bei $P_{tot} = P_{H_2O}$ abweicht.

2. **$P_{total} = P_{fl} = P_{H_2O} + P_{CO_2} + P_{CO} + P_{CH_4} \dots$** Der Fluiddruck ist zwar ebenfalls gleich dem Gesamtdruck,

◨ **Abb. 27.10** *P-T*-Diagramm mit den Gleichgewichtskurven für Entwässerungsreaktionen von Zeolithen: (18) Analcim + Quarz ⟷ Albit + H₂O (nach Thompson 1971); (20) Heulandit ⟷ Laumontit + Quarz + H₂O (nach Cho et al. 1987); (19) Laumontit ⟷ Lawsonit + Quarz + H₂O und (21) Laumontit ⟷ Wairakit + H₂O (nach Liou 1971); (22) Wairakit ⟷ Anorthit + Quarz + H₂O (nach Liou 1970); obere Stabilitätsgrenze von Lawsonit (nach Liou 1971)

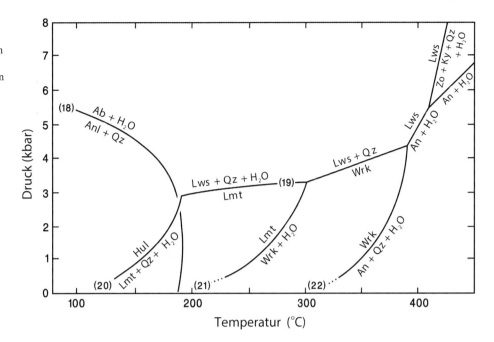

aber die fluide Phase besteht aus mehreren Gasspezies mit ihren jeweiligen Partialdrücken (bzw. Fugazitäten). In diesem Fall, der bei der prograden Metamorphose von Graphit-führenden Peliten oder von Mergeln relativ häufig auftritt, bleibt die typische positive Steigung der Gleichgewichtskurven erhalten; diese sind jedoch zu geringeren Temperaturen hin verschoben. Das soll am Beispiel von Reaktion (27.11) gezeigt werden:

$$KAl_2[(OH)_2AlSi_3O_{10}] + SiO_2 \leftrightarrow$$
$$\qquad\text{Muscovit}\qquad\qquad\text{Quarz}$$

$$K[AlSi_3O_8] + Al_2SiO_5 + H_2O \qquad\qquad (27.11)$$
$$\text{Kalifeldspat Andalusit/Sillimanit}$$

Für diese Reaktion hat Kerrick (1972) die Gleichgewichtskurven für unterschiedliche Molenbrüche $X_{H_2O} = H_2O/(H_2O + CO_2)$ in der fluiden Phase erstmals experimentell bestimmt und thermodynamisch berechnet. Man erkennt aus ◨ Abb. 27.11, dass z. B. bei einem Gesamtfluiddruck von **2** kbar die Gleichgewichtstemperatur um ca. 50 °C sinkt, wenn X_{H_2O} von 1 auf 0,5 verringert wird; bei höherem P_{fl} ist diese *T*-Erniedrigung noch stärker. Umgekehrt erhöht sich bei Erniedrigung von X_{H_2O} die Temperatur des Granit-Solidus, wie wir bereits in ◨ Abb. 20.5 gezeigt haben. Die Soliduskurven von Granit und die Gleichgewichtskurven von Reaktion (27.11) treffen sich jeweils in invarianten Punkten. Von diesen zweigen die steilstehenden Gleichgewichtskurven der folgenden Reaktionen ab:

$$\text{Muscovit} + \text{Quarz} + \text{Albit} + H_2O \leftrightarrow$$
$$\text{Sillimanit/Kyanit} + \text{Schmelze} \qquad (27.11a)$$

und

$$\text{Muscovit} + \text{Quarz} + \text{Plagioklas} \leftrightarrow$$
$$\text{Sillimanit/Kyanit} + \text{Kalifeldspat} + \text{Schmelze} \quad (27.11b)$$

27.2.3 Dekarbonatisierungsreaktionen

Bei der Metamorphose von unreinen, SiO₂- und/oder Al₂O₃-haltigen Karbonatgesteinen wird CO₂ allein oder zusammen mit H₂O freigesetzt. Die bekannteste Dekarbonatisierungsreaktion ist der Abbau von Calcit in Gegenwart von Quarz zu Wollastonit nach der Reaktion

$$CaCO_3 + SiO_2 \leftrightarrow CaSiO_3 + CO_2$$
$$\text{Calcit}\quad\text{Quarz}\qquad\text{Wollastonit}\qquad (27.23)$$

Wie ◨ Abb. 27.12 erkennen lässt, hat die Gleichgewichtskurve dieser Reaktion bei $P_{\text{total}} = P_{CO_2}$ eine ähnliche Form wie die meisten Entwässerungsreaktionen, d. h. eine positive Steigung und eine deutliche Krümmung im unteren Druckbereich. Dabei ist der Druckeinfluss auf die Gleichgewichtstemperatur der Reaktion beachtlich: Bei $P_{CO_2} = 0,5$ kbar ist T etwa

27

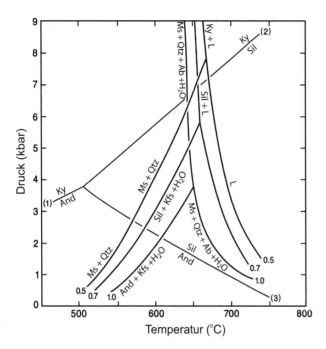

□ **Abb. 27.11**   *P-T*-Diagramm zur Stabilität von Muscovit in Gegenwart von Quarz (± Albit) nach Reaktion (27.11) und (27.11a) und zur Lage des Granit-Solidus bei $P_{tot} = P_{fl} = P_{H_2O} + P_{CO_2} + P_{CH_4}$ und $X_{H_2O} = H_2O/(H_2O + CO_2)$ von 1,0, 0,7 und 0,5 (modifiziert nach Kerrick 1972)

550 °C, bei 3 kbar dagegen ca. 780 °C. Deshalb verwundert es nicht, dass Bedingungen für die Wollastonit-Bildung eher in Kontaktaureolen erreicht werden als bei der Regionalmetamorphose, bei der die Paragenese Calcit + Quarz bis zu Temperaturen > 700 °C stabil sein kann. Allerdings verschieben sich – analog zu den Entwässerungsreaktionen – die Gleichgewichtskurven von Dekarbonatisierungsreaktionen zu niedrigeren Temperaturen hin, wenn die fluide Phase neben CO_2 auch andere Gasspezies, z. B. H_2O enthält, d. h. $P_{tot} = P_{fl} = P_{CO_2} + P_{H_2O}$ … wird. In □ Abb. 27.12 sind die Gleichgewichtskurven der Reaktion (27.23) für unterschiedliche $X_{CO_2} = CO_2/(CO_2 + H_2O)$ dargestellt, und zwar für $X_{CO_2} = 0{,}75$, 0,50, 0,25, 0,13 sowie für $P_{CO_2} = const = 1$ bar. Ist dagegen $P_{tot} > P_{fl} = P_{CO_2}$, so zweigt – analog zu □ Abb. 27.8 – von der Kurve für $X_{CO_2} = 1$ eine Kurve mit steiler negativer Steigung ab, z. B. bei $P_{CO_2} = 1$ kbar. Aus diesen Erörterungen folgt, dass man – wie bei den Entwässerungsreaktionen – die Reaktion (27.23) nur dann zur *T*-Abschätzung der Metamorphose verwenden kann, wenn man über unabhängige Kriterien für den Gesamtdruck sowie die Partialdrücke von CO_2 und H_2O verfügt.

Die Gesamtentropiezunahme der Reaktion (27.23) liegt in der gleichen Größenordnung wie bei Entwässe-

rungsreaktionen. Demgegenüber ist das $\Delta V^{\circ}_{solids}$ stark negativ, da Calcit und Quarz deutlich geringere Dichten als Wollastonit haben:

$$\Delta V^{\circ}_{solids} = V^{\circ}_{Wo} - \left(V^{\circ}_{Cal} + V^{\circ}_{Qz}\right)$$
$$= 39{,}260 - (36{,}934 + 22{,}688) = -20{,}362$$

Daher erhalten die Gleichgewichtskurven bei erhöhten CO_2-Drücken eine negative Steigung. Das Gleiche gilt auch für andere Dekarbonatisierungsreaktionen; allerdings reagieren Dolomit und Magnesit mit Quarz bereits bei niedrigeren Temperaturen als Calcit. Die negative Steigung der Kurve für $P_{CO_2} = 1$ bar in □ Abb. 27.12 ergibt sich aus der sinngemäßen Anwendung der um $\Delta V^{P/T}$ erweiterten Clausius-Clapeyron-Gl. [27.5a].

Wir wollen anhand der Reaktion (27.23) die Anwendung der Gibbs'schen Phasenregel auf Systeme mit einer fluiden Phase erläutern. Wenn diese nur aus CO_2 besteht, also für den Fall $P_{tot} = P_{fl} = P_{CO_2}$, liegt ein Dreistoffsystem vor: $CaO–SiO_2–CO_2$, die Zahl der Komponenten ist also 3. Wenn man vom Calciumoxid CaO absieht, das als Mineral nur sehr selten bei der Pyrometamorphose gebildet wird, gibt es insgesamt vier Phasen, nämlich Calcit, Quarz, Wollastonit und die fluide Phase (*Ph*=4), die als Reaktionspartner gemeinsam an der Gleichgewichtskurve der Reaktion (27.23) auftreten. Diese ist univariant; denn es gilt $F = C - Ph + 2 = 3 - 4 + 2 = 1$. Man hat also nur einen Freiheitsgrad und kann entweder *T* oder P_{CO_2} unabhängig voneinander variieren, ohne den Zustand des Systems zu ändern. Demgegenüber koexistieren in den divarianten Feldern jeweils maximal drei Phasen miteinander: $F = 3 - 3 + 2 = 2$, sodass *T* und P_{CO_2} frei wählbar sind. In □ Abb. 27.12 sind die möglichen Phasenkombinationen im Konzentrationsdreieck $CaO–SiO_2–CO_2$ für zwei verschiedene Gesteinschemismen **A** und **B** durch den jeweiligen Konodenverlauf dargestellt. Auf der linken Seite der Gleichgewichtskurve koexistieren in beiden Gesteinen Calcit und Quarz. Durch Reaktion (27.23) wird die Konode Calcit–Quarz gebrochen und durch die Konode Wollastonit–Fluid ersetzt. Dabei können je nach Ausgangszusammensetzung entweder Quarz oder Calcit übrig bleiben. Dementsprechend ist in Gestein **A** die Paragenese Quarz + Wollastonit (+Fluid) stabil, in Gestein **B** dagegen Wollastonit + Calcit (+Fluid).

Für den Fall, dass H_2O als zusätzliche volatile Komponente hinzutritt, also bei $P_{tot} = P_{fl} = P_{CO_2} + P_{H_2O}$, gewinnt das System einen zusätzlichen Freiheitsgrad und

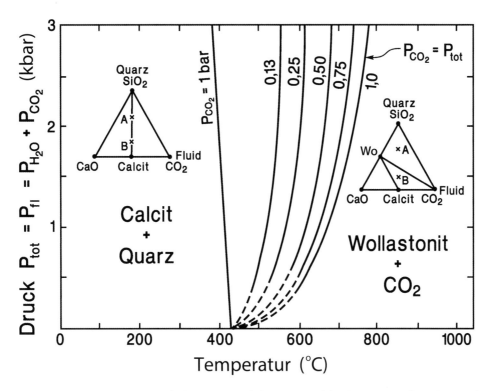

◘ Abb. 27.12 Experimentell bestimmte Gleichgewichtskurven der Reaktion (27.23) Calcit + Quarz ⟷ Wollastonit + CO_2 für X_{CO_2}-Werte von 1,0, 0,75, 0,5, 0,25 und 0,13 bei $P_{tot} = P_{fl} = P_{CO_2} + P_{H_2O}$ sowie für $P_{CO_2} = 1$ bar (aus Winkler 1979); im Dreistoffsystem CaO–SiO_2–CO_2 sind die Phasenbeziehungen für zwei verschiedene Gesteinschemismen **A** und **B** durch Konoden dargestellt

die Phasenregel erhält die Form $F = C - Ph + 3$. Mit $F = 3 - 4 + 3 = 2$ wird die univariante Gleichgewichtskurve der Reaktion (27.23) zur divarianten Fläche im P–T–P_{CO_2}- oder P–T–X_{CO_2}-Raum (◘ Abb. 27.13a). Es hat sich als nützlich erwiesen, Reaktionen, an denen die Komponenten H_2O und CO_2 als Partner beteiligt sind, in isobaren T–X_{CO_2}-Schnitten, d. h. bei $P_{total} =$ konst. zu behandeln (◘ Abb. 27.13b). Diesen Diagrammtyp wollen wir im folgenden Abschnitt kennenlernen.

27.2.4 Reaktionen, an denen H_2O und CO_2 beteiligt sind

Solche Reaktionen spielen bei der aufsteigenden Metamorphose von unreinen Kalksteinen, insbesondere von Mergel und kieseligen Karbonatgesteinen, eine wichtige Rolle. Ihre Gleichgewichtskurven werden in T–X_{CO_2}-Diagrammen dargestellt, die isobare Schnitte durch den P_{fl}–T–X_{CO_2}-Raum bilden; es handelt sich um die Schnittlinien der divarianten Gleichgewichtsfläche bei einem bestimmten P_{fl} (◘ Abb. 27.13a). Da der Gesamtfluiddruck konstant gehalten wird, verzichtet man auf einen Freiheitsgrad, sodass $F = C - Ph + 2$

gilt. Damit werden die Gleichgewichtskurven im T–X_{CO_2}-Schnitt wiederum univariant. Nach Greenwood (1967) lässt sich die Steigung dieser Kurven aus einem partiellen Differential berechnen, das der Clausius-Clapeyron-Gleichung analog ist. Dabei wird vorausgesetzt, dass die Aktivitätskoeffizienten γ_i von H_2O und CO_2 konstant sind, sodass man mit den Molenbrüchen $X_{H_2O} = H_2O/(H_2O + CO_2)$ und $X_{CO_2} = CO_2/(CO_2 + H_2O) = 1 - X_{H_2O}$ arbeiten kann:

$$\left(\frac{\partial T}{\partial X_{CO_2}}\right)_{P_{fl},\gamma} = \frac{RT}{\Delta S} \cdot \left(\frac{v_{CO_2}}{X_{CO_2}} - \frac{v_{H_2O}}{X_{H_2O}}\right) \qquad [27.6]$$

Dabei sind v_{CO_2} und v_{H_2O} die Zahl der an der Reaktion beteiligten Mole CO_2 bzw. H_2O und R die ideale Gaskonstante. Wir erinnern uns daran, dass bei Berechnungen die Reaktanten negativ, die Reaktionsprodukte positiv gerechnet werden. Nach Greenwood (1967) kann man fünf verschiedene Fälle unterscheiden, die im T–X_{CO_2}-Diagramm ◘ Abb. 27.13b schematisch dargestellt sind. Im Folgenden sind für die Fälle 1, 3 und 4 einige wichtige Mineralreaktionen aufgeführt und meist auch in ◘ Abb. 27.14a und/oder 27.14b dargestellt.

27

- **Fall 1: Reaktionen, bei denen nur CO_2 frei wird:** $v_{H_2O} = 0, v_{CO_2} > 0$

Wenn ΔS positiv ist, was meist zutrifft, wird

$$\left(\frac{\partial T}{\partial X_{CO_2}} \right)_{P_{fl}, \gamma}$$

positiv, d. h. die Gleichgewichtskurve hat im T–X_{CO_2}-Diagramm eine positive Steigung; sie schneidet die T-Achse bei $X_{CO_2} = 1$ bei der maximal möglichen Temperatur und nähert sich mit sinkender Temperatur asymptotisch der T-Achse bei $X_{CO_2} = 0$ (■ Abb. 27.13b, Kurve 1, 27.14). Beispiel: Reaktion (27.23) und analoge Dekarbonatisierungsreaktionen, die in ■ Abb. 27.14a und b für Reaktion (24) bzw. (25) und (26) dargestellt sind:

$$\begin{array}{llll}
CaMg(CO_3)_2 & \leftrightarrow MgO & +CaCO_3 + CO_2 & \\
\text{Dolomit} & \text{Periklas} & \text{Calcit} & (27.24)
\end{array}$$

$$\begin{array}{llll}
CaMg(CO_3)_2 & +2SiO_2 & \leftrightarrow CaMg[Si_2O_6] + 2CO_2 & \\
\text{Dolomit} & \text{Quarz} & \text{Diopsid} & (27.25)
\end{array}$$

$$\begin{array}{l}
CaMg[Si_2O_6] \; +3CaMg(CO_3)_2 \leftrightarrow \\
\quad \text{Diopsid} \qquad\quad \text{Dolomit} \\[4pt]
2Mg_2[SiO_4] \; +4CaCO_3 + 2CO_2 \\
\quad \text{Forsterit} \qquad \text{Calcit}
\end{array} \qquad (27.26)$$

- **Fall 2: Reaktionen, bei denen nur H_2O frei wird:** $v_{H_2O} > 0, v_{CO_2} = 0$

Bei positivem ΔS wird

$$\left(\frac{\partial T}{\partial X_{CO_2}} \right)_{P_{fl}, \gamma}$$

und damit auch die Steigung der Gleichgewichtskurve negativ. Beispiele: alle reinen Entwässerungsreaktionen (■ Abb. 27.13b, Kurve 2).

- **Fall 3: Reaktionen, bei denen sowohl CO_2 als auch H_2O frei werden:** $v_{H_2O} > 0, v_{CO_2} > 0$.

Die Gleichgewichtskurve erreicht ein Maximum, und zwar dort, wo.

$$X_{CO_2} = \frac{v_{CO_2}}{v_{CO_2} + v_{H_2O}} \text{ ist, da an dieser Stelle } \left(\frac{\partial T}{\partial X_{CO_2}} \right)_{P_{fl}, \gamma}$$

und damit die Steigung der Gleichgewichtskurve 0 wird. Das lässt sich leicht zeigen, wenn man den Ausdruck für X_{CO_2} in Gl. [27.6] einsetzt und etwas umformt. Ebenso wird schnell klar, dass für ein niedriges X_{CO_2} die Steigung positiv, für ein hohes dagegen negativ werden muss, sodass sich ein *Maximum* ergibt. Die Gleichgewichtskurve nähert sich mit sinkender Temperatur sowohl bei $X_{CO_2} = 0$ als auch bei $X_{CO_2} = 1$ asymptotisch der T-Achse an (■ Abb. 27.13b, Kurve 3). Als Beispiele seien einige wichtige Reaktionen im Kalksilikat-System $CaO–MgO–SiO_2–CO_2–H_2O$ genannt (■ Abb. 27.14a: Reaktion (27), (28), (29) und ■ Abb. 27.14b: Reaktion (30)):

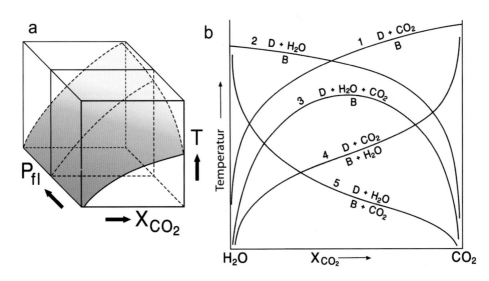

■ **Abb. 27.13** **a** Gleichgewichtsfläche *(schattiert)* einer Dekarbonatisierungsreaktion im P_{fl}–T–X_{CO_2}-Raum; ein isobarer Schnitt (P_{fl} = konst) erzeugt eine univariante Gleichgewichtskurve im T–X_{CO_2}-Diagramm. **b** Schematisches T–X_{CO_2}-Diagramm für eine H_2O-CO_2-Fluidphase bei P_{fl} = konst. Veranschaulicht wird die Form von univarianten Gleichgewichtskurven der fünf verschiedenen Reaktionstypen (nach Greenwood 1967); **B** und **D** sind feste Phasen definierter Zusammensetzung (mod. aus Miyashiro 1994)

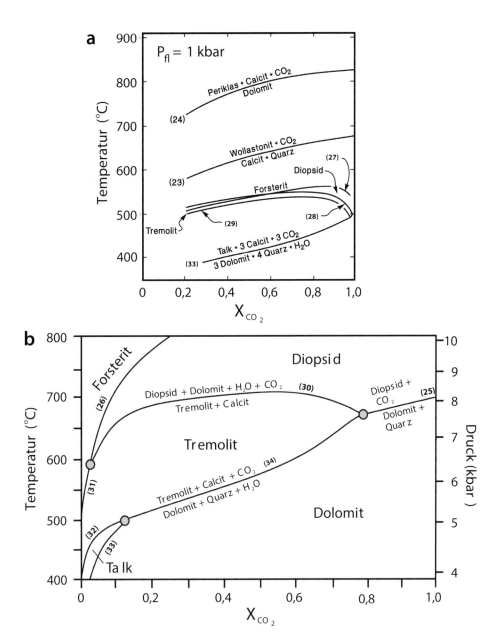

■ **Abb. 27.14** T–X_{CO_2}-Diagramme mit Gleichgewichtskurven für unterschiedliche Reaktionen im Kalksilikat-System CaO–MgO–SiO$_2$–CO$_2$–H$_2$O; **a** Stark schematisierte Darstellung für $P_{fl}=1$ kbar; **b** Detailliertere Darstellung für einen Druckbereich P_{fl} von 4–10 kbar: (23) Calcit + Quarz ⟷ Wollastonit + CO$_2$, (24) Dolomit ⟷ Periklas + Calcit + CO$_2$, (25) Dolomit + Quarz ⟷ Diopsid + CO$_2$, (26) Diopsid + Dolomit ⟷ Forsterit + Calcit + CO$_2$, (27) Talk + Dolomit ⟷ Forsterit + Calcit + CO$_2$ + H$_2$O, (28) Tremolit + Calcit + Quarz ⟷ Diopsid + CO$_2$ + H$_2$O, (29) Talk + Calcit + Quarz ⟷ Tremolit + CO$_2$ + H$_2$O, (30) Tremolit + Calcit ⟷ Diopsid + Dolomit + CO$_2$ + H$_2$O, (31) Tremolit + Dolomit ⟷ Forsterit + Calcit + CO$_2$ + H$_2$O, (32) Talk + Calcit ⟷ Tremolit + Dolomit + CO$_2$ + H$_2$O, (33) Dolomit + Quarz + H$_2$O ⟷ Talk + Calcit + CO$_2$, (34) Dolomit + Quarz + H$_2$O ⟷ Tremolit + Calcit + CO$_2$ (mod. nach Miyashiro 1973)

$$Mg_3[(OH)_2/Si_4O_{10}] + 5CaMg(CO_3)_2 \leftrightarrow$$
$$\text{Talk} \qquad\qquad \text{Dolomit}$$
$$4Mg_2[SiO_4] + 5CaCO_3 + H_2O + 5CO_2 \qquad (27.27)$$
$$\text{Forsterit} \qquad \text{Calcit}$$

$$5Mg_3[(OH)_2/Si_4O_{10}] + 6CaCO_3 + 4SiO_2 \leftrightarrow$$
$$\text{Talk} \qquad\qquad \text{Calcit} \qquad \text{Quarz}$$
$$3Ca_2Mg_5[(OH)_2/Si_8O_{22}] + 6CO_2 + 2H_2O \qquad (27.29)$$
$$\text{Tremolit}$$

$$Ca_2Mg_5[(OH)_2/Si_8O_{22}] + 3CaCO_3 + 2SiO_2 \leftrightarrow$$
$$\text{Tremolit} \qquad\qquad \text{Calcit} \qquad \text{Quarz}$$
$$5CaMg[Si_2O_6] + 3CO_2 + H_2O \qquad (27.28)$$
$$\text{Diopsid}$$

$$Ca_2Mg_5[(OH)_2/Si_8O_{22}] + 3CaCO_3$$
$$\text{Tremolit} \qquad\qquad \text{Calcit} \qquad\qquad \leftrightarrow$$
$$4CaMg[Si_2O_6] + CaMg(CO_3)_2 + CO_2 + H_2O$$
$$\text{Diopsid} \qquad\qquad \text{Dolomit} \qquad\qquad (27.30)$$

27

$$Ca_2Mg_5[(OH)_2/Si_8O_{22}] +11CaMg(CO_3)_2 \leftrightarrow$$
$$\text{Tremolit}\phantom{[(OH)_2/Si_8O_{22}] +11}\text{Dolomit}$$

$$8Mg_2[SiO_4] +13CaCO_3 + 9CO_2 + H_2O$$
$$\text{Forsterit}\text{Calcit}$$

$$(27.31)$$

$$4Mg_3[(OH)_2/Si_4O_{10}] +6CaCO_3 \leftrightarrow$$
$$\text{Talk}\phantom{[(OH)_2/Si_4O_{10}] +6}\text{Calcit}$$

$$2Ca_2Mg_5[(OH)_2/Si_8O_{22}]$$
$$\text{Tremolit}$$

$$+2CaMg(CO_3)_2 + CO_2 + 2H_2O$$
$$\text{Dolomit}$$

$$(27.32)$$

Für die Reaktionen (27.27), (27.28), (27.29) und (27.30) (◘ Abb. 27.14a,b) liegen die Maxima jeweils bei $X_{CO_2}=^5/_6$, $^3/_4$, $^3/_4$ und $^1/_2$ (◘ Abb. 27.14a und b). Für Reaktion (27.31) und (27.32) errechnen sich Maxima bei $^9/_{10}$ und $^1/_3$, die jedoch verdeckt sind (◘ Abb. 27.14b).

- **Fall 4: Reaktionen, bei denen H_2O verbraucht, CO_2 wird frei: $\nu_{H_2O} < 0$, $\nu_{CO_2} > 0$**

Die beiden leichtflüchtigen Komponenten stehen also auf entgegengesetzten Seiten der Reaktionsgleichung. Dadurch entstehen Gleichgewichtskurven mit einem *Wendepunkt* anstelle eines Maximums; sie haben – analog zu Fall 1 – eine positive Steigung im T–X_{CO_2}-Diagramm und nähern sich sowohl auf der Hoch-T-Seite bei $X_{CO_2}=1$ als auch der Tief-T-Seite bei $X_{CO_2}=0$ asymptotisch der T-Achse an (◘ Abb. 27.13b). Der Wendepunkt liegt dort, wo die 2. Ableitung von

$$\left(\frac{\partial T}{\partial X_{CO_2}}\right)_{P_{fl},\gamma}$$

nach ∂X_{CO_2} gleich 0 wird. Als Beispiele für diesen häufigen Reaktionstyp dienen die Bildung von Talk und Tremolit nach den Gleichungen

$$5CaMg(CO_3)_2 +8SiO_2 + H_2O \leftrightarrow$$
$$\text{Dolomit}\text{Quarz}$$

$$Ca_2Mg_5[(OH)_2/Si_8O_{22}] +3CaCO_3 + 7CO_2$$
$$\text{Tremolit}\phantom{[(OH)_2/Si_8O_{22}] +3}\text{Calcit}$$

$$(27.33)$$

$$3CaMg(CO_3)_2 +4SiO_2 + H_2O \leftrightarrow$$
$$\text{Dolomit}\text{Quarz}$$

$$Mg_3[(OH)_2/Si_4O_{10}] +3CaCO_3 + 3CO_2$$
$$\text{Talk}\phantom{[(OH)_2/Si_4O_{10}] +3}\text{Calcit}$$

$$(27.34)$$

Die Veränderung von.

$$\left(\frac{\nu_{CO_2}}{X_{CO_2}} - \frac{\nu_{H_2O}}{X_{H_2O}}\right) = \frac{3}{X_{CO_2}} - \frac{1}{X_{H_2O}} \text{ bzw. } 7/X_{CO_2} - 3/X_{CO_2}.$$

mit der Variation von X_{CO_2} bzw. für CO_2/H_2O-Verhältnisse – z. B. von $^3/_1$ bzw. $^7/_1$ bei den Reaktionen (27.33) und (27.34) – lässt sich leicht berechnen. Wie man aus ◘ Tab. 27.4 ablesen kann, ist bei niedrigen und hohen X_{CO_2}-Werten die Steigung der Gleichgewichtskurve sehr steil und flacht sich zum Wendepunkt bei X_{CO_2} nahe 0,6 bzw. 0,7 zunehmend ab.

- **Fall 5: Reaktionen, bei denen CO_2 verbraucht und H_2O frei wird**

Auch hier stehen die beiden leichtflüchtigen Komponenten auf unterschiedlichen Seiten der Reaktionsgleichung, sodass die Gleichgewichtskurven ebenfalls einen Wendepunkt haben, aber – analog zu Fall 2 – eine negative Steigung besitzen. Reaktionen dieses Typs sind in der Natur selten.

27.2.5 Oxidations-Reduktions-Reaktionen

In der Atmosphäre tritt Sauerstoff überwiegend als freies Molekül O_2 auf, wobei sein Partialdruck $P_{O_2} \cong 0{,}21$ bar beträgt, entsprechend seinem Volumenanteil von 20,8 %. Dagegen liegt in der Erdkruste und im Erdmantel Sauerstoff überwiegend als Bestandteil von chemischen Verbindungen vor, insbesondere in Silikaten, Karbonaten sowie in Oxiden wie Magnetit, Hämatit und Ilmenit. Darüber hinaus enthält die fluide Phase neben H_2O, CO_2 und anderen Gasspezies auch O_2 und H_2, die teilweise durch die Dissoziation von H_2O nach der Redoxreaktion

$$2H_2O \leftrightarrow 2H_2 + O_2 \qquad (27.35)$$

freigesetzt werden. Bei den erhöhten P-T-Bedingungen, die bei metamorphen oder magmatischen Prozessen herrschen, sollte man anstelle des O_2-Partialdrucks P_{O_2} genauer den Begriff der O_2-Fugazität f_{O_2} verwenden. Wie das T–f_{O_2}-Diagramm (◘ Abb. 27.15) zeigt, ist der Druckeinfluss auf diese Reaktion beachtlich; so zersetzt sich H_2O bei 600 °C und $P = 1$ bar bereits bei $f_{O_2} = 10^{-8}$ bar, bei 600 °C und $P_{H_2O} = 2$ kbar dagegen erst dann, wenn f_{O_2} auf 10^{-6} bar steigt.

Während der Sauerstoffpartialdruck bei der atmosphärischen Verwitterung bei 0,21 bar liegt und auch bei der Sedimentation meist hoch ist, finden metamorphe und magmatische Prozesse meist bei deutlich ge-

◘ Tab. 27.4 Veränderung von $(v_{CO_2}/X_{CO_2}) - (v_{H_2O}/X_{H_2O})$ mit X_{H_2O} für die Reaktionen (27.33) und (27.34)

X_{CO_2}	$(v_{CO_2}/X_{CO_2}) - (v_{H_2O}/X_{H_2O})$	
	für Reaktion (27.33)	**für Reaktion (27.34)**
0,0	∞	∞
0,1	31	71,1
0,2	16,3	36,3
0,3	11,4	29,7
0,4	9,2	19,2
0,5	8,0	16,0
0,6	7,0	14,2
0,7	7,6	10,3
0,8	8,8	13,8
0,9	13,3	17,8
1,0	∞	∞

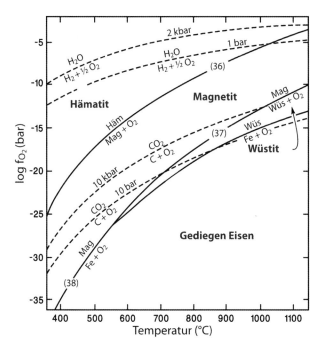

◘ Abb. 27.15 T–f_{O_2}-Diagramm mit den univarianten Gleichgewichtskurven, die die Stabilitätsfelder von Hämatit, Magnetit, Wüstit und gediegen Eisen begrenzen; der Einfluss von Druck auf die Stabilitätsfelder der festen Phasen kann vernachlässigt werden. Eingetragen sind weiter die Dissoziationsgleichgewichte für H$_2$O bei $P = 1$ bar und $P_{H_2O} = 2$ kbar sowie für CO$_2$ bei P_{CO_2} 10 bar und 10 kbar (verändert nach Miyashiro 1973)

ringerem f_{O_2} statt. So verläuft die Gleichgewichtskurve der Redoxreaktion

$$6Fe_2^{3+}O_3 \leftrightarrow 4Fe^{2+}Fe_2^{3+}O_4 + O_2 \qquad (27.36)$$
$$\text{Hämatit} \qquad\qquad \text{Magnetit}$$

die das Stabilitätsfeld von Magnetit zu hohen Sauerstofffugazitäten abgrenzt, durch die Punkte $T = 400\,°C / f_{O_2} = 10^{-21}$ bar, 600 °C/10^{-14} bar und 1000 °C/10^{-5} bar. Die obere Stabilitätsgrenze (hohe T) von Magnetit, die durch die Redoxreaktionen

$$Fe^{2+}Fe_2^{3+}O_4 \leftrightarrow 3Fe^{2+}O + 1/2\,O_2 \qquad (27.37)$$
$$\text{Magnetit} \qquad\quad \text{Wüstit}$$

und

$$Fe^{2+}Fe_2^{3+}O_4 \leftrightarrow 3Fe^0 + 2O_2 \qquad (27.38)$$
$$\text{Magnetit} \qquad\quad \text{ged. Eisen}$$

definiert wird, ist durch die Punkte 400 °C/10^{-35} bar, 600 °C/10^{-24} bar und 1000 °C/10^{-14} bar festgelegt (◘ Abb. 27.15). Im Gegensatz zur Dissoziationsreaktion von H$_2$O (27.35) ist der Einfluss des Gesamtdrucks auf diese Feststoff-Redoxreaktionen gering.

Aus ◘ Abb. 27.15 wird deutlich, dass die Dissoziationskurven von H$_2$O fast vollständig im Stabilitätsfeld von Hämatit verlaufen. Daher dürfte in metamorphen und magmatischen Gesteinen lediglich Hämatit als opake Eisenoxidphase auftreten, wenn der Sauerstoffanteil, der in der Gasphase vorhanden ist, nur durch die H$_2$O-Dissoziation nach Reaktion (27.35) kontrolliert werden würde.

Das ist jedoch definitiv nicht der Fall; denn in Gesteinen treten häufig auch Magnetit und Ilmenit als opake Phasen auf. Daher sollte f_{O_2} geringer bzw. f_{H_2} größer sein, als durch Gl. (27.38) gegeben ist. Eine Erklärungsmöglichkeit ist die Anwesenheit von organischer Substanz oder – bei höherem Metamorphosegrad – von Graphit, der z. B. in metamorphen Sedimentgesteinen häufig vorhanden ist. In erster Näherung könnte man dann die Reaktion

$$CO_2 \leftrightarrow C + O_2 \qquad (27.39)$$

anwenden, deren Gleichgewichtskurven für 10 bar und für 10 kbar Gesamt-Fluiddruck überwiegend in den Stabilitätsfeldern von Magnetit und Wüstit liegen (◘ Abb. 27.15). Daneben können auch die Reaktionen

$$2CO_2 \leftrightarrow 2CO + O_2 \qquad (27.40)$$

und

$$C + 2H_2 \leftrightarrow CH_4 \qquad (27.41)$$

27

die Höhe von f_{O_2} und f_{H_2} mitbestimmen. In der Tat ist Methan, CH_4, das relativ reduzierende Bedingungen anzeigt, in Flüssigkeitseinschlüssen metamorpher Minerale nachgewiesen worden (▶ Kap. 12) und kann in graphithaltigen Metasedimentgesteinen einen beträchtlichen Anteil der fluiden Phase ausmachen. Bei gegebenen P-T-Bedingungen dominiert in diesen Gesteinen CH_4 bei niedrigem f_{O_2}, H_2O bei mittlerem f_{O_2} und CO_2 bei hohem f_{O_2}. Mit steigender Temperatur und sinkendem Druck nimmt der H_2O-Gehalt in der fluiden Phase ab; dabei wird Graphit nach der Reaktion

$$2C + 2H_2O \leftrightarrow CO_2 + CH_4 \qquad (27.42)$$

zunehmend abgebaut (Ohmoto und Kerrick 1977).

Ganz allgemein lässt sich die Sauerstofffugazität im Experiment über *univariante Gleichgewichtskurven von Oxid-Oxid- und Oxid-Silikat-Reaktionen* festlegen, wenn P_{tot} und T bekannt sind. So koexistieren im Zweistoffsystem Fe–O an der Gleichgewichtskurve der Reaktion (27.36) die beiden festen Phasen Hämatit und Magnetit sowie eine Gasphase miteinander. Von den drei Zustandsvariablen T, P_{tot} und f_{O_2} wird P_{tot} konstant gehalten, so dass die Gibbs'sche Phasenregel die Form $F = C - Ph + 2$ annimmt. Mit $F = 2 - 3 + 2 = 1$ ist die Gleichgewichtskurve in der Tat univariant, d. h. bei gegebenem T ist f_{O_2} automatisch festgelegt. Folgende univariante Gleichgewichtsreaktionen werden im Experiment häufig als Puffersysteme zur Kontrolle der Sauerstofffugazität eingesetzt:

HM	Hämatit–Magnetit-Puffer nach Reaktion (27.36)
NNO	Nickel–Nickeloxid-Puffer nach der Reaktion $NiO \leftrightarrow Ni + \frac{1}{2}O_2$
FMQ	Fayalith–(Magnetit + Quarz)-Puffer nach der Reaktion $2Fe^{2+}Fe^{3+}_2O_4 + 3SiO_2 \leftrightarrow 3Fe^{2+}_2[SiO_4] + O_2$
MW	Magnetit–Wüstit-Puffer nach Reaktion (27.37)
IM	Magnetit–gediegen Eisen-Puffer nach Reaktion (27.35)
IW	Wüstit–gediegen Eisen-Puffer nach der Reaktion $FeO \leftrightarrow Fe^0 + \frac{1}{2}O_2$
IQF	(Gediegen Eisen + Quarz)–Fayalith-Puffer nach der Reaktion $Fe_2[SiO_4] \leftrightarrow 2Fe^0 + SiO_2 + O_2$

Bei Hydrothermalexperimenten wendet man zur Kontrolle der O_2-Fugazität die sogeannte Doppelkapsel-Methode an. Um die Gleichgewichtskurve für eine Reaktion zwischen Silikatmineralen, z. B. Staurolith + Quarz ↔ Cordierit + Andalusit + H_2O, zu bestimmen, wird die Ausgangsmischung in eine

Edelmetallkapsel eingebracht. Diese wird ihrerseits von einer größeren Edelmetallkapsel umgeben, in der sich die Puffermischung, z. B. FMQ, zusammen mit H_2O befindet. Bei den definierten P-T-Bedingungen des Experiments stellt der FMQ-Puffer eine definierte O_2-Fugazität ein, die ihrerseits das Dissoziationsgleichgewicht von H_2O

$$2H_2O \leftrightarrow 2H_2 + O_2 \qquad (27.35)$$

beeinflusst. Dadurch wird eine bestimmte H_2-Fugazität f_{H_2} eingestellt. Das kleine H_2-Molekül ist in der Lage, durch das Kapselmaterial hindurchzudiffundieren und so das Dissoziationsgleichgewicht (27.35) auch in der inneren Kapsel zu steuern. Dadurch wird das f_{O_2}, das durch die Puffermischung definiert ist, auch in der inneren Kapsel eingestellt. Die oben genannten Puffermischungen liefern somit eine schrittweise f_{O_2}-Skala.

Fe^{2+}-haltige Silikate wie Almandin-reicher Granat oder Staurolith sind bei gegebener T und P_{tot} oder P_{fl} nur über einen bestimmten f_{O_2}-Bereich stabil und werden mit Zunahme von f_{O_2} unter Bildung von Magnetit oder Hämatit abgebaut. Wie im T–f_{O_2}-Diagramm in ◻ Abb. 27.16 gezeigt, hat die untere Stabilitätsgrenze von Almandin nach der Reaktion

$$\text{Quarz + Fe-Chlorit} \pm \text{Magnetit} \leftrightarrow \text{Almandin} + H_2O \qquad (27.43)$$

bei konstantem P_{H_2O} eine relativ steile Neigung und schneidet die Kurven für den IQF-, IM- und FMQ-Puffer, während die Gleichgewichtskurve der Reaktion

$$\text{Quarz + Hercynit + Magnetit} \leftrightarrow \text{Almandin} + H_2O \qquad (27.44)$$

wesentlich flacher, und zwar nahezu parallel zur FMQ-Pufferkurve verläuft. Im Gegensatz dazu hat die obere Stabilitätsgrenze von Almandin im T–f_{O_2}-Diagramm eine negative Steigung.

Während sich H_2O und CO_2 während der prograden und retrograden Metamorphose relativ mobil verhalten, ist das bei O_2 und H_2 offensichtlich nicht der Fall. Zahlreiche Beispiele belegen, dass in unterschiedlichen Schichten einer metamorphen Sedimentfolge primäre Unterschiede im f_{O_2} erhalten geblieben sind. So sind viele Bändereisenerze durch eine primäre Wechsellagerung geprägt, bei der in den einzelnen Lagen entweder Hämatit oder Magnetit als Fe-Oxide in unmittelbarem Kontakt miteinander auftreten, wobei die Grenzen teils scharf, teils unscharf sind. Koexistierender Aktinolith

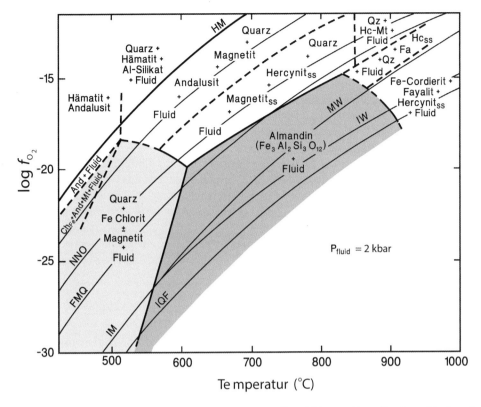

● **Abb. 27.16** $T–f_{O_2}$-Diagramm bei konstantem $P_{fl} = 2$ kbar mit dem Stabilitätsfeld von Almandin *(mittelblau)* und der Paragenese Quarz + Fe-Chlorit ± Magnetit *(hellblau)* sowie den Gleichgewichtskurven wichtiger Puffersysteme (nach Hsu 1968)

hat im Gleichgewicht mit Hämatit ein geringeres Fe^{2+}/Mg-Verhältnis als mit Magnetit, das somit ein Maß für die O_2-Fugazität im Gestein darstellt. Bei gegebenem T und P_{tot} dokumentiert das gleichzeitige Auftreten von Magnetit und Hämatit in metamorphen Gesteinen oder Erzkörpern einen spezifischen f_{O_2}-Wert. Die Reaktion (27.36) stellt also einen O_2-Puffer dar.

27.2.6 Petrogenetische Netze

Im Laufe der letzten 50 Jahre sind zahlreiche Gleichgewichtskurven metamorpher Mineralreaktionen experimentell bestimmt worden. Es wäre allerdings ein hoffnungsloses Unterfangen, die Gleichgewichtskurven aller theoretisch denkbaren oder auch nur aller in der Natur beobachteten Mineralreaktionen durch Hochdruck-Hochtemperatur-Experimente festlegen zu wollen. Wie wir gesehen haben, gibt es jedoch durchaus die Möglichkeit, die Lage und Steigung solcher Kurven in $P–T$-, $P_{fl}–T$-, $T–X$- oder $T–f_{O_2}$-Diagrammen mit thermodynamischen Daten zu berechnen. Dafür muss man allerdings die thermodynamischen Größen der beteiligten Mineralphasen im entsprechenden $P-T$-Bereich kennen, insbesondere ihr Molvolumen V, Bildungsenthalpie H, Entropie S, ferner die Beziehungen zwischen den Molenbrüchen X_i und den Aktivitäten a_i von chemischen Elementen in Mischkristallen. Diese Werte wurden durch kalorimetrische Messungen, aus kristallographischen Parametern, aber auch aus Hochdruck-Hochtemperatur-Experimenten gewonnen. Für H_2O und CO_2 sind die thermodynamischen Parameter bereits seit längerer Zeit für einen weiten $P-T$-Bereich bekannt. Als Ergebnis dieser Untersuchungen wurden intern konsistente thermodynamische Datensätze erstellt (Berman 1988; Holland und Powell 1985, 2011), aus denen sich für bestimmte Modellsysteme petrogenetische Netze (engl. *„petrogenetic grids"*) konstruieren lassen. So kann man z. B. Gleichgewichtskurven, die für die metamorphe Entwicklung von pelitischen Stoffbeständen relevant sind, in einem $P_{H_2O}–T$-Diagramm für das Modellsystem $K_2O–FeO–MgO–Al_2O_3–SiO_2–H_2O$ (KFMASH) darstellen. Für metamorphe Gesteine mit mergeliger Zusammensetzung kommt ein isobares $T–X_{CO_2}$-Diagramm für das Modellsystem $CaO–MgO–Al_2O_3–SiO_2–CO_2–H_2O$ (CMASCH) infrage. Die Phasenbeziehungen von Mg-Fe-Mischkristallen, z. B. von Staurolith, Granat, Biotit und Chlorit in einem Metapelit können in isobaren $T–X_{Fe}$- oder isothermen $P–X_{Fe}$-Schnitten dargestellt werden.

Wegen der Fülle von univarianten Gleichgewichtskurven und invarianten Punkten, die in metamorphen Paragenesen dokumentiert sind, können petrogenetische Netze, insbesondere solche für komplexe Modellsysteme, oft sehr unübersichtlich sein. Dabei muss man allerdings in Betracht ziehen, dass für einen gegebenen

27

Gesteinschemismus nicht alle theoretisch möglichen Reaktionen auch tatsächlich in der Natur realisiert sind. So wären für einen Mg-reichen metapelitischen Stoffbestand diejenigen Reaktionen uninteressant, an denen die Fe-reichen Minerale Chloritoid und Staurolith beteiligt sind. Man wählt daher aus dem gesamten P–T- oder T–X_{CO_2}-Diagramm nur diejenigen Gleichgewichtskurven aus, die für einen ganz bestimmten Pauschalchemismus relevant sind, und kommt dadurch zu einer wesentlichen Vereinfachung. Diese Art der Darstellung, die quasi einen chemischen Schnitt durch das Modellsystem legt, wird als *Pseudoschnitt* (engl. *„pseudosection")* bezeichnet. In Verbindung mit sorgfältigen mikroskopischen Untersuchungen der Mineralreaktionen, die in einem metamorphen Gestein abgelaufen sind, erlauben Pseudoschnitte die Rekonstruktion des prograden und retrograden P–T- oder T–X_{CO_2}-Pfades. Als Beispiel geben wir einen P–T-Pseudoschnitt im Modellsystem K_2O–FeO–MnO–MgO–Al_2O_3–SiO_2–H_2O, der die metamorphe Entwicklung eines Kyanit-Staurolith-Glimmerschiefers im panafrikanischen Kaokogürtel (Namibia) zeigt (◘ Abb. 27.17). Man erkennt, dass nur wenige Reaktionen univariant, die meisten dagegen divariant sind. So führt in diesem Gestein die prograde Entwicklung von der trivarianten Paragenese Granat + Chlorit + Staurolith + Muscovit + Quarz zur trivarianten Paragenese Granat + Biotit + Staurolith + Muscovit + Quarz über ein schmales divariantes Feld, in dem zwar bereits Biotit, aber noch nicht Kyanit in der Paragenese auftritt. Darauf folgen mit steigender Temperatur die divariante Paragenesen Granat + Biotit + Staurolith + Kyanit oder + Sillimanit. Die meisten Felder sind ohnehin trivariant: Sie enthalten jeweils drei Mineralphasen + Muscovit + Quarz + H_2O im Gleichgewicht, d. h. $Ph = 6$. Da es sich um ein System mit $C = 7$ handelt, ergibt sich nach der Gibbs'schen Phasenregel $F = C - Ph + 2 = 7 - 6 + 2 = 3$.

Für ein tieferes Eindringen in diese Materie sei auf die umfangreiche Darstellung von Spear (1993), das einschlägige Lehrbuch von Will (1998) sowie auf Holland und Powell (2011) hinsichtlich der Modellierung von Pseudoschnitten verwiesen.

27.3 Geothermometrie und Geobarometrie

Geothermometer und Geobarometer beruhen auf der Elementverteilung zwischen koexistierenden Mineralphasen, z. B. von Mg und Fe in Biotit und Granat, in denen sich der jeweilige Elementgehalt in-situ durch die ortsauflösende Analyse mit der Elektronenstrahl-Mikrosonde bestimmen lässt. Voraussetzung dafür ist, dass sich bei einem Metamorphoseschritt, insbesondere beim Höhepunkt der Metamorphose, ein

P-T-abhängiges Austauschgleichgewicht eingestellt hat, und dieses durch spätere Ereignisse, z. B. auf dem retrograden P-T-Pfad, nicht nachträglich umgestellt wurde. Unter Gleichgewichtsbedingungen gilt:

$$\Delta G + RT \ln K = 0 \qquad [27.7]$$

wobei ΔG die Differenz der *freien Enthalpie* des Austauschgleichgewichts darstellt, die unter Gleichgewichtsbedingungen null sein sollte. Die *Gleichgewichtskonstante K* errechnet sich aus den Aktivitäten a_i der jeweiligen Endglieder in den beteiligten Mischkristallen. So gilt beispielsweise für das Kationenaustausch-Gleichgewicht zwischen Granat und Biotit

$$
\begin{array}{ll}
KMg_3[(OH)_2/AlSi_3O_{10}] + Fe_3Al_2[SiO_4]_3 & \\
\text{Phlogopit} \qquad\qquad \text{Almandin} & \leftrightarrow \\
KFe_3[(OH)_2/AlSi_3O_{10}] + Mg_3Al_2[SiO_4]_3 & \quad (27.45) \\
\text{Annit} \qquad\qquad\quad \text{Pyrop} &
\end{array}
$$

$$\ln K = \ln \left(\frac{a_{Ann}^{Bt} \cdot a_{Prp}^{Grt}}{a_{Phl}^{Bt} \cdot a_{Alm}^{Grt}} \right) \qquad [27.8]$$

Dabei lassen sich die Aktivitäten a_i nach der Gleichung $a_i = \gamma_i \cdot X_i$ aus den Molenbrüchen $X_i = Fe/(Fe + Mg)$ berechnen, wenn man die Aktivitätskoeffizienten γ_i kennt. Für die Temperaturabhängigkeit von $\ln K$ bei konstantem Druck gilt die Gleichung

$$\left(\frac{\partial \ln K}{\partial T} \right)_P = \frac{\Delta H_{P,T} + (P - 1)\Delta V}{RT^2} \qquad [27.9]$$

für die Druckabhängigkeit von $\ln K$ bei konstanter Temperatur:

$$\left(\frac{\partial \ln K}{\partial P} \right)_T = -\frac{\Delta V}{RT} \qquad [27.10]$$

Aus diesen Gleichungen wird klar, dass Austauschgleichgewichte, die ein großes ΔH und ein kleines ΔV aufweisen, besonders gut als Geothermometer geeignet sind, weil der Druckeinfluss gering ist. Umgekehrt sind Reaktionen mit großem ΔV und geringem ΔH stark abhängig vom Druck, aber nur wenig von der Temperatur: Sie eignen sich gut als Geobarometer. Für konstante ($\ln K$)-Werte gilt die Gleichung:

$$\left(\frac{\partial P}{\partial T}\right)_{\ln K} = \frac{\Delta S_{P,T} - R \ln K}{\Delta V} = \frac{\Delta H_{P,T} + (P-1)\Delta V}{T \Delta V}$$

$$[27.11]$$

die der Clausius-Clapeyron-Gleichung entspricht. Aus ihr folgt ebenfalls, dass $(\partial P/\partial T)_{\ln K}$ groß werden muss, wenn ΔH groß ist. Im P-T-Diagramm ergeben sich Isoplethen, d. h. Linien für unterschiedliche $(\ln K)$-Werte, die eine steile Steigung aufweisen und daher als Geothermometer dienen können. Ist demgegenüber ΔV groß, so wird $(\partial P/\partial T)_{\ln K}$ klein und es ergeben sich Isoplethen für unterschiedliche $(\ln K)$-Werte mit flacher Steigung: Es ergibt sich ein Geobarometer (◘ Abb. 27.18). An den Kreuzungspunkten der Isoplethen eines Geothermometers und eines Geobarometers lässt sich die jeweilige P-T-Kombination ableiten, die in etwa den Bedingungen eines Metamorphosehöhepunktes entsprechen kann.

Häufig gibt man z. B. in P-T-Pseudoschnitten Linien gleicher Zusammensetzung für ein bestimmtes Mineral an, die als *Isoplethen* bezeichnet werden. So sind in ◘ Abb. 27.17 die steilen Isoplethen für X_{Fe} und X_{Mn} von Granat eingezeichnet, der im Austauschgleichgewicht mit Chlorit und Staurolith gewachsen ist. Mit ansteigender Temperatur nimmt X_{Fe} zu, während X_{Mn} deutlich abnimmt.

Gleichgewichte für *Kationenaustausch* vom Typ der Reaktion (27.45) weisen gewöhnlich ein geringes ΔV, aber ein großes ΔH auf und sind daher besonders als *Geothermometer* geeignet. Beliebte Beispiele sind die Mineralpaare Granat–Klinopyroxen, Granat–Orthopyroxen, Granat–Cordierit, Granat–Amphibol, Granat–Phengit, Klinopyroxen–Orthopyroxen, Magnetit–Ilmenit und Calcit–Dolomit (z. B. Spear 1993).

Demgegenüber beruhen viele brauchbare *Geobarometer* auf sog. *Massentransferreaktionen*, in denen Kationen einem Wechsel in der *Koordinationszahl* unterliegen. Wenn ein bestimmtes Kation in Reaktanten und Produkten jeweils eine unterschiedliche Koordination aufweist, z. B. Al[4] und Al[6], hat die Austauschreaktion

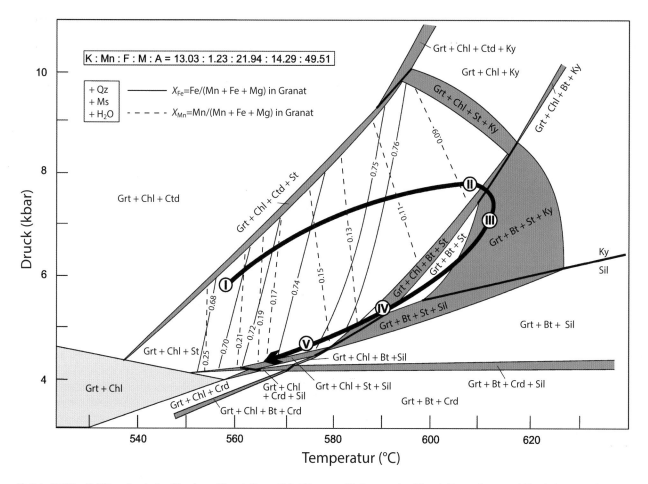

◘ **Abb. 27.17** P-T-Pseudoschnitt für einen Kyanit-Staurolith-Glimmerschiefer aus der Kyanit-Zone des panafrikanischen Kaoko-Gürtels (Namibia) im KMnFMASH-System. Der pauschale Gesteinschemismus ist im *oberen Kasten* angegeben. *Mitteldicke Linien:* univariante Gleichgewichtskurven; *mittelblau:* divariante Felder; *weiß:* trivariante Felder; *hellblau:* quadrivariantes Feld. Muscovit (Ms), Quarz (Qz) und H₂O sind Überschussphasen und werden bei den Paragenesen in den Feldern nicht aufgeführt. Für das trivariante Feld Granat (Grt) + Chlorit (Chl) + Staurolith (St) + Muscovit (Ms) + Quarz (Qz) + H₂O sind die Isoplethen für Mn/(Mn + Fe + Mg) und Fe/(Mn + Fe + Mg) im Granat angegeben. Bt – Biotit; als dicke schwarze Linie ist der prograde und retrograde P-T-Pfad eingetragen, der sich aus den abgeschätzten P-T-Kombinationen (**I**) bis (**V**) ergibt (nach Gruner 2000)

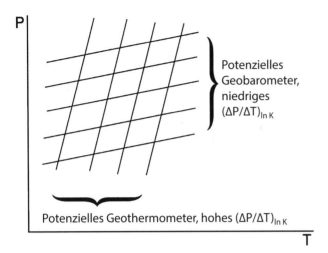

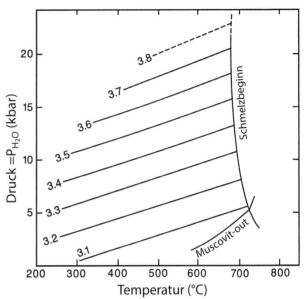

◻ **Abb. 27.18** Schematische Position möglicher Geothermometer und Geobarometer im P-T-Diagramm

gewöhnlich ein großes ΔV. Ein bekanntes Beispiel ist das sog. GASP-Barometer (Grossular–Al-Silikat–SiO$_2$–Plagioklas) nach der Reaktion

$$\underset{\text{Kyanit}}{2Al_2^{[6]}[SiO_5]} + \underset{\text{Grossular}}{Ca_3Al_2^{[6]}[SiO_4]_3} + \underset{\text{Quarz}}{SiO_2} \leftrightarrow$$
$$\underset{\text{Anorthit}}{3Ca\left[Al_2^{[4]}Si_2O_8\right]} \qquad (27.46)$$

Weitere Barometer dieses Typs beruhen auf den Gleichgewichten Grossular-Almandin-Granat + Rutil = Ilmenit + Anorthit + Quarz (GRIPS), Almandin-Granat + Rutil = Ilmenit + Al$_2$[SiO$_5$] + Quarz (GRAIL), Cordierit = Pyrop-Almandin-Granat + Sillimanit + Quarz, Albit = Jadeit + Quarz u. a. (z. B. Spear 1993).

Häufige Anwendung zur Druckabschätzung findet das Phengit-Geobarometer, das auf dem Si-Gehalt im Phengit nach der gekoppelten Substitution Al$^{[6]}$Al$^{[4]}$ $\leftrightarrow$ Mg$^{[6]}$Si$^{[4]}$ beruht. Notwendige Voraussetzung ist, dass Hellglimmer in Paragenesen des KMASH-Systems gemeinsam mit entweder Phlogopit + Kalifeldspat + Quarz oder mit Talk + Phlogopit + Kyanit auftritt (Massonne und Schreyer 1987, 1989). Da der Einfluss von Fe im KMASH-System bekannt ist, kann auch Biotit anstelle des selteneren Phlogopits vorliegen. In ◻ Abb. 27.19 sind die Si-Isoplethen im Phengit für die erstere Paragenese dargestellt. Man erkennt, dass die Si-Gehalte sehr stark vom Druck, aber viel weniger von der Temperatur abhängen. So kann das Diagramm als ein ziemlich empfindliches Geobarometer zur Abschätzung des Drucks herangezogen werden, bei dem ein metamorpher Prozess ablief, ohne dass die Temperatur genau bekannt sein muss. Das Phengit-Geobarometer hat breite Anwendung auf Metagranite oder Metaarkosen gefunden, die

◻ **Abb. 27.19** Phengit-Geobarometer; P_{H_2O}-T-Diagramm mit den Isoplethen für Si-Gehalte im Phengit (pfu) im Gleichgewicht mit Kalifeldspat, Phlogopit, Quarz und H$_2$O; obere T-Stabiltätsgrenze für Muscovit + Quarz nach den Reaktionen (27.11) und (27.11a) (nach Massonne und Schreyer 1987)

Biotit, Phengit (Muscovit), Kalifeldspat und Quarz als metamorphe Paragenese enthalten. In günstigen Fällen kann man aus reliktischem Phengit den Druck einer vorangegangenen Hochdruckmetamorphose abschätzen.

Der Kationenaustausch zwischen koexistierenden Mineralen erfolgt über Diffusionsvorgänge, wobei die Diffusionsraten mit sinkender Temperatur exponentiell abnehmen. Unterhalb einer bestimmten Temperatur, der *Schließungstemperatur,* findet in geologischen Zeiträumen keine wesentliche Diffusion mehr statt und das eingestellte Austauschgleichgewicht wird eingefroren. Liegt jedoch der Temperaturhöhepunkt einer Metamorphose oberhalb der Schließungstemperatur des verwendeten Geothermometers, so kann noch Diffusion stattfinden und die Austauschgleichgewichte werden zurückgestellt. In einem solchen Fall entspricht daher die berechnete Temperatur nicht dem erreichten Temperaturmaximum, sondern einem Punkt auf dem retrograden $P-T$-Pfad. Um die $P-T$-Entwicklung eines metamorphen Komplexes abzuschätzen, empfiehlt es sich daher, unterschiedliche Geothermometer und Geobarometer auf ein oder mehrere metamorphe Gestein(e) anzuwenden. Dabei sollte man allerdings berücksichtigen, dass sich die Schließungstemperatur für den Kationenaustausch zwischen zwei koexistierenden Mineralen nicht sehr genau ermitteln lässt, weil sie von *reaktionskinetischen* Parametern wie der Aufheizungs- oder Abkühlungsrate, der Verformungsrate oder dem Fluidfluss im Gestein beeinflusst wird.

In günstigen Fällen lassen sich durch Austauschgleichgewichte auch Stadien des *prograden $P-T$-Pfa-*

des quantitativ ermitteln, z. B. über die Mikrosonden-Analyse von Mineraleinschlüssen in zonar gebauten Granatkörnern. Der Zonarbau von Mineralen wird auch bei der Gibbs-Methode der differentiellen Thermodynamik zur Rekonstruktion von $P-T$-Pfaden verwendet (Spear 1988, 1993; Zeh und Holness 2003).

27.4 Druck-Temperatur-Entwicklung metamorpher Komplexe

Die Rekonstruktion der räumlichen und zeitlichen Druck-Temperatur-Entwicklung metamorpher Komplexe ist ein zentrales Anliegen der geologischen Forschung. Hierdurch gewinnt man wichtige Informationen über die Mechanismen der Gebirgsbildung, die in der geologischen Vergangenheit wirksam waren und noch heute sind. Ganz allgemein führen bei der Plattentektonik krustenbildende Prozesse wie Subduktion, Kontinent-Kontinent-Kollision, kontinentales Rifting, verbunden mit plutonischer und vulkanischer Aktivität, sowie die Entstehung neuer ozeanischer Kruste an den mittelozeanischen Rücken zu Veränderungen von Druck und Temperatur in Raum und Zeit. Dies impliziert eine Änderung im geothermischen Gradienten in einem gegebenen Krustenabschnitt. Als Folge laufen prograde und retrograde Mineralreaktionen ab, die man durch sorgfältige mikroskopische Beobachtungen rekonstruieren und anhand thermodynamischer Prinzipien quantifizieren kann.

27.4.1 Druck-Temperatur-Pfade

Auf Grundlage detaillierter mikroskopischer Beobachtungen und Mikrosonden-Analytik an metamorphen Mineralen kann man den $P–T$-Pfad, den ein metamorphes Gestein durchlaufen hat, rekonstruieren. Für einen (semi-)quantitativen Ansatz werden petrogenetische Netze, insbesondere Pseudoschnitte (◘ Abb. 27.17), mit den Ergebnissen von Geothermometrie und Geobarometrie sinnvoll kombiniert. Auch die Isochoren von Flüssigkeitseinschlüssen in Mineralen lassen sich zur $P–T$-Abschätzung mit heranziehen (◘ Abb. 12.10). Mithilfe von Gefügebeobachtungen kann das Wachstum von prograd oder retrograd gebildeten Mineralen bestimmten Deformationsphasen D_1, D_2, D_3, …, D_n, zugeordnet und so Druck–Temperatur–Deformations-Pfade ($P–T–D$-Pfade) konstruiert werden.

Wie ◘ Abb. 27.20 zeigt, unterscheidet man grundsätzlich zwei Typen von $P–T$-Pfaden, von denen im $P-T$-Raum einer im und einer gegen den Uhrzeigersinn verläuft. Sie spiegeln unterschiedliche Mechanismen

der Gebirgsbildung wider, können aber durchaus auch in unterschiedlichen Bereichen eines Orogengürtels nebeneinander vorkommen. Dabei fällt der Temperaturhöhepunkt (**A** oder **D**), der bei einer Metamorphose erreicht wurde, oft nicht mit dem erreichten Druckmaximum (**B** oder **C**) zusammen.

P-T-Pfade im Uhrzeigersinn   Diese Pfade wurden in vielen metamorphen Gebieten nachgewiesen. Nach der erstmals von England und Thompson (1984) durchgeführten theoretischen Modellierung entstehen sie im Zuge von Subduktions- und nachfolgenden kontinentalen Kollisionsvorgängen durch Prozesse der Krustenverdickung. In einem frühen Stadium erfolgt ein relativ rascher Transport in große Erdtiefen, der mit einer starken Druckerhöhung verbunden ist. Demgegenüber hinkt die Temperaturzunahme hinterher, da die Wärmeleitfähigkeit der gesteinsbildenden Minerale gering ist (◘ Abb. 27.20). Erst wenn der Subduktionsprozess zum Stillstand kommt, passt sich der örtliche geothermische Gradient allmählich normaleren Werten an. Radioaktive Wärmeproduktion, erhöhte Wärmeleitung und/oder advektive Wärmezufuhr durch magmatische Intrusionen bewirken eine regionale Temperaturzunahme im subduzierten Krustenteil, und zwar ohne starke Druckzunahme, also nahezu isobar. Die regionale Aufheizung setzt sich jedoch noch weiter fort, wenn es beim isostatischen Aufstieg des verdickten Orogens bereits zur Druckentlastung kommt. Dabei wird dieses durch Erosion abgetragen und/oder zergleitet tektonisch entlang flacher Abschiebungen, was zur Krustenverdünnung führt. Nach dieser Phase nahezu isothermer Dekompression mündet der $P–T$-Pfad in einen normalen geothermischen Gradienten. Eine solche Entwicklung wird durch einen kombinierten

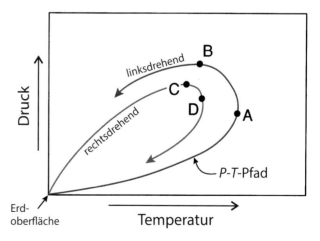

◘ **Abb. 27.20** Zwei prinzipiell unterschiedliche Typen von P-T-Pfaden: ein Pfad verläuft im Uhrzeigersinn (rot), der andere gegen den Uhrzeigersinn (blau); die eingetragenen Punkte **B** und **C** sind jeweils Druckmaxima, die Punkte **A** und **D** Temperaturmaxima

27

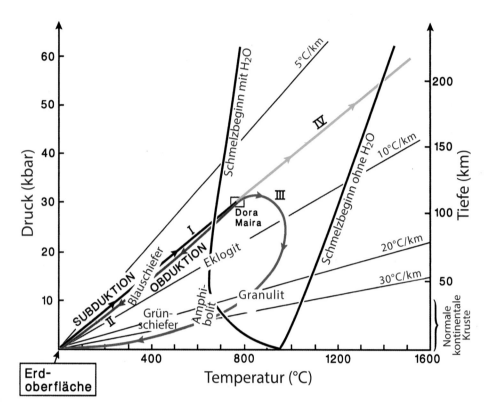

◾ **Abb. 27.21**   *P-T*-Diagramm mit unterschiedlichen *P-T*-Pfaden von krustalen Gesteinen, die tief subduziert und unterschiedlich rasch exhumiert wurden; dargestellt sind drei kombinierte *P–T*-Pfade, die aus den Ästen **I** (schwarz), **II** (blau), **III** (rot) und **IV** (grün) zusammengesetzt sind. Eingetragen sind außerdem die Kurven des Schmelzbeginns eines Alkaligranits unter Anwesenheit von H_2O und trocken sowie die linear verlaufenden geothermischen Gradienten (nach Schreyer 1988)

P–T-Pfad demonstriert, der sich aus den Ästen **I** und **III** zusammensetzt (◾ Abb. 27.21). Auf dem *P*-dominierten, prograden Ast **I** werden Hochdruck- und Ultrahochdruckgesteine wie Blauschiefer und Eklogit gebildet. Mit zunehmender Temperatur verdrängen Mittel-*P*-Paragenesen vom Barrow-Typ die früh gebildeten Hoch-*P*-Paragenesen mehr oder weniger vollständig (Ast **III**). Dabei können sogar Temperaturen der partiellen Aufschmelzung (Anatexis) erreicht werden, vorausgesetzt eine H_2O-haltige fluide Phase ist anwesend.

Eine bessere Überlebenschance für Hochdruckminerale besteht jedoch, wenn die Hochdruck- und Ultrahochdruckgesteine durch tektonische Vorgänge, z. B. durch Deckenüberschiebungen sehr rasch in höhere Krustenbereiche zurückgeführt werden. Es entstehen dann haarnadelförmige *P-T*-Pfade, bei denen der prograde Ast **I** und der retrograde Ast **II** nahezu parallel verlaufen. Ein eindrucksvolles Beispiel ist das Dora-Maira-Massiv in den Italienischen Alpen (▶ Abschn. 28.3.9), in dem Chopin (1984) erstmals die Ultrahochdruckparagenese Pyrop + Coesit entdeckte (◾ Abb. 28.7), die extreme *P–T*-Bedingungen von ca. 800 °C und 30 kbar anzeigt. Der aufsteigende Ast **I** (schwarz) des *P–T*-Pfades dokumentiert ein frühes Stadium der Kontinent-Kontinent-Kollision und folgt dementsprechend einem sehr geringen geothermischen Gradienten von ca. 7 °C/km. Der retro-

grade Ast **II** (blau) des *P – T*-Pfades verläuft fast parallel zum prograden, was auf eine rasche tektonische Heraushebung hinweist. Darüber hinaus begünstigte ein Mangel an H_2O und die besondere Kristallgröße des Granats die reliktische Erhaltung der Ultrahochdruckparagenese Pyrop + Coesit, während das feinkörnige, Hellglimmer-reiche Nebengestein retrograd überprägt wurde. Inzwischen gibt es eine Reihe von Beispielen für reliktisch erhalten gebliebene Ultrahochdruckparagenesen aus tief subduzierten kontinentalen Krustenabschnitten (▶ Abschn. 28.3.9).

Ast **IV** (grün) ist die Fortsetzung des Subduktionsastes **I** in noch größere Krusten- und Manteltiefen bis zu > 200 km. Da entlang dieses *P–T*-Pfades verschiedene Solidus- und Liquiduskurven von granitoiden Gesteinen gekreuzt werden, findet mit zunehmender Temperatur – in Abhängigkeit von der H_2O-Fugazität – zunehmende partielle Aufschmelzung der Krustengesteine statt (◾ Abb. 20.3, 20.6). Mit ansteigendem Druck nähern sich die so gebildeten Schmelzen immer mehr an eine syenitische Zusammensetzung an (◾ Abb. 20.3, ▶ Abschn. 20.2.2). Diese können mit dem umgebenden Peridotit des Oberen Erdmantels reagieren, wodurch wahrscheinlich ein Prozess weitreichender Magmabildung ausgelöst werden würde.

P-T-Pfade gegen den Uhrzeigersinn Diese können sich im Bereich von Inselbögen oder von Orogengürteln oberhalb von Subduktionszonen entwickeln, wenn durch magmatische Intrusionen advektiv Wärme zugeführt wird (◾ Abb. 28.2). Dabei kommt es in einem relativ flachen Krustenniveau zunächst zu nahezu iso-barer Aufheizung. Diese kann regionale Ausmaße an-nehmen, wenn die Menge der geförderten Magmen groß genug ist, und Dimensionen einer Regionalmeta-morphose erreichen. Man spricht dann von *regionaler Kontaktmetamorphose*. Erst im Zuge einer nachfolgen-den Krustenverdickung, z. B. bedingt durch Decken-überschiebungen, steigt der Druck an, gefolgt von ei-ner nahezu isobaren Abkühlung. Es entstehen Nieder-druckgesteine vom Buchan-Typ

27.4.2 Druck–Temperatur–Zeit-Pfade

Von fundamentalem Interesse für das Verständnis von orogenen Prozessen sind der zeitliche Ablauf und die Dauer von Metamorphosevorgängen. Durch theore-tische Modellierung konnte gezeigt werden, dass *Kon-taktaureolen* unter dem thermischen Einfluss klei-ner magmatischer Intrusionen (mit < 2 km Durchmes-ser) in relativ kurzen Zeiträumen von einigen Hundert bis 100.000 Jahren gebildet werden können (▶ Ab-schn. 26.2.1). Jedoch ist dieser Ansatz nicht auf *Oro-gengürtel* übertragbar, in denen Metamorphose regio-nale Dimensionen erreicht und mit komplexer Defor-mation verknüpft ist. Um für solche Orogenkomplexe Druck–Temperatur–Zeit-Pfade (*P–T–t*-Pfade) zu rekon-struieren, müssen Minerale, die unterschiedliche radi-oaktive und radiogene Isotope enthalten, über radioak-tive Zerfallsreihen datiert werden. Dazu gehören ins-besondere $^{238}U \rightarrow {}^{206}Pb$, $^{235}U \rightarrow {}^{207}Pb$, $^{147}Sm \rightarrow {}^{143}Nd$, $^{87}Rb \rightarrow {}^{86}Sr$ und $^{40}K \rightarrow {}^{40}Ar$, die in ▶ Abschn. 33.5.3 ge-nauer beschrieben werden. Dabei ist zu beachten, dass auch bei der radiometrischen (isotopischen) Altersda-tierung das Prinzip der *Schließungstemperatur* Anwen-dung findet, wobei die gleichen Einschränkungen wie in ▶ Abschn. 27.3 gelten. Aufgrund petrologischer An-haltspunkte wurden folgende Schließungstemperaturen abgeschätzt (z. B. Mezger et al. 1990):

- U–Pb-Datierung an Zirkon: > 900 °C;
- U–Pb-Datierung an Granat: > 800 °C;
- U–Pb-Datierung an Monazit: 700–650 °C;
- U–Pb-Datierung an Titanit: 670–500 °C;
- Sm–Nd-Datierung an Granat: ~ 600 °C;
- Rb–Sr-Datierung an Muscovit: ~ 500 °C;
- K–Ar-Datierung an Hornblende und Musco-vit: ~ 450–400 °C;
- U–Pb-Datierung an Rutil: 430–380 °C;
- K–Ar-Datierung an Biotit: ~ 300 °C.

Trotz erheblicher Unsicherheiten in diesen Werten kann die Datierung unterschiedlicher Minerale in ei-nem Gestein oder einer Gesteinsserie mit unterschied-lichen Isotopensystemen Zeitmarken an den Höhe-punkt einer Metamorphose oder an unterschiedliche Schritte des retrograden Astes auf dem P–T-Pfad set-

zen, was jedoch für den prograden Ast natürlich kaum möglich ist. Als notwendige Voraussetzung gilt selbst-verständlich, dass jedes der Minerale während dessel-ben Metamorphose-Ereignisses kristallisiert ist. Das ist jedoch nicht immer der Fall, insbesondere nicht beim Zirkon mit seiner hohen Schließungstemperatur. Viele Zirkonkörner oder auch ihre Kerne vermitteln ein *er-erbtes Alter*, d. h. eine Altersinformation für voraus-gehende magmatische oder metamorphe Ereignisse, nicht jedoch für den jüngsten Metamorphoseprozess. In solchen Fällen war die Temperatur, die beim Höhe-punkt der Metamorphose erreicht wurde, nicht hoch genug, um das Isotopenalter zurückzusetzen. So kön-nen z. B. Zirkonkörner, die noch ihre typischen magma-tischen Kristallformen zeigen, das *Intrusionsalter* des Granits ergeben, der später zu einem Orthogneis umge-prägt wurde. Im Gegensatz dazu können gerundete Zir-konkörner U–Pb-Alter ergeben, die für das sedimentäre Ausgangsmaterial z. B. eines Paragneises relevant sind. Solche Zirkonkörner waren als detritisches Schwer-mineral in eine sedimentäre Beckenfüllung transpor-tiert worden, die bei einer späteren Orogenese meta-morph überprägt wurde. In der Tat enthalten zonierte Zirkonkörner häufig ältere Kerne, die primäre idio-morphe oder aber detritische gerundete Formen zeigen und von jüngeren metamorphen Rändern überwachsen sind (z. B. Harley et al. 2007). Heutzutage können kom-plexe Altersmuster in einzelnen Zirkonkörnern durch ortsauflösende Isotopenanalyse mit einer *Sensitive High-Resolution Microprobe* (SHRIMP) oder mit *Lase-rablations-ICP-MS* analysiert werden.

In ◧ Abb. 27.22 ist die Temperatur–Zeit-Entwick-lung des Adirondack-Kristallins (New York, USA) dargestellt, das im Neoproterozoikum eine hochgra-

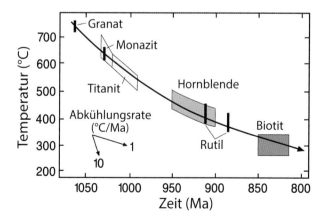

◧ **Abb. 27.22** Temperatur–Zeit-Diagramm zur Abkühlungs-geschichte des Adirondack-Kristallins (New York, USA) nach U-Pb-Datierungen an Granat, Monazit, Titanit und Rutil sowie K-Ar-Datierungen an Hornblende und Biotit; *die farbig angelegten Bereiche* geben die Unsicherheiten bei den Schließungstemperaturen an (nach Mezger et al. 1990, aus Spear 1993)

dige Metamorphose mit einer maximalen Temperatur von ca. 750 °C bei einem Druck von ca. 7,5 kbar erlebt hatte. Durch U-Pb-Datierungen an Granat wurde das Alter dieses Metamorphose-Ereignisses mit 1064 ± 3 Ma bestimmt, während U-Pb-Datierungen an Monazit, Titanit und Rutil sowie K-Ar-Datierungen an Hornblende und Biotit zunehmend geringere Alterswerte lieferten. Diese lassen erkennen, dass sich die Abkühlung bis unter ca. 300 °C über einen großen Zeitraum von fast 250 Ma hinzog. Dabei verlangsamte sich die Abkühlungsrate von ca. 4 °C/Ma auf ca. 1 °C/Ma (Mezger et al. 1990). Die Hebungsrate des Adirondack-Kristallins wurde mit ca. 0,05 mm/Jahr abgeschätzt. Im Vergleich dazu steigen junge Orogenzonen, z. B. das Himalaya-Gebirge, derzeit mit Raten von 0,2–0,5 mm/Jahr, stellenweise sogar mit 4 mm/Jahr auf.

27.5 Graphische Darstellung metamorpher Mineralparagenesen

Die überwiegende Mehrzahl der Silikatgesteine besteht aus den zwölf Hauptkomponenten SiO_2, TiO_2, Al_2O_3, Fe_2O_3, FeO, MnO, MgO, CaO, Na_2O, K_2O, P_2O_5 und H_2O; dazu kommt im Fall von karbonathaltigen Gesteinen wie Kalk-Glimmerschiefer oder Kalksilikatfels noch CO_2. Es kann nützlich sein, die chemische Zusammensetzung von Mineralen und Gesteinen in einfachen Diagrammen darzustellen, um die beobachteten oder voraussehbaren Phasenbeziehungen in metamorphen Gesteinen unterschiedlicher Zusammensetzung und unterschiedlichen Metamorphosegrads zu veranschaulichen. Jedoch ist für diese Darstellung die Zahl der relevanten Komponenten viel zu groß und muss daher sinnvoll eingeschränkt werden. Bestenfalls können vier Komponenten in einem Tetraeder graphisch dargestellt werden, was aber bei Projektion auf ein zweidimensionales Blatt Papier immer noch relativ schwer zu überblicken ist. Übersichtlicher lassen sich Dreikomponentensysteme in Form von Konzentrationsdreiecken darstellen, die in der Tat häufig Verwendung finden.

27.5.1 ACF- und A'KF-Diagramme

Der finnische Petrograph Pentti Eskola (1883–1964) führte die ACF- und A'KF-Diagramme ein, in denen die Phasenbeziehungen verschiedener metamorpher Gesteine mit unterschiedlicher Pauschalzusammensetzung dargestellt werden können. Sie sind gut geeignet, die Beziehungen zwischen dem Gesamtgesteinschemismus, der Mineralparagenese und dem Metamorphosegrad zu veranschaulichen. Ihre Konstruktion erfolgt in folgenden Schritten:

1. Die Gewichtsprozente der chemischen Analyse werden durch das Molekulargewicht dividiert und so in *Molzahlen* umgerechnet.

2. Es werden nur SiO_2-übersättigte Gesteine, d. h. solche mit freiem Quarz (oder einer anderen SiO_2-Modifikation) dargestellt. In diesen Gesteinen können jeweils nur die Minerale mit dem höchstmöglichen SiO_2-Gehalt als stabile Phasen dargestellt werden, z. B. Enstatit, nicht aber Forsterit, oder Andalusit, nicht aber Korund. Daher übt der Gehalt an SiO_2 im Gesteinschemismus oder der Modalanteil von Quarz keinen Einfluss auf die Phasenbeziehungen der übrigen anwesenden Minerale aus, und SiO_2 braucht als Komponente nicht weiter berücksichtigt zu werden. Demgegenüber müssen bei SiO_2-Untersättigung, z. B. in metamorphen Ultramafititen oder in Metabauxit andere Phasendiagramme verwendet werden, in denen SiO_2 als Komponente dargestellt wird.

3. H_2O und CO_2 lassen sich als vollständig mobile Komponenten auffassen. Ihre Fugazitäten bzw. ihre Partialdrücke, $f_{H_2O} \sim P_{H_2O}$, $f_{CO_2} \sim P_{CO_2}$, werden daher wie der lithostatische Druck und die Temperatur als externe Zustandsvariablen betrachtet, die nicht in die Diagramme eingehen.

4. Das einzige gesteinsbildende Mineral, das nennenswerte Mengen an P_2O_5 enthält, ist in der Regel Apatit, während TiO_2 ganz überwiegend in Rutil, Ilmenit oder Titanit steckt. Diese akzessorischen Minerale sind für die Phasenbeziehungen zunächst ohne Belang und verändern den Freiheitsgrad F nach der Gibbs'schen Phasenregel nicht. Daher werden diese akzessorischen Minerale bei der graphischen Darstellung einfachheitshalber ignoriert und so beide Komponenten eingespart.

Will man *Gesteinsanalysen* in ACF- und A'KF-Diagramme projizieren, so müssen Korrekturen für diese Akzessorien angebracht werden, wobei ihre Menge vorher durch Modalanalyse bestimmt oder abgeschätzt werden muss. Entsprechend der chemischen Formel von Apatit zieht man eine äquivalente Menge an $3,3 \cdot P_2O_5$ von CaO ab, bei Ilmenit und Titanit subtrahiert man die äquivalente Menge an $1 \cdot TiO_2$ von FeO bzw. von CaO. Man beachte aber, dass Phasendiagramme wie das ACF-und das A'KF-Dreieck in erster Linie zur Darstellung von Phasenbeziehungen zwischen koexistierenden Mineralen dienen, weniger zur Projektion von Gesteinsanalysen.

5. Zur Vereinfachung werden von den noch verbleibenden acht Komponenten jeweils FeO + MnO + MgO sowie $Al_2O_3 + Fe_2O_3$ zusammengefasst.

Die Berechnung wird nun in folgender Weise durchgeführt, wobei z. B. [FeO] = Mole FeO bedeutet:

■ Mit Kalifeldspat als Projektionspunkt

$$A = [Al_2O_3] - [K_2O]$$

$$M = [MgO]$$

$$F = [FeO]$$

Senkrechte Skala: $A/(A + F + M)$

Waagrechte Skala: $M/(M + F)$

oder einfacher: prozentuale Berechnung mit
$$A + F + M = 100$$

Erläuterung Ist Kalifeldspat Projektionspunkt, so werden alle Minerale auf das *AFM*-Dreieck projiziert. Rechenbeispiele werden im Anhang A2 gegeben.

Die *AFM*-Projektion ist grundsätzlich nicht für die Darstellung von Gesteinszusammensetzungen konzipiert worden. Will man das trotzdem tun, so sind entsprechende Korrekturen vorzunehmen, z. B. für die FeO-Gehalte in Ilmenit $FeO \cdot TiO_2$ und Magnetit $FeO \cdot Fe_2O_3$, die nicht in der *AFM*-Projektion dargestellt werden. Somit wird $F = [FeO] - [TiO_2] - [Fe_2O_3]$. $[MnO]$ kann für die Kalkulation von F zu $[FeO]$ addiert werden, da Mn^{2+} in vielen Silikatmineralen Fe^{2+} ersetzt.

Eine mögliche Anwendung der *AFM*-Projektion zeigt ■ Abb. 27.28, in der Mineralparagenesen in drei metapelitischen Hornfelsen **P**, **Q** und **R** dargestellt sind, die unter Bedingungen der Hornblende-Hornfels-Fazies

(▶ Abschn. 28.3.6) gebildet wurden. Zum Gesteinschemismus **P** gehört die Paragenese Andalusit + Biotit + Cordierit + (Muscovit + Quarz), zu den Gesteinschemismen **Q** und **R** die Paragenese Biotit + Cordierit + (Muscovit + Quarz). Aus dem Konodenverlauf kann man die Mg/Fe-Verhältnisse koexistierender Cordierit- und Biotit-Körner ablesen. Wie bei den *ACF*- oder *A'KF*-Diagrammen ändern sich der Konodenverlauf und die Mischkristall-Zusammensetzungen der koexistierenden Mineralphasen mit den physikalischen Bedingungen der Metamorphose. Die Endpunkte des Phasendreiecks Bt_1-Crd_1-Andalusit sind bei gegebenen *P-T*-Bedingungen fixiert, während der Gesteinschemismus innerhalb des Dreiecks frei variieren kann: Wenn sich Punkt **P** in Richtung **A** verschiebt, würde sich an der Paragenese und den Mineralchemismen nichts ändern; lediglich der modale Andalusit-Anteil würde zu Lasten von Biotit und Cordierit zunehmen. Demgegenüber werden die Mg/Fe-Verhältnisse der Zweiphasenparagenese Biotit + Cordierit (+ Muscovit + Quarz) nicht nur von *P* und *T,* sondern auch durch das $MgO/(MgO + FeO)$-Verhältnis im Gesamtgestein kontrolliert: Zum Gestein **Q** gehören die Fe-reicheren Minerale Bt_2 und Crd_2, zum Gestein **R** die Mg-reicheren Minerale Bt_3 und Crd_3. Eine Verschiebung des Pauschalchemismus *entlang* der Konoden würde dagegen nur zu einer Veränderung des modalen Biotit/Cordierit-Verhältnisses führen. Die *AFM*-Projektion bringt bei pelitischem Chemismus derartige Phasenbeziehungen besser zum Ausdruck als ein *ACF*- oder ein *A'KF*-Diagramm.

Vergleichbare Projektionen können auch für andere Stoffbestände entwickelt werden, z. B. für Metabasite im *ACFM*-Tetraeder mit Projektionspunkt Plagioklas (Robinson et al. 1982).

Literatur

Berman RG (1988) Internally consistent thermodynamic data for minerals in the system Na_2O–K_2O–CaO–MgO–FeO–Fe_2O_3–Al_2O_3–SiO_2–TiO_2–H_2O–CO_2. J Petrol 29:445–522

Best MG (2003) Igneous and metamorphic petrology, 2. Aufl. Freeman, San Francisco

Bohlen SR, Montana A, Kerrick DM (1991) Precise determinations of equilibria kyanite ⟷ sillimanite and kyanite ⟷ andalusite and a revised triple point for Al_2SiO_5 polymorphs. Am Mineral 76:677–680

Bucher K, Frey M (2002) Petrogenesis of metamorphic rocks. Springer, Berlin

Chatterjee ND (1970) Synthesis and upper stability of paragonite. Contrib Mineral Petrol 27:244–257

Chatterjee ND (1972) The upper stability limit of the assemblage paragonite + quartz and its natural occurrences. Contrib Mineral Petrol 34:288–303

Chatterjee ND, Johannes W (1974) Thermal stability and standard thermodynamic properties of synthetic $2M_1$-muscovite, $K[AlSi_3O_{10}(OH)_2]$. Contrib Mineral Petrol 48:89–114

Chernosky JV Jr, Day HW, Caruso LJ (1985) Equilibria in the system MgO–SiO_2–H_2O: Experimental determination of the stability of Mg-anthophyllite. Am Mineral 70:223–236

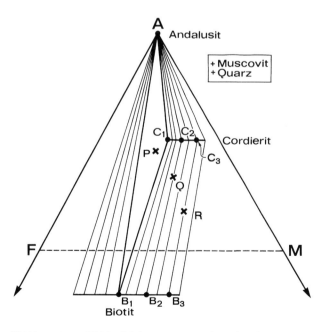

■ **Abb. 27.28** *AFM*-Projektion von zwei Mineralparagenesen aus metapelitischen Hornfelsen. Gestein **P**: Biotit (Bt_1) + Cordierit (Crd_1) + Andalusit (+ Muscovit + Quarz); Gesteine **Q** und **R**: Biotite Bt_2 und Bt_3 + Cordierite Crd_2 und Crd_3 (+ Muscovit + Quarz)

27

Cho M, Maruyama S, Liou JG (1987) An experimental investigation of heulandite-laumontite equilibrium at 1000 to 2000 bar P_{fluid}. Contrib Mineral Petrol 97:43–50

Chopin C (1984) Coesite and pure pyrope in high-grade blueschists of the western Alps: A first record and some consequences. Contrib Mineral Petrol 86:107–118

England PC, Thompson AB (1984) Pressure-temperature-time paths of regional metamorphism. Part I: Heat transfer during the evolution of regions of thickened continental crust. J Petrol 25:894–928

Eskola P (1915) On the relations between the chemical and mineralogical composition in the metamorphic rocks of the Orijärvi region. Bull Comm géol Finlande 44 (English summary S. 109–145)

Eskola P (1939) Die metamorphen Gesteine. In: Barth TFW, Correns CW, Eskola P (Hrsg) Die Entstehung der Gesteine. Springer, Berlin (Reprint 1981), S. 263–407

Evans BW, Johannes W, Oterdoom H, Trommsdorff V (1976) Stability of chrysotile and antigorite in the serpentinite multisystem. Schweiz Mineral Petrogr Mitt 56:79–93

Goldschmidt VM (1911) Die Kontaktmetamorphose im Kristianiagebiet. Oslo Vidensk Skr, I Math-Nat K1, 11

Greenwood HJ (1967) Mineral equilibria in the system MgO–SiO$_2$–H$_2$O–CO$_2$. In: Abelson PH (Hrsg) Researches in geochemistry. J. Wiley, New York, S 542–567

Griffen DT (1992) Silicate crystal chemistry. Oxford University Press, Oxford

Gruner BB (2000) Metamorphoseentwicklung im Kaokogürtel, NW-Namibia: Phasenpetrologische und geothermobarometrischeUntersuchungen panafrikanischer Metapelite. Freiberger Forschungshefte C468: 221 S.

Harley SL, Kelly NM, Möller A (2007) Zircon behaviour and the thermal history of mountain chains. Elements 3:25–30

Hemley JJ (1967) Stability relations of pyrophyllite, andalusite, and quartz at elevated pressures and temperatures. Am Geophys Union Trans 48:224

Holdaway MJ (1971) Stability of andalusite and the aluminum silicate phase diagram. Amer J Sci 271:97–131

Holdaway MJ, Mukhopadhyay B (1993) A reevaluation of the stability relations of andalusite: Thermochemical data and phase diagram for the aluminum silicates. Am Mineral 78:298–315

Holland TJB, Powell R (1985) An internally consistent thermodynamic dataset with uncertainties and correlations: 2 Data and results. J Metam Geol 3:343–370

Holland TJB, Powell R (2011) An improved and extended internally consistent thermodynamic dataset for phases of petrological interest, involving a new equation of state for solids. J Metamorph Geol 29:333–383

Hsu LC (1968) Selected phase relationships in the system Al-Mn-Fe-Si-O-H: a model for garnet equilibria. J Petrol 9:40–83

Kennedy GC, Holser WT (1966) Pressure-volume-temperature and phase relations of water and carbon dioxide. Geol Soc America Mem 97:371–384

Kerrick DM (1968) Experiments on the upper stability limit of pyrophyllite at 1.8 kilobars and 3.9 kilobars water pressure. Amer J Sci 266:204–214

Kerrick DM (1972) Experimental determination of muscovite + quartz stability with. Amer J Sci 272:946–958

Liou JG (1970) Synthesis and stability relations of wairakite CaAl$_2$Si$_4$O$_{10}$·2H$_2$O. Contrib Mineral Petrol 27:259–282

Liou JG (1971) P-T stabilities of laumontite, wairakite, lawsonite and related minerals in the system CaAl$_2$Si$_2$O$_8$–SiO$_2$–H$_2$O. J Petrol 12:379–411

Massonne HJ, Schreyer W (1987) Phengite geobarometry based on the limiting assemblage with K-feldspar, phlogopite, and quartz. Contrib Mineral Petrol 96:212–224

Massonne HJ, Schreyer W (1989) Stability field of the high-pressure assemblage talc + phengite and two new phengite barometers. Eur J Mineral 1:391–410

Mezger K, Rawnsley CM, Bohlen SR, Hanson GN (1990) U-Pb garnet, sphene, monazite, and rutile ages: Implications for the duration of high-grade metamorphism and cooling histories, Adirondack Mts. New York. J Geol 99:415–428

Miyashiro A (1973) Metamorphism and metamorphic belts. Allen & Unwin, London

Miyashiro A (1994) Metamorphic Petrology. UCL Press, London

Ohmoto H, Kerrick D (1977) Devolatilization equilibria in graphite systems. Amer J Sci 277:1013–1044

Okrusch M (1969) Die Gneishornfelse um Steinach in der Oberpfalz Eine phasenpetrologische Analyse. Contrib Mineral Petrol 22:32–72

Robinson P, Spear FS, Schumacher JC, et al. (1982) Phase relations in metamorphic amphiboles: natural occurrence and theory. In: Veblen DR, Ribbe PH (Hrsg.) Amphiboles: Petrology and experimental phase relations. Rev Mineral 9B:1–227

Schreyer W (1988) Subduction of continental crust to mantle depths: petrological evidence. Episodes 11:97–104

Seifert F (1978) Bedeutung und Nachweis von thermodynamischem Gleichgewicht und die Interpretation von Ungleichgewichten. Fortschr Mineral 55:111–134

Spear FS (1988) The Gibbs method and Duhem's theorem: The quantitative relationships among P, T, chemical potential, phase composition, and reaction progress in igneous and metamorphic systems. Contrib Mineral Petrol 37:249–256

Spear FS (1993) Metamorphic phase equilibria and pressure-temperature-time paths. Mineral Soc America, Washington

Storre B (1972) Dry melting of muscovite + quartz in the range $P_s = 7$ kb to $P_s = 20$ kb. Contrib Mineral Petrol 37:87–89

Storre B, Karotke E (1972) Experimental data on melting reactions of muscovite + quartz in the system K$_2$O–Al$_2$O$_3$–SiO$_2$–H$_2$O to 20 Kb water pressure. Contrib Mineral Petrol 36:343–345

Thompson AB (1970) A note on the kaolinite-pyrophyllite equilibrium. Amer J Sci 268:454–458

Thompson AB (1971) Analcite-albite equilibria at low temperatures. Amer J Sci 271:79–92

Thompson JB Jr (1957) The graphical analysis of mineral assemblages in pelitic schists. Amer Mineral 42:842–858

Will TM, Gruner BB, Okrusch M (2004) Progressive metamorphism of pelitic rocks from the Pan-African Kaoko Belt, NW Namibia: geothermobarometry and phase petrological studies of Barrovian and Buchan sequences. S Afr J Geol 107:431–454

Will TM (1998) Phase equilibria in metamorphic rocks – thermodynamic background and petrological applications. Springer, Berlin

Winkler HGF (1979) Petrogenesis of metamorphic rocks, 5. Aufl. Springer, Berlin

Zeh A, Holness M (2003) The effect of reaction overstep on garnet microstructures in metapelitic rocks of the Ilesha Schist Belt, SW Nigeria. J Petrol 44:967–994

Zen E-An (1966) Construction of pressure-temperature diagrams for multicomponent systems after the method of Schreinemakers – A geometric approach. US Geol Survey Bull no 1225, 56 S

Metamorphe Fazies

Inhaltsverzeichnis

© Springer-Verlag GmbH Deutschland, ein Teil von Springer Nature 2022
M. Okrusch und H. E. Frimmel, *Mineralogie*,
https://doi.org/10.1007/978-3-662-64064-7_28

28

Einleitung

Durch prograde Mineralreaktionen entstehen in metamorphen Gesteinen – je nach ihrer chemischen Zusammensetzung – charakteristische Mineralparagenesen. Diese bilden sich meist beim Höhepunkt der Metamorphose und stellen zumindestens angenähert ein thermodynamisches Gleichgewicht dar. Folglich spiegeln sie die erreichten Drücke und Temperaturen wider. Die Gesamtheit aller Paragenesen, die in metamorphen Gesteinen mit *unterschiedlichem Chemismus,* aber bei etwa *gleichen P-T-Bedingungen* gebildet wurden, definieren eine metamorphe Fazies.

28.1 Begründung des Faziesprinzips

Metamorphe Gesteine repräsentieren in ihren Mineralparagenesen P-T-Bedingungen, die beim Höhepunkt der Metamorphose erreicht wurden. In seiner Arbeit über die Grünschiefer von Michigan erkannte schon der amerikanische Petrologe G. H. Williams (1890), dass die große Vielfalt der metamorphen Mineralparagenesen nicht allein auf Unterschiede in der chemischen Gesteinszusammensetzung zurückgehen kann, sondern wesentlich durch Unterschiede in den metamorphen P-T-Bedingungen verursacht wird. Daher teilte man metamorphe Gesteine seit Beginn des 20. Jahrhunderts meist nach ihrem *Metamorphosegrad* ein. Die britischen Petrologen G. Barrow (1893, 1912) und C. E. Tilley (1925) kartierten im Schottischen Hochland eine *Zonenfolge* der *metamorphen Indexminerale,* die von der Chlorit- bis zur Sillimanitzone reicht (▶ Abschn. 26.2.5) und einen Anstieg im Metamorphosegrad klar dokumentiert. Ihr Ansatz beruhte ausschließlich auf Gefügemerkmalen, da zu dieser Zeit noch keine experimentellen Ergebnisse an Mineralgleichgewichten zur Verfügung standen.

Eine alternative Klassifikation metamorpher Gesteine, die auf der Zunahme von P-T-Bedingungen in unterschiedlichen *Tiefenzonen* wie *Epizone, Mesozone* und *Katazone* beruht, wurde vom österreichischen Petrologen F. Becke (1903) und dem Schweizer Petrologen U. Grubenmann (1904, 1910; siehe auch Grubenmann und Niggli 1924) vorgelegt.

Eine strengere physikalisch-chemische Betrachtungsweise führten V. M. Goldschmidt und P. Eskola in die Metamorphoselehre ein. Sie behandelten metamorphe Mineralparagenesen als Systeme im *thermodynamischen Gleichgewicht,* auf die man die Gibbs'sche Phasenregel anwenden kann. Bei seiner Untersuchung der Hornfelse des Oslo-Gebiets konnte Goldschmidt (1911) den

Nachweis erbringen, dass bei der hochgradigen Aufheizung in der Kontaktaureole ein chemisches Gleichgewicht erreicht wurde. Dabei ändert sich der Mineralbestand in Gesteinen unterschiedlicher Zusammensetzung mit Veränderung in den metamorphen P- und T-Bedingungen (◨ Abb. 27.25). Analoge Beziehungen zwischen Gesteinschemismus und Mineralbestand fand Eskola (1915, 1920) in regionalmetamorphen Gesteinen des Orijärvi-Gebietes in SW-Finnland; jedoch waren hier andere Mineralparagenesen stabil:

Orijärvi-Gebiet	Oslo-Gebiet
Muscovit + Quarz	Alkalifeldspat + Andalusit
Muscovit + Biotit	Alkalifeldspat + Cordierit
Biotit + Hornblende	Alkalifeldspat + An-reicher Plagioklas + Hypersthen
Anthophyllit	Hypersthen

Die Unterschiede zwischen beiden Vorkommen begründete Eskola zu Recht damit, dass die P-T-Bedingungen der Metamorphose im Oslo-Gebiet höher waren als im Orijärvi-Gebiet. Auf dieser Grundlage wurde von ihm der Begriff der *metamorphen Mineralfazies* eingeführt und folgendermaßen definiert (Eskola 1939): „Zu einer bestimmten Fazies werden die Gesteine zusammengefasst, welche bei identischer Pauschalzusammensetzung einen identischen Mineralbestand aufweisen, aber deren Mineralbestand bei wechselnder Pauschalzusammensetzung gemäß bestimmten Regeln variiert." Begründet wurde das Prinzip der Mineralfazies aus der Erfahrung, dass die Mineralparagenesen der metamorphen Gesteine in vielen Fällen den Gesetzen der chemischen Gleichgewichtslehre gehorchen. Das Konzept der Mineralfazies setzte sich relativ spät durch, fand aber seit Mitte des letzten Jahrhunderts in Europa und in Übersee zunehmende Anwendung und Verbreitung. Es erwies sich als außerordentlich fruchtbar für die metamorphe Petrologie, weil es wesentliche Impulse für die Erforschung metamorpher Gesteine im Gelände und für die experimentelle Bestimmung von Mineralgleichgewichten vermittelte. Eine modernere Definition des Faziesbegriffs wurde von Fyfe und Turner (1966) gegeben; sie lautet in Übersetzung:

> Eine metamorphe Fazies ist eine Serie metamorpher Mineralparagenesen, die in Zeit und Raum wiederholt zusammen vorkommen, sodass eine konstante und daher vorhersagbare Beziehung zwischen Mineralbestand und Gesteinschemismus besteht.

Hierzu sind noch folgende Erläuterungen notwendig:

- Eine bestimmte metamorphe Fazies wird nicht durch eine einzige Mineralparagenese definiert, die man in einem einzelnen Gestein findet, sondern durch eine *Reihe von Paragenesen,* die in einer Serie von eng benachbarten Gesteinen auftritt und einen weiten Bereich chemischer Zusammensetzungen abdecken. Trotzdem kann ein Gesteinstyp für eine bestimmte metamorphe Fazies namensgebend sein, z. B. Amphibolit.

- Daraus folgt, dass es unmöglich ist, die einzelnen Mineralfazies im P-T-Feld oder im P_1-P_{fl}-T-Raum scharf gegeneinander abzugrenzen; denn die Paragenesen, die eine Fazies definieren, bilden sich aufeinanderfolgend über ein gewisses P-T-Intervall, d. h. nicht genau zur gleichen Zeit und bei den gleichen P-T-Bedingungen. Das gleiche gilt für den retrograden Abbau von Paragenesen, die beim Höhepunkt der Metamorphose gebildet wurden.

- Die Definition einer metamorphen Fazies beruht auf Mineralparagenesen, die unter dem Mikroskop im Dünnschliff zu *beobachten* sind, und deren regionale Verteilung man im Gelände *kartieren* kann. Die *experimentelle Bestimmung* und/oder *thermodynamische Berechnung* von Gleichgewichtsbeziehungen zwischen metamorphen Mineralen ist grundsätzlich ein davon *unabhängiger Forschungsansatz* (▶ Abschn. 27.2), der wichtige Anhaltspunkte für die P-T-Bedingungen vermittelt, unter denen die Paragenesen einer metamorphen Fazies gebildet wurden: Geländepetrologie und experimentelle Petrologie ergänzen sich in ihren Aussagen und regen sich gegenseitig an.

- Das Faziesprinzip beruht auf der (idealisierenden) Annahme, dass beim Höhepunkt eines Metamorphoseereignisses ein *thermodynamisches Gleichgewicht* eingestellt wurde, das durch Berührungsparagenesen belegt wird. Auf dem prograden und retrograden Metamorphosepfad oder während eines früheren Metamorphoseereignisses kann das gleiche Gestein auch P-T-Bedingungen anderer Mineralfazies durchlaufen haben, die sich anhand von Reliktmineralen oder Mineralneubildungen nachweisen lassen.

- Für ein Gestein von gegebenem Chemismus ist es möglich, die betreffende Mineralparagenese vorauszusagen, wenn man Paragenesen, die für diese Fazies typisch sind, aus Gesteinen anderer Zusammensetzung bekannt sind. Kleinere Variationen innerhalb einer Fazies können kleineren Unterschieden im Gesteinschemismus oder den P-T-Bedingungen zugeschrieben werden.

- Mineralparagenesen, die in metamorphen Gesteinen beobachtet werden, liefern nur sehr allgemeine Aussagen über das Ausgangsmaterial, z. B. Metapelite oder Metabasite. Für eine genauere Ansprache

müssen Gefügerelikte und Mineralrelikte gefunden sowie der Gesteinschemismus analytisch bestimmt werden. Die einzelnen Mineralfazies wurden von Eskola (1939) nach Gesteinen benannt, in denen die jeweils fazieskritischen Mineralparagenesen häufig enthalten sind; diese Bezeichnungen haben bis heute allgemeine Anerkennung gefunden: Zeolith-Fazies, Grünschiefer-Fazies, Epidot-Amphibolit-Fazies, Amphibolit-Fazies, Granulit-Fazies, Glaukophanschiefer-Fazies (= Blauschiefer-Fazies), Eklogit-Fazies, Pyroxen-Hornfels-Fazies, Sanidinit-Fazies. Dazu kommen noch die Prehnit-Pumpellyit-Fazies, die von Coombs (1960, 1961) von der Zeolith-Fazies abgetrennt wurde, sowie die Albit-Epidot-Hornfels- und Hornblende-Hornfels-Fazies (Turner und Verhoogen 1960). Wie ◘ Abb. 28.1a zeigt, nehmen die meisten metamorphen Fazies einen großen P-T-Bereich ein. Es hat daher nicht an Versuchen gefehlt, diese in Subfazies zu unterteilen (z. B. Turner und Verhoogen 1960), ein Vorgehen, das sich jedoch auf Dauer nicht durchgesetzt hat.

Aus praktischen Gründen mag eine solche Untergliederung in manchen Regionen durchaus sinnvoll sein, ist aber nicht allgemein anwendbar und sollte keinesfalls übertrieben werden. Nicht jede neu aufgefundene Mineralparagenese, auch wenn sie gut erkennbar ist, kann eine neue Subfazies begründen; nicht jedes P-T-Feld, das durch univariante Gleichgewichtskurven begrenzt wird, definiert eine eigene Subfazies!

28.2 Metamorphe Faziesserien

Wie wir in ▶ Abschn. 26.2.5 gesehen haben, dokumentieren die P-T-Bedingungen der Metamorphose geothermische Gradienten, d. h. die Temperaturzunahme mit der Tiefe bzw. mit dem Druck (dT/dP). Das kommt auch in der Abfolge metamorpher Fazies in einer bestimmten Region, z. B. in einem Orogengürtel zum Ausdruck. Aus dieser Tatsache leitete Miyashiro (1961) drei metamorphe *Faziesserien* ab, die unterschiedlichen *Drucktypen* (engl. *„baric types")* der Metamorphose entsprechen (◘ Abb. 28.1b):

- *Hochdruck-(* = Hoch-P/T)-Faziesserie: Zeolith-Fazies → Prehnit-Pumpellyit-Fazies → Blauschiefer-Fazies → Eklogit-Fazies; charakteristische Minerale sind Glaukophan und Jadeit oder Omphacit; der typische geothermische Gradient variiert um 10 °C/km.

- *Mitteldruck-(* = Mittel-P/T)-Faziesserie: Zeolith-Fazies → Grünschiefer-Fazies → Epidot-Amphibolit-Fazies → Amphibolit-Fazies → Granulit-Fazies; charakteritische Al_2SiO_5-Polymorphe sind Kyanit und Sillimanit; der typische geothermische Gradient variiert um 30 °C/km.

- *Niederdruck* (= Niedrig-P/T)-Faziesserie:

28

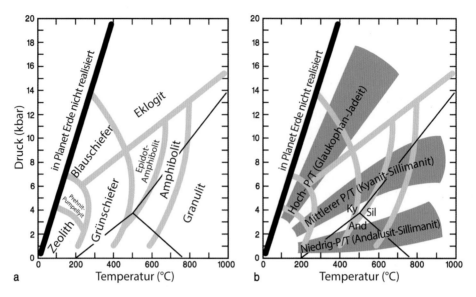

■ **Abb. 28.1** **a** Schematisches *P-T*-Diagramm, das die ungefähren Positionen unterschiedlicher metamorpher Mineralfazies veranschaulicht; dabei sind die Grenzen der einzelnen Felder unscharf. Zum Vergleich sind die Stabilitätsfelder der polymorphen Modifikationen von Al$_2$SiO$_5$ Kyanit, Andalusit und Sillimanit eingetragen. **b** *P–T*-Diagramm der metamorphen Fazies-Serien; die Hoch-*P/T*-Serie ist charakteristisch für Subduktionszonen, die Mittel-*P/T*-Serie für das Innere lithosphärischer Platten über Subduktionszonen und/oder kontinentalen Kollisionszonen, die Niedrig-*P/T*-Serie für vulkanische Bögen und mittelozeanische Rücken (vgl. ■ Abb. 28.2, 28.3). (Modifiziert nach Spear 1993)

— Zeolith-Fazies → Grünschiefer-Fazies → Amphibolit-Fazies → Granulit-Fazies; charakteristische Al$_2$SiO$_5$-Polymorphe sind Andalusit und Sillimanit; der typische geothermische Gradient liegt bei 90 °C/ km.

— In *Kontaktaureolen* sind bei meist niedrigen Drücken noch höhere geothermische Gradienten realisiert. Diese *P-T*-Bedingungen sind durch die Abfolge Albit-Epidot-Hornfels-Fazies → Hornblende-Hornfels-Fazies → Pyroxen-Hornfels-Fazies dokumentiert.

— Bei der *Pyrometamorphos*e entstehen Paragenesen der Sanidinit-Fazies (Abschn. 28.3.7).

Die Faziesserien liefern wesentliche Hinweise auf die geotektonische Position, in der ein Krustenteil metamorph überprägt wurde. In ■ Abb. 28.2 und 28.3 ist die Verteilung von metamorphen Fazies an einem konvergenten und einem divergenten Plattenrand schematisch dargestellt. Die *Subduktion* der relativ kalten ozeanischen Lithosphärenplatte führt zum Abtauchen der Isothermen nach unten (■ Abb. 28.2a), sodass bei der Metamorphose eine *Hoch-P/T-Faziesserie* entsteht (■ Abb. 28.2b). Im Gegensatz dazu führen in der überschobenen kontinentalen Lithosphärenplatte im vulkanischen Bogen magmatische Intrusionen und advektiver Wärmetransport zur (regionalen) Kontaktmetamorphose und zur Entwicklung einer *Niedrig-P/T-Faziesserie,* die nach außen in eine Mittel-*P/T*-Faziesserie übergeht (■ Abb. 28.2a, b). Auch am *mittelozeanischen Rücken* führt advektive Wärmezufuhr

zur Aufbeulung der Isothermen (■ Abb. 28.3a) und daher zu einem hohen geothermischen Gradienten: die Ozeanbodenmetamorphose erfolgt demnach unter Bedingungen einer Niedrig-*P/T*-Faziesserie (■ Abb. 28.3b).

28.3 Charakteristische Mineralparagenesen einzelner metamorpher Fazies

28.3.1 Zeolith- und Prehnit-Pumpellyit-Fazies

Die Zeolith-Fazies repräsentiert die *P-T*-Bedingungen der niedrigstgradigen Gesteinsmetamorphose; sie schließt sich bei leichter Temperaturerhöhung unmittelbar an die Diagenese an. Die Prehnit-Pumpellyit-Fazies repräsentiert demgegenüber etwas höhere Drücke (■ Abb. 28.1a). Beide Fazies treten bei der Versenkungsmetamorphose, bei der hydrothermalen Metamorphose in aktiven geothermischen Feldern, im niedrigsten Temperaturabschnitt der Regionalmetamorphose sowie bei metamorphen Vorgängen unter dem Ozeanboden auf. Vulkanische und vulkaniklastische Gesteine mit einem hohen Anteil an reaktionsfähigem Glas wie Rhyolith, Dacit oder Andesit und deren Tuffe, oder Grauwacke, die reich an pyroklastischen Fragmenten sind, stellen sich am leichtesten auf diese beiden Fazies ein. Andere Ausgangsprodukte zeigen

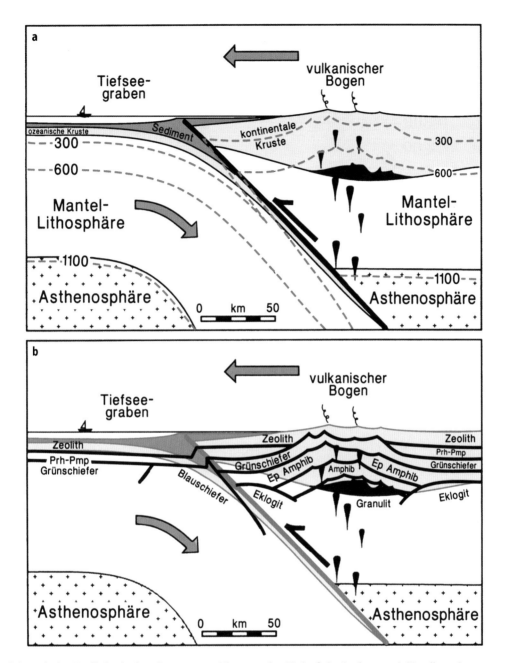

Abb. 28.2 Schematisches Profil durch einen konvergenten Plattenrand: **a** Verlauf der Isothermen; **b** Verteilung der metamorphen Mineralfazies: Infolge der Subduktion kalter ozeanischer Lithosphäre tauchen die Isothermen in die Subduktionszone ab und es kommt zu Hochdruckmetamorphose. Umgekehrt sind die Isothermen im Bereich des vulkanischen Bogens aufgebeult, ein Effekt, der durch den advektiven Wärmetransport von aufsteigenden Magmen verstärkt wird: Die dabei entstehende Niederdruckmetamorphose geht nach außen zu allmählich in die Mitteldruckmetamorphose über. (Nach Ernst 1976, aus Spear 1993)

unter denselben *P-T*-Bedingungen kaum metamorphe Mineralneubildungen. So werden in basischen Vulkaniten erst ab Bedingungen der Grünschiefer-Fazies metamorphe Paragenesen neu gebildet, ohne dass vorher Zeolithe entstehen. In beiden Fazies ist der Metamorphosegrad zu gering, um eine vollständige Umkristallisation zu erreichen. Daher bleiben Relikte von detritischen Mineralen und Gefügerelikte von magmatischen Gesteinen häufig erhalten.

Als typische Minerale der Zeolith-Fazies treten in Metavulkaniten und Metagrauwacke besonders Analcim, Na[AlSi$_2$O$_6$], Heulandit, Laumontit und Wairakit auf (▶ Abschn. 11.6.6; 26.2.4), in assoziierten Metapeliten hauptsächlich Tonminerale mit Wechsellagerungsstrukturen (*„mixed layer clay minerals“*, ▶ Abschn. 11.5.7); dazu kommen noch Kaolinit, Illit, Chlorit und Quarz. In der Zeolith-Fazies treten bei der prograden Metamorphose in vielen Fällen

28

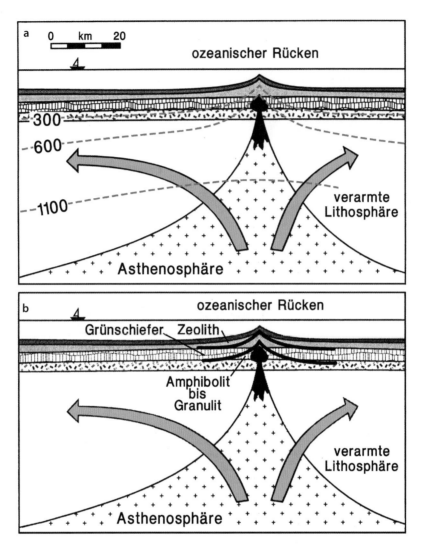

Abb. 28.3 Schematisches Profil durch einen divergenten Plattenrand: **a** Verlauf der Isothermen in der ozeanischen Lithosphäre (vgl. Abb. 29.7); **b** Verteilung der metamorphen Mineralfazies im Bereich des mittelozeanischen Rückens, wo die Isothermen durch advektiven Wärmetransport aufgewölbt sind. Die Umwandlung von Basalt und Gabbro der ozeanischen Kruste in Grünschiefer und Amphibolit erfordert die Zufuhr von H_2O. Man beachte, dass sich die metabasischen Gesteine kontinuierlich vom Rücken wegbewegen, wenn neue Kruste gebildet wird. (Nach Ernst 1976, aus Spear 1993)

Entwässerungsreaktionen auf, bei denen Ca-Zeolithe in der Folge Stilbit → Heulandit → Laumontit → Wairakit gebildet werden. Dabei erfordert die Bildung von Laumontit Temperaturen von ca. 155 °C bei 1 kbar und ca. 180 °C bei 2 kbar H_2O-Druck, während sich Wairakit bei ca. 350 °C/1 kbar und 370 °C/2 kbar bildet. Unter H_2O-Drücken von über 3−4 kbar werden Laumontit und Wairakit in einem weiten T-Bereich zu Lawsonit + Quarz abgebaut (Abb. 27.10). In den Zonen mit Laumontit und Wairakit können auch Albit und/oder Adular gebildet werden.

Unter höheren P-T-Bedingungen kommt es zu komplexen Reaktionen der Ca-Zeolithe mit anwesenden Schichtsilikaten, wobei **Pumpellyit**, $Ca_2(Mg,Fe^{2+})(Al,Fe^{3+})_2[(OH)_2/H_2O/SiO_4/Si_2O_7]$, und **Prehnit**, $Ca_2Al[(OH)_2/AlSi_3O_{10})]$, gebildet werden. Mit diesen Mineralen können Wairakit, Epidot, Chlorit, Paragonit, Albit und Quarz koexistieren. Prehnit ist bei niedrigen, Pumpellyit bei erhöhten H_2O-Drücken stabil; das Stabilitätsfeld der Paragenese Pumpellyit + Prehnit + Chlorit + Quarz liegt etwa im Bereich von 200–280 °C und P_{H_2O} von 1–4 kbar (Bucher und

Frey 2002). Der Beginn der Grünschiefer-Fazies wird durch die Entwässerungsreaktionen

$$\text{Prehnit} + \text{Chlorit} + \text{Quarz} \rightarrow \text{Epidot} + \text{Tremolit} + H_2O \tag{28.1}$$

und

$$\text{Mg-Al-Pumpellyit} + \text{Chlorit} + \text{Quarz} \rightarrow$$
$$\text{Epidot} + \text{Tremolit} + H_2O \tag{28.2}$$

markiert, die bis zu $P_{H_2O} = 6$ kbar wenig druckabhängig im Temperaturbreich von ca. 270–310 °C ablaufen (Liou et al. 1983; Bucher und Frey 2002). Demgegenüber liegt die obere Stabilitätsgrenze von Fe-freiem Pumpellyit nach seiner letztlichen Abbaureaktion

$$\text{Mg-Al-Pumpellyit} \rightarrow$$
$$\text{Klinozoisit} + \text{Grossular} + \text{Chlorit} + \text{Quarz} + H_2O \tag{28.3}$$

bei höheren Temperaturen von 325 °C/2 kbar, 370 °C/5 kbar und 390 °C/8 kbar P_{H_2O} (Schiffman und Liou 1980).

Metamorphe Gesteine, die unter Zeolith-faziellen Bedingungen gebildet wurden, sind in den Orogengürteln von Neuseeland und Japan eingehend untersucht worden. Die Helvetischen Decken der Westalpen und metamorph überprägte Ozeanboden-Basalte führen metamorphe Paragenesen, die für die Prehnit-Pumpellyit-Fazies typisch sind.

28.3.2 Grünschiefer-Fazies

Die Phasenbeziehungen in der Grünschiefer-Fazies lassen sich aus den *ACF*-und *A'KF*-Diagrammen in ◙ Abb. 28.4a ablesen, wobei sich ein Vergleich mit der Lage der wichtigsten Gesteinschemismen, die in ◙ Abb. 27.24 dargestellt sind, empfiehlt. Bei niedriggradiger Metamorphose werden Gesteine basaltischer Zusammensetzung in *Grünschiefer* umgewandelt, d. h. in Metabasite mit der verbreiteten Paragenese Aktinolith + Chlorit + Epidot + Albit (An < 10). Fallweise können Stilpnomelan oder Biotit, Calcit und/oder Quarz hinzutreten. In Mg-reichen Metabasiten bilden sich Paragenesen mit Talk ± Tremolit ± Chlorit ± Biotit/Phlogopit ± Quarz; bei SiO_2-Untersättigung entsteht Serpentinit. Dabei liegen die oberen Stabilitätsgrenzen der Serpentin-Minerale Lizardit und Chrysotil bei niedrigeren Temperaturen als die von Antigorit nach Reaktion (27.13) (◙ Abb. 27.9).

Pelitische Ausgangsgest werden in Phyllit umgewandelt, in dem Muscovit + Chlorit + Quarz ± Parago-

nit ± Pyrophyllit ± Albit miteinander koexistieren, nicht selten begleitet von Stilpnomelan oder Chloritoid. Mit zunehmender Temperatur tritt auch Biotit in Metapeliten der Grünschiefer-Fazies auf, wobei sich zwei Subfazies unterscheiden lassen:

1. die relative niedriggradige Quarz-Albit-Muscovit-Chlorit-Subfazies (◙ Abb. 28.4a) und
2. die höhergradige Quarz-Albit-Epidot-Biotit-Subfazies.

Subfazies (1) entspricht der Chloritzone, Subfazies (2) der Biotitzone in der Barrow'schen Zonierung.

Ein charakteristisches Mineral von Subfazies (1), das in Subfazies (2) nicht mehr vorkommt, ist *Stilpnomelan*, $\sim K(Fe^{2+},Fe^{3+},Mg,Mn)_8[(OH)_8/(Si,Al)_{12}O_{28}]\cdot 2H_2O$. Er lässt sich von dem sehr ähnlichen Biotit durch seine 2. Spaltbarkeit senkrecht {001} unterscheiden, die dem Biotit fehlt, während die Spaltbarkeit nach {001} weniger vollkommen ist als bei Biotit. Die Entstehung von Stilpnomelan wird durch ein hohes Fe/Mg-Verhältnis und einen relativ *niedrigen* Al-*Gehalt* im Gestein begünstigt. Diese Voraussetzungen sind in manchen Metasedimentgesteinen, in basischen Tuffen, in Metabasalten oder in Bändereisenerz gegeben. Stattdessen bildet sich in Al-*reichen* Metapeliten mit hohem Fe/Mg-Verhältnis als typisches Mineral Chloritoid, $(Fe^{2+},Mg,Mn)Al_2[O/(OH)_2/SiO_4]$, schon in Subfazies (1), häufiger aber bei den höheren Temperaturen der Subfazies (2). Kennzeichnend für die höhergradige Subfazies (2) ist das Auftreten von *Biotit*, der sich durch folgende Mineralreaktionen bildet:

$$\text{Muscovit} + \text{Chlorit}_1 \rightarrow \text{Biotit} + \text{Chlorit}_2 + \text{Quarz} + H_2O \tag{28.4}$$

$$\text{Kalifeldspat} + \text{Chlorit} \rightarrow$$
$$\text{Biotit} + \text{Muscovit} + \text{Quarz} + H_2O \tag{28.5}$$

Biotit kann also mit Muscovit und einem Al-reicheren Chlorit$_2$ koexistieren. Während Chlorit in Subfazies (1) noch mit Mikroklin im Gleichgewicht auftritt, ist das in Subfazies (2) nicht mehr der Fall. Pyrophyllit zerfällt bei 400–450 °C nach der Entwässerungsreaktion (27.8) zu Kyanit oder Andalusit + Quarz + H_2O (◙ Abb. 27.8). Darüber hinaus kann sich in Metapeliten auch Spessartin-reicher Granat bilden.

Keine Mineralreaktionen finden bei der aufsteigenden Metamorphose in reinem Kalkstein und Dolomit statt. Diese rekristallisieren lediglich zu gröberkörnigem *Calcit*- bzw. Dolomit-Marmor, in denen praktisch keine metamorphen Minerale neu gebildet wurden. Dagegen laufen in kieseligem Kalkstein und sogar noch früher in *kieseligem* Dolomit Dekarbonatisierungsreaktionen ab, die zur Bildung von Kalksilikatgestei-

28

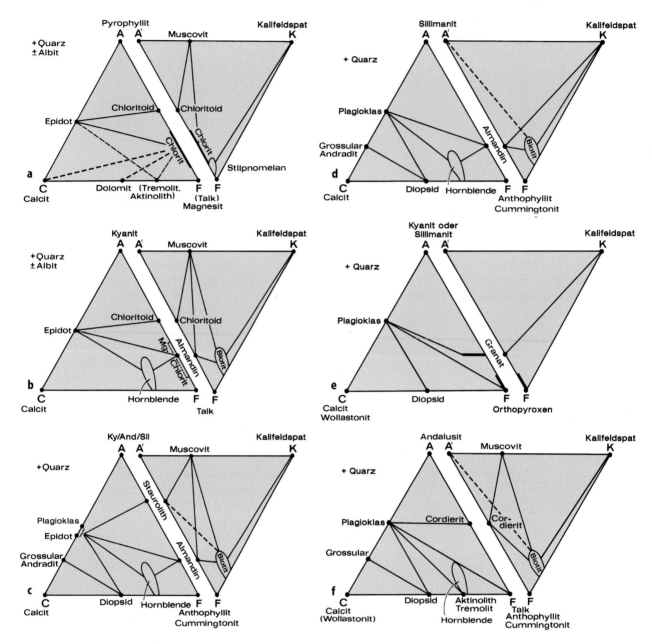

□ **Abb. 28.4**   *ACF*-und *A'KF*-Diagramme: **a** Grünschiefer-Fazies; **b** Epidot-Amphibolit-Fazies; **c** untere Amphibolit-Fazies; **d** obere Amphibolit-Fazies; **e** Granulit-Fazies; **f** Hornblende-Hornfels-Fazies

nen führen. Eine typische grünschieferfazielle Paragenese ist Calcit ± Dolomit + Chlorit + Epidot ± Tremolit/Aktinolith + Quarz. In Subfazies (1) können Dolomit, Ankerit oder Magnesit noch mit Quarz koexistieren, während in Subfazies (2) nach der Dekarbonatisierungsreaktion (27.29) Dolomit + Quarz zu Talk + Calcit reagieren (□ Abb. 27.14). Im Gegensatz dazu können Calcit + Quarz in Subfazies (2) sowie in der Amphibolit-Fazies eine stabile Paragenese bilden. Insgesamt sprechen die verfügbaren experimentellen Daten dafür, dass die obere Temperaturgrenze der Grünschiefer-Fazies bei einem mittleren geothermischen Gradienten etwa bei 500 °C liegt (□ Abb. 28.1a).

28.3.3 Epidot-Amphibolit-Fazies

Diese Fazies setzt das *P-T*-Feld der Grünschiefer-Fazies zu höheren Temperaturen und Drücken hin fort; sie könnte auch als deren höchsttemperierte Subfazies angesehen werden. Typischer Metabasit dieser Fazies ist feinkörniger Amphibolit mit der verbreiteten Paragenese Hornblende + Albit + Epidot, zu der Almandin-betonter Granat, Biotit, Mg-Chlorit, Calcit und/oder Quarz als zusätzliche Minerale auftreten können. Aus pelitischen *Sedimentgesteinen* bilden sich Phyllit oder schließlich Glimmerschiefer mit der Mineralparagenese Muscovit + Biotit + Quarz + Almandin-reicher

Granat. Abhängig von der Gesteinszusammensetzung können zusätzlich Chloritoid, Mg-Chlorit, Kyanit, Epidot und/oder Albit auftreten (⬛ Abb. 28.4b).

Die Epidot-Amphibolit-Fazies entspricht der Barrow'schen Almandinzone. Von der Grünschiefer-Fazies unterscheidet sie sich durch das Auftreten von Almandin-reichem Granat anstelle von Fe-haltigem Chlorit in Metapeliten und von Hornblende anstelle von Tremolit/Aktinolith in Metabasiten, wobei u. a. folgende Entwässerungsreaktionen ablaufen:

$$\text{Chlorit} + \text{Chloritoid} + \text{Quarz} \rightarrow \text{Almandin} + H_2O$$

(28.6)

und

$$\text{Chlorit} + \text{Tremolit/Aktinolith} + \text{Epidot} + \text{Quarz} \rightarrow$$

$$\text{Hornblende} + H_2O$$

(28.7)

Wie in der Grünschiefer-Fazies ist Albit neben Epidot stabil. Wenn Chlorit auftritt, ist dieser Mg-reich; er kann je nach Gesteinschemismus mit Almandin-reichem Granat und Chloritoid oder Biotit koexistieren, wie sich aus der *AFM*-Projektion (⬛ Abb. 27.27b) ableiten lässt. Der Bereich der Epidot-Amphibolit-Fazies ist etwa durch die *P-T*-Kombinationen 460 °C/9 kbar, 500 °C/3 kbar und 660 °C/11,5 kbar gegeben (⬛ Abb. 28.1a).

28.3.4 Amphibolit-Fazies

Mit zunehmendem Metamorphosegrad werden Paragenesen der Grünschiefer- oder Epidot-Amphibolit-Fazies durch Amphibolit-fazielle Paragenesen ersetzt. Durch *fazieskritische* metamorphe Reaktionen entstehen die folgende Minerale neu: Staurolith, Sillimanit, Anthophyllit, Cummingtonit, Diopsid und Grossular- oder Andradit-reicher Granat (⬛ Abb. 28.4c). Mg-reicher Chlorit kann in Abwesenheit von Quarz noch stabil sein.

■ **Metabasite**

Metabasite werden durch mittel- bis grobkörnigen *Amphibolit* repräsentiert, in dem die kritische Paragenese Hornblende + Plagioklas (meist An_{30-50}) auftritt. Daneben können Almandin-reicher Granat oder Diopsid sowie Biotit und Quarz beteiligt sein. Epidot ist im niedriggradigen Bereich der Amphibolit-Fazies noch stabil und wird erst bei höheren Temperaturen zugunsten der Anorthit-Komponente im Plagioklas und von Grossular-Andradit-Granat abgebaut (⬛ Abb. 28.4c). In metamorphen Ultramafititen ist die Paragenese Hornblende + Anthophyllit und/oder + Cummingtonit stabil.

■ **Kieselige Karbonate**

Aus kieseligen Karbonaten entsteht *Silikatmarmor* oder *Kalksilikatgestein* mit den typischen Paragenesen Calcit + Tremolit ± Quarz, Calcit + Diopsid + Grossular-reicher Granat ± Quarz oder bei SiO_2-Unterschuss Calcit + Diopsid + Forsterit. Dabei bilden sich Tremolit, Diopsid und Forsterit u. a. durch die proraden Reaktionen (27.26), (27.24) und (27.25) oder (27.28), deren Gleichgewichtstemperaturen stark vom P_{fl} und X_{CO_2} abhängen, aber generell bei > 500 °C liegen (⬛ Abb. 27.14). Demgegenüber erfordert die Wollastonit-bildende Reaktion (27.23) deutlich höhere Temperaturen meist von > 600 °C, die am ehesten in der oberen Amphibolit-Fazies erreicht werden. Andererseits rekristallisieren reiner Kalkstein oder Dolomite ohne mineralogische Veränderung zu fast monomineralischem, mittel- bis grobkörnigem Marmor.

■ **Metapelite**

Eine Unterteilung der Amphibolit-Fazies in verschiedene Subfazies bietet sich v. a. aufgrund der Phasenbeziehungen in Metapeliten an. So erlaubt der Abbau von Muscovit in Gegenwart von Quarz unter Bildung von Andalusit/Sillimanit + Kalifeldspat bzw. zu Kyanit/Sillimanit + Schmelze nach den Reaktionen (27.11), (27.11a) und (27.11b) die Gliederung in eine untere und eine obere Amphibolit-Fazies. Zusätzlich ergeben sich aus dem Auftreten der Al_2SiO_5-Polymorphe Andalusit, Sillimanit und Kyanit Felder von niedrigem, mittlerem und höherem P/T-Bereich (⬛ Abb. 27.8, 27.11).

Bei einem mittleren geothermischen Gradienten, d. h. in der Mitteldruck-Fazieserie, entspricht die untere Amphibolit-Fazies der Barrow'schen Staurolith- und Kyanitzone. Aus Tonstein und Grauwacke bilden sich Glimmerschiefer und Paragneise, in denen hauptsächlich Muscovit + Biotit + Almandin-reicher Granat ± Staurolith ± Kyanit/Sillimanit + Quarz + Plagioklas miteinander im Gleichgewicht stehen. Das Auftreten von Staurolith neben Granat und – je nach Druck – von Kyanit oder Sillimanit neben Staurolith ist bezeichnend für den untersten Bereich der Amphibolit-Fazies (⬛ Abb. 28.4c). Staurolith bildet sich u. a. durch folgende Reaktionen

$$4Fe^{2+}Al_2[O/(OH_2/SiO_4] + 5Al_2[O/SiO_4] \rightarrow$$
$$\underset{\text{Chloritoid}}{} \qquad \underset{\text{Kyanit/Andalusit}}{}$$

$$2Fe_2^{2+}Al_9\left[O_6/(OH)_2/(SiO_4)_4\right] + SiO_2 + 2\,H_2O$$
$$\underset{\text{Staurolith}}{} \qquad \underset{\text{Quarz}}{}$$

(28.8)

$$\text{Chloritoid} + \text{Muscovit} + \text{Quarz} \rightarrow$$

$$\text{Staurolith} + \text{Granat} + \text{Biotit} + H_2O$$

(28.9)

28

und

$$\text{Granat} + \text{Chlorit} + \text{Muscovit} \rightarrow$$
$$\text{Staurolith} + \text{Biotit} + \text{Quarz} + \text{H}_2\text{O}$$
$$(28.10)$$

Nach experimentellen Ergebnissen und thermodynamischen Berechnungen liegt die untere Stabilitätsgrenze der Paragenese Staurolith + Granat + Biotit (+ Muscovit + Quarz) in Metapeliten bei etwa 515 °C/3 kbar, 540 °C/5 kbar und 560 °C/8 kbar $P_{\text{H}_2\text{O}}$ (vgl. ◘ Abb. 26.11). Allerdings erfordert die Staurolith-Bildung hohe $\text{Al}_2\text{O}_3/(\text{K}_2\text{O} + \text{Na}_2\text{O} + \text{CaO})$- und FeO/MgO-Verhältnisse im Gesteinschemismus. Da Granat und Staurolith unter Bedingungen der Amphibolit-Fazies ein deutlich höheres Fe/Mg-Verhältnis aufweisen als Biotit, ist die Zusammenfassung von FeO und MgO zu *einer* Komponente streng genommen nicht zulässig. Daher weist die Paragenese Staurolith + Granat + Biotit + Muscovit (+ Quarz) im *A'KF*-Dreieck kreuzende Konoden auf (◘ Abb. 28.4c), was man bei der Darstellung in der AFM-Projektion vermeiden kann (◘ Abb. 27.27). Noch im Bereich der unteren Amphibolit-Fazies werden – je nach Druck – die Gleichgewichtskurven der Reaktionen

$$\text{Kyanit} \rightarrow \text{Sillimanit} \qquad (27.2)$$

bzw.

$$\text{Andalusit} \rightarrow \text{Sillimanit} \qquad (27.3)$$

und damit die erste Sillimanit-Isograde überschritten (◘ Abb. 26.11, 27.8), wobei Sillimanit noch mit Muscovit und Quarz koexistieren kann. Allerdings erfolgt die Sillimanit-Bildung nicht immer durch direkte Verdrängung von Kyanit oder Andalusit (◘ Abb. 27.7a), sondern durch komplexere Reaktionen, an denen Muscovit und Biotit beteiligt sind. Typisch ist eine enge Verwachsung von Sillimanit und Biotit, wobei Orientierungsbeziehungen auf ein epitaktisches Wachstum hinweisen. Darüber hinaus kommt es zum Abbau von Staurolith, z. B. nach der Reaktion

$$6\text{Fe}_2^{2+}\text{Al}_9\left[\text{O}_6/(\text{OH})_2/(\text{SiO}_4)_4\right] + 11\text{SiO}_2 \leftrightarrow$$
$$\underset{\text{Staurolith}}{} \qquad \underset{\text{Quarz}}{}$$
$$4\text{Fe}_3^{2+}\text{Al}_2[\text{SiO}_4]_3 + 23\text{Al}_2[\text{O}/\text{SiO}_4] + 6\text{H}_2\text{O}$$
$$\underset{\text{Almandin}}{} \qquad \underset{\text{Andalusit/Sillimanit/Kyanit}}{}$$
$$(28.11)$$

deren Gleichgewichtskurve etwa durch die Punkte 585 °C/2 kbar und 660 °C/7 kbar gegeben ist, d. h. deutlich unterhalb der oberen Stabilitätsgrenze von Muscovit + Quarz nach den Reaktionen (27.11) und (27.11a, b) (◘ Abb. 26.11, 27.8). Damit liegt das Stabilitätsfeld von Staurolith (◘ Abb. 26.11) vollkommen im *P-T*-Bereich der unteren Amphibolit-Fazies. Durch den Abbau von Staurolith mit zunehmender Temperatur werden die Konoden Andesin-Staurolith oder Muscovit–Staurolith im ACF- bzw. A'KF-Diagramm gebrochen. Damit werden die stofflichen Bereiche, in denen sich $\text{Al}_2[\text{O}/\text{SiO}_4]$-Minerale im Gleichgewicht mit Almandin bilden können, wesentlich vergrößert (◘ Abb. 28.4d).

In der unteren Amphibolit-Fazies trennt die Konode Biotit–Muscovit im *A'KF*-Dreieck zwei Zusammensetzungsbereiche:
1. In Metapeliten können die $\text{Al}_2[\text{O}/\text{SiO}_4]$-Polymorphe sowie Staurolith oder Almandin nicht mit Kalifeldspat koexistieren.
2. In Orthogneisen, z. B. in Metagranit oder Metagranodiorit, aber auch in Metaarkose, ist die Paragenese Quarz + Kalifeldspat + Plagioklas (An_{20-30}) + Biotit + Muscovit stabil (◘ Abb. 28.4c).

Erst mit dem Muscovit-Zerfall in Gegenwart von Quarz nach der Entwässerungsreaktion

$$\text{Muscovit} + \text{Quarz} \rightarrow$$
$$\text{Andalusit/Sillimanit} + \text{Kalifeldspat} + \text{H}_2\text{O}$$
$$(27.11)$$

oder den entsprechenden Schmelzreaktionen (27.11a) und (27.11b) wird die Konode Muscovit + Biotit gebrochen, sodass in der oberen Amphibolit-Fazies jetzt auch in Metapeliten Kalifeldspat mit Almandin und/oder Sillimanit koexistieren kann (◘ Abb. 28.4d): Durch die Reaktionen (27.11) oder (27.11a, b) wird in der Barrow'schen Zonenfolge die zweite Sillimanit-Isograde gekreuzt. Die Gleichgewichtstemperatur von Reaktion (27.11) liegt bei $P_{\text{tot}} = P_{\text{fl}} = P_{\text{H}_2\text{O}}$ von 2 oder 5 kbar bei ca. 620 °C bzw. 690 °C; die H_2O-gesättigte Schmelzreaktion (27.11a) erfordert bei $\dot{P}_{\text{H}_2\text{O}} = 8$ kbar ca. 730 °C; zum H_2O-freien Dehydratationsschmelzen (27.11b) kommt es bei einem Belastungsdruck $P_{\text{tot}} = 8$ kbar oberhalb ca. 750 °C (◘ Abb. 27.8). Daneben kann auch die komplexere, gleitende Entwässerungsreaktion

$$\text{Muscovit} + \text{Biotit}_1 + \text{Quarz} \rightarrow$$
$$\text{Almandin} + \text{Biotit}_2 + \text{Sillimanit} + \text{Kalifeldspat} + \text{H}_2\text{O}$$
$$(28.12)$$

stattfinden, bei der $Biotit_1$ ein höheres Fe/Mg-Verhältnis hat als $Biotit_2$. Durch diese Reaktionen erhöht sich das Feldspat/Glimmer-Verhältnis in Metapeliten, die daher anstelle von Glimmerschiefer eher als *Paragneis* entwickelt sind. Bei einem mittleren geothermischen Gradienten sind häufige Paragenesen Sillimanit + Almandin-reicher Granat ± Biotit + Kalifeldspat + Plagioklas + Quarz oder Almandin-reicher Granat + Biotit + Kalifeldspat + Plagioklas + Quarz (◘ Abb. 28.4d).

Bei einem höheren geothermischen Gradienten, entsprechend der Niederdruck-Faziesserie, tritt anstelle von Kyanit zunächst Andalusit, bei höheren Temperaturen dann Sillimanit auf (Reaktion 27.3). Beide polymorphe Al_2SiO_5-Modifikationen können mit Muscovit und Quarz koexistieren. Nach Überschreiten der Gleichgewichtskurve von Reaktion (27.11) reagieren Muscovit + Quarz zu Andalusit + Kalifeldspat oder Sillimanit + Kalifeldspat. Die Gleichgewichtskurven der Reaktionen (27.3) und (27.11), die sich bei einer Temperatur von ca. 610 °C und ca. 2 kbar P_{H_2O} kreuzen, definieren vier verschiedene *P-T*-Felder, in denen jeweils eine der vier verschiedenen Paragenesen

(1) Andalusit + Mucovit + Quarz,
(2) Sillimanit + Muscovit + Quarz,
(3) Andalusit + Kalifeldspat und
(4) Sillimanit + Kalifeldspat

stabil ist (◘ Abb. 27.8).

Ein wichtiges Mg-Fe-Silikat ist *Cordierit* $(Mg,Fe^{2+})_2[Al_4Si_5O_{18}]$, der sich nach der Reaktion

$$Chlorit + Muscovit + Quarz \rightarrow Cordierit + Biotit +$$
$$Andalusit/Sillimanit + H_2O \qquad (28.13)$$

bilden kann. Neben Andalusit oder Sillimanit tritt Cordierit häufig zusammen mit Almandin-reichem Granat auf, dagegen nur selten mit Staurolith, dessen Stabilitätsfeld zu niedrigen Drücken hin immer mehr schrumpft (◘ Abb. 26.11). Beim Übergang von der unteren zur oberen Amphibolit-Fazies bildet sich Cordierit nach der Reaktion

$$Chlorit + Muscovit + Quarz \rightarrow$$
$$Cordierit + Kalifeldspat + H_2O \qquad (28.14)$$

Außerdem verschwindet die Paragenese Sillimanit + Biotit nach der Reaktion

$$Biotit + Sillimanit + Quarz \rightarrow Cordierit + Granat +$$
$$Kalifeldspat + H_2O \qquad (28.15)$$

Diese Reaktion dokumentiert sich in den berühmten Sillimanit-freien Höfen in Cordierit, wie sie z. B. in Cordierit-Gneis im Bayerischen Wald und im Schwarzwald verbreitet vorkommen. Sillimanit-Einschlüsse beschränken sich hier auf die Kernzonen von Cordieritkörnern und vermeiden so den Kontakt mit Biotit im Grundgewebe.

28.3.5 Granulit-Fazies

Metamorphe Gesteine in Granulit-Fazies (◘ Abb. 28.4e) treten am häufigsten als Bestandteile des tiefabgetragenen präkambrischen Grundgebirges auf. Hochdruck-Granulite dokumentieren P-T-Bedingungen der kontinentalen Unterkruste (► Abschn. 29.2.2; ◘ Abb. 29.8).

Metabasite liegen in der Granulit-Fazies als mafischer Pyroxengranulit vor, der bei niedrigem bis mittleren Druck durch die kritische Paragenese Plagioklas + Orthopyroxen gekennzeichnet ist. Orthopyroxen ist typischerweise Al-reich, enthält also einen hohen Anteil an Mg-Tschermak-Molekül $MgAl^{[6]}$ $[Al^{[4]}SiO_6]$ entsprechend der gekoppelten Substitution $MgSi = Al^{[6]}Al^{[4]}$. Bei relativ niedrigen Temperaturen und/oder etwas höheren H_2O-Drücken kann *Hornblende* in stabiler Paragenese mit Ortho-/Klinopyroxen und Plagioklas auftreten. Jedoch werden Hornblenden unterschiedlicher Zusammensetzung bei prograder Metamorphose durch die gleitenden Entwässerungsreaktionen

$$Hornblende_1 + Quarz \rightarrow Plagioklas$$
$$+ Orthopyroxen + Klinopyroxen + H_2O \qquad (28.16)$$

und

$$Hornblende_2 + Quarz \rightarrow Plagioklas$$
$$+ Orthopyroxen + Granat + H_2O \qquad (28.17)$$

sukzessive abgebaut, wobei $Hornblende_2$ Al-reicher ist als $Hornblende_1$. In den so gebildeten *Granuliten* sind die Paragenesen Plagioklas + Orthopyroxen + Klinopyroxen ± Quarz und Plagioklas + Orthopyroxen + Pyrop-Almandin-reicher Granat ± Biotit ± Quarz stabil (◘ Abb. 28.4e). Bei Druckerhöhung wird die Konode Plagioklas-Orthopyroxen im ACF-Dreieck durch die (vereinfachte) Reaktion

$$\underset{\text{Orthopyroxen}}{2(Mg,Fe)_2[Si_2O_6]} + \underset{\text{Anorthit in Plag}}{Ca[Al_2Si_2O_8]} \rightarrow$$
$$\underset{\text{Granat}}{(Fe,Mg)_3Al_2[SiO]_3} + \underset{\text{Klinopyroxen}}{Ca(Mg,Fe)[Si_2O_6]} + \underset{\text{Quarz}}{SiO_2}$$
$$(28.18)$$

28

gebrochen, sodass jetzt die Paragenesen Granat + Klinopyroxen + Plagioklas + Quarz oder in sehr basischen Granuliten Granat + Klinopyroxen + Orthopyroxen stabil werden (● Abb. 28.4e). Somit kann die Granulit-Fazies in eine Niederdruck- und eine Hochdruck-Subfazies eingeteilt werden. Bei einer nahezu isothermalen Druckentlastung (Dekompression) von Hochdruck-Granuliten kehrt sich die Richtung der Reaktion (28.18) um; dabei bilden sich häufig spektakuläre Koronagefüge von Orthopyroxen + Plagioklas um Granat oder andere Reaktionssymplektite (● Abb. 27.1).

Felsische Granulite leiten sich entweder von klastischen Sedimenten wie Tonstein, Grauwacke oder Arkose, aber auch von felsischen Magmatiten, wie Granit oder Rhyolith ab. Kritische Paragenesen sind Quarz + Alkalifeldspat + Plagioklas + Almandin-Pyrop-reicher Granat + Kyanit/Sillimanit oder + Al-reicher Orthopyroxen (● Abb. 28.4e), während bei niedrigeren Drücken auch Cordierit stabil sein kann. Bei der Bildung von felsischen Granuliten liefen z. T. die gleichen Entwässerungsreaktionen ab wie beim Übergang von der unteren zur oberen Amphibolit-Fazies, z. B. (27.11), (27.11a), (27.11b), (28.11) und (28.12). Unter granulitfaziellen Bedingungen wird prograder Biotit nur in geringer Menge gebildet und ist dann stets Mg-reich, d. h. nahe dem Phlogopit-Endglied. Im Unterschied zur oberen Amphibolit-Fazies ist Al-reicher Orthopyroxen in vielen felsischen Granuliten vorhanden, die dann *felsischer Pyroxengranulit* oder *Charnockit* genannt werden. Man sollte jedoch beachten, dass viele Charnockit-Vorkommen durch die Kristallisation von granitischen Magmen bei hohen Drücken entstehen (▶ Abschn. 26.3.1). Alkalifeldspat enthält typischerweise ungefähr gleiche Anteile der Komponenten Ab und Or und entmischt sich bei der Abkühlung als Mesoperthit (● Abb. 11.64, 11.71, 27.7c). Seine ursprüngliche Zusammensetzung lag also oberhalb des Solvus-Maximums im Zweistoffsystem Albit–Kalifeldspat, was auf hohe Bildungstemperaturen hinweist (● Abb. 11.63 und 18.12).

Kennzeichnend für Gesteine in Granulit-Fazies ist das Zurücktreten oder Fehlen von (OH)-haltigen Mineralen. Daraus kann man schließen, dass bei der granulitfaziellen Metamorphose eine geringe H_2O-Aktivität herrschte, wofür es zwei Erklärungsmöglichkeiten gibt:

- Bei der prograden Metamorphose kam es unter *P-T*-Bedingungen der oberen Amphibolit-Fazies zur partiellen Aufschmelzung unter Bildung von Migmatitvorkommen (▶ Abschn. 26.5), wie in der Tat für viele Granulit-Gebiete belegt ist. Bei diesem Prozess wird H_2O in den granitischen Schmelzen gelöst und mit diesen wegtransportiert; es gilt daher $P_{fl} \approx P_{H_2O} < P_{tot}$. Zurück bleiben relativ „trockene" Restgesteine (Restite), die reich an (OH)-freien mafischen Mineralen wie Granat, Cordierit, Orthopyroxen, Sillimanit oder Kyanit sind.

- Der H_2O-Gehalt in der fluiden Phase wird durch Zufuhr von CO_2, z. B. aus dem Erdmantel verdünnt, d. h. es gilt $P_{tot} \approx P_{fl} \approx P_{H_2O} + P_{CO_2}$. Diese Möglichkeit wurde z. B. für die Entstehung der charnockitischen Granulite in Südindien und Sri Lanka diskutiert.

Wie wir in ▶ Abschn. 27.2.2 (● Abb. 27.8 und 27.11) gezeigt haben, führen beide Bedingungen dazu, dass sich die Gleichgewichtskurven von Entwässerungsreaktionen zu niedrigeren Temperaturen hin verschieben. Dementsprechend könnten granulitfazielle Metamorphite durchaus schon bei *P-T*-Bedingungen der oberen Amphibolit-Fazies entstehen, vorausgesetzt, die H_2O-Aktivität war gering. Jedoch spricht bereits das verbreitete Auftreten von Al-reichem Orthopyroxen und von Mesoperthit dafür, dass die meisten Granulite tatsächlich bei hohen Temperaturen gebildet wurden und dass die Granulit-Fazies im *P-T*-Diagramm ein eigenes Feld einnimmt (● Abb. 28.1a). Allerdings haben manche Granulite, darunter auch die Granulite des Sächsischen Granulitgebirges, zunächst ein eklogitfazielles Stadium durchlaufen (O'Brien 2006).

Derzeit sind mehr als 40 Granulitkomplexe auf der Erde bekannt, die *P-T*-Bedingungen einer *Ultrahochtemperaturmetamorphose* mit Temperaturen > 900 °C erlebt haben (vgl. Harley 1998) und zwar unabhängig von ihrem geologischen Alter (Clark et al. 2011). Beispiele sind die Gneishülle der Rogaland-Intrusion in Südnorwegen, der Epupa-Komplex in Nordwestnamibia, die Palni Range in Südindien und die Rauer-Gruppe in der Ostantarktis. Kennzeichnend für diesen Metamorphosetyp ist das Auftreten der sonst seltenen Silikate Sapphirin, $Mg_7Al_9[O_4/Al_9Si_3O_{36}]$, Osumilith, $(K,Na)\square_2[(Fe^{2+},Mg)_2 (Al,Fe^{3+})_3 [(Si,Al)_{12}O_{30}]$, und Kornerupin, $(\square,Mg,Fe^{2+})Al_4(Mg_3Al_2)[O_4/(OH,O)/Si_2O_7 (Si(Al,B)Si)]_{\Sigma3}O_{10}$, oder sogar des Hoch-*T*-Klinopyroxens Pigeonit. Für Sapphirin-führenden Orthopyroxen-Sillimanit-Gneis des Epupa-Komplexes schätzen Brandt et al. (2007) Temperaturen von 1000–1100 °C bei Drücken um 10 kbar ab. Solche *P-T*-Bedingungen können in der kontinentalen Unterkruste realisiert sein, wenn folgende Voraussetzungen erfüllt sind (Clark et al. 2011):

- erhöhte radioaktive Wärmeproduktion in Gebieten mit verdickter Erdkruste, insbesondere als Folge von Kontinent-Kontinent-Kollision;
- erhöhte Wärmezufuhr aus dem Erdmantel im Bereich von Backarc-Becken;
- mechanische Aufheizung in duktilen Scherzonen;
- ungewöhnlich große Wärmezufuhr durch basische Intrusionen in regionalem Maßstab.

Für den Epupa-Komplex kommt der Kunene-Intrusivkomplex, einer der größten Anorthosit-Intrusionskörper der Welt, als Wärmelieferant infrage.

28.3.6 Hornfels-Fazies

Am Kontakt mit intrudierendem Magma entwickeln sich Mineralparagenesen, die weitgehend der Niederdruckserie der Regionalmetamorphose entsprechen. Wegen ihrer geringen räumlichen Ausdehnung kann man die Belastungsdrücke innerhalb einer Kontaktaureole als etwa konstant ansehen; sie liegen meist im Bereich zwischen 0,5 und 2 kbar. Demgegenüber nehmen die Temperaturen vom Plutonit-Kontakt nach außen hin rasch ab (▶ Abschn. 26.2.1). Direkt am Kontakt von mafischen Intrusionen, z. B. Gabbro, können Maximaltemperaturen von ca. 800 °C erreicht werden.

Während die Pyroxen-Hornfels-Fazies, die den 10 Hornfelsklassen von V. M. Goldschmidt (1911) entspricht, bereits von Eskola (1915, 1939) ausgegliedert worden war, wurden die Hornblende-Hornfels- und die Albit-Epidot-Hornfels-Fazies erst von Turner und Verhoogen (1960) eingeführt. Jedoch werden diese Subfazies von vielen Autoren zur Niederdruck-Amphibolit-Fazies bzw. zur Niederdruck-Grünschiefer-Fazies gerechnet, da die entsprechenden Paragenesen sehr ähnlich sind. In diesem Zusammenhang sollte daran erinnert sein, dass das Faziesprinzip auf der Beziehung zwischen Gesteinschemismus und Mineralbestand beruht, nicht auf der geologischen Situation oder dem Gesteinsgefüge! Trotz dieser Einschränkungen sollen die Hornblende-Hornfels- und die Pyroxen-Hornfels-Fazies hier gesondert besprochen werden.

- **Hornblende-Hornfels-Fazies**

In vielen Kontaktaureolen um magmatische Intrusionskörper sind Paragenesen der Hornblende-Hornfels-Fazies entwickelt. Dabei kann man – wie in der Amphibolit-Fazies – einen niedrigeren und einen höheren Metamorphosegrad unterscheiden.

In der Kontaktaureole um den Bergener Granitpluton im westlichen Erzgebirge beispielsweise entwickelten sich zwei breite Zonen von kontaktmetamorphen Gesteinen (▶ Abschn. 26.2.1, ▣ Abb. 26.2). Obwohl diese sehr unterschiedliche Gesteinsgefüge aufweisen, repräsentieren beide die Hornblende-Hornfels-Fazies, so wie das auch in vielen anderen Kontaktaureolen der Fall ist. Allerdings sollte man an einem Granitkontakt auch keine Paragenesen der Pyroxen-Hornfels-Fazies erwarten, weil hierfür die erreichten Temperaturen zu niedrig wären. Gesteine in Albit-Epidot-Hornfels-Fazies sind im Bergener Kontakthof nicht erkennbar.

Metabasite in Hornblende-Hornfels-Fazies enthalten als Mineralparagenesen Hornblende + Plagioklas (Andesin) ± Diopsid ± Quarz ± Biotit ± Anthophyllit (▣ Abb. 28.4f). In kontaktmetamorphem Serpentinit führt Reaktion (27.13) zur Paragenese Olivin + Talk (+ Mg-Chlorit); bei höheren Temperaturen entsteht nach Reaktion (27.14) Anthophyllit (▣ Abb. 27.9). Aus *kieseligen Karbonatgesteinen* und *Kalkmergel* bilden sich die Paragenesen Calcit + Tremolit ± Quarz, Cal-

cit + Diopsid + Grossular-reicher Granat ± Quarz oder bei SiO$_2$-Unterschuss Calcit + Diopsid + Forsterit; Paragenesen mit Wollastonit + Quarz nach Reaktion 27.23 erfordern höhere Temperaturen und/oder niedrigere CO$_2$-Partialdrücke (▣ Abb. 27.12).

Unter niedriggradigen Bedingungen ist in *Metapeliten* die Paragenese Muscovit + Biotit + Cordierit + Andalusit + Quarz + Plagioklas stabil (▣ Abb. 28.4f), bei deren Bildung z. B. Reaktion (28.13) abläuft. Ist der Ausgangschemismus ärmer an Al und reicher an K als gewöhnlich, dann entsteht Quarz + Muscovit + Biotit + Cordierit. Nur bei höheren Drücken, d. h. in einem ungewöhnlich tiefen Intrusionsniveau kann bei der Kontaktmetamorphose auch ein Almandin-reicher Granat kristallisieren. Mit steigenden Temperaturen, z. B. bei ca. 570 °C/1 kbar P_{H_2O}, zerfällt Muscovit in Gegenwart von Quarz unter Bildung von Andalusit + Kalifeldspat nach Reaktion (27.11, analog zum Übergang von der unteren zur oberen Amphibolit-Fazies. Aus ▣ Abb. 27.8 kann man entnehmen, dass bei niedrigen Drücken, wie sie für Kontaktaureolen typisch sind, noch eine deutliche Temperatursteigerung, z. B. auf ca. 700 °C bei 1 kbar P_{H_2O}, notwendig ist, um das Stabilitätsfeld von Sillimanit zu erreichen, z. B. durch direkte Verdrängung von Andalusit (▣ Abb. 27.7a).

- **Pyroxen-Hornfels-Fazies**

Neben dem Auftreten von Sillimanit + Kalifeldspat in *metapelitischen* Hornfelsen sind für die Pyroxen-Hornfels-Fazies die Paragenesen Plagioklas + Orthopyroxen + Klinopyroxen oder: Plagioklas + Orthopyroxen: + Cordierit kritisch (▣ Abb. 27.25), die auch in der Niederdruck-Granulit-Fazies stabil sind. Beide Pyroxenarten entstehen durch Zerfallsreaktionen aus Hornblende, z. B. nach Reaktion (28.16). *Metabasite* weisen die Paragenese Hypersthen + Diopsid + Plagioklas (Labradorit) ± Biotit ± Quarz auf. In metamorphen *Ultramafititen* führt Reaktion (27.15) schon bei ca. 630 °C/1 kbar P_{H_2O} zur Bildung von Orthopyroxen aus Anthophyllit + Forsterit, während Anthophyllit allein erst bei ca. 730 °C/1 kbar nach Reaktion (227.17 zu Enstatit + Quarz abgebaut wird (▣ Abb. 27.9).

Metapelite führen die Paragenese Biotit + Cordierit + Sillimanit + Kalifeldspat + Plagioklas + Quarz, wobei Cordierit + Kalifeldspat nach Reaktion (28.14) gebildet werden. In *kieseligen Karbonaten* entsteht die Paragenese Wollastonit + Diopsid + Grossular ± Vesuvian ± Biotit/Phlogopit. Bei den niedrigen Drücken und hohen Temperaturen der Pyroxen-Hornfels-Fazies kann Grossular nicht mehr mit Quarz koexistieren, sondern reagiert der Reaktion

$$Ca_3Al_2[SiO_4] + SiO_2 \rightarrow 2Ca[SiO_3] + Ca[Al_2Si_2O_8]$$
Grossular   Quarz   Wollastonit   Anorthit

(28.19)

folgend zu Wollastonit + Anorthit-reichem Plagioklas. Demgegenüber ist Grossular allein noch bei hohen Temperaturen und Drücken stabil, allerdings nur bei sehr niedrigem f_{CO_2} in der fluiden Phase.

28.3.7 Sanidinit-Fazies

Paragenesen der Sanidinit-Fazies entstehen im breiten P-T-Spektrum der Pyrometamorphose, das sich teilweise mit den Kristallisationsbedingungen vulkanischer Gesteine in der Schlussphase ihrer Erstarrung überschneidet. Nach niedrigeren Temperaturen hin schließt sich an die Sanidinit-Fazies die Pyroxen-Hornfels-Fazies an. Gesteine in Sanidinit-Fazies bilden Kontaktsäume an magmatischen Gängen und Lagergängen oder treten als Einschlüsse (Xenolithe) in vulkanischen Gesteinen auf, so z. B. im jungen Vulkangebiet um den Laacher See (Osteifel, Rheinland-Pfalz). Obwohl hohe Temperaturen erreicht werden, wird ein thermodynamisches Gleichgewicht zwischen den Mineralneubildungen meist nur unvollkommen eingestellt, da gewöhnlich die Dauer der thermischen Einwirkung zu kurz ist. Weitere wohlbekannte Vorkommen von sanidinitfaziellen Gesteinen sind die Xenolithe in tertiären Basalten der Insel Mull (Schottland), der Typlokalität des Minerals Mullit, $Al^{[6]}Al^{[4]}_{1,2}[O/Si_{0,8}O_{3,9}]$, und in Antrim (Irland) sowie in pleistozänen Basalten der Auckland-Region (Neuseeland). Typisch für die Sanidinit-Fazies sind *hochtemperierte Minerale* wie Sanidin, Anorthoklas oder Plagioklas mit Hoch-T-Struktur, Wollastonit, Tridymit, Cristobalit,

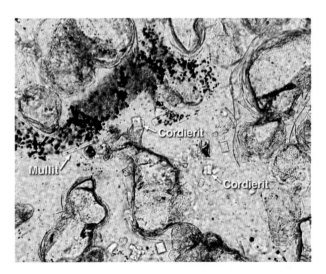

■ **Abb. 28.5** Buchit, ein Xenolith von Buntsandstein, der im Kontakt mit einem tertiären Doleritgang teilweise aufgeschmolzen wurde; zwischen den gerundeten Quarz- und Feldspat-Körnern des Sandsteins liegt ein farbloses Glas, in dem rechteckige Kriställchen von Cordierit und nadeliger Mullit sowie wolkige Anhäufungen von dunklem Spinell gewachsen sind; Kasseler Grund bei Bieber im Spessart; einfach pol. Licht, Bildbreite = 1 mm. (Foto: Joachim A. Lorenz, Karlstein am Main)

Sillimanit und/oder Mullit, Orthopyroxen (Hypersthen) und/oder Pigeonit. Die Bildung von Sanidin, einem typischen Gemengteil des pyrometamorphen Gesteins *Sanidinit,* verdankt seine Entstehung einer gleichzeitigen metasomatischen Alkalizufuhr aus alkalibasaltischen Magmen, z. B. dem Leucittephrit im Gebiet des Laacher Sees. In Quarz-Feldspat-reichen oder pelitischen Gesteinen kommt es häufig zur partiellen Aufschmelzung. Solche Gesteine, die man als *Buchit* bezeichet, enthalten einen hohen Anteil an Gesteinsglas, das neugebildete Kriställchen von Cordierit, Mullit, Korund, Spinell oder Tridymit einschließt (■ Abb. 28.5). In pyrometamorph überprägten Xenolithen von SiO_2-haltigem Kalkstein ist Wollastonit ein häufiges Mineral, das auch mit An-reichem Plagioklas koexistien kann, während Grossular nicht mehr stabil ist. Daneben können seltene Calciumsilikate wie Rankinit, $Ca_3[Si_2O_7]$, Larnit, β-$Ca_2[SiO_4]$, und Spurrit, $Ca_5[CO_3/(SiO_4)_2]$, sowie Ca-Mg-(Al-)Silikate wie Merwinit, $Ca_3Mg[SiO_4]_2$, Monticellit, $CaMg[SiO_4]$, und Melilith, $Ca_2(Mg,Al)[(Si,Al)SiO_7]$, auftreten.

28.3.8 Blauschiefer-Fazies

Die Blauschiefer- oder Glaukophanschiefer-Fazies gehört der Hochdruck-Faziesserie an, die für Subduktionszonen unter konvergenten Plattenrändern typisch ist. In dieser geotektonischen Position werden die kühlen Vulkanite und Sedimentgesteine der ozeanischen Platte sowie z. T. die Sedimente des Akkretionskeils in große Tiefen versenkt und dabei nur langsam aufgeheizt. So können in einer Subduktionszone z. B. in 50 km Tiefe nur Temperaturen von 300–500 °C erreicht werden, entsprechend einem geothermischen Gradienten von ca. 6–10 °C/km (■ Abb. 28.1a, 28.2). Die meisten der bislang bekannten Blauschiefer stammen aus relativ jungen Orogengürteln von mesozoischem bis känozoischem Alter. Bekannte Beispiele sind die Franciscan-Formation in Kalifornien, der Mount-Hibernia-Komplex in Jamaica, die Orogengürtel in Neukaledonien und in Japan, das Tauernfenster in den Ostalpen, die Penninischen Decken der Westalpen, die Orogengürtel in Kalabrien Süditalien, auf Korsika, in den westlichen Sudeten (Polen) sowie im Kykladen-Kristallin und auf der Insel Kreta (Griechenland). In paläozoischen und proterozoischen Orogenen sind Blauschiefer häufig durch spätere, höhergradige metamorphe Überprägungen bis auf geringe Relikte ausgelöscht worden, z. B. in den Appalachen (USA). Das bekannteste Vorkommen von variszischem Blauschiefer in Europa ist die Île de Groix in der südlichen Bretagne (Frankreich).

Kennzeichnend für die Blauschiefer-Fazies ist der blaue Na-Amphibol Glaukophan, $\square Na_2(Mg,Fe)_3Al_2[(OH)_2/Si_8O_{22}]$. Nach experimentellen Untersuchungen von Maresch (1977) liegt seine untere Druckgrenze bei mindestens 4 kbar und steigt im T-Bereich zwischen 350 und 550 °C auf ca. 10,5 kbar an; die obere *T*-Stabilitätsgrenze dürfte bei ungefähr 550 °C, vielleicht aber noch höher liegen (vgl. Yardly 1989). Die prograde Bildung von Glaukophan kann z. B. durch die stark vereinfachte Entwässerungsreaktion

$$\text{Albit} + \text{Chlorit} \rightarrow \text{Glaukophan} + H_2O \qquad (28.20)$$

formuliert werden. Ein weiteres fazieskritisches Mineral ist Lawsonit, der sich in basischen Vulkaniten direkt aus magmatischem Plagioklas bilden kann, und zwar nach der vereinfachten Reaktion

$$\begin{aligned} &\underset{\text{Plagioklas (An}_{50})}{Ca[Al_2Si_2O_8] \cdot Na[AlSi_3O_8]} + 2H_2O \rightarrow \\ &\underset{\text{Lawsonit}}{CaAl_2\left[(OH)_2/Si_2O_7\right] \cdot H_2O} + \underset{\text{Albit}}{Na[AlSi_3O_8]} \end{aligned} \qquad (28.21)$$

Wie aus ◘ Abb. 27.10 ersichtlich, ist Lawsonit in Gegenwart von Quarz im *T*-Bereich von ~200–400 °C bei H_2O-Drücken oberhalb von 3–4,5 kbar stabil; danach steigt die obere Stabilitätsgrenze steil an, wobei Lawsonit ab 5,5 kbar und bei wenig höheren Temperaturen zugunsten von Zoisit oder bei Anwesenheit von Fe zu Epidot abgebaut wird (s. Epidot-Blauschiefer-Fazies). Ein weiteres für die Blauschiefer-Fazies typisches Mineral ist Aragonit, der als Hochdruckmodifikation von $CaCO_3$ bei Drücken oberhalb 5 kbar (bei 180 °C) und 9 kbar (bei 400 °C) stabil ist (◘ Abb. 8.8). Allerdings ist Aragonit nur noch in relativ niedrig temperierten Blauschiefern metastabil erhalten geblieben. Die polymorphe Umwandlung

$$\text{Aragonit} \rightarrow \text{Calcit} \qquad (28.22)$$

ist nämlich eine topotaktische Reaktion, bei der keine Bindungen in der Kristallstruktur aufgebrochen werden müssen; diese Reaktion erfolgt daher bei erhöhten Temperaturen sehr rasch: so würde der Reaktionsfortschritt bei 250 °C etwa 100 mm pro 1 Ma, bei 100 °C dagegen nur ca. 0,001 mm pro 1 Ma betragen (Carlson und Rosenfeld 1981).

Bei noch höheren Drücken von 7–11 kbar bei Temperaturen von 250–400 °C tritt in blauschieferfaziellen Gesteinen Jadeit + Quarz anstelle von Albit auf, entsprechend der Reaktion

$$\underset{\text{Albit}}{Na\left[Al^{[4]}Si_3O_8\right]} \leftrightarrow \underset{\text{Jadeit}}{NaAl^{[6]}[Si_2O_6]} + \underset{\text{Quarz}}{SiO_2} \qquad (27.4)$$

(◘ Abb. 26.1). Natürlicher Jadeit ist allerdings meist ein Mischkristall, der variable Anteile der Komponenten Akmit, $NaFe^{3+}[Si_2O_6]$, und Diopsid, $Ca(Mg,Fe^{2+})[Si_2O_6]$, enthält; dadurch verschiebt sich die Gleichgewichtskurve zu etwas geringeren Drücken. Hellglimmer der Blauschiefer-Fazies sind typischerweise phengitisch, d. h. angereichert an Mg und Si, aber auch Paragonit. Wenn Na auf koexistierende Mineralphasen wie Glaukophan, Paragonit, Albit oder Jadeit verteilt ist, lassen sich konventionelle ACF-und A'KF-Diagramme, aber auch die *AFM*-Projektion nicht mehr anwenden. In diesen Fällen kann man z. B. ein ANFM-Diagramm benutzen.

Niedriggradige und/oder schwach deformierte Gesteine in Blauschiefer-Fazies lassen häufig noch Mineral- und Gefügerelikte der magmatischen Ausgangsgesteine, z. B. von Kissenbasalt oder Gabbro, erkennen. Metasedimentgesteine zeigen oft noch die ehemalige Schichtung. In diesen Fällen ist eine Schieferung nur schwach ausgebildet oder fehlt. Andererseits trifft man auch stark umkristallisierte Gesteine mit grobkörnigem, kristalloblastischem Gefüge an, die oft eine ausgeprägte Schieferung zeigen und/oder intensiv gefaltet sind (◘ Abb. 26.14a).

Je nach dem Auftreten von Lawsonit oder Epidot lassen sich zwei verschiedene Subfazies unterscheiden, deren Grenzen allerdings sehr stark vom Gesteinschemismus abhängen (Evans 1990):

- Lawsonit-Blauschiefer-Fazies und
- Epidot-Blauschiefer-Fazies.

■ **Lawsonit-Blauschiefer-Fazies**

Diese Subfazies ist wesentlich durch das Stabilitätsfeld von Lawsonit in Gegenwart von Glaukophan definiert. *Metabasite* liegen als feinkörniger Glaukophanschiefer oder Glaukophanit mit der Paragenese   Glaukophan + Lawsonit + Albit/Jadeit ± Pumpellyit ± Phengit ± Chlorit ± Aragonit vor. In assoziierten *Metasedimentgesteinen* können sich in Abhängigkeit vom Gesteinschemismus und variierender *P-T*-Bedingungen vielfältige Mineralgesellschaften bilden.

So entstand in Metagrauwacke der Franciscan-Formation in Kalifornien eine Folge von Paragenesen, die einer systematischen Druckzunahme der Metamorphose entspricht:

- Quarz + Albit + Lawsonit + Stilpnomelan + phengitischer Muscovit + Chlorit + Calcit,
- Albit + Lawsonit + Aragonit,
- Jadeitischer Klinopyroxen + Lawsonit + Aragonit.

Die Paragenese Lawsonit + Jadeit ist bei Temperaturen <400 °C und bei Drücken von 8–12 kbar stabil.
Im Hochdruckgürtel der externen Helleniden (Griechenland) treten in Metapeliten als kritische Minerale u. a. Pyrophyllit, $Al_2[(OH)_2/Si_4O_{10}]$, das Chlorit-ähnliche Schichtsilikat Sudoit,

$(Mg,Fe^{2+})_2Al_3[(OH)_8/AlSi_3O_{10}]$, das Kettensilikat Fe-Mg-Karpholith, $(Fe,Mg)Al_2[(OH,F)_4/Si_2O_6]$, und das Orthosilikat Chloritoid, $(Fe,Mg,Mn)Al_2[O/(OH)_2/SiO_4]$, auf. Die Mineralparagenesen (jeweils + Paragonit + phengit. Muscovit + Quarz ± Albit) deuten auf eine regionale Zunahme der *P–T*-Bedingungen von ca. 300 °C/8 kbar in Ostkreta bis ca. 450 °C/17 kbar auf dem Peloponnes hin (Theye und Seidel 1991; Theye et al. 1992):

- Ostkreta: Chlorit + Pyrophyllit ± Fe–Mg-Karpholith *oder* Sudoit + Chlorit + Pyrophyllit;
- Mittelkreta: Chloritoid + Fe–Mg-Karpholith + Chlorit *oder* Pyrophyllit + Chloritoid + Fe–Mg-Karpholith;
- Westkreta: Chloritoid + Mg-Karpholith + Chlorit *oder* Pyrophyllit + Chloritoid;
- Peloponnes: Chloritoid + Mg-Karpholith + Chlorit *oder* Chloritoid + Mg-Karpholith + Pyrophyllit *oder* Chloritoid + Chlorit + Granat.

In Westkreta kann in *Na-reicheren* Metasedimentgesteinen zusätzlich Ferroglaukophan + Albit, auf dem Peloponnes Glaukophan + Na-Pyroxen ~ $Jd_{50}Akm_{50}$ stabil vorhanden sein. Weiterhin finden sich in Westkreta Ca-Al-*reiche Metasedimentgesteine,* die reichlich Lawsonit führen und die mit fossilhaltigem Aragonit-Marmor wechsellagern. Neuerdings wurden gut untersuchte Beispiele für die Lawsonit-Blauschiefer-Fazies aus dem Kurosegawa-Gürtel auf der Insel Kyushu, Japan (Sato et al. 2016) und vom Mount-Hibernia-Komplex, Südostjamaica beschrieben (Willner et al. 2016).

■ **Epidot-Blauschiefer-Fazies**

In Anwesenheit zusätzlicher Mineralphasen wie Glaukophan, Ca-Amphibol oder Klinopyroxen wird das Stabilitätsfeld von Lawsonit + Quarz stark eingeschränkt. Der Übergang von der Lawsonit- in die Epidot-Blauschiefer-Fazies erfolgt über eine Reihe komplexer Reaktionen, deren Gleichgewichtskurven durch variable Mg/Fe^{2+}- und Fe^{3+}/Al-Verhältnisse im Glaukophan zu Übergangszonen ausgedehnt werden. Die beiden kritischen Paragenesen Lawsonit + Glaukophan und Epidot + Glaukophan überlappen sich so in einem breiten Intervall von etwa 320–370 °C bei 10 kbar und etwa 400–460 °C bei 15 kbar (Evans 1990). Heinrich und Althaus (1988) konnten zeigen, dass die Gleichgewichtskurven der Reaktionen

$$1 \text{ Lawsonit} + 1 \text{ Albit} \rightarrow$$
$$2 \text{ Zoisit} + 1 \text{ Paragonit} + 2 \text{ Quarz} + 6 \text{ H}_2\text{O} \quad (28.23)$$

und

$$4 \text{ Lawsonit} + 1 \text{ Jadeit} \rightarrow$$
$$2 \text{ Zoisit} + 1 \text{ Paragonit} + 1 \text{ Quarz} + 6 \text{ H}_2\text{O} \quad (28.24)$$

bei ca. 430 °C/10 kbar und 480 °C/15 kbar verlaufen. Zu höheren Temperaturen und Drücken geht die Epi-dot-Blauschiefer-Fazies in die Eklogit-Fazies über, zu höheren Temperaturen und niedrigeren Drücken in die Epidot-Amphibolit-Fazies bzw. die Grünschiefer-Fazies (◘ Abb. 28.1a).

Ein gutes Beispiel für die Epidot-Blauschiefer-Fazies sind die eozänen Hochdruckgesteine auf der Insel Samos im Ostteil des Kykladen-Kristallins. In *Glaukophanit* tritt verbreitet die Paragenese Glaukophan + Epidot + Albit + Chlorit + Phengit + Paragonit + Quarz auf. *Metagabbro* mit typischem Flasergefüge führt Albit + Epidot + Chlorit + Ca-Amphibol ± Phengit ± Glaukophan, stellenweise auch Zoisit oder Omphacit, aber nicht in Gegenwart von Granat. Glaukophan und Chloritoid treten verbreitet in *Metasedimentgesteinen* auf, jedoch niemals gemeinsam. Wichtige Paragenesen in *Metapeliten* sind Quarz + Albit + Phengit + Paragonit + Chlorit + Chloritoid oder Glaukophan, in Al_2O_3-reicheren Stoffbeständen auch Chloritoid + Kyanit + Phengit + Paragonit + Chlorit + Quarz. In *Kalkphyllit* und *Kalksilikat-Marmor* sind die Paragenesen Ankerit ± Calcit + Phengit + Chlorit + Epidot + Glaukophan oder Ankerit + Chloritoid + Phengit + Quarz stabil. Für die Hochdruckgesteine von Samos konnten Temperaturen um 500 °C und Drücke von 12–14 kbar abgeschätzt werden. Demgegenüber repräsentieren Granat-Glaukophanite und assoziierte Granat-Glimmerschiefer im Nordteil der Insel bereits Übergänge in die Eklogit-Fazies mit *P-T*-Bedingungen von etwa 520 °C/19 kbar beim Höhepunkt der Metamorphose (Will et al. 1998).

28.3.9 Eklogit-Fazies

> Eklogit ist ein metamorphes Gestein von basaltischem Chemismus mit der charakteristischen Mineralparagenese Granat + Omphacit.

Fallweise treten als Nebengemengteile hinzu: Quarz, Kyanit, Zoisit oder Epidot, phengitischer Hellglimmer, Ca-Amphibol und Glaukophan; Rutil oder Titanit können als Akzessorien vorhanden sein. *Granat* ist ein Mischkristall aus wechselnden Anteilen der Komponenten Almandin, Pyrop und Grossular. *Omphacit* ist ein ebenso komplex zusammengesetzter Klinopyroxen, der aus den Komponenten Diopsid, Hedenbergit, Jadeit, $NaAl^{[6]}[Si_2O_6]$, Akmit $NaFe^{3+}[Si_2O_6]$, sowie Ca-Tschermak- und Mg-Tschermak-Molekül $CaAl^{[6]}[Al^{[4]}SiO_6]$ bzw. $MgAl^{[6]}[Al^{[4]}SiO_6]$ besteht. Kennzeichnend ist das Fehlen von Plagioklas, dessen Albit-Komponente $Na[Al^{[4]}Si_3O_8]$ als Jadeit-Molekül $NaAl^{[6]}[Si_2O_6]$ in den Omphacit eingebaut wird, während die Anorthit-Komponente $Ca[Al^{[4]}_2Si_2O_8]$ in Form von Grossular-Komponente $Ca_3Al^{[6]}_2[SiO_4]_3$ in den Granat eingeht (vgl. ▶ Abschn. 29.3, Reaktion 29.1). Der Übergang von der lockeren Gerüststruktur des Plagioklas in die dichter gepackten Strukturen des Kettensilikats Omphacit und des Inselsilikats Granat sowie der Koordinationswechsel $Al^{[4]} \rightarrow Al^{[6]}$ führt zu der hohen Dichte des Eklogits von ca. 3,5 g/cm³.

Zur verbreiteten Bildung von Eklogiten kommt es bei der Hochdruckmetamorphose von tief subduzierten mafischen Gesteinen der ozeanischen Kruste (► Abschn. 26.2.5, ■ Abb. 28.2, 29.17 und 29.18). Darüber hinaus können auch kontinentale Krustenbereiche unter eklogitfazielle Bedingungen geraten, wenn im Zuge einer Kontinent-Kontinent-Kollision eine Lithosphärenplatte von einer anderen überschoben und dadurch tief versenkt wird. Dabei können sich auch in Gesteinen von nichtbasaltischer Zusammensetzung eklogitfazielle Paragenesen bilden (■ Abb. 29.18d).

In den klassischen Eklogit-Vorkommen, z. B. in der Münchberger Gneismasse (Oberfranken, z. B. Okrusch et al. 1991; O'Brien 1993) oder im Erzgebirge (z. B. Schmädicke et al. 1992; Schmädicke 1994), tritt Eklogit als isolierte Linsen auf, die in Metasedimentgesteine mit *amphibolitfaziellen Paragenesen* eingelagert sind. Man glaubte daher, dass der Eklogit als tektonische Späne in ein seichteres Krustenniveau mit niedrigerem Metamorphosedruck eingeschuppt worden sei, und nahm an, dass die Eklogit-Fazies nur durch einen einzigen Gesteinstyp, nämlich den Eklogit, repräsentiert würde. Inzwischen sind jedoch auch Gesteine mit völlig abweichendem Chemismus beschrieben worden, deren Mineralparagenesen der Eklogit-Fazies zuzuordnen sind, wie z. B. der berühmte Metagranodiorit des Monte Mukrone in der Sesia-Zone, Westalpen (Compagnoni und Maffeo 1973). Außerdem hat man im amphibolitfaziellen Nebengestein Mineralrelikte der Eklogit-Fazies nachgewiesen und konnte zeigen, dass die Eklogitkörper und ihr Nebengestein eine gemeinsame *P-T*-Entwicklung durchgemacht haben, was zur Ablösung des sog. „*Fremdmodells*" durch ein "*In-situ-Modell*" führte. Die scheinbaren Diskrepanzen sind reaktionskinetisch begründet: Eklogit verhält sich gegenüber Deformation und retrograder Überprägung wesentlich resistenter als z. B. Metapelite und wurde daher oft nur randlich in Amphibolit oder Glaukophanit umgewandelt. Demgegenüber erfuhren die benachbarten Metasedimentgesteine häufig durchgreifendere Veränderungen in ihrem Mineralbestand nach ihrer eklogitfaziellen Prägung.

Die Eklogit-Fazies nimmt ein sehr großes *P-T*-Feld bei hohen Drücken und extrem variablen Temperaturen ein (■ Abb. 28.1a), das sich jedoch aufgrund von kritischen Mineralparagenesen und unter Berücksichtigung von Geländebefunden noch weiter untergliedern lässt in:

- eklogitfazielle Gesteine im Verband mit Blauschiefern,
- eklogitfazielle Gesteine im Verband mit Gneisen und Granuliten,
- eklogitfazielle Gesteine mit Ultrahochdruck-Paragenesen,
- eklogitfazielle Xenolithe in Kimberliten und Alkalibasalten.

■ Eklogitfazielle Gesteine im Verband mit Blauschiefern

Die untere Druckgrenze der Eklogit-Fazies wird durch die Gleichgewichtskurve der Umkehrung von Reaktion (27.4)

$$\text{Albit} \rightarrow \text{Jadeit} + \text{Quarz} \qquad (27.4a)$$

definiert, während die kontinuierlichen Reaktionen

$$\text{Glaukophan} + \text{Epidot} \rightarrow$$
$$\text{Granat} + \text{Omphacit} + \text{Quarz} + H_2O$$
$$(28.25)$$

und

$$\text{Glaukophan} + \text{Lawsonit} \rightarrow$$
$$\text{Granat} + \text{Omphacit} + \text{Quarz} + H_2O$$
$$(28.26)$$

den gleitenden Übergang von der Blauschiefer- in die Eklogit-Fazies bei zunehmender Temperatur repräsentieren. Dementsprechend findet man in vielen Blauschiefer-Komplexen Lagen und Linsen von Eklogit. Entweder wurden diese beiden Gesteinstypen unter denselben *P-T*-Bedingungen im einem isofaziellen Übergangsbereich gebildet oder die Eklogitlinsen sind als Relikte bei der retrograden Umwandlung von der Eklogit- in die Blauschiefer-Fazies erhalten geblieben.

So beobachtet man auf der Insel Sifnos im Kykladen-Kristallin einen wiederholten Lagenwechsel von Eklogit, Glaukophanit, und Glaukophan-führendem Jadeitgneis mit ± Glaukophan-führenden Metasedimentgesteinen wie Marmor, Glimmerschiefer und Quarzit, die auf eine ehemalige vulkano-sedimentäre Serie zurückgehen (Schliestedt 1986; Schliestedt und Okrusch 1988). Dabei leiten sich Eklogit und Glaukophanit von zwei Basalt-Typen ab, die sich in ihrem Chemismus deutlich voneinander unterscheiden; die Ausgangsgesteine des Glaukophan-führenden Jadeitgneises sind Andesit, Dacit und Rhyolith. Man beobachtet folgende Paragenesen (± Titanit ± Rutil):

- Eklogit: Omphacit + Granat + Epidot ± Phengit ± Glaukophan ± Quarz;
- Glaukophanit: Glaukophan + Epidot + Granat + Paragonit ± Phengit ± Chloritoid ± Omphacit + Quarz;
- Glaukophan-Jadeitgneis: Jadeit + Quarz + Glaukophan + Paragonit ± Phengit ± Epidot + Granat;
- Quarzit: Quarz + phengit. Muscovit + Paragonit ± Granat ± Glaukophan ± Omphacit ± Epidot.

Als Besonderheit wurde das typische Hochdruckmineral Deerit, $(Fe^{2+},Mn)_6(Fe^{3+},Al)_3[O_3/(OH)_5/Si_6O_{17}]$, in eisenhaltigem Quarzit entdeckt, der als weitere Minerale Ägirinaugit, Riebeckit und Magnetit enthält (Schliestedt 1978).

Pseudomorphosen von Klinozoisit + Paragonit ± Phengit ± Quarz nach Lawsonit deuten an, dass auf dem prograden *P-T*-Pfad das Stabilitätsfeld von Lawsonit erreicht und die Reaktionskurve (28.23) gekreuzt wurde. Die Abwesenheit der Paragenese Omphacit + Kyanit (s. u.) begrenzt den maximal möglichen Metamorphosedruck auf ca. 20 kbar. Neuere Abschätzungen der *P-T*-Bedingungen erbrachten Temperaturen von 550–600 °C und Drücke von 15–20 kbar (Schmädicke und Will 2003).

Eine weitere interessante Assoziation von Eklogit und Blauschiefer ist im Ophiolith-Komplex von Zermatt-Saas-Fee in den Walliser Alpen aufgeschlossen. Er repräsentiert Überreste einer ozeanischen Lithosphäre des Tethys-Ozeans, die hochdruck-metamorph überprägt wurde (Bearth 1973). Ehemalige Basalte zeigen als spektakuläre Gefügerelikte Kissen, die jetzt als Eklogit mit der Paragenese Omphacit + Granat + Epidot ± Glaukophan ± Paragonit ± Phengit + Quarz + Rutil vorliegen und durch ein zweites Metamorphoseereignis unter amphibolitfaziellen Bedingungen teilweise in Granat-Amphibolit umgewandelt

28

wurden. Die ehemaligen Hyaloklastite der Matrix liegen dagegen als Glaukophanit mit der Paragenese Glaukophan + Granat + Epidot + Paragonit ± Chlorit ± Chloritoid + Rutil ± Titanit vor. Auch in der Franciscan Formation Kaliforniens treten stellenweise Eklogitlinsen im Verband mit Blauschiefer auf.

▪ Eklogitfazielle Gesteine im Verband mit Gneisen und Granuliten

Kennzeichnend für diesen Typ ist die Paragenese Omphacit + Granat ± Kyanit ± (Ortho-)Zoisit ± phengit. Muscovit ± Ca-Amphibol + Quarz + Rutil. Das gemeinsame Auftreten von Kyanit und Zoisit in Gegenwart von Quarz zeigt, dass die oberere thermische Stabilitätsgrenze von Lawsonit nach der Reaktion

$$4CaAl_2\left[(OH)_2/Si_2O_7\right]\cdot H_2O \rightarrow$$
$$\underset{\text{Lawsonit}}{}$$

$$2\,Ca_2Al_3[O/(OH)/SiO_4/Si_2O_7]$$
$$\underset{\text{Zoisit}}{}$$

$$+\,\underset{\text{Kyanit}}{Al_2[SiO_5]}+\underset{\text{Quarz}}{SiO_2}+H_2O \qquad (28.27)$$

überschritten worden ist. Nach der experimentellen Bestimmung von Schmidt und Poli (1994) ist Lawsonit oberhalb von ca. 525 °C bei 17 kbar und ca. 565 °C bei 20 kbar nicht mehr stabil. Wichtig ist ferner die Koexistenz von Omphacit und Kyanit, aus der sich Mindestdrücke für diesen Bereich der Eklogit-Fazies abschätzen lassen. Grundlage dafür ist die obere Druckstabilität von Paragonit nach der Reaktion

$$\underset{\text{Paragonit}}{NaAl_2\left[(OH)_2/AlSi_3O_{10}\right]}\rightarrow$$

$$\underset{\text{Jadeit}}{NaAl[Si_2O_6]}+\underset{\text{Kyanit}}{Al_2[SiO_5]}+H_2O$$

$$(28.28)$$

deren Gleichgewichtskurve im Temperaturbereich von 550 bis 650 °C bei Drücken von ca. 25 kbar verläuft (Holland 1979). Für die Bildung von Omphacit + Kyanit nach der gleitenden Reaktion

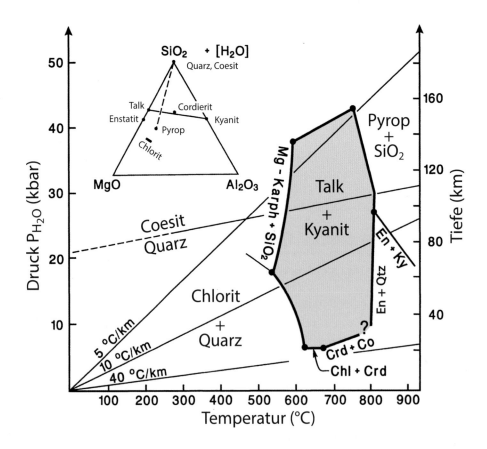

□ **Abb. 28.6** *P-T*-Diagramm mit den Stabilitätsfeldern der Paragenesen Talk + Kyanit und Pyrop + SiO₂ im Modellsystem MgO-Al₂O₃-SiO₂-H₂O (MASH), dargestellt in einer Projektion auf die H₂O-freie Dreiecksfläche *(links oben);* zum Vergleich sind in das *P-T*-Diagramm die linear verlaufenden geothermischen Gradienten von 5 °C/km, 10 °C/km und 40 °C/km eingetragen. Chl = Chlorit, Co = Korund, En = Enstatit, Ky = Kyanit, Mg-Karph = Magnesiokarpholith. (Leicht vereinfacht nach Schreyer 1988)

$$\text{Paragonit} + \text{Omphacit}_1 \rightarrow$$
$$\text{Omphacit}_2 + \text{Kyanit} + H_2O$$
$$(28.29)$$

liegt diese Mindestdruckgrenze umso niedriger, je geringer der Jadeitgehalt von Omphacit ist, z. B. für die Paragenese Omphacit $Jd_{50}Di_{50}$ + Kyanit bei ca. 20 kbar. Gut untersuchte Vorkommen sind die Eklogite in der Münchberger Gneismasse, im Erzgebirge, im Tauernfenster der Ostalpen und in der Gneisregion Westnorwegens. Weitere Beispiele sind die St.-Cyr-Klippe im Yukon-Gebiet, Kanada (Petrie et al. 2016) und die Malpuica-Tuy-Scherzone in NW-Spanien (Li und Massonne 2016).

Ein interessantes Beispiel für *Metasedimentgesteine* in Eklogit-Fazies stellt *Weißschiefer* dar. Nach seiner chemischen Zusammensetzung geht dieser Metapelit auf einen extrem Mg-reichen, evaporitischen Salzton zurück (Kulke und Schreyer 1973; Schreyer 1974). Seit seinem ersten Auffinden im Hindukusch-Gebirge in Afghanistan sowie in Sambia sind mehrere weitere Vorkommen bekannt geworden, so in den Westalpen und noch mehr in Sambia. Weißschiefer ist fast immer mit Eklogit assoziiert und sollten daher unter eklogitfaziellen Bedingungen entstanden sein. Allerdings nimmt seine kritische Mineralparagenese Kyanit + Talk + Quarz ein extrem weites *P-T*-Feld ein, mit Temperaturen von 550–810 °C und Drücken von 6 kbar bis hinauf zu 45 kbar (⬛ Abb. 28.6).

■ **Eklogitfazielle Gesteine mit Ultrahochdruck-Paragenesen**

Kennzeichnend für Gesteine, die eine Ultrahochdruckmetamorphose erlebt haben, ist das Auftreten des SiO_2-Minerals *Coesit*. Nach seiner Erstentdeckung im Dora-Maira-Massiv in den Italienischen Alpen (Chopin 1984) und in der westnorwegischen Gneisregion (Smith 1984) konnte man inzwischen weltweit zahlreiche Coesit-Vorkommen nachweisen, die nicht durch Impaktmetamorphose entstanden sind. Beispiele sind die Zone von Zermatt-Saas-Fee in den Westalpen, das sächsische Erzgebirge, die Rhodopen (Griechenland), der Matsyutov-Komplex (Südural), der At-Bashy- und Kokchetav-Komplex (Kasachsthan), der Makbal-Komplex (Kirgisien), das Himalaya-Gebirge, die Inseln Java und Sulawesi (Indonesien) sowie die Kristallingürtel von Dabie Shan und Su Lu in Westchina (Chopin 2003; Schertl et al. 2016).

Da sich Coesit (Dichte 3,01) bei Druckentlastung sehr rasch in Tiefquarz (2,65) umwandelt, bleibt er nur dann metastabil erhalten, wenn er in Mineralen hoher Festigkeit eingeschlossen ist, die effektiv als Hochdruck-Autoklav wirken. Das ist in erster Linie Granat. So entdeckte Chopin (1984) in Granat-Quarzit des Dora-Maira-Massivs erstmals Coesit, der nicht durch Impaktmetamorphose (▶ Abschn. 26.2.3) entstanden ist. Er bildet Einschlüsse in Porphyroblasten von nahezu reinem *Pyrop* (Prp_{90-98}), ist jedoch randlich weitgehend in palisadenartige Quarz-Aggregate umgewandelt (⬛ Abb. 28.7). Häufig ist die Dekompressionsreaktion

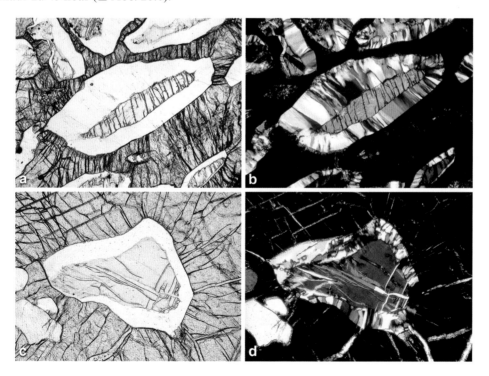

⬛ **Abb. 28.7** Pyrop mit Einschlüssen von Coesit mit randlichen Säumen von palisadenartigem Quarz; durch Expansion bei der nachträglichen Umwandlung von Coesit in Quarz hat sich ein auffälliges System radial verlaufender Sprengrisse im Pyrop gebildet, besonders deutlich in c und d. Dora-Maira-Massiv (Italienische Alpen). **a** und **c** einfach pol. Licht, **b** und **d** gekreuzte Pol. Schliffdicke = ca. 30 μm, Bildbreite = ca. 1 mm. (Foto: Hans-Peter Schertl, Universität Bochum)

28

$$Coesit \rightarrow Quarz \qquad (28.30)$$

in den Einschlüssen bereits vollständig abgelaufen. Wegen des Dichteunterschieds nimmt Quarz ein erheblich größeres Volumen ein als Coesit und sprengt daher das einschließende Mineral. Die dabei entstehenden Sprengrisse (Abb. 28.7) sind typisch für Coesit-führende Gesteine, stellen aber keinen schlüssigen Beweis für die ehemalige Anwesenheit von Coesit dar. Im Grundgewebe des Quarzits hat sich kein Coesit mehr erhalten.

Die kritische Mineralparagenese Quarz/Coesit + Pyrop + phengit.   Muscovit + Talk + Kyanit + Jadeit + Rutil in Granat-Quarzit von Dora Maira gibt – zusätzlich zum Auftreten von Coesit – wichtige Hinweise auf hohe Metamorphosedrücke. So wurde die obere Druckstabilität von Paragonit nach Reaktion (28.28) unter Bildung von Kyanit + Jadeit deutlich überschritten. Außerdem lief die Reaktion

$$\underset{\text{Talk}}{Mg_3\left[(OH)_2Si_4O_{10}\right]} + \underset{\text{Kyanit}}{Al_2[SiO_5]} \rightarrow$$

$$\underset{\text{Pyrop}}{Mg_3Al_2[SiO_4]_3} + \underset{\text{Coesit}}{2\ SiO_2} + H_2O$$

$$(28.31)$$

ab, deren Gleichgewichtskurve im reinen MASH-System univariant ist, aber durch Fe-Einbau in Granat divariant wird, sodass alle vier reagierenden Minerale nebeneinander auftreten können. Aus Abb. 28.6 lässt sich ableiten, dass sich diese Paragenese bei Drücken von >30 kbar entsprechend einer Versenkungstiefe von >110 km gebildet haben muss. Die Temperaturen könnten maximal im Bereich von 750–800 °C gelegen haben, würden sich aber erniedrigen, wenn $P_{H_2O} < P_l$ war. Daraus ergibt sich – ähnlich wie in der Blauschiefer-Fazies – ein geringer geothermischer Gradient von 5–8 °C/km (Abb. 28.6, 27.21).

Weitere kritische Minerale, die neben Coesit und Pyrop in eklogitfaziellen, insbesondere auch ultrahochdruckmetamorphen Sedimentgesteinen eine Rolle spielen können, sind *Mg-Chloritoid* und *Mg-Staurolith*. Nach experimentellen Untersuchungen im reinen MASH-System erfordert ihre Bildung Mindestdrücke von ca. 18 kbar (bei ca. 550 °C) bzw. ca. 14 kbar (bei 760–870 °C) (Schreyer 1988). Die Entdeckung von *Diamant* in krustalen Kristallingesteinen des Kokchetav-Massivs, im Su-Lu- und Dabie-Shan-Gürtel, in Westnorwegen und im Erzgebirge erweitert den Bereich der Eklogit-Fazies noch zu erheblich höheren Drücken von mindestens etwa 40 kbar (Nasdala und Massonne 2000).

Im Chuacús-Komplex von Zentralguatemala enthalten Metapelite, die mit Eklogit wechsellagern, die Paragenese Granat + Chloritoid + Paragonit + phengit. Muscovit + Rutil mit Spuren von Kyanit, die durch Ultrahochdruckmetamorphose gebildet wurde. Der prograde $P-T$-Pfad erreichte einen Maximaldruck von 20–21 kbar (bei 500–540 °C) und eine Maximaltemperatur von 580–600 °C (bei ~ 19,5–20 kbar) und dokumentiert die Kontinent-Kontinent-Subduktion an der Plattengrenze zwischen Nordamerikanischer und Karibischer Platte (Maldonado et al. 2016)

■ Eklogitfazielle Gesteine als Xenolithe in Kimberlit und Alkalibasalt

Xenolithe, die von Kimberlit-, Lamproit- und Alkalibasaltmagmen an die Erdoberfläche gebracht werden, bestehen überwiegend aus Mantelperidotit, untergeordnet aus Eklogit. Bei Letzterem handelt es sich meist um Bruchstücke von ozeanischer Kruste, die tief in den Erdmantel subduziert und dabei in Eklogit umgewandelt wurden. Daneben können Basaltmagmen, die im Oberen Erdmantel durch partielles Aufschmelzen gebildet wurden, ihrer vulkanischen Förderung entgangen und an ihrem Entstehungsort unter hohen Drücken zu Eklogiten kristallisiert sein. In der Tat zeigten Hochdruckexperimente schon von Yoder und Tilley (1962), dass eine magmatische Bildung von Eklogit möglich ist. Eklogit-Xenolithe dieser Art wurden weltweit gefunden, so in den Kimberlit-Diatremen des südafrikanischen Kaapvaal-Kratons, in den Lamproit-Diatremen der East-Kimberley-Region in Westaustralien sowie in Basalt der Hawaii-Inseln.

Literatur

Barrow G (1893) On an intrusion of muscovite-biotite gneiss in the southern Highlands of Scotland, and its accompanying metamorphism. Quart J geol Soc London 49:330–358

Barrow G (1912) On the geology of lower Dee-side and the southern Highland Border. Proc geol Assoc 23:274–290

Bearth P (1973) Gesteins- und Mineralparagenesen aus den Ophiolithen von Zermatt. Schweiz Mineral Petrogr Mitt 53:299–334

Becke F (1903) Über Mineralbestand und Struktur der kristallinen Schiefer. Denkschr Akad Wiss Wien 75:97

Brandt S, Will TM, Klemd R (2007) Magmatic loading in the proterozoic Epupa Complex, NW Nambia, as evidenced by ultrahigh-temperature sapphirine-bearing orthopyroxene-sillimanite-quartz granulites. Precambr Res 153:143–178

Bucher K, Frey M (2002) Petrogenesis of Metamorphic rocks, 7. Aufl. Springer, Berlin

Carlson WD, Rosenfeld JL (1981) Optical determination of topotactic aragonite-calcite growth kinetics: Metamorphic implications. J Geol 89:615–638

Chopin C (1984) Coesite and pure pyrope in high-grade blueschists of the Western Alps: a first record and some consequences. Contrib Mineral Petrol 86:107–118

Chopin C (2003) Ultrahigh-pressure metamorphism: tracing continental crust into the mantle. Earth Planet Sci Lett 212:1–14

Clark C, Fitzsimmons ICW, Healy D, Harley SL (2011) How does the continental crust really get hot? Elements 7:235–240

Compagnoni R, Maffeo B (1973) Jadeite-bearing metagranites l. s. and related rocks in the Mount Mucrone area (Sesia-Lanzo Zone, Western Italian Alps). Schweiz Mineral Petrogr Mitt 53:355–378

Coombs DS (1960) Lower grade mineral facies in New Zealand. Internat Geol Congr 21st Sess Rep Part 13:339–351, Kopenhagen, Dänemark

Coombs DS (1961) Some recent work on the lower grades of metamorphism. Australian J Sci 24:203–215

Ernst WG (1976) Petrologic phase equilibria. Freeman, San Francisco

Eskola P (1915) On the relations between the chemical and mineralogical composition in the metamorphic rocks of the Orijärvi region. Bull Comm géol Finlande 44 (English summary S. 109–145)

Eskola P (1920) The mineral facies of rocks. Norsk Geol Tidskrift 6:143–194

Eskola P (1939) Die metamorphen Gesteine. In: Barth TF, Correns CW, Eskola P (1970) Die Entstehung der Gesteine – Ein Lehrbuch der Petrogenese, 3. Teil. Springer, Berlin, S 263–407 (Neudruck)

Evans BW (1990) Phase relations of epidote-blueschists. Lithos 25:3–23

Fyfe WS, Turner FJ (1966) Reappraisal of the concept of metamorphic facies. Beitr Mineral Petrogr 12:354–36

Goldschmidt VM (1911) Die Kontaktmetamorphose im Kristianiagebiet. Oslo Vidensk Skr, I Math-Nat Kl, no 11

Grubenmann U (1910) Die kristallinen Schiefer, 1. und 2. Aufl. Borntraeger, Berlin (Erstveröffentlichung 1904)

Grubenmann U, Niggli P (1924) Die Gesteinsmetamorphose I: Allgemeiner Teil. Borntraeger, Berlin

Harley SL (1998) On the occurrence and characterization of ultra-high-temperature crustal metamorphism. In: Treloar PJ, O'Brien PJ (Hrsg) What drives metamorphism and metamorphic reactions? Geol Soc London, Spec Publ 138:81–107

Heinrich W, Althaus E (1988) Experimental determination of the reactions 4 Lawsonite + 1 Albite = 1 Paragonite + 2 Zoisite + 2 Quartz + 6 H_2O and 4 Lawsonite + 1 Jadeite = 1 Paragonite + 2 Zoisite + 1 Quartz + 6 H_2O. Neues Jahrb Mineral Monatsh 1988:516–528

Holland TJB (1979) Experimental determination of the reaction paragonite = jadeite + kyanite + H_2O, and internally consistent thermodynamic data for part of the system Na_2O-Al_2O_3-SiO_2-H_2O, with applications to eclogites and blueschists. Contrib Mineral Petrol 68:293–301

Kulke H, Schreyer W (1973) Kyanite-talc schist from Sar e Sang, Afghanistan. Earth Planet Sci Lett 18:324–328

Li B, Massonne H-J (2016) Early Variscan P-T evolution of an eclogite body and adjacent orthogneisses from the northern Malpica-Tuy shear zone in NW Spain. Eur J Mineral 28:1131–1154

Liou JG, Kim HS, Maruyama S (1983) Prehnite-epidote equilibria and their petrologic applications. J Petrol 24:321–342

Maldonado R, Ortega-Gutiérrez F, Hernández-Uribe D (2016) Garnet−chloritoid−paragonite metapelite from the Chuacús Complex (Central Guatemala): new evidence for continental subduction in the North America-Caribbean plate boundary. Eur J Mineral 28:1169–1186

Maresch WV (1977) Experimental studies on glaucophane: an analysis of present knowledge. Tectonophysics 43:109–125

Miyashiro A (1961) Evolution of metamorphic belts. J Petrol 2:277–311

Nasdala L, Massonne H-J (2000) Microdiamonds from the Saxonian Erzgebirge, Germany: In-situ micro-Raman characterisation. Eur J Mineral 12:495–498

O'Brien PJ (1993) Partially retrograded eclogites of the Münchberg Massif, Germany: Records of a multistage Variscan uplift history in the Bohemian Massif. J Metamorph Geol 11:241–260

O'Brien PJ (2006) Type-locality granulites: high-pressure rocks formed at eclogite-facies conditions. Mineral Petrol 86:161–175

Okrusch M, Matthes S, Klemd R, O'Brien PJ, Schmidt K (1991) Eclogites at the northwestern margin of the Bohemian Massif: a review. Eur J Mineral 3:707–730

Petrie MB, Massonne H-J, Gilotti JA, Mcclelland WC, Van Staal C (2016) The P−T path of eclogites in the St. Cyr klippe, Yukon, Canada: permian metamorphism of a coherent high-pressure unit in an accreted terrane of the North American Cordillera. Eur J Mineral 28:1111–1130

Sato E, Hirajima K, Yoshida K, Kamimura K, Fuyimoto Y (2016) Phase relations of lawsonite-blueschist and their role as a water-budget monitor: a case study from the Hakoishi sub-unit of the Kurosegawa belt, SW Japan. Eur J Mineral 28:1029–1046

Schertl HP, Maresch WV, McClelland WC, Mattinson CG (2016) Blueschist- to eclogite facies rocks: from HP to UHP. Eur J Mineral 28:1027–1278

Schiffman P, Liou JG (1980) Synthesis and stability relations of Mg-Al pumpellyite, $Ca_4Al_5MgSi_6O_{21}(OH)_7$. J Petrol 21:441–474

Schliestedt M (1978) Preliminary note on deerite from high-pressure metamorphic rocks of Sifnos, Greece. Contrib Mineral Petrol 66:105–107

Schliestedt M (1986) Eclogite-blueschist relationships as evidenced by mineral equilibria in the high-pressure metabasic rocks of Sifnos (Cycladic Islands), Greece. J Petrol 27:1437–1459

Schliestedt M, Okrusch M (1988) Meta-acidites and silicic metasediments related to eclogites and glaucophanites in northern Sifnos, Cycladic Archipelago, Greece. In: Smith DC (Hrsg) Eclogites and eclogite-facies rocks. Elsevier, Amsterdam, S 291–334

Schmädicke E (1994) Die Eklogite des Erzgebirges. Freiberger Forschungshefte C456, S 338. Verlag für Grundstoffindustrie, Leipzig

Schmädicke E, Will TM (2003) Pressure-temperature evolution of blueschist facies rocks from Sifnos, Greece, and implications for the exhumation of high-pressure rocks in the Central Aegean. J Metam Geol 21:799–811

Schmädicke E, Okrusch M, Schmidt W (1992) Eclogite-facies rocks in the Saxonian Erzgebirge, Germany: high pressure metamorphism under contrasting P-T conditions. Contrib Mineral Petrol 110:226–241

Schmidt MW, Poli S (1994) The stability of lawsonite and zoisite at high pressures: Experiments in CASH to 92 kbar and implications for the presence of hydrous phases in subducted lithosphere. Earth Planet Sci Lett 124:105–118

Schreyer W (1974) Whiteschist: a new type of metamorphic rock formed at high pressures. Geol Rundschau 63:597–609

Schreyer W (1988) Experimental studies on metamorphism of crustal rocks under mantle pressures. Mineral Mag 52:1–26

Smith DC (1984) Coesite in clinopyroxenes in the Caledonites and its implications for geodynamics. Nature 310:641–644

Spear FS (1993) Metamorphic phase equilibria and pressure-temperature-time paths. Mineral Soc America, Washington, DC

Theye T, Seidel E (1991) Petrology of low-grade high-pressure metapelites from the External Hellenides (Crete, Peloponnese) − a case study with attention of sodic minerals. Eur J Mineral 3:343–366

Theye T, Seidel E, Vidal O (1992) Carpholite, sudoite, and chloritoid in low-grade high-pressure metapelites from Crete and the Peloponnese, Greece. Eur J Mineral 4:487–507

Tilley CE (1925) The facies classification of metamorphic rocks. Geol Mag 61:167–171

Turner FJ, Verhoogen J (1960) Igneous and metamorphic petrology, 2. Aufl. McGraw-Hill, New York

Will T, Okrusch M, Schmädicke E, Chen G (1998) Phase relations in the greenschist-blueschist-amphibolite-eclogite facies in the system Na_2O–CaO–FeO–MgO–Al_2O_3–SiO_2–H_2O, with application to metamorphic rocks from Samos, Greece. Contrib Mineral Petrol 132:85–102

Williams GW (1890) The greenstone schist areas of the Menominee and Marquette regions of Michigan. US Geol Surv Bull no 62

Willner AP, Maresch WV, Massonne H-J, Sandritter K, Willner G (2016) Metamorphic evolution of blueschists, greenschists, and metagreywackes in the Cretaceous Mt Hiberia Complex (SE Jamaica). Eur J Mineral 28:1059–1078

Yardley BWD (1989) An Introduction to Metamorphic Petrology. Longman, Burnt Mill

Yoder HS, Tilley CE (1962) Origin of basalt magmas: an experimental study of natural and synthetic rock systems. J Petrol 3:342–532

28

Stoffbestand und Bau von Erde und Mond – unser Planetensystem

Von Pyragogi und Pyrophylacia

Bereits im 17. Jahrhundert entwickelten die Universalgelehrten René Descartes (1596–1650) und Athanasius Kircher (1602–1680) dezidierte, wenn auch voneinander abweichende Vorstellungen über den Aufbau des Erdinnern. Kirchers Vorstellungen waren geprägt von traumatischen Erlebnissen auf einer Süditalien-Reise, auf der er am Ätna, Stromboli und Vesuv den aktiven Vulkanismus mit seinen erschreckenden optischen, akustischen und Geruchserscheinungen kennenlernte. Geradezu zwangsläufig kam er in seinem Werk *Mundus Subterraneus* (1665) nach Ellenberger (1999) „die erste Enzyklopädie der Geologie" – zu einem heißen Erdinnern, in dem ein Zentralfeuer brennen sollte, das über ein Netzwerk von Kanälen *(Pyragogi)* mit zahlreichen Feuerherden *(Pyrophylacia)* und den Vulkanen an der Erdoberfläche verbunden ist (◘ Abb. 29.1). Die Vorstellung vom heterogenen Bau des Erdinnern, das zwar von Kircher als heiß, aber in weiten Bereichen als fest angesehen wurde, mutet durchaus modern an. Man könnte das Zentralfeuer mit dem Erdkern, die Pyrophylacien mit den modernen Hot Spots vergleichen. Den Schalenbau der Erde hat Kircher noch nicht vorausgeahnt – hier erscheint das von Descartes 1644 in seinen *Principia philosophiae* entwickelte Modell der Erde als „erkalteter Stern" mit einem glutflüssigen Kern und mehreren Schalen erheblich moderner.

Substantielle Theorien über den Bau des Erdinnern konnten erst entwickelt werden, nachdem zu Beginn des 20. Jahrhunderts *geophysikalische,* insbesondere seismische Messmethoden und Rechenverfahren zur Verfügung standen. Durch sie konnte die Existenz des Schalenbaus nachgewiesen und die Tiefenlage der Grenzflächen mit hoher Genauigkeit bestimmt werden (▶ Kap. 29). Vorstellungen über die chemische und mineralogische Zusammensetzung von Erdkruste, Erdmantel und Erdkern verdanken wir seit etwa 1920 der Geochemie und seit etwa 1960 der experimentellen Petrologie (▶ Kap. 29 und 33). Zusätzliche Information erhielt man aus dem Studium von Meteoriten (▶ Kap. 31), die meist als Bruchstücke von Asteroiden wichtige Analogmaterialien für das Erdinnere darstellen. Durch Datierungen mittels radioaktiver und radiogener Isotopenverhältnisse konnte das Alter der Erde auf 4,557 Mrd. Jahre bestimmt werden. Unbemannte und bemannte Weltraummissionen ermöglichten seit 1959 geophysikalische Messungen auf Mond, Venus und Mars (▶ Kap. 32) und seit 1969 direkte mineralogische und geochemische Analysen von Mondgesteinen sowie an Meteoriten, die vom Mond und Mars stammen (▶ Kap. 31). Dadurch verfügen wir heute über fundierte Vorstellungen vom inneren Aufbau und Stoffbestand des Mondes und der erdähnlichen Planeten (▶ Kap. 30, 32).

Inhaltsverzeichnis

Aufbau des Erdinnern

Inhaltsverzeichnis

© Springer-Verlag GmbH Deutschland, ein Teil von Springer Nature 2022
M. Okrusch und H. E. Frimmel, *Mineralogie*,
https://doi.org/10.1007/978-3-662-64064-7_29

Einleitung

Durch die bahnbrechenden Forschungsergebnisse der Geophysik seit Beginn des 20. Jh. ist der Schalenbau der Erde, der bereits durch Descartes (1644) vorausgeahnt worden war, gesicherte Erkenntnis. Demnach gliedert sich die Erde in drei relativ scharf begrenzte Schalen von unterschiedlicher Dichte, Masse und Volumen: Erdkruste, Erdmantel und Erdkern (◻ Tab. 29.1). Darüber hinaus haben Ergebnisse der experimentellen Petrologie und Geochemie wesentlich dazu beigetragen, plausible Modelle vom inneren Aufbau sowie von der chemischen und mineralogischen Zusammensetzung des Erdinnern zu entwickeln.

Bei einem Radius von durchschnittlich 6370 km ist uns der allergrößte Teil des Erdkörpers unzugänglich. Nur die obersten Kilometer der Erdkruste konnten durch Beobachtungen an geologischen Aufschlüssen beim Bau von Tunneln und Untertage-Bergwerken sowie durch Tiefbohrungen erforscht werden. Einige Beispiele seien im Folgenden aufgelistet (◻ Abb. 29.1):

— Der *Mont-Blanc-Tunnel* zwischen Chamonix und Courmayeur durchsticht die Westalpenkette zwischen Frankreich und Italien auf eine Länge von 11,6 km in einer Höhe von 1274–1395 m über NN und wird durch die Aiguille der Midi (3842 m) um 2480 m überragt.

— Der *Gotthard-Basistunnel,* der am 1. Juni 2016 eröffnet wurde, ist der längste und tiefste Verkehrstunnel der Erde. Er umgeht die alte Strecke der schweizerischen Gotthardbahn auf eine Länge von 57,09 km zwischen Erstfeld (Kanton Uri) und Bodio (Kanton

◻ **Tab. 29.1**   Volumen, Masse und Dichte von Erdkruste, Erdmantel und Erdkern

	Volumen (%)	Masse (%)	Mittlere Dichte (g/cm^3)
Erdkruste	0,8	0,4	2,8
Erdmantel	83,0	67,2	4,5
Erdkern	16,2	32,4	11,0
Gesamterde			5,515

◻ **Abb. 29.1**   Aufbau des Erdinneren nach den Vorstellungen von Athanasius Kircher (1665); im Erdkern befindet sich ein Zentralfeuer, das durch Zufuhrkanäle *(Pyragogi)* mit zahlreichen Feuerherden *(Pyrophylacia)* verbunden ist. Diese sind wiederum untereinander verknüpft und speisen direkt oder indirekt die aktiven Vulkane auf dem Festland oder auf Vulkaninseln

Tessin). Seine maximale Höhe ist 549 m über NN, seine maximale Tiefe unter der Bergkette ist ungefähr 2300 m. Während seiner 20-jährigen Bauzeit waren Phyllit und Glimmerschiefer der Urseren-Garvera-Zone und Gneise des Gotthard-Massivs und der Penninischen Decken zeitweise aufgeschlossen.

- In einigen Goldfeldern des Witwatersrands (Südafrika) erreichen die tiefsten *Bergwerke* der Welt *Teufen* von rund 4 km.

- Das *übertiefe Bohrloch* auf der Kolahalbinsel (Russland) durchdrang einen Teil der kontinentalen Erdkruste und erreichte 1985 eine Endteufe von 12.260 m. Die Gesamtlänge dieses bislang tiefsten Bohrlochs beträgt lediglich 2 ‰ des Erdradius!

- Die zweitlängste übertiefe Bohrung in kontinentalen Krustengesteinen wurde im Rahmen des Kontinentalen Tiefbohrprogramms der Bundesrepublik Deutschland (KTB) bei Windischeschenbach in der Oberpfalz niedergebracht, wobei die durchgehend gekernte KTB-Vorbohrung (1989) 4000 m und die 1990–1994 abgeteufte KTB-Hauptbohrung 9101 m Endteufe erreichten.

- Durch das internationale Deep Sea Drilling Program DSPD wurde im Jahre 1976 vor der spanischen Küste die ozeanische Erdkruste unter dem Atlantik bis zu einer Endteufe von 3930 m durchbohrt.

Wesentlich tiefere Einblicke in den Gesteinsaufbau tieferer Erdschichten vermitteln Gesteine, die durch eine Vielfalt *geologischer Vorgänge* an die Erdoberfläche gebracht wurden. Als Folge *tektonischer Hebung* und durch tiefgreifende *Abtragung werden* uns Anteile der Erdkruste, seltener auch des Oberen Erdmantels zugänglich, die ursprünglich in viel größerer Tiefe gelegen haben. So müssen *Krustengesteine*, die Coesit oder sogar Diamant führen (und keine Schockwellen-Metamorphose erlebten) ursprünglich in mindestens 80 bzw. 140 km Tiefe gelegen haben, einen normalen geothermischen Gradienten vorausgesetzt (▶ Abschn. 28.3.9). Gesteinsfragmente (Xenolithe) ultramafischer Gesteine, die durch *Vulkanausbrüche* an die Erdoberfläche gebracht wurden, vermitteln ein Bild vom Aufbau des *Oberen Erdmantels*. Schließlich gewinnt man lückenhafte Informationen über tiefere Teile des Erdmantels aus Mineraleinschlüssen in Diamanten, die in Kimberlit-Diatremen eingeschlossen sind.

Wichtige Befunde zum Aufbau des gesamten Erdinnern lassen sich jedoch auf *indirektem Wege* über seismische Messungen gewinnen, vergleichbar der medizinischen Röntgenanalyse oder der Computertomographie des menschlichen Körpers.

29.1 Seismischer Befund zum Aufbau des gesamten Erdinnern

29.1.1 Physikalische Grundlagen

Bei Erdbeben und künstlichen Explosionen, insbesondere auch bei unterirdischen Atombombentests entstehen verschiedenartige *Raumwellen,* die sich durch das Erdinnere ausbreiten und mittels Seismographen in weltweit verteilten Erdbebenstationen aufgezeichnet werden. In Abhängigkeit von der variablen Dichte und Festigkeit des durchdrungenen Gesteins werden die *Strahlenwege* dieser Wellen unterschiedlich gebrochen. Hier sollen nur zwei der wichtigsten Typen von Erdbebenwellen betrachtet werden (◻ Abb. 29.2 a, b, c):

- **P-Wellen** (Primärwellen) schwingen in Fortpflanzungsrichtung und sind dementsprechend *Longitudinal-* oder *Verdichtungswellen.* An einer seismischen Station werden sie daher zuerst registriert. In Luft bewegen sich P-Wellen mit Schallgeschwindigkeit und gehören daher auch zu den Schallwellen.

- **S-Wellen** (Sekundärwellen) oder *Scherwellen* schwingen senkrecht zur Fortpflanzungsrichtung und haben dementsprechend den Charakter von *Transversalwellen.* An der gleichen Station werden sie als zweite registriert, mit einer Laufzeitdifferenz, die mit der Entfernung vom Epizentrum zunimmt (◻ Abb. 29.2c). Die *Fortpflanzungsgeschwindigkeit* von **P**- und **S**-Wellen hängt von physikalischen Konstanten ab, welche die mechanischen Eigenschaften des Erdinneren beschreiben (z. B. Bass und Parise 2008; Bass et al. 2008):

- Das **Kompressionsmodul** *der* Elastizität **K** (engl. „*bulk modulus, incompressibility*") beschreibt die relative Volumenverminderung – dV bzw. die Dichteerhöhung $+\,d\rho$ bei Zunahme des allseitigen Drucks um dP (◻ Abb. 29.3a):

$$K = -V_0(dP/dV) = \rho_0(dP/d\rho) \qquad [29.1]$$

(gemessen in kbar bzw. MPa).

- Das **Schubmodul** μ (= Schermodul, engl. „*modulus of rigidity*") beschreibt den Widerstand einer Masse gegen elastische Formveränderungen. Legt man an einen rechteckigen Gesteinsblock die Schubspannung τ (gemessen in kbar oder MPa) an, so erfährt dieser eine Scherung um den Winkel α (in Bogenmaß), der τ proportional ist (◻ Abb. 29.3b). Es gilt

$$\tau = \mu \cdot \alpha \qquad [29.2]$$

29

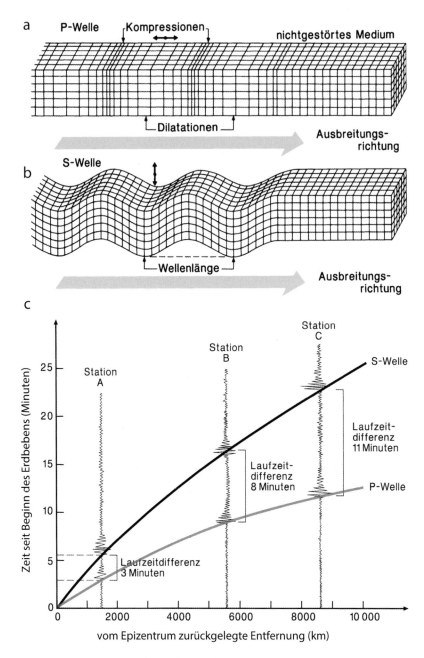

● **Abb. 29.2**   Erdbebenwellen: **a** P-Welle = Longitudinalwelle = Verdichtungswelle, **b** S-Welle = Transversalwelle = Scherwelle (mod. nach Brown und Mussett 1993), **c** Laufzeit-Kurven für P- und S-Wellen, die an drei Erdbebenstationen A, B und C registriert wurden (mod. nach Grotzinger und Jordan 2017)

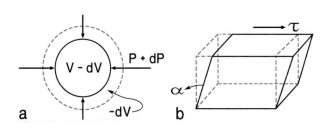

● **Abb. 29.3**   Definition von physikalischen Konstanten, die das Verhalten von Erdbebenwellen bestimmen: **a** Kompressionsmodul, **b** Schubmodul (aus Kertz 1970)

Der Proportionalitätsfaktor, das Schubmodul μ, hat die gleiche Einheit wie die Schubspannung, also kbar bzw. MPa.

— **Dichte ρ.** Die mittlere Dichte der Erde, wie sie durch astrophysikalische Messungen bestimmt wurde, beträgt 5,515 g/cm^3. Sie ist also wesentlich höher als die Dichte weitverbreiteter Gesteine wie Granit (~2,7), Basalt (~3,0), Peridotit (~3,3) oder Eklogit (~3,5 g cm^{-3}). Daraus folgt, dass im Erdinnern Massen mit wesentlich höherer Dichte vorhanden sein müssen, als die von herkömmlichen Gesteinen.

Für die Geschwindigkeit von P-und S-Wellen gelten nun folgende einfache Gleichungen:

$$v_p = \sqrt{\frac{K + \frac{4}{3}\mu}{\rho}} \qquad [29.3]$$

$$v_s = \sqrt{\frac{\mu}{\rho}} \qquad [29.4]$$

Bei Berücksichtigung des Newton'schen Kraftwirkungsgesetzes $K = m \cdot b$ kann man sich leicht überzeugen, dass der Quotient aus Druck und Dichte zu cm^2s^{-2} führen muss; die Wurzel daraus ergibt die Einheit der Geschwindigkeit $cm\,s^{-1}$.

Aus den Gl. [29.3] und [29.4] geht hervor, dass an jedem Punkt des Erdinnern $v_p > v_s$ sein muss und dementsprechend die P-Wellen stets vor den S-Wellen an einer gegebenen Erdbebenstation eintreffen. Da das Schubmodul ein Maß für den Widerstand einer Masse gegen *elastische Formveränderung* ist, gilt für Flüssigkeiten $\mu = 0$, weil diese lediglich plastisch deformiert werden. Daher sinkt nach Gl. [29.4] die Geschwindigkeit der S-Wellen in flüssigen Medien auf $v_s = 0$, und die Geschwindigkeit der P-Wellen wird nach Gl. [29.3] ebenfalls deutlich geringer.

29.1.2 Ausbreitung von Erdbebenwellen im Erdinneren

Die komplizierten Ausbreitungsvorgänge der Erdbebenwellen im Erdinneren lassen sich am besten durch den Verlauf der seismischen Wellenstrahlen beschreiben, die an Grenzflächen reflektiert und gebrochen werden. Auf dieses Verhalten lassen sich die Grundgesetze der geometrischen Optik anwenden:

— *Nach dem Reflexionsgesetz ist der* Einfallswinkel gleich dem Ausfallswinkel

$$\theta_1 = \theta_r \qquad [29.5]$$

— Nach dem *Snellius'schen Brechungsgesetz* wird der Wellenstrahl beim Eintritt aus einem seismisch dünneren in ein seismisch dichteres Medium zum Einfallslot hin gebrochen $\Theta_1 > \Theta_2$. Daraus folgt

$$\sin\theta_1 / \sin\theta_2 = v_1/v_2 = n_2/n_1 \qquad [29.6]$$

Wir verfolgen die Ausbreitung der Wellenstrahlen zunächst in einem sehr stark vereinfachten Modell des Erdinnern, das aus einem homogenen Mantel und ei-

nem homogenen Kern besteht (◻ Abb. 29.4a). Ein fächerförmiges Strahlenbündel durchläuft den Mantel ungestört und geradlinig, während flacher verlaufende Strahlen dagegen auf die Kern-Mantel-Grenze auftreffen. Sie werden dort zum Einfallslot hin, beim Verlassen des Kerns vom Einfallslot weg gebrochen und dadurch in einem „*Brennfleck*" konzentriert. Zwischen beiden Strahlenbündeln befindet sich ein breites Gebiet, in dem überhaupt keine Erdbebenwellen registriert werden, der „*Schatten des Kerns*", wie er sich bei der Registrierung natürlicher Erdbebenwellen auch tatsächlich beobachten lässt. Gegenüber diesem vereinfachten Modell muss man jedoch berücksichtigen, dass sich die physikalischen Eigenschaften und damit auch die Geschwindigkeit der P-und S-Wellen innerhalb von Erdmantel und Erdkern kontinuierlich ändern. Daraus ergibt sich, dass sich die Wellenstrahlen im Erdinnern nicht geradlinig, sondern auf gekrümmten Bahnen fortpflanzen (◻ Abb. 29.4b). Dabei gilt – wie in der geometrischen Optik – das Prinzip von Pierre de Fermat (1601–1665), wonach sich ein Licht- oder ein seismischer Wellenstrahl unter allen möglichen Wegen denjenigen auswählt, der die geringste Laufzeit erfordert.

Wir benutzen nun ein realistischeres Erdmodell, in dem die Wellenstrahlen gekrümmten Bahnen folgen

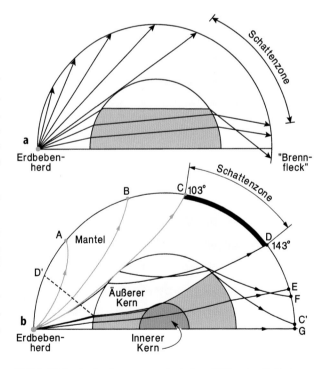

◻ **Abb. 29.4** Ausbreitung von seismischen Wellen im Erdinnern; **a** vereinfachtes Zweischalenmodell mit jeweils konstanter Fortpflanzungsgeschwindigkeit in Mantel und Kern, dargestellt durch gerade Wellenstrahlen (mod. nach Kertz 1970); **b** realistischeres Dreischalenmodell aus Erdmantel, Innerem und Äußerem Erdkern, wobei sich die physikalischen Eigenschaften und die Wellengeschwindigkeiten innerhalb jeder Schale kontinuierlich ändern; daher sind die Wellenstrahlen für P-und S-Wellen (blau) oder für P-Wellen allein (schwarz) gekrümmt (modifiziert nach Brown und Mussett 1993)

29

und das aus einem Mantel, einem Äußeren und einem Inneren Kern besteht (■ Abb. 29.4b). Wie im vereinfachten Modell lassen sich drei verschiedene Bereiche unterscheiden:

- 0–103° vom Erdbebenherd entfernt: Die Erdbebenstationen z. B. A, B und C in ■ Abb. 29.4b registrieren sowohl P-Wellen als auch S-Wellen, z. T. auch solche, die an der Kern-Mantel-Grenze reflektiert wurden (z. B. Station D').

- 103–143° vom Erdbebenherd entfernt: Schattenzone, in der praktisch keine Erdbebenwellen registriert werden. Das lässt auf eine *Unstetigkeitsfläche* in 2900 km Tiefe schließen, die den Erdmantel vom Äußeren Erdkern abgrenzt. Eine leichte „Aufhellung" des Schattens kann man durch folgende Tatsachen erklären:
  - durch Grenzflächenwellen, die sich entlang der Unstetigkeitsfläche fortsetzten;
  - durch P-Wellen, die an einer zweiten, *inneren Unstetigkeitsfläche* in 5080 m Tiefe reflektiert werden, die den Äußeren vom Inneren Kern abgrenzt;
  - eine antipodische Aufhellung des Kernschattens könnte durch einen überdurchschnittlichen Anstieg von v_P bedingt sein.

- >143° vom Erdbebenherd entfernt: Im „Brennfleck" werden wiederum Erdbebenwellen registriert, aber nur noch *P-Wellen*, keine S-Wellen mehr, z. B. an den Stationen D, E, F, C', G. Aus dieser Tatsache folgt, dass sich unterhalb der Unstetigkeitsfläche in 2900 km Tiefe Material in *flüssigem Aggregatzustand* befinden muss; dieses ist nicht elastisch verformbar ($\mu = 0$), kann also nach Gleichung [29.4] keine Transversalwellen durchlassen ($v_S = 0$).

Nach dem in ■ Abb. 29.4b dargestellten Modell ergeben sich im Erdinneren also zwei Unstetigkeitsflächen. Die obere trennt in einer Tiefe von 2900 km eine äußere feste Schale, den *Erdmantel*, von einer mittleren flüssigen Schale, dem *Äußeren Erdkern*. Dieser wird vom festen *Inneren Erdkern* durch die Diskontinuität in 5080 km Tiefe abgegrenzt.

29.1.3 Geschwindigkeitsverteilung der Erdbebenwellen im Erdinnern

Eine wesentliche Verfeinerung unseres Bildes vom Erdaufbau ergibt sich, wenn man die *Geschwindigkeit* der P-und S-Wellen in Abhängigkeit von der Erdtiefe aufträgt (■ Abb. 29.5a, b). Da sowohl v_P und v_S als auch die *Gradienten* dv_P/dz und dv_S/dz direkt von den Quotienten K/ρ und μ/ρ abhängen, müssen abrupte oder allmähliche Änderungen der Gradienten auf entsprechende Änderungen dieser physikalischen Konstanten zurückgehen, wie das in ■ Abb. 29.6 z. B. für die

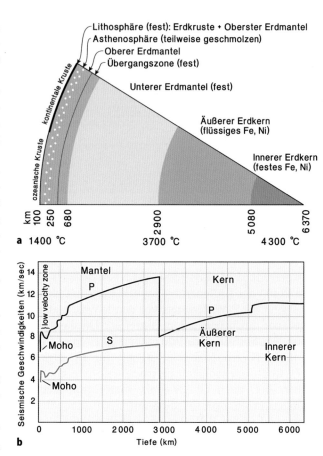

■ **Abb. 29.5 a** Schalenbau der Erde aufgrund seismischer Ergebnisse; **b** Veränderung der Geschwindigkeiten von P-und S-Wellen mit der Tiefe im Erdmantel und im Erdkern

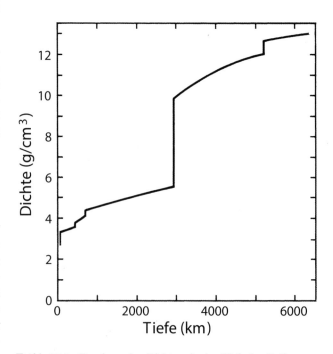

■ **Abb. 29.6** Zunahme der Dichte mit der Tiefe im Erdinneren. (Nach Clark und Ringwood 1964)

Dichte dargestellt ist. Danach ergibt sich folgende Gliederung des Erdinneren: *Erdkruste, Oberer Erdmantel, Übergangszone, Unterer Erdmantel, Äußerer Erdkern* und *Innerer Erdkern.* Obwohl dieser *Schalenbau* der Erde ursprünglich auf seismischem Wege erarbeitet wurde, kann man ihn auch in Hinblick auf die mineralogische und chemische Zusammensetzung interpretieren. Er bildet somit die Basis für das Verständnis von grundlegenden geologischen Prozessen. Dabei werden allerdings – wie oben dargelegt – *direkte* Beobachtungen nach der Tiefe hin immer spärlicher und fehlen im Unteren Erdmantel sowie im Erdkern ganz.

Es sei darauf hingewiesen, dass es einen erheblichen Aufwand an geophysikalischen Messungen und Berechnungen erforderte, die Veränderung von v_P, v_S, K, μ und ρ mit der Tiefe zu modellieren. Seismogramme enthalten komplexe Informationen über unterschiedliche Typen von seismischen Wellen, die interferieren, sich gegenseitig verstärken oder auslöschen. Ihre Auswertung gleicht der „Entzifferung eines verschlüsselten Textes" (Allègre 1992). Das scheinbar einfache Bild, das in ◻ Abb. 29.5 aufgrund von seismischen Modellierungen dargestellt ist, gehört zu den ganz großen Leistungen der Geophysik! Dennoch konnten fundierte Vorstellungen über die *Mineralogie* des Erdinneren erst durch die Verknüpfung von geophysikalischen Erkenntnissen mit direkten Beobachtungen an Gesteinen des Erdmantels, mit Ergebnissen von Hochdruckexperimenten und thermodynamischen Modellierungen erarbeitet werden (vgl. Saxena 2010).

29.2 Die Erdkruste

Die Erdkruste wird von dem darunter liegenden Erdmantel durch die *Mohorovičić-Diskontinuität* getrennt, die 1910 von dem kroatischen Geophysiker Andreiji Mohorovičić (1857–1936) entdeckt wurde. Diese kurz *Moho* genannte Grenzfläche ist durch einen relativ raschen Anstieg der P-Wellen-Geschwindigkeit von ca. 6,5–7,0 auf ca. 8,0–8,3 km/s und einen entsprechenden Anstieg von v_S bedingt (◻ Abb. 29.5b). Die Moho liegt unter den Tiefseeböden in ca. 5–7 km Tiefe, unter den Kontinenten meist ca. 30–40 km, stellenweise sogar bis ca. 60 km tief, und unter den jungen Faltengebirgen bis zu 90 km tief. Die Dicke der Erdkruste variiert dementsprechend je nach der geologischen Situation eines gegebenen Gebietes. Man sollte jedoch beachten, dass die Moho keine scharf ausgebildete Grenzfläche ist, sondern einen allmählichen Übergang darstellt. Unter den Ozeanböden kann diese Unschärfe eine Mächtigkeit von 1–2 km erreichen, unter stabilen Kontinenten noch darüber hinaus. In Orogengürteln ist die Moho schlecht ausgebildet oder gar verdoppelt; unter den mittelozeanischen Rücken fehlt sie meist ganz.

29.2.1 Ozeanische Erdkruste

Informationen über Struktur und Aufbau der ozeanischen Kruste erhielten wir durch *seismische Messungen* und durch *submarine Bohrungen,* die im Rahmen der internationalen Deep-Sea-Drilling- und Ocean-Drilling-Programme (DSDP und ODP) niedergebracht wurden, insbesondere durch die amerikanischen Forschungsschiffe *Glomar Challenger* und *Joides Resolution.* Deren Nachfolgeprojekt läuft nun als International Ocean Discovery Programme (IODP). Weitere wichtige Informationen liefern *Ophiolithkomplexe.* Diese großen Späne hochgeschuppter ozeanischer Lithosphäre, die tektonische Decken in Faltengebirgen bilden, können das gesamte Inventar der ozeanischen Erdkruste und des darunter liegenden Erdmantels enthalten oder zumindest Teile davon. Gegenüber Bohrungen haben sie den Vorteil, dass sie dreidimensionale Aufschlüsse bieten und darüber hinaus tiefere Bereiche erschließen, die bis jetzt noch nicht erbohrt werden konnten. Bekannte Beispiele sind der Vourinos-Komplex in Nordgriechenland, der Troodos-Komplex auf Zypern und zahlreiche weitere Vorkommen in den Dinariden und Helleniden, der Semail-Komplex im Oman, mehrere Vorkommen in Indonesien und Papua-Neuguinea sowie der Bay-of-Islands-Komplex in Neufundland (Kanada).

Der Semail-Komplex ist der größte und am besten aufgeschlossene Ophiolith-Komplex der Erde, der eine Ausdehnung von mehr als 500 km und eine gesamte Mächtigkeit von bis zu 20 km aufweist (Lippard et al. 1986). Er wurde während der späten Kreidezeit auf den Nordrand der Arabischen Platte obduziert. Die Platznahme von Basalt und Gabbro darin erfolgte in mindestens zwei Phasen magmatischer Aktivität, jedoch innerhalb eines kurzen Zeitraums von 96–94 Ma, die erste an einem mittelozeanischen Rücken mit hoher Spreizungsrate, die zweite über einer Subduktionszone (Goodenough et al. 2014).

Aus der Zusammenschau der verfügbaren Informationen ergibt sich, dass die ozeanische Erdkruste einen Lagenbau aufweist und darin Gesteine basaltischer Zusammensetzung mit hohen Si- und Mg-Gehalten vorherrschen. Dementsprechend wurde sie on einem der Pioniere der Kontinentalverschiebungstheorie, Alfred Wegener (1880–1930), mit dem Akronym *Sima* bezeichnet. In dem schematischen Profil in ◻ Abb. 29.7 sind die angegebenen Mächtigkeiten und P-Wellen-Geschwindigkeiten für die einzelnen Lagen nur Näherungswerte, die im Detail variieren können:

– *Lage* 1: *Tiefseesedimente:* Ihre Mächtigkeit nimmt von 0 m an den mittelozeanischen Rücken zu den Kontinenten hin stetig zu und kann an den Abhängen von passiven Kontinentalrändern mehrere Kilometer erreichen. Die ältesten noch in situ befindlichen Tiefseesedimente wurden in der obersten Trias abgelagert.

29

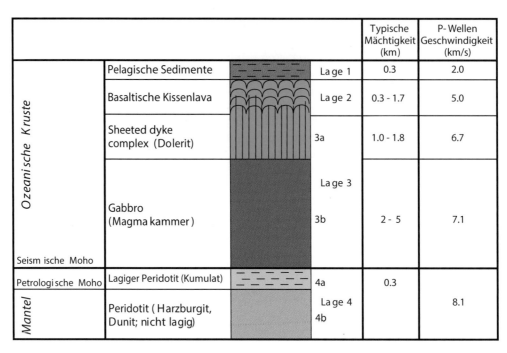

				Typische Mächtigkeit (km)	P-Wellen Geschwindigkeit (km/s)
Ozeanische Kruste	Pelagische Sedimente		Lage 1	0.3	2.0
	Basaltische Kissenlava		Lage 2	0.3 - 1.7	5.0
	Sheeted dyke complex (Dolerit)		3a	1.0 - 1.8	6.7
	Gabbro (Magmakammer)		Lage 3 / 3b	2 - 5	7.1
Seismische Moho					
Petrologische Moho	Lagiger Peridotit (Kumulat)		4a	0.3	
Mantel	Peridotit (Harzburgit, Dunit; nicht lagig)		Lage 4 / 4b		8.1

⬛ Abb. 29.7 Schematisches Tiefenprofil durch die ozeanische Lithosphäre, bestehend aus der ozeanischen Erdkruste und dem obersten Erdmantel, nach seismischen Messungen, Tiefseebohrungen und Beobachtungen in typischen Ophiolithkomplexen. Die Mächtigkeit der einzelnen Lagen und die seismischen Geschwindigkeiten können regional stark variieren. (Nach Brown und Mussett 1993)

— *Lage* 2: Submarin ausgeflossene *Kissenlava* basaltischer Zusammensetzung (MORB).

— *Lage 3a: „sheeted dyke complex"*. Doleritgänge von MORB-Zusammensetzung, die in vertikal aufreißenden Spalten ineinander intrudiertes basaltisches Magma repräsentieren und die als Lieferkanäle für die überlagernde Kissenlava fungierten.

— *Lage 3b: Gabbro*, der aus Magmakammern innerhalb der ozeanischen Kruste kristallisierte.

— *Lage 4a: Peridotit* mit Kumulatgefüge, entstanden durch gravitatives Absaigern von Olivin und Pyroxen in der Magmakammer. Seismische Messungen „sehen" die Grenze Gabbro–Peridotit als scheinbare Krusten/Mantel-Grenze, die daher *seismische Moho genannt wird*.

— *Lage 4b:* Harzburgit, Lherzolith und Dunit des Oberen Erdmantels, deren Grenze durch seismische Methoden nicht erkannt werden kann und daher als *petrographische Moho unterschieden wird*.

Mittelozeanische Rücken stellen eigene petrographische Provinzen dar, die von großer Bedeutung sind, weil an ihnen durch submarine vulkanische Aktivität ständig neue ozeanische Erdkruste erzeugt wird. Daher sind diese *divergenten* Plattenränder von *konstruktivem* Charakter. Kennzeichnend ist eine merkliche negative Schwereanomalie (Bougier-Anomalie), die auf die Topographie, in diesem Fall auf die geringe Dichte des Meerwassers korrigiert ist. Dieses Schweredefi-

zit ist über den Axialzonen am höchsten und nimmt zum Rand des Rückens hin ab. Unverfestigte Tiefseesedimente fehlen weitgehend, während Kissenbasalt der *Lage* 2 am Meeresboden ansteht. *Lage* 3 geht allmählich in einen Mantel mit anomal niedrigen P-Wellen-Geschwindigkeiten von meist 7,1–7,3 km/s über. Eine Moho ist schlecht entwickelt und kann in vielen Gebieten ganz fehlen. In Zusammenhang mit der verbreiteten vulkanischen Aktivität mit Ausfließen von basaltischer Lava ist der Wärmefluss hoch. All diese Tatsachen weisen darauf hin, dass die mittelozeanischen Rücken Zonen von aufsteigenden Konvektionsströmen sind, die durch partielles Aufschmelzen im Erdmantel erzeugt werden (⬛ Abb. 29.17).

Als wesentlicher Bestandteil von ozeanischen Lithosphärenplatten bewegt sich die neu gebildete ozeanische Kruste mit Geschwindigkeiten von einigen Zentimetern pro Jahr von den mittelozeanischen Rücken weg, ein Prozess, der als *„seafloor spreading"* bezeichnet wird.

Ein wichtiger Beleg für diesen Prozess sind die spiegelsymmetrischen *Streifenmuster,* die seit etwa 1960 durch paläomagnetische Messungen in Ozeanboden-Basalt kartiert werden. Die Streifenpaare zu beiden Seiten eines mittelozeanischen Rückens entstanden durch die wiederholte *Umpolung des Erdmagnetfeldes,* die ungefähr alle 250.000 Jahre stattfindet. Wenn eine neu geförderte Basaltlava sich auf < 573 °C, d. h. unter die Curie-Temperatur von Magnetit abkühlt, wird die magnetische Orientierung der Magnetitkriställchen darin eingefroren (▶ Abschn. 7.2.1). Dabei weist das Streifenpaar direkt rechts und links der Scheitelzone die heutige (normale) Orientierung auf, während die nach außen folgenden Streifenpaare mit den alternierende Orientierungen …invers→ normal→ invers→ … zunehmend älter werden, d. h. sie haben sich durch das „seafloor spreading" immer weiter von ihrem Bildungsort entfernt (z. B. McEnroe et al. 2009).

An *konvergenten (destruktiven) Plattenrändern werden die ozeanischen Platten* unter kontinentale Lithosphärenplatten subduziert, wobei Inselbögen oder Orogengürtel vom Anden-Typ entstehen (◘ Abb. 29.17, 29.18). Bedingt durch diesen Prozess steht heute nirgendwo ozeanische Kruste an, die älter als 200 Ma ist. An *passiven Kontinentalrändern* ist die ozeanische Erdkruste dicker als gewöhnlich; sie beginnt jenseits der kontinentalen Schelfbereiche, d. h. der vom Meer überfluteten Kontinentalränder. Eine übernormale Mächtigkeit von bis zu 20 km erreicht die ozeanische Erdkruste auch im Bereich ozeanischer Inseln (z. B. Hawaii) und in großen ozeanischen Flutbasalt-Plateaus (▶ Abschn. 14.1).

29.2.2 Kontinentale Erdkruste

Eine detaillierte Auswertung der Geschwindigkeiten von Erdbebenwellen legte schon früh den Gedanken nahe, dass sich die kontinentale Erdkruste ebenfalls in mehrere Lagen gliedert. Jedoch zeigen diese einen wesentlich komplexeren Aufbau und eine variablere Zusammensetzung als die ozeanische Kruste (◘ Abb. 29.8).

- **Unverfestigte Sedimente und verfestigte Sedimentgesteine**

Die Sedimentdecke besteht aus Folgen von sehr unterschiedlicher Mächtigkeit und geologischem Alter, sie kann aber – bis auf eine dünne Bodenkrume – auch ganz fehlen.

- **Kontinentale Oberkruste**

Vorstellungen über ihren strukturellen und petrographischen Aufbau gewinnen wir aus zahlreichen Feldbeobachtungen in magmatischen und metamorphen Komplexen, die in den Kristallingebieten der Erde aufgeschlossen sind. Das gilt besonders für die kontinentalen Kratone von archaischem und proterozoischem Alter wie Fennoscandia, Laurentia u. a., die durch tiefreichende Abtragung freigelegt wurden. Nach diesen Studien, die bis zum Ende des 19. Jh. zurückreichen, besteht die *Oberkruste* überwiegend aus Quarz-Feldspat-reichen Gneisen und Migmatiten sowie aus Intrusionskörper von Granit, Granodiorit und Tonalit. Die durchschnittliche Dichte dieser Gesteine beträgt etwa 2,7 g/cm^3, was einer P-Wellen-Geschwindigkeiten von ca. 6,0 km/s entspricht. Dieser Krustentyp wurde von Alfred Wegener nach den vorherrschenden chemischen Komponenten Silicium und Aluminium als *Sial*

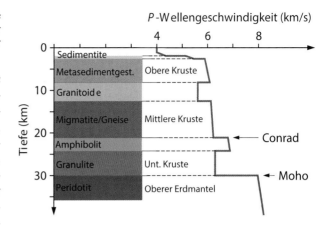

◘ **Abb. 29.8** Stark schematisiertes Tiefenprofil durch die kontinentale Erdkruste. (mod. nach Mueller 1977)

bezeichnet. Basaltische Vulkanite mit höherer Dichte treten hingegen nur untergeordnet auf, wenn man von den großen Arealen kontinentaler Flutbasalte absieht (▶ Abschn. 14.1).

Eine *krustale „low velocity zone"*, in der v_P auf < 6,0 km/s absinkt, kann durch einen erhöhten Fluidanteil oder alternativ durch ein gehäuftes Auftreten von granitischen Intrusionskörpern in Tiefen um 10 km erklärt werden, wie das stark vereinfachte Modell von Mueller (1977) zeigt (◘ Abb. 29.8). In Wirklichkeit ist jedoch der Aufbau der kontinentalen Erdkruste sehr viel komplexer. Das zeigen die Ergebnisse umfangreicher geologischer und geophysikalischer Untersuchungen im Zielgebiet der kontinentalen Tiefbohrung (KTB) in der bayerischen Oberpfalz und durch die KTB-Vorbohrung und -Hauptbohrung selbst (◘ Abb. 29.9).

- **Kontinentale Unterkruste**

Die Unterkruste ist häufig, aber nicht immer durch einen Dichtesprung von der Oberkruste getrennt, die *Conrad-Diskontinuität* (Conrad 1925). Diese liegt meist in 15–25 km Tiefe, ist jedoch generell nicht so gut ausgeprägt wie die Moho und auch nicht weltweit entwickelt. In Deutschland wurde die Conrad kurz nach dem 2. Weltkrieg durch die Sprengung einer unterirdischen Munitionsfabrik bei Haslach im Schwarzwald und durch eine große Sprengung auf der Insel Helgoland seismisch registriert. Nach dem von Mueller (1977) entwickelten Modell ist die Conrad lediglich durch einen „Zahn" erhöhter Wellengeschwindigkeit bedingt, der auf eine wenige Kilometer mächtige Lage von Amphibolit zurückgehen könnte (◘ Abb. 29.8). Darunter sinken v_P und v_S wieder ab.

Die Unterkruste besteht wahrscheinlich aus einer Wechsellagerung von hellem und dunklem Granulit, wie sie in den steil gestellten metamorphen Serien der *Ivrea-Zone* in den Südalpen (◘ Abb. 29.10) oder

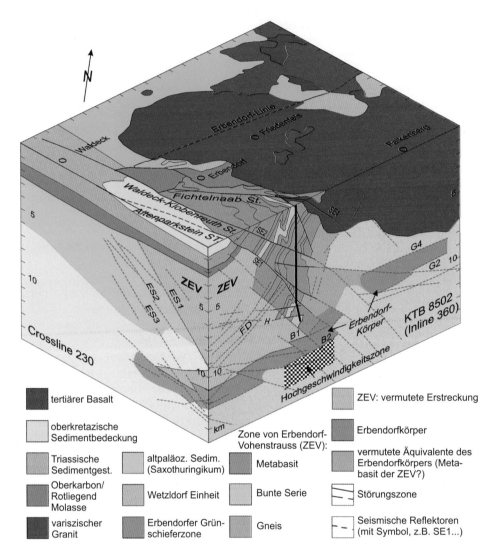

◘ Abb. 29.9   Die obere Erdkruste im KTB-Zielgebiet bei Windischeschenbach in der Oberpfalz (Bayern) nach seismischen Messungen entlang der Profile Crossline 230 und KTB 8502 (Inline 360), nach geologischen Feldbeobachtungen und den Ergebnissen der KTB-Vorbohrung und -Hauptbohrung (dicke, vertikale, nach unten leicht abgeknickte Linie). *ZEV:* Zone von Erbendorf-Vohenstrauss. (Nach Hirschmann 1996, mit freundlicher Genehmigung des Verlags Elsevier)

in Kalabrien (Süditalien) modellhaft aufgeschlossen sind. Viele dieser hochmetamorphen Gesteine bestehen aus (OH)-freien Mineralparagenesen, die das Ergebnis mehrfacher metamorpher Prägungen unter hohen Temperaturen und selektiver Aufschmelzung sind, bei der dunkler Granulit als Restit erhalten blieb. Durch diesen Prozess kam es im Verlauf langer geologischer Zeiträume immer mehr zu einer Verarmung an leichtflüchtigen Komponenten. In den metamorph freigesetzten wässerigen Fluiden wurden radioaktive Elemente wie U, Th u. a., die für die radiogene Wärmeproduktion wichtig sind, gelöst und wanderten in höhere Krustenbereiche ab, wo sie das allgemeine Wärmeregime beeinflussen.

29.2.3   Die Erdkruste in jungen Orogengürteln

Kontinent-Kontinent-Kollision führt zur Verdickung der kontinentalen Kruste, die in jungen, aktiven Orogengürteln bis zu 70 km, im Himalaya-Gebirge sogar bis 90 km mächtig werden kann. Seismische und gravimetrische Messungen belegen, dass die Dicke der Erdkruste in Mitteleuropa vom Alpenvorland zu den Zentralalpen hin kontinuierlich zunimmt. Unter den penninischen Decken bildet sich eine Krustenwurzel von relativ geringer Dichte, die bis zu Tiefen von 55 km herunterragt. Diese Krustenverdickung ist das Ergebnis eines noch heute andauernden Kollisionsvorgangs, bei dem die Eu-

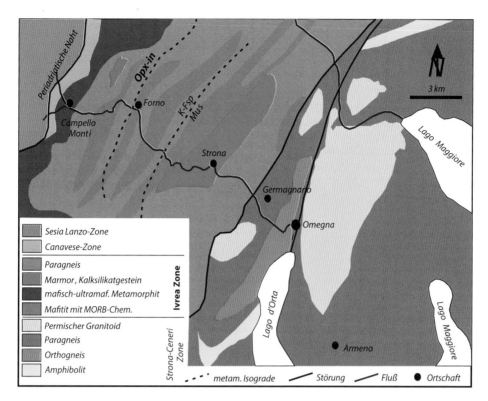

■ **Abb. 29.10** Geologische Karte des steil stehenden Krustenprofils der Ivrea-Zone im Valle Strona (Südalpen); der granulitfazielle Abschnitt im Nordwesten, markiert durch das Auftreten von Orthopyroxen (Opx-in Isograd) entspricht der Unterkruste, der amphibolitfazielle weiter südöstlich der Oberkruste (verändert nach Siegesmund et al. 2008)

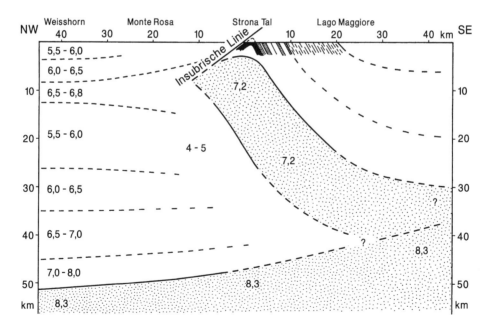

■ **Abb. 29.11** Seismisches Profil durch den Ivrea-Körper, den sog. „Vogelkopf", und die angrenzenden Teile der Zentralalpen (links) sowie der Ivrea-Zone (■ Abb. 29.10) und der Poebene (rechts). Die Zahlen geben die jeweiligen P-Wellen-Geschwindigkeiten an (aus Mehnert 1975)

rasische unter die Afrikanische Platte subduziert wird. Diese *Krustenverdopplung* führt zu komplizierten Strukturen, wie sie z. B. durch ein seismisches Profil, das vom Weißhorn (Wallis) bis in die Poebene reicht, gefunden wurden (Berkhemer 1968; Giese 1968; s. ■ Abb. 29.11). Unter diesem Teil der Zentralalpen steigt die P-Wel-

29

len-Geschwindigkeit zunächst von 5,5 auf 6,8 km/s an, nimmt aber von ca. 12–15 km Tiefe an wieder auf 5,5–6,0 km/s ab, wodurch eine ca. 13 km dicke „*low velocity zone*" dokumentiert wird. Lokal enthält diese Zone Bereiche mit noch geringeren P-Wellen-Geschwindigkeiten von 4–5 km/s, was auf noch heute stattfindende Anatexis hinweist. Ab Tiefen von etwa 26–28 km nimmt v_P wiederum zu und erreicht oberhalb der Moho ungewöhnlich hohe Werte von 7,0–8,0 km/s, die auf einen hohen Anteil mafischer bis ultramafischer Gesteine deutet. Im eigentlichen Erdmantel ist $v_P = 8,3$ km/s. Weiter südöstlich fanden die Geophysiker den „*Vogelkopf*", eine auffallende geophysikalische Struktur, die durch die Aufstülpung einer Lage von (ultra)mafischen Gesteinen mit $v_P = 7,2$ km/s bedingt ist. Sie wird von gebänderten Granuliten der Unterkruste (v_P 6,5–6,8 km/s) und Biotitgneis der Oberkruste (v_P 6,0–6,5 km/s) überlagert, die in der Ivrea-Zone aufgeschlossen sind (◘ Abb. 29.10). Gesteine, die dem „Vogelkopf" entsprechen könnten, stehen im basischen Hauptkörper der Ivrea-Zone an.

29.3 Der Erdmantel

29.3.1 Der oberste, lithosphärische Erdmantel und die Natur der Moho

Die Erdkruste und der oberste Teil des Erdmantels bauen die ozeanischen und kontinentalen *Lithosphärenplatten* auf. Die Krusten-Mantel-Grenze, die Moho, ist definiert als die schmale Zone, in der die Geschwindigkeiten der Erdbebenwellen sprunghaft zunehmen: v_P steigt von etwa 6,5–7,0 auf etwa 8,0–8,3 km/s an, entsprechend einem Dichtesprung von ca. 3,0 auf ca. 3,3 g/cm³. Schon sehr früh (z. B. Birch 1963) konnte durch Hochdruckexperimente nachgewiesen werden, dass nur wenige Gesteine die erforderlichen physikalischen Eigenschaften besitzen, um die Geschwindigkeiten im obersten lithosphärischen Erdmantel zu erklären, nämlich

- *Eklogit,* ein metamorphes Gestein, das überwiegend aus Granat und Omphacit besteht (► Abschn. 26.3.1), und
- *Peridotit,* ein magmatisches oder metamorphes Gestein aus Olivin + Orthopyroxen + Klinopyroxen ± Spinell ± Granat (► Abschn. 13.2.1).

Eine weitere wichtige Rahmenbedingung für die Zusammensetzung des Oberen Erdmantels ist die Tatsache, dass 1200 °C heiße *Basaltmagmen* nicht durch *partielle Aufschmelzung* von Krustengesteinen entstehen können (vgl. ► Abschn. 19.2). Legt man gewöhnliche geothermische Gradienten zugrunde, so werden an der Krustenbasis unter den Kontinenten lediglich Temperaturen von 400–600 °C, unter den Ozeanen sogar nur

100–200 °C erreicht (◘ Abb. 29.12). Daher ist es äußerst unwahrscheinlich, dass Basaltmagmen in der Erdkruste entstehen können, sondern nur durch partielles Aufschmelzen von Mantelgesteinen geeigneter Zusammensetzung. Direkte Hinweise für eine Bildung von Basaltmagmen im Oberen Erdmantel fanden Eaton und Murata (1960), die wenige Monate vor einem erneuten Ausbruch des Vulkans Kilauea auf Hawaii eine seismische Unruhe in ca. 60 km Tiefe feststellten. Sie interpretierten diesen Effekt als Strömung des Magmas vom Aufschmelzort in eine höher liegende Magmakammer.

■ **Eklogit als Baumaterial des Oberen Erdmantels?**

Ein eklogitischer Erdmantel wurde bereits durch Fermor (1914) vermutet und in ähnlicher Weise auch von Goldschmidt (1922) und Holmes (1927) vertreten. Da Eklogit fast die gleiche chemische Zusammensetzung wie Basalt, Gabbro oder basischer Pyroxengranulit aufweist, wäre die ozeanische und die kontinentale Moho durch einen *isochemischen Phasenübergang* Basalt/Gabbro → Eklogit bzw. Pyroxen-Granulit → Eklogit bedingt, entsprechend der schematischen Reaktionsgleichung:

$$
\begin{aligned}
&\underset{\text{Diopsid}}{Ca(Mg,Fe)[Si_2O_6]} + \underset{\text{Orthopyroxen}}{(Mg,Fe)_2[Si_2O_6]} \\[4pt]
&+ \underset{\text{Plagioklas An}_{50}}{Ca\left[Al_2^{[4]}Si_2O_8\right] \cdot Na\left[Al^{[4]}Si_3O_8\right]} \\[4pt]
&\leftrightarrow \underset{\text{Omphacit}}{Ca(Mg,Fe)[Si_2O_6] \cdot Na\left[Al^{[4]}Si_3O_8\right]} \quad\quad (29.1)\\[4pt]
&+ \underset{\text{Granat}}{Ca(Mg,Fe)_2Al_2^{[6]}[SiO_4]_3} + \underset{\text{Quarz, Coesit}}{2SiO_2}
\end{aligned}
$$

Eine analoge Reaktion lässt sich mit Olivin anstelle von Orthopyroxen formulieren. In beiden Fällen führt der Phasenübergang zu einer Erhöhung der Gesteinsdichte von etwa 3,0 auf etwa 3,5 g/cm³. Diese Verdichtung ist hauptsächlich durch den Zusammenbruch von Plagioklas mit seiner relativ lockeren Gerüststruktur bedingt, wobei Albit als Jadeit-Komponente in das Kettensilikat Omphacit, Anorthit als Grossular-Komponente in das Inselsilikat Granat eingebaut wird. Diese beiden Eklogit-Minerale besitzen erheblich dichter gepackte Strukturen als Plagioklas; darüber hinaus bewirkt der Koordinationswechsel $Al^{[4]} \rightarrow Al^{[6]}$ eine zusätzliche Verdichtung.

Zur Überprüfung dieser Hypothese wurden durch unterschiedliche Arbeitsgruppen schon vor längerer Zeit Hochdruck-Hochtemperatur-Experimente durchgeführt (z. B. Yoder und Tilley 1962; Kushiro und Yoder 1966; Green und Ringwood 1967a u. a.), wobei konventionelle Hydrothermal-Autoklaven, aber auch hydraulische Hochdruckpressen wie die Piston-Cylinder-, Belt-

oder Sechs-Stempel-Apparaturen zur Anwendung kamen (zur Methodik siehe Ernst 1976).

Die Ergebnisse dieser Experimente haben klar gezeigt, dass Eklogit aus folgenden Gründen *nicht* als Baumaterial für den Oberen Erdmantel infrage kommt:

- Die isochemische Umwandlung von Basalt/Gabbro/Pyoxengranulit zu Eklogit erfolgt nicht an einer scharfen Grenze, sondern über ein *P–T-Intervall,* dessen Breite mit der Temperatur und der chemischen Gesteinszusammensetzung variiert. Somit stellt Gl. (29.1) nur die Summe von mehreren Teilreaktionen dar, durch die Plagioklas allmählich abgebaut, Granat neu gebildet wird. Im isothermen Schnitt umfasst der Übergangsbereich, in dem Plagioklas noch auftritt, Granat aber schon gebildet wird, einen *P*-Bereich von einigen Kilobar, was einer Dicke von mehreren Kilometern entspricht. Wir wissen aber, dass die Moho eine relativ scharfe Grenze darstellt, die meist nur eine Unschärfe von wenigen 100 m besitzt. Noch breiter wird das Übergangsfeld, wenn man dem geothermischen Gradienten folgt (Abb. 29.12)!
- Der Druck der „Basalt → Eklogit"-Umwandlung nimmt mit steigender Temperatur zu. Man sollte daher annehmen, dass unter den Ozeanböden, wo ein hoher geothermischer Gradient herrscht, die Moho tiefer liegt als unter den Kontinenten mit ihrem geringeren geothermischen Gradienten. Aber gerade das Gegenteil ist der Fall (Abb. 29.12)!

Darüber hinaus sprechen noch weitere geophysikalische und petrologische Argumente gegen einen eklogitischen Erdmantel (z. B. Ringwood 1975):

- Die *Dichte* von frischem Eklogit variiert zwischen 3,4 und 3,6 g/cm³. Demgegenüber ergeben sich aus den seismischen Geschwindigkeiten im lithosphärischen Erdmantel viel geringere Dichten von 3,24 bis 3,32 g/cm³ (reduziert auf Atmosphärendruck = 1 bar), mit denen die Dichtewerte für Peridotit von 3,25–3,40, im Mittel 3,32 g/cm³, sehr viel besser übereinstimmen.
- Die *Poisson-Zahl*

$$\sigma = \frac{1}{2} \frac{\left(R^2 - 2\right)}{\left(R^2 - 1\right)} \qquad [29.7]$$

mit $R = v_P/v_S$ umfasst einen Bereich von 0,245–0,260 im Oberen Erdmantel und von 0,245–0,255 für Mg-reichen Olivin Fo_{90}, während der σ-Wert für Eklogit mit 0,30–0,32 deutlich höher ist.

- Die seismischen Wellengeschwindigkeiten im Oberen Erdmantel sind deutlich richtungsabhängig, dieser ist also *seismisch anisotrop.* Formulieren wir die seismische Anisotropie $\Delta v = v_{max} - v_{min}$ als prozentualen Anteil bezogen auf die mittlere Geschwindigkeit V_m, d. h. $100 \Delta v / V_m$, so liegt diese im lithosphärischen Erdmantel bei 3–9 % und in Peridotit bei 3–10 %. Demgegenüber hat Eklogit eine deutlich geringere seismische Anisotropie von 0,5–3 %, was auf den hohen Granat-Gehalt zurückzuführen ist.
- Man müsste Eklogit zu 100 % aufschmelzen, um ein Basaltmagma gleicher Zusammensetzung zu erhalten. Da aber der gesamte Erdmantel S-Wellen leitet, gibt es dort nirgendwo eine Zone, die nur aus Schmelze besteht. Die Tatsache, dass Eklogit die gleiche Zusammensetzung wie Basalt hat, ist also geradezu ein Hauptargument *gegen* einen eklogitischen Erdmantel!
- *Im Gegensatz zu Peridotit* tritt Eklogit nur sehr selten als Auswürflinge in pyroklastischen Gesteinen oder als Einschlüsse in Basaltlaven auf; in Kimberliten beträgt der Anteil von Eklogit-Xenolithen im Durchschnittlicher nicht mehr als 5 %.

Aus all diesen Beobachtungen folgt, dass der Erdmantel nicht aus Eklogit bestehen kann, obwohl der Erdmantel bereichsweise große isolierte Bruchstücke von Eklogit enthalten sollte, die von subduzierter und metamorph umgewandelter ozeanischer Erdkruste abgerissen wurden und in die Tiefen des Erdmantels absanken (Abb. 29.17). Dabei wirkt begünstigend, dass die Dichte von Eklogit (~3,5) etwas höher ist als die von Peridotit (~3,3). Darüber hinaus können Basaltmagmen, die durch partielle Aufschmelzung gebildet werden, aber im Erdmantel stecken bleiben und unter Manteldrücken zu Eklogitlinsen kristallisieren (Abb. 29.16).

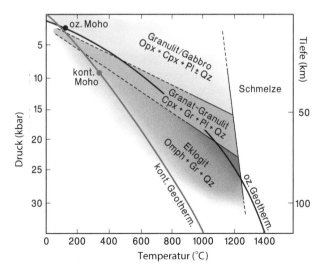

 Abb. 29.12 Die Umwandlung von Basalt zu Eklogit im Druck-Temperatur *(P-T)*-Diagramm; Stabilitätsfelder von Gabbro bzw. Pyroxengranulit, Granat-Granulit und Eklogit nach Experimenten von Green und Ringwood (1967a) sowie Yoder und Tilley (1962); *Qz:* Quarz oder Coesit; ozeanischer und kontinentaler Geotherm nach Clark und Ringwood (1964)

29

■ **Peridotit als Baumaterial des Oberen Erdmantels**

Bereits Washington (1925) vertrat die Ansicht, dass der Obere Erdmantel aus Peridodit bestehen sollte – eine Hypothese, die seit der Mitte des 20. Jh immer mehr Anhänger gefunden hat. Ganz besonders wurde das Konzept eines peridotitischen Mantels von Alfred Ringwood (1962) zusammen mit D. H. Green, S. P. Clark, I. D. MacGregor, F. R. Boyd u. a. weiterentwickelt und präzisiert (insbesondere Green und Ringwood 1967b; Ringwood 1975). Für einen peridotitischen Mantel sprechen folgende Argumente:

— Peridotit besitzt die gleiche *Dichte* um 3,3 g/cm^3, wie sie sich aus den P-Wellen-Geschwindigkeiten um 8,1 km/s für den lithosphärischen Erdmantel ergibt. Dazu passt die *Poisson-Zahl* von etwa 0,25 und vergleichbare seismische *Anisotropie-Werte* mit einem relativen Δv-Anteil von 3–9 %.

— In *Ophiolithkomplexen* sind Peridotite (bzw. dessen serpentinitisierten Äquivalente) ein wesentlicher Bestandteil (■ Abb. 29.7), nicht aber Eklogit.

— *Xenolithe* von *Spinell-Lherzolith,* untergeordnet von Harzburgit und Dunit (sog. Olivinknollen) treten besonders in Vulkaniten der Reihe Alkaliolivinbasalt – Basanit –Nephelinit sehr häufig und in großer Verbreitung auf, und zwar überwiegend in vulkanischen Tuffen, Schlotbrekzien und Schlotagglomeraten sowie in blasigen Basaltlaven. Weltweit sind über 200 Vorkommen bekannt, darunter auch in den jungen Vulkaniten der Rhön und der Eifel mit dem bekannten Vorkommen am Dreiser Weiher.

— *Xenolithe* von *Granat-Lherzolith,* untergeordnet von Granatpyroxenit, jedoch nur selten von Eklogit, finden sich in vulkanischen Durchschlagsröhren (Diatremen), die mit brekziösem *Kimberlit* gefüllt sind (▶ Abschn. 13.2.3). Die meisten dieser Diatreme treten in archaischen Kontinentalschilden (Kratonen) auf, z. B. im südlichen Afrika (■ Abb. 29.13), Sibirien oder Kanada. Kimberlitbrekzie ist das primäre Muttergestein von Diamant und hat somit große wirtschaftliche Bedeutung. Nach unten zu gehen diese Brekzienkörper in Gänge und Lagergänge von massivem Kimberlit über (■ Abb. 14.13). Die Existenz von Diamant in Kimberlit und Xenolithen darin ist eindeutiger Beleg dafür, dass die kimberlitischen Schmelzen aus tiefen Bereichen des Erdmantels stammen. Das Gleiche gilt für Diamant- führende *Lamproitgänge in* Australien. Der Mindestdruck der Diamantbildung hängt vom jeweiligen geothermischen Gradient ab, der unter den Ozeanen größer als unter den Kontinenten ist (■ Abb. 29.14). Dementsprechend kann sich Diamant im Untergrund von Kratonen bei Drücken von > 45 kbar, entsprechend einer Mindesttiefe von etwa 140 km bilden, während unter den Ozeanen ein Mindestdruck von ca. 55 kbar, entsprechend einer Tiefe von 185 km, nötig ist (■ Abb. 29.15).

■ **Abb. 29.13** Die auflässige Diamant-Mine in Kimberley (Südafrika); das berühmte „Big Hole" ist ein Diatrem, das ursprünglich mit Kimberlit gefüllt war, der 1871–1911 durch Bergbau vollständig entfernt wurde. Das Nebengestein umfasst spätpaläozoische bis mesozoische Sedimentgesteine der Karoo-Hauptgruppe, die von neoarchaischen Vulkaniten der Ventersdorp-Hauptgruppe (ca. 2,7 Ga alt) unterlagert werden (Foto: Hartwig E. Frimmel)

Green und Ringwood (1963) nahmen für den gesamten Erdmantel eine chemische Zusammensetzung an, die aus einer Mischung von 3 Teilen Dunit und 1 Teil Basalt besteht und nannten ein Modellgestein dieser Zusammensetzung Pyrolit. Aus ihm kann sich durch partielles Aufschmelzen maximal 25 % Basaltmagma bilden, aber natürlich auch weniger (▶ Abschn. 19.2). Ringwood (1975) verfeinerte das Pyrolit-Modell noch etwas, in dem er z. B. die ultramafischen Anteile von Ophiolithkomplexen zum Vergleich heranzog. ■ Tab. 29.2 lässt die große chemische Ähnlichkeit zwischen theoretischem Modell-Pyrolit und Granat-Lherzolith erkennen, wenn auch Letzterer etwas reicher an MgO und ärmer an den Basalt-Komponenten Al$_2$O$_3$, FeO^{tot}, CaO und Na$_2$O ist. Das Pyrolit-Modell steht darüber hinaus mit der Vorstellung in Einklang, dass die gesamte Erde eine ähnliche Zusammensetzung hat wie die wichtigste Meteoriten-Gruppe, die *Chondrite* (▶ Abschn. 31.3.1).

Grundlegende experimentelle Untersuchungen von Green und Ringwood (1967b) zeigten, dass der hypothetische Pyrolit bei unterschiedlichen *P-T*-Bedingungen im Erdinnern in unterschiedlichen Mineralparagenesen kristallisieren sollte, eine Erkenntnis, die sich durch neuere Experimente zum Schmelzen von Mantelgesteinen unterschiedlicher Zusammensetzung erhärtet hat. Diese bestehen zum größten Teil aus Olivin (ca. 50–60 Gew.-%) und sowohl Ortho- als auch Klinopyroxen (ca. 30–40 Gew.-%), untergeordnet aus einer im Wesentlichen druckabhängigen Al-haltigen Phase. Daraus ergeben sich die folgenden Peridotit-Arten, die in unterschiedlichen Tiefen des Oberen Erdmantels anzutreffen sein sollten (■ Abb. 29.14):

◻ Abb. 29.14 Druck–Temperatur (P-T)-Diagramm mit den Phasenbeziehungen in peridotitischem Material unter Erdmantel-Bedingungen; Kurven, die mit „-out" gekennzeichnet sind, bedeuten, dass die jeweilige Phase bei jeweils niedrigeren Temperaturen stabil ist; Cpx – Klinopyroxen, Grt – Granat, Opx – Orthopyroxen, Plag – Plagioklas, Sp – Spinell. Die Soliduskurve bezieht sich auf modellierte lherzolithische Mantelzusammensetzung (in Anlehnung an Walter 2005)

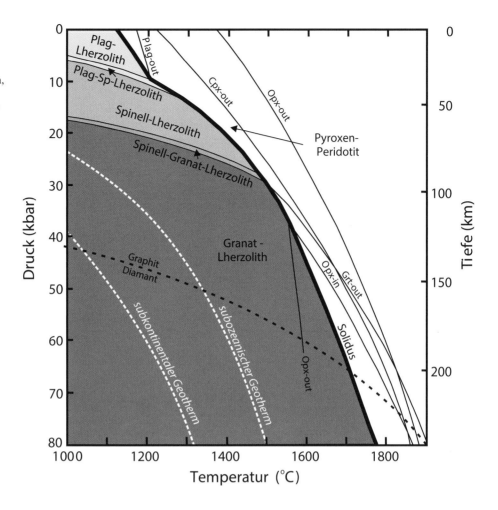

Plagioklas-Lherzolith besteht aus der Paragenese Olivin >> Orthopyroxen > Klinopyroxen > Plagioklas und ist nur bei relativ niedrigen Drücken von < 8 kbar stabil, abhängig von der Temperatur. Daher kann dieses Plagioklas-führende ultramafische Gestein nicht im subkontinentalen Erdmantel auftreten, wo die Moho meist in Tiefen liegt, die Drücken von > 10 kbar entsprechen. Am ehesten lässt sich Plagioklas-Lherzolith nahe von mittelozeanischen Rücken erwarten, da dort ein anomal hoher geothermischer Gradient herrscht. Bei Druckerhöhung wird der Al-Gehalt von Plagioklas als Ca-Tschermak-Molekül (CaTs), untergeordnet als Jadeit-Molekül in Pyroxen eingebaut, gemäß den Modellreaktionen

$$\underset{\text{Anorthit}}{Ca\left[Al_2^{[4]}Si_2O_8\right]} + \underset{\text{Forsterit}}{Mg_2[SiO_4]}$$
$$\leftrightarrow \underset{\text{CaTs - Molekül}}{CaAl^{[6]}\left[Al^{[4]}SiO_6\right]} + \underset{\text{Enstatit}}{Mg_2[Si_2O_6]} \tag{29.2}$$

und

$$\underset{\text{Albit}}{Na\left[Al^{[4]}Si_3O_8\right]} + \underset{\text{Forsterit}}{Mg_2[SiO_4]}$$
$$\leftrightarrow \underset{\text{Jadeit}}{NaAl^{[6]}[Si_2O_6]} + \underset{\text{Enstatit}}{Mg_2[Si_2O_6]} \tag{29.3}$$

Alternativ kann Spinell als eigene Al-Phase entstehen, z. B. durch die Reaktion

$$\underset{\text{Anorthit}}{Ca\left[Al_2^{[4]}Si_2O_8\right]} + \underset{\text{Forsterit}}{2Mg_2[SiO_4]}$$
$$\leftrightarrow \underset{\text{Spinell}}{MgAl^{[6]}Al^{[4]}O_4} + \underset{\text{Diopsid}}{CaMg[Si_2O_6]}$$
$$+ \underset{\text{Enstatit}}{Mg_2[Si_2O_6]} \tag{29.4}$$

29

Damit entsteht vorerst ein Plagioklas-Spinell-Lherzolith, der aber nur über ein sehr enges Druckintervall stabil ist, bevor er in Spinell-Lherzolith übergeht (◻ Abb. 29.14).

Spinell-Lherzolith enthält die Paragenese Olivin >> Orthopyroxen > Klinopyroxen > Spinell, deren Stabilitätsfeld bis zu einem Druck von etwa 18 kbar bei einem subozeanischen Geotherm reicht (◻ Abb. 29.14). Bei isobarer Temperaturerhöhung können Pyroxene immer mehr Al in ihre Kristallstruktur aufnehmen, sodass Spinell als eigene Al-Phase allmählich verschwindet und sich Pyroxen-Peridotit bildet.

Pyroxen-Peridotit führt die Paragenese Olivin >> Al-reicher Orthopyroxen > Al-reicher Klinopyroxen (+ Schmelze), die bei sehr hohen Temperaturen oberhalb von ca. 1200 °C und in einem weiten Druckbereich stabil ist (◻ Abb. 29.14). Dementsprechend kann man Pyroxen-Peridotit nur bei einem extrem hohen geothermischen Gradienten erwarten, wie er an mittelozeanischen Rücken realisiert ist. Bei Druckerhöhung und/oder Temperaturerniedrigung können die Pyroxene immer weniger Al in Form von Ca- oder Mg-Tschermak-Molekül (CaTs, MgTs) aufnehmen und es bildet sich Pyrop-reicher Granat. Darüber hinaus reagiert Spinell mit Orthopyroxen unter Bildung von Pyrop-reichem Granat + Olivin nach der Gleichung

$$\underset{\text{Spinell}}{MgAl^{[6]}Al^{[4]}O_4} + \underset{\text{Enstatit}}{Mg_2[Si_2O_6]} \leftrightarrow \underset{\text{Pyrop}}{Mg_3Al_2^{[6]}[SiO_4]_3} + \underset{\text{Forsterit}}{Mg_2[SiO_4]} \quad (29.5)$$

wodurch Granat-Lherzolith entsteht. Mit zunehmendem Druck und Temperatur wird Klinopyroxen immer reicher an Enstatit-Komponente bis Orthopyroxen schließlich ganz verschwindet. Letzterer taucht jedoch noch einmal über ein enges Druckintervall als Reaktionsprodukt mit Schmelze auf (◻ Abb. 29.14). Über etwa 100 kbar ist Orthopyroxene nirgendwo mehr stabil und die festen Phasen sind Ca-armer Klinopyroxen, Majorit-Granat und Olivin (Walter 2005).

Granat-Lherzolith enthält die Paragenese Olivin (ca. 57 %) + Orthopyroxen (ca. 17 %) + Klinopyroxen (ca. 12 %) + Granat (ca. 14 %). Wie man aus ◻ Abb. 29.14 entnehmen kann, sollte dies das im lithosphärischen Erdmantel am weitesten verbreitete Gestein sein. Dies wird bestätigt durch das häufige Auftreten von natürlichem Granat-Lherzolith als Xenolithe in vielen Kimberlit- und Lamproit-Vorkommen. Diese Xenolithe weisen den gleichen Mineralbestand und dem modellierten Granat-Lherzolith ähnliche chemische Zusammensetzung auf (◻ Tab. 29.2). Granat-Lherzolith findet sich auch in zahlreichen tektonischen Schuppen in Orogengürteln, so auf der

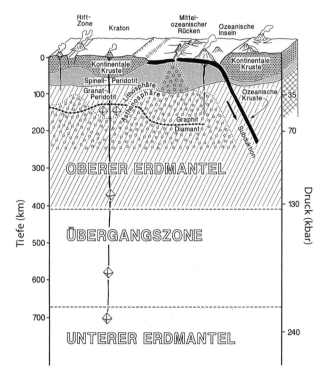

◻ **Abb. 29.15**   Schematischer Schnitt durch die Lithosphäre (Erdkruste + oberster Erdmantel), die Asthenosphäre und tiefere Teile des Erdmantels; eingetragen ist der Verlauf der Stabilitätsgrenze Graphit/Diamant (mod. nach Stachel und Brey 2001)

Alpe Arami bei Bellinzona im Tessin (Schweiz), bei La Charme in den Vogesen und bei Åheim in Norwegen.

Wie schon in ▶ Abschn. 19.2 erläutert, konnte schon früh experimentell gezeigt werden, dass Basaltmagmen durch partielles Aufschmelzen von *fertilem Pyrolit* entstehen, wobei Lherzolith, Harzburgit oder Dunit als Restgesteine zurückbleiben (z. B. Green und Ringwood 1967c; Jaques und Green 1980). Diese Aufschmelzprozesse führen nicht nur zu mineralogischen, sondern auch zu *chemischen Heterogenitäten* im lithosphärischen Erdmantel. Durch Bildung und vulkanische Förderung von Basaltmagmen verarmen gewisse Bereiche des Erdmantels an K, Na, Ca, Al und Si sowie an *inkompatiblen Spurenelementen* wie Be, Nb, Ta, Sn, Th, U, Pb, Cs, Li, Rb, Sr und SEE, während Mg relativ angereichert wird. Somit bestehen weite Teile des lithosphärischen Erdmantels nicht mehr aus *fertilem* („fruchtbarem") *Peridotit,* sondern aus *verarmtem Peridotit,* insbesondere aus Harzburgit und Lherzolith (◻ Abb. 29.16, 29.17). Der Anteil an solch verarmtem Peridotit ist in der ozeanischen Lithosphäre besonders hoch, da der Aufschmelzgrad im Mantel unter mittelozeanischen Rücken deutlich höher ist. Im Gegensatz dazu kann es im subkontinentalen Erdmantel zu einer Anreicherung an den genannten Elementen durch Zufuhr über Fluide aus Subduktionszonen in den überlagernden Mantelkeil kommen.

Aus dem *P–T*-Diagramm in ◻ Abb. 29.14 geht hervor, dass die Soliduskurve von H_2O-freiem („trocke-

◙ Tab. 29.2 Unterschiedliche Peridotit-Zusammensetzungen des Oberen Erdmantels

Oxid (Gew.- %)	Pyrolit von Ringwood (1979)	Primitiver Mantel von Palme und O'Neill (2005)	Model von Walter (2005)	Durchschnitt Lherzolith (Best und Christiansen 2001)	Granatlherzolith (Brown und Mussett 1993)
SiO_2	45,1	45,40	44,9	45,43	45,3
TiO_2	0,2	0,21	0,13	0,45	
Cr_2O_3	0,4	0,37	0,40		
Al_2O_3	3,3	4,49	3,49	4,39	3,6
FeO^{tot}	8,0	8,10	8,27	12,07	7,3
MgO	38,1	36,78	38,59	30,31	41,3
CaO	3,1	3,70	3,19	5,68	1,9
MnO	0,15	0,14		0,17	
NiO	0,2	0,23	0,26		
Na_2O	0,4	0,35	0,24	0,59	0,2
K_2O	0,03	0,03		0,27	0,1
Gesamt	100,0	99,80	99,5	99,36	99,7

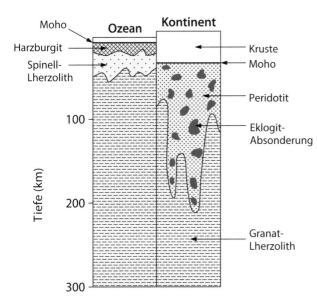

◙ Abb. 29.16 Schematische Darstellung zur chemischen Inhomogenität des Oberen Erdmantels unterhalb der ozeanischen *(links)* und kontinentalen Erdkruste *(rechts)*. Harzburgit: Olivin + Orthopyroxen + Chromit; Lherzolith: Olivin + Klinopyroxen + Orthopyroxen + Spinell. (nach Ringwood 1979)

nem") Peridotit weder vom kontinentalen noch dem ozeanischen Geotherm geschnitten wird. Daher erfordert das partielle Aufschmelzen von „trockenem" Peridotit ungewöhnlich hohe Temperaturen. Diese Situation verändert sich jedoch drastisch, wenn der Obere Erdmantel einen geringen Anteil an H_2O enthält. So verläuft die Soliduskurve eines Peridotits, der nur 0,1 Gew.-% H_2O enthält, bereits bei erheblich geringeren Temperaturen – die Soliduskurve in ◙ Abb. 29.14 würde nach links verschoben werden, sodass sie so-

gar den subozeanischen Geotherm schneiden würde. Insbesondere im Druckbereich zwischen etwa 25 und 50 kbar kann es zur partiellen Aufschmelzung und Bildung von etwa 0,5–1 Gew.-% Schmelze kommen (◙ Abb. 19.2, 19.3). Nicht zufällig befindet sich eine Zone verringerter Ausbreitungsgeschwindigkeiten von Erdbebenwellen im Oberen Erdmantel (s. ▶ Abschn. 29.3.2) ungefähr im entsprechenden Tiefenbereich.

29.3.2 Die Asthenosphäre als Förderband der Lithosphärenplatten

Bereits 1926 hatte der deutsche Geophysiker Beno Gutenberg erkannt, dass in Tiefen von etwa 60–250 km die Geschwindigkeiten der P-und S-Wellen um etwa 3–6 % geringer werden (Gutenberg 1926), wobei dieser Effekt für v_S ausgeprägter ist als für v_P (◙ Abb. 29.5b). Da die S-Wellen aber trotzdem weitergeleitet werden, muss auch dieser Teil des Oberen Erdmantels, den man als „*low velocity zone*" (LVZ) bezeichnet, prinzipiell aus festem Material bestehen. In unterschiedlicher tektonischer Umgebung liegt die LVZ in unterschiedlicher Tiefe und ist darüber hinaus unter den Ozeanen viel besser ausgebildet als unter den Kontinenten, wo sie gebietsweise ganz fehlen kann. Dieses Verhalten lässt sich durch den Verlauf von Soliduskurven für peridotitische Schmelzen mit unterschiedlichem H_2O-Gehalt in *P–T*-Diagrammen erklären. Sie zeigen, dass sich unter den *Ozeanen* aus einem typischen Mantelperidotit mit 0,1 Gew.-% H_2O in einem Tiefenbereich von etwa 90–160 km ein Schmelzanteil von ca. 0,5–1 Gew.-% bildet. Dieser Schmelzanteil verringert das Schubmodul μ und damit nach

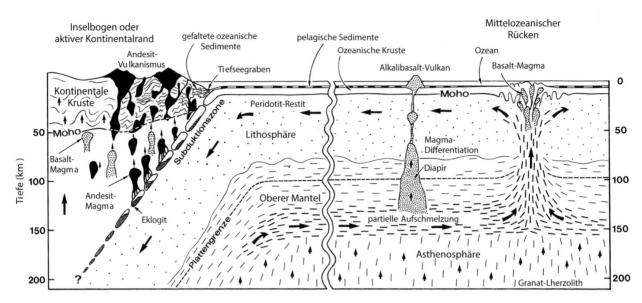

Abb. 29.17 Das von Ringwood (1979) vorgestellte, mittlerweile wissenschaftshistorische Modell der Plattentektonik hat sich im Lauf der Jahrzehnte gut bewährt und gilt in groben Zügen heute noch. Die Quelle andesitischer Schmelzen wird allerdings nicht mehr in der abtauchenden Subduktionszone, sondern im darüber liegenden Mantelkeil gesehen

Gl. [29.3] und [29.4] auch v_p und v_S. Im Gegensatz dazu wird der Solidus eines Mantelperidotits mit 0,1 Gew.-% H_2O von einem durchschnittlichen *subkontinentalen* Geotherm nicht geschnitten. Es bedarf also eines höheren H_2O-Gehalts im Mantel oder eines übernormalen geothermischen Gradienten, um im subkontinentalen Mantel partielle Aufschmelzung zu bewirken.

> Als *Asthenosphäre* (grch. ασθενός = schwach) definiert man die Zone, in der sich der Obere Erdmantel relativ mobil verhält, d. h. das Material erweist sich als fließfähig, zumindest über lange Zeitspannen: es kann vertikal, z. B. durch *Isostasie,* und horizontal, z. B. durch „*seafloor spreading*" fließen.

Auf den ersten Blick könnte man die Asthenosphäre mit der LVZ gleichsetzen, da beide etwa in gleicher Tiefe liegen und mit dem gleichen Vorgang verknüpft sind, nämlich dem Erreichen von Temperaturbedingungen der partiellen Aufschmelzung. Das ist jedoch eine zu starke Vereinfachung (Brown und Mussett 1993). Für das Modell der Plattentektonik kommt der Asthenosphäre eine entscheidende Rolle zu: Starre Lithosphärenplatten bewegen sich auf der relativ duktilen Asthenosphäre. Wesentliche Aspekte der Plattentektonik sind in ■ Abb. 29.17 schematisch dargestellt:

— *Divergenter (konstruktiver) Plattenrand* zwischen zwei ozeanischen Lithosphärenplatten: Diese setzen sich aus der ozeanischen Erdkruste und dem lithosphärischen Erdmantel zusammen, bestehend aus verarmtem Peridotit, der von fertilem Peridotit unterlagert wird. Neue ozeanische Kruste wird durch aufsteigendes basaltisches Magma generiert,

das aus der darunter befindlichen Asthenosphäre stammt und zu tholeiitischem mittelozeanischem Rückenbasalt (MORB) erstarrt.

— Durch die Asthenosphäre aufsteigende *Manteldiapire* beliefern ozeanische Intraplattenvulkane mit Magma von Alkalibasalt-, aber auch Tholeiit-Zusammensetzung; ein prominentes Beispiel sind die Hawaii-Inseln auf der Pazifischen Platte.

— *Konvergenter (destruktiver) Plattenrand:* eine ozeanische Lithosphärenplatte wird unter eine kontinentale oder seltener eine ozeanische Lithosphärenplatte subduziert. Wir können vier verschiedene Arten von konvergenten Plattengrenzen unterscheiden (z. B. Frisch et al. 2011; vgl. ■ Abb. 29.18a–d):

a. Durch Subduktion einer ozeanischen Lithosphärenplatte unter eine andere entsteht ein basaltischer *intraozeanischer, ensimatischer Inselbogen* (■ Abb. 29.18a). Beispiele sind die Marianeninseln an der Ostgrenze der Philippinen-Platte oder die Kleinen Antillen nahe der Ostgrenze der Karibischen Platte.

b. Durch Subduktion einer ozeanischen unter eine kleine kontinentale Lithosphärenplatte, die vom dahinterliegenden kontinentalen Hinterland durch ein Backarc-Becken getrennt ist, bildet sich ein *ensialischer Inselbogen* auf der sialischen kontinentalen Erdkruste (■ Abb. 29.18b). Beispiele sind die Japanischen Inseln am Ostrand der Eurasischen Platte.

c. An einem *aktiven Kontinentalrand* wird ozeanische Lithosphäre direkt unter eine kontinentale Lithosphärenplatte subduziert. Letztere ist typischerweise dick und von lithosphärischem Mantel unterlagert. Über dieser Subduktionszone

Mondgesteine und innerer Aufbau des Mondes

Inhaltsverzeichnis

© Springer-Verlag GmbH Deutschland, ein Teil von Springer Nature 2022
M. Okrusch und H. E. Frimmel, *Mineralogie,*
https://doi.org/10.1007/978-3-662-64064-7_30

Einleitung

Der Mond umkreist die Erde in einer Entfernung von durchschnittlich 384.400 km. Er besitzt einen Radius von 1738 km, d. h. ca. ¼ des Erdradius; seine mittlere Dichte beträgt nur 3,341 g/cm³, ist also wesentlich geringer als die der Erde. Schon die unbemannten Weltraummissionen der UdSSR *Lunik, Luna* und *Zond* (seit 1959) und der NASA (USA) *Ranger, Surveyor, Lunar Orbiter* und *Explorer* (seit 1964) lieferten grundlegende Erkenntnisse über den Aufbau des Mondes und die petrographische Zusammensetzung der Mondoberfläche. Von unschätzbarem Wert für die geologische Erforschung waren die bemannten *Apollo*-Missionen der NASA, die erstmals eine direkte Probenahme und geophysikalische Experimente auf der Mondoberfläche erlaubten. Die *Apollo-11*-Astronauten Neil Armstrong und Edwin Aldrin betraten am 20. Juli 1969 als erste Menschen den Mond. Im Zuge der *Apollo*-Missionen *11* bis *17* und der sowjetischen *Luna*-Missionen *16, 20* und *24* wurden zwischen 1969 und 1976 insgesamt fast 2200 Gesteinsproben mit einem Gesamtgewicht von über 380 kg auf dem Mond gesammelt (Taylor 1975, 1982; Spudis 1999). Nach einer Pause von 13 Jahren wurde 1990 die japanische Experimentalsonde *Hiten* in eine Umlaufbahn um den Mond geschossen; sie kartierte 95 % der gesamten Mondoberfläche. Weitere erfolgreiche Mond-Missionen waren die amerikanische *Lunar Prospektor* (1998), die europäische ESA *Smart-1* (2004), die japanische *Kaguya* (2007), die indische *Chandrayaan* (2008), und die chinesischen *Chang'e*-1 (2007), *Chang'e*-2 (2010) sowie *Chang'e 5*-T1 (2014). Von der NASA wurden 2009 der *Lunar Reconnaissance Orbiter* (LRO) und der *Lunar Crater Observation and Sensing Satellite* (LCROSS) zum Mond geschickt, und 2011/2012 und 2013/2014 umkreisen zwei NASA-*Orbiter* mit dem *Gravity Recovery and Interior Laboratory* (GRAIL) und dem *Lunar Surface and Dust Explorer* (LADEE) den Mond (Delano 2009; Neal 2009; Zuber und Russell 2014). Wesentliche, wenn auch noch nicht eindeutig interpretierbare Informationen zum inneren Aufbau des Mondes wurden durch das *Apollo Lunar Surface Experiment Package* (ALSEP) gewonnen. Es basiert auf geophysikalischen Messstationen, in denen auf den Landeplätzen der *Apollo*-Missionen *12, 13, 15* und *16* Seismographen, Magnetometer, Wärmeflusssonden und Laser-Retroreflektoren zum Einsatz kommen. Diese bauen in dreieckiger Anordnung mit Abständen von 1190 bis 1210 km ein *seismisches Netzwerk* auf, das seismische Wellen registrieren kann.

Wie geophysikalische Daten belegen, weist der Mond wie die Erde einen *Schalenbau* mit Kruste, Mantel und Kern auf. Im Gegensatz zur Erde ist die endogene geologische Dynamik des Mondes jedoch bereits vor etwa 3 Mrd. Jahren zum Erliegen gekommen. Daher finden auf dem Mond keine tektonischen Prozesse und kein Vulkanismus mehr statt. Nicht möglich sind auf dem Mond auch Verwitterungs- und Sedimentationsprozesse, da der Mond keine Atmosphäre besitzt und seine Oberfläche frei von Wasser ist. Der einzige exogene Prozess, der auf die Mondoberfläche einwirkt, ist das ständige Meteoriten-Bombardement, das die Gesteine der Mondkruste tiefgründig zu einer Schuttschicht, den Regolith zerkleinert. Dadurch entsteht die typische Kraterlandschaft des Mondes.

30.1 Die Kruste des Mondes

Die obere Kruste des Mondes besteht aus zwei wesentlichen Regionen, die sich astronomisch durch ihr *Reflexionsvermögen (Albedo)* unterscheiden und die *große magmatische Provinzen* (engl. *„large igneous provinces"* LIP) darstellen (Ernst et al. 2005). Die lunaren *Hochländer* bestehen aus hellen, feldspatreichen Gesteinen und weisen eine raue Topographie auf, während die ebenen *Maria* (Plural von lat. *mare*) mit dunklen Basaltlaven gefüllt sind (z. B. Warren 2005). Wie ◻ Abb. 30.1 erkennen lässt, unterscheiden sich die beiden Seiten des Mondes grundsätzlich in ihrer Topgraphie: Während auf der *Vorderseite* die flachen Maria etwa ein Drittel der Oberfläche einnehmen, dominieren auf der Rückseite die Hochländer mit ihrem lebhaften Relief. Eine Ausnahme bildet hier das große, bis zu 12 km tiefe Aitken-Becken am Südpol.

30.1.1 Lunare Hochlandregionen

Die Hochländer des Mondes waren ursprünglich aus Gesteinen aufgebaut, die überwiegend ein hypidiomorph-körniges Gefüge aufweisen, wie es für irdische Plutonite typisch ist. Diese Mondgesteine gehören zur sog. ANT-Gruppe, die hauptsächlich aus Anorthosit, Norit und Troktolith besteht und sich geochemisch in mehrere Suiten gliedern lässt (z. B. Shearer und Papike 1999; Shearer und Borg 2006; Taylor 2009):

- Die Ferroan Anorthosite Suite (FAN-Suite*)* setzt sich aus Anorthosit und anorthositischem Gabbro zusammen, die im Durchschnitt zu 96 Vol.-% aus Ca-reichem Plagioklas bestehen. Sie sind daher Ca-Al-reich und weisen darüber hinaus niedrige $Mg/(Mg + Fe)$-Verhältnisse von ca. 0,40–0,75 auf. Die ursprünglichen Gefüge der FAN-Gesteine sind häufig durch Impakt-Einwirkung ausgelöscht

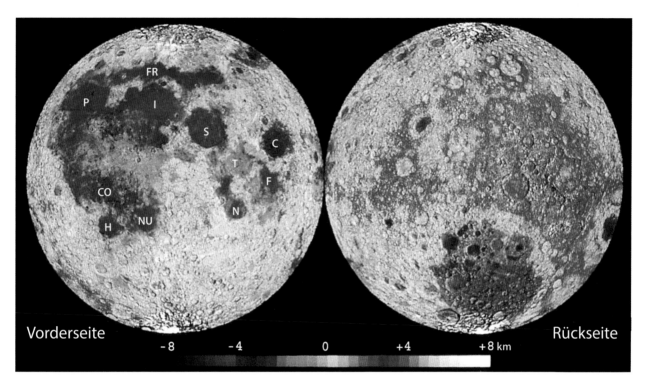

Vorderseite

-8   -4   0   +4   +8 km

Rückseite

◘ Abb. 30.1 *Clementine*-Laser-Altimeter-Karten der Mondtopographie; die *Vorderseite* des Mondes ist durch die Häufung von lunaren Maria gekennzeichnet: Oceanus Procellarum (P), Mare Frigoris (FR), M. Imbrium *(I)*, M. Serenitatis (S), M. Tranquillitatis (T), M. Crisium (C), M. Fecunditatis (F), M. Nectaris (N), M. Nubium *(NU)*, M. Humorum (H), M. Cognitum (CO). Im Gegensatz zur Vorderseite weist die *Rückseite* des Mondes ein erheblich lebhafteres Relief auf. Die große rundliche Struktur auf der südlichen Rückseite ist das Aitken-Becken am Südpol mit einer Maximaltiefe von 12 km und einem Durchmesser von 2600 km. Die kleinere kreisförmige Struktur am rechten unteren Bildrand der Rückseite ist das Mare Orientale. (Quelle: verändert mit freundlicher Genehmigung der NASA, ► http://science.nasa.gov/headlines/y2005/images/lola/)

3 mm

◘ Abb. 30.2 Mondbrekzie Kalahari 008; dieser Steinmeteorit (Achondrit) wurde im September 1999 bei Kuke in der Wüste Kalahari (Botswana) gefunden. Die polymikte Brekzie vom Mond enthält unterschiedliche Gesteinsbruchstücke, insbesondere von Anorthosit *(weiß)*, aber auch von Impaktschmelzbrekzien *(bräunlich* bis *dunkelgrau)*, die in einer feinkörnigen, klastischen Matrix liegen. (Foto: Institut für Planetologie, Universität Münster)

worden, wobei *anorthositische Brekzien* entstanden (◘ Abb. 30.2; ► Abschn. 30.1.4). In günstigen Fällen erkennt man jedoch noch die typischen Kumu-

latgefüge aus großen Plagioklas-Kristallen und Zwickelfüllungen aus mafischen Interkumulat-Mineralen wie Orthopyroxen, Pigeonit (beide z. T. mit Entmischungslamellen von Augit) und Olivin (Taylor 2009). Die Gesteine der FAN-Suite, die den weitaus größten Teil der Hochländer – insbesondere auf der Rückseite des Mondes (◘ Abb. 30.1, *rechts*) – aufbauen, entstanden in einer sehr frühen Phase der Mondgeschichte durch ifferentiation eines mondumspannenden Magmaozeans (► Abschn. 30.3, ◘ Abb. 30.7). Die Mondkruste stellt bei Weitem das größte Anorthositmassiv dar, das bislang in unserem Sonnensystem bekannt wurde (Warren 1990).

Im Gegensatz zur FAN-Suite sind die Gesteine der Mg- und der Alkali-Suite lediglich auf ein großes Gebiet in der Umgebung des Oceanus Procellarum beschränkt, das als *Procellarum KREEP Terrane* (PKT) bezeichnet wird. Die Gesteine der beiden Suiten, die räumlich und wahrscheinlich auch genetisch eng zusammenhängen, sind häufig an den sog. **KREEP**-Komponenten, den inkompatiblen Elementen K, Seltenen Erdelementen (REE), P, Zr, Ba sowie den radioaktiven Elementen U und Th angereichert.

30

— Die *Mg-Suite* setzt sich aus Norit, Gabbronorit, Gabbro und Troktolith, untergeordnet aus Dunit zusammen, d. h. aus Gesteinen, die deutlich reicher an mafischen Mineralen sind als die FAN-Suite. Der Gehalt an Plagioklas, der wiederum Kumulate bildet, liegt meist bei 50–65 Vol.-% und erreicht nur selten 80 Vol.-%. Typische mafische Gemengteile sind Olivin (in Troktolith) und Orthopyroxen (in Norit), seltener Augit ± Pigeonit (in Gabbro und Gabbronorit). Die Plutonite der Mg-Suite weisen generell erhöhte Mg/(Mg + Fe)- und Na/(Na + Ca)-Verhältnisse auf und sind außerdem an KREEP-Komponenten angereichert, was für so basische Magmatite ungewöhnlich ist. Bislang ist der Grund für dieses Verhalten noch nicht ganz verstanden, es weist aber jedenfalls auf eine Differentiation nach komplexen AFC-Prozessen (▶ Abschn. 17.5) hin (z. B. Taylor 2009). Diese führten zu einem genetischen Zusammenhang zwischen den Plutoniten der Mg-Suite und denen der Alkali-Suite.

— Die Gesteine der Alkali-Suite weisen extrem variable Mg/(Mg + Fe)- und generell höhere Na/(Na + Ca)-Verhältnisse auf als jene der FAN- und der Mg-Suite. Außerdem führt die Alkali-Suite höhere Gehalte an den Spurenelementen La und Th. Dominierende Gesteine der Alkali-Suite sind alkalischer Anorthosit und Gabbronorit neben Quarz-Monzodiorit, während Felsite (d. h. feinkörniger „Granit" und Rhyolith) bislang nur als winzige Fragmente gefunden wurden (Smith und Steele 1976; Jolliff et al. 2006). Ein wichtiger Bestandteil der Alkali-Suite und von großer Bedeutung für das Verständnis dieser komplexen magmatischen Serie ist *KREEP-Basalt* mit Mg/(Mg + Fe)-Verhältnissen von 0,52–0,65. Dieser besteht hauptsächlich aus Plagioklas (ca. 50 Vol.-%, An_{76-88}), Pigeonit und Augit mit Kalifeldspat, SiO_2- und Phosphatmineralen, Ilmenit und Zirkon als akzessorischen Bestandteilen. Ähnlich terrestrischem Basalt zeigt lunarer KREEP-Basalt meist subophitisches bis intersertales Gefüge. Allgemein weisen petrologische, geochemische und isotopengeochemische Befunde darauf hin, dass Magmen von KREEP-basaltischer Zusammensetzung mehrfach fraktionierte Kristallisation durchgemacht haben. Bei diesen Differentiationsprozessen bildete sich alkalischer Anorthosit aus Plagioklas-, Norit und Gabbronorit aus Pyroxen-Plagioklas-Kumulaten, während hochgradig fraktionierte Restmagmen zu Quarz-Monzodiorit und zu Felsiten erstarrten (z. B. Shearer und Borg 2006; Taylor 2009).

> Radiometrische Datierungen des Regoliths oder einzelner Gesteinsfragmente der lunaren Hochland-Region ergaben einen Altersbereich von etwa 4,55–4,2 Ga für die Bildung der ersten Mondkruste.

Sm-Nd-Altersdaten (▶ Abschn. 33.5.3) an vier Pyroxen-Konzentraten aus Plutoniten der FAN-Suite (Norman et al. 2003) und Fe-haltigem Anorthosit (Alibert et al. 1994) erbrachten Werte von 4562 ± 68 und 4556 ± 40 Ma. Kombinierte U-Pb- und Lu-Hf-Isotopen-Daten, die an acht Zirkon-Körnern aus drei *Apollo-14*-Proben gewonnen wurden, lieferten ein vergleichsweise genaues Lu-Hf-Modell-Alter von 4510 ± 10 Ma (Barboni et al. 2017). Dieses ist zwar jünger als die o. g. Werte, stimmt aber innerhalb der Fehlergrenzen mit ihnen überein. Auf alle Fälle belegen diese Altersdaten, dass der Mond nur ~60 Mio. Jahre nach der Geburt unseres Sonnensystems vor etwa 4,57 Ga entstanden ist. Er ist nicht sehr viel jünger als die Erde, deren Alter auf 4557 Ma datiert wurde (▶ Abschn. 34.4; ◻ Tab. 34.2).

30.1.2 Regionen der Maria

Im Gegensatz zu den lunaren Hochländern bestehen die *Maria* des Mondes aus Basalt, der jünger ist als die Hochland-Gesteine. Obwohl die Mare auf der Frontseite, die von der Erde aus sichtbar ist, eine beachtlich große Fläche einnehmen (◻ Abb. 30.1, *links*), beträgt ihr Flächenanteil insgesamt nur etwa 17 % der Mondoberfläche, und der Volumenanteil der basaltischen Füllung an der gesamten Mondkruste wird auf höchstens 1 % geschätzt. An den Rändern der Maria beobachtet man sogenannte „wrinkle ridges". Das sind unregelmäßig gewundene und segmentierte Höhenzüge mit sanften Oberflächenformen, die bis zu 100 m Höhe erreichen, bis zu 35 km breit werden und sich über mehrere 100 km Länge verfolgen lassen. Sie enthalten lang gestreckte Riftzonen und vulkanische Krater sowie Aufschlüsse, die an Gänge erinnern. Wahrscheinlich entstanden sie durch Spalteneffusionen oder durch vulkanische Eruptionen entlang von Brüchen.

Ähnlich wie irdischer Basalt kann Mare-Basalt unterschiedliche Korngrößen, z. T. auch porphyrisches Gefüge aufweisen und mitunter Anteile von Gesteinsglas enthalten. Es ist anzunehmen, dass die basaltischen Laven der Maria sehr dünnflüssig waren und durch wiederholte Spalteneffusionen entstanden, deren Lavaströme analog zu irdischen Flutbasalten flächenhaft übereinandergestapelt wurden. Die Gesamtmächtigkeit dieser gestapelten Lavadecken wird im Mittel auf 400 m geschätzt. Einige der untersuchten Basaltproben sind relativ grobkörnig und kristallisierten offenbar im Inneren mächtiger Lavaströme während relativ langsamer Abkühlung. Andere, die von den Rändern der Lavaströme stammen, sind glasig und zeigen Abschreckungsgefüge. Hellgrüne oder orange, ca. 100 µm große Glasperlen, die bei den Missionen *Apollo*-15 und 17 entdeckt wurden, entstanden durch einen bislang einzigartigen vulkanischen Prozess, der radiometrisch auf ca. 3,6 Ga datiert wurde. Diese Schmelztropfen bildeten sich in Lavafontänen, die ungewöhnlich hohe Temperaturen von $> 1450°C$ erreicht hatten und im kalten lunaren Vakuum abgeschreckt wurden (z. B. Grove und Krawczynski 2009). Trotz ihrer ultramafischen Zusammensetzung enthält das orange Glas 8,8 Gew.-% TiO_2 (Warren 2005) und ist damit Ti-reicher als viele andere Mondgläser. Ungewöhnlich hohe Gehalte an Pb, Zn, Te und S belegen, dass sich ihr Magma durch partielles Schmelzen von Gesteinen bildete, die vielleicht bis 300 km tief im Mondmantel lagen.

Im Vergleich zu den plagioklasreichen Gesteinen der Hochlandregion sind die Mare-Basalte generell Al-ärmer und weisen gegenüber irdischem Tholeiitbasalt etwas geringere Na- und Si-Gehalte auf. Das Fehlen von Fe^{3+}-haltigen Mineralen sowie das gelegentliche akzessorische Auftreten von metallischem Eisen, (Fe,Ni), oder Troilit, FeS, spricht dafür, dass die lunaren Basalte bei einer sehr geringen Sauerstofffugazität kristallisierten. H_2O-haltige Minerale fehlen in den Mare-Basalten vollständig; (OH)-haltige Minerale sind äußerst selten, was auf die weitgehende oder vollständige Abwesenheit von H_2O-haltigen Fluiden bei der Bildung dieser Gesteine hinweist. Nach ihrem Gesteinschemismus lassen sich drei Gruppen von Mare-Basalten unterscheiden:

- eine *high-Ti-Gruppe* (FETI), die besonders reich an Fe^{2+} und Ti ist (>9 Gew.-% TiO_2),
- eine *low-Ti-Gruppe* mit 1,5–9 Gew.-% TiO_2 und
- eine *very-low-Ti-Gruppe* (VLT) mit < 1,5 Gew.-% TiO_2.

Die geochemischen Unterschiede zwischen diesen Gruppen sind wesentlich größer als bei irdischen Basalten, obwohl auch die Basaltmagmen des Mondes durch partielle Aufschmelzung von Mantelgesteinen im tiefen Inneren unseres Satelliten entstanden sind. Wie bei analogen Prozessen im Erdmantel sind für den Typ des gebildeten Magmas die *P-T*-Bedingungen, der Aufschmelzgrad und das Gesteinsmaterial des Mantels entscheidend, über dessen Zusammensetzung man heute jedoch noch wenig weiß. Geochemische Argumente sowie die Ergebnisse von Aufschmelz-Experimenten an Mondbasalten legen darüber hinaus den Schluss nahe, dass die primären Mantelschmelzen bei ihrem Aufstieg nicht nur durch fraktionierte Kristallisation, sondern auch durch die Assimilation von plagioklasreichen Hochland-Gesteinen in ihrer Zusammensetzung verändert wurden. Wahrscheinlich fanden solche *AFC-Prozesse* im Verlauf der frühen Geschichte des Mondes wiederholt statt (z. B. Grove und Krawczynski 2009).

Radiometrischen Datierungen zufolge erstreckt sich das Alter der Mare-Basalte über einen Zeitraum von 4,0–3,0 Ga, mit einem deutlichen Schwerpunkt bei 3,8–3,2 Ga. Somit dauerte die Hauptperiode der vulkanischen Aktivität, während der die meisten Maria mit Basaltlaven gefüllt wurden, rund 600 Ma. Seit 3,0 Ga unterlag die Mondoberfläche nur relativ geringen Veränderungen. Erosion und Transport von Gesteinsschutt beschränken sich auf Meteoriteneinschläge und auf Auswirkungen des *Sonnenwindes,* eines von der Sonne kommenden Protonenbeschusses.

30.1.3 Die Minerale der Mondgesteine

Da im Rahmen dieses Buches nur eine ganz knappe Übersicht über die Mondminerale gegeben werden kann, sei auf die ausführlicheren Darstellungen von Smith (1974) sowie Smith und Steele (1976) verwiesen. Zu den wichtigsten Mineralen in fast allen Mondgesteinen gehören Anorthit-reicher *Plagioklas* (meist um An_{90}) und *Klinopyroxene* wie Augit, Titanaugit, Hedenbergit und Pigeonit, in den Gesteinen der Hochländer auch *Orthopyroxen* (Enstatit–Hypersthen). Daneben ist *Olivin* (meist um Fa_{30}) als Haupt- oder Nebengemengteil in vielen Mondgesteinen verbreitet, während *Amphibol* äußerst selten ist. Ein mafischer Gemengteil, der auf der Erde nur extrem selten gefunden wurde, ist das trikline Silikat *Pyroxferroit,* $(Ca,Mg)(Fe,Mn)_6[Si_7O_{21}]$, ein Pyroxenoid, dessen Struktur durch Siebener-Einfach-Ketten von $[SiO_4]$-Tetraedern gekennzeichnet ist (◻ Abb. 11.33d). *Alkalifeldspäte* sind selten. In den KREEP- und High-Ti-Basalten tritt als Kristallisationsprodukt von Restschmelzen das hexagonale Inselsilikat *Tranquillityit,* $Fe^{2+}_8Ti_3(Zr,Y)_2[O_{12}/(SiO_4)_3]$, auf, das bisher nur in lunaren Gesteinen gefunden und nach dem Mare Tranquillitatis benannt wurde. In den wenigen Granit- und Rhyolith-Fragmenten kommen neben Plagioklas und Alkalifeldspat (Ba-Sanidin) auch ungewöhnliche Feldspäte vor, deren Zusammensetzung $An_{50}Or_{40}Ab_{10}$ in der Mischungslücke irdischer Alkalifeldspäte liegt (vgl. ◻ Abb. 11.62, 11.63); sie können sich also nicht unter Gleichgewichtsbedingungen gebildet haben. Als späte Kristallisationsprodukte kommen in den Mare-Basalten die SiO_2-Minerale Cristobalit und Tridymit vor, während Quarz extrem selten ist.

Von den Fe^{2+}-Ti-Oxiden ist Ilmenit, $FeTiO_3$, sehr verbreitet und bildet in vielen Mondgesteinen einen Hauptgemengteil, während Ulvöspinell, $Fe^{2+}_2TiO_4$, Rutil, TiO_2, und Perowskit, $CaTiO_3$, seltener als Akzessorien auftreten. Orthorhombischer Armalcolit mit der idealen Formel $Fe^{2+}_{0,5}Mg_{0,5}Ti_2O_5$ wurde als Nebengemengteil in Mondgesteinen gefunden und nach den Apollo-11-Astronauten Armstrong, Aldrin und Collins benannt. In irdischen Gesteinen bildet er Mischkristalle mit Pseudobrookit $Fe_2^{3+}TiO_5$. Weitere Akzessorien in Mondgesteinen sind Spinell, $MgAl_2O_4$, Chromit, $FeCr_2O_4$, Zirkon, $Zr[SiO_4]$, Baddeleyit, ZrO_2, und Apatit, $Ca_5[(F,Cl,OH)/(PO_4)_3]$.

Jüngste Fortschritte in Mikrosonden-Analytik (EMPA) und Sekundärionen-Massenspektrometrie (SIMS) haben gezeigt, dass lunarer Apatit zwar generell reich an F, jedoch keinesfalls (OH)-frei ist. So enthält Apatit in veränderten Hochland-Gesteinen bis zu 0,15 (OH) p.f.u. neben bis zu 0,25 Cl p.f.u., unveränderter Mare-Basalt sogar bis zu 0,5 (OH) p.f.u., aber meist < 0,05 Cl p.f.u. Dadurch wird deutlich, dass in der frühen Geschichte des Mondes leichtflüchtige Komponenten eine wichtige Rolle gespielt haben als bislang angenommen (Boyce et al. 2010; McCubbin und Jones 2015).

Die Minerale Whitlockit, $Ca_9(Mg,Fe)[PO_3OH/(PO_4)_6]$, Troilit, FeS, Cohenit, Fe_3C, Schreibersit, $(Fe,Ni)_3P$, sowie metallisches Eisen (Fe,Ni,Co), die man bislang nur aus Meteoriten kannte (◘ Tab. 31.2), wurden ebenfalls in Mondgesteinen nachgewiesen.

30.1.4   Der lunare Regolith

Auffälligstes Merkmal der Mondoberfläche sind die unzähligen *Impaktkrater,* die durch Einschläge von kosmischen Körpern unterschiedlicher Größe, wie Meteoroiden, Asteroiden und Kometen erzeugt wurden. Dementsprechend variieren die Durchmesser dieser Krater von wenigen Mikrometern bis zu mehreren Hundert Kilometern, in einigen Fällen bis zu über 1000 km, wie beim Mare Crisium (1060 km) und beim Mare Imbrium (1160 km). Das riesige Südpol-Aitken-Becken (◘ Abb. 30.1, rechts), die älteste bekannte Impaktstruktur des Mondes und eine der größten unseres Planetensystems, hat sogar einen Durchmesser von 2600 km. Die Entstehung solcher Strukturen erfordert den Einschlag von Asteroiden mit Durchmessern von Zehnern bis Hundertern Kilometern (Norman 2009).

Die Stoßwellen dieser Impaktereignisse haben die ursprünglichen Gesteine der Hochländer und der Maria tiefgründig zerrüttet, wodurch eine brekzienförmige, von Staub durchsetzte Schuttschicht, der Regolith, entstand. Dieser ist über die ganze Mondoberfläche verbreitet und kann nach seismischen Messungen bis etwa 10 km mächtig werden; er enthält Gesteinsblöcke von vielen Kubikmetern Größe.

Wie in ▶ Abschn. 26.2.3 ausführlicher dargelegt, reicht die Wirkung der Stoßwellen von *Kataklase* der Mineralkörner bis zu vollständiger *Aufschmelzung.* So kann der Regolith durch die Schockwellen zu einer Impaktbrekzie verfestigt sein, in der Gesteins- und Mineralbruchstücke in eine fein zerriebene und/oder glasige Grundmasse eingebettet sind (◘ Abb. 30.2). Besteht diese Matrix ganz oder teilweise aus Gesteinsglas, das durch rasche Abkühlung einer Silikatschmelze gebildet wurde, spricht man von *Impaktschmelzbrekzien.* Wie in ◘ Abb. 30.3 gezeigt, herrschen diese innerhalb und an den Rändern der Impaktkrater vor, während in den Außenbereichen und in der weiteren Umgebung der Krater Impaktbrekzien mit glasfreier Matrix abgelagert wurden (Norman 2009). *Polymikte Impaktbrekzien* enthalten außer Mineral- und Gesteinsfragmenten auch Bruchstücke von Impaktschmelzbrekzien (◘ Abb. 30.2), z. B. 4,4–3,9 Ga alte Klasten von A-Typ-Granit mit der Paragenese Quarz + Alkalifeldspat Or_{80-95} + Plagioklas An_{65-85} + Fayalit + Pyroxene + Ilmenit + Troilit + Fe-Ni-Metall (Bonin 2007). Nicht selten weisen die Impaktbrekzien auch metamorphe Umkristallisationsgefüge auf. Im Jahr 1979 wurden auf der Erde die ersten *Meteorite vom Mond (Lunaite)* entdeckt, die teils aus den Hochländern, teils aus den Maria stammen (▶ Abschn. 31.4.2).

30.1.5   Reste von Wasser im lunaren Regolith

Entsprechend seiner geringen Gravitation besitzt der Mond keine Atmosphäre im eigentlichen Sinn, sondern lediglich eine oberflächengebundene *Exosphäre,* die zu etwa gleichen Teilen aus He, Ne, Ar und H_2 aufgebaut ist und Spuren von CH_4, NH_3 und CO_2, aber kein H_2O enthält. Diese Komponenten stammen überwiegend aus dem Sonnenwind; lediglich Ar entsteht teilweise aus dem Zerfall von radioaktivem ^{40}K in den Mondgesteinen. Der Regolith steht praktisch unter Vakuum mit einem Druck von $3 \cdot 10^{-5}$ bar (= $3 \cdot 10^{-8}$ hPa), während die Oberflächentemperatur zwischen 130°C

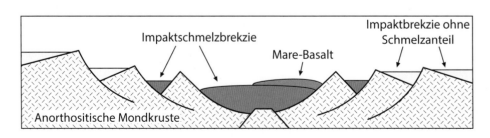

◘ **Abb. 30.3**   Der schematische, nicht maßstabsgerechte Querschnitt durch ein Multiring-Becken zeigt die Verteilung von Impaktbrekzien mit glasfreier Matrix *(Außenbereich)* und Impaktschmelzbrekzien *(Innenbereich).* (Nach Norman 2009)

am Tag und $-160°C$ in der Nacht variiert. Unter diesen Bedingungen würde H_2O sofort verdampfen, H_2O-Eis würde sublimieren. Die einzige Möglichkeit für die Erhaltung von H_2O-Eis nahe der Mondoberfläche bietet der Regolith am Boden tiefer Impaktkrater in den Polargebieten des Mondes, z. B. in oder nahe dem riesigen Südpol-Aitken-Becken (◘ Abb. 30.1, *rechts*). Da die Mondachse – im Gegensatz zur Erdachse – nur eine geringe Neigung von 1,78° gegen die Umlaufbahn besitzt, sind diese Kraterböden permanent beschattet und es herrschen dort extrem niedrige Temperaturen bis zu $-248°C$. Hinweise auf die Existenz von H_2O-Eis wurden von der japanischen Mondsonde *Hiten* (1990), von Radar-Daten des NASA-Forschungssatelliten *Clementine* (Nozette et al. 1994) und durch Neutronenspektroskopie der NASA-Fernerkundungsmission *Lunar Prospektor* gefunden (Feldmann et al. 1998), allerdings von Campbell et al. (2003, 2006) wieder infrage gestellt. Im Jahr 2009 führte jedoch der *Moon Mineralogy Mapper* der indischen Raumsonde *Chandrayaan-1* ebenfalls neutronenspektroskopische Analysen der Mondoberfläche durch und konnte in polaren Breiten größere Mengen von Wasserstoff nachweisen, die auf die Existenz von OH- und/oder H_2O-haltigem Gesteinsmaterial rückschließen lassen (Pieters et al. 2009; Colaprete et al. 2010; Holl 2010). Im gleichen Jahr gelang durch das Impakt-Experiment der amerikanischen LCROSS- und LRO-Mission der direkte Nachweis, dass Kristalle von reinem H_2O-Eis im Regolith des Südpol-nahen Impaktkraters Cabeus existieren (Colaprete et al. 2010). Danach analysierte man erneut Gesteinsproben der Apollo-Missionen von 1969–1976 mit SIMS und konnte bis zu 0,6 Gew.-% H_2O sowie Spuren der leichtflüchtigen Gase Methan CH_4 und Cyanwasserstoff HCN nachweisen (Holl 2010).

Bis dahin waren die einzigen H_2O-haltigen Substanzen, die von einer Mondmission auf die Erde gebracht worden waren, Schichtsilikate in einem erbsengroßen kohligen Chondrit (▶ Abschn. 31.3.1), einem primitiven Meteorit, der auf die Mondoberfläche gefallen war. Fragmente solcher H_2O-haltigen Meteorite, die auch in geologischen Zeiträumen ihr Wasser nicht abgegeben haben, existieren vielleicht noch in tiefen Mondkratern der Polargebiete (Zolenski 2005).

Der Wasserstoff, der in Form von H_2O-Eis im Regolith der lunaren Polargebiete gebunden ist, könnte durch Kometen, Asteroiden, interplanetaren Staub, riesige interstellare Molekülwolken oder durch den Sonnenwind auf den Mond transportiert worden sein. Diskutiert wird auch eine Herkunft aus der Erdatmosphäre (z. B. Lucey 2009). Schließlich kommt auch der Mond selbst als Herkunftsort infrage, denn es gibt deutliche Hinweise darauf, dass unser Satellit vor kurzer Zeit, auf alle Fälle innerhalb der letzten 10 Mio. Jahre, ein großes Entgasungsereignis erlebt hat (Schultz et al. 2006).

30.2 Der innere Aufbau des Mondes

30.2.1 Die Mondkruste

Wie wir gesehen haben, ist die Mondkruste von einer mehrere Kilometer dicken *Regolith-Schicht* bedeckt. Diese ist durch geringe P- und S-Wellen-Geschwindigkeiten gekennzeichnet, die allmählich nach der Tiefe hin auf $v_P \approx 5,6$ und $v_S \approx 3,2$ km/s ansteigen (◘ Abb. 30.4). Sieht man vom *Mare-Basalt* ab, so besteht der obere Bereich der festen, subregolithischen Mondkruste im Durchschnitt aus *anorthositischem Gabbro* mit 26–28 % Al_2O_3, der untere Bereich aus *Norit* mit ca. 20 % Al_2O_3 (z. B. Warren 1990; Shearer und Papike 1999). Wie die Ergebnisse der *Clementine*- und *Lunar-Prospector*-Missionen belegen, variiert die Dicke der Mondkruste erheblich, liegt aber im Mittel bei 40–45 km (Wieczorek et al. 2006; Wieczorek 2009). Deutlich verdünnt ist jedoch die Mondkruste im Bereich der *Mascons (= „mass concentrations")*, großen positiven Schwereanomalien, die in Maria oder großen Impaktkratern auftreten, z. B. im Südpol-Aitken-Becken (◘ Abb. 30.1, *rechts*). Für das KREEP-Terrain des Oceanus Procellarum (◘ Abb. **30.1**, *links*) ermittelten Longnonné et al. (2003) in 30 km Tiefe eine ausgeprägte Diskordanz, die die Anorthosit-Kruste vom Pyroxenit-Mantel trennt.

30.2.2 Der Mondmantel

Eine wichtige Informationsquelle für den Aufbau des Mondmantels stellt die Neubearbeitung der seismischen Daten dar, die durch das Netzwerk des *Apollo Lunar Surface Experiment Package* (ALSEP) gewonnen wurden. So wurden im Zeitraum 2001–2009 Mondbeben-Wellen registriert, die von 1800 Meteoriteneinschlägen, von 28 energiereichen, oberflächennahen Mondbeben sowie von 7000 extrem schwachen Tiefbeben ausgelöst wurden (◘ Abb. 30.5). Durch Neuinterpretation der seismischen Daten erarbeitete Weber et al. (2011) ein Modell, das für den gesamten Mond die Veränderung der P- und S-Wellen-Geschwindigkeiten v_P und v_S sowie der Dichte ρ mit der Tiefe darstellt (◘ Abb. 30.4). Danach ist unumstritten, dass an der Kruste/Mantel-Grenze die P- und S-Wellen-Geschwindigkeiten abrupt auf v_P 7,6–7,8 bzw. v_S 4,35–4,45 km/s ansteigen (Gagnepain-Beynix et al. 2006). Im mittleren Mondmantel sind die Wellengeschwindigkeiten jedoch schlechter definiert, sodass die Frage, ob tiefer im Mondmantel noch weitere ausgeprägte Diskontinuitäten existieren, noch offen bleibt (vgl. Wieczorek 2009).

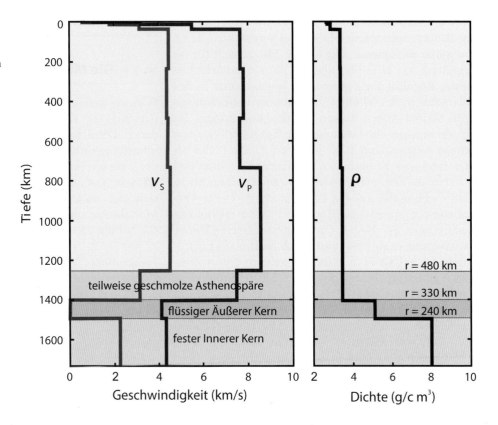

■ Abb. 30.4 Änderung der Geschwindigkeiten von P- und S-Wellen v_P und v_S sowie der Dichte ρ mit der Tiefe im Inneren des Mondes. (Mod. nach Weber et al. 2011)

Ein deutlicher Anstieg in v_P ist bei 740 km Tiefe erkennbar.

Durch diese Ergebnisse wird das ursprüngliche Modell von Ringwood 1979 (■ Abb. 30.6) modifiziert. Danach hat der *obere Teil* des Mondmantels eine mittlere Dichte von 3,29 g/cm³ und setzt sich aus *Kumulaten von Olivin* (Fo$_{88}$) zusammen. Darunter folgt ein *refraktärer Dunit* (Fo$_{88-90}$), der nach der Bildung von Basaltmagmen noch als Restit übrig blieb. Ab 740 km Tiefe (■ Abb. 30.4) geht dieser Dunit in einen Fe-reicheren *Olivin-Pyroxenit* mit einer mittleren Dichte von 3,49 g/cm³ über. Somit weicht der *untere Mondmantel* in seiner Zusammensetzung vom oberen Mondmantel ab und entspricht wahrscheinlich noch dem ursprünglichen, nicht durch partielles Schmelzen verarmten Mantelgestein (■ Abb. 30.6). Die Herde der äußerst schwachen Tiefbeben, die nicht selten auf dem Mond registriert werden, liegen im unteren Mondmantel. Sie konzentrieren sich auf der erdnahen Seite des Mondes in Tiefen von ca. 800–1000 km, wo sie an ca. 300 Quellregionen („Nester") gebunden sind, die immer wieder aktiv sind (Nakamura 2003; Wieczorek 2009; ■ Abb. 30.5). Wahrscheinlich werden diese Tiefbeben, die meist nur die Stärke 2 (maximal knapp 5) der Rich-

ter-Skala erreichen, nicht durch tektonische Bewegungen, sondern durch Gezeitenkräfte ausgelöst, die jeweils am erdnächsten und erdfernsten Punkt der Mondbahn, also im 14-tägigen Rhythmus ein Maximum erreichen. Dementsprechend ist die ca. 1400 km dicke Lithosphäre des Mondes tektonisch stabil, ganz im Gegensatz zu der viel dünneren Lithosphäre der Erde, die durch eine aktive „Wärmemaschine" in ständiger tektonischer Bewegung gehalten wird (z. B. Taylor 1975).

Viel stärkere Mondbeben werden allerdings durch große Impaktereignisse erzeugt, von denen eines im Jahre 1972 stattfand, als ein ca. 1 t schwerer Meteorit auf der erdabgewandten Seite des Mondes aufschlug. Dabei wurde auch die wichtige Entdeckung gemacht, dass in größeren Tiefen die P-Wellen-Geschwindigkeit deutlich abgeschwächt ist und damals keine S-Wellen mehr registriert werden konnten (Taylor 1975). Nach dem Modell von Weber et al. (2011) sinken in dieser *„low velocity zone"*, die sich zwischen ca. 1260 und 1410 km Tiefe erstreckt, die P- und S-Wellen-Geschwindigkeiten auf $v_P = 7,5$ bzw. $v_S = 3,2$ km/s ab, was auf einen geringen Schmelzanteil hinweist (■ Abb. 30.4). In Analogie zur Erde wird dieser Bereich als *Mondasthenosphäre* bezeichnet (■ Abb. 30.7b).

30.2.3 Der Mondkern

Vorliegende seismische Daten sind gut vereinbar mit der Annahme eines *eisenreichen Kerns,* dessen Rand in einer Tiefe von ca. 1410 km liegt. Dieser Kern ist jedoch wesentlich kleiner als bei den erdähnlichen Planeten, da die mittlere Dichte des Mondes nur 3,341 g/cm^3, die der Erde aber 5,515 g/cm^3 beträgt. Daraus folgt, dass der Kern des Mondes – im Gegensatz zum Erdkern – weniger als 2 % der gesamten Mondmasse ausmacht. Wie ◘ Abb. 30.4 zeigt, sinkt die P-Wellen-Geschwindigkeit an der Kern/Mantel-Grenze schlagartig auf $v_P = 4{,}0$ km/s ab, während $v_S = 0$ wird. Das bedeutet, dass der Äußere Mondkern aus einer Schmelze oder – wie Weber et al. (2011) annehmen – sogar einem Fluid besteht, vermutlich aus 90 % Fe + 10 % S oder 90 % Fe + 5 % S + 5 % C. Demgegenüber ist der Innere Mondkern fest und ist wohl im Wesentlich aus kristallisiertem Fe-Metall aufgebaut. Nach Weber et al. (2011) liegt die Grenze zwischen Äußerem und Innerem Kern in einer Tiefe von ca. 1500 km (◘ Abb. 30.4, 30.5). Magnetische Messungen der Lunar-Prospector-Mission erbrachten, dass Teile der Mondkruste *magnetisiert* sind. Dieser Befund wird durch die beachtliche Magnetisierung bestätigt, die man an einigen Mondproben nachgewiesen hatte. Bei der geringen Größe des vermuteten Metallkerns lässt sich das starke Magnetfeld, das hierfür erforderlich ist, kaum erklären, sodass für seine Entstehung auch *äußere* Einflüsse in Betracht gezogen werden

müssen. So könnte man annehmen, dass der Impakt eines großen kosmischen Körpers eine teilweise ionisierte Plasmawolke erzeugte, die sich über die Mondoberfläche ausbreitete und diese teilweise magnetisierte (Wieczorek 2009).

30.3 Die geologische Geschichte des Mondes

Während die Erde noch heute nicht nur exogenen, sondern auch ständig endogenen Veränderungen unterworfen ist, kamen endogene Prozesse am Mond vor etwa 3,0 Ga weitestgehend zum Ende. Daher haben wir über seine frühe Geschichte bessere Vorstellungen als für die der Erde. Die für den Mond gewonnenen Erkenntnisse sind folglich von größtem Interesse für unser Verständnis der frühen Erdgeschichte. Im Folgenden sei die Geschichte des Mondes knapp zusammengefasst. Für ausführlichere Erläuterungen sei auf Hartmann et al. (1986), Schmitt (1991), Shearer und Papike (1999), Spudis (1999), Neukum et al. (2001), Warren (2005) und Unsöld und Baschek (2005) verwiesen.

Entstehung des Mondes Vor etwa 4,55 Ga entstand der Mond zusammen mit der Erde und den anderen Planeten unseres Sonnensystems. Für diesen Vorgang werden hauptsächlich zwei alternative Modelle diskutiert, von denen das zweite von der Mehrzahl der Forscher bevorzugt wird:

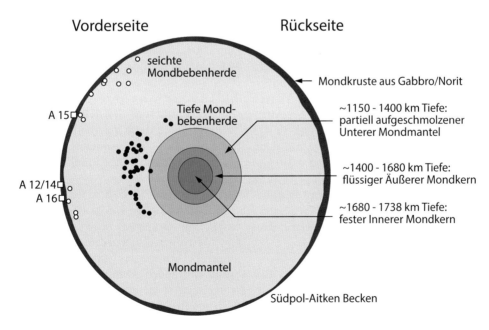

◘ **Abb. 30.5** Schematischer Querschnitt, der die Internstruktur des Mondes darstellt, basierend auf geophysikalischen Befunden; die Landeplätze der Apollo-Missionen sind durch Quadrate gekennzeichnet. (Modifiziert nach Wieczorek 2009 und Weber et al. 2011)

- *Heterogene Akkretion* (Anlagerung) von relativ kaltem kosmischen Staub etwa gleichzeitig mit der Erdentstehung.
- *Katastrophale Abtrennung* von einer bereits existierenden und teilweise differenzierten Erde. Hierzu kam es durch den Einschlag eines riesigen kosmischen Körpers etwa von der Größe des Mars, dem *„giant impact"* (z. B. Cameron 1996; Richter 2007; Grieve und Stöffler 2012; vgl. ► Abschn. 34.4, ◻ Abb. 34.4).

Frühe Differentiation und Krustenbildung Im Zeitraum zwischen etwa 4,55 und 4,4 Ga fand die früheste Differentiation und die Bildung der Kruste des Mondes statt, wofür wiederum zwei verschiedene Modelle erwogen werden:

- *Wiederholte Aufschmelzvorgänge* führten zur Bildung isolierter *Magmakammern,* in denen Differentiationsprozesse zur Entstehung von großen lagigen Intrusionskörpern führten. Diese bestanden aus mächtigen Anorthosit-Lagen, die von mafischen Kumulaten unterlagert waren, welche später zur Quellregion für die Mare-Basalte wurden.
- Stark bevorzugt wird heute dagegen ein alternatives Modell: Danach entstand vor ca. 4,51 Ga ein *lunarer Magmaozean* (LMO), bestehend aus einer Fe-reichen basaltischen Schmelze von hoher Dichte. Allerdings ist noch umstritten, ob der gesamte Mond geschmolzen war oder nur seine äußeren 300–500 km (z. B. Warren 1990; Schmitt 1991; Shearer und Papike 1999; Grove und Krawczynski 2009). Bei der beginnenden Kristallisation des LMO kam es zum Absaigern mafischer Kumulate und zum Aufsteigen plagioklasreicher Diapire, die zum Aufbau der frühen, anorthositisch zusammengesetzten Kruste des Mondes führten (◻ Abb. 30.6 und 30.7). Als bisher ältestes Mondgestein wurde ein Bruchstück von noritischem Fe-reichem Anorthosit bekannt, das ein Sm–Nd-Alter von 4,562 ± 0,068 Ga erbrachte (Alibert et al. 1994). Dieses stimmt innerhalb der Fehlergrenze mit dem oben erwähnten Sm–Nd-Alter von 4,556 ± 0,040 Ga überein, das an Pyroxenen der FAN-Suite ermittelt wurde (Norman et al. 2003). Zu dieser Zeit bestand der obere Mondmantel aus ultramafischen Gesteinen und enthielt Restschmelzen von KREEP-Zusammensetzung.

Pränectaris-Stadium (4,5–3,92 Ga) Die folgenden Perioden der Mondgeschichte sind durch katastrophale Meteoriten-Bombardements gekennzeichnet. Dieser *lunare Kataklysmus* überlappt zeitlich mit dem *heftigen Meteoriten-Bombardement* (engl. *„late heavy bombardement"*) des inneren Sonnensystems vor 4,1–3,8 Ga. In dieser Phase (aber auch schon davor), entstanden

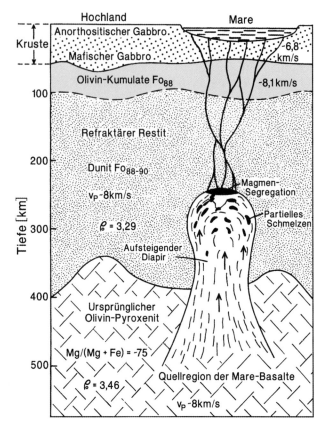

◻ **Abb. 30.6** Schematischer Schnitt, der den Aufbau der Mondlithosphäre und die Entstehung von Mare-Basalt-Magmen veranschaulicht (vereinfacht nach Ringwood 1979)

große Impaktkrater und die gewaltigen alten (pränektarischen) Becken wie das Südpol-Aitken-Becken. Die frühe Mondkruste wurde intensiv brekziiert (Norman 2009). Partielle Aufschmelzung führte zu erneuter Magmabildung und zur Platznahme von Plutoniten der FAN-Suite (ca. 4,56–4,3 Ga), der Mg-Suite (ca. 4,5–4,15 Ga) und der Alkali-Suite (ca. 4,35–4,0 Ga) sowie zur Förderung der KREEP-Basalt-Laven (4,05–3,8 Ga). Durch diese magmatische Aktivität wurde die frühe Mondkruste konsolidiert und es kam zum isostatischen Ausgleich in der Mondlithosphäre.

Nectaris-Stadium (3,92–3,85 Ga) Nach einer möglichen Unterbrechung von ca. 300 Ma begann das Nectaris-Stadium mit einem neuen oder zumindest verstärkten Meteoriten-Bombardement, bei dem die großen jungen Becken wie das Mare Nectaris und das Mare Imbrium entstanden. Darüber hinaus kam es zur Schockschmelzung sowie zur Bildung von Schuttströmen und flächenhafter Ablagerung von impaktinduziertem Auswurfmaterial, die als Regolith den größten Teil der Mondoberfläche bedecken. Schließlich war die Mondkruste genügend stabilisiert, um die Existenz von Mascons und negativen Schwereanomalien zu ermöglichen.

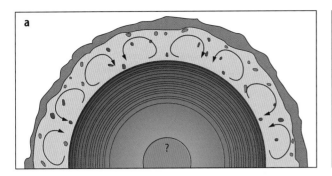

◘ Abb. 30.7 Schematische Querschnitte durch den Mond während des frühen und des späten Kristallisationsstadiums des Magmaozeans; **a** im frühen Stadium der Erstarrung schwimmt Plagioklas *(hellgrau)* in die oberen Bereiche des konvektierenden Magmaozeans *(hellorange)* auf und reichert sich dort zu einem Kumulat an, aus dem die Mondkruste entsteht. Die schwereren Olivin- und Pyroxen-Kristalle saigern dagegen zum Boden hin ab und bilden dort einen mafischen Kumulat-Stapel, der den oberen Mondmantel bildet *(grün mit Längstreifung)*, unterlagert von der Mondasthenosphäre *(grün)*; **b** nach der vollständigen Erstarrung des Magmaozeans ist eine anorthositische Mondkruste aus Plagioklas-Kumulaten *(hellgrau)* entstanden, die teilweise – bedingt durch gravitative Instabilitäten – überkippt liegen *(dunkelgrau)*. Der letzte Bodensatz des Magmaozeans ist stark an TiO_2 angereichert *(orange-rot)*, was zur Kristallisation von Ti-reichen Mineralen wie Ilmenit und Ulvöspinell im Kumulat führte. Die gestrichelte Linie markiert die mögliche seismische Diskontinuität im Mondmantel *(grün mit Längsstreifung)*. In einem Tiefenbereich von 1240–1410 km liegt die Mondasthenosphäre, die einen geringen Schmelzanteil aufweist *(grün)*. (Nach Grove und Krawczynski 2009)

Interessant ist, dass radiometrische Altersdaten an von der *Apollo-14*-Mission aufgesammelten *Brekzien,* die als Bildungsalter des Mare Imbrium angesehen werden, einen langen Zeitraum von 3,94 bis 3,77 Ga abdecken, also vom Pränectaris- bis zum Imbrium-Stadium reichen. Das letzte und verlässlichste U-Pb-Alter von 3938 ± 4 Ma, das an lunaren Ca-Phosphaten gemessen wurde, belegt, dass die Aushöhlung des Mare Imbrium schon in pränectarischer Zeit einsetzte (Merle et al. 2014).

Imbrium-Stadium (3,85–3,15 Ma) Während des Frühstadiums des Imbriums vor 3,85–3,8 Ga, d. h. gegen Ende des *heftigen Meteoriten-Bombardements* entstanden das Mare Orientale, die meisten restlichen Maria und zahlreiche Impaktkrater. Die Förderung der *Mare-Basalt-Laven* zog sich über eine lange Zeitspanne von 3,95 bis 3,0 Ga hin, d. h. überwiegend während des Imbrium-Stadiums, und setzte sich mit veränderter Aktivität bis ca. 2,9 Ga oder sogar noch bis ca. 2,6 Ga fort. Die Mare-Basalt-Magmen bildeten sich durch Anatexis, die allmählich immer tiefere Bereiche des Mondmantels erfasste (◘ Abb. 30.6). Während dieser Entwicklung entstanden die Magmen der *high*-Ti-Gruppe in geringerer Tiefe und durch geringere Aufschmelzgrade als die der *very-low* Ti-Gruppe. Die Magmen flossen in Form von Lavadecken aus oder intrudierten oberflächennah als Lagergänge. Daneben führte ein früher explosiver Vulkanismus zur Bildung von Schuttdecken aus krustalem Material. Später wurden auch basaltische Pyroklastika explosiv gefördert, die aus dem bereits differenzierten Mondmantel stammten, während die leichtflüchtigen Komponenten wohl aus undifferenzierten Mantelbereichen unterhalb ca. 740 km abzuleiten sind (◘ Abb. 30.7).

Eratosthenes-Stadium (3,15–1,0 Ga) Zu Beginn dieses Stadiums flossen die jüngsten Mare-Basalt-Laven aus. Die Meteoritenkrater sind etwas weniger frisch als die Krater des folgenden Kopernikus-Stadiums.

Kopernikus-Stadium (<1,0 Ga) Im Zeitraum von ca. 1,0 Ga bis heute entstanden durch Meteoriteneinschläge, die in ihrer Häufigkeit abnahmen, in allen Bereichen der Mondoberfläche die charakteristischen *Strahlenkrater* wie z. B. Kopernikus, der ein Alter von etwa 850 Ma hat. Die Vertiefung, Durchmischung und Reifung der *Regolith-Decke* setzte sich fort, wobei auch Gase des Sonnenwindes eingeschlossen wurden. Ungelöst ist bis jetzt das Problem der *hellen Wirbel* (engl. *„bright swirls")*, die eine markante Erscheinung auf der Mondoberfläche darstellen.

Literatur

Alibert C, Norman MD, McCulloch MT (1994) An ancient Sm-Nd age for a ferroan noritic anorthosite clast from lunar breccia 67016. Geochim Cosmochim Acta 58:2921–2926

Barboni M, Boehnke P, Keller B, Kohl IE, Schoene B, Young ED, McKeagan KD (2017) Early formation of the Moon 4.51 billion years ago. Sci Ad 3:e1682365

Bonin B (2007) A-type granites and related rocks: evolution of a concept, problems and prospects. Lithos 97:1–29

Boyce JW, Liu Y, Rossman GR, Guan Y, Eiler JM, Stolper EM, Taylor LA (2010) Lunar apatite with terrestrial volatile abundances. Nature 466:466–469

Cameron AGW (1996) The origin of the Moon and the single impact hypothesis. Icarus 126:126–137

30

Campbell BA, Campbell DB, Chandler JF, Hine AA, Nolan MC, Perillat PJ (2003) Radar imaging of the lunar poles. Nature 426:137–138

Campbell DB, Campbell BA, Carter LM, Margot J-L, Stacy NJS (2006) No evidence for thick deposits of ice at the lunar southern pole. Nature 443:835–837

Colaprete A, Schultz P, Heldmann J, Wooden D, Shirley M, Kimberly E, Hermalyn B, Marshall W, Ricco A, Elphic RC, Goldstein D, Summy D, Bart GD, Asphang E, Korycansky D, Landis D, Sollin L (2010) Detection of water in the LCROSS ejecta plume. Science 330:463–468

Delano JW (2009) Scientific exploration of the Moon. Elements 5:11–16

Ernst ER, Buchan KL, Campbell IH (2005) Frontiers in large igneous province research. Lithos 79:271–297

Feldmann WC, Maurice S, Binder AB, Barracough BL, Elphic RC, Lawrence DJ (1998) Fluxes of fast and epithermal neutrons from Lunar Prospector: Evidence for water ice at the Lunar poles. Science 281:1496–1500

Grieve RAF, Stöffler D (2012) Impacts and the Earth: a perspective. Elements 8:11–12

Gagnepain-Beynix J, Lognonné P, Chenet H, Lombardi D, Spohn T (2006) A seismic model of the lunar mantle and constraints on temperature and mineralogy. Phys Earth Planet Inter 159:140–166

Grove TL, Krawczynski MJ (2009) Lunar mare volcanism: Where did the magmas come from? Elements 5:29–34

Hartmann WK, Phillips RJ, Taylor CJ (Hrsg) (1986) Origin of the Moon. Lunar and Planetary Institute, Houston, Texas

Holl M (2010) Wasser in Apollo-Mondgesteinsproben nachgewiesen. Sterne und Weltraum 5(2010):22–23

Jolliff BL, Wieczorek MA, Shearer CK, Neal CR (eds) (2006) New views of the Moon. Rev Mineral Geochem 60

Lognonné P, Gagnepain-Beynix J, Chenet H (2003) A new seismic model of the Moon: Implications for structure, thermal evolution and formation of the Moon. Earth Planet Sci Lett 211:27–44

Lucey PG (2009) The poles of the Moon. Elements 5:41–46

McCubbin FM, Johns RH (2015) Extraterrestrial apatite: planetary geochemistry to astrobiology. Elements 11:183–188

Merle RE, Nemchin AA, Grange ML, Whitehouse HJ, Pidgeon RT (2014) High resolution U-Pb ages of Ca-phosphates in Apollo 14 breccias: Implications for the age of the Imbrium impact. Meteoritics Planet Sci 49:2241–2251

Nakamura Y (2003) New identification of deep moonquakes in the Apollo lunar seismic data. Phys Earth Planet Int 139:197–205

Neal CR (2009) The Moon 35 years after Apollo: What's left to learn? Chem Erde/Geochem 69:3–43

Neukum G, Ivanov BA, Hartmann WK (2001) Cratering records in the inner solar system in relation to the lunar reference system. Space Sci Rev 96:55–86

Norman MD (2009) The lunar cataclysm: reality or "mythconception"? Elements 5:23–28

Norman MD, Borg LE, Nyquist LE, Bogard DD (2003) Chronology, geochemistry, and petrology of a ferroan noritic anorthosite clast from Descartes breccia 67215: clues to the age, origin, structure, and impact history of the lunar crust. Meteor Planet Sci 38:645–661

Nozette S, Rustan P, Pleasance LP et al (1994) The Clementine mission to the Moon: scientific overview. Science 266:1835–1839

Pieters CM, Goswami JN, Clark RN, Annadurai M, Boardman J, Buratti B, Combe J-P, Dyar MD, Green R, Head JW et al (2009) Character and spatial distribution of OH/H_2O on the surface of the Moon seen by M3 on Chandrayaan-1. Science 326:568–572

Righter K (2007) Not so rare Earth? New developments in understanding the origin of the Earth and Moon. Chem Erde/Geochem 67:179–200

Ringwood AE (1979) Origin of the Earth and Moon. Springer, New York

Schmitt HH (1991) Evolution of the Moon: Apollo model. Am Mineral 76:773–784

Schultz PH, Staid MI, Pieters CM (2006) Lunar activity from recent gas release. Nature 444:184–186

Shearer CK, Borg LE (2006) Big return on small samples: Lessons learned from the analysis of small lunar samples and implications for the future scientific exploration of the Moon. Chem Erde/Geochem, 66:163–185

Shearer CK, Papike JJ (1999) Magmatic evolution of the Moon. Am Mineral 84:1469–1494

Smith JV (1974) Lunar mineralogy: A heavenly detective story. Presidential address. Part I. Am Mineral 59:231–243

Smith JV, Steele IM (1976) Lunar mineralogy: A heavenly detective story. Part II. Am Mincral 61:1059–1116

Spudis PD (1999) The Moon. In: Beatty JK, Petersen CC, Chaikin A (Hrsg) The New Solar System. Cambridge Univ Press, Cambridge, UK, S 125–140

Taylor SR (1975) Lunar Science: A post-Apollo View. Pergamon, New York

Taylor SR (1982) Planetary Science: A Lunar Perspective. Lunar and Planetary Institute, Houston, Texas

Taylor GJ (2009) Ancient lunar crust: Origin, composition, and implications. Elements 5:17–22

Unsöld A, Baschek B (2005) Der neue Kosmos, 7. Aufl. korrigierter Nachdruck, Springer, Berlin

Warren PH (1990) Lunar anorthosites and the magma-ocean plagioclase-floating hypothesis: Importance of FeO enrichment in the parent magma. Am Mineral 75:46–58

Warren PH (2005) The Moon. In: Davis AM (Hrsg) Meteorites, Comets, and Planets. Elsevier, Amsterdam Oxford, S 559–599

Weber RC, Lin P-Y, Garnero EJ, Williams Q, Lognonné P (2011) Seismic detection of the lunar core. Science 331:309–312

Wieczorek MA (2009) The interior structure of the Moon: what does geophysics have to say? Elements 5:35–40

Wieczorek MA, Joliff BL, Khan A, Pritchard ME, Weiss BP, Williams JG, Hood LL, Righter K, Neal CR, Shearer CK, McCallum IS, Tompkins S, Hawke BR, Peterson C, Gillis JJ, Bussey B (2006) The constitution and structure of the Lunar interior. Rev Mineral Geochem 80(1):221–264

Zolenski ME (2005) Extraterrestrial water. Elements 1:39–43

Zuber MT, Russell CT (Hrsg) (2014) GRAIL: Mapping the Moon's Interior. Springer, Heidelberg

Meteorite

Inhaltsverzeichnis

© Springer-Verlag GmbH Deutschland, ein Teil von Springer Nature 2022
M. Okrusch und H. E. Frimmel, *Mineralogie*,
https://doi.org/10.1007/978-3-662-64064-7_31

Einleitung

Meteorite sind Bruchstücke extraterrestrischer Körper, die den Flug durch die Erdatmosphäre überlebt haben und auf der Erdoberfläche aufschlugen. Die Meteorite stammen aus drei verschiedenen Quellen. In ihrer weit überwiegenden Mehrzahl (bisher >60.000) stellen Meteorite Bruchstücke von kollidierten planetarischen Körpern dar, die den *Asteroidengürtel bilden*. In dieser Zone unseres Sonnensystems, die sich im Wesentlichen zwischen den Umlaufbahnen der Planeten Mars und Jupiter befindet, rotieren unzählige Kleinstplaneten und ihre Fragmente um die Sonne (▶ Abschn. 32.2).

Eine kleinere Anzahl von Meteoriten wurde beim Einschlag großer kosmischer Körper aus den Oberflächen des *Mars* und des *Erdmondes* herausgeschlagen und geriet in den Anziehungsbereich der Erde. Bis 2014 wurden immerhin 39 Mondmeteorite und 206 Marsmeteorite nachgewiesen (⬛ Tab. 31.1). Ihr Studium hat wesentlich zum Verständnis von Erdmond und Mars beigetragen.

An vielen Meteoriten wurden radiometrische Alter von beinahe 4600 Ma bestimmt. Sie sind also deutlich älter als die ältesten derzeit bekannten irdischen Gesteine aus dem Acasta-Gneiskomplex im Nordwesten Kanadas, die ein Alter von 4031 ± 3 Ma ergaben (Bowring und Williams 1999).

Schon zu Beginn des 19. Jh. teilte man die Meteoriten in *Eisenmeteoriten,* die im Wesentlichen aus Fe-Ni-Legierungen bestehen, und *Steinmeteoriten* ein, die hauptsächlich aus Silikatmineralen zusammengesetzt sind. Dazu kam später die Übergangsgruppe der Stein-Eisen-Meteorite. Heute wissen wir, dass die *Chondrite,* eine wichtige Gruppe der Steinmeteoriten, Bruchstücke von Asteroiden darstellen, d. h. von undifferenzierten mikroplanetarischen Körpern des Asteroidengürtels. Sie repräsentieren daher *ursprüngliche Materie,* deren Entstehung bis in die früheste Bildungsphase unseres Sonnensystems zurückgeht.

Chondrite behielten zum größten Teil ihre primitive Zusammensetzung, zum Teil wurde sie jedoch durch Reaktion mit niedrig temperierten wässerigen Fluiden oder durch metamorphe Wiederaufheizung verändert. Im Gegensatz dazu sind *Achondrite* differenzierte Steinmeteorite, die vom Mond, vom Mars oder aus dem Asteroidengürtel stammen. Viele von ihnen zeigen Gefüge, die für gewöhnliche magmatische Gesteine (oder ihre brekziierten Äquivalente) typisch sind. Daraus kann geschlossen werden, dass sie Produkte magmatischer Differentiation sind. Im Gegensatz dazu sind Chondrite, Stein-Eisen-Meteorite und Eisenmeteorite durch Gefüge charakterisiert, die sich von denen terrestrischer Gesteine deutlich unterscheiden. *Eisenmeteorite* stammen vermutlich aus Kernen ehemaliger differenzierter Mikroplaneten, deren Bruchstücke sich im Asteroidengürtel gesammelt haben. Somit beweisen sie, dass sich in diesen Mikroplaneten ein metallischer Kern von einem Silikat-Mantel abgetrennt hat. *Stein-Eisen-Meteorite* stellen ebenfalls differenzierte Meteorite dar, die aus Asteroiden stammen, aber mit ungewöhnlichen Bildungsgeschichten. Traditionell wird jeder neu entdeckte Meteorit nach dem Ort benannt, an dem er gefallen ist oder wo er gefunden wurde. Man unterscheidet daher (beobachtete) „Fälle" und „Funde".

31.1 Fallphänomene

Extraterrestrische Körper, die beim Eindringen in die Erde einen Lichtblitz hervorrufen, bezeichnet man als *Meteoroide.* Jeden Tag dringen etwa 1000 bis 10.000 Teilchen von kosmischem Material in die Erdatmosphäre ein, von denen jedoch der überwiegende Anteil in Höhen zwischen 120 und 40 km verglüht. Das gilt insbesondere für die stecknadelkopfgroßen interplanetarischen Staubteilchen (engl. *„interplanetary dust particles",* IPD), die von Kometen stammen und deren Leuchtspuren wir als Sternschnuppen oder *Meteore* kennen (grch. τὰ μετέωρος = vom Himmel kommend, Himmels- oder Lufterscheinung). So wird der periodisch wiederkehrende Sternschnuppenschauer der *Leoniden,* der alljährlich vom 16. bis 18. November zu beobachten ist, vom Kometen *Temple Tuttle* erzeugt. Am 19. Oktober 2014 flog der Komet *Siding Spring* in einer Entfernung von nur 136.000 km am Mars vorbei.

Viel seltener zu beobachten sind dagegen sehr helle Meteore, die *Feuerbälle.* Sie entstehen durch die Explosion und das vollständige oder teilweise Verglühen von großen kosmischen Körpern, die man *Boliden* nennt (grch. βολίς = Rakete, Blitz), in der Erdatmosphäre, begleitet von gewaltigen Schallerscheinungen. Boliden, die mit einer Geschwindigkeit von 42 km/s fliegen, erreichen den Anziehungsbereich der Erde mit kosmischen Geschwindigkeiten (▶ Abschn. 26.2.3), die zwischen den Extremwerten 12 und 72 km/s variieren. Der höchste Wert wird erreicht, wenn der Körper frontal auf die Erde trifft, die die Sonne mit einer Geschwindigkeit von 29,9 km/s umkreist, der niedrigste, wenn der Körper der Erde hinterher fliegt. Üblicherweise liegen die Geschwindigkeiten im Bereich von 20–60 km/s bzw. ca. 70.000–220.000 km/h. Beim Eintritt in die Erdatmosphäre entsteht Reibungswärme, durch die der Bolide aufgeschmolzen und verdampft wird. Dabei kommt es zur Ionisierung der freigesetzten Atome. Schon kurz danach nehmen die Ionen die fehlenden Elektronen wieder auf, und es wird Energie in Form von Licht frei: es kommt zum *Rekombinationsleuchten.* Der so entstehende *Feuerball* (auch Feuerku-

◻ **Tab. 31.1** Häufigkeit von verschiedenen Meteoriten-Gruppen (vereinfacht nach Krot et al. 2014)

Meteoriten-Gruppe und -Klasse	Fälle	Funde[a]	Gesamtzahl[a]
Chondrite	*970*	*43.362*	*44.332*
Kohlige (CI = C1)	5	5	10
Kohlige (CM und CR)	18	568	586
Kohlige (CO, CV, CK, CH CB)	16	775	791
Gewöhnliche (H)	353	16.262	16.615
Gewöhnliche (L)	476	20.116	20.592
Gewöhnliche (LL)	83	5360	5443
Enstatit (EH)	9	159	168
Enstatit (EL)	8	98	106
Rumuruti (R)	1	18	19
Kangari (K)	1	1	2
Achondrite und andere magmatische Meteorite	230	1396	1626
Primitive Achondrite			
Acapulcoite	1	59	60
Lodranite	1	37	38
Winonaite	1	23	24
Differenzierte Achondrite			
Angrite	1	19	20
Aubrite	9	59	68
Brachinite	0	27	27
HED-Meteorite			
Howardite	166	56	222
Eukrite	34	583	617
Diogenite	11	232	243
Ureilite	6	301	307
Stein-Eisen-Meteorite	10	257	267
Pallasite			
Hauptgruppen-Pallasite	3	45	48
Eagle-Station-Pallasite	0	3	3
Andere Pallasite[b]	0	41	41
Mesosiderite	7	168	175
Eisenmeteorite	48	1011	1059
IAB, IC	10	259	269
IIAB, IIC, IID, IIE, IIF, IIG	12	168	180
IIIAB, IIIE, IIIF	11	302	313
IVA, IVB	4	83	87
Unklassifizierte Eisenmeteorite	4	109	113
Unklassifizierte Eisenmeteorite	7	90	97

(Fortsetzung)

◻ **Tab. 31.1** (Fortsetzung)

Meteoriten-Gruppe und -Klasse	Fälle	Funde[a]	Gesamtzahl[a]
Achondrite vom Mars	5	98	103
Shergottite	3	84	87
Nakhlite (Klinopyroxenite/Wehrlite)	1	12	13
Chassigny (Dunit)	1	1	2
Orthopyroxenit (ALH 84.001)	0	1	1
Achondrite vom Mond	0	39	39

[a] enthält gepaarte Proben, [b] enthält 35 Meteorite, die einfach als Pallasite klassifiziert wurden

gel genannt) ist meist um ein Hundertfaches größer als der sie erzeugende Bolide.

In Mitteleuropa werden Feuerbälle durch das Europäische Feuerkugelnetz des DLR registriert, das über 25 Kamerastationen in Deutschland, Österreich, der Tschechischen Republik, Luxemburg, Belgien und Frankreich verfügt. Neuerdings werden für die Registrierung auch Infrarotscanner an Bord der geostationären Wettersatelliten GOES-16 und 17 der NASA eingesetzt, die sonst zur Aufzeichnung von Blitzen dienen.

Ist der Bolide so groß, dass in geringen Höhen von ca. 30–10 km noch Material übrig bleibt, so erlischt der Feuerball und der Rest fällt als *Meteorit* oder *Meteoritenschauer* zu Boden.

Ein solches Jahrhundertereignis fand am 15. Februar 2013 um 9.20 Uhr Ortszeit (= 4.20 Uhr MEZ) über der Millionenstadt und dem Bezirk *Tscheljabinsk* im südlichen Ural statt (z. B. Borovička et al. 2013; Popova et al. 2013). Hier drang ein Superbolide mit einer Geschwindigkeit von 19 km/s (= 69.000 km/h) unter einem Winkel von ca. 18,3° in die Erdatmosphäre ein, explodierte als Feuerball und wurde in einer Höhe von 45–24 km zunehmend fragmentiert. Etwa 98 % des ursprünglichen Körpers wurde in Staub verwandelt, während der Rest als Meteoritenschauer niederging. Dieser „air burst" setzte eine Energie von ca. 500.000 t TNT-Äquivalent frei, entsprechend dem 20- bis 30-fachen der Hiroshima-Bombe. Der begleitende Lichtblitz dauerte ca. 30 s und überstrahlte die Sonne. Durch die Druckwelle gingen zahlreiche Fensterscheiben zu Bruch und ca. 7200 Gebäude in sechs Städten wurden z. T. stark beschädigt. Nahezu 1500 Menschen erlitten durch herumfliegende Glasscherben Prellungen und/oder Schnittwunden; 112 schwerer Verletzte, von denen sich zwei in kritischem Zustand befanden, mussten stationär behandelt werden. Der ursprüngliche Durchmesser des Asteroiden von Tscheljabinsk wird von der NASA auf ca. 19 m, seine Masse auf ca. 12.000 t geschätzt. Das ellipsenförmige Streufeld des Meteoritenschauers, in dem Fragmente von Meteoriten aufgesammelt wurden, ist ca. 29 km lang. Das größte Bruchstück, das vom Boden des damals gefrorenen Tscherbakul-Sees gehoben wurde, hatte ein Gewicht von 654 kg. In der näheren Umgebung wurden sieben weitere Meteorite mit einem Gesamtgewicht von 84,4 kg gefunden. Nach ersten petrographischen Untersuchungen handelt es sich um eine Chondrit-Brekzie vom Typ LL5/LL6 (Bischoff et al. 2013; Kring 2013; Righter et al. 2015; Morlok et al. 2017; s. ▶ Abschn. 31.3.1). Nach unserer Kenntnis ist der

31

Meteorit Tscheljabinsk der größte extraterrestrische Körper, der in den letzten 100 Jahren in die Erdatmosphäre eindrang.

Einen noch gewaltigeren „*air burst*" löste ein etwa dreimal so großer Meteoroid aus, der im Jahr 1908 über einem fast unbewohnten Gebiet an der Steinigen Tunguska in der sibirischen Taiga niederging und dabei ein Waldgebiet von ca. 35 × 40 km Größe vernichtete.

Am 12. September 2019 kurz vor 15 Uhr MEZ drang ein *Bolide* mit einer Geschwindigkeit von 18,5 km/s in die Erdatmosphäre über Schleswig–Holstein ein und explodierte mit Überschall-Knallgeräuschen als Feuerball. Das Ereignis wurde außer in Deutschland in den Niederlanden und Belgien, auch in Teilen Dänemarks und Englands beobachtet. Insgesamt gingen bei der American Meteor Society 580 Augenzeugenberichte über dieses Ereignis ein (Bischoff et al. 2021). Am 13. September fand der Flensburger Erik Due-Hansen in seinem Garten ein 24,5 g schweres Meteoriten-Bruchstück von 1,99 g/cm^3 Dichte und hellbrauner Farbe, das von einer schwarzen Schmelzkruste mit Kontraktionsrissen umgeben ist. Es handelt sich um einen *kohligen Chondriten,* der – wie kurzlebige Radionuklide eindeutig belegen – aus dem Bolidenfall stammt und den Namen „*Flensburg*" erhielt (▶ Abschn. 31.3.1).

Sehr große Meteorite von mehreren Zehntausend Tonnen Gewicht und mehreren Hundert Metern Durchmesser behalten ihre kosmische Geschwindigkeit weitgehend bei; sie erzeugen beim Aufschlag auf die Erdoberfläche Impaktkrater und eine Schockwellenmetamorphose im Nebengestein (▶ Abschn. 26.2.3). Bislang sind etwa 150 große Meteoritenkrater auf der Erde bekannt. Mit einem ursprünglichen Durchmesser von ca. 300 km ist der 2023 Ma alte Vredefort-Krater in Südafrika die größte bisher nachgewiesene Impaktstruktur der Erde, gefolgt von der 1849 Ma alten Sudbury-Struktur in Kanada (ca. 250 km Durchmesser), dem 66 Ma alten Chicxulub-Krater auf der Halbinsel Yucatán in Mexico (ca. 170 km Durchmesser), dem Acraman-See in Südaustralien (ca. 160 km), dem ca. 100 km großen, 36 Ma alten Popigai-Krater in Sibirien (Russland) und dem ähnlich großen, 214 Ma alten Manicouagan in Quebec, Kanada (Deutsch et al. 2000; Norton 2002; Jourdan et al. 2012). Demgegenüber hat der 15 Ma alte *Rieskrater* um die Stadt Nördlingen in Bayern nur einen Durchmesser von ca. 25 km. Er wurde von einem 0,5–1 km großen kosmischen Körper – wahrscheinlich einem Steinmeteoriten – erzeugt, der mit einer Geschwindigkeit von 20–50 km/s durch die Erdatmosphäre schoss und nahezu ungebremst aufprallte. Dabei wurde ein Druck von ca. 5–10 Mbar (= 500–1000 GPa) und eine Temperatur von 20.000–30.000 °C erzielt. Die *Rochechouart-Struktur* in Frankreich hat einen Durchmesser von ca. 50 km und entstand ebenfalls durch einen Impakt, vermutlich von einem Eisenmeteoriten, vor 200,5 ± 1,3 Ma, also gegen Ende der Trias (Schmieder et al. 2010).

Bei der Bildung dieser großen Meteoritenkrater war die freigesetzte Schockwellenenergie so groß, dass der erzeugende Meteorit beim Aufschlag vollständig verdampfte (▶ Abb. 26.5d). Demgegenüber sind in der Umgebung des berühmten Barringer-Kraters in Arizona (▶ Abb. 31.1), der nur 1,3 km breit ist, noch etwa 20.000 Bruchstücke des Eisenmeteoriten *Canyon Di-*

▢ **Abb. 31.1** Der Barringer-Meteoritenkrater in Arizona, der vor 49.700 Jahren durch den Einschlag eines großen Eisenmeteoriten vom Oktaedrit-Typ entstand. (Foto: David J. Roddy, US Geological Survey, Flaggstaff, Arizona)

ablo mit einem Gesamtgewicht von ca. 30 t gefunden worden. Die ursprüngliche Masse des Körpers, der vor 49.700 ± 850 Jahren einschlug (Phillips et al. 1991), lag bei etwa 63.000 t, seine Geschwindigkeit bei 15 km/s.

Kleinere Meteorite werden auf *Fallgeschwindigkeit* abgebremst und dringen maximal einige Meter tief in den Erdboden ein. Das gilt sogar für den Eisenmeteoriten *Hoba* im Gebiet der Farm Hoba-West bei Grootfontein (Namibia), der mit ca. 60 t Gewicht der größte bisher gefundene Meteorit ist, der in einem Stück erhalten blieb (▢ Abb. 31.2). Besonders schnelle Meteorite explodieren beim Abbremsen in der Atmosphäre und gehen als *Meteoritenschauer* nieder, die kreis- oder ellipsenförmige Streufelder bis zu mehreren 100 km^2

▢ **Abb. 31.2** Der Eisenmeteorit Hoba auf der Farm Hoba-West bei Grootfontein (Namibia) ist mit einem Gewicht von 60 t der größte Meteorit der Erde, der noch in einem Stück erhalten blieb. Es handelt sich um einen Ni-reichen Ataxit. (Foto: Joachim A. Lorenz)

Ausdehnung bilden. Beispiele sind die Gebiete der Steinigen Tunguska in Sibirien (Russland), von Stonařov in Mähren (Tschechische Republik), Pultusk (Polen), Gibeon (Namibia), Allende (Mexiko), Jilin (V.R. China) und seit 2013 Tscheljabinsk (Russland).

Auf der Erde wurden die meisten Meteoritenkrater durch tektonische oder vulkanische Prozesse, durch Gesteinsverwitterung und Erosion ganz oder teilweise zerstört, sodass sich nur wenige von ihnen sicher nachweisen lassen. Dementsprechend ergaben U–Pb- und/oder Ar-Ar-Datierungen von irdischen Meteoritenkratern (▶ Abschn. 33.5.3) überwiegend phanerozoische Alterswerte von < 570 Ma mit einer starken Zunahme zu ganz jungen Altern hin. Von den 85 bislang datierten Kratern sind nur vier älter als 1000 Ma: 1059 ± 8 Ma Keurusselkä (Finnland), 1849,3 ± 0,3 Ma Sudbury, 2023 ± 4 Ma Vredefort (Südafrika, Jourdan et al. 2012) und der 2229 ± 5 Ma alte, rund 70 km große Einschlagskrater Yarrabubba in Westaustralien (Erickson et al. 2020), der somit der bislang älteste bekannte Krater dieser Art ist. Im Gegensatz zur Erde sind auf dem *Mond* Meteoritenkrater beinahe jeden Alters wohlerhalten, weil seine Oberfläche während der letzten 3 Mrd. Jahre nicht durch aktive Tektonik und Vulkanismus verändert wurde. Außerdem verhinderte der Mangel einer Atmosphäre und von fließendem Wasser, dass Verwitterung, Erosion und Sedimentation stattfinden konnten. Dies ermöglichte den Erhalt auch sehr alter Impaktstrukturen. Tatsächlich wird exogene Dynamik des Mondes geradezu von Meteoriteneinschlägen geprägt: die Mondoberfläche ist eine Kraterlandschaft. Mit einem Durchmesser von 2600 km stellt das Südpol-Aitken-Becken auf der Rückseite des Mondes eine der größten Impaktstrukturen unseres Planetensystems dar (◘ Abb. 30.1). Noch größer ist das multiringförmige Valhalla-Becken auf dem Jupitermond Kallisto, das einen Durchmesser von bis zu 3000 km aufweist (▶ Abschn. 32.3.3).

Wie wir am aktuellen Beispiel von Tscheljabinsk gesehen haben, können durch Meteoroide verursachte *„air bursts"* katastrophale Auswirkungen für das betroffene Gebiet haben. Auch *direkte* Einschläge von Meteoriten stellen zweifellos eine Gefahr für die Menschheit dar, wenn auch die statistische Wahrscheinlichkeit, dass ein Mensch durch einen Meteoritenfall zu Schaden kommt, minimal ist. So gibt es bislang keine Berichte von Todesfällen, die durch Meteorite verursacht wurden, wohl aber von leichteren Verletzungen, so 1954 in Sylacauga (Alabama, USA) und 1994 bei Marbella (Spanien). Auch Sachschäden werden gelegentlich durch Meteoritenfälle ausgelöst: So durchschlug am 1. März 1988 ein 1,2 kg schwerer, gewöhnlicher Chondrit die Glasscheibe eines Gewächshauses in Trebbin bei Potsdam. Aufsehen erregte der „Autounfall", der sich am 9. Oktober 1992 im Staat New York ereignete, als der 12,5 kg schwere gewöhnliche Chondrit Peekshill das Heck eines Chevrolet durchbohrte (Kleinschrot 2003).

Mit katastrophalen Auswirkungen auf Flora und Fauna ist dagegen zu rechnen, wenn ein riesiger Superbolide auf die Erde aufprallt (z. B. Pierazzo und Artemieva 2012). Schon vor längerer Zeit stellten Alvarez et al. (1980) die

Hypothese auf, dass das *Massenaussterben*, das den Dinosauriern den Garaus machte, auf den Impakt eines Superboliden oder Kometen vor ca. 65 Ma zurückzuführen sei. Grundlage für diese Annahme war die Entdeckung einer *ausgeprägten Iridiumanomalie, d. h.* einer ungewöhnlich hohen Iridium-Konzentration in einer dünnen Tonsteinschicht, die die Kreide/Tertiär-Grenze markiert. Später fand man in stratigraphisch äquivalenten Schichten überall in der Welt Quarzkörner mit planaren Deformationsgefügen, die am besten durch eine Schockwellenmetamorphose erklärt werden können (▶ Abschn. 26.2.3). Die Ursache wird aufgrund der engen zeitlichen Übereinstimmung im Impakt gesehen, der den Chicxulup-Krater auf der Yukatan-Halbinsel hinterließ. Dessen Alter wurde sehr präzise mit Ar-Ar-Datierung auf 66,07 ± 0,37 Ma eingegrenzt (Jourdan et al. 2012). Auch das große Artensterben an der Eozän/Oligozän-Grenze vor ca. 35 Ma ist mit einer Ir-Anomalie verknüpft und könnte daher durch den Impakt eines Superboliden ausgelöst worden sein. Im Gegensatz dazu ist das zweiphasige Massenaussterben an der Perm/Trias-Grenze vor 251,4 Ma, dem schätzungsweise 75–90 % aller Tier- und Pflanzenarten auf der Erde zum Opfer fielen, nicht durch eine signifikante Ir-Anomalie gekennzeichnet. Trotzdem könnte auch hier ein Asteroidenimpakt eine Rolle gespielt haben. In der Grenzschicht treten *Fullerene* auf, das sind Kohlenstoffmoleküle, die aus Kugeln von 60 bis zu einigen hundert C-Atomen bestehen und zu käfigförmigen Gebilden verwoben sind. In ihrem Inneren fanden Becker et al. (2001) Edelgase mit Isotopenverhältnissen, die auf der Erde unbekannt sind, wohl aber denen in Meteoriten und interplanetarischen Staubpartikeln ähneln. Trotz all dieser zeitlichen Überlappungen zwischen belegten oder vermuteten gigantischen Impaktereignissen und Massenaussterben sei aber auch darauf hingewiesen, dass all diese Zeiten auch durch Phasen extrem starken Vulkanismus in Form von kontinentalen Flutbasalt-Effusionen gekennzeichnet waren. Auf einen möglichen Zusammenhang zwischen Vulkanismus und Massenaussterben wurde bereits in ▶ Abschn. 14.1 hingewiesen. Letztlich ist es gut denkbar, dass die Lebewelt bereits durch Vulkanismus-bedingte Umweltveränderungen stark gestresst war und ein katastrophaler Impakt dann den letzten Anstoß zum Massenaussterben gab. So wird das Aussterben der marinen Arten durch Versauerung des Ozeans erklärt, die auf den Impakt folgte (Henehan et al. 2019). Gleichzeitig könnte an Land ein Jahrzehnte währender Winter zum Verhungern geführt haben (Hull et al. 2020).

31.2 Häufigkeit von Meteoriten-Fällen und -Funden

◘ Tab. 31.1 gibt einen Überblick über die Häufigkeit der Haupttypen von Meteoriten, gegliedert nach Fällen und Funden.

31

> Als *Fälle* bezeichnet man Meteorite, deren Absturz auf die Erdoberfläche zu einem bestimmten Zeitpunkt tatsächlich beobachtet wurde und die man unmittelbar danach nahe dem Ort des Aufschlags gefunden hat.

Ein relativ rezentes Beispiel in Mitteleuropa ist der Fall des Chondrits *Neuschwanstein,* dessen Eintritt in die Atmosphäre am 6. April 2002 als Feuerball über den Bayerischen Alpen gesichtet wurde. Dieser kosmische Körper hatte ursprünglich ein Gewicht von ca. 600 kg. Das meiste davon verglühte jedoch in der Atmosphäre, sodass nur einige Bruchstücke übrig blieben, von dem das größte mit einem geschätzten Gesamtgewicht von 6,9 kg ca. 3 km östlich von Schloss Neuschwanstein nahe Füssen in Oberbayern niederfiel. Im benachbarten Hochland wurden zwischen Juli 2002 und Juni 2003 drei Bruchstücke von 1,75, 1,63 und 2,844 kg Gewicht aufgefunden (Oberst et al. 2004; Zipfel et al. 2010).

Ein weiterer neuer Meteoritenimpakt, der einige Jahre vor Tscheljabinsk beobachtet wurde, ist der Fall des Meteoriten *Carancas.* Am 15. September 2007 überflog ein massiver Feuerball mit hell leuchtendem Kopf und weißem Schweif von Nordnordost kommend den Titicacasee in Südperu. Er schlug nahe der Ortschaft Carancas, 11 km südlich der Stadt Desaguadero, mit einer Geschwindigkeit von etwa 700 km/h fast senkrecht in den Erdboden des Altiplano ein. Der Meteorit höhlte eine 13–14 m breite und ca. 5 m tiefe Grube aus, die sich rasch mit Wasser füllte. Der Einschlag war von mehreren Explosionen begleitet, die ca. 15 min andauerten und noch in Desaguadero gehört wurden, während in 1 km Entfernung Fensterscheiben zu Bruch gingen. Nach Modellierungen von Kenkmann et al. (2008) drang der Meteorit mit einer Geschwindigkeit von ca. 14 km/s (=~50.000 km/h) unter einem Winkel von 15° in die Erdatmosphäre ein, wobei etwa zwei Drittel seiner Masse verglühten. Die gefundenen Bruchstücke wurden als Chondrit identifiziert.

Wie aus ◲ Tab. 31.1 zu entnehmen ist, wurden bis 2014 aus beobachteten Fällen 1263 Proben von Meteoriten untersucht. Von diesen sind 970 (oder 77 %) Chondrite, gefolgt von 230 Achondriten aus dem Asteroidengürtel (= 18,2 %), 48 Eisenmeteoriten (= 3,8 %), 10 Stein-Eisen-Meteoriten (= 0,8 %) und 5 Achondriten vom Mars (= 0,4 %).

> Als *Funde* bezeichnet man Meteorite, die irgendwann in der Vergangenheit unbeobachtet vom Himmel fielen und meist nur zufällig entdeckt wurden.

Während der letzten vier Dekaden haben internationale Expeditionen gezielt und erfolgreich nach Meteoriten gesucht (z. B. Bischoff 2001). Zwei Gebiete sind für diese Suche besonders geeignet:

- Die *Blaueisfelder,* Gebiete von schneefreiem, unverwittertem, grobkörnigem und blasenfreiem Gletschereis, die vor allem im Inlandeis der Antarktis aufgeschlossen sind. Sie bilden sich dort, wo Eis an einer Barriere im Untergrund, z. B. an einem Felsrücken aufgestaut und nach oben gedrückt wird. Dadurch konzentrieren sich Meteorite, die in einem größeren Areal gefallen sind, auf engem Raum und werden durch Wind- und Sonneneinwirkung im Lauf der Zeit freigelegt. Seit den 1970er-Jahren wurden in der Antarktis mehr als 25.000 Fragmente von Meteoriten gesammelt (Martins 2011).
- Neuerdings hat sich die Suche nach Meteoriten auch auf die großen Sandwüsten der Erde fokussiert, insbesondere auf die Sahara, sowie die Wüsten im Oman und in Australien. In diesen Gebieten werden Meteorite nicht nur von Fachleuten, sondern auch von Privatsammlern gesucht.

Mit 46.362 (= 94 %) einzelnen Bruchstücken (Funde), die bis 2014 gesammelt wurden, sind die gefundenen Meteorite in ihrer überwältigenden Mehrzahl Chondrite, gefolgt von 1369 (= 3,0 %) Achondriten aus dem Asteroidengürtel, 1011 (= 2,2 %) Eisenmeteoriten, 257 (= 0,6 %) Stein-Eisen-Meteoriten sowie 98 (= 0,2 %) Mars- und 39 (= 0,1 %) Mond-Achondriten.

Die systematische Suche, besonders in den antarktischen Blaueisfeldern, hat frühere Statistiken, die lediglich auf Zufallsfunden beruhten, drastisch verändert. Diese ergaben eine deutlich geringere Menge von Chondriten (ca. 53 %) und einen beträchtlich höheren Anteil an Eisenmeteoriten (ca. 41 %), gefolgt von Stein-Eisen-Meteoriten (3,4 %) und Achondriten aus dem Asteroidengürtel (2,7 %). Das hängt zweifelsohne mit der Tatsache zusammen, dass Chondrite und Achondrite leicht mit gewöhnlichen Gesteinen der Erdkruste verwechselt werden können. Demgegenüber lassen sich Eisen- und Stein-Eisen-Meteorite durch ihr metallisches Aussehen und ihre hohe Dichte leicht von irdischen Gesteinen unterscheiden und können daher auch von Laien als Besonderheit erkannt werden. Andererseits werden immer wieder verrostete Erzstücke, insbesondere Pyrit- oder Markasit-Konkretionen, oder metallurgische Hüttenprodukte von Laien irrtümlich für Eisenmeteorite gehalten.

31.3 Klassifikation von Meteoriten aus dem Asteroidengürtel

Ebenso wie irdische Gesteine werden auch Meteorite nach ihrem Gefüge, ihrer chemischen Zusammensetzung und ihrem Mineralbestand klassifiziert (z. B. Krot et al. 2014). Daraus lassen sich wichtige Befunde für die frühe Geschichte unseres Sonnensystems und den inneren Aufbau der erdähnlichen Planeten ableiten. So dokumentieren die ca. 250 Meteoriten-Minerale, von denen die wichtigsten in ◲ Tab. 31.2 zusammengestellt sind, die frühesten Stadien in der Bildung

▢ **Tab. 31.2**   Die wichtigsten Meteoritenminerale

Silikate (Mischkristalle und Endglieder)

Olivin	$(Mg,Fe,Ca)_2[SiO_4]$
– Fayalit	$Fe_2[SiO_4]$
– Forsterit	$Mg_2[SiO_4]$
– Kirschsteinit	$CaFe[SiO_4]$
Ringwoodit	γ-$(Mg,Fe)_2[SiO_4]$
Klinopyroxene	
– Diopsid	$CaMg[Si_2O_6]$
– Fassait	$Ca(Mg,Ti,Al)[(Si,Al)_2O_6]$
– Hedenbergit	$CaFe[Si_2O_6]$
– Pigeonit	$(Fe,Mg,Ca)_2[Si_2O_6]$
– Klinoenstatit	$(Mg,Fe)_2[Si_2O_6]$
Orthopyroxene	$(Mg,Fe)_2[Si_2O_6]$
– Enstatit	$Mg_2[Si_2O_6]$
– Ferrosilit	$Fe_2[Si_2O_6]$
Majorit	$Mg_3MgSi^{[6]}[Si^{[4]}O_4]_3$
Feldspäte	
– Kalifeldspat	$K[ASi_3O_8]$
– Plagioklas	$(Na,Ca)[(Si,Al)_3O_8]$
– Albit	$Na[AlSi_3O_8]$
– Anorthit	$Ca[Al_2Si_2O_8]$
Quarz	SiO_2
Cristobalit, Tridymit	Hochtemperatur-SiO_2
Melilith	$Ca_2(Mg,Al)[(Si,Al)_2O_7]$
Wasserhaltige Silikate	
– z. B. Serpentin	$Mg_6[(OH)_8/Si_4O_{10}]$

Elemente und Metalle

Diamant	C
Graphit	C
Kamacit, α-Fe	(Fe,Ni) (4–7 % Ni)
Taenit, γ-Fe	(Fe,Ni) (20–50 % Ni)
Tetrataenit	(Fe.Ni) (50 % Ni)
Kupfer	Cu
Nickel	Ni
Legierungen verschiedener Metalle	

Oxide

Chromit	$FeCr_2O_4$
Grossit	$CaAl_4O_7$
Hibonit	$CaAl_{12}O_{19}$
Magnetit	$Fe^{2+}Fe^{3+}_2O_4$
Perowskit	$CaTiO_3$
Spinell	$MgAl_2O_4$

▢ **Tab. 31.2**   (Fortsetzung)

Carbide, Nitride, Phosphlde, Sulfide, Arsenide, Sulfarsenide, Chloride

Cohenit	$(Fe,Ni)_3C$
Carlsbergit	CrN
Osbornit	TiN
Barringerit	$(Fe,Ni)_2P$
Schreibersit	$(Fe,Ni)_3P$
Chalcopyrit	$CuFeS_2$
Daubréelith	$FeCr_2S_4$
Niningerit	$(Mg,Fe,Mn)S$
Oldhamit	CaS
Pentlandit	$(Fe,Ni)_9S_8$
Sphalerit	$(Zn,Fe)S$
Troilit	FeS
Cobaltin	CoAsS
Rammelsbergit	$NiAs_2$
Lawrencit	$FeCl_2$

Phosphate

Apatit	$Ca_5[(F,OH,Cl)/(PO_4)_3]$
Merrillit	$Ca_9Na(Mg,Fe)[PO_4]_7$
Whitlockit	$Ca_9(Mg,Fe)[PO_3OH /(PO_4)_6]$

und Entwicklung unseres Sonnensystems (z. B. Mc-Coy 2010). Viele dieser Minerale bildeten sich schon vor der Entstehung unseres Planetensystems während des gewaltsamen Todes anderer Sterne, als sich die expandierenden Hüllen von Supernovae oder Roten Riesen soweit abkühlten, dass feste Phasen kondensieren konnten. Diese Mineralkörner wurden durch Supernova-Explosionen oder durch stellare Winde im Weltraum verteilt und in dichte interstellare Molekülwolken inkorporiert (vgl. ▶ Abschn. 34.3). Während der Kondensation unseres eigenen Solarnebels bildeten sich dann die Mutterkörper der primitivsten Meteorite, der Chondrite. Danach führten Prozesse der Tieftemperaturalteration, der thermischen und der Schockwellenmetamorphose zur vermehrten Kristallisation neuer Meteoriten-Minerale. Während das nachfolgende Aufschmelzen von Asteroiden zunächst zu einer weiteren Zunahme von Mineralspezies führte, verringerte sich zuletzt der Mineralbestand dramatisch. Schließlich leitete eine neue Phase der magmatischen Differentiation die Geburt der erdähnlichen Planeten ein. Altersdatierungen mit unterschiedlichen Isotopensystemen trugen wesentlich dazu bei, die frühe

Entwicklung planetarischer Körper während der ersten 100 Mio. Jahre unseres Planetensystems zu rekonstruieren (vgl. Kleine und Rudge 2011).

31.3.1 Undiffenzierte Steinmeteorite: Chondrite

Nach der Zahl der beobachteten Fälle und der Neufunde in der Antarktis bilden Chondrite mit Abstand die größte Meteoritengruppe (◻ Tab. 31.1; vgl. Scott und Krot 2005; Krot et al. 2014). Chondrite sind Bruchstücke von Asteroiden (◻ Abb. 31.3), die seit ihrer Bildung nie so stark aufgeheizt wurden, dass es zu erheblichen Aufschmelzprozessen in diesen Meteoriten-Mutterköpern gekommen wäre. Daher wurden die Metall- und die Silikatphasen nicht voneinander getrennt, und es liegen Hochtemperatur- und Tieftemperaturminerale im Ungleichgewicht nebeneinander vor. Chondrite bestehen daher aus „Urmaterie", die Relikte einer frühen Bildungsphase unseres Sonnensystems repräsentiert. Isotopische Altersbestimmungen (▶ Abschn. 33.5.3) erbrachten Alterswerte von 4,568–4,562 Ga für die Bildung der Mutterkörper ◻ Tab. 34.2), während für ihre weitere thermische Geschichte bis ca. 100 Mio. Jahre jüngere Ar-Ar-Alter festgestellt wurden (Bogard 2011).

Ein charakteristisches Gefügemerkmal der meisten Chondrite sind die namengebenden *Chondren* (grch. χόνδρος = Körnchen), rundliche Gebilde von 0,2 mm bis einigen Millimeter Durchmesser, die aus Olivin, Ortho- oder Klinopyroxen sowie einem Glas mit Feldspat-ähnlicher Zusammensetzung bestehen und meist 40–90 Vol.-% eines Chondriten ausmachen (◻ Abb. 31.4a–d). Sie sind in eine sehr feinkörnige

◻ Abb. 31.3 L- *(„low iron")* Chondrit mit dunkler Rinde; am 3. Februar 1882 kam es nach einem extrem grellen Feuerball an einem wolkenlosen Himmel zu einer heftigen Explosion, bei der ein ursprünglich schätzungsweise 300 kg schwerer Meteorit in Tausende Stücke zerbarst, die in einem Gebiet von 14 × 3 km nahe der Ortschaft Mociu (Cluj, Siebenbürgen, Rumänien) niedergingen; Bildbreite = 8,5 cm (Sammlung und Foto: Hartwig E. Frimmel)

Matrix von < 0,1 mm Korngröße eingebettet, die aus einem Gemenge von Silikaten, Oxiden, Sulfiden und Metallen, besonders Ni-Fe-Legierungen besteht. In einigen Chondriten enthält die Matrix auch organische Substanz. Eingesprengt in die Matrix sind neben den Chondren gröbere Körner von Olivin und Pyroxen sowie unregelmäßige, bis einige Millimeter große Körner von metallischem Nickeleisen, Troilit (um 5 Vol.-%), Chromit und Apatit. Auch einige seltene Minerale, die bisher nur in Meteoriten gefunden wurden, z. B. Niningerit und Oldhamit, können vorhanden sein.

Ein weiteres charakteristisches Merkmal von Chondriten sind hochschmelzende (refraktäre) *Ca-Al-reiche Einschlüsse* (CAI), die aus verschiedenen Ca-Al-Silikaten und -Oxiden bestehen und sehr unterschiedliche Gefüge aufweisen. Einige von ihnen erinnern an Chondren, andere sind unregelmäßig geformt (z. B. Bischoff und Keil 1983; Scott und Krot 2005). Die CAI stellen frühe Kondensate aus dem Solarnebel dar, die bei unterschiedlichen Temperaturen kristallisierten (▶ Abschn. 34.4; ◻ Tab. 34.2). Als Relikte dieses präsolaren Stadiums enthält der höher temperierte CAI-*Typ* **A** Körner von Melilith, Spinell und Hibonit, der niedriger temperierte *Typ* **B,** der bei Temperaturen < 1180 °C kristallisierte, dagegen keinen Hibonit, aber neben Melilith und Spinell noch Ca-Pyroxen und Anorthit (vgl. ◻ Abb. 34.2).   Die CAI haben bereits eine komplexe thermische Geschichte mit mehrfachen Episoden der Aufheizung und/oder Aufschmelzung sowie Alterationsvorgängen im Solarnebel oder im Asteroiden-Mutterkörper hinter sich (Kleine et al. 2005; MacPershon 2005; McCoy 2010).

Ein ebenso bemerkenswerter Bestandteil der Chondrite sind *amöboide Olivin-Aggregate* (AOA). Diese unregelmäßig geformten, bis 1 mm langen Objekte bestehen aus feinkörnigem Olivin, Nickeleisen, sowie Al-Diopsid, Anorthit, Spinell und seltenem Melilith (Fagan et al. 2004; Krot et al. 2005a, b).

Bereits 1864 wurden von Rose die von ihm beobachteten Chondren-Typen dokumentiert und kurz danach von Tschermak (1883) beschrieben, gezeichnet und fotografiert. Eine umfassende petrographische Studie an mehr als 1600 Chondren führte Gooding und Keil (1981) zu folgender Gliederung:

- *porphyrische Chondren* mit Olivin- und/oder Pyroxen-Einsprenglingen (◻ Abb. 31.4c);
- *gestreifte* oder *Balken-Chondren* aus tafelförmigen Olivin-Kristallen (◻ Abb. 31.4d);
- *radial gestreifte Pyroxen-Chondren* (◻ Abb. 31.4b);
- *körnige Pyroxen-* und *Pyroxen-Olivin-Chondren;*
- *kryptokristalline Chondren;*
- *metallische Chondren (selten).*

Dementsprechend zeigen Chondren eine große Variationsbreite in ihrer chemischen Zusammensetzung vom FeO-armen *Typ* **I** bis zum FeO-reichen *Typ* **II**. SiO$_2$-

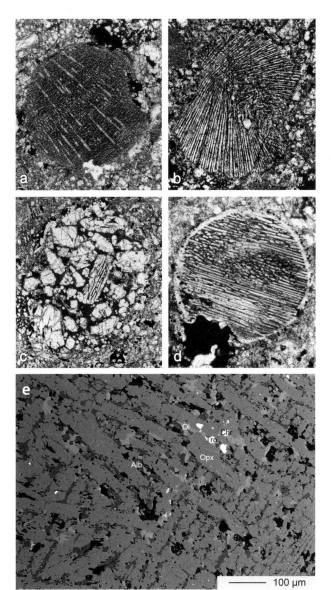

◘ Abb. 31.4 Unterschiedliche Gefügetypen von Chondren im LL5-Chondrit Tuxtuac (Mexiko): a–d Dünnschliffaufnahmen von Chondren; **a** Pyroxen-Chondren (Bildbreite = 2,3 mm); **b** radial gestreifte Pyroxen-Chondre (Bildbreite = 1,5 mm); **c** porphyrische Chondre (Bildbreite = 3,4 mm); **d** gestreifte Olivin-Chondre (Bildbreite = 0,8 mm) (aus Kleinschrot 2003). **e** Elektronisches Rückstreubild (BSE) der Pyroxen-Chondre in a; Opx Orthopyroxen $En_{75,3-75,6}$ (mittelgrau), Alb Feldspat $Ab_{87,2}An_{6,4}Or_{6,4}$ (dunkelgrau), Ol Olivin Fo_{69} (hellgrau), Chr Chromit, Tro Troilit (weiß) (Dorothée Kleinschrot und Uli Schüssler, Würzburg)

arme Chondren werden durch den Zusatz **A,** SiO_2-reiche durch Zusatz **B** gekennzeichnet. So gehören Fe-arme, SiO_2-reiche Chondren dem Typ **IB** an. Die Entstehung der Chondren wird bereits seit Langem kontrovers diskutiert (vgl. Zanda 2004; Scott und Krot 2005). Sie werden heute als Schmelztröpfchen gedeutet, die bei Temperaturen von 1450–1900 °C größtenteils durch das Aufschmelzen von Staubaggregaten gebildet und sehr rasch abgeschreckt wurden (▶ Abschn. 34.4).

Man nimmt an, dass dieser Prozess in der Akkretions-phase unseres Sonnensystems vor ca. 4568–4562 Ma stattfand (Amelin et al. 2002; Bouvier et al. 2008; Bogard 2011, ◘ Tab. 34.2).

Beim Entstehen der Protoplaneten wurden die Chondren, die CAI und einzelne Mineralkörner von kosmischem Staub umhüllt und zusammengebacken (Metzler et al. 1992; ◘ Abb. 31.5). Diese *Akkretionsprozess* führte zu einer unterschiedlich starken thermischen Überprägung der Chondrite, was eine zunehmende Rekristallisation und Kornvergröberung der Matrix zur Folge hatte. Währenddessen wurden die Chondren immer stärker in die Matrix integriert, was deren Identifizierung erschwert. Darüber hinaus begünstigte die Aufheizung den Ionenaustausch und damit die Einstellung des thermodynamischen Gleichgewichts zwischen den Mineralphasen. Gleichzeitig wurden die Ar–Ar-Alter auf Werte von 4,563–4,502 Ga zurückgesetzt (Bogard 2011). Nach dem Grad der thermischen Überprägung unterschieden van Schmus und Wood (1967) sechs *petrographische Gefügetypen,* von denen die Typen 1–3 in einem Temperaturbereich von <150–600 °C entstanden und nicht äquilibriert, die Typen 4–6 bei Temperaturen von 600–950 °C dagegen äquilibriert sind (Norton 2002). In den Typen 2 und 3 sind die Chondren klar erkennbar, in Typ 4 gut definiert, in Typ 5 gerade noch erkennbar, in Typ 6 dagegen schlecht erkennbar. Typ 1, der keine Chondren enthält, und Typ 2 kommen nur in kohligen Chondriten vor. Durch Impaktereignisse können Chondrite mehr oder weniger stark metamorph überprägt und dabei ihre Ar-Ar-Alter noch weiter verjüngt werden (Bogard 2011). Dieser Prozess führt zur Brekziierung und zur Bildung von Schockadern, in denen sich die Hochdruckminerale Ringwoodit und Majorit (▶ Abschn. 29.3.3) bilden können.

Unabhängig von ihren Gefügemerkmalen kann man die Chondrite nach ihrer *chemischen Zusammensetzung* und ihrem *Mineralbestand* in sechs Haupttypen einteilen (◘ Tab. 31.1), die im Folgenden kurz charakterisiert werden (z. B. Krot et al. 2014).

■ **Kohlige Chondrite (C-Chondrite)**

Die meisten kohligen Chondrite sind sehr brüchig und verwittern rasch. Während gewöhnliche Chondrite meist eine Porosität von <10 Vol.-% aufweisen, liegt sie bei den meisten kohligen Chondriten bei >20 % (Consolmagno et al. 2008). Da sie in ihrem Aussehen häufig an Holzkohlebriketts erinnern, wurden sie nur von wenigen Findern als Meteorite erkannt. Dementsprechend war bis in die 1970er-Jahre die Zahl der bekannten C-Chondrite sehr gering, hat sich aber mit der gezielten Suche nach Meteoriten in den antarktischen Blaueisfeldern und in Wüsten drastisch erhöht (◘ Tab. 31.1). Schon 2002 waren mehr als 170 Exemplare bekannt (Norton 2002), und bis 2014

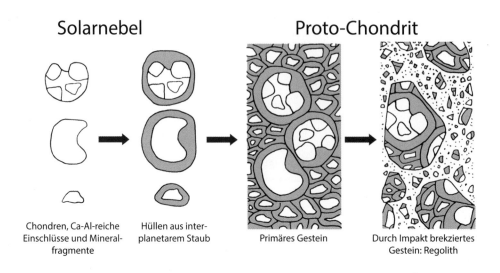

Solarnebel   Proto-Chondrit

Chondren, Ca-Al-reiche
Einschlüsse und Mineral-
fragmente

Hüllen aus inter-
planetarem Staub

Primäres Gestein

Durch Impakt brekziertes
Gestein: Regolith

▣ **Abb. 31.5**   Modell der Akkretions- und Brekziierungsgeschichte der CM-Chondrite (nach Metzler et al. 1992)

stieg ihre Anzahl auf fast 1400 (Krot et al. 2014; ▣ Tab. 31.1).

Kennzeichnend für die C-Chondrite ist ein hoher Gehalt an leichtflüchtigen Komponenten, insbesondere an H_2O und organischen Verbindungen (z. B. Braukmüller et al. 2018), was auf niedrige Bildungstemperaturen hinweist. Dagegen treten erhöhte Kohlenstoffgehalte von 1,5–6 Gew.-% nur in CI- und CM-Chondriten auf (Scott und Krot 2005). Die Mutterkörper der kohligen Chondrite sind im äußeren, sonnenfernen Bereich des Asteroidengürtels zu suchen (▶ Abschn. 32.2), wo viele von ihnen in einem späten Stadium durch Reaktion mit wässerigen Lösungen weitgehend alteriert wurden. Häufige Umwandlungsprodukte sind Schichtsilikate, Magnetit, Ni-reiche Sulfide, Fayalith (Fa_{95-100}), Hedenbergit, Nephelin und Sodalith (Krot et al. 2014).

Die primitivsten kohligen Chondrite sind die *CI-Chondrite (Gefügetyp C1)*, benannt nach dem Fall von *Ivuna*, Tansania. Sie haben eine ähnliche chemische Zusammensetzung wie die Photosphäre der Sonne, wenn man von den geringeren Gehalten an H, He, O, N und C absieht. CI-Chondrite enthalten 17–22 Gew.-% H_2O. Das bekannteste Beispiel dieses extrem seltenen Typs ist *Orgueil*, dessen Fall am 14. Mai 1864 nördlich Toulouse (Frankreich) beobachtet wurde. Er besteht überwiegend aus Serpentin-ähnlichen Schichtsilikaten und Montmorillonit und enthält weiter Fe-Ni-Sulfide, Magnetit, Karbonat- und Sulfatminerale. Neben den fünf bekannten Fällen wurden fünf CI-Chondrite gefunden, davon einer durch die Apollo-12-Mission (1969) im Oceanus Procellarum des Mondes. CI-Chondrite enthalten keine Chondren oder CAI, gehören also dem Gefügetyp 1 an.

Eine Ausnahme bildet der Meteorit *Tagish Lake*, der am 18. Januar 2000 über dem Yukon-Territorium (NW-Kanada) niederging. Mit einem erhöhten Kohlenstoffgehalt von 5,8 Gew.-% entspricht er chemisch einem CI-Chondrit und enthält im Gegensatz zu allen anderen Chondriten präsolare Nanodiamanten. Jedoch zeigt er Chondren, ist also nach dem Gefüge als C2-Chondrit zu klassifizieren.

Alle anderen Typen von kohligen Chondriten enthalten einen mehr oder weniger hohen Anteil an porphyrischen Olivin-Chondren, neben nichtporphyrischen Chondren, hochschmelzenden (refraktären) Einschlüssen, insbesondere CAI, und Einzelkörner von Olivin in einer feinkörnigen Matrix. *CM-* und *CR-Chondrite* gehören überwiegend dem Gefügetyp 2 an und werden daher auch als CM2-bzw. CR2-Chondrite bezeichnet. In beiden Typen sind Serpentin-ähnliche Schichtsilikate ein wichtiger Bestandteil der feinkörnigen Matrix.

Ähnlich wie Orgueil und Tagish Lake ist der *CM-Chondrit Murchison*, der am 28. September 1969 in Victoria (Australien) gefallen war, reich an abiotisch entstandenen organischen Verbindungen. Von diesen sind >70 % organische Makromoleküle, die in gängigen Lösungsmitteln unlöslich sind. Unter den löslichen organischen Verbindungen überwiegen Carboxylsäuren; daneben wurden u. a. Sulfonsäuren und Aminosäuren nachgewiesen (Gilmor 2005; Martins 2011; Pearce und Pudritz 2015). Die organischen Substanzen von Murchison unterscheiden sich in ihrer C- und H-Isotopie deutlich von der in irdischen Organismen sowie in Kohle, Erdöl und Methan. Trotzdem besteht durchaus die Möglichkeit, dass organische Verbindungen, die mit kohligen Chondriten auf die frühe Erde gelangt sind, als erste präbiotische Bausteine an der Entstehung des Lebens mitgewirkt haben (Gilmor 2005; Martins 2011; Pearce und Pudritz 2015).

Eine Sonderstellung nimmt der kohlige Chondrit *Flensburg* ein, der aus dem Boliden-Ereignis vom 12. September 2019 stammt (Bischoff et al. 2021). Das Gestein besteht aus reliktischen Chondren, die vielfach von Pyrrhotin-Täfelchen umgeben sind und in einer feinkörnigen Grundmasse liegen, begleitet von Anhäufungen von Sulfid- und Magnetit-Körnern. Hauptgemengteile sind Serpentin- und Karbonatminerale (Calcit, Dolomit und ein seltenes Na-Karbonat); neben Magnetit tritt selten Chromit auf; Pyrrhotin zeigt Entmischungen von Troilit, FeS, während Pentlandit, $(Ni,Fe)_9S_8$, isolierte Körnchen in der Grundmasse bildet. Die Chondren enthalten keine wasserfreien Silikate wie Olivin oder Pyroxen mehr, sondern sie bestehen hauptsächlich aus Serpentin und Karbonatmineralen, die durch eine hydrothermale Überprägung gebildet wurden. Dementsprechend gehört der kohlige Chondrit Flensburg dem Gefügetyp *C1* an. Jedoch lassen seine Eigenschaften eine Zuordnung zu einem bestimmten Typ der kohligen Chondrite, so etwa CI oder CM, nicht zu, obwohl sein äußerst primitiver Charakter unbestritten ist (Bischoff et al. 2021). Radiometrische Datierung der Karbonate mit der ^{53}Mn-^{53}Cr-Methode erbrachte ein Alter von $4564,6 \pm 1,0$ Ma, das nur $2,6 \pm 1,0$ bzw. $3,4 \pm 1,0$ Ma jünger ist als das der CAIs (◻ Tab. 34.2; Bischoff et al. 2021.) Diese außergewöhnlich frühe hydrothermale Bildung der Karbonate führt zu dem Schluss, dass der Meteorit Flensburg eine einzigartige kohlige Chondrit-Brekzie darstellt. Sie repräsentiert einen Mutterkörper, von dem kein anderer kohliger Chondrit bislang bekannt ist.

Die Chondren der *CM2-Chondrite* vom Typ *Mighei* (Ukraine) sind meist <0,5 mm groß. Daneben kommen Einkristalle von Olivin und (Fe,Ni)-Metall sowie Mineralaggregate bestehend aus Olivin und refraktären Ca-Al-Ti-Mineralen wie Hibonit, Melilith, Perowskit, Spinell und Fassait vor. Der H_2O-Gehalt beträgt 3–11 Gew.-%. Die *CR2-Chondriten* vom Typ *Renazzo* (Italien) enthalten ca. 0,7 mm große porphyrische Chondren mit Einsprenglingen von Cr-reichem Olivin ($\sim 0,5$ Gew.-% Cr_2O_3) in einer stark hydratisierten Grundmasse; daneben treten 5–8 Vol.-% (Fe,Ni)-Metall, sowie einige CAI und AOA auf. Die *CO3-Chondrite* vom Typ *Ornans* (Frankreich) haben einen hohen Anteil (ca. 60 Vol.-%) an Chondren, die jedoch nur Durchmesser von 0,1–0,4 mm erreichen; in den CAI kommen die gleichen Hochtemperaturminerale wie im CM2-Typ vor. Der Gehalt an metallischem Nickeleisen liegt bei 1–6 Vol.-%.

Demgegenüber enthalten die *CV3-Chondrite* vom Typ *Vigarano* (Italien) einen geringeren Anteil an Chondren, die jedoch Korngrößen von 0,5–2 mm erreichen und meist porphyrisches Gefüge aufweisen, während mm- bis cm-große CAI und AOA stärker beteiligt sind. Eine häufige Paragenese in diesen CAI ist Melilith + Spinell + Pyroxen ± Anorthit. Im Vergleich zum CO3-Typ ist der (Fe,Ni)-Gehalt geringer. Der berühmteste Vertreter des CV3-Typs ist der Meteorit *Allende,* der am 8. Februar 1969 in der Provinz Chihuahua (Mexiko) als Meteoritenschauer niederging. Seine zahlreichen Bruchstücke haben ein Gesamtgewicht von etwa 2 t und lieferten daher reichlich Material für wissenschaftliche Untersuchungen, die zur erstmaligen Entdeckung der Ca-Al-reichen Einschlüsse (CAI) führten.

Der kohlige Chondrit *Khatyrka,* der in den Koryak-Bergen auf der Chukotski-Halbinsel (Nordostsibirien) gefunden wurde, ist eine komplexe, oxidierte CV3-Brekzie, die das Mineral *Ikosaedrit,* $Al_{63}Cu_{24}Fe_{13}$, führt. Dieser stellt den ersten natürlichen Quasikristall der Welt dar, der durch eine geordnete, aber nicht periodische Kristallstruktur gekennzeichnet ist (Bindi et al. 2011; MacPershon et al. 2013).

Eine seltene hochoxidierte Gruppe von kohligen Chondriten sind *CK-Chondrite* vom Typ *Karoonda* (Australien), die als einzige Gruppe von C-Chondriten in den höhertemperierten Gefügetypen 4–6 ausgebildet sind, während Proben vom Typ 3 nur untergeordnet auftreten. In einer vorherrschenden Grundmasse enthalten diese Chondrite ca. 15 Vol.-% von porphyrischen, untergeordnet balkenförmigen Olivin-Chondren (Fa_{29-33}) von 0,7–1 mm Korngröße. Im Gleichgewicht damit stehen Olivin, Ca-reiche und Ca-arme Pyroxene, Magnetit mit Entmischungslamellen von Ilmenit und Spinell, sowie andere opake Minerale, darunter seltene PGE-Sulfide, während (Fe,Ni)-Metall fast fehlt. Vermutlich stammen die CK- und CV-Chondrite vom gleichen Asteroiden-Mutterköper, der unterschiedlich stark durch thermische Metamorphose und metasomatische Umwandlungen betroffen war (z. B. Krot et al. 2014).

Eine seltene Gruppe stellen auch die metallreichen *CH-* und *CB-Chondrite* dar (◻ Tab. 31.1), die zu den primitivsten Meteoriten überhaupt gehören und keinerlei metamorphe Überprägung erfahren haben. Ihre Herkunft ist umstritten und gab Anlass zu heftigen Kontroversen (Krot et al. 2005a, 2005b, 2007, 2014). *CH-Chondrite, benannt nach* der Probe ALH 85.085, bestehen vorwiegend aus kleinen, nur 20–70 μm großen, kryptokristallinen Chondren und weisen hohe Gehalte (ca. 20 Vol.-%) an zonierten Körnern von (Fe,Ni)-Metall auf. Wahrscheinlich stellen diese Metallkörner, die Chondren und die seltenen refraktären Einschlüsse Kondensate des ursprünglichen Solarnebels dar (▶ Abschn. 34.4). Die *CB-Chondrite* bestehen vorwiegend aus Körnern von (Fe,Ni)-Metall (ca. 70 Vol.-%) und enthalten 0,1–7 mm große Chondren, die teils kryptokristallin ausgebildet sind, teils Skelettkristalle von Olivin enthalten. Ihr Anteil an refraktären Einschlüssen ist gering, aber viel höher als im CH-Typ.

Durch Pb-Pb-Datierungen wurden für die Chondren Alter von 4567,6 ± 0,1 bis 4562,7 ± 0,5 Ma bestimmt (Amelin et al. 2002; Bouvier et al. 2008); sie sind also nur wenig jünger als unser Sonnensystem. Die CB-Chondrite entstanden vermutlich durch einen riesigen Zusammenstoß zwischen Planeten-Embryonen innerhalb der protoplanetarischen Akkretionscheibe, aus der sich unser Sonnensystem gebildet hat (▶ Abschn. 34.4).

■ Gewöhnliche Chondrite (H, L, LL)

Gewöhnliche Chondrite werden nach ihrem Gesamt-Fe-Gehalt und ihrem Oxidationsgrad gegliedert in:

- *H-Chondrite („high iron")* mit 25–30 Gew.-% Gesamt-Fe, 15–19 Gew.-% metallischem Eisen, Orthopyroxen Fs_{12-30} und Olivin Fa_{16-19};
- L-Chondrite *(„low iron")* mit 20–24 Gew.-% Gesamt-Fe, 4–9 Gew.-% metallischem Eisen, Orthopyroxen Fs_{30-50} und Olivin Fa_{21-25};
- LL-Chondrite *(„low iron, low metal") (Amphoterite)* mit 19–22 Gew.-% Gesamt-Fe, 0,3–3 % metallischem Eisen und Olivin Fa_{26-32}.

Wie aus ◘ Tab. 31.1 hervorgeht, stellen die H-und L-Chondrite die wichtigsten Meteoritengruppen überhaupt dar, die sich durch einen hohen Anteil an nicht-porphyrischen Chondren auszeichnen, während CAI und AOA selten sind. Nach ihrem unterschiedlichen Grad an thermischer Überprägung gehören gewöhnliche Chondrite den Gefügetypen 3–6 an und werden danach z. B. als H3 oder L6 bezeichnet. So ist der am 15. September 2007 am Titicacasee in Südperu gefallene Meteorit *Carancas* ein H4/5-Chondrit (Schultz et al. 2008). Es gibt nur wenige Hinweise darauf, dass durch Vermischung von Bruchstücken aus verschiedenen Untergruppen der gewöhnlichen Chondrite eine heterogene Brekzie gebildet wurde. Daher wird allgemein angenommen, dass H-, L- und LL-Chondrite in mindestens drei getrennten Mutter-Asteroiden entstanden sind (z. B. Krot et al. 2014; Morlok et al. 2017).

Nach K-Ar-Datierungen von Trieloff et al. (2007) weisen *L-Chondrite* ein *„Entgasungsalter"* von 470 ± 6 Ma auf. Zu diesem Zeitpunkt kam es zu einer heftigen Kollision zwischen dem einige 100 km großen Mutter-Asteroiden der L-Chondrite und einem zweiten, mehrere Kilometer großen Asteroiden. Dabei wurde die isotopische Uhr, die ursprünglich das Entstehungsalter dieser Chondrite von ca. 4560 Ma anzeigte, zurückgestellt.

Interessanterweise fand man in einem Steinbruch am Kinnekulle bei Lidköping in Mittelschweden eine ungewöhnlich große Anhäufung von mehr als 40 „fossilen" L-Chondriten, die in einem Kalkstein des mittleren Ordoviziums einsedimentiert waren. Nach geologischen Datierungen hat dieser Kalkstein ein Alter von 467 ± 2 Ma, das also innerhalb der Fehlergrenze mit dem Entgasungsalter übereinstimmt und so das Alter des Kollisionsereignisses bestätigt. Durch die Schockwellenmetamorphose, die durch die Kollision ausgelöst wurde, entstanden Hochdruckminerale, so Lamellen von Ringwoodit in Olivin-Körnern sowie polykristalline Aggregate von Ringwoodit und Majorit. Die hohen Temperaturen und Drücke, die für ihr Wachstum notwendig waren, müssen mindestens einige Sekunden bestanden haben (Cheng et al. 2004).

Auch der Meteoritenschauer von Tscheljabinsk (siehe ▶ Abschn. 31.1) bestand aus Fragmenten einer ungewöhnlichen Chondrit-Brekzie, die aus dem Mutterkörper der *LL-Chondrite* stammen dürfte. Die Bruchstücke enthalten unterschiedliche Anteile an Olivin, Pyroxen und Feldspat-Glas, wobei man folgende Typen unterscheidet (Bischoff et al. 2013; Righter et al. 2015; Morlok et al. 2017):

- heller LL5-Chondrit mit zahlreichen Schockadern;
- heller Chondrit, teilweise vom Typ LL6, der nur sehr wenige Chondren enthält und nur wenige oder keine Schockadern führt;
- stark rekristallisierter LL5/6- oder LL6-Chondrit mit verbreitet Schockadern;
- stark geschockter, nachgedunkelter Chondrit vom LL-Typ, der auf Korngrenzen und Rissen Schockadern aus (Fe,Ni)-Metall und Troilit enthält;
- dunkle Impaktschmelzbrekzie, mit unterschiedlichen Gehalten an Gesteins- und Mineralbruchstücken, entstanden bei hohen Temperaturen von ca. 1600 °C, gefolgt von rascher Abkühlung und S_2-Entgasung.

Radiometrische Datierungen an Proben des Meteoriten Tscheljabinsk mit unterschiedlichen Methoden erbrachten einen Altersbereich von 4538,3 ± 2,1 Ma bis 4452 ± 21 Ma, die frühe Metamorphose(n) auf dem Mutterkörper belegen. Darüber hinaus erlebte dieser mindestens acht größere Impaktereignisse vor etwa 4,53 Ga, 4,45 Ga, 3,73 Ga, 2,81 Ga, 1,46 Ga, 852 Ma, 312 Ma, und 27 Ma (Righter et al. 2015).

■ Enstatit-Chondrite (E)

Enstatit-Chondrite sind zum größten Teil aus kryptokristallinen oder porphyrischen Chondren aufgebaut, die vorwiegend aus reinem Enstatit ($En_{100}Fs_0$), untergeordnet aus Plagioklas (ca. 5 Vol.-%) und wenig Grundmasse bestehen, während Olivin-führende Chondren (Olivin mit < 1 Mol-% Fa) selten sind oder ganz fehlen. E-Chondrite enthalten so gut wie kein Eisenoxid, sondern der gesamte Eisengehalt von ca. 22–23 Gew.-% ist zu (Fe,Ni)-Metall (17–23 Gew.-%) reduziert oder als Sulfid, besonders im Troilit gebunden.

Diese Tatsache belegt extrem *reduzierende* Bildungsbedingungen, unter denen eine Reihe sonst seltener, O_2-freier Minerale entstanden sind, so Oldhamit, CaS, Niningerit, (Mg,Fe,Mn)S, Alabandin, (Mn,Fe)S, Osbornit, TiN, Sinoit, Si_2N_2O, Si-reicher Kamacit, *α*-(Fe,Ni,Si), Daubréelith, $FeCr_2S_4$, Caswellsilverit, $NaCrS_2$, Djerfisherit, $K_6Na(Fe,Cu)_{24}S_{26}Cl$, und Perryit, $\sim(Fe,Ni)_8(Si,P)_3$ (Krot et al. 2014). Je nachdem, ob der Gehalt an Gesamt-Fe hoch oder niedrig ist, unterscheidet man EH- bzw. EL-Chondrite, die in den petrographischen

Gefügetypen EH3 bis EH5 bzw. EL3 bis EL6 ausgebildet sein können und aus unterschiedlichen Mutterkörpern stammen (Keil 1989).

▪ Rumuruti-Chondrite (R)

Da viele Bruchstücke der R-Chondrite stark verwittert sind, hat man diesen relativ seltenen Typ erst 1977 erkannt. Als eigene Gruppe wurde er 1993 definiert, nachdem man eine frische Probe analysiert hatte, die im Berliner Museum für Naturkunde aufbewahrt ist (Schulze et al. 1994). Sie stammt aus einem Meteoritenschauer, der 1934 nahe *Rumuruti* (Kenya) niedergegangen war. Bis 2014 wurden zusätzlich 18 R-Chondrite gefunden (◘ Tab. 31.1). Bei einem Gesamt-Fe-Gehalt von 24–25 Gew.-% sind sie fast frei von metallischem Eisen, sind also stark oxidiert. Hauptmineral ist ein Ni-führender, Fe-reicher Olivin Fa_{38-41} neben Klinopyroxen, Plagioklas, Troilit, FeS, Pyrrhotin, $Fe_{1-x}S$, die in einer reichlichen Grundmasse (~50 Vol.-%) liegen. CAI sind extrem selten. Die meisten R-Chondrite sind brekziiert und metamorph überprägt, gehören also den Gefügetypen 3–6 an.

31.3.2 Achondrite aus dem Asteroidengürtel

Achondrite sind Steinmeteorite, die praktisch keine Chondren, CAI oder AOA enthalten, wie sie für Chondrite typisch sind. Sie entstanden aus einem ursprünglich primitiven Chondrit-Material durch metamorphe Überprägung oder durch Aufschmelz- und Differentiationsprozesse in einem planetarischen Mutterkörper. In ihrem Gefüge ähneln sie irdischen Gesteinen, sodass beim Auffinden durch Laien nur sehr wenige Achondrite überhaupt als Meteorite erkannt wurden.

Nichtsdestotrotz handelt es sich um eine relativ seltene Meteoritengruppe, da die Zahl der beobachteten Fälle (230) und der Neufunde (1396), besonders auf den Blaueisfeldern der Antarktis, deutlich geringer ist als bei den Chondriten (◘ Tab. 31.1).

Die Achondrite bestehen im Wesentlichen aus Pyroxenen, Olivin und Plagioklas, deren chemische Zusammensetzung und Mengenanteil jedoch stark variieren. Nebengemengteile sind Quarz oder Tridymit, Phosphatminerale, Chromit und Troilit. Die Gefügemerkmale sprechen dafür, dass die Achondrite durch Kristallisation aus einem Magma entstanden. Viele von ihnen sind allerdings durch spätere Impaktereignisse zerbrochen und kommen nun als Brekzien vor, die aus verschiedenartigen magmatischen Bruchstücken in einer feinkörnigen Matrix bestehen. Die meisten Achondrite haben Asteroide als Mutterkörper; einige stammen jedoch vom Mars (▶ Abschn. 31.4.1) und vom Mond (▶ Abschn. 31.4.2).

▪ Primitive Achondrite

Allgemein ähneln primitive Achondrite in ihrer chemischen Zusammensetzung und ihrem Mineralbestand den Chondriten, zeigen jedoch magmatische und/oder metamorphe Gefüge. Daher werden sie als Chondrite interpretiert, die hochgradig metamorph überprägt wurden oder gar einen geringen Grad an partieller Aufschmelzung erlebt haben. *Acapulcoite* und *Lodranite*, die nach den Fällen von *Acapulco* (Mexiko, 1976) bzw. *Lodhran* (Pakistan, 1868) benannt wurden, sind gleichkörnige Gesteine, die sich wesentlich durch ihr feinkörniges bzw. mittelkörniges Gefüge unterscheiden. Beide Typen bestehen etwa zu gleichen Teilen aus Olivin ($Fa_{~13}$) und Orthopyroxen ($Fs_{~16}$) sowie aus Na-reichem Plagioklas und etwa 20 Gew.-% (Fe,Ni)-Metall. Akzessorien sind Schreibersit, Troilit, Whitlockit, $Ca_9(Mg,Fe)PO_3OH/(PO_4)_6$, Cl-Apatit, Chromit und Graphit. Vermutlich repräsentieren diese Achondrite Restite von Gesteinen, die im gleichen Asteroiden-Mutterkörper unterschiedlich stark partiell geschmolzen wurden. Die Achondrite der *Winonait*-Gruppe erinnern an Silikateinschlüsse in Eisenmeteoriten (▶ Abschn. 31.3.4).

Die ersten Winonait-Proben wurden 1928 bei Ausgrabungen in prähistorischen Ruinen bei *Winona* (Arizona, USA) gefunden, wo sie wohl als Kultgegenstand der Sinagua-Kultur verehrt wurden.

▪ Differenzierte Achondrite

Wie ihre Gefügemerkmale belegen, kristallisierten differenzierte Achondrite aus einem Magma und stammen daher von Asteroiden-Mutterkörpern, die höhere Grade von partieller Aufschmelzung sowie magmatische Differentiation in großem Stil erlebten hatten (z. B. Krot et al. 2014).

Angrite   Die relativ kleine, aber vielfältige Gruppe der Angrite ist durch einen Fall in der Bucht von *Angra dos Reis* in Brasilien (20. Januar 1869) und insgesamt 19 neue Funde, meist aus Nord- und Nordwestafrika dokumentiert. Diese nicht brekziierten magmatischen Gesteine setzen sich hauptsächlich aus dem Ca-Al-Ti-reichen: Klinopyroxen Fassait zusammen; daneben führen sie geringe Mengen an Olivin und Ca-reichen Plagioklas. Akzessorien sind Spinell, Ulvöspinell, Troilit, Titanomagnetit, Ilmenit, Whitlockit und (Fe,Ni)-Metall. Mit 1–2 Gew.-% CaO ist Olivin ungewöhnlich Ca-reich und kann Entmischungslamellen von Kirschsteinit, $CaMg[SiO_4]$, enthalten. Mittel- bis grobkörnige Angrite stammen aus Intrusionskörpern und weisen hypidiomorph-körnige oder Kumulatgefüge auf, die aus unzonierten, nahezu im Gleichgewicht kristallisierten Mineralen aufgebaut sind. Demgegenüber zeigen die vulkanischen Typen Abschreckungsgefüge und bestehen aus stark zonierten Mineralen.

Angrite stellen die am stärksten alkaliuntersättigten basaltischen Gesteine in unserem Sonnensystem dar (Keil 2012). Mit ^{207}Pb-^{206}Pb-Altern von $4564,86 \pm 0,30$ bis $4564,65 \pm 0,4$ Ma für die rasch abgeschreckten Vulkanite und von $4558,86 \pm 0,30$ bis $4557,65 \pm 0,13$ Ma für die langsam abgekühlten Plutonite gehören sie zugleich zu den ältesten Gesteinen unseres Planetensystems (Amelin 2008; Keil 2012); sie sind nur wenig jünger als die CAI (◘ Tab. 34.2). Für die Herkunft der Angrite wurde zwar der Merkur (▶ Abschn. 32.1.1) in Betracht gezogen, aber vieles spricht dafür, dass der Angrit-Mutterkörper ein differenzierter Asteroid war, der einen Durchmesser von >100 km hatte und einen Metallkern besaß. Er entstand wahrscheinlich ca. 2 Ma nach Bildung der CAI (Keil 2012).

Aubrite Diese Gruppe von brekziösem Enstatit-Achondrit, benannt nach dem Fall von *Aubres* nahe Nyon in Frankreich (1836), ähnelt in ihrem Mineralbestand den Enstatit-Chondriten. Sie besteht zu 75–95 Vol.-% aus fast Fe-freiem Enstatit und geringeren Anteilen an Na-reichem Plagioklas, praktisch reinem Diopsid und Forsterit sowie akzessorischem Troilit, Oldhamit, Heideit, $FeTi_2S_4$, und (Fe,Ni)-Metall mit 0,1–2,4 Gew.-% Si. Wahrscheinlich bildeten sich ein metallischer Nickeleisen-Kern und ein *Aubrit-Mantel* durch partielles Aufschmelzen und Rekristallisation im Inneren von mindestens zwei Asteroiden-Mutterkörpern von Enstatit-Chondrit-Zusammensetzung, die später fragmentiert wurden (Keil 2010). Im Gegensatz dazu werden die undifferenzierten, aber metamorph überprägten Krustenbereiche von ähnlichen Mutterkörpern durch EH3–EH5- und EL3–EL6-Chondrite repräsentiert (Norton 2002).

Brachinite sind Olivin-reiche, ultramafische Achondrite, die nach einem Fund bei *Brachina* in Südaustralien (1974) benannt sind. Diese nicht brekziierten, kaum geschockten Gesteine weisen ein gleichkörniges Gefüge auf und bestehen zu 79–95 Vol.-% aus Olivin (Fa_{27-36}), 3–15 Vol.-% Augit ($En_{40-63}Wo_{36-48}$), Chromit, Phosphatmineralen, Fe-Sulfiden und (Fe,Ni)-Metall. ^{53}Mn- ^{53}Cr-Datierungen erbrachten ein Kristallisationsalter von $4563,7 \pm 0,9$ Ma. Brachinite werden als Reste eines partiell geschmolzenen, metamorph überprägten Chondrits interpretiert. Sie stammen von einem vermutlich <100 km großen Asteroiden-Mutterkörper, von dem die Schmelze durch explosiven Vulkanismus weggeschleudert wurde (Keil 2014).

HED-Meteorite Mit 211 beobachteten Fällen und 871 Funden, meist aus jüngerer Zeit, bilden die HED-Achondrite eine relativ verbreitete Meteoritengruppe. Viele dieser Proben zeigen große Ähnlichkeiten mit irdischen Basalten, wurden aber weitgehend durch spätere Metamorphose und Brekziierung überprägt.

- *Howardite* sind nach Edward Charles Howard (1774–1816) benannt, der als erster den Ni-Gehalt in Eisenmeteoriten erkannte;
- *Eukrite* (grch. ὖκριτος = leicht unterscheidbar);
- *Diogenite*, benannt nach dem griechischen Philosophen Diogenes von Appolonia (499–428 v. Chr.), der als Erster annahm, dass Meteoriten aus dem Weltraum stammen.

Die *Eukrit-Gruppe* gliedert sich weiter in zwei verschiedene Typen: In vielen Bruchstücken von fein- bis mittelkörnigem *basaltischem Eukrit* sind ophitische bis subophitische magmatische Gefüge erhalten. Vorherrschende Minerale sind Plagioklas (An_{75-93}) und Fe-reicher Pigeonit mit magmatischer Zonierung, während die SiO_2-Minerale Quarz, Tridymit und Cristobalit sowie Chromit und Ilmenit in geringerer Menge beteiligt sind; als Akzessorien treten (Fe,Ni)-Metall, Troilit und Zirkon auf.

Etwa 90 % der basaltischen Eukrite wurden unterschiedlich stark metamorph überprägt und sind daher rekristallisiert. Dadurch wurden die Klinopyroxene in nicht zonierten Ca-armen Pigeonit mit Entmischungslamellen von Ca-reichem Pyroxen überführt (Mittlefehldt et al. 1998). Der seltene *Kumulat-Eukrit* ist ein gabbroides Gestein von grobkörnigem, equigranularem Gefüge, das hauptsächlich aus Mg-reichem Orthopyroxen und Plagioklas (An_{90-96}) besteht und meist nicht brekziert ist.

Demgegenüber sind die meisten *Diogenit*-Proben brekziiert. Es handelt sich um grobkörnige ultramafische Magmatite, hauptsächlich um Plutonite, die zu 85–100 Vol.-% aus Orthopyroxen (En_{68-82}), untergeordnet aus Olivin (Fo_{70-73}) und Chromit sowie geringeren Mengen an Plagioklas (An_{82-86}), Troilit, Diopsid, SiO_2-Mineralen und (Fe,Ni)-Metall bestehen. Im Gegensatz zum Diogenit ist *Howardit* eine polymikte Impaktbrekzie, die aus eukritischen und diogenitischen Fragmenten besteht.

Es wird allgemein angenommen, dass die HED-Achondrite Bruchstücke des *Asteroiden* (4) *Vesta* darstellen. Dabei dürften die basaltischen und die Kumulat-Eukrite aus Lavaströmen an oder nahe der Oberfläche des Mutterkörpers und Diogenite aus der tieferen Kruste oder dem Mantel des Asteroiden stammen. Radiometrische Datierungen an Zirkon aus fünf basaltischen Eukrit-Proben mit unterschiedlich starker impaktmetamorpher Überprägung ergaben gut übereinstimmende U-Pb- und Pb-Pb-Alterswerte zwischen 4555 ± 13 und 4545 ± 15 Ma, die dem frühen Basaltvulkanismus auf dem Eukrit-Mutterkörper (4) Vesta im Anfangsstadium unseres Planetensystems entsprechen (Misawa et al. 2005). Ar-Ar-Datierungen an

46 Eukrit-Proben und Eukrit-Bruchstücken in Howardit belegen, dass (4) Vesta im Zeitraum von ca. 4100–3500 Ma einem wiederholten Meteoriten-Bombardement ausgesetzt war, durch das die basaltischen Gesteine schockwellenmetamorph überprägt und die Ar-Ar-Alter zurückgesetzt wurden (Bogard 2011).

Ureilit, der nach dem Fall am 4. September 1886 nahe dem Dorf *Novo Urei* in Zentralrussland benannt ist, zeigt Kumulatgefüge aus grobkörnigen Kristallen von Olivin ($Fa_{6–13}$) und Pigeonit, die von opaken Adern umgeben und durchsetzt werden (Ringwood 1960). Diese sind ungewöhnlich reich an Kohlenstoff, der als Graphit auftritt, oder durch Schockwellenmetamorphose in Diamant oder Lonsdaleit (▶ Abschn. 4.3) umgewandelt wurde. Weiter sind in diesen Adern (Fe,Ni)-Metall, Cohenit und Troilit vorhanden. Der hohe C-Gehalt und ähnliche Isotopensignaturen sprechen dafür, dass Ureilit und kohlige Chondrite einen gemeinsamen Ursprung haben.

Der kleine Asteroid 2008 TC_3 schlug 19 h nach seiner Entdeckung am 6. Oktober 2008 in der Nubischen Wüste nahe der Bahnstation *Almahata Sitta* im nördlichsten Sudan ein. Im Streufeld dieses Meteoritenschauers konnten mehr als 700 Fragmente mit einem Gesamtgewicht von 10,5 kg gesammelt werden. Detaillierte Untersuchungen ergaben, dass der Meteorit *Almahata Sitta* eine äußerst komplexe polymikte Brekzie darstellt, die aus Fragmenten von sehr unterschiedlichem Gefüge und Mineralbestand besteht. Dazu gehören verschiedenartige Ureilit-Fragmente, Ureilit-ähnlicher Andesit und Metall-Sulfid-Paragenesen sowie unterschiedliche Chondrit-Klassen einschließlich kohliger Chondrite. In einer Ureilit-Probe wurden Diamant und Lonsdaleit entdeckt. Diese Ergebnisse lassen vermuten, dass der ursprüngliche Ureilit-Mutterkörper durch einen katastrophalen Impakt zerrissen wurde und als Schutthaufen-ähnlicher Asteroid wieder zusammenwuchs, was zur Durchmischung des chondritischen Materials führte (Horstmann und Bischoff 2014; Goodrich et al. 2014). Datierung mit der $^{21}Ne–^{26}Al$-Methode erbrachte ein durchschnittliches Bestrahlungsalter von $19,5 \pm 2,5$ Ma. Zu dieser Zeit wurde der Asteroid 2008 TC_3 der kosmischen Strahlung ausgesetzt, als er aus dem Haupt-Asteroidengürtel gelöst und in einen Orbit bewegt wurde, der die Umlaufbahn der Erde kreuzte. Das führte schließlich zum Absturz auf die Erde (Welten et al. 2010).

Die meisten der oben beschriebenen Achondrite haben eine im Wesentlichen basaltische Zusammensetzung, was den Schluss nahelegt, dass die Kruste der jeweiligen Mutterkörper, früh gebildeter Planetesimale, ebenso basaltisch war. Die jüngste Entdeckung eines andesitischen Achondrits, der im Frühjahr 2020 bei Erg Chech in der algerischen Sahara gefunden wurde, und ein an diesem festgestelltes Alter von 4565 Ma (Barrat et al. 2021) deuten darauf hin, dass partielles Aufschmelzen von chondritischen Mutterkörpern zu einer bereits differenzierten Kruste auf Protoplaneten schon innerhalb eines extrem kurzen Zeitraums von nur 2 Mio. Jahre nach Bildung unseres Sonnensystems führte. Solch früh differenzierte Krusten dürften weiter verbreitet gewesen sein, als es der Bestand bekannter Meteoriten vermuten lässt.

31.3.3 Stein-Eisen-Meteorite (differenziert)

Die Übergangsgruppe der Stein-Eisen-Meteorite stellt nach ihrem Gefüge, ihrem Mineralbestand und ihrer Genese eine äußerst heterogene Gruppe von seltenen Meteoritentypen dar. Sie wird durch nur wenige beobachtete Fälle und relativ viele Neufunde repräsentiert (◻ Tab. 31.1). Unter diesen sind vergleichsweise viele Zufallsfunde, da Stein-Eisen-Meteorite wegen ihres hohen Fe-Gehalts eine große Dichte aufweisen und sich daher deutlich von irdischen Gesteinen unterscheiden.

Die primitiven *Asteroiden-Achondrite* der Lodranit- und Acapulcoit-Gruppe sind ebenfalls durch einen hohen Anteil von ca. 20 Vol.-% (Fe,Ni)-Metall charakterisiert. Man könnte sie daher ebenso als Stein-Eisen-Meteorite klassifizieren.

■ **Mesosiderite**

Mesosiderite (7 beobachtete Fälle, 168 Funde) sind Impaktbrekzien, die etwa zu gleichen Mengenanteilen aus (Fe,Ni)-Metall und Silikatmineralen plus Troilit bestehen. Grobkörnige *Mineralfragmente,* überwiegend An-reicher Plagioklas und Orthopyroxen, zurücktretend Pigeonit und Olivin, sowie *Gesteinsbruchstücke* meist von Basalt, Gabbro und Pyroxenit sowie wenig Dunit und selten Anorthosit sind in eine feinkörnige, fragmentierte oder magmatische *Grundmasse* eingebettet. Die *Metallphase,* ein Oktaedrit mit 7–10 Gew.-% Ni bildet entweder klumpige Kornaggregate, die von den Silikaten umgeben sind, oder ist gleichmäßig in der Silikatmatrix verteilt und kann größere Silikatfragmente umhüllen.

Das Nickeleisen der Mesosiderite stellt vermutlich eine exotische Komponente dar, die einem Asteroiden durch ein Impaktereignis gewaltsam zugemischt wurde, nachdem dieser Asteroid bereits in metallischen Kern und silikatischen Mantel differenziert worden war. Durch dieses katastrophale Ereignis wurde ein Teil des Metallkerns wieder aufgeschmolzen und in die silikatische Impaktbrekzie injiziert. Letztere stellt somit eine Mischung aus dem Gesteinsmaterial des Impaktors und des Rezipienten dar (Norton 2002). Pb-Pb-Datierungen an Zirkonkörnern aus drei Mesosiderit-Proben erbrachten Alter von 4563 ± 15, 4527 ± 38 und 4520 ± 27 Ma (Roszjar et al. 2014).

■ **Pallasite**

Eine ganz andere Genese muss für die seltene Meteoritengruppe der Pallasite angenommen werden, von denen bislang nur drei beobachtete Fälle und 89 Funde bekannt sind (◻ Tab. 31.1). Wegen ihrer hohen Dichte und ihres auffälligen Gefüges wurden sie allerdings immerhin 35 mal bei Zufallsfunden als Besonderheit erkannt und konnten als Meteorite identifiziert werden, ehe eine gezielte Suche nach solchen Meteoriten begann (Norton 2002). Die erste Beschreibung eines Pallasits verdanken wir dem Forschungsreisenden Peter Simon Pallas (1741–1811), der im Jahre 1772 eine 700 kg schwere Eisenmasse untersuchte, die 1749 bei *Krasnojarsk* in Sibirien gefunden worden war.

Auf der Grundlage eigener Untersuchungen am Pallasit *Krasnojarsk* war der deutsche Physiker Ernst Chladni (1756–1827) der erste, der 1794 einen extraterrestrischen Ursprung der Meteoriten postulierte und einen Zusammenhang mit Leuchterscheinungen von Meteoren, insbesondere mit Feuerbällen, herstellte. Trotz anfänglicher Widerstände berühmter Zeitgenossen wie Johann Wolfgang von Goethe und Alexander von Humboldt setzte sich diese Auffassung relativ rasch durch. Dazu trugen nicht zuletzt spektakuläre Meteoritenfälle bei, die um die Jahrhundertwende in Europa niedergingen, so 1794 bei *Siena* in Italien, 1795 bei *World Cottage* in Yorkshire und 1803 bei *L'Aigle* nahe Paris. Schließlich verhalf die Entdeckung der Asteroiden *Ceres* durch Guiseppe Piazzi (1801) und *Pallas* durch Heinrich Wilhelm Olbers (1802) Chladnis Theorie zum endgültigen Durchbruch.

Pallasite bestehen zu 95 Vol.-% aus (Fe,Ni)-Metall plus Olivin in stark wechselnden Mengenverhältnissen, wobei der Anteil der Metallphase zwischen 28 und 88 Gew.-% variiert. Diese besteht aus Verwachsungen von Ni-armem Kamacit mit dünnen Lamellen von Ni-reichem Taenit oder von feinkörnigen Gemengen aus beiden Legierungen, die man als Plessit bezeichnet. In jedem Fall bildet (Fe,Ni)-Metall eine zusammenhängende Masse, die rundliche, durchscheinende Olivin-Körner von gelblicher bis gelblich-grüner Farbe einschließt. Dadurch entsteht ein spektakuläres Gesteinsgefüge, das in anpolierten Platten am besten zur Wirkung kommt (Abb. 31.6). Olivin bildet Einzelkristalle von wenigen Millimeter bis 2 cm Durchmesser oder mehrere Zentimeter große Aggregate. Nebengemengteile sind Ca-arme Pyroxene, Troilit, Schreibersit und Chromit sowie die Phospatminerale Stanfieldit, $Ca_4Mg_3Fe_2(PO_4)_6$, Whitlockit, $Ca_9(Mg,Fe)PO_3OH/(PO_4)_6$, und Farringtonit, $(Mg,Fe)_3(PO_4)_2$. Nach dem Mineralchemismus lassen sich drei Gruppen von Pallasiten unterscheiden, die vermutlich aus unterschiedlichen Mutterkörpern stammen:

- Die *Hauptgruppe* (PMG), zu der die meisten bekannten Pallasite gehören, enthält Olivin mit Fa_{11-19} und gediegenes Metall mit 14–16 Gew.-% Ni.
- Die kleine Gruppe der *Eagle-Station-Pallasite* (PES), benannt nach einem Fund nahe *Eagle Station* (Carol County, Kentucky, USA, 1880), wird lediglich durch 3 Proben repräsentiert und unterscheidet sich durch Ca-reichen und etwas Fe-reicheren Olivin mit Fa_{20-21} und eine Metallphase mit nur 8–12 % Ni.
- Eine kleine Gruppe von metallreichem *Pyroxen-Pallasit* (PPX) wurde durch einen 27 kg schweren

Abb. 31.6 Pallasit von Imilac (Chile), polierter Anschliff; Olivin-Kristalle, eingebettet in ein zusammenhängendes Netzwerk von metallischem Nickeleisen, das aus einer Verwachsung von überwiegend Ni-armem Kamacit und Ni-reichem Taenit besteht. Bildbreite ca. 14 cm. (Foto: Institut für Planetologie, Universität Münster)

Fund bei *Vermillion* in Zentralkansas (USA) entdeckt. Dieser besteht aus 86 Vol.-% (Fe,Ni)-Metall, 9 Vol.-% Olivin und 5 Vol.-% Orthopyroxen, der die Olivin-Kristalle umringt oder mm-große Einschlüsse in größeren Olivin-Körnern bildet (Norton 2002).

Es unterliegt keinem Zweifel, dass Pallasite aus dem Bereich der Kern-Mantel-Grenze von Asteroiden-Mutterkörpern stammen, in denen beide Bereiche ursprünglich im schmelzflüssigen Zustand vorlagen. Bei der Kristallisation des geschmolzenen Mantels saigerten Olivin-Kristalle ab und häuften sich über der (Fe,Ni)-Schmelze an (Abb. 31.7). Infolge gravitativer Instabilität nahe der Kern-Mantel-Grenze wurde Olivin in der Metallschmelze suspendiert. Hierfür können zwei Mechanismen verantwortlich gemacht werden (Norton 2002):

- Gelegentliche Schockwellen, die durch Impakte ausgelöst wurden, drückten die Olivin-Kristalle in die oberste Lage des geschmolzenen (Fe,Ni)-Kerns;

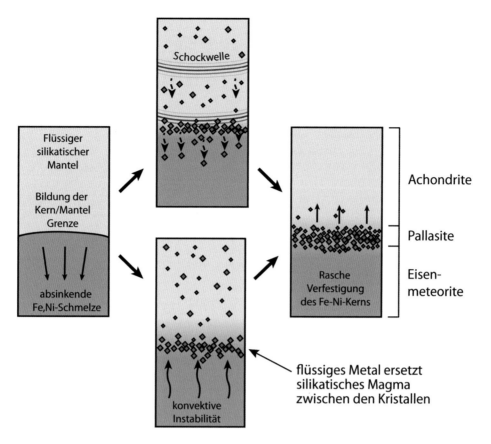

◻ Abb. 31.7 Schematische Zeichnung zur Erklärung des Pallasitgefüges: Olivin-Körner, die im geschmolzenen Silikatmantel kristallisierten, saigern ab und werden an der Kern-Mantel-Grenze konzentriert, wo sie gelegentlich mit der (Fe,Ni)-Schmelze gemischt werden. Hierfür werden im Text zwei mögliche Mechanismen beschrieben. (Mod. nach Norton 2002)

— Durch konvektive Instabilitäten wurde die Metallschmelze von unten her in die überlagernde Olivin-Lage injiziert.

In beiden Fällen ist eine rasche Kristallisation der Metallschmelze notwendig, um zu verhindern, dass sich beide Phasen durch Aufschwimmen der Olivin-Körner wieder voneinander trennen.

31.3.4 Eisenmeteorite (differenziert)

Eisenmeteorite spiegeln die Kernzusammensetzungen von differenzierten Asteroiden wider und stellen somit Analogien für den Kern der Erde und der anderen erdähnlichen Planeten dar. Berücksichtigt man die 48 beobachteten Fälle und die 1011 Funde, sind die Eisenmeteorite sogar noch seltener als die Achondrite aus dem Asteroidengürtel. Trotzdem ist das vorhandene Probenmaterial sehr umfangreich, weil Eisenmeteorite wegen ihrer Schwere und ihres metallischen Aussehens relativ auffällig sind und daher leicht als Meteoriten erkannt werden (◻ Tab. 31.1).

Der französische Chemiker Joseph Louis Proust (1754–1826) war der Erste, der 1799 den Ni-Gehalt in Eisenmeteoriten nachwies. Durch systematische Analysen erkannte der Berliner Apotheker und Mineralchemiker Martin Heinrich Klaproth (1743–1817) die wesentlichen Unterschiede zwischen irdischem Eisen und Meteoreisen und erbrachte damit wichtige Argumente für eine extraterrestrische Herkunft der Meteorite im Sinne der Chladnischen Theorie. Klaproth zögerte jedoch zunächst, seine Befunde zu publizieren „… aus Besorgnis, darüber in einen gelehrten Streit verflochten zu werden …" (Klaproth 1803). Seine Ergebnisse wurden jedoch durch Howard (1802) und Vauquelin (1803) in vollem Umfang bestätigt.

Eisenmeteorite bestehen hauptsächlich aus unterschiedlichen (Fe,Ni)-Legierungen:

— *Kamacit* (Balkeneisen) α-(Fe,Ni) mit kubisch innenzentrierter Kristallstruktur;
— *Taenit* (Bandeisen) γ-(Fe,Ni) mit kubisch flächenzentrierter Kristallstruktur;
— *Plessit* (Fülleisen) stellt ein feinkörniges Gemenge aus beiden Phasen dar.

Kamacit enthält <7,5 Gew.-% Ni, während koexistierender Taenit stets höhere Ni-Gehalte aufweist. Zusätzlich sind in diesen (Fe,Ni)-Legierungen noch geringe Gehalte an Co (0,4 – 0,8 Gew.-%), S und P

31

(~0,01 – 1 Gew.-%) und C vorhanden. Auf Grundlage der Spurenelemente Gallium und Germanium werden mit abnehmenden Ga- und Ge-Gehalten vier chemische Hauptklassen I, II, III und IV unterschieden. Zusätzlich verwendet man weitere chemische Parameter, wie die Verhältnisse Ge/Ni, Ir/Ni oder Co/Au, dazu, diese Meteorite in 13 verschiedene Gruppen einzuteilen, die mit lateinischen Großbuchstaben bezeichnet werden (◻ Tab. 31.1). Daneben sind 210 Eisenmeteorite bekannt, die bislang noch nicht klassifiziert wurden (Wasson 1985; Krot et al. 2014).

Neben den (Fe,Ni)-Legierungen ist Troilit, FeS, ein wichtiges Mineral in Eisenmeteoriten, während Schreibersit, $(Fe,Ni)_3P$, Cohenit, $(Fe,Ni)_3C$, und andere (Fe,Ni)-Carbide, Daubréelith, $FeCr_2S_4$, Chromit, $FeCr_2O_4$, Lawrencit, $FeCl_2$, Carlsbergit, CrN, Graphit sowie Phosphat- und Silikatminerale meist nur als Akzessorien auftreten.

Nach ihrem Gefüge und ihrem Mineralbestand lassen sich die Eisenmeteorite in *Hexaedrite, Oktaedrite* und *Ataxite* untergliedern, eine Einteilung, die schon im Jahr 1883 durch den Wiener Petrographen Gustav Tschermak (1836–1927) eingeführt wurde. Die unterschiedlichen Strukturen dieser Gefügetypen lassen sich am besten auf ebenen, polierten Oberflächen erkennen, die man mit verdünnter Salpetersäure anätzt (◻ Abb. 4.6). Die Gefügemerkmale spiegeln Unterschiede im Kamacit/Taenit-Verhältnis wider, das wiederum vom pauschalen Fe/Ni-Verhältnis des Eisenmeteoriten und den Phasenbeziehungen im *Zweistoffsystem Fe − Ni* kontrolliert wird (◻ Abb. 31.8). Bei Atmosphärendruck von $P = 1$ bar liegt der Schmelzpunkt von reinem Eisen bei 1528 °C, von reinem Nickel bei 1452 °C. Unterhalb der Soliduskurve, die diese beiden Punkte verbindet, existiert eine lückenlose Mischkristallreihe zwischen Fe und Ni, wobei kubisch-flächenzentrierter Taenit, γ-(Fe,Ni), die einzige stabile (Fe,Ni)-Legierung darstellt, die in metergroßen Kristallen vorkommen kann. Bei Abkühlung auf ca. 900 °C wandelt sich reines γ-Fe in die kubisch innenzentrierte α-Phase Kamacit um, und es öffnet sich ein *Zweiphasengebiet (Solvus)*, in dem Mischkristalle von Ni-ärmerem Kamacit und Ni-reicherem Taenit miteinander koexistieren. Anhand dieses Diagramms (◻ Abb. 31.8) lassen sich die Gefügetypen der Eisenmeteorite erläutern.

▪ Oktaedrite (O)

Die Ni-Gehalte in Oktaedriten, der häufigsten Gruppe von Eisenmeteoriten, variieren zwischen 6,5 und 12,7 Gew.-%. Auf polierten und angeätzten Platten von Oktaedriten erkennt man die charakteristischen *Widmannstätten'schen Figuren*. Sie bestehen aus Scharen paralleler, breiter Kamacit-Balken, die parallel zu den Seiten eines Oktaeders nach {111} angeordnet sind (◻ Abb. 31.9), woraus sich der Name Oktaedrit ablei-

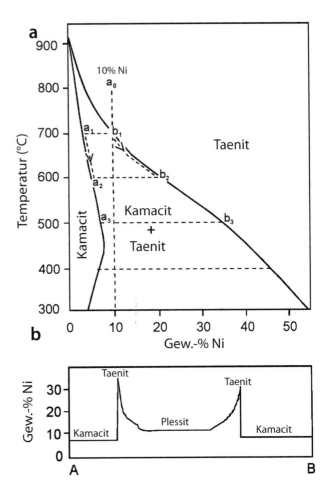

◻ **Abb. 31.8   a** Zweistoffsystem Fe-Ni: Phasenbeziehungen im Subsolidus-Bereich zur Erklärung der Gefügetypen von Eisenmeteoriten; Erläuterungen im Text. **b** Elektronenstrahl-Mikrosondenanalysen der Ni-Verteilung in einem Profil Kamacit-Taenit-Plessit-Taenit-Kamacit mit der typischen M-Form (nach Goldstein und Axon 1973, aus Kleinschrot 2003)

tet. Diese Balken werden von dünnen Taenit-Lamellen umsäumt. Die Lücken sind mit feinkörnigen Kamacit-Taenit-Gemengen, dem Plessit gefüllt (◻ Abb. 4.6). Bei der Ätzung durch HNO_3 erweisen sich die Taenit-Lamellen als relativ widerstandsfähig und ragen heraus, während die empfindlicheren Kamacit-Balken eingetieft werden.

Basierend auf seinen Arbeiten am Pallasit *Krasnojarsk* wurden die Widmannstätten'schen Figuren von dem Engländer Guglielmo (William) Thomson (1760 – 1806) beschrieben, abgebildet und bereits 1804 publiziert. Ohne Kenntnis dieser Arbeit entdeckte der Österreicher Alois von Beckh-Widmannstätten (1754–1849) vier Jahre später diese Strukturen im Oktaedrit *Hrashina* neu. Er dokumentierte sie in Form von Natur-Selbstdrucken, indem er die angeätzten Oktaedrit-Platten als Druckstöcke benutzte. Eine Publikation erfolgte jedoch erst 1820 durch Karl von Schreibers (1775–1852), der die Bezeichnung „Widmannstätten'sche Figuren" einführte.

Elektronenstrahl-Mikrosondenanalysen erbrachten Ni-Gehalte von maximal 7,5 Gew.-% Ni im Kamacit

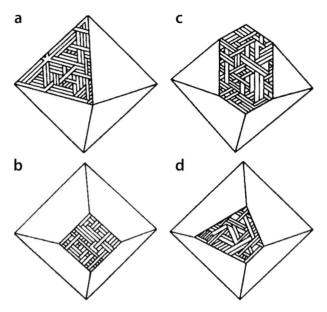

a   **c**

b   **d**

☐ **Abb. 31.9** Räumliche Anordnung der Kamacit-Balken in Oktaedriten: Widmannstätten'sche Figuren bei verschiedenen Schnittlagen: **a** Oktaederfläche {111}; **b** Würfelfläche {110}; **c** Rhombendodekaeder-Fläche {100}; **d** beliebige Schnittlage. (Aus Kleinschrot 2003)

und von ca. 30–35 Gew.-% Ni im koexistierenden Taenit (☐ Abb. 31.8b). Diese Tatsache lässt sich nach ☐ Abb. 31.8a folgendermaßen erklären: kühlt man einen Taenit-Mischkristall der Zusammensetzung $a_0 = Fe_{90}Ni_{10}$ auf 700 °C ab (b_1), so beginnen sich Lamellen von Ni-ärmerem Kamacit auszuscheiden (a_1), die parallel zu den Oktaederflächen des ehemaligen Taenit-Einkristalls angeordnet sind. Bei weiterer Abkühlung nimmt der Ni-Gehalt im Kamacit etwas, im koexistierenden Taenit dagegen stark zu, z. B. auf ca. 21 % bei 600° C (b_2) und ca. 34 % bei 500 °C (b_3). Gleichzeitig steigt das Kamacit/Taenit-Verhältnis immer stärker an, wie sich aus ☐ Abb. 31.8a unter Anwendung der Hebelregel (☐ Abb. 18.11, rechts) leicht ablesen lässt. Dadurch werden die Kamacit-Balken immer breiter, während Taenit nur noch dünne Lamellen bildet. Unterhalb 500 °C ist die Festkörperdiffusion zwischen den beiden (Fe,Ni)-Phasen so träge, dass sich nur noch bei langsamer Abkühlung ein Gleichgewicht gemäß ☐ Abb. 31.8a einstellen kann; das gilt insbesondere für die Diffusion der Ni-Atome in die flächenzentrierte Taenit-Struktur. Bei rascherer Abkühlung reichert sich Ni an den Taenit-Grenzen gegen Kamacit bis auf ca. 35 % an, während das Innere der Taenit-Bänder relativ Ni-arm bleibt. Zusätzlich bildet sich ein feinkörniges Gemenge von Taenit und Kamacit, der Plessit. Dadurch ergibt sich bei der ortsauflösenden Mikrosondenanalyse für die Ni-Verteilung das typische M-Profil (☐ Abb. 31.8b). Für die Entstehung der Widmannstätten'schen Figuren hat man im Temperaturbereich zwischen 700 und 450 °C

Abkühlungsraten zwischen 100 und 1 °C pro Mio. Jahre berechnet. Deshalb können diese Strukturen im Labor nicht nachgeahmt werden (Heide und Wlotzka 1988).

Eine *Feinuntergliederung* der Oktaedrite in sechs Untergruppen erfolgt nach der Breite der Kamacit-Balken, die generell umgekehrt proportional zum gesamten Ni-Gehalt der Probe ist (z. B. Buchwald 1975). Je höher der Ni-Gehalt, desto mehr Taenit bleibt übrig und umso feiner werden die Kamacit-Balken. So enthalten die groben Oktaedrite Ogg und Og mit Balkenbreiten von > 1,3 mm 6,5–7,2 Gew.-% Ni, mittlere Oktaedrite Om (0,5–1,3 mm) 7,4–10,3 % Ni und feine bzw. plessitische Oktaedrite Of, Off und Opl (< 0,5 mm) 7,8–12,7 % Ni.

Einige Oktaedrite beinhalten Silikateinschlüsse. In der chemischen Gruppe der grobkörnigen *IAB-Oktaedrite* bestehen diese aus Fe-armem Orthopyroxen (Fs_{4-9}) und Olivin (Fa_{1-4}) in etwa chondritischen Mengenverhältnissen. Geochemische Ähnlichkeiten legen nahe, dass die IAB-Oktaedrite zum gleichen Mutterkörper wie die Winonaite gehören, eine Gruppe der primitiven Achondrite (▶ Abschn. 31.3.2). Wahrscheinlich fand in diesem Asteroiden nur eine unvollständige Differentiation in Kern und Mantel statt. Demgegenüber enthalten die *IIE-Oktaedrite* Silikateinschlüsse, die aus Olivin (Fa_{14-21}), Ca-armem Pyroxen (Fs_{14-18}) und Plagioklas (An_{2-16}) bestehen, die in einer SiO_2-reichen glasigen, kryptokristallinen oder feinkörnigen Grundmasse liegen. In anderen Proben wurden jedoch grobkörnigere gabbroide Gefüge festgestellt. Verschiedene Eisenmeteorite vom Typ IIE sind stark geschockt, wobei in den Pyroxenen Deformationslamellen entstanden und Plagioklas aufschmolz. Vermutlich entstanden die silikatführenden Oktaedrite bei der Kollision zweier verschieden großer Mutterkörper, von denen der größere teilweise geschmolzen war (Norton 2002; Ruzicka 2014).

▪ **Hexaedrite (H)**

Diese relativ seltene Gruppe von Eisenmeteoriten ist durch Ni-Gehalte von < 6 % gekennzeichnet. Daher erfolgt die Umwandlung von der ursprünglichen γ-(Fe,Ni)-Phase Taenit in die α-(Fe,Ni)-Phase Kamacit über ein kleines Temperaturintervall (☐ Abb. 31.8a), sodass sich keine gesonderten Taenit-Lamellen ausbilden können. Vielmehr entstehen einheitliche Kamacit-Hexaeder {100}, die auf polierten und angeätzten Flächen keine Widmannstätten'schen Figuren erkennen lassen. Charakteristisch sind demgegenüber die *Neumann'schen Linien, die* 1848 von dem Begründer der Theoretischen Physik, Franz Ernst Neumann (1798–1895) entdeckt wurden. Diese Muster zeigen parallele Scharen feiner Zwillingslamellen von 1–10 µm Dicke, die entsprechend der kubischen Symmetrie in zwölf verschiedenen Orientierungen auftreten können. Sie entstanden als Produkte einer Deformationsverzwillingung, ausgelöst durch ein intensives Schockereignis. Hexaedrite gehören den chemischen Klassen IIAB und IIG an, die durch hohe Ga/Ni- und Ge/Ni- und wechselnde Ir/Ni-Verhältnisse gekennzeichnet sind (Wasson 1985).

■ Ataxite (D)

Bei hohen Ni-Gehalten wird der Solvus im Zweistoffsystem Fe-Ni erst bei relativ niedrigen Temperaturen erreicht, z. B. in einer Legierung mit 20 % Ni erst bei etwa 600 °C (Punkt **b₂** in ◻ Abb. 31.8a). Da bei dieser Temperatur die Diffusionsgeschwindigkeit schon vergleichsweise gering ist, wird die Ausscheidung von Kamacit-Lamellen im Taenit immer mehr erschwert. Es gibt gleitende Übergänge zwischen plessitischem Oktaedrit (Opl) und *Ni-reichem Ataxit,* der 16–30 % Ni enthält. Sie sind makroskopisch strukturlos und wurden deswegen von Tschermak (1883) als „Dichteisen" bezeichnet (daher die Abkürzung „D"). Mikroskopisch besteht Ni-reicher Ataxit aus winzigen Kriställchen von Taenit, die von einer dünnen Kamacit-Schicht umhüllt werden und in eine Grundmasse aus feinkörnigem Plessit eingebettet sind. Daneben gibt es auch *Ni-armen Ataxit* mit <10 % Ni, der überwiegend aus feinkörnigem Kamacit besteht. Er entstand wahrscheinlich durch sekundäre Aufheizung und Abkühlung von Oktaedriten und Hexaedriten im Weltraum. Obwohl Ataxite die kleinste Gruppe der Eisenmeteorite bilden, stellen sie doch einen prominenten Vertreter, den Hoba-Meteoriten, der mit 60 t der bislang schwerste Meteorit der Welt ist (◻ Abb. 31.2).

■ Mutterkörper und Abkühlungsgeschichte der Eisenmeteorite

Wahrscheinlich stammen die Eisenmeteorite, die zu einer der oben erwähnten 13 chemischen Gruppen gehören, jeweils aus unterschiedlichen Mutterkörpern. Am häufigsten sind nach Krot et al. (2014) die Gruppen IIIAB (300 Proben, z. B. *Cape York,* Grönland), IAB (267 Proben, z. B. *Canyon Diablo*, USA), IIAB (123 Proben, z. B. *Coahuila*, Mexiko) und IVA (z. B. *Gibeon*, Namibia). Die sog. *magmatischen Gruppen* IIAB, IID, IIIAB, IVA, IVB sowie vielleicht IIIE und IIIF sind weitgehend frei von Silikatmineralen und zeigen chemische Trends, die auf fraktionierte Kristallisation schließen lassen (Chabot und Haack 2006). Dagegen enthalten Eisenmeteorite der „nichtmagmatischen" Gruppen IAB, IIE und IICD reichlich Silikate, Graphit und Carbide und unterscheiden sich durch unterschiedliche Trends in der Elementverteilung (Goldstein et al. 2009). Da die Metallphase in diesen Eisenmeteoriten wahrscheinlich ebenfalls geschmolzen war, ist ihre Bezeichnung als „nichtmagmatisch" etwas unglücklich (Krot et al. 2014).

Laut Goldstein et al. (2009) dürften die Eisenmeteorite – entgegen früherer Annahmen – von Mutterkörpern abstammen, deren Durchmesser 1000 km oder mehr betrug. Zeitlich bildeten sie sich noch vor den Chondrit-Mutterkörpern, und zwar vermutlich außerhalb des Asteroidengürtels, 1–2 Astronomische Einheiten (AE), d. h. ca. 150–300 · 10⁶ km von der Sonne

entfernt (vgl. ◻ Tab. 32.1). Viele dieser Körper wurden allerdings durch Impakte zerstört, bevor sie langsam abkühlen konnten und sich im Asteroidengürtel ansammelten. Die Mehrzahl der Eisenmeteorite dürfte durch fraktionierte Kristallisation eines einheitlichen metallischen Schmelzkörpers entstanden sein. Im Temperaturbereich von 500–700 °C variierte die Abkühlungsrate der Mutterkörper erheblich zwischen 100 und 10.000 °C/Ma, woraus sich Abkühlungszeiten von ≤10 Mio. Jahren berechnen lassen.

31.4   Planetarische Meteorite

31.4.1   Marsmeteorite: Die SNC-Gruppe der Achondrite

Bisher wurden fünf beobachtete Fälle und 98 Funde als Marsmeteorite interpretiert und früher als SNC-Gruppe zusammengefasst, ein Akronym für Shergottit, Nakhlit und Chassignit. Wood und Ashwall (1981) erkannten zuerst, dass diese Meteorite in ihrem Gefüge terrestrischen Magmatiten ähneln. Außerdem sprechen ihre mannigfaltigen, stark fraktionierten Zusammensetzungen und ihre jungen Kristallisationsalter dafür, dass sie von einem großen planetarischen Körper wie dem Mars stammen (Wänke und Dreibus 1988; Borg et al. 2005). Wegen ihrer einzigartigen Sauerstoffisotopen-Zusammensetzung lässt sich eine Herkunft von der Erde oder dem Mond ausschließen, während die Isotopenverhältnisse von Stickstoff und Edelgasen, die in Impakt-erzeugten Gläsern einiger Shergottit-Proben eingeschlossen sind, große Ähnlichkeit mit der Mars-Atmosphäre aufweisen (vgl. Krot et al. 2014).

■ Shergottit

Der Marsmeteorit Shergottit wurde benannt nach dem Fall, den man am 25. August 1865 bei *Shergotty* (Shergathi) in Indien beobachtet hatte. Er ist ein basaltisches Gestein, das – anders als der aus dem Asteroidengürtel stammende Eukrit – auch in seinem modalen Mineralbestand große Ähnlichkeit mit irdischen Basalten aufweist. Hauptgemengteile von *basaltischem Shergottit* sind Pigeonit, Augit und Plagioklas (An_{43-57}), der allerdings durch Schockwellenmetamorphose weitgehend in ein Glas mit Feldspat-Zusammensetzung, den *Maskelynit* umgewandelt wurde. Typische Akzessorien sind Titanomagnetit und Ilmenit, neben denen aber auch noch geringe Mengen an Pyrrhotin, Fayalith oder Quarz auftreten können. Im Gegensatz zu Achondriten des Asteroidengürtels ist Plagioklas in Shergottit Na-reicher, und das Auftreten von Ti-Magnetit weist auf die Beteiligung von Fe^{3+} hin, was für Meteorite bisher ungewöhnlich ist. Die niedrigen Mg-Zahlen

Die Planeten, ihre Satelliten und die kleineren planetaren Körper

Inhaltsverzeichnis

© Springer-Verlag GmbH Deutschland, ein Teil von Springer Nature 2022
M. Okrusch und H.E. Frimmel, *Mineralogie*,
https://doi.org/10.1007/978-3-662-64064-7_32

Einleitung

Nach ihrer Entfernung von der Sonne, ihrer Größe, Masse und Dichte sowie ihrem inneren Aufbau gliedern sich die planetarischen Körper unseres Sonnensystems in vier unterschiedliche Gruppen (◘ Abb. 32.1, ◘ Tab. 32.1):

— Zusammen mit der Erde nehmen die *kleinen, erdähnlichen Planeten* Merkur, Venus und Mars den innersten Bereich des Sonnensystems ein. Sie besitzen einen kürzeren Durchmesser und eine geringere Masse als die Erde, haben aber mit Werten zwischen 3,9335 g/cm^3 (Mars) und 5,427 g/cm^3 (Merkur) eine ähnliche mittlere Dichte wie die Erde (5,515 g/cm^3). Aus diesen hohen Dichtewerten lässt sich schließen, dass die kleinen Planeten überwiegend aus Mineralen bestehen, aber nur einen geringen Eisanteil enthalten und dass sie ähnlich wie die Erde in eine silikatische Lithosphäre und einen metallischen Nickeleisen-Kern differenziert sind.

— Die zahlreichen planetarischen Kleinkörper, die den Asteroidengürtel aufbauen, haben sehr unterschiedliche Dichten und sind sehr verschiedenartig geformt. Sie verfügen über keine ausreichende Masse und Anziehungskraft, um durch ihre Eigengravitation ein hydrostatisches Gleichgewicht, d. h. eine annähernd runde Form zu erreichen. Eine Ausnahme bildet der größte Asteroid *Ceres*, der zu den *Zwergplaneten* gezählt wird. Die Asteroiden bestehen überwiegend aus silikatischen Mineralen mit unterschiedlichen Mengenanteilen von (Fe,Ni)-Metall. Wie wir aus dem Studium der chondritischen Meteorite (▶ Kap. 31) wissen, sind viele der Asteroiden nur wenig differenziert und spiegeln mehr oder weniger den primitiven Urzustand unseres Sonnensystems wider. Andere Asteroiden erfuhren jedoch eine Trennung in metallischen Kern und silikatische Lithosphäre, was durch Eisenmeteorite, Stein-Eisen-Meteoriten und die Achondriten des Asteroidengürtels gut dokumentiert ist.

— Demgegenüber sind die *äußeren Riesenplaneten* Jupiter, Saturn, Uranus und Neptun erheblich größer als die Erde und besitzen ein Vielfaches der

◘ **Abb. 32.1**   Unser Planetensystem, dargestellt von einem Künstler; auf nahezu kreisförmigen Umlaufbahnen mit der Sonne im Zentrum kreisen die erdähnlichen Planeten Merkur, Venus, Erde (mit dem Erdmond) und Mars, die Kleinkörper des Asteroidengürtels, die Riesenplaneten Jupiter, Saturn, Uranus und Neptun mit ihren Satelliten und Ringsystemen sowie die gepaarten Zwergplaneten Pluto-Charon, dessen Umlaufbahn sich im Perihelion, d. h. im sonnennahen Gebiet, mit der des Neptuns überschneidet. Auf seiner elliptischen Bahn nähert sich ein Komet unserem Sonnensystem. Man erkennt den Kopf und den zweigeteilten Schweif: den schmalen Plasmaschweif und den gekrümmten, diffusen Staubschweif (gelb). Im Hintergrund ist die Sternenwolke unserer Galaxie, der Milchstraße sichtbar. (Nach einem Gemälde von Detlev van Ravenswaay, Science Photo Library)

◻ **Tab. 32.1** Einige Bahnelemente und physikalische Eigenschaften der Planeten und des Erdmondes (modifiziert nach Unsöld und Baschek 2005)

Planet/Zwergplanet/Asteroid	Siderische Umlaufzeit (Jahre)	Siderische Rotationsdauer (Tage)	Große Halbachse der Umlaufbahn (AE)	Große Halbachse der Umlaufbahn (10^6 km)	Äquatorialer Radius (R/R_{Erde})	Masse (m/m_{Erde})	Mittlere Dichte ρ (g/cm^3)	Neigung des Äquators gegen die Bahnebene (°)	Exzentrizität
Merkur	0,241	58,65	0,387	57,9	0,38	0,055	5,427	2	0,206
Venus	0,615	243,0[a]	0,723	108,2	0,952	0,82	5,234	3	0,007
Erde	1,000	0,997	1,000	149,6	1,00[b]	1,00[c]	5,514	23,5	0,017
Mond		27,32			0,27	0,012	3,3334	6,68	
Mars	1,881	1,03	1,524	227,9	0,53	0,11	3,9335	23,9	0,093
Asteroiden z. B. Ceres	4,601		2,766	413,5			2,161		0,077
Jupiter	11,87	0,41	5,205	779	11,2	317,8	1,326	3,1	0,048
Saturn	29,63	0,45	9,576	1432	9,41	95,2	0,69	26,7	0,055
Uranus	84,67	0,72	19,28	2884	4,01	14,6	1,26	97,9	0,047
Neptun	165,5	0,67	30,14	4509	3,81	17,1	1,638	28,8	0,010
Pluto	251,9	6,39	39,88	5966	0,18	0,002	1,860	122	0,248

AE = Astronomische Einheit = Enfernung Sonne − Erde = 149.597.870,7 km
[a]Retrograde Rotation; [b]Erdradius = 6378,1 km; [c]Erdmasse = 5,97 · 10^{24} kg

32

Erdmasse; jedoch sind ihre mittleren Dichten wesentlich geringer und variieren lediglich zwischen 0,687 g/cm^3 (Saturn) und 1,638 g/cm^3 (Neptun). Sie enthalten daher einen extrem geringeren Mineralanteil und bestehen überwiegend aus Gasen und Eis. Mit zunehmender Entfernung von der Sonne nehmen jedoch die Gehalte an Mineralen und besonders an Eis zu, während der Gasanteil abnimmt. Mit ihren Satelliten stellen die Riesenplaneten selbst kleine planetarische Systeme dar.

— Der äußerste Bereich unseres Planetensystems, der *Kuiper-Gürtel*, enthält eine Fülle von sogenannten *Trans-Neptun-Objekten* (TNO), die teils lediglich die Größe von Asteroiden haben, teils aber zur neuen Klasse der *Zwergplaneten* gehören, die 2006 durch die Internationale Astronomische Union (IAU) eingeführt wurde. Diese planetarischen Körper besitzen zwar eine genügend große Masse und Anziehungskraft, um durch ihre Eigengravitation eine Kugelform auszubilden, sind aber nicht massereich genug, um ihre Umlaufbahnen (Orbits) weitgehend von Kleinkörpern freizuräumen. Deswegen wird ihr prominentester Vertreter, der *Pluto,* der nur über einen winzigen Bruchteil der Erdmasse verfügt und eine geringe mittlere Dichte von 1,860 g/cm^3 aufweist, auf Beschluss der IAU nicht mehr als Planet anerkannt. Der Kuiper-Gürtel bildet auch das Reservoir für *Kometen,* die mittlere Umlaufperioden aufweisen.

32.1 Die erdähnlichen Planeten

32.1.1 Merkur

▪ **Astronomische Erforschung**

Merkur war bereits den Sumerern im 3. Jahrtausend v. Chr. bekannt und wurde erstmals etwa 1300 v. Chr. auf zwei babylonischen Tontafeln des astronomischen Kompendiums *Mul.Apin* erwähnt. Obwohl die griechischen Astronomen diesem Planeten – je nach seiner Sichtbarkeit am Morgen- oder Abendhimmel – die unterschiedlichen Namen Apoll und Hermes gaben, wussten sie, dass es sich um ein und denselben Planeten handelt. Wegen seiner schnellen Bewegung am Himmel benannten ihn die Römer nach dem Götterboten Mercurius. Im Jahr 1639, also 30 Jahre nachdem Galileo Galilei (1564–1642) sein erstes Teleskop konstruiert hatte, entdeckte Giovanni Battista Zupi (1590–1650), dass der Merkur wie der Mond Phasen zeigt, und bewies damit seinen Umlauf um die Sonne.

Wegen der großen Sonnennähe ist der Merkur von der Erde aus nicht leicht zu beobachten, da er am Himmel niemals in einem größeren Winkelabstand als

28° östlich oder westlich der Sonne erscheint. Auch die Erforschung mit Raumsonden begegnet größeren technischen Schwierigkeiten. Hierfür sind insbesondere die hohen Äquatorialtemperaturen von maximal 467 °C während des Tages und der extreme Abfall auf − 183 °C in der Nacht verantwortlich, ferner die intensive Strahlung, der erhöhte Teilchenbeschuss aus dem Sonnenwind und die starke Gravitation der Sonne. Durch drei Flüge der NASA-Sonde *Mariner* 10 am Merkur vorbei konnten 1974/1975 immerhin 45 % der Merkur-Oberfläche kartiert werden (z. B. Rothery 2005). Am 18. März 2011 schwenkte die NASA-Sonde *Messenger* in den Orbit von Merkur ein und schlug am 30. April 2015 auf seiner Oberfläche auf, nachdem sie auf drei erfolgreichen Missionen detaillierte 3D-Karten von ausgedehnten Gebieten erstellt hatte. Die europäischen und die japanischen Raumfahrtbehörden ESA und JAXA starteten am 20. Oktober 2018 die Merkur-Sonde *BepiColombo,* die 2025 den Merkur-Orbit erreichen soll. Sie trägt zwei Satelliten, den *Mercury Planetary Orbiter* (MPO) und den *Mercury Magnetospheric Orbiter* (MMO), die beide mit einer Fülle von Messinstrumenten ausgestattet sind.

▪ **Exosphäre**

Wie der Erdmond hat der Merkur keine Atmosphäre im eigentlichen Sinne, sondern nur eine oberflächengebundene Exosphäre, die lediglich einen Druck von 10^{-15} bar ausübt! Sie enthält neben H$_2$ und He, die wahrscheinlich aus dem Sonnenwind stammen, noch O$_2$ sowie interessanterweise Na und K, die vermutlich aus dem Gesteinsmaterial der Merkur-Oberfläche freigesetzt wurden (Potter und Morgan 1985, 1986; vgl. Taylor und Scott 2005). Unerwartet war die Entdeckung, dass die Exosphäre von Merkur große Mengen an H$_2$O enthält.

Ursprünglich wurde die äußerste Schicht der Erdatmosphäre mit fließendem Übergang in den interplanetarische Raum *Exosphäre* genannt (grch. ε'ξω = außen, σφαι'ρα = Sphäre), zu dem sie nach Definition der NASA bereits gehört. Jedoch wird dieser Begriff analog auch auf die erdähnlichen Planeten und den Erdmond angewendet, obwohl diese überhaupt keine Atmosphäre haben und deren Exosphäre im Gegensatz zur Erde nicht Teil der Atmosphäre, sondern oberflächengebunden ist.

▪ **Oberflächenformen: Meteoritenimpakt und Vulkanismus**

Die Oberfläche des Merkur ist von zahlreichen **Meteoritenkratern** unterschiedlicher Größe übersät, deren relatives Alter man aus der jeweiligen Überschneidung der Impaktstrukturen erschließen kann. Der Formenschatz ist ähnlich wie bei den Mondkratern: die kleineren Krater sind schüsselförmig, während die größeren flache Innenbereiche mit oder ohne zentraler Erhebung und terrassierten Innenwänden aufweisen. Frischere Krater werden von hellen oder dunklen Höfen oder Strahlensystemen umgeben. Allerdings hat der Merkur wegen seiner größeren Masse eine 2,5-mal größere Gravitation als der Erdmond, sodass die Auswurfmassen wesentlich weniger weit fliegen. Das Streugebiet der Ejekta beträgt nur 65 % eines gleich großen Meteoritenkraters auf dem Mond. Ein interessantes Phänomen sind die gebogenen Steilstufen, die über Längen von ca. 20 – 500 km die Merkuroberfläche durchziehen und relative Höhen von mehreren Hundert bis 2000 m erreichen. Dieses Landschaftselement belegt erhebliche Kompressionstektonik, die in der Geschichte des Merkurs eine wesentliche Rolle gespielt und zu seiner radialen Schrumpfung um 5–7 km geführt haben muss (Byrne et al. 2018).

Wegen der starken Zerkraterung der Merkuroberfläche hat man die *vulkanische Natur* dieses Planeten lange unterschätzt. Erst das umfangreiche Bildmaterial der *Messenger*-Mission hat gezeigt, dass der größte Teil, wenn nicht die gesamte Landoberfläche von Merkur zu irgendeiner Zeit von Lavaströmen überflossen wurde.

Die *Hauptphase* der *effusiven Förderung,* die durch Lavadecken und flachgeneigte Schildvulkane dokumentiert wird, lag zwischen ~4,1 und ~3,5 Ga. Danach nahm die Förderung großer Lavavolumina rasch ab, was teilweise durch einen Rückgang der Magmabildung im Inneren des Merkur bedingt gewesen sein dürfte. Außerdem führte die planetare Abkühlung zur umfassenden Kontraktion des Planeten und zur Kompression seiner Oberfläche, wodurch Zufuhrwege für den Magmaaufstieg versperrt wurden. Es gibt jedoch Hinweise, dass *explosiver Vukanismus* noch über einen viel längeren Zeitraum andauerte, vielleicht bis vor ~1 Ga (z. B. Head et al. 2011; Thomas et al. 2014; Thomas und Rothery 2019). Die dabei entstandenen Vulkanschlote, von denen bislang 174 erkannt wurden, sind von pyroklastischen Ablagerungen umgeben, die allerdings keine Kegel bilden. Sie unterscheiden sich deutlich von Impaktkratern. Bislang konnten keinerlei Hinweise auf rezenten aktiven Vulkanismus, Plattentektonik oder andere endogene Prozesse gefunden werden.

Ähnlich wie auf dem Erdmond lassen sich auf dem Merkur zwei wesentliche Landschaftstypen unterscheiden, nämlich die Hochlandregionen und die Tieflandebenen. Dazu kommt als Besonderheit das Caloris-Becken und sein antipodisches Gegenstück (Vilas 1999).

Hochlandregionen Die Hochländer des Merkur umfassen Gebiete mit hoher Kraterdichte, die mit flachwelligen *Zwischenkraterebenen* abwechseln und häufig von diesen überdeckt oder umschlossen werden. Allerdings ist auch in den Kraterlandschaften auf den Hochländern des Merkur die Kraterdichte geringer als auf den Mond-Hochländern, was besonders für Krater von <50 km Durchmesser gilt. Die Zwischenkraterebenen entstanden wahrscheinlich während der Phase des

heftigen Meteoriten-Bombardements vor 4,2–3,8 Ga. Dabei wurden weite Teile der Hochländer mit Auswurfmaterial von riesigen Meteoriteneinschlägen und pyroklastischen Strömen überdeckt, aber auch von Lavaströmen überflutet, die aus dem Inneren des Planeten gefördert wurden (z. B. Taylor und Scott 2005). Als Folge verschwanden bevorzugt die kleineren, primär gebildeten Meteoritenkrater. Heute findet man auf den Zwischenkraterebenen meist nur Krater von <15 km Durchmesser, die häufig zu Gruppen oder Ketten angeordnet sind, längliche, flache Formen zeigen und/ oder an einem Ende offen sind. Solche Krater entstanden erst sekundär durch Gesteinsbruchstücke, die beim Einschlag größerer Meteoriten losgerissen wurden.

Tieflandebenen nehmen etwa 27 % der Planetenoberfläche ein. Besonders zu nennen sind die ausgedehnte *Borealis Planitia* in den nördlichen Breiten des Merkur, das Impaktbecken *Caloris* sowie die großen Becken in seiner Nachbarschaft. Sie dürften noch jünger als die Zwischenkraterebenen der Hochlandregionen sein, da sie deutlich weniger Krater aufweisen. Wahrscheinlich entstanden die Tiefebenen gegen Ende des heftigen Meteoriten-Bombardements vor 3,8 Ga (◘ Tab. 34.2). Dabei könnten riesige Ablagerungen von Auswurfmaterial entstanden sein, welche die Tiefebenen überschütteten. Andererseits belegt das umfangreiche Bildmaterial der *Messenger*-Mission, dass die Tieflandebenen von Lava überflutet und schon bestehende Impaktkrater mit Lava gefüllt wurden, sodass diese Krater nur noch schemenhaft erkennbar sind. Ähnlich wie in den Maria des Mondes (► Abschn. 30.1.2) existieren *„wrinkle ridges"*, die wohl auf Spalteneffusionen zurückgehen. Die Al_2O_3-armen und Na_2O-reichen basaltischen Laven, die während der Hauptphase der vulkanischen Aktivität gefördert wurden, waren dünnflüssig und erreichten of sehr große Volumina. So rechnet man für die Überdeckung der vulkanischen Ebene *Borealis Planitia* mit Effusionsraten von >10.000 m³/s.

Caloris-Becken Mit einem Durchmesser von ca. 1550 km ist dieses Becken die größte Impaktstruktur des Merkurs, die vor ca. 3,85 Ga durch den Einschlag eines gewaltigen kosmischen Körpers von etwa 150 km Durchmesser entstand. Das Becken wird von 100–150 km breiten ringförmigen Gebirgen umgeben und von diesen um 1000–2000 m überragt; sie bestehen aus Auswurfmaterial und erstarrten Impaktschmelzen. Der flache Beckenboden wurde mit Lavaströmen überflutet, die später von pyroklastischem Material überlagert wurden. Er zeigt nur wenige, meist frische Meteoritenkrater und wird kreuz und quer von zahlreichen runzelförmigen Graten und gelappten Bruchstufen durchzogen. Diese repräsentieren Kompressionsstrukturen, die bei der Abkühlung und Schrumpfung des Planeten entstanden sind.

Die berechnete Energie des katastrophalen Einschlags, durch den das Caloris-Becken gebildet wurde, entspricht der von 1018 Mio. 1-Megatonnen-Wasserstoffbomben. Dieser Megaimpakt erzeugte starke Erdbebenwellen, die den gesamten Planeten durchliefen und sich – zusammen mit einer dazugehörenden Oberflächenwelle – im Antipodenbereich des Caloris-Beckens fokussierten, wodurch das „chaotische" oder „unheimliche Terrain" entstand. In einem Gebiet, das etwa ¾ der Gesamtfläche von Frankreich und Deutschland einnimmt, wurde hier die Merkurkruste um bis zu 1 km angehoben und bis in große Tiefen zerbrochen. Das dabei entstandene Gewirr von riesigen tektonischen Blöcken hat alle älteren Strukturen zerschnitten. Darüber hinaus könnte dieser Megaimpakt auf dem Merkur eine Phase von vulkanischer Aktivität ausgelöst haben.

■ Innerer Aufbau

In seinem inneren Aufbau unterscheidet sich der Merkur von den anderen erdähnlichen Planeten. So belegt schon seine hohe mittlere Dichte von 5,427 g/cm^3 die Existenz eines ungewöhnlich großen *Fe-reichen Metallkerns,* dessen Radius ungefähr 2000 km oder ~80 % des Gesamtradius ausmacht. Weiter kann man aus den umfangreichen Analysedaten der *Messenger*-Mission schließen, dass bei der Entstehung und geologischen Entwicklung des Merkur extrem reduzierende Bedingungen herrschten (z. B. Cartier und Wood 2020). Daraus folgt, dass neben Fe beachtliche Mengen von Si in der Größenordnung von 15–20 Gew.-% Si^0 in den Metallkern eingebaut sind, was zur Absenkung der Schmelztemperatur führt. Dementsprechend ist – entgegen früheren Annahmen – der *äußere Kern* noch flüssig. Er ist groß genug, um durch Konvektion einen geomagnetischen Dynamo anzutreiben, der ein schwaches Magnetfeld erzeugt. Da man nicht weiß, wie weit die Kristallisation der Schmelze zu einer (Fe^0,Si^0)-Legierung bereits fortgeschritten ist, bleibt das genaue Größenverhältnis vom flüssigen äußeren zum festen inneren Kern noch unsicher (◨ Abb. 32.2).

Die ca. 460 km dicke *Lithosphäre* des Merkurs entstand nach heutiger Auffassung durch Erstarrung eines globalen *Magmaozeans,* der sich zu Beginn der Planetengeschichte durch Abtrennung einer Silikatschmelze aus dem flüssigen (Fe,Si)-Kern bildete (z. B. Charlier und Namur 2019; Cartier und Wood 2020). Durch partielles Aufschmelzen dieser Lithosphäre unter stark reduzierenden Bedingungen und während der Phase vulkanischer Aktivität entwickelte sich die ca. 35 ± 18 km mächtige *Kruste* des Merkur, während ein *Mantel,* der mit ca. 420 ± 30 km erheblich dünner als der Erdmantel ist, zurückblieb. Dieser hatte zunächst lherzolithische Zusammensetzung und besteht heute vermutlich im Wesentlichen aus Enstatit und Forsterit mit geringen Anteilen an Mg-Ca-Fe-Sulfiden. Möglicherweise existiert an der Grenze zwischen Mantel und äußerem Kern eine dünne FeS-*Lage.*

Die geochemischen Daten der *Messenger*-Mission zeigen, dass sich der Merkur in seiner Oberflächenzusammensetzung deutlich von den anderen erdähnlichen Planeten unterscheidet (Nittler und Weider 2019). Gegenüber diesen ist die Oberfläche von Merkur an Mg, S und C angereichert, an Fe, Al und Ca dagegen verarmt. So spricht die Anreicherung von S und die Abreicherung von Fe dafür, dass sich dieser Planet aus einem stark reduzierten Ausgangsmaterial bildete, z. B. einem Asteroiden-Mutterköper mit einer Zusammensätzung ähnlich der von Enstatit-Chondrit (► Abschn. 31.3.1). Experimentelle Ergebnisse zeigen nämlich, dass das Sauerstoff-Angebot in einer planetaren Umgebung abnimmt, wenn weniger Fe und mehr S in die Silikatschmelze eingebaut werden, ein Befund, den man auf die gesamte Lithosphäre von Merkur übertragen kann (Namur et al. 2016). Der relativ hohe C-Gehalte in den Merkurgesteinen könnte Relikt einer *Graphit-Kruste* sein, die vermutlich den frühen Mantel während seiner Bildung überspannte.

Dank der *Messenger*-Daten besteht heute Einigkeit darüber, dass die an der Merkuroberfläche anstehenden Gesteine hauptsächlich aus Na-reichem Plagioklas, Fe-armem Ortho- und Klinopyroxen und Olivin, mit geringeren Gehalten an Quarz sowie vulkanischem Glas bestehen. Die hohen Schwefelgehalte, die im Mit-

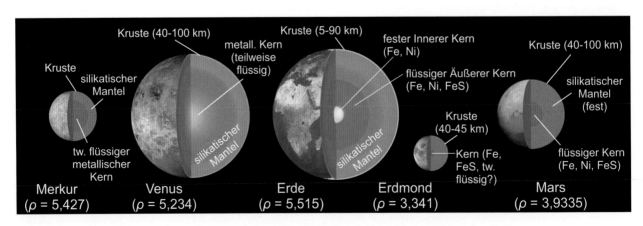

◨ **Abb. 32.2** Innerer Aufbau von Erde, Erdmond und erdähnlichen Planeten im Vergleich zueinander (auf der Basis öffentlich zugänglicher Abbildungen von NASA, Dichtewerte ρ in g/cm^3)

tel bei ~4 Gew.-% S liegen (zum Vergleich: das Erd-krustenmittel ist ~0,1 % S) sollten als Mg-Ca-Fe-Sul-fide mineralisiert sein. Die Gesteinszusammensetzungen ähneln Boninit (Hyaloandesit) und alkalireichem Komatiit (► Abschn. 13.2.1; Vander Kaaden et al. 2017; Nittler und Weider 2019). Dabei weist die chemische Zusammensetzung der Gesteine beachtliche regionale Unterschiede auf. So liegt im NW des Planeten ein *Hoch-Mg-Gebiet*, dessen Gesteine die höchsten Mg/Si-, S/Si-, Ca/Si und Fe/Si- und die geringsten Al/Si-Verhältnisse aufweisen und daher reich an Olivin und Pyroxen sein müssen. Im Gegensatz dazu zeigen die Gesteine des *Caloris-Beckens* hohe Al/Si-, aber niedrige Mg/Si-, S/Si- und Fe/Si-Verhältnisse entsprechend einem höheren Plagioklas-Gehalt (Nittler und Weider 2019).

■ **H_2O-Eis auf dem Merkur?**

Bei der Sonnennähe des Merkurs mit Oberflächentemperaturen von >400 °C ist die Anwesenheit von Eis eigentlich nicht zu erwarten. Trotzdem wurden inzwischen in der Umgebung der beiden Pole etwa zwanzig Gebiete entdeckt, die sich durch eine ungewöhnlich hohe Radar-Reflektivität auszeichnen. Dies könnte tatsächlich auf die Präsenz von H_2O-Eis in permanent beschatteten Kratern hinweisen. Jedoch können auch andere stärker reflektierende Substanzen, z. B. Anflüge von elementarem Schwefel, Metallsulfide, metallische Kondensate oder Halit-Niederschläge zur Erklärung herangezogen werden (Slade et al. 1992).

32.1.2 Venus

■ **Astronomische Erforschung**

Als unser nächster Nachbar reflektiert die Venus den größten Teil des Sonnenlichtes, das diesen Planeten bescheint, und ist so nach Sonne und Mond das hellste Objekt am Morgen- oder Abendhimmel. Als Abendstern ist die Venus noch einige Stunden nach Sonnenuntergang am Westhimmel sichtbar; als Morgenstern erscheint sie kurz vor Sonnenaufgang. In vielen antiken Kulturen wurde sie als Göttin verehrt, z. B. bei den Griechen als Aphrodite und bei den Römern als Venus, die Göttin von Liebe und Schönheit (vgl. Hunt und Moore 1982). Die Beobachtung der Venusphasen überzeugte Galileo Galilei (1564–1642) davon, dass das heliozentrische Weltbild von Nikolaus Kopernikus (1473–1543) richtig ist und das geozentrische Weltbild von Ptolemäus (ca. 100–160 n. Chr.) falsch sein muss. Bereits Edmund Halley (1656–1742) sagte voraus, dass sich die Entfernung zwischen Erde und Sonne (= 1 Astronomische Einheit = 1 AE = 149,6 · 10^6 km) anhand der Venusdurchgänge vor der Sonne berechnen lässt. Das gelang im Juni 1769 erstmals mit akzeptabler Genauigkeit, u. a. durch die Haiti-Expedition von James

Cook (1728–1779). In den 1920er-Jahren wurden erste UV-Fotografien von der Venus gemacht und 1932 führten spektroskopische Untersuchungen zur zufälligen Entdeckung des hohen CO_2-Gehaltes in der Venusatmosphäre (Fegley 2005).

Durch den Flug der Raumsonde *Mariner* 2 an der Venus vorbei trat 1961 die Erforschung dieses Planeten, die bis dahin nur auf bodengestützten Messungen basierte, in eine neue Phase. Seitdem war die Venus Ziel mehrfacher Weltraummissionen, so mit den amerikanischen Raumsonden *Mariner* 5 und 10 (1967, 1973), *Pioneer Venus* 1 und 2 (1978), *Magellan* (1989), *Galileo* (1990) und *Cassini* (1997) sowie den sowjetischen Raumsonden *Venera* 3−16 (1969−1983) und *Vega* 1 und 2 (1983), ferner des Joint ESA−NASA-Programms *Cassini-Huygens* (1998 und 1999), *Venus Express* (VEX) der European Space Ageny (ESA; 2006−2014) sowie der japanische Raumsonde *Akatsuki* (seit 2010), die seit Dezember 2015 die Venus auf einer elliptischen Bahn umrundet. Einige dieser Raumsonden landeten weich auf seiner Oberfläche, was im Jahr 1970 erstmals *Venera* 7 gelang. Die Fülle von wissenschaftlichen Ergebnissen, die durch diese Weltraummissionen bisher erzielt wurden, vermitteln bereits ein recht anschauliches Bild vom inneren Bau der Venus und ihrer Atmosphäre (Fegley 2005).

■ **Atmosphäre und Klima**

Wie schon seit den 1930er-Jahren bekannt, besteht die Atmosphäre der Venus zum weit überwiegenden Teil aus CO_2 mit einem Anteil von $96,5 \pm 0,8$ % und untergeordnet N_2 ($3,5 \pm 0,8$ %). Alle anderen Gasspezies wie SO_2, H_2O, Ar, CO, He, Ne, COS, H_2S, HDO und HCl liegen im ppm-Bereich (part per million = g/t) oder sogar im ppb-Bereich (part per billion) wie Kr, SO, S, HF und Xe. Die meisten dieser Gase sind durch Entgasung der Venus freigesetzt worden; lediglich die Edelgase Ar, Ne und Xe dürften noch teilweise primordial sein, d. h. auf die ursprüngliche Entstehung unseres Planetensystems zurückgehen (Fegley 2005).

Von allen Planeten hat Venus die höchste Albedo, da sie 75 % des Sonnenlichts reflektiert, d. h. etwa 2,6 mal so viel wie die Erde. Während aber 66 % der absorbierten Sonnenergie die Erdoberfläche erreicht, verliert die Venus bereits 70 % der Solarenergie durch Absorption in der obersten Atmosphäre und durch Reflexion an der Wolkenschicht, beginnend in 70 km Höhe. Weitere 19 % werden in der unteren Atmosphäre absorbiert und nur 11 % erreichen die Oberfläche des Planeten. Die geringe IR-Durchlässigkeit des in der Lufthülle dominierenden CO_2 erzeugt einen Super-Treibhauseffekt, der eine hohe Temperatur von 462 °C auf der Venusoberfläche bewirkt. Auch der mittlere Luftdruck von 95,6 bar (= 95.600 hPa) ist wesentlich höher als auf der Erde (ca. 1 bar = 1000 hPa). In der undurchsichtigen Wolkenschicht in etwa 45–70 km Höhe über der Venusoberfläche spielen sich eine Reihe von interessanten fotochemischen Reaktionen ab, die von Fegley (2005) detailliert beschrieben werden. Aufgrund des extrem geringen H_2O-Gehalts in der Atmosphäre ist die Venus heute ein trockener, praktisch wasserfreier Planet. In der Vergangenheit könnte aber Wasser, das durch häufige Vulkanausbrüche freigesetzt worden war, Teile der Venusoberfläche bedeckt und sogar Ozeane gebildet haben (Head 1999). Jedoch erzeugte, wahrscheinlich während einer frühen Episode der Venus-Geschichte, ein Treibhauseffekt nach Art einer Kettenreaktion einen heftigen Temperaturanstieg, der zur Verdampfung und Fotodissoziation von Wasser führte. Wegen der Abwesenheit eines Magnetfeldes fegte der Sonnenwind den frei gesetzten Wasserstoff weg in den interplanetarischen Raum.

▪ Oberflächenformen

Trotz der dicken Wolkenschicht ist die Oberfläche der Venus durch Radar-Untersuchungen von bodengestützen Radioteleskopen und insbesondere von Raumsonden relativ gut bekannt. So wurden durch die *Magellan*-Sonde 98 % der Planetenoberfläche mit einer Auflösung von 120–300 m aufgenommen. Im Gegensatz zur Erde nehmen flache *Tiefebenen* ca. 85 % der Venusoberfläche ein. Viele von ihnen sind vulkanischen Ursprungs und werden weithin von erstarrten Lavaströmen überdeckt. Die restlichen 15 % der Venusoberfläche sind *Bergländer* mit hohem Relief. Die südliche Hochlandregion *Aphrodite Terra* erreicht Höhen von etwa 3000–4000 m, während im nördlichen Kontinent-artigen Hochland *Ishtar Terra* die *Maxwell Montes* mit dem höchsten Gipfel der Venus, dem *Skadi Mons*, bis 11.000 m hoch werden.

Wie auf dem Merkur und auf dem Erdmond ist die Venusoberfläche durch eine Fülle von *Meteoritenkratern* geprägt, jedoch zeigen ihre Verbreitung und ihr Alter überraschende Besonderheiten. Auf dem Mond, dem Merkur und dem Mars kann man Gebiete größerer und geringerer Kraterdichte unterscheiden und die Krater sind von ganz unterschiedlichem Alter und Erhaltungszustand. Demgegenüber sind die ca. 1000 Impaktkrater der Venusoberfläche gleichmäßiger verteilt; sie zeigen relativ frische Formen und dürften nicht älter als etwa 500–600 Ma sein. Für die Erklärung dieses Befundes wird die Hypothese einer *globalen Katastrophe* bevorzugt. Demnach wurde die Venusoberfläche vor ca. 300–600 Ma durch extrem heftige Vulkanausbrüche vollständig umgestaltet, wobei alle älteren Impaktkrater zerstört wurden (Strom et al. 1994; Nimmo und McKenzie 1998). Durch dieses Ereignis könnten alle Zeugnisse für die ältere geologische Geschichte des Planeten verloren gegangen sein.

Im Detail zeigen die Meteoritenkrater der Venus interessante Merkmale, die auf den Einfluss der dichten Atmosphäre zurückgehen. So gibt es keine intakten Krater mit kleineren Durchmessern als 3 km, was bedeutet, dass Meteoriten von <30 m Größe den Venusboden nicht mit so hoher Geschwindigkeit erreicht haben, um bei ihrem Einschlag einen Krater zu erzeugen. Vielmehr wurden sie beim Eintritt in die Atmosphäre entweder zerstört oder soweit abgebremst, dass sie nur mit Fallgeschwindigkeit auftrafen. Allerdings zeigen die häufig beobachteten dunklen Flecken, dass auch kleine Meteoroide, die niemals den Venusboden erreichten, Schockwellen und starke Winde erzeugten, durch die die Venusoberfläche pulverisiert und geglättet oder mit Auswurfmaterial überdeckt wurde. Impaktkrater mit Durchmessern von <30 km sind gewöhnlich unregelmäßig oder bestehen aus Kratergruppen, was darauf hinweist, dass größere Meteoroide beim Flug durch die Venusatmosphäre in Einzelstücke zerbrachen. Wie auch auf Mars, Merkur und Mond gibt es viele Hinweise auf schrägen Impakt, auf das Ausfließen von Impaktschmelzen und auf äolisch verblasenes Auswurfmaterial (Saunders 1999).

▪ Vulkanismus

Alle Befunde sprechen dafür, dass Vulkanismus auf der Venus bis in die jüngste geologische Vergangenheit eine wichtige Rolle spielte. Dabei wurden insbesondere die Tiefländer weitgehend von Lavaströmen überwiegend basaltischer, aber auch SiO_2-reicherer Zusammensetzung überdeckt. Unter den ca. 100 Vulkanbauten der Venus können folgende Typen unterschieden werden (Saunders 1999):

- *Kleine Schildvulkane* mit <20 km Basisdurchmesser, rundlichen Umrissen und Gipfelkratern sind am häufigsten; sie bilden oft Gruppen und lassen Lavaströme erkennen. Die Eruptionstätigkeit, die zu Vulkanen dieses Typs führte, dürfte wesentlich zur Entstehung der Venuskruste beigetragen haben.
- Rundliche *Lavadome* mit 20–100 km Basisdurchmesser haben steile Hänge und flache Gipfelbereiche mit einem rundlichen oder länglichen Zentralschlot. Sie erinnern an irdische Lavadome und wurden aus relativ viskosen, stärker differenzierten, SiO_2-reichen Magmen gebildet. Außerdem gibt es Hinweise auf explosiven Vulkanismus. Dieser wurde durch den hohen Luftdruck von 95,6 bar auf der Venusoberfläche begünstigt, was die Entgasung der Magmen verzögerte.
- *Große Schildvulkane* mit >100 km Basisdurchmesser bieten vielfach Hinweise auf frühere Lavaströme, die radial aus dem Gipfelbereich abflossen. Ein typischer Vertreter ist *Sapas Mons* mit einem Basisdurchmesser von 400 km und einer Höhe von 1500 m, einer Gipfelcaldera und Lavaströmen, die über Hunderte von Kilometern über die von Störungen durchzogene Ebene geflossen sind.

— Eine Sonderform der großen Vulkane bilden die *Coronae* (*lat.* „Kronen"), die durch große, konzentrische Ringbrüche gekennzeichnet sind, aus denen wiederholt Lavaströme ausflossen. In der weiteren Umgebung existieren Systeme radial angeordneter Spalten. Man nimmt an, dass sich diese Vulkanbauten über aufsteigenden Manteldiapiren gebildet haben.

— Ein auffallendes Landschaftselement auf der Venus sind *mäandrierende „Flusssysteme"*, die gigantischen Lavatunneln gleichen. Der größte von ihnen, *Baltis Vallis*, ist 6800 km lang. Da Wasser auf der Venusoberfläche fehlt, müssen diese scheinbaren Flussbetten durch Laven von extrem geringer Viskosität eingetieft worden sein. Daraus könnte auf eine chemische Zusammensetzung von Komatiit oder Karbonatit geschlossen werden.

Die sowjetischen Raumsonden *Venera* 13 und 14 sowie *Vega* 2 führten an kleinen, bis 3 cm langen Bohrkernen des Venusbodens röntgenfluoreszenzspektroskopische Analysen durch. Diese erbrachten chemische Zusammensetzungen ähnlich denen von irdischem Ozeanboden-Basalt (MORB) oder von K-reichem, Leucit-führendem Alkalibasalt (vgl. Fegley 2005). Mögliche Hinweise auf *rezente* Eruptionen geben kurzlebige helle Flecken, die mit der *Venus Monitoring Camera* (VMC) des *Venus Express* aufgenommen wurden (Shalygin et al. 2015).

▪ Tektonik und innerer Aufbau

Anders als bei Erde, Mond und Mars sind die Hoch- und Tiefländer der Venus etwa gleich alt und haben eine ähnliche geologische Entwicklung durchgemacht. Einen ausgeprägten Gegensatz, wie er zwischen den alten Kratonen und den jungen Ozeanböden der Erde oder den Hochländern und den Maria des Mondes existiert, gibt es auf der Venus nicht. Die Hochländer der Venus repräsentieren nicht die früheste Phase der Krustenbildung auf diesem Planeten, sondern sind im Zuge einer komplexen Deformationsgeschichte entstanden, an der Bruch- und Faltungstektonik beteiligt waren und die den gesamten Globus erfasste (Saunders 1999; Head 1999).

Dabei entstanden intensiv zerblockte Krustenteile, die *Tesserae* (*lat.* „Täfelchen"), die in den Hochländern noch erhalten sind, wenn sie auch heute nur <10 % der Planetenoberfläche ausmachen. Möglicherweise entstanden die Tesserae über aufsteigenden Manteldiapiren, in denen es zur Bildung von vulkanischen Plateaus und zur Krustenverdickung kam. Die nachfolgende Abkühlung führte dann zum gravitativen Kollaps und zur tektonischen Zerblockung. Eine andere Hypothese zieht die hohe Oberflächentemperatur der Venus in Betracht und geht davon aus, dass der Planet während der meisten Zeit seiner Geschichte eine leicht verformbare

Unterkruste hatte. Dementsprechend war die Verformungsrate an seiner Oberfläche sehr groß, was die planetenweite Entstehung der Tesserae begünstigte. Erst in einem späten Stadium nahm der Wärmefluss und damit auch die Verformungsrate auf der Venusoberfläche ab.

Die nachfolgende Entwicklung war durch mehrere Phasen intensiver vulkanischer Aktivität bestimmt. Dadurch wurden riesige Gebiete in den Tiefländern mit Lavaströmen und Plateaubasalten überdeckt, in denen die Tesserae buchstäblich ertranken. Es entstanden die großen Tieflandebenen, die z. T. von breiten Riftzonen und „wrinkle ridges" ähnlich denen des Erdmondes (s. ▶ Abschn. 30.1.2) durchzogen werden. In den Hochländern der Venus sind tektonische Störungen sowie Horst- und Graben-Strukturen weit verbreitet, wobei mindestens zwei sich kreuzende Systeme unterschieden werden können.

Es ist sehr fraglich, ob in der Venus jemals plattentektonische Prozesse abgelaufen sind. Zwar sind die großen Schildvulkane und die Coronae meist an Riftzonen gebunden, die bevorzugt im Äquatorialbereich des Planeten auftreten, doch gibt es im Gegensatz zur Erde keine linearen Vulkanketten, die auf mittelozeanische Rücken oder Subduktionszonen hinweisen würden. Auf der Erde wird Ozeanwasser durch Subduktionsprozesse in den Erdmantel transportiert und dadurch die Solidustemperatur der Mantelgesteine gesenkt (◻ Abb. 19.3). So kommt es zur Bildung einer duktil verformbaren Zone, der *Asthenosphäre* (◻ Abb. 29.17,29.18), durch die Konvektionsvorgänge im tiefen Erdmantel von den Plattenbewegungen der Lithosphäre abgekoppelt werden. Auf der praktisch wasserfreien Venus ist das nicht der Fall; eine Asthenosphäre fehlt und der Stil der planetaren Tektonik ist ein völlig anderer. Allerdings machen theoretische Modelle wahrscheinlich, dass der *Mantel* der Venus – ähnlich wie der Erdmantel – einen Lagenbau aufweist. Möglicherweise wechselten unterschiedliche Phasen von Kontraktion und Extension alle 300–750 Ma miteinander ab, wobei Konvektionsvorgänge im oberen Venusmantel entstanden, die planetenweit tektonische Bewegungen erzeugten. Beim Aufstieg von Manteldiapiren kam es zu Dehnungstektonik und Vulkanismus, beim Absinken von kühlem Mantelmaterial zu Kompressionstektonik mit Stapelung der heißen, „plastischen" Venuskruste. In jüngster Zeit hat die Intensität der Tektonik und des Vulkanismus auf dem Planeten wahrscheinlich nachgelassen.

Obwohl wir zur Zeit noch keine direkten Informationen über das tiefe Innere der Venus besitzen, spricht die hohe mittlere Dichte von 5,234 g/cm^3 für einen metallischen Kern (◻ Abb. 32.2). Es ist jedoch umstritten, ob dieser schon vollständig fest oder noch teilweise flüssig ist und sich noch im Stadium der fortschreitenden Kristallisation befindet. Ein Magnetfeld wurde bei der Venus nicht festgestellt, was an ihrer geringen Rotationsgeschwindigkeit liegen könnte. Die Kern-Mantel-Grenze dürfte in einer Tiefe von ca. 3250 km liegen; die Dicke der Venuskruste variiert zwischen 40 und 100 km, wobei die größten Krustendicken in den Tesserae-Gebieten auftreten (Fegley 2005).

32.1.3 Mars

■ **Astronomische und geologische Erforschung**

Schon seit langem hat der Mars, der „Rote Planet", die Phantasie des Menschen angeregt. Er wird wohl mit an Sicherheit grenzender Wahrscheinlichkeit der erste extraterrestrische Planet sein, den jemals ein Mensch betreten wird. Die Existenz von Leben auf dem Mars wurde und wird noch heute für möglich gehalten. Man dachte sogar daran, dass auf dem „Roten Planeten" eine höhere Zivilisation existiert, die vielleicht der irdischen weit überlegen sei, wie das in den Romanen von Curd Lasswitz (1848–1910) "Auf zwei Planeten" oder von H. G. Wells (1866–1946) "Krieg der Welten" anschaulich geschildert wird. Als optische Täuschung erwiesen sich lineare Strukturen, die „canali", die 1877 Giovanni Schiaparelli (1835–1910) auf der Marsoberfläche entdeckt zu haben glaubte und als „Marskanäle" bezeichnete. Sie wurden irrtümlich als System von künstlichen Kanälen interpretiert, durch die Wasser von den Polen zu den äquatorialen Wüsten geleitet werden sollte. Bereits seit der beginnenden Neuzeit war der Mars aber auch Gegenstand ernsthafter astronomischer Forschung.

Auf Grundlage der sehr genauen Vermessungen der Planetenpositionen des Mars durch Tycho Brahe (1546–1601) konnte Johannes Kepler (1571–1630) die elliptische Bahn des Planeten berechnen und daraus die drei Kepler'schen Gesetze der Planetenbewegung ableiten. Christiaan Huygens (1629–1695) berechnete die Eigenrotation des Mars auf 24,5 h, was dem heute gültigen Wert von 24,623 h erstaunlich nahekommt. 1784 bestimmte Wilhelm Herschel (1738–1822) die Neigung der Rotationsachse gegen die Umlaufbahn des Mars. Die weißen Polkappen des Mars wurden bereits 1666 von Giovanni Domenico Cassini (1625–1712) beschrieben. Die ersten Karten des Mars fertigten 1830 Wilhelm Beer (1797–1850) und – mit größerer Genauigkeit – 1869 Richard Proctor (1837–1888) an.

Erst die Fotos der amerikanischen Raumsonden Mariner 4, 6 und 7, die in den Jahren 1964 und 1969 nahe am Mars vorbeiflogen, veränderten diese Vorstellungen grundsätzlich, da sie eine offensichtlich leblose Kraterlandschaft, ähnlich wie der auf dem Mond zeig-

ten. Jedoch wurde dieses Bild 1971 erneut revidiert, als Mariner 9 in eine Umlaufbahn um den Planeten einschwenkte und mehrere tausend Fotos von einer sehr abwechslungsreichen, dem Mond sehr unähnlichen Marsoberfläche lieferte. Diese Befunde wurden im gleichen Jahr von der sowjetische Raumsonde *Mars 3* ergänzt und bestätigt. Wichtige Ergebnisse erzielten die beiden *Viking*-Sonden der NASA, die 1976 in eine Umlaufbahn um den Mars geschickt wurden und die den *Viking 1 Lander* auf dem Marsboden aussetzten. Über vier Jahre übermittelten diese Geräte eine Fülle von Daten, erbrachten aber keinerlei Hinweis auf die Existenz von Leben.

Im Jahr 1997 wurde die amerikanische Raumsonde *Mars Pathfinder* gestartet, deren kleines Marsmobil *Marsrover Sojurner* wichtige Analyseergebnisse über die Gesteine in der Umgebung der Landestelle gewann. Die Raumsonde *Mars Global Surveyor* kartierte von 1997 bis 2006 die gesamte Marsoberfläche mit einer Auflösung von einigen Hundert Metern, ja z. T. bis zu 10 m (Carr 1999). Seit 2003 sendet die europäische ESA-Raumsonde *Mars Express* Daten von einer Umlaufbahn um den Mars; jedoch ging das dazugehörige Landegerät *Beagle* 2 leider verloren. Die NASA schickte seit 2001 insgesamt 15 weitere Raumsonden zum Mars, von denen im Jahr 2004 *Spirit* und *Opportunity* weich landeten und Marsmobile zur Beprobung und Analyse von Gesteinen absetzten. Am 26. Mai 2008 landete *Phoenix* in der Nähe des Mars-Nordpols, wo sie mit einem Greifarm Permafrost-Proben mit H_2O-Eis aus 50 cm Tiefe gewann. Seit dem 6. August 2012 führt der Geländewagen *Curiosity*, der im 155 km großen Krater Gale abgesetzt wurde, geologische, geochemische und mineralogische Analysen durch. Er benutzt dabei eine Vielfalt hochkomplizierter Geräte die am ca. 3,8 t schweren *Mars Science Laboratory* montiert sind.

Darunter befindet sich das spezielle Brotkasten-große Röntgendiffraktometer CheMin, ein laserinduziertes Plasmaspektroskop (LIBS) in Kombination mit einer hochauflösenden Kamera (Chem-Cam) sowie ein Alpha-Protonen-Röntgenspektrometer (APXS) (Rieder et al. 1997; Downs et al. 2015; Wiens et al. 2015; Gellert et al. 2015).

Untersuchungen zum geologischen Aufbau des Mars führt die NASA-Raumsonde *InSight* durch, die im November 2018 auf der Ebene Elysium Planitia nördlich des Mars-Äquators landete. Am 18. Februar 2021 setzte der NASA-Rover *Perseverance* nach 203 Flugtagen im 49 km großen Impaktkrater Jesero auf, der einst von einem See gefüllt war. Neben einer umfangreichen Geräteausstattung, die der Analyse von Gesteinen und Böden sowie der Suche nach alten Lebensspuren dient, führt das Fahrzeug eine 1,8 kg schwere Helikopterdrohne mit.

■ **Atmosphäre und Klimaverhältnisse**

Der Mars ist von einer sehr dünnen Atmosphäre umgeben, die zu ca. 95 % aus CO_2, 2,7 % N_2, 1,6 % Ar, 0,13 % O_2 und 0,006 % H_2O sowie 2,5 ppm Ne, 0,3 ppm Kr und 0,08 ppm Xe besteht (z. B. McSween 2005). Der mittlere Luftdruck auf der Marsoberfläche beträgt lediglich 0,00.636 bar (= 6,36 hPa), also nur einen Bruchteil des Luftdrucks auf der Erdoberfläche. Allerdings machen die Ergebnisse der Weltraummissionen – so seit 2014 der NASA-Sonde *Mars Atmosphere and Volatile Evolution* (MAVEN) – wahrscheinlich, dass der Mars in der geologischen Vergangenheit eine wesentlich dichtere Atmosphäre besaß, die jedoch wegen seiner – im Vergleich zu Merkur, Erde und Venus – deutlich geringeren mittleren Dichte $(3,9335 \pm 0,0004 \text{ g/cm}^3)$ und Gravitationskraft allmählich an den Weltraum verloren ging. Die dünne Marsatmosphäre mit ihrem – absolut gesehen – geringen CO_2-Gehalt vermag nur wenig Sonnenwärme zu speichern (Jakosky 1999; McSween 2005). So liegt die mittlere Oberflächentemperatur bei etwa – 50 °C, jedoch mit erheblichen Schwankungen. In Äquatornähe werden am Tag 20 °C, nachts dagegen nur – 85 °C erreicht.

Die Exzentrizität der Marsbahn ist etwa 5,5-mal größer als die der Erdbahn, was starke Auswirkungen auf die Jahreszeiten und das Klima hat. Die Südhalbkugel befindet sich während des Sommers in größter Sonnennähe (Perihel), während des Winters dagegen in größter Sonnenferne (Aphel); auf der Nordhalbkugel ist es umgekehrt. Daher sind die Jahreszeiten im Süden wesentlich ausgeprägter als im Norden. Die Sommer-Temperaturen können im Süden bis zu 30 °C höher sein als im Norden. Die Eisschichten auf den Polkappen sind Produkte langfristige Klimaschwankungen in der Größenordnung von 10.000 Jahren, die auf eine chaotische Variation der Achsenneigung zwischen 0 und 60° in den letzten 10 Ma zurückgeführt werden kann. In der geologischen Vergangenheit war das Klima des Mars sehr wahrscheinlich heißer und feuchter (Jakosky 1999).

■ **Oberflächenformen**

Der Mars zeigt eine ausgesprochen ungleichmäßige Verteilung seiner geologischen und geomorphologischen Merkmale. Stark zerkratete Hochländer mit Höhen von 1000–40.000 m über NN befinden sich in weiten Gebieten seiner Südhalbkugel, nehmen aber deutlich kleinere Anteile der Nordhalbkugel ein. Prominente Beispiele sind die *Tharsis*- und die *Elysium-Schwelle,* gewaltige Erhebungen der Marskruste mit aufgesetzten Vulkanbauten, darunter große Schildvulkane (■ Abb. 32.3). Im Gegensatz dazu werden die größten Teile der Nordhalbkugel von flachen Tiefebenen mit geringer Kraterdichte eingenommen. Ein auffälliges Element bildet hier das riesige Impaktbecken *Hellas Planitia,* der tiefsten morphologischen Struktur auf dem Mars. Etwa die Hälfte der Marsoberfläche

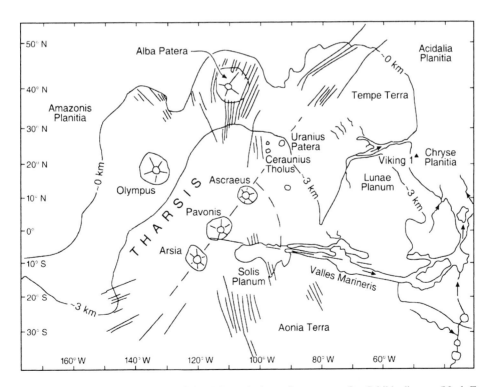

■ **Abb. 32.3**   Die Topographie des Tharsis-Plateaus auf dem Mars mit den aufgesetzten großen Schildvulkanen. (Nach Faure und Mensing 2007)

ist mit einer Hülle von rotem, feinkörnigem Staub bedeckt.

Einer der am besten erhaltenen Impaktkrater auf dem Mars ist der <3 Ma alte, 27,2 km breite Tooting-Krater in der Amazonis Planitia, der 2006 durch das Thermal Emission Imaging System (THEMIS), das High Resolution Imaging Science Experiment (HiRISE) und die Context Camera (CTX) der Raumsonde *Mars Reconnaissance Orbiter* (MRO) detailliert aufgenommen wurde (Mouginis-Mark und Boyce 2012). Danach liegt der tiefste Punkt des Kraterbodens 1274 m unter dem höchsten Punkt des Kraterrandes; die zentrale Erhebung ist ca. 1100 m hoch. Die Ergebnisse vermitteln wichtige Erkenntnisse über die Abfolge der Schockeinwirkung innerhalb und außerhalb des Kraters und gestatten einen Vergleich mit den Befunden an irdischen Impaktkratern, so am Krater des Nördlinger Ries. Die Ablagerungen in der unmittelbaren Umgebung des Tooting-Kraters lassen sich als fluviatile Sedimentströme, erstarrte Impaktschmelzen und Auswurfsmassen interpretieren. Es gibt zahlreiche Hinweise darauf, dass an den Kraterwänden Wasser herabfloss.

Aufgrund der Kraterhäufigkeit lassen sich auf dem Mars drei geologische Perioden unterscheiden (Hartmann und Neukum 2001; Neukum et al. 2001; Tanaka et al. 2014):

- Das 4,5–3,5 Ga alte *Noachium* wird durch die ältesten Oberflächen dokumentiert, die auf den Mars-Hochländern erhalten sind. Seine geomorphologischen Merkmale wurden wesentlich während des *heftigen Meteoriten-Bombardements* vor 4,1–3,8 Ga geprägt, das wir bereits aus der Geschichte des Mondes kennen (▶ Abschn. 30.3); sie haben sich seit 3,5 Ga nicht viel verändert.
- Während des *Hesperiums*, das vor 3,7 – 3,5 Ga begann, wurde das noachische Grundgebirge der Tiefländer von Lavadecken und Sedimenten überlagert, die ausgedehnte Ebenen bilden.
- Das *Amazonium* setzte zwischen 3,3 und 2,9 Ga ein. Gebiete, in denen amazonische Gesteinsserien dominieren, sind relativ arm an Impaktkratern, aber ansonsten sehr abwechslungsreich gestaltet. Lavaströme belegen den Beginn erneuter vulkanischer Aktivität.

Im Vergleich zu den Mond-Hochländern weisen die *noachischen Hochländer* des Mars charakteristische Unterschiede auf (z. B. Carr 1999):

- In den Mars-Hochländern ist der Erhaltungszustand der Krater sehr viel schlechter, was auf intensivere Erosion hinweist.
- Auf dem Mars gibt es *verzweigte Talsysteme,* die sich über Tausende von Kilometern verfolgen lassen und an irdische Flusssysteme erinnern. An der Ostflanke der Tharsis-Schwelle erstreckt sich ein äquatorial ausgerichtetes *Canyon-System* von 2000–7000 m Tiefe, die *Valles Marineris* (◘ Abb. 32.3). Diese tiefen Täler sind offensichtlich an tektonische Störungen gebunden, wurden aber stellenweise

durch riesige Bergrutsche erweitert. Die Canyons sind teilweise mit mächtigen Sedimentabfolgen gefüllt, die wohl z. T. Ablagerungen von Binnenseen darstellen. Manche der Canyons entspringen in sog. *Chaotischen Terrains*, die vermutlich durch riesige Hochwasserereignisse entstanden, etwa durch plötzliche Entleerung von Seen in die Canyons. Außerdem könnten plötzliche Eruptionen von Grundwasser, das sich unter Permafrost-Böden angesammelt hatte, zu ausgedehnten Bodeneinbrüchen geführt haben.

- In den Mars-Hochländern entstanden durch intensiven Vulkanismus mit hohen Förderraten weite, flache Ebenen, die sich zwischen den Kratern erstrecken. Vermutlich fand dieser Prozess während oder kurz nach dem heftigen Meteoriten-Bombardement statt.
- Im Gegensatz zum Mond bestehen die weiträumigen Überlagerungen mit Auswurfmaterial in der Umgebung der Marskrater aus einer Folge dünner Lagen, die nach außen von wohldefinierten, gelappten Steilrändern begrenzt werden. Diese Formen könnten andeuten, dass zur Zeit der Meteoritenimpakte der Marsboden mit Wasser oder Eis bedeckt war.

■ **Wasser auf dem Mars**

Viele der obigen Beobachtungen weisen darauf hin, dass in der geologischen Vergangenheit Wasser auf dem Mars existierte. Nimmt man eine ebene Oberfläche des Planeten ohne jedes Relief an, so wäre die geschätzte Wassertiefe etwa 500 m gewesen. Zum Vergleich, auf der Erde wären das 3 km (Carr 1999). Eine immer noch ungelöste Frage ist, wohin all dieses Wasser verschwunden ist. Wahrscheinlich wurde ein Teil des ursprünglichen Wassers als H_2O-Eis fixiert. Unter den gegenwärtigen klimatischen Bedingungen ist Eis bis zu Breiten von 30–40° nördlich und südlich des Äquators sowohl an der Marsoberfläche als auch im Untergrund instabil; es würde in die Atmosphäre sublimieren. Dagegen existiert in höheren Breiten im Winter ein Dauerfrostboden unter der Marsoberfläche, in den Polar-Regionen sogar ganzjährig (◘ Abb. 32.4). In der Tat wurde die Existenz von H_2O-Eis durch die Mission des Raumschiffs *Phoenix* (2008) bestätigt. Darüber hinaus gehen die weißen Polkappen des Mars, die schon 1666 G. D. Cassini entdeckt hatte, auf eine Bedeckung mit trockenem CO_2-Eis zurück, das am Südpol permanent vorhanden ist und eine Dicke von ca. 8 m erreicht, während diese im nördlichen Mars-Sommer nur ca. 1 m beträgt. Wenn das gefrorene CO_2 in den warmen Jahreszeiten dem Sonnenlicht ausgesetzt wird, sublimiert es und erzeugt Stürme mit hoher Windgeschwindigkeit, die Staub und Wasserdampf transportieren.

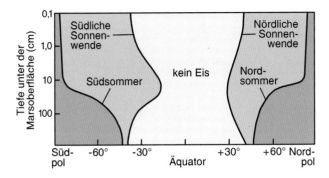

Abb. 32.4 Modell zur Stabilität von H_2O-Eis im Boden des Mars unter Annahme einer gut durchmischten Marsatmosphäre mit genügend Wasserdampf, um eine H_2O-Schicht von 12 μm Dicke auf der Marsoberfläche zu erzeugen; hellblau: H_2O-Eis ist im Nord- und Südwinter bis 1 m Tiefe stabil; dunkelblau: H_2O-Eis ist ganzjährig stabil bis 1 km Tiefe. (Nach Carr 1999)

■ Vulkanismus und Tektonik

Als Zeugen vulkanischer Aktivität sind die Vulkanbauten auf dem Mars besonders eindrucksvoll. Hierzu gehören vor allem die großen: Schildvulkane *Arsia Mons*, *Pavonis Mons* und *Ascraeus Mons* auf der Tharsis-Schwelle sowie der isolierte *Olympus Mons* nordwestlich davon (■ Abb. 32.3, 32.5). Diese Vulkane entstanden über längere Zeiträume während des Amazoniums, also in einer relativ späten Phase der Marsentwicklung (z. B. McSween 2005). Mit einem Basisdurchmesser von 600 km und einer Höhe von ca. 26.000 m über NN bzw. ca. 24.000 m über dem unterliegenden Sedimentplateau ist Olympus Mons der größte bisher bekannte Schildvulkan unseres Planetensystems. Er übertrifft an Größe bei Weitem den Mauna Loa auf Hawaii, den größten Schildvulkan der Erde mit einem Basisdurchmesser von „nur" 120 km, der sich lediglich 9100 m über dem Boden des Pazifiks erhebt (■ Abb. 32.5). Ähnlich wie die anderen nahe gelegenen Vulkane zeigt Olympus Mons in seinem Gipfelbereich eine komplex zusammengesetzte Gipfelcaldera mit dem riesigen Durchmesser von ca. 90 km, was auf eine entsprechend große Magmakammer im Inneren des Vulkans schließen lässt. An der Basis von Olympus Mons existieren eindrucksvolle, bis zu 6000 m hohe Steilstufen (■ Abb. 32.5). Die meisten der übereinander geflossenen Lavaströme sind in unterschiedlichem Maß von verschieden alten Kratern durchsetzt (z. B. McSween 2005; Head 1999). Dabei finden sich in den jüngsten Lavaströme von Olympus Mons nur sehr wenige Meteoritenkrater, die nicht älter als 100–200 Ma sein dürften (Hartmann und Neukum 2001).

Daneben werden die Hochebenen des Mars wie *Elysium Planitia* und *Amazonis Planitia* (■ Abb. 32.3) von: *Flutbasalten* überdeckt, deren Alter bis etwa 2 Ga zurückreicht, während die jüngsten, ungewöhnlich frischen Lavaströme nur von wenigen Kratern durchsetzt

sind, was auf Alter von nur 20–30 Mio. Jahren hinweist (Hartmann und Neukum 2001; Neukum et al. 2001). In der Nähe des Impaktbeckens Hellas liegt der Vulkan Tyrrhena Patera mit gut geschichteten und tief erodierten Förderprodukten. Es handelt sich wahrscheinlich um pyroklastische Folgen, die SiO_2-reicher sind als die Basaltlaven der Schildvulkane.

Mit einer Längserstreckung von 4000 km und Höhen bis zu 10.000 m über NN stellt die riesige *Tharsis-Schwelle,* deren Bildung bis in das Noachium zurückreicht, das herausragende tektonische Element des Mars dar. Die Schwelle ist von einem ausgedehnten System von radialen tektonischen Gräben, den *Fossae,* und konzentrischen kompressionsbedingten Rücken umgeben, die fast ein Drittel der Marsoberfläche beeinflussen (■ Abb. 32.3). So wurde das riesige Canyon-System der *Valles Marineris*, das sich von der Ostflanke der Tharsis-Schwelle auf mehr als 4000 km nach Osten verfolgen lässt, tektonisch angelegt. Das gesamte Bruchsystem ist offensichtlich durch gravitativen Kollaps entstanden, der auf die enorme Krustenverdickung im Bereich der Tharsis-Schwelle zurückgeht. Diese Vorgänge sind auf Prozesse im Marsmantel zurückzuführen, die bislang nicht erklärt sind, aber sicher einige Milliarden Jahre andauerten. Für lange Zeit war man sich darüber einig, dass – im Gegensatz zur Erde – auf dem Mars niemals plattentektonische Prozesse stattgefunden haben (z. B. Head 1999). Jedoch scheinen neue Ergebnisse von THEMIS, CTX und HiRISE anzudeuten, dass das Valle Marineris durch großangelegte horizontale Blattverschiebungen mit einem geschätzten sinistralen Gesamtversatz von 150–160 km entstand, wie sie für plattentektonische Prozesse auf der Erde charakteristisch sind (Yin 2012).

■ Zusammensetzung der Marsgesteine

Die besten Daten über die chemische und mineralogische Zusammensetzung von Marsgesteinen lieferte bisher Analysen von *Meteoriten* aus der Gruppe der *SNC-Achondrite* (Shergottite, Nakhlite, Chassignite) und dem Orthopyroxenit ALH 84.001, die von der Oberfläche des Mars stammen. Wie in ▶ Abschn. 31.4.1 beschrieben, sind die meisten dieser Gesteine *Basalte* und *ultramafische Kumulate,* die entsprechenden irdischen Gesteinen sehr ähneln. Jedoch ist der Al-Gehalt der SNC-Achondrite, bezogen auf ihr jeweiliges Mg/Si-Verhältnis, geringer und ihre Verhältnisse zwischen volatilen und refraktären Elementen, z. B. K/La, sind gewöhnlich höher (McSween 2005).

Die chemische Zusammensetzung der basaltischen Shergottite ist in unterschiedlichem Maß durch die Assimilation von krustalen Gesteinen modifiziert worden, wobei es zur Anreicherung inkompatibler Elemente kam. Das zeigt sich an erhöhten LREE/HREE-, Rb/Sr- und Nd/Sm-Verhältnissen sowie an hohen ${}^{87}Sr/{}^{86}Sr$- und niedrigen ${}^{143}Nd/{}^{144}Nd$-Initialwerten (vgl. ▶ Abschn. 33.5.3). Darüber hinaus

32

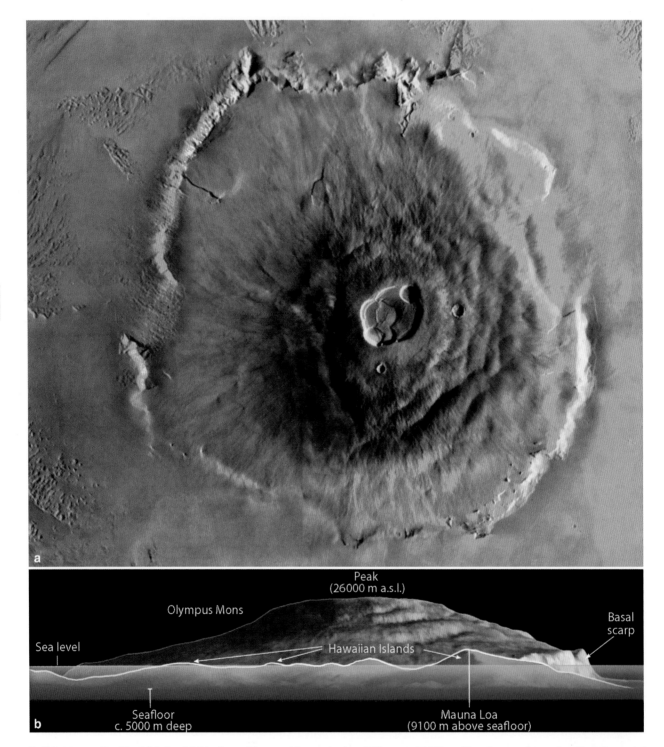

□ **Abb. 32.5 a** Satellitenbild des Schildvulkans Olympus Mons mit einer Höhe von 24.000 m über der unterlagernden Hochebene und 26.000 m über NN; zu erkennen sind die große, komplexe Gipfelcaldera, Lavaströme unterschiedlichen Alters, die randlichen Steilhänge sowie junge Impaktkrater; **b** Die Seitenansicht zeigt den spektakulären Steilhang an der SO-Flanke von Olympus Mons; zum Größenvergleich ist der größte Schildvulkan der Erde, der Mauna Loa auf Hawaii eingezeichnet; beide Ansichten sind 5-fach überhöht. (Nach Carr 1999)

waren die assimilierten Krustengesteine stärker oxidiert als die basaltischen Magmen aus dem Marsmantel.

Mit Ausnahme des Mars-Meteoriten ALH 84.001, dessen Alter mit radiometrischen Methoden auf etwa 4,09 Ga bestimmt wurde, erbrachten die SNC-Achondrite relativ junge isotopische Alter von 1,66–

1,22 Ga (Borg et al. 2005). Sie entstanden also in der jüngeren geologischen Periode des Mars, dem Amazonium.

In-situ-Analysen von festen Marsgesteinen sind rar. Mittels Röntgenfluoreszenzspektrometrie (XRF) und Alpha-Protonen-Röntgenspektrometrie (APXS) analysierten die von den *Viking*- und *Mars-Pathfinder*-Sonden ausgesetzten *Rover*-Geländewagen, wie z. B. Sojurner, hauptsächlich den Marsboden, der maximal bis in Tiefen von einigen Zentimetern beprobt wurde. Jedoch sind diese lockeren Staubsedimente bei planetenweiten Staubstürmen durch äolischen Transport gründlich homogenisiert worden, stellen also keine unveränderten Proben der unterlagernden Gesteine dar. Daher erbrachten sie über Tausende von Kilometern etwa gleiche Zusammensetzungen, ähnlich der basaltischen Shergottits.

– Überraschenderweise erbrachte die chemische in-situ-Analyse eines staubfreien Marsgesteins aus dem Hochland *Chryse Planitia* (◘ Abb. 32.3), die vom *Viking 1 Lander* durchgeführt wurde, eine *Andesit*-Zusammensetzung (z. B. Rieder et al. 1997; Wänke et al. 2001; McSween 2005). Wie durch thermische Infrarotspektroskopie (TIR) gezeigt wurde, könnten die Böden in den nördlichen Tiefebenen des Mars, die früher einmal von einem Ozean bedeckt waren, ebenfalls andesitische Zusammensetzung haben. Da ähnliche TIR-Spektren von Basalt-Andesit-Mischungen oder von verwittertem Basalt gewonnen wurden, sind diese Ergebnisse jedoch nicht eindeutig.

– Am *Mount Sharp* (offizieller Name *Aeolis Mons*), dem Zentralhügel des *Gale-Kraters*, ist eine stratigraphische Abfolge von Phyllosilikat- und Hämatit-führenden Sedimenten spätnoachischen Alters bis hinauf zu sulfatreichen Ablagerungen des Hesperiums aufgeschlossen, die durch eine Diskordanz voneinander getrennt sind (Carr 2015; Grotzinger et al. 2015). Entlang einer 8,5 km langen Traverse werden hier z. Zt. mit dem *Mars Science Laboratory,* das auf dem *Curiosity*-Geländewagen montiert ist, die am Kraterboden und an den Berghängen anstehenden Sedimentgesteine analysiert. Diese bestehen aus dünnschichtigen Tonsteinen, Sandsteinen, z. T. mit Kreuzschichtung, sowie Konglomeraten, die bei einzelnen Hochwasserereignissen abgelagert wurden (Kah et al. 2015). Zahlreiche APXS-Analysen erbrachten für diese Sedimentgesteine Zusammensetzungen ähnlich den Alkalibasalten in der Herkunftsregion; diesen geochemischen Charakter weisen auch einzelne Gerölle auf. Bis jetzt konnte durch APXS und ChemCam der vollständige Mineralinhalt von vier Gesteinsproben festgestellt werden, die durch Bohren oder Herausgraben an zwei verschiedenen Lokalitäten gewonnen wurden (◘ Tab. 32.2).

– In Übereinstimmung mit früheren Ergebnissen, die man auf der Oberfläche des Mars gewonnen

◘ **Tab. 32.2** Mengenverhältnisse von Mineralen und röntgenamorphen Komponenten in den äolischen Sedimenten von Rocknest im Gale-Krater, Mars (aus Grotzinger et al. 2015)

Gesteinstyp	Rocknest äol. Sediment	Sheepbed Tonstein		Feinkörniger Sandstein
Lokalität	Rocknest	John Klein	Cumberland	Windjana
Amorph	♦	♦	♦	•
Quarz	+	±	±	±
Alk.Feldspat	±	+	+	•
Plagioklas	•	•	•	⊕
Tonminerale	–	•		
Augit	•	⊕	⊕	
Pigeonit	•	⊕	•	•
Orthopyroxen	–	⊕	⊕	±
Olivin	•	⊕	+	⊕
Magnetit	+	⊕	⊕	•
Ilmenit	±	–	±	+
Hämatit	±	±	±	±
Pyrrhotin	–	+	+	+
Pyrit	–	±	–	–
Bassanit	–	⊕	+	±
Anhydrit	+	+	–	±
Akaganeit	–	+	+	+
Halit	–	±	±	–

♦ > 25 Gew.-%, • 25 – 5 %, ⊕ 5 – 1 %, ± an oder unter der Nachweisgrenze.

hatte, enthalten die Sedimentgesteine hohe, jedoch variable Mengen an magmatischen Mineralen, so Plagioklas, Alkalifeldspat, Pyroxen und Olivin, während Quarz extrem selten auftritt. Mit einer Ausnahme sind die vorherrschenden Verwitterungsprodukte Mischungen aus unterschiedlichen Tonmineralen sowie wenig Anhydrit, $CaSO_4$, Bassanit, $CaSO_4 \cdot 0,5H_2O$, und Akaganeit, $Fe_8(O,OH,Cl)_{17}$. Darüber hinaus sind hohe Gehalte an Palagonit beteiligt, der durch Zersetzung von basaltischem Glas entstanden ist (▶ Abschn. 14.1). Dadurch wird die Anwesenheit von Wasser auf dem Mars bezeugt (Grotzinger et al. 2015).

Am Boden des *Meridiani Planum* entdeckte die Raumsonde *Mars Global Surveyor* weite Gebiete, die mit Hämatit-Sphäroiden von $4,2 \pm 0,8$ mm Durchmesser bedeckt sind. In der gleichen Region fanden die beiden 2004 gelandeten Explorations-Geländewagen *Spirit* und *Opportunity* kreuzgeschichtete äolische Sandsteine, in denen *Evaporit-Minerale* auftreten, die durch Fluktuationen des Grundwasserspiegels kristallisierten, so Kieserit, $MgSO_4 \cdot H_2O$, Epsomit, $MgSO_4 \cdot 7H_2O$, Gips, $CaSO_4 \cdot 2H_2O$, Jarosit, $KFe_3^{3+}(SO_4)_2(OH)_6$, Halit, NaCl, und andere (Christensen et al. 2004; King und McLennan 2010).

■ **Innerer Aufbau**

Im Gegensatz zum Merkur und zur Venus besitzen wir durch die *Mars-Pathfinder*-Mission (1997) sehr genaue Messungen des Trägheitsmomentes vom Mars. Dem zufolge und aufgrund seiner mittleren Dichte von $3,9335$ g/cm^3 muss der Mars einen metallischen Kern besitzen. Die Differentiation des Planeten in Kern, Mantel und Kruste fand bereits während der frühesten Phase seiner geologischen Geschichte statt. Das radiometrische Alter des Mars-Meteoriten ALH 84.001 von 4090 ± 30 Ma bestätigt, dass dieses Orthopyroxen-Kumulat während einer so frühen, noachischen Phase der Krustenbildung entstand. Die Messdaten von *Mars Global Surveyor* sprechen für eine durchschnittliche *Krustenmächtigkeit* von mindestens 40–50 km. Sie steigt in der Tharsis-Schwelle auf >100 km an, um den isostatischen Ausgleich für die riesigen Schildvulkane zu gewährleisten, die dieser Schwelle aufsitzen (◘ Abb. 32.3, 32.5).

Bis jetzt wurden keine Xenolithe gefunden, die direkte Hinweise auf die chemische und mineralogische Zusammensetzung des *Marsmantels* geben könnten. Jedoch führen Modellrechnungen, die auf der lithochemischen und Isotopen-Zusammensetzung kohliger Chondriten und SNC-Achondriten beruhen, zu gut übereinstimmenden Ergebnissen. Danach besteht der Obere Marsmantel zu 38–43 Gew.-% aus Ortho- und Klinopyroxen, zu 51–52 % aus Olivin und zu 5–9 % aus Granat (Wänke und Dreibus 1988; Lodders und Fegley 1998). Danach sind das Olivin/Pyroxen-Verhältnis und der Granat-Gehalt geringer als im Oberen Erdmantel (vgl. ▶ Abschn. 29.3.1; ◘ Abb. 29.19).

An einem Ausgangsmaterial, das in seiner chemischen Zusammensetzung dem Modell von Wänke und Dreibus (1988) entspricht, wurden von Bertka und Fei (1997) Hochdruckexperimente durchgeführt. Danach entsteht bei einem Druck, der einer Manteltiefe von ca. 1000 km entspricht, die Paragenese Wadsleyit, β-$(Mg,Fe)_2$ $[SiO_4]$, + Klinopyroxen, die sich in ca. 1270 km Tiefe in Ringwoodit, γ-$(Mg,Fe)_2[SiO_4]$, + Majorit-Granat, $Mg_3MgSi^{[6]}[Si^{[4]}O_4]_3$, umwandelt; ab 1700 km Manteltiefe herrschen Perowskit-Phasen vor.

Nach den geodätischen Berechnungen von Rivoldini et al. (2011) befindet sich die Kern/Mantel-Grenze im Mars etwa in einer Tiefe von 1794 ± 65 km, wobei der gesamte Kern als flüssig angenommen wird (◘ Abb. 32.2). Das geochemische Modell von Wänke und Dreibus (1988), das durch neuere Abschätzungen (z. B. Taylor 2013) bestätigt wird, nimmt für den Mars eine Kern-Zusammensetzung von 53 % Fe, 8 % Ni und 39 % FeS an, wobei mögliche Gehalte an Wasserstoff und Kohlenstoff in Form des Eisen(I)-Hydrids FeH bzw. des Carbids Fe_7C_3 nicht berücksichtigt sind. Im Grundsatz kommen andere Modellrechnungen zu ähnlichen Ergebnissen, wenn auch zu abweichenden Fe/Ni-Verhältnissen (Bertka und Fei 1997; McSween 2005). Möglicherweise ist die tetragonale Eisen-Schwefel-Legierung Fe_3S ebenfalls ein wichtiger Bestandteil im Marskern (Lin et al. 2004).

■ **Die Marsmonde Phobos und Deimos**

Die beiden kleinen Satelliten des Mars, Phobos und Deimos, wurden 1877 vom amerikanischen Astronomen Asaph Hall (1829–1907) entdeckt und nach den beiden Söhnen des Gottes Ares, dem griechischen Äquivalent von Mars benannt. *Deimos* (grch. δεῖμος = Schrecken) hat eine fast exakte Kreisbahn mit einem Radius von 23.459 km und benötigt für einen Marsumlauf 1 Tag 6 h 18 min. Wie der Erdmond geht er im Osten auf und im Westen unter und wendet dem Mars immer die gleiche Seite zu. Demgegenüber hat die Bahn von *Phobos* (grch. φόβος = panische Furcht) eine größere Exzentrizität mit einer Halbachse von nur 9378 km. Für seinen Umlauf benötigt er lediglich 7 h 39 min 12 s, sodass er zweimal, manchmal auch dreimal am Tag auf- und untergeht. Wegen seines rechtsläufigen Umlaufsinns erfolgt, vom Mars aus gesehen, der Phobosaufgang im Westen, sein Untergang im Osten. Durch die Nähe zum Mars kommt es praktisch bei jedem Umlauf des Phobos zu einer Mond- und einer partiellen Sonnenfinsternis.

Phobos und Deimos besitzen lediglich Durchmesser von 22 bzw. 12 km und sind unregelmäßig geformt. Die Oberfläche von Deimos lässt nur relativ wenige Impaktkrater erkennen, während Phobos zahlreiche Einschlagkrater aufweist, von denen der Krater *Stickney* mit einem Durchmesser von ca. 10 km der größte ist. Der Impakt des planetarischen Körpers, der diesen Krater schuf, muss Phobos beinahe vollständig zerstört haben und erzeugte ein System von Rissen, die an der Oberfläche von Phobos z. T. als Rillen sichtbar sind. Wegen seiner geringen Entfernung unterliegt Phobos den Gezeitenkräften des Mars; er nähert sich diesem immer mehr an, was in ca. 40 Ma zum Auseinanderbrechen von Phobos oder seinem Absturz auf die Marsoberfläche führen wird (Hartmann 1999; Efroimsky und Laney 2007). Wie der Erdmond sind beide Marsmonde von einer Staubschicht bedeckt, die auf Deimos dicker als auf Phobos ist. Da die russischen Raumsonden Fobos 1 und 2 (1988) verloren gingen, bevor sie ihr anspruchsvolles Messprogramm durchführen konnten, besitzen wir nur spärliche Daten über die Zusammensetzung dieser Regolith-Hüllen. Immerhin wurden von diesen Raumsonden noch Gasausbrüche auf Phobos beobachtet, bei denen möglicherweise Wasserdampf gefördert wurde. Darüber hinaus deuten Infrarotspektren an, dass Phobos hauptsächlich aus Schicht- und Gerüstsilikaten besteht (z. B. Feldspäte), wie sie auch vom Mars bekannt sind (Giuranna et al. 2010). Im Vorbeiflug gewonnene Messwerte zeigten, dass Phobos als Ganzes eine hohe Porosität von ca. 30 % aufweist, wie es zu einem schwach verfestigten Körper passt, der in seinem gesamten Inneren große Hohlräume enthält (Andert et al. 2010). Alle diese Beobachtungen führen zu der Annahme, dass die beiden Marsmonde aus dem Schutt gebildet wurden, den ein Impakt aus der Marskruste herausgeschleudert hatte und der sich auf dem Orbit des Mars wieder zusammenballte.

Dieses Modell widerspricht der früher weithin akzeptierten Hypothese, nach der beide Satelliten aus dem Asteroidengürtel stammen, und zwar angeblich aus dem Gebiet der Trojaner (▶ Abschn. 32.2). Diese Asteroiden rotieren auf einem jupiternahen Orbit, also in einem erheblich größeren Abstand von der Sonne als der Mars. Man nahm an, dass diese Asteroiden infolge Gravitationsstörungen, die der Riesenplanet Jupiter ausgelöst hatte, aus ihrer Bahn abgelenkt und vom Mars eingefangen wurden. Dagegen spricht jedoch, dass beide Monde auf nahezu kreisförmigen und äquatornahen Umlaufbahnen rotieren, was für eingefangene Körper ungewöhnlich ist.

32.2 Die Asteroiden

■ **Astronomische Erforschung**

Nach der von Johann Daniel Titius (1729–1796) und Johann Elert Bode (1747–1826) entdeckten Regel (▶ Kap. 34) müsste zwischen den Umlaufbahnen von Mars und Jupiter in einer Entfernung von 2,8 AE (= ca. 420 Mio km) von der Sonne noch ein weiterer Planet existieren, was jedoch nicht der Fall ist (◻ Tab. 32.1, ◻ Abb. 32.1). Am Ende des 18. Jh organisierte der Direktor der Sternwarte Gotha, Baron Franz Xaver von Zach (1754–1832), eine systematische Suche nach diesem fehlenden Planeten im Rahmen der „Himmelspolizey", des ersten internationalen Forschungsverbundes. Diese Bemühungen führten schließlich zur Entdeckung des Asteroiden (1) Ceres.

Ceres war in der Neujahrsnacht 1800/1801 von Guiseppe Piazzi (1746–1826) in der Sternwarte Palermo als schwaches Objekt entdeckt worden, aber wegen seiner Wanderung in Richtung Sonne wieder verloren gegangen. Trotzdem gelang es dem berühmten deutschen Mathematiker Carl Friedrich Gauss (1777–1855), mit der von ihm entwickelten Methode der Kleinsten Quadrate die Umlaufbahn zu berechnen, sodass am 31. Dezember 1801 Heinrich Wilhelm Olbers (1758–1840) Ceres wieder auffinden konnte.

In den Jahren 1802 und 1807 entdeckte Olbers die Asteroiden (2) Pallas und (4) Vesta, während der Asteroid (3) Juno 1803 von Karl Ludwig Harding (1765–1834) als Erster erkannt wurde. Erst 1846 gelang Karl Ludwig Hencke (1793–1866) die Entdeckung des Asteroiden (5) Astraea. Danach wurden in rascher Folge weitere Asteroiden gefunden, und bis 1890 war ihre Zahl auf 300 angewachsen. Seit 1890 konnte man die Spuren auch sehr lichtschwacher Objekte auf die Fotoplatte bannen, was die Auffindung zahlreicher weiterer Asteroiden und die Berechnung ihrer Umlaufbahnen ermöglichte. Einen weiteren dynamischen Impuls erhielt die Asteroidenforschung seit 1990 durch die computergestützte CCD-Kameratechnik, die von den amerikanischen Raumsonden *Galileo* (1991), NEAR-*Shoemaker* (1997), *Deep Space 1* (1999) und *Stardust* (2002) sowie der japanischen Raumsonde *Hayabusa* (2005) eingesetzt wurden.

Die Raumsonde *Near Earth Asteroid Rendezvous* (NEAR) wurde im Februar 1996 gestartet, um die Beziehungen zwischen Asteroiden und Meteoriten zu erforschen (z. B. Nittler 2014; Cloutis et al. 2014). Im Oktober 1997 flog NEAR in einer Entfernung von 1200 km am Asteroiden (253) *Mathilde* vorbei, erreichte im Februar 2000 den Orbit von (433) *Eros* und umkreiste diesen Asteroiden in einer Höhe von 350 km, später von nur 50 km. Entgegen den ursprünglichen Plänen landete NEAR sanft auf der Oberfläche von *Eros* und übermittelte bis Februar 2001 Daten zur Erde.

Nach ihrem Start im Mai 2003 erreichte die japanische Raumsonde *Hayabusa* im September 2005 den Asteroiden (25, 143) *Itokawa*. Im Juni 2010 gelang es dieser Raumsonde als Erster, sicher von einem Asteroiden zurückzukehren und Regolith-Proben zur Erde zu bringen (Tsuchiyama 2014). Die NASA-Raumsonde *Dawn*, die im September 2007 gestartet wurde, erreichte im Juli 2011 den Orbit von (4) *Vesta* und verbrachte mehr als ein Jahr, um diesen Asteroiden aus Höhen von 2735, dann 685 und 210 km zu kartieren. Dabei identifizierte sie Minerale anhand ihrer Spektren im Infrarot und im sichtbaren Licht (VIR) und führte geochemische Analysen mit einem Gammastrahl- und Neutronen-Detektor (GRaND) durch (McSween et al. 2014). Seit März 2015 bewegt sich *Dawn* im Orbit von (1) *Ceres*.

Die *Rosetta*-Sonde der European Space Agency ESA passierte 2008 den Asteroiden (2867) *Šteins*. Am 10. Juli 2010 flog sie in

3162 km Entfernung mit einer Relativgeschwindigkeit von 15 km/s am Asteroiden (21) *Lutetia* vorbei, drang im August 2014 in die hyperbolische Umlaufbahn des Kometen (67P) *Tschurjumow-Gerassimenko* ein, den sie in einer Höhe von 29 km umkreiste. Im November 2014 konnte das Landefahrzeug *Philae* erfolgreich auf dem Kometen abgesetzt werden. Es sandte die ersten Bilder, die jemals von der Oberfläche eines Kometen aufgenommen wurden, sowie eine Fülle von analytischen Daten an das ESA-Kontrollzentrum in Darmstadt. Leider war die Batterie des Landefahrzeugs nach nur drei Tagen erschöpft, da die Sonnenkollektoren zu wenig Strahlung aufnehmen konnten. Die Raumsonde *Rosetta* selbst ließ man am 30. September 2016 gezielt in eine 130 m breite Grube im Ma'at-Gebiet des Kometen fallen.

Der *Asteroiden-* oder *Planetoidengürtel* bildet einen wulstartigen Ring, der fast 2 Astronomische Einheiten (AE) breit ist. Er besteht aus einer Fülle kleiner planetarischer Körper, die etwa 2,1–3,3 AE von der Sonne entfernt ihre größte Häufigkeit aufweisen. Bislang wurden etwa 600.000 Asteroiden entdeckt, nummeriert und benannt, von denen 200 Durchmesser von >100 km und 26 von >200 km haben (Libourel und Corrigan 2014). Noch viel mehr Asteroiden blieben bislang unentdeckt, und ihre tatsächliche Anzahl dürfte in die Millionen gehen. Sehr viele Asteroiden, die als *Trojaner* bezeichnet werden, umkreisen die Sonne im Bereich der Jupiterbahn in einer mittleren Entfernung von der Sonne von 5,2 AE, und zwar ungefähr 60° vor oder hinter diesem Riesenplaneten (Chapman 1999).

Die Bahnen der Trojaner werden durch die Massenanziehung von Sonne und Jupiter marginal stabilisiert; sie bilden sog. Lagrange-Punkte des eingeschränkten 3-Körper-Problems der Himmelsmechanik, an denen sich die Gravitationskräfte benachbarter Himmelskörper und die Zentripetalkräfte ihrer Bewegung gegenseitig aufheben.

■ **Entstehung**

Ohne Zweifel waren die Asteroiden und ihre Vorläufer ursprünglich Planetesimale, aus denen andernorts bei der Bildung unseres Sonnensystems die Planeten entstanden (vgl. ▶ Abschn. 34.4). Innerhalb des Asteroidengürtels war jedoch dieser Prozess der Planetenbildung aus einer Vielzahl von Planetesimalen nicht erfolgreich, weil diese durch Gravitationsstörungen in ausgelängte, geneigte Umlaufbahnen gezwungen wurden, was ein allmähliches Zusammenwachsen zu einem Planeten verhinderte. Stattdessen kam es immer wieder zu Zusammenstößen mit Geschwindigkeiten in der Größenordnung von 5 km/s, was meist Fragmentierung, aber nur selten Zusammenballung zur Folge hatte. Die Ursache der Gravitationsstörungen liegt höchstwahrscheinlich in der gewaltigen Jupitermasse, die etwa das 318-fache der Erdmasse beträgt. Möglicherweise führte die Gravitationskraft des Jupiters direkt zu Bahnstörungen der Planetesimale, oder aber einige der größeren Planetesimale gerieten in die Nähe des Jupiters, wurden dort zersprengt und auf stark exzentrische Umlaufbahnen gezwungen. Dieser Effekt verstärkte sich durch nahe Begegnungen mit der Hauptmenge der Asteroiden. Wahrscheinlich wurden die meisten der früh gebildeten Asteroiden durch gegenseitige Kollisionen oder durch Zusammenstöße mit den unter dem Einfluss von Jupiter versprengten Planetesimalen zerstört (Chapman 1999).

■ **Kollisionsgeschichte**

Gegenüber dem riesigen Volumen des Asteroidengürtels ist die Gesamtmasse der Asteroiden verschwindend gering. Trotzdem kam es während der ca. 4570 Ma langen Geschichte unseres Sonnensystems immer wieder zu kleineren oder größeren Kollisionen, die zur Bildung von Impaktkratern, aber auch zur vollständigen Fragmentierung führten. Dabei erreichten viele Bruchstücke nicht die für ein Entweichen notwendige Geschwindigkeit, sodass sie sich erneut zu einem Asteroiden oder einem System von mehreren Körpern zusammenballen konnten. Bei Kollisionen von hinreichend großer Energie wird der Asteroid jedoch vollständig zerstört. Die Bruchstücke werden im Raum zerstreut und bilden eine *Asteroidenfamilie*, die sich auf ähnlichen Umlaufbahnen bewegt und durch ähnliche Spektraleigenschaften charakterisiert ist. Prominente Beispiele sind die *Vesta-*, *Eunomia-*, *Flora-* und *Hygiea*-Familien. Manche der kleineren Asteroiden bestehen nur noch aus Anhäufungen von zahllosen Gesteinsbrocken, die lediglich durch Gravitationskräfte zusammengehalten werden, wie z. B. der Doppelasteroid (4769) *Castalia* oder der 5,1 km lange und 1,8 km breite Asteroid (1620) *Geographos*, wahrscheinlich das langgestreckteste Objekt in unserem Sonnensystem. Manche dieser planetaren „Schutthaufen" sind vermutlich nicht durch Kollisionen, sondern durch interne Gezeitenkräfte beim Beinahezusammenstoß mit der Erde oder der Venus entstanden (Chapman 1999).

■ **Größe und Form**

Aller Wahrscheinlichkeit nach sind Asteroiden heute kalte, leblose Körper ohne Lufthülle. Der größte Asteroid, (1) *Ceres* hat Durchmesser von 975 bis 909 km und eine Masse von $9,36 \cdot 10^{20}$ kg, d. h. mehr als ein Viertel der Masse des gesamten Asteroidengürtels. Diese Masse reicht aus, dass *Ceres* durch seine Eigengravitation nahezu kugelförmig ausgebildet ist, nicht aber, um die Bahn von anderen planetarischen Kleinkörpern freizuräumen. Dementsprechend kann Ceres nur als *Zwergplanet* eingestuft werden. Die nächstgrößten Asteroiden (2) *Pallas* und (4) *Vesta* haben Größen von $582 \times 556 \times 500$ km bzw. $573 \times 567 \times 446$ km; ihre Massen liegen bei $2,34 \cdot 10^{20}$ bzw. $2,59 \cdot 10^{20}$ kg. Deutlich kleiner ist (10) *Hygiea* mit einer Größe von $500 \times 385 \times 350$ km und einer

Masse $9 \cdot 10^{19}$ kg. Jedoch haben diese drei planetarischen Körper bisher noch nicht den Rang von Zwergplaneten erhalten. Erwartungsgemäß sind kleinere Asteroiden zunehmend häufiger, bis hin zu den unzähligen Objekten von km-Größe und den noch kleineren Körpern, die man höchstens bei Annäherung an die Erde erkennt. Manche Asteroiden haben ungefähr kugelige Gestalt; andere zeigen ausgelängte oder unregelmäßige Formen, die auf Fragmentierungsprozesse hinweisen, denen sie ausgesetzt waren. Mit bodengestützten Teleskopen sind Asteroiden nur schwer zu erkennen, sie werden aber häufig von *Satelliten* umrundet. So entdeckte die Raumsonde *Galileo* den 1,5 km großen Satelliten *Dactyl*, der den Asteroiden (243) *Ida* umkreist.

■ **Zusammensetzung und innerer Aufbau**

> Erste Hinweise auf die Zusammensetzung von Asteroiden lassen sich bereits aus ihren *Reflexionsspektren* gewinnen, in denen die *Albedo (Reflexionsvermögen)* gegen die Wellenlänge aufgetragen ist. Nach den Absolutwerten der Albedo, besonders aber nach der Form der Reflexionskurven kann man 14 verschiedene Typen unterscheiden, die sich zumindest teilweise an bekannten Meteoritentypen eichen lassen (Chapman 1999). Seit den grundlegenden Untersuchungen des deutschen Physikers Ernst Chladni (1756–1827) wissen wir nämlich, dass die allermeisten Meteorite aus dem Asteroidengürtel stammen und somit für direkte mineralogische und geochemische Analysen zur Verfügung stehen (▶ Abschn. 31.3). Deswegen sind die Asteroiden in ihrer Zusammensetzung und ihrem inneren Aufbau besser bekannt als jeder andere planetarische Körper, einschließlich unserer Erde und des Mondes!

Die Asteroiden im äußeren, sonnenfernen Bereich des Gürtels wurden lediglich durch äußere Einflüsse, wie Kollisionen, Meteoritenbeschuss oder Gezeitenkräfte in ihrem Erscheinungsbild verändert. In ihrer stofflichen Zusammensetzung repräsentieren sie noch die „Urmaterie", aus der sie in der Frühzeit unseres Sonnensystems entstanden sind. Allerdings wurden sie während der ersten Millionen Jahre nach ihrer Entstehung soweit aufgeheizt, dass Wassereis schmelzen und H_2O in ihr Inneres einsickern konnte, was zur Bildung von H_2O-haltigen Mineralen führte. Asteroide dieses Typs, z. B. (1) *Ceres*, werden durch die primitivste Meteoritengruppe der *kohligen Chondrite* repräsentiert (▶ Abschn. 31.3.1). Andere Asteroiden, wie (433) *Eros* oder (16) *Psyche* sind infolge von Impakt- und Kollisionsvorgängen mehr oder weniger stark metamorph

rekristallisiert; sie entsprechen in ihrem (Mikro-)Gefüge und Mineralbestand den *gewöhnlichen Chondriten* bzw. den *Enstatit-Chondriten* (▶ Abschn. 31.3.1). Mikroproben, die 2010 vom Asteroiden (25.143) *Itokawa* zur Erde gebracht wurden, haben eine ähnliche Zusammensetzung wie *gewöhnliche Chondrite* (Tsuchiyama 2014).

Asteroiden im inneren, sonnennäheren Bereich des Gürtels wurden nach ihrer Entstehung durch den Zerfall des radioaktiven Isotops ^{26}Al stark aufgeheizt. Dadurch konnte es zur partiellen Aufschmelzung und zur Differentiation in Kruste, Mantel und metallischem Kern kommen (z. B. Kleine et al. 2005). Es ist wirklich ein Glücksfall, dass wenige der Asteroiden, die in Kern, Mantel und Kruste differenziert sind, durch Kollisionen zerbrachen und dabei ihr tiefes Inneres freilegten, und dass einige der Bruchstücke als Meteoriten unterschiedlichen Typs auf die Erde fielen. Tatsächlich ähneln viele *Achondrite* (▶ Abschn. 31.3.2) weitgehend Gesteinen der Erdkruste, was zur Annahme führt, dass in diesen Asteroiden krustenbildende Prozesse stattgefunden haben. Beispielsweise stimmen die Reflexionsspektren von (4) *Vesta* und (44) *Nysa* gut mit denen von HED-Achondriten überein. Demgegenüber repräsentieren die *Eisenmeteorite* (▶ Abschn. 31.3.4) die (Fe,Ni)-Kerne von differenzierten Mutterkörpern des Asteroidengürtels und bieten somit überzeugende Hinweise für die unzugänglichen metallischen Kerne der erdähnlichen Planeten. Analog kann man die *Stein-Eisen-Meteorite* vom Pallasit-Typ als mechanische Mischung aus Kern- und Mantel-Bereichen von Asteroiden interpretieren (▶ Abschn. 31.3.3). Demgegenüber wird das (Fe,Ni)-Metall der *Mesosiderite* als exotische Komponente gedeutet, die einem Asteroiden, der bereits in einen metallischen Kern und einen silikatischen Mantel differenziert war, gewaltsam zugemischt wurde (vgl. ▶ Abschn. 31.3.3). Ein mögliches Beispiel ist der metallische Asteroid (16) *Psyche*.

■ **Der Asteroid (1) Ceres**

Der während der Jahrhundertwende 1800/1801 entdeckte Asteroid (1) Ceres ist das größte planetare Objekt im Asteroidengürtel und das einzige, das seit 2006 als *Zwergplanet* klassifiziert wird. Durch die Beobachtungen und Messungen der Raumsonde *Dawn*, die Ceres seit 2015 umkreist, wissen wir heute sehr viel mehr über die Geologie von Ceres und die geologischen Prozesse, die noch heute auf ihm ablaufen. Demnach setzt sich Ceres aus einer schlammigen Mischung von Gesteinsmaterial, Eis und Wasser zusammen. Seine Oberfläche wurde und wird immer wieder von Meteoriteneinschlägen getroffen, wobei Krater mit Durchmessern von < 300 km noch erhalten sind. Dies spricht dafür, dass die ca. 40 km dicke *Oberkruste* von Ceres etwa 1000-mal fester ist als reines H_2O-Eis. Neben diesem besteht sie zu ca. 70 % aus einem Gemenge von H_2O/(OH)-haltigen Silikat- und Salzmineralen sowie aus *Methanclathrat*, $(CH_4)_4(H_2O)_{23}$, einer Verbindung, in der einzelne CH_4-Moleküle von einer Käfigstruktur aus kristallisiertem H_2O, ähnlich Eis, umschlossen werden. Unerwartet viele der vorhandenen Impaktkrater weisen zentrale Vertiefungen auf, die auf *kryovulkanische Prozesse* zurückgehen (grch. κρυʼος = Frost).

Kryovulkanische Prozesse sind schon lange aus arktischen Gebieten mit Dauerfrostböden, z. B. aus Sibirien, bekannt, wobei anstelle von Lava leichtflüchtige Komponenten wie Wasser, Ammoniak oder Methan gefördert werden.

Auf Ceres setzen Einschläge von Meteoriten *Salzlaugen* frei, die aus größerer Tiefe an die Landoberfläche aufsteigen und zur Kristallisation von Na_2CO_3, NH_4Cl und NH_4HCO_3 führen, wie z. B. im 92 km breiten Krater von *Occator*, in dem sich in jüngerer Zeit ausgedehnte Karbonat-Ablagerungen, sog. *faculae* (lat. „Fackeln") ansammelten (Raymond et al. 2020). Auch *Ahuna Mons*, der einzige prominente Berg auf Ceres, ist ein Kryovulkan. Die Salzlaugen stammen aus einer mindestens 60 km dicken *Zwischenschicht*, die aus einem H_2O-reichen Silikatschlamm besteht. Der innere, ebenfalls schlammige *Mantel* von Ceres besteht aus H_2O-haltigen Silikaten, ähnlich Tonmineralen. Es ist noch unsicher, ob Ceres einen metallreicheren *Kern* besitzt.

Neben diesem Dreischicht-Modell gibt es ein alternatives Zweischicht-Modell, nach dem die Radiuslänge des Cereskerns zwischen 360 und 85 km variiert: (1) Der *größte* Kern bestünde zu 75 % aus mm-großen Partikeln („Chondren"), zu 25 % aus Feinschlamm im μm-Bereich, der Mantel zu 75 % aus Eis und zu 25 % aus Feinschlamm. (2) Der *kleinste* Kern bestünde vollständig, der Mantel zu 70 % aus Feinschlamm und zu 30 % aus Eis (Neveu und Desch 2015).

■ **Der Asteroid (4) Vesta**

Wegen seiner großen Masse hat der Asteroid (4) *Vesta*, auch bekannt als der „kleinste terrestrische Planet" (Keil 2002), eine fast runde Form, abgesehen von dem gewaltigen Impaktbecken Rheasilvia nahe seinem Südpol, das einen älteren Impaktkrater Veneneia überprägte. Diese beiden Impakte haben den Mantel von Vesta erreicht (McSween et al. 2014). Wegen ihrer ähnlichen Spektraleigenschaften hatten schon McCord et al. (1970) angenommen, dass Vesta der mögliche Mutterkörper für die HED-Gruppe der Achondriten des Asteroidengürtels ist (▶ Abschn. 31.3.2). Tatsächlich fallen die Spektren im sichtbaren Licht und im Infrarot (VIR) von allen bisher analysierten Howardit- und Kumulat-Eukrit-Proben in den Bereich der VIR-Spektren, die von der Raumsonde Dawn aufgenommen wurden. Das gleiche gilt für die Proben von basaltischem Eukrit und Diogenit (McSween et al. 2014). Diogenit, der im Wesentlichen aus Orthopyroxen mit wenig Olivin und Plagioklas besteht, ist am Boden des Rheasilvia-Beckens direkt aufgeschlos-

sen und repräsentiert vielleicht den Oberen Mantel von Vesta. Geochemische und paläomagnetische Ergebnisse weisen auf einen metallischen Kern hin, dessen Masseanteil bei ca. 18 % liegt. In ▶ Abschn. 31.3.2 ist die geologische Geschichte von Vesta, basierend auf radiometrischen Datierungen kurz dargestellt.

■ **Erdnahe Asteroiden**

Gegenwärtig liegt die Zahl der Asteroiden mit > 1 m Durchmesser, die sich in der Nähe der Erdumlaufbahn bewegen, bei nahezu 15.000, von denen schätzungsweise etwa 1000 eine Größe von > 1 km aufweisen. Der größte von ihnen, (1036) *Ganymed*, hat einen Durchmesser von 32 km. Nach ihrer Position und der Form ihrer Umlaufbahn – beschrieben durch die Länge der größeren Halbachse *a* sowie durch die Distanzen von *Perihel* (sonnennächster Bahnpunkt) *q* und *Aphel* (sonnenfernster Bahnpunkt) *Q* – werden erdnahe Asteroiden in vier Gruppen eingeteilt:

– *Amors* kreisen in Umlaufbahnen, die strikt außerhalb des Erdorbits liegen, aber sich der Sonne bis zu einer Perihel-Distanz von < 1,3 AE (ca. 195 Mio. km) nähern. Ihre Umlaufperioden sind länger als 1 Jahr, und ihre Perihel-Distanz ist größer als die Aphel-Distanz der Erde, d. h. $q >$ 1,017 AE. Gegenwärtig sind fast 3800 Amors bekannt, davon 580 nummeriert.

– *Apollos* kreuzen den Erdorbit in $a > 1$ AE und $q < 1,017$ AE; z. Zt. sind fast 7000 Apollos bekannt, von denen ca. 1000 nummeriert sind. Möglicherweise kann der Superbolide, der im Februar 2013 über *Tscheljabinsk* in Russland explodierte, als ein Asteroid vom Apollo-Typ klassifiziert werden (▶ Abschn. 31.1).

– *Atens* kreuzen die Umlaufbahn der Erde; die großen Halbachsen ihrer Orbits sind $a < 1,0$ und ihre Aphel-Distanzen sind $Q > 0,983$ AE. Unter den ca. 950 bis jetzt bekannten Atons gelten mehr als 100 als möglicherweise gefährlich.

– *Apohele* oder *Atira-Asteroiden;* (163.693) *Atira* ist der erstentdeckte Asteroid, dessen Bahn vollständig innerhalb der Erdbahn liegt, d. h. er hat eine Aphel-Distanz, die kleiner als die Perihel-Distanz der Erde ist (also $q < 0,938$ AE), und eine größte Halbachse $a < 1$ AE. Bislang kennt oder vermutet man weniger als 20 Asteroiden, die zum Apohele-Typ gehören.

Asteroiden, die bedingt durch orbitale Störungen die Umlaufbahn eines Planeten durchkreuzen, sind relativ kurzlebige Objekte. Nach wenigen Millionen Jahren krachen sie in die Sonne, treffen auf einen erdähnlichen Planeten oder werden durch die Anziehungskraft von Jupiter in den Weltraum abgelenkt.

Am 15. Februar 2013, 20.25 Uhr MEZ, flog der Asteroid 2012 DA14 mit einer Geschwindigkeit von 8 km/s (= 29.000 km/h) in einer Entfernung von ca. 28.000 km an der Erde vorbei. Zufälligerweise erfolgte diese größte bisher bekannte Erdannäherung eines planetarischen Kleinkörpers ca. 16 h nach dem Meteoriden-Air-Burst von Tscheljabinsk (▶ Abschn. 31.1), ohne dass ein Zusammenhang zwischen beiden Ereignissen besteht. Der Asteroid 2012 DA 14 hat einen maximalen Durchmesser von ca. 50 m und wiegt ca. 150.000 t. Durch die Erdannäherung verringerte sich seine Umlaufperiode von 368 auf 317 Tage, sodass die Entfernung zur Sonne jetzt < 1 AE beträgt; dementsprechend ist 2012 DA14 neuerdings nicht mehr ein Asteroid vom *Apollo*-Typ, sondern gehört jetzt zur *Aton*-Gruppe. Seine nächste Erdannäherung – allerdings nur auf minimal 1,5 Mio. km – wird voraussichtlich am 15. Februar 2046 stattfinden (NASA 2013).

Am 6. Oktober 2008 wurde der nur 4 m große Asteroid 2008 TC$_3$ im Weltraum entdeckt und schlug 19 h später nahe *Almahata Sitta* in der Nubischen Wüste auf. Im Streufeld wurden 700 Fragmente dieses Meteoritenschauers gesammelt, es handelt sich um Achondrite vom Ureilit-Typ (▶ Abschn. 31.3.2).

Die japanische Raumsonde *Hayabusa*-2 erreichte im Juni 2018 den nur 950 m großen, erdnahen Asteroiden (162.173) *Ryugu*, den sie zunächst im Abstand von 20 km begleitete. Später näherte sich die Sonde dem Asteroiden auf wenige Meter, führte ein geophysikalisches Messprogramm durch und entnahm mit einem genial konstruierten Greifarm Bodenproben des Regoliths. Am 3. Oktober 2018 setzte die Raumsonde die mobile, selbststeuernde Landesonde MASCOT (Mobile Asteroid Surface Scout) ab, eine deutsch-französische Gemeinschaftsproduktion der DLR und CNES, die mit geringer Geschwindigkeit auf der Oberfläche von Ryugu auftraf und sich dort 17 h bewegte. Dabei wurden Bilddaten zur Topographie und Geologie des Asteroiden aufgenommen, die Oberflächentemperatur, die Wärmeleitfähigkeit und das Magnetfeld von Ryugu bestimmt. Schon bevor von dieser Raumsonde zurückgebrachte Proben aus dem Regolith von Ryugu im Labor untersucht sind, ergeben sich aus Fernerkundungsdaten bereits jetzt große Ähnlichkeiten mit *kohligen Chondriten*, insbesondere vom besonders primitiven Typ *CI*, wie Ivuna oder Tagish Lake (▶ Abschn. 31.3.1). Das würde also erstmals die Zuordnung eines kohligen Chondriten zu einem bestimmten Asteroidentyp erlauben (Jaumann et al. 2019). Eine direkte Bestätigung wird aus den Laboruntersuchungen des hochporösen Gesteinsmaterials erwartet, das aus dem Regolith von Ryugu besteht. Dieses befindet sich in der 40 cm breite Probenkapsel, die am 5./6. Dezember 2020 von der Raumsonde *Hayabusa*-2 abgeworfen wurde und an einem Fallschirm über dem Gelände der RAAF Woomera Test Range niederging.

Wie wir gesehen haben, waren Meteoritenfälle in der Frühzeit unseres Sonnensystems häufiger als jetzt. Sie sind verantwortlich für die Formung der Kraterlandschaften, die wir heute noch auf Merkur, Venus und Mond beobachten, und steuerten wahrscheinlich Material zu krustenbildenden Prozessen auf den erdähnlichen Planeten bei. Möglicherweise führten volatilreiche Asteroiden und Kometen bei ihrem Aufprall auf der Erde zum Eintrag von Wasser und organischen Verbindungen in die Erdkruste, was die Entstehung von Lebens auf der Erde mit beeinflusst oder gar erst ermöglicht haben könnte. Andererseits werden Einschläge von riesigen kosmischen Körpern auf der Erde für Massenausterbe-Ereignisse in der geologischen Vergangenheit verantwortlich gemacht (▶ Abschn. 31.1).

Die statistische Wahrscheinlichkeit, dass einer der bekannten erdnahen Asteroiden mit der Erde kollidiert, ist jedoch sehr gering. Ein solch katastrophales Ereignis trifft schätzungsweise nur einmal in mehreren Hunderttausend Jahren ein. Trotzdem stellen erdnahe Asteroiden ein potentielles, wenn auch relativ geringes Risiko für die menschliche Zivilisation dar. Andererseits können sie in Zukunft als günstige Basislager für Missionen zu fernen Planeten genutzt werden. Aus diesen Gründen entwickelte sich Asteroidenforschung zu einem wichtigen Zweig der Weltraumforschung.

32.3 Die Riesenplaneten und ihre Satelliten

32.3.1 Astronomische Erforschung

Die Riesenplaneten *Jupiter* und *Saturn* sind mit dem bloßen Auge sichtbar und waren bereits im Altertum bekannt. Vermutlich wurde auch *Uranus* schon in vorgeschichtlicher Zeit von Menschen mit scharfem Beobachtungssinn am Nachthimmel gesehen; jedoch ist er heutzutage in den meisten Regionen, die unter künstlicher „Lichtverschmutzung" und/oder hohem Aerosolgehalt leiden, kaum mit freiem Auge zu erkennen. Wilhelm Herschel (1738–1822) entdeckte 1781 den Uranus mittels eines Teleskops, hielt ihn jedoch zunächst für einen neuen Kometen. Nachdem die Umlaufbahn von Uranus über mehrere Dekaden beobachtet worden war, erkannte man Bahnstörungen und damit scheinbare Abweichungen von den Kepler'schen Gesetzen. Aufgrund dieser Beobachtungen sagten John C. Adams (1819–1892) und Urbain J. J. Le Verrier (1811–1877) im Jahr 1846 unabhängig voneinander voraus, dass ein noch weiter entfernter Planet existieren müsste. Dieser wurde noch am Abend des 23. September 1846, als diese Voraussage bei ihnen eintraf, von den Berliner Astronomen Johann Gottfried Galle (1812–1910) und Heinrich L. D'Arrest entdeckt und *Neptun* benannt. Kurz davor hatten sie von Adams einen Brief bekommen mit der Bitte, nach diesem Planeten zu suchen! Allerdings weiß man heute, dass bereits 1612 Galileo Galilei (1564–1642) den Neptun gesehen, ihn aber nicht als Planeten erkannt hatte. Vermutungen über Bahnstörungen beim Neptun, die sich jedoch später als irrig erwiesen, lösten eine vergebliche Suche nach einem weiteren Riesenplaneten, dem „Transneptun", aus, führten aber 1930 zur Entdeckung des Zwergplaneten *Pluto* durch Clyde Trombaugh (z. B. Lunine 2005).

Bereits 1610 hatte Galileo Galilei die vier großen Jupitermonde *Io, Europa, Ganymed* und *Kallisto* entdeckt, während 1659 Christiaan Huygens (1629–1695) die *Sa-*

turnringe erstmals erkannte. Die erste große Lücke in der Ringfolge, die *Cassini'sche Teilung* wurde 1676 von Giovanni Domenico Cassini (1625–1712) beobachtet. In der Folge konnten durch die Qualitätsverbesserung von bodengestützten Teleskopen weitere Satelliten der großen Planeten entdeckt werden. Einen großen Fortschritt für die Beobachtung von Himmelskörpern brachte das *Hubble-Weltraumteleskop*, das seit 1990 die Erde in 590 km Höhe in 95 min einmal umkreist, sowie diverse Vorbeiflüge der NASA-Raumsonden *Pioneer* 10 und 11 (1973/1974), *Voyager* 1 und 2 (Start 1977), Galileo (Start 1995) und der NASA-ESA-Sonde *Ulysses* (Start 1990). Die NASA-Raumsonde *Juno,* die im August 1990 gestartet worden war, schwenkte im Juli 2016 in die polare Umlaufbahn von Jupiter ein.

Im Januar 2020 hatte die Raumsonde *Voyager* 1, die immer noch Messdaten zur Erde sendet, eine Entfernung von 22,13 Mrd. km oder 148 mal die Entfernung Erde − Sonne (= 135,4 AE) zurückgelegt und stößt an die Grenzen unseres Sonnensystems vor. Sie stellt so das von Menschenhand geschaffene Objekt dar, das am weitesten von der Sonne entfernt ist. Die Raumsonde *Galileo* beobachtete im Juli 1994 die Kollision des Kometen Shoemaker-Levy 9 mit dem Jupiter. Sie umkreiste von 1995 bis 2003 als Erste den Jupiter; sie setzte eine Sauerstoff-Sonde ab, die 58 min lang Messdaten sammelte, ehe sie bei einem Druck von >23 bar und einer Temperatur von 153 °C ihre Funktion einstellte.

Die Raumsonde *Cassini-Huygens,* die im Oktober 1997 von der NASA, der ESA und der Italienischen Weltraumbehörde ASI gestartet worden war, flog im Jahr 2000 am Jupiter vorbei und erreichte 2004 den Orbit von Saturn. 2005 wurde das Modul Huygens abgekoppelt, das auf dem Saturnmond *Titan* landete (Hsu et al. 2015). Die Mission endete 2017 mit dem Eintritt von Cassini in die Saturnatmosphäre. Die 2007 gestartet Raumsonde *New Horizons* flog noch im gleichen Jahr an Jupiter, 2008 an Saturn und 2014 an Neptun vorbei und erreichte 2015 als erste Raumsonde die Umlaufbahn von *Pluto*, den größten Zwergplaneten im *Kuiper-Gürtel* (▶ Abschn. 32.4). Allen diesen Weltraummissionen ist die Entdeckung mehrere Jupiter- und Saturnmonde sowie der meisten heute bekannten Uranus- und Neptunmonde zu verdanken.

Trotz dieser Fortschritte hatten die Ergebnisse der Planetenforschung zunächst wenig Bezug zu den stellaren Prozessen im gesamten Universum und waren daher für die meisten Astrophysiker nur von begrenztem Interesse. Das änderte sich in den 1990er-Jahren grundlegend, als die ersten Riesenplaneten *außerhalb* unseres Planetensystems entdeckt wurden (Wolszczan und Frail 1992; Mayor und Queloz 1995). An einigen von ihnen konnten bereits Bahndaten, Größe und Masse bestimmt werden, z. B. von HD209458 (Lunine 2005). Inzwischen wurden insgesamt über 300 Riesenplaneten

registriert, von denen Jupiter, Saturn, Uranus und Neptun mit Abstand am besten untersucht sind.

32.3.2 Atmosphäre und innerer Bau der Riesenplaneten

Schon Wildt (1932) hatte mittels teleskopischer Spektroskopie Methan und Ammoniak als Bestandteile der *Jupiteratmosphäre* entdeckt. Methan ist auch in den Atmosphären der übrigen Riesenplaneten vorhanden, während die Anwesenheit von NH_3 für Saturn sicher, für Uranus und Neptun fraglich ist; möglicherweise enthält die Neptunatmosphäre stattdessen Stickstoff. Aus der geringen mittleren Dichte der Riesenplaneten wurde schon länger vermutet, dass diese in ihrem Innern *Wasserstoff* enthalten müssten, jedoch konnten erst Kiess et al. (1960) in der Atmosphäre von Jupiter Wasserstoff spektroskopisch nachweisen, was ihnen später auch für die anderen Riesenplaneten gelang. Bei einem Druck von ca. 1 bar und Temperaturen zwischen −108 °C (Jupiter) und −197 °C (Uranus) liegt Wasserstoff in den Planetenatmosphären in Form gasförmiger H_2-Moleküle vor. Darüber hinaus konnte die Existenz von *Helium* erstmals durch die Raumsonde *Voyager* mit unterschiedlichen Methoden sichergestellt werden. Nach neuesten Messungen ist das molare He/H-Verhältnis für die obersten Schichten von Jupiter und Saturn 0,1359 ± 0,0027 bzw. 0,135 ± 0,025, d. h. ähnlich wie in den äußeren Bereichen der Sonne, während es für Uranus 0,152 ± 0,033 und für Neptun 0,190 ± 0,032 ist. Als untergeordnete Gaskomponenten wurden H_2O, PH_3, H_2S, AsH_3, GeH_4, Ne, Ar, Kr und Xe in der Jupiteratmosphäre, PH_3, AsH_3 und GeH_4 in der Saturnatmosphäre nachgewiesen (Lunine 2005).

Wie man aus astrophysikalischen Messungen, Schockwellenexperimenten und thermodynamischen Modellierungen ableiten kann, zeigen die Riesenplaneten in ihrem Inneren einen verwaschenen Lagenbau (◘ Abb. 32.6). Danach bestehen die *Riesen-Gasplaneten Jupiter* und *Saturn* bis zu großer Tiefe aus Wasserstoff und Helium, die bei Drücken von >100 kbar (= 10 GPa) allmählich in den *flüssigen* Zustand übergehen. Bei weiterem Druckanstieg auf ca. 1000 kbar (= 1 Mbar) und einer Temperatur von ca. 6000 K beginnen die Bindungen der H_2-Moleküle aufzubrechen und Wasserstoff geht in eine *flüssige metallische Modifikation* über, die aus Protonen H^+ in einem Elektronengas besteht. Wegen seiner metallischen Bindung stellt Wasserstoff im Innern von Jupiter und Saturn einen guten elektrischen Leiter dar, durch den elektrische Ströme fließen können. Bei der Rotation dieser Planeten ent-

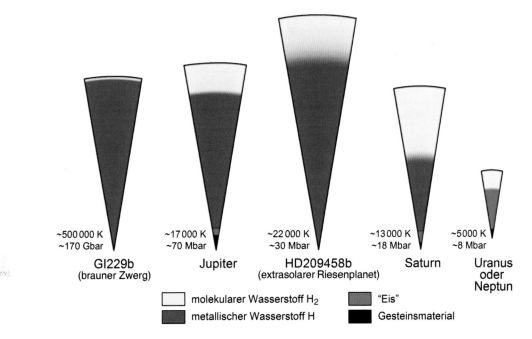

~500 000 K
~170 Gbar

~17 000 K
~70 Mbar

~22 000 K
~30 Mbar

~13 000 K
~18 Mbar

~5000 K
~8 Mbar

Gl229b
(brauner Zwerg)

Jupiter

HD209458b
(extrasolarer Riesenplanet)

Saturn

Uranus
oder
Neptun

☐ molekularer Wasserstoff H_2

☐ metallischer Wasserstoff H

☐ "Eis"

■ Gesteinsmaterial

☐ **Abb. 32.6** Innerer Aufbau der Riesenplaneten unseres Sonnensystems und des extrasolaren Riesenplaneten HD209458b sowie des braunen Zwerges Gl229b. (Nach Lunine 2005, mit freundlicher Genehmigung des Verlages Elsevier)

stehen daher starke Magnetfelder. Die Bedingungen für den Übergang von molekularem H_2 zu metallischem H sind beim Jupiter bereits in einer Tiefe von ca. 10.000 km unterhalb der obersten Wolkenschicht, d. h. bei ca. 16 % seines Gesamtradius gegeben. Dagegen werden die notwendigen Drücke beim Saturn wegen seiner viel geringeren Masse erst deutlich tiefer, bei etwa 45 % seines Gesamtradius erreicht (☐ Abb. 32.6). Möglicherweise gibt es im Inneren der beiden Planeten eine Zone, in der flüssiges H und He nicht mehr homogen miteinander mischbar sind; He würde dann in Form von Tropfen nach unten absaigern und sich erst in größerer Tiefe wieder im flüssigen H auflösen. Chemische Elemente mit höherer Ordnungszahl als H und He sind vermutlich im tiefen Inneren von Jupiter und Saturn regelmäßig verteilt und nicht in diskreten Lagen angereichert. Sehr wahrscheinlich besitzen beide Planeten einen Kern, dessen Radius etwa 10 % des Gesamtradius beträgt; seine Masse ist beim Jupiter etwa 10-mal, beim Saturn etwa 3-mal so groß wie die Erdmasse, liegt also in einer ähnlichen Größenordnung wie die Gesamtmassen von Uranus (= 14,6 M/M_E) und Neptun (= 17,1 M/M_E). Vermutlich besteht der äußere Kern von Jupiter und Saturn aus Eis und geht in einen inneren Kern aus festem Gesteinsmaterial über (☐ Abb. 32.6; Hubbard 1999; Lunine 2005).

Zweifelsfrei verhielt sich zumindest Jupiter in der Frühphase seiner Entwicklung noch sternähnlich. Bei seiner Kondensation zum Riesenplaneten wurde potentielle Gravitationsenergie in thermische Energie umgewandelt, die durch Strahlung freigesetzt wurde, sodass Jupiter damals regelrecht glühte (z. B. Hubbard 1999; Owen 1999). Dies hatte großen Einfluss auf die frühe Entwicklung der Jupitermonde. Noch heute lösen die gewaltigen Gezeitenkräfte von Jupiter die Vulkantätigkeit auf dem dem Jupiter am nächsten gelegenen Mond Io aus (s. ▶ Abschn. 32.3.3).

Der *extrasolare Riesen-Gasplanet* HD209458b besteht überwiegend aus Wasserstoff und Helium; der Übergang vom molekularen H_2 zu metallischem H erfolgt bereits in einer Tiefe von 20 % des Gesamtradius (☐ Abb. 32.6).

In den erheblich kleineren und masseärmeren *Riesen-Eisplaneten Uranus* und *Neptun* sind Elemente mit Atomgewichten > 4 deutlich angereichert. Diese Planeten besitzen etwa 5000 km dicke *Atmosphären,* die überwiegend aus molekularem H_2 bestehen und ca. 15 bzw. 19 Mol-% He enthalten. Unterhalb dieser atmospharischen Hülle wird ein Druck von etwa 100 kbar überschritten, sodass H_2 dort in den flüssigen Zustand übergeht. Demgegenüber werden Drücke von 1 Mbar, die für den Übergang von molekularem H_2 zu metallischem H notwendig sind, auch in größerer Tiefe niemals erreicht. Der weit überwiegende Anteil von Uranus und Neptun setzt sich aus einer Mischung von flüssigem H_2, He, H_2O-reichem „Eis" und Gesteinsmaterial zusammen. Unter der Bezeichnung „Eis" versteht man eine „heiße Suppe" aus H_2O, CH_4, NH_3 sowie weiteren chemischen Verbindungen, die aus diesen Molekülen bei hohen Temperaturen und Drücken gebildet wurden (Hubbard 1999). Vermutlich besitzen Uranus und Neptun Kerne, deren Radius etwa 15 % des Gesamtradius ausmacht und die vorwiegend aus festem Gesteinsmaterial bestehen (◻ Abb. 32.6).

Problematisch ist die Abgrenzung von Jupiter-ähnlichen Riesenplaneten, die sich aus einer protoplanetaren galaktischen Gas-Staub-Scheibe entwickelten (s. ▶ Kap. 34), und den *braunen Zwergsternen*, die – ähnlich wie die „eigentlichen" Sterne – durch Verdichtung des interstellaren Mediums entstehen. In beiden Fällen reicht die innere Temperatur, z. B. 17.000 K beim Jupiter und 22.000 K beim HD209458b, nicht für das Wasserstoff-Brennen aus, das über die stellare Nukleosynthese oberhalb von einer Temperaturen von $5 \cdot 10^6$ K erfolgt (▶ Abschn. 33.6). Allerdings ist bei den *braunen Zwergsternen* mit einer Masse von $\geq 0{,}013$ Sonnenmassen bereits das Deuterium-Brennen, d. h. die Reaktion $^2 D \rightarrow {}^3He$ möglich, was bei den Riesenplaneten noch nicht der Fall ist. Die Grenzziehung zu den braunen Zwergsternen wird dementsprechend bei 0,013 Sonnenmassen vorgenommen, während die Grenze zwischen den braunen Zwergen und den „eigentlichen" Sternen bei 0,08 Sonnenmassen liegt.

32.3.3 Die Jupitermonde

Die galileischen Monde zeigen erstaunliche Unterschiede in ihrem inneren Aufbau, wie sich bereits aus ihrer mittleren Dichte ablesen lässt. Diese beträgt bei Io 3,528, bei Europa 3,013, bei Ganymed 1,936 und bei Kallisto 1,8344 g/cm³, entsprechend Silikat-Anteilen von jeweils ca. 100, 94, 58 und 52 % (◻ Tab. 32.3). Ihre geologische Entwicklung wurde und wird von ihrem riesigen Mutterplaneten gesteuert, der in seiner Frühphase noch thermische Energie ausstrahlte und auch heute noch durch gewaltige Gezeitenkräfte einen erheblichen Einfluss auf seine Satelliten ausübt. Aus der unterschiedlichen Entfernung von Jupiter resultiert eine Entwicklung vom Jupiter-fernen primitiven, kaum differenzierten Mond Kallisto bis hin zum vollständig differenzierten, geologisch aktiven Mond Io in Jupiternähe (◻ Abb. 32.7). Gemeinsames Kennzeichen der galileischen Monde ist ihre hohe Albedo, die selbst beim dunkelsten Jupitermond Callisto noch

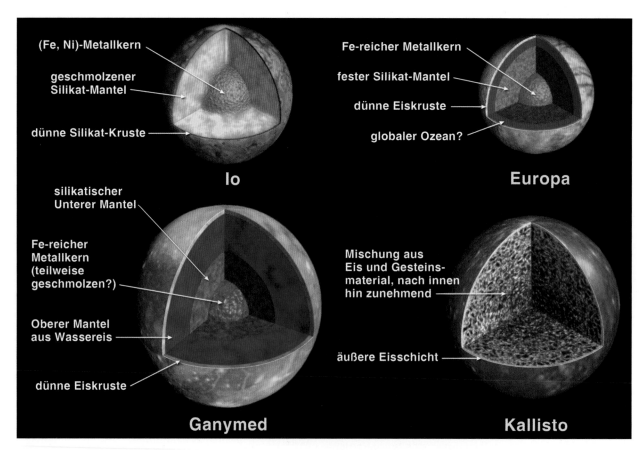

◻ **Abb. 32.7**   Der innere Aufbau der Jupitermonde Io, Europa Ganymed und Callisto. (Nach Johnson 1999)

doppelt so hoch wie beim Erdmond ist. Während Io auch im Infrarotbereich eine starke Reflektivität besitzt, beobachtet man bei Europa, Ganymed und Callisto eine starke IR-Absorption, was auf die Anwesenheit von H_2O-Eis hinweist (Johnson 1999, 2005).

Außer den galileischen Monden wird Jupiter noch von 12 kleineren Satelliten umrundet, über deren inneren Aufbau noch nichts bekannt ist. Drei der inneren Monde *Thebe*, *Andrastea* und *Metis* haben mittlere Dichten von 2,8–3,0, *Amalthea* dagegen nur 0,85 g/cm³; die Dichte der acht äußeren Monde liegt bei ca. 2,6 g/cm³. Ein schwaches *Ringsystem*, das Jupiter umgibt, dürfte aus Staub bestehen, der durch Impakte auf die kleinen inneren Monde freigesetzt wurde oder von ihrer Zerstörung durch Gezeitenkräfte herrührt (▸ Abschn. 32.3.5).

▪ Io

Als große Überraschung entdeckten die *Voyager*-Missionen, dass Io geologisch der bei weitem aktivste Himmelskörper ist, der – wie nirgendwo sonst in unserem Sonnensystem – durch den Vulkanismus bestimmt wird. Diese geologische Aktivität resultiert aus der Aufheizung durch Gezeitenspannung im Inneren von Io, die durch die Anziehungskraft zwischen Jupiter und den anderen galileischen Monden erzeugt wird.

Bei ihrem Vorbeiflug von Januar bis April 1979 dokumentierte die Raumsonde *Voyager* 1 durch fotografische Aufnahmen – die ersten von einem anderen Himmelskörper! – die Ausbrüche von neun verschiedenen Vulkanen. Schon 4 Monate später, im Juli 1979, zeigten Bilder von *Voyager* 2, dass bereits mehrere Eruptionen zum Erliegen, andere dagegen neu dazu gekommen waren. Bis jetzt wurden nahezu 400 aktive Vulkane auf Io bekannt. Bilder der Raumsonden *Galileo* (1999/2000), Cassini-Huygens (2000), New Horizons (2007) und *Juno*: (seit 2016, wird voraussichtlich bis 2025 verlängert) sowie des Hubble-Weltraumteleskops belegen, dass sich die Oberfläche von Io in ständiger Veränderung befindet. Mit einem Alter von nur wenigen Millionen Jahren gehört sie zu den jüngsten Landoberflächen in unserem Sonnensystem. Anders als Merkur, Venus, Mars und der Erdmond weist Io kaum Impaktkrater auf, da diese durch vulkanische Ablagerungen immer wieder zugedeckt oder durch vulkanische Prozesse zerstört werden. Vulkankrater und Calderen sind das dominierende Landschaftselement auf Io. Nicht weniger als 200 Calderen mit Durchmessern von >20 km wurden bislang entdeckt, von denen einige irdischen Calderen ähneln, während andere Durchmesser von bis ca. 200 km erreichen und teilweise mehrere Kilometer tief sind. Prominente Vulkanbauten sind der hufeisenförmige Lavasee *Loki Patera* mit einem Durchmes-

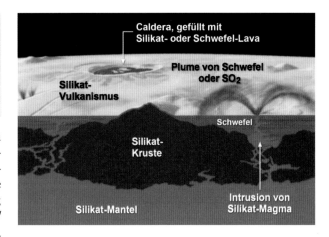

▫ Abb. 32.8 Schematische, nicht maßstäbliche Darstellung der geologischen Phänomene und des inneren Aufbaus des Jupitermondes Io. (Nach Johnson 1999)

ser von 202 km, in dessen Nähe sich eine 180 km lange Eruptionsspalte erstreckt. Der *Vulkan Haemus Mons* hat eine Basisfläche von 200 × 100 km und eine Höhe von ca. 10.000 m über NN. Daneben gibt es aber auch bis zu 9000 m hohe Berge, die nicht vulkanischen Ursprungs sind, sondern vermutlich durch tektonische Prozesse entstanden.

Viele Calderen enthalten Seen mit relativ kühler Schwefellava (▫ Abb. 32.8). Darüber hinaus zeigten spekroskopische Untersuchungen der Galileo-Mission (1995–2003), dass mehrere aktive Vulkane dünnflüssige Silikatlaven fördern, von denen einige deutlich heißer als ~1230 °C sind. Dementsprechend haben sie keineswegs gewöhnliche basaltische Zusammensetzung, sondern sind Mg-reiche, ultrabasische Laven, ähnlich dem terrestrischen Komatiit (Johnson 2005). Nach einer Abschätzung von Johnson (1999) wurden auf Io jährlich mindestens 500 km³ Lava gefördert, d. h. ~100 mal mehr als auf der Erde.

Neben diesem silikatischen Vulkanismus gibt es auf Io noch das auffallende vulkanische Phänomen der riesigen, pilzförmigen *diapirartig aufsteigenden Rauchwolken,* die von vulkanischen Zentren ausgehen und sich in Höhen von bis zu 400 km erheben (▫ Abb. 32.8). Sie erinnern an irdische Geysire, bestehen aber nicht aus Wasser, sondern aus flüssigem SO_2 (±S ?), das im Kontakt mit heißem Silikatmagma aufkocht. Wenn der überhitzte SO_2-Dampf die Io-Oberfläche erreicht, sublimiert er zu SO_2-Schnee, der in einer kalten Gaswolke mit Geschwindigkeiten von bis zu 1 km/s aufsteigt und im Vakuum hoch über Io pilzförmig ausgeblasen wird. Allmählich fällt der SO_2-Schnee wieder herab und bedeckt kreisförmige oder ovale Gebiete der Io-Oberfläche und ihre Ablagerungen. Im Gegensatz zu vulkanischen Explosionen, wie wir sie von der Erde kennen, sind diese diapirartigen Wolken auf Io also relativ langlebige Phänomene (Johnson 1999, 2005). Neben elementarem Schwefel und SO_2 wurde auf der Oberfläche von Io auch Halit nachgewiesen.

Io hat eine äußerst dünne *Atmosphäre,* die sich überwiegend aus SO_2 zusammensetzt und ca. 120 km Höhe erreicht. Die Ionosphäre erstreckt sich bis 700 km

Höhe und besteht aus S-, O-, Na- und K-Ionen. Der Teilchenverlust, der durch Wechselwirkung mit der Magnetosphäre von Jupiter entsteht, wird durch die ständige vulkanische Aktivität immer wieder ausgeglichen. Auf der Oberfläche von Io herrscht lediglich ein Luftdruck von $1\,\mu$bar $(= 10^{-6}$ bar $= 0,1$ Pa), verglichen mit ca. 1 bar $(= 1000$ hPa) auf der Erdoberfläche; die Oberflächentemperatur liegt bei -140 °C. Im Gegensatz zu den übrigen galileischen Jupitermonden gibt es auf Io kaum Wasser, was auf eine frühere viel wärmere Phase in seiner Geschichte hinweist.

In seinem *Inneren* zeigt Io einen deutlichen *Schalenbau*, ähnlich dem der erdähnlichen Planeten. Eine dünne Kruste aus Silikatgesteinen wird immer wieder von silikatischen Magmen oder von $SO_2(-S)$-Diapiren durchbrochen, die aus einem geschmolzenen silikatischen Mantel gespeist werden (◖ Abb. 32.7, 32.8). Der Kern von Io hat einen Radius von mindestens 450 km und besteht überwiegend aus einer (Fe,Ni)-Legierung, vielleicht mit einem gewissen Anteil an Troilit, FeS. Die Differentiation von Io in Metallkern, Silikatmantel und Silikatkruste wurde wahrscheinlich deswegen ermöglicht, weil sich der nahe Jupiter zu Beginn seiner Entwicklung sternähnlich verhielt (s. Abschn. 32.3.2). Der Planet produzierte daher genügend Hitze, um seine inneren Satelliten aufzuheizen, was zur Folge hatte, dass auf Io Wasser und andere leichtflüchtige Komponenten entweichen konnten.

Zusätzliche Wärme wurde durch Kollision mit Planetesimalen, durch Zerfall von kurzlebigen radioaktiven Isotopen, besonders ^{26}Al, und durch Gezeitenkräfte erzeugt. Heute wird die vulkanische Aktivität auf Io hauptsächlich durch die periodische Änderung der Gezeitenkräfte von Jupiter verursacht, die 6000-mal stärker sind als die der Erde und die durch Europa und Ganymed noch verstärkt werden. Dadurch wird Io regelrecht durchgeknetet und aufgeheizt, wobei es infolge der Bahnexzentrizität zu Gezeitenbergen von etwa 300 m Höhe kommt (Johnson 1999, 2005).

Europa

Aufnahmen des Hubble-Weltraumteleskops zeigen, dass Europa über eine sehr dünne *Atmosphäre* verfügt, deren Druck lediglich 10^{-11} bar beträgt. Sie besteht überwiegend aus Sauerstoff, der durch die Zersetzung von H_2O-Eis unter dem Einfluss der Sonnenstrahlung freigesetzt wurde, wobei das flüchtigere H_2 fast vollständig in den Weltraum entweichen konnte. Darüber hinaus enthält die Atmosphäre von Europa noch geringe Mengen an Na und K (Johnson 2005).

Im Gegensatz zu Io ist die *Oberfläche* von Europa vollständig mit einer hell reflektierenden, aber stark IR-absorbierenden Kruste aus H_2O-Eis bedeckt. Bei Oberflächentemperaturen von -150 °C am Äquator und -220 °C an den Polen ist diese Eiskruste hart wie Gestein und ungewöhnlich eben. Man erkennt nur wenige Impaktkrater, von denen nur drei einen Durchmesser von >5 km aufweisen. Mit 26 km Durchmesser ist *Pwyll* der größte von ihnen; er gehört zu den jüngsten geologischen Strukturen auf Europa. Wahrscheinlich wurden ältere Einschlagkrater durch Schmelzwasser gefüllt, das bald wieder zu Eis gefror. Kennzeichnend für die Oberfläche von Europa sind langgestreckte, teils gerade, teils gekrümmte oder verzweigte Rillen von geringer Tiefe. Sie wurden vermutlich durch komplexe tektonische Prozesse im Inneren des Mondes gebildet, möglicherweise unter dem Einfluss von Manteldiapiren. Darüber hinaus gibt es – ähnlich wie beim Asteroiden Ceres (s. ▶ Abschn. 32.2) – Hinweise auf kalte Geysire oder Kryovulkane: durch Gezeitenreibung aufgeheiztes Wasser durchbricht in flüssiger oder gasförmiger Form die Eiskruste und tritt an der Oberfläche von Europa aus, wo es sofort gefriert (Greeley 1999; Johnson 2005). Dunkle Flecken auf der Eisfläche gehen vielleicht auf die Zumischung von Salzmineralen, z. B. von Hexahydrit, $Mg[SO_4] \cdot 6H_2O$, und anderen H_2O-haltigen Sulfaten oder von gefrorener schwefeliger Säure zurück; der Schwefel könnte aus der Magnetosphäre von Io stammen. Weitere spektroskopisch nachweisbare Komponenten sind Wasserstoffperoxid, H_2O_2, sowie SO_2, CO_2 und O_2 (Greeley 1999; Johnson 2005).

Gravimetrische und magnetische Messungen machen wahrscheinlich, dass Europa – ähnlich wie Io – in einen metallischen Kern mit einem Radius von etwa 600–650 km und einen festen silikatischen Mantel differenziert ist. Darüber folgt ein mondumspannender, 60–140 km tiefer Salzwasserozean (◖ Abb. 32.7). Die darauf liegende feste Eiskruste ist etwa 10–15 km dick und dürfte nicht älter als 100–200 Ma sein (Johnson 2005). Sie ist vom Mantel durch den zwischenliegenden Ozean mechanisch abgekoppelt, auf dem sie daher schneller rotiert als der Großteil des Mondes. Durch Vergleiche von Aufnahmen der Raumsonden *Voyager* und *Galileo* konnte gezeigt werden, dass sich die Eiskruste in ca. 10.000 Jahren einmal um den Mond bewegt.

Ganymed

Mit einem mittleren Radius von 2630 km ist der „Eisriese" Ganymed der größte Mond in unserem Sonnensystem; er ist etwas größer als der Saturnmond *Ti-*

tan und deutlich größer als der Planet Merkur (▶ Abschn. 32.1.1; ◻ Tab. 32.3). Ähnlich wie Europa wird Ganymed von einer extrem dünnen *Atmosphäre* aus Sauerstoff und wenig Wasserstoff umgeben, bei einem Luftdruck von >1 μbar (>10^6 bar). Die Oberflächentemperatur liegt bei −160 °C.

Vorbeiflüge der Raumsonden *Pioneer* 10 und 11 (1973/1974), *Voyager* 1 und 2 (1979), *Galileo* (1996–2000), *New Horizons* (2007) und *Juno* (2019) ergaben, dass sich auf der *Oberfläche* von Ganymed zwei verschiedene Regionen unterscheiden lassen:

- Sehr alte, *dunkle Terrains* mit zahlreichen Impaktkratern bestehen aus Mischungen von H_2O-Eis, Gesteinsmaterial und Kohlenwasserstoffen. Ein wichtiges Landschaftselement sind langgestreckte, 5–10 km breite Furchen, die wahrscheinlich als Folge von riesigen Impaktereignissen in der frühesten Geschichte von Ganymed entstanden sind.

- Bei den *hellen, gefurchten Terrains* begann die Bildung schon vor 4 Ga und setzte sich bis vor ca. 100 Ma fort. Die charakteristischen, sich kreuzenden Systeme von parallelen Furchen, tektonischen Gräben und dominoähnlichen Staffelbrüchen entstanden durch Dehnungstektonik. Dabei zerbrach die spröde Eiskruste, die eine duktile Schicht von wärmerem Eis überdeckt. Darüber hinaus lassen sich Hinweise auf horizontale Blattverschiebungen sowie kryovulkanische Aktivitäten beobachten (Pappalardo 1999).

Im Vergleich zu Io und Europa hat Ganymed eine wesentlich geringere Dichte, woraus man schließen kann, dass dieser Mond viel kleinere Anteile an Silikat und Metall enthält. Diese sind heute im Innern des Mondes konzentriert, nachdem sie sich aus einer gleichmäßigen Mischung von 60 % Gesteinsmaterial und 40 % Eis differenziert hatten. Die Temperatur von Ganymed war jedoch hoch genug, dass dieses hochverdichtete Eis schmelzen konnte. Das entstandene Schmelzwasser wanderte nach oben, wo es wiederum gefror. Dieser Vorgang führte zu einer effektiven Abtrennung des Eisanteils, sodass Ganymed jetzt einen ausgeprägten Schalenbau aufweist (◻ Abb. 32.7). Eine dünne, sehr harte *Eiskruste* besteht überwiegend aus H_2O-Eis und enthält darüber hinaus CO_2, CH_2, Nitrile mit der allgemeinen Formel R–C=N sowie H–S, H_2O-haltige Sulfate, SO_2, O_2 und O_3 (Johnson 2005). Die Eiskruste wird von einem ca. 800 km dicken *Oberen Mantel* unterlagert, der aus cremigem H_2O-Eis besteht. Anomalien im Schwerefeld von Ganymed lassen sich vielleicht durch ungleichmäßig verteilte und unterschiedlich große Mengen an Gesteinsmaterial erklären, die in dieser Eisschicht eingeschlossen sind. Der darunter folgende *Untere Mantel* besteht aus festem Silikatgestein, während der kleine Metallkern vielleicht teilweise geschmolzen ist (Pappalardo 1999).

◻ **Tab. 32.3** Die wichtigsten Satelliten der Riesenplaneten (modifiziert nach Johnson 2005 und McKinnon 1999)

Planet	Satellit	Entfernung zum Planeten (km)	Radius (km)	Masse (10^{19} kg)	Dichte (g/cm³)	Geschätzter Silikatanteil (%)	Albedo (%)
Jupiter	Io	422.000	1821	8933	3,528	1,0	60
	Europa	671.000	1565	4797	3,013	0,94	70
	Ganymed	1.070.000	2634	14.820	1,936	0,58	40
	Kallisto	1.880.000	2403	10.760	1,8344	0,52	20
Saturn	Mimas	185.000	199	3,75	1,1479	0,27	80
	Enceladus	238.000	249	7,3	1,609	0,22	100
	Tethys	295.000	530	62,2	1,21		80
	Dione	377.000	560	105,2	1,478	0,46	60
	Rhea	527.000	764	231	1,236	0,40	70
	Titan	1.222.000	2575	13.450	1,8798	0,55	20
	Iapetus	3.561.000	718	159	1,088		40–50
Uranus	Miranda	130.000	236	6,59	1,20	0,30	30
	Ariel	191.000	579	135	1,592	0,53	40
	Umbriel	266.000	585	117	1,39	0,53	20
	Titania	436.000	789	353	1,711	0,62	30
	Oberon	583.000	761	301	1,63	0,60	20
Neptun	Triton	355.000	1353	2147	2,061	0,66	70

32

■ **Kallisto**

Als die Raumsonden *Voyager* 1 und 2 im Jahr 1979 an Kallisto vorbeiflogen, konnte mehr als die Hälfte der Oberfläche dieses Eismondes mit einer Auflösung von 1–2 km kartiert sowie Temperatur, Masse und Form des Mondes bestimmt werden. Zusätzliche Ergebnisse erbrachten acht nahe Begegnungen der Raumsonde *Galileo* (1994–2003), von denen sich die letzte dem Mond auf 138 km annäherte. Die Komponente *Galileo Orbiter* vollendete die globale Bildaufnahme, bereichsweise mit einer Auflösung von 15 m. Zusätzliche Ergebnisse erbrachten die Vorbeiflüge von *Cassini* (2000) und *New Horizons* (2007).

Die *Oberfläche* von Kallisto ist von einer enormen Fülle von Impaktkratern durchsetzt – die größte Kraterdichte im gesamten Sonnensystem! Allerdings sind in vielen Gebieten die Formen der Krater, die typischerweise Durchmesser von Zehnerkilometern haben, häufig durch Erosion oder Erdrutsche ausgelöscht worden. Wahrscheinlich sind die sogenannten *Catenas,* geradlinige Kraterketten, wie *Svol Catena* und *Gipul Catena* durch Asteroiden oder Kometen erzeugt worden, die vor ihrem Impakt durch die Gezeitenkräfte des Jupiters in einzelne Teile zerrissen wurden. Durch Einschläge planetarischer Körper entstanden darüber hinaus konzentrische ringförmige Erhebungen sowie gewaltige Multiring-Strukturen wie Valhalla und Asgard, die von hellen, konzentrischen Ringwällen umgeben sind und Gesamtdurchmesser von 3800 bzw. 1600 km besitzen. Dagegen sind größere Gebirgszüge auf Kallisto nicht vorhanden, und im Gegensatz zu Ganymed gibt es auch keine Hinweise auf tektonische Bewegungen.

Abgesehen von der intensiven Kraterbildung haben sich die *Oberfläche* und der *innere Aufbau* von Kallisto in ihrer Grundstruktur in den letzten 4 Mrd. Jahren nicht wesentlich verändert (❑ Abb. 32.7; Pappalardo 1999). Eine äußerste, ca. 200 km dicke Lage besteht hauptsächlich aus H_2O-Eis, wahrscheinlich mit verstreuten Gesteinsfragmenten. Sie enthält einen beachtlichen Anteil an H_2O-haltigen Silikaten und Sulfaten, Kohlenwasserstoffen sowie CO_2, CH_2, R–C=N, H–S, SO_2 und O_2 (Johnson 2005). Darunter folgt eine mehr oder weniger homogene Mischung aus Eis und Gesteinsmaterial, dessen Anteil zum Inneren hin kontinuierlich zunehmen dürfte (❑ Abb. 32.7). Die äußerst dünne *Atmosphäre* von Kallisto mit einem Druck von $<10^{-13}$ bar besteht vermutlich überwiegend aus O_2, untergeordnet aus CO_2 (Johnson 2005). Wegen seiner großen Entfernung zum Jupiter waren die Gezeitenkräfte innerhalb von Kallisto zu gering und dementsprechend die Temperatur nicht hoch genug, um eine effektive Fraktionierung in einen Metallkern, einen Silikatmantel und einen äußeren Eismantel zu ermöglichen.

32.3.4 Die Eismonde von Saturn, Uranus und Neptun

■ **Titan und die anderen Saturnmonde**

Der von Christiaan Huygens 1655 entdeckte Titan ist mit Abstand der größte und massereichste Satellit des Saturn. Er ist nur wenig kleiner als Ganymed, größer als Merkur und umfasst 95 % der Gesamtmasse aller 17 bisher bekannten Saturnmonde (❑ Tab. 32.3). Erste, leider etwas unscharfe Fotos seiner Oberfläche wurden während des Vorbeiflugs von *Pioneer* 11 (1979) und *Voyager* 1 und 2 (1980/1981) aufgenommen. Einen Durchbruch in der Erforschung von Titan gelang der NASA-ESA-ASI Doppel-Raumsonde *Cassini-Huygens*. Die 1997 gestartete Sonde umrundet den Saturn seit Juli 2004 und ist seitdem dreimal in geringen Höhen von 1200 km (Oktober 2004), 950 km (Juli 2006) und 880 km (Juni 2010) an Titan vorbeigeflogen, wobei sie von seiner Oberfläche Fotos mit hoher Auflösung aufnehmen konnte. Im Januar 2005 wurde das Modul *Huygens* abgekoppelt und landete mit einer Geschwindigkeit von 4,5 m/s am Ostrand einer hellen Region des Titans, die nun *Adiri* genannt wird.

Bemerkenswert ist die *wolkige Atmosphäre* von Titan, die einen Luftdruck von 1,5 bar (= 1500 hPa) auf seine Oberfläche ausübt und etwa fünfmal dichter als die Erdatmosphäre ist. Die Temperatur am Boden ist −170 °C und nimmt bis zu einer Höhe von 44 km, der Untergrenze der Stratosphäre (Tropopause), auf ca. −200 °C ab, um danach wieder auf einen Maximalwert von −121 °C in 500 km anzusteigen. Die Atmosphäre von Titan besteht zu 98,4 % aus Stickstoff und enthält ca. 1,6 % Ar mit wenig Methan, CH_4, aber keinem Sauerstoff. Aus dem Zerfall von CH_4 wird ständig eine geringe Menge an H_2 freigesetzt, die sich auf 0,2 % beläuft. In der höheren Atmosphäre erzeugen komplexe fotochemische Reaktionen, ausgelöst durch den UV-Anteil des Sonnenlichts, Spuren von Ethan, C_2H_6 (20 ppm), Ethin, C_2H_2, Ethen, C_2H_4, Propan, C_3H_8, Benzol, C_6H_6, Cyanwasserstoff HCN und andere komplexe Stickstoffverbindungen sowie He_2, CO (50 ppm), CO_2 und H_2O (Owen 1999; Johnson 2005). In etwa 20 km Höhe bilden sich Wolken, die aus flüssigem Methan und Stickstoff bestehen, während die Wolkenschicht in 50 km Höhe aus Methan-Stickstoff-Eis besteht. Der orangebraune „Smog", der Titan in 60–80 km Höhe umhüllt und zu seiner geringen Albedo von 20 % führt, besteht aus Tröpfchen von Ethan und Aerosolen.

Bis 2004 war die *Oberfläche* von Titan weitgehend unbekannt, da sie durch diese dichte Atmosphäre abgeschirmt ist. Die ersten Fotos der Doppel-Raumsonde *Cassini-Huygens* enthüllten die Vorherrschaft von grau-orangen Ebenen, die aus H_2O-Eis und Kohlenwasserstoffen mit "Felsbrocken" von ähnlicher Zusammensetzung bestehen. Da diese bei niedrigen Temperaturen entstanden sind, erinnern sie in ihrem Gefüge an Silikatgesteine. Viel seltener sind hügelige oder bergige Gebiete, die von Flusssystemen durchschnitten und erodiert werden. In der plateauähnlichen *Xanadu*-Region, die etwa die Größe von Australien hat, gibt es bis zu 2000 m hohe Gebirgszüge. Die Gebirgsbildung, die zu *tektonischen Strukturen* wie Gräben und Verwerfungen führt, wird nicht plattentektonischen Prozessen zugeschrieben, sondern der ständigen Kontraktion von Titan, die seit seiner Entstehung vor 4,5 Ga anhält. In lokalen Gebieten mit hoher Temperatur, sog. Frühbeeten, sind *Kryovulkane* aktiv, die Gemenge aus Wasser, Ammoniak und Kohlenwasserstoffen fördern. Die dunklen *äquatorialen Gebiete* enthalten große Wüsten mit Dünen, die bis zu 150 m hoch und mehrere Hundert Meter lang werden. Die ca. 0,3 mm großen Sandkörner können aus H_2O-Eis, organischen Feststoffen und/oder feinsten Staubpartikeln bestehen, die an Ethan gebunden sind. Fotografien des Teleskops *Gemini North* auf dem Mouna Kea in Hawaii und Bilder der Doppel-Raumsonde *Cassini-Huygens* dokumentieren riesige Tropenstürme, die z. B. vom 14. April bis 1. Mai 2008 tobten (Roe 2012). In den *Polargebieten* haben sich während des 7,5 Jahre dauernden Titan-Winters wiederholt große Methanseen gebildet, die von Flüssen gespeist werden, aber während des Sommers austrocknen. Diese atmosphärische Zirkulation erinnert an den Wasserkreislauf auf der Erde (z. B. Owen 1999; Roe 2012). Alle Beobachtungen belegen *junge exogene Prozesse,* hauptsächlich durch flüssige Kohlenwasserstoffe und Wind, die die Landschaftsformen des Titans gestalten. Impaktkrater sind viel seltener als auf den anderen Saturnmonden, da viele Himmelsobjekte, die sich Titan nähern, in seiner dichten Atmosphäre verbrennen und verdampfen.

Aufgrund seiner mittleren Dichte von 1,8798 g/cm³ enthält Titan einen durchschnittlichen Silikat-Anteil von 55 %, der wahrscheinlich im Kern des Mondes konzentriert ist. Dieser wird von einem Mantel aus einer Hochdruckmodifikation von H_2O-Eis umgeben, während die äußere Hülle aus H_2O-Eis und Methanhydrat, einem Clathrat der Zusammensetzung $CH_4 \cdot 5{,}75 \; H_2O$ besteht (Johnson 2005). Modellrechnungen sprechen für die Existenz eines den ganzen Mond umspannenden Ozeans, der sich zwischen diesen beiden Eisschichten ausbreitet. Die erhöhten Drücke zusammen mit einem Gehalt an ca. 10 % Ammoniak, NH_3, der als „Frostschutzmittel" wirkt, verhindern das Gefrieren von Wasser in dieser Schicht, für die eine Temperatur von $-20 \; °C$ angenommen wird.

Die anderen großen Saturnmonde Mimas, Enceladus, Tethys, Dione, Rhea und Iapetus haben mittlere Dichten zwischen 1,088 und 1,609 g/cm³, entsprechend geschätzten Silikatanteilen von 22–55 % (◘ Tab. 32.3). Mit Ausnahme von Iapetus ist das Reflexionsvermögen (Albedo) dieser Monde sehr hoch, was auf hohe Anteile an sehr reinem H_2O-Eis schließen lässt. Voyager-Bilder zeigen, dass die meisten dieser Monde alte Oberflächen mit zahlreichen Impaktkratern aufweisen. Die Existenz des riesigen Kraters *Herschel* auf *Mimas* mit 130 km Durchmesser macht deutlich, wie stabil sich eine extrem tiefgekühlte Eisoberfläche verhält. Einen Sonderfall bildet *Enceladus* mit großen kraterfreien Gebieten, die von zahlreichen Störungen, Rissen und Landrücken durchzogen sind und Überflutungen mit jungem Eis erkennen lassen. Das lässt auf rezente tektonische und kryovulkanische Aktivitäten sowie eine intensive Landformung schließen, die möglicherweise bis in die Gegenwart andauert (McKinnon 1999; Johnson 2005).

Zwischen Februar 2005 und Dezember 2015 flog die NASA und ESA-Raumsonde Cassini-Huygens 24-mal an Enceladus vorbei, davon 10-mal in Entfernungen von <100 km. Im März 2006 konnte die Sonde in einer Dampfwolke, die aus einem Riss im Eis von Enceladus austrat, Methan nachweisen. Für dieses wurde u. a. eine biogene Erzeugung durch Bakterien diskutiert. Experimente konnten zeigen, dass von den vier CH_4-erzeugenden Bakterien eines unter den Extrembedingungen, die auf Enceladus herrschen, lebensfähig wäre. Am 9. Oktober 2008 flog Cassini-Huygens im Abstand von nur 25 km, dem bisher geringsten in der Geschichte der Raumfahrt, an Enceladus vorbei und analysierte die ausgestoßenen Eiskügelchen mit dem Cosmic Dust Analyzer (CDA) und einem Massenspektrometer. Dabei wurden neben komplexen organischen Substanzen auch einfachere wie Azetaldehyd, CH_3-CHO, und Methylamin, CH_5N, nachgewiesen, aus denen sich Aminosäuren, die Bausteine der Proteine, bilden könnten.

Auch auf *Dione* und *Tethys* gibt es Hinweise auf Kryovulkanismus, bei dem wahrscheinlich nicht Wasser, sondern Ammoniak-Hydrat, $NH_3 \cdot H_2O$, gefördert wird. Solch eine Schmelze hat einen eutektischen Punkt bei $-97 \; °C$ und etwa die Viskosität einer Basaltlava (McKinnon 1999). Demgegenüber sind nach den bisher vorliegenden Erkenntnissen *Rhea* und *Iapetus* wahrscheinlich nicht mehr geologisch aktiv. Dunkle Flecken auf der Oberfläche von Iapetus bestehen aus Eis, das durch einen hohen Anteil an Kohlenwasserstoffen verunreinigt ist (McKinnon 1999; Johnson 2005).

Auch die *kleinen äußeren* Saturnmonde *Helene*, *Phoebe* und *Calypso* mit einer mittleren Dichte von 1,4, 1,63 bzw. 1,0 g/cm³ haben merkliche wenn auch unterschiedlich große Silikatanteile, während *Hyperion* und die sechs *kleinen inneren* Saturnmonde mit mittleren Dichten von 0,54–0,65 g/cm³ aus einem porösen H₂O-Eis mit geringem Silikatanteil bestehen dürften.

■ Die Uranusmonde

Von den fünf großen Hauptmonden des Uranus wurden *Titania* und *Oberon* 1787 durch Wilhelm Herschel, *Ariel* und *Umbriel* dagegen erst 1851 durch William Lassell (1799–1880) entdeckt. Noch viel später (1948) erfolgte die Entdeckung des kleineren und wesentlich masseärmeren Mondes *Miranda* durch Gerald Kuiper. Die IR-Spektren zeigen, dass auf allen fünf Satelliten H₂O-Eis vorhanden ist, jedoch legt das relativ geringe Reflexionsvermögen (Albedo) eine „Verschmutzung" durch Kohlenwasserstoffe nahe. Abgesehen von Miranda, die eine mittlere Dichte von 1,20 g/cm³ und einen geschätzten Silikatanteil von 30 % besitzt, sind die Hauptmonde von Uranus durch relativ hohe mittlere Dichte von 1,39–1,711 g/cm³ gekennzeichnet, was auf Silikatanteile von 53–62 % schließen lässt (◘ Tab. 32.3). Daneben sind H₂O-Eis sowie gefrorene Verbindungen von Kohlenstoff, z. B. Methan, CH₄, vielleicht auch von Stickstoff, am Aufbau dieser Satelliten beteiligt.

Die Bilder der *Voyager*-2-Mission lassen allerdings klar erkennen, dass die Hauptmonde von Uranus sehr unterschiedliche geologische Entwicklungen durchgemacht haben. So zeigen die Oberflächen von *Oberon* und *Umbriel* alte Krustengesteine, die von zahlreichen Impaktkratern unterschiedlichen Alters durchsetzt sind. Auf *Oberon* sind einige dieser Krater von strahlenförmigen Auswurfsmassen umgeben; sie zeigen auf ihrem Boden dunkle Flecken, die vermutlich durch kryovulkanische Eruptionen von kohlenstoffhaltigem Eis entstanden sind. Demgegenüber finden sich auf *Titania* spektakuläre, mehrere Kilometer tiefe Täler oder Canyons, die von großen Störungen begrenzt werden. Sie sind wohl in einer frühen geologischen Periode durch Dehnungstektonik entstanden. Auch die Oberfläche von *Ariel* gibt deutliche Hinweise auf geologische Aktivität. Ebene Bereiche mit geringer Kraterdichte sind von einem ausgedehnten Netzwerk von störungsgebundenen Canyons und Tälern durchsetzt, wodurch die älteren krustalen Terrains in polygonale Blöcke zerlegt werden. Die Böden der Canyons und Bereiche der Ebenen werden von gewölbten Materialströmen überflossen, die vermutlich aus kryovulkanischem Eis bestehen. Die verschiedenen Terrains auf Ariel haben sehr unterschiedliche Kraterdichten, was auf eine ausgedehnte Periode tektonischer und vulkanischer Aktivität schließen lässt.

Bei seinem Vorbeiflug 1986 in nur 30.000 km Entfernung konnte *Voyager* 2 exzellente Bilder von *Miranda* aufnehmen, die einen einzigartigen geologischen Bau erkennen lassen. Die Oberfläche dieses Mondes weist zahlreiche Verwerfungen mit extremer Sprunghöhe auf, die ein bruchstückhaftes geomorphologisches Muster bilden. Die entstandenen Canyons sind z. sehr tief, z. B. 20 km bei *Verona Rupes*. Diese Störungssysteme durchsetzen oder begrenzen drei große *Coronae*, eckige Gebiete von relativ dunkler Färbung. Dazwischen erstrecken sich hellere, sanft gewellte, aber stark zerkraterte Gebiete, die an die Hochländer des Mondes erinnern. Offenbar ist Miranda im Lauf seiner Geschichte durch Gezeitenkräfte von Uranus oder durch Kollision mit anderen Himmelskörpern mehrmals auseinandergerissen worden. Nach jedem dieser Ereignisse wurde der Mond durch seine eigene Schwerkraft immer wieder zusammengefügt. Während der Neuformung von Mirandas Oberfläche, die rasch nach diesen heftigen tektonischen Prozessen erfolgte, spielte Kryovulkanismus eine wichtige Rolle (McKinnon 1999).

Die fünf Hauptmonde von Uranus rotieren in mittleren Abständen um den Planeten. Darüber hinaus besitzt Uranus noch 22 weitere Satelliten, die teils durch den Vorbeiflug von *Voyager* 2 (1979), teils durch das Hubble-Weltraumteleskop und andere bodengestützte Teleskope entdeckt wurden. Eine innere, Planeten-nähere Gruppe kleiner Monde umrundet den Planeten auf nahezu kreisförmigen Bahnen. Dagegen weist eine äußere Gruppe sehr weite, ausgeprägt exzentrische, sehr stark geneigte oder sogar rückläufige Umlaufbahnen auf. Diese irregulären Satelliten wurden von Uranus eingefangen.

■ Der Neptunmond Triton

Von den 13 Satelliten des Neptun hat Triton, der 1848 vom britischen Astronomen William Lassell (1799–1880) entdeckt wurde, mit Abstand den größten Radius und die größte Masse (◘ Tab. 32.3). Mit einer mittleren Dichte von 2,061 g/cm³ besitzt Triton einen Silikatanteil von 65–70 %, einen der höchsten im äußeren Sonnensystem, ähnlich wie Pluto und dessen Mond Charon. Daraus lässt sich schließen, dass Triton ursprünglich die Sonne als Trans-Neptun-Objekt im Kuiper-Gürtel umkreist hatte (► Abschn. 32.4). Modellierungen von Agnor und Hamilton (2006) führen zum Schluss, dass Triton ursprünglich Teil eines Doppelplaneten – ähnlich Pluto-Charon – war, aus dem er bei einer nahen Begegnung mit dem Riesenplaneten Neptun herausgerissen und von diesem eingefangen wurde. Triton umläuft Neptun in einem kritischen Abstand, der sog. *Roche-Grenze* und ist daher dessen Gezeitenkräften sehr stark ausgesetzt. Da er sich Neptun immer mehr annähert, wird Triton in ca. 100 Ma zerrissen werden, wobei seine Bestandteile ein größeres Ringsystem ähnlich dem des Saturn bilden werden.

Die Roche-Grenze wurde bereits 1848 von dem französische Astronomen Éduard Roche (1820–1883) zur Erklärung der Saturnringe herangezogen. Sie gibt die Umlaufbahn an, bei der die Gezeitenkräfte des Mutterplaneten die inneren, stabilisierenden Gravitationskräfte eines Satelliten übersteigen. Dementsprechend bleibt der Satellit außerhalb der Roche-Grenze stabil, innerhalb der Grenze wird er zerstört und zu einem Ringsystem ausgezogen. Da die Roche-Grenze mit zunehmender Dichte des Satelliten abnimmt, können Monde, die aus Gesteinsmaterial bestehen, in Planeten-näheren Umlaufbahnen überleben als die Eismonde.

Wegen seiner extrem niedrigen Oberflächentemperatur von nur $-238,5\,°C$ kann Triton trotz seiner geringen Schwerkraft eine sehr dünne *Atmosphäre* aus $99,9\,\%$ N_2 und $0,1\,\%$ CH_4 festhalten; ihr Druck beträgt lediglich $0,014-0,019$ mbar $(1,5-1,9$ Pa$)$. Die eisige *Oberfläche* von Triton reflektiert extrem stark mit einer Albedo von $80\,\%$. Wie Absorptionsspektren belegen, besteht die Oberfläche von Triton – im Gegensatz zu den übrigen Satelliten des äußeren Sonnensystems – etwa zur Hälfte aus einem Gemenge von H_2O- und CO_2-Eis, zur anderen Hälfte aus N_2-, CO- und CH_4-Eis. Demgegenüber sind die *Kruste* und der *Mantel* von Triton wahrscheinlich aus H_2O-Eis aufgebaut (Cruikshank 1999), während der Kern, bestehend aus Gesteinsmaterial und Metall, bis zu zwei Drittel seiner Gesamtmasse einnehmen dürfte. Aufnahmen von *Voyager* 2 geben zahlreiche Hinweise darauf, dass Triton noch heute geologisch aktiv ist. Die gefrorene Oberfläche ist deformiert oder zerbrochen, wodurch ein Netzwerk von Verwerfungen entsteht. Kryovulkanische Aktivität führt zur Eruption von eisiger Lava, wahrscheinlich ein Gemenge von Ammoniak und Wasser. In kalten Geysiren, die man in den *Voyager*-Aufnahmen als dunkle Rauchfahnen erkennt, wird flüssiger Stickstoff und mitgerissener Gesteinsstaub bis 8 km hoch in die Luft ausgestoßen. Offensichtlich kann die Sonnenstrahlung die Atmosphäre durchdringen, um den gefrorenen Stickstoff zu verdampfen. Nur wenige Impaktkrater sind auf Triton erkennbar; die meisten von ihnen, besonders die älteren, wurden wohl durch geologische und atmosphärische Prozesse zerstört.

Die Rotationsachsen von Triton und Neptun bilden einen Winkel von 157°, und die Drehachse von Neptun ist um 30° gegen seine Umlaufbahn um die Sonne geneigt. Daraus folgt, dass während des 166 Erdenjahre dauernden Neptunumlaufs sowohl am Nordpol als auch am Südpol von Triton jeweils 40 Jahre lang Sommer und Winter herrschen. Daher dauert die sommerliche Erwärmung lange genug, um die Tritonoberfläche zu erwärmen.
Die *sechs inneren* Monde von Neptun, die 1979 durch den Vorbeiflug von *Voyager* 2 entdeckt wurden, sind dunkle, primitive Himmelskörper. Der größte von ihnen, *Proteus*, hat etwa die Größe von *Mimas* und *Miranda* (◻ Tab. 32.3). Wahrscheinlich entstanden diese inneren Monde nach dem Einfang von Triton, der zunächst eine sehr exzentrische Bahn hatte. Dadurch wurden bei den ursprünglich vorhandenen inneren Neptunmonden chaotische Bahnstörungen ausgelöst. Diese älteren Satelliten kollidierten miteinander, wurden zerbrochen und zu einer scheibenförmigen Ansammlung von Gesteinstrümmern zerkleinert, aus der sich erst dann sekundäre Monde bildeten, als sich die Umlaufbahn von Triton einer Kreisbahn angenähert hatte (McKinnon 1999). Der *äußere* Neptunmond *Nereid* wurde von 1949 von Gerard Kuiper entdeckt, sechs weitere äußere Monde kamen in den Jahren 2002–2003 als Neuentdeckungen hinzu. Diese ir-

regulären Monde, die großen und stark exzentrischen Umlaufbahnen folgen, wurden von Neptun eingefangen.

32.3.5 Die Ringsysteme der Riesenplaneten

Alle vier Riesenplaneten unseres Sonnensystems sind von Ringsystemen umgeben. Am auffälligsten sind die berühmten *Saturnringe*, die von der Erde aus bereits mit einem kleinen Teleskop beobachten werden können (◻ Abb. 32.1). Sie wurden erstmals 1610 von Galileo Galilei entdeckt, der sich jedoch über ihre wahre Form nicht schlüssig werden konnte. Er interpretierte sie zunächst als zwei verschiedene planetarische Körper, später als henkelförmige Gebilde (vgl. Burns 1999). Erst Christiaan Huygens erkannte 1659, dass Saturn von einem scheibenförmigen Ringsystem umgeben ist. Die Saturnringe liegen in der Äquatorialebene des Planeten; sie sind daher 26,7° zu dessen Umlaufbahn geneigt und werden von einem Betrachter auf der Erde unter verschiedenen Blickwinkeln gesehen. Alle 14,8 Jahre ist der dünne Rand der Ringe genau der Erde zugewandt und daher kaum sichtbar. Dieser Fall, der wieder für das Jahr 2023 erwartet wird, trat bereits zwei Jahre nach der Entdeckung der Saturnringe ein, als Galilei zu seiner Bestürzung feststellen musste, dass das von ihm beobachtete Phänomen scheinbar wieder verschwunden war.

Nach den Aufnahmen der Raumsonden *Voyager* 2 (1981) und *Cassini-Huygens* (2006) besteht das Ringsystem des Saturns aus mehr als 100.000 Einzelringen, die unterschiedliche Albedos, Farbtöne und Zusammensetzungen aufweisen und durch scharf begrenzte Lücken voneinander getrennt sind. Die größten Ringe werden von innen nach außen mit den Großbuchstaben $D \rightarrow C \rightarrow B \rightarrow A \rightarrow F \rightarrow G \rightarrow E$ bezeichnet. Schon 1675 hatte Giovanni Domenico Cassini die ausgeprägte, 4800 km breite Lücke zwischen dem A- und dem B-Ring, die *Cassinische Teilung*, erkannt. Innerhalb des A-Ringes existiert darüber hinaus die 325 km breite *Encke-Lücke*. Der innerste Ring (D) beginnt bereits ca. 7000 km über der Saturnoberfläche; der äußerste Ring (E) hat einen Durchmesser von 960.000 km.

Wie bereits Cassini vermutet hatte, sind die Saturnringe aus vergleichsweise kleinen Objekten von Feinkies- bis Blockgröße (1 cm bis 5 m, durchschnittlich 10 cm) aufgebaut. Jedes dieser Objekte umkreist den Planeten auf einer eigenen Umlaufbahn, die von den benachbarten unabhängig ist. Mit einer Albedo von 20–80 % sind die Saturnringe teilweise heller als der Planet selbst, der nur eine Albedo von 46 % aufweist. Daher muss man annehmen, dass die Objekte, aus denen die Ringe aufgebaut sind, entweder vollständig aus Eis oder aus Gesteinsmaterial bestehen, das von einer Eishülle umgeben ist (Burns 1999; Faure und Mensing 2007). Die Lücken zwischen den Ringen entstehen durch gravitative Wechselwirkungen zwischen den Ringen selbst sowie mit den zahlreichen Monden des Saturn, wobei auch Resonanz-Phänomene eine Rolle spielen. So ist der Saturnmond *Mimas* für die Cassinische Teilung verantwortlich. In einigen der Lücken kreisen kleinere Satelliten, die sog. *Schäfermonde*, die wesentlich zur Stabilität des Ringsystems beitragen.

Für die Entstehung der Saturnringe werden drei unterschiedliche Erklärungsmöglichkeiten diskutiert (Burns 1999; Faure und Mensing 2007):

1. Die Ringe könnten durch Zerstörung eines planetarischen Körpers entstanden sein, der aus Gesteinsmaterial und Eis bestand, z. B. eines Satelliten, der sich dem Saturn soweit genähert hatte, bis sein Orbit innerhalb der *Roche-Grenze* lag und daher durch die Gezeitenkräfte des Saturns zerstört und zu einem Ringsystem ausgezogen wurde.
2. Ähnlich wie unter 1. könnte ein Satellit, der sich dem Saturn genähert hatte, durch Kollision mit einem Kometen oder Asteroiden zerstört und in ein Ringsystem umgewandelt worden sein.
3. Schließlich könnten die Ringe aus der gleichen Materialwolke wie der Mutterplanet entstanden sein. Während der Akkretionsphase in der Frühzeit unseres Sonnensystems (▶ Abschn. 34.4) wäre es — infolge der Gezeitenkräfte des werdenden Saturns — den Planetesimalen nicht gelungen, sich zu einem Mond zusammenzuballen. Sie bildeten stattdessen ein Ringsystem.

Der E-Ring des Saturns, in dem der *Enceladus* kreist, besteht wahrscheinlich aus H_2O-Eis-Partikeln, die von diesem Saturnmond durch kryovulkanische Fontänen gespeist werden.

Für mehr als 3½ Jahrhunderte galt der Saturn als der einzige Planet unseres Sonnensystems, der ein Ringsystem aufweist. Im Jahr 1977 wurde dann aber auch ein Ringsystem um *Uranus* entdeckt. Verantwortlich dafür war die scheinbare Verdunkelung dieses Planeten, bedingt durch eine ungewöhnliche Position, bei der er genau zwischen der Erde und einem weit entfernten Stern stand. Zunächst konnten neun dünne Ringe festgestellt werden. In der Zwischenzeit hat sich aber ihre Zahl dank der Raumsonde *Voyager* 2 (1986) und des *Hubble-Weltraumteleskops* (2005) auf 13 erhöht. Im Gegensatz zum Saturn zeigen die Uranusringe eine wesentlich geringere Albedo von nur 1,5 %. Man nimmt daher an, dass die kreisenden Objekte, deren Größe zwischen 10 cm und 10 m variiert, aus einer Mischung von CH_4- und NH_3-Eis bestehen, die von Kohlenstoff-Staub und/oder organischen Molekülen überdeckt ist (Faure und Mensing 2007).

In den 1980er-Jahren konnte ebenfalls durch Sternverdunkelung sowie Beobachtungen der Raumsonde *Voyager* 2 (1989) festgestellt werden, dass auch *Neptun* von einem Ringsystem umgeben ist, das aus 6 bis 7 vollständigen Ringen besteht. Darüber hinaus enthält der äußerste Ring noch 5 unvollständige Ringbögen. Ähnlich wie beim Uranus besitzen die Neptunringe nur eine geringe Albedo von 3 % und scheinen unbeständig zu sein. Ihre wenige μm bis ca. 10 m großen Objekte bestehen aus CH_4-Eis, das von einer Hülle aus amorphem Kohlenstoff und organischen Substanzen umgeben ist.

Für die Entstehung der Ringsysteme um Uranus und Neptun diskutiert man die gleichen Modelle wie für die Saturnringe. Anders erklären muss man das schwach ausgeprägte Ringsystem um *Jupiter,* das 1974 durch Beobachtungen während der *Pioneer*-11-Mission vermutet, und 1979 durch Fotografien von *Voyager* 1 und 2 dokumentiert werden konnte. Die Jupiterringe mit einer Albedo von <5 % bestehen nämlich ausschließlich aus Staubpartikeln mit Durchmessern im μm-Bereich. Dieser Staub wird wahrscheinlich von der Oberfläche der kleinen felsigen Jupitermonde *Adrasta, Metis, Thebe* und *Almathea* durch ein ständiges Meteoriten-Bombardement freigesetzt.

32.4 Die Trans-Neptun-Objekte (TNO) im Kuiper-Gürtel

Unter den Tausenden von Trans-Neptun-Objekten (TNO), die den Kuiper-Gürtel in einem Sonnenabstand von 30−50 AE bilden, gibt es ca. 70.000 planetarische Kleinkörper mit >100 km Durchmesser. Darunter finden sich einige, die zur neuen Klasse der *Zwergplaneten* gerechnet werden. Sie verfügen über eine genügend große Masse, um durch ihre Eigengravitation das hydrostatische Gleichgewicht und damit eine Kugelgestalt anzunehmen; jedoch reicht ihre Masse nicht aus, um ihre Umlaufbahn von anderen Kleinkörpern freizuräumen. Bis heute hat die International Astronomical Association (IAU) in den Jahren 2005 und 2008 *Eris* (mittlerer Durchmesser = 2326 km), *Haumea* (mittlerer Durchmesser = ca. 1600 km) und *Makemake* (mittlerer Durchmesser = 1430 km) als Zwergplaneten anerkannt, während sie *Pluto* 2006 vom Rang eines vollwertigen Planeten herabstufte (s. ▶ Abschn. 32.5). Seit 2006 wird auch der *Asteroid Ceres* (mittlerer Durchmesser = 939,4 km) als Zwergplanet anerkannt (z. B. Lang 2011; ▶ Abschn. 32.2, ▣ Tab. 32.1). Als mögliche Zwergplaneten im Kuiper-Gürtel kommen Orcus, Quaoar, Sedna und Varuna infrage, für die jedoch bisher nicht sichergestellt ist, ob sie sich im hydrostatischen Gleichgewicht befinden. Auch *Haumea* hat wegen ihrer großen Rotationsgeschwindigkeit keine Kugelform, sondern ist mit einem äquatorialen Durchmesser von ca. 2200 km und einem Polabstand von ca. 1100 km stark abgeplattet (Ortiz et al. 2017).

Der planetarische Kleinkörper *Quaoar* wurde im Jahr 2002 entdeckt und nach einem indianischen Schöpfungsgott benannt (Fraser und Brown 2010). Genauere Messungen des Herschel-Weltraumteleskops der ESA (gestartet 2009) erbrachten einen Durchmesser von 1074 ± 38 km und eine mittlere Dichte von $2,18 \pm 0,46$ g/cm^3, die etwas höher als die des Pluto ($1,860$ g/cm^3) ist. Daher muss man annehmen, dass Quaoar überwiegend aus Silikatgesteinen aufgebaut ist, während die Oberfläche aus H_2O-Eis, gefrorenem Ammonium-Hydroxid, NH_4OH, plus ca. 5 % gefrorenem Methan, CH_4, und Ethan, C_2H_6, besteht. Der Quaoarmond *Weymot*, der 2007 entdeckt wurde, hat einen mittleren Durchmesser von 95 ± 24 km. Er besteht wahrscheinlich aus einem Mantel aus H_2O-Eis mit etwas CH_4-Eis, der einen Gesteinskern umgibt. Möglicherweise ist *Weymot* ein Relikt des ursprünglich vorhandenen Eismantels um Quaoar, der bei einer heftigen, streifenden Kollision mit einem zwei- bis dreimal massereicheren Himmelskörper vollständig zertrümmert wurde und bis auf geringe Reste verloren ging (Fraser und Brown 2010).

Im November 2018 und Februar 2019 entdeckten Scott Shephard, David Tholen und Chad Trujillo am Mauna-Kea-Observatorium zwei neue Trans-Neptun-Objekte unseres Sonnensystems, die mit 120 und 132 AE die bislang größten Entfernungen von der Sonne aufweisen. Dementsprechend erhielten sie die provisorischen Spitznamen *Farout* und *Farfarout*. Mit Durchmessern von 656 bzw. ca. 400 km sind sie deutlich kleiner als die fünf bis jetzt anerkannten Zwergplaneten.

32.5 Der Zwergplanet Pluto und sein Mond Charon: ein Doppelplanet

Mit einem mittleren Durchmesser von nur $2376,6 \pm 1,6$ km ist der 39,88 AE entfernte Kleinplanet Pluto deutlich kleiner als *Haumea*, aber auch kleiner als der Erdmond und die anderen sechs großen Monde in unserem Sonnensystem (◻ Tab. 32.3). Pluto ist der wichtigste und am besten untersuchte Vertreter der zahlreichen Trans-Neptun-Objekte. Er bewegt sich um die Sonne auf einer elliptischen Bahn mit der großen Exzentriziät von 0,248; die Bahn weicht also viel stärker von der Kreisform ab, als alle anderen Planetenbahnen (◻ Tab. 32.1) und schneidet die Neptunbahn im sonnennahen Bereich, dem Perihel (◻ Abb. 32.1).

■ **Astronomische Erforschung**

Die Suche nach einem weiteren großen Planeten, dem Transneptun, wurde 1905 von Percival Lowell (1855–1916) in dem von ihm gegründeten Lowell-Observatorium bei Flagstaff (Arizona) initiiert. Erst nach 25 Jahren (1930) fand Clyde Tombaugh den Zwergplaneten Pluto; jedoch wurde die genaue Bestimmung seiner Masse und seines Durchmessers erst 1978 durch die Entdeckung des großen Plutomondes *Charon* ermöglicht. Im Jahr 2005 wurden mit dem Hubble-Weltraumteleskop die kleinen Monde *Hydra* und *Nix* entdeckt. Am 19. Januar 2006 erfolgte der Start der Raumsonde *New Horizons,* die noch heute (2022) den äußersten Bereich unseres Sonnensystems durchstreift. Sie flog am 14. Juli 2015 in Entfernungen von 12.500 km an Pluto und von 28.000 km an Charon vorbei und dokumentierte die bis 3500 m hohen *Norgay-Berge* und die äquatornahe, herzförmige *Tombaugh Regio,* das größte Gebiet mit heller Oberfläche auf Pluto. Ihren Westteil bildet die kraterfreie *Sputnik Planitia,* eine 1000 km breite Ebene, die mit gefrorenen Schlamm aus Stickstoff-Eis (ca. 98 % N_2) mit Spuren von NH_4- und CO-Eis bedeckt ist. Diese Ebene entstand vor ca. 100 Jahren und wird noch heute durch geologische Prozesse überformt (Stern et al. 2015). Den Ostteil nimmt ein Hochland mit großer Albedo ein, die durch eine Deckschicht aus Stickstoff bedingt ist, der aus der Sputnik Planitia ausgeblasen und als N_2-Eis abgelagert wurde. Einiges davon fließt als Eisstrom, ähnlich den irdischen Gletschern, wieder zur Sputnik-Ebene zurück (Gipson 2015; Stern et al. 2015). Anders als diese zeigt die dunkle äquatornahe *Cthulhu Regio,* unmittelbar westlich der Tombaugh-Region gelegen, geologische Merkmale wie Steilwände und Gräben sowie zahlreiche große Krater (Stern et al. 2015).

■ **Atmosphäre und innerer Aufbau**

Pluto hat eine dünne Atmosphäre, die einen geringen Luftdruck von 10 μbar (= 1 Pa) ausübt und ganz überwiegend aus Stickstoff, N_2 (ca. 98 %), mit untergeordneten Anteilen an CH_4 (ca. 1,5 %) und Spuren von CO, HCN, C_2H_2 und C_2H_6 besteht (Cruikshank 1999; Zimmer 2010). Die Oberflächentemperatur variiert zwischen -218 und -240 °C. Kennzeichnend für die *Oberfläche* von Pluto sind erhebliche regionale Unterschiede in der Albedo. Während die hellen Gebiete weitgehend aus N_2-Eis bestehen, könnten die dunklen Bereiche auf einen größeren Gesteinsanteil zurückgehen oder auch auf Anreicherungen von komplexen Kohlenwasserstoffen und Nitrilen, $R–C \equiv N$, die oft charakteristische rote, orange oder schwarze Farbtöne aufweisen (Cruikshank 1999; Stern et al. 2015). Aus dem Bildmaterial von *New Horizons* geht hervor, dass N_2-Eis nur einen dünnen Überzug auf festem Untergrund bildet, der überwiegend aus H_2O-Eis besteht (Stern et al. 2015).

Mit einer Dichte von $1,860 \pm 0,013$ g/cm^3 dürfte Pluto zu etwa 70 % aus Gesteinsmaterial bestehen, das vermutlich in seinem Kernbereich konzentriert ist und von einem dicken Mantel aus festem H_2O-Eis umgeben wird. Durch radioaktive Aufheizung könnte sich zwischen Gesteinskern und Eismantel ein unterirdischer Ozean aus Wasser gebildet haben. Dafür spricht eine ungewöhnliche magnetische Signatur des Pluto, die sich durch einen hohen Elektrolytgehalt in diesem unterirdischen Wasserreservoir, bedingt durch einen gewissen Gehalt an Salzen, CH_4 oder NH_3 erklärt ließe (Hussmann et al. 2006).

■ **Der Plutomond Charon**

Wie aus ◘ Tab. 32.1 entnommen werden kann, hat der Erdmond nur $^1/_4$ des Erdradius und $^1/_{83}$ der Erdmasse. Im Gegensatz dazu ist Charon mit einen Radius von 606 ± 3 km, d. h. etwa der Hälfte von Pluto, und einem Masseverhältnis von $^1/_8$ seines Mutterplaneten deutlich größer. Beide Himmelskörper rotieren um eine gemeinsame Achse, die außerhalb von Pluto liegt; sie bilden also einen *Doppelplaneten* (z. B. Agnor und Hamilton 2006). Aufgrund der Gezeitenkräfte haben Pluto und Charon ihre Eigenrotation soweit abgebremst, dass sie sich während eines Umlaufs genau einmal um die eigene Achse drehen und sich daher stets die gleiche Seite zuwenden. Die Bilder von *New Horizons* zeigen zahlreiche komplexe geologische Strukturen, so Bruchstufen, dunkle gekrümmte Musterungen und Gräben sowie einen Wechsel zwischen stark gekraterten und glatten Ebenen (Stern et al. 2015). Wenn man die Absorptionsspektren von Pluto und Charon voneinander abzieht, kommt man zu dem Schluss, dass – im Gegensatz zu Pluto – auf der Oberfläche von Charon H_2O-Eis dominiert, obwohl die zusätzliche Anwesenheit von CH_4 und N_2 nicht auszuschließen ist. Allerdings hat H_2O-Eis unter den *P-T*-Bedingungen des äußeren Sonnensystems nur eine recht kurze Lebenserwartung von einigen 100.000 Jahren, kann also erst vor relativ kurzer Zeit erstarrt sein. Daraus lässt sich vermuten, dass auf Charon unter einer dünnen Eiskruste ein Wasserozean existiert (vgl. Zimmer 2010). Die dunkle Farbe von Charon könnte durch die „Verschmutzung" des H_2O-Eises durch Kohlenwasserstoffe oder komplexe organische Verbindungen bedingt sein (Cruikshank 1999).

32.6 Kometen

Kometen sind wichtige Zeugen für die frühe Geschichte unseres Sonnensystems. Ihre Kerne stellen Ansammlungen von lockerem Gesteinsmaterial, Staub und Eis dar, die in den äußersten, kalten Bereichen unseres Sonnensystems, d. h. überwiegend jenseits der Neptunbahn (◘ Abb. 32.1) zusammengefügt wurden, wo leichtflüchtige Komponenten zu Eis kondensieren

konnten. Fast alle *Kometenkerne* haben Durchmesser von < 50 km; sie sind dunkel und weisen – im Gegensatz zu Asteroiden – eine Atmosphäre auf. Bei Annäherung an die Sonne stoßen die Kerne große Mengen an Gas, Staub und Gesteinsmaterial in den Weltraum aus, wobei sie sich mit der *Koma*, einer diffusen, nebeligen Hülle umgeben, die Ausdehnungen von 2–3 Mio. km erreicht. Zusammen mit dem Kern bildet diese den *Kometenkopf*, der durch Reflexion des Sonnenlichts an den Staubteilchen und durch Ionisierung der Gase zunehmend heller wird. Ab Sonnenentfernungen von 2 AE werden die Bestandteile der Koma durch den Sonnenwind und den Strahlungsdruck der Sonne weggeblasen und es entsteht der spektakuläre, zweigeteilte Kometenschweif (◘ Abb. 32.1), der zur Bezeichnung „Haarstern" (grch. κομήτης) führte. Die beiden Schweifteile sind:
- der langgestreckte *Plasmaschweif* (Typ I) besteht überwiegend aus Gasmolekülen; er wird vom Sonnenwind erzeugt, einem Strom von Elektronen, Protonen und α-Teilchen, der von der Korona der Sonne ausgeht;
- der diffuse, gekrümmte *Staubschweif* (Typ II) wird durch den Strahlungsdruck der Sonne beeinflusst.

Kometenschweife werden meist einige Zehnermillionen, bei sonnennahen Objekten sogar bis zu mehreren Hundertmillionen Kilometer lang und machen so Kometen zu den eindrucksvollsten Erscheinungen am Nachthimmel.

Periodische Kometen umkreisen die Sonne auf stabilen elliptischen Umlaufbahnen, sodass ihre regelmäßige Wiederkehr aufgrund ihrer Bahnelemente gesichert ist. *Langperiodische Kometen* mit Umlaufzeiten von >200 Jahren stammen aus der Oortschen Wolke mit einem Sonnenabstand von bis zu 100.000 AE. Demgegenüber sind *kurzperiodische Kometen* mit Umlaufzeiten von <200 Jahren im Kuiper-Gürtel oder in der nach außen anschließenden *„scattered disc"* beheimatet. Im Zeitraum zwischen 1986 und 2014 erfolgten im Rahmen von Weltraummissionen knappe Vorbeiflüge an den 2,3–11 km großen Kernen der kurzperiodischen Kometen Halley, Grigg-Skjellerup, Borelly, Wild 2, Tempel 1, Hartley 2, und Tschurjumow-Gerassimenko, um die chemische Zusammensetzung ihres Eisanteils zu analysieren. Neben vorherrschend H_2O, CO und CO_2 wurden untergeordnet auch H_2S, CH_3OH, CH_4, NH_3, HCHO, C_2H_2, C_2H_6, HCN u. a. nachgewiesen. Eine beispiellose Vielfalt von organischen Molekülen erbrachte die ESA-Mission Rosetta (2014), die den Kopf des Kometen *Tschurjumow-Gerassimenko* drei Monate lang begleitete und das mit Instrumenten bestückte Landemodul *Philae* auf der Oberfläche des Kerns aussetzte (Wright et al. 2015).

Von besonderem mineralogischen Interesse sind die Ergebnisse der NASA-Mission *Stardust*, bei der die Koma des Kometen *Wild 2* mit einem Staubkollektor beprobt wurde. Dieser bestand aus cm-dicken Blöcken von hochporösem Silikat-Aerogel, das die Staubkörnchen auffing und abbremste. Unter den Tausenden von gesammelten *Kometen-Partikeln* waren 150 größer als 10 µm, konnten also gut mikroskopisch untersucht werden. Dabei wurden zwei charakteristische Bestandteile identifiziert (z. B. Brownlee et al. 2018), die wir bereits aus der primitivsten Meteoritengruppe, den *Chondriten* kennen (▶ Abschn. 31.3.1):

- Ca-Al-*reiche Einschlüsse* bestehen aus Anorthit, Gehlenit, $Ca_2Al[AlSiO_7]$, Diopsid, Fassait, $Ca(Mg,Ti,Al)[(Si,Al)_2O_6]$, Spinell und extrem seltenen Körnchen von V-reichem Osbornit, $(Ti,V)N$.
- *Chondren* zeigen den typischen Mineralbestand Olivin + Ca-armer Pyroxen.

Diese Bestandteile bildeten sich vor >4,56 Ga bei hohenTemperaturen von weit über 1000 °C, also im sonnennahen Bereich der protoplanetaren Gas-Staub-Scheibe, aus der unser Sonnensystem entstand (▶ Abschn. 34.4). Das impliziert, dass diese Staubkörnchen von ihrem Bildungsort einen weiten Weg bis in den äußersten kalten Bereich des werdenden Sonnensystems zurückgelegt haben, wo sie in das Eis von leichtflüchtigen und organischen Komponenten eingebettet wurden. Im Gegensatz zu den ursprünglichen Erwartungen wurden im Kern des Kometen Wild 2 nur sehr wenige Partikel gefunden, die sich aufgrund ihrer Sauerstoffisotopenzusammensetzung als *präsolare Bildungen* aus dem interstellaren Raum identifizieren ließen.

Literatur

Agnor CB, Hamilton DP (2006) Neptune's capture of its moon Triton in a binary-planet gravitational encounter. Nature 221:192–194

Andert TP, Rosenblatt P, Pätzold M, Häusler B, Dehant V, Tyler GL, Marty JC (2010) Precise mass determination and the nature of Phobos. Geophys Res Lett 37(9): L09202

Bertka CM, Fei Y (1997) Mineralogy of the Martian interior up to core-mantle pressures. J Geophys Res 102:5251–5264

Borg LE, Edmunson J, Asmeron Y (2005) Constraints on the U-Pb systematics of Mars inferred from a combined U-Pb, Rb-Sr, and Sm-Nd isotopic study of the Martian meteorite Zagami. Geochim Cosmochim Acta 69:5819–5830

Brownlee ED, Clark BC II, A'Hearn MF, Sunshine JM, Namakura T (2018) Flyby missions to comets and return sample analysis. Elements 14:87–93

Burns JA (1999) Planetary rings. In: Beatty JK, Petersen CC, Chaikin A (Hrsg) The new solar system, 4. Aufl. Cambridge University Press, Cambridge, S 221–240

Byrne PK, Klimczak C, Celâl Sengör AM (2018) The tectonic character of Mercury. In: Solomon SC, Nittler LR, Anderson BJ (Hrsg) The view after MESSENGER. CambridgeUniversityPress, Cambridge, S 249–286

Carr MH (1999) Mars. In: Beatty JK, Petersen CC, Chaikin A (Hrsg) The new solar system, 4. Aufl. Cambridge University Press, Cambridge, S 141–156

Carr MH (2015) Roving across Mars: searching evidence of former habitable environments. Elements 11:12–13

Cartier C, Wood BJ (2020) The role of reducing conditions in building Mercury. Elements 15:39–45

Chapman CR (1999) Asteroids. In: Beatty JK, Petersen CC, Chaikin A (Hrsg) The new solar system, 4. Aufl. CambridgeUniversityPress, Cambridge, S 337–350

Charlier B, Namur O (2019) The origin and differentiation of planet Mercury. Elements 15:9–14

Christensen PR, Wyatt MB, Glotch AD, Rogers AD, Anwar S, Arvidson RE, Bandfield JL, Blaney DL, Budney L, Calvin WM (2004) Mineralogy of meridiani planum from the mini-TES experiment on the opportunity rover. Science 306:1733–1739

Cloutis EA, Binzel RP, Gaffey MJ (2014) Establishing asteroid–meteorite links. Elements 10:25–30

Cruikshank DP (1999) Triton, Pluto, and Charon. In: Beatty JK, Petersen CC, Chaikin A (Hrsg) The new solar system, 4. Aufl. Cambridge University Press, Cambridge, S 285–296

Downs RT, MSL Science Team (2015) Determining mineralogy on Mars with the CheMin X-ray diffractometer. Elements 11:45–50

Efroimsky M, Laney V (2007) Physics of bodily tides in terrestrial planets and the appropriate scales of dynamic evolution. J Geophys Res 112(E12):E12003

Faure G, Mensing TM (2007) Introduction to planetary science – the geological perspective. Springer, Dordrecht

Fegley B Jr (2005) Venus. In: Davis AM (Hrsg) (2005) Meteorites, comets, and planets. Treatise on geochemistry, Bd 1. Elsevier, Amsterdam Oxford, S 487–507

Fraser WC, Brown ME (2010) Quaoar: a rock in the Kuiper belt. Astrophys J 714:1547–1550

Gellert R, Clark III BC, MSL Science Team (2015) In situ compositional measurements of rocks and soils with alpha particle X-ray spectrometer on NASA's Mars rovers. Elements 11:39–44

Gipson L (2015) New Horizon discovers flowing ices on Pluto. NASA New Horizon, 24 July, 2015

Giuranna M, Roush TL, Duxbury T, Hogan RC, Carli C, Geminale A, Formisano V (2010) Compositional interpretation of PFS/MEx and TES/MGS thermal infrared spectra of Phobos. Planet Space Sci 59:1308–1325

Greely R (1999) Europa. In: Beatty JK, Petersen CC, Chaikin A (Hrsg) The new solar system, 4. Aufl. Cambridge University Press, Cambridge, S 253–262

Grotzinger JP, Crisp JA, Vasavada AR, Science Team MSL (2015) Curiosity's mission of exploration at Gale Crater, Mars. Elements 11:19–26

Hartmann WK (1999) Small worlds: patterns and relationships. In: Beatty JK, Petersen CC, Chaikin A (Hrsg) The new solar system, 4. Aufl. Cambridge University Press, Cambridge, S 311–320

Hartmann WK, Neukum G (2001) Cratering chronology and the evolution of Mars. Space Sci Rev 96:165–194

Head JW III (1999) Surfaces and interiors of terrestrial planets. In: Beatty JK, Petersen CC, Chaikin A (Hrsg) The new solar system, 4. Aufl. Cambridge University Press, Cambridge, S 311–320

Head JW, Chapman CR, Strom RG, Fassett CI, Denevi BW, Blewtt DT, Ernst CM, Watters TR, Solomon SC, Murchie SL (2011) Flood volcanism in the northern high latitudes of Mercury revealed by MESSENGER. Science 22:1853–1856

Hsu S, Postberg F, Sekine Y, Shibuya T, Kempf S, Horányi M, Juhász A, Altobelli N, Suzuki K, Masaki Y (2015) Ongoing hydrothermal activities within Enceladus. Nature 519:207–210

Hubbard WB (1999) Interiors of the giant planets. In: Beatty JK, Petersen CC, Chaikin A (Hrsg) The new solar system, 4. Aufl. Cambridge University Press, Cambridge, S 193–200

Hunt GE, Moore P (1982) The planet Venus. Faber and Faber, London

Hussmann H, Sohl F, Spohn T (2006) Subsurface oceans and deep interiors of medium-sized planet satellites and large trans-neptun objects. Icarus 185:258–273

Jakosky BM (1999) Atmospheres of the terrestrial planets. In: Beatty JK, Petersen CC, Chaikin A (Hrsg) The new solar system, 4. Aufl. Cambridge University Press, Cambridge, S 175–191

Jaumann R, Schmitz N, Ho T-M, Ho T-M, Schröder E, Otto KA, Stephan S, Elgner S, Krohn K, Preusker F, Scholten F et al (2019) Images from the surface of asteroid Ryugu show rocks similar to carbonaceous chondrite meteorites. Science 365:817–820

Johnson TV (1999) Io. In: Beatty JK, Petersen CC, Chaikin A (Hrsg) The new solar system, 4. Aufl. Cambridge University Press, Cambridge, S 241–252

Johnson TV (2005) Major satellites of the giant planets. In: Davis AM (Hrsg) Meteorites, comets, and planets. Treatise on geochemistry. Elsevier, Amsterdam Oxford, S 637–662

Kah LC, Science Team MSL (2015) Images from curiosity: a new look on Mars. Elements 11:27–32

Keil K (2002) Geological history of asteroid 4 Vesta: the smallest terrestrial planet. In: Bottke W, Cellino A, Paolocchi P, Binzel RP (Hrsg) Asteroids III. University of Arizona Press, Tucson, S 573–584

Kiess CC, Corliss CH, Kiess KH (1960) High-dispersion spectra of Jupiter. Astrophys J 132:221–231

King PL, McLennan SM (2010) Sulfur on Mars. Elements 6:107–112

Kleine T, Mezger K, Palme H, Scherer E, Münker C (2005) Early core formation in asteroids and late accretion of chondrite parent bodies: evidence from ^{182}Hf-^{182}W in CAIs, metal-rich chondrites, and iron meteorites. Geochim Cosmochim Acta 69:5805–5818

Libourel G, Corrigan CM (2014) Asteroids: new challenges, new targets. Elements 10:11–17

Lin J-F, Fei Y, Sturhahn W, Zhao J, Mao H-K, Hemley RJ (2004) Magnetic transition and sound velocities of Fe$_3$S: implication for Earth and planetary cores. Earth Planet Sci Lett 226:33–40

Lodders K, Fegley B Jr (1998) An oxygen isotope model for the composition of Mars. Icarus 126:373–394

Lunine JI (2005) Giant planets. In: Davis AM (Hrsg) Meteorites, comets and planets. Treatise on geochemistry, Bd 1. Elsevier, Amsterdam Oxford, S 623–636

Mayor M, Queloz D (1995) A Jupiter-mass companion to a solar-type star. Nature 378:355–359

McCord TB, Adams JB, Johnson TV (1970) Asteroid Vesta: spectral reflectivity and compositional implications. Science 168:1445–1447

McKinnon WB (1999) Midsize icy satellites. In: Beatty JK, Petersen CC, Chaikin A (Hrsg) The new solar system, 4. Aufl. Cambridge University Press, Cambridge, S 297–310

McSween HY Jr (2005) Mars. In: Davis AM (Hrsg) Meteorites, comets, and planets. Treatise on geochemistry, Bd 1. Elsevier, Amsterdam Oxford, S 601–621

McSween HY, De Sanctis MC, Prettyman TH, Dawn Science Team (2014) Unique, antique Vesta. Elements 10:39–44

Namur O, Charlier B, Holtz F, Cartier C, McCammon C (2016) Sulfur solubility in reduced mafic silicate melts: implications for the specification and distribution of sulfur on Mercury. Earth Planet Sci Lett 448:102–114

Mouginis-Mark PJ, Boyce JM (2012) Tooting crater: geology and geomorphology of the archetype, fresh impact. Chem Erde/Geochem 72:1–23

Neukum G, Ivanov BA, Hartmann WK (2001) Cratering records in the inner solar system in relation to the lunar reference system. Space Sci Rev 96:55–86

Neveu M, Desch SJ (2015) Geochemistry, thermal evolution, and cryovolcanism on Ceres with a muddy ice mantle. Geophys Res Lett 42(10):197–206

Nimmo F, McKenzie D (1998) Volcanism and tectonics on Venus. Ann Rev Earth Planet Sci 26:23–53

Nittler LR (2014) Near-Shoemaker at Eros: the first detailed exploration of an asteroid. Elements 10:51–52

Nittler LR, Weider SZ (2019) The surface composition of Mercury. Elements 15:33–38

Ortiz JL, Santos-Sanz P, Sicardy B, Benedetti-Rossi G, Bérard D, Morales N, Duffard R, Braga-Ribas F, Hopp U, Ries C und weitere Koautoren (2017) The size, shape, density and ring of the dwarf planet Haumea from a stellar occultation. Nature. 550:219–223

Owen T (1999) Titan. In: Beatty JK, Petersen CC, Chaikin A (Hrsg) The new solar system, 4. Aufl. Cambridge University Press, Cambridge, S 277–284

Pappalardo RT (1999) Ganymed and Callisto. In: Beatty JK, Petersen CC, Chaikin A (Hrsg) The new solar system, 4. Aufl. Cambridge University Press, Cambridge, S 263–275

Potter A, Morgan TH (1985) Discovery of sodium in the atmosphere of Mercury. Science 229:336–340

Potter A, Morgan TH (1986) Potassium in the atmosphere of Mercury. Icarus 67:651–653

Raymond CA, Ermakov AI, Castillo-Rogez JC, Marchi S, Johnson BC, Hesse MA, Scully JEC, Buczkovski DL, Sizemore HG, Schenk PM et al (2020) Impact-driven mobilization of deep crustal brines on dwarf planet Ceres. Nature Astronomy 4:741–747

Riedcr R, Economou T, Wänke H, Turkevich A, Crisp J, Brückner J, Dreibus G, McSween HY Jr (1997) The chemical composition of the Martian soil and rocks returned from the mobile Alpha Proton X-ray spectrometer: preliminary results from the X-ray mode. Science 278:1771–1774

Rivoldini A, Van Hoolst T, Verhoeven O, Mocquet A, Dehant V (2011) Geodesy constraints on the interior structure and composition of Mars. Icarus 213:451–472

Roe HG (2012) Titan's methane weather. Ann Rev Earth Planet Sci 40:355–382

Rothery D (2005) Planet Mercury: from pale pink dot to dynamic world. Springer, Cham

Saunders RS (1999) Venus. In: Beatty JK, Petersen CC, Chaikin A (Hrsg) The new solar system, 4. Aufl. Cambridge University Press, Cambridge, S 97–110

Shalygin EV, Markiewicz WJ, Basilevsky AT, Titov DV, Ignatiev NI, Head JW (2015) Active volcanism on Venus in the Ganiki Chasma rift zone. Geophys Res Lett 42:4762–4769

Slade MA, Butler BJ, Muhlman DO (1992) Mercury radar imaging: evidence for ice. Science 258:635–640

Stern SA, Bagenal F, Ennico K, Gladstone GR, Grundy WM, McKinnon WB, Moore JM, Olkin CB, Spencer JR, Weaver HA und weitere Koautoren (2015) The Pluto system: initial results from its exploration by New Horizon. Science 350(6258):292–299

Strom RG, Schaber GG, Dawson DD (1994) The global resurfacing of Venus. J Geophys Res 99:10899–10926

Tanaka KL, Skinner Jr JA, Dohm JM, Rossman PI, Kolb EJ, Fortezzo CM, Platz T, Michael GG, Hare TM (2014) Geologic map of Mars. U.S. Geological Survey Scientific Investigations Map 3292, scale 1:20,000,000, 43 S

Taylor GJ (2013) The bulk composition of Mars. Chem Erde/Geochem 73:401–420

Taylor GJ, Scott ERD (2005) Mercury. In: Davis AM (Hrsg) Meteorites, Comets and Planets. Treatise on Geochemistry. Elsevier, Amsterdam Oxford, S 477–485

Thomas RJ, Rothery DA (2019) Volcanism on Mercury. Elements 15:27–32

Thomas RJ, Rothery DA, Conway SJ, Anand M (2014) Long-lived explosive volcanism on Mercury. Geophys Res Lett 41:6084–6092

Tsuchiyama A (2014) Asteroid Itokawa – a source of ordinary chondrites and a laboratory for surface processes. Elements 10:45–50

Unsöld A, Baschek B (2005) Der neue Kosmos, 7. Aufl, korr. Nachdruck. Springer, Berlin

Vander Kaaden KE, McCubbin FM, Nittler LR, Peplowski PN, Weider SZ, Frank EA, McCoy TJ (2017) Geochemistry, mineralogy and petrology of boninitic and komatiitic rocks on the Mercurian surface: insights into the Mercurian mantle. Icarus 285:155–168

Vilas F (1999) Mercury. In: Beatty JK, Petersen CC, Chaikin A (Hrsg) The new solar system, 4. Aufl. Cambridge Universiy Press, Cambridge, S 87–96

Wänke H, Dreibus G (1988) Chemical composition and accretion history of the terrestrial planets. Phil Trans Roy Soc London A325:545–557

Wänke H, Brückner J, Dreibus G, Rieder R, Ryabchikov I (2001) Chemical composition of rocks and soils at the Pathfinder site. Space Sci Rev 96:317–330

Wiens RC, Maurice S, Science Team MSL (2015) ChemCam: chemostratigraphy by the first Mars microprobe. Elements 11:33–38

Wildt R (1932) Absorptionsspektren und Atmosphären der großen Planeten. Veröff. Univ Sternwarte Göttingen 2:171–180

Wolszczan A, Frail DA (1992) A planetary system around millisecond pulsar PSR1257+12. Nature 355:145–147

Wright IP, Sheridan S, Barber SJ., Morgan GH, Andrews DJ, Morse AD (2015) CHO-bearing compounds at the surface of 67P/Churyumov-Gerasimenko revealed by Ptolemy. Science 349(6247): aab0673

Yin A (2012) Structrural analysis of the Valles Marineris fault zone: possible evidence for large-scale strike-slip faulting on Mars. Lithosphere 4:286–330

Zimmer H (2010) Achtzig Jahre Pluto – Aus der Geschichte eines (Zwerg-)Planeten. Sterne und Weltraum 7(2010):42–51

Abb. 33.1 Ionenradius gegen Ionenladung geologisch relevanter Spurenelemente (mod. nach Rollinson 1993); schattiertes Band markiert die ungefähre Grenze zwischen kompatiblen und inkompatiblen Spurenelementen. (Nach Gill 1993)

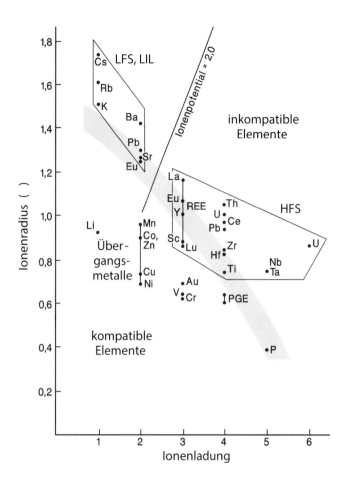

33.2 Chemische Zusammensetzung der Gesamterde

Eine Abschätzung der durchschnittlichen chemischen Zusammensetzung der Gesamterde ist schwierig, denn der Erdmantel und der Erdkern, die mit Anteilen von 67,2 und 32,4 % zusammen etwa 99,6 % der Masse unseres Planeten ausmachen, sind nicht direkt für chemische Analysen zugänglich. Die kontinentale Erdkruste ist nur etwa zu 0,36 Gew.-%, die ozeanische Erdkruste sogar nur noch zu 0,072 Gew.-% beteiligt, während das Weltmeer mit 0,023 Gew.-% und die Atmosphäre mit 0,842 ppm überhaupt nicht ins Gewicht fallen (z. B. Javoy 1999). Wie in ▶ Kap. 29 ausführlich dargelegt, kann man jedoch eine Reihe von Beobachtungen und Analysen nutzen, um fundierte Vorstellungen über die chemische und mineralogische Zusammensetzung von Erdmantel und Erdkern zu gewinnen:

- geophysikalische, insbesondere seismische Messungen und Modellierungen;
- direkte petrographische und geochemische Analysen von Mantelgesteinen und Meteoriten;
- Hochdruck- und Ultrahochdruckexperimente, in denen die erwarteten Bedingungen im Erdmantel und Erdkern simuliert werden;

- spektroskopische Analyse der Sonne und anderer Fixsterne;
- direktes Studium an Asteroiden durch Raumsonden.

Trotz zahlreicher solcher Daten sind noch einige wichtige Probleme ungeklärt, die für die Frage nach der chemischen Zusammensetzung der Gesamterde wichtig oder sogar entscheidend sind:

- Haben der *Obere* und *Untere Erdmantel* die gleiche lherzolithische Zusammensetzung oder hat der Untere Erdmantel einen abweichenden *perowskitischen* Chemismus?
- Was ist der chemische Charakter der *Übergangszone* im Grenzbereich Oberer/Unterer Erdmantel und der *D"-Schicht* an der Kern-Mantel-Grenze?
- Welche leichten Elemente sind dem Äußeren Erdkern beigemischt und in welchem Mengenverhältnis?

Daneben gibt es noch eine Reihe weiterer ungelöster Fragen zur Geochemie des Erdinnern, auf die im Rahmen dieses Lehrbuchs nicht eingegangen werden kann. Mehr Information kann u. a. in folgenden Arbeiten gefunden werden: Poirier (1994), Javoy (1999), Carlson (2005), McDonough (2005), Lauretta (2011), Palme und O'Neill (2014).

Wie in ▶ Abschn. 31.3.1 gezeigt, repräsentieren die *Chondrite* relativ undifferenzierte Meteoriten-Mutter-köper aus dem Asteroidengürtel unseres Planetensystems. Insbesondere die primitive Gruppe der *kohligen Chondrite* stellt sozusagen die *Urmaterie* in der frühen Bildungsphase unseres Sonnensystems dar. Deshalb ist es wahrscheinlich, dass die frühe Erde ursprünglich chondritischen Chemismus hatte, bevor sie sich in Erdmantel und Erdkern differenzierte. Es erscheint also sinnvoll, bei der Berechnung der chemischen Gesamtzusammensetzung der Erde von einem chondritischen Mantel auszugehen. Die Frage ist nur, welchen Chondrit-Typ man dafür zugrunde legen will.

Mason (1966) ging bei seinen Berechnungen vom Mittelwert der *gewöhnlichen Chondrite (H-* und *L-Typen)* aus, die mit Abstand die häufigsten Meteorite überhaupt darstellen. Er nahm ferner an, dass im Kern als leichtes Element lediglich Schwefel vorhanden ist. Danach berechnet sich die Zusammensetzung des Erdkerns (Dichte 7,15) aus dem durchschnittlichen Elementverhältnis in der Metallphase von Chondriten, das sehr gut mit demjenigen in Eisenmeteoriten übereinstimmt, plus dem mittleren Gesamtgehalt an FeS (Troilit):

	24,6	Gew.-%	Fe
+	2,4	Gew.-%	Ni
+	0,13	Gew.-%	Co (und andere siderophile Elemente)
=	27,1	Gew.-%	Fe-Legierung (Dichte = 7,90 g/cm^3)
+	5,3	Gew.-%	Troilit (Dichte = 4,80 g/cm^3)
=	34,4	Gew.-%	Erdkern (Dichte = 7,15 g/cm3)

Der Erdmantel entspricht dann in seiner Zusammensetzung dem Anteil an Silikat (+ Oxid + Phosphat) der mittleren chondritischen Zusammensetzung.

Demgegenüber ging Ringwood (1966, 1975) vom Mittelwert der *kohligen Chondrite vom Typ C1* aus. Diese primitiven Chondriten sind allerdings hoch oxidiert und enthalten einen enorm hohen Anteil an chemischen Elementen, die sich bei erhöhten Temperaturen volatil (leichtflüchtig) verhalten, besonders H, C, O, S und Cl, die Metalle Hg, Tl, Pb, Zn und Cd, aber auch Na, K und Ge. Sie müssen während der frühen Differentiationsphase des Erdkörpers größtenteils in den Weltraum verdampft sein. Hierfür wird ein Anteil von mindestens 32 Gew.-% angenommen (Javoy 1999). Außerdem musste ein Teil des Eisens reduziert werden, um den Metallkern zu bilden. Ringwood nahm an, dass der hochvolatile Schwefel größtenteils abdampfte und daher nicht in den Erdkern eingebaut wurde und schloss, dass dieser aus einer Fe–Ni–Si-Legierung mit 11 Gew.-% Si besteht. Allerdings bedeutet die Anwesenheit von metallischem Si im Erdkern

neben FeO im unteren Erdmantel, dass während der Kern-Mantel-Differentiation kein thermodynamisches Gleichgewicht erlangt wurde. Trotzdem stimmt die von Ringwood (1966) aus dem *C1*-Mittel durch Abzug der volatilen Elemente und des Erdkerns berechnete Durchschnittszusammensetzung des Erdmantels sehr gut mit dem Chemismus seines *Modell-Pyrolits* überein (Ringwood 1975).

Neuere Überlegungen gehen davon aus, dass der Erdkern mehr als eines der leichten Elemente Si, O oder S enthält (Poirier 1994). So berechnete Javoy (1999) als mittlere Kernzusammensetzung: 79,46 % Fe, 5,61 % Ni, 0,57 % Cr, 0,56 % Mn, 9,65 % Si, 2,27 % S, und 1,88 % O. Demgegenüber erbrachte eine alternative Berechnung von McDonough (2005): 85,5 % Fe, 5,2 % Ni, 0,90 % Cr, 6,0 % Si, 1,90 % S, 0,25 % Co, 0,20 % P, 0,20 % C, 600 ppm H, 300 ppm Mn, 200 ppm Cl, 150 ppm V, 75 ppm N, aber keinen Sauerstoff.

In ◻ Tab. 33.2 werden diverse Versuche einer Berechnung der mittleren Zusammensetzung der Erde miteinander verglichen. Daraus ergeben sich zwar viele grundsätzliche Übereinstimmungen, aber auch Unterschiede im Detail. Die durchschnittliche chemische Zusammensetzung der Gesamterde ist keinesfalls von rein akademischem Interesse und steht in unmittelbarem Zusammenhang mit dem Verständnis für die Prozesse, durch die unser Planetensystem entstanden ist. Die in ◻ Tab. 33.2 zusammengestellten Ergebnisse stellen wichtige Randbedingungen dar, wenn man die Bildungsmechanismen der erdähnlichen Planeten und die Differentationsprozesse, die in ihrer Frühphase abgelaufen sind, modellieren will. Umgekehrt wären die dargestellten Berechnungsmodelle ohne den Input kosmologischer Vorstellungen nicht denkbar. Geochemie und Kosmologie befruchten sich gegenseitig in einem ständigen Iterationsprozess.

33.3 Chemische Zusammensetzung der Erdkruste

33.3.1 Berechnungen der durchschnittlichen Krustenzusammensetzung: Clarke-Werte

Die chemische Zusammensetzung der Erdkruste, insbesondere der kontinentalen Kruste, ist für uns von entscheidendem Interesse, da hier unsere Rohstoffquellen liegen. Der erste Versuch, die durchschnittliche Zusammensetzung der Erdkruste zu ermitteln, stammt von Clarke und Washington. Sie berechneten einen Durchschnittswert aus 5159 Gesteinsanalysen magma-

◫ Tab. 33.2 Unterschiedliche Abschätzungen der Zusammensetzung der gesamten Erde

Gew.-%	Ringwood (1966)	Mason (1966)	Ganapathy und Anders (1974)	Javoy (1999) C1-Modell	Javoy (1999) HE-Modell	McDonough (2005)
Fe	31	34,63	35,98	29,41	33,15	32
Ni	1,7	2,39	2,02	1,71	2,00	1,82
Co	–	0,13	0,093	–	–	0,088
S	–	1,93	1,66	–	0,84	0,64
O	30	29,53	28,65	32,01	30,07	29,7
Si	18	15,2	14,76	17,3	19,09	16,1
Mg	16	12,7	13,56	15,68	12,12	15,4
Ca	1,8	1,13	1,67	1,5	1,00	1,71
Al	1,4	1,09	1,32	1,4	0,92	1,59
Na	0,9	0,57	0,143	0,19	0,11	0,18
Cr	–	0,26	0,472	0,43	0,36	0,47
Mn	–	0,22	0,053	0,31	0,25	0,08
P	–	0,1	0,213	–	–	0,0715
K	–	0,07	0,017	0,018	0,00.026	0,016
Ti	–	0,05	0,077	0,07	0,05	0,081
C	–	–	–	–	–	0,073
H	–	–	–	–	–	0,026
Summe	100,8	100	100,69	100,03	99,96	100,05

tischer Gesteine, wobei sie unvollständige und schlechte Analysen aufgrund bestimmter Qualitätskriterien ausschieden (Clarke 1924). Da die Erdkruste zum überwiegenden Teil aus Magmatiten besteht, erscheint ihre Bevorzugung gerechtfertigt. Zwar ist die Erdoberfläche zu mehr als 75 % von Sedimenten und Sedimentgesteinen bedeckt, doch machen diese in der gesamten Erdkruste nur ca. 8 Vol.-% aus, während die Magmatite einen Anteil von ca. 65 Vol.-% aufweisen (◫ Tab. 3.2). Von den metamorphen Gesteinen, die mit ca. 27 Vol.-% am Aufbau der Kruste beteiligt sind, leitet sich wiederum ein beträchtlicher Anteil, insbesondere Orthogneise, Amphibolite und Grünschiefer, von magmatischen Ausgangsgesteinen ab.

Dem Ansatz von Clarke und Washington wurde jedoch mit einer Reihe von Einwänden begegnet:
- Die geographische Verteilung der analysierten Proben war ungleichmäßig, da sie überwiegend aus Nordamerika und Europa stammten.
- Seltene Gesteinstypen erscheinen überrepräsentiert, da sie das besondere Interesse der Petrologen fanden und daher bevorzugt untersucht worden waren.
- Obwohl der Hauptteil der Erdkruste aus Granit und Basalt aufgebaut ist, wurden ihre jeweiligen tatsächlichen Gesteinsvolumina nicht berücksichtigt.

Nichtsdestotrotz wurden die von Clarke & Washington gewonnenen Ergebnisse in der Folge durch andere Methoden mehr oder weniger bestätigt. So stimmt der Mittelwert von glazialen Geschiebelehmen Norwegens, die eine Mischung aus unterschiedlichen magmatischen, metamorphen und sedimentären Gesteinen darstellen, erstaunlich gut mit den Werten von Clarke und Washington überein (Goldschmidt 1933).

Insgesamt haben sich die sog. *Clarke-Werte* im Lauf der Zeit als Basiswerte für geochemische Vergleiche bewährt (◫ Tab. 33.3), denn sie geben die Mengenverhältnisse der chemischen Elemente in der Erdkruste relativ gut wieder. Demnach sind nur acht chemische Hauptelemente, nämlich O, Si, Al, Fe, Mg, Ca, Na, K und Mg, mit mehr als 1 Gew.-% am Bau der Erdkruste beteiligt, in der sie zusammen 98,6 Gew.-% ausmachen. Rechnet man noch die vier Nebenelementen Ti, H, P und Mn mit Gehalten von 0,1–1 Gew.-% hinzu, so kommt man auf 99,4 Gew.-%. Aus ◫ Tab. 33.3 wird die überragende Bedeutung von Sauerstoff und Silicium deutlich. Die führende Rolle des Sauerstoffs kommt noch stärker zum Ausdruck, wenn man die Clarke-Werte von Gew.-% in Atom-% oder sogar in Vol.-% umrechnet. Man erkennt, dass die Erdkruste (und auch der Erdmantel) praktisch ein dicht gepacktes Sauerstoff-Gerüst bilden, in dessen kleinen Lücken

◻ Tab. 33.3 Clarke-Werte der wichtigsten chemischen Elemente in der Oberen Erdkruste (Mittelwerte aus 5159 Analysen magmatischer Gesteine, nach Clarke und Washington aus Clarke 1924; Ionenradien nach Whitacker und Muntus 1970)

Element	Gew.-%	Atom-%	Vol.-%	Ionenradius Å		Koordinationszahl
O	46,60	62,55	93,77	1,27		
Si	27,72	21,22	0,86	0,34		[4]
Al	8,13	6,47	0,47	0,47		[4]
				0,61		[6]
Fe	5,00	1,92	0,43	0,63	Fe^{3+}	[6]
				0,69	Fe^{2+}	[6]
Ca	3,63	1,94	1,03	1,20		[8]
Na	2,83	2,64	1,32	1,24		[8]
K	2,59	1,42	1,83	1,59		[8]
				1,68		[12]
Mg	2,09	1,84	0,29	0,80		[6]
Ti	0,44			0,69		[6]
H	0,14			0,18		[2]
P	0,12			0,25		[4]
Mn	0,10			0,75		[6]
Summe	99,39	100,00	100,00			

die Kationen positioniert sind, und zwar Si in [4]-Koordination, Al in [4]- und [6]-Koordination, Fe, Mn, Mg und Ti meist in [6]-Koordination, die großen Kationen Ca, K und Na in [8]- oder in [12]-Koordination.

An diesem Bild hat sich im Laufe der Zeit auch nichts geändert, wenn man modernere Berechnungen zugrunde legt, die auf einer besseren statistischen Basis beruhen und in denen die Mittelwerte für die ozeanische Erdkruste (einschließlich der Sedimentschicht) sowie für die kontinentale Erdkruste gesondert ausgewiesen werden (z. B. Ronov und Yaroshevsky 1969; Wedepohl 1994; Klein 2005; Rudnik und Gao 2005). Unabhängig vom gewählten Modell hat die ozeanische Erdkruste erwartungsgemäß basaltischen Charakter, während die kontinentale Erdkruste im Mittel granodioritisch, die kontinentale Unterkruste allein quarzdioritisch zusammengesetzt ist (◻ Tab. 33.4). Unter Berücksichtigung von kristallchemischen Aspekten lassen sich aus der geochemischen Pauschalzusammensetzung die Mengenanteile der gesteinsbildenden Minerale berechnen. Daraus ergibt sich, dass die Erdkruste zu 95 Vol.-% aus Silikatmineralen einschließlich Quarz aufgebaut ist (◻ Tab. 2.2; ▶ Abschn. 2.4.1).

Die geochemischen Unterschiede zwischen den beiden Hauptkrustentypen sind beachtlich. Die kontinentale Erdkruste ist erheblich reicher an SiO$_2$ und K$_2$O, während bei der ozeanischen Erdkruste die wesentlich höheren Gehalte an TiO$_2$, FeO+Fe$_2$O$_3$, MgO und CaO ins Auge springen. Unter den Spurenelementen sind in der kontinentalen Kruste besonders Rb, das mit K$_2$O

positiv korreliert, sowie Th und U angereichert, während die ozeanische Kruste – entsprechend ihrem hohen CaO-Gehalt – reicher an Sr, besonders aber an Ni und Co ist. Wie in Abschn. 33.5.3 g gezeigt, sind einige der Isotope von K, Rb, U und Th radioaktiv und an Zerfallsreihen beteiligt, in denen exotherme Prozesse ablaufen. Dementsprechend ist die *radiogene Wärmeproduktion* in der kontinentalen Erdkruste wesentlich höher als in der ozeanischen. Umgekehrt spielt in der viel dünneren ozeanischen Kruste der konduktive und konvektive Wärmetransport aus dem Erdmantel eine dominante Rolle, besonders natürlich in den mittelozeanischen Rücken und im Bereich von Hot Spots.

33.3.2 Seltene Elemente und ihre Clarke-Werte

Viele der chemischen Elemente, die in unserem Alltag unerlässlich sind, gehören nicht zu den 12 häufigsten Elementen in der Erdkruste, sondern liegen in Konzentrationen weit unter 0,1 Gew.-% (◻ Tab. 33.4 und 33.5) vor. Zahlreiche seltene Elemente mögen zwar geographisch weit verbreitet vorkommen, wurden aber nur an sehr wenigen Lokalitäten über den krustalen Durchschnittswert hinaus zu so hohen Konzentrationen angereichert, dass diese eine bauwürdige Lagerstätte ergeben. Etliche dieser Elemente bilden keine eigenen Minerale, sondern ersetzen häufigere Elemente von ähnlicher Größe, und zwar entweder

◻ Tab. 33.4 Die Clarke-Werte (1924) im Vergleich zu der chemischen Zusammensetzung der ozeanischen und kontinentalen Erdkruste

Elementoxide (Gew.-%)	5159 Magmatite Clarke (1924)	Ozeanische Erdkruste (Ronov und Yaroshevsky 1969)	Kontinentale Erdkruste (Rudnick und Gao 2005)			
			gesamt	obere	mittlere	untere
SiO_2	59,12	48,6	60,60	66,60	63,50	53,40
TiO_2	1,05	1,4	0,72	0,64	0,69	0,82
Al_2O_3	15,34	16,5	15,90	15,40	15,00	16,90
Fe_2O_3	3,08	2,3	6,71[a]	5,04[a]	6,02[a]	8,57[a]
FeO	3,80	6,2	–	–	–	–
MnO	0,12	0,2	0,10	0,10	0,10	0,10
MgO	3,49	6,8	4,66	2,48	3,59	7,24
CaO	5,08	12,3	6,41	3,59	5,25	9,59
Na_2O	3,84	2,6	3,07	3,27	3,39	2,65
K_2O	3,13	0,4	1,81	2,80	2,30	0,61
P_2O_5	0,30	0,1	0,13	0,15	0,15	0,10
CO_2	0,10	1,4	–	–	–	–
C	–	<0,5	–	–	–	–
S	–	<0,05	<0,01	<0,01	<0,01	<0,01
Cl	–	<0,05	<0,01	<0,01	<0,01	<0,01
H_2O	1,15	1,1	–	–	–	–
Summe	99,60	99,9	100,11	100,07	99,99	99,98
Spurenelement in ppm (g/t)						
Li			16	24	12	13
B			11	17	17	2
F			553	557	524	570
S			404	621	249	345
Cl			244	294	182	250
Sc			22	14	19	31
V			138	97	107	196
Cr			135	92	76	215
Co	48	28	26,6	17,3	22	38
Ni	130	82	59	47	33,5	88
Cu			27	28	26	26
Zn			72	67	69,5	78
Ga			16	17,5	17,5	13
Rb	30	70	49	82	65	11
Sr	465	400	320	320	282	348
Zn			19	21	20	16
Zr			132	193	149	68
Nb			8	12	10	5
Ag			56	53	48	65
Ba			456	628	532	259
La			20	31	24	8
Ce			43	63	53	20
Nd			20	27	25	11

◻ Tab. 33.4 (Fortsetzung)

Elementoxide (Gew.-%)	5159 Magmatite Clarke (1924)	Ozeanische Erdkruste (Ronov und Yaroshevsky 1969)	Kontinentale Erdkruste (Rudnick und Gao 2005)			
			gesamt	obere	mittlere	untere
Sm			3,9	4,7	4,6	2,8
Pb			11	17	15,2	4
Th	2,7	5,8	5,6	10,5	6,5	1,2
U	0,9	1,6	1,3	2,7	1,3	0,2

[a] Gesamteisen als Fe_2O_3

solche mit *derselben Wertigkeit (Tarnen)*, z. B. $Rb^+ \rightarrow K^+$, $Sr^{2+} \rightarrow Ca^{2+}$, $Ga^{3+} \rightarrow Al^{3+}$, $Hf^{4+} \rightarrow Ti^{4+}$,

oder mit *unterschiedlicher Wertigkeit (Abfangen)*, z. B. $Ba^{2+} \rightarrow K^+$, $Pb^{2+} \rightarrow K^+$, $Nb^{5+} \rightarrow Ti^{4+}$.

Demgegenüber sind viele andere seltene Elemente in *akzessorische Minerale* eingebaut, bilden also durchaus eigene Minerale, die aber nur in geringen Anteilen (<1 Vol.-%) in diversen Gesteinen auftreten. Ein Beispiel dafür ist Zirkon, $Zr[SiO_4]$, das prinzipielle Erzmineral zur Gewinnung von Zirkonium.

Unter den *Schwermetallen* von technischer Bedeutung ist nur Eisen mit einem krustalen Durchschnittsgehalt von 5 Gew.-% häufig; mit Abstand folgen Ti mit 0,44 und Mn mit 0,10 Gew.-%. Alle anderen Schwermetalle, einschließlich der *Stahlveredler* und der *Buntmetalle*, liegen im Bereich einiger ppm (= g/t), die *Edelmetalle* noch wesentlich darunter. Eine Anreicherung bestimmter Metalle über den geochemischen Durchschnitt unter Bildung von *Erzlagerstätten* gehört immer zu den seltenen Fällen, unterliegt aber – wie wir mehrfach gezeigt haben – den gleichen Gesetzmäßigkeiten wie andere gesteinsbildende Prozesse. Grundvoraussetzung für die Bauwürdigkeit einer Erzlagerstätte ist eine gewisse *Mindestkonzentration,* die man als *Bauwürdigkeitsgrenze* (engl. „cut-off grade") bezeichnet (◻ Tab. 33.5). Diese zeigt eine sehr große Variationsbreite, in der die Seltenheit, das Angebot/Nachfrage-Verhältnis und damit der Weltmarktpreis eines gegebenen Rohstoffs zum Ausdruck kommen. So muss z. B. Mangan etwa um das 350-fache des Krustenmittels angereichert sein, um eine bauwürdige Mn-Lagerstätte zu bilden, Gold dagegen um das 1500-fache und Silber sogar um fast das 9000-fache!

Der tatsächliche Anreicherungsfaktor, der notwendig ist, um eine bauwürdige Lagerstätte zu bilden, hängt selbstverständlich von marktwirtschaftlichen Prinzipien ab, aber auch von der zur Verfügung stehenden lokalen Infrastruktur und sozialpolitischen Rahmenbedingungen. So kann die Bauwürdigkeitsgrenze bei Anstieg des Weltmarktpreises für einen bestimmten Rohstoff sinken, z. B. wegen steigender Nachfrage, was zur Rentabilität einer bislang subökonomischen Lagerstätte und damit zum gewinnbringenden Abbau führen

kann. Die Bauwürdigkeitsgrenze ist aber auch von Region zu Region sehr unterschiedlich. So bedarf es in den unerschlossenen Höhen der Anden eines höheren Cu-Gehalts, um eine rentable Kupfermine zu betreiben, als z. B. in gut erschlossenen Regionen im Südwesten der USA. Eine reiche Erzlagerstätte mit hohen Metallkonzentrationen kann unter Umständen nie abgebaut werden, weil sie in einem geschützten Landschaftsbereich liegt, für den andere Prioritäten bei der Landnutzung gesetzt werden. Ob eine mineralische Lagerstätte profitabel abgebaut werden kann, hängt also zum einen von geologischen, zum anderen aber auch von sozialwirtschaftlichen und politischen Gegebenheiten ab.

33.4 Magmatische Verteilung von Spurenelementen

33.4.1 Grundlagen

> Als *Spurenelemente* bezeichnet man jene chemischen Elemente, die in Konzentrationen von < 0,1 Gew.-% (= 1000 ppm = 1000 g/t) in einem Gestein vorkommen.

Wie wir in ▶ Abschn. 33.3.2 gesehen haben, bilden manche Spurenelemente eigene Minerale, wie z. B. Zr in Zirkon, $Zr[SiO_4]$, oder Cr in Chromit, $FeCr_2O_4$. Andere ersetzen hingegen häufigere Elemente, die in Kristallstrukturen von gewöhnlichen gesteins- oder lagerstättenbildenden Mineralen vorkommen. Spurenelementverteilungen liefern informative Anhaltspunkte für *magmatische Prozesse,* bei denen Kristall-Schmelz-Gleichgewichte eine wichtige Rolle spielen, wie partielles Schmelzen, fraktionierte Kristallisation oder Assimilation von Nebengestein. Dafür gibt es folgende Gründe:

Anders als die Hauptelemente gehorchen Spurenelemente weitgehend dem *Henry'schen Gesetz,* dem zufolge die Aktivität einer Komponente i in einem Mineral a_i^{min} proportional zu dessen Konzentration X_i^{min} ist:

□ Tab. 33.5 Mindestkonzentration für bauwürdige Erzlagerstätten von einigen Gebrauchsmetallen relativ zu deren Häufigkeit in der Erdkruste

Metall	Clarke-Wert (Gew.-%)[a]	Typisches Bauwürdigkeitslimit (Mindestgehalt, Gew.-%)	Anreicherungs-faktor
Al	8,4	30	4
Fe	5,2	50	10
Ti	0,44	3	7
Mn	0,10	35	350
Cr	0,0135	30	2200
Zn	0,0072	5	700
Ni	0,0059	1	170
Cu	0,0027	1	370
Pb	0,0011	4	3600
Sn	0,00.017	0,5	2900
U	0,00.013	0,1	800
Ag	0,0.000.056	0,05	8900
Au	0,00.000.013	0,0002	1500
Pt	0,00.000.015	0,0005	3800

[a] Clarke-Werte für die kontinentale Erdkruste nach Rudnick und Gao (2005)

$$a_i^{min} = \gamma_i^{min} X_i^{min} \qquad [33.4]$$

$$K_d = C_i^{Min} / C_i^{Schmelze} \qquad [33.5]$$

Dabei ist der Aktivitätskoeffizient γ_i^{min} (s. ► Abschn. 20.2.3) zwar von P, T und anderen Zustandsvariablen abhängig, wird aber nicht von der Konzentration eines eingebauten Spurenelements selbst beeinflusst. Das Henry'sche Gesetz gilt allerdings nicht bei höheren Elementkonzentrationen.

– Die kristallchemischen Eigenschaften von Spurenelementen wie Größe, Ladung und Ligandenfeld-Stabilisierung können stark von denen der Hauptelemente des Wirtsminerals abweichen. Daraus resultiert ein ausgesprochen *nichtideales Mischungsverhalten*, sodass sich Spurenelemente sehr ungleich auf koexistierende Phasen wie Kristall–Schmelze, Kristall–Kristall, Kristall–Fluid und Schmelze–Fluid verteilen können. So konzentriert sich bei der Kristallsation einer Basaltschmelze das kompatible Spurenelement Ni in Olivin, während inkompatible Spurenelemente wie K, Rb oder die leichten Seltenerdelemente (LREE) in der Restschmelze angereichert werden.

Spurenelemente sind also hervorragend geeignet, magmatische Prozesse zu modellieren, vorausgesetzt, man kennt den sogenannten Nernst'schen *Verteilungskoeffizienten*

Dabei sind C_i^{Min} und $C_i^{Schmelze}$ die jeweiligen Konzentrationen des Spurenelements i (in ppm) in einem Mineral bzw. in der umgebenden Schmelze. Kompatible Spurenelemente haben Kristall–Schmelze-Verteilungskoeffizienten von > 1, inkompatible dagegen von < 1. So ergibt sich z. B. für die Verteilung des kompatiblen Ni zwischen einem Olivinkristall mit 1300 ppm Ni und einer Basaltschmelze mit 130 ppm Ni ein $K_d = 10$. Dagegen berechnet sich z. B. für die Verteilung des inkompatiblen Ti zwischen einem Olivin mit 160 ppm Ti und einer Basaltschmelze mit 8000 ppm Ti ein $K_d = 0,02$. Anders als bei Hauptelementen ist die Bestimmung der K_d-Werte von Spurenelementen in natürlichen Gesteinen, z. B. von einem Olivin-Einsprengling in einem Gesteinsglas, mit einer konventionellen Elektronenstrahl-Mikrosonde meist nicht möglich, da deren Nachweisempfindlichkeit generell bei 0,1–0,05 Gew.-%, in sehr günstigen Ausnahmefällen bei 0,01 Gew.-% liegt. Daher ist der Einsatz anderer Geräte wie der Ionensonde SHRIMP oder von LA-ICP-MS (engl. *„laser-ablation inductively coupled plasma mass spectroscopy"*) angesagt. Mittlerweile wurden bereits zahlreiche K_d-Werte bei unterschiedlichen P-T-Bedingungen experimentell bestimmt und mit Werten, die von natürlichen Gesteinsproben gewonnen wurden, verglichen.

Die Verteilungskoeffizienten zwischen Schmelze und kristallinen Phasen sind in erster Linie von der Zusammensetzung der Schmelze selbst, darüber hinaus von Temperatur, Druck und Sauerstofffugazität sowie von kristallchemischen Eigenschaften wie Ionenradius und Ladung abhängig.

Der *Gesamt-Verteilungskoeffizient* (engl. *„bulk partition coefficient"*) für ein bestimmtes Element *i* zwischen einem Gestein und einer Schmelze ergibt sich aus der Gleichung

$$D_i = x_1 K_{d\,i}^{\text{Min1}} + x_2 K_{d\,i}^{\text{Min2}} + x_3 K_{d\,i}^{\text{Min3}} + \dots$$

$$[33.6]$$

wobei $K_{d\,i}^{\text{Min1}}$, $K_{d\,i}^{\text{Min2}}$, $K_{d\,i}^{\text{Min3}}$ ... die Nernst'schen Verteilungskoeffizienten für die Minerale 1, 2, 3... und x_1, x_2, x_3 ... die jeweiligen Mengenanteile dieser Minerale sind. Bei Kenntnis der einzelnen K_d-Werte lässt sich also z. B. der Gesamt-Verteilungskoeffizient für das Spurenelement Ni beim partiellen Aufschmelzen eines Granat-Lherzoliths des Oberen Erdmantels, bestehend aus 55 % Olivin, 25 % Orthopyroxen, 11 % Klinopyroxen und 9 % Pyrop-Granat, berechnen:

$$D_{\text{Ni}} = 0,55 K_{d\,\text{Ni}}^{\text{Ol}} + 0,25 K_{d\,\text{Ni}}^{\text{Opx}} + 0,11 K_{d\,\text{Ni}}^{\text{Cpx}}$$
$$+ \ 0,09 K_{d\,\text{Ni}}^{\text{Grt}}$$

$$[33.6a]$$

Kennt man den so errechneten *D*-Wert, so kann die Veränderung der Spurenelementgehalte in einer anatektischen Schmelze und im kristallinen Residuum modelliert werden. In den folgenden Gleichungen ist F der gebildete Schmelzanteil (in Gew.-%), C_0, C_L und C_S sind die jeweiligen Konzentrationen eines Spurenelements, z. B. Ni, im Ausgangsgestein, in der gebildeten Schmelze und im kristallinen Residuum (in ppm), D_0 der Gesamt-Verteilungskoeffizient des Ausgangsgesteins vor Schmelzbeginn, D_{RS} derjenige des Residuums. Bei Gleichgewichtsschmelzen (▶ Abschn. 18.5) gilt:

$$\frac{C_L}{C_0} = \frac{1}{D_{RS} + F(1 - D_{RS})}$$

$$[33.7a]$$

$$\frac{C_S}{C_0} = \frac{D_{RS}}{D_{RS} + F(1 - D_{RS})}$$

$$[33.7b]$$

Der gleiche Ausdruck wie [33.7a] ergibt sich auch für D_0, vorausgesetzt, die Minerale gehen im gleichen Mengenverhältnis in die Schmelze, wie sie im Ausgangsgestein vorhanden waren. Für *fraktioniertes Schmelzen* gilt dagegen im einfachsten Fall:

$$\frac{C_L}{C_0} = \frac{1}{D_0(1 - F)^{(1/D_0 - 1)}}$$

$$[33.8a]$$

$$\frac{C_S}{C_0} = (1 - F)^{(1/D_0 - 1)}$$

$$[33.8b]$$

Im Falle der *magmatischen Kristallisation* gelten analoge Gleichungen. Dabei sind jetzt F der Anteil der verbleibenden Restschmelze, C_0, C_L und C_R die jeweilige Konzentration eines Spurenelements in der Ausgangsschmelze, in der Restschmelze und im kristallisierenden Mineral, D der Gesamt-Verteilungskoeffizient der kristallisierenden Paragenese. Bei der *Gleichgewichtskristallisation* erhalten wir:

$$C_L/C_0 = 1/[D + F(1 - D)]$$

$$[33.9a]$$

für die fraktionierte Kristallisation dagegen:

$$C_L/C_0 = F^{(D-1)}$$

$$[33.10a]$$

$$C_R/C_0 = D F^{(D-1)}$$

$$[33.10b]$$

In ▢ Abb. 33.2 sind die Konzentrationsänderungen beim Gleichgewichtsschmelzen nach Gleichung [33.7a] und [33.7b] graphisch veranschaulicht. Der interessierte Leser sei auf die eingehende Darstellung von Rollinson (1993) verwiesen, der darüber hinaus weitere Fälle von

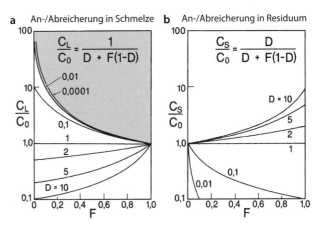

▢ **Abb. 33.2** Verhalten von Spurenelementen beim Gleichgewichtsschmelzen für unterschiedliche Gesamt-Verteilungskoeffizienten *D* (*nummerierte Kurven*). **a** An- bzw. Abreicherung eines Spurenelements in einer Schmelze gegenüber der Konzentration im Ausgangsgestein C_L/C_0 in Abhängigkeit vom Aufschmelzgrad *F*; bei geringem Aufschmelzgrad *F* werden inkompatible Elemente ($D < 1$) stark in der Schmelze angereichert, während kompatible Elemente ($D > 1$) im kristallinen Residuum zurückbleiben. Im schattierten Bereich ist keine Anreicherung mehr möglich. **b** Anreicherung und Verarmung eines Spurenelements im Residuum gegenüber der Konzentration im Ausgangsgestein C_S/C_0; bei zunehmendem Aufschmelzgrad *F* reichern sich die kompatiblen Spurenelemente im Residuum zunehmend an, während dieses gleichzeitig an inkompatiblen Spurenelementen verarmt (mod. nach Rollinson 1993)

Spurenelement-Fraktionierungen zwischen Schmelze und Kristallen bei magmatischen Prozessen eingehend behandelt.

33.4.2 Spurenelement-Fraktionierung bei der Bildung und Differentiation von Magmen

■ **Einleitung**

Das geochemische Verhalten von Spurenelementen bei magmatischen Prozessen lässt sich folgendermaßen charakterisieren (Green 1980):

— Hohe Gehalte an **Ni, Co** und **Cr** (z. B. 250–300 ppm Ni, 500–600 ppm Cr) sind gute Indikatoren für Magmabildung durch partielles Aufschmelzen einer peridotitischen Quelle im Erdmantel. Abnahme von Ni, in geringerem Maße von Co, im Verlauf einer magmatischen Entwicklung deutet Olivin-Fraktionierung an, während eine Abnahme von Cr auf Fraktionierung von Spinell oder Klinopyroxen hinweist.

— **V** und **Ti** verhalten sich bei Aufschmelz- und Kristallisationsprozessen geochemisch ähnlich. Sie geben nützliche Hinweise für eine Fraktionierung von Fe-Ti-Oxiden wie Ilmenit oder Titanomagnetit. Wenn sich V und Ti divergent entwickeln, dürften andere Akzessorien wie Titanit oder Rutil als Ti-Minerale in Betracht kommen.

— **Zr** und **Hf** sind typische inkompatible Elemente, die nicht leicht in die Hauptminerale des Erdmantels eingebaut werden und daher in die Schmelze fraktionieren. Allerdings können sie in einigen Akzessorien wie Titanit oder Rutil das Ti diadoch vertreten.

— **Ba** und **Rb** ersetzen K in Kalifeldspat, Biotit und Amphibolen. Veränderungen der Ba- und Rb-Gehalte oder der K/Ba- und K/Rb-Verhältnisse im Laufe einer magmatischen Entwicklung deuten an, dass eine oder mehrere dieser Phassen eine wichtige Rolle gespielt haben, besonders bei ihrer fraktionierten Kristallisation.

— **Sr** ersetzt Ca in Plagioklas und K im Kalifeldspat. Daher sind Sr-Gehalt und Ca/Sr-Verhältnis nützliche Indikatoren für die Beteiligung von Plagioklas an magmatischen Entwicklungen in der Erdkruste. Demgegenüber verhält sich Sr unter den *P-T*-Bedingungen des Oberen Erdmantels stärker inkompatibel, fraktioniert also bei partieller Aufschmelzung in die Schmelze.

— **Seltene Erdelemente**: Wie wir im folgenden Abschnitt zeigen werden, baut Granat bevorzugt HREE in seine Kristallstruktur ein, was bei partieller Aufschmelzung Granat führender Gesteine des Oberen Erdmantels oder der Unterkruste zu einer starken Anreicherung der LREE in der Schmelzphase führt. Das gleiche gilt in abgeschwächtem

Maße für Hornblende, Orthopyroxen, Klinopyroxen und Olivin, bei deren Fraktionierung die Restschmelze an LREE angereichert wird (◻ Abb. 33.3). Umgekehrt bevorzugen die Strukturen von Titanit und Apatit den Einbau von LREE; diese bilden auch eigene Minerale wie Allanit (► Abschn. 11.2) und Monazit, $(Ce,La,Nd)PO_4$, (► Kap. 10), die häufig als Akzessorien vorkommen. Fraktionierung

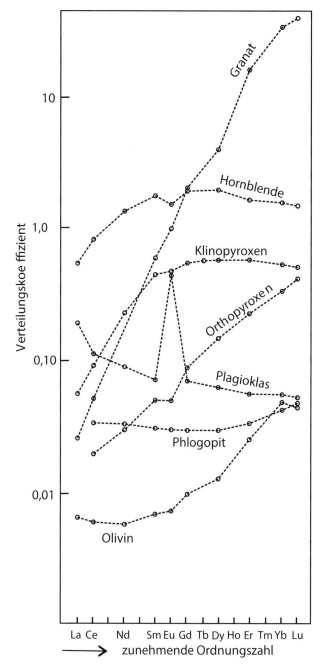

◻ **Abb. 33.3** Verteilungskoeffizienten der Seltenerdelemente zwischen wichtigen gesteinsbildenden Mineralen und einer andesitischen Schmelze, geordnet nach aufsteigender Ordnungszahl. (Daten aus Rollinson 1993)

dieser Minerale führt also zur Anreicherung der HREE in der Restschmelze. Europium wird in Feldspäten, insbesondere im Plagioklas, stark angereichert.

- **Y** ähnelt in seinem geochemischen Verhalten den HREE, wird also bevorzugt in Granat und Amphibole, weniger in Pyroxene, eingebaut; auch Titanit und Apatit enthalten häufig Y. Dagegen enthält auch Xenotim, YPO_4, ein nicht gar so seltenes akzessorisches Mineral, HREE, besonders **Yb**. Bei der fraktionierten Kristallisation dieser Minerale verhält sich Y also als kompatibles Element, während es bei Anatexis in der Schmelze angereichert wird, also dann inkompatibel ist.

Im folgenden Abschnitt wird das Verhalten der SEE und der inkompatiblen Spurenelemente bei der partiellen Aufschmelzung und bei der magmatischen Differentiation etwas ausführlicher dargestellt.

■ **Seltene Erdelemente (SEE)**

Die SEE (engl."*rare earth elements*", REE) weisen sehr unterschiedliche Verteilungskoeffizienten K_d zwischen wichtigen gesteinsbildenden Mineralen und magmatischen Schmelzen auf, wie das in ◻ Abb. 33.3 am Beispiel von basaltischen Schmelzen zu sehen ist. Für andesitische und rhyolithische Schmelzen ergeben sich prinzipiell ähnliche Muster, wenn auch mit gewissen, teilweise charakteristischen Abweichungen (cf. Rollinson 1993). Wie ◻ Abb. 33.3 erkennen lässt, zeigen alle SEE bei Gleichgewichten zwischen *Olivin, Orthopyroxen* und *Klinopyroxen* einerseits und *basaltischen Schmelzen* andererseits K_d-Werte < 1 auf. Sie verhalten sich also inkompatibel, wenn auch unterschiedlich stark, da die K_d-Werte und damit die Kompatibilität in der Reihenfolge *Olivin → Orthopyroxen → Klinopyroxen* ansteigen. Zugleich aber ergeben sich bei jedem Mineral für die einzelnen SEE ganz unterschiedliche K_d-Werte, wobei sich die LREE stets inkompatibler verhalten als die HREE. Das trifft in noch viel stärkerem Maße für *Granat* zu, bei dem sich z. B. La und Ce stark inkompatibel, Yb und Lu extrem kompatibel verhalten (◻ Abb. 33.3). Demgegenüber ist diese Asymmetrie bei Hornblende mit K_d-Werten um 1 nur relativ schwach ausgeprägt, wobei im Bereich der mittleren SEE ein flaches Maximum erkennbar ist. Bei *Phlogopit* sind die K_d-Werte generell < 0,1 und weisen kaum eine Variation mit der Ordnungszahl auf.

Ein abweichendes Verhalten zeigt *Plagioklas*, bei dem sich die LREE etwas kompatibler verhalten als die HREE, und der zudem eine ausgeprägte *positive Europium-Anomalie* aufweist (◻ Abb. 33.3). Während die anderen SEE dreiwertig sind, tritt Eu nämlich schon bei leicht reduzierenden Bedingungen als zweiwertiges Element auf und hat dann einen ähnlichen Ionenradius

wie Sr^{2+}. Deswegen wird Eu^{2+} bevorzugt in Sr^{2+}-reiche Minerale wie Plagioklas eingebaut. Daher verhält es sich gegenüber basaltischen Schmelzen schwach inkompatibel, aber erreicht kompatible K_d-Werte von > 1 oder sogar >> 1 gegen andesitische oder rhyolithische Schmelzen. Selbstverständlich wird das geochemische Verhalten von Eu stark von der Sauerstofffugazität beeinflusst: Unter oxidierenden Bedingungen ist Eu dreiwertig und passt dann nur schlecht in die Plagioklasstruktur.

Die *absoluten Gehalte* der SEE in Mineralen und Gesteinen sind sehr unterschiedlich, wobei die SEE mit geraden Ordnungszahlen gewöhnlich höhere Konzentrationen aufweisen als die mit ungeraden. Um eine bessere Vergleichbarkeit zu erreichen, sollte man die SEE-Werte normalisieren. Als Bezugsgröße wird üblicherweise eine mittlere *Chondrit-Zusammensetzung* gewählt, die ja etwa der chemischen Zusammensetzung der frühen, undifferenzierten Erde entspricht (z. B. Boynton 1984). So ist der Chondrit-normierte La-Gehalt definiert als $La_N = La^{Probe}/La^{Chondrit}$. Die *Chondrit-normierten Verteilungsmuster der Seltenerdelemente,* die sich daraus ergeben, können wichtige Informationen über *Art des Ausgangsgesteins* und den *Grad* des partiellen *Aufschmelzens* bei der Magmabildung liefern, aber auch über Prozesse der *Assimilation* und *fraktionierten Kristallisation,* auch *AFC-Prozesse* genannt. ◻ Abb. 33.4

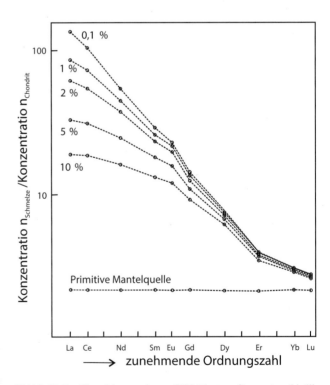

◻ **Abb. 33.4** Chondrit-normierte SEE-Muster für unterschiedliche Grade des partiellen Gleichgewichtsschmelzens einer primitiven Mantelquelle, bestehend aus 55 % Olivin, 25 % Orthopyroxen, 11 % Klinopyroxen und 9 % Granat. (Daten aus Rollinson 1993)

zeigt ein SEE-Muster, das nach Gl. [33.7a] für das Gleichgewichtsschmelzen einer primitiven Mantelquelle, bestehend aus 55 % Olivin, 25 % Orthopyroxen, 11 % Klinopyroxen und 9 % Granat theoretisch berechnet wurde. Das Diagramm zeigt zwei herausragende Merkmale:

- Die LREE sind gegenüber den HREE sehr stark angereichert, wie man nach ◘ Abb. 33.3 ja auch erwarten sollte. Der Grad dieser Anreicherung, den man konventionell durch das Verhältnis La_N/Yb_N ausdrückt, würde natürlich weniger deutlich ausfallen, wenn das Muttergestein und das kristalline Residuum keinen Granat enthielten, der ja die SEE am stärksten fraktioniert.

- Die LREE-Anreicherung ist umso stärker, je geringer der Aufschmelzgrad ist, weil–entsprechend ihrer geringen K_d-Werte–die LREE in den ersten Schmelztropfen, die sich bilden, konzentriert werden und dabei zu einem großen Teil das Muttergestein verlassen. Bei zunehmenden Aufschmelzraten werden dementsprechend die Unterschiede in den Chondrit-normierten LREE- und HREE-Gehalten immer geringer.

So sind die SEE in *Basalt von mittelozeanischen Rücken* (MORB) generell auf das 15- bis 25-fache der Chondritwerte angereichert; eine Fraktionierung zwischen LREE und HREE hat jedoch nicht stattgefunden, was für einen hohen Aufschmelzgrad spricht (◘ Abb. 33.5). Demgegenüber zeigt *kontinentaler Intraplatten-Basalt* (engl. *„within-plate basalt"*, WPB) eine sehr deutliche LREE-HREE-Fraktionierung. Das weist entweder auf einen geringen Aufschmelzgrad im Erdmantel hin oder auf ein Muttergestein, das bereits ursprünglich an LREE angereichert war, z. B. durch metasomatische Prozesse im Erdmantel. Alternativ kann auch fraktionierte Kristallisation mit Absaigerung von HREE-reichen Mineralen wie Olivin, Orthopyroxen oder Klinopyroxen zur Konzentration von LREE im Restmagma geführt haben. Auch das noch stärker fraktionierte SEE-Muster von *Graniten* (G) lässt sich durch eines dieser drei Modelle oder Kombination von ihnen erklären.

Im SEE-Muster von *Anorthosit* drückt sich der extrem hohe Plagioklas-Anteil in einer sehr ausgeprägten positiven Eu-Anomalie aus (◘ Abb. 33.5, An). Umgekehrt würde die Abtrennung von Plagioklas aus einem Magma zu einer negativen Eu-Anomalie in der Restschmelze führen. Die Höhe der Eu-Anomalie wird durch das Verhältnis Eu_N^*/Eu_N^* ausgedrückt, wobei sich Eu_N^* ergibt, wenn man die Nachbarelemente Sm_N und Gd_N durch eine gerade Linie verbindet. Neben plagioklasreichen Gesteinen der Erde zeigen besonders Meteorite und Mondgesteine eine ausgeprägte positive

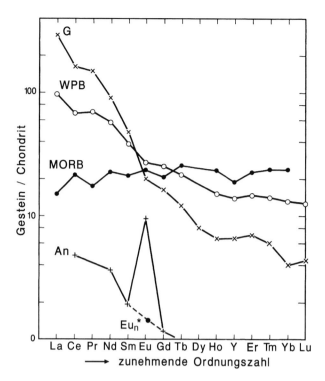

◘ **Abb. 33.5** Chondrit-normierte SEE-Muster für Basalt von mittelozeanischen Rücken (MORB), kontinentalen Flutbasalt (WPB), den Standard-Granit G1 (G) und einen Anorthosit von Quebec (Kanada); das HFS-Element Y wurde zwischen Ho und Er platziert, da es einen ähnlichen Ionenradius besitzt wie seine Nachbarn. (Nach Mason und Moore 1982)

Eu-Anomalie, da sie unter stark reduzierenden Bedingungen kristallisierten.

- **Inkompatible Spurenelemente**

Viele LIL- und HFS-Elemente verhalten sich bei Anatexis inkompatibel mit $D<1$ oder sogar $<<1$ und konzentrieren sich folglich in der Schmelzphase. Sie werden insbesondere bei der Bildung basaltischer Magmen gegenüber der Zusammensetzung des Erdmantels angereichert. Nur wenige Elemente dieser Gruppe verhalten sich teilweise kompatibel, so Sr mit Plagioklas, Y und Yb mit Granat oder Ti mit Magnetit. Um den Grad der Inkompatibilität zu demonstrieren, kann man–ähnlich wie bei den SEE–die Elementkonzentrationen auf einen Chondrit-Mittelwert normieren, der demjenigen der frühen Erde entspricht.

Da sich K und Rb bei der Bildung und Differentiation des Erdkörpers volatil verhielten und P teilweise in den Erdkern eingebaut ist, verwendet man für diese Elemente abweichende, d. h. niedrigere Normierungsfaktoren, als dem Chondrit-Mittel entspricht.

Die Reihenfolge der chemischen Elemente auf der Abszisse erfolgt nach abnehmender Inkompatibilität, die bei der Bildung von basaltischen Magmen durch partielles Aufschmelzen eines Granat- oder Spinell-Lherzo-liths erzielt wird. Die entstehenden Multielement-Dia-gramme, die im Englischen als *„spider diagrams"* (oder kurz *„spidergrams"*) bezeichnet werden, zeigen unter-schiedliche Muster, die für bestimmte geotektonische Positionen charakteristisch sind (Sun 1980; Thompson et al. 1984; vgl. auch Wilson 1988; Rollinson 1993).

Wie in ◘ Abb. 33.6 zu erkennen, zeigt das Chondrit-normierte Spurenelement-Verteilungsmus-ter für *MORB* einen relativ ausgeglichenen, wenn auch stark asymmetrischen Verlauf mit einer steilen Flanke im Bereich der höchst-inkompatiblen Elemente Ba–K sowie einem flachen Ast von K bis Y. Da MORB–wie wir oben rekonstruiert haben–durch relativ hohe Auf-schmelzgrade entstanden sind, sollte dieses Muster die Zusammensetzung der Mantelquelle widerspiegeln, für die man jedoch eine so deutliche Asymmetrie nicht er-warten würde. Die geringe Anreicherung der stark in-kompatiblen Elemente Ba, Rb und Th lässt sich auch nicht durch nachfolgende fraktionierte Kristallisa-tion erklären; denn diese sollte ja gerade zu einer zu-sätzlichen Anreicherung dieser Elemente führen. Da-her muss man annehmen, dass die Mantelquelle von MORB bereits an stark inkompatiblen Elementen ver-armt war, vermutlich durch die Bildung der kontinenta-len Kruste in frühen Stadien der Erdgeschichte.

Ganz anders sind die Chondrit-normierten Spure-nelement-Verteilungsmuster von *Alkalibasalt ozeani-scher Inseln* (OIB) wie Hawaii, die insgesamt eine viel stärkere Anreicherung der inkompatiblen Spurenele-mente mit einem Maximum bei Nb–Ta demonstrie-ren (◘ Abb. 33.6). Das dürfte einerseits durch einen ge-ringeren Aufschmelzgrad als bei MORB bedingt sein, könnte aber auch eine Mantelquelle widerspiegeln, die an diesen Elementen angereichert war. *Ozeaninsel-Tho-leiit* (OIT) zeigt ähnlich konvexe Chondrit-normierte Spurenelement-Verteilungsmuster, die jedoch eine viel geringere Anreicherung als beim alkalischen OIB wi-derspiegeln.

Im Gegensatz zu den relativ geradlinigen Verläu-fen bei MORB und OIB sind die Spurenelement-Ver-teilungsmuster für *subduktionsbezogenen Kalkalkali-Ba-salt in Inselbögen* oder *Orogengürteln* (IAB) stark ge-zackt (◘ Abb. 33.6). Die starke Anreicherung der leicht löslichen Elemente Ba, Rb, K und Sr wird auf eine Zu-fuhr von Fluiden zurückgeführt, die aus der subduzier-ten ozeanischen Erdkruste stammen (◘ Abb. 29.18b). Demgegenüber bilden Nb und Ta einen charakteristi-schen „Trog"; sie liegen, ebenso wie die Werte für Zr, Ti und Y, deutlich unterhalb der entsprechenden MORB-Werte. Vermutlich repräsentieren diese Spiderdia-gramme die ursprünglichen Magmazusammensetzun-gen unter Abzug der Subduktionskomponenten (Pe-arce 1983).

Bei einer Variante der Spiderdiagramme, die sich für den Vergleich von Basalttypen aus unterschiedli-

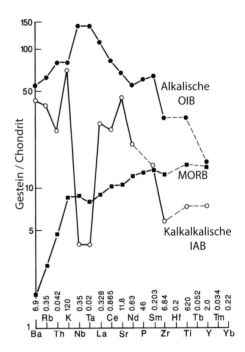

◘ **Abb. 33.6** Chondrit-normierte Spurenelement-Verteilungsmuster für Basalt von mittelozeanischen Rücken (MORB), Alkalibasalt oze-anischer Inseln (OIB), und kalkalkalischen Inselbogenbasalt (IAB); mit Ausnahme von K, Rb und P erfolgt die Normalisierung gegen eine mittlere Chondrit-Zusammensetzung; die entsprechenden Werte (in ppm) nach Thompson et al. (1984) sind über der Abszisse angege-ben (aus Wilson 1988)

chen geotektonischen Positionen sehr bewährt hat, nor-miert man auf eine *mittlere MORB-Zusammensetzung* (z. B. Pearce 1983). In diesen Diagrammen werden die inkompatiblen Elemente in zwei Gruppen eingeteilt:

- Auf der linken Seite werden die Elemente Sr, K, Rb und Ba dargestellt, die leicht in H_2O-haltigen Flui-den löslich und daher bei magmatischen und post-magmatischen Prozessen relativ mobil sind.
- Die zweite, größere Gruppe umfasst dagegen Ele-mente, die sich generell eher immobil verhalten. In-nerhalb dieser Gruppe sind die Elemente so ange-ordnet, dass ihre Inkompatibilität von rechts nach links zunimmt.

In ◘ Abb. 33.7 werden die MORB-normierten Spure-nelement-Verteilungsmuster kontinentalen Intraplat-ten-Basalts (WPB), Basalts ozeanischer Inseln (OIB), K-reichen, kalkalkalischen Inselbogen-Basalts (IAB) und Inselbogen-Tholeiits (IAT) gegenübergestellt (Pe-arce 1983). WPB und OIB weisen ähnliche Muster auf, in denen die meisten inkompatiblen Elemente von Sr bis Zr gegenüber MORB angereichert sind. Diese An-reicherung ist allerdings beim WPB viel stärker und das Maximum von Ba bis Nb wesentlich ausgeprägter als beim OIB.

Beim MORB-normierten Spurenelement-Vertei-lungsmuster des IAT verläuft der Ast zwischen Ta und Yb relativ flach und parallel zu MORB, jedoch auf ei-

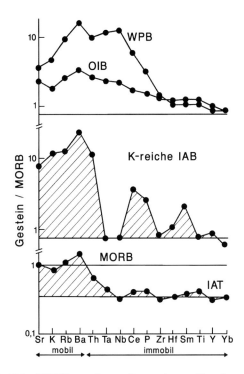

◘ **Abb. 33.7** MORB-normierte Spurenelement-Verteilungsmuster für kontinentalen und ozeanischen Intraplatten-Basalt (WPB, OIB), K-reichen, kalkalkalischen Inselbogen-Basalt (IAB) und Inselbogen-Tholeiit (IAT); schraffierte Bereiche zeigt den Beitrag aus Fluiden und Schmelzen, die aus einer Subduktionszone dem darüber liegenden Mantelkeil zugeführt wurden. (Nach Wilson 1988)

nem deutlich niedrigeren Niveau (◘ Abb. 33.7). Demgegenüber sind Sr, K, Rb, Ba und in geringerem Maße Th über dieses Niveau angereichert, was auf die Zufuhr von fluiden Phasen aus der Subduktionszone in den darüber liegenden Mantelkeil erklärt werden kann. Zieht man durch den flachen Teil der Kurve eine gerade Linie und extrapoliert diese bis zum Sr, so erhält man die Magmazusammensetzung *ohne* diesen subduktionsbezogenen Beitrag, dargestellt als schraffierter Bereich für IAT in ◘ Abb. 33.7. Daraus ergibt sich eine Quellregion im Erdmantel, die eine ähnliche Spurenelementsignatur aufweist wie die MORB-Quelle. Jedoch war entweder der Aufschmelzgrad höher, um IAT-Magmen zu erzeugen, oder ein größerer Anteil von mafischen Gemengteilen wurde durch fraktionierte Kristallisation aus den MORB-Magmen gewonnen.

Wir hatten bereits gesehen (◘ Abb. 33.6), dass Kalkalkali-Basalt aus Inselbögen (IAB), insbesondere auch der sog. Shoshonit, stark an inkompatiblen Elementen angereichert ist. Wie ◘ Abb. 33.7 (schraffierter Bereich) zeigt, betrifft dies neben den mobilen Elementen Sr, K, Rb, Ba und Th, die durch subduktionsbezogene Fluide zugeführt wurden, auch Ce, P und Sm, wofür wohl eher die Zufuhr einer angereicherten Teilschmelze in den Mantelkeil verantwortlich ist. Demgegenüber repräsentieren die Gehalte an Ta, Nb, Zr, Hf, Y und Yb wiederum die

Magmazusammensetzung ohne diese Subduktionskomponente (◘ Abb. 33.7, K-reicher IAB).

Normierte Spurenelement- und SEE-Muster können auch für die geochemische Charakterisierung von *Sedimentgesteinen* verwendet werden. Für die Normierung dienen z. B. die Mittelwerte für europäische oder nordamerikanische Tonsteine („North American Shale Composite", NASC), die einander sehr ähnlich sind. Auch für die Bestimmung des magmatischen oder sedimentären Ausgangsmaterials von *metamorphen Gesteinen* werden solche Multielementdiagramme häufig angewandt, vorausgesetzt, der Metamorphoseprozess verlief im Wesentlichen isochemisch. Natürlich geben die relativ immobilen Spurenelemente für solche Vergleiche bessere Anhaltspunkte als die eher mobilen, bei denen sekundäre Veränderungen durch hydrothermale Alteration des Ausgangsgesteins, durch Verwitterung oder während der metamorphen Überprägung selbst wahrscheinlicher sind.

33.4.3 Spurenelemente als Indikatoren der geotektonischen Position magmatischer Prozesse

Wie oben geschildert, können Spurenelemente wichtige, wenn auch nicht immer eindeutige Hinweise auf bestimmte magmatische Prozesse geben. Darüber hinaus stellen sie aber auch Indikatoren für die geotektonische Position dar, in denen solche Prozesse abgelaufen sind. Allerdings werden normierte Spurenelementmuster oft sehr unübersichtlich, wenn man sie für mehrere Gesteine einer magmatischen Serie gemeinsam darstellt. Deswegen hat es nicht an Versuchen gefehlt, auf empirischem Wege einfache Diskriminationsdiagramme zu entwickeln, in denen für zahlreiche Gesteinsproben die Analysewerte ausgewählter, insbesondere relativ immobiler Spurenelemente übersichtlich dargestellt werden. Aus der statistischen Häufung der Analysepunkte ergeben sich dann mehr oder weniger gut definierte Felder für bestimmte Gesteinsgruppen, z. B. für unterschiedliche Basalttypen aus bestimmten geotektonischen Positionen. Neben einfachen *binären Variationsdiagrammen,* in denen man zwei Spurenelemente oder Spurenelementverhältnisse gegeneinander aufträgt, haben sich *Konzentrationsdreiecke* für jeweils drei Spurenelemente besonders bewährt. Weniger anschaulich sind Diagramme, in denen zwei *Diskriminantenfunktionen* gegeneinander aufgetragen sind; diese setzen sich aus den Werten für mehrere Haupt- und/oder Spurenelemente zusammen, die mit unterschiedlichen Gewichtungsfaktoren multipliziert werden. Selbstverständlich sind Diskriminationsdiagramme hauptsächlich für ältere Magmatit-Serien oder für metamorph überprägte Magmatite interessant, bei denen sich die geotektonische Position nicht ohne weiteres aus dem aktuellen geologischen Befund ergibt.

Die ersten Diskriminationsdiagramme für *basaltische Gesteine* wurden von Pearce und Cann (1973)

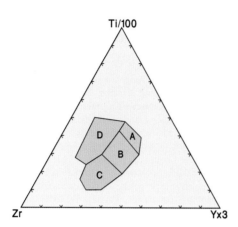

Abb. 33.8 Konzentrationsdreieck (Ti/100) – Zr – (Y x 3) zur Diskrimination unterschiedlicher Basalt-Typen. Feld **A**: Inselbogen-Tholeiit (IAT); Feld **C**: Kalkalkali-Basalt (CAB); Feld **D**: Intraplatten-Basalt (WPB); Feld **B**: IAT+CAB+MORB. (Nach Pearce und Cann 1973)

33

publiziert, z. B. das vielfach verwendete Konzentrationsdreieck (Ti/100) − Zr − (Y x 3), das für die Diskriminierung von Inselbogen-Tholeiit (IAT), Kalkalkali-Basalt (CAB) und Intraplatten-Basalt (WPB) entwickelt wurde. Allerdings überlappen die Felder von IAT und CAB in einem breiten Bereich, in dem auch noch Basalt mittelozeanischer Rücken (MORB) zu liegen kommt, sodass für Datenpunkte in diesem Bereich keine eindeutige tektonische Zuordnung möglich ist (■ Abb. 33.8). Demgegenüber ermöglicht z. B. das Variationsdiagramm V vs. Ti von Shervais (1982) eine Diskrimination von Basalten konvergenter Plattenränder (VAT+CAB) von Basalten mittelozeanischer Rücken und Backarc-Becken-Basalten (MORB+BAB) sowie von Ozeaninsel-Tholeiit (OIT) und Alkalibasalt (AB), während das Feld für kontinentalen Flutbasalt (WPB) weit mit dem von MORB+BAB überlappt (■ Abb. 33.9).

Auch für granitische Gesteine wurden Diskriminationsdiagramme entwickelt, so z. B. die Variationsdiagramme Nb vs. Y und Rb vs. (Y+Nb) von Pearce et al. (1984). Sie dienen der Unterscheidung von Ozeanrücken-Granitoiden (ORG), Intraplatten-Granit (WPG), Graniten in vulkanischen Inselbögen und an aktiven Kontinentalrändern (VAG) sowie syntektonischem Granit, der im Zuge einer Kontinent-Kontinent-Kollision entstand (syn-COLG, ■ Abb. 33.10). Demgegenüber liegt posttektonischer Kollisionsgranit (post-COLG) im Grenzbereich mehrerer Felder, lässt sich hiermit also nicht von den anderen Granittypen unterscheiden.

Die zahlreichen Diskriminationsdiagramme, die in den 1970er- und 1980er-Jahren entwickelt wurden, werden z. B. von Rollinson (1993) ausführlich dargestellt und diskutiert. Er gibt die Eckwerte für die jeweiligen

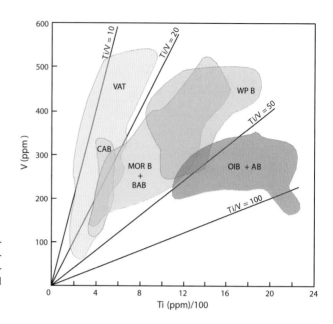

Abb. 33.9 Variationsdiagramm V vs. Ti zur Diskrimination von Basalten konvergenter Plattenränder (VAT+CAB), von Basalten mittelozeanischer Rücken und Backarc-Becken-Basalten (MORB+BAB) sowie von Ozeaninsel-Tholeiit (OIT) und Alkalibasalt (AB); die Felder von MORB und BAB und dem von kontinentalem Flutbasalt (WPB) überlappen sich in einem weiten Bereich. (Nach Shervais 1982)

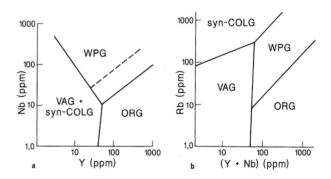

Abb. 33.10 Variationsdiagramme zur Diskrimination von Graniten: **a** Nb vs. Y und **b** Rb vs. (Y+Nb). ORG: Granitoide ozeanischer Rücken; WPG: Intraplatten-Granit; VAG: Granit in vulkanischen Bögen; syn-COLG: syntektonischer Kollisionsgranit. (Nach Pearce et al. 1984)

Feldergrenzen an, erläutert–soweit möglich–die theoretischen Grundlagen, auf denen diese Diagramme beruhen, und weist ausführlich auf die Grenzen ihrer Anwendung hin:

– Diskriminationsdiagramme liefern häufig keine eindeutige Lösung. Hierfür können *geologische* Gründe verantwortlich sein, wie z. B. bei kontinentalen Flutbasalten (WPB), die in unterschiedlichen geotektonischen Situationen ausfließen können. In manchen Fällen liegen aber auch *geochemische* Gründe vor: So führen manche Magma-Fluid-Wechselwirkungen zu sehr ähnlichen Spurenelement-Verteilungsmustern trotz höchst unterschiedlicher geotektonischer Position des jeweiligen magmatischen Ereignisses.

- Diskriminationsdiagramme sollten nie unkritisch angewendet werden, und es sollte stets ein möglicher Einfluss von fraktionierter Kristallisation und/oder Elementmobilität in Betracht gezogen werden.
- Besondere Vorsicht ist bei sehr alten Gesteinen angesagt. Höchst wahrscheinlich war der Anteil vieler Spurenelemente, die in Magmatiten zu unterschiedlichen Zeiten im Lauf der Erdgeschichte eingebaut werden konnten, sehr variabel. Zum einen dürften frühe Magmatite weniger stark fraktioniert gewesen sein, zum anderen herrschte im Archaikum ein höherer geothermischer Gradient, was zwangsläufig zur höheren Aufschmelzraten im Oberen Erdmantel, aber auch in der Erdkruste geführt haben muss (Pearce et al. 1984).
- Grundsätzlich vermitteln Spurenelemente mehr Aufschluss über magmatische *Prozesse* als über die geotektonische Position. Spurenelementkonzentrationen in magmatischen Gesteinen sind eine Funktion der ursprünglichen Zusammensetzung des Erdmantels, des Aufschmelzgrades und der Kontamination durch Assimilation von Krustenmaterial. Wenn es möglich ist, diese Prozesse mit einem bestimmten geotektonischen Szenario zu verknüpfen, können Diskriminationsdiagramme hilfreich sein. Erhält man jedoch mehrdeutige Ergebnisse, so ist eine kritische Evaluation unumgänglich, so wie eventuell auch das Eingeständnis, nicht das erhoffte Resultat gewinnen zu können.

33.5 Isotopengeochemie

33.5.1 Einführung

Isotope sind zwei oder mehr Spezies oder *Nuklide* des gleichen chemischen Elements. Ihre Atomkerne beinhalten die gleiche Anzahl von Protonen, unterscheiden sich aber in der Anzahl der Neutronen. Dementsprechend besitzen sie zwar die gleiche *Ordnungszahl,* nehmen im Periodensystem also den gleichen Platz ein (grch. ίσος = gleich, τόπος = Platz), unterscheiden sich aber in *Massenzahl* und *Atomgewicht.*

Vor allem die – wenn auch relativ geringen – Unterschiede in ihrer Masse ermöglichen die Trennung, d. h. Fraktionierung, unterschiedlicher Isotope eines chemischen Elements durch eine Reihe geologischer oder biologischer Prozesse. Das gleiche gilt auch für die Bestimmung von Isotopenverhältnissen im Labor mithilfe von Massenspektrometern, in denen ein gegebenes Element durch ein Magnetfeld gelenkt wird. Dabei werden die einzelnen Massen unterschiedlich stark abgelenkt, was die quantitative Bestimmung von Isotopenverhältnissen erlaubt. In modernen Geräten lassen sich Unterschiede in den Isotopenhäufigkeiten noch hinunter bis ca. 0,01 % analytisch nachweisen. Durch den Einsatz von Ionenstrahlen oder Lasern wurde es möglich, die Isotopenzusammensetzung von sehr geringen Materialvolumina, wie etwa einzelnen wenige Zehner Mikrometer großen Domänen innerhalb eines Mineralkorns, zu analysieren.

Ganz allgemein lassen sich *stabile Isotope,* die keinem radioaktiven Zerfall unterliegen, von radioaktiven Isotopen und deren *radiogenen Zerfallsprodukten unterscheiden.* Für die Rekonstruktion geologischer Prozesse haben sich beide Gruppen als ausgesprochen nützlich erwiesen. In der Hydrosphäre, Lithosphäre und Asthenosphäre konnten unterschiedliche *Isotopenreservoire* herausgearbeitet werden. Auf der Grundlage von bestimmten Isotopenverhältnissen, die im Labor an Mineralen und Gesteinen ermittelt werden, können Isotopengeochemiker/innen geologische und biologische Prozesse modellieren, welche die Erde im Verlauf ihrer Geschichte geformt haben. So kann die Fraktionierung von stabilen Isotopen zwischen koexistierenden Mineralen als *Geothermometer* verwendet werden. In der *Geochronologie* werden die Verhältnisse radioaktiver Isotope und ihrer radiogenen Zerfallsprodukte schon seit Langem zur Datierung geologischer Ereignisse eingesetzt.

33.5.2 Stabile Isotope

Fast alle chemischen Elemente weisen zwei oder mehr stabile Isotope auf. Bei leichten Elementen mit Ordnungszahlen ≤ 20 (= Ca) sind die relativen Massendifferenzen groß genug, um durch geologische oder biologische Prozesse fraktioniert zu werden, während das bei schwereren Elementen nicht mehr der Fall ist. Deswegen werden in der Isotopengeochemie hauptsächlich die Isotope der Elemente Wasserstoff H (Ordnungszahl 1), Kohlenstoff C (5), Sauerstoff O (8) und Schwefel S (16) eingesetzt. Darüber hinaus haben diese Elemente den großen Vorteil, dass sie sowohl in fluiden als auch in festen Phasen vorkommen. Mit zunehmender Temperatur nimmt die Fraktionierung stabiler Isotope ab; sie sind daher in Sedimenten und Sedimentgesteinen stärker fraktioniert als in magmatischen und hochgradig metamorphen Gesteinen.

In der isotopengeochemischen Praxis bezieht man die Isotopenverhältnisse *R*, die mithilfe eines Massenspektrometers gewonnen werden, auf einen internationalen Standard und sie werden dann als δ-Werte ausgedrückt:

$$\delta\,[\%o] = \left(\frac{R_{(Probe)}}{R_{(Standard)}} - 1 \right) \cdot 1000 \qquad [33.11]$$

z. B.

$$\delta^{18}O\,[\%o] = \left(\frac{^{18}O/^{16}O_{(Probe)}}{^{18}O/^{16}O_{(Standard)}} - 1 \right) \cdot 1000 \quad [33.11a]$$

Ein $\delta^{18}O$-Wert von $+10\,\%o$ gibt also an, dass die Probe gegenüber dem Standard um $10\,\%o$ an ^{18}O angereichert ist, während ein $\delta^{18}O$-Wert von -10. eine Verarmung um $10\,\%o$ bedeutet. Als internationale Bezugsstandards für H und O werden die durchschnittlichen Isotopenverhältnisse im Ozeanwasser (Vienna Standard Mean Ocean Water, V-SMOW), für C im Calcit V-PDB des Belemniten *Belemnitella americana* aus der kretazischen Pedee-Formation (Süd-Carolina, USA) und für S jene in Troilit im Oktaedrit von Canyon Diablo (CDT) verwendet.

Isotopenfraktionierungen sind stark temperaturabhängig, werden jedoch kaum vom Druck beeinflusst, weil die einzelnen Isotope fast die gleichen Volumina aufweisen. Folglich führt der Austausch von unterschiedlichen Isotopen desselben Elements in einer bestimmten festen Phase zu keiner nennenswerten Veränderung des Molvolumens dieser Phase. Um die freie Enthalpie eines bestimmten Systems zu minimieren, werden bei magmatischen und metamorphen Prozessen stets Verteilungsgleichgewichte angestrebt oder erreicht. Es besteht ein einfacher Zusammenhang zwischen dem Fraktionierungsfaktor α und der Gleichgewichtskonstante *K*:

$$\alpha_{1-2} = \frac{R_{(in\ Phase\ 1)}}{R_{(in\ Phase\ 2)}} = K^{1/n} \qquad [33.12]$$

wobei *n* die Zahl der ausgetauschten Atome ist. Die Temperaturabhängigkeit von α ergibt sich aus der Gleichung

$$1000\ln\alpha_{1-2} = A\left(10^6/T^2\right) + B \qquad [33.13]$$

wobei die Temperatur *T* in Kelvin angegeben wird; *A* und *B* sind experimentell bestimmte Konstanten.

Isotopenfraktionierungen können folgende Gründe haben:

- Bindungen, an denen leichte Isotope beteiligt sind, lassen sich einfacher lösen als solche mit schweren Isotopen;
- Moleküle mit leichten Isotopen reagieren schneller als die mit schweren;
- leichtere Isotope werden bevorzugt in irreversiblen Reaktionen angereichert.

Isotopenfraktionierungen, deren Ausmaß im Labor bestimmt wurde, können daher Einblicke in eine Reihe geologisch relevanter Aspekte gewähren:

- Abschätzung der Bildungstemperatur von Mineralen, Gesteinen und Fossilien;
- Rekonstruktion physikalisch-chemischer Prozesse, die ein Gestein während oder nach seiner Entstehung durchgemacht hat;
- Aussagen über die Reaktionskinetik eines geologischen Prozesses;
- genetische Beziehungen zwischen Meteoriten und irdischen Gesteinen.

■ **Sauerstoffisotope**

Da Sauerstoff mit Abstand das häufigste chemische Element in der Erdkruste und im Erdmantel ist, erscheint es nicht verwunderlich, dass seine Isotopenzusammensetzung von besonders hohem geologischen Interesse ist. Mit 99,763 % ist ^{16}O das weitaus häufigste Sauerstoffisotop; untergeordnet kommen ^{17}O (0,0375 %) und ^{18}O (0,1995 %) vor. In der Praxis wird vor allem das Isotopenverhältnis $^{18}O/^{16}O$ bzw. der $\delta^{18}O$-Wert angewendet. Wie ◘ Abb. 33.11a zeigt, haben Chondrite ein $\delta^{18}O$-Verhältnis, das nur wenig um 5,7 ‰ variiert. Im Analogieschluss wird für den Erdmantel ein Durchschnittswert von $5,7\pm0,3\,\%o$ angenommen. Im Vergleich zu diesem Wert sind MORB kaum, Andesit und Rhyolith dagegen deutlich an ^{18}O angereichert, während in Granitoiden eine relativ breite Variation von schwach negativen zu deutlich positiven $\delta^{18}O$-Werten vorliegt. H_2O-reiche magmatische Fluide zeigen eine auffallend geringe Variationsbreite mit $\delta^{18}O$-Verhältnissen zwischen 5,7 und ca. 9 ‰. Generell positive, wenn auch stark streuende $\delta^{18}O$-Werte haben Sedimente, sedimentäre und metamorphe Gesteine sowie H_2O-reiche metamorphe Fluide. Während Ozeanwasser definitionsgemäß ein $\delta^{18}O$ von 0 ‰ hat, zeigen meteorische Wässer eine große Variationsbreite zwischen $+5,7$ und $-40\,\%o$, wobei die $\delta^{18}O$-Werte in warmen Süßwässern hoch, in kalten dagegen niedrig sind. Diese Temperaturabhängigkeit erlaubt es, die Paläotemperatur von alten Gewässern durch die Analyse von daraus ausgefällten Ablagerungen wie z. B. fossilen Invertebraten-Schalen zu rekonstruieren.

Die *Fraktionierung von O-Isotopen* zwischen koexistierenden Mineralen, z. B. Quarz und Magnetit,

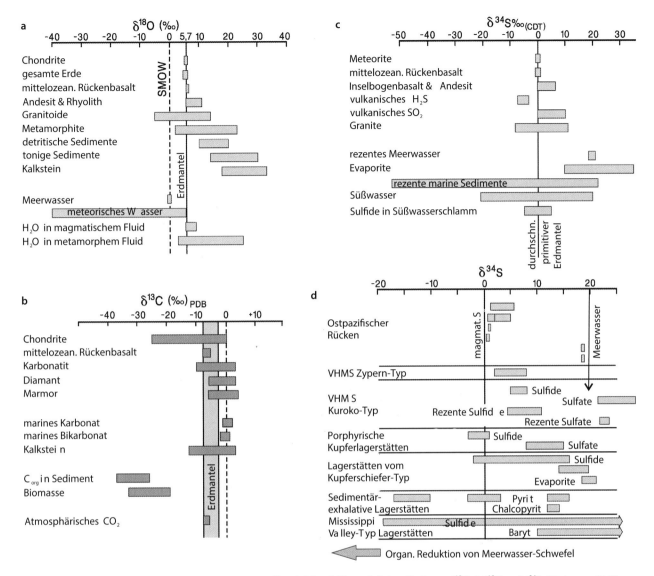

Abb. 33.11   Stabile Isotope von Sauerstoff, Kohlenstoff und Schwefel in natürlichen Proben: **a** δ^{18}O, **b** δ^{13}C, **c, d** δ^{34}S. (Daten aus Rollinson 1993)

kann als *Geothermometer* genutzt werden, das auf Austauschreaktionen vom Typ

$$2Si^{16}O_2 + Fe_3^{18}O_4 \leftrightarrow 2Si^{18}O_2 + Fe_3^{16}O_4 \qquad (33.1)$$

beruht. Der Fraktionierungsfaktor dieser Reaktion ist

$$\alpha_{\text{Quarz - Magnetit}} = \frac{(^{18}O/^{16}O) \text{ in Quarz}}{(^{18}O/^{16}O) \text{ in Magnetit}} \qquad [33.12a]$$

Für das isotopische Gleichgewicht Quarz ↔ Magnetit wurden die Konstanten in Gleichung [33.13] experimentell als $A = 6{,}29$ und $B = 0$ bestimmt. Liefert

die massenspektrometrische Analyse z. B. einen Fraktionierungsfaktor $\alpha_{\text{Quarz–Magnetit}} = 1{,}009$, so errechnet sich nach der Gleichung

$$1000 \ln 1{,}009 = 6{,}29\left(10^6/T^2\right) + 0 \qquad [33.13a]$$

eine Temperatur von 838 K = 565 °C.

▪ **Kohlenstoffisotope**

Mit Durchschnittsgehalten von ca. 0,5 Gew.-% gehört Kohlenstoff zwar nicht zu den häufigen chemischen Elementen in der Erdkruste, ist aber besonders in karbonatischen Sedimenten und in Karbonatiten stark angereichert. Darüber hinaus ist C ein wichtiger Bestandteil der Atmosphäre, der Hydrosphäre und der Biosphäre. In der Natur tritt er in oxidierter Form als CO_2, $[CO_3]^{2-}$ und $[HCO_3]^-$, aber auch als Oxalsäure, $C_2H_2O_4$, und Essigsäure, CH_3COOH, auf, in reduzierter Form als Methan, CH_4, sowie als organischer Kohlenstoff in Kohlenwasserstoffen und in der Biomasse. Die Minerale Graphit, Diamant und der seltene Lonsdaleit bestehen aus elementarem Kohlenstoff, während der extrem seltene Moissanit natürliches SiC ist (▶ Abschn. 4.34.3). Kohlenstoff hat zwei stabile Isotope: ^{12}C und ^{13}C mit durchschnittlichen Häufigkeiten von 98,89 bzw. 1,11 %.

In kohligen Chondriten variieren die $\delta^{13}C$-Werte in einem weiten Bereich zwischen 0 und -25 ‰, was in der Vielfalt von C-haltigen Phasen begründet ist, die in Meteoriten vorkommen können. Demgegenüber hat man für den Erdmantel $\delta^{13}C$-Werte von -3 bis -8 ‰ abgeschätzt (◘ Abb. 33.11b). In diesem engen Bereich liegen auch MORB und atmosphärisches CO_2, während C in Diamanten, in Karbonatiten, aber auch in Marmoren z. T. isotopisch schwerer ist. Das gleiche gilt für marine Karbonate und Bikarbonate mit ziemlich konstantem $\delta^{13}C$ nahe 0. Im Gegensatz dazu ist organischer Kohlenstoff, z. B. in Erdöl und Kohle sowie in der Biomasse, relativ an leichterem ^{12}C angereichert, mit $\delta^{13}C$-Werten bis zu -40 ‰. Karbonat-Kohlenstoff und organischer Kohlenstoff stellen somit zwei unterschiedliche Reservoire dar, die sich durch biologische Fraktionierung von CO_2, das aus dem Erdmantel stammt, entwickelt haben. Seit Untersuchungen von Schidlowski (1988) wissen wir, dass dieser Prozess bereits in der frühen Erdgeschichte vor 3,8 Ga eingesetzt hat.

Bei der *Fraktionierung* der C-Isotope im Verlauf von *geologischen Prozessen* stellt sich häufig ein *Austauschgleichgewicht* ein. Wie bei allen stabilen Isotopen ist der Fraktionierungsfaktor α stark *T*-abhängig, worauf z. B. das Calcit-Graphit-Geothermometer beruht. So weist Kohlenstoff im CH_4 der Fumarolen des Yellowstone-Nationalparks in Wyoming oder auf der Nordinsel Neuseelands ein $\delta^{13}C$ von durchschnittlich -28 ‰ auf und ist damit isotopisch leichter als im CO_2 mit $\delta^{13}C$ nahe -4 ‰. Aus dieser Differenz lassen sich für die Gasreaktion

$$CO_2 + 4H_2 \leftrightarrow CH_4 + 2H_2O \qquad (33.2)$$

Gleichgewichtstemperaturen von 200–300 °C ableiten. Um das thermodynamische Gleichgewicht zu erreichen, müssen die beteiligten Gasspezies diesen Temperaturen über einen langen Zeitraum ausgesetzt gewesen sein, da die Austauschreaktion sehr träge verläuft (Mason und Moore (1982).

Auch beim Austausch zwischen CO_2 in der Atmosphäre und dem $[HCO_3]^-$ im Ozean nach der Reaktion

$$H^{12}CO_3^- \text{(gelöst)} + {}^{13}CO_2\text{(Gas)}$$
$$\leftrightarrow \left[H^{13}CO_3\right]^- \text{(gelöst)} + {}^{12}CO_2\text{(Gas)} \qquad (33.3)$$

stellt sich ein Gleichgewicht ein. An dieser Reaktion ist die Zahl der ausgetauschten C-Atome $n=1$, so dass die Gleichgewichtskonstante $K \approx 1,005$, die bei 20 °C bestimmt wurde, gleich dem Fraktionierungsfaktor α ist (s. Gl. [33.12]). Dies erklärt gut die festgestellten $\delta^{13}C$-Verhältnisse von -7 bzw. -2 ‰ im atmosphärischen CO_2 und ozeanischen $[H^{13}CO_3]^-$.

Für das isotopische Austauschgleichgewicht

$$\left[H^{13}CO_3\right]^- \text{(gelöst)} + Ca^{12}CO_3\text{(Karbonat)}$$
$$\leftrightarrow \left[H^{12}CO_3\right]^- \text{(gelöst)} + Ca^{13}CO_3\text{(Karbonat)} \quad (33.4)$$

das die Auflösung und Wiederausfällung von Karbonaten im Ozean- oder Süßwasser beschreibt, ist bei 20 °C $\alpha = K = 1,004$. Dementsprechend haben marine Karbonate einen um etwa 4 ‰ höheren $\delta^{13}C$-Wert als ozeanisches $[HCO_3]^-$ (Mason und Moore 1982). Bei *biologischen Prozessen* kommt es hingegen zu keinem Gleichgewicht beim Isotopenaustausch, da diese Austauschreaktionen bei relativ niedrigen Temperaturen und dementsprechend niedrigen Reaktionsraten ablaufen.

■ **Schwefelisotope**

Schwefel hat vier stabile Isotope mit folgenden durchschnittlichen Häufigkeiten: ^{32}S:95,02 %, ^{33}S:0,75 %, ^{34}S:4,21 %, ^{36}S:=0,02 %. Dementsprechend ist das $^{34}S/^{32}S$-Verhältnis und somit der $\delta^{34}S$-Wert am leichtesten zu bestimmen und fand in der Vergangenheit am meisten Anwendung. In jüngerer Zeit, mit noch präziseren Messverfahren, wird aber immer öfter auch das $\delta^{33}S$-Verhältnis, d. h. $[(^{33}S/^{32}S)_{Probe}/(^{33}S/^{32}S)_{Standard} - 1] \times 1000$, gemessen. Aus der Differenz zu $\delta^{34}S$ ergibt sich ein $\Delta^{33}S$, definiert als

$$\Delta^{33}S = \delta^{33}S - \left[\left(1 + \delta^{34}S\right)^\lambda - 1\right] \cdot 1000 \qquad [33.14]$$

wobei

$$\lambda = \frac{1/m_{32} - 1/m_{33}}{1/m_{32} - 1/m_{34}} \qquad [33.14a]$$

Dieser massenunabhängige Fraktionierungsfaktor hat interessante Aussagekraft, z. B. hinsichtlich des Mangels an Sauerstoff in der archaischen Atmosphäre und Hydrosphäre (z. B. Farquhar et al. 2007).

Mit Gehalten von <0,05 oder vielleicht sogar <0,01 Gew.% in der Erdkruste (◨ Tab. 33.4) gehört S ja zu den Spurenelementen, ist allerdings in sulfidischen Erzlagerstätten und marinen Evaporiten stark angereichert. Darüber hinaus könnte der Äußere Erdkern beachtliche Mengen an S enthalten, wie man aus dem Studium von Meteoriten ableiten kann (▶ Abschn. 29.4.2 und 31.3). In der Natur kommt Schwefel in elementarer Form, in Sulfid- und Sulfatmineralen, als oxidierte oder reduzierte S-Ionen in Lösung sowie als Bestandteil von Gasen wie H_2S, SO_2 und SO_3 vor.

In *Meteoriten* hat Schwefel ein konstantes $^{32}S/^{34}S$-Verhältnis von 22,21, das daher als Basis für den Bezugsstandard CDT dient. Daraus ergibt sich ein $\delta^{34}S$-Wert von 0 ± 3 ‰ für den *Erdmantel*, einem wichtigen Reservoir für S-Isotope. Wie in ◨ Abb. 33.11c zu erkennen ist, zeigt MORB den gleichen Wert, während S in Inselbogen-Basalt und -Andesit isotopisch schwerer ist. Bei vulkanischen Dämpfen weist SO_2 ebenfalls positive, H_2S dagegen negative $\delta^{34}S$-Werte auf. Granite zeigen eine erhebliche Variationsbreite von negativen zu positiven $\delta^{34}S$-Verhältnissen.

Die $\delta^{34}S$-Werte von *Meerwasser* unterlagen im Laufe der Erdgeschichte großen Variationen mit einem Maximum bei $+31$ ‰ zu Beginn des Kambriums und einem Minimum von $+10,5$ ‰ im Perm – ein Spektrum, das von den verschiedenen Evaporit-Lagerstätten der Welt abgedeckt wird. Der $\delta^{34}S$-Wert von heutigem Meerwasser liegt bei 18,5–21 ‰, der rezenter Evaporite um 1–2 ‰ höher. Im Gegensatz dazu weisen *rezente marine Sedimente* eine enorm breite Spanne in $\delta^{34}S$ zwischen ca. $+20$ und -50 ‰ auf (◨ Abb. 33.12c), was angesichts des hohen Atomgewichts von Schwefel bemerkenswert ist. Diese starke Fraktionierung geht hauptsächlich auf die Tätigkeit von sulfatreduzierenden Bakterien zurück, wobei die Austauschreaktion

$$\left[^{32}SO_4 \right]^{2-} + H_2{}^{34}S \leftrightarrow \left[^{34}SO_4 \right]^{2-} + H_2{}^{32}S \qquad (33.5)$$

stattfindet. Bei 25 °C ist $\alpha = K = 1,075$, sodass sich Sulfide bilden, die an ^{34}S verarmt sind, während das verbleibende $[SO_4]^{2-}$ und damit auch Sulfat-Evaporite an ^{34}S angereichert werden. In den Anhydrit-Gips-Lagerstätten von Sizilien, Lousiana und Texas führt Sulfatreduktion durch *Bacterium desulfofibrio* zur Bildung von elementarem Schwefel (◨ Abb. 4.17), wobei anwesendes Erdöl oder Bitumen zu CO_2 oxidiert und $[SO_4]^{2-}$ zu H_2S reduziert werden. Letzteres reagiert schließlich mit dem restlichen Ca-Sulfat zu elementarem Schwefel. Bei dieser Reaktionsfolge wird das $\delta^{34}S$ im H_2S gegenüber dem Sulfat etwas erniedrigt, im elementaren S dagegen erhöht.

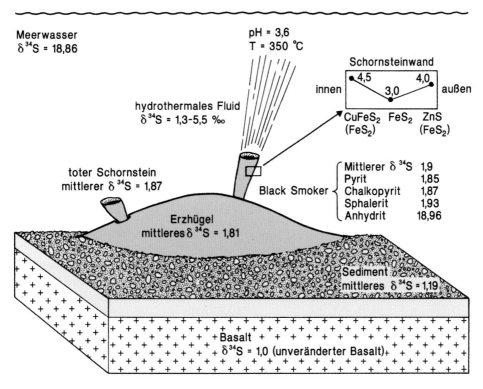

◨ **Abb. 33.12** Schematische Darstellung von $\delta^{34}S$-Werten in einem rezenten Hydrothermalsystem an einem mittelozeanischen Rücken. (© Taylor and Francis aus Using Geochemical Data: Evaluation, Presentation, Interpretation von Rollinson 1993)

Von großem Interesse für das Verständnis von *sulfidischen Erzlagerstätten* ist die Fraktionierung der S-Isotope in *hydrothermalen Systemen*. Bei Temperaturen > 400 °C dominieren H_2S und CO_2, die sich annähernd wie ideale Gase verhalten. Damit ergibt sich die Isotopenzusammensetzung des Fluids als

$$\delta^{34}S_{\text{fluid}} = \delta^{34}S_{H_2S}X_{H_2S} + \delta^{34}S_{SO_2}X_{SO_2} \quad [33.15]$$

wobei X_{H_2S} und X_{SO_2} die Molenbrüche der entsprechenden Gasspezies, bezogen auf den Gesamtgehalt an S sind. Bei niedrigeren Temperaturen < 350 °C stehen dagegen – wie im marinen Milieu – H_2S und $[SO_4]^{2-}$ im Gleichgewicht, obwohl die Sulfide hauptsächlich durch nichtbakterielle Sulfatreduktion gebildet wurden. Die Fraktionierung der S-Isotopen in hydrothermalen Lösungen ist jedoch nicht nur von der Temperatur, sondern auch von anderen Zustandsvariablen wie pH-Wert, f_{O_2}, f_{S_2} sowie den Aktivitäten der beteiligten Kationen abhängig (Ohmoto und Goldhaber 1997).

■ Abb. 33.12 zeigt die Verteilung von $\delta^{34}S$-Werten in einem aktiven Hydrothermalsystem am mittelozeanischen Rücken (vgl. ▶ Abschn. 23.5.1, ■ Abb. 23.10). Dort haben die Anhydrit-Präzipitate ein $\delta^{34}S$ von 18,96 ‰, also sehr ähnlich dem Meerwasser (18,86 ‰): Es hat sich also isotopisches Gleichgewicht eingestellt (■ Abb. 33.11d). Im Gegensatz dazu stehen die Sulfidminerale weder untereinander noch mit dem hydrothermalen Fluid im Gleichgewicht. Die wechselnden $\delta^{34}S$-Werte im Fluid gehen offenbar auf eine Mischung von Basalt-Schwefel ($\delta^{34}S = 1,0$ ‰) mit dem Sulfat des Meerwassers ($\delta^{34}S = 18,86$ ‰) zurück, wobei sich das Meerwasser/Gesteins-Verhältniss im Lauf der Zeit ständig geändert hat. Darüber hinaus kam es zu sekundären Reaktionen zwischen den bereits ausgeschiedenen Sulfiden in der Wand des Erzschornsteins (■ Abb. 23.11) und dem sich verändernden Hydrothermal-Fluid (Bluth und Ohmoto 1988), was den Isotopenaustausch noch mehr komplizierte.

In ■ Abb. 33.11d sind die $\delta^{34}S$-Werte für Sulfid- und Sulfatminerale in rezenten und älteren hydrothermalen Erzlagerstätten dargestellt, deren Verteilung durch folgende Prozesse erklärt werden kann:

— Schwefel magmatischer Herkunft kommt exemplarisch in Sulfiden *porphyrischer Kupferlagerstätten* (▶ Abschn. 23.2.2) zum Ausdruck. Diese Sulfide weisen $\delta^{34}S$-Werte zwischen – 3 und + 1 ‰ auf, was nahezu dem akzeptierten Mantelwert entspricht.

— Bei der Bildung von *vulkanitgebundenen massiven Sulfidlagerstätten* (VHMS) (▶ Abschn. 23.5.2) spielte anorganische Reduktion von Meerwasser-Sulfat eine wichtige Rolle. Die relativ hohen Temperaturen, die diesen Prozess begünstigen, wurden in den Hydrothermalsystemen an mittelozeani-

schen Rücken erreicht. Die $\delta^{34}S$-Werte von Sulfid- und Sulfatmineralen in den VMS ähneln denen in rezenten Vorkommen.

— *Sedimentgebundene Kupfererz-Lagerstätten* vom *Kupferschiefer-Typ* (▶ Abschn. 25.2.11) entstehen im Wesentlichen durch anorganische Reduktion von Meerwasser-Sulfat bei relativ tiefen Temperaturen, aber noch oberhalb der Temperaturen, bei denen sulfatreduzierende Bakterien existieren können. Die $\delta^{34}S$-Werte der Sulfide überspannen einen weiten Bereich von negativen zu überwiegend positiven Werten und überlappen mit denen von assoziiertem Baryt. Letzterer hat wiederum ähnliche $\delta^{34}S$-Werte wie Sulfate in überlagernden Evaporiten. Daraus lässt sich der Schluss ziehen, dass die S-haltigen Erzlösungen aus diesen Evaporiten stammen. Die Sulfatreduktion fand wahrscheinlich in einem geschlossenen System in Gegenwart von Erdgas statt und lief – wie die weite Streuung der $\delta^{34}S$-Werte belegt – nur unvollständig ab.

— *Sedimentär-exhalative (SEDEX) Pb-Zn-Lagerstätten* entstanden durch den Austritt von hydrothermalen Lösungen am kontinentalen Meeresboden (▶ Abschn. 23.6.1). Wie am Beispiel der Typlokalität Rammelsberg bei Goslar gezeigt werden konnte, können die $\delta^{34}S$-Werte in solchen Lagerstätten stark variieren (Eldridge et al. 1988). An manchem Pyrit und Chalkopyrit festgestellt sehr hohe, positive Werte belegen deren hydrothermale Abkunft, während sehr niedrige, negative Werte für andere Pyrit-Proben sich am ehesten durch bakterielle Sulfatreduktion erklären lassen.

— Eine enorme Variationsbreite von stark positiven zu stark negativen $\delta^{34}S$-Werten wurde in Sulfiden in Lagerstätten vom *Mississippi-Valley-Typ* (MVT) festgestellt (▶ Abschn. 23.6.2). Diese epigenetischen Vererzungen gehen auf Zirkulation nichtmagmatischer, krustaler Fluide von relativ niedriger Temperatur zurück und treten meist in Karbonatgesteinen auf. Individuelle Lagerstätten weisen relativ kleine Spannweiten von $\delta^{34}S$-Verhältnissen auf, was auf lokal unterschiedliche S-Quellen und/oder unterschiedliche H_2S-produzierende Reaktionen hinweist, z. B. bakterielle versus anorganische Reduktion von Meerwasser-Sulfat.

■ **Nichttraditionelle stabile Isotope**

Mit der zunehmenden Verbreitung und gleichzeitigen Verfeinerung der Multikollektor- (MC-) ICP-MS-Methodik in den letzten zwei Jahrzehnten wurde es auch möglich, mehr und mehr andere stabile Isotopenverhältnisse zu bestimmen. Die meisten Elemente kommen in mehreren Isotopen vor, viele davon sind stabil und deren Verhältnisse sind heute in geologischen Materialien bestimmbar. Etliche davon erwiesen sich als durchaus geologisch aussagekräftig, insbesondere jene von Li, Mg, Ca, Cr, Mo, Fe, Cu, Zn, Hg, Tl, Se, Cl und B. Insbesondere bei der Rekonstruktion von Änderungen im Redoxzustand, sei es im Ozean oder der Atmosphäre (z. B. Chen et al. 2019; Bauer et al. 2021; Nielson 2020), aber auch bei verwitterungsinduzierten Fraktionierungen bei der Bildung von Erzlagerstätten (z. B. Höhn et al. 2021), der zeitlichen Entwicklung der Meerwasserzusammensetzung (z. B. Griffith und Fantle 2020) oder dem Aufspüren salinarer Einflüsse auf ehemalige Sedimente (z. B. Frimmel und Jiang 2001) erwiesen sich etliche dieser Isotopensysteme als sehr hilfreich. Eine tiefer gehende Diskussion dieser nicht traditionellen stabilen Isotope ginge über das Ziel dieses Lehrbuchs hinaus und interessierte Leser und Leserinnen seien auf einschlägige Literatur verwiesen (z. B. Teng et al. 2017).

33.5.3 Zerfall radioaktiver Isotope und radiometrische Altersbestimmung

■ **Grundlagen**

Die Grundlagen für die moderne Geochronologie wurden durch die Arbeit von Rutherford und Soddy (1903) gelegt. Sie konnten zeigen, dass der Zerfall radioaktiver Isotope mit einer isotopenspezifischen konstanten Rate vor sich geht, unabhängig von Temperatur, Druck und anderen physikochemischen Zustandsvariablen. Die *Zerfallsrate*, mit der ein radioaktives Mutternuklid zu einem stabilen Tochternuklid zerfällt, ist proportional zur Zahl der Atome N, die zu einer gewissen Zeit t anwesend sind:

$$-dN/dt = \lambda N \quad \text{bzw.} \quad dN = -\lambda N \cdot dt \qquad [33.16]$$

Der Proportionalitätsfaktor λ ist die *Zerfallskonstante*, die für jedes Radionuklid charakteristisch ist. Sie beschreibt die Wahrscheinlichkeit, mit der ein bestimmtes Atom oder Radionuklid in einer bestimmten Zeit zerfällt. Das Differential dN/dt ist negativ, weil die Zerfallsrate mit der Zeit abnimmt. Integriert man Gleichung [33.16] zwischen den Grenzen $t_0 = 0$ und t und bezeichnet die Zahl der Mutternuklide zur Zeit t_0 als N_0, so erhält man aus dem Integral

$$\int_{N_0}^{N} dN/N = -\lambda \int_{t_0}^{t} dt$$

die Zerfallsgleichung

$$\ln N/N_0 = -\lambda t \qquad [33.17a]$$

oder

$$N = N_0 e^{-\lambda t} \qquad [33.17b]$$

Setzt man $N/N_0 = \frac{1}{2}$, so erhält man für die *Halbwertszeit,* d. h. die Zeit, in der jeweils die Hälfte der vorhandenen Mutternuklide zerfallen ist, die Beziehung

$$t_{1/2} = \ln 2/\lambda = 0,693/\lambda \qquad [33.18]$$

Zu diesem Zeitpunkt ist die Zahl der gebildeten Tochternuklide D^* gleich der Zahl der bereits zerfallenen Mutternuklide $D^* = N_0 - N$. Da nach Gl. [33.17b] $N_0 = N e^{\lambda t}$ ist, erhält die Zerfallsgleichung die Form

$$D^* = Ne^{\lambda t} - N = N\left(e^{\lambda t} - 1\right) \qquad [33.19]$$

Wenn jedoch zur Zeit $t = 0$ bereits eine gewisse Zahl an Tochternukliden D_0 vorhanden war, gilt für die Gesamtsumme der Tochternuklide, die nach Ablauf der Zeit t massenspektroskopisch gemessen werden $D_m = D_0 + D^*$ oder

$$D_m = D_0 + N\left(e^{\lambda t} - 1\right) \qquad [33.20]$$

Diese Gleichung stellt die Grundlage für die Bestimmung „absoluter" (radiometrischer) Alter in der Geochronologie dar. Löst man sie nach t auf, so erhält man

$$t = 1/\lambda . \ln\left[(D_m - D_0)/(N + 1)\right] \qquad [33.21]$$

Für den Einsatz eines bestimmten Radionuklids in der radiometrischen Altersdatierung muss also die Zerfallskonstante λ und folglich auch seine Halbwertszeit $t_{1/2}$ genau bekannt sein. Die heute vorhandene Zahl an Mutternukliden N und Tochternukliden D_m bzw. D^* lässt sich massenspektrometrisch bestimmen, während man D_0 gegebenenfalls berechnen muss.

Um ein geologisch aussagekräftiges Alter zu bestimmen, bedarf es Zerfallsreihen mit Halbwertszeiten, die in geologischen Zeitmaßstäben liegen, um sicherzustellen, dass auch noch genügend radioaktive Mutternuklide vorhanden sind. Die meisten Methoden der radiometrischen Altersbestimmung benutzen daher Isotopensysteme mit langen Halbwertszeiten (◻ Tab. 33.6) in der Größenordnung von Millionen bis Milliarden

◻ Tab. 33.6   Zerfallskonstanten und Halbwertszeiten beliebter Radionuklide in der Geochronologie

Zerfallsreihe	Zerfallsart	Zerfallskonstante λ (pro Jahr)	Halbwertszeit (Jahre)	Datierbare Minerale
$^{238}U \rightarrow {}^{206}Pb$	α	$1{,}55.125 \cdot 10^{-10}$	$4{,}47 \cdot 10^9$	Zirkon, Monazit, Allanit, Titanit, Apatit
$^{235}U \rightarrow {}^{207}Pb$	α	$9{,}8571 \cdot 10^{-10\,a}$	$7{,}07 \cdot 10^8$	Zirkon, Monazit, Allanit, Titanit, Apatit
$^{232}Th \rightarrow {}^{208}Pb$	α	$4{,}948 \cdot 10^{-11}$	$1{,}4 \cdot 10^{10}$	Zirkon, Monazit, Allanit, Titanit, Apatit
$^{87}Rb \rightarrow {}^{87}Sr$	β^-	$1{,}42 \cdot 10^{-11\,b}$	$48{,}8 \cdot 10^9$	Muscovit, Biotit, K-Feldspat, Gesamtgest
$^{147}Sm \rightarrow {}^{143}Nd$	α	$6{,}54 \cdot 10^{-12}$	$1{,}06 \cdot 10^{11}$	Granat, Pyroxene, Amphibole, Gesamtgest
$^{176}Lu \rightarrow {}^{176}Hf$	β^-	$1{,}867 \cdot 10^{-11\,c}$	$3{,}6 \cdot 10^{10}$	Zirkon
$^{187}Re \rightarrow {}^{187}Os$	β^-	$1{,}64 \cdot 10^{-11}$	$4{,}23 \cdot 10^{10}$	Molybdänit u. a.Sulfide
$^{40}K \rightarrow {}^{40}Ar$	β^-, Elektronen-einfang, β^+	$5{,}5492 \cdot 10^{-10\,d}$	$1{,}28 \cdot 10^9$	Amphibole, Muscovit, Biotit, Gesamtgestein
$^{14}C \rightarrow {}^{14}N$	β^-	$1{,}21 \cdot 10^{-4}$	5730	Pflanzenreste, Kohle, Knochen

[a] wie von Mattinson (2010) vorgeschlagen, konventioneller Wert ist $9{,}8485 \cdot 10^{-10} y^{-1}$

[b] dies ist der offiziell akzeptierte Wert, wozu es aber auch eine Alternative von $1{,}393 \cdot 10^{-11} y^{-1}$ von Nebel et al. (2011) gibt.

[c] wie von Söderlund et al. (2004) empfohlen.

[d] wie von Renne et al. (2010) vorgeschlagen; der konventionelle Wert ist $5{,}543 \cdot 10^{-10} y^{-1}$.

33

von Jahren. Die bekannte ^{14}C-Methode ist beispielsweise für die allermeisten geologischen Fragestellungen unbrauchbar, da sie aufgrund der relativ kurzen Halbwertszeit von nur 5730 Jahren bestenfalls für jüngste quartärgeologische und archäologische Problemlösungen geeignet ist.

> Im Idealfall entspricht das im Labor bestimmte radiometrische Altersdatum eines Minerals tatsächlich seinem *Kristallisationsalter*, also dem Zeitpunkt der Kristallisation aus einer Schmelze (*Intrusionsalter*) oder der Um- oder Neukristallisation bei einem Metamorphoseereignis (*Metamorphosealter*).

Das berechnete Altersdatum muss aber nicht notwendigerweise das Bildungsalter sein, es kann auch jünger sein. Entscheidend hierbei ist, ob das datierte Mineral bei einer Temperatur kristallisierte, die oberhalb der *Schließungstemperatur* für das jeweils eingesetzte

Isotopensystem lag. Die Schließungstemperatur, die wir bereits im Zusammenhang mit Geothermometrie und Geobarometrie (▶ Abschn. 27.3 und 27.4) diskutierten, ist jene Temperatur, unter der diffusiver Austausch von Ionen oder Isotopen so langsam verläuft, dass er auch in geologischen Zeitmaßstäben vernachlässigbar wird, das thermodynamische System also geschlossen bleibt. Liegt die Kristallisationstemperatur also über der Schließungstemperatur, so können der bei der Mineralbildung eingebaute Anteil radioaktiver und radiogener Nuklide und die entsprechenden Isotopenverhältnisse im Nachhinein noch verändert werden – und zwar bis zum Erreichen der Schließungstemperatur. In so einem Fall bedeutet das berechnete Altersdatum ein *Abkühlungsalter* (oder auch *Abkühlalter*).

> Ein *Abkühlalter* spiegelt die Zeitspanne wider, die vergangen ist, seitdem ein magmatisch oder metamorph gebildetes Mineral unter seine jeweilige *Schließungstemperatur* abgekühlt ist.

Die Schließungstemperatur ist in erster Linie abhängig vom Isotopensystem und der jeweiligen Kristallstruktur, also dem zur Datierung herangezogenen Mineral, aber auch von der Abkühlgeschwindigkeit, der Verformungsrate (insbesondere bei regionalmetamorphen Mineralen) und dem Fluidgehalt im Gestein. Niedrige Abkühlraten, hohe Verformungsraten und hohe Konzentration intergranularen Fluids erhöhen die Diffusionsraten und erleichtern somit die Mobilität auch jener Isotopen, die gegebenenfalls für die Datierung zum Einsatz kamen. Oft ist es schwierig, all diese Parameter auch nur semiquantitativ abzuschätzen, was zu erheblichen Unsicherheiten in der Interpretation von Altersdaten führen kann. Andererseits kann die systematische Anwendung unterschiedlicher Isotopensysteme in unterschiedlichen Mineralen aus ein und demselben Gesteinskomplex Aussagen nicht nur über den Bildungszeitpunkt, sondern auch über die Abkühlungsgeschichte liefern, z. B. von großen Plutonen oder von retrograder Metamorphose, also über Abschnitte von metamorphen *P-T-t*-Pfaden (s. ▶ Abschn. 27.4).

Andere Altersinformationen, die meist über die Isotopenzusammensetzung von Gesamtgesteinsproben ermittelt werden, sind Krustenbildungsalter und Verweildauer in der Erdkruste.

> Das *Krustenbildungsalter* beschreibt die Zeit, in der sich neue kontinentale Erdkruste durch partielles Aufschmelzen des Erdmantels und nachfolgende AFC-Prozesse gebildet hat (▶ Abschn. 17.5).

In den meisten Fällen wird jedoch die neu gebildete Kruste anschließend durch orogene oder andere tektonische Ereignisse, die zur Deformation, Metamorphose und Anatexis führen, so stark überprägt oder gar wiederaufgearbeitet, dass die radiometrischen Uhren zurückgestellt werden. Daher kann man höchstens ein *Kratonisierungsalter*, nicht aber notwendigerweise ein tatsächliches Krustenbildungsalter ermitteln.

> Die *Verweildauer in der Erdkruste* (engl. „crustal residence time") kann man aus Sedimenten ermitteln, die von einem erodierten Segment kontinentaler Erdkruste geliefert wurden. Diese Altersinformation, die das Krustenbildungsalter reflektiert, kann auch nach der Diagenese und eventueller metamorpher Überprägung der Sedimente erhalten bleiben.

■ **Rubidium-Strontium-Methode**
Der mittlere Rubidium-Gehalt in der ozeanischen Erdkruste liegt bei 30 ppm (Ronov und Yaroshevsky 1969), jener in der oberen und mittleren kontinentalen Erd-

kruste bei 74 ppm (Rudnick und Gao 2005). Demgegenüber ist der Strontiumgehalt mit 465 ppm in der ozeanischen und 301 ppm in der oberen und mittleren kontinentalen Kruste deutlich höher (❏ Tab. 33.4). In gesteinsbildenden Mineralen wie Kalifeldspat, Muscovit und Biotit wird das K teilweise durch Rb ersetzt, während in vielen Mineralen etwas Sr anstelle von Ca eingebaut ist. Rubidium mit der Ordnungszahl $Z = 37$ hat zwei natürliche Isotope: ^{85}Rb (72,17 %) und das radioaktive Isotop ^{87}Rb (27,83 %). Beim radioaktiven Zerfall wird im Atomkern von ^{87}Rb ein Neutron in ein Proton umgewandelt, wodurch ein Isotop des Erdalkalimetalls ^{87}Sr mit $Z = 38$ entsteht. Bei diesem Prozess des *β-Zerfalls* werden ein *Elektron,* ein *Antineutrino v* und die *Zerfallsenergie Q* freigesetzt:

$$^{87}_{37}\text{Rb} \rightarrow ^{87}_{38}\text{Sr} + \beta^- + v + Q \tag{33.6}$$

Allerdings muss auch die ursprüngliche Menge an ^{87}Sr, die schon bei der Kristallisation des zu datierenden Minerals oder Gesteins vorhanden war, berücksichtigt werden, indem man die Gl. [33.20] modifiziert:

$$^{87}\text{Sr}_m = ^{87}\text{Sr}_0 + ^{87}\text{Rb}_m\left(e^{\lambda t} - 1\right) \tag{33.22}$$

Die genaue Messung der *absoluten* Isotopenkonzentrationen kann schwierig sein, weil diese in einigen Fällen extrem niedrig liegen. Daher arbeitet man besser mit *Isotopenverhältnissen,* wobei man das Isotop ^{86}Sr als Bezugsgröße einsetzt, da es nicht am radioaktiven Zerfallsprozess beteiligt ist. Damit bekommt Gl. [33.22] die Form:

$$\left(^{87}\text{Sr}/^{86}\text{Sr}\right)_m = \left(^{87}\text{Sr}/^{86}\text{Sr}\right)_0 + \left(^{87}\text{Rb}/^{86}\text{Sr}\right)_m\left(e^{\lambda t} - 1\right) \tag{33.23}$$

In dieser Gleichung ist λ bekannt, während die Isotopenverhältnisse $(^{87}\text{Sr}/^{86}\text{Sr})_m$ und $(^{87}\text{Rb}/^{86}\text{Sr})_m$ im Labor durch Massenspektrometrie bestimmt werden. Somit verbleiben als unbekannte Größen die Zeit t und das initiale Verhältnis $(^{87}\text{Sr}/^{86}\text{Sr})_0$. Wenn man die Gl. [33.23] nach t auflöst, erhält man:

$$t = 1/\lambda \cdot \ln\left\{\left(^{87}\text{Rb}/^{86}\text{Sr}\right)_m\left[\left(^{87}\text{Sr}/^{86}\text{Sr}\right)_m - \left(^{87}\text{Sr}/^{86}\text{Sr}\right)_0\right] + 1\right\} \tag{33.24}$$

Daraus lässt sich t berechnen, vorausgesetzt das initiale $(^{87}\text{Sr}/^{86}\text{Sr})_0$ Verhältnis ist bekannt und das System, sei es ein zu datierendes Mineral oder Gesamtgestein, blieb geschlossen in Bezug auf Rb und Sr während der gesamten Zeit *t*, die seit der Bildung des Minerals bzw. Gesteins verstrichen ist.

Gleichung [33.22] entspricht der Gleichung einer Graden $y = mx + c$. Aus dieser Tatsache entwickelte Nicolaysen (1961) die *Isochronen-Methode,* indem er für mindestens zwei kogenetische Minerale, z. B. Muscovit und Biotit oder für das Gesamtgestein und ein oder zwei Minerale $(^{87}Sr/^{86}Sr)_m (= y)$ gegen $(^{87}Rb/^{86}Sr)_m (= x)$ auftrug. Der Schnittpunkt der Graden mit der Ordinate *c* ist das Anfangsverhältnis $(^{87}Sr/^{86}Sr)_0$ und aus der Steigung $m = e^{\lambda t} - 1$ lässt sich das Alter berechnen.

In ◘ Abb. 33.13a sind die Isotopenverhältnisse für ein Gestein a und zwei seiner Minerale, z. B. Biotit b und Muscovit c gegeneinander aufgetragen. Ursprünglich hatten das Gestein und seine Minerale das gleiche initiale $(^{87}Sr/^{86}Sr)_0$ unabhängig von ihren $^{87}Rb/^{86}Sr$-Verhältnissen: Die Punkte a, b und c liegen auf einer geraden Linie, die zur Zeit $t_0 = 0$ parallel zur Abszisse verläuft. Wenn nun zu dieser Zeit ein thermisches Ereignis, z. B. eine Regionalmetamorphose, stattfindet und das Gestein rekristallisiert, werden die Rb- und Sr-Gehalte in den gesteinsbildenden Mineralen neu verteilt. In jedem Teilsystem, sei es eines der obigen Minerale oder das gesamte Gestein, setzt der radioaktive Zerfall $^{87}Rb \rightarrow ^{87}Sr$ ein, und die isotopische Uhr beginnt zu ticken. Dabei wird umso mehr ^{87}Sr gebildet, je mehr ^{87}Rb ursprünglich vorhanden war. Das $^{87}Rb/^{86}Sr$-Verhältnis nimmt also im gleichen Maße ab wie das $^{87}Sr/^{86}Sr$-Verhältnis zunimmt. Blieb während der gesamten Zeitspanne des radioaktiven Zerfalls, also seit der metamorphen Rekristallisation des Gesteins, das isotopische Gleichgewicht erhalten, so definieren die Analysenpunkte a′, b′ und c′, die wir heute nach Ablauf der Zeit *t* messen, eine geneigte Gerade, die *Isochrone.* Ihr Neigungswinkel ist proportional zur Zeit *t*, in diesem Beispiel 500 Ma. Die Extrapolation der Isochrone bis zum Schnittpunkt mit der Ordinate definiert das initiale $(^{87}Sr/^{86}Sr)_0$-Verhältnis, das ja a priori unbekannt war. Hätte das geologische Ereignis nicht vor 500 Ma, sondern z. B. vor 1000 Ma stattgefunden, so würden die Punkte a″, b″ und c″ eine Isochrone mit entsprechend steilerer Neigung bestimmen, wobei die Ordinate selbstverständlich im gleichen Anfangsverhältnis geschnitten wird.

Darüber hinaus lassen sich Isochronen auch aus den Isotopenverhältnissen von *Gesamtgesteinsproben* konstruieren, die aus demselben magmatischem oder metamorphem Komplex stammen, z. B. einem Granitpluton oder einem Orthogneiskomplex (◘ Abb. 33.13b). Wesentliche Voraussetzungen für die Gewinnung eines aussagekräftigen Alterswerts sind eine genügend breite Streuung der $^{87}Rb/^{86}Sr$-Verhältnisse und – selbstverständlich – die Einstellung des isotopischen Gleichgewichts über ein ausgedehn-

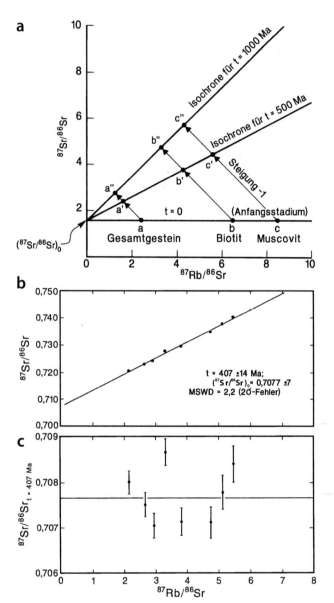

◘ **Abb. 33.13** **a** Schematisches Isochronen-Diagramm für ein Gestein a (z. B. einen Granit) und seine Minerale b (z. B. Biotit) und c (z. B. Muscovit) (mod. nach Rollinson 1993); **b** Isochronen-Diagramm für acht Gesteinsproben aus einem Orthogneis (Steinbruch bei Haibach, variszisches Grundgebirge des Vorspessarts, Bayern); da die Messungen einen akzeptablen MSWD-Wert erbrachten, liegt eine Isochrone vor, die dem Intrusionsalter des granitoiden Ausgangsmaterials vor 407 ± 14 Ma nahe kommt; **c** Darstellung im vergrößerten Maßstab; dabei wurde die Zunahme des radiogenen ^{87}Sr im Zeitraum von 407 Ma abgezogen, sodass die Regressionsgrade horizontal verläuft. Die Streuung der Einzelanalysen (mit 1σ-Fehlerbalken) um diese Grade ergibt MSWD = 2,2; 2σ-Fehlerbalken würden mit einer Ausnahme die Regressionsgerade überlappen (aus Dombrowski et al. 1995)

tes Gesteinsvolumen. Das ist jedoch leider bei vielen geologischen Komplexen nicht der Fall. Daher werden zahlreiche „Alter", die in früheren Jahren mit Rb-Sr-Gesamtgesteinsdatierungen gewonnen wurden, heute nicht mehr für geologisch aussagekräftig befunden.

Isochronen liefern nur dann eine zuverlässige Altersaussage, wenn sie statistisch abgesichert sind, d. h. wenn die Abweichung der einzelnen Analysepunkte von der Regressionsgeraden nicht größer ist als die Standardabweichung der Einzelmessung. Ein Maß dafür ist die *mittlere gewichtete Standardabweichung* (engl. *„mean weighted standard deviation"*, MSWD), die möglichst gering und nicht mehr als 2,5 sein sollte. MSWD-Werte >2,5 zeigen an, dass die Gesteinsproben oder auch die Minerale eines Gesteins kein isotopischen Gleichgewicht erreicht haben. In diesem Fall ist die ermittelte „Isochrone" in Wirklichkeit eine „*Errorchrone*", die wahrscheinlich nur geringe oder keine geologischer Aussagekraft hat. Da die Genauigkeit der Isotopenanalytik in den letzten Jahren enorm gesteigert werden konnte, überlappen heute die Fehlerbalken nicht mehr so häufig die Regressionsgerade wie früher, und der MSWD-Wert kann unakzeptable Größen erreichen (◘ Abb. 33.13c).

Die Einstellung eines isotopischen Gleichgewichts kann dadurch verhindert werden, dass ein Gestein oder ein Gesteinskomplex im Laufe seiner Geschichte zwei oder mehrere thermische Ereignisse erlebt hat. So könnte z. B. ein Granit, der vor 600 Ma Jahren kristallisierte, vor 500 Ma regionalmetamorph überprägt worden sein. Wurde dabei das isotopische Gleichgewicht der Gesamtgesteinsproben nicht oder nur kaum zurückgestellt, würde man eine Isochrone mit akzeptablem MSWD erhalten, die das Intrusionsalter auf 600 Ma datiert. Fand dagegen eine teilweise Neueinstellung statt, so können die Analysenpunkte so stark um die Regressionsgerade streuen, dass diese lediglich die Qualität einer Errorchrone mit unakzeptablem MSWD-Wert hat. Die Steigung der Errorchrone hätte dann kaum oder gar keine geologische Relevanz.

Mittel- bis hochgradige Regionalmetamorphose kann zu einer vollständigen *Neueinstellung* der Isotopensysteme der *Einzelminerale* in solch einem Granit führen, obwohl das Gesamtgestein durchaus noch ein geschlossenes System blieb. Günstigenfalls erhält man dann für den metamorph überprägten Granit (Orthogneis) eine Mineral-Gesamtgesteins-Isochrone, aus deren Steigung ein Metamorphosealter von, um beim obigen Beispiel zu bleiben, 500 Ma berechnet werden kann. Allerdings setzt sich der Isotopenaustausch bei der Abkühlung des metamorphen Komplexes noch weiter fort, bis die Schließungstemperatur unterschritten wird. Letztere ist für jede Mineralart unterschiedlich. So ist die *Schließungstemperatur* für das Rb-Sr-System in Muscovit ungefähr 500 °C, in Biotit dagegen nur 350 °C. Daher konstruiert man jeweils Zweipunkt-Isochronen Gesamtgestein–Muscovit und Gesamtgestein–Biotit, die dann zwei verschiedene Alterswerte ergeben. In einem Temperatur-Zeit-Diagramm ist damit ein Abschnitt des *Abkühlungspfades* durch zwei *T-t*-Kombinationen definiert, z. B. ~ 500 °C/495 Ma und 350 °C/487 Ma. Daraus

lässt sich in diesem Bereich eine mittlere *Abkühlungsgeschwindigkeit* von ungefähr 20 °C pro 1 Ma berechnen. Allerdings hat dieser Wert einen relativ großen Fehler, da in seine Berechnung die Standardabweichung der beiden Rb-Sr-Daten und die Unsicherheit bezüglich der Schließungstemperatur eingehen. Da der Abkühlungspfad nicht linear ist, kann man ihn nicht auf den Höhepunkt der Metamorphose zurück extrapolieren. Um dieses Ereignis zu datieren, greift man auf Minerale zurück, die Isotopensysteme mit höheren Schließungstemperaturen enthalten, z. B. U-Pb in Zirkon (s. Uran-Blei-Methode).

Das initiale $(^{87}Sr/^{86}Sr)_0$ Verhältnis von Gesteinskomplexen kann von erheblichem geologischen Interesse sein, weil es – analog zu anderen Isotopensystemen – Isotopenreservoire im Erdmantel oder in der Erdkruste beschreibt. Da sich Rb wesentlich inkompatibler verhält als Sr (◘ Abb. 33.1), reichert es sich bei partieller Aufschmelzung von Mantelgesteinen in der Schmelze an, während Sr im verarmten Mantel zurückbleibt. Das durchschnittliche Rb/Sr-Verhältnis der kontinentalen Erdkruste liegt bei 0,25 (◘ Tab. 33.4), jenes des Erdmantels ist hingegen bei nur 0,03. Dementsprechend stieg das $(^{87}Sr/^{86}Sr)_0$-Verhältnis in der kontinentalen Erdkruste im Laufe der Erdgeschichte auf einen Wert von 0,7211 an (◘ Abb. 33.14), während es im heutigen Erdmantel (engl. *„bulk silicate Earth"* BSE) im Schnitt bei 0,705 liegt.

Die in ◘ Abb. 33.14 dargestellte Entwicklungskurve basiert auf der Annahme, dass sich die kontinentale Erdkruste erst vor 2,7 Ga gebildet hat. Dies ist sicherlich eine zu starke Vereinfachung. Zum einen war und ist die Bildung kontinentaler Kruste ein fortlaufender Prozess, dessen Rate zu unterschiedlichen geologischen Zeiten nach wie vor umstritten ist, zum anderen kam es schon viel früher als 2,7 Ga zur Bildung erster kontinentaler Kruste, vermutlich nur einige Hundert Millionen Jahre nach der Entstehung unseres Planeten. Die dabei gebildeten hochfraktionierten Gesteine blieben allerdings wegen hoher Recyclingraten und ständigem Meteoriten-Bombardement nicht erhalten. Einzig wenige Zirkonkörner blieben von dieser ersten kontinentalen Kruste erhalten und der bislang älteste datierte Zirkon ist 4375 ± 6 Ma alt (Valley et al. 2014).

Im Detail können sich einzelne *Mantelreservoire* merklich in ihrem $(^{87}Sr/^{86}Sr)_0$-Verhältnis unterscheiden; so liegt dieses im verarmten Mantelreservoir (engl. *„depleted mantle"* DM) bei 0,702, im sogenannten *„prevalent mantle reservoir"* (PREMA) bei 0,7035 und in den angereicherten Mantelreservoiren (*„enriched mantle"*) EM I bei 0,705 und EM II noch höher. Das $(^{87}Sr/^{86}Sr)_0$-Verhältnis von MORB variiert um 0,703.

■ **Samarium-Neodym-Methode**

Die Seltenen Erdelemente Samarium ($Z = 62$) und Neodym ($Z = 60$) sind mit durchschnittlich 4,7 bzw. 26 ppm in der oberen und mittleren kontinentalen Erdkruste vorhanden (◘ Tab. 33.4). Zusammen mit ande-

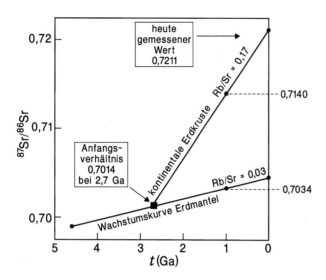

Abb. 33.14 Entwicklung des initialen $(^{87}Sr/^{86}Sr)_0$ Verhältnisses im Lauf der Erdgeschichte in der kontinentalen Erdkruste und im Erdmantel unter der Annahme, dass sich die kontinentale Erdkruste durch partielles Aufschmelzen des Erdmantels vor 2,7 Ga bildete; bei $(^{87}Sr/^{86}Sr)_0 = 0{,}7014$ entwickelten sich die ^{87}Sr-Wachstumskurven in Erdkruste und Erdmantel auseinander mit Rb/Sr-Verhältnissen von 0,17 in der kontinentalen Kruste im Vergleich zu 0,03 im Mantel. Magmen, die z. B. vor 1 Ga durch das partielle Schmelzen des Mantels gebildet wurden, hätten dann ein initiales $(^{87}Sr/^{86}Sr)_0$ Verhältnis von 0,0734, krustale Schmelzen hingegen ein höheres Verhältnis von 0,7140 (mod. nach Rollinson 1993)

ren SEE werden sie in eine Reihe wichtiger gesteinsbildender Minerale eingebaut. Samarium hat sieben natürliche Isotope, von denen ^{147}Sm, ^{148}Sm und ^{149}Sm radioaktiv sind. Von diesen hat der Zerfall von ^{147}Sm unter Aussendung von α-Strahlung nach der Reaktion

$$^{147}_{62}Sm \rightarrow\ ^{143}_{60}Nd + ^{4}_{2}He \qquad [33.7]$$

die kürzeste Halbwertszeit von immerhin noch 106 Ga, in der sich messbare Konzentrationen des Tochterisotops ^{143}Nd in geologischen Zeiträumen bilden können. Demgegenüber sind bei den anderen beiden Isotopen die Halbwertszeiten viel zu lang für radiometrische Datierungen. In Analogie zum Rb-Sr-System bezieht man ^{147}Sm und ^{143}Nd auf das nicht radiogene ^{144}Nd und erhält dann entsprechend Gl. [33.23] den Ausdruck

$$\left(\frac{^{143}Nd}{^{144}Nd}\right)_m = \left(\frac{^{143}Nd}{^{144}Nd}\right)_0 + \left(\frac{^{147}Sm}{^{144}Nd}\right)_m (e^{\lambda t} - 1) \qquad [33.25]$$

Daraus folgt, dass man auch im Sm-Nd-System mit Isochronen-Darstellungen arbeiten kann, wobei die Methode wegen der großen Halbwertszeit besonders gut für Meteorite und sehr alte, z. B. archaische Gesteine und deren Minerale, geeignet ist. Für die Datie-

rung metamorpher Gesteine haben sich Granat-Gesamtgesteins-Isochronen am besten bewährt. Da die Diffusionsraten im Granat sehr gering sind, verändert sich das Sm-Nd-System bei der Abkühlung nur wenig; dementsprechend liegt die Schließungstemperatur relativ hoch, nämlich bei ungefähr 600 °C. Damit lassen sich also Metamorphoseereignisse datieren, bei deren Höhepunkt die Temperatur bei 600 °C oder tiefer gelegen hat. Wäre z. B. der bei der Rb-Sr-Methode genannte granitische Orthogneis bei maximal 590 °C metamorph überprägt worden, so würde eine Sm-Nd-Granat-Gesamtgesteins-Isochrone ein Alter von 500 Ma ergeben. Zudem stellt sich beim Granatwachstum häufig ein ausgeprägter *chemischer Zonarbau* ein, der auch das Sm-Nd-System betrifft. Daher kann man in günstigen Fällen Kern- und Randzonen gesondert analysieren und so Hinweise auf die Dauer des Granatwachstums gewinnen.

Das Sm-Nd-Isotopen-System wird häufig auch zur Ermittlung von *Modellaltern* (*T*) benutzt. Ein solches „Alter" stellt ein Maß für die Zeit dar, seit der das betreffende Gestein von der Mantelquelle getrennt war, aus der es – als heutiger Bestandteil der kontinentalen Erdkruste – ursprünglich stammte. Für die Art des Mantelreservoirs und seiner Isotopie müssen Annahmen gemacht werden, wobei zurzeit zwei Modelle im Vordergrund stehen:

Chondritic uniform reservoir (CHUR) Beim CHUR wird angenommen, dass der primitive Erdmantel die gleiche Sm-Nd-Isotopenzusammensetzung hatte wie die mittlere Chondrit-Zusammensetzung, also den Zustand der Erde vor ca. 4,6 Ga widerspiegelt. Analog zu Gl. [33.24] berechnet sich das *T*-CHUR-Modellalter nach der Gleichung

$$T^{Nd}_{CHUR} = \frac{1}{\lambda} \cdot \ln\left[\frac{\left(^{143}Nd/^{144}Nd\right)^{heute}_{Gestein} - \left(^{143}Nd/^{144}Nd\right)_{CHUR}}{\left(^{143}Sm/^{144}Nd\right)^{heute}_{Gestein} - \left(^{143}Sm/^{144}Nd\right)_{CHUR}} + 1\right]$$
$$[33.26]$$

Depleted mantle (DM) Bei der Bildung der frühesten Erdkruste durch partielle Aufschmelzung von primordialen Mantelgesteinen blieb ein verarmter Erdmantel zurück, in dem das Sm/Nd-Verhältnis gegenüber CHUR ständig anwuchs. Da sich Sm etwas kompatibler verhält als Nd (Abb. 33.4), wurde Nd in die Krustengesteine fraktioniert, Sm dagegen im Erdmantel relativ angereichert. Deswegen verwendet man – alternativ zu CHUR – häufig DM-Werte, um Sm–Nd-Modellalter zu berechnen, wobei dann in Gl. [33.26] die Isotopenverhältnisse $(^{143}Nd/^{144}Nd)_{DM}$ und $(^{147}Sm/^{144}Nd)_{DM}$ anstelle derjenigen für CHUR eingesetzt werden.

Da Sm–Nd-Modellalter an Gesamtgesteinen relativ leicht zu gewinnen sind, kann man sie zur Kartierung von unterschiedlichen geologischen Einheiten in alten magmatischen oder metamorphen Kristallinkomplexen benutzen. Anstelle des Modellalters wird häufig auch der ε_{Nd}-Wert zur Entstehungszeit t angegeben, wobei gilt

$$\varepsilon^t_{Nd} = \left[\frac{(^{143}Nd/^{144}Nd)^t_{Gestein}}{(^{143}Nd/^{144}Nd)^t_{CHUR}} - 1 \right] \cdot 10^4 \qquad [33.27]$$

Die beiden Isotopenverhältnisse werden analog zu Gl. [33.25] berechnet. Der Wert ε_{Nd} ist ein Maß für die Abweichung des $^{143}Nd/^{144}Nd$-Verhältnisses in einem Gestein von dem Wert in CHUR und damit für den Grad der Differentiation.

Wegen der größeren Kompatibilität von Sm steigt das initiale $(^{143}Nd/^{144}Nd)_0$ Verhältnis mit zunehmender Verarmung des Erdmantels an, während es in Krustengesteinen abnimmt. Das gilt insbesondere für die kontinentale Unterkruste und andere ältere Krustenbereiche, in denen bereits ein mehrfaches Recycling von Krustenmaterial stattgefunden hat. Die Isotopensysteme Sm-Nd und Rb-Sr verhalten sich also in ihrer Entwicklung entgegengesetzt.

■ **Uran-Blei-Methode**

Die mittleren Gehalte an Uran $(Z=92)$ und Thorium $(Z=90)$ in der ozeanischen Erdkruste liegen bei 0,9 bzw. 2,7 ppm; in der oberen und mittleren kontinentalen Erdkruste sind sie mit 2 ppm U bzw. 8,5 ppm Th höher (■ Tab. 33.4). Das radiogene und stabile Tochterelement Pb $(Z=82)$, das sich aus dem Zerfall von U und Th ergibt, ist in der mittleren und oberen kontinentalen Erdkruste im Mittel mit einer Konzentration von 16 ppm vorhanden (Rudnick und Gao 2005; ■ Tab. 33.4). Alle drei Spurenelemente U, Th und Pb bilden eigene Minerale, können aber auch in fremde Minerale eingebaut sein, wie z. B. U und Th in Zirkon und Monazit, oder Pb in Kalifeldspat. Es gibt insgesamt vier Bleiisotope, von denen nur ^{204}Pb nicht radiogen ist, während – abgesehen von geringen Gehalten an initialem Blei – ^{206}Pb, ^{207}Pb und ^{208}Pb Zerfallsprodukte von U und Th darstellen. Diese entstehen über komplexe Zerfallsreihen, deren Zwischenprodukte allerdings so kurzlebig sind, dass sie geologisch keine Bedeutung haben. Wie man aus ■ Tab. 33.6 entnehmen kann, zerfällt das Nuklid mit dem höchsten Atomgewicht ^{238}U in das leichteste Bleiisotop ^{206}Pb, während das schwerere ^{207}Pb durch den Zerfall von ^{235}U entsteht. Während die Halbwertszeit des ^{238}U-Zerfalls etwa dem Alter der Erde entspricht, ist die des ^{235}U-Zerfalls deutlich geringer, sodass das ur-

sprüngliche (primordiale) ^{235}U fast vollständig zu ^{207}Pb abgebaut wurde. Die Halbwertszeit von ^{232}Th entspricht ungefähr dem Alter des Universums. Nach der Grundgleichung [33.20] gelten die Beziehungen

$$^{206}Pb_m = {}^{206}Pb_0 + {}^{238}U_m(e^{\lambda_{238}t} - 1) \qquad [33.28]$$

$$^{207}Pb_m = {}^{207}Pb_0 + {}^{235}U_m\left(e^{\lambda_{235}t} - 1\right) \qquad [33.29]$$

$$^{208}Pb_m = {}^{208}Pb_0 + {}^{232}Th_m\left(e^{\lambda_{232}t} - 1\right) \qquad [33.30]$$

aus denen sich das geologische Alter t berechnen lässt. Man kann die Anteile der radiogenen Pb-Isotope auf die Menge des nicht radiogenen ^{204}Pb beziehen und käme dann – wie bei den Rb-Sr- und Sm-Nd-Datierungen – zu einer Isochronen-Darstellung.

Viel gebräuchlicher ist jedoch das U-Pb-*Concordia-Diagramm*, das bei der Datierung von Mineralen wie Zirkon und Monazit angewandt wird, die bei ihrem Wachstum viel U, aber kaum Pb einbauen. In diesem Fall lassen sich die Gl. [33.28] und [33.29] vereinfachen, indem man jeweils das wenige Primärblei $^{206}Pb_0$ und $^{207}Pb_0$ abzieht, sodass nur die Gehalte an radiogenem $^{206}Pb^*$ und $^{207}Pb^*$ übrig bleiben. Am besten kann diese Korrektur vorgenommen werden, wenn man ein Pb-haltiges, aber U- und Th-freies Mineral analysiert, das im gleichen Gesteinskomplex auftritt. Nach Umformung erhält man:

$$\frac{^{206}Pb^*}{^{238}U} = (e^{\lambda_{238}t} - 1) \qquad [33.28a]$$

$$\frac{^{207}Pb^*}{^{235}U} = \left(e^{\lambda_{235}t} - 1\right) \qquad [33.29a]$$

Trägt man das $^{206}Pb^*/^{238}U$- und das $^{207}Pb^*/^{235}U$-Verhältnis von Mineralen gegeneinander auf, so ergibt sich eine Kurve konkordanter Alter, die *Concordia*. Sie ist der geometrische Ort aller Mineralproben, bei denen das $^{206}Pb^*/^{238}U$- und $^{207}Pb^*/^{235}U$-Alter jeweils gleich ist; daher lässt sich auf ihr eine Altersskalierung vornehmen, indem man die Gl. [33.28a] und [33.29a] nach t auflöst (■ Abb. 33.15). Wenn sich die Minerale bezüglich ihrer U-Pb-Isotopie seit ihrer Bildung als geschlossenes System verhalten haben, so kommen ihre Analysenpunkte innerhalb des Messfehlers auf der Concordia zu liegen, und das Kristallisationsalter kann bestimmt werden. Das trifft z. B. auf Zirkon-Körner zu, die bei der Abkühlung und Kristallisation eines Granitmagmas kristallisierten oder solche, die sich bei einer Regionalmetamorphose bildeten. Wegen der hohen Schließungstemperatur von Zirkon

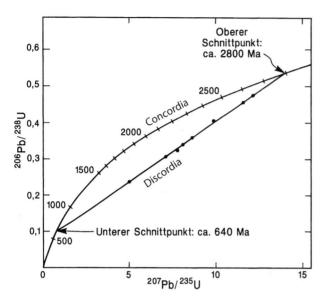

◻ Abb. 33.15 *Concordia*-Diagramm für das U-Pb-Isotopensystem; die Zahlen auf der Concordia-Kurve bedeuten Jahrmillionen vor heute. Beispielhaft gezeigt sind Analysen von Zirkonkörnern, die aus einem Orthogneis abgetrennt wurden – sie liegen unterhalb der Concordia-Kurve und definieren eine lineare Regressionsgerade, eine sogenannte *Discordia*. Ihr oberer Schnittpunkt mit der Concordia entspricht dem Bildungsalter vor 2,8 Ga, etwa der Zeitpunkt der Intrusion des granitischen Ausgangsmagmas, der untere Schnittpunkt einer thermischen Überprägung durch eine spätere Regionalmetamorphose z. B. vor ca. 650 Ma (mod. nach Mason und Moore 1982)

kommt es entlang des retrograden Metamorphosepfades üblicherweise zu keinen nennenswerten Störungen des U-Pb-Isotopensystems, was die Bestimmung des Zeitpunkts des Metamorphosehöhepunkts ermöglicht, sodass man das Alter des thermischen Ereignisses, bei dem sie kristallisiert sind, bestimmen kann. Ausnahmen sind Metamorphoseereignisse bei extrem hohen Temperaturen (z. B. Harley et al. 2007).

Vielfach kommen die Analysedaten jedoch unterhalb der Concordia zu liegen, entweder auf einer Geraden mit zwei Schnittpunkten mit der Concordia oder als Punktwolke. Im Fall einer Geraden spricht man von einer *Discordia*, die entsprechenden Analysen sind *diskordant*. Dies trifft dann ein, wenn die einzelnen Zirkonkörner nach ihrer Kristallisation radiogenes $^{206}Pb^*$ und $^{207}Pb^*$ durch Diffusion an die Umgebung verloren. Geschah solch ein diffusiver Pb-Verlust mehrfach in der Geschichte der Zirkonkörner, drückt sich dies als Punktwolke auf dem Diagramm aus. Kam es jedoch nur einmal zu solch einem Pb-Verlust, etwa im Zuge einer *metamorphen Überprägung,* dann lässt sich aus dem unteren Schnittpunkt der Zeitpunkt dieser Überprägung ablesen, während der obere Schnittpunkt dem *ursprünglichen Kristallisationsalter* entspricht (◻ Abb. 33.15). Bedingt durch die erwähnte sehr hohe Schließungstemperatur für U und Pb ver-

hält sich Zirkon an sich sehr robust gegenüber späterem Pb-Verlust. In sehr alten Zirkonkörnern ist jedoch die Kristallstruktur oft durch die vom Mineral selbst verursachte radioaktive Strahlung mehr oder minder geschädigt – man spricht dann von *metamiktem Zustand* des Zirkons. Solche Körner sind deutlich anfälliger für Pb-Verlust, auch bei relativ niedrigen Temperaturen. Dafür spricht die häufige Beobachtung, dass der untere Einschnitt der Discordia ein sehr junges Alter liefert, das ohne jegliche geologische Relevanz ist, ja mitunter sogar am Nullpunkt liegen kann.

Seit der bahnbrechenden Erfindung der Ionensonde SHRIMP (Sensitive High-Resolution Ion Microprobe) an der Australian National University in Canberra (Compston et al. 1984) ist die *ortsauflösende Isotopenanalyse* von einzelnen Domänen innerhalb eines einzigen *Zirkonkorns* möglich geworden. Eine alternative ortsauflösende analytische Methode, die rascher und auch günstiger Ergebnisse liefert, basiert auf induktiv gekoppelter Plasma-Massenspektroskopie kombiniert mit Laserablation (LA-ICP-MS). Durch dieses Verfahren umgeht man das Problem, dass bei einem zu datierenden Mineralkonzentrat unter Umständen Körner unterschiedlichen Alters vermischt sind und somit geologisch irrelevante Mischalter liefern. In vielen Fällen kann sogar ein einzelnes Zirkonkorn aus mehreren Generationen bestehen. Hochauflösende in-situ-Messungen ermöglichen es sogar, zonar gebaute Zirkonkörner zu analysieren. Viele von ihnen enthalten *ältere Kerne* unterschiedlicher Herkunft (◻ Abb. 11.6). Ihr Habitus und ihre vorherrschenden Kristallformen werden durch die äußeren Bedingungen bei der Zirkon-Kristallisation oder ihrer späteren Geschichte stark beeinflusst. Daher gibt die Morphologie älterer Zirkon-Kerne wichtige Anhaltspunkte für ihre Herkunft:

– Stark abgerundete Kerne wurden wahrscheinlich nach ihrer Kristallisation als Schwermineral mechanisch transportiert, als detritische Körner in klastischen Sedimenten abgelagert, mit diesen metamorph überprägt und dabei durch jüngeren Zirkon überwachsen.

– Zirkon-Kerne von langsäuligem Habitus kristallisierten aus einem Magma.

– Zirkon-Kerne mit eher gedrungenen Kristallformen wurden ursprünglich während einer früheren Metamorphose gebildet.

Diese Kernbereiche wurden später im Zuge eines oder mehrerer Metamorphoseereignisse durch jüngere, idiomorph oder xenomorph ausgebildete Zirkon-Anwachssäume umhüllt. Somit lassen sich ganze Entwicklungsgeschichten metamorpher Komplexe anhand der in-situ-Bestimmung von U- und Pb-Isotopenverhältnissen in zonierten Zirkon-Körnern erarbeiten.

33

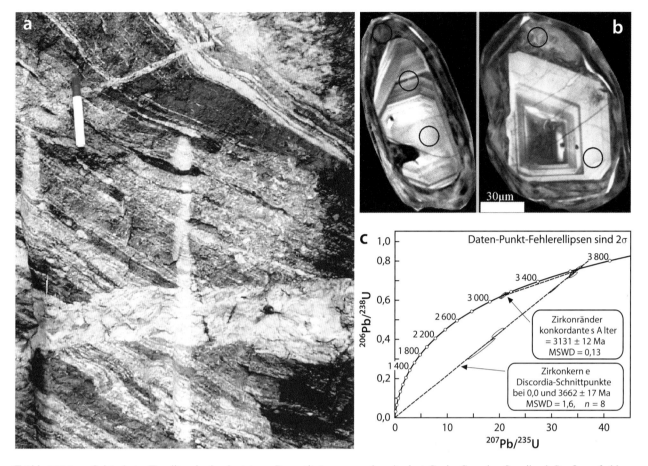

Abb. 33.16 **a** Gebänderter Tonalitgneis, durchsetzt von Pegmatitgängen, aus dem Ancient Gneiss Complex, Swasiland; Straßenaufschluss westlich Piggs Peak (Foto: Armin Zeh, Karlsruhe). **b** Kathodolumineszenz-Bilder zeigen die Internstruktur von zwei Zirkonkristallen aus dem Tonalitgneis. Die hellen magmatischen Kerne mit oszillierendem Zonarbau sind umgeben von einem metamorph gebildeten Rand mit grauer, wolkiger Zonierung. Die Kreise markieren die Analysepunkte für die U-Pb-Datierung. **c** Concordia-Diagramm mit den Resultaten der U-Pb-Datierung mittels LA-ICP-MS; der obere Schnittpunkt der Discordia entspricht einem Alter von 3662 ± 17 Ma und datiert den Tonalit. Der untere Schnittpunkt entspricht dem an den Zirkonrändern gewonnen Alter von 3131 ± 12 Ma und datiert die Zeit der Metamorphose. (Nach Zeh et al. 2011)

Als Beispiel sollen hier ortsauflösende U-Pb-Datierungen dienen, die von Zeh et al. (2011) an zonar gebauten Zirkon-Körnern aus einem Tonalitgneis des Ancient Gneiss Complex von Swasiland im südlichen Afrika durchgeführt wurden (☐ Abb. 33.16). Die Kernbereiche der Zirkonkörner ergaben teils konkordante, teils diskordante Werte. Letztere sind durch Pb-Verlust bei der metamorphen Überprägung des tonalitischen Ausgangsmaterials bedingt. Der obere Schnittpunkt bei 3662 ± 17 Ma markiert das Kristallisationsalter der Zirkonkerne. Dieses entspricht dem Intrusionsalter des Tonalits, der im konkreten Beispiel das älteste Gestein ist, das bislang in Afrika datiert wurde. U-Pb-Analysen an Randbereichen anderer Zirkon-Körner aus dem gleichen Gestein erbrachten deutlich jüngere, konkordante Werte bis hinunter zu 3131 ± 12 Ma, die das Alter der metamorphen Überprägung datieren.

Ähnlich wie das Rb-Sr- und Sm-Nd-System dokumentieren die Isotopenverhältnisse $^{206}Pb/^{204}Pb$ und $^{207}Pb/^{204}Pb$ unterschiedliche Isotopenreservoire im

Erdkörper. Gegenüber dem heutigen Erdmantel, der „*bulk silicate Earth*" (BSE), sind das PREMA, der angereicherte Erdmantel **II** (EM II), der MORB und die kontinentale Unterkruste an radiogenen Pb-Isotopen angereichert, während der DM, der angereicherte Erdmantel **I** (EM I) und die kontinentale Unterkruste an ^{207}Pb und ^{206}Pb relativ verarmt sind. Daneben gibt es noch Bereiche im Erdmantel, die durch besonders hohe U/Pb-, $^{206}Pb/^{204}Pb$-, $^{207}Pb/^{204}Pb$- und $^{208}Pb/^{204}Pb$-Verhältnisse bei niedrigen $^{87}Sr/^{86}Sr$- und mittleren $^{143}Nd/^{144}Nd$-Verhältnissen ausgezeichnet sind und als HIMU (engl. „*mantle with high* $^{238}U/^{204}Pb$ *ratio or* μ-value") bezeichnet werden. Die hohen Gehalte an radiogenen Pb-Isotopen gehen vermutlich auf eine Periode der U-Th-Anreicherung und/oder des Pb-Verlusts im Erdmantel vor ca. 1,5–2,0 Ga zurück. Für ihre Erklärung wurden unterschiedliche Modelle diskutiert, z. B. die Zumischung (Recycling) von subduzierter ozeanischer Kruste, die stark durch Meerwasser kontaminiert war.

Für die frühe Geschichte unseres Planetensystems und der Erde sind neben Datierungen mit Sm-Nd- und U-Pb-Isotopen noch drei weitere Isotopensysteme mit sehr kurzen Halbwertszeiten von Interesse: ^{182}Hf/^{182}W (8,9 Ma), ^{53}Mn/^{53}Cr (3,7 Ma) und ^{26}Al/^{26}Mg (0,73 Ma) (vgl. Kleine und Rudge 2011).

■ Kalium-Argon- und Argon-Argon-Methoden

Kalium ($Z = 19$) gehört zu den acht häufigsten chemischen Elementen in der Erdkruste und ist eine wichtige Komponente in gesteinsbildenden Mineralen wie Alkalifeldspat, Biotit, Muscovit, aber auch in Amphibolen. Die ozeanische Erdkruste enthält durchschnittlich 0,4, die obere und mittlere kontinentale Kruste 2,45 und die untere kontinentale Kruste 0,6 % K_2O (◘ Tab. 33.4). Am Gesamt-K ist das radioaktive Isotop ^{40}K nur mit einem winzigen Anteil von 0,012 % beteiligt, von dem 89,5 % unter β-Emission zu ^{40}Ca, der Rest zu ^{40}Ar zerfällt. Allerdings ist das radiogene ^{40}Ca für die Isotopengeologie nicht sehr interessant, da sein Mengenanteil in Mineralen und Gesteinen nur wenig variiert und Ca zudem durch das nicht radiogene ^{40}Ca dominiert wird, das 97 % des Gesamt-Ca ausmacht und so in vielen Mineralen eine Hauptkomponente bildet.

Demgegenüber herrscht die radiogene Komponente ^{40}Ar mit einem Anteil von 99,6 % im atmosphärischen Argon vor. Fast der gesamte Ar-Gehalt der Erdatmosphäre wurde also im Laufe der Erdgeschichte aus dem radioaktiven Zerfall von ^{40}K gebildet. Drei verschiedene Zerfallsreaktionen bestimmen die Bildung von ^{40}Ar, von denen zwei den Elektroneneinfang durch den Atomkern beinhalten, wobei jeweils ein Proton in ein Neutron umgewandelt wird (κ-Prozess). Die dritte Reaktion, die Positronemission beinhaltet, ist nur zu 0,01 % beteiligt und kann daher für radiometrische Datierungen vernachlässigt werden.

Die Gesamt-Zerfallskonstante errechnet sich aus der Summe der Konstanten für die Zerfälle ^{40}K → ^{40}Ca und ^{40}K → ^{40}Ar zu $\lambda_{\text{total}} = \lambda_\beta + \lambda_\kappa = (4{,}962 + 0{,}581) \cdot 10^{-10}\ \text{a}^{-1} = 5{,}543 \cdot 10^{-10}\ \text{a}^{-1}$. Daraus ergibt sich eine Halbwertszeit von 1,25 Ga, die deutlich geringer ist als bei den bisher besprochenen Isotopensystemen, abgesehen vom ^{235}U → ^{207}Pb-Zerfall (◘ Tab. 33.6). Der Anteil des ^{40}K-Atoms, der durch Elektroneneinfang zu ^{40}Ar zerfällt, ergibt sich aus $\lambda_\kappa/\lambda_{\text{total}}$. Damit erhält die Grundgleichung [33.20] die Form

$$^{40}\text{Ar}_{\text{total}} = {}^{40}\text{Ar}_0 + \frac{\lambda_\kappa}{\lambda_{\text{total}}} \cdot {}^{40}\text{K}\left(e^{\lambda_{\text{total}}t} - 1\right) \quad [33.31]$$

Wenn man davon ausgeht, dass das System zum Zeitpunkt $t_0 = 0$ bereits völlig entgast war, entfällt ^{40}Ar$_0$ und der Ausdruck vereinfacht sich zu

$$^{40}\text{Ar}^* = \frac{\lambda_\kappa}{\lambda_{\text{total}}} \cdot {}^{40}\text{K}\left(e^{\lambda_{\text{total}}t} - 1\right) \quad [33.32]$$

wobei ^{40}Ar* das radiogene Argon ist, das seit dem Start der isotopischen Uhr zum Zeitpunkt $t_0 = 0$ gebildet wurde. Nach t aufgelöst erhält man

$$t = \frac{1}{\lambda_{\text{total}}} \ln\left[\frac{\lambda_{\text{total}}}{\lambda_\kappa} \cdot \frac{{}^{40}\text{Ar}}{{}^{40}\text{K}} + 1\right] \quad [33.33]$$

Ein großer *Vorteil* der K-Ar-Methode liegt in der relativ geringen Halbwertszeit, die es ermöglicht, einen Altersbereich bis hinunter zu einigen Hunderttausend Jahren abzudecken, der von kaum einer anderen Datierungsmethode erfasst werden kann. Als Edelgas geht Ar mit anderen Elementen keine chemische Verbindung ein. Ar kann mit einem Gasmassenspektrometer noch in sehr geringen Konzentrationen quantitativ bestimmt werden, nachdem es durch Aufheizen im Hochvakuum aus der Probe ausgetrieben wurde. Demgegenüber bestimmt man das Gesamt-K auf chemischem Wege, z. B. mittels Flammenphotometrie. Durch Multiplikation mit dem Faktor $1{,}2 \cdot 10^{-4}$ erhält man daraus den Gehalt an ^{40}K. Eine wichtige *Fehlerquelle* bei der Analyse ist eine mögliche Verunreinigung mit *atmosphärischem Argon,* die jedoch über die Messung des atmosphärischen ^{36}Ar-Isotops korrigiert werden kann. Weiterhin muss mit der Anwesenheit von altem, *ererbtem Argon* gerechnet werden, welches durch das thermische Ereignis, das man datieren möchte, nicht vollständig ausgetrieben wurde. Es kann auch zum Einbau von *überschüssigem Argon* (engl. *„excess argon"*) kommen. Dies entstammt meist Regionen im Erdmantel, da dort extrem hohe ^{40}Ar/^{36}Ar-Verhältnisse von bis zu 25.000 vorherrschen (Kelley 2002). Überschuss-Argon findet sich daher vor allem in Xenolithen und Xenokristallen aus dem Erdmantel und in Kimberlit, aber auch dort, wo krustale Mineralkristallisation in Bereichen hoher, externer Fluidaktivität vonstatten ging. Die passiert insbesondere in fluidreichen Scherzonen mit hohem Ar-Partialdruck, aber auch in Pegmatiten. Andererseits besteht bei manchen Mineralen die Gefahr eines schleichenden *Argonverlustes,* der besonders bei Temperaturerhöhung eintreten kann. Da die Schließungstemperaturen für das K-Ar-System relativ gering sind, erhält man bei K-Ar-Datierungen typischerweise Abkühlungsalter.

Um das Problem von Ar-Verlust besser in den Griff zu bekommen, wird heute für die Datierung von Hornblende, Biotit und Muscovit fast ausschließlich die ^{39}Ar-^{40}Ar-*Methode* angewendet. Dafür werden zunächst Konzentrate dieser Minerale in einem geeigneten Reaktor mit schnellen Neutronen bestrahlt, wodurch ein Teil des ^{39}K in ^{39}Ar umgewandelt wird. Dabei kommt es zu einer *n,p-Reaktion,* an der sowohl Neutroneneinfang als auch Protonemission beteiligt sind:

$$^{39}_{19}\mathrm{K} + n \rightarrow ^{39}_{18}\mathrm{Ar} + p \qquad (33.8)$$

Nach einer gewissen Zeit, in der die Radioaktivität des bestrahlten Mineralkonzentrats abklingt (d. h. radioaktive Reststrahlung nach der Bestrahlung im Reaktor vernachlässigbar geworden ist), wird es in einem Gasmassenspektrometer einer *stufenweisen Aufheizung* unterworfen, um das künstlich erzeugte ^{39}Ar, das jetzt das Mutterisotop repräsentiert, und das radiogene ^{40}Ar gleichzeitig auszutreiben. Falls im Verlauf der geologischen Entwicklung seit der Zeit *t* kein Ar-Verlust stattgefunden hat, erhält man während des gesamten Aufheizungsvorganges, dem man ein Mineral-Konzentrat

unterwirft, nahezu das gleiche Alter. Geringer Ar-Verlust drückt sich typischerweise in zu niedrigen berechneten Altern für die ersten Aufheizschritte aus, bevor die Ergebnisse sich auf einem Plateau einpendeln. In diesem Fall werden nur Letztere zur Altersbestimmung herangezogen, man spricht von einem Plateaualter. Dies ist an stufenweise aufgeheizten Hornblende-Separaten aus einem ostantarktischen Gneis beispielhaft illustriert (Board et al. 2005; ◘ Abb. 33.17a). Das so erhaltene *Plateaualter* datiert entweder die Zeit des Mineralwachstums bei niedriggradiger Metamorphose oder aber die Zeit seit der Abkühlung unter die Schließungstemperatur des betreffenden Minerals. Liegt dagegen bei den ersten Aufheizschritten der Alterswert deutlich niedriger, wie dies bei Biotit vielfach beobachtet wird, so haben die Randbereiche der Biotitblättchen Ar verloren. Ein Plateau wird in diesem Fall – wenn überhaupt – erst dann erreicht, wenn der Auf-

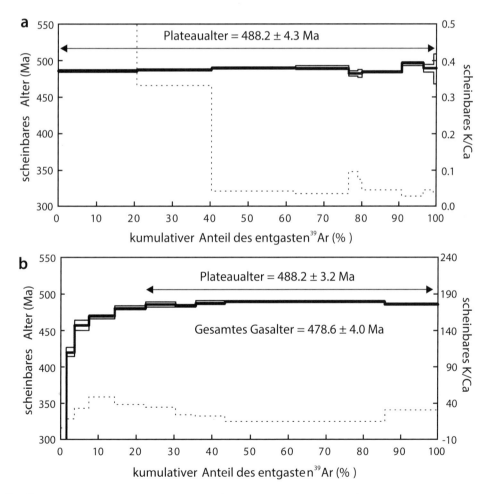

◘ **Abb. 33.17** ^{40}Ar/^{39}Ar-Spektren für schrittweise Entgasung für **a** Hornblende- und **b** Biotit-Konzentrate aus einem Granat-Hornblende-Biotit-Gneis von Jutulrøra East in H.U. Sverdrupfjella, Ostantarktis (mod. nach Board et al. 2005, elektron. Anhang). Aus der Hornblende wurde im Massenspektrometer durchwegs Argon freigesetzt, dessen totales Entgasungsalter einem guten Plateaualter entspricht, während der gleichaltrige Biotit aus diesem Gestein für die Tieftemperaturschritte niedrigere Alter erbrachte, was typisch für teilweisen Ar-Verlust nach der Kristallisation ist. Deswegen ist sein totales Entgasungsalter zu niedrig und daher ohne geologische Relevanz. Demgegenüber entspricht sein Plateaualter, das in den Entgasungsschritten bei höheren Temperaturen gewonnen wurde, dem Hornblendealter und datiert somit die Zeit der Metamorphose

heizvorgang die Innenzonen der Biotitblättchen erfasst, die dann eine eventuell zuverlässigere Altersinformation liefern. Im gegebenen Beispiel aus der Ostantarktis lieferten die Innenzonen der Biotitplättchen das gleiche Alter wie die Hornblende (◘ Abb. 33.17b), was auf eine geologische Relevanz dieses Alters hinweist. Da die Schließungstemperatur für Hornblende höher liegt als für Biotit, die Plateaualter von Hornblende und Biotit aber innerhalb der Fehlergrenze übereinstimmen, muss die Abkühlung sehr schnell erfolgt sein, also innerhalb des Fehlerbereichs der Altersdatierungen. In diesem Fall konnte also das *Alter der Metamorphose* bestimmt werden. Im Vergleich zum Plateaualter fällt das konventionelle K-Ar-Alter, das man bei *vollständiger* Ausheizung aus dem Gesamt-^{40}Ar-Anteil des Biotit-Konzentrats erhält, zu gering aus. Ist das K-Ar- bzw. das Ar-Ar-System völlig gestört, dann ergibt sich kein Plateau und damit auch kein geologisch relevantes Alter.

■ **Resümee**

Radiometrische Altersdatierung vermittelt nur dann eine sinnvolle geologische Altersinformation, wenn die zugrunde liegenden petrologischen und geochemischen Prozesse möglichst gut verstanden sind. Voraussetzung für eine sinnvolle Interpretation ist eine äußerst sorgfältige Auswahl der Gesteinsproben, wobei insbesondere auf die Beprobung möglichst frischen, unverwitterten Gesteinsmaterials zu achten ist. Um eine sichere Altersinformation zu erhalten und im Falle metamorpher Gesteine den Temperatur-Zeit-Pfad zu rekonstruieren, sollten nach Möglichkeit unterschiedliche Isotopensysteme für die Datierung herangezogen werden. Erfahrungsgemäß führt die enge Zusammenarbeit zwischen Geologen, Petrologen und Isotopengeochemikern zu den besten, in nicht seltenen Fällen sogar überraschenden Ergebnissen, durch die man hilfreiche Informationen über die geotektonische Entwicklung eines Abschnittes der Erdkruste erhalten kann.

33.6 Entstehung der chemischen Elemente

Zum Abschluss wollen wir noch einen kurzen Überblick über die Entstehung der chemischen Elemente geben. Ihre Häufigkeit lässt sich durch optische Spektroskopie von Fraunhofer-Linien ermitteln, wenn auch nur in der vergleichsweise kühlen Atmosphäre von Sternen (z. B. Weigert et al. 2005; Unsöld und Baschek 2005; Truran und Heger 2005; Rollinson 2007; Schatz 2010; Lauretta 2011). Allerdings vermitteln diese Ergebnisse

nur indirekte Hinweise auf die Prozesse, die im extrem heißen thermonuklearen Reaktor des Inneren eines Sterns ablaufen und Energie in den Weltraum abstrahlen. Erst durch die Messung von solaren Neutrinos gelang der direkte Nachweis der Kernreaktionen durch Raymond Davis (1914–2006), der dafür 2002 den Nobelpreis für Physik erhielt. Unter Verwendung kernphysikalischer Messungen der Wirkungsquerschnitte nuklearer Reaktionen können die beobachteten Elementhäufigkeiten anhand theoretischer Modelle erklärt werden. Mittels der Helio-Seismologie bestimmte die NASA-ESA-Raumsonde *Solar and Heliospheric Observatory* (SOHO) eine Zentraltemperatur der Sonne von $T = 15{,}7 \pm 0{,}3 \cdot 10^6$ K.

Man nimmt an, dass am Anfang der Elemententstehung der *Urknall* (engl. „*big bang*") stand, der nach Messergebnissen der Raumsonde *Wilkinson Microwave Anisotropy Probe* (WMAP) vor 13,82 Ga abgelaufen ist (Bennett et al. 2013). Als erster Schritt entstanden durch *kosmogene Baryogenese* (engl. „*big bang nucleosynthesis*" BBN) Protonen (p) und Neutronen (n), die über eine Zeit von < 1 s im nuklearen Gleichgewicht p ↔ n verblieben. Durch ihre schwache Wechselwirkung (β-Zerfall und inverser β-Zerfall) stellte sich zunächst ein n/p-Verhältnis nahe 1:1 ein. Jedoch kühlte sich das System innerhalb 1 s unter eine Temperatur von $T \approx 8 \cdot 10^9$ K ab, und infolge der raschen Expansion des Universums unterlagen die Neutronen nun dem freien Zerfall, wodurch sich n/p-Verhältnisse von $^1/_6$ und schließlich $^1/_7$ einstellten. Außerdem wurde durch Anlagerung von Neutronen an die Protonen (Wasserstoff ^{1}H) das Wasserstoffisotop Deuterium ^{2}D gebildet.

Bei der *primordialen Nukleosynthese* führten weitere Wechselwirkungen innerhalb der ersten 20 min des Universums zur Entstehung der leichten chemischen Elemente (bzw. deren Isotope) ^{3}H (Tritium), ^{3}He, ^{7}Li und ^{7}Be, allerdings – mit Ausnahme des Heliums – nur in relativ geringen Mengen, wobei das Atomverhältnis von Li/H lediglich $4{,}65 \cdot 10^{-10}$ betrug (z. B. Lodders 2020).

Die Bildung von Lithium aus Wasserstoff und Helium unter Aussendung von γ-Strahlen kann nach der Kernreaktion

$$^3\text{H} + {}^4\text{He}(\alpha) \rightarrow {}^7\text{Li} + \gamma \tag{33.9}$$

erfolgen, wobei Lithium mit der Ordnungszahl 4 als erstes „Metall" mit einem Atomverhältnis von Li/H = $4{,}65 \cdot 10^{-10}$ gebildet wurde (Lodders 2020). Auf einem weiteren, indirekten Reaktionsweg entstand aus ^{3}He und ^{4}He metastabiles Beryllium ^{7}Be, das unter Einfang von Neutronen (n) zu Lithium unter Freisetzung von Protonen (p) reagierte:

$$^3\text{He} + {}^4\text{He}(\alpha) \rightarrow {}^7\text{Be} + \gamma \tag{33.10a}$$

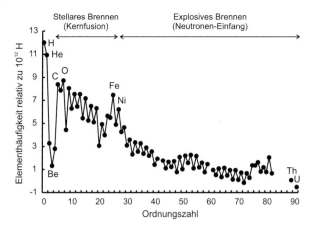

◘ Abb. 33.18 Häufigkeit der chemischen Elemente in der Sonne relativ zu Si $= 10^6$, aufgetragen gegen die Ordnungszahl. (auf Daten aus Lodders 2010 basierend)

$$^7\text{Be} + \text{n} \rightarrow {}^7\text{Li} + \text{p} \qquad (33.10\text{b})$$

Da die Halbwertszeit von ^{7}Be 53 Tage beträgt, lief letztere Reaktion auch noch nach dem Urknall ab.

Die genannten leichten Elemente definieren die ursprüngliche Zusammensetzung der Galaxien und der Sterne, die sich in ihnen bildeten. Das Massenverhältnis der Atome He/H von etwa 1:4, das bei diesem Ereignis eingestellt wurde, hat sich im Laufe der Entwicklung unseres Sonnensystems kaum geändert. Der zusätzliche Eintrag von Helium durch thermonukleare Reaktionen in Sternen ist vergleichsweise gering.

Alle anderen chemischen Elemente bis hin zum ^{56}Fe mit der Ordnungszahl 26 entstanden durch *stellare Nukleosynthese* im Kernbereich von Sternen (◘ Abb. 33.18). Diese Prozesse der Kernfusion sind exotherm und beginnen mit der Bildung von ^{4}He durch *Wasserstoffbrennen,* d. h. durch die Vereinigung von vier Protonen zu einem He-Kern. Das erfolgt ab ca. $5 \cdot 10^6$ K durch die Proton-Proton-Kette (pp-Prozess), durch die auch ^{7}Li und ^{8}Be erzeugt werden. Oberhalb von $37 \cdot 10^6$ K überwiegt der CNO-Zyklus, bei dem geringe Gehalte an ^{12}C, ^{14}N und ^{16}O als Katalysatoren für die He-Produktion wirken, ohne dass sich ihr Mengenanteil verändert. Das Wasserstoffbrennen, das z. Zt. in unserer Sonne abläuft, ist ein relativ langsamer thermonuklearer Prozess: Es dauert mehr als 10 Mrd. Jahre, bis sämtlicher Wasserstoff verbraucht ist. Danach kommt es bei genügend massereichen Sternen zu einer Kontraktion des Kerns, bei der sich die Zentraltemperatur soweit erhöht, dass oberhalb von $1,9 \cdot 10^8$ K das *Heliumbrennen* stattfinden kann. In einem ersten Schritt werden – auf dem Umweg über ^{8}Be – drei ^{4}He zum stabilen Kohlenstoffisotop ^{12}C vereinigt (3α-Reaktion); später entsteht ^{16}O durch Aufnahme eines vierten ^{4}He. Die

Dauer dieses Prozesses beträgt nur 1,2 Ma. Sobald He weitgehend verbraucht ist, beginnt bei $8,7 \cdot 10^8$ K der rasche Prozess des *Kohlenstoffbrennens,* der innerhalb von 980 Jahren zur Bildung der schwereren Elemente ^{24}Mg, ^{23}Na und ^{20}Ne führt. Bei noch höheren Temperaturen von $1,6 \cdot 10^9$ K entstehen durch das *Neonbrennen* in 219 Tagen noch mehr ^{16}O und ^{24}Mg sowie untergeordnete Mengen an ^{27}Al und ^{31}P. Durch das nachfolgende *Sauerstoffbrennen* bilden sich dann bei $2,0 \cdot 10^9$ K in einem Zeitraum von 475 Tagen durch Sauerstoff-Fusionsreaktionen (α-Prozess) ^{32}S, ^{31}P, ^{31}S und ^{28}Si, untergeordnet ^{35}Cl, ^{40}Ar, ^{39}K und ^{40}Ca. Bei diesen nuklearen Prozessen wird im Inneren eines Sterns zunehmend ^{28}Si angereichert, aus dem sich wiederum durch das *Siliciumbrennen* oberhalb von $3,3 \cdot 10^9$ K innerhalb von etwa 11 Tagen durch die Reaktion $^{28}\text{Si} + {}^{28}\text{Si} \rightarrow {}^{56}\text{Fe}$ das stabilste Element ^{56}Fe bildet, wobei als Zwischenprodukte ^{48}Ti, ^{51}V, ^{52}Cr, ^{55}Mn, ^{59}Co und ^{58}Ni entstehen. Ab da können durch exotherme Kernfusion keine weiteren Elemente mehr erzeugt werden.

Nur ungefähr die Hälfte der chemischen Elemente zwischen Fe und Bi entstehen durch den sogenannten *s-Prozess* (s = *slow*), wobei in der Zone des He-Brennens in der Sternklasse der Roten Riesen (vgl. ◘ Abb. 34.1) Neutronen an die Atomkerne angelagert werden. In dieser Zone ist die Neutronendichte recht gering, wodurch sich die Einfangzeit für Neutronen im Vergleich zur Zeitskala des β-Zerfalls verlängert. Bevor sich also weitere Neutronen anlagern können, kommt es zur Umwandlung des Kerns in einen Kern mit einer um 1 erhöhten Ordnungszahl.

Die übrigen chemischen Elemente jenseits des ^{56}Fe entstehen überwiegend durch den *r-Prozess* (r = *rapid*) beim *explosiven Brennen* in *Supernovae.* Nach heutiger Kenntnis fand die erste Supernova-Explosion vor ungefähr 300 Ma statt (Frebel 2010). Beim Kernkollaps massereicher Sterne entstehen sehr große Neutronenflüsse, und infolge dessen kommt es zur wiederholten Neutronenanlagerung, bevor sich die Ordnungszahl durch den β-Zerfall erhöht. Somit können auch neutronenreiche Atomkerne wie z. B. Ge, Xe oder Pt produziert werden, was jedoch durch den s-Prozess nicht erreicht werden kann. Bei Temperaturen von 2 bis $> 10 \cdot 10^9$ K entstehen innerhalb weniger Sekunden schwere Elemente bis hin zu U und Th.

Trägt man die *solare Häufigkeit der chemischen Elemente* gegen die Ordnungszahl auf (◘ Abb. 33.18), so ergibt sich tendenziell eine abfallende Kurve, die zeigt, dass leichte Elemente häufiger als schwere sind. Das entspricht der geschilderten Abfolge der elementbildenden Prozesse. Das Zickzack-Muster der Kurve lässt erkennen, dass Elemente mit gerader Ordnungszahl, d. h. mit gepaarten Protonen in ihrem Kern, häufiger sind als die benachbarten Elemente mit ungerader Ordnungszahl. Eine negative Anomalie bilden die leichten

Elemente Li, B und Be, die bei der stellaren Kernfusion lediglich Zwischenprodukte darstellen und durch Photodissoziation bei den hohen Kerntemperaturen sofort wieder zerstört werden. Nur ein sehr geringer Anteil dieser Elemente kann durch Konvektion in die Sternatmosphären gelangen. Weitaus größer ist der Beitrag aus der primordialen Nukleosynthese und der Spallation kosmischer Strahlung, also der Aufspaltung von Elementen der CNO-Gruppe bei energiereichen Kern-Kern-Kollisionen.

Zu den schwierigsten, aber auch reizvollsten Aufgaben der Astrophysik gehört die „stellare Archäologie", d. h. die Suche nach den primitiven Sternen der ersten Generation in unserer Milchstraße oder in weiter entfernten Galaxien (Frebel 2010). Von diesen frühen Sternen sind nur die massearmen von $< 0{,}8$ Sonnenmassen noch erhalten, da ihre Lebenserwartung größer ist als das jetzige Alter des Universums. Demgegenüber sind massereichere Sterne aus jener frühen Zeit schon längst als Supernovae explodiert. Die frühen Sterne bestehen hauptsächlich aus Wasserstoff und Helium, enthalten aber nur geringe Mengen an schwereren Elementen. Letztere werden in der Astrophysik als „Metalle" bezeichnet. Demgegenüber besitzen jüngere Sterne, die sich in einem fortgeschrittenen Entwicklungszustand befinden, höhere „Metall"-Gehalte, ausgedrückt durch die Kennzahl [Fe/H], die das Verhältnis der Eisen- und Wasserstoff-Atome in einem Stern ($\star$) bezogen auf dieses Verhältnis in der Sonne ($\odot$) angibt:

$$[Fe/H] = log(N_{Fe}/N_H)_\star - log(N_{Fe}/N_H)_\odot \qquad [33.34]$$

Jeder Stern mit einem negativen [Fe/H]-Wert, d. h. einem kleineren Eisen/Wasserstoff-Verhältnis als in der Sonne, gilt als metallarm. Während die metallreichsten Sterne in der Milchstraße [Fe/H]-Werte bis $+ 0{,}5$ besitzen, wurde für den bislang metallärmsten Stern in unserer Galaxie ein [Fe/H]-Wert von $-5{,}4$ festgestellt, entsprechend einem Fe-Gehalt von 1 : 250.000 von dem in der Sonne (Frebel 2010).

Literatur

Bauer KW, Planavsky NJ, Reinhard CT, Cole DB (2021) The chromium isotope system as a tracer of ocean and atmosphere redox. In: Lyons T, Turchyn A, Reinhard C (eds) Elements in geochemical tracers in Earth system science. Cambridge University Press, Cambridge. ▶ https://doi.org/10.1017/9781108870443

Bennett CL, Larson D, Weiland JL et al. (2013) Nine year Wilkinson Microwave Anisotropy Probe (WMAP) observations: final maps and results. Astrophys J Suppl 208(2):177p

Bluth GL, Ohmoto H (1988) Sulfide-sulfate chimneys on the East Pacific Rise, 11° and 13° N latitudes Part II: sulfur isotopes. Can Mineral 26:505–515

Board WS, Frimmel HE, Armstrong RA (2005) Pan-African tectonism in the western Maud Belt: P-T-t path for high-grade gneisses in the H.U. Sverdrupfjella East Antarctica. J Petrol 46:671–699

Boynton WV (1984) Geochemistry of the rare Earth elements: meteorite studies. In: Henderson P (Hrsg) Rare Earth element geochemistry. Elsevier, Amsterdam, S 63–114

Brown GC, Mussett AE (1993) The inaccessible Earth, 2. Aufl. Chapman & Hall, London

Carlson RW (Hrsg) (2005) The mantle and core, treatise on geochemistry. Elsevier, Oxford

Chen J, Zhao L, Algeo TJ, Zhou L, Zhang L, Qiu H (2019) Evaluation of paleomarine redox conditions using Mo-isotope data in low-[Mo] sediments: a case study from the lower triassic of South China. Paleaeogeography, Palaeoclimatology, Palaeoecology 519:178–193

Clarke FW (1924) The data of geochemistry, 5. Aufl. US Geol Surv Bull, Washington

Compston W, William IS, Meyer C (1984) U-Pb geochronology of zircons from lunar breccia 73217 using a sensitive high mass-resolution ion microprobe. Proc 14th Lunar Planet Sci Conf. J Geophys Res 89 (Suppl): B525–B534

Dombrowski A, Henjes-Kunst F, Höhndorf A, Kröner A, Okrusch M, Richter P (1995) Orthogneisses in the Spessart Crystalline Complex, north-west Bavaria: Silurian granitoid magmatism at an active continental margin. Geol Rundschau 84:399–411

Eldridge CS, Compston W, Williams IS, Booth RA, Walshe JL, Ohmoto H (1988) Sulfur isotope variability in sediment-hosted massive sulfide deposits as determined by the ion-microprobe, SHRIMP: I. An example from the Rammelsberg orebody. Econ Geol 83:443–449

Farquhar J, Peters M, Johnston DT, Strauss H, Masterson A, Wiechert U, Kaufman AJ (2007) Isotopic evidence for Mesoarchean anoxia and changing atmospheric sulphur chemistry. Nature 449:406–409

Frebel A (2010) Aus der Kinderzeit unserer Galaxis. Was metallarme Sterne über die Geburt des Milchstraßensystems verraten. Sterne und Weltraum 7(2010):30–39

Frimmel HE, Jiang S-Y (2001) Marine evaporites from an oceanic island in the Neoproterozoic Adamastor ocean. Precambr Res 105:57–71

Ganapathy R, Anders E (1974) Bulk composition of the moon and earth, estimated from meteorites. Proc 5th Lunar Sci Conf 2(Geochim Cosmochim Acta Suppl 5):1181–1206

Gill RCO (1993) Chemische Grundlagen der Geowissenschaften. Enke, Stuttgart

Goldschmidt VM (1933) Grundlagen der quantitativen Geochemie. Fortschr Mineral Krist 17:112–156

Goldschmidt VM (1954) Geochemistry. Clarendon, Oxford

Green TH (1980) Island arc and continent-building magmatism: a review of petrogenetic models based on experimental petrology and geochemistry. Tectonophysics 63:367–385

Griffith EM, Fantle MS (2020) Calcium isotopes. In: Lyons T, Turchyn A, Reinhard C (eds.) Elements in Geochemical Tracers in Earth System Science. Cambridge University Press, Cambridge. ▶ https://doi.org/10.1017/9781108853972

Harley SL, Kelly NM, Möller A (2007) Zircon behaviour and the thermal histories of mountain chains. Elements 3:25–30

Höhn S, Frimmel HE, Debaille V, Price W (2021) Pre-Klondikean oxidation prepared the ground for Broken Hill-type mineralization in South Africa. Terra Nova 33:168–173

Javoy M (1999) Chemical Earth models. CR Acad Sci Paris, Earth Planet Sci 329:537–555

Kelley S (2002) Excess argon in K-Ar and Ar-Ar geochronology. Chem Geol 188:1–22

Klein M (2005) Geochemistry of the igneous oceanic crust. In: Rudnick RL (Hrsg) The crust. Treatise on geochemistry, Bd 3. Elsevier, Amsterdam, S 433–463

Kleine T, Rudge JF (2011) Chronometry of meteorites and the formation of Earth and Moon. Elements 7:41–46

Lauretta DS (2011) A cosmochemical view of the solar system. Elements 7:11–16

Lodders K (2010) Solar system abundances of the elements. In: Goswami A, Eswar Reddy B (Hrsg) Principles and perspectives in cosmochemistry. Springer, Heidelberg, S 379–417

Lodders K (2020) The atomic lithium story. Elements 16:241–246

Mason B (1966) Principles of geochemistry, 3. Aufl. Wiley, New York

Mason B, Moore CB (1982) Principles of geochemistry, 4. Aufl. Wiley, New York

Mattinson JM (2010) Analysis of the relative decay constants of 235U and 238U by multi-step CA-TIMS measurements of closed-system natural zircon samples. Chem Geol 275:186–198

McDonough WF (2005) Compositional model of the Earth's core. In: Davis AM (Hrsg) The Mantle and Core. Treatise on Geochemistry. Elsevier, Oxford, S 521–546

Nebel O, Scherer EE, Mezger K (2011) Evaluation of the ^{87}Rb decay constant by age comparison against the U-Pb system. Earth Planet Sci Lett 301:1–8

Nicolaysen LO (1961) Graphic interpretation of discordant age measurements on metamorphic rocks. Ann NY Acad Sci 91:198–206

Nielson SG (2020) Vanadium isotopes. A proxy for ocean oxygen variations. In: Lyons T, Turchyn A, Reinhard C (eds.) Elements in geochemical tracers in Earth system science. Cambridge University Press, Cambridge. ▶ https://doi.org/10.1017/9781108863438

Ohmoto H, Goldhaber MB (1997) Sulfur and carbon isotopes. In: Barnes HL (Hrsg) Geochemistry of hydrothermal ore deposits. Wiley, New York, S 517–612

Palme H, O'Neill H (2014) Cosmochemical estimates of mantle composition. In: Carlson RW (Hrsg) The mantle and core. Treatise on geochemistry, vol. 2, Elsevier, Oxford, S 39–59

Pauling L (1959) The nature of the chemical bond, 3. Aufl. Oxford University Press, Oxford

Pearce JA (1983) The role of sub-continental lithosphere in magma genesis at destructive plate boundaries. In: Hawkesworth CJ, Norry MJ (Hrsg) Continental basalts and mantle xenoliths. Shiva, Nantwich, S 230–249

Pearce JA, Cann JR (1973) Tectonic setting of basic volcanic rocks determined using trace element analysis. Earth Planet Sci Lett 19:290–300

Pearce JA, Harris NBW, Tindle AG (1984) Trace element discrimination diagrams for the tectonic interpretation of granitic rocks. J Petrol 25:956–983

Poirier J-P (1994) Light elements in the Earth's outer core: a critical review. Phys Earth Planet Sci Int 85:383–427

Renne PR, Mundil R, Balco B, Min K, Ludwig KR (2010) Joint determination of ^{40}K decay constants and ^{40}Ar*/^{40}K for the Fish Canyon sanidine standard, and improved accuracy for ^{40}Ar/^{39}Ar geochronology. Geochim Cosmochim Acta 74:5349–5367

Ringwood AE (1966) The chemical composition and origin of the earth. In: Hurley PM (Hrsg) Advances in Earth sciences. MIT Press, Cambridge, S 287–356

Ringwood AE (1975) Composition and petrology of the Earth's mantle. McGraw-Hill, New York

Rollinson H (1993) Using geochemical data: evaluation, presentation, interpretation. Longman, Harlow

Rollinson H (2007) Early Earth systems. A geochemical approach. Blackwell, Malden

Ronov AB, Yaroshevky AA (1969) Chemical composition of the Earth's crust. Geophys Monogr 13:37–57

Rudnick RL, Gao S (2005) Composition of the continental crust. In: Rudnick RL (ed) The crust. Treatise on geochemistry, vol. 3. Elsevier, Amsterdam, S 1–65

Rutherford E, Soddy F (1903) Radioactive change. Phil Mag 6:576–591

Schatz H (2010) The evolution of elements and isotopes. Elements 6:13–17

Schidlowski M (1988) A 3800 million-year isotopic record of life from carbon sedimentary rocks. Nature 333:313–318

Shervais JW (1982) Ti-V plots and the petrogenesis of modern and ophiolitic lavas. Earth Planet Sci Lett 59:101–118

Söderlund U, Patchett PJ, Vervoort JD, Isachsen CE (2004) The ^{176}Lu decay constant determined by Lu–Hf and U–Pb isotope systematics of Precambrian mafic intrusions. Earth Planet Science Lett 219:311–324

Spohn T (1991) Mantle differentiation and thermal evolution of Mars, Mercury and Venus. Icarus 90:222–236

Sun S-S (1980) Lead isotopic study of young volcanic rocks from mid-ocean ridges, ocean islands and island arcs. Phil Trans R Soc London A297:409–445

Teng F-Z, Dauphas N, Watkins JM (2017) Non-traditional stable isotopes: retrospective and prospective. Rev Mineral Geochem 82:1–26

Thompson RN, Morrison MA, Hendry GL, Parry SJ (1984) An assessment of the relative roles of crust and mantle in magma genesis: an elemental approach. Phil Trans R Soc London A310:549–590

Truran JW Jr, Heger A (2005) Origin of the elements. In: Davis AM (Hrsg) Meteorites, comets, and planets. Treatise on geochemistry, Bd 1. Elsevier, Amsterdam, S 1–15

Unsöld A, Baschek B (2005) Der neue Kosmos, 7. Aufl. Korrigierter Nachdruck. Springer, Berlin

Valley JW, Cavosie AJ, Ushikubo T, Reinhard DA, Lawrence DF, Larson DJ, Clifton PH, Kelly TF, Wilde SA, Moser DE, Spicuzza MJ (2014) Hadean age for a post-magma-ocean zircon confirmed by atom-probe tomography. Nat Geosci 7:219–223

Wedepohl KH (1994) The composition of the continental crust. Mineral Mag 58A:959–960

Weigert A, Wendger H, Wisotzki L (2005) Astronomie und Astrophysik – Ein Grundkurs, 4. Aufl. Wiley-VCH, Weinheim

Whitacker EJW, Muntus R (1970) Ionic radii for use in geochemistry. Geochim Cosmochim Acta 34:945–956

White WM (2020) Geochemistry, 2. Aufl. Wiley-Blackwell, Hoboken

Wilson M (1988) Igneous petrogenesis – a global tectonic approach. Harper Collins, London

Zeh A, Gerdes A, Millonig L (2011) Hafnium isotope record of the ancient gneiss complex, Swaziland, southern Africa: evidence for archean crust–mantle formation and crust reworking between 3.66 and 2.73 Ga. J Geol Soc, London 168:953–963

Die Entstehung unseres Sonnensystems

Inhaltsverzeichnis

© Springer-Verlag GmbH Deutschland, ein Teil von Springer Nature 2022
M. Okrusch und H.E. Frimmel, *Mineralogie,*
https://doi.org/10.1007/978-3-662-64064-7_34

Einleitung

Bevor wir uns der Frage zuwenden, welche Prozesse zur Entstehung unseres Sonnensystems geführt haben, müssen wir uns zunächst einige grundlegende Tatsachen ins Gedächtnis rufen, die in einer Reihe von einschlägigen Büchern näher erläutert werden (Unsöld und Baschek 2005; Chambers 2005; Weigert et al. 2005; Rollinson 2007; Faure und Mensing 2007):

— Die Planeten umkreisen die Sonne auf nahezu kreisförmigen und koplanaren Umlaufbahnen, jeder mit dem gleichen Umlaufsinn, der mit dem Drehsinn der Sonne übereinstimmt. Nach der Regel von Titius-Bode

$$a_n = a_0 k^n \qquad [34.1]$$

bilden die Bahnradien ungefähr eine geometrische Reihe, wobei die Nummerierung mit der Erde $n = 1$ beginnt, $a_0 = 1$ AE (Entfernung Erde–Sonne) und $k \cong 1{,}8$. Dabei werden die Asteroiden gemeinsam als *ein* planetarischer Körper behandelt.

— Mit Ausnahme von Venus und Pluto erfolgt die *Rotation* der Planeten im gleichen Sinn wie ihr *Drehsinn*. Der *Eigendrehimpuls* der Planeten verläuft parallel zum *Bahndrehimpuls* außer bei Uranus und Pluto. Die Rotationsachsen der meisten Planeten weisen eine deutliche Neigung gegenüber ihrer Umlaufbahn um die Sonne auf.

— Die *Sonne* enthält 99,87 % der *Masse,* aber nur 0,54 % des *Drehimpulses* unseres Sonnensystems.

— Im Vergleich zur Sonne sind die Planeten, deren Satelliten und die Asteroiden an leichtflüchtigen (volatilen) Komponenten verarmt, wenn auch in unterschiedlichem Maß.

— Die mittlere *Dichte* der sonnennahen, *erdähnlichen Planeten* ist relativ groß, da diese stark an *leichtflüchtigen Komponenten* verarmt sind. Die sonnenfernen *Riesenplaneten* besitzen dagegen eine sehr viel geringere Dichte und sind sehr viel reicher an volatilen Komponenten (▫ Tab. 32.1); viele der *Satelliten* dieser großen Planeten sind reich an H_2O-Eis. Die primitiven *CI-Chondrite,* die wahrscheinlich aus dem äußeren Asteroidengürtel stammen, entsprechen in ihrer chemischen Zusammensetzung nahezu der Sonne, abgesehen von den stark volatilen Komponenten.

— Die erdähnlichen Planeten rotieren relativ langsam. Sie besitzen nur wenige Satelliten mit Bahnen geringer Exzentrizität, geringer Neigung zur Äquatorebene und direktem Umlauf. Demgegenüber rotieren die Riesenplaneten relativ schnell und besitzen zahlreiche Satelliten mit erheblich größeren Exzentrizitäten und Bahnneigungen. Außerdem sind sie von charakteristischen Ringsystemen umgeben.

— Die zahlreichen *Impaktkrater,* die die Oberflächen der Planeten und ihrer Satelliten bis hinaus zum Uranus-System übersäen, deuten darauf hin, dass es in der Frühzeit unseres Planetensystems eine wesentlich höhere Anzahl von *Planetesimalen,* d. h. kleinen festen Körpern von einigen Kilometern Durchmesser gegeben hat, als das heute der Fall ist.

— Genaue radiometrische Altersbestimmungen belegen, dass unser Planetensystem vor etwa 4,57 Ga entstand, und zwar innerhalb eines relativ kurzen Zeitintervalls (▫ Tab. 24.2).

34.1 Frühe Theorien

Alle modernen Theorien zur Entstehung unseres Sonnensystems basieren auf der Vorstellung von einer flachen, rotierenden Scheibe, die aus kosmischem Gas und Staub bestand. Aus diesem *Solarnebel* entwickelten sich Planeten, die etwa in der gleichen Ebene und in gleicher Richtung um ihr Zentralgestirn, die Sonne, rotierten. Die Idee des Solarnebels wurde 1755 erstmals von dem deutschen Philosophen und theoretischen Physiker Immanuel Kant (1724–1804) formuliert. Er nahm an, dass das frühe Universum gleichmäßig mit Gas gefüllt war. Da eine solche Konfiguration wegen der Gravitationskräfte instabil war, mussten sich die Gase zu vielen großen Klumpen zusammenballen. Diese entwickelten sich durch die Rotation allmählich zu flachen Scheiben, von denen eine zu unserem Sonnensystem wurde. Ohne die Kant'schen Arbeiten zu kennen, entwickelte 1796 der französische Mathematiker und Astronom Pierre Simon Laplace (1749–1827) eine sehr ähnliche, wenn auch nicht in allen Punkten übereinstimmende Hypothese.

Die Grundzüge dieser als *Kant-Laplace-Theorie* bezeichneten Vorstellungen sind auch heute noch auf moderne astrophysikalische Modelle anwendbar. Diese gehen von Akkretionsscheiben um Protosterne aus, wie sie erstmals von Weizsäcker, Lüst, ter Haar, Kuiper u. a. vertreten wurden. Die erstaunlichen Regelmäßigkeiten im Bau unseres Planetensystems sprechen für eine Entwicklung aus sich heraus, ohne die katastrophale Einwirkung eines nahe an der Sonne vorbeiziehenden Sterns (z. B. Unsöld und Blaschek 2005). Allerdings gelang es – trotz der bewundernswerten Voraussicht von Kant und Laplace – erst in den 1980er-Jahren, zumindest *indirekte Hinweise* auf die Existenz der vorausgesagten zirkumstellaren Gas-Staub-Scheiben zu finden (z. B. Wood 1999).

Mithilfe von Radioteleskopen und Raumsonden-gestützten optischen Teleskopen, insbesondere auch dem hochauflösenden *Hubble-Weltraumteleskop,* das seit 1990 bis heute im Einsatz steht, gelang in der Zwischenzeit auch die *direkte Beobachtung* protoplanetarer zirkumstellarer Gas-Staub-Scheiben, der sog. *Proplyds* (engl. *„protoplanetary disks"*). Diesbezüglich bahnbrechend waren Beobachtungen an den jungen, geschätzt 300.000 Jahre alten *T-Tauri-Sternen* (TTS), die in einer Entfernung von 1344 ± 20 Lichtjahren im *Orionnebel* vorkommen. Einige von ihnen zeigen einen Überschuss an Infrarotstrahlung. Dieses Phänomen lässt sich dadurch erklären, dass diese Sterne von einer Gas-Staub-Hülle umgeben sind, die durch kurzwellige Strahlung vom zentralen Stern aufgeheizt und zur Emission von langwelliger Strahlung im IR- und Radiowellenbereich angeregt werden. Wäre diese Gas-Staub-Hülle gleichmäßig und kugelförmig um den Stern verteilt, könnte man diesen überhaupt nicht sehen, weil die langwellige Strahlung das sichtbare Licht abschirmen würde. Ist dagegen die Gas-Staub-Hülle diskusförmig ausgebildet, wird der Zentralstern sichtbar. Diese Proplyds sind 2–8-mal so groß wie unser Sonnensystem und enthalten genügend Gas und Staub für die Bildung zukünftiger Planetensysteme (Wood 1999). Tatsächlich gelang erst kürzlich durch Infrarot-Beobachtungen der Nachweis eines Planeten, der sich außerhalb unseres Sonnensystems in einer Gas-Staub-Scheibe befindet, die einen Protostern umgibt (Henning 2008).

34.2 Sternentstehung

Wie bereits 1755 von Immanuel Kant vorgeschlagen, beginnt die Entwicklung eines Sterns mit dem gravitativen Kollaps eines riesigen Volumens interstellaren Gases und Staubs. Durch diesen Prozess, der noch längst nicht voll verstanden ist, kommt es zu einer erheblichen Verdichtung der interstellaren Materie auf ungefähr 10.000 Gasmoleküle pro cm^3. Dieser Betrag ist allerdings um eine Größenordnung geringer als die Gasdichte in der Erdatmosphäre! Solche *Gas-Staub-Wolken,* wie z. B. der Orionnebel, sind dunkel, kalt (10 bis 50 K (≈ -260 bis -220 °C) und turbulent. In diesen Wolken verdichtet sich die interstellare Materie an einzelnen Stellen zu Klumpen, sog. *Wolkenkernen* (engl. *„pre-stellar cores"*), aus denen sich später Protosterne bilden können. Am Anfang befinden sich die interstellaren Wolken in hydrostatischem Gleichgewicht, in dem sich der Gasdruck und die Magnetfelder, welche die Wolke durchziehen, und die Kompressionskräfte der Eigengravitation die Waage halten. Sobald die Wolke massereicher wird, kann sie nicht mehr von diesen Drücken gehalten werden, und die interstellare Materie beginnt, mit Fallbeschleunigung in den Wolkenkern zu stürzen: Es kommt zum *gravitativen Kollaps.* In dem sich derart entwickelnden *Protostern* steigen Druck und Temperatur an und er beginnt, Energie in

den Weltraum abzustrahlen. Während der Wolkenkern zunächst einen sehr geringen *Drehimpuls* besitzt, nimmt dieser im Protostern immer mehr zu. Dies bewirkt die Bildung einer *protoplanetaren Akkretionsscheibe* aus Gas und Staub (*Proplyd*) durch Abtragung der nördlichen und südlichen Hemisphäre des Protosterns und Konzentration der dabei freigesetzten Materie in der Äquatorialebene (vgl. Wood 1999).

Sobald diese Akkretionsscheibe etwa ein Drittel der Masse der neuen Protosonne erreicht hat, wird sie gravitativ instabil und es bilden sich asymmetrisch verteilte Materieklumpen, die Gezeitenkräfte aufeinander ausüben. Diese Instabilitäten führen zum Materietransport nach innen und damit zum Anwachsen der Protosonne, aber auch nach außen zum Rand des Systems. Während dieser Phase des gravitativen Kollaps wird der Drehimpuls durch turbulente und magnetische Reibung im Proplyd zunehmend nach außen getragen (z. B. Unsöld und Baschek 2005). Zusätzlich konnten mit Radioteleskopen an T-Tauri-Sternen auch heftige bipolare Winde beobachtet werden, die Materie nach oben und unten aus dem Proplyd heraus in den Weltraum blasen. Dieser sogenannte *T-Tauri-Zustand* dauert ungefähr 10 Mio. Jahre an, bis schließlich im Kern Temperaturen erreicht werden, die ein *Wasserstoffbrennen,* d. h. eine nukleare Verschmelzung von Wasserstoffkernen unter Bildung von Helium ermöglichen (vgl. ▶ Abschn. 33.6). Durch diesen Prozess setzt die Entwicklung zu einem Stern der *Hauptreihe* ein (◘ Abb. 34.1). Die Gas-Staub-Scheibe löst sich schrittweise auf und immer mehr Materie wird in der Protosonne konzentriert. Durch deren UV-Strahlung werden die verbleibenden Gase aufgeheizt und entweichen größtenteils in den Weltraum. Nur ein geringer Anteil der ehemaligen Gas-Staub-Scheibe konzentriert sich in diskreten Materieklumpen, die in Umlaufbahnen um die Protosonne kreisen und zu Vorläufern der späteren Planeten werden (z. B. Wood 1999).

Eine Region mit derzeit besonders aktiver Sternbildung ist die Region LHA 120N 150 in der *Großen Magellan'schen Wolke,* einer rund 163.000 Lichtjahre entfernten Begleitgalaxie der Milchstraße.

Sterne werden anhand des *Hertzsprung-Russell-Diagramms* klassifiziert, das 1910/1913 von den Astronomen Ejnar Hertzsprung (1873–1967) und Henry Norris Russell (1877–1957) entwickelt wurde. In ihm werden auf der Ordinate die *Leuchtkraft* L_v oder die absolute Helligkeit M_v, auf der Abszisse der *Farbindex* oder *Spektraltyp* aufgetragen. Dieser ist umgekehrt proportional zur *effektiven Oberflächentemperatur,* die auf einem astronomischen Objekt herrscht (◘ Abb. 34.1). Für die gesamte Abfolge der Spektraltypen entwarf Henry Russell für seine Studenten in Princeton den Merkspruch: „**O B**e **A F**ine **G**irl, **K**iss **M**e **R**ight **N**ow!".

Aus der Position eines gegebenen Sterns in diesem Diagramm lassen sich seine gegenwärtige Masse

34

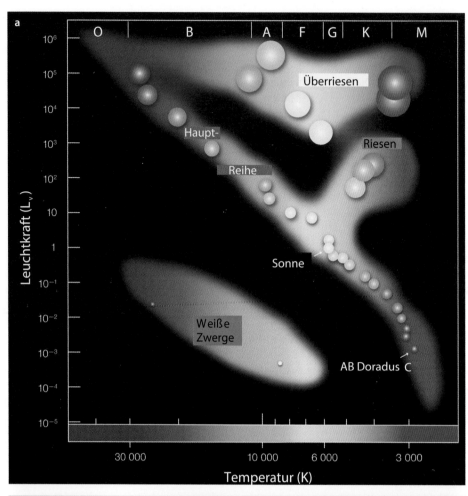

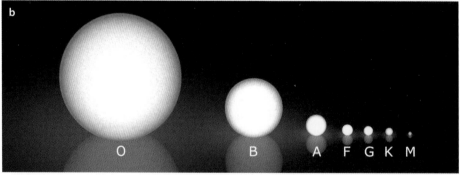

□ **Abb. 34.1**   **a** Hertzsprung-Russell-Diagramm, in dem die *Leuchtkraft* L_V von Sternen (in Einheiten solarer Leuchtkraft) gegen ihre *effektive Oberflächentemperatur* (in Kelvin) aufgetragen ist (modifiziert basierend auf Bild eso0728 der Europäischen Südsternwarte, Garching); **b** Größenvergleich der Haupreihensterne mit einem Vertreter aus jeder Spektralklasse. (aus commons.wikimedia.org/wiki/File:Morgan-Keenan_spectral_classification.png).

und sein Zustand ableiten. Die meisten Sterne, in denen *Kernfusion* durch Wasserstoff- und Heliumbrennen stattfindet (▶ Abschn. 33.6), sind im engen Gürtel der *Hauptreihe* angeordnet, der sich diagonal erstreckt (□ Abb. 34.1a und b). Er beginnt mit den absolut hellen, violetten, blauen und blauweißen*Riesensternen* vom Spektraltyp **O** und **B** mit Temperaturen von ca. 50.000–30.000 und 30.000–10.000 K, z. B. die drei Gürtelsterne des Orion. Es folgen die weißen und weißgelben Sterne vom Typ **A** (10.000–7500 K) und **F** (7500–6000 K) sowie die *Gelben* und *Orangen Zwerge* vom Typ **G** (6000–5500 K) und **K** (5500–4000 K). Im Bereich der linken unteren Ecke liegen die kleinen und kalten *Roten Zwerge* des Spektraltyps **M,** mit Temperaturen von 4500–2000 K und 0,50–0,075 Sonnenmassen, so z. B. der Stern *AB Doradus C.* Die *Sonne* mit ihrer effektiven Oberflächentemperatur von 5778 K entsprechend der Spektralklassifikation **G2V** (Pecaut und Marnajek 2013) liegt bei den Zwergsternen im Zentrum der Hauptreihe. In einigen Fällen gehören auch die Hauptreihensterne vom Spektraltyp **K** mit 0,50–0,8 Sonnenmassen hierher. *Braune Zwerge* sind substellare Objekte, deren Massen zwischen denen der schwersten Riesenplaneten und der leichtesten Sterne liegen, d. h. 13–18-mal der Masse von Jupiter. Ihre Masse reicht für Wasserstoffbrennen nicht aus, wohl aber findet in manchen von ihnen Deuteriumbrennen statt. Unterhalb dieses Bereichs sind die Roten Zwerge vom **M9V**-Typ positioniert.

Sobald ein Stern seinen gesamten Vorrat an Wasserstoff verbraucht hat, verlässt er die Hauptreihe und wird je nach Masse zum *Roten Riesen* oder *Überriesen*. Diese Sterne sind im Vergleich zu ihrem Spektraltyp durch ausnehmend große Leuchtkraft gekennzeichnet. Demgegenüber wird *AB Doradus C* niemals die Hauptreihe verlassen, weil er so wenig Wasserstoff verbrennt. Links unterhalb der Hauptreihe liegen die *Weißen Zwerge*, die bezogen auf ihre Oberflächentemperatur eine viel geringere Leuchtkraft aufweisen. Diese Sterne mit Massen ähnlich jener der Sonne sind am Ende des nuklearen Brennprozesses kollabiert, als ihr gesamter Wasserstoff verbraucht war, wobei reliktische stellare Kerne aus Kohlenstoff und Sauerstoff entstanden. Der nächstgelegene uns bekannte Weiße Zwerg ist der 8,6 Lichtjahre entfernte *Sirius B,* der winzige

Begleiter des hellsten Sterns am Nachthimmel, *Sirius A.* Die jungen, relativ kühlen *T-Tauri-Sterne* erscheinen oberhalb der Hauptreihe, zu der sie sich nach dem Einsetzen des Wasserstoffbrennens sukzessive hin entwickeln (z. B. Unsöld und Baschek 2005).

34.3 Zusammensetzung des Solarnebels

Der bei Weitem überwiegende Teil innerstellarer Materie, aus der letztlich unser Sonnensystem entstanden ist, besteht aus Wasserstoff und Helium, die durch den *Urknall* (engl. *„big bang"*) vor $13,7 \pm 0,2$ Ga gebildet wurden (Bennett et al. 2003). Allerdings war das interstellare Medium, aus dem sich das Sonnensystem gebildet hatte, bereits durch frühere Generationen von Sternen mit schweren Elementen angereichert. Chemische Elemente wie Mg, Si und Fe wurden durch Sternwinde oder durch Supernova-Explosionen im Weltraum verteilt. Noch im Weltraum kondensierten die übrigen Elemente zu unterschiedlichen *Mineralen,* und zwar hauptsächlich als chemische Verbindungen mit Sauerstoff. Bei einem Druck von 1 mbar (= 0,001 bar) und sinkender Temperatur erfolgte so die Kondensation der Solarmaterie in mehreren Schritten (Davis und Richter 2005; Henning 2003; vgl. ◘ Abb. 34.2):

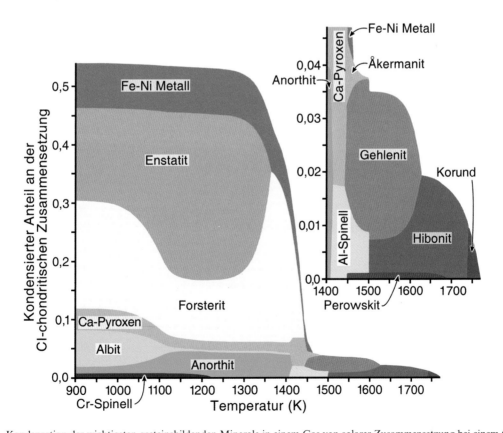

◘ **Abb. 34.2** Kondensation der wichtigsten gesteinsbildenden Minerale in einem Gas von solarer Zusammensetzung bei einem Gesamtdruck von 1 mbar; rechts oben sind die Kondensationsbereiche der Minerale bei $T > 1400$ K vergrößert dargestellt. (Nach Davis und Richter 2005, mit freundlicher Genehmigung des Verlages Elsevier)

- 1500–1470 °C: Korund, Al_2O_3
- 1470–1230 °C: Hibonit, $CaAl_{12}O_{19}$
- 1420–1180 °C: Perowskit, $CaTiO_3$
- 1360–1170 °C: Gehlenit, $Ca_2Al[AlSiO_7]$
- 1240–1170 °C: Åkermanit, $Ca_2Mg[Si_2O_7]$
- 1230–1140 °C: Al-Spinell, $\approx MgAl_2O_4$
- ≤ 1190 °C: metallische Eisen-Nickel-Legierung, (Fe,Ni)
- ≤ 1180 °C: Diopsid, $CaMg[Si_2O_6]$
- ≤ 1170 °C: Forsterit, $Mg_2[SiO_4]$
- ≤ 1150 °C: Anorthit, $Ca[Al_2Si_2O_8]$
- ≤ 1090 °C: Enstatit, $Mg_2[Si_2O_6]$
- $\leq$ ca. 1080 °C, verstärkt aber ≤ 800 °C: Albit, $Na[AlSi_3O_8]$
- ≤ 950 °C: Cr-Spinell, $\approx MgCr_2O_4$

Bei wesentlich geringeren Temperaturen fanden weitere Mineralbildungen statt (Unsöld und Baschek 2005):
- 410–350 °C: Troilit, FeS, und andere Sulfide
- 130 °C: Magnetit, $FeFe_2O_4$, gebildet aus gediegen Eisen und Wasserdampf
- 130–25 °C: wasserhaltige Silikate

Neben H_2 und He kommen als gasförmige Bestandteile im Solarnebel noch CO, N_2, NH_3 und freier Sauerstoff vor. Diese kondensierten teilweise zu festen Körnern von Graphit C, SiC und anderer Carbiden sowie Nitriden. Als Überzüge auf den refraktären Körnern entstanden bei 110–130 °C organische Verbindungen wie kettenförmige Kohlenwasserstoff-Verbindungen und Aminosäuren. Ihre Bildung aus $CO + H_2$ bzw. $CO + H_2 + NH_3$ erfolgte wahrscheinlich durch eine Art Fischer–Tropsch-Synthese, wobei Magnetit oder Hydrosilikate als Katalysatoren wirkten (Unsöld und Baschek 2005; Gilmour 2005; Pearce und Pudritz 2015). Andere Gaskondensate bildeten um refraktäre Körner Eishüllen, die selbstverständlich schmolzen, sobald solche Körner aufgeheizt wurden und in die Protosonne hineinfielen.

Wenn man 1 t einer typischen interstellaren Wolke auf <100 K abkühlen würde, erhielte man 984 kg H_2 + He, 11 kg unterschiedlicher Eissorten, 4 kg Silikatgestein und knapp 1 kg gediegenes Metall (Wood 1999).

Nach ihrer Position im Weltraum kann man vier verschiedene Gruppen von Staubteilchen unterscheiden (Jones 2007; Garcia 2009; Henning und Meeus (2009); Nguyen und Messenger 2011; ◘ Tab. 34.1):
- *Interstellare Staubteilchen* treten im interstellaren Medium (ISM) auf, wo sie nur durch spektroskopische Methoden anhand ihrer charakteristischen Absorptions- oder Emissionsspektren erkannt werden können.
- *Zirkumstellare Staubteilchen* (Sternenstaub, engl. „stardust") lassen sich in den Gas-Staub-Hüllen von Sternen ebenfalls spektroskopisch nachweisen.

◘ **Tab. 34.1**   Die Zusammensetzung interstellarer, zirkumstellarer und präsolarer Staubteilchen (Zinner 2005; Jones 2007)

Stoffgruppe	Interstellar	Zirkumstellar	Präsolar
Kohlenwasserstoffe	Ring-, Ketten-	Ring-, aliphatisch (offene Ketten)	Ring-, aliphatisch (offene Ketten)
Silikate	amorph	amorph	amorph
		kristallin:	kristallin:
		– Forsterit $Mg_2[SiO_4]$	– Forsterit
		– Klinoenstatit $Mg_2[Si_2O_6]$	– Mg-Fe-Olivin
		– Diopsid $CaMg[Si_2O_6]$	– Pyroxene
Oxide	$[MgO + FeO]^a$	kristallin:	kristallin:
		– Wüstit $Fe_{0.9}Mg_{0.1}O$	– Spinell
		– Spinell $MgAl_2O_4$	– Korund
		– Korund Al_2O_3	– Hibonit $CaAl_{12}O_{19}$
Carbide	–	β-SiC	β-SiC
			Ti-, Fe-, Zr-, Mo-Carbide
Nitride	–	–	Si_3N_4
Elemente	–	–	Diamant C
			Graphit C
			Kamacit (Fe,Ni)

[a] nicht spektroskopisch, sondern nur indirekt nachgewiesen

- *Präsolare Staubteilchen* treten in Kometen auf (s. nächster Punkt) oder bilden seltene Bestandteile von kohligen Chondriten (▶ Abschn. 31.3.1), in denen sie direkt analysiert werden können. Anomale Isotopenverhältnisse in ihnen deuten auf ihre Bildung außerhalb unseres Sonnensystems.

- *Interplanetare Staubteilchen* (engl. „*interplanetary dust particles*", IDP) stellen die restliche Materie des *ursprünglichen Solarnebels* dar, aus dem unser Planetensystem entstand. Nur ein kleiner Bruchteil dieser ursprünglichen Solarmaterie hat im Außenbereich unseres Sonnensystem, im *Kuiper-Gürtel*, undifferenziert überlebt. Dieser stellt die Quellregion für die *Kometen* dar, kleine eisige Planetesimale, die sich in weiter Entfernung von der Sonne, am äußersten Rand der Akkretionsscheibe, gebildet haben. Wenn sich ein Komet der Sonne nähert und dadurch erhitzt wird (◘ Abb. 32.1), schmilzt sein Eis, und die eingebetteten IDPs werden aus dem Kometenkern in Form eines Kometenschweifs freigesetzt (vgl. ▶ Abschn. 31.1). Zusammen mit präsolaren Staubteilchen können sie in der irdischen Stratosphäre in 20–25 km Höhe von Forschungsflugzeugen, z. B. NASA ER-2, aufgesammelt und im Labor untersucht werden. Unter dem Elektronenmikroskop erweisen sich diese Staubteilchen als lockere Aggregate von ca. 0,1 µm großen Körnchen unterschiedlicher Minerale, organischer Verbindungen und unbestimmter amorpher Substanzen (◘ Tab. 34.1). Analysen von IDPs, die im Januar 2004 beim Vorbeiflug des NASA-Raumschiffes *Stardust* aus dem Schweif des Kometen *Wild* 2 eingesammelt und nach Rückkehr von *Stardust* 2006 analysiert wurden, zeigen große Ähnlichkeiten mit der chemischen Zusammensetzung und den Sauerstoff-Isotopenverhältnissen von kohligen Chondriten, deren Mutterkörper im äußeren, sonnenfernen Bereich des Asteroidengürtels zu suchen sind (▶ Abschn. 31.3.1, 32.2). In beiden Fällen handelt es sich um sehr primitives Material aus dem interstellaren Raum oder aus einer protoplanetaren Gas-Staub-Scheibe, das weder durch thermische Metamorphose noch durch hydrothermale Alteration stark verändert wurde (Gounelle 2011).

Der weitaus größte Teil der Staubteilchen, der ursprünglich in der Akkretionsscheibe unseres Sonnensystems verteilt war, ist mittlerweile verschwunden: Entweder unterlagen sie der Anziehungskraft der heißen Sonne und wurden von ihr aufgesogen, oder sie wurden in den kalten interstellaren Raum hinausgeblasen. Nur ein sehr kleiner Anteil wurde in Planeten und Asteroiden gebunden, in denen er vielfältigen Differentiationsprozessen unterlag. Sogar die meisten der undifferenzierten Asteroiden-Mutterkörper, von denen

die Chondrite abstammen, sind unterschiedlich stark metamorph überprägt und damit mehr oder weniger verändert worden. Lediglich die kohligen Chondrite enthalten noch primitive präsolare Materie (▶ Abschn. 31.3.1).

34.4 Entstehung der Planeten

- **Bildung der planetaren Bausteine**

Wie bereits in den vorherigen Kapiteln betont, kann man aus dem Studium der Meteoriten sehr viel über die frühe Geschichte der erdähnlichen Planeten und ihre Differentiation lernen. Eine wichtige Rolle spielen dabei die Ca-Al-*reichen Einschlüsse* (CAI) und die *Chondren*. Mit einem Pb-Pb-Alter von $4567{,}2 \pm 0{,}7$ Ma und einem ^{182}Hf-^{182}W-Alter von $4568{,}6 \pm 0{,}5$ Ma stellen die CAIs die älteste Materie dar, die in unserem Sonnensystem überlebt hat (Amelin et al. 2002, 2010; Kleine et al. 2005a, 2005b, 2009; Kleine und Rudge 2011; Conelly et al. 2012). Diese CAIs enthalten Isotope mit sehr kurzen Halbwertszeiten wie ^{41}Ca (0,13 Ma), ^{26}Al (0,7 Ma), ^{10}Be (1,5 Ma), ^{60}Fe (2,6 Ma), ^{53}Mn (3,7 Ma), und ^{107}Pd (6,5 Ma). Viele von ihnen könnten sich aus stabilen Isotopen durch Neutroneneinfang gebildet haben, und zwar bei der Explosion von Supernovae oder in den Außenzonen von Riesensternen. Von besonderem Interesse ist ^{60}Fe, das ein Produkt der stellaren Nukleosynthese außerhalb unseres Sonnensystems ist. Dieses Isotop kann also nicht in der Akkretionsscheibe unseres Sonnensystems entstanden sein, sondern muss aus einer externen Quelle stammen (Shukolyukov und Lugmair 1993; Chambers 2005). Demgegenüber entstand ^{10}Be mit größter Wahrscheinlichkeit durch Bombardements mit solarer kosmischer Strahlung im protoplanetaren Nebel. Die positive Korrelation der Zerfallsprodukte von ^{26}Al und ^{41}Ca in den CAIs spricht für ihre Bildung aus einer gemeinsamen stellaren Quelle. Wie aus der Analyse von Sauerstoffisotopen hervorgeht, entstanden auch die amöboiden Olivin-Aggregate (AOA) in diesem Bereich (Fagan et al. 2004), jedoch bei niedrigeren Temperaturen von $\leq 1170\,°C$, der Kondensationstemperatur von Forsterit. Einige CAIs, die durch unterschiedliche Initialgehalte von ^{26}Al und isotopische Anomalien gekennzeichnet sind, werden als FUN („*fractionated and unidentified nuclear anomalies*") bezeichnet; sie entstanden in einer Zeit, in der der protoplanetare Nebel noch nicht vollständig homogen durchgemischt war (Wadhwa und Russell 2000).

Die *Chondren* bildeten sich in der protoplanetaren Gas-Staub-Scheibe aus Schmelztröpfchen. Wie ihre etwas niedrigeren ^{26}Al/^{27}Al-Verhältnisse zeigen, lief dieser Prozess etwa 1–5 Ma später ab als die Bildung der CAIs (z. B. Amelin et al. 2002; Bouvier et al. 2008).

Nach dem am häufigsten angenommenen Modell entstanden die Schmelztröpfchen durch das Aufschmelzen von Staubaggregaten bei Temperaturen von 1450–1900 °C, je nach Zusammensetzung. Laborexperimente zeigen, dass diese Aufheizung und die nachfolgende Abschreckung sehr rasch, innerhalb weniger Stunden, vielleicht sogar Minuten, erfolgte. Für die Bildung der Chondren waren jedoch die Temperaturen, die für den inneren, sonnennahen Bereich der Akkretionsscheibe zu erwarten sind, nicht hoch genug. Stattdessen müssen schlagartig durchgreifende, aber lokale Hochenergieereignisse das Silikatmaterial kurz, aber intensiv aufgeheizt haben. Allerdings besteht noch keine Einigkeit über die Art dieser kurzzeitigen Vorgänge. Folgende Möglichkeiten wurden hierfür diskutiert (vgl. Scott und Krot 2005):

- ein kurzzeitiges Aufflackern der Protosonne,
- Blitze im Solarnebel,
- kompressible Strömung durch gasdynamische Schockwellen, oder
- Erhitzung durch Strahlung.

Wir wissen auch nicht, ob diese Prozesse innerhalb der ersten Millionen Jahre abliefen, als noch interstellare Materie in den Solarnebel hineinfiel, oder erst in den folgenden 10 Ma, in denen die Akkretionsscheibe flacher und ruhiger wurde. Weitere Prozesse, die zur Entstehung der Chondren führte, sind die unmittelbare Kondensation von Schmelzen oder Schmelz-Kristall-Aggregaten direkt aus dem Solarnebel und/oder das Aufschmelzen von festen oder teilgeschmolzenen Planetesimalen durch Impaktvorgänge (Scott und Krot 2005).

Auf alle Fälle veränderten diese thermischen Prozesse die chemische Zusammensetzung der protoplanetaren Materie durch selektive Verdampfung der volatilen Komponenten, die an anderer Stelle wieder rekondensieren konnten. Hinweise auf solche Fraktionierungsprozesse finden sich in einzelnen Chondren, in den CAIs, in Chondriten und sogar in den Planeten selbst. So beträgt der Anteil von Kalium in der Zusammensetzung der Erde nur ein Fünftel des durchschnittlichen K-Gehalts unseres Sonnensystem (Wood 1999). Neben Silikaten, metallischem Nickeleisen und Sulfiden kristallierte im kälteren Außenbereich der Akkretionsscheibe auch Eis, insbesondere H_2O-Eis. Die Grenze zwischen diesen beiden Regionen, die *Eislinie*, war durch eine Diskontinuität in der Oberflächendichte des festen Materials definiert; sie lag in unserem Sonnensystem vermutlich im Außenbereich des heutigen Asteroidengürtels.

■ **Bildung von Planetesimalen, Protoplaneten und Planeten**

Die wichtige Beobachtung, dass die großen Planeten – unabhängig von der Gesamtmasse – feste Kerne von etwa 10–20 Erdmassen enthalten, führte zu der heute allgemein akzeptierten Theorie der Planetenentstehung (Unsöld und Baschek 2005). Nach dem Standardmodell von Wetherill (1990) erfolgte ihre Bildung in drei Schritten (z. B. Rollinson 2007):

1. Für die Entstehung von *Planetesimalen* war zunächst *nichtgravitative Akkumulation* verantwortlich. Dabei ballten sich die mikrometergroßen Staubteilchen, die ungefähr 1 % des ursprünglichen Solarnebels ausmachten, durch inelastische Stöße in der turbulenten Gas-Staub-Scheibe zu immer größeren, unregelmäßig geformten Festkörpern zusammen, die sich in der Äquatorialebene der Scheibe konzentrierten. In diesem frühen Stadium erfolgte diese Akkumulation nicht durch Gravitation, sondern durch elektromagnetische Kräfte, wie z. B. schwache Bindungsenergien vom Van-der-Waals-Typ. Erst nachdem die so entstandenen Körper Durchmesser von ca. 1 km erreicht hatten, zogen sie sich durch ihre jeweilige *Schwerkraft* gegenseitig an und bildeten innerhalb von ca. 1000 Jahren größere Körper von bis zu 10 km Durchmesser und unregelmäßiger Form, die *Planetesimale* (vgl. Elkinson-Tanton und Weiss 2017).

   Der Begriff „Planetesimal", der sich aus „Planet" und „infinitesimal" (= „winzig", „unendlich klein") zusammensetzt, geht auf den amerikanischen Geologen Thomas Crowder Chamberlin (1843–1928) zurück, der 1904 in seiner Planetesimal-Hypothese vorgeschlagen hatte, dass die Planeten aus kleinen primordialen Festkörpern zusammengewachsen seien (Chamberlin und Moulton 1909). Diese Vorstellung setzte sich seit der 1. Dekade des 20. Jh. durch. Sie steht im Gegensatz zu der Hypothese von Laplace (1796), nach der planetare Körper in den Sonnensystemen direkt aus einem heißen Gas kondensiert seien.

2. *Gravitation* bewirkte den Zusammenschluss unterschiedlich großer Planetesimale zu festen *Protoplaneten* (engl. *„planetary embryos"*), aus denen sich innerhalb von nur ca. 100.000 Jahren planetarische Körper von der Größe des Erdmondes (3474 km Durchmesser) oder des Mars (6772 km Durchmesser) bilden konnten. Während dieses Stadiums war die Relativgeschwindigkeit der Planetesimale insofern von Bedeutung, dass sie teilweise sehr hoch war. Deshalb konnten viele der neu gebildeten großen Körper nicht weiter wachsen, sondern wurden immer wieder zertrümmert. Nach Simulationen von Weidenschilling et al. (1997) bestanden nach ca. 1 Ma zwischen den Umlaufbahnen von Merkur und Mars nur noch 22 Protoplaneten mit Massen von > 10^{20} t. Die Kollisionsprozesse setzten große Energiemengen frei, sodass es häufig zu partieller Aufschmelzung kam. Hinweise auf das Aus-

sehen und den inneren Aufbau der Protoplaneten vermitteln uns heute noch die Asteroiden, wie z. B. (4) *Vesta* oder (2) *Pallas* (▶ Abschn. 32.2), und die von ihnen abstammenden *Achondrit-Meteoriten* (▶ Abschn. 31.3.2), die beiden Marsmonde *Phobos* und *Deimos* (▶ Abschn. 32.1.3), die zahlreichen kleineren Satelliten von Jupiter, Saturn und Uranus (▶ Abschn. 32.3.3, 32.3.4) sowie die *Kometen* im Kuiper-Gürtel.

Überraschenderweise zeigen radiometrische Altersbestimmungen mit der ^{182}Hf-^{182}W-Methode an CAI, metallreichen Chondriten und Eisenmeteoriten, dass die Entstehung von Chondren etwas später erfolgte als die Bildung metallischer Kerne in den Planetesimalen (Kleine et al. 2005a). Dieser Befund zwingt zu dem Schluss, dass – entgegen früherer Annahmen – die Chondrite nicht das Vorläufermaterial für differenzierte Asteroiden darstellen. Stattdessen erfolgte die Akkretion der chondritischen Asteroiden relativ spät, und zwar entweder in größerer Sonnenferne oder durch sekundäre Zusammenballung von Schutt, der bei der Kollision älterer Asteroiden entstanden war. Offensichtlich reichten in den chondritischen Asteroiden die ^{26}Al-Gehalte nicht aus, um diese Körper soweit aufzuheizen, dass sie in Kern, Mantel und Kruste differenzieren konnten.

3. Für die endgültige Vereinigung von Protoplaneten zu *Planeten* waren weitere Kollisionen von Protoplaneten und noch verbliebenen Planetesimalen von entscheidender Bedeutung. Durch diese gewaltigen Impakte kam es zu weitreichender Aufschmelzung, teilweise auch zur Zerstörung von bereits gebildeten planetarischen Körpern. Die Vorstellung von heftigen Kollisionen wird durch die Tatsache begünstigt, dass schon innerhalb der ersten 1–10 Ma der Akkretionsgeschichte die Gaskomponente des Solarnebels weitgehend in den Weltraum entwichen war. Dadurch wurden die Kollisionen der Planetesimale und Protoplaneten weniger stark gedämpft und waren dementsprechend heftiger. In einem Zeitraum von 10–100 Ma entstanden so die uns bekannten erdähnlichen Planeten. Wie die Edelgas-Geochemie des Erdmantels zeigt, hat unsere Erde immer noch geochemische Merkmale gespeichert, die an den ursprünglichen Solarnebel erinnern.

■ **Differentiation der erdähnlichen Planeten**
Wie die große Zahl der Impaktkrater auf Mond, Merkur und Mars sowie auf vielen Satelliten der äußeren Planeten zeigt, war die Häufigkeit von Planetesimalen in der Frühphase unseres Sonnensystems wesentlich größer als heute. Daher bewegten sich die bereits gebildeten planetarischen Körper in einem Medium mit starker innerer Reibung, erzeugt durch eine Vielzahl kleinerer und größerer Gesteinsbrocken. Vermutlich führte das bei den Planeten und deren Satelliten zu Abweichungen von ihrer Kreisbahn und zu Neigungen der Rotationsachsen gegen ihre Umlaufbahnen.

Im Laufe ihrer frühen Entwicklung machten die erdähnlichen Planeten und der Erdmond, die ursprüng-

lich aus einer weitgehend einheitlichen Chondrit-Brekzie bestanden hatten, eine *Differentiation* in Kern, Mantel und Kruste durch, wobei *Aufschmelzprozesse* eine entscheidende Rolle spielten. Die hierfür erforderliche *thermische Energie* wurde in der Frühzeit der Planetenbildung aus drei Wärmequellen gespeist:

– Bei der Akkretion wandelte sich die potentielle Gravitationsenergie in Wärme um;
– Erwärmung durch radioaktiven Zerfall von ^{26}Al;
– die kinetische Energie aus dem intensiven Bombardement mit Planetesimalen wurde ebenfalls in Wärme umgewandelt.

Während dieser frühen Differentiationsphase wurden die erdähnlichen Planeten und der Erdmond immer wieder aufgeheizt, sodass es wiederholt zu *partieller Aufschmelzung* in regionalem Maßstab kam. Dabei entstanden – wie heute allgemein angenommen wird – mehrere hundert Kilometer tiefe *Magmaozeane* von globalen Ausmaßen (z. B. Carr 1999; Shearer und Papike 1999; Rollinson 2007; Fiquet et al. 2008). Die silikatischen Magmen darin enthielten nicht mischbare Anteile von metallischer Schmelze, die sich zu Tropfen von ca. 1 cm Durchmesser vereinigten (◘ Abb. 34.3). Da sich diese in turbulenter Konvektion befanden, konnte sich ein Verteilungsgleichgewicht zwischen der silikatischen und der metallischen Schmelze einstellen. Leichtere Minerale, die aus dem Magmaozean kristallisierten, schwammen auf und bildeten die *ersten Erstarrungskrusten* der Planeten und ihrer Satelliten, wie z. B. die großen Anorthositmassive der Mond-Hochländer (▶ Abschn. 30.1.1). Wegen ihrer hohen Dichte regneten die Metalltröpfchen mit einer Geschwindigkeit von

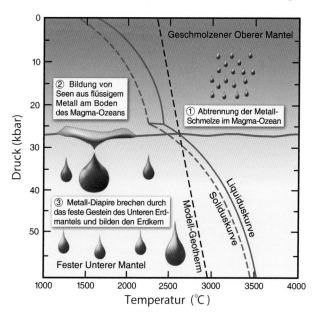

◘ **Abb. 34.3** Bildung des Erdkerns durch Entmischung einer (Fe,Ni)-Schmelze aus dem Magmaozean. (aus Fiquet et al. 2008)

ungefähr 0,5 m/s ab und bildeten am Boden des Magmaozeans große Seen oder eine durchgehende Lage aus flüssigem Metall. In einem zweiten Schritt durchbrach die Metallschmelze den unteren, kristallinen Teil des Mantels in Form großer *Diapire,* die sich im Innern der erdähnlichen Planeten und wahrscheinlich auch des Erdmondes zu unterschiedlich großen *Metallkernen* vereinigten (◘ Abb. 34.3). Dieser Vorgang verlief sehr schnell, sodass sich ein Verteilungsgleichgewicht zwischen flüssigem Metall und festem Silikatmantel nicht mehr einstellen konnte.

Die mangelnde Gleichgewichtseinstellung würde das *„excess siderophile problem",* d. h. den scheinbaren Überschuss an siderophilen Elementen im Erdmantel erklären. Dieses ergibt sich, wenn man von einer chondritischen Zusammensetzung ausgeht und den theoretischen Verteilungskoeffizienten zwischen Metall und Silikat bei niedrigen Drücken zugrunde legt (Näheres bei Rollinson 2007). Außerdem kann man annehmen, dass sich während der Kernbildung die Akkretion von kosmischem Material fortsetzte, wobei vermutlich noch bis zu 7 % der Erdmasse hinzukamen. Dadurch wurde ein zusätzlicher Anteil von siderophilen Elementen in den Mantel eingetragen. Schließlich wurde dem sich entwickelnden Erdkörper im Laufe des Hadaikums noch ca. 1 % der Erdmasse von außen durch das Bombardement mit Meteoriten hinzugefügt (Newsom und Jones 1990; vgl. Rollinson 2007).

Für die *frühe Erde* wird angenommen, dass der Magmaozean bis zu einer Tiefe von 700–1200 km reichte, entsprechend einem Druck von 250–400 kbar (25–40 GPa), wo damals Temperaturen von 2500–3000 °C geherrscht haben dürften (z. B. Wood et al. 2006). Etwa in diesem Bereich dürfte der Übergang in einen Erdmantel gelegen haben, der hauptsächlich aus Mg-Perowskit bestand (vgl. ► Abschn. 29.3.3). Dementsprechend war wohl die Grenzzone durch einen abrupten Anstieg der Solidus- und Liquidustemperaturen gekennzeichnet, die bald höher lagen, als es dem modellierten geothermischen Gradienten entspricht (◘ Abb. 34.3). Folglich muss der untere Teil des Erdmantels auch damals fest gewesen sein. Nach vorherrschender Auffassung spielte sich der Vorgang der Kernbildung in den ersten 13–32 Ma der Planetengeschichte ab (◘ Tab. 34.2). Ungefähr zur gleichen Zeit wurde durch einen kataklysmischen Zusammenprall der Protoerde mit einem anderen, etwa Mars-großen Planeten (engl. *„giant impact"*) der Mond von der Erde abgetrennt. Ein alternatives Modell nimmt jedoch an, dass die Kernbildung und der *„giant impact"* wesentlich später, etwa 50 Ma nach der Entstehung der CAIs stattfand (Kleine und Rudge 2011).

Da die Kernbildung sehr rasch erfolgte, setzte die Umwandlung von potentieller Gravitationsenergie eine enorme Menge an thermischer Energie frei, die für erneute Aufschmelzprozesse zur Verfügung stand. Darüber hinaus war – und ist noch heute – der Zerfall radioaktiver Isotope eine wichtige Wärmequelle. Aufsteigende Manteldiapire lösten Magmabildung,

◘ **Tab. 34.2**   Die Akkretionsgeschichte der Erde auf Grundlage radiometrischer Datierungen (modifiziert nach Rollinson 2007)

Ereignis	Absolute Zeit (Ma)	Zeit seit T_0 (Ma)
Entstehung des Sonnensystems	~4570	
Bildung der CAI (T_0)	4567,2 ± 0,5[a]	0
Bildung der Chondren	4567,3 ± 0,4[b]–4564,7 ± 0,3	<1–3
Ende des Hauptwachstumsstadiums	4557	12
Bildung des Erdkerns (Erde zu 64 % fertig)	4556	13
Ende der Kernbildung und Akkretion	4537	32
Differentiation des Erdmantels	>4537	<30
Bildung des Mondes durch *„giant impact"*	4537	32
Alter der FAN-Suite der Mondkruste	4556 ± 40	
Älteste Mondgesteine	~4550–4200	
Älteste krustale Minerale der Erde	4404	165
Intensives Meteoriten-Bombardement	3900–3800	770–670

[a]nach Amelin et al. (2010) und Conelly et al. (2012); [b]nachConelly et al. (2012)

Plutonismus und Vulkanismus und damit eine *zweite Phase der Krustenbildung* aus, bei der vorwiegend basaltische Magmen gefördert wurden. Allerdings waren ihre Menge, Produktionsrate, räumliche und zeitliche Verteilung auf den einzelnen planetarischen Körpern sehr unterschiedlich. So flossen auf dem Mond die ersten Mare-Basalte vor ca. 4,00 Ga aus, und ihre Förderung war mit ca. 2,50 Ga bereits weitgehend abgeschlossen. Demgegenüber setzte sich auf dem Mars die Bildung der großen Schildvulkane bis in die jüngere geologische Vergangenheit vor ca. 20–30 Ma fort, während die Erde – und vielleicht auch die Venus – noch heute aktiven Vulkanismus erleben.

Eine *dritte Phase der Krustenbildung,* die in den Kontinenten der Erde und wahrscheinlich in den Tesserae der Venus dokumentiert ist, findet durch Wiederaufarbeitung von Material der primären und sekundären Kruste statt. Auf der Erde sind Plattentektonik und Magmatismus an konstruktiven und destruktiven Plattenrändern die dominierenden geologischen Prozesse, während die geologische Entwicklung der Venus durch Vertikaltektonik und Hot-Spot-Vulkanismus bestimmt ist, die durch Manteldiapire ausgelöst werden (z. B. Carr 1999).

Die früheste Periode in der Erdgeschichte wird heute als Hadaikum (grch. Ἀιδης = das Unsichtbare = Hades = Unterwelt) bezeichnet. Es umfasst den Zeitraum vom Beginn der Akkretion vor ~4560 Ma und dem Ende des intensiven *Meteoriten-Bombardements* (engl. „*late heavy bombardement*") vor ~3,80 Ga (■ Tab. 34.2). Letzteres zerstörte jegliche juvenile Erdkruste, was sich aus dem Umstand erklärt, dass die ältesten bekannten Gesteinsformationen in etwa 3,80 Ga alt sind.

■ *Entstehung des Erdmondes*

Das heute bevorzugte Modell für die Entstehung des Erdmondes ist die Hypothese des „*giant impact*", die in theoretischen Modellierungen und geochemischen Argumenten ihre Stütze findet und die erstmals von Hartmann und Davis (1975) formuliert wurde (vgl. Rollinson 2007). Demnach kollidierte ein planetarischer Körper, genannt „Theia" (grch. θεʹια, eine Titanin), der etwa die Masse des Mars, d. h. 15 % der Erdmasse besaß, unter schiefem Winkel mit der Protoerde (■ Abb. 34.4). Wahrscheinlich waren beide Körper zur Zeit des Impakts bereits in Metallkern und Silikatmantel differenziert. Durch den Aufschlag wurden 30 % der Erdmasse auf Temperaturen von >7000 K aufgeheizt. Diese gewaltige Menge an thermischer Energie führte dazu, dass die Protoerde größtenteils aufschmolz, während der Silikatanteil des Impaktors, aber auch silikatische Teile des Erdkörpers verdampften. Vermutlich wurde der Metallkern des Impaktors mit dem Erdkern verschmolzen, sodass die Erde von einer vorwiegend silikatischen Gashülle umgeben wurde. Diese kondensierte teilweise wieder und reicherte sich in einer Umlaufbahn um die Erde an, woraus ein an metallischem Eisen verarmter Satellit, der *Mond* entstand. Bei ihrer Abkühlung durchlief die Erde erneut, der Mond erstmals das Stadium des Magmaozeans (■ Abb. 30.7). Zeitlich gehört die Entstehung des Erdmondes durch diesen kataklysmischen Impakt in die ersten 32 Mio. Jahre unseres Sonnensystems (Kleine et al. 2005b; vgl. ■ Tab. 34.2).

■ *Entstehung der Riesenplaneten*

Wegen der größeren Entfernung von der Sonne und der geringeren Temperatur in der ursprünglichen Gas-Staub-Scheibe unterscheiden sich die Riesenplaneten in ihrer chemischen Zusammensetzung und in ihrem inneren Aufbau grundlegend von den erdähnlichen Plane-

■ **Abb. 34.4** Bildung des Mondes durch den Zusammenstoß von „Theia", einem planetarischen Körper mit etwa 15 % der Erdmasse, und der Protoerde. (Nach einem Gemälde von William K. Hartmann, Planetary Science Institute, Tucson, Arizona)

ten. Es kann jedoch mit großer Wahrscheinlichkeit davon ausgegangen werden, dass auch die Riesenplaneten *Kerne* aus *silikatischem Gesteinsmaterial* enthalten. Diese Kerne sind von unterschiedlich dicken *Eishüllen* umgeben, die beim *Uranus* und *Neptun* den Hauptteil dieser *Riesen-Eisplaneten* ausmachen, während die Eishüllen und die Silikatkerne bei *Jupiter* und *Saturn* viel kleiner ausgebildet sind. Bei diesen *Riesen-Gasplaneten* dominieren die äußeren *Gashüllen*, bestehend aus einem Gemisch aus Wasserstoff und <20 %Helium (▶ Abschn. 32.3.2). Demgegenüber sind diese bei Uranus und Neptun deutlich kleiner entwickelt (■ Abb. 32.6). Es unterliegt wohl keinem Zweifel, dass die Riesenplaneten durch ganz andere Mechanismen entstanden sein müssen als die erdähnlichen Planeten. Dabei liegt für die Astrophysiker ein wesentliches Problem in der Gravitationsinteraktion zwischen dem wachsenden Planeten und den noch vorhandenen Gasen der Gas-Staub-Scheibe (Näheres hierzu bei Chambers 2005). Für die Bildung der Riesenplaneten werden heute zwei Modelle diskutiert (z. B. Lunine 2005; Rollinson 2007):

1. Nach dem heute immer noch stark bevorzugten „*rocky core model*" entstanden die Riesenplaneten durch die Akkretion von Planetkernen, gefolgt von einem Gaskollaps. Dadurch erklären sich am besten der hohe Anteil an schweren Elementen und die wahrscheinliche Existenz von silikatischen Kernen in den Riesenplaneten. Nach diesem Modell war im Endstadium der Sonnenentstehung die Akkretionsscheibe soweit abgekühlt, dass in Entfernungen von etwa 5 Astronomischen Einheiten (AE) H_2O-Eis aus dem Solarnebel kondensieren konnte. Innerhalb von nur etwa 1 Mio. Jahre kam es zur Bildung

von Planeten-Embryos, die aus festem Gesteinsmaterial und Eis bestanden. Sobald diese Körper eine Masse von etwa 10 Erdmassen erreichten, führte hydrodynamischer Kollaps der Gase zur Bildung von größeren planetarischen Körpern. Vermutlich könnten zwischenzeitlicher Gasverlust oder dynamische Störungen, erzeugt durch die gewaltige Masse von Jupiter, die Entwicklung der Riesen-Eisplaneten Uranus und Neptun unterbrochen haben.

2. Die Entdeckung von Riesen-Gasplaneten außerhalb unseres Sonnensystems (Lissauer 2002) brachte ein alternatives Modell in die Diskussion ein. Viele dieser extrasolaren Planeten sind weniger als 0,1 AE von ihrem Mutterstern entfernt, während Jupiter einen Abstand von der Sonne von 5 AE aufweist. Dieser enorme Unterschied könnte dadurch erklärt werden, dass die Riesenplaneten durch Instabilitäten in der Gas-Staub-Scheibe entstanden, wobei sich durch gravitativen Kollaps sehr rasch – innerhalb von nur 100 Jahren! – Klumpen von Gas und Staub bildeten.

34

Literatur

Amelin Y, Krot AN, Hutcheon ID, Ulyanov AA (2002) Lead isotopic ages of chondrules and calcium-aluminum-rich inclusions. Science 297:1678–1683

Amelin Y, Kaltenbach A, Iizuka T et al (2010) U-Pb geochronology of the solar system's oldest solids with variable $^{238}U/^{235}U$. Earth Planet Sci Lett 300:343–350

Bennett CL und 20 Koautoren (2003) First year Wilkinson Microwave Anisotropy Probe (WMAP) observations: preliminary maps and their basic results. Astrophys J Suppl 148:1–27

Bouvier A, Wadwha M, Janney P (2008) Pb-Pb isotope systematics in an Allende chondrule. Geochim Cosmochim Acta 72: Al 06

Carr MH (1999) Mars. In: Beatty JK, Petersen CC, Chaikin A (Hrsg) The new solar system. Cambridge University Press, Cambridge, S 141–156

Chamberlin TC, Moulton FR (1909) The developement of the planetesimal hypothesis. Science 30:642–645

Chambers JE (2005) Planet formation. In: Davis AM (Hrsg) Meteorites, comets, and planets. Treatise on geochemistry, Bd 1. Elsevier, Amsterdam Oxford, S 461–474

Conelly JN, Bizzarro M, Krot AN, Nordlund A, Wielandt D, Ivanova MA (2012) The absolute chronology and thermal repressing of solids in the solar protoplanetary disc. Science 338:651–655

Davis AM, Richter FM (2005) Condensation and evaporation of solar system materials. In: Davis AM (Hrsg) Meteorites, comets, and planets. Treatise on geochemistry, Bd 1. Elsevier, Amsterdam Oxford, S 407–430

Elkinson-Tanton LT, Weiss BP (Hrsg) (2017) Planetesimals – early differentiation and consequences for planets. Cambridge University Press, Cambridge

Fagan TJ, Krot AN, Keil K, Yurimoto H (2004) Oxygen isotopic evolution of amoeboid olivine aggregates in the reduced CV chondrites Efremovka, Vigarano and Leoville. Geochim Cosmochim Acta 68:2591–2611

Faure G, Mensing TM (2007) Introduction to planetary science – the geological perspective. Springer, Dordrecht

Fiquet G, Guyot F, Badro J (2008) The Earth's lower mantle and core. Elements 4:177–182

Garcia PJ (Hrsg) (2009) Physical processes in circumstellar disks around young stars. Chicago Univ Press, Chicago

Gilmour I (2005) Structural and isotopic analysis of organic matter in carbonaceous chondrites. In: Davis AM (Hrsg) Meteorites, comets, and planets. Treatise on geochemistry, Bd 1. Elsevier, Oxford, S 269–290

Gounelle M (2011) The asteroid−comet continuum: in search of the lost primitivity. Elements 7:29–34

Hartman WK, Davis DR (1975) Satellite-sized planetesimals and lunar origin. Icarus 24:504–515

Henning T (Hrsg) (2003) Astromineralogy. Springer, Berlin

Henning T (2008) Early phases of planet formation in proto-planetary disks. Phys Scr 130:014019

Henning T, Meeus G (2009) Dust processing and mineralogy in protoplanetary accretion disks. In: Garcia PJV (Hrsg) Physical processes in circumstellar disks around young stars. Chicago Univ Press, Chicago, S 114–148

Jones AP (2007) The mineralogy of cosmic dust: astromineralogy. Eur J Mineral 19:771–782

Kleine T, Rudge JF (2011) Chronometry of meteorites and the formation of Earth and Moon. Elements 7:41–46

Kleine T, Mezger K, Palme H, Scherer E, Münker C (2005) Early core formation in asteroids and late accretion of chondrite parent bodies: evidence from ^{182}Hf-^{182}W in CAIs, metal-rich chondrites, and iron meteorites. Geochim Cosmochim Acta 69:5805–5818

Kleine T, Palme H, Mezger K, Halliday AN (2005) Hf-W chronometry of lunar metals and the age of early differentiation of the moon. Science 310:1671–1674

Kleine T, Touboul M, Bourdon B, Nimmo F, Mezger K, Palme H, Jacobsen SB, Yin Q-Z, Halliday AN (2009) Hf-W chronology of the accretion and early evolution of asteroids and terrestrial planets. Geochim Cosmochim Acta 73:5150–5188

Lissauer JJ (2002) Extrasolar planets. Nature 419:355–358

Lunine JI (2005) Giant planets. In: Davis AM (Hrsg) Meteorites, comets and planets. Treatise on geochemistry, Bd 1. Elsevier, Amsterdam, S 623–636

Newsom HE, Jones JH (1990) Origin of the Earth. Oxford University Press, Oxford

Nguen AN, Messenger S (2011) Presolar history recorded in extra-terrestrial materials. Elements 7:17–22

Pearce BKD, Pudritz RE (2015) Seeding the pregenetic Earth: Meteoritic abundances of nukleobases and potential reaction pathways. Astrophys J 807:85

Pecaut, Marnajek (2013) Intrinsic colors, temperature, and bolometric corrections of the pre-main sequence stars. Astrophys J Suppl v. 208, Nr. 1, Artikel Nr. 9, 22 S., ▶ https://doi.org/10.1088/0067-0049/208/1/9

Rollinson H (2007) Early earth systems – a geochemical approach. Blackwell, Malden

Scott ERD, Krot AN (2005) Chondrites and their components. In: Davis AM (Hrsg) Meteorites, comets, and planets. Treatise on geochemistry, Bd 1. Elsevier, Amsterdam Oxford, S 143–200

Shearer CK, Papike JJ (1999) Magmatic evolution of the Moon. Amer Miner 84:1469–1494

Shukolyukov A, Lugmair GW (1993) Live iron-60 in the early solar system. Science 259:1348–1350

Unsöld A, Baschek B (2005) Der neue Kosmos, 7. Aufl. Korrigierter Nachdruck, Springer, Berlin

Wadwha M, Russell SS (2000) Timescales of accretion and differentiation in the early solar system: the meteoritic evidence. In: Mannings V, Boss AP, Russell SS (Hrsg) Proto-stars and planets IV. Univ Arizona Press, Tucson, S 995–1018

Weidenschilling SJ, Spaute D, Davis DR, Marzari F, Ohtsuki K (1997) Accretional evolution of a planetsimal swarm. Icarus 128:429–455

Weigert A, Wendger H, Wisotzki L (2005) Astronomie und Astrophysik – Ein Grundkurs, 4. Aufl. Wiley-VCH, Weinheim

Wetherill GW (1990) Formation of the Earth. Ann Rev Earth Planet Sci 18:205–256

Wood JA (1999) Origin of the solar system. In: Beatty JK, Petersen CC, Chaikin A (Hrsg) The new solar system, 4. Aufl. Cambridge University Press, Cambridge

Wood BJ, Walter MJ, Wade J (2006) Accretion of the Earth and segregation of its core. Nature 441:825–833

Zinner EK (2005) Presolar grains. In: Davis AM (Hrsg) Meteorites, comets, and planets. Treatise on geochemistry, Bd 1. Elsevier, Amsterdam Oxford, S 17–39

Serviceteil

© Springer-Verlag GmbH Deutschland, ein Teil von Springer Nature 2022
M. Okrusch und H. E. Frimmel, *Mineralogie*, https://doi.org/10.1007/978-3-662-64064-7

Anhang

A.1 Übersicht wichtiger Ionenradien und der Ionenkoordination gegenüber O^{2-}

Je nach der Größe der Ionen- bzw. Atomradien ist in einer Kristallstruktur das zentrale Atom von 3, 4, 6, 8 oder 12 Nachbarn umgeben. Diese Zahl wird als Koordinationszahl bezeichnet und zwischen eckige Klammern gesetzt, z. B. [4] = tetraedrische, [6] = oktaedrische, [8] = hexaedrische Koordination. Die Ionenradien der wichtigsten chemischen Elemente sind in ◘ Abb. A.1 dargestellt.

A.2 Berechnung von Mineralformeln

Für die Umrechnung chemischer Mineralanalysen in Mineralformeln stehen zahlreiche kostenlose Computerprogramme im Internet zur Verfügung. Dennoch wird empfohlen, solche Berechnungen anhand ausgewählter Beispiele mit einem Spreadsheet-Programm zunächst einmal selbst durchzuführen, um den Rechenvorgang zu verstehen. Die Umrechnung erfolgt in mehreren Schritten:

1. Berechnung von *Molekularquotienten:* Dafür werden die Gew.-% der einzelnen Elementoxide durch deren jeweiliges Molekulargewicht dividiert, z. B. für den Granat in ◘ Tab. A.1: 37,1 Gew.-% SiO_2: 60,084 = 0,6175.
2. Berechnung der Sauerstoff-Zahl, die zu einem Oxid gehört, bezogen auf den Molekularquotienten, z. B. für SiO_2 0,6175 · 2 = 1,2350.
3. Berechnung der Sauerstoffe bezogen auf die *gesamte Anzahl von Sauerstoffatomen in der Formeleinheit:* z. B. enthält die Granatformel insgesamt 12 O. Man summiert die Sauerstoff-Zahlen, teilt jede einzelne durch diese Summe und multipliziert sie mit 12. Im gegebenen Beispiel ergibt sich dabei für SiO_2 die Zahl 6,044.
4. Berechnung der *Kationen pro Formeleinheit,* also im Falle von SiO_2 6,044: 2 = 3,022 Si. Für Al_2O_3 und Fe_2O_3 muss jeweils mit 2/3, für Na_2O und K_2O mit 2 multipliziert werden, um auf die Zahl der Kationen pro Formeleinheit zu kommen.
5. Gegebenenfalls Berechnung der Position im *ACF*- oder *A'KF-Dreieck* oder der *AFM-Projektion* nach den angegebenen Schemata.
6. Eventuell Berechnung von Mineral-Endgliedern im Falle von Mischkristallen.

Für die in ◘ Tab. A.1 und A.2 gegebenen Rechenbeispiele wurden Analysen ausgewählt, bei denen FeO und Fe_2O_3 auf chemischem Wege und H_2O über den Glühverlust bestimmt wurden. Bei Elektronenstrahl-Mikrosondenanalysen kann zwischen zwei- und dreiwertigem Eisen nicht unterschieden werden und das gesamte Eisen wird üblicherweise als FeO^{total} ausgewiesen. Das Fe^{2+}/Fe^{3+}-Verhältnis kann dann nur abgeschätzt werden oder über kristallchemische Limits eingegrenzt werden, indem z. B. die Y-Position mit Fe^{3+} aufgefüllt wird und das verbleibende Fe als Fe^{2+} verrechnet wird. Bei Granat würde sich so die Beziehung Fe^{3+} = Y − Al = 2 − Al ergeben.

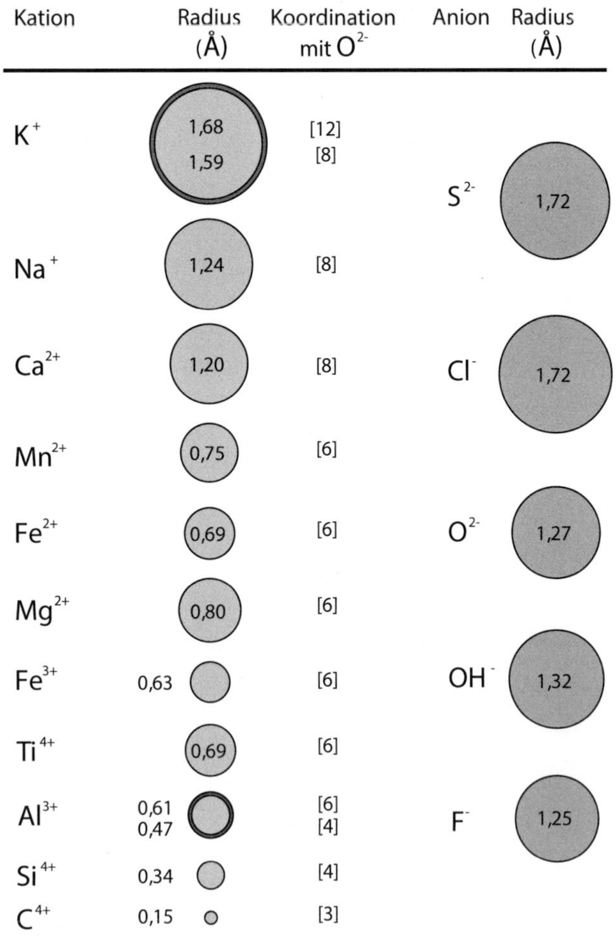

Kation	Radius (Å)	Koordination mit O^{2-}	Anion	Radius (Å)
K^+	1,68 / 1,59	[12] / [8]		
			S^{2-}	1,72
Na^+	1,24	[8]		
Ca^{2+}	1,20	[8]	Cl^-	1,72
Mn^{2+}	0,75	[6]		
Fe^{2+}	0,69	[6]	O^{2-}	1,27
Mg^{2+}	0,80	[6]		
Fe^{3+}	0,63	[6]	OH^-	1,32
Ti^{4+}	0,69	[6]		
Al^{3+}	0,61 / 0,47	[6] / [4]	F^-	1,25
Si^{4+}	0,34	[4]		
C^{4+}	0,15	[3]		

Abb. A.1 Durchschnittliche Ionenradien und Koordinationszahlen gegenüber O^{2-} in gesteinsbildenden Mineralen; der Radius von $Ca^{[8]}$ = 1,20 Å gilt insbesondere für Silikatstrukturen, während Calcium z. B. in Karbonatstrukturen in Calcit, Dolomit und Ankerit als $Ca^{[6]}$ = 1,06 Å, in Aragonit als $Ca^{[9]}$ = 1,26 Å vorliegt (s. Tab. 8.1) (nach Whittacker und Muntus 1970)

Tab. A.1 Zusammensetzung von Granat in einem Gneiss (Probe Nr. Op123, Steinach Kontaktaureole, Oberpfalz, Bayern

	Gew.-%	Molekulargewicht	Molekularquotient	Anzahl der O	Zahl der O = 12	Kationen bezogen auf 12 O
SiO_2	37,1	60,084	0,6175	1,325	6,044	3,022
Al_2O_3	20,3	101,96	0,1991	0,5973	2,923	1,949
Fe_2O_3	0,5	159,69	0,0031	0,0093	0,046	0,031
FeO	33	71,846	0,4593	0,4593	2,248	2,248
MnO	5,45	70,937	0,0768	0,0768	0,376	0,376
MgO	2,28	40,304	0,0566	0,0566	0,277	0,277
CaO	0,99	56,079	0,0177	0,0177	0,087	0,097
Summe	99,62			2,452	12,001	7,99

Kationen bezogen auf 12 O		Berechnung der Granat-Endglieder						
Si	3,022	Ca Äquivalent zu Fe^{3+}	Ca	0,0465	Fe^{3+}	0,031	Adr	
$Al^{[4]}$	0,000	Rest Ca + Äquiv. Al	Ca	0,0405	Al	0,027	Grs	
Z	3,022	Fe^{2+} + Äquiv. Al	Fe^{2+}	2,248	Al	1,499	Alm	
$Al^{[6]}$	1,949	Mn + Äquiv. Al	Mn	0,376	Al	0,251	Sps	
Fe^{3+}	0,030	Mg + Äquiv. Al	Mg	0,277	Al	0,185	Prp	
Y	1,979		X	2,988	Y	1,993		
Fe^{2+}	2,248							
Mn	0,376							
Mg	0,277							
Ca	0,087							
X	2,988							

***ACF*-Dreieck** | | | Summe | % |
|---|---|---|---|
| $A = [Al_2O_3] + [Fe_2O_3] - Na_2O - K = 1991 + 31$ | | 2022 | 24,90 |
| $C = [CaO] = 177$ | | 177 | 2,20 |
| $F = [FeO] + [MnO] + [MgO] = 4593 + 768 + 566$ | | 5927 | 72,90 |
| | | 8126 | 100,00 |

***A'KF*-Dreieck**				
$A' = [Al_2O_3] + [Fe_2O_3] - Na_2O - K_2O - \frac{1}{3}[CaO]^a =$		1991 + 31 − 59	1963	24,90
$K = [K_2O] =$		0	0	0,00
$F = [FeO] + [MnO] + [MgO] =$	4593 + 768 + 566		5927	72,90
			7890	100,00

***AFM*-Projektion**

$$A = \frac{[Al_2O_3] - [K_2O] - \frac{1}{3}([CaO]+[MnO])^b}{[Al_2O_3] - [K_2O] - \frac{1}{3}([CaO]+[MnO])^b + [FeO] + [MgO]} = \frac{1991 - 59 - 256}{1991 - 59 - 256 + 4593 + 566} = \frac{1676}{6835} = 0,245$$

$$F = \frac{[FeO]}{[FeO + MgO]} = \frac{4593}{4593 + 566} = \frac{4593}{5159} = 0,89$$

$$M = 1 - F = 0,11$$

[a] Äquivalent zu Al_2O_3 in Grossular
[b] Äquivalent zu Al_2O_3 in Grossular und Spessartin

Tab. A.2 Zusammensetzung von Biotit in einem Gneiss (Probe Nr. Op123, Steinach Kontaktaureole, Oberpfalz, Bayern)

	Gew.-%	Molekulargewicht	Molekularquotient	Anzahl der O	Zahl der (O + OH) = 24	Kationen bezogen auf 24 (O + OH)
SiO_2	34,8	60,084	0,5792	1,1584	10,516	5,258
TiO_2	3,06	79,899	0,0383	0,0766	0,695	0,348
Al_2O_3	19,5	101,96	0,1913	0,5739	5,210	3,473
Fe_2O_3	1,9	159,69	0,0119	0,0357	0,324	0,216
FeO	20,8	71,846	0,2895	0,2895	2,628	2,628
MnO	0,18	70,937	0,0025	0,0025	0,023	0,023
MgO	7,1	40,304	0,1762	0,1762	1,600	1,600
Na_2O	0,35	61,979	0,0056	0,0056	0,051	0,102
K_2O	8,95	94,203	0,0950	0,095	0,862	1,724
H_2O^+	4,15	18,015	0,2304	0,2304	2,092	4,184
Summe	100,79			2,6438	24,001	

Kationen bezogen auf 24 (O + OH)		Bei den folgenden Berechnungen werden die Molzahlen mit 10.000 multipliziert, um sie ganzzahlig zu machen		
Si	5,258	**A'KF-Dreieck**		
$Al^{[4]}$	2,742	$A' = 1913 + 119 - 56 - 950 =$	1026	15,4 %
Z	8,000	$K =$	950	14,3 %
$Al^{[6]}$	0,731	$F = 2895 + 25 + 1762 = ara>$	4682	70,3 %
Fe^{3+}	0,216	Summe	6658	100,0 %
Fe^{2+}	2,628	**AFM-Projektion**		
Mn	0,023	Mit Muscovit als Projektionspunkt:		
Mg	1,600	$A = \dfrac{[Al_2O_3] - 3[K_2O]}{[Al_2O_3] - 3[K_2O] + [MgO] + [FeO]} = \dfrac{1913 - 3 \cdot 950}{1913 - 3 \cdot 950 + 1762 + 2895} = -0,252$		
Y	5,546			
Na	0,102	$F = \dfrac{[FeO]}{[FeO + MgO]} = \dfrac{4593}{4593 + 566} = 0,62$		
K	1,724			
X	1,826	$M = 1 - 0,62 = 0,38$		
OH	4,184	Mit K-Feldspat als Projektionspunkt:		
		$A = \dfrac{[Al_2O_3] - [K_2O]}{[Al_2O_3] - [K_2O] + [MgO] + [FeO]} = \dfrac{1913 - 950}{1913 - 950 + 1762 + 2895} = 0,171$		
		$F = \dfrac{[FeO]}{[FeO + MgO]} = \dfrac{4593}{4593 + 566} = 0,62$		
		$M = 1 - 0,62 = 0,38$		
		oder:		
		$A =$ 1913 − 950 =	963	17,1 %
		$F =$	2895	51,5 %
		$M =$	1762	31,4 %
		Summe	5620	100 %

Abdruckgenehmigungen

Manche Abbildungen wurden aus Buchpublikationen oder Fachzeitschriften folgender Verlage, wissenschaftlichen Gesellschaften und Institutionen entnommen oder dienten als Vorlage für neu gezeichnete Abbildungen. Die Abdruckgenehmigungen fallen entweder unter die STM Richtlinien oder wurden explizit erteilt, wofür wir herzlich danken.

AIP Publishing LLC (Melville, New York, USA): 8.9

American Geophysical Union (Washington, D.C., USA): 29.5b, 29.6, 29.8, 29.20

Bayerische Akademie der Wissenschaften (München): 1.11

Berengeria (Würzburg): 31.4a–d, 31.8, 31.9

British Geological Survey, National Oceanographic Centre (Southampton, Liverpool, UK): Abb. 25.24.

Cambridge University Press (Cambridge, UK): 27.13, 27.14, 27.15,

Canadian Institute of Mining, Metallurgy and Petroleum (Montreal, Canada): 4.8

Carnegie Institution of Washington Yearbook (Washington, D.C., USA): 18.2, 18.7, 18.8b, 18.13b, 18.22

CRC Press (Danvers, Massachusetts, USA)
– ehemals Chapman & Hall (London, UK): 19.1, 29.2a, b, 29.4b, 29.7, 29.23, 33.1
– ehemals Blackwell (Oxford, UK): 15.4, 21.3, 23.2, 23.13
– ehemals Freeman (San Francisco) 21.1, 27.27

Contacto/Agentur Focus (Hamburg): 9.6

Dover Publications, Inc. (New York, USA): 18.4, 18.7, 18.8a, 18.15

Elements, Mineralogical Society of America (Washington, D.C., USA): 2.15, 2.16, 4.12, 15.1, 26.31, 30.3, 30.5, 30.7, 34.3

Elsevier Publishers (Amsterdam, Oxford, New York): 17.4, 26.30, 26.32, 29.9, 32.6, 34.2

Elsevier Publishers
– ehemals Gustav Fischer and Urban & Fischer (Jena und Stuttgart): 22.2, 23.14, 26.34
– ehemals Pergamon Press Ltd. (Oxford, UK): 29.19, 29.21, 31.5 26.17, 26.21, 26.22, 26.23, 26.24

Enke-Verlag (Stuttgart): 1.5, 26.19, 33.5, 33.15

Episodes (Beijing, VR China): 9.7, 27.21

Europäische Südsternwarte (Garching): Bild eso0728: 34.1a

EW Medien und Kongresse GmbH (Berlin; früher Verlag Glückauf, Essen): 23.3, 24.3

Geological Society (London, U.K.): 33.16

Geological Society of America (Boulder, Colorado, USA): 20.2, 20.4

Institut für Planetologie (Universität Münster): 30.2, 31.6, 31.10

John Wiley & Sons (New York, London, Sydney): 4.4, 11.33, 11.38a,c, 16.5, 25.4, 25.14
–Wiley Blackwell (New York, USA): 14.14, 15.4, 21.3, 23.2, 23.13

Longman (London, Newcastle upon Tyne, UK): 33.12

Louis C. Herring & Company (Orlando, Florida, USA): 2.17

Macmillan Publishers (Gordonville, Virginia, USA)
– ehemals W.H. Freeman & Co.: 15.4, 21.1, 27.27

McGraw-Hill Book Company (New York, USA): 1.12, 17.1, 21.2

Mineralogical Society of Great Britain and Ireland (London, UK): Fig. 28.6

Mineralogical Society of America (Washington, D.C., USA): 11.49, 11.65b,c,d, 11.70, 16.8, 18.16, 27.22, 28.1, 28.2, 28.3, 29.22

National Aeronautics and Space Administration NASA (Washington D. C., USA): 25.13, 30.1

Oxford University Press (New York, Oxford): 1.25, 1.28, 1.30, 1.31, 11.45, 16.4, 17.2, 18.18, 27.6, 27.16

Planetary Science Institute (Tucson, Arizona, USA): 34.4

Schweizerbart'sche Verlagsbuchhandlung (Stuttgart, http://www.schweizerbart.de): 11.18, 11.46, 11.57, 11.66, 11.67, 12.13, 18.17, 27.3, 27.4,
– ehemals Gebrüder Borntraeger (Berlin): 23.4, 23.5

Science Photo Library (London, München): 32.1

Society for Sedimentary Geology (Broken Arrow, Oklahoma, USA): 12.4, 12.5, 12.6, 12.9, 12.12

South Australian Museum (Adelaide, Australia): 11.60b

Taylor & Francis Group: 27.13

The University of Chicago Press (Chicago, Illinois, USA): 18.12a,b, 20.9, 22.1a,

Wikimedia (Berlin): commons.wikimedia.org/wiki/File: Morgan-Keenan_spectral: 34.1b

Woods Hole Oceanographic Institution (Woods Hole, Massachusetts, USA): 23.8c.

Wenn nicht gesondert erwähnt, möchte wir Klaus-Peter Kelber, früher am Mineralogischen Institut der Universität Würzburg, für die Fotografien von Mineralen und Gesteinen sowie Mikrofotos von Dünnschliffen danken. Darüber hinaus gilt unser herzlicher Dank für die Überlassung von Fotografien und Strichzeichnungen den folgenden Kollegen:

Rainer Altherr (Universität Heidelberg): 7.3

Eckart Amelingmeier (Universität Würzburg): 25.20

Hans-Ulrich Bambauer (Universität Münster): 11.54

Joachim Bohm (Berlin): 1.2, 1.4, 1.16, 1.19, 1.21, 1.22

Sönke Brandt (Universität Kiel): 27.1

Gerhard Brey (Universität Frankfurt am Main): 29.15

Michael H. Carr (USGS, Menlo Park, Kalifornien, USA): 32.4, 32.5

Jun Gao (Chinese Academy of Science, Beijing VR China): 12.2c

Monika Günther (TU Berlin): 11.75

Katrin Hagen (Universität Würzburg): 21.6

Kristina Hanig (Universität Würzburg): 23.15

Chris Harris (University of Cape Town, ... Südafrika): 15.7

William K. Hartmann (Planetary Science Institute, Tucson, Arizona, USA): 34.4

Jorijntje Henderiks (Universität Uppsala, Schweden): 2.13

Wolfgang Hermann (Würzburg): 25.18

Peter M. Herzig (GEOMAR Kiel): 23.8a, b, 23.10

Torrence V. Johnson (Caltech, Pasadena, Kalifornien, USA): 32.7, 32.8

Beatty J. Kelly (Cambridge, Massachusetts, USA): 32.5b

Armin Kirfel (Universität Bonn): 1.14

Dorothée Kleinschrot (Universität Würzburg) 25.7, 31.4e

Reiner Klemd (Universität Erlangen): 17.6, 21.5

Detlef Klimm (Leibniz Institut für Kristallzüchtung, Berlin): 1.2, 1.4, 1.16, 1.19, 1.21, 1.22

Herbert Kroll (Universität Münster): 11.68, 11.71, 11.72

Peter A. Kukla (RWTH Aachen): 26.16, 26.29

Philine Lommel (Würzburg): Fig. 11.51.

Joachim A. Lorenz (Karlstein am Main): 11.56, 13.8, 23.1, 25.3, 28.5, 31.2

Jonathan I. Lunine (Cornell University, Ithaca, USA): 32.6

Alfred McEwan (USGS, Menlo Park, USA: 32.5)

Vesna Marchig (BGR Hannover): 23.8d

Neil McKerrow (Albany, Western Australia): 2.11

Olaf Medenbach (Universität Bochum): 4.10

Pete Mouginis-Mark (University of Hawaii, Manoa, USA): 14.3, 14.13

Georg Müller (TU Clausthal): 1.24, 1.32, 1.33

Lutz Nasdala (Universität Wien): 11.6

Martin Pfleghaar (Heidenheim): 14.2

David J. Roddy (US Geological Survey, Flagstaff, Arizona, USA): 31.1

Hans-Peter Schertl (Universität Bochum): 28.7

Ulrich Schüssler (Universität Würzburg): 31.4e

Denis Smith (South Australian Museum, Adelaide, Australia): 11.60b

Thomas Stachel (University of Alberta, Edmonton, Kanada): 29.15

Dieter Stöffler (Museum für Naturkunde, Berlin): 26.8

Wilhelm Stürmer (Erlangen): 2.13

Javier Trueba (Madrid; Contacto/Agentur Focus, Hamburg): 9.6

Detlev van Ravenswaay (Science Photo Library, London, München): 32.1

Anja Waldmann (Leinach): 3.9

Armin Zeh (KIT Karlsruhe): 33.16

Sachindex

Geographischer Index

Springer

springer.com

Willkommen zu den Springer Alerts

Unser Neuerscheinungs-Service für Sie:
aktuell | kostenlos | passgenau | flexibel

Mit dem Springer Alert-Service informieren wir Sie
individuell und kostenlos über aktuelle Entwicklungen
in Ihren Fachgebieten.

Abonnieren Sie unseren Service und erhalten Sie per
E-Mail frühzeitig Meldungen zu neuen Zeitschrifteninhalten,
bevorstehenden Buchveröffentlichungen und
speziellen Angeboten.

Sie können Ihr Springer Alerts-Profil individuell an Ihre
Bedürfnisse anpassen. Wählen Sie aus über 500
Fachgebieten Ihre Interessensgebiete aus.

Bleiben Sie informiert mit den Springer Alerts.

Jetzt anmelden!

Mehr Infos unter: springer.com/alert

Part of **SPRINGER NATURE**

A82259 | Image: © Molnia / Getty Images / iStock